Rothmaler – Exkursionsflora von Deutschland
Gefäßpflanzen: Grundband

Frank Müller
Christiane M. Ritz
Erik Welk
Karsten Wesche
(Hrsg.)

Rothmaler – Exkursionsflora von Deutschland

Gefäßpflanzen: Grundband

22., neu überarbeitete Auflage

Begründet von Werner Rothmaler[†]
Herausgegeben von
Frank Müller, Christiane M. Ritz, Erik Welk,
Karsten Wesche in Zusammenarbeit
mit zahlreichen Fachleuten
Mit 1271 Abbildungen

 Springer Spektrum

Herausgeber:

Frank Müller
Institut für Botanik,
Technische Universität Dresden,
Dresden

Erik Welk
Institut für Biologie
Martin-Luther-Universität Halle-Wittenberg,
Halle (Saale)

Christiane M. Ritz
Senckenberg Museum
für Naturkunde Görlitz,
Görlitz

Karsten Wesche
Senckenberg Museum
für Naturkunde Görlitz,
Görlitz

ISBN 978-3-662-61010-7   ISBN 978-3-662-61011-4 (eBook)
https://doi.org/10.1007/978-3-662-61011-4

Die Deutsche Nationalbibliothek verzeichnet diese Publikation in der Deutschen Nationalbibliografie; detaillierte bibliografische Daten sind im Internet über http://dnb.d-nb.de abrufbar.

1.–15. Auflage: Volk und Wissen Volkseigener Verlag
15.–16. Auflage: Gustav Fischer Verlag
17.–20. Auflage: Spektrum Akademischer Verlag
© Springer-Verlag GmbH Deutschland, ein Teil von Springer Nature 1958, 1961, 1962, 1966, 1967, 1972, 1976, 1978, 1981, 1982, 1984, 1987, 1988, 1990, 1994, 1996, 1999, 2002, 2005, 2011, 2017, 2021
Das Werk einschließlich aller seiner Teile ist urheberrechtlich geschützt. Jede Verwertung, die nicht ausdrücklich vom Urheberrechtsgesetz zugelassen ist, bedarf der vorherigen Zustimmung des Verlags. Das gilt insbesondere für Vervielfältigungen, Bearbeitungen, Übersetzungen, Mikroverfilmungen und die Einspeicherung und Verarbeitung in elektronischen Systemen.
Die Wiedergabe von allgemein beschreibenden Bezeichnungen, Marken, Unternehmensnamen etc. in diesem Werk bedeutet nicht, dass diese frei durch jedermann benutzt werden dürfen. Die Berechtigung zur Benutzung unterliegt, auch ohne gesonderten Hinweis hierzu, den Regeln des Markenrechts. Die Rechte des jeweiligen Zeicheninhabers sind zu beachten.
Der Verlag, die Autoren und die Herausgeber gehen davon aus, dass die Angaben und Informationen in diesem Werk zum Zeitpunkt der Veröffentlichung vollständig und korrekt sind. Weder der Verlag noch die Autoren oder die Herausgeber übernehmen, ausdrücklich oder implizit, Gewähr für den Inhalt des Werkes, etwaige Fehler oder Äußerungen. Der Verlag bleibt im Hinblick auf geografische Zuordnungen und Gebietsbezeichnungen in veröffentlichten Karten und Institutionsadressen neutral.

Einbandabbildung: Dunkler Wasserschlauch – *Utricularia stygia* G. THOR (Foto: Axel Gebauer)
Planung/Lektorat: Stefanie Wolf

Springer Spektrum ist ein Imprint der eingetragenen Gesellschaft Springer-Verlag GmbH, DE und ist ein Teil von Springer Nature.
Die Anschrift der Gesellschaft ist: Heidelberger Platz 3, 14197 Berlin, Germany

Inhaltsverzeichnis

Vorwort zur 22. Auflage IX

Einleitung 1

Ordnung und Benennung der Pflanzen 1
   Systematik 1
   Wissenschaftliche Pflanzennamen 3
   Deutsche Pflanzennamen 5
   Übersicht über das System 6

Bau der Pflanzen 9

Biologie der Pflanzen 10
   Wuchsform 10
   Blütenbiologie 15
   Fortpflanzungsmechanismen 17

Verbreitung der Pflanzen 19
   Ursachen der Pflanzenverbreitung 19
   Verbreitungsfaktoren in Deutschland 22
   Angaben zur Verbreitung in Deutschland 23
   Angaben zur Häufigkeit 23
   Gesamtareale 24
   Zeigerwerte 27

Vergesellschaftung der Pflanzen 29
   Übersicht über die höheren Vegetationseinheiten 31
   A. Süßwasser-, Quellflur- und Röhrichtvegetation,
      Armleuchteralgenrasen des Süß- und Salzwassers .. 31
   B. Ufer-, Sumpf-, Moorvegetation 32
   C. Salzwasser-, Küstenspülsaum-, Salzbodenvegetation 32
   D. Fels-, Gesteinsschutt-(Pionier-)vegetation 33
   E. Dünen-, Xerothermrasenvegetation 34
   F. Grünlandvegetation und Zwergstrauchheiden 35
   G. Alpine Rasenvegetation 36

H. Segetal- und Ruderalvegetation 37
I. Trockenwaldsäume, Schlagfluren, hochmontan-subalpine
Hochstaudenfluren, Gebüsche 38
J. Nadelwälder, Moorwälder, (sub)alpine
Zwergstrauchheiden 39
K. Laubwälder 39
Register der Abkürzungen der Vegetationseinheiten 40

Naturschutz 42

Hinweise zum Sammeln 44

Zum Gebrauch der Bestimmungsschlüssel 46

Angaben bei den Arten 48

Schlüssel zum Bestimmen 49

Schlüssel zum Bestimmen der Hauptgruppen 49
    Schlüssel I   Sporenpflanzen 50
    Schlüssel II   Nacktsamer 52
    Schlüssel III   Einkeimblättrige Pflanzen 53
    Schlüssel IV   Zweikeimblättrige Pflanzen mit Kelch und Krone,
                         gleichartiger oder fehlender Blütenhülle 56
    Schlüssel V   Zweikeimblättrige Pflanzen mit Kelch, Krone,
                         mit freien Kronblättern 63
    Schlüssel VI   Zweikeimblättrige mit Kelch, Krone,
                         mit verwachsenen Kronblättern 68
    Schlüssel VII Bäume und Sträucher vorrangig anhand
                         vegetativer Merkmale 71
    Schlüssel VIII Tauch- und Schwimmpflanzen 79
    Schlüssel IX Pflanzen zur Blütezeit oder stets (scheinbar)
                         ohne grüne Blätter 84

Charophytina – **Armleuchteralgen** 86

Lycopodiophytina – **Bärlappe** 93

Equisetophytina – **Schachtelhalme** 97

INHALTSVERZEICHNIS

Psilotophytina – Gabelblattfarne, Natternzungengewächse ... 101

Polypodiophytina – Leptosporangiate Farne 102

Spermatophytina – Samenpflanzen 120

Literaturverzeichnis 887

Erklärung der Fachwörter 893

**Register der wissenschaftlichen
und deutschen Pflanzennamen** 915

Vorwort zur 22. Auflage

Mit der 22. Auflage liegt nun wieder eine umfassende Aktualisierung des Rothmaler-Grundbandes vor. Die Bearbeitung hat Jahre intensiven Arbeitens erfordert und ist nur dank der engagierten Mitarbeit vieler Kolleginnen und Kollegen möglich geworden. So konnten auch dieses Mal wieder unzählige kleinere, aber auch verschiedene grundlegende Veränderungen vorgenommen werden.

Wesentliche Anpassungen an aktuelle Vorstellungen zur Systematik der Höheren Pflanzen (STEVENS in Angiosperm Phylogeny Website 2010, APG III 2009, KADEREIT in Strasburger 2008, Farnpflanzen: SMITH et al. 2006) waren bereits in der 20. Auflage erfolgt. Seither hat es bei der übergreifenden Systematik der Gefäßpflanzen nur kleinere Änderungen gegeben (APG IV 2016, PPG1 2016, KADEREIT in Strasburger 2014). Damit scheint sich das System weiter zu konsolidieren. Im Bereich der Gattungssystematik sind in verschiedenen Gruppen Änderungen nötig geworden, hier hat uns die von J. Kadereit initiierte Übersicht für die wesentlichen, die deutsche Flora betreffenden Entwicklungen erheblich geholfen (KADEREIT et al. 2016).

Die bemerkenswerteste Änderung ist wohl die Aufnahme der Armleuchteralgen (*Characeae*) in den vorliegenden Band. Obwohl sie keine Gefäßpflanzen sind, haben die *Characeae* doch einen sehr komplexen Thallus, der durchaus an höhere Pflanzen erinnert. Auch sind die Characeen unter pragmatischen Gesichtspunkten den anderen Gewässer-Makrophyten ähnlich, werden mit vergleichbaren Methoden gesammelt, für Bewertungen genutzt und herbarisiert. Auch der Interessentenkreis ist ähnlich, viele Sammler von Armleuchteralgen sind keine Algenspezialisten im engeren Sinne, sondern interessieren sich allgemein für Gewässer-Makrophyten. Möglich geworden ist die Aufnahme in den Rothmaler durch die großen Fortschritte, die in der Kenntnis der Armleuchteralgen erreicht wurden, wie sie eindrucksvoll in der aktuellen Bearbeitung der ARBEITSGRUPPE CHARACEEN DEUTSCHLANDS (2016) dokumentiert sind.

In vielen Bereichen wie den Schlüsseln und Angaben zu den Arten folgen wir weiterhin bewährten Prinzipien, haben aber in Einzelfällen aktualisiert. Das betrifft die biologischen Angaben und auch die Zeigerwerte, die wir fallweise durch Angaben aus der Schweiz (LANDOLT et al. 2010) ergänzten. Diese sind dann kursiv gesetzt. Nachdem die Chromosomenzahlen aufgrund der oft unklaren geographischen Herkunft des untersuchten Materials in den letzten Auflagen nicht mehr aufgeführt wurden, konnten jetzt erstmals Chromosomenzählungen aufgenommen werden, die sich gesichert auf Populationen aus Deutschland (z. T. ergänzt aus Nachbarländern) beziehen. Möglich geworden ist dies durch das Projekt *Chromosomenzahlen zur Flora von Deutschland*, in dem alle für Deutschland bekannten Zählungen verfügbar gemacht werden (PAULE et al. 2016). Naturgemäß gibt es damit weiterhin für viele Arten keine Angaben, aber mit Blick darauf, dass für eine stetig wachsende Zahl von Taxa regionale Chromosomensippen gefunden werden, schien uns die Aufnahme von Daten aus entfernteren Regionen nicht vertretbar. Chromosomenzahlen aus Nachbarländern sind kursiv gesetzt. Eine weitere grundlegende Veränderung betrifft die Angaben zur Verbreitung in Deutschland. Mit dem *Verbreitungsatlas der Farn- und Blütenpflanzen Deutschlands* (BETTINGER et al. 2013) war dafür eine neue, umfassende Übersicht verfügbar. Damit wurde ohnehin eine Bearbeitung der Häufigkeitsangaben nötig, die genutzt wurde, um dem vielfach geäußerten Wunsch nach einer stärker naturräumlich orientierten Gliederung der Verbreitungsangaben nachzukommen.

Der wohl größte Teil der Überarbeitungen ist aber kleinteiliger und betrifft eine Vielzahl von Anpassungen bei einzelnen Arten. Wiederum wurden zahlreiche Taxa neu aufgenommen und zum großen Teil auch verschlüsselt. In sehr vielen Fällen wurden bestehende Schlüssel überarbeitet oder Merkmale nachgetragen, auch mussten oftmals die Abgrenzungen einzelner Taxa den aktuellen Vorstellungen angepasst werden. Zu ganz wesentlichen Teilen wurden diese Arbeiten von den vielen AutorInnen übernommen, die ihr oft einmaliges Wissen um unsere Pflanzenwelt mit großem Aufwand in die doch an vielen Stellen notgedrungen strenge Form des Rothmaler gebracht haben. Die AutorInnen hatten das letzte Wort bei Auswahl und Umgrenzung der Taxa, und in vielen Fällen waren hierfür eigenständige taxonomische Arbeiten oder zumindest die Zusammenstellung umfangreicher Kommentare nötig. Diese finden sich wie bei den letzten Auflagen in einer Reihe von Publikationen, die in loser Folge in den *online* frei verfügbaren Artikeln in der Zeitschrift *Schlechtendalia*[1] publiziert werden oder auf unseren Rothmaler-begleitenden Seiten[2] verlinkt werden. Weitere Korrekturen und Hinweise sind natürlich willkommen: rothmaler.exkursionsflora@gmail.com.

Wie auch in der 21. Auflage wurden in vorliegendem Band alle wesentlichen Taxa behandelt mit Ausnahme von *Ranunculus auricomus* s. l., *Sorbus* spp., den *Hieracium-laevigatum*-Unterarten und *Taraxacum* spp. Diese, sowie eine Vielzahl von *Rubus*-Sippen, die hier aufgrund ihrer nur lokalen Verbreitung nicht aufgenommen wurden, werden im Kritischen Ergänzungsband (MÜLLER et al. 2016) dargestellt. Neben den oben genannten Änderungen sind also alle wesentlichen Standards aus früheren Auflagen übernommen worden. Damit verdankt die 22. Auflage ihre Gesamtstruktur, sowie nach wie vor einen Großteil der Texte den Überarbeitungen voriger Herausgeber und Autoren, insbesondere E.J. Jäger. Sein Beitrag für das vorliegende Buch ist grundlegend im eigentlichen Sinne des Wortes; nicht nur geht der Textkorpus mit der Konzeption zu weiten Teilen auf seine Arbeit zurück, auch zur vorliegenden Auflage hat er unzählige Ratschläge gegeben.

Von einzelnen Abweichungen abgesehen, folgt die Auswahl der Taxa sowie ihre Nomenklatur weitgehend der Liste der Gefäßpflanzen Deutschlands, die bis Dezember 2018 maßgeblich von K.P. Buttler gepflegt wurde. Er hat die Publikation des aktuellen Standes noch begleitet (BUTTLER et al. 2018), ist aber leider kurz danach verstorben. Karl Peter Buttler hinterlässt eine große Lücke, und auch die Rothmaler Exkursionsflora gäbe es in der vorliegenden Form nicht ohne seine Beiträge. Auch Heinrich E. Weber hat Wegweisendes für die deutsche Flora geleistet. Dies betrifft nicht nur die monumentale Bearbeitung der Brombeeren, sondern auch seine sonstigen Arbeiten zur Flora und Vegetationskunde. Er konnte die vorliegende Auflage noch begleiten, erlebt ihr Erscheinen aber nun nicht mehr. Gleiches gilt für Eckehart Garve, der als herausragender Kenner nicht nur der niedersächsischen, sondern der gesamten deutschen Flora über Jahre unter anderem als Regionalkorrespondent den Rothmaler unterstützt hat. Ebenso bedauern wir den Tod von Peter Hanelt, der für den Rothmaler über viele Auflagen die Schmetterlingsblütler und zahlreiche Kulturpflanzen bearbeitet hat. Wir Herausgeber sind diesen wichtigen Botanikern sehr zu Dank verpflichtet.

In Zeiten, in denen das Stichwort *Citizen Science* in aller Munde ist, kann die Rothmaler Exkursionsflora als ein Beispiel dafür verstanden werden, wie durch privates Engagement ein hochkomplexes und wissenschaftlich anspruchsvolles Vorhaben umgesetzt werden kann. Zu nennen sind hier der AutorInnen, die RegionalkorrespondentInnen, aber auch andere botanisch Interessierte, die durch kleinere, aber oft auch größere Hinweise zur Bearbeitung beigetragen haben. Nicht alle konnten am Schluss dieses Kapitels gelistet werden, aber wir danken all unseren Kolleginnen und Kollegen für ihre Mitarbeit. Ohne sie gäbe es dieses Werk nicht.

Natürlich möchten wir uns auch herzlich für die freundliche und kompetente Betreuung beim Springer Spektrum Verlag durch Frau S. Wolf und Frau Dr. M. Barth und für die professionelle Erarbeitung der Druckvorlage bei dem Team von Frau A. Adolph vom Satzbüro LeTeX bedanken.

Wir hoffen, dass der Rothmaler auch weiterhin gute Dienste leistet bei der Beschäftigung mit unserer faszinierenden Pflanzenwelt.

Christiane Ritz, Frank Müller, Erik Welk, Karsten Wesche

Görlitz, Dresden, Halle, im Frühjahr 2021

---

[1] http://public.bibliothek.uni-halle.de/index.php/schlechtendalia

[2] https://www.botanik.uni-halle.de/herausgaben/rothmaler/

Bearbeitung der Flora

Folgende Personen haben einzelne Familien und Gattungen bearbeitet und daneben häufig noch sonstige Hinweise gegeben:

G. Aas (Bayreuth):	*Salix*
D.C. Albach (Oldenburg):	*Veronica*
U. Amarell (Offenburg):	*Poaceae* (mit F. Müller)
S. Bräutigam (Dresden):	*Asteraceae-Cichorieae* (bis 21. Aufl. div. weitere Gruppen)
K.P. Buttler (†, Frankfurt/M.):	*Draba*, Beiträge zu *Orchidaceae, Polygalaceae*
W.B. Dickoré (München):	*Cotoneaster* (mit G. Kasperek)
M. Dillenberger (Mainz):	*Caryophyllaceae*
R.A. Engelmann (Leipzig):	*Grossulariaceae, Saxifragaceae*
S.E. Fröhner (Dresden):	*Alchemilla, Aphanes*
P. Gebauer (Görlitz):	*Utricularia*
S. Gebauer (Halle/Saale):	*Carex*
P. Gerstberger (Bayreuth):	*Potentilla, Comarum, Dasiphora, Drymocallis* (mit T. Gregor)
T. Gregor (Schlitz):	*Eleocharis, Potentilla, Comarum, Dasiphora, Drymocallis* (mit. P. Gerstberger)
J. Greimler (Wien):	*Gentianella* (mit D. Reich)
P. Gutte (Markkleeberg):	*Oenothera* (mit R. Prasse)
B. von Hagen (Oldenburg):	*Gentianaceae* (außer *Gentianella*)
R. Hand (Berlin):	*Thalictrum*
D. Harpke (Gatersleben):	*Crocus*
R. Höcker (Eckental):	*Violaceae* (mit S. Rätzel)
E. Horst (Itzehoe):	*Epilobium*
T. Huntke (Berlin):	*Droseraceae*
E.J. Jäger (Halle):	Allg. Texte
S. Jessen (Chemnitz):	Familienschlüssel Sporenpflanzen, Bärlappe, Farnpflanzen, *Vaccinium oxycoccus* s. l.
J. Kadereit (Mainz):	*Asteraceae-Senecionae*
G. Kasperek (Gießen):	*Cotoneaster* (mit B. Dickoré)
A. Kästner (Halle):	*Rubiaceae*
J. Kirschner (Průhonice):	*Juncaceae*
J. Klotz (Regensburg):	*Hypericaceae*
H. Korsch (Jena):	*Characeae*
H. Krisch (Potthagen):	*Atriplex, Elymus,* ×*Elyleymus*
M. Kropf (Wien):	*Orchidaceae, Anthyllis*
A. Krumbiegel (Halle):	*Convolvulaceae*
L. Martins (Magdeburg):	*Asteraceae-Cardueae*
N. Meyer (Hemhofen):	*Sorbus*
B. Neuffer (Osnabrück):	*Brassicaceae* (außer *Draba*)
C. Oberprieler (Bayreuth):	*Asteraceae-Anthemideae* (mit R. Vogt)
K. Olbricht (Dresden):	*Fragaria*
A. u. J. Peterson (Halle):	*Liliaceae*
K. Pistrick (Gatersleben):	Kulturpflanzen, z. B. *Brassica, Raphanus, Cannabis, Malus* etc.
J. Pusch (Bad Frankenhausen):	*Phelipanche, Orobanche* (mit H. Uhlich, S. Rätzel)
R. Prasse (Hannover):	*Oenothera* (mit P. Gutte, Markkleeberg)

S. RÄTZEL (Frankfurt/O.): *Phelipanche, Orobanche* (mit H. UHLICH, J. PUSCH), *Violaceae* (mit R. HÖCKER)
D. REICH (Wien): *Gentianella* (mit J. GREIMLER)
H. REICHERT (Trier): *Euphorbiaceae*
J. REINHARDT (Bad Tennstedt): *Epipactis*
M. RISTOW (Potsdam): *Rhinanthus*
H. SCHÄFER (München): *Fabaceae*
P.A. SCHMIDT (Coswig): Familienschlüssel Nacktsamer, Gymnospermae, *Crataegus, Populus, Thymus*
J. STOLLE (Kösseln): *Geraniaceae*
I. UHLEMANN (Altenberg): *Taraxacum* (bis 21. Auflage auch Brassicaceae)
H. UHLICH (Frankfurt/M.): *Phelipanche* u. *Orobanche* (mit J. PUSCH, S. RÄTZEL)
R. VOGT (Berlin): *Asteraceae-Anthemideae* (mit C. OBERPRIELER)
H.E. WEBER (†, Bramsche): *Rubus*
J. WESENBERG (Görlitz): System (gemeinsam mit C.M. RITZ), *Apiaceae*
G. WIEGLEB (Cottbus): *Ranunculus* subgen. *Batrachium, Potamogeton, Zannichellia*
R. WISSKIRCHEN (Remagen): *Amaranthaceae, Chenopodiaceae* (außer *Atriplex*), *Polygonaceae, Circaea, Xanthium*

Die übrigen Taxa/Familien wurden auf der Grundlage der 21. Aufl. von den Herausgebern be- bzw. überarbeitet, ebenso die Grundschlüssel, die Angaben zur Biologie, zur Verbreitung und Häufigkeit in Deutschland, zur Gesamtverbreitung, zum Naturschutz, zur Verwendung als Heilpflanzen, das Verzeichnis der Fachwörter und der Literatur sowie die Betonung der wissenschaftlichen Namen.

F. MÜLLER (Dresden): *Poaceae* (mit U. AMARELL), *Balsaminaceae – Asteraceae* p. p.
C.M. RITZ (Görlitz): System (mit J. WESENBERG), Familienschlüssel (mit K. WESCHE), *Paeoniaceae – Linaceae, Asteraceae* p. p.
E. WELK (Halle): Verbreitung, Häufigkeit, Arealformeln, *Acoraceae – Zosteraceae, Nartheciaceae – Colchicaceae, Iridaceae – Typhaceae, Cyperaceae* (excl. *Carex*), *Commelinaceae, Asteraceae* p. p.
K. WESCHE (Görlitz): Familienschlüssel (mit C.M. RITZ), Bau der Pflanzen, Vergesellschaftung, Naturschutz, *Nymphaeaceae – Aristolochiaceae, Ceratophyllaceae – Buxaceae, Geraniaceae – Cornaceae*

Die Gruppe der RegionalkorrespondentInnen, mit deren Hilfe Verbreitungsangaben für die einzelnen Regionen, aber oft auch weitere Angaben präzisiert werden konnten, umfasste für die 22. Auflage:
T. Breunig (Karlsruhe), D. Frank (Halle, An), † E. Garve (Braunschweig, Ns), A. Händler (Gießen, He), H. John (Halle, An), H. Kiesewetter (Crivitz, Mv), H. Korsch (Jena, Th), A. Mohr (Neubrandenburg, Mv), H. Reichert (Trier, Rh), H. Ringel (Greifswald, Mv), K.S. Romahn (Felm, Sh), H. Sluschny (Schwerin, Mv), A. Zehm (München, Alp).

Zahlreiche weitere Hinweise gaben:
K. Adolphi (Köln), S. Arndt (Jena), C. Berg (Graz), M. Breitfeld (Markneukirchen), C. Brückner (Berlin), M. Burkart (Potsdam), E. Christensen (Probsteierhagen), J. Danihelka (Brno), J. Dengler (Wädenswil), W.B. Dickoré (München), D. Drenckhahn (Würzburg), S. Dressler (Frankfurt /Main), F. Ebel (Halle), P. Emrich (Gießen), M.A. Fischer (Wien), E. Foerster (Kleve), K. Fuhrmann (Oldenburg), B. Gemeinholzer (Gießen), T. Gregor (Schlitz), R. Hand (Berlin), H. Henker (Neukloster), I. Hensen (Halle), A. Ihl (Dresden), H. Jage (Kemberg), R. Jahn (Großschirma), G. Kasperek (Gießen), J. Klotz (Regensburg), A. Krumbiegel (Halle), V. Kummer (Potsdam), W. Lang (Erpolzheim), † W. Lippert (München), J. Lorenz

(Görlitz), E.G. Mahn (Dresden), L. Meierott (Gerbrunn), S. Meyer (Göttingen), M. Mühlberg (Halle), E. Pfister (Erfurt), U. Poetzsch (Görlitz), H.H. Poppendieck (Hamburg), U. Raabe (Recklinghausen), B. Rahfeld (Halle), M. Ristow (Potsdam), H. Reichert (Trier), M. Röser (Halle), † K. Rostański (Katowice), B. Sauerwein (Kassel), P.A. Schmidt (Coswig), J. Schriefer (Görlitz), C. Stace (United Kingdom), S. Starke (Greifswald), J. Stolle (Kösseln), M. Thines (Frankfurt), † G. Wagenitz (Göttingen), K. van de Weyer (Nettetal), S. Wiens (Meile), V. Wissemann (Gießen), S. Ziegler (Heidelberg).

Die Auflagen 20 und 21 wurden maßgeblich von E.J. JÄGER bearbeitet und bilden die Grundlage für das vorliegende Buch. Bis zur 19. Auflage des Grundbandes (= Band 2) bearbeitete K. WERNER die Verwachsenkronblättrigen und die Schlüssel zum Bestimmen, G. STOHR vor allem die Einkeimblättrigen (ohne Orchideen) und die Rosengewächse, M. BÄSSLER die Orchideen und die übrigen Getrenntkronblättrigen. Die Angaben zu den Standorten und zur soziologischen Bindung wurden in den vorgehenden Auflagen von E.G. MAHN (Dresden) vorgenommen und hier nur aktualisiert.
Die Zeichnungen bis zur 21. Auflage wurden zum großen Teil von Frau H. ZECH und Frau G. MÖRCHEN ausgeführt, wenige ältere von L. FUKAREK und B. STEIN. Die Abbildungen von mehreren Farnpflanzen, von *Pinus*, *Polygonaceae*, *Atriplex*, *Alchemilla*, *Rosa*, *Rubus*, *Sorbus*, *Elymus* und *Stipa* stammen von den Bearbeitern der betreffenden Sippen. A. KÄSTNER zeichnete mehrere Abbildungsleisten (*Apiaceae*, *Brassicaceae*) neu. Frau H. ZECH (Halle) führte umfangreiche Arbeiten zur Beschriftung der Abbildungen und zur neuen Zusammenstellung der Abbildungsleisten aus. Für die 22. Auflage stellten H. KORSCH und F. ARNDT (*Characeae*), H. KRISCH (*Atriplex*) und S. THEUERKAUF (*Salix*, technische Bearbeitung *Atriplex*, *Drosera*, *Crataegus*, *Hypericum*, *Ranunculus*) zusätzliche Zeichnungen bereit.

Für eine ausführlichere Darstellung zur Geschichte der Flora empfehlen wir die Lektüre von JÄGER, E.J.; WERNER, K.: Die Geschichte der Exkursionsflora von Werner Rothmaler. Feddes Repertorium 119 (2008): 124–143.

Einleitung

Ordnung und Benennung der Pflanzen

Systematik

Um die große Vielfalt (Biodiversität) des Pflanzenreichs übersichtlich darzustellen und die verwandtschaftlichen Beziehungen verständlich zu machen, ordnet man die Pflanzen in ein hierarchisches **System** aus Einheiten verschiedener, einander zugeordneter **Rangstufen**. Die wichtigsten sind Art, Gattung, Familie, Ordnung, Klasse, Abteilung; dazwischen werden oft noch weitere Rangstufen eingefügt. Alle diese systematischen (verwandtschaftlichen) Einheiten werden ungeachtet ihrer Rangstufe als **Taxa** (Einzahl: **Taxon**; **Sippe**) bezeichnet. In unseren Bestimmungsschlüsseln werden nur die Arten und Unterarten, Gattungen und Familien berücksichtigt. Die Taxa der höheren Rangstufen sind in der Systemübersicht (S. 6) aufgeführt.

Ursprünglich erfolgte die Einteilung nach einem einzigen oder nur wenigen Merkmalen (etwa bei LINNAEUS hauptsächlich nach der Anzahl der Staubblätter); das Ergebnis waren künstliche Systeme. Durch Berücksichtigung aller bekannten Merkmale wurden natürliche Systeme geschaffen. Sie sollen sich immer mehr dem Ziel der Systematik nähern, die in der Natur tatsächlich bestehenden verwandtschaftlichen (phylogenetischen) Beziehungen abzubilden. Aus Ähnlichkeit kann aber nicht sicher auf Verwandtschaft geschlossen werden, weil sich die Merkmale, ja sogar ganze Merkmalskomplexe unabhängig voneinander parallel oder konvergent entwickeln können und weil die Evolution der Merkmale unterschiedlich schnell verläuft.

Erst in den letzten Jahrzehnten konnten durch genetische Analysen (DNA) sicherere Verwandtschaftsbeziehungen als Grundlage eines phylogenetischen Systems ermittelt werden. Die meisten mit morphologischen, anatomischen, karyologischen und biochemischen Methoden abgegrenzten Gruppierungen konnten dabei bestätigt werden. Auch die Zusammenfassung bereits früher benachbart eingeordneter Gruppen war nichts eigentlich Neues (*Tiliaceae* zu *Malvaceae*, *Cuscutaceae* zu *Convolvulaceae*, *Empetraceae* und *Pyrolaceae* zu *Ericaceae*, *Acer* und *Aesculus* zu *Sapindaceae* u. a.). Es wurden aber auch überraschende Umgruppierungen nötig, z. B. die Umstellung der *Menyanthaceae* (Fieberkleegewächse) von den *Gentianales* zur Verwandtschaft der Korbblütengewächse (*Asterales*). Für die Kenntnis der Arten und für ihre Bestimmung bringt das phylogenetische System allerdings zunächst wenig Neues. In einigen Fällen konnten morphologische Merkmale gefunden werden, die den neuen molekularsystematischen Ergebnissen entsprechen. Viele der neu gefassten Taxa sind aber nicht leicht mit morphologischen Merkmalen zu beschreiben und zu erkennen.

Lange diskutiert wurde die Anerkennung oder Ablehnung von paraphyletischen Taxa, die im Unterschied zu den monophyletischen nicht einen vollständigen Ast des Stammbaums, sondern Teile eines Astes repräsentieren. Ein Beispiel sind die *Chenopodiaceae*, die in ihrer traditionellen Fassung polyphyletisch sind. Die in diesem Zusammenhang problematische Gattung *Polycnemum* wurde in vorliegendem Band in die *Amaranthaceae* verschoben

© Springer-Verlag GmbH Deutschland, ein Teil von Springer Nature 2021
F. Müller, C. M. Ritz, E. Welk, K. Wesche (Hrsg.),
Rothmaler - Exkursionsflora von Deutschland. Gefäßpflanzen: Grundband,
https://doi.org/10.1007/978-3-662-61011-4_1

(HERNANDEZ-LEDESMA et al. 2015), wir folgen also nicht dem alternativen Vorschlag, die *Amaranthaceae* sehr weit zu fassen und die *Chenopodiaceae* einzuschließen. Auch die Aufgliederung von sehr großen, inhomogenen Gattungen wie *Euphorbia* soll hier bis zur vollständigen Gliederung unter Einbeziehung der Nachbargattungen aus pragmatischen Gründen abgewartet werden, um wiederholte Umbenennungen zu vermeiden. Deshalb wird auch in unserem Buch die bisherige Fassung der Taxa in einigen Fällen beibehalten, aber in Anmerkungen auf künftige Entwicklungen hingewiesen. Bereits konsolidierte phylogenetische Ergebnisse wurden aber in der vorliegenden Auflage umgesetzt (z. B. die Abtrennung von *Ervilium* u. *Ervum* von *Vicia*). Einen ausführlichen Überblick über aktuelle Forschungsergebnisse zu Gattungskonzepten in der deutschen Flora geben KADEREIT et al. (2016). Bei der linearen Anordnung der räumlichen Stammbaumbeziehungen besteht die Möglichkeit, die Folge an den Verzweigungsstellen (Knoten) zu drehen. Das haben wir genutzt, um in wenigen Fällen die gewohnte Reihenfolge der Familien beizubehalten. So stehen die *Asteraceae* wie gewohnt am Ende des Buches. Eine Übersicht über das dieser Flora zugrundegelegte System (nach APG IV 2016, STEVENS in Angiosperm Phylogeny Website 2017, KADEREIT in STRASBURGER 2014, für die Farne PPG1 2016) findet sich auf S. 6 ff.

Die **Art** (Species) ist die biologisch wichtigste Einheit im System. Sie ist eine Abstammungsgemeinschaft (Sippe) untereinander fertil kreuzbarer Individuen, die sich durch konstante erbliche Merkmale von denen anderer Abstammungsgemeinschaften unterscheiden, mit denen sie sich nicht ohne wesentliche Einschränkungen der Fertilität bei den Nachkommen kreuzen lassen. Sonderfälle treten dann auf, wenn die Kreuzbarkeit innerhalb der Sippe eingeschränkt ist (Selbstbestäubung) oder die sexuelle Fortpflanzung teilweise oder gänzlich fehlt (Apomixis, s. S. 893).

Zuweilen sind in unserem Buch nah verwandte, schwer unterscheidbare Arten zu **Artengruppen** (**Aggregaten**, „Sammelarten") zusammengefasst. Das Aggregat (agg.) ist keine offizielle taxonomische Rangstufe, sondern eine unverbindliche, aus bestimmungspraktischen Gründen geschaffene Gruppierung „kritischer" Arten (**Kleinarten**), die schwer gegeneinander abgrenzbar und oft noch ungenügend erforscht sind. In Zweifelsfällen ist es besser, nur bis zu dem Aggregat zu bestimmen, als eine möglicherweise falsche Kleinart anzugeben. Besonders problematisch sind die infolge Apomixis in sehr großer Zahl auftretenden Kleinarten in verschiedenen Gattungen (*Ranunculus auricomus* agg., *Alchemilla*, *Rubus*, *Sorbus*, *Taraxacum*, *Hieracium*, *Pilosella*). Wer sich in die Bestimmung solcher Sippen einarbeiten möchte, sollte die Hilfe von Spezialisten suchen und Zugang zu sicher bestimmtem Vergleichsmaterial haben. Weiterführende Bestimmungsschlüssel für die Taxa *Ranunculus auricomus* agg., *Rubus*, *Sorbus*, *Taraxacum* und *Hieracium laevigatum* bietet der Kritische Ergänzungsband zur Rothmaler Reihe (MÜLLER et al. 2016), ein virtuelles Herbarium bestimmungskritischer Taxa Deutschlands findet sich online (https://webapp.senckenberg.de/bestikri; DRESSLER & DRESSLER 2017).

Die Arten können in die folgenden „infraspezifischen Taxa" untergliedert werden. **Unterarten** (subsp. = Subspecies) sind auf dem Weg der Artbildung befindliche Sippen, die zwar morphologisch deutlich differenziert, aber meist noch nicht genetisch isoliert sind. Die freie Kreuzbarkeit wird verhindert durch die Besiedlung unterschiedlicher Areale (geographische Rassen, Berg- und Talrassen) oder Standorte (ökologische Rassen, z. B. Kalk- und Silikatrassen); in den Kontaktzonen treten meist Übergangsformen auf. Unterarten (und die meisten „Kleinarten") werden in diesem Band in Kleindruck aufgeschlüsselt. Kommt von einer Art mit mehreren Unterarten in Deutschland nur eine vor, dann wird ihr Name dem Artnamen angeschlossen, die Verbreitung wird dann für die Art und die Unterart angegeben. Ist in Deutschland ausschließlich die Nominat-Unterart zu finden, wird nur der Artname angegeben.

Varietäten (var. = Varietas) stellen noch geringere erbliche Abweichungen dar, die oft in Teilen des Areals der Art oder Unterart dominieren, aber durch Übergänge verbunden sind; gelegentlich wird die Rangstufe für noch nicht sicher zu bewertende Sippen gebraucht. Varietäten haben für die Sippensystematik geringere Bedeutung, sie geben uns aber Hinweise auf die Variationsbreite des übergeordneten Taxons. In diesem Buch werden Varietäten nur in Ausnahmefällen behandelt. Verschiedene, in früheren Auflagen dieses Bandes als Unterarten aufgeführte Sippen sind nach heutiger Auffassung nur als Varietäten zu bewerten und wurden deshalb zu den Synonymen gestellt. **Formen** (f. = Forma) unterscheiden sich meist nur in einem konstanten Merkmal, das ohne jede räumliche Bindung auftritt und durch Mutation verschiedentlich neu entstehen kann (z. B. Schlitzblättrigkeit). Diese Rangstufe wird heutzutage kaum noch verwendet.

Kreuzungsprodukte verschiedener Arten (meist derselben, seltener von unterschiedlichen Gattungen) werden als **Hybriden** (Bastarde) bezeichnet. Sie vereinen gewöhnlich Merkmale beider Elternsippen, oft jedoch in sehr variabler Ausbildung, und sind in vielen Fällen ganz oder teilweise unfruchtbar, d. h. sie erzeugen meist keine reifen Samen oder Sporen. Die in Deutschland in der Natur nachgewiesenen Hybriden zwischen den betreffenden Arten sind am Schluss jeder Gattung aufgeführt. Nur ausnahmsweise werden Hybriden zwischen Unterarten (**Nothosubspecies**) angegeben. Einige sehr häufige Hybriden wurden in die Schlüssel aufgenommen. Viele haben sich im Lauf der Zeit zu fortpflanzungsfähigen echten Arten entwickelt (**hybridogene Arten**).

Wissenschaftliche Pflanzennamen

Zur Benennung der Pflanzentaxa (**Nomenklatur**) verwendet man wissenschaftliche Namen, die ungeachtet ihrer Herkunft lateinische Form haben. Sie dienen der leichteren internationalen Verständigung. Jeder wissenschaftliche Artname, z. B. *Vaccinium myrtillus*, besteht aus zwei Teilen (binäre Nomenklatur, 1753 von LINNAEUS eingeführt). Das erste Wort ist der Gattungsname, das zweite das Art-Epitheton (der Art-Beiname), d. h. der artbestimmende Zusatz zum Gattungsnamen. Der Gattungsname wird stets mit großem, das Epitheton mit kleinem Anfangsbuchstaben geschrieben. Besteht das Epitheton aus zwei Wörtern, werden diese mit Bindestrich verbunden (*Lychnis flos-cuculi*). Die Namen infraspezifischer Taxa sind mehrgliedrig: sie bestehen aus dem Artnamen und – durch die Abkürzung der Rangstufe (subsp., var., f.) getrennt – einem das niedrigere Taxon bezeichnenden Epitheton, z. B. *Ballota nigra* subsp. *meridionalis*, *Jasione montana* var. *litoralis*. Die den nomenklatorischen Typus der Art (s. u.) einschließende ("homotypische") Untersippe wiederholt das unveränderte Art-Epitheton, z. B. *Ballota nigra* subsp. *nigra*. Hybriden werden entweder durch die mit einem Malzeichen verbundenen Namen der Elternarten bezeichnet oder mit einem eigenen binären Namen benannt, wobei das Malzeichen vor dem Art-Epitheton stehen kann (Pfeffer-Minze: *Mentha aquatica* × *M. spicata* = *M.* ×*piperita*). Entsprechend werden Nothosubspecies, also Hybriden aus Unterarten, benannt (*Asplenium trichomanes* subsp. *hastatum* × *A. t.* subsp. *pachyrachis* = *A. trichomanes* nothosubsp. *moravicum*).

Jede Pflanzenart mit bestimmter Gattungszugehörigkeit und Umgrenzung hat nur einen einzigen korrekten wissenschaftlichen Namen. Entsprechendes gilt für die Gattung, Unterart usw. (Familiennamen s. u.). Sind für ein Taxon im Verlauf der Zeit oder in verschiedenen Ländern mehrere Namen in Gebrauch gekommen (**Synonyme** = gleichbedeutende Namen), so darf von diesen unter den obigen Voraussetzungen nur einer gebraucht werden. Besonders schwierig wird dies, wenn ein und derselbe Name für unterschiedliche Sippen verwendet wurde (Homonym = gleichlautender Name). Durch internationale Nomenklaturregeln (ICBN = *International Code of Nomenclature for Algae, Fungi, and Plants*) wird festgelegt, welcher Name unter mehreren vorhandenen der korrekte ist und deshalb beibehalten und einheitlich angewendet werden muss. Im allgemeinen ist dies der jeweils älteste Name der Sippe (Prioritätsgrundsatz), es gibt jedoch zahlreiche Ausnahmen. Entscheidend für die Festlegung eines Namens ist der nomenklatorische **Typus** der entsprechenden Sippe, an den der Name dauerhaft geknüpft ist. Der nomenklatorische Typus eines Familiennamens ist eine bestimmte Gattung, der eines Gattungsnamens eine bestimmte Art und der eines Artnamens ist in der Regel ein bestimmtes Herbarexemplar, das in Zweifelsfällen zur Klärung der Anwendung des Namens herangezogen wird. Da aber der benutzte Name nicht nur von der richtigen Anwendung der Nomenklaturregeln abhängt, sondern in erster Linie von der systematischen Beurteilung eines Verwandtschaftskreises, die sich mit den fortschreitenden Erkenntnissen der Forschung verändern kann (Änderung der Rangstufe, des Umfangs oder der systematischen Stellung eines Taxons), sind Namensänderungen nie ganz vermeidbar. So kann ein und dieselbe Sippe je nach ihrer taxonomischen Bewertung mehrere korrekte Namen haben (z. B. *Galeobdolon montanum* = *Lamium montanum* = *Lamium galeobdolon* subsp. *montanum*). Bei den Sippen, für die in anderen gebräuchlichen Florenwerken abweichende wissenschaftliche Namen verwendet werden, sind die wichtigsten dieser Synonyme in unserem Buch in eckigen Klammern angegeben. Abgesehen von wenigen Ausnahmen orientieren wir uns in der Nomenklatur an der Liste der Gefäßpflanzen Deutschlands (BUTTLER et al. 2018). Abweichungen werden in den „Kommentaren und Ergänzungen zur Neubearbeitung der 22. Auflage der Rothmaler Exkursionsflora von Deutschland" begründet (MÜLLER et al. 2018, Schlechtendalia 35 und folgende, http://public.bibliothek.uni-halle.de/index.php/schlechtendalia).

Der Prioritätsgrundsatz gilt für die Taxa aller Rangstufen bis zur Familie aufwärts. Familiennamen bestehen aus dem Wortstamm eines Gattungsnamens mit der Endung -aceae (*Rosaceae*, *Solanaceae*). Eine Ausnahme bilden wenige Familien, für die zwei Namen gebraucht werden dürfen: *Brassicaceae* oder *Cruciferae*, *Fabaceae* oder *Leguminosae*, *Apiaceae* oder *Umbelliferae*, *Lamiaceae* oder *Labiatae*, *Asteraceae* oder *Compositae*, *Poaceae* oder *Gramineae*.

Hinter jedem wissenschaftlichen Pflanzennamen steht ein Personenname (bisweilen auch mehrere), oft in abgekürzter Form (z. B. ALL. für ALLIONI, L. für LINNAEUS, ASCH. et GRAEBN. für ASCHERSON und GRAEBNER[1]). Dies ist der Name des Autors (der Autoren), der (die) als erster den betreffenden Pflanzennamen gültig veröffentlichte(n). Oft steht davor in Klammern noch ein weiterer Autorname. In diesem Fall hat bereits dieser „Klammerautor" die Sippe benannt, sie wurde aber später von dem nachstehenden Autor entweder in eine andere Rangstufe (z. B. von der Unterart zur Art) oder in eine andere Gattung versetzt. Nur bei den homotypischen infraspezifischen Taxa, also denen, die das unveränderte Art-Epitheton wiederholen, entfallen die Autornamen. Der Autorname gilt als Kurzzitat der Literaturstelle, welche die Erstbeschreibung enthält, und verweist damit auf den nomenklatorischen Typus des Namens. Er ist also nur bei speziellen taxonomischen Untersuchungen notwendig, bei anderen Arbeiten genügt es, stattdessen das Referenzwerk anzugeben, dem man in Taxonomie und Nomenklatur folgt.

Der nomenklatorische Autorname sagt nichts über die Umgrenzung des Taxons aus, die sich je nach der systematischen Beurteilung ändern kann (s. o.). Um darauf hinzuweisen, findet sich manchmal noch eine Abkürzung hinter dem Namen der Sippe, die entweder im weiten Sinn (**s. l.** = *sensu lato*), d. h. unter Einschluss nahe verwandter Taxa, oder im engen Sinn (**s. str.** = *sensu stricto*), d. h. unter Ausschluss zuweilen hinzugezogener Taxa, aufgefasst sein kann. Das Wort *sensu* (im Sinne von) weist auf die taxonomische Bewertung bzw. die Umgrenzung einer Sippe durch den nachfolgend genannten Autor (oder in einem bestimmten Werk) hin. Bei Synonymen bedeutet die Abkürzung **p. p.** (= *pro parte*, zum Teil), dass nur ein Teil des ursprünglichen Umfangs der genannten Sippe gemeint ist. Die Abkürzungen **auct.** (= *auctorum*, der Autoren) und **hort.** (= *hortorum*, der Gärten, bzw. = *hortulanorum*, der Gärtner) besagen, dass der Name in verschiedenen botanischen Büchern oder der Gartenliteratur falsch angewendet wird (oder wurde), nämlich nicht für dasjenige Taxon, das den nomenklatorischen Typus des Namens enthält. Auch das Wort **non** (nicht) zwischen zwei Autornamen weist darauf hin, dass der erstgenannte Autor den Namen (ein Homonym) unkorrekt für eine andere Sippe verwendete als der zweitgenannte.

Wichtiger als die Zitation des nomenklatorischen Autornamens ist in einer botanischen Publikation, die sich nicht mit ausgesprochen systematischen und nomenklatorischen Problemen befasst, die Angabe eines taxonomischen Referenzwerkes (z. B. einer Flora oder einer wissenschaftlichen Namensliste mit Synonymen), aus dem ersichtlich ist, in welchem Sinn (Umfang) die verwendeten Namen zu verstehen sind (z. B. „Taxonomie und Nomenklatur richten sich nach …").

Um die richtige **Aussprache** der wissenschaftlichen Pflanzennamen zu erleichtern, ist im vorliegenden Buch jeweils der betonte Vokal bzw. Diphthong unterstrichen. Betont wird wie im Lateinischen die vorletzte Silbe, wenn sie lang ist (*Sempervivum*, *giganteus*), dagegen die drittletzte, wenn die vorletzte kurz ist (*sempervirens*, *argenteus*).

---

[1] Bei der Abkürzung der Autoren folgen wir dem INTERNATIONAL PLANT NAMES INDEX (http://www.ipni.org).

Deutsche Pflanzennamen

Die deutschen Pflanzennamen sind in der Mehrzahl künstlich gebildet („Büchernamen") und keine echten Volksnamen („Vernakularnamen"). Das liegt einerseits daran, dass für viele unscheinbare oder schwer unterscheidbare Arten überhaupt keine volkstümlichen Namen existieren, zum anderen haben sich die eigentlichen Volksnamen naturgemäß völlig unabhängig von der wissenschaftlichen Systematik entwickelt. Sie sind häufig vieldeutig und in einzelnen Landschaften des Gebietes unterschiedlich. Beispielsweise werden mit dem Namen „Butterblume" zahlreiche gelbblühende Arten verschiedener Gattungen und Familien bezeichnet. Andererseits sind für ein und dieselbe Art in verschiedenen Landesteilen häufig unterschiedliche Namen gebräuchlich, so für die Art *Vaccinium myrtillus* Namen wie Heidelbeere, Blaubeere, Schwarzbeere, Waldbeere, Bickbeere und weitere lokale mundartliche Bezeichnungen. Die Gattungszugehörigkeit ist bei vielen Namen der Alltagssprache nicht erkennbar: Veilchen und Stiefmütterchen gehören zur Gattung *Viola*, Stachel- und Johannisbeere zur Gattung *Ribes*; als Waldmeister wird eine Art der Gattung *Galium* (Labkraut) und als Wermut eine Art der Gattung *Artemisia* (Beifuß) bezeichnet; der Weiße Senf zählt zur Gattung *Sinapis*, der Schwarze Senf zu *Brassica*, Meersenf ist der Name der Gattung *Cakile*.

Im Gegensatz zu den wissenschaftlichen Pflanzennamen gibt es für die Bildung und Anwendung der deutschen Kunstnamen keine verbindlichen Regeln; Bestrebungen verschiedener Autoren zu einer Vereinheitlichung gehen von unterschiedlichen Voraussetzungen aus. Wir verwenden daher im wesentlichen die bisher in den Rothmaler-Bänden gebräuchlichen Namen, haben aber in Anlehnung an Vorschläge von Fischer (2001, 2002) auch einige uns sinnvoll erscheinende Änderungen vorgenommen.

Gewöhnlich bestehen die deutschen Artnamen wie die lateinischen aus dem Gattungsnamen und einem die Art kennzeichnenden Zusatzwort. Ist dieses ein Substantiv, wird der Name mit Bindestrich geschrieben (Zwerg-Mehlbeere), ist es ein Adjektiv, in zwei Wörtern und stets mit großem Anfangsbuchstaben (Gewöhnliche Mehlbeere). Aus einem Wort bestehende volkstümliche Artnamen werden ohne Bindestrich geschrieben (Eberesche, eine Art der Gattung Mehlbeere, im Gegensatz zu Blumen-Esche, einer Art der Gattung Esche). Für Unterarten geben wir nur dann deutsche Namen an, wenn sie allgemein gebräuchlich sind (vor allem bei Kultur- und Nutzpflanzen); die Schaffung deutscher Kunstnamen für alle Unterarten halten wir nicht für notwendig. Die deutschen Gattungsnamen bestehen aus einem einzigen Wort (Alpenveilchen, eine Gattung der Primelgewächse, im Gegensatz zu Berg-Veilchen, einer Art der Gattung Veilchen). Familiennamen sind an der Endung -gewächse zu erkennen (Rosengewächse, Korbblütengewächse), doch werden oft auch abweichende Formen verwendet (Korbblütler oder Kompositen, Süßgräser).

Übersicht über das System

Abteilung STREPTOPHYTA

**Unterabteilung CHAROPHYTINA –
Armleuchteralgen**

Ordnung Charales – Armleuchterlagen
Characeae – Armleuchteralgen

Die vier Unterabteilungen der Moose werden hier nicht behandelt.

**Unterabteilung LYCOPODIOPHYTINA –
Bärlappe**

Ordnung Lycopodiales – Bärlappartige
Lycopodiaceae – Bärlappgewächse
Ordnung Isoëtales – Brachsenkrautartige
Isoëtaceae – Brachsenkrautgewächse
Ordnung Selaginellales – Moosfarnartige
Selaginellaceae – Moosfarngewächse

Die folgenden drei Unterabteilungen (und die MARRATIOPHYTINA) werden zu den Monilophyten zusammengefasst und stehen als Schwestergruppe den Samenpflanzen gegenüber.

**Unterabteilung EQUISETOPHYTINA –
Schachtelhalme**

Ordnung Equisetales – Schachtelhalmartige
Equisetaceae – Schachtelhalmgewächse

**Unterabteilung PSILOTOPHYTINA –
Gabelblattfarne u. Natternzungengewächse**

Ordnung Ophioglossales – Natternzungenartige
Ophioglossaceae – Natternzungengewächse

**Unterabteilung POLYPODIOPHYTINA –
Leptosporangiate Farne**

Ordnung Osmundales – Rispenfarnartige
Osmundaceae – Rispenfarngewächse
Ordnung Hymenophyllales – Hautfarnartige
Hymenophyllaceae – Hautfarngewächse
Ordnung Salviniales – Schwimmfarnartige
Salviniaceae – Schwimmfarngewächse
Marsileaceae – Kleefarngewächse
Ordnung Polypodiales – Tüpfelfarnartige
Pteridaceae – Saumfarngewächse
Dennstaedtiaceae – Adlerfarngewächse
Cystopteridaceae – Blasenfarngewäche
Aspleniaceae – Streifenfarngewächse
Woodsiaceae – Wimperfarngewächse
Onocleaceae – Perlfarngewächse
Blechnaceae – Rippenfarngewächse
Athyriaceae – Frauenfarngewächse
Thelypteridaceae – Sumpffarngewächse
Dryopteridaceae – Wurmfarngewächse
Polypodiaceae – Tüpfelfarngewächse

**Unterabteilung SPERMATOPHYTINA –
Samenpflanzen**

Gymnospermae – Nacktsamer

Ordnung Ginkgoales – Ginkgoartige
Ginkgoaceae – Ginkgogewächse
Ordnung Pinales – Kiefernartige
Pinaceae – Kieferngewächse
Cupressaceae (inkl. Taxodiaceae) – Zypressengewächse
Taxaceae – Eibengewächse

Angiospermae – Bedecktsamer

Basale Ordnungen

Ordnung Nymphaeales – Seerosenartige
Nymphaeaceae – Seerosengewächse
Ordnung Piperales – Pfefferartige
Saururaceae – Molchschwanzgewächse
Aristolochiaceae – Osterluzeigewächse

Monokotyledonae – Einkeimblättrige Bedecktsamer

Ordnung Acorales – Kalmusartige
Acoraceae – Kalmusgewächse
Ordnung Alismatales – Froschlöffelartige
Araceae (inkl. Lemnaceae) – Aronstabgewächse
Tofieldiaceae – Simsenliliengewächse
Alismataceae – Froschlöffelgewächse
Butomaceae – Schwanenblumengewächse
Hydrocharitaceae (inkl. Najadaceae) – Froschbissgewächse
Scheuchzeriaceae – Blasenbinsengewächse
Juncaginaceae – Dreizackgewächse
Zosteraceae – Seegrasgewächse
Potamogetonaceae (inkl. Zannichelliaceae) – Laichkrautgewächse
Ruppiaceae – Saldengewächse
Ordnung Dioscoreales – Yamswurzelartige
Nartheciaceae – Beinbrechgewächse
Dioscoreaceae – Yamswurzelgewächse
Ordnung Liliales – Lilienartige
Melanthiaceae (inkl. Trilliaceae) – Germergewächse
Colchicaceae – Zeitlosengewächse
Liliaceae – Liliengewächse
Ordnung Asparagales – Spargelartige
Orchidaceae – Knabenkrautgewächse
Iridaceae – Schwertliliengewächse
Asphodelaceae (inkl. Hemerocallidaceae) – Affodillgewächse
Amaryllidaceae (inkl. Alliaceae) – Amaryllisgewächse
Asparagaceae (inkl. Hyacinthaceae, Anthericaceae, Ruscaceae) – Spargelgewächse
Ordnung Commelinales – Commelinenartige
Commelinaceae – Commelinengewächse

Ordnung *Poales* – Süßgrasartige
 Typhaceae (inkl. *Sparganiaceae*) – Rohrkolbengewächse
 Juncaceae – Binsengewächse
 Cyperaceae – Riedgrasgewächse
 Poaceae – Süßgräser

Die folgende Ordnung ist nach bisherigem Kenntnisstand die Schwestergruppe der Zweikeimblättrigen.

Ordnung *Ceratophyllales* – Hornblattartige
 Ceratophyllaceae – Hornblattgewächse

Eudicotyledonae – Zweikeimblättrige Bedecktsamer

Ordnung *Ranunculales* – Hahnenfußartige
 Papaveraceae (inkl. *Fumariaceae*) – Mohngewächse
 Berberidaceae – Berberitzengewächse
 Ranunculaceae – Hahnenfußgewächse
Ordnung *Proteales* – Proteaartige
 Platanaceae – Platanengewächse
Ordnung *Buxales* – Buchsbaumartige
 Buxaceae – Buchsbaumgewächse
Ordnung *Saxifragales* – Steinbrechartige
 Paeoniaceae – Pfingstrosengewächse
 Grossulariaceae – Stachelbeergewächse
 Saxifragaceae – Steinbrechgewächse
 Crassulaceae – Dickblattgewächse
 Haloragaceae – Seebeerengewächse
Ordnung *Vitales* – Weinrebenartige
 Vitaceae – Weinrebengewächse
Ordnung *Zygophyllales* – Jochblattartige
 Zygophyllaceae – Jochblattgewächse
Ordnung *Fabales* – Hülsenfrüchtige
 Fabaceae – Schmetterlingsblütengewächse
 Polygalaceae – Kreuzblümchengewächse
Ordnung *Rosales* – Rosenartige
 Rosaceae – Rosengewächse
 Elaeagnaceae – Ölweidengewächse
 Rhamnaceae – Kreuzdorngewächse
 Ulmaceae – Ulmengewächse
 Cannabaceae – Hanfgewächse
 Moraceae – Maulbeergewächse
 Urticaceae – Brennnesselgewächse
Ordnung *Fagales* – Buchenartige
 Fagaceae – Buchengewächse
 Myricaceae – Gagelgewächse
 Juglandaceae – Walnussgewächse
 Betulaceae (inkl. *Corylaceae*) – Birkengewächse
Ordnung *Cucurbitales* – Kürbisartige
 Cucurbitaceae – Kürbisgewächse
Ordnung *Celastrales* – Baumwürgerartige
 Celastraceae (inkl. *Parnassiaceae* – Herzblattgewächse) – Baumwürgergewächse
Ordnung *Oxalidales* – Sauerkleeartige
 Oxalidaceae – Sauerkleegewächse
Ordnung *Malpighiales* – Malpighiaartige
 Hypericaceae – Hartheugewächse
 Elatinaceae – Tännelgewächse
 Violaceae – Veilchengewächse
 Salicaceae – Weidengewächse
 Euphorbiaceae – Wolfsmilchgewächse
 Linaceae – Leingewächse
Ordnung *Geraniales* – Storchschnabelartige
 Geraniaceae – Storchschnabelgewächse
Ordnung *Myrtales* – Myrtenartige
 Lythraceae (inkl. *Trapaceae*) – Blutweiderichgewächse
 Onagraceae – Nachtkerzengewächse
Ordnung *Crossosomatales* – Pimpernussartige
 Staphyleaceae – Pimpernussgewächse
Ordnung *Sapindales* – Seifenbaumartige
 Anacardiaceae – Sumachgewächse
 Sapindaceae (inkl. *Hippocastanaceae*, *Aceraceae*) – Seifenbaumgewächse
 Rutaceae – Rautengewächse
 Simaroubaceae – Bittereschengewächse
Ordnung *Malvales* – Malvenartige
 Malvaceae (inkl. *Tiliaceae*) – Malvengewächse
 Thymelaeaceae – Spatzenzungengewächse
 Cistaceae – Zistrosengewächse
Ordnung *Brassicales* – Kreuzblütlerartige
 Tropaeolaceae – Kapuzinerkressengewächse
 Resedaceae – Resedengewächse
 Brassicaceae – Kreuzblütengewächse
Ordnung *Santalales* – Sandelartige
 Santalaceae (inkl. *Viscum*) – Sandelgewächse
 Loranthaceae – Riemenmistelgewächse
Ordnung *Caryophyllales* – Nelkenartige
 Tamaricaceae – Tamariskengewächse
 Plumbaginaceae – Bleiwurzgewächse
 Polygonaceae – Knöterichgewächse
 Droseraceae – Sonnentaugewächse
 Caryophyllaceae – Nelkengewächse
 Amaranthaceae – Amarantgewächse
 Chenopodiaceae – Gänsefußgewächse
 Phytolaccaceae – Kermesbeerengewächse
 Nyctaginaceae – Wunderblumengewächse
 Montiaceae – Quellkrautgewächse
 Portulacaceae – Portulakgewächse
 Cactaceae – Kakteengewächse
Ordnung *Cornales* – Hartriegelartige
 Hydrangeaceae – Hortensiengewächse
 Cornaceae – Hartriegelgewächse
Ordnung *Ericales* – Heidekrautartige
 Balsaminaceae – Balsaminengewächse
 Polemoniaceae – Himmelsleitergewächse
 Primulaceae s. l. (inkl. *Myrsinaceae*, *Samolaceae*) – Primelgewächse
 Sarraceniaceae – Schlauchpflanzengewächse
 Ericaceae (inkl. *Pyrolaceae*, *Monotropaceae*, *Empetraceae*) – Heidekrautgewächse
Ordnung *Garryales* – Garryaartige
 Garryaceae [*Aucubaceae*] – Becherkätzchengewächse
Ordnung *Gentianales* – Enzianartige
 Rubiaceae – Rötegewächse
 Gentianaceae – Enziangewächse
 Apocynaceae (inkl. *Asclepiadaceae*) – Hundsgiftgewächse
Ordnung *Boraginales* – Borretschartige
 Boraginaceae (inkl. *Hydrophyllaceae*) – Borretschgewächse

Ordnung *Solanales* – Nachtschattenartige
Convolvulaceae (inkl. *Cuscutaceae*) – Windengewächse
Solanaceae – Nachtschattengewächse
Ordnung *Lamiales* – Lippenblütlerartige
Oleaceae – Ölbaumgewächse
Plantaginaceae s. l. (inkl. *Gratiolaceae, Globulariaceae, Callitrichaceae, Hippuridaceae*) – Wegerichgewächse
Scrophulariaceae (inkl. *Buddlejaceae*) – Braunwurzgewächse
Linderniaceae – Büchsenkrautgewächse
Bignoniaceae – Bignoniengewächse
Lentibulariaceae – Wasserschlauchgewächse
Verbenaceae – Eisenkrautgewächse
Lamiaceae – Lippenblütengewächse
Phrymaceae – Hängesamengewächse
Paulowniaceae – Paulowniengewächse
Orobanchaceae – Sommerwurzgewächse

Ordnung *Aquifoliales* – Stechpalmenartige
Aquifoliaceae – Stechpalmengewächse
Ordnung *Apiales* – Doldenblütlerartige
Araliaceae – Araliengewächse
Apiaceae – Doldengewächse
Ordnung *Dipsacales* – Kardenartige
Adoxaceae (inkl. *Sambucaceae, Viburnaceae*) – Moschuskrautgewächse
Caprifoliaceae (inkl. *Diervillaceae, Linnaeaceae, Dipsacaceae, Valerianaceae*) – Geißblattgewächse
Ordnung *Asterales* – Asternartige
Campanulaceae (inkl. *Lobeliaceae*) – Glockenblumengewächse
Menyanthaceae – Fieberkleegewächse
Asteraceae – Korbblütengewächse

Bau der Pflanzen

Die in den Bestimmungsschlüsseln verwendeten Fachausdrücke zur Beschreibung des Baues der Pflanzen werden am Ende des Buches (S. 893–914, schwarzer Seitenrand) in einem alphabetischen, illustrierten Fachwortverzeichnis erklärt. Abbildungsleisten dienen der Erläuterung, insbesondere für verschiedene Ausbildungen eines Merkmals (z. B. Blattrand). Wir bevorzugen in der Exkursionsflora deutsche Bezeichnungen, aber auch diese sind in ihrer präzisen Bedeutung nicht in allen Fällen direkt verständlich. Es ist deshalb nötig, immer wieder im Fachwortverzeichnis nachzulesen und sich die Feinheiten der Fachsprache anzueignen. So ist ein fiederschnittiges Blatt tiefer eingeschnitten als ein fiederteiliges, aber in beiden Fällen sind die Teile nicht völlig voneinander getrennt. Im Gegensatz dazu besteht ein Fiederblatt aus getrennten Teilen, die der Blattspindel nur mit ihrer Mittelrippe ansitzen. Sie heißen zwar Blättchen, müssen aber nicht kleiner sein als das ungeteilte Blatt einer anderen Pflanzenart. Auch die botanischen Bezeichnungen der Früchte weichen z. T. von den umgangssprachlichen ab (Erdbeere: Sammelnussfrucht, Himbeere: Sammelsteinfrucht, Erbse: Hülse, Tomate: Beere). Schmetterlingsblütler, zu denen z. B. auch die Bohnen gehören, haben Hülsenfrüchte, während Schoten für die Kreuzblütler charakteristisch sind. Die Früchte von Gräsern und Korbblütengewächsen werden landläufig „Samen" genannt, sind aber morphologisch betrachtet spezielle Früchte (Karyopsen bzw. Achänen). Besonders wichtig – und in den Schlüsseln oft gebraucht – sind die Bezeichnungen für das Längen-Breitenverhältnis der Blattspreiten (linealisch, lanzettlich bzw. länglich, eiförmig). Die unterirdischen Teile der Pflanze, in der Umgangssprache allgemein als Wurzel bezeichnet, sind für die Bestimmung vieler Stauden hilfreich. Zu unterscheiden sind unterirdische Sprosse (Sprossknollen, Rhizome, Pleiokorme, Ausläufer), die anders als Wurzeln Schuppenblätter oder deren Narben tragen. Oft erkennt man schon an der Verteilung der oberirdischen Triebe, ob die Pflanzen unterirdische Sprosse haben: einzeln, in dichten Gruppen oder in größeren Flächen.
Auf einige Fremdwörter konnte nicht verzichtet werden, weil ihre Umschreibung umständlich wäre. Das betrifft besonders die Struktur von Blüten, Früchten und Blütenständen und die Verteilung der Geschlechter (Staminodium, Diskus, Achäne, Pappus, Thyrsus, gynodiözisch), aber auch die Symmetrie der Organe (dorsiventral, radiär, disymmetrisch), sowie allgemein Strukturen bei Farnpflanzen (Sporangium, Sorus, Sporokarp) und speziell bei den Armleuchteralgen.

Biologie der Pflanzen

Soweit bekannt, geben die Artdiagnosen in Klammern jeweils formelhaft Informationen zu folgenden Merkmalen und in folgender Reihenfolge:
Wuchsform (Laubrhythmus, Rosettenbildung, Lebensform, Lebensdauer, Überdauerungsorgane, vegetative Vermehrung (klonales Wachstum), vegetative Ausbreitung), Bestäubung und Ausbreitung der Sporen, Samen oder Früchte und in vielen Fällen auch Besonderheiten der Samen-Lebensdauer und Keimung.
Diese Klammern enthalten viele Fachtermini und diese oft in abgekürzter Form. Um die eigenständige Nutzbarkeit zu gewährleisten, werden die entsprechenden Erläuterungen und Abkürzungen zu den wichtigsten Begriffen hier aufgelistet, die Bedeutung der Abkürzungen wird zusätzlich noch in den Klappentexten angegeben.

Wuchsform

Die Wuchsform beschreibt das Erscheinungsbild (Habitus) der Pflanze im Verlauf ihrer jahreszeitlichen Entwicklung und der ganzen Lebensgeschichte, die Lagebeziehungen sowie die verschiedenen Möglichkeiten der vegetativen Reproduktion.

Laubrhythmus

immergrün (igr): ganzjährig ± gleichmäßig belaubt; entweder bilden die Pflanzen ständig neue Blätter mit kürzerer Lebensdauer (**wechsel-immergrün**, *Lolium perenne, Bellis perennis*), seltener wechseln sie das Laub nur beim Austrieb (**überwinternd immergrün**, *Asarum, Hepatica, Calluna*) oder tragen Blätter mit mehrjähriger Lebensdauer (**dauer-immergrün**, Nadelhölzer, *Hedera, Lycopodium*).
teilimmergrün (teiligr): Laub im Winter zum großen Teil absterbend; kleine, meist bodennahe Blätter in milden Wintern überdauernd (*Aegopodium, Urtica dioica*)
sommergrün (sogr): Laubaustrieb im Frühjahr, Laubfall oder Absterben des Laubes im Herbst, Winterknospen oft durch Knospenschuppen geschützt (fast alle heimischen Laubbäume, die meisten Sträucher u. Stauden (*Fagus, Ribes, Dictamnus*)
frühjahrsgrün (frgr): Laubaustrieb im zeitigen Frühjahr, Absterben des Laubes im Frühsommer (*Galanthus nivalis, Ficaria verna*)
herbst-frühjahrsgrün (hfrgr): Laubaustrieb im Herbst, Absterben des Laubes im Frühsommer (*Allium vineale, Ranunculus bulbosus, Muscari armeniacum, Ophrys*-Arten)

Rosettenbildung

Bei Rosetten wachsen die Blätter in der wärmeren bodennahen Luftschicht, sie finden sich daher oft bei Pflanzen der Hochgebirgsstufe und bei Arten mediterraner Herkunft und damit aus winterfeuchten und -milden Klimaten. Erosulate (rosettenlose) Pflanzen sind häufiger im sommerfeuchten, winterkalten Laubwaldklima. Viele winterannuelle Rosettenpflanzen können auch als erosulate Sommerannuelle wachsen (*Silene noctiflora, Consolida ajacis*).

Ganzrosettenpflanze (ros): Laubblätter nur am gestauchten Achsenabschnitt in Bodennähe (*Arnoseris*), an der gestreckten Achse höchstens schuppenförmige Hochblätter tragend (*Hypochoeris radicata*)
Halbrosettenpflanze (hros): außer der Rosette Laubblätter an der gestreckten Achse tragend (*Lactuca serriola*)

Rosettenlose Pflanze (Erosulate, eros): Laubblätter nur an der gestreckten Achse wachsend, in Bodennähe oft Niederblätter (*Solidago canadensis*, alle Kriechtriebpflanzen)

Lebensform
Die Lebensform-Bezeichnungen beruhen auf der Lage der Überdauerungsknospen in der ungünstigen Jahreszeit bzw. der Überdauerung dieser Zeit in Form von Samen.

Phanerophyt: Überdauerungsknospen weit über dem Boden. Bis auf wenige Ausnahmen (*Euphorbia lathyris, Helleborus foetidus*) **Holzpflanzen** (HolzPfl) mit ausdauernd verholzten oberirdischen Sprossachsen. Dazu gehören
Baum (B, Makrophanerophyt): Stamm und Krone bildende Holzpflanze, Erneuerungsknospen >3 m über dem Boden (*Quercus robur, Picea abies*)
Strauch (Str, Nanophanerophyt): Holzpflanze mit mehreren grundständigen holzigen Trieben, die kürzer als die Pflanze leben und einander ablösen, 0,5–5(–8) m hoch
Strauchbaum (StrB): Holzpflanze ohne abgesetzte Krone, von der Basis strauchähnlich verzweigt, aber nicht von der Basis erneuert (höchstens in einiger Entfernung durch Ausläufer oder Wurzelsprosse), Erneuerungsknospen bis 8 m über dem Boden (*Prunus spinosa*)
Zwergstrauch (ZwStr, Hemiphanerophyt): wie Strauch oder Strauchbaum, aber <0,5 m hoch (*Empetrum*)
Liane: kletternde Holzpflanze, entweder windend (*Wisteria*), mit Wurzeln (*Hedera*) oder Haftsprossen (*Parthenocissus*) haftend oder rankend (*Clematis vitalba*), Erneuerungsknospen meist weit (>1 m) über dem Boden, außerdem basal
Chamaephyt (C): Überdauerungsknospen wenige (3–30) cm über der Erdoberfläche. Schutz der Knospen durch Teile der Pflanze selbst, z. B. durch Polsterwuchs, oder durch Schnee oder Fallaub. Hierzu gehören
Halbstrauch (HStr, schwach holziger Chamaephyt): Pflanze mit verholzter oberirdischer Basis und schwach verholzenden Jahrestrieben, die im Herbst großenteils absterben (*Artemisia absinthium, Ruta graveolens*)
Spalierstrauch (SpalierStr, Polsterzwergstrauch): kriechende, sprossbürtig bewurzelte Holzpflanze, meist <10 cm hoch (*Salix reticulata*)
krautiger Chamaephyt unterschiedlicher Lebensdauer mit weichen, nicht verholzten oberirdischen Stängeln (*Euphorbia amygdaloides* C ♃, *Alliaria petiolata* C ☉, *Lathyrus odoratus* C ①), dazu auch **Polsterpflanze** (S. 14) oder **Legtrieblager** (S. 13)

Einen Übergang von den Holzpflanzen zu den oberirdisch nicht ausdauernd verholzten **Kräutern** bilden die wenig verholzten **Staudensträucher** (*Vinca minor*) und die verholzten **Scheinsträucher**, deren Triebe nach 2 Jahren absterben (nur *Rubus*, die meisten heimischen Arten).

Hemikryptophyt (H): Überdauerungsknospen in Höhe der Erdoberfläche, meist Rosettenpflanzen (*Bellis perennis*, dazu auch die meisten Zweijährigen ☉ und Winterannuellen ①, s. S. 12), Horstpflanzen (*Lolium perenne*) oder Pflanzen mit Kriechtrieben (*Lysimachia nummularia*) oder oberirdischen Ausläufern (*Potentilla reptans*)
Kryptophyt: Überdauerungsknospen geschützt im Boden oder am Grund von Gewässern Hierzu gehören
Geophyt (G): Überdauerungsknospen >1 cm unter der Erdoberfläche (*Tulipa, Colchicum, Chaerophyllum bulbosum*)
Helophyt (He): Sumpfpflanze, Überdauerungsknospen im ufernahen Sediment oder im Sumpfboden, Laubblätter über Wasser (*Sagittaria sagittifolia*)
Hydrophyt (Hy): Wasserpflanze, Überdauerungsknospen am Gewässergrund. Dazu:
Tauchpflanze (uHy): untergetaucht, ohne Schwimmblätter (*Ceratophyllum*)
Schwimmpflanze (oHy): Blätter wenigstens zum Teil an der Wasseroberfläche schwimmend (*Nymphaea alba*), unter den letzteren gibt es auch wenige Therophyten (*Trapa natans*)
Therophyt (Sommerannuelle): s. unten

Lebensdauer

Hapaxanthe (monokarpische oder semelpare) Kräuter, nach einmaligem Blühen und Fruchten absterbend. Zu ihnen gehören:

Sommerannuelle (☉, Therophyt): einjährige Pflanze, die den Winter nur als Samen überdauert (*Chenopodium album*). Manche bei uns einjährigen Arten können in wärmeren Gebieten ausdauern (*Tropaeolum majus, Solanum nigrum*).

Winterannuelle (①, einjährig Überwinternde): Keimung im (Sommer oder) Herbst nach der Samenreife, Blüte im Frühjahr oder Sommer des nächsten Jahres (*Papaver rhoeas*). Wohl alle Winterannuellen können sich in unserem Gebiet auch sommerannuell entwickeln, dabei nimmt der Anteil sommerannuell wachsender Populationen mit der Winterkälte nach Osten zu. **Frühjahrsephemere** bereits im späten Frühjahr wieder absterbend (*Draba verna*)

Zweijährige (⊙, Bienne): Keimung im Herbst oder Frühjahr, danach 1 Jahr vegetativ wachsend und erst im 2. oder 3. Jahr blühend und fruchtend. Streng zweijährig entwickeln sich nur wenige Arten (*Gentianella germanica, Alliaria petiolata*), die meisten können bis zum Erreichen einer kritischen Mindestgröße mehrere Jahre brauchen und bedürfen evtl. zusätzlicher Kälte-Einwirkung (Vernalisation), bevor sie blühen (*Cirsium palustre*, fakultativ Zweijährige).

Mehrjährige (⊗, plurienn Monokarpische): Jugendstadium meist >5 Jahre, Pflanzen nach einmaligem Fruchten absterbend (*Seseli libanotis, Campanula thyrsoides*)

Pollakanthe (polykarpische oder iteropare) Pflanzen blühen und fruchten in mehreren Lebensjahren, sie sind **ausdauernd** (perennierend, ♃). Ausdauernde Kräuter heißen **Stauden**. Manche sind durch klonales Wachstum potentiell unsterblich (*Convallaria*), andere sind kurzlebig (wenigjährig, paucienn, z. B. *Ballota nigra*).

Die winterannuellen Pflanzen sind als wintergrüne Rosettenpflanzen meist Hemikryptophyten; hier werden nur Abweichungen davon angegeben (z. B. *Lathyrus odoratus*, C). Alle Bäume, Sträucher, Zwerg-, Halb- und Spaliersträucher sowie holzigen Lianen sind ausdauernd, bei ihnen wird die Lebensdauer deshalb nicht besonders angegeben.

Erdsprosse und vegetative Reproduktion

Der Charakter der Erdsprosse entscheidet über die Möglichkeit der vegetativen Reproduktion und Ausbreitung (klonales Wachstum) und die Durchsetzungs-Strategie in der Vegetation. Vegetative Vermehrung und Ausbreitung auch bei den meisten Gehölzen möglich; bei Bäumen durch Wurzelsprosse (*Populus tremula, Sorbus torminalis*), bei Sträuchern und Zwergsträuchern auch durch Ausläufer (*Myrica gale, Vaccinium vitis-idaea*), durch Legtriebe (*Rhododendron tomentosum*) oder durch Bogentriebe (*Forsythia ×intermedia, Rubus*-Arten).

Bei Kräutern werden unterschieden:

Pleiokorm (Pleiok): Dauerachsensystem aus den dichtstehenden, meist verholzten basalen Abschnitten der Jahrestriebe unterschiedlichen Alters, die nahe der Erdoberfläche überdauern und untereinander und mit der Primärwurzel verbunden bleiben. Sprossbürtige Bewurzelung ist möglich, führt aber nicht zur Bildung selbständiger Teilpflanzen (keine Dividuen, Rameten). Lebensdauer begrenzt. Meist Elemente mittlerer Sukzessionsstadien (*Artemisia vulgaris, Tanacetum vulgare*)

Pfahlwurzel (PfWu): ausdauernde kräftige Primärwurzel, wenig verdickt oder als Speicherorgan stark verdickt (**Rübe**, *Bryonia alba*), mit unverzweigter oder wenig verzweigter Sprossbasis. Sprossbürtige Bewurzelung fehlt, Bewurzelung aus der Primärwurzel und ihren Seitenwurzeln gebildet (Allorhizie). Im Alter bisweilen Längsspaltung (Spaltrübe), aber kaum Bildung selbständiger Dividuen (Rameten). Häufig auf trockenen, tiefgründigen Böden, auch in Felsspalten (*Carlina acaulis*). Trägt die Pfahlwurzel stark verzweigte Sprossbasen, wird die Wuchsform als Pleiokorm-Pfahlwurzel (PleiokPfWu) bezeichnet (*Centaurea scabiosa*).

Horst: System gestauchter, nicht verdickter, dicht verzweigter Sprossbasen (Phalanx-Strategie), die im Alter Hexenringe bilden können. Bewurzelung sprossbürtig. Dividuenbildung durch Isolation von Teilen möglich. Häufig in Xerothermrasen, aber auch in Verlandungsgesellschaften (viele *Poaceae, Cyperaceae, Juncaceae,* z. B. *Stipa capillata, Carex elata, Juncus inflexus*)

Rhizom (Rhiz, „Wurzelstock"): horizontaler, selten schräger oder vertikaler, speichernder Erdspross mit gestauchten Stängelgliedern (diese <2mal so lang wie dick, wenn länger, s. Ausläufer). Zuwachsabschnitte meist an der Erdoberfläche gebildet (*Iris*) und evtl. durch Zugwurzeln etwas nach unten verlagert, Laubblätter und z. T. Niederblätter tragend; selten unter der Erdoberfläche gebildet (uRhiz) und nur Niederblätter (*Polygonatum*) oder einzelne Laubblätter tragend (*Pteridium, Anemone nemorosa*). Regelmäßig sprossbürtig bewurzelt und nach Verzweigung und Absterben der rückwärtigen Teile selbständige Dividuen bildend. Pflanze potentiell unsterblich. Primärwurzel meist kurzlebig (1–5 Jahre). Sprossfortsetzung meist sympodial (wenn monopodial, dann besonders angegeben: monopod) und nur aus dem jüngsten Zuwachsabschnitt. Lebensdauer der Zuwachsabschnitte etwa 2–20 Jahre, manchmal als kurzlebig (2–3 Jahre) oder langlebig (>6 Jahre) bezeichnet. Phalanx-Strategie (geschlossenes Vorrücken in der Vegetation). – Weit verbreitet in Wiesen, lichten, trockenen Wäldern, Halbtrockenrasen, auch im Wasser (*Nymphaea*), selten in submediterranen Felsfluren. **Schuppenrhizome** speichern auch in fleischigen Niederblättern (*Lathraea squamaria*). **Ausläuferrhizome** (Ausl-Rhiz) sind zumindest abschnittsweise stärker gestreckt und vermitteln zu den Ausläufern (*Cardamine bulbifera, Paris quadrifolia* monopodial).

Ausläufer (Ausl): horizontaler, sprossbürtig bewurzelter Trieb mit gestreckten, dünnen Stängelgliedern (diese >2mal so lang wie dick), an der Bodenoberfläche (oAusl, *Fragaria*) oder unterirdisch (uAusl, *Tussilago*), nach Absterben der rückwärtigen Teile selbständige Dividuen bildend. Pflanze potentiell unsterblich. An der Aufrichtungsstelle Stängelglieder stärker gestaucht, verdickt und bewurzelt, dort Ausbildung kleiner Horste möglich (Ausl+Horst, *Brachypodium pinnatum*) oder auch wenigjähriges Wachstum rhizomähnlicher Abschnitte (Ausl+Rhiz, *Fragaria*). Verbindung der Zuwachsabschnitte 1 bis wenige Jahre erhalten und dann Arbeitsteilung der Dividuen möglich, oder nach wenigen Monaten zersetzt und im Winter nur die verdickten Ausläuferenden (Turionen, s. S. 14) erhalten („Pseudoannuelle", *Adoxa, Circaea*). Guerilla-Strategie: zwischen anderen Arten auftauchend. Bisweilen nur ein basales Stängelglied des Seitensprosses als Ausläufer gestreckt (Hypopodial- oder Epipodial-Ausläufer, *Hydrocharis, Stratiotes, Vallisneria*). – Häufig in Wäldern, Sümpfen und Feuchtwiesen

Kriechtrieb (KriechTr): ganze Pflanze kriechend als horizontal auf der Bodenoberfläche wachsender, sprossbürtig bewurzelter und Laubblätter tragender Überdauerungstrieb mit ± gleichmäßig gestreckten Stängelgliedern. Nach Verzweigung und Absterben der rückwärtigen Abschnitte selbständige Dividuen bildend, potentiell unsterblich (*Lysimachia nummularia, Veronica filiformis, Trifolium repens*). Sprossfortsetzung meist monopodial. – Vor allem an feuchten Standorten

Legtrieb (LegTr): dünner, zunächst locker aufsteigender Spross mit Laubblättern, der sich später niederlegt, sich sprossbürtig bewurzelt und zum klonalen Wachstum (Dividuenbildung) in der Lage ist (*Stellaria holostea*)

Bogentrieb: (BogenTr): mit Laubblättern und kurzen StgGliedern zunächst schräg aufwärts wachsend, später herabgebogen, mit der Spitze den Boden erreichend und einwurzelnd. Regelmäßig Dividuenbildung, potentiell unsterblich (*Buglossoides purpurocaerulea, Rubus* sect. *Corylifolii* subsect. *Hiemales*)

Sprossknolle (SprKnolle): dicker, kurzer, meist unterirdischer Speicherspross mit Nieder- und/oder Laubblättern und sprossbürtiger Bewurzelung, oft mit Zugwurzeln zur Regulierung der Tiefenlage, zuweilen heterorhiz (Wurzeln differenziert in Zug- und Nährwurzeln). Zuwachsabschnitte kurzlebig (1 Jahr oder wenig mehr). Ohne vegetative Ausbreitung, aber oft Bildung dicht gruppierter Dividuen (*Arum, Crocus, Ranunculus bulbosus*). – Besonders in Gebieten mit kurzer Vegetationsperiode (sommertrockne oder alpine Standorte, Frühjahrs-Bodenvegetation im Laubwald). **Hypokotylknolle** aus dem Hypokotyl und z. T. auch aus Wurzelbasen gebildet, längerlebig (*Cyclamen, Corydalis cava, Smyrnium*). Knollen am Ende von Ausläufern (uAusl+Knolle) bei *Solanum tuberosum, Bolboschoenus maritimus, Sagittaria sagittifolia*

Wurzelknolle (WuKnolle): ganz oder teilweise verdickte sprossbürtige Wurzel, entweder nur mit Speicherfunktion (**Wurzelknolle** i.e. Sinn, *Ficaria verna, Ophrys, Orchis*) oder außerdem mit Nährwurzeln und Wurzelfunktion (**Knollenwurzel,** *Filipendula vulgaris, Dahlia*), meist an kurzlebigen Rhizomabschnitten gebildet oder an Seitensprossknospen, die die Erneuerung übernehmen (**Innovations-Wurzelknolle,** InWuKnolle, *Orchidaceae*, bzw. **Innovations-Rübe,** „sekundäre Rübe", InRübe, *Anthriscus sylvestris, Aconitum napellus*). – Ökogeographische Verbreitung ähnlich wie die der Sprossknollenpflanzen

Zwiebel (Zw): knospenähnlicher, meist unterirdischer Speichersproß mit stark verkürzter Achse (Zwiebelscheibe) und fleischigen Niederblättern und/oder Laubblattbasen, die sich als geschlossene Scheiden umeinander schließen (SchalenZw, *Allium*) oder frei der Zwiebelscheibe ansitzen (SchuppenZw, *Lilium*). Primärwurzel kurzlebig, Bewurzelung sprossbürtig, Wurzelzug doch zuweilen differenzierte Wurzeln zur Korrektur der Tiefenlage. Bei *Tulipa sylvestris* Ausbreitung durch röhrenförmige Aussackung der Blattscheidenbasis, auf deren Innenseite die Achselknospe des Blattes „auswandert" (ZwAusl). – Ökogeographisch wie Sprossknolle verbreitet

Polster: etagenförmiges Achsensystem aus meist dichtstehenden, kurzen, an der Spitze verzweigten, dicht und meist immergrün beblätterten Trieben mit meist ausdauernder Primärwurzel (*Silene acaulis*). Im Hochgebirge und in ariden Felslandschaften

Wurzelsproß (WuSpr): endogen an einer meist horizontalen Wurzel gebildeter orthotroper Sproß, sprossbürtig bewurzelt (*Rumex acetosella, Euphorbia cyparissias, Sonchus arvensis, Prunus spinosa*). Bei Kräutern Dividuen einjährig bis wenigjährig und dann z. T. mit pleiokorm- oder rhizomartigen Sprossbasen (WuSpr+Pleiok, WuSpr+Rhiz). Ausläuferwurzeln bisweilen von den Nährwurzeln verschieden, absteigender Ast verdickt. In manchen Fällen werden Wurzelsprosse nur **regenerativ** nach Verletzung gebildet (*Taraxacum, Digitalis grandiflora*). – Vor allem auf natürlich oder künstlich umgelagerten Böden (Flussufer, Küsten, Erosionshänge, Äcker, Ruderalstellen), außerdem bei mykotrophen Pflanzen (*Moneses, Neottia nidus-avis*)

Vegetative Ausbreitungseinheiten

Brutzwiebeln (Bulbillen): in Blattachseln (*Cardamine bulbifera*) oder im Blütenstand (Pseudoviviparie, *Poa bulbosa*) gebildete kleine, zwiebelähnliche Kurzsprosse

Brutknollen: Wurzelknollen an Achselknospen bei *Ficaria verna* und im Blütenstand von *Bistorta vivipara*. Ausbreitung durch Vögel, Nager und Regenwasser

Brutsprosse: am Sproß von *Huperzia selago*, Ausbreitung durch Regentropfen oder Stoß

Brutblättchen bzw. **Brutblätter**: Aus abbrechenden Blättchen können sich bei *Cardamine*-Arten, aus Blättern bei der *Ranunculus aquatilis*-Gruppe und *Drosera* neue Pflanzen entwickeln (meist Wasserausbreitung)

Turionen (Hibernakeln, Winter-Kurzsprosse): knospenförmige Sprossenden, die sich von der absterbenden Mutterpflanze lösen und bei Wasserpflanzen sowohl der Überdauerung des Winters, als auch der Ausbreitung durch Wasser, Wasservögel oder Huftiere dienen (*Caldesia parnassiifolia, Elodea canadensis*). Auch verdickte Enden kurzlebiger Ausläufer (*Circaea, Adoxa*) und überdauernde Speicherknospen an der Basis aufrechter, absterbender Triebe (*Epilobium montanum*) können als Turionen bezeichnet werden, sind aber keine Ausbreitungseinheiten.

Fragmentation (Fragment): Zerbrechen vegetativer Sprosse bei Wasserpflanzen

Besonderheiten der Lebensweise

Kletterpflanze: Pflanze, die andere als Stütze benutzt. Hierzu Windepflanze, Rankenpflanze, Spreizklimmer und Wurzelkletterer. Bei Holzpflanzen als Liane (s. S. 11) bezeichnet.

Sukkulente (sukk): Sprossachsen, Blätter oder beides verdickt, saftreich, mit geringem Trockenmasse-Anteil (*Salicornia, Sedum, Sempervivum*)

Parasiten (Schmarotzer): von anderen Pflanzen lebende Pflanzenarten.

    Holoparasiten (Vollschmarotzer, Par): ohne Blattgrün, Assimilate vom Wirt bezogen (*Lathraea, Orobanche, Cuscuta*)

Hemiparasiten (Halbschmarotzer, HPar): noch mit Blattgrün und Photosynthese, vom Wirt werden Wasser und Nährsalze bezogen (*Viscum, Pedicularis, Rhinanthus, Melampyrum* u. a.)
Vollmykotrophe Pflanzen (Myk): ohne Blattgrün, abhängig von Mykorrhiza-Pilzen (*Neottia, Epipogium, Limodorum, Corallorhiza, Hypopitys*)
Fleischfressende (Carnivore): mit Fallen oder Klebdrüsen, die Kleintiere festhalten, und mit Verdauungsdrüsen, deren Enzyme das Eiweiß auflösen (in D nur *Drosera, Aldrovanda, Pinguicula, Utricularia, Sarracenia*)

Blütenbiologie

Bestäubung: Übertragung der Pollenkörner (Mikrosporen) auf die Narbe bzw. – bei den Nacktsamern, denen Fruchtknoten und Narbe fehlen – unmittelbar auf die Samenanlagen. Oft sind mehrere Bestäubungsarten möglich, z. B. bei *Tilia* und *Prunus* Insekten- sowie Windbestäubung. Blütenbesucher müssen nicht effektive Bestäuber sein, und Bestäubung führt nicht zwangsläufig zur Befruchtung (z. B. bei Selbststerilität).
Befruchtung: Verschmelzung von mindestens 1 Kern des Pollenkorns mit der Eizelle. Bei den Farnpflanzen erfolgt die Befruchtung durch bewegliche Spermatozoide auf dem Prothallium (Vorkeim) nur bei Anwesenheit von Wasser.
Fremdbestäubung (Allogamie): Bestäubung mit Pollen eines anderen Individuums. Fremdbestäubung führt zur Neukombination genetisch fixierter Eigenschaften, damit zur Erhöhung der Mannigfaltigkeit und ist daher für die Evolution vorteilhaft. Sie wird gefördert durch physiologisch bedingte Unverträglichkeit (Inkompatibilität) von Pollen und Narbe oder Griffelgewebe desselben Individuums oder durch zeitlich differenzierte Reife der Geschlechter in einer Blüte, nämlich durch
Vormännlichkeit (Protandrie, Vm): Entleerung der Staubbeutel vor Beginn der Empfängnisfähigkeit der Narbe derselben Blüte (*Salvia, Campanula, Asteraceae*),
Vorweiblichkeit (Protogynie, Vw): Reifung der Narbe vor dem Öffnen der Staubbeutel derselben Blüte (*Plantago*), außerdem durch
Herkogamie: räumliche Trennung der Staubblätter und Narben einer Blüte (*Iris*) und **Verschiedengriffligkeit** (Heterostylie, Vg): Ausbildung von Blüten mit unterschiedlicher Griffellänge und Staubbeutelstellung, z. B. *Primula*: Blüten mit langen Griffeln und tief sitzenden Staubbeuteln, andere mit kurzen Griffeln und hoch sitzenden Staubbeuteln, so dass nur Pollen von einem Blütentyp auf die Narbe eines anderen übertragen werden kann. Bei *Lythrum salicaria* sind sogar drei verschiedene Blütentypen ausgebildet. – Fremdbestäubung wird auch durch Ausbildung eingeschlechtiger Blüten gefördert, die einhäusig oder zweihäusig verteilt sein können.

Der Pollen wird durch Wind, Tiere oder Wasser übertragen:
Windbestäubung (Anemogamie, WiB): Bestäubung durch den Wind. Merkmale anemogamer Pflanzen: Blütenhülle unscheinbar oder fehlend. Nektar oder Duftstoffe fehlend. Blüten (besonders ♂) in vielblütigen, oft eingeschlechtigen Blütenständen. Staubfäden lang, beweglich. Pollen reichlich, Pollenkitt fehlt. Narben groß, stark zerteilt
Tierbestäubung (Zoogamie): Bestäubung durch Tiere (bei uns fast nur **Insektenbestäubung**, Entomogamie, InB). Merkmale zoogamer Pflanzen: Blütenhülle als Schauapparat groß und lebhaft gefärbt, oft dorsiventral, Nektar und Duftstoffe vorhanden (Nektarblumen) oder fehlend (Pollenblumen), Staubfäden kürzer, Narbe wenig geteilt. Anpassung an bestimmte Tiere: Bienenblumen (*Lotus corniculatus*), Hummelblumen (*Trifolium pratense*), Wespenblumen (*Scrophularia*), Falterblumen (*Dianthus*, Nektar am Grund langer Röhren), Fliegenblumen (*Hedera*, Nektarien flach), Käferblumen (*Nymphaea*)
Bei den **Kesselfallenblumen** gelangen kleine Insekten in eine kesselförmige Erweiterung der Blüte (*Aristolochia, Cypripedium*) oder der Spatha (*Arum*) und werden dort durch Reusenhaare solange am Austritt gehindert, bis die Bestäubung vollzogen ist.

Bei den *Fabaceae* gibt es 3 Formen der Pollen-Abgabe: 1. Klapp-Blüten: das Insekt legt die Staubblätter durch Hinunterdrücken des Schiffchens frei (*Trifolium*); 2. Pump-Blüten: aus der Öffnung des Schiffchens wird eine kleine Portion des Pollens herausgedrückt (*Lotus*); 3. Explosionsblüten: nur einmal funktionierend, die von Staubblättern und Fruchtknoten gebildete Säule schlägt nach oben an den Bauch (*Medicago*) oder an den Rücken (*Cytisus scoparius*) des Insekts, wenn dieses die Arretierung durch Druck auf das Schiffchen gelöst hat.

Wasserbestäubung (Hydrogamie, WaB): Übertragung des Pollens an der Wasseroberfläche (*Vallisneria, Ruppia*) oder unter Wasser (*Najas, Ceratophyllum, Zostera*)

Selbstbestäubung (Autogamie, SeB): Bestäubung mit Pollen desselben Individuums, entweder innerhalb einer Blüte oder zwischen verschiedenen Blüten (**Nachbarbestäubung**, Geitonogamie). Bei einzelnen Arten (Selbstbestäuber: *Pisum, Triticum, Asarum europaeum*) zur Regel geworden. Manche Pflanzen besitzen außer den für Fremdbestäubung eingerichteten, offenen (**chasmogamen**) Blüten auch unscheinbare, geschlossen bleibende (**kleistogame**) Blüten, in denen regelmäßig Selbstbestäubung erfolgt (*Viola, Lamium amplexicaule*).

Apomixis (Ap): Wegfall der Befruchtung. Die neue Pflanze entwickelt sich aus einer unbefruchteten diploiden Eizelle oder anderen Zelle der Samenanlage. Apomixis führt bei manchen Gattungen zu schwer unterscheidbaren Formenschwärmen (*Alchemilla, Rubus, Taraxacum, Hieracium* u. a.).

Selbstbestäubung und Apomixis haben u. U. Vorteile für die Pflanzenarten, weil dadurch bei geringer Wahrscheinlichkeit der Fremdbefruchtung rasch große Populationen aufgebaut werden können und weil entstandene Differenzierungen nicht wieder weggekreuzt werden.

Ausbreitungs- und Keimungsbiologie

Die Ausbreitung der **Diasporen** (Samen, Früchte und Sporen, aber auch vegetativer Ausbreitungseinheiten wie Brutzwiebeln) erfolgt durch Wind, Wasser, Tiere oder durch den Menschen. Manche Pflanzen besitzen auch Einrichtungen zur Selbstausbreitung. Oft sind nacheinander oder gleichzeitig mehrere Ausbreitungsweisen möglich, z. B. *Viola odorata*: erst Selbstausbreitung, dann Ameisenausbreitung; *Stellaria media*: Verdauungsausbreitung und Klebausbreitung (an Hufen mit Erde). In vielen Fällen wurde die Ausbreitungsweise nur aus der Gestalt der Früchte und Samen erschlossen und noch nicht durch exakte Beobachtungen belegt.

Windausbreitung (Anemochorie, WiA): Ausbreitung durch den Wind mit Hilfe von Flugeinrichtungen mit einer großen Oberfläche, die das Schweben ermöglichen und die Fallgeschwindigkeit verringern. Manche Samen oder Früchte tragen Haarschwänze, -kränze oder -schöpfe (*Pulsatilla, Taraxacum, Salix*), andere flügelartige Anhängsel (*Acer, Ulmus*). Auch staubfeine Samen (*Orchidaceae, Orobanche*) und Sporen können vom Wind über weite Strecken ausgebreitet werden. **Steppenläufer** sind sparrig verzweigte, fast kuglige Pflanzen, die als Ganzes abbrechen und vom Wind mit den Samen verweht werden (*Rapistrum*).

Stoßausbreitung (Semachorie, StA): Auf versteiften, oft nach der Blüte stark gestreckten Fruchtstielen öffnen sich die Streufrüchte nach oben, die Samen werden durch Windstöße oder vorbeistreifende Tiere ausgeschüttelt (*Papaver, Aquilegia*).

Wasserausbreitung (Hydrochorie, WaA): Ausbreitung an der Wasseroberfläche oder im strömenden Wasser. Die Samen oder Früchte weisen oft lufthaltige Räume auf, die das Schwimmen auf dem Wasser ermöglichen (*Nymphaea, Iris pseudacorus*).

Regenschleuder-Ausbreitung (Ombrochorie): Die Samen werden aus den nach oben geöffneten, schüsselförmigen Streufrüchten durch auffallende Regentropfen oder Spritzwasser an Bächen ausgeschleudert (*Chrysosplenium, Caltha*).

Tierausbreitung (Zoochorie): Ausbreitung auf oder in Tieren. Hierzu gehören:

Verdauungsausbreitung (Endozoochorie, VdA): Die Samen oder Früchte (meist Beeren, Steinfrüchte oder Samen mit fleischigem Mantel) werden vom Tier gefressen und nach Passieren des Darms ohne Keimschädigung wieder ausgeschieden (*Vaccinium myrtillus, Prunus avium*).

Klett- und Klebausbreitung (Epizoochorie, KlA): Die Samen, Früchte oder Fruchtstände hängen sich mit Widerhaken, Borstenhaaren oder durch Schleim außen an Tieren fest und werden so fortgetragen (*Arctium, Galium aparine, Linum*). Kleine Diasporen haften mit Schlamm an Tieren (*Myosurus minimus, Montia fontana*).
Versteck- und Verlustausbreitung (Dyszoochorie, VersteckA): Von Vögeln (z. B. Eichel- und Tannenhäher) oder Nagern (z. B. Eichhörnchen, Mäuse) als Vorrat gesammelte und evtl. vergrabene Diasporen werden vergessen, nicht wiedergefunden oder unterwegs verloren (*Quercus, Corylus*) bzw. weggeworfen (Kirschkerne). Nach der Tiergruppe unterscheidet man Ornitho- (Vogel-), Mammalio- (Säuger-) und Saurio- (Reptilien-)chorie (-ausbreitung) sowie
Ameisenausbreitung (Myrmekochorie, AmA): Ausbreitung durch Ameisen, die die Samen oder Früchte wegen eines öl-, fett-, zucker- oder eiweißreichen Anhängsels (Elaiosom), das ihnen als Nahrung dient, verschleppen (Sonderfall der Dyszoochorie; *Viola, Galanthus*). Oft erschlaffen bei solchen Arten die Fruchtstiele, so dass die Früchte unmittelbar dem Erdboden aufliegen.
Menschenausbreitung (Anthropochorie, MeA): Ausbreitung durch Aktivitäten des Menschen, wie Handel, Verkehr, Ackerbau, Gärtnerei usw. (*Amaranthus, Agrostemma*).
Selbstausbreitung (Autochorie, SeA): Reife Samen oder Früchte werden von der Pflanze aktiv fortgeschleudert (*Impatiens, Geranium*); Ursachen der Schleuderbewegung sind innere Spannungen durch Anstieg des Zellsaftdruckes oder Austrocknung.

Keimbedingungen, Samenlebensdauer

Soweit Daten vorliegen, werden Eigenschaften der Keimung und der Lebensdauer der Sporen und Samen angegeben. Für die Keimung fordern manche Arten Licht, andere Dunkelheit, manche müssen eine Kälteperiode durchlaufen (Kältekeimer), andere brauchen besonders hohe Temperaturen (Wärmekeimer). In dieser Hinsicht unterscheiden sich jedoch oft verschiedene Herkünfte einer Art. Bei vielen Kulturpflanzen war die Züchtung darauf gerichtet, spezielle Anforderungen an die Keimungsbedingungen zu eliminieren. Trotzdem keimt z. B. Kopfsalat wie die wilden Vorfahren (Herbstkeimer!) bei gleichmäßig hohen Temperaturen schlecht.
Die Angaben zur Samenlebensdauer beziehen sich auf die Lagerung im Boden. Die Samen einiger Arten können Jahrhunderte überleben (*Lamium album, L. purpureum, Glechoma hederacea, Trifolium repens, Juncus conglomeratus, Verbascum thapsus*). Sehr langlebige Samen sind meist klein, besonders findet man sie bei kurzlebigen Pflanzen gestörter Standorte (Ackerunkräuter, Kahlschlag- und Uferpflanzen), aber auch bei vielen Wasserpflanzen. Andererseits gibt es Unkräuter, die an die ständige Aussaat mit dem Getreide angepasst sind und ihre Keimfähigkeit schon nach 1–2 Jahren verlieren (*Agrostemma githago, Bromus secalinus, Camelina sativa*). Auch großfrüchtige Holzgewächse haben gewöhnlich kurzlebige Samen (*Quercus, Fagus, Acer, Fraxinus*). Eine Samenlebensdauer von 1–3 Jahren wird mit „Sa kurzlebig", von über 20 Jahren mit „Sa langlebig" angegeben. Wenn nichts angegeben ist, liegt die Lebensdauer dazwischen, meistens aber fehlen Kenntnisse zu diesen Eigenschaften.

Fortpflanzungsmechanismen

Die sexuelle Fortpflanzung ist die Hauptquelle der genetischen Variation in den Nachkommen und sichert die evolutive Anpassungsfähigkeit an sich ändernde Umweltbedingungen. Sexuelle Arten der Bedecktsamer bilden durch meiotische Teilung Pollen- und Embryosackzellen mit einem reduzierten Chromosomensatz. Das Pollenkorn enthält eine Pollenschlauchzelle und eine generative Zelle, die sich in zwei Spermazellen teilt. Der Embryosack enthält die Eizelle und gewöhnlich noch sieben weitere Zellen. Nach der Bestäubung gelangen die Spermazellen mithilfe des Pollenschlauches durch Narbe und Griffel zum Embryosack in die Samenanlage. Eine Spermazelle verschmilzt mit der Eizelle, die zweite Spermazelle fusioniert mit den beiden bereits verschmolzenen sekundären Polkernen des Embryosackes (doppelte Befruchtung). Aus der befruchteten Eizelle geht

der Embryo und aus den befruchteten Polkernen das sekundäre Endosperm (Nährgewebe für den Embryo) hervor.
Dennoch pflanzen sich viele Arten auch asexuell fort. **Apomixis** im weiteren Sinne umfasst sowohl vegetative Vermehrung als auch asexuelle Samenbildung (**Agamospermie**). Bei der vegetativen Fortpflanzung werden Nachkommen aus somatischen Geweben ohne die Einbindung von sexuellen Prozessen gebildet (z. B. Ausläufer u. Flagellen in *Pilosella*, Bogentriebe in *Rubus*). Die Gesamtheit genetisch identischer Nachkommen aus vegetativer Vermehrung (**Rameten**) wird als **Klon** bezeichnet.
Agamospermie tritt vor allem in polyploiden Artengruppen der Familien *Asteraceae*, *Rosaceae* und *Poaceae* auf (KADEREIT et al. 2014). Bei der **sporophytischen Agamospermie** entstehen die Embryonen nicht im Embryosack sondern aus anderen unreduzierten Geweben der Samenanlage (z. B. in *Alchemilla*). Sexuell und asexuell entstandene Embryonen können bei dieser Form der Agamospermie in einer Samenanlage koexistieren. Bei der **gametophytischen Agamospermie** wird ein Embryosack mit unreduzierter Chromosomenzahl gebildet. Entsteht dieser unreduzierte Embryosack unabhängig von einem reduzierten Embryosack, wird dies als **Aposporie** (z. B. *Pilosella*, *Ranunculus auricomus*, *Sorbus*) bezeichnet, ersetzt er den reduzierten Embryosack wird von Diplosporie (z. B. *Hieracium*, *Taraxacum*) gesprochen. In apósporen Arten sind meist Bestäubung und die darauffolgende Befruchtung der Polkerne zur sekundären Endospermbildung notwendig (**Pseudogamie**). Sowohl bei apósporen als auch bei diplósporen Arten kann der Embryo entweder aus der unreduzierten Eizelle (**Parthenogenese**) oder aus einer anderen Zelle des Embryosackes (**Apogamie**) hervorgehen. In einigen Gattungen kommen verschiedene Formen der Agamospermie vor (*Alchemilla*, *Rubus*).
Da apomiktische Fortpflanzung die Neukombination von genetischem Material verhindert, können Merkmalsausprägungen über Generationen mehr oder weniger unverändert weitergegeben werden, so dass in diesen Pflanzengruppen anhand fixierter Unterschiede eine große Anzahl an **Kleinarten** (**Mikrospecies**) unterschieden werden können. Trotz ausbleibender Neukombination kann die genetische Vielfalt in agamospermen Arten beträchtlich sein, dies ist durch Anhäufung von somatischen Mutationen, unvollständig ablaufende Meiosen oder gelegentliche sexuelle Vermehrung begründet.

Hybridisierung und Polyploidie

Oftmals sind Pflanzenarten nicht vollständig voneinander reproduktiv isoliert. Die Kreuzung zwischen zwei Arten wird als **Hybridisierung** bezeichnet. Hybriden können eine intermediäre Merkmalsausprägung zwischen den Elternarten zeigen, einem Elternteil ähnlicher sein oder auch neue Merkmale, die den Elternarten fehlen, ausbilden. Die Fertilität der Hybriden kann im Vergleich zu den Elternarten herabgesetzt sein. Wenn sich Mechanismen der reproduktiven Isolation zwischen Primärhybriden und ihren Elternarten etablieren, können aus Hybriden neue Arten hervorgehen. Bei einer fortgesetzten Kreuzung zwischen der Hybride und einem Elternteil spricht man von **Introgression**. Reproduktive Isolation kann u. a. durch die Vervielfachung der Chromosomensätze (**Polyploidie**) in Hybriden entstehen. Solche Hybriden werden meist aus unreduzierten Gameten gebildet und als **Allopolyploide** bezeichnet. Zum Beispiel sind die Nachkommen einer tetraploiden (4x) Hybride mit einem ihrer diploiden (2x) Elternteile Triploide (3x), die aufgrund ihres ungeraden Chromosomensatzes meist nicht zur sexuellen Fortpflanzung in der Lage sind. Dennoch treten in manchen Pflanzengruppen oft Hybridisierungsereignisse zwischen Allopolyploiden untereinander und mit ihren diploiden Vorfahren auf, aus denen sich taxonomisch schwer zu fassende **Polyploidkomplexe** entwickeln. Hinzukommt, dass sich unter Allopolyploiden oftmals apomiktische Fortpflanzungssysteme als Ausweg aus der Hybridsterilität (s. o.) herausbilden.

Verbreitung der Pflanzen

Pflanzen besiedeln mit ihren Wildpopulationen bestimmte Vorkommensgebiete, ihre Areale. Diese sind formal als Summe aller geographischen Vorkommenspunkte definierbar, werden aber in unterschiedlich vereinfachender Weise erfasst und kartiert bzw. kartographisch dargestellt. Die meisten Arten und in der Regel auch die Unterarten besiedeln ein ihren Umweltansprüchen weitgehend entsprechendes und damit oft charakteristisches Areal, das von den Arealen anderer Taxa mit anderen Ansprüchen verschieden ist. Nur bei ganz wenigen Arten ist das Vorkommensgebiet sehr weit und über mehrere Kontinente ausgedehnt (Kosmopoliten, z. B. *Poa annua, Chenopodium album*).
Kaum eine Art kann in ihrem Areal überall flächendeckend vorkommen. Siedlungsdichte und Regelmäßigkeit des Vorkommens sind meist durch das Vorhandensein geeigneter Habitate und deren erfolgreiche Besiedlung bestimmt. Aus großräumig getrennten Teilen bestehende Areale werden disjunkt genannt. Wenn eine Art außerhalb eines zusammenhängenden Areals noch in einem oder mehreren deutlich kleineren Fundgebieten vorkommt, bezeichnet man diese als Exklaven. Häufig sind Exklaven Reste einer ursprünglich weiteren, geschlossenen Verbreitung. Die Populationen der Art sind dann dort als Relikt einer früheren erdgeschichtlichen Epoche erhalten geblieben. Exklaven oder Vorposten können aber auch durch Ferntransport und Ansiedlung von Ausbreitungseinheiten entstehen.

Ursachen der Pflanzenverbreitung

Die Begrenzung der Pflanzenareale ergibt sich aus dem Zusammenwirken von inneren Faktoren (der Konstitution der Pflanzenart) und äußeren Faktoren. Bei den letzteren werden ökologisch-abiotische Faktoren (Wärme, Licht, Wasser, Boden), biotische Faktoren (Konkurrenz anderer Pflanzenarten, Bestäuber, Schädlinge usw.) sowie raum-zeitliche, historische Faktoren (S. 20) unterschieden. Eine Analyse setzt meist eine genaue Kenntnis des Gesamtareales voraus, die durch Datenerhebung aus Herbarien, regionalen Verbreitungskarten oder Florenwerken gewonnen werden kann. Die digitalisierten Bestandsinformationen biologischer Sammlungen, Kartierungsdaten und auch private Einzelbeobachtungen werden zunehmend in internationalen Repositorien durch das Internet verfügbar gemacht (z. B. *Global Biodiversity Information Facility* - GBIF). Geographische Unterschiede im Kenntnisstand, der Verfügbarmachung und der taxonomischen Artumgrenzung bedingen aber eine ausgeprägte Heterogenität der Datenlage.
Klima. Die meisten im Gebiet auftretenden Arealgrenzen erscheinen stark klimatisch geprägt. Geographischen Mustern abgestufter mittlerer Winterkälte entsprechen oft die Ostgrenzen frostempfindlicher Arten (*Ilex aquifolium, Erica tetralix*), aber auch die Westgrenzen von Arten, die zur Beendigung ihrer Winterruhe oder für die Keimung Kälteeinwirkung fordern (*Hepatica nobilis, Lathyrus vernus*). Nordgrenzen wärmeliebender Pflanzen folgen oft Mustern mittlerer Sommertemperaturen (z. B. *Trapa natans*). Die Länge der Vegetationsperiode, die bei jeder Art durch andere Temperaturen begrenzt wird, bestimmt bei vielen südlichen Arten die Nordostgrenze, die dann den Verlaufsmustern der Frühjahrs- oder Herbst-Mitteltemperaturen ähnelt (*Quercus pubescens*). Die Länge der Vegetationsperiode ist neben den Sommertemperaturen auch der wichtigste Faktor für die Höhengrenzen in den Gebirgen.
Die Bedeutung des Wasserfaktors für die Pflanzenverbreitung geht beispielsweise aus der Konzentration von Steppenpflanzen auf die Trockengebiete hervor, oder aus der Tatsache, dass Arten des feuchten westeuropäischen Klimagebietes im Osten auf die niederschlags-

reichen Gebirge beschränkt bleiben (*Galium saxatile*). Feinere Unterschiede in der Verbreitung könnten z. B. durch die unterschiedliche jahreszeitliche Verteilung der Niederschläge, aber auch durch die Überlagerung der verschiedenen Klimafaktoren hervorgerufen werden.

Boden. Im engeren geographischen Rahmen wird die Verbreitung der Pflanzen sehr stark von den physikalisch-chemischen Eigenschaften des Bodens und seinem Wasserhaushalt bestimmt. Für die Standortansprüche der einzelnen Arten wurden abgestufte Wertungen vorgenommen. Bezüglich des Basenhaushaltes der Böden kennzeichnet **kalkstet** das ausschließliche Vorkommen, **kalkhold** das überwiegende Vorkommen auf karbonathaltigen (basischen) Böden, **basenhold** ein Vorkommen auf Böden, die meist karbonatfrei, aber reich an basischen Kationen sind, und **kalkmeidend** das Vorkommen auf karbonatfreien, ± sauren Böden. Im Gegensatz zu Kalkgesteinen sind **Silikatgesteine** kalkfrei; ihre Verwitterungsprodukte sind meistens sauer (Granit, saurer Gneis), können aber auch basenreich sein (Basalt, Diabas, Gabbro). Die Angabe **nährstoffanspruchsvoll** kennzeichnet Arten, die hohe Ansprüche an wachstumsfördernde Nährstoffionen stellen. Gewässer werden nach ihrem Nährstoffgehalt als **eu-, meso-** oder **oligotroph** eingestuft. Durch Huminsäuren braungefärbte, kalkfreie und nährstoffarme Stillgewässer mit niedrigen pH-Werten werden **dystroph** genannt. Besonders gekennzeichnet werden Arten, die Salzgehalte des Bodens ertragen oder bevorzugen, die für die meisten Pflanzen toxisch sind, die also an Salzstandorten im Binnenland und an der Küste vorkommen. Das gilt auch für Arten, die an Substrate mit besonderen chemischen bzw. physikalischen Eigenschaften gebunden sind, wie schwermetallreiche Böden, Serpentin-, Gips- und Dolomitgestein. Ungezielt vom Menschen geschaffene bzw. beeinflusste Standorte werden als **Ruderalstellen** zusammengefasst und im einzelnen meist noch genauer gekennzeichnet: Umschlagplätze wie Bahn- und Hafenanlagen, Weg- und Straßenränder, Schutt, Steinbrüche, Abraumhalden.

Der für die Wasserversorgung der Pflanzen wichtige Bodenwasserhaushalt wird durch die Stufen **nass, feucht, frisch, trocken** gekennzeichnet, evtl. mit Zwischenstufen wie mäßig trocken. Zeitweilig feuchte, aber im Sommer stark austrocknende Böden heißen **wechselfeucht** oder, wenn die trockene Zeit überwiegt, wechseltrocken.

Konkurrenz. Konkurrenzfähigere Pflanzen können andere Arten aus dem Bereich ihres optimalen Wachstums, dem physiologischen Optimum verdrängen. *Fraxinus excelsior* gedeiht am besten auf frischen und feuchten Böden, sie wird aber von den frischen Standorten oft durch die dort konkurrenzkräftigere *Fagus sylvatica* einerseits auf feuchte Auenstandorte, andererseits auf trockene Berghänge verdrängt. So wirken letztendlich Klima und Boden meist nicht direkt, sondern über die Verschiebung des Gleichgewichts konkurrierender Arten begrenzend auf das Vorkommen.

Standort. Die lokalen Einflüsse der Tier- und Pflanzenwelt (biotische Faktoren) und die Boden- und Klimabedingungen (abiotische Faktoren) bilden zusammen den **Standort**, der nicht mit dem **Fundort**, dem topographischen Punkt des Vorkommens, verwechselt werden darf (z. B. Standort: winterlindenreicher Traubeneichen-Hainbuchenwald auf mäßig trocknem Lössboden über Porphyr; Fundort: „Bischofswiese" Halle/Saale, 51.5027°N, 11.9061°O). Die Gesamtheit der Bedingungen aller Standorte im Areal bildet die aktuell realisierte Nische der Art.

Historische Faktoren. Neben den geschilderten ökologischen Faktoren sind für die Pflanzenverbreitung auch historische Faktoren wichtig. Darunter versteht man die Ausbreitungs- und Entwicklungsgeschichte der Arten in ihrer Abhängigkeit von der geologisch-geographischen und klimatischen Entwicklung der Erdräume und dem Einfluss des Menschen. Das Eiszeitalter vernichtete in Mitteleuropa einen Großteil der Pflanzenwelt. Nur zwischen den großen Eisschilden konnte sich eine Steppen-Tundren-Vegetation erhalten, auf unvereisten Alpengipfeln einige alpine Pflanzen. Möglicherweise existierten aber auch isolierte kleine Waldinseln. Nach dem Rückgang der letzten Vereisung wanderten im Spätglazial zunächst Pflanzen der Tundren und Kältesteppen, vor etwa 12000 Jahren dann wieder vermehrt Holzgewächse in das Gebiet ein, zuerst Birke, dann Kiefer und Hasel, dann Eiche und Hainbuche mit ihren Begleitarten. Reste der Kälteflora konnten sich in den Alpen und ihrem Vorland, in den Mittelgebirgen und auf Hochmooren als Eiszeitrelikte (**Glazialrelikte**, z. B. *Trichophorum alpinum*) erhalten. In warm-trockenen Perioden der Nacheiszeit drangen

Pflanzen südlicher Steppen und Felsfluren (z. B. *Astragalus exscapus, Teucrium montanum*) nach Mitteleuropa vor. Diese wurden in der feucht-kühlen Periode seit etwa 2500 v. Chr. als Wärmezeitrelikte (**xerotherme Relikte**) auf wenige Fels- und Trockenrasenstandorte zurückgedrängt, während nun die Rot-Buche zum vorherrschenden Baum wurde. Auch die Geschichte des Menschen hatte große Bedeutung für die Zusammensetzung unserer Pflanzenwelt. Mit der Einführung des Ackerbaus aus Vorderasien (etwa 4500 v. Chr.) wurden viele Ackerwildkräuter eingeschleppt; andere, meist stickstoffliebende Arten begleiteten die menschlichen Wohnstätten und Abfallplätze (**Ruderalpflanzen**). Man bezeichnet solche in vorgeschichtlicher oder frühgeschichtlicher Zeit eingeschleppten Arten als **Archäophyten [A]**, im Gegensatz zu den **Neophyten [N]**, die nach der Entdeckung Amerikas eingeschleppt wurden oder eingewandert sind, und bei denen man oft das Jahr des ersten Auffindens und der Ausbreitungsgeschichte im Gebiet kennt. Bei diesen Neueingebürgerten wird – soweit bekannt – das Jahr des ersten Nachweises in der Natur in Deutschland angegeben. Eine flächigere Ausbreitung setzt aber oft erst Jahrzehnte später ein, meist wohl nach einer Schwellenwertüberschreitung der Populationsgröße, durch Veränderung der Standortbedingungen (Klimawandel, Eutrophierung, Bau von Verkehrswegen, Tausalzeinsatz usw.), bzw. durch Auslese oder Neueinschleppung geeigneter Ökotypen.
Über den floristischen **Status** (heimisch oder eingeschleppt) und die Grenzen des ursprünglichen Areals bestehen in vielen Fällen Unklarheiten. Oft ist man mangels Fossilbelegen auf das Vorkommen in naturnaher Vegetation als Kriterium für den Status „heimisch" angewiesen. Nur etwa 5 % der eingeschleppten Arten vermögen nämlich in die naturnahe Vegetation einzudringen (**Agriophyten**), die meisten verschwinden, wenn der Einfluss des Menschen auf den Standort aufhört (**Epökophyten**). Andererseits gehen manche einheimischen Arten als **Apophyten** auf anthropogene Standorte über (*Urtica dioica*) und wirklich naturnahe Vegetation ist in Deutschland nur noch in Resten vorhanden.
Auch heute werden noch ständig neue Arten durch Verkehr und Handel eingeschleppt. Viele davon breiten sich aber vom Einschleppungsort nicht weiter aus, verschwinden nach einigen Jahren oder überstehen nicht einmal den ersten Winter (**Adventivpflanzen, Ephemerophyten**). Von diesen **Unbeständigen [U]** wurden in die Exkursionsflora nur diejenigen aufgenommen, die immer wieder in mehreren Bundesländern gefunden werden bzw. Etablierungstendenzen aufweisen und daher oft anzutreffen sind. Seltener verwilderte Zier- und Nutzpflanzen (z. B. aus Gartenabfall) können mit dem Band "Krautige Zier- und Nutzpflanzen" (JÄGER et al. 2007) bestimmt werden. Mit **[N]** werden nur fest eingebürgerte, über mehrere Generationen beständige Neophyten bezeichnet. Auf dem Wege der Einbürgerung befindliche Arten können mit **[N U]** gekennzeichnet werden. Innerhalb Deutschlands kann der Grad der Einbürgerung unterschiedlich sein, auch gebietsweise heimische Pflanzen sind in anderen Bundesländern nur eingebürgert (*Acer pseudoplatanus*) oder gar unbeständig.
Durch den Einfluss des Menschen wurde die Flora unseres Landes insgesamt um etwa ein Viertel aller hier vorkommenden Gefäßpflanzenarten bereichert. Der natürliche Rückgang von Steppenarten wurde durch Zurückdrängen des Waldes bzw. Verhinderung der Wiederbewaldung aufgehalten, viele Pflanzen wurden bewusst oder unbewusst eingeführt, andere konnten in die vom Menschen geschaffenen Landschaften vorrücken, einige schließlich sind überhaupt erst in den vom Menschen geschaffenen Wiesen, Äckern und Ruderalflächen entstanden.
Seit der Mitte des 20. Jahrhunderts hat mit der Einführung industrieller Methoden in der Landwirtschaft und dem zunehmenden Stickstoffeintrag aus der Luft eine ganz neue Entwicklungsphase für die Pflanzenwelt unseres Gebietes begonnen. Mit zunehmender Geschwindigkeit verarmt unsere Flora durch Verbauung und Zerstörung von Standorten, durch Entwässerung von Mooren, Eutrophierung von Gewässern und oligotrophen Böden, durch die Einstellung der unrentabel gewordenen Beweidung auf den Trockenrasen und durch die Änderung von Anbaumethoden. Die Glazialrelikte und xerothermen Relikte, aber auch viele Ackerunkräuter, Wiesen-, Sumpf- und Wasserpflanzen sind im Rückgang (↘), einige Arten sind im Gebiet schon ganz ausgestorben (†, z. B. *Carex capitata, C. microglochin, Erica cinerea, Androsace maxima, Artemisia laciniata*). Andere Arten sind als Heimische oder Archäophyten erloschen und kommen heute nur vorübergehend eingeschleppt vor **[A, heute U]**. Am dramatischsten ist aber die fast schon flächendeckende Vernichtung der Artenvielfalt

in der "Normallandschaft". In vielen Fällen ist die Häufigkeit von früher „gewöhnlichen Arten" schon auf weniger als die Hälfte zurückgegangen. Die Auswirkungen des damit einhergehenden Verlustes an Erlebnis- und regionalen Identifikationsmöglichkeiten auf das psychisch-soziale Wohlbefinden der Menschen ist noch gar nicht absehbar.
Immer wieder werden gebietsfremde oder im Gebiet erloschene Wildpflanzen in die Natur ausgebracht („Wildblumenmischungen", *Stratiotes aloides* in Angelgewässern). Oft wurden und werden nichtheimische Arten zur Festigung von Dünen, Begrünung von Böschungen oder städtischen Felsfluren verwendet (*Thymus*- und *Salvia*-Arten, *Rosa rugosa*, *Dianthus giganteus*) und können sich z. T. einbürgern. Auch solche **"Ansalbungen"** sollen bei florenkundlichen Dokumentationen möglichst gekennzeichnet werden (z. B. *"Agrostemma githago*: [A] †, heute angesalbt").
Eine viel geringere Zahl von Arten, vor allem Eingeschleppte wie *Impatiens glandulifera* oder *Fallopia japonica*, hat sich in den letzten Jahrzehnten stark ausgebreitet (↗). Manche von ihnen schränken die Populationen heimischer Arten ein. Ihre Ausbreitung geht aber meistens auf die Veränderung der Standorte und die Störung der heimischen Vegetation durch den Menschen zurück. So werden Vegetationsmosaike und Standortbedingungen ganzer Regionen durch den Bergbau verändert, besonders durch Braunkohlen-Tagebaue. Unter den heimischen Arten breiten sich gegenwärtig vor allem solche hochwüchsigen Stauden und Gehölze aus, die das überhöhte Stickstoff-Angebot nutzen können (*Acer*-Arten, *Fraxinus excelsior*, *Sambucus nigra*, *Hedera helix*, *Eupatorium cannabinum*, *Chaerophyllum aureum*). Auffällig ist auch das Vorrücken wärmeliebender und frostempfindlicher Arten wie *Wolffia columbiana*, *Asplenium adiantum-nigrum* oder *Ceratocapnos claviculata*. Wahrscheinlich ist die Ursache dafür die globale Temperaturerhöhung, die mit der Zunahme der atmosphärischen Konzentration von „Treibhausgasen" (besonders CO_2) korreliert. Die Erfassung und Analyse der Arealveränderungen und die Erarbeitung von Grundlagen für wirksame Schutzmaßnahmen sind heute zu vordringlichen Aufgaben geobotanischer Forschung geworden.

Verbreitungsfaktoren in Deutschland

Durch das Gefälle der Wintertemperaturen wird unser Gebiet von West nach Ost differenziert. Die mittleren Januartemperaturen liegen in Nordwest-Niedersachsen und West-Westfalen über 1 °C; die 0 ° Januar-Isotherme verläuft von West-Mecklenburg über das nördliche und westliche Harzvorland nach West-Westfalen und von dort durch das untere Maintal zum Oberrhein. In Ost-Brandenburg liegen die mittleren Januartemperaturen unter −1 °C. Pflanzenvorkommen mit einer Bindung an hohe Sommertemperaturen (Juli-Mittel >18 °C) häufen sich dagegen nicht nur in den Tälern von Oberrhein, unterer Mosel, Main, unterer Saale, mittlerer Elbe und Oder, sondern auch im mittleren Brandenburg. In der Richtung von NW nach SO konzentrieren sich auch die Niederschläge zunehmend auf das Sommerhalbjahr, so dass in Westdeutschland der Winterniederschlag, östlich von Berlin und Eisenach der Sommerniederschlag überwiegt. Auch dieses Gefälle wird von der Pflanzenverbreitung empfindlich abgebildet. Eine auffällige Konzentration kontinentaler Florenelemente ist in den Trockengebieten zu verzeichnen, die unter 550 mm, im mittleren Deutschland sogar unter 500 mm Niederschlag im Jahr erhalten (Trockengebiete am Main und Oberrhein, Mitteldeutsches Trockengebiet = MDt-Trockengeb). Durch ihre Bodenbedingungen unterscheiden sich die diluvialen Sandgebiete in Nordost-Sachsen, im nördlichen Sachsen-Anhalt, Brandenburg, SW-Mecklenburg, Nord-Niedersachsen und West-Schleswig-Holstein von den südlichen Berg- und Hügelländern und den reicheren Moränengebieten in Ost-Schleswig-Holstein und Mittel-Mecklenburg. Manche Pflanzen wachsen wegen ihrer Bindung an bestimmte Bodeneigenschaften nur an den Küsten und den Binnenland-Salzstellen, andere nur auf Mooren oder in den Kalkgebieten (Alpen, Jura, Muschelkalkgebiete in der Pfalz, in Hessen, im Thüringer Becken und in Südost-Niedersachsen sowie mesozoische Ablagerungen vom nördlichen Harzvorland bis zum Teutoburger Wald). Mit Ausnahme des Jura sind die Mittelgebirge dagegen weitgehend aus saurem Gestein aufgebaut (Silikatgebirge).

Angaben zur Verbreitung in Deutschland

Die Verbreitung und die Häufigkeit der einzelnen Arten in Deutschland werden nach den Bundesländern angegeben, weil Länderfloren, Verbreitungskarten-Atlanten, Roten Listen und anderen floristischen Publikationen meist ebenfalls politische Grenzen zugrunde liegen. Der Alpenraum, der innerhalb Bayerns liegt, wurde als eigene Region behandelt. Die Regionen werden stets in folgender Reihenfolge von Süden nach Norden aufgeführt: Alp (Alpen), By (Bayern), Bw (Baden-Württemberg), Rh (Rheinland-Pfalz und Saarland), He (Hessen), Nw (Nordrhein-Westfalen), Th (Thüringen), Sa (Sachsen), An (Sachsen-Anhalt), Bb (Brandenburg und Berlin), Ns (Niedersachsen, Bremen, S-Hamburg), Mv (Mecklenburg-Vorpommern) und Sh (Schleswig-Holstein und N-Hamburg). Innerhalb der Bundesländer bzw. Regionen erfolgt gegebenenfalls eine Differenzierung nach Naturräumen (MEYNEN et al. 1953–62). Diese mussten aus praktischen Gründen teilweise zusammengefasst werden. Dabei wurde versucht auf floristische Diversität und landschaftliche Ähnlichkeit Rücksicht zu nehmen. Die Gebietsgliederung ist in der Karte auf dem hinteren Vorsatzblatt dargestellt und kann als Grafikdatei auf den Internetseiten des Verlags und der GEFD heruntergeladen werden.

Angaben zur Häufigkeit

Mit den im Text verwendeten Kürzeln wird nur die Rasterfrequenz nach besiedelten Messtischblättern angegeben, also nicht die Anzahl der Populationen. Letztere ist nur für sehr seltene Arten und kleine Bezugsräume bekannt. Die Dichte der Nachweise kann dagegen auf dem Maßstab von Gitternetz-Kartierungen relativ zuverlässig angegeben werden. Für Deutschland liegt seit 2013 ein Atlas im Raster von Messtischblättern (MTB) vor (Kartierflächen von etwa 11 × 11 km^2, BETTINGER et al. 2013). Für die aktuelle Auflage der Exkursionsflora wurde daraus pro Region und Naturraum die prozentuale Besiedlung der gegebenen Rasteranzahl durch **Nachweise ab 1980** errechnet. Durch eine Klassifikationsanalyse wurden aus der Mengenverteilung der artspezifischen Frequenzwerte fünf Häufigkeitsklassen abgeleitet. Es bedeuten: f (fehlt): nicht bzw. nicht nach 1980 nachgewiesen; s (selten): in weniger als 3 % der MTB-Rasterfelder vorkommend; z (zerstreut): in 3–33 % der Rasterfelder; v (verbreitet): in 33–66 % der Rasterfelder; h (häufig): in 66–90 % der Rasterfelder vorkommend und g (gemein/sehr häufig): in über 90 % dieser Flächen zu finden.
Diese Frequenzwerte werden zuerst für die Bundesländer als Mittelwerte angegeben. Bei deutlichen Mittelwert-Abweichungen innerhalb des Landes werden je nach Textlänge entweder Werte für die betreffenden Naturräume oder Fehlgebiete (f) angegeben. Mit Doppelpunkt werden an die Naturraum-Kürzel bisweilen erwähnenswerte einzelne Fundorte oder Fundgebiete angefügt. Nach den spontanen und archäophytischen **[A]** Vorkommen (im Text bei Unsicherheit ohne Kennzeichnung) folgen alle neu eingebürgerten Vorkommen **[N]**, soweit es sich um zusätzliche, spontan/indigen unbesiedelte Gebiete handelt, darauf – ebenso nur in ergänzender Weise – die unbeständigen Vorkommen **[U]**. Die Bundesländer werden innerhalb dieser Statuskategorien nach der Häufigkeit gruppiert, beginnend mit der jeweils höchsten Häufigkeitsstufe und dann von Süd nach Nord, angegeben.
Nach dem Zeichen für „ausgestorben" (†, in regionalen Roten Listen als "0" geführt) bzw. seit mehreren Jahrzehnten nicht mehr beobachtet, werden schließlich Gebiete aufgeführt, in denen die Art ausgestorben oder erloschen ist. Dabei werden nur manchmal ehemalige Fundorte angegeben. In Deutschland bereits ausgestorbene Arten werden in der Exkursionsflora weiter aufgeführt. So kann das Ausmaß des Rückgangs richtig beurteilt werden, andererseits sind evtl. Wiederfunde möglich. Stärkerer Rückgang der Vorkommen wird am Ende der Aufzählung mit ↘, deutliche Ausbreitung mit ↗ vermerkt. Wenn nicht anders angegeben, beziehen sich diese Zeichen auf das ganze Gebiet.
In die Bestimmungsschlüssel wurden auch einige **Kulturpflanzen** aufgenommen, die nicht verwildern. Besonders betrifft dies Park- und Forstgehölze, aber auch Geophyten, bei denen im Gelände nicht leicht zu erkennen ist, ob ihr Vorkommen auf Anpflanzung zurückgeht. Um deutlich zu machen, dass sie nicht zur Wildflora gehören, sind sie vor dem Namen mit Ⓚ (ausschließlich kultiviert) gekennzeichnet. Das Zeichen ⊕ vor dem Namen bedeutet,

dass die Art oder Unterart in Deutschland ausgestorben ist – († vor der Verbreitungsangabe). Das Zeichen ⑦ steht vor dem Namen von Arten und Unterarten, die im Gebiet noch nicht oder nicht sicher nachgewiesen sind, auf die aber, z. B. wegen naher Vorkommen in Nachbarländern, geachtet werden sollte. Insgesamt sollen die Verbreitungs- und Häufigkeitsangaben nun aktueller und genauer sein, um zweifelhafte oder aber besonders beachtenswerte Bestimmungsergebnisse erkennbar zu machen. Allerdings sind durch die Verschneidung der Rasterdaten mit den administrativen und naturräumlichen Grenzen auch Fehlzuordnungen generiert worden. Wir haben uns bemüht, solche Fehler zu berichtigen; regional fehlten uns aber genauere Informationen. Entsprechende Meldungen und Berichtigungen würden helfen, zukünftige Auflagen weiter zu verbessern.

Gesamtareale

Bei der Charakterisierung der Gesamtareale werden die zonale Bindung, die Ozeanitäts- bzw. Kontinentalitätsbindung und die Höhenstufenbindung der Arten in einer Formel (**Arealformel**) berücksichtigt. Grundlage ist eine globale pflanzengeographische Gliederung der Erde in Florenzonen, Ozeanitätsstufen und pflanzengeographische Höhenstufen.
Zonalität. Die Pflanzenareale erstrecken sich über eine oder mehrere Florenzonen. Die Grenzen dieser Florenzonen sind aus Abb. **24** ersichtlich. Die **arktische** Florenzone (arct) umfasst das Tundrengebiet nördlich der polaren Waldgrenze, die **boreale** (b) das Gebiet der nördlichen Taiga-Nadelwälder. In der **temperaten**, d. h. gemäßigten Zone (temp), in welcher auch das Gebiet der Exkursionsflora liegt, herrschen in Europa sommergrüne Laubwälder, die z. T. mit Nadelwäldern gemischt sind. Zur genaueren Charakterisierung zahlreicher Verbreitungsgrenzen im Gebiet wurde sie in Europa in die nördliche (ntemp) und südliche (stemp) temperate Zone untergliedert. Die **submeridionale** Zone (sm) enthält sommergrüne Trockenwälder und Steppen. In der **meridionalen** Zone (m) treten immergrüne Laub- und Nadelwälder, Steppen und Wüsten auf. Nach Süden schließen sich die wintertrockne nördliche (boreostrop) und südliche (austrostrop) **subtropische** Zone (strop) mit Savannen und Trockenwäldern und die immerfeuchte **tropische** Zone (trop) mit immergrünen Feucht-Laubwäldern an. Die **australe** Zone (austr) entspricht pflanzen- und klimageographisch weitgehend der meridionalen bis temperaten Zone, die **antarktische** (antarct) Zone entspricht weitgehend den borealen bis arktischen Breiten.

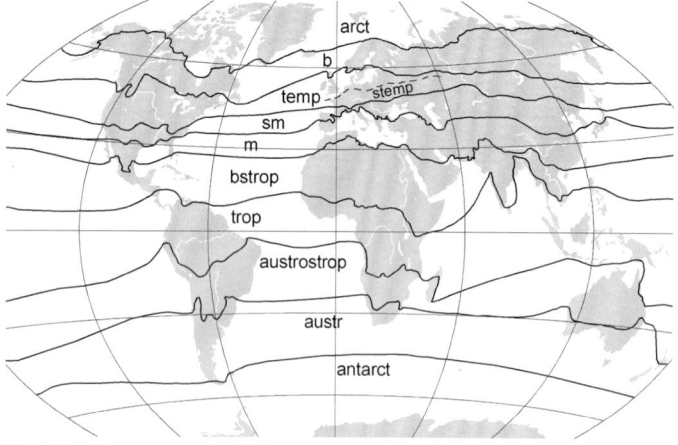

Abb. 24. Florenzonen der Erde

Ozeanität. Nur wenige, meist nördliche Arten sind in der Lage, innerhalb ihrer zonalen Grenzen den gesamten Erdkreis zu besiedeln. In der Regel sind aber auch solche **zirkumpolaren** Arten (CIRCPOL) entweder stärker an ozeanische oder an kontinentale Gebiete gebunden.

Die Erstreckung des Areals im Gefälle der Ozeanität wird nach einer 10-stufigen Gliederung der Erde angegeben, die aus der Analyse zahlreicher Pflanzenareale abgeleitet wurde (Jäger 1968, Abb. 26). Während die zonale Gliederung die Temperaturbedingungen widerspiegelt (im Norden Sommertemperaturen, weiter südlich die Dauer der Vegetationsperiode, an der Grenze zu den Tropen das Auftreten von Frost), kommt in der pflanzengeographischen Ozeanitätsgliederung die Reaktion der Pflanzen auf einen Komplex von thermischen und hygrischen Faktoren zum Ausdruck. In polnahen Gebieten ist die Jahrestemperaturkurve besonders wichtig, in wärmeren Zonen die Menge und Verteilung der Niederschläge, so dass in den Tropen schließlich vor allem die Humidität die Arealgrenzen bestimmt.

Da es keine objektive Grenze zwischen ozeanischen und kontinentalen Klimaten und entsprechenden floristischen Gebieten gibt, wird bei der Einstufung nicht zwischen einer ozeanischen und einer kontinentalen Arealgruppe unterschieden. In Deutschland zeigen die c1- und c1-2-Arten ozeanischen Einfluss an, im Osten noch die c1-3-Arten; die c2-3- und c2-4-Arten gelten als subozeanisch (in England die letzteren als kontinental). Alle Areale mit einer Westgrenze in c3 und c4 können bei uns als subkontinental oder kontinental bezeichnet werden, während manche davon (bei enger Gesamtamplitude) in Sibirien einen ozeanischen Einfluss anzeigen. Viele salztolerante Arten besiedeln neben Arealen im Inneren der Kontinente noch die Küsten (litoral, z. B. *Tripolium pannonicum* c4-9+lit). Solange das Verbreitungsgebiet einer Pflanzenart nach irgendeiner Richtung nicht wenig oder wenig über unser Gebiet hinausreicht, spiegelt sich der Charakter des Gesamtareals gewöhnlich deutlich in der Lokalverbreitung wider.

Höhenstufen. Nach ihrer Höhenverbreitung kann eine Art als **planar** (in der Tiefebene verbreitet), **kollin** (co), **montan** (mo), **subalpin** (salp) oder **alpin** (alp) bezeichnet werden. Als montan wird in unserem Gebiet die Buchen-Fichten-Stufe, als subalpin die Krummholz-Stufe und als alpin die Matten-Stufe oberhalb des Krummholz-Gürtels bezeichnet. Bei der Angabe der Höhenstufenbindung wird der Schwerpunkt der Höhenverbreitung genannt, bisweilen reicht die Höhenausdehnung des Areals über die genannte Höhenstufe hinaus. Ein Areal von der alpinen Stufe bis in die darunterliegenden Stufen eines Gebirges ist **dealpin** (dealp), von der montanen bis in die darunterliegenden Stufen ist **demontan** (demo). Ein um ein Gebirge mit einer alpinen Höhenstufe gelegenes Areal ist **perialpin** (perialp), wobei eine unterschiedliche Höhenausdehnung vorliegen kann. Gebirgsbenachbarte Areale werden als **perimontan** (perimo) bezeichnet. Eine Einklammerung der Höhenstufenbezeichnungen bedeutet, dass die Bindung an die betreffende Höhenstufe nur schwach ausgeprägt ist.

Beschränkung auf Kontinente. Die Bindung der Pflanzenarten an die verschiedenen Kontinente, Teilkontinente, Großregionen oder Inseln: Europa (EUR), Asien (AS), Sibirien (SIB), Afrika (AFR), Amerika (AM), Grönland (GRÖNL), Australien (AUST) ist meist florengeschichtlich begründet. Europa umfasst im pflanzengeographischen Sinn auch Nordwestafrika und die meeresnahen Gegenden Vorderasiens. Diese Gebiete werden deshalb nicht gesondert aufgeführt. West-Eurasien (WEURAS) reicht nach Osten bis zum Jenissei, in die westlichste Mongolei, den West-Tienschan, West-Pamir und zum Westhimalaja. Zu Westeurasien gehört das meridional-submeridionale Mittelasien (MAS), aber nicht Zentralasien (ZAS: Tibet, Zentral- und Ostmongolei). Vorderasien (VAS) umfasst die zentrale Türkei, Trans-Kaukasien, West-Iran und den Westen und Norden der Arabischen Halbinsel. Die Alpen (ALP) oder der Kaukasus (KAUK) werden nur dann in der Arealdiagnose genannt, wenn das natürliche Areal wirklich auf diese Gebirge beschränkt ist.

Die **Höhenstufenbindung** wird in den Arealdiagnosen für jede Florenzone mit Schrägstrich angeschlossen. Eine Bindung an die planare und kolline Stufe wird im Allgemeinen nicht genannt. Mit doppeltem Schrägstrich angeschlossene Höhenstufenangaben beziehen sich auf alle vorher genannten Florenzonen.

Arealformeln. Aus der Zonalitäts-, Ozeanitäts- und Höhenstufenbindung und aus der Beschränkung auf einzelne Kontinente ergibt sich die Arealdiagnose, z. B. für *Blechnum spicant* m/mo-b·c1-3EUR+OAS+WAM, d. h., dieser Farn besiedelt von den Gebirgen der meridio-

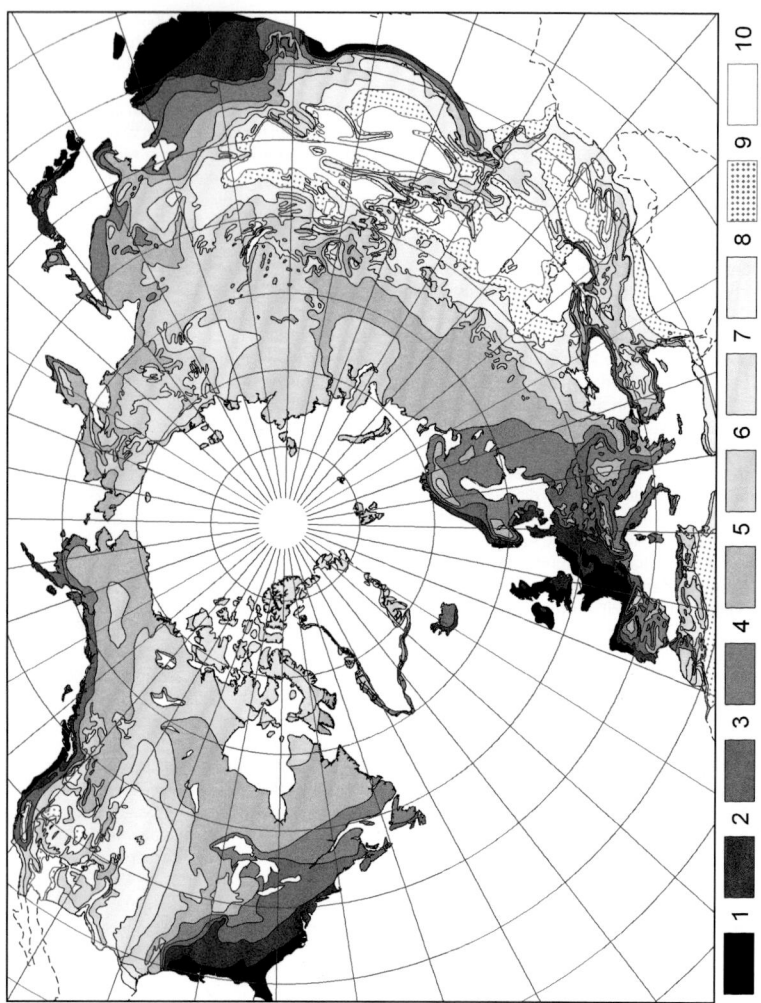

Abb. 26. Pflanzengeographische Ozeanitätsstufen (c1–10) der Nordhemisphäre

nalen Zone bis in die Ebenen der borealen Zone Europas, Ostasiens und Westamerikas die Ozeanitätsstufen 1 bis 3 (vgl. Abb. **26**). Die Zonen-, Ozeanitäts- und Höhenstufenangaben beziehen sich dabei auf alle angegebenen Kontinente beziehungsweise Teilkontinente. Disjunkte Arealteile werden in den Arealdiagnosen durch + getrennt. Diese Arealdiagnosen entsprechen in abgewandelter Form denen bei MEUSEL et al. (1965–1992); sie wurden nach floristischer Literatur, Datenbankabfragen und Arealkarten auf den neuesten Stand gebracht und gestatten eine kurze, genaue und vergleichbare Charakterisierung aller Areale.

Zeigerwerte

Eine numerisch vergleichbare Bewertung des Verhaltens der Arten gegenüber den Ausprägungen einzelner Standortfaktoren ermöglichen die von ELLENBERG et al. (1992) für Mitteleuropa aufgestellten ökologischen Zeigerwerte. In die Exkursionsflora wurden diejenigen für Licht (L), Temperatur (T), Feuchte (F), Bodenreaktion (R) und Stickstoff (N) übernommen, die Kontinentalität ergibt sich aus der Arealdiagnose. Von den Werten, die bei ELLENBERG et al. (1992) fehlen, konnten einige aus FRANK (1990, für das östliche Deutschland) ergänzt werden. Die Angaben wurden mit der neuesten Bearbeitung in ELLENBERG et LEUSCHNER (2010) abgeglichen. Sofern für Deutschland nicht verfügbar, wurden Werte aus LANDOLT et al. (2010) ergänzt, bei Farnen aus BENNERT (1991) und in wenigen Fällen nach Einschätzung der Autoren. Alle ergänzten, nicht bei ELLENBERG et LEUSCHNER (2010) geführten Werte wurden kursiv gesetzt. Die Zeigerwerte ermöglichen eine erste Einschätzung der Standortbedingungen, wenn Messungen aus Zeit- und Kostengründen ausscheiden. Sie gelten für mitteleuropäische Freilandbedingungen bei starker natürlicher Konkurrenz, sagen also nichts über das physiologische Verhalten aus. Die Zahlen sind folgendermaßen definiert:

L = Lichtzahl
L1 Tiefschattenpflanze, noch bei <1 %, selten bei >30 % r. B. (relative Beleuchtungsstärke zur Zeit der vollen Belaubung der sommergrünen Pflanzen bei diffuser Beleuchtung) vorkommend
L2 zwischen 1 und 3 stehend
L3 Schattenpflanze, meist bei <5 % r. B., doch auch an helleren Stellen
L4 zwischen 3 und 5 stehend
L5 Halbschattenpflanze, nur ausnahmsweise im vollen Licht, meist aber bei >10 % r. B.
L6 zwischen 5 und 7 stehend; selten bei <20 % r. B.
L7 Halblichtpflanze, meist bei vollem Licht, aber auch im Schatten bis etwa 30 % r. B.
L8 Lichtpflanze, nur ausnahmsweise bei <40 % r. B.
L9 Volllichtpflanze, nur an voll bestrahlten Plätzen, nicht bei <50 % r. B. (eingeklammerte Ziffern beziehen sich auf Baumjungwuchs im Wald)

T = Temperaturzahl
T1 Kältezeiger, nur in hohen Gebirgslagen, d. h. der alpinen und nivalen Stufe
T2 zwischen 1 und 3 stehend (viele alpine Arten)
T3 Kühlezeiger, vorwiegend in subalpinen Lagen
T4 zwischen 3 und 5 stehend (besonders hochmontane und montane Arten)
T5 Mäßigwärmezeiger, von tiefen bis in montane Lagen, Vorkommensschwerpunkt in submontan-temperaten Bereichen
T6 zwischen 5 und 7 stehend (d. h. planar bis kollin)
T7 Wärmezeiger, im nördlichen Mitteleuropa nur in relativ warmen Tieflagen
T8 zwischen 7 und 9 stehend, meist mit submediterranem Schwergewicht
T9 extremer Wärmezeiger, vom Mediterrangebiet nur auf wärmste Plätze im Oberrheingebiet übergreifend

F = Feuchtezahl
F1 Starktrockniszeiger, an oftmals austrocknenden Stellen lebensfähig und auf trockne Böden beschränkt
F2 zwischen 1 und 3 stehend

F3 Trockniszeiger, auf trocknen Böden häufiger vorkommend als auf frischen; auf feuchten Böden fehlend
F4 zwischen 3 und 5 stehend
F5 Frischezeiger, Schwergewicht auf mittelfeuchten Böden, auf nassen sowie auf öfter austrocknenden Böden fehlend
F6 zwischen 5 und 7 stehend
F7 Feuchtezeiger, Schwergewicht auf gut durchfeuchteten, aber nicht nassen Böden
F8 zwischen 7 und 9 stehend
F9 Nässezeiger, Schwergewicht auf oft durchnässten (luftarmen) Böden
F10 Wechselwasserzeiger, Wasserpflanze, die längere Zeiten ohne Wasserbedeckung des Bodens erträgt
F11 Wasserpflanze, die unter Wasser wurzelt, aber zumindest zeitweilig mit Blättern über dessen Oberfläche aufragt, oder Schwimmpflanze, die an der Wasseroberfläche flottiert
F12 Unterwasserpflanze, ständig oder fast dauernd untergetaucht
~ Zeiger für starken Wechsel (z. B. 3~: Wechseltrockenheit, 7~: Wechselfeuchte oder 9~: Wechselnässe zeigend)
= Überschwemmungszeiger, auf mehr oder minder regelmäßig überschwemmten Böden

R = Reaktionszahl
R1 Starksäurezeiger, niemals auf schwachsauren bis alkalischen Böden vorkommend
R2 zwischen 1 und 3 stehend
R3 Säurezeiger, Vorkommensschwerpunkt auf sauren Böden, ausnahmsweise bis in den neutralen Bereich
R4 zwischen 3 und 5 stehend
R5 Mäßigsäurezeiger, auf stark sauren wie auf neutralen bis alkalischen Böden selten
R6 zwischen 5 und 7 stehend
R7 Schwachsäure- bis Schwachbasenzeiger, niemals auf stark sauren Böden
R8 zwischen 7 und 9 stehend, d. h. meist auf Kalk weisend
R9 Basen- und Kalkzeiger, stets auf kalkreichen Böden

N = Stickstoffzahl, Nährstoffzahl
N1 Stickstoffärmste Standorte anzeigend
N2 zwischen 1 und 3 stehend
N3 auf stickstoffarmen Standorten häufiger als auf mittelmäßigen und nur ausnahmsweise auf reicheren
N4 zwischen 3 und 5 stehend
N5 mäßig stickstoffreiche Standorte anzeigend, auf armen und reichen seltener
N6 zwischen 5 und 7 stehend
N7 an stickstoffreichen Standorten häufiger als auf mittelmäßigen und nur ausnahmsweise auf ärmeren
N8 ausgesprochener Stickstoffzeiger
N9 an übermäßig stickstoffreichen Standorten konzentriert (Viehlägerpflanzen, Verschmutzungsanzeiger)

Für alle Werte gilt:
x indifferentes Verhalten, d. h. weite Amplitude oder ungleiches Verhalten in verschiedenen Regionen
? ungeklärtes Verhalten >> **hier ist jede Mitteilung über Geländebeobachtungen hochwillkommen!**

Ziffern mit ?: unsichere Einstufungen

Vergesellschaftung der Pflanzen

Da sich ihre ökologischen Ansprüche überlappen, treten die Pflanzenarten in der Regel miteinander vergesellschaftet auf. Wo ähnliche Standortbedingungen herrschen, wiederholen sich oft auch die vorkommenden Artengemeinschaften. Derartige Pflanzenbestände ähnlicher Zusammensetzung werden als Pflanzengesellschaften (Assoziationen) bezeichnet. Sie sind durch eine charakteristische, also relativ regelhaft auftretende Artenkombination ausgezeichnet und voneinander unterscheidbar. Da sich auch die hier behandelten Taxa ökologisch nicht beliebig verhalten, können sie oft bestimmten Pflanzengesellschaften zugeordnet werden. Dies ist auch bei noch unvollständiger Kenntnis der Gesamtverbreitung der Art möglich und so ergänzen in vorliegendem Band wo irgend möglich und sinnvoll Angaben zur Vergesellschaftung die Informationen zu den Standortansprüchen.

Die vegetationskundliche Erfassung der Pflanzengesellschaften hat in Mitteleuropa eine lange Tradition, die zu einer umfangreichen Literatur geführt hat (ELLENBERG et LEUSCHNER 2010). Mit der Beschreibung einzelner Pflanzengesellschaften gingen zugleich Bemühungen einher, ein der (Pflanzen-)Systematik vergleichbares hierarchisches System der Gesellschaften zu entwickeln. Das in Mitteleuropa verwendete Klassifikationssystem basiert auf den grundlegenden Arbeiten von J. BRAUN-BLANQUET und der von ihm begründeten pflanzensoziologischen Schule.

Die Basis der Hierarchie bildet die **Assoziation**, die durch die Kombination kennzeichnender Arten (Kennarten, Charakterarten) sowie – zumindest im Idealfall – auch durch spezielle ökologische Ansprüche bestimmt sein soll. Floristisch ähnliche Assoziationen werden zu einem **Verband** (V), floristisch ähnliche Verbände zu einer **Ordnung** (O) und floristisch ähnliche Ordnungen zu einer **Klasse** (K) zusammengefasst. Weitere Untergliederungen, z. B. unterhalb des Assoziationsniveaus sind möglich. Im Kontext der Rothmaler-Reihe beschränken wir uns aber auf Angaben zu Verbänden (oder Ordnungen, Klassen), weil diese sowohl floristisch als auch standörtlich oft hinreichend gut unterscheidbar sind. Wegen ihrer besonderen Bedeutung in Deutschland geben wir bei den Buchenwäldern ausnahmsweise auch die Unterverbände an.

Die **pflanzensoziologische Nomenklatur** ist insofern an die botanisch-taxonomische Nomenklatur gekoppelt, als dass die wissenschaftlichen Namen von Gattungen und Arten als Grundlage für die Benennung von Pflanzengesellschaften dienen; darüber hinaus gibt es eigene Regeln (WEBER et al. 2001). Wichtig ist hier, dass Änderungen in der Nomenklatur der namensgebenden Arten nicht zwingend in die pflanzensoziologische Nomenklatur übertragen werden. Die Kennzeichnung der Einheiten erfolgt durch bestimmte Endungen, die an den Wortstamm des Gattungsnamens angehängt werden. Als rangkennzeichnende Endungen sind festgelegt:

Assoziation: -etum
Verband: -ion (nach i im Wortstamm: -on)
Ordnung: -etalia
Klasse: -etea

Als Beispiel sei *Rubus plicatus* (Falten-Brombeere) genannt, die besonders charakteristisch für subatlantische Brombeer-Hecken ist, wie sie auch von vielen anderen *Rubus*-Arten besiedelt werden. Diese sind als Mantel- und Ersatzgesellschaften von Eichen-Hainbuchenwäldern auf kalkarmen, bodensauren, oft mageren Standorten verbreitet. Nach ihr und dem sehr häufig vergesellschafteten Faulbaum ist z. B. das Faltenbrombeer-Faulbaum-Gebüsch, das Frangulo-Rubetum plicati NEUMANN in TX. 1952 em. OBERD. 1983 benannt. Ähnliche Gebüsch-Gesellschaften sind im pflanzensoziologischen Verband (V) Lonicero-Rubion silvatici TX. et NEUMANN ex WITTIG 1977 zusammengefasst, der seinerseits als Teil aller durch die Dominanz von Brombeer-Arten charakterisierten Gesellschaften bodensaurer Standorte in die Ordnung (O) Rubetalia plicati WEBER in POTT 1995 gestellt wird. Gemeinsam mit der Ordnung der Ohrweiden-Moorgebüsche, Salicetalia auritae DOING ex WESTHOFF 1969 1962, bildet diese in Deutschland die Klasse der Faulbaum-Gebüsche, Franguletea alni DOING ex WESTHOFF 1962, 1969. Es bleibt also jeweils der Wortstamm der namensgebenden Gattung erhalten (*Rubus*), das Art-Epitheton *plicatus* wird dann aber in den Genitiv gesetzt. Ähnlich wie bei Pflanzennamen werden auch bei Gesellschaften die Autoren der Erstbeschreibung mit angegeben.

Ist schon die Erarbeitung eines Systems der Pflanzenarten eine Herausforderung, so gilt dies in noch viel größerem Maße für ein System der Pflanzengesellschaften. Das Auftreten von Pflanzen ist von vielen Faktoren abhängig, so dass die Artgemeinschaften im Detail variieren und sich so die Artkombinationen weitaus rascher verändern können, als Arten dies in ihrer Evolution tun. Ebenso tritt das Problem der Abgrenzung von Einheiten in noch stärkerem Maße auf, denn mindestens unter natürlichen Bedingungen ist die Vegetation häufig eher von gleitenden Übergängen als von scharfen Grenzen gekennzeichnet. Entsprechend ist die pflanzensoziologische Gliederung ständig im Fluss und Konsens ist nicht leicht herzustellen. Bis dato gibt es keinen einheitlichen, allgemein anerkannten Vorschlag, wohl aber immer wieder Versuche, zu einer Gesamtübersicht für Deutschland zu kommen (z. B. POTT 1992, RENNWALD 2000). Leider ist die auf verbindlichen Konsens ausgerichtete Synopsis der Pflanzengesellschaften Deutschlands (versch. Autoren) bei weitem nicht vollständig. Wir haben uns daher an einem neuen, insbesondere auch ökologische Sichtweisen betonenden Vorschlag von H. DIERSCHKE orientiert (in ELLENBERG et LEUSCHNER 2010). Dabei haben wir versucht, die Abweichungen zum bisherigen System im Rothmaler so gering wie möglich zu halten. So beschränken sich die meisten Änderungen auf die Nomenklatur und Autorenschaft (ungeprüft von DIERSCHKE 2010 übernommen), die größte inhaltliche Neuerung ist die Einführung der Klassen Franguletea und Rhamno-Prunetea, die heute weithin anerkannt sind (WEBER 1999b, c, a). Für die neu aufgenommenen Armleuchteralgengesellschaften haben wir die aktuelle Bearbeitung von TÄUSCHER et VAN DE WEYER (2016) zu Grunde gelegt. Armleuchteralgengesellschaften gibt es in Salz- und Süßwasser, der Einfachheit halber werden sie hier gemeinsam in der Klasse Charetea fragilis geführt.

Die Anordnung bzw. Reihenfolge der Klassen folgt dabei dem von BRAUN-BLANQUET (1964) eingeführten Prinzip der „soziologischen Progression", das von einfach strukturierten zu hochorganisierten, relativ stabilen Vegetationseinheiten führt. Diesem Prinzip folgt auch DIERSCHKE in ELLENBERG et LEUSCHNER (2010), wobei er jedoch ökologisch ähnliche Klassen zu „Klassengruppen" zusammenfasst. In Anlehnung an ELLENBERG werden hier ebenfalls Klassengruppen aufgestellt, die folgende Vegetationskomplexe umfassen:

A. Süßwasser-, Quellflur- und Röhrichtvegetation, Armleuchteralgenbestände im Süß- und Salzwasser
B. Ufer-, Sumpf- und Moorvegetation
C. Salzwasser-, Küstenspülsaum- und Salzbodenvegetation
D. Fels- und Gesteinsschutt-(Pionier-)Vegetation
E. Dünen- und Xerothermrasenvegetation
F. Grünlandvegetation und Zwergstrauchheiden
G. Alpine Rasenvegetation
H. Segetal- und Ruderalvegetation
I. Trockenwaldsäume, Schlagfluren, hochmontan-subalpine Hochstaudenfluren, Gebüsche
K. Nadelwälder, Moorwälder, (sub)alpine Zwergstrauchheiden
L. Laubwälder

Übersicht über die höheren Vegetationseinheiten

A. Süßwasser-, Quellflur- und Röhrichtvegetation, Armleuchteralgenrasen des Süß- und Salzwassers

1. K Charetea fragilis F. FUKAREK 1961 – Ges. aus Armleuchter- u. Glanzleuchteralgen **K Char.**
    O Nitelletalia flexilis W. KRAUSE 1969 – Glanzleuchteralgen-Ges. **O Nitell.**
    V Nitellion flexilis (CORRILLION 1957) DAMBSKA 1966 – Ges. der Biegsamen Glanzleuchteralge **V Nitell. flex.**
    V Nitellion syncarpo-tenuissimae W. KRAUSE 1969 – Ges. der Verwachsenfrüchtigen Glanzleuchteralge **V Nitell. sync.**
    O Charetalia hispidae SAUER 1937 – Armleuchteralgen-Ges. **O Char.**
    V Charion fragilis KRAUSCH 1964 – Ges. der Zerbrechlichen Armleuchteralge **V Char. frag.**
    V Charion vulgaris (W. KRAUSE et LANG in OBERDORFER 1977) W. KRAUSE 1981 – Ges. der Gewöhnlichen Armleuchteralge **V Char. vulg.**
    V Charion canescentis KRAUSCH 1964 – Ges. der Brackwasser-Armleuchteralge **V Char. can.**
    O Lamprothamnietalia papulosi VAN RAAM et SCHAMINEE 1995 – Fuchsschwanzleuchteralgen-Ges. des Salzwassers **O Lampro.**
    V Lamprothamnion papulosi SCHAMINEE, WEEDA et WESTHOFF 1995 – Ges. der Fuchsschwanzleuchteralge im Salzwasser **V Lampro.**
2. K Lemnetea DE BOLÒS et MASCLANS 1955 – Wasserlinsen-Ges. **K Lemn.**
    O Lemnetalia minoris DE BOLÒS et MASCLANS 1955 – Wasserlinsen-Ges. **O Lemn.**
    V Lemnion minoris Tx. 1955 (= Lemnion gibbae Tx. et SCHWABE-BRAUN 1974) – Wasserlinsendecken **V Lemn. min.**
    V Lemnion trisulcae DEN HARTOG et SEGAL 1964 – Untergetauchte Wasserlinsen-Ges. **V Lemn. tris.**
    V Hydrocharition morsus-ranae (PASSARGE 1964) WESTHOFF et DEN HELD 1969 – Froschbiss-Ges. (z. T. in eigene Ordnung) **V Hydroch.**
3. K Potamogetonetea pectinati KLIKA in KLIKA et NOWAK 1941 – Wurzelnde Wasserpflanzen-Ges. **K Potam.**
    O Potamogetonetalia pectinati W. KOCH 1926 – Laichkraut-Ges. **O Potam.**
    V Potamogetonion pectinati W. KOCH 1926 ex Görs 1977 – Untergetauchte Laichkraut-Ges. **V Potam.**
    V Nymphaeion albae OBERD. 1957 – Seerosen-Ges. **V Nymph.**
    V Ranunculion fluitantis NEUH. 1959 (inkl. Ranunculion aquatilis PASSARGE 1964) – Wasserhahnenfuß-Ges. **V Ranunc. fluit.**
4. K Utricularietea intermedio-minoris PIETSCH 1965 – Wasserschlauch-Moortümpel-Ges. **K Utric.**
    O Utricularietalia intermedio-minoris – Wasserschlauch-Moortümpel-Ges. **O Utric.**
    V Sphagno-Utricularion TH. MÜLLER et GÖRS 1960 (inkl. Scorpidio-Utricularion minoris PIETSCH 1965) – Torfmoos-Moortümpel-Ges. **V Sphagno-Utric.**
5. K Littorelletea uniflorae BR.-BL. et Tx. ex WESTHOFF 1937 – Strandlings-Ges. **K Litt.**
    O Littorelletalia uniflorae W. KOCH ex Tx. 1937 – Strandlings-Ges. **O Litt.**
    V Littorellion uniflorae W. KOCH ex Tx. 1937 – Strandlings-Ges. **V Litt.**
    V Deschampsion littoralis OBERD. et DIERSSEN in DIERSSEN 1975 – Strandschmielen-Ges. **V Desch. litt.**
    V Isoëtion lacustris NORDHAGEN 1937 – Brachsenkrautrasen **V Isoët.**
    V Eleocharition acicularis PIETSCH ex DIERSSEN 1975 (inkl. Hydrocotylo-Baldellion Tx. et DIERSSEN in DIERSSEN 1973) – Nadelsimsen-Ges. **V Eleoch. acic.**

6. K Montio-Cardaminetea Br.-Bl. et Tx. ex Klika 1948 – Quellfluren   **K Mont.-Card.**
   O Montio-Cardaminetalia Pawłowski in Pawłowski et al. 1928 – Quellfluren
   O Mont.-Card.
   V Cardamino-Montion Br.-Bl. 1926 (inkl. Caricion remotae Kästner 1940) – Silikat-Quellfluren   **V Card.-Mont.**
   V Cratoneurion commutati W. Koch 1928 (auch in eigener Ordnung) – Kalk-Quellfluren   **V Craton.**
7. K Phragmito-Magnocaricetea Klika in Klika et Nowák – Röhrichte u. Großseggenriede   **K Phragm.**
   O Phragmitetalia australis W. Koch 1926 (inkl. Nasturtio-Glyceretalia Pign. 1953) – Röhrichte u. Großseggenriede   **O Phragm.**
   V Phragmition australis W. Koch 1926 – Röhrichte   **V Phragm.**
   V (Magno-)Caricion elatae W. Koch 1926 – Großseggenriede   **V Car. elat.**
   V Glycerio-Sparganion Br.-Bl. et Sissingh in Boer 1942 – Bachröhrichte
   V Glyc.-Sparg.

B. Ufer-, Sumpf- u. Moorvegetation

8. K Isoëto-Nanojuncetea Br.-Bl. et Tx. 1943 – Zwergbinsen-Ges.   **K Isoëto-Nanojunc.**
   O Nanocyperetalia Klika 1935 (inkl. Cyperetalia fusci Pietsch 1963) – Zwergbinsen-Ges.   **O Nanocyp.**
   V Nanocyperion W. Koch 1926 (inkl. Elatino-Eleocharition Pietsch 1973, Radiolion (Rivas-Goday 1961) Pietsch 1973) – Zwergbinsen-Ges.   **V Nanocyp.**
9. K Scheuchzerio-Caricetea nigrae Tx. 1937 – Niedermoor-, Zwischenmoor- u. Hochmoorschlenken-Ges.   **K Scheuchz.-Car.**
   O Scheuchzerietalia palustris Nordhagen 1937 – Zwischenmoor- u. Hochmoorschlenken-Ges.   **O Scheuchz.**
   V Rhynchosporion albae W. Koch 1926 – Schnabelried-Schlenken-Ges.
   V Rhynch. alb.
   V Caricion lasiocarpae Vanden Berghen in Lebrun et al. 1949 – Zwischenmoor-Ges.   **V Car. lasioc.**
   O Caricetalia nigrae W. Koch 1926 – Silikat-Niedermoor-Ges.   **O Car. nigr.**
   V Caricion nigrae W. Koch 1926 em. Klika 1934 – Braunseggensümpfe
   V Car. nigr.
   O Caricetalia davallianae Br.-Bl 1950 – Kalk-Niedermoor- u. Rieselflur-Ges.
   O Car. davall.
   V Caricion davallianae Klika 1934 – Kalk-Niedermoor-Ges.   **V Car. davall.**
   V Caricion bicolori-atrofuscae Nordhagen 1937 (inkl. Caricion maritimae Br.-Bl. in Volk 1940) – Alp. Rieselflur- u. Schwemmufer-Ges.   **V Car. bic.-atrof.**
10. K Oxycocco-Sphagnetea Br.-Bl. et Tx. ex Westhoff et al. 1946 – Feuchtheide- u. Hochmoorbulten-Ges.   **K Oxyc.-Sphagn.**
    O Erico-Sphagnetalia papillosae Schwickerath 1941 – Heidemoore
    O Eric.-Sphagn.
    V Ericion tetralicis Schwickerath 1933 (inkl. Oxycocco-Ericion Nordhagen et Tx. 1937) – Feuchtheiden   **V Eric. tetr.**
    O Sphagnetalia magellanici Kästner et Flössner 1933 – Hochmoorbulten-Ges.
    O Sphagn. magell.
    V Sphagnion magellanici Kästner et Flössner 1933 – Hochmoorbulten-Ges.
    V Sphagn. magell.

C. Salzwasser-, Küstenspülsaum- u. Salzbodenvegetation

11. K Zosteretea marinae Pignatti 1953 – Seegraswiesen   **K Zost.**
    O Zosteretalia marinae Béguinot ex Pignatti 1953 – Seegraswiesen   **O Zost.**
    V Zosterion marinae Br.-Bl. et Tx. ex Pignatti 1953 – Seegraswiesen   **V Zost.**

12. K Ruppietea maritimae J. TÜXEN 1960 – Meersalden-Ges. (auch zu Potamogetonetea gestellt) **K Rupp.**
    O Ruppietalia maritimae J. TÜXEN 1960 – Meersalden-Ges. **O Rupp.**
    V Ruppion maritimae BR.-BL. 1931 – Meersalden-Ges. **V Rupp.**
13. K Spartinetea maritimae Tx. in BEEFTINK 1962 – Salzschlickgras-Ges. **K Spart.**
    O Spartinetalia maritimae CONARD 1935 – Salzschlickgras-Ges. **O Spart.**
    V Spartinion maritimae CONARD 1952 – Salzschlickgras-Ges. **V Spart.**
14. K Thero-Salicornietea (PIGNATTI 1953) Tx. in Tx. et OBERD. 1958 – Quellerfluren **K Th.-Salicorn.**
    O Thero-Salicornietalia PIGNATTI 1953 – Quellerfluren **O Th.-Salicorn.**
    V Thero-Salicornion strictae BR.-BL. 1933 – Queller-Watt-Ges. **V Salicorn.**
    V Suaedion maritimae BR.-BL. 1931 (ob eigenständig?) – Strandsoden-Ges. **V Suaed.**
15. K Bolboschoenetea maritimi Tx. et HÜLBUSCH 1971 – Brackwasser-Röhrichte (auch zu Juncetea maritimi / Asteretea tripolii gestellt) **K Bolb.**
    O Bolboschoenetalia maritimi HEJNÝ 1962 – Brackwasser-Röhrichte (auch zu Glauco-Puccinellietalia gestellt) **O Bolb.**
    V Scirpion (= Bolboschoenion) maritimi DAHL et HADAČ 1941 – Brackwasser-Röhrichte **V Bolb.**
16. K Cakiletea maritimae Tx. et PREISING ex BR.-BL. et Tx. 1952 – Meersenf-Spülsäume u. Tangwall-Ges. **K Cak.**
    O Atriplicetalia littoralis SISSINGH in WESTHOFF et al. 1946 (= Cakiletalia maritimae Tx. 1950) – Meersenf-Spülsäume **O Cak.**
    V Atriplicion littoralis NORDHAGEN 1940 – Strandmelden-Ges. **V Atr. litt.**
17. K Juncetea maritimi Tx. et OBERD. 1958 (Asteretea tripolii) – Salzrasen u. Salzwiesen-Ges. **K Junc. mar.**
    O Glauco-Puccinellietalia BEEFTINK et WESTHOFF in BEEFTINK 1965 – Salzwiesen **O Glauco-Pucc.**
    V Puccinellion maritimae CHRISTIANSEN 1927 – Andelrasen **V Pucc. mar.**
    V Armerion maritimae BR.-BL. et DE LEEUW 1936 – Strandgrasnelken-Ges. **V Armer. marit.**
    V Puccinellio (distantis)-Spergularion salinae BEEFTINK 1965 – Salzschwaden-Schuppenmieren-Ges. **V Pucc.-Sperg.**
18. K Saginetea maritimae WESTHOFF et al. 1962 – Strandmastkraut-Ges. **K Sagin. mar.**
    O Saginetalia maritimae WESTHOFF et al. 1962 – Strandmastkraut-Ges. **O Sagin. mar.**
    V Saginion maritimae WESTHOFF et al. 1962 – Strandmastkraut-Ges. **V Sagin. mar.**

D. Fels- u. Gesteinsschutt-(Pionier-)vegetation

19. K Asplenietea trichomanis (BR.-BL. in MEIER et BR.-BL. 1934) OBERD. 1977 – Felsspalten- u. Mauerfugen-Ges. **K Aspl. trich.**
    O Potentilletalia caulescentis BR.-BL. in BR.-BL. et JENNY 1926 – Kalkfelsspalten- u. Mauerfugen-Ges. **O Potent. caul.**
    V Potentillion caulescentis BR.-BL. in BR.-BL. et JENNY 1926 – Kalkfelsspalten- u. Mauerfugen-Ges. **V Potent. caul.**
    V Cystopteridion fragilis J.L. RICHARD 1972 – Ges. feuchter Kalksteinfugen **V Cystopt.**
    O Androsacetalia vandellii BR.-BL. in MEIER et BR.-BL. 1934 – Silikatfelsspalten-Ges. **O Andros. vand.**
    V Androsacion vandellii BR.-BL. in BR.-BL. et JENNY 1926 – Silikatfelsspalten-Ges. (inkl. Asplenion septentrionalis FOCQUET 1982) **V Andros. vand.**
    V Asplenion serpentini BR.-BL. et Tx. ex EGGLER 1955 – Serpentinfelsspalten-Ges. (Status fraglich) **V Aspl. serp.**

V Asarinion procumbentis Br.-Bl. in Meier et Br.-Bl. 1934, – Atlantische Streifenfarnges. **V Asar. proc.**
O Parietarietalia judaicae Rivas-Martínez ex Br.-Bl. 1963 corr. Oberd. 1977 – Glaskraut-Mauerfugen-Ges. **O Pariet.**
V Cymbalario muralis-Asplenion Segal 1969 (inkl. Centrantho-Parietarion judaicae Rivas-Martínez 1960) – Spornblumen-Glaskraut-Ges. **V Cymb. mur.**
20. K Violetea calaminariae Tx. in Lohmeyer et al. 1962 – Schwermetallpflanzen-Ges. **K Viol. calamin.**
O Violetalia calaminariae Br.-Bl. et Tx. 1943 – Schwermetallpflanzen-Ges. **O Viol. calamin.**
V Thlaspion calaminariae Ernst 1965 – Galmeipflanzen-Ges. **V Thlasp. calamin.**
V Armerion halleri Ernst 1965 – Kupfergrasnelken-Ges. **V Armer. hall.**
V Galio-Minuartion vernae Ernst 1963 – Alp. Schwermetall-Ges. **V Gal.-Minuar.**
21. K Thlaspietea rotundifolii Br.-Bl. 1948 – Steinschutt- u. Geröllfluren **K Thlasp. rot.**
O Androsacetalia alpinae Br.-Bl. in Br.-Bl. et Jenny 1926 – Alp. u. subalp. Silikatschutt-Ges. **O Andros. alp.**
V Androsacion alpinae Br.-Bl. in Br.-Bl. et Jenny 1926 – Alp. u. subalp. Silikatschutt-Ges. **V Andros. alp.**
O Drabetalia hoppeanae Zollitsch 1966 – Alp. Kalkschieferschutt-Ges. **O Drab. hopp.**
V Drabion hoppeanae Zollitsch 1966 – Alp. Kalkschieferschutt-Ges. **V Drab. hopp.**
O Thlaspietalia rotundifolii Br.-Bl. in Br.-Bl. et Jenny 1926 – Kalkschutt-Ges. **O Thlasp. rot.**
V Thlaspion rotundifolii Jenny-Lips 1926 – Alp. Grobschutt-Ges. **V Thlasp. rot.**
V Petasition paradoxi Zollitsch ex Lippert 1966 – Alp. bis mont. Feinschutt-Ges. **V Petasit. parad.**
O Epilobietalia fleischeri Moor 1958 – Alp. bis mont. Flussalluvionen-Ges. **O Epil. fleisch.**
V Epilobion fleischeri Moor 1958 (= Salicion incanae Aichinger 1933) – Alp. bis mont. Flussalluvionen-Ges. **V Epil. fleisch.**
O Galio-Parietarietalia officinalis Boscaiu et al. 1966 (Stipetalia calamagrostis Oberd. et Seibert 1977) – Wärmebegünstigte Kalkschutt-Ges. **O Galio-Pariet.**
V Stipion calamagrostis Jenny-Lips ex Br.-Bl. et al. 1952 – Wärmebegünstigte Kalkschutt-Ges. **V Stip. calam.**
O Galeopsietalia segetum Oberd. et Seibert in Oberd. 1977 – Submont. Silikatschutt-Ges. **O Galeops. seget.**
V Galeopsion segetum Oberd. 1957 – Submont. Silikatschutt-Ges. **V Galeops. seget.**

E. Dünen- u. Xerothermrasenvegetation

22. K Honckenyo-Elymetea arenariae Tx. 1966 – Salzmieren-Strandroggen-Ges. **K Honck.-Elym.**
O Honckenyo-Elymetalia arenariae Tx. 1966 – Salzmieren-Strandroggen-Ges. **O Honck.-Elym.**
V Honckenyo-Elymion arenariae Tx. 1966 – Salzmieren-Strandroggen-Ges. **V Honck.-Elym.**
V Honckenyo-Crambion maritimae J.-M. et J. Géhu 1969 – Salzmieren-Meerkohl-Ges. **V Honck.-Cramb.**
23. K Ammophiletea arenariae Br.-Bl. et Tx. ex Westhoff et al. 1946 – Stranddünen-Ges. **K Ammoph.**
O Ammophiletalia arenariae Br.-Bl. 1933 – Stranddünen-Ges. **O Ammoph.**

V Ammophilion arenariae Br.-Bl. 1933 (inkl. Agropyro-Honckenyion peploides Tx. in Br.-Bl. et Tx. 1952) – Weißdünen- und Vordünen-Ges.
 V Ammoph.

24. K Koelerio-Corynephoretea canescentis Klika in Klika et Novak 1941 – Saure Pionier-Sandtrockenrasen **K Koel.-Coryneph.**
 O Corynephoretalia canescentis Klika 1934 – Pionier-Sandtrockenrasen
  O Coryneph.
  V Corynephorion canescentis Klika 1931 – Silbergrasfluren **V Coryneph.**
  V Koelerion albescentis Tx. 1937 – Küsten-Pionier-Sandtrockenrasen (auch als eigene O Artemisio-Koelerietalia albescentis Sissingh 1974)
   V Koel. albesc.
 O Festuco-Sedetalia acris Tx. 1951 – Sandtrockenrasen **O Fest.-Sedet.**
  V Koelerion glaucae Volk 1931 – Kont. Kalk-Sandtrockenrasen **V Koel. glauc.**
  V Armerion elongatae Pötsch 1962 – Grasnelken-Sandtrockenrasen
   V Armer. elong.
  V Sileno conicae-Cerastion semidecandri Korneck 1974 – Pionier-Sandtrockenrasen **V Sileno-Cerast.**
  V Thero-Airion Tx. ex Oberd. 1957 – Kleinschmielenrasen (auch als eigene O Thero-Airetalia Rivas Goday 1964) **V Thero-Air.**
 O Sedo-Scleranthetalia Br.-Bl. 1955 – Silikat-Felsgrus- u. Felsband-Ges.
  O Sedo-Scler.
  V Sedo-Scleranthion Br.-Bl. 1955 – Alp. bis subalp. Felsgrus-Ges.
   V Sedo-Scler.
 O Alysso alyssoidis-Sedetalia Moravec 1967 – Felsgrus- u. Felsband-Ges. (auch zu O Sedo-Scleranthetalia) **O Alysso-Sed.**
  V Alysso-Sedion albi Oberd. et T. Müller in T. Müller 1961 – Kalk-Felsgrus-Ges. **V Alysso-Sed.**
  V Sedo albi-Veronicion dilleni Korneck 1974 – Felsgrus-Ges. basenarmer Standorte **V Sedo-Veron.**
  V Seslerio-Festucion pallentis Klika 1931 corr. Zólyomi 1966 – Blauschwingel-Felsfluren **V Sesl.-Fest.**

25. K Festuco-Brometea Br.-Bl. et Tx. ex Klika et Hadač 1944 – Basenreiche Trocken- u. Halbtrockenrasen **K Fest.-Brom.**
 O Festucetalia valesiacae Br.-Bl. et Tx. ex Br.-Bl. 1949 – Kontinentale Trocken- u. Halbtrockenrasen **O Fest. val.**
  V Festucion valesiacae Klika 1931 – Kontinentale Trockenrasen **V Fest. val.**
  V Cirsio-Brachypodion pinnati Hadač et Klika in Klika et Hadač 1944 – Kont. Halbtrockenrasen **V Cirs.-Brach.**
 O Brometalia erecti W. Koch 1926 – Submediterrane Trocken- u. Halbtrockenrasen
  O Brom. erect.
  V Koelerio-Phleion phleoidis Korneck 1974 – Lieschgras-Trockenrasen
   V Koel.-Phleion
  V Xerobromion (Br.-Bl. et Moor 1938) Moravec in Holub et al. 1967 – Submediterrane Kalk-Trockenrasen **V Xerobrom.**
  V Bromion erecti W. Koch 1926 (= Mesobromion Oberd. 1949) – Submediterrane Kalk-Halbtrockenrasen **V Brom. erect.**

F. Grünlandvegetation und Zwergstrauchheiden

26. K Molinio-Arrhenatheretea Tx. 1937 – Gesellschaften des Wirtschaftsgrünlandes
 K Mol.-Arrh.
 O Arrhenatheretalia elatioris Tx. 1931 – Frische Wiesen und Weiden **O Arrh.**
  V Arrhenatherion elatioris W. Koch 1926 – Tieflagen-Fettwiesen **V Arrh.**
  V Polygono-Trisetion Br.-Bl. et Tx. ex Marschall 1947 – Gebirgs-Fettwiesen
   V Triset.
  V Cynosurion cristati Tx. 1947 – Fettweiden **V Cynos.**

V Poion alpinae OBERD. 1950 – Alp. Milchkrautweiden **V Poion alp.**
O Molinietalia caeruleae W. KOCH 1926 – Feucht- u. Nasswiesen **O Mol.**
V Juncion acutiflori BR.-BL. et al. 1947 – Waldbinsen-Ges. **V Junc. acutifl.**
V Calthion palustris TX. 1937 – Eutrophe Nasswiesen **V Calth.**
V Filipendulion ulmariae SEGAL ex LOHMEYER in OBERD. et al. 1967 – Mädesüß-Hochstaudenfluren **V Filip.**
V Molinion caeruleae W. KOCH 1926 – Wechselfeuchte Pfeifengraswiesen **V Mol.**
V Cnidion dubii BALÁTOVA-TULÁČKOVÁ 1966 – Subkontinentale Brenndoldenwiesen **V Cnid.**

27. K Calluno-Ulicetea BR.-BL. et TX. ex KLIKA et HADAČ 1944 (Nardo-Callunetea PREISING 1949) – Saure Magerrasen und Zwergstrauchheiden **K Call.-Ulic.**
O Nardetalia strictae PREISING 1950 – Borstgrasrasen **O Nard.**
V Nardion strictae BR.-BL. in BR.-BL. et JENNY 1926 – Hochmont. bis subalp. Borstgrasrasen **V Nard.**
V Violion caninae SCHWICKERATH 1944 – Plan. bis mont. Borstgrasrasen (inkl. Juncion squarrosi OBERD. 1957) **V Viol. can.**
O Vaccinio-Genistetalia SCHUBERT ex PASSARGE 1964 (Calluno-Ulicetalia TX. 1937 p. p). – Zwergstrauchheiden **O Call.-Ulic.**
V Empetrion nigri SCHUBERT ex WESTHOFF et DEN HELD 1960 – Krähenbeerheiden **V Empetr.**
V Genistion pilosae BÖCHER 1943 (= Genisto-Callunion BÖCHER 1943) – Ginsterheiden **V Genisto-Call.**

G. Alpine Rasenvegetation

28. K Seslerietea albicantis OBERD. 1978 corr. 1990 (= Elyno-Seslerietea variae BR.-BL. 1948) – Alp. Kalkgesteinsrasen **K Sesl.**
O Seslerietalia variae BR.-BL. in BR.-BL. et JENNY 1926 – Alp. u. subalp. Blaugrasrasen **O Sesl.**
V Seslerion caeruleae BR.-BL. in BR.-BL. et JENNY 1926 – Blaugrasrasen **V Sesl.**
V Caricion ferrugineae G. BR.-BL. et J. BR.-BL. 1931 – Rostseggenrasen (inkl. Calamagrostion variae SILLINGER 1929) **V Car. ferr.**
V Caricion firmae GAMS 1936 – Polsterseggenrasen-Ges. **V Car. firm.**
O Oxytropido-Kobresietalia OBERD. ex ALBRECHT 1969 (= Elynetalia myosuroidis OBERD. 1957) – Nacktriedrasen **O Elyn.**
V Oxytropido-Elynion BR.-BL. 1949 (= Elynion myosuroidis GAMS 1936) – Nacktriedrasen **V Elyn.**
29. K Salicetea herbaceae BR.-BL. 1948 – Schneeboden-Ges. **K Salic. herb.**
O Arabidetalia caeruleae RÜBEL ex BR.-BL. 1948 – Kalk-Schneeboden-Ges. (auch zu K Thlaspietea) **O Arab. caer.**
V Arabidion caeruleae BR.-BL. in BR.-BL. et JENNY 1926 – Kalk-Schneeboden-Ges. **V Arab. caer.**
O Salicetalia herbaceae BR.-BL. in BR.-BL. et JENNY 1926 – Silikat-Schneeboden-Ges. **O Salic. herb.**
V Salicion herbaceae BR.-BL. in BR.-BL. et JENNY 1926 – Silikat-Schneeboden-Ges. **V Salic. herb.**
30. K Caricetea curvuleae BR.-BL. 1948 (= Juncetea trifidi HADAČ in HADAČ et KLIKA 1944) – Arktisch-alp. Silikatgesteinsrasen **K Car. curv.**
O Caricetalia curvulae BR.-BL. in BR.-BL. et JENNY 1926 – Arktisch-alp. Silikatgesteinsrasen **O Car. curv.**
V Caricion curvulae BR.-BL. 1925 – Arktisch-alp. Silikatgesteinsrasen (inkl. Juncion trifidi KRAJINA 1933) **V Car. curv.**

H. Segetal- und Ruderalvegetation

31. K Stellarietea mediae Tx. et al. ex von Rochow 1951 − Acker- u. Gartenunkraut-Ges. **K Stell.**
    O Secalietalia Br.-Bl. 1936 − Halmfrucht- u. Hackfrucht-Ges. basen- bis kalkreicher Böden **O Sec.**
    V Caucalidion platycarpi Tx. ex von Rochow 1951 − Halmfrucht-Ges. kalkhaltiger Böden **V Caucal.**
    V Veronico-Euphorbion Sissingh ex Passarge 1964 − Hackfrucht- u. Garten-Ges. basenreicher Böden **V Ver.-Euph.**
    O Aperetalia spicae-venti J. Tüxen et Tx. in Malato-Beliz et al. 1960 − Halmfrucht- u. Hackfrucht-Ges. basenarmer, meist saurer Böden **O Aper.**
    V Aphanion arvensis J. Tüxen et Tx. in Malato-Beliz et al. 1960 − Halmfrucht-Ges. saurer Böden **V Aphan.**
    V Panico-Setarion Sissingh in Westhoff et al. 1946 − Hackfrucht-Ges. oligotropher, saurer Böden **V Pan.-Set.**
    V Spergulo-Oxalidion Görs in Oberd. et al. 1967 − Hackfrucht- u. Garten-Ges. mesotropher Böden **V Sperg.-Oxal.**
    V Eragrostion minoris Tx. in Slavnic 1944 − Hackfrucht- (u. Tritt-)Ges. sandiger Böden (auch zu Eragrostietalia J. Tüxen ex Poli 1966) **V Eragrost.**
    O Lolio remoti-Linetalia J. Tüxen et Tx. in Lohmeyer et al. 1962 − Leinäcker-Ges. (heute nur noch Fragmente) **O Lolio-Lin.**
    V Lolio remoti-Linion Tx. 1950 − Leinäcker-Ges. (Fragmente) **V Lolio-Lin.**
32. K Sisymbrietea Korneck 1974 − Kurzlebige Ruderal-Ges. **K Sisymbr.**
    O Sisymbrietalia J. Tüxen ex Görs 1966 − Kurzlebige Ruderal-Ges. **O Sisymbr.**
    V Sisymbrion officinalis Tx. et al. ex von Rochow 1951 − Wege-Rauken-Ges. **V Sisymbr.**
    V Salsolion ruthenicae Philippi 1971 − Salzkraut-Ges. sandiger Böden **V Salsol.**
33. K Bidentetea tripartitae Tx. et al. ex von Rochow 1951 − Zweizahn-Melden-Ufer-Ges. **K Bid.**
    O Bidentetalia tripartitae Br.-Bl. et Tx. ex Klika et Hadač 1944 − Zweizahn-Melden-Ufer-Ges. **O Bid.**
    V Bidention tripartitae (W. Koch 1926) Nordhagen 1940 − Teichschlamm-Ufer-Ges. **V Bid.**
    V Chenopodion rubri (Tx. in Poli et J. Tüxen 1960) Hilbig et Jage 1972 − Flussufer-Gänsefußfluren **V Chen. rub.**
34. K Artemisietea vulgaris Lohmeyer et al. ex von Rochow 1951 − Ausdauernde Ruderal-Ges. **K Artem.**
    O Convolvuletalia sepium Tx. ex Moor 1958 − Nitrophytische Saum-Ges. (auch zu Galio-Urticetea Passarge ex Kopecký 1969) **O Convolv.**
    V Senecion fluviatilis Tx. ex Moor 1958 − Nitrophytische Flussufersaum-Ges. (inkl. Convolvulion sepium Tx. 1947) **V Sene. fluv.**
    O Glechometalia hederaceae Tx in Tx. et Bruun-Hool 1975 − Gundelreben-Saum und Verlichtungs-Ges. **O Glech.**
    V Geo urbani-Alliarion petiolatae Lohmeyer et Oberd. ex Görs et T. Müller (= Alliarion Oberd. (1957) 1962) − Nitrophytische Waldsaum-Ges. **V Geo-Alliar.**
    V Aegopodion podagrariae Tx. 1967 − Giersch-Saum-Ges. **V Aego. pod.**
    V Rumicion alpini Rübel ex Klika et Hadač 1944 − (Sub-)Alpine Alpenampfer-Lägerflur-Ges. **V Rum. alp.**
    O Artemisietalia vulgaris Lohmeyer in Tx. 1947 − Beifuß- u. Klettenfluren **O Artem.**
    V Arction lappae Tx. 1937 − Kletten-Ges. **V Arct.**
    O Onopordetalia acanthii Br.-Bl. et Tx. 1943 ex Klika et Hadač 1944 − Ruderale Schutt- u. Wegrandfluren **O Onop.**

V Onopordion acanthii Br.-Bl. in Br.-Bl. et al. 1936 – Eselsdistel-Ges.
V Onop.
V Dauco carotae-Melilotion Görs ex Rostański et Gutte 1971 – Steinkleefluren (inkl. Artemisio absinthii-Agropyrion intermedii T. Müller et Görs 1966)
V Dauco-Mel.
O Agropyretalia intermedio-repentis Oberd. et al. ex T. Müller et Görs 1969 – Quecken-Pionierfluren
O Agrop.
V Convolvulo-Agropyrion repentis Görs 1966 – Quecken-Halbtrockenrasen
V Conv.-Agrop.
35. K Polygono arenastri-Poëtea annuae Rivas-Martínez 1975 (Plantaginetea majoris Tx. et Preising 1950 p. p.) – Tritt- u. Flutrasen
K Polyg.
O Polygono arenastri-Poëtealia annuae Tx. in Géhu et al. 1972 corr. Rivas-Martínez et al. 1991 (= Plantaginetalia majoris Tx. 1950 corr. Oberd. et al. 1967) – Trittpflanzen-Ges.
O Polyg.
V Matricario-Polygonion arenastri Rivas-Martínez 1975 (= Polygonion avicularis Br.-Bl. ex Aichinger 1933) – Vogelknöterich-Trittrasen
V Polyg. avic.
V Saginion procumbentis Tx. ex Ohba in Géhu et al. 1972 – Mastkraut-Tritt-Ges.
V Sag. proc.
O Potentillo-Polygonetalia Tx. 1947 (= Agrostietalia stoloniferae Oberd., auch zu Molinio-Arrhenatheretea Tx. 1937) 1967 – Straußgras-Flutrasen
O Pot.-Polyg.
V Potentillion anserinae Tx. 1947 (= Agropyro-Rumicion Nordhagen 1940 corr. Tx. 1950) – Flutrasen
V Pot. ans.

I. Trockenwaldsäume, Schlagfluren, hochmontan-subalpine Hochstaudenfluren, Gebüsche

36. K Trifolio-Geranietea sanguinei T. Müller 1962 – Trockenwaldsäume
K Trif.-Ger.
O Origanetalia vulgaris T. Müller 1962 – Trockenwaldsäume
O Orig.
V Geranion sanguinei Tx. in Th. Müller 1962 – Xerotherme Saum-Ges.
V Ger. sang.
V Trifolion medii T. Müller 1962 – Mesotherme Saum-Ges.
V Trif. med.
37. K Epilobietea angustifolii Tx. et Preising ex von Rochow 1951 – Schlagfluren u. Vorwald-Gehölze
K Epil. ang.
O Atropetalia bella-donnae Tx. 1947 – Schlagfluren
O Atrop.
V Carici piluliferi-Epilobion angustifolii Tx. ex Oberd. 1957 – Weidenröschen-Schlagfluren
V Epil. ang.
V Atropion bella-donnae Aichinger 1933 – Tollkirschen-Schlagfluren
V Atrop.
O Sambucetalia racemosae Oberd. ex Doing 1969 – Traubenholunder-Ges. u. Vorwald-Ges. (auch zu Rhamno-Prunetea)
O Samb. rac.
V Sambuco racemosae-Salicion capreae Tx. et Neumann ex Oberd. – Vorwald-Gebüsche (inkl. Alnion viridis Schnyder 1930)
V Samb.-Salic.
V Senecioni ovatae-Corylion Weber 1997 – (Sub-)Montane Fuchsgreiskraut-Haselgebüsch-Ges.
V Sen.-Cory.
38. K Mulgedio-Aconitetea Hadač et Klika in Klika et Hadač 1944 (= Betulo-Adenostyletea Br.-Bl. et Tx. 1943) – Hochmont. bis subalp. Hochstaudenfluren u. Gebüsche
K Mulg.-Aconit.
O Adenostyletalia G. Br.-Bl. et J. Br.-Bl. 1931 – Hochmont. bis subalp. Hochstaudenfluren u. Gebüsche
O Adenost.
V Adenostylion alliariae Br.-Bl. 1926 – Hochmont. bis subalp. Hochstaudenfluren u. Grünerlengebüsche
V Adenost.
V Calamagrostion villosae Pawłoski et al. 1928 – Reitgras-Hochgrasges.
V Cala. vill.
39. K Franguletea Doing 1962 – Faulbaum-, Ginster-, Brombeer- u. Weidengebüsche bodensaurer Standorte
K Frang.
O Rubetalia plicati Weber in Pott 1995 – Bodensaure Ginster- u. Brombeergebüsch-Ges.
O Rub. plic.

V Ulici-Sarothamnion DOING ex WEBER 1997 – Stechginster- u. Besenginstergebüsche **V Saroth.**
V Lonicero-Rubion sylvatici Tx. et NEUMANN ex WITTIG 1977 – Waldgeißblatt-Brombeergebüsch-Ges. **V Lon.-Rub.**
O Salicetalia auritae DOING 1962 em. WESTH. 1968 – Niedermoor-Gebüsche **O Salic. aur.**
V Salicion cinereae TH. MÜLLER et GÖRS 1958 – Niedermoor-Gebüsche **V Salic. cin.**
40. K Rhamno-Prunetea RIVAS GODAY et BORJA CARBONELL ex Tx. 1962 – Gebüsch- u.Vorwaldges. mittlerer bis basenreicher Standorte **K Rham.-Prun.**
O Prunetalia spinosae Tx. 1952 – Hecken u. Gebüsche **O Prun.**
V Pruno-Rubion radulae WEBER 1974 – Schlehen-Brombeergebüsche **V Prun.-Rub.**
V Berberidion vulgaris BR.-BL. ex Tx. 1952 – Xerothermgebüsche **V Berb.**
V Prunion fruticosae Tx. 1952 – Steppenkirschen-Trockengebüsche **V Prun. frut.**
V Carpino-Prunion spinosae WEBER 1974 – Mesophile Schlehengebüsch.-Ges. **V Carp.-Prun.**
V Arctio-Sambucion nigrae DOING 1969 – Holunder-Neophytengehölz-Ges. **V Arctio-Samb.**
41. K Salicetea arenariae WEBER 1999 – Dünenweidengebüsch-Ges. **K Salic. aren.**
O Salicetalia arenariae PREISING et WEBER 1997 – Dünenweidengebüsch-Ges. **O Salic. aren.**
V Salicion arenariae Tx. 1952 – Dünenweidengebüsche **V Salic. aren.**

J. Nadelwälder, Moorwälder, (sub)alpine Zwergstrauchheiden

42. K Erico-Pinetea HORVAT 1959 – Schneeheide-Kiefernwälder **K Eric.-Pin.**
O Erico-Pinetalia HORVAT 1959 – Schneeheide-Kiefernwälder **O Eric.-Pin.**
V Erico-Pinion sylvestris BR.-BL. in. BR.-BL. et al. 1939 – Schneeheide-Kiefernwälder **V Eric.-Pin.**
43. K Vaccinio-Piceetea BR.-BL. in. BR.-BL. et al. 1939 – Boreal-mitteleuropäische Nadelwälder, Birkenbrüche, subalp. Zwergstrauchgebüsche **K Vacc.-Pic.**
O Piceetalia excelsae PAWŁOWSKI in PAWŁOWSKI et al. 1928 (= Vaccinio-Piceetalia BR.-BL. 1939) – Kiefern- u. Fichtenwälder, subalp. Zwergstrauchgebüsche **O Pic.**
V Piceion excelsae PAWŁOWSKI in PAWŁOWSKI et al. 1928 (= Vaccinio-Piceion BR.-BL. 1938 em. KOCH 1954) – (Hoch)Mont. bis subalp. Fichtenwälder **V Pic.**
V Dicrano polyseti-Pinion sylvestris (LIBBERT 1933) MATUSZKIEWICZ 1962 – Subkontinentale Moos-Kiefernwälder **V Dicr.-Pin.**
V Rhododendro ferruginei-Vaccinion J. BR.-BL. ex G. BR.-BL. et J. BR.-BL. 1931 – Alp.-subalp. Zwergstrauchgebüsche (auch als eigene K Loiseleurio-Vaccinetea EGGLER ex SCHUBERT 1960) **V Rhod.-Vacc.**
V Betulion pubescentis LOHMEYER et Tx. ex OBERD. 1955 – Birken- u. Kiefernbruchwälder (auch als eigene K Vaccinio uliginosi-Pinetea PASSARGE et HOFFMANN 1968) **V Bet. pub.**
44. K Pulsatillo-Pinetea OBERD. in OBERD. et al. 1967 – Kiefern-Trockenwälder (Status in D unsicher) **K Puls.-Pin.**
O Pulsatillo-Pinetalia sylvestris OBERD. in OBERD. et al. 1967 – Kiefern-Trockenwälder **O Puls.-Pin.**
V Cytiso ruthenici-Pinion sylvestris KRAUSCH 1962 – Kiefern-Trockenwälder **V Cytis.-Pin.**

K. Laubwälder

45. K Salicetea purpureae MOOR 1958 – Weidengebüsche u. -wälder **K Salic. purp.**
O Salicetalia purpureae MOOR 1958 – Weidengebüsche u.- wälder **O Salic. purp.**

V Salicion eleagni-daphnoidis (Moor 1958) Grass 1993 – Gebirgs-Weidengebüsche **V Salic. eleag.**
V Salicion albae Soó 1951 – Tieflagen-Weidengebüsche **V Salic. alb.**
46. K Alnetea glutinosae Br.-Bl. et Tx. 1943 – Erlenbruchwälder u. Moorgebüsche **K Aln.**
O Alnetalia glutinosae Tx. 1937 – Erlenbruchwälder **O Aln.**
V Alnion glutinosae Malcuit 1929 – Erlenbruchwälder **V Aln.**
47. K Querco-Fagetea Br.-Bl. et Vlieger in Vlieger 1937 – Sommergrüne Laubwälder u. Gebüsche **K Querc.-Fag.**
O Quercetalia roboris Tx. 1931 – Bodensaure Eichenwälder **O Querc. rob.**
V Quercion roboris Malcuit 1929 – Eichen-Birkenwälder **V Querc. rob.**
O Quercetalia pubescentis Klika 1933 – Xerotherme Eichenmischwälder **O Querc. pub.**
V Quercion pubescenti-petraeae Br.-Bl. 1931 – Xerotherme Eichenmischwälder (inkl. Potentillo albae-Quercion petraeae Jakucs 1967) **V Querc. pub.**
O Fagetalia sylvaticae Pawłowski in Pawłowski et al. 1928 – Buchen- u. Edellaubmischwälder **O Fag.**
V Fagion sylvaticae – Luquet 1926 **V Fag.**
UV Luzulo luzuloidis-Fagenion (Lohmeyer et Tx. 1954) Oberd. 1957 – Bodensaure Hainsimsen-Buchenwälder **UV Luz.-Fag.**
UV Galio odorati-Fagenion (Tx. 1955) T. Müller 1966 em. Oberd. et T. Müller 1984 – Waldmeister-Buchenwälder **UV Gal.-Fag.**
UV Cephalanthero-Fagenion Tx. et Oberd.1958 – Orchideen-Buchenwälder **UV Cephal.-Fag.**
V Aceri-Fagion Ellenb. 1963 – Hochstauden-Buchenmischwälder (auch zu Fagion sylvaticae Luquet 1926) **V Acer.-Fag.**
V Galio rotundifolii-Abietion Oberd. 1962 – Tannen-Fichten-Wälder **V Gal.-Abiet.**
V Carpinion betuli Issler 1931 – Eichen-Hainbuchenwälder **V Carp.**
V Tilio platyphylli-Acerion pseudoplatani Klika 1955 – Edellaubholzmischwälder **V Til.-Acer.**
V Alno-Ulmion Br.-Bl. et Tx. 1943 – Hartholz-Auenwälder **V Alno-Ulm.**

Register der Abkürzungen der Vegetationseinheiten

Angegeben ist die Nummer der Klasse (K), unter der die Abkürzung in der Übersicht S. 31 ff. zu finden ist (Synonyme in [ ]).

Acer.-Fag.	47. K	Armer. hall.	20. K	Calth.	26. K		
Adenost.	38. K	Armer. marit.	17. K	Car. bic.-atrof.	9. K		
Aego. pod.	34. K	Arrh.	26. K	Car. curv.	30. K		
Agrop.	34. K	Art.-Agrop.	[34. K]	Car. davall.	9. K		
Agrop.-Honck.	[23. K]	Artem.	34. K	Car. elat.	7. K		
Agrop.-Rum.	[35. K]	Asar. proc.	19. K	Car. ferr.	28. K		
Agrost. stol.	[35. K]	Aspl. serp.	19. K	Car. firm.	28. K		
Alliar.	[34. K]	Aspl. trich.	19. K	Car. nigr.	9. K		
Aln.	46. K	Aster. trip.	[17. K]	Car. lasioc.	9. K		
Alno-Ulm.	47. K	Atr. litt.	16. K	Card.-Mont.	6. K		
Alysso-Sed.	25. K	Atrop.	37. K	Carp.	47. K		
Ammoph.	23. K	Berb.	40. K	Carp.-Prun.	40. K		
Andros. alp.	21. K	Bet.-Adenost.	[38. K]	Caucal.	31. K		
Andros. vand.	19. K	Bet. pub.	43. K	Cent.-Pariet.	[19. K]		
Aper.	31. K	Bid.	33. K	Cephal.-Fag.	47. K		
Aphan.	31. K	Bolb.	15. K	Char.	1. K		
Arab. caer.	29. K	Brom. erect.	25. K	Char. can.	1. K		
Arct.	34. K	Cak.	16. K	Char. frag.	1. K		
Arctio-Samb.	40. K	Cala. vill.	38. K	Char. vulg.	1. K		
Armer. elong.	25. K	Call.-Ulic.	27. K	Chen. rub.	33. K		

Cirs.-Brach.	25. K	Koel. glauc.	24. K	Rhynch. alb.	9. K
Cnid.	26. K	Koel.-Phleion	25. K	Rum. alp.	34. K
Convolv.	34. K	Lampro.	1. K	Rub. plic.	39. K
Conv.-Agrop.	34. K	Lemn.	2. K	Rupp.	12. K
Coryneph.	24. K	Lemn. min.	2. K	Sag. proc.	35. K
Craton.	6. K	Lemn. tris.	2. K	Sagin. mar.	18. K
Cymb. mur.	19. K	Litt.	5. K	Salic. alb.	45. K
Cynos.	26. K	Lol.-Lin.	31. K	Salic. aren.	41. K
Cystopt.	19. K	Lon.-Rub.	39. K	Salic. aur.	39. K
Cytis.-Pin.	44. K	Luz.-Fag.	47. K	Salic. cin.	39. K
Dauco-Mel.	34. K	Mesobrom.	[25. K]	Salic. eleag.	45. K
Desch. litt.	5. K	Mol.	26. K	Salic. herb.	29. K
Dicr.-Pin.	43. K	Mol.-Arrh.	26. K	Salic. purp.	45. K
Drab. hopp.	21. K	Mont.-Card.	6. K	Salicorn.	14. K
Eleoch. acic.	5. K	Mulg.-Aconit.	38. K	Salsol.	32. K
Elyn.	28. K	Nanocyp.	8. K	Samb. rac.	37. K
Elyn.-Sesl.	[28. K]	Nard.	27. K	Samb.-Salic.	37. K
Empetr.	27. K	Nardo-Call.	[27. K]	Saroth.	39. K
Epil. ang.	37. K	Nast.-Glyc.	[7. K]	Scheuchz.	9. K
Epil. fleisch.	21. K	Nitell.	1. K	Scheuchz.-Car.	9. K
Eragrost.	31. K	Nit. flex.	1. K	Sec.	31. K
Eric.-Pin.	42. K	Nit. sync.	1. K	Sedo-Scler.	24. K
Eric.-Sphagn.	10. K	Nymph.	3. K	Sedo-Veron.	24. K
Eric. tetr.	10. K	Onop.	34. K	Sen.-Cory.	37. K
Fag.	47. K	Orig.	36. K	Sene. fluv.	34. K
Fest.-Brom.	25. K	Oxyc.-Sphagn.	10. K	Sesl.	28. K
Fest.-Sedet.	24. K	Pan.-Set.	31. K	Sesl.-Fest.	24. K
Fest. val.	25. K	Pariet.	19. K	Sileno-Cerast.	24. K
Filip.	26. K	Petasit. parad.	21. K	Sisymbr.	32. K
Frang.	39. K	Phragm.	7. K	Spart.	13. K
Gal.-Abiet.	47. K	Pic.	43. K	Sperg.-Oxal.	31. K
Gal.-Fag.	47. K	Plant.	[35. K]	Sphagn. magell.	10. K
Gal.-Minuar.	20. K	Poion alp.	26. K	Sphagno-Utric.	4. K
Galio-Pariet.	21. K	Polyg.	35. K	Stell.	31. K
Galeops. seget.	21. K	Polyg. avic.	35. K	Stip. calam.	[21. K]
Geo-Alliar.	34. K	Potam.	3. K	Suaed.	14. K
Genisto-Call.	27. K	Pot. ans.	35. K	Th.-Salicorn.	14. K
Ger. sang.	36. K	Pot.-Polyg.	35. K	Thero-Air.	24. K
Glauco-Pucc.	17. K	Pot.-Querc.	[47. K]	Thlasp. calamin.	20. K
Glech.	34. K	Potent. caul.	19. K	Thlasp. rot.	21. K
Glyc.-Sparg.	7. K	Prun.	40. K	Til.-Acer.	47. K
Honck.-Cramb.	22. K	Prun. frut.	40. K	Trif.-Ger.	36. K
Honck.-Elym.	22. K	Prun.-Rub.	40. K	Trif. med.	36. K
Hydroch.	2. K	Pucc. mar.	17. K	Triset.	26. K
Isoët.	5. K	Pucc.-Sperg.	17. K	Utric.	4. K
Isoëto-Nanojunc.	8. K	Puls.-Pin.	44. K	Vacc.-Pic.	43. K
Junc. acutifl.	26. K	Querc.-Fag.	47. K	Ver.-Euph.	31. K
Junc. mar.	17. K	Querc. pub.	47. K	Viol. calamin.	20. K
Junc. squarr.	[27. K]	Querc. rob.	47. K	Viol. can.	27. K
Junc. trif.	[30. K]	Ranunc. fluit.	3. K	Xerobrom.	25. K
Koel. albesc.	24. K	Rham.-Prun.	40. K	Zost.	11. K
Koel.-Coryneph.	24. K	Rhod.-Vacc.	43. K		

Naturschutz

Die Zahl der vom Menschen ausgerotteten Arten war in den vergangenen Jahrhunderten zunächst gering und der Rückgang unauffällig. Erst in der zweiten Hälfte des 19. Jahrhunderts fiel das Seltenerwerden mancher attraktiver Pflanzenart auf, und erst in der Naturschutzverordnung von 1936 wurde begonnen, solche Arten unter gesetzlichen Schutz zu stellen. Verboten wurde das Abpflücken oder Ausgraben, weil man zunächst darin die Hauptursache des Verschwindens sah. Die Liste der geschützten Pflanzen wurde mehrmals überarbeitet. Jetzt gilt für ganz Deutschland die **Bundesartenschutzverordnung** vom 16.2.2005. Die entsprechend besonders geschützten Pflanzen, die nicht ausgegraben oder beschädigt werden dürfen, sind in der Flora mit ▽ gekennzeichnet, die streng geschützten Arten (▽!) dürfen darüber hinaus nicht gestört werden (durch Fotografieren oder Veränderung des Standortes). Zusätzlich können in die Naturschutzgesetze der einzelnen Bundesländer weitere Arten aufgenommen werden.

In der Bundesartenschutzverordnung ist der größte Teil der in Deutschland geschützten Arten genannt, aber nicht alle. Im Bundesnaturschutzgesetz vom 29.7.2009 ist außerdem festgelegt, dass außerdem alle CITES-Arten besonders geschützt sind und alle CITES-A-Arten sowie Arten des Anhangs IV der FFH-Richtlinie darüber hinaus streng geschützt sind. Für prioritäre Arten des Anhangs II der FFH-Richtlinie sind ebenfalls alle Bestände zu schützen (CITES = *Convention on International Trade in Endangered Species of Wild Fauna and Flora*, Washingtoner Artenschutzabkommen; FFH = **F**lora-**F**auna-**H**abitat-Richtlinie des Council of the European Communities von 1992). Auch diese Arten sind in der Exkursionsflora entsprechend gekennzeichnet (▽!).

Die allermeisten der in Deutschland ausgestorbenen oder gefährdeten Pflanzenarten standen aber nie unter gesetzlichem Artenschutz, der sich vor allem auf den direkten Zugriff des Menschen und die kommerzielle Nutzung bezieht. Viel bedrohlicher sind aber die Auswirkungen der veränderten Landnutzung, also die Veränderung der Standorte durch Eutrophierung, Melioration, Bodenversiegelung, Änderung der Bewirtschaftungsform usw. Seit der Mitte des 20. Jahrhunderts ist mit der Entwicklung der industriellen Landwirtschaft, der Industrie, des Tourismus und des Verkehrs die Zahl der ausgestorben, vom Aussterben bedrohten oder gefährdeten Gefäßpflanzenarten sehr rasch angestiegen. Der Gefährdungsgrad von Pflanzenarten wird in den **Roten Listen** der Bundesrepublik und der einzelnen Länder eingeschätzt und dokumentiert. Diese Listen können als Grundlage für Planungen und gezielte Schutzmaßnahmen dienen. Die Arten werden in die Kategorien 0 (ausgestorben oder verschollen), 1 (vom Aussterben bedroht), 2 (stark gefährdet), 3 (gefährdet), G (Gefährdung anzunehmen), R (extrem selten) und 4 (wegen Seltenheit potentiell gefährdet) in den Roten Listen der Länder eingestuft. Sie genießen damit nicht gleichzeitig einen gesetzlichen Schutz. In Deutschland sind ca. 30 % gefährdet und weitere 9 % sehr selten, 7 % sind auf der Vorwarnliste. Über ca. 10 % der Arten weiß man nicht genug für eine Einschätzung, so dass insgesamt nur ca. 43 % als ungefährdet gelten können (Metzing et al. 2018). In den einzelnen Bundesländern sind 30–50 % aller Gefäßpflanzenarten gefährdet oder sehr selten, >60 % aller Taxa sind in mindestens einem Bundesland gefährdet. Ausgestorben sind in Deutschland etwa 65 Arten (knapp 2 % der Flora, † am Anfang der Verbreitungsangabe, (†) vor dem Namen). In den einzelnen Ländern erreicht dieser Prozentsatz bis 9 % († vor den Abkürzungen der betreffenden Länder). Bei den Armleuchteralgen ist der Anteil gefährdeter Arten mit insges. 81 % höher als bei den Gefäßpflanzen, allerdings gilt hier noch keine Art als ausgestorben (Korsch et al. 2013).

Unter den gefährdeten Arten sind wirtschaftlich interessante wie Heilpflanzen oder Verwandte von Kulturpflanzen, die als genetische Ressourcen wichtig sind. Mit den aussterbenden Pflanzen erlöschen auch viele von ihnen abhängige Tierarten. Solche Nahrungsspezialisten sind z B. viele Schmetterlinge, wie die Moor- und Enzian-Bläulinge, die von Enzianarten leben. Die Aufgabe des Naturschutzes ist es daher, in der Kulturlandschaft die Vielfalt an Lebewesen und Lebensgemeinschaften zu erhalten.

Der Artenschutz erfolgt am wirksamsten in einem System gut ausgewählter, ausreichend großer Schutzgebiete, die das Überdauern lebensfähiger Populationen gewährleisten. Artenschutz ist also in erster Linie Biotopschutz. Deshalb werden im **Bundesnaturschutzgesetz** unter Artenschutz auch der Schutz, die Pflege, die Entwicklung und die Wiederherstellung der Biotope wildlebender Tier- und Pflanzenarten verstanden. Eine größere Anzahl von Biotopen ist gesetzlich geschützt und darf nicht zerstört oder nachhaltig beeinträchtigt werden, z. B. Moore, naturnahe Bachabschnitte, Zwergstrauchheiden, Trockenrasen, Bruch-, Sumpf- und Auwälder, Fels- und Steilküsten, Salzwiesen und alpine Rasen.

Wichtig ist aber auch, dass unter den gefährdeten Pflanzen viele Arten sind, die ihre Existenz im Gebiet dem Menschen verdanken (Epökophyten) und wieder verschwinden, wenn sein Einfluss sich ändert, also z. B. Halbtrockenrasen nicht mehr beweidet und entbuscht werden oder Wiesen nicht mehr durch Heunutzung ohne Düngung verhagern. Eine Erhaltung dieser Arten in unbeeinflussten Naturschutzgebieten ist nicht möglich. Vielmehr sind Pflegemaßnahmen erforderlich, deren Erfolg ständig kontrolliert werden muss.

Abgesehen von eingeschleppten Arten stehen fast alle in der Exkursionsflora für ganz Deutschland mit „s" (selten) gekennzeichneten Vorkommen in den Roten Listen der betreffenden Bundesländer in der Kategorie 1, 2 oder 4. Auch die meisten der noch zerstreut (z) vorkommenden, aber deutlich zurückgehenden ($\searrow$) Arten werden als gefährdet in verschiedenen Roten Listen geführt. In vielen Fällen ändert sich die Zahl der Vorkommen und damit der Gefährdungsgrad in wenigen Jahren. *Carex dioica* war im Atlas der Farn- und Blütenpflanzen der Bundesrepublik Deutschland 1989 für Niedersachsen noch von 66 Messtischblättern angegeben worden. Die Nachsuche in den Jahren 1982–1992 ergab dort Vorkommen nur noch in 3 Messtischblattquadranten! Besondere Verantwortung tragen die einzelnen Länder für solche Arten, von denen sie ausreichend große Populationen beherbergen, die aber anderswo selten und im Rückgang begriffen sind, z B. *Astragalus exscapus* und *Corydalis pumila*. Das gilt insbesondere für Arten, die in Mitteleuropa ihren Schwerpunkt haben (WELK 2002).

Alle an der biologischen Mannigfaltigkeit Interessierten können zur Erhaltung unserer Pflanzenwelt beitragen. Dazu hilft die aufmerksame Beobachtung von Ausbreitung und Rückgang einzelner Arten im Gelände, die Mitarbeit bei der Kartierung, aber auch die Erforschung der Lebensgeschichte und Lebensbedingungen der Pflanzen als Grundlage für Schutzprogramme, sowie die Erfassung wertvoller, schutzwürdiger Biotope und schließlich die Verbreitung von Kenntnissen, Interesse und Verständnis bei anderen Menschen.

Hinweise zum Sammeln

Sammlungen sind von wesentlicher Bedeutung für die Beschäftigung mit der Flora. Oft erfordert schon die Erhebung der Merkmale, dass umfangreiches Material entnommen werden muss (z. B. *Ranunculus auricomus*). Besonders bei bestimmungskritischen Taxa (z. B. viele *Rubus*, *Hieracium*, *Pilosella*) sollten die Bestimmungen abgesichert werden, indem Material an Spezialisten geschickt oder die eigene Aufsammlung mit sicher bestimmtem Material in öffentlich verfügbaren Herbarien abgeglichen wird. Schließlich dient ein Herbarbeleg auch der Dokumentation, denn gerade bei Meldungen von seltenen Arten oder Funden in einem neuen Raum muss sichergestellt werden, dass es sich auch wirklich um die angegebene Art handelt. Eine Alternative bietet hier die digitale Fotografie, denn für einen großen Teil der deutschen Flora ermöglichen Fotos schon ein sicheres Bestimmen. Bei vielen kritischen Sippen gilt dies allerdings nur eingeschränkt. Hier sind Fotos sowie genaue Aufzeichnungen ein wichtiges Zusatzinstrument; in aller Regel wird es aber nötig sein, auch einen Herbarbeleg anzulegen.

Die Schlüssel und ergänzenden Angaben helfen bei der Einschätzung, welche Art von Beleg jeweils nötig ist. Für eine sichere Bestimmung sind meist beblätterte und blühende Pflanzen erforderlich, in einigen Pflanzengruppen sind auch Merkmale der Früchte wichtig. Gesammelt werden sollte typisches Material, das bei krautigen Pflanzen auch Grundblätter und in vielen Fällen die unterirdischen Organe umfassen kann. Von kleinen Pflanzen sollten mehrere Exemplare eingelegt werden. Von Stauden, Sträuchern und Bäumen werden Zweige mit Blüten und/oder Früchten gesammelt. Von Pflanzen, die man von einem Spezialisten bestimmen lassen möchte, sollte man zwei Belege sammeln, da dann das Duplikat bei diesem verbleiben kann.

Die allgemeinen Grundsätze und Gesetze des Naturschutzes sind auch beim Sammeln zu berücksichtigen. Es ist darauf zu achten, dass die lokale Population keinen Schaden nimmt, geschützte Arten dürfen nicht ohne Genehmigung gesammelt werden. Falls in Schutzgebieten die Entnahme kritischer Sippen zur Bestimmung unbedingt notwendig ist, ist vorher eine Genehmigung zu beantragen und die dort gesammelten Pflanzen sollten einem öffentlichen Herbarium übergeben werden.

Das Material sollte zum Transport in möglichst dicht schließenden Plastiktüten aufbewahrt werden, bei feinen Blättern bewährt sich ein direktes Pressen vor Ort (z B. in alten Zeitschriften oder Büchern). Die gesammelten Pflanzen werden dann in gefaltete Papierlagen gelegt, diese werden abwechselnd mit Zwischenlagen geschichtet, letztere regelmäßig kontrolliert und gewechselt. Durch Pressen wird sichergestellt, dass die Pflanzen sich nicht aufrollen, bei festen Blättern ist anfänglich etwas stärkerer Andruck nötig. Blätter und Blüten werden ausgebreitet, und zwar so, dass auf einem Beleg sowohl die Ober- als auch die Unterseiten sichtbar sind. Unterschiede in der Dicke von Pflanzenteilen, z. B. zwischen Stängeln und Blättern, können durch zusätzliches Papier ausgeglichen werden. Zu große Pflanzen werden nach Möglichkeit geknickt (nicht gebogen), eventuell auch zerschnitten. Beim Einlegen sollte bereits Buch über die Pflanzen geführt werden; in jedem Fall ist aber ein Zettel mit genauen Angaben zu Fundort und Datum dem Beleg beizulegen. Hier werden auch wichtige Zusatzinformationen (z. B. Farbe der Früchte) notiert (Natho et Natho 1964; Werner 1977).

Die nach einigen Tagen / Wochen fertig getrockneten Pflanzen werden auf ein weißes steifes Blatt montiert (empfohlen wird festes Zeichenpapier der Größe DIN A3). Das Montieren erfolgt mit Papierstreifen; Klebeband oder Ähnliches ist ungeeignet. Große Pflanzenteile, z. B. große Früchte werden ggf. aufgenäht, abgefallene Blüten- und Blattteile, Samen

u. ä. werden in einer kleinen gefalteten Papiertüte aufbewahrt, die auf den Herbarbogen geklebt wird. Das sachgemäße Etikett enthält mindestens Angaben zu: Genauem Fundort, möglichst mit Koordinaten und Messtischblatt-Viertelquadranten; Standortangabe; Sammeldatum; Name des Sammlers und des Bestimmers. Auf jedem Herbarbogen werden nur die Aufsammlungen einer Art von einem Fundort zusammengefasst. Lediglich dann, wenn von der gleichen Pflanze mehrmals im Jahr gesammelt wurde, z B. Blüten und Früchte bei Rosen, werden beide Aufsammlungen auf ein Blatt montiert, wobei die unterschiedlichen Sammelzeiten vermerkt werden. Aufbewahrtes Herbarmaterial ist regelmäßig auf Schädlingsbefall hin zu überprüfen.

Zum Gebrauch der Bestimmungsschlüssel

Für eine sichere Bestimmung sind beblätterte und blühende Pflanzen erforderlich, bei Armleuchteralten sind die Antheridien / Archegonien wichtig und bei Farnpflanzen die Sporangien (Sori). In einigen Pflanzengruppen (z B. *Apiaceae, Callitriche, Carex*) müssen auch voll entwickelte Früchte verfügbar sein. Ferner können Grundblätter und unterirdische Organe wichtig sein. Unvollständige Exemplare erschweren die Bestimmung oder machen sie sogar unmöglich. Blütenlose Gehölze und Wasserpflanzen können mit Spezialschlüsseln (Schlüssel VII und VIII) bis zur Familie oder meist bis zur Gattung bestimmt werden. Zur Untersuchung der Pflanzen benötigt man eine 8- bis 20fach vergrößernde Lupe (kein Vergrößerungsglas!), eine spitze Pinzette und zwei Präpariernadeln, um auch kleine Blüten zergliedern zu können, sowie Rasierklingen oder ein kleines Skalpell zur Anfertigung von Schnitten durch Blüten oder andere Organe. Ein Stereo-Präpariermikroskop kann die Arbeit sehr erleichtern; insbesondere bei den Armleuchteralgen wird es für die Einarbeitung nötig sein.

Die Bestimmungsschlüssel unseres Buches haben die Form von dichotomen (zweigabligen) Schlüsseln. Sie beruhen auf der zu treffenden Entscheidung zwischen jeweils zwei mit der gleichen fortlaufenden Schlüsselnummer bezeichneten gegensätzlichen „Fragen" (Merkmalsausprägungen), die am Zeilenende zu einer weiterführenden Schlüsselnummer und schließlich zu einem Pflanzennamen führen. Meist ist dabei nicht nur ein Einzelmerkmal, sondern eine Merkmalsgruppe (Merkmalskombination) berücksichtigt, wodurch die Bestimmung sicherer wird. Aus dem gleichen Grund werden manchmal bei einer Frage zusätzliche Merkmale angeführt, die beim Gegensatz fehlen, weil sie dort erst in der weiteren Folge als Alternativmerkmale in Erscheinung treten. Auf Ausnahmen wird im Allgemeinen mit der Formulierung „wenn ..., dann ..." hingewiesen. Das auf „dann" folgende Merkmal trifft nur auf die Ausnahme zu, jedoch nicht auf alle unter dieser Frage aufgeschlüsselten Taxa. Beim Gegensatz kommt es in dieser Kombination nicht vor.

Eine in Klammern hinter der Zahl am linken Zeilenrand beigefügte Rücklaufzahl gibt das Fragenpaar an, von dem man gekommen ist. Sie steht immer dann, wenn man nicht vom unmittelbar vorausgehenden Schlüsselpunkt kam. Diese Zahlen ermöglichen es, rasch den Rückweg zu finden, falls beim Bestimmen fehlgegangen wurde. Sie erlauben auch, die vermutete Artzugehörigkeit einer Pflanze durch Rückverfolgen der Merkmalsangaben auf ihre Richtigkeit zu prüfen. Ferner können die Hauptunterscheidungsmerkmale zweier beliebiger Sippen ermittelt werden, indem man mit Hilfe der Rücklaufzahlen beide Bestimmungswege bis zur Gablungsstelle zurückverfolgt.

Beim Bestimmen sollten stets *beide* gegensätzliche Fragen *vollständig* gelesen werden, bevor eine Entscheidung erfolgt. Die Gegenfrage stellt den Unterschied oft klarer heraus. Dabei ist genau auf die richtige Bedeutung der botanischen Fachausdrücke zu achten, die im Kapitel „Erklärung der Fachwörter" (S. 893ff) erklärt wird. Es sollten auch stets die Abbildungen verglichen werden, auf die mit einer fettgedruckten Seitenzahl und nach Schrägstrich der Abbildungsnummer auf dieser Seite verwiesen wird. Zu einer sicheren Bestimmung genügt es nicht, dass ein einziges Merkmal oder ein Teil der angegebenen Merkmale passt, sondern die *ganze* Merkmalskombination muss auf die vorliegende Pflanze zutreffen. Es sind immer auch die Angaben zu Höhe und Verbreitung der Art zu beachten. Wenn die zu bestimmende Pflanze in erheblichem Maß von diesen Daten abweicht, ist die betreffende Art aller Wahrscheinlichkeit nach auszuschließen.

Bestehen dennoch Unsicherheiten, entweder weil nach Merkmalen gefragt wird, die das unvollständig vorliegende Material nicht zeigt (reife Früchte, Ausläufer, Grundblätter usw.), oder weil beide gegensätzliche Fragen teilweise zutreffen, so sollten *beide* Wege gegangen werden, und zwar zunächst der unmittelbar folgende, der in der Regel zur artenärmeren Gruppe führt. Wenn jede dieser Arten auf Grund eines oder mehrerer eindeutig *nicht* zutreffender Merkmale ausscheidet, ist der andere Weg der richtige. Manchmal führen auch beide Wege zum Ziel, wenn nämlich die betreffende Art an zwei Stellen in die Schlüssel aufgenommen werden musste, weil ihre eindeutige Zuordnung zu nur einer der beiden Fragen nicht möglich ist.

Sollte auch diese Methode kein Ergebnis liefern, d. h. bei einem Schlüsselpunkt keine der beiden Merkmalskombinationen vollständig zutreffen, so hat dies eine der folgenden Ursachen:

a) Schon bei einem früheren Schlüsselpunkt trat ein Irrtum auf, weil etwa ein Fachausdruck nicht richtig verstanden wurde, sodass der eingeschlagene Weg insgesamt falsch war. Dann muss noch einmal von vorn begonnen werden, dabei sind alle Merkmale sorgsam zu vergleichen. Hierbei sind die Einleitungskapitel (S. 1–48) sowie das Verzeichnis der Fachausdrücke (S. 893–914) hilfreich.

b) Das vorliegende Exemplar zeigt nicht alle zum Bestimmen notwendigen Merkmale in genügender Deutlichkeit oder die Pflanze ist untypisch infolge extremer Wuchsbedingungen, Beschädigung durch Fraß bzw. Mahd oder durch Herbizideinwirkung. Wenn möglich sind weitere in der Nachbarschaft stehende Pflanzen zu untersuchen.

c) Die vorliegende Pflanze ist eine Hybride, die Merkmale beider Eltern in sich vereinigt.

d) Das Taxon ist in den Bestimmungsschlüsseln nicht enthalten, weil es in Deutschland nicht vorkommt oder nur selten und vorübergehend infolge Verschleppung auftritt. Auch von den Zierpflanzen konnten nur die häufigsten und zur Verwilderung neigenden in unser Buch aufgenommen werden. Zur Bestimmung der letzteren kann Band 5 dieser Reihe genutzt werden bzw. bei Ziergehölzen die Fitschen-Gehölzflora (SCHMIDT et SCHULZ 2017)

Angaben bei den Arten
(vgl. hintere Vorsatzblätter)

Bei den Arten (bzw. Unterarten) steht hinter den Schlüsselmerkmalen bzw. einzelnen zusätzlichen Merkmalen zunächst die durchschnittliche Höhe der ausgewachsenen Pflanze in Metern (0,03–0,15 = 3–15 cm hoch). Bei liegenden oder kriechenden Pflanzen bezieht sich die Angabe auf die Länge (meist mit lg bezeichnet). Manchmal sind seltener auftretende Werte in Klammern hinzugefügt, es werden jedoch keine Extremwerte (größte jemals gemessene Höhe) angeführt. Dahinter stehen die Zahlen der Monate, in denen die Pflanze blüht bzw. reife Sporen trägt. Es folgen die Charakterisierung der Standorte und darauf Angaben zur Häufigkeit und geographischen Verbreitung in den einzelnen Bundesländern sowie ggf. zur Rückgangs- oder Ausbreitungstendenz (S. 19ff) und ein Hinweis auf eine rezente oder frühere Kultur bei in Deutschland im Freiland kultivierten Sippen.
In der anschließenden Klammer steht als erstes die Arealdiagnose, die über die Gesamtverbreitung des Taxons Auskunft gibt (S. 24ff). Darauf folgen Angaben über Wuchsform (S. 10ff), Bestäubungsverhältnisse (S. 15f) und Samenausbreitung (S. 16f) sowie die für das Taxon charakteristischen Zeigerwerte (S. 27f) und anschließend die Pflanzengesellschaften, in denen es bevorzugt auftritt (S. 29f, Register S. 31ff). Manchmal folgen kurze Bemerkungen zur Systematik oder über Nutzen (Verwendung) und Schaden. „HeilPfl" steht nur bei Arten, die offiziell in das Deutsche Arzneibuch aufgenommen sind, „VolksheilPfl" bei einer Auswahl weiterer häufig verwendeter Arten. Der Grad der Giftigkeit wird durch ein oder zwei Ausrufungszeichen vermerkt. Die Angaben dazu in der Literatur sind z. T. widersprüchlich, die Wirkung hängt von der Konzentration der Inhaltsstoffe und der Empfindlichkeit der Personen ab. Vorsichtshalber haben wir auch verdächtige Arten aufgenommen. Soweit Zählungen aus Deutschland verfügbar sind, ist am Ende der Klammerangaben die somatische Chromosomenzahl (2n) angegeben. Auch bei Auflistungen von Hybriden am Ende der Gattungsbearbeitungen sind diese Chromosomenzahlen fallweise eingeklammert angegeben. Besonders geschützte Taxa sind mit dem Symbol ▽, streng geschützte mit ▽! gekennzeichnet (S. 42). In eckigen Klammern sind wichtige Synonyme (S. 3f) aufgeführt. Am Ende der Zeile stehen der deutsche und der wissenschaftliche Artname (bei aufgeschlüsselten Unterarten gewöhnlich nur das Unterart-Epitheton, S. 2) und davor unter Umständen ein Symbol (S. 23f) als Hinweis, dass dieses Taxon in Deutschland nicht (nachweisbar) wild vorkommt, sondern nur kultiviert wird Ⓚ oder ausgestorben ist ✝ oder wegen der Vorkommen in den Nachbargebieten zu erwarten ist ⓘ.
In Klammern hinter der Familienbeschreibung findet sich als erstes die Zahl der zu dieser Familie gehörenden Arten. Diese Zahl kann in verschiedenen Quellen je nach der angenommenen Umgrenzung der Familie und Arten sehr stark schwanken, wir richten uns hier in der Regel nach MABBERLEY (2017) oder der Angiosperm Phylogeny Website (STEVENS 2001 ff). Danach können Angaben zur Biologie folgen, wenn sie für alle in Deutschland verbreiteten Arten zutreffen.

Schlüssel zum Bestimmen

Schlüssel zum Bestimmen der Hauptgruppen

Beachte auch die Sonderschlüssel VII–IX zur Bestimmung:

a) Bäume u. Sträucher im nichtblühenden Zustand (vgl. S. 11)	**Schl. VII** S. 71
b) Tauch- u. SchwimmPfl (vgl. S. 11)	**Schl. VIII** S. 79
c) Pfl zur Blütezeit od. stets (scheinbar) ohne grüne Bla	**Schl. IX** S. 84

1 Pfl ohne Blü u. Sa. Vermehrung durch staubfeine Sporen. Stets Kräuter (vgl. Farne Abb. **102–116**: GanzrosettenPfl od. Bla einzeln an gestreckten Bodensprossen, selten WasserPfl, Abb. **104**; Bärlappe Abb. **93, 96**; Schachtelhalme Abb. **100**; – SporenPfl). (Wasserlinsen werden wegen ihrer unauffälligen Blü auch hier verschlüsselt.) **Schl. I** S. 50

1* Pfl mit Sa, die in Blü, Zapfen (Nadelhölzer) od. einzeln an Sprossachsen (*Taxus*, *Ginkgo*) erzeugt werden (SamenPfl). Kräuter od. HolzPfl **2**

2 SaAnlagen nicht in FrKn eingeschlossen ("nackt"), oft auf der OSeite von Sa- od. Zapfenschuppen (Nadelhölzer), die zu Zapfen angeordnet sind, selten einzeln an Sprossachsen. Stets Bäume od. Sträucher, meist mit Harzgeruch. Bla nadel- od. schuppenfg, nur bei *Ginkgo*, Abb. **120/1**, br u. 2lappig. Meist immergrün (Nacktsamige Pfl). **Schl. II** S. 52

2* SaAnlagen in FrKn eingeschlossen ("bedeckt"). Kräuter od. Gehölze; wenn ZwergStr mit nadelfg Bla, dann ohne Zapfen (Bedecktsamige Pfl) **3**

3 Bla fast stets streifennervig, fast stets einfach u. ungeteilt, selten 3zählig. Blü nackt u. von 1 od. 2 Spelzen eingehüllt (Gräser u. Sauergräser). StaubBla meist 6 od. 3, nie >18. Keimling stets mit 1 KeimBla. Primärwurzel kurzlebig, früh durch Büschel sprossbürtiger Wurzeln ersetzt. Nur Kräuter (Einkeimblättrige Pfl). **Schl. III** S. 53

3* Bla fieder- od. fingernervig, selten streifennervig. BlüHülle oft 4- od. 5zählig, wenn 3- od. 6zählig, dann Bla nicht streifennervig. StaubBla 1–∞, sehr selten 6 od. 3. Kräuter u. HolzPfl. Fast stets 2 gegenständige KeimBla. Primärwurzel oft bleibend (Zweikeimblättrige Pfl) **4**

4 BlüHülle fehlend od. gleichartig (Perigon), d. h. nicht in Ke u. Kr gegliedert (aber zuweilen aus 2 kelchartigen od. aus 2 kronartigen Quirlen bestehend) (Zweikeimblättrige Pfl mit gleichartiger od. fehlender BlüHülle). **Schl. IV** S. 56

4* BlüHülle ungleichartig, in Ke u. Kr gegliedert **5**

5 Kr freiblättrig, aus 2–∞ völlig voneinander getrennten Bla bestehend, die einzeln abzupfbar sind (Zweikeimblättrige Pfl mit freien KrBla). **Schl. V** S. 63

5* Alle KrBla wenigstens am Grund miteinander verwachsen, beim Herauszupfen die Kr sich als Ganzes loslösend od. zerreißend (Zweikeimblättrige Pfl mit verwachsenen KrBla). **Schl. VI** S. 68

© Springer-Verlag GmbH Deutschland, ein Teil von Springer Nature 2021
F. Müller, C. M. Ritz, E. Welk, K. Wesche (Hrsg.),
Rothmaler - Exkursionsflora von Deutschland. Gefäßpflanzen: Grundband,
https://doi.org/10.1007/978-3-662-61011-4_2

Schlüssel I · Sporenpflanzen

Bearbeitung: **Stefan Jeßen**

Zu den Sporenpflanzen gehören Algen, Moose u. Gefäß-Sporenpflanzen. Nur die zuletzt genannte Gruppe sowie die *Characeae* sind im folgenden Schlüssel berücksichtigt.

1 WasserPfl, Thallus untergetaucht. Stg stark quirlig verzweit, wie Äste oft rau, spröde, leicht brechend, blattlos, ohne Scheiden (Abb. **87**/1). Astglieder zuweilen mit mohnkorn-großen Fortpflanzungsorganen. Algen (hier nur Armleuchteralgen verschlüsselt, andere Algen i. d. R. einfacher, kaum Ähnlichkeit mit Gefäßpflanzen). **Armleuchteralgen – *Characeae*** S. 86
1* Meist Land-, Sumpf- od. SchwimmPfl., wenn (selten) ganz untergetaucht, dann nicht quirlig verzweigt od. Stg. gegliedert, mit gezähnten Scheiden, Äste nicht auffallend rau. Bla meist vorhanden. Fortpflanzungsorgane vielgestaltig, oft in speziellen Sprossabschnitten od. zu vielen gehäuft **2**
2 Stg gegliedert, quirlig verzweigt od. einfach. Bla quirlig, zu gezähnten, stängelumfassenden Scheiden verwachsen (Abb. **100**/3–7). **Schachtelhalm – *Equisetum*** S. 97
2* Stg nicht gegliedert, ohne gezähnte Scheiden **3**
3 SchwimmPfl **4**
3* LandPfl od. bodenwurzelnde WasserPfl **6**
4 Pfl linsenfg, <1 cm ⌀, od. verzweigt mit gestielten lanzettlichen Abschnitten (Abb. **135**/4). Blü sehr selten (keine SporenPfl!). [**Wasserlinsen – *Araceae*, *Lemnoideae*** S. 132]
4* Pfl anders gestaltet **5**
5 Pfl wurzellos, wenig verzweigt (Abb. **104**/1). Bla in 3zähligen Quirlen, je 2 Bla elliptisch u. 2zeilig gestellt (SchwimmBla), das dritte Bla untergetaucht, zerschlitzt, wurzelähnlich. **Schwimmfarn – *Salvinia*** S. 103
5* Pfl bewurzelt, reich verzweigt (Abb. **104**/2). Bla wechselständig, schuppenfg, gefaltet, dachzieglig. **Algenfarn – *Azolla*** S. 104
6 (3) Pfl mit dicht beblättertem Stg. Bla <1 cm lg, ungestielt, lineal-lanzettlich od. schuppenfg. Sporangien einzeln in den Achseln von StgBla, die meist eine endständige Ähre bilden **7**
6* Alle Bla grundständig, meist >3 cm lg, breitflächig u. gestielt, meist gefiedert, selten binsenartig od. fädlich **8**
7 Bla >3 mm lg (zuweilen in ihrem unteren Teil mit dem Stg verwachsen, dann kürzer erscheinend u. der Stg scheinbar flachgedrückt, Abb. **93**/4, 5), derb, ohne BlaHäutchen (s. S. 895). Sporangien in den Achseln von LaubBla (Abb. **93**/1) od. in ± scharf abgesetzten Ähren (Abb. **93**/2, 3). Alle Sporen gleich, staubfein. **Bärlappgewächse – *Lycopodiaceae*** S. 93
7* Bla 1–3 mm lg, sehr zart, am Grund mit BlaHäutchen. Die undeutlich abgesetzten Ähren tragen im unteren Teil ♀ Sporangien mit wenigen großen Sporen, im oberen Teil ♂ Sporangien mit ∞ kleinen Sporen. Pfl moosähnlich (Abb. **96**/6). **Moosfarn – *Selaginella*** S. 96
8 (6) Bla binsenartig, 3–12(–40) cm lg. SumpfPfl od. bodenwurzelnde TauchPfl **9**
8* Bla mit flacher, meist gefiederter, fiederteiliger od. gabelteiliger Spreite **10**
9 Stg kurz knollig, mit einer Rosette 1–5 mm dicker, nie eingerollter Bla (Abb. **96**/5). Bla z. T. am scheidigen Grund oseits je 1 Sporangium tragend. **Brachsenkraut – *Isoëtes*** S. 96
9* Stg dünn, kriechend, mit einzeln stehenden 1 mm dicken, binsenartigen, jung spiralig eingerollten Bla (Abb. **104**/3). Sporangien in kugligen Sporokarpien am Grund der Bla. **Pillenfarn – *Pilularia*** S. 105
10 (8) Bla 4zählig, glücksklееähnlich. **Kleefarn – *Marsilea*** S. 104
10* Bla nicht 4zählig **11**
11 Bla mit eifg bis lanzettlichem, ganzrandigem sporenlosem Abschnitt (dieser netznervig ohne Mittelnerv) u. lg gestieltem, ährenartigem, sporentragendem Abschnitt (Abb. **102**/1). Sporentragender Abschnitt oft fehlend. **Natternzunge – *Ophioglossum*** S. 102

11* Bla od. sporenloser Abschnitt gefiedert, fiederteilig od. gabelteilig, selten (Abb. **102**/6) ungeteilt u. mit nierenfg Grund **12**

12 Sporangien an lg gestieltem, rispenartigem BlaAbschnitt (Abb. **102**/2), darunter ein gefiederter od. fiederteiliger, sehr selten 3teiliger bis ungeteilter sporenloser BlaAbschnitt . **13**

12* Sporangien in Häufchen (Sori) auf der USeite (selten am Rand) flächiger (zuweilen randlich umgerollter) BlaSpreiten. Sporentragende Bla den sporenlosen Bla gleichend, seltener als Ganzes umgestaltet. Nie am selben Bla verschieden gestaltete sporentragende u. sporenlose Abschnitte **14**

13 Pfl 5–30 cm hoch, oberirdisch nur aus 1 GabelBla bestehend. Sporentragender Gabelast scheinbar seitenständig rispenartig Abb. **102**/2), stets vorhanden.
Rautenfarn – *Botrychium* S. 101

13* Pfl 50–180 cm hoch. Bla doppelt gefiedert. Sporentragender Abschnitt endständig, rispenartig, oft fehlend. **Rispenfarn, Köngisfarn – *Osmunda*** S. 102

14 **(12)** BlaSpreite häutig dünn, einzellschichtig, durchscheinend, (in D nur) 0,5–8 cm lg, ungeteilt bis doppelt fiederschnittig (Abb. **102**/3). Sori (selten vorhanden) randständig, gestielt, mit 2klappigem od. röhrig-becherfg Schleier. Pfl wurzellos, mit Rhizoiden an oberirdisch kriechender Achse. **Hautfarngewächse – *Hymenophyllaceae*** S. 103

14* BlaSpreite mehrschichtig, nicht durchscheinend. Sori ungestielt auf der BlaUSeite, wenn randständig, dann vom nach unten umgerollten Rand der Fiederchen bedeckt. Pfl mit Wurzeln an ober- od. unterirdisch kriechender Grundachse **15**

15 Spreite ungeteilt, länglich, ganzrandig, mit nierenfg Grund (Abb. **102**/6).
Hirschzunge – *Asplenium scolopendrium* S. 107

15* Spreite 1- bis mehrfach gefiedert, fiederteilig od. gabelteilig **16**

16 Sporentragende Bla von den sporenlosen Bla auffallend verschieden gestaltet **17**

16* Sporentragende u. sporenlose Bla nicht od. (bei *Thelypteris palustris* u. *Dryopteris cristata*) wenig verschieden **19**

17 Alle Bla 2–4fach gefiedert. Abschnitte der sporentragenden Bla nach unten umgerollt, die der sporenlosen Bla flach, in Rosette. Geröllhalden der Gebirge.
Rollfarn – *Cryptogramma* S. 105

17* Sporenlose Bla 1–2fach gefiedert od. fiederteilig, sporentragende Bla einfach gefiedert od. einfach fiederteilig, in Rosette (wenn Bla einzeln stehend u. Fiederchen der sporentragenden Bla kuglig, s. **Perlfarn – *Onoclea*** S. 112) **18**

18 Alle Bla fiederschnittig, Abschnitte ganzrandig. Sporenlose Bla (Abb. **112**/5) bodennah ausgebreitet, sporentragende Bla aufrecht u. mit schmaleren Fiederabschnitten.
Rippenfarn – *Blechnum* S. 113

18* Alle Bla gefiedert. Fiedern der sporenlosen Bla fiederteilig, ihre beiden ersten Fiederchen die BlaSpindel oseits bzw. useits bedeckend. Sporenlose Bla einen Trichter bildend, hellgrün. Sporentragende Bla (oft fehlend) in der Trichtermitte, straußenfederähnlich, ihre Fiedern mit nach unten umgerollten Rändern, bei der Sporenreife dunkelbraun.
Straußenfarn – *Matteuccia* S. 112

19 **(16)** Bla einfach fiederschnittig, alle Abschnitte ganzrandig u. gezähnelt u. mit br Grund der BlaSpindel ansitzend **20**

19* Bla 2–3fach gefiedert od. gabelteilig, seltener einfach gefiedert u. dann Abschnitte gestielt od. (wenigstens beim untersten Fiederpaar) am Grund verschmälert, gezähnt bis fiederteilig **22**

20 Rhizom kriechend, >5 cm lg, Bla einzeln stehend. BlaAbschnitte länglich, kahl (Abb. **112**/6). Sori kreisrund bis elliptisch, schleierlos. **Tüpfelfarn – *Polypodium*** S. 119

20* Rhizom <5 cm lg, Bla rosettig. Sori von Spreuschuppen verdeckt od. fehlend **21**

21 BlaAbschnitte halbrund bis eifg, graugrün, useits dicht silbrigbraun spreuschuppig (Abb. **112**/1). **Milzfarn – *Asplenium ceterach*** S. 108

21* BlaAbschnitte schmal länglich, glänzend grün, beidseits kahl (Abb. **112**/5).
Rippenfarn – *Blechnum* S. 113

22 **(19)** Bla sehr groß (50–200 cm), am weithin kriechenden, unterirdischen Rhizom einzeln stehend; Spreite br 3eckig, 2–4fach gefiedert, meist bogig übergeneigt. Sori randständig, vom umgerollten Rand der Fiederchen völlig überdeckt (Abb. **106**/1).
Adlerfarn – *Pteridium* S. 105

22* Bla selten >100 cm groß, Rhizom meist kurz. Sori nicht randständig (höchstens randnah), nicht vom Spreitenrand bedeckt (wenn teilweise bedeckt, dann Bla einfach gefiedert mit fiederteiligen Fiedern, Abb. **106**/2) 23
23 Schleier in ∞ lg, haarfg, die Sori bedeckende Fransen aufgelöst (Abb. **106**/3). BlaStiel unter der Mitte mit feinem Ringwulst, an dem das Bla zuletzt abbricht. Bla 5–20 cm lg.
 Wimperfarn – _Woodsia_ S. 111
23* Schleier höchstens kurzfransig, zuweilen fehlend. BlaStiel ohne Ringwulst 24
24 Sori linealisch od. länglich; Schleier ebenso, die Sori einseitig von der dem BlaRand zugewandten Längsseite her bedeckend (Abb. **106**/4) 25
24* Sori kreisrund; Schleier kreisrund (Abb. **106**/6), eifg (Abb. **106**/5), nierenfg (Abb. **106**/3, 4) od. fehlend 26
25 BlaSpreite 5–25(–40) × 1–12 cm, 1–3fach gefiedert. Sori u. Schleier linealisch od. länglich.
 Streifenfarn – _Asplenium_ S. 107
25* BlaSpreite 50–150 × 15–30 cm, 2–3fach gefiedert. Sori u. Schleier länglich, die unteren haken- bis kommafg, die oberen fast gerade. **Frauenfarn – _Athyrium_** S. 113
26 (24) Schleier eifg, nur an seinem der Fiederchenbasis zugewandten Rand angewachsen, später zurückgeschlagen u. von den Sporangien verdeckt (Abb. **106**/5). Bla zart, 10–40 (–50) cm lg, 2–4fach gefiedert, Abschnitte nie mit Dornspitzchen.
 Blasenfarn – _Cystopteris_ S. 106
26* Schleier kreisrund, nierenfg od. fehlend. Bla meist >50 cm lg, wenn kürzer, dann einfach gefiedert 27
27 Schleier kreisrund, schildfg, in seiner Mitte angeheftet (Abb. **106**/6). Fiedern am Grund unsymmetrisch, d. h. jeweils auf der der BlaSpitze zugewandten Seite mit vergrößertem Basalfiederchen od. Basallappen. Endabschnitte meist mit Dornspitzchen.
 Schildfarn – _Polystichum_ S. 119
27* Schleier nierenfg u. in der Nierenbucht angeheftet (Abb. **116**/3, 4) od. fehlend 28
28 Schleier nierenfg, bis zur Sporenreife bleibend, bei deren Beginn meist schrumpfend. Sori >0,7 mm br. Fiederabschnitte bisweilen mit Dornspitzchen.
 Wurmfarn – _Dryopteris_ S. 115
28* Schleier fehlend od. sehr klein u. lange vor der Sporenreife abfallend. Sori bis 0,5(–0,8) mm br. Fiederabschnitte nie mit Dornspitzchen 29
29 Bla einfach gefiedert; wenn fiederschnittig, dann wenigstens das unterste Fiederpaar mit verschmälertem Grund od. kurz gestielt (Abb. **102**/5). Fiedern fiederspaltig bis fiederteilig, mit ganzrandigen Abschnitten. **Sumpffarngewächse – _Thelypteridaceae_** S. 114
29* Bla (wenigstens am Grund) doppelt gefiedert. Fiederchen fiederspaltig bis fiederteilig ... 30
30 Spreite br 3eckig, das unterste Fiederpaar deutlich größer als die folgenden.
 Eichenfarn – _Gymnocarpium_ S. 106
30* Spreite lanzettlich, das unterste Fiederpaar kleiner als die folgenden.
 Frauenfarn – _Athyrium_ S. 113

Schlüssel II · Nacktsamer

Bearbeitung: **Peter A. Schmidt**

1 Bla 5–8(–15) cm br, keilfg bis br fächerfg, meist ausgerandet od. 2lappig (Abb. **120**/1), an Kurztrieben auch ungeteilt, an Langtrieben auch mehrspaltig. **Ginkgo – _Ginkgo_** S. 120
1* Bla nadelfg (Nadeln) od. schuppenfg (SchuppenBla) 2
2 Bla alle od. z. T. schuppenfg, grüne SchuppenBla der Sprossachse ± angedrückt (Abb. **127**/1, 5); wenn an der Pfl ein Teil der Bla od. auch alle nadelfg, dann Nadeln zu >50 % ihrer Länge am Zweig herablaufend, abstehender od. abspreizender Teil an der Basis nicht stielfg verschmälert. **Zypressengewächse – _Cupressaceae_** S. 126
2* Bla alle nadelfg, nur ausnahmsweise (_Pinus_) zusätzlich einige nicht grüne, zu einer häutigen Scheide verwachsene SchuppenBla an der Nadelbasis. Nadeln von der Sprossachse ± abstehend, nicht zu >50 % ihrer Länge am Zweig herablaufend od. abstehender Teil stielartig verschmälert 3

3	Nadeln quirlig zu 3 (Abb. **127**/6) od. gegenständig, derb. Pfl immergrün. **Zypressengewächse – *Cupressaceae*** S. 126
3*	Nadeln zu 2–5 od. büschelig gehäuft (>10) an Kurztrieben od. wechselständig, wenn ausnahmsweise (*Metasequoia*) gegenständig, dann weich u. Pfl sommergrün 4
4	Pfl sommergrün. Nadeln weich u. dünn, im Herbst od. Winter abfallend 5
4*	Pfl immergün. Nadeln derb, erst nach 2 od. mehr Jahren abfallend 6
5	Nadeln in Büscheln an gestauchten Kurztrieben (Abb. **120**/4) u. einzeln an diesjährigen Langtrieben, im Herbst einzeln abfallend. **Lärche – *Larix*** S. 122
5*	Nadeln einzeln, 2reihig an einjährigen verlängerten Kurztrieben, im Herbst mit diesen als Ganzes abfallend. **Zypressengewächse – *Cupressaceae*** S. 126
6	**(4)** Grund der Nadeln als grüne Leisten am Zweig herablaufend, Nadeln stets einzeln (Abb. **120**/3). Pfl 2häusig. Sa von einem fleischigen, zur Reife roten Becher umgeben (Abb. **120**/2). **Eibe – *Taxus*** S. 129
6*	Nadeln nicht als grüne Leisten am Zweig herablaufend, einzeln (Abb. **121**/1–4) od. im Bündel zu 2–5 (Abb. **120**/5). Pfl 1häusig. Sa in einem zur Reife holzigen Zapfen. **Kieferngewächse – *Pinaceae*** S. 120

Schlüssel III · Einkeimblättrige Pflanzen

Im Schlüssel sind wegen ihrer BlaForm auch 3 zweikeimblättrige Gattungen enthalten, ihre Namen sind in eckige Klammern gesetzt.

1	Schwimm- od. TauchPfl od. quirlig beblätterte SumpfPfl 2
1*	LandPfl od. nicht quirlig beblättere SumpfPfl (Bla wenigstens z. T. über Wasser) 18
2	Pflanze blattartig, <1 cm lg, linsenfg u. schwimmend od. gestielt-lanzettlich u. mehrere kreuzweise verbunden. Blü sehr selten, winzig. **Aronstabgewächse (Wasserlinsen) – *Araceae, Lemnoideae*** S. 132
2*	Pflanze deutlich in Stg u. Bla gegliedert 3
3	BlüHülle deutlich in 3 grüne KeBla u. 3 weiße od. rosa KrBla geschieden. KrBla 2,5–30 mm lg. Bla rosettig od. wechselständig 4
3*	BlüHülle fehlend od. unscheinbar, <2 mm lg (wenn Ke u. Kr, dann Bla gegenständig od. quirlig) 5
4	Pfl im Boden wurzelnd. Blü zwittrig. KrBla 2,5–10 mm lg. FrKn 8–∞, oberständig. **Froschlöffelgewächse – *Alismataceae*** S. 139
4*	Pfl zur BlüZeit frei schwimmend, 2häusig. KrBla 10–30 mm lg. FrKn 1, unterständig. **Froschbissgewächse – *Hydrocharitaceae*** S. 136
5	**(3)** Bla grund- od. wechselständig (höchstens die obersten 2 gegenständig) 6
5*	Bla quirlig od. (fast) gegenständig (zumindest am blühenden Stg) 11
6	Bla in grundständiger Rosette. **Wasserschraube – *Vallisneria spiralis*** S. 138
6*	Bla am Stg verteilt, meist 2zeilig 7
7*	Blü in kugligen, 1geschlechtigen Köpfen, die oberen ♂, die unteren ♀, igelähnlich. **Igelkolben – *Sparganium*** S. 191
7*	Blü in Ähren (falls diese kuglig, dann Blü zwittrig) 8
8	Ähre untergetaucht, zur BlüZeit völlig in eine BlaScheide eingeschlossen (Abb. **142**/3). **Seegrasgewächse – *Zosteraceae*** S. 143
8*	Ähre zur BlüZeit das Wasser überragend 9
9	Ähre nur mit 2 Blü, die auf entgegengesetzten Seiten der Achse stehen. Frchen 4(–10), an einem ± stark verlängerten Stiel. Salz- od. BrackwasserPfl. **Saldengewächse – *Ruppiaceae*** S. 142
9*	Ähre meist mit ∞ Blü (selten 3–5), Blü allseitswendig. Fr sitzend. Süß- od. selten BrackwasserPfl 10
10	PerigonBla, StaubBla u. FrKn je 4. Bla mit achselständigem od. am oberen Scheidenende befindlichem NebenBla. Ähren meist >5 mm lg. **Laichkrautgewächse – *Potamogetonaceae*** S. 143

10* Perigon fehlend, durch 1 Spelze ersetzt. StaubBla 3. FrKn 1, mit 2 Narben. Bla ohne NebenBla. Ähren bis 5 mm lg, sehr lg gestielt (Abb. **237**/7).
 Flutende Tauchsimse – *Isolepis fluitans* S. 241
11 (5) Bla am Grund mit Scheide od. mit röhriger NebenBlaScheide (Ochrea) 12
11* Bla ohne Scheide od. Ochrea 13
12 Bla fädlich, ganzrandig, mit Ochrea. FrKn meist 4.
 Laichkrautgewächse – *Potamogetonaceae* S. 143
12* Bla linealisch bis länglich, scharf stachelspitzig gezähnt, mit kurzer Scheide (Abb. **140**/1, 2). FrKn 1. **Nixkraut** – *Najas* S. 138
13 (11) Bla (fast) gegenständig. Pfl z. T. mit SchwimmBlaRosette 14
13* Bla quirlig (höchstens die untersten an Seitenzweigen gegenständig) 16
14 Bla in 2 Zeilen, scheingegenständig (paarweise genähert), mit br Grund halbstängelumfassend, >4 mm br. Blü in armblütigen, aus dem Wasser ragenden Ähren.
 Dichtes Fischkraut – *Groenlandia densa* S. 148
14* Bla gegenständig, mit verschmälertem Grund sitzend od. gestielt, die untergetauchten <3 mm br. Blü zu 1–2 achselständig 15
15 Bla mit kleinen NebenBla. Blü zwittrig. KeBla u. KrBla je 3 od. 4. StaubBla 3, 6 od. 8. Fr eine fast kuglige Kapsel. Pfl ohne SchwimmBla. **[Tännelgewächse** – *Elatine* S. 465]
15* Bla ohne NebenBla. Blü 1geschlechtig. BlüHülle fehlend, oft durch 2 sichelfg VorBla ersetzt. StaubBla 1. Fr eine 4teilige BruchFr (KlausenFr), mit 4 ± scharfen Kanten. Pfl mit od. ohne SchwimmBla. **[Wasserstern** – *Callitriche* S. 694]
16 (13) Pfl völlig untergetaucht. Bla fein gesägt od. gezähnt (Lupe!), zu (2–)3–6 quirlig. Blü 1geschlechtig. **Froschbissgewächse** – *Hydrocharitaceae* S. 136
16* Stg ± aus dem Wasser ragend. Bla völlig ganzrandig, zumindest die untergetauchten zu (6–)8–18 quirlig. Blü zwittrig 17
17 ÜberwasserBla (falls vorhanden) eifg, zu 3 quirlig. Stg radial großräumig gekammert. KeBla u. KrBla je 4. StaubBla 8. Griffel 4. **[Tännelgewächse** – *Elatine* S. 465]
17* ÜberwasserBla kaum breiter als die untergetauchten, wie diese in vielzähligen Quirlen. Stg unregelmäßig engröhrig gekammert. BlüHülle ein unscheinbarer Saum. StaubBla 1. Narbe 1. **[Tannenwedel** – *Hippuris vulgaris* S. 697]
18 (1) Stg mit nur 1 Quirl aus 4(–6) LaubBla u. 1 Blü (Abb. **151**/1). **Einbeere** – *Paris* S. 150
18* Stg nicht mit nur 1 BlaQuirl aus 4(–6) Bla. Bla wechsel- od. gegenständig od. in mehreren Quirlen 19
19 Blü (zumindest die ♀) in Kolben 20
19* Blü nicht in Kolben 23
20 ♂ Blü in endständiger Doppelähre, ♀ Blü in dicken, achselständigen Kolben, von Bla umhüllt. Pfl ☉. **Mais** – *Zea* S. 305
20* Alle Blü in Kolben. Pfl ♃ 21
21 Bla am aufrechten Stg verteilt, linealisch, flach, nicht aromatisch. Kolben endständig, ohne einhüllendes Hochblatt, unten ♀, oben ♂. **Rohrkolben** – *Typha* S. 192
21* Bla grundständig od. am kriechenden Spross verteilt; herzfg, pfeilfg, eilanzettlich od. 3teilig; wenn linealisch, dann reitend, stark aromatisch u. Kolben scheinbar seitenständig (Abb. **135**/1–3) 22
22 Bla herzfg, pfeilfg, eilanzettlich od. 3teilig, nicht aromatisch. Kolben endständig.
 Aronstabgewächse – *Araceae* S. 132
22* Bla linealisch, reitend (S. 906), stark aromatisch, ihr Rand oft wellig. Kolben scheinbar seitenständig. **Kalmus** – *Acorus* S. 132
23 (19) Blü in kugligen, 1geschlechtigen Köpfen, die oberen ♂, die unteren ♀, igelähnlich (Abb. **191**/1). **Igelkolben** – *Sparganium* S. 191
23* Blü nicht in 1geschlechtigen Köpfen (aber zuweilen in Köpfen mit ♂ Blü) 24
24 BlüHülle fehlend od. aus Borsten od. Haaren bestehend. Blü von 1 od. 2 ± kahnfg, oft trockenhäutigen HochBla (Spelzen) eingehüllt, zu kleinen Ährchen vereinigt, diese meist wiederum zu BlüStänden zusammengesetzt. Bla gras- od. binsenartig od. borstenfg 25
24* BlüHülle vorhanden (zuweilen unscheinbar od. hinfällig u. dann Blü in einfachen Trauben), wenn spelzenartig trockenhäutig u. Bla grasartig od. borstenfg, dann PerigonBla 6, in 2 Kreisen (**Abb. 201**) 26

25 Stg 3kantig od. rund, markig. Bla 3zeilig od. grundständig. BlaScheiden geschlossen, am Grund nicht knotig verdickt. Jede Blü mit 1 DeckBla (Deckspelze; Abb. **203**/1, 2).
 Riedgrasgewächse – *Cyperaceae* S. 204
25* Stg rund od. 2seitig abgeflacht, stets hohl. Bla 2zeilig. BlaScheiden offen od. seltener geschlossen, am Grund stets mit knotiger Verdickung. Jede Blü von meist 2 Spelzen (Deckspelze u. Vorspelze) eingeschlossen u. das ganze Ährchen von meist 2 Hüllspelzen umgeben (Abb. **243**/1). **Süßgräser – *Poaceae*** S. 243
26 (24) BlüHülle deutlich in grünen Ke u. weiße (zuweilen am Grund gelbe od. rote), blaue, gelbe od. rosa Kr gegliedert. FrKn 1–∞. KeBla u. KrBla stets 3 .... **27**
26* BlüHülle ein kron- od. kelchartiges od. trockenhäutiges Perigon. PerigonBla 3+3, selten 4, zuweilen unterschiedlich gestaltet. FrKn 1–6 .... **28**
27 FrKn 1. Blü blau, selten weiß, dorsiventral. Bla sitzend, eilanzettlich, wechselständig am gestreckten Stg. **Commelinengewächse – *Commelinaceae*** S. 308
27* FrKn 3–∞. Blü weiß (zuweilen am Grund gelb od. rot), gelb od. rosa, radiär. Alle Bla grundständig, gestielt. **Froschlöffelgewächse – *Alismataceae*** S. 139
28 (26) StaubBla 9. FrKn 6, frei, rot. Blü rötlichweiß, dunkler geadert. BlüStand doldenfg, aus 2–4 Schrauben. LaubBla linealisch, 3kantig, alle grundständig. Sumpf- od. UferPfl.
 Schwanenblume – *Butomus* S. 139
28* StaubBla 1, 3, 4 od. 6, nie 9. FrKn meist 1 (wenn 3(–6), dann nicht rot, Blü in Trauben u. Stg. beblättert) **29**
29 Blü auf einer unterirdischen Knolle sitzend, daher FrKn zur BlüZeit unter der Erdoberfläche. Fr eine Kapsel **30**
29* Blü an oberirdischen Sprossen. Fr eine Kapsel od. Beere **31**
30 StaubBla 6. Pfl zur BlüZeit (Herbst) ohne LaubBla. Fr im nächsten Frühjahr mit den LaubBla aus dem Boden kommend. **Zeitlosengewächse – *Colchicaceae*** S. 150
30* StaubBla 3. Pfl meist auch zur BlüZeit mit LaubBla. **Krokus – *Crocus*** S. 177
31 (29) FrKn unterständig; wenn nur ♂ Blü, dann Pfl windend, mit herzfg Bla **32**
31* FrKn oberständig; wenn nur ♂ Blü, dann Pfl nicht windend, mit nadelfg Kurztrieben .. **35**
32 Perigon dorsiventral, oft gespornt. StaubBla 1 (selten 2), mit dem Griffel u. der großen Narbe zu einem „Säulchen" verwachsen. FrKn meist gedreht. Sa staubfein, <0,1 mm ⌀.
 Knabenkrautgewächse – *Orchidaceae* S. 154
32* Perigon radiär, seltener dorsiventral u. dann 3 Narben, StaubBla 3 od. 6. Sa >0,2 mm ⌀
 .... **33**
33 Pfl 2häusig. Stg windend. Bla herzfg. Fr eine rote Beere.
 Yamswurzelgewächse – *Dioscoreaceae* S. 149
33* Blü ⚥. Pfl nicht windend. Bla linealisch od. schwertfg. Fr eine Kapsel **34**
34 StaubBla 6. Narbe einfach od. 3lappig. LaubBla grundständig.
 Amaryllisgewächse – *Amaryllidaceae, Amaryllidoideae* S. 183
34* StaubBla 3. Narben 3. Griffeläste oft kronblattartig verbreitert. LaubBla 2zeilig, reitend (S. 906). **Schwertliliengewächse – *Iridaceae*** S. 175
35 (31) Perigon meist dünn u. trockenhäutig, spelzenartig, meist braun od. grün. FrKn 1 od. 3(–6). Bla gras- od. binsenartig **36**
35* Perigon kronartig, meist ansehnlich, weiß od. farbig (selten grünlich od. bräunlich); wenn dünnhäutig, dann Pfl mit Lauchgeruch. FrKn 1 .... **38**
36 BlüStand rispenfg od. mit Zymen, zuweilen kopfig gedrängt. Fr eine Kapsel. Pfl ☉ od. ♃.
 Binsengewächse – *Juncaceae* S. 193
36* Blü in Trauben od. Ähren. SpaltFr od. SammelbalgFr. Pfl ♃ **37**
37 Alle Bla grundständig. Blü >10, in ährenfg Traube, ohne DeckBla, ihre Stiele kürzer als die Blü. Perigon hinfällig. FrBla 3 (u. 3 sterile), völlig verwachsen. SpaltFr.
 Dreizack – *Triglochin* S. 142
37* Stg beblättert. Traube 3–10blütig. Blü mit DeckBla, lg gestielt. Perigon bleibend. FrBla 3(–6), nur am Grund verwachsen. SammelbalgFr.
 Blumenbinsengewächse – *Scheuchzeriaceae* S. 141
38 (35) Pfl mit Lauchgeruch, mit Zwiebel od. Rhizomzwiebel. Blü in Dolden, diese zuweilen dicht, kugelfg, mit Brutzwiebeln od. nur Brutzwiebeln statt Blü. **Lauch – *Allium*** S. 179

38* Pfl ohne Lauchgeruch, mit Rhizom, Zwiebel od. unterirdischen Ausläufern. Blü meist in Trauben, Doppeltrauben od. Zymen, od. scheinbar einzeln endständig **39**
39 StaubBla 4. LaubBla 2, herzfg, gestielt, bei nichtblühenden Pfl 1.
   Schattenblume – _Maianthemum_ S. 190
39* StaubBla 3 od. 6. Bla linealisch bis eifg; wenn herzfg, dann sitzend **40**
40 Pfl mit ∞ vegetativen Zweigen, mit Büscheln von nadelfg Kurztrieben in der Achsel von schuppenfg Bla. Blü grünlichgelb. Fr eine rote Beere.
   Spargelgewächse – _Asparagaceae_, _Asparagoideae_ S. 185
40* Pfl außer dem BlüStand höchstens mit 3 Zweigen. LaubBla linealisch bis ei- od. herzfg, nicht nadelfg **41**
41 Bla reitend (S. 906), 2zeilig angeordnet, schmal schwertfg **42**
41* Bla nicht reitend, zerstreut, grundständig od. quirlig angeordnet **43**
42 Staubfäden wollig behaart. KrBla innen goldgelb, außen gelbgrün. Griffel u. Narbe 1.
   Beinbrech – _Narthecium_ S. 149
42* Staubfäden kahl. KrBla weißlich od. blassgelb. Griffel u. Narben 3, sehr kurz.
   Simsenliliengewächse – _Tofieldiaceae_ S. 136
43 (41) Alle LaubBla grundständig, am Stg unter dem BlüStand höchstens 1–3 viel kleinere Bla u. dann Pfl mit Rhizom **44**
43* LaubBla wenigstens z. T. stängelständig; wenn außer grundständigen LaubBla nur weitere im BlüStand, dann ZwiebelPfl mit gelben Blü **47**
44 ZwiebelPfl. Blü blau, violett, rosa od. weiß (gelb nur bei ZierPfl-Sorten).
   Spargelgewächse – _Asparagaceae_, _Scilloideae_ S. 185
44* Rhizom- od. AusläuferPfl. Blü weiß, gelb, orangebraun bis braunviolett **45**
45 Blü gelb, orange, orangebraun bis braunviolett, >5 cm ⌀. Bla linealisch, im ⌀ v-fg. Pfl 30–80 cm hoch. **Tagliliengewächse – _Asphodelaceae_, _Hemerocallidoideae_** S. 178
45* Blü weiß, selten rosa, <5 cm ⌀ **46**
46 Bla eilanzettlich, dunkelgrün. Blü duftend, nickend, in einseitswendiger Traube. BlüHülle verwachsen. BlüStiele ungegliedert. Pfl 10–20 cm hoch. Fr eine rote Beere.
   Maiglöckchen – _Convallaria_ S. 191
46* Bla grasartig schmal, blaugrün. Blü nicht duftend, seitwärts gerichtet, in allseitwendiger Traube od. Doppeltraube. BlüHülle frei. Blüstiele gegliedert (Abb. **187**/5). Pfl 30–80 cm hoch. Fr eine Kapsel. **Graslilie – _Anthericum_** S. 189
47 (43) PerigonBla frei, weiß od. farbig **48**
47* PerigonBla wenigstens am Grund verwachsen, nicht einzeln abfallend, weiß, zuweilen außen grünlich od. beidseits gelblichgrün. LaubBla alle stängelständig. RhizomPfl **49**
48 Untere Bla herzfg stängelumfassend. Perigon grünlichweiß. RhizomPfl. Fr eine rote Beere.
   Knotenfuß – _Streptopus_ S. 154
48* Bla linealisch bis eilanzettlich, nicht herzfg. Perigon gelb, rot, od. purpurn gefeldert, selten weiß. Zwiebel- od. AusläuferPfl. Fr eine Kapsel. **Liliengewächse – _Liliaceae_** S. 151
49 (47) Blü röhrig, zu 1–5(–12) in achselständigen Zymen. Perigon zu >70 % verwachsen, weiß. Bla 2zeilig od. quirlig. **Weißwurz – _Polygonatum_** S. 190
49* Blü br trichterfg, ∞ in Doppeltrauben. Perigon nur am Grund verwachsen, weiß u. außen grünlich od. beidseits gelblichgrün. Bla zerstreut. **Germer – _Veratrum_** S. 150

Schlüssel IV · Zweikeimblättrige Pflanzen mit Kelch und Krone, gleichartiger oder fehlender Blütenhülle

Im Schlüssel sind auch Pfl mit ungleichartiger BlüHülle verschlüsselt, bei denen entweder der Ke od. die Kr sehr unscheinbar od. hinfällig sind, so dass sie leicht übersehen werden können (deshalb steht neben BlüHülle bzw. Perigon manchmal auch Ke od. Kr). Einige wegen ihrer BlüMerkmale aufgenommene einkeimblättrige Gattungen sind in eckige Klammern eingeschlossen.

[N lokal]: **Niederliegender Feigenkaktus – _Opuntia humifusa_** (RAF.) RAF.: Spross kriechend, dornenlos od. nur im obersten Teil der eifg, abgeflachten StgGlieder mit 1–2 Dornen je Dornenpolster. Blü 6–8 cm ⌀, gelb od. gelb mit rotem Grund. 0,7–0,10. 5–6. Schotter u. Felshänge; [N] s Bw Rh He (m-temp·c3-6OAM – s. Bd. ZierPfl).

SCHLÜSSEL IV 57

1	Halbparasitischer Strauch, auf Ästen von Bäumen od. Sträuchern schmarotzend. Stg gegliedert, gegabelt, zerbrechlich. Bla gegenständig. Weiße bis gelbliche Beeren	2
1*	Pfl nicht auf Ästen von Gehölzen schmarotzend	3
2	Bla immergrün. Zweige grün. Blü in sitzenden Zymen. Griffel fehlend. Beeren weiß, selten gelblichweiß. **Mistel – _Viscum_** S. 567	
2*	Bla sommergrün. Zweige schwarzgrau. Blü in Ähren. Griffel fadenfg. Beeren hellgelb. **Riemenmistel – _Loranthus_** S. 567	
3	(1) HolzPfl (Baum, Strauch, Zwergstrauch, Halbstrauch od. holzige KletterPfl)	4
3*	Kraut	30
4	Bla gegenständig od. quirlig	5
4*	Bla wechselständig	11
5	Bla ungeteilt	6
5*	Bla gefiedert od. handfg gelappt bis geteilt	9
6	Bla immergrün. Kapseln	7
6*	Bla sommergrün. SteinFr	8
7	Bla eifg. Blü 1geschlechtig. BlüHülle unscheinbar, gelblichweiß od. grünlich. **Buchsbaum – _Buxus_** S. 338	
7*	Bla nadel- od. schuppenfg. Blü ♀. Ke u. Kr rötlich (selten weiß). **Heidekrautgewächse – _Ericaceae_** S. 634	
8	(6) Bla ganzrandig. Blü in Dolden od. Schirmrispen. Griffel 1. **Hartriegel – _Cornus_** S. 625	
8*	Bla gesägt. Blü einzeln od. gebüschelt achselständig. Griffel 2teilig. **Kreuzdorn – _Rhamnus_** S. 449	
9	(5) Pfl kletternd. StaubBla u. FrKn ∞. TeilFr federig geschwänzte Nüsschen. **Waldrebe – _Clematis_** S. 327	
9*	Baum od. Strauch. StaubBla 2–10. FrKn 1, höchstens 2teilig. Fr geflügelt	10
10	Fr 2flüglige SpaltFr. Bla handfg gelappt bis geteilt, seltener gefiedert od. 3zählig. BlüHülle 4–5- od. 10zählig. StaubBla 3–10. Griffel 2spaltig. **Ahorn – _Acer_** S. 522	
10*	Fr 1samige, 1flüglige Nuss. Bla gefiedert. BlüHülle fehlend. StaubBla 2. Griffel u. Narbe 1. **Esche – _Fraxinus_** S. 677	
11	(4) Pfl mit Milchsaft. BlüHülle fleischig. SammelFr	12
11*	Pfl ohne Milchsaft. BlühHülle nicht fleischig. Fr trocken od. Beeren od. SteinFr.	13
12	Blü in Ähren. SammelFr eifg-zylindrisch, „brommbeerartig" durch fleischig werdendes Perigon. BlaRand gezähnt. **Maulbeere – _Morus_** S. 451	
12*	Blü von krugfg, fleischigem Achsenbecher umhüllt. SammelFr birnfg. BlaRand ganz od. schwach gekerbt. **Feige – _Ficus carica_** S. 451	
13	(11) Alle Blü od. wenigstens die ♂ in 1geschlechtigen, walzenfg, eifg od. kugligen, meist hängenden, seltener aufrechten Kätzchen (od. dichten Ähren)	14
13*	Blü nicht in Kätzchen, aber oft gebüschelt, wenn in aufrechten Ähren, dann Bla immergrün	19
14	Bla unpaarig (selten paarig) gefiedert. ♂ Kätzchen seitenständig. ♀ Blü zu 1–3(–7) endständig od. ∞ in endständigen hängenden Kätzchen. **Walnussgewächse – _Juglandaceae_** S. 455	
14*	Bla einfach, ungeteilt bis geteilt, aber nicht gefiedert	15
15	Bla fingernervig, gelappt. Kätzchen kuglig, an lg Stielen hängend. **Platane – _Platanus_** S. 337	
15*	Bla fiedernervig, ungeteilt od. fiederfg gelappt bis geteilt	16
16	♀ Blü zu 1–5 in einen bleibenden Hüllbecher (Cupula) eingeschlossen, dieser zur FrZeit verholzt u. stachlig od. schuppig. ♂ Blü in walzenfg od. eifg Kätzchen. **Buchengewächse – _Fagaceae_** S. 453	
16*	♀ u. ♂ Kätzchen ∞blütig, wenn ♀ wenigblütig, dann zur BlüZeit in Knospen eingeschlossen, aus denen nur die roten Narben herausragen (Abb. 457/6). FrHülle fehlend od. krautig	17
17	Pfl 1häusig. Fr 1samige Nuss mit Hülle od. Flügeln. Narben fadenfg. ♂ Kätzchen meist hängend. **Birkengewächse – _Betulaceae_** S. 456	
17*	Pfl 2häusig. Fr Kapsel od. steinfruchtähnlich. Kätzchen oft aufrecht	18

18 Bla ohne NebenBla, mit gelben Harzdrüsenpunkten, stark aromatisch duftend. Staubfäden kürzer als die Staubbeutel. Narben fadenfg. 1samige SteinFr. Sa ohne Haarschopf.
Gagel – *Myrica* S. 455
18* Bla mit NebenBla, ohne gelbe Drüsenpunkte. Staubfäden viel länger als die Staubbeutel. Narben kurz, meist gespalten (Abb. **479**/3). Fr eine ∞samige Kapsel. Sa mit Haarschopf.
Weidengewächse – *Salicaceae* S. 476
19 **(13)** Pfl 2–15 m hoch windend. Bla herzfg 20
19* Pfl nicht windend 21
20 Blü weiß, in großen Rispen. FrKn oberständig. Bla herz-eifg. Fr eine Flügelnuss.
Silberregen – *Fallopia baldschuanica* S. 575
20* Blü bräunlichgrün, einzeln. FrKn unterständig. Bla rundlich-herzfg. Fr eine Kapsel.
Pfeifenwinde – *Aristolochia macrophylla* S. 132
21 **(19)** Pfl liegend od. Wurzelkletterer 22
21* Pfl aufrecht 23
22 Bla immergrün, handfg gelappt od. ungeteilt, ganzrandig. Blü in Dolden. Wurzelkletterer.
Efeu – *Hedera* S. 748
22* Bla sommergrün, fein gesägt. Blü in achselständigen Büscheln. Liegender Spalierstrauch.
Zwerg-Kreuzdorn – *Rhamnus pumila* S. 449
23 **(21)** Bla handfg gelappt bis gespalten. Ke grünlich, goldgelb od. rot; Kr viel kleiner als der Ke, unscheinbar. FrKn unterständig. Beere. **Johannisbeere – *Ribes*** S. 339
23* Bla ungeteilt od. gefiedert. FrKn ober- od. mittelständig 24
24 Ausläufer-Halbstrauch, 12–25 cm hoch. Bla verkehrt-eifg, immergrün, spitzenwärts gesägt. BlüStand endständig, oben ♂, unten ♀. BlüHülle weiß, <8 mm lg, bei ♂ Blü 4teilig, bei ♀ 4–6teilig. **Dickmännchen – *Pachysandra terminalis*** S. 338
24* Höherer Strauch od. Baum; wenn Zwergstrauch, dann BlüHülle rosa u. größer 25
25 BlaSpreite ungeteilt, gesägt, am Grund ± unsymmetrisch, mit NebenBla. Flügelnuss od. SteinFr. Baum 26
25* Bla gefiedert od. einfach u. dann ganzrandig, ohne NebenBla, Spreitengrund symmetrisch. Blasige Kapsel od. SteinFr, nicht geflügelt. Strauch od. Baum 27
26 Bla fiedernervig mit >8 Nervenpaaren. Blü zwittrig. Flügelnuss (Abb. **452**/1, 2).
Ulme – *Ulmus* S. 449
26* Bla am Grund 3nervig, mit <7 Nervenpaaren. Blü 1geschlechtig. SteinFr.
Zürgelbaum – *Celtis* S. 451
27 **(25)** Junge Zweige, Bla u. Blü von silbrigen od. rostfarbenen Schildhaaren schülfrig. Bla linealisch bis elliptisch. **Ölweidengewächse – *Elaeagnaceae*** S. 448
27* Pfl ohne Schildhaare. Bla grün 28
28 Bla einfach, lanzettlich bis keilfg. BlüHülle 8–20 mm lg, röhrig-stieltellerfg, 4zipflig. Griffel 1. Blü in Büscheln od. kurzen Trauben. **Seidelbast – *Daphne*** S. 529
28* Bla gefiedert od. einfach u. dann br verkehrteifg bis elliptisch, lg gestielt. Blü in Rispen
.... 29
29 Zweige u. BlüStiele zottig behaart, wenn kahl dann Bla einfach. BlüHülle bis 3 mm lg, Ke u. Kr 5teilig. SteinFr od. Flügelnuss. **Sumachgewächse – *Anacardiaceae*** S. 521
29* Zweige u. BlüStiele kahl. Bla 1–2fach gefiedert. BlüHülle >4 mm lg, Ke 5teilig, Kr 4teilig. Fr eine häutige Kapsel, aufgeblasen. **Blasenesche – *Koelreuteria*** S. 522
30 **(3)** Tauch- od. SchwimmPfl 31
30* Land- od. SumpfPfl 38
31 Blü 2–5 cm ∅, gelb. Bla 5–30 cm br, rundlich-herzfg, ganzrandig, grundständig, lg gestielt, schwimmend (Abb. **130**/3). **Teichrose – *Nuphar*** S. 130
31* Blü <1,5 cm ∅. Bla anders gestaltet, schmaler 32
32 Bla gabelteilig od. kammfg fiederschnittig, untergetaucht 33
32* Bla ungeteilt 34
33 Bla gabelteilig, hornartig hart (Abb. **130**/5, 6). Blü einzeln achselständig, untergetaucht.
Hornblatt – *Ceratophyllum* S. 309
33* Bla kammfg fiederschnittig, krautig weich. Blü in Ähren od. Quirlen, zur BlüZeit aufgetaucht.
Tausendblatt – *Myriophyllum* S. 348

SCHLÜSSEL IV

34 (32) Bla zu 6–15 quirlig, schmal linealisch (Abb. **679**/3). Blü einzeln achselständig.
Tannenwedel – *Hippuris* S. 697
34* Bla gegen- od. wechselständig 35
35 Blü einzeln achselständig. Alle Bla gegenständig 36
35* Blü in Ähren. Höchstens die oberen Bla gegenständig 37
36 BlüHülle 4teilig, grüngelb. StaubBla 4. Griffel 2. Porenkapseln.
Heusenkraut – *Ludwigia* S. 507
36* BlüHülle fehlend, aber oft durch 2 sichelfg, weißliche VorBla ersetzt. ♀ Blü mit 4teiligem FrKn. Fr in 4 TeilFr (Klausen) zerfallend. **Wasserstern – *Callitriche*** S. 694
37 (35) Perigon 5spaltig, rosa. StaubBla 5.
Wasser-Knöterich – *Persicaria amphibia* S. 578
37* Perigon 4blättrig, grün od. bräunlich. StaubBla 4 (Abb. **142**/4). (Einkeimblättrige Pfl!).
[**Laichkrautgewächse – *Potamogetonaceae*** S. 143]
38 (30) Pfl dickfleischig, gegliedert. Bla gegenständig, jedoch mit dem Stg weitgehend verwachsen, so dass sie nur am oberen Ende jedes StgGliedes als 2 Höcker sichtbar sind u. der Stg blattlos erscheint (Abb. **620**/5). **Queller – *Salicornia*** S. 620
38* Pfl nicht dickfleischig. Bla deutlich ausgebildet, frei 39
39 Stg kriechend, an der Spitze mit 2 scheingegenständigen, nierenfg Bla u. dazwischen 1 kurz gestielten Blü. BlüHülle braunpurpurn, 3spaltig. Bla lg gestielt, dunkelgrün.
Haselwurz – *Asarum* S. 131
39* Pfl anders gestaltet, nicht mit jährlich 2 scheingegenständigen, nierenfg LaubBla u. 1 endständigen Blü 40
40 Stg in ganzer Länge liegend od. kriechend. Blü unscheinbar. BlüHülle 0,5–3,0 mm lg ... 41
40* Stg aufrecht. od. aufsteigend od. BlüHülle >3 mm lg 51
41 BlaSpreite schildfg od. rundlich 42
41* BlaSpreite nicht schildfg od. rund 43
42 BlaSpreite lg gestielt, >1 cm im ⌀, gekerbt-gelappt mit schmal herzfg Grund (Abb. **748**/2, 3). Blü in Dolden. **Wassernabel – *Hydrocotyle*** S. 749
42* Bla sitzend, bis 4 mm im ⌀, ganzrandig. Blü einzeln achselständig.
Bubikopf – *Soleirolia* S. 452
43 (41) Bla gefiedert od. fiederteilig. Blü in Dolden od. Trauben 44
43* Bla ungeteilt. Blü nicht in Dolden od. Trauben 45
44 Blü in end- u. seitenständigen blattlosen Trauben. FrKn oberständig.
Krähenfuß – *Lepidium* S. 548
44* Blü in 2–6strahligen Doppeldolden. FrKn unterständig. **Scheiberich – *Apium*** S. 762
45 (43) Bla wechselständig (höchstens die allerunteresten gegenständig) 46
45* Bla gegenständig (höchstens an der StgSpitze wechselständig) 48
46 Bla mit weißhäutigen NebenBla od. mit stängelumfassender Ochrea (Nebenblattscheide, Abb. **580**/1–4) 47
46* Bla ohne NebenBla od. Ochrea 96
47 Bla mit 2 weißhäutigen NebenBla. Blü in büschligen Rispen. Stg zart, blaugrün.
Hirschsprung – *Corrigiola* S. 587
47* Bla mit Ochrea. Blü zu 1–5 achselständig. Stg zäh, grün od. oft rötlich.
Vogelknöterich – *Polygonum* S. 576
48 (45) Pfl mit Milchsaft. BlaSpreite am Grund auffallend unsymmetrisch.
Wolfsmilch – *Euphorbia* S. 494
48* Pfl ohne Milchsaft. BlaSpreite am Grund symmetrisch 49
49 Blü in dichten, sitzenden Knäueln od. einzeln lg gestielt in den BlaAchseln. BlüHüllBla 5 od. 4, frei. **Nelkengewächse – *Caryophyllaceae*** S. 582
49* Blü einzeln in den BlaAchseln sitzend. BlüHülle 4- od. 12zipflig 50
50 BlüHülle glockig, 12zähnig. StaubBla meist 6. Bla verkehrteifg od. spatelfg.
Sumpfquendel – *Lythrum portula* S. 506
50* BlüHülle 4zipflig. StaubBla 4. Bla eifg bis elliptisch. **Heusenkraut – *Ludwigia*** S. 507
51 (40) Blü mit 2–∞ FrKn. StaubBla 5–∞ 52
51* Blü mit 1 FrKn od. nur ♂ Blü vorhanden 54

52 Bla meist handfg od. fiederfg zusammengesetzt, 3lappig od. geteilt, wenn ungeteilt, dann herz-nierenfg od. linealisch. StaubBla fast stets ∞, wenn <10, dann Pfl höchstens 10 cm hoch. FrKn meist ∞, seltener 1–5. BalgFrchen od. Nüsschen, wenn Beeren, dann Bla doppelt zusammengesetzt. **Hahnenfußgewächse** – *Ranunculaceae* S. 316
52* Bla ungeteilt. StaubBla 6–8. Pfl 50–200 cm hoch 53
53 Bla eifg-lanzettlich bis br elliptisch, 10–30 cm lg. StaubBla (meist) 8. FrKn 8. Fr eine Beere. BlüHülle unscheinbar, grünlichweiß bis purpurn. Blü in kompakten Trauben.
Asiatische Kermesbeere – *Phytolacca esculenta* S. 622
53* Bla br lanzettlich bis eifg, mit herzfg Grund, 7–15 cm lg. StaubBla 6–8. FrKn (3–)4, am Grund verwachsen. BlüHülle fehlend. Blü in schlanken, an der Spitze hängenden Trauben.
Molchschwanz – *Saururus* S. 131
54 (51) Pfl mit ♂ ScheinBlü (Cyathien). Jedes Cyathium mit glockenfg Hüllbecher; dieser zwischen seinen Zipfeln mit 4(–5) bohnenfg od. mondfg Drüsen (Abb. **496**/2–4). Cyathien in einer doldenartigen Zyme angeordnet (Abb. **496**/1). Pfl mit Milchsaft.
Wolfsmilchgewächse – *Euphorbiaceae* S. 494
54* BlüStand u. Blü anders, Blü nicht in Cyathien. Pfl ohne od. mit Milchsaft 55
55 Bla quirlig (wenn teilweise gegenständig, dann alle Blü 4zählig) 56
55* Bla grund-, gegen- od. wechselständig 59
56 Stg mit 1 BlaQuirl aus 4(–5) Bla u. 1 endständigen Blü (Abb. **151**/1). BlüHüllBla 8, grünlich. (Einkeimblättrige Pfl!). [**Einbeere** – *Paris* S. 150]
56* Stg mit ∞ BlaQuirlen u. Blü 57
57 Stg dick, >3 mm ⌀, engröhrig gekammert, mit dichtstehenden BlaQuirlen (Abb. **679**/3). Blü einzeln achselständig, unscheinbar. Wasser- u. SumpfPfl.
Tannenwedel – *Hippuris* S. 697
57* Stg dünn, <3 mm ⌀, nicht gekammert, mit lockerstehenden BlaQuirlen. Blü in Thyrsen, Zymen od. Köpfen 58
58 BlüHülle (Ke) freiblättrig, 5zählig (Kr unscheinbar). StaubBla (3–)5.
Nagelkraut – *Polycarpon* S. 586
58* BlüHülle (Kr) verwachsenblättrig, 4zipflig (Ke rückgebildet). StaubBla stets 4.
Rötegewächse – *Rubiaceae* S. 642
59 (55) Blü in Köpfen 60
59* Blü (bei 1geschlechtigen Blü zumindest die ♂ nicht in Köpfen 65
60 Köpfe (Körbchen) von einer Hülle aus meist ∞, dicht anliegenden HochBla umgeben. Bei Pfl mit 1geschlechtigen Köpfen die ♀ oft nur 1–2blütig u. ihre HüllBla verwachsen (Abb. **795**/1, 2). Staubbeutel 5, fast stets zu einer Röhre vereinigt (Abb. **794**/1). Kr röhrig od. zungenfg (Abb. **794**/2, 3). Griffel 1 mit 2 Narben.
Korbblütengewächse – *Asteraceae* S. 791
60* Köpfe nicht von dicht anliegenden (aber zuweilen von locker abstehenden) HochBla umgeben. Staubbeutel fast stets frei. Kr nie zungenfg 61
61 Bla gegenständig 62
61* Bla wechselständig 63
62 Bla 3zählig od. doppelt 3zählig. Stg nur mit 1 BlaPaar u. 1 endständigen Köpfchen aus 5(–9) Blü (Abb. **644**/4). GipfelBlü 4zählig, SeitenBlü 5zählig.
Moschuskraut – *Adoxa* S. 775
62* Bla ungeteilt od. leierfg fiederteilig. Stg mit mehreren Bla. BlüHülle trichterfg, 5spaltig.
Baldrian – *Valeriana* S. 781
63 (61) Pfl nicht distelartig. Köpfe grün, rötlich od. dunkel purpurbraun, lg gestielt, ohne HochBlaHülle. GrundBla gefiedert. **Wiesenknopf** – *Sanguisorba* S. 430
63* Pfl distelartig. Köpfe bläulich, graugrün od. weißlich 64
64 Köpfe mit dorniger HochBlaHülle. Pfl kahl. Bla sehr steif, derb dornig, wenigstens die oberen. **Mannstreu** – *Eryngium* S. 755
64* Köpfe ohne HochBlaHülle, kuglig. Bla useits wie der Stg weißlich wollig-filzig, fiederteilig.
Kugeldistel – *Echinops* S. 803
65 (59) Blü in flacher, beblätterter, grünlichgelber Schirmrispe. Bla nierenfg od. halbkreisfg, ± gekerbt. BlüHülle 3–6 mm ⌀, 4blättrig, gelb. StaubBla 8. FrKn halbunterständig.
Milzkraut – *Chrysosplenium* S. 340

65*	Blü nicht in gelblicher Schirmrispe 66
66	Alle LaubBla gegenständig (wenn im BlüStand wechselständig, dann LaubBla gefingert) 67
66*	Zumindest die oberen LaubBla wechselständig od. alle Bla grundständig 74
67	Blü einzeln achselständig, sitzend, rosa. Pfl <20 cm hoch 68
67*	Blü in BlüStänden od. einzeln achselständig, dann deutlich gestielt, oft 1geschlechtig, od. in Gruppen von 3–5 in HochBlaHülle 69
68	Bla länglich-lanzettlich bis elliptisch. BlüHülle 3–4 mm lg, 5spaltig. **Milchkraut – *Glaux* S. 630**
68*	Bla verkehrteifg bis spatelfg. BlüHülle 1,5–2 mm lg, 12zähnig. **Sumpfquendel – *Lythrum portula* S. 506**
69	(67) BlüHülle mindestens am Grund verwachsen, 5spaltig, weiß, bläulich, rosa od. rot, trichterfg od. stieltellerfg 70
69*	BlüHüllBla meist frei, (0–)3–5, unscheinbar, grün. FrKn ober- od. mittelständig. StaubBla 4–12, selten 1–3 71
70	FrKn unterständig. StaubBla 3 od 1. **Geißblattgewächse – *Caprifoliaceae* S. 776**
70*	FrKn oberständig, reife Fr von der 5–10 mm lg BlüHülle umschlossen. StaubBla 3–5. Blü zu 3–5 von 5teiliger HochBlaHülle umgeben, diese zur FrZeit bis 2 cm ⌀ vergrößert. **Regenschirmblume – *Oxybaphus nyctaginoides* S. 622**
71	(69) Blü ♂. Bla <2 cm lg, linealisch bis elliptisch, ganzrandig. **Nelkengewächse – *Caryophyllaceae* S. 582**
71*	Blü 1geschlechtig, 1- od. 2häusig. Bla meist >2 cm lg, gesägt od. gekerbt 72
72	Wenigstens die unteren Bla gefingert od. gelappt bis gespalten. **Hanfgewächse – *Cannabaceae* S. 450**
72*	Auch untere Bla nur gesägt od. gekerbt 73
73	Pfl meist mit Brennhaaren. StaubBla 4. Narbe 1, pinselfg. **Brennnessel – *Urtica* S. 452**
73*	Pfl ohne Brennhaare. StaubBla 9–12. Narben 2. **Bingelkraut – *Mercurialis* S. 499**
74	(66) Blü in endständigem Kolben; dieser von einer Scheide (Spatha) umgeben (Abb. 135/3). Alle Bla grundständig, pfeil- bis spießfg. (Einkeimblättrige Pfl). [Aronstab – *Arum* S. 133]
74*	Blü nicht in Kolben. Bla meist wechselständig 75
75	Blü in Dolden od. Doppeldolden 76
75*	Blü nicht in Dolden 77
76	Pfl mit orangegelbem Milchsaft. KrBla 4. KeBla 2, hinfällig. StaubBla ∞. FrKn oberständig. Fr eine Schote. **Schöllkraut – *Chelidonium* S. 310**
76*	Pfl ohne od. mit weißem Milchsaft. KrBla u. StaubBla je 5. FrKn unterständig. SpaltFr. **Doldengewächse – *Apiaceae* S. 749**
77	(75) BlaSpreite handfg gespalten od. geteilt, >10 cm im ⌀. Pfl > 1 m hoch 78
77*	BlaSpreite anders gestaltet, Wenn Bla handfg, dann Pfl viel kleiner 79
78	KeBla 2. Blü zwittrig. Pfl mehrjährig (Hochstaude) mit orangerotem Milchsaft. **Federmohn – *Macleaya* S. 310**
78*	KeBla 5. Blü eingeschlechtlich. Einjährige Pfl ohne Milchsaft. **Wunderbaum – *Ricinus* S. 499**
79	BlüHülle dorsiventral od. disymmetrisch u. dann herzfg. Pfl ohne Milchsaft 80
79*	BlüHülle radiär, aber StaubBla zuweilen disymmetrisch 83
80	BlüHülle ungespornt, gekrümmt röhrig, mit schiefer Öffnung (Abb. 130/4). FrKn unterständig. **Osterluzei – *Aristolochia* S. 132**
80*	BlüHülle mit Sporn od. Aussackung (Abb. 313/4) od. herzfg. FrKn oberständig 81
81	Bla ungeteilt. KeBla 3, wie die KrBla gefärbt, eins viel größer u. gespornt (Abb. 626/2). KrBla 5, zu 2 + 2+1 verwachsen. StaubBla 5. **Springkraut – *Impatiens* S. 626**
81*	Bla zusammengesetzt od. tief geteilt 82
82	Perigon blau (selten bei einzelnen Pfl rosa od. weiß), gespornt (Abb. 317/2). StaubBla ∞. BalgFr. **Rittersporn – *Delphinium* S. 322**
82*	Kr rosa, violett, gelb od. weiß, herzfg od. gespornt bis ausgesackt (Abb. 313/1, 4). KeBla 2, meist schon vor dem Aufblühen abfallend. StaubBla 6 (eigentlich 2+4/2), zu 2 Dreierbündeln verwachsen. Nüsse od. Schoten. **Mohngewächse – *Papaveraceae*, *Fumarioideae* S. 309**

83 (79) BlüHülle >1 cm lg (wenn kürzer, dann Pfl mit orangegelbem Milchsaft). StaubBla ∞.
.... **84**
83* BlüHülle <1 cm lg, meist unscheinbar. Pfl ohne Milchsaft **85**
84 KrBla 5–∞, KeBla fehlend aber zuweilen von grüner vielzipfliger HochBlaHülle umgeben (Abb. **323**/1). Pfl ohne Milchsaft. **Schwarzkümmel – *Nigella*** S. 323
84* KrBla 4, KeBla 2, beim Aufblühen abfallend. Pfl meist mit weißem Milchsaft.
Mohngewächse – *Papaveraceae, Papaveroideae* S. 309
85 (83) Bla mit häutiger, stängelumfassender Ochrea (Abb. **566**/5, **580**/1–4). mit 2 am Bla-Stiel angewachsenen NebenBla **86**
85* Bla weder mit Ochrea noch mit NebenBla **87**
86 Bla mit Ochrea, ungeteilt od. schwach fiederfg gelappt. PerigonBla 4–6, oft ungleich lg. StaubBla 4–9. **Knöterichgewächse – *Polygonaceae*** S. 569
86* Bla mit 2 NebenBla, handfg gelappt bis geteilt. BlüHülle 8blättrig (4 kleine äußere u. 4 größere innere). StaubBla 1 od. 4. **Rosengewächse – *Rosaceae*** S. 378
87 (85) StaubBla ∞. Bla groß, doppelt 3zählig bis doppelt gefiedert. Beeren.
Christophskraut – *Actaea* S. 324
87* StaubBla 1–10 od. fehlend. Bla einfach, aber zuweilen gelappt **88**
88 FrKn unterständig od. nur ♂ Blü u. dann Pfl windend **89**
88* FrKn oberständig (bei *Beta* halbunterständig), wenn nur ♂ Blü, dann Pfl nicht windend
.... **90**
89 Bla linealisch-lanzettlich, <1 cm br. Blü ⚥. Perigon- u. StaubBla je (4) 5. Stg aufrecht.
Vermeinkraut – *Thesium* S. 565
89* Bla herzfg, so lg wie br. Pfl 2häusig. Perigon- u. StaubBla je 6. Stg windend. (Einkeimblättrige Pfl!). **[Schmerwurz – *Dioscorea*** S. 149]
90 (88) Stg nur mit 2(–3) herz-eifg LaubBla. Perigon 4teilig, weiß. StaubBla 4. Beeren. (Einkeimblättrige Pfl!). **[Schattenblume – *Maianthemum*** S. 190]
90* Stg mit ∞ LaubBla **91**
91 Griffel 10. StaubBla (meist) 10. Fr saftig, beerenartig, dunkelrot bis schwarz. Blü in seitlichen, scheinbar blattgegenständigen Trauben.
Amerikanische Kermesbeere – *Phytolacca americana* S. 622
91* Griffel 1–5. StaubBla 1–8. Fr trocken. Blü einzeln achselständig, in Knäueln od. in end- u. achselständigen Trauben **92**
92 Blü in blattlosen Trauben. KeBla 4. StaubBla 6, 4 od. 2. Schötchen.
Kreuzblütengewächse – *Brassicaceae* S. 532
92* Blü nicht in blattlosen Trauben. Nüsse od. Kapseln **93**
93 Blü einzeln achselständig, sitzend, ohne VorBla. Bla länglich-lanzettlich bis elliptisch, die unteren kreuzgegenständig. BlüHülle 3–4 mm lg, glockig, 5spaltig, rosa. StaubBla 5. Griffel 1. **Milchkraut – *Glaux*** S. 630
93* Blü in Knäueln od. einzeln achselständig u. dann zu Ähren od. Rispen vereinigt od. von 2 VorBla umgeben od. Bla linealisch bis pfriemlich **94**
94 StaubBla 8. Blü ∞, zu 1–4 achselständig, von 2 VorBla umgeben. BlüHülle krugfg, 4zipflig, behaart. Griffel 1. **Spatzenzunge – *Thymelaea*** S. 529
94* StaubBla 1–5. Blü oft 1geschlechtig **95**
95 Griffel 1, Narbe 1, langhaarig, pinselfg. Perigon 4zipfig od. 4teilig. StaubBla 4. Blü in achselständigen Knäueln. **Glaskraut – *Parietaria*** S. 452
95* Griffel od. zumindest Narben 2–5, nicht pinselfg. PerigonBla 0–5, frei od. verwachsen. StaubBla 1–5. Blü einzeln od. in Knäueln achselständig, meist zu ähren- od. rispenfg Blü-Ständen vereinigt **96**
96 (46) Blü meist 1geschlechtig, meist 1häusig, in dichten Knäueln mit spitzen Hoch- und VorBla. PerigonBla trockenhäutig, meist zugespitzt, selten ausgerandet u. mit kurz austretendem Mittelnerv. Bla meist flächig entwickelt, ganzrandig, oft mit austretendem Mittelnerv. Wenn Bla pfriemlich-nadelfg, dann Bla nicht stechend, Blü einzeln blattachselständig ⚥, Fr stets ohne Flügel, SaSchale warzig oder matt (*Polycnemum*).
Amarantgewächse – *Amaranthaceae* S. 604
96* Blü meist ⚥, seltener 1häusig (bei *Atriplex* die meisten Blü auf einen FrKn mit zwei VorBla reduziert). PerigonBla meist krautig, vorne stumpf. Bla meist flächig entwickelt, selten zu

Schuppen reduziert (*Salicornia*), oft gezähnt bis gelappt aber nie ausgerandet mit austretendem Mittelnerv, oft blasen- od. drüsenhaarig. Wenn Bla pfriemlich-nadelfg, dann Fr randlich geflügelt (*Corispermum*) od. Bla stechend verdornt u. PerigonBla waagerecht geflügelt (*Salsola*), SaSchale glatt. **Gänsefußgewächse – *Chenopodiaceae* S. 608**

Schlüssel V · Zweikeimblättrige Pflanzen mit Kelch u. Krone, mit freien Kronblättern

Im Schlüssel sind wegen der ähnlichen Morphologie auch einige einkeimblättrige Gattungen aufgenommen, ihre Namen sind in eckige Klammern gesetzt.

1	Tauch- od. SchwimmPfl	2
1*	Land- od. SumpfPfl	10
2	Bla quirlig od. gegenständig, meist untergetaucht. Blü unscheinbar	3
2*	Bla rosettig, grund- od. wechselständig, meist zumindest einige schwimmend. Blü weiß od. gelb	6
3	Pfl wurzellos, frei schwimmend. Bla dicht quirlig, mit je 4–7 lg Borsten u. linsengroßer, aufgetriebener Spreite (Abb. 570/1). **Wasserfalle – *Aldrovanda* S. 582**	
3*	Pfl wurzelnd. Bla nicht mit linsengroßer, aufgetriebener Spreite	4
4	StgBla kammfg gefiedert, zu 4–6 quirlig. Blü in auftauchenden Ähren. **Tausendblatt – *Myriophyllum* S. 348**	
4*	Bla ungeteilt, gegenständig od. quirlig. Blü einzeln achselständig	5
5	Bla linealisch, gegenständig. StaubBla 4. FrKn 4. **Wasser-Dickblatt – *Crassula aquatica* S. 348**	
5*	Bla länglich bis eifg, wenn linealisch, dann quirlig. StaubBla 3, 6 od 8. FrKn 1, mit 3 od. 4 Griffeln. **Tännel – *Elatine* S. 465**	
6	(2) Pfl 2–8 cm hoch, meist untergetaucht. Bla linealisch-pfriemlich, grundständig. Traube mit 2–8 kleinen Blü. KeBla u. KrBla je 4. **Pfriemenkresse – *Subularia* S. 548**	
6*	Pfl viel größer. Bla viel breiter, höchstens mit linealischen Zipfeln. Blü einzeln od. zu 2–3 doldig	7
7	SchwimmBla rhombisch (Abb. 508/4), rosettig. KrBla 4. **Wassernuss – *Trapa* S. 506**	
7*	SchwimmBla ± rundlich, mit herz- bis nierenfg Grund, od. fehlend	8
8	SchwimmBla handfg gelappt bis geteilt (Abb. 329/1, 2) od. fehlend. Untergetauchte Bla wiederholt gegabelt, mit fädlichen Zipfeln (Abb. 319/3). KrBla 5. StaubBla u. FrKn ∞. **Wasserhahnenfuß – *Ranunculus* subgen. *Batrachium* S. 328**	
8*	SchwimmBla ungeteilt, untergetauchte Bla gleich od. fehlend. FrKn 1	9
9	Pfl im Boden wurzelnd. Blü ⚥. KrBla u. StaubBla ∞. **Seerosengewächse – *Nymphaeaceae* S. 130**	
9*	Pfl frei schwimmend. Blü 1geschlechtig. KrBla 3. StaubBla 9. (Einkeimblättrige Pfl!). **[Froschbiss – *Hydrocharis* S. 137]**	
10	(1) HolzPfl (Baum, Strauch, Zwergstrauch od. holzige KletterPfl)	11
10*	Pfl krautig	40
11	Bla gegenständig (zumindest die unteren)	12
11*	Bla wechselständig	23
12	Bla ungeteilt	13
12*	Bla gefiedert, gefingert od. handfg gelappt bis geteilt. FrKn oberständig	19
13	StaubBla 10 od. mehr	14
13*	StaubBla 4 od. 5 od. nur ♀ Blü	16
14	Zwergstrauch, bis 30 cm hoch. Bla 1–3 cm lg, ganzrandig. FrKn oberständig. **Sonnenröschen – *Helianthemum* S. 530**	
14*	Strauch, >50 cm hoch. Bla 4–15 cm lg, gezähnt	15
15	Blü 4zählig, einzeln. **Scheinkerrie – *Rhodotypos* S. 431**	
15*	Blü 5zählig, in rispigen od. traubigen BlüStänden. **Hortensiengewächse – *Hydrangeaceae* S. 624**	
16	(13) StaubBla vor (über) den KrBla stehend. Griffel 2–5spaltig. FrKn mittelständig. SteinFr. Bla gesägt. **Kreuzdorn – *Rhamnus* S. 449**	

16*	StaubBla mit den KrBla abwechselnd. Griffel 1, ungeteilt	17
17	FrKn oberständig. Rote Kapseln. Bla gesägt. Blü in achselständigen Zymen.	
	Pfaffenhütchen – _Euonymus_ S. 460	
17*	FrKn unterständig. Fr eine Beere	18
18	Bla sommergrün, ganzrandig. Blü in Dolden od. Schirmrispen, KrBla weiß od. gelb.	
	Hartriegel – _Cornus_ S. 625	
18*	Bla immergrün, ganzrandig od. gesägt. Blü in Rispen, Kr bräunlich.	
	Aucube – _Aucuba_ S. 641	
19	(12) Bla einfach, handfg gelappt bis geteilt. KeBla u. KrBla je 5, wenig verschieden. 2flüglige SpaltFr.	**Ahorn – _Acer_ S. 522**
19*	Bla zusammengesetzt	20
20	Bla gefingert. Blü dorsiventral, groß, in aufrechten Rispen. StaubBla meist 7.	
	Rosskastanie – _Aesculus_ S. 522	
20*	Bla unpaarig gefiedert od. doppelt 3zählig. Blü radiär	21
21	StaubBla u. FrKn ∞. Fedrig geschwänzte Nüsschen. Pfl kletternd. Bla doppelt 3zählig.	
	Alpenrebe – _Clematis alpina_ S. 327	
21*	StaubBla 2 od. 5. FrKn 1. Pfl nicht kletternd. Bla gefiedert	22
22	Baum. KeBla u. KrBla je 4. StaubBla 2. Griffel 1. Geflügelte Nüsse.	
	Blaumen-Esche – _Fraxinus ornus_ S. 677	
22*	Strauch. KeBla, KrBla u. StaubBla je 5. Griffel 2–3. Häutige, aufgeblasene Kapseln (Abb. **508**/5).	**Pimpernuss – _Staphylea_ S. 521**
23	(11) SchmetterlingsBlü (s. S. 908 u. Abb. **352**/1) od. selten nur 1 zusammengerolltes KrBla vorhanden (Abb. **359**/5). StaubBla 10, ihre Staubfäden alle röhrig verwachsen od. 1 frei. Meist Hülsen.	**Schmetterlingsblütengewächse – _Fabaceae_ S. 350**
23*	Keine SchmetterlingsBlü, Kr fast stets radiär. KrBla mindestens 3	24
24	StaubBla ∞	25
24*	StaubBla 3–10 od. nur ♀ Blü	28
25	FrKn od. Griffel 2–∞.	**Rosengewächse – _Rosaceae_ S. 378**
25*	FrKn u. Griffel 1	26
26	Bis 20 cm hoher Zwergstrauch. Bla nadelfg. Kr goldgelb.	
	Nadelröschen – _Fumana_ S. 530	
26*	Bäume od. >30 cm hohe Sträucher. Bla nicht nadelfg	27
27	BlüStandsstiel etwa zur Hälfte einem großen, flügelartigen VorBla angewachsen. Kr grünlichgelb. Nüsse. Bla herzfg.	**Linde – _Tilia_ S. 525**
27*	BlüStand ohne flügelartiges VorBla. Kr weiß od. rosa. SteinFr.	
	Rosengewächse – _Rosaceae_ S. 378	
28	(24) Bla nadelfg od. schuppenfg	29
28*	Bla flächig, wenn linealisch, dann Blü in Dolden	30
29	Bla nadelfg. Blü unscheinbar, einzeln achselständig. KeBla, KrBla u. StaubBla je 3. Schwarze SteinFr.	**Krähenbeere – _Empetrum_ S. 639**
29*	Bla schuppenfg. Blü rosa od. weiß, in dichten Trauben. KeBla u. KrBla je 5. StaubBla 10, verwachsen. Kapseln.	**Rispelstrauch – _Myricaria_ S. 567**
30	(28) Pfl liegend od. kriechend, bis 20 cm hoch, od. kletternd	31
30*	Bäume od. aufrechte, >30 cm hohe Sträucher od. Halbsträucher	33
31	Pfl mit verzweigten Ranken kletternd. Bla gelappt od. gefingert, Rand gezähnt. Blü in Rispen.	**Weinrebengewächse – _Vitaceae_ S. 349**
31*	Pfl ohne Ranken. Bla ganz od. gelappt u. dann ganzrandig. Blü in Dolden od. doldigen Büscheln	32
32	Pfl mit Haftwurzeln kletternd od. kriechend. Bla immergrün, ungeteilt od. gelappt, ganzrandig.	**Efeu – _Hedera_ S. 748**
32*	Spalierstrauch mit knorrigem, liegendem Stamm. Bla sommergrün, fein gesägt.	
	Zwerg-Kreuzdorn – _Rhamnus pumila_ S. 449	
33	(30) KeBla, KrBla u. StaubBla je 6. Blü in Trauben.	
	Berberitzengewächse – _Berberidaceae_ S. 315	
33*	KeBla u. KrBla je 4 od. 5. StaubBla selten 6	34
34	Bla ungeteilt	35

34*	Bla gefiedert od. handfg gelappt bis gespalten	37
35	Blü in endständigen Dolden. Bla linealisch bis eifg, useits rostrot filzig. KrBla weiß. StaubBla 5–8 od. meist 10. **Porst – _Rhododendron_** S. 638	
35*	Blü nicht in Dolden. Bla kahl. KrBla unscheinbar, grünlich. StaubBla 5	36
36	Bla elliptisch, spitz. Blü zu 1 od. wenigen achselständig. Griffel 1, ungeteilt. SteinFr. **Faulbaum – _Frangula_** S. 449	
36*	Bla verkehrteifg, abgerundet. Blü in lockeren Rispen. Griffel 3. Nüsse. **Perückenstrauch – _Cotinus_** S. 521	
37	(34) Bla gelappt bis gespalten. Blü mit grünlichem, goldgelbem od. rotem Ke u. viel kleinerer Kr. FrKn unterständig. Beeren. **Johannisbeere – _Ribes_** S. 339	
37*	Bla gefiedert. FrKn oberständig od. schwach mittelständig	38
38	Bla 2–3fach gefiedert od. fiederschnittig, blaugrün. KeBla u. KrBla je 4, nur bei der Zentral-Blü 5. Halbstrauch. **Raute – _Ruta_** S. 524	
38*	Bla einfach gefiedert. KeBla u. KrBla aller Blü je 5	39
39	FrKn 1, mit 3 Griffeln. StaubBla 5. Trockne SteinFr. **Sumach – _Rhus_** S. 521	
39*	FrKn (3–)5–6, frei, aber Griffel verbunden. StaubBla 5 od. 10. SammelFr aus geflügelten Nüsschen. Bla bis 1 m lg. **Götterbaum – _Ailanthus_** S. 525	
40	(10) FrKn deutlich unterständig	41
40*	FrKn ober- od. mittelständig, zuweilen halbunterständig, selten nur ♂ Blü	46
41	Blü in Dolden, Doppeldolden, Köpfen od. in kurzen, dichten Ähren	42
41*	Blü einzeln od. in Trauben, armblütigen Schirmtrauben, Rispen od. in langen, lockeren Ähren	44
42	Bla gegenständig. Dolden von 4 großen, weißen HochBla umgeben (Abb. **626**/1). Blü 4zählig. Rote SteinFr. **Hartriegel – _Cornus_** S. 625	
42*	Bla wechselständig. Blü 5zählig	43
43	Griffel 1. KrBla linealisch (Abb. **786**/1, 5). Bla ungeteilt. Blü in Köpfen od. dichten Ähren. Kapseln. **Glockenblumengewächse – _Campanulaceae_** S. 784	
43*	Griffel 2. KrBla breiter. Bla zusammengesetzt od. tief geteilt, selten ungeteilt. Blü in Doppeldolden, Dolden od. selten in Köpfen. SpaltFr (Abb. **751**/4). **Doldengewächse – _Apiaceae_** S. 749	
44	(41) Zumindest GrundBla unterbrochen gefiedert. Ke am Grund mit ∞ hakig-stachligen Borsten od. von einer 6–10spaltigen Hülle umgeben. **Rosengewächse – _Rosaceae_** S. 378	
44*	Bla ganz od. gelappt bis geteilt. Ke nicht mit hakigen Borsten u. nicht von HüllBla umgeben	45
45	KeBla u. KrBla je 5. StaubBla 10. Griffel 2. **Steinbrechgewächse – _Saxifragaceae_** S. 340	
45*	KeBla u. KrBla je 2 od. 4. StaubBla 2 od. 8. Griffel 1. **Nachtkerzengewächse – _Onagraceae_** S. 507	
46	(40) FrKn 2–∞. Wenn nur ♂ Blü, dann Bla wechselständig	47
46*	FrKn 1, zuweilen tief 4–5lappig, aber dann nur 1 Griffel. Wenn nur ♂ Blü, dann Bla gegenständig	51
47	Blü dorsiventral. KrBla ungleich, 4–9teilig zerschlitzt. FrBla 4–7, zur FrReife sternfg ausgebreitet. StaubBla 7–15. **Sternfrucht – _Sesamoides_** S. 532	
47*	Blü radiär, KrBla nicht 4–9teilig zerschlitzt. FrBla 2–∞	48
48	Bla dickfleischig, flach bis stielrund, stets ungeteilt, meist ganzrandig, ohne NebenBla. KeBla 3–20, KrBla ebenso viele. StaubBla ebenso viele od. doppelt so viele. **Dickblattgewächse – _Crassulaceae_** S. 343	
48*	Bla krautig bis ledrig, nicht saftig-fleischig, oft zusammengesetzt od. geteilt. StaubBla ∞, selten 5–10	49
49	KeBla 5 od. 8–10, am Rand einer Achsenverbreiterung od. eines Achsenbechers sitzend, daher scheinbar verwachsen, oft 2reihig (mit AußenKe). KrBla 4–9. Bla am Grund mit 2 NebenBla (wenn diese fehlend, dann Pfl 2häusig). **Rosengewächse – _Rosaceae_** S. 378	
49*	KeBla 3–5, deutlich frei. KrBla 5–∞. FrKn oberständig. NebenBla fehlend. Blü zwittrig	50
50	Blü 7–13 cm ⌀. Kr rot. FrKn 2–3. **Pfingstrose – _Paeonia_** S. 338	

50* Blü kleiner, wenn bis 8 cm ∅, dann gelb. FrKn 5–∞.
 Hahnenfußgewächse – *Ranunculaceae* S. 316
51 **(46)** KrBla ungleich. Blü dorsiventral od. disymmetrisch **52**
51* KrBla gleich. Blü radiär od. disymmetrisch **60**
52 Blü am Grund mit Sporn(en) od. Aussackung **53**
52* Blü am Grund weder mit Sporn(en) noch mit Aussackung **56**
53 Bla zusammengesetzt od. tief geteilt. KeBla 2, hinfällig. KrBla 4. StaubBla zu 2 Dreierbündeln verwachsen. **Mohngewächse – *Papaveraceae*, *Fumarioideae*** S. 309
53* Bla ungeteilt. KeBla 3 od. 5. KrBla 5 .... **54**
54 Bla schildfg. StaubBla 8. Stg kletternd od. liegend.
 Kapuzinerkresse – *Tropaeolum* S. 531
54* Bla nicht schildfg. StaubBla 5 .... **55**
55 KeBla 5, grün, am Grund mit Anhängsel (Abb. **467**/1). KrBla alle frei, das untere gespornt. Stg nicht durchscheinend. **Veilchen – *Viola*** S. 466
55* KeBla 3, kronartig gefärbt, 1 viel größer u. gespornt (Abb. **626**/2). KrBla zu 2+2+1 verwachsen. Stg glasig durchscheinend. **Springkraut – *Impatiens*** S. 626
56 **(52)** KeBla zu einer 5zähnigen od. 2lippigen Röhre verwachsen. SchmetterlingsBlü (Abb. **352**/1). StaubBla 10, ihre Staubfäden alle röhrig verwachsen od. meist 1 frei. Bla meist zusammengesetzt. **Schmetterlingsblütengewächse – *Fabaceae*** S. 350
56* KeBla frei od. nur am Grund verwachsen **57**
57 Ke aus 3 kleinen, grünen Bla u. seitlichen größeren, kronartig gefärbten Bla bestehend. KrBla mit den 8 StaubBla zu einer Röhre („Schiffchen") mit fransigem Anhängsel verbunden (Abb. **377**/1, 2). **Kreuzblümchen – *Polygala*** S. 376
57* KeBla 4–6, ± gleich. Kr anders gestaltet. StaubBla frei **58**
58 StaubBla 6 (2 kürzere u. 4 längere). KeBla u. KrBla je 4. Schötchen.
 Kreuzblütengewächse – *Brassicaceae* S. 532
58* StaubBla 10–30. Kapseln **59**
59 KrBla 25–35 mm lg, ungeteilt, rosa, selten weiß (Abb. **525**/1). StaubBla 10.
 Diptam – *Dictamnus* S. 524
59* KrBla bis 5 mm lg, z. T. unregelmäßig zerschlitzt, gelblich, selten weiß. StaubBla 10–30.
 Resede – *Reseda* S. 531
60 **(51)** StaubBla mindestens 12 .... **61**
60* StaubBla 1–10 od. nur ♀ Blü **67**
61 Ke 2(–1)blättrig od. 2teilig **62**
61* Ke 4–5blättrig od. 4–12zähnig **63**
62 Bla gefiedert, fiederteilig od. grob gezähnt. Blü gestielt. KrBla 4. Pfl meist mit Milchsaft.
 Mohngewächse – *Papaveraceae* S. 309
62* Bla ungeteilt, ganzrandig, fleischig. Blü sitzend. KrBla 5. Pfl liegend, ohne Milchsaft.
 Portulak – *Portulaca* S. 624
63 **(61)** Bla zusammengesetzt od. gelappt bis geteilt **64**
63* Bla ungeteilt. Kapseln **65**
64 Bla 3zählig bis doppelt gefiedert. KeBla u. KrBla je 4, hinfällig. Beeren.
 Christophskraut – *Actaea* S. 324
64* Bla handfg gelappt bis geteilt. Ke 5spaltig, meist mit 3–∞blättrigem AußenKe. KrBla 5. Staubfäden röhrig verwachsen (Abb. **525**/4). Vielteilige SpaltFr, selten Kapseln.
 Malvengewächse – *Malvaceae* S. 525
65 **(63)** Ke röhrig, (8–)12zähnig. KrBla 6, purpurrot. StaubBla 12 (6 lange u. 6 kurze). Blü quirlig, in dichten Ähren. **Gewöhnlicher Blutweiderich – *Lythrum salicaria*** S. 506
65* KeBla 5, frei, oft ungleich groß. KrBla 5, meist gelb. StaubBla ∞ **66**
66 KeBla gleich (bei *H. humifusum* die beiden äußeren z. T. etwas kürzer). Griffel 3–5. StaubBla am Grund in 3–5 Bündel verwachsen. **Johanniskraut – *Hypericum*** S. 462
66* KeBla ungleich, die 2 äußeren bedeutend kleiner als die 3 inneren. Griffel 1 od. Narbe sitzend. StaubBla frei. **Zistrosengewächse – *Cistaceae*** S. 529
67 **(60)** Griffel 1 od. fehlend, Narben 1 od. 2 .... **68**
67* Griffel 2–8 od. 1 Griffel mit 3–5 Narben. Zuweilen nur ♂ Blü **76**
68 Pfl wachsgelb, ohne blattgrün, fleischig. Bla schuppenfg. Blü in anfangs nickender Traube, 5- od. 4zählig. **Fichtenspargel – *Hypopitys*** S. 637

68*	Pfl mit grünen Bla	68
69	Blü (5–)7(–9)zählig, dünn gestielt. Obere Bla scheinquirlig genähert, darunter einige bedeutend kleinere. **Siebenstern – _Trientalis_** S. 629	
69*	Blü nicht 7zählig. Bla gleichmäßig am Stg verteilt od. grundständig	70
70	StaubBla 8 od. 10. Kr gelb	71
70*	StaubBla 1–6. Kr verschieden gefärbt od. fehlend	72
71	Bla 1–3fach unpaarig gefiedert. Pfl >30 cm hoch, stark duftend. **Rautengewächse – _Rutaceae_** S. 524	

Wenn Pfl niederliegend, Bla 1fach paarig gefiedert, gegenständig, Fr dornig: **Burzeldorn – _Tribulus terrestris_**, L. (_Zygophyllaceae_). Rud.: sandige, trockenwarme Umschlagplätze; [U] s Bw Rh.

71*	Bla ungeteilt, immergrün. **Heidekrautgewächse – _Ericaceae_** S. 634	
72	**(70)** KrBla 5. StaubBla 5. Narben 2. **Enziangewächse – _Gentianaceae_** S. 650	
72*	KrBla 4 od. 6. StaubBla nicht 5	73
73	Ke röhrig od. glockig, 12zähnig. KrBla 6. StaubBla (2–)6. Blü einzeln achselständig. **Blutweiderichgewächse – _Lythraceae_** S. 506	
73*	KeBla u. KrBla je 4. Blü in Trauben, Rispen od. achselständigen Knäueln	74
74	Stg mit nur einem doppelt 3zähligen Bla. KeBla von 4–6 AußenKeBla umgeben, rot (Abb. **320**/3). StaubBla 4. **Sockenblume – _Epimedium_** S. 316	
74*	Stg mit mehreren Bla od. alle Bla grundständig	75
75	FrKn oberständig. StaubBla 6 (2 kürzere u. 4 längere), selten nur 4 od. 2. **Kreuzblütengewächse – _Brassicaceae_** S. 532	
75*	FrKn mittelständig. Ke aus 4 kleineren äußeren u. 4 größeren, gelbgrünen inneren Bla bestehend. Kr fehlend. StaubBla 4 od. 1. Bla handfg gelappt bis geteilt. **Rosengewächse – _Rosaceae_** S. 378	
76	**(67)** Bla handfg gespalten bis gefingert od. gefiedert. Griffel od. Narben 5	77
76*	Bla ungeteilt, wenn gelappt bis gespalten, dann Griffel 2	78
77	Bla 3zählig, kleeähnlich. Blchen verkehrtherzfg, ganzrandig. Kapseln. **Sauerklee – _Oxalis_** S. 461	
77*	Bla gefiedert od. handfg gespalten bis gefingert, wenn 3zählig, dann Blchen geteilt. 5teilige, geschnäbelte SpaltFr. **Storchschnabelgewächse – _Geraniaceae_** S. 501	
78	**(76)** Stg nur mit 1 BlaQuirl aus 4(–5) Bla u. 1 endständigen Blü (Abb. **151**/1). KeBla u. KrBla je 4. StaubBla 8. (Einkeimblättrige Pfl!). **[Einbeere – _Paris_** S. 150]	
78*	Stg mit ∞ Bla od. mit grundständigen Bla	79
79	Bla grundständig, Stg höchstens mit 1 Bla od. 1 freien od. verwachsenen BlaPaar	80
79*	StgBla ∞, quirlig, gegen- od. wechselständig	83
80	Stg über den GrundBla mit 1 herzfg Bla (**80**) od. 2 freien od. rundlich-trichterfg verwachsenen HochBla (**78***)	81
80*	Stg blattlos	82
81	Blü 20–30 mm ⌀, einzeln endständig (Abb. **461**/1). Grundständige Bla herzfg. **Herzblatt – _Parnassia_** S. 460	
81*	Blü 5–8(–20) mm ⌀, in traubenähnlichen Wickeln. Grundständige Bla rhombisch bis br elliptisch. **Claytonie – _Claytonia_** S. 623	
82	**(80)** Blü in Köpfen mit HochBlaHülle (Abb. **580**/6). Kr rosa. Bla ohne Stieldrüsen. **Grasnelke – _Armeria_** S. 568	
82*	Blü in traubenähnlichen Wickeln. Kr weiß. Bla mit lg gestielten Drüsen (Abb. **570**/2-5). **Sonnentau – _Drosera_** S. 581	
83	**(79)** Bla wechselständig. KrBla 5	84
83*	Bla gegenständig od. quirlig	87
84	Blü etwa 1 mm groß, in kleinen, büschligen Rispen, Kr weiß. Pfl blaugrün. Stg zart, meist liegend. **Hirschsprung – _Corrigiola_** S. 587	
84*	Blü größer	85
85	Blü sitzend, einzeln od. zu wenigen geknäuelt. Ke 2spaltig. StaubBla 7–15. Bla spatelfg od. linealisch, fleischig. **Portulak – _Portulaca_** S. 624	
85*	Blü gestielt, in lockeren Trauben, Rispen od. Zymen, seltener einzeln. Ke 5blättrig	86

86	StaubBla 10. Griffel 2. Bla oft gelappt bis gespalten.
	Steinbrechgewächse – *Saxifragaceae* S. 340
86*	StaubBla u. Griffel je 5. Bla ungeteilt. **Lein – *Linum*** S. 374
87	(83) KeBla 2–3 od. 4 u. dann Bla quirlig. KrBla 3 od. 4. StaubBla 3, 6 od. 8. Blü 1–3 mm ⌀, einzeln achselständig, sitzend od. kurz gestielt. Kleine Schlammkräuter.
	Tännel – *Elatine* S. 465
87*	KeBla 5 (oft verwachsen) od. 4 u. dann Bla gegenständig. KrBla 5 od. 4. StaubBla 1–11, meist 4, 5 od. 10. Blü meist in BlüStänden, einzeln endständig od. seltener in achselständigen Knäueln 88
88	Griffel 2. Kr rot, violett od. blau. KeBla frei, aber zuweilen einem Achsenbecher aufsitzend. StaubBla 10. Stg dicht beblättert, 1–6blütig. Alpine Polster- od. KriechPfl.
	Steinbrech – *Saxifraga* S. 341
88*	Griffel 2–5. Kr häufig weiß, wenn rot u. Griffel 2, dann KeBla röhrig od. glockig verwachsen. Zuweilen nur ♂ Blü 89
89	KeBla, KrBla, StaubBla u. Griffel gleichzählig, entweder je 4 u. dann KeBla 2- od. 3zähnig od. je 5 u. dann KrBla weiß mit gelbem Grund. **Leingewächse – *Linaceae*** S. 500
89*	BlüOrgane selten gleichzählig. KeBla frei, 4 od. 5, ungeteilt, od. verwachsen mit 5zähnigem Saum. KrBla nicht weiß mit gelbem Grund. StaubBla 1–11. Blü zuweilen 1geschlechtig.
	Nelkengewächse – *Caryophyllaceae* S. 582

Schlüssel VI · Zweikeimblättrige mit Kelch u. Krone, mit verwachsenen Kronblättern

1	Vollparasit ohne Blattgrün. Pfl bleich, gelblich, rötlich, bläulich od. braun 2
1*	Pfl nicht parasitisch od. Halbparasit mit grünen Bla 3
2	Stg fädig, windend, <3 mm ⌀, blattlos. Blü radiär, meist in dichten Knäueln.
	Seide – *Cuscuta* S. 670
2*	Stg kräftig, >3 mm ⌀, nicht windend, mit SchuppenBla. Blü 2lippig, in Ähren od. Trauben.
	Sommerwurzgewächse – *Orobanchaceae* S. 728
3	(1) FrKn unter- od. halbunterständig. Zuweilen Pfl nur mit ♂ od. ♀ Blü 4
3*	FrKn oberständig (oft in die KeRöhre eingeschlossen). Blü meist zwittrig, nie zweihäusig verteilt 19
4	Stg niederliegend od. kletternd, mit lg Ranken. **Kürbisgewächse – *Cucurbitaceae*** S. 458
4*	Pfl ohne Ranken 5
5	Bla quirlig, wenigstens die unteren. **Rötegewächse – *Rubiaceae*** S. 642
5*	Bla grund-, gegen- od. wechselständig 6
6	Blü in Köpfen. Pfl krautig 7
6*	Blü nicht in Köpfen, wenn kopfig gedrängt, dann holzige KletterPfl, Spalierstrauch od. Stg gablig verzweigt 11
7	Stg außer den grundständigen Bla nur mit 2 gegenständigen, 3zähligen Bla u. 1 endständigen Köpfchen aus 5(–9) Blü. GipfelBlü 4zählig, SeitenBlü 5zählig.
	Moschuskraut – *Adoxa* S. 775
7*	Bla anders angeordnet 8
8	StaubBla 4. Bla gegenständig.
	Geißblattgewächse – *Caprifoliaceae, Dipsacoideae* S. 776
8*	StaubBla 5 od. fehlend. Bla meist wechsel- od. grundständig, selten gegenständig; wenn StaubBla 4, dann Bla wechselständig 9
9	KrBla nur in ihrem oberen Teil miteinander verbunden. Staubbeutel frei.
	Teufelskralle – *Phyteuma* S. 789
9*	KrBla im unteren Teil verwachsen 10
10	Staubbeutel frei. Narben 3. Kr röhrig-glockig, blauviolett (selten rosa od. weiß), Röhre 5–10 mm ⌀. Fr eine Kapsel. Pfl mit Milchsaft.
	Glockenblumengewächse – *Campanulaceae* S. 784

SCHLÜSSEL VI 69

10* Staubbeutel fast stets zu einer Röhre verklebt. Narben 2. Kr röhrig, Röhre höchstens 2(–4) mm ⌀, oft zu einer Zunge ausgezogen. Fr eine Nuss (Achäne). Pfl mit od. ohne Milchsaft.
 Korbblütengewächse – *Asteraceae* S. 791
11 (6) Bla gegenständig **12**
11* Bla grund- od. wechselständig **16**
12 Fr aus 2 vielsamigen BalgFrchen. Pfl mit Milchsaft. Bla ungeteilt, ganzrandig.
 Hundsgiftgewächse – *Apocynaceae* S. 656
12* Fr eine Beere, SteinFr, Kapsel od. Nuss, keine BalgFrchen. Pfl ohne Milchsaft. Bla ganzrandig, gesägt, gelappt od. gefiedert **13**
13 StaubBla 3, 1 od. fehlend. Pfl krautig, aufrecht. Frucht eine Nuss.
 Geißblattgewächse – *Caprifoliaceae*, *Valerianoideae* S. 776
13* StaubBla 4 od. 5. Staude, Strauch, kriechender Halbstrauch od. Liane. Fr eine Nuss, SteinFr, Beere od. Kapsel **14**
14 Fr eine Nuss. Blü zu 1–2 auf 5–12 cm hohem Schaft (Abb. **777**/1). Bla einfach, rundlich, gekerbt, <1,5 cm br. Pfl mit fadenfg Kriechtrieben. **Moosglöckchen – *Linnaea*** S. 778
14* Fr eine SteinFr, Beere od. Kapsel. BlüStand wenig- bis vielblütig. Bla einfach, buchtig gelappt od. gefiedert. Strauch, Liane od. Staude **15**
15 Fr eine rote od. schwarze SteinFr. Blü in 5–∞blütigem, schirm- od. rispenfg od. kugligem BlüStand. Bla oft gefiedert od. gelappt. Strauch od. Staude.
 Moschuskrautgewächse – *Adoxaceae* S. 774
15* Fr eine Beere od. Kapsel. BlüStand wenigblütig, zuweilen quirlig-kopfig. Bla einfach od. buchtig gelappt. Strauch od. Liane. **Geißblattgewächse – *Caprifoliaceae*** S. 776
16 (11) Kr 2lippig, 5zipflig, die 2 oberen Zipfel kleiner als die 3 unteren.
 Lobelie – *Lobelia* S. 790
16* Kr radiär **17**
17 Kriechender Zwergstrauch. StaubBla 8. Ke- u. KrZipfel je 4. Fr eine Beere.
 Heidekrautgewächse – *Ericaceae* S. 634
17* Pfl krautig. StaubBla 5. Ke- u. KrZipfel je 5. Fr eine Kapsel **18**
18 Griffel mit 2–5 Narben. Kapsel 2–5fächrig. Blü >4 mm ⌀. Kr blau bis violett, selten weiß, rosa od. blassgelb. Pfl mit Milchsaft.
 Glockenblumengewächse – *Campanulaceae* S. 784
18* Griffel mit 1 kopfigen Narbe. Kapsel 1fächrig. Blü klein, <4 mm ⌀. Kr weiß. Pfl ohne Milchsaft. **Salzbunge – *Samolus*** S. 634
19 (3) Grundständige Bla gestielt, rhombisch bis br eifg, etwas fleischig. Stg meist ∞, jeweils mit 1 rundlich-trichterfg verwachsenen od. freien BlaPaar. **Claytonie – *Claytonia*** S. 623
19* BlaStellung anders. StgBla mehrere od. fehlend **20**
20 SchmetterlingsBlü. StaubBla unter sich u. mit der Kr verwachsen, völlig in die Kr eingeschlossen **21**
20* Keine SchmetterlingsBlü. StaubBla nicht miteinander verwachsen, aber meist in die KrRöhre eingefügt **22**
21 Bla 3zählig. **Schmetterlingsblütengewächse – *Fabaceae*** S. 350
21* Bla ungeteilt. **Kreuzblümchen – *Polygala*** S. 376
22 (20) Baum, bis 15 m hoch. Bla herzfg, >10 cm br. Ke braunsamtig.
 Blauglockenbaum – *Paulownia* S. 728
22* Pfl meist krautig od. verholzt u. dann Bla kleiner u. Ke nicht braunsamtig **23**
23 Bla ledrig, dornig gezähnt. Strauch od. bis 6 m hoher Baum. **Stechpalme – *Ilex*** S. 748
23* Bla nicht dornig gezähnt **24**
24 Zwergstrauch od. Strauch **25**
24* Pfl krautig **29**
25 StaubBla 5, 8 od. 10. **Heidekrautgewächse – *Ericaceae*** S. 634
25* StaubBla 2 od. 4 .... **26**
26 Kr dorsiventral, meist deutlich 2lippig, seltener 1lippig od. 4zipflig.
 Lippenblütengewächse – *Lamiaceae* S. 704
26* Kr radiär **27**
27 Bla useits weißfilzig. **Sommerflieder – *Buddleja*** S. 700
27* Bla kahl **28**

28	Baum od. Strauch. Bla gegenständig, vorn nicht ausgerandet. **Ölbaumgewächs** – *Oleaceae* S. 677
28*	Spalierstrauch. Bla wechselständig, vorn ausgerandet. **Herzblättrige Kugelblume** – *Globularia cordifolia* S. 692
29	(24) Bla alle gegenständig, ungeteilt, ganzrandig. KrBla in der Knospe gedreht. Narbe 2spaltig od. kopfig. Fr eine 2klappige Kapsel. Pfl oft bitter schmeckend. StaubBla (4 od.) 5. **Enziangewächse** – *Gentianaceae* S. 650
29*	Pfl anders 30
30	StaubBla 6–10. Blü meist 7zählig. **Siebenstern** – *Trientalis* S. 629
30*	StaubBla 2–5, selten Blü 1geschlechtig. Blü nicht 7zählig 31
31	StaubBla 2–4, selten fehlend 32
31*	StaubBla 5 50
32	StaubBla 3. Griffel 3. Kr bis 1,6 mm lg, 5zipflig, an einer Seite bis zum Grund aufgeschlitzt. **Quellkraut** – *Montia* S. 623
32*	StaubBla 2 od. 4. Griffel 1 (zuweilen Narbe 2–3teilig). Kr größer; wenn <2 mm, dann 4zipflig, nicht aufgeschlitzt 33
33	Blü (lila)blau, sitzend in dichtem, endständigem Kopf. Fr eine Nuss. FrKn ungeteilt. Bla ledrig, immergrün. **Kugelblume** – *Globularia* S. 692
33*	Blü nicht in dichtem, endständigem Kopf sitzend. Fr eine Kapsel od. eine BruchFr. Bla nicht auffallend ledrig 34
34	BruchFr, reif in 4 Klausen zerfallend. FrKn 4lappig bis tief 4teilig (beim Blick in den Ke ein Kreuz sichtbar) 35
34*	Fr eine Kapsel. FrKn ungeteilt 36
35	Blü in sehr schmalen, lg Ähren, auf gleicher Höhe nur je 2 Blü. Kr 5zipflig, undeutlich 2lippig, blasslila. **Eisenkraut** – *Verbena* S. 704
35*	Blü in Thyrsen, wenn scheinbar ährig, dann auf gleicher Höhe mehrere Blü (Scheinquirle). Kr meist deutlich 2lippig, seltener 1lippig od. 4zipflig. **Lippenblütengewächse** – *Lamiaceae* S. 704
36	(34) StaubBla 2 od. 2 StaubBla + 2 Staminodien 37
36*	StaubBla 4 40
37	StaubBla 2 38
37*	StaubBla 2 + 2 Staminodien (sehr zarte, verkümmerte StaubBla). KrRöhre >3 mm lg. Bla sitzend 39
38	Kr (fast) radfg od. trichterfg, Röhre kurz, höchstens 3 mm lg, ohne Sporn od. Schlundwulst. **Ehrenpreis** – *Veronica* S. 683
38*	Kr 2lippig, Röhre >3 mm lg, mit Sporn od. Schlundwulst. Bla alle rosettig, länglich-eifg, klebrig od. (WasserPfl) fein zerteilt mit linealischen Endabschnitten. **Wasserschlauchgewächse** – *Lentibulariaceae* S. 701
39	(37) Bla lineal-lanzettlich, >3 cm lg, fein drüsig punktiert. Blü 10–20 mm lg. **Gnadenkraut** – *Gratiola* S. 680
39*	Bla elliptisch, <3 cm lg, nicht drüsig. Blü 7–8 mm lg. **Büchsenkraut** – *Lindernia* S. 700
40	(36) Alle Bla grundständig. Blü in Ähren od. Köpfen od. Blü grundständig 41
40*	Stg beblättert od. Blü nicht in Köpfen 43
41	Blü in gestielten Ähren od. Köpfen. LandPfl. **Wegerich** – *Plantago* S. 692
41*	Blü grundständig, gestielt. Sumpf- od. WasserPfl 42
42	Bla lg gestielt, schmal spatelfg. Blü zwittrig. **Schlammling** – *Limosella* S. 700
42*	Bla ungestielt, linealisch bis pfriemlich. Blü 1geschlechtig. ♂ lg gestielt, ♀ am Grund dieses Stiels. **Strandling** – *Littorella* S. 694
43	(40) Kr gespornt od. mit sackartigem Höcker, ihr Schlund (meist) durch Ausstülpung der Unterlippe verschlossen. **Wegerichgewächse** – *Plantaginaceae* S. 678
43*	Kr ohne Sporn od. Höcker, Ausstülpung der Unterlippe fehlend od. undeutlich 44
44	Alle Bla wechselständig, ungeteilt, die unteren rosettig. Kr 15–60 mm lg, mit 4spaltigem Saum. **Fingerhut** – *Digitalis* S. 682
44*	Wenigstens die unteren Bla gegenständig od. fiederschnittig 45
45	Blü in endständigen Thyrsen od. achselständigen Zymen. Kr 4–10 mm lg, krugfg-kuglig mit 5lappigem Saum. **Braunwurz** – *Scrophularia* S. 699

45* Blü in Trauben, Ähren od. einzeln blattachselständig. Kr mit enger od. schmal trichterfg Röhre ... **46**
46 Bla fiederschnittig od. gefiedert, wechselständig, selten gegenständig od. quirlig, die unteren meist rosettig. **Läusekraut – _Pedicularis_** S. 742
46* StgBla ungeteilt, höchstens tief gezähnt od. gelappt, gegenständig ... **47**
47 Oberlippe der stets tief 2lippigen Kr helmfg gewölbt. **Sommerwurzgewächse – _Orobanchaceae_** S. 728
47* Oberlippe der oft undeutlich 2lippigen Kr flach u. ± aufwärtsgebogen ... **48**
48 Ke 4zähnig. Blü 3–7 mm lg gestielt. **Alpenrachen – _Tozzia alpina_** S. 747
48* Ke 5zipflig. Blü 6–25 mm lg gestielt ... **49**
49 Kr 3–8 mm lg. Ke so lg wie die enge KrRöhre. **Büchsenkraut – _Lindernia_** S. 700
49* Kr 10–45 mm lg. Ke deutlich kürzer als die glockige KrRöhre. **Gauklerblume – _Mimulus_** S. 728
50 (31) Fr aus 2 vielsamigen BalgFrchen gebildet. **Hundsgiftgewächse – _Apocynaceae_** S. 656
50* Fr eine Nuss, Kapsel, Beere od. BruchFr mit 4 od. 2 Klausen ... **51**
51 Alle Bla grundständig ... **52**
51* Stg beblättert ... **53**
52 Griffel 5. Ke trockenhäutig. Fr eine Nuss. **Bleiwurzgewächse – _Plumbaginaceae_** S. 568
52* Griffel 1. Ke krautig. Fr eine Kapsel. **Primelgewächse – _Primulaceae_** S. 628
53 (51) SumpfPfl mit 3zähligen Bla od. WasserPfl mit einfachen, rundlichen Bla. **Fieberklee – _Menyanthes_** S. 791
53* LandPfl, selten SumpfPfl. Bla gefiedert od. einfach ... **54**
54 Bla gegenständig (wenigstens die unteren) od. quirlig ... **55**
54* Bla wechselständig (zuweilen obere scheingegenständig, 1 großes u. 1 kleines an 1 Knoten) ... **56**
55 Fr eine Kapsel. Stg aufrecht od. liegend. Blü mit Ke u. Kr. **Primelgewächse – _Primulaceae_** S. 628
55* Fr 1samig, nussfg. Stg aufrecht. Blü ohne Ke, mit den NachbarBlü von kelchartigen Hoch-Bla umgeben. **Regenschirmblume – _Oxybaphus_** S. 622
56 (54) Narben 2 od. 3 ... **57**
56* Narbe 1, zuweilen ± 2lappig ... **59**
57 Stg windend od. liegend. Blü einzeln achselständig. **Windengewächse – _Convolvulaceae_** S. 669
57* Stg aufrecht, nicht windend. Blü in Rispen, Thyrsen, Köpfen od. Wickeln ... **58**
58 Kr stieltellerfg od. fast radfg. Narben 3. Fr eine Kapsel. **Himmelsleitergewächse – _Polemoniaceae_** S. 627
58* Kr ± trichterfg. Griffel 2spaltig. **Borretschgewächse – _Boraginaceae_** S. 657
59 (56) FrKn tief (2- od.) 4teilig, selten zur BlüZeit ungeteilt. BruchFr reif in (2 od.) 4 ein-, selten 2samige, nussähnliche Klausen zerfallend. **Borretschgewächse – _Boraginaceae_** S. 657
59* FrKn ungeteilt. Fr eine Kapsel od. Beere ... **60**
60 Alle 5 od. 3 Staubfäden in jeder Blü in ganzer Länge weiß- od. violett-wollig. Kr radfg, schwach dorsiventral, mit sehr kurzer, weiter Röhre. Fr eine Kapsel. **Königskerze – _Verbascum_** S. 697
60* Staubfäden ohne Wolle, höchstens am Grund zottig. Kr trichter- bis radfg od. glockig. Fr eine Kapsel od. Beere. **Nachtschattengewächse – _Solanaceae_** S. 673

Schlüssel VII · Bäume und Sträucher vorrangig anhand vegetativer Merkmale

1 Alle Bla nadel- od. schuppenfg od. verdornt ... **2**
1* Bla weder nadel- noch schuppenfg noch dornfg, höchstens am Rand dornig; wenn BlaDornen, dann dazu auch normale Bla ... **13**
2 Pfl stark dornig; BlüStiele, NebenBla u. Kurztriebe zu grünen, stechenden Dornen umgewandelt. BlaSpreite fehlend. **Stechginster – _Ulex europaeus_** S. 355

2*	Pfl dornenlos, nur Nadeln zuweilen stechend. Bla nadel- od. schuppenfg; wenn schmal elliptisch, dann ledrig u. Rand umgerollt 3
3	Bla schuppenfg 4
3*	Bla nadelfg 6
4	Bla wechselständig, sommergrün. **Tamariskengewächse – _Tamaricaceae_** S. 567
4*	Bla gegenständig, 4zeilig, immergrün 5
5	Bla am Grund mit 2 abwärts gerichteten, spornartigen Anhängseln (Abb. **636**/1). Sa in Kapseln. Zwergstrauch, <1 m. **Heidekraut – _Calluna_** S. 639
5*	Bla am Grund ohne Anhängsel (Abb. **127**/1, 5, 6). Sa in holzigen od. beerenartigen Zapfen. Höherer Strauch od. Baum. **Zypressengewächse – _Cupressaceae_** S. 126
6	(3) Nadeln gegenständig od. zu 3–4 quirlig 7
6*	Nadeln wechselständig od. an Kurztrieben gebüschelt 9
7	Nadeln gegenständig, weich u. sommergrün, mit den >3 cm lg Kurztrieben im Herbst abfallend. **Urweltmammutbaum – _Metasequoia_** S. 129
7*	Nadeln zumindest teilweise quirlig, derb u. immergrün 8
8	Nacktsamiges Nadelgehölz, meist >50 cm hoch. Nadeln scharf zugespitzt, stechend (Abb. **127**/6). Sa in Beerenzapfen. **Wacholder – _Juniperus_** S. 127
8*	Bedecktsamiger Zwergstrauch, <50 cm. Nadeln nicht stechend. Sa in Kapseln. **Heide – _Erica_** S. 639
9	(6) Zwergstrauch od. Halbstrauch bis 50 cm 10
9*	Höherer Strauch od. Baum 11
10	BlaRand umgerollt. Bla useits mit weißer Längsfurche, 1–2 mm br, nicht stachelspitzig. Fr eine schwarze, beerenartige SteinFr. **Krähenbeere – _Empetrum_** S. 639
10*	Bla ± stielrund, useits ohne weiße Längsfurche, stachelspitzig. Fr eine Kapsel. **Nadelröschen – _Fumana_** S. 530
11	(9) Nadeln weich u. sommergrün, 2zeilig, im Herbst mit den >3 cm lg Kurztrieben abfallend. **Sumpfzypresse – _Taxodium_** S. 129
11*	Nadeln derb u. immergrün; wenn sommergrün, dann an <2 cm lg Kurztrieben gebüschelt u. ohne diese abfallend 12
12	Nadeln zu <50 % ihrer Länge als grüne Leisten am Zweig herablaufend, weich, mit stielartigem Grund (Abb. **120**/3), ohne Harzgeruch. Pfl 2häusig. Sa einzeln, mit fleischiger, napfartiger, bei Reife roter Hülle (Arillus, Abb. **120**/2). **Eibe – _Taxus_** S. 129
12*	Nadeln zu >50 % ihrer Länge als grüne Leisten am Zweig herablaufend, spitz, stechend, ohne stielartigen Grund, mit Harzgeruch, mit den Zweigen abfallend. Pfl 1häusig. Sa in eifg, holzigen Zapfen. **Riesenmammutbaum – _Sequoiadendron_** S. 129
12*	Nadelgrund nicht als grüne Leiste am Zweig herablaufend, einzeln od. in Büscheln zu 2, 3 od. 5 abfallend. Pfl 1häusig. Sa in Zapfen, ohne Arillus. **Kieferngewächse – _Pinaceae_** S. 120
13	(1) Bla gegenständig, quirlig od. scheinquirlig genähert 14
13*	Bla wechselständig od. an Kurztrieben gebüschelt 51
14	Alle Bla einfach; ungeteilt od. gelappt od. tief eingeschnitten 15
14*	Alle od. wenigstens ein Teil der Bla zusammengesetzt; gefiedert od. 3–7zählig gefingert 45
15	Bla völlig ganzrandig (SchösslingsBla ausgenommen) 16
15*	Bla gesägt, gezähnt, gekerbt od. tiefer eingeschnitten 30
16	Halbstrauchiger od. strauchiger Parasit auf den Ästen anderer Holzgewächse 17
16*	Im Erdboden wurzelndes Holzgewächs 18
17	Bla immergrün. Zweige grün. Fr eine ± weiße Beere. **Mistel – _Viscum_** S. 567
17*	Bla sommergrün. Zweige schwarzgrau. Fr eine gelbe Beere. **Riemenmistel – _Loranthus_** S. 567
18	(16) Zwerg- od. Halbstrauch mit z. T. niederliegenden od. kriechenden Sprossen 19
18*	Aufrechter Strauch, Baum od. KletterPfl 22
19	Ansatzstellen der BlaStiele jedes BlaPaares nicht durch eine Querlinie am Stg verbunden. Kr gelb, selten weiß, radiär, KrBla frei. 2 der 5 KeBla kleiner. Bla oft mit NebenBla. **Sonnenröschen – _Helianthemum_** S. 530

19* Ansatzstellen der BlaStiele jedes BlaPaares durch eine Querlinie am Stg verbunden (Abb. **778**/3). Kr verschieden gefärbt, wenn gelb, dann dorsiventral. Bla ohne NebenBla **20**
20 Bla sommer- bis immergrün, aromatisch, meist behaart. matt; oft <1 cm lg; wenn länger, dann stark behaart u. Pfl ohne Ausläufer. Kr dorsiventral.
Lippenblütengewächse – *Lamiaceae* S. 704
20* Bla immergrün, ledrig, oseits glänzend, kahl od. am Rand gewimpert. Kr radiär **21**
21 Bla 2–8 cm lg, gegenständig, flach. Pfl nur schwach verholzt, mit lg Kriechtrieben od. Bogenausläufern. Kr blau, lila, selten weiß. **Immergrün** – *Vinca* S. 656
21* Bla <12 × <2 mm, gegenständig od. zu 3 quirlig, Rand stark umgerollt. Kurzästiger Spalierstrauch. Kr rosarot. **Gämsheide** – *Kalmia procumbens* S. 638
22 **(18)** Sprossachse windend. **Geißblatt** – *Lonicera* S. 777
22* Sprossachse nicht windend, aufrecht **23**
23 Bla immergrün, ledrig **24**
23* Bla sommergrün, krautig, weich (selten auch wintergrün u. derber, vgl. *Ligustrum* S. 678) **26**
24 Bla 8–20 cm lg, gegenständig, kahl, eifg-elliptisch, zugespitzt, Rand flach, ganzrandig od. entfernt gezähnt. **Aukube** – *Aucuba japonica* S. 641
24* Bla 2–6 cm lg, gegenständig od. zu 3 quirlig, Rand umgerollt, ganzrandig **25**
25 Bla meist zu 3 quirlig, (2–)3–5(–6) cm lg, kahl, useits jung rostrot.
Schmalblättriger Berglorbeer – *Kalmia angustifolia* S. 638
25* Bla alle gegenständig, 1–3 cm lg, Mittelrippe useits behaart, useits grün.
Buchsbaum – *Buxus* S. 338
26 **(23)** Seitennerven von der Mittelrippe auffallend bogig zur BlaSpitze verlaufend. SteinFr.
Hartriegel – *Cornus* S. 625
26* Seitennerven nach dem BlaRand zu verlaufend. BeerenFr od. Kapsel **27**
27 Ansatzstellen der Stiele jedes BlaPaares durch eine Querlinie am Zweig verbunden (Abb. **778**/3). **Geißblattgewächse** – *Caprifoliaceae* S. 776
27* Ansatzstellen der Stiele jedes BlaPaares nicht durch eine Querlinie verbunden **28**
28 Bla kahl, Stiel <6 cm lg, Spreite <12 cm br. **Ölbaumgewächse** – *Oleaceae* S. 677
28* Bla wenigstens useits stark behaart, Stiel >7 cm lg, Spreite 10–40 cm br u. lg, zuweilen etwas gelappt. Fr lange haftend **29**
29 Bla nicht auffallend riechend, in den Nervenwinkeln nicht gefleckt, Rand bewimpert. Fr eine 3–4 cm lg, eifg zugespitzte Kapsel. BlüKnospen in endständigen Thyrsen überwinternd.
Blauglockenbaum – *Paulownia tomentosa* S. 728
29* Bla gerieben auffallend riechend, in den Nervenwinkeln gefleckt, Rand angedrückt kurzhaarig. Fr eine 20–40 cm lg, röhrenfg Kapsel. BlüKnospen nicht in endständigen Thyrsen überwinternd. **Gewöhnlicher Trompetenbaum** – *Catalpa bignonioides* S. 701
30 **(15)** Bla gesägt, gezähnt od. gekerbt, nie tiefer eingeschnitten **31**
30* Bla (wenigstens z. T.) gelappt bis geteilt **43**
31 Bla zu 3–6 scheinquirlig genähert. **Dolden-Winterlieb** – *Chimaphila umbellata* S. 636
31* Bla gegenständig **32**
32 Zwerghalbstrauch, bis 60 cm hoch **33**
32* Höherer Strauch **34**
33 Sprosse als fadenförmige Kriechtriebe dem Boden aufliegend. Bla <1,5 cm lg, useits kahl od. auf den Nerven behaart. **Moosglöckchen** – *Linnaea* S. 778
33* Sprosse kräftiger, aufrecht od. aufsteigend. Bla 2–9 cm lg, wenigstens useits auf der Fläche behaart. Pfl zuweilen mit unterirdischen Ausläufern.
Lippenblütengewächse – *Lamiaceae* S. 704
34 **(32)** Bla immergrün, glänzend, beidseits kahl, 8–20 cm lg.
Aukube – *Aucuba japonica* S. 641
34* Bla sommergrün, meist behaart; wenn kahl, dann <8(–10) cm lg **35**
35 Ansatzstellen der Stiele jedes BlaPaares durch eine Querlinie am Zweig verbunden. Bla zumindest oseits u. useits behaart (filzig, sternhaarig od. auch nur auf den Nerven) **36**
35* BlaStiele gegenüberliegender Bla nicht durch Querlinie verbunden. Bla kahl od. locker behaart **39**

36	Bla eilanzettlich, useits ± weißfilzig. Fr eine Kapsel. **Sommerflieder – *Buddleja* S. 700**	
36*	BlaUSeite nicht weißfilzig, aber zuweilen sternhaarig-graufilzig	37
37	Zweige ohne Längskanten od. -linien. **Hortensiengewächse – *Hydrangeaceae* S. 624**	
37*	Zweige mit deutlichen Längskanten od. -linien, die von den Bla nach unten verlaufen	38
38	Bla useits dicht sternhaarig-graufilzig. SteinFr. **Wolliger Schneeball – *Viburnum lantana* S. 775**	
38*	Bla useits nicht sternhaarig-graufilzig, aber Zweigspitzen weiß behaart. KapselFr. **Weigelie – *Weigela* S. 776**	
39	**(35)** Seitennerven auffallend bogig auf die BlaSpitze zu verlaufend. Zweige wenigstens z. T. verdornend. **Kreuzdorn – *Rhamnus* S. 449**	
39*	Seitennerven nach dem BlaRand hin verlaufend. Pfl dornenlos	40
40	Zweige rund, ohne Warzen od. Korkleisten.	41
40*	Zweige ± 4kantig od. dicht warzig od. mit Korkleisten	42
41	Bla >4mal so lg wie br, länglich od. verkehrteilanzettlich. Blü in Kätzchen. **Purpur-Weide – *Salix purpurea* S. 480**	
41*	Bla 1,5–2mal so lg wie br, eifg. Blü einzeln, 4zählig, 2 cm ∅, weiß. **Scheinkerrie – *Rhodotypos* S. 431**	
42	**(40)** Zweige zwischen den Knoten hohl od. mit quergefächertem Mark. Bla im unteren Drittel ganzrandig, darüber grob gesägt. **Forsythie – *Forsythia* S. 677**	
42*	Zweige mit vollem Mark. Bla ringsum fein gesägt. **Pfaffenhütchen – *Euonymus* S. 460**	
43	**(30)** Bla nur an Langtrieben teilweise gelappt, sonst ungeteilt u. ganzrandig; wenn BlaSpreite >10 cm br, s. 29 **Schneebeere – *Symphoricarpos* S. 778**	
43*	Alle Bla gelappt; wenn wenig gelappt, dann BlaRand gezähnt	44
44	BlaStiel mit Drüsenhöckern (Abb. 777/3). **Gewöhnlicher Schneeball – *Viburnum opulus* S. 775**	
44*	BlaStiel ohne Drüsenhöcker. **Ahorn – *Acer* S. 522**	
45	**(14)** Bla 5–7zählig gefingert. **Rosskastanie – *Aesculus* S. 522**	
45*	Bla 3zählig, doppelt 3zählig od. gefiedert	46
46	Bla nur selten 3zählig, meist am selben Strauch auch einfach. **Forsythie – *Forsythia* S. 677**	
46*	Bla stets 3zählig, doppelt 3zählig od. gefiedert	47
47	Windender od. rankender Strauch. Bla gefiedert u. BlchenStiel mindestens halb so lg wie die Blchen, od. Bla (doppelt) 3zählig. **Waldrebe – *Clematis* S. 327**	
47*	Aufrechter Strauch od. Baum. Blchen kürzer gestielt od. sitzend	48
48	Seitennerven der oft gelappten Blchen bis in die BlaZähne reichend. Jungtriebe bereift. **Eschen-Ahorn – *Acer negundo* S. 522**	
48*	Seitennerven den BlaRand nicht erreichend. Blchen ungelappt. Jungtriebe nicht bereift	49
49	Baum. Markraum der Jungtriebe eng (maximal die Hälfte des Zweig∅). Blchen (5–)7–11(–13). **Esche – *Fraxinus* S. 677**	
49*	Strauch (selten baumartig). Markraum der Jungtriebe sehr weit (fast den Zweig∅ ausfüllend). Blchen (3–)5–7	50
50	Jungtriebe glatt. Bla am Grund mit hinfälligen, linealischen NebenBla. Fr >1 cm ∅, häutig, aufgeblasen (Abb. 508/5). **Pimpernuss – *Staphylea* S. 521**	
50*	Jungtriebe durch Korkporen höckrig. Bla ohne NebenBla. Fr <1 cm ∅, beerenartig. Bla gerieben (unangenehm) aromatisch. **Holunder – *Sambucus* S. 775**	
51	**(13)** Bla zusammengesetzt od. 2–3fach fiederschnittig	52
51*	Bla einfach, aber zuweilen tief geteilt	68
52	Bla gefingert, 3–7zählig	53
52*	Bla gefiedert, stets mehr als 3 Blchen	58
53	Blchen ganzrandig	54
53*	Blchen gesägt, gezähnt od. gelappt	56
54	Mittleres Blchen 3zähliger Bla 2–3mal so groß wie die seitlichen Blchen. Kletternder Halbstrauch. **Bittersüßer Nachtschatten – *Solanum dulcamara* S. 675**	
54*	Mittleres Blchen 3zähliger Bla nicht od. kaum größer als die seitlichen. Aufrechter od. aufsteigender Strauch	55

SCHLÜSSEL VII 75

55	Rinde im 2. Jahr grünlich. Bla mit hinfälligen NebenBla, nicht durchscheinend punktiert, meist behaart. **Schmetterlingsblütengewächse – _Fabaceae_** S. 350
55*	Rinde im 2. Jahr rotbraun. Bla ohne NebenBla, durchscheinend punktiert, kahl. **Lederstrauch – _Ptelea_** S. 524
56	(53) Bla bis 2,5 cm lg, 3zählig, z. T. auch einfach (Staude mit holzigem, nicht oberirdisch ausdauerndem Stg). **Hauhechel – _Ononis_** S. 362
56*	Bla größer, 3–7zählig 57
57	Sprossachsen u. BlaStiele mit Stacheln. Aufrecht od. bogiger bis niederliegender (Schein-) Strauch. Bla behaart (zumindest useits). **Brombeere – _Rubus_** S. 381
57*	Pfl ohne Stacheln. Rankenkletterer. Bla kahl od. useits auf den Nerven behaart. **Jungfernrebe – _Parthenocissus_** S. 349
58	(52) Bla 2–3fach gefiedert od. fiederschnittig. Halbstrauch 59
58*	Bla meist einfach gefiedert, zuweilen einzelne Blchen gelappt bis gefiedert 60
59	Bla u. Stg kahl, blaugrün. BlaAbschnitte spatelfg bis verkehrteifg, Endzipfel größer, bis 13 mm br. Blü 14–20 mm ⌀, in schirmfg Zymen. **Raute – _Ruta_** S. 524
59*	Bla u. Stg zerstreut behaart od. grau- bis weißfilzig. BlaAbschnitte linealisch bis elliptisch, Endzipfel nicht größer. Blü in Köpfen von 2–5 mm ⌀, diese u. Rispen vereinigt. **Beifuß – _Artemisia_** S. 868
60	(58) Blchen deutlich ringsum gesägt od. gezähnt 61
60*	Blchen ± ganzrandig, höchstens am Grund mit 1–3 großen Zähnen 65
61	Bla immergrün, ledrig, dornig gezähnt. **Mahonie – _Mahonia_** S. 315
61*	Bla nicht ledrig u. nicht dornig gezähnt 62
62	Bla mit Milchsaft. Junge Zweige dicht braunzottig. **Sumach – _Rhus_** S. 521
62*	Bla ohne Milchsaft. Zweige kahl od. anders behaart 63
63	Mark junger Zweige quer gekammert. Bla 30–60 cm lg. **Schwarze Walnuss – _Juglans nigra_** S. 455
63*	Mark junger Zweige voll. Bla meist <30 cm lg. 64
64	Blchen gezähnt od. gesägt. Zweige oft mit Kurztrieben. Fr fleischig od. trocken, nicht blasig. **Rosengewächse – _Rosaceae_** S. 378
64*	Blchen tief geschnitten bis gelappt. Keine Kurztriebe. Fr eine blasig aufgetriebene Kapsel. Park- u. Gartenbaum, zuweilen verwildert. **Blasenesche – _Koelreuteria_** S. 522
65	(60) Blchen am Grund mit 1–3 großen, useits drüsigen Zähnen. **Götterbaum – _Ailanthus_** S. 525
65*	Blchen ganzrandig od. höchstens undeutlich gezähnt od. gekerbt, aber am Grund ohne große Zähne 66
66	Blchen im Mittel >8 cm lg, zerrieben herb riechend. NebenBla fehlend. **Echte Walnuss – _Juglans regia_** S. 455
66*	Blchen kleiner, zerrieben nicht herb riechend. NebenBla vorhanden, zuweilen verwachsen od. dornig od. häutig 67
67	Oberes BlchenPaar an der BlaSpindel als grüner Saum herablaufend. NebenBla tütenfg. BlaGrund ohne BlaGelenk. Strauch, bis 1 m hoch. Blü radiär. **Strauchfingerkraut – _Dasiphora fruticosa_** S. 411
67*	Blchen alle frei. NebenBla nicht tütenfg. BlaGrund mit BlaGelenk. Strauch od. Baum, >1 m hoch. Blü dorsiventral. **Schmetterlingsblütengewächse – _Fabaceae_** S. 350
68	(51) Bla gelappt bis geteilt 69
68*	Bla ganzrandig od höchstens gesägt, gezähnt od. gekerbt 84
69	Stg kletternd, kriechend od. rankend 70
69*	Aufrechter Strauch od. Baum 71
70	Pfl mit verzweigten Ranken, die den Bla gegenüberstehen, zuweilen mit Haftscheiben. Bla sommergrün. BlaLappen gezähnt. Fr in Rispen. **Weinrebengewächse – _Vitaceae_** S. 349
70*	Pfl mit Haftwurzeln kletternd od. kriechend. Bla immergrün. BlaLappen ganzrandig. Fr in Dolden. **Efeu – _Hedera_** S. 748
71	(69) Bla 2lappig bis gespalten, gabelnervig (Abb. **120**/1). **Ginkgo – _Ginkgo_** S. 120
71*	Bla nicht 2lappig, netznervig 72
72	Pfl mit Milchsaft. 73
72*	Pfl ohne Milchsaft 74

73 BlaRand ganz od. schwach gekerbt. FrStand von krugfg, fleischigem Achsenbecher umhüllt.
Feige – *Ficus carica* S. 451
73* BlaRand gezähnt. FrStände himbeerähnlich. **Maulbeere – *Morus* S. 451**
74 (72) Bla nur an Langtrieben zuweilen gelappt, sonst ungeteilt u. ganzrandig.
Schneebeere – *Symphoricarpos* S. 778
74* Bla stets gelappt bis geteilt; wenn daneben auch ungeteilte Bla, dann diese gebuchtet 75
75 Bla 10–20 cm br, handfg 3–7lappig bis -spaltig 76
75* Bla deutlich kleiner od. fiederfg gelappt bis geteilt 77
76 Baum, 6–40 m hoch. BlaStiel mit verbreitertem Grund die Knospe umfassend, ohne Neben-Bla. **Platane – *Platanus* S. 337**
76* Strauch, 1–2(–3) m hoch. BlaStiel am Grund mit NebenBla, nicht stängelumfassend.
Zimt-Himbeere – *Rubus odoratus* S. 382
77 (75) Spreiten am Grund mit 3–5 etwa gleich kräftigen, fingerfg von der Spitze des BlaStiels ausgehenden Nerven 78
77* Spreiten mit nur einem vom BlaStiel ausgehenden kräftigen Hauptnerv (Mittelrippe), fiedernervig 79
78 Baum. BlaLappen ganzrandig. Junge Bla useits weiß od. grau behaart.
Pappel – *Populus* S. 476
78* Strauch. BlaLappen meist deutlich gezähnt. BlaUSeite weder weiß noch grau.
Johannisbeere – *Ribes* S. 339
79 (77) Zweige meist mit verdornten Kurztrieben (nicht bei baumfg Pfl). Bla mit NebenBla, Spreite kahl, am Grund keilfg, die 3–7 Lappen wenigstens im oberen Teil gesägt.
Weißdorn – *Crataegus* S. 436
79* Pfl ohne Dornen; wenn Spreite nur mit 3–7 Lappen, dann behaart od. NebenBla fehlend 80
80 BlaEinschnitte an ihrem Grund (BlaBuchten) abgerundet. BlaLappen meist abgerundet, selten zugespitzt, entweder ganzrandig od. mit wenigen, in lange, haarfg Grannen auslaufenden Zähnen. **Eiche – *Quercus* S. 454**
80* BlaBuchten spitz. BlaLappen ringsum od. wenigstens an der Spitze gezähnt od. gesägt, aber Zähne ohne haarfg Grannen 81
81 BlaStiel >1,5 cm lg 82
81* BlaStiel <1,5 cm lg 83
82 BlaUSeite weiß, grau- od. gelbgraufilzig; wenn kahl, dann Bla tief gelappt u. 3–5 Seitennervenpaare. Knospen sitzend. **Mehlbeere, Elsbeere – *Sorbus* S. 441**
82* BlaUSeite graugrün bis grün, dicht behaart bis ± kahl, Bla schwach gelappt, >7 Seitennervenpaare. Knospen gestielt (Abb. 457/4). **Grau-Erle – *Alnus incana* S. 457**
83 (81) Bla <6 cm lg u. br. Strauch <2 m hoch. **Spierstrauch – *Spiraea* S. 434**
83* Bla 5–10 cm lg u. br. Strauch >2 m hoch. **Hasel – *Corylus* S. 458**
84 (68) Bla völlig ganzrandig. Pfl dornenlos od. mit zuweilen verzweigten Kurzsprossdornen 85
84* Bla gesägt, gezähnt od. gekerbt, selten z. T. ganzrandig; wenn alle ganzrandig, dann Bla rot u. an jedem Langtriebknoten ein ± 2 cm lg scharfer Blattdorn (*Berberis thunbergii*, S. 315) 108
85 Bla wenigstens useits mit silbrigen od. rostbraunen Schildhaaren od. Schuppen 86
85* Bla kahl; wenn behaart, dann nicht mit silbrigen od. rostbraunen Schildhaaren od. Schuppen 87
86 Bla sommergrün, ihr Rand nicht umgerollt. **Ölweidengewächse – *Elaeagnaceae* S. 448**
86* Bla immergrün, ihr Rand umgerollt.
Rostblättrige Alpenrose – *Rhododendron ferrugineum* S. 638
87 (85) Pfl mit Dornen 88
87* Pfl ohne Dornen, höchstens Bla dornig gezähnt 89
88 Zwergstrauch, 0,15–0,80 m hoch. Zweige aufrecht od. aufsteigend. Bla <20 mm lg. Kr gelb, SchmetterlingsBlü. **Ginster – *Genista* S. 354**
88* Höherer Strauch, 1–3 m hoch. Zweige meist bogig überhängend. Bla größer, selten 7–30 × 1–2 mm. Kr purpurviolett, radiär. **Bocksdorn – *Lycium* S. 673**
89 (87) Windender od. kletternder (u. kriechender) Strauch od. Halbstrauch 90

89*	Weder windender noch kletternder Baum od. Strauch	92
90	Bla immergrün, ledrig, kahl, 3–5eckig od. rhombisch bis eifg, z. T. auch gelappt. Fr in Dolden. **Efeu – _Hedera_** S. 748	
90*	Bla sommergrün, weich, eifg-lanzettlich od. herzfg	91
91	Bla länglich ei-pfeilfg, am Grund des Stiels mit stängelumfassender Scheide (Ochrea). Blü weiß. Fr weiß. **Schling-Flügelknöterich – _Fallopia baldschuanica_** S. 575	
91*	Bla eifg-lanzettlich, oft geöhrt, spießfg od. mit 1–2 Fiederzipfeln, ohne Ochrea. Kr violett. Fr rot. **Bittersüßer Nachtschatten – _Solanum dulcamara_** S. 675	
92	(89) Bla mit Dornspitze od. kleinem, aufgesetztem Stachelspitzchen	93
92*	Bla ohne Dornspitze od. Stachelspitzchen, spitz od. stumpf	94
93	Höherer Strauch od. Baum. Bla >2 cm lg, mit Dornspitze u. meist auch am Rand dornig gezähnt. **Stechpalme – _Ilex_** S. 748	
93*	Zwergstrauch, bis 25 cm hoch. Bla <2 cm lg, lanzettlich, ganzrandig, mit aufgesetztem Stachelspitzchen. **Zwergbuchs – _Polygala chamaebuxus_** S. 376	
94	(92) BlaUSeite u. Zweige mit gelben Harzdrüsenpunkten. Pfl aromatisch duftend. **Gagel – _Myrica_** S. 455	
94*	Bla u. Zweige ohne gelbe Drüsen	95
95	Spalierstrauch od. niedriger Strauch, bis 1(–1,50) m hoch	96
95*	Höherer Strauch od. Baum	101
96	Zweige grün, kantig od. geflügelt. **Schmetterlingsblütengewächse – _Fabaceae_** 350	
96*	Zumindest untere Zweige deutlich holzig, nicht kantig od. geflügelt	97
97	Jede Knospe außen mit nur 1 kappenfg Knospenschuppe. Blü in Kätzchen. **Weide – _Salix_** S. 478	
97*	Jede Knospe mit mehreren Knospenschuppen. Blü nicht in Kätzchen	98
98	Bla mit je 2 NebenBla. **Zwergmispel – _Cotoneaster_** S. 445	
98*	Bla ohne NebenBla	99
99	Niedriger Spalierstrauch. Bla in der oberen Hälfte am breitesten, deutlich ausgerandet. **Herzblättrige Kugelblume – _Globularia cordifolia_** S. 692	
99*	Strauch od. Zwergstrauch. Bla in der Mitte od. darunter am breitesten, nicht deutlich ausgerandet	100
100	Bla 3–8 cm lg, wenn kürzer, dann an Zweigenden gedrängt, stets kahl, Rand nie umgerollt. **Seidelbast – _Daphne_** S. 529	
100*	Bla kürzer, sonst behaart od. drüsig od. Rand umgerollt, am Stg ± gleichmäßig verteilt. **Heidekrautgewächse – _Ericaceae_** S. 634	
101	(95) Bla behaart od. zumindest am Rand zottig bewimpert	102
101*	Bla kahl	105
102	Bla nur am Rand od. useits auf den Nerven behaart	103
102*	Bla (wenigstens useits) seidenhaarig od. filzig	104
103	Baum mit meist glatter, silbergrauer Rinde. Bla zweizeilig, jung am Rand zottig gewimpert, später kahl od. useits auf den Nerven behaart. **Buche – _Fagus_** S. 453	
103*	Strauch, <3 m hoch, mit weiß getüpfelten Zweigen. Bla zerstreut, jung useits auf den Nerven behaart, später kahl. **Faulbaum – _Frangula_** S. 449	
104	(102) Jede Knospe außen mit nur 1 kappenfg Knospenschuppe. Bla useits od. beidseits weiß behaart, filzig od. seidig. **Weide – _Salix_** S. 478	
104*	Jede Knospe mit mehreren Knospenschuppen. Bla useits weichhaarig, grau- od. weißfilzig, nie seidenhaarig. **Rosengewächse – _Rosaceae_** S. 378	
105	(101) Bla lanzettlich bis eifg-lanzettlich	106
105*	Bla rundlich od. elliptisch	107
106	Zweige aufrecht, nicht dornig. **Weide – _Salix_** S. 478	
106*	Zweige bogig überhängend, ± dornig. **Bocksdorn – _Lycium_** S. 673	
107	(105) Bla rundlich, sehr stumpf. Seitennerven vor dem Rand verzweigt, nicht mit den benachbarten Nerven verbunden. **Perückenstrauch – _Cotinus_** S. 521	
107*	Bla elliptisch, spitz. Seitennerven am Rand bogig verbunden. **Faulbaum – _Frangula_** S. 449	
108	(84) LaubBla gebüschelt an Kurztrieben, in der Achsel eines meist 3teiligen Dorns (umgewandeltes LangtriebBla). **Berberitze – _Berberis_** S. 315	
108*	LaubBla nicht gebüschelt in der Achsel von Dornen	109

109	Spreiten am Grund mit 3–5 etwa gleich kräftigen, fingerfg von der BlaStielSpitze ausgehenden Nerven	110
109*	Spreiten mit nur 1 vom BlaStiel ausgehenden Hauptnerv, von dem oberhalb des Spreitengrunds die Seitennerven abzweigen	118
110	Bla etwa 1 cm lg, fast kreisrund. **Zwerg-Birke – _Betula nana_** S. 457	
110*	Bla größer	111
111	BlaStiel im Mittel >3,5 cm lg	112
111*	BlaStiel ≤3 cm lg	113
112	Spreitengrund herzfg, etwas unsymmetrisch, von der Spitze des BlaStiels 4–5 kräftige Nerven fingerfg ausgehend. Nervenwinkel der BlaUSeite bärtig. **Linde – _Tilia_** S. 525	
112*	Spreitengrund keilfg, gestutzt, abgerundet od. schwach herzfg, von der Spitze des BlaStiels nur 3 kräftige Nerven ausgehend. Seitennerven nicht in die BlaZähne verlaufend. **Pappel – _Populus_** S. 476	
113	(111) Seitennerven deutlich in die BlaZähne verlaufend	114
113*	Seitennerven vor dem BlaRand bogig verbunden, höchstens die oberen in die BlaZähne verlaufend	115
114	BlaSpreite >5 × 6 cm, in der oberen Hälfte am breitesten, mit 6–7 Nervenpaaren. **Hasel – _Corylus_** S. 458	
114*	BlaSpreite <5 × 6 cm, in der unteren Hälfte am breitesten, mit 4–7 Nervenpaaren. **Birke – _Betula_** S. 457	
115	(113) Bla bis 4,0 × 2,5 cm. **Spierstrauch – _Spiraea_** S. 434	
115*	Bla größer	116
116	Pfl mit Milchsaft. Spreitengrund herzfg od. gestutzt. Bla z. T. gelappt. **Maulbeere – _Morus_** S. 451	
116*	Pfl ohne Milchsaft. Spreitengrund nicht herzfg. Bla nicht gelappt	117
117	Bla oseits kahl, schraubig gestellt, doppelt gesägt. Ausläuferstrauch. **Kerrie – _Kerria_** S. 431	
117*	Bla oseits durch kurze, steife Haare rau, zweizeilig, einfach gesägt. Baum ohne Ausläufer. **Zürgelbaum – _Celtis_** S. 451	
118	(109) Pfl dornig. **Rosengewächse – _Rosaceae_** S. 378	
118*	Pfl dornenlos	119
119	Bla ganzrandig od. geschweift gezähnt, zweizeilig, BlaRand jung zottig bewimpert, oft etwas wellig. **Buche – _Fagus_** S. 453	
119*	BlaRand (zumindest teilweise) deutlich gesägt, gezähnt od. gekerbt, nicht zottig bewimpert	120
120	Seitennerven alle od. wenigstens die oberen in die BlaZähne verlaufend	121
120*	Seitennerven sich vor dem BlaRand verlierend od. bogig in die nächstoberen einmündend	127
121	Bla useits weiß- od. graufilzig. **Rosengewächse – _Rosaceae_** S. 378	
121*	Bla useits grün od. grau, kahl od. behaart, aber nicht filzig	122
122	BlaUSeite mit gelben, aromatisch duftenden Harzdrüsenpunkten. **Gagel – _Myrica_** S. 455	
122*	Bla ohne gelbe Drüsen	123
123	Spalierstrauch, 5–20 cm hoch. **Zwerg-Kreuzdorn – _Rhamnus pumila_** S. 449	
123*	Höherer Strauch od. Baum	124
124	Bla mit >10 Paar kräftigen Seitennerven u. ebenso vielen Zähnen. Fr stark dornig. **Kastanie – _Castanea_** S. 454	
124*	Bla mit <10 Paar Seitennerven; wenn mehr, dann wesentlich mehr BlaZähne als Seitennerven. Fr nicht dornig	125
125	BlaGrund auffällig asymmetrisch, dadurch Spreiten ungleichhälftig. **Ulme – _Ulmus_** S. 449	
125*	BlaGrund ± symmetrisch	126
126	Seitennerven (höchstens mit Ausnahme des untersten Paares) in die BlüZähne verlaufend. ♂ Blü in Kätzchen. **Birkengewächse – _Betulaceae_** S. 456	
126*	Nur die oberen Seitennerven in die BlaZähne verlaufend. Blü nicht in Kätzchen. **Felsenbirne – _Amelanchier_** S. 439	
127	(120) Zwergstrauch, <1 m hoch (vgl. auch _Myrica_, **122, 130**)	128
127*	Höherer Strauch od. Baum	130

128	Bla >3 cm lg, oseits glänzend, dunkelgrün, mit NebenBla. Blü reinweiß. SteinFr. **Steppen-Kirsche –** _**Prunus fruticosa**_ S. 433
128*	Bla <3 cm lg. Blü nicht reinweiß. Fr eine Beere od. Kapsel 129
129	Pfl 10–80 cm hoch. Zweige grün, scharfkantig. Fr eine Beere. Bla nicht glänzend, ohne NebenBla. **Heidelbeere –** _**Vaccinium myrtillus**_ S. 641
129*	Pfl 1–4 cm hoch. Zweige rund, im Boden eingewachsen, oberirdisch nur krautige Triebe. Fr eine Kapsel. Bla glänzend, mit NebenBla. **Kraut-Weide –** _**Salix herbacea**_ S. 478
130	(127) Bla nur an der Spitze gesägt, useits wie die Zweige mit goldglänzenden, stark duftenden Harzdrüsenpunkten. **Gagel –** _**Myrica**_ S. 455
130*	Bla ohne gelbe Drüsen 131
131	Jede Knospe außen mit nur einer einzigen kappenfg Knospenschuppe. Blü in Kätzchen. **Weide –** _**Salix**_ S. 478
131*	Jede Knospe mit mehreren Knospenschuppen 132
132	Bla immergrün, ledrig, dornig gezähnt. **Stechpalme –** _**Ilex aquifolium**_ S. 748
132*	Bla sommergrün, weich, nicht dornig gezähnt 133
133	BlaStiel <2 cm lg. **Rosengewächse –** _**Rosaceae**_ S. 378
133*	BlaStiel >2 cm lg 134
134	Bla im Mittel >5 cm br. BlaStiel 2–12 cm lg, seitlich stark zusammengedrückt; wenn rund, dann BlaUSeite weißlich. Blü in Kätzchen. **Pappel –** _**Populus**_ S. 476
134*	Bla <5 cm br. BlaStiel im ⌀ rundlich. BlaUSeite grün. Blü nicht in Kätzchen. **Rosengewächse –** _**Rosaceae**_ S. 378

Schlüssel VIII · Tauch- und Schwimmpflanzen

Mit dem Schlüssel können WasserPfl (ausgenommen die meisten SumpfPfl, bei denen im Sommer die oberen Sprossteile aufrecht über das Wasser ragen) auch im nichtblühenden Zustand bestimmt werden.

1	Sprosse blattartig, linsenfg u. schwimmend, <1 cm (zuweilen nur stecknadelkopfgroß) od. gestielt lanzettlich, kreuzweise verbunden u. meist untergetaucht (Abb. **135**/4). Blü sehr selten, winzig. **Aronstabgewächse –** _**Araceae**_ S. 132
1*	Pfl anders gestaltet. Stg mindestens 2 cm lg 2
2	Stg quirlig verzweigt od. astlos u. dann mit vielzähnigen Scheiden aus verwachsenen Bla. Pfl im Boden verankert, aufrecht, blütenlos 3
2*	Stg nicht quirlig verzweigt (höchstens mit quirligen BlüStielen od. Bla) u. ohne vielzähnige Scheiden (höchstens mit ungezähnten Scheiden in den BlaAchseln od. mit scheidigem BlaGrund) 4
3	Stg glatt, zäh, leicht in die einzelnen StgGlieder zerreißbar. Bla zu vielzähnigen, den Stg dicht umschließenden Scheiden verwachsen. Pfl über das Wasser ragend. Stg an der Spitze zuweilen mit Sporangiophor-Ähre (Abb. **100**/1). **Teich-Schachtelhalm –** _**Equisetum fluviatile**_ S. 98
3*	Stg u. Äste oft rau, spröde, leicht brechend, blattlos, ohne Scheiden (Abb. **79**/1). Pfl stets untergetaucht. Astglieder zuweilen mit mohnkorn-großen Fortpflanzungsorganen. Algen, hier nur Armleuchteralgen verschlüsselt (andere Algen in der Regel einfacher gebaut, kaum Ähnlichkeit mit GefäßPfl). **Armleuchteralgen –** _**Characeae**_ S. 86
4	(2) BlaSpreite bauchig aufgetrieben, linsengroß, längs der Mittelrippe auf Reiz zusammenklappend. BlaStiel flach, nach vorn keilig verbreitert, am vorderen Ende mit 4–6 Borsten (Abb. **580**/1). Pfl wurzellos, frei schwimmend. Bla dicht quirlig. Blü sehr selten. **Wasserfalle –** _**Aldrovanda**_ S. 582
4*	Pfl anders gestaltet 5
5	Bla in viele fadenfg od. borstenfg Zipfel zerschlitzt, alle gleichgestaltet, stets untergetaucht 6
5*	Wenigstens die schwimmenden Bla nicht fein zerschlitzt, ungeteilt od. (bei _Apium_) mit br Abschnitten gefiedert 10

Abb. 79/1. Characeae

6	Bla wechselständig, ihre Zipfel z. T. mit 0,5–2,0 mm großen Bläschen besetzt (Abb. **703**/4). Blü in Trauben, gelb, 2lippig, gespornt (Abb. **703**/1–3). **Wasserschlauch – *Utricularia*** S. 702	
6*	Bla ohne Bläschen. Blü radiär	7
7	Alle Bla quirlig. Pfl 1häusig	8
7*	Bla wechselständig, die oberen oft rosettig genähert. Blü ♀	9
8	Bla wiederholt gabelteilig, hornartig hart (Abb. **130**/5, 6). Blü achselständig, unscheinbar, untergetaucht. Pfl wurzellos. **Hornblatt – *Ceratophyllum*** S. 309	
8*	Bla kammfg fiederschnittig, krautig weich. Blü quirlig, in auftauchenden Ähren. **Tausendblatt – *Myriophyllum*** S. 348	
9	(7) Bla wiederholt gabelteilig (Abb. **319**/3). Blü einzeln, Kr weiß. **Wasserhahnenfuß – *Ranunculus*** S. 328	
9*	Bla kammfg fiederteilig. Blü in quirliger Traube, Kr rosa. **Wasserfeder – *Hottonia*** S. 633	
10	(5) Bla 4zählig, glückskleeähnlich. **Kleefarn – *Marsilea*** S. 104	
10*	Bla nicht 4zählig	11
11	Bla rosettig, br linealisch, 3kantig, steif, 1–3 cm br, dornig gesägt. Rosette zur BlüZeit frei schwimmend u. halb aus dem Wasser ragend, sonst auch untergetaucht. **Krebsschere – *Stratiotes*** S. 137	
11*	RosettenBla fehlend od. nicht dornig gesägt	12
12	Wenigstens die oberen Bla auf dem Wasser schwimmend. Höchstens Blü od. BlüStand aus dem Wasser herausragend	13
12*	Pfl ohne SchwimmBla, völlig untergetaucht. Höchstens BlüStand od. seltener oberer StgTeil aus dem Wasser herausragend	31
13	Bla in 3zähligen Quirlen, davon je 2 elliptisch u. scheinbar gegenständig, schwimmend ("SchwimmBla"), das dritte untergetaucht u. wurzelähnlich zerschlitzt (Abb. **104**/1). SchwimmBla oseits mit behaarten Warzen. Pfl frei schwimmend. **Schwimmfarn – *Salvinia*** S. 103	
13*	Pfl anders gestaltet	14
14	Bla klein, schuppenartig, gefaltet, 2zeilig. Pfl blütenlos, frei schwimmend, reich verzweigt, bis 2,5 cm lg (Abb. **104**/2). **Algenfarn – *Azolla*** S. 104	
14*	Pfl anders gestaltet	15
15	SchwimmBla gelappt od. zusammengesetzt. Kr weiß	16
15*	SchwimmBla ungeteilt, weder gelappt noch zusammengesetzt, höchstens gezähnt od. gekerbt	17
16	SchwimmBla rundlich, handfg gelappt bis geteilt (Abb. **329**/1, 2). Blü einzeln. StaubBla u. FrKn ∞. **Wasserhahnenfuß – *Ranunculus*** S. 328	
16*	SchwimmBla gefiedert. Blü klein, in gablig paarigen Döldchen. StaubBla 5. FrKn 1. **Scheiberich – *Apium*** S. 762	
17	(15) Bla schildfg od. mit tiefer Stielbucht (Abb. **748**/2, 3), lg gestielt. Spreite kreisrund, flach gekerbt, 1–7 cm ⌀. Stg kriechend od. flutend. **Wassernabel – *Hydrocotyle*** S. 749	
17*	Bla nicht schildfg, wenn rund u. mit tiefer Stielbucht, dann ganzrandig	18
18	Bla ungestielt, am Grund mit Scheide, fadenfg od. linealisch-bandfg, mindestens 20mal so lg wie br	19
18*	Bla gestielt od. am Grund stielartig verschmälert, lanzettlich bis rundlich, höchstens 10mal so lg wie br	21
19	Bla fadenfg, 3–30 cm × 0,2–1,0 mm, undeutlich querfächrig. Stg mit achselständigen Bla-Büscheln. Blü in 2–6blütigen Köpfen, diese in lockeren Spirren angeordnet u. mit Bla-Büscheln. **Zwiebel-Binse – *Juncus bulbosus*** S. 202	
19*	Bla linealisch-bandfg, (10–)40–250 cm × 1–15(–20) mm, nicht querfächrig. Stg u. BlüStand ohne BlaBüschel	20
20	Bla an der Grenze zwischen Scheide u. Spreite mit Blatthäutchen (Ligula). Spreite flach, oseits gerieft od. mit Doppelrille (Abb. **249**/5). Blü zu von Spelzen umhüllten Ährchen u. diese zu ährenfg od. rispigen GesamtBlüStänden vereinigt. **Süßgräser – *Poaceae*** S. 243	
20*	Bla ohne BlaHäutchen. Spreite im oberen Teil flach, gegen den Grund useits gewölbt od. gekielt, ± 3kantig. Blü in 1geschlechtigen, kugligen Köpfen, diese zu Ähren od. Trauben vereinigt. **Igelkolben – *Sparganium*** S. 191	

21	(18) Spreite der SchwimmBla am Grund tief herzfg od. pfeilfg, selten bei einigen Bla abgerundet. Bla stets rosettig **22**
21*	Spreite der SchwimmBla am Grund verschmälert, gestutzt od. abgerundet, selten bei einigen Bla sehr flach herzfg u. dann Bla stängelständig **26**
22	SchwimmBla mit pfeilfg Grund, br elliptisch bis länglich. Blü 1häusig, in quirligen Trauben. KrBla 3, weiß mit purpurnem Grund. **Pfeilkraut – _Sagittaria_** S. 141
22*	SchwimmBla mit herzfg Grund **23**
23	Pfl frei schwimmend. Rosetten an dünnen Ausläufern. BlaSpreite kreisrund, 2,3–5,0(–7,5) cm ⌀. Blü 2häusig, einzeln. KrBla 3, weiß mit gelbem Grund. **Froschbiss – _Hydrocharis_** S. 137
23*	Pfl im Boden wurzelnd. Bla grundständig. Blü ♂ **24**
24	SchwimmBla bogennervig, mit 3–15 gleich dicken Nerven, elliptisch bis br eifg, 3–9 × 2–7 cm, die ersten mit abgerundetem Grund. Blü 5–7 mm ⌀, in quirligen Rispen. KrBla 3, weiß. **Herzlöffel – _Caldesia_** S. 141
24*	Bla fieder- od. fingernervig, br eifg bis rundlich, alle mit herzfg Grund. Blü 2–15 cm ⌀ ... **25**
25	Bla fiedernervig (Abb. **130**/1–3), useits ohne Drüsenpunkte, (4–)12–40 × (3,5–)10–35 cm. Blü lg gestielt, dem am Boden kriechenden dicken Rhizom entspringend. BlüHülle frei blättrig, weiß od. gelb. StaubBla ∞. **Seerosengewächse – _Nymphaeaceae_** S. 130
25*	Bla fingernervig, useits drüsig punktiert, 7–13(–20) × 6–10(–18) cm. Blü am flutenden Stg zu mehreren achselständig. KrBla 5, verwachsen, gelb. StaubBla 5. **Seekanne – _Nymphoides_** S. 791
26	(21) SchwimmBla rhombisch, gezähnt, mit spindelfg aufgeblasenem Stiel (Abb. **508**/4), rosettig an der Spitze des fadenfg Stg. KrBla 4, weiß. **Wassernuss – _Trapa_** S. 506
26*	SchwimmBla nicht rhombisch, ganzrandig **27**
27	Bla am Grund mit 1 großen, achselständigen NebenBla (Abb. **145**/3) od. mit röhriger Scheide (Ochrea, Abb. **577**/1–4), an gestrecktem Stg wechselständig, obere oft gegenständig bis quirlig genähert. Blü in Ähren **28**
27*	Bla ohne NebenBla od. Ochrea. Blü einzeln od. in quirligen Rispen od. Dolden **29**
28	Bla fiedernervig, am Grund mit Ochrea. PerigonBla 5, rosa. **Wasser-Knöterich – _Persicaria amphibia_** S. 578
28*	Bla streifennervig, mit achselständigem NebenBla. PerigonBla 4, grün bis bräunlich (Abb. **142**/4). **Laichkraut – _Potamogeton_** S. 144
29	(27) SchwimmBla an gestrecktem Stg gegenständig, obere meist rosettig gedrängt, 0,5–2(–3) cm lg, spatelfg, allmählich in den sehr kurzen Stiel verschmälert (Abb. **679**/2). Blü unscheinbar, achselständig. **Wasserstern – _Callitriche_** S. 694
29*	SchwimmBla grundständig, mit Stiel >4 cm lg, Stiel stets länger als die Spreite, nur zuweilen an flutenden Stg auch kürzere SchwimmBla **30**
30	SchwimmBla mit Stiel 3–10(–20) cm lg; Spreite schmal spatelfg mit abgerundeter Spitze, allmählich in den lg Stiel verschmälert (Abb. **698**/1). Blü achselständig, untergetaucht, geschlossen bleibend. **Schlammling – _Limosella_** S. 700
30*	Grundständige SchwimmBla mit Stiel meist >20 cm lg; Spreite schmal elliptisch bis rundlich od. lanzettlich u. dann spitz, deutlich vom Stiel abgesetzt. Blü in auftauchenden Rispen od. Dolden od. am flutenden Stg achselständig, schwimmend. KrBla 3, weiß od. rosa. **Froschlöffelgewächse – _Alismataceae_** S. 139
31	(12) Nichtblühende Stg binsenblattartig od. fadenfg, wie die blühenden stielrund od. schwach kantig, jeder am Grund von spreitenlosen od. seltener spreitentragenden BlaScheiden umschlossen (wenn diese fehlend, dann Stg höchstens 0,5 mm dick), büschlig od. einzeln am kriechenden Rhizom, oft auftauchend. Blü in Ähren, oft fehlend **32**
31*	Pfl mit wohlentwickelten LaubBla, diese am Grund nicht von Scheiden umschlossen (aber Rosetten oft von kurzen NiederBla umgeben u. dann Bla flach) **33**
32	Nichtblühende Stg binsenblattartig, derb, 50–400 × 0,3–1,5 cm (am Grund bis 3 cm ⌀). Grundscheiden 3–5(–10), oft mit Spreitenrest. Ähren in büschligen Spirren scheinbar seitenständig. **Teichsimse – _Schoenoplectus_** S. 240
32*	Nichtblühende Stg ± fadenfg, zart, 2–30(–50) cm × 0,2–1,3 mm. Grundscheiden 2, röhrig, dem Stg dicht anliegend, stets spreitenlos. Ähren einzeln endständig. **Sumpfsimse – _Eleocharis_** S. 236
33	(31) Bla alle grundständig, rosettig, nie fadenfg. Stg höchstens mit SchuppenBla **34**

33* Stg in ganzer Länge mit LaubBla **46**
34 Bla gestielt, Spreite eifg bis rund, mit herzfg Grund, 3–40 cm lg u. br, zarthäutig, am Rand wellig-kraus, hellgrün. Pfl mit dickem Rhizom. **Teichrose – _Nuphar_** S. 130
34* Bla ungestielt, linealisch bis pfriemlich **35**
35 Bla pfriemlich, binsenartig od. lineal-länglich, 1–20(–30) cm × 0,3–4(–5) mm, ⌀ rund, halbrund, br elliptisch od. schwach 3–4kantig, höchstens gegen die Spitze flach u. dann <10 cm lg **36**
35* Bla linealisch-bandfg, (3–)10–100(–270) cm × (1,2–)2–15(–30) mm, flach, höchstens in der unteren Hälfte 3kantig u. dann >20 cm lg **39**
36 Stg kurz knollenfg (Abb. **96**/5). Bla binsenartig-pfriemlich, ⌀ 4eckig od. 3eckig-halbrund, mit 4 Luftkanälen. SporenPfl. Je 1 Sporangium auf der OSeite des stark verbreiterten BlaGrundes. **Brachsenkraut – _Isoëtes_** S. 96
36* Stg nicht knollenfg. Bla mit 2 Luftkanälen oder ohne diese, ☉, am Grund nicht auffällig verbreitert. SamenPfl **37**
37 Bla lineal-länglich, dicklich, ⌀ halbrundlich, mit 2 Luftkanälen, gegen die ± zurückgebogene, stumpf abgerundete Spitze abgeflacht. Pfl mit Milchsaft. Blü in meist auftauchenden Trauben. Kr 2lippig, weiß, Röhre bläulich. **Lobelie – _Lobelia_** S. 790
37* Bla linealisch-pfriemlich, spitz, ⌀ br elliptisch bis rundlich, ohne Luftkanäle. Pfl ohne Milchsaft. Blü unscheinbar, oft untergetaucht od. fehlend **38**
38 Pfl ohne Ausläufer. Bla ohne Scheide. Blü ⚥, in grundständigen, 2–8blütigen Trauben. **Pfriemenkresse – _Subularia_** S. 548
38* Pfl mit dünnen Ausläufern. BlaGrund scheidig. Blü 1geschlechtig, ♂ lg gestielt, ♀ am Grund dieses Stiels (Abb. **679**/1). **Strandling – _Littorella_** S. 694
39 (35) Bla im oberen Teil allmählich in die scharfe Spitze verschmälert. Untergetauchte Pfl meist unfruchtbar **40**
39* Bla parallelrandig bis zur stumpf abgerundeten Spitze **43**
40 Bla in der unteren Hälfte verdickt, deutlich 3kantig. Rhizom kurz, Ausläufer fehlend. Auftauchende Pfl mit endständiger Dolde. Kr rötlichweiß. **Schwanenblume – _Butomus_** S. 139
40* Bla bis zum Grund flach **41**
41 Bla 2zeilig, 25–160(–240) cm × (1,5–)3–10 mm, am Grund mit 10–30(–45) cm lg Scheide. Rosette an verlängertem Stg, dieses kräftig, braun od. rotbraun, mit NiederBla. **Gewöhnliche Teichsimse – _Schoenoplectus lacustris_** S. 240
41* Bla schraubig, 5–30(–55) cm × 1–5(–7) mm, am Grund kurz scheidig. Rosetten einzeln od. mit dünnen Ausläufern, an deren Knoten weitere Rosetten sitzen **42**
42 Ausläufer stets vorhanden. Wenn an flutendem Stg einzelne Blü, dann auch mit SchwimmBla. **Froschkraut – _Luronium_** S. 141
42* Ausläufer meist fehlend. Wenn mit auftauchenden BlüDolden, dann meist einige Bla mit schmal lanzettlicher Spreite. **Igelschlauch – _Baldellia_** S. 139
43 (39) Pfl mit kurzem, gestauchten Rhizom, ohne Ausläufer. Bla mit ∞ Längsnerven; Mittelnerv kräftiger als die oft knickigen Seitennerven; Quernerven zart. Blü in auftauchender, seltener untergetauchter Rispe od. fehlend. **Grasblättriger Froschlöffel – _Alisma gramineum_** S. 140
43* Pfl mit gestreckten Ausläufern od. dünnem, ausläuferartigem Rhizom **44**
44 Bla am Grund gekielt, schwach 3kantig, fein gitternervig, Längsnerven ∞, Mittelnerv hervortretend, die seitlichen so dick wie die Quernerven. Meist unfruchtbar, wenn mit Blü in auftauchenden, 1geschlechtigen Köpfen, dann auch mit auftauchenden Bla. **Einfacher Igelkolben – _Sparganium emersum_** S. 192
44* Bla völlig flach, Längsnerven (3–)5(–9), Quernerven feiner od. kaum sichtbar **45**
45 Bla völlig ganzrandig; Seitennerven so dick wie der Mittelnerv, dicht unter der Spitze in den Rand verlaufend. Meist unfruchtbar, selten mit untergetauchter od. auftauchender Traube mit 1geschlechtigen Blü. **Pfeilkraut – _Sagittaria_** S. 141
45* Bla zur Spitze hin fein gesägt (Lupe!); Seitennerven dicht unter der Spitze in den dickeren Mittelnerv einmündend. Pfl 2häusig, im Gebiet nur mit ♂ Blü, diese anfangs in grundständigem BlüStand, später frei auf dem Wasser schwimmend. **Wasserschraube – _Vallisneria_** S. 138

46	(33) Bla fadenfg, anfangs uhrfederartig eingerollt, einzeln am lg kriechenden Stg. Blü fehlend. Am Grund der Bla kuglige Sporokarpien (Abb. **104**/3). **Pillenfarn – _Pilularia_** S. 105	
46*	Bla nicht uhrfederartig eingerollt, wenn fadenfg od. pfriemlich, dann mit Scheide od. Ochrea **47**	
47	Bla mit scheidigem Grund od. in der Achsel mit großem, scheidigem NebenBla (Abb. **145**/1, 3, 7) od. mit röhriger Ochrea, oft wechselständig **48**	
47*	Bla sitzend od. kurz gestielt, ohne Scheide od. Ochrea, höchstens mit winzigen NebenBla, gegenständig od. quirlig **57**	
48	BlaSpreite am Grund der Scheide (achselständiges NebenBla od. Ochrea) abgehend **49**	
48*	BlaSpreite am oberen Ende der Scheide (scheidiger BlaGrund) abgehend **50**	
49	Bla mit röhriger, dem Stg eng anliegender Ochrea, an fertilen Sprossen paarweise genähert. Blü zu 1–2 achselständig, untergetaucht (Abb. **142**/5). **Teichfaden – _Zannichellia_** S. 148	
49*	Bla mit achselständigem, meist etwas abstehendem NebenBla (Abb. **145**/3), außerhalb des BlüBereiches wechselständig. Blü in auftauchenden Ähren od. Köpfen (Abb. **142**/4). **Laichkraut – _Potamogeton_** S. 144	
50	(48) Bla scharf stachelspitzig gezähnt (Abb. **140**/1, 2), 1–2(–4) cm lg, mit kurzer Scheide. Blü einzeln achselständig. **Nixkraut – _Najas_** S. 138	
50*	Bla ganzrandig, >2 cm lg. Blü in Ähren, Rispen od. Köpfen **51**	
51	Bla linealisch-bandfg, 1–10 mm br **52**	
51*	Bla fadenfg bis borstenfg, 0,2–1,0 mm br **54**	
52	Bla an der Grenze zwischen Scheide u. Spreite mit BlaHäutchen (Ligula), Spreite 6–10 cm lg. Meist unfruchtbar, selten mit rispigem BlüStand aus kleinen Ährchen. **Weißes Straußgras – _Agrostis stolonifera_** S. 290	
52*	Bla ohne BlaHäutchen, Spreite (4–)10–100(–200) cm lg **53**	
53	Untergetauchte MeeresPfl. Bla mit (1)3–7(9) Hauptnerven, dazwischen feine Längsnerven, Quernerven sehr undeutlich. Blü in Ähren, diese in die BlaScheiden eingeschlossen (Abb. **142**/3). **Seegras – _Zostera_** S. 143	
53*	Pfl der Binnengewässer. Bla oft auftauchend, fein gitternervig, mit 7–∞ Längsnerven, Mittelnerv hervortretend od. alle sowie die Quernerven gleich dick. Blü in auftauchenden, 1geschlechtigen, kugligen Köpfen. **Igelkolben – _Sparganium_** S. 191	
54	(51) Bla am oberen Scheidenende mit 1 od. 2 schüppchenartigen Anhängsel(n) (Abb. **145**/1) **55**	
54*	BlaScheide ohne Anhängsel **56**	
55	Scheidenende mit 1 Anhängsel (BlaHäutchen). Blü in unterbrochener Ähre. Frchen sitzend. **Laichkraut – _Potamogeton_** S. 144	
55*	Scheidenende mit 2 Anhängseln. Blü in 2blütigen Ähren (Abb. **142**/2), zunächst in die BlaScheide eingeschlossen. Frchen lg gestielt. SalzwasserPfl. **Salde – _Ruppia_** S. 142	
56	(54) Stg meist mit achselständigen BlaBüscheln. Bla undeutlich querfächrig. Blü in 2–6 blütigen Köpfen, diese in lockeren Spirren angeordnet, oft mit Laubtrieben, Pfl aber meist unfruchtbar. **Zwiebel-Binse – _Juncus bulbosus_** S. 202	
56*	Stg mit einzelnstehenden, nicht querfächrigen Bla. Blü in 3–5 mm lg, sehr lg gestielten achselständigen Ähren (Abb. **237**/7). **Flutende Tauchsimse – _Isolepis fluitans_** S. 241	
57	(47) Bla quirlig (höchstens die ersten an Seitenzweigen gegenständig) **58**	
57*	Bla (fast) gegenständig **60**	
58	Pfl völlig untergetaucht. Bla fein gesägt od. gezähnt (Lupe!), zu (2–)3–6 quirlig. Blü 1geschlechtig. **Froschbißgewächse – _Hydrocharitaceae_** S. 136	
58*	Stg meist teilweise aus dem Wasser ragend. Bla völlig untergetaucht, zumindest die untergetauchten zu (6–)8–19 quirlig. Blü ⚥ **59**	
59	ÜberwasserBla (falls vorhanden) eifg, zu 3 quirlig (Abb. **467**/4). Stg radial großräumig gekammert. KeBla u. KrBla je 4. StaubBla 8. **Quirl-Tännel – _Elatine alsinastrum_** S. 465	
59*	ÜberwasserBla kaum breiter als die untergetauchten, wie diese in vielzähligen Quirlen (Abb. **679**/3). Stg unregelmäßig engröhrig gekammert. BlüHülle ein unscheinbarer Saum. StaubBla 1. **Tannenwedel – _Hippuris_** S. 697	
60	(57) Bla scheingegenständig (paarweise genähert), mit br Grund halbstängelumfassend, besonders an der Spitze fein gesägt. Blü in armblütigen, auftauchenden Ähren. **Fischkraut – _Groenlandia_** S. 148	

60*	Bla gegenständig, mit verschmälertem (selten auch schwach verbreitertem) Grund sitzend od. gestielt, ganzrandig 61
61	Pfl 2–5 cm hoch. Bla linealisch, fleischig, 2–4 × 0,3–1,0 mm. KeBla, KrBla, StaubBla u. FrKn je 4. **Wasser-Dickblatt – _Crassula aquatica_** S. 348
61*	Pfl meist >5 cm hoch. Bla elliptisch bis spatelfg, >1 mm br, seltener schmaler u. linealisch, aber dann >7 mm lg. FrKn 1 62
62	Bla >15 × >3 mm. BlüHülle 4zählig 63
62*	Bla 3–15(–30) × 0,5–3(–6) mm. FrKn oberständig. Blü meist zu 1–2 achselständig 64
63	Bla kurz gestielt,15–50 × 5–20 mm. BlüHülle freiblättrig. StaubBla 4. FrKn unterständig. **Heusenkraut – _Ludwigia_** S. 507
63*	Bla sitzend, meist >50 × 6–15 mm. BlüHülle verwachsenblättrig. StaubBla 2. FrKn oberständig. BlüStand eine Traube. **Roter Wasser-Ehrenpreis – _Veronica catenata_** S. 687
64	(62) Bla mit kleinen häutigen NebenBla. KeBla u. KrBla je 3 od. 4. StaubBla 3, 6 od. 8. **Tännel – _Elatine_** S. 465
64*	Bla ohne NebenBla 65
65	BlaStiele am Grund schwach verbreitert u. die gegenüberstehenden ± verwachsen. Bla länglich-lanzettlich bis spatelfg, spitz. Blü ♂. Kr 5zipflig, weiß. StaubBla 3. Kapseln. **Quellkraut – _Montia_** S. 623
65*	Bla od. BlaStiele mit verschmälertem Grund angeheftet, die gegenüberstehenden nicht verwachsen. BlaSpitze meist ausgerandet, bei den linealischen UnterwasserBla 2spitzig. Blü 1geschlechtig. BlüHülle fehlend, oft durch 2 sichelfg VorBla ersetzt. StaubBla 1. Fr 4teilig (Klausen). **Wasserstern – _Callitriche_** S. 694

Schlüssel IX · Pflanzen zur Blütezeit oder stets (scheinbar) ohne grüne Blätter

1	HolzPfl 2
1*	Kräuter 13
2	Alle Blü od. wenigstens die ♂ in 1geschlechtigen, walzlichen bis eifg Kätzchen od. dichten Ähren 3
2*	Blü nicht in Kätzchen od. dichten Ähren 6
3	♂ Blü in ∞blütigen, hängenden, walzlichen Kätzchen. ♀ Blü wenige, diese zur BlüZeit in Knospen eingeschlossen, aus welchen nur die roten Narben herausragen (Abb. **457**/6). **Hasel – _Corylus_** S. 458
3*	♂ u. ♀ Kätzchen ∞blütig 4
4	Pfl 1häusig. ♂ Kätzchen hängend, walzlich. ♀ Kätzchen kurz, eifg bis länglich, bei der Reife verholzend. Narben fadenfg. **Erle – _Alnus_** S. 456
4*	Pfl 2häusig. Kätzchen oft aufrecht 5
5	Staubbeutel fast sitzend, Narben fadenfg. Kätzchen bis 1 cm lg. **Gagel – _Myrica_** S. 455
5*	Staubbeutel gestielt. Narben meist kurz, meist gespalten (Abb. **479**/1–3). Kätzchen meist >1 cm lg. **Weidengewächse – _Salicaceae_** S. 476
6	(2) Stark dorniger Strauch od. Baum 7
6*	Pfl dornenlos 8
7	Blü weiß, radiär. **Schlehe – _Prunus spinosa_** S. 433
7*	Gelbe SchmetterlingsBlü. **Stechginster – _Ulex_** S. 355
8	(6) Bla, Seitenzweige u. Knospen gegenständig 9
8*	Bla, Seitenzweige u. Knospen wechselständig 11
9	StaubBla 2. BlüHülle fehlend od. Kr >1 cm lg, 4teilig, gelb. **Ölbaumgewächse – _Oleaceae_** S. 677
9*	StaubBla 4–8. BlüHülle stets vorhanden, bis 5 mm lg 10
10	Blü ♂, in Dolden mit 4blättriger HochBlaHülle. KeBla 4, winzig. KrBla 4, goldgelb. StaubBla 4. **Kornelkirsche – _Cornus mas_** S. 625
10*	Blü 1geschlechtig, in Büscheln od. hängenden Trauben. KeBla 5, grünlich od. rötlichgelb. KrBla fehlend. StaubBla (4–)5(–6). **Ahorn – _Acer_** S. 522
11	(8) BlüHülle doppelt. StaubBla 20–∞. **Rosengewächse – _Rosaceae_** S. 378

11* BlüHülle einfach. StaubBla höchstens 8 .... **12**
12 Ke langröhrig, rosa. Kr fehlend. StaubBla 8. Niedriger Strauch.
        Gewöhnlicher Seidelbast – *Daphne mezereum* S. 529
12* Perigon unscheinbar, glockig, bräunlichrot. StaubBla 3–8. Baum.   **Ulme – *Ulmus*** S. 449
13 **(1)** Stg windend, gelblich bis rötlich. Blü klein, geknäuelt (Abb. **658**/1). Wurzel- u. blattloser Vollparasit.   **Seide – *Cuscuta*** S. 670
13* Stg nicht windend **14**
14 Äste mit nadelähnlichen, büschlig gehäuften, grünen Kurztrieben.
        Spargel – *Asparagus* S. 185
14* Äste ohne nadelähnliche Kurztriebe **15**
15 Stg gegliedert, jedes Glied am Grund von 1 gezähnten Scheide (verwachsener BlaQuirl) umgeben (Abb. **100**/3–7).   **Schachtelhalm – *Equisetum*** S. 97
15* Pfl anders gestaltet **16**
16 Stg grün, mit weißem Mark, am Grund mit gelben bis braunen Scheiden **17**
16* Stg nicht mit weißem Mark, am Grund ohne Scheiden **18**
17 BlüStand scheinbar seitlich aus dem Stg hervorkommend, indem ein stängelgleiches Bla den Stg gradlinig fortsetzt (Abb. **199**/1). BlüHülle 6teilig. StaubBla 3 od. 6. Fr eine Kapsel.
        Binse – *Juncus* S. 197
17* BlüStand end- od. seitenständig. BlüHülle aus 0–6 Borsten. StaubBla 3. Fr eine Nuss.
        Riedgrasgewächse – *Cyperaceae* S. 204
18 **(16)** Stg u. LaubBla zur BlüZeit (Herbst) fehlend, erst im nächsten Frühjahr erscheinend. Perigon groß, lila-rosa, mit lg Röhre bis in die Erde hineinreichend **19**
18* Stg auch zur BlüZeit vorhanden **20**
19 StaubBla 3.   **Krokus – *Crocus*** S. 177
19* StaubBla 6.   **Zeitlose – *Colchicum*** S. 150
20 **(18)** Bla scheinbar fehlend. Stg dickfleischig, sehr saftig, gegliedert (Abb. **620**/5). Blü sehr unscheinbar. SalzPfl.   **Queller – *Salicornia*** S. 620
20* Bla schuppenfg, wechselständig. Stg ungegliedert **21**
21 Blü in Köpfen mit HochBlaHülle. Frühjahrsblüher, im Sommer mit grundständigen großen, grünen LaubBla **22**
21* Blü nicht in Köpfen. Auch nach der BlüZeit keine LaubBla **23**
22 Kr goldgelb. Stg 1köpfig.   **Huflattich – *Tussilago*** S. 852
22* Kr rötlich od. weißlich. Stg ∞köpfig.   **Pestwurz – *Petasites*** S. 851
23 **(21)** BlüHülle radiär, freiblättrig. StaubBla 8 od. 10. Pfl wachsgelb. StgSpitze zur BlüZeit nickend.   **Fichtenspargel – *Hypopitys*** S. 637
23* BlüHülle dorsiventral. StaubBla 4 od. 1 .... **24**
24 FrKn unterständig. StaubBla 1. Perigon freiblättrig.
        Knabenkrautgewächse – *Orchidaceae* S. 154
24* FrKn oberständig. StaubBla 4 (2 lange u. 2 kurze). Kr verwachsenblättrig **25**
25 Sprosse übergebogen. Blü in einseitswendiger Traube. Pfl rosa bis weißlich.
        Schuppenwurz – *Lathraea* S. 747
25* Stg gerade aufrecht. Blü in allseitswendiger, aufrechter Ähre. Pfl gelblich, bräunlich od. hell blauviolett. **26**
26 Ke basal mindestens ⅓ verwachsen, röhrig-glockig, 4zähnig (seltener adaxial mit ± gut ausgebildetem fünften Zahn). Zwischen DeckBla u. Ke 2 seitliche, oft dem Ke z. T. angewachsene VorBla. Kr hellblau, blauviolett od. weißlich. Kr u. Griffel meist schnell hinfällig.
        Blauwürger – *Phelipanche* S. 729
26* Ke aus zwei ± freien, 1–2(–3)zähnigen Segmenten bestehend. VorBla fehlend. Kr rötlich, bräunlich, gelblich od. blaßviolett (sehr selten weißlich od. bläulich). SaKapsel reif an den Längsnähten aufreißend. Kr u. Griffel meist lange haftend.
        Sommerwurz – *Orobanche* S. 732

Abteilung *Streptophyta* / Unterabteilung *Charophytina* – Armleuchteralgen

Bearbeitung: **Heiko Korsch**

Familie *Characeae* C. RICHARD – **Armleuchteralgen**

(6 Gattungen/ca. 450 Arten)

Nach neueren Untersuchungen sind die Armleuchteralgen näher mit den Moosen u. Gefäßpflanzen verwandt als mit den meisten Algengruppen. Sie sind zwar in vielerlei Hinsicht einzigartig, es wird aber eine an die Moose angelehnte Nomenklatur der Pflanzenteile verwendet; die Hauptachse des Thallus wird in Analogie zu Gefäßpflanzen als Spross bezeichnet. Mit einiger Erfahrung ist die Bestimmung vielfach mit einer starken Lupe möglich, zur Einarbeitung in die Familie wird aber die Verwendung eines Stereo-Auflichtmikroskops empfohlen.
Wegen der von Gefäßpflanzen abweichenden Morphologie sind zur Bestimmung spezielle Merkmale mit z. T. abweichender Terminologie wichtig: **Antheridien**: kuglige ♂ Fortpflanzungsorgane, Hülle aus markant gemusterten Schildzellen (Mikroskop) zusammengesetzt, anfangs meist grün, reif orange bis rot (Abb. **87**/1, unten). **Aulacanth**: Stacheln sitzen auf den eingesenkten, meist etwas schmaleren Rindenzellreihen des Sprosses (Abb. **87**/2). **Blättchen**: in den Gattungen *Chara*, *Lamprothamnium*, *Lychnothamnus* u. *Nitellopsis* vorhandene, an den Ästen ansitzende, schmale, etwa 1 bis 10 mm lange Organe. **Endzelle**: letzte, am weitesten vom Spross entfernte Zelle der Zweige. Diese kann vor allem bei *Nitella*-Arten mehrere cm lg sein u. den gesamten Abschnitt von der gabeligen Verzweigung an einnehmen. Sie endet stumpf od. zugespitzt. Der Gegensatz dazu ist eine sehr kurze (weniger als 1 mm) u. meist zugespitzte Endzelle. Erkennbar ist die kurze Endzelle an der im Auflichtmikroskop gut sichtbaren, quer verlaufenden, trennenden Zellwand. **Heterostich**: die nebeneinander liegenden Rindenzellen sind unterschiedlich breit. Bei den **diplostich** berindeten Arten (doppelt so viele Rindenzellreihen wie Quirläste) wechselt sich immer eine breite mit einer schmalen Rindenzelle ab. **Isostich** berindete Arten haben einheitliche nebeneinander liegende Rindenzellen. **Inkrustation**: durch Ablagerung von Kalk entstehende graue Schicht auf der Oberfläche der Zellen. Sie kann vollständig od. in Form von Querstreifen ausgebildet sein u. ist an älteren Pflanzenteilen meist stärker entwickelt. Die Inkrustation kann durch Zugabe von Säure (z. B. Essig) aufgelöst werden. Dies erleichtert manchmal die Bestimmung. **Oogonien**: ovale ♀ Fortpflanzungsorgane, von schraubig angeordneten, durchsichtigen Hüllzellen umschlossen, an der Spitze oft mit kleinem Krönchen, jung meist grünlich, später sich zu den oft dunkel gefärbten, z. T. aber von heller Kalkhülle umschlossenen Oosporen entwickelnd (Abb. **87**/1, oben). **Papillen**: kleine, meist etwa genauso lg wie br entwickelte Stacheln od. Stipularen. **Stipularkranz**: Reihe oder Ring von oft den Stacheln ähnelnden Zellen unmittelbar unterhalb der Knoten. Tritt bei den Gattungen *Chara*, *Lamprothamnium* u. *Lychnothamnus* auf. **Tylacanth**: Stacheln sitzen auf den hervortretenden, meist etwas breiteren Rindenzellreihen des Sprosses (Abb. **87**/3).
Wegen der geringeren Kenntnisstandes erfolgt die Angabe der Verbreitung in D in einem vereinfachten Schema.
Meist untergetauchte Kräuter, selten an dauernd sickerfeuchten Stellen. Markanter, sehr regelmäßiger Bau. Gliederung des Sprosses in Nodien u. Internodien. An ersteren quirlige Äste mit Fortpflanzungsorganen (**Antheridien** ♂ unten, **Oogonien** ♀ oben, Abb. **87**/1). Verbr. vegetativ od. durch z. T. sehr langlebige **Oosporen**. Verankerung im Sediment mittels Rhizoiden. Haplonten mit Multikernzellen.

1 Gesamter Spross von Rindenzellen bedeckt (Abb. **87**/2, 3).
Armleuchteralge – *Chara* S. 87
1* Spross ohne Rindenzellen od. mit wenigen kurzen, keine geschlossene Hülle bildenden Rindenzellen (Abb. **87**/5) 2

CHARACEAE 87

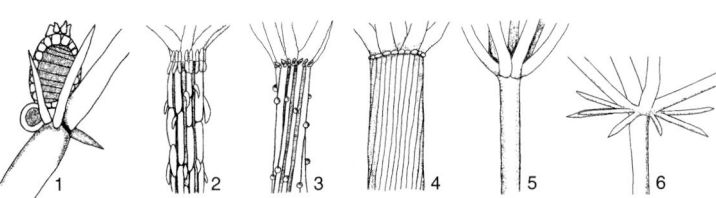

1 Chara braunii   2 Ch. vulgaris   3 Ch. contraria   4 Ch. globularis   5 Nitella flexilis   6 Ch. braunii

2	Unscheinbarer, kurzer, 2reihiger od. auffällig 1reihiger Stipularkranz unter den Astquirlen (Abb. 87/6) 3
2*	Stipularkranz unter den Astquirlen fehlend (Abb. 87/5) 7
3	Unscheinbarer, kurzer, 2reihiger Stipularkranz unter den Astquirlen. Formen von *Chara*-Arten mit reduzierter Berindung. ***Ch. contraria*** (S. 88)
3*	Auffälliger, 1reihiger Stipularkranz unter den Astquirlen (Abb. 87/6) 4
4	Spross mit wenigen, nicht seine gesamte Länge erreichenden, an den unteren Internodien oft keine geschlossene Hülle bildenden Rindenzellen 5
4*	Spross ohne Rindenzellen 6
5	Äste mit unscheinbaren Blchen. In oft nur temporären Kleingewässern. **Bauer-Armleuchteralge** – ***Chara baueri*** S. 87
5*	Äste mit langen, auffälligen Blchen. Meist in größeren Seen. **Bart-Glanzleuchteralge** – ***Lychnothamnus*** S. 90
6	**(4)** Quirle auch an der Sprossspitze locker stehend. Pfl hellgrün, durchscheinend. Antheridien unterhalb Oogonien. Nur im Binnenland. **Braun-Armleuchteralge** – ***Chara braunii*** S. 87
6*	Quirle an der Sprossspitze dicht stehend. Pfl dunkel. Antheridien oberhalb Oogonien. Nur in/an der Ostsee. **Fuchsschwanzleuchteralge** – ***Lamprothamnium*** S. 90
7	**(2)** Sterile Äste kreuzartig geteilt od. ungeteilt. Antheridien u. Oogonien an meist kreuzartigen Verzweigungen (Abb. 89/1). Pfl 1häusig. Quirle an der Sprossspitze köpfchenartig gedrängt. **Baumleuchteralge** – ***Tolypella*** S. 92
7*	Sterile Äste gabelig geteilt. Antheridien u. Oogonien an unverzweigten Ästen od. gabeligen Verzweigungen (Abb. 89/2). Pfl 1- od. 2häusig. Quirle an der Sprossspitze locker od. köpfchenartig gedrängt 8
8	Pfl kräftig; Spross meist >1,5 mm ⌀, meist bräunlich graugrün, sehr brüchig, 2häusig. Im Sommer u. Herbst mit sternförmigen Bulbillen an den Rhizoiden (Abb. 89/3). **Sternglanzleuchteralge** – ***Nitellopsis*** S. 92
8*	Pfl meist zierlich; Spross⌀ <1,5 mm, grün, graugrün od. bräunlich, oft durchscheinend, meist biegsam;1- od. 2häusig. Ohne sternchenförmige Bulbillen. **Glanzleuchteralge** – ***Nitella*** S. 90

Chara L. – **Armleuchteralge** (>200 Arten)

1*	Spross ohne Rindenzellen od. mit wenigen kurzen, keine geschlossene Hülle bildenden Rindenzellen 2
1	Gesamter Spross von Rindenzellen bedeckt (Abb. 87/2–4) 4
2	Unscheinbarer kurzer, 2reihiger Stipularkranz unter den Astquirlen 9
2*	Auffälliger 1reihiger Stipularkranz unter den Astquirlen (Abb. 87/6) 3
3	Obere Sprossglieder mit einer geschlossenen Hülle von Rindenzellen. 0,05–0,10. 6–10. Tümpel in Ackersenken; z Bb(NO), † Mv(SW ob je?) (sm-temp·c3-8EUR-WAS – sogr uHy ☉ WaA VdA – L9 T7 F6 R7 Nx – V Char. vulg., V Nanocyp.). **Bauer-A.** – ***Ch. baueri*** A. Braun
3*	Spross komplett ohne Rindenzellen. Meist durchscheinender Habitus. 0,05–0,50(0,80). 6–10. Oligo- bis mesotrophe stehende Gewässer: Teiche, Abgrabungsgewässer, Tümpel; meist kalkmeidend; v Sa(NO), z By(O) Bb(S), s Bw(S) Rh(N SW) He(MW) Nw(MW) Th(O) An(SO),

† Ns(O: Hermannsburg), f Mv (austr-b· c1-9COSMOPOL – sogr uHy ☉ – WaA VdA – L8 T7 F12 R6 N4 – V Nitell. flex., V Eleoch. acic.). **Braun-A. – *Ch. braunii* C.C. GMEL.**
4 (1) Kurzer, ein- bis mehrreihiger Stipularkranz unter den Astquirlen (Abb. **87**/2, 3). Äste meist berindet 5
4* Langer, auffälliger, einreihiger Stipularkranz unter den Astquirlen (Abb. **87**/6). Äste unberindet. ***Ch. baueri* 3**
5 Rindenzellreihen so viele wie Quirläste. Spross dichtstachlig, kurzästig, oft perlschnurartig. 0,05–0,15(–0,30). 6–8. Ostsee, Dünentäler an der Nordsee, Abgrabungsgewässer, v. a. in Brackwasser; v Mv(N: Ostseeküste), s He(O: Borken) An(S SO) Bb(SO: Luckau) Ns Sh (strop-arct·c1-10CIRCPOL, AUST – sogr uHy ☉ – WaA VdA – L8 T5 F12 R8 N2 – V Char. can., V Rupp., V Potam.). **Brackwasser-A. – *Ch. canescens* LOISEL.**
5* Rindenzellreihen 2 od. 3mal so viele wie Quirläste. Ohne Stacheln, mit wenigen od. mit zahlreichen Stacheln (Abb. **87**/2–4) 6
6 Rindenzellen 2mal so viele wie Quirläste, mindestens z. T. unterschiedlich br (Abb. **87**/2, 3) 7
6* Rindenzellen 3mal so viele wie Quirläste, schmal u. unscheinbar, meist alle etwa gleich br (Abb. **87**/4) 16
7 Stacheln (manchmal nur papillenartig od. fast völlig fehlend) immer einzeln. Spross∅ <1 mm 8
7* Stacheln mindestens einige in Gruppen zu 2 od. mehreren. Spross∅ meist >1 mm 10
8 Stacheln auf den eingesenkten Rindenzellen, aulacanth (Abb. **87**/2). Äste im fertilen Bereich mit vielen, auffälligen Blchen. Pfl vielgestaltig, hellgrün od. bei Inkrustierung grau. 0,05–0,50. 5–10. Oligo- bis mesotrophe stehende u. fließende Gewässer: Tümpel, Abgrabungsgewässer, Gräben, Teiche, Bäche, Quellen, Randbereiche von Seen, basen- bis kalkhold; h Nw(MW) Th An, v übriges D, ↘ (austr-b·c1-10COSMOPOL – igr uHy ☉–♃ – WaA VdA – L8 T5 F12 R7 Nx – V Char. vulg., V Char. frag., V Potam.). [*Ch. foetida* A. BRAUN]
Gewöhnliche A. – *Ch. vulgaris* L.
8* Stacheln (oft nur papillenartig) auf den erhabenen Rindenzellen, tylacanth (Abb. **87**/3). Äste im fertilen Bereich nur unauffällig beblättert. Pfl bräunlich, grau od. grün 9
9 (2) Äste meist >1 cm lg, deutlich sichtbar. Habitus locker. Pfl bräunlich, grau od. grün. 0,10–0,40. 4–10. Oligo- bis mesotrophe stehende Gewässer: Seen, Abgrabungsgewässer, Teiche, Gräben, Altarme, Tümpel, Talsperren, basenhold; v By(S) Bw(ORh) Nw Th An Bb Mv Sh, z Bw He Ns Rh Sa (austr-bstrop+strop-arct·c1-10COSMOPOL – sogr uHy ☉–♃ – WaA VdA – L6 T5 F12 R7 N5 – V Char. frag., V Potam.).
Gegensätzliche A. – *Ch. contraria* A. BRAUN
Tiefwasserformen von *Ch. contraria* sind gelegentlich unberindet u. werden z. T. als eigene Art (*Ch. dissoluta* A. BRAUN) abgetrennt. Rindenlose Formen treten selten auch bei anderen *Chara*-Arten auf, sie sind allgemein durch den unscheinbaren, kurzen, 2reihigen Stipularkranz unter den Astquirlen von Pfl anderer Gattungen zu trennen, die Artbestimmung ist aber oft sehr schwierig.

9* Äste kurz, nur wenige mm lg, unscheinbar, dadurch fadenförmiger Habitus. Pfl meist grau. 0,10–0,40. 6–9. Oligotrophe stehende Gewässer: Seen, Abgrabungsgewässer, basen- bis kalkhold; z Bb(NO) Mv, s He(O: Borken), ↘ (temp·c2-4EUR – sogr uHy ☉–♃ – WaA VdA – L6 T5 F12 R7 N2 – V Char. frag.). [*Ch. jubata* A. BRAUN]
Faden-A. – *Ch. filiformis* A. BRAUN
10 (7) Stacheln auf den eingesenkten Rindenzellen, aulacanth (Abb. **89**/4, 5) 11
10* Stacheln auf den erhabenen Rindenzellen, tylacanth 13
11 Stipularkranz mehrreihig, struppig aussehend. Nur in der Ostsee. 0,15–0,70(–1,00). 6–9. Boddengewässer der Ostsee, Brackwasser; s Mv(N: Darß, Zingst, Hiddensee), † Sh(O: Ostseeküste), ↘ (temp·c1-3EUR, ?sm·c7OEUR – sogr uHy ☉–♃ – WaA VdA – L8 T4 F12 R8 N2 – V Char. can., V Rupp.). **Struppige A. – *Ch. horrida* WAHLST.**
11* Stipularkranz 2reihig, regelmäßig angeordnet. Nur im Binnenland (auch küstennah) .. 12
12 Berindung schwach heterostich bis fast isostich, Stacheln stark spreizend, in Gruppen zu 2 od. 3, oft länger als der Spross∅ (Abb. **89**/5). Meist große kräftige Pfl, grün od. graugrün. 0,20–1,00(–2,00). 6–10. Oligotrophe stehende Gewässer: Seen, Abgrabungsgewässer, Teiche, Gräben, Quellmoore, kalkhold, etwas salztolerant; v Th An Bb Mv, z By Bw Nw Sh, s Rh He Sa Ns (m-b·c1-4(10)EUR-WAS, – igr uHy ☉–♃ – WaA VdA – L8 T5 F12 R8 N2 – V Char. frag.). [*Ch. major* VAILL.] **Steifborstige A. – *Ch. hispida* L.**

CHARACEAE 89

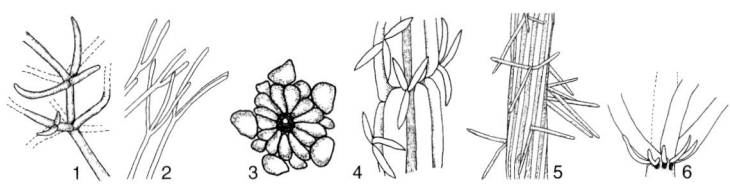

| 1 | 2 | 3 | 4 | 5 | 6 |
| Tolypella glomerata | Nitella flexilis | Nitellopsis | Chara rudis | Ch. hispida | Ch. virgata |

12* Berindung ausgeprägt heterostich, Stacheln in flachem Winkel abstehend, zuweilen kaum aus den Rindenfurchen herausragend, fast stets in Gruppen zu 3, Y-ähnlich (Abb. **89/4**), meist etwa so lg wie der Spross∅. Meist mittelgroße Pfl, grau. 0,30–0,70. 5–9. Oligotrophe stehende u. fließende Gewässer: Seen, Abgrabungsgewässer, Teiche, Tümpel, Bäche, kalkhold; v By(S) Bb(NO) Mv, s Bw(S) Sh(O) ↘ (sm/mo-b·c1-4EUR(-c6AS) – igr uHy ☉–♃ – WaA VdA – L8 T5 F12 R8 N2 – V Char. frag.). [*Ch. rudis* (A. Braun) Leonh.]
Furchenstachlige A. – *Ch. subspinosa* Rupr.
13 (10) Pfl 2häusig, sparrig, groß, meist rötlich-braun. EndBlchen der Äste meist deutlich vergrößert. Antheridien groß, auffällig leuchtend rot. 0,25–2,00. 5–9. Oligo- bis mesotrophe stehende Gewässer: Seen, Abgrabungsgewässer, Boddengewässer der Ostsee, basen- bis kalkhold, etwas salztolerant; v Bb(NO) Mv, z By(S), s Bw(NW S Gäu) Rh(N) An(S) Bb(M) Sh(O), ? Sa(W), † Th Ns (m-b·c1-10EURAS – igr uHy ☉–♃ – WaA VdA – L7 T5 F12 R7 N3 – V Char. frag., V Potam.). **Hornblättrige A. – *Ch. tomentosa* L.**
13* Pfl 1häusig, mittelgroß-groß, grün od. bräunlich. EndBlchen der Äste nicht vergrößert 14
14 Stacheln dicht u. lg, deutlich länger als der Spross∅, oft den Spross verdeckend. 0,10–0,75. 7–10. Oligotrophe stehende Gewässer: Seen, Abgrabungsgewässer, Teiche, Gräben, Quellmoore, basen- bis kalkhold, etwas salztolerant; z An(S) Mv, s Bw(NW) Rh(ORh) He(MW: Nordteil) Nw Th Sa(W Elb) Bb Ns, † Sh, ↘ (m-temp(-b)·c1-4(9)EURAS – igr uHy ☉–♃ – WaA VdA – L8 T5 F12 R7 N2 – V Char. frag.). [*Ch. polyacantha* A. Braun]
Vielstachlige A. – *Ch. aculeolata* Kütz.
14* Stacheln oft einzeln u. kurz, deutlich kürzer als der Spross∅ 15
15 Pfl dunkelgrün, ohne Inkrustation, nur im Brackwasser, im od. in unmittelbarer Nähe zum Meer. 0,10–0,30(–1,00). 5–11. Ostsee, Dünentäler an der Nordsee, im Brackwasser; v Mv(N: Ostseeküste), z Sh(O: Ostseeküste), s Ns(N: Borkum) (m-b·c1-3EUR, ?arctNAM, SAM, AS – sogr uHy ☉–♃ – WaA VdA – L8 T4 F12 R8 N2 – V Char. can., V Rupp., V Potam.).
Baltische A. – *Ch. baltica* (Hartman) Bruzelius
15* Pfl meist graugrün, inkrustiert, im Brack- od. Süßwasser, im Binnenland. 0,08–0,80. 6–9. Oligotrophe stehende Gewässer: Seen, Abgrabungsgewässer, Teiche, Gräben, basen- bis kalkhold, salztolerant; v Bb Mv, z By(S) An(S), s Bw(S) Nw Th(Bck: Nordteil) Sa(W) Ns(S) Sh, † Rh(N) He(SW ORh) Nw(NO SO), ↘ (m-b·c1-10CIRCPOL – igr uHy ♃ – WaA VdA – L8 T5 F12 R7 N2 – V Char. frag.). [*Ch. intermedia* A. Braun]
Kurzstachlige A. – *Ch. papillosa* Kütz.
16 (6) Spross mit einzelnen od. zahlreichen langen Stacheln 17
16* Spross ohne Stacheln, höchstens mit unscheinbaren Papillen (Abb. **87/4**) 19
17 Pfl 2häusig, meist zierlich u. sehr brüchig. 0,05–0,15(–0,50). 5–9. Oligotrophe stehende Gewässer: Boddengewässer der Ostsee, Seen, Abgrabungsgewässer, Teiche, Quellmoore, basen- bis kalkhold, salztolerant; v By Bw Nw An Bb Sh, s By(NO NM) Rh He Th(Bck: Nordteil) Sa(W) Ns ((strop)+m-b·c1-4(9)CIRCPOL – igr uHy ☉–♃ InKnolle – WaA VdA – L9 T5 F12 R7 N2 – V Char. frag., V Char. can., V Potam.). **Raue A. – *Ch. aspera* Willd.**
17* Pfl 1häusig, zierlich bis kräftig, brüchig bis biegsam 18
18 Stacheln in Gruppen zu 2–5, sehr dicht stehend. Äste meist deutlich kürzer als die Internodien. Pfl klein (oft < 10 cm), kompakt u. steif, meist stark inkrustiert. 0,03–0,15(–0,25). 7–10. Oligotrophe stehende u. fließende Gewässer: Alpenseen, Quellbäche, kalkhold; z Alp

(m/mo+temp-b·c1-9EURAS – igr uHy ♃ – WaA VdA – L9 T3 F12 R8 N2 – V Char. frag.).
Striemen-A. – *Ch. strigosa* A. BRAUN
18* Stacheln einzeln stehend, auffällig dünn. Äste fast so lg wie die Internodien. Pfl meist größer, u. nicht so steif, von lockerem Habitus, meist nicht inkrustiert. 0,15–0,30. 7–12. Oligotrophe stehende Gewässer: flache Abgrabungsgewässer, Niedermoortümpel, Gräben, basenhold; s By(O: Passau) He(ORh) Bb(M: Päsewin, Glindow), † Bw Rh Mv Sh, ↘ (m-temp·c(1)2-9EURAS – sogr uHy ☉ – WaA VdA – L9 T5 F12 R7 N2 – V Car. elat., V Char. vulg.).
Dünnstachelige A. – *Ch. tenuispina* A. BRAUN
19 **(16)** Nach oben gerichtete Stacheln im Stipularkranz unter den fertilen Astquirlen 1–2 mm lg (Abb. **89**/6). Rindenzellen oft mit Papillen. 0,05–0,15(–0,30). 5–10. Oligotrophe stehende Gewässer: Seen, Abgrabungsgewässer, Torfstiche, Gräben, Teiche, Tümpel, in saurem u. in kalkhaltigem Wasser; v By(S) Nw An Sa(Elb NO) Bb Ns Mv Sh, z By(NM NO) Th, s Bw Rh He Sa(SW SO), ↘ ((strop)+m-b·c1-10CIRCPOL, AUST – igr uHy ☉–♃ InKnolle – WaA VdA – L8 T5 F12 R0 N2 – V Nitell. flex., V Char. frag., V Char. vulg.). [*Ch. delicatula* C. AGARDH]
Feine A. – *Ch. virgata* KÜTZ.
19* Stipularkranz unter der Astquirlen klein, unscheinbar. Rindenzellen ohne Papillen (Abb. **87**/4) **20**
20 Pfl 1häusig. Äste an der Sprossspitze ausgebreitet od. zusammenneigend. Meist größere dunkelgrüne Pfl. 0,10–1,00. 5–10. Oligo- bis mesotrophe stehende o. langsam fließende Gewässer: Seen, Abgrabungsgewässer, Teiche, Gräben, Altarme, Tümpel, Talsperren, basenhold; h Nw(MW) Bb Mv, v übriges D, ↘ (austr-arct·c1-9COSMOPOL – igr uHy ☉–♃ – WaA VdA – L8 T5 F12 R7 Nx – V Char. frag., V Potam.). [*Ch. fragilis* DESV.]
Zerbrechliche A. – *Ch. globularis* THUILL.
20* Pfl 2häusig. Äste an der Sprossspitze bogenfg. zusammenneigend. Zierliche, hellgrüne Pfl. 0,05–0,20. 7–9. Oligotrophe stehende Gewässer: Strandseen, Abgrabungsgewässer, salztolerant; s Ns(NW: Emsland) Mv(N: Usedom) Sh(O: Fehmarn) Bb(MN: Rheinsberg), ↘ (strop-temp·c1-9EURAS, sogr uHy ☉ – WaA VdA – L8 T5 F12 R7 N2 – V Nitell. flex.,V Eleoch. acic., V Char. can., V Potam.). **Gebogene A. – *Ch. connivens* SALZM.**

Lamprothamnium J. GROVES – **Fuchsschwanzleuchteralge** (etwa 13 Arten)
Meist dunkle Pfl mit auffälligem 1reihigen Stipularkranz. 0,02–0,10. 7–9. Meeresbuchten u. Strandseen der Ostsee, Brackwasser; s Mv(N: Poel, Salzhaff bei Rerik) Sh(O: Fehmarn), ↘ (m-temp·c1-10EUR-WAS, strop-austr AUST – sogr uHy ☉ – WaA VdA – L8 T4 F12 R8 N2 – V Char. can., V Rupp.). **Gewöhnliche F. – *L. papulosum* (WALLR.) J. GROVES**

Lychnothamnus (RUPRECHT) LEONH. – **Bart-Glanzleuchteralge** (1 Art)
Hellgrüne Pfl mit auffälligem 1reihigem Stipularkranz (Abb. **87**/6). Lockerer Habitus. 0,20–1,40. 6–10. Mesotrophe stehende Gewässer: Seen, früher auch Tümpel u. Gräben, basenhold; s Bb(MN: Obersee bei Lanke), † Mv(NO) (m-temp·c1-9EUR, strop-tropAS, AUST, [N?] temp NAM – sogr uHy ☉–♃ Ausl InKnolle – WaA VdA – L7 T5 F12 R7 N4 – V Char. frag.). **Bart-Glanzleuchteralge – *L. barbatus* (MEYEN) LEONH.**

Nitella C. AGARDH – **Glanzleuchteralge** (>200 Arten)
1 Äste scheinbar ungeteilt, die kurzen Gabelungen am Ende der Äste ein kleines, spitzes Krönchen bildend. Große, durchscheinende Pfl. 0,15–0,80. 6–9. Oligotrophe stehende Gewässer: Abgrabungsgewässer, Teiche, Gräben, Seen, Altarme, Tümpel, kalkmeidend; z Nw(MW) Ns(NW), s Sa(Elb NO) Sh(O), ↘ (m-temp·c1-3(4)EUR – igr uHy ☉–♃ – WaA VdA – L8 T5 F12 R4 N2 – V Nitell. flex.).
Schimmernde G. – *N. translucens* (PERS.) C. AGARDH
1* Äste ein- o. mehrfach gablig geteilt. Kleine bis mittelgroße Pfl **2**
2 An jedem Quirl 2 Typen von Ästen (Nicht mit Seitensprossen verwechseln!), kurze u. etwa doppelt so lange perlschnurartig angeordnete Sprosswirtel von schwacher Schleimhülle umgeben, deshalb meist stark mit Partikeln verunreinigt. 0,05–0,50. 7–10. Oligotrophe stehende Gewässer: Abgrabungsgewässer, Altarme, basen- bis kalkhold; s Bw(ORh: bei

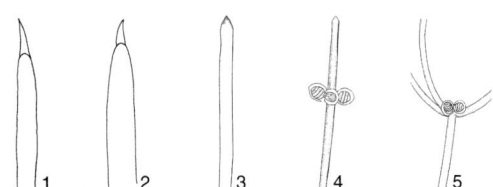

1	2	3	4	5
Nitella gracilis	N. mucronata	N. opaca	N. syncarpa	N. capillaris

Freistett) Ns(NW: Kollrunge, Bohlenbergerfeld), ob noch? Bw(S: Bodensee), ob je? Rh(SW: Trippstadt), ↘ (strop-temp·c1-10COSMOPOL – igr uHy ☉–♃ – WaA VdA – L8 T5 F12 R7 N2 – V Nitell. flex., V Char. frag.). **Vielästige G. – *N. hyalina* (DC.) C. AGARDH**

2* Quirläste alle etwa gleich lg 3
3 Äste mit kurzer, deutlich abgesetzter, spitzer Zelle endend (Abb. 91/1, 2) 4
3* Äste aus einer einzigen langen, stumpf od. spitz endenden Zelle bestehend (Abb. 91/3) ... 7
4 Mittlere bis große Pfl (fast stets >10 cm); Spross⌀ fast stets >1 mm. Sprossspitzen bleiben außerhalb des Wassers meist formstabil. Endzelle deutlich schmaler als die Zelle davor, plötzlich verschmälert (Abb. 91/2, im Gegensatz zu 6* *N. gracilis*). Oosporenmembran netzartig gefeldert. 0,05–0,15(–0,20). 6–10. Oligo- bis mesotrophe stehende u. fließende Gewässer: Altarme, Teiche, Abgrabungsgewässer, Seen, Quellen, Gräben, Flüsse, in saurem u. in kalkhaltigem Wasser; v Oberrheingraben: v Bw(ORh) Rh(ORh) He(ORh) Nw Bb Mv, z übriges D (austr-b·c1-9COSMOPOL – sogr uHy ☉–♃ – WaA VdA – L7 T5 F12 R0 N5 – V Nitell. flex., V Char. frag., V Potam.). **Stachelspitzige G. – *N. mucronata* (A. BRAUN) MIQ.**
4* Kleine Pfl (meist <10 cm); Spross⌀ <1 mm. Sprossspitzen fallen außerhalb des Wassers in sich zusammen 5
5 Habitus durch die regelmäßige u. voneinander entfernte Anordnung der Astquirle perlschnurartig. Wirtel an der Sprossspitze nicht schwanzfg verdichtet. 0,05–0,10(–0,06). (5)7–9. Oligotrophe stehende Gewässer: Abgrabungsgewässer, Tümpel, Gräben, basen- bis kalkhold; z Bw(ORh) Rh(ORh) He(ORh), s By(S) Nw Bb Ns Sh (strop-temp·c1-9COSMOPOL außer AUST u. ANTARC – igr uHy ☉–♃ – WaA VdA – L8 T5 F12 R7 N2 – V Nitell. sync., V Char. frag.). **Schirmförmige G. – *N. tenuissima* (DESV.) KÜTZ.**
5* Habitus nicht perlschnurartig. Sprossende locker od. schwanzfg verdichtet 6
6 Sehr kleine Pfl. Wirtel an der Sprossspitze schwanzfg bis zylindrisch verdichtet. Oogonien u. Antheridien fast nur an der 1. Verzweigung der Äste. 0,02–0,07. 6–10. Oligotrophe stehende Gewässer: Abgrabungsgewässer, Gräben, Teiche, Tümpel, Seen, basenhold; z Bw(ORh) Rh(ORh) He(ORh), s Bb(NO), † Sa Mv (strop-b·c1-8CIRCPOL, strop-austr SAFR – sogr uHy ☉–① – WaA VdA – L8 T5 F12 R7 N2 – V Char. vulg., V Char. frag.). [*N. batrachosperma* (RCHB.) A. BRAUN] **Zwerg-G. – *N. confervacea* (BREB.) A. BRAUN**
6* Kleine Pfl. Sprossspitze locker, höchstens ganz schwach verdichtet. Oogonien u. Antheridien an allen Verzweigungen der Äste. Endzelle fast so br wie die Zelle davor, sich allmählich verschmälernd (Abb. 91/1, im Gegensatz zu *N. mucronata*, 4). Oosporenmembran papillös. 0,05–0,20. 6–10. Stehende Gewässer: Tümpel, Teiche, Abgrabungsgewässer, Gräben, kalkmeidend; z Nw Th Sa, s übriges D, ob noch? Sh, † Ns, ↘ (alle Florenzonen außer arct u. antarct·c1-8, weltweit verbr. – sogr uHy ☉–♃ – WaA VdA – L8 T6 F12 R5 Nx – V Nitell. flex.). **Zierliche G. – *N. gracilis* (J.E. SMITH) C. AGARDH**
7 (3) Junge fertile Sprossspitzen von Schleimhülle umgeben, Schleimhülle bei ♂ meist stärker entwickelt. 2häusig 8
7* Junge, fertile Sprossspitzen stets ohne Schleimhülle. 1- od. 2häusig 9
8 Oosporen an langen, unverzweigten Ästen (Abb. 91/4). ♂ nicht sicher von 8* zu trennen. Pfl meist im Spätsommer bis Herbst entwickelt. 0,10–0,40. 7–9. Oligo- bis mesotrophe stehende Gewässer: Teiche, Abgrabungsgewässer, Seen, Gräben, Tümpel, basenhold; v BW(ORh) Rh(ORh) He(ORh), z By Sa Bb, s übriges D, ↘ (m-b·c1-5(7)EUR(AS) – sogr

uHy ☉ – WaA VdA – L8 T5 F12 R7 N3 – V Nitell. sync., V Nitell. flex., V Char. frag.).

Verwachsenfrüchtige G. – N. syncarpa (THUILL.) CHEV.

8* Oosporen an kurzen, verzweigten Ästen (Abb. **91**/5). Pfl meist im Frühling bis Frühsommer entwickelt. 0,10–0,25(–0,35). 4–7. Oligo- bis mesotrophe stehende Gewässer: Teiche, Gräben, Tümpel, Abgrabungsgewässer, meist kalkmeidend; z Sa An Ns, s übriges D außer † Bw, ↘ (m-temp·c1-4(5)EUR(WAS) – NAM – sogr uHy ☉–① – WaA VdA – L8 T5 F12 R6 N3 – V Nitell. sync., V Nitell. flex., V Eleoch. acic., V Char. vulg.).

Haarfeine G. – N. capillaris (KROCK.) J. GROVES et BULL.-WEBST.

9 **(7)** 1häusig, aber die Pfl beginnt oft rein ♂; gegen Ende der fertilen Periode sind dann meist nur noch die Oosporen zu sehen. Quirle an der Sprossspitze locker, Zweige meist ± gerade. 0,05–0,40. 4–7(–10). Oligo- bis mesotrophe stehende u. fließende Gewässer: Teiche, Abgrabungsgewässer, Gräben, Tümpel, Seen, Bäche, kalkmeidend; v Th(O) Sa Ns, z übriges D, ↘ (austr-bstrop+strop-arct·c1-8COSMOPOL – igr uHy ☉–♃ – WaA VdA – L7 T5 F12 R5 N3 – V Nitell. flex., V Eleoch. acic., V Potam.).

Biegsame G. – N. flexilis (L.) C. AGARDH

9* 2häusig, gleichzeitig ♂ u. ♀ Pfl vorhanden. Quirle an der Sprossspitze köpfchenartig gedrängt, Zweige dort oft eingekrümmt. 0,10–0,30(–1,00). 4–7. Oligotrophe stehende u. fließende Gewässer: Seen, Abgrabungsgewässer, Gräben, Tümpel, Bäche, basen- bis kalkhold; z alle Bdl ((strop)+m-arct·c1-6CIRCPOL, austr SAM – sogr uHy ☉–① – WaA VdA – L7 T5 F12 R7 N2 – V Char. vulg., V Char. frag.).

Dunkle G. – N. opaca (C. AGARDH) C. AGARDH

Nitellopsis HY – **Sternglanzleuchteralge** (2 Arten)

Durch die Rhizoid-Sterne (Abb. **89**/3) unverwechselbare Pfl, bevorzugt im tieferen Wasser. 0,20–1,00(–2,00). 6–9. Oligo- bis mesotrophe stehende Gewässer: Seen, Abgrabungsgewässer, Teiche, Altarme, basen- bis kalkhold; v BW(ORh) Rh(ORh) He(ORh), Bb(NO) Mv, z By(S) Nw(MW) An, s übriges D, ↗ ((trop)strop-temp·c1-10EURAS, [N] temp NAM – sogr uHy ☉–♃ Ausl InKnolle – WaA VdA – L6 T4 F12 R7 N4 – V Char. frag.).

Sternglanzleuchteralge – N. obtusa (DESV.) J. GROVES

Tolypella (A. BRAUN) A. BRAUN – **Baumleuchteralge** (etwa 17 Arten)

1 Endzelle der Äste eine kurze Stachelspitze bildend (mehrere ansehen, da leicht abbrechend) **2**

1* Endzelle der Äste lg, abgerundet **3**

2 Sterile Äste verzweigt. Meist zarte Pfl, Spross⌀ selten >1 mm. 0,10–0,50. 4–6(–10). Oligotrophe stehende Gewässer: Altarme, Gräben, Abgrabungsgewässer, Tümpel, Teiche, kalkmeidend bis basenhold; s Bw He(SO) Nw Sa(NO) Bb(MN) Ns(S) Mv(NO) Sh(O), † Rh, ↘ (m-temp·c1-7EUR-NAM+(subtrop-m AS), [N] AUS – sogr uHy ☉–① – WaA VdA – L8 T6 F12 R6 N2 – V Char. vulg., V Char. frag.).

Verworrene B. – T. intricata (TRENTEP.) LEONH.

2* Sterile Äste einfach, unverzweigt (an älteren Pfl können fertile Äste wegen bereits abgefallener Antheridien u. Oogonien Verzweigungen von sterilen Ästen vortäuschen). Teils kräftige Pfl, Spross⌀ meist >1,5 mm. 0,10–0,70. 5–6(–8). Stehende Gewässer: Tümpel, Altarme, Gräben, Abgrabungsgewässer, Teiche, basenhold; s By(NO: Mittwitz) BW(ORh) Rh(ORh) He(ORh) Nw(MW) Bb(NO) Sh, ↘ (m-b·c1-7CIRCPOL – sogr uHy ☉–① – WaA VdA – L8 T6 F12 R7 Nx – V Nitell. sync., V Char. vulg.).

Sprossende B. – T. prolifera (ZIZ) LEONH.

3 **(1)** Reife Oosporen braun, 225–400 μm hoch u. 175–325 μm br, oval. Vor allem im Süßwasser im Binnenland. 0,05–0,50. 4–7. Oligo- bis mesotrophe stehende Gewässer: Abgrabungsgewässer, Tümpel, Teiche, Altarme, Gräben, Seen, basen- bis kalkhold, Süß- u. Brackwasser; z By(S), BW(ORh) Rh(ORh) He(ORh), Nw Th Sa An, s übriges D, ↗ (m-temp(-b)·c1-8EUR, AS, NAM, austr·SAM+AFR+AUST – sogr uHy ☉–① – WaA VdA – L8 T5 F12 R7 N3 – V Char. frag., V Char. vulg.).

Kleine B. – T. glomerata (DESV.) LEONH.

3* Reife Oosporen schwarz, 350–500 µm hoch u. 300–450 µm br, an der Basis abgeflacht. Fast ausschließlich im Brackwasser. 0,05–0,15. 6–7. Brackwasser der Ostsee, (meist salzbeeinflusste Abgrabungsgewässer in Küstennähe); s Mv Sh, ob je? Ns(N: Bremen), ↘ (antarct ANTARC)+austr AUST+m-arct·c1-4(?7) EUR+(AS+NAM) – sogr uHy ⊙ – WaA VdA – L8 T4 F12 R8 N2 – V Char. can.,V Rupp., V Potam.).
Ostsee-B. – *T. nidifica* (O.F. MÜLL.) A. BRAUN

Unterabteilung *Lycopodiophytina* – Bärlappe

Bearbeitung: **Stefan Jeßen**

Familie *Lycopodiaceae* BEAUV. – Bärlappgewächse

(3–9 Gattungen/350–470 Arten)

Pfl gablig verzweigt, Äste gleich od. ungleich lg. Bla klein, ungeteilt, ohne NebenBla. Sporangien einzeln, am Grund der BlaOSeite. Sporen gleichartig. Vorkeim 2geschlechtig, oft mehrjährig u. unterirdisch (Dunkelkeimer).

1 Stg gablig verzweigt, aufsteigend, alle Triebe gleich lg (Abb. **93**/1). Sporangien in den Achseln von LaubBla, nicht in deutlich abgesetzten Ähren.
Teufelsklaue – *Huperzia* S. 94
1* Stg monopodial (anisotom), kriechend, Seitenäste kürzer, aufrecht. Sporangien in den Achseln besonders gestalteter Bla, die ± scharf abgegrenzte, endständige Ähren bilden **2**
2 Bla gegenständig, 4reihig, schuppenfg. Zweige abgeflacht (Abb. **93**/4, 5).
Flachbärlapp – *Diphasiastrum* S. 94
2* Bla wechselständig. Zweige nicht abgeflacht **3**
3 Stg 20–400 cm lg kriechend, mit mehreren aufrechten Zweigen. Ähre ± deutlich vom sterilen Spross abgesetzt (Abb. **93**/2). **Bärlapp – *Lycopodium* S. 94**
3* Stg 2–10 cm lg kriechend, meist nur 1 aufrechter Zweig. Ähre undeutlich vom sterilen Spross abgesetzt (Abb. **93**/3). **Moorbärlapp – *Lycopodiella* S. 95**

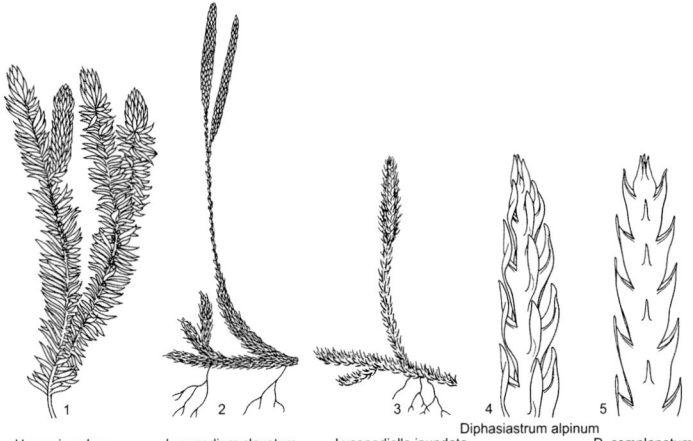

1 Huperzia selago 2 Lycopodium clavatum 3 Lycopodiella inundata 4 Diphasiastrum alpinum 5 D. complanatum

Huperzia BERNH. – **Teufelsklaue** (ca. 25 Arten)
Stg mehrfach gablig, einen dichten Busch bildend (Abb. 93/1). 0,05–0,30. 7–10. Mont. NadelW, Buchen- u. EichenW, mont. bis subalp. Blockmeere u. Matten, im Tiefland Sandheiden, Steinbrüche, kalkmeidend; h Alp, z By Bw Rh He (SO ORh, s SO SW) Nw(SW SO) Sa(s W NO, f Elb) An(Hrz, s O), s Th(v Wld, f Hrz S) Bb(Elb NO SO) Ns(z Hrz, f Elb) Mv(f Elb) Sh, ↘ (austr-arct·c1-6COSMOPOL – igr eros C ♃ Brutsprosse – WiA – L4 T3 F6 R3 N5 – O Vacc.-Pic., UV Luz.-Fag., V Querc. rob. – *272* – ▽). [*Lycopodium selago* L.]
Tannen-T. – *H. selago* (L.) SCHRANK et MART.

Lycopodium L. – **Bärlapp** (20–26 Arten)
1 BlaSpitzen mit lg, weißem Haar. Ähren zu 1–3 auf lg, lockerblättrigem Stiel (Abb. 93/2). Stg 0,5–4,0 m kriechend. 0,05–0,30. 7–8. Frische bis mäßig trockne Heiden, Silikatmagerrasen, auch Störstellen: Skipisten, Wegböschungen; Waldränder, BuchenW, Nadelholzforste, kalkmeidend; z Alp By Bw Rh He(v NW) Nw Th Sa An(v Hrz) Bb Ns(v Hrz) Mv Sh (sm/mo-b·c1-6CIRCPOL – igr eros C ♃ KriechTr, selten Brutsprosse – WiA – *L8 T4 F4 R4 N1* – O Call.- Ulic., O Vacc.-Pic. – früher HeilPfl, giftig? – *68* – ▽!). **Keulen-B. – *L. clavatum*** L.
1* BlaSpitze ohne Haar. Ähren einzeln, ungestielt. Stg 0,1–3,0 m kriechend. 0,10–0,30. 8–9. Frische bis feuchte FichtenW, MoorW, BuchenW, kalkmeidend; h Alp, z By Bw Rh He Nw Th Sa Bb Ns Mv, s An(v Hrz) Sh (sm/mo-arct·c2-7CIRCPOL – igr eros C ♃ KriechTr – WiA – L3 T4 F6 R3 N3 – O Vacc.-Pic., UV Luz.-Fag. – *68* – ▽). [*Spinulum annotinum* (L.) A. HAINES] **Sprossender B. – *L. annotinum*** L.

Diphasiastrum HOLUB [*Diphasium* C. PRESL] – **Flachbärlapp** (23–25 Arten)
1 Bla der SprossUSeite andeutungsweise gestielt, gekniet (Abb. 93/4), ihr oberer Abschnitt eilanzettlich. SeitenBla stark nach der SprossUSeite umgebogen, nicht od. nur wenig breiter als die zwischen ihnen befindlichen RückenBla. Ähren ungestielt (d. h. dichtbeblätterten Vorjahrestrieben einzeln aufsitzend), 8–16 mm lg. 0,02–0,30 lg, 0,03–0,10 hoch. 8–9. Mont. bis subalp. Borstgrasrasen, auch Störstellen: Skipisten, Böschungen, Zwergstrauchheiden, kalkmeidend; z Alp (v Allg u. Brch), s By(MN NW Alb: Neumarkt/Opf. NO: FichtelG, Z O: BayrW, BöhmerW) Bw(SW) Rh(M SW W) Nw(SO) Th(Wld) Sa(SW: ErzG) An(Hrz) Ns(Hrz), † He(NW O SO W), ↘, an Sekundärstandorten ↗ (sm/alp-arct·c1-6CIRCPOL – igr eros C ♃ – WiA – *L9 T3 F5 R2 N4* – V Nard., V Viol. can., O Vacc.-Pic. – 46 – ▽). [*Lycopodium alpinum* L., *Diphasium alpinum* (L.) ROTHM.] **Alpen-F. – *D. alpinum*** (L.) HOLUB
1* Bla der SprossUSeite ungestielt u. ungekniet, ihre Spreite am Grund am breitesten (Abb. 93/5, 96/1–4). SeitenBla nicht od. wenig nach unten umgebogen, meist deutlich breiter als die RückenBla (Sprossachse daher flach), nicht od. kaum umgebogen. Ähren 15–30(–35) mm lg, ungestielt od. kurz gestielt. 2
2 Ähren meist unmittelbar dem Ende der Äste aufsitzend, selten kurz gestielt. Kriechsprosse meist oberirdisch 3
2* Ähren auf (1,5–)2–12 cm lg, locker beblätterten Stielen, einzeln od. zu 3–5 in Gruppen, Kriechsprosse ober- od. unterirdisch 4
3 Sprosse 1,5–3,0(–3,5) mm breit; SeitenBla leicht sichelfg gebogen. VentralBla 1,5–2,0 mm lg (Abb. 96/2). Oberirdische Seitentriebe graugrün, nur im Schatten grasgrün. Ähren 2–3 cm lg. 0,08–0,20. 8–9. Mont. bis subalp. Silikatmagerrasen u. Heiden, auch Störstellen: Skipisten, Böschungen, kalkmeidend; Alp(Allg) By(S? O: BayrW BöhmerW, † NO: FichtelG) Bw(SW: N-SchwarzW) Rh(M: Fankel) Nw(SO: Kahler Asten) Th(O, z Wld) Sa(SW: ErzG) An(Hrz) Ns(Hrz), † He(W NW O: Rhön), ↘ (stemp/mo·c2-3EUR – igr eros C ♃ KriechTr/ Rhiz – WiA – *L9 T4 F5 R2 N4* – O Nard., V Genisto-Call. – wohl entstanden aus *D. alpinum* × *D. complanatum* – 46 – ▽). [*Lycopodium issleri* (ROUY) LAWALRÉE, *L. complanatum* var. *fallax* ČELAK.] **Issler-F. – *D. issleri*** (ROUY) HOLUB
3* Sprosse 1,2–2,0(–3,0) mm breit; SeitenBla deutlich nach der SprossUSeite umgebogen, im oberen Teil oft rundrückig. Bla der SprossUSeite 2,5–3,0 mm lg, nicht gekniet (Abb. 96/4). Ganze Pfl bläulichgrün. Ähren 1,0–2,5 cm lg. (0,04–)0,08–0,18. 8–9. Lückige, gestörte Stellen, Zwergstrauchheiden: Skipisten, Schneisen, kalkmeidend; s By(O: BöhmerW NO: Oberfranken) He(SO: OdenW) Th(Wld: Goldisthal Neuhaus a.R., † Altendambach) An(Hrz), f Ns

(temp/mo·c2EUR – igr eros C ♃ Kriechtr – WiA – *L9 T3 F5 R1 N1* – V Genisto-Call. – wohl entstanden aus *D. alpinum* × *D. tristachyum* – 46 – ▽).

Oellgaard-F. – ***D. oellgaardii*** STOOR, BOUDRIE, JEROME, K. HORN et BENNERT

4 **(2)** Sprosse oseits grasgrün, nie bereift, mit lg, fächerfg divergierenden Endverzweigungen. SeitenBla meist deutlich abstehend. Bla der SprossUSeite sehr klein, 0,5–1,5 mm lg, ⅕–⅓ so lg wie der Abstand zweier Bla der SprossUSeite, ¼–⅙ so br wie die sehr br u. scharfkantig geflügelte Achse (Abb. **93**/5). Ähren auf Seitentrieben der Sprossbüschel, deren Mitteltrieb stets ohne Sporenähren. Kriechende Hauptachse oberirdisch od. sehr flach unterirdisch. 0,10–0,35. 8–9. Frische bis mäßig trockne Kiefern- u. FichtenW, Nadelholzforste, Waldränder, lückige Zwergstrauchheiden, auch Störstellen: Böschungen, Skipisten, kalkmeidend; früher z, heute s Th(f Hrz NW W) Mv(f N NO), s Alp(Allg Chm) By(f N) Bw(f NW ORh S SO) Rh(f MRh) He(f SW) Nw(SO) Sa An(f O S SO) Bb(NO SO M MN) Ns(Hrz, † MO S), † Sh, ↘ ((trop/mo?)sm/mo-b·c2-7CIRCPOL – igr eros C ♃ uRhiz/ KriechTr – WiA – *L7 T5 F5 R2 N1* – O Vacc.-Pic., K Puls.-Pin., V Viol. can., V Genisto-Call. – 46 – ▽). [*Lycopodium complanatum* L., *Diphasium complanatum* (L.) ROTHM.]

Gewöhnlicher F. – ***D. complanatum*** (L.) HOLUB

4* Sprosse oseits graugrün, useits meist ± bereift mit büschligen Ästen. SeitenBla anliegend od. nur wenig abstehend. Bla der SprossUSeite größer, ½–¼ so br wie der schmaler u. stumpfer geflügelte Spross (Abb. **96**/1, 3). Mittel- od. Seitentrieb ährentragend. Kriechende Hauptachse meist unterirdisch, in (1–)3–12(–20) cm Tiefe 5

5 Oberirdische Sprosse rundlich, dünn, 1,5(–1,8) mm br, dichtbüschlig, oseits dunkel graugrün, useits deutlich bereift, von unten fast gleich aussehend wie von oben. Bla der SprossUSeite groß, (½–)⅓ so br wie die schmal geflügelte Sprossachse, am oberen Ende jedes Jahrestriebs mit ihrer Spitze den Grund des nächsten Bla deckend (Abb. **96**/1), am unteren Jahrestriebende ± ¾ so lg wie der Abstand zweier Bla der SprossUSeite. SeitenBla stets eng dem Spross anliegend, mit dickem, stumpfrückigem Kiel. 0,05–0,15(–0,25). 8–9. Frische bis wechselfeuchte Heiden, lichte NadelW u. Nadelholzforste, auch Störstellen: Böschungen, Skipisten, Schneisen, kalkmeidend; früher z, heute s By(f N S) Bw(NW SW Gäu ORh) Rh(f MRh W) He(NW W SO) Nw(MW SO) Th(O Rho S, z Wld) Sa(NO SW) An(Hrz) Bb(SO) Ns(f Elb N) Mv(N), † Sh, ↘ (sm/mo-temp·c2-4EUR+OAM – igr eros C ♃ uRhiz – WiA – L8 T6 F5~ R1 N1 – K Vacc.-Pic., V Genisto-Call. – 46 – ▽). [*Lycopodium chamaecyparissus* A. BRAUN]

Zypressen-F. – ***D. tristachyum*** (PURSH) HOLUB

5* Oberirdische Sprosse 1,8–2,4 mm br, aus lockeren, größeren Astbüscheln gebildet, useits nicht od. kaum bereift, mit lg gestreckten StgGliedern. Ober- u. Unteransicht des Sprosses deutlich verschieden. Bla der SprossUSeite kleiner, ¼ so br wie die Achse, nur an der Jahrestriebspitze den Grund des nächsten Bla erreichend, sonst nur (½–)⅓ so lg wie der Abstand zweier Bla der SprossUSeite (Abb. **96**/3). SeitenBla locker anliegend, mit schmalem, ± scharfkantigem u. hohem Kiel. (0,05–)0,10–0,25(–0,30). 8–9. Lichte, trockne bis frische KiefernW u. -forste, Heiden, gestörte lückige Rasen: Skipisten, Schneisen, kalkmeidend; s By Bw(S) Rh(SW) He Nw(SW) Th(Bck O S, z Wld) Sa(NO SW) An(Hrz O Elb) Bb(SO M SW) Ns(Hrz, † O) Mv(MW?), † Sh, ↘ (temp·c3-4EUR+OAM – igr eros C ♃ uRhiz – WiA – K Vacc.-Pic., V Genisto-Call. – L7 T6 F5 R1 N1 – wohl entstanden aus *D. complanatum* × *D. tristachyum* – 46 – ▽). **Zeiller-F. –** ***D. zeilleri*** (ROUY) HOLUB

Hybriden: *D. alpinum* × *D. issleri* – s, *D. alpinum* × *D. oellgaardii* – s, *D. complanatum* × *D. issleri* – s

Bei den drei Hybriden handelt es sich um triploide Pflanzen (Chromosomenzahl typischerweise 69), wobei jeweils ein Chromosomensatz von *D. alpinum* bzw. *D. complanatum* und vermutlich jeweils 2 durch die Bildung von Diplosporen von *D. issleri* bzw. *D. oellgaardii* stammen.[1]

Lycopodiella HOLUB [*Lepidotis* MIRB.] **– Moorbärlapp** (13–15 Arten)

Kriechende Stg 2–10 cm lg. Ähre 4–8 cm lg, dicker als der Stg (Abb. **93**/3). 0,02–0,10. 8–10. Nackte Torfböden u. Schlenken in Hoch- u. Zwischenmooren, feuchte, schlammig-humose Dünensenken u. Feuchtheiden, auch Störstellen: Kiesgruben; z Alp Rh(f MRh) Nw Ns, s By Bw(f Alb NW) He(MW ORh, f NW SW W) Th(S Wld) Sa(z SO NO) An Bb Mv Sh, ↘ (sm/mo-

---

[1] vgl. BENNERT et al. 2011.

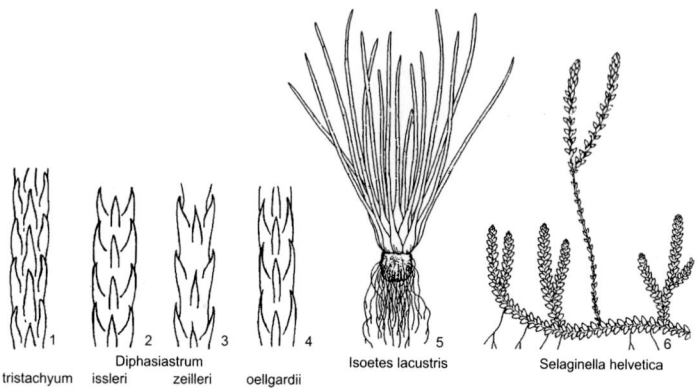

1 Diphasiastrum tristachyum 2 issleri 3 zeilleri 4 oellgardii 5 Isoetes lacustris 6 Selaginella helvetica

b·c1-4CIRCPOL – igr eros C ♃ KriechTr Fragmentierung – WiA Vorkeim an Bodenoberfläche, ergrünend – *L8 T5 F9= R2 N1* – V Rhynch. alb., O Eric.-Sphagn. – *156* – ▽). [*Lycopodium inundatum* L., *Lepidotis inundata* (L.) Börner] **Gewöhnlicher M. – *L. inundata* (L.) Holub**

Familie *Isoëtaceae* Dumort. – **Brachsenkrautgewächse**

(1 Gattung/170 Arten)

Untergetauchte Kräuter. Sprossachse mit sekundärem Dickenwachstum, stark verkürzt. Bla rosettig, binsenfg (Abb. 96/5). Sporangien am scheidigen Grund der Bla auf deren OSeite in eine Grube eingesenkt. Zweierlei Sporen (große ♀ u. kleine ♂). Vorkeim 1geschlechtig, kurzlebig, in der Spore bleibend.

Isoëtes L. – **Brachsenkraut** (180–250 Arten)

1   Bla sehr steif, dunkelgrün, kurz zugespitzt, 2–3 mm ⌀, kaum durchscheinend, ♀ Sporen 0,5–0,7 mm ⌀, mit sehr niedrigen, stumpfen, z. T. netzig verbundenen Höckern. 0,08–0,25(–0,40). 7–9. Uferbereich sandiger bis steiniger, oligo- bis mesotropher Seen, bis 5 m Tiefe, kalkmeidend; s Bw(SW: Feldsee Titisee) Ns(NW: Silbersee Wollingster See) Sh(O: Ihlsee Garrensee), † By(S) Mv(NO), ↘ (temp-b·c1-4EUR+(OAS)+OAM – igr ros uHy ♃ – WaA KlA Kältekeimer – L7 T3 F12 R4 N1? – V Isoët., V Litt. – *110* – ▽). **Gewöhnliches B. – *I. lacustris* L.**

1* Bla ziemlich schlaff, beim Herausziehen aus dem Wasser bündelweise aneinanderhaftend, hellgrün, vom Grund an allmählich in eine feine Spitze verschmälert, 2 mm ⌀, durchscheinend. ♀ Sporen 0,45–0,55 mm ⌀, von dünnen, spitzen od. gestutzten, leicht abbrechenden Stacheln dicht besetzt, igelartig. 0,05–0,15(–0,20). 7–9. Uferbereich sandiger bis leicht schlammiger, oligotropher Seen, bis 3 m Tiefe, kalkmeidend; s Bw(SW: Feldsee Titisee), † Sh(M), ↘ (temp-arct·c1-6CIRCPOL – igr ros uHy ♃ – WaA KlA Kältekeimer – L7 T3 F12 R6 N1 – V Isoët., V Litt. – *22* – ▽). [*I. tenella* Desv., *I. setacea* auct.]

Igelsporiges B. – *I. echinospora* Durieu

Familie *Selaginellaceae* Willk. – **Moosfarngewächse**

(1 Gattung/700 Arten)

Moosähnliche Pfl. Bla wechsel- od. kreuzgegenständig, klein, 1nervig, mit farblosem Bla-Häutchen (Ligula) am Grund der OSeite. Sporangien 1geschlechtig, in den Achseln besonderer Sporophylle, die zu endständigen, ährenähnlichen Sporophyllständen vereint sind. Zweierlei Sporen (große ♀ u. kleine ♂). Vorkeim 1geschlechtig, kurzlebig, winzig, in der Spore eingeschlossen bleibend.

Selaginella P. Beauv. – **Moosfarn** (700 Arten)
1 Bla wimprig gezähnt, wechselständig. Stg bis 10 cm kriechend. Höhe 0,03–0,12. 7–8. Subalp. bis alp. Rasen, Quellmoore u. rieselnasse Standorte, kalkhold; h-z Alp, s By(S MS) Bw(SW), † An(Hrz), ↘ (sm/alp-arct·c1-6CIRCPOL – igr eros H ♃ KriechTr – WiA – L8 T3 F7 R7 N3 – Car. davall., V Sesl., V Nard. – *18*). [*S. spinulosa* A. Braun]
 Dorniger M. – *S. selaginoides* (L.) Schrank et Mart.
1* Bla ganzrandig, 4reihig, die seitlichen abstehend, die oberen der SprossOSeite anliegend (Abb. **96**/6). Stg bis 20 cm lg kriechend. Höhe 0,02–0,08. 6–7. Lückige Halbtrockenrasen, schattige Felsen u. Mauern, kalkhold; z Alp By(MS S: südl. Donau-Zuflüsse, s O), s Bw(S: Argen) † By(NO) Th(Wld), [N] † Sa(SW), ↘ (sm-temp//mo·c2-5EUR +OAS – igr eros H ♃ KriechTr – WiA – L5 T5 F5 R8 N2 – V Brom. erect., V Car. davall., V Mol. – *18*).
 Schweizer M. – *S. helvetica* (L.) Spring

Einige Arten treten vorübergehend verwildert auf; so die im südöstlichen Nordamerika beheimatete *S. apoda* (L.) Spring in Berlin und die aus den W-USA stammende *S. douglasii* (Hook. et Grev.) Spring in Thüringen (Jena).

Unterabteilung *Equisetophytina* – Schachtelhalme

Bearbeitung: **Stefan Jeßen**

Familie *Equisetaceae* DC. – Schachtelhalmgewächse

(1 Gattung/15 Arten)

Ausdauernde Kräuter. Oberirdische Stg gegliedert, hohl, oft quirlig verzweigt. Bla schuppenfg, quirlig, zu gezähnten Scheiden verwachsen. ♂ u. ♀ Sporen gleich. Sporangien an der USeite schildfg Träger (Sporangiophore) in endständigen Sporangiophorständen („Ähren"). Vorkeim grün, elchgeweihähnlich gelappt, oberirdisch (alle Arten Lichtkeimer).

Equisetum L. – Schachtelhalm (15 Arten)

Schlüssel A Ährentragende Sprosse

1 Ährentragende Sprosse bräunlich bis weißlich, astlos, höchstens nach der Sporenreife ergrünend u. durch Astbildung den ährenlosen Sprossen gleich werdend **2**
1* Ährentragende Sprosse grün, quirlästig od. unverzweigt, den stets gleichzeitig vorhandenen ährenlosen Sprossen von Anfang an gleichgestaltet **5**
2 Ährentragende Sprosse 5–15 mm ⌀ u. 12–30(–50) cm hoch, nach der Sporenreife absterbend, ihre Scheiden mit (15–)20–40 Zähnen. Ähren 4–8 cm lg, mit hohler Achse. Grüne, ährenlose Sprosse zur Zeit der Sporenreife fehlend. 0,50–2,00. 4–5. Halbschattige Quellmoore, Flachmoore, sickernasse Bachsäume u. Grabenränder, kalkhold; h Alp(z Krw), z By Bw(h S) Rh He(f NW W) Nw Ns(S M MO, s Hrz O NW Elb) Sh(f W), s Th(f Hrz NW Wld) Sa An(f Hrz O) Bb(SO M MN) Mv(M N) (m-temp·c1-3 EUR+WAM – sogr eros H ♃ uAusl + SprKnollen – WiA – L5 T6 F8 R8 N5 – V Craton., V Filip., V Car. davall., V Alno-Ulm. – giftig? – *216*). [*E. maximum* Lam. p.p.] **Riesen-Sch. – *E. telmateia*** Ehrh.
2* Ährentragende Sprosse 3–5 mm ⌀, ihre Scheiden mit 3–20 Zähnen. Ähren 1–4 cm lg, mit markiger Achse **3**
3 Stg 10–18rippig, Scheidenzähne zu 3–6 häutigen Lappen verwachsen (Abb. **100**/5). Quirlästige, grüne, ährenlose Sprosse gleichzeitig mit den ährentragenden erscheinend; letztere nach der Sporenreife ergrünend u. durch Astbildung den ährenlosen Sprossen gleich werdend. 0,15–0,50. 4–5. Nasse FichtenW, ErlenauenW, nasse Gebirgswiesen u. -äcker, kalkmeidend; g-h alle Bundesländer u. Alp (v–z Nw(MW) Bb Ns(NW N), z–s Trockengebiete) (sm/mo-b·c2-6CIRCPOL – sogr eros H ♃ uAusl+SprKnollen – WiA – L3 T4 F7 R5 N4 – K Vacc.-Pic., V Alno-Ulm. – *216*). **Wald-Sch. – *E. sylvaticum*** L.

3* Anzahl der Scheidenzähne gleich der Anzahl der StgRippen (nur bisweilen einzelne Zähne zusammenhängend) **4**
4 StgScheiden mit 10–20 gelblichen Zähnen. Quirlästige, grüne, unfruchtbare Sprosse gleichzeitig mit den ährentragenden Sprossen erscheinend; letztere nach der Sporenreife ergrünend u. durch Astbildung den ährenlosen gleich werdend. 0,15–0,50. 5–6. Frische bis feuchte AuenW u. LaubmischW, Wald- u. Grabenränder, nährstoffanspruchsvoll; z Sa(f Elb) An Bb Mv Sh(f W), s Alp(Chm Mng) By(MS NO NW S) Bw(Gäu S) He(f NW SW W) Nw(MW NO) Th (Wld, z Bck) Ns, † (sm/mo-b·c3-7CIRCPOL – sogr eros G ♃ uAusl – WiA – L5 T4 F6 R7 N2 – V Alno-Ulm., V Carp. *–216)*. **Wiesen-Sch. –** *E.* **prat_e_nse** EHRH.
4* StgScheiden mit (6–)10–12(–18) dunkelbraunen Zähnen. Ährentragende Sprosse (5–)15–25 cm hoch, nach der Sporenreife absterbend. Quirlästige, grüne, ährenlose Sprosse zur Zeit der Sporenreife stets fehlend. 0,15–0,50. 3–4. Frische bis feuchte, meist nährstoffreiche Standorte, Rohbodenpionier, Tiefenfeuchtezeiger, Rud., Äcker, Wiesen, Wälder; g alle Bundesländer (m-arct·c1-9CIRCPOL – sogr eros G ♃ uAusl+SprKnollen – WiA – L6 Tx Fx~ Rx N3 – K Artem., K Stell., V Alno-Ulm. – HeilPfl – *216)*. **Acker-Sch. –** *E.* **arv_e_nse** L.
5 (1) Ähre stumpf (Abb. **100**/1). Stg meist quirlig verzweigt **6**
5* Ähre spitz (Abb. **100**/2). Stg (außer bei *E. ramosi_s_simum*, **8**) unverzweigt **8**
6 Stg ungefurcht, nur weißlich gestreift, glatt, mit sehr weiter Zentralhöhle. StgScheiden mit 15–30 Zähnen. 0,50–1,50. 5–6. Nasse bis überschwemmte Uferbereiche meso- bis oligotropher Teiche, Röhrichte, Großseggenriede, Gräben, Erlenbrüche, Feuchtwiesen; h-v alle Bundesländer (z Trockengebiete) (sm-b·c1-7CIRCPOL – sogr eros G ♃ uAusl – WiA WaA – L8 T4 F10 Rx N5 – O Phragm., O Scheuchz., V Aln. *– 216)*. [*E. lim_o_sum* L., *E.* **hele_o_charis** EHRH.] **Teich-Sch. –** *E.* **fluvi_a_tile** L.
6* Stg gefurcht, ± rau, Zentralhöhle mäßig weit, ⅙(–½) des StgØ, Nebenhöhlen (fast) ebenso groß, ringfg angeordnet. StgScheiden mit 4–12(–16) Zähnen **7**
7 StgØ 1–3 mm, mit (4–)8–10(–12) Rippen. Alle StgScheiden anliegend, mit 4–12 Zähnen. Zentralhöhle ⅙ des StgØ. Sporen mit 4 lg, bandfg Anhängseln. Sporen wohlgeformt, rundlich, mit 4 Hapteren. 0,10–0,50(–1,00). 6–9. Nährstoffreiche Feucht- u. Moorwiesen, Ränder von Großseggenrieden, Ufer; g-h alle Bundesländer, ↘ (m-b·c1-7CIRCPOL – sogr eros G ♃ uAusl+SprKnollen – WiA WaA – L7 Tx F8 Rx N3 – O Mol., V Car. elat., K Scheuchz.-Car. – für Vieh giftig! *– 216)*. **Sumpf-Sch., Duwock –** *E.* **palustre** L.
7* StgØ 3–5 mm, mit (6–)12–14(–16) Rippen. Obere StgScheiden glockenfg abstehend, StgScheiden mit 6–16 Zähnen. Zentralhöhle ⅙–½ des StgØ. Ähren selten vorhanden, stets geschlossen bleibend. Sporen ohne Anhängsel. 0,20–1,00. 6–7. Feuchte bis nasse Wiesen, Wassergräben, Ufer, durchsickerte Wegböschungen, nährstoffanspruchsvoll; z alle Bundesländer (oft übersehen) s Alp(Allg), Verbr. ungenügend bekannt (sm-b·c2-7CIRCPOL – sogr eros G ♃ uAusl – Sporen abortiert – L7 Tx F8 Rx N3 – V Calth., V Car. elat.). [*E. arv_e_nse* × *E. fluvi_a_tile*] **Ufer-Sch. –** *E.* ×*lit_o_rale* RUPR.
8 (5) Stg mit rundrückigen Rippen, sommergrün, quirlästig, StgScheiden nach oben deutlich trichterfg erweitert, ihre Zähne mit stehenbleibendem, schwarzbraunem, weißrandigem Grundteil u. pfriemlicher, weißer, zuletzt gekräuselter u. meist abfallender Spitze. Zentralhöhle ½–¾ des StgØ. 0,30–1,00. 5–7. Halbtrockenrasen in Auen, Flussufer- Kiesbänke, offne, wechseltrockne bis -feuchte Störstellen: Dämme, Quellmoore in Tagebauen, kalkhold; z He(ORh SW) By(MS: Donau- Lech- Isar- u. Salzlach-Tal, s Alb S), s Alp(Allg) Bw(ORh S SW) Rh(ORh MRh) Nw(MW) Th(O Bck) Mv(MW: Kölpinsee bei Waren NO N?), † Sa An(Elb O) (austr-stropAM+AFR+AS-m-stemp·c2-10EURAS – sogr eros G ♃ uAusl – WiA Wärmekeimer – L8 T7 F4~ R8 N1 – V Brom. erect., O Pot.-Polyg., V Conv.-Agrop. – 216). **Ästiger Sch. –** *E. ramosi_s_simum* DESF.
8* Stg mit 2kantigen Rippen, völlig oder wenigstens teilweise immergrün, astlos oder teilweise quirlästig **9**
9 Stg 3–6 mm Ø, 40–120(–150) cm hoch, mit 15–25 Rippen, Zentralhöhle ⅔–⁹⁄₁₀ des StgØ **10**
9* Stg 1–3 mm Ø, 30–50(–100) cm hoch, mit 4–14 Rippen, Zentralhöhle ¼–⅓ des StgØ **11**

EQUISETACEAE   99

10 Stg kräftig, 4–6 mm ⌀, astlos. Rippen 15–25, zwischen den beiden Rückenkanten flach od. kaum rinnig. StgScheiden etwa so lg wie br, Scheidenzähne früh hinfällig, Scheidenröhre dann nur noch seicht u. stumpf gekerbt, oben u. unten mit schwarzer Querbinde, immergrün (Abb. **100**/4). Sporen wohlgeformt, rundlich, mit 4 Hapteren. 0,40–1,50. 6–8. Grund- u. sickerfeuchte AuenW, Gebüsche, Waldsäume, Böschungen, Quellmoore, nährstoffanspruchsvoll; z Alp, By Bw Rh He(f NW) Nw An Bb Ns Mv Sh(f W), s Th(Bck Rho Wld) Sa(W SO NO) (m/mo-b·2-6CIRCPOL – igr eros C ♃ uAusl – WiA WaA – L5 T5 F7~ R7 N6 – V Alno-Ulm., V Carp. – 216). **Winter-Sch. – *E. hyemale* L.**
10* Stg ca. 3–5 mm ⌀, astlos bis quirlästig, mit meist 12–20 Rippen, diese teils rundrückig, teils flach oder andeutungsweise rinnig. StgScheiden 1,5–2mal lg als br, Scheidenzähne anfangs kräftig, schwarzbraun, mit pfriemlicher, weißlicher, gekräuselter Spitze, später vor allem im unteren StgTeil abfallend und einen rund gekerbten Rand zurücklassend. Stg im Winter oberwärts meist absterbend, unterwärts wintergrün. Sporen fehlschlagend, eine krümelige, weißliche, aus unregelmäßigen Gebilden ohne oder mit deformierten Hapteren bestehende Masse bildend. 0,40–1,20(–1,50). 6–8. Grund- u. sickerfeuchte Stellen, Flussufer, Quellmoore, Sand- u. Tongruben, Bahndämme; s By(Alb MS) Bw(ORh S) Rh(ORh) He(ORh SW) Nw(MW SO) Th(Bck: Zechau) Sa(NO: Knappenrode) An(Elb: Prettin) Bb(M MN) Mv(MW) Sh(O SO) (sm?-b?·2-6EUR – igr eros C ♃ uAusl – Sporen abortiert – WiA? WaA – L6 T6 F5~ R7 N4 – V Alno-Ulm., V Carp., V Brom. erect., V Conv.-Agrop. – 216). [*E. hyemale* × *E. ramosissimum*; *E. schleicheri* Milde] **Moore's Sch. – *E.* ×*moorei* Newman**
11 (9) Scheiden nach oben etwas glockig erweitert, oben mit schwarzer Querbinde, ihre Zähne kurz, aus breiterem, ganz weißem od. doch br hellhautrandigem Grund plötzlich in eine kurze pfriemliche Spitze verschmälert (Abb. **100**/3). StgGlieder 1–2 mm ⌀ u. 1–3 cm lg. 0,10–0,30. 4–9. Flachmoore, kiesige bis sandige u. schluffige Flussufer, Grabenränder, Kiesgruben, Tagebaue, kalkhold; v Alp u. Vorland, z Bw(S SO ORh), s By(z S Ms) Rh(ORh) Th(Wld Bck, † S) An(Elb SO) Bb(M MN NO) Ns(N NW) Mv(M N NO) Sh, [N] s Sa (W: Markleeberg, † He, ↘ (sm/mo-arct·c2-6CIRCPOL – igr eros C ♃ uAusl – WiA – L8 T3 F9 R8 N5 – O Car. davall., V Craton. – 216). **Bunter Sch. – *E. variegatum* Schleich.**
11* Scheiden eng anliegend; ihre Zähne lg pfriemlich, vom Grund aus allmählich verschmälert, mit schmalem Hautrand. StgGlieder 2–3 mm ⌀, 2–5 cm lg. 0,20–0,50. 7–8. Wechselfeuchte, sandig-kiesige bis tonige Sumpfwiesen, Kiesgruben, lichte Ufergebüsche, kalkhold; z Rh(ORh), s Alp(Allg) By(S) Bw(ORh S), † By(MS) He(ORh), ↘ (temp-b·c2-6?EUR+AM – igr eros G ♃ uAusl – Sporen abortiert – L8 T7 F7~ R8 N1? – O Mol. – 216). [*E. hyemale* × *E. variegatum*; *E.* ×*mackaii* (Newman) Brichan] **Rauzähniger Sch. – *E.* ×*trachyodon* (A. Braun) W.D.J. Koch**

Weitere Hybriden: *E. arvense* × *E. palustre* = *E.* ×*rothmaleri* C.N. Page – s D?, *E. fluviatile* × *E. palustre* = *E.* ×*dycei* C.N. Page – s D?, *E. hyemale* × *E. ramosissimum* × *E. variegatum* = *E.* ×*geissertii* M. Lubienski et Bennert – s (324), *E. hyemale* × *E.* ×*trachyodon* = *E.* ×*alsaticum* (H.P. Fuchs et Geissert) G. Phil. – s (324), *E.* ×*moorei* × *E. hyemale* = *E.* ×*ascendens* M. Lubienski et Bennert – s (324), *E. palustre* × *E. telmateia* = *E.* ×*font-queri* Rothm. – s, *E. pratense* × *E. sylvaticum* = *E.* ×*mildeanum* Rothm. – s, *E. ramosissimum* × *E. variegatum* = *E.* ×*meridionale* (Milde) Chiov. – s (216).

E. ×*trachyodon* wurde bisher meist nicht unterschieden von den in seinem Verbreitungsgebiet auftretenden triploiden Hybriden *E.* ×*alsaticum* u. *E.* ×*geissertii*. Das Auftreten von *E.* ×*dycei* und *E.* ×*rothmaleri* C.N. Page in D ist zweifelhaft.

Schlüssel B Ährenlose Sprosse

1 Stg unverzweigt, höchstens am Grund mit SeitenStg **2**
1* Stg ± reich quirlig verzweigt **3**
2 Stg ohne vorspringende Rippen, nur weißlich gestreift, glatt. Zentralhöhle wenigstens ⅘ des Stg⌀. Scheiden wie lackiert glänzend, mit 15–30 schwarzen, sehr schmal weißhautrandigen Zähnen. Oberirdische Sprosse sommergrün.   ***E. fluviatile***
2* Stg mit deutlichen, rauen, 2kantigen Rippen. Zentralhöhle ¼–⅔ des Stg⌀. Oberirdische Sprosse meist überwinternd.   s. **Schl. A, Nr. 9**
3 (1) Äste zierlich, regelmäßig quirlig verzweigt, meist bogig überhängend. Scheidenzähne 5–18, gruppenweise zu 3–4(–6) stumpfen Lappen verwachsen, Anzahl der Lappen daher geringer als die Rippenzahl des Stg (Abb. **100**/5).   ***E. sylvaticum***

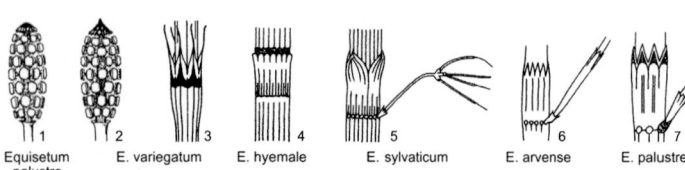

Equisetum palustre | E. variegatum | E. hyemale | E. sylvaticum | E. arvense | E. palustre

3*	Äste unverzweigt od. nur mit wenigen Ästchen. Scheidenzähne nicht od. selten vereinzelt gruppenweise verbunden, Anzahl der Zähne daher gleich der Rippenzahl des Stg 4
4	Stg mit sehr weiter Zentralhöhle (wenigstens ⅘ des StgØ), grün, ohne vorspringende Rippen, nur weißlich gestreift, glatt. Scheiden stark glänzend, mit 15–30 schwarzen Zähnen. Äste spärlich, bisweilen fehlend. *E. fluviatile*
4*	Stg mit enger Zentralhöhle (höchstens ⅔ des StgØ), meist deutlich gerippt (wenn undeutlich gerippt, dann elfenbeinfarben) 5
5	Stg bis fast zur Spitze elfenbeinweiß, undeutlich 20–40rippig, Ø 10–12 mm, 0,50–2,00 m hoch. *E. telmateia*
5*	Stg grün bis blaugrün od. grau, deutlich 4–15(–25)rippig, Ø 1–5 mm 6
6	Pfl grau- bis blaugrün. Scheidenzähne mit schwarzbraunem, weißrandigem Grundteil u. pfriemlicher, weißer, zuletzt gekräuselter u. meist abfallender Spitze. Äste hohl, 5–9rippig, ihr unterstes Glied höchstens ½ so lg wie die zugehörige StgScheide 7
6*	Pfl grasgrün. Scheidenzähne grün, mit bleibender, schwarzer od. grüner Spitze. Äste meist 3–5rippig 8
7	Stg quirlästig, mit rundrückigen Rippen, sommergrün. StgScheiden nach oben deutlich trichterfg erweitert, ihre Zähne mit stehenbleibendem, schwarzbraunen, weißrandigem Grundteil u. pfriemlicher, weißer, zuletzt gekräuselter u. meist abfallender Spitze. *E. ramosissimum*
7*	Stg quirlästig bis astlos, Rippen teils rundrückig, teils flach od. andeutungsweise rinnig, im Winter oberwärts meist absterbend, unterwärts wintergrün. StgScheiden nach oben nur wenig trichterfg erweitert, ihre Zähne anfangs kräftig, schwarzbraun, mit pfriemlicher, weißlicher, gekräuselter Spitze, später v. a. im unteren StgTeil abfallend u. einen rund gekerbten Rand zurücklassend. *E. ×moorei*
8	(6) Äste zierlich, 3(–5)rippig, nicht hohl. Zähne der StgScheiden 10–20, so lg wie die Scheidenröhre. Zentralhöhle >½ des StgØ. *E. pratense*
8*	Äste kräftiger, 4–5(–7)rippig. Zähne der StgScheiden 4–12(–18), ± ½–⅔ so lg wie die Scheidenröhre. Zentralhöhle <½ des StgØ 9
9	Mittlere StgScheiden trichterfg, obere glockenfg abstehend. Scheidenzähne 6–16. Unterstes Astglied der unteren Äste kürzer, das der oberen etwas länger als die zugehörige StgScheide. *E. ×litorale*
9*	Alle StgScheiden anliegend 9
10	Unterstes Astglied so lg wie die zugehörige StgScheide od. meist länger (nur am StgGrund zuweilen etwas kürzer) (Abb. 100/6). Asthülle (die ± 1 mm lg Scheide am Astgrund) gelblich. Zähne der StgScheiden (6–)10–12(–18), sehr schmal weißrandig. Zähne der Astscheiden 4(–6), abstehend, schmal, 2–4mal so lg wie br, zugespitzt. Äste nicht hohl. Zentralhöhle des Stg eng, ± ⅕ des StgØ, die Seitenhöhlen noch enger. Stg 0,15–0,50 m hoch. *E. arvense*
10*	Unterstes Astglied stets deutlich kürzer als die StgScheide (Abb. 100/7). Asthülle schwarz. Zähne der StgScheiden (4–)7–8(–10), br weißrandig. Zähne der Astscheiden 5(–7), an der Spitze nicht abstehend, ± so lg wie br, spitz, aber nicht zugespitzt. Äste hohl. Zentralhöhle ± ⅓ des StgØ, die Seitenhöhlen ± gleich weit. *E. palustre*

Unterabteilung *Psilotophytina* – Gabelblattfarne u. Natternzungengewächse

Bearbeitung: Stefan Jeßen

Familie *Ophiogloss<u>a</u>ceae* MARTINOV – **Natternzungengewächse**

(5–10 Gattungen/ca. 112 Arten)

Sprossachse kurz, unterirdisch, jährlich meist nur 1 Bla hervorbringend, das gewöhnlich in 1 sporenlosen Abschnitt u. 1 sporentragenden Abschnitt gegliedert ist. Alle Sporen gleichartig. Sporangien mit mehrschichtiger Wand, ähren- od. rispenähnlich angeordnet. Schleier fehlend. Vorkeim unterirdisch, in Symbiose mit Pilzen (Mykorrhiza), Dunkelkeimer.

1 Sporenloser BlaAbschnitt fiederteilig od. 2–4fach gefiedert, selten 3teilig, der sporentragende Teil rispenähnlich (Abb. **102**/2), stets vorhanden. **Rautenfarn – *Botrychium*** S. 101
1* Sporenloser BlaAbschnitt eifg, ganzrandig, der sporentragende Teil oft fehlend od. ährenähnlich (Abb. **102**/1). **Natternzunge – *Ophigl<u>o</u>ssum*** S. 102

Botrychium Sw. – **Rautenfarn**
(35–55 Arten)

1 Sporenloser BlaAbschnitt breiter als lg, wenigstens jung behaart, 3–4fach gefiedert **2**
1* Sporenloser BlaAbschnitt meist länger als br, stets kahl, 1–2fach fiederschnittig (Abb. **102**/2), sehr selten ungeteilt **3**
2 Sporenloser BlaAbschnitt lg gestielt, dickfleischig. Fiedern 3. Ordnung ganzrandig od. gekerbt. Gemeinsamer BlaStiel 1–4 cm lg. 0,10–0,25. 7–9. Mäßig frische bis frische Silikatmagerrasen, Wegränder, lichte Wälder, kalkmeidend; s By(O: BöhmerW, † S MS Alb NO) Bb(MN: Berlin), † Bw(Alb) Bb(M) Th(Wld O Bck) Sa(SO NO) Ns(NW) Mv(MW M NO N) Sh(O), ↘ (sm/mo-b·c3-5CIRCPOL – sogr eros G ⚥ uRhiz – WiA – L7 T4 F6 R4 N2 – O Nard. – *90* – ▽!). [*B. rut<u>a</u>ceum* Sw. non WILLD., *B. rutif<u>o</u>lium* A. BRAUN, *Sceptridium multifidum* (S.G. GMEL.) M. NISHIDA] **Vielteiliger R. – *B. multifidum*** (S.G. GMEL.) RUPR.
2* Sporenloser BlaAbschnitt fast sitzend, dünnhäutig. Fiedern 3. Ordnung eingeschnitten bis fiederspaltig. Gemeinsamer BlaStiel (6–)20–40 cm lg. 0,10–0,80. 6–9. Mont., frische, lichte Buchen- u. NadelholzmischW, Waldlichtungen, kalkmeidend; z Alp(Wtt, † Brch), ↘ (Art: strop/moAM+m-b·c4-5EURAS+c2-7AM, subsp.: EUR – sogr eros G ⚥ uRhiz+WuSpr – WiA – Lx T3 F5 R4 N7 – V Til.-Acer. – *184* – ▽). [*Botrypus virgini<u>a</u>nus* (L.) MICHX.]
Virginischer R. – *B. virgini<u>a</u>num* (L.) Sw. subsp. *europaeum* (ÅNGSTR.) JÁV.
3 (1) BlaStiel kürzer als der sporentragende BlaAbschnitt, sporenloser BlaAbschnitt daher scheinbar unter der Mitte der Pfl entspringend, gestielt, ungeteilt, 3teilig od. 2(–4)paarig gefiedert. 0,02–0,08(–0,15). 5–6. Frische bis mäßig trockne Silikatmagerrasen u. Heiden, kalkmeidend; s Nw(MW: Senne), † Bw(SW) Th(Bck) An(O: Burg) Bb(SW M MN) Ns(NW) Mv(SW N), ↘ ((sm/alp)-temp-b·c2-4EUR+AM – sogr eros G ⚥ uRhiz – WiA – L8 T4 F5 R1 N2 – K Call.-Ulic. – *90* – ▽!). **Einfacher R. – *B. s<u>i</u>mplex*** E. HITCHC.
3* Sporenloser BlaAbschnitt scheinbar in od. über der Mitte der Pfl entspringend **4**
4 Sporenloser BlaAbschnitt scheinbar in od. über der Mitte der Pfl entspringend. Fiedern halbmondfg od. keilfg (Abb. **102**/2). 0,05–0,30. 5–8. Mäßig trockne bis frische, lückige Magerrasen u. Sandheiden, Rud.: Bahndämme, Böschungen, Tagebaue; v Alp, z Bw By Rh He (O, s MW ORh) Nw Th (f Hrz) Sa An Bb Ns Mv Sh, ↘ (m/mo-arct·c1-6CIRCPOL – sogr eros G ⚥ uRhiz+WuSpr? – WiA – L8 Tx F4 Rx N2 – O Nard., K Sedo-Scler., V Brom. erect. – *90* – ▽).
Mond-R., Mondraute – *B. lun<u>a</u>ria* (L.) Sw.
4* Sporenloser BlaAbschnitt scheinbar weit über der Mitte der Pfl entspringend. Fiedern fiederspaltig bis fiederteilig. 0,10–0,20. 6–7. Mäßig trockne, lückige Sand- u. Silikatmagerrasen, lichte Wälder, Rud.: Sandgruben, Tagebaue, kalkmeidend; z Bb, s Alp(Allg) By(f N S) Bw(S SW Alb Keu) He(O) Nw(MW, † NO SO) Th(Bck Rho Wld) Sa(SW SO NO) An(Elb) Ns, † Mv Sh(SO), ↘ (austrAM+sm/mo-b·c25EUR+AM – sogr eros G ⚥ uRhiz kurzlebig – WiA – L7 Tx F4 R3 N2 – O Nard., K Sedo-Scler. – *180* – ▽!). [*B. ram<u>o</u>sum* (ROTH) ASCH. p.p., *B. rut<u>a</u>ceum* WILLD. non Sw.] **Ästiger R. – *B. matricariif<u>o</u>lium*** (RETZ.) W.D.J. KOCH

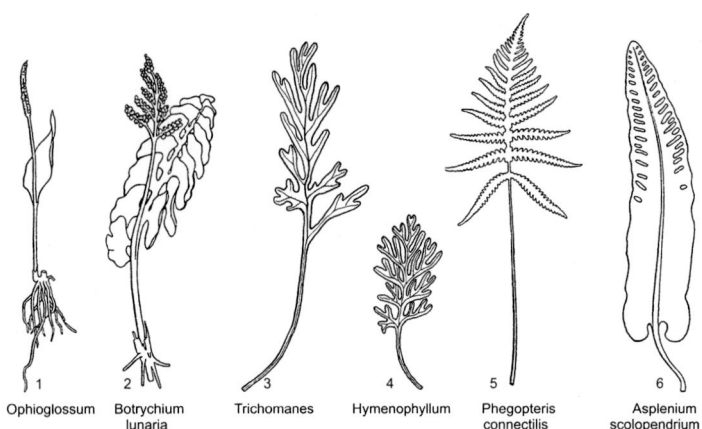

1 Ophioglossum   2 Botrychium lunaria   3 Trichomanes   4 Hymenophyllum   5 Phegopteris connectilis   6 Asplenium scolopendrium

Ophioglossum L. – **Natternzunge** (41–47 Arten)

Sporenloser BlaAbschnitt eifg, gelbgrün, ganzrandig (Abb. **102**/1). Sporentragender, ährenartiger BlaAbschnitt oft fehlend. 0,05–0,30. 6–7. Frische bis wechselfeuchte, z. T. periodisch überflutete Magerrasen u. Wiesen, Quellmoore, Rud.: Steinbrüche, Tagebaue; lichte Auenw; z Alp(f Krw Kch) By(s O) Bw Rh He Nw Th (f Hrz, v Bck) Sa An Bb Ns Mv Sh, ↘ (m/mo-b·c1-5CIRCPOL – frgr eros G ♃ uRhiz+WuSpr – WiA – *Lx T6 F7 R7 Nx* – O Mol., V Car. elat. – *480?*). **Gewöhnliche N.** – *O. vulgatum* L.

Die Angaben zur Chromosomenzahl von *O. vulgatum* differieren beträchtlich. Die Zahl von 480 geht offenbar zurück auf LÖVE et LÖVE (1976). ∅LLGAARD et TIND (1993) fanden für europäisches Material 1n = 250–260, somit 2n = 500–520. In den Appalachen (Nordamerika) existiert eine Sippe mit 2n = 1320 (WAGNER et WAGNER 1993). Für D scheint bisher weder eine Chromosomenzählung noch eine DNA-Gehaltsmessung vorzuliegen.

Unterabteilung *Polypodiophytina* – Leptosporangiate Farne

Bearbeitung: **Stefan Jeßen**

Klasse *Polypodiopsida* – Farne

Familie ***Osmundaceae*** MARTINOV – **Rispenfarngewächse**

(4–6 Gattungen/18–25 Arten)

Ausdauernd, mit unterirdischem Rhizom. Bla rosettig, gefiedert, spreuschuppenlos. Sporangien mit 1schichtiger Wand, ohne deutlichen Ring, an besonderen BlaAbschnitten knäulig gehäuft. Sporen gleichartig. Vorkeim unterirdisch, mehrjährig.

Osmunda L. – **Rispenfarn** (5–18 Arten)

Bla doppelt gefiedert, 50–150 cm lg. 6–7. Lichte Bruch- u. MoorW, Moorgebüsche, Waldsäume, Grabenränder, kalkmeidend; z Rh(SW, s ORh M W N) Nw(s SW) An(f Hrz S) Bb Ns(f Hrz) Mv Sh, s By(NM) Bw(ORh SW) He(ORh) Sa(Elb, z NO), † Th(Bck) [N] By(O) Sa(W), ↘ (austr-trop/mo-temp·c1-3AFR-EURAS-OAM – sogr ros H VertikalRhiz – WiA Lichtkeimer – *L5 T6 F9 R4 N7* – V Aln., V Querc. rob. – *44* – ▽).

Königs-R., Königsfarn – *O. regalis* L.

Familie *Hymenophyllaceae* Mart.– Hautfarngewächse

(9 Gattungen/ca. 600 Arten)

Kleine, sehr zarte, meist epiphytische Farne. BlaSpreite nur aus 1 Zellschicht. Sori einzeln an den BlaRändern, mit röhrigem od. 2klappigem Schleier. Sporangien sitzend, Wand 1schichtig. Sporen gleichartig. Vorkeim oberirdisch, grün, fädig od. 1schichtig-bandfg.

1 Grundachse fadenfg, 0,2–0,4 mm ⌀, locker braunhaarig, verkahlend, reich verzweigt, in Moospolstern kriechend. Bla doppelt fiederschnittig, rasenfg (Abb. **102**/4). Schleier 2klappig, die Klappen gezähnt-bewimpert. **Hautfarn** – ***Hymenophyllum*** S. 103
1* Grundachse >1 mm ⌀, dicht schwarzhaarig. Bla (in D) ungeteilt bis einfach fiederschnittig, einzeln aus watteartigen Vorkeimlagern hervorwachsend (Abb. **102**/3). Schleier zylindrisch, ganzrandig. **Dünnfarn** – ***Vandenboschia*** S. 103

Hymenophyllum Sm. – Hautfarn
(250–300 Arten)

BlaSpreite doppelt fiederschnittig, mit lineal-länglichen, selten nochmals geteilten, fein gezähnten Zipfeln (Abb. **102**/4). 0,03–0,07. 8. Schattige, moosige Sandsteinfelsen, kalkmeidend; s Rh(W: Bollendorf), † Sa(SO: ElbsandsteinG), ↘ (austr-trop/moAFR+AM+m/mo-temp·c1EUR+(AM) – igr eros H/C ⚄ KriechTr – WiA – *L5 T6 F6 R3 N? – 26 –* ▽!).
Englischer H. – ***H. tunbrigense*** (L.) Sm.

Vandenboschia Copel – Dünnfarn
(20–25 Arten)

BlaSpreite unzerteilt od. einfach fiederteilig bis -schnittig, mit länglich-keilfg bis linealischen, ganzrandigen Zipfeln (Abb. **102**/3). 0,005–0,08. Der Sporophyt (im atlantischen Hauptareal mit 3(–4)fach gefiederten, 20–45 cm lg Bla) wurde nur 1mal in SW-Rh: Sickinger Höhe in Kümmerformen gefunden, sonst nur der Gametophyt (Vorkeim), ein ± 5 mm hohes, watteartiges, sich durch Brutkörper vegetativ ausbreitendes Geflecht aus feinen, durch ∞ Chloroplasten belhaft grünen Zellfäden mit rechtwinkligen Zellwänden u. vereinzelten hellbraunen Rhizoiden. Enge, dunkle Höhlungen in Silikatfelsen (bes. Sandstein), in Reinbeständen od. mit Moosen; z Bw(SW Keu NW) Rh(SW M W N MS), s By(O NO NM NW) He(SO SWO) Th(NW: Eichsfeld) Sa(z SO: ElbsandsteinG ZittauerG) Ns(S) Nw(SW SO) (m-temp·c1EURONE – igr eros H ⚄ – *L2 T9 F9 R3 N?*, Vorkeim: *L1 T6 F7 R5 N? – 144 –* ▽!). [*Trichomanes speciosum* Willd.]
Prächtiger D. – ***V. speciosa*** (Willd.) G. Kunkel

Familie *Salviniaceae* Martinov – Schwimmfarngewächse

(2 Gattungen/16–21Arten)

SchwimmPfl, wenig verzweigt mit 0,5–1,5 cm großen, oseits behaarten SchwimmBla u. wurzelähnlichen WasserBla, od. moosähnlich, reich dichotom verzweigt, mit Wurzeln. Bla in 3zähligen Quirln od. 2reihig. Sporokarpe mit kleinen ♂ u. großen ♀ Sporen. Vorkeim winzig, 1geschlechtig.

1 SchwimmBla in 3zähligen Quirlen, elliptisch, 0,9–1,3 cm lang, gelb- bis dunkelgrün, oseits behaart, untergetauchte WasserBla wurzelähnlich zerschlitzt. Kuglige Sporokarpe am Grund der WasserBla. **Schwimmfarn** – ***Salvinia*** S. 103
1* SchwimmBla 2reihig angeordnet, schuppenfg, sich meistens dachziegelartig bedeckend, 2–3 mm lang, anfangs blaugrün, später oft rotbraun, kahl. Pfl useits mit büschligen Wurzeln. Sporokarpe an den Unterlappen. **Algenfarn** – ***Azolla*** S. 104

Salvinia Ség. – Schwimmfarn
(10–12Arten)

SchwimmBla elliptisch, 2zeilig (Abb. **104**/1), oseits mit büschlig behaarten Wärzchen. 0,05–0,10. 8–10. Flache, warme, windgeschützte eutrophe Stillgewässer, bes. Altwasser größerer Flüsse; z An(Elb: Elbe Havel) Bb(Elb M MN Oder NO), s Bw(z ORh) Rh(z ORh) Sh(M), s He(ORh, SW) Sa(W SO Elb) Ns(Elb), ↘ (stropOAS-m-temp·c2-5EURAS – sogr eros oHy ⊙ – KIA WaA Wärmekeimer – L7 T8 F11 R7 N7 – V Lemn. min., V Hydroch. – AquarienPfl – *18* – ▽). **Gewöhnlicher Sch. – S. na̲tans** (L.) ALL. Die südamerikanische *S. auri̲culata* AUBL. (*S. rotundifo̲lia* WILLD.) wurde verwildert in Berlin gefunden.

Azo̲lla LAM. – **Algenfarn** (6–9 Arten)

Pfl blaugrün, im Herbst oft rötlich, 1–3(–10) cm lg, im Umriss länglich, fiedrig verzweigt (Abb. **104**/2). BlaOberlappen 2,0–2,5 × 0,9–1,4 mm, stumpf, mit br Hautrand u. 1zelligen Haaren. 8–10. Warme, windgeschützte eutrophe Still- u. strömungsarme Fließgewässer; [N 1870] s Bw(z ORh) Rh(z ORh), [U] z Bw(Gäu SO) Rh(SW) He Nw, s By(MS: Donau MW NO) Sa An Ns Bb(Berlin Bernau Elbe Havel-Winkel) Mv Sh, ↗ (strop-temp·c1-5 WAM – sogr/igr eros oHy ⊙ ♃ – KIA WaA Sporen langlebig – L7 T7 F11 R? N7 – V Lemn. min. – *40, 44, 66*). [*A. carolinia̲na* auct. non WILLD.] **Großer A. – *A. filiculoi̲des*** LAM. Bislang wurde noch *A. carolinia̲na* WILLD. für D angegeben. Das Typusexemplar dieser Art erwies sich jedoch als *A. filiculoides*. In Europa gibt es noch eine 2. eingebürgerte Art, die neuerdings als *A. crista̲ta* KAULF. [*A. microphy̲lla* KAULF., *A. mexica̲na* C. PRESL] bezeichnet wird. In D konnte diese Art jedoch bisher nicht nachgewiesen werden.

Familie ***Marsilea̲ceae*** MIRB. – **Kleefarngewächse**

(3 Gattungen/61 Arten)

Bodenwurzelnde SumpfPfl. Bla wechselständig. Sporangien 1geschlechtig, in kugligen, gemischtgeschlechtigen Sporokarpen am Grund der Bla, mit kleinen ♂ od. großen ♀ Sporen. Wand des Sporokarps von 1 BlaFieder gebildet. Vorkeim winzig, in der Spore eingeschlossen od. nur wenig herausragend.

1   Bla 4zählig, glückskleeähnlich. Blchen in der Knospe gefaltet. Sporokarpe bohnenfg, am BlaStiel nahe dem Grund. **Kleefarn – *Marsilea*** S. 104
1* Bla binsenartig, in der Knospe spiralig gerollt (Abb. **104**/3). Sporokarpe kuglig, am BlaGrund. **Pillenfarn – *Pilula̲ria*** S. 105

Marsilea L. – **Kleefarn** (48–55 Arten)

Stg kriechend. Bla glückskleeähnlich. 0,05–0,15. 9–10. Sandig-tonige, trockengefallene Schlammböden u. mesotrophe Flachwasserbereiche von Kiesgruben, Tümpeln u. Fließgewässern, nahezu überall verschollen; s Bw(ORh: Karlsruhe, † SW), [U] s Rh(ORh), † By

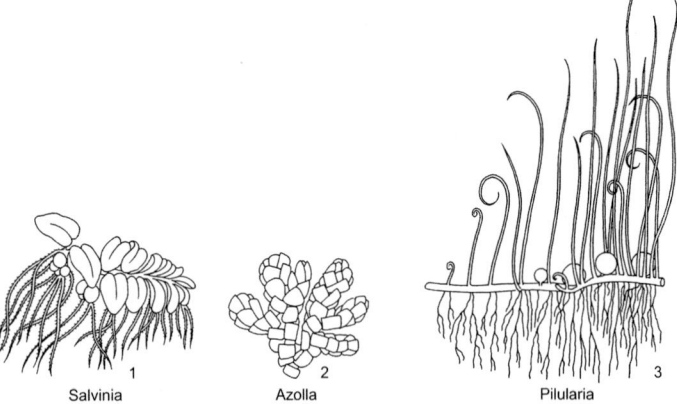

1 Salvinia   2 Azolla   3 Pilularia

He, [N] Bw(ORh), früher Rh(SW) Nw(SO: Höxter Wahner Heide) (sm-stemp·c1-5EUR+WAS – sogr/igr eros oHy/He ♃ KriechTr – KlA WaA VdA? Wärmekeimer, Sporen langlebig – L7 T9 F10 R7 N6 – V Eleoch. acic., V Nanocyp. – *40* – ▽!). **Vierblättriger K. – *M. quadrifolia* L.**

Pilularia L. – **Pillenfarn** (6–7 Arten)

Stg kriechend. Bla fädlich (Abb. **104**/3). 0,05–0,10. 7–9. Nasse, zeitweise überflutete, sandige bis lehmige Böden von Teichrändern od. abgelassenen Teichen, Gräben, Bagger- u. Tagebauseen; z Nw Bb(SO Elb, s MN, f NO Oder) Ns(f Hrz), s By(f MS S) Bw(ORh Gäu) Rh(ORh N SW) He(O ORh) Th(z O) Sa(z SO NO) An(N Elb) Mv(Elb SW) Sh(O W, z M), ↘ (sm-temp·c1-2EUR – sogr eros oHy/He ♃ KriechTr – KlA: Vögel WaA Sporen langlebig – L8 T6 F10 R4 N2 – V Litt., V Nanocyp. – *40*). **Pillenfarn – *P. globulifera* L.**

Familie *Pteridaceae* E.D.M. Kirchn. – Saumfarngewächse

(48–53 Gattungen/1200–1350 Arten)

Ausdauernd. Rhizom mit netzfg Gefäßbündelkörper. BlaStiel mit 1 Gefäßbündel. Sori randnah, zuweilen vom zurückgerollten, häutigen BlaRand überdeckt. Indusium fehlend. Sporangien mit 1schichtiger Wand. Sporen gleichartig. Vorkeim oberirdisch, grün, herzfg-thallös.

Cryptogramma R. Br. – **Rollfarn** (9–10 Arten)

Bla zart, gelbgrün, im Umriss eifg. 0,15–0,30. 8–9. Hochmont. bis subalp., mäßig trockne bis frische, silikatische Felsspalten u. Schutthalden, sekundär in lockeren Blockmauern, kalkmeidend; s By(O: BöhmerW, † OberpfälzerW) Bw(SW: S-SchwarzW) Nw(SW: Hohes Venn), † Ns(Hrz: Goslar), ↘ (m/alp-b·c1-5EUR+WAS – sogr eros H ♃ Rhiz – WiA Lichtkeimer – *L7 T3 F5 R3 N5* – V Andros. alp., V Andros. vand. – *120*). [*Allosorus crispus* (L.) Röhl] **Krauser R. – *C. crispa* (L.) Hook.**

Familie *Dennstaedtiaceae* Lotsy – Adlerfarngewächse

(10 Gattungen/230–265 Arten)

Ausdauernd. Rhizom schuppenfg od. behaart, mit röhrigem Gefäßbündelkörper. Sori randständig, vom zurückgerollten BlaRand u. einem Schleier bedeckt (Abb. **106**/1). Sporangien mit 1schichtiger Wand. Sporen gleichartig. Vorkeim oberirdisch, grün, herzfg-thallös.

Pteridium Scop. – **Adlerfarn** (3–11 Arten)

BlaSpreiten br 3eckig, 2–4fach gefiedert, übergebogen. Bla 0,30–2,00 lg. 7–9. Mäßig trockne bis wechselfrische, sandige bis lehmige LaubmischW, KiefernW u. -forste, Waldschläge u. -säume, aufgelassene od. extensiv genutzte waldnahe Weiden, kalkmeidend; h alle Bundesländer (s Kalk- u. Trockengebiete) (Art s. l.: austr-b·c1-6CIRCPOL – sogr eros G ♃ uRhiz – WiA – L6 T5 F5~ R3 N3 – V Querc. rob., UV Luz.-Fag., V Rub.-Prun., O Vacc.-Pic. – für Vieh giftig!). [*Pteris aquilina* L.] **Adlerfarn – *P. aquilinum* (L.) Kuhn**

1 Bla 3–4fach gefiedert, meist matt, dunkelgrün. Wedel zahlreich u. ± dichtstehend, unterste Fieder meist kürzer als die darauffolgende, BlaSpindel meist behaart, über dem 1. Fiederpaar meist aufrecht, sodass das 1. u. 2. Fiederpaar übereinander stehen. (0,30–)0,80–2,00. h alle Bundesländer (s Kalk- u. Trockengebiete) (m-b·c1-6CIRCPOL – *104*). subsp. ***aquilinum***
1* Bla 2–3fach gefiedert, meist glänzend, hellgrün. Wedel meist einzeln stehend, unterste Fieder meist länger als die darauffolgende, BlaSpindel meist kahl, über dem 1. Fiederpaar meist abgebogen, sodass das 1. u. das 2. Fiederpaar nicht übereinander stehen. 0,30–1,00. KiefernW u. -forste; Verbr. ungenügend bekannt; in D bisher s Sa(SW: Thalheim) Bw(NW: Heidelberg) An(O: Fläming Elb: Düben Oranienbaum Hrz: Blankenburg) Bb: Berlin Mv(M: Zinow) (sm-b·c3-7EURAS?) – L3 T5 F5 R3 N3 – O Vacc.-Pic. – *104*). [*P. a.* var. *osmundaceum* Christ, *P. a.* subsp. *latiusculum* (Desv.) C.N. Page] subsp. ***pinetorum*** (C.N. Page et R.R. Mill) J.A. Thomson

1 Pteridium 2 Thelypteris palustris 3 Woodsia ilvensis 4 Athyrium filix-femina 5 Cystopteris 6 Polystichum

Familie *Cystopteridaceae* (PAYER) SHMAKOV – Blasenfarngewächse (3 Gattungen/37–42 Arten)

Ausdauernd. Kleine bis mittelgroße fels- oder erdbewohnende Farne. Rhizom kriechend od. aufsteigend mit netzfg Gefäßbündelkörper u. mit Spreuschuppen. Spreite meist lg gestielt, oval, länglich od. dreieckig. Sori rundlich, mit eig, einseitig unter dem Sorus angewachsenem Schleier od. schleierlos. Sporen gleichartig, bohnenfg.

1 Bla einzeln an gestrecktem Rhizom. BlaSpreite breit 3eckig, fast waagerecht zum senkrechten BlaStiel gestellt. Sori rund, schleierlos.   **Eichenfarn** – ***Gymnocarpium*** S. 106
1* Bla rosettig angeordnet, seltener einzeln am kriechenden Rhizom. BlaSpreite lanzettlich bis eilanzettlich, seltener 3eckig. Sori rundlich, mit deutlichem od. wenigstens rudimentärem Schleier, dieser eifg, nur an seinem der Fiederchenbasis zugewandten Rand angewachsen, später zurückgeschlagen u. von den Sporangien verdeckt (Abb. **106**/5).
                                                                             Blasenfarn – ***Cystopteris*** S. 106

Gymnocarpium NEWMAN – **Eichenfarn, Ruprechtsfarn** (8–9 Arten)

1 Bla völlig kahl. BlaStiel 2–3mal so lg wie die Spreite. Jede der beiden untersten Fiedern fast so groß wie die restliche Spreite. 0,10–0,45. 7–8. Frische Laub- u. NadelmischW, farnreiche HangW, Hochstaudenfluren, an schattigen Mauern u. Wällen, kalkmeidend; h Th, v Alp Rh He Nw, z By Bw Sa(h SW) An(h Hrz) Bb Ns(h S) Mv Sh(M O) (sm/mo-arct·c1-6CIRCPOL – sogr eros G ♃ uAusl – WiA – L3 T4 F6 R4 N5 – O Fag., O Vacc.-Pic., O Adenost. – *160).*
[*Dryopteris linnaeana* C. CHR., *Lastrea dryopteris* (L.) NEWMAN]
                                                                Eichenfarn – ***G. dryopteris*** (L.) NEWMAN
1* Bla useits kurz drüsig. BlaStiel 1,5mal so lg wie die Spreite, wie die BlaSpindel dicht drüsig (Lupe!). Jede der beiden untersten Fiedern kleiner als der Rest der Spreite. 0,15–0,55. 7–8. Sickerfrische, (halb)schattige Steinschuttfluren u. SteinschuttW, Felsen u. Mauern, kalkstet; h Alp, z By Bw Rh He(f W) Nw Th Sa(f Elb) An Ns(S), s Bb(f Elb Od) Mv(NO, † SW), [N] s Sh: Königsförde, † Mv(NO SW) (m/mo-b·2-7CIRCPOL – sogr eros G ♃ uAusl/Rhiz – WiA – L7 T4 F5 R9 N3 – O Thlasp. rot., V Cystopt., V Stip. calam., V Til.-Acer. – *160).*
[*Dryopteris robertiana* (HOFFM.) C. CHR., *Lastrea obtusifolia* auct., *L. calcaria* (SM.) BORY]
                                               Ruprechtsfarn – ***G. robertianum*** (HOFFM.) NEWMAN

Cystopteris BERNH. – **Blasenfarn** (25–30 Arten)

Die Taxonomie des *C. fragilis* agg. ist noch ungenügend geklärt. Von *C. fragilis* sind tetra-, hexa- u. oktoploide Sippen bekannt, denen z. T. Artrang zukommen dürfte. Dazu gehört ein hexaploides, möglicherweise mit *C. pseudoregia* (RIVAS MART., T.E. DÍAZ, FERN. PRIETO, LOIDI und PENAS) RIVAS MART. aus N-Spanien identisches Taxon subalp.-alp. Kalkfels- u. Geröllfluren der Alpen, das sowohl mit *C. fragilis* s. str. als auch mit *C. alpina* Hybriden mit fehlgeschlagenen Sporen bildet. Die in den Dolomiten nicht seltene tetraploide *C. fragilis* subsp. *huteri* (MILDE) PRADA et SALVO mit teilweise drüsigen Bla ist auch in D zu erwarten. Auch *C. dickieana* bildet einen Komplex verschiedener tetra- u. hexaploider Sippen, die sich z. T. auch morphologisch unterscheiden. Aus D ist davon bisher nur eine tetraploide Sippe bekannt, die von *C. fragilis* lediglich durch die Sporenstruktur unterscheidbar ist.

1 Rhizom lg kriechend. Bla einzeln stehend. Spreite kürzer als der BlaStiel, 3eckig od. br eifg, ± so lg wie br. Unterste Fiedern deutlich länger als die folgenden **2**

1* Rhizom kurz. Bla rosettig. Spreite ± so lg wie der BlaStiel, lanzettlich bis schmal eifg, 2–3mal so lg wie br. Unterste Fiedern kaum länger als die folgenden. (**Artengruppe Zerbrechlicher B. – *C. fragilis* agg.**) 3
2 Unterste Fiedern sehr ungleichhälftig, ihr unterstes Fiederchen länger als die folgenden. BlaSpindel fein drüsig u. feinhaarig. Schleier kahl. 0,15–0,45. 7–8. Feuchte, schattige Felsen u. Steinschutt, kalkstet; v Alp Bw(Alb: Plettenberg Ortenberg) (sm/alp-b·c2-7CIRCPOL – sogr eros H ♃ uAusl – WiA – L4 Tx F7 R9 N2 – V Petasit. parad. – *168* – ▽).
Berg-B. – *C. montana* (LAM.) DESV.
2* Unterste Fiedern fast gleichhälftig, ihr unterstes Fiederchen kürzer als das folgende. Bla-Spindel kahl. Schleier dicht drüsig. 0,20–0,40. 7–9. Feuchter, schattiger Blockschutt-FichtenmischW, kalkstet; s Alp(Brch: Göll) (temp/mo-b·c3-7EURAS – sogr eros G ♃ uAusl – WiA – L5 T4 F5 R9 N2 – V Vacc.-Pic., V Cystopt. – 168 – ▽).
Sudeten-B. – *C. sudetica* A. BRAUN et MILDE
3 (1) Letzte Spreitenabschnitte linealisch, ganzrandig, nur an der Spitze ausgerandet od. 2zähnig; die letzten Nervenäste in die Ausrandungen auslaufend. 0,08–0,40. 7–9. Feuchte Felsen u. Steinschutt, kalkstet; v Alp (sm/alp-b/demo·c2-3EUR? – sogr ros H ♃ Rhiz – WiA – *L7 T2 F6 R9 N3* – V Cystopt., V Thlasp. rot. – *252*). [*C. regia* auct., *C. crispa* auct.]
Alpen-B. – *C. alpina* (LAM.) DESV.
3* Letzte Spreitenabschnitte eifg-lanzettlich, gezähnt, nicht ausgerandet, die letzten Nervenäste in deren Spitzen u. Zähne auslaufend 4
4 Sporenoberfläche stachlig (Abb. **108**/1). 0,10–0,50. 7–9. Frische bis sickerfeuchte, schattige Felsen u. Mauern, schuttreiche LaubW, kalkhold; v Alp Rh He Th Sa, z By Bw Nw(h NO SO) An(h Hrz) Bb Mv, s Ns(v S Hrz) Sh(O SO) (austr-trop/mo-arct·c1-7CIRCPOL – sogr ros H ♃ Rhiz – WiA – L5 Tx F7 Rx N4 – V Cystopt., V Til.-Acer. – *168, 252, 336*, letztere Zahl bisher nur in SO-Europa).
Zerbrechlicher B. – *C. fragilis* (L.) BERNH. s. str
4* Sporenoberfläche von unregelmäßigen Leisten runzlig (Abb. **108**/2) 0,10–0,30. 6–9. Frische bis sickerfeuchte, schattige Felsspalten u. Blockhalden, kalkhold; s Bw(SW: Waldshut) Rh(N: Gerolstein SW), †? Alp(Brch) (m/mo-arct·c3-6CIRCPOL – sogr ros H ♃ Rhiz – WiA Lichtkeimer – Sporen langlebig – *L5 T4 F7 Rx N2* – V Cystopt. – 168, *252*, in D bisher nur 168). [*C. fragilis* subsp. *dickieana* (R. SIM) T. MOORE]
Runzelsporiger B. – *C. dickieana* R. SIM
Hybride: *C. alpina* × *C. fragilis* = ined. - z.

Familie *Aspleniaceae* NEWMAN – Streifenfarngewächse
(2–6 Gattungen/ca. 730 Arten)

Ausdauernd, meist Epiphyten od. FelsPfl. Rhizom mit netzfg Gefäßbündelkörper. BlaStiel mit 2 Gefäßbündeln, die oft zu einem x-fg Strang zusammenfließen. Sori auf den BlaAdern, mit Schleier. Sporangienwand 1schichtig. Sporen gleichartig, bohnenfg. Vorkeim oberirdisch, grün, thallös.

Asplenium L. – Streifenfarn
(ca. 700 Arten)

1 Bla ungeteilt, Spreite länglich, mit nierenfg Grund (Abb. **102**/1). 0,15–0,50(–0,60), 7–8. Sickerfeuchte SchluchtW, Blockschutthalden, schattige Felsen, Mauern u. Lößböschungen, Brunnenschächte, kalkliebend; v Alp(f Krw), z Bw Rh Nw(f N), s By(f O) He(f NW) Th(Bck O Wld) An(Hrz, ansonsten [NU], f Elb N O) Ns(Hrz S) Mv(f M), † Sa, [N] alle Bundesländer, [U] s Bb Sh (m/mo-temp·c1-3EUR+(OAS+OAM) – igr ros H ♃ Rhiz – WiA – *L3 T5 F5 R8 N4* – V Cystopt., V Til.-Acer., O Thlasp. rot. – früher HeilPfl 72 – ▽ – in D nur subsp. *scolopendrium* (72). [*Phyllitis scolopendrium* (L.) NEWMAN, *Scolopendrium officinarum* Sw.]
Hirschzunge – *A. scolopendrium* L.
1* Bla fiederschnittig od. gefiedert 2
2 Bla buchtig fiederschnittig (Abb. **112**/1), Spreite useits dicht mit 3eckigen, silbrigen bis rostbraunen Spreuschuppen bedeckt. 0,05–0,20. 6–8. Sonnige bis schwach beschattete, trockne Felsen u. Mauern, basenhold; z Rh He(f NW), s By(N NW) Bw Nw(f N) Th(Bck: Bad Frankenhausen O: Eberdsdorf Wld) Ns(M NW: Werlte Nordhorn S: Göttingen), † An(Hrz SO),

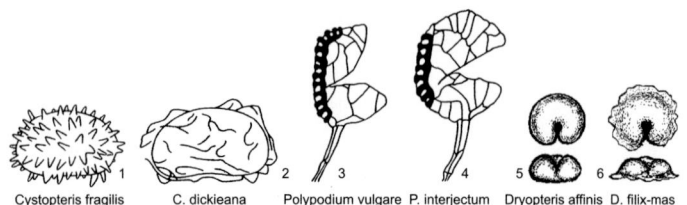

Cystopteris fragilis   C. dickieana   Polypodium vulgare   P. interjectum   Dryopteris affinis   D. filix-mas
D. oreades

[N] s Sa(W: Mittweida Dohna) An(SO: Merseburg), [U] s Mv(NO: Rossow), heute meist an Sekundärstandorten, ↘ (m-temp·c1-6EUR-WAS – igr ros H ♃ Rhiz – WiA Lichtkeimer – L8 T9 F3 R8 N2 – K Aspl. trich. – ▽). [*Ceterach officinarum* Willd.]

                    Milzfarn – *A. ceterach* L.

In D nur subsp. *ceterach* (144).

2*	Bla 1- bis mehrfach gefiedert od. gabelteilig	3
3	BlaStiel kürzer als die Spreite	4
3*	BlaStiel wenigstens so lg wie die Spreite	9
4	Bla doppelt gefiedert, ± lanzettlich	5
4*	Bla einfach gefiedert, linealisch. Fiedern rundlich od. elliptisch (Abb. **112**/2)	7
5	BlaStiel grün, nur am Grund schwarz. Spreite schmal lanzettlich, nach unten allmählich verschmälert, letzte Abschnitte mit 3eckigen, stachelspitzigen Zähnen. 0,05–0,20. 7–9. Mäßig trockne bis frische, schattige Felsspalten u. Mauerfugen, kalkstet; s Bw(Alb) Rh(SW), † By(Alb: Rabenreuth) He(MW: Marburg O: bis 2018 Hundelshausen), [U] s Rh(SW: Wolfstein) Th(Bck: Kyffhäuser), ↘ (sm-stemp·c1-2EUR- igr ros H ♃ Rhiz – WiA Lichtkeimer – *L6 T5 F6 R9 N5* – V Cystopt. – *72* – ▽). [*A. halleri* (Roth) DC.]	

             Jura-St., Fluhfarn – *A. fontanum* (L.) Bernh.

5* BlaStiel bis fast zur Spindel od. ganz braun. Spreite br lanzettlich bis länglich-lanzettlich, nach unten wenig od. kaum verschmälert, unteres Fiederpaar so lg wie das folgende od. wenig kürzer **6**

6 Unteres Fiederpaar ± rechtwinklig abstehend, oft verkümmert. Abschnitte letzter Ordnung länglich-verkehrteifg, regelmäßig gezähnt, ohne geschweifte Buchten. Sori dem Rand genähert. 0,15–0,40. 4–7. Schattige Silikatfelsen u. mörtelfreie Mauern; s Rh(SW: Annweiler Schönau) Bw(SW: Baden-Baden) (m-stemp·c1-2EUR – igr ros H ♃ Rhiz – WiA – L5 T7 F5 R4 N5 – V Andros. vand. –144 – ▽). [*A. billotii* F.W. Schultz, *Asplenium obovatum* Viv. subsp. *lanceolatum* (Huds.) P. Silva]

     Lanzettblättriger St. – *A. obovatum* Viv. subsp. *billotii* (F.W. Schultz)
                 O. Bolos, Vigo, Masalles et J.M. Ninot

6* Unteres Fiederpaar oft abwärts gerichtet. Abschnitte letzter Ordnung rundlich, mit scharfen, oben locker gestellten Zähnen u. oft etwas geschweiften Buchten. Sori näher der Mittelrippe als dem Rand. 0,10–0,25. 6–9. Silikatfelsen, mörtelfreie Mauern, kalkmeidend; s Rh(MRh: Bad Ems) (sm/mo-stemp·c1-2EUR – igr ros H ♃ Rhiz – WiA – *L8 T8 F2 R3 N?* – V Andros. vand. – 144). [*A. fontanum* subsp. *foresiacum* (Legrand) Christ]

             Französischer St. – *A. foreziense* Magnier

7 **(4)** BlaStiel u. BlaSpindel schmal geflügelt, bis zur Spitze glänzend rot- bis schwarzbraun. 0,02–0,30. 7–8. Lichte bis halbschattige Felsspalten u. Mauerfugen, steinige Waldhänge, Blockschutthalden; h Alp Rh Nw, v Bw He Th, z By, Th Sa An(v Hrz) Bb Ns(v S Hrz) Mv(f Elb), s Sh(f W), im N [N], ↘ (austr-trop/mo-b·c1-5CIRCPOL – igr ros H ♃ Rhiz – WiA – L5 Tx F5 Rx N3 – K Aspl. trich.).   **Braunstieliger St. – *A. trichomanes* L.**

Die Verbreitung der folgenden Unterarten ist gebietsweise noch unzureichend erforscht. Zur Bestimmung sind gut entwickelte Bla mit vollreifen Sporen nötig. Beim gemeinsamen Vorkommen mehrerer Unterarten treten oft einzelne intraspezifische Hybriden auf, die man an den intermediären Merkmalen u. fehlgeschlagenen Sporen erkennt.

ASPLENIACEAE 109

1   Bla 5–25(–35) cm lg, linealisch, ± aufrecht, von der Unterlage abstehend od. überhängend, mit 14–32(–48), ± voneinander entfernten Fiederpaaren (Abb. 112/2), mittlere Fiedern rundlich bis länglich; USeite drüsenlos 2
1* Bla 1,5–15(–22) cm lg, relativ kurz u. gedrungen, der Unterlage angeschmiegt od. schräg abstehend, mit 10–24(–32) gedrängten, oft einander überdeckenden Fiederpaaren, mittlere Fiedern länglichrechteckig bis 3eckig, mit oft doppelt geöhrtem, spießfg Grund, 1,5–4mal so lg wie br; Fiedern useits bes. in Nähe der Ansatzstellen mit einzelnen bis zerstreuten weißlichen Drüsen mit z. T. kugliger, orangefarbener Endzelle 3
2   Sporen (23–)29–35(–42) µm lg, hellbraun. Wedel mit 14–29(–34) Fiederpaaren, mittlere Fiedern rundlich bis eifg. Spreuschuppen bis 3,5 mm lg. 0,05–0,25. Silikatfelsen u. -geröll, mörtelfreie Mauern, kalkmeidend; z By(O NO NW, f Alb) Bw(SW, s S Gäu NW, f SO Alb Keu) Rh(SW M N MRh) Nw(SW SO) Th(Wld O Bck) Sa(SW W SO), s He(O: Rhön SO SW W) An(z Hrz) Ns(S, z Hrz) (austr-trop/mo-b·c1-5CIRCPOL+AUSTR+NEUSEEL – L7 Tx F4 R3 N3 – O Andros. vand. – 72). [*A. trichomanes* subsp. *bivalens* D.E. MEY.] subsp. ***trichomanes***
2* Sporen (32–)34–42(–50) µm lg, dunkel-, seltener hellbraun. Wedel mit 16–32(–48) Fiederpaaren, mittlere Fiedern eifg bis länglich, seltener fast rundlich. Spreuschuppen bis 5 mm lg. 0,05–0,35. Felsspalten u. Mauerfugen, steinige Waldhänge, Blockschutthalden; h Alp Rh Nw, v Bw He Th, z By Sa An(v Hrz) Bb Ns(v S Hrz) Mv(f Elb), s Sh(f W) (austr-trop/mo-b·c1-5CIRCPOL+AUSTR+NEUSEEL – Lx Tx F4 Rx N3 – K Aspl. trich. – 144). [*A. lovisii* ROTHM., *A. quadrivalens* (D.E. MEY.) LANDOLT] subsp. ***quadrivalens*** D.E. MEY.
3   (1) Bla meist seesternartig der Unterlage angeschmiegt. BlaOSeite meist bläulichgrün. Fiedern dicht gestellt, einander oft dachziegelartig deckend; mittlere Fiedern 2–4mal so lg wie br, schmal rechteckig bis länglich-3eckig; Fiederränder oft mit schmalem, hellem Rand, jederseits mit nur 2–6 vorwärtsgerichteten Zähnen od. nur geschweift; Spindel dick u. brüchig, meist gebogen. Sporen (25–)31–42(–50) µm lg, bernsteinfarbig u. ± durchscheinend (Binokular!). 0,02–0,12(–0,18). Lichte bis halbschattige Spalten, Nischen senkrechter Kalkfelswände od. Mauern, selten auf Kalksandstein, kalkstet; z By(Alb: Jura MS: Donautal MN: Eschenau N: Fladungen NO) Bw (Alb: Jura ORh: Isteiner Klotz Gäu: Sindolsheim, Neckarzimmern NW: Neunkirchen) Rh(SW M W N), s He(O: Frankershausen, Breuberg, Reichelsheim) Th(S: Gleichamberg Wld: Bad Liebenstein O: Burgk Pößneck Bck: Bad Klosterlausnitz) Sa(SW: Wiedersberg W: Mittweida SO: ElbsandsteinG) Ns(Hrz: Goslar S: Ith Selter Thüste) (m/mo-stemp·c1-3?EUR – L5 T5 F4 R9 N3 – O Potent. caul. – 144). [*A. csikii* KÜMMERLE et ANDRASOVSZKY] subsp. ***pachyrachis*** (CHRIST) LOVIS et REICHST.
3* Bla flach abstehend, zuweilen der Unterlage anliegend. BlaOSeite meist gelblichgrün. Fiedern etwas entfernt bis einander überdeckend; mittlere Fiedern 1,5–3,5mal so lg wie br, länglich-rechteckig bis fast 3eckig; Fiederränder meist mit ± ∞ kleinen, rundlichen Zähnen, zuweilen auch nur geschweift; Spindel ± dick, meist gerade od. nur wenige gebogen. Sporen (32–)36–42(–50) µm lg, dunkel- bis hellbraun, meist nicht durchscheinend. 0,03–0,15(–0,22). Lichte bis halbschattige, meist senkrechte Kalkfelswände od. Mauern, kalkstet; z By(Alb NM: Bamberg, s S: Kirchheim NO N: Würzburg Sulzfeld) Bw(SW: Emmendingen Alb NW Gäu: Sinsheim) Rh(SW ORh: Nierstein), s Nw(MW: Hagen-Dahl) He(SO: Neckar-Steinach, Lindenfels) Th(O: Saalfeld Pößneck Ranis Döbritz) An(SO: Schulpforte Hohnsdorf) Sa(SW: Grünhainichen Kunnersdorf bei Augustusburg Arnoldsgrün SO: Krippen) Ns(Hrz: Goslar S: Barbis) (sm-stemp·c2-4?EUR – L5 T5 F4 R9 N3 – O Potent. caul. – 144). [*A. jessenii* H.M. LIU et H. SCHNEID.] subsp. ***hastatum*** (CHRIST) S. JESS.

7* BlaStiel u. BlaSpindel ungeflügelt, letzterer ganz od. wenigstens im oberen Teil grün 8
8   BlaStiel nur am Grund braun, sonst wie die ganze BlaSpindel grün. 0,05–0,20. 7–8. Frische bis (sicker)feuchte, meist schattige Felsen u. Mauern, moosige Geröllhalden, kalkliebend; h Alp, z By(g Alb, f NW) Bw(g Alb f NW ORh), s Rh(SW MRh: Osterspai N: Antweiler) He(MW ORh: Niederrodenbach SO) Th(Bck Hrz NW O Rho S, z Wld) Sa(SW: ErzG u. Vorland SO W) An(Hrz) Nw(f MW N) Ns(Hrz S), [U] s Bb Mv(M), ↘ (m/mo-b·c1-6CIRCPOL – teilgr ros H ♃ Rhiz – WiA – L4 T4 F6 R8 N? – V Cystopt. – 72). [*A. trichomanes-ramosum* L.] **Grünstieliger St. – *A. viride*** HUDS.
8* BlaStiel u. größter Teil der BlaSpindel (50–80 %) rotbraun. 0,05–0,20. 7–8. Halbschattige bis lichte, frische Serpentinitfelsspalten u. -geröll; s By(NO: FichtelG FrankenW O: OberpfälzerW) Sa(SW: Zöblitz W: Hohenstein-Ernstthal Böhrigen), [N] Sa(W: Callenberg), ↘ (m/mo-b·c3-4EUR+WAM – teilgr ros H ♃ Rhiz – WiA – *L5 T5 F5 R3 N5* – V Aspl. serp. – entstanden aus Hybride *A. trichomanes* subsp. *trichomanes* × *A. viride* – 144 – ▽). **Braungrüner St. – *A. adulterinum*** MILDE
In D nur subsp. *adulterinum*.

9   (3) Bla 3teilig od. ungleich gabelteilig, nicht deutlich gefiedert 10
9* Bla (1–)2–4fach gefiedert 11

10 Bla ungleich gabelteilig, mit 2–4 schmal keilfg Abschnitten (Abb. **112**/3), kahl. 0,08–0,15. 7–8. Sonnige, ± trockne Silikatfelsen u. mörtelfreie Mauern, kalkmeidend; v Rh, z He Th Sa(f Elb) An(h Hrz, s SO Elb N, f W O), s Alp(Chm, z Alg) By(z O NO NW) Bw(v S W, f SO, Ns(z Hrz), f Alb Keu SO) Nw(z SO SW, f N) Mv, [U] Bb, † Sh, ↘ (m/mo-b·c2-6EUR-WAS+WAM – igr ros H ♃ Rhiz – WiA – L8 Tx F3 R2 N2 – O Andros. vand.).
  Nördlicher St. – *A. septentrionale* (L.) HOFFM.
  In D nur subsp. *septentrionale* (144).

10* Bla 3teilig, mit länglich-verkehrteifg Abschnitten, beidseits behaart. 0,02–0,10. 7–8. Frische bis sickerfeuchte Spalten überhängender Dolomit-Felswände, kalkstet; s Alp(Brch: Bad Reichenhall) (sm/mo-stemp·c2-3EUR – igr ros H ♃ Rhiz – WiA – *L4 T4 F5 R9 N5* – V Potent. caul. – 72).
  Dolomit-St. – *A. seelosii* LEYB.

11 **(9)** Bla 1- od. am Grund 2fach gefiedert. BlaStiel ¼ bis ganz, BlaSpindel nicht od. bis ± zur Hälfte dunkelrotbraun, sonst grün. Fiedern lanzettlich, mit keilfg Grund. 0,05–0,20. 7–9. Silikatfelsen u. mörtelfreie Mauern, kalkmeidend; z By(NO O NW, f Alb) Bw(SW, s NW Rh(SW M N MRh), s He(O SO SW W) Nw(SW SO) Ns(S, z Hrz) Th(Bck, z O) Sa(SW W SO) An(Hrz), † Mv, ↘ (m/mo-b·c2-5EUR-AS+WAM – igr ros H ♃ Rhiz – WiA – *L8 Tx F3 R3 N2* – O Andros. vand.).
  Deutscher St. – *A.* ×*alternifolium* WULFEN

  1 BlaStiel ¼ bis etwa zur Hälfte, selten ¾ braun, oberer Teil u. BlaSpindel grün. Jederseits 2–5 meist ± wechselständige, relativ lg gestielte, länglich-linealische Fiedern. Endfieder fiederspaltig, aus 3–5 Abschnitten zusammenfließend, linealisch. z By(NO O NW, f Alb) Bw(SW, s S Gäu NW, f SO Alb Keu) Rh(SW M N), s He(O: Rhön SO SW W) Nw(SW SO) Ns(S, z Hrz) Th(Wld O Bck) Sa(SW W SO) An(Hrz), † Mv, ↘ (m/mo-b·c2-5EUR-AS+WAM – igr ros H ♃ Rhiz – WiA – *L8 Tx F3 R2 N2* – O Andros. vand. – 108). [*A. septentrionale* × *A. trichomanes* subsp. *trichomanes*; *A. germanicum* auct., *A. breynii* W.D.J. KOCH] nothosubsp. ***alternifolium***

  1* BlaStiel meist ganz braun, BlaSpindel meist wenigstens am Grund, oft bis etwa zur Hälfte braun. Jederseits 3–9(–12) oft ± gegenständige, kurz gestielte, pr verkehrteifg-rhombische Fiedern. Endfieder weniger fiederspaltig u. breiter. s By(NW NO) Bw(SW S) Rh(SW W MRh N) He(SO ORh W WM O) Ns(Hrz) Th(Wld O) Sa(SW SO) An(Hrz), ↘ (sm/mo-stemp·c2-5EUR – igr ros H ♃ Rhiz – WiA – *L8 Tx F3 R2 N2* – O Andros. vand. – 144). [*A. septentrionale* × *A. trichomanes* subsp. *quadrivalens*; *A. baumgartneri* DÖRFL.] nothosubsp. ***heufleri*** (REICHARDT) AIZPURU, CATALAN et SALVO

11* Bla 2–4fach gefiedert. BlaStiel braun od. grün **12**
12 BlaStiel am Grund nicht verdickt, ⌀ bis 1 mm, grün, nur am Grund braun. Spreite im Umriss eifg bis 3eckig, meist stumpf **13**
12* BlaStiel am Grund verdickt, dort ⌀ 1,5–5,0 mm, braun, nur oseits teilweise grün. Spreite 3eckig, ± lg zugespitzt, 2–3fach gefiedert. **(Artengruppe Schwarzstieliger St. – *A. adiantum-nigrum* agg.)** **14**

13 Bla 3–4fach gefiedert, letzte Abschnitte lineal-keilfg, selten >0,5 mm br, ganzrandig. 0,10–0,25. 7–9. Frische Kalkfelsen u. -geröll, kalkstet; s Alp(Chm) (sm/mo-stemp/mo·c3EUR – teilig ros H ♃ Rhiz – WiA Lichtkeimer – *L8 T2 F5 R9 N3?* – V Cystopt., V Petasit. parad. – 72 – ▽).
  Zerschlitzter St. – *A. fissum* WILLD.

13* Bla 2–3fach gefiedert, letzte Abschnitte rhombisch bis verkehrteifg, selten länglich-keilfg, 3–10 mm br, gekerbt od. gezähnt (Abb. **112**/4). 0,03–0,15. 7–9. Sonnige, ± trockne bis mäßig frische Felsen u. Mauern, kalkhold; h Alp By(v MS) Bw Rh Nw Th Sa(z Elb NO) An(z Elb N O) Ns(z O Elb NW), z Bb Mv Sh (m/mo-b·c1-6EURAS-OAM – igr ros H ♃ Rhiz – WiA – *L8 Tx F3 R8 N2* – O Potent. caul.). **Mauer-St., Mauerraute – *A. ruta-muraria* L.**
  In D bisher nur subsp. *ruta-muraria* (144).

14 **(12)** Bla ledrig, meist überwinternd. BlaStiel oseits wenigstens teilweise schwarzpurpurn od. dunkelbraun, sonst grün. Spreite glänzend, dunkelgrün. Untere Fiedern meist aufwärts gekrümmt. Letzte Fiederabschnitte am Grund abgerundet, pr bis rundlich, scharf gezähnt. 0,15–0,45. 7–8. Sonnige bis halbschattige, mäßig trockne Silikatfelsen, Mauern, steinig-felsige EichenW-Hänge, kalkmeidend; v Rh, z Bw(f Alb SO) He(f NW) Nw(f N), s By(N NM O, z NW) Th(Wld: Eisenach O: Saaletal Bck: Jena NW) Sa(SW: Elstertal SO: Meißen Liebthal Görlitz) An(Hrz) Ns(Hrz: Goslar S M), [NU] An(SO: Halle), ↘ (m/moWAM+AUST+austr-trop/moAFR-m/mo-temp·c1-4EUR-WAS – igr eros H ♃ Rhiz – WiA – *L6 T7 F4 R2 N3* – V Andros. vand. – 144). **Schwarzstieliger St. – *A. adiantum-nigrum* L.**

Angaben von *A. onopteris* L. (Görlitz, Freiburg, Kaiserstuhl, Main) beruhen auf Verwechslung mit *A. adiantum-nigrum*.

14* Bla weich, meist nicht überwinternd. BlaStiel oseits (od. beidseits) grün. Spreite glanzlos, hellgrün. Fiedern ± gerade abstehend. Letzte Fiederabschnitte rhombisch od. fächerfg, am Grund keilig, vorn meist gestutzt, stumpf gezähnt. 0,15–0,45. 7–8. Serpentinfelsen u. -geröll; s By(NO: FrankenW Oberkotzau FichtelG O: OberpfälzerW) Sa(SW: Zöblitz Olbernhau W: Hohenstein Kuhschnappel Frankenberg Waldheim Böhrigen), † Th(O: Greiz), [N] Sa(W: Callenberg) (sm-stemp·c2-3EUR – teiligr eros H ♃ Rhiz – WiA – *L6 T5 F5R6 N4* – V Aspl. serp. – 72 – ▽). [*A. serpentini* TAUSCH, *A. forsteri* SADLER]

Serpentin-St. – *A. cuneifolium* VIV.

Weitere Hybriden:

A. adulterinum × *A. viride* = *A.* ×*poscharskyanum* (HOFFM.) PREISSM. – s (108), *A. adulterinum* × *A. trichomanes* subsp. *quadrivalens* = *A.* ×*trichomaniforme* nothosubsp. *praetermissum* (LOVIS, MELZER et REICHST.) MUÑOZ GARM. – s (*144*), *A. cuneifolium* × *A. septentrionale* = *A.* ×*wojaense* S. JESS. – s (108), *A. cuneifolium* × *A. viride* = *A.* ×*woynarianum* ASCH. et GRAEBN. – s (*72*), *A. fissum* × *A. viride* = *A.* ×*lessinense* VIDA et REICHST. – s (72), *A. ruta-muraria* × *A. septentrionale* = *A.* ×*murbeckii* DÖRFL. – s (144), *A. rutamuraria* × *A. trichomanes* subsp. *quadrivalens*(?) = *A.* ×*clermontae* SYME nothosubsp. *clermontae* [*A.* ×*preissmannii* ASCH. et LUERSS.] – s (*144*), *A. ruta-muraria* × *A. trichomanes* subsp. *pachyrachis* = *A.* ×*clermontae* SYME nothosubsp. *rasbachiae* S. JESS. – s (*144*), *A. trichomanes* subsp. *hastatum* × *A. trichomanes* subsp. *pachyrachis* = *A. trichomanes* nothosubsp. *moravicum* S. JESS. – s (144), *A. trichomanes* subsp. *hastatum* × *A. trichomanes* subsp. *quadrivalens* = *A. trichomanes* nothosubsp. *lovisianum* S. JESS. – z (144), *A. trichomanes* subsp. *pachyrachis* × *A. trichomanes* subsp. *quadrivalens* = *A. trichomanes* nothosubsp. *staufferi* LOVIS et REICHST. – z (*144*), *A. trichomanes* subsp. *quadrivalens* × *A. trichomanes* subsp. *trichomanes* = *A. trichomanes* nothosubsp. *lusaticum* (D.E. MEY.) LAWALRÉE – z (108), *A. trichomanes* subsp. *quadrivalens*(?) × *A. viride* = *A.* ×*bavaricum* D.E. MEY. nothosubsp. *bavaricum* – s (108).

Die Existenz der früher für D angegebenen Hybridkombinationen *A. ceterach* × *A. ruta-muraria* (= ×*Asplenoceterach badense* D.E. MEY.) u. *A. cuneifolium* × *A. ruta-muraria* (= *A.* ×*murariaeforme* WAISB.) ließ sich nicht bestätigen. Die Angaben beruhen höchstwahrscheinlich auf Verwechslungen.

Familie *Woodsiaceae* (DIELS) HERTER – Wimperfarngewächse
(1 Gattung/48–55 Arten)

Ausdauernd. Fels-, seltener erdbewohnende, kleinere Farne mit kurzem, braun beschupptem Rhizom. BlaSpreite <20 cm lg. Sori rundlich. BlaStiel meist kürzer als die BlaSpreite, unterhalb der Mitte (bei einheimischen Arten) mit einer Ringwulst. Schleier (bei einheimischen Arten) in ∞ braune, lg haarfg Fransen aufgelöst, die die Sori spinnwebartig bedecken (Abb. **106**/3). Sporen gleichartig, bohnenfg. Vorkeim herzfg, mit zahlreichen einzelligen Haaren.

Woodsia R. BR. – Wimperfarn (48–55 Arten)

1 Fiedern u. BlaSpindel mit sehr zerstreuten, weißen, mehrzelligen Haaren u. 1zelligen Drüsen, nicht spreuschuppig. BlaStiel strohgelb bis gelbgrün, nur am schwarzbraunen Grund spreuschuppig. Mittlere u. obere Fiedern meist spitz. BlaAdern am Ende nicht od. nur wenig verdickt, parallelseitig. 0,05–0,12. 7–8. Moosige Kalk- u. Dolomitfelsen, kalkstet; s Alp(Allg: Oberstdorf Chm: Bad Reichenhall Berchtesgaden) (Art: sm/alp-arct·c3-8CIRCPOL, subsp.: sm-stemp//alp·c3-4EUR- sogr ros H ♃ Rhiz – WiA Lichtkeimer – *L5 T3 F5 R9 N7* – V Cystopt. – *78* – ▽). [*W. pulchella* BERTOL.]

Zierlicher W. – *W. glabella* R. BR. subsp. *pulchella* (BERTOL.) Á. LÖVE et D. LÖVE

1* BlaStiel, -Spindel u. SpreitenUSeite zerstreut mit braunen u. weißen Haaren besetzt, spreuschuppig. BlaStiel u. -Spindel rotbraun bis schwarzpurpurn. mittlere und obere Fiedern am Ende ± abgerundet u. dadurch stumpf. BlaAdern am Ende deutlich bis nicht verdickt.

.... **2**

2 Fiedern der Spreitenmitte 2,0–2,5mal so lg wie br, die längsten jederseits mit 4–8 länglichen, deutlich gekerbten Abschnitten, am Ende stumpf. Haare am Spreitenrand u. Spreuschuppen an den Fiedern ∞, Spindel haarig u. dicht schuppig. BlaAdern am Ende mit deutlichen, verkehrt-dreieckigen Verdickungen. 0,10–0,20. 7–8. Trockne bis sickerfrische Silikatfelsspalten u. -schutthalden, kalkmeidend; s Bw(SW: S-SchwarzW) By(NW: Rhön NO: Hof Lichtenberg, früher O: Regental) He(MW: Burghasungen O: Rhön) Th(O: Blankenberg) An(Hrz: Rappbode- u. Hasseltal) Ns(Hrz: Altenau), † s Sa(W: Rochsburg SO: ZittauerG), ↘ (sm/alp-arct·c2-7CIRCPOL – sogr ros H ♃ Rhiz – WiA Lichtkeimer – *L8 T4 F3 R3 N7* – V Andros. vand., V Andros. alp. – *82?* – ▽). **Rostroter W. – *W. ilvensis* (L.) R. Br.**

2* Fiedern der Spreitenmitte 1,0–1,5mal so lg wie br, jederseits mit 1–2(–4) verkehrteifg, ganzrandigen od. geschweiften Abschnitten, am Ende abgerundet, stumpf. Haare u. Spreuschuppen zerstreut. BlaAdern am Ende nicht bis wenig verdickt. 0,05–0,15. 7–8. Spalten mit feuchten bis nassen Moospolstern in Silikatgesteinsfelsen, kalkmeidend; s Alp(Allg: Höfats) (sm/alp-arct·c3-7CIRCPOL – sogr ros H ♃ Rhiz – WiA Lichtkeimer – *L8 T3 F4 R4 N7* – V Andros. vand. – wohl entstanden aus der Hybride *W. glabella* × *W. ilvensis* – *160?* – ▽). [*W. hyperborea* (Lilj.) R. Br.] **Alpen-W. – *W. alpina* (Bolton) Gray**

Familie *Onocleaceae* Pic.-Serm. – **Perlfarngewächse**

(2–4 Gattungen/5–6 Arten)

Ausdauernd. Rhizom kriechend od. aufsteigend u. kurz stammartig, z. T. Ausläufer bildend (*Matteuccia, Onoclea*). Fiedern u. sterile Bla deutlich verschieden. BlaStiel mit 2 Gefäßbündeln, die sich oberwärts rinnenförmig vereinigen. BlaNerven frei bis netzfg. Sori vom zurückgerollten BlaRand umhüllt. Sporen bohnenfg, bräunlich od. grünlich-chlorophyllhaltig.

[N, wohl nur U]: **Perlfarn – *Onoclea sensibilis* L**: Bla einzeln an gestrecktem Rhizom, sporenlose Bla fiederschnittig, unten oft gefiedert; sporentragende Bla 2fach gefiedert, Fiederchen kuglig. 0,30–0,90. 8–10. Lichte ErlenbruchW, Parks; s Nw(MW: Duisburg), Bb(M: Berlin), Ns(O), Mv(SW: Grabow, Ludwigslust, NO: Greifswald, MW: Schwerin, ob noch?) (m-temp·c1-6OAM+OAS – sogr eros ♃ uAuslRhiz – V Aln. – s. Bd. ZierPfl – *74*).

Matteuccia Tod. [*Struthiopteris* Willd.] – **Straußenfarn** (1–3 Arten)

Sporenlose Bla hellgrün; sporentragende Bla bei der Sporenreife dunkelbraun, straußenfederähnlich. 0,30–1,50. 7–8. AuenW, sickernasse, halbschattige Bach- u. Flussufer in Gebirgen, synanthrop: Flussufer, Waldränder, Steinbrüche, Kiesgruben, kalkmeidend; z Alp(f Kch Krw Wtt) By Rh(MRh N M) He Nw(MW SO) Th(Bck O S Wld) Ns(Hrz S: Solling, sonst [N]), s Bw(f Alb SO), [N] z Sa Bb Nw Ns An Sh; auch in allen anderen Bundesländern [N], Ursprünglichkeit der Vorkommen oft unsicher; auch ZierPfl (sm/mo-b·c3-6CIRCPOL – sogr ros H/C ♃ VertikalRhiz+uAusl – WiA Wintersteher Sporen kurzlebig – *L5 T6 F8 R7 N3* – V Aln. – V Til.-Acer. – *80* – ▽). [*Struthiopteris filicastrum* All., *S. germanica* Willd., *Onoclea struthiopteris* (L.) Roth] **Straußenfarn – *M. struthiopteris* (L.) Tod.**

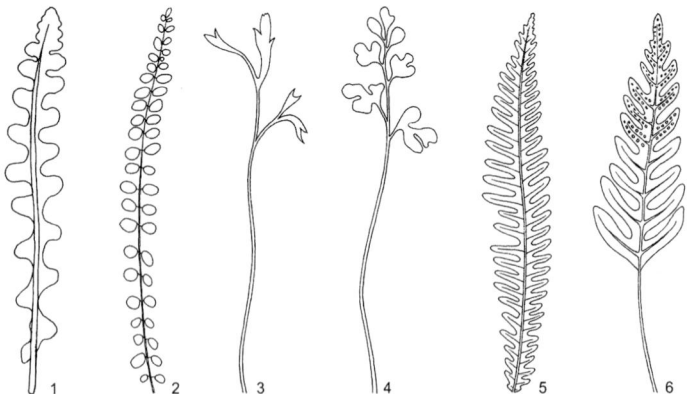

1 A. ceterach 2 A. trichomanes 3 A. septentrionale 4 Asplenium ruta-muraria 5 Blechnum 6 Polypodium

Familie *Blechnaceae* NEWMAN – **Rippenfarngewächse**

(7–10 Gattungen/250–265 Arten)

Ausdauernd. Rhizom mit netzfg Gefäßbündelkörper u. mit Spreuschuppen. Bla oft zweigestaltig. BlaStiel mit 2 Gefäßbündeln. Sori jeder Fieder zusammenfließend. Schleier vorhanden, sich nach der Mittelrippe zu öffnend. Sporangienwand 1schichtig. Sporen gleichartig, bohnenfg. Vorkeim oberirdisch, grün, thallös.

Blechnum L. – **Rippenfarn** (je nach Aufteilung der Gattung 22– ca. 240 Arten)

Sporenlose Bla kammfg fiederschnittig, niederliegend, immergrün (Abb. **112**/5), sporentragende Bla mit viel schmaleren Fiedern, aufrecht. 0,15–0,50. 7–9. Frische bis feuchte Laub- u. NadelW, Nadelholzforste, ErlenW, Schluchten, Wegböschungen, v. a. im Bergland; kalkmeidend; h Alp, v Rh Nw Sa, z By Bw He Th An(h Hrz) Bb(f Od) Ns(h Hrz) Sh, s Mv(f Elb), im NW ↘ (m/mo-b·c1-3EUR+OAS+WAM – igr ros H ♃ Rhiz – WiA – L3 Tx F6 R2 N3 – V Vacc.-Pic., UV Luz.-Fag., V Aln., V Querc. rob. – *68*). [*Struthiopteris spicant* (L.) WEIS]
Rippenfarn – *B. spicant* (L.) ROTH

Familie *Athyriaceae* ALSTON – **Frauenfarngewächse**

(3–5 Gattungen/650–770 Arten)

Ausdauernd. Größere, meist Wälder bewohnende Farne. Rhizom mit netzfg Gefäßbündelkörper u. mit Spreuschuppen. BlaStiel mit 2 Gefäßbündeln, die sich oberwärts zu 1 U-fg Bündel vereinigen. Sori unsymmetrisch, komma-, haken- od. hufeisenfg, seltener rundlich. Schleier den Sorus von der Seite her bedeckend, rudimentär od. fehlend. Sporen gleichartig, bohnenfg. Vorkeim oberirdisch, grün, herzfg-thallös.

Athyrium ROTH – **Frauenfarn** (190–230 Arten)

1 Sori länglich, die unteren hakenfg, die oberen fast gerade, bis zur Sporenreife vom Schleier bedeckt, der Mittelrippe näher als dem Rand (Abb. **106**/4). Fiederchen 2,5–5mal so lg wie br, allmählich in eine Spitze verschmälert, die meisten sich nicht od. nur am Grund berührend. BlaSpindel grün, bisweilen rosa überlaufen. Rippen der Fiedern u. Fiederchen ohne Drüsenhaare od. selten mit vereinzelten Drüsenhaaren. 0,30–1,00. 7–8. (Sicker)Frische bis feuchte Laub- u. NadelmischW, Bulten von ErlenbruchW, Hochstaudenfluren, Waldsäume, Bergweiden; g Alp By Bw Rh He Nw Th Sa Ns(v N), h An Mv, v Bb Sh(s W), z in Trockengebieten (strop/mo-b·c1-6CIRCPOL – sogr ros H ♃ Rhiz – WiA – L3 Tx F7 Rx N6 – V Aln., O Fag., O Vacc.-Pic., O Adenost. – 80). **Gewöhnlicher F. – *A. filix-femina* (L.) ROTH**
1* Sori fast kreisrund, den verkümmerten wenigzelligen Schleier lange vor der Sporenreife verlierend, dem Rand näher als der Mittelrippe. Fiederchen 1,5–2mal so lg wie br, im Umriss mit stumpfer Spitze, kürzer gezähnt, die meisten sich berührend od. etwas überdeckend. BlaSpindel grünlich, zuletzt strohgelb, Rippen der Fiedern u. Fiederchen bes. im frischen Zustand useits vor allem im oberen Spreitenteil mit ∞ 0,02–0,05 langen, ein- bis mehrzelligen zylindrischen bis keulenfg., durchsichtigen Haaren (Lupe!). 0,50–1,50. 7–8. Hochmont. frische Laub- u. NadelmischW u. Hochstaudenfluren, kalkmeidend; v Alp, z Bw(SW, s S), s By(NO: FichtelG, z O: BayerW BöhmerW) Th(Bck) Sa(SW: ErzG) An(Hrz) Ns(Hrz) (sm/mo-subarct·c2-5CIRCPOL – sogr ros H ♃ Rhiz – WiA – L5 T3 F6 R6 N7 – O Vacc.-Pic., V Til.-Acer., O Adenost. – 80). [*A. alpestre* (HOPPE) RYLANDS, *Pseudathyrium alpestre* (HOPPE) NEWM.] **Gebirgs-F. – *A. distentifolium* OPIZ**

Hybride: *A. distentifolium* × *A. filix-femina* = *A.* ×*reichsteinii* RASBACH et SCHNELLER – s. In D nothosubsp. *reichsteinii* – (80) u. nothosubsp. *praetermissum* RASBACH, REICHST. et SCHNELLER – (120).
Während nothosubsp. *reichsteinii* die diploide Hybride der beiden Ausgangsarten ist, handelt es sich bei nothosubsp. *praetermissum* um eine triploide Hybride mit 2 Chromosomensätzen von *A. filix-femina* und einem von *A. distentifolium*.

THELYPTERIDACEAE · DRYOPTERIDACEAE

Familie *Thelypteridaceae* Pic. Serm. – **Sumpffarngewächse**
(5–30 Gattungen/ca. 1200 Arten)

Ausdauernd. Rhizom behaart od. mit behaarten Spreuschuppen, mit netzfg Gefäßbündelkörper. BlaStiele mit 3–7 Gefäßbündeln. Sori randnah. Sporangien mit 1schichtiger Wand. Sporen gleichartig, bohnenfg. Vorkeim oberirdisch, grün, herzfg-thallös.

1 Spreite lanzettlich, nach dem Grund zu verschmälert (unterste Fiedern nur 1–2 cm lg). Schleier früh abfallend. Bla rosettig. **Bergfarn** – *Oreopteris* S. 114
1* Spreite nach dem Grund zu nicht od. kaum verschmälert. Bla einzeln an gestrecktem Rhizom 2
2 Spreite 1½–2mal so lg wie br. Bla behaart. Das unterste Fiederpaar abwärtsgerichtet, mit verschmälertem Grund (Abb. **102**/5). Schleier fehlend. WaldPfl.
Buchenfarn – *Phegopteris* S. 114
2* Spreite 3–4mal so lg wie br. Bla nur anfangs spärlich behaart, dann kahl. Schleier lange vor der Sporenreife abfallend. SumpfPfl. **Sumpffarn** – *Thelypteris* S. 114

Thelypteris Schmidel – **Sumpffarn** (2–3 Arten)

Spreiten hellgrün. Fiederchen der sporentragenden Bla mit zurückgerolltem Rand (Abb. **106**/2). 0,30–0,80. 7–9. Erlenbrüche, Weidengebüsche, halbschattige Moorränder, Großseggenriede u. Röhrichte, kalkmeidend; v Bb, Mv, By Nw Sa(f SW) An Ns Sh, s Alp(z Kch,Chm, f Krw), Bw(z ORh S, f Alb) Rh(f MRh) He(ORh,f W NW) Th(Bck Nw Rho) (sm/mo-b·c1-5CIRCPOL – sogr eros G/He ♃ Rhiz – WiA Lichtkeimer – L5 T6 F9 R5 N8 – K Aln., O Phragm., V Car. lasioc. – 70). [*Dryopteris thelypteris* (L.) A. Gray, *Lastrea thelypteris* (L.) Bory, *Th. thelypterioides* auct.] **Sumpffarn** – *Th. palustris* Schott

Oreopteris Holub. [*Lastrea* Bory] – **Bergfarn** (3 Arten)

BlaUSeite mit goldgelben Drüsen. 0,50–1,00. 7–8. Frische bis sickerfeuchte Laub- u. Nadel-MischW, BruchW u. Waldquellstandorte, Bergweiden, Böschungen u. Lichtungen, bes. Bergland; kalkmeidend; h Alp, v He(h SO O SW) Sa(h SW SO), z By Bw(h SW NW) Rh Nw(h SO SW) Th(h Wld Hrz) An(h Hrz) Ns(h Hrz), s Bb(f NO Od) Mv Sh, im N ↘ (sm/mo-b·c1-3EUR+WAS – sogr ros H ♃ Rhiz – WiA – L4 T4 F6~ R3 N5 – O Adenost., V Vacc.-Pic., UV Luz.-Fag., V Querc. Rob., V Aln. – 68). [*Dryopteris montana* Kuntze, *D. oreopteris* (Ehrh.) Maxon, *Thelypteris limbosperma* (All.) H.P. Fuchs, *Lastrea limbosperma* (All.) Holub] **Bergfarn** – *O. limbosperma* (All.)Holub

Phegopteris (C. Presl) Fée – **Buchenfarn** (5–6 Arten)

Bla behaart. Unterstes Fiederpaar meist abwärtsgerichtet, frei, die übrigen Fiederpaare am Grund br verbunden (Abb. **102**/5). 0,15–0,30. 7–8. Mont. bis submont., sickerfrische bis feuchte Buchen- u. Nadel-MischW, Hochstaudenfluren, Böschungen; bes. Bergland; kalkmeidend; v Alp Rh(s ORh) Sa(s Elb), z By Bw(h SW, s ORh) He(h SO, s W) Nw(h SO) Th(h Wld, v Hrz) An(h Hrz) Bb Ns(h Hrz, s N) Mv(s NO N, f Elb) Sh(s W), im NW ↘ (sm/mo-b·c1-5CIRCPOL – sogr eros G ♃ uRhiz – WiA – L2 T4 F6 R4 N6 – O Fag., V Vacc.-Pic., O Adenost. – 90). [*Ph. polypodioides* Fée, *Dryopteris phegopteris* (L.) C. Chr., *Lastrea phegopteris* (L.) Bory, *Thelypteris phegopteris* (L.) Sloss.]
Buchenfarn – *Ph. connectilis* (Michx.) Watt.

Familie *Dryopteridaceae* Herter – **Wurmfarngewächse**
(24–45 Gattungen/1700– über 2000 Arten)

Ausdauernd. Rhizom mit netzfg Gefäßbündelkörper u. kahlen Spreuschuppen. BlaStiele mit 3–7 Gefäßbündeln. BlaHaare mehrzellig. Sori frei. Sporangien einzeln. Sporen gleichartig, bohnenfg. Vorkeim oberirdisch, grün, herzfg-thallös.

DRYOPTERIDACEAE 115

1 Schleier schildfg, in seiner Mitte angeheftet (Abb. **116**/6). Fiedern an ihrem Grund deutlich unsymmetrisch, auf der nach der BlaSpitze zugewandten Seite mit vergrößertem Basalfiederchen od. Basallappen. **Schildfarn – *Polystichum* S. 119**
1* Schleier nierenfg, in seiner Bucht angeheftet (Abb. **106**/3, 4). Grund der Fiedern der mittleren BlaSpreite nicht od. kaum unsymmetrisch bzw. das der BlaBasis zugewandte Fiederchen am größten. **Wurmfarn – *Dryopteris* S. 115**

Dryopteris ADANS. – Wurmfarn, Dornfarn (ca. 400 Arten)

1 Bla einfach gefiedert mit tief fiederteiligen bis fiederschnittigen Fiedern, od. 2fach gefiedert mit ungeteilten Fiederchen. Spreite nach dem Grund hin deutlich verschmälert **2**
1* Bla 2fach gefiedert mit fiederspaltigen Fiederchen, od. 3–4fach gefiedert. Spreitengrund nicht od. kaum verschmälert **9**
2 Sporentragende Bla steif aufrecht, ± doppelt so lg u. br wie die schräg ausgebreiteten sporenlosen Bla, mit 10–20 Fiederpaaren. Fiedern der Spreitenmitte 2–3mal so lg wie br, fiederteilig bis -schnittig, jederseits mit 5–8 Abschnitten. Unterste Fiedern deutlich gestielt, aus herzfg Grund 3eckig. Obere sporentragende Fiedern senkrecht zur BlaFläche gedreht, oft ihre USeite nach oben wendend. Stiel der sporentragenden Bla 1,5–2,0 mm ⌀, spärlich spreuschuppig, länger als die Spreite. 0,30–0,80. 7–9. Erlen- u. Birkenbrüche, Moorränder, Röhrichte, aufgelassene Feuchtwiesen, kalkmeidend; z Bb Ns(f Elb) Mv Sh, s Alp(f Brch Krw) By(z S f NW) Bw(z SO f NW) Rh(f MRh W) He(f NW SO W) Nw Th(Bck: Schlotheim Bad Klosterlausnitz) Sa(W: Grimma Bad Düben NO) An(f Hrz), ↘ (sm/mo-temp·c2-5EUR-WSIB+OAM – üwigr ros H ♃ Rhiz – WiA Lichtkeimer Sporen langlebig – L4 T6 F9 R5 N6 – V Aln., V Bet. pub., V Mol. – *164* – ▽). **Kamm-W., Kammfarn – *D. cristata* (L.) A. GRAY**
2* Sporentragende u. sporenlose Bla völlig gleich, mit 20–35 Fiederpaaren. Fiedern der Spreitenmitte 4–6mal so lg wie br, jederseits mit 10–20 fast bis zum Mittelnerv geteilten Abschnitten. Unterste Fiedern höchstens sehr kurz gestielt. BlaStiel 3–4 mm ⌀, dicht spreuschuppig, kürzer als die Spreite **3**
3 Fiederstiele am Grund u. an der Ansatzstelle zur Spindel bei voll entwickelten Wedeln 1–5 mm lg, violettschwarz gefärbt (Beim Trocknen verschwindend!) (Abb. **116**/3). Spreite meist grün überwinternd. BlaStiel u. Spindel dicht mit abstehenden, hell- bis dunkelbraunen od. rotbraunen, oft am Grund dunklen Spreuschuppen bedeckt. Schleier bis zur Sporenreife halbkugelfg, etwas unter dem Sorus gebogen (Abb. **108**/5). Sporangien mit höchstens 32 Sporen. 0,40–1,60. 7–9. (Sub)Mont. sickerfeuchte Laub- u. NadelmischW, Bachschluchten, Böschungen u. Blockschutthalden, meist kalkmeidend (m/mo-temp·c1-3EUR – igr ros H ♃ Rhiz – Ap: Agamosporie – WiA – L3 T5 F6 R5 N6 – O Fag., V Petasit. parad. – vorwiegend europäischer Komplex mehrerer diploider, triploider u. tetraploider, apomiktischer Sippen, deren Verbreitung noch unzureichend bekannt ist). [*D. paleacea* auct., *D. pseudomas* (WOLL.) HOLUB et POUZAR] **(Artengruppe Schuppen-W. – *D. affinis* agg.)** **4**
3* Fiederstiele am Grund nicht violettschwarz (Abb. **116**/4). Spreite sommergrün. BlaStiel am Grund dicht, oberwärts wie die Spindel nur locker mit hell- bis gelbbraunen, glanzlosen, im Herbst anliegenden Spreuschuppen besetzt. Fiederchen vorn abgerundet bis spitzlich, ringsum gezähnt bis gelappt (Abb. **116**/4). Sporangien mit 64 Sporen. **(Artengruppe Gewöhnlicher W. – *D. filix-mas* agg.)** **8**
4 Schleier zur Sporenreife oft bis selten vom Rand her z. T. bis zur Mitte einreißend, dick, bleibend u. nicht od kaum schrumpfend. Spreuschuppen rotbraun bis kupferrot od. glänzend hell- bis dunkelbraun **5**
4* Schleier zur Sporenreife nicht einreißend, sich später trichterfg vom Sorus abhebend, schrumpfend u. oft abfallend. Spreuschuppen hell- bis gelblichbraun, ± glanzlos **6**
5 Spreuschuppen schmal, glänzend hell- bis dunkelbraun, bes. an der BlaSpindel mit schwarzbraunem Grund, selten spiralig gedreht. Fiedern entfernt bis gedrängt stehend, Fiederabschnitte weit entfernt bis gedrängt; die ersten Abschnitte am Fiedergrund von der BlaSpindel entfernt od. wenigstens von ihr weg gerichtet, BlaSpindel dadurch meist frei. 0,80–1,40. 7–9. Nadel- u. LaubmischW; z Alp(Allg, s Kch Chm Brch) Bw(SW S), z Rh(SW W NW), s By(S) Nw(MW SO) He(ORh: Odenwald) Th(Wld) Ns(Hrz) Sa(SO NO) An(Hrz) (m/mo-temp·c1-3EUR – L3 T5 F6 R4 N6? – O Fag. – *82*).
Lediger Schuppen-W. – *D. affinis* (LOWE) FRASER-JENK. s. str.

116 DRYOPTERIDACEAE

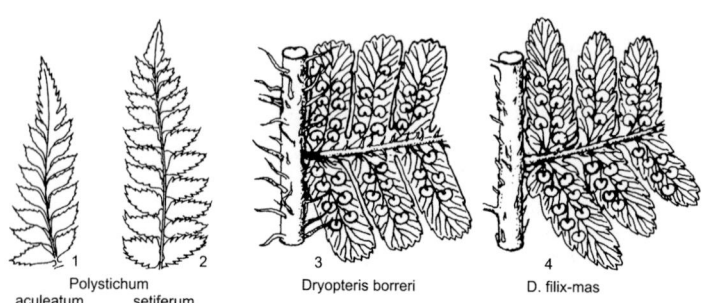

Polystichum Dryopteris borreri D. filix-mas
aculeatum setiferum

1 Fiederabschnitte rechteckig, gestutzt, br aufsitzend, dicht gedrängt, mit wenigen kleinen, vorwärts gerichteten Zähnen am Ende, seitlich nur wenig gezähnt, oseits ohne auffällige punktfg Vertiefungen über den darunter befindlichen Sori; Schleier selten vom Rand her einreißend: var. *affinis*: s Rh (W: Trier) Nw(MW: Viersen SO: Albringhausen Ennepetal Kierspe), By(NW: Neustadt a.M.), Verbr. ungenügend bekannt. Od. Fiederabschnitte schmal, leicht abgerundet, durch U-förmige Buchten meist deutlich entfernt, mit wenigen kleinen Zähnen am Ende, Schleier sehr oft vom Rand her einreißend. 0,80–1,40: var. *disjuncta* (FOMIN) FRASER-JENK.:z Alp(Allg, s Kch: Eschenlohe Chm Brch) Bw(SW: z SchwarzW) Rh(SW: PfälzerW W), s By(S: Alpenvorland) Th(Wld: Neuhaus a.R. Gehlberg) Ns(Hrz: St. Andreasberg) Sa(SO: Königstein NO: Kromlau) An(Hrz: Hüttenrode) (m/mo-temp·c1-3EUR – L3 T5 F6 R4 N6? – O Fag. – 82). subsp. *affinis*
1* Fiederabschnitte leicht bis deutlich abgerundet, ± gedrängt, meist mit ∞ spitzen Zähnen am Ende, seitlich oft gelappt-gezähnt (ähnlich *D. cambrensis* subsp. *insubrica*), oseits mit auffälligen punktfg Vertiefungen über den darunter befindlichen Sori, Schleier selten vom Rand her einreißend. 0,80–1,00. s Alp(Allg) By(S: Allgäu, Irschenberg) Bw(S: Urnau Amtzell Großholzleute) (temp·c1-3EUR – L3 T5 F6 R4 N6? – O Fag. – 82). **Punktierter Schuppen-W.** – subsp. *punctata* FRASER-JENK.

Das Auftreten der in Großbritannien und Irland verbreiteten *D. affinis* subsp. *paleaceolobata* (T. MOORE) FRASER-JENK. wäre im westlichen D möglich, ist aber noch nicht eindeutig nachgewiesen.

5* Spreuschuppen relativ br, rotbraun bis kupferrot, am Grund dunkel rotbraun, viele spiralig gedreht. Fiedern gedrängt stehend, Fiederabschnitte meist sehr dicht gedrängt u. sich oft überlappend (bes. nahe der BlaSpindel), die ersten Abschnitte am Fiedergrund ± zur BlaSpindel gerichtet u. diese meist überlappend, BlaSpindel dadurch von oben ± überdeckt. 0,80–1,20. 7–8. z Alp(Allg Amm Brch Mng), s By(S MS NW) Bw(SW SO NW, z S) Rh(SW) Th(Wld Bck O) Sa(SO SW) An(Hrz) Ns(Hrz) Mv(N) (m/mo-temp·c1-3EUR – L4 T5 F6 R4 N6? – O Fag. – 123). [*D. affinis* subsp. *cambrensis* FRASER-JENK.] **Walisischer Schuppen-W.** – *D. cambrensis* (FRASER-JENK.) BREITEL et W. BUCK

1 Rhizom meist 1köpfig; Wedel trichterartig angeordnet. Bla meist drüsenlos, oseits speckig glänzend. Sori kleiner, etwas entfernt. Fiedern von oben konkav, Fiederabschnitte konvex gebogen, am Ende wenig gestutzt bis leicht gerundet mit wenigen vorwärts gerichteten Zähnen. Schleier hellgrau bis gelbbraun, nur selten vom Rand her einreißend. 1,00–1,20. SchluchtW, frische bis feuchte Waldhänge; s Th(O: Karlsdorf), † Sa(SO: Rathen); Verbr. ungenügend bekannt (sm/m-temp·c1-3EUR – L3 T5 F6 R4 N6? – O Fag. – *123*). [*D. affinis* subsp. *cambrensis* var. *paleaceo-crispa* (T. MOORE) FRASER-JENK.] subsp. *cambrensis*
1* Rhizom meist vielköpfig u. daher rasenbildend; Wedel meist ∞ u. unregelmäßig (keine Trichter bildend) angeordnet. Bla useits mit wenigen bis zerstreuten, farblosen Drüsen, oseits ± glanzlos. Fiederabschnitte am Ende abgerundet, mit regelmäßig verteilten, 3eckigen, auswärts gerichteten Zähnen. Sori groß, dicht stehend. Schleier hellgrau, z. T. vom Rand her einreißend. 0,80–1,00. Bes. in Silikatgeröllhalden bis in die subalpine Stufe, Waldlichtungen, Felsen; z Alp(Allg Amm Brch Mng), s By(S MS NW: Spessart) Bw(SW: SchwarzW SO NW: Heidelberg, z S) Rh(SW: Idar-Oberstein PfälzerW) Th(Wld: Steinach Bck: Waldeck Bad Köstritz O: Triptis Wolfsgefärth) Sa(SW: Lengefeld SO: Oybin) An(Hrz: Altenbrak) Ns(O: Hamburg Hrz) Mv(N: Rügen) (m/mo-temp·c1-3 EUR – L6 T5 F6 R4 N6? – O Fag., V Galeops. seget.? – 123). [*D. affinis* subsp. *cambrensis* FRASER-JENK. var. *insubrica* FRASER-JENK.] **Insubrischer Schuppen-W.** – subsp. *insubrica* (FRASER-JENK.) FRASER-JENK.

6 **(4)** Fiederabschnitte ± trapezfg, wenig gezähnt, entfernt (ähnlich var. dis*ju*ncta), mit V-fg Zwischenbuchten, das zum BlaGrund gerichtete Fiederchen der untersten Fieder meist klein, kaum gelappt u. nicht bis wenig gezähnt. 1,00–1,20(–2,00). 7–8. Bachtäler, Waldhänge, bes. in Kalkgebieten. z Alp(Allg Brch, s Amm Kch Mng Chm) Bw(S, s SO), s By(S MS NW: Spessart) He(SO: Bensheim) Nw(SO: Olsberg) (temp·c1-3EUR – L3 T5 F6 R6 N6? – O Fag. – 116, 118, 123).
Eleganter Schuppen-W. – *D. pseudodisju*n*cta* (Fraser-Jenk.) Fraser-Jenk.
6* Fiederabschnitte ± parallelrandig, gestutzt bis abgerundet od. spitz, das zum BlaGrund gerichtete Fiederchen der untersten Fieder relativ groß, meist gelappt u. gezähnt **7**
7 Fiederabschnitte der mittleren Fiedern ± gedrängt, gestutzt bis abgerundet, selten etwas spitz, am Ende wenig bis deutlich gezähnt. Zwischenräume der Abschnitte nur bis zum 5. (selten 10.) Paar am Grund stiefel- bzw. schuhfg ausgeweitet, sonst meist eng, die zum BlaGrund gerichteten Lappen der ersten Fiederabschnitte die BlaSpindel meist wenigstens teilweise überdeckend. Nervatur der Bla oseits nicht auffällig eingesenkt. 0,80–1,60. 7–8. SchluchtW, Laub- u. NadelmischW, Böschungen; z Alp(Allg Chm Mng, s Wtt Kch, f Kw) Rh, Th(f Hrz NW) Ns(Hrz), s By(s S Alb) Bw(z S) He Nw((z SO W, f N) Sa(SO W NO) An(Hrz) (sm/mo-temp·c1-3 EUR – L3 T5 F4 R4 N6? – O Fag. – 123). [*D.* ×*tavelii* Rothm., *D. affinis* (Lowe) Fraser-Jenk.] subsp. *rob*u*sta* Fraser-Jenk.]
Borrer-Schuppen-W. – *D. b*o*rreri* (Newman) Oberholzer et Tavel
7* Fiederabschnitte der mittleren Fiedern besonders nahe der Basis lückig angeordnet, gestutzt bis leicht gerundet, am Ende mit kräftigen, spitzen Zähnen. Zwischenräume der Abschnitte bis zum 10. (selten 18.) Paar am Grund stiefel- bzw. schuhfg ausgeweitet, die ersten Fiederabschnitte die BlaSpindel meist nicht überdeckend, BlaSpindel dadurch frei. Nervatur der Bla oseits auffällig eingesenkt. 0,80–1,00(–1,20). 7–9. SchluchtW, Laub- u. NadelmiscW, Böschungen; s Alp By(S: Kleinweiler MS: Bonstetten Neßlach) Bw(SW: St. Märgen Alb: Öschingen, z S SO) Rh(SW W) Nw(SO: Olsberg) Ns(Hrz) (sm-temp·c1-3EUR – L3 T5 F4 R4 N6? – O Fag. – *123*).
Lückiger Schuppen-W. – *D. lacuno*s*a* S. Jess., Bujnoch, Zenner et Ch. Stark
8 **(3)** Bla drüsenlos, im Herbst ziemlich rasch faulend. Spindel mit spärlichen Spreuschuppen. Spreiten nicht konkav. Sori 1,5 mm ⌀, auf jedem Fiederchen 3–10 (Abb. **116**/4). Schleier zunächst mit br farblosem Rand der Spreite flach anliegend (Abb. **108**/6), kurz vor der Sporenreife einschrumpfend. Sporen (34–)36–44(–46) µm lg. Rhizom 1(–wenig-)köpfig. (0,15–)0,30–1,20(–1,50). 7–9. Frische LaubW u. Nadelholzforste, subalp. Hochstaudengebüsche, Schutthänge, an Mauern, Bahnanlagen, nährstoffanspruchsvoll; g alle Bundesländer (z Trockengebiete); auch ZierPfl (m/mo-b·c1-5CIRCPOL(+austrSAM) – sogr ros H ♃ Rhiz – WiA – L3 Tx F5 R5 N6 – O Fag. – früher HeilPfl, giftig – 164).
Gewöhnlicher W. – *D. filix-mas* (L.) Schott
8* Bla useits mit kleinen Drüsen, schwer faulend (Pfl daher ganzjährig mit ∞, rotbraunen, abgestorbenen Bla). Spreuschuppen der BlaSpindel ∞. Fiederränder u. Spreitenspitze auffallend aufwärts gebogen, von oben gesehen konkav (im Herbar nicht sichtbar!). Sori 1 mm ⌀, auf jedem Fiederchen 1–4. Schleier kuglig u. unter den Sorus greifend (Abb. **108**/5), derb, nicht einschrumpfend. Sporen (30–)32–36(–40) µm lg. Rhizom ∞köpfig. 0,30–0,50 (–1,20). 7–8. Mont. Blockschutt(Gruben)halden, kalkmeidend; [N] s Nw(SO: Olpe) (sm-stemp//mo·c1-2EUR – sogr ros H ♃ Rhiz – WiA Lichtkeimer – L8 T4 F5 R3 N? – 82). [*D. abbrevi*a*ta* auct.] **Geröll-W. – *D. oreades*** Fomin
9 **(1)** Bla doppelt gefiedert mit fiederspaltigen Fiederchen. Fiedern symmetrisch, Fiederchen beidseits der Fiederspindel gleich groß. Spreite schmal lanzettlich, beidseits dicht gelbdrüsig. 0,15–0,45. 7–8. Alp. Schuttfluren, kalkstet; z Alp (sm-stemp//sup·c1-3EUR – sogr ros H ♃ Rhiz – WiA – *L8 T2 F5 R9 N3* – V Petasit. parad. – *82*). [*D. rigida* (Sw.) Underw. non A. Gray]. **Starrer W. – *D. villa*r*ii*** (Bellardi) Schinz et Thell.
9* Bla 2–3(–4)fach gefiedert. Fiedern mit deutlich unsymmetrischem Grund, die zum BlaGrund gerichteten Fiederchen viel länger als die ihnen gegenüberstehenden **(Artengruppe Dornfarn – *D. carthusi*a*na* agg.)** **10**
10 Pfl drüsenlos, selten im oberen Teil der Spindel mit einzelnen Drüsen. BlaStiel spärlich spreuschuppig. Spreuschuppen 1farbig blassbraun, br eifg, stumpf od. plötzlich in eine kurze Spitze zusammengezogen, selten 2farbig, am Grund rötlich dunkelbraun bis schwärz-

lich, am Rand hellbraun. BlaSpreite doppelt fiederteilig, lanzettlich od. eilanzettlich, 2,5–4mal so lg wie br. Unterste Fiedern meist ohne Sori. Schleier drüsenlos. Sporen dunkelbraun
.... 11
10* BlaStiel, BlaSpindel, SpreitenUSeite u. Schleier gelbdrüsig. BlaStiel bes. an seinem Grund dicht spreuschuppig. Spreuschuppen schmal, lg zugespitzt, mit lg, dunklem Mittelstreif (dieser meist bis zur Schuppenspitze reichend). BlaSpreite 2–3(–4)fach fiederteilig, br 3eckig bis elliptisch, 1–2mal so lg wie br, meist dunkelgrün. Meist auch die untersten Fiedern mit Sori 12
11 Fiederspindel am Grund nicht violettschwarz. Spreite meist gelbgrün. Spreuschuppen einfarbig blassbraun. Sporangien mit 64 Sporen. 0,15–0,60. 7–8. Mäßig frische bis staufeuchte LaubmischW, NadelW u. -forste, Erlenbrüche, Heiden, Moorränder, kalkmeidend; g alle Bundesländer (z Trocken- u. Kalkgebiete) (sm/ mo-b)·c1-5EUR-SIB+OAM – teiligr ros H ♃ Rhiz – WiA – L5 Tx Fx R4 N3 – O Fag., K Querc. rob., O Aln., V Alno-Ulm., UV Luz.-Fag., O Vacc.-Pic. – 164). [*D. spinulosa* (O.F. Müll.) Kuntze non Watt]
Dorniger W., Kartäuser D. – *D. carthusiana* (Vill.) H.P. Fuchs
11* Fiederspindel am Grund violettschwarz (trocken verschwindend). Spreite dunkelgrün, nur jung heller. Spreuschuppen blassbraun, meist am Grund dunkelbraun bis schwärzlich. Sporangien mit höchstens 32 Sporen. 0,20–0,90. 7–8. Mont., sickerfrische bis leicht quellige, oft blockschuttreiche Laub u. NadelmischW, kalkmeidend; z Alp(f Krw) s By(S MS) Bw(S Gäu Alb, z W: SchwarzW) (sm/mo-stemp/demo·c1-3EUR – teiligr ros H ♃ Rhiz Ap: Agamosporie – WiA – L3 T4 F6 R4 N5? – O Fag. – 123).
Entferntfiedriger W., Verkannter D. – *D. remota* (Döll) Druce
12 (10) Spreite dunkelgrün, ziemlich dick, oft wintergrün. Letzte Fiederabschnitte meist etwas nach unten umgebogen, mit kräftigen, stachelspitzigen Zähnen. Das nach unten gerichtete 1. Fiederchen der untersten Fieder meist weniger als halb so lg wie diese u. weniger als doppelt so lg wie das ihm gegenüberstehende. Sporen dunkelbraun, ± undurchsichtig. 0,40–1,20. 7–9. Sickerfrische bis feuchte, oft schuttreiche Laub- u. NadelmischW, Nadelholzforste, Hochstaudenfluren, Wegböschungen, kalkmeidend; g alle Bundesländer (z Trockengebiete) (sm/mo-temp·c1-4EUR – igr ros H ♃ Rhiz – WiA – L4 Tx F6 Rx N7 – O Fag., V Vacc.-Pic., K Querc. rob., V Adenost. – 164). [*D. austriaca* auct.]
Breitblättriger W., Dunkelgrüner D. – *D. dilatata* (Hoffm.) A. Gray
12* Spreite hellgrün, dünn, im Herbst bald verwelkend. Letzte Fiederabschnitte flach ausgebreitet, mit feinen, kaum stachelspitzigen, weit herablaufenden Zähnen. Das nach unten gerichtete 1. Fiederchen der untersten Fieder meist mindestens halb so lg wie diese u. doppelt so lg wie das ihm gegenüberstehende. Sporen hellbraun, durchscheinend. 0,40–1,50. 7–9. Vorwiegend mont., frische bis feuchte, Nadel- u. LaubmischW, Erlen- u. Birkenbrüche, kalkmeidend; z Alp Bw(SW, sonst s), s By(S: Alpenvorland O: BayrW u. BöhmerW NW: Rhön, vereinzelt NM NO) Rh(M: Taben-Rodt?) Nw(SW: Eifel SO NW) He(SW: Taunus O: Rhön Meißner) Th(Bck: Stadtroda O, z Wld) Sa(SW: ErzG W: Chemnitz Wernsdorf SO: ElbsandsteinG Lausitzer Bergland NO: Quolsdorf) An(Hrz) Bb(MN: Frohnau Eberswalde NO) Ns(z Hrz) Mv(MW NO: Krummenhagen N: Darß Rügen), oft übersehen (sm/mo-arct·c3-6CIRCPOL – sogr ros H ♃ Rhiz -WiA – L4 T3 F6 R4 N2 – V Vacc.-Pic., UV Luz.-Fag., O Aln. – 82). [*D. assimilis* Walker]
Feingliedriger W., Blassgrüner D. – *D. expansa* (C. Presl) Fraser-Jenk. et Jermy

Hybriden: *D. affinis* subsp. *affinis* × *D. filix-mas* = *D.* ×*complexa* Fraser-Jenk. nothosubsp. *complexa* – s (164), *D. affinis* subsp. *punctata* × *D. filix-mas* = *D.* ×*complexa* Fraser-Jenk. nothosubsp. *eschelmuelleri* Fraser-Jenk. – s (164), *D. borreri* × *D. filix-mas* = *D.* ×*critica* (Fraser-Jenk.) Fraser-Jenk. – s (205), *D. cambrensis* subsp. *insubrica* × *D. filix-mas* = *D.* ×*convoluta* Fraser-Jenk. nothosubsp. *convoluta* – s (205), *D. carthusiana* × *D. cristata* = *D.* ×*uliginosa* (Döll) Druce – z (*164*), *D. carthusiana* × *D. dilatata* = *D.* ×*deweveri* (Jansen) Jansen et Wacht. – z (164), *D. carthusiana* × *D. expansa* = *D.* ×*sarvelae* Fraser-Jenk. et Jermy – s (123), *D. carthusiana* × *D. filix-mas* = *D.* ×*brathaica* Fraser-Jenk. et Reichst. – s (164), *D. carthusiana* × *D. remota* = *D.* ×*alpirsbachensis* Freigang, Zenner, Bujnoch, S. Jess. et Magauer – s (ca. 205), *D. dilatata* × *D. expansa* = *D.* ×*ambroseae* Fraser-Jenk. et Jermy – z (123), *D. filix-mas* × *D. pseudodisjuncta* = *D.* ×*complanata* Fraser-Jenk. – s (205).

Polystichum Roth — **Schildfarn** (ca. 500 Arten)
1 Bla einfach gefiedert. Stiel 2–7 cm lg. Fiedern sichelfg, dornig gezähnt, derb ledrig. 0,10–0,50. 7–9. Mont. bis alp., sickerfrische Steinschuttfluren in lichten SteinschuttW, Felsen, Mauern, kalkhold; h Alp, z Bw(f NW ORh), s By(z S: Alpenvorland) Rh(W M SW) He(SO: OdenW SW: Taunus Weilburg) Nw(SO) Th(Rho S, z Wld Bck) An(Hrz) Ns(Hrz), † Bb(M SO), [U] Sa(W: Klingenthal SO: Langenhennersdorf Demitz-Thumitz W: Neucunnersdorf) Mv(MW: Gadebusch), ↘ (m/mo-arct·c1-5CIRCPOL – igr ros H ♃ Rhiz – WiA – *L6 T3 F5 R8 N3* – V Petasit. parad., V Acer-Fag. – *82* – ▽). [*Aspidium lonchitis* (L.) Sw.]
Lanzen-Sch. – *P. lonchitis* (L.) Roth
1* Bla 2fach gefiedert. Stiel 5–30 cm lg 2
2 Bla weich, hellgrün, sommergrün, beidseits spreuhaarig. Untere Fiedern stumpflich, obere kurz zugespitzt. Schleier zart, hinfällig. 0,50–0,60. 7–8. Mont., schattige, sickerfrische, schuttreiche Hang- u. SchluchtW, nährstoffanspruchsvoll, kalkmeidend; s Alp(Allg Chm) By(O: Zwiesel) Bw(SW: SchwarzW) He(O: Meißner), † Sa(SO: ElbsandsteinG ZittauerG), ↘ (sm/mo-b·c1-4CIRCPOL – sogr/teilig H ♃ Rhiz – WiA Lichtkeimer – L2 T4 F6 R6 N6 – V Til.-Acer., V Gal.-Fag. – *164* – ▽). **Weicher Sch. – *P. braunii*** (Spenn.) Fée
2* Bla derb, auf der Fläche nicht od. kaum behaart. Fiedern zugespitzt. **(Artengruppe Dorniger Sch. – *P. aculeatum* agg.)** 3
3 Spreite am Grund deutlich verschmälert, ledrig derb, überwinternd, dunkelgrün, oseits etwas glänzend. BlaStiel ± ⅛ so lg wie die Spreite, wie die Spindel locker spreuschuppig. Fiederchen vorwärtsgerichtet, sitzend od. sehr kurz u. br gestielt, herablaufend, das unterste nach der BlaSpitze zu gerichtete Fiederchen jeder Fieder deutlich größer als die folgenden (Abb. **116**/1). Zähne allmählich in eine kurze Dornspitze verschmälert. Sori auf den BlaNerven, >1 mm ∅, reif zusammenfließend. 0,60–1,00. 8–9. Schattige, sickerfrische bis -feuchte, schuttreiche, mont. Hang- u. SchluchtW, nährstoffanspruchsvoll; h Alp, v Bw Rh(h W), z By(v S) He Nw(f N) Th(f Rho) Ns(Hrz S, s MO), s Sa(f Elb NO) An(z Harz, s Elb: Luko, f N O), [U] Bb Mv Sh, im N ↘ (m/mo-temp·c1-4EUR-OAS-(WAM) – entstanden durch Chromosomen-Verdoppelung aus der Hybride *P. lonchitis* × *P. setiferum* – igr ros H ♃ Rhiz – WiA – L3 T5 F6 R6 N7 – V Til.-Acer., V Gal.-Fag. – *164* – ▽). [*P. lobatum* (Huds.) Chevall] **Dorniger Sch. – *P. aculeatum*** (L.) Roth
3* Spreite am Grund nicht od. nur wenig verschmälert, weich, meist nicht überwinternd, gelbgrün, glanzlos. BlaStiel ¼–½ so lg wie die Spreite, wie die Spindel dicht spreuschuppig. Fiederchen fast rechtwinklig abstehend, stets deutlich kurz u. schmal gestielt (Abb. **116**/2); Zähne plötzlich in eine lg Granne zusammengezogen. Unterste Fiederchen kaum größer als die folgenden. Sori an der Spitze der BlaNerven, <1 mm ∅, reif kaum zusammenfließend. 0,60–1,00. 8–9. Frische bis sickerfeuchte, teils schuttreiche Hang- u. SchluchtW, nährstoffanspruchsvoll, kalkmeidend; z Rh(Saar Mosel Ahr Wied Tiefenbach Rhein), s Bw(SW) He(SO: Zwingenberg) Nw(Bergisches Land SiebenG Neandertal), † By(NW: Obernburg), [N] s He(MW) (temp·c1-3EUR – teilig H ♃ Rhiz – WiA Lichtkeimer – L3 T7 F6 R6 N5 – O Fag. – *82* – ▽). [*P. angulare* (Willd.) C. Presl, *P. aculeatum* auct.]
Grannen-Sch., Borstiger Sch. – *P. setiferum* (Forssk.) Woyn.

Hybriden: *P. aculeatum* × *P. braunii* = *P.* ×*luerssenii* (Dörfl.) Hahne – s (*164*), *P. aculeatum* × *P. lonchitis* = *P.* ×*illyricum* (Borbás) Hayek – z (*123*), *P. aculeatum* × *P. setiferum* = *P.* ×*bicknellii* (Christ) Hahne – z (*123*).

Familie ***Polypodiaceae*** J. Presl — **Tüpfelfarngewächse**
(56–68 Gattungen/1600 Arten)

Ausdauernd. Rhizom dorsiventral, oseits mit 2 Reihen abgegliederter Bla, mit schildfg Spreuschuppen. Sori frei, kreisrund, schleierlos. Sporangienwand 1schichtig. Sporen gleichartig, bohnenfg. Vorkeim oberirdisch, grün, herzfg, thallös.

Polypodium L. — **Tüpfelfarn** (ca. 65 Arten)
Die folgenden Arten gehören zur **Artengruppe Gewöhnlicher T. – *P. vulgare* agg.** Dazu auch *P. cambricum* L. (m-sm·c1-3EUR), der in prähistorischer Zeit auch in D vorgekommen sein könnte, wofür das Auftreten der Hybride *P.* ×*shivasiae* Rothm. in Rh spricht.

1 Knorpelverbindungen zwischen dem Knorpelrand in den Fiederbuchten der mittleren Fiedern u. dem Hauptnerv des Wedels meist deutlich vorhanden (Durchlicht!). Sporangien am Grund mit 1–2(–3) unverdickten Zellen (Basalzellen) u. (5–)10–16(–20) verdickten Anuluszellen (Abb. 108/3). Sporenlänge im Mittel (20–50 Messungen) 55–72 µm. Fiedern gezähntgekerbt, meist ± stumpf. 0,10–0,50. 8–9. Mäßig trockne, schattige Felsen u. Mauern, lichte EichenW, DünenkiefernW, kalkmeidend; h Rh(z ORh) Nw Ns Sh, v Alp By (z MS) He Sa(z NO W, s Elb) z Bw(h SW) Th(v O Wld) An(h Hrz) Bb Mv, (m/mo-b·c1-6EUR-WAS – sogr/igr eros H ♃ Rhiz – WiA – L6 T5 F4 R4 N2? – V Querc. rob.- petr., K Aspl. trich. – früher HeilPfl – 148). **Gewöhnlicher T., Engelsüß – *P. vulgare* L.**

1* Knorpelverbindungen nicht vorhanden, sondern Fiederbuchten der mittleren Fiedern meist 1–2 mm vom Hauptnerv des Wedels entfernt. Sporangien größer, am Grund mit 2–5 Basalzellen u. (3–)4–12(–16) Anuluszellen (Abb. 108/4). Sporenlänge im Mittel 72–89 µm. Fiedern oft gesägt u. spitz. 0,10–0,50. 9–10. (Halb)Schattige Felsen u. Mauern; z Alp(Allg) Rh Nw(f N), Th(f NW S) Ns, s By(f MS O NW: Spessart) Bw(NW Gäu ORh SW) He(f W) Th(NW Wld Hrz Bck O) Ns, Sa(SO: Sebnitztal Königstein SW: Liebstadt) An(Hrz) Mv(N), [U] Sa(W: Borna) (sm-temp·c1-2EUR – sogr/igr eros H ♃ Rhiz – WiA – L5 T7 F4 Rx N? – K Aspl. trich. – entstanden durch Chromosomen-Verdoppelung aus der Hybride *P. cambricum* × *P. vulgare* – 222). [*P. vulgare* subsp. *prionodes* (ASCH.) ROTHM.] **Gesägter T. – *P. interjectum* SHIVAS** Hybriden: *P. interjectum* × *P. vulgare* = *P.* ×*mantoniae* ROTHM. – z (185), *P. cambricum* × *P. interjectum* = *P.* ×*shivasiae* ROTHM – s (148).

Unterabteilung *Spermatophytina* – Samenpflanzen
Gymnospermae – Nacktsamer

Bearbeitung: **Peter A. Schmidt**

Familie *Ginkgoaceae* ENGLER – Ginkgogewächse (1 Gattung/1 Art)

Ginkgo L. – Ginkgo (1 Art)

2häusiger, sommergrüner Baum. Bla wechselständig, 5–8(–15) cm br, keilfg bis br fächerfg, meist ausgerandet od. 2lappig (Abb. 120/1), an Kurztrieben auch ungeteilt, an Langtrieben auch gespalten, parallelnervig, aber Nerven gabelig verzweigt. Je 2 SaAnlagen am Ende einfacher, selten verzweigter SaAnlagenträger. Pollensackgruppen traubig angeordnet. Sa steinfruchtähnlich, äußere fleischige SaSchale zur Reife gelb bis gelborange. Bis 30,00. 5. Park- u. Straßenbaum, auch [U] By Rh Nw (m-sm·c2OAS – sogr B monop – WiB – VdA – VolksheilPfl – 24). **Ginkgo – *G. biloba* L.**

Familie *Pinaceae* F. RUDOLPHI – Kieferngewächse
(11 Gattungen/231 Arten)

Bäume, Sträucher, monopodial verzweigt. Bla nadelfg (Nadeln), wechselständig an Langtrieben u./od. in Bündeln zu 2–5 od. in scheinquirligen Büscheln >10 an Kurztrieben. ♂ BlüZapfen kätzchenartig. ♀ BlüZapfen mit schraubig angeordneten Deckschuppen, in deren Achseln SaSchuppen mit oseits je 2 SaAnlagen sitzen; reife Zapfen holzig. Sa nuss-

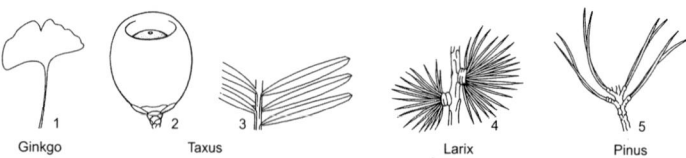

Ginkgo   Taxus   Larix   Pinus

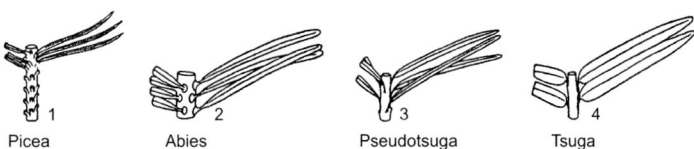

Picea　　　　　Abies　　　　　　Pseudotsuga　　　　　Tsuga

artig, meist 1seitig geflügelt. Pollen meist mit 2 Luftsäcken (alle Arten WiB – viele Forst- u. Zierbäume). Chromosomenzahl mit wenigen Ausnahmen 24.

1 Pfl sommergrün. Nadeln weich, an Kurztrieben in reichblättrigen Büscheln (Abb. **120**/4), an diesjährigen Langtrieben einzeln. **Lärche – *Larix* S. 122**
1* Pfl immergrün. Nadeln derb, einzeln od. an Kurztrieben zu 2–5 .... **2**
2 Nadeln zu 2–5, am Grund von einer gemeinsamen Scheide aus häutigen SchuppenBla umgeben (Abb. **120**/5), diese im 1. Jahr abfallend od. dauerhaft. **Kiefer – *Pinus* S. 124**
2* Nadeln stets einzeln **3**
3 Nadeln 4kantig od. flach, mit rindenfarbigem Stielchen, das am Zweig herabläuft u. beim Abfallen der Nadel zurückbleibt, entnadelte Zweige daher gefurcht u. raspelartig rau (Abb. **121**/1). Zapfen hängend, als Ganzes abfallend. **Fichte – *Picea* S. 123**
3* Nadeln stets flach, ohne rindenfarbiges, am Zweig herablaufendes Stielchen **4**
4 Nadeln mit scheibenartig verbreitertem, grünem Stiel dem Zweig aufsitzend, beim Abfallen eine runde Narbe zurücklassend (Abb. **121**/2); entnadelte Zweige meist glatt. Zapfen aufrecht, ihre Schuppen bei der Reife einzeln abfallend. **Tanne – *Abies* S. 121**
4* Nadeln nicht mit scheibenfg verbreitertem Stiel **5**
5 Nadeln 5–20 mm lg, am Rand sehr fein gezähnt (Lupe!). Nadelstiel dem Zweig anliegend od. parallel zu ihm verlaufend (Abb. **121**/4). Deckschuppen im Zapfen eingeschlossen.
Hemlocktanne – *Tsuga* S. 122
5* Nadeln 18–35 mm lg, am Rand glatt. Nadelstiel im spitzen Winkel vom Zweig abstehend (Abb. **121**/3). Deckschuppen aus dem Zapfen herausragend, 2spaltig mit grannig verlängerter Mittelrippe. **Douglasie – *Pseudotsuga* S. 123**

Abies MILL. – Tanne (67 Arten)

Nadelmerkmale beziehen sich auf vegetative Seitenzweige im unteren Teil der Krone, in der Oberkrone u. an zapfentragenden Zweigen Nadeln deutlich abweichend. Stomatareihen sind erkennbar an weißen Wachspunkten (Lupe!), an der NadelUSeite bilden mehrere Reihen meist auffällige weiße Streifen (Stomatabänder), oft mit zusätzlicher Wachsauflage. Knospen harzig bedeutet, dass sie von Harz bedeckt sind.

1 Nadeln beidseits ± gleichfarbig, graugrün bis blaugrau, auch oseits mit Stomatareihen, an der Spitze abgerundet bis spitz, ungleich lg, aber Mehrzahl >4 cm lg, in unregelmäßigen Reihen, nicht od. kaum gescheitelt, bes. an ZweigOSeite meist sichelfg aufwärtsgebogen. Deckschuppen im Zapfen eingeschlossen. Bhs 35,00. 5. Parkbaum; [U] Bb Mv (m-sm//mo·c3-6WAM – dauergr B – WiA). **Kolorado-T., Grau-T. – *A. concolor* (GORDON et GLEND.) HILDEBR.**

Nadeln ebenfalls beidseits ± gleichfarbig u. auch oseits mit Stomatalinien bei der **Edlen od. Pazifischen Edel-T. – *A. procera* REHDER**, aber Nadeln nur 1–3 cm lg, an der Basis kaum scheibenfg verbreitert, dem Zweig zunächst anliegend u. dann gekrümmt sich sichelfg vom Zweig abbiegend. Deckschuppen weit aus Zapfen herausragend, ihre Spitzen zurückgeschlagen. Zierbaum (WAM), auch [U] z By Bw.

1* Nadeln oseits glänzend dunkelgrün, ohne Stomatalinien, useits mit 2 weißen Stomatabändern, an der Spitze gekerbt od. ausgerandet, seltener stumpf **2**
2 Zweige mit deutlichen Längsfurchen zwischen den Ansatzstellen der Nadeln bzw. den runden BlaNarben. Nadeln sehr dicht stehend, schräg aufwärts gerichtet, an ZweigOSeite mittig eine V-fg Rinne zwischen sich freilassend. Nadelspitze ± stumpf od. kurz 2spitzig. Zapfen 7–10 cm lg, Deckschuppen im Zapfen verborgen. 20,00–30,00. 5. Park- u. früher Forstbaum, auch [U] Bw (sm-temp/mo·c2-4OAS – dauergr B – WiA).
Nikko-T. – *A. homolepis* SIEBOLD et ZUCC.
2* Zweige nicht gefurcht, ± glatt. Nadeln deutlich gescheitelt od. ungescheitelt, wenn dicht auf ZweigOSeite stehend, dann keine Rinne od. erst an älteren Zweigen u. Pfl mittig eine V-fg Rinne zwischen sich freilassend. Nadelspitze meist gekerbt od. ausgerandet **3**

3 Nadeln unterschiedlicher Länge am Zweig, 2–6 cm lg, stets ein Teil der Nadeln eines Jahrestriebs mindestens 4 cm lg, streng gescheitelt, ± in einer Ebene ausgebreitet, beim Zerreiben auffällig duftend (nach Orangen). Knospen 1–2 mm lg, harzig. Stammrinde braun. Zapfen 7–10 cm lg, Deckschuppen im Zapfen verborgen. 30,00(–50,00). 5. Park- u. Forstbaum, auch [U] z By Bw He Mv (sm-temp·c1-5WAM – dauergr B – WiA). [*A. excelsior* FRANCO]   **Küsten-T., Riesen-T.** – ***A. grandis*** (D. DON) LINDL.
3* Nadeln 1,0–3,5 cm lg, ± gescheitelt od. ungescheitelt, beim Zerreiben kaum auffällig kaum auffällig harzig riechend. Knospen 2–5 mm lg, nicht harzig. Stammrinde grau. Zapfen 10–16 cm lg, Spitzen der Deckschuppen aus dem Zapfen herausragend **4**
4 Nadeln waagerechter Zweige deutlich gescheitelt, nach beiden Seiten abstehend. Junge Zweige behaart. Stammrinde weißlich bis hellgrau. Krone älterer Bäume oft oben storchennestartig abgeflacht. Bis 65,00. 5–6. (Sub)Mont. bis hochmont., frische Laub- u. NadelmischW; h Alp, v By Bw(f NW) Th(f Hrz NW), z Sa(f Elb), s Rh(SW ORh) An(SO) Bb(SO Elb), [N] z He, [U] z Sh, s Nw Ns, ↘; auch Parkbaum (m/mo-stemp/demo·c2-4EUR – dauergr B – WiA – L(3) T5 Fx Rx Nx – V Gal.-Abiet., UV Luz.-Fag., V Vacc.-Pic., V Querc. rob. – HeilPfl – 24).   **Weiß-T., Edel-T.** – ***A. alba*** MILL.
4* Nadeln nicht od. undeutlich gescheitelt, meist dicht gedrängt auf der ZweigOSeite, höchstens an älteren Zweigen od. Pfl V-fg gescheitelt. Junge Zweige behaart od. kahl. Stammrinde dunkelgrau. Untere Äste lange bleibend, daher Krone weit herabreichend, Oberkrone nicht storchennestartig. Bis 30,00(–40,00). 5. Park- u. Forstbaum, Weihnachtsbaum-Plantagen, [U] s By Rh (sm/mo·c3-4VORDAS – dauergr B – WiA).
Nordmann-T. – ***A. nordmanniana*** (STEVEN) SPACH

Nadeln ebenfalls dicht gedrängt auf der ZweigOSeite stehend bei der **Veitch-T.** – ***A. veitchii*** LINDL., aber Nadeln so aufwärts gerichtet, dass kreideweiße USeite auffällig sichtbar. Knospen von Harzschicht bedeckt. Zier- u. Forstbaum (Japan). Ⓚ.

Tsuga CARRIÈRE – **Hemlock, Hemlocktanne, Schierlingstanne**   (10 Arten)

Nadeln 5–18 mm lg, am Grund breiter als in der oberen Hälfte (Abb. 121/4), oseits dunkelgrün, useits mit 2 grauweißen Bändern aus je 3–5 Stomatareihen (Lupe!) u. deutlich abgesetztem grünem Rand. Zapfen 13–25 mm lg, geschlossen spitz, geöffnet eifg. Stamm oft unregelmäßig geformt od. gekrümmt, obere Äste schräg ansteigend. 10,00–20,00. 4–5. Parkbaum, auch [U] s Bw He Nw Ns Mv, s Sa (m/mo-temp·c1-4 OAM – dauergr B – WiA Kälte-Lichtkeimer). [*T. americana* (MILL.) FARW.]   **Kanadische H.** – ***T. canadensis*** (L.) CARRIÈRE
Im Gegensatz zu dieser Art auch in Wäldern gepflanzt wurde die **Westamerikanische H.** – ***T. heterophylla*** (RAF.) SARG., bei dieser Nadeln ± parallelrandig, weiße Bänder useits mit bis zu 8 Stomatareihen u. schmalerem grünem Rand. Zapfen geschlossen stumpf, geöffnet fast kugelig. Stamm gerade u. regelmäßig, obere Äste waagerecht. – Park- u. früher Forstbaum (WAM), auch [U] z Bw He Nw Mv, s Sa.

Larix MILL. – **Lärche**   (11–14 Arten)

1 Junge Zweige meist rötlich, zuweilen orangerot od. hellgrün und leicht rosa, ± blauweiß bereift. Nadeln blau- bis graugrün. Oberer Rand der SaSchuppen reifer Zapfen nach außen gebogen bis zurückgeschlagen, dadurch Zapfen rosettig erscheinend. Bis 30,00. 4–5. Forstu. Parkbaum; auch [N] z By Rh Nw Ns Sh, [U] s Bw He Sa (sm/mo·c3-5OAS – sogr B). [*L. leptolepis* (SIEBOLD et ZUCC.) GORDON]   **Japanische L.** – ***L. kaempferi*** (LAMB.) CARRIÈRE
1* Junge Zweige hellgelb od. gelblichgrau, unbereift. Nadeln hellgrün. SaSchuppen ± gerade u. anliegend, vorn abgerundet od. ausgerandet, zuweilen etwas wellig, Rand nicht umgebogen. Bis 35,00(–55,00). 3–6. Mont. bis hochmont., frische NadelW, Nadelforste; v Alp, z By(S), [N] v An, z He Th Bb, s Rh Nw Sa Ns, [U] z Mv, s Bw; auch Forst- u. Parkbaum (sm-temp)/mo·c3-4EUR – sogr B – WiA: Wintersteher – L(8) Tx F4 Rx N3 – O Vacc.-Pic.). [*L. europaea* DC.]   **Europäische L.** – ***L. decidua*** MILL.

In den Merkmalen meist intermediär ist die Hybride beider Arten, die **Hybrid-** od. **Dunkeld-L.** – ***L. ×eurolepis*** A. HENRY [*L. ×marschlinsii* auct., non COAZ] – Forstbaum, auch [N] z Sh, [U] z Rh Ns.

PINACEAE   123

Pseudotsuga Carrière – **Douglasie** (6 Arten)
Nadeln oseits lebhaft grün, matt graugrün od. blaugrün bis -grau, useits mit 2 schmalen weißlichen Stomatabändern. Zapfen 4–10 cm lg, herausragende Spitzen der Deckschuppen dem Zapfen anliegend, abspreizend od. zurückgebogen. 30,00–40,00(–50,00). 4–5. Forst- u. Parkbaum, auch plan. bis submont., trockne bis mäßig frische, lichte Eichen-BirkenW, kalkmeidend; [N] v Ba Bw Rh He Nw Th Sa Ns, [U] z An Bb Mv Sh (strop/mo-temp·c1-6WAM – dauergr B – WiA Lichtkeimer). [*P. douglasii* (D. Don) Carrière, *P. taxifolia* (Poir.) Britton]   **Gewöhnliche Douglasie** – ***P. menziesii*** (Mirb.) Franco
Am häufigsten gepflanzt u. bereits etabliert [N] ist die Grüne od. **Küsten-D.** – subsp. *menziesii* [var. *viridis* (Schwer.) Franco] mit oseits grünen, meist ± gescheitelt stehenden Nadeln u. dem Zapfen anliegenden Deckschuppen.

Picea A. Dietr. – **Fichte** (35–40 Arten)
Nadelmerkmale beziehen sich auf waagerechte Seitenzweige im unteren Teil der Krone. An diesen ist die morphologische NadelOSeite durch Drehung des Nadelstiels nach unten gerichtet, weshalb im Schlüssel von USeite gesprochen wird. So zeigen bei Arten mit dorsiventral abgeflachten Nadeln die eigentlich oseits gelegenen beiden weißen Stomatabänder (diese aus reihenfg liegenden Stomata, erkennbar mit Lupe an weißen Wachspunkten) nach unten. Durch Wachsauflage kann die grüne Nadelfarbe so überdeckt werden, dass die Nadeln graugrün bis blauweiß erscheinen.

1   Nadeln dorsiventral ± deutlich abgeflacht, im ⌀ breiter als hoch, oseits glänzend grün, ohne od. höchstens 1–2 kurze Stomatareihen, useits mit 2 weißen Stomatabändern 2
1* Nadeln 4kantig, im ⌀ höher als br, rhombisch od. seitlich zusammengedrückt, allseits ± gleichfarbig u. mit kaum od. nicht auffälligen Stomatareihen 3
2   Zweige behaart. Spitze der Knospenschuppen pfriemlich verlängert. Nadeln 1,5–2,2 mm br, vorn ± stumpf od. bespitzt, deutlich abgeflacht, oseits stets ohne Stomatalinien. Krone auffällig schmal kegelfg. Bis 30,00(35,00). 5. Zier- u. Forstbaum, auch [U] z Sa Sh (sm/mo·c3OEUR – dauergr B – WiA).
        Serbische F., Omorika-F. – ***P. omorika*** (Pančić) Purk.
2* Zweige kahl. Spitze der Knospenschuppen nicht pfriemfg. Nadeln etwa 1 mm br, lg u. scharf zugespitzt, stechend, oseits deutlich gekielt, dadurch weniger abgeflacht, zuweilen beidseits des Kiels 1–2 kurze unterbrochene Stomatalinien. Krone br kegelfg. Bis 40,00. 5. Forstbaum, auch [N] z Sh, [U] z He Mv (sm-b·c1-2WAM – dauergr B – WiA). [*P. falcata* (Raf.) J.V. Suringar]   **Sitka-F.** – ***P. sitchensis*** (Bong.) Carrière
3   (1) Nadeln dunkelgrün, meist glänzend, auf der USeite der Zweige gescheitelt. Zapfen 8–15 cm lg. Bis 60,00. 4–6. Frische bis nasse Nadel- u. Nadel-LaubmischW, MoorW, Nadelforste; g Alp, v Sa(g SO, f Elb), z By(f Alb N NW) Bw(f NW) Th(Hrz O, v Wld), Ns(Hrz O), s An(Hrz W) Bb(SO M) [N] h He, z Nw, s Rh Mv Sh; auch Parkbaum (sm/mo-b·c2-5EUR – dauergr B – WiA: Wintersteher VersteckA – L(5) T3 Fx Rx Nx – K Vacc.-Pic., UV Luz.-Fag., V Querc. rob., V Alno-Ulm. – HeilPfl]. [*P. excelsa* (Poir.) Peterm.]
        Gewöhnliche F., Europäische F., Rottanne – ***P. abies*** (L.) H. Karst.
3* Nadeln mattgrün, grau- bis blaugrün od. silberweiß, meist allseits vom Zweig abstehend 4
4   Nadeln 15–25 mm lg, starr u. stechend zugespitzt, zerrieben ohne auffälligen Geruch. Zapfen 6–10 cm lg. SaSchuppen länglich-rhombisch, nach vorn verschmälert, vielfaltig, Rand gewellt u. unregelmäßig gezähnt. Bis 25,00. 4–6. Zierbaum, früher auch Forstbaum, [U] s By Sa Bb Sh (m-sm//mo·c5-6WAM – dauergr B).
        Stech-F., Blau-F. – ***P. pungens*** Engelm.
4* Nadeln 6–15 mm lg, spitz bis stumpflich, beim Zerreiben mit spezifischem Geruch (nach Schwarzer Johannisbeere, Menthol od. Balsam). Zapfen 1,5–6,0 cm lg. SaSchuppen eifg bis rundlich, vorn abgerundet, ganzrandig od. fein gezähnelt 5
5   Junge Zweige kahl, oft leicht bereift. Knospenschuppen an der Spitze abgerundet u. gespalten. Nadeln 1,5 mm br. Zapfen länglich-eifg bis zylindrisch, 3,5–6,0 cm lg. 15,00–25,00. 4–5. Zierbaum, [U] z By (temp-b·c3-6AM – dauergr B). [*P. laxa* (Münchh.) Sarg]
        Schimmel-F., Weiß-F., Kanadische F. – ***P. glauca*** (Moench) Voss
5* Junge Zweige dicht behaart. Spitze der Knospenschuppen pfriemenfg verlängert. Nadeln dünn, 0,5–1,0 mm br. Zapfen eifg bis fast kugelig, 1,5–3,0 cm lg. 5,00–25,00. 4–5. Zier-

baum, früher auch Forstbaum, [U] s Sa(SW: ErzG) (temp-b·c3-6AM – dauergr B).
Schwarz-F. – *P. mariana* (MILL.) BRITTON et al.

Pinus L. – **Kiefer, Föhre** (110 Arten)
1   Nadeln in Bündeln zu 5, Nadelscheiden hinfällig, spätestens im 2. Jahr abfallend, selten Nadeln zu 3 u. Nadelscheiden bleibend. Nadelquerschnitt 3eckig **2**
1* Nadeln jeweils zu 2, Nadelscheiden bleibend. Nadelquerschnitt halbkreisfg **5**
2   Nadeln zu 3, Nadelscheiden bleibend. Nadeln 6–14 cm lg, steif, etwas gebogen u. um ihre Achse gedreht. Zapfen 3–8 cm lg, mehrere Jahre am Baum verbleibend. Am Stamm oft büschelartig Jungtriebe entspringend, Stockausschlag bildend. 10,00–25,00. 5–6. Parkbaum, früher Forstbaum; [U] Bb (sm/mo-temp·c2-4OAM – dauergr B – WiA).
    Ⓚ **Pech-K. – *P. rigida*** MILL.
2* Nadeln zu 5, Nadelscheiden hinfällig **3**
3   Zweige dicht behaart, anfangs mit gelb- bis braunrotem, im 2. Jahr grauschwarzem Filz. Zapfen aufrecht, ei- bis tonnenfg, 5–8 cm lg, am Baum geschlossen bleibend, gemeinsam mit flügellosen Sa abfallend. 10,00–25,00. 6–7. Hochmont. bis subalp. NadelW u. Gebüsche, kalkmeidend; z Alp(f Amm), s By(S), [N] By(O) Bw (S-SchwarzW), auch Park- u. Forstbaum ((sm/mo)-b·c5-6EURAS – dauergr B – VersteckA – L(5) T2 F5 R4 N3 – O Vacc.-Pic. – Sa essbar: Zirbelnüsse). **Zirbel-K., Zirbe, Arve – *P. cembra*** L.
3* Junge Zweige höchstens fein u. kurz grau behaart od. kahl. Zapfen hängend, länglich bis zylindrisch, 8–20 cm lg, am Baum sich öffnend. Sa geflügelt **4**
4   Junge Zweige anfangs fein behaart, später bis auf einzelne Härchen an der Ansatzstelle der Nadelbündel verkahlend, dünn u. biegsam, bis 3 mm ⌀. Nadeln 6–12 cm lg, weich u. biegsam, <0,8 mm ⌀, meist vom Zweig ± abstehend. Zapfen 8–20 cm lg, oft etwas gebogen. Bis 30,00. 4–6. Park- u. Forstbaum; auch Fels-KiefernW, kalkmeidend; [N] z By Bw He Nw Sa An Bb Ns, [U] Rh (sm/mo-temp·c2-5OAM – dauergr B). **Weymouth-K., Strobe – *P. strobus*** L.
4* Junge Zweige stets kahl, dicker u. fester. Nadeln 7–10 cm lg, derber u. steif, >0,8 mm br, pinselfg nach vorn gerichtet. Zapfen 8–15 cm lg. Bis 20,00. 5–6. Park- u. Forstbaum, auch [U] s Sa Hamburg (sm/mo·c3-4 SOEUR – dauergr B).
    Rumelische K., Rumelische Strobe, Mazedonische K. – *P. peuce* GRISEB.
5   **(1)** Nadeln (4–)8–13(–18) cm lg, dunkelgrün. Zapfen 4–8(–10) cm lg, (fast) sitzend. Stammborke dunkelgrau bis schwarzbraun. 10,00–30,00(–45,00). 5–6. Park- u. Forstbaum; auch flachgründige Trockenhänge, kalkhold; [N] v An, z By Th(f Hrz, v Bck) Sa Ns, [U] s Bw Rh Nw Bb Mv Sh (m/mo-sm/mo·c3-5EUR – dauergr B – WiA – L(7) T7 F3 R9 N2). [*P. nigricans* HOST, *P. austriaca* HÖSS] **Schwarz-K. – *P. nigra*** J.F. ARNOLD
Als Forstbaum u. [N] fast stets gepflanzt die **Österreichische Schwarz-K. – *P. nigra*** subsp. ***nigra*** [subsp. *austriaca* (HÖSS) VOLLMANN], als Parkbaum auch weitere Unterarten.

5* Nadeln 2–8 cm lg, dunkel-, hell-, gelbgrün od. bläulich- bis graugrün. Zapfen 2–6(–8) cm lg, (fast) sitzend od. deutlich gestielt **6**
6   Zumindest einige Jahrestriebe, bes. am Hauptspross, zwischen den regulären Astquirlen durch seitliche Langtriebe u. Zapfen verzweigt („mehrgliedrig"). Zapfen asymmetrisch, mehrere Jahre geschlossen od. auch nach SaAusfall am Baum verbleibend. Nadelscheiden 3–6(–9) mm lg. Harzkanäle (BlaQuerschnitt!) 0–2, mittenständig (im Parenchym) **7**
6* Jahrestriebe zwischen den Astquirlen stets ohne Seitentriebe u. Zapfen („eingliedrig"). Zapfen symmetrisch od. asymmetrisch, bei SaReife im 2. od. 3. Jahr sich öffnend, danach abfallend. Junge Nadelscheiden 6–10 mm lg, zuweilen anfangs bis 18 mm. Harzkanäle 1–21, (fast) alle wandständig (an Epidermis) **8**
7   Nadeln 40–80 × 1–2(–3) mm, dunkel- od. gelbgrün, steif, um ihre Achse gedreht. Knospen 1,0–1,5 cm lg, gebogen u. vor dem Austrieb um ihre Achse gedreht. Borke hell- od. rotbraun. 20,00(–25,00). 4–6. Zierbaum, früher Forstbaum (m/mo-b·c1-6WAM – dauergr B – WiA).
    Ⓚ **Dreh-K., Murray-K. – *P. contorta*** LOUDON
7* Nadeln 20–40(–50) × 1,0–1,5 mm, meist hellgrün, oft spreizend, hin und her gebogen, stark um ihre Achse gedreht. Knospen <1 cm lg, gerade. Stammrinde anfangs rötlich, später dunkelgraue Borke. 9,00–20,00. 4–6. Zierbaum, früher Forstbaum (b·c3-5AM – dauergr B – WiA). Ⓚ **Banks-K. – *P. banksiana*** LAMB.

8 (6) Stamm zweifarbig, Rinde im Kronenbereich fuchsrot bis rötlichgelb, Borke im unteren Teil grauschwarz bis dunkelbraun. Nadeln blau- bis graugrün, bes. an der flachen Seite mehr grau, zugespitzt, um ihre Längsachse gedreht, oft hin u. her gekrümmt, Harzkanäle (6–)8–21. Zapfen schon im 1. Jahr zurückgebogen, selten schräg abstehend, Neigungswinkel 130°–180°, reif matt (vgl. aber subsp. **1***), graubraun, selten gelblichbraun, Stiel (3–)6–12 mm lg; Nabel des Schuppenschildes nicht von einem schwarzem Ring umgeben (vgl. aber subsp. **1***). Knospen nicht od. kaum harzig (vgl. aber subsp. **1***), ihre Schuppen oft zurückgeschlagen. Stets 1stämmiger Baum. Bis 40,00. 5–6. (Sub)Kont., trockne bis mäßig trockne KiefernW u. Nadel-LaubmischW (Felsen, Steilhänge, Dünen), Moor-KiefernW, Kiefernforste; g Th Sa An, h Alp Bw He Bb Ns Mv, v By(g NM), z Sh, s Rh(SW M N) Nw(N SO); auch Parkbaum (sm/mo-b·c2-6EURAS – dauergr B – WiA VersteckA Lichtkeimer – L(7) Tx Fx Rx Nx – V Dicr.-Pin., V Bet. pub., V Cytis.-Pin., V Querc. rob., V Eric.-Pin. – HeilPfl). **Gewöhnliche K., Wald-K. – *P. sylvestris* L.**

1 Schild der SaSchuppen matt, Nabel ohne grauschwarze Umrandung. Winterknospen nicht od. kaum harzig. Baumkrone sehr variabel, von spitzkronig u. kegelfg (Höhen-K., Mittelgebirge) bis breitkronig od. schirmfg (Tiefland-K.). 10,00–30,00(–40,00). Verbr., Standorte u. Soz. in D wie Art (sm/mo-b·c2-6EURAS – 24). [*P. s.* subsp. *borussica* (SCHOTT) ROTHM., *P. s.* subsp. *hercynica* (MÜNCH) ROTHM.]
subsp. ***sylvestris***

1* Schild der SaSchuppen glänzend, Nabel grau bis schwarz umrandet. Winterknospen harzig. Krone kegelbis walzenfg, spitz. 5,00–15,00. s By(S: AmmerG) (stemp/mo·c4ALP – ob *P. mugo* agg. × *P. sylvestris* od. Rückkreuzung der Hybride mit *P. sylvestris*?). subsp. ***engadinensis*** (HEER) ASCH. et GRAEBN.

8* Stamm einfarbig, Rinde bis zu den Ästen grau, grauschwarz bis schwarzbraun. Nadeln dunkelod. hellgrün, kaum gedreht, gerade od. dem Zweig etwas zugebogen, spitz, Harzkanäle 1–7(–13). Zapfen im 1. Jahr ± aufrecht, später waagerecht abstehend bis schräg abwärts gerichtet, Neigungswinkel 90°–150°, reif glänzend, schwarz-, rot- od. gelbbraun, ± sitzend od. bis 4(–6) mm lg gestielt; Nabel von grauem bis schwarzem Ring umgeben. Schuppen harzig, Schuppen anliegend. Strauchfg mit niederliegenden bis aufsteigenden Ästen (Kussel, Latsche; grex *prostrata* (TUBEUF) MERXM.) od. baumfg (Spirke; grex *arborea* (TUBEUF) MERXM.), ein- od. mehrstämmig. h Alp, z By(S NO O MS) Bw(S SO SW), s Sa(SW SO W) früher Th(Wld), [N U] Nw Ns Mv Sh. (**Artengruppe Berg-K. – *P. mugo* agg. [*P. montana* agg.])** **9**

Hierzu drei Sippen, die hier als eigene Arten behandelt werden, bei anderen Autoren auch als Unterarten einer weit gefassten Art *P. mugo* s. l. Zwei Arten sind morphologisch u. ökogeographisch eindeutig charakterisiert (**9, 10**), die dritte, wahrscheinlich hybridogene Sippe (**10***) ist variabel u. weist eine entweder ± intermediäre u. eine der beiden Arten nahekommende Ausprägung der Merkmale auf, sodass eine Zuordnung einzelner Pfl problematisch sein kann. Obwohl die Bestimmung dadurch erschwert wird, ist die Aufnahme dieser Sippe unerlässlich, da die natürlichen Vorkommen von *P. mugo* agg. außerhalb der Alpen bzw. auf Mooren in D überwiegend zu ihr gehören. Zur Bestimmung sind Zapfen mehrerer Individuen erforderlich. Die Merkmale der SaSchuppen gelten für das untere Drittel der zweigabgewandten Zapfenseite. Angaben für Länge u. Breite der Schuppenschilder beziehen sich auf die am Zapfen sichtbare vertikale u. horizontale Ausdehnung der Schildfläche, für Höhe auf die ± ausgeprägte Aufwölbung des Schuppenschildes.

9 Zapfen (Abb. **126**/1) stets symmetrisch, Zapfenbasis ± gleichmäßig gestaltet, Stielansatz zentrisch u. gerade, in der Zapfenachse liegend. Schuppenschild (Abb. **126**/4, 5) ± flach, wenn aufgewölbt, dann meist <2 mm od. <½ so hoch wie br, oft breiter als lg, Nabel u. Querkiel in od. oberhalb der Mitte des Schuppenschildes (f. *mugo*, Abb. **126**/4) od. Nabel exzentrisch u. Querkiel die Schildfläche in ein größeres Oberfeld u. kleineres Unterfeld teilend (f. *applanata* (WILLK.) K.I. CHR. [subsp. *pumilio* (HAENKE) FRANCO], Abb. **126**/5). Pfl stets strauchfg od. ein Legbaum, Stämme u. Äste niederliegend bis aufsteigend od. mehrstämmig aufrecht. 1,00–3,00(–5,00). 6–7. Subalp., steinig-lehmige Gebüsche u. lichte NadelW, kalkmeidend; h Alp, z By(O S MS), [U] Nw Ns Mv Sh, sonst [N]; auch ZierPfl (sm-stemp//salp·c2-3EUR – dauergr StrB – WiA, VersteckA – L8 T3 Fx Rx N3 – V Rhod.-Vacc., V Eric.-Pin., V Vacc.-Pic. – HeilPfl). [*P. montana* MILL., *P. mughus* SCOP., *P. pumilio* HAENKE] **Krummholz-K., Latschen-K., Leg-F. – *P. mugo* TURRA**

9* Zapfen (Abb. **126**/2, 3) fast stets asymmetrisch, durch stärker aufgewölbte Schuppenschilder an der zweigabgewandten Seite zumindest unteres Zapfendrittel schief, Stielansatz an der Zapfenbasis exzentrisch u. schräg. Schuppenschild (Abb. **126**/6, 7) zumindest basaler SaSchuppen deutlich aufgewölbt, bucklig bis kegelfg od. hakig nach unten gebogen, >2 mm

   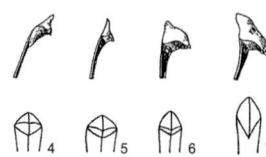

Pinus mugo   P. rotundata   P. uncinata   P. mugo   P. rotundata   P. uncinata
                                          f. mugo   f. applanata

hoch od. ¼–1mal so hoch wie br, meist länger als br, Nabel u. Querkiel meist unterhalb der Mitte. Pfl strauch- od. baumfg, niederliegend, bogig aufsteigend bis mehr- od. einstämmig aufrecht **10**

10 Zapfen stark asymmetrisch (Abb. **126**/3), meist in der ganzen Länge schief. Schuppenschild basaler SaSchuppen (Abb. **126**/7) deutlich hakenfg zurückgebogen, etwa 4–5 mm hoch od. ½–1mal so hoch wie br, stets länger als br, Nabel exzentrisch, Fläche oberhalb des Querkiels stets deutlich größer als Unterfeld. Einstämmiger Baum (Berg-Spirke). 10,00–12,00(–25,00). 6–7. Ob in D natürlich od. früher Forstbaum? sAlp By(S O: BayrW) Bw(SW: SchwarzW) Sa(SW: ErzG?) (sm-stemp//salp-mo·c2-3WEUR – dauergr B – WiA). [*P. mugo* subsp. *uncinata* (RAMOND) DOMIN, *P. mugo* var. *rostrata* (ANTOINE) HOOPES]
⑦ **Haken-K., Schnabel-K.** – *P. uncinata* RAMOND

10* Zapfen meist nur im unteren Drittel asymmetrisch (Abb. **126**/2). Schuppenschild basaler SaSchuppen (Abb. **126**/6) bucklig bis kegelfg aufgewölbt, etwas od. nicht hakenfg zurückgebogen, etwa 2–4 mm hoch od. ¼–⅔ so hoch wie br, gewöhnlich länger als br, Nabel exzentrisch, seltener zentral, durch Querkiel getrenntes Oberfeld gewöhnlich größer als Unterfeld. Pfl niederliegend bis aufsteigend (Moor-Latsche) od. mehr- bis einstämmig aufrecht (Moor-Spirke). 1,00–10,00(–18,00). 5–7. Mont. bis subalp. Hochmoor-Randgehänge, MoorW, kalkmeidend; v Alp, z By(NO O S MS), s Bw(S SW) Sa(SW SO W), † Th(O: Plothen), sonst [N]; auch ZierPfl (stemp/salp-mo·c2-4EUR – dauergr B/StrB – WiA – L(8) T3 F8 R2 N2 – V Vacc.-Pic., V Sphagn. magell. – wahrscheinlich entstanden aus *P. mugo* × *P. uncinata*). [*P. uliginosa* WIMM., *P. pseudopumilio* (WILLK.) BECK, *P. mugo* subsp. *rotundata* (LINK) JANCH. et H. NEUMAYER, *P. uncinata* subsp. *rotundata* (LINK) JANCH. et H. NEUMAYER] **Moor-K., Buckel-K.** – *P. rotundata* LINK

Hybriden zwischen *P. sylvestris* und Sippen der Artengruppe *P. mugo* agg. (*P. sylvestris* × *P. mugo*, **P. ×rhaetica agg.**): *P. ×celakovskyorum* ASCH. et GRAEBN. [*P. mugo* × *P. sylvestris*] – s Bw By; *P. ×digenea* BECK [*P. rotundata* × *P. sylvestris*] – s By Sa.

Familie *Cupressaceae* GRAY (inkl. *Taxodiaceae*) –
Zypressengewächse (28–30 Gattungen/135 Arten)

Bäume od. Sträucher, selten Zwerg- od. Spaliersträucher. Bla schuppenfg, pfriemlich od. nadelfg, meist gegenständig od. quirlig, selten wechselständig u. spiralig od. 2zeilig. ♀ Zapfen holzig, ledrig od. beerenartig, mit 1–∞ Deckschuppen. Deck- u. SaSchuppe zur „Zapfenschuppe" ± verwachsen, oseits mit 1 bis ∞ SaAnlagen. Sa geflügelt od. ungeflügelt. Pollenkörner ohne Luftsäcke (alle Arten: WiB). Bekannte Chromosomenzahlen hier behandelter Arten einheitlich 22.

1 Pfl sommergrün. Bla nadelfg, selten pfriemlich, krautig-weich, an einjährigen gestreckten, unverholzten Kurztrieben gegen- od. wechselständig u. gescheitelt, im Herbst mit diesen abfallend **2**

1* Pfl immergrün. Bla schuppenfg, pfriemlich od. nadelfg, fest, meist derb, gegenständig od. quirlig, selten wechselständig u. dann spiralig **3**

2 Knospen, Nadeln u. langtriebartige Kurztriebe gegenständig. Zapfen als Ganzes abfallend, Zapfenschuppen gegenständig. **Urweltmammutbaum** – *Metasequoia* S. 129

2* Knospen, Nadeln u. langtriebartige Kurztriebe wechselständig, aber gescheitelt. Zapfen zur Reife zerfallend, Zapfenschuppen spiralig. **Sumpfzypresse** – *Taxodium* S. 129

CUPRESSACEAE 127

    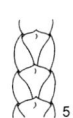 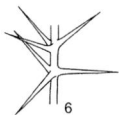

Thuja, Chamaecyparis   Chamaecyparis   Platycladus orientalis   Thuja occidentalis   Juniperus communis

3 **(1)** Bla nadelfg bis pfriemlich, spiralig in 3 Reihen um den Zweig angeordnet.
                                                Riesenmammutbaum – *Sequoiade̲ndron* S. 129
3* Bla schuppenfg od. nadelfg, zuweilen Nadeln pfriemlich, gegenständig od. quirlig **4**
4 Bla entweder alle nadel- od. schuppenfg od. an einer Pfl sowohl SchuppenBla als auch Nadeln. Schuppenblättrige Triebe im ⌀ rundlich od. 4kantig, da SchuppenBla alle ± gleich. Reife Zapfen durch derbfleischige Zapfenschuppen beerenartig ("Beerenzapfen").
                                                          Wacholder – *Juniperus* S. 127
4* Bla alle schuppenfg (nur bei JungPfl u. manchen Zierformen nadelfg). Triebe dorsiventral abgeflacht, die kantenständigen SchuppenBla anders geformt als die flächenständigen (Abb. **127**/1). Zapfenschuppen reifer Zapfen holzig od. ledrig **5**
5 Zapfen kuglig, Zapfenschuppen schildfg, ihre Ränder anfangs aneinander liegend, zur Reife auseinander klaffend (Abb. **127**/2). Gipfeltrieb meist überhängend. SchuppenBla an Trieb-USeite oft mit weißen Flecken od. Linien.   **Scheinzypresse** – *Chamaecyparis* S. 128
5* Zapfen eifg od. länglich, Ränder der Zapfenschuppen sich dachziegelartig überlappend (Abb. **127**/3, 4). Gipfeltrieb meist aufrecht. Triebe beidseits grün od. SchuppenBla useits mit undeutlichen grauweißen Flecken **6**
6 Zapfen mit 6–8 Schuppen, diese auf dem Rücken mit je 1 zurückgekrümmtem hornartigem Fortsatz (Abb. **127**/3), bereift, zur Reife holzig. Sa ungeflügelt. Triebe beidseits gleichfarbig.
                                                          Orientlebensbaum – *Platycladus* S. 128
6* Zapfen mit (6–)8(–10) Schuppen ohne Dorn auf dem Rücken (Abb. **127**/4) od. mit 8–12 Schuppen u. winzigem Dorn unterhalb ihrer Spitze, Zapfenschuppen bereift, auch zur Reife nur schwach verholzt, ledrig. Sa geflügelt. Bla an TriebOSeite dunkelgrün, an USeite blass- bis gelbgrün od. mit grauweißen Flecken.   **Lebensbaum** – *Thu̲ja* S. 128

Juniperus L. – **Wacholder**   (54–67 Arten)

1 Bla alle nadelfg, stets in 3blättrigen Quirlen (Abb. **127**/6), Nadeln 4–20 × 1,0–2,5 mm. Beerenzapfen 4–10 mm ⌀, reif, schwarzblau, bereift. 0,20–8,00(–15,00). 4–8. Halbtrocken- u. Magerrasen, Hochgebirgsrasen, Gebüsche, lichte Wälder; h Alp, v By Rh He(g NW) Th, z Bw Nw Sa(f Elb) An Bb Ns(h O) Mv(f Elb), s Sh; auch ZierPfl (m-arct·c1-7 CIRCPOL – dauergr Str/B – VdA).   **Gewöhnlicher W.** – *J. communis* L.
  1 Aufrechter, meist säulenfg Strauch, selten Baum. Nadeln 10–20 × 0,7–1,5 mm, abstehend, starr u. stechend. Nadelquirle entfernt stehend (Abstand 5–10 mm). 1,00–8,00(–15,00). 4–5. Halbtrocken- u. Magerrasen, Felsgebüsche, mäßig trockne, lichte Wälder; Verbreitung in D wie Art, aber z Alp(f Krw Wtt) ⌐; früher durch Beweidung gefördert (m/mo-arct·c1-7CIRCPOL – dauergr Str/B – L8 Tx F4 Rx Nx – V Brom. erect., V Viol. can., O Prun., V Eric.-Pin., V Dicr.-Pin., V Querc. pub. – Gewürz-, Schnaps-, HeilPfl).   **Heide-W.** – subsp. *communis*
  1* Niedriger, aufsteigender Strauch od. niederliegender Spalierstrauch. Nadeln 4–12 × 1,0–2,5 mm, zum Zweig hin gebogen bis ± anliegend, nicht starr, kahnfg gebogen. Nadelquirle genähert (Abstand 2–4 mm). Bis 0,80. 7–8. Subalp. bis alp., mäßig frische Rasen u. Gebüsche, kalkmeidend; z Alp, s By(S) (m/salp-arct·c3-6EURAS – dauergr Str – L9 T2 F4 R7 N2 – O Vacc.-Pic.). [*J. communis* subsp. *alpina* (NEILR.) ČELAK., *J. sibirica* BURGSD., *J. communis* var. *saxa̲tilis* PALL.]
                                                                          Zwerg-W. – subsp. *na̲na* SYME

1* Bla alle od. teilweise schuppenfg, nadelfg, u. pfriemliche Bla gegenständig od. quirlig . **2**
2 Nadelfg Bla meist zu 3 quirlig, aber an derselben Pfl auch gegenständig, 6–12 mm lg. SchuppenBla durch eingebogene Spitze ± stumpf, 1,5–3,0 mm lg. Nadeln oseits mit 2 weißen Stomatabändern. Zapfen 4–9 (bei Sorten bis 15) mm ⌀. Bis 10,00. 3–4. Ziergehölz (sm-temp·c3-6OAS – dauergr Str/B – VdA – giftig!).   Ⓚ **Chinesischer W.** – *J. chine̲nsis* L.

Häufiger u. oft als *J. chinensis* gepflanzt die Hybride mit folgender Art: Ⓚ *J.* ×*pfitzeriana* (SPÄTH) P.A. SCHMIDT [*J. chinensis* × *J. sabina*] – Ziergehölz

2* Nadelfg Bla gegenständig, höchstens an Haupttrieben auch zu 3 quirlig, 4–6(–10) mm lg. SchuppenBla meist spitz od. zugespitzt (zumindest an Haupttrieben). 3
3 Strauch mit niederliegenden od. schräg aufsteigenden Ästen. Beerenzapfen an kurzen hakenfg gekrümmten, stielartigen Seitenzweigen hängend, 5–8 mm ⌀. Triebe beim Zerreiben stark unangenehm riechend. SchuppenBla scharf zugespitzt bis stumpflich, 1–3 mm lg. 0,20–2,00(–4,00). 4–5. Subalp. bis alp., trockne Felshänge, Gebüsche, Kiefern-TrockenW, basenhold; z Alp(f Krw), [U] auch Zierstrauch s By(S MS O) (m/salp-stemp/mo·c3,0-7EUR-WAS – dauergr Str – VdA – L7 T4 F3 R7 N2 – O Eric.-Pin., K Sesl. – giftig!).
Sadebaum, Stink-W. – *J. sabina* L.
3* Aufrechter Baum (bei Sorten auch strauchfg). Beerenzapfen aufrecht, 3,0–5,5 mm ⌀. Triebe beim Zerreiben schwach nach Seife od. Farbe riechend. SchuppenBla spitz bis scharf zugespitzt, 1 mm lg. Bis 12,00. 4–5. Parkbaum; auch [U] By Bw (m-temp·c2-6OAM – dauergr B – giftig!).
Virginischer W. – *J. virginiana* L.

Chamaecyparis SPACH – Scheinzypresse, Weißzeder (5–6 Arten)

1 Triebe beidseits grün, SchuppenBla auf der USeite ohne weiße Linien od. Flecken, zerrieben unangenehm riechend. Zapfen 8–10 mm ⌀, mit 4–6 Schuppen. Bis 20,00. 3–4. Parkbaum (temp/mo-b·c1-2WAM – dauergr B/StrB). [*Cupressus nootkatensis* D. DON, *Xanthocyparis nootkatensis* (D. DON) FARJON et HARDER]
Ⓚ **Nutka-Sch., Nutkazypresse – *Ch. nootkatensis* (D. DON) SPACH**
Diese Art wird heute meist nicht mehr zu *Chamaecyparis* gestellt, sondern *Xanthocyparis* od. *Cupressus* zugeordnet (s. auch Synonyme).

1* SchuppenBla auf TriebUSeite mit weißen Linien od. Flecken. Zapfen entweder kleiner (<8 mm ⌀) u./od. mit >6 Zapfenschuppen 2
2 SchuppenBla auf TriebUseite mit deutlichen länglichen weißen Flecken, Bla scharf zugespitzt, Spitzen der kantenständigen Bla so abstehend, dass sich Triebe rau anfühlen. Zapfen 5–7 mm ⌀, mit (6–)8(–10) Schuppen. Bis 20,00. 3–4. Parkbaum; auch [U] Bw Bb (sm·c1-2OAS – dauergr B).
Erbsenfrüchtige Sch., Sawara-Sch. – *Ch. pisifera* (SIEBOLD et ZUCC.) ENDL.
2* SchuppenBla auf TriebUSeite mit, teils undeutlichen od. verschwommenen, weißen Linien, Bla weniger zugespitzt bis stumpflich, Triebe sich nicht rau anfühlend. Zapfen 7–11 mm ⌀, mit 8–10 Schuppen. Bis 20,00. 3–4. Park- u. Forstbaum; [N] z Sa, [U] By Bw He Bb Mv Hamburg (sm·c1-2WAM – dauergr B).
Lawson-Sch., Lawsonzypresse – *Ch. lawsoniana* (A. MURRAY BIS) PARL.

Thuja L. – Lebensbaum (5 Arten)

1 SchuppenBla auf TriebOSeite glänzend grün, useits mit weißgrauen Flecken. Flächenständige Bla ohne od. an Haupttrieben mit undeutlicher Drüse. Triebe beim Zerreiben stark aromatisch duftend. Zapfen 6–8 mm ⌀, mit 8–12(–14) Schuppen, direkt unterhalb der Schuppenspitze kurzer Dorn. Bis 15,00(–30,00). 4. Park- u. Forstbaum; auch [U] Bw Sa Bb (sm/mo-b·c1-4WAM – dauergr B). [*Th. gigantea* NUTT.]
Riesen-L. – *Th. plicata* D. DON
1* SchuppenBla auf TriebOseite matt dunkelgrün, useits blass- bis gelblichgrün, ohne graue Flecken. Flächenständige Bla mit länglichem Drüsenhöcker (Abb. **127**/5). Zapfen 4–6 mm ⌀, mit (6–)8(–10) Schuppen ohne Dorn (Abb. **127**/4). Bis 20,00. 3–4. ZierPfl, bes. Friedhöfe; [U] By Bw He Bb Sh (sm/mo-b·c3-5OAM – dauergr B/StrB – giftig).
Abendländischer L. – *Th. occidentalis* L.

Platycladus SPACH – Orientlebensbaum, Fächerlebensbaum (1 Art)

Äste senkrecht verzweigt, Triebe fächerartig an vertikal ausgerichteten Zweigen. SchuppenBla beidseits gleichfarbig, blass- bis gelbgrün. Bis 10,00. 4. ZierPfl, bes. Friedhöfe, Gärten;

auch [N] Bw Rh, [U] By (sm·c5-6OAS – B/StrB - giftig). [*Biota orientalis* (L.) ENDL.]
Orientlebensbaum, Morgenländischer Lebensbaum – *P. orientalis* (L.) FRANCO

Taxodium HUMB. et al. – **Sumpfzypresse** (2 Arten)
Nadeln dünn, hellgrün, an den verlängerten Kurztrieben wechselständig, aber deutlich gescheitelt, Zweizeiligkeit vortäuschend, im Herbst mit diesen abfallend. Stamm zur Basis verbreitert, oft um den Stamm über den Boden od. das Wasser aufragende knieartige Aufwölbungen von oberflächennahen Wurzeln. Bis 50,00. 5. Parkbaum, nur ausnahmsweise (z. B. An) auch im Wald (m-sm·c1-3OAM – sogr B).
                                            Ⓚ **Zweizeilige S.** – *T. distichum* (L.) HUMB. et al.

Metasequoia HU et W.C. CHENG – **Urweltmammutbaum** (1 Art)
Nadeln dünn, hellgrün, an den verlängerten Kurztrieben gegenständig, mit diesen im Herbst abfallend. Stamm zur Basis verbreitert, oft durch grubenartige Längsfurchen im Querschnitt unregelmäßig ausgebuchtet. Bis 35,00 (in China). 5. Parkbaum (m/mo·c3OAS – sogr B – WiA). [*Sequoia glyptostroboides* (HU et W.C. CHENG) WEIDE]
                          Ⓚ **Urweltmammutbaum** – *M. glyptostroboides* HU et W.C. CHENG

Sequoiadendron J. BUCHHOLZ – **Riesenmammutbaum** (1 Art)
Nadeln 3–8 (an Haupttrieben bis 15) mm lg, pfriemfg, scharf zugespitzt, am Zweig herablaufend, Spitze abstehend. Stammbasis stark verbreitert. Borke rotbraun, sehr dick u. schwammig. Bis 55,00. 5. Parkbaum, s lt. auch Forstbaum (m/mo·c3WAM – dauergr B – WiA). [*Sequoia gigantea* (LINDL.) DECNE.]
                        Ⓚ **Riesen- od. Bergmammutbaum** – *S. giganteum* (LINDL.) J. BUCHHOLZ

Familie ***Taxaceae*** GRAY – **Eibengewächse** (5 Gattungen/24 Arten)
Zweihäusige Bäume u. Sträucher. Bla nadelfg, ohne Harzgänge. StaubBla ährenartig angeordnet, schildfg. SaAnlagen einzeln endständig. Sa von fleischigem SaMantel umgeben (Abb. **120**/2) (alle Arten WiB). Chromosomenzahl bei *Taxus* wie bei den meisten Gattungen 24.

Taxus L. – **Eibe** (10 Arten)
Nadeln flach, oseits dunkelgrün, mit erhabenem Mittelnerv, useits hellgrün, an Seitenzweigen gescheitelt (Abb. **120**/3). Bis 15,00. 3–5. (Koll.–)mont., mäßig trockne bis (sicker)frische, luftfeuchte, steinige Hang-LaubW, auch an Felsen u. Mauern, basenhold; v Alp, z Th(f Hrz) Sa An Bb, s By Bw Rh He(f NW SW W) Nw(NO) Ns(f M N NW) Mv(f Elb), [N U] s Sh; auch Parkbaum u. strauchfg Ziergehölz ↗ (m/mo-temp·c1-4EUR – dauergr B – VdA – L(4) T5 F5 R7 Nx – UV Cephal.-Fag., V Til.-Acer., V Querc. pub. – giftig, bes. für Pferde, nur SaMantel giftfrei – ▽).   **Gewöhnliche Eibe** – *T. baccata* L.

Angiospermae – Bedecktsamer
Basale Ordnungen

Familie *Nymphaeaceae* SALISB. – Seerosengewächse

(5 Gattungen/ca. 65 Arten)

WasserPfl mit großen, ganzrandigen SchwimmBla u. dicken, stärkereichen Rhizomen. Blü einzeln, lg gestielt. BlüOrgane spiralig. BlüHüllBla u. StaubBla 3 bis meist ∞, ineinander übergehend. FrBla 1–∞, frei (chorikarp), aber oft unterständig u. mit der Achse verwachsen. Griffel u. Narbe 1. Narben oft strahlig, verwachsen. SammelFr beeren- od. kapselartig. Arten oft auch nur gepflanzt, [N U].

1 BlüHülle ungleichartig, 4 grüne KeBla, 15–25 weiße KrBla. NebenBla vorhanden. Seitennerven der Bla gegen den Rand miteinander verbunden (Abb. **130**/1, 2). FrKn halbunterständig. **Seerose – *Nymphaea* S. 130**

1* BlüHülle gleichartig, 5 gelbe PerigonBla. Außerdem ± 13 gelbe, viel kleinere NektarBla, die außen Nektar absondern. NebenBla fehlend. Seitennerven nicht miteinander verbunden (Abb. **130**/3). FrKn oberständig. **Teichrose – *Nuphar* S. 130**

Nymphaea L. – Seerose
(40 Arten)

1 Basallappen der SchwimmBla mit ± geradem Hauptnerv (Abb. **130**/1). BlüGrund (KeBla-Grund) ± rund. KrBla 20–25. Staubfäden der inneren StaubBla linealisch. Narbenscheibe flach, (10–)14–24strahlig, wenig (20 %) schmaler als die Fr. 0,50–2,50. 6–8. Meso- bis eutrophe, stehende od. langsam fließende Gewässer: Teiche, Seen, Altwasser; v Sa Bb Sh, z Alp By Bw Rh Nw Th An Ns Mv, s He(MW ORh); auch ZierPfl (m-b·c1-5EUR – sogr oHy ⚃ Rhiz – InB: Fliegen, Käfer, Bienen SeB – WaA Kältekeimer, Sa kurzlebig? – L8 T6 F11 R7 N5 – V Nymph. – giftig – ▽). **Weiße S. – *N. alba* L.**

1* Basallappen der SchwimmBla mit bogigem Hauptnerv (Abb. **130**/2). BlüGrund schwach 4kantig. KrBla 15–20. Staubfäden der inneren StaubBla zur Spitze verbreitert. Narbenscheibe deutlich konkav, (5–)6–10(–14)strahlig, viel (60 %) schmaler als die Fr. 0,50–1,60. (5–)6–8. Oligo- bis mesotrophe, stehende od. langsam fließende Gewässer, Moorseen; z Th(O S) Ns(O, s M S), s By(NM N NO) Bw(Keu S) Sa(SW NO W), † Rh, ↘ (temp-b·c3-7EUR-WSIB – sogr oHy ⚃ Rhiz – InB – WaA – L8 T6 F11 R4 N4 – V Nymph. – giftig – ▽). **Kleine S. – *N. candida* J. PRESL. et C. PRESL**

Hybride: *N. alba* × *N. candida* = *N.* ×*borealis* E.G. CAMUS – s. Weißblühende Kulturhybriden sind kaum von echten *N. alba* zu unterscheiden u. wohl oft falsch bestimmt.

Nuphar SM. – Teichrose, Mummel
(14 Arten)

1 BlaStiel nahe der BlaSpreite stumpf 3kantig. Bla 12–40 cm lg, mit (20–)22–28 Nerven auf jeder Hälfte. Blü 4–5(–6) cm ⌀, stark riechend. Narbenscheibe ganzrandig, mit 9–24 Strahlen, in der Mitte trichterfg vertieft, ⌀ 10–15 mm. 0,50–2,50. 6–8. Meso- bis eutrophe, stehende od. langsam fließende Gewässer; v Sa Bb Ns(g Elb) Mv Sh, z Alp(f Krw) By Bw Rh He Nw Th(f Hrz NW) An(h Elb) (sm-b·c1-7EUR-SIB – sogr, UnterwasserBla igr oHy

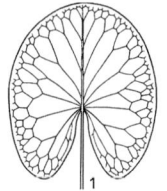
Nymphaea alba

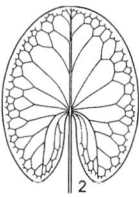
N. candida

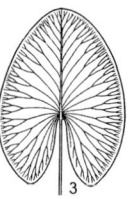
Nuphar

Aristolochia

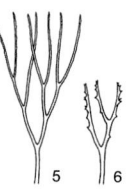
Ceratophyllum submersum demersum

♃ Rhiz – InB: Käfer, Fliegen, Bienen SeB – WaA VdA: Fische, Vögel Licht-Kältekeimer – L8 T6 F11 R7 N6 – V Nymph. – giftig – 34 – ▽). **Große T. – *N. lutea* (L.) Sm.**
1* BlaStiel nahe der BlaSpreite ± flach 2kantig. Bla 5–10(–15) cm lg, mit 11–22 Nerven auf jeder Hälfte. Blü 2–3(4) cm ⌀, schwach riechend. Narbenscheibe gelappt bis gespalten, mit 7–14 Strahlen, flach, ⌀ 6–11 mm 2
2 Bla mit 11–18 Nerven auf jeder Seite. Narbenscheibe sternfg gespalten, mit 7–12 Strahlen, ⌀ 6,0–8,5 mm. StaubBla 35–65. 0,70–1,50. 7–8. Oligotrophe Teiche, Moor- u. Gebirgsseen; s Alp(Allg) By(S MS) Bw(S SO) Mv(M MW, † NO), ↘ (sm/mo-b·c2-8EURAS-OAM – sogr, UnterwasserBla igr ♃ oHy Rhiz – InB – WaA – L8 T4 F11 R4 N2 – V Nymph. – giftig – *34* – ▽!). **Zwerg-T. – *N. pumila* (Timm) DC.**
2* Bla mit 15–22 Nerven auf jeder Seite. Narbenscheibe buchtig gelappt, mit 9–14 Strahlen, ⌀ 7,5–11,0 mm. StaubBla 60–100. Zierpfl, auch verwildert; s Bw Ns Mv, Verbr. ungenügend bekannt (intermediäre Hybride aus *N. lutea* × *N. pumila*, UnterwasserBla igr ♃ oHy Rhiz – Pollen überwiegend steril). [*N. ×intermedia* Ledeb.]
Mittlere T. – *N. ×spenneriana* Gaudin

Familie *Saururaceae* T. Lestib. – Molchschwanzgewächse

(4 Gattungen/6 Arten)

Aromatische Rhizom- od. Ausläuferstauden. Bla wechselständig, ganzrandig, NebenBla verwachsen. BlüStand endständig, Traube od. Ähre, zuweilen mit HochBlaHülle. Blü nackt, ⚥, radiär. StaubBla (3–)6(–8). FrBla (1–)4(–7), nur am Grund od. ganz verwachsen, ober- od. halbunterständig. Sa 2–13 je FrBla, wandständig. Kapsel od. SpaltFr.

Saururus L. – Molchschwanz
(2 Arten)

Bla gestielt, Spreite herzfg, 6–8(–15) cm lg. BlüStiel mit HochBla verwachsen. StaubBla 6(–8), die Griffel überragend. FrBla (3–)4, am Grund verwachsen, oberständig. BlüStand eine 15–20(–30) cm lg schmale Traube, Spitze nickend. 0,60–0,90(–1,50). 6–7. Aquarien- u. Teich-ZierPfl, auch Waldteich-Ufer; [N 2003 noch U?] s Nw(Mülheim/Ruhr) (m-temp·c1-5OAM, (N) N-Italien – sogr ♃ lg Rhiz). **Amerikanischer M. – *S. cernuus* L.**

Familie *Aristolochiaceae* Juss. – Osterluzeigewächse

(7–12 Gattungen/600 Arten)

Stauden od. (meist windende) HolzPfl. Bla meist wechselständig, ungeteilt, ohne NebenBla, Spreite handnervig, am Grund oft herzfg. Blü ∞. Ke 3zählig, verwachsenblättrig, kronartig. Kr meist rudimentär. StaubBla 6–12 od. ⚥. FrKn meist unterständig, 4–6fächrig. Griffel 4 od. 6, oft zu einer Griffelsäule verwachsen, mit scheibenfg, 6strahliger Narbe. SaAnlagen ∞. Kapseln.

1 Blü radiär. StaubBla 12. Stg kurz kriechend, an der Spitze mit 2 scheinbar gegenständigen LaubBla. **Haselwurz – *Asarum* S. 131**
1* Blü dorsiventral, mit am Grund kugliger od. eifg Röhre (Abb. **130**/4), achselständig. StaubBla 6. Stg aufrecht od. windend, mehrblättrig. **Osterluzei – *Aristolochia* S. 132**

Asarum L. – Haselwurz
(100 Arten)

Bla lg gestielt. Blü einzeln endständig, braunpurpurn, kurz gestielt, unter den Bla verborgen. 0,05–0,10. 3–5. Frische bis feuchte Laub- u. NadelmischW, AuenW, Gebüsche, nährstoffanspruchsvoll, basenhold; h Th, v Alp By Bw, z Rh He Sa An(h Hrz S, s N) Ns(S MO Hrz M), s Nw(NO SO) Bb(SO M), [N U] s Mv Sh (sm/mo-temp·c2-5EUR+(WSIB) – sogr/igr H ♃ KriechTr-Rhiz – SeB Vw – AmA Sa kurzlebig Kältekeimer – L3 T6 F5 R7 N6 – O Fag. – VolksheilPfl, giftig! – 26). **Haselwurz – *A. europaeum* L.**

1   Bla oseits glänzend, useits behaart, immergrün, br nierenfg, meist ohne Spitze. (3–)4–5. Verbreitung, Standorte u. Soziologie in D wie Art (sm/mo-stemp·c2-5EUR+(SIB) – igr – O Fag. – 26).
    subsp. *europaeum*
1* Bla oseits matt, useits höchstens auf den Nerven behaart, sommergrün, br herzfg, deutlich zugespitzt. 3–4(–5). Frische BuchenW, nährstoffanspruchsvoll; s Alp(Brch) By(MS S) (sm-stemp·c2-4EUR – sogr – O Fag. – 26). [*A. ibericum* STEVEN]
    subsp. *caucasicum* (DUCH.) SOÓ

Aristolochia L. – Osterluzei, Pfeifenwinde (490 Arten)

1   Staude, Stg aufrecht. Blü schwefelgelb, büschlig zu 2–8 achselständig. BlaSpreite herznierenfg, 3–8 × 5–9 cm. 0,30–0,70. 5–6. Weinberge, mäßig trockne bis frische Rud.: Mauern, Böschungen; Gebüsche, Waldsäume, nährstoffanspruchsvoll, basenhold; [A] z By(f S) Bw(f SO) Rh Nw(f N) Th(f Hrz Wld) An (v Elb, s N), s He Sa Bb(Elb MN) Mv(f Elb), [N] s Ns Sh, ↘ (m-stemp·c1-5EUR – sogr eros H/G ♃ Rhiz WuSpr – InB: Fallenblume – WiA – L6 T7 F4~ R8 N8 – V Ver.-Euph., V Geo.-Alliar., V Berb., V Alno-Ulm. – früher HeilPfl, für Vieh giftig).   **Osterluzei – *A. clematitis* L.**
1* Holzige Liane. Blü (gelb–)purpurbraun, zu 1–2 in den BlaAchseln an lg Stiel hängend. BlaSpreite 7–34 × 10–35 cm. 3,00–20,00. 6–8. ZierPfl, auch Waldsäume; [N U] s Bw Rh Bb Mv (sm/mo-stemp·c3OAM). [*A. sipho* L'HER., *A. durior* HILL]
    Amerikanische Pfeifenwinde – *A. macrophylla* LAM.

Klasse *Liliopsida* [*Monocotyledoneae*] – Einkeimblättrige

Familie *Acoraceae* MARTINOV – Kalmusgewächse (1 Gattung/2–3 Arten)

Rhizom ♃, mit Ölzellen, Bla grundständig, schwertfg, 2zeilig. BlüStand ein einzelner endständiger Kolben. Blü ⚥, radiär; PerigonBla u. StaubBla je 3+3; FrBla (2–)3. Beere (in D nicht fruchtend).

Acorus L. – Kalmus (2–3 Arten)

Rhizom kriechend. Pfl aromatisch. Bla reingrün, reitend, am Rand oft wellig (Abb. **135**/1). Kolben bis 8 cm lg, walzig, schwach gebogen. 0,60–1,20. 6–7. Röhrichte eutropher stehender od. langsam fließender Gewässer: Altwasser, Teich- u. Grabenränder, nährstoffanspruchsvoll [N 16. Jh.] v Sa Bb Mv, z Alp(Amm Mng Chm) By Bw Rh He Nw Th An Ns Sh (strop-temp-(b)·c2-5AS+OAM-(WAM), [N] sm-temp·c2-5EUR – sogr ros He ♃ Rhiz – in D selten blühend, nie fruchtend – WaA MeA – L8 T6 F10 R7 N7 – V Phragm. – VolksheilPfl – 39).   **Kalmus – *A. calamus* L.**

Familie *Araceae* JUSS. (inkl. *Lemnaceae*) – Aronstabgewächse

(137 Gattungen/3700 Arten)

Rhizom- u. Knollen ♃, Lianen u. SchwimmPfl, mit Milchröhren u. Raphiden. Bla meist mit Stiel u. Scheide, mit meist unzerteilter, fiedernerviger, am Grund herzförmiger, selten echt gefiederter Spreite. BlüStand kolbenfg, oft von einem Hochbla (Spatha) umhüllt. Blü sitzend, ⚥ od. ♀+♂; PerigonBla frei od. 0; StaubBla 2+2 od. 3+3; FrBla 1–3(–∞), verwachsen. Beere, SteinFr od. Nuss. Bei Unterfam. *Lemnoideae* Stg u. Bla reduziert u. verschmolzen, Blü zwittrig, StaubBla 1–2, FrBla 1; FrKn 1fächrig. Nuss.

1   Pfl auf od. unter der Wasseroberfläche schwimmend, eifg, linsenfg od. aus 7–10 mm lg, kreuzweise verketteten eilanzettlichen Gliedern (Abb. **135**/4) bestehend (Wasserlinsen). Blü sehr selten, ohne BlüHülle, zu 1–2 in einer Spalte am Rand des Vegetationskörpers od. in einer Tasche auf der OSeite, mit od. ohne BlaScheide (Vorbla). InB: Wasserläufer, Spinnen Vm – WaA KlA: Wasservögel **2**
1* Land- od. SumpfPfl, Bla >5 cm lg **4**

ARACEAE 133

2	Pfl wurzellos, ein 0,5–1,5 mm lg elliptisches Körnchen. Blü ohne Vorbla, StaubBla 1. FrBla 1. **Zwergwasserlinse – W_o_lffia** S. 135
2*	Pfl mit Wurzeln, >1,2 mm lg, meist blattartig flach. Blü mit Vorbla, StaubBla 2, FrBla 1 3
3	Jedes Sprossglied mit 2–21 Wurzeln. SchwimmPfl. **Teichlinse – Spiro_de_la** S. 134
3*	Jedes Sprossglied mit nur 1 Wurzel. Schwimm- od. TauchPfl. **Wasserlinse – _Le_mna** S. 134
4	(1) Bla 3–11-zählig 5
4*	Bla einfach 6
5	Bla 3-zählig, BlaStiel u. Spatha grün. **Pinellie – Pin_e_llia** S. 134
5*	Bla fußfg geschnitten mit 7–15 Abschnitten. BlaStiel u. Spatha rötlich-rotbraun gefleckt **Eidechsenwurz – Saur_o_matum** S. 134
6	(4) Bla 50–125 × 25–80 cm, Spreite am Grund gestutzt, kurz gestielt, verkehrteifg-spatelfg, in Rosette. Spatha gelb. **Scheinkalla – Lysichiton** S. 133
6*	Bla <50 × 20 cm, Spreite spießfg, pfeilfg od. rundlich-herzfg. Spatha weiß, grünlich- od. rötlichweiß 7
7	Bla rundlich-herzfg, zweizeilig am kriechenden Stg. Spatha flach (Abb. **135**/2), eifg, innen weiß, außen grünlich. Blü ⚥. Kolben ohne sterilen Endabaschnitt. SumpfPfl. **Schlangenwurz – _Calla_** S. 133
7*	Bla spießfg bis pfeilfg, in Rosette. Spatha tütenfg zusammengezogen, weiß, oft grünlich od. violett überlaufen, Blü 1geschlechtig, untere ♀, darüber ♂, obere steril, zu Sperrhaaren umgewandelt. Kolben mit lg, sterilem Endabschnitt (Abb. **135**/3). WaldPfl. **Aronstab – _Arum_** S. 133

Ca_l_la L. – Schlangenwurz (1 Art)
Die „Calla" der Gärtner ist *Zanted_e_schia* aus S-AFR, s. Bd. ZierPfl

Rhizom kriechend. Beeren rot. 0,15–0,30. 5–9. Lichte Röhrichte u. Großseggenriede im Verlandungsbereich mesotropher Seen, Teiche, Altwasser, Schwingrasen in Erlen- u. Birkenbrüchen, Torfstiche, mäßig nährstoffanspruchsvoll; z By(† NW, f N) Th(Bck O S) Sa An(f Hrz S W) Bb Ns Mv Sh(f W), s Alp(Amm Chm) Bw(f NW ORh SW) Rh(f ORh) He(W MW O SW) Nw(† SW NO), ↘ (temp-b·c3-6CIRCPOL – sogr H/He ♃ Rhiz – InB SchneckenB? Vw – KlA: Vögel WaA – L6 T6 F9= R6 N4 – V Car. elat., V Aln., V Phragm., K Scheuchz.-Car. – giftig – 36 – ▽). **Sumpf-Sch., Schweinsohr – *C. pal_u_stris*** L.

Lysichiton Schott – Scheinkalla (2 Arten)
Kolben 4–15 cm lg. Spatha leuchtend gelb, vor den Bla erscheinend. Fr grün bis braun, 2samig. 0,80–1,20. 4–5. ZierPfl, auch feuchte Wälder, Sümpfe; [N 1980] s By(S: Leutstetten NO: Kulmbach) Rh(N: Brexbachtal, Rom/Eifel) He(SW: Taunus) Nw(SO: Wuppertal MW: Dü-dorf, Mülheim/Ruhr) Sa(W: Wurzen) An(Hrz: Kalte Bode, Elendstal W: Quedlinburg N: Diesdorf) (sm-b·c1-3WAM – sogr ♃ G/He Rhiz – InB → Bd. ZierPfl). **Gelbe Sch., Riesenaronstab – *L. americ_a_nus*** Hultén et H.St. John

Arum L. – Aronstab (26 Arten)
[N, meist U]: **Italienischer A. – *A. it_a_licum*** Mill. Bla herbst-frühjahrsgrün, meist weißnervig, Spreite 9–40 × 2–29 cm, Spadix-Appendix gelb od. weißlich, s By Bw Rh Nw Sa Mv (m-stemp c1-3 EUR s. Bd. ZierPfl!).

1 Oberirdischer Stg ½–⅔ so lg wie die BlaStiele. Spatha 12–25(–30) cm lg, 2–2¾mal so lg wie der Kolben, obere, sterile Teil 3–6mal so lg wie der abstechende, blassgrün bis trübviolett (Abb. **135**/3) Fr apfelförmig. 0,15–0,40. 4–5. Frische bis feuchte LaubmischW, Gebüsche, Hecken, ältere Parkanlagen u. Gärten, nährstoffanspruchsvoll; h Rh Nw, v Bw He Th An Sh(f W), z Alp(f Krw) By Sa(f NO) Ns(h Hrz MO S) Mv, s Bb(Elb), [N] s Bb(SW) Ns(N) (sm-/mo-temp·c1-3EUR – frgr ros G ♃ SprKnolle – InB: Fliegen, Mücken; Kesselfallenblume Vw – VdA – L3 T6 F7 R7 N8 – O Fag., O Prun. – giftig! – 56). **Gefleckter A. – *A. macul_a_tum*** L.

1* Oberirdischer Stg ¾–1¼ so lg wie die BlaStiele od. länger. Spatha (8–)9–15(–18) cm lg, 1,5–2mal so lg wie der Kolben, offener Teil (1–)1,5–3mal so lg wie geschlossener. Bla-Spreite stets ungefleckt. Staubbeutel meist purpurviolett. Fr birnenförmig. 0,15–0,40. 4–5. Frische bis feuchte LaubmischW; s Sa(SO: Landeskrone), [N] z Sh(M: Hamburg, SO: Ratzeburg), s Sa(W: Chemnitz), in D subsp. *cylindraceum*. (sm-temp·c3-4SOEUR – frgr ros G ♃ SprKnolle – giftig). [*A. alpinum* SCHOTT et KOTSCHY, *A. orientale* M. BIEB. subsp. *danicum* (PRIME) PRIME] **Südöstlicher A. – *A. cylindraceum* GASP.**

Sauromatum SCHOTT – **Eidechsenwurz** (2 Arten)

Bla 1(–4), fußfg gespalten bis geschnitten, BlaStiel oft gefleckt. BlüStand dicht über dem Boden, vor den Bla erscheinend, übelriechend. Spatha 35–80 × 8–10 cm, am Grund verwachsen, außen trüb purpurn, innen gelblich-grünlich, unterschiedlich braunpurpurn gefleckt. Knolle ±15 cm ⌀, 0,50–0,70. 5–6. Sekundär-LaubW., aus Gartenabfällen verwildert; [N U 2007] s Nw(MW: Herne) (austrstr-bstr/mo·OAFR-IND+bstr-m HIM-OAS – sogr ros G ♃ Knolle – InB). **Gefleckte E. – *S. venosum* (AITON) KUNTH**

Pinellia TEN.– **Pinellie** (6 Arten)

Bla lg gestielt. Blchen eifg, spitz, zuweilen dunkel gefleckt. BlaStiel im unteren Teil od. an der Spreitenbasis mit kleinen Brutzwiebeln. Spatha außen grün, innen dunkelpurpurn, 5–7 cm, länger als die Bla, Ränder frei, überlappend. Kolben im unteren Drittel mit der Spatha verwachsen, nur auf der freien Seite ♀ Blü tragend, in einen lg, pfriemlichen Fortsatz verschmälert. 0,15–0,30. 4–6. Sandige Äcker, Hackfruchtkulturen, mehrfach aus Botanischen Gärten verwildert; [N 1870 U] s By(NM MS) Bw(S: Mainau) Rh(ORh: Speyer) Th(Bck: Altenburg) Nw(MW: Bonn) (m-stemp·c1-3OAS – sogr ros G ♃ Knolle+uAusl? – InB – BrutZw). **Dreizählige P. – *P. ternata* (THUNB.) MAKINO**

Spirodela SCHLEID. – **Teichlinse** (3 Arten)

Glieder schwimmend, rundlich bis verkehrteifg, beidseits flach, useits meist rot, 5–10 mm lg. 6–8?. Eutrophe stehende od. langsam fließende Gewässer: windgeschützte Seen, Altwasser, Teiche, nährstoffanspruchsvoll, schwach salztolerant; g Mv Sh, h Sa, v Bb Ns, z Alp(f Brch Krw Mng) By Bw Rh He Nw Th(h O) An, ↗ (austrAUST+AFR-trop-temp-(b)·c1-6CIRCPOL – oHy – Blü u. Fr in D noch nicht beobachtet – Turionen KlA WaA – L7 T6 F11 R6? N6 – V Lemn. min. – 40). [*Lemna polyrhiza* L.]
Vielwurzlige T. – *S. polyrhiza* (L.) SCHLEID.

Lemna L. – **Wasserlinse, Entengrütze** (13 Arten)

1 Glieder zumeist untergetaucht, lanzettlich, 7–10 mm lg, 1nervig, gestielt, kreuzweise zusammenhängend, schwimmende 3nervig (Abb. **135**/4). 6–7. Mesotrophe Seen, Teiche, Altwasser, Gräben, seltener langsam fließende Gewässer in sauberem, sauerstoffreichem Wasser, im Bergland s; h Mv, v An Bb Ns Sh, z By Bw(f NW) Rh He(f NW) Nw Th Sa, s Alp(Allg Brch), im S ↘ (austrAUST+strop/moAFR+OAS+m-b·c1-7CIRCPOL – uHy – Blü an Wasseroberfläche, in D s blühend – KlA WaA – L7 T6 F12 R7 N5 – V Lemn. tris. – 40).
Untergetauchte W., Dreifurchige W. – *L. trisulca* L.
1* Glieder schwimmend, rundlich, ungestielt, nicht kreuzweise verkettet, <6 mm lg **2**
2 Glieder mit (4–)5(–7) Nerven, oseits flach, grün, useits meist stark gewölbt, mit 40–50 Netzmaschen, weißlich, seltener beidseits völlig flach, 3–6 × 2–4,8 mm. 4–6. Eutrophe, auch verschmutzte, stehende Gewässer: Teiche, Tümpel, Gräben, nährstoffanspruchsvoll, salztolerant, im Bergland s; v Mv, z By Rh He(f NW) Nw Th Sa An Bb Ns Sh, s Alp(Mng Allg) Bw(f SW), ↗ (austr-trop/mo-temp·c1–6 AFR+WAM-(OAM)+EUR-WAS+(OAS) – oHy – InB, in D relativ oft blühend – KlA WaA – L8 T6 F11 R8 N8 – V Lemn. Min – 40, 44).
Buckel-W., Bucklige W. – *L. gibba* L.
2* Glieder mit 1–3 Nerven, beidseits flach, useits mit 15–20 Netzmaschen **3**
3 Glieder oseits in der Mittellinie mit mehreren gleichgroßen Höckern, useits fast stets rot. 2–3 mm lg. 6–7. Eutrophe stehende od. langsam fließende Gewässer; [N? Erstnachweis

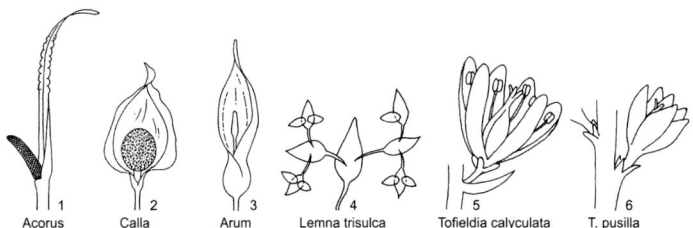

| 1 | 2 | 3 | 4 | 5 | 6 |
| Acorus | Calla | Arum | Lemna trisulca | Tofieldia calyculata | T. pusilla |

1965] z Bw: Donau, Rhein, Neckar, Main Nw(NW) Bb(SO: bes. Spreewald) Mv(M-NO: bes. Peenetal), s By(MS: Donau, N: Main) Rh(f N) Nw(MW) He(ORh MW) Th(Bck) Sa An(Elb O) Ns(O N: Bremen, Hamburg) Sh(M: Hamburg), ↗ (m/mo-b·c1-8AM-AS-(EUR) – oHy – Blü in D erst 1mal(?) beobachtet – Turionen KlA WaA – V Lemn. min.).

Rote W., Turionen-W. – *L. turionifera* LANDOLT

3* Glieder oseits mit 1–2 größeren Höckern über dem Knoten (Wurzelansatz) u. an der Spitze, dazwischen keine od. sehr kleine, kaum sichtbare Höcker, useits nie rot **4**

4 Glieder an der Spitze br abgerundet, Spitze in Seitenansicht herabgebogen (OSeite stärker gewölbt, USeite flach od. konkav), oft stark asymmetrisch, mit 3 Nerven, oseits über dem Knoten u. an der Spitze mit je 1 größeren Höcker (starke Lupe!) dazwischen in der Mittellinie kleinere Höcker, bei kräftigen Exemplaren auch über den Seitennerven eine Linie kleiner Höcker, useits Felderung (Lufthöhlen) bis zur Spitze reichend. 2–4(–6) mm lg. 5–6. Stehende od. langsam fließende, meso- bis eutrophe Gewässer; g He Th Sa An Ns Sh, h Rh Nw Bb Mv, v By(g NM) Bw, z Alp, (austrAUST+AFR-strop/moAFR-m-b·c1-6EUR-WAS+AM – oHy – Blü u. Fr in D s – KlA WaA – L7 T5 F11 Rx N6 – V Lemn. min. – 40).

Kleine W. – *L. minor* L.

4* Glieder an der Spitze oft spitzbogig, Spitze in Seitenansicht wenig herabgebogen, meist flach od. etwas aufwärtsgebogen (OSeite flach, USeite etwas gewölbt), ± symmetrisch, mit 1 Nerv, oseits über dem Knoten mit 1 größeren Höcker, nur in der Mittellinie bis zur Spitze eine Reihe winziger Höcker, useits Felderung nicht bis zur Spitze reichend, 1–2(–4) mm lg. 6–7. Eutrophe stehende od. fließende Gewässer; [N 1973] z He(v ORh) Bw(v ORh) Rh(v ORh) Nw Ns(NW), s [N U] By(N) An(SO), ↗ (austr-trop/mo-stemp·c1-6AM, [N] sm-stempEUR+(OAS) – oHy – Blü u. Fr in D sehr s – KlA WaA – V Lemn. min.). *[L. minuscula* HERTER*]*

Zierliche W., Winzige W. – *L. minuta* Kunth

Wolffia SCHLEID. – **Zwergwasserlinse** (11 Arten)

1 Glieder schwimmend, oseits abgeflacht, schmaler Saum unter Wasser, mit 10–100 Spaltöffnungen (Stomata), auf der Oberseite tiefgrün (nicht transparent), 0,5–1,5 mm lg. In Europa fast nie blühend. Eutrophe stehende od. langsam fließende Gewässer: windgeschützte Teiche, Altwasser, Gräben, Torfstiche; [N oft U, mglw. mit **1*** verwechselt] z Bb(f Elb SW) Ns(NW O Elb), s Rh(f N SW W) Nw(MW) Sa(NO SO) An(N: Drömling O: Mellnitz) Ns(N M NW O) Mv(f Elb NO) Sh(M), [U] s Bw By(M), † He (austrAFR-tropAFR+m-stemp·c1-5EUR-(WAS) [N] (WAM+OAS+AUST) – oHy – Blü in D erst ein Mal beobachtet – KlA WaA – L7 T6 F11 R7 N6? – V Lemn. min. – 40, 50). **Zwergwasserlinse – *W. arrhiza* (L.) WIMM.**

1* Glieder schwimmend, oseits abgerundet, breiter Rand unter Wasser, mit 1–15 Spaltöffnungen, auf der Oberseite meist transparent grün, 0,5–1,4 mm lg. In Europa regelmäßig blühend. Eutrophe stehende od. langsam fließende Gewässer: mglw. mit **1** verwechselt; [N oft U] z Nw(MW), s An(Elb: Wahrenberg) Ns(O: Römstedt Elb: Restorfer See) (austr-bstropSAM+m-stemp·c1-5OAM [N] tempWAM+WEUR – oHy – Blü u. Fr in D mehrmals beobachtet – KlA WaA – L7 T6 F11 R7 N6? – V Lemn. min.).

Amerikanische Zwergwasserlinse – *W. columbiana* H. KARST.

2019 konnte *W. globosa* (ROXB.) HARTOG et PLAS in An(Elb: Wahrenberg) nachgewiesen werden.

Familie *Tofieldiaceae* TAKHT. – Simsenliliengewächse

(4 Gattungen/25 Arten)

Rhizom ♃, meiste Bla grundständig, schwertfg, 2zeilig, reitend. Blü ⚥, radiär, in Trauben od. Ähren; PerigonBla 3+3; StaubBla 3+3; FrBla 3, oberständig. Kapsel.

Tofieldia HUDS. – Simsenlilie (12 Arten)

1 Perigon gelblichweiß, mit 3lappiger, kelchartiger Außenhülle. Blü in der Achsel eines TragBla (Abb. **135**/5). BlüStand eine meist 2–6 cm lg Traube. 0,15–0,30. 6–7. Wechselfeuchte bis -trockne Nieder- u. Quellmoore, moorige Wiesen, Halbtrockenrasen, lichte KiefernW, kalkstet; g Alp, z Bw, s By(v S, f N NO NW) He(ORh), † Rh Th Sa An Bb, ↘ (sm/salp-temp/dealp·c2-4EUR – igr hros H ♃ Rhiz – InB: bes. Käfer, Fliegen Vw -StA Lichtkeimer – L8 Tx F8 R8 N2 – V Car. davall., V Sesl., V Mol., V Eric.-Pin. – 30).

Kelch-S. – *T. calyculata* (L.) WAHLENB.

1* Perigon weißlich, ohne Außenhülle. Blü zwischen 3 sehr kleinen, am Grund verwachsenen Bla (Abb. **135**/6). BlüStand eine meist 0,5–1,5 cm lg kopfige Traube. 0,05–0,12. 7. Alp. sickernasse Quellmoore, kalkhold; s Alp(Allg Krw Wtt: Frauenalpe, z Brch) (sm-stemp//alp+b-arct·c2-7CIRCPOL – igr hros H ♃ Rhiz – InB – StA WaA – L8 T2 F8 R7 N1? – O Car. davall., V Sesl.). [*T. palustris* HUDS.] **Zwerg-S. –** *T. pusilla* (MICHX.) PERS.

Familie *Hydrocharitaceae* JUSS. (inkl. *Najadaceae*) – Froschbissgewächse

(18 Gattungen/116 Arten)

Wurzelnde od. frei schwimmende WasserPfl. Bla ungeteilt, linealisch bis rundlich, sitzend od. gestielt, ganzrandig, gesägt od. fein gezähnt, zuweilen mit NebenBla. Blü einzeln od. in Zymen, diese oft von (1–)2 verbundenen HochBla umgeben, 1geschlechtig, radiär; KeBla u. KrBla je 3, frei, od. 0; StaubBla 2–18, in 1–6 Kreisen zu 3; FrBla 2–20, unterständig, fast frei, von der BlüAchse umgeben. Beere, Nuss od. Kapsel, unter Wasser reifend.

1 Bla schwimmend, lg gestielt, kreisrund, am Grund tief herzfg, mit 2 NebenBla. Pfl meist 2häusig. **Froschbiss –** *Hydrocharis* S. 137
1* Bla ganz od. halb untergetaucht, sitzend, linealisch od. länglich 2
2 Bla in grundständiger Rosette. Pfl mit Ausläufern, 2häusig 3
2* Bla stängelständig, quirlig, scheingegenständig od. wechselständig. Pfl ohne Ausläufer 4
3 Blü unscheinbar. Bla bandfg, flutend, oberwärts etwas gesägt, schraubig gedreht. Pfl 1häusig, im Boden wurzelnd. **Wasserschraube –** *Vallisneria* S. 138
3* Blü 3–5 cm ⌀, weiß. Pfl 2häusig, frei schwimmend. Bla schwertfg, 3kantig, stachlig gesägt, steif, zur BlüZeit halb aus dem Wasser ragend. **Krebsschere –** *Stratiotes* S. 137
4 (2) Untere Bla deutlich wechselständig, am Rand gewellt, stumpf gezähnelt, obere dicht stehend, daher scheinbar quirlig, alle stark zurückgebogen, zerbrechlich.

Scheinwasserpest – *Lagarosiphon* S. 137
4* Bla quirlig od. scheingegenständig, nicht od. wenig zurückgebogen, stachelspitzig gezähnt od. fein gesägt 5
5 Bla scheingegenständig od. zu 3 scheinquirlig, am Grund scheidenfg verbreitert, meist starr, zerbrechlich, scharf stachelspitzig gezähnt. Pfl stark dichasial verzweigt. StgGlieder >10 mm lg. Blü einzeln, scheinbar achselständig, 1geschlechtig, die ♂ mit 1 StaubBla u. 2 Hüllen (1 sackartige Spatha u. das 2lappige, dem Staubbeutel angewachsene Perigon), die ♀ meist ohne Hülle, mit 1 FrKn. Griffel 1 mit 2–4 fadenfg Narben. Nüsse.

Nixkraut – *Najas* S. 138
5* Bla zu 3–6 quirlig, am Grund nicht scheidenfg verbreitert 6
6 Obere Bla zu (3–)4–6, zugespitzt, stachelspitzig gezähnt. In den BlaAchseln je 2 gefranste Schuppen. StgGlieder 10–30 mm lg. Pfl 1- od. 2häusig. Griffel ungeteilt.

Grundnessel – *Hydrilla* S. 138
6* Bla zu 3–4, spitz, sehr fein gesägt. BlaAchseln ohne od. nur an jungen Bla mit ganzrandigen Schuppen. StgGlieder meist 3–7 mm lg. Pfl 2häusig. Griffel 2lappig 7

HYDROCHARITACEAE 137

7   Bla in dichten, meist 4zähligen Quirlen, etwa (1–)1,5–4 cm lg. Blü etwa 10–20 mm br, weiß,
    aus dem Wasser ragend, zu 2–4 in den Spathen.
                                   Großblütenwasserpest – *Eg_eria* S. 137
7* Bla in weniger dichten, meist 3zähligen Quirlen, etwa 0,7–3 cm lg. Blü 3–10 mm br, einzeln
    in den Spathen, zur BlüZeit schwimmend.   **Wasserpest** – *El_odea* S. 137

Strati_otes L. – **Krebsschere**   (1 Art)
Pfl mit Ausläufern, 2häusig. 0,15–0,45 hoch u. br. 5–8. Meso- bis eutrophe, stehende Gewässer bis 2 m Tiefe: windgeschützte Buchten von Altwassern u. Seen, Teiche, Tümpel, bes. in Talauen; z An(Elb N O) Bb Ns(f Hrz) Mv Sh, s By Sa(f SW), [A] † Nw, [N] He Th, [U] s Bw, ↘, auch ZierPfl u. [N] bes. im NW oft angesalbt (sm-b·c2-7EUR-WSIB – teiligr ros oHy ⚄ oAusl Turionen – InB: bes. Fliegen – oft nur ♂ Pfl – KlA WaA – L7 T6 F11 R8 N6 – V Hydroch. – Verlandungsförderer, ehemals Schweinefutter – 24 – ▽).
                         Krebsschere, Wassersäge, Wasseraloë – *S. alo_ides* L.

Hydr_ocharis L. – **Froschbiss**   (3 Arten)
Pfl mit Ausläufern. Bla ledrig. Blü 1,5–3 cm ⌀, weiß, am Grund gelb. 0,15–0,30. 6–8. Meso- bis eutrophe, stehende od. langsam fließende Gewässer (windgeschützte Buchten von Altwassern u. Seen, Gräben, Röhrichtlücken); v Bb Mv, z By Bw(f NW SW) He(f NW) Sa An(f Hrz S W) Ns Sh Rh Nw(f SW), s Th(Rho S Wld, z Bck) ↘; auch ZierPfl u. [N] s (sm-b·c1-7EUR-WAS, [N] temp·c1-4OAM+(WAM) – sogr ros oHy ⚄ oAusl Turionen – InB: bes. Bienen, Schwebfliegen – KlA WaA – L7 T6 F11 R7 N6? – V Hydroch., O Potam.).
                                   Europäischer F. – *H. m_orsus-ra_nae* L.

Eg_eria PLANCH. – **Wasserpest**   (2 Arten)
Bla schmal länglich, plötzlich zugespitzt. In D nur ♂ Pfl. 0,30–0,60. 6–9. AquarienPfl; auch Warmwassergräben, nährstoffanspruchsvoll; [N 1914, z. T. U] s Bw(Keu: Filderstadt, ORh: Karlsruhe) Rh(ORh) Nw(MW: Niers, Siegburg, untere Erft, SO: Neandertal) Sa An(SO) Bb(SO MN) Ns(MO NW) Mv(?) (austrostrop-OAM, [N] AUST+AFR+AM+sm-stemp·c1-3EUR – igr eros uHy ⚄ Turionen, Fragmentation – InB? – MeA: Boote WaA). [*El_odea densa* (PLANCH.) CASPARY]   **Dichte W., Dichtblättrige W.** – *E. densa* PLANCH.

El_odea MICHX. [*An_acharis* RICH.] – **Wasserpest**   (5 Arten)
1   Bla länglich-eifg bis länglich-lanzettlich, in od. wenig unter der Mitte am breitesten, am Grund
    etwas verschmälert od. linealisch mit kurzer rundlicher Spitze, zuweilen etwas zurückgebogen, grün bis dunkelgrün, derb. KeBla grün od. rötlich. KrBla weißlich, etwa so groß wie KeBla. In D fast nur ♀ Pfl (♂ bei Altenburg/Th). 0,30–0,60(–3,00). 6–9. AquarienPfl; auch meso- bis eutrophe, stehende od. fließende Gewässer bis >4 m Tiefe; [N 1859, Ausbreitung um 1900, jetzt ↘] v By(z S) Nw Th(O) Sa An(Elb O) Bb Ns Mv Sh, z Bw(v ORh), Rh He (m-temp·c2-7AM, [N] AUST+(m)-sm-temp-(b)·c1-5EUR-(SIB) – igr eros uHy ⚄ Turionen, Fragmentation – WaB an Oberfläche – WaA MeA KlA – L7 T6 F12 R7 N7 – O Potam., V Glyc.-Sparg.). [*An_acharis canad_ensis* (MICHX.) PLANCH.]
                                   Kanadische W. – *E. canadensis* MICHX.
1* Bla länglich-linealisch, lg zugespitzt, am Grund nicht verschmälert, hellgrün 2
2   Bla oft in sich unregelmäßig gedreht, zuweilen etwas zurückgebogen, oft steif. Knoten violett. KeBla außen grün, an der Spitze violett, innen dunkelbraun mit grünem Saum, 2 mm lg. KrBla farblos, viel kleiner als KeBla od. fehlend. 0,30–0,60. 6–9. AquarienPfl; auch meso- bis eutrophe, stehende, seltener fließende Gewässer, teils stärker verschmutzte Gewässer, bis 3 m Tiefe; [N 1953] z Bw Rh He Nw Ns Sh, s By, Bb Mv By [N U] s Th Sa An, ↗ (sm-temp·c2-6AM, [N] temp·c1-3EURAS – igr eros uHy ⚄ Turionen, Fragmentation – KlA MeA – L7? T6? F12 R? N7? – V Potam.).   **Nuttall-W.** – *E. nuttallii* (PLANCH.) H.ST. JOHN
2* Bla weder gedreht noch zurückgebogen, ± schlaff. Knoten grünlich. KeBla grün, 5,5–6 mm lg. KrBla weiß, etwas länger als KeBla. In D nur ♂ Pfl. 0,10–2,00. 6–7. AquarienPfl; auch meso- bis eutrophe, stehende od. langsam fließende, teils verschmutzte Gewässer; [N 1964] s Bw(ORh) Rh(ORh) He(ORh), [U] s Nw Bb(SW: Buchholz?) (austrAM – igr eros uHy

♃ Fragmentation – WaA – V Ranunc. fluit.). [*E. ernstiae* H.ST. JOHN]
Argentinische W., Wasserstern-W. – *E. callitrichoides* (RICH.) CASP.

Hydrilla RICH. – **Grundnessel** (1 Art)

Stg sehr lg. Blü einzeln. 0,15–3,00. 7–8. Stehende Gewässer, nährstoffanspruchsvoll; [U 1907] Bb(M: Müggelsee ob noch?) (austrAUST-stropOAS+AFR+m-temp·c3-6EURAS, [N] NAM – igr eros uHy ♃ Turionen KriechTr – WiB, ♂ Blü an Wasseroberfläche, Pollen ausgeschleudert, in D s blühend – KlA WaA MeA – L6 T6? F12 R9? N3? – O Potam.). [*H. lithuanica* (BESSER) DANDY] ⓕ **Grundnessel** – *H. verticillata* (L. f.) ROYLE

Lagarosiphon HARV. – **Scheinwasserpest** (9 Arten)

Pfl untergetaucht, wurzelnd. Bla starr, dick, undurchsichtig, 10–25 × 2–3 mm, dunkelgrün mit hellgrünem Mittelnerv, obere dicht genähert, scheinbar quirlig. Bisher in D nur ♀ Pfl. FrBla 3, Kapsel. 0,60–1,80. 5–8. AquarienPfl; auch meso- bis eutrophe Gewässer; [N 1966] s By(S: Füssen, Starnberg) Bw(ORh NW) Rh(ORh SW M: Hunsrück) Nw(SW: Aachen) He(ORh) (austrAFR, [N] NEUSEEL+sm-stemp·c1-3EUR – igr eros uHy ♃ Fragmentation – WaA MeA – O Litt.). **Große Sch.** – *L. major* (RIDL.) V.A. WAGER

Vallisneria L. – **Wasserschraube** (6 Arten)

♂ Blü anfangs untergetaucht, in dichten, kurz gestielten Knäueln in 1 Spatha, später sich ablösend u. geöffnet an der Wasseroberfläche frei schwimmend. ♀ Blü einzeln auf lg, nach der BlüZeit schraubigen Stielen. In D nur ♂ Pfl. 0,20–1,00. 6–9. AquarienPfl; auch Warmwassergräben, nährstoffanspruchsvoll; [N 1880] s By(NM) Bw(ORh) Rh(ORh W: Mosel) Nw(MW: Lippe, Erft) (strop-sm·c2-8CIRCPOL-temp·c2-5OAM+OAS – igr ros uHy ♃ Rhiz+oAusl – WaB – KlA WaA – L7 T8 F12 R7? N7?). **Gewöhnliche W.** – *V. spiralis* L.

Najas L. – **Nixkraut** (40 Arten)

1 Stg meist bestachelt. Bla 1–6 mm br, zerbrechlich, ± aufwärts gekrümmt (Abb. **140**/1). Pfl 2häusig. 0,05–0,50. 6–8. Meso- bis eutrophe, stehende od langsam fließende Gewässer: ruhige Seebuchten, Bodden, Altwasser, Kiesgruben, salztolerant; z Bw(ORh) He(ORh, s SW), s By(MS N NM O S) Rh(f N SW) Th(z Bck) Sa(f Elb) An(Elb SO W) Bb(f Od SW) Mv(f Elb SW) Sh(O SO), [N U] s Nw Ns, ↘, lokal ↗ (austr AUST+(trop)-m-temp·c2-9CIRCPOL – eros ⊙ uHy Fragmentation – WaB Pollen abokindig – VdA: Fische, Enten KlA – V Potam. – 14). [*N. major* ALL.] **Großes N.** – *N. marina* L.

1 BlaScheiden ohne od. selten mit jederseits 1 Stachelspitze. Mittelnerv des BlaRückens kaum od. nicht stachelspitzig. Reife Sa (3,5–)4,5–6,5(–8) mm lg. Standorte, Soz, Verbr. in D u. Gesamtverbr wie Art (L5 T6 F12 R9 N6? – 12). [*N. major* ALL., *N. marina* subsp. *major* (ALL.) VIINIKKA]
subsp. *marina*

1* BlaScheiden jederseits mit 1–3(–4) feinen Stachelspitzen. Mittelnerv des BlaRückens regelmäßig stachelspitzig. Reife Sa 3–5 mm lg. Mesotrophe, stehende Gewässer (ruhige Seebuchten), verschmutzungsempfindlich, kalkstet; z Bw(ORh) Mv(f Elb), s By(S MS NW) He(ORh) Sa(W) An(Elb SO) Bb(f Elb SW) Sh(SO O) (m-temp·c1-8EUR-WAS? – L7 T6 F12 R9 N4? – 12). [*N. intermedia* GÓRSKI]
subsp. *intermedia* (GÓRSKI) CASPER

1* Stg ohne Stacheln. BlaScheiden wimprig gezähnt. Bla <1 mm br. Pfl 1häusig 2
2 BlaScheiden am Spreitengrund scharf abgesetzt (Abb. **140**/2). Bla grannig gezähnt, zerbrechlich, meist zurückgekrümmt. Fr schwarzgrau. 0,05–0,20(–0,40). 6–8. Meso- (bis eu-) trophe, stehende od. langsam fließende Gewässer (ruhige Seebuchten, Altwasser); z Rh(ORh) An(Elb N SO), s By(Alb MS NO O) Bw(ORh: Salem, S) He(ORh) Mv(MW: Mirow SW: Schweriner See), † Sa(W: Dresden) Bb, [U] † Nw (m-temp·c2-8EUR-(AS) – eros ⊙ uHy Fragmentation – WaB – VdA KlA – L6 T7 F12 R8? N4? – V Potam.). [*Caulinia minor* (ALL.) COSS. et GERM.] **Kleines N.** – *N. minor* ALL.

2* BlaScheiden allmählich in den Spreitengrund verschmälert, wie die Spreite fein stachelspitzig gezähnelt. Bla biegsam, meist gerade. Fr braun. 0,10–0,30. 6–8. Mesotrophe, stehende Gewässer (flache Seebuchten), bis 2 m Tiefe; † Bw(S) Rh(ORh) Bb(NO) (sm-temp-

HYDROCHARITACEAE – ALISMATACEAE 139

(b)·c2–6(EUR-SIB)+AM – eros ☉ uHy Fragmentation – WaB – VdA KIA – L5? T6? F12 R8 N5? – V Potam. – ▽!). [*Caulinia flexilis* WILLD.]
(†) **Biegsames N.** – *N. flexilis* (WILLD.) ROSTK. et W.L.E. SCHMIDT

Familie *Butomaceae* MIRB. – Schwanenblumengewächse
(1 Gattung/1 Art)

SumpfPfl. Bla grundständig, 2zeilig, linealisch, unten 3kantig. Blü ⚥, radiär, in Scheindolden mit 3 Zymen u. 1 EndBlü; PerigonBla 3+3; StaubBla 3+6; FrBla 3+3, oberständig, nur am Grund verwachsen. Griffel kurz od. fehlend. SammelFr aus vielsamigen Balg-Frchen.

Butomus L. – Schwanenblume, Wasserliesch (1 Art)

Stg stielrund, länger als die Bla. Perigon rötlichweiß, dunkler geadert. 0,50–1,50. 6–8. Uferröhrichte eutropher, stehender od. langsam fließender Gewässer; v Mv, z By Bw Rh He Nw Th(f Hrz Wld) Sa An Bb Ns Sh, [N] s Sa(SW), ↘ (m-b·c1-8EUR-WAS-(OAS), [N] NAM – sogr ros He/G ♃ monopRhiz mit Brutknospen, s igr uHy – InB: bes. Fliegen Vm selbststeril – WaA KIA Kältekeimer – L6 T6 F10~ Rx N7 – V Phragm., V Bid., auch untergetaucht flutend im V Ranunc. fluit. – 39). **Schwanenblume** – *B. umbellatus* L.

Familie *Alismataceae* VENT. – Froschlöffelgewächse
(15 Gattungen/88 Arten)

Sumpf- od. WasserPfl, meist ♃, mit Milchsaft. Bla grundständig, gestielt, herz-, ei- od. pfeilfg. od. flutend u. bandfg. Blü in rispen- od. traubenfg BlüStand, 1geschlechtig od. ⚥, radiär; KeBla u. KrBla 3, frei; StaubBla 3, 6 od. 9, wenn 6, dann in Paaren mit den KeBla alternierend, wenn 9, dann 3 in innerem Kreis; FrBla 3, 6 od. ∞, frei, oberständig. SammelFr aus Nüsschen.

1   ÜberwasserBla pfeilfg. Blü in quirligen Trauben, 1geschlechtig, untere ♀, obere ♂. StaubBla u. FrBla ∞. **Pfeilkraut** – *Sagittaria* S. 141
1* Bla nie pfeilfg. Blü ⚥. StaubBla 6 .... **2**
2   Stg flutend, beblättert, seltener auf Schlamm kriechend. Blü einzeln (seltener zu 2–5) in den BlaAchseln, schwimmend. FruchtBla 6–12. **Froschkraut** – *Luronium* S. 141
2* Stg aufrecht, unbeblättert. Blü in quirligen Rispen, Trauben od. Dolden **3**
3   BlüAchse kuglig. Frchen klein, elliptisch, 4–5kantig, ∞, eine kopfartige SammelFr bildend (Abb. **140**/3). Bla lanzettlich. Blü zu 3–12(–27) in endständiger Scheindolde, darunter zuweilen noch 1–2 Quirle. **Igelschlauch** – *Baldellia* S. 139
3* BlüAchse flach. Frchen in 1 Quirl, ± stark von den Seiten zusammengedrückt (Abb. **140**/ 4–6). Blü in quirligen Rispen od. Trauben **4**
4   ÜberwasserBla eifg bis lanzettlich, am Grund abgerundet, seicht herzfg od. verschmälert. Quirläste mehrblütig. Nüsschen ∞, auf der Rückenseite 1–2furchig.
Froschlöffel – *Alisma* S. 140
4* ÜberwasserBla tief herzfg. Quirläste 1- bis wenigblütig. SteinFrchen 8–10, auf der Rückenseite mit 3 scharf vorspringenden Nerven. **Herzlöffel** – *Caldesia* S. 141

Baldellia PARL. – Igelschlauch (2 Arten)

Bla lg gestielt. Kr weiß od. schwach rosa. 0,05–0,30. 7–10. Strandlingsfluren zeitweilig überfluteter, flacher Gewässerufer: Seen, Teiche, Gräben, Sandgruben; wechselnasse Küstendünentäler, salztolerant, optimal bei 5–20 cm, maximal 4 m Wassertiefe; z Nw(MW N NO: Lengerich) Ns, s An(N) Bb(Elb MN) Mv(N) Sh(f SO), [U] s Rh Th, ↘ (m-temp·c1-4EUR – sogr, WasserBla igr ros He/H/oHy ♃ – L8 T6 F10 Rx N2? – O Litt.). [*Alisma ranunculoides* L., *Echinodorus ranunculoides* (L.) ASCH.]

Igelschlauch – *B. ranunculoides* (L.) PARL.

ALISMATACEAE

1 Pfl nicht kriechend, ohne Ausäufer. Quirle 6–27blütig. Nüsschen glatt, geschnäbelt. KrBla meist weiß. 0,05–0,60. 6–7(–8). Mesotrophe, auch schwach kalkhaltige Gewässer; Verbr in D u. Gesamtverbr wie Art (K Isoëto-Nanojunc.). subsp. *ranunculoides*
1* Pfl mit Ausläufern, kriechend. Quirle (0–)2–4(–15)blütig. Nüsschen papillös, kaum geschnäbelt. KrBla meist rosa. 0,5–0,20. 6–10(–11). Standorte weitgehend wie subsp. *ranunculoides*, eher Pionierstandorte, saure, oligotrophe, kalkfreie Gewässer, geringere Wassertiefe u. küstennäher; s An(N) Mv(N: Rügen) Sh (m-tempc1-3EUR – ♃ ros oAusl – O Utric.). subsp. *repens* (LAM.) A. LÖVE et D. LÖVE

Alisma L. – **Froschlöffel** (9 Arten)
Anm.: Alle Arten gehören zur **Artengruppe Gewöhnlicher F. – *A. plantago-aquatica* agg.**

1 Bla meist untergetaucht, ungestielt, bandfg, 3–10(–15) mm br; ÜberwasserBla od. Bla der Landformen an der Spitze stumpf. BlüStand, wenn untergetaucht, wenigästig. Staubbeutel rundlich, 0,3–0,6 mm lg. Staubfäden etwas über 1 mm lg. Griffel deutlich kürzer als der FrKn, stark auswärts gekrümmt (Abb. **140**/4). Von vor 9 Uhr bis abends blühend. 0,10–0,30(–0,70). 7–8. Lückige Pionierfluren verlandender Ufer mesotropher, stehender od. langsam fließender Gewässer (Altwasser, Seen, Kiesgruben), StromtalPfl; z He(ORh) Sa(NO SO W) Bb(Elb Od NO) Sh(f W), s By(f NW) Bw(f Alb SO SW NW) Rh(f N) Nw(f SW NO) An(f Hrz S W) Ns(Elb: Brandleben) Mv, † Th, ↘ (sm-temp·c2-9EURAS+WAM+(OAM) – sogr ros He/uHy/G ♃ Rhiz Turionen – InB WaA KlA VdA – L7? T7 F11 R7? N4? – V Potam., O Litt., V Nanocyp., V Phragm.). [*A. loeselii* GORSKI, *A. arcuatum* MICHALET]
   Grasblättriger F. – *A. gramineum* LEJ.
1* Bla nie bandfg, spitz. BlüStand reichästig. Staubbeutel ± länglich, 1,0–1,3 mm lg. Staubfäden etwa 3 mm lg. Griffel zur BlüZeit so lg wie der FrKn od. etwas länger, fast gerade. Pfl meist höher 2
2 KrBla fast weiß. Blü sich erst gegen 12 Uhr öffnend; Griffel lg fädlich, Narben äußerst fein papillös (Lupe!), ⅛–⅙ der Länge des Griffels (Abb. **140**/5). BlüStand deutlich höher als br. Spreiten der ÜberwasserBla br eifg bis eilanzettlich, am Grund abgerundet bis herzfg, lg gestielt. 0,30–1,00. 7–8. Röhrichte u. Großseggenriede nasser bis flach überfluteter Ufer meso- bis eutropher, stehender od. langsam fließender Gewässer: Seen, Altwasser, Gräben; vernässte Brachen; g Bb Ns Mv Sh, h Nw, Sa(g N), An(g N O), v By(g NM) Bw Rh He Th, z Alp (m-b·c1-9CIRCPOL – sogr ros He/G ♃ SprKnolle Turionen – InB: meist Schwebfliegen – WaA VdA: Fische KlA Kältekeimer Sa langlebig – L7 T5 F10 Rx N8 – K Phragm. – giftig – 14). **Gewöhnlicher F. – *A. plantago-aquatica* L.**
2* KrBla rosa. Blü vormittags geöffnet, ab 13–15 Uhr stark welkend; Griffel kurz, Narben sehr grob papillös (ohne Lupe sichtbar), ½–⅔ der Länge des Griffels (Abb. **140**/6). BlüStand meist kaum höher als br. Spreiten der ÜberwasserBla eilanzettlich, mit verschmälertem Grund, kurz gestielt. 0,20–0,60. 6–7. Röhrichte u. Großseggenriede nasser bis wechselnasser Ufer stehender od. langsam fließender Gewässer: Flüsse, Altwasser, Seen, Gräben, Tagebaurestlöcher, kalkhold, nährstoffanspruchsvoll; z By Rh Nw Th(f Hrz S Wld) Sa An Bb Ns(f Hrz) Mv, s Bw He(f W) Sh(f W) (m-temp·c2-9EUR-WAS – sogr ros He/G ♃ Rhiz Turionen – WaA KlA – L7? T7 F10 R7 N 5?- O Phragm., O Bid., V Mol., V Nanocyp. – 26). **Lanzett-F. – *A. lanceolatum* WITH.**

Najas marina N. minor Baldellia Alisma gramineum plantago-aquatica lanceolatum

ALISMATACEAE · SCHEUCHZERIACEAE

Luronium RAF. [*Elisma* BUCHENAU] – **Froschkraut** (1 Art)
Bla sehr verschieden gestaltet: untere sehr schmal linealisch, flutend, obere schwimmend, elliptisch od. rundlich. KrBla schneeweiß, am Nagel gelb. 0,10–0,45. 5–8. Pionierrasen flach überfluteter, zeitweilig trockenfallender Ufer oligo- bis mesotropher, stehender od. langsam fließender Gewässer: Teiche, Gräben, Bäche; s By(NO: Alexandersbad) Sa(NO W) Bb(Elb MN, z SO) Nw(f SO, † NO SW) Ns(N M O S, z NW) Mv(MW SW) Sh(O: Trittau), † Rh He Th An, ↘ (sm-temp·c1-3EUR – sogr, WasserBla igr ros oHy ♃ Ausl Turionen – SeB auch kleistogam – WaA KlA – L8 T6 F11 R5 N3 – V Litt., V Potam. – ▽!). [*Alisma natans* L., *Elisma natans* (L.) BUCHENAU] **Schwimmendes F. – *L. natans* (L.) RAF.**

Caldesia PARL. – **Herzlöffel** (4 Arten)
BlüStand schmächtig, wenig verzweigt. Quirläste meist 1blütig. Kr weiß. 0,10–0,30. 7–9. Röhrichte meso- bis eutropher, stehender Gewässer: Altwasser, Gräben; s By(NO: Oberpfalz Charlottenhof, † S), † He(ORh) Bb(MN SW) Mv(M), ↘ (austr-strop-AFR+AUST-m-stemp·c2-6EUR – sogr ros oHy/G ♃ VertikalRhiz BlüStandsTurionen – WaA, Fr in D nicht ausreifend – L7? T7? F10 R8? N7 – V Phragm. – ▽!). [*Alisma parnassiifolium* L.] **Herzlöffel – *C. parnassiifolia* (L.) PARL.**

Sagittaria L. – **Pfeilkraut** (25 Arten)
1   Blü 1,5–2,5 cm br. KrBla weiß, am Grund mit purpurnem Fleck, selten reinweiß. Staubbeutel purpurn, meist kürzer als die Staubfäden. Fr an der Spitze mit kurzem, aufrechtem Schnabel. Untere Bla flutend, bandfg, folgende schwimmende, mit elliptischer bis pfeilfg Spreite, obere aufrecht, Spreite tief pfeilfg. BlaZipfel spitzlich, bis 10 × 3 cm. 0,20–1,00. 6–8. Lockere Röhrichte an nassen bis wechselnassen Ufern meso- bis eutropher, stehender od. langsam fließender Gewässer (Flüsse, Gräben, Teiche); v Sa(s SW), z By(h NM NO) Bw(bes. Rhein, Tauber u. Jagst, f SO) Rh He Nw Th(f Hrz NW) An(f Hrz W) Bb Ns Mv Sh, s Alp(Chm Allg); auch ZierPfl u. [N] (sm-b·c2-8EUR-WAS – sogr ros He/G ♃ uAusl+Knolle – InB: Fliegen 1häusig, s 2häusig Vw – VdA: Fische – L7 T6 F10 R7 N6 – V Phragm.).
   Gewöhnliches P. – *S. sagittifolia* L.
1* Blü (2–)3–4 cm br. KrBla weiß, ohne Fleck. Staubbeutel gelb, meist so lg wie die Staubfäden od. kürzer. Fr auf dem Rücken mit verlängertem, seitlich abstehendem Schnabel. Stg unten rotfleckig. Bla wie vorige. Mittlerer BlaZipfel der ÜberwasserBla 5–12 cm br, oben oft stumpf. 0,30–1,50. 8–9. Zier- u. AquarienPfl; auch Röhrichte stehender od. langsam fließender, zeitweilig auch trockenfallender Gewässer, nährstoffanspruchsvoll; [N 1951, oft angesalbt U] s Rh An(Elb, N: Ohre, Salzwedel) Bb(M: Berlin) Mv(Elb: Dömitz), [U] s By Bw(SO: Langenau) He Nw Ns (strop-temp·c1-8AM – sogr ros He/G ♃ Ausl+Knolle – MeA – V Phragm.).
   Breitblättriges P. – *S. latifolia* WILLD.

Ähnlich: **Pfriemenblättriges P. – *S. subulata*** (L.) BUCHENAU: aber BlüStand unter der Wasseroberfläche flutend, mit 4–6 3blütigen Quirlen, jeweils 1 Blü während 8 Std. über Wasser auftauchend, nur 1–2 ♀ Blü im untersten Quirl. WasserBla schmal linealisch, 5–80 × 0,2–1 cm, lg zugespitzt, SchwimmBla fehlend od. länglich bis elliptisch, 3–7 × 0,5–2,5 cm, oft rot gefleckt. 0,30–1,00. 5–10. Warmer Klärwassergraben; [N 1984] s Bb(M: Berlin Warme Wuhle) (m-sm·c1-2OAM, [N] sm-stemp·c3-5EUR, trop AM+OAS – ros igr ♃ oAusl).

Familie *Scheuchzeriaceae* F. RUDOLPHI – **Blasenbinsengewächse**
(1 Gattung/1 Art)

Kahle Rhizom ♃. Bla grund- u. stängelständig, 2zeilig, linealisch, stumpf, im ⌀ flach rundlich, mit offner Scheide. Blü ⚥, in Traube mit TragBla u. EndBlü; radiär, PerigonBla 3+3; StaubBla 3+3; FrBla 3(–6), oberständig, nur am Grund verbunden. BalgFrchen 1–2samig.

Scheuchzeria L. – **Blasenbinse** (1 Art)
Bla am Grund langscheidig. Blü 3–10, gelblichgrün. Frchen 3(–6), schief eifg, aufgeblasen. 0,10–0,20. 5–6. Nasse, teils flach überflutete Hochmoorschlenken, oligotrophe Niedermoore, Schwingrasen, kalkmeidend; v Alp, z Bw(S SO SW), s By(f Alb N NO)

Th(S) Sa(W) Bb(NO M MN SO) Ns(NW O) Mv(f Elb) Sh(SO), † Rh He Nw(MW) An, ↘
(temp-b·c2-6CIRCPOL – sogr hros He ♃ uAusl – WiB Vw – WaA Kältekeimer – L9 T5
F9= R3 N1 – O Scheuchz., bes. V Rhynch. alb. – ▽).
Blasenbinse, Blumenbinse – *Sch. pal*u*stris* L.

Familie *Juncaginaceae* RICH. – **Dreizackgewächse**

(3 Gattungen/34 Arten)

Rhizom- od. Ausläufer-Sumpf ♃, selten ⊙. Bla grundständig, 2zeilig, mit scheidigem Grund.
Blü meist radiär, ♂ od. die unteren ♀, in tragblattlosen Ähren od. Trauben; PerigonBla (1,
4 od.) 3+3, grün, hinfällig; StaubBla (1, 4 od.) 3+3, Staubbeutel fast sitzend; FrBla 1, 3 od.
6, oberständig, oft verwachsen, Narben sitzend, oft fedrig. SpaltFr mit nüsschenfg TeilFr.

Triglochin L. – **Dreizack** (25 Arten)

1 BlüTraube dicht. Narben 6. Fr eifg, mit 6 TeilFr. 0,15–0,75. 6–8. Feuchte, teils zeitweilig
   überflutete Salzwiesen, lückige Röhrichte, sekundäre Salzstellen (Solgräben, Kalihalden);
   g Küsten Ns Mv Sh, Binnenland z Th(Bck NW Rho) An Ns(f Hrz) Mv(f SW) Sh, s By(N NW:
   Heustreu, Neustadt) He(f NW SW W) Nw(MW: Upsprunge, † NO) Bb(M MN NO SW), † Bw
   Rh Sa, im Binnenland ↘ (m/mo-b·c2–9+litCIRCPOL – sogr ros H ♃ Rhiz – WiB Vw – WaA
   KlA Licht-Kältekeimer – L8 T6 F7= Rx N5? – K Aster. trip. – für Vieh giftig – 48).
   Strand-D. – *T. mari*t*ima* L.
1* BlüTraube locker. Narben 3. Fr linealisch, mit 3 TeilFr (Abb. **142**/1). 0,15–0,40. 6–8. Nieder-
   u. Quellmoore, nasse bis feuchte, zeitweilig überflutete, meist trittgestörte Weiden u. deren
   Ränder, an Gräben, Teichen, Torfstichen, schwach salztolerant; v Alp(g Kch) Mv, z By(f O)
   Bw(f NW) Nw Th Sa(f SO) An Bb Ns Sh, s Rh(f M ORh) He(f SW), ↘ (austr-strop/moAM-
   NEUSEEL+ m/mo-arct·c1-9CIRCPOL – sogr ros H/He ♃ uAusl+Zw – WiB Vw – KlA VdA
   WaA – L8 Tx F9= Rx N1 – K Scheuchz.-Car. – für Vieh giftig – 24).
   Sumpf-D. – *T. pal*u*stris* L.

Familie *Ruppiaceae* HORAN. – **Saldengewächse** (1 Gattung/8 Arten)

Submerse Brackwasser ♃. Stg fadenfg, an den Knoten wurzelnd. Bla 2zeilig, am Grund
scheidig. Blü ♂, unscheinbar, in endständigen, 2blütigen Ähren (Abb. **142**/2); StaubBla 2,
die sehr kurzen PerigonBla verdeckend; FrBla 4, oberständig, frei, zur BlüZeit wie die Ähre
± lg gestielt. Frchen steinfruchtartig.

Ruppia L. – **Salde** (8 Arten)

1 Bla 0,5 mm br, ± spitz. Ährenstiel 0,5–3 cm lg, nach der Befruchtung kaum (bis 5 cm) ver-
   längert, gerade od. schwach gekrümmt, sich nicht einrollend. Frchen meist halbmondfg.
   0,15–0,20. 6–10. Unterseeische Wiesen in flachen Küstengewässern der Nord- u. Ostsee,
   Gräben u. Tümpel im Brackwasserbereich, Salzgewässer im Binnenland (Salztümpel, Sol-
   gräben); v Küsten Ns, z Küsten Mv(N NO) Sh, s im Binnenland Th(Bck: Artern) Ns(N, † O),

1
Triglochin
palustris

2
Ruppia
maritima

3
Zostera marina

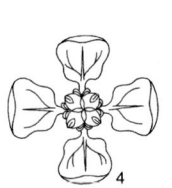
4
Potamogeton

5
Zannichellia

† He An, ↘ (austr-temp-(b·lit)·c3-10+litCIRCPOL – igr eros uHy ♃ oAusl monop Fragmentation – WaB an der Wasseroberfläche Vw – VdA WaA – Lx T6 F10 R8 N? – V Rupp. – 20).
　　　　　　　　　　　　　　　　　　　　　　　　　　Meeres-S. – *R. maritima* L.
1* Bla 1 mm br, meist stumpf. Ährenstiel 4–10 cm lg, nach der Befruchtung stark (bis >25 cm) verlängert u. schraubig eingerollt. Frchen schief eifg. 0,15–0,40. 6–10. Unterseeische Wiesen in flachen Küstengewässern der Nord- u. Ostsee (Strandseen), Gräben u. Tümpel in Salzwiesen; z Küsten Mv Sh, s Ns(N: Wilhelmshaven) (austrAM+AUST-b·c8+litCIRCPOL – igr eros uHy ♃ oAusl monop Fragmentation – WaB an der Wasseroberfläche, Vm – VdA WaA – L? T6? F12 R8? N? – V Rupp. – 40). [*R. cirrhosa* auct. non (Petagna) Grande]
　　　　　　　　　　　　　　　　　　　　　　　　　　Strand-S. – *R. spiralis* Dumort.

Familie *Zosteraceae* Dumort. – Seegrasgewächse

(2-4 Gattungen/9 Arten)

Submerse marine Rhizom ♃. Bla linealisch, mit scheidigem Grund. Pfl 1häusig (*Zostera*) od. 2häusig. Blü 2reihig auf abgeflachter, in die BlaScheide eingeschlossener Ähre (Abb. **142**/3); BlüHülle 0; ♂ Blü aus 1 StaubBla mit 2 Theken; ♀ Blü aus 1samigen FrBl. NussFr, durch den 2teiligen Griffel geschnäbelt. Pollen fadenfg, Wasserbestäubung.

Zostera L. – Seegras　　　　　　　　　　　　　　　　　　　　(12 Arten)

1　Bla (1–)3–7nervig, 3–9 mm br, oben abgerundet. BlaScheiden geschlossen, ohne Öhrchen. Stiel der Spatha oberwärts verbreitert. Sa längsfurchig. 0,30–1,00. 6–9. Unterseeische Wiesen in Küstengewässern der Nord- u. Ostsee, bis 10 m Tiefe; g Mv Sh, z Ns(N: Wattenmeer) (m-b·c1-5litCIRCPOL – igr hros uHy ♃ oAuslRhiz monop – WaB durch Fadenpollen unter Wasser, Vw – VdA: Enten, Fische WaA KlA – Lx T6 F12 R7 N6 – O Zost. – früher Polstermaterial, Düngemittel – 12). [*Z. angustifolia* (Hornem.) Rchb., ob eigene Art?]
　　　　　　　　　　　　　　　　　　　　　　　　　　Echtes S. – *Z. marina* L.
1* Bla 1–3nervig, etwa 1 mm br, oben ausgerandet. BlaScheiden oberwärts offen, mit 2 Öhrchen. Stiel der Spatha nicht verbreitert. Sa ungefurcht. 0,20–0,40. 6–8. Unterseeische Wiesen in flachen Küstengewässern der Nord- u. Ostsee, bis 1 m Tiefe; g Sh(W), z Ns(N: Wattenmeer), s Mv(N: Wismar, Prohn, Mönchgut? NO?) Sh(O) (m-temp·c1–9litEURAS – igr ros uHy ♃ oAuslRhiz monop – WaB Vw – VdA WaA – L7 T6 F12 R7 N5 – O Zost. – 12). [*Z. nana* Roth p.p. , *Z. noltii* Hornem.]　　　　　**Zwerg-S. – *Z. noltei* Hornem.**

Familie *Potamogetonaceae* Bercht. et J. Presl (inkl. *Zannichelliaceae*) – Laichkrautgewächse

(6 Gattungen/100 Arten)

Bearbeitung: **Gerhard Wiegleb**

Schwimm- od. TauchPfl, meist ♃. Bla wechsel- od. gegenständig, sitzend od. gestielt. NebenBla eine Hülle um den Stg bildend. Blü meist ⚥ od. ♀+♂ (Pfl 1- od. 2häusig), in tragblattlosen Ähren, höchstens zu BlüZeit aus dem Wasser ragend, BlüHülle meist 0 (*Potamogeton* aber mit 4 perigonähnlichen StaubBla-Anhängseln (Abb. **142**/4)) od. Perigon becherfg (*Zannichellia* ♀); StaubBla (1–)4, Staubbeutel sitzend; FrBla (1–)4(–8), oberständig, frei od. am Grund verwachsen. 1samige SteinFrchen, Nüsschen, selten Beere.

1　Bla wechselständig, oft im BlüBereich fast gegenständig, NebenBla scheidig, frei (Abb. **145**/3) od. mit dem BlaGrund verwachsen (Abb. **145**/1). BlüStand seitlich od. endständig, 2–∞blütig. SteinFrchen　　　　　　　　　　　　　　　　　　　　　　　　2
1* Bla an fertilen Sprossen einander paarweise (selten zu 3) genähert　　　　　　　　3
2　BlaScheide (NebenBla) vom BlaGrund frei od. fast frei (Abb. **145**/3). Bla oft vielgestaltig, untergetaucht od. schwimmend, untergetauchte Bla durchsichtig, ohne Luftkanäle. BlüStand steif, oft aus dem Wasser ragend. Pfl mit Turionen, wintergrünen Tauchsprossen u./od. mehrjährigen Ausläufern.　　　　　　　　　　　**Laichkraut – *Potamogeton* S. 144**

2* BlaScheide (NebenBla) auf mehr als ⅔ der Länge mit dem BlaGrund vereinigt (Abb. **145**/1). Alle Bla schmal linealisch bis haarfg, ganzrandig, untergetaucht, opak, mit Luftkanälen. BlüStand schlaff, nicht aus dem Wasser ragend. Pfl überwiegend mit Ausläuferknollen
Laichkraut – Stuckenia S. 148
3 **(1)** Bla eifg bis länglich-lanzettlich, 10–40 × 3–15 mm, spitz, stängelumfassend. NebenBla fast frei, nur am Grund kurz scheidig. Blü über Wasser. BlüStand scheinbar seitlich, 1–6blütig. StaubBla 4. Nüsschen. **Fischkraut – Groenlandia** S. 148
3* Bla fadenfg, 10–100 × 0,5–2 mm, zugespitzt. NebenBlaScheide stängelumfassend. Pfl 1häusig. Blü unter Wasser. BlüStand aus 1 ♀ Blü mit becherfg Hülle u. 1–4(–6) FrBla mit trichterfg Narbe, u. 1 ♂ Blü ohne BlüHülle aus 1(–2) StaubBla. SteinFrchen mit hakigem Schnabel. **Teichfaden – Zannichellia** S. 148

Potamogeton L. – **Laichkraut** (70 Arten)

1 Alle Bla schmal linealisch bis fadenfg, 0,5–5 mm br, sitzend, ganzrandig, untergetaucht. Pfl überwiegend sommergrün, überdauernd mit abfallenden Turionen 2
1* Bla rundlich bis lineal-lanzettlich od. schmal länglich, meist über 5 mm br, aber die TauchBla zuweilen auf den BlaStiel reduziert, sitzend od. gestielt, ganzrandig od. gezähnt. Pfl sommer- od. wintergrün, meist langlebig, mit ausdauernden Ausläufern (Ausnahme *P. crispus*, 11) 9
2 Stg flach zusammengedrückt, fast schmal geflügelt. Bla mit 3–5 Hauptnerven u. 16–32 feinen Zwischennerven, meist >2 mm br 3
2* Stg zusammengedrückt, mit gerundeten Kanten, od. fast stielrund. Bla 3–5(–7)nervig, ohne feine Zwischennerven, oft <2 mm br, die Seitennerven zuweilen undeutlich 4
3 Ährenstiele 21–69 mm lg, 2–3(–6)mal so lg wie die (8–)10–15blütige Ähre. Bla meist stumpflich, stachelspitzig, mit (3–)5 Hauptnerven (Abb. **148**/2). BlaGrunddrüsen fehlend. FrKn (1–)2, Frchen kurz geschnäbelt, ohne Bauchhöcker. 0,50–1,50. 6–9. Eutrophe, stehende od. langsam fließende Gewässer: Seen, Teiche, Altwasser, Gräben; z Bb(f SW) Ns(N M NW O) Sh(M O SO), s By (f S NW, † N) Sa(NO SW) An(Elb) Mv(f Elb), † Nw Th, ↘ (sm-b·c2-7EURAS – igr/sogr eros uHy ♃ uAusl, Turionen am Laubtrieb – WiB (Vw) – WaA KlA – L6? T5 F12? R8 N4? – V Potam. – 28). **Flachstängliges** L. – **P. compressus** L.
3* Ährenstiele 3–15 mm lg, 1(–3)mal so lg wie die (3–)5–6(–8)blütige Ähre. Bla zugespitzt, mit 3 Hauptnerven (Abb. **148**/4). BlaGrunddrüsen vorhanden (Abb. **148**/7). FrKn 1, Frchen mit längerem, gekrümmtem Schnabel, mit Bauchhöcker. 0,30–0,60. 6–8. Meso- bis eutrophe, stehende od. langsam fließende Gewässer: Teiche, Altwasser, Gräben; z Th(f Wld) Sa(f SW) Bb Ns Mv Sh(M O SO), s Alp(Allg Chm) By Bw(SO Keu S) Rh(MW Fe(MW O ORh W) Nw(MW: Haltern, Rietberg) An(f Hrz S W), ↘ (sm-temp·c2-5EUR-VORDAS – sogr eros uHy ♃ uAusl, Turionen am Laubtrieb – WiB – WaA KlA – L7? T6 F11? R5? N6 – V Potam. – 28). [*P. zosterifolius* auct. non SCHUMACH.]
Spitzblättriges L. – **P. acutifolius** ROEM. et SCHULT.
4 **(2)** NebenBla stark fasrig, mit hervorstehenden Nerven, oft weißlich, in der unteren Hälfte immer röhrig verwachsen, später aufreißend, nur die Fasern überdauernd. Turionen am Grund stark gerippt 5
4* NebenBla nicht fasrig, ohne hervorstehende Nerven, grünlich, in der unteren Hälfte offen od. verwachsen, überdauernd od. ohne Faserreste zersetzt. Turionen am Grund nicht gerippt. Freie Bla meist abstehend 6
5 Bla 5(–7)nervig (Abb. **148**/5), 1,5–4 mm br, parallelrandig, äußere Seitennerven oft blind endend. NebenBla später oft bis zum Grund 2spaltig. Stg deutlich zusammengedrückt. Turionen mit abstehenden freien Bla. 0,30–1,20. 6–8. Meso- bis eutrophe, stehende, seltener auch langsam fließende Gewässer: Altwasser, Seen, Teiche, Gräben, bis 5 m Tiefe; z Mv(f Elb) Sh(SO O M), s Alp(Allg) By(S MS NM, † N) Bw(ORh S SO Alb) Nw(MW: Emmerich) An(N Elb Hrz W) Bb(f OD SW) Ns(f Hrz), † Rh He Th Sa, ↘ (sm/mo-b·c2-H) CIRCPOL – sogr eros uHy ♃ uAusl, Turionen am Laubtrieb – WiB Vw – WaA KlA – L5 T6 F11 R7 N6 – V Potam., V Nymph. – 26). [*P. mucronatus* SOND.]
Stachelspitziges L. – **P. friesii** RUPR.

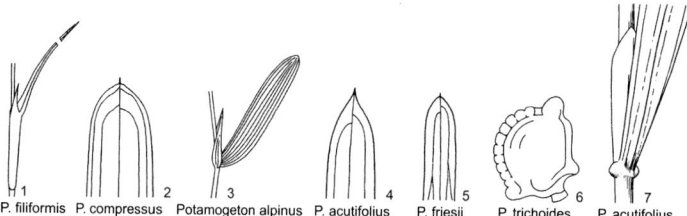

P. filiformis P. compressus Potamogeton alpinus P. acutifolius P. friesii P. trichoides P. acutifolius

5* Bla 3nervig, steif, allmählich fein zugespitzt, 0,4–1,4(–1,9) mm br. Stg rundlich. NebenBla nur an der Spitze fasrig aufspaltend. Freie Bla der Turionen anliegend. 0,30–0,50. 7–8. Mesotrophe, stehende od. langsam fließende Gewässer: Seen, Teiche, Gräben; s By(NM, † N) Bb(M NO) Sh, † Ns Mv, ↘ (temp-b·c2-4EUR-SIB – sogr eros uHy ♃ uAusl, Turionen am Laubtrieb – WiB Vw – WaA KlA – L7? T5? F12? R8 N5? – V Potam. – 26).
Rötliches L. – *P. rutilus* WOLFG.
6 (4) Blü mit 1(–3) FrKn. Bla 0,3–1,0 mm br, lg zugespitzt, 3nervig, Breite des Mittelnervs >⅓ des BlaGrunds, Seitennerven weit vor der Spitze einmündend. Frchen fast halbkreisfg, auf dem Rücken meist höckrig gekielt, etwa 3 mm lg (Abb. **148**/6). 0,30–2,50. 6–9. Meso- bis schwach eutrophe, stehende od. langsam fließende Gewässer: Seen, Altwasser, Gräben; z Bw(f Alb NW SW) Th(f Hrz) Sa An Bb Ns Mv Sh(M O), s Alp(Mng Wtt) By Rh He(f SO NW W) Nw (m-temp·c1-8EUR-(WAS) [N] austrAFR – sogr eros uHy kurzlebig ♃, Turionen am Laubtrieb – WiB Vw – WaA KlA – L8 T6? F11? R5 N4 – V Potam., V Nymph. – 26).
Haarblättriges L. – *P. trichoides* CHAM. et SCHLTDL.
6* Blü mit 4(–7) FrKn. Bla bis 3,5 mm br, parallelrandig, 3–5nervig 7
7 Bla meist 2–3,5 mm br, stumpf, kurz od. kaum bespitzt, oft bräunlich, kaum durchsichtig, mit Mittelnerv u. 2(–4) undeutlichen Seitennerven. Turionen 3–5 mm br. BlüStand mit 6–8 Blü. Frchen 3–4 mm lg, auf dem Rücken scharf gekielt. 0,30–0,90. 6–9. Mesotrophe, stehende, selten auch langsam fließende Gewässer: Seen, Teiche, Altwasser, Gräben, Tagebaurestlöcher; z By Th(f Hrz NW, v O) Sa An(f W) Bb Ns Mv Sh(M O), s Bw(f NW ORh) Rh(f ORh W) He(f NW SW W) Nw(f SW), ↘ (temp-b·c1-8CIRCPOL – sogr eros uHy ♃ kurze uAusl, Turionen am Laubtrieb – WiB – WaA KlA Kältekeimer – L6 T6 F12 R6 N6? – V Potam., V Nymph. – 26).
Stumpfblättriges L. – *P. obtusifolius* MERT. et W.D.J. KOCH
7* Bla 0,5–2,5 mm br. Turionen 0,5–2 mm br, BlüStand mit 2–6 Blü. Fr 2–2,5 mm lg, auf dem Rücken abgerundet, kaum gekielt. 8
8 NebenBla in der unteren Hälfte nicht verwachsen. Seitennerven kurz vor der Spitze rechtwinklig in den Mittelnerv mündend, Mittelnerv der Bla wenigstens in der unteren Hälfte von langgestreckten, durchsichtig-blassen Zellen gesäumt, BlaGrund mit Drüsenhöcker. 0,10–1,00. 6–9. Meso- bis eutrophe, stehende od. langsam fließende Gewässer, auch Tagebaurestlöcher; z Alp By Bw Rh He Nw Th(f Hrz NW) Sa An Bb Ns Mv Sh, ↘ (stropAFR+AM-m-b·c1-9CIRCPOL – teiligr? eros uHy ♃ uAusl, Turionen am Laubtrieb – WiB Vw – WaA KlA – L6 T6 F12 R7 N5? – O Potam. – 26). [*P. pusillus* auct.]
Berchtold-L. – *P. berchtoldii* FIEBER
8* NebenBla in der unteren Hälfte nicht verwachsen. Seitennerven der Bla 2 BlaBreiten unterhalb der Spitze spitzwinklig in den Mittelnerv mündend, durchsichtig-blasse Zellen entlang des Mittelnervs fehlend, BlaGrund ohne Drüsenhöcker. 0,20–1,00. 6–9. Oligo- bis eutrophe, meist stehende Gewässer: Seen, Teiche, Gräben, Tagebaurestlöcher; v Sh, z Alp By Bw Rh He Nw Th(f Hrz NW) Sa An Bb Ns Mv (strop AFR+AM-m-b·c1-9CIRCPOL – teiligr eros uHy ♃ uAusl, Turionen am Laubtrieb – WiB WaB TierB: Spinnen, Wasserläufer, Schnecken Vw – WaA KlA VdA – L6 T5 F12 R6 Nx – O Potam. – 26, 39). [*P. panormitanus* BIV.]
Zwerg-L. – *P. pusillus* L.
9 (1) TauchBla mit bloßem Auge sichtbar gezähnt, oft wellig-kraus, länglich od. schmal länglich, sitzend. Stg zusammengedrückt 4kantig. Frchen am Grund verwachsen, mit ziemlich lg, gekrümmtem Schnabel. 0,30–2,00. 5–9. Meso- bis hypertrophe, stehende od. langsam

fließende, auch stärker verschmutzte Gewässer: Seen, Teiche, Altwasser, Bäche, Gräben; v Nw Th Sa An Bb Ns Mv Sh, z By Bw Rh He, s Alp(f Krw) (austr-strop/mo-temp·c1-9CIRCPOL, in AM wohl [N] – teilig eros uHy ♃ uAusl, Turionen am Laubtrieb – WiB Vw – WaA KlA – L6 T5 F12 R7 N5 – O Potam. – 52). **Krauses L. – *P. crispus* L.**

9* TauchBla ganzrandig od. undeutlich gezähnt, gestielt od. sitzend, 5–22nervig. Stg stiel rund. Frchen völlig voneinander getrennt, kurz geschnäbelt 10

10 TauchBla sitzend od. in einen kurzen, meist <1,5 cm lg Stiel verschmälert. SchwimmBla, wenn vorhanden, kurz od. lg gestielt 11

10* Alle Bla meist >1,5 cm lg gestielt; Spreiten ganzrandig, die oberen stets schwimmend. TauchBla oft hinfällig 18

11 Bla stängelumfassend od. halbstängelumfassend, alle untergetaucht (außer Flachwasserformen von *P.* ×*nitens*, **14***) 12

11* Bla sitzend od. gestielt, nicht stängelumfassend 15

12 Bla länglich-lanzettlich, ganzrandig, an der Spitze kappenfg, am Grund abgerundet, seicht herzfg. NebenBla groß, derb, ± ausdauernd. Frchen auf dem Rücken scharf gekielt, 4–5 mm lg. Ährenstiele bis 35 cm lg. 0,80–3,00. 7–9. Oligo- bis mesotrophe, stehende od. langsam fließende, klare Gewässer: Seen, Teiche, Flüsse, Bäche; s Alp(f Chm Krw) By(S Alb MS, † N NM) Bw(S: Waltershofen) Rh(MRh) An(N: Drömling) Bb Ns(O: Ise Jeetzel) Mv(f Elb) Sh(SO O), † Nw(MW) He Th Sa, ↘ (sm/mo-b·c2-7CIRCPOL – igr eros uHy ♃ kurze uAusl, Turionen am Laubtrieb u. am Ausl – WiB Vw – WaA KlA – L8 T4 F12 R8 N4 – V Potam., V Ranunc. fluit. – 52). **Gestrecktes L. – *P. praelongus* WULFEN**

12* Bla rundlich bis lanzettlich, gezähnelt. Pfl sommergrün 13

13 Bla rundlich bis länglich-elliptisch, am Grund tief herzfg stängelumfassend. NebenBla klein, häutig, hinfällig. Frchen abgerundet, kaum gekielt, 3–3,5 mm lg. 0,30–1,00(–6,00). 6–9. Meso- bis eutrophe, stehende od. fließende Gewässer: Seen, Teiche, Altwasser, Flüsse, Bäche, Gräben; z By Rh Nw An(f S) Bb Ns(f Hrz) Mv Sh, s Alp Bw(S ORh) He(f W) Th(Bck) Sa(Elb W), ↘ (austrAUST-trop/mo-b·c1-9CIRCPOL – sogr eros uHy ♃ kurze uAusl mit Turionen – WiB Vw – WaA KlA – L6 Tx F12 R7 N6 – O Potam. – 52).
Durchwachsenes L. – *P. perfoliatus* L.

13* Bla meist halbstängelumfassend, zugespitzt. NebenBla dauerhaft. Pfl ohne reife Fr ... 14

14 Bla 10–35 mm br, oft eingerollt, NebenBla 20–70 mm lg, mit 2 herausragenden Rippen. SchwimmBla fehlend. 0,50–5,00. 6–7. Oligo- bis schwach eutrophe, stehende od. langsam fließende Gewässer: Seen, Gräben; z Ns, s By(Alb MS NM S) Bw(ORh S) Rh(ORh SW) Nw(N MW) An(SO Elb) Bb(MN NO) Mv(MW M NO) Sh(M O), † Th(O Bck), ↘ (temp-bEUR-ZSIB, [N]? AUST – sogr eros uHy ♃ uAusl, Turionen, Fragmentation – WiB – WaA KlA – V Potam., V Nymph. – 52, 78). [*P. lucens* × *P. perfoliatus*, *P.* ×*decipiens* NOLTE]
Weidenblättriges L. – *P.* ×*salicifolius* WOLFG.

14* Bla 5–15 mm br, häufig zurückgebogen. NebenBla 10–30 mm lg, ohne herausragende Rippen, häufig spitzwinklig vom Stg abstehend. SchwimmBla selten vorhanden, ledrig. 0,30–1,20. 6–8. Oligo- bis mesotrophe, stehende od. fließende Gewässer: Seen, Teiche, Altwasser, Flussbuchten; z Alp(f Allg) Mv(f Elb), s By(S: Königsee, † Alb? MS) Rh(f M MRh) Nw(NO: Senne) Bb(NO MN) Ns(NW: Emsbüren) Sh(O M), † Bw Th(Bck O) Sa An(N), ↘ (sm-b·c1-5 CIRCPOL – sogr eros u/oHy ♃ uAusl, Turionen, Fragmentation – WiB – WaA KlA – L7 T5? F12 R7? N5? – V Potam. – 52). [*P. gramineus* × *P. perfoliatus*]
Glanz-L. – *P.* ×*nitens* WEBER

15 (11) Stg unter dem BlüStand nicht verzweigt. Ährenstiele oberwärts nicht auffallend dicker als der Stg. TauchBla sitzend, stumpf, ganzrandig, lanzettlich bis elliptisch, meist rötlichgrün. SchwimmBla, wenn vorhanden, ledrig, länglich bis verkehrteifg. BlaStiel kürzer als die Spreite. 0,30–0,70(–3,00). 6–9. Oligo- bis eutrophe, stehende od. fließende Gewässer: Seen, Teiche, Altwasser, Gräben, Bäche, Flüsse; z Alp Bw(f Gäu NW ORh) Nw Th(f Hrz NW S, v O) Sa Bb Ns(f Hrz) Mv Sh, s By(f N) Rh(f M W) He(f SO) An(f W), ↘ (sm/mo-arct·c1-5CIRCPOL – sogr/teilig eros o/uHy ♃ kurze uAusl, Turionen am Ausl, s am Laubtrieb, Fragmentation – WiB Vw – WaA KlA, s Vermehrung durch Sa – L7 T4 F12 R6 N6 – V Potam. – 52). [*P. rufescens* SCHRAD.] **Alpen-L. – *P. alpinus* BALB.**

15* Stg bis zur Spitze ästig. Ährenstiele oberwärts meist deutlich verdickt. TauchBla ± zugespitzt od. stachelspitzig, immer deutlich gezähnt 16

POTAMOGETONACEAE   147

16 TauchBla sitzend, lanzettlich od. lineal-lanzettlich od. schmal elliptisch-länglich, am Grund verschmälert, meist <1,5 cm br u. <12 cm lg. SchwimmBla (nicht immer vorhan den) ledrig, eifg bis eilanzettlich, oft bespitzt, lg gestielt. Frchen 2–3 mm lg. 0,30–1,20. 6–9. Oligo- bis mesotrophe, stehende od. langsam fließende, klare Gewässer: Seen, Teiche, Altwasser, Gräben, Bäche; z He(f NW, † O) Sa(f SW) Bb Ns(f S) Mv(f Elb) Sh(SO O M), s Alp(f Brch Kch) By(† N NW O) Bw(f NW SW) Rh(f M MRh) Nw(f SW) Th(Bck) An(f SO S W), ↘ (m/mo-arct·c1-8CIRCPOL − sogr eros o/uHy ♃ uAusl Knolle Turionen am Laubtrieb, Fragmentation, auch Landform − WiB Vw − WaA KlA − L8 T4? F12 R5 N5 − V Potam., V Eleoch. acic, Desch. lit. − 52). [*P. heterophyllus* Schreb.]   **Gras-L. − *P. gramineus* L.**
16* TauchBla gestielt od. sitzend, elliptisch bis verkehrteifg od. lanzettlich, voll ausgebildet >1,5 cm br u. 12–35 cm lg **17**
17 Alle Bla untergetaucht u. gestielt, bis 35 cm lg, obere nicht länger gestielt als untere, Stiele zuweilen sehr kurz, Spreiten 10–30 × 2–5 cm. Ährenstiele bis 25 cm lg. Frchen fast kreisrund, 3–4 mm lg. 0,60–3,00(–6,00). 6–8. Meso- bis eutrophe, stehende od. langsam fließende Gewässer: Seen, Altwasser, Teiche, Flüsse, Gräben, Tagebaurestlöcher; z By Bw Rh He Nw Th(Bck Hrz O S) Sa An Bb Ns Mv Sh, s Alp(f Chm Mng Wtt) im höheren Bergland f − (m-b·c1-8EUR-WAS-(OAS) − sogr/teiligr eros uHy ♃ uAusl Rhiz, Turionen am Ausl, Fragmentation − WiB Vw − WaA KlA − L6 T6 F12 R6 N7 − V Potam., V Nymph. − 52).
     Spiegelndes L. − *P. lucens* L.
17* Alle Bla untergetaucht, bis 18 cm lg, od. die oberen schwimmend u. ± ledrig. TauchBla sitzend od. gestielt, obere länger gestielt als untere. Frchen 2,5–3 mm lg. 0,30–1,50. 6–9. Schwach meso- bis eutrophe, stehende od. langsam fließende Gewässer: Seen, Altwasser; z Alp(Amm Brch Wtt Allg) Rh(ORh) Sa(NO), s By(† Alb N, f NW) Bw(ORh S SO SW) He(ORh SW) Nw(MW) An(N) Bb(SO M NO) Ns(NW) Mv(f Elb SW), † Th, ↘ (sm-temp·c1-6EUR-WAS − sogr eros u/oHy ♃ uAusl, Turionen, Fragmentation − WiB − WaA KlA − L7 T6 F12 R7 N5 − O Potam. − 52). [*P. gramineus* × *P. lucens*; *P.* ×*zizii* Roth]
     Schmalblättriges L. − *P.* ×*angustifolius* J. Presl
18 (10) SchwimmBlaSpreite häutig, durchscheinend, breit bis lanzettlich, länger als ihr Stiel, oft rötlich. TauchBla lanzettlich. Frchen 1,5–1,8 mm lg, auf dem Rücken stumpf gekielt. 0,30–0,80. 5–10. Oligo- bis mesotrophe, stehende od. langsam fließende, klare Gewässer: Seen, Gräben, Bäche, auch auf trockenfallendem Kalkschlamm, kalkstet; z Ns(M: Hannover, sonst s), s Alp(Amm) By(MS S) Rh(ORh SW) Nw(MW), † Bw He An Mv, ↘ (strop OAFR-m-temp·c1-4EUR − igr eros/ros oHy ♃ uAusl − WiB − WaA KlA − L8 T6 F11 R8 N8 − V Potam., V Ranunc. fluit. − 28).   **Gefärbtes L. − *P. coloratus* Hornem.**
18* SchwimmBlaSpreite ledrig, nicht durchscheinend, oft kürzer als ihr Stiel. TauchBla oft hinfällig. Frchen 2–4(–5) mm lg **19**
19 BlaStiel an der Spitze mit andersfarbigen, biegsamem Gelenk. SchwimmBlaSpreite rundlich bis lanzettlich, am Grund verschmälert od. schwach herzfg. TauchBla auf den schmal linealischen BlaStiel reduziert, ohne Spreite. Frchen 3–4(–5) mm lg, auf dem Rücken kaum gekielt. 0,60–1,50. 6–8. Mesotrophe bis schwach eutrophe, stehende od. langsam fließende Gewässer: Seen, Teiche, Altwasser, Gräben, Bäche; h He Sa Ns, v Alp By Rh Nw Th(h O) An(z SO) Bb(z NW) Mv Sh, z Bw (m-b·c1-8CIRCPOL − sogr eros oHy ♃ uAusl, unspezialisierte Turionen am Laubtrieb − WiB − WaA KlA − L6 T5 F11 R7 N5 − V Potam., V Nymph. − 52).   **Schwimmendes L. − *P. natans* L.**
19* BlaStiel ohne andersfarbiges Gelenk. TauchBla (wenn vorhanden) mit Spreite **20**
20 Spreite junger TauchBla ganzrandig, lanzettlich od. lineal-lanzettlich. NebenBla häutig, lockernervig, 20–40(–65) mm lg. Frchen 2–2,5(–3,0) mm lg, auf dem Rücken stumpf gekielt, rötlich. 0,10–1,00. 5–10. Oligo- bis mesotrophe, stehende od. fließende, teils trockenfallende Gewässer: Heidetümpel, Gräben, Bäche, Torfstiche, kalkmeidend; z Rh(f MRh) Nw Sa Ns(f Hrz), s By(f N S, ? MS NM) Bw(NW ORh) He(f SW) Th(Bck) An(f W) Bb(f MN NO Od) Mv(SW) Sh(M SO O), ↘ (m-temp·c1-4EUR, [N] OAM − igr eros oHy ♃ uAusl, Fragmentation − WiB Vw − WaA KlA VdA: Fische − L7 T6 F10 R3 N2 − K Litt., V Potam., V Nymph. − 28). [*P. oblongus* Viv.]   **Knöterich-L. − *P. polygonifolius* Pourr.**
20* Spreite junger TauchBla gezähnelt, meist br lanzettlich. NebenBla derb, dichtnervig, 30–80 mm lg. Frchen 3–4 mm lg, trocken auf dem Rücken scharf gekielt. 1,50–3,00. 6–9. Meso- bis eutrophe, stehende od. fließende Gewässer: Flüsse, Bäche, Altwasser, Gräben,

Kanäle; z By Bw(f Alb Keu) Rh Ns(NW: Ems, sonst s), s Alp(Krw Wtt) He(ORh O) Nw(f N SW) Sa(W: Leipzig, Scharfenberg) An(Elb SO) Bb(f NO SW), † Mv Sh, ↘ ((austrostrop+bstropCIRCPOL)-m-temp·c2-8EUR-WAS+AM − sogr eros oHy ⚷ uAusl, Turionen am Ausl, s Landformen ohne TauchBla − WiB Vw − WaA KlA VdA -L6 T6 F12 R8 N5? − V Ranunc. fluit., V Nymph. − 52). [*P. fluitans* auct.] **Knoten-L. − *P. nodosus* POIR.**

Weitere Hybriden: *P. acutifolius* × *P. berchtoldii* = *P.* ×*sudermanicus* HAGSTR. − s, *P. friesii* × *P. crispus* = *P.* ×*lintonii* FRYER − s, z Nw, *P. pusillus* × *P. berchtoldii* = *P.* ×*franconicus* G. FISCH. − s, *P. berchtoldii* × *P. natans* = *P.* ×*variifolius* THORE − s, *P. crispus* × *P. praelongus* = *P.* ×*undulatus* WOLFG. − s, *P. crispus* × *P. perfoliatus* = *P.* ×*cooperi* (FRYER) FRYER − s, *P. crispus* × *P. alpinus* = *P* ×*olivaceus* BAAGOE − s, *P. perfoliatus* × *P. praelongus* = *P.* ×*cognatus* ASCH. et GRAEBN. − s, *P. alpinus* × *P. gramineus* = *P.* ×*nericius* HAGSTR. − s, *P. alpinus* × *P. lucens* = *P.* ×*nerviger* WOLFG. − s, *P. alpinus* × *P. polygonifolius* = *P.* ×*spathulatus* W.D.J. KOCH et ZIZ − z, *P. gramineus* × *P. natans* = *P.* ×*sparganiifolius* FR. − s, *P. lucens* × *P. natans* = *P.* ×*fluitans* ROTH [*P.* ×*sterilis* HAGSTR.] − s, *P. natans* × *P. polygonifolius* = *P.* ×*gessnacensis* G. FISCH. − s, *P. natans* × *P. nodosus* = *P.* ×*schreberi* G. FISCH. − s.

Stuckenia BÖRNER − **Laichkraut** (7 Arten)

1 BlaScheide offen, eingerollt, hellrandig. Bla 0,5–4 mm br, spitz od. stumpf u. bespitzt. Ähren dicht od. später unterbrochen. Frchen auf dem Rücken gekielt, deutlich geschnäbelt, 3–5 mm lg. Pfl meist sommergrün, mit Ausläuferknollen, untere BlaScheiden nicht aufgeblasen, seltener immergrün, ohne Knollen, untere BlaScheiden aufgeblasen ([*S. helvetica* (G. FISCH.) HOLUB], Bw: Bodensee, Rhein). 0,30–3,00. 5–9. Oligo- bis hypertrophe, stehende od. langsam fließende, auch stärker verschmutzte Gewässer: Seen, Tümpel, Altwasser, Bäche, Gräben, salztolerant (Brackwasser); v Sa(z SW) An Ns Mv(z NO), z Alp(f Brch) By Bw Rh He Nw(v NW) Th(f Hrz) Bb Sh, ↗ (austr-b·c1–10+litCIRCPOL − sogr/igr eros uHy meist ⚷ uAusl+Knolle Fragmentation − WiB Vw − WaA KlA − L6 Tx F12 R8 N8 − O Potam., V Rupp. − 78). [*Potamogeton pectinatus* L.]
Kamm-L. − *S. pectinata* (L.) BÖRNER

1* BlaScheide in der unteren Hälfte röhrig verwachsen (später oft aufreißend), Rand des offenen Abschnitts bräunlich. Bla 0,2–1,2 mm br, stumpf. Ähren auch zur BlüZeit unterbrochen. Frchen auf dem Rücken abgerundet, kaum geschnäbelt, 2–2,8 mm lg. Pfl stets mit Ausläuferknollen. 0,10–0,60. 5–8. Oligotrophe, stehende od. langsam fließende, kühle Gewässer: Seen, Bäche, Gräben, meist kalkmeidend, empfindlich gegen Gewässerverschmutzung; z Alp Mv(f Elb) s By(S MS) Sa(NO) Bb(f SO Elb) Sh(M: Pinneberg), † Bw Ns, ↘ (m/mo-arct·c2–9+lit· CIRCPOL − igr eros uHy ⚷ uAusl+Knolle − WiB Vw − WaA KlA − L8 T4 F12 R4 N3 − V Potam., V Ranunc. fluit. − 78). [*Potamogeton filiformis* PERS.]
Faden-L. − *S. filiformis* (PERS.) BÖRNER

Hybriden: *S. pectinata* × *S. filiformis* = *S.* ×*suecica* (K. RICHT.) HOLUB − s, *S. pectinata* × *S. vaginata* (TURCZ.) HOLUB = *S.* ×*bottnica* (HAGSTR.) HOLUB − ob im Gebiet (N-Sh)?

Groenlandia J. GAY − **Fischkraut** (1 Art)

Pfl untergetaucht. Frchen auf dem Rücken scharf gekielt, mit kurzem, hakigem Schnabel. 0,30–0,45. 6–9. Pfl wintergrün, ohne Turionen. 5–9. Mesotrophe, langsam fließende, seltener stehende Gewässer (Gräben, Bäche, Seen); z Alp(f Brch) Bw(f NW) Ns(NW, sonst s), s By Rh(f N SW W) He(f NW NW W) Nw(f SW) Th(Bck) Sh(M: Giesensand), [N U] An(S), † Sa Bb Mv, ↘ (m/mo-sm·c1-6-temp·c1-4EUR-VORDAS − igr eros uHy ⚷ uAusl − WiB Vw − WaA KlA Licht- u. Kältekeimer − L8 T6 F12 R8 N5? − V Potam., V Ranunc. fluit. − 30). [*Potamogeton densus* L.]   **Dichtes F. − *G. densa* (L.) FOURR.**

Zannichellia L. − **Teichfaden** (6 Arten)

Stg an den Knoten wurzelnd, im oberen Teil flutend, stark verästelt. Bla mit geschlossener NebenBlaScheide (Ochrea) od. ± offener NebenBlaScheide. Blü klein, immer unter Wasser (Abb. **142**/5), männl. u. weibl. Blü an einem Knoten, Filamente 2–10 mm lg. 0,10–0,80. 5–9. Meso- bis eutrophe, stehende od. fließende Gewässer: Seebuchten, Altwasser, Teiche, Flüsse, Bäche, Gräben, kalkstet, salz- u. verschmutzungstolerant; v Küsten Mv Sh Ns, z By Bw Rh He Nw Th Sa An Bb Ns Mv Sh, s Alp, bes. Löß- u. Kalkgebiete, Stromtäler (austr-temp·c1-10-(b·lit)CIRCPOL – bigr eros uHy ♃ oAusl Fragmentation – WaB – WaA KlA – L6 T6 F12 R8? N8? – V Potam., V Ranunc. fluit., V Rupp. – 24, 32, 36).

Sumpf-T. – Z. palustris L.

1 Frchen 2,5–4,5 mm lg, bis 0,8 mm gestielt, zu (3–)4–5(–8), Bla 1–2 mm br, Pfl mehrjährig. Stehende od. langsam fließende, salzhaltige Gewässer; z Küsten: Mv Sh?, s Binnenland: By?, He?, Nw? † Rh? (Gesamtverbreitung temp c1-4EUR+OAM – V Rupp., V Potam. – 32). [Z. *major* BOENN., *Z. polycarpa* NOLTE] subsp. ***major*** (HARTM.) OOSTSTR. et REICHG.

1* Frchen 1,5–2,5(–3) mm lg, bis 2,5 mm gestielt, zu (1–)2–4(–5), Bla 0,5–1(–1,5) mm br., Pfl in der Regel einjährig 2

2 Frchen bis 0,5 mm lg gestielt, zu 2–4(–5), Griffel <½ so lg wie die Frchen, –0,5 mm lg. Eutrophe, stehende od. fließende Gewässer, kalkstet, schwach salztolerant; Verbr. in D wie Art, z im Binnenland (Gesamtverbreitung wie Art – V Potam., V Ranunc. fluit. – 24, 36?). [Z. *dentata* WILLD., *Z. repens* BOENN.] subsp. ***palustris***

2* Frchen 1–2,5 mm lg gestielt, zu (1–)2–3. Griffel >½ so lg wie die Frchen, 1–2 mm lg. Stehende meist eutrophe, salzhaltige Gewässer; z Küsten Ns(N NW sonst s), Mv(N), s By(N NM?, † NW) Nw(MW, † NO) Th(S) Sa(SO NO W) An(SO) Ns(MO M NW) Mv(NO) Sh(O?), † Rh(SW) (Gesamtverbreitung unklar – V Potam., V. Rupp. – 36). [Z. *pedunculata* RCHB.]

subsp. ***pedicellata*** (WAHLENB. et ROSÉN) HOOK. f.

Anm.: *Z. palustris* ist eine polymorphe Art. Die in Deutschland vorkommenden Morphotypen werden hier als Subspezies behandelt. Anzahl der Fr, FrLänge, Länge des FrStiels sowie Griffellänge variieren jedoch unabhängig, so dass häufig Übergangsformen auftreten. Zu achten ist auf das Vorkommen von *Z. peltata* BERTOL. (männl u. weibl. Blü an verschiedenen Knoten, Filamente 10–30 mm lg – 12), die eine atl-w med Verbreitung hat.

Familie *Nartheciaceae* BJURZON – **Beinbrechgewächse**

(4 Gattungen/34 Arten)

Rhizom- u. Ausläufer-Ganzrosetten ♃. Bla 2zeilig, schwertfg-reitend od. lanzettlich. Blü ⚥, in Trauben od. Ähren mit Trag- u. VorBla, radiär; PerigonBla 3+3; StaubBla meist 3+3; FrBla 3, verwachsen, meist oberständig, mit Septalnektarien. Fachspaltige Kapsel.

Narthecium HUDS. – **Beinbrech, Ährenlilie** (7 Arten)

Rhizom dünn, kriechend. BlüHülle innen gelb, außen grün. 0,10–0,30. 7–8. Nasse Hoch- u. Heidemoore, Moorgräben, Feuchtheiden, Weidengebüsche, kalkmeidend; z Rh(N) Nw Ns(N M NW, s O), s Sh(M O), † An(O: bei Zerbst) , ↘ (sm-b·c1-2EUR – igr hros H ♃ Rhiz – InB: Bienen, Fliegen SeB? – WiA Kältekeimer – L8 T4? F9 R2 N1 – V Eric. tetr. – 26 – ▽).

Beinbrech – *N. ossifragum* (L.) HUDS.

Familie *Dioscoreaceae* R. BR. – **Yamswurzelgewächse**

(4 Gattungen/660 Arten)

Meist windende Knollen- od. Rhizom ♃. Bla wechselständig, gegenständig od. quirlig, gestielt, mit BlaGelenk, oft herzfg, handnervig. Blü in achselständigen Trauben od. Ähren, Pfl meist 2häusig; PerigonBla 3+3; StaubBla 3+3 (od. 0); FrKn 3blättrig, unterständig, mit Septalnektarien u. 3 meist 2samigen Fächern. Kapsel od. Beere.

Dioscorea L. – **Schmerwurz** (640 Arten)

Bla meist etwa so lg wie br, eifg-zugespitzt bis herzfg u. 3lappig mit spitzem Mittellappen. ♂ Blü hell grünlichgelb, in achselständigen Trauben, mit glockiger Röhre, ♀ Blü fast bis zum Grund freiblättrig. Beeren kuglig, rot. 1,50–3,00. 5–6. Mäßig frische bis mäßig trockne Wald- u. Gebüschränder, Hecken, lichte EichenmischW, nährstoffanspruchsvoll, basenhold; s By(S, ob noch?) Bw(f SO NW) Rh(W SW) (m·c1-5-stemp·c1-2EUR – sogr eros G ♃ WindePfl wurzelähnliche SprKnolle mit Adventivknospen – InB: Haut- u. Zweiflügler 2häusig – VdA – L6 T8 F5 R8 N5 – O Prun., V Alno-Ulm., V Til.-Acer. – giftig).

[*Tamus communis* L.] **Gewöhnliche Sch. – *D. communis*** (L.) CADDICK et WILKIN

Familie **Melanthiaceae** BORKH. – **Germergewächse**
(inkl. ***Trilliaceae*** LINDL.) (15 Gattungen/190 Arten)

Rhizom-, Knollen- od. Zwiebel ♃. Stg einfach, aufrecht. Bla schraubig. Blü meist in Trauben od. Doppelähren, ♂ od. ♀+♂; PerigonBla 3+3, ± frei; StaubBla 3+3; FrBla 3, ± verwachsen, meist oberständig. Scheidewand- od. fachspaltige Kapsel od. Beere.

1 Pfl mit einem Quirl aus 4 LaubBla (Abb. **151**/1). Blü einzeln, 4zählig. Schwarze, blau bereifte Beere. **Einbeere** – *Paris* S. 150
1* Pfl mit >10 wechselständigen LaubBla. Blü ∞ in verzweigtem BlüStand, 3zählig. Behaarte Kapsel. **Germer** – *Veratrum* S. 150

Veratrum L. – **Germer** (50 Arten)

BlüStand 30–60 cm lg. PerigonBla 7–15 mm lg. 0,50–1,50. 6–8. Alp. bis subalp. frische bis nasse Hochstaudenfluren, Weiden, Viehläger, in tieferen Lagen in Nasswiesen, wechselfrischen Halbtrockenrasen, lichten Auen- u. BruchW, kalkhold; h Alp, z By(S MS O) Bw(SO S Alb), [N] Bw(SW: Schwarzw) (sm/salp-b·c2-6EURAS-(WAM) – sogr eros H ♃ Rhiz – InB: Fliegen, Käfer Vm – StA Wintersteher Kältekeimer – V Rum. alp., O Adenost., V Mol., V Calth., V Mesobrom., V Aln. – giftig!!, früher HeilPfl). **Weißer G.** – ***V. album*** L.

1 PerigonBla innen weiß, außen grünlich od. gelblich (weitere Unterschiede zweifelhaft). z Alp(f Brch Chm Mng), s By(S MS), Verbr. ungenau bekannt (sm-stemp//salp·c3-4EUR – L7 T4 Fx R7 N6).
subsp. ***album***
1* PerigonBla beidseits grünlich. Nasswiesen, wechselfrische Halbtrockenrasen, lichte Auen- u. BruchW; v Alp, z By(MS O, v S) BW(SO S Alb), [N] W-Bw: Schwarzw, Verbr. ungenau bekannt (Gesamtverbr. wie Art? – V Mol., V Calth., V Mesobrom., V Aln.). [*V. lobelianum* BERNH.]
subsp. ***lobelianum*** (BERNH.) SCHÜBL. et G. MARTENS

Paris L. – **Einbeere** (30 Arten)

Rhizom ausläuferartig, kriechend. Stg kahl. Bla elliptisch-lanzettlich, netzadrig (Abb. **151**/1). 0,10–0,30. 5–6. Frische bis sickerfeuchte LaubmischW (bes. AuenW) u. NadelmischW, Gebüsche, nährstoffanspruchsvoll; h Alp, v By Bw Rh He Nw Th Ns Mv Sh(SO O M), z Sa An Bb (sm/mo-b·c1-6EUR-SIB – sogr eros G ♃ AuslRhiz – InB: Fliegentäuschblume – VdA Kältekeimer Sa kurzlebig – L3 Tx F6 R7 N7 – O Fag., V Aln., V Prun.-Rub. – früher HeilPfl, giftig!). **Einbeere** – ***P. quadrifolia*** L.

Familie ***Colchicaceae*** DC. – **Zeitlosengewächse**
(17 Gattungen/300 Arten)

Rhizom- od. Knollen ♃. Bla grund- od. stängelständig, meist schraubig, eifg bis linealisch. Blü ± radiär, meist ♂, in Trauben, Zymen od. einzeln; PerigonBla 3 + 3; StaubBla 3+3, Nektarien an PerigonBla od. Staubfäden; FrBla 3, oberständig. Scheidewand- od. fachspaltige Kapsel, selten Beere.

Colchicum L. – **Zeitlose** (110 Arten)

Bla br lanzettlich, im Frühjahr mit der aufgeblasenen Kapsel erscheinend. Pfl mit Knolle. 0,05–0,40. 9–10. FrReife 6. Frische bis wechelfeuchte, extensiv genutzte Wiesen, AuenW u. ihre Ränder, mäßig nährstoffanspruchsvoll; h Alp Bw Rh He Th, v By(g NM) An(z N O), z Nw Sa(f Elb) Ns(f Elb N NW), s Bb(f SO) Mv(f Elb NO), [N] s Sh, ↘ (sm-stemp·c1-4EUR – sogr ros G ♃ SprossKn – InB: Hummeln, Schwebfliegen, Falter, meist Vw – AmA VdA KlA MeA StA Dunkel-Kältekeimer – L6 T5 F~6 R7 Nx – O. Mol., wechselfeuchte O Arrh., V Alno-Ulm. – HeilPfl – giftig!!). **Herbst-Z.** – ***C. autumnale*** L.

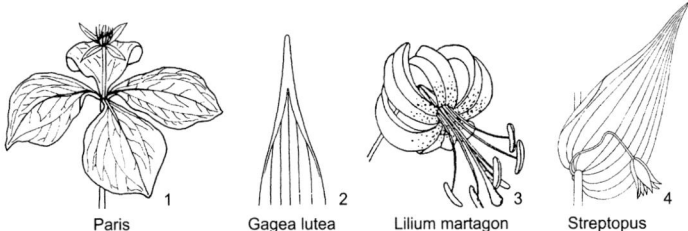

Paris   Gagea lutea   Lilium martagon   Streptopus

Familie *Liliaceae* Juss. – **Liliengewächse** (15 Gattungen/ca. 790 Arten)
Bearbeitung: **Angela Peterson u. Jens Peterson**

Zwiebel-, selten Rhizompflanzen ♃. Bla sitzend, wechselständig bis scheinquirlig. Blü ☿, radiär. PerigonBla 3 + 3, mit Nektarien, farbig, nicht blau; StaubBla 3 + 3, FrBla 3, verwachsen, oberständig. Meist fachspaltige Kapsel, selten Beere. Sa hornig, stärkefrei, flach od. länglich rund, meist hellbraun.

Früher viel weiter gefasst. Die rhizombildende Gattung *Streptopus* ähnelt habituell *Polygonatum* (Asparagaceae, S. 185).

1	PerigonBla 3–10 cm lg	2
1*	PerigonBla 0,5–2,5 cm lg	4
2	Griffel sehr kurz, Narbe fast sitzend. Blü 1–2, zur BlüZeit aufrecht. Bla blaugrün. **Tulpe – *Tulipa*** S. 153	
2*	Griffel lg. Blü 1–20	3
3	Blü 1(–3), ± eifg, nickend, glockig. Bla lineal-lanzettlich, blaugrün, wechselständig. Staubbeutel am Grund am Staubfaden befestigt. **Schachblume – *Fritillaria*** S. 153	
3*	Blü 1–20, Perigon trichterfg od. turbanfg zurückgebogen. Bla elliptisch od. lanzettlich, reingrün, zuweilen in Scheinquirlen. Staubbeutel in ihrer Mitte am Staubfaden befestigt (Abb. **151**/3). **Lilie – *Lilium*** S. 153	
4	**(1)** PerigonBla weißlich. Blü mehrere am Stg, jeweils einzeln scheinbar blattgegenständig, ihre Stiele unter das Bla gebogen u. gekniet (Abb. **151**/4). Bla länglich-eifg, mit herzfg Grund stängelumfassend. RhizomPfl. **Knotenfuß – *Streptopus*** S. 154	
4*	PerigonBla oseits gelb od. weiß u. dann meist rötlich gestreift. Blü endständig, einzeln od. in wenigblütigen Scheindolden. Bla lineal-lanzettlich. Zwiebel-AusläuferPfl. **Goldstern, Faltenlilie – *Gagea*** S. 151	

Gagea Salisb. – **Goldstern, Faltenlilie** (ca. 320 Arten)

Anm.: Zwiebel-Merkmale sind meist nur sichtbar, wenn die dunklen abgestorbenen Hüllen entfernt werden. Zusätzlich zur immer vorhandenen großen Hauptzwiebel (die zur BlüZeit in der Hülle der vorjährigen Zwiebel entwickelte Ersatzzwiebel der Mutterpflanze; Ausnahmen bilden *G. pratensis* u. *G.* ×*pomeranica* mit Ersatzzwiebel ganz od. teilweise außerhalb der Hülle) werden vielfach kleinere Nebenzwiebeln gebildet. Die Angabe zur Anzahl der GrundBla bezieht sich auf blühende Pfl.

1	PerigonBla oseits weiß, meist rötlich gestreift. GrundBla fast fädlich. StgBla lineal-lanzettlich. Blü 10–15 mm br. 0,07–0,10. 7–8. Alp. mäßig frische, bes. windexponierte Steinrasen, kalkmeidend; s Alp(Allg Brch: Hoher Göll), (sm/alp-arct·c3–7EUR-AS-WAM – sogr hros G ♃ Rhiz+Zw – InB – WiA – L9 T1 F5 R5 N1 – V Elyn. – ▽. [*Lloydia serotina* (L.) Rchb] **Späte Faltenlilie – *G. serotina*** (L.) Ker Gawl.	
1*	PerigonBla oseits gelb, useits meist grünlich	2
2	GrundBla röhrig-hohl, halbstielrund od. stielrund	3
2*	GrundBla nicht röhrig-hohl, halbstielrund, rinnenförmig od. flach	4

3   BlüStiele behaart. Perigon kahl, stumpf. GrundBla 1–2, halbstielrund, hohl, nur am Grund rinnig, 2–3 mm br. StgBla 2, dem BlüStand genähert. Nebenzwiebel 1 bei blühenden Pfl u. starken nichtblühenden Pfl. Öfter statt der Blü ∞ Brutzwiebeln im dann meist gestauchten BlüStand. Scheindolden 1–5blütig. 0,10–0,15(–0,25). 6–7. Alp. bis subalp. frische Weiden u. Lägerfluren, basenhold; s Alp(Wtt Allg: hinteres Rappenalptal) (sm-stemp//salp+(b)·c2–6EUR-AS – frgr eros G ♃ Zw BrutZw – InB? Meist steril – VdA?, Wa A – L7 T3 F5 R6 N7 – V Poion alp., V Triset., V Rum. alp.). [*G. liotardii* (STERNB.) SCHULT. et SCHULT. f., *G. fistulosa* auct.]   **Röhriger G. – *G. fragifera*** (VILL.) EHR. BAYER et G. LÓPEZ
3* BlüStiele kahl. GrundBla 2, röhrig-hohl, anfangs in der Mitte mit farblosem Mark, stielrund, 0,8–1,5 mm br. StgBla 1, am Grund br scheidenf, mit Kapuzenspitze, vom BlüStand entfernt. Nebenzwiebeln ∞ bei blühenden Pfl u. starken nichtblühenden Pfl. Scheindolden 1–3(–5)blütig. PerigonBla stumpf. 0,10–0,20. 4–5. Mäßig frische bis sickerfeuchte LaubmischW, Parks; v Mv, z Rh(N) Nw(f MW SW) Th(f O) Sa(f SW) An Ns Sh, s By(NW N NM) Bw(Gäu ORh: Bruchsal) He(f NW SW) Bb(f M Od SW), ↘ ((sm)-temp·c2-3EUR+(NKAUK) – frgr eros G ♃ Zw – stets steril – AmA? – L2 T6 F6 R7 N7 – O Fag. – 104).
    Scheiden-G. – *G. spathacea* (HAYNE) SALISB.
4   (2) GrundBla 2. BlüStiele ± behaart 5
4* GrundBla 1. BlüStiele kahl 6
5   GrundBla kräftig, im Querschnitt rundlich bis elliptisch, stets oseits flachrinnig, 1–2(–4) mm br, an ihrem Grund rötlich. Selten statt der Blü ∞ Brutzwiebeln im dann meist gestauchten BlüStand. StgBla 2, einander u. den HochBla des BlüStandes sehr genähert, fast gegenständig. Scheindolden 5–12blütig. Griffel weist kurzhaarig. 0,10–0,15. 3–5. Mäßig trockne, sandige Äcker u. ihre Ränder, Weinberge, extensiv genutzte Wiesen, Parks, Friedhöfe, lichte LaubmischW u. ihre Ränder im Hügel- u. Flachland; [A] v Th An, z By(s S) Bw Rh(h ORh) He Nw Sa Bb Ns(f N) Mv, s Sh(O: Oldenburg), † Alp, ↘ (m-temp·c2-5EUR – frgr eros G ♃ Zw BrutZw – InB: Bienen Vw, in D oft keine reifen Sa – MeA – L6 T7 F4 R6 N5 – V Aphan., V Pan.-Set., O Arrh. – 48). [*G. arvensis* (PERS.) DUMORT.]   **Acker-G. – *G. villosa*** (M. BIEB.) SWEET
5* GrundBla fädlich, schwach rinnig bis stielrund, lockig gedreht, an ihrem Grund weißlich. Oft statt der Blü unterirdisch ∞ Brutzwiebeln im extrem gestauchten BlüStand. StgBla 2, voneinander u. von den HochBla des BlüStandes ± entfernt. Scheindolden 1–2(–6) blütig. Griffel kahl. 0,02–0,08. 1–3(–4). Kalk- u. Silikatfelsfluren u. -trockenrasen, Sandtrockenrasen, Ephemerenfluren; z An(f N O), s Rh Th(Wld Bck Rho) Bb(Od: Gabow M: Sanssouci) Ns(MO: Hedeper), † By(NM: Kaltenbronn, Lichtenfels, ob je?) Sa(Elb), ↘ (sm-stemp·c2-5EUR – hfrgr eros G ♃ Zw – InB, in D nur sehr selten reife Sa, Vw SeB – AmA? – L9 T8 F2 R5 N2? – O Sed.-Scler., V Fest. val.).
    Felsen-G. – *G. bohemica* (ZAUSCHN.) SCHULT. et SCHULT. f.
6   (4) GrundBla 1–2(–3) mm br, USeite mit undeutlichem Mittelkiel, hellgrün, an seinem Grund schwach rötlich, ohne Kapuzenspitze. Nebenzwiebel 1 bei blühenden Pfl. Mehrere nach verschiedenen Richtungen orientierte Nebenzwiebeln bei starken nichtblühenden Pfl. JugendBla nichtblühender Pfl stielrund, weder kantig noch gerillt. Scheindolde 1–5(–7)blütig. PerigonBla zugespitzt. 0,08–0,15. 3–4. Frische bis wechselfeuchte, lichte LaubmischW, Gebüsche u. ihre Säume, Parks, Friedhöfe; z Th(Hrz Bck) An(f Elb O), s By(f S, † O) He(f SO NW W) Sa(f NO SW) Bb(f Elb NO) Ns(S, † Elb) Mv(f Elb NO) Sh(O: Schlei), ↘ (m/mo-temp-(b)·c3-5 EUR-(WAS) – frgr eros G ♃ Zw – InB: Bienen, Käfer SeB, Vw – AmA – L7 T6 F5 R7? N7? – K Querc.-Fag., bes. O Prun. – 24).   **Zwerg-G. – *G. minima*** (L.) KER GAWL.
6* GrundBla (2–)4–12 mm br., USeite mit 1 deutlichem Mittelkiel u. meist 2 weiteren schwachen Seitenkielen, mit ± deutlicher Kapuzenspitze. JugendBla stets kantig. PerigonBla stumpf od. spitz 7
7   Blühende Pfl mit dunkel umhüllter Ersatzzwiebel, ohne Nebenzwiebeln. ∞ Nebenzwiebeln bei starken nichtblühenden Pfl. GrundBla (4–)6–15(–18) mm br, mit Kapuzenspitze (Abb. **151**/2) u. meist weißlichem Grund, frischgrün od. graugrün. JugendBla kantig. Scheindolde (2–)3–8(–15)blütig. 0,10–0,30. 4–5. Frische bis wechselfeuchte LaubmischW, bes. AuenW, Hecken, Wald- u. Gebüschsäume u. angrenzende Wiesen u. Weiden, Obstgärten, Parks, Friedhöfe, nährstoffanspruchsvoll; h Th Sa(z NO) An(z O), v By Rh Nw Ns Mv, z Alp(h Allg, f Krw) Bw He(h NW) Bb Sh (m/mo-b·c1-5EURAS – frgr

LILIACEAE 153

eros G ♃ Zw – InB: Bienen, Käfer SeB, fruchtet meist reich, Vw – AmA MeA – L4 T5 F6~ R7 N7 – O Fag., bes. V Alno-Ulm. – 72). [*G. sylvatica* (Pers.) Loudon]
Wald-G. – *G. lutea* (L.) Ker Gawl.

7* Blühende Pflanzen mit weißlicher Ersatzzwiebel außerhalb der ausgelaugten dunklen Hülle od. weißliche Ersatzzwiebel in der dunklen Hülle, diese seitlich durchbrechend; daneben oft 1–2 Nebenzwiebeln **8**

8   Blühende Pflanzen mit einer schräggestellten, länglichen, weißlichen Ersatzzwiebel außerhalb der ausgelaugten dunklen Hülle sowie 1(–2) etwas kleineren Nebenzwiebeln, oft kurz gestielt. GrundBla (2–)4–8(–10) mm br, meist mit weinrotem Grund. Scheindolde 1–3(–5)blütig. JugendBla mit V-fg Querschnitt. 0,08–0,20. 3–5. Sandige bis lehmige Äcker, Weinberge, Parks, Friedhöfe, mäßig trockne Wegränder, extensiv genutzte Wiesen, reichere Sandtrockenrasen; v Th Sa An, z By(h NM) Bw(f S) Rh(h ORh) He Nw Bb Ns Mv(h Elb) Sh, s Alp(Allg) (sm-temp·c2-3EUR – frgr eros G ♃ Zw – InB: Bienen SeB, in D nur sehr selten reife Sa – L7 T6 F4 R8 N6? – V Ver.-Euph., V Aphan., V Alyss.-Sed., O Arrh. – 48, 60, 72).
Wiesen-G. – *G. pratensis* (Pers.) Dumort.

8* Blühende Pflanzen mit einer schräggestellten, die dunkle Hülle seitlich durchbrechenden weißlichen Ersatzzwiebel sowie 0–2 kleineren Nebenzwiebeln. GrundBla 4–15 mm br. Scheindolde (1–)2–8(–12)blütig. 0,10–0,30. 3–5. Sandige bis lehmige, nähstoffreiche Böden in ländlichen Grünanlagen, Friedhöfe, Alleen, Straßen- u. Wegränder; z Mv(N M NO), s By(f NW Alb S) Bw(Alb Keu) Th(Bck: Görsbach S) Sa(Elb W) An(f Hrz N O) Bb(SO NO), † He(ORh: Offenbach), f Ns (temp·c3 EUR – frgr eros G ♃ Zw – T6 F5 R7 N7 – O Arrh., O Fag. – 60, 72). Entstanden aus *G. lutea* × *G. pratensis*. [*G.* ×*megapolitana* Henker, *G. marchica* Henker et al.]
Pommerscher G. – *G.* ×*pomeranica* R. Ruthe

Tulipa L. – **Tulpe** (ca. 90–150 Arten)

1   Bla br linealisch, flach. PerigonBla spitz, innere wie die Staubfäden am Grund behaart, gelb. 0,20–0,45. 4–5. Früher ZierPfl; jetzt bes. mäßig frische Weinberge, alte Parkanlagen u. Gärten, Rud.: Böschungen; frische bis feuchte Auenwiesen, LaubW, basenhold; [A] v He(MW), z By(f S) Ns, s Bw(Gäu) Rh(ORh SW) Nw(f SO) Sa(f SO) An(W SO N) Bb(SO Elb), [N] z Th An Sh, s Mv(SW MW Bb) (urspr. m-sm·c3-4EUR?, [A N] m-temp·c1-4EUR – frgr eros G ♃ Zw+Ausl – InB: Wildbienen, Fliegen, steril – StA – L7 T7 F4 R7 N5 – V Ver.-Euph., V Alliar. – ▽). **Wilde T. – *T. sylvestris* L.**

1* Bla lanzettlich, am Rand wellig. PerigonBla stumpf, wie die Staubfäden kahl, verschiedenfarbig. 0,30–0,60. 4–5. ZierPfl; auch [U] s: Gartenabfall (Hybride aus westasiatischen Arten – frgr eros G ♃ Zw – InB: Bienen, in D oft steril, Kältekeimer – giftig! – s. Bd. 5!).
Garten-T. – *T. gesneriana* L.

Fritillaria L. – **Schachblume** (ca. 130 Arten)

Stg wenigblättrig. Blü nickend, schachbrettartig rosa u. purpurbraun gefeldert, selten weiß. 0,15–0,30. 4–5. Ursprünglich ZierPfl; wechselfeuchte, teilweise auch zeitweilig überflutete, extensiv genutzte Wiesen, Grabenränder, Parkanlagen, mäßig nährstoffanspruchsvoll; [N] s By Bw Rh He Nw(MW) An Bb Ns Mv Sh, ↘ (sm-temp·c2-5EUR-WAS, Heimat sm·c4-5EUR-WAS? – frgr eros G ♃ Zw – InB: Hummeln SeB – StA – L8 T7 F8= R7 N5? – V Calth., V Filip., feuchte Ausbildungen des V Arrh. – für Vieh giftig – ▽).
Schachblume, Kiebitzei – *F. meleagris* L.

Lilium L. – **Lilie** (ca. 120 Arten)

1   PerigonBla zurückgebogen (Abb. 151/3), rosa bis hellpurpurn mit dunkleren Flecken. Blü in Trauben, nickend. Mittlere Bla fast quirlig, länglich-spatelfg. 0,40–1,00. 6–7. Mäßig frische bis mäßig feuchte Laubmisch- u. NadelW u. ihre Säume, subalp. Hochstaudenfluren, basenhold; h Alp Th, v An, z By Bw Rh(f W) He Nw(NO SO) Sa Ns(MO Hrz M S), s Bb(f SO Elb), [N] s Sh, [U] s Mv; auch ZierPfl (sm/mo-temp·c2-6EUR-SIB – sogr hros G ♃ SchuppenZw – InB: Nachtfalter SeB – StA KlA Kältekeimer – L4 Tx F5 R7 N5 – O Fag., K Bet.-Adenost. – ▽). **Türkenbund-L. – *L. martagon* L.**

1* PerigonBla nicht zurückgebogen. Bla wechselständig, lineal-lanzettlich. Blü aufrecht, leuchtend rot od. orangerot, in 1–5blütiger Dolde. BlaAchseln oft mit Brutzwiebeln. 0,50–1,00. 6–7. Mont. frische Wiesen, Wald- u. Gebüschränder, archäo- u. neophytisch in extensiv genutzten Äckern, Brachäckern, Rud., selten auch Sandtrockenrasen, basenhold; z Alp(f Allg Krw), s By(MS S) He(O), [A] Nw(N) Th(NW Rho, z Bck Wld) Sa(SW) An(Hrz S SO Elb) Bb(Elb) Ns(f MO) Mv(Elb SW, ob noch?), [N U] s By Bw Rh Sh; auch ZierPfl (m/salp-stemp/ mo·c3EUR, [N] ntemp·c2-4EUR – sogr eros G ♃ SchuppenZw BrutZw – InB: Tagfalter selbststeril – L7 Tx F5 R8 N3? – O Sesl., V Triset., V Ger. sang. – ▽).

Feuer-L. – *L. bulbiferum* L.

1 Obere BlaAchseln mit Brutzwiebeln. Blü meist alle ♂. PerigonBla leuchtend rot, meist ohne Flecken. Mont. Wiesen, Wald- u. Gebüschränder; Verbr. in D wie Art (Gesamtverbr. ostalpisch, sonst wie Art, bes. im N meist steril). subsp. ***bulbiferum***

1* BlaAchseln ohne Brutzwiebeln. Außer ♂ auch ♂ Blü auf derselben od. auf getrennten Pfl. PerigonBla orangerot, innen dunkel gefleckt. Extensiv genutzte Äcker u. ihre Ränder, Brachäcker, Rud., Waldränder, Sandtrockenrasen; [A N] s Nw(MW: Gütersloh) Ns(O M NW), [U] By(MS S) An(S), ↘ (m-sm/mo·c3EUR – meist 1geschlechtig, fertil). subsp. ***croceum*** (Chaix) Arcang.

Streptopus Michx. – **Knotenfuß** (7 Arten)
Rhizom schief, knotig. Bla stängelumfassend (Abb. **151**/4). Blü weißlich. Beere zinnoberrot. 0,30–1,00. 6–7. Mont. frische Fichten- u. Nadel(Laub)mischW, Grünerlengebüsche, Hochstaudenfluren, sickernasse (Schlucht)Felsbänke, kalkmeidend; v Alp, z By(O), s Bw(S SO SW) Sa(SO SW: Zechengrund), † Th(Wld: Gr. Beerberg) (m/mo-b·c1-5AM-OAS+sm-stemp//mo·c2-3EUR – sogr eros G ♃ Rhiz – InB SeB – VdA Kältekeimer – L5 T3 F5 R6 N6 – O Adenost., V Vacc.-Pic. – 32).

Stängelumfassender K. – *S. amplexifolius* (L.) DC.

Familie ***Orchidaceae*** Juss. – **Knabenkrautgewächse, Orchideen**

(860 Gattungen/26000 Arten)

Bearbeitung: **Karl Peter Buttler †, Matthias Kropf**

Rhizom- u. Knollen ♃, in den Tropen oft Epiphyten, auch Lianen, in D oft mit Wurzelknollen an den achselständigen Erneuerungsknospen, z. T. od. vollständig mykotroph. Bla schraubig od. 2zeilig, linealisch bis rundlich. Blü in Trauben od. Ähren, ⚥, dorsiventral; PerigonBla 3 +3, meist frei, das mittlere des inneren Kreises als Lippe (Labellum) gestaltet, meist größer, oft gespornt, meist durch Drehung des unterständigen FrKnotens od. des BlüStiels abwärts gerichtet. Narbe am Eingang zum Sporn dem FrKn aufsitzend. StaubBla 1, selten 2 (od. 3), mit dem Griffel zum Säulchen (Gynostemium) verwachsen. Pollenkörner in jedem der 2 od. 4 Staubbeutelfächer meist zu einem Paket (Pollinium) vereinigt, dieses oft mit Zusatzbildung aus einem Narbenlappen verbunden: Ein Narbenfortsatz (Rostellum) bildet ein Klebbeutelchen (Viscidium) od. eine Rostelldrüse. FrBla 3, verwachsen, unterständig, FrKn meist 1fächrig. Kapsel mit sehr ∞ winzigen Samen. – Alle Arten in D: Mykorrhiza, WiA, Embryo unentwickelt – ▽.

Aufgrund von phylogenetischen DNA-Analysen wird zunehmend vorgeschlagen, einige Gattungen neu zu umgrenzen: *Neottia* (inkl. *Listera ovata*, *L. cordata*), *Orchis* (inkl. *Aceras*, aber 5 Arten zu *Anacamptis* u. *Neotinea*), *Anacamptis* (inkl. *Orchis coriophora*, *O. morio*, *O. palustris*) u. *Neotinea* (inkl. *Orchis tridentata*, *O. ustulata*) (Bateman, R. M. et al.: Lindleyana **12** 1997: 113–141; Bot. J. Linn. Soc. **142** 2003: 1–40). Die entsprechenden Namen sind in der Synonymik fett gedruckt. *Nigritella* kann evtl. zu *Gymnadenia* gestellt werden, *Coeloglossum* zu *Dactylorhiza*, in der letzteren Gattung ist der Wert mancher bisher unterschiedenen Sippen zweifelhaft, ebenso bei *Epipactis*.

Neufund in Bw: Kaiserstuhl, ob lokal etabliert?: ***Barlia robertiana*** (Lois el.) Greuter, [***Orchis robertiana*** Lois. el. [*O. longibracteata* Biv., ***Himantoglossum robertianum*** (Lois el.) P. Delforge]: Pfl kräftig, Stg 5–10 mm ⌀, 0,20–0,50(–0,80) hoch. Lippe (15–)18–20(–25) × 13–16 mm, ihr Mittellappen 1,5–2mal so lg wie die Seitenlappen. (4–)5? (m-(sm)·c1-5EUR – nächste Vorkommen: S-Frankreich).

1 Lippe schuhfg aufgeblasen, gelb, die 4 übrigen PerigonBla meist braunrot, die 2 seitlichen äußeren verwachsen u. abwärts gerichtet, daher außer der Lippe scheinbar nur 4 Peri-

1 Chamorchis   2 Limodorum   3 Neottia

    gonBla. StaubBla 2. Bla br eifg, längs gefaltet, rau, am Rand bewimpert.
        Frauenschuh – *Cypripedium* S. 157
1* Lippe nicht aufgeblasen. Außer der Lippe noch 5 PerigonBla, die seitlichen äußeren nicht verwachsen. StaubBla 1 2
2 Pfl mit gelblichem, bräunlichem od. violettem Stg u. nichtgrünen SchuppenBla 3
2* Pfl mit grünen Bla 6
3 Lippe mit Sporn 4
3* Lippe ohne Sporn 5
4 Stg violett bis stahlblau, bis oben mit ∞ SchuppenBla. Blü 10–20, hellviolett. Lippe ungeteilt. Sporn 15–25 mm lg, schlank abwärtsgerichtet (Abb. **155**/2).
        Dingel – *Limodorum* S. 161
4* Stg weißlich bis bräunlich, oben purpurn überlaufen, am Grund verdickt, mit SchuppenBla bes. im unteren StgDrittel (Abb. **156**/1). Blü (1–)2–5(–8), blassgelb, Lippe 3lappig, weiß, mit meist roten Streifen, wie der 3–8 mm lg dicke Sporn aufwärtsgerichtet (Abb. **156**/2).
        Widerbart – *Epipogium* S. 161
5 **(3)** Pfl gelblichbraun. Traube >30blütig. Blü hellbraun, selten gelblich od. weiß; Lippe 2lappig, länger als die übrigen PerigonBla (Abb. **155**/3).   **Nestwurz – *Neottia*** S. 161
5* Pfl hell grünlichgelb. Traube 2–12blütig. PerigonBla bis 6 mm lg. Lippe weiß, am Grund rot gefleckt, ungeteilt od. seicht 3lappig, so lg wie die äußeren PerigonBla.
        Korallenwurz – *Corallorhiza* S. 162
6 **(2)** Lippe mit Sporn od. wenn ohne Sporn, dann tief 3lappig mit deutlich 2zipfligem Mittellappen 7
6* Lippe ohne Sporn, verschieden gestaltet, ungeteilt od. 2- od. 3lappig mit ungeteiltem Mittellappen od. quer zur Längsachse gegliedert in Vorderglied u. Hinterglied 16
7 FrKn nicht gedreht, Lippe nach oben gerichtet, so lg wie die äußeren PerigonBla (Abb. **157**/2). Bla ∞, grasartig, <5 mm br. Blü dunkel rotbraun, rubinrot od. rosa, selten gelb od. orange. BlüStand dicht, fast kuglig.   **Kohlröschen – *Nigritella*** S. 169
7* FrKn gedreht, Lippe nach unten gerichtet. Bla >5 mm br 8
8 PerigonBla mit verlängerter, keulenfg verdickter Spitze. BlüStand kuglig-pyramidal, dicht. Lippe hellrosa, purpurn gefleckt.   **Kugelorchis – *Traunsteinera*** S. 163
8* PerigonBla spitz od. abgerundet, ohne verlängerten u. keulenfg verdickten Zipfel. BlüStand meist eine eifg bis walzige Traube od. Ähre 9
9 Lippe ungeteilt   **Waldhyazinthe – *Platanthera*** S. 163
9* Lippe geteilt, mit 2, 3 od. 4 Lappen od. Zipfeln 2- od. 3lappig, Mittellappen ungeteilt od. 2zipfelig, oft mit Mittelzahn 10
10 Lippe zungenfg, 5–11 mm lg, 3lappig, Lappen dreieckig, spitz, die Seitenlappen oft länger als der zahnfg Mittellappen (Abb. **157**/1).   **Hohlzunge – *Coeloglossum*** S. 168
10* Lippe nicht zungenfg, ihre Seitenlappen nicht länger als der Mittellappen 11
11 Sporn fadenfg, länger als der FrKn. Lippe flach, am Grund ohne Längsleisten
        Händelwurz – *Gymnadenia* S. 168
11* Sporn kegelfg, walzig od. sackfg, so lg wie der FrKn od. kürzer, wenn länger u. fadenförmig, dann Lippe am Grund mit 2 senkrecht stehenden Längsleisten 12
12 Lippe 3teilig, ihr Mittellappen 3–6,7 cm lg, gespalten (Abb. **157**/3), bandfg-linealisch, schraubig gedreht.   **Riemenzunge – *Himantoglossum*** S. 174
12* Lippe 3lappig, <2,5 cm lg, mit breiteren Lappen, Mittellappen oft 2zipfelig 13
13 Sporn ⅓–½ so lg wie der FrKn. Blü weißlich, gelblich- od. grünlichweiß, in 2–6 cm lg, schmaler Ähre. PerigonBla 2–3(–5) mm lg. Lippen-Mittellappen stumpf, nicht gespalten.
        Weißzunge – *Pseudorchis* S. 164

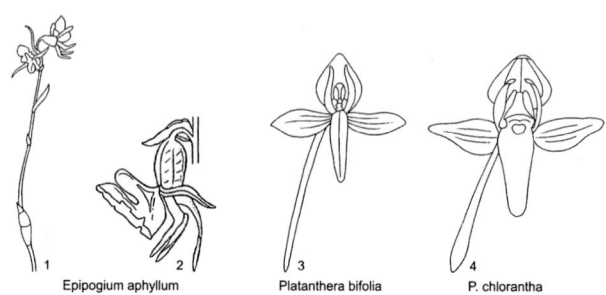

1 Epipogium aphyllum   2   3 Platanthera bifolia   4 P. chlorantha

13* Sporn ½ bis ebenso lg wie der FrKn **14**
14 PerigonBla 2,5–3(–5,5) mm lg. Lippen-Mittellappen abgerundet, nicht gespalten.
 Händelwurz – *Gymnade̱nia* S. 168
14* PerigonBla länger, 5–14 mm lg **15**
15 Alle DeckBla häutig u. meist kürzer als der FrKn. Stg mit Rosette u. mit 1–3 scheidigen StgBla (bei *O. palu̱stris* Bla am Stg verteilt). Lippen-Mittellappen ungeteilt od. 2zipfelig.
 Knabenkraut – *Orchis* S. 170
15* Wenigstens die untersten DeckBla laubblattartig, mit Quernerven, meist länger als der FrKn, oft rötlich überlaufen. Stg mehrblättrig, ohne Rosette, aber Bla zuweilen am StgGrund gedrängt. Lippen-Mittellappen ungeteilt. **Fingerwurz – *Dactylorhiza* S. 164**
16 **(6)** Lippe oseits samtig behaart, gewölbt, rotbraun bis gelbbraun, in der Mitte mit kahlem Mal. **Ragwurz – *Ophrys* S. 173**
16* Lippe nicht behaart **17**
17 Lippe durch Einschnürung quer gegliedert in Vorderglied u. Hinterglied, letzteres zuweilen unauffällig (Abb. **158**/1, 2) **18**
17* Lippe nicht gegliedert **19**
18 Blü sitzend, ± schräg aufrecht. PerigonBla meist zusammenneigend, die Lippe z. T. verbergend, rosa, weiß od. gelblichweiß. FrKn gedreht. Lippen-Vorderglied mit Längs-Lamellen. **Waldvöglein – *Cephalanthe̱ra* S. 157**
18* Blü gestielt, abstehend od. ± hängend. PerigonBla meist abstehend, trübbraun, purpurn, weißlichgrün od. grünlichrot; Lippe ähnlich gefärbt od. weiß. FrKn nicht gedreht, auf gedrehtem Stiel. Lippen-Vorderglied glatt od. mit Höckern.
 Ständelwurz – *Epipactis* S. 158
19 **(17)** Lippe herabhängend, tief 2spaltig mit 2 schmalen Zipfeln, länger als die übrigen, gelblichgrünen od. rötlichgrünen PerigonBla (Abb. **158**/3, 4). Stg mit 2 fast gegenständigen, eifg bis herzfg Bla. **Zweiblatt – *Liste̱ra* S. 161**
19* Lippe vorwärts od. aufwärts gerichtet, nicht mit 2 schmalen Zipfeln **20**
20 Bla schmal linealisch, 1–2 mm br, grasartig, rinnig. Blü kahl; Lippe ungeteilt bis sehr seicht 3lappig (Abb. **155**/1). Hochalp. ZwergPfl. **Zwergorchis – *Chamo̱rchis* S. 163**
20* Bla breiter, nicht grasartig **21**
21 Stg oberwärts drüsig kurzhaarig. Blü außen behaart, weiß, außen u. Lippe am Grund auch grün **22**
21* Stg kahl. Blü kahl, grün od. gelbgrün, nicht gestielt **23**
22 Ähre deutlich schraubig gedreht. Lippe konkav, ihr Vorderteil wellig gekerbt, abgerundet. Bla parallelnervig, nicht gestielt. PerigonBla weiß, außen u. Lippe am Grund auch grün.
 Wendelorchis – *Spira̱nthes* S. 162
22* Ähre einseitswendig, nicht gedreht. Lippe am Grund sackartig vertieft, vorn zugespitzt. Bla netznervig, rosettig genähert, kurz gestielt. Blü weiß. **Netzblatt – *Goodye̱ra* S. 162**
23 **(21)** Lippe tief spießfg–3spaltig, am Grund sackartig vertieft, abwärtsgerichet. Blü ungestielt, in Ähren. **Honigorchis – *Hermi̱nium* S. 163**
23* Lippe ungeteilt, höchstens seicht 3lappig gekerbt, am Grund nicht sackartig, aufwärts gerichtet bis nach unten umgebogen. Blü kurz gestielt, in ährigen Trauben **24**

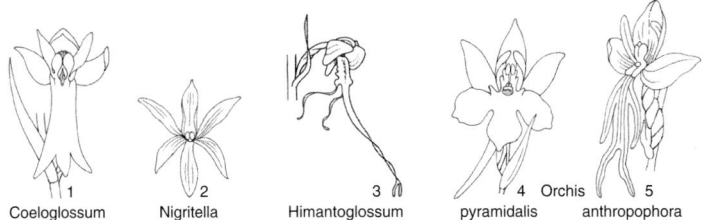

| 1 | 2 | 3 | 4 Orchis | 5 |
| Coeloglossum | Nigritella | Himantoglossum | pyramidalis | anthropophora |

24 Traube 2–11blütig. Äußere PerigonBla linealisch, <2 mm br. Lippe am Rand klein gekerbt, nach unten umgebogen. Bla 2(–3), am StgGrund, länglich-lanzettlich, spitz, fast gegenständig, fettig glänzend. **Glanzorchis – *Liparis* S. 162**
24* Traube ∞blütig. Äußere PerigonBla lanzettlich bis eifg. Lippe nach oben gerichtet, herzfg, zugespitzt. Bla stumpf **25**
25 Äußere PerigonBla eifg, seitliche innere länglich, zurückgebogen. Bla 2(–4), oberstes 8–30 × 5–11 mm. **Weichwurz – *Hammarbya* S. 162**
25* Äußere PerigonBla lanzettlich, seitliche innere linealisch, bis 3 mm lg, bogig abstehend. Bla meist 1, 30–100 × 15–50 mm. **Einblatt – *Malaxis* S. 162**

Cypripedium L. – **Frauenschuh** (45 Arten)

Blü 1–2(–3), Lippe (Schuh) 3–4 cm lg. Die 2 seitlichen äußeren PerigonBla verwachsen, die seitlichen inneren schraubig gedreht. 0,15–0,50. 5–6. Mäßig frische bis frische, lichte Laub- u. NadelmischW, Gebüsche u. deren Säume, verbuschende Halbtrockenrasen, kalkhold; v Alp, z By Bw Th An(f Elb N O), s Rh(M MRh N) He(f NW) Nw(f MW SW, † SO) Bb(M NO Od) Ns(f Elb N O) Mv(N: Rügen), † Sa(SO) jetzt nur [U] Sa(W: Leipzig), ↘ (sm/mo-b·c2-7CIRCPOL – sogr eros G ♃ Rhiz – InB: Sandbienen Fallenblume – L5 T5 F4~ R8 N4 – V Cephal.-Fag., V Cytis.-Pin., V Gal.-Abiet., O Querc. pub., V Ger. sang. – ▽!).
Frauenschuh – *C. calceolus* L.

Cephalanthera RICH. – **Waldvöglein** (15 Arten)
1 Blü rosa. Stg oberwärts wie der FrKn kurzhaarig. 0,30–0,50. 6–7. Mäßig trockne bis mäßig frische, lichte Laub- u. NadelmischW, Gebüsche u. ihre Säume, kalkhold; v Alp, z By Bw(h Alb) Rh He Th(f Hrz) An(f O) Ns(MO Hrz S M), s Nw(f MW, † N) Bb(f Elb SW) Mv(f Elb), † Sa(SO SW), ↘ (m/mo-temp·c2-5EUR – sogr eros G ♃ Rhiz WuSpr – InB: Wildbienen – L4 T5 F3 R8 N4 – V Cephal.-Fag., O Querc. pub., V Cytis.-Pin., V Eric.-Pin., V Ger. sang. – 36 – ▽). **Rotes W. – *C. rubra* (L.) RICH.**
1* Blü weiß od. gelblichweiß. Ganze Pfl (auch FrKn) kahl **2**
2 Blü ∞ (bis 20), reinweiß. Mittlere u. obere DeckBla viel kürzer als der FrKn. Bla mindestens 10mal so lg wie br. 0,15–0,45. 5–6. Mäßig trockne bis mäßig frische, lichte Laub- u. NadelmischW u. deren Säume, basenhold; v Alp Rh, z By Bw He Nw († MW) Th(f Hrz O) An(f N) Ns(MO Hrz S M), s Sa(f Elb) Bb(NO SW) Mv(N M), † Sh, ↘ (m/mo-temp·c2-5EUR-(AS) – sogr eros G ♃ Rhiz – InB: Wildbienen – L5 T5 F4 R6? N4 – V Cephal.-Fag., V Carp., V Querc. pub., V Eric.-Pin., V Ger. sang. – ▽). [*C. ensifolia* (MURRAY) L. C. RICH.]
Langblättriges W. – *C. longifolia* (L.) FRITSCH
2* Blü 3–8, gelblichweiß, Lippe innen rötlichgelb. DeckBla viel länger als der FrKn. Bla höchstens 4mal so lg wie br. 0,30–0,60. 5–6. Mäßig frische Laub- u. NadelmischW, auch Laub- u. Nadelholzforste, Tagebaue, basenhold; v Alp(s Allg) Bw Rh Th, z By He Nw An(Hrz W SO N) Ns(f Elb N), s Sa(f Elb) Bb(NO Od M MN) Mv(f Elb) Sh(SO O) (m/mo-temp·c2-4EUR – sogr eros G ♃ Rhiz – InB: Wildbienen – L3 T6 F4 R7 N4 – V Cephal.-Fag., V Carp. – 36 – ▽). [*C. grandiflora* GRAY, *C. alba* (CRANTZ) SIMONK.]
Bleiches W. – *C. damasonium* (MILL.) DRUCE

Hybride: *C. longifolia* × *C. damasonium* = *C. ×schulzeï* E.G. CAMUS – s

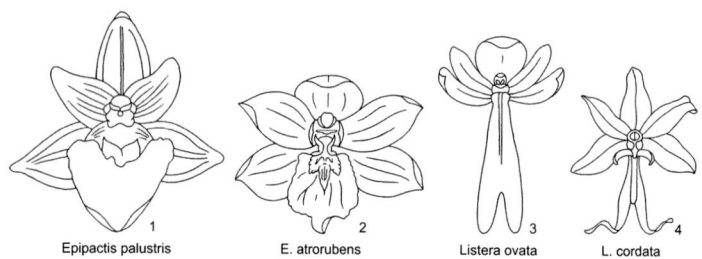

1 Epipactis palustris 2 E. atrorubens 3 Listera ovata 4 L. cordata

Epipactis ZINN – Ständelwurz, Sitter (25–50 Arten)
Bearbeitung: **Jürgen Reinhardt**

1 Vorderglied der Lippe vom beidseits geöhrten Hinterglied durch einen tiefen Einschnitt getrennt, beweglich, rundlich, weiß (Abb. **158**/1). Bla bis 8, steif aufrecht, eifg-lanzettlich. 0,30–0,50. 6–7. Sickerfeuchte bis wechselnasse Wiesen, Quell- u. Niedermoore, Vernässungsflächen in Tagebauen/Steinbrüchen, wechselnasse Kiefernforste, Ufer stehender Gewässer, feuchte Küstendünentäler, kalkhold; h Alp, z By(h S) Bw(h S) Rh He Nw(s NW) Th An(s N) Bb(f SW) Mv Sh, s Sa Ns(z SO, f Elb), ↘, lokal ↗ (sm/mo-temp-(b)·c1-6EUR-WAS – sogr eros G ♃ uAuslRhiz – InB: Haut- u. Zweiflügler, Käfer – L8 T5 F9~ R8 N2 – V Mol., V Calth., V Car. davall., V Car. elat. – ▽).
Sumpf-S., Sumpfwurz – *E. palustris* (L.) CRANTZ
1* Vorderglied der Lippe dem Hinterglied br aufsitzend, unbeweglich, zugespitzt, kahnfg vertieft, nicht reinweiß **2**
2 Alle Bla kürzer als die dicht behaarten StgGlieder, klein, bis 5,5 × 1,5 cm, am Rand flaumig rau, graugrün, (vor allem useits) violett überlaufen, eifg-lanzettlich. Vorderes Lippenglied am Grund mit 2 kraus gefalteten Höckern. Blü grünlich, oft rötlich überlaufen, hängend. FrKn weichhaarig. 0,10–0,30. 6–8. Mäßig frische bis wechselfrische LaubW (bes. lichte Buchen W), kalkhold; z He(f NW SW W) Rh(f M MRh) Nw(f MW) Th(f Hrz O) An(f Elb O N) Ns(f Elb N NW), s Alp(Chm Kch Wtt Mng) By(f NO O) Bw Bb(NO: Melzower Forst) (sm/mo-stemp·c2-6EUR-VORDAS – sogr eros G ♃ Rhiz – InB, auch kleistogam – L2 T6 F5 R8 N4 – V Cephal.-Fag., V Carp., O Querc. pub. – ▽).
Kleinblättrige S. – *E. microphylla* (EHRH.) Sw.
2* Mittlere Bla meist länger als die StgGlieder, am Rand u. auf den Nerven behaart **3**
3 BlüStandsachse mit dichten, weißlichen Flaumhaaren. StgGlied unter der untersten Blü viel länger als die anderen. FrKn kraushaarig. Blü ganz braunrot, selten rein grün od. rein gelb. Vorderes Lippenglied am Grund mit 2 seitlichen kraus gefalteten Höckern (Abb. **158**/2) u. einem länglichen in Form einer Mittelleiste. BlaStellung 2zeilig, Bla etwas steif, zugespitzt. 0,30–0,60. 6–7. Halbtrockenrasen, trockne bis mäßig trockne Felswände, Geröllhalden, Küstendünen, lichte Laub- u. Kiefern-TrockenW, Vorwälder (Tagebaue), Gebüsche u. deren Ränder, kalkhold; h Alp, z Th, z By(v Alb) Bw Rh He Nw Sa An(s N) Ns(f Elb N NW), s Bb(f MN NO Od) Mv(z N: Küste östlich Darß, NO MW) (sm/mo-b·c2-6EUR-(WSIB) – sogr eros G ♃ Rhiz – InB: Hummeln, Wespen, Bienen – L6 Tx F3 R8 N2 – V Mesobrom., V Sesl., V Cephal.-Fag., V Eric.-Pin., V Querc. pub., V Cytis.-Pin., V Armer. elong. – 40, 60 – ▽).
[*E. rubiginosa* (CRANTZ) W.D.J. KOCH, *E. atropurpurea* RAF.]
Braunrote S. – *E. atrorubens* (HOFFM.) BESSER
3* BlüStandsachse kahl od. flaumhaarig, aber nicht weißlich. StgGlied unter der untersten Blü etwas länger als die anderen. FrKn mit kurzen, zerstreuten Flaumhaaren od. kahl. Blü grünlich, mit violetten od. roten Tönen. Mittlerer Höcker am Grund des Lippenvordergliedes fehlend **4**
4 Bla (zumindest useits) wie der Stg violett überlaufen, klein, meist lanzettlich, das größte 5–7(–10) × 3 cm lg. BlüTriebe oft büschelweise. PerigonBla seidig glänzend, weißlichgrün, zuweilen violett überlaufen. Hinteres Lippenglied außen grünlichweiß, innen blassviolett, Vorderglied etwa so lg wie br, weißlich bis schwach rosa, herzfg, mit (2–)3 glatten Schwielen. Rostelldrüse vorhanden. 0,15–0,60. 8. Mäßig trockne bis wechselfrische Laub- (bes.

Buchen-) u. NadelmischW u. ihre Ränder, waldnahe Rud.: alte Holzlagerplätze, Straßenböschungen, basenhold; z By Bw(h Alb Gäu Keu) Rh He Th An(s N) Ns(f N NW), s Alp(Chm Kch Mng Brch) Nw(f N) Sa(f NO) Bb(Elb NO) Mv(MW M N) Sh(f W) (sm/mo-temp·c2-4EUR – sogr eros G ♃ Rhiz – InB: bes. Wespen – L2 T6 F6 R8 N6 – O Fag. – ▽). [*E. violacea* (Dur.-Duq.) Boreau, *E. varians* (Crantz) Fleischm. et Rech., *E. sessilifolia* Peterm., *E. viridiflora* Krock.]   **Violette S.** – ***E. purpurata*** Sm.

4* Bla beidseits grün, groß, meist eifg, das größte 6–17 cm lg. PerigonBla nicht seidig glänzend. (**Artengruppe Breitblättrige S.** – ***E. helleborine*** agg.) 5

5 Rostellum u. Viscidium vorhanden. BlüStiel-Basis rötlich bis purpurn. PerigonBla grünlich, z. T. purpurn od. rosa überlaufen. Hinteres Lippenglied napffg, außen grün, innen meist dunkelbraun, nektarführend; Vorderglied breiter als lg, weiß bis rötlich, am Grund mit 2(–3) glatten Höckern. BlaStellung schraubig. 0,15–1,00. 7–8. Frische Laub- u. NadelmischW u. ihre Säume, Vorwälder (Tagebaue), waldnahe Rud.: Weg- u. Straßenränder, Bahndämme, Steinbrüche, basenhold; h Alp Bw Th Ns(z N NW), v By(z O) Rh He Nw Sa(z W) An(z SO) Mv Sh(s W), z Bb(s SW), ↗ (m/mo-b·c1-6EUR-WAS, [N] temp-bOAM – sogr eros G ♃ Rhiz – InB: Wespen – L3 T5 F5 R7 N5 – O Fag., V Querc. rob.-petr. – ▽). [*E. latifolia* (Huds.) All.]   **Breitblättrige S.** – ***E. helleborine*** (L.) Crantz

1   Pfl 15–35 cm hoch. Bla am Grund des Stg gehäuft. BlüStand dicht. Blü meist wenig geöffnet, glockenfg. Untere DeckBla kürzer als die Blü. Küstendünen; (6–)7(–8). s Ns(N: Borkum) (temp·c1–2 EUR – InB: Wespen).   subsp. ***neerlandica*** (Verm.) Buttler

1* Pfl 20–100 cm hoch. Bla am Stg gleichmäßig verteilt. Blü ± weit geöffnet. PerigonBla weit abstehend. Untere DeckBla meist länger als die Blü 2

2   Stg meist einzeln, kräftig, 40–100 cm hoch. BlüStand ziemlich locker. Bla lanzettl, 3–7 cm lg. Vorderes Lippenglied breiter als lg, rötlich bis weiß, br herzfg. 7–8. Standorte, Soz. u. Verbr. wie Art.
     subsp. ***helleborine***

2* Stg meist zu mehreren aus einem Rhizom, 20–60(–90) cm hoch. BlüStand dicht, vielblütig. Bla br eifg bis kreisrund, schräg aufwärts stehend, 2–4,5 cm. Blü hellgrün, innere weiß bis hellrosa mit dunkleren Streifen. Vorderes Lippenglied weiß, nur die Mittelleiste bräunlich od. rötlich überlaufen, abgerundet 3eckig. 7–8. Küsten(grau)dünen, sandige waldnahe Straßenränder; lichte Kiefern-TrockenW; basen(kalk)hold; z? Alp By(S: Pupplinger Au, Alb: Frankenjura, NM: Bayreuth) Th(Bw Bck S), s Bw(SW: Baar) Bb(MN NO: Lychen, Ringwalde, SO: Großbräschen) Mv(N: Rügen, Usedom) (sm/mo-temp·c2-3EUR) – sogr eros G Rhiz). [*E. distans* Arvet.-Touvet]
     subsp. ***orbicularis*** (K. Richt.) E. Klein

5* Rostellum u. Viscidium verkümmert, bei *E. muelleri*, **8**, ganz fehlend. Pollinien in der Knospe od. nach dem Aufblühen zerfallend. PerigonBla meist grünlich. BlaStellung ± deutlich zweizeilig. Basis des BlüStiels grüngelb, nur bei *E. bugacensis*, **10**, selten purpurn bis violett 6

6   BlüStandsachse kahl od. spärlich kurzhaarig. Bla am Rand ± gewellt, gleichmäßig od. büschlig mit Wimperhärchen besetzt (Lupe!), elliptisch bis lanzettlich, 3,5–7,5 × 1,5–3,5 (–5) cm. Blü hängend, weit geöffnet, glockenfg od. geschlossen. Vorderglied der Lippe innen meist grünlichweiß, seltener rötlich, Hinterglied innen meist grünlich, selten rötlich. Hinterlippe kahnfg, vorderlippe herzfg mit 2 weißen Höckern, zuweilen ungegliedert gehöckert. 0,20–0,45. 7–9. Flachland u. Küste, quellige Hang-BuchenW, kalkhold; s Nw(N: Stemweder Berg) Mv(MW: Schwerin, Blankenberg, Dabel, N: Jasmund) Sh(M: Staatsforst Barlohe, Hamburg?, O: Westensee) ((m/mo)+sm-temp·c1-3EUR – sogr eros G Rhiz – SeB, z. T. kleistogam – formenreich! – ▽). [*E. confusa* D.P. Young]
     Grünblütige S. – ***E. phyllanthes*** G.E. Sm.

6* BlüStandachse deutlich flaumhaarig 7

7   Äußere PerigonBla oft deutlich zugespitzt. Vorderglied der Lippe meist länger als br, spitz, gelbgrün mit weißem Rand, hinteres Lippenglied innen braunrot, außen grün, oft (bes. die Lippe) rötlich getönt. BlüStand locker, bis 30blütig. Blü weit geöffnet od. geschlossen, abstehend bis nickend. DeckBla der Blü auffallend groß. Bla 5–10 × 2–4 cm, meist hellgrün. 0,30–0,70. 6–8. Mäßig trockne bis frische LaubmischW (bes. BuchenW), kalkstet; z By(Alb, s S NM) Bw(Alb Gäu Orh SW: Baar) Rh(W N MRh) Th Ns(S), s Alp(Allg) Nw(f MW N) He An(S) (sm/mo-temp·c1-4EUR? – sogr eros G ♃ Rhiz – SeB, auch kleistogam, s fakultativ InB: Schwebfliegen – L3? T6 F4? R9? N4? – V Cephal.-Fag., V Gal.-Fag. – ▽). [*E. viridiflora* auct., *E. cleistogama* C. Thomas]
     Schmallippige S. – ***E. leptochila*** (Godfery) Godfery

1	Bla hellgrün. Vorderes Lippenglied schmal herzfg, gerade vorgestreckt. Staubbeutel gestielt. Hinteres Lippenglied halbkuglig, Ränder aufrecht. Alle PerigonBla lg zugespitzt. Verbr. in D u. Gesamtverbr. wie Art. subsp. *leptochila*
1*	Bla dunkelgrün. Vorderes Lippenglied zungenfg, nach hinten gekrümmt, Staubbeutel sitzend. Hinteres Lippenglied schüsself g, Ränder abgeflacht. PerigonBla nicht lg zugespitzt 2
2	Pfl 25–55 cm hoch. Bla hängend, schlaff-weiche Textur. Untere Blü von aufrechten DeckBla überragt. Äußere PerigonBla 10–12 × 4–5 mm. Vorderes Lippenglied zugespitzt, Spitze nach unten umgeschlagen, oft seitlich verdreht, 3–4 × 4,5–5,5 mm, mit od. ohne fast glatte Wülste. Durchgang zwischen vorderem u. hinterem Lippenglied sehr eng „schlüssellochförmig". Narbe schräg zur Säulchenachse. 0,25–0,55. 6–7. s Alp(Amm) By(Alb NW NO N) Bw Nw(SW NO SO) He Th(W) Ns(S) (sm/mo-temp·c1-4EUR? Gesamtverbr. unvollständig bekannt). subsp. *neglecta* KÜMPEL
2*	Pfl 15–40 cm hoch. Bla schräg aufwärts gerichtet, steif-ledrige Textur. Untere Blü von meist waagerechten DeckBla nicht überragt. Äußere PerigonBla 8–10 × 3–4,5 mm. Vorderes Lippenglied breit, herzförmig, zugespitzt, 3–4 × 3–4 mm, seitl. Wülste kräftig. Durchgang zwischen vorderem u. hinterem Lippenglied eng „U-förmig". Narbe senkrecht zur Säulchenachse. 0,15–0,40. 7–8. KalkbuchenW; s Rh(M: Hohlenfels/Taunus) – (V Cephal.-Fag. – ▽). [*E. muelleri* GODFERY var. *peitzii* (H. NEUMANN & WUCHERPF.) P. DELFORGE] subsp. *peitzii* (H. NEUMANN & WUCHERPF.) KREUTZ
7*	Äußere PerigonBla nur kurz zugespitzt. Vorderglied der Lippe meist breiter als lang, zugespitzt od. stumpf 8
8	Bla stets gefaltet, sichelfg gebogen u. weit abstehend, am Rand wellig, lanzettlich, 5–10 × 2–5 cm, gelbgrün. Äußere PerigonBla 7–10(–12) mm lg. Rostellum u. Viscidium fehlend, selten in einzelnen Blü vorhanden. Vorderglied der Lippe breiter als lg, zugespitzt. Hinteres Lippenglied innen purpurn. 0,25–0,90. 6–8. Mäßig trockne LaubmischW u. ihre Ränder, waldnahe Halbtrockenrasen, an Waldwegen, kalkstet; z By(f N NO) Bw(f SW S SO) Rh(W SW) He(f NW) Th(f Hrz O) Ns(S), s Nw(NO SW f SO) An(S) (m-sm//mo-temp·c1-4EUR – sogr eros G ♃ Rhiz – SeB – L7 T7 F3 R8 N3 – O Orig., V Cephal.-Fag., V Mesobrom. – ▽). **Müller-S. –** ***E. muelleri*** GODFERY
8*	Bla meist flach, aufrecht abstehend bis überhängend, am Rand nicht wellig, 3–8 × 1–4,7 cm 9
9	Blü 5–10 mm lg gestielt. LaubBla bis 8, dunkelgrün, lanzettlich, waagerecht abstehend, 5–8 × 2–3(–4,7) cm. Hinteres Lippenglied innen grün, vorderes weiß. Äußere PerigonBla 9–14 mm lg, blassgrün.. DeckBla u. Blü hängend. BlüStand 4–18 cm lg, 5–25blütig. BlüTriebe einzeln od. zu 2–4. 0,20–0,60. 7–8. Laub-NadelmischW, Fichtenforste, kalkstet; s By(Alb: Krottensee) Th(N: Geraberg) (in D subsp. *greuteri* – sm-temp·c3EUR? – sogr eros G ♃ Rhiz – ▽). [*E. flaminia* P.R. SAVELLI & ALESSANDRINI] **Greuter-S. –** ***E. greuteri*** H. BAUMANN et KÜNKELE
9*	Blü bis 4 mm lg gestielt. LaubBla hellgrün, eifg bis br lanzettlich. Hinteres Lippenglied innen rotbraun 10
10	BlüTriebe meist mehrere (1–4) aus einem Rhizom, (20–)50(–64) cm hoch. LaubBla 4(–6), br eifg, 3–5,5 × 2–3 cm. BlüStand locker, einseitswendig. Äußere PerigonBla grün, 7–8 × 4 mm, innere grünlichrosa. Vorderes Lippenglied gelblichgrün, Höcker amethystfarben, Mittelleiste grünlich überlaufen. Basis des Blütenstiels grünlichgelb, selten purpurn bis violett. 0,20–0,64. 6–7. AuenW; s Alp(Mng: Innauen/Oberaudorf) By (Innauen: Rosenheim, Wasserburg, Gars, Mühldorf, Neuhaus, Passau) ((m-stemp·c2-4EUR – sogr eros G ♃ Rhiz – SeB – V Salic. alb. – ▽). [*E. rhodanensis* GEVAUDAN et ROBATSCH] **Bugac-S. –** ***E. bugacensis*** ROBATSCH
10*	BlüTriebe stets einzeln, 9–30(–38) cm hoch. LaubBla bis 4, eifg bis br lanzettlich, 3–6 × 1–2 cm. BlüStand locker, kurz, 3–12blütig. Äußere PerigonBla gelblichgrün. 0,09–0,38. 8–9. Frische bis feuchte LaubmischW, basenhold; s Sa (SO: Elbtal/Pirna, Miglitztal/Maxen, O: Neißetal/Taubritz, /Hagenwerder, /Ostritz, W: Muldetal/Rochsburg) Bb(N: Parlow, Glambeck, W: Kieselwitz) (sm-temp·c3-5EUR – sogr eros G ♃ Rhiz – V Alno-Ulm., V Carp. – ▽). **Elbe-S. –** ***E. albensis*** NOVÁKOVÁ et RYDLO
1	Petalen heller als Sepalen, grünlichweiß. Lippenspitze herzfg mit konkaven Rändern. Kallus meist grünlich, slt. hellrosa. Durchgang zwischen vorderem u. hinterem Lippenglied schmal „V-förmig". Staubbeutel kaum gestielt, Narbenrand erreichend. (Verbr in D u. Gesamtverbr wie Art, z. T. noch unvollständig bekannt). subsp. *albensis*

ORCHIDACEAE 161

1* Petalen wie Sepalen gelblichgrün ohne weißliche Anteile. Lippenspitze keilförmig, Ränder z. T. gefranst. Kallus rötlich. Durchgang zwischen vorderem u. hinterem Lippenglied breit, unspezifisch. Staubbeutel deutlich gestielt, Narbenrand überragend. s Bb(M: Lieberose/Niederlausitz).
subsp. *lusatia* S. Hennigs
Hybriden: *E. palustris* × *E. atrorubens* = *E.* ×*pupplingensis* Bell – s, *E. microphylla* × *E. atrorubens* = *E.* ×*graberi* A. Câmus – s, *E. microphylla* × *E. helleborine* = *E.* ×*barlae* A. Câmus – s, *E. atrorubens* × *E. helleborine* = *E.* ×*schmalhausenii* K. Richt. – s, *E. atrorubens* × *E. orbicularis* = *E.* × ? – s, *E. atrorubens* × *E. muelleri* = *E.* ×*heterogama* M. Bayer – s, *E. purpurata* × *E. helleborine* = *E.* ×*schulzei* P. Fourn. – s, *E. helleborine* × *E. leptochila* = *E.* ×*stephensonii* Godfery – s, *E. helleborine* × *E. muelleri* = *E.* ×*reineckei* M. Bayer – s, *E. helleborine* × *E. bugacensis* = *E.* ×*gevaudanii* Delfourge, *E. leptochila* × *E. muelleri* = *E.* ×*bayeri* H. Baumann – s

Limodorum Boehm. – **Dingel** (3 Arten)

Bla bis 20 mm lg. Sporn mindestens so lg wie der nicht gedrehte FrKn. 0,02–0,50(–75). 5–7. Lichte Kiefern-TrockenW u. LaubmischW, Trockengebüsche, Halbtrockenrasen, basenhold; z Bw(ORh), s Rh(W: Mosel, Sauer, N SW) [NU] s By(MS: Ingolstadt) (m/mo-stemp·c1-5EUR – sogr eros G ♃ Rhiz ± holomykotroph – SeB InB: Wildbienen? – L6? T7 F4 R8 N3? – V Querc. pub., V Cephal.-Fag., V Mesobrom. – ▽). **Dingel – *L. abortivum*** (L.) Sw.

Listera R. Br. – **Zweiblatt** (30 Arten)

1 Pfl kräftig. Bla br elliptisch. Traube bis 65blütig. Blü grün; Lippe gelblich, am Grund ohne Seitenlappen (Abb. 157/3). 0,20–0,50. 5–6. Frische bis wechselfeuchte LaubmischW u. Gebüsche, an Waldwegen, PionierW in Tagebauen, frische bis feuchte Wiesen, Halbtrockenrasen, Niedermoore, Rud., basenhold; g Alp, h Bw Th, v By Rh He Nw An(g S) Sh(SO O M), z Sa Bb Ns Mv, ↘ (m/mo-b·c1-6EUR-WAS – sogr eros G ♃ Rhiz WuSpr – InB mit Leimtropfen: Schlupfwespen, Blatt- u. Bockkäfer, s SeB – L6 Tx F6~ R7 N7 – V Alno-Ulm., V Carp., V Mol., O Arrh., V Mesobrom. – 36 – ▽). [***Neottia ovata*** (L.) Bluff et Fingerh.]
Großes Z. – *L. ovata* (L.) R. Br.

1* Pfl niedrig, zart. Bla herzfg-dreieckig. Traube 6–10blütig. Blü grünlich, innere PerigonBla u. Lippe rötlich, diese am Grund mit Seitenlappen (Abb. 157/4). 0,05–0,20. 5–7. Mont. nasse FichtenW u. Nadelholzforste, Birkenbrüche, Hochmoorränder, Ufer verlandender Bäche u. Gräben, kalkmeidend; z Alp Bw(f NW ORh) Ns(Hrz, s O S), s By(O S NO, † Alb MS) Nw(SO, † MW) Th(Wld) An(Hrz), † Sa Bb Sh ?Mv(N NO), ↘ (sm/mo-b·c1-5CIRCPOL – sogr eros G ♃ uAuslRhiz WuSpr – InB mit Leimtropfen: Zwei- u. Hautflügler Vm, s SeB – L3 T4 F7 R2 N2 – O Vacc.-Pic. – ▽). [***Neottia cordata*** (L.) Rich.]
Kleines Z. – *L. cordata* (L.) R. Br.

Neottia Guett. – **Nestwurz** (43 Arten)

Pfl gelblichbraun. Blü braun bis graubraun. Stg dick, mit scheidigen SchuppenBla. Traube ∞blütig. 0,25–0,50. 5–6. Mäßig trockne bis frische Laubmisch- u. KiefernmischW, kalkhold; h Alp, v By Bw Rh He Th, z Nw Sa(SO SW W) An(h S) Ns(f Elb) Mv(f Elb) Sh(f W), s Bb(f SO), ↘ (sm/mo-temp·c1-6EUR-(WSIB) – sogr eros G ♃ Rhiz+WuSpr holomykotroph – InB mit Leimtropfen: Fliegen Vm SeB, auch unterirdisch fruchtend – L2 T5 F5 R7 N5 – O Fag. – ▽). **Nestwurz – *N. nidus-avis*** (L.) Rich.

Epipogium Borkh. – **Widerbart** (7 Arten)

Stg röhrig, weißlich, oben purpurn überlaufen. Blü 2–4(–8), blassgelb, Lippe rötlich gestrichelt (Abb. 155/1, 2). FrKn nicht gedreht. 0,10–0,20. 7–8. Mont. mäßig trockne bis frische Buchen- u. NadelmischW, auch an Waldwegen; s Alp By(f N NO, † MS) Bw(f NW ORh SW) Rh(f M ORh) He(MW) Nw(SW NO, † SO) Th(Bck NW) An(Hrz) Ns(Hrz MO S), † Sa Bb Sh, ↘ (sm/mo-b·c2-6EURAS – sogr eros G ♃ kurzes Rhiz+uAusl wurzellos holomykotroph – InB? SeB, auch unterirdisch fruchtend – L2 T4 F5 R7 N4? – V Gal.-Fag., V Gal.- Abiet., V Vacc.-Pic. – 36 – ▽). **Blattloser W. – *E. aphyllum*** Sw.

162   ORCHIDACEAE

Corallorhiza GAGNEBIN – **Korallenwurz** (11 Arten)
Stg am Grund mit meist 3 etwas bauchigen BlaScheiden. Lippe am Grund mit 2 zahnfg Seitenlappen u. 2 Längsleisten. 0,08–0,25. 5–6. Mont. mäßig frische Fichten(Tannen)W u. Fichtenforste, BuchenW, Zwischenmoore, kalkmeidend; v Alp, z Bw(f NW ORh) Th, s By Rh(M: Hunsrück) He(MW NW O SW) Nw(SO: Röspe, † SW) Sa(NO SW W) Bb(M NO) Mv(N M NO), † An(SO Hrz) Ns Sh(O), ↘ (sm/mo-arct·c2-7CIRCPOL – sogr eros G ♃ korallenartig verzweigtes, wurzelloses Rhiz, holomykotroph – SeB, ob auch InB? – Lx T4 F5 R3 Nx – O Vacc.-Pic., V Luz.-Fag., V Gal.-Abiet. – ▽). [*C. innata* R. BR.]
Korallenwurz – *C. trifida* CHÂTEL.

Malaxis Sw. [*Achroanthes* RAF] – **Einblatt, Kleingriffel** (250–300 Arten)
Einziges Bla eifg bis länglich, bis 9 cm lg. Blü bis 80, klein, grünlichgelb. 0,07–0,30. 6–7. Mont. sickerfeuchte AuenW, quellfeuchte, schattige, moosige Felsen; v Alp, s By(f NW NM N) Bw(SO Alb) Sa(SW), † Th(Bck) Bb(M NO) Mv(N: Rügen, Usedom), ↘ (m/mo-b·c2-6CIRCPOL – sogr G/H ♃ SprKnolle, Brutknollen in NiederBlaAchseln – InB: Zweiflügler? SeB – L3 T4 F8 R6? N6 – V Alno-Ulm., V Gal.-Fag. – ▽). [*Microstylis monophyllos* (L.) LINDL.]
Kleinblütiges E. – *M. monophyllos* (L.) Sw.

Liparis RICH. [*Sturmia* RCHB] – **Glanzkraut, Glanzorchis** (250–400 Arten)
Bla grundständig, länglich-lanzettlich, mit ihrem Grund eine Sprossknolle einschließend. Blü gelbgrün. Mittleres äußeres PerigonBla aufrecht. 0,06–0,17. 6(–7). Nasse, teils zeitweilig überflutete Niedermoore, Zwischen- u. Quellmoore, Seeufer, kalkhold; s Alp By(f NM NW) Bw(SO ORh SW) Nw(f SO, † MW SW NO) An(Elb W) Bb(f Od SO SW) Ns(N: Inseln) Mv(f Elb), † Rh He Th Sa Sh(z. B. O: Scharnhagener Moor), ↘ (sm-temp·c2-5EUR-SIB+OAM+(WAM) – sogr ros G/H ♃ kurzes Rhiz+ SprKnolle – SeB? – L8 T6 F9= R9 N2 – V Car. davall., V Rhynch. alb. – ▽!).
Sumpf-G. – *L. loeselii* (L.) RICH.

Hammarbya KUNTZE – **Weichwurz, Weichorchis** (1 Art)
Bla meist 2(–3), eifg bis länglich, in der Achsel des obersten eine grüne Knolle. Traube ∞blütig. Blü klein, gelbgrün. 0,05–0,20. 7–8. Nasse Moorschlenken, Schwingrasen von Zwischenmooren, nasse Dünentäler, Ränder von Torfstichen, kalkmeidend; s Alp(f Wtt Krw) By(f Alb N NW), † MS) Bw(S SO) Nw(MW, † SW SO N) Th(Rho) Bb(M NO SO) Ns(M MO NW N) Mv(M MW) Sh(f SO), † Rh He Sa, ↘ (temp-b·c2-5(+lit)EURAS-(AM) – sogr ros H ♃ SprKnolle – InB: Bestäuber unbekannt SeB – Brutkörper am Vorderrand der Bla – L9 T5? F9= R2 N2? – V Rhynch. alb. – ▽). [*Malaxis paludosa* (L.) Sw.]
Sumpf-W. – *H. paludosa* (L.) KUNTZE

Goodyera R. BR. – **Netzblatt** (40–100 Arten)
GrundBla eifg bis eifg-länglich. Blü klein, weiß od. rahmgelb, außen grünlich, süßlich riechend, wie die TragBla außen stark drüsig behaart. 0,10–0,30. 6–8. Mäßig trockne bis frische NadelW u. -holzforste (bes. Kiefer; z By(† NO O) Bw Rh Th(f Hrz O), s Alp He(f W) Nw(f SO) Sa(NO) Ns Mv(f Elb SW), † An Bb Sh, ↘, auch [N 19. Jh.] mit Nadelholzaufforstungen: s Nw(MW) Ns (m/mo-b·c2-7CIRCPOL – igr hros/ros H ♃ o/uAuslRhiz –InB: Bienen, Hummeln, auch SeB? – L5 Tx F4 Rx N2 – O Vacc.-Pic. – ▽).
Kriechendes N., Kriechständel – *G. repens* (L.) R. BR.

Spiranthes RICH. – **Wendelorchis, Drehähre** (45 Arten)
1   Stg nur mit SchuppenBla, zur BlüZeit die BlaRosette meist schon abgestorben u. neue Rosette aus bis 7 lanzettlichen, bis 3,5 cm lg Bla bereits neben dem BlüTrieb entwickelt. Ähre dicht. Blü innen weiß, außen grünlich. 0,07–0,22. 8–10. Mäßig trockne bis wechselfrische, extensiv beweidete Silikatmagerrasen, Halbtrockenrasen, kalkmeidend; z Alp By(† N NO O) Bw, s Rh(MRh) He(MW O, f NW) Th(Bck) An(f Elb N O) Ns(S: Northeim), † NW Sa Bb Mv Sh, ↘ (m/mo-temp·c1-3EUR – hfrgr (h)ros G H ♃ VertikalRhiz+WuKnolle – InB:

ORCHIDACEAE 163

Hummeln – L8 T6 F4 R5 N2 – V Mesobrom., V Viol. can., V Mol. – ▽). [*S. autumnalis* Rich.]
Herbst-W. – *S. spiralis* (L.) Chevall.
1* Stg beblättert, nur oben mit SchuppenBla, zur BlüZeit am Grund mit Rosette aus 3 schmal lanzettlichen, aufrechten, bis 14 cm lg Bla. Ähre locker. Blü weiß. 0,10–0,35. 7–8. Staunasse Niedermoore u. Rieselfluren, kalkstet; s Alp(Allg Chm Brch) By(S, † MS) Bw(S ORh), † Rh He, ↘ (m/mo-stemp·c2-3 EUR – sogr hros G ♃ InKnolle – InB: Hummeln, Bienen, Schwebfliegen – L9 T5 F8 R8 N2? – V Car. davall. – ▽!).
Sommer-W. – *S. aestivalis* (Poir.) Rich.

Herminium L. – **Honigorchis, Einknolle** (45 Arten)
Ähre schmal, ∞blütig, einseitswendig. Blü klein, grünlichgelb. Knollentragende Ausläufer. 0,08–0,20. 6–7. (Submed.) wechselfrische Halbtrockenrasen, wechselfeuchte Moorwiesen, kalkhold; z Alp Rh, s By(† Alb N NO NW) Bw He(† SO NW SW W) Nw(† SO MW N) Th(Bck Rho S) Ns(S: nur noch Erhaltungskultur ?), † Sa An Bb Mv(MW NO), ↘ (m/mo-temp·c2-6EURAS – sogr hros/ros G ♃ kurze uAusl+Knolle – InB: Haut- u. Zweiflügler, Käfer – L7 T5 F5~ R8 N2? – V Mesobrom., V Mol., V Car. davall. – ▽).
Einknollige H., Einknolle – *H. monorchis* (L.) R. Br.

Chamorchis Rich. – **Zwergorchis** (1 Art)
Stg kantig, am Grund weißlich, mit 2 lockeren ScheidenBla u. bis 11 grundständigen Laub-Bla von der Länge des Stg. Blü klein, gelblichgrün, duftend, in lockerer, 5–15blütiger Ähre. 0,05–0,10(–15). (6–)7–8. Alp. mäßig frische Steinrasen, kalkstet; z Alp(f Kch Chm) (sm/alp-arct·c1-3EUR – sogr ros G ♃ InKnolle – InB: Schlupfwespen, Fliegen, Käfer – L9 T2 F4 R9 N2? – V Sesl. – ▽).
Zwergorchis – *Ch. alpina* (L.) Rich.

Traunsteinera Rchb. – **Kugelorchis** (1 Art)
Bla bis 8, schmal lanzettlich. PerigonBla zuerst helmartig zusammenneigend, später glockig abstehend. Lippe dunkelpurpurn gefleckt. 0,30–0,75. 6–7. Mont. Halbtrockenrasen, mont. bis subalp. frische Wiesen, basenhold; v Alp, z By(S: Lechfeld), s Bw(SW: S-SchwarzW, Alb), Sa(SW: O-Erzg.), ↘ (sm/salp-stemp/dealp·c2-3EUR – sogr eros G ♃ InKnolle – InB: Falter? Fliegen? Käfer? SeB – L7 T3 F5 R8 N3? – V Mesobrom., V Triset., V Car. ferr. – ▽). [*Orchis globosa* L.]
Kugelorchis – *T. globosa* (L.) Rchb.

Platanthera Rich. – **Waldhyazinthe** (100–200 Arten)
1 Staubbeutelfächer eng stehend, bis 1,5 mm voneinander entfernt, parallel od. nach unten leicht zusammenneigend (Abb. **157**/2). Blü weiß, 11–18 mm br, in ± zylindrischer Ähre. Sporn fädlich, gleich dick, spitz 2
1* Staubbeutelfächer entfernter stehend, oben 1,5–2,5 mm, unten (2–)3–4,5 mm voneinander entfernt, deutlich nach unten spreizend, selten parallel 3
2 Sporn (20–)25–41 mm lg, Lippe (10–)11–16 mm lg; Staubbeutelfächer 1–1,5 mm voneinander entfernt, parallel; Stielchen der Pollinien >1 mm lg. Pfl mittelhoch bis hoch. BlüStand oft locker. (0,25–)0,30–0,60. 5–6(–7). Mäßig trockne bis wechselfrische lichte Laub- u. NadelmischW u. ihre Säume, kalkhold; z Alp(Allg), s By(Alb MS NO O) Rh(MRh N W) He(NW MW W) Nw(?) An Bb Ns, † Mv Sh(M O) (m/mo-b·c1-6EUR-SIB – sogr hros G ♃ InKnollenWu – InB: Nachtfalter – L6 Tx F5~ R7 Nx – V Cephal.-Fag., V Gal.-Abiet., V Eric.-Pin., V Querc. rob.-petr., O Prun., V Mesobrom. – ▽). [*P. b.* subsp. *bifolia* auct., *P. b.* subsp. *latiflora* (Drejer) Løjtnant]
Großblütige Weiße W. – *P. fornicata* (Bab.) Buttler
2* Sporn 12–20(–23) mm lg, Lippe 6–10,5 mm lg, Staubbeutelfächer <1 mm voneinander entfernt, parallel od. nach unten leicht zusammenneigend; Stielchen der Pollinien <0,5 mm lg. Pfl niedrig bis mittelhoch. BlüStand oft dicht. 0,10–0,25(–0,35). (5–)6–7, 2 Wochen nach *P. fornicata*. Silikatmagerrasen, Halbtrockenrasen, extensiv genutzte (Berg-)Wiesen, feuchte Zwergstrauchheiden, Grabenränder, Niedermoore; z Nw(SW MW) Bb Ns? Mv Sh, s By(N) He, ob in Th Sa An?, Verbreitung ungenügend bekannt, wohl auch Alpen u. Vorland (sm/mo-temp·b?c1-3EUR? – O Nard., V Mol. – 42 – ▽). [*P. bifolia* s. str., *P. b.* subsp.

graciliflora BISSE, *P. b.* var. *robusta* SEEMEN, *P. b.* var. *subalpina* BRÜGGER, *P. b.* subsp. *bifolia*] **Kleinblütige Weiße W. – *P. bifolia* (L.) RICH.**

3 **(1)** Staubbeutelfächer zur BlüStandsachse >20° geneigt, die unteren Enden 3–4,5 mm (etwa Antherenlänge) voneinander entfernt (Abb. **157**/3). Blü gelblichweiß, 18–23 mm br, in ± pyramidaler Ähre. Lippe 10–16 mm lg. Sporn etwas keulig, 20–40 mm lg, stumpf. 0,20–0,60. 5–7. Frische bis wechselfeuchte Laub- u. NadelmischW u. deren Säume, quellige Wiesen, waldnahe, wechselfrische Halbtrockenrasen, basenhold; h Alp, v Bw Rh Th(s O), z By He Nw An(f O) Ns Mv(f Elb) Sh(O SO M), s Sa(SW SO W) Bb(MN NO), ↘ (m/mo-temp·c1-4EUR – sogr hros G ♃ InKnollenWu – InB: Nachtfalter – L6 Tx F7~ R7 Nx – O Fag., O Mol., V Car. ferr., V Mesobrom. – ▽. [*P. montana* (F.W. SCHMIDT) RCHB. f.]

Grünliche W. – *P. chlorantha* RCHB.

3* Staubbeutelfächer zur BlüStandsachse <20° geneigt, die unteren Enden <3 mm u. deutlich weniger als Antherenlänge voneinander entfernt, selten parallel. Intermediär u. entstanden aus **2/2*** × **3**. Im Gebiet der Eltern meist s, zuweilen ohne die Eltern eigenständige Populationen bildend, so in Bw Nw Th(Wld, z Bck NW). [*P. fornicata*/*bifolia* × *P. chlorantha*]

Hybrid-W. – *P.* ×*hybrida* BRÜGGER

Hybriden s. auch bei *Gymnadenia*!

Pseudorchis SÉG. [*Leucorchis* E. MEY.] – **Weißzunge** (2 Arten)

Stg beblättert. Bla länglich-verkehrteifg bis lanzettlich. PerigonBla helmfg zusammenneigend. Sporn 2–2,5 mm lg. 0,10–0,30. 6–8. Mont. bis subalp. mäßig frische bis frische, extensiv genutzte Silikatmagerrasen u. Wiesen, kalkmeidend; v Alp, z Rh(M N SW), s By(S NW O, † MS) Bw(f NW ORh SO) He(O SW W) Nw(SW SO, † MW NO) Th(z Wld) Sa(SW) Ns(Hrz), † An Sh(W), ↘ (sm/alp-arct·c1-5EUR-(OAM) – herbst-sogr eros G ♃ InKnollenWu – InB: Falter SeB? – L8 T4 F5 R2 N2 – O Nard., V Triset. – ▽. [*Gymnadenia albida* (L.) RICH., *Leucorchis albida* (L.) E. MEY.]

Weißzunge – *P. albida* (L.) Á. LÖVE und D. LÖVE

1 Blü nickend. Lippe grünlichweiß od. gelblichweiß, 3lappig, Mittellappen 1,3 mm lg, stets deutlich länger als die ± 0,7 mm lg Seitenlappen, Sporn weiß. DeckBla stets länger als der FrKn, ihr Rand fein 3eckig gezähnelt. Bla 4–7, am Stg verteilt, schräg aufwärts gerichtet. 0,13–0,31. Hochmont. bis subalp. mäßig frische bis frische, extensiv genutzte Silikatmagerrasen, kalkmeidend. Verbr. in D wie Art (sm/salp-b·c2-4EUR – SeB InB: Falter – L8 T4 F5 R2 N2 – V Nard., V Viol. can., V Junc. squarr. – ▽).subsp.*albida*

1* Blü waagerecht. Lippe cremeweiß bis gelblichweiß, tief 3lappig, Mittellappen 1,5 mm lg, ± so lg wie die 1,4 mm lg Seitenlappen, Sporn gelb. DeckBla so lg wie der FrKn od. wenig länger, ihr Rand glatt bis fein gekerbt. Bla 3–4, am StgGrund gehäuft, ± waagerecht. 0,06–0,17. Subalp. Magerrasen auf flachgründigen Kalk- u. Dolomitböden, kalkstet; s Alp(Allg) (sm-temp//salp·c3-4EUR – InB selbststeril – ▽). subsp. ***tricuspis*** (BECK) E. KLEIN

Hybriden s. bei *Gymnadenia*!

Dactylorhiza NEVSKI [*Dactylorchis* (KLINGE) VERM.] –
Fingerwurz, Kuckucksblume (75 Arten)

Alle Arten in D: sogr G ♃ InKnollenWu: handfg Knollenwurzel sprossbürtig an achselständiger Innovationsknospe – InB: Nektartäuschblumen. Die als Allotetraploide aus Hybridisierung von *D. fuchsii* u. *D. incarnata* entstandenen Sippen **5**, **6***, **7**, **9***, **12–14** (**12*** unter Beteiligung von *D. maculata*) werden neuerdings als Unterarten zu *D. majalis* gestellt (s. Synonyme).

1 Blü (orange)hell- bis pururrot, Lippe am Grund stets mit purpurnen Punkten, gelblich od. ganze Blü hellgelb, schwach 3lappig, selten ungeteilt, am Rand wellig gekerbt. Sporn so lg wie der FrKn od. länger. Stg hohl. Bla ungefleckt. 0,15–0,25. 4–6. Silikattrocken- u. -magerrasen, Trockengebüschsäume, kalkmeidend; z Th(Wld), s By(f S, † NW N) Bw(SW) Rh(f N NW) Th(S Wald Bck O) Sa(SW: O-Erzgeb., Vogtland), † He(ORh SW) An(S) Bb(SO), ↘ (m/mo-temp/demo·c2-4EUR-(VORDAS) – sogr hros/eros – InB: Hummeln – L7 T5? F4 R5 N2 – O Fest.-Sedet., V Viol. can., O Orig. – ▽. [*Orchis sambucina* L., *O. latifolia* L. p.p., *D. latifolia* (L.) H. BAUMANN et KÜNKELE]

Holunder-F. – *D. sambucina* (L.) Soó

1* Blü anders gefärbt; wenn ganze Blü gelb, dann Lippe 3teilig und Lippengrund ohne purpurne Punkte (vgl. aber **9**!) **2**

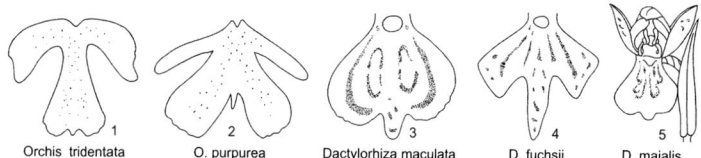

1	2	3	4	5
Orchis tridentata	O. purpurea	Dactylorhiza maculata	D. fuchsii	D. majalis

2 Stg markig, nicht zusammendrückbar, mit (3–)6–10 Bla. Zwischen den LaubBla u. der Ähre (1–)2–6 kleine, deckblattähnliche ÜbergangsBla. Untere LaubBla meist über der Mitte am breitesten. Oberstes Bla die Ähre nicht erreichend. Untere DeckBla <3 mm br. Seitliche äußere PerigonBla nach vorn geneigt. Sporn <2 mm dick, meist etwa so lg wie der FrKn. (**Artengruppe Gefleckte F.** – *D. maculata* **agg.** – m/mo-bc1-7EUR-WAS) **3**

2* Stg mit ± weiter Höhlung, ± zusammendrückbar (vgl. aber **14**!), mit 3–6 Bla. ÜbergangsBla 0–1(–2). Alle Bla am Grund od. in der Mitte am breitesten. Oberstes Bla die Ähre oft erreichend. Untere DeckBla >3 mm br. Seitliche äußere PerigonBla ± aufgerichtet. Sporn meist >2 mm dick, kürzer als der FrKn. (**Artengruppe Breitblättrige F.** – *D. majalis* **agg.**, außer 9) **4**

3 Alle Bla lanzettlich bis linealisch, 0,7–1,5 cm br, spitz, mit ± kreisrunden Flecken, seltener ungefleckt. ÜbergangsBla (1–)2–3. Lippe br, seicht 3lappig, ihr Mittellappen nicht vorgezogen, viel kleiner als die br abgerundeten, oft etwas gezähnelten Seitenlappen (Abb. **165**/3). 0,10–0,60. 5–8. Feuchte Magerrasen, wechselfeuchte bis nasse Nieder- u. Quellmoore, lichte Wälder, kalkmeidend; v Alp Bw Rh, z By He Nw(h SW) Sa Mv(f Elb) Sh, s Th(Rho Bck) Bb(f Od SW) Ns Sh, Verbr. ungenau bekannt, da selten von 3* getrennt kartiert (sm/mo-b·c1-2EUR? – eros – InB: Käfer, Zwei- u. Hautflügler – K Scheuchz.-Car., O Mol., O Nard. – 80 – ▽). [*Orchis maculata* L.]
Gefleckte F. – *D. maculata* (L.) Soó

1 Lippe bis 13 mm br. Sporn 5,2–8 × 0,8–1,6 mm, etwa so lg wie der FrKn. Ähre länglich-walzig. Bla lanzettlich bis br linealisch. (0,10–)0,20–0,35(–0,60). Standorte u. Verbreitung in D wie Art, (L7 Tx F8~ Rx N2 – 80).
subsp. *maculata*

1* Lippe >13 mm br, Sporn dünner als 1,5 mm, nur ½ so lg wie der FrKn. Ähre kürzer, pyramidenfg bis zylindrisch. Bla schmal linealisch. 0,10–0,35. Moorwiesen, Heidemoore; z Ns, s By (S) Sh?, † Mv(N: Rügen). Verbr. in D u. Gesamtverbr. ungenau bekannt (L8 T6 F8~? R2? N2?).
subsp. *elodes* (GRISEB.) Soó

3* Unterste Bla br elliptisch od. verkehrteifg, unteres 7–20 × 1,4–3,2 cm, meist stumpf. Bla mit deutlich quer verlängerten, dunklen Flecken, diese bisweilen blass od. fehlend. ÜbergangsBla 2–6. Lippe meist tief 3spaltig, ihr Mittellappen zugespitzt-vorgezogen u. etwa so lg wie die rautenfg Seitenlappen (Abb. **165**/4). Sporn 8–10 × 1,7–2,3 mm. 0,10–0,80(–1,00). 6–7. Wechselfeuchte bis nasse Nieder- u. Quellmoore, NadelmischW, basenhold; h Th(z O), v Alp He, z By Bw Rh Nw Sa An(h Hrz) Mv(f Elb) Sh, s Bb(f Od SW) Ns(v Rhr, f Elb), ↘ (sm/mo-b·c1-7EUR-SIB – K Scheuchz.-Car., O Mol., V Gal.-Abiet., V Eric.-Pin., selten auch V Mesobrom., V Triset. – 40 – ▽). [*Orchis fuchsii* DRUCE, *D. maculata* subsp. *fuchsii* (DRUCE)
HYL.] **Fuchs-F. – *D. fuchsii* (DRUCE) Soó**

Artrang umstritten, da regional Übergänge zur vorigen Art. Auch der Wert der folgenden Taxa unterschiedlich beurteilbar.

1 Pfl mit 6–10 Bla, 30–80(–100) cm hoch. Standorte, Soz., Verbr. in D u. Gesamtverbr. wie Art (40).
subsp. *fuchsii*

1* Pfl mit 3–6 Bla, 10–30 cm hoch **2**

2 Pfl mit 3–5 gefleckten Bla, 10–25 cm hoch. Blü rosa, duftlos, selten duftend, Lippe mit roten bis purpurnen Linien. Nasse bis feuchte Niedermoore; z Alp By(S O) Bw(SW: Schwarzw), s Th(Wld) Sa(SW: Erzg) An(Hrz) (temp-b·c2-4EUR? – K Scheuchz.-Car. – 80).
subsp. *psychrophila* (SCHLTR.) HOLUB

2* Pfl mit 5–6 ungefleckten od. schwach gefleckten Bla, 20–30 cm hoch. Grundfarbe der Blü weiß bis gelblichweiß, duftend. Lippe ohne Zeichnung. 6(–7). Frisch- u. Feuchtwiesen, Niedermoore; s Sa(SW: Erzg, noch nicht gesichert) (sm/mo-stemp·c3-4EUR? – O Mol., V Triset., V Car. nigr.).
var. *sudetica* (RCHB. f.) H. BAUMANN et al.

4 (2) Bla höchstens 4mal so lg wie br (wenn länger, dann >2 cm br), etwa in der Mitte am breitesten 5
4* Bla >4mal so lg wie br, annähernd gleich br od. meist vom Grund an verschmälert, meist ungefleckt 7
5 Bla meist ungefleckt. Blü klein, intensiv purpurn, Lippe 5–8 × 6,5–12 mm, nicht od. nur schwach 3teilig, im Umriss rautenfg mit intensivem Punkt- u. Strichmuster, die Seitenlappen nicht od. nur wenig herabgeschlagen. 0,10–0,30. 6–7. Nasswiesen, feuchte Dünentäler; S-Dänemark bis Rømø, ob in Sh? (ntemp-b·c1-2EUR? – V Calth. – ▽). [*D. majalis* subsp. *purpurella* (T. STEPHENSON et T.A. STEPHENSON) D.M. MOORE et Soó]
⑦ **Purpurblütige F. – *D. purpurella*** (T. STEPHENSON et T.A. STEPHENSON) Soó
5* Bla meist gefleckt 6
6 Bla meist beidseits violett gefleckt, zuweilen 1seitig od. nicht gefleckt, bis 2,5 cm br, 2,5–6mal so lg wie br, das größte etwa 4mal so lg wie br. ***D. cruenta***, s. 7
6* Bla meist oseits gefleckt, seltener ungefleckt, 1,5–3,5(–5) cm br. Lippe 5–10 × 7–15 mm, meist deutlich 3teilig, mit ausgebreiteten od. herabgeschlagenen Seitenlappen u. dunklen, ringfg angeordneten Linien (Abb. 165/5). 0,15–0,70. 5–7. Quellige Nasswiesen, lichte Röhrichte, nasse Nieder- u. Quellmoore, feuchte Küstendünentäler, Grabenränder, lichte AuenW, salztolerant; h Th(z Bck NW, v O), v Alp Bw Rh He(MW) Nw Sa Mv Sh z By An(h Hrz, z N SO) Bb Ns(h Hrz), ↘ (sm/mo-b·c2-6EUR+(WAS) – eros – InB: Bienen, Hummeln – L8 T5 F8~ R7 N3 – O Mol., bes. V Calth., O Car. nigr., V Car. davall. – 80 – ▽). [*Orchis latifolia* L. p.p., *O. majalis* RCHB.]
Breitblättrige F. – *D. majalis* (RCHB.) P.F. HUNT et SUMMERH.
1 Pfl 25–70 cm hoch. Bla 4–7, lanzettlich, 10–25 × 1,5–3,7 cm, schwach gefleckt. Ähre groß, 3–9,5 cm lg, Lippe deutlich 3teilig, 8–13 mm br, Seitenlappen gekerbt, Mittellappen klein. Salzwiesen der Ostseeküste, ob in D? s Mv(N: Darß, Rügen?) Nächste Vorkommen in Polen (sm/mo-b·c3-6EUR-(WAS)). [*Orchis baltica* KLINGE, *D. baltica* (KLINGE) AVER., *D. longifolia* (NEUMAN) AVER.?]
⑦ subsp. ***baltica*** (KLINGE) SENGHAS
1* Pfl meist kleiner, 15–40(–60) cm hoch, wenn <30 cm, dann AlpenPfl. Bla kürzer, ausgebreitet . **2**
2 Bla meist 5–6, die unteren br lanzettlich, allmählich zugespitzt, meist kräftig gefleckt. Ähre reichblütig, bis 10 cm lg. Lippe deutlich 3teilig. Standorte, Soz., Verbr. in D u. Gesamtverbr. weitgehend wie Art (80).
subsp. ***majalis***
2* Bla meist 4, die unteren elliptisch od. verkehrteifg, kurz zugespitzt bis abgerundet, oseits dicht u. groß gefleckt. Ähre armblütig, bis 5 cm lg. Lippe undeutlich 3teilig bis ungeteilt, mit hellig gekerbtem Rand, bis 15 mm br. 0,15–0,30. Nasswiesen u. Niedermoore im Alpenraum (sm-stemp//salp·c2-3EUR – L8 T3? F9? R3 N1?). [*Orchis alpestris* PUGSLEY, *D. m.* var. *pumila* (M. SCHULZE) LANDWEHR]
subsp. ***alpestris*** (PUGSLEY) SENGHAS
D. majalis subsp. *brevifolia* (BISSE) SENGHAS: Pfl 15–20 cm hoch, Bla >5mal so lg hr, Stg oben u. Blü violett überlaufen. Kalknieder- u. Zwischenmoore, angegeben aus Th: Weimar Bb Mv: mehrfach, ist nicht geklärt (*D. incarnata*-Hybride? – 80). Auch das *alpestris* (*pumila*)-Taxon ist nicht zweifellos eigenständig.
7 (4) Bla meist beidseits violett gefleckt, zuweilen 1seitig od. nicht gefleckt, bis 2,5 cm br, 2,5–6mal so lg wie br, das größte etwa 4mal so lg wie br, seitlich abstehend, ohne Kapuzenspitze, 4–10 × 1–2,5 cm. BlüStand 3–8 cm lg. Blü purpurn, Lippe 4,5–7(–8) × 5–9 mm. 0,15–0,30. 6–7. Sumpfwiesen, basenhold; fehlt in D, auch nicht By(S: Grafrath, zu 9.2) (sm-stemp//mo+ntemp-b·c3-6EUR-SIB – eros – V Car. davall. – ▽). [*Orchis cruenta* O.F. MÜLL., *D. incarnata* subsp. *cruenta* (O.F. MÜLL.) P.D. SELL]
⑦ **Blutrote F. – *D. cruenta*** (O.F. MÜLL.) Soó
7* Bla nicht od. nur oseits schwach gefleckt, selten punktiert **(9)** od. kräftig gefleckt **(13)** .. **8**
8 Bla gelbgrün, steif aufrecht, meist ungefleckt. Stg hohl. DeckBla länger als die Blü **9**
8* Bla grün, weniger steif aufrecht, ohne Kapuzenspitze **10**
9 Blü rot, rotviolett, rosa od. hellgelb. Lippe 4,5–8 × 5–9 mm, ungeteilt od. seicht 3lappig, mit Schleifenmuster, ihre Seitenlappen ± herabgeschlagen. BlüStand 4–12(–18) cm lg. Bla mit Kapuzenspitze, nahe dem Grund am breitesten, oberstes Bla den Ährengrund erreichend od. überragend. 0,15–0,90. 5–7. Nasse bis wechselnasse Wiesen, lückige Röhrichte, feuchte Küstendünentäler, Nassflächen in Tagebauen, Moor- u. Feuchtgebüsche, basenhold; v Alp, z By Bw(h S) Rh He(f MW NW) Th(Wld) Bb Mv Sh, s Nw(f N) Sa(W SO NO) An Ns(f Elb Hrz), ↘ (m/mo-b·c1-7EUR-WAS – eros – InB: Hummeln,

Bienen? – L8 T5 F8~ R7 N2 – O Mol., bes. V Calth., V Car. davall. – 40 – ▽). [*Orchis incarnata* L., *O. strictifolia* OPIZ, *O. latifolia* L. p. p]
                  Steifblättrige F. – *D. incarnata* (L.) Soó
1 Blü hellgelb, zur Lippenmitte hin intensiver gefärbt. Seitenlappen der Lippe gezähnelt. Pfl groß. 0,50–0,90. 6. s Alp By(S MS: Donaumoos) Bw(S) Bb Mv(M MW NO), † Nw Ns Sh Nw(MW: Straberg), ↘ (sm/(mo)-temp·c3-4EUR – L8 T4? F8~? R7? N2 – 40). [*Orchis incarnata* var. *ochroleuca* BOLL]
                 subsp. ***ochroleuca*** (BOLL) P.F. HUNT et SUMMERH.
1* Blü rosa, rot od. rotviolett, selten weißlich. Pfl kleiner 2
2 Blü fleischrot, selten weißlich. Bla ungefleckt (var. ***incarnata***) od. nur oseits gefleckt (var. ***haematodes*** (RCHB. f.) Soó) od. beidseits ± strichelfleckig (var. ***hyphaematodes*** (NEUMAN) LANDWEHR). 0,25–0,60 (–0,80). 5–6. Standorte, Soz. u. Verbr. in D wie Art (40).   subsp. ***incarnata***
2* Blü kräftig purpurrot bis rotviolett. DeckBla lila überlaufen. BlüZeit 2(–4) Wochen später als bei subsp. *incarnata*. 0,15–0,30. 6–7. s By(S) Bw Th Bb? Mv?, † S-He (Gesamtverbr. unklar). [subsp. *pulchella* auct. non (DRUCE) Soó]   subsp. ***serotina*** (HAUSSKN.) Soó et D.M. MOORE

9* Blü blass violettpurpurn. Lippe 8–10 × 10–12 mm, 3lappig, purpurn gepunktet, die Seitenlappen etwas abwärts gebogen. DeckBla ± violettrot überlaufen. BlüStand 4–7(–8) cm lg. Bla ohne Kapuzenspitze, am breitesten in der Mitte od. etwas darüber, oberstes Bla den Ährengrund erreichend. 0,25–0,50. 6. Feuchtes bis nasses Extensivgrünland; s Mv(N: Peenemünde) (temp·c2litEUR? – eros – Bewertung umstritten). [*D. majalis* subsp. *ruthei* (R. RUTHE) H. KRETZSCHMAR]   **Ruthe-F. – *D. ruthei*** (RUTHE) Soó
10 (8) Pfl 20–70 cm hoch 11
10* 10–40 cm hoch 13
11 Lippe deutlich 3teilig, mit Schleifenmuster. Stg mit 4–7, meist 5 Bla.
                  D. majalis subsp. ***baltica***, s. 6*
11* Lippe ungeteilt od. schwach 3lappig, auf der ganzen Fläche fein punktiert, seltener auch mit kurzen Strichen u. angedeutetem Schleifenmuster 12
12 Größtes Bla 3,5–6(–7)mal so lg wie br, nicht (var. ***praetermissa***) od. ringfg gefleckt (var. ***junialis*** (VERM.) SENGHAS). Sporn meist kürzer als die Lippe, selten wenig länger, 5–9,5 mm lg. 0,20–0,70. (5–)6–7. Feuchte bis wechselnasse Niedermoore, lückige Röhrichte, Strandwiesen, feuchte Küstendünentäler, kalkhold; z Ns, s Rh(SW) Nw(f SO N NO) Ns(N NW) Sh(f SO) [N 1980] s Ns(S) (temp·c1EUR – eros – L9 T5 F9? R8 N2 – V Car. davall. – ▽). [*D. majalis* subsp. *praetermissa* (DRUCE) D. MOORE et Soó, *D. m.* subsp. *integra* (E.G. CAMUS) H.A. PEDERSEN]
           Übersehene F. – *D. praetermissa* (DRUCE) Soó
12* Größtes Bla (6–)7–14mal so lg wie br, Bla stets ungefleckt. Blütstand mit 20-30 Blü, Blü rosa mit feinen roten Punkten u. Strichen. Sporn 1,2–1,4 mal so lg wie die Lippe, 8–14 mm lg. (0,20–)0,30–0,60. 6–7. Hoch- u. Zwischenmoore, feuchte bis nasse Ränder von Moorheiden, Moorwiesenbrachen, gern auf Torfmoos, kalkmeidend; s Nw(f SO N NO) Ns(M O NW) Sh(M O) (Endemit, hybridogen? – L9 T5? F8? R3 N1 – 80 – ▽). [*D. majalis* subsp. *sphagnicola* (HÖPPNER) H.A. PEDERSEN et HEDRÉN]   **Torf-F. – *D. sphagnicola*** (HÖPPNER) Soó
  Anm.: Die aus Ostwestfalen als *D. sennia* VOLLMAR beschriebene Lokalsippe könnte hier aufgrund sehr ähnlicher Standortsansprüche eingegliedert werden u. würde das Areal zw. dem Rheinland und Niedersachsen schliessen.

13 (10) Bla kräftig gefleckt, 3–8 × 0,6–2(–2,5) cm, längste etwa 5mal so lg wie br. Stg mit (2–)3(–5) Bla, oben violett überlaufen, hohl. BlüStand locker, 5–16blütig. Blü dunkel purpurrot, Lippe mit Schleifenmuster, 3lappig od. auch ungeteilt, 4,5–8 × 6–11 mm, flach od. ± nach unten gebogen. 0,10–0,30. 6–7. Mont. sickernasse Lichtungen hängiger Nadel/ LaubW, kalkhold; z Alp By(S, s MS: Flossachtal), s Mv(NO: Galenbeck) (sm-stemp// mo+b·c3EUR – V Car. davall. – ▽). [*D. majalis* subsp. *lapponica* (HARTM.) H. SUND., auch 14 u. 14* werden von PEDERSEN 2010 zu dieser subsp. gestellt]
          Lappland-F. – *D. lapponica* (HARTM.) Soó
13* Größtes Bla (8–)10–15(–21) mal so lg wie br 14
14 Bla teilweise gefleckt, 5–16 × 0,5–1,9 cm, das längste etwa 10–14(21) mal so lg wie br. Sporn etwa so lg oder kürzer als die Lippe, 8–11 mm lg. Stg mit (2)3–5(6) aufrecht abstehenden Bla. Blüstd mit 15–20(50) Blü, Blü purpurrot, Lippe längs der Mitte nach

hinten gefaltet, mit kräftigen dunkleren Strichen. 0,11–0,40(–0,60). 6. Hoch- u. Übergangsmoore, Moorwiesen; s Rh (außerdem angrenzendes Frankreich, hybridogen? – ▽). **Wasgau-Fingerwurz** – *D. vosagiaca* (KREUTZ & P. WOLFF) P. WOLFF

14* Bla nicht od. schwach gefleckt, 5–16 × 0,5–1,9 cm, schräg bis weit abstehend, das längste etwa 8–10mal so lg wie br. Blü purpurrot, Lippe längs der Mitte nach unten gefaltet, mit Schleifenmuster. BlüStd locker, zylindrisch, 8–15 blütig. 0,10–0,40. 6–7. Nasse Nieder- u. Quellmoore, Lagg von Hochmooren, kalkmeidend; z Alp By(S) Bw(S SW Alb) Rh(S), s Mv(NO: Gützkow als *D. russowii*) nördlich von Alpen u. Schwarzw nur Bastarde? (temp/ mo-b·c1-5EUR-WSIB – eros/hros – InB: Käfer, Zwei- u. Hautflügler? – L8 T4? F9= R4 N2? – V Car. nigr., O Mol. – ▽). [*Orchis traunsteineri Orchis*: – *traunsteineri* SAUT., *D. majalis* subsp. *traunsteineri* (SAUT.) H. SUND., incl. *D. russowii* (KLINGE) HOLUB]
Traunsteiner-F. – *D. traunsteineri* (SAUT.) Soó

Anm.: Die als *D. russowii* bezeichneten Pflanzen des Ostseegebiets werden zu *D. traunsteineri* gestellt. Ihre Zugehörigkeit zu *D. curvifolia* (NYL.) CZEREP. ist unwahrscheinlich. *D. traunsteineri* im erweiterten Umfang fügt sich gut in den eiszeitlich geprägten alpisch/dealpinen-südbaltischen Arealtyp ein.

Hybriden: *D. sambucina* × *D. maculata* = *D. ×altobracensis* (COSTE) Soó – s, *D. sambucina* × *D. fuchsii* = *D. ×influenza* (SENNHOLZ) Soó – s, *D. sambucina* × *D. majalis* = *D. ×ruppertii* (M. SCHULZE) Soó – s, *D. maculata* × *D. fuchsii* = *D. ×transiens* (DRUCE) Soó – s, *D. maculata* × *D. majalis* = *D. ×dinglensis* (WILM.) Soó – s, *D. maculata* × *D. incarnata* = *D. ×carnea* (E. G. CAMUS) Soó – s, *D. fuchsii* × *D. majalis* = *D. ×braunii* (HALÁCSY) BORSOS et Soó – s, *D. fuchsii* × *D. incarnata* = *D. ×kernerorum* (Soó) Soó – s, *D. fuchsii* × *D. traunsteineri* = *D. ×silvae-gabretae* F. PROCH. et. CURN. – s, *D. majalis* × *D. incarnata* = *D. ×aschersoniana* (HAUSSKN.) Soó – z, *D. majalis* × *D. incarnata* subsp. *ochroleuca* = ? [*D. ×templinensis* POTŮČEK] – s, *D. majalis* × *D. incarnata* subsp. *serotina* = ? [*D. ×mulignensis* (GSELL) Soó] – s, *D. majalis* × *D. ruthei* = *D. ×kuehnensis* PRESSER et RIECHELMANN = – s, *D. majalis* × *D. traunsteineri* = *D. ×thellungiana* (BRAUN-BLANQ.) Soó – s, *D. incarnata* × *D. ruthei* = *D. ×reitaluae* HENNECKE et al. – s, *D. incarnata* × *D. traunsteineri* = *D. ×stenostachys* (J. MURR) RAUSCHERT – s, *D. incarnata* subsp. *ochroleuca* × *D. traunsteineri* = ? – s, *D. incarnata* subsp. *incarnata* × *D. incarnata* subsp. *serotina* = ? – s, *D. incarnata* subsp. *incarnata* × *D. traunsteineri* = *D. ×wisniewskii* HEMKE – s

Dactylorhiza × *Gymnadenia* = × **Dactylogymnadenia** Soó: *maculata* × *G. conopsea* = ×*D. legrandiana* (E. G. CAMUS) Soó – s, *maculata* × *G. odoratissima* = ×*D. regeliana* (BRÜGGER) Soó – s, *fuchsii* × *G. conopsea* subsp. *conopsea* = ×*D. gracilis* (A. CAMUS) Soó nothosubsp. *gracilis* – s, *D. fuchsii* × *G. conopsea* subsp. *densiflora* = ×*D. gracilis* (A. CAMUS) Soó nothosubsp. *major* KÜMPEL – s, *D. majalis* × *G. conopsea* = ×*D. comigera* (RCHB.) RAUSCHERT – s, *D. incarnata* × *G. conopsea* = ×*D. vollmannii* (M. SCHULZE) Soó – s, *D. traunsteineri* × *G. conopsea* = ×*D. fuchsii* (KELLER et Soó) Soó – s, *D. traunsteineri* × *G. odoratissima* = ? – s, *D. ×silvae-gabretae* F. PROCH. et. CURN.

Dactylorhiza incarnata × *Orchis palustris* = ×**Orchidactyla** *uechtritziana* (HAUSSKN.) BORSOS et Soó
Dactylorhiza × *Pseudorchis* = ×**Pseudorhiza** P.F. HUNT [×*Dactyleucorchis* Soó]: *D. majalis* × *P. albida* = ×*P. nieschalkii* (SENGHAS) P.F. HUNT – s

Coeloglossum HARTM. – **Hohlzunge** (1–4 Arten)

Bla 2–4, eifg bis länglich-lanzettlich. Blü bräunlichgrün od. grün. 0,10–0,25. 5–6. Mäßig trockne bis wechselfrische, extensiv genutzte Silikatmagerrasen u. Wiesen, Halbtrockenrasen, basenhold; v Alp, z Rh He(f MW NW), s By(f MS N) Bw(f SO NW) He(ORh) Nw(SW, sonst †) Th(Bck, z Wld) Sa(SW W) An(Hrz) Bb(Od), † Ns, ↘ (m/salp-b·c1-6CIRCPOL – sogr hros G ♃. InKnollenWu – InB: Bienen, Wespen, Käfer -L8 Tx F4 R4 N2? – O Nard., V Mesobrom., O Sesl., V Mol. – ▽). [*Habenaria viridis* (L.) R. BR., *Platanthera viridis* (L.) LINDL., *Dactylorhiza viridis* (L.) R.M. BATEMAN et al.] **Grüne H. – *C. viride* (L.) HARTM.**

Hybride: *Coeloglossum* × *Gymnadenia* = ×**Coeloglossgymnadenia** DRUCE: *C. viride* × *G. conopsea* = ×*C. jacksonii* DRUCE – s

Gymnadenia R. BR. – **Händelwurz** (9 Arten)

1 Sporn 4–5 mm lg, höchstens so lg wie der FrKn. Stg unter dem BlüStand kantig. Bla ≤ 1 cm br. Blü stark duftend, hellpurpurn bis weiß. 0,15–0,40. 6–8. Präalp. wechselfeuchte bis -frische, lichte KiefernW, Wiesen u. wechselfrische Halbtrockenrasen; h Alp, v Bw(h Alb), z By(S Alb MS) Rh(SW W), † Th(Bck) Sa(W) An(SO S), ↘ (sm/alp-temp/dealp·c2-4EUR – sogr hros G ♃ InKnollenWu – InB: bes. Tagfalter: Widderchen – L6 Tx F4~ R9 N2 – V Eric.-Pin., V Mesobrom., V Mol., O Sesl. – ▽). **Duft-H. – *G. odoratissima* (L.) RICH.**

1* Sporn 11–18 mm lg, 1,5–2mal so lg wie der FrKn. Stg unter dem BlüStand rund. Bla 1–2 cm br. (**Artengruppe Große H.** – *G. conopsea* agg.) 2
2 Stg schlank, Stg∅ unter dem BlüStand < 2 mm. Stg < 25(-40) cm 3
2* Stg kräftig, Stg∅ unter dem BlüStand > 2 mm. Stg > (25-)30 cm 4
3 Lippenbreite ≤ 5,5 mm. Blü meist hellrosa. Wuchs niedrig, Stg 10–25(-30) cm. BlüStand dicht, benachbarte Blü im unteren Drittel sich überdeckend. 5–7. v Alp, z By(S), Mv(?), genaue Verbr. außerhalb Alp u. By nicht bekannt [*G. alpina* (Rchb. f.) Czerep., *G. vernalis* Dworschak] **Alpen-H.** – ***G. ornithis*** (Jacq.) Rich.
3* Lippenbreite 5,5–6 mm. Blü meist dunkelrosa. Wuchs mittelhoch, Stg <40 cm. BlüStand locker, benachbarte Blü im unteren Drittel etwa um FrKnLänge voneinander entfernt. 6–8. z Alp By(S), s(?) Bw Th, genaue Verbr. außerhalb Alp u. By nicht bekannt [*G. angustifolia* (Ilse) M. Schulze non Spreng., *G. c.* subsp. *conopsea* sensu Bisse]
Grasblättrige H. – ***G. graminea*** Dworschak
4 (2) Bla linealisch, 5–8(–15) mm br, vorn abgerundet, scheidenlose Bla 1–3. Traube kurz, 4–12 cm lg, lockerblütig. Blü 30–50, sehr schwach duftend, hellpurpurn, zuweilen rötlichlila, selten weiß. 0,30–0,50. (5–)6–7. Wechselfrische Halbtrockenrasen, sickerfrische bis feuchte Moorwiesen, Quell- u. Niedermoore, Sümpfe, lichte Wälder, Vorwälder in Tagebauen, Gebüsche, kalkhold; h Alp, v By, Bw(f Keu SW), z Rh He Nw(f N) Th(f Hrz O), s Sa(SW W) An(S) Bb(NO Od) Ns(f S Elb O), † Mv? Sh, im N ↘ (m/alp-b·c1-7EURAS – sogr eros G ♃ InKnollenWu – InB: Falter – L7 Tx F7~ R8 N3? – V Mesobrom., V Triset., V Mol., V Calth., V Car. davall., V Ger. sang., V Eric.-Pin., V Gal.-Abiet., V Berb. – früher HeilPfl – 40, 60, 80, 100, 120. [*G. c.* subsp. *conopsea*, *G. c.* subsp. *montana* Bisse]
Große H. – ***G. conopsea*** (L.) R. Br.
4* Bla schmal lanzettlich, (10–)20–30(–40) mm br, vorn spitz, scheidenlose Bla 4–8. Traube verlängert, 11–17 cm lg, sehr dichtblütig. Blü >(45–)60, sehr schwach bis stark duftend, hellpurpurn. 0,55–1,00. 6–7(–8). Wechselfrische Halbtrockenrasen, wechselfeuchte Wiesen, Quell- u. Niedermoore; z Alp(f Brch Krw Wtt) By Th(f Hrz O) An(S SO), s Bw Rh(N ORh W) He(f MW NW W) Nw(f N) Sa(SW W) Mv(M MW NO), † Bb Sh (sm-b·c1-6EUR – V Mesobrom., V Triset., V Mol., V Car. davall.). [*G. c.* subsp. *densiflora* (Wahlenb.) K. Richt., *G. splendida* Dworschak subsp. *splendida*, *G. s.* subsp. *odorata* Dworschak]
Dichtblütige H. – ***G. densiflora*** (Wahlenb.) K. Richt.

Hybriden: *G. odoratissima* × *G. conopsea* = *G.* ×*intermedia* Peterm. – s,*Gymnadenia* × *Nigritella* = × *Gymnigritella* E.G. Camus: *G. odoratissima* × *N. rhellicani* = ×*G. heufleri* (A. Kern.) E.G. Camus – s, *G. odoratissima* × *N. widderi* = ×*G. geigelsteiniana* B. Baumann & H. Baumann – s, *G. conopsea* × *N. rhellicani* = ×*G. suaveolens* (Vill) E.G. Camus – s

Gymnadenia × *Platanthera* = ×*Gymplatanthera* E. G. Camus, *G. conopsea* × *P. bifolia* = ×*G. chodatii* E.G. Camus et al. – s,

Gymnadenia × *Pseudorchis* = ×*Pseudadenia* P.F. Hunt, *G. conopsea* × *P. albida* = ×*P. schweinfurthii* (A. Kern.) P.F. Hunt – s; *Dactylorhiza* S. 168 u. *Orchis* S. 173

Ob *G. conopsea* (s. str.) der eine Elter von *G.* ×*intermedia* war ist unsicher, da früher keine weiteren Arten aus der Artengruppe Große H. unterschieden wurden. Gleiches gilt für die Gattungsbastarde.

Nigritella Rich. – Kohlröschen (2–12 Arten)

Die Gattung könnte in *Gymnadenia* eingeschlossen werden. Aber auch neueste Untersuchungen legen eine Beibehaltung als Schwestergattung nahe (Brandrud et al.: Molecular Phylogenetics and Evolution 136, 2019).

1 Blü dunkel rotbraun, selten gelb, orange od. rosa. Lippe konkav, nicht od. selten über dem Grund schwach sattelfg verengt, ihr vorderer Teil nicht tütenfg. BlüStand kuglig bis eifg 2
1* Blü rubinrot od. rosa. Lippe konkav, sattelfg verengt, ihr vorderer Teil tütenfg 3
2 Geöffneter BlüStand halbkuglig bis kuglig, ± so lg wie br. Blü rotpurpurn bis rotbraun. DeckBla am Rand glatt, höchstens die unteren am Rand schwach papillös (Lupe!). Lippe (ohne Sporn) 7–10 mm lg, Sporn (1–)1,1–1,3 mm lg. 0,08–0,25. 6–8. Alp. mäßig frische Rasen, kalkhold; s (z?) Alp (sm-stemp//alp+b·c2-3EUR – sogr hros G ♃ InKnollenWu – Ap – L8 T2 F4 R6 N2 – V Sesl., V Mesobrom., V Nard. – ▽) [*N. nigra* (L.) Rchb. f. subsp. *austriaca* Teppner et E. Klein, *Gymnadenia austriaca* (Teppner et E. Klein) Delforge].
Österreichisches K. – ***N. austriaca*** (Teppner et E. Klein) Delforge

2* Geöffneter BlüStand eifg, länger als br. Blü schokoladenbraun bis dunkel rotbraun, selten orange, rosa, gelb. Meist (1–) mehrere der untersten DeckBla am Rand deutlich papillös (Lupe!). Lippe (ohne Sporn) 5–7 mm lg. Sporn 1–1,5 mm lg. 0,05–0,20. (6–)7–8. Alp., bes. beweidete Rasen, kalkhold; v Alp, † Bw(SW: Schwarzw) (sm-stemp//dealp·c3OALP – sogr hros G ♃ InKnollenWu – InB: Falter – ▽) [*Gymnadenia rhellicani* (Teppner et E. Klein) Teppner et E. Klein]. **Rhellicanus-K. – *N. rhellicani* Teppner et E. Klein**

3 **(1)** Blü rubinrot, TragBla kaum papillös, ihre Spitzen dunkel braunrot. BlüStand zylindrisch bis eifg-kuglig. Lippe (ohne Sporn) 7–8 × <5 mm. Sporn 1,3–1,7 mm lg. 0,08–0,20. 6–8. Alp. Rasen, kalkhold; z Alp, ↘ (sm-stemp//alp·c3EUR – sogr hros G ♃ InKnollenWu – Ap – L8 T2 F4 R9 N2? – O Sesl. – ▽). [*N. rubra* (Wettst.) K. Richt., *Gymnadenia miniata* (Crantz) Hayek] **Rotes K. – *N. miniata* (Crantz) Janchen**

Die für Alp(Amm) als **Dolomiten-K. – *N. dolomitensis*** (Teppner et E. Klein) Hedrén et al. [*N. rubra* var. *dolomitensis* (Teppner et E. Klein) R. Lorenz et Perazza] angegebenen Pflanzen (Lorenz et Perazza, GIROS Notizie 24) gehören zu *N. miniata* (Teppner in Fischer, Oswald et Adler, Exkursionflora für Österreich, ed. 3) u. unterscheiden sich vom Normaltyp durch die weit offene Lippe u. weißlich aufgehellten untersten Blü. *N. dolomitensis* muss daher derzeit als Endemit der Dolomiten betrachtet werden. Unklar u. umstritten ist *N. bicolor* W. Foelsche, ein der *N. miniata* nahestehender Typ. Die Pflanzen besitzen einen zweifarbigen BlüStand mit deutlich aufgehellten unteren Blü. Ob es sich um eine eigene Sippe od. eine Farbvariante handelt, bleibt zu klären – die (phylo)genetische Arbeit von Hedrén et al. (2018, Nordic J. Bot.) konnte die Art nicht unterstützen.

3* Blü rosa, die Knospen intensiver gefärbt als die später fast weißen offenen Blü, TragBla dunkelrot. BlüStand halbkuglig bis eifg. Lippe (ohne Sporn) der unteren u. mittleren Blü 6–9 mm lg, eingerollt, ihr hinterer Teil bauchig erweitert. Sporn 1–1,4 mm lg. 0,05–0,20. 7. Alp. Rasen, kalkhold; z Alp(f Allg Mng) (stemp/alp·c3OALP – sogr hros G ♃ InKnollenWu – Ap – ▽) [*Gymnadenia widderi* (Teppner et E. Klein) Teppner et E. Klein].
Widder-K. – *N. widderi* Teppner et E. Klein

Hybriden s. bei *Gymnadenia*!

Orchis L. – **Knabenkraut** (47 Arten)

Alle Arten in D: G ♃ InKnolle: Wurzelknolle sprossbürtig an achselständiger Innovationsknospe – früher HeilPfl

1 Lippe ohne Sporn. Bla länglich-lanzettlich, bläulichgrün. Ähre lg, ∞- u. dichtblütig. PerigonBla gelbgrün, an den Rändern violett od. bräunlich, Lippe gelbgrün bis dunkelrotbraun, am Grund mit 2 seitlichen rundlichen Wülsten (Abb. **157**/5). 0,20–0,35. 5–6. Submed. Halbtrockenrasen, Trockengebüsche u. ihre Säume, kalkstet; z Bw(f SO) Rh, s By(f NW) He(f NW SW W) Nw(SW, † NO) Th(Bck) An(S), [N] s By(MS: Ingolstadt) Rh(SW) He(SW) Ns(S), ↘, lokal ↗ (m-stemp·c1-3EUR – hfrgr hros G ♃ InKnolle – InB: Wildbienen? – L7 T7 F4~ R8 N3 – V Mesobrom., V Ger. sang. – ▽). [*Aceras anthropophora* (L.) R. Br.]
Puppen-K. Ohnhorn, Männchenorchis – *O. anthropophora* (L.) All.

1* Lippe mit Sporn 2

2 Sporn fadenfg, 0,5 mm dick, Lippe am Grund mit 2 senkrecht stehenden Längsleisten. Bla lineal-lanzettlich. Blü leuchtend purpurrot. Äußere PerigonBla abstehend (Abb. **157**/4). 0,25–0,50. 5–7. Submed. Halbtrockenrasen, wechseltrockne Wiesen, TrockenW- u. Trockengebüschsäume, kalkstet; z By(† NO) Bw Rh He(ORh SO O), s Nw(f N) Th(S Wld, z Bck Rho) An(S W) Bb(M) Ns(S: Alfeld MO: Helmstedt), † Mv (m/mo-temp·c1-4EUR – herbst-sogr hros G ♃ InKnolle – InB: Tagfalter Nektartäuschblume – L8 T7 F3 R9 N2 – V Mesobrom., V Mol., V Ger. sang. – früher HeilPfl – ▽). [*Anacamptis pyramidalis* (L.) Rich.] **Pyramiden-K. – *O. pyramidalis* L.**

2* Sporn >1 mm dick. Lippe am Grund ohne Längsleisten 3
3 Seitliche äußere PerigonBla abstehend od. zurückgeschlagen, innere zusammenneigend 4
3* Alle PerigonBla außer der Lippe zusammenneigend, einen „Helm" bildend (Abb. **172**/1–4) 7

ORCHIDACEAE   171

4   DeckBla 3–5nervig, unterste mit Quernerven. Bla am Stg verteilt, alle flächig entwickelt, schmal lanzettlich. Ähre locker. 0,30–0,50. 6–7. Wechselfeuchte bis -nasse moorige Wiesen, Niedermoore, kalkhold, salztolerant; s Alp(Chm Mng) By(NM MS S, sonst †) Bw(ORh S) Rh(ORh) Th(Bck) An(SO) Bb(f SO SW) Mv(N NO, † M), † He Sa Ns Sh, ↘ (m-temp·c2-7EUR-WAS – sogr eros – InB? Bestäuber unbekannt, kein Nektar – L9 T6 F9~ R8 N2? – V Car. davall., V Mol., V Calth. – 80 – ▽). [*Anacamptis palustris* (Jacq.) R. M. Bateman et al., *Paludorchis palustris* (Jacq.) P. Delforge]   **Sumpf-K. – *O. palustris* Jacq.**
4* DeckBla 1nervig. Untere Bla flächig, br lanzettlich, eine Rosette bildend, obere scheidig stängelumfassend. Ähre dicht 5
5   Sporn kegelfg, 3–4 mm dick, 6–10 mm lg, leicht abwärts gerichtet. Äußere u. paarige innere PerigonBla außen grünlichbraun, innen grün, rötlich punktiert. Lippe am Sporneingang mit 2 Leisten, von der Seite gesehen treppenfg. Lippe 9–11 × 12–18 mm, rosa, purpurrot gestrichelt. Bla eifg-lanzettlich, stumpf, ungefleckt. 5–7. 0,25–0,35. 5–7. † Bw(Gäu: 1845 bis 1895 Nagold), nächstes Vorkommen: Österreich (m/mo-(temp)·c1-4EUR – frgr hros – InB: Hummeln Nektartäuschblume – ▽).   ⓕ**Spitzel-K. – *O. spitzelii* W.D.J. Koch**
5* Sporn schlank zylindrisch, <2 mm dick, aufwärts gerichtet. Äußere u. paarige innere PerigonBla außen u. innen rot od. gelb. Lippe am Sporneingang ohne Leisten 6
6   Blü purpurn, in länglicher Ähre. Lippe tief 3lappig, dunkel gefleckt. DeckBla violett überlaufen. Bla gefleckt od. ungefleckt. 0,15–0,50. 5–6. Reichere Sandtrockenrasen, Halbtrockenrasen, mont. Frischwiesen, mäßig trockne bis frische, lichte LaubmischW u. ihre Säume, auch Rud.: Wegböschungen, Steinbrüche, basenhold; v Bw Rh He Nw Th(h Hrz), z Alp By Sa(SO SW W) An(v Hrz, f N) Ns(MO Hrz S M), s Mv(f Elb) Sh(O SO M), † Bb(SW: Jüterbog? MN?), ↘ (m/mo-b·c1-5EUR-VORDAS – frgr hros – InB: Hummeln Nektartäuschblume – L6 Tx F4 R8 Nx – V Armer. elong., V Mesobrom., V Sesl., V Arrh., V Querc. pub., V Carp., V Cephal.-Fag. – ▽).   **Stattliches K. – *O. mascula* (L.) L.**
   1   GrundBla grob gefleckt od. ungefleckt. Stg ungefleckt. PerigonBla 7–15,5 mm lg, stumpf bis kurz zugespitzt, die seitlichen aufrecht u. nach außen gedreht, beim Blick in die Blü die Kanten sichtbar. TragBla meist kürzer als die FrKn. Standorte, Soz. u. Verbr. in D wie Art (sm-temp·c1-4EUR). [*O. m.* subsp. *occidentalis* O. Schwarz]   subsp. ***mascula***
   1* GrundBla oft wie der Stg mit winzigen Strichen u. Punkten. Seitliche PerigonBla 12–15 mm lg, spitz u. gerade bis lg zugespitzt u. unregelmäßi gekrümmt, schräg abstehend u. nicht gedreht, beim Blick in die Blü die Flächen sichtbar. TragBla so lang od. länger als die FrKn. Halbtrockenrasen, mont. Frischwiesen, bodenvag; v Alp, s By(f N NW, ? NM MS NO) He(SO: Spessart) Sa(SW: Erzgebirge) ?Sh, Verbr. ungenügend bekannt (sm-temp·c4-5EUR-VORDAS – V Mesobrom., V Arrh.). [*O. ovalis* F. W. Schmidt, *O. signifera* Vest, *O. m.* subsp. *signifera* (Vest) Soó]
                                                           subsp. ***speciosa*** (W.D.J. Koch) Hegi
   Übergangsformen (Hybriden?) zwischen den Unterarten kommen am N-Rand des Areals in den MittelG vor.

6* Blü blassgelb, in kurzer, eifg Ähre. Lippe im Umriss halbkreisfg, gekerbt bis seicht 3lappig. DeckBla blassgelb. Bla ungefleckt. 0,20–0,40. 4–5. (Wechsel)frische BuchenW u. SchluchtW, waldnahe Halbtrockenrasen, kalkhold; z Alp(Allg Krw Kch Mng) Bw(f NW) He(O) Th(f Hrz O Rho), s By(f O NO N NW) An(f Elb N O), ↘ (sm/mo-stemp·c2-5EUR – frgr hros/ros – InB: Hummeln Nektartäuschblume – L4 T5 F5 R8 N4 – V Cephal.-Fag., V Til.-Acer., V Querc. pub., V Mesobrom. – ▽).   **Blasses K. – *O. pallens* L.**
7   (3) Lippe so br wie lg od. breiter (Abb. **172**/1). PerigonBla grün längsstreifig, rot, selten weiß. Sporn höchstens so lg wie der FrKn, aufwärts gebogen. Bla ungefleckt. 0,08–0,40. 4–5. Silikattrockenrasen, Halbtrockenrasen, wechseltrockne bis -feuchte Wiesen; v Alp, z By Bw Rh He Th(f Hrz NW), s Nw(† MW) Sa(f Elb) An(† O W Hrz) Bb(M MN Od SO) Mv(MW: Müritz) Sh(O: Fehmarn, Putlos), † Ns: nur noch gepflanzt, ↘ (m-temp·c1-4EUR – hfgr hros – InB: Hummeln Nektartäuschblume – L7 T5 F4~ R7 N3 – O Fest.-Sedet., V Mesobrom., V Mol., V Viol. can. – ▽). [*Anacamptis morio* (L.) R.M. Bateman et al.]   **Kleines K., Salep-K. – *O. morio* L.**
7* Lippe länger als br, ihr Mittellappen deutlich länger als die Seitenlappen. PerigonBla ohne grüne Streifen. Sporn nicht gebogen, nach unten od. oben gerichtet 8
8   Mittellappen der Lippe ungeteilt; übrige PerigonBla bräunlichrot, Helm länglich, spitz. Sporn abwärts gerichtet, so lg wie der FrKn. Blü nach Wanzen riechend. 0,15–0,30. 6–7. Wechsel-

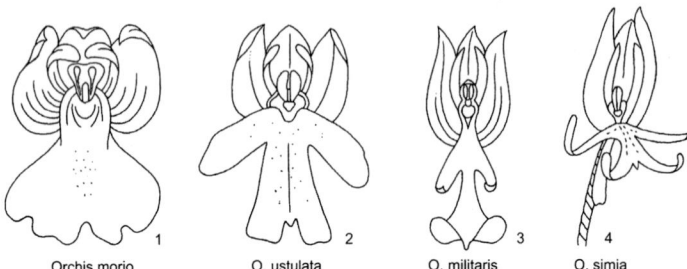

1 Orchis morio   2 O. ustulata   3 O. militaris   4 O. simia

frische bis feuchte, moorige Wiesen, basenhold; s Alp(Amm Kch Wtt) By(NM MS S, sonst †) Bw(ORh S SW), † Rh Nw He Th Sa An Bb Ns Mv, ↘ (m·c2–6-stemp·c2EUR-VORDAS – (herbst-) sogr hros – InB: Dolchwespen – L8? T7? F7 R4? N2? – V Mol., V Calth., V Arrh. – ▽). [*Anacamptis coriophora* (L.) R. M. BATEMAN et al., *Anteriorchis coriophora* (L.) E. KLEIN et STRACK.] **Wanzen-K. – *O. coriophora* L.**

8* Mittellappen der Lippe 2–3lappig, oft mit kleinem Zahn in der Ausbuchtung. Sporn viel kürzer als der FrKn 9
9 DeckBla mindestens ½ so lg wie der FrKn. Lippe tief 3lappig. Ähre anfangs fast kuglig. Bla meist blaugrün 10
9* DeckBla höchstens ⅓ so lg wie der FrKn. Bla grün, bei **9*** bläulichgrün 11
10 Blü klein, bis 1 cm lg, duftend. Helm halbkuglig, stumpf, außen schwarzpurpurn, Ähre daher vor dem Aufblühen wie angebrannt aussehend. Lippe bis 6,5 mm lg, weiß, spärlich rot punktiert (Abb. **172**/2). 0,10–0,80. (4–)5–8. Submed. Halbtrockenrasen, Trockengebüschsäume, basenhold; v Alp, z By Bw Rh, z He(SO, s SW SO W), s Nw(SW, † MW) Th(Wld, z Bck) Sa(SW) An(S Hrz), † Bb Ns: nur noch gepflanzt, ↘ (sm/mo-temp·c2-5EUR-(WSIB) – herbst-sogr/sogr? hros/eros – InB: Raupenfliegen Nektartäuschblume – L7 T5 F4 Rx N3 – V Mesobrom., selten auch V Cirs.-Brach., V Ger. sang. – ▽). [*Neotinea ustulata* (L.) R.M. BATEMAN et al.] **Brand-K. – *O. ustulata* L.**

1 Spitzen der paarigen äußeren PerigonBla nicht nach außen gebogen. Unterste Bla ± waagerecht abstehend, useits nicht gekielt, bläulichgrün, meist eine deutliche Rosette bildend. BlüStand zylindrisch, meist stumpf, bis 50blütig. 0,10–0,30. (4–)5–6(–7). Halbtrockenrasen; Verbr. in D u. Gesamtverbr. wie Art (herbst-sogr hros). var. *ustulata*
1* Spitzen der paarigen äußeren PerigonBla nach außen gebogen. Unterste Bla aufwärts gerichtet, useits meist gekielt, grün, keine deutliche Rosette bildend. BlüStand br zylindrisch, spitz, bis 80blütig. 0,30–0,80. 7–8. Wechseltrockne Wiesen, frischere Pfeifengraswiesen; s Alp By(S) Bw(ORh: Kaiserstuhl, Alb) Th(Bck: Alter Stolberg) (sm/mo-stemp·c3EUR – sogr? eros).
var. *aestivalis* (KÜMPEL) TALI et al.

Die beiden Sippen werden von manchen Autoren als Unterarten eingestuft. Ob die angegebenen diakritischen Merkmale immer zutreffen, bleibt zu überprüfen. Eine deutliche geographische Differenzierung scheint nicht zu exisieren; ebenso fehlt eine deutliche genetische Differenzierung zwischen den Varietäten (Tali et al. 2006).

10* Blü 1–1,5 cm lg, fast geruchlos. Helm länglich, spitz, innen u. außen rosa. Ähre auch im Knospenstadium hellrosa. Lippe 10 × 12 mm, weißlich, reichlich dunkelpurpurn punktiert (Abb. **165**/1). 0,15–0,30. 5–6. Submed. Halbtrockenrasen, TrockenW- u. Trockengebüschsäume, kalkstet; z He(MW NW O) Nw(NO) Th An(f Elb N O) Bb(NO Od MN), † Sa(W) Mv(MW), ↘ (m·c2–5-stemp·c2-3EUR – hfrgr hros – InB – L9 T7 F3 R9 N2? – V Mesobrom., V Ger. sang. – ▽). [*O. variegata* ALL., *Neotinea tridentata* (SCOP.) R.M. BATEMAN et al.]
Dreizähniges K. – *O. tridentata* SCOP.

11 (9) Helm kuglig-eifg, außen rot dunkler als die weißliche, dunkelrot punktierte Lippe. Mittellappen der Lippe am Grund 3–4mal so br wie die schmalen Seitenlappen, nach vorn sich allmählich verbreiternd (Abb. **165**/2). 0,30–0,75. 5–6. Submed. Halbtrockenrasen, Trockengebüsche, Trockenwälder u. ihre Säume, wechselfrische AuenW, basenhold; z By(f O) Bw Rh He(f NW) Nw(† MW) Th(f Hrz) An(h S, f Elb O) Ns(f Elb N NW), s Alp(Allg) Sa(W: Elbtal) Bb(NO Od) Mv(N: Rügen), ↘ (sm/mo-stemp·c2-4EUR – frgr hros – InB: Wildbienen Nek-

tartäuschblume – L5 T7 F4~ R8 N3? – V Mesobrom., V Ger. sang., V Berb., O Querc. pub., V Alno-Ulm. – ▽). **Purpur-K. – *O. purpurea* H**UDS.
11* Helm länglich-eifg, außen blassrosa od. grauviolett mit dunklen Nerven. Mittellappen der Lippe am Grund 1–2mal so br wie die Seitenlappen **12**
12 BlüStand von unten nach oben aufblühend. Zipfel des Mittellappens der Lippe stumpf u. kurz, von den Seitenlappen verschieden (Abb. **172**/3). Lippe hellrot, mit behaarten, dunklen Wärzchen. 0,25–0,45. 5–6. (Submed.) Halbtrockenrasen, wechseltrockne moorige Wiesen, TrockenW- u. Trockengebüschsäume, Vorwälder in Tagebauen, Weinbergsbrachen, kalkstet; v Bw(z SW), z By(s O) Rh He(f W) Nw Th(f Hrz O) An Bb(f SW) Ns(S), s Alp Sa(SO NO W) Mv(f Elb SW), ↘ (sm/mo-temp·c2-6EUR-SIB – frgr hros – InB: Wildbienen Nektartäuschblume – L7 T6 F3 R9 N2 – V Mesobrom., V Cirs.-Brach., V Mol., V Ger. sang. – ▽). [*O. rivini* GOUAN] **Helm-K. – *O. militaris* L.**
12* BlüStand (abweichend von anderen einheimischen *Orchis*-Arten!) von oben nach unten aufblühend. Zipfel des Mittellappens der Lippe in Länge, Form u. Farbe den Seitenlappen gleichend, lg linealisch, zugespitzt, aufwärts gekrümmt (Abb. **172**/4). Lippe hellrosa, ohne behaarte Wärzchen. 0,30–0,40. 5–6. Submed. Halbtrockenrasen, kalkstet; z Rh(SW), s By(Alb N: Obernbreit) Bw(f SO S), [N] s Nw(SW: Aachen seit 1995), ↘, lokal ↗, rückt nach NO vor (m·c2-6-stemp·c1-2EUR-VORDAS – frgr (auch hfrgr?) hros – InB: Wildbienen Nektartäuschblume – L8 T8 F3 R8 N2? – V Mesobrom. – ▽).
Affen-K. – *O. simia* LAM.

Hybriden: *O. anthropophora* × *O. purpurea* = ×*O. melsheimeri* ROUY [×*Orchiaceras melsheimeri* (ROUY) P. FOURN.] – s, *O. anthropophora* × *O. militaris* = ×*O. spurium* RCHB. f. [×*Orchiaceras spurium* (RCHB. f.) E.G. CAMUS] – s, *O. anthropophora* × *O. simia* = ×*O. bergonii* NANTEUIL [×*Orchiaceras bergonii* (NANTEUIL) E.G. CAMUS] – s, *O. palustris* × *O. mascula* = *O.* ×*dolicheilos* (MAUS) PEITZ, n. inv. – s, bezweifelt; *palustris* × *O. morio* = *O.* ×*alatiflora* (LASSIM.) LASSIM. [*Anacamptis genevensis* (CHENEV.) H. KRETZSCHMAR et al.] – s, *O. mascula* × *pallens* = *O.* ×*haussknechtii* M. SCHULZE [*O.* ×*loreziana* BRÜGGER] – s, *O. mascula* × *O. morio* = *O.* ×*morioides* BRAND – s, bezweifelt; *O. mascula* × *O. purpurea* = *O.* ×*wilmsii* K. RICHT. – s, bezweifelt; *O. morio* × *O. coriophora* = *O.* ×*olida* BRÉB. [*Anacamptis olida* (BRÉB.) H. KRETZSCHMAR et al.] – s, *O. ustulata* × *O. tridentata* = *O.* ×*dietrichiana* BOGENH. [*Neotinea dietrichiana* (BOGENH.) H. KRETZSCHMAR et al.] – s, *O. ustulata* × *O. simia* = *O.* ×*doellii* WALTHER ZIMM. – s, bezweifelt; *O. tridentata* × *O. simia* = *O.* ×*canutii* K. RICHT. – s, bezweifelt; *O. purpurea* × *O.* ×*alfredi-fuchsii* SOÓ – s, bezweifelt; *O. tridentata* × *O. militaris* = *O.* ×*canutii* K. RICHT. – s, bezweifelt; *O. purpurea* × *O. militaris* = *O.* ×*hybrida* BOENN. ex RCHB. – z, *O. purpurea* × *O. simia* = *O.* ×*angusticruris* FRANCH. – s, *O. militaris* × *O. simia* = *O.* ×*beyrichii* (RCHB. f.) A. KERN. – s, *Orchis* × *Gymnadenia* = ×*Orchigymnadenia* E. G. CAMUS [×*Gymnacamptis* ASCH. et GRAEBN.] *O. pyramidalis* × *G. conopsea* = ×*G. anacamptis* (WILMS) ASCH. et GRAEBN. [*G. aschersonii* E. G. CAMUS, BERGON et A. CAMUS, n. ill.] – s, *Orchis* × *Platanthera* = ×*Orchiplatanthera* E. G. CAMUS, *O. pallens* × *P. chlorantha* = ×*O. andreasii* KÜMPEL – s, Dactylorhiza × *Orchis* s. S. 169.

Ophrys L. – **Ragwurz** (20–80 Arten)
(Alle Arten in D: G ♃ InKnolle – Sexualtäuschblumen – früher HeilPfl)

1 Äußere PerigonBla grünlich. Lippe an der Spitze ohne Anhängsel **2**
1* Äußere PerigonBla weiß od. rosa. Lippe an der Spitze mit grünem od. gelblichem Anhängsel (Abb. **174**/3) **4**
2 Lippe purpurbraun, 3teilig, fast flach, mit einem kahlen, fast viereckigen Fleck. Innere PerigonBla viel kürzer als die äußeren, schmal linealisch, rotbraun (Abb. **174**/1). 0,15–0,40. 5–6. Submed. Halbtrocken- u. Trockenrasen, wechseltrockne Wiesen, lichte Laub- u. Kiefern-TrockenW u. ihre Ränder, kalkstet; v Alp Th, z By Bw Rh He Nw An(f Elb N O) Ns(S MO Hrz M), s Mv(NO), † Sa(SW: Elsterberg) Bb(Od NO: Lychen), ↘ (sm-temp-(b)·c1-4EUR – hfrgr ros/hros – InB: Grabwespen – L7 T5 F4 R9 N3 – V Mesobrom., V Ger. sang., V Mol., V Eric.-Pin. – ▽). [*O. muscifera* HUDS.]
Fliegen-R. – *O. insectifera* L.
2* Lippe ungeteilt od. schwach 3lappig, an der Spitze meist ausgerandet, meist gewölbt, mit kahler H-fg Zeichnung (Abb. **174**/2). Innere PerigonBla wenigstens ⅔ so lg wie die äußeren, br linealisch, grünlich. (**Artengruppe Spinnen-R. – *O. sphegodes* agg.**) **3**
3 Lippe 9–13 mm lg u. 11–16 mm br, rotbraun, meist gewölbt, meist gehöckert, Mal grau braun od. graublau mit hellem Rand. 0,15–0,40. 4–5. Submed. Halbtrockenrasen, Trockengebüschsäume, TrockenWLichtungen, kalkstet; z Bw(f SO S) Rh(f MRh N) Th(Bck O), s By(NW f NM NO) An(S), † Alp He(SO ORh), ↘ lokal ↗ (m·c1-6-stemp·c1-2EUR-VORDAS

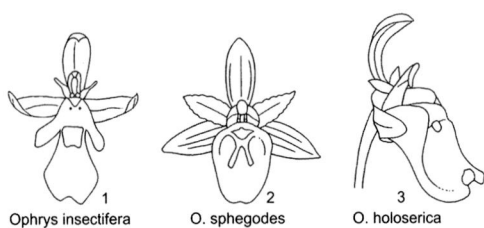

Ophrys insectifera   O. sphegodes   O. holoserica

– hfrgr hros – InB: Sandbienen – L8 T8 F4~ R9 N3 – V Mesobrom., V Ger. sang., V Mol. – ▽). [*O. aranifera* HUDS.] **Spinnen-R. – *O. sphegodes* MILL.**
3* Lippe 6,5–9 mm lg u. 7,5–11,5 mm br, rot- bis schwarzbraun mit gelbem, kahlem Rand, schwach gewölbt, selten gehöckert, Mal grauviolett od. graubraun. 0,20–0,40. 4–5. Submed. Halbtrockenrasen, kalkstet; s By(N NM? Alb, † NW) Bw(f SO S) Rh(ORh SW W) Th(Bck NW), † He (sm-stemp·c1-2EUR – hfrgr hros – InB: Wildbienen – V Mesobrom. – ▽). [*O. tommasinii* VIS., *O. litigiosa* E.G. CAMUS, *O. sphegodes* subsp. *araneola* (RCHB.) LAÍNZ]
Kleine Spinnen-R. – *O. araneola* RCHB.
4 (1) Lippe ungeteilt, beinahe viereckig u. fast flach, am Grund beidseits mit einem Höcker, purpurbraun, in der Mitte mit kahlem, gelblichem Fleck, vorn mit meist 3lappigem, aufwärtsgebogenem Anhängsel (Abb. **174**/3). Innere PerigonBla fast 3eckig, weißlich bis hellpurpurn od. grünlich. 0,15–0,30(–0,90). 5–9. Submed. Halbtrockenrasen, wechseltrockne Wiesen, Waldlichtungen; z Bw Rh, s Alp(f Chm) By(f NW NO O), † Th(Bck) Bb(MN: Tornowsee), ↘ (m·c2-6-stemp·c2-4EUR-VORDAS – hfrgr/sogr hros/eros – InB: Wildbienen – L8 T7 F4~ R9 N2 – V Mesobrom., V Ger. sang., V Mol. – ▽). [*O. arachnites* (L.) REICHARD, *O. fuciflora* (F.W. SCHMIDT) MOENCH] **Hummel-R. – *O. holoserica* (BURM. f.) GREUTER**
1 Pfl 15–30 cm hoch. Lippe 8,5–13 × 10–17 mm. BlüZeit Mai bis Ende Juni. Standorte, s Rh(SW W) Soz. u. Verbr. in D wie Art ((sm)-temp·c1-3EUR – hfrgr hros – InB: bes. Langhornbienen).
subsp. *holoserica*
1* Pfl 20–65(–90) cm hoch. Lippe 6–10 × 6–10 mm. BlüZeit Anfang Juli bis Anfang September. Halbtrockenrasen im Auenbereich; z Bw(ORh) (stemp·c2EUR – sogr eros – InB: Wildbiene *Eucera salicariae* – V Mesobrom. – 72).
subsp. *elatior* (R. ENGEL et QUENTIN) H. BAUMANN et KÜNKELE
4* Lippe 3lappig, stark gewölbt, braun, mit kahlem, gelblichem, fast 4eckigem Fleck, vorn mit abwärts- od. rückwärtsgebogenem Anhängsel. Innere PerigonBla schmal, grünlich bis rötlich, höchstens ⅓ so lg (var. *apifera*) od. ⅔ bis fast so lg (var. *friburgensis* FREYHOLD) wie die äußeren. 0,20–0,40. 5–6. Submed. Halbtrockenrasen, lichte Gebüsche u. Eichen-Kiefern-TrockenW, auch Rud.: Steinbrüche, krautige Rasen in Tagebauen, kalkstet; z Alp(f Brch Chm) By(f NO O) Bw Rh He(f W) Nw Th(f Hrz W), v Bck NW) An(f O N) Ns(f Elb N O), s Sa(W), † [N] angesalbt; Bb(MN: Seelow [U] Mv(N: Rügen) Sh(O), lokal ↗ (m·c1-5-temp·c1-3EUR-VORDAS – hfrgr hros – SeB, s InB: Langhornbienen? – L7 T6 F4 R9 N2 – V Mesobrom., V Ger. sang., V Querc. pub., V Eric.-Pin. – ▽). **Bienen-R. – *O. apifera* HUDS.**
Hybriden: *O. insectifera* × *O. sphegodes* = *O.* ×*hybrida* RCHB. f. – s, *O. insectifera* × *O. araneola* = *O.* ×*apicula* RCHB. f. – s, *O. insectifera* × *O. holoserica* = *O.* ×*devenensis* RCHB. f. – s, *O. insectifera* × *O. apifera* = *O.* ×*pietzschii* RAUSCHERT – s, *O. sphegodes* × *O. araneola* = *O.* ×*jeanpertii* E. G. CAMUS – s, *O. sphegodes* × *O. holoserica* = *O.* ×*obscura* BECK – s, *O. sphegodes* × *O. apifera* = *O.* ×*flahaultii* LADOUZE – s, *O. holoserica* × *O. apifera* = *O.* ×*albertiana* E. G. CAMUS – s

Himantoglossum SPRENG. [*Loroglossum* RICH.] – **Riemenzunge** (4 Arten)
Bla eifg bis länglich, obere lanzettlich. Blü mit Bocksgeruch, bleichgrün, innen purpurrot gestreift u. punktiert. 0,30–0,60. 5–6. Submed. Halbtrockenrasen, Trockengebüschsäume, Weinbergsbrachen, kalkstet; z Bw Rh He(f NW W) Th(f Hrz NW), s By(f NO O S) Nw(SO) An(S W), [U] s Ns, lokal ↗ (m·c2-6-stemp·c1-2EUR – hfrgr hros G ♃ InKnolle - InB: Wildbienen – L7 T7 F3 R9 N2 – V Mesobrom., V Ger. sang. – ▽). [*Loroglossum hircinum* (L.) RICH.] **Bocks-R. – *H. hircinum* (L.) SPRENG.**

IRIDACEAE 175

Familie *Iridaceae* Juss. – Schwertliliengewächse
(70 Gattungen/1750 Arten)
Bearbeitung: **Dörte Harpke**

Rhizom-, Knollen- u. Zwiebel ♃, selten ☉. Bla meist 2zeilig, oft schwertfg. Blü ⚥, meist in Zymen (od. Ähren?), radiär od. dorsiventral; PerigonBla 3+3, frei od. verwachsen; StaubBla 3; FrBla 3, verwachsen, unterständig, mit Septalnektarien, Griffel 1, oft 3teilig, seine Äste geteilt od. kronartig. Fachspaltige Kapsel; Sa braun.

1   Perigon dorsiventral, fast 2lippig, mit gekrümmter Röhre, meist purpurrot (Abb. **176**/1). Bla-Flächen in einer Ebene "reitend". **Siegwurz** – *Gladiolus* S. 177
1* Perigon radiär, mit gerader, zuweilen sehr kurzer Röhre 2
2   Oberirdische Stg fehlend, Blü grundständig. Perigon mit lg Röhre, alle Abschnitte gleich. Griffel sehr lg, Narben zerschlitzt. Bla nicht reitend, mit weißer Mittellinie. **Krokus** – *Crocus* S. 177
2* Oberirdischer Stg vorhanden. Perigon mit kurzer Röhre, äußere Zipfel abstehend bis zurückgeschlagen od. alle abstehend. Griffel oft mit lg, nicht zerschlitzten Ästen. Bla reitend, ohne weiße Mittellinie 3
3   Äußere Perigonzipfel zurückgeschlagen od. abstehend, anders gestaltet als die auf rechten inneren. Griffeläste kronartig verbreitert, die völlig freien StaubBla überdeckend. Bla >4 mm br. **Schwertlilie** – *Iris* S. 175
3* Alle Perigonzipfel gleich gestaltet, abstehend. Griffeläste fädlich. StaubBla fast bis zur Spitze röhrig verwachsen. Bla 2–4 mm br. **Grasschwertel** – *Sisyrinchium* S. 175

Sisyrinchium L. – Grasschwertel, Rüsselschwertel
(60 Arten)

Stg flach, geflügelt. Bla grasartig, 2–4 mm br. Blü klein, blauviolett, selten weiß, im Schlund gelb. 0,15–0,30. 5–6. Wechselfeuchte Moorwiesen; [N 1841] s By Bw Rh He Nw Th Sa, [U] Bb Ns Mv, † Sh (M: Hamburg) (sm/mo-temp·c2-7OAM-(WAM) – sogr hros H ♃ Horst – InB: Wildbienen Vm SeB BlüZeit 1 Tag 10–17 Uhr – MeA – V Mol.). [*S. angustifolium* auct., *S. bermudiana* auct.] **Schmalblättriges G.** – ***S. montanum*** Greene

Iris L. – Schwertlilie
(225 Arten)

1   Äußere PerigonBla oseits durch einen Längsstreifen dichter Haare bärtig 2
1* Äußere PerigonBla bartlos, kahl 7
2   Stg 1blütig, 5–15 cm hoch, kürzer als die 1–2 cm br, stachelspitzigen Bla. Blü violett, selten hellblau od. weiß. 0,05–0,15. 4(–5). ZierPfl; [N] s An(SO), [U] s By Bw He Th Sa (sm·c5–7 EUR – sogr hros H ♃ Rhiz – InB – MeA – ▽). **Zwerg-Sch.** – ***I. pumila*** L.
2* Stg meist mehrblütig, meist >15 cm hoch. Bla breiter 3
3   HochBla zur BlüZeit trockenhäutig. Blü blasslila bis violett, wohlriechend. 0,30–0,90(–1,20). 5–6. ZierPfl; [N U] z By(NW), s Rh He Nw, [U] Th An (sm·c3EUR? – igr hros H ♃ Rhiz – InB – giftig – ▽). **Bleiche Sch.** – ***I. pallida*** Lam.
3* HochBla zur BlüZeit mindestens in der unteren Hälfte od. ganz krautig, zuweilen nur am Rand od. an der Spitze trockenhäutig 4
4   GrundBla so lg wie der Stg od. zuletzt meist länger 5
4* GrundBla kürzer als die Stg. HochBla oberwärts trockenhäutig. Äußere PerigonBla violett, am Grund gelblich od. weißlich, mit gelbem od. weißem Bart, selten Blü ganz gelb 6
5   HochBla am Rand u. an der Spitze trockenhäutig. Perigon violett, am Grund weißlich, rot braun geadert. Bart hellviolett. 0,10–0,40. 4–5. (Kont.) Felsfluren, Trockenrasen, Trockengebüschsäume; s An(S: Freyburg, Karsdorf, Nebra SO: Naumburg W: Huy), † An(SO: Halle), ↘ (sm-stemp·c4-6EUR – sogr hros H ♃ Rhiz – InB: Bienen, Hummeln, Schwebfliegen – StA – L8 T7 F3? R6? N1? – V Sesl.-Fest., V Ger. sang. – ▽). [*I. nudicaulis* Lam.] **Nacktstängel-Sch.** – ***I. aphylla*** L.
5* HochBla zur BlüZeit ganz krautig. Äußere PerigonBla gelblichweiß, violett geadert, mit gelbem Bart, innere rein goldgelb. 0,12–0,20. 5–6. ZierPfl; auch an Felsen u. Weinbergsmauern; [N?] s By(MS: Garchinger Heide) Bw(Alb S), [U] s Sa, ↘ (sm·c3-5 EUR – sogr hros H ♃ Rhiz – InB – StA – L7? T7? F3? Rx N? – ▽!). **Bunte Sch.** – ***I. variegata*** L.

1 Gladiolus 2 Allium oleraceum 3 A. vineale 4 Narcissus pseudonarcissus 5 Galanthus

6 (4) Äußere PerigonBla höchstens unterwärts mit breiteren, dunklen Adern, am Grund gelblich, mit gelbem Bart, dunkel-, innere hellviolett, selten Blü ganz gelb. Staubbeutel so lg wie die Staubfäden. 0,30–1,00. 5–6. ZierPfl; auch an Felsen u. felsigen od. sandigen Rud.: Weinbergsmauern, Burgruinen, Sandgruben, kalkhold; [N] z Bw Rh Sa An, s By He Bb, [U] s Nw Mv (m-sm·c3-5EUR?, [A N] stemp+NAM – teiligr hros H ♃ Rhiz – InB, in D steril – L8 T8 F3 R8 N2? – O Brom., V Ger. sang. – VolksheilPfl, giftig – ▽).
Deutsche Sch. – *I. germanica* L.

6* Äußere PerigonBla mit br dunklen Adern, am Grund weißlich, mit weißem od. gelbem Bart. Staubbeutel kürzer als die Staubfäden. Blü oft nach Holunder duftend. 0,40–1,00. 5–6. ZierPfl; auch Felsfluren, Trockenrasen, Weinbergsmauern, Burgen, kalkhold; [N] s By Bw Rh He Th Nw, [U] s Sa? An(S), ↘ (sm·c5-6VORDAS – sogr hros H ♃ Rhiz – InB, meist steril – MeA – L9 T7 F3 R9 N4? – wahrscheinlich entstanden aus *I. pallida* × *I. variegata* – ▽). [*I. ×squalens* L.]
Holunder-Sch. – *I. sambucina* L.

7 (1) Bla 1–3 cm br, schwertfg. Platte der äußeren PerigonBla so lg wie der Nagel od. länger 8

7* Bla schmaler, selten bis 1,5 cm br u. dann Platte der äußeren PerigonBla etwas kürzer als der Nagel. Platte der äußeren PerigonBla hell- od. blauviolett 9

8 Platte der PerigonBla hellgelb, äußere eifg, länger als der Nagel, innere linealisch, kürzer u. schmaler als die Griffeläste. Bla mit kielartig hervortretender Mittelrippe, grundständige fast so lg wie der Stg. 0,50–1,00. 5–6. Ufer eutropher, stehender od. langsam fließender Gewässer: Gräben, Teiche, Altwasser, Bäche, feuchte bis (wechsel)nasse Verlandungsröhrichte, Wald- u. Wiesenmoore, Erlenbrüche, nährstoffanspruchsvoll; g Ns, h Rh He Nw Th Sa An Bb Mv Sh(z W), v By Bw, z Alp (m-b·c1-6 EUR-(WSIB), [N] m-temp·c1-6AM+NEUSEEL – teiligr hros He/G ♃ Rhiz – InB: bes. Hummeln selbststeril – StA WaA MeA KlA Licht-Kältekeimer – L7 T6 F9= Rx N7 – O Phragm., V Aln., V Alno-Ulm. – giftig – ▽).
Wasser-Sch. – *I. pseudacorus* L.

8* Platte der PerigonBla blau- od. rotviolett, äußere so lg wie der Nagel, innere spatelfg, etwas länger als die Griffeläste. Bla ohne Mittelrippe, kürzer als der Stg. 0,50–1,00. 6–7. ZierPfl; auch nasse Großseggenriede, Röhrichte, Gräben, Moorwiesen, Erlenbrüche; [N] s By(NO: Arzberg) Sa(SW: Reichenbach Lengenfeld) (temp-b·c3-5AM – sogr? hros G ♃ Rhiz – V Car. elat., O Mol., V Aln. – giftig). – ▽).
Verschiedenfarbige Sch. – *I. versicolor* L.

9 (7) Kapsel 1–4 cm lg geschnäbelt. Platte der äußeren PerigonBla rundlich, am Übergang zum Nagel eingeschnürt, Nagel etwas länger u. halb so br. Stg stielrund 0,30–0,60. 5–6. Wechselfeuchte Moorwiesen, Halbtrockenrasen, basenhold; z Rh(ORh: zwischen Oppenheim u. Mainz) He(ORh), † Bw(ORh), ↘ (sm-stemp·c3-4EUR – sogr hros H/G ♃ Rhiz – L9 T8 F7 R8 N3? – V Mol., V Mesobrom. – ▽!).
Wiesen-Sch. – *I. spuria* L.

9* Kapsel kurz bespitzt od. kurz geschnäbelt, 2,5–4 cm lg, ellipsoidisch od walzig. Platte der äußeren PerigonBla am Übergang zum Nagel nicht eingeschnürt 10

10 Stg stielrund, hohl, zur BlüZeit länger als die Bla. HochBla braun, oberwärts trockenhäutig. Innere PerigonBla länger u. breiter als die Griffeläste, dunkel. Kapsel walzig, kurz bespitzt. Platte der äußeren PerigonBla eifg, so lg wie der schmale Nagel. 0,30–0,80. 5–6. Wechselfeuchte bis -nasse, teils zeitweilig auch überflutete, extensiv genutzte moorige Wiesen (bes. in Flutmulden u. an Gräben), Grünlandbrachen; z Alp By Bw Rh(f N W) Th(f NW) Sa An Ns(f N NW O), s He(f MW NW W) Bb Mv(f N SW), [N U] Sh ↘; auch ZierPfl, kultiviert

IRIDACEAE 177

meist Hybriden (sm-temp·c3-5EUR-WSIB – sogr hros H/G ♃ kurzes Rhiz – InB – MeA StA Wintersteher – L8 T6 F8~ R6 N2 – V Mol., V Cnid. – ▽). **Sibirische Sch. – *I. sibirica* L.**
10* Stg 2schneidig zusammengedrückt, markig, viel kürzer als die Bla. HochBla krautig, kaum hautrandig. Innere PerigonBla so lg wie die Griffeläste. Äußere PerigonBla mit kurzer Platte u. viel längerem, breiterem Nagel. 0,15–0,30. 5–6. ZierPfl; auch submed. Trocken- u. Halbtrockenrasen, Trockengebüschsäume, kalkhold; [N U 1832] s By Bw He Sa? (sm·c3-6EUR – sogr hros H/G ♃ Rhiz – InB – MeA – O Brom., V Ger. sang. – ▽).
Gras-Sch. – *I. graminea* L.

***Gladiolus* L. – Siegwurz** (255 Arten)
Die heutigen Garten-Gladiolen sind aus Kreuzungen südafrikanischer Arten hervorgegangen.

1 Bla 4–9 mm br. Ähre 2–6blütig, einseitswendig. VorBla der Blü entfernt, sich nicht deckend. Fasern der Knollenhülle stark netzig verbunden, mit ovalen bis rundlichen Maschen. 0,30–0,60. 6–7. Wechselfeuchte bis -nasse, teils zeitweilig auch überflutete moorige Wiesen, selten auch wechseltrockne Halbtrockenrasen, kalkhold; z Alp(Amm Wtt Kch Brch), s By(S MS, † N NM) Bw(ORh S) Rh(ORh), † He Th Sa An Bb, ↘, ältere Angaben z. T. mit *G. imbricatus*, **2**, verwechselt (sm-stemp·c3-4EUR – sogr eros G ♃ SprKnolle – InB: Hummeln – StA WaA? Kältekeimer – L8 T6 F6~ R8 N2? – V Mol., V Mesobrom. – ▽).
Sumpf-S. – *G. palustris* GAUDIN
1* Bla 10–22 mm br. Ähre (3–)5–12blütig. Fasern der Knollenhülle parallel, nur oberwärts netzig **2**
2 Unterstes StgBla stumpf. DeckBla der Blü zugespitzt. VorBla der Blü sich ± dachzieglig deckend. Blü bis 2 cm lg. Ähre einseitswendig. Fasern der Knollenhülle zart. 0,30–0,60. 7. Wechselfeuchte, moorige Wiesen, lichte Silgen-Hainbuchenwälder; z Sa(NO), s Th(Bck), † Bb(SO), ↘ (sm-temp·c4-5EUR – sogr eros G ♃ SprKnolle – InB: Hummeln – StA L5–7 T5 F6–7 R5–6 N5 – V Mol., V Carp., V Calth. – ▽).
Dachzieglige S., Wiesen-S. – *G. imbricatus* L.
2* Untere StgBla allmählich zugespitzt. DeckBla der Blü abgesetzt stachelspitzig. Blü in ± 2zeiliger Ähre, 3(–4,5) cm lg, mit rotbräunlicher Röhre. Fasern der Knollenhülle derb. 0,50–1,00. 6–10. ZierPfl; auch Moorwiesen; [N] s Alp? Bw(S: Argen-Auen bei Oberdorf?), [U] s By Rh Sa (m-sm·c1-6EUR-(WAS))?, wild unbekannt – sogr eros G ♃ SprKnolle – InB: Hummeln Vg Vm – V Mol. – nur noch selten kultiviert). **Gewöhnliche S. – *G. communis* L.**

***Crocus* L. – Krokus** (80 Arten)
Alle Arten in D: frgr ros G ♃ SprKnolle – InB: Falter, Hummeln SeB

1 Perigonzipfel gelb od. goldgelb, zuweilen außen braun gestreift **2**
1* Perigonzipfel weiß, violett, auch dunkelviolett längs gestreift, Schlund weiß bis schwarz violett **3**
2 Staubbeutel pfeilfg. Bla 4–8 mm br, zur BlüZeit kürzer als die gelben od. goldgelben Blü. Knollenhülle parallelfasrig, ohne geschlossene Ringe am Grund. 0,08–0,12. 2–4. ZierPfl, auch [N U] z By(f MS S) Sa(SW) (m-sm//mo·c4-6EUR-VORDAS). [*C. aureus* SIBTH. et SM.] Kultiviert u. verwildert wohl meist die sterile Hybride *C. angustifolius* WESTON × *C. flavus* = *C. ×luteus* LAM. **Gold-K. – *C. flavus* WESTON**
2* Staubbeutel nicht pfeilfg. Blü blassgelb bis orangegelb, selten cremefarben, zuweilen außen braun gestreift. Bla 0,5–? mm br. Knollenhülle häutig, am Grund in ganzrandige od. gezähnte Ringe gespalten. 0,04–0,10. (2–)3(–4). Zierpfl, auch verwildert in Friedhöfen, Parks; [N] s By(N) He, [U] s Alp By Ns (m/mo·c4VORDAS). **Kleiner K. – *C. chrysanthus* (HERB.) HERB.**
3 **(1)** Perigonzipfel ungleich: äußere ausgebreitet, 37–50 × 13–25 mm, innere aufrecht, 23–30 × 12–13 mm. BlüZeit Herbst. 0,06–0,12. (9–)10. ZierPfl, [N] s Bw Mv (sm·c4EUR).
Siebenbürger Herbst-K. – *C. banaticus* J. GAY
Verwildernde Herbst-Krokusse sind auch *C. kotschyanus* HERB. (Blü rosa, Schlund mit gelben Flecken, Perigonzipfel 25–45 × 5–18 mm) u. *C. speciosus* M. BIEB. (Perigonzipfel blaulila mit dunkleren Nerven, 25–60 × 8–22 mm). Vgl. Bd. Zierpfl.!

3* Perigonzipfel nicht ungleich, alle zusammenneigend bzw. bei Sonne ausgebreitet. BlüZeit Frühjahr 4
4 Bla 2–3 mm br, zur BlüZeit (Februar!) kaum länger als die 1–2 Blü. Perigonröhre weißlich, Schlund weiß, zerstreut behaart; Zipfel 25–45 × 8–20 mm, einheitlich hellviolett bis violett, außen oft heller, nicht dunkler gestreift. 0,07–0,17. 2–3. ZierPfl, auch verwildert in alten Parks, Friedhöfen, feuchten Wäldern; [N U] z alle Gebiete (sm/mo·c3EUR).
Tommasini-K., Elfen-K. – *C. tommasinianus* HERB.
4* Bla (2–)4–8 mm br, zur BlüZeit etwa so lg wie die Blü 5
5 Perigonzipfel 17–25(–30) × 5–10 mm. Griffel meist kürzer als die StaubBla. Perigonzipfel weiß, seltener hellviolett u. gestreift. Knollenhülle fein parallelfasrig, ohne Querringe. 0,08–0,15. 2–4. Mont. frische Wiesen u. Weiden, kalkmeidend; z Alp, s By(S), [N] z Nw An Sa Bb(M), [U] z By, s Rh Sh ↘; auch ZierPfl (sm//dealp·c2-3EUR – AmA VdA VersteckA: Knollen durch Mäuse – L7 T3 F5 R5 Nx – V Triset., V Poion alp., V Nard. – ▽). [*C. vernus* subsp. *albiflorus* (SCHULT.) CES]   **Weißer K., Frühlings-K. – *C. vernus* (L.) HILL**
5* Perigonzipfel 30–55 mm lg. Griffel meist so lg wie die StaubBla od. länger. Blü weiß bis dunkelviolett, manchmal dunkel gestreift. Sonst wie *C. vernus*. Frische bis wechselfeuchte siedlungsnahe Wiesen; [N 1825] s By Bw(SW: Zavelstein) Nw(MW: Bonn) Sa(SW: Drebach?) An (W) Mv Sh(W: Husum) (sm/mo·c3-4EUR – V Arrh.).
Vernachlässigter-K. – *C. neglectus* PERUZZI & CARTA

Familie *Asphodelaceae* JUSS. – Affodillgewächse
(40 Gattungen/900 Arten)

Unterfamilie *Hemerocallidoideae* LINDL. – Taglilengewächse
(20 Gattungen/80–90 Arten)

Rhizom ♃. Bla 2zeilig, linealisch od. schwertfg, alle grundständig. Blü in Zymen, ⚥, radiär od. dorsiventral; PerigonBla 3+3, frei od. am Grund verwachsen; StaubBla 3+3; FrBla 3, verwachsen, meist oberständig, mit Septalnektarien. Fachspaltige Kapsel od. Beere. Sa schwarz.

Hemerocallis L. – Taglilie   (15 Arten)
1 Blü hellgelb, mit flachen Zipfeln. 0,60–1,00. 6. ZierPfl; auch feuchte Wiesen, Wälder u. ihre Ränder; [N] s Sa, [U] s He Nw Bb Ns Mv (sm-temp·c3-5(EUR)+SIB-OAS – sogr hros H/G ♃ Rhiz KnollenWu – InB: Falter? selbststeril, s fruchtend). [*H. flava* (L.) L.]
Gelbe T. – *H. lilioasphodelus* L.
1* Blü rotgelb, mit am Rand welligen Zipfeln. 0,60–1,50. 7–8. ZierPfl; auch (wechsel)feuchte Wiesen, Wälder u. ihre Ränder; [N] Alp By Bw Rh He Nw Sa An, [U] Ns Bb Mv(sm·c2–4 OAS, [N] sm-temp·c2-4EUR+OAM – sogr hros H/G ♃ kurzes Rhiz KnollenWu – InB: in der Heimat Tagfalter? In D nicht fruchtend Vw – MeA).   **Rotgelbe T. – *H. fulva* (L.) L.**

Familie *Amaryllidaceae* ST.-HIL. – Amaryllisgewächse
(62 Gattungen/ca. 1000 Arten)

Unterfamilie *Allioideae* HERB. – Lauchgewächse   (13 Gattungen/800 Arten)
Bearbeitung: **Peter Hanelt †, Nikolai Friesen**

♃ mit Zwiebel, selten Rhizom od. Knolle, meist mit Lauchgeruch. LaubBla alle grundständig, oft röhrig od. sekundär abgeflacht. BlüStand eine Scheindolde aus Zymen, jung von (1–)2 HochBla umgeben. Blü radiär, ⚥, bisweilen durch Brutzwiebeln (Bulbillen) ersetzt; PerigonBla 3+3, meist frei; StaubBla 3+3, bisweilen mit Anhängseln; FrBla 3, verwachsen, oberständig, mit Septalnektarien. Fachspaltige Kapsel. Sa schwarz. – [*Alliaceae* BORKHAUSEN]

AMARYLLIDACEAE   179

Allium L. – **Lauch**   (750 Arten)
Alle Arten: G ♃ Sa kurzlebig. – Die Scheindolden werden hier kurz als Dolden bezeichnet.
[N lokal]: **Rosen-L.** – *A. oreophilum* C.A. Mey.: Zwiebel eifg bis kuglig, Hülle glatt. Schaft stielrund. Bla
2, schmal länglich. KrBla rosa bis dunkelrot, 8–11 mm lg, elliptisch-eifg, Narbe 3lappig. 0,10–0,20. 6–7.
Park; [N] s An(Hrz: Blankenburg) (m-sm·c5-8WAS).

Schlüssel A: Hauptschlüssel, primär nach BlüMerkmalen

(Weil einige Arten oft nicht zur Blü kommen, berücksichtigt ein 2. Schlüssel bes. BlaMerk-
male: **Schlüssel B,** S. 182)

1	BlüStand nur mit Brutzwiebeln, ohne Blü	2
1*	BlüStand ohne Brutzwiebeln od. mit Blü u. Brutzwiebeln	7
2	Bla alle grundständig, zu 1–2. Stg 3kantig.	***A. paradoxum,*** s. 21
2*	Stg scheinbar beblättert, rundlich	3
3	Doldenhülle 2blättrig, ungleich, lg zugespitzt, mehrfach länger als die Dolde	4
3*	Doldenhülle 1- od. 2blättrig, stets kürzer als die Dolde	5
4	Bla im unteren Teil röhrig, deutlich rinnig, useits vielrippig, Rippen rau.	***A. oleraceum,*** s. 15
4*	Bla nirgends röhrig, schwach rinnig, useits mit 3–5 kräftigen, glatten Rippen.	***A. carinatum,*** s. 15*
5*	(3) Bla fast stielrund bis halbzylindrisch, bis 4 mm br. Doldenhülle 1blättrig.	***A. vineale,*** s. 9*
5*	Bla flach, 5 bis >20 mm br	6
6	Doldenhülle 1blättrig, lg geschnäbelt. Bla am Rand glatt.	***A. sativum,*** s. 10
6*	Doldenhülle 2blättrig, kurz geschnäbelt. Bla am Rand rau.	***A. scorodoprasum,*** s. 11
7	(1) Innere Staubfäden verbreitert, oberhalb der Mitte (selten unterhalb) beidseits mit je 1 lg, haarspitzigen, den Staubbeutel überragenden Zahn (Abb. **176**/3)	8
7*	Innere Staubfäden schmal od. verbreitert, ohne Zahn od. am Grund mit kurzen, meist stumpfen, die Hälfte des Staubfadens nicht erreichenden Zähnchen (Abb. **176**/2)	12
8	Bla zumindest oberwärts (halb)stielrund, oseits stets rinnig, schmal, nicht >5 mm br	9
8*	Bla flach, useits oft ± gekielt, 5 bis >20 mm br	10

9 Doldenhülle 2blättrig, kurz zugespitzt, Spitze kürzer als der br Grund der HüllBla. Bla halb-
stielrund, rinnig, nicht hohl. Dolde fast stets ohne Brutzwiebeln Blü purpurrot. 0,30–0,60
(–0,80). 6–7. Felsfluren, Trocken- u. lückige Halbtrockenrasen, reichere Sandtrockenrasen
(Binnendünen), Ackerränder, kalkhold; z By(N NW MS) Bw(f Alb S SO NW) Rh He(ORh
SW SO), s Th(Bck), [U] s Sa, † Nw An(S) (m-stemp·c2-6EUR – hfrgr eros G ♃ Zw – InB:
Haut- u. Zweiflügler – L9 T8 F3 R8 N2 – O Brom., V Fest. val., K Sedo- Scler.).
                              Kugelköpfiger L. – *A. sphaerocephalon* L.
9* Doldenhülle 1blättrig, lg zugespitzt, Spitze länger als der Grund des HüllBla. Bla zumindest
oberwärts stielrund, hohl, gerieft, oseits schmal rinnig, mit BlaHäutchen. Dolde fast stets
mit ∞ Brutzwiebeln Blü hellpurpurn bis purpurn. 0,30–0,70. 6–8. Weinberge, Küstendünen,
trockne bis frische Rud.: Weg- u. Ackerränder; Parkrasen, Gebüsche, kalkhold; v By(h NM)
Bw Rh He Nw Th Sa An Bb, z Alp(Brch Amm Chm Mng) Ns Mv Sh(f W) (m/mo-temp·c1-
4EUR, [N] sm-tempOAM – hfrgr eros G ♃ Zw BrutZw im BlüStand – InB: Hummeln Vm –
MeA: BrutZw mit Getreidesaat StA – L5 T7 F4 Rx N7 – V Ver.-Euph., V Arrh., V Alliar. –
sehr variable Art, häufig Dolden nur mit BrutZw, selten nur mit Blü: var. ***capsuliferum***
W.D.J. Koch, Pfl mit dunkelroten Blü der Ostsee-Dünen: var. ***purpureum*** H.P.G. Koch
[*A. kochii* Lange] – 32).   **Weinberg-L.** – *A. vineale* L.

10 (8) Blü ± deformiert, unfruchtbar, Mittelspitze der Staubfäden länger als deren ungeteilter
Grund. Brutzwiebeln ∞. Doldenhülle mit sehr lg Schnabel. PerigonBla außen glatt. Zwiebeln
mit 5–15 ± gleichgroßen Nebenzwiebeln. 0,30–1,50. 7–8. KulturPfl; auch Weinberge u.
Rud.; [N] s Bw, [U] s By Rh Nw (m·c7WAS – frgr hros G ♃ Zw, BrutZw im BlüStand – bildet
in D keinen Samen – Gewürz- u. VolksheilPfl).   **Knoblauch** – *A. sativum* L.
10* Blü normal entwickelt, purpurn, beim Vorhandensein von Brutzwiebeln aber weniger zahl
reich. Mittelspitze der inneren Staubfäden höchstens halb so lg wie ihr ungeteilter Grund.

PerigonBla außen ± rau. Nebenzwiebeln, falls vorhanden, deutlich kleiner als die Hauptzwiebel **11**
11 Dolde locker, halbkuglig, mit zahlreichen dunkelpurpurnen Brutzwiebeln u. 0–12 Blü. Staubbeuteltragender Mittelzahn der inneren StaubBla halb so lg wie die Seitenzähne. Äußere PerigonBla etwas papillös. Bla br linealisch, 6–15(–20) mm br, am Rand rau. 0,60–1,00. 6–7. Lichte AuenW, -gebüsche u. deren Säume, Feuchtwiesen, Rud.: Weg- u. Straßenränder, Schutt u. Umschlagplätze, nährstoffanspruchsvoll; v An(g S), z By(f NO) Bw(f S) Rh Nw(f N) Th(f Rho) Sa Bb Ns(f Hrz NW) Mv Sh(f W), s He(f NW W) (sm-temp·c2-7EUR – hfrgr hros G ♃ Zw BrutZw im BlüStand u. NebenZw – InB: Bienen, Fliegen, Falter, Käfer Vm – StA – L6 T6 F7 R7 N7 – V Convolv., O Prun., V Alno-Ulm. – 24).
Schlangen-L. – *A. scorodoprasum* L.
11* Dolde dicht, vielblütig, kuglig, später eifg-länglich, ohne Brutzwiebeln Staubbeuteltragender Mittelzahn der inneren StaubBla sehr kurz. Äußere PerigonBla mit deutlichen Papillen. Bla schmal linealisch, (2–)4–6(–12) mm br, höchstens an der Spitze etwas rau berandet. 0,30–0,60. 6–8. Mäßig trockne Weinberge, rud. beeinflusste Halbtrockenrasen, Wegränder, Mauern, TrockenWSäume, basenhold; z By(f NO O S) Bw(f S SW SO, † NW) Rh Th(Bck S), s He(f NW O W) Nw(MW SW SO) An(f O) Mv(MW: Plauer See?), [U] s Bb, ↘ (m-stemp·c3-7EUR-VORDAS – hfrgr hros G ♃ NebenZw – InB: Fliegen, Bienen, Käfer Vm – StA – L7 T7 F4 R8 N4 – V Ver.-Euph., V Mesobrom. – 48). [*A. scorodoprasum* subsp. *rotundum* (L.) STEARN]
Runder L. – *A. rotundum* L.
12 (7) Doldenhülle 1blättrig, aber 3–4lappig, kürzer als die 20–45 mm lg BlüStiele. Dolde 5–7 cm ⌀, mit od. ohne Brutzwiebeln PerigonBla 7–15 mm lg, rosa od. weiß, länger als die StaubBla. Bla linealisch, alle grundständig, 5–12 mm br, fein gezähnelt. Zwiebelhülle krustig, mit kleinen grubigen Vertiefungen, ± perforiert. 0,10–0,65. 4–5. Aufgelassene Gärten, Parks, Felsfluren; [N] s An (m-sm·c1-5EUR – hfrgr? – hros G ♃ Zw, oft BrutZw im BlüStand, NebenZw – 16).
Rosa L. – *A. roseum* L.
12* Doldenhülle 1- od. 2blättrig, HüllBla gleich od. verschieden lg, nie geteilt **13**
13 Doldenhülle aus 2 ungleich lg Bla, diese in eine sehr lg, die Dolde meist weit überragen de Spitze ausgezogen **14**
13* Doldenhülle 1- od. 2blättrig, HüllBla ± gleich lg, höchstens kurz zugespitzt u. nie länger als die Dolde **16**
14 PerigonBla gelb, kürzer als die StaubBla. Bla halbstielrund, oseits schwach rinnig, useits eng gerieft, bis 2 mm br, bläulich bereift. (0,10–)0,20–0,60. 6–8. Rud. beeinflusste Xerothermrasen, kalkstet; [N] s By(NO: Frankenwald), [U, angesalbt] Nw? † Bw(ORh: Badberg) ((m)- sm·c3-6EUR – hros G ♃ Zw).
Gelber-L. – *A. flavum* L.
14* PerigonBla nicht gelb. Bla flach od. halbstielrund u. oseits br rinnig, unbereift **15**
15 PerigonBla grünlichweiß, oft rötlich gestreift, so lg wie die StaubBla. Blü hängend, glöckenfg. Bla deutlich rinnig, 0,30–0,60. 7–8. Rud. beeinflusste Trockenrasen, trockne bis mäßig trockne rud. Böschungen, Weg- u. Ackerränder, Weinberge, Trockengebüschsäume; v Rh Th(g NW) An(g S) Mv, z Alp(Allg Amm Chm Mng) By Bw He Nw Sa Bb(h NO) Ns(h Elb) Sh (sm-temp-(b)·c1-5EUR, [N] OAM – frgr ros G ♃ Zw BrutZw im BlüStand – meist steril – MeA – L7 T6 F3 R7 N4 – K Fest.-Brom., O Sedo-Scler., V Ver.-Euph., O Orig. – 16, 32, 40, 42).
Gemüse-L. – *A. oleraceum* L.
15* PerigonBla purpurn, nur fast halb so lg wie die StaubBla. Bla schwach rinnig, gerippt. 0,20–0,60. 6–8. Sand- u. Halbtrockenrasen, wechseltrockne bis feuchte Wiesen bes. in Stromtalauen, alte Parkanlagen, Ränder lichter LaubW, kalkhold; v Alp, z By(f N NW), s Bw (f SW NW) An(Elb O SO), [N] Ns Mv, [U] s He Nw, Sa, † Rh(ORh), ↘ (sm·c2-7-temp·c2-3 EUR, [N] c1EUR – igr/hfrgr hros G ♃ Zw – O Sedo-Scler., V Mol.).
Gekielter L. – *A. carinatum* L.
1 Dolde mit Brutzwiebeln, Blü unfruchtbar, oft fehlend. BlüStiele 4–6mal so lg wie die Blü. Halbtrockenrasen, wechseltrockne bis -feuchte Wiesen, alte Parkanlagen, Ränder lichter LaubW; Verbr. in D wie Art (Gesamtverbr. wie Art – BrutZw im BlüStand – L8 T5 F3~ R8 N2 – V Mesobrom., V Mol. – 16).
subsp. *carinatum*
1* Dolde ohne Brutzwiebeln, Blü ∞, fruchtbar. BlüStiele 2–4mal so lg wie die Blü. Trocken- u. Halbtrockenrasen auf Stein- u. Kiesböden, reichere Sandtrockenrasen; s By(Alb MS: Dingolfing) Bw? (sm·c3-7EUR – L9 T7? F2 R8 N1? – V Xerobrom., O Fest.-Sedet. – 16). [*A. pulchellum* G. DON, *A. cirrhosum* VAND.]
subsp. *pulchellum* (G. DON) BONNER et LAYENS

16 (13) Bla röhrig, hohl **17**
16* Bla flach, br od. schmal **19**
17 Perigon purpurviolett, selten weiß, deutlich länger als die StaubBla. Stg u. Bla gleichmäßig stielrund, nicht aufgeblasen. 0,15–0,40. 5–8. Alp. frische bis sickerfeuchte Steinschuttfluren u. Schneeböden, kiesige, zeitweilig überflutete Seeufer, feuchte bis nasse Wiesen u. Rud., Sandtrockenrasen, Spalten gemauerter Uferbefestigungen, nährstoffanspruchsvoll; z Alp Sa(f NO) Ns(Elb), s By(S MS) Bw(f SO NW) Rh(f SW W) He(ORh SW) Nw(MW) Th(O) An(f Hrz S W) Bb(Elb MN) Mv(Elb SW), † Sh; auch KulturPfl. [N] z D (m/alp-b·c2-7CIRCPOL – sogr ros G/H ♃ RhizZw – InB: Haut- u. Zweiflügler Vm – StA WaA MeA – L7 Tx Fx~ R7 N2 – V Thlasp. rot., V Car. davall., O Mol., V Agrop.-Rum., O Fest.-Sedet., O Agrost. stol. – formenreich – GewürzPfl – 16).
Schnittlauch – *A. schoenoprasum* L.
17* Perigon weiß bis grünlichweiß, kürzer als die StaubBla. Bla u. Stg aufgeblasen **18**
18 BlüStiele bis 8mal so lg wie die Blü. PerigonBla länglich, stumpf. Innere StaubBla jederseits am Grund mit 1 Zahn (Abb. **176**/2). Stg unterhalb der Mitte bauchig erweitert. 0,20–1,20. 6–8. KulturPfl, auch [U] s By Bw Rh He Th (m·c7-8MAS – sogr ros H ♃, in Kultur ⊙ Zw – InB: Haut- u. Zweiflügler Vm – Gemüse-, Gewürz- u. VolksheilPfl – für Vieh giftig). [inkl. *A. ascalonicum* auct., non L.] **Zwiebel, Küchenzwiebel, Schalotte** – *A. cepa* L.
18* BlüStiele zur BlüZeit höchstens 2mal so lg wie die Blü. PerigonBla eilanzettlich, spitz. Alle StaubBla ohne Zahn. Stg fast in der ganzen Länge bauchig erweitert. 0,30–1,00. 6–8. KulturPfl; auch Rud.; [N U] s By Bw (entstanden aus *A. altaicum* PALL. sm·c6-8SIB – sogr ros H ♃ Zw – InB: Bienen – Gemüse- u. GewürzPfl).
Winterzwiebel – *A. fistulosum* L.

Zu der Hybrid-Sippe **Etagenzwiebel** – *A.* ×*proliferum* (MOENCH) SCHRAD. [*A. cepa* × *A. fistulosum*] gehören vielleicht horstige Zwiebelpflanzen mit Büscheln schmaler Bla, die nur selten BlüSchäfte u. Brutzwiebeln ausbilden u. als Kulturrelikte auf Weinbergterrassen in Bw(Neckartal) vorkommen.

19 (16) Bla mindestens 1 cm br **20**
19* Bla höchstens 0,6 cm br **23**
20 Stg beblättert. Bla elliptisch bis br lanzettlich, meist in einen kurzen Stiel verschmälert. Blü gelblichweiß. Zwiebel mit netziger Hülle. 0,40–0,60. 7–8. Alp. bis subalp. mäßig trockne bis sickerfrische Rasen u. Hochgrasfluren, kalkmeidend; z Alp By † (S), s Bw(SW), ↘ (sm-stemp//salp·c1-4EURAS – sogr eros H ♃ RhizZw – InB: bes. Bienen, Fliegen, Falter Vm – StA – L8? T3 F5 R6? N4 – V Adenost., V Car. ferr. – 32 – ▽).
Allermannsharnisch – *A. victorialis* L.
20* Bla alle grundständig **21**
21 BlüStand stets mit Brutzwiebeln, Blü zu 1–3, oft fehlend. Stg 3kantig. Bla nur (1,0–)1,5–2,0 cm br, lanzettlich, useits gekielt. Sa mit fleischigem SaStielchen. 0,20–0,30. 4–5. Feuchte LaubW (bes. AuenW), lichte Gebüsche, Parkanlagen; [N] z He(ORh), [N] s By Bw Rh Nw Th Sa An Bb Ns Mv(f Elb SW) Sh, ↗ (m-(sm)//mo·c3-6WAS, [N] m-stemp·c1-5EUR – frgr eros G ♃ Zw BrutZw im BlüStand – MeA AmA – L6 T6 F5? R7? N7? – V Alliar., V Alno-Ulm. – 16). **Wunder-L., Seltsamer L.** – *A. paradoxum* (M. BIEB.) DON
21* BlüStand ohne Brutzwiebeln, ∞blütig. Bla >2 cm br **22**
22 Bla deutlich gestielt, zu 2, elliptisch-lanzettlich. Stg kantig. Zwiebel spindelfg, schmal. PerigonBla weiß. 0,20–0,50. 4–5(–6). Frische bis feuchte LaubW, bes. AuenW u. HangW, alte Gärten u. Parkanlagen, nährstoffanspruchsvoll; v Alp Bw Th, z By Rh He Nw Sa An Sh, s Ns Mv(f Elb NO), [N U] s Bb (sm/mo-temp·c1-4 EUR – frgr eros G ♃ Zw – InB: Fliegen, Hummeln Vm SeB – AmA Kälteskeimer – L2 Tx F6 R7 N8 – V Gal.-Fag., V Carp., V Til.-Acer., V Alno-Ulm. – VolksheilPfl, Wildgemüse – ob außer subsp. *ursinum* im Osten auch subsp. *ucrainicum* KLEOPOW et OKSNER?: BlüStiele glatt, nicht papillös rau).
Bär-L., Rams – *A. ursinum* L.
22* Bla ungestielt, höchstens am Grund verschmälert, zu 2–3. Stg stielrund. Zwiebel (halb) kuglig. PerigonBla linealisch, dunkelweinrot bis purpurn. StaubBla purpurn. Blü wohlriechend. 0,40–0,90. 6. Sandige Rud.; [N] s Sa, [U] s Bw Th (sm·c5-6EUR – G ♃ Zw – 16).
Schwarzpurpurner L., Purpur-L. – *A. atropurpureum* WALDST. et KIT.
23 (19) Innere Staubfäden am Grund beidseits mit einem kurzen stumpfen Zahn (Abb. **176**/2). Zwiebelhülle netzig-fasrig. Bla linealisch, bis 5 mm br, oseits rinnig. Blü rosa purpurn. 0,20–

0,50. 6–8. Felsfluren u. Trockenrasen; s He(MW O), † Th An, ↘ (sm/mo·b·c5-7AS-(EUR) – sogr hrosG ♃ RhizZw – InB – StA – L9 T6? F2? R6? N1? – V Sesl.-Fest., V Fest. val. – ▽). [*A. lineare* auct.] **Steifer L. – *A. strictum* Schrad.**
23* Alle Staubfäden einfach, ohne Zähne. Zwiebelhülle ganz od. unregelmäßig parallel-, aber nie netzig-fasrig **24**
24 Stg stielrund, bis zu einem Drittel beblättert. StaubBla bis doppelt so lg wie die duftenden, fleischroten PerigonBla (wenn StaubBla kürzer als das Perigon u. Bla alle grundständig, s. *A. atropurpureum*, **22***). Zwiebelhülle zerfasernd. 0,20–0,50. 7–9. Mont. wechselfeuchte, nasse Moorwiesen, kalkstet; z Alp(Amm Wtt Allg) Bw(S SO), s By(MS S, † NM) (sm-stemp// mo·c3-4 EUR – sogr hros G ♃ RhizZw – InB – StA – L7 T6 F8~ R9 N2 – V Mol.).
Duft-L. – *A. suaveolens* Jacq.
24* Stg scharf 2–4kantig, nur am Grund beblättert **25**
25 Bla useits gekielt. StaubBla ± so lg wie die hellpurpurnen PerigonBla od. etwas kürzer. Dolde flach. 0,30–0,60. 7–8. Wechselfeuchte, extensiv genutzte Wiesen (bes. Auen) u. Niedermoore, Röhrichte, feuchte Rud., basenhold; z By(f N W, † Alb) An(f Hrz) Bb(f SO SW) Ns(Elb), s Bw(S ORh Keu) Rh(v ORh M MRh) He(f NW W) Th(z Bck) Sa(Elb W) Mv(f M MW), † Nw(MW), [N U] Sh, ↘ (sm-temp·c3-7EUR-WSIB – sogr ros G ♃ RhizZw – InB: Bienen, Fliegen, Falter SeB Vm – L8 T7 F8~ R8 N2 – V Cnid., O Phragm. – ▽). [*A. acutangulum* Schrad.]
Kantiger L. – *A. angulosum* L.
25* Bla useits konvex. StaubBla etwa 1,5mal so lg wie die lilapurpurnen PerigonBla. Dolde kuglig. 0,15–0,30. 7–8. Kont. (bis submed.) Felsfluren u. Trockenrasen, basenhold; z Alp(f Krw) By († NW) Th(f Rho) An(f N O), s Bw(f NW SW) He(MW O) Sa(NO W) Bb(Od M NO) Ns(S: Süntel) Mv(N) Sh(O), ↘ (sm-temp·c2-5EUR – sogr/teilgr ros H ♃ RhizZw–InB: Bienen, Fliegen, Falter Vm – L9 Tx F2 R6 N2? – V Sesl.-Fest., O Sedo-Scler., V Xerobrom., V Koel.-Phleion, V Fest. val. – 32 – ▽). [*A. fallax* Roem. et Schult., *A. montanum* F.W. Schmidt, *A. senescens* L. subsp. *montanum* auct. nec. (Fr.) Holub] **Berg-L. – *A. lusitanicum* Lam.**

Schlüssel B: Schlüssel nach BlaMerkmalen

1 Bla flach, elliptisch bis lanzettlich od. linealisch u. oft mit breiterem Grund, (0,4–)0,5–5(–8) cm br **2**
1* Bla stielrund, halbstielrund od. flach, linealisch u. dann höchstens 0,5 cm br **9**
2 Bla gestielt **3**
2* Bla ungestielt, BlaSpreite am Grund höchstens verschmälert **4**
3 Stg beblättert, stielrund. ***A. victorialis*** S. 181, **20**
3* Bla grundständig, (1–)2, BlaSpreite elliptisch-lanzettlich, die USeite nach oben gedreht. Stg 3kantig. ***A. ursinum*** S. 181, **22**
4 (2) Bla grundständig **5**
4* Stg (scheinbar) beblättert. BlaSpreiten vom Stg abgehend, useits ± gekielt **7**
5 Grundständige Bla meist 1, selten 2–3, (hell)grün bis gelblichgrün, etwa 2 cm br, gekielt. Stg oben 3-, unten 4kantig. ***A. paradoxum*** S. 181, **21**
5* Grundständige Bla 2–4, 0,5–3 cm br, nicht gekielt. Stg stielrund **6**
6 BlaScheide den StgGrund bedeckend. Bla 5–12 mm br, fein gezähnelt. Stg nicht bereift.
A. roseum S. 180, **12**
6* BlaScheide im Erdboden entwickelt. Bla ± 2 cm br, sehr lg, bis 40 cm, am Rand glatt od. rau. Stg bereift. ***A. atropurpureum*** S. 181, **22***
7 (4) Bla am Rand glatt, zu 3–4 od. mehr am Stg. Nebenzwiebeln („Zehen") ungestielt, von einer gemeinsamen Hülle umgeben. Zwiebel dadurch mit abgerundeten Rippen.
A. sativum S. 179, **10**
7* Bla wenigstens an der Spitze rau gewimpert, meist bis zu 3 am Stg. Zwiebel ungerippt, außen mit kleinen, purpurnen, gestielten Nebenzwiebeln **8**
8 Bla am Rand u. auf dem Kiel rau gewimpert. ***A. scorodoprasum*** S. 180, **11**
8* Bla am Rand nur an der Spitze schwach rau, sonst der Kiel glatt.
A. rotundum S. 180, **11***
9 (1) Bla stielrund od. (später) röhrig, hohl, zuweilen halbstielrund u./od. (im unteren Teil) oseits (schwach) rinnig, (hohl) **10**
9* Bla flach, breiter als dick, im ⌀ meist schwach V-fg od. hohlkehlig **17**

10	Bla stielrund od. halbstielrund u. oseits flach, röhrig (stets hohl)	11
10*	Bla halbstielrund bis fast stielrund, oseits schwach bis deutlich rinnig, höchstens unten od. jung stielrund, hohl od. voll	13
11	Bla <5 mm ⌀, gleichmäßig dick, nach oben allmählich dünner werdend, wie die Stg nicht aufgeblasen. **A. schoen_o_prasum** S. 181, **17**	
11*	Bla dicker, wie die röhrigen Stg aufgeblasen	12
12	Stg unter der Mitte bauchig aufgeblasen. Bla halbstielrund. **A. c_e_pa** S. 181, **18**	
12*	Stg fast in der ganzen Länge bauchig aufgeblasen. Bla stielrund. **A. fistul_o_sum** S. 181, **18***	
13	**(10)** Bla 4–7(–12) mm br, grün	14
13*	Bla schmaler, (1–)2–3 mm br, graugrün od. bläulich bereift	15
14	Bla 4–5 mm br, hohl, ohne BlaHäutchen, oseits br rinnig, useits mit wenigen br u. flachen Riefen, diese breiter als die Rippen, oberwärts oft eingerollt. Stg (scheinbar) nur unten beblättert. Pfl mit kohlartigem Geschmack. **A. oler_a_ceum** S. 180, **15**	
14*	Bla bis 7(–12) mm br, fast stielrund, oseits schmal rinnig, useits (fast ringsum) mit ∞ Rippen u. schmalen Furchen, diese schmaler als die Rippen, voll, mit BlaHäutchen, mit knoblauchartigem Geruch. Stg (scheinbar) bis zur Mitte beblättert. **A. sphaeroc_e_phalon** S. 179, **9**	
15	**(13)** Bla voll, oseits br u. flach rinnig, in der Rinne gerieft. **A. carin_a_tum** subsp. **pulch_e_llum** S. 180, **15*/1***	
15*	Bla hohl, höchstens anfangs voll, oseits schmal rinnig, in der Rinne ungerieft	16
16	Bla bis 2 mm br, bläulich bereift, halbstielrund, anfangs voll, später hohl. **A. fl_a_vum** S. 180, **14**	
16*	Bla 2–3 mm br, mit BlaHäutchen, graugrün, oberwärts stielrund, unten 3kantig, hohl, mit knoblauchartigem Geruch. **A. vine_a_le** S. 179, **9***	
17	**(9)** Bla useits abgerundet, nicht gekielt, ± gleichmäßig gerieft od. gerippt	18
17*	Bla useits gekielt u. daneben zuweilen deutlich gerippt. Kiel (Mittelnerv) kräftiger als die übrigen Rippen	20
18	Bla büschlig grundständig, useits undeutlich br gerieft, Riefen breiter als die kaum her vortretenden kantenartigen Rippen. Stg oben scharf 2–4kantig. Zwiebelhülle nicht netzig zerfasernd. **A. lusit_a_nicum** S. 182, **25***	
18*	BlaSpreiten einzeln über dem Grund vom Stg abgehend, useits deutlich fein gerieft, die stumpflichen Rippen breiter als die Riefen. Stg stielrund	19
19	Bla 1–2 mm br. Zwiebelhülle nicht netzig zerfasernd. **A. carin_a_tum** subsp. **pulch_e_llum** S. 180, **15*/1***	
19*	Bla bis 5 mm br. Zwiebelhülle zuletzt netzig zerfasernd. **A. str_i_ctum** S. 182, **23**	
20	**(17)** Bla useits neben dem Kiel mit 2 randlichen od. mehreren (fast) gleichstarken Rippen. **A. carin_a_tum** S. 180, **15***	
1	Bla useits neben dem Kiel (Mittelnerv) nur noch mit 2 fast gleichstarken randlichen Rippen, 2–4 mm br. subsp. **carin_a_tum**	
1*	Bla useits neben dem Kiel mit >2 (fast) gleichstarken Rippen, 1–2 mm br. subsp. **pulch_e_llum**	
20*	Bla useits neben dem deutlich stärkeren Kiel (hervorspringender Mittelnerv) mit schwächeren bis undeutlich hervortretenden Rippen (Seitennerven)	21
21	Bla grundständig, 1–6 mm br. Stg 4-, oben 3kantig. **A. angul_o_sum** S. 182, **25**	
21*	BlaSpreiten über dem Grund vom stielrunden Stg abgehend	22
22	Bla mindestens 4 mm br, meist breiter. Zwiebel mit stumpf gerippten Nebenzwiebeln („Zehen"). **A. sat_i_vum** S. 179, **10**	
22*	Bla 1,5–3 mm br. Zwiebel ungerippt u. ohne Nebenzwiebeln, Hülle zuletzt parallelfasrig. **A. suave_o_lens** S. 182, **24**	

Unterfamile **Amaryllid_oi_deae** TRAUB. – **Amaryllisgewächse**

(69 Gattungen/850 Arten)

Zwiebel- od. Rhizom ♃ ohne Lauchgeruch. Bla 2zeilig od. schraubig, meist linealisch, ganzrandig. BlüStand eine Scheindolde aus Zymen, auf laubblattlosem Schaft, jung von 2 od. mehr HochBla umhüllt. Blü ⚥, meist radiär; PerigonBla 3+3, frei od. verwachsen, zuweilen mit Nebenkrone; StaubBla meist 3+3; FrBla 3, unterständig, verwachsen, mit Septalnektarien. Fachspaltige Kapsel mit schwarzen Sa, selten Beere. – [*Amaryllid_a_ceae* ST.-HIL. s. str.]

184   AMARYLLIDACEAE

1   PerigonBla röhrig verwachsen, in einen 6zipfligen Saum u. ein inneres, schüssel- od. becherfg Nebenperigon geteilt (Abb. **176**/4).   **Narzisse – Narci̲ssus** S. 184
1* PerigonBla frei, ohne Nebenperigon 2
2   PerigonBla gleich lg, alle an der Spitze mit einem grünlichen od. gelblichen Fleck. Bla 3–4, rein grün.   **Knotenblume – Leuco̲jum** S. 184
2* Innere PerigonBla mit grünem Spitzenfleck, nur halb so lg wie die rein weißen äußeren (Abb. **176**/5). Bla 2, meist blaugrün.   **Schneeglöckchen – Gala̲nthus** S. 184

Narcissus L. – Narzisse   (40 Arten)

1   Blü hellgelb. Nebenperigon dottergelb, becherfg, so lg wie die freien Perigonzipfel (Abb. **176**/4). 0,15–0,40. 3–4. Frische bis feuchte Wiesen, seltener auch Gebüsche, siedlungsnahe Wälder u. ihre Ränder, Rud., kalkmeidend; s Rh(M SW N W) Nw(f N NO), [N] Sa An He Th, [U] z Mv, s Bw ; auch ZierPfl (m-stemp·c1-2EUR – frgr ros G ♃ Zw – InB: Hummeln – AmA – L8 T4 F6 R4 N4? – O Nard., V Triset., O Fag., O Prun., V Arct. – giftig! – ▽).   **Gelbe N., Osterglocke – N. pseudonarci̲ssus** L.
1* Blü weiß. Nebenperigon schüsselfg, gelb, mit krausem, rotem Rand, kürzer als die freien Perigonzipfel 2
2   Bla 6–12 mm br. 3 StaubBla tiefer u. 3 höher eingefügt, zur Zeit der Pollenreife nur 3 StaubBla aus der Perigonröhre herausragend. Perigonzipfel reinweiß, sich deutlich deckend, am Grund nur wenig verschmälert. Nebenperigon etwa 15 mm ⌀. 0,30–0,50. 4–5. ZierPfl; auch frische Wiesen, siedlungsnahe Wälder u. Gebüsche, Rud.; [N] v An, z By Bw Th Sa Rh, [U] z Nw Ns, s Bw Mv Sh (m-sm//mo·c2-4EUR – frgr ros G ♃ Zw – InB: Falter – in D selten Samen bildend MeA – O Arrh., O Fag., O Prun., V Arct. – für Vieh giftig! – ▽).   **Weiße N. – N. poe̲ticus** L.
2* Bla 2–8 mm br. Alle 6 StaubBla fast in gleicher Höhe eingefügt, zur Zeit der Pollenreife alle aus der Perigonröhre herausragend. Perigonzipfel schmutzigweiß, sich nicht od. kaum deckend, am Grund keilfg verschmälert. Nebenperigon 8–10 mm ⌀. 0,20–0,30. 4–5. Mont. frische Wiesen, nährstoffanspruchsvoll; s Bw(SW ORh) (sm-stemp//demo·c3EUR – frgr ros G ♃ Zw – selten Samen bildend – L8 T3? F5 R6 N5 – V Triset. – ▽). [N. *stella̲ris* HAW., N. *angustifo̲lius* HAW., N. *exse̲rtus* (HAW.) PUGSLEY]   **Stern-N. – N. radiiflo̲rus** SALISB.

Galanthus L. – Schneeglöckchen   (20 Arten)

Stg 1blütig. 2 blaugrüne, stumpfe GrundBla. Fr eine fleischige Kapsel. 0,08–0,20. 2–3. Frische bis sickerfeuchte LaubmischW (bes. Schlucht- u. AuenW), Parkwiesen; s By(MS S) Bw(Alb), [N] v Sa Ns, z Rh He Nw Th Sh An Bb Mv; auch ZierPfl (m/mo-stemp·c2-5EUR – frgr ros G ♃ Zw – InB: Bienen, Falter – AmA WaA MeA – L5 T6 F6 R7 N7 – K Querc.-Fag., O Arrh. – früher HeilPfl giftig – ▽!).   **Kleines Sch. – G. niva̲lis** L.

Anm.: Aus Bb(NO) werden als [N lokal] auch *G. elwesii* HOOK. f., *G. plicatus* M. BIEB. u. *G. gracilis* ČELAK., aus By(NO) auf Friedhöfen *G. rizehensis* STERN, *G. woronowii* LOSINSK., *G. gracilis* ČELAK., *G. alpinus* SOSN., aus By(NO), Sa(SW) u. Mv *G. elwesii* HOOK. f angegeben, vgl. Band ZierPfl!

Leucojum L. – Knotenblume   (10 Arten)

1   Stg 1–(2)blütig. Fr kreiselfg, grün. 0,10–0,30. 2–4. Sickerfeuchte LaubmischW (bes. Auen- u. SchluchtW), Gebüsche, extensiv genutzte feuchte Wiesen, Bachufer, nährstoffanspruchsvoll; v Th(f O), z Alp By Bw He Nw(f N) Sa(f NO) An (s N) Ns(f Elb N NW), s Rh(N); auch ZierPfl u. [N U] z An u. Bw Hs Nw Th Rh He Nw Th Sh An Bb Mv; auch ZierPfl (m/mo-stemp·c2-5EUR – frgr ros G ♃ Zw – InB: Bienen, Tagfalter SeB -AmA MeA – L6 T5 F6 R7 N6 – V Til.-Acer., V Carp., V Alno-Ulm., O Prun., V Calth. – giftig – ▽). [inkl. subsp. *carpa̲ticum* (SPRING) O. SCHWARZ]   **Frühlings-K., Märzbecher – L. ve̲rnum** L.
1* Stg 3–6blütig. Fr fast kuglig. 0,35–0,60. 5–6. Nasse, zeitweilig auch überflutete Wiesen, AuenW, nährstoffanspruchsvoll; [N U] s By(SW) Bw(ORh) Rh(ORh) Bb(S) Ns(O) Sh, † Nw(MW); auch ZierPfl (sm-stemp·c2-4EUR – sogr ros G ♃ Zw – InB: Bienen – WaA – L7 T8 F9= R7 N8 – V Calth., V Car. elat., V Aln. – ▽).   **Sommer-K. – L. aesti̲vum** L.

Familie **Asparagaceae** Juss. – **Spargelgewächse**
(114 Gattungen/3000 Arten)

Unterfamilie **Asparagoideae** Burmeist. – **Spargelgewächse**
(2 Gattungen/ca. 220 Arten)

Rhizom♃ od. Sträucher, aufrecht od. kletternd. Bla schuppenfg, gespornt, in ihrer Achsel flache od. nadelfg Phyllokladien; Bla, Phyllokladien od. Stg oft dornig. Blü ♂ od. ♀+♂, radiär; PerigonBla 3 + 3, frei od. am Grund verwachsen; FrBla 3, verwachsen, oberständig, mit Septalnektarien. Beere, selten Nuss. – [*Asparagaceae* Juss. s. str.]

Asparagus L. – **Spargel**   (160–290? Arten)

[N lokal]: **Quirliger S.** – *A. verticillatus* L: Phyllokladien 3kantig, By(SW: Karlstadt) Bw An(S); s. Bd. ZierPfl!

Blü klein, grünlichgelb. Beere rot. 0,30–1,50. 5–7. KulturPfl; auch rud. Trockenrasen u. reichere Sandtrockenrasen, Rud.: Straßen- u. Wegränder; kiesige Flussufer, Trockengebüschsäume, kont. lockere KiefernW; [A?] g An(v Hrz), v Sa(s SW) Bb Ns Mv, z By Bw He(f NW W) Nw Th Sh, s Rh(W) (sm-temp·c1-7EUR-WSIBIR, [N] AUST+SAM+NAM – sogr eros G ♃ Rhiz – InB: Bienen gynomonözisch bis 2häusig Vw – VdA Sa kurzlebig – L6 T6 F3~ Rx N4 – V Fest. val., O Fest.-Sedet., V Ger. sang., V Cytis.-Pin., V Mesobrom. – früher HeilPfl, Beeren giftig). **Gemüse-S.** – *A. officinalis* L.

Unterfamilie **Scilloideae** Burnett – **Hyazinthengewächse**
(41–70 Gattungen/500–1000 Arten)

Zwiebel-, selten Rhizom ♃. LaubBla alle grundständig, schraubig od. 2zeilig, linealisch bis rundlich. Blü meist in Trauben auf blattlosem Schaft, ♂, radiär, selten dorsiventral; PerigonBla 3+3, frei od. verwachsen, meist weiß od. blau, auch violett, rosa, gelb, bräunlich od. grünlich; StaubBla 3 + 3, Staubfäden zuweilen eine Nebenkrone bildend; FrBla 3, verwachsen, oberständig, mit Septalnektarien. Fachspaltige Kapsel. Sa gelb bis schwarz. – [*Hyacinthaceae* Borkh.].

1	DeckBla >10 mm lg. PerigonBla frei od. zu <15 % der Länge verwachsen	2
1*	DeckBla <3 mm lg od. fehlend	3
2	VorBla vorhanden, kleiner als das DeckBla. PerigonBla am Grund zu <15 % verwachsen, blau, selten rosa od. weiß, röhrig-glockig, 14–20 mm lg. **Hasenglöckchen** – *Hyacinthoides* S. 187	
2*	VorBla fehlend. PerigonBla frei, weiß, useits grünlich od. mit grünem Mittelstreif od. beidseits gelblichgrün, ausgebreitet od. glockig. **Milchstern** – *Ornithogalum* S. 185	
3	(1) PerigonBla frei od. bis 40 % verwachsen, ± ausgebreitet, 6–27 mm lg (Abb. **187**/4) blau, blass himmelblau mit dunkleren Längsstreifen od. rosa, selten ganz weiß. DeckBla der Blü einfach od. fehlend, VorBla fehlend	4
3*	PerigonBla zu >40 % miteinander verwachsen	5
4	Freier Teil der Staubfäden 0,7 mm lg, in der Mitte eines NebenperigonBla ansitzend. **Kegelblume** – *Puschkinia* S. 187	
4	Blü ohne Nebenperigon. Staubfäden am Grund des Perigons angeheftet, >3 mm lg. **Blaustern** – *Scilla* S. 188	
5	(3) Blü trichterfg, vorn nicht verengt. Perigonröhre ± so lg wie die Perigonzipfel. **Hyazinthe** – *Hyacinthus* S. 187	
5*	Blü kuglig bis krugfg, vorn stets deutlich verengt. Perigonröhre > doppelt so lg wie die Zipfel. **Träubel** – *Muscari* S. 187	

Ornithogalum L. s. l. (inkl. *Loncomelos* Raf., *Honorius* Gray) – **Milchstern**
(s. l. 160 Arten)

1	BlüStand eine 20–50blütige, verlängerte Traube, ZwiebelBla frei	2
1*	BlüStand eine kürzere Traube od. Schirmtraube mit <20 Blü, ZwiebelBla verwachsen	3

2   Blü gelblichgrün, seitlich abstehend. FrStiele aufrecht, der Achse fast angedrückt. Bla zur BlüZeit meist vertrocknet. FrKn kuglig, so lg wie der 3 mm lange Griffel od. kürzer. 0,30–0,80. 5–7. Frische, lichte LaubmischW u. ihre Ränder, kalkmeidend; [N] s By(NM: Gemünda) Bw(Gäu: Schrozberg) Rh(SW W) Sa(SW: Vogtland), [U] s He (sm-(stemp)·c1-5EUR – frgr ros G ♃ Zw – InB – L4 T6? F5 R6? N5 – V Carp. – 16). [*O. flavescens* Lam., *Loncomelos pyrenaicum* Holub]   **Pyrenäen-M. – *O. pyrenaicum* L.**
    Das neophytisch etablierte Vorkommen in Bw (Schrozberg bei Rothenburg o. d. Tauber) wird teilweise als subsp. *sphaerocarpum* (A. Kern.) Hegi unterschieden.

2* Blü weiß, aufrecht abstehend. FrStiele der Achse angedrückt. Bla zur BlüZeit noch frisch. FrKn spindelfg, meist länger als der 2(–10?) mm lg Griffel. 0,30–1,00. 6–7. Halbtrockenrasen, Rud.; [N 1948] s Bw(NW) Rh(SW), [U] s By(N) (m-sm·c3-6EUR – sogr ros G ♃ Zw – InB). [*O. pyramidale* auct., *Loncomelos brevistylum* (Wolfner) Dostál]
                                                                              Pyramiden-M. – *O. brevistylum* Wolfner,
3   **(1) BlüStiele alle etwa gleich lg, kürzer als die Blü. Staubfäden kronblattartig, neben dem Staubbeutel mit 2 Zähnen (Abb. 187/1). (Artengruppe Nickender M. – *O. nutans* agg.)**
    4
3* Untere BlüStiele länger als die Blü, nach oben kürzer werdend, BlüStand daher annähernd schirmtraubig. Staubfäden linealisch, ohne Zähne. **(Artengruppe Dolden-M. – *O. umbellatum* agg.)** 5
4   FrKn etwas kürzer als der Griffel. Leiste auf der Innenseite der Staubfäden ohne Zahn. 0,15–0,50. 4–5. Alte ZierPfl; auch mäßig frische bis frische Weinberge, Parkrasen, Friedhöfe, extensiv genutzte Wiesen, Gebüschsäume; [N] z He Sa An Mv(v NW), s By Bw Rh Nw Bb Ns Sh (sm·c3–5 EUR, [N] temp·c2-3EUR – frgr ros G ♃ Zw – InB – L6 T7 F4 R7 N7 – V Ver.-Euph., V Arrh., V Alliar. – 42). [*Honorius nutans* (L.) Gray]
                                                                              Nickender M. – *O. nutans* L.
4* FrKn so lg wie der Griffel. Leiste auf der Innenseite der Staubfäden dicht unterhalb des Staubbeutels mit Zahn (Abb. 187/1). 0,15–0,50. 4–5. Alte ZierPfl; Parkanlagen, Gärten, Gebüschsäume; [N] z Mv, s Rh He Sa Bb Ns(S), [U] s By Bw(SO: Warthausen) An Sh (sm·c4-6EUR – frgr ros G ♃ Zw – InB – V Arrh., V Alliar. – 28). [*Honorius boucheanus* (Kunth) Holub]   **Bouché-M. – *O. boucheanum* (Kunth) Asch.**
5   **(3)** Brutzwiebeln vorhanden, meist >4, kuglig, zur BlüZeit ohne LaubBla. Zwiebeln meist kuglig bis gestaucht, an den Seiten durch Brutzwiebelbildung ausgebeult. Bla 3–8 mm br. PerigonBla 3,5–7 mm br. Untere FrStiele waagerecht abstehend. 0,10–0,30. 4–5. Alte ZierPfl; auch mäßig trockne bis frische, extensiv genutzte Wiesen u. Parkrasen, Dämme, Weinberge, Rud., Friedhöfe, Hecken, Gebüsche, kalkmeidend; [A] v Rh An Ns Mv(Elb SW), z By Bw(v NW) He(f W) Nw Th(f Hrz) Sa Bb, s Alp(f Wtt Kch Krw) Sh(f W) (m/mo-sm·c1-6EUR-VORDAS?, [A N] temp·c2-4EUR+OAM+(WAM) – frgr ros G ♃ Zw, ∞ BrutZw – InB SeB oft steril – L6 T6 F5 R7 N7 – V Ver.-Euph., V Arrh., V Alliar. – 27).
                                                                              Dolden-M. – *O. umbellatum* L.
1   Brutziebeln zugespitzt ± 4–5, schon im 1. Jahr LaubBla tragend, n = 27; westliche Sippe)
                                                                              O. umbellatum L. s. str.
1* Brutzwiebeln kuglig, >20, im 1. Jahr ohne LaubBla 2
2   FrKnLeisten vorstehend, scharfkantig, n = 45, auch 36, 54   *O. vulgare* Sailer
2* FrknLeisten abgerundet, n = 54, 45   *O. divergens* Boreau
    1 wohl westlich verbreitet, **2** verbreitet verwildernd, **2*** bisher nur By. Verbreitung der Gruppe in D ungenügend bekannt, nur zytologisch relativ sicher bestimmbar.

5* Brutzwiebeln oft fehlend, wenn vorhanden <4, eifg, zur BlüZeit mit LaubBla. Zwiebeln meist eifg, an den Seiten glatt. Bla 2–5 mm br. PerigonBla 3,5–5 mm br. Untere FrStiele meist aufrecht, selten waagerecht abstehend. 0,08–0,30. 4–5. Trocken- u. Halbtrockenrasen; z He(ORh SW O) An(Elb O SO) Mv(Elb), s By(NO O) Bw(ORh) Rh Sa(f NO) Bb(f M NO Od) Ns(Elb O), Verbr. ungenügend bekannt (sm-stemp·c2-3EUR? – frgr ros G ♃ – Zw – InB – L9 T8? F2? R8 N1? – K Fest.-Brom. – 18). [*O. gussonii* auct., *O. orthophyllum* auct., *O. kochii* auct., *O. umbellatum* subsp. *angustifolium* (Boreau) P.D. Sell]
                                                                              Schmalblättriger M. – *O. angustifolium* Boreau
    Hybride: *O. nutans* × *O. boucheanum* = O. ×*vigeneri* Cif. et Giacom. – s bis z

ASPARAGACEAE 187

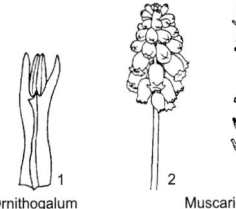

1	2	3	4	5	6
Ornithogalum boucheanum	Muscari neglectum	tenuiflorum	Scilla	Anthericum	Polygonatum

Hyacinthoides FABR. [*Endymion* DUMORT.] – **Hasenglöckchen** (4 Arten)

1 Traube schwach einseitswendig. Blü duftend, röhrig-glockig, blau, selten weiß od. rötlich. Äußere StaubBla in der Mitte des Perigons angeheftet. BlüStiele sehr kurz, <1 cm lg. 0,15–0,40. 4–5. Frische bis wechselfeuchte LaubmischW u. ihre Ränder, nährstoffanspruchsvoll; [N?] s Nw(MW: Erkelenz, Heinsberg), [N U] z Sa An Bb Ns Sh, [U] By Bw; auch ZierPfl (sm/mo-temp·c1EUR, [N] sm/mo-temp·c2EUR – frgr ros G ♃ Zw – InB – L5 T6 F5 R7 N6 – V Carp., V Alno-Ulm. – ▽). [*Scilla non-scripta* (L.) HOFFMANNS. et LINK, *Endymion non-scriptus* (L.) GARCKE] **Hasenglöckchen – *H. non-scripta*** (L.) ROTHM.
1* Traube allseitswendig. Blü geruchlos, weit glockig, blau, weiß od. rosa. Äußere StaubBla im unteren Drittel des Perigons angeheftet. Untere BlüStiele bis >2 cm lg, abstehend. 0,15–0,55. 5. ZierPfl; auch [N] s, z. B. By(NO) Nw He Sa(NW) Mv (m·c1-2EUR). [*Scilla hispanica* MILL., *Endymion campanulatus* PARL.]
Spanisches H. – *H. hispanica* (MILL.) ROTHM.

Kultiviert u. verwildert ist meist die formenreiche u. schwer abgrenzbare Hybride 1 × 1* = *H.* ×*massartiana* GEERINCK [*H.* ×*variabilis* P.D. SELL].

Puschkinia ADAMS – **Kegelblume, Puschkinie** (2 Arten)

Blü zu (1–)4–12 in lockerer, eifg Traube. PerigonBla 7–11 mm lg, zu ¼ bis ⅓ verwachsen, blass himmelblau mit dunkler blauem Längsstreifen. Blü am Grund mit 2–3 mm lg weißer, 6-lappiger NebenKr (Unterschied zur ähnlichen *Scilla mischtschenkoana*, S. 188). Bla (1–)2–3, 7–24 mm br. 0,08–0,15(–0,20). (3–)4. s. Bd. ZierPfl, auch Parks, [N U] s By He An Ns, [U] Rh Mv Sh (m/salp·c4-5WAS – frgr ros G ♃ Zw).
Gewöhnliche K. – *P. scilloides* ADAMS

Hyacinthus L. – **Hyazinthe** (3 Arten)

Bla 5–12, br linealisch, zur BlüZeit kürzer als der BlüStg. Blü duftend, blau, rosa, weiß od. gelb. 0,30–0,45. 4–5. ZierPfl; s in Bw in Weinbergen verwildert? in Sa(SW) u. Bb(N) auf Friedhöfen verwildert? (m·c5-6VORDAS – frgr ros G ♃ Zw – InB).
Garten-H. – *H. orientalis* L.

Muscari MILL. – **Träubel, Traubenhyazinthe** (50 Arten)

1 Traube locker, 10–25 cm lg. Untere Blü entfernt, abstehend, grünlich bis olivbraun, obere violett, unfruchtbar (Abb. **187**/3) 2
1* Traube dicht, 3–6 cm lg. Blü blau mit weißem Saum, ± nickend (Abb. **187**/2) 3
2 Stiele der unfruchtbaren Blü 3–6mal so lg wie diese, aufrecht. Fruchtbare Blü olivbraun, mit weiter Öffnung u. weißlichgrünen, stark auswärts gekrümmten Zipfeln. 0,30–0,70. 5–6. Lückige Halbtrockenrasen, Sandtrockenrasen, mäßig trockne Rud., Weinberge, extensiv genutzte Äcker; [A] z Rh(f W) He(ORh SW SO), s By(f S, † NW) Bw(f SO S) Th(Bck S) Sa(SO: Zittau) An(S SO W) Bb(MN Od), [U] Nw(S) (m·c1-8-stemp·c1-4EUR-WAS – frgr ros G ♃ Zw 20–30 cm tief – InB: Bienen – WaA: Regensschleuderer MeA – L7 T8 F3 R7 N? – V Mesobrom., O Corynephr., V Ver.-Euph., V Ger. sang. – ▽). [*Leopoldia comosa* L.) PARL.]
Schopf-T. – *M. comosum* (L.) MILL.

2* Stiele der unfruchtbaren Blü etwa so lg wie diese, nickend. Fruchtbare Blü weißlichgrün, mit enger Öffnung u. schwach gekrümmten Zähnen. 0,25–0,50. 5–6. (Kont.) Trocken- (u. Halb)trockenrasen, Gebüsch- u. TrockenWSäume, extensiv genutzte Äcker, kalkhold; z An(SO S), s Th(Bck), [U] † By, ↘ (sm-stemp·c4-6EUR-VORDAS – frgr, hfrgr ros G ♃ Zw 5–12 cm tief – InB: Hummeln – Kälteheimer – L7 T8 F3 R8 N? – O Fest. val., V Ger. sang. – ▽). [*Leopoldia tenuiflora* (Tausch) Heldr.]
Schmalblütiges T. – ***M. tenuiflorum*** Tausch
3 **(1)** Bla 2–3, br lanzettlich, 5–12 mm br, unter der Spitze am breitesten, nach unten verschmälert, steif aufrecht, fast so lg wie der Stg, plötzlich in eine kurze kapuzenfg Spitze zusammengezogen, frühjahrsgrün. Blü kuglig bis verkehrteifg, hellblau, geruchlos. Traube locker werdend. 0,10–0,20. 4–5. Mont. frische Wiesen, Silikatmagerrasen, Halbtrockenrasen, EichenmischW, basenhold; z By(f O) Bw(f NW) Th(Bck S), [N] s Rh He Nw(MW) Sa, [U] s Bb Mv, † An: jetzt nur [N]: Friedhöfe (m/mo-stemp·c2-4EUR – frgr ros G ♃ Zw – InB: Bienen – WaA: Regenschleuderer? MeA – L7 T5 F5 Rx Nx – V Triset., V Mesobrom., V Viol. can., V Mol., V Carp. – ▽). **Kleines T. –** ***M. botryoides*** (L.) Mill.
3* Bla 3–7, schmal linealisch, 1–6(–10) mm br, halbstielrund, oseits rinnig, allmählich in eine lg Spitze auslaufend; herbst-frühjahrsgrün. Blü azurblau od. dunkelblau, z. T. schwärzlich od. purpurn getönt 4
4 Blü azurblau, bisweilen purpurn getönt, kuglig, untere waagerecht abstehend. Bla oseits meist blaugrün, glänzend. 0,10–0,40. 3–5. ZierPfl; auch frische, siedlungsnahe Rud., Parks, Friedhöfe, Weinberge; [N] z Rh Sa An, s By Bw He Nw Th, [U] s Mv Sh (m-sm·c3-6EUR-WAS – hfrgr ros G ♃ Zw – InB – MeA – wurde bisher mit **4*** verwechselt).
Armenisches T., Balkan-T. – ***M. armeniacum*** Baker
4* Blü dunkelblau bis schwärzlichblau, länglich-eifg, duftend, untere nickend. Bla hellgrün, zuweilen am Grund rötlich. 0,20–0,40. 3–5. ZierPfl; auch mäßig trockne Weinberge, Halbtrockenrasen, Parks, Rud., kalkstet; z By(f NO) Bw(f Alb) Rh He(f NW W) Th An(s N) Ns, s Alp(Allg) Nw(MW) Bb(Elb MN), [N] z Sa, [U] s Mv (m-stemp·c1-8EUR – hfrgr ros G ♃ Zw – InB: Bienen – MeA – L7 T8 F3 R7 N5? – V Mesobrom., V Ver.-Euph., V Conv.-Agrop. – ▽). [*M. racemosum* (L.) Lam. et DC.] **Weinbergs-T. –** ***M. neglectum*** Ten.

Scilla L. s. l. (inkl. *Chionodoxa* Boiss., *Othocallis* Salisb.) – **Blaustern, Szilla, Schneeglanz** (30 Arten)
1 PerigonBla bläulichweiß mit blauem Mittelnerv, 15–20 × 6–7 mm, glockig zusammen neigend. BlüSchäfte 2–8. Griffel 4–8 mm lg, vom FrKn deutlich abgesetzt. Bla 3–4. 0,06- 0,20. 3(–4). ZierPfl, auch Parks; [N U Anfang 21. Jh.] s By(N NM Alb) Bw Sa(W) An Bb(M: Berlin) (sm/salp·c4KAUK). [*Othocallis mischtschenkoana* (Grossh.) Speta]
Mischtschenko-B. – ***S. mischtschenkoana*** Grossh.
1* PerigonBla blau bis violettblau, selten ganz weiß 2
2 Griffel 4–8 mm lg, vom FrKn deutlich abgesetzt. Pfl mit 1 bis mehreren BlüSchäften. DeckBla br kragenfg (mit dem VorBla verwachsen). BlüSchaft kantig 3
2* Griffel 0,7–3 mm lg, allmählich in den FrKn übergehend. DeckBla winzig od. fehlend, VorBla fehlend 4
3 BlüTraube 1–3(–4)blütig. BlüStiele 2–4 mm lg. Blü nickend, br trichterfg-glockig (Abb. **187**/4), PerigonBla 12–15 mm lg, in der Knospe grünlichblau, aufgeblüht azurblau. BlüSchaft halbstielrund, meist länger als die 2–3(–4) LaubBla. Sa mit Elaiosom. 0,05–0,15. 3–4. ZierPfl; auch frische, schattige Parkrasen, Friedhöfe, Gebüsche, Waldränder; [N 19. Jh.?] v He Th(f Hrz, v Bck) An, z Sa Bb, s By Bw Rh Nw Ns Mv Sh (sm-temp·c4-6EUR, [N] temp·c3EUR – frgr ros G ♃ Zw – InB: bes. Bienen, SeB – AmA – O Convolv.). [*Othocallis siberica* (Haw.) Speta] **Russischer B. –** ***S. siberica*** Haw.
3* BlüTraube 2–6(–15)blütig. BlüStiele (5–)10–20 mm lg. Blü aufrecht abstehend. PerigonBla 9–12 mm lg, sternfg ausgebreitet, innen heller blau. BlüSchäfte 1–3, meist kürzer als die (2–)4–5 LaubBla. Sa ohne Elaiosom. 0,15–0,30. 3–5. ZierPfl; auch alte, frisch-feuchte Parks, Friedhöfe, LaubmischW; [N 17. Jh.] s By An Bb, [U] s Rh(z N) Sa Mv(N: Rügen) Sh(O: Plön), † Bw, ↘ (m·c5VORDAS? – frgr ros G ♃ Zw – V Carp. – 12 – ▽). [*Othocallis amoena* (L.) Trávn.] **Schöner B. –** ***S. amoena*** L.

4   (2) PerigonBla frei, nicht am Grund miteinander verwachsen, sternfg ausgebreitet, 6–9 mm lg. Staubfäden abstehend, blau. Staubbeutel u. Pollen weinrot. Sa trocken hellgelb od. dunkelbraun. Zwiebel meist nur mit 1 BlüSchaft u. 2 Bla. Blü aufrecht. BlüSchaft⌀ rund. (**Artengruppe Zweiblättriger B. –** *S. bifolia* **agg.**) 5
4* PerigonBla am Grund zu 15–40 % verwachsen. StaubBla aufrecht, weiß, am Grund mit der Perigonröhre verwachsen, ein Krönchen um den FrKn bildend. Staubbeutel u. Pollen gelb. Sa trocken schwarz. Zwiebel oft mit mehreren BlüSchäften u. Bla 6
5   BlüKnospen graublau. Sa frisch olivbraun, 2,5 mm ⌀, trocken dunkelbraun. BlüSchaft grün od. nur leicht purpurn überlaufen. PerigonBla blauviolett, ohne weißen Grund. 0,05–0,20. 3–4. (Sicker)frische LaubmischW, bes. AuenW u. waldnahe Auenwiesen, nährstoffanspruchsvoll; [N] v He(Gartenflüchtling), z By Bw Rh An(Elb O SO), s Alp(Chm Brch) Nw(S, ↘ MW) Th(Bck Rho S), [N U] Sh (m/mo-stemp·c2-4EUR – frgr ros G ♃ Zw – InB SeB – AmA – L5 T7 F7 R7 N6 – V Alno-Ulm., V Til.-Acer., V Carp. – 18 – ▽).
Zweiblättriger B. – *S. bifolia* L.
5* BlüKnospen grün. Sa hellgelb, frisch 2 mm ⌀. BlüSchaft dunkel purpurrot. PerigonBla innen dunkelblau mit schmalem weißem Grund. 0,05–0,20. 3–4. Hartholz-AuenW; s Sa(f NO) An(Elb) (sm-stemp·c4-5EUR – frgr ros G ♃ Zw – InB SeB – AmA – V Carp., V Alno-Ulm. – 18 – ▽).
Wiener B. – *S. vindobonensis* SPETA
6   (4) PerigonBla innen ohne weiße Basis, zu etwa 30–40 % ihrer Länge miteinander verwachsen, 8–17 × 4–8 mm. Griffel 2–3 mm lg. Staubfäden violettblau. BlüSchaft 2–6 (–22)blütig. 0,05–0,10(–14). 3–4. ZierPfl; auch alte Parks, Friedhöfe; [N 20. Jh.] s Rh Th, [U] s By Sa Bb Mv Sh (m/mo·c4VORDAS – frgr ros G ♃ Zw). [*Chionodoxa sardensis* BARR et SUGDEN] **Sardes-B., Sardes-Schneeglanz –** *S. sardensis* (BARR et SAYDEN) SPETA
6* PerigonBla innen mit weißer Basis, zu 15–25 % ihrer Länge miteinander verwachsen, 12–27 mm lg. Griffel 1–1,5 mm lg 7
7   Weiße Basis der PerigonBla unscharf abgegrenzt, nicht reinweiß. PerigonBla 15–22 (–27?) × ±9 mm. Griffel 1 mm lg. BlüTraube 1–2(–4)blütig. Blü aufwärts gerichtet, blass blauviolett. 0,03–0,10. 3–4. ZierPfl; auch alte Parks, Friedhöfe; [N 20. Jh.] z Sa An, z Sh(M: Hamburg), [U] z By, s He Nw Th (m/mo·c4VORDAS – frgr ros G ♃ Zw). [*Chionodoxa luciliae* BOISS.]
Luzile-B., Luzile-Schneeglanz – *S. luciliae* (BOISS.) SPETA
7* PerigonBla mit reinweißer, scharf abgegrenzter Basis, 12–19 mm lg. Griffel 1–1,5 mm lg 8
8   BlüTraube (1–)4–11(–15)blütig. Blü nickend, obere aufwärts gerichtet, 23–30 mm ⌀, blau violett bis blau, weißes Auge 50 % des Blü ⌀. PerigonBla 12–19 × 4–6 mm. Fr ellipsoidisch. 0,10–0,25. 3–4. ZierPfl; auch alte Parks, Friedhöfe; [N 1900] z By(NW N MS) Nw(MS) Sa An(S) Bb Mv Sh, [U] s Ns (m/mo·c4VORDAS – frgr ros G ♃ Zw). [*Chionodoxa siehei* STAPF, *Ch. forbesii* hort. non BAKER] (Wenn weißes Auge >50 % des Blü ⌀, Fr 3kantig, PerigonBla 14–20(–27?) mm lg, Bla bis 35 mm br, oben am breitesten, dann evtl. *S. tmoli* (WHITTALL) SPETA, ob [N]?). **Siehe-B., Siehe-Schneeglanz –** *S. siehei* (STAPF) SPETA
8* BlüTraube 1–3(–5)blütig, Blü aufwärts gerichtet, 20–25 mm ⌀, tiefblau, weißes Auge 20 % des Blü⌀. Kaum kultiviert, nicht [N], früher mit *S. siehei* verwechselt (m/mo·c4VORDAS). [*Chionodoxa forbesii* BAKER] **Forbes-B., Forbes-Sch. –** *S. forbesii* (BAKER) SPETA
Hybride: *S. luciliae* × *S. siehei* = ? – (Blü 2–3(–5), aufrecht bis nickend); [N] s z. B. An Sh

Unterfamilie *Agavoideae* HERBERT / Tribus *Anthericaceae* BARTL. **– Grasliliengewächse** (10 Gattungen/317 Arten)

Rhizom ♃. LaubBla grundständig, schraubig od. 2zeilig, linealisch. Blü meist in (Doppel-) Trauben, meist ⚥, nie blau od. violett; PerigonBla 3+3, meist frei; StaubBla 3+3; FrBla 3, verwachsen, oberständig, mit Septalnektarien. Fachspaltige Kapsel; Sa schwarz. – [*Anthericaceae* J.G. AGARDH]

Anthericum L. **– Graslilie** (7 Arten)

1   BlüStand meist traubig. Griffel bogig gekrümmt. PerigonBla 15–22 mm lg. Kapsel eifg, spitz, 9–15 mm lg. 0,30–0,60. 5–6. Felsfluren, Trockenrasen, Trockengebüsche, TrockenW u. ihre Säume; v Rh, z By Bw He Th An Bb, s Nw(f N) Sa Ns(f Hrz N NW) Mv(f N) Sh(M), ↘

190   ASPARAGACEAE

(m/mo-temp·c2-3EUR – sogr hros H/G ♃ kurzes Rhiz – InB – StA – L7 T6 F3 R5 N2 – V Sesl.-Fest., V Xerobrom., V Fest. val., V Ger. sang., V Querc. pub., V Querc. rob.-petr. – 60 – ▽).   **Trauben-G., Große G. – _A. liliago_** L.
1* BlüStand meist doppeltraubig. Griffel gerade. PerigonBla 10–15 mm lg. Kapsel fast kuglig, stumpf, 5–9 mm lg. 0,30–0,80. 6–8. Lückige Halbtrocken- (u. Trocken-)rasen, Trockengebüsche, TrockenW u. ihre Säume, kalkhold; h Alp, z By Bw He(f NW W) Th An Bb, s Rh Sa(f Elb) Ns Mv(f Elb NO) Sh(M) [N], s Nw(SW), † Nw(MW: Landersum, ob heimisch?), im N ↘ (sm-temp·c2-4EUR – sogr hros H/G ♃ kurzes Rhiz – InB: Bienen, Fliegen, Käfer – StA Kältekeimer – L7 T5 F3 R7 N3 – V Mesobrom., V Cirs.-Brach., V Ger. sang., V Eric-Pin., V Cephal.-Fag. – 30 – ▽).   **Ästige G. – _A. ramosum_** L.
Hybride: _A. liliago_ × _A. ramosum_ = _A. ×confusum_ Domin – s, z. B. Th(Bck) An(S: Unstruttal, SO: Saale)

Unterfamilie **Nolinoideae** Nakai – **Bärengrasgewächse**
(24–30 Gattungen/475–700 Arten)

Knollen-, Rhizom- u. Ausl ♃, Str u. B. Bla schraubig, 2zeilig od. quirlig, sitzend od. gestielt, linealisch bis eifg, od. durch Flachsprosse in SchuppenBlaAchseln ersetzt. Blü in end- od. achselständigen Trauben od. Ähren od. einzeln achselständig, ♂, selten ♀+♂, ± radiär; PerigonBla 3+3 od. 2+2; StaubBla meist 3+3, selten 2+2, 4+4 od. 6+6; FrBla (2–)3(–5), verwachsen, meist oberständig. Beere, selten Kapsel od. SteinFr. [inkl. _Ruscaceae_ M. Roem.]

1   PerigonBla 4, frei. StaubBla 4. LaubBla 2(–3), herz-eifg, spitz, wechselständig am Stg.
                                                Schattenblume – _Maianthemum_ S. 190
1* PerigonBla 6, verwachsen. StaubBla 6. LaubBla eifg-elliptisch od. lineal-lanzettlich 2
2   LaubBla 2(–3), grundständig, gestielt, useits glänzend, elliptisch-lanzettlich.
                                                Maiglöckchen – _Convallaria_ S. 191
2* LaubBla >3, 2zeilig (Abb. **187**/6) od. zu 3–6 quirlig am Stg sitzend, useits matt, eifg-elliptisch od. lineal-lanzettlich.   **Weißwurz – _Polygonatum_** S. 190

Polygonatum Mill. – **Weißwurz**   (70 Arten)
1   Bla zu 3–6 quirlig, lineal-lanzettlich. Stg aufrecht. 0,30–0,70. 5–6. Mont. frische Buchen-, Nadelmisch- u. GrauerlenW, subalp. Hochstaudenfluren, kalkmeidend; h Alp, v Th(g Hrz), z By Bw Rh He(h NW) Nw(SO SW NO) Sa(SO SW W) An(v Hrz, f Elb N O) Ns(v Hrz, MO S), s Sh(M O), † Mv [N U] s Bb (m/mo-b·c1-4EUR-WAS – sogr eros G ♃ Rhiz – InB: Hummeln, Bienen, Falter – VdA Dunkel-Kältekeimer Sa kurzlebig – L4 T4 F5 R4 N5 – K Bet.-Adenost., V Luz.-Fag., V Alno-Ulm.).   **Quirl-W. – _P. verticillatum_** (L.) All.
1* Bla 2zeilig, eifg-länglich bis elliptisch. Stg bogig übergeneigt (Abb. **187**/6) 2
2   Stg scharfkantig. Blü duftend, mit gerade vorgestreckten Perigonzipfeln u. kahlen Staubfäden, zu 1–2(–5). 0,15–0,45. 5–6. Waldnahe Felsfluren, Trockengebüsche, Eichen- u. KiefernTrockenW u. ihre Säume; h Alp, v Rh Th, z By Bw He Nw(f N) Sa An Bb Ns(f NW) Mv(f Elb), s Sh(M O), im N ↘ (m/mo-temp·(b)·c2-6EURAS – sogr eros G ♃ Rhiz – InB: Hummeln, Falter – L7 T5 F3 R7 N3 – V Ger. sang., O Prun., O Querc. pub., V Eric.-Pin., V Sesl.-Fest. – giftig!). [_P. officinale_ All.].
                                                Duftende W., Salomonssiegel – _P. odoratum_ (Mill.) Druce
2* Stg fast stielrund. Blü geruchlos, mit nach außen gebogenen, innen an der Spitze behaarten Perigonzipfeln u. weichhaarigen Staubfäden, zu 2–5(–12). 0,30–0,80. 5–6. Frische LaubmischW, basenhold, nährstoffanspruchsvoll; h Rh Nw Th An Ns, v Alp Bw He Sa Mv Sh, z By Bb (m/mo-temp·c1-5EUR-(AS) – sogr eros G ♃ Rhiz – InB: Hummeln, Falter SeB – VdA L2 Tx F5 R6 N5 – O Fag. – 18).   **Vielblütige W. – _P. multiflorum_** (L.) All.

Maianthemum F.H. Wigg. – **Schattenblume**   (38 Arten)
Ausläufer dünn, unterirdisch. Bla am BlüStg meist 2, tief herz-eifg, spitz. Beere rot. 0,05–0,20. 5–6. Frische bis mäßig trockne Laub- u. NadelW, Kiefernforste, kalkmeidend; h Alp Nw Th Sa Ns(z N) Mv, v By Bw Rh He An Bb Sh (sm/mo-b·c2-6EURAS – sogr eros G ♃ uAusl – InB: bes. Fliegen Vw SeB – VdA – L3 Tx F5 R3 N3 – O Querc. rob.-petr., V Luz.-Fag., V Vacc.-Pic. – giftig).   **Zweiblättrige Sch. – _M. bifolium_** (L.) F.W. Schmidt

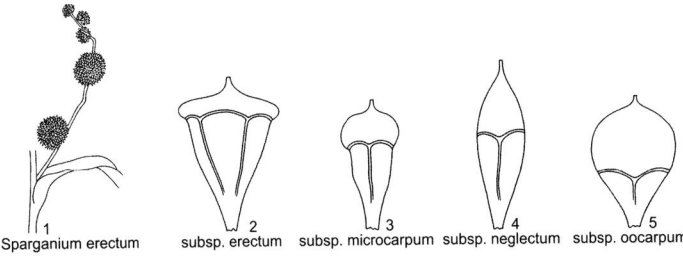

1 Sparganium erectum 2 subsp. erectum 3 subsp. microcarpum 4 subsp. neglectum 5 subsp. oocarpum

Convallaria L. – **Maiglöckchen** (1–3 Arten)
Blü stark duftend. Beere scharlachrot. 0,10–0,20. 5–6. Mäßig trockne bis frische Laub-
mischW u. ihre Säume, Gebüsche, Hecken, Parkanlagen, an Gräben, Rud.; h Alp Rh He
Nw Th Sa Ns, v By(g NM) Bw An(h S) Bb Mv, z Sh; auch ZierPfl (sm/mo-b·c1-5EURAS,
[N] sm-tempOAM – sogr eros G/H ♃ uAusl monop? – InB: Bienen, Hummeln Vm Vg SeB
– VdA MeA Kälteheimer Sa kurzlebig – L5 Tx F4 Rx N4 – K Querc.-Fag. – HeilPfl, giftig!).
Maiglöckchen – *C. majalis* L.

Familie ***Typhaceae*** Juss. s. l. (inkl. ***Sparganiaceae***) – Rohrkolbengewächse (2 Gattungen/35–55 Arten)

Ausläufer- od. Rhizom ♃ in Sumpf u. Wasser, emers, schwimmend od. flutend. Bla meist
2zeilig, linealisch, mit schwammigem Luftgewebe. Blü ♀+♂ (Pfl 1häusig), in komplexem,
ährigem od. kopfigem BlüStand, dieser oben ♂, unten ♀. BlüHülle aus 3–6 Schuppen od.
∞ Haaren, ♀ Blü mit 1 fruchtbaren, oberständigen FrBla; ♂ mit (1–)3(–8) StaubBla.
Schwammige SteinFr od. Nuss mit bleibendem Perigon.

1 Blü in unverzweigtem endständigem Kolben, sein oberer Abschnitt ♂, der untere ♀, beim
 Fruchten braun od. silbergrau. Bla meist blaugrün od. gelbgrün, matt, flach, emers. Perigon
 haarfg. Nuss. **Rohrkolben – *Typha* S. 192**
1* Blü in kugligen, 1geschlechtigen Köpfen, diese in unverzweigtem od. verzweigtem BlüStand,
 die oberen ♂, die unteren ♀, igelfg. Bla grün, glänzend, emers, dann meist gekielt bis 3kantig,
 od. schwimmend. Perigon schuppenfg. SteinFr. **Igelkolben – *Sparganium* S. 191**

Sparganium L. – **Igelkolben**[1] (15–25 Arten)

Zur eindeutigen Bestimmung besonders der Unterarten sind reife Fr nötig.
1 BlüKöpfe in Doppeltraube (Abb. **191**/1). Bla im Durchlicht streifennervig, 5–20(–28) mm br,
 derb, gekielt, unten 3kantig, nicht flutend. 0,30–1,00(–1,50). 6–8. Uferröhrichte eutropher,
 stehender od. langsam fließender Gewässer, nährstoffanspruchsvoll; h Nw Th Sa An Ns Mv
 Sh(z W), v By Bw Rh Bb, z Alp, He(O) (m-b·c1-7EURAS – sogr hros He ♃ uAusl+SprKnolle
 – WiB SeB Vw – VdA WaA – L7 T6 F10 R7 N7 – O Phragm. – 30). [*S. ramosum* Huds.]
 Ästiger I. – *S. erectum* L.

1 FrOberteil deutlich vom Unterteil abgesetzt, hell- bis dunkelbraun od. schwärzlich, matt, mit einer
 deutlichen Schulter zwischen dem verkehrtpyramidenfg, hellbraunen bis rötlichbraunen Unterteil u.
 dem griffeltragenden Oberteil. Fr im ∅ 3–6kantig 2
1* FrOberteil nicht od. kaum vom Unterteil abgesetzt, beide Teile in Form u. Farbe ± gleich, glänzend.
 Unterteil nicht od. sehr kurz gestielt 3
2 Fr (4–)6–10(–12) × (3–)4–6(–7) mm. Oberteil flach, plötzlich in den höchstens 2 mm lg Schnabel
 verschmälert (Abb. **191**/2), gekielt. Unterteil verkehrtpyramidenfg, nicht od. sehr kurz gestielt. 0,35–
 1,00(–1,50), glatt. Standorte u. Soz. wie Art; v Sa An Bb Ns Sh, z Alp(f Krw Wtt) By Bw Rh He Nw Th(h O)
 Mv (m-temp·c1-7EURAS). **subsp. *erectum***

---

[1] Mit Beiträgen von Kai Fuhrmann.

2* Fr (5,5–)6–7(–9) × (2–)2,5–3,5(–4) mm. Oberteil kuppelfg, plötzlich in den höchstens 2 mm lg Schnabel verschmälert (Abb. 191/3), mit unregelmäßigen Längsfalten am Grund des Schnabels. Unterteil verkehrtpyramidenfg, 1–1,5 mm lg gestielt. 0,30–0,80. Stehende od. langsam fließende Gewässer; s By Bw(SW: Schwarzw, ORh?) He Nw(SW) Th Sa An Bb?) Ns? Mv Sh (m-b·c1-7EUR-SIB – V Glyc.-Sparg., V Car. elat.). subsp. *microcarpum* (L.M. Neuman) Domin

3 (1) Fr (6–)7–9(–10) × 2–3,5(–5) mm, spindelfg bis ellipsoidisch, hellbraun bis strohfarben, Oberteil allmählich in den (2–)2,5–3,5 mm lg Schnabel verschmälert, glatt (Abb. 191/4). 0,40–0,80. Stehende od. langsam fließende Gewässer; z By Bw Rh He Nw Th(f Hrz Bck Wld) Sa, s Alp(Kch Chm) An(f Hrz O S) Bb(Elb MN) Ns Sh(M), im Bergland häufiger (m-temp·c1-5EUR – V Glyc.-Sparg., V Phragm.). [*S. ramosum* subsp. *neglectum* (Beeby) Neuman] subsp. *neglectum* (Beeby) K. Richt.

3* Fr 5–8 × 4–7 mm, br verkehrteifg bis (meist) kuglig, hellbraun. Oberteil plötzlich in den bis 2 mm lg Schnabel verschmälert (Abb. 191/5), zuweilen mit Längsfalten am Grund des Schnabels. 0,40–0,80. Bisher nur wenige sichere Angaben (z. B. s By(f N NW) Bw(Gäu) Rh(ORh)Th? Sa(SO SW) Bb?) (zweifelhafte Sippe, ob Hybride subsp. *erectum* × subsp. *neglectum*?).
subsp. *oocarpum* (Čelak.) Domin

1* BlüKöpfe in einfachen Ähren od. Trauben. Pfl flutend od. aufrecht, 3 in stehenden Gewässern meist aufrecht 2

2 ♂ BlüKöpfe 1(–2), ♀ (1–)2–3(–4). Narben eifg bis kuglig, höchstens 3mal so lg wie br, fast sitzend. Bla 3–5(–8) mm br, stumpf, flach, ohne Kiel, am Grund im ∅ mit nur einer Lage von Luftkammern. 0,10–0,30 (flutend bis 0,80). 7–8. Oligo- bis mesotrophe, stehende od. langsam fließende Moor- u. Heidegewässer: Moor-Schlenken u. -Gräben, Torfstiche, Bäche, Tagebauseen, lückige Röhrichte, BruchW; z By Sa Bb Ns(f MO) Mv Sh(f W), s Alp Bw(f NW) Rh(f M MRh) Nw(MW N, ↑ SO) Th(O Bck) An(f S SO W), † He(MW O), ↘ (sm/mo-b·c1-6CIRCPOL – L7 T5 F11 R5 N3 – sogr hros oHy ♃ uAusl – WiB SeB Vw – WaA VdA – V Sphagno-Utric, V Nymph., V Car. nigr. – 30). [*S. minimum* Wallr.]
Zwerg-I. – *S. natans* L.

2* ♂ Köpfe (1–)2–10, ♀ 1–5. Narben auf 1,5–3 mm lg Griffel. Bla im Durchlicht gitternervig, am Grund im ∅ mit mehreren Luftkammer-Lagen 3

3 In stehenden Gewässern meist aufrecht u. Bla deutlich gekielt, am Grund 3kantig, 5–15 mm br, stumpf, in Flüssen flutend u. Bla abgeflacht, im oberen Teil wenigstens auf dem Rücken mit vorstehendem Mittelnerv. Unterstes TragBla <1,5mal so lg wie der BlüStand. ♀ Köpfe 3–5, ♂ 3–10, voneinander entfernt. Narben 1,5–2,5 mm lg, lineal-länglich. 0,20–0,60 (flutend bis 1,80). 6–7. Eutrophe bis mesotrophe stehende od. langsam fließende Gewässer, flutend in klaren Flüssen, Kanälen u. Gräben, Tagebauseen; v Sa An Bb Ns Sh, z By Bw Rh He Nw Th(h O, v Hrz) Mv, s Alp(f Wtt Krw) (trop-sm OAS-sm-b·c1-7 EURAS – sogr hros He/oHy/uHy ♃ Ausl, Landform H/G – L7 T6 F10 R6 N7 – V Phragm., V Glyc.-Sparg., untergetaucht flutend im V Ranunc. fluit. – 30). [*S. simplex* Huds.]
Einfacher I. – *S. emersum* Rehmann

3* Bla flach od. unterwärts auf dem Rücken gewölbt, ohne Kiel, 2–5(–10) mm br, die flutenden im oberen Teil meist ohne vorstehenden Mittelnerv. Unterstes TragBla >2mal so lg wie der BlüStand. ♀ Köpfe 1–4, ♂ (1–)2–4(–6), stark genähert. Narben <1,2 mm lg, eifg. 0,10–1,00(–1,75). 6–8. Ufer oligotropher, flacher stehender Gewässer: Heide- u. Moorseen, Gräben, alp. Seen, kalkmeidend; z Ns(NW, s O), s Alp(Allg) By(NO Alb? O) Bw(SW) Nw(MW, † N) Sa(SW), † Sh, ↘ (sm/mo-arct·c1-5EUR-AM-(OAS) – sogr hros oHy ♃ kurze uAusl – L8 Tx F11 R3 N1 – K Litt., V Sphagno-Utric.). [*S. affine* Schnizl.]
Schmalblättriger I. – *S. angustifolium* Michx.

Hybride: *S. emersum* × *S. angustifolium* = ? – z Nw Ns, s Bw?, fertil, rückkreuzend, ersetzt *S. angustifolium* oft, auch in Abgrabungsgewässern vorkommend.

Typha L. – Rohrkolben (20–30 Arten)

1 ♂ Kolbenteil 1,5–5 cm lg, etwa so lg wie der fast eifg ♀. Bla 1–2(–3) mm br. Blühender Stg nur mit NiederBla. 0,30–0,75. 5–6. Zeitweilig überflutete Ufer langsam fließender Flüsse, kalkhold; † Alp(Amm Chm) By Bw(ORh) Rh, [N] s By Rh (m/alp-stemp/perialp·c3-6EUR-WAS – sogr ros He ♃ AuslRhiz – WiB Vw – WiA WaA – L8 Tx F9= R8 N2 – V Car. bic.-atrof.).
ⓕ **Zwerg-R. – *T. minima* Hoppe**

1* ♂ Kolbenteil 5–20 cm lg, der ♀ meist so lg walzenfg. Bla (2–)3–20 mm br. Pfl >0,70 m hoch
.... 2

2   ♂ u. ♀ Kolbenteil sich meist unmittelbar berührend (höchstens bis 5 mm getrennt) 3
2* ♂ u. ♀ Kolbenteil 2–6(–10) cm voneinander entfernt, der ♀ ± zimtbraun 4
3   ♂ Kolbenteil etwa so lg wie der zuletzt schwarzbraune ♀. Bla etwa 10–20 mm br, blau grün.
    1,00–2,00. 7–8. Röhrichte an Ufern eutropher stehender od. langsam fließender Gewässer:
    Teiche, Seen, Gräben; g He(z ORh) Th Sa An Ns, h Rh Nw Bb Mv Sh, v Alp By(g NM) Bw,
    ↗ (austrAFR-strop-b·c1-8CIRCPOL – sogr hros He ♃ uAuslRhiz – WiB Vw – WiA WaA – L8
    T6 F10 R7 N8 – V Phragm.). **Breitblättriger R. – *T. latifolia* L.**
3* ♂ Kolbenteil etwa halb so lg wie der zuletzt silbergraue, durch die Narben schwarz punk-
    tierte ♀. Bla 5–10(–15) mm br, hell- bis gelblichgrün. 0,80–1,50. 6–8. Ufer langsam fließen-
    der, kühler Gewässer auf tonig-kiesigen Schlammböden; z Alp(Allg), s By(S MS NO O)
    Bw(S SO Gäu SW), [N] He (sm-stemp//perialp·c2-4EUR – sogr hros He ♃ AuslRhiz – WiB
    Vw – WiA WaA – L8 T3? F10 R8 N3? – O Tofield., V Car. bic.-atrof).
                                              Shuttleworth-R. – *T. shuttleworthii* W.D.J. KOCH et SOND.
4   (2) ♀ Kolbenteil 10–35 cm lg, etwa so lg wie der ♂. Bla etwa 5–10 mm br. 1,00–2,00. 6–8.
    Ufer eu- u. mesotropher stehender Gewässer: Teiche, Gräben, Tagebauseen, salztolerant;
    h Sa, v Th An Bb Ns Mv Sh, z By Bw Rh He Nw, s Alp(Allg) (m-temp·c1-8OAM-EUR-WAS
    – sogr hros H ♃ AuslRhiz – WiB Vw – WiA WaA – L8 T7? F10 R7 N7 – V Phragm.).
                                              Schmalblättriger R. – *T. angustifolia* L.
4* ♀ Kolbenteil 3–5(–9) cm lg, der ♂ 2–4mal so lg. Bla 2–4(–7) mm br. 0,70–1,20. 6–8. Flache,
    tonige bis kiesige Kleingewässer: Steinbrüche, Kiesgruben, Braunkohlentagebaue, nähr-
    stoffanspruchsvoll; [N U?] By(SW: ob noch?) Bw(NO: Erkenbrechtshausen) Rh(ORh:
    Landau) Sa(W: Leipzig, Frohburg) An (N: Peckfitz) Ns(M); auch ZierPfl (sm·c4-8OEUR-AS
    – sogr hros H ♃ Rhiz – V Phragm.). **Laxmann-R. – *T. laxmannii* LEPECH.**

Hybriden: *T. latifolia* × *T. angustifolia* = *T.* ×*glauca* GODR. – z By Bw, s He, *T. shuttleworthii* × *T. angustifolia*
= *T.* ×*bavarica* GRAEBN. – s By

Familie *Juncaceae* JUSS. – **Binsengewächse**   (8 Gattungen/440 Arten)

Bearbeitung: **Jan Kirschner**

Grasähnliche Ausläufer- od. Rhizom ♃, selten ☉. Stg meist knotenlos, markig, nie scharf-
kantig. Bla 3- od. 2zeilig, gras- od. binsenartig (d. h. stängelähnlich), mit Scheide, oft mit
BlaHäutchen. Blü in manchmal kopfigen Thyrsen od. Rispen bzw. Spirren, klein, radiär,
meist ⚥; PerigonBla 3+3, trockenhäutig, braun, schwarz, selten weiß; StaubBla 6 od. 3;
FrBla 3, verwachsen, oberständig. Griffel 1, Narben 3. Fachspaltige Kapsel; Sa 3–∞.

1   BlaScheiden in lg, tief geschlitzte Öhrchen auslaufend (Abb. 199/3). BlaSpreitenrand fein
    gesägt, nicht bewimpert.   **Berg-Binse – *Oreojuncus* S. 193**
1* BlaScheiden ohne Öhrchen od. Öhrchen ganzrandig. BlaSpreitenrand glatt od. Bla stielrund,
    wenn fein gesägt, dann mit lg Wimpern. Staubbeutel vom Mittelband nicht überragt 2
2   Bla borstlich od. rinnig, oft stängelähnlich ("binsenartig"), kahl; wenn Bla flach, dann lateral
    zusammengedrückt. Kapsel ∞samig, 1fächrig od. 3fächrig.   **Binse – *Juncus* S. 197**
2* Bla flach (dorsiventral), grasartig, am Rand meist mit lg Wimpern. Kapsel 3samig, 1fächrig.
                                              Hainbinse – *Luzula* S. 194

Oreojuncus ZÁV., DRÁBK. et KIRSCHNER – **Berg-Binse**   (2 Arten)
(WiB Vw – Lichtkeimer)

1   Grundständige BlaScheiden ohne od. mit bis 1 cm lg, borstenfg Spreite. Stg im oberen
    Drittel meist mit 3 fadenfg Bla, die die Spirre weit überragen. Spirre (1–)2–4blütig. Peri-
    gonBla 2–4 mm lg. 0,08–0,25. 7–8. Alp., mäßig frische Steinrasen u. (oft windexponierte)
    Felsspalten, kalkmeidend; z Alp(Brch Wtt Allg), s By(O) (sm/alp-arct·c1-5EUR-(WSIB)-OAM
    – igr eros H ♃ RhizHorst – WiA Wintersteher – L8 T2 F4 R4 N2 – K Junc. trif). [*Juncus
    trifidus* L.]   **Dreiblatt-B. – *O. trifidus* (L.) ZÁV., DRÁBK. et KIRSCHNER**

1* Oberste grundständige BlaScheiden mit 5–10 cm lg, borstenfg Spreite. Bla auf den ganzen Stg verteilt, nur das oberste Bla als TragBla der Spirre erscheinend u. wenig länger als diese. Spirre 1(–3)blütig. PerigonBla 4–5 mm lg. 0,08–0,25(–0,40). 7–8. Alp. Steinrasen, kalkhold; z Alp(h Brch f Amm), s ?By(S: Inntal) (sm-stemp//alp·c3-4EUR – igr eros H ♃ RhizHorst – L9 T2 F5 R8 N2? – V Sesl., V Elyn.). [*Juncus trifidus* subsp. *hostii* (TAUSCH) HARTM., *J. t.* subsp. *monanthos* (JACQ.) K. RICHT.]
Einblütige B. – *O. monanthos* (JACQ.) ZÁV., DRÁBK. et KIRSCHNER

Luzula DC. – **Hainbinse, Hainsimse** (120 Arten)
(Alle Arten in D: WiB Vw, nur *L. nivea*, 6, auch InB)

1 Blü an den Ästen einzeln, selten zu 2 (Abb. 196/2). Sa von deutlichem weißem Anhängsel in Längsrichtung um 0,7–2,0 mm überragt **2**
1* Blü an den Ästen in mehrblütigen Ährchen od. gedrängt u. einen kopfigen BlüStand bildend od. in (2–)3–8(–20)blütigen Büscheln (Abb. 196/1, 3). Sa am Grund mit kleinem od. mittelgroßem, 0,1–0,8 mm lg weißem Anhängsel (an der Spitze zuweilen mit sehr kurzer, anhängselartiger Vorwölbung) **4**
2 GrundBla 5–10 mm br, an der Spitze ohne feine, aufgesetzte, gelbliche Stachelspitze. Spirrenäste zur FrZeit zurückgeschlagen. Äußere PerigonBla braun, spitz, deutlich länger als die gelblichgrüne Kapsel. SaAnhängsel sichelfg, so lg wie der 1,2–1,8 mm lg Sa. 0,10–0,30. 4–5. Mäßig trockne bis frische LaubmischW u. KiefernW, Waldschläge, an Waldwegen; g Th, h He Nw, v Alp By(g NM) Bw Rh Sa(g SW) An(g Hrz) Bb Ns(g Hrz) Mv Sh (sm/mo-b·c1-6EUR-WSIB – igr hros H ♃ Horst, z kurze uAusl – AmA Sa langlebig – L2 Tx F5 R5 N4 – O Fag., V Querc. rob.- petr., O Vacc.-Pic. – 62, 66).
Haar-H. – *L. pilosa* (L.) WILLD.
2* GrundBla 1,5–4 mm br, mit feiner, aufgesetzter, 0,1–0,2 mm lg, gelblicher Spitze **3**
3 Pfl mit 3–10 cm lg unterirdischen Ausläufern, lockerrasig. PerigonBla gelblich, mit br weißem Hautrand. Untere BlaScheiden gelblich bis braun. SaAnhängsel so lg wie der Sa, 1,3–1,5 mm lg. 0,10–0,25. 6–7. Mont. bis hochmont. Buchen- u. FichtenW, Fichtenforste, kalkmeidend; z Alp, s By(S MS) Bw(S SO) (sm-stemp//mo·c2-3 EUR – sogr? hros H ♃ Rhiz+kurze uAusl – AmA – L3 T3 F4 R5 N2 – V Vacc.-Pic., V Eric.-Pin. – 24). [*L. flavescens* (HOST) GAUDIN]
Gelbliche H. – *L. luzulina* (VILL.) RACIB.
3* Pfl ohne Ausläufer, horstbildend. Perigon braun, schmal hautrandig. Untere BlaScheiden rötlich bis braunviolett. SaAnhängsel gerade, viel kürzer als der 1,3–1,6 mm lg Sa. 0,15–0,30. 4–5. Mäßig trockne bis mäßig frische, lichte LaubmischW, kalkmeidend; z Rh He(ORh SW), s Bw(Gäu ORh: Müllheim, Bruchsal), † Nw(MW) By(NW: Gemünden), ↘ (m/mo·c1-5-stemp·c1-2EUR – sogr? hros H ♃ Rhiz Horst – AmA – L4 T8 F4 R5 N2? – V Querc. rob.-petr., V Carp.).
Forster-H. – *L. forsteri* (SM.) DC.
4 (1) BlüStand aus (2–)3–8(–20)blütigen Büscheln zusammengesetzt. Sa mit sehr kleinem od. fast fehlendem Anhängsel, wenn Anhängsel 0,1–0,2 mm lg, dann PerigonBla weiß od. weißlich **5**
4* BlüStand aus 6- bis ∞blütigen Ährchen (Köpfchen) zusammengesetzt od. Ährchen meist fast ungestielt u. zusammengedrängt. Sa mit deutlichem, 0,1–0,8 mm lg, weißlichem Anhängsel. PerigonBla gelblichbraun od. hellbraun bis schwarzbraun **10**
5 PerigonBla weiß, schmutzigweiß od. kupferrötlich. Unterstes TragBla der Spirre so lg wie diese od. meist länger (Abb. 196/3). Pfl lockerrasig, ausläuferbildend, Ausläufer gewöhnlich länger als 2–3 cm. Bla stark bewimpert **6**
5* PerigonBla braun bis schwarzbraun. Unterstes TragBla der Spirre kürzer als diese. Pfl ziemlich dichtrasig, Ausläufer fehlend od. kurz. Bla spärlich bewimpert od. fast kahl **7**
6 PerigonBla reinweiß, 5 mm lg, doppelt so lg wie die Kapsel. BlüBüschel 6–20blütig. Ausläufer bis 12 cm lg. Sa 1,5 mm lg, rotbraun, mit winzigem Anhängsel. 0,40–0,90. 6–8. Mäßig frische bis frische Laub- u. NadelmischW, kalkmeidend; z Alp(s Allg, f Brch Mng), [U] s Nw Ns Sh), † By(S) (sm/salp-stemp/mo·c2-3EUR – StA – L4 T5 F5 R3 N3 – igr hros H ♃ Rhiz+uAusl – V Luz.-Fag., V Querc. rob.-petr. – 12).
Schneeweiße H. – *L. nivea* (NATHH.) DC.

JUNCACEAE   195

6* PerigonBla schmutzigweiß od. kupferrötlich, 2,5–3,5 mm lg, etwa so lg wie die Kapsel.
    BBüschel 2–10blütig. Ausläufer bis 5 cm lg. Sa 1,2 mm lg, braun bis schwarz, mit winzigem
    Anhängsel. 0,30–0,70. 6–7. Koll. bis mont. Buchen- u. BuchenmischW, Waldschläge, Sili-
    katmagerrasen, mont. Wiesen, hochmont. bis subalp. Hochgras(-stauden-)fluren, kalkmei-
    dend; g Rh(v ORh) Th, h He Nw(s MW N) Sa, v By(g NM) Bw, z Alp An(h Hrz S) Bb(f Od)
    Ns(h S), [N] z Bb(MN) Nw(MW) Ns(NW) Mv, s Sh(M O) (sm/mo-stemp/demo·c2-4EUR, [N]
    ntemp-bEUR+OAM – igr? hros H ♃ Rhiz+kurze uAusl–AmA MeA Lichtkeimer – L4 Tx F5
    R3 N4 – V Luz.-Fag., V Carp., V Querc. rob.-petr., O Adenost., K Nardo-Call., V Cynosur.
    – 12). [L. _albida_ (Hoffm.) DC., L. angustifolia Wender., L. nemorosa (Pollich) E. Mey.]
                                        Schmalblättrige H. – _L. luzuloides_ (Lam.) Dandy et Wilmott
    1   PerigonBla schmutzigweiß, meistens 2,5–3,0 mm lg. Kapsel strohfarben. Ausläufer bis 5 cm lg. Koll.
        bis mont. Buchen- u. BuchenmischW, Waldschläge, Silikatmagerrasen, mont. Wiesen; Verbr. in D u.
        Gesamtverbr. wie Art (V Luz.-Fag., V Carp., V Querc. rob.-petr., V Cynosur., V Nardo-Call.).
                                                                                    subsp. **_luzuloides_**
    1* PerigonBla kupferrötlich, meistens 3,0–3,5 mm lg. Kapsel dunkelbraun. Ausläufer kürzer als 3–4 cm.
        Hochmont. bis subalp. Hochgras(-stauden)fluren; z Alp(Allg Mng Chm Brch) By(S MS NW N), s
        He(O?) An(Hrz: OHarz), Verbr. ungenau bekannt (temp/mo-subalp·c3EUR? – O Adenost., K Nardo-
        Call.). [L. l. subsp. cuprina (Asch. et Graebn.) Chrtek et Křísa]
                                                                     subsp. **_rubella_** (Mert. et W.D.J. Koch) Holub
    Subsp. rubella nach Wilhalm et al. 2006 besser als Varietät einzustufen: var. erythranthema (Wallr.) I.
    Grint., Abgrenzung zu subsp. luzuloides nicht immer eindeutig.

7   (5) Bla spärlich lg gewimpert, GrundBla (4–)10–15(–20) mm br, starr, glänzend dunkelgrün.
    PerigonBla 2,5–4,0 mm lg, hellbraun bis kastanienbraun, die inneren ± länger als die äu-
    ßeren. Sa 1,4–1,7 mm lg. 0,30–1,00. 5–6. Frische bis sickerfeuchte Laub- u. NadelmischW,
    Bachufer, Zwergstrauchheiden, mont. bis subalp. Hochgras(-stauden)fluren, kalkmeidend;
    h Alp, v Rh, z Bw(h SW) By (S NW, h SO) He Nw(SW) Th(f O S) Sa(SW W) An(f Elb O)
    Ns(f Hrz Elb) Sh(M, O), [N U] s By(N NM Alb) Nw(NW) Th(O) Bb Mv; verschleppt durch
    Forstwirtsch., auch ZierPfl (sm/mo-temp/demo-(b)·c1-3EUR – igr hros H ♃ Rhiz+kurze
    uAusl – AmA VdA MeA WaA Lichtkeimer – V Luz.-Fag., V Vacc.- Pic., V Querc. rob.-petr.,
    V Genisto-Call., O Adenost. – 12). [L. _maxima_ (Reichard) DC.]
                                                           Wald-H. – _L. sylvatica_ (Huds.) Gaudin
    1   GrundBla meist 8–18 mm br. Stg hoch, bis 80(–100) cm lg. Reife Kapsel etwa so lg wie die in-
        neren PerigonBla. BlüStand groß, mehrfach zusammengesetzt. Standorte, Soz. u. Verbr. wie Art, nach
        By(N NM Alb) wohl nur durch Forstwirtsch. verschleppt (L4 T4 F5 R4 N4 – 12).   subsp. **_sylvatica_**
    1* GrundBla meist 4–6(–8) mm br. Stg niedrig, höchstens 50(–60) cm lg, ziemlich dünn. Reife Kapsel
        so lg wie die inneren PerigonBla bis kürzer. BlüStand kleiner, sehr locker. FichtenW, subalp. Hochgras
        (-stauden)fluren; z Alp By(S), s Bw(S) (sm-stemp//salp·c2-3EUR – L3 T3 F5 R2 N3 – V Vacc.-Pic,
        O Adenost. – 12).   subsp. **_sieberi_** (Tausch) K. Richt.

7* Bla am Rand fast kahl, oft nur an der Scheidenmündung behaart, GrundBla bis 10 mm br,
    schlaff, mattgrün. PerigonBla zuletzt schwarzbraun, etwa gleich lg **8**
8   Untere StgBla (6–)7–10 mm br. PerigonBla 3,0–3,5 mm lg. Kapsel kuglig, deutlich zuge-
    spitzt. Sa 1,2–1,7 mm lg. Bla kahl, höchstens an der Scheidenmündung mit einzelnen
    Haaren. 0,15–0,35. 6–7. Alp. feuchte, hängige Rasen, basenhold; z Alp(h Brch Chm Krw)
    (sm-stemp//alp·c3EUR – sogr hros H ♃ Rhiz+uAusl – L8 T2 F6 R7 N3? – V Car. ferr., V
    Sesl., K Salic. herb. – 12).   **Kahle H. – _L. glabrata_** (Hoppe) Desv.
8* Untere StgBla (5–)7(–7) mm br. PerigonBla 1,5–2,5 mm lg. Kapsel 3seitig-eifg, kurz zu-
    gespitzt. (**Artengruppe Braunblütige H. – _L. alpinopilosa_ agg.**) **9**
9   StgBla (4–)5–6(–8) mm br, kahl od. nur an der Scheidenmündung mit einzelnen Haaren,
    den BlüStand erreichend. Griffel so lg wie der FrKn. Sa etwa 1 mm lg. 0,30–0,60. 6–7.
    Subalp. sickerfeuchte, steile Felshänge (bes. Runsen), auch Wegränder, kalkmeidend; s
    Bw(SW: Belchen) (sm-stemp//salp·c1-2EUR – sogr hros H ♃ Rhiz+kurze uAusl – L7 T4
    F6 R4 N4? – V Salic. herb., V Adenost.).   **Desvaux-H. – _L. desvauxii_** Kunth
9* StgBla 1,5–3(–5) mm br, am Rand spärlich bewimpert, den BlüStand nicht erreichend.
    Griffel kürzer als der FrKn. Sa etwa 1,3 mm lg. 0,10–0,30. 6–8. Alp. feuchte Schneetäl-
    chen u. Schotterfluren, kalkmeidend; z Alp(f Amm Chm Mng), s By(O: Gr. Arber) (sm-
    stemp//alp·c1-3EUR – sogr hros H ♃ Rhiz+uAusl – VdA – L7 T2 F7 R4 N3 – V Salic.

herb., V Andros. alp.). [*L. spadicea* (ALL.) DC.]
Braunblütige H. – *L. alpinopilosa* (CHAIX) BREISTR.
10 **(4)** BlüStand nickend, ± ährenfg od. am Grund gelappt, sein TragBla deutlich gewimpert, kürzer als der BlüStand. StgBla rinnenfg, GrundBla 1–2(–3,5) mm br. PerigonBla (2–)2,5–3 mm lg, grannig-stachelspitzig, etwa so lg wie die Kapsel. 0,07–0,30. 6–8. Alp. mäßig frische Steinrasen, kalkmeidend; z Alp(f Amm Chm Mng) (m-temp//alp-arct·c2-6EUR-WAS-AM – sogr hros H ⚃ Rhiz+uAusl – StA VdA? – L8 T2 F4 R4 N1 – K Junc. trif., V Elyn., V Andros. alp.).

Ähren-H. – *L. spicata* (L.) DC.
1 BlüStand kompakt eifg. Staubfäden 0,3–0,6 mm lg. Reife Kapsel 1,5–2,0(–2,2) mm lg. 0,07–0,15. z Alp(meist > 2000m) (sm-stemp//alp·c2-4EUR). [subsp. *mutabilis* CHRTEK et KŘÍSA]
　　　　　　　　　　　　　　　　　　　　　　　　　　　　　　　　subsp. ***conglomerata*** (W.D.J. KOCH) J. MURR
1* BlüStand am Grund gelappt. Staubfäden (0,4–)0,5–0,7(–0,8) mm lg. Kapsel (1,9–)2,1–2,5(–2,6) mm lg. 0,10–0,30. s Alp(meist < 2000m). 　　　　　　　　　　　　　　　　　　　　　　subsp. ***spicata***

10* BlüStand aufrecht, aus gestielten od. fast sitzenden Ährchen zusammengesetzt (selten einige Ährchen auf zurückgebogenem Stiel), sein TragBla fast kahl, kürzer bis länger als der BlüStand. StgBla ± flach. (**Artengruppe Gewöhnliche H.** – *L. campestris* **agg.**) 11
11 Pfl mit Ausläufern u. kriechenden Rhizomen, sehr lockerrasig. Wenigstens ein Ährchenstiel zurückgebogen (Abb. **196**/1). Staubbeutel 3–4,5mal so lg wie die Staubfäden. Sa (abgesehen vom Anhängsel) fast kuglig, 0,8–1,0 mm br. Anhängsel 0,4–0,7 mm lg. 0,05–0,25. 3–4. Mäßig trockne bis frische Sand- u. Silikatmagerrasen, oberflächlich entkalkte Halbtrockenrasen, magere Frischwiesen u. Parkrasen, Zwergstrauchheiden, kalkmeidend; g He Th Sa Ns, h Rh Nw An, v Alp By(g NM) Bw Bb Mv Sh (m/mo-temp·c1-4EUR, [N] OAM – sogr hros H ⚃ Rhiz+uAusl – AmA VdA KlA Sa langlebig – L7 Tx F4 R3 N3 – K Nardo-Call., O Fest.-Sedet., O Arrh., V Mesobrom., V Cirs.-Brach. – 12).
Gewöhnliche H., Hasenbrot – *L. campestris* (L.) DC.
11* Pfl ohne Ausläufer u. kriechende Rhizome, meist dichtrasig. Alle Ährchenstiele aufrecht, gerade od. geschlängelt, od. BlüStand aus sitzenden od. fast sitzenden Ährchen zusammengesetzt 12
12 Staubbeutel 3–6mal so lg wie die Staubfäden. Griffel >1,3 mm lg. Sa br eifg, 0,9–1,0 mm br. Anhängsel (0,5–)0,6–0,7(–0,8) mm lg. PerigonBla braun bis dunkelbraun. Narben 2,5–4,5 mm lg, an unreifen Kapseln noch vorhanden. Pfl dicht horstig. 0,10–0,35. 4–5. Lichte, trockne Eichen- u. KiefernW; s By(Alb MS O) Th(Bck) Sa(NO SW W) An(f Elb N O) Bb(SO), Verbr. wenig bekannt (m/mo-temp·c1-5EUR – igr? hros H ⚃ Rhiz Horst – O Querc. rob.-petr., O Querc. pub., V Dicr.-Pin.).
Trockenwald-H. – *L. divulgata* KIRSCHNER
12* Staubbeutel 1–2(–2,5)mal so lg wie die Staubfäden. Griffel <1,1 mm lg. Sa eifg od. schmaler. Narben ziemlich bald abfallend, meist <2,0(–3,0) mm lg 13
13 Äußere PerigonBla deutlich (um etwa 0,5 mm) länger als die inneren. Griffel 0,1–0,3 mm lg. Kapsel 1,7–2,1 mm lg 14
13* Äußere PerigonBla etwa so lg wie die inneren (od. die äußeren höchstens um 0,3 mm länger). Griffel >0,5 mm lg. Kapsel >(2,0–)2,3 mm lg 15

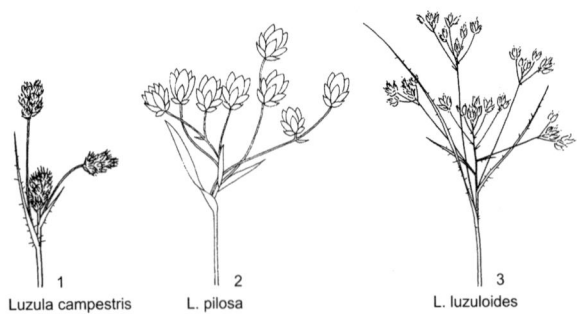

1　Luzula campestris　　2　L. pilosa　　3　L. luzuloides

14 Perigon schwarzbraun. Sa etwa 1 mm lg, 5–10mal so lg wie das frische Anhängsel, schmal ellipsoidisch, 0,5–0,6 mm br. Anhängsel (auf der Rückseite gemessen) etwa 0,1 mm lg. Ährchenstiel (bei mehr als 100facher Vergrößerung) ± glatt, nicht papillös. Ährchen 3–6, mit je 5–10(–15) Blü. Pfl lockerrasig. 0,10–0,30. 6–8. Mont. bis subalp. feuchte bis nasse Magerweiden, Niedermoore u. Quellsümpfe, kalkmeidend; z Alp(f Wtt) By(NO O S) Bw(SW) Th(Hrz, z Wld) Sa(SW) An, s Ns(Hrz) (sm-temp//mo-b·c2-4EUR – igr? hros H ♃ Rhiz Horst – StA AmA – L8 T3 F5~ R3 N2 – O Nard., V Car. nigr. – 48).
  Sudeten-H. – *L. sudetica* (WILLD.) SCHULT.
14* Perigon blass gelblichgrün bis hellbraun. Sa 0,7–0,8 mm lg, 2–3mal so lg wie das frische Anhängsel, eifg, 0,5–0,6 mm br. Anhängsel 0,2–0,3 mm lg. Ährchenstiel (bei mehr als 100facher Vergrößerung) dicht papillös. Ährchen 7–18, mit je 9–20 Blü. Pfl hellgrün, dichtrasig. 0,10–0,30. 4–5. Magerrasen, kalkmeidend; z Sa(NO SO W), s By(NM: Pleinfeld, Nürnberg) Th(Bck) An(S Elb) Bb(f NO Od SW), † Mv(N NO), ↘ (m/mo-b·c3-6EURAS – igr? hros H ♃ Rhiz Horst – L7 T5? F5 R3 N2? – O Nard. – 12). [*L. pallidula* KIRSCHNER]
  Bleiche H. – *L. pallescens* Sw.
15 (13) Sa (ohne Anhängsel) 1,2–1,5 × 0,9–1,0 mm. Anhängsel 0,4–0,6 mm lg. Ährchen meist alle ungestielt, daher einen kopfigen BlüStand bildend. PerigonBla gelblichbraun od. hellbraun, >3 mm lg. 0,25–0,60. 5–6. Silikatmagerrasen, Waldschläge, kalkmeidend; z Bw(NW) Rh He(MW, s SO O) Nw An(Hrz) Ns(f Elb MO), s By(NW) Mv(NO) Sh(M O), † Th(Hrz Bck). Verbr. in D ungenau bekannt (sm/mo-b·c1-4EUR – sogr? hros H ♃ Rhiz Horst – V Viol. can., V Epil. ang. – 48). [*L. multiflora* subsp. *congesta* (THUILL.) ARCANG.]
  Gedrängte H. – *L. congesta* (THUILL.) LEJ.
15* Sa (ohne Anhängsel) 0,9–1,1(–1,2) × 0,6–0,9 mm. Anhängsel meist 0,3–0,5 mm lg. Ährchen fast alle lg gestielt od. alle ungestielt. PerigonBla blass gelblichbraun, braun od. schwärzlichbraun, 2,5–3,9 mm lg **16**
16 Spaltöffnungen meist 30–38 µm lg. BlüStand meist aus sitzenden od. fast sitzenden Ährchen zusammengesetzt, oft einige Ährchen gestielt. PerigonBla schwarzbraun od. dunkelbraun, 2,3–3,6 mm lg. Sa (ohne Anhängsel) 0,9–1,1 × 0,7–0,8 mm. Pfl dichthorstig. 0,15–0,40. 6–8. Subalp. bis alp. Magerrasen; s Alp(Allg) (sm-stemp//alp·c2-4 EUR – sogr H ♃ Rhiz Horst – V Nard.).
  Erwartete H. – *L. exspectata* BAČIČ et JOGAN
16* Spaltöffnungen 38–53 µm lg. BlüStand meist aus deutlich gestielten Ährchen zusammengesetzt. Perigon blass gelblichbraun od. dunkelbraun bis schwarzbraun **17**
17 BlüStand meist aus sitzenden od. fast sitzenden Ährchen zusammengesetzt. Perigon schwarzbraun od. dunkelbraun. GrundBla (4–)5–7 mm br. Äußere PerigonBla 2,7–3,5 mm lg, schmal hautrandig. SaAnhängsel 0,3(–0,4) mm lg. Pfl dichthorstig. 0,15–0,35. 6–8. Subalp. bis alp. Silikatmagerrasen, kalkmeidend; z Alp(f Kch Wtt) (sm-stemp//alp·c2-4 EUR? – sogr hros H ♃ Rhiz Horst – V Nard. – 36). **Alpen-H. – *L. alpina* HOPPE**
17* BlüStand meist aus deutlich gestielten Ährchen zusammengesetzt. Perigon blass gelblichbraun od. braun. GrundBla 3–4(–5) mm br. Äußere PerigonBla 2,5–3,9 mm lg, schmal bis br hautrandig. SaAnhängsel (0,3–)0,4–0,5 mm lg. Pfl dichtrasig bis dichthorstig. 0,15–0,40. 4–6. Wechselfrische bis feuchte Sand- u. Silikatmagerrasen, Heiden, extensiv genutzte Feuchtwiesen, Niedermoore, lichte Wälder, Waldschläge, kalkmeidend; h Alp Nw Th Sa Ns, v By Rh He An(z SO) Bb(z NO) Mv Sh, z Bw (antarct-trop/mo-b·c1-5CIRCPOL – sogr hros H ♃ Rhiz Horst – AmA VdA Sa langlebig – L7 Tx F5~ R5 N3 – K Nardo-Call., K Mol.- Arrh., O Car. nigr., O Atrop. – 12, 24, 36). **Vielblütige H. – *L. multiflora* (EHRH.) LEJ.**

Hybriden: *L. pilosa* × *L. forsteri* = *L.* ×*borreri* BROMF. – s, *L. luzuloides* × *L. sylvatica* ? = *L.* ×*hermannimuelleri* ASCH. et GRAEBN. – s, *L. campestris* × *L. sudetica* = *L.* ×*heddae* KIRSCHNER – s, *L. congesta* × *L. multiflora* = *L.* ×*danica* H. NORDENSK. et KIRSCHNER – s

Juncus L. – Binse   (318 Arten)
(Alle Arten in D: WiB Vw – meist Lichtkeimer)

1 Bla, auch unterstes TragBla, hart, stechend, spitz. Gefäßbündel über den größten Teil des Bla- u. Stg⌀ verteilt. BlüStand aus 2–3blütigen Köpfen zusammengesetzt. Sa beiderseits mit kleinem, stumpfem häutigem Anhängsel. Rhizom lg kriechend. 0,30–1,00. 7–8. Feuchte bis nasse Salzwiesen, Brackwasserröhrichte, zeitweilig durch Salzwasser überflutete Küstendünentäler, in Gräben, basenhold; z Küsten Ns(N: Inseln) Mv(N NO) Sh(O W) (austr-CIRCPOL-strop-m·c1-8AFR-EUR-WAS-temp·c1-3litEUR, [N] OAM – sogr hros G ♃ Rhiz – L9 T7? F7= R7 N6? – K Aster. trip. – 40). **Strand-B. – *J. maritimus* LAM.**

1* Bla, auch unterstes TragBla, weich, nicht stechend. Gefäßbündel auf dem Bla- u. Stg∅ meist nur unter der Oberhaut angeordnet 2

2 Sa (inkl. Anhängsel) 2–3 mm lg, beidseits mit häutigem, spitzem, 0,7–1,0 mm lg Anhängsel. Kapsel 4,5–6 mm lg, viel länger als die PerigonBla 3

2* Sa kürzer, ohne Anhängsel. Kapsel bis 4 mm lg, wenn 4–5 mm lg, dann nur so lg wie die PerigonBla (s. *J. squarrosus*, 15) 4

3 Stg nur am Grund beblättert, mit 1 BlüKopf. TragBla kürzer als die 3–5blütigen Köpfe, rotbraun. PerigonBla stumpf, rotbraun. BlaScheiden oben deutlich zu seitlichen Öhrchen verlängert. 0,06–0,15. 7–8. Alp. staunasse Nieder- u. Quellmoore; z Alp(f Kch) (m/alp-arct·c2-7CIRCPOL – igr eros H ♃ Rhiz – SeB – WiA? – L8 T2 F9 R6 N2 – V Car. bic.-atrof., V Car. nigr.). **Dreiblütige B. – *J. triglumis* L.**

3* Stg mit einem einzelnen Bla, selten mit 2 Bla im mittleren Teil. Blü in 1 od. 2(–3) Köpfen, diese 2–3blütig. Das TragBla des oberen Kopfes kürzer, das des unteren länger als die Blü. PerigonBla spitz, grünlich. BlaScheiden oben mit undeutlichen, abgerundeten Öhrchen. 0,10–0,25. 7–8. Nasse, zeitweilig überflutete Moorschlenken u. Zwischenmoore; s Bw(SO: Isny-Beuren) † Alp By(S: Staffelsee, ob noch?), ↘ (temp-b·c3-6CIRCPOL – igr? hros H ♃ Rhiz – L8 T4? F9= R4 N3? – V Car. lasioc. – ▽). **Moor-B. – *J. stygius* L.**

4 (2) Bla schwertfg, wie der schmal geflügelte Stg seitlich zusammengedrückt, zweischneidig, 2–6 mm br. Spirre 1–6köpfig. Köpfe dicht u. reichblütig, kuglig, etwa 10 mm br. PerigonBla spitz. Pfl mit lg Ausläufern. 0,25–0,80. 6–8. Offne Teichränder, quellnasse Weiderasen; [N 1970] s By, [U] s Bw Rh He Nw Ns; auch ZierPfl (m-b·c3-6WAM-(OAM) – sogr hros H ♃ Rhiz+Ausl – auch kleistogam? – KIA – L9 T7 F7 R? N? – K Isoëto-Nanojunc.). **Schwertblättrige B. – *J. ensifolius* WIKSTR.**

4* Bla röhrig, rinnig od. borstlich, zuweilen Stg am Grund zusammengedrückt, mit abgerundeten Kanten 5

5 BlüStand ein einzelner, vielblütiger Kopf mit kurzem, nur wenig längerem TragBla, scheinbar gestielt aus der Scheidenöffnung des obersten LaubBla herauskommend, von diesem im oberen Teil fast stängelartigen Bla weit überragt. Bla der Laubtriebe sehr dünn, höher als die Stg. PerigonBla glänzend schwarzbraun, pfriemlich zugespitzt. StaubBla 6. 0,10–0,25. 7–9. Alp. mäßig frische bis sickerfeuchte Silikatmagerrasen, Bachufer, kalkmeidend; s Alp(f Chm Kch) (sm-stemp//alp·c3-4EUR – igr eros H ♃ Rhiz – WiA Wintersteher – L9 T2 F5 R2 N1? – V Car. curv., O Car. nigr.). **Jacquin-B. – *J. jacquinii* L.**

5* BlüStand eine Spirre. Blü an den Zweigen einzeln, gebüschelt od. in mehreren Köpfen. Wenn nur ein einzelner Kopf am Stg, dann PerigonBla weißlich, grünlichbraun, später blass rotbraun, Pfl einjährig u. StaubBla 3 (s. *J. capitatus*, 24) 6

6 BlüStand scheinbar seitenständig (d. h. sein unterstes TragBla stängelartig, den sonst unbeblätterten Stg geradlinig fortsetzend, Abb. **199**/1). Stg sonst höchstens am Grund mit NiederBla 7

6* BlüStand deutlich endständig (TragBla den meist beblätterten Stg nicht geradlinig fortsetzend, Abb. **199**/2) 11

7 Rhizom kurz, stark verzweigt. Wuchs horstig. BlüStand ∞blütig 8

7* Rhizom lg kriechend, zwischen den Stg bzw. Bla stets deutliche Zwischenräume. BlüStand armblütig 10

8 Stg u. Bla mit durch Querwände gekammertem Mark, blaugrün, deutlich 12–20rippig. NiederBla stark glänzend, schwarzbraun. StaubBla 6. Spirre locker. 0,30–0,60. 6–8. Wechselfeuchte bis nasse, oft gestörte Weiden, feuchte, meist verdichtete Rud., Ufer stehender u. fließender Gewässer, Waldschläge, Waldränder, salztolerant, nährstoffanspruchsvoll; h Alp Th(z O) An, v By(g NM) Bw Rh He Nw Ns(g MO) Mv, z Sa Bb(h NO) Sh (m-temp·c1-8EUR-WAS-(OAS), [N] NEUSEEL+OAM – teilgr eros H ♃ Rhiz Horst – StA KIA Sa langlebig – L8 T5 F7~ R8 N4 – V Agrop.-Rum., V Cynos., V Mol. – für Vieh giftig!). [*J. glaucus* SIBTH.] **Blaugrüne B. – *J. inflexus* L.**

8* Stg u. Bla mit zusammenhängendem Mark, grasgrün, mit 15–24 deutlichen Längsrippen od. glatt bis feingestreift. NiederBla glanzlos, hellbraun bis rotbraun. StaubBla 3(–6) ... 9

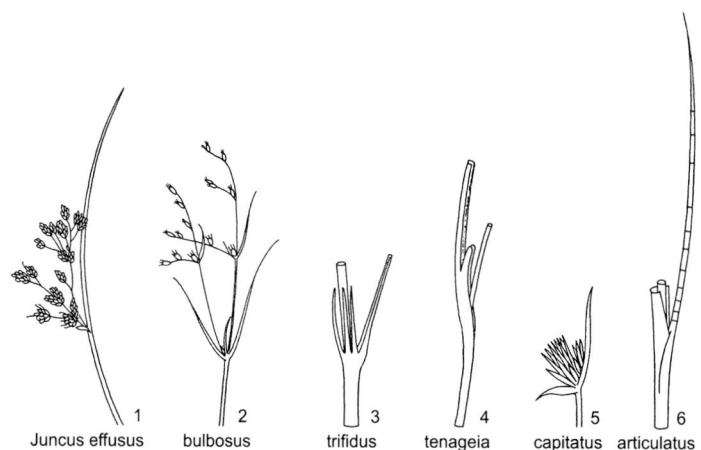

1 Juncus effusus   2 bulbosus   3 trifidus   4 tenageia   5 capitatus   6 articulatus

9   Stg glänzend, gelblichgrün, glatt, frisch völlig ungerieft, nur gestreift, trocken mit 30–60 ganz feinen Riefen, leicht zerreißbar. Das den Halm fortsetzende TragBla der Spirre mit nicht od. kaum erweiterter Scheide, 15–30 cm lg. Spirre locker, seltener in einen dichten Kopf zusammengezogen. Staubbeutel oval, kürzer als die Staubfäden. Griffel (fast) fehlend, Griffelrest an der gestutzten od. meist vertieften Kapselspitze nicht auf einem Höcker sitzend (Abb. **201**/1). 0,30–1,50. 6–8. Feuchte bis staunasse, meist gestörte Wiesen u. Weiden, Quellmoore, Rud., Gräben, BruchW, Waldschläge, nährstoffanspruchsvoll; D g, aber MDt-Trockengeb z (austr-trop/mo-temp-(b)·c1-5CIRCPOL – igr eros H ♃ Rhiz Horst – StA KlA Wintersteher Sa langlebig, Lichtkeimer – L8 T5 F7 R3 N4 – V Mol., V Calth., V Agrop.-Rum., O Atrop. – 40).
     Flatter-B. – *J. effusus* L.

9* Stg kaum glänzend, etwas graugrün, mit 15–24 (besonders unter der Spirre deutlichen) etwas aufwärts rauen Längsrippen, zäh. TragBla der Spirre 5–15 cm lg, seine Scheide aufgeblasen, etwa 2mal so br wie der Stg. Spirre in einen Kopf zusammengezogen, seltener mit mehreren gestielten Köpfen. od. locker. Staubbeutel bandfg, länger als die Staubfäden. Griffel ⅓ so lg wie der FrKn, Griffelrest in der Vertiefung der Kapselspitze auf einem kleinen Höcker sitzend (Abb. **201**/2). 0,20–1,00. 5–7. Wechselfeuchte bis nasse, oft gestörte, moorige Wiesen, rud. Wegränder, Gräben, feuchte Küstendünentäler, Waldschläge; alle Geb h, aber MDt-Trockengeb u. Alpen z (m/mo-b·c1-5EUR, [N] OAM+(WAM) – igr eros H ♃ Rhiz Horst – StA KlA Sa langlebig – L8 T5 F7~ R4 N3? – O Mol. – 40). [*J. leersii* T. Marsson]
     Knäuel-B. – *J. conglomeratus* L.

10 (7) Stg kräftig, ganz glatt, nur trocken schwach gestreift, mit stark glänzenden, hellbraunen Grundscheiden. Spirre locker, ihr TragBla kürzer als der Stg; Spirre daher scheinbar in der oberen Hälfte des Stg. PerigonBla rot- bis kastanienbraun mit grünem Mittelstreifen. 0,30–0,75. 7–8. Feuchte bis nasse Strandwiesen u. Dünentäler, salztolerant; s Mv(N: Küste östlich bis Rügen NO) Sh(SO), †Ns(N: Borkum), ↘ (ntemp-b·c1-4litEUR – igr eros G ♃ Rhiz – L8 T4? F8 R2? N2? – V Eric. tetr.). [*J. arcticus* Willd. subsp. *balticus* (Willd.) Hyl.]
     Baltische B. – *J. balticus* Willd.

10* Stg dünn, zart gestreift, mit schwach glänzenden, meist strohfarbigen Grundscheiden. Spirre ziemlich dicht, 3–7blütig, ihr TragBla etwa so lg wie der Stg; Spirre daher scheinbar etwa in der Mitte des Stg. PerigonBla weißlich. 0,15–0,45. 6–8. Feuchte bis staunasse Wiesen, Quell- u. Niedermoore, nasse Küstendünentäler, Feuchtheiden, Rud.: Moorwege, nasse Sandgruben, kalkmeidend; h Alp, v Sa Ns, z By Rh(f W) He(h NW) Nw Th(f NW) An Bb(f Od) Sh, s Bw(f Alb ORh) Mv(v Elb f NO), ↘ (sm/mo-b·c2-6CIRCPOL – igr eros G ♃ Ausl-Rhiz – L7 T4 F9 R4 N3 – V Car. nigr., V Eric. tetr., V Calth. – 80).
     Faden-B. – *J. filiformis* L.

11 **(6)** Blü an den Spirrenästen einzeln od. zu 2–3 genähert. Unmittelbar unter jeder Blü 2 häutige VorBla **12**
11* Blü an den Spirrenästen in knäueligen Büscheln, ohne VorBla (nur die Büschel mit 1–2 grünen od. häutigen HüllBla) **23**
12 Pfl ♃. Rhizom kurz, verzweigt, od. kriechend. Der unverzweigte StgTeil meist mehrmals länger als der blütentragende, verzweigte obere Teil. Kapsel länger als 2,1 mm **13**
12* Pfl ☉. Rhizom nicht entwickelt. Der unverzweigte untere StgTeil nur wenig länger, meist viel kürzer als der blütentragende Teil, wenn deutlich länger, dann Kapsel nur 1,5–2,1 mm lg u. Öhrchen vorhanden (s. *J. tenageia*, **18**). Die untersten blütentragenden Äste nur etwas über od. in der Mitte, oft schon im unteren Teil der Pfl abzweigend **18**
13 Fast alle LaubBla grundständig, starr, bogig abstehend, dick borstlich, ihre Scheide erweitert. Spirre ziemlich dicht, meist länger als ihr TragBla. PerigonBla etwa so lg wie die Kapsel, stumpf, braun od. oliv, br hautrandig. 0,15–0,30. 6–8. Feuchte bis nasse, oft trittgestörte Sand- u. Silikatmagerrasen, am Rand von Quell- u. Niedermooren, feuchte Küstenheiden, an Wald- u. Moorwegen, kalkmeidend; v Th(f NW) Sa, z By Rh He Nw An(f S, s SO W) Bb(f Od) Ns Mv Sh, s Alp(z Allg, f Brch) Bw(f SO), ↘ (m/mo-b·c1-3EUR-GRÖNL – dauergr hros H ♃ Rhiz – Sa langlebig – L8 T5 F7~ R1 N1 – V Junc. squarr., V Genisto-Call., V Nard., V Eric. tetr. – 40). **Sparrige B.** – *J. squarrosus* L.
13* LaubBla nicht nur grundständig, wenigstens 1–2 im unteren Teil des Stg, grasartig (nicht starr), ihre Scheide schmal, nicht erweitert. Spirre kürzer od. länger als ihr TragBla. PerigonBla spitz od. stumpf **14**
14 PerigonBla spitz, länger als die reife Kapsel. Rhizom kurz, stark verzweigt. LaubBla nur im unteren Teil des Stg, ⅕ bis fast so lg wie der Stg. TragBla die Spirre deutlich überragend. (**Artengruppe Zarte B.** – *J. tenuis* **agg.**) **15**
14* PerigonBla stumpf, kürzer als die reife Kapsel od. höchstens fast so lg. Rhizom kriechend. Wenigstens 1 LaubBla in der Mitte des Stg. TragBla die Spirre nicht od. nur wenig überragend **17**
15 LaubBlaScheiden oben mit wenig abgesetzten, weissen bis weisshäutigen, trocken gelblichen, stumpfen bis abgerundeten, 0,2–0,5 mm lg Öhrchen. Spirre meistens 2–7 cm lg, armblütiger als **16** aber Pflanze sehr ähnlich **16***. 0,30–0,80. 6–8. Auf nassen bis wechselfeuchten Sandböden, offene u. besonnte Standorte (Gegensatz zu **16***!), Trittrasen, lückige u. gestörte Sandmagerrasen, Gräben, Wegränder, Straßenränder, auch Pflasterfugen im Siedlungsbereich; [N] s By(NM: Bamberg) (bstrop/mo-temp·c1-3OAM-(WAM)+SEUR, OEUR, AUST, NEUSEEL, MAM, SAM – igr? hros H ♃ Rhiz). [*J. tenuis* WILLD. var. *dichotomus* (ELLIOTT) A.W. WOOD] **Dichotom-B.** – *J. dichotomus* ELLIOTT
15* LaubBlaScheiden oben mit zarten, durchscheinenden, trocken weisslichen, spitzen od. spitzlichen, 1,5–3,5 mm lg Öhrchen **16**
Anm.: Die Angaben für *J. dudleyi* WIEGAND in Rothmaler Exkursionsflora, 20. Aufl. (2011) erwiesen sich nach eingehenden Untersuchungen als *J. dichotomus* betreffend.

16 Reife Kapsel 2,2–3 mm lg. Pfl meistens (30–)50–90 cm. Blü ±regelmäßig u. weit voneinander entfernt entlang der BlüStandsäste angeordnet, Spirre mindestens 10 cm lg. 0,30–0,90. 6–8. Feuchte od. wechselfeuchte Trittrasen, Sandmagerrasen, Flussufer u. Strassenränder; [N] s By(NM: Bamberg) (m-temp·c2-6 OAM+WEUR, Polen – hros H ♃ Rhiz) – V Polyg. av. **Spirrige B.** – *J. anthelatus* (WIEGAND) R.E. BROOKS
16* Reife Kapsel (3,3–)3,5–4,5 mm lg. Pfl meistens 15–40 cm. Blü, wenigstens an einigen BlüStandsästen geknäuelt, Spirre 1–8 cm lg. 0,15–0,40. 6–9. Frische bis feuchte, sandige od. lehmige Waldwege, trittverdichtete Heidewege, s auch Weiden, kalkmeidend; [N 1834] h He Nw Th Sa Ns, v Alp By Bw Rh An, z Bb Mv Sh, ↗ (austr-strop/mo+m-b·c2-6OAM+(WAM), [N] sm-temp·c1-4EUR+OAS, NEUSEEL – igr hros H ♃ Rhiz – nach seB – KIA – L6 T6 F6 R5 N5 – V Polyg. av., V Agrop.-Rum.). [*J. macer* GRAY] **Zarte B.** – *J. tenuis* WILLD.
17 **(14)** PerigonBla etwa 2 mm lg, gelbbraun, selten dunkelbraun, br weißrandig. Kapsel hellbraun, fast kuglig, meist fast doppelt so lg wie die PerigonBla. Griffel zur BlüZeit halb so lg wie der FrKn. Narbe hell fleischrot. Staubbeutel etwa 1½mal so lg wie die Staubfäden, etwa 1 mm lg. Sa 0,3–0,4 mm lg. Stg etwas zusammengedrückt, graugrün. Spirre ziemlich dicht, mit schräg abstehenden Ästen, meist von ihrem TragBla überragt. 0,15–0,30. 7–8. Feuchte, trittgestörte Wiesen u. Weiden, sandig-kiesige od. lehmige Rud.: Weg- u. Straßenränder,

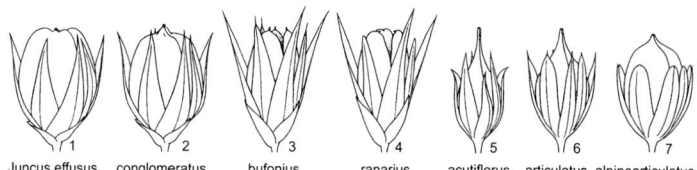

1	2	3	4	5	6	7
Juncus effusus	conglomeratus	bufonius	ranarius	acutiflorus	articulatus	alpinoarticulatus

Kiesgruben, Dorfteiche, Gräben u. Flussufer, salztolerant, nährstoffanspruchsvoll; v Bw Rh Nw Th An Bb Ns Mv, z Alp By He Sa Sh (sm-b·c1-9EUR-WAS-(OSIB), [N] OAM – igr hros G ♃ Rhiz – KlA StA – L8 T5 F8= R7 N5 – V Agrop.-Rum., V Chen. rub., V Nanocyp.).
Zusammengedrückte B., Platthalm-B. – *J. compressus* JACQ.

17* PerigonBla 2,5–3 mm lg, dunkelbraun mit grünem Mittelstreif, schmal weißlich berandet. Kapsel dunkelbraun, ellipsoidisch, meist nur wenig länger als die PerigonBla. Griffel zur BlüZeit so lg wie der FrKn. Narbe dunkel purpurrot. Staubbeutel 3mal so lg wie die Staubfäden, 1,3–2 mm lg. Sa 0,5–0,6 mm lg. Stg fast stielrund, rein grün. Spirre schmaler, mit fast aufrechten Ästen, nicht von ihrem TragBla überragt. 0,15–0,50. 6–7. Feuchte bis nasse, teils zeitweilig überflutete Salzwiesen, an Gewässerrändern, Röhrichte, Salinen, Solgräben, feuchte Kalihalden; g Küsten von Ns Mv Sh, z Binnenland Th(Bck NW Rho) An(s N, f Hrz O) Mv(f Elb SW) Sh, s By(NW: Bad Neustadt) He(f MW NW W) Nw(MW N, † NO) Bb(f Elb SO) Ns(M MO O S), † Bw Rh, im Binnenland ↘ (m-temp·c3-9+m-b·litEUR-WAS+(AM) – sogr hros G ♃ Rhiz – KlA StA – L8 T6 Fx= R7 Nx – V Armer. marit., V Agrop.-Rum. – 80).
Salz-B., Bodden-B. – *J. gerardii* LOISEL.

18 (12) BlaScheiden an der Spitze mit 2 seitlichen Öhrchen (Abb. 199/4). PerigonBla braun, mit grünem Mittelstreif, schmal hautrandig, so lg wie die kuglige Kapsel od. wenig kürzer. Der unverzweigte StgTeil meist länger als der blütentragende, verzweigte obere Teil. 0,05–0,30. 6–8. Feuchte bis nasse, zeitweilig auch überflutete Zwergbinsenrasen, Rud.: Wegränder u. -rinnen, Kiesgruben, abgelassene Fischteiche, kalkmeidend; s By(NM: Höchstadt, Schondratal) Bw(ORh SW) Rh(N ORh) Nw(† NO SO) An(Elb) Bb(f Od) Ns(f Hrz MO N) Mv, † Th He Sa Sh, ↘ (m/mo-temp·c1-4EUR – hros ⊙ Horst – auch kleistogam? – KlA – L8 T7 F7 R5 N4 – K Isoëto-Nanojunc.).
Sand-B. – *J. tenageia* L. f.

18* BlaScheiden ohne Öhrchen. PerigonBla grün od. weißlichgrün. Der unverzweigte untere StgTeil meist viel kürzer als der blütentragende Teil **19**

19 Kapsel fast kuglig, blassbraun. Blü an den Ästen stets einzeln. PerigonBla länger als die Kapsel, weißlichgrün, br hautrandig. 0,05–0,20. 6–8. Wechselfeuchte bis (wechsel-)nasse, zeitweilig auch überflutete Zwergbinsenrasen an Gräben u. Teichen, tonige Äcker (Rinnen), basenhold; s By(N: Franken) Bw(Alb Gäu ORh) Th(S Bck Rho) An(S), † Rh(ORh) He(ORh), ↘ (m-stemp·c2-8EUR-ZAS, [N] WAM – hros ⊙ Horst – KlA – L8 T8? F8~ R8 N2? – K Isoëto-Nanojunc. – 36). **Kugelfrucht-B. – *J. sphaerocarpus* NEES**

19* Kapsel länglich. Blü an den Ästen zu 1–3. **(Artengruppe Kröten-B. – *J. bufonius* agg.) 20**

20 Sa gerieft, mit auffälligem Netzmuster, grüne PerigonBlaMittelstreifen mit schwarz-braunen Rändern, Staubbeutel deutlich (meist 2mal) länger als die Staubfäden, 1–2 mm lg, LaubBla 1,5–3,0 mm br, fleischig. Feuchte Gräben, basenhold; [N U/†] s By(NM: Bamberg) (m-temp·c1-2EUR – hros ⊙ Horst – K Isoëto-Nanojunc. **Netzsamige B. – *J. foliosus* DESF.**

20* Sa ±glatt, grüne PerigonBlaMittelstreifen ohne schwarzbraune Ränder, Staubbeutel so lg wie die Staubfäden od. kürzer, meist 0,2–0,9 mm lg, LaubBla 0,3–1,5 mm br **21**

21 Äußere PerigonBla kurzspitzig, innere stumpf (trocken oft eingerollt u. dann scheinbar spitz !) u. höchstens so lg wie die Kapsel. Kapselklappen nach dem Aufspringen durch Einklappen der Spitze gestutzt erscheinend (Abb. 201/4), Griffelrest daher von außen nicht sichtbar. Untere BlaScheiden meist glänzend purpurbraunrot. Blü an bogigen Ästen zu 2–3 genähert. 0,05–0,20. 5–8. Feuchte Wiesen u. Rud.: Wegränder, Kiesgruben, salztolerant; v Küsten Ns Mv, z Binnenland Nw(f SW) Th(Bck NW S) Sa An Ns(f Hrz) Mv, s Alp(Krw Amm) By(f NW MS S) Bw(NW ORh) Rh(ORh SW) He(f NW SW W) Bb Sh (austr-b·c2-8+litCIRCPOL? – hros ⊙ Horst – auch kleistogam – KlA – L9 T6? F8 R4? N3? – K Isoëto-Nanojunc., V Agrop.-Rum. – ca. *34*). [*J. ambiguus* auct.] **Frosch-B. – *J. ranarius* J.O.E. PERRIER et SONGEON**

21* PerigonBla länger als die Kapsel, äußere lg zugespitzt, innere durch den austretenden Mittelnerv kurz bespitzt 22
22 Kapsel 3–5 mm lg. Staubbeutel halb so lg wie die Staubfäden. StaubBla 6. PerigonBla 6–8 mm lg, die äußeren br hautrandig. Untere BlaScheiden meist gelbbraun. Blü an den Ästen einzeln. Kapselklappen nach dem Aufspringen auch an der Spitze ± flach, ± br abgerundet u. durch den deutlichen Griffelrest zugespitzt (Abb. 201/3). 0,05–0,30. 5–9. Nasse, zeitweilig auch trockenfallende flache Ufer, krumen- od. staufeuchte Äcker, Wegränder, Fahrrinnen; g Th Ns Sh, h By(g NM) Bw Rh He Nw Sa An Mv, v Bb, s Alp (antarct-(trop)-b·c1-8CIRCPOL – hros ⊙ Horst – meist kleistogam – KIA Sa langlebig – L7 T5 F7~ R3 N4 – K Isoëto-Nanojunc., V Aphan. – ca. *108*). **Kröten-B. – *J. bufonius* L.**
22* Kapsel 2,5–3 mm lg. Staubbeutel nur ⅓ so lg wie die Staubfäden. StaubBla 3, selten 6(?). PerigonBla 4–6,5 mm lg, br hautrandig. Sonst wie **22**. 0,01–0,2. 6–9. Feuchte, sandige (bis lehmige) Ufer; z By(NO) Nw(SO MW), s Bw(Keu SW) Rh(N ORh) Sa(SW W) Bb(MN SO) Ns(N NW) Sh(O), Verbr. ungenügend bekannt (m-temp·c1-8EUR-WAS? – hros ⊙ Horst – meist kleistogam? – KIA – V Isoëto-Nanojunc. – ca. *72*).
Kleinste B. – *J. minutulus* (Albert et Jahand.) Prain

Oft erschwert eine breite Merkmalsüberlappung mit *J. bufonius* die sichere Unterscheidung der tetraploiden *J. minutulus*.

23 (11) Bla wenigstens am Grund rinnig od. borstlich, nicht od. nur sehr undeutlich durch Querwände gefächert 24
23* Bla röhrig, ± deutlich quergefächert (zwischen den Fingern drücken!) (Abb. 199/6) 25
24 Stg blattlos, fadendünn, aufrecht, mit 1(–3) BlüKöpfen. Pfl ⊙. BlaScheiden ohne Öhrchen. TragBla länger als die Spirre (Abb. 199/5). PerigonBla weißlich, später rotbraun, haarspitzig. Sa nur 0,3–0,4 mm lg. 0,03–0,10. 6–9. Wechselnasse Ufer stehender Gewässer, frische bis trockene Wegränder, zeitweilig überflutete sandige Äcker; z Sa(NO SO W), s By(f S, † NW MS) He(O) Nw(NO) An(N O) Bb(f NO Od SW) Ns(f Hrz S) Sh(M SO), † Bw Rh Th Mv, ↘ (austr-trop/moAUST+AFR+m-temp·c1-4EUR, [N] AM – ros ⊙ – auch kleistogam – KIA – L8 T7? F7? R4? N3? – K Isoëto-Nanojunc., V Aphan.).
Kopf-B. – *J. capitatus* Weigel
24* Stg so oben beblättert, aufrecht od. liegend u. an den Knoten wurzelnd od. flutend, mit 2–16 BlüKöpfen. Pfl ♃. BlaScheiden mit 1–2 mm lg stumpfen Öhrchen. Bla oseits etwas rinnig. BlüStand oft mit Laubtrieben. Kapsel stumpf, stachelspitzig, etwas länger als die lanzettlichen, stumpfen od. spitzen PerigonBla, grün bis bräunlich. Sa 0,4–0,6 mm lg. 0,03–0,30, flutend bis 1,50 lg. 7–9. Staunasse, auch zeitweilig überflutete Pionierfluren an Seeufern, in Gräben, quellnasse Weiden, Niedermoore, auch in Flachgewässern (Torfstiche), kalkmeidend; h (im S bes. Silikatgebirge) Sa, v Nw Ns, z By Bw Rh He Th(f NW, v Hrz O Wild) An Bb Mv Sh, s Alp(Brch Chm Kch Mng) sowie Trocken- u. Kalkgebiete, ↘ (m/mo-b·c1-4EUR+(WSIB+OAM), [N?] NEUSEEL – igr eros H/oHy ♃ Horst, Bulbillen – als oHy meist steril – KIA WaA Sa langlebig – L6 T6 F10 R5? N2? – O Litt. – 40). [*J. supinus* Moench]
Zwiebel-B. – *J. bulbosus* L.
1 StaubBla meist 3, Staubbeutel etwa so lg wie die Staubfäden. PerigonBla grün bis rötlich, die äußeren spitz, die inneren stumpf. Kapsel länglich, mit stumpfer Spitze, etwa 2,5–3 mm lg. Stg aufrecht, auf steigend, niederliegend od. flutend. 0,03–0,15(–0,30). Standorte, Soz., Verbr. in D u. Gesamtverbr. wie Art. subsp. ***bulbosus***
1* StaubBla meist 6, Staubbeutel etwa halb so lg wie die Staubfäden. PerigonBla hell- bis rotbraun, auch die inneren spitzlich. Kapsel verkehrteifg, mit ausgerandeter Spitze, etwa 2 mm lg. Stg fast immer aufrecht od. aufsteigend, selten flutend. 0,10–0,25. Nasse Sand- u. Torfböden; z Rh(M SW ORh), s He(?) Nw(SW MW) Sa(NO SW W) Ns(?) Mv(M MW SW) Sh(?) (temp·c1-3EUR?). [*J. kochii* F.W. Schultz] subsp. ***kochii*** (F.W. Schultz) Reichg.

25 (23) Obere Bla auch im frischen Zustand deutlich 5–9kantig, trocken deutlich längsrippig, mit undeutlichen Querwänden. PerigonBla schwarzbraun, gleich lg od. die äußeren etwas kürzer. Pfl graugrün. Rhizom 2–5 mm ⌀, kurz kriechend. Kapsel plötzlich in den Schnabel verschmälert, so lg wie das Perigon. 0,30–1,00. 7–9. Stau- bis wechselnasse Moorwiesen, an Gräben u. Ufern, basenhold; s An(Elb) Bb(Elb M MN), † By(N) Rh(ORh) Sa(Elb) Ns(Elb), ↘ (sm/(mo)-stemp·c4-8EUR-WAS – igr hros H ♃ Rhiz – L8 T7 F9~ R7 N4? – V Cnid., V Mol.).
Schwarzblütige B. – *J. atratus* Krock.

JUNCACEAE 203

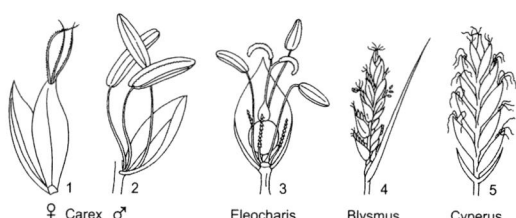

♀ Carex ♂   Eleocharis   Blysmus   Cyperus

25* Bla frisch völlig ungefurcht, nur trocken fein runzlig-gestreift, mit deutlichen od. undeutlichen Querwänden 26
26 PerigonBla 3–6 mm lg. Pfl ⊙. Kapsel zugespitzt, kürzer als die schmal lanzettlichen PerigonBla. Bla mit undeutlichen Querwänden. Stg aufrecht, selten liegend, meist unter der Mitte mit einem schmalen, seitlich zusammengedrückten Bla. BlüStand ohne Laubtriebe. 0,02–0,10. 5–9. Nasse Küstendünentäler u. -senken, Teichränder; s Sh(W: Nordseeinseln), † Nw(MW: Knauheide) (m·c1-4lit-stemp·c1-2litEUR – sogr hros H ⊙ – SeB – L9 T7? F7 R4? N2? – K Isoëto-Nanojunc). [*J. mutabilis* auct.]
Zwerg-B. – *J. pygmaeus* THUILL.
26* PerigonBla 1,5–3 mm lg, wenn 3–4 mm lg, dann die Kapsel deutlich länger. Pfl ♃. Bla mit deutlichen Querwänden 27
27 Bla mit Quer- u. Längswänden versehen (mehrröhrig). Spirre mit spreizenden bis zurückgebrochnen Ästen. Alle PerigonBla sehr stumpf, grünlich od. bleich strohfarben, selten hell rötlichbraun, gleich lg. Kapsel 3fächrig, hellbraun. 0,50–1,20. 7–8. Feuchte bis sickernasse Wiesen, Großseggenriede, Quell- u. Niedermoore, an Gräben, kalkstet, salztolerant, nährstoffanspruchsvoll; z Alp Bw(f NW) Th(Bck NW Rho) An(f S) Bb(f SO) Mv Sh, s By(f NO NW) Rh(v ORh, f M) He(MW, f NW SO W) Nw(f N) Sa(W) Ns(f Elb Hrz), ↘ (m-temp·c1-3EUR, [N] NEUSEEL+SAFR+OAM – igr eros G/He ♃ Rhiz – StA – L8 T6 F8 R9 N3 – V Car. davall., V Mol., V Calth., V Car. elat.). [*J. obtusiflorus* HOFFM.]
Stumpfblütige B. – *J. subnodulosus* SCHRANK
27* Bla mit Quer-, aber ohne Längsscheidewände (einröhrig). Spirre mit aufrechten bis fast spreizenden Ästen. PerigonBla sattbraun, dunkelbraun bis schwarzbraun, höchstens am Grund od. am Mittelstreifen grün, die äußeren spitz od. stumpf, oft mit kleinem Spitzchen unterhalb der stumpfen Spitze (Abb. 201/7). Kapsel 1fächrig, rotbraun bis schwarz braun 28
28 PerigonBla ungleich lg, die äußeren deutlich kürzer als die fast begrannten inneren. Kapsel vom Grund an allmählich in einen 0,5–1,0 mm lg Schnabel verschmälert, länger als das Perigon (Abb. 201/5). Rhizom 5–12 mm ⌀, lg kriechend. 0,30–1,00. 7–9. Feuchte bis sickernasse Wiesen u. -brachen, Großseggenriede, Niedermoore, an Gräben, kalkmeidend; h Rh He Nw Sa, v Th An Bb Ns, z Alp By Bw Mv Sh, s MDt-Trockengeb (m/mo·c1-5-temp·c1-3EUR-(WAS) – igr hros G/H/He ♃ Rhiz – WiA WaA? – L9 T6 F8 R5 N3 – V Junc. acutifl., V Mol., V Car. elat. – 40). [*J. sylvaticus* auct.] **Spitzblütige B. – *J. acutiflorus* HOFFM.**
28* PerigonBla stets gleich lg, die inneren spitz od. stumpf. Kapsel vom Grund an allmählich od. plötzlich in einen 0,2–0,5 mm lg Schnabel verschmälert. Rhizom 1–3 mm ⌀. Pfl meist <50 cm hoch 29
29 Alle PerigonBla spitz od. die inneren stumpf, meist gleich lg. Kapsel meist allmählich in einen Schnabel verschmälert (Abb. 201/6). Bla stark quergefächert. Spirrenäste oft ± spreizend. Rhizom-StgGlieder meist sehr kurz. 0,20–0,50. 6–8. Feuchte bis sickernasse Wiesen, Niedermoore, Ufer, Gräben, Tagebaue, Wegränder; g Th, h Alp By(g NM) Bw He Nw Sa An Ns Mv Sh(z W), v Rh Bb (m-temp-(b)·c1-8EURAS+(AM), [N] AUST – igr eros H ♃ Rhiz – KlA StA – L8 T5x F9 Rx N2 – K Scheuchz.-Car., V Nanocyp., V Agrop.-Rum. – formenreich – 60, 80). [*J. lampocarpus* HOFFM.] **Glieder-B. – *J. articulatus* L.**
29* Innere PerigonBla stumpf (im trocknen Zustand durch Zusammenrollen scheinbar spitz!), die äußeren meist unterhalb der stumpfen Spitze stachelspitzig, meistens bis 2,5 mm lg. Kapsel meist plötzlich, seltener allmählich in einen sehr kurzen Schnabel verschmälert od.

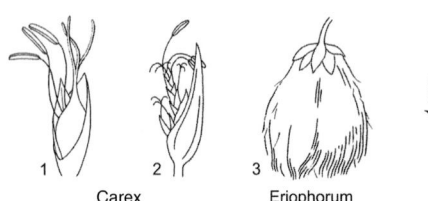

1	2	3	4	5	6
Carex myosuroides	simpliciuscula	Eriophorum	Trichophorum alpinum		Eleocharis cespitosum

stumpf, Schnabel fast fehlend (Abb. 201/7). Spirrenäste meist aufrecht. Rhizom-StgGlieder meist 1–10 mm lg 30
30 BlüStand dicht. Staubbeutel 0,4–0,7 mm lg. PerigonBla deutlich kürzer als die Kapsel (Abb. 201/7). Kapsel stumpf, zuweilen mit aufgesetztem, sehr kurzem Schnabel. Bla⌀ rund. 0,25–0,50. 7–8. Feuchte bis (wechsel)nasse Wiesen, Nieder- u. Quellmoore u. ihre Ränder, an Gräben u. Teichen, auch neuangelegte Kleingewässer (Baggerseen), basenhold; g Alp, z By(h Hochebene bis Donau, f NW) Nw(f SW) Sa(f Elb W) Ns, s Bw(f S Keu NW) Rh(ORh SW) He(NW ORh) Th(S O) An(N O) Bb(NO SO M MN) Mv(f Elb), † Sh, ↘ (sm/alp-b·c2-7CIRCPOL – igr hros H ♃ Rhiz – WaA StA – L8 Tx F9 R8 N2 – V Car. bic.-atrof., V Car. lasioc., V Car. nigr., V Agrop.-Rum. – 40). [*J. alpinus* VILL.]
Alpen-B. – *J. alpinoarticulatus* CHAIX
30* BlüStand locker. Staubbeutel 0,8–1,0 mm lg. PerigonBla kaum kürzer als die kurz zugespitzte Kapsel. Bla⌀ rund od. ± seitlich zusammengedrückt. 0,20–0,50. 7–8. Frische bis nasse Salzwiesen u. Küstendünentäler, basenhold, salztolerant; h Ns(N NW: Küsteninseln), z Sh(W: Küsteninseln), [N U?/†] s Mv(N: Bock) (m-temp·c1-2(lit)EUR – igr? hros H ♃ Rhiz – L8 T6 F7 R7? N4? – V Armer. marit. – 40). [*J. atricapillus* LANGE]
Zweischneidige B. – *J. anceps* LAHARPE

Hybriden: *J. inflexus* × *J. effusus* = *J.* ×*diffusus* HOPPE – z; *J. inflexus* × *J. conglomeratus* = *J.* ×*ruhmeri* ASCH. et GRAEBN.; *J. inflexus* × *J. balticus* = *J.* ×*scalovicus* ASCH. et GRAEBN. – s; *J. effusus* × *J. conglomeratus* = *J.* ×*kern-reichgeltii* REICHG.; *J. effusus* × *J. balticus* = *J.* ×*obotritorum* ROTHM.; *J. balticus* × *J. filiformis* = *J.* ×*inundatus* DREJER; *J. compressus* × *J. gerardii* = *J.* ×*royeri* P. FOURN., nom. inval., zweifelhaft; *J. sphaerocarpus* × *J. bufonius* = *J.* ×*haussknechtii* RUHMER; *J. bulbosus* × *J. articulatus* = ?; *J. acutiflorus* × *J. articulatus* = *J.* ×*montserratensis* MARCET [*J.* ×*surrejanus* STACE et LAMBINON]; *J. acutiflorus* × *J. alpinoarticulatus* = *J.* ×*langii* ERDNER; *J. articulatus* × *J. alpinoarticulatus* = *J.* ×*alpiniformis* FERN. [*J.* ×*buchenaui* DÖRFL.]; *J. articulatus* × *J. anceps* = *J.* ×*murbeckii* SAGORSKI

Familie *Cyperaceae* JUSS. – Riedgrasgewächse, Sauergräser

(~100 Gattungen/>5000 Arten)

Bearbeitung: Sebastian Gebauer, Erik Welk

Grasartige Pfl, fast stets ♃. Stg markig, oft 3kantig. Bla meist 3zeilig. BlaScheiden am Grund nie knotig verdickt, fast stets geschlossen. Blü ☿(Abb. 203/3) od. 1geschlechtig (Abb. 210/1, 2), stets zu ∞–1blütigen Ährchen vereinigt, in der Achsel von DeckBla (Spelzen, Sp). Ährchen selten einzeln endständig, meist zu Ähren (Abb. 203/4), Rispen (Abb. 212/2) od. Köpfen vereinigt u. in der Achsel von TragBla. Perigon aus Borsten (oft 6, Abb. 203/3) od. Schuppen bestehend, oft auch fehlend. StaubBla (1–)2–3. FrKn oberständig, 3–2blättrig, 1fächrig, mit 1 SaAnlage. Narben 2–3. Fr eine 3kantige od. ± linsenfg Nuss. Bei *Carex* die ♀ Ährchen stets 1(–2)blütig u. FrKn meist vom Perigynium (Utriculus), „Schlauch" (VorBla des ♀ Ährchens = DeckBla seiner einzigen Blü) eingehüllt (Abb. 203/1) (WiB, meist Vw).

1 Blü 1geschlechtig (Abb. 203/1, 2), ♂ Blü mit 3 StaubBla (Abb. 203/2). **Segge – *Carex*** S. 207
1* Blü ☿ (Abb. 203/3), in mehrblütigen Ährchen, ♂ Blü mit (1–)2–3 StaubBla. 2
2 Stg mit nur 1 endständigen, aufrechten Ährchen (Abb. 203/5; 237/1, 2), dieses nie von einem TragBla überragt 3

CYPERACEAE 205

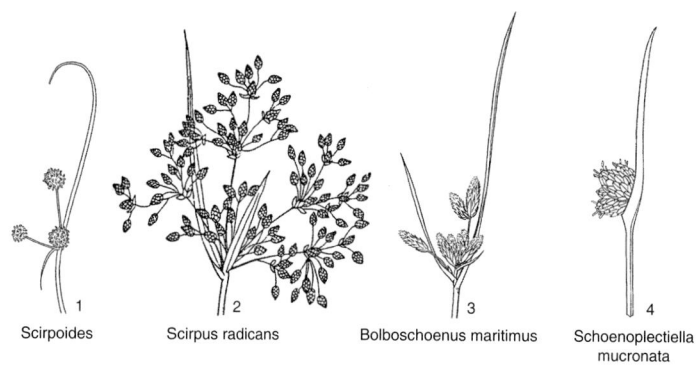

1 Scirpoides   2 Scirpus radicans   3 Bolboschoenus maritimus   4 Schoenoplectiella mucronata

2* Stg mit mehreren Ährchen, die zu Rispen, Köpfen, Büscheln od. zu einer 2zeiligen Ähre vereinigt sind (Abb. **203**/4, diese Ähre nicht mit einem endständigen Ährchen Abb. **203**/5 verwechseln!) od. Ährchen auf lg Stielen achselständig (Abb. **237**/7). (Bei I_s_olepis set_a_cea, S. 241, zuweilen einzelne Stg nur 1 Ährchen, dieses aber von einem stängelähnlichen TragBla weit überragt, Abb. **237**/6) **6**
3 Borsten am Grund des FrKn (Perigonborsten) fehlend od. 1–6, kürzer als die Sp (Abb. **203**/3), zur FrZeit im Ährchen versteckt **4**
3* PerigonBorsten viel länger als die Sp, zur FrZeit weißwollige Schöpfe bildend (Abb. **204**/3, 4) **5**
4 Oberste BlaScheide mit kurzer Spreite (Abb. **204**/5).   **Haarsimse – *Trichophorum*** S. 235
4* Oberste BlaScheide ohne Spreite (Abb. **204**/6).   **Sumpfsimse – *Eleocharis*** S. 236
5 **(3)** Jede Blü mit ∞ Perigonborsten. Ährchen (ohne Wolle) ±, ∞blütig. Sp länglich-lanzettlich, lg zugespitzt, silbergrau.   **Wollgras – *Eriophorum*** S. 235
5* Jede Blü mit (4–)6 geschlängelten Perigonborsten. Ährchen etwa 7 mm lg, 8–12blütig. (Abb. **204**/4). Sp eifg, stumpf, gelbbraun mit grünem Mittelstreif.
                        Alpen-Haarsimse – *Trichophorum alp_i_num* S. 235
6 **(2)** Sp 3zeilig, weißlich mit grünem Mittelstreif, in eine fast grannenartige Spitze verschmälert. ZwergPfl auf nacktem Uferschlamm mit sehr dichter, kopfig gedrängter, etwa 1 cm großer, fast kugliger Spirre. Stg meist von den Bla überragt. TragBla mit br Grund. ☉.
                        Zwerg-Zypergras – *Cyperus michelianus* S. 241
6* Sp 2zeilig od. spiralig angeordnet **7**
7 Ährchen zu einer deutlich 2zeiligen, rot- bis kastanienbraunen, flachgedrückten, endständigen Ähre angeordnet (Abb. **203**/4).   **Quellried – *Blysmus*** S. 234
7* Ährchen in Rispen, Köpfen od. Büscheln od. auf lg Stielen achselständig **8**
8 Ährchen in dichten, kugelrunden Köpfen. Köpfe meist 3, einer sitzend, die übrigen gestielt (Abb. **205**/1).   **Kugelsimse – *Scirpoides*** S. 241
8* Ährchen in Rispen od. Büscheln, zuweilen kopfig gedrängt (Abb. **205**/3, 4), nicht kuglig
                           .... **9**
9 Blü in den ∞blütigen, linealischen Ährchen sehr deutlich 2zeilig (Abb. **203**/5). Spreiten ± flach.   **Zypergras – *Cyperus*** S. 241
9* Blü in den Ährchen spiralig angeordnet, wenn (bei *Scho_e_nus*) undeutlich 2zeilig, dann Ährchen nur 2–3blütig u. Spreiten starr borstlich **10**
10 Bla am Rand u. am Rückenkiel schneidend scharf u. deutlich sägezähnig, 10–15 mm br, starr, graugrün. Spirre sehr lg, reichährig, mit gebüschelten, 3–4 mm lg, braunen Ährchen. 80–200 cm hohe SumpfPfl.   **Schneidried – *Cl_a_dium*** S. 206
10* Bla nicht schneidend stachlig gesägt, höchstens am Rand rau bzw. sehr fein gesägt   **11**
11 Ährchen 2–3blütig, mit 3–6 kleineren, leeren Sp am Grund, am StgEnde kopfig gehäuft (zuweilen am Stg noch weitere, lg gestielte, kopfige Ährchenbüschel) **12**
11* Ährchen ∞blütig. Meist nur die unterste Sp blütenlos u. mindestens ebenso groß wie die blütentragenden Sp **13**

12 Pfl horstig. Stg blattlos, stets nur mit 1 endständigen, schwarzbraunen od. dunkel rotbraunen Ährchenbüschel (Abb. **208**/1). Narben 3. Bla borstlich. **Kopfried – *Schoenus*** S. 206
12* Pfl mit Ausläufern. Stg beblättert, außer dem endständigen Ährchenbüschel fast stets in den Achseln der oberen StgBla noch weitere lg gestielte Büschel. Ährchen weißlich od. hell rotbraun. Narben 2. Bla rinnig. **Schnabelried – *Rhynchospora*** S. 207
13 **(11)** ∞ Borsten am Grund des FrKn (Perigonborsten), zur FrZeit einen lg Wollschopf bildend (Abb. **204**/3). Ährchen groß, am StgEnde fast doldig. **Wollgras – *Eriophorum*** S. 235
13* Perigonborsten 0–6, auch zur FrZeit kürzer als die Sp, im Ährchen versteckt **14**
14 Ährchen in der ganzen Länge des flutenden od. kriechenden Stg einzeln an der Spitze von lg, achselständigen Stielen, bis 5 mm lg (Abb. **208**/7).
Flutende Schuppensimse – *Isolepis fluitans* S. 241
14* Ährchen in endständigem GesamtBlüStand, zuweilen scheinbar seitenständig, weil das größte TragBla stängelähnlich ist u. den Stg geradlinig fortsetzt **15**
15 Stg beblättert. GesamtBlüStand am Grund mit mehreren großen, flachen TragBla, deutlich endständig **16**
15* Bla grundständig. Stg nahe dem Grund mit mehreren schuppenfg NiederBla. GesamtBlüStand am Grund mit 1 stängelähnlichen TragBla, dadurch oft scheinbar seitenständig **17**
16 Ährchen 10–20 mm lg. Spirre von den TragBla weit überragt (Abb. **205**/3), zuweilen kopfig.
Strandsimse – *Bolboschoenus* S. 238
16* Ährchen 4–6 mm lg. Spirre von den TragBla nicht od. nur wenig überragt, sehr ährchenreich, weit ausgebreitet (Abb. **205**/2). **Simse – *Scirpus*** S. 234
17 **(15)** BlüStand (schein)seitenständig, TragBla stängelartig. Ährchen 1–3, bis 5 mm lg, meist sitzend, kugelig. Stängel u. Bla borstenartig fein, ⌀ < 1 mm. StaubBla (1–)2.
Schuppensimse – *Isolepis* S. 241
17* BlüStand ±endständig o. Stängel ⌀ > 3 mm, TragBla laubig. Ährchen ∞. StaubBla 3–6 .... **18**
18 Narben 3. Nüsschen runzlig. Spelzen stumpf-zugespitzt ohne deutliche Stachelspitze. Ährchen kopfig gedrängt. Ligula kaum ausgeprägt. Ausläufer fehlen.
Teichsimse – *Schoenoplectiella* S. 239
18* Narben 2 (selten 3). Nüsschen glatt. Spelzen ausgerandet, in der Ausrandung deutlich stachelspitzig. Ährchenstand lockerer. Ligula erkennbar. Ausläufer vorhanden.
Teichsimse – *Schoenoplectus* S. 240

Cladium P. Browne – Schneide, Schneidried (4 Arten)

Rhizom kriechend. GesamtBlüStand aus Köpfen von je 3–10 Ährchen bestehend. 0,80–2,00. 6–7. Nasse, flach überflutete, zeitweilig auch trockenfallende, schlickige Uferröhrichte (Seen, Teiche, Tümpel, Gräben), Niedermoorschlenken, -brachen, kalkhold; z By (S) Bw(SO S ORh) Rh(ORh) Bb(f SW) Mv(f Elb) Sh(SO O), s Alp(Amm Wtt) By(f NW) He(ORh SW) Nw(MW N NO) Th(Bck: Alperstedt, Haßleben) Sa(Elb W) An(f N S) Ns(f Elb Hrz), ↘ (in D subsp. *mariscus* – austr·m·c1-7AFR-WEURAS-temp·c1-4EUR – igr hros He/G ⚷ AuslRhiz – WiB Vw – WaA – L9 T6 F10 R9 N3 – O Phragm. – VerlandungsPfl – 36).
Binsen-Sch. – *C. mariscus* (L.) Pohl

Schoenus L. – Kopfried, Schmerle (100 Arten)

1 Sp u. untere BlaScheiden schwarzbraun. Bla wenigstens ½ so lang wie der Stg. Perigonborsten 3–6, kürzer als die Fr. Ährchen zu 5–10, vom 2–5 cm lg, meist laubblattartigen TragBla des Ährchenkopfes weit überragt, dieses 2–5× so lg wie der BlüStand (Abb. **208**/1). 0,15–0,50(–0,80). 6–7. Feuchte bis staunasse, zeitweilig überflutete Niedermoore, wechselfeuchte Wiesen, überrieselte Felsen, feuchte Küstendünentäler, schwach salztolerant, kalkhold; z Alp(f Brch Krw) Ns(N: Inseln, sonst †), s By(N NM MS S, † Alb) Bw(f Alb Gäu NW) Rh(ORh SW) Nw(MW SW, † NO: Lengerich) Th(Bck: Alperstedt, Haßleben) An(W: Helsunger Bruch) Ns(N: Ostfries. Inseln, † Binnenland) Sh(f MW MW NO), † He Bb Sh, ↘ (austr+m·c1-7AFR-EUR-WAS-AM-temp·c1-4EUR – igr eros H ⚷ Rhiz Horst – WiB – WiA – L9 T6 F9= R9 N2 – V Car. davall., V Mol.). **Schwarzes K. – *S. nigricans*** L.

1* Sp u. untere BlaScheiden dunkel rotbraun. Bla höchstens ⅓ so lg wie die Stg. Perigonborsten meist 6, wenig länger als die Fr. Ährchen zu 2–3 (zuweilen mehr), vom kurzen, ± spelzenartigen TragBla des Ährchenkopfes nicht od. kaum überragt, dieses selten auch 1,5(–2)× so lg wie der BlüStand (zuvor genannte Merkmale prüfen!). 0,15–0,40. 5–6. Feuchte bis sickernasse Quell- u. Niedermoore, basenhold; v Alp, s By(v S, f N NO NW) Bw(v S, f NW ORh) Th(Bck: Haßleben) Mv(NO M), † Sa An Bb, ↘ (sm/salp-b·c2-4EUR – igr eros H ♃ – L9 T4 F8 R7 N2 – V Car. davall.). **Rostrotes K. – *S. ferrugineus* L.**

Lokal häufige Hybride: *S. nigricans* × *S. ferrugineus* = *S.* ×*intermedius* BRÜGGER: Intermediär. Ährchen zu 3–4, vom TragBla überragt, Fr nicht ausgebildet (steril); z Alp(f Allg) By(S MS) Bw(S), s Mv(NO).

Rhynchospora VAHL – Schnabelried, Schnabelsimse (~250 Arten)

1   Pfl ohne od. nur mit kurzen Ausläufern. Ährchenknäuel etwa so lg wie sein TragBla. Ährchen anfangs schneeweiß, später etwas rötlich. Perigonborsten 9–13, kürzer od. so lg wie die Fr. 0,15–0,40. 7–8. Hoch- u. Zwischenmoorschlenken, nasse, zeitweilig überflutete Ränder verlandender Moorgewässer, feuchte Zwergstrauchheiden, nasse Torfstiche, lichte Moorwälder, kalkmeidend; v Alp, z By(† N NW Alb) Bw(f Alb NW ORh) Nw Ns(f Hrz, s S: Kaufunger Wald) Mv Sh, s Rh(f MRh N) Th(Bck Wld) Sa(f SW) An(Elb N) Bb(f SW), [N] s He(MW: Franzosenwiese), ↘ (sm/mo-b·c1-5CIRCPOL – sogr hros He/G ♃ Horst – WiB Vw – KlA WaA – L8 T5 F9= R3 N2 – V Rhynch. alb., V Car. lasioc. – 26). [*Schoenus albus* L.]
    Weißes Sch. – *Rh. alba* (L.) VAHL
1* Pfl mit lg Ausläufern. Ährchenknäuel viel kürzer als sein TragBla. Ährchen gelblich- bis rötlichbraun. Perigonborsten 5–6, wenigstens doppelt so lg wie die Fr. 0,10–0,30. 6–7. Hoch- u. Zwischenmoorschlenken, nasse, zeitweilig überflutete Ränder verlandender Moorgewässer, feuchte Zwergstrauchheiden, nasse Torfstiche, kalkmeidend; z Rh(SW) Nw(† SW NO) Ns(M NW O N S), s Alp, † MS By(f Alb N) Bw(S SO) Sa(f SW) Bb(f NO NW) Mv(N) Sh(M), † He Th: wohl nie An, ↘ ((sm/mo)-temp-b·c1-4EUR+OAM – sogr eros H/G ♃ uAusl – WiB Vw – L8 T5 F9= R1 N2 – V Rhynch. alb. – 32). [*Schoenus fuscus* L.]
    Braunes Sch. – *Rh. fusca* (L.) W.T. AITON

Carex L. – Segge, Riedgras (ca. 2100 Arten)

(Alle Arten in D: WiB, *C. baldensis* auch InB: Käfer; Fliegen (?) – Vw – schlechte FutterPfl)

Anm.: Die Schuppenried-Arten der (ehemaligen) Gattung *Kobresia* WILLD. sind in *Carex* einzuschließen, werden aber weiterhin Schuppenried(-Seggen) genannt. Die *Carex*-Arten unterscheiden sich in der Wuchsform durch Ausläufer- od. Horstbildung u. durch das Laubrhythmus. Meist stehen wenige LaubBla am BlüTrieb, daneben einige grundständig (hros), wenige Arten (z. B. die *C. ornithopoda*- u. *C. muricata*-Gruppe) sind GanzrosettenPfl (ros); dieses Merkmal wird nicht gesondert angegeben. Zur sicheren Bestimmung sind ausgewachsene (reife) Schläuche u. Grundorgane notwendig.

1   Fr u. FrKn mit Griffel sichtbar, von offenem (höchstens am Grund verwachsenem) DeckBla nicht völlig als Perigynium eingehüllt. 5–20(–30) cm hohe, dichthorstige AlpenPfl. BlüStand eine 1–2(–3) cm lg, aus vielen 1–2blütigen Ährchen zusammengesetzte Ähre bzw. Ährenrispe. **Schuppenried-Seggen – Schlüssel A** S. 208
1* Fr u. FrKn mit Griffel von zu einer eifg bis flaschenfg Hülle verwachsenem DeckBla als Perigynium völlig eingehüllt („Schlauch", Utriculus s. oben u. S. 907), aus dessen Spitzenöffnung 2 od. 3 Narben herausragen (Abb. 203/1, 208/1–7), zuweilen auch der obere Griffelteil (meist kürzer als die Narbenäste) aus dem Schlauch ragend u. dann Pfl aufrecht, höher als 10 cm u. die TragBla meist nicht den BlüStand überragend. Blü im Schlauch u. scheinbar in der Achsel eines DeckBla (Sp), 1häusig od. selten 2häusig. **2**
2   Stg mit 1 endständigen Ähre. Ähre unten mit ♀ Blü, oben mit ♂ Blü (Abb. 208/4) od. Pfl 2häusig (Abb. 208/2, 3). **Einährige Seggen – Schlüssel B** S. 208
2* Stg mit mehreren Ähren in traubigem, ährigem, kopfigem od. rispigem GesamtBlüStand (Ährenstand) **3**
3   Alle Ähren annähernd gleichgestaltet, jede sowohl mit ♂ als auch ♀ Blü (Abb. 208/5); seltener einige Ähren an der Spitze od. am Grund des Ährenstandes 1geschlechtig, dann aber zur BlüZeit in Form u. Farbe von den 2geschlechtigen kaum abweichend, od. alle 1geschlechtig, aber dann ♂ in der Mitte, ♀ im oberen u. unteren Teil des BlüStandes (*C.*

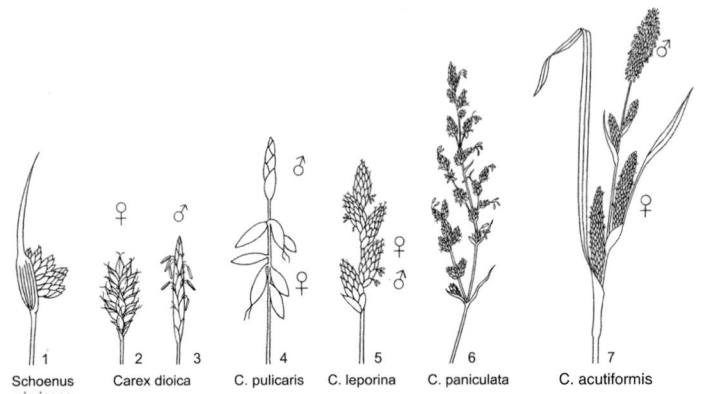

| 1 | 2 | 3 | 4 | 5 | 6 | 7 |
| Schoenus nigricans | Carex dioica | C. pulicaris | C. leporina | C. paniculata | | C. acutiformis |

disticha, Abb. 209/4), ♂ Blü zur FrZeit als leere Sp erkennbar. Ähren kurz (bis 2,8 cm lg). Seitenähren ± ungestielt, Ährenstand daher nie traubig, sondern ährig od. rispig (Abb. 208/5, 6). **Gleichährige Seggen – Schlüssel C** S. 210

3* ♀ u. ♂ Ähren in Form u. Farbe ± auffallend voneinander verschieden. Ähren fast stets 1geschlechtig, die obere(n) ♂, die untere(n) ♀ (Abb. **208**/7); nur bei wenigen Arten die Gipfelähre 2geschlechtig (oben ♀, unten ♂; Abb. **222**/3) od. (bei EinzelPfl als Bildungsabweichung) die ♀ Seitenähre(n) mit scharf abgesetztem, auffallend verschiedenem ♂ Ährenabschnitt (meist an der Spitze der obersten Seitenähre). Seitenähren oft gestielt. Ährenstand oft traubig, nie rispig. **Verschiedenährige Seggen – Schlüssel D** S. 216

Schlüssel A: Schuppenried-Seggen, Schuppenried

1 Jedes Ährchen 2blütig, aus 1 oberen ♂ u. 1 unteren ♀ Blü bestehend (Abb. 204/1). 10–20 Ährchen eine linealische, hellbraune, endständige Ähre bildend. FrKn u. Grund der ♂ Blü vom unterwärts verwachsenen DeckBla der ♀ Blü teilweise eingeschlossen. Bla borstlich, mindestens so lg wie die Stg. 0,05–0,30. 6–8. Alp. mäßig frische, meist windexponierte Steinrasen, basenhold; z Alp(f Chm Kch Mng) (m/alp-arct·c3-8CIRCPOL – sogr hros H ♃ Rhiz Horst – WiBlü Vw – KlA – L9 T2 F4 Rx N2 – V Elyn.). [*Kobresia myosuroides* (VILL.) FIORI, *Elyna myosuroides* (VILL.) FRITSCH, *E. spicata* SCHRAD., *E. bellardii* (ALL) K. KOCH]
Ähren-Sch., Nacktried – *C. myosuroides* VILL.

1* Ährchen 1blütig, zu je 4–5 eine unten ♀, oben ♂ Ähre bildend (Abb. 204/2). 4–10 solcher Ähren einen spitz dreieckigen, dicken, endständigen GesamtBlüStand bildend. Das DeckBla der ♀ bis zum Grund mit freien Rändern. Bla flach, gefaltet, bedeutend kürzer als die Stg. 0,05–0,20(–0,30). 7–8. Alp. sickernasse, steinige od. sandige Quell- u. Ufermoore; v Alp(Brch) (sm/alp-arct·c4-7CIRCPOL – sogr hros H ♃ Rhiz Horst – WiBlü Vw – KlA – L9 T1 F9 R8 N1? – V Car. bic.-atrof.). [*C. bipartita* ALL., *Kobresia simpliciuscula* (WAHLENB.) MACK., *K. bipartita* auct., *K. caricina* WILLD.]
Seggen-Sch. – *C. simpliciuscula* WAHLENB.

Schlüssel B: Einährige Seggen

1 Ähren 1geschlechtig, nur mit ♂ od. ♀ Blü. Pfl meist 2häusig. ♂ Ähren dünn zylindrisch mit hellbraunen Sp; ♀ Ähren länglich-eifg mit rotbraunen Sp. Narben 2. Bla fädlich 2
1* Ähren gleichgestaltet, am Grund ♀, oben ♂. Pfl stets 1häusig. Narben 2 od. 3. Bla flach od. borstlich eingerollt 3

2 Pfl mit Ausläufern. Stg u. Bla glatt. ♀ Ähren ± dicht-früchtig. Schläuche 3–3,5 mm lg, eifg, plötzlich in den kurzen Schnabel verschmälert (Abb. 208/2, 3), zur Reife schräg auf- o. ± waagerecht abstehend. 0,05–0,25(–0,30). 5–6. Staunasse Nieder- u. Zwischenmoore, moorige Wiesen, basenhold; v Alp, z Bw(f Alb NW ORh) An(Hrz) Mv(f Elb), s By(† f N NW)

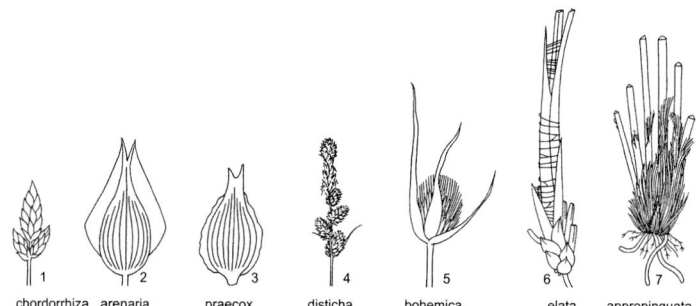

chordorrhiza arenaria praecox disticha bohemica elata appropinquata

Bb(NO SO M MN) Ns(O S) Sh(SO O), † Rh Nw He Th Sa, ↘ (sm/mo-b·c1-5EUR-WAS – igr H/G ♃ uAusl – WiA KlA: Vögel WaA Lichtkeimer – L9 T4 F9 Rx N2 – V Car. davall.).
Zweihäusige S. – *C. dioica* L.

2* Pfl horstig, ohne Ausläufer. Stg oberwärts u. BlaRänder rau. ♀ Ähren ± locker-früchtig. Schläuche 3,5–5 mm lg, eilanzettlich, allmählich in den ziemlich lg Schnabel verschmälert, zur Reife ± waagerecht abstehend. 0,10–0,40. 5–6. Stau- u. sickernasse Nieder- u. Quellmoore, magere Feuchtwiesen, basenhold; h Alp, z By(h S) Bw Th(f Hrz O), s Rh(f M) He(f W) Nw(SW) Sa(SO W), † An(SO) Bb Ns Mv Sh, ↘ (sm/salp-temp/demo·c2-4EUR – igr H ♃ Rhiz Horst – KlA: Vögel Licht-Kältekeimer – L9 T4 F9 R8 N2 – O Car. davall., V Mol. – 46).   **Davall-S., Torf-S. – *C. davalliana* Sm.**

3 (1) Sp später als die stets aufrecht abstehenden Schläuche abfallend **4**
3* Sp früher als die zuletzt zurückgeschlagenen Schläuche abfallend (Abb. 208/4) **6**
4 Ähren rundlich, ihr ♂ Teil kürzer. Narben 2. Schläuche flach. Bla borstlich eingerollt. 0,10–0,35. 5–6. Staunasse Nieder- u. Zwischenmoore, basenhold; † By(S) Bw(SO) (sm/alp-arct·c3-7CIRCPOL – sogr? H ♃ Rhiz Horst – L9 T4? F8~ R7 N1? – O Car. davall.).
ⓣ Kopf-S. – *C. capitata* L.
4* Ähren länglich, ♀ Teil kürzer. Narben 3. Schläuche stumpf 3kantig. Bla flach o. einfach gefaltet, 1–2 mm br **5**
5 Sp länger als die verkehrteifg, schwachnervigen, ± matten, sehr kurz (ca. 0.25 mm) glatt geschnäbelten Schläuche. Bla gerollt-gefaltet, meist ± gekrümmt. 0,05–0,15. 6–7. Alp. bis subalp. mäßig frische Felsrasen, basenhold; s Alp(Allg: Aggenstein) (in D subsp. *rupestris* – sm/alp-arct·c3-7CIRCPOL – sogr H/G ♃ uAusl – WiA – L9 T2 F4 R6 N2 – V Elyn., V Sesl.).   **Felsen-S. – *C. rupestris* All.**
5* Sp zuletzt kürzer als die eifg, reif oberwärts oft starknervigen, ± glänzenden, in einen deutlichen (ca. 0.5 mm), 2zähnigen, rauen Schnabel zugespitzten Schläuche. Bla ± aufrecht. 0,05–0,30. 4–5. Sandtrockenrasen, lichte KiefernW; s Bb(MN: Landin), † Sa(NW: Bienitz) (sm/mo-b·c4-8AS-(EUR)+WAM – sogr H/G ♃ uAusl).   **Stumpfe S. – *C. obtusata* Lilj.**
6 (3) Stg stielrund. Narben 2. Schläuche dunkelbraun, lanzettlich (Abb. 208/4). 0,10–0,15. 5–6. Stau- u. sickernasse Nieder- u. Quellmoore, magere Feuchtwiesen, basenhold; h Alp z By(† N) Bw(f NW) Rh(f W) He(SO, s SW O) Nw(SW) Th(f NW S Rho), s Sa(f Elb) An(Hrz) Bb(SO M MN) Ns(f Elb O) Mv(f Elb) Sh, ↘ (sm/mo-b·c1-3EUR – igr H/G ♃ uAusl+Rhiz – KlA: BohrFr – L8 T4 F9 R4 N2? – V Car. nigr., V Car. davall., V Mol., V Calth. – 60).
Floh-S. – *C. pulicaris* L.
6* Stg stumpf 3kantig. Narben 3. Schläuche lineal-lanzettlich **7**
7 Ährchenachse aus dem Schlauch als steife, an der Spitze oft etwas gekrümmte Borste heraustretend. Sp dunkelbraun. Schläuche 5–10, braun. 0,07–0,15. 5–7. Sickernasse Nieder- u. Quellmoore, Bachufer, basenhold; † Alp (Amm) By (S MS) Bw(SO) (antarct-trop/alpAM+ m/alp-arct·c3-7CIRCPOL – igr? H/G ♃ uAusl – KlA WaA – L9 T3? F9 R8 N2 – V Car. bic.-atrof.).   **ⓣ Kleingrannige S. – *C. microglochin* Wahlenb.**
7* Ährchenachse nicht aus der Schlauchspitze herausragend. Sp hellbraun. Schläuche 2–4, strohgelb. 0,05–0,15. 5–7. Nasse, zeitweilig auch überflutete Hochmoore, selten auch arme

Niedermoore, kalkmeidend; v Alp, z Bw(SO S SW) An(Hrz), s By(f N NW, † MS) Rh(M) Th(Wld) Sa(SW) Ns(Hrz), † Nw(MW SW) Sh, ↘ (sm/mo-b·c2-5 CIRCPOL – igr H/G ♃ uAusl – KlA: BohrFr – L9 T3 F9 R1 N1 – V Sphagn. magell., selten V Car. nigr.).
Wenigblütige S. – *C. pauciflora* LIGHTF.

Schlüssel C: Gleichährige Seggen

1 Pfl mit lg Ausläufern, rasig od. lockerhorstig (selten ± horstig) 2
1* Pfl ohne lg Ausläufer, dicht-horstig, selten lockerer (dann mit sehr kurzen Ausläufern) . 9
2 BlüStand meist weniger als doppelt so lg wie br, mit 3–8(–12) kopfig gedrängten Ähren (Abb. **209**/1). Stg bis oben (fast) glatt. Schläuche am Rand nicht scharf gekielt od. geflügelt 3
2* BlüStand meist mehr als doppelt so lg wie br, mit 3–25 nicht kopfig gedrängten Ähren. Stg oben ± deutlich rau. Schläuche am Rand scharf gekielt od. geflügelt 4
3 Pfl mit oberirdischen, mehrere dm kriechenden Ausläufern (Stolonen) u. BlaBüscheln an den Knoten, am Ende sich zu einem blühenden Spross aufrichtend. BlüStand mit 3–5 Ähren, 1–1,5 cm lg. Schläuche br eifg, dunkelbraun. Schnabel ± glatt. Sp rotbraun. 0,05–0,15(–0,30). 5–6 (zuweilen nochmals 7–8). Schwingrasen, Zwischenmoorschlenken, nasse bis flach überflutete Torfstiche, kalkmeidend; z Alp(f Brch) Bw(SO S) By(S MS, s Alb O), s Bb(M), † Rh He Mv Sh, ↘ (sm/mo-arct·c2-7CIRCPOL – sogr H/G ♃ u/oAusl – L9 T5? F9= R4? N3 – V Car. lasioc., V Rhynch. alb.). **Fadenwurzlige S., Strick-S. – *C. chordorrhiza* L. f.**
3* Pfl mit unterirdischen, lg kriechenden Ausläufern (Rhizom), ± dichte Horste bildend. BlüStand mit 5–8(–12) Ähren, 1,5–2,5 cm lg. Schläuche rundlich-eifg, kastanienbraun. Schnabel ± rau. Sp braun, br hautrandig. 0,10–0,25(–0,30). 5–7. Salzbeeinflusste Ruderalstellen; [N U] s By(O: Ratiszell) (in D subsp. *stenophylla* – sm-stemp·c5-9EUR-WAS – sogr H/G ♃ uAusl – L8 T6 F3 R6 N4 – K Stell., O Plant., V Polyg. avic.). [*C. divisa* var. *stenophylla* (WAHLENB.) FIORI] **Schmalblättrige S. – *C. stenophylla* WAHLENB.**
4 (2) Ausläufer 2–3 mm dick. Bla 2–4 mm br. Schläuche 4–5 mm × 1,8–2 mm, scharf gekielt, schmal od. br geflügelt. Einzelne Ähren 1geschlechtig 5
4* Ausläufer 1–2(–2,5) mm dick. Bla 1–3 mm br. Schläuche 3–5 mm × 1–1,5 mm, schmal geflügelt. Meist alle Ähren 2geschlechtig, am Grund ♂, an der Spitze ♀ (selten, bei *C. pseudobrizoides*, **7***, einzelne Ähren am Grund ♀, an der Spitze ♂) 6
5 BlüStand 3–7(–10) cm lg, Ähren 10–25, meist obere u. untere Ähren ♀, mittlere ♂, Ährenstand daher zur FrReife in der Mitte eingeschnürt (Abb. **209**/4). Schläuche scharf gekielt od. sehr schmal geflügelt. BlaScheide derb grünnervig (in D nur bei dieser Art). 0,20–0,70. 5–6. Stau- bis sickernasse Großseggenriede, bes. Ufer verlandernder Gewässer, extensiv genutzte Feucht- u. Nasswiesen, basenhold, nährstoffanspruchsvoll; h He Th, v Bw Rh Nw An Bb Ns Mv Sh(z W), z By Sa, s Alp u. Gebirge (m/mo-temp·c1-7EUR-WAS, [N] OAM – sogr H/G/He ♃ uAusl+Rhiz – L8 T6 F9= R8 N5 – V Car. vul., V Mol., V Calth. – 62). [*C. intermedia* GOODEN.] **Zweizeilige S. – *C. disticha* HUDS.**
5* BlüStand 2–5 cm lg, wenn länger, dann die unteren Ähren deutlich abgesetzt, Ähren 5–15, die mittleren 2geschlechtig, an der Spitze ♂, am Grund ♀, die oberen Ähren meist rein ♂, untere meist rein ♀. Schläuche meist etwa von der Mitte an br geflügelt (Abb. **209**/2). 0,15–0,40(–0,75). 5–10. Arme Sandtrockenrasen, bes. Küsten-Weißdünen, aber auch Binnendünen, trockne KiefernW u. -forste, kalkmeidend; v An(s S, f Hrz W) Bb Ns(g Elb, f Hrz) Mv(g Elb) Sh, z Nw(f SO, † SW) Sa(f SW), s Bw(ORh) He(ORh), [N] s By, † Th(Bck) (sm-temp·c1-3 (lit)EUR, [N] OAM – igr H/G ♃ uAusl – L7 T6 F3 R2 N2 – O Coryneph., V Ammoph., V Thero-Air., V Cytis.-Pin. – Sandbefestiger, früher HeilPfl – 64). **Sand-S. – *C. arenaria* L.**
6 (4) BlüStand mit 4–12(–15) Ähren. Ähren oft stark sichelfg auswärts gekrümmt, reif strohfarben bis hellbraun od. gelblichgrün. Sp weißlich-strohfarben bis blassbraun. Bla 2–3 mm br, schlaff, meist länger als die Stg. BlaSpreiten der untersten LaubBla ± plötzlich in die kurze BlaSpitze zusammengezogen 7
6* BlüStand mit 3–6(–10) Ähren. Ähren gerade od. nur selten etwas gebogen, reif braun bis dunkelbraun. Sp dunkel- bis hellbraun mit grünlichem Kiel. Bla 1–2,5 mm br, meist aufrecht, meist kürzer als die Stg. BlaSpreiten der untersten LaubBla ± allmählich in die kurze BlaSpitze zusammengezogen 8

7 BlüStand 2–3,5 cm lg, mit 4–8(–12) Ähren, bes. die unteren stark gekrümmt. Schläuche schmal lanzettlich, 3–4 mm × 1 mm. Stg zur FrZeit deutlich gebogen u. oft niederliegend. 0,30–0,70. 5–6. Frische bis staufeuchte LaubmischW, bes. AuenW, Nadelholz forste, Waldschläge, oft Massenbestände, waldnahe Feucht- u. Nasswiesen, kalkmeidend; g Sa, v By Bw, z Alp(f Krw) Rh He(h SO) Nw Th(h Wld O) An Bb Ns Mv(f NO), s Sh(M SO O), ↗ (sm/mo-temp·c2-4EUR – sogr H/G ⚁ uAusl – L6 T5 F6~ R4 N3 – V Alno-Ulm., V Carp., V Luz.-Fag., V Vacc.-Pic., O Mol. – früher StreuPfl u. als „Waldhaar" zum Polstern verwendet – 58). **Zittergras-S. – *C. brizoides* L.**

7* BlüStand 3–5 cm lg, mit 5–12(–15) z. T. stark gekrümmten Ähren. Schläuche lanzettlich, 4,5–5 mm × 1–1,5 mm. Stg nur bei Schattenformen niederliegend. 0,30–0,50(–0,90). 4–6. Trockne, lichte LaubmischW, Kiefernforste u. ihre Ränder, wechselfrische bis -feuchte, sandige Rud., kalkmeidend; z Sa(f SW) An(Elb O N) Bb(f MN NO Od) Ns(Elb), s Nw(MW) Th(Bck: Schwarza) Mv(f SW Elb) Sh(OM: Tesperhude), ↘ (temp·c2-3EUR – sogr? H/G ⚁ uAusl – L6 T? F7~ R2 N2? – V Querc. rob.-petr., V Cytis.-Pin., O Coryneph. – entstanden aus 5* × 7). [*C. reichenbachii* BONNET] **Reichenbach-S. – *C. pseudobrizoides* CLAVAUD**

8 (6) Ausläufer 1,5–2(–2,5) mm dick. Bla (1–)1,5–2(–2,5) mm br, BlüStand 2–3(–4) cm lg. Schläuche 3,5–4(–5,5) mm × 1,5–2(–2,5) mm, br lanzettlich, am Grund ± verschmälert. Sp glänzend braun. 0,15–0,30(–0,50). 4–5. Sandtrockenrasen, bes. Binnendünen, trockne Rud.: Straßenränder, Bahndämme, lichte Kiefernforste, kalkmeidend; StromtalPfl., z An(h Elb, f Hrz S W) Bb (h Elb) Ns(h Elb, f Hrz S), s Nw(MW) Sa(f SO SW) Mv (h Elb) Sh(M SO O) (sm-temp·c2-6(+lit)EUR – igr H/G ⚁ uAusl – L9 T6 F3 R2 N2 – O Coryneph., V Dicr.-Pin.). [*C. ligerica* J. GAY, *C. colchica* subsp. *ligerica* (J. GAY) T.V. EGOROVA] **Französische S. – *C. colchica* J. GAY**

8* Ausläufer 1–1,5(–2,2) mm dick. Bla 1–1,5(–2) mm br. BlüStand 1–2(–3) cm lg. Schläuche 2,5–3,5(–4) mm × 1–1,5(–2) mm, br eifg, am Grund ± abgerundet. Sp hellbraun bis dunkelbraun. 0,10–0,60. 4–6. Rud. beeinflusste Sandtrockenrasen, wechseltrockne Rud.: Straßenränder, Dämme, Bahnanlagen; Halbtrockenrasen, trockne Wiesen, sandige Auenwiesen, Waldränder, kalkmeidend; v An, z By Th(Bck O S Wld) Sa Bb Mv, s Bw(f Alb) Rh(f N W) He(f SO) Nw(f SO SW) Ns(f NW Elb Hrz) Sh(SO: Süderbrarup M: Elbe).
(Artengruppe Frühe S. – *C. praecox* agg.)

1 Ausläufer 1–1,4(–2) mm dick. Stg stets aufrecht, länger als die Bla. Ähren gerade. Sp dunkelbraun, ⅔ so lg wie die Schläuche. Schläuche in den oberen ⅔ od. fast bis zum Grund schmal geflügelt, plötzlich in den Schnabel verschmälert (Abb. **209**/3). 0,10–0,30. 4–6. Rud. beeinflusste Sandtrockenrasen, wechseltrockne Rud., kalkmeidend; Verbr. in D u. Gesamtverbr. wie Aggregat (sm/mo-temp·c2-7EURAS – sogr H/G ⚁ uAusl – L9 T6 F3~ Rx N4? – O Fest.-Sedet., O Coryneph., V Conv.-Agrop. – 58). [*C. schreberi* SCHRANK] **Frühe S. – *C. praecox* SCHREB.**

1* Ausläufer 1,4–1,8(2,2) mm dick. Stg zu BlüZeit aufrecht u. kaum länger als die Bla, später sich verlängernd u. ± gebogen. Ähren gerade od. schwach gebogen. Sp hellbraun, etwa so lg wie die Schläuche. Schläuche bis unter die Mitte geflügelt, allmählich in den Schnabel verschmälert. 0,30–0,60. 5–6. Rud. beeinflusste Sandtrockenrasen, Halbtrockenrasen, trockne Wiesen, Waldränder; Verbr. in D ungenügend bekannt, s by(MS: Donau, Hochebene) He(MW) Bw(ORh Gäu) Rh(SW) Th(Bck: Weimar) Sa An Bb, ↘ (sm-temp·c2-4EUR – O Fest.-Sedet., V Mesobrom., V Arrh. – intermediär u. entstanden aus 7 × 8*?). [*C. brizoides* subsp. *intermedia* ČELAK., *C. praecox* subsp. *intermedia* (ČELAK.) W. SCHULTZE-MOTEL] **Gekrümmte S. – *C. curvata* KNAF**

9 (1) Ähren in kurzem, kopfigem GesamtBlüStand, von ihren lg, laubartigen TragBla weit überragt (Abb. **209**/5). Sp ± weißhäutig **10**

9* Ähren in ährenartigem od. rispigem GesamtBlüStand od. einzeln achselständig; bei gedrängtem, kopfigem BlüStand dieser nie von einer TragBlaHülle überragt. Sp nur an den Rändern ± häutig **11**

10 Ähren am Grund ♀, an der Spitze ♂. Schläuche kuglig-eifg, ungeschnäbelt, reif ± dunkelbraun. 0,15–0,30. 6–7. Subalp. mäßig frische Steinrasen, kalkstet; s Alp(Amm, † Wtt, Allg: Oberstdorf?) By(† S: Murnauer Moos) (sm-stemp//salp·c3ALP – sogr? H ⚁ Rhiz Horst – auch InB? – WiA Kältekeimer – L8 T3? F4 R8 N3? – V Sesl., V Erici.-Pin. – ▽). **Monte-Baldo-S. – *C. baldensis* L.**

10* Ähren am Grund ♂, an der Spitze ♀. Schläuche schmal lanzettlich, lg geschnäbelt, hellgrün, reif ± gelblich-braun. 0,08–0,30. 6–9. Nasse, sommerlich austrocknende Ufer u. Böden

flacher, stehender Gewässer (Teiche, Seen, Altwasser), sandige Flussufer, basenhold, nährstoffanspruchsvoll; z Th(O Bck Wld) Sa, s Alp(Allg) By(f N,† NW) Bw(f NW ORh SW) Rh(N) He(MW O) An(Elb) Bb(f NO Od) Ns(MO) Mv(f N NO), † Sh(M), ↘ (m-temp·c2-7 EURAS – teiligr H kurzlebig ⚃ Horst – KlA: Vögel Sa langlebig – L9 T6? F8= R6 N4? – V Nanocyp., V Bid. – 80). [*C. cyperoides* L.]   **Zypergras-S. – *C. bohemica* SCHREB.**
11 **(9)** Ähren an der Spitze ♂, am Grund ♀; Ährenstand ähren-, trauben- od. rispenfg, selten kopfig **12**
11* Ähren an der Spitze ♀, am Grund ♂; Ährenstand ährenfg, selten kopfig, nie rispig od. Ähren einzeln achselständig **23**
12 Narben 3 (mehrere Schläuche prüfen!). Ährenstand gedrängt, kopfig, 1–2(–3) cm lg, mit (2–)4–6 Ährchen. Bla 1,0–2,5 mm br, BlaSpitzen borstlich, früh absterbend, gekrümmt. Schläuche 3kantig, br lanzettlich, 5–8 mm lg, 2zähnig geschnäbelt. 0,05–0,20. 7–8. Alp. saure Steinrasen; s Alp(Wtt? Brch: Funtenseegebiet? Großer Hundstod?) (wenn in D dann subsp. c*u*rvula – sm-stemp//alp·c2-4EUR – sogr hros ⚃ Rhiz Horst – L9 T1 F4 R2 N1 – V Car. curv., V Elyn.).   (?) **Silikat-Krumm-S. – *C. c*u*rvula* ALL.**
12* Narben 2 (mehrere Schläuche prüfen!). Ährenstand ähren-, trauben- od. rispenfg **13**
13 Schläuche zur FrReife nur auf dem Rücken (außen) gewölbt, auf der Bauchseite (innen) flach od. schwach eingedellt, bei der FrReife oft ± spreizend (selten ± aufrecht, bei *C. di*v*ulsa*, **20**) **14**
13* Schläuche zur FrReife ± auf beiden Seiten gewölbt, stets aufrecht abstehend **21**
14 Stg 2–3 mm ⌀, 3kantig, mit ± konkaven Seitenflächen. Bla (1–)2–9 mm br. Ähren einen ± dicht gedrängten Ährenstand bildend (bei *C. vulpino*i*dea*, **15**, am Grund unterbrochen zusammengesetzt), >1,5 cm br u. >3 cm lg **15**
14* Stg 1–1,5 mm ⌀, mit ebenen od. schwach konvexen Flächen. Bla (2–)4–6 mm br. Ähren zu einer oft ± lockeren, am Grund unterbrochenen Ähre zusammengesetzt, 0,5–1 cm br, wenn dichter, dann nur 2–3 cm lg. **(Artengruppe Sparrige S. – *C. muricata* agg.)** ... **17**
15 Untere Ähren etwas voneinander entfernt, Ährenstand meist etwas rispig verzweigt. Sp mit lg Grannenspitze, diese so lg wie die Sp od. etwas länger. Schläuche 2–2,7 mm lg, Schnabel ebenso lg, gelbgrün, später strohgelb, auf dem Rücken 3–4nervig. BlaScheiden am Rand quergefältelt, untere dunkelbraun, BlaSpreiten (1–)2–4 mm br. 0,30–1,00. (5–)6. Straßenböschungen, Ufer; [N U 1931] s Alp(Allg) By(MS NM Alb) Bw(Alb Keu ORh) Rh(SW) He(ORh?) Th(Bck) Nw(f N) Ns(MO) Mv(SW) Sh(M) (m-temp·c1-7OAM-(WAM) – sogr? H ⚃ Rhiz Horst).   **Fuchsartige S. – *C. vulpino*i*dea* MICHX.**
15* Ähren einen dicht gedrängten Ährenstand bildend. Sp spitz od. mit kurzer Stachelspitze. Schläuche (3,5–)4–6 mm lg, Schnabel kürzer als Schlauch, grünlich bis hell- od. rostbraun. BlaSpreiten (4–)5–9 mm br. **(Artengruppe Fuchs-S. – *C. vulpina* agg.)** **16**
16 Stg deutlich geflügelt, Flächen konkav. Bla auch trocken rein grün. Bogen des BlaHäutchens 2–5 mm hoch, breiter als hoch, stumpf (Abb. **215**/1). Farbloser Rand der BlaScheiden drüsig od. quergefältelt. Untere Scheiden schwärzlich, stark zerfasernd. TragBla der Ähren kurz, die Ährenknäuel nicht od. kaum überragend, unauffällig, steif, borstlich, mit deutlichen, braunen Öhrchen. Schläuche rostbraun, nur auf dem Rücken deutlich nervig, matt, papillös. Schnabel auf der konvexen Seite des Schlauches tief gespalten, auf der flachen, achsenzugewandten Seite nur ausgerandet. 0,30–0,80. 5–7. Nasse, zeitweilig auch überflutete Wiesen, Röhrichte, Großseggenriede, bes. an verlandenden Gewässerufern, auch Tagebaue, nährstoffanspruchsvoll; z Alp(Amm Chm Kch) By Bw Rh He Nw Th Sa An Bb Ns(h Elb) Mv Sh, ungenügend von **16*** unterschieden, noch deutlicher seltener als diese? (sm-temp·c2-7 EUR-WAS – sogr H ⚃ Rhiz Horst – L9 T6 F8= Rx N5 – V Car. elat., V Phragm., V Agrop.-Rum. – früher StreuPfl – 68).   **Fuchs-S. – *C. vulp*i*na* L.**
16* Stg undeutlich geflügelt, Flächen fast eben. Bla trocken graugrün. Bogen des BlaHäutchens (7–)10–15 mm hoch, höher als br, spitz (Abb. **215**/2). Farbloser Scheidenrand weder drüsig noch quergefältelt. Untere Scheiden hellbraun, kaum zerfasernd. TragBla so lg wie die Ährenknäuel od. deutlich länger, oft schlaff, mit unauffälligen blassen Öhrchen. Schläuche grünlich bis hellbraun, auch auf der Innenseite deutlich nervig, lackglänzend, glatt. Schnabel beiderseits gleich tief gespalten. 0,30–0,80. 5–7. Sickernasse Wiesen u. Weiden, Großseggenriede, feuchte Rud.: Straßengräben; Brackwasserröhrichte, Binnensalzstellen, Erlen-Eschen-AuenW, salztolerant, nährstoffanspruchsvoll; v An, z By Bw Rh He Nw Th(f Hrz)

Bb Ns(v N) Mv(v N) Sh, s Alp(Allg) Sa (m-temp·c1-7EUR-WAS-ZSIB – igr H/He ♃ Rhiz Horst – WaA Sa langlebig – L6 T6 F8 R7 N6 – V Car. elat., V Agrop.-Rum., V Alno-Ulm.). [*C. nemorosa* auct., *C. cuprina* auct.] **Falsche Fuchs-S., Hain-S. – *C. otrubae* Podp.**
17 (14) Schläuche bei der Reife im unteren Drittel schwammig-korkig verdickt u. fein längsfaltig, vom oberen Teil durch eine ± deutliche Querrille getrennt, 4,5–6,5 mm lg, allmählich in den 1,5 mm lg Schnabel verschmälert. Bogen des BlaHäutchens spitz, 2–4mal so hoch wie br. Ährenstand 2–4(–5) cm lg. Ähren dicht gedrängt, selten die unterste abgerückt. Bla u. Teile (Sp, TragBla) des GesamtBlüStands (Ährenstand) oft ± rötlich bis violett überhaucht. Rinde älterer Wurzeln beim Ankratzen meist dunkel violett. 0,20–0,60(–0,90). 5–7. Mäßig frische bis mäßig feuchte Wiesen u. Weiden, Silikatmagerrasen, Rud.: Wegränder, Bahndämme; Waldschläge, Gebüschsäume, kalkmeidend; v Bw(s SW) He Th Sa An Ns, z Alp By Rh(h ORh) Nw Bb Mv Sh(s M) (sm/mo-temp·c1-6EUR-WSIB, [N] sm-temp·c1-3OAM – igr? H ♃ Rhiz Horst – KlA – L7 T5 F4 R6? N4? – K Mol.-Arrh., O Atrop., O Orig. – 58). [*C. contigua* Hoppe] **Dichtährige S. – *C. spicata* Huds.**
17* Schläuche kaum schwammig-korkig verdickt. BlaHäutchenbogen mäßig spitz, ± stumpf, weniger als 2mal so hoch wie br od. breiter. Pfl nicht rötlich-violett überhaucht. Wurzelrinde braun **18**
18 Ährenstand (1,5–)2–3 cm lg, ± dicht od. die untersten 3–4 Ährenknäuel 0,2–1 cm entfernt, unterste Ähren ± spreizend. Sp der ♀ Ähren ohne od. mit schmalem Hautrand. Schläuche meist br eifg, am Grund ± abgerundet. BlaHäutchenbogen etwas höher als br (Abb. **215**/3). **19**
18* Ährenstand (3–)4–10(–20) cm lg, am Grund ± stark aufgelockert, die untersten 3 Ährenknäuel 1–4 cm entfernt, unterste Ähren ± aufrecht od. etwas spreizend. Sp der ♀ Ähren mit ± deutlichem Hautrand. Schläuche eifg bis lanzettlich, am Grund ± verschmälert. BlaHäutchenbogen so br wie hoch od. etwas breiter (Abb. **215**/4). **20**
19 Schläuche 3,5–4(–4,5) mm lg, am Rand deutlich geflügelt, ziemlich plötzlich in den kurzen Schnabel verschmälert, grünlich bis bräunlich, heller u. länger als die dunkel- bis rotbraunen Sp. Stg oben stark rau. 0,30–0,60(–1,00). 4–7. Mäßig trockne bis mäßig frische lichte Wälder, Waldwege, -schläge, -ränder, Rud.: Bahnanlagen, Straßenränder, basenhold; h Bw He Th Sa An, v Alp By(h NM) Rh Nw, z Bb Mv, s Ns Sh, Verbr. in D ungenau bekannt, oft mit **19*** verwechselt, diese wahrscheinlich häufiger (sm/mo-temp·c2-6EUR-WAS – igr H ♃ Rhiz Horst – KlA – L7 T6 F4 R6? N6 – O Atrop., O Orig., O Fag. – 56). [*C. muricata* subsp. *cesanensis* A.M. Molina et al.] **Sparrige S. – *C. muricata* L. s. str.**
19* Schläuche (2,8–)3–3,5(–3.6) mm lg, am Rand undeutlich geflügelt, allmählich in den Schnabel verschmälert, unreif wie die Sp gelblich bis hellbraun, reif braun (± so lg wie die Sp). Stg oben wenig rau. 0,30–0,60. 5–8. Mäßig trockne bis mäßig frische, lichte Wälder, Waldwegen, Waldschläge, -ränder, Rud., kalkmeidend; v Th Sa, z By(v NW Alb, s MS NM) Bw(v Alb) Rh He Nw(MW SW) An(S, s N) Mv(v MW), s Ns(v S, z O) Bb Sh, Verbr. in D ungenau bekannt (sm/mo-temp·c1-5EUR-(WAS) – igr H ♃ Rhiz Horst – O Atrop., O Orig., O Fag. – 58). [*C. muricata* subsp. *lamprocarpa* Čelak., *C. muricata* subsp. *pairae* (F.W. Schultz) Čelak.] **Paira-S. – *C. pairae* F.W. Schultz**
20 (18) TragBla der untersten Ähre meist ansehnlich, fast so lg wie der Ährenstand, Ährenstand 5–10(–20) cm lg, die untersten Ährenknäuel (1–)2–4(–5) cm voneinander entfernt, wenigblütig, unterste Ähren ± rundlich, aufrecht. ♀ Sp fast farblos mit sehr br Hautrand. Schläuche 3,5–4(–4,5) mm lg, hell- bis gelblichbraun, angedrückt od. schräg abstehend. Bla 2–3 mm br. BlaHäutchenbogen so hoch wie br. 0,20–0,60. 5–8. Mäßig trockne bis frische lichte LaubW u. Gebüsche, Gebüschränder, Waldschläge, Rud.: Straßenränder, Bahnanlagen, an Weinbergmauern, kalkmeidend; z Bw(ORh), s Rh(ORh SW) He(MW O) Nw(?SO MW) Ns(S), [N] Sa(W: Leipzig), oft mit **20*** verwechselt, diese häufiger (m/mo-stemp·c1-6EUR-(WAS)?, [N] AUST – igr H ♃ Rhiz Horst – L6 T6 F5 R5? N6 – O Atrop., O Orig., O Fag.). **Unterbrochenährige S. – *C. divulsa* Stokes**
20* TragBla der untersten Ähre spelzenfg od. pfriemlich (dann oft länger als seine Ähre, aber nicht die Länge des Ährenstands erreichend). Ährenstand (3–)4–6(–8) cm lg, die unteren Ährenknäuel (0,5–)1–2(–2,5) cm voneinander entfernt, unterste Ähren ± elliptisch, etwas spreizend. ♀ Sp grünlich bis gelbbraun mit ± br Hautrand. Schläuche (4–)4,5–4,8(–5) mm

lg, dunkelbraun, ± spreizend. Bla 3–4(–5) mm br. BlaHäutchenbogen breiter als hoch. 0,30–1,00. 5–6(–7). Mäßig frische bis frische lichte LaubW, Waldwege, Gebüschsäume, Parks, nährstoffanspruchsvoll; z By Bw Rh He(f W) Nw Th An Mv(f Elb) Sh(s M, f W), s Alp(Brch Chm) Sa(f Elb) Bb(M MN NO) Ns (sm/mo-temp·c1-6 EUR-WAS – igr H ♃ Rhiz Horst – O Atrop., O Orig., O Fag.). [*C. guestph*a*lica* (Rchb.) O. Lang., *C. polyph*y*lla* auct., *C. chab*e*rtii* F.W. Schultz, *C. div*u*lsa* subsp. *l*e*ersii* (Kneuck.) W. Koch, *C. cupr*i*na* (Heuff.) A. Kern., *C. n*o*rdica* A.M. Molina et al., *C. otom*a*na* A.M. Molina et al.]
Leers-S., Westfälische S. – *C. l*e*ersii* F.W. Schultz

21 (13) GrundBlaScheiden einen schwarzen Faserschopf bildend (Abb. **209**/7; bei Herbarbelegen zuweilen fehlend, Schlauchmerkmale beachten!). Schläuche rundlich-eifg, matt, mit 9–11 ± starken Nerven. Bla 2–3 mm br, meist gelbgrün, oft deutlich gekielt. Stg in der Mitte 1,5–2 mm dick. Ährenstand gedrängt rispig, 4–8 cm lg, mit fast anliegenden Ästen. Pfl dichthorstig. 0,30–0,60. 5–6. Nasse, zeitweilig überflutete Großseggenriede, extensiv genutzte Niedermoorwiesen, Erlen-BruchW, basenhold; v Mv Sh(s W), z Alp By (v S) Bw He An(f Hrz S W) Bb (v NO) Ns(f Hrz), s Rh(ORh N SW) Nw Th(Bck O) Sa(f NO) (sm/mo-b·c2-5EUR-ZSIB – igr H/He ♃ Rhiz Horst – L8 T5 F9= R9 N4 – V Car. elat., V Car. lasioc., V Aln. – VerlandungsPfl, früher StreuPfl). [*C. parado*x*a* Willd.]
Schwarzschopf-S. – *C. appropinq*u*ata* Schumach.

21* GrundBlaScheiden nicht faserig, braun bis dunkelbraun. Bla ± graugrün, ungekielt. Schläuche glänzend, schwach nervig (mit <9 undeutlichen Nerven) od. (fast) nervenlos **22**

22 Pfl kräftige, große Horste bildend. Stg sehr rau, in der Mitte 2,5–3 mm dick. Bla 3–7 mm br. Ährenstand locker rispig, mit schräg abstehenden, verlängerten Ästen (Abb. **208**/6), 5–15 cm lg. Schläuche eifg, hellbraun. Sp hautrandig. 0,40–1,00. 5–6. Nasse, zeitweilig flach überflutete Großseggenriede, Quellmoore, Erlenbrüche, Torfstiche, Gräben, basenhold, nährstoffanspruchsvoll; h Alp Sh(z W), v Rh He An Bb Ns Mv, z By Bw(h S) Nw Th(v Hrz) Sa, in Trockengebieten u. Silikatgebirgen seltener (in D subsp. *panicul*a*ta* – m/mo-temp·c1-4EUR – sogr H/He ♃ Rhiz Horst – WaA – L7 Tx F9 R6? N5 – V Car. elat., V Aln. – VerlandungsPfl, früher StreuPfl – 64). **Rispen-S. – *C. panicul*a*ta* L.**

22* Pfl lockerrasig od. lockerhorstig. Stg ± rau, in der Mitte 1–1,5 mm dick. Bla 1–2(–2,5) mm br, rinnig. Ährenstand ährig, nur am Grund rispig, 1–5 cm lg. Schläuche kuglig-eifg, kastanienbraun. Sp schmal hautrandig. 0,20–0,60. 5–6. Nasse, zeitweilig flach überflutete Zwischen- u. Niedermoore, Schlenken, alte Torfstiche, Kleinseggenriede; z Alp(f Krw Kch Mng) By(† N) Bw(f NW ORh) Mv(f Elb) Sh, s Rh(N ORh) He(f SO SW) Nw(f N, † SO SW) Th(Wld Rho) Sa(SW) An(f Hrz S W) Bb(f SW) Ns, ↘ (austrNEUSEEL-sm/mo-b·c2-7CIRCPOL – sogr H/G/He ♃ uAuslRhiz – WiA – L8 T6? F9= R6 N3 – V Car. lasioc. – früher StreuPfl). [*C. teretiu*s*cula* Gooden.] **Draht-S. – *C. diandra* Schrank**

23 (11) Schläuche ± deutlich geflügelt (**Artengruppe Hasenpfoten-S. – *C. lepor*i*na* agg.**) **24**

Es wurden auch in D noch nicht nachgewiesene nordamerikanische Arten des *C. lepor*i*na* agg. (*Carex* sect. *Ovales* Kunth) berücksichtigt. Diese Arten treten in benachbarten Ländern in jüngster Zeit vermehrt als neophytische Taxa in Erscheinung u. ihr (künftiges) Auftreten in D ist als sehr wahrscheinlich anzunehmen. Hierbei sind besonders die Merkmale der (reifen) Schläuche u. ♀ Sp für die sichere Bestimmung relevant.

23* Schläuche ungeflügelt (ausgenommen die zuweilen schwach geflügelten Schnäbel!) ... **29**
24 Sp der ♀ Blü wenigstens in der Mitte der Ähren so lg wie die Schläuche, die Schnäbel ± verdeckend, 3,4–5 mm lg, länglich, spitz. Schläuche 4–5,5 × 1–2 mm. Bla kürzer als der Stg, 2–4 mm br. Ähren (5–)6(–9), ± etwas locker gedrängt, eifg (Abb. **208**/5). 0,20–0,60. 6–7. Wechselfeuchte bis staunasse Wiesen u. Weiden, Magerrasen, Kleinseggenriede, an Wegen (Trittrasen) u. Gräben, Waldschläge, kalkmeidend; g Sa, h Alp He Nw Th An(z SO W) Ns, v By Bw Rh Bb Mv Sh, in Kalk- u. Trockengebieten seltener (m/mo-b·c1-5EUR-(WSIB)-(WAM), [N] OAM, AUST – igr H ♃ Rhiz Horst – auch InB? – Sa langlebig – L7 Tx F7~ R3 N3 – O Nard., V Cynos., O Atrop. – 66). [*C. ov*a*lis* Gooden.]
Hasenpfoten-S. – *C. lepor*i*na* L.

24* Sp der ♀ Blü wenigstens in der Mitte der Ähren kürzer als die Schläuche, an der Spitze schmaler als die Schnäbel u. diese nicht verdeckend. Stg meist ± mit einigen bis vielen LaubBla, diese ± so lg wie der Stg **25**

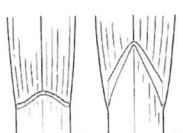 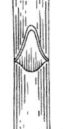 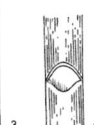

Carex vulpina   C. otrubae   C. muricata   C. polyphylla

25 Stg bis oben ± dicht u. gleichmäßig beblättert, Bla palmblattartig abstehend, 3–5 mm br. Schläuche 6–9 × (1,5–)2–2,5 mm. Ähren 12–28 × 3,5–7 mm, unten verschmälert, oben spitz, spindelfg. ♀ Sp 4–5 mm lg, länglich eifg, spitz. 0,40–1,00. 6–7. Feuchte bis nasse Wiesen, Ufer; [N U] s He (sm-temp·c3-5OAM, [N] temp·c1-3EUR).
Palmblatt-S. – *C. muskingumensis* SCHWEIN.
25* Stg oben mit einigen wenigen LaubBla, wenn zahlreich (bei *C. crist̲atella*, **27**) dann Bla nicht palmblattartig abstehend. Schläuche meist <2 mm br u. <6(–6,8) mm lg **26**
26 Schläuche nicht bis zum Grund geflügelt, Flügel ± schmal: 0,1–0,2 mm br (mehrere prüfen!) **27**
26* Schläuche bis zum Grund ± deutlich geflügelt, Flügel breiter: 0,2–0,6 mm br **28**
27 Schnabel u. oberer Teil des Schlauches ± spreizend od. in einem Winkel von 80° od. größer zurückgebogen, Schläuche 2,7–4 × 1–1,7 mm. Ähren kugelfg, 4–8 × 4–8 mm, dicht od. etwas locker gedrängt. ♀ Sp 1,6–2,3 mm lg, lanzettlich, spitz od. ± stumpflich. Bla 3–7,5 mm br. 0,30–1,00. 6–7. Feuchte bis nasse Wiesen, Ufer, Gräben; [N U] s He (sm-temp·c2-5OAM, [N] temp·c2EUR). **Schopfige-S. – *C. cristatella* BRITTON et A. BR.**
27* Schnabel u. oberer Teil des Schlauches ± aufrecht, Schläuche 3,4–4,1(–4,7) × 0,9–1,3 mm. Ähren eifg od. br eifg, 8–10 × 4,5–5,5 mm, ± dicht gedrängt. ♀ Sp 3–3,8 mm lg, lanzettlich, spitz u. mit kurzer Stachelspitze. Bla 1–3(–4) mm br. 0,25–0,60(–0,85). 5–6. Feuchte bis nasse Plätze, oft im Wasser stehend, auch Störstellen, Talsperren im Bergland; [N U] z Nw(SO) s Ns(N: Bremen) (temp-(b)·c2-6AM, [N] temp·c1-3EUR – H ♃ Rhiz Horst).
Crawford-S. – *C. crawfordii* FERNALD
28 (26) Schläuche (2,5–)2,8–4 mal so lg wie br, 4,2–6(–6,8) × 1,2–2 mm, lanzettlich od. elliptisch. Ähren elliptisch, 7–16 × 3–9(–13) mm, ± gedrängt. ♀ Sp 3,4–4 mm lg, lanzettlich, lg zugespitzt. Bla 1,4–3,5 mm br. 0,20–1,00. 5–6. Wechselfeuchte bis nasse Wiesen, Ufer, kalkmeidend; (sm-temp·c2-6AM, [N] temp·c1-3EUR, AUST).
Spitze Besen-S. – *C. scoparia* WILLD.
28* Schläuche 1,9–2,5 mal so lg wie br, 2,3–3,8 × (1–)1,2–2 mm, eifg od. elliptisch. Ähren eifg bis kugelfg, 4–10 × 3–7 mm, ± dicht gedrängt, oft überlappend. ♀ Sp 2,5–3,5 mm lg, lanzettlich, ± spitz. Bla 1,7–4,2 mm br. 0,20–0,90. 6–7. Feuchte bis nasse Wiesen, Flussufer, Straßengräben u. -ränder, ± basenhold; (temp-b·c2-6AM, [N] (temp)+b·c2-4EUR). [*C. tribuloides* var. *bebbii* L.H. BAILEY] **Bebb-S. – *C. bebbii* (L.H. BAILEY) FERNALD**
29 (23) Schläuche br eifg od. elliptisch; Schnabel kurz, schwach ausgerandet od. ± fehlend **30**
29* Schläuche lanzettlich; Schnabel lg, deutlich 2zähnig (bei *C. elongata*, **34***, Zähne sehr kurz, ± stark ausgerandet) **33**
30 Ähren 3–4(–6), alle dichtstehend, die unteren deutlich überlappend. Schläuche graubraun, plötzlich in den kurzen Schnabel zusammengezogen. Sp hellbraun (selten rötlich-braun), br hautrandig, etwas zugespitzt, ihre schmale Spitze stumpflich. Bla graugrün. 0,15–0,30. 5–6. Nasse, zeitweise auch austrocknende Zwischenmoorschlenken; s Alp(Allg Amm Chm Mng) By(S NO, † MS), † Bw(SO) Ns(NW: Esterwegen) Sh(M: Lauenburg), ↘ (temp-b·c4-6EUR-SIB+(AM) – sogr? H ♃ Rhiz Horst – WiA WaA Licht-Kältekeimer – L8 T5? F9= R4? N3 – V Car. lasioc.). **Schlenken-S. – *C. heleonastes* L. f.**
30* Ähren 3–8(–10), die unteren od. alle etwas entfernt, einander nicht od. nur wenig überlappend **31**
31 Ähren eifg, ∞blütig, 5–8(–10) mm lg. Sp grauweißlich, spitz. Schläuche hellgrün, undeutlich nervig. Schnabel auf der Rückseite nicht aufgeschlitzt. Bla graugrün. 0,20–0,45. 5–6.

Feuchte bis staunasse Nieder- u. Quellmoore, Silikatmagerrasen, Kleinseggenriede, verlandende Ufer oligotropher Tümpel u. Seen, Waldsümpfe, Birkenbrüche, Torfstiche, kalkmeidend; h Sa, v Alp Nw Th Bb Ns Mv Sh, z By Bw Rh He(h NW) An(h Hrz), in Trocken- u. Kalkgebieten seltener, ↘ (antarct+austr/moAM+AUST+trop/moOAS+sm/mo-arct·c1-7-CIRCPOL – sogr H ⚃ Rhiz Horst – WiA WaA – L7 T4 F9 R4 N2 – V Car. nigr., V Aln.). [*C. curta* GOODEN.] **Grau-S. – *C. canescens* L**

31* Ähren fast kuglig, armblütig, kaum 5 mm lg, die unteren stärker entfernt. Schläuche zuletzt braun, deutlich nervig **32**
32 Sp braun od. dunkelbraun, zugespitzt, hell hautrandig, ♀ außerdem stachelspitzig. Reife Schläuche ± aufrecht od. etwas schräg abstehend, Schnabel auf der Rückseite längs geschlitzt. Bla grasgrün. 0,15–0,40(–0,70). 7–8. Subalp. feuchte bis staunasse Nieder- u. Zwischenmoore, Quellsümpfe, Silikatmagerrasen, Wälder, kalkmeidend; s Alp(Allg Amm Chm Mng), † By(?S: Allmannshauser Filz, als subsp. *vitilis*) Bw(SW: Feldberg), ↘ (sm/alp-arct·c2-7 CIRCPOL – sogr? H ⚃ Rhiz Horst – WiA – L9 T2 F9~ R3 N1 – O Car. nigr., V Nard.). [*C. canescens* subsp. *brunnescens* (PERS.) ASCH. et GRAEBN., inkl. *C. brunnescens* subsp. *vitilis* (FR.) KALELA] **Bräunliche S. – *C. brunnescens* (PERS.) POIR.**
32* Sp weißlich, abgerundet stumpf. Reife Schläuche ± spreizend, ungeschnäbelt, ungeschlitzt. Bla kürzer als die Stg, hellgrün. 0,20–0,40. 6–7. Hochmoore, kalkmeidend; s By(NO: Marktredwitz) † Ns(NW: Bourtanger Moor bei Rhede) (temp-b·c3-7CIRCPOL – sogr? H ⚃ Rhiz Horst – WiA – L8 T3 F9 R3 N1 – O Car. nigr.). ⓣ **Lolch-S. – *C. loliacea* L.**
33 **(29)** Stg bis oben beblättert, schlaff, zuletzt überhängend. Ähren 6–9, untere oft weit entfernt, ihre TragBla laubblattartig, sehr lg, die StgSpitze überragend. Schläuche aufrecht, länglich-eifg, innen flach, außen gewölbt, weißlichgrün. 0,30–0,60. 6–7. Feuchte bis sickernasse Eschen- u. ErlenW, BuchenmischW, Erlenbrüche, Quellfluren, an Waldbächen u. feuchten Waldwegen, nährstoffanspruchsvoll; g Rh(v ORh) He Nw, h Bw Th Ns(z N) Sh, v Alp By Sa An(g Hrz, z SO N) Bb Mv (in D subsp. *remota*) – m/mo-temp·c1-5EURAS – igr H ⚃ Rhiz Horst – WaA Sa langlebig Licht-Kältekeimer – L3 T5 F8 Rx Nx – O Fag., bes. V Alno-Ulm., V Card.- Mont.). **Winkel-S. – *C. remota* L.**
33* Stg nur unten beblättert. Ähren ± genähert. TragBla meist spelzenartig, zuweilen das unterste mit laubiger Spitze, doch selten die StgSpitze überragend **34**
34 Bla 1–2 mm br, grasgrün bis dunkelgrün, starr, kürzer als der stumpf 3kantige, nur oberwärts raue Stg. Ähren 3–5, wenig entfernt, mit je 5–7 ♀ Blü. Schläuche innen flach, außen gewölbt, sternfg spreizend. 0,10–0,40. 5–7. Sicker- bis staunasse Nieder- u. Zwischenmoore, Kleinseggenriede, arme Feuchtwiesen, Waldverlichtungen, an Waldwegen, kalkmeidend; h Alp, v He Sa, z By Bw Rh Nw Th An(h Hrz, f SO) Bb Ns(h Hrz) Mv Sh, ↘ (in D subsp. *echinata* – sm/mo-b·c1-5EUR+OAM – igr H ⚃ Rhiz Horst – WaA VdA KlA BohrFr – L8 Tx F8~ R3 N2 – V Car. nigr., V Junc. acutifl., V Junc. squarr., V Calth. – 58). [*C. stellulata* GOODEN.] **Stern-S., Igel-S. – *C. echinata* MURRAY**
34* Bla 2–5 mm br, hell- bis gelbgrün, schlaff, so lg wie der scharf 3kantige Stg. Ähren 8–12, genähert, ∞(bis über 20)blütig. Schläuche innen schwach, außen stark gewölbt, zuletzt die Sp weit überragend. 0,30–0,70. 5–6. Staunasse, zeitweilig auch flach überflutete Erlenbrüche, Waldsümpfe, Ufer von Waldtümpeln, Weidengebüsche, Kleinseggenriede; v Sa An(s SO) Bb Ns(s N) Mv Sh(s W), z By(s Alb) Bw(s Alb SW) Rh He(s W MW) Nw Th, s Alp (sm/mo-temp·c2-5EUR-ZSIB – igr H ⚃ Rhiz Horst – WiA WaA – L4 T6 F9~ R7 N6 – V Aln., V Alno-Ulm., V Car. nigr.) **Langährige S. – *C. elongata* L.**

Schlüssel D: Verschiedenährige Seggen

[N U lokal]: **Morgenstern-S. – *C. grayi* J. CAREY:** Pfl horstig od. lockerhorstig, mit kurzen Ausläufern, BlüStand oft ± gedrängt, 1 ♂ Ähre, 1–3 ♀ Ähren, kuglig, dicht 8–35blütig, ihre TragBla, 2–7 mm br, meist lg als der BlüStand. Schläuche morgensternartig nach allen Seiten ausgebreitet, 12–20 × 4–8 mm, rhombisch-eifg, aufgeblasen, grün, reif gelbbraun, deutlich 16–25nervig, allmählich in den 1,5–3 mm lg 2zähnigen Schnabel verschmälert, Narben 3. Bla hellgrün, 4–15 mm br. 0,25–0,80(–1,10). 5–8. Frische bis nasse Rud.: Waldsäume u. LaubmischW, meist in Nähe von Garten- u. Parkanlagen in Siedlungsnähe; [N U] s By(N NM) He(SO) Ns(O: Braudel) Nw Sa(W) An(S O) Bb(MN M SW), [N?] s Rh(ORh: Rehbachtal) (sm/mo-temp·c1-4 OAM). [N U lokal]: **Japan-S. – *C. morrowii* BOOTT:** Pfl horstig, BlaScheiden kastanienbraun, oft zerfasernd. 1 ♂ Ähre, 2–5 ♀ Ähren, dichtblütig, zylindrisch, die unteren mit 10–50 mm lg, aufrechten u. ± steifen Stiel, ihre TragBla laubblattartig, kürzer als der BlüStand, mit lg, etwas aufgeblasener Scheide.

Schläuche 3–3,5 mm lg, eifg, deutlich 7–8nervig, plötzlich in den lg, rauen 2zähnigen Schnabel verschmälert, dieser etwas zurückgebogen, Narben 3. Bla tiefgrün od. cremefarben längsgestreift (Sorte 'Variegata'), ± glänzend, sehr steif, am Rand rau. 0,20–0,40(–0,50). 4–5. Frische bis feuchte Rud.: Waldsäume u. LaubmischW, gestörte Erlenbruchwälder, meist in Nähe von Garten- u. Parkanlagen in Siedlungsnähe; [N U] By(NM) Bw, [N U?] Nw(SO): Duisburg-Mühlheimer Wald (sm/mo-temp·c1-4OAS).

1	Narben 2, Schläuche ± flach (mehrere Blü untersuchen!)	2
1*	Narben 3, Schläuche ± rundlich bis 3kantig, selten ± plankonvex (bei *C. atrata* agg., **16***, *C. hordeistichos*, **48** u. *C. secalina*, **48***)	12
2	Bla Spreiten haarfg, 0,2–0,5 mm br. Stg stumpf 3kantig, glatt. TragBla kurz, etwas scheidig. ♀ Ähren 1–2, 3–10blütig, 1–2 cm lg, fast sitzend. Schläuche an den Kanten fein borstig behaart, allmählich in den 2zähnigen Schnabel verschmälert. Sp dunkelpurpurn mit hellem Mittelstreif u. weißem Hautrand. 0,10–0,30. 5–8. Alp. trockne Steinrasen, Felsen, alpennahe Schotteralluvionen, kalkstet; h Alp, z By(S: Isar, Windach) (sm-stemp//salp·c3-4 EUR – igr H ♃ Rhiz Horst – KlA – L9 T3 F3 R9 N1? – V Potent. caul., V Sesl. – 36).	
	Stachelspitzige S. – ***C. mucronata*** ALL.	
2*	Bla Spreiten flach od. gefaltet (selten, bei *C. trinervis*, **8**, borstlich gefaltet), (1–)2–10 mm br. Stg scharf 3kantig, oben meist ± rau (selten glatt). Untere TragBla laubblattartig. ♀ Ähren ∞blütig. Schläuche kahl, oft ± papillös, mit kurzem aufgesetzten u. an der Spitze gestutzten od. schwach ausgeranderten Schnabel	3
3	Pfl sehr dichthorstig (oft ± große Bulte bildend), ohne Ausläufer. BlüStg am Grund nur spreitenlose, ± netzfasrige Scheiden tragend (Abb. **209**/6; selten am Grund mit spreitentragenden, nicht zerfasernden Scheiden: *C. nigra*, **9**, horstige Form ohne Ausläufer), darüber einige LaubBla u. daneben ∞ kurze, halmlose BlaTriebe. BlaRand beim Trocknen zurückrollend (selten einwärtsrollend). ♀ Ähren sitzend od. mit kurzem, aufrechtem Stiel	4
3*	Pfl lockerrasig (*C. buekii*, **6**, meist lockerhorstig), meist mit Ausläufern. BlüStg (außer *C. buekii*, **6**) am Grund mit spreitentragenden, nicht zerfasernden Scheiden. BlaRand beim Trocknen zurück- od. einwärtsrollend. ♀ Ähren sitzend, mit kurzem, aufrechten Stiel od. ± lg gestielt u. etwas überhängend	6
4	BlaRand beim Trocknen einwärtsrollend, BlaSpreiten oseits matter als useits, Spaltöffnungen (Lupe!) auf der BlaOSeite. Horstige Form (ohne lg Ausläufer) von	
	C. nigra, s. 9	
4*	BlaRand beim Trocknen zurückrollend, BlaSpreiten useits matter als oseits, Spaltöffnungen auf der BlaUSeite	5
5	Untere BlaScheiden hell gelbbraun. Stg kräftig, steif aufrecht, nur oberwärts rau. Bla (2–)3–5 (–6) mm br. Pfl graugrün. ♂ Ähren 1–2(–3). Unterste ♀ Ähre 30–50(–60) mm lg. Schläuche (2,5–)3–4 mm lg. ♀ Sp schwarzbraun mit grünem Mittelstreif. Wurzeln nicht dicht weißhaarig. (0,30–)0,45–1,20. 4–5. Grund- od. staunasse Großseggenriede im Verlandungsbereich stehender od. langsam fließender Gewässer, Niedermoore, Feuchtwiesenbrachen, Erlenbrüche, Weidengebüsche; v Alp Sa Bb Mv Sh(SO O M), z By Bw(h S ORh) Rh He(f NW W) Nw Th An Ns, ↘ (sm/mo-b·c1-4EUR – sogr H/He ♃ Rhiz Horst – WaA – L8 Tx F10~ Rx N5 – V Car. elat., V Car. lasioc., V Mol., V Aln. – Verlandungs- u. früher StreuPfl.).	
	Steife S. – ***C. elata*** ALL.	

Hybride 5 × 9: *C. ×turfosa* FR.: intermediär, Spaltöffnungen auf beiden BlaSeiten (5: BlaUSeite, 9: BlaOSeite), Pfl lockere Horste bildend (5: dicht horstig (meist ± bultig), 9: meist lockerrasig mit lg Ausläufern, selten horstig), Ligula 3–5 mm br, ± stumpf bis etwas spitz (5: 5–13 mm br, ± spitz, 9: 1–3 mm br, ± stumpf, fast rund), ♀ Ähren 4,5–5,5 mm br (5: 5–7 mm br, 9: (2–)4–5 mm br); s–z meiste Bdl, besonders im N). [*C. stricta* GOODEN]

1	Bla 4–5(–6) mm br. Schläuche meist deutlich 5–7nervig. Sp der ♀ Blü abgerundet od. zugespitzt. (0,30–)0,45–1,20. Grund- od. staunasse Großseggenriede im Verlandungsbereich stehender od. langsam fließender Gewässer, Erlenbrüche, Weidengebüsche, nährstoffanspruchsvoll; Verbr. in D wie Art (sm/mo-temp·c1-4EUR – V Car. elat., V Car. lasioc., V Mol., V Aln. – 76). subsp. ***elata***
1*	Bla 2–3,5(–5) mm br. Schläuche undeutlich nervig od. nervenlos. Sp der ♀ Blü deutlich zugespitzt. (0,30–)0,45–0,80. Grund- od. staunasse Großseggenriede im Verlandungsbereich stehender od. langsam fließender Gewässer, Niedermoore, Feuchtwiesenbrachen, mäßig nährstoffanspruchsvoll; Verbr. in D ungenügend bekannt! s Ns(O: Meetschow, Prezelle) Bb(M: Beeskow, Egsdorf NO: Wotzensee) Mv(MW: Kritzow), † Sa(NW: Bienitz b. Leipzig) ((sm)-temp-b·c4-6 EURAS – V Car. elat., V Car. lasioc.). [*C. omskiana* MEINSH.] subsp. ***omskiana*** (MEINSH.) JALAS

5* Untere BlaScheiden rot- bis dunkelbraun od. schwarzpurpurn (selten hellbraun). Stg schlanker u. schlaffer, bis zum Grund rau. Bla 1–3(–4) mm br. Pfl hell- bis gelblichgrün. ♂ Ähre stets nur 1. Unterste ♀ Ähre 10–20(–30) mm lg. Schläuche 2–2,5 mm lg. ♀ Sp schwarz mit schmalem grünen od. rotbraunem Mittelstreif, oft etwas hautrandig. Schläuche ± nervenlos. Wurzeln dicht weißhaarig. 0,25–0,50(–0,80). 5–6. Feuchte bis staunasse, meist extensiv genutzte Wiesen u. -brachen, Großseggenriede, Erlenbrüche, kalkmeidend; z By(f O) Bw(f ORh) Rh(N) Th(f Hrz NW O) An(f Hrz) Bb Mv Sh, s He(SW) Sa(f SO NO) Ns(f Hrz), † Nw(MW), ↘ (in D subsp. *cespitosa* – sm/mo-b·c3-7EURAS – sogr H/He ♃ Rhiz Horst -L6 T6? F9= R6? N4? – V Car. elat., V Car. lasioc., V Calth., V Aln.
 Rasen-S. – *C. cespitosa* L.
 Hybride 5* × 9: *C.* ×*bolina* O. Lang. [*C.* ×*peraffinis* Appel]: intermediär, Spaltöffnungen auf beiden BlaSeiten (5*: BlaUSeite, 9: BlaOSeite), untere BlaScheiden ± netzfasrig, rötlich (5*: netzfasrig, rot- bis dunkelbraun od. dunkelbraun, 9: nicht od. ± selten zerfasernd, hellbraun bis rotbraun), Pfl horstig od. etwas lockerer mit kurzen Ausläufern (5*: dicht horstig, 9: meist rasig mit ± lg Ausläufern, selten horstig), Schläuche ± halbrundlich, nervenlos bis etwas nervig (5*: halbrundlich od. br elliptisch, nervenlos, 9: eifg bis verkehrteifg, ± schwach nervig); z meiste Bdl – 78).

6 (3) BlüStg am Grund nur mit spreitenlosen Scheiden, nur über diesen einige LaubBla; daneben ∞ halmlose BlaTriebe mit sehr stark netzfasrigen, rot- bis schwarzbraunen Grundscheiden (Abb. 209/6). ♂ Ähren 1–3. ♀ Ähren 3–5, die oberen fast sitzend, 4–10 cm lg, 4 mm ⌀, sehr dichtblütig. Unterstes TragBla meist kürzer als der Ähren stand. Bla 4–10(–11) mm br, weich, ± aufrecht, meist grün (seltener graugrün). Schläuche 2–2,5 mm lg, eifg, außen gewölbt, innen flach, nervenlos. 0,50–0,90(–1,20). 5. Sickernasse, waldnahe Großseggenriede in Fluss- u. Bachauen, nährstoffanspruchsvoll; s By(f S) Sa(SO SW W) An(Elb) Bb(Elb: Mühlberg M: Oder), [N] Sh(SW: Hamburg), ↘ (sm-stemp·c4-7EUR – sogr H/He ♃ uAusl Rhiz – L8 T6? F8 R8? N6? – V Car. elat., V Alno-Ulm.).
 Banater S. – *C. buekii* Wimm.
6* BlüStg am Grund mit gut entwickelten LaubBla. GrundBlaScheiden nicht netzfasrig 7
7 ♂ Ähre stets nur 1. ♀ Ähren 2–3, kurz eifg od. eifg-zylindrisch (bis 1,5 cm lg), aufrecht, ± sitzend. Unterstes TragBla sehr kurz, laubblattartig, kürzer als der BlüStand, oft nur so lg wie seine Ähre, steif, am Grund meist schwarz geöhrt, übrige TragBla spelzenartig. Stg derb, starr aufrecht. Bla 4–6 mm br, starr, plötzlich in die Spitze verschmälert, oft sichelförmig gekrümmt, graugrün. Schläuche 2,5–3,5 mm lg, br elliptisch, außen stark gewölbt, innen flach, nervenlos. 0,10–0,25. 6–7. Subalp. frische Silikatmagerrasen, kalkmeidend; s An(Hrz: Brocken), † Ns(Hrz, ob je?) (temp-b//alp·c1-5EUR–sogr H/He ♃ uAuslRhiz – L8 T3? F5? R1? N3 – V Nard.). [*C. rigida* Gooden. n. inval., *C. bigelowii* subsp. *rigida* W. Schultze-Motel]
 Starre S. – *C. dacica* Heuff.
7* ♂ Ähren 1–3, zylindrisch (meist >1,5 cm lg; bei *C. trinervis*, 8 u. *C. nigra*, 9, die oberen, selten auch die unterste, zuweilen kürzer), aufrecht od. etwas überhängend, fast sitzend od. gestielt. Schläuche (außer bei *C. aquatilis*, 10) ± nervig. Unterstes TragBla stets u. das zweite fast stets mit dtl. laubblattartiger Spreite, die Spitze des Ährenstandes meist erreichend 8
8 Stg ganz glatt. Bla 1–2(–3) mm br, borstlich gefaltet, beim Trocknen die Ränder einwärtsrollend, graugrün, BlaSpitze deutlich 3kantig. ♀ Ähren 2–3, dichtstehend, aufrecht, fast sitzend. Schläuche 3–4 mm lg, außen gewölbt, innen flach, auf den Flächen deutlich 3nervig. 0,20–0,30(–0,50). 6–7. Frische bis wechselnasse Kleinseggenriede u. Röhrichte in Küstendünentälern, kalkmeidend; s Ns(N: Spiekeroog, Langeoog, Borkum), † Sh(W: Sylt?), ↘ (sm-temp·c1EUR – igr? H/He ♃ uAusl+Rhiz – L9 T6? F9 R3? N2? – V Car. nigr.). [*C. frisica* H. Koch, *C. acuta* var. *trinervis* (Degl.) Jess.]
 Dreinervige S. – *C. trinervis* Degl.
8* Stg wenigstens oberwärts rau. Bla (1–)3–9 mm br, beim Trocknen die Ränder einwärts- od. zurückrollend, BlaSpitze nicht 3kantig. Schläuche 2–3,5 mm lg, kaum nervig 9
9 ♂ Ähren 1(–2). ♀ Ähren fast sitzend, aufrecht, kurz, (7–)10–40(–50) mm lg. Schläuche 2,5–3 mm lg, außen gewölbt, innen flach, länger als die stumpfen Sp. Stg nur oberwärts rau. Bla 1–5 mm br, graugrün, Spaltöffnungen auf der BlaOSeite, trocken am Rand einwärtsgerollt. Unterstes TragBla etwas kürzer od. etwas länger als der Ährenstand, 0,05–0,25(–0,70). 5–6. Staunasse Nieder- u. Zwischenmoore, feuchte Streuwiesen u. Magerrasen, an Bächen u. Gräben, kalkmeidend; h Alp He Nw Th Sa Ns Sh, v By Bw Rh An(s SO)

Bb Mv, ↘, sehr variable Art! (in D subsp. *nigra* – sm/mo-b·c1-5EUR-WSIB+(OAM) – teiligr H/G ♃ uAusl+Rhiz – WaA – Sa langlebig Kältekeimer – L8 Tx F8~ R3 N2 – K Scheuchz.-Car., O Mol. 84). [*C. goodenowii* J. GAY, *C. vulgaris* FR., *C. fusca* auct.]
Wiesen-S., Braun-S. – *C. nigra* (L.) REICHARD

Hybride s. 5 u. **5*** – Hybride **9** × **11**: *C.* ×*elytroides* FR.: intermediär, Spaltöffnungen auf beiden BlaSeiten (**9**: BlaOSeite, **11**: BlaUSeite), unterstes TragBla ± so lg od. etwas länger als der Ährenstand (**9**: meist kürzer od. etwas länger, **11**: meist deutlich länger), ♀ Sp deutlich schmaler als die Schläuche, zuweilen schmal hautrandig (**9**: ± so br od. etwas schmaler, meist etwas hautrandig, **11**: deutlich schmaler, ohne Hautrand, oft an der Spitze etwas eingerollt); z alle Bdl.

9* ♂ Ähren (1–)2–4. ♀ Ähren fast sitzend bis ± lg gestielt, (40–)50–150 mm lg. Schläuche 2–3(–3,5) mm lg, beiderseits gewölbt (± linsenfg). ♀ Sp spitz, ± so lg od. etwas kürzer als die Schläuche. Stg ± glatt od. weit herab rau. Bla 3–17 mm br, grün bis graugrün, Spaltöffnungen auf der BlaO- od. BlaUSeite, trocken am Rand einwärts- od. zurückrollend. Unterstes TragBla meist deutlich länger als der Ährenstand (selten etwas kürzer). Pfl (30–)60–150 cm hoch **10**

10 Stg⌀ mit ± ebenen Seitenflächen, beim Biegen brechend, unter dem BlüStand glatt. BlaSpreiten 3–5(–7) mm br, useits grün, glänzend, oseits graugrün, matt, einfach gefaltet bis rinnig, lange aufrecht, oft gedreht, beim Trocknen die Ränder einwärtsrollend, Spaltöffnungen auf der BlaOSeite. Untere Scheiden rot od. dunkelbraun, trocken schrumpfend. ♂ Ähren (2–)3–4. Schläuche 2–3 mm lg, ± nervenlos. Fr fast stets taub. 0,60–1,40. (5–)6–7. Nasse bis flach überflutete Großseggenriede, Verlandungsbereiche stehender Gewässer (Altwasser), lichte BruchW, kalkmeidend; z Ns(N NW), † Nw(MW: Kempen) (in D var. *aquatilis* – temp-arct·c2-7CIRCPOL – igr H/He ♃ uAusl+ Rhiz – L9 T6? F9= R7? N4? – V Car. elat. – 84). **Wasser-S. – *C. aquatilis*** WAHLENB.

10* Stg⌀ ± konkav, 3kantig, beim Biegen knickend, unter dem BlüStand bis weit herab rau. BlaSpreiten (3–)5–17 mm br, useits graugrün, matt, oseits grün, glänzend, doppelt gefaltet, früh überhängend, beim Trocknen die Ränder zurückrollend, Spaltöffnungen auf der BlaUSeite. Untere Scheiden braun, lappig zerreißend, trocken papierartig. ♂ Ähren 1–2(–3). Schläuche 2–3,5 mm lg, schwach nervig. Pfl bei häufiger Mahd zuweilen scheinbar horstig, aber mit ± lg Ausläufern! (**Artengruppe Schlank-S. – *C. acuta* agg.)** **11**

11 BlaSpreite der äußeren, >15 cm lg Bla <10 mm br. NiederBla u. äußere BlaScheiden an gut entwickelten, sterilen Trieben gewöhnlich (3–)5–10 mm br. Dickste Wurzeln an lebenden Pfl bis 2 mm dick, trocken 1–1,5(–2) mm dick. 0,30–1,20(–1,50). 5–6. Grund- od. sickernasse Wiesen u. Großseggenriede, bes. in Flutmulden u. Verlandungsbereichen fließender u. stehender Gewässer, auch AuenW, nährstoffanspruchsvoll; g Th, h Rh He Sa An Ns Sh, v By(g NM) Bw Nw Bb, z Alp Mv(h Elb) (m/mo-b·c1-5EUR-SIB – sogr H/He ♃ uAusl+Rhiz – WaA WiA – L7 T5 F9= R6 N4 – V Car. elat., V Calth., V Alno-Ulm. – Verlandungs- u. früher StreuPfl – 84). [*C. gracilis* CURTIS] **Schlanke S. – *C. acuta*** L.

Hybride s. **9** – Hybride **11** × **11***: *C.* ×*oenensis* B. WALLN.: intermediär, BlaSpreite der äußeren, >15 cm lg Bla ca. 5 mm br, NiederBla u. äußere BlaScheiden an gut entwickelten, sterilen Trieben 8–9,5(–10) mm br, dickste Wurzeln an lebenden Pfl bis 2,5(–3) mm dick, Pfl 0,75–0,90; s By(S, MS), aber zuweilen lokal gehäuft u. auch ohne die Eltern.

11* BlaSpreite der äußeren, >15 cm lg Bla an lebenden Pfl (10–)12–17 mm br, trocken (8–)10–14 mm br. NiederBla u. äußere BlaScheiden an gut entwickelten, sterilen Trieben meist 10–14 mm br. Dickste Wurzeln an lebenden Pfl 3–4 mm dick, trocken 2–3(–3,5) mm dick. 0,60–0,80(–1,00). 5–6. Feuchte bis nasse Großseggenriede, Bachränder, kalkhold; s Alp(Chm Mng) By(S MS) (sm-stemp//(mo)·c3ALP – igr? H/G ♃ uAusl+Rhiz – V Car. elat.). [*C. oenensis* auct. sensu B. WALLN. p.p., *C. oenensis* A. NEUMANN n. inval.]
Inn-S. – *C. randalpina* B. WALLN.

12 (**1**) Endähre oben ♀, am Grund ♂ (Abb. 222/3), selten an einzelnen Stg rein ♀ od. rein ♂, sehr selten nur 1ährig (bei *C. buxbaumii* agg., **15** u. *C. atrata* agg., **16**; dann mehrere BlüStg prüfen!) **13**

12* Endähre rein ♂ (selten an einzelnen Stg am Grund mit einigen wenigen ♀ Blü), zuweilen (*C. digitata*, *C. ornithopoda*, *C. ornithopodioides* u. *C. pallidula*, s. **28**, Abb. 222/5) von der obersten ♀ Seitenähre überragt **17**

13   ♀ Ähren 2–3(–4), sehr lg (bis 5 cm) gestielt, nickend bis überhängend, dunkelrotbraun, nur bis 2,5 cm lg. Unterstes TragBla mit deutlicher (4–)5–25 mm langer Scheide. Schläuche lanzettlich, allmählich in einen lg, 2zähnigen, in der oberen Hälfte wimprig gesägten Schnabel verschmälert. Pfl dichthorstig. Bla 2–4 mm br. 0,10–0,30. 6–8. Alp. bis subalp. feuchte Steinrasen, kalkmeidend; v Alp(Brch) (sm-stemp//alp·c3EUR – igr? H ♃ Rhiz Horst – L9 T1 F7 R2 N1? – V Car. bic.-atrof. – 40).   **Ruß-S. – *C. fuliginosa* SCHKUHR**
13* ♀ Ähren 1–6, sitzend od. bis 2(–3) cm lg gestielt, aufrecht od. ± nickend (bei *C. atrata*, *C. aterrima*, zur FrReife oft der gesamte Ährenstand ± überhängend, s. **16***). Unterstes TragBla ohne od. mit <4 mm lg Scheide. Schläuche elliptisch, eifg od. verkehrteifg, plötzlich in einen sehr kurzen, 2zähnigen, gestutzten od. ausgerandeten Schnabel verschmälert   14
14   Pfl lockerrasig, mit lg Ausläufern. Untere BlaScheiden netzfasrig, schwarzpurpurn. Seitenähren 2–4(–6), die unteren kurz gestielt. Sp rot- bis schwarzbraun, mit br hellem Mittelstreif, in eine kurze bis lg, grannige Spitze ausgezogen. Schläuche ± 3kantig, ± graugrün, grün od. braungrün. In den Alpen fehlend. **(Artengruppe Buxbaum-S. – *C. buxbaumii* agg.)**
   15
14* Pfl horstig, mit kurzen Ausläufern. Untere BlaScheiden höchstens schwach netzfasrig, hellbraun, rotbraun od. schwarzpurpurn. Seitenähren oft gedrängt. Sp ± schwarz, selten heller, oft mit schmalen hellem Mittelstreif, nicht in eine grannige Spitze ausgezogen. Schläuche ± zusammengedrückt (abgeflacht 3kantig), gelbbraun od. dunkel violett-schwarz bis (fast) schwarz. AlpenPfl. **(Artengruppe Geschwärzte S. – *C. atrata* agg.)**   16
15   Endähre ± keulig (selten länglich-eifg), mit ∞ ♂ Blü, 5–10 mm br. Seitenähren 2–3(–4), ± gleich groß, kuglig-ellipsoidisch, alle voneinander u. von der Endähre entfernt (Abb. **222**/3), unterste Ähre 10–25 × (5–)6–10 mm. Schläuche (2,5–)3–4,5 mm × 2–2,5 mm, weißlichgrün, zur FrReife ± gelbgrün, kaum nervig, im oberen Teil sehr grob papillös, die SpSpreite (ausgenommen die grannige Spitze) deutlich überragend, Schnabel mit spreizenden Zähnen. Unterstes TragBla den Ährenstand meist überragend. Bla grau od. graugrün. 0,30–0,70. 5–6. Nasse Streuwiesen, Großseggenriede u. Niedermoore, bes. im Verlandungsbereich stehender Gewässer u. Torfstiche, kalkhold; z Alp(Amm Wtt) Rh(ORh), s By(f NW, † Alb) Bw(S SO) Th(Bck: Alperstedt) Mv(f Elb SW), † He Bb Ns Sh, ↘, ungenügend von **15*** unterschieden, außerhalb des Alpenvorlandes seltener als diese u. oft irrtümlich angegeben (m/mo-b·c3-6EUR-WSIB+AM, [N] AUST – sogr H/G ♃ uAusl+Rhiz – Kältekeimer – L8 T6 F8= R7 N2 – O Mol., V Car. elat. – 100).
                                                           Buxbaum-S. – *C. buxbaumii* WAHLENB.
15* Endähre zylindrisch (selten schmal-keulig), mit wenigen ♂ Blü od. rein ♀, 4–5 mm br. Seitenähren (2–)3–5(–6), die oberen eifg, viel kürzer als die zylindrischen unteren, 1–3 der Endähre dicht genähert, unterste Ähre (15–)25–35 × 4–6(–7) mm. Schläuche 2–3(–3,5) mm × 1,5–2 mm, grünlich, zur FrReife braungrün, stark nervig, im oberen Teil fein papillös (Lupe!), die SpSpreite (ausgenommen die grannige Spitze) kaum überragend, Schnabel mit ± geraden Zähnen. Unterstes TragBla meist etwa so lg wie der Ährenstand. Bla rein (dunkel-)grün. 0,30–0,70. 5–6. Wechselfeuchte bis staunasse Streu- u. Moorwiesen, deren Brachen u. lichte Aufforstungen, Waldwege; z Alp(Amm Chm Wtt) By Rh(f N W) He(f MW NW W), s Bw(f NW S) Th(Wld Bck O) Sa(f Elb) An(f Hrz S W) Bb(SO M MN) Ns(MO O) Sh(O), † Nw(MW) Mv(M) Sh, ↘ (sm-temp·c3-6EUR-WAS – sogr H/G ♃ uAusl+Rhiz – L7? T6? F7~? Rx N2? – O Mol., V Car. nigr.). [*C. hartmanii* auct.]
                                                           Hartman-S. – *C. hartmaniorum* A. CAJANDER
16   (14) Ähren (1–)2–4, dicht ± kopfig gedrängt, unterste zuweilen etwas entfernt, kuglig bis eifg, 5–8(–10) mm lg, (fast) sitzend. Bla 2–4 mm br. Schläuche (2,5–)3–3,5(–4) mm lg, verkehrteifg, wie die Sp schwarz od. dunkel violett- bis braunschwarz, an den oberen Kanten meist heller u. ± deutlich rau. ♀ Sp meist deutlich kürzer als die Schläuche, zuweilen an der Spitze hautrandig. 0,05–0,20(–0,35). 7–8. Subalp. feuchte, feinschuttreiche Rasen, kalkhold; v Alp(f Chm Mng) (sm-stemp//alp·c2-4EUR – sogr? H ♃ Rhiz Horst – L9 T2 F7 R8 N4 – V Arab. caer.). [*C. nigra* ALL., non (L.) REICHARD]
                                                           Kleinblütige S. – *C. parviflora* HOST
16* Ähren (1–2)3–6, die oberen ± dicht gedrängt, die unteren etwas entfernt, eifg bis kurz zylindrisch, (8–)10–35 mm lg, gestielt u. oft nickend (selten fast sitzend). Bla 3–11 mm br. Sp schwarz, seltener dunkelbraun, ± hautrandig. Schläuche (3–)3,5–5 mm lg, eifg od. br eifg, gelbbraun, dunkel violett-schwarz od. (fast) schwarz. 0,15–0,60. 6–8. Subalp. bis alp. mäßig

frische Steinrasen, windexponierte Felskanten, sickerfrische Hochstauden- u. -grasfluren, basenhold; z Alp (m/alp+b-arct·c2-6EURAS+(GRÖNL) – sogr H ♃ kurze uAusl+Rhiz – V Elyn., V Car. davall., V Car. ferr., V Adenost., V Triset.).
Geschwärzte S., Trauer-S. – *C. atrata* L. s. l.

1   Stg ± schlank, 3kantig, oberwärts glatt. Bla 3–5 mm br. Ähren (8–)10–20 mm lg. Schläuche gelbbraun, zur FrReife oft dunkelpurpurn gesprenkelt, (3–)3,5–3,8(–4) mm lg. ♀ Sp ± lg zugespitzt, so lg od. etwas lg als die helleren Schläuche, oft hautrandig. 0,15–0,30(–0,35). Alp. mäßig frische Steinrasen, windexponierte Felskanten, Steinschutt; z Alp (m-stemp//alp+b·c2-3EUR-(WAS)+(GRÖNL) – L9 T2 F5 R6 N2 – V Elyn.).   **Geschwärzte S., Trauer-S. – *C. atrata* L. s. str.**

1*   Stg ± kräftig, scharf 3kantig, oberwärts rau. Bla 5–11 mm br. Ähren (15–)20–35 mm lg. Schläuche zur FrReife meist völlig dunkel violett-schwarz od. (fast) schwarz, (3,5–)4–5 mm lg. ♀ Sp ± spitz, deutlich od. etwas kürzer als die ± gleichfarbigen Schläuche, höchstens an der Spitze hautrandig. 0,30–0,60. Subalp. bis alp. sickerfrische Hochstauden- u. -grasfluren; z Alp(f Chm Kch), weniger häufig als 1 (in D subsp. *aterrima* – sm-temp//alp·c3-6EURAS – L9 T2 F? R7 N3? – V Car. davall., V Car. ferr., V Adenost., V Triset.). [*C. atrata* subsp. *aterrima* (HOPPE) HARTM., *C. perfusca* V.I. KRECZ.]   **Kohlschwarze S., Große Trauer-S. – *C. aterrima* HOPPE**

17 (12)   ♀ Ähren ± sitzend (bei *C. liparocarpos*, **19**, *C. umbrosa*, **25** u. *C. caryophyllea*, **25*** die unterste oft kurz gestielt), stets aufrecht. Nur 1 ♂ Ähre. Stg nur unter dem Ährenstand rau. Bla u. BlaScheiden kahl od. BlaOSeite kurzhaarig **18**

17*   Wenigstens die unteren Seitenähren deutlich gestielt (bei *C. humilis*, **26**, Stiel in das scheidige TragBla eingeschlossen, bei *C. lasiocarpa*, **32**, selten ± fast sitzend), aufrecht bis überhängend. 1–4(–5) ♂ Ähren. Stg glatt bis rau. Bla u. Scheiden meist kahl, seltener kurzhaarig od. BlaScheiden ± dicht behaart (bei *C. hirta*, **33** u. *C. atherodes*, **33***) **26**

18   Schläuche kahl, ± glänzend **19**

18*   Schläuche kurzhaarig od. ± dicht filzig **20**

19   ♀ Ähren (1–)2–3, 5–10(–15)blütig, 5–15 mm lg, ± gedrängt am Grund der ♂ Ähre, unterste ♀ Ähre ± entfernt, kurz 5–15(–35) mm lg gestielt, ihre TragBla am Grund trockenhäutig, mit 5–15 mm lg Scheide (selten nicht scheidig). Schläuche 3–4 mm lg, reif gelb- bis kastanienbraun, stark glänzend, rundlich-eifg, ± deutlich nervig. Bla 1,5–3 mm br, ± flach. Untere BlaScheiden netzfasrig. 0,10–0,35. 4–5. Kont. Steppen- u. Sandtrockenrasen, neutral-basische Böden; s Rh(ORh: Mainzer Sand) (indigen?) (in D subsp. *liparocarpos* – (m/alp)+sm/ (mo)+(stemp)·c2-5EUR – sogr H/G ♃ uAusl+Rhiz – WiA – L7 T7 F2 R7 N2 – V Fest. val.). [*C. nitida* HOST p.p., *C. verna* SCHKUHR]
                               Glänzende S., Glanz-S. – *C. liparocarpos* GAUDIN

19*   ♀ Ähren 1–3, 1–5(–7)blütig, 5–8 mm lg, dicht gedrängt am Grund der ♂ Ähre, ihre TragBla am Grund trockenhäutig, nicht scheidig. Schläuche 2,5–3(–3,5) mm lg, reif gelb- bis rotbraun, glänzend, rundlich-verkehrteifg, schwach nervig od. nervenlos. Bla (0,5–)1–1,5 mm br, ± flach, zuletzt am Rand eingerollt. Untere BlaScheiden netzfasrig. 0,05–0,20. 4–5. Felsfluren, kont. Silikat- u. reichere Sandtrockenrasen, kalkmeidend; z Rh(ORh SW) Bw(ORh: Mannheim) He(ORh SW) Th(Bck) Bb(f SO SW), † Ns(O), ↘ (in D subsp. *supina* – m/mo-stemp·c4-9EUR-WAS – sogr H/G ♃ uAusl+Rhiz – WiA – L7 T7 F2 R7 N2 – V Fest. val.).   **Niedrige S., Steppen-S. – *C. supina* WAHLENB.**

20 (18)   Unterstes TragBla laubblattartig (meist auch die übrigen), auch am Grund nicht mit trockenhäutigen Rändern, meist deutlich lg als die zugehörige Ähre **21**

20*   Alle TragBla ± trockenhäutig, höchstens mit laubiger Spitze, unterstes TragBla meist kürzer od. so lg wie die zugehörige Ähre (bei *C. umbrosa*, **25**, *C. caryophyllea*, **25***, selten etwas länger) **22**

21   Pfl ohne Ausläufer, dicht-horstig, am Grund mit Faserschopf. Stg zur FrZeit überhängend bis liegend. ♀ Ähren gedrängt, (2–)3, kurz, rundlich, dicht unter der ♂ Ähre. Unterstes TragBla ± aufrecht. Unterste BlaScheiden gelbbraun, zuweilen purpurn überlaufen. Wurzeln beim Reiben mit Baldriangeruch. Schläuche kurzhaarig. 0,10–0,30(–0,40). 5–6. Mäßig trockne bis wechselfrische Sand- u. Silikatmagerrasen, Zwergstrauchheiden, lichte Laub- u. NadelmischW, Nadelholzforste, Waldschläge u. Waldränder, kalkmeidend; h He Nw Th(z Bck) Sa Ns, v Alp By(z N NW) Bw(s Alb) Rh An(s SO) Bb Me Sh, s Kalk- u. Trockengebiete. (in D subsp. *pilulifera* – sm/mo-stemp·b·c1-4EUR – igr H ♃ Rhiz Horst – AmA VdA Sa langlebig Kältekeimer? – L5 Tx F5~ R3 N3 – V Luz.-Fag., V Querc. rob.-petr., K Nard.-Call., V Epil. ang. – 18).   **Pillen-S. – *C. pilulifera* L.**

21* Pfl mit Ausläufern, lockerrasig, ohne Faserschopf. Stg starr aufrecht. ♀ Ähren 1–2, etwas entfernt. Unterstes TragBla ± schräg od. (fast) waagerecht abstehend. Unterste BlaScheiden schwarzpurpurn. Wurzeln ohne Baldriangeruch. Schläuche dicht filzig. 0,15–0,60. 5–6. Wechseltrockne bis -feuchte Streu- u. Moorwiesen, Halbtrockenrasen, lichte AuenW, Grabenränder, basenhold; z Alp By Bw Rh He(f NW) Th(f Hrz NW O) An(s N) Ns(MO O M S), s Nw(f N, † SO) Sa(Elb W) Bb(f SO Od SW) Mv(M NO), ↘ (sm-temp·c2-6EUR-WSIB – sogr H/G ♃ uAusl – WiA – L7 T6 F7~ R9 Nx – O Mol., V Alno-Ulm., V Mesobrom. – 48).
Filz-S. – ***C. tomentosa*** L.

22 (20) Sp stumpf, br verkehrteifg, br weiß hautrandig, vorn oft fransig gewimpert. Schläuche fast kuglig, mit gestutztem, kurzem Schnabel. BlaScheiden gelbbraun. Pfl mit Ausläufern. 0,10–0,30. 4–5. Reichere Sandtrockenrasen, Zwergstrauchheiden, ärmere Halbtrockenrasen, lichte, sandige KiefernW u. -forste, mäßig trockne Rud.: Bahndämme, Sandgruben, basenhold; z Rh(ORh) He(SO ORh SW) An(f S) Bb Mv(f N), s Alp(v Wtt) By(z MS) Bw(z Alb, f Gäu SW) Nw(MW, † NO) Th(Bck: Pößneck) Sa(Elb NO W) Ns(f Hrz N) Sh(M: Schlotfeld, Reher), ↘ (sm/mo-b·c2-6EUR-WSIB – igr H/G ♃ kurze uAusl+Rhiz – AmA – L5 T5 F4 Rx N2 – V Viol. can., V Genisto-Call., V Mesobrom., V Cytis.-Pin., V Dicr.-Pin., V Eric.-Pin. – 30).
Heide-S. – ***C. ericetorum*** Pollich

22* Sp ± spitz, höchstens sehr kurz gewimpert u. ± weißrandig, wenn stumpf, dann vorn nie br weißrandig **23**

23 Unterstes TragBla ohne od. höchstens mit sehr kurzer Scheide (< 2 mm lg), die zugehörige Ähre ± sitzend. BlaSpreiten 1–3(–4) mm br **24**

23* Unterstes TragBla mit deutlicher kurzer Scheide (> 2 mm lg), die zugehörige Ähre meist ± kurz gestielt. BlaSpreiten (1–)1,5–3 mm br **25**

24 BlaSpreiten oseits kurzhaarig (Lupe!), 1–1,5(–2) mm br. Abgestorbene BlaScheiden blutrot, wenig zerfasernd. ♂ Ähre dunkelbraun. ♀ Sp dunkelrot- od. schwarzbraun. Schläuche dicht zottig, 3,5–4,5 mm lg, 1–2 mm br, ± schmal eifg. 0,10–0,30. 3–5. Lichte, mäßig trockne LaubmischW, ihre Säume, Kiefernforste, Halbtrockenrasen, Silikatmagerrasen, basenhold; h Alp v Th, z By Bw Rh He Nw(f N) An(h S), s Sa Bb(NO Od M MN) Ns(f Elb NW) Sh, in Silikatgebieten seltener, † Mv, ↘ (sm/mo-temp·c2-5EUR-(WAS+OAS) – sogr H ♃ Rhiz Horst – AmA – L5 Tx F4 R6 N3 – V Cephal.-Fag., V Carp., V Querc. pub., V Mesobrom., V Trif. med. – 38).
Berg-S. – ***C. montana*** L.

24* BlaSpreiten oseits ± kahl, höchstens etwas rau, (1,5–)2–4 mm br. Abgestorbene BlaScheiden blassbraun od. braun (selten etwas rötlich überlaufen), am Grund mit einem dichten Faserschopf. ♂ Ähre braun. ♀ Sp rotbraun. Schläuche locker kurzhaarig od. (fast) kahl, 3–3,5(–4) mm lg, 1–2,5 mm br, ± verkehrteifg. 0,30–0,60. 4–6. Lichte, trockenwarme LaubW u. LaubmischW, ihre Säume, Magerwiesen, kalkmeidend (in D bisher nicht nachgewiesen! – sm/mo-stemp·c3-5EUR – sogr H ♃ Rhiz Horst – AmA – L6 T7 F4 R5 N4 – V Carp., V Querc. pub., V Mesobrom., V Trif. med.). [*C. montana* subsp. *fritschii* (Waisb.) O. Schwarz]
Fritsch-S. – ***C. fritschii*** Waisb.

25 (23) Pfl horstig, am Grund mit dichtem Faserschopf. Grüne VorjahrsBla den BlüStg überragend, sehr ∞. Unterste TragBlaScheide (3–)4–10 mm lg. ♀ Ähren 1–3. BlüStand (1,5–)2–3 cm lg, zur FrReife ± überhängend. Sp rostbraun, grün gestreift. Unterstes TragBla zuweilen laubig. Bla schlaff, ± flach, zuletzt stark verlängert u. dann länger als der Stg,

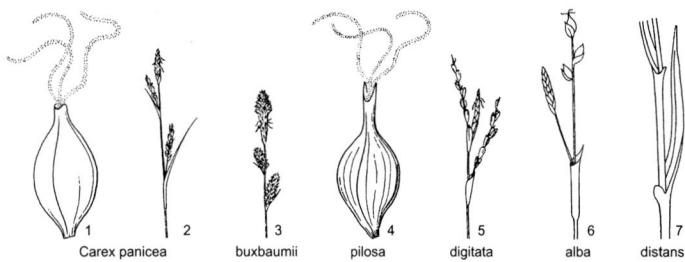

1	2	3	4	5	6	7
Carex panicea		buxbaumii	pilosa	digitata	alba	distans

(1,5–)2(–3) mm br. 0,15–0,50. 5–6. Frische LaubmischW, wechselfeuchte Streuwiesen, Silikatmagerrasen, kalkmeidend; v Alp, z By Bw Rh(f W) He Nw(SW SO, † MW NO) Th An(f Elb O), s Sa(W SW) Ns(MO S M), ↘ (in D subsp. umbro͟sa – sm/mo-stemp·c2-4EUR-(VOR-DAS) – igr H ♃ Rhiz Horst – AmA – L4 Tx F5~ R6 N4? – V Carp., V Luz.-Fag., O Nard., V Mol. – 66, 62). [*C. polyrrhiza* WALLR.] **Schatten-S. – *C. umbrosa* HOST**
25* Pfl mit kurzen Ausläufern. Bla kürzer als der BlüStand, meist zurückgekrümmt. Untere TragBlaScheide 2–5 mm lg. ♀ Ähren 2–3. BlüStand 1,5–2,5(–3,5) cm lg, ± aufrecht. Sp rost- bis gelblichbraun, grün gestreift. Bla steif, ± flach, am Grund rinnig, oft zurückgekrümmt, kürzer als der Stg, (1–)1,5–2(–3) mm br. 0,05–0,30. 4–5. Halbtrocken- u. Trockenrasen, Silikatmagerrasen, wechseltrockne Wiesen, Heiden, basenhold; h Alp Th, v By Bw Rh He Nw An, z Sa Bb Ns Mv Sh(s W) (in D subsp. *caryophyllea* – sm/mo-temp·c1-6EUR-WAS – igr H/G ♃ uAusl+Rhiz – AmA VdA Kältekeimer – L8 Tx F4 Rx N2 – O Brom. erect., V Cirs.-Brach., V Viol. can., V Mol., V Eric.-Pin.). [*C. ve͟rna* VILL. n. illeg., *C. prae͟cox* JACQ.]
Frühlings-S. – *C. caryophyllea* LATOURR.
26 (17) ♀ Ähren wenigstens zur BlüZeit fast ganz in ihre großen scheidig-häutigen TragBla eingeschlossen, nur 2–4blütig, zu 2–3 längs des ganzen, nur 3–15 cm hohen Stg verteilt. Stg zur BlüZeit die Bla überragend, später zwischen den sich stark verlängernden Bla ganz versteckt. Pfl oft ringfg Horste bildend, ausläuferlos. 0,03–0,15(–0,30). 4–5. Felsfluren, Trocken- u. Halbtrockenrasen, Trockengebüsche, TrockenW u. ihre Säume, Kiefernforste, basenhold; v Alp, z By Bw Rh He(f NW W) Th(f Hrz) Sa(W) An(s N) Ns(MO S), s Nw(f N MW, † SO) Bb(f SO SW) (in D var. *humilis* – sm-stemp·c2-7EURAS – teilfg H ♃ Rhiz Horst – AmA – L7 T6 F2 R8 N3 – K Fest.-Brom., O Querc. pub., V Eric.-Pin., V Cytis.-Pin., V Ger. sang. – 36). **Erd-S. – *C. humilis* LEYSS.**
26* ♀ Ähren aus ihrem TragBla hervortretend, mehrblütig, meist nicht auf den ganzen Stg verteilt **27**
27 ♂ Endähre von der obersten ♀ Seitenähre übertragt, daher scheinbar seitlich stehend (Abb. **222**/5). ♀ Ähren dünn, linealisch. Schläuche behaart, selten (fast) kahl **28**
27* ♂ Endähre über die ♀ Ähren hinausragend (Abb. **222**/2), wenn (bei *C. a͟lba*, **36**) zuletzt (zur FrReife) übergipfelt (Abb. **222**/6), dann Schläuche kahl **31**
28 Ährenstand 3–4(–5) cm lg. ♀ Ähren (bes. die unteren) etwas voneinander entfernt, 5–10blütig, 1,4–3 cm lg (Abb. **222**/5). Sp gezähnelt, was lg wie die Schläuche, diese ± verdeckend, blassbraun, hellbraun od. rotbraun. Untere BlaScheiden dunkelpurpurn od. etwas heller. Pfl. 0,10–0,40 m. (**Artengruppe Finger-S. – *C. digitata* agg.**) **29**
28* Ährenstand 1–2,5(–3) cm lg. Alle Ähren fast von 1 Punkt entspringend, zuletzt krallenfg gekrümmt; Ährenstand daher vogelfußähnlich. ♀ Ähren 2–6blütig, 0,5–1 cm lg. Sp nicht gezähnelt, deutlich kürzer als die Schläuche, diese nicht völlig verdeckend, gelbbraun od. schwarzpurpurn, selten kastanienbraun. Pfl meist <0,15 m (**Artengruppe Vogelfuß-S. – *C. ornithopoda* agg.**) **30**
29 Schläuche (3,4–)3,5–4,5 mm lg, der kurze Schnabel schmal kegelfg, deutlich lg als br. ♀ Sp rotbraun. Scheide des untersten TragBla rötlich od. rotbraun. Untere BlaScheiden dunkelpurpurn. 0,10–0,30. 4–5. Mäßig frische bis frische, bes. hängige Laub- u. NadelmischW, auch Fichtenforste, an Waldwegen, basenhold; h Alp, v Bw Th, z By Rh He Nw Sa(f Elb) An Bb(f Elb) Ns(f N) Mv(f Elb) Sh(s M, f W) in Silikatgebirgen seltener – (sm/mo-b· c2-5EUR-(WAS+OAS) – igr H ♃ Rhiz Horst monop – AmA – L3 Tx F5 Rx N4 – K Querc.-Fag., bes. V Cephal.-Fag., O Vacc.-Pic, V Querc. rob.-petr. – 52). **Finger-S. – *C. digitata* L.**
29* Schläuche (2,9–)3–3,5(–3,7) mm lg, der kurze Schnabel br kegelfg, höchstens so lg wie br. ♀ Sp blassbraun od. hellbraun. Scheide des untersten TragBla ± hellgrün, selten mit schwach rötlich überhauchten Bereichen. Untere BlaScheiden meist heller als bei voriger Art. 0,10–0,40. 5–6? Trockene bis mäßig frische Ränder von S-expr., hängigen Laub-, Nadel- u. NadelmischW (Waldsteppenart; oft mit **29** vergesellschaftet, aber nicht in den halbschattigen u. kühleren Bereichen wachsend; s By(MS: Isartal b.Grünwald, Baierbrunn) – Verbreitung in D ungenügend bekannt (sm/mo-b·c2-5EUR – igr H ♃ Rhiz Horst monop – AmA – L6? Tx F3? Rx N3? – K Querc.-Fag., V Eric.-Pin., V Sesl., V Cephal.-Fag., O Eric.-Pin., O Vacc.-Pic.). [*C. pa͟llens* (FRISTEDT) HARMAJA n. illeg., *C. digita͟ta* var. *pa͟llens* FRISTEDT, *C. digitata* subsp. *pallens* (FRISTEDT) TZVELEV] **Bleiche Finger-S. – *C. pallidula* HARMAJA**

30 Stg aufrecht, später etwas gekrümmt. ♀ Ähren 2–4, sehr lockerblütig, 6–10 mm lg. Sp gelbbraun, selten dunkelbraun. Schläuche 2,5–3 mm lg, behaart. 0,08–0,15. 4–7. Mäßig trockne bis mäßig frische Laub- u. KiefernmischW, Kiefernforste, Gebüsche, Halbtrockenrasen, Felsfluren, alp. Steinrasen, kalkhold; h Alp, z By Bw(v Alb Gäu ORh) Rh(ORh SW N) He(f NW W) Th(h Rho) Ns(Hrz S), s Nw(SW) An(S SO Elb) (sm/alp-temp/demo+b·c2-4EUR – igr H ♃ Rhiz Horst – AmA – L6 Tx F3 R9 N3 – V Eric.-Pin., V Querc. pub., V Berb., O Brom. erect., O Sesl.). **Vogelfuß-S. – *C. ornithopoda* WILLD.**

1 Stg oberwärts fein rau. ♀ Sp rot- bis gelbbraun, mit grünem Mittelstreif u. schmalem Hautrand. Schläuche dicht behaart, matt. 4–5. Mäßig trockne bis mäßig frische Laub- u. KiefernmischW, Kiefernforste, Gebüsche, Halbtrockenrasen, koll. bis mont. Felsfluren; Verbr. in D wie Art (sm/alp-temp/demo+b·c2-4EUR – V Eric.-Pin., V Querc. pub., V Berb., O Brom. erect. – 54). subsp. ***ornithopoda***

1* Stg fast ganz glatt. ♀ Sp dunkel kastanienbraun. Schläuche nur schwach behaart, glänzend. 6–7. Alp. bis subalp. Steinrasen; s Alp(Allg Wtt Krw Brch) (sm-stemp//salpEUR – K Sesl. – Wert der Sippe unklar, ± intermediär zw. u. mglw. Hybride aus **30** × **30*** od. deren Introgressionsprodukt). [*C. o.* var. *castanea* MURB.] subsp. ***elongata*** (LEYB.) VIERH.

30* Stg bogig überhängend. ♀ Ähren 2(–3), dichtblütig, bis 5 mm lg. Sp schwarzpurpurn. Schläuche 2–2,5 mm lg, (fast) kahl. 0,05–0,10. 7–8. Alp. feuchte Steinrasen u. schuttreiche Schneeböden, kalkstet; z Alp(f Kch Mng) (sm-stemp//alp·c3EUR – igr H ♃ Rhiz Horst – AmA – L8 T1 F6 R9 N3? – V Arab. caer., V Sesl.). [*C. ornithopoda* subsp. *ornithopodioides* (HAUSM.) NYMAN]
Alpen-Vogelfuß-S., Kahlfrüchtige Vogelfuß-S. – *C. ornithopodioides* HAUSM.

31 (27) Schläuche auf der ganzen Fläche ± behaart (bei *C. atherodes*, **33***, zuweilen fast kahl) **32**

31* Schläuche kahl, od. nur rau punktiert (bei *C. flacca*, **44**, oft ± kurzborstig) od. (bei einigen AlpenPfl) meist nur an den Kanten rau bis borstig gewimpert **34**

32 BlaSpreiten sehr schmal (1–1,5 mm br) u. lg, rinnig, graugrün, wie die Scheiden völlig kahl. Stg oberwärts unbeblättert (oft nichtblühende Bestände ohne Stg). Sp stachelspitzig od. kurz begrannt. Schnabel u. Schnabelzähne kurz. 0,30–1,00. 6–7. Staunasse, zeitweilig flach überflutete Zwischenmoore u. Hochmoorränder, Schwingrasen u. Großseggenriede im Verlandungsbereich mesotropher, stehender Gewässer, mäßig nährstoffanspruchsvoll; z Alp By Bw(f NW ORh) Sa Bb Ns Mv Sh, s Rh(f M ORh) He(ORh MW O) Nw Th(Bck Rho) An(f O S W), ↘ (in D var. *lasiocarpa* – sm/mo-b·c2-6CIRCPOL – igr H/He ♃ uAusl+Rhiz – WaA WiA – L9 T4 F9= R4 N3 – V Car. lasioc., V Car. elat. – 56). [*C. filiformis* auct.]
Faden-S. – *C. lasiocarpa* EHRH.

32* BlaSpreiten 2–7 mm br, flach, meist wie die Scheiden ± stark behaart, seltener ganze Pfl (außer Schläuchen) kahl. Stg bis oben beblättert. Sp in eine lg, oft die Länge der SpSpreite erreichende, gesägte Spitze verschmälert **33**

33 Grundscheiden schwach netzfasrig, bräunlich bis purpurrot. TragBla ± lg scheidig. Bla beidseits behaart. Schläuche gleichmäßig (meist dicht) behaart, gelbgrün. Schnabel (einschl. der ± etwas spreizenden Zähne) 1,5–2 mm lg. 0,10–0,80. 5–6. Mäßig frische bis wechselfeuchte, oft gestörte Wiesen u. Weiden, Rud.: Wegränder, Böschungen; Waldschläge, Gebüsche, nährstoffanspruchsvoll; g He Nw Th(z Wld) Sa(z SW) An Ns, h Alp Bw(z SW Alb) Rh Bb Mv Sh, v By(g NM) (sm-temp·c1-5EUR – teilig H/G ♃ uAusl+Rhiz – KlA WiA Kälteeimer? – L7 T6 F6~ Rx N5 – V Agrop.-Rum., V Conv.-Agrop., K Mol.-Arrh.).
Behaarte S. – *C. hirta* L.

33* Grundscheiden stark netzfasrig, braun bis schwarzbraun, selten purpurrot. TragBla nicht od. kaum scheidig, seltener das unterste ± lg scheidig. Bla nur useits behaart. Schläuche nur oberwärts u. auf den Nerven behaart, zuweilen fast kahl, braungrün. Schnabel (einschl. der ± stark spreizenden Zähne) 2–3,5 mm lg. 0,60–1,20(–1,50). 5–6. Nasse Wiesen, Großseggenriede; s Bb(Elb NO), † [N] Nw: angesalbt, ↘ (sm-b·c4–8 CIRCPOL – sogr H/He ♃ uAusl+Rhiz – WaA – L8 T6? F9= R7 N5 – V Car. elat.). [*C. aristata* R. BR., *C. orthostachys* C. A. MEY., *C. siegertiana* R. UECHTR.] **Grannen-S. – *C. atherodes* SPRENG.**

34 (31) BlaSpreiten am Rand lg gewimpert, etwa 1 cm br. BlüStg nur mit NiederBla, diese viel kürzer als die Bla der blütenlosen Triebe. Grundscheiden nicht netzfasrig. BlüStg nur selten vorhanden. Schnabel der Schläuche kurz, plötzlich aufgesetzt, meist kurz 2zähnig (Abb. **229**/4). 0,30–0,60. 5–6. Frische LaubmischW, selten auch NadelW, basenhold, kalk-

meidend; z Bw(f NW) He(f NW SW W), s Alp(Amm Brch Chm) By(f N NO NW) Rh(M ORh SW) Th(Wld, z Bck) Sa(SO W) An(S) Ns(S), [U] s Nw (sm/mo-temp·c3-5EUR+OAS – igr H/G ♃ uAusl+Rhiz – L4 T6 F5~ R5 N5 – V Carp., V Gal.-Fag. – 44).
Wimper-S. – *C. pilosa* Scop.

34* BlaSpreiten kahl (nur bei *C. pallescens*, **39**, meist ± kurzhaarig, dann aber nur 2–5 mm br) **35**

35 Schläuche ungeschnäbelt od. mit sehr kurzem, plötzlich aufgesetztem, gestutztem od. nur seicht ausgerandeten (nicht 2zähnigen) Schnabel (Abb. **222**/1). Unterste TragBla ± trockenhäutig od. laubblattartig (zuweilen sehr schmal, ± mit nur laubiger Spitze) **36**

35* Schläuche mit ± lg, deutlich 2zähnigem Schnabel (Abb. **233**/1–7; nur bei *C. acutiformis*, **53**, ± Schnabel an der Spitze gekerbt bzw. ausgerandet). Wenigstens die unteren TragBla stets laubblattartig, ± ansehnlich **46**

36 Alle TragBla spreitenlos, mit deutlich ausgebildeter, etwa 1 cm lg, ± etwas aufgeblasener Scheide (Abb. **222**/6), weißhäutig. Sp weißhäutig mit grünem Mittelstreif. ♀ Ähren 3–6blütig. Schläuche dunkelbraun. Pfl mit Ausläufern. 0,10–0,30. 5–6. Trockne bis mäßig frische, oft sandige bis steinige Kiefern- u. LaubmischW, Gebüsche, kalkhold; h Alp, z By(O MS S, v Alb M) Bw(v Alb, f NW Keu), s Rh(ORh) He(MW: Edersee, [N] ORh: Pfungstadt) (sm/mo-b·c-7EUR+SIB – igr H/G ♃ uAusl+Rhiz – WiA – L5 T7 F4 R8 N2 – V Eric.-Pin., V Cephal.-Fag., V Alno-Ulm., V Carp. – 54). **Weiße S. – *C. alba* Scop.**

36* Wenigstens die unteren TragBla laubblattartig (bei *C. halleriana*, **40**, selten mit nur ± laubiger Spitze) **37**

37 BlaSpreite 6–20(–25) mm br. ♀ Ähren (2,5–)3–10(–20) cm lg. Pfl 40–150 cm hoch. Bla grün **38**

37* BlaSpreite 2,5–6 mm br. ♀ Ähren 0,5–3 cm lg, wenn bis 6 cm, dann Pfl hell graugrün. Pfl (5–)8–60 cm hoch. Bla grün bis graugrün **39**

38 Sp grünlichweiß. ♀ Ähren 3–8 cm lg u. 2–3 mm ∅, lockerblütig. Schläuche ± ungeschnäbelt. BlaSpreiten 6–12 mm br. 0,40–1,00. 6–7. Feuchte bis sickernasse Erlen-EschenW, bes. in Bachauen, (halb-)schattige Quellfluren, nasse Waldwege, basenhold; z Bw(v ORh, f SO) He(f NW) Nw Ns(v S, f Elb N) Sh(SO M, v O), s Alp(Chm Mng) By(S NW) Rh Th(NW) An(Hrz: Eckertal) Mv(f Elb SW) (sm/mo-temp· c1-2EUR – igr H/G ♃ uAusl+Rhiz monop – L3 T6 F7 R7 N6 – V Alno-Ulm., V Card.- Mont. – sehr ähnlich: *C. sylvatica*, **58**, mit lg geschnäbelten Schläuchen). **Dünnährige S. – *C. strigosa* Huds.**

38* Sp rotbraun mit grünem Mittelstreif. ♀ Ähren 7–15(–20) cm × 5–7 mm ∅, dichtblütig, stark bogig überhängend. BlaSpreiten 8–20 mm br. 0,50–1,50. 5–6. Feuchte bis sickernasse Erlen- u. EschenW, SchluchtW, quellnasse od. sumpfige Waldlichtungen, an feuchten Waldwegen, basenhold, nährstoffanspruchsvoll; v Alp, z By Bw Rh He(f MW NW) Nw(f N) Th(Bck O Wld) Sa(f Elb), s An(f Elb N O) Ns(f HO) Mv(N) Sh(O SO), † Bb, im W ↗; auch ZierPfl u. verwildernd (m/mo·c1-5-temp·c1-3EUR+(WAS), [N] AUST – igr H ♃ Rhiz Horst – WiA WaA Kältekeimer? – L5 T5 F8 R6 N6 – V Alno-Ulm., V Til.-Acer., V Card.-Mont.).
(Artengruppe Hänge-S., Riesen-S. – *C. pendula* agg.)

1 Nuss eifg, am breitesten in der Mitte od. etwas darunter. Ligula weißlich, beim Trocknen bräunlich werdend, selten an den untersten Bla rötlich überhaucht. Stiel der untersten Ähre u. Internodium zwischen den beiden obersten ♀ Ähren glatt od. etwas rau, selten dtl. rau. 0,60–1,50. 5–6. Feuchte bis sickernasse Erlen- u. EschenW, SchluchtW, quellnasse od. sumpfige Waldlichtungen, an feuchten Waldwegen, basenhold, nährstoffanspruchsvoll; Verbr. in D wie Art (m/mo·c1-5-temp·c1-3EUR+(WAS), [N] AUST – igr H ♃ Rhiz Horst – WiA WaA Kältekeimer? – L5 T5 F8 R6 N6 – V Alno-Ulm., V Til.-Acer., V Card.-Mont.). [*C. maxima* Scop.]
Westliche Hänge-S., Westliche Riesen-S. – *C. pendula* Huds.

1* Nuss verkehrteifg, am breitesten unterhalb der Spitze. Ligula auffällig rot od. rötlich. Stiel der untersten Ähre u. Internodium zwischen den beiden obersten ♀ Ähren deutlich rau. 0,50–0,90. 5–6. Feuchte, nicht sickernasse Bereiche in Erlen- u. EschenW, SchluchtW, Waldlichtungen, an Waldwegen, basenhold, nährstoffanspruchsvoll, ökologische Differenzierung zu voriger noch ungenügend bekannt, aber scheinbar an weniger nassen Standorten; Verbr. in D ungenügend bekannt, (v?) Alp, (z?) By(NW: Rhön? Alb MS: Freising, h S) Bw(S SW, s ORh: Heidelberg) Ns(O MO M Hrz?) Th(Hrz? O:Gera, Waldeck) Sa(O: Lausitzer Bergld W SW: Wildenfels) An(Hrz? SO S), †? Bb(M: Spandau) (m/mo·c3-5-temp·c2-3EUR-WAS, [N] WAM – igr H ♃ Rhiz Horst – WiA WaA Kältekeimer? – L5 T5 F7? R6 N6 – O Fag., V Alno-Ulm., V Til.-Acer.). [*C. pendula* subsp. *agastachys* (L. f.) Ljungstrand, *C. mutabilis* Willd.] **Östliche Hänge-S., Östliche Riesen-S. – *C. agastachys* L. f.**

Die mögliche ökologische Differenzierung zwischen beiden nunmehr unterschiedenen Arten des *C. pendula* agg. u. ihre Verbreitung in D sind gegenwärtig unzureichend bekannt. Die Areale beider Taxa bilden eine breite Überlappungszone in Mitteleuropa. *Carex agastachys* scheint weniger feuchte Standorte zu bevorzugen. Auf letztere ist besonders im N (Bb, Ns), S (By, Bw) u. O (Sa, An) zu achten. Das Auftreten intermediärer Pfl (Introgression) od. von Hybriden ist in diesen Regionen ebenfalls zu erwarten.

39 (37) Bla zerstreut behaart, 2–3(–5) mm br, schlaff. Sp weißlich, mit grünem Mittelstreif u. br Hautrand. Schläuche länglich-eifg, stumpf, völlig schnabellos, gelbgrün. Pfl ± horstig. 0,20–0,45. 5–7. Frische bis wechselfeuchte Silikatmagerrasen, magere Wiesen, verlichtete LaubW u. Fichtenforste, Waldschläge, an Waldwegen, kalkmeidend; h Alp He Th, v By Bw Rh(g SW) Nw Sa An(z SO) Ns(g Hrz), z Bb Mv Sh (m/mo-b·c1-5EUR-WSIB+(OAM) – sogr H ♃ Rhiz Horst – AmA WiA Sa langlebig Kältekeimer? – L7 T4 F6~ R4 N3 – O Nard., C Atrop., K Mol.-Arrh – 62). **Bleich-S. – *C. pallescens* L.**
39* Bla völlig kahl 40
40 Pfl mit einer grundständigen, 10–15 cm lg gestielten ♀ Ähre, mit 2–3 ± sitzenden ♀ Ähren in der oberen StgHälfte (diese zuweilen fehlend!) u. 1 ♂ Endähre. ♀ Ähren 2–5blütig. Bla 1–5 mm br. Pfl ohne Ausläufer. 0,10–0,30. 4–5. Submed. Felsfluren u. Trockenrasen, TrockenW u. -gebüsche u. ihre Säume, kalkhold; s Bw(ORh: Istein) Rh(ORh: Münster-Sarmsheim, SW: Idar-Oberstein) (m-stemp·c2-4EUR – sogr? H ♃ Rhiz Horst – WiA – L6 T8 F3 R8 N3? – V Berb., V Ger. sang., V Xerobrom., V Querc. pub.). [*C. alpestris* All., *C. gynobasis* Vill] **Grundstielige S. – *C. halleriana* Asso**
40* Pfl ohne grundständige ♀ Ähre, alle Ähren im oberen Teil des Stg. ♀ Ähren >5blütig 41
41 ♀ u. ♂ Ähren sehr locker 6–8blütig, ♀ auf 1,5–4 cm lg, haardünnen Stielen überhängend, oberste Ähre oft mit 2–3 ♀ Blü am Grund od. an der Spitze. Bla 1–2 mm br. Pfl horstig bis ± lockerrasig, mit kurzen Ausläufern. 0,05–0,30(–0,60). 5–7. Alp. sickernasse Nieder- u. Quellmoore; h Alp, z By(S) (in D subsp. *capillaris* – m/alp-arct·c2-7CIRCPOL – igr H ♃ Rhiz Horst – WiA WaA – L8 T1 F8 R8 N2 – V Car. bic.-atrof., V Car. davall., V Sesl. – 54). [inkl. *C. capillaris* var. *major* (Drejer) Blytt, *C. chlorostachys* Steven] **Haarstiel-S. – *C. capillaris* L.**
41* Ähren ∞blütig. Pfl lockerhorstig bis rasig, mit ± lg Ausläufern 42
42 Wurzeln mit dichtem gelben Wurzelhaarfilz überzogen. BlüStg am Grund mit spreitenlosen NiederBla, darüber einige LaubBla, die viel kürzer als die der blütenlosen BlaTriebe sind. ♀ Ähren ellipsoidisch, auf sehr lg, dünnen Stielen überhängend, dichtblütig. Nur 1 ♂ Ähre ... 43
42* Wurzeln nicht dicht-filzig, ± kahl od. mit einzelnen weißen od. hellbraunen Wurzelhaaren. BlüStg am Grund mit LaubBlaBüscheln. ♀ Ähren schmal zylindrisch, aufrecht od. zuletzt nickend (Abb. **222**/2), locker- od. dichtblütig. ♂ Ähren 1–3 44
43 Bla rinnig bis gefaltet, 1–1,5(–2) mm br, graugrün. 1–2 ♀ Ähren, 1–2 cm lg. Unterstes TragBla kürzer als der Ährenstand. Schläuche stark nervig. 0,20–0,45. 6–7. Nasse bis zeitweilig flach überflutete Schlenken von Hoch- u. Zwischenmooren, auch Schwingrasen, kalkmeidend; z Alp Bw(SO S SW) Bb(f Elb SW) Mv(f Elb), s By(v S, f N) Rh(N SW) He(O: Wehrda, Großenmoor?, Zell?) Nw(MW: Overfeltrod, Hamminkeln) Th(Bck: Schlotheim Rho: Stedtlinger Moor) Sa(SW: Kranichsee) An(Hrz) Ns(Hrz NW) Sh(SO: Ratzeburg M: Owschlag), ↘ (sm/mo-b·c1-7CIRCPOL – igr H/He ♃ uAusl+Rhiz – WaA – L9 T4 F9~ R2 N2 – V Rhynch. alb. – 64). **Schlamm-S. – *C. limosa* L.**
43* Bla flach, 2–4 mm br, grasgrün. 2–3 ♀ Ähren, bis 1 cm lg. Unterstes TragBla wenigstens so lg wie der Ährenstand od. diesen überragend. Schläuche höchstens schwach nervig. 0,10–0,30. 6–8. Sicker- bis staunasse Nieder- u. Quellmoore, kalkmeidend; z Alp(Amm Brch), s By(O: BayrWald) (in D subsp. *irrigua* (Wahlenb.) Á. Löve et D. Löve – antarct+austr/moAM+sm/salp-b·c2-6CIRCPOL – igr H/He ♃ uAusl+Rhiz – L8 T3 F9 R3 N2 – V Car. nigr., V Rhynch. alb.). [*C. irrigua* (Wahlenb.) Hoppe, *C. paupercula* Michx.] **Riesel-S., Alpen-Schlamm-S. – *C. magellanica* Lam.**
44 (42) ♀ Ähren dichtblütig, meist mit einigen ♂ Blü an der Spitze, ± aufrecht, die unteren zuletzt nickend. TragBla nicht od. sehr kurz scheidig, das unterste mindestens so lg wie der Ährenstand. ♂ Ähren (1–)2(–3). Schläuche braun, reif oft dunkel violett-schwarz, nau punktiert od. kurzborstig. Pfl graugrün. 0,20–0,60. 5–7. Wechseltrockne Halbtrockenrasen, wechselfeuchte bis nasse Streuwiesen, Niedermoore u. Dünentäler, Rud.: Wegränder, Bahndämme, Tongruben; lichte Wälder, kalkhold; g Alp, h Bw He Th, v By(g NM) Rh Nw

An, z Sa Bb Ns(h Hrz S) Mv Sh – sehr variable Art! (in D wohl nur subsp. *flacca* – m/mo·c1-7-temp·c1-4 EUR-WAS, [N] OAM, AUST – igr H/G ♃ uAusl+Rhiz – WiA VdA Sa langlebig Licht-Kältekeimer – L7 Tx F6~ R8 N4 – V Mesobrom., V Mol., V Sesl., V Car. davall., V Cephal.-Fag.). [*C. glauca* Scop.] **Blaugrüne S. – *C. flacca* Schreb.**
44* ♀ Ähren lockerblütig, aufrecht. Unterstes TragBla lg scheidig, kürzer als der Ährenstand (Abb. 222/2). Nur 1 ♂ Ähre. Schläuche glatt 45
45 Pfl graugrün. ♂ Ähre aufrecht. ♀ Ähren 2–3 cm lg, walzlich (Abb. 222/2). Unterstes TragBla meist etwas lg als die zugehörige Ähre, Scheide des TragBla nicht aufgeblasen. Schläuche nervenlos od. undeutlich längsnervig, mit kurzem, bis 0,3 mm lg, dickem u. glattem Schnabel (Abb. 222/1). 0,10–0,50. 5–6. Feuchte bis sickernasse Nieder- u. Quellmoore, Weidenbrüche, Silikatmagerrasen, feuchte Küstenheiden, an Gräben u. nassen Wegen, mäßig nährstoffanspruchsvoll; h Alp He Th, v By Bw Rh Nw Sa An(z SO) Bb Ns Mv Sh (sm/mo-b·c1-5EUR-(WAS), [N] OAM – igr H/G ♃ uAusl+Rhiz – WiA Kältekeimer – L8 Tx F8~ Rx N4 – O Car. nigr., O Car. davall., V. Salic. cin., O Mol., V Junc. squarr. – 32).
Hirse-S. – *C. panicea* L.
45* Pfl grasgrün. ♀ Ähre 1–2 cm lg, länglich, am Grund sehr lockerblütig. Unterstes TragBla meist kürzer od. so lg wie die zugehörige Ähre, TragBlaScheide etwas aufgeblasen. Schläuche längsnervig, mit längerem, 0,5–1 mm lg, rauem Schnabel. 0,25–0,30. 6–7. Nieder- u. Hochmoore; s An(Hrz: Brocken) (in D var. *vaginata* – temp/mo-arct·c3-7CIRCPOL – sogr? H/G ♃ uAusl+Rhiz – L8 T3? F9 Rx N2? – V Car. bic.-atrof.). [*C. sparsiflora* (Wahlenb.) Steud.] **Scheiden-S. – *C. vaginata* Tausch**
46 (35) Mehrere ♂ Ähren an der Spitze des Stg, selten einzelne Stg mit nur 1 ♂ Ähre (mehrere Expl. prüfen!) 47
46* Nur 1 ♂ Ähre, selten einzelne Stg mit 2 ♂ Ähren 54
47 Pfl dichthorstig, ohne Ausläufer. TragBla der ♀ Ähren mit lg Scheide, den Ährenstand weit überragend. Untere ♂ Ähre sehr klein u. der oberen am Grund angedrückt. ♀ Ähren auch in der unteren StgHälfte vorhanden, 2–4mal so lg wie br. Schläuche 6–10(–12) mm lg, an den Kanten mit deutlichem rauen Kiel. Schnabelzähne ± parallel, gerade vorgestreckt (Abb. 233/1). Untere BlaScheiden unregelmäßig zerreißend. Salzliebende Arten 48
47* Pfl rasig od. lockerhorstig, mit ± lg Ausläufern. TragBla der ♀ Ähren nicht od. kurz scheidig. ♀ Ähren nur in der oberen StgHälfte, 4–10mal so lg wie br. Schläuche 4–6(–7) mm lg, an den Kanten ± glatt u. ohne Kiel. Schnabelzähne ± spreizend (Abb. 233/2–4; nur bei *C. acutiformis*, **53**, Schnabel an der Spitze ± gekerbt bzw. ausgerandet) 49
48 Stg dick, viel kürzer als die 3–5 mm br Bla. TragBla der untersten ♀ Ähre lg laubblattartig, den Ährenstand weit überragend. ♀ Ähren eifg bis walzig, 8–10 mm dick. Schläuche 4–5zeilig angeordnet, 7–10 mm lg. 0,10–0,30. 6. Wechselfeuchte bis nasse Wiesen auf schwer durchlässigen Böden, auch Salzwiesen, Grabenränder, salzbeeinflusste Rud.: Trittstellen; z Rh(ORh) An(S), s He(ORh: Nieder-Wöllstadt) Th(Bck), ↘ (m-stemp·c4-8EUR-(VORDAS) – igr H ♃ Rhiz Horst – WaA: SchwimmFr – L9 T7 F7~ R7 N5? – V Agrop.-Rum).
Gersten-S. – *C. hordeistichos* Vill.
48* Stg schlank, wenig kürzer als die 2–3 mm br Bla. TragBla der untersten ♀ Ähre den Ährenstand nicht od. kaum überragend. ♀ Ähren walzig, 6–7 mm dick. Schläuche nicht in Zeilen, 6–7 mm lg (Abb. 233/1). 0,10–0,30. 6. Trittbeeinflusste, feuchte Salzwiesen; s An(SO: Mansfelder Seen, Wanzleben, Gröningen) Th(Bck), [N U] Ns(MW: Brühl) Bb, (sm-stemp·c4-8EUR-WAS – teilgr H kurzlebig ♃ Rhiz Horst – WaA: SchwimmFr – L8 T6? F7 R? N? – V Agrop.-Rum.?). **Roggen-S. – *C. secalina* Willd. ex Wahlenb.**
49 (47) Reife Schläuche viel länger als die ± stumpflichen Sp, ± aufgeblasen (im ∅ ± rund), allmählich od. plötzlich in den Schnabel verschmälert, hell gelbgrün od. ± strohfarben 50
49* Reife Schläuche kaum länger als die meist zugespitzten Sp (mit kurzer od. lg Grannenspitze), ± stumpf 3kantig, allmählich in den Schnabel verschmälert, (oliv)grün bis bräunlich 51
50 Stg stumpf 3kantig, glatt. Bla 2–4 mm br, graugrün, ± gekielt od. rinnig, selten flach, Spaltöffnungen auf der BlaOSeite, selten einige wenige auf der USeite, Ligula 2–3 mm lg, ± stumpf. Untere BlaScheiden braun, selten rötlich überhaucht, nicht deutlich netzfasrig. Schläuche fast waagerecht abstehend, kuglig-eifg, plötzlich in den Schnabel verschmälert (Abb. 233/2). 0,30–0,70. 6. Nasse, auch länger überflutete Großseggenriede u. Schwingrasen, Ufer u. Verlandungsbereich von oligo- bis mesotrophen Gewässern,

magere Nasswiesen, BruchW, mäßig nährstoffanspruchsvoll; h Alp Sa Sh, v By Bw Rh He Nw Th Bb Ns(g Hrz) Mv, z An(h Hrz) (sm/mo-b·c1-8CIRCPOL – igr H/He ♃ uAusl+Rhiz – WaA: SchwimmFr – L9 Tx F10 R3 N3 – V Car. elat., K Scheuchz.-Car. – früher StreuPfl.). [*C. inflata* auct., *C. ampullacea* GOODEN. n. illeg.]

                                      Schnabel-S. – *C. rostrata* STOKES

Hybride 50 × 50*: *C.* ×*involuta* (BAB.) SYME: intermediär, Spaltöffnungen auf beiden BlaSeiten, Bla ± flach, grasgrün, Ligula 4–5 mm lg, ± stumpf. Schläuche br eifg, 6–7 mm lg, weniger plötzlich in den Schnabel verschmälert, schräg aufrecht bis fast waagerecht abstehend; z alle Bdl – vgl. Hybride s. **53***

Auf (Schatten-)Modifikation mit oft ± flachen, bis 20 mm br Bla u. Pfl höher, bis 1,20 m (sonstige Merkmale typisch), ist ebenfalls zu achten (aus Brandenburg als *C. rostrata* var. *latifolia* ASCH. beschrieben).

50* Stg scharf 3kantig, an den Kanten meist rau. Bla 4–8 mm br, grasgrün, ± M-fg gefaltet, selten flach, Spaltöffnungen auf der USeite, Ligula (5–)6–12 mm lg, ± spitz. Untere Bla-Scheiden rotbraun od. violettrot, deutlich netzfasrig. Schläuche schräg aufrecht, länglich-eifg bis kegelfg, allmählich in den Schnabel verschmälert (Abb. **233**/3), 0,30–0,80. 6. Nasse, zeitweilig überflutete Großseggenriede, Ufer u. Verlandungsbereiche von Seen, Tümpeln, Bächen od. Gräben, BruchW, mäßig nährstoffanspruchsvoll; h He Sa, v Bw Rh Nw Th(g Hrz) An Bb Ns Mv Sh, z Alp By (sm/mo-b·c1-8CIRCPOL – teiligr H ♃ uAusl+Rhiz – WaA: SchwimmFr – L7 T4 F9= R6 N5 – V Car. elat., O Mol. – früher StreuPfl – Hybride s. **50 – 86**).   **Blasen-S. – *C. vesicaria* L.**

51 **(49)** Sp der ♂ Ähren an der Spitze spatelfg verbreitert, mit aufgesetzter Grannenspitze. Sp der ♀ Ähren mit langer Grannenspitze, diese mindestens so lg wie die SpSpreite. Grundscheiden stark netzfasrig, braun bis schwarzbraun, selten purpurrot. Kahle Form der
                                                                             C. atherodes, s. **33***

51* Sp der ♂ Ähren (schmal) lanzettlich, stumpf bis spitz, ohne Grannenspitze. Sp der ♀ Ähren kurz zugespitzt od. mit kurzer Grannenspitze, diese viel kürzer als die SpSpreite. Grundscheiden netzfasrig, unten rötlich überlaufen od. unregelmäßig zerfallend u. unten bräunlich ... **52**

52 Stg stumpf 3kantig. Bla 2–3 mm br, am Rand zurückgerollt. ♂ Ähren schmal walzig. Schläuche ei-kegelfg, fein längsfurchig, nicht erhaben nervig (Nerven ± eingesenkt). Sp lanzettlich, dunkelpurpurn. 0,30–0,50. 5–6. Wechselfeuchte Wiesen in Flussauen; z An(SO: Saale von Naumburg bis Halle, Elb: Barby bis Tangermünde) (m-stemp·c4-10EUR-WAS – sogr H/G/ He ♃ uAusl+Rhiz – V Car. elat.). [*C. nutans* HOST]
                                       Schwarzährige S. – *C. melanostachya* WILLD.

52* Stg scharf 3kantig. Bla 4–15 mm br. ♂ Ähren dick walzig. Schläuche ± erhaben mehrnervig
   .... **53**

53 Untere BlaScheiden stark netzfasrig. BlaHäutchen spitzbogig, 1–3mal so hoch wie br. Bla mit wenigen Quernerven, (4–)7–10 mm br, allmählich zugespitzt. ♀ Ähren 20–50(–70) mm lg, 6–7(–8) mm dick, meist alle aufrecht, unterste fast sitzend bis 1(–4) cm lg gestielt. Sp der ♀ Blü 3–5 mm lg, zugespitzt, mit kurzer, ± glatter Stachelspitze. Schläuche 3,5–5 mm lg, graugrün od. graubraun, etwas abgeflacht 3kantig od. zusammengedrückt, deutlich nervig. Schnabel tief 2zähnig, ± gekerbt bzw. ausgerandet. 0,30–1,20. 6–7. Stau- od. quellnasse, zeitweilig auch überflutete Großseggenriede, Tagebaue, Röhrichte, Wiesen, Ufer, Bruch- u. AuenW, nährstoffanspruchsvoll; h Rh He Nw Th An Bb Ns Mv Sh, v By Bw Sa, s Alp(v Brch) (m/mo-temp·c1-9EUR-WAS-(OAS), [N] OAM – teiligr H/He ♃ uAusl+Rhiz – WaA – L7 Tx F9~ R7 N5 – V Car. elat., V Calth., V Mol., V Convolv., V Alno-Ulm., V Aln. – früher StreuPfl – 38, 78). [*C. paludosa* GOODEN.]
                                           Sumpf-S. – *C. acutiformis* EHRH.

53* Untere BlaScheiden häutig zerreißend. BlaHäutchen rundbogig, breiter als hoch. BlaSpreiten u. Scheiden mit ∞ Quernerven (gitternervig), Spreiten (5–)10–20(–30) mm br, plötzlich zugespitzt. ♀ Ähren (30–)50–100 mm lg, 8–12 mm dick, ± aufrecht, untere meist 5–10(–20) cm lg gestielt u. nickend. Sp der ♀ Blü 7–10 mm lg, mit lg, rau gezähnter Grannenspitze. Schläuche 5–8 mm lg, grünbraun od. gelbbraun, etwas aufgeblasen, fein nervig (Abb. **233**/4). Schnabel deutlich 2zähnig. 0,60–1,50. 6–7. Stau- od. sickernasse, zeitweilig überflutete Großseggenriede, Ufer u. Verlandungsbereich von Seen, Altwassern, Teichen u. Gräben, nasse Wiesen, lichte Erlenbrüche, nährstoffanspruchsvoll; v An Bb Ns(g Elb) Mv Sh, z Alp(Amm Brch Chm) By Bw Rh He Nw Th Sa (m-temp·c1-9EUR-WAS – igr H/He

CYPERACEAE 229

♃ uAusl+Rhiz – WaA–L7 T6 F9= R7 N4 – O Phragm., bes. V Car. elat., V Aln. – früher StreuPfl). [*C. crassa* EHRH.] **Ufer-S. – *C. riparia* CURTIS**
Hybride 50 × 53*: **C. ×*beckmanniana*** FIGERT: intermediär, der **53*** ähnlicher, Spaltöffnungen auf beiden BlaSeiten (**53***: BlaUSeite, **50**: BlaOSeite), Bla 7–10 mm br (**53***: meist 10–30 mm br, **50**: meist 2–4 mm br), Schläuche ± flach (**53***: ± stumpf 3kantig, etwas aufgeblasen, **50**: ± rundlich 3kantig, deutlich aufgeblasen); z meiste Bdl.

54 **(46)** ♀ Ähren auch in der unteren StgHälfte vorhanden, ihre TragBla (viel) länger als der Stg. ♂ Ähren nur scheinbar 1, da die 2. untere sehr klein u. der oberen am Grund angedrückt ist **48**
54* ♀ Ähren nur in der oberen StgHälfte od. TragBla kürzer als der Stg **55**
55 Obere ♀ Ähren an der Spitze des Stg doldig genähert, zu 3–6 an lg, dünnen Stielen überhängend, sehr dichtblütig, zylindrisch, 30–50(–90) × 9–12 mm. Schläuche waagerecht bis schräg rückwärts abstehend (Abb. **233**/5), vielnervig, ± abgeflacht 3kantig, reif gelbgrün bis gelbbraun. Schnabelzähne spreizend. Sp vorn gesägt, ♀ Sp blassbraun, br hautrandig, mit sehr lg u. gesägter Grannenspitze. Pfl auffallend gelbgrün. 0,40–1,00. 6–7. Nasse, zeitweilig auch überflutete Großseggenriede u. Röhrichte, Ufer u. Verlandungsbereich von Seen, Altwassern, Teichen od. Gräben, Erlenbrüche, mäßig nährstoffanspruchsvoll; v Nw Sa Bb Ns Mv Sh, z By Bw(f NW) Rh He(f NW) Th An, s Alp(Allg Kch Mng Wtt) (in D subsp. *pseudocyperus* – sm/(mo)-temp·c1-6EUR-WAS+(OAS)+OAM – igr H/He ♃ Rhiz Horst – WaA – L7 T6 F9= R6 N5 – V Car. elat., V Phragm., V Aln.).
Scheinzypergras-S. – *C. pseudocyperus* L.
55* ♀ Ähren voneinander entfernt u. oft überhängend od. sitzend bis sehr kurz gestielt u. aufrecht abstehend. Schnabelzähne (außer bei *C. distans*, **68**) ± parallel (Abb. **233**/6, 7) **56**
56 ♀ Ähren dünn gestielt, wenigstens die unterste auf dünnem, lg u. nickendem Stiel od. überhängend (bei *C. sempervirens*, **62**, mit drehrundem Stg u. bei *C. firma*, **62***, mit kurzen, flach rosettigen, starren Bla auch aufrecht). Bla hell- bis dunkelgrün, nicht graugrün **57**
56* ♀ Ähren auf ± lg, dicken, derben u. ± starr aufrechten Stielen (wenn unterste bei *C. distans*, **68** u. *C. binervis*, **68*** später geneigt, dann Bla graugrün) **63**
57 Stg in ganzer Länge beblättert, BlaSpreiten 4–11 mm br. Pfl der Ebene **58**
57* Stg nur am Grund od. höchstens im unteren Drittel beblättert. BlaSpreiten 1–4 mm br. GebirgsPfl **59**
58 Pfl horstig. Bla 4–8 mm br. ♀ Ähren sehr schlank, lockerblütig, 3–5 cm lg, alle wie die meisten Bla überhängend. Schnabel etwa so lg (2 mm) wie der nervenlose, elliptisch bis schmal verkehrteifg Schlauch, deutlich abgesetzt, mit kurzen (bis 0,5 mm lg) Zähnen (Abb. **233**/6). Sp der ♂ Ähren spitz, kurz stachelspitzig. 0,30–0,70. 5–7. Mäßig frische bis sickerfeuchte Laub- u. NadelmischW, Waldwege, Gebüsche, mäßig nährstoffanspruchsvoll; g Rh He Nw(v MW N) Th, h Alp Bw Sh, v By(g NM) Sa An(g Hrz) Ns(g MO Hrz S) Mv, z Bb (in D subsp. *sylvatica* – m/mo-temp·c1-5EURAS, [N] OAM – igr H ♃ Rhiz Horst – KIA – L2 T5 F5 R6 N5 – O Fag. – sehr ähnlich: *C. strigosa*, **38**, mit ± ungeschnäbelten Schläuchen!).
Wald-S. – *C. sylvatica* HUDS.
58* Pfl mit Ausläufern. Bla 7–11 mm br. ♀ Ähren dicker, dichtblütig, 1–3 cm lg, die unterste nickend, die übrigen wie die Bla aufrecht. Schnabel etwa halb so lg (1 mm) wie der deutlich nervige, br eifg Schlauch, allmählich in diesen übergehend, mit gleichlangen, borstenfg Zähnen. Sp der ♂ Ähre stumpf, ausgerandet (zuweilen spitz u. ± stachelspitzig). 0,60–1,00. 4–5. Quellnasse Erlenbrüche, kalkmeidend; s Rh(M: Hunsrück N: Schnee-Eifel) Nw(z SW) (sm-temp·c1EUR – igr H/G/He ♃ uAusl+Rhiz – L4 T5 F9= R5 N5? – V Aln., V Alno-Ulm. – 72). [*C. helodes* auct.] **Glatte S. – *C. laevigata* SM.**
59 **(57)** Pfl mit Ausläufern, lockerhorstig bis rasig **60**
59* Pfl ohne Ausläufer, horstig **61**
60 ♀ Ähren dick, dichtblütig (Ährenachse auch zur FrZeit nicht sichtbar), die oberen fast sitzend. Schläuche dunkel violett-schwarz, an den Kielen borstig gewimpert. ♂ Ähre ziemlich dick. Bla 2–4 mm br, untere Scheiden hellbraun. Stg 3 kantig, oben rau. 0,10–0,40. 6–8. Subalp. bis alp. sickerfeuchte Rieselfluren, Bachränder; z Alp(Allg Amm), s Bw(SW: Feldberggebiet), ↘ (sm-stemp//salp·c1-3EUR – sogr H/G ♃ uAusl+Rhiz – WiA WaA – L9 T2 F8 R8 N2? – V Car. davall. – 56). **Eis-S. – *C. frigida* ALL.**

60* ♀ Ähren schlank, meist lockerblütig, alle lg gestielt, ihre Achse meist schon zur BlüZeit sichtbar. Schläuche grün- bis rotbraun, oft etwas kurzhaarig, am Rand rau gesägt. ♂ Ähre lineal-lanzettlich, lg gestielt. Bla 1,5–2 mm br, untere Scheiden dunkelpurpurn. Stg ± stielrund, glatt. 0,30–0,60. 6–9. Subalp. mäßig frische bis frische, bes. hängige Wiesen u. Weiden, basenhold; g Alp, z By(S: Isar bis Wolfratshausen) (in D subsp. *ferruginea* – smstemp//salp·c3EUR – sogr H/G ♃ uAusl+Rhiz – KlA Licht-Kältekeimer – L8 T2 F5 R8 N4 – V Car. ferr., V Poion alp. – 40). **Rost-S.** – ***C. ferruginea*** Scop.
61 (59) Bla bis 1 mm br, borstlich gefaltet, schlaff. ♀ Ähren sehr lockerblütig, 1,5–2 cm lg, verkehrteifg, sehr lg u. dünn gestielt. Schläuche glatt. 0,15–0,40. 6–8. Mont. bis alp. feuchte, schattige, teils wasserüberrieselte Felsspalten, kalkstet; v Alp, s By(S: Beuerberg MS: Lech b. Hurlach) Bw(SW: Wehratal) (sm-stemp//salp·c2-3EUR – sogr? H ♃ Rhiz Horst – L5? T2? F7 R9 N2? – V Cystopt., V Craton. – 40). [*C. tenuis* Host]
Kurzährige S. – ***C. brachystachys*** Schrank
61* Bla <10 cm lg, 1,5–4 mm br, ± flach, steif. ♀ Ähren ± dichtblütig, höchstens am Grund lockerblütig, eifg od. zylindrisch, sehr lg gestielt bis fast sitzend. Schläuche an den Kielen rau **62**
62 Bla meist >10 cm lg, 1,5–3 mm br, ± aufrecht, wenig kürzer als der ± stielrunde Stg, wenigstens den Ährenstand erreichend. ♀ Ähren 1–2 cm lg, am Grund lockerblütig, zylindrisch, lg gestielt od. selten fast sitzend. Sp br weißhäutig berandet, zugespitzt, viel kürzer als die am Kiel borstig gewimperten, grünen Schläuche (Abb. **233**/7). 0,20–0,40. 6–8. Alp. bis mont. mäßig trockne bis frische Stein- u. Halbtrockenrasen, trockne KiefernW, basenhold; h Alp By(S, z MS: Lech u. Isar), s Bw(S-Alb), † (O: Iller) (sm/alp-stemp/dealp·c2-3EUR – igr H ♃ Rhiz Horst – KlA – L7 Tx F4 R7 N3? – K Elyn.-Sesl., V Mesobrom., V Nard., V Eric.-Pin. – 30). **Horst-S.** – ***C. sempervirens*** Vill.
62* Bla <5 cm lg u. 2–4 mm br, rosettig ausgebreitet, viel kürzer als der stumpf 3kantige Stg, nicht bis zur StgMitte reichend. ♀ Ähren 0,6–1 cm lg, dicht- u. wenigblütig, eifg, kurz gestielt od. fast sitzend. Sp nicht od. sehr schmal hell berandet, stumpf, wenig kürzer als die an den Kielen rauen Schläuche. 0,05–0,20. 6–8. Alp. mäßig trockne Steinrasen, Felsbänder, alpennahe Flussschotter, kalkhold; g Alp, z By(S) (sm-stemp//alp·c3EUR – dauergr H ♃ Rhiz Polster – WiA Licht- Kältekeimer – L9 T2 F4 R9 N2 – V Sesl. – 34). **Polster-S.** – ***C. firma*** Host
63 (56) Schläuche (7,5–)8–10 mm lg. ♀ Ähren 4–6blütig, 1–1,5 cm lg, entfernt. ♂ Ähre schmal zylindrisch, nur 2–3 mm ⌀, lockerblütig. TragBla im Ährenstand. Stg meist nicht länger als die LaubBla. 0,30–0,60. 4–5. Frische LaubmischW, basenhold; s Rh(W: Echternacherbrück, wiederentdeckt 2011) (m-stemp·c1-6EUR-VORDAS – sogr? H ♃ Rhiz Horst – L4 T7 F4 R7 N4 – V Carp. – 44). [*C. ventricosa* Curtis]
Verarmte S. – ***C. depauperata*** With.
63* Schläuche <7,5 mm lg. ♀ Ähren 6–20- od. mehrblütig. ♂ Ähre meist dicker **64**
64 ♀ Ähren voneinander entfernt od. nur 1 vorhanden. TragBla aufrecht, meist kürzer als der Ährenstand **65**
64* ♀ Ähren einander u. der ♂ Ähre genähert, nur die unterste zuweilen entfernt. TragBla ± waagerecht abstehend, länger als der Ährenstand **69**
65 Nur 1 ♀ Ähre, sehr selten 2 u. dann weit voneinander entfernt. TragBla die Ähre nicht od. wenig überragend. Scheidenmündung der BlaSpreite gegenüber fast gerade abgeschnitten od. ausgerandet. Pfl mit Ausläufern, am Grund wie die Ausläufer von den zerfallenden BlaScheiden dichtfasrig. Stg meist oben etwas rau, nur im unteren Drittel beblättert. Bla 2–4 mm br, steif. ♀ Sp zugespitzt, blassbraun od. blass gelbbraun, mit breitem grünen Mittelstreif u. weißhäutigem Rand. 0,20–0,35. 4–5. Flachgründige, skelettreiche, rasige Trockengebüschsäume; s By(S: Passau) (sm-stemp·c3-5EUR – igr H/G ♃ uAusl+Rhiz – L7 T6? F3 R6? N3? – V Ger. sang.). **Micheli-S.** – ***C. michelii*** Host
65* ♀ Ähren 2–3. TragBla der unteren Ähre diese meist überragend. BlaScheiden gegenüber der Spreite als stumpfes Häutchen über die Scheidenmündung hinaus ± stark verlängert (Abb. **222**/7). Pfl ohne od. mit kurzen Ausläufern. ♀ Sp stumpf od. stachelspitzig **66**
66 Sp nicht stachelspitzig, rostfarben, in der oberen Hälfte ± br weiß hautrandig, mit sehr schmalem grünen Mittelstreif. Bla grau- bis blaugrün, 1,5–3 mm br, zur Spitze plötzlich verschmälert. Schläuche ± plötzlich in den 0,8–1,5 mm lg Schnabel verschmälert. Schnabelzähne parallel, außen meist mit feinen Zähnchen, innen mit schmalem, ungezähntem

Hautsaum. Pfl ± lockerrasig, zuweilen mit kurzen Ausläufern. Untere BlaScheiden grünlich- bis bräunlichweiß od. gelbbraun, nie rötlich, frühzeitig stark zerfasernd. 0,25–0,45. 6–7. Feuchte bis sickernasse Niedermoore u. Streuwiesen, Feuchtheiden, Grabenränder, basenhold; h Alp, z By(f NW) Bw(f NW) Nw(v SW: Eifel), s Rh(f MRh W) He(f MW W) Th(Bck) Sa(W) An(f SO O S) Bb(M MN NO) Ns(f Elb) Mv(f Elb SW) Sh(M O), ↘ (sm/mo-b·c1-4EUR+(OAM) – igr H/G ♃ uAusl+Rhiz – L8 T5 F9 R6 N2 – V Car. davall., V Mol.).
Saum-S. – *C. hostiana* DC.
66* Sp mit zuweilen sehr kurzer Stachelspitze, diese aber mindestens entweder an ♂ od. ♀ Blü. Bla zur Spitze allmählich verschmälert 67
67 Schnabelzähne am Rand ± glatt. Schläuche etwas aufgeblasen, zur FrReife (fast) waagerecht abstehend, blassgrün, glänzend, punktiert. Bla grün od. gelbgrün, 2–5 mm br. 0,15–0,45. 5–7. Feuchte bis nasse Niedermoore u. angrenzende Wiesen, basenhold, schwach salztolerant; s Ns(N:Spiekeroog, Langeoog), ↘ (in D subsp. *punctata* – m·c1-4-temp·c1-2EUR, [N] AUST – igr H ♃ Rhiz Horst – L9 T6? F7= R7? N3? – V Armer. marit.).
Punktierte S. – *C. punctata* GAUDIN
67* Schnabelzähne am Rand rau (Lupe!). Schläuche stumpf 3kantig, zur FrReife aufrecht od. schräg aufrecht abstehend. Bla graugrün 68
68 Pfl horstig. Bla 2–4 mm br. ♀ Ähren 1–1,5(–2) cm lg. Schläuche grün, oft dunkler überlaufen, starknervig, Schnabel 0,75–1 mm lg, Schnabelzähne spreizend, außen u. innen durch feine Zähnchen rau. Untere BlaScheiden braun bis rotbraun. 0,20–0,60(–0,80). 6–7. Frische bis wechselnasse, extensiv genutzte Wiesen u. Salzwiesen, feucht-nasse Dünentäler, an Brackwasserröhrichten u. Gräben, Niedermoore, basenhold; z Alp By Bw He(f NW W) Th(f Hrz O Wld) An Mv(f Elb SW) Sh(SO O M), s Rh Nw(MW NO) Sa(SO NO W) Bb(f SW) Ns, ↘ (in D subsp. *distans* – m-temp·c1-6EUR-(WAS) – igr H ♃ Rhiz Horst – L9 T6 F6~ R8 Nx – V Mol., V Car. davall., V Armer. marit. – 70).
Entferntährige S. – *C. distans* L.
68* Pfl mit kurzen Ausläufern. Bla 3–6 mm br. ♀ Ähren (1,5–)2–3 cm lg. Schläuche zuletzt schwarzbraun, außer den scharf hervortretenden Kielen kaum nervig, Schnabel 1–1,5 mm lg, Schnabelzähne ± spreizend, außen u. innen etwas rau. Untere BlaScheiden orangebraun. 0,30–1,00. 5–6. Feuchte Heiden, kalkmeidend; s Rh(M SW N) Nw(SW, † SO) (m/mo-temp-(b)·c1-2EUR – igr H/G ♃ uAusl+Rhiz – Sa langlebig Kältekeimer? – L7 T5 F7 R1 N1? – V Eric. tetr., V Junc. acutifl.). [*C. distans* subsp. *binervis* (Sm.) HUSN.]
Zweinervige S. – *C. binervis* SM.
69 (64) Pfl graugrün. Bla 1–2(–3) mm br, oft eingerollt. BlaHäutchen parallelnervig, untere BlaScheiden orangebraun (bis rotbraun). ♀ Ähren länglich-eifg. Sp stachelspitzig, br hautrandig. Schläuche 2–3kantig, graugrün bis bräunlich, 0,10–0,30. 7–8. Feuchte bis zeitweilig überflutete, sandig-tonige Salzwiesen, Brackwassersenken, Buhnen, basenhold; z Küsten von Ns(N: Inseln) Mv Sh (austr·litAFR+m-temp·c1-6litEUR-(WAS) – igr H ♃ Rhiz Horst – L9 T6 F7= R8? N4 – V Armer. marit. – 60). **Strand-S. – *C. extensa* GOODEN.**
69* Pfl gelbgrün od. grasgrün. Bla (1–)2–5 mm br, flach od. rinnig. BlaHäutchen ohne Nerven, BlaScheiden hellbraun bis bleich. ♀ Ähren kuglig bis kurz walzig. Sp ± stumpf, nicht od. höchstens sehr schmal hautrandig. Schläuche etwas aufgeblasen, reif zitronengelb bis gelbgrün od. gelbbraun. **(Artengruppe Gelb-S. – *C. flava* agg.)** 70

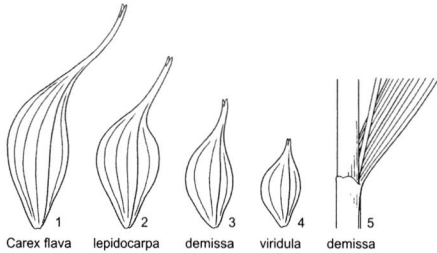

Carex flava lepidocarpa demissa viridula demissa

70 Schnabel der Schläuche wenigstens im unteren Teil der Ähre abwärts gekrümmt, selten ± gerade (bei *C. lepidocarpa*, **71***), fast so lg wie der übrige Teil des Schlauchs (Abb. 231/1, 2) **71**
70* Schnabel der Schläuche gerade, weniger als ½ so lg wie der übrige Teil des Schlauchs (Abb. 231/3, 4) **72**
71 Schläuche (4–)4,5–6(–7) mm lg, allmählich in den 2–3(–3,5) mm lg Schnabel verschmälert (Abb. 231/1). Unterstes TragBla deutlich länger als der Ährenstand, meist 1,5–5× so lg. ♀ Ähren–⌀ 8–12 mm. ♂ Ähren meist 2–7 mm, selten bis 15(–20) mm lg gestielt. Bla 3–5 mm br, der freie Teil der Ligula 0,3–1 mm lg, BlaHäutchen des obersten StgBla höher als breit, stumpf od. etwas spitz, Bla meist mehr als ⅔ der PflHöhe lg. 0,20–0,50. 5–7. Feuchte bis sickernasse Nieder- u. Quellmoore, Streuwiesen, an Gräben u. Bächen, feuchte Waldwege, basenhold; h Alp, z By Bw Rh(f MRh) He Nw(f N) Th Sa An Bb Mv Sh, s Ns(f Hrz N) (m/mo-b·c1-5EUR-(AS)-AM – igr H ♃ Rhiz Horst – KIA WaA – L8 Tx F9 R8 N2 – O Car. davall., V Car. nigr., V Mol., V Calth. – 60). [inkl. *C. flava* var. *alpina* KNEUCKER]
                                                                                      Gelb-S. – *C. flava* L. s. str.
71* Schläuche 3,5–5 mm lg, plötzlich in den (1–)1,5–2 mm lg Schnabel verschmälert (Abb. 231/2). Unterstes TragBla kürzer od. etwas länger (selten deutlich länger) als der Ährenstand, höchstens 1,5× so lg. ♀ Ähren–⌀ 7–8,5 mm. ♂ Ähren meist deutlich (5–)10–30(–40) mm lg gestielt. Bla 2–3,5 mm br, freier Teil des BlaHäutchens 0–0,3 mm lg, Bla-Häutchen des obersten StgBla viel breiter als hoch, abgerundet, Bla meist weniger als ⅔ der PflHöhe lg, selten fast so lg. 0,15–0,50. 5–6. Sickernasse, bes. offene, auch trittgestörte Nieder- u. Quellmoore, Nasswiesen, an Quellbächen u. Gräben, kalkstet; v Alp, z By Bw Rh(f MRh) He Nw(f N) Th(f Hrz) Sa(f Elb) An(f S) Bb(f Od) Mv(f Elb) Sh(f W), s Ns(f Elb), ↘ (in D nur subsp. *lepidocarpa*).– sm/mo-b·c1-5EUR+(OAM) – igr? H ♃ Rhiz Horst – KIA – L9 T5? F9 R9 N2 – V Car. bic.-atrof., V Car. davall. – 68). [*C. viridula* subsp. *brachyrrhyncha* var. *lepidocarpa* (TAUSCH) B. SCHMID]
                                              Schuppenfrüchtige Gelb-S. – *C. lepidocarpa* TAUSCH

Die systematische Zugehörigkeit einzelner Pfl, die von der typischen in D auftretenden *C. lepidocarpa* subsp. *lepidocarpa* abweichen, ist noch nicht abschließend geklärt. Die vor allem in S (Alp By(S)) u. O (Bb Mv Sa) auftretenden Pfl können morphologisch der bisher unbeachteten nordeuropäischen *C. lepidocarpa* subsp. *jemtlandica* PALMGR. zugeordnet werden. Die Zuordnung bedarf aber einer abschließenden Klärung mittels genetischen Methoden. Die subsp. *jemtlandica* erscheint dabei weniger kalkstet u. tritt auch auf weitgehend kalkfreien Böden auf, die aber reich an basischen Kationen sind. Es ist auf folgende Merkmale zu achten: Bla fast so lg od. bis ⅓ kürzer als der Stg (subsp. *lepidocarpa*: ½ so lg), TragBla der untersten ♀ Ähre länger als der BlüStand (subsp. *lepidocarpa*: so lg od. etwas kürzer), stets 1 ♂ Ähre, diese fast sitzend od. 5–10 mm lg gestielt (subsp. *lepidocarpa*: 1–2(–3), diese (5–)10–40 mm lg gestielt), Schnabel der Schläuche wenigstens im unteren Teil der Ähre nur schwach gekrümmt od. ± fast gerade, 1–2 mm lg, Schlauch fast allmählich in den Schnabel übergehend (subsp. *lepidocarpa*: ± abwärts gekrümmt, 1,5–2 mm lg, Schlauch plötzlich in den Schnabel übergehend).

72 (70) Schläuche (2–)2,5–3,5 mm lg, Schnabel 0,5–1 mm lg (Abb. 231/4). ♀ Ähren ± gedrängt, nur die unterste zuweilen abgerückt. ♂ Ähren bis 10 mm lg, meist sitzend. Bla (1–) 2–3 mm br, meist rinnig, useits ohne deutliche Mittelrippe. TragBlaScheide der Spreite gegenüber nicht od. bis 0,5 mm verlängert. Stg ± gerade. 0,05–0,20. 5–9. Wechselfeuchte bis nasse Wiesen u. Niedermoore, an See- u. Teichufern, nasse Rud.; z Alp By Rh(ORh SW N) Nw(f SW SO) Sa An(f W S, † SO) Bb(f Od) Ns Mv(f Elb) Sh, s Bw(f NW SW) He(MW O ORh) Th(Bck), ↘ (in D subsp. *viridula* – austr+m/mo-b·c1-6CIRCPOL – igr H ♃ Rhiz Horst – WiA WaA – L8 Tx F9 Rx N2 – K Scheuchz.-Car., K Litt., V Agrop.-Rum.). [*C. oederi* auct. non RETZ., inkl. *C. scandinavica* E.W. DAVIES, *C. serotina* MÉRAT, *C. derelicta* ŠTEPÁNKOVÁ]
                                                                                    Späte Gelb-S. – *C. viridula* MICHX.
72* Schläuche 3–4 mm lg, Schnabel 1–1,5 mm lg (Abb. 231/3). ♀ Ähren meist etwas voneinander entfernt u. die unterste weit (zuweilen bis zum StgGrund) abgerückt. ♂ Ähren 10–20 mm lg, meist gestielt. Bla 3–4,5 mm br, flach, useits mit deutlicher Mittelrippe. TragBlaScheide der Spreite gegenüber mindestens 1 mm zungenfg verlängert (Abb. 231/5). Stg oft bogig aufsteigend. 0,05–0,30. 5–7. Feuchte bis sickernasse Nieder- u. Quellmoore, extensiv genutzte Feuchtwiesen, Waldschläge u. -wege, Gräben, bes. auf Silikat; v He Nw Th Sa, z Alp(f Brch Krw Mng) By Bw Rh Th An Bb(f Od) Ns(f Hrz) Mv(f Elb) Sh, in Trockengebieten seltener, aber häufigste Art des *C. flava* agg., oft mit 72 verwechselt! (in D subsp. *demissa*

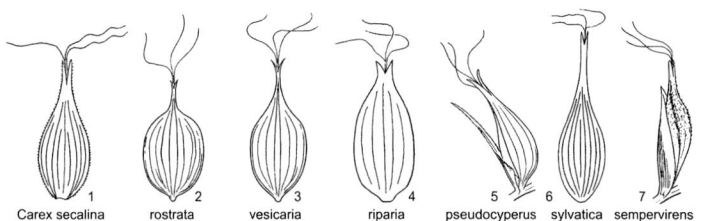

1 Carex secalina, 2 rostrata, 3 vesicaria, 4 riparia, 5 pseudocyperus, 6 sylvatica, 7 sempervirens

– sm-b·c1-4EUR+(OAM) – igr H ♃ Rhiz Horst – WaA Sa langlebig Kältekeimer – L8 Tx F9 R4 N2 – V Car. nigr., V Car. davall., V Nanocyp. – 70). [*C. tumidicarpa* ANDERSSON, *C. viridula* subsp. *oedocarpa* (ANDERSSON) B. SCHMID]

Grünliche Gelb-S. – *C. demissa* HORNEM.

Hybriden in Schlüssel B - Einährige Seggen:
C. dioica × *C. davalliana* = *C.* ×*figertii* ASCH. et GRAEBN. – s By

Hybriden zwischen Schlüssel B u. C: *C. dioica* × *C. canescens* = *C.* ×*microstachya* EHRH. – s Mv Ns Sh † (?), *C. dioica* × *C. echinata* = *C.* ×*gaudiniana* GUTHNICK – s By He Bb Ns

Hybriden in Schlüssel C - Gleichährige Seggen:

C. arenaria × *C. remota* = ? – s Mv, *C. brizoides* × *C. colchica* = ? – s Bb, *C. brizoides* × *C. leporina* = *C.* ×*filkukae* PODP. – s Bw Sa, *C. brizoides* × *C. remota* = *C.* ×*ohmuelleriana* O. LANG – s By Bw Rh An Bb, *C. vulpina* × *C. remota* = *C.* ×*axillaris* GOODEN. (?) – z By Bw Rh Th Ns, *C. otrubae* × *C. paniculata* = *C.* ×*ploegii* JAC. KOOPMAN – Ns Sh?, *C. otrubae* × *C. remota* = *C.* ×*pseudoaxillaris* K. RICHT. [*C.* ×*kneuckeriana* ZAHN] – z By Bw Rh Nw He An Ns Th Bb, *C. pairae* × *C. leporina* = ? – s Ns, *C. leersii* × *C. leporina* = ? – s Rh, *C. appropinquata* × *C. paniculata*= *C.* ×*rotae* DE NOT. [*C.* ×*solstitialis* FIGERT] – z By Bw He An Bb Ns Mv Sh, *C. appropinquata* × *C. diandra* = *C.* ×*limnogena* APPEL – s By Bw Rh Mv Sh, *C. appropinquata* × *C. canescens* = *C.* ×*schuetzeana* FIGERT – s Sh, *C. appropinquata* × *C. remota* = *C.* ×*rieseana* FIGERT – s ?, *C. paniculata* × *C. diandra* = *C.* ×*beckmannii* F.W. SCHULTZ [*C.* ×*germanica* K. RICHT.] – s By Bw He Mv Sh, *C. paniculata* × *C. canescens* = *C.* ×*ludibunda* J. GAY – s Nw An Ns Sh, *C. paniculata* × *C. remota* = *C.* ×*boenninghausiana* WEIHE – z By Rh Nw An Bb Ns Mv Sh, *C. paniculata* × *C. echinata* = *C.* ×*fussii* SIMONK. – s By, *C. leporina* × *C. remota* = *C.* ×*ilseana* RUHMER – s Bw Th Ns, *C. canescens* × *C. remota* = *C.* ×*arthuriana* BECKM. et FIGERT – s By Bw Rh Nw Sa Ns Mv, *C. canescens* × *C. echinata* = *C.* ×*biharica* SIMONK. – s An Ns, *C. remota* × *C. echinata* = *C.* ×*gerhardtii* FIGERT – s By Th Ns, *C. remota* × *C. elongata* = *C.* ×*ploettneriana* BEYER – s Bb

Hybriden in Schlüssel D - Verschiedenährige Seggen:

C. elata × *C. cespitosa* = *C.* ×*strictiformis* ALMQ. [*C.* ×*frankii* PODP.] – s Bw Sa An Bb Mv, *C. elata* × *C. nigra* = *C.* ×*turfosa* FR. – s–z By Bw Rh He An Nw Ns Mv Sh, *C. elata* × *C. acuta* = *C.* ×*prolixa* FR. – z By Bw Rh He An? Mv, *C. cespitosa* × *C. nigra* = *C.* ×*bolina* O. LANG. [*C.* ×*peraffinis* APPEL] – z By Bw He Th Sa? An Bb Ns Mv Sh, *C. cespitosa* × *C. acuta* = ? – s By Bw He Mv An?, *C. buekii* × *C. nigra* = *C.* ×*ligniciensis* FIGERT – s By † (?), *C. buekii* × *C. acuta* = *C.* ×*vratislaviensis* FIGERT – s By An † (?), *C. dacica* × *C. nigra* = *C.* ×*decolorans* WIMM. (?) – s An, *C. trinervis* × *C. nigra* = *C.* ×*timmiana* JUNGE – s Ns Sh, *C. nigra* × *C. aquatilis* = *C.* ×*hibernica* A. BENNET – s Ns, *C. nigra* × *C. acuta* = *C.* ×*elytroides* FR. – z, *C. aquatilis* × *C. acuta* = ? – s Ns, *C. acuta* × *C. randalpina* = *C.* ×*oenensis* B. WALLN. – s By, *C. acuta* × *C. acutiformis* = *C.* ×*subgracilis* DRUCE – s By Nw, *C. ericetorum* × *C. caryophyllea* = *C.* ×*sanionis* K. RICHT. – s Bw, *C. umbrosa* × *C. caryophyllea* = *C.* ×*interjecta* WAISB. – s By Th, *C. digitata* × *C. ornithopoda* = *C.* ×*dufftii* HAUSSKN. – s By Bw Th Ns, *C. lasiocarpa* × *C. rostrata* = *C.* ×*prahliana* JUNGE – s An Sh, *C. lasiocarpa* × *C. acutiformis* = *C.* ×*uechtritziana* K. RICHT. – s Bw An Bb Mv † (?), *C. lasiocarpa* × *C. riparia* = *C.* ×*evoluta* HARTM. – s By Bw He Bb Mv, *C. hirta* × *C. atherodes* = *C.* ×*walasii* CEYN.-GIELD. – s Bb, *C. hirta* × *C. rostrata* = *C.* ×*kneuckeri* P. FOURN. – ?, *C. limosa* × *C. paupercula* = *C.* ×*connectens* HOLMB. [*C.* ×*corcontica* DOMIN] – s By, *C. flacca* × *C. panicea* = *C.* ×*albertii* H. LÉV. [*C.* ×*fontis-sancti* PODP.] – Sh?, *C. flacca* × *C. pilulifera* = *C.* ×*jaegerii* F.W. SCHULTZ – s Bw Rh, *C. hostiana* × *C. vesicaria* = *C.* ×*involuta* (BAB.) SYME [*C.* ×*pannewitziana* FIGERT] – z By Bw He Nw Th An Bb Ns Mv, *C. rostrata* × *C. acutiformis* = *C.* ×*bakkerana* PLOEG et R. RUDOLPHY – s By Rh Nw Ns, *C. rostrata* × *C. riparia* = *C.* ×*beckmanniana* FIGERT [*C.* ×*superriparia* HÜBL]– z Bw Nw An Ns Sh [U] By Sa, *C. rostrata* × *C. pseudocyperus* = *C.* ×*justi-schmidtii* JUNGE – s By Bw He Bb Mv, *C. vesicaria* × *C. riparia* = *C.* ×*csomadensis* SIMONK.- s Sa (?), *C. acutiformis* × *C. riparia* = *C.* ×*sooi* JÁKUCS – s By Bw? Sa An Mv Sa, *C. hostiana* × *C. distans* = *C.* ×*muelleriana* F.W. SCHULTZ – s By Rh, *C. hostiana* × *C. flava* = *C.* ×*xanthocarpa* DEGL. – z By Bw Rh He Nw Sh Bb, *C. hostiana* × *C. lepidocarpa* = *C.* ×*leutzii* KNEUCK. – z By Bw Rh He Ns Mv Sh, *C. hostiana* × *C. viridula* = *C.* ×*appeliana* ZAHN – s By Bw Rh He? Mv, *C. hostiana* × *C. demissa* = *C.* ×*fulva* GOODEN. – s By Nw

He Mv Ns, *C. distans* × *C. extensa* = *C.* ×*tornabenei* CHIOV. – ?, *C. distans* × *C. flava* = *C.* ×*luteola* (RCHB.) SENDTN. – s By, *C. distans* × *C. lepidocarpa* = *C.* ×*binderi* PODP. [*C.* ×*gogelana* PODP.] – s By, *C. flava* × *C. lepidocarpa* = *C.* ×*pieperiana* JUNGE – z By Bw Mv Sh, *C. flava* × *C. viridula* = *C.* ×*ruedtii* KNEUCK. – s By Bw He Nw, *C. flava* × *C. demissa* = *C.* ×*alsatica* ZAHN – s By Bw Rh Nw An Mv, *C. lepidocarpa* × *C. viridula* = *C.* ×*schatzii* KNEUCK. – s By Bw Rh Nw He?, *C. lepidocarpa* × *C. demissa* = ? – s By Bw Nw Mv, *C. viridula* × *C. demissa* = ? – s By Nw Ns Mv.

Blysmus SCHULT. – Quellried (4 Arten)

1 Pfl grasgrün. Stg etwas zusammengedrückt. Bla 2–4 mm br, nicht rinnig, ± flach. BlaSpitze gezähnt, Ligula etwa so hoch wie breit. Ährchen rotbraun, zu 5–12 (Abb. **203/4**). Perigonborsten 3–6, rückwärts rau, Fr 1–2 mm lg. 0,10–0,40. 6–7. Quellnasse Wiesen u. Weiden, Quell- u. Niedermoore, feuchte Wege, kalkhold, salztolerant; h Alp, z By Bb(f SO SW) Mv Sh, s Bw(f NW) Rh(f M MRh) He(f MW NW SW) Nw Th(f Hrz O) Sa(W) An(SO N W) Ns(f Hrz), stabil nur noch in Jungpleistozän-Landschaften S- u. N-Deutschlands, sonst stark ↘ (in D subsp. *compressus* – (m/mo-temp·c2-6EUR-WAS-(OAS) – sogr hros G ♃ uAuslRhiz – WiB Vw – KlA VdA -L8 Tx F8 R8 N3 – V Armer. marit., V Agrop.-Rum., V Car. davall., V Craton.). [*Scirpus compressus* (L.) BORCKH., *S. cariciformis* VEST, *S. planifolius* GRIMM]
Plattalm-Qu., Flaches Qu. – *B. compressus* (L.) LINK

1* Pfl graugrün. Stg stielrund. Bla 1–2 mm br, ungekielt, rinnig, BlaSpitze glatt, Ligula höher als breit. Ährchen kastanienbraun, zu 3–6. Perigonborsten fehlend od. 0–3(–6), ± aufwärts weichhaarig, Fr 3–4 mm lg. 0,10–0,25. 6–8. Feuchte Salzwiesen; z Küsten Ns(N: Inseln) Mv Sh, † An Bb, im Binnenland stark ↘ (sm/mo-b·c5-7+litEUR-SIB+AM – sogr hros G ♃ uAuslRhiz – WiB Vw – KlA VdA – L8 T6 F7= R7 N4 – V Armer. marit.). [*Scirpus rufus* (HUDS.) SCHRAD., *Blysmopsis rufa* (HUDS.) OTENG-YEB.]
Rotbraunes Qu. – *B. rufus* (HUDS.) LINK

Scirpus L. s. str. – Simse (54 Arten)

1 Perigonborsten zweimal bis mehrmals länger als die Fr, geschlängelt, zur FrZeit zwischen den Sp herausragend, glatt od. mit wenigen rückwärtsgerichteten Zähnchen an der Spitze 2
1* Perigonborsten höchstens so lg wie die Fr od. nur wenig länger, gerade, durch rückwärtsgerichtete Zähnchen rau, zuweilen verkümmert od. fehlend 3
2 Pfl mit lg, übergebogenen, an der Spitze wurzelnden Laubsprossen. Ährchen meist einzeln, seltener zu 2–3, gestielt (Abb. **205/2**). Sp stumpf, ohne Stachelspitze. 0,40–1,00. 6–7. Sicker- bis staunasse, schlammige Ufer stehender od. fließender Gewässer, kalkmeidend; z Sa An(Elb), s By(f N NW S) Bw(S) Bb(f NO SW), † Rh Mv(NO: Loitz) Sh(SO), ↘ (sm-temp·c3-6EURAS – sogr hros H ♃ Bogen- Tr+Rhiz – WiB Vw – L7 T6 F9= R7 N6 – V Bid., V Car. elat., V Nanocyp.). **Wurzelnde S. – *S. radicans* SCHKUHR**
2* Pfl horstig, mit kurzen Laubsprossen. Ährchen meist gebüschelt, sitzend, nur wenige einzeln, zuweilen von gestielten einzelnen u. gebüschelten Ährchen überragt. Sp stumpf u. stachelspitzig od. mit br Spitze. 0,60–2,00. 6–7. Teichränder; [N 1984] s Ns(SW: Suddendorf b. Bad Bentheim) (m-temp-(b)·c1-6OAM – igr? hros H ♃ Horst – WiB).
Wollige S., Zypergras-S. – *S. cyperinus* (L.) KUNTH
3 (1) Ährchen zu 2–5 gebüschelt. Sp schwarz- bis braungrün, mit hellem Kiel u. Stachelspitze. Perigonborsten 6, gerade, rau, so lg wie die Fr. Bla (gelblich)grün, untere BlaScheiden gelbgrün bis braun. 0,30–1,00. 5–7. Sicker- bis staunasse Wiesen u. ihre Brachen, quellnasse AuenW u. Erlenbrüche, Quellmoore, Gräben, kalkmeidend; g Rh(v ORh) He Th, h Alp Bw Nw Sa An Ns Mv Sh, v By(g NM) Bb (sm/mo-b·c1-6EURAS – igr hros G/H ♃ uAuslRhizKnolle – WiB Vw – KlA WaA – L6 T5 F8 R4 N4 – V Calth., V Phragm., V Alno-Ulm., V Aln. – früher Flechtmaterial u. StreuPfl). **Wald-S., Flecht-S. – *S. sylvaticus* L.**
3* Ährchen zu 8–20 kopfig gehäuft. Sp rotbraun. Perigonborsten 1–3, nur in der oberen Hälfte rau, od. meist fehlend. Bla dunkelgrün. 0,30–1,00. 5–7. Feuchte Rasen; [N 1892] s By(NW NO) Bw(NW) Rh(MRh: Oberwinter) Nw He Sh (m/mo-temp-(b)·c2-7OAM – sogr hros G ♃ Rhiz – WiB – oft AdventivPfl – V Polyg. avic.). [*S. atrovirens* auct.].
Dunkelgrüne S. – *S. georgianus* R.M. HARPER

Hybride: *S. radicans* × *S. sylvaticus* = *S.* ×*celakovskyanus* HOLUB – s Rh Sa Bb Sh

CYPERACEAE 235

Eri̯ophorum L. – **Wollgras** (20 Arten)

1 Stg mit 1 endständigen Ährchen **2**
1* Stg mit mehreren Ährchen **3**
2 StgBla am Rand rau, mit aufgeblasener BlaScheide. Ährchen oval bis länglich, zur BlüZeit etwa 2 cm lg. Pfl horstig. ⌀ voll entwickelter Bla asymmetrisch. Stg oberwärts 3kantig. 0,30–0,60. 3–4. Torfmoosreiche Bulten von Hoch- u. Zwischenmooren, nasse Moorheiden, Kiefern- u. Birkenmoore, bes. Abbau- u. Regenerationsstadien, kalkmeidend; v Alp Sh, z By Rh(M N SW) Nw Th(f Bck NW) Sa Bb Ns Mv, s Bw(f NW ORh) He(f ORh SW) An(f SO S), ↘ (sm/mo-arct·c1-7CIRCPOL – igr hros H ♃ Rhiz Horst – WiB Vw auch gynodiözisch – WiA – L7 Tx F9~ R2 N1 – K Oxyc.-Sphagn.). **Scheidiges W. – *E. vagina̯tum*** L.
2* StgBla ganz glatt, ohne aufgeblasene BlaScheide. Ährchen kuglig od. oval, zur BlüZeit bis 1 cm lg. Pfl mit Ausläufern. ⌀ voll entwickelter Bla symmetrisch. Stg glatt, stielrund. 0,10–0,30. 6–9. Alp. Kleinseggenriede, an sommerlich meist trockenfallenden Tümpeln, kalkmeidend; z Alp (sm/alp-arct·c1-7CIRCPOL – igr hros H ♃ uAusl Rhiz – WiB Vw – WiA – L9 T2 F9= R4 N2 – V Car. nigr.). **Scheuchzer-W. – *E. scheu̯chzeri*** Hoppe
3 **(1)** Stg ± stielrund. Ährchenstiele glatt. StgBla linealisch, ⌀ rinnig, gekielt, in eine lg, 3kantige Spitze verschmälert. Oberste BlaScheiden blasig aufgetrieben. Ährchen 3–5. Pfl mit Ausläufern. 0,30–0,60. 4–5. (Hoch-), Zwischen- u. Niedermoore, bes. Initialphasen, z. B. in Tagebauen, feuchte bis nasse Kleinseggenriede u. Wiesen, Ufer oligotropher Seen, Gräben, Birkenbrüche, kalkmeidend; h Alp Sh, v He Nw Th Sa Ns Mv, z By Bw Rh An(v Hrz) Bb, ↘ (in D subsp. *angustifolium* – sm/salp-arct·c1-7CIRCPOL – igr hros He ♃ uAuslRhiz – WiB Vw auch gynodiözisch – WiA – L8 Tx F9= R4 N2 – K Scheuchz.-Car.). [*E. polysta̯chion* L. p.p.] **Schmalblättriges W. – *E. angustifo̱lium*** Honck.
3* Stg ± deutlich 3kantig. Ährchenstiele von vorwärtsgerichteten Kurzhaaren fein rau **4**
4 Pfl horstig, ohne Ausläufer. GrundBla ⌀ flach bis v-förmig, >4 mm br. StgBla schmal lanzettlich, >2 mm br, flach. Oberste BlaScheiden eng anliegend. Ährchen 5–12. 0,30–0,60. 4–6. Nieder- u. Quellmoore, nasse Binsenwiesen, kalkhold; h Alp, z By Bw Rh He Th(f Hrz) Sa(SO SW W) Mv(f Elb), s Nw(f N) An(f O) Bb(f Elb SW) Ns(Hrz S), † Sh, ↘ (sm/mo-b·c1-5EUR-(WSIB) – igr hros He ♃ RhizHorst – WiB Vw – WiA – L8 Tx F9= R4 N2 – V Car. davall. – 54). [*E. polysta̯chion* L. p. p] **Breitblättriges W. – *E. latifo̱lium*** Hoppe
4* Pfl lockerrasig, mit lg Ausläufern. GrundBla ⌀ gefaltet, 4 mm br. StgBla schmal linealisch, 2 mm br, vom Grund an 3kantig. Ährchen 3–4, fast aufrecht. 0,10–0,40. 5–6. Nasse bis flach überflutete Nieder- u. Zwischenmoore, Verlandungsbereich oligo- bis mesotropher Seen, kalkmeidend; z Bw(SO S), s Alp(Amm Allg Kch) By(S MS NM, † N NO O Alb) Nw(MW, sonst †) Bb(M NO) Ns(Hrz) Sh(M), † Rh He Th An Mv, ↘ (sm/mo-b·c3-7CIRCPOL – sogr hros He ♃ uAuslRhiz -WiB Vw – WiA – L8 T4 F9= R4 N2 – V Car. lasioc.).
Zierliches W. – *E. graci̯le* W.D.J. Koch

Hybride: *E. angustifolium* × *E. latifolium* = *E.* ×*intermedium* Kük. – s By

Trichophorum Pers. [*Baeothryon* auct.] – **Haarsimse** (10 Arten)

1 Stg 3kantig, rau. Perigonborsten weiß, zur FrZeit bis 2 cm lg, viel länger als die Sp, bandfg flach, geschlängelt; FrStand zur Reifezeit daher mit Wollschopf (Abb. 204/4). Ährchen 8–12blütig. Pfl mit unterirdisch kriechendem Rhizom. 0,10–0,30. 4–5. Hochmoorschlenken, nasse Zwischen- u. Niedermoore, kalkmeidend; v Alp, z By(S MS O NO) Bw(SO S SW), s Mv(M) Sh(M O), † Ns(NW), ↘ (temp/alp-b·c2-6CIRCPOL – igr? eros G ♃ RhizAusl – WiB Vw – WiA – L8 T4 F10 R2 N2 – O Scheuchz., V Car. davall. – 58). [*Eriophorum alpinum* L., *Scirpus hudsonia̯nus* (Michx.) Fernald, *Baeothryon alpinum* (L.) T.V. Egorova]
Alpen-H. – *T. alpi̯num* (L.) Pers.
1* Stg stielrund, glatt. Perigonborsten bräunlich, kürzer als die Sp, wenig länger als die Fr, fadenfg, zur Reife im Ährchen versteckt; FrStand daher ohne Wollschopf. Ährchen 3–20blütig. Pfl sehr dichthorstig **2**
2 Oberste BlaScheide gegenüber BlaSpreitenansatz 2–4 mm tief, ± schief ausgerandet (Abb. 204/5), zugehörige BlaSpreite ca. 2× so lg wie die Ausrandung, BlaScheiden-Hautrand ± deutlich rötlich punktiert, basale BlaScheiden matt. Stg-⌀ ≥ 0,9 mm. Ährchen 5–10 mm lg, 8–20blütig, Perigonborsten an der Spitze papillös, Fr stets ausgebildet (fertil). 0,10–0,50.

4–6. Hochmoorränder, Waldmoore, nasse Wegränder; z Bw(SW) Rh(N) Nw An(Hrz) Ns(f MO Elb), s He(MW O, † ORh) Th(Wld S) Mv(N) Sh(M O), ↘ (sm/mo-b·c1-2EUR – L8 T5 F9 R1 N1 – V Eric. tetr.). [*T. cespitosum* subsp. *germanicum* (PALLA) HEGI]
                   Deutsche H. – *T. germanicum* PALLA

2* Oberste BlaScheide gegenüber BlaSpreitenansatz 0,9–1,5(–2) mm tief ausgerandet, BlaSpreite (2,5–)3–5× so lg wie die Ausrandung, BlaScheidenHautrand weißlich, gelblich-weiß od. zuweilen rötlich punktiert, basale BlaScheiden glänzend od. (fast) matt. Stg-⌀ ≤ 0,9 mm. Ährchen 4–8 mm lg, 3–10(–15)blütig, Perigonborsten meist glatt, Fr ausgebildet od. nicht (fertil od. steril) **3**

3 Oberste BlaScheide gegenüber BlaSpreitenansatz ≤ 1 mm tief ausgerandet, BlaSpreite 4–5× so lg wie die Ausrandung (< 5 mm), BlaScheidenHautrand weißlich od. gelblich-weiß, basale BlaScheiden glänzend. Ährchen 4–6 mm lg, 3–10blütig, Fr stets ausgebildet (fertil). Stg-⌀ 0,4–0,6(–0,7) mm. 0,10–0,50. 4–6. Mont. bis subalp. nasse Nieder-, Zwischen-, Quell- u. Hochmoore, Kleinseggenriede, im Flachland bes. Heidemoore; v Alp, z By(O S MS) An(Hrz) Sh(M O), s Bw(S SW SO ORh) He(ORh) Bb(MN) Ns(f MO Elb) Mv(N SW), † Bb Mv, ↘, in NW-D oft mit **3*** verwechselt (sm/mo-arct·c2-7 CIRCPOL – L8 T4 F9 R1 N1 – V Car. nigr., V Car. davall., K Oxyc.-Sphagn., bes. V Eric. tetr. – 104). [*T. austriacum* PALLA, *Scirpus cespitosus* L., *Baeothryon cespitosum* (L.) A. DIETR.]
                  Rasen-H. – *T. cespitosum* (L.) HARTM.

3* Oberste BlaScheide gegenüber BlaSpreitenansatz (1–)1,5(–2) mm tief ausgerandet, BlaSpreite (2,5–)3–4× so lg wie die Ausrandung (> 5 mm), BlaScheidenHautrand zuweilen rötlich punktiert, basale BlaScheiden (fast) matt. Ährchen 4–8 mm lg, 5–15blütig, Fr stets nicht ausgebildet (steril), sterile Blü früh ausfallend u. Stg dann scheinbar ohne Blü. Stg-⌀ 0,7–0,8(–0,9) mm. 0,10–0,50. 4–6. Hochmoore, Hochmoorränder; z An(Hrz?) Ns(Hrz), † Nw(MW), in Hochmooren des Oberharzes die vorherrschende Sippe, sonst in NW-D s-z, weitere Verbreitung noch unbekannt – Hybride aus **2** × **3**, intermediär, lokal oft häufiger als **3**. [*T. cespitosum* nothosubsp. *foersteri* G.A. SWAN]
       Foersters Rasen-H., Hybrid-H. – *T.* ×*foersteri* (G.A. SWAN) D.A. SIMPSON

Eleocharis R. BR. – **Sumpfsimse**   (ca. 160 Arten)
Bearbeitung: **Thomas Gregor**

(Alle Arten in D: WiB Vw – WaA KlA VdA).

[N U lokal]: **Zarte S. – *E. tenuis*** (WILLD.) SCHULT. **var. *pseudoptera*** (WEATH.) SVENSON: Narben 3. Ährchen 20–60blütig. Pfl mit Ausläufern. Stg kantig. Fr 3kantig. 0,20–0,80. 5–6? [N 2005] s By(S: Chiemsee), (m-temp·c1-3OAM).

1 Narben 2 .... **2**
1* Narben 3 .... **6**
2 Pfl ohne Ausläufer. Stg dünn, weich, aufsteigend. Untere BlaScheiden purpurn. Ährchen kuglig-eifg, stumpf, 2–7 mm lg. Fr verkehrteifg, Griffelfuß ½–⅔ so br wie die Fr, 0,3–0,5 cm breit, so hoch wie br. Meist 2 StaubBla u. Griffeläste. 0,05–0,30. 7–10. Zeitweilig überflutete bzw. sommerlich trockenfallende schlammige Ufer u. Böden von Teichen u. Tümpeln; z By(f NW) Th(Bck O S) Sa, s Alp(Amm Brch) Bw(f Alb NW) Rh(f M W) He(f NW) Nw(SO MW N) An(f W) Bb(f NO Od) Ns(f Elb N) Mv(NO SW) Sh(M O) (stropAM+m-temp-(b)·c3-6CIRCPOL – eros ⊙ WiB KlA: Vögel – L9 T6 F8= Rx N5 – V Nanocyp.). [*E. soloniensis* (DUBOIS) H. HARA]
                  Ei-S. – *E. ovata* (ROTH) ROEM. et SCHULT.

Ähnlich: **Engelmann-S. – *E. engelmannii*** STEUD.: Stg steif, aufrecht. Ährchen länglich zylindrisch-keglig bis eifg, 5–10(–20) mm lg. Griffelfuß 0,5–1 mm br, so br wie die Fr, 0,1–0,3 mm hoch, 0,6–0,9 mm breit. Meist 3 StaubBla u. Griffeläste. Perigonborsten kürzer bis etwas länger als Fr. 0,05–0,40. Kleingewässer; [N U] s By(N: Waldbrunn) Bw(Gäu: Heilbronn) Nw(MW: Aldenhoven) (m-temp·c2-8AM– eros ⊙).

Ähnlich: **Stumpffrüchtige S. – *E. obtusa*** (WILLD.) SCHULT.: Stg steif, aufrecht. Ährchen länglich-eifg, 5–13 mm lg. Griffelfuß 0,5–1 mm breit, so breit wie die Fr, 0,5–0,8 mm hoch, 0,35–0,5 mm breit. Meist 3 Stbla u. Griffeläste. Perigonborsten deutlich länger als Fr. 0,05–0,50. Talsperren [N U] s Nw(MW: Aldenhoven, SO: Solingen, Wuppertal), (m-temp·c2-8AM– eros ⊙).

CYPERACEAE 237

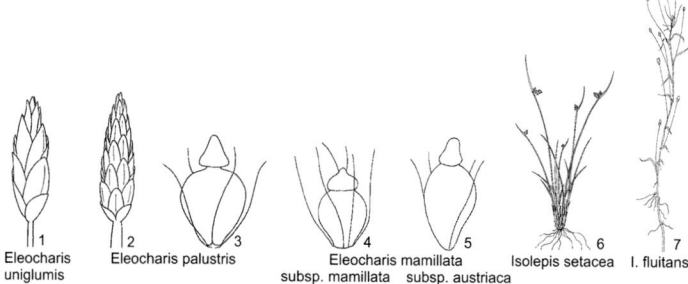

| 1 | 2 | 3 | 4 | 5 | 6 | 7 |
Eleocharis uniglumis | Eleocharis palustris | | Eleocharis mamillata subsp. mamillata | subsp. austriaca | Isolepis setacea | I. fluitans

2* Pfl mit Ausläufern. Stg derb. Untere BlaScheiden gelb- od. rotbraun. Ährchen länglich, spitz, 5–20 mm lg. (**Artengruppe Gewöhnliche S. – *E. palustris* agg.**) 3
3 Ährchen nur mit 1 blütenlosen Hsp, diese den Ährchengrund (fast) ganz umfassend (Abb. 237/1). Stg 0,5–1,5 mm ⌀, meist glänzend, grasgrün. Perigonborsten (3–)4(–5), oft fehlend. Sp 4–5 mm lg, in 4–6 Schrägreihen. 0,05–0,40. 5–8. Staunasse bis wechselfeuchte, zeitweilig auch überflutete Brackwasserröhrichte, Flutrasen, Quell- u. Niedermoore, Nasswiesen, verdichtete Wegränder, salztolerant; z By Bw Rh He(f NW) Nw Th Sa(NO W SW) An Bb(f SW) Ns Mv Sh, s Alp, ↘ (in D subsp. *uniglumis* – austrAUST+trop/ moAM+OAS+m/mo-b·c2-8+litCIRCPOL – igr eros H/G ⚥ AuslRhiz WiB KlA – L8 T5 F9= R7 N4 – V Bolb., V Pot. ans. – 46, 47, 48, 49, 50, 51, 54).
Einspelzige S. – *E. uniglumis* (Link) Schult.
3* Ährchen am Grund mit 2 blütenlosen Hsp; jede Hsp den Ährchengrund nur halb umfassend (Abb. 237/2). Stg (1–)2–3 mm ⌀. Perigonborsten 4–6, selten fehlend. Sp 2–4,5 mm lg, in 8–11 Schrägreihen 4
4 Stg weich, leicht zusammendrückbar, lichtgrün, mit etwa 16 Leitbündeln. Perigonborsten (4–)5–8. Sp zur FrReife abfallend, Griffelfuß variabel, nicht von der Fr abgesetzt. 0,15–0,40. 5–8. Nasse, zeitweilig überflutete bzw. trockenfallende Ufer mesotropher Gewässer, schlammige Teichböden, kalkmeidend; z Alp By Bw He Th Sa Ns, s Rh Nw An Bb, † Mv (m-temp-(b)·c1-5CIRCPOL – igr eros G/H ⚥ AuslRhiz WiB KlA: Vögel – V Nanocyp.).
Zitzen-S. – *E. mamillata* (H. Lindb.) H. Lindb.
1 Perigonborsten (5–)6(–8), den Griffelfuß überragend. Dieser etwas breiter als hoch, ½–⅔ so br wie die Fr (Abb. 237/4). Stg mit 8–12 Leitbündeln. 0,15–0,40. 5–8. Nasse, zeitweilig überflutete bzw. trockenfallende Ufer mesotropher Gewässer, schlammige Teichböden, kalkmeidend; z Alp(f Krw Kch) By Bw(f NW) He(O W MW) Th(f Hrz NW) Sa Ns(M O), s Rh(f MRh) Nw(f N NO) An(f Hrz O) Bb(SO Elb NO) Bb, † Mv(M MW) (sm-temp-(b)·c3-6CIRCPOL – L9 T5 F10 Rx N4 – V Nanocyp. – 16).
subsp. ***mamillata***
1* Perigonborsten (4–)5(–6), den Griffelfuß nicht überragend. Dieser nur etwa halb so br wie hoch, ½–⅓ so br wie die Fr (Abb. 237/5). Stg mit 12–16 Leitbündeln. 0,15–0,40. 5–8. Teiche, Flussufer; z Alp, s By(f N) Bw(f NW) Rh(f ORh) He(O MW NW) Nw(f N) Th(Rho Wld) Sa(SO) An(f N O S W) Bb(Elb) Ns Bb (sm-temp-(b)·c2-5EUR – L9 T4 F10 Rx N4 – V Nanocyp. – 16).
subsp. ***austriaca*** (Hayek) Strandh.
4* Stg steif, fest, meist dunkelgrün, mit etwa 20 Leitbündeln. Perigonborsten (3–)4, zuweilen fehlend. Sp bis zur Reife bleibend. Griffelfuß etwa so br wie hoch, durch starke Einschnürung von der Fr abgesetzt (Abb. 237/3) 5
5 Fr (ohne Griffelfuß) 1,2–1,5 mm lg. Mittlere Sp 2,7–3,5 mm lg, hellbraun. Ährchen meist 40–70blütig. Stg oft matt graugrün. 0,05–0,40. 5–8. Sumpfwiesen, Niedermoore; h Alp(s Brch) Nw Th Sa An Ns(v Hrz) Mv, v By Rh He Bb Sh, z Bw ↘ (in D subsp. *palustris* – austrtrop/mo-b·c1-9CIRCPOL – igr eros G/H ⚥ AuslRhiz – WiB KlA – L8 Tx F9 Rx N3 – V Calth., V Car. nigr. – 16) [*Scirpus palustris* L., *E. palustris* subsp. *microcarpa* Walters]
Echte S. – *E. palustris* (L.) Roem. et Schult.
5* Fr (ohne Griffelfuß) 1,4–1,9 mm lg. Mittlere Sp 3,5–4,5 mm lg, dunkelbraun mit grüner Mittelrippe. Stg dunkelgrün, glänzend. Ährchen meist 20–40blütig. 0,10–0,45. 5–8. Ufer von

Still- u. Fließgewässern; v D (sm-b·c1-4EUR? – igr eros H/G ♃ AuslRhiz WiB KlA – L9 Tx F10 Rx N5 – O Phragm. – 37, 38, 39, 40, 41.) [*E. palustris* subsp. *waltersii* BUREŠ et DANIHELKA] **Gewöhnliche S. – *E. vulgaris* Á.** LÖVE et D. LÖVE

6 (1) Ährchen etwa 20blütig, eifg, stets durchwachsend (proliferierend). Pfl horstig. Oberste Scheide am Rücken mit scharfer Spitze. Stg rundlich. Fr scharf 3kantig. 0,15–0,45. 6–7. Ufer von Heideteichen u. -tümpeln, nasse Dünentäler, Zwischenmoorschlenken, kalkmeidend; z Nw(f SW) Ns(M NW MO N), s Rh(SW) Sa(NO W) Bb(f MN NO SW) Mv(N) Sh(M), ↘ (m-temp-(b)·c1-3EUR – igr eros G ♃ Rhiz Horst WiB KlA – L8? Tx F10 R4 N2 – V Litt.).
Vielstänglige S. – *E. multicaulis* (SM.) DESV.

6* Ährchen 3–7(–11)blütig **7**

7 Stg kräftig, ± steif, am Grund mit derben BlaScheiden. Ährchen 5–8 mm lg, braunrot. 0,05–0,15. 5–6. Nieder- u. Quellmoore, sumpfige Wiesen, (wechsel)nasse Küstendünentäler, schwach salztolerant, basenhold; v Alp, z Mv, s By(f NW, † O) Bw(f NW) He(MW O) Nw(f SO N) Th(Bck Rho S) An(S W) Bb(f Elb SW) Ns(f MO M) Sh(M O), † Rh Sa, ↘ (austr-strop/ moSAM+sm/mo-b·c1-6EUR-AM-(AS) – igr eros H ♃ Horst+ kurze dünne Ausl+Knolle WiB KlA – L8 Tx F9 R8 N2 – O Car. davall.). [*E. pauciflora* (LIGHTF.) LINK]
Wenigblütige S. – *E. quinqueflora* (HARTMANN) O. SCHWARZ

7* Stg haarfein, 2–10 cm hoch, wenn (selten) im Wasser flutend, dann länger u. nicht blühend. Ährchen 2–4 mm lg **8**

8 Ausläufer am Ende knollig verdickt. Stg rundlich, ohne od. nur mit zarthäutigen unteren BlaScheiden. Ährchen etwa 2 mm lg. Sp bleich. 0,02–0,08. 6–9. Ufer stark salzhaltiger Kleingewässer u. Flachwasser; s Mv(NO: Koos, Fresendorfer See) Sh(O: Schleswig, † W) An(SO: Dölau, Kölmer See, Salziger See), ↘ (trop-strop//moAM-m-temp·c4-8+litCIRCPOL – igr eros H/G ♃ Ausl+Knolle WiB KlA – L7 Tx F10 R9 N4 – V Rupp. – 10).
Kleine S. – *E. parvula* (ROEM. et SCHULT.) BLUFF et al.

8* Ausläufer am Ende nicht knollig, haarfein. Stg 4kantig. Untere BlaScheiden oft purpurn. Ährchen bis 4 mm lg. Sp braun, weißrandig. 0,05–0,10, untergetaucht bis 0,50. 6–10. Ufer stehender od. fließender Gewässer; z Alp(Amm Chm Mng Allg) By He Nw Th(f Hrz NW) Sa An Ns Mv Sh, s Bw Rh Bb (in D var. *acicularis* – m/mo-arct·c1-9CIRCPOL [N] austr-trop SAM+AUST – igr eros H ♃ uAusl/⊙ – untergetaucht, meist steril u. ♃ WiB bes. KlA: Vögel – L9 T6 F10 Rx N3 – V Eleoch. acic., V Nanocyp.).
Nadel-S. – *E. acicularis* (L.) ROEM. et SCHULT.

Bolboschoenus (ASCH.) PALLA **– Strandsimse** (10 Arten)

[N U lokal]: **Blaugraue S. – *B. glaucus* (Lam.)** S.G. SM.: ähnlich **2**. Fr 1,4–1,7 mm br, abaxiale Seite mit schwach entwickelter Kante, im ⌀ flach, konvex od. schwach 3eckig. Äußere FrWandschicht sehr dünn, aus ± isodiametrischen Zellen bestehend, im ⌀ kaum sichtbar (20× Vergrößerung). Narben 3. TragBla oft rotbraun od. purpurrot. 0,20–0,30. 7–10? [NU 1933] s Bw(SO: Ulm ?S) ?By(S) ?Ns(M: Hannover), (m-stemp·c3-9EURAS [N] austr-auststrop AFR+SAM+sm-tempWAM).

1 BlüStand verzweigt, mit zentraler Gruppe sitzender Ährchen u. (1–)2–7(–12) Spirrenästen, die einzelne Ährchen od. Büschel mehrerer Ährchen tragen. Äste meist >2mal so lg wie die sitzenden Ährchen. Fr ⌀ 3eckig, Außenseite kantig (selten fast flach od. nur schwach konvex bis 3eckig). FrOberfl glatt od. mit undeutlichen Zellgrenzen (20× Vergrößerung); Perigonborsten meist an der reifen Fr vorhanden **2**

1* BlüStand einfach kopfig od. verzweigt mit einer zentralen Gruppe von sitzenden Ährchen u. 1–2(–4) Spirrenästen, die einzelne Ährchen od. Büschel mehrerer Ährchen tragen. Äste meist <2mal so lg wie die sitzenden Ährchen. Fr ⌀ nicht 3eckig, sondern konkav od. konvex bis schwach dreikantig auf der Außenseite. FrOberfl mit deutlichen polygonalen Zellgrenzen (20× Vergrößerung); Perigonborsten hinfällig **3**

2 Fr 1,6–1,8 mm br, ⌀ gleichseitig 3eckig. Äußere FrWandschicht sehr dünn, aus ± isodiametrischen Zellen bestehend (Abb. 239/4). Narben 3. 0,80–1,50. 7–10. Süßwasserröhrichte, bes. Fischteiche, wechselnass, meist neutral-saure Sandböden; z Rh(ORh), s By(NM NO MS) Bw(ORh SO S) Th(z O) Sa Bb(SO M SW), † An(O), (temp-(b)·c2-6EURAS – sogr hros He/G ♃ uAusl+Rhizomknolle – WiB Vw – VdA WaA – L8 T6 F10 R6 N7). [*Scirpus yagara* OHWI, *B. maritimus* var. *desoulavii* DROBOV, *B. maritimus* subsp. *maritimus* auct.]
Yagara-S. – *B. yagara* (OHWI) Y.C. YANG et M. ZHAN

CYPERACEAE 239

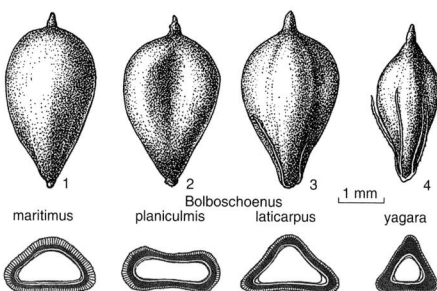

1 maritimus 2 planiculmis Bolboschoenus 3 laticarpus |1 mm| 4 yagara

2* Fr 2,0–2,4 mm br, ⌀ stumpf 3eckig (selten fast abgeflacht od. außen schwach konkav bis schwach kantig). Äußere FrWandschicht dünn, aus isodiametrischen bis schwach verlängerten Zellen (Abb. **239**/3). Narben 2–3. 0,50–1,20. 6–9. Uferröhrichte u. Großseggenriede, bes. in Flutmulden u. Verlandungsbereichen fließender u. stehender Gewässer, oft wechselnass, meist Schlammböden, mäßig salztolerant; z By(f NO Alb S) Bw(ORh Gäu) Rh(f N) He(ORh O SW) Nw(MW N NO) Sa(f SW) An(f Hrz S) Bb(f NO Od SW) Ns(f Hrz N) Mv(Elb NO) Sh(SO M), s Th(Bck NW Rho) ↗ (m+sm)-temp·c2-6EURAS – sogr hros He/G ♃ uAusl+Rhizomknolle – WiB Vw – VdA WaA – L8 T7 F10 R8 N7 – V Magnocar.). [*B. maritimus* × *B. yagara* sensu BROWNING et al., *B. yagara* × *B. koshewnikowii* in KUBÁT et al.]

Breitfrüchtige S. – *B. laticarpus* MARHOLD et al.

3 (1) Fr außen konvex, ⌀ linsenförmig, flachkonvex bis schwach 3eckig; äußere FrWandschicht ± 2mal so dick wie die sklerenchymatische mittlere FrWandschicht (Abb. **239**/1). Narben meist 3. 0,50–1,20. 6–8. Röhrichte in Salz- u. Brackwasser, auch kurzzeitig trockenfallend, Tagebauseen, seltener in Süßwasser, basenhold; z Th(f Hrz Wld) Sh(SO O M), s By(f NM MS) He(MW O ORh) Th(NW, z Bck) Sa(W) An(N SO) Ns(N NW O) Mv(f Elb SW), ↘ (in D subsp. *maritimus* – m-b·c3–6+lit EUR-WAS – sogr hros He/G ♃ uAusl+Knolle – WiB Vw – VdA WaA – L8 T6 F10 R8 N6 – K Bolb. – früher Flechtmaterial – 110). [*Scirpus maritimus* L., *B. maritimus* subsp. *compactus* (HOFFM.) HEJNY]

Gewöhnliche S. – *B. maritimus* (L.) PALLA

3* Fr auf Außenseite konkav bis flach, ⌀ oval mit konkaven od. flachkonkaven Flächen; äußere FrWandschicht ± so br wie die sklerenchymatische mittlere FrWandschicht od. schmaler (Abb. **239**/2). Narben meist 2. 0,40–1,10. 6–8. Nassstellen, Ufer, Gräben, Störstellen, konkurrenzmeidend; s By(NM MS) Bw(ORh) Rh(ORh SW) An(N) Bb(SO) Ns(O, ob noch?), † He(ORh: Frankfurt), (sm-temp·c3-7EUR+WAS, m-b·c1-9 OAS – sogr hros He/G ♃ uAusl+Rhizomknolle – WiB Vw – VdA WaA – L8 T8 F10 R8 N7). [*Scirpus planiculmis* F. SCHMIDT, *B. koshewnikowii* (K. LITV. ex KOTS) A.E. KOZHEVN. ("koshevnikovii")]

Flachfrüchtige S. – *B. planiculmis* (F. SCHMIDT) T.V. EGOROVA

Schoenoplectiella LYE – **Teichsimse** (50 Arten)

1 Pfl bis 0,15 m hoch, horstig. ⊙. Stg liegend. Das TragBla des BlüStandes mindestens so lg wie der Stg. Ährchen 5–10 mm lg, in einem Kopf. 0,05–0,15. 7–9. Nasse, zeitweilig auch überflutete Teichränder, Weiden, Äcker, basenhold; s Bw(ORh Alb) Rh(ORh M W) Bb(Elb MN), † By He An Ns, ↘ in D subsp. *supina* – (austr-stropAFR+AUST+m-temp·c2-9EUR-WAS – hros ⊙ – WiB Vw, auch kleistogam – KlA – L8 T7 F8= R7 N3? – K Isoëto-Nanojunc.). [*Scirpus supinus* L., *Schoenoplectus supinus* (L.) PALLA]

Liegende T. – *S. supina* (L.) LYE

1* Pfl 0,30–3,00 m hoch, Stg aufrecht, ♃ **2**

2 Narben 3. Sp nicht ausgerandet, weißlich mit grünem Kiel u. rotem Rand, höchstens undtl. u. sehr kurz stachelspitzig. Pfl ohne Ausläufer. Ährchen kopfig gedrängt, mit 3kantigem TragBla (Abb. **205**/4). 0,50–1,00. 8–10. Röhrichte an zeitweilig überfluteten bzw. sommerlich trockenfallenden Teichrändern u. Gräben, nährstoffanspruchsvoll; s By(f Alb NO NW), [U] s Rh, † Bw (tropAFR+OAS-m-sm·c1-8EURAS – igr? eros He/G ♃ Rhiz Horst – WiB

Vw – KlA WaA – L8 T7 F10 R7 N8 – O Phragm.). [*Scirpus mucronatus* L., *Schoenoplectus mucronatus* (L.) PALLA]
            Stachelspitzige T. – *S. mucronata* (L.) J. JUNG et H. K. CHOI
2* Narben 2, selten 3. Sp ausgerandet, in der Ausrandung dtl. stachelspitzig, rotbraun. Ährchen lockerer. Pfl 0,30–3,00 m hoch, Pfl mit Ausläufern. s. ***Schoenoplectus*** S. 240

Die morphologische Unterscheidung der genetisch zweifelsfrei getrennten monophyletischen Gattungen *Schoenoplectiella* u. *Schoenoplectus* erscheint vor allem im weltweiten Kontext unzureichend (homoplastische Merkmale) u. bedarf weiterer Untersuchungen (z. B. Mikromorphologie). Zur sicheren Bestimmung wird empfohlen, beide Schlüssel zu berücksichtigen.

Schoenoplectus (RCHB.) PALLA – **Teichsimse** (30 Arten)

1   Stg wenigstens in der oberen Hälfte 3kantig. Narben 2 .... **2**
1* Stg bis oben völlig stielrund. Narben 2–3 .... **4**
2   Perigonborsten 4–6, oberwärts spatelfg verbreitert, am Rand zerschlitzt, etwa so lg wie die Fr. Ährchen ± gestielt. BlaScheiden ohne od. mit kurzen Spreitenrudimenten, höchstens die oberste BlaScheide mit Spreite. 0,60–1,50. 6–8. Lockere Röhrichte; [N 1985] s Rh(ORh) (in D subsp. *litoralis* – austrAUST+m-sm·c1–10EURAS – igr? eros He ♃ uAuslRhiz – WiB). [*Scirpus litoralis* SCHRAD.] **Strand-T. – *S. litoralis* (SCHRAD.) PALLA**
2* Perigonborsten 0–6, oberwärts nicht spatelfg verbreitert u. am Rand nicht zerschlitzt **3**
3   Ährchen sämtlich ungestielt, zu 2–6 kopfig gedrängt. Sp an der Spitze mit 2 spitzen Lappen. Perigonborsten viel kürzer als die Fr, oft fehlend. Oberste BlaSpreiten 3–20 × 0,2–0,3 cm. 0,30–0,60. 7–8. Zeitweilig überflutete küstennahe Brack- u. Süßwasserröhrichte, nährstoffanspruchsvoll, salztolerant; s Ns(N NW) Mv(N MW NO) Sh(M), ↘ (in D var. *pungens* – strop-temp·c1-8AM+sm-stemp·c1-4 (lit)EUR – igr hros G/He ♃ AuslRhiz – WiB Vw – V Phragm.). [*S. americanus* auct., *Scirpus pungens* VAHL]
            Amerikanische T. – *S. pungens* (VAHL) PALLA
3* Ährchen ± gestielt. Sp stumpf 2lappig. Perigonborsten etwa so lg wie die Fr. BlaScheiden ohne od. mit Spreite, höchstens die oberste BlaScheide mit Spreite. 0,50–1,50. 6–7. Röhrichte stehender od. langsam fließender Gewässer, salztolerant; z Ns(N NW: Unterelbe Unterems), s By(MS) Bw(ORh) Sh(M), † Rh(ORh) Nw(MW) He(Rhein, Lahn, Main), [U] Th, ↘ (austrAFR+strop-trop OAS-m-stemp·c1-9EURAS – igr eros He/G ♃ AuslRhiz – WiB – KlA – L8 T6 F10 R7 N7 – V Phragm.). [*Scirpus triqueter* L.]
            Dreikantige T. – *S. triqueter* (L.) PALLA
4   (1) Stg dunkel grasgrün. Narben 3. Sp glatt, ohne erhabene Punkte od. nur sparsam punktiert. 0,80–3,00. 5–7. Röhrichte eutropher, stehender od. langsam fließender Gewässer, nährstoffanspruchsvoll; v Th Sa An Bb Sh, z By Bw Rh He Nw Ns Mv, s Alp (in D subsp. *lacustris* – m-b·c1-6EUR-WAS – igr eros G/He ♃ Rhiz – WiB Vw – KlA WaA – L8 T6 F11 R7 N6 – V Phragm. – VerlandungsPfl, in Kläranlagen zur biologischen Wasserreinigung gepflanzt, ZierPfl, früher Flechtmaterial). [*Scirpus lacustris* L.]
            Gewöhnliche T. – *S. lacustris* (L.) PALLA
4* Stg grau- bis bläulichgrün. Narben 2. Sp von ∞ erhabenen, dunklen Punkten rau. 0,60–2,00. 6–7. Röhrichte meso- bis eutropher, stehender od. langsam fließender Gewässer, Bach-, Teich- u. Flussufer, Gräben, nasse Wiesen, salztolerant; z Bw He(f NW W) Nw Th(f Hrz, v Bck) Sa An(h SO) Bb Ns Mv Sh, s Alp(Allg Brch Kch) By Rh(v ORh, f W) ↘, in Tagebauen ↗ (austrAUST+AFR+stropOAS+m-b·c2-9+litEURAS – igr eros G/He ♃ Rhiz – WiB Vw – KlA WaA – L8 T7 F10 R9 N6 – V Phragm., V Bolb. – VerlandungsPfl im Brackwasser – 44). [*Scirpus tabernaemontani* C.C. GMEL.]
            Salz-T. – *S. tabernaemontani* (C.C. GMEL.) PALLA

Seltene Hybriden: *S. pungens* × *S. lacustris* = *S.* ×*schmidtianus* (JUNGE) LEMKE, *S. triqueter* × *S. lacustris* = *S.* ×*carinatus* (SM.) PALLA [*Scirpus kalmussii* ASCH. et al.], *triqueter* × *S. tabernaemontani* = *S.* ×*kueckenthalianus* (JUNGE) D.H. KENT, *S. lacustris* × *S. tabernaemontani* = *S.* ×*buchenaui* CIF. et GIACOM.

Isolepis R. Br. – **Schuppensimse** (inkl. *Eleogiton*) (75 Arten)
[N U] **Nickende S.** – *I. cernua* (Vahl) Roem. et Schult.: ähnlich **1**, aber Fr matt, glatt. Sp nur beidseits der Mittelrippe mit braunem Fleck. TragBla wenig länger als die 1–3 Ährchen. s Th Ns (austr-austrostrop+ m-tempc1-3CIRCPOL).

1 Ährchen zu 1–4, scheinbar seitenständig (Abb. **237**/6). Fr glänzend, längs gerippt. Sp bräunlich mit grünem Kiel. Stg aufrecht. 0,02–0,10. 7–10. Feuchte bis nasse Ufer mesotropher Seen, Flachgewässer in Tagebauen, Grabenränder, feuchte Weiden u. Waldwege; v He Nw, z Alp(f Krw Kch Wtt) By Bw Rh Th Sa An Bb Ns Mv Sh, ↘ (austrAUST·m·c1-7EUR-(AS)-temp·c1-4EUR, [N] WAM – eros ①/igr H kurzlebig ♃ Rhiz Horst – WiB Vw – KlA: Vögel Sa langlebig – L6 T5 F9 R5 N3? – V Nanocyp., V Junc. acutifl. – 28). [*Scirpus setaceus* L.] **Borstige Sch.** – *I. setacea* (L.) R. Br.

1* Ährchen einzeln an der Spitze von lg, achselständigen Stielen (Abb. **237**/7). Sp weißlich, grün gekielt. Stg flutend, selten außerhalb des Wassers kriechend. 0,15–0,60. 7–9. Oligotrophe, stehende od. fließende, flache Gewässer (Teiche, Heidetümpel, Moorgräben); z Ns(N NW O M S), s Nw(f SW SO, †NO) An(Elb N) Bb(Elb) Sh(SO M), † Sa Mv, ↘ (in D var. *fluitans* – austr-trop/moAFR+AS+AUST-sm-temp·c1-2EUR – igr eros oHy/He ♃ oAusl – WiB Vw – KlA: Vögel – L8 T6 F10 R3? N2 – O Litt. – 60). [*Scirpus fluitans* L., *Eleogiton fluitans* (L.) Link, *Scirpidiella fluitans* (L.) Rauschert]
Flutende Sch. – *I. fluitans* (L.) R. Br.

Scirpoides Ség. [*Holoschoenus* Link] – **Kugelsimse, Kopfsimse** (5 Arten)
BlüStand aus meist 3 kugligen Köpfen bestehend, 1 sitzend, die übrigen gestielt (Abb. **205**/1). 0,50–1,00(–1,50). 6–8. Wechselfeuchte bis nasse Weiden, an Gräben, nährstoffanspruchsvoll; s An(Elb) Bb(Elb M Od), [N] s Rh(ORh SW), [U] He(ORh)?, ↘ (strop-stemp·c1-9EUR-WAS – igr/sogr hros G ♃ Rhiz – WiB Vw – WaA KlA: Vögel – L8 T6? F8~ R7? N8? – V Agrop.-Rum., V Junc. acutifl.). [*Scirpus holoschoenus* L., *Holoschoenus vulgaris* Link, *H. romanus* (L.) Fritsch] **Gewöhnliche K.** – *S. holoschoenus* (L.) Soják[2]

1 BlüStand aus 2–3(–10) Köpfen bestehend, 1 sitzend, die anderen deutlich gestielt. ∅ der Köpfe ca. 6–10 mm. TragBla der Spirre am Grund ca. 1 mm br. meist >15 cm lg, nicht stechend. BlaScheiden mäßig stark netzfasrig. 0,50–0,70. s An(Elb) Bb(Elb M Od), [NU] s Rh(ORh SW) He(ORh) (Gesamtverbr. wie Art? – sogr – Wert der Sippe unklar, meist zu *subsp. holoschoenus* gestellt). [*Scirpus australis* L.] subsp. *australis* (L.) Soják

1* BlüStand aus 5–20 Köpfen bestehend, 1 sitzend, die anderen lg gestielt. ∅ der Köpfe 7–15 mm. TragBla der Spirre am Grund breiter als 1 mm, <15 cm lg, stechend. BlaScheiden stark netzfasrig. 1,00–1,50. [N U 1908] s Bw Rh He? (m-sm·c1-5EUR? – igr). subsp. *holoschoenus*

Cyperus L. – **Zypergras** (inkl. *Dichostylis* P. Beauv. u. *Pycreus* P. Beauv.)
(650 Arten)
[N U] s: *C. congestus* Vahl: ♃, oft scheinbar ⊙, 0,30–1,00. Oft ohne Rhizom. Ns: Hannover. – *C. glaber* L.: ⊙, horstig. 0,25–0,50. BlüStände kuglig. Sa: Leipzig. – *C. rotundus* L.: ♃, ähnlich **3**, aber nur 0,10–0,40. Bla höchstens 4 mm br. uAusl kaum über 1 mm dick, am Ende mit 5–10 mm dicken Knollen. Bw: Neustadt Krs. Waiblingen Sh. – *C. difformis* L.: ⊙. 0,20–0,60. Wurzeln rötlich. BlüStände kuglig. Bw: Schwetzingen. – Mehrere weitere Arten sind selten [U] in By Bw Nw.

1 Pfl mit Ausläufern od. Rhizomen, ♃. Narben 3 u. StaubBla 1 od. 3 .... **2**
1* Pfl ohne Ausläufer od. Rhizome, ⊙. Narben u. StaubBla 2 od. 3 .... **4**
2 StaubBla 1. Sp lanzettlich, zugespitzt, strohgelblich bis hellbraun, 2kielig, 3nervig. Stg stumpf 3kantig. Spirrenäste bis 12 cm lg. Ährchen in kugligen Köpfen. 0,25–1,00. 6–8. Feuchte Rud., schlammige Ufer; [N U 1854] h He, z Nw(MW), s By(MS NW NM N) Bw(SW NW) Rh(ORh: Neustadt) Sa(W) An(Elb: Rodleben) Bb(M: Berlin) Ns(S: Bissendorf M: Thune N: Wilhelmshaven) Sh(M: Hamburg) (austr-stropSAM, [N] NEUSEEL+m-smWEUR+WAM – sogr hros G ♃ Rhiz Horst – WiB – V Nanocyp., V Bid.).
Frischgrünes Z. – *C. eragrostis* Lam.
2* StaubBla 3. Sp eifg od. elliptisch, stumpf **3**

---

[2] sprich: holos-ch**oe**nus.

3 Bla am Stg verteilt. Ausläufer 3–10 mm dick, meist ohne Knollen. Spirrenäste (Strahlen 1. Ordnung) bis 30 cm lg. Spelzen dunkelbraun od. schwarzrot, ± hell hautrandig, ihr Mittelnerv grün. 0,20–1,20. 7–9. Nasse, zeitweilig überflutete Großseggenriede, sandige bis schlammige Flussufer, Gräben, nährstoffanspruchvoll; s By(S: Nonnenhorn), [N U] s Rh Nw, † Bw (austr-tropAFR+IND-m-sm·c1-8EUR-WAS – sogr hros G ♃ uAuslRhiz – WiB Vw – V Car. elat., V Calth.). [*Chlorocyperus longus* (L.) PALLA]   **Langes Z. – *C. longus* L.**
1 Strahlen 2. Ordnung 3–10, bis 10 cm lg. Spelzen dunkelbraun, hell hautrandig, ihr Mittelnerv grün. 0,50–1,20. 7–9. s By(S: Nonnenhorn, sonst † oder adventiv), [U] s Rh Nw, † Bw(S) (Gesamtverbr. wie Art – L8 T8 F9= Rx N5). subsp. ***longus***
1* Strahlen des BlüStands 2–4, kaum länger als 5 cm. Spelzen schwarzrot, fast ohne Hautrand, ihr Mittelnerv blassgrün. 0,20–0,70. 7–9.; [N U] † Nw(SW: Aachen) (m-sm·c1-7EUR-WAS? – L8 T7? F8? R? N?). [*Chlorocyperus badius* (DESF.) PALLA]   ⊕ subsp. ***badius*** (DESF.) MURB.

3* Bla ± grundständig. Ausläufer ca. 1 mm dick, am Ende mit 6–11 mm dicken Knollen. Spirrenäste 2–12 cm lg. Spelzen gelblich bis gelbbraun. (0,10–)0,20–0,60. 7–9. Mäßig frische bis frische, lehmige Äcker (bes. in Hackkulturen), kalkmeidend; [N U 1976] s By(MS: Adelshausen, Malching) Bw(S: Rhein, Bodensee) Nw(MW: Haverslohe) Ns(NW: Oldenburg) An(Elb: Dessau), [U] s Sh(M: Hamburg) (austr-mCIRCPOL-smOAS+OAM, Heimat? – teiligr? hros H/G ♃ uAusl+Knolle – WiB – WaA MeA, in D Sa kaum reifend – V Sperg.-Oxal. – Knollen essbar – in D eine nicht winterharte u. kaum blühende Kultursippe u. eine (od. mehrere) Unkrautsippen). [*Chlorocyperus esculentus* (L.) PALLA]
Erdmandel, Erdmandelgras – *C. esculentus* L.

4 (1) Sp 3zeilig angeordnet, länglich-eifg, weißlich mit grünem Mittelstreif, in eine fast grannenartige Spitze verschmälert. BlüStand eine ± kopfig gedrängte, fast kugelige Spirre, Ährchen ± walzig, ihre TragBla an der Basis stark verbreitert. ZwergPfl auf Uferschlamm mit sehr dichter, kopfig gedrängter, etwa 1 cm großer, fast kugliger Spirre. Stg meist von den Bla überragt. TragBla mit br Grund. Narben 2(–3). 0,02–0,10(–0,15). 7–9. Flussufer, spätsommerlich trockenfallender sandiger Teichschlamm; s An(Elb: Bleddin), [U] s Ns(M: Gifhorn), ↘ (in D subsp. *michelianus* – austr-stropAFR+AS+AUST-m-stemp·c2-8EURAS – hros ☉ – WiB – L9 T6? F8=? R7 N6 – K Isoëto-Nanojunc.). [*Dichostylis micheliana* (L.) NEES, *Scirpus michelianus* L.]   **Zwerg-Z., Micheli-Z. – *C. michelianus* (L.) DELILE**
4* Sp 2zeilig angeordnet, eifg. BlüStand eine ± lockere Spirre, Ährchen ± abgeflacht, ihre TragBla an der Basis nicht verbreitert 5
5 Stg scharf 3kantig. Sp schwarzbraun, mit grünem Rückenstreif, mit kurzer Stachelspitze Narben (2–)3. StaubBla 2. Fr scharf 3kantig. 0,03–0,25. 6–9. Wechselnasse, zeitweilig trockenfallende, sandige bis lehmige Ufer stehender u. fließender Gewässer (Seen, Tümpel, Altwasser, Fluss- Buhnenfelder, Ackernassstellen, nährstoffanspruchsvoll; z By Bw(f Alb) Rh He(f NW W) Nw Sa An Bb Ns Mv, s Alp(f Allg Krw) Th(f Hrz) Sh, ↘ (m-temp·c1-9EUR-WAS-(OAS), [N] OAM – hros ☉ – SeB Vw – KlA – L9 T6 F7= Rx N4 – V Nanocyp., V Chen. rub.).
Braunes Z. – *C. fuscus* L.
5* Stg stumpf 3kantig. Sp gelblich, mit grünem Rückenstreif, stumpflich, ohne Stachelspitze. Narben 2. StaubBla 3. Fr bikonvex. 0,03–0,30. 7–10. Feuchte, zeitweilig auch überflutete, sandige bis lehmige Ufer stehender u. fließender Gewässer, gestörte Niedermoorwiesen, Rud.: Ränder von Kiesgruben; z Alp(f Krw) Bw(ORh S SW), s By(S MS NM NW) Rh(ORh) Bb(SO Elb SW), † Nw He Th Sa An Ns Mv Sh, ↘ (in D subsp. *flavescens* – austr-CIRCPOL-m-stemp·c2-6+litEUR-(WAS)-OAM – hros ☉ – WiB SeB? Vw – KlA – L9 T6 F7= Rx N4 – V Nanocyp., V Agrop.-Rum.). [*Pycreus flavescens* (L.) RCHB.]
Gelbliches Z. – *C. flavescens* L.

POACEAE

Familie **Poaceae** BARNHART od. **Gramineae** JUSS. – **Süßgräser**

(707 Gattungen/ca. 11000 Arten)

Bearbeitung: **Frank Müller** unter Mitarbeit von **Uwe Amarell**

Stg (Halm) meist stielrund, seltener flach, nie 3kantig, fast stets hohl, gegliedert. Bla meist 2zeilig, aus der röhrigen BlaScheide u. der BlaSpreite bestehend. BlaScheiden an ihrem Grund knotig verdickt (sog. „Halmknoten"), offen od. (seltener) geschlossen, am Übergang zur Spreite oft mit häutigem od. haarigem Anhängsel (Ligula, BlaHäutchen, Abb. **895**/2; **267**/1–3). Blü stets in ∞–1blütigen Ährchen; diese stets zu rispigen, traubigen od. ährigen GesamtBlüStänden vereinigt. Jedes Ährchen (Abb. **243**/1; **244**/1, 2) am Grund mit 2 (selten 0, 1, 3, 4) sterilen HüllSpelzen (Hsp). EinzelBlü fast stets ⚥, von je 2 HochBla (Spelzen, Sp) eingehüllt: der Deckspelze (Dsp; DeckBla der Blü, von der Ährchenachse abgewandt) u. der (selten fehlenden) Vorspelze (Vsp; VorBla am BlüStiel, der Ährchenachse zugewandt). Oberhalb der Dsp meist 2 Schwellkörper (Lodiculae). Hsp u. bes. Dsp oft mit spitzen-, rücken- od. grundständiger, gerader od. geknieter Granne. BlüHülle fehlend. StaubBla meist 3. FrKn 1, mit meist 2 Narben. Fr eine Karyopse (meist in Dsp u. Vsp eingeschlossen bleibend), selten Beere.

Soweit nicht anders angegeben, gilt für alle Arten: WiB – WiA KlA. Mit wenigen Ausnahmen (*Alopecurus*, *Anthoxanthum*, *Lolium*, *Nardus*, *Spartina*: Vw) sind die Gräser Vm. – Von Rosetten wird bei *Poaceae* gewöhnlich nicht gesprochen, diese Angabe ist daher weggelassen. Will man die an der gestauchten Sprossbasis sitzenden Blätter auch hier als Rosette bezeichnen, so sind fast alle Arten hros, wenige eros (*Glyceria*, *Phragmites*, *Melica nutans*, *M. uniflora*, *Poa trivialis*, *Zea*).

1   Pfl 1häusig. ♂ Blü in endständiger Rispe. ♀ Blü an dicken, in große HüllBla („LieschBla") eingeschlossenen Kolben, die in den Achseln der mittleren StgBla stehen. Spreiten 4–12 cm br. .... **Mais – Zea** S. 305
1*   Blü ⚥; selten einige Blü ♀, diese dann aber nicht in besonderen Rispen. Spreiten höchstens bis 3 cm br (beim Schilf bis 6 cm br) 2
2   Ährchen ungestielt od. an sehr kurzen, unverzweigten Stielen, zu Ähren bzw. ährenfg Trauben angeordnet; diese einzeln endständig (Echte Ährengräser, Abb. **243**/2; **245**/1–5) od. zu mehreren finger- od. fiederartig angeordnet (Abb. **244**/3–5).
       Ährengräser – Schlüssel A S. 244
2*   Ährchen an lg, unverzweigten od. verzweigten Stielen od. an sehr kurzen, stets verzweigten Stielen 3
3   Ährchen in dichter, ährenähnlicher Rispe (Ährenrispe). Rispenspindel u. die sehr kurzen, stets verzweigten Ästchen wenigstens zum großen Teil erst beim Umbiegen od. Zergliedern der Rispe sichtbar (Abb. **243**/3; **297**/5). (Bei einseitswendigen Ährenrispen Spindel u. Äste auf 1 Seite sichtbar). **Ährenrispengräser – Schlüssel B** S. 246
3*   Ährchen in langästiger Rispe od. Traube, diese ausgebreitet od. (wenn die Äste anliegen) ± zusammengezogen. Spindel u. Äste wenigstens zum großen Teil sichtbar (Abb. **243**/4). Ährchen höchstens am Ende längerer Rispenäste kurz gestielt u. dort ährenähnlich geknäuelt (Abb. **247**/6, 7). **Rispengräser – Schlüssel C** S. 248

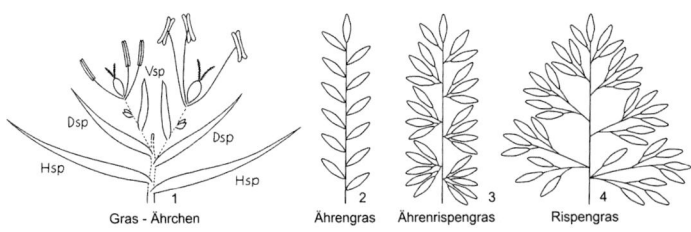

1 Gras - Ährchen   2 Ährengras   3 Ährenrispengras   4 Rispengras

Schlüssel A: Ährengräser

1	Ährchen in mehreren, meist dünnen, fingerfg od. traubig angeordneten Ähren (Abb. **244**/3–5)	**2**
1*	Ährchen eine einzige Ähre od. eine Traube mit sehr kurzen Ährchenstielen bildend	**10**
2	Ähren an der verlängerten Hauptachse ährig, traubig od. rispig angeordnet	**3**
2*	Ähren am Ende der Hauptachse genähert u. zuweilen (fast) fingerfg zusammenstehend	**5**
3	Ährchen unregelmäßig rings um die Ährenachse angeordnet. Ähren nach oben allmählich kleiner werdend (Abb. **244**/5). **Hühnerhirse – _Echinochloa_** S. 302	
3*	Ährchen an der Ährenachse zweizeilig u. einseitswendig angeordnet	**4**
4	Ährchen lanzettlich bis elliptisch (länger als br). **Schlickgras – _Spartina_** S. 305	
4*	Ährchen rundlich (so lg wie br). **Doppelährengras – _Beckmannia_** S. 285	
5	(2) Ährchen paarweise von einem Punkt der Ährenachse entspringend	**6**
5*	Ährchen einzeln an der Ährenachse, zuweilen aber 2zeilig	**8**
6	Ährchen kahl od. kurzhaarig (Abb. **244**/4). Ligula kurz, gestutzt, kragenfg. **Fingerhirse – _Digitaria_** S. 303	
6*	Ährchen langhaarig. Ligula in eine Haarreihe aufgelöst	**7**
7	Alle Ährchen kurz gestielt, beide Ährchen eines Paares mit ausschließlich ♂ Blüten. Ähren 15–30 cm lg. BlaSpreiten 10–30 mm br. Pfl schilfartig, 1–4 m hoch. **Stielblütengras – _Miscanthus_** S. 306	
7*	Ährchenpaare mit einem ungestielten u. einem gestieltem Ährchen, das ungestielte Ährchen mit ♀ Blü, das gestielte mit ♂ od. sterilen Blü. Ähren 3–8 cm lg. BlaSpreiten 2–4 mm br. Pfl 0,3–0,7 m hoch. **Bartgras – _Bothriochloa_** S. 305	
8	(5) Obere Hsp so lg wie das Ährchen, zuweilen die Blü überragend. Ähren genähert, jedoch nicht fingerfg zusammenstehend. **Schlickgras – _Spartina_** S. 305	
8*	Beide Hsp kürzer als das Ährchen. Ähren dicht, (fast) fingerfg zusammenstehend (Abb. **244**/3)	**9**
9	Ährchen 1blütig. Hsp fast gleich lg. Pfl kriechend, mit lg oberirdischen Ausläufern, ♃. **Hundszahn – _Cynodon_** S. 305	
9*	Ährchen 2–9blütig. Hsp ungleich lg. Pfl rasig, ohne Ausläufer, ☉. **Korakan – _Eleusine_** S. 308	
10	(1) Ährchen kurz gestielt, ihre Stiele mit lg, fuchsroten Borsten, die die Ährchen weit überragen (Abb. **245**/6). Hsp 3. **Fuchsrote Borstenhirse – _Setaria pumila_** S. 304	
10*	Ährchen sitzend od. mit borstenlosem Stiel. Hsp (0–)2	**11**
11	Auf jedem Absatz der Ährenachse (2–)3(–6) Ährchen nebeneinander, da jedes Ährchen am Grund (1–)2(–5) Seitenährchen trägt (Abb. **267**/4–6); „Ährchendrillinge" abwechselnd gegenüberstehend, daher Ährchen meist 6zeilig angeordnet	**12**
11*	Auf jedem Absatz der Ährenachse nur ein sitzendes od. kurz gestieltes Ährchen. Ährchen in 2 (meist gegenüberliegenden) Zeilen, wenn Ährchen dachziegelartig überlappend (Abb. **297**/5), s. Schlüssel B, **10** (_Phalaris canariensis_)	**14**
12	Ährchen 3(–4)blütig. Dsp unbegrannt. Blaugrüne DünenPfl mit sehr lg Ausläufern u. sehr steifen, trocken eingerollten Spreiten. ♃. **Strandroggen – _Leymus_** S. 266	
12*	Ährchen 1(–2)blütig. Dsp wenigstens am Mittelährchen jedes Drillings fast stets lg begrannt, Granne länger als die Dsp. Spreiten flach, grasgrün, nicht stechend steif	**13**

1
1blütig

2
3blütig

3
Cynodon

4
Digitaria

5
Echinochloa

POACEAE 245

13 Hsp am Grund verwachsen. Ährchen in den Hsp deutlich kurz gestielt. Gipfelährchen der Ähre vorhanden. Ährenspindel zäh, bei der Reife nicht zerbrechend. Horstbildende WaldPfl. ♃. **Waldgerste – _Hordelymus_** S. 268
13* Hsp am Grund frei. Das Mittelährchen jedes Drillings stets sitzend, die Seitenährchen oft unter ihren Hsp kurz gestielt (Abb. **267**/4–6). Gipfelährchen der Ähre verkümmert. Ährenspindel (außer bei _Hordeum vulgare_) zerbrechlich. Pfl (außer _H. secalinum_) ⊙, ①. **Gerste – _Hordeum_** S. 267
14 (11) Ährchen ± einseitig, d. h. auf 2 Seiten einer 3kantigen Ährenachse, 1blütig, sitzend, ohne Hsp, vor der BlüZeit anliegend, später kammartig abstehend (Abb. **245**/2). Bla borstlich, graugrün, starr. Wenn Ährchen mehrblütig, s. _Vulpia_, S. 278. **Borstgras – _Nardus_** S. 255
14* Ährchen 2zeilig auf 2 gegenüberliegenden Seiten der Ährenachse (Abb. **245**/3–5), zuweilen aber ± einseitswendig 15
15 Ährchen deutlich sehr kurz gestielt 16
15* Ährchen völlig ungestielt 20
16 Ährchen 2–4 cm lg, 6–25blütig, nicht einseitswendig. ♃. **Zwenke – _Brachypodium_** S. 257
16* Ährchen bis 1 cm lg, 1–9blütig, oft einseitswendig. ⊙, ① 17
17 Ährchen 1blütig, sehr klein. Pfl <10 cm hoch, mit fadendünnen Stg. Ähre sehr schmal (Abb. **245**/1). **Zwerggras – _Mibora_** S. 300
17* Ährchen mehrblütig 18
18 Ährenfg Traube dick, länglich-elliptisch. Pfl 5–20 cm hoch, mit ∞, rosettenähnlich liegenden Halmen. **Hartgras – _Sclerochloa_** S. 284
18* Ährenfg Traube lg linealisch. Pfl 10–40 cm hoch, aufrecht 19
19 BlaScheiden bis oben geschlossen. Jedes Ährchen am Grund mit 1 kammartig gefiederten sterilen Ährchen (Abb. **245**/7). **Kammgras – _Cynosurus_** S. 284
19* BlaScheiden nur am Grund geschlossen. Keine kammartig gefiederten sterilen Ährchen am Grund der Ährchen. **Dünnschwingel – _Micropyrum_** S. 269
20 (15) Dsp mit geknieter Rückengranne. Hsp langhaarig. Ährchen 4–7(–10)blütig. **Ährenhafer – _Gaudinia_** S. 293
20* Dsp mit Spitzengranne od. unbegrannt 21
21 Ährchen 1(–2)blütig, fast ganz in Aushöhlungen der Ährenachse eingesenkt (Abb. **245**/3); Ähre daher kaum dicker als der Halm. Dsp 2, quer zur Achse stehend, in Frontansicht deshalb ihre Ränder als Mittellinie über der Ährenachse sichtbar. BlaSpreiten am Grund ohne Öhrchen. Niedrige StrandPfl, ⊙. (Bei jüngeren Halmen von _Lolium_, **22**, ist die Ähre ebenfalls noch nicht dicker als der Halm, aber Dsp nur 1, von der Achse abgekehrt u. BlaSpreiten am Grund mit halmumfassenden Öhrchen). **Dünnschwanz – _Parapholis_** S. 285
21* Ährchen 2–∞blütig, nicht ganz in Achsenhöhlungen eingesenkt 22
22 Ährchen ihre Schmalseite (den SpRücken) der Ährenachse zukehrend (Abb. **245**/4). Hsp 1, nur beim Endährchen 2. **Weidelgras, Lolch – _Lolium_** S. 268
22* Ährchen ihre Breitseite (die SpRänder) der Ährenachse zukehrend (Abb. **245**/5). Alle Ährchen mit 2 Hsp 23
23 Ährchen 2blütig, meist mit stielartigem Ansatz einer dritten Blü. Hsp pfriemlich, 1nervig. BlaÖhrchen kahl. KulturPfl. ⊙, ①. **Roggen – _Secale_** S. 267

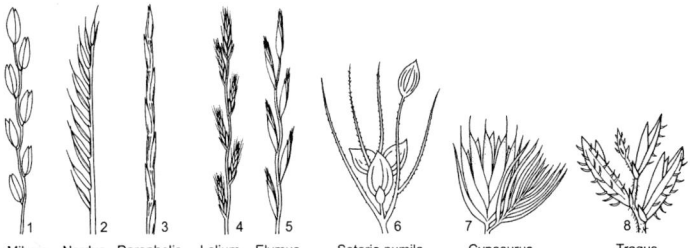

1 Mibora 2 Nardus 3 Parapholis 4 Lolium 5 Elymus 6 Setaria pumila 7 Cynosurus 8 Tragus

23* Ährchen 3–8blütig. Hsp eifg od. lanzettlich, 3- od. mehrnervig **24**
24 ☉ od. ① KulturPfl. Ährchen bei der Reife nicht zerfallend, entweder als Ganzes abfallend od. die unbespelzten Fr aus den Sp herausfallend. BlaÖhrchen bewimpert.
Weizen – *Triticum* S. 267
24* ♃ WildPfl. Ährchen bei der Reife in die einzelnen Blü zerfallend. Fr von Dsp u. Vsp stets eingehüllt bleibend.
Quecke – *Elymus* S. 262 u. Bastardstrandroggen – ×*Elyleymus* S. 266

Schlüssel B: Ährenrispengräser

1 Ährchen an der Rispenachse 2- bis mehrzeilig übereinanderstehend **2**
1* Ährchen an der Rispenachse allseitig, unregelmäßig, spiralig od. dachzieglig angeordnet
.... **5**
2 Ährchen auf jedem Absatz der Rispenachse zu dritt, die seitlichen zuweilen kleiner, an der Rispenachse mehrzeilig u. allseitig. Rispenachse nicht od. bei lockeren Ährenrispen nur teilweise sichtbar. (Ährengräser). **Schlüssel A: 12–13**
2* Ährchen einzeln, 2zeilig u. einseitswendig, Rispenachse daher von einer Seite auf der ganzen Länge sichtbar **3**
3 Jedes fruchtbare Ährchen am Grund mit einem unfruchtbaren Ährchen, das wie ein kammartig gefiedertes HochBla aussieht (Abb. **245**/7). **Kammgras – *Cynosurus* S. 284**
3* Kammfg unfruchtbare Ährchen fehlend **4**
4 Ährenrispen länglich, die flachen Bla nicht überragend. Sp stumpflich. Seltenes Gras an Rud. außerhalb der Alpen. ☉. **Hartgras – *Sclerochloa* S. 284**
4* Ährenrispe eifg, die haarfein gefalteten Bla weit überragend. Sp zugespitzt. Seltenes Alpengras. ♃. **Kopfgras – *Oreochloa* S. 285**
5 (1) Ährchenstiele mit lg, weit aus der Ährenrispe herausragenden Borsten (Abb. **245**/6). Ährchen 1blütig. Hsp 2, Dsp unbegrannt, die der unteren sterilen Blü dünnhäutig, eine 3. Hsp vortäuschend. **Borstenhirse – *Setaria* S. 304**
5* Ährchenstiele ohne solche Borsten **6**
6 Obere Hsp groß, mit kräftigen, hakigen Stacheln (Abb. **245**/8), klettenartig. Untere Hsp sehr klein (zuweilen fehlend). Rispenäste mit Widerhaken, je 3–5 gebüschelte Ährchen tragend, bei der Reife als Ganzes abfallend. **Klettengras – *Tragus* S. 306**
6* Hsp nicht stachlig **7**
7 Hsp u. Dsp dicht u. lang seidig gewimpert. Ährenrispe (zumindest nach der Blüte) durch abstehende Spelzenhaare auffallend silberhaarig **8**
7* Hsp u. Dsp kahl od. kurz behaart. Ährenrispe nicht auffallend silberhaarig **9**
8 Ährenrispe walzenförmig. Hsp kahl. Ährchen mit einer ♂ Blü, darüber eine gestielte, kahle Knospe von 1–2 weiteren, geschlossen bleibenden, unfruchtbaren Blü.
Perlgras – *Melica* S. 253
8* Ährenrispe eiförmig bis rundlich. Hsp dicht u. lang behaart. Ährchen ohne gestielte Knospe aus unfruchtbaren Blü. **Hasenschwanzgras – *Lagurus* S. 299**
9 (7) Ährchen 1blütig **10**
9* Ährchen mit mindestens 2 Blü **18**
10 Ährenrispe br eifg (Abb. **297**/5), 2 × 1,5 cm, grün u. weiß gestreift. Hsp br, am Rücken weiß geflügelt, die Blü weit überragend, kahl u. unbegrannt. Unter der Blü 2 kleine, leere Sp, diese < Dsp. **Kanariengras – *Phalaris canariensis* S. 299**
10* Ährenrispe länglich bis zylindrisch. Hsp nicht geflügelt **11**
11 Ährenrispe locker, Ährchen die Rispenachse nicht völlig verdeckend **12**
11* Ährenrispe dicht, mit völlig verdeckter Achse **14**
12 Ligula als Haarkranz ausgebildet. **Vilfagras – *Sporobolus* S. 308**
12* Ligula als häutiger Saum ausgebildet od. fehlend **13**
13 Ährenrispe 2–7 cm lg. Zwischen Hsp u. Blü 2 kleine, braunhaarige, leere Sp mit Rückengranne, mit der Blü in die viel größeren, kahlen u. unbegrannten Hsp ganz eingeschlossen (Abb. **247**/3). StaubBla 2. BlaSpreitenöhrchen bewimpert.
Ruchgras – *Anthoxanthum* S. 299
13* Ährenrispe 13–25 cm lg. Zwischen Hsp u. Blü keine leeren Sp. StaubBla 3.
Bastardstrandhafer – ×*Calammophila* S. 286

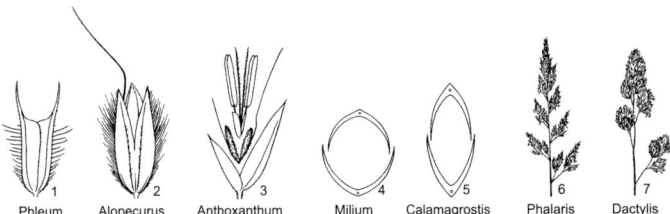

| 1 | 2 | 3 | 4 | 5 | 6 | 7 |
| Phleum | Alopecurus | Anthoxanthum | Milium | Calamagrostis | Phalaris | Dactylis |

14 (11) Ährchenachse zwischen der Dsp u. den Hsp ± lg behaart. Ährchen 9–16 mm lg, unbegrannt od. die bis 2 mm lg Granne der Dsp das Ährchen kaum überragend. Hohe Dünengräser. Ligula 10–30 mm lg. Ährenrispen 7–25 × 1,5–4 cm **15**

14* Ährchenachse kahl. Ährchen höchstens 6 mm lg, oft deutlich sichtbar begrannt. Ligula 1–7(–10) mm lg. Ährenrispen 1–15(–30) × 0,3–1,2(–3) cm **16**

15 Pfl weißlichgrün. Halmknoten fast 2mal so lg wie br, gelblich. Ährenrispe dicht, stets zusammengezogen, spindelfg, 7–15 cm lg, weißlich. Haare am Grund der Dsp bis ⅓ so lg wie die Dsp. **Strandhafer – *Ammophila* S. 286**

15* Pfl grün bis bräunlichgrün. Halmknoten so lg wie br, rötlich. Ährenrispe locker, deutlich gelappt, 13–25 cm lg, ± bräunlich, oft violett. Haare am Grund der Dsp halb so lg wie die Dsp. **Bastardstrandhafer – ×*Calammophila* S. 286**

16 (14) Hsp an der Spitze ausgerandet, in der Ausrandung mit 4–7 mm lg Granne, nur im oberen Teil gekielt. Dsp an der Spitze gezähnelt, ohne od. mit höchstens 2 mm lg, spitzenständiger Granne. Ligula zugespitzt, an der Spitze gezähnt.
Bürstengras – *Polypogon* S. 296

16* Hsp spitz u. unbegrannt od. plötzlich zugespitzt bis gestutzt u. grannenspitzig od. in eine kurze, bis 3 mm lg Granne auslaufend, bis unten gekielt. Dsp ohne od. mit fast grundständiger Rückengranne. Ligula gestutzt od. abgerundet bis fast spitz **17**

17 Ährchen (von der Breitseite betrachtet) mit U-fg Spitze (Abb. **247**/1). Hsp frei, spitz od. kurz begrannt. Dsp stumpf, unbegrannt, die Vsp einhüllend. Narbe fedrig.
Lieschgras – *Phleum* S. 296

17* Ährchen (von der Breitseite betrachtet) eifg bis elliptisch (Abb. **247**/2). Hsp am Grund od. bis zur Mitte verwachsen, unbegrannt. Dsp meist mit aus dem Ährchen herausragender Rückengranne. Vsp fehlend. Narbe fadenfg.
Fuchsschwanz – *Alopecurus* S. 298

18 (9) Dsp mit 3–4 mm lg Rückengranne, 2spitzig **19**
18* Dsp unbegrannt od. mit Spitzengranne **20**
19 Granne im unteren Drittel des SpRückens entspringend. 2–15 cm hohe SandPfl des Tieflandes, am Grund ohne sterile Triebe. ☉. **Frühe Haferschmiele – *Aira praecox* S. 294**
19* Granne im oberen Drittel des SpRückens entspringend. 5–20 cm hohe, seltene AlpenPfl, am Grund mit sterilen Trieben. ♃. **Ähren-Grannenhafer – *Trisetum spicatum* S. 292**
20 (18) Hsp deutlich kürzer als das Ährchen, die untere höchstens halb so lg wie die obere. Granne 7–15 mm lg. ☉, ☉. **Federschwingel – *Vulpia* S. 278**
20* Hsp so lg od. fast so lg wie das Ährchen, die untere nur wenig kürzer als die obere. Granne fehlend od. höchstens 4 mm lg. ♃ **21**
21 Ährenrispe eilänglich bis zylindrisch, bis 15 cm lg, am Grund oft unterbrochen. Dsp spitz od. stumpf, grannenlos. Narben fedrig. **Schillergras – *Koeleria* S. 295**
21* Ährenrispe eifg od. kurz zylindrisch, bis 4 cm lg, dicht, während der BlüZeit oft ± schieferblau. Dsp vorn 3–5zähnig, mit kurzer Granne. Narben fadenfg.
Blaugras – *Sesleria* S. 285

Schlüssel C: Rispengräser

1 Ährchen in Paaren am Ende der Rispenzweige angeordnet, eines sitzend u. begrannt, das andere gestielt u. unbegrannt. **Mohrenhirse – *Sorghum*** S. 306
1* Ährchen einzeln am Ende der Rispenzweige angeordnet, zuweilen mehrere Ährchen dicht zusammenstehend **2**
2 Ährchen 1blütig (Abb. **244**/1; **247**/3; **254**/3) **3**
2* Ährchen mit 2–∞ Blü (Abb. **244**/2; **262**/1, 2) **18**
3 Dsp mit 8–30 cm lg Granne. **Federgras, Pfriemengras – *Stipa*** S. 255
3* DspGranne bis 1,5 cm lg od. fehlend **4**
4 Granne 2–3mal so lg wie die Dsp, gerade, geschlängelt od. gebogen, an od. kurz unter der Spitze der Dsp entspringend **5**
4* Granne kürzer als die Dsp od. fehlend, wenn bis 2mal so lg wie die Dsp, dann meist gekniet u. in der Mitte od. fast am Grund der Dsp entspringend **6**
5 Dsp kahl od. nur am Grund kurzhaarig. ☉, ①. **Windhalm – *Apera*** S. 290
5* Dsp oberwärts dicht weißzottig. Pfl dichtrasig, ♃. **Raugras – *Achnatherum*** S. 255
6 **(4)** Zwerggras auf Teichschlamm mit ∞, liegenden, 2–8 cm lg Halmen. Obere BlaScheiden sehr br, aufgeblasen. Ährchen nur bis 1 mm lg, gestielt, an den Rispen fast doldig. ☉. **Scheidenblütgras – *Coleanthus*** S. 300
6* Halme aufrecht od. aufsteigend, meist >10 cm hoch. Obere BlaScheiden nicht aufgeblasen. Ährchen nicht doldig, zuweilen gebüschelt u. dann ungestielt **7**
7 Ligula gegenüber der Spreite mit lanzettlichem Anhängsel (Abb. **254**/4). Über der ♂ Blü eine lg gestielte Knospe einer unfruchtbaren, verkümmerten, zweiten Blü (Abb. **254**/3). Rispe sehr locker, wenigährig. Ährchen purpurn überlaufen. **Einblütiges Perlgras – *Melica uniflora*** S. 254
7* Ligula gegenüber der Spreite ohne Anhängsel. Ährchen 1blütig, ohne verkümmerte Blü **8**
8 Hsp fehlend. Rispe meist ganz od. größtenteils in der obersten BlaScheide eingeschlossen bleibend. Spreiten auffallend hellgrün, überhängend, am Rand wie die BlaScheiden sehr stark widerhakig-rau. Ährchen 4–5 mm lg. Vsp mit Mittelnerv, den unbegrannten Dsp ähnlich. **Queckenreis – *Leersia*** S. 252
8* Hsp vorhanden **9**
9 Ährchen im Querschnitt rundlich od. vom Rücken her etwas zusammengedrückt. Hsp daher am Rücken flach gewölbt (Abb. **247**/4) **10**
9* Ährchen von der Seite her zusammengedrückt. Hsp daher mit V-fg Querschnitt (Abb. **247**/5) **11**
10 Ligula ± 5 mm lg. Rispe allseitig ausgebreitet, mit waagerechten bis schräg abwärts gerichteten Ästen. Hsp 2, etwa gleich lg. ♃ WaldPfl. **Flattergras – *Milium*** S. 283
10* Ligula durch einen 1–2 mm lg Haarkranz ersetzt. Rispe mit aufrecht abstehenden Ästen, zuletzt oft einseitig überhängend. Hsp 3, untere kleiner als obere. ☉ Rud.- od. KulturPfl. **Hirse – *Panicum*** S. 302
11 **(9)** Ährchenachse zwischen der Dsp u. den Hsp mit einem Haarkranz, Haare ¼ od. bis doppelt so lg wie die Dsp (Abb. **287**/1–4; **289**/1–3) **12**
11* Ährchenachse kahl od. mit sehr kurzem Haarbüschel, Haare <¼ der Dsp (nicht zu verwechseln mit oft schuppenartigen, behaarten leeren Sp am Grund der Dsp) **14**
12 Ährchen 9–12 mm lg. Haare am Grund der Dsp etwa halb so lg wie die Dsp. Granne kurz unter der Spitze der Dsp entspringend, 1–2 mm lg. Dünengras der Küste. **Bastardstrandhafer – ×*Calammophila*** S. 286
12* Ährchen höchstens 7 mm lg, meist kleiner. Haare am Grund der Dsp länger od. wenig kürzer als die Dsp, wenn nur ½ so lg, dann Dsp unbegrannt od. mit fast am Grund der Dsp entspringender, das Ährchen deutlich überragender Granne **13**
13 Haare am Grund der Dsp etwas kürzer od. bis doppelt so lg wie die Dsp u. die kurze, zarte Granne oft verdeckend od. nur ¼ so lg u. dann die am Grund der Dsp abgehende Granne deutlich sichtbar aus dem Ährchen herausragend. **Reitgras – *Calamagrostis*** S. 286
13* Haare am Grund der Dsp in 2 Büscheln, etwa halb so lg wie die unbegrannte Dsp. **Schilf-Straußgras – *Agrostis schraderiana*** S. 288

14	(11) Ährchen an den kurzen, aufrecht abstehenden Rispenästen (Ähren) dicht 2reihig angeordnet. **Doppelährengras – _Beckmannia_ S. 285**	
14*	Ährchen nicht 2reihig angeordnet	**15**
15	Untere Rispenäste mit 2 od. mehr grundständigen Zweigen, daher scheinbar zu dritt od. mehr an der Rispenachse (nur bei kleineren Alpengräsern mit borstlichen GrundBla Äste einzeln od. zu 2). Bla bis 5(–11) mm br od. borstenfg. Ährchen einzeln, gestielt, zuweilen etwas gehäuft. Zwischen Hsp u. Dsp keine leeren Sp. **Straußgras – _Agrostis_ S. 288**	
15*	Untere Rispenäste einzeln od. mit einem grundständigen Zweig u. daher scheinbar zu 2 an der Rispenachse. GrundBla nie borstlich	**16**
16	Zwischen Hsp u. Dsp keine leeren Sp. **Mühlenbergie – _Muhlenbergia_ S. 308**	
16*	Zwischen Hsp u. Dsp 2 leere, braun- od. weißbehaarte, mitunter schuppenartige Sp .	**17**
17	Bla an der Scheidenmündung beidseits mit Haarbüscheln, seltener beidseits behaart, Spreiten 2–6 mm br. Untere Rispenäste einzeln an der Rispenachse, viel kürzer als die Ährchen. Rispe 2–7 cm lg. Leere Sp im Ährchen braunhaarig. **Ruchgras – _Anthoxanthum_ S. 299**	
17*	Bla kahl, Spreiten 8–20 mm br. Untere Rispenäste scheinbar zu zweit an der Rispenachse (Abb. **247**/6), der untere ährchenfreie Abschnitt länger als die im oberen Teil der Äste knäuelig gehäuften Ährchen. Rispe 10–20 cm lg. Leere Sp im Ährchen schuppenartig, weißlich behaart. Rohrartiges Gras nasser Standorte. **Rohr-Glanzgras – _Phalaris arundinacea_ S. 299**	
18	(2) Ährchen am Ende der lg Rispenäste knäuelig gehäuft. Unterster Rispenast einzeln u. ohne grundständigen Zweig (Abb. **247**/7). BlaScheiden 2schneidig zusammengedrückt. **Knaulgras – _Dactylis_ S. 284**	
18*	Rispe nicht aus mehreren Knäueln bestehend, höchstens etwas ährenähnlich, indem die Rispenäste vom Grund an Ährchen tragen (wenn Ährchen 2zeilig, s. _Beckmannia_, S. 285)	**19**
19	Ligula durch einen Haarkranz ersetzt	**20**
19*	Ligula ± lg, häutig od. nur saumartig, zuweilen zerschlitzt, bewimpert od. fehlend	**23**
20	Ährchen zwischen den Sp mit spelzenlangen, dichten u. weißen Haaren. Bla 2–6 cm br, an der Scheidenmündung öhrchenfg, behaart. **Schilf – _Phragmites_ S. 301**	
20*	Ährchen nicht mit lg Haaren zwischen den Sp. Bla höchstens 1 cm br, meist schmaler, an der Scheidenmündung beidseits durch lg Haare bärtig, nicht öhrchenfg	**21**
21	Hsp so lg wie das Ährchen od. länger. **Traubenhafer, Dreizahn – _Danthonia_ S. 301**	
21*	Hsp höchstens halb so lg wie das Ährchen	**22**
22	Ährchen 1–4(–6)blütig. Dsp 3–6 mm lg. Stg nur am zwiebelfg Grund mit Knoten. Rispe schmal, oft schieferblau. Pfl ♃. **Pfeifengras – _Molinia_ S. 301**	
22*	Ährchen (3–)5–40blütig. Dsp 1–2 mm lg. Stg mit Knoten, am Grund nicht zwiebelfg verdickt. Pfl meist ⊙. **Liebesgras – _Eragrostis_ S. 306**	
23	(19) Ährchen 18–25(–30) mm lg (ohne Grannen gemessen). Beide Hsp so lg wie das Ährchen, die Dsp überragend (Abb. **244**/2) od. etwas kürzer (u. dann jede Dsp außer 1 lg rückständigen noch mit 2 kurzen spitzenständigen Grannen), 7–11nervig. Sofern Grannen vorhanden, dann wenigstens 1 der meist geknieten rückständigen Grannen das Ährchen um (fast) das Doppelte überragend. Ligula bis 7 mm lg. **Hafer – _Avena_ S. 292**	

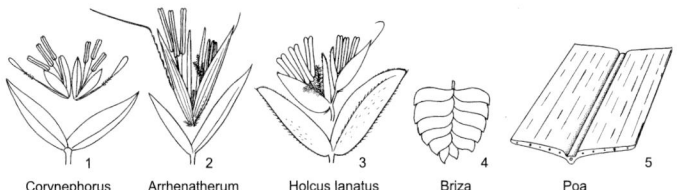

1 Corynephorus   2 Arrhenatherum   3 Holcus lanatus   4 Briza   5 Poa

23* Ährchen höchstens 15 mm lg (ohne Grannen gemessen), wenn Ährchen länger, dann untere Hsp kürzer als das halbe Ährchen. Dsp unbegrannt od. Grannen das Ährchen höchstens um eine halbe (bis ¾) Ährchenlänge überragend. Hsp meist 1–3(–5)- od. undeutlich nervig, selten (bei *Ventenata*, **47***, mit bis 9 mm lg Ligula, u. ⊙ ① *Bromus*, **41**) 7–9nervig **24**
24 Dsp grannenlos od. mit sehr kurzer Granne, die von den Hsp verdeckt wird od. das Ährchen nicht überragt, am Ährchen daher keine Grannen sichtbar **25**
24* Dsp begrannt, Grannen am Ährchen deutlich sichtbar, die Hsp u. Dsp überragend **40**
25 Hsp länger als die Dsp, oft > doppelt so lg, die Ährchenlänge bestimmend, die Dsp u. ihre Granne (außer zur BlüZeit) einhüllend **26**
25* Hsp höchstens so lg wie die Dsp, wenigstens eine etwas, oft beide viel kürzer als das Ährchen. Dsp wenigstens mit der Spitze am Ährchen sichtbar **27**
26 Pfl kahl, <0,3 m hoch. Bla borstlich, steif aufrecht abstehend (wenn Bla flach, Pfl >1 m hoch, rohrartig, s. *Scolochloa*, S. 279). BlaScheiden rosa überlaufen. Grannen mit Haarkranz, darüber keulig (Abb. 249/1). **Silbergras – *Corynephorus*** S. 295
26* Pfl dicht kurzhaarig. Bla flach, weich. BlaScheiden blaugrün, ihre Nerven am Grund violett. Dsp der oberen Blü mit hakig gekrümmter Granne (Abb. 249/3).
Wolliges Honiggras – *Holcus lanatus* S. 296
27 (25) Ährchen mit gekielten Sp, im Querschnitt 2schneidig (Abb. 247/5) **28**
27* Ährchen mit abgerundeten Spelzen, im Querschnitt rundlich bis oval (Abb. 247/4) **30**
28 Rispe schmal, dicht zusammengezogen, durch die kurzen Äste fast wie eine Ährenrispe. Pfl wenigstens teilweise behaart. BlaSpreiten oseits durch erhabene Rippen deutlich gerieft.
Schillergras – *Koeleria* S. 295
28* Rispe locker, meist durch längere, abstehende Äste breiter, deutlich rispenfg. Pfl kahl, selten die Bla od. Sp behaart. BlaSpreiten oseits höchstens mit 2 Rillen (Doppelrille) **29**
29 BlaScheiden fast bis oben geschlossen. BlaSpreiten in der Knospenlage gerollt, oseits ohne Doppelrille. Dsp >10 mm lg (wenn nur bis 6 mm lg u. BlaScheiden nur ± bis zur Mitte geschlossen, s. *Festuca pulchella*, S. 270). **Trespe – *Bromus*** S. 257
29* BlaScheiden bis unten offen. BlaSpreiten in der Knospenlage gefaltet, oseits in der Mitte mit einer zuweilen undeutlichen Doppelrille (SchienenBla, Abb. 249/5). Dsp <10 mm lg.
Rispengras – *Poa* S. 280
30 (27) Hsp länger als das halbe Ährchen, zuweilen eine Hsp so lg wie das Ährchen **31**
30* Hsp viel kürzer als das halbe Ährchen, selten halb so lg wie das halbe Ährchen od. wenig länger **34**
31 Halmknoten am Grund gehäuft, sonst fehlend. Ährchen bräunlich, glänzend. Rispenäste etwas geschlängelt. Granne der Dsp sehr kurz od. fehlend. Pfl beim Zerreiben nach Waldmeister (Kumarin) duftend. **Mariengras – *Hierochloë*** S. 300
31* Halmknoten auch höher am Halm, einzeln. Ährchen grünlich, gelblich, rötlich od. rotbraun bis rot- od. dunkelviolett (überlaufen), meist nicht glänzend; wenn doch, dann BlüStand traubig. Pfl nicht duftend **32**
32 Ährchen in armästigen Rispen od. in Trauben. Unterste Äste einzeln od. zu zweit. Waldgräser. **Perlgras – *Melica*** S. 253
32* Ährchen in reich verzweigten Rispen. Unterste Äste scheinbar zu dritt od. mehr **33**
33 Dsp auf dem Rücken kurz begrannt, kahl. Granne die Dsp nicht überragend. Ährchen 3–6 mm lg. Pfl nicht rohrartig. Halme 1–2 mm ⌀. **Schmiele – *Deschampsia*** S. 294
33* Dsp ohne Granne, am Grund mit 1 Haarbüschel. Ährchen 9–11 mm lg. Pfl rohrartig, mit 6–8 mm dicken Halmen. **Schwingelschilf – *Scolochloa*** S. 279
34 (30) Ährchen so lg wie br, kurz über dem Grund am breitesten. Sp fast waagerecht abstehend (Abb. 249/4). **Zittergras – *Briza*** S. 285
34* Ährchen länger als br, am Grund verschmälert. Sp nicht od. aufrecht abstehend **35**
35 BlaScheiden bis unten offen od. Bla borstenfg **36**
35* BlaScheiden bis zur Mitte od. höher geschlossen. Bla flach, nicht borstenfg **37**
36 Dsp br hautrandig, an der Spitze abgerundet, bei schlaffen Halmen auch spitz. BlaSpreitengrund ungeöhrt, kahl. Bla zuweilen dick binsenfg, eingerollt. **Salzschwaden – *Puccinellia*** S. 279
36* Dsp nicht hautrandig, ± zugespitzt (bei *F. arundinacea* mit wimperig geöhrtem BlaSpreitengrund hautrandig). Bla zuweilen haarfg bis borstenfg. **Schwingel – *Festuca*** S. 269

POACEAE

37 (35) Ährchen klein, bis 3 mm lg. BlaScheiden bis zur Mitte geschlossen.
  Quellgras – *Catabrosa* S. 279
37* Ährchen größer. BlaScheiden (fast) bis oben geschlossen **38**
38 BlaSpreite oseits in der Mitte mit Doppelrille (SchienenBla, Abb. **249**/5), sonst ungerieft od. ± schwach gerieft. **Schwaden – *Glyceria*** S. 252
38* BlaSpreite oseits ohne Doppelrille, schwach gerieft od. rau **39**
39 Ährchenstiele lg, dünn u. biegsam. Hsp viel kürzer als das Ährchen. Ligula bis 2 mm lg, gestutzt. Pfl 30–120 cm hoch, ♃. **Trespe – *Bromus*** S. 257
39* Ährchenstiele sehr kurz, dick u. starr. Hsp (fast) halb so lg wie das Ährchen. Ligula bis 6 mm lg, zerschlitzt. Pfl 3–20 cm hoch, ☉. **Steifgras – *Catapodium*** S. 280
40 (24) Granne an der Spitze der Dsp od. aus dem Einschnitt der 2zähnigen Spitze abgehend. Hsp so lg wie das halbe Ährchen od. kürzer, seltener die obere Hsp bei sehr langer (10–20 mm lg) Granne der Dsp etwas länger als das halbe Ährchen **41**
40* Granne auf dem Rücken, etwas unter der Spitze od. am Grund der Dsp abgehend od. die Dsp der oberen Blü eines Ährchens mit rückenständiger Granne u. die der unteren Blü aus der Spitze begrannt. Hsp so lg wie das Ährchen od. etwas kürzer **43**
41 BlaScheiden fast bis oben geschlossen. Bla flach. Granne meist aus dem Einschnitt der 2zähnigen DspSpitze od. etwas darunter entspringend (Abb. **262**/3–9). Pfl ohne, nur bei *B. inermis* u. *B. pumpellianus* mit Ausläufern. **Trespe – *Bromus*** S. 257
41* BlaScheiden offen, selten bis zur Mitte od. (nur bei Pfl mit BorstBla u./od. Ausläufern) zuweilen fast bis oben geschlossen. Granne spitzenständig **42**
42 Granne wenigstens 1½mal so lg wie die Dsp. Spreitengrund ohne Öhrchen. Pfl ☉ od. ⓛ. **Federschwingel – *Vulpia*** S. 278
42* Granne meist kürzer od. wenig länger als die Dsp, wenn kürzer od. fehlend, dann BlüStand traubig, einseitswendig, wenn länger, dann Spreitengrund mit Öhrchen. Pfl ♃. **Schwingel – *Festuca*** S. 269
43 (40) Ährchen sehr klein, 1,5–3 mm lg, nichtblühend länger als br, mit 1–2 gleichlangen Grannen. Pfl ☉ od. ⓛ, meist nur 5–20 cm hoch. **Haferschmiele – *Aira*** S. 293
43* Ährchen größer, mindestens 4 mm lg od. wenn kleiner, dann etwa so br wie lg **44**
44 Am Ährchen nur 1 od. 2 sehr verschieden lg Grannen sichtbar **45**
44* Am Ährchen 2 od. mehr etwa gleich lg Grannen sichtbar **48**
45 Ährchen mit gekielten Sp, im Querschnitt 2schneidig (Abb. **247**/5). Hsp 2–3mal so lg wie die Dsp, am Kiel bewimpert. Halmknoten meist abstehend behaart.
  Weiches Honiggras – *Holcus mollis* S. 296
45* Ährchen mit abgerundeten Sp, im Querschnitt rundlich bis oval (Abb. **247**/4). Hsp kahl, etwa so lg wie die Dsp od. nur wenig länger. Halme kahl **46**
46 Hsp etwas spreizend, an der Spitze oft etwas zurückgebogen. Ährchen dadurch etwa so lg wie br, ± 4 mm lg. **Südliches Mariengras – *Hierochloë australis*** S. 300
46* Hsp (außer zur BlüZeit) aufrecht, an der Spitze nicht zurückgebogen. Ährchen dadurch länglich, 6–10 mm lg **47**
47 BlaSpreiten 4–8 mm br, flach. Ligula kurz, 1–3 mm lg, gestutzt. Untere Dsp fast am Grund lg begrannt, obere nicht od. sehr kurz, unter der kurz 2zähnigen Spitze, begrannt (Abb. **249**/2). Pfl ♃. **Glatthafer – *Arrhenatherum*** S. 291
47* BlaSpreiten bis 3 mm br, rinnig od. flach. Ligula 3–9 mm lg, spitz, am Scheidenrand herablaufend. Untere Dsp aus der Spitze kurz begrannt, obere kurz 2zähnig, mit 2 Grannenspitzen u. auf dem Rücken mit lg, gedrehter u. geknieter Granne. Pfl ☉.
  Schmielenhafer – *Ventenata* S. 293
48 (44) Ährchen groß, 10–30 mm lg, meist mit 3 lg Grannen; wenn nur 10–13 mm lg, dann 5blütig u. mit 5 lg Grannen. BlaSpreite in der Mitte mit Doppelrille (SchienenBla, Abb. **249**/5), sonst ungerieft, flach od. borstlich gefaltet. **Wiesenhafer – *Helictotrichon*** S. 290
48* Ährchen <10 mm lg. BlaSpreite oseits gerieft, flach od. borstenfg. Nur bei seltenem Alpengras (*Helictotrichon parlatoreï*, **50**) Ährchen etwas größer, 11–12 mm lg, nur mit 2 lg Grannen u. BlaSpreite meist borstlich gefaltet **49**
49 Dsp an der Spitze gestutzt od. mehrzähnig. Granne am Grund der Dsp abgehend. Ährchen mit 2 Grannen. **Schmiele – *Deschampsia*** S. 294

49* Dsp an der Spitze 2zähnig. Zähne zuweilen grannenspitzig verlängert. Granne in der Mitte od. im oberen Drittel der Dsp abgehend. Ährchen mit 2 od. 3 Grannen 50
50 Ährchen 11–12 mm lg, mit 2 Grannen. Ligula lg, zugespitzt, 2spaltig. Seltenes Alpengras.
 Staudenhafer – *Helictotrichon parlatorei* S. 290
50* Ährchen 5–8 mm lg, mit 2 od. 3 Grannen. Ligula kurz, kragenfg.
 Grannenhafer – *Trisetum* S. 292

Leersia Sw. – Queckenreis, Reisquecke (18 Arten)

Pfl gelbgrün, mit Ausläufern. Halme knickig aufsteigend, an den Knoten behaart. BlaRänder u. BlaScheiden rückwärts hakig rau. 0,50–1,50. 8–10. Feuchte bis nasse, zeitweilig überflutete, meist sommerlich trockenfallende, schlammige bis sandige Bach- u. Teichufer, verschmutzte Dorf- u. Abwassergräben, nährstoffanspruchsvoll; z By Bw(f Alb) Rh He(f NW) Sa Bb, s Alp Nw(f N, † NO) Th(O Bck S) An(f W) Ns(f Hrz MO) Mv(Elb, † SW), † Sh, ↘ (troptempAM+sm-temp·c1-5EURAS – sogr He ♃ uAusl – nur kleistogame Blü fertil – L8 T6 F10 R8 N8 – V Glyc.-Sparg., V Bid. – vom Vieh verschmäht). [*Oryza clandestina* (WEBER) A. BRAUN] **Kleistogamer Qu., Wilder Reis – *L. oryzoides* (L.) Sw.**

Glyceria R. Br. – Schwaden (40 Arten)

1 Ährchen bis 10 mm lg (wenn länger, dann Pfl >1 m hoch u. Halme >5 mm dick, aufrecht) 2
1* Ährchen 10–32 mm lg. Pfl meist <1 m hoch, Halme dünner als 5 mm, aufsteigend. **(Artengruppe Flutender Sch. – *G. fluitans* agg.)** 3
2 Ährchen 5–10 mm lg. Dsp 2,5–4 mm lg. Stg bis 1 cm ⌀, aufrecht. BlaSpreiten (6–)10–20 mm br. Ligula 1–3 mm lg, abgerundet od. gestutzt. Rispe groß, 15–40 cm lg, weit ausgebreitet. 0,90–2,00. 6–8. Röhrichte an eutrophen, stehenden od. langsam fließenden Gewässern meist stark schwankender Wasserstände; h Sa(s SW) Bb Ns Mv Sh(s W), v By He Nw An(g O), z Alp Bw Rh Th (sm-b·c1-7EUR-WAS – teilig He/G ♃ uAusl – WaA KlA – L9 T5 F10~ R8 N9 – O Phragm. – Futtergras, früher zum Dachdecken, Uferbefestigung, in Lausitz u. Spreewald früher Notgetreide – durch Brandpilz für Vieh giftig). [*G. aquatica* (L.) WAHLENB. non (L.) J. PRESL et C. PRESL] **Wasser-Sch. – *G. maxima* (HARTM.) HOLMB.**

Zu achten ist auf die erst vor kurzem neu beschriebene u. bisher nur von der Elbe in An u. Bb bekannte subsp. ***micrantha*** H. SCHOLZ, die durch kleinere Ährchen mit kürzeren Sp charakterisiert ist (untere Hsp 1,4–2,0 mm lg, obere Hsp 2,0–2,5 mm lg, Dsp 2,5–3,0 mm lg). Außerdem ist auf den N-am. **Großen Sch. – *G. grandis*** S. WATSON zu achten, der kürzere Staubbeutel (0,5–1,2 mm lg), einen aufsteigenden Stg, Dsp mit stark hervortretender u. bis zur Spitze reichender Nervatur u. ähnlich kleine Ährchen wie *G. maxima* subsp. *micrantha* besitzt, bisher s Bw(S).

2* Ährchen 2–4 mm lg. Dsp 1,5–2 mm lg. Stg bis 5 mm dick. BlaSpreiten 2–6 mm br. Ligula 2 mm lg, spitz, zerschlitzt. Rispe locker, 5–30 cm lg, ausgebreitet. 0,30–1,00. 6–8. Feuchte bis nasse Waldränder, waldnahe Gräben, Fahrspuren; [N 1920] s Alp(Kch: Benediktenwand, Kochelsee) By(S: Staffelsee MS: München) Bw(ORh: Mannheim SW: Degerfelden) Rh Nw(SW: Wachtberg, SO: Wuppertal) Bb(M: Potsdam) Ns(O: Wendland), sich einbürgernd, ↗ (m-b·c2-8AM – igr? H ♃ uAusl+Horst – WaA KlA – L7? T6? F7? R7 N6? – V Nanocyp., V Alliar., V Agrop.-Rum.). **Gestreifter Sch. – *G. striata* (LAM.) HITCHC.**

Die Zuordnung der in D vorkommenden Pfl zu Unterarten ist noch nicht abschließend geklärt. Die meisten Vorkommen gehören höchstwahrscheinlich zu subsp. *difformis* PORTAL, einige eventuell zu subsp. *stricta* (SCRIBN.) HULTÉN.

3 (1) Ährchen nach der BlüZeit nicht zerfallend, steril (keine FrBildung). Staubbeutel geschrumpft, x-fg, steril (nicht stäubend), gelb, 1–1,8 mm lg. Ährchen 9–15blütig, 15–20 mm lg. Dsp 7nervig, vorn stumpf od. schwach gelappt. Rispenäste aufrecht abstehend, später ausgebreitet, unterste zu 2–3, der längste mit bis 9, der kürzeste mit 1–2 Ährchen. Halme mit dunkelgefärbten Knoten. 0,50–1,30. 6–8. Bäche, Gräben, Teiche, Tümpel, Sümpfe; z, Verbr. ungenügend bekannt, oft übersehen (sm-b·c1-5EUR – igr He/oHy ♃ u/oAusl). [*G. fluitans* × *G. notata*; *G. fluitans* subsp. *poiformis* FR.]
 Bastard-Sch. – *G.* ×*pedicellata* TOWNS.

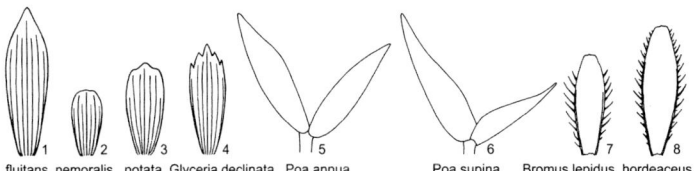

fluitans nemoralis notata Glyceria declinata Poa annua Poa supina Bromus lepidus hordeaceus

3* Ährchen fertil, zur FrZeit zerfallend. Staubbeutel zylindrisch, fertil (stäubend) **4**
4 Dsp 6–7,5 mm lg, spitz bis stumpf, vorn verschmälert, ganzrandig (Abb. **253**/1). Staubbeutel 2–3 mm lg. Rispe armblütig, Äste zur FrZeit anliegend, unterste zu 1–2(–3), der längste mit 1–5, der kürzeste mit 1(–2) Ährchen. Bla grasgrün, lg zugespitzt. Spreiten 3–10 mm br. 0,40–1,00. 5–8. Sickernasse od. flach überflutete Ufer fließender (Bäche) od. stehender (Seen, Teiche) mesotropher Gewässer, flutend in Gewässern, auch an nassen Waldwegen; g Rh(v ORh) Sa Ns Sh, h He Nw Th An Bb Mv, v By Bw, z Alp (sm-b·c1-5EUR, [N] austrAUST+AM, sm-tempOAM – igr H/He/oHy ♃ Horst+uAusl – WaA KlA – L7 Tx F9= Rx N7 – V Glyc.-Sparg., V Phragm., V Calth.). [*G. f.* subsp. *festucacea* Fr.]
Flutender Sch., Manna-Sch. – *G. fluitans* (L.) R. Br.
4* Dsp 3,5–5,5 mm lg, vorn stumpf, zuweilen 3lappig od. 3–5zähnig. Staubbeutel 0,5–1,5 mm lg **5**
5 Dsp 3–3,5 mm lg, mit 3 starken, bis in die Spitze verlaufenden, u. 4 schwächeren, etwa ⅔ der DspLänge erreichenden Nerven, sehr stumpf (Abb. **253**/2). Ligula 1–2 mm lg, stark zerschlitzt. BlaSpreiten etwas blaugrün, am Ende plötzlich kahnfg zusammengezogen. Ährchen (6–)7(–9)blütig. 0,30–1,00. 6–7. Nasse, zeitweilig überflutete Erlenbrüche, Waldquellmoore, Waldbäche, nährstoffanspruchsvoll; z Sh(f W), s Mv(f Elb N) (sm-temp·c3-6EUR – igr H/G ♃ Horst+uAusl – WaA KlA – L7 T6 F9= R8 N7? – V Alno-Ulm., V Glyc.-Sparg.). **Hain-Sch. – *G. nemoralis* (R. Uechtr.) R. Uechtr. et Körn.**
5* Dsp 3–5,5 mm lg, mit 7 kräftigen Nerven, von denen 6 ± gleich lg sind u. der Mittelnerv oft bis in die Spitze der Dsp reicht **6**
6 Dsp vorn br abgerundet od. stumpf 3zähnig (Abb. **253**/3). Vsp ausgerandet, die Dsp nicht überragend. Ligula 2–4(–6) mm lg, abgerundet. Bla rein grün, lg zugespitzt. Staubbeutel gelb, 1–1,5 mm lg. Rispe ∞blütig, auch zur FrZeit mit abstehenden Ästen. 0,30–0,80. 6–7. Nasse, zeitweilig überflutete Ufer eutropher Bäche, Teiche, Seen, auch Gräben, kalkhold, nährstoffanspruchsvoll; h Th, v Alp By Bw An, z Rh He Nw Sa Bb Ns Mv Sh (m-temp·c2-6EUR-WAS – igr He/oHy/H ♃ oAusl – WaA KlA – L8 T5 F10~ R8 N8 – V Glyc.-Sparg., V Bid.). [*G. plicata* (Fr.) Fr.] **Falt-Sch. – *G. notata* Chevall.**
6* Dsp vorn mit 3–5 deutlichen, spitzen Zähnen (Abb. **253**/4). Vsp tief in 2 sehr spitze Enden gespalten, diese die Dsp deutlich überragend. Ligula 4–9 mm lg, zugespitzt. Bla stark blaugrün, plötzlich in eine kurze Spitze zusammengezogen. Staubbeutel meist dunkelviolett überlaufen, 0,5(–1) mm lg. Rispe armblütig, oft nur traubig, mit zur FrZeit (fast) anliegenden Ästen. 0,10–0,60. 6–8. Feuchte bis nasse Waldwege, sickernasse Graben- u. Wegränder, kalkmeidend, nährstoffanspruchsvoll; v Rh He Nw Th Sa, z Alp By Bw An Bb Ns Mv Sh (sm/mo-temp·c1-3EUR, [N] WAM+(OAM) – igr H/G ♃ Horst – WaA KlA – L5 T6 F8~ R6? N5? – V Glyc.-Sparg., V Agrop.-Rum., V Polyg. avic., V Nanocyp.).
Blaugrüner Sch. – *G. declinata* Bréb.

Melica L. – Perlgras (80 Arten)

1 Dsp der (einzigen) ♂ Blü im Ährchen dicht u. lg seidig bewimpert (Abb. **254**/2), die der verkümmerten Blü kahl. BlüStand eine ± lockere Ährenrispe. **(Artengruppe Wimper-P. – *M. ciliata* agg.)** **2**
1* Alle Dsp kahl. Rispe traubenähnlich, ausgebreitet od. zusammengezogen **3**
2 Pfl stark graugrün. GrundBlaScheiden kahl, selten untere kurz behaart. BlaSpreiten ungekielt, oseits dicht kurzhaarig. Ährenrispe starr aufrecht, locker, mit meist sichtbarer Achse, ± einseitswendig, am Grund mit (0–)1–2 astlosen Knoten. Ährchen bleich. Untere Hsp 6–7 mm, obere 7–8 mm lg. Dsp 6,5–8 mm lg. 0,20–0,70. 6. Fels- u. Schotterfluren, Rud.:

Steinbrüche, Mauern, kalkstet; z By(f MS S) Bw Rh He(f NW SO) Th(f Hrz NW) An(Hrz S SO), s Nw(SW SO), [N] s Sa(W: Leipzig, Dresden) (m/mo-temp·c2-6EUR – teiligr H ♃ Horst – L8 T7 F2 R7 N2 – V Sesl.-Fest., V Alysso-Sed. – 18). [*M. nebrodensis* PARL.]
Wimper-P. – *M. ciliata* L.

1 Unter der Rispe (0–)1 astloser Knoten. Ährchen 6,5–8 mm lg, zur Reife gelblichweiß bis schwach violett gefärbt. Untere Hsp etwa so lang wie die erste Dsp. Rispe leicht einseitswendig. Stg zur FrZeit nicht überhängend. Standorte u. Verbreitung in D wie Art (m/mo-temp·c2-6EUR – 18) [*M. c.* subsp. *nebrodensis* (PARL.) HUSN., *M. nebrodensis* PARL.]   subsp. ***glauca*** (F.W. SCHULTZ) K. RICHT.
1* Unter der Rispe 2 astlose Knoten. Ährchen 6–6,5(–7) mm lg, zur Reife oft kräftig violett gefärbt. Untere Hsp deutlich kürzer als erste Dsp. Rispe allseitswendig. Stg zur FrZeit leicht überhängend. Keine gesicherten Nachweise aus D, zunächst in Österreich u. der Tschechischen Republik (m/mo-temp·c3-6EUR)   (?) subsp. ***ciliata***

2* Pfl rein grün. GrundBlaScheiden dicht u. lg zottig. BlaSpreiten useits gekielt, oseits locker zottig. Ährenrispe oft etwas übergebogen, dicht, mit von den Ährchen allseitig verdeckter Achse, am Grund mit meist 2–3 astlosen Knoten. Ährchen oft bräunlich überlaufen. Untere Hsp 3–5 mm, obere 6–7 mm lg. Dsp 5–6,5 mm lg. 0,30–1,20. 6. Felsfluren, Trockenrasen, Trockengebüsche u. ihre Säume; z Rh Th(Bck NW O) An(f Elb N O), s By(Alb NM) Bw(f SW) He(f NW O W) Sa(SO SW W), [U] s Bb Mv, † Nw(SW, angesalbt?) (m/mo-stemp·c3-7EUR-WAS – sogr H ♃ Horst+kurze uAusl – L7 T8 F3 R6 N4? – V Sesl.-Fest., V Fest. val., V Conv.-Agrop., V Ger. sang., V Alliar. – 18).   **Siebenbürgener P. – *M. transsilvanica* SCHUR**

3 (1) Rispe dicht zusammengezogen, zylindrisch, unten meist unterbrochen. Ährchen ∞. BlaSpreiten 5–15 mm br. Ligula 2–5 mm lg, anfangs röhrig verwachsen. 0,40–1,50. Wälder, Gebüsche; [N U] s By(O: Perlesreut) Bw(ORh: Wieblingen) He(ORh: Eppertshausen) An Mv; auch ZierPfl (m-sm·c4-7EUR-VORDAS – sogr? H ♃ uAusl – 18).
Hohes P. – *M. altissima* L.
3* Rispe locker, mit <20 Ährchen. BlaSpreiten 1–6 mm br 4
4 Ährchen aufrecht, mit 1 ♂ Blü u. 1 sterilen Blü (Abb. 254/3). Hsp kurzspitzig, nicht durchscheinend. Ligula kurz, gegenüber der Spreite mit lanzettlichem Anhängsel (Abb. 254/4). 0,30–0,50. 5–6. Frische bis mäßig trockne LaubmischW, basenhold; h Rh He, v Nw Th Mv Sh, z By(f MS) Bw Sa An(h Hrz S) Bb Ns(h Hrz MO) (m/mo-temp·c1-3EUR – sogr G/H ♃ uAusl – AmA: Elaiosom aus steriler Blü – L3 T5 F5 R6 N6 – K Querc.-Fag. – 54).
Einblütiges P. – *M. uniflora* RETZ.
4* Ährchen nickend, mit 2(–3) ♂ Blü u. 1(–2) sterilen Blü. Hsp stumpf, an der Spitze od. am Rand häutig durchscheinend (Abb. 254/5). Ligula ohne gegenständiges Anhängsel 5
5 Pfl grasgrün, lockerrasig. Grundachse dünn, kriechend. Ligula des obersten HalmBla ein ± 0,5 mm hoher Saum, braun. Hsp braunrot, oberwärts häutig. 0,30–0,60. 5–6. Frische bis mäßig trockne Laub- u. NadelmischW u. ihre Säume, Waldschläge, Gebüsche, basenhold, nährstoffanspruchsvoll; h Alp By Th, v Bw Sa An, z Rh He Nw(f N) Bb Ns(MO S Elb M O) Mv(f Elb), s Sh(f W) (sm/mo-b·c2-6EURAS – sogr G/H ♃ uAusl – AmA: Elaiosom aus steriler Blü Lichtkeimer – L4 Tx F4~ Rx N3 – K Querc.-Fag., V Eric.-Pin.).
Nickendes P. – *M. nutans* L.
5* Pfl graugrün, dichtrasig. Ligula des obersten HalmBla 2–2,5 mm lg, weißhäutig. Hsp grün, mit trübvioletten Streifen, am Rand weißhäutig. 0,30–0,60. 5–6. Mäßig frische bis frische LaubmischW u. ihre Säume, Trockengebüsche, basenhold; z By(f NW S) Bw(Alb Gäu Keu) Th(Bck O S) An(f Elb O), s Rh(ORh) He(ORh SO), † Sa(W: Meißen) (sm-stemp·c4-7EUR

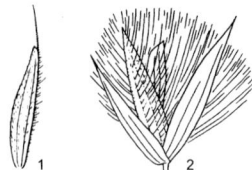

1   2   3   4   5
Dactylis glomerata   Melica ciliata   Melica uniflora   Melica nutans

POACEAE 255

– sogr H/G ♃ Horst+kurze uAusl – AmA? – L5 T8 F4 R6 N4 – V Querc. pub., V Carp., V Gal.-Fag.). **Buntes P. – *M. picta* K.** KOCH

Hybriden: *M. ciliata* subsp. *glauca* × *M. transsilvanica* = *M.* ×*thuringiaca* RAUSCHERT (18) – z, *M. nutans* × *M. picta* = *M.* ×*aschersonii* M. SCHULZE – z, *M. nutans* × *M. uniflora* = *M.* ×*weinii* W. HEMPEL – s.

Nardus L. – Borstgras (1 Art)

Dichte, graugrüne Horste mit kurzem, brettartigem Rhizom. Bla borstlich. Ligula bis 2 mm lg. 0,10–0,30. 5–6. Planare bis alp. wechselfrische bis feuchte Silikat- u. Sandmagerrasen, Heiden, Dünentäler, Moorränder, kalkmeidend; g Alp, h Sa, v By Rh He Nw Th(z Bck) An (s SO S W) Bb(f Od) Ns (h Hrz) Sh, z Bw Mv Sh (m/mo-b·c1-5EUR, [N] NEUSEEL, tempOAM – igr H ♃ RhizHorst – Kältekeimer – L8 Tx Fx~ R2 N2 – O Nard., V Mol., V Salic. herb.). **Borstgras – *N. stricta* L.**

Achnatherum P. BEAUV. **– Raugras**

1 Ligula ein ± 0,5 mm lg Saum. Untere Hsp 3nervig. Dsp am Rand mit ± 3 mm lg Haaren. BlaSpreiten 4–8 mm br. 0,60–1,20. 6–9. Trockne bis mäßig frische Steinschutt- u. Felsfluren, auch Flussschotter, kalkstet; v Alp, z By(S), s Bw(Alb: Beuron) (sm/mo-stemp/ demo·c2-3EUR – sogr H ♃ RhizHorst – L9 T6 F3 R8 N2 – V Stip. calam., V Sesl.-Fest., V Potent. caul., V Epil. fleisch.). [*Lasiagrostis calamagrostis* (L.) LINK, *Stipa calamagrostis* (L.) WAHLENB.] **Silber-R. – *A. calamagrostis* (L.) P.** BEAUV.
1* Ligula 1–12 mm lg. Untere Hsp 1nervig. Dsp 1–2 mm lg behaart. BlaSpreiten flach, 2–4 mm br. 0,30–2,00. (6–)7. Trockenrasen am Fuß von Sandsteinfelsen; [N lokal 1961] s An(W: Quedlinburg) (m-sm-c7-10AS – sogr H ♃ großer Horst). [*Lasiagrostis splendens* (TRIN.) KUNTH, *Stipa splendens* TRIN.]
Glänzendes R. – *A. splendens* (TRIN.) NEVSKI

Stipa L. **– Federgras, Pfriemengras** (230–300 Arten)

1 Granne unbehaart, rau, ± geschlängelt. BlaSpreite meist gefaltet, 1 mm ⌀. 0,30–1,00. 7–8. Kont. Trocken- (u. Halbtrocken)rasen, trockne Rud., bes. auf Löß u. reicheren Sanden (Straßenböschungen, Wegraine), kalkhold; z Rh(f W) He(ORh SW SO) Th(Bck) An (s N) Bb(f SO SW), s By(N) Bw(ORh: Kaiserstuhl) Ns(MO: Heeseberg) Mv(M: Nieden), † Sa(W: Meißen) (m-temp·c3-8EUR-WAS-SIB – sogr H ♃ Horst – BohrFr – L8 T7 F2 R8 N2 – V Fest. val., V Conv.-Agrop. – ▽). **Haar-Pfriemengras – *St. capillata* L.**
1* Granne im oberen Teil lg fedrig behaart, deutlich gekniet. **(Artengruppe Federgras – *St. pennata* agg.)** 2
2 Spreite der GrundBla sehr dünn, fadenfg, stets gefaltet, 0,2–0,4 mm ⌀, in eine lg borstenfg Spitze ausgezogen. Ligula der oberen HalmBla <1,2 mm lg. 0,30–0,70(–1,00). 6–7. Kont. (Trocken- u.) Halbtrockenrasen, basenhold; s Rh(ORh SW) Th(Bck) An(W), ↘ (sm-temp·c4-6EUR – sogr H ♃ Horst – KlA: BohrFr WiA – L8 T7 F3 R6? N2 – V Cirs.-Brach., selten V Fest. val. – ▽). [*St. stenophylla* (LINDEM.) TRAUTV.]
Rossschweif-F. – *St. tirsa* STEVEN
2* Spreite der GrundBla gefaltet, 0,5–1 mm ⌀, od. flach u. dann 1,5–3 mm br, am Ende spitz od. schmal abgerundet. Ligula der oberen HalmBla 3–7(–9) mm lg 3
3 Spreite der Grund- u. HalmBla useits 0,8–1,2 mm lg dicht flaumig behaart. Staubbeutel 9–10 mm lg. 0,30–1,00. 5–6. Kont. waldnahe Trockenrasen, basenhold; † An, ↘ (sm-stemp·c4-7EUR-WSIB – sogr H ♃ Horst – KlA: BohrFr WiA – V Fest. val. – ▽).
ⓕWeichhaariges F. – *St. dasyphylla* (LINDEM.) TRAUTV.
3* Spreite der GrundBla useits kahl, wenn behaart, dann die der HalmBla im oberen Teil kahl, glatt od. rau. Staubbeutel 5–7 mm lg 4
4 Spreite der GrundBla am Ende spitz, mit einigen kurzen Borsten od. ± deutlich pinselartig behaart (Abb. **256**/1). Haarreihe auf dem Mittelnerv der Dsp 1,5–2,5 mm länger als die jeweils benachbarte (Abb. **256**/2) 5
4* Spreite der GrundBla am Ende schmal abgerundet od. schräg abgeschnitten, ohne Haarpinsel (Abb. **256**/4). Haarreihe auf dem Mittelnerv der Dsp etwa so lg wie die jeweils benach-

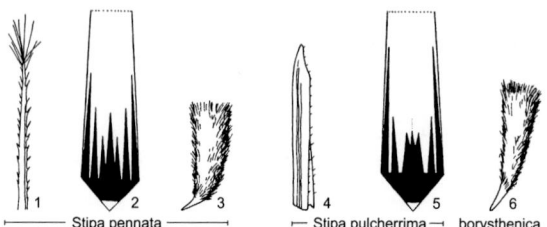

Stipa pennata   Stipa pulcherrima borysthenica

barte od. kürzer (Abb. **256**/5), selten (bei *St. pulcherrima* subsp. *bavarica*, 6/1) bis etwas länger 6

5 SpelzFr 15–18 mm lg, 1,2–1,5 mm ⌀; der unterste kahle, spitze Teil krallenfg gebogen (Abb. **256**/3). 0,40–0,70. 5–6. Kont. Felsfluren, Trocken- u. Sandtrockenrasen, kalkhold; z Rh He(ORh SW SO) An, s By(f NO S) Bw(Gäu NW ORh) Th(Bck S) Bb(M MN Od SW), † Nw(SW) Sa, ↘ (m-temp·c3-7EUR-WAS – sogr H ♃ Horst – SeB Sa kurzlebig – BohrFr – L8 T7 F2 R7 N2 – V Fest. val., V Koel. glauc. – ▽). [*St. joannis* Čelak.]

Echtes F. – *St. pennata* L.

5* SpelzFr 16–22 mm lg, 0,8–1,1 mm ⌀; der unterste kahle, spitze Teil nur wenig gebogen (Abb. **256**/6). 0,50–1,00. 6. Kont. reichere Sandtrockenrasen, bes. Binnendünen, basenhold; z Bb(NO Od MN), s Mv(M: Retzin), † An, ↘ (sm-temp·c4-8EUR-WAS – sogr H ♃ Horst – BohrFr – V Koel. glauc. – ▽). [*St. sabulosa* (Pacz.) Sljuss., *St. pennata* subsp. *sabulosa* (Pacz.) Tzvelev]

Sand-F. – *St. borysthenica* Prokudin

1 Rand der Dsp 3–6 mm unter der Ansatzstelle der Granne kahl od. (var. *marchica* (Endtm.) Rauschert) höchstens mit einigen wenigen Haaren. Standorte u. Soziologie wie Art; z Bb(NO Od MN), s Mv(M: Retzin-Ausbau), † An, ↘ (Gesamtverbr. wie Art – ▽).

subsp. ***borysthenica***

1* Rand der Dsp (fast) bis zur Ansatzstelle der Granne durchlaufend behaart. s Bb(Od: Gartz/Oder) (stemp·c4ZEUR Endemit – ▽). [*St. joannis* subsp. *germanica* Endtm., *St. b.* var. *germanica* (Endtm.) Dengler]

subsp. ***germanica*** (Endtm.) Martinovsky et Rauschert

6 (4) Dsp (18–)20–25(–26) mm lg; Haarreihe auf dem Mittelnerv meist so lg wie die jeweils benachbarte bis etwas länger. Granne (25–)30–46(–50) cm. Halm unter der Rispe kahl. 0,30–1,00. 5–7. Felsfluren u. Trockenrasen, kalkhold; z Th(Bck), s By(Alb MS N) Bw(ORh: Kaiserstuhl) Rh(f N W) An(S SO W) Bb(NO Od) (m-stemp·c3-7EUR-WAS – sogr H ♃ Horst – BohrFr – V Fest. val., V Xerobrom. – ▽). [*St. grafiana* Stev., *St. pennata* subsp. *pulcherrima* (K. Koch) A. Löve et D. Löve]

Großes F., Schönes F. – *St. pulcherrima* K. Koch

1 BlaScheiden bes. im oberen Teil dicht bis zerstreut kurzhaarig. Dsp (21–)23–25(–26) mm lg. Felsfluren; s By(Alb: Finkenstein b. Neuburg/D.) (stemp·c3ZEUR Endemit – L9 T6? F1? R7? N1? – V Xerobrom. – ▽!). [*St. bavarica* Martinovsky et H. Scholz]

subsp. ***bavarica*** (Martinovsky et H. Scholz) Conert

1* BlaScheiden kahl, nur an der Öffnung kurz bewimpert. Dsp (18–)19–23(–25) mm lg **2**

2 Dsp (18–)19–23(–25) mm lg. Haarreihe auf ihrem Mittelnerv so lg wie die benachbarte od. etwas länger. Standorte, Soz., Verbr. in D u. Gesamtverbr. weitgehend wie Art (L9 T8 F1 R8 N1 – ▽).

subsp. ***pulcherrima***

2* Dsp (18–)19–22 mm lg. Haarreihe auf ihrem Mittelnerv kürzer als die benachbarte. Submed. Felsfluren u. Trockenrasen; s Rh(ORh: Leistadt) (stemp-c3ZEUR Endemit – V Xerobrom. – ▽).

subsp. ***palatina*** H. Scholz et Korneck

6* Dsp (13–)15–18(–20) mm lg; Haarreihe auf ihrem Mittelnerv kürzer als die jeweils benachbarte od. fehlend. Granne (16–)20–28(–30) cm lg. Halme unter der Rispe meist rau behaart. HalmBla meist eingerollt. 0,25–0,60. 5–6. Felsfluren, Felsspalten u. Trockenrasen, kalkstet; s Bw(ORh: Isteiner Klotz Alb: Beuron), † Alp(Brch), ↘ (m-stemp·c3-4 EUR – sogr? H ♃ Horst – BohrFr – V Xerobrom. – ▽). [*St. gallica* Čelak., *St. pennata* subsp. *eriocaulis* (Borbás) Martinovsky et Skalicky]

Zierliches F. – *St. eriocaulis* Borbás

1 Rand der Dsp unterbrochen behaart od. 3–4 mm unter dem Grannenansatz kahl, oft am oberen Ende mit 2 kleinen Öhrchen. Granne 23–28(–30) cm lg. Felsfluren; s Bw(ORh: Isteiner Klotz) (stemp·c3ZEUR – L9 T8? F2? R7? N? – ▽).

subsp. ***lutetiana*** H. Scholz

POACEAE 257

1* Rand der Dsp bis zum Grannenansatz durchlaufend behaart, am oberen Ende ohne Öhrchen. Granne (16–)19–22(–24) cm lg. Felsfluren u. Trockenrasen; s Bw(Alb: Beuron), † Alp(Brch) (sm·c3EUR – L9 T6? F2? R8? N? – ▽). subsp. *austriaca* (BECK) MARTINOVSKY

Brachypodium P. BEAUV. – Zwenke (16 Arten)

1 Pfl einjährig, in kleinen Büscheln wachsend, bis 0,30 m hoch. BlaSpreiten 1,5–3 mm br. Ähre 3–6 cm lg, mit (1–)2–3(–4) Ährchen. Granne der Dsp 10–16 mm lg. 0,05–0,30. 7.–9. Trockne Ruderalstellen: Umschlagplätze, Straßenränder, Bahnhöfe; [U] s By Bw Rh Nw Sa Ns Mv Sh (strop-sm·c1-7EURAS, [N] CIRCPOL – ⊙ – K Sisymbr.). Zweiährige Z. – *B. distachyon* (L.) P. BEAUV.
1* Pfl ausdauernd, horstig od. rasenbildend, >0,30 m hoch. BlaSpreiten 2,5–6(–9) mm br. Ähre (5–)8–20 cm lg, mit 5–12(–13) Ährchen 2
2 Pfl dicht- od. lockerhorstig, ohne od. mit kurzen unterirdischen Ausläufern. BlüStand überhängend. Obere Grannen jedes Ährchens 5–16 mm lg, mindestens so lg wie die Dsp, dünn, nicht selten geschlängelt. 0,60–1,20. 7–8. Frische bis feuchte LaubmischW, Waldschläge, an Waldwegen, Waldränder, Hecken, basenhold, nährstoffanspruchsvoll; h Alp Bw Rh He Nw Th An, v By(g NM) Sa Bb Ns(g MO S) Mv, z Sh (strop/moAS-m/mo-temp·c1-5EURAS – teilígr H ♃ Horst – L3 T5 F5 R6? N6 – K Querc.-Fag., O Prun. – 18). Wald-Z. – *B. sylvaticum* (HUDS.) P. BEAUV.
2* Pfl rasenbildend, mit unterirdischen Ausläufern. BlüStand aufrecht. Grannen bis 6 mm lg, kürzer als die Dsp, steif. **(Artengruppe Fieder-Z. – *B. pinnatum* agg.)** 3
3 BlaSpreite oseits stark gerippt, Rippen im Querschnitt rechteckig. Dsp spitz, Granne bis 2 mm lg od. fehlend. 0,40–1,00. 6–7. Böschungen; [N 1981] s By(S: Freilassing, Ebersberg MS: Mühldorf/Inn – Garching/Alz) (m-sm·c1-3EUR – ígr H/G ♃ uAusl – *L7 T8 F2 R5 N3* – 28). [*Festuca phoenicoides* L., *B. littorale* ROEM. et SCHULT., *B. mucronatum* WILLK., *B. macropodum* HACK.] Rötliche Z. – *B. phoenicoides* (L.) ROEM. et SCHULT.
3* BlaSpreite oseits nicht gerippt. Dsp mit 2,5–6 mm lg Granne 4
4 BlaSpreite dunkel- bis lichtgrün, useits matt, von ∞ vorwärts gerichteten Stachelhaaren rau, oseits ± locker langhaarig. Sp meist behaart. 0,50–1,00. 6–7. Halbtrocken- (u. Trocken-)rasen, mäßig trockne Rud.: Bahndämme, Straßenböschungen; Trockengebüsche, trockne Wälder u. ihre Säume, kalkhold; h Alp Bw(z SW) He Th, v By Rh Nw Sa An(g S) Bb Mv(f Elb), z Ns Sh(f W) (m/mo-temp·c1-6EUR-WAS, [N] NEUSEEL+NAM+SAM – sogr H/G ♃ uAusl+Horst – L6 T5? F4 R7 N4 – V Cirs.-Brach., V Mesobrom., V Mol., V Ger. sang., V Berb., V Cephal.-Fag., V Eric.-Pin., V Querc. pub. – 28). Fieder-Z. – *B. pinnatum* (L.) P. BEAUV.
4* BlaSpreite ± blau- od. graugrün, useits ± glänzend, glatt od. durch vereinzelte Stachelhaare nur schwach rau, oseits kahl. Sp meist kahl. 0,50–1,00. 6–7. Halbtrockenrasen, Trockengebüsche, TrockenW u. ihre Säume, kalkhold; h Alp, z Bw(S SO ORh), s By(f NW) Rh(ORh SW) Th(Bck S) Sa(SW), [N] s Nw (m/(mo)-stemp·c1-6EUR – sogr? H/G ♃ uAusl+Horst – L7 T5? F4? R7? N3? – V Mesobrom., V Cirs.-Brach., V Eric.-Pin., O Orig.). [*B. r.* subsp. *cespitosum* (HOST) H. SCHOLZ, *Bromus rupestris* HOST] Felsen-Z. – *B. rupestre* (HOST) ROEM. et SCHULT.

Bromus L. – Trespe (150 Arten)

1 Ährchen seitlich zusammengedrückt. Sp auf dem Rücken deutlich gekielt (Abb. **247**/5). Pfl ⊙ ① 2
1* Ährchen nicht zusammengedrückt (wenn seitlich zusammengedrückt, dann Pfl ♃). Sp auf dem Rücken abgerundet (Abb. **247**/4) 3
2 Grannen kurz, bis 1 mm lg od. fehlend, wenn länger, dann BlaSpreiten nur 2–3 mm br. Rispe halb so lg wie die Dsp. Dsp auf den Nerven behaart. 0,20–0,80(–1,50). 6–9. Rud.: Weg- u. Straßenränder, Schutt, Umschlagplätze; [N 1889 U] s By Bw Rh He Nw Sa An Bb Ns Mv Sh (austr-strop/moWAM – ígr?) ⊙/kurzlebig ♃ Horst – WiB SeB: auch kleistogam – MeA – L7 T7 F4 R? N? – V Sisymbr., V Arct. – in SAM wichtiges Futtergras – 42). [*B. willdenowii* KUNTH, *B. haenkeanus* (C. PRESL) KUNTH, *Ceratochloa unioloides* (WILLD.) P. BEAUV.] Pampas-T., Anden-T. – *B. catharticus* VAHL
2* Grannen (4–)7–10 mm lg. BlaSpreiten 5–10 mm br. Vsp fast so lg wie die Dsp. Dsp kahl od. am Rand kurzhaarig. 0,30–0,80. 5(–11). Rud.: Weg- u. Straßenränder, Bauplätze, Bahn-

anlagen; lückige Rasen; [N 1932] z Bb, s By Bw He Nw Sa An Ns Mv Sh, [U] s Th, ↗ (strop-temp·c1-5WAM, [N] OAM+temp·c1-3EUR – ☉/igr? kurzlebig ♃ Horst – WiB SeB: auch kleistogam – MeA – *L7 T7 F5 R5 N7* – V Conv.-Agrop., V Sisymbr., V Arct. – selten als FutterPfl kultiviert – *56*). [*Cerat̲ochloa carina̲ta* (Hook. et Arn.) Tutin]
Kalifornische T., Plattähren-T. – *B. carina̲tus* Hook. et Arn.

3 (1) Untere Hsp 1nervig, obere 3nervig, beide Hsp ungleich, schmal lanzettlich 4
3* Untere Hsp 3–5(–7)-, obere 5–9(–11)nervig, beide Hsp fast gleich lg, elliptisch 12
4 Ährchen zur Spitze hin verbreitert. Granne so lg wie die Dsp od. länger. Pfl ☉ ① 5
4* Ährchen lanzettlich, zur Spitze hin verschmälert. Granne fehlend od. kürzer als die Dsp. Pfl ♃ 8
5 Rispe dicht, aufrecht, selten schwach übergebogen. Rispenäste aufrecht abstehend, viel kürzer als die Ährchen, rau. Ährchen mit Granne 3–6 cm lg, kahl od. behaart. Dsp 12–19 mm lg. Granne 12–18 mm lg, etwa so lg wie die Dsp. 0,10–0,60. 5–7. Rud.: Umschlagplätze, Straßenränder; [N U] s Bw Rh He Ns Mv; auch ZierPfl (m·c1-8EUR-WAS – ☉ ① – *L9 T9 F1 R5 N5*). **Mittelmeer-T.** – *B. madrite̲nsis* L.
5* Rispe locker, überhängend. Untere Rispenäste so lg wie die Ährchen, oft länger, seltener nur 1 Ährchen tragende auch kürzer als die Ährchen 6
6 Rispe ± dicht, einseitig überhängend, ihr längster Ast mit 4–8(–10) Ährchen. Halme unter der Rispe kurzhaarig. Dsp 9–13 mm lg, begrannt. 0,10–0,45. 5–6. Trockne Rud.: Weg- u. Straßenränder, Dämme, Bahnanlagen, Kiesgruben, auf Mauern, Weinbergbrachen, rud. Sandtrockenrasen, basenhold; [A] h Sa An Bb, v Rh Nw Th Ns Mv, z By Bw He Sh (m-temp·c2-9EUR-WAS, [N] austrCIRCPOL+m-tempAM+(AS)+bEUR – hfrgr ① ☉ – verschiedenfrüchtig Sa kurzlebig – *L8 T6 F3 R8 N4* – O Sisymbr., O Fest.-Sed. – 14). [*Ani̲santha tecto̲rum* (L.) Nevski] **Dach-T.** – *B. tecto̲rum* L.
6* Rispe locker, ± allseitig ausgebreitet, ihr längster Ast mit 1–4(–5) Ährchen 7
7 Untere BlaScheiden zerstreut rauhaarig. Halm unter der Rispe (meist) behaart. Ährchen einschließlich der (20–)30–60 mm lg Granne 60–90 mm lg. Dsp stark rau, 22–36 mm lg. 0,15–0,80. 5–6. Trockne Rud.: Schutt- u. Umschlagplätze; [N] s By, [U] s Bw Rh Nw Bb (m-(sm)·c1-7EUR-WAS, [N] SAFR+SAM+NAM – ☉ ①? – Sa kurzlebig – *L7 T9 F3 R5 N5* – *56*). [*B. gusso̲nei* Parl., *Anisantha dia̲ndra* (Roth) Tzvelev] **Großährige T.** – *B. dia̲ndrus* Roth
7* Untere BlaScheiden samthaarig. Halm meist kahl. Ährchen einschließlich der 15–30 mm lg Granne 40–60 mm lg. Dsp 19–22 mm lg. 0,15–1,00. 5–6. Mäßig trockne bis frische Rud.: Wegränder, Schutt, Bahnanlagen, an Mauern u. Zäunen; Äcker u. Brachäcker, Weinberge, nährstoffanspruchsvoll; [A] g Nw(v SO) An, h Rh Th Sa Bb Ns, v By Bw He(g ORh) Mv, z Alp Sh (m·c1-6temp·c1-4EUR-WAS, [N] AUST+SAM+NAM – hfrgr ① ☉ – Dunkelkeimer Sa kurzlebig – *L7 T6 F4 Rx N5* – V Sisymbr., V Conv.-Agrop., O Onop., V Pan.-Set. – 14). [*Anisa̲ntha steri̲lis* (L.) Nevski] **Taube T.** – *B. steri̲lis* L.
8 (4) Rispe sehr groß, locker, überhängend. BlaScheiden, wenigstens die unteren, abstehend rauhaarig. **(Artengruppe Wald-T. – *B. ramo̲sus* agg.)** 9
8* Rispe ± aufrecht. Untere BlaScheiden kahl od. zerstreut behaart 10
9 Obere BlaScheiden dicht u. lg (3–4 mm lg) rauhaarig, ohne kurze Flaumhaare. Rispe zuletzt weit ausgebreitet. Unterster Rispenast am Grund mit bewimperter Schuppe, bis 20 cm lg, bei der Reife weit abstehend, mit nur 1 fast gleich lg grundständigem Zweig, wie dieser mit 5–9 Ährchen. Dsp über der Mitte am breitesten, plötzlich zugespitzt. Staubbeutel 3–4 mm lg. 0,50–1,90. 7–8. Frische Laub- u. NadelmischW, bes. Waldverlichtungen, -schläge, -säume, an Waldwegen, basenhold, nährstoffanspruchsvoll; v Th, z Alp(Brch Chm Mng) By Bw Rh He Nw Sa(f NO) An(h S), s Bb(f Elb M SO) Ns Mv Sh(f W) (sm/mo-temp·c1-3EUR – igr? H ♃ Rhiz Horst – KlA – *L6 T6 F5 R7 N6* – O Fag., V Atrop. – 42). [*B. a̲sper* Murray, *B. seroti̲nus* Beneken, *Ze̲rna ramo̲sa* (Huds.) Lindman, *Bromopsis ramo̲sa* (Huds.) Holub] **Späte Wald-T.** – *B. ramo̲sus* Huds.
9* Obere BlaScheiden dicht u. kurz (0,1 mm lg) flaumig, höchstens mit einzelnen lg Haaren, od. kahl. Rispe schmal, einseitig überhängend. Unterster Rispenast am Grund mit kahler u. od. wenig deutlich bewimperter Schuppe, mit (1–)2–4 ungleichen Zweigen, der kürzeste mit nur 1 Ährchen. Dsp in od. unter der Mitte am breitesten, allmählich zugespitzt. Staubbeutel 2,8–3 mm lg. 0,40–1,20. 6–7. Frische Laub- u. NadelmischW, seltener Waldschläge, Ge-

POACEAE 259

büsche u. Waldwege, basenhold, nährstoffanspruchsvoll; v He Th, z Alp(f Krw) By Bw Rh Nw Sa(f NO) An(h Hrz S) Ns(f Elb N) Mv(f Elb SW) Sh(O SO), s Bb(f Elb SO) (m/mo-temp·c2-5 EUR-(AS) – sogr H ♃ Rhiz Horst – KlA – L5 T5 F5 R7 N5 – O Fag., V Atrop. – 28). [*B. asper* auct., *B. ramosus* subsp. *benekenii* (LANGE) H. LINDB., *Zerna benekenii* (LANGE) LINDM., *Bromopsis benekenii* (LANGE) HOLUB]

Frühe Wald-T. – *B. benekenii* (LANGE) TRIMEN
10 (8) Pfl dichtrasig. Dsp mit 4–10 mm lg Granne. Untere BlaScheiden mit zerstreuten, abstehenden Haaren. BlaSpreiten entfernt bewimpert. Ligula 1–2 mm lg. 0,30–0,90. 5–10. Trocken- u. Halbtrockenrasen, wechseltrockne Frischwiesen, entwässerte Niedermoorwiesen, rud. Rasen, Bahndämme, kalkhold; h Rh, v Alp By Bw He Th, z Nw Sa An Bb(Elb SO), s Sh(O), [N] z Mv (m/mo-stemp·c1-4EUR, [N] austrCIRCPOL+sm-temp·c1-3AM+ntempEUR – igr H ♃ Rhiz Horst – KlA – L8 T5 F3 R8 N3 – O Brom. erect., V Arrh., V Mol. – Futtergras – 56). [*Zerna erecta* (HUDS.) GRAY, *Bromopsis erecta* (HUDS.) FOURR.]

Aufrechte T. – *B. erectus* HUDS.

Formenreiche Art mit ∞ infraspezifischen Sippen, deren taxonomischer Status aber unklar ist. Beachtung verdient vielleicht subsp. *longiflorus* (SPRENG.) ARCANG.: Spreite aller Bla flach, schlaff. Rispe sehr locker; Äste lg, sehr dünn, geschlängelt, aufrecht bis waagerecht abstehend od. überhängend (Habitus ähnlich *B. ramosus*). Ährchen bis 40 mm lg, bis 11blütig. Dsp stets behaart. s Bw Sa Sh?

10* Pfl mit Ausläufern. Dsp unbegrannt od. bis 4 mm lg begrannt. BlaScheiden wie die flachen BlaSpreiten kahl od. wenn behaart, dann BlaSpreiten am Grund geöhrt 11
11 BlaSpreiten oseits behaart, am Grund mit Öhrchen. Dsp am Rand u. an der Basis behaart. Ährchenachse dichthaarig. 0,40–1,20. 6.–10. Frische bis trockene Rud.: Wegränder, gestörte Krautsäume; [N U] s By Bw (b-arct·c4-7NAM+EURAS – ♃ – K Sisymbr., K Artem.).

Pumpellys T. – *B. pumpellianus* SCRIBN.
11* BlaSpreiten oseits kahl, am Grund nicht geöhrt. Dsp u. Ährchenachse kahl. Pfl mit Ausläufern. BlaScheiden kahl, selten die unteren dicht kurz behaart. Dsp unbegrannt od. bis 3 mm lg begrannt. 0,30–1,00. 6–7. Rud. Xerothermrasen, trockne bis wechseltrockne Rud.: Weg- u. Straßenränder, Weinbergränder, Bahndämme, basenhold; h By Nw Th Sa An Bb Ns, v Bw Rh He Mv(g Elb) Sh, z Alp, im NW oft [N], ↗ (sm/mo-b·c2-8CIRCPOL – sogr – ♃ uAusl – WiA – L8 Tx F4~ R8 N5 – O Agrop., K Fest.-Brom., V Sisymbr. – Futtergras – 28). [*Zerna inermis* (LEYSS.) LINDM., *Bromopsis inermis* (LEYSS.) HOLUB]

Wehrlose T., Unbegrannte T. – *B. inermis* LEYSS.
12 (3) Untere BlaScheiden immer dicht seidenhaarig 13
12* Untere BlaScheiden zottig abstehend behaart, locker rauhaarig od. kahl, nie dicht seidenhaarig 14
13 Ährchen 4- bis 12blütig, einschließlich der Grannen (10–)15–30 mm lg. Dsp lanzettlich, 6–10 mm lg. Granne so lg wie die Dsp, gerade od. schwach auswärtsgebogen. Staubbeutel (1–)3–4(–5) mm lg. Rispe groß, mit lg, dünnen Ästen, ∞ährig, auch zur FrZeit ausgebreitet, zuletzt etwas überhängend. Fr dünn, flach, selten dick u. eingerollt (subsp. *segetalis* H. SCHOLZ). 0,25–1,10. 5–7(–10). Mäßig trockne bis frische Rud.: Weg- u. Straßenränder, Schutt, Bahnanlagen; sandige bis lehmige Äcker, Brachen, basenhold; [A] z By Bw Rh He Nw Th(f Hrz O) An(f N), s Sa(NO SO W) Bb(f Od SW) Ns Mv(f Elb) Sh(M O), ↘ (m-b·c1-6EUR-(WSIB), [N] austrCIRCPOL, NAM+(OAS) – ⊙ ① – MeA mit Saat, Sa kurzlebig – L6 T6 F4 R8 N4 – K Stell. – 14).

Acker-T. – *B. arvensis* L.
1 Ährchen 15–25 mm lg. Dsp 7–9 mm lg. Staubbeutel 3–5 mm lg. Rispe sehr locker, ausgebreitet, zur FrZeit meist nickend. Standorte, Soz. u. Verbr. in D wie Art. subsp. ***arvensis***
1* Ährchen (10–)12–16(–18) mm lg. Dsp (5–)6–7 mm lg 2
2* Karyopse mäßig verdickt, im Querschnitt weit u-förmig. Staubbeutel (0,5–)1–2(–3) mm lg. Rispe weniger locker, zur FrZeit ± aufrecht. Wenig beachtete Sippe, vermutlich s By Bw Rh He Th Sa Bb.

subsp. ***parviflorus*** (DESF.) H. SCHOLZ
2* Karyopse stark verdickt, im Querschnitt u-förmig gekrümmt u. stark gefurcht. Staubbeutel 3,5 mm lg. Rispe locker. Pfl hochwüchsig, 0,80–1,10. Wenig beachtete Sippe, Begleiter in kleinfrüchtigen Lokalrassen des Roggens, ob in D?, Angaben aus Nw Th bedürfen der Überprüfung.

subsp. ***segetalis*** H. SCHOLZ
13* Ährchen 4- bis 10blütig, mit Grannen 8–15 mm lg. Dsp fast rhombisch, ±4 mm lg. Granne halb so lg wie die Dsp, gerade. Staubbeutel 2–2,5 mm lg. Rispe kurz, mit steifen Ästen.

0,20–0,30. 6–7. Äcker, Rud.; † An(SO: Harzvorland) Bb(NO: Prenzlau, Templin) (endemisch im stemp·c4-6ZEUR – ⊙ ① – MeA – K Stell.).

⑦ Kurzährige T. – *B. brachystachys* HORNUNG

14 (12) Fr dick, eingerollt, auf der Innenseite mit tiefer Furche. Dsp zur FrZeit mit ± eingerollten Rändern. Ährchenspindel meist zäh u. bis über den Winter unzergliedert bleibend. Untere BlaScheiden kahl od. locker behaart u. ±verkahlend. **(Artengruppe Roggen-T. – *B. secalinus* agg.)** 15

14* Fr dünn, flach, auf der Innenseite ohne Furche. Dsp zur FrZeit mit flachen od. wenig eingerollten Rändern, einander am Grund od. in der ganzen Länge deckend (Abb. **262**/2). Ährchenspindel bald nach der BlüZeit in 1blütige Glieder zerbrechend. BlaScheiden ± behaart 16

15 Dsp 6,5–9,5(–10) mm lg, selten <6 mm lg (subsp. *pseudosecalinus* (P.M. SM.) LLORET), zur FrZeit mit stark eingerollten, einander nicht deckenden Rändern u. so fast eine stielrunde ScheinFr bildend (Abb. **262**/1); Ränder der Dsp gleichmäßig gebogen. Granne 0–10 mm lg. Ährchen mit Grannen (12–)20–35 mm lg, 5–7(–11)blütig. 0,30–1,10. 6–7. Sandige bis lehmig-tonige, meist extensiv genutzte Äcker, bes. Wintergetreide, Rud.: Weg- u. Straßenränder, Bahnanlagen, Schutt; Grünland, Brachen; [anthropogener A: Neolithikum] z Alp(Kch Wtt) By Bw Rh He Nw(f N) Th(f Hrz) Sa(f Elb) An, s Bb(f SW) Ns Mv Sh, ↘, gebietsweise aber ↗ (sm-b·c1-5EUR-WAS, [N] NEUSEEL+sm-bAM, als WildPfl unbekannt, anthropogen im Ackerbau entstanden – ① ⊙ – MeA mit Saat, Sa kurzlebig – L6 T6 Fx R5 Nx – O Aper., V Sisymbr. – *14, 28*). **Roggen-T. – *B. secalinus* L.**

Im Gebiet überwiegend subsp. *secalinus*; selten u. wenig beachtet sind: subsp. *pseudosecalinus* (P.M. SM.) LLORET [*B. pseudosecalinus* P.M. SM.]: s. o., Dsp 5–6(–6,5) mm lg, BlaScheiden steif behaart, Vsp kürzer als Dsp; in Rasenansaaten, auf Schutt u. an begrünten Weg- u. Straßenrändern, [U?] † By Rh Th Bb; subsp. *billotii* (F.W. SCHULTZ) HEGI: untere BlaScheiden behaart, Ährchen bis 15 mm lg, behaart, Grannen geschlängelt, Karyopsen dünn; Äcker, [A?] s By, † Bw; subsp. *infestus* H. SCHOLZ: Ährchen länglich bis länglich-lanzettlich, Dsp 7–9 mm lg, ihre Randlinien schwach stumpfwinklig, zur FrZeit Ränder einiger Dsp einander ein wenig deckend, Vsp so lg wie Dsp od. bis 1 mm kürzer; Äcker, [A?] s By He Th Ns.

15* Dsp (9–)9,5–12 mm lg, zur FrZeit mit wenig eingerollten, oberwärts einander etwas deckenden Rändern; Randlinie der Dsp stumpfwinklig. Granne (10–)10,5–14 mm lg. Ährchen mit Grannen 30–50 mm lg, (8–)10–15blütig. 0,60–1,30. 6–7. Äcker, kalkstet; [anthropogener A] z Bw, s By(NW N NM) Rh(ORh SW W) He(ORh) Nw?, [U] s Sa Mv, ↗ (endemisch stemp·c2-3ZEUR – ① ⊙ – MeA mit Saat – L6? T7? F5? R7 N? – K Stell. – *28* – ▽!). [*B. multiflorus* auct., *B. secalinus* subsp. *velutinus* (SCHRAD.) SCHÜBL. et G. MARTENS, *B. s.* subsp. *multiflorus* SCHÜBL. et G. MARTENS] **Dicke T. – *B. grossus* DC.**

16 (14) Granne > (1,5–)2 mm unter der DspSpitze entspringend, meist zuletzt fast rechtwinklig auswärts gebogen, die unteren Blü gerade (Abb. **262**/5,6). Rispe groß, locker 17

16* Granne 1(–1,5) mm unter der DspSpitze od. zwischen den DspZähnen entspringend, gerade od. nur sehr schwach auswärtsgebogen (Abb. **262**/7–9) 18

17 Granne bei der Reife gerade od. leicht auswärtsgebogen. Randlinie der Dsp gleichmäßig od. ganz stumpfwinklig; ihr Hautrand ± ½ mm br, in der Mitte kaum verbreitert (Abb. **262**/5). Die längsten Rispenäste mit (1–)3(–4) lineal-lanzettlichen Ährchen. 0,15–0,60. 5–6. Lehmige, auch skelettreiche Äcker, mäßig trockne Rud.: Wegränder, Schutt, Bahnanlagen; Acker- u. Weinbergsbrachen; kalkhold; [N] z Bw Rh He Th An, s By, sonst [U] s, z. B. Nw Mv (m-stemp·c3-7EUR-WAS, [N] austrCIRCPOL, NAM, OAS – ① ⊙ – MeA Sa langlebig – L8 T7 F4 R8? N3? – V Caucal., V Sisymbr. – *14*). [*B. patulus* MERT. et W.D.J. KOCH]
Japanische T., Überhängende T. – *B. japonicus* THUNB.

17* Granne bei der Reife stets stark auswärtsgebogen. Randlinie der Dsp in der Mitte stark winklig gebogen, ihr Hautrand dort auf 1 mm verbreitert (Abb. **262**/6), von da bis zur Spitze fast geradlinig. Alle BlüStandsäste mit meist nur 1 eilanzettlichen Ährchen. 0,30–0,60. 5–6. Trockne, sandige bis kiesige Rud.: Wegränder, Schutt, Bahnanlagen; [N] s Bw, [U] s Th Sa Bb Mv (m-stemp·c2-8EUR-(WAS), [N] SAM+NAM+ntempEUR +(OAS) – ① ⊙ – MeA – L8 T8? F3 R8 N3? – V Dauco-Mel., V Sisymbr. – *14*). **Sparrige T. – *B. squarrosus* L.**

18 (16) Dsp ziemlich dick, ± pergamentartig, eben, mit kaum hervortretenden Nerven, kahl. Die meisten Ährchenstiele länger als ihre Ährchen. **(Artengruppe Trauben-T. – *B. racemosus* agg.)** 19

18* Dsp dünnhäutig, längsfaltig, auf dem Rücken mit stark hervortretenden Nerven, meist weichhaarig. Rispe kurz, aufrecht; Ährchenstiele viel kürzer als ihre Ährchen. **(Artengruppe Weiche T. – B. hordeaceus agg.)** 20
19 Dsp 6,5–8 mm lg, ihr Rand gleichmäßig gebogen (Abb. **262**/3), selten schwach winkelig. Vsp etwa so lang als die Dsp. Rispe 3–10(–14) cm lg, 1,5–4 cm br, traubenartig, stark zusammengezogen, auch nach der BlüZeit kaum nickend. Ährchenstiele 1–3 cm lg. Glieder der Ährchenachse ± 1 mm lg. Grannen an den untersten Blü im Ährchen nicht merklich kürzer als an den übrigen. Staubbeutel 1,5–3 mm lg. 0,20–1,00. 6. (Frisch)feuchte bis nasse Wiesen (u. Weiden), kalkmeidend, nährstoffanspruchsvoll; v He(MW), z By Bw Rh Nw An(f O) Bb(f Od SW) Ns(f Hrz) Mv Sh, s Alp(Allg Kch Chm) Th(Bck Rho), † Sa, ↘ (m-temp·c1-4EUR, [N] NEUSEEL+ NAM – ① ⊙ – L6 T6 F8~ R5 N5 – V Calth., V Cnid., feuchte V Arrh. – 28). **Trauben-T. – B. racemosus** L.

Im Gebiet überwiegend subsp. *racemosus*, selten u. wenig beachtet ist die zu *B. commutatus* vermittelnde subsp. *lusitanicus* (Sales et P.M. Sm.) H. Scholz et Spalton: Rand der Dsp schwach winkelig, Granne der untersten Dsp im Ährchen 3,5–5(–6) mm lg, 1–2 mm kürzer als die 6–8 mm lg oberen Grannen. Karyopse dicklich, konkav gewölbt. Feuchtwiesen, Ackerränder; bisher s By Bw He Nw (14).

19* Dsp (7–)9–10(–11) mm lg, ihr Rand im oberen Drittel stumpfwinklig (Abb. **262**/4). Vsp deutlich kürzer als die Dsp. Rispe 5–20(–25) cm lg, 4–10 cm br, locker, nach der BlüZeit stark nickend. Ährchenstiele bis 7 cm lg. Glieder der Ährchenachse fast 2 mm lg. Grannen an den unteren Blü im Ährchen deutlich kürzer als an den übrigen. Staubbeutel 1–2 mm lg. 0,30–1,20. 6. Lehmige Äcker (auch mehrjährige Kulturen), frische Wiesen u. Weiden, frische bis mäßig trockne Rud.: Weg- u. Straßenränder, Bahnanlagen, Schutt, nährstoffanspruchsvoll; [A?] z By Bw Rh He Nw Th(f Hrz O) An(f N O) Ns Sh, s Sa(W) Bb(MN NO) Mv, ↘ (sm-stemp·c1-5EUR, [N] austrCIRCPOL+NAM – ① ⊙ – MeA – L6? T7 F4? R7 N3? – K Stell., O Arrh. – 14, 28, 56). [*B. racemosus* var. *commutatus* (Schrad.) Coss. et Durieu] **Verwechselte T., Wiesen-T. – B. commutatus** Schrad.

1 Dsp 8–11 mm lg, ihre Ränder zur FrZeit nicht eingekrümmt. Reife Fr bis 0,4 mm dick. Ährchenachse zur FrZeit leicht zerbrechlich. Bes. im Feuchtgründland, Verbr. wie Art. subsp. *commutatus*
1* Dsp 7,5–9,5 mm lg, ihre Ränder zur FrZeit eingekrümmt. Reife Fr (0,2–)0,4–0,6 mm dick. Ährchenachse zur FrZeit zögernd zerbrechlich. Äcker, Ackerbrachen, seltener Magerrasen, Rud. u. Feuchtwiesen; s bis z?, z. B. in He häufiger als subsp. *commutatus* (Anökophyt, wohl in Kultur entstanden, vermittelt zu *B. secalinus*). subsp. *decipiens* (Bomble et H. Scholz) H. Scholz

20 (18) Vsp über der Mitte am breitesten, 1–2 mm kürzer als die Fr, im oberen Viertel unbewimpert (Abb. **253**/7). Dsp 4,5–6,5 mm lg, doppelt so br wie die Fr, mit br, fast rechtwinkligem Hautrand, bis zum Grannenansatz br gespalten (Abb. **262**/7), schwach nervig, meist kahl. Fr zwischen den DspZipfeln sichtbar. Ährchen 5–15 mm lg, 2–4 mm br, 5–7(–9)blütig, in der Mitte am breitesten. Ährchenachse zur Reifezeit sichtbar, da sich die eingerollten DspRänder kaum decken. 0,05–0,70. 6–8. Rud., mäßig trockne Wiesen, Rasenansaaten; z Ns Mv Sh, [N] s By(NM NO) Rh(M ORh) Th(NW) Sa An Mv(M N), [U] s Bw He Nw Bb, ↘ (temp· c1-3 EUR – ① ⊙ – L8 T6 F4 R7 N5 – V Sisymbr., V Arrh. – 28). **Zierliche T. – B. lepidus** Holmb.

20* Vsp in der Mitte am breitesten, mindestens so lg wie die Fr, bis zur Spitze bewimpert (Abb. **253**/8). Dsp 6–11 mm lg, 3mal so br wie die Fr, mit schmalem, bogigem bis schwach winkligem Hautrand, deutlich nervig, meist behaart. Ährchen 8–25 mm lg, unter der Mitte am breitesten. Ährchenachse auch zur Reifezeit nicht sichtbar (Abb. **262**/2). 0,05–0,80. 5–7(–10). Mäßig trockne Rud.: Weg- u. Straßenränder, Bahnanlagen, rud. frische Wiesen u. Weiden, Rasenansaaten, Ackerbrachen, Sandtrockenrasen (Küstendünen), nährstoffanspruchsvoll; g alle Bdl, s Alp (m-temp·c1-5EUR-(WAS), [N] austrCIRCPOL+NAM+(OAS) – ① ⊙ – Sa langlebig? – L7 T6 Fx~ Rx N3 – V Sisymbr., V Conv.-Agrop., V Arrh., V Koel. albesc., V Armer. elong.). **Flaum-T., Weiche T. – B. hordeaceus** L.

1 Rispe dicht, Ährchenstiele kürzer als die Ährchen 2
1* Rispe locker, Ährchenstiele so lang wie die Ährchen od. länger 3
2 Halme >15 cm lg, aufrecht. Dsp 2,5–3,5 mm br, mit bogigem bis schwach winkligem Hautrand, Granne bei FrReife aufrecht, am Grund ± 0,1 mm br. Mäßig trockne Wiesen u. Rasenansaaten; s vielleicht einheimisch im äußersten W des Gebietes, Nw(SW: Aachen), [N] U s By Sa Bb (m·c1-4-

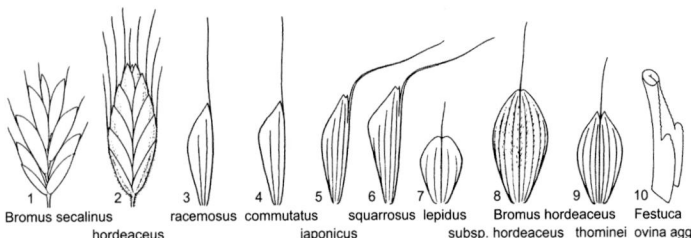

1 Bromus secalinus 2 3 racemosus 4 commutatus 5 squarrosus 6 lepidus 7 8 Bromus hordeaceus 9 10 Festuca
hordeaceus   japonicus   subsp. hordeaceus thominei ovina agg.

stemp·c1EUR). [*B. molliformis* subsp. *mediterraneus* H. SCHOLZ et F.M. VÁZQUEZ, *B. h.* subsp. *molliformis* auct. non (BILLOT) MAIRE et WEILLER, *B. h.* subsp. *divaricatus* auct. non (BONNIER et LAYENS) KERGUÉLEN] subsp. *mediterraneus* (H. SCHOLZ et F.M. VÁZQUEZ) H. SCHOLZ

2* Halme selten >15 cm lg, oft rosettig niederliegend. Dsp 3–5 mm br, meist kahl, mit ± winkeligem Hautrand (Abb. 262/9), Granne bei FrReife schwach bis stark auswärtsgebogen, am Grund ± 0,2 mm br. Ährchen (2–)4–6(–9)blütig, 8–12 mm lg. Sandtrockenrasen der Küsten, bes. Dünen; z Ns(N: Inseln, NW: Emsland), s Mv(N, † M MW) Sh(f SO) (m·c1-5-temp·c1-3litEUR – L8 T6 F4 R4? N2? – V Koel. alb. – leicht zu verwechseln mit *B. japonicus* – 28). [*B. thominei* HARDOUIN]
  subsp. *thominei* (HARDOUIN) BRAUN-BLANQ.

3 **(1)** Mindestens 4 Ährchenstiele u. Rispenäste länger als ihre Ährchen. BlaScheiden steif abstehend behaart. Rasenansaaten, Wegränder, Äcker, Rud., Feuchtwiesen; wenig beachtet, [N] bisher s By Bw Rh He Nw Sa Ns (vermutlich Hybridprodukt aus *B. hordeaceus* u. *B. commutatus*)
  subsp. *longipedicellatus* SPALTON

3* Höchstens 3 Ährchenstiele u. Rispenäste länger als ihre Ährchen 4

4 Dsp 8–11 mm lg, meist behaart (Abb. 262/8). Vsp meist länger als die Fr. Mäßig trockne Rud.: Weg- u. Straßenränder, Bahnanlagen; Ackerbrachen, lückige Frischwiesen, Rasenansaaten; Verbr. in D u. Gesamtverbr. wie Art (V Sisymbr., V Conv.-Agrop., V Arrh. – 28). [*B. mollis* L.]
  subsp. *hordeaceus*

4* Dsp 6–8 mm lg, kahl od. kurz weichhaarig. Vsp etwa so lg wie die Fr. Rud.: Wegränder, Rasenansaaten; [A?] z NW-By Nw Sa Mv, übrige Bdl? (Gesamtverbr. ungenügend bekannt – 28). [*B. pseudothominei* P.M. SM.]
  subsp. *pseudothominei* (P.M. SM.) H. SCHOLZ

Die erst neuerdings beschriebene *B. incisus* R. OTTO et H. SCHOLZ steht hinsichtlich ihrer Merkmale zwischen *B. lepidus* u. *B. hordeaceus* u. stellt möglicherweise einen primären Bastard od. ein Introgressionsprodukt beider Arten dar: Dsp 6,5–9,5 mm lg, dünn, mit scharf winkeligem Hautrand, Granne am Grund der DspKerbe eingefügt; Rasenansaaten, Äcker, s By(N NM NO), † Bb(NO: Prenzlau) (28).

Hybriden: *B. arvensis* × *B. commutatus* = *B.* ×*bolzeanus* H. SCHOLZ – s By, *B. hordeaceus* × *B. racemosus* = *B.* ×*hannoveranus* K. RICHT. – s

Elymus L. [*Agropyron* L. non GAERTN. p.p., *Elytrigia* DESV.] – **Quecke** (16 Arten)
Bearbeitung: **Haubold Krisch**

Die Oberflächen der BlaSpreiten u. die freien Scheidenränder liefern sehr gute Bestimmungsmerkmale, sofern man nicht nur ein Bla od. nur eine Stelle eines Bla prüft. An jungen Sprossen ist die Bewimperung der freien Scheidenränder oft besser erhalten. Der Charakter der Rippen kann sich gegen die Spreitenspitze verlieren. Auch sollten stets mehrere oberirdische Sprosse derselben Pfl untersucht werden, bes. bei der Bestimmung von Hybriden. Es empfiehlt sich eine 12fach vergrößernde Lupe: Stacheln (hier eigentlich nur Stachelzellen) sind starre, spitze Gebilde; zwischen ihnen u. lg, biegsamen Haaren vermitteln die kurzen u. weniger biegsamen Borsten. – Hybriden wurden aufgenommen, weil sie bes. an der Küste oft zahlreicher als ihre Eltern u. teilweise sogar ohne ihre Eltern auftreten. Staubbeutel der Hybriden nur halb so br wie die der Eltern, geschlossen u. meist innerhalb der Sp bleibend. Pollenkörner mißgestaltet, oft noch vierflächig (kugeltetraedrisch), ohne Plasma u. deshalb durchscheinend. Weil keine Fr gebildet werden, lassen sich die Ährchen zusammendrücken, so dass dies bei ihrem Herbarisieren oft aufgeklebt werden. – Im Unterschied zu allen anderen hier verschlüsselten *Elymus*- u. ×*Elyleymus*-Sippen mit (3–)5–7nervigen Hsp u. mit Öhrchen am Spreitengrund besitzt *E. junceiformis* als einzige 9–11nervige Hsp u. keine Öhrchen.

1 Dsp mit ± 2 cm lg, geschlängelter Granne. Pfl ohne unterirdische Ausläufer, horstig wachsend. BlaSpreiten oseits graugrün u. matt, useits dunkelgrün u. glänzend. 0,50–1,20. 6–7. Frische bis sickernasse LaubmischW, bes. AuenW, Gebüsche, Bachufer, basenhold, nähr-

POACEAE 263

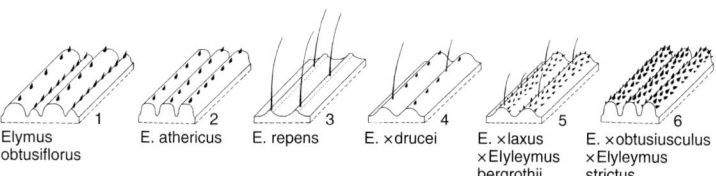

1	2	3	4	5	6
Elymus obtusiflorus	E. athericus	E. repens	E. ×drucei	E. ×laxus ×Elyleymus bergrothii	E. ×obtusiusculus ×Elyleymus strictus

stoffanspruchsvoll; h Th, v Alp By Bw Rh He Sa An(g S), z Nw Bb Mv(f Elb), s Ns Sh(f W) (m/mo-b·c1-6EUR-WAS, [N] NEUSEEL, NAM – teiligr? H ♃ Horst – L6 T6 F6 R7 N8 – V Alno-Ulm., V Gal.-Fag., V Carp., V Alliar. – 28). [*Agropyron caninum* (L.) P. BEAUV., *Elytrigia canina* (L.) DROBOV, *Roegneria canina* (L.) NEVSKI] **Hunds-Qu. – *E. caninus* (L.) L.**

1* Dsp ohne od. mit kurzer, nicht geschlängelter Granne. Pfl (außer *E. obtusiflorus*, 4) mit lg unterirdischen Ausläufern, rasenbildend 2
2 Jede Rippe der BlaSpreitenOSeite in Längsrichtung mit nur einer einzigen Reihe von Stacheln, Borsten od. Haaren (Abb. 263/1–4), selten kahl 3
2* Jede Rippe der BlaSpreitenOSeite mit Stacheln, Borsten od. Haaren zu mehreren bis vielen nebeneinander od. durcheinander (Abb. 263/5–6, 264/1–3), einige Sippen zusätzlich mit Borsten od. Haaren in einer Reihe 8
3 Rippen deutlich hervortretend, weil beinahe so hoch wie br; in der Aufsicht meist breiter als die Abstände zwischen ihnen (Abb. 263/1, 2); nur mit Stacheln 4
3* Rippen undeutlicher hervortretend, weil niedriger u. schwach gewölbt; in der Aufsicht meist schmaler als die Abstände zwischen ihnen (Abb. 263/3, 4); entweder mit Stacheln, Borsten u. Haaren od. nur mit Haaren, zuweilen jedoch kahl. Hsp u. Dsp spitz, zugespitzt od. begrannt 6
4 Pfl ohne Ausläufer, horstig. Rippen oseits gewölbt, abwechselnd auffallend br u. bes. schmal; alle mit entferntstehenden groben, kurzen (Abb. 263/1) od. längeren Stacheln. Freier Scheidenrand bewimpert. Ähre 15–40 cm lg, locker. Ährchen 6–12blütig, 15–30 mm lg. Hsp gestutzt bis ausgerandet, schmal hautrandig. (0,30–)0,60–0,90(–1,80). 7–8. Rud.: Straßenränder, Böschungen, oft angesät; [N 1983] s By Bw Rh He Nw An Mv Sh, [U] s Sa Ns (sm·c3-5EUR, [N] sm-stemp·c2-3EUR – sogr? H ♃ Horst – V Arrh. – *56, 70*). [*Triticum ponticum* PODP., *Agropyron elongatum* (HOST) P. BEAUV., *Elytrigia elongata* (HOST) NEVSKI, *E. obtusiflora* (DC.) TZVELEV, *Elymus elongatus* (HOST) RUNEMARK subsp. *ponticus* (PODP.) MELDERIS] **Pontische Qu. – *E. obtusiflorus* (DC.) CONERT**
4* Pfl mit Ausläufern. Rippen weniger unterschiedlich br. Ähre (5–)10(–20) cm lg, dicht u. vierkantig. Ährchen 3–9blütig, 10–20 mm lg. Hsp spitz u. stachelspitzig, schmal hautrandig (Abb. 265/1). Dsp stumpf bis ausgerandet, stachelspitzig, seltener in eine Granne zugespitzt 5
5 Freie Scheidenränder lg u. dicht bewimpert. Rippen sehr eng stehend, die breiteren oseits eben, dadurch ± kantig; mit Stacheln (Abb. 263/2). (0,30–)0,60–0,90(–1,20). 6–7. Frische Salzwiesen, nur Küste; s Ns(N NW) Sh(f SO) (m-temp·c1-4litEUR, [N] temp·litAM – sogr G/H ♃ uAusl – L9 T7 F5~ R7 N5? – V Armer. marit. – *42*). [*Triticum littorale* LINK, *Agropyron littorale* DUMORT. p.p., *A. pungens* auct. non (PERS.) ROEM. et SCHULT., *A. pycnanthum* (GODR.) GREN., *Elytrigia atherica* (LINK) KERGUÉLEN, *E. pycnanthus* (GODR.) MELDERIS] **Strand-Qu., Dichtährige Qu. – *E. athericus* (LINK) KERGUÉLEN**
5* Freie Scheidenränder kahl. Rippen wenig eng stehend, oseits gewölbt, mit Stacheln, zuweilen mit einzelnen Borsten. 0,30–0,90. 6–7. Meist rud. sandige Trockenrasen, trockne bis wechseltrockne, sandig-kiesige Rud.: Wegränder, Böschungen, Flussschotter; s Bw(ORh SW) Rh(f W) He(ORh SW) Nw(MW), [U] s By (m-stemp·c1-2EUR.? – sogr G/H ♃ uAusl – K Fest.-Brom. – *56*). [*Triticum glaucum* auct., *Agropyron campestre* GREN. et GODR., *Elytrigia campestris* (GODR. et GREN.) KERGUÉLEN, *E. pungens* (PERS.) MELDERIS subsp. *campestris* (GREN. et GODR.) MELDERIS] **Feld-Qu. – *E. campestris* (GODR. et GREN.) KERGUÉLEN**

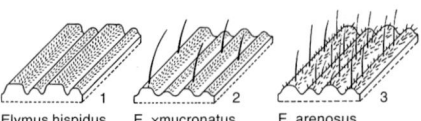

Elymus hispidus   E. ×mucronatus   E. arenosus

Ähnlich zwei neu beschriebene Arten, denen gemeinsam sind die oseits gewölbten Rippen u. die lg zugespitzten Hsp, deren Kielnerv im oberen Drittel stachlig rau ist. Die Länge der Ähren (bei *E. laxulus* länger u. lockerer als bei *E. aenaeanus*) u. Ährchen liegt innerhalb der unter **4*** genannten Grenzen.

Inn-Qu. – *E. aenaeanus* (HOHLA et H. SCHOLZ) HOHLA [*Elytrigia aenaeana* HOHLA et H. SCHOLZ]: Ährchen 3–5blütig. Freie Scheidenränder kurz u. spärlich bewimpert od. kahl, Spreitengrund kahl. 0,30–1,50. 6–8. Flussufer, Dämme, Auwiesen, lichte Auwaldränder; s By(S MS O: Inn u. Donau) (stemp·c3-4EUR – sogr G/H ♃ uAusl – O Agrop., O Arrh.)

Aufgelockerte Qu. – *E. laxulus* (HOHLA et H. SCHOLZ) HOHLA [*Elytrigia laxula* HOHLA et H. SCHOLZ]: Ährchen 5–7blütig. Freie Scheidenränder stets kahl, Spreitengrund flaumig. 0,30–1,50. 6–8. Flussufer, Dämme, Auwiesen, lichte Auwaldränder; s By(MS: Inn) (stemp·c3-4EUR – sogr G/H ♃ uAusl – O Agrop., O Arrh.)

6 **(3)** Rippen dünn u. weit voneinander entfernt, im durchfallenden Licht als helle Linien erscheinend, nur mit lg Haaren (Abb. **263**/3), zuweilen jedoch kahl, dann aber dennoch rückwärts rau. Freie Scheidenränder nie bewimpert. Ähre gleichmäßig locker bis dicht. 0,20–1,20. 6–7. Frische bis trockne Rud.: Wegränder, Schutt, Dämme; Äcker, Ackerbrachen, Gärten, Ufersäume (bes. in Auen), rud. Xerothermrasen, Küstendünen, Salzrasen; Gehölzsäume, nährstoffanspruchsvoll; g He Nw Th Sa An Ns Sh, h Bw Rh Bb Mv, v By(g NM), z Alp (m-b·c1-8EURAS, [N] austrCIRCPOL, NAM – teilig G/H ♃ uAusl – Kältekeimer – L7 T6 Fx~ Rx N7 – K Artem., V Agrop.-Rum., K Secal., K Chen., V Ammoph., V Armer. marit. – HeilPfl). [*Triticum repens* L., *Agropyron repens* (L.) P. BEAUV., *Elytrigia repens* (L.) NEVSKI] **Gewöhnliche Qu. –** *E. repens* (L.) GOULD

1 Spreiten 5–15 mm br, meist schlaff, meist um ihre Längsachse locker schraubig gewunden. Ähre >10 cm lg. Pfl meist grün, selten abwischbar bläulich bereift. Halme ± aufrecht. 0,60–1,20. (42).
subsp. *repens*

1* Spreiten 3–9 mm br, steif, bei Trockenheit sich in ganzer Länge um ihre Längsachse einrollend. Ähre ± 5 cm lg. Pfl graublau. Halme ausgeprägt knickig aufsteigend. 0,20–0,60. Frische Küstensalzwiesen.
subsp. *littoreus* (SCHUMACH.) CONERT

6* Rippen kräftiger, sowohl mit Stacheln als auch (zumindest vereinzelt) mit Borsten u. Haaren (Abb. **263**/4). BlaSpreiten steif. Ähre im oberen Teil dicht u. vierkantig, im unteren Teil locker u. die Ährenspindel sichtbar 7

7 Wenigstens einige freie Scheidenränder zumindest abschnittsweise bewimpert. 0,30–0,90. 6–7. Salzwiesen, auch Spülsäume; s By(O: Passau) Bw(S: N-Ufer des Bodensees) Ns, [N] s Sh(W: Küste), Gesamtverbr. ungenügend bekannt (teiligr?) G/H ♃ uAusl – V Armer. marit.). [*Elymus athericus* × *E. repens*; *Agropyron* ×*oliveri* auct. non DRUCE, *Elymus* ×*oliveri* auct. non DRUCE, *Elytrigia* ×*drucei* STACE]
Lockerährige Qu. – *E.* ×*drucei* (STACE) LAMBINON

7* Alle freien Scheidenränder kahl. 0,30–0,90. 6–7. Trockne, sandige u. kiesige Rud.; s Bw(ORh: Oberrheingebiet zwischen Basel u. Karlsruhe) Rh He Nw, Gesamtverbr. u. Vergesellschaftung ungenügend bekannt. *E. campestris* × *E. repens*

8 **(2)** Rippen der BlaSpreitenOSeite entweder gleichmäßig samthaarig (Abb. **265**/5) u. dann am Spreitengrund ohne Öhrchen od. einheitlich grob bestachelt ohne zusätzliche Borsten od. Haare (Abb. **263**/6). Ausschließlich graublaue Pfl der Küste 9

8* Rippen der BlaSpreitenOSeite entweder dicht u. fein bestachelt u. zumindest mit einigen Borsten od. Haaren (Abb. **263**/5; graugrüne Pfl der Küste, habituell ähnlich *E. repens*, **6**) od. dicht beborstet, ohne od. mit zusätzlichen längeren Haaren (Abb. **264**/1–3; graublaue Pfl des Binnenlandes) 11

9 Rippen mit vorwärtsgebogenen Samthaaren, die in der Aufsicht ein Fischgrätenmuster bilden (Abb. **265**/5). BlaSpreiten eingerollt, Spreitengrund ohne Öhrchen, freie Scheidenränder nie bewimpert. Ähre bis 20 cm lg. Hsp 9–11nervig. 0,30–0,60(–0,90). 6–7. Vordünen, junge Weißdünen, nur Küste, salztolerant; z Mv(N, s NO), s Ns(N) Sh (W O), ↘ (sm-

Elymus athericus E. hispidus E. ×obtusiusculus E. ×laxus E. junceiformis

temp·c1-3litEUR – sogr G/H ♃ uAusl – L9 T6 F6= R7 N7 – O Ammoph. – Sandbefestiger – 28). [*Agropyron junceum* (L.) P. BEAUV. subsp. *boreoatlanticum* SIMONET et GUIN., *Elytrigia junceiformis* Á. LÖVE et D. LÖVE, *Elymus farctus* (VIV.) MELDERIS subsp. *boreoatlanticus* (SIMONET et GUIN.) MELDERIS]
    Dünen-Qu., Strandweizen – *E. junceiformis* (Á. LÖVE et D. LÖVE) HAND et BUTTLER
9* Rippen mit vorwärtsgerichteten groben Stacheln, diese zu mehreren bis vielen nebeneinander, in der Aufsicht spitz dreieckig (Abb. 263/6). BlaSpreite ausgebreitet, Spreitengrund mit Öhrchen. Ähre bis 30 cm lg. Hsp 5–7nervig **10**
10 Wenigstens einige freie Scheidenränder zumindest abschnittsweise bewimpert. Erneuerungssprosse stets außerhalb der untersten Scheiden emporwachsend. Dsp kahl, stets tief ausgerandet, Mittelnerv etwa so weit wie die vorspringenden Seiten in die Ausbuchtung hineinragend (Abb. **265**/3). 0,30–0,90. 6–7. Strände, Dünen, seltener alte Strandwälle u. sandige Hänge, nur Küste; z Ns(N) Mv(N NO) Sh(W), s Sh(O), ↗ (sm-temp·c1-3litEUR – sogr? G/H ♃ uAusl – V Honck.-Elym., O Ammoph. – 35). [*Elymus athericus* × *E. junceiformis*; *Agropyron obtusiusculum* LANGE, *Elytrigia* ×*obtusiuscula* (LANGE) HYL.]
    Aufrechte Qu. – *E.* ×*obtusiusculus* (LANGE) MELDERIS et D.C. MC CLINT.
10* Alle freien Scheidenränder kahl. Erneuerungssprosse oft innerhalb großer basaler Scheiden emporwachsend. Dsp nur im unteren Teil flaumhaarig (nicht überall zottig wie bei *Leymus arenarius*), ebenso sonst bis spitz, mit kurz austretendem Mittelnerv. Habituell ähnlich *Leymus arenarius*, jedoch auf jedem Absatz der Ährenachse nur ein Ährchen. 0,60–0,90. 6–7.
    Steifer Bastardstrandroggen – ×*Elyleymus strictus* (RCHB.) CONERT – s. S. 266
11 (8) Wenigstens einige freie Scheidenränder ± bewimpert. Rippen mit vielen sehr kurzen, äußerst feinen Borsten, ohne (Abb. **264**/1) od. mit (Abb. **264**/2) lg Haaren. Hsp br hautrandig (Abb. **265**/2) **12**
11* Alle freien Scheidenränder kahl. Hsp nicht od. schmal hautrandig **13**
12 Hsp gestutzt od. stumpf, zuweilen abgerundet, 5–7nervig. Alle freien Scheidenränder auf ganzer Länge bewimpert. Rippen (Abb. **264**/1) abwechselnd br, hoch, oseits eben u. schmal, niedrig, oseits gewölbt; ohne Haare. Spreitenrand durch Festigungsgewebe bes. verdickt u. dadurch auffallend weiß. 0,30–0,90. 6–7. Rud. Trockenrasen, trockne Rud.: Wegränder, kalkhold; z An(f Elb N O), s Th(Bck) Sa(Elb), [N] U uAusl – L7 T6? F3~ R7 N3? – V Fest. val., O Agrop. – 42). [*Triticum intermedium* HOST, *Agropyron intermedium* (HOST) BAUMG., *Elytrigia intermedia* (HOST) NEVSKI]
    Stumpfspelzige Qu. – *E. hispidus* (OPIZ) MELDERIS subsp. *hispidus*
12* Hsp bespitzt, zuweilen stachelspitzig. Wenigstens einige freie Scheidenränder zumindest abschnittsweise bewimpert. Rippen (Abb. **264**/2) kaum unterschiedlich br, oseits gewölbt (höchstens wenige kräftige oseits eben); neben den Börstchen einreihig behaart. Spreitenrand nicht bes. verdickt, nicht auffallend weiß. 0,30–0,90. 6–7. Xerothermrasen; s Th(Bck) Sa(Elb) An Ns(N: Hamburg) (sm-stemp·c4-7EUR – teiligr H/G ♃ uAusl?). [*Elymus hispidus* × *E. repens*; *Agropyron mucronatum* OPIZ, *A.* ×*apiculatum* TSCHERNING, *Elytrigia* ×*apiculata* (TSCHERNING) JIRÁSEK, *E.* ×*mucronata* (BERCHT.) PROKUDIN]
    Stachelspelzige Qu. – *E.* ×*mucronatus* (BERCHT.) CONERT
13 (11) Rippen kräftig u. gewölbt hervortretend, oft abwechselnd br u. schmal; alle mit vielen längeren Borsten u. einer Reihe unterschiedlich lg Haare (Abb. **264**/3). Hsp 3–5nervig, spitz u. stachelspitzig, schmal hautrandig. Graublaue Pfl des Binnenlandes. 0,15–0,60. 6–7. Sandtrockenrasen, basenhold; s Rh(ORh: Mainzer Sand) (stemp·c4ZEUR Endemit – teiligr? G/H uAusl – V Koel. glauc. – 42). [*Triticum repens* var. *arenosum* SPENN., *Elytrigia arenosa* (SPENN.) H. SCHOLZ, *E. repens* subsp. *arenosus* (SPENN.) MELDERIS]
    Sand-Qu. – *E. arenosus* (SPENN.) CONERT

13* Rippen weniger kräftig, niedriger, neben vielen feinen Stacheln gewöhnlich mit einigen wenigen (×*Elyleymus bergrothii*, **14***, Abb. **263**/5) bis vielen (*E.* בesign, *laxus*, **14**) Borsten od. Haaren in einer Reihe. Hsp nicht hautrandig. Graugrüne Pfl der Küste, habituell ähnlich *E. repens*, 6 14

14 Rippen kaum unterschiedlich br, oseits gewölbt. Dsp spitz, an ihrer Spitze mit kielartig vorspringendem, stumpf u. kurz (um 0,3 mm) austretendem Mittelnerv (Abb. **265**/4). Untere Hsp die Spitze der untersten Dsp nicht überragend (gewöhnlich 2–3 mm kürzer). Erneuerungssprosse stets außerhalb der untersten Scheiden emporwachsend. 0,60–0,90. 6–7. Strände u. Vordünen, nur Küste; z Mv(N NO), s Ns(N) Sh(W O) (sm-temp·c1-4litEUR – teiligr? G/H ⚥ uAusl – V Honck.-Elym., V Agrop.-Honck. – *35*). [*Elymus junceiformis* × *E. repens*; *Triticum laxum* Fr., *Agropyron* ×*acutum* auct. non (DC.) Roem. et Schult., *Elytrigia* ×*laxa* (Fr.) Kerguélen]

Geneigte Qu. – *E.* ×*laxus* (Fr.) Melderis et D.C. Mc Clint.

14* Breitere Rippen oseits eben. Dsp zugespitzt, ihr Mittelnerv als schlanke, 1–2 mm lg Granne austretend. Untere Hsp die Spitze der untersten Dsp um 1–2 mm überragend. Erneuerungssprosse oft innerhalb großer basaler Scheiden emporwachsend. 0,60–0,90. 6–7.

Schlaffer Bastardstrandroggen – ×*Elyleymus bergrothii* (H. Lindb.)
Conert – s. S. 266

Hybriden: *E. aenaeanus* × *E. laxulus* = ? – s, *E. aenaeanus* × *E. repens* = ? – s, *E. arenosus* × *E. repens* = ? – s, *E. laxulus* × *E. repens* = ? – s, *Elymus* × *Hordeum* = ×*Elyhordeum* Tsitsin et K. A. Petrova: *E. junceiformis* × *H. secalinum* = ×*E. langei* (K. Richt.) Melderis – ob in D?

×***Elyleymus*** B.R. Baum – **Bastardstrandroggen**
Bearbeitung: **Haubold Krisch**

Wegen weiterer Unterscheidungsmerkmale vergleiche man *Elymus* (S. 262), bei dem die beiden folgenden Sippen ebenfalls verschlüsselt sind (**10***, **14***).

1 Habituell ähnlich dem graublauen *Leymus arenarius* (S. 266), aber auf jedem Absatz der Ährenachse nur ein Ährchen. Rippen der BlaSpreitenOSeite meist höher als br, ihre Flanken alle senkrecht; Furchen zwischen den Rippen daher eng U-fg u. schmaler als die Rippen (Abb. **263**/6). Stacheln auf den Rippen etwa so groß wie die von *Leymus arenarius*. 0,60–0,90. 6–7. Vordünen u. junge Weißdünen, nur Küste; z Mv(N NO), s Ns(N)? Sh(O W) (Gesamtverbr. ungenügend bekannt – teiligr? G/H ⚥ uAusl – O Ammoph.). [*Elymus junceiformis* × *Leymus arenarius*; *Triticum strictum* Dethard., ×*Elymopyron strictum* (Rchb.) Rothm., ×*Elymotrigia stricta* (Rchb.) Hyl., ×*Leymotrigia stricta* (Rchb.) Tzvelev]

Steifer B. – ×*E. strictus* (Rchb.) Conert

1* Habituell ähnlich dem graugrünen *Elymus repens* (S. 264), aber Rippen der BlaSpreitenOSeite kräftig hervortretend, meist breiter als hoch, ihre Flanken alle schräg; Furchen zwischen den Rippen daher weit V-fg u. etwa so br wie die Rippen (Abb. **263**/5). Stacheln auf den Rippen höchstens halb so groß wie die von *Leymus arenarius* od. ×*E. strictus*. 0,60–0,90. 6–7. Spülsäume, Blockstrände, Dünen, nur Küste; s Ns(N)? Mv Sh(O W?) (Gesamtverbr. ungenügend bekannt – teiligr? G/H ⚥ uAusl – O Cak., V Agrop.-Rum., V Ammoph.). [*Elymus repens* × *Leymus arenarius*; ×*Tritordeum bergrothii* H. Lindb., ×*Elymopyron bergrothii* (H. Lindb.) Rothm., ×*Elymotrigia bergrothii* (H. Lindb.) Hyl., ×*Leymotrigia bergrothii* (H. Lindb.) Tzvelev]

Schlaffer B. – ×*E. bergrothii* (H. Lindb.) Conert

Leymus Hochst. [*Elymus* L. p.p.] – **Strandroggen** (40 Arten)

Pfl stark blaugrün, mit sehr lg Ausläufern, kahl. Bla steif, stechend, eingerollt. 0,60–1,20. 6–8. Lockere Weißdünen u. Strandwälle, auch Binnendünen, basenhold; h Ns(N: Inseln NW), z Sh(f M), Mv(NO M MW), [N U] s By Bw Rh He Nw(MW) Th Sa An Bb (sm-arct·c1-5litEUR, [N] NEUSEEL, SAM, NOAM – teiligr H/G ⚥ Horst+uAusl – L9 T6 F6= R7 N6 – V Ammoph., V Honck.-Elym. – Dünenbefestiger, auch im Binnenland zur Sandbefestigung gepflanzt – *56*). [*Elymus arenarius* L.]

Strandroggen, Blauer Helm – *L. arenarius* (L.) Hochst.

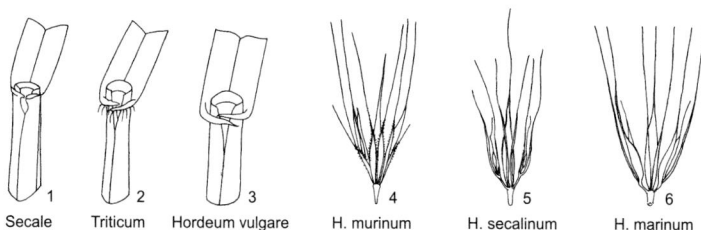

1 Secale 2 Triticum 3 Hordeum vulgare 4 H. murinum 5 H. secalinum 6 H. marinum

Triticum L. – **Weizen** (10–20 Arten)
Fr aus den Sp ausfallend („nacktkörnig"), neben der Furche gewölbt. Ligula kurz, gestutzt. BlaÖhrchen bewimpert (Abb. **267**/2). (0,70–)1,00–1,50(–1,70). 6–7. KulturPfl; auch [U] s, Rud., Äcker (m-sm·c6WAS, in ZEUR seit der jüngeren Steinzeit – ⊙ (Sommerweizen), ① (Winterweizen) – SeB – *42*). [*T. vulgare* Vill.]　**Saat-W., Weich-W. – *T. aestivum* L.**

Secale L. – **Roggen** (4 Arten)
Bla blau bereift, an keimenden Pfl rötlichbraun. Ligula bis 2 mm lg. BlaÖhrchen kahl (Abb. **267**/1). 0,70–2,00. 5–6. KulturPfl; auch Rud., Äcker; [U] s (m/(mo)·c5-6VORDAS-WAS, in ZEUR seit der Bronzezeit – ⊙ (Sommerroggen), ① (Winterroggen) – selbststeril – *14*).　**Saat-R. – *S. cereale* L.**

Hybride: *Secale cereale* × *Triticum aestivum* = ×***Triticosecale*** A. Camus [×*Triticale* Müntzing, ×*Secalotriticum* Kostov] *rimpaui* A. Camus – künstlich erzeugter Gattungsbastard – KulturPfl

Hordeum L. – **Gerste** (40 Arten)
1　Hsp alle linealisch-pfriemlich, höchstens so lg wie die br elliptische Dsp. Ährenspindel zäh, bei der Reife nicht zerbrechend, die Ähren sich einzeln ablösend. FrÄhre 2- od. mehrzeilig, Fr fast stets von Sp umschlossen bleibend, selten ausfallend („nacktkörnig"). BlaÖhrchen stängelumfassend (Abb. **267**/3). (0,60–)1,00–1,30(–1,50). 5–6. KulturPfl; auch Äcker, Rud.; [U] s (Herkunft mEUR-WAS – ⊙ (Sommergerste), ① (Wintergerste) – SeB – Braugerste, Futtergerste – *14*). [inkl. *H. distichon* L., *H. hexastichon* L.]
　Saat-G., Zweizeilige u. Mehrzeilige G. – *H. vulgare* L.
1*　Hsp alle od. doch die äußeren der seitlichen Ährchen nur aus Grannen bestehend, länger als die lanzettlichen Dsp ohne Granne. Ährenspindel zerbrechlich. Ährchendrillinge bei der Reife mit dem unter ihnen befindlichen Stück der Spindel abfallend. WildPfl 2
2　Hsp dünn fadenfg, 6–9(–10) cm lg. Ähre zierlich, überhängend bis nickend. Seitenährchen unfruchtbar. 0,20–0,60. 6–9. Trockne bis mäßig frische Rud.: Umschlagplätze, Schutt, Autobahn- u. Straßenränder, Tagebaue; salzbeeinflusste Küstenweiden, salztolerant, nährstoffanspruchsvoll; [N] z By Rh Nw Th(f Hrz S) Sa An Ns, [U] s Bw He Bb Mv; auch ZierPfl (stropAM-b·c1-8AM-OAS, [N] sm-b·c2-7EUR-WAS, NEUSEEL, SAM – sogr H ♃ Horst/⊙ – SeB – L9 T6 F6 R7 N6? – V Sisymbr., V Agrop.-Rum., V Dauco-Mel. – *28*).
　Mähnen-G. – *H. jubatum* L.
2*　Hsp derb borstig bis schmal lanzettlich, bis 3 cm lg. Ähre nicht auffällig zierlich, aufrecht. Seitenährchen ♂ 3
3　Pfl ausdauernd, horstbildend, mit Erneuerungssprossen u. unterirdischen Ausläufern. Dsp des mittleren Ährchens 6–10 mm lg begrannt. Hsp alle borstenfg (Abb. **267**/5). Unterste BlaScheiden rauhaarig, schwach zwiebelfg erweitert. Ähre 2–8 cm lg, 4–5 mm br. Halm einfach, dünn, schlank, sein oberstes Glied weit aus der eng anliegenden Scheide hervorragend. 0,20–0,60(–0,80). 6–8. Frische bis feuchte, oft salzbeeinflusste Wiesen u. Weiden, Trittrasen (Salinen), an den Küsten Salzrasen, nährstoffanspruchsvoll; Küstengebiet, auch im Bereich größerer Flüsse; z Ns(f Hrz) Mv(N NO), s By(N NM Alb, † NW) Bw(Gäu Keu) Rh(SW) He(f NW W) Nw(MW, † NO SW) Th(Rho, z Bck) An(f O) Bb(Mn NO) Sh(f SO), † Sa, ↘ (m-temp·c1-4(lit)EUR, [N] NEUSEEL, SAFR, SAM?, NAM – sogr H ♃ Horst – L8

T6 F6 R6 N5 – V Cynos., V Armer. marit. – *28*). [*H. nodosum* auct.]
Roggen-G., Wiesen-G. – *H. secalinum* SCHREB.
3* Pfl einjährig, am Grund büschlig verzweigt mit knickig aufsteigenden Halmen, ohne Erneuerungssprosse u. unterirdische Ausläufer. Dsp des mittleren Ährchens 10–50 mm lg begrannt 4
4 Hsp des Mittelährchens jedes Drillings an beiden Seiten borstig bewimpert (Abb. **267**/4). BlaSpreiten am Grund mit 2 sichelförmigen, den Halm umfassenden BlaÖhrchen. Pfl grasgrün. 0,15–0,40. 6–10. Mäßig trockne bis mäßig frische Rud.: Wegränder, Schutt, an trockneń Mauern, nährstoffanspruchsvoll; [A] h An, v Nw Th(h Bck) Sa Ns, z By Bw Rh He(h ORh, f NW) Bb Mv Sh, s Alp(Mng), im N ↗ (m·c1-8-temp·c1-4EUR-WAS, [N] austrCIRCPOL, NAM, OAS – ⊙ ① – L8 T7 F4 R7 N5 – V Sisymbr.).
Mäuse-G. – *H. murinum* L.
1 Stielchen des Mittelährchens (oberhalb der Hsp) 0,2–0,8 mm lg, deutlich kürzer als die der kleineren Seitenährchen (unterhalb der Hsp). DspGranne des Mittelährchens die DspGrannen der Seitenährchen überragend. Standorte, Soz. u. Verbr. in D wie Art ((m)-sm-temp·c1-4EUR-WAS, [N] wie Art? – V Sisymbr. – 14, 28, 48).   subsp. ***murinum***
1* Stielchen des Mittelährchens 1,0–2,0 mm lg, beinahe so lg wie die der größeren Seitenährchen. DspGrannen der Seitenährchen die des Mittelährchens überragend. Umschlagplätze; [N U] s By Bw Nw Ns Mv Sh (m-sm·c1-8EUR-WAS – V Sisymbr. – 48).   subsp. ***leporinum*** (LINK) ARCANG.

4* Hsp aller Ährchen unbewimpert, entweder alle borstenfg od. die der Ährenachse zugewandte, innere (obere) Hsp der Seitenährchen schmal lanzettlich (Abb. **267**/6). BlaSpreiten am Grund ohne BlaÖhrchen. Salzliebende, graugrüne Arten 5
5 Innere Hsp der Seitenährchen halb lanzettlich u. etwas geflügelt, im unteren Teil 0,6–1,4 mm br, mit Granne so lg wie die nur aus einer ± 2,5 cm lg Granne bestehende äußere. 0,15–0,50. 5–7. Deiche, Salzrasen, Rud.: Umschlagplätze; früher heimisch an der Küste von Ns u. W-Sh, sonst [N U] 1846, meist †] s Bw Rh Sa Mv, ↘ (m·c1-8-stemp·c1-4litEUR-WAS, [N] austrCIRCPOL, NAM, ntemp-litEUR – ⊙ – L9 T6 F8= R7 N5? – K Th.-Salicorn., V Armer. marit. – *14*).   ⓣ **Deich-G., Strand-G. – *H. marinum* HUDS.**
5* Beide Hsp der Seitenährchen grannenartig od. die innere etwas verbreitert u. im unteren Teil 0,2–0,5 mm br, kaum ungleich. 0,05–0,30(–0,50). 5–8. Rud.: Bahnanlagen; [N U] s Bw Rh? Nw? (m-sm·c3-8EUR-WAS – ⊙ – K Sisymbr. – *14, 28*). [*H. hystrix* ROTH, *H. marinum* subsp. *gussoneanum* (PARL.) THELL.]   **Salz-G. – *H. geniculatum* ALL.**

Hordelymus (JESS.) HARZ – **Waldgerste**   (1 Art)
Pfl grasgrün, ohne Ausläufer. Untere BlaScheiden zottig. Bla flach, oseits behaart. Ligula fast fehlend. 0,60–1,20. 6–8. Frische LaubmischW (bes. BuchenW), basenhold, nährstoffanspruchsvoll; v Alp Th(s O), z By Bw Rh He Nw(f N) Sa(SO SW W) An(h Hrz) Ns(Hrz MO S M) Mv(f Elb SW) Sh, s Bb(f Elb SO) (sm/mo-temp/demo·c2-4EUR – igr H ♃ Horst – L4 T5 F5 R7 N6 – V Gal.-Fag., V Til.-Acer., V Carp. – *28*). [*Cuviera europaea* (L.) KOELER, *Elymus europaeus* L.]   **Waldgerste – *H. europaeus* (L.) HARZ**

Lolium L. – **Lolch, Weidelgras**   (8 Arten)
1 Pfl mit nichtblühenden BlaBüscheln, einjährig-überwinternd bis ausdauernd. Hsp ⅓–¾ so lg wie das Ährchen. Dsp dünn, krautig, 4–5mal so lg wie br. Fr lg, schmal 2
1* Pfl nur mit Halmtrieben, einjährig. Hsp >¾ so lg wie das Ährchen. Dsp derb, ledrig, am Grund knorplig, 3–4mal so lg wie br. Fr dick, kurz. Ackerunkräuter 3
2 Ausgebreitete Horste. Halme stets bis oben glatt. BlaScheiden glatt. BlaSpreiten 2–4(–6) mm br, dunkelgrün, in der Knospe gefaltet. Ährenachse an den nicht von Ährchen bedeckten Stellen glatt. Ährchen zur BlüZeit aufrecht abstehend bis anliegend, ihre Achse glatt. Dsp 6(–7) mm lg, stets unbegrannt. Hsp ¾ so lg wie das Ährchen u. 1,5mal so lg wie die unterste Dsp. 0,10–0,60. 5–10. Frische, intensiv genutzte Weiden, seltener auch Wiesen (in Ansaaten bes. für Sport- u. Parkrasen), mäßig frische bis frische Rud.: Weg- u. Straßenränder, Trittstellen; Äcker, bes. Klee, nährstoffanspruchsvoll; g alle Bdl (m/mo-b·c1-5EUR-WAS, [N] austrCIRCPOL+m-tempAM+(OAS) – igr H kurzlebig ♃ Horst – Vw selbststeril Lichtkeimer – L8 T6 F5 R7? N7 – V Cynos., V Polyg. avic. – wichtigstes Weidegras – *14*).
Deutsches W., Englisches Raygras – *L. perenne* L.

POACEAE 269

2* Aufrechte Horste. Halme oberwärts fast stets rau. BlaScheiden meist etwas rau. BlaSpreiten bis 10 mm br, hellgrün, in der Knospe gerollt. Ährenachse auch an den nicht von Ährchen bedeckten Stellen rau. Ährchen zur BlüZeit fast waagerecht abstehend, ihre Achse rau. Dsp 7–8 mm lg, wenigstens die oberen meist begrannt. Hsp höchstens halb so lg wie das Ährchen, etwa so lg wie die unterste Dsp (Abb. 245/4). 0,30–1,00. 6–8. KulturPfl (Ansaatgrünland); auch frische bis mäßig frische Rud.: Wegränder, Schutt, rud. Frischwiesen, Äcker, bes. Klee, nährstoffanspruchsvoll; [N, z. T. U] v–h alle Bdl, z Gebirge u. N-Sh (m-sm·c1-5EUR-(WAS), [N] austrCIRCPOL+m-tempAM+temp-bEUR – ⊙/igr ⊙ ⊛ Horst – Lichtkeimer – L7 T7 F4 R7 N8 – V Sisymbr., V Conv.-Agrop., O Arrh., K Stell. – Futtergras – 14). [*L. italicum* A. Braun]
　　　　　　　　　　　　　　　　　　Welsches W., Italienisches Raygras – *L. multiflorum* Lam.
3 (1) Dsp länglich-lanzettlich, 4–5× so lg wie br, zur Reifezeit wenig verhärtend. Reife Fr >3× so lg wie br. Dsp unbegrannt. Hsp 5-nervig. BlaSpreite 5–8 mm br. 0,30–0,80. 5–7. Rud.: Umschlagplätze, Äcker; [N U] s By Bw Rh He Nw Sa Bb Mv (m-sm·c2-7EUR – ⊙ – *L7 T8 F3 R5 N7* – K Sisymbr.).　　　　　　　　　　　　　**Steifer L. – *L. rigidum* Gaudin**
3* Dsp elliptisch bis eiförmig, 3–4× so lg wie br, zur Reifezeit knorpelig verhärtend. Reife Fr 2–3× so lg wie br. (**Artengruppe Taumel-Lolch – *L. temulentum* agg.**) 4
4 BlaSpreiten 2–3(–4) mm br. Ährchen 7–11 mm lg. Hsp 7–10 mm lg, die Spitze der obersten Dsp nicht erreichend, glatt. Dsp unbegrannt, selten kurzgrannig. BlaScheiden meist glatt. 0,30–0,60. 6–8. Frische, lehmige Serradella- u. Lein-Äcker, Rud., kalkmeidend; [A, im Leinbau entstanden] früher alle Bdl s–z, jetzt [U] s By Nw Bb Mv (sm-temp·c2-4 EUR – ⊙ – L7 T6? F5 R5? N4 – O Aper., V Sisymbr. – Fr giftig! – 14).
　　　　　　　　　　　　　　　　　　　　　　　　† **Lein-L. – *L. remotum* Schrank**
4* BlaSpreiten 3–12 mm br. Ährchen (10–)15–25 mm lg. Hsp 10–30 mm lg, rau. Dsp 6–8 mm lg, fast stets lg begrannt. BlaScheiden meist rau. 0,30–0,90. 6–8. Frische, lehmige (Getreide)Äcker, basenhold; [A, im Leinbau entstanden] früher alle Bdl s–z, jetzt s Sh, [U] s He Th Sa Ns Mv, † An (m-temp·c1-5EUR-WAS, [N] austrCIRCPOL+m-tempAM+OAS – ⊙ – L7 T7 F4 R8 Nx – K Stell. – giftig durch Pilz *Endonidium temulentum* an Sa – 14).
　　　　　　　　　　　　　　　　　　　　　　　　Taumel-L. – *L. temulentum* L.
Hybriden: *L. multiflorum* × *L. perenne* = *L.* ×*hybridum* Hausskn. – als Züchtung s, *L. multiflorum* × *L. temulentum* = ? – ob noch?, *L. perenne* × *L. temulentum* = ? – ob noch?

Micropyrum (Gaudin) Link – **Dünnschwingel**　　　　　　　　　　　　　　　(3 Arten)
Ährchen in ährenähnlicher Traube, 2zeilig an der 4kantigen Traubenachse. Halme steif, an den Knoten dunkelviolett. Bla kurz, borstlich gefaltet. 0,10–0,40. 5–7. Felsfluren, sandigkiesige Silikattrockenrasen, trockne Brachen, Rud.: steinige Wegränder, kalkmeidend; † Bw(ORh: Rheinebene nördlich bis Hecklingen NW: Wertheim); [U] s By(NM: Nürnberg) (m-stemp c1-4EUR – ① ⊙ – L9 T8 F2 R4? N1 – V Thero-Air. – 14). [*Festuca lachenalii* (C.C. Gmel.) Spenn., *F. festucoides* (Bertol.) Bech., *Nardurus lachenalii* (C.C. Gmel.) Godr., *N. halleri* (Viv.) Fiori]　　　　　　　† **Kies-D. – *M. tenellum* (L.) Link**

Festuca L. – **Schwingel**　　　　　　　　　　　　　　　　　　　　　　(450 Arten)
Die Ährchenlänge wird vom Grund bis zur Spitze der 4. Blü (Dsp) angegeben. Bei wenigerblütigen Ährchen gilt die gesamte Ährchenlänge. Die Länge der Hsp u. Dsp wird ohne Granne gemessen. Bei den borstblättrigen Sippen wird der Bla⌀ auf dem Querschnitt der BlaSpreiten der GrundBla stets in der Längsrichtung, von der Mitte zum BlaRand gemessen. Die Anzahl der Nerven, Rippen u. Furchen, die Anordnung des Sklerenchyms sowie die Behaarung der OSeite der BlaSpreiten (entspricht der Innenseite) u. die Umrissform des BlaQuerschnittes sind nur im Mikroskop deutlich zu erkennen. Einen typischen BlaQuerschnitt erhält man etwa aus der Mitte des längsten Bla eines halmlosen Triebes.

1　BlaSpreiten alle flach 2
1* BlaSpreiten aller od. nur der GrundBla borstlich bis haarfg 8
2　BlaScheiden fast bis oben geschlossen, meist behaart, unterste zerfasernd. GrundBla frisch flach, gekielt, bei Trockenheit meist borstlich gefaltet. Rispe groß, 9–15 cm lg, locker, ∞ährig. Ährchen mindestens 8blütig, 8–12 mm lg, Grannen höchstens halb so lg wie die Dsp. 0,50–1,00. 6–7. Feuchte Wiesen, Hochstaudenfluren, Waldränder; z Sa, s Alp(Allg) By(N NO NW) Bw(NW S) Rh(MRh SW) He(f MW NW W) Nw(SW MW) An(SO W) Bb(Elb SW)

Ns(MO O), Verbreitung ungenügend bekannt (temp-b·c1-4EUR? – igr?H/G ♃ uAusl+kleine Horste – O Arrh., V Rum. alp. – 42, 64). [*F. diff_usa* Dumort., *F. meg_astachys* Hegetschw., *F. r_ubra* subsp. *multifl_ora* (Hoffm.) Piper, *F. r_ubra* var. *planif_olia* Hack.]
Vielblütiger Sch. – *F. heterom_alla* Pourr.

2* BlaScheiden in der oberen Hälfte offen od. bis über die Mitte, jedoch nicht bis fast zur Scheidenmündung geschlossen u. dann Ährchen 3–5blütig u. 6–7 mm lg 3
3 Bla an der Scheidenmündung ohne Öhrchen 4
3* Bla an der Scheidenmündung mit halm- od. triebumfassenden Öhrchen (wie Abb. 267/3) 5
4 BlaScheiden bis unten offen. Ligula länglich, bis 3(–5) mm lg, abgerundet. BlaSpreite 4–14 mm br. Halme unten mit glänzenden, schuppigen NiederBla. Rispe groß, zuletzt überhängend. Ährchen 7–8 mm lg. Dsp am Rücken gerundet, oberwärts schwach gekielt. 0,60–1,20. 6–7. Koll. bis hochmont. sickerfrische Buchen-, Buchen-Tannen- u. SchluchtW, Waldsäume, kalkmeidend; v Alp Rh He Th Sh(f W), z By Bw Nw Sa(f Elb) An(h Hrz, f Elb) Ns(h Hrz) Mv, s Bb(NO M MN Od) (sm-temp//demo·c1-5EUR+(WSIB) – igr H ♃ Horst – L3 T5 F5 R4 N6 – V Luz.-Fag., V Gal.-Fag., V Til.-Acer. – *14*, *42*). [*F. sylv_atica* (Pollich) Vill., *Drymo_chloa sylv_atica* (Pollich) Holub] **Wald-Sch. – *F. altissima* All.**
4* BlaScheiden in der unteren Hälfte geschlossen. Ligula sehr kurz, an den HalmBla 1–2 mm lg, kragenfg. BlaSpreiten 2–4 mm br. Halme ohne NiederBla. Ährchen 6–8 mm lg, meist braunrot. Dsp oberwärts deutlich gekielt. 0,20–0,50. 7–8. Subalp. bis alp. sickerfrische, hängige Wiesen u. Felsschutthalden, basenhold; v Alp (sm-stemp//salp-alp·c3ALP – sogr? H ♃ uAusl+Horst – L8 T2 F5 R7? N4? – V Car. ferr.). [*Leucopoa pulch_ella* (Schrad.) H. Scholz et Foggi] **Zierlicher Sch. – *F. pulch_ella* Schrad.**

 1 Pfl rasenfg, mit lg unterirdischen Ausläufern. GrundBla in der Knospenlage gerollt. Rispe dicht zusammengezogen. Sklerenchymbündel über u. unter allen Nerven von OSeite u. USeite der BlaSpreiten bis zu den Nerven reichend. Obere Hsp ± 4,5 mm lg. Wiesen u. Matten; v Alp ((sm)-stemp// salp-alp·c3ALP – *14*). subsp. ***pulch_ella***
 1* Pfl lockerhorstig, mit kurzen unterirdischen Ausläufern. GrundBla in der Knospe gefaltet. Sklerenchymbündel meist nur über u. unter den 3 größeren Nerven von OSeite u. USeite der BlaSpreiten bis zu den Nerven reichend, daneben noch einige in den Rippen. Obere Hsp ± 5,7 mm lg. Felsschutthalden; s Alp(Brch Chm) (sm-stemp//salp-alp·c3ALP – *14*). subsp. ***jur_ana*** (Gren.) Markgr.-Dann.

5 (3) Dsp mit 10–20 mm lg, geschlängelter Granne. Rispe groß, ausgebreitet, zuletzt überhängend. Ährchen 11–15 mm lg. Spreiten der unteren Bla mit spitzen, weißlichen Öhrchen den Halm umfassend. SpreitenUSeite stark glänzend. 0,40–1,50. 7–8. Sickernasse bis wechselfeuchte LaubmischW, Waldverlichtungen u. Waldschläge, an Waldwegen u. -quellen, nährstoffanspruchsvoll; g Th, h Bw Rh He Nw Sa An Ns(z N) Mv, v Alp By Bb Sh (sm/ mo-temp·c1-5EUR-WAS – sogr/teilig H ♃ Horst – L4 T5 F7 R6 N6 – V Alno-Ulm., V Til.-Acer., V Atrop., V Alliar. – 56). [*Schedo_norus gigant_eus* (L.) Holub, *Lolium gigant_eum* (L.) Darbysh.] **Riesen-Sch. – *F. gigant_ea* (L.) Vill.**
5* Dsp unbegrannt od. Granne <10 mm lg 6
6 GrundBlaScheiden weißlich, zäh, nicht zerfasernd. BlaSpreite 3–18 mm br u. bis 70 cm lg, steif, Öhrchen stets wimprig gesägt. Rispe (12–)20–40 cm lg, auch nach der BlüZeit ausgebreitet; unterster Rispenast 5–25ährig, mit nur wenig kürzerem, 5–8ährigem grundständigem Zweig. 0,60–1,80. 6–7. Wechselfrische bis nasse, zeitweilig auch überflutete Wiesen, Weiden u. Staudenfluren, an Bächen u. Gräben, Rud.: Weg- u. Straßenränder; ältere Küstenspülsäume, salzbeeinflusste Rasen, basenhold, schwach salztolerant, nährstoffanspruchsvoll; h He Nw Ns, v Alp By Bw Rh Th An Bb Mv Sh, z Sa (m-temp·c1-8EUR-WAS, [N] AUST, SAM, NAM – teiligr H ♃ Horst, s kurze uAusl – V Agrop.-Rum., O Mol. – Futtergras – 42). [*F. elatior* L. subsp. *arundin_aceum* (Schreb.) Hack., *Schedo_norus arundin_aceus* (Schreb.) Dumort., *Lo_lium arundin_aceum* (Schreb.) Darbysh.]
Rohr-Sch. – *F. arundin_acea* Schreb.

 1 Halme unterhalb der Rispe u. BlaScheiden im oberen Teil rau. Zumindest Dsp der oberen Blü der Ährchen 1,5–3 mm lg begrannt. Wiesen, Straßenböschungen; [N?] s By Sa Ns, Verbreitung ungenügend bekannt (sm-temp·c3-6EUR). [*F. uechtritzi_ana* Wiesb., *Schedo_norus uechtritzi_anus* (Wiesb.) Holub] subsp. ***uechtritzi_ana*** (Wiesb.) Hegi
 1* Halme u. BlaScheiden glatt 2

2 Dsp unbegrannt od. bis 0,5 mm grannenspitzig, ± 7 mm lg. Rispe oft locker ausgebreitet. Beide Hsp fast gleich, untere 4 mm lg, obere 4,5–5 mm lg. Standorte, Soz. u. Verbr. in D wie Art (sm-temp·c1-4 EUR – L8 T5 F7~ R7 N5) subsp. *arundinacea*
2* Dsp 0,8–4 mm lg begrannt, ± 6 mm lg. Rispe oft zusammengezogen. Hsp ungleich, untere 2–2,5 mm lg, obere 3,5 mm lg. z Bw? Rh? He Th Bb? Sh, Verbreitung ungenügend bekannt (sm-temp·c4-8OEUR-WAS). [*F. orientalis* Krecz. et Bobrov, *F. elatior* L. subsp. *orientalis* Hack.]
subsp. *orientalis* (Hack.) K. Richt.
6* GrundBlaScheiden braun, bald zerfasernd. BlaSpreite 3–8 mm br, 10–30 cm lg, am Grund mit stets kahlen Öhrchen, schlaff. Rispe 8–15(–35) cm lg, nach der BlüZeit zusammengezogen; unterster Rispenast meist 4–6ährig, sein grundständiger Zweig viel kürzer, mit 1(–3) Ährchen od. fehlend 7
7 Dsp unbegrannt, ± 6 mm lg. GrundBlaScheiden bis unten offen. BlaSpreiten 3–5 mm br, dunkelgrün. Ährchen 10–20 mm lg. 0,40–1,00. 6–7. Frische Wiesen u. Weiden, wechseltrockne Halbtrockenrasen, Moorwiesen, Grünlandbrachen, Hochstaudenfluren, basenhold, nährstoffanspruchsvoll; alle Bdl g (m/mo-b·c1-6EUR-WAS – igr H ⚃ Horst – Sa kurzlebig? Licht- u. Kälteheimer – L8 Tx F6 Rx N6 – K Mol.-Arrh., V Mesobrom., V Cirs.-Brach. – Futtergras – 14). [*F. elatior* L. p.p., *Schedonorus pratensis* (Huds.) P. Beauv., *Lolium pratense* (Huds.) Darbysh.] **Wiesen-Sch. – *F. pratensis* Huds.**
7* Dsp mit 1–3,5 mm lg Granne, 7–9 mm lg. GrundBlaScheiden bis zur Mitte geschlossen. BlaSpreiten 4–8 mm br. Ährchen 9–15 mm lg. 0,40–1,00. 6–7. Hochstauden- u. Hochgrasfluren, basenhold, nährstoffanspruchsvoll; z Alp(f Krw) (sm-stemp//mo·c3EUR – igr H ⚃ Horst – Sa kurzlebig? Licht- u. Kälteheimer – L8 T3 F6 R7? N7 – V Adenost. – Artwert fraglich). [*F. pratensis* subsp. *apennina* (De Not.) Hegi, *Schedonorus pratensis* subsp. *apenninus* (De Not.) H. Scholz et Valdés]. **Apenninen-Sch. – *F. apennina* De Not.**
8 (1) Ligula, wenigstens an den HalmBla, länglich, 0,5–1,5 mm lg. BlaSpreiten borstlich, dünn, weich, im Querschnitt 6-eckig, mit 5(–7) Leitbündeln, Sklerenchymfasern in rundlichen Gruppen unter den Leitbündeln u. an BlaSpreitenrändern angeordnet. Pfl dichtrasig. Rispe ± locker. Ährchen 3–5blütig. Dsp deutlich bespitzt od. kurz begrannt. 0,10–0,25. 7–8. Alp. mäßig frische, bes. windexponierte Rasen, basenhold; v Alp (sm-stemp//alp·c3EUR – sogr H ⚃ Horst – L8 T2 F5– R6 N4? – V Sesl., V Elyn. – *14, 28*). [*F. quadriflora* auct.]
Zwerg-Sch. – *F. pumila* Chaix
8* Ligula sehr kurz, oft nur ein unregelmäßiger Saum 9
9 BlaScheiden im Übergangsbereich zur BlaSpreite ohne seitliche Öhrchen. BlaScheiden meist (fast) bis oben geschlossen. BlaSpreiten im Querschnitt mit einzelnen Sklerenchymbündeln unter den Leitbündeln, in den Rändern u. zuweilen auch in den Rippen der BlaOSeite (-innenseite) 10
9* BlaScheiden im Übergangsbereich zur BlaSpreite mit seitlichen Öhrchen (Abb. 262/10). BlaScheiden höchstens unten, selten bis ⅔ od. nur bei AlpenPfl bis oben geschlossen u. dann Rispe kurz, traubenfg u. BlaSpreiten nur mit 3 dünnen Sklerenchymbündeln in der Mitte u. den Rändern u. mit 2 Furchen auf der BlaOSeite 16
10 FrKn am Scheitel feinborstig behaart, selten kahl. Pfl horstfg, ohne unterirdische Ausläufer, wenigstens einzelne Grannen so lg wie die halbe Dsp od. länger, wenn alle kürzer, dann BlaSpreiten im Querschnitt ± elliptisch u. Sklerenchymbündel der 2 stärksten Seitennerven zwischen BlaUSeite u. OSeite verbunden 11
10* FrKn kahl. Pfl rasenfg, mit ± lg unterirdischen Ausläufern od. horstfg u. mit kurzen unterirdischen Ausläufern u. dann Granne kürzer als die halbe Dsp u. BlaSpreiten im Querschnitt ± eckig u. Sklerenchymbündel zwischen BlaUSeite u. OSeite nicht verbunden. **(Artengruppe Rot-Schwingel – *F. rubra* agg.)** 13
11 Ährchen lineal-länglich, grün, selten hellviolett überlaufen. Granne mindestens halb so lg wie die Dsp. BlaSpreiten der GrundBla oft einseitig überhängend, haarfg, gefaltet, im Querschnitt 3eckig. BlaSpreiten der HalmBla flach, 2–3 mm br. 0,60–1,00. 6–8. Mäßig trockne bis mäßig frische, lichte LaubmischW (bes. EichenW), Waldränder, -verlichtungen u. -schläge, Gebüsche, basenhold; z By Bw Rh He Th Sa(f SW) An(h S), s Nw(f N) Bb Ns(f Elb NW O) Mv(f Elb N) Sh(f W) (sm/mo-temp·c2-4EUR – igr H ⚃ Horst – L5 T6 F4 R5 N5 – V Carp., V Luz.-Fag., V Querc. pub., V Querc. rob.-petr. – *28*).
Verschiedenblättriger Sch. – *F. heterophylla* Lam.

11* Ährchen elliptisch, meist dunkelviolett. BlaSpreiten der HalmBla flach od. rinnig, 1–2 mm br. AlpenPfl. (**Artengruppe Violetter Sch. – *F. violacea* agg.**) 12
12 Alte BlaScheiden zerfasernd. BlaSpreiten der nichtblühenden Triebe 0,4–0,6 mm ⌀, ziemlich schlaff, eng gefaltet, im Querschnitt mit 3 Rippen, 5 Nerven u. 7 nur auf der Spreitenunterseite liegenden Sklerenchymbündeln, mehreckig, zur Mitte spitzwinklig, fast kielartig verschmälert. Einzelne Grannen so lg wie die halbe Dsp od. länger. Ährchen glänzend, dunkelviolett gescheckt. 0,30–0,40. 7–8. Subalp. bis alp. frische Wiesen, Schneeböden, Wildläger, basenhold; z Alp(f Brch Chm Mng) (sm-stemp//salp-alp·c3EUR – sogr? H ♃ Horst – L8 T2 F5 R7 N6? – V Poion alp., V Car. ferr. – *42*). [*F. melanopsis* FOGGI et al.]
Schwarzvioletter Sch. – *F. nigricans* (HACK.) K. RICHT.
12* BlaScheiden nicht zerfasernd. BlaSpreiten der nichtblühenden Triebe 0,6–0,7 mm ⌀, steif, weitrinnig gefaltet, im Querschnitt mit (3–)5 Rippen, (5–)7–9 Nerven u. starken Sklerenchymbündeln (die der beiden stärksten Seitennerven zur BlaOberseite durchlaufend), oval, in der Mitte ± abgerundet. Granne kürzer als die halbe Dsp. Ährchen hellviolett gescheckt. 0,40–0,50. 7–8. Subalp. bis alp. steinige Rasen, kalkstet; z Alp(Brch Krw Wtt) (sm-stemp// salp-alp·c3OALP – sogr? H ♃ Horst – L8 T2 F5 R9? N3? – V Sesl., V Car. ferr. – *42*).
Norischer Sch. – *F. norica* (HACK.) K. RICHT.
13 **(10)** Pfl ± dichthorstig, ohne od. mit sehr kurzen Ausläufern. BlaScheiden weichhaarig. GrundBlaSpreiten hohlkehlig bis borstlich, 0,6–1 mm ⌀. Rispe wenigährig, vor u. nach der BlüZeit dicht zusammengezogen. 0,30–0,65(–0,90). 6–7. Mont. bis koll. frische Wiesen u. Weiden, Magerrasen, Gebüschränder, Waldschläge, kalkmeidend; v Alp Nw, z By Rh He Sa(f Elb) Ns(f N), s Bw(NW ORh SW) Th An(f O S) Bb(f MN Od) Mv(M), [N] s Sh, Verbreitung ungenügend bekannt; auch KulturPfl (sm/mo-temp/demo·c2-3EUR, [N] AUST, NAM, (OAS) – igr H ♃ Horst – O Nard., O Arrh., V Epil. ang. – *42*). [*F. fallax* auct. non THUILL., *F. rubra* subsp. *commutata* (GAUDIN) MARKGR.-DANN.]
Horst-Sch. – *F. nigrescens* LAM.
13* Pfl lockerrasig, mit ± längeren unterirdischen Ausläufern 14
14 Ährchen mindestens 8blütig. BlaSpreiten der Grund- u. HalmBla ähnlich, 2–3 mm br, bei Trockenheit gefaltete BlaSpreiten feucht wieder entfaltbar. Entfaltungszellen (stark vergrößerte Oberhautzellen am Grund der Furchen auf der BlaOSeite bzw. -innenseite) deutlich ausgebildet. ***F. heteromalla*, s. 2**
14* Ährchen 4–6blütig. GrundBlaSpreiten borstenfg, auch frisch nicht entfaltbar. Entfaltungszellen nicht od. nur schwach ausgebildet 15
15 BlaSpreiten der Grund- u. HalmBla fadenfg bis borstenfg, 0,3–0,6 mm ⌀. Pfl graugrün. BlaScheiden kahl, sehr stark zerfasernd. Rispe länglich-linealisch, bis 12 cm lg, mit sehr dünnen Ästen. Ährchen 7–10 mm lg. Dsp lineal-lanzettlich, 4,5–5 mm lg, kahl, stachelspitzig od. kurz, bis 0,7 mm lg begrannt. 0,30–0,70. 6–7. Wechselfeuchte Wiesen u. Magerrasen; z Alp(Krw Kch), s By(O MS S) Rh(ORh: Mainz) (sm/mo-stemp·c1-4EUR – igr? H/G ♃ uAusl+kleine Horste – L8? T7? F7 R7? N2? – V Mol. – *42*). [*F. rubra* var. *trichophylla* GAUDIN, *F. uliginosa* (SCHUR) FRITSCH]
Haarblättriger Sch. – *F. trichophylla* (GAUDIN) K. RICHT.
15* Nur BlaSpreiten der GrundBla borstenfg, die der HalmBla flach od. hohlkehlig. BlaScheiden etwas zerfasernd. Ährchen oft rötlich od. bräunlich, im Hochgebirge auch schwarzviolett. Dsp 0,5–3 mm lg begrannt. (0,15–)0,25–0,80. 5–7. Frische bis feuchte Wiesen u. Weiden, Halbtrockenrasen, Silikatmagerrasen, Grünlandbrachen, Binnen- u. Küstendünen, Waldränder, Rud.: Weg- u. Straßenränder, Schutt, Bahnanlagen; Fluss- u. Seeufer, salztolerant; alle Bdl g (m/mo-arct·c1-7CIRCPOL, [N] antarct-austrAUST+AM – igr H/G ♃ uAusl+kleiner Horst – Sa kurzlebig Lichtkeimer – K Mol.-Arrh., V Cirs.-Brach., V Mesobrom., V Armer. marit., V Ammoph., V Koel. albesc., V Thero-Air., V Viol. can. – Futter-, Zier- u. Sportrasengras).
Rot-Sch. – *F. rubra* L.
1 Dsp dicht wollig-zottig, ±6,5 mm lg. Ährchen 9–12(–15) mm lg. Rispe groß, Äste kräftig, kurz, starr aufrecht. BlaSpreiten der GrundBla ± borstlich, ziemlich starr, 0,8–1,1 mm ⌀, mit 7–9(–13) Nerven, Sklerenchymbündel unter den Nerven, im BlaRand u. in den Rippen auf der BlaOSeite, diese dicht lghaarig. BlaScheiden meist kahl, tiefrot. Ausläufer sehr lg. Küstendünen; v Küsten von Ns Mv Sh, [N] s Binnenland (ntemp-b·c1-5litEUR – L8 T6 F4 R5 N3 – V Koel. albesc., V Ammoph. – Sandbefestiger – *70*). [*F. arenaria* OSBECK, *F. villosa* SCHWEIGG.] subsp. ***arenaria*** (OSBECK) F. ARESCH.
1* Dsp kahl od. spärlich kurzhaarig. Ährchen 7–8(–10) mm lg 2

POACEAE 273

2   Halme 15–25 cm hoch, knickig aufsteigend. Spreiten der GrundBla glatt, kahl, 0,4–0,8 mm ⌀, mit (5–)7 Nerven, kleine Sklerenchymbündel unter den Nerven u. im Rand. Rispe kurz, 2–6 cm lg. Äste zusammengezogen. Ährchen 6–12(–15), violett überlaufen. Ausläufer ± lg. Feuchte, salzbeeinflusste Küstenwiesen; v Ns Mv Sh (temp·c1-3litEUR – L8 T6 F6= R7 N5 – V Armer. marit. – 42). [*F. helgolandica* sensu Patzke, *F. salina* Natho et Stohr]
                              subsp. ***litoralis*** (G. Mey.) Auquier
2*   Halme >25 cm hoch. Rispe 6–14 cm lg **3**
3   Unterirdische Ausläufer ziemlich kurz. BlaScheiden behaart. BlaSpreiten 0,8–1,2 mm ⌀, mit 7(–9) Nerven, Sklerenchymbündel über den Nerven u. in den Rändern u. auch oft in den Rippen der BlaOSeite. Binnen- u. Küstendünen, mäßig trockne, sandige Rud.: Weg- u. Straßenränder, Bahnanlagen, Schutt, Waldränder; z Bb Mv(N), s By(S) Bw Rh Nw Ns Sh, Verbr. in D ungenügend bekannt (sm-b·c1-4EUR? – V Thero-Air. – 42, 56). [*F. unifaria* Dumort., *F. steineri* Patzke]
                              subsp. ***juncea*** (Hack.) K. Richt.
3*   Unterirdische Ausläufer lg. BlaScheiden oft kahl od. spärlich behaart. BlaSpreiten 0,7–0,9 mm ⌀, mit 5–7 Nerven, Sklerenchymbündel nur unter den Nerven u. in den Rändern. Wiesen u. Weiden, Halbtrockenrasen, Silikatmagerrasen, Grünlandbrachen, Waldränder, Rud.; alle Bdl g (Gesamtverbr. wie Art – Lx Tx F6 R6 Nx – K Mol.-Arrh., V Cirs.-Brach., V Mesobrom., V Viol. can. – Futter-, Zier- u. Sportrasengras – 42, 56). [*F. r.* subsp. *genuina* Hack.]   subsp. ***rubra***

16   (9) BlaScheiden bis oben geschlossen u. Rispen ährenfg, kurz, bis 4 cm lg od. BlaScheiden bis zur Hälfte od. bis ⅔ geschlossen, dort mit Längsfurche u. dann Rispe 7–22 cm lg, untere Äste zu 2(–4) u. Granne höchstens 1 mm lg. Nur in Bayern u. Baden-Württemberg ... **17**
16*   BlaScheiden (fast) bis zum Grund offen; wenn im unteren Drittel o. selten bis zur Hälfte geschlossen, dann ohne Längsfurche u. untere Rispenäste einzeln u. entweder Rispe nur 2–6 cm lg (*F. supina*, **20**) od. Granne >2 mm lg (*F. laevigata*, **20***). BlaSpreiten haardünn bis dick borstlich. (**Artengruppe Schaf-Sch.** z. größten T. – *F. ovina* agg. p. max. p.)
.... **19**
17   Rispen 7–22 cm lg, locker. BlaScheiden in der unteren Hälfte od. bis ⅔ geschlossen u. dort mit Längsfurche (Querschnitt durch die BlaScheide), oft (bes. unten) rötlichviolett, lange erhalten bleibend, nicht zerfasernd. BlaSpreiten fast haarfg, im Querschnitt mehreckig, mit 5(–7) Nerven. Sklerenchymbündeln unter den Nerven u. im BlaRand. 0,50–1,20. 6. Mäßig trockne, lichte KiefernW u. -gebüsche, Waldränder, präalp. frische Schotterauen, Halbtrockenrasen (bes. stark hängige Lagen), kalkhold; v Alp, s By(S MS Alb O) Bw(Alb Gäu Keu S) (sm-stemp//desalp·c3EUR – igr H ♃ Horst – L6 T5 F3– R8 N2 – V Eric.-Pin., V Mesobrom., V Car. ferr.).   **Amethyst-Sch. –** *F. amethystina* L.
1   BlaSpreite rau. Triebe umscheidet. Rispe ± dicht u. schmal; Ährchen dunkelviolett, 3–4blütig; Dsp stumpf, ohne Granne (var. *amethystina*) od. Rispe br; Ährchen gelbgrün, 5- bis mehrblütig; Dsp zuweilen kurz grannenspitzig (var. *austriaca* (Hack.) Krajina). Trockne KiefernW, Waldsäume u. Schotterrasen des Alpenvorlandes; Verbr. in D wie Art (sm-stemp//dealp·c3EUR – V Eric.-Pin., V Car. ferr., V Mesobrom. – 14).   subsp. ***amethystina***
1*   BlaSpreite glatt. Triebe z. T. die Scheiden am Grund durchbrechend. Rispe locker. Granne fehlend od. bis 1 mm lg. KiefernW; s By(Alb NM) (stemp·c3EUR – 28).
                              subsp. ***ritschlii*** (Sprib.) Markgr.-Dann.

17*   Rispe 1,5–4 cm lg, ± traubenfg. BlaScheiden bis oben geschlossen, ohne Längsfurche. (**Artengruppe Schaf-Sch.** z. T. – *F. ovina* agg. p.p.) **18**
18   Staubbeutel 2–3 mm lg. Granne der grauviolettem Dsp kurz. BlaSpreiten borstenfg, 0,5–0,7 mm ⌀ im Querschnitt etwa elliptisch bis V-fg, mit 5(–7) Nerven. 0,10–0,20. 6–7. Subalp. bis alp. frische Feinschuttfluren, auch Felsspalten, (kalkhold); v Alp (stemp/alp·c3ALP – igr? H ♃ Horst – L8 T1 F5 R8 N2? – V Thlasp. rot., O Sesl. – 14).   **Gämsen-Sch. –** *F. rupicaprina* (Hack.) A. Kern.
18*   Staubbeutel 1 mm lg. Granne der meist blassgrünen Dsp mindestens halb so lg wie diese. BlaSpreiten haardünn, 0,3–0,4 mm ⌀, im Querschnitt etwa elliptisch, mit 3(–5) Nerven. 0,06–0,10. 6–7. Alp. Felsspalten, kalkstet; v Alp (sm-stemp//alp·c3EUR – sogr H ♃ Horst – L8 T1 F3 R9 N1 – V Potent. caul. – 14).   **Alpen-Sch. –** *F. alpina* Suter
19   (16) BlaScheiden im unteren Viertel od. bis zur Hälfte geschlossen. BlaSpreiten glatt, höchstens an der Spitze etwas rau. Seltene AlpenPfl **20**
19*   BlaScheiden (fast) bis zum Grund offen, wenn im unteren Viertel geschlossen, dann BlaSpreiten mindestens im oberen Drittel rau **21**

20 Rispe 2–6 cm lg. BlaSpreiten 0,4–0,7 mm ⌀, grün, unbereift, glatt od. an der Spitze rau, im Querschnitt elliptisch bis elliptisch-Y-fg. Sklerenchym unter der Oberhaut der BlaAußenseite ein geschlossener bis wenig unterbrochener Ring. Nerven (5–)7, Furchen 2–4, Rippen 1–3. 0,10–0,30. 6–7. Alp. Magerrasen, kalkmeidend; s Alp(Allg) (sm-stemp//alp-salp·c2-4EUR – sogr? H ♃ Horst – z. T. pseudovivipar? – L8 T2 F5 R2 N1 – V Nard. – *14, 28, 35*). [*F. ovina* subsp. *supina* (SCHUR) OBORNÝ, *F. ovina* var. *sudetica* KITT., *F. airoides* auct. non LAM.] **Kleiner Sch., Sudeten-Sch. – *F. supina* SCHUR**

20* Rispe 5–12 cm lg. BlaSpreiten (0,6–)0,8–1,3 mm ⌀, grün bis graugrün, zuweilen stark blau bereift, glatt (wenn rau, s. *F. brevipila*, **23**), im Querschnitt V-fg, mit unterbrochenem Sklerenchymring od. 3 dünneren Bündeln, randliche weit herablaufend, mit 7–9 Nerven, 4(–6) Furchen u. 3–5 Rippen. (0,20–)0,40–0,70. 6–7. Subalp. bis alp. Fels- u. Steinschuttfluren, basenhold; s Alp(Allg) (sm-stemp//salp-alp·c2-3EUR – H ♃ Horst – V Sesl. – *56*). [*F. curvula* GAUDIN, *F. cinerea* var. *curvula* (GAUDIN) STOHR, *F. cinerea* subsp. *crassifolia* (GAUDIN) STOHR] **Glatter Sch. – *F. laevigata* GAUDIN**

21 (19) Seitenflächen vergilbter (abgestorbener) GrundBlaSpreiten eingedellt. BlaSpreiten im Querschnitt meist V-fg bis Y-fg (Abb. **277**/6–9). Sklerenchym in 3 Bündeln (1 mittleres u. 2 randliche), dazu oft mit 2 kleineren Zwischenbündeln od. in allen Übergängen zu einem in der Mitte u. den Rändern deutlich verdickten Ring zusammenfließend **22**

21* GrundBlaSpreiten auch im vergilbten Zustand mit gewölbten Seitenflächen, im Querschnitt elliptisch, selten fast rundlich (Abb. **277**/1–5). Sklerenchym einen annähernd gleich dicken, zuweilen etwas unterbrochenen, dünnen Ring bildend **27**

22 BlaSpreiten mit 7–9 od. mehr Nerven, 0,6–1,0(–1,2) mm ⌀ **23**

22* BlaSpreiten mit 5 Nerven, zuweilen einzelne Bla derselben Pfl auch mit 7 Nerven. Furchen 4. Rippen 3 (Abb. **277**/7–9). BlaSpreiten 0,3–0,8(–1,0) mm ⌀ **25**

23 Pfl graugrün, unbereift bis schwach bereift. BlaSpreiten mindestens im oberen Drittel rau. BlaScheiden rau od. oft abstehend behaart, nur am Grund od. selten im unteren Viertel geschlossen. Nerven 7, Furchen 4, Rippen 3 (var. *brevipila*, Abb. **277**/6), zuweilen Nerven 7–11(–13), Furchen 4–6(–8), Rippen 3–5(–7) (var. *multinervis* [STOHR] DENGLER). 0,20–0,65. 5–7. Reichere Sandtrockenrasen, Silikattrocken- u. Halbtrockenrasen, lichte Kiefernforste, trockne Rud.: Weg- u. Straßenränder, Böschungen, Umschlagplätze; v Rh Nw Sa(g NO) An Bb Ns Mv, z By(f S) Bw(NW ORh) He Th Sh, in allen Bdl auch sehr oft [N] in Grasansaaten (temp·c3-4EUR, [N] AUST, NOAM, sm-bEUR – sogr? H ♃ Horst – L8 T6 F3 Rx N2 – O Fest.-Sedet., K Fest.-Brom., O Arrh. – zur Saatgutgewinnung kultiviert – 42). [*F. trachyphylla* (HACK.) KRAJINA non DRUCE, *F. stricta* subsp. *trachyphylla* (HACK.) PILS] **Raublättriger Sch. – *F. brevipila* R. TRACEY**

23* Pfl blaugrün, stark bereift. BlaScheiden bis zum Grund offen, kahl u. glatt. BlaSpreiten glatt od. an der Spitze, seltener im oberen Drittel rau. BlaSpreiten mit 4–6 Furchen u. 3–5(–7) Rippen **24**

24 BlaSpreiten an der Spitze rau. Sklerenchym 3 dickere Bündel, randliche oft (unterbrochen) weit herablaufend u. zuweilen bis zu einem in der Mitte u. den Rändern verdickten Ring zusammenfließend. Nerven 7(–9). 0,15–0,35. 4–6. Trockenrasen, basenhold; s By(N) Rh(ORh SW) He(ORh SO SW) (stemp·c2-3EUR – sogr? H ♃ Horst – L9 T8 F1 R8 N1 – V Fest. val., V Xerobrom. – 28). **Duval-Sch. – *F. duvalii* (ST.-YVES) STOHR**

24* BlaSpreiten völlig glatt. Sklerenchym 3 schwächere Bündel in der Mitte u. den Rändern, randliche zuweilen (unterbrochen) weiter herabreichend. Nerven 7–9(–11). 0,25–0,40. 4–6. Silikatfelsfluren; s Rh(W: Trier) (stemp·c2EUR – sogr? H ♃ Horst – L9 T7 F3 R7 N2? – O Sedo-Scler. – 14). [*F. longifolia* subsp. *pseudocostei* AUQUIER et KERGUELEN, *F. hervieri* auct., *F. glauca* subsp. *hervieri* auct.] **Patzke-Sch. – *F. patzkeï* MARKGR.-DANN.**

25 (22) BlaSpreiten 0,55–0,8 mm ⌀ (Abb. **277**/7), rau, grün, unbereift. Ährchen 6,5–8 mm lg. Dsp 3,5–5,5 mm lg. Nerven 5 (var. *rupicola*, selten auch BlaSpreiten mit 5–7 Nerven an einer Pfl (var. *sulcatiformis* [MARKGR.-DANN.] STOHR [*F. ovina* subvar. *sulcatiformis* MARKGR.-DANN.]). BlaScheiden meist kahl. 0,15–0,80. 5–7. Trocken- u. Halbtrockenrasen, trockne bis mäßig trockne Rud.: Weg- u. Straßenränder, basenhold; v Th, z By(f S) Sa(f NO) An(h S) s Bw(Alb Keu S SW) Rh(SW) He(O ORh SO) Bb(Elb) Ns(MO S) (sm-temp·c4-

POACEAE 275

7EUR-WAS – sogr H ♃ Horst – L9 T7 F3 R8 N2 – Sa kurzlebig – K Fest.-Brom., O Agrop. – 42). [*F. sulcata* (HACK.) NYMAN, *F. hirsuta* HOST, *F. stricta* subsp. *sulcata* (HACK.) PILS]
Furchen-Sch. – *F. rupicola* HEUFF.
25* BlaSpreiten 0,3–0,5(–0,7) mm ⌀. Ährchen 4,5–6,5 mm lg 26
26 BlaSpreiten blaugrün, meist deutlich bereift, allmählich in eine lg Spitze verschmälert. Dsp schmal lanzettlich bis pfriemlich, fast vom Grund an in die Spitze verschmälert, 3,5–5 mm lg, Granne >⅓ so lg wie die Dsp. Ährchen 5–7 mm lg. BlaSpreiten 0,3–0,5 (–0,7) mm ⌀, im Querschnitt V-fg bis Y-fg, mit 5 Nerven sowie 3 meist dicken Sklerenchymbündeln in den Rändern u. der Mitte, daneben oft noch 2 dünnere seitliche (Abb. 277/9). (0,05–)0,15–0,60. 6–7. Kont. Trockenrasen, basenhold; z Th(Bck) An, s By(N) Rh(ORh SW) He(ORh) Sa(W) Ns(f M N NW S) (m-temp·c4-8EUR-WAS – sogr H ♃ Horst – L8 T7 F2 R7 N2 – V Fest. val., selten auch V Cirs.-Brach. – 14).
Walliser Sch. – *F. valesiaca* GAUDIN
26* BlaSpreiten grün bis graugrün, unbereift bis bereift, bis zur Spitze fast gleich dick u. plötzlich in eine stumpfe Spitze zusammengezogen. Dsp br lanzettlich, von der Mitte an od. darüber in die Spitze verschmälert, (2,3–)2,5–3,6(–4,0) mm lg, Granne ¼–⅓ so lg wie die Dsp. Ährchen 4–5,5 mm lg. BlaSpreiten 0,3–0,7 mm ⌀, stets mit 5 Nerven, meist mit 3 dünneren, seltener auch dickeren Sklerenchymbündeln in den Rändern u. der Mitte (Abb. 277/8). 0,05–0,45. 6–7. Wechseltrockne bis -feuchte, lehmig-tonige Rud.: verdichtete Weg- u. Straßenränder; Trittrasen, basenhold, salztolerant; z Th(Bck) An, s Sa(Elb W) Ns(Elb), [N U Grasansaaten] s By Rh He Nw Bb(Elb MN) Mv(Elb?) Sh (sm-stemp·c4-8EUR-WAS – sogr? H ♃ Horst – L8 T8? F3 R8 N3? – V Polyg. avic., V Cynos. – 14). [*F. pseudovina* WIESB., *F. valesiaca* subsp. *parviflora* (HACK.) R. TRACEY]
Falscher Schaf-Sch. – *F. pulchra* SCHUR
27 (21) BlaSpreiten halmloser Triebe deutlich verschieden dick, äußere (untere) 0,7–1,1(–1,2) mm ⌀, 30–50 cm lg, innere (obere) 0,3–0,4 mm ⌀, 10–20 cm lg. Pfl sehr reich beblättert, BlaSpreiten ± geschlängelt, biegsam, bis über die Mitte der Halme reichend, rau, mit 7(–9) Nerven, einrippig. Sklerenchym ein dünner, an den Flanken manchmal unterbrochener Ring aus 1–2 Zellschichten bei dünnen u. 2–3 Zellschichten bei dicken Bla. Rispe 8–17 cm lg, aufrecht, schmal, ± zusammengezogen. Ährchen mit Grannen 6–9(–11) mm lg, Dsp 4–5 (–6) mm lg, kahl, behaart od. am Rand kurz bewimpert. Granne 1–3 mm lg, Antheren 2,2–2,9 mm lg. BlaScheiden kahl, selten flaumhaarig. Pfl grün od. graugrün, meist unbereift. 0,30–0,80(–0,95). 5–6. Felsfluren u. Sandtrockenrasen (Flugsande), Heiden, Waldränder u. -lichtungen; s By(NW) Rh(SW ORh) (sm-stemp·c2EUR – sogr? H ♃ Horst – L9 T8 F2 R6? N1? – V Koel.-Phleion, K Sedo-Scler. – 28, 42). [*F. ovina* subvar. *heteropachys* ST.-YVES]
Schlaffer Sch. – *F. heteropachys* (ST.-YVES) AUQUIER
27* BlaSpreiten halmloser Triebe etwa gleichdick, vom deutlich verschieden. BlaSpreiten etwa das untere Drittel der Halmlänge erreichend od. dieses wenig überragend. Pfl nicht auffällig stark beblättert 28
28 O(Innen)Seite der BlaSpreite spärlich bis mäßig dicht kurzhaarig od. kahl (Abb. 277/1, 2). BlaSpreite 0,2–0,7 mm ⌀, selten dicker, weich bis schlaff, grün bis graugrün, unbereift, selten schwach bereift, Nerven 5–7, Furchen 2(–4), Rippen 1(–3). Pfl meist kalkmeidend 29
28* O(Innen)Seite der BlaSpreite mit ∞ lg Haaren (Abb. 277/3–5). BlaSpreite (0,5–)0,6–1,8 mm ⌀, steif bis starr, meist blaugrün bereift, seltener graugrün u. unbereift. Nerven (5–)7–13, Furchen 2–5, Rippen 1–5, die äußeren, dem Rand genäherten Furchen u. Rippen zuweilen ± stark abgeflacht. Basenholde od. indifferente Arten 31
29 Dsp unbegrannt, höchstens bis 0,4 mm lg grannenspitzig, 2,5–3,5(–4,3) mm lg, meist kahl u. an der Spitze rau. BlaSpreiten 0,2–0,4(–0,6) mm ⌀, mit 5(–7) Nerven, 2 Furchen u. 1 Rippe (Abb. 277/2). 0,10–0,50. 5–6. Sandtrockenrasen, sandige Magerrasen, Ackerbrachen, lichte EichenW u. Kiefernforste, Waldränder, kalkmeidend; v Rh He Nw Ns, z By(f MS S) Th Sa(h NO) An Bb Mv Sh, s Bw(NW ORh Gäu SW); auch zur Böschungsbegrünung angesät (sm/mo-temp·c1-4EUR – teilig r H ♃ Horst – L7 T6 F4 R3 N2 – V Thero-Air., V Armer. elong., V Viol. can., V Querc. rob.-petr., V Cytis.-Pin. – 14). [*F. capillata* LAM., *F. tenuifolia* SIBTH., *F. ovina* subsp. *tenuifolia* (SIBTH.) ČELAK.]
Haar-Sch. – *F. filiformis* POURR.

29* Dsp mit 0,5–1,8 mm lg Granne, 3,0–4,5(–5,0) mm lg od. selten unbegrannt, bis 0,8 mm lg grannenspitzig u. dann BlaSpreiten wenigstens z. T. dicker (0,4–0,7 mm ⌀) als bei *F. filiformis*. BlaSpreiten (0,3–)0,4–0,7(–0,8) mm ⌀, mit 2 Furchen u. 1 Rippe (Abb. **277**/1) **30**
30 BlaSpreiten (0,3–)0,4–0,6 mm ⌀, mit 5–7 Nerven. Ährchen (4,3–)5–6,5 mm lg, Dsp 3–4 mm lg, kahl. Granne der Dsp 0,4–1(–1,7) mm lg. 0,20–0,45. 5–7. Sand-, Silikattrocken- u. Halbtrockenrasen, wechseltrockne Magerrasen u. Wiesen, Heiden, ausgetrocknete Moore, lichte Eichen- u. KiefernW, kalkmeidend; h Sa, v Th An Bb Mv Sh, z Alp By Bw Ns(h Hrz), s Rh(SW ORh) He(f NW SW) Nw, Verbreitung ist gegenüber ähnlichen Sippen zu überprüfen, im W (u. S?) wahrscheinlich weniger häufig als bisher angenommen (sm/mo-b·c1-7EURAS, [N] NEUSEEL?, sm-tempOAM – igr H ♃ Horst – auch VdA, s Pseudoviviparie Lichtkeimer – L7 Tx Fx R3 N1 – O Fest.-Sedet., V Koel.-Phleion, V Mol., V Viol. can., V Genisto-Call., V Saroth., V Querc. rob.-petr., V Cytis.-Pin. – 14). [*F. o.* var. *vulgaris* W.D.J. Koch]
Schaf-Sch. – *F. ovina* L.
30* BlaSpreiten 0,6–0,7 mm ⌀, mit 7 Nerven. Ährchen (5,5–)6,5–7 mm lg. Dsp (3,2–)3,8–4,5 mm lg (wenn BlaSpreiten dünner, Ährchen u. Dsp kürzer, dann Granne der Dsp nur 0,2–0,8 mm lg u. Dsp in der oberen Hälfte flaumig behaart od. zumindest deutlich rau). 0,25–0,50. 5–7. Felsfluren, Trockenrasen, Magerrasen u. Wiesen, lichte KiefernW; v Rh, By Bw He Nw(f N) Th Ns(h Hrz) Sh(f W), s Sa(SO SW W) An(f O) Mv(f M N NO), oft verkannt u. wahrscheinlich häufiger als angenommen (sm-stemp·c2-3EUR – L8 T5 F4 R7 Nx – K Fest.-Brom., V Mol., V Cytis.-Pin. – 28). [*F. o.* var. *firmula* (Hack.) Hegi, *F. o.* var. *guestfalica* (Rchb.) Hegi, *F. ophioliticola* subsp. *calaminaria* Auquier, *F. aquisgranensis* Patzke et G. Br., *F. lemanii* auct. non Bastard, *F. ovina* subst. *guestfalica* (Rchb.) F. Richt.]
Westfälischer Sch. – *F. guestfalica* (Rchb.) K. Richt.

1 Granne fehlend od. bis 0,8 mm lg. Dsp 3–4 mm lg, in der oberen Hälfte flaumig behaart od. zumindest rau. BlaSpreiten 0,4–0,6(–0,7) mm ⌀, mit 5–7 Nerven. BlaScheiden meist behaart. Verbr. ungenügend bekannt, z. B. s An Bb Sh, im W häufiger zu erwarten (Gesamtverbr. noch nicht bekannt).
subsp. *hirtula* (R. Travis) M.J. Wilk.
1* Granne (0,5–)1–1,5 mm lg. Dsp 3,5–5 mm lg, kahl od. schwach rau. BlaSpreiten 0,5–0,7 mm ⌀, mit 5–7 Nerven. BlaScheiden meist kahl, selten schwach behaart. Felsfluren, Trockenrasen, Magerrasen u. Wiesen, lichte KiefernW; Verbreitung in D wie Art (sm-stemp·c2-3EUR – L8 T5 F4 R7 Nx – K Fest.-Brom., V Mol., V Cytis.-Pin. – 28). [*F. o.* var. *firmula* (Hack.) Hegi, *F. o.* var. *guestfalica* (Rchb.) Hegi, *F. ophioliticola* subsp. *calaminaria* Auquier, *F. aquisgranensis* Patzke et G. Br., *F. lemanii* auct. non Bastard] subsp. *guestfalica* (Rchb.) K. Richt.

Ähnlich ist der erst neuerdings beschriebene **Dolomitsand-Sch. – *F. pulveridolomiana* Höcker et T. Gregor**: Pfl hochwüchsig ([0,35–]0,50–0,70[–0,80] m), Blühtriebe straff aufrecht, Bla (grau)grün, BlaSpreiten 0,4–0,6(–1,1) mm ⌀, mit 4 Furchen; Dsp 4,2–5,6 mm lg. Dolomitsandböschungen in od. am Rand von Kiefernwäldern; s By(Alb) (42).

31 **(28)** Pfl felsiger u. steiniger Böden (selten auch auf lockeren Sandböden) im S u. M. BlaSpreiten 0,6–1,4 mm ⌀, meist gekrümmt od. bogig überhängend, oft oberwärts etwas rau (Abb. **277**/3). Scheiden der GrundBla nicht pergamentartig hart, die toten Spreiten spät abwerfend **32**
31* Pfl lockerer Sandböden im NO u. im mittleren u. unteren Elbtal, selten im W. BlaSpreiten 0,4–1,1 mm ⌀. Scheiden der GrundBla pergamentartig, lange bleibend, die toten Spreiten bald abwerfend u. dann oben wie quer abgeschnitten **34**
32 Pfl deutlich bereift. BlaSpreiten mit (7–)9–11 Nerven, (0,6–)0,75–1,45 mm ⌀, glatt od. selten unter der Spitze schwach rau, Sklerenchymring gleichmäßig dick, oft an den Rändern dünner (ähnlich Abb. **277**/4). Halme meist bogig überhängend, unter der Rispe meist glatt, selten schwach rau. Rispe locker, deutlich nickend, 5,5–6(–9) cm lg. Ährchen 6,5–8(–11) mm lg. Dsp immer kahl, (4,5–)5–5,2(–5,5) mm lg. Grannen (0,5–)0,7–0,9(–1,4) mm lg. 0,10–0,70. 5–6. Felsspalten u. -bänder, bes. in Durchbruchstälern des Berg- u. Hügellandes; z By Bw(f NW) Rh Th Sa, s He(SW MW NW O) Nw(SW SO) An(f N) Ns(Hrz) (sm-stemp·c3-4EUR – igr? H ♃ Horst – L9 T7 F2 R8 N1 – V Sesl.-Fest., K Aspl. trich. – 14). [*F. glauca* subsp. *pallens* (Host) Stohr, *F. cinerea* subsp. *pallens* (Host) Stohr]
Bleicher Sch. – *F. pallens* Host
32* Pfl bereift od. unbereift. BlaSpreiten stets mit 7 Nerven, selten auch einzelne mit 9 Nerven (Abb. **277**/3), (0,55–)0,6–1,0 mm ⌀. Halme u. Rispen stets aufrecht. Rispe dicht, (5,5–)6–

POACEAE 277

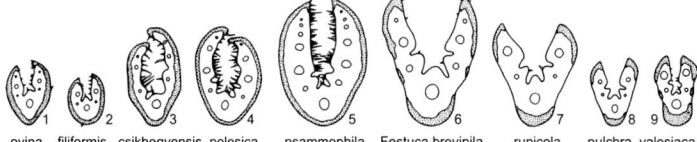

ovina filiformis csikhegyensis polesica   psammophila Festuca brevipila   rupicola   pulchra valesiaca

10(–11) cm lg. Ährchen (8–)10–12(–14) mm lg. Dsp kahl od. behaart, 4,5–5,5 mm lg, Grannen (1,5–)1,6–2,2 mm lg 33
33 Pfl deutlich bereift. BlaSpreiten blaugrün, meist nur an der Spitze, seltener im oberen Drittel rau. Sklerenchymring in den BlaSpreiten gleichmäßig dick, oft in den Rändern dünner, zuweilen in der Mitte etwas dicker. Halm unter der Rispe meist von nach vorn gerichteten Stachelhärchen rau. 0,10–0,70. 5–6. Felsfluren, lückige Trockenrasen; z An(SO S, s W, f N), s By(N) Rh(ORh) He(NW MW O) Nw(SO) Th Ns(Hrz S) (sm-stemp·c2-3EUR – igr? H ♃ Horst – L9 T7 F2 Rx N1 – V Sesl.-Fest., V Fest. val. – 28). [*F. glauca* var. *scabrifolia* ROHLENA, *F. cinerea* auct. non VILL. subsp. *cinerea*, *F. cinerea* var. *lapidosa* STOHR, *F. glaucina* STOHR]   **Blaugrüner Sch. – *F. csikhegyensis* SIMONK.**
   Als Ziergras „Blauschwingel" wird die aus Frankreich stammende *F. glauca* VILL. kultiviert. Regional werden als Ziergräser auch *F. csikhegyensis* u. *F. brevipila* fälschlich unter dem Namen „*F. cinerea*" angeboten (z. B. Bb).
33* Pfl unbereift, selten schwach bereift. BlaSpreiten dunkelgrün, meist in der oberen Hälfte, selten nur an der Spitze rau. HalmBlaScheiden flaumhaarig. 0,30–0,75. 5–6. Felsfluren, Trockenrasen; z Rh, s He(ORh) (temp·c2-3EUR teilig H ♃ Horst – V Koel.-Phleion, V Sesl.-Fest. – 42).   **Rheinischer Sch. – *F. rhenana* KORNECK und T. GREGOR**
34 (31) Pfl unbereift od. schwach bereift, hell- o. graugrün. Spreiten der GrundBla dicht zusammengedrängt, gerade, steif, straff aufrecht nach oben wachsend, mit stechender Spitze. Rispe zusammengezogen, etwa 1 cm br. Halme, wenigstens oberwärts, dicht kurzhaarigrau. Granne (0,5–)1–2 mm lg. BlaSpreiten der GrundBla mit 7–11 Nerven (Abb. **277**/4), zuweilen an der Spitze od. tiefer herab rau. Untere BlaScheiden meist strohfarben. 0,20–0,70. 6–7. Reichere Sandtrockenrasen, Küsten- u. Binnendünen, trockne, lichte KiefernW; z An(Elb, s N) Bb, s Ns(Elb) Mv(f MW) Sh(M) (temp·c4-5EUR – sogr? H ♃ Horst – L9 T7? F3? R7? N2? – V Armer. elong., V Koel. glauc., V Cytis.-Pin. – 14). [*F. caesia* auct., *F. ovina* var. *sabulosa* ANDERSSON, *F. beckeri* subsp. *polesica* (ZAPAŁ.) TZVELEV et subsp. *sabulosa* (ANDERSSON) TZVELEV]   **Dünen-Sch. – *F. polesica* ZAPAŁ.**
34* Pfl stark bereift, blaugrün. Spreiten der GrundBla gerade o. gekrümmt, locker, nach allen Seiten ausgebreitet, mit stumpfer Spitze. Rispe wenigstens zur BlüZeit mehr o. weniger ausgebreitet, >1 cm br 35
35 Sklerenchym ein geschlossener, manchmal seitlich etwas unterbrochener, öfters in der Mitte u. an den Rändern verdickter Ring. BlaScheiden kahl. BlaSpreiten glatt od. zur Spitze hin rau. Grannen der Dsp 0,7–2,9(–3,6) mm lg. GrundBlaScheiden strohfarben, hellgrau od. graubraun. BlaSpreiten (0,7–)0,8–1,1(–1,3) mm ⌀, mit (7–)9–11(–13) Leitbündeln u. 3–5 Rippen. 0,30–0,50(–0,65). 5–7. Kont., reichere Sandtrockenrasen (Binnendünen); s By(N NW) Bw(ORh) Rh(ORh) He(ORh) (temp·c4-6EUR – sogr? – H ♃ Horst – V Koel. glauc., V Fest. val. – 28). [*F. tomanii* KORNECK et T. GREGOR]
         Tomans Sch. – *F. albensis* M. TOMAN
35* Sklerenchym ein geschlossener, gleichmäßig dicker Ring. BlaScheiden kahl od. dicht flaumhaarig. BlaSpreiten glatt, Grannen der Dsp 0,1–2 mm lg 36
36 BlaSpreiten mit 9–13 Nerven (Abb. **277**/5). BlaScheiden oft violett überlaufen, kahl od kurzhaarig. Granne 0,1–0,8(–1,0) mm lg. 0,20–0,70. 6–7. Kont., reichere Sandtrockenrasen (Binnendünen), sandige KiefernW, basenhold; z Bb, s Sa(Elb W) An(f Hrz S W) Mv(M) (temp·c3-4EUR-(WSIB) – sogr? H ♃ Horst – V Koel. glauc., auch V Coryneph., V Cytis.-Pin. – 14).   **Sand-Sch. – *F. psammophila* (ČELAK.) FRITSCH**
36* BlaSpreiten mit 7(–9) Nerven. BlaScheiden kahl. Granne 1–2 mm lg. 0,10–0,45. 6–7. Sandtrockenrasen; s Nw(MW: Wisseler Dünen bei Kalkar) (temp·c1EUR – sogr? H ♃ Horst – V Coryneph). [*F. caesia* SM.]   **Langblättriger Sch. – *F. longifolia* THUILL.**

Hybriden zwischen flachblättrigen Arten sind gesichert. Dagegen sollten Hybriden zwischen flachblättrigen u. borstblättrigen Arten am Originalmaterial überprüft werden. Hybriden zwischen den borstblättrigen Arten sind ebenfalls genauer zu prüfen.
F. arundinacea × *F. gigantea* = *F.* ×*fleischeri* ROHLENA [*F. gigas* HOLMB.] – s, *F. arundinacea* × *F. pratensis* = *F.* ×*aschersoniana* DÖRFL. [*F. intermedia* (HACK.) ASCH. et GRAEBN.] – s, *F. brevipila* × *F. rubra* = *F.* ×*zobelii* WEIN – s, *F. gigantea* × *F. pratensis* = *F.* ×*schlickumii* GRANTZOW – s, *F. gigantea* × *F. rubra* = *F.* ×*haussknechtii* TORGES – s, *F. heterophylla* × *F. ovina* = *F.* ×*oswaldii* WEIN – s, *F. heterophylla* × *F. pratensis* = *F.* ×*wippraensis* WEIN – s, *F. ovina* × *F. polesica* = ? – s (28), *F. ovina* × *F. pratensis* = *F.* ×*pseudofallax* WEIN – s, *F. pratensis* × *F. rubra* = *F.* ×*hercynica* WEIN [*F.* ×*hoiensis* PRODÁN] – s. *Festuca* × *Lolium* = ×***Festulolium*** ASCH. et GRAEBN.: *F. arundinacea* × *L. multiflorum* = ×*F.krasanii* JIRÁSEK – s?, *F. arundinacea* × *L. perenne* = ×*F. holmbergii* (DÖRFL.) P. FOURN. [*Festuca* ×*holmbergii* DÖRFL.] – s, *F. gigantea* × *L. perenne* = ×*F. brinkmannii* (A. BRAUN) ASCH. et GRAEBN. [*Festuca* ×*brinkmannii* A. BRAUN] – s, *F. pratensis* × *L. multiflorum* = ×*F. braunii* (K. RICHT.) A. CAMUS [*Festuca* ×*braunii* K. RICHT.] – s, *F. pratensis* × *L. perenne* = ×*F. loliaceum* (HUDS.) P. FOURN. [×*F. adscendens* (RETZ.) ASCH. et GRAEBN., *Festuca* ×*loliacea* HUDS.] – s – älteste bekannte Grashybride, *F. rubra* × *L. perenne* = ×*F. fredericii* CUGNAC et A. CAMUS – s.

Vulpia C.C. GMEL. – **Federschwingel** (22 Arten)

1 BlüStand eine einseitswendige, lockere Traube, zuweilen unten mit Seitenästen. Grannen 1–6 mm lg, kürzer od. wenig länger als die Dsp, selten fehlend od. Dsp nur grannenspitzig. Ährchen 2–5blütig. Alle Blü eines Ährchens ⚥ u. fertil. StaubBla 3. 0,05–0,40. 4–6. Trockne Rud.: Wegränder, Schutt, Bahnanlagen, Brachen, kalkhold; [N U] s By? Bw Nw An (m-sm·c2-7EUR-WAS – ① – *14*). [*V. hispanica* (REICHARD) KERGUÉLEN]
Strand-F. – *V. unilateralis* (L.) STACE
1* BlüStand meist rispig, zuweilen auch traubig. Grannen (3–)6–15 mm lg, meist viel länger als die Dsp. Ährchen 3–8blütig. Nur die untersten Blü eines Ährchens ⚥, obere ♂ od. steril. StaubBla 1(–3) **2**
2 Dsp am Rand lg bewimpert, auf dem Rücken langhaarig. Nur die unteren 1–2 Blü eines Ährchens fertil. Obere Hsp wie die Dsp allmählich in eine lg Granne verschmälert. Unterster Rispenast in der obersten BlaScheide eingeschlossen bleibend. 0,05–0,40. 4–6. Rud.: Umschlagplätze, Schutt, Brachen; [N U] s By Bw Rh He Nw Ns Mv (m-sm·c1-7EUR-WAS – ① Horst – *L7 T9 F1 R5 N5 – 28*). **Behaarter F. – *V. ciliata* DUMORT.**
2* Dsp kahl, im oberen Teil rau. Alle Ährchen fertil od. nur die oberen 1–2 Blü steril **3**
3 Obere Hsp wenig länger bis fast 2,5mal so lg wie die untere, ihre Seitennerven bis in die obere SpHälfte reichend. Rispe 5–10 cm lg, <⅓ der Halmlänge einnehmend, höchstens wenig über 2,5mal so lg wie ihr unterster Ast, meist weit aus der obersten Scheide herausragend. 0,10–0,30. 6–8. Rud. Sandtrockenrasen, trockne, sandige bis lehmige Rud.: Wegränder, Bahnanlagen, kalkmeidend; z Rh He Nw Th(f Hrz S Wld) Sa(f SW) An(f N), s By(NW N NM NO) Bw(f Keu S SO) Bb(f NO SW) Ns(f Elb Hrz) Sh(M), [U] s Mv, ↘ (strop/moAFR+m-temp·c1-4EUR, [N] austrCIRCPOL, NAM – H ① Horst – Sa kurzlebig – *L9 T7 F3 R4 N1? – V Thero-Air., V Sisymbr. – 14*). [*Festuca dertonensis* (ALL.) ASCH. et GRAEBN.]
Trespen-F. – *V. bromoides* (L.) GRAY
3* Obere Hsp 2,5–15mal so lg wie die untere **4**
4 Rispe bis >20 cm lg, mindestens ⅓ der Halmlänge einnehmend, 3–25mal so lg wie ihr unterster Ast, zur BlüZeit oft noch mit dem unteren Teil in der obersten Scheide eingeschlossen. Seitennerven der oberen Hsp bis zur SpMitte reichend. 0,25–0,45. 6–10. Trockne, sandige bis kiesige Rud.: Wegränder, Bahnanlagen, Tagebaue, Brachen, kalkmeidend; v Rh Sa An Ns, z By (f S) Bw He(h ORh) Nw Th(f S) Bb Mv Sh (m·c1-7temp·c1-3EUR-WAS, [N] austr-stropCIRCPOL, OAS, NAM – ① Horst – Sa kurzlebig – *L8 T7 F2 R5 N1? – V Thero-Air., V Sisymbr., O Plant. – 42*). [*Festuca myuros* L.]
Mäuseschwanz-F. – *V. myuros* (L.) C.C. GMEL.
4* Rispe 5–12 cm lg, <⅓ der Halmlänge einnehmend, meist weit aus der obersten Scheide herausragend. 0,10–0,50. 6–7. Sandige bis kiesige Rud., [U] s Bw Rh Ns (m-temp·c1-3EUR – ①). [*Festuca pyramidata* LINK] **Dünnhäutiger F. – *V. membranacea* (L.) DUMORT.**

POACEAE   279

Puccinellia Parl. [*Atropis* (Trin.) Griseb.] – **Salzschwaden**   (80 Arten)
1   Rispe dicht; Rispenäste aufrecht abstehend, später ± zusammengezogen, untere meist zu 2, längere schon an ihrer Basis mit Ährchen. Unterste Dsp des Ährchens 3,5–4,5 mm lg. Staubbeutel 2–2,8 mm lg. Nichtblühende Triebe im Herbst ausläuferartig verlängert, wurzelnd. 0,10–0,60(–0,90). 6–9. Feuchte bis nasse, häufig vom Meer überflutete, schlickreiche Salzrasen; z Mv(N NO MW) Sh, s Ns(N NW) (m-b·c1-4litEUR, [N?] OAM+(WAM) – igr H ⚥ Horst+oAusl – WaA – L9 T6 F8= R7 N5 – V Pucc. mar. – Futtergras – 14–112). [*Atropis maritima* (Huds.) Griseb.]
                    Strand-S., Strandschwingel, Andel – *P. maritima* (Huds.) Parl.
1* Rispe locker; Rispenäste meist ausgebreitet, pyramidenfg, untere zu 2–5, längere nur in ihrer oberen Hälfte mit Ährchen. Unterste Dsp des Ährchens 1,5–3 mm lg. Staubbeutel 0,4–2 mm lg. Nichtblühende Triebe ohne lg Ausläufer. **(Artengruppe Gewöhnlicher S. – *P. distans* agg.)** 2
2   Dsp spitz od. zugespitzt. Staubbeutel 0,5–0,8(–1,0) mm lg. Ährchen (2–)3–6(–8)blütig. BlaEpidermiszellen ohne Papillen (Mikroskop!). Stg schlaff, ± niederliegend. 0,10–0,40. 6–8. Salzschlickrasen an Nord- u. Ostseeküste; z Ns(N: Küste mit Inseln), s Mv(Elb SW) Sh(O W) (temp-b·c1-5litEUR – igr H ⚥ Horst – WaA – L9 T6 F8= R7 N4? – V Pucc. mar. – *42*). [*P. retroflexa* auct.]   **Haar-S. – *P. capillaris*** (Lilj.) Jansen
2* Dsp br gestutzt bis abgerundet. Ährchen oft bläulich überlaufen. Staubbeutel 0,5–1,5 mm lg. BlaEpidermiszellen wenigstens der BlaOSeite mit Papillen. Stg kräftig 3
3   Staubbeutel 0,5–1 mm lg. Ährchen 3–6(–9)blütig, bis zur Spitze der 4. Blü 3,5–4,5 mm lg. Unterste Dsp 1,8–2,2 mm lg. Epidermiszellen der BlaUSeite mit wenigen Papillen. 0,15–0,50. 5–10. Wechselfrische bis nasse Salzwiesen u. Trittrasen, Küstenspülsäume, wechseltrockne, lehmige, meist salzbeeinflusste Rud.: Weg- u. Straßenränder, Bahnanlagen, Salinen u. Solgräben, nährstoffanspruchsvoll; Küsten: v Ns(N) Mv(N NO) Sh(O W), im Binnenland meist [N], s indigen an Binnensalzstellen: h Th(g NW) An(s O) Ns, v By Bw Rh He(f NW SO W) Sa Bb Mv Sh, z Nw, durch Tausalze ↗ (m-b·c1-9+lit EUR-WAS, [N] NEUSEEL, NAM – igr H ⚥ Horst, s kurze oAusl – WaA MeA – L8 T6 F6~ R7 N4 – O Glauco-Pucc., V Agrop.-Rum., V Polyg. avic., V Chen. rub., O Sisymbr. – 28, 42). [*Atropis distans* (Jacq.) Griseb.]   **Gewöhnlicher S., Abstehender S. – *P. distans*** (Jacq.) Parl.
3* Staubbeutel 1–1,5(–2) mm lg. Ährchen 5–6(–7)blütig, bis zur Spitze der 4. Blü 4–5,5 mm lg. Unterste Dsp 2,2–2,6 mm lg. Epidermiszellen der BlaUSeite mit zahlreichen Papillen besetzt. 0,20–0,40. 6–8. Binnenländische Salzwiesen u. meist rud. Salzstellen, Solgräben; s ?By(NM: Ries) Th(Bck) An(SO) Ns(MO: Jerxheim), ↘ (sm-stemp·c4-6EUR – obligater Halophyt – igr H ⚥ Horst – L8 T6 F7 R5 N6). [*Glyceria distans* var. *versicolor* Hausskn., *P. distans* subsp. *limosa* (Schur) Jáv.]   **Sumpf-S. – *P. limosa*** (Schur) Holmb.

Die Zuordnung unserer ausschließlich diploiden Pflanzen (2n = 14) zur tetraploiden *P. limosa* (2n = 28) ist ungewiß u. bedarf weiterer Prüfung.

Hybriden: *P. capillaris* × *P. distans* = *P.* ×*elata* (Holmb.) Holmb. – s, *P. distans* × *P. maritima* = *P.* ×*hybrida* Holmb. – s

Catabrosa P. Beauv. – **Quellgras**   (2 Arten)
Halme schlaff, wie die BlaSpreiten u. Scheiden kahl. Ligula eifg, 2–4 mm lg. Rispe ausgebreitet. 0,20–0,50. 6–9. Quellen, sickernasse Ufer fließender Gewässer, in Gräben u. Bächen, nährstoffanspruchsvoll; z Ns(f Elb) Mv(f Elb) Sh, s Alp(Brch Mng) By(f O) Bw(f Keu NW SW) Rh(f M MRh) He(W ORh) Nw(f SO) Th(Bck NW O S) Sa(Elb) An(f O) Bb(f Od SW) (antarctAM+m/mo-b·c1-8EUR-(AS)+AM – lg/H/He/oHy ⚥ oAusl – L8 T5 F9= R7? N8 – V Glyc.-Sparg., V Bid. – *20*). [*Glyceria aquatica* (L.) J. Presl et C. Presl non (L.) Wahlenb.]
                                                                     Quellgras – *C. aquatica* (L.) P. Beauv.

Scolochloa Link – **Schwingelschilf**   (2 Arten)
1   Hsp ungleich lg, kürzer als das Ährchen. Dsp kahl, glatt od. schwach rau, 1–3fach stachelspitzig, am Grund mit 1–1,5 mm lg Haarbüschel. Bla oseits deutlich rau. 0,90–1,80. 6–7. Röhrichte eutropher, langsam fließender od. stehender Gewässer, ig An(Elb) Bb(f Od SO SW) Mv(M NO), † [N] By(S: Wolfrathshausen), ↘ ((sm)-temp-(b)·c4-7CIRCPOL – sogr

H/G/He ♃ uAusl – VdA KIA: Wasservögel – L8? T6? F10 R8? N6? – V Phragm., V Car. elat. – 28). [*Donax borealis* Trin.] **Gewöhnliches Sch. – *S. festucacea*** (Willd.) Link
1* Hsp etwa gleichlg, die Dsp überragend. Dsp dicht kurzhaarig, an der Spitze ungleichmäßig gezähnt, am Grund mit bis 2 mm lg Haarbüschel. Bla oseits nur schwach rau. 1,00–2,00. 6–7. Röhrichte langsam fließender od. stehender Gewässer; s Bb(M MN) (Gesamtverbr. unbekannt, Endemit – ♃ – V Phragm., V Car. elat. – 42).
Märkisches Sch. – *S. marchica* M. Düvel et al.

Catapodium Link – **Steifgras** (2 Arten)
Pfl am Grund büschlig verzweigt. Ährchen meist 8–11blütig. 0,03–0,20. 5–9. Trockne, sandige bis kiesige Rud.: Pflasterfugen, auf Mauern, basenhold; [N U] s alle Gebiete, f Alp (m·c1-6-temp·c1-2EUR, [N] austrCIRCPOL, NAM – hfrgr ① – L9? T6 F2 R7? N1? –V Thero-Air. – 14). [*Scleropoa rigida* (L.) Griseb., *Desmazeria rigida* (L.) Tutin]
Steifgras – *C. rigidum* (L.) C.E. Hubb.

Poa L. – **Rispengras, Rispe** (500 Arten?)
1 Unterster Rispenast ohne od. mit 1 grundständigem Zweig, bei *P. cenisia*, **7** (mit 2zeiligen GrundBla) zuweilen mit 2 grundständigen Zweigen. Dsp schwach nervig **2**
1* Unterster Rispenast mit 2–4 grundständigen Zweigen, bei *P. humilis*, **18*** (Ährchen u. BlaOSeite meist bereift) u. bei schwachen Pfl von *P. compressa*, **10***, zuweilen kein od. nur 1 grundständiger Zweig **8**
2 Untere Hsp 1-, obere 3nervig. Dsp fast kahl. Ährchen 3–7blütig. Rispe locker. **(Artengruppe Einjähriges R. – *P. annua* agg.)** **3**
2* Beide Hsp 3nervig, fast gleich lg. Pfl stets ♃ **4**
3 Pfl ganzjährig blühend, meist ⊙, ohne Kriechtriebe, seltener ♃ u. mit Kriechtrieben. Bla-Häutchen der GrundBla von der Seite deutlich sichtbar, das des obersten HalmBla (1,8–)2–4 mm lg. Rispenachse meist bis 5 cm lg. Unterster Rispenast fast immer mit grundständigem Zweig, bis 5 cm lg, mit 3–10 Ährchen in seiner ganzen oberen Hälfte. Größere Hsp meist über der Mitte am breitesten (Abb. **253**/5). Dsp grün od. rötlich überlaufen. Staubbeutel ungeöffnet 0,7–1,2 mm lg, geöffnet 0,4–0,9 mm lg. 0,02–0,50. 1–12. Frische, nährstoffreiche Äcker, Gärten, Rud.: bes. Trittstellen, Weiden; alle Bdl g (antarct-trop/mo-b·c1-8CIRCPOL, urspr. m-sm·c1-3litEUR?). – ⊙ ① kurzlebig H ♃ – SeB, auch WiB – KIA WiA VdA Lichtkeimer – L7 Tx F6 Rx N8 – O Plant., K Stell., V Cynos. – 28).
Einjähriges R., Jährige R. – *P. annua* L.

Zu achten ist auf var. **pilantha** Ronniger (Dsp im unteren Teil auf u. zwischen den Nerven gleichmäßig dicht behaart; [U] s By(NO) Sa(SW) Bb(M)) u. var. **raniglumis** S.E. Fröhner (Dsp kahl od. sehr wenig behaart, Kiele der Vsp kahl od. fast kahl, Ährchen u. Bla zumindest im Frühjahr deutlich rötlich gefärbt; s By(NO) Sa.

3* Pfl nur im Frühjahr blühend, ♃, mit ∞ blütenlosen Kriechtrieben. Ligula der KriechtriebBla sehr kurz, von der Seite kaum sichtbar, das des obersten HalmBla 0,8–2 mm lg. Rispenachse meist bis 2 cm lg. Unterster Rispenast stets ohne grundständigen Zweig, bis 2 cm lg, mit 2–4 Ährchen. Ährchen am Ende der Rispenäste gebüschelt. Größere Hsp unter der Mitte am breitesten (Abb. **253**/6). Dsp meist braunviolett. Staubbeutel ungeöffnet 1,8–2,4 mm lg, geöffnet 1,1–1,8 mm lg. 0,05–0,30. 4–6. Koll. bis subalp. frische bis feuchte Rud.: Trittstellen, Lägerfluren, Wegränder, nährstoffanspruchsvoll; v Alp Ns(Hrz), z By Th(h Wld, v Hrz O) Sa(h SW SO W), s Bw(SW) Rh(SW) He(O MW NW SO) Nw(SO: Winterberg) An(Hrz) (m/salp-b·c2-6EUR – igr H/G ♃ uAusl – L8 T3 F5 R7 N7 – V Polyg. avic., V Rum. alp., V Salic. herb., K Mont.-Card. – 14). **Läger-R. – *P. supina*** Schrad.
4 (2) Spross am Grund deutlich zwiebelartig. Bla graugrün, schon im Mai absterbend. Hsp br, spitz. Ährchen meist in Laubsprosse auswachsend. 0,20–0,40. 5–6. Silikatfelsfluren, rud. Silikat- u. Sandtrockenrasen, extensiv genutzte Parkrasen, trockne Rud.: Weg- u. Straßenränder, Bahnanlagen, Sandgruben; [A?] z Rh Th(f Hrz NW Rho) Sa An Bb Ns(f Hrz), s By(f O S) Bw(f NW) He(f O) Nw(f N) Mv, [U] s Sh (m-temp·c1-10EUR-WAS, [N] austrCIRCPOL, NAM, OAS – hfrgr H/G ♃ Horst Zwiebel – pseudovivipar: Brutzwiebeln Ap

POACEAE   281

– L8 T7 F3 R5 N2 – K Fest.-Brom., O Fest.-Sedet., V Polyg. avic. – *14–58*).
Zwiebel-R. – *P. bulbosa* L.
4* Spross nicht od. schwach zwiebelartig, oft mit ± zerfaserten Scheiden 5
5 Ährchen am Ende der Rispenäste gedrängt, die beiden letzten Ährchen jedes Astes um weniger als eine halbe Ährchenlänge voneinander entfernt. Hsp schmal, in eine scharfe Spitze verschmälert od. mit deutlicher, aufgesetzter Stachelspitze 6
5* Ährchen nicht knäuelig, die beiden letzten Ährchen mehr als eine halbe Ährchenlänge voneinander entfernt. Hsp spitz 7
6 Bla bläulichgrün, mit br, weißem Knorpelrand. Rispe oft zusammengezogen, untere Äste aufrecht abstehend. 0,15–0,40. 5–7. Kont. Felsfluren, Trocken- u. reichere Sandtrockenrasen (Binnendünen), kalkhold; z An(S SO), s By(Alb N) Rh(ORh SW) He(ORh SO SW) Th(Bck), † Bw(ORh) (sm-stemp·c2-4EUR – igr H ⚄ Horst – L8 T7 F3 R8 N1? – V Sesl.-Fest., V Fest. val., V Koel. glauc. – 14, 15, 28).
Badener R. – *P. badensis* WILLD.
6* Bla grün, nicht od. sehr undeutlich berandet. Rispe ausgebreitet, untere Äste während der BlüZeit weit abstehend. Ährchen oft zu Brutknospen umgebildet. 0,20–0,50. 6–8. Subalp. bis alp. frische Wiesen u. Weiden, Läger- u. Schneebodenfluren, alpennahe Flussschotter, nährstoffanspruchsvoll; h Alp, z By(S), s Bw(S SO), [N] s Bw(SW: Feldberg) An(Hrz: Brocken) (m/alp-arct·c2-6EUR-WAS-AM – igr H ⚄ Horst – pseudovivipar: Brutknospen Kältekeimer – L7 T5 F5 Rx N7 – V Poion alp., V Rum. alp., V Triset. – Futtergras – *14–74*).
Alpen-R. – *P. alpina* L.
7 (5) Ligula stumpf, an den unteren Bla (fast) fehlend. Pfl mit kriechenden, >10 cm lg Ausläufern. Rispe bis 10 cm lg, locker, ausgebreitet, ihre Äste lg, schlaff, der unterste zuweilen mit 2 grundständigen Zweigen. Ährchen 5–6 mm lg, grünlich, selten violett überlaufen. 0,20–0,40. 6–8. Subalp. sickerfrische bis -feuchte, lockere Steinschuttfluren, auch Felsbänder, alpennahe Flussschotter, kalkhold; v Alp(s Mng, f Chm); s By(S) Bw(S) (sm/alp-stemp/(de)alp·c1-4EUR – sogr? H ⚄ u/oAusl – L8 T2 F5 R8 N3 – O Thlasp. rot., V Epil. fleisch. – 48).
Mont-Cenis-R. – *P. cenisia* ALL.
7* Ligula länglich, spitz. Pfl horstig, seltener mit bis 5 cm lg Ausläufern. Rispe ± 4 cm lg. Äste sehr dünn, geschlängelt, aufrecht abstehend bis anliegend, der unterste ohne od. nur mit 1 grundständigem Zweig. Ährchen 4–5 mm lg, dunkelviolett überlaufen. 0,05–0,25. 7–8. Alp. bis dealp. sickerfrische, lockere Steinschuttfluren, auch Felsspalten, kalkstet; v Alp, † By(S) (sm-stemp/alp·c1-3EUR – sogr? H ⚄ Horst, † kurze uAusl – L8 T2 F5 R8? N3? – O Thlasp. rot. – *28*).
Kleines R. – *P. minor* GAUDIN
8 (1) Halme u. BlaScheiden flach zusammengedrückt, gekielt 9
8* Halme u. BlaScheiden rundlich od. etwas zusammengedrückt u. dann mit abgerundeten Kanten 12
9 Wenigstens obere BlaScheiden glatt 10
9* Alle BlaScheiden ± rau 11
10 Pfl horstig, ohne od. mit kurzen Ausläufern. BlaSpreiten 4–6(–10) mm br, allmählich in eine feine, flache Spitze verschmälert. Rispe >10 cm lg, locker. Dsp 4–5 mm lg, am Grund etwas zottig. 0,50–1,50. 6–7. Subalp. sickerfrische Hochstaudenfluren, Wiesen u. Gebüsche, basenhold; v Alp (sm-stemp//mo-salp·c3EUR – sogr? H ⚄ Horst+ kurze u/oAusl – L6 T3 F6 R6? N7 – V Adenost. – *14*).
Großes R. – *P. hybrida* GAUDIN
10* Pfl rasig, mit lg Ausläufern. BlaSpreite 1–4 mm br, blau- bis graugrün, an der Spitze kapuzenfg. Rispe 1,5–10 cm lg, schmal u. dicht zusammengezogen. Dsp 2,5–3 mm lg, am Grund kurzhaarig od. etwas zottig. 0,10–0,40(–0,80). 6–7. Trockne bis mäßig trockne Rud.: Mauern, Dämme, Kiesdächer, Schutt, Weg- u. Straßenränder, Bahnanlagen, Brachen, rud. Sandtrockenrasen, basenhold; g Sa, h He Nw Th An Ns, v By Bw Rh Bb Mv Sh, z Alp (m/mo-temp·c1-5EUR-(WAS), [N] austr AUST+AM+m-bAM+bEUR – igr H/G ⚄ uAusl – Ap – Lichtkeimer – L9 Tx F3 R9 N3 – O Agrop., V Alysso-Sed., V Armer. elong., V Sisymbr., V Dauco-Mel. – 14, 42). [*P. c.* subsp. *langeana* auct.]
Plattkalm-R. – *P. compressa* L.
11 (9) Ganze Pfl gelbgrün. BlaSpitze schwach kapuzenfg. Spreite des obersten HalmBla 10–20 cm lg, seine Ligula 2,5–3 mm lg. Rispe sehr locker. Äste haardünn, nur im vorderen Drittel mit Ährchen. Ährchen (2–)3blütig, 6–7 mm lg. Hsp schmal, wenigstens auf den Nerven deutlich rau. Dsp schmal, stets am Grund reichlich langzottig. 0,60–1,20. 6–7.

Feuchte bis wechselnasse Auen- u. SchluchtW, bes. an Waldbächen u. Quellfluren, nährstoffanspruchsvoll; z Alp(Chm Mng Allg) Th Sa An, s By Bw(f NW ORh) Rh He(W MW NW O) Nw(NO SO) Bb(f Elb SO) Ns(f Elb NW) Mv(M MW, † N NO) Sh(f W) (sm/mo-b·c3-6EUR-WAS – sogr? H ♃ Horst+oAusl – L5 T6 F7 R8 N7 – V Aln.-Ulm., V Til.-Acer., V Aln., V Card.-Mont. – 14). [*P. chaixii* var. *laxa* (G.F.W. MEYER) ASCH. et GRAEBN.]
Entferntähriges R. – *P. remota* FORSELLES
11* HalmBlaScheiden blaugrün, bereift; GrundBla dunkelgrün. BlaSpitze deutlich kapuzenfg. Spreite des obersten HalmBla 1–10 cm lg, seine Ligula 0,5–1,5 mm lg. Rispe dichter, Äste schon unterhalb der Mitte verzweigt. Ährchen 2–5blütig, 8–9 mm lg. Hsp br, fast glatt. Dsp br, nie zottig. 0,60–1,20. 6–7. Koll. bis mont. wechselfrische LaubmischW, mont. bis subalp. frische Wiesen, Weiden u. Silikatmagerrasen, Parkrasen, Friedhöfe, kalkmeidend; v Rh, z Alp(Mng) By Bw He Nw(SO MW NO) Th(h Hrz Wld, v Rho) Sa(f NO) An(S SO W) Ns(h Hrz MO S), [N] s Bb Mv Sh (sm/mo-stemp/demo·c2-3EUR, [N] ntempEUR+OAM – igr H ♃ Horst, s kurze oAusl – L6 T5 F5 R3 N4 – V Carp., V Luz.-Fag., V Triset., V Cynos. – 14). [*P. sudetica* HAENKE] **Berg-R., Wald-R. – *P. chaixii* VILL.**
12 (8) Ligula 2–7 mm lg, spitz **13**
12* Ligula kurz, gestutzt, oft nur saumartig od. fehlend. Halme u. BlaScheiden glatt
.... **15**
13 Dsp am Grund ohne Haare, mit 5 deutlichen, kahlen Nerven. Halme niederliegend, mit bewurzelten Knoten, wie die BlaScheiden glatt. Ligula bis 4 mm lg. Rispe 6–10(–15) cm lg. 0,70–1,10. 6. Felsflur, kalkstet; † Bw(ORh: Isteiner Klotz) (stemp·c2ZEUR, Endemit – igr H/G ♃ uAusl). [*P. compressa* subsp. *langiana* (RCHB.) NYMAN p.p.]
ⓕ **Lang-R. – *P. langiana* RCHB.**
13* Dsp am Grund mit kürzeren od. längeren Haaren **14**
14 Pfl mit oberirdischen Ausläufern. Halme u. BlaScheiden rau. Bla useits glänzend. Ligula bis 7 mm lg. Dsp mit 5 starken Nerven, am Grund mit längeren, bis zur halben Dsp reichenden Haaren, dadurch mit den benachbarten Dsp zusammenhängend. 0,50–0,90. 6–7. Sickerfeuchte bis nasse Wiesen, frische bis feuchte Äcker u. Brachen, Flussufer, feuchte Wälder u. ihre Säume, Gebüsche, Rud.: Wegränder, nährstoffanspruchsvoll; alle Bdl g (m/mo-b·c1-6EUR-WAS, [N] austrCIRCPOL, NAM, OAS – igr H ♃ oAusl – Lichtkeimer – L6 Tx F7 Rx N7 – K Mol.-Arrh., O Fag., V Salic. cin., K Stell., V Agrop.-Rum., O Convolv. – Futtergras – 14). **Gewöhnliches R. – *P. trivialis* L.**
14* Pfl ± horstfg. Halme u. BlaScheiden glatt. Bla useits matt. Ligula 2–3 mm lg. Dsp undeutlich nervig, am Grund mit kürzeren, höchstens bis zum unteren Drittel der Dsp reichenden Haaren, oberwärts deutlich gelb abgesetzt. 0,30–1,00. 6–7. Nasse, zeitweilig auch überflutete Röhrichte, Großseggenriede u. Wiesen, Ufer fließender u. stehender Gewässer, auch feuchtere Rud.: Schutt, Bahnanlagen, Straßenränder, nährstoffanspruchsvoll; h Th Sa Ns, v By Bw Rh He Nw An Bb Mv Sh, z Alp (sm/mo-b·c2-8CIRCPOL, [N] SAM+NEUSEEL – sogr? H ♃ Horst+kurze oAusl – Lichtkeimer – L7 T5 F9= R8 N7 – V Phragm., V Car. elat., V Calth., V Alno-Ulm., V Dauco-Mel., O Convolv. – Futtergras – *28*, *42*). [*P. serotina* EHRH., *P. fertilis* HOST] **Sumpf-R. – *P. palustris* L.**
15 (12) Bla allmählich spitz zulaufend, 1–3 mm br. Dsp undeutlich nervig, am Grund ohne lg Zottenhaare. Pfl ohne, selten mit kurzen Ausläufern **16**
15* Bla fast parallelrandig, plötzlich in eine kapuzenfg Spitze zusammengezogen, 2–5(–6) mm br od. GrundBla borstlich gefaltet. Dsp mit 5 starken Nerven, mit den benachbarten Dsp durch lg Zottenhaare zusammenhängend. Pfl mit kürzeren od. längeren unterirdischen Ausläufern. **(Artengruppe Wiesen-R. – *P. pratensis* agg.)** **17**
16 Ligula fehlend od. höchstens 0,5 mm lg. Ährchenachse dicht weich behaart. Obere Hsp lanzettlich, spitz. BlaSpreiten oft auffällig rechtwinklig abstehend. Oberstes StgBla oberhalb der StgMitte. Bla grün od. blaugrün. Rispe ausgebreitet. 0,30–0,80. 6–7. Frische bis mäßig trockne, lichte LaubmischW u. ihre Säume, Waldlichtungen, Gebüsche, Rud.: Bahnanlagen, mäßig nährstoffanspruchsvoll; g Rh He Nw Th Sa, h Alp By(g NM) Bw An Ns Mv, v Bb Sh(s W) (m/mo-b·c1-7EURAS, [N] SAM, SAFR, NAM – teiligr H ♃ Rhiz Horst, s kurze uAusl – Ap – Lichtkeimer – L5 Tx F5 R5 N4 – K Querc.-Fag., V Atrop., V Trif. med., O Prun. – 42).
Hain-R. – *P. nemoralis* L.

16* Ligula 1–1,5 mm lg. Ährchenachse kahl. Obere Hsp eiförmig, lg zugespitzt. BlaSpreiten aufrecht abstehend. Oberstes StgBla unterhalb der StgMitte. Bla blaugrün. Rispe zusammengezogen. 0,10–0,40. 7–8. Alp. Felsspalten, Schuttfluren u. steinige Rasen, kalkhold; s Alp(Mng) (m-stemp//alp+b-arctEUR-WAS-(OAS)-AM – H ♃ – O Sesl., O Thlasp. rot.) [*P. caesia* Sm.]　　　　　　　　　　　　　　　　　　　**Blaugrünes R.** – ***P. glauca*** Vahl
17 (15) Laub- u. Halmtriebe in dichten, schmalen Büscheln, am Grund von strohfarbigen, abgestorbenen BlaScheiden umgeben. Spreiten der GrundBla borstlich gefaltet, 0,5–1 mm ⌀ od. flach u. 1–2 mm br, ihr Grund schmaler als die Halmbasis, die der StgBla flach, 1–2(–3) mm br. Ligula unvermittelt den Scheidenrändern ansitzend. Rispe fast doppelt so lg wie br. Untere Hsp mit scharfer, schmaler Spitze. Dsp 2–3 mm lg. 0,20–1,00. 5–6. Trocken- u. Halbtrockenrasen, trockne bis mäßig trockne Rud.: Weg- u. Straßenränder, Mauern, basenhold; v By(s S) Rh He Nw Th Sa An Bb Ns, z Bw Mv Sh(f SO) (m/mo-b·c1-8EURAS, [N?] NAM, [N] SAM – igr H/G ♃ uAusl+kleiner Horst – L7 T8 Fx Rx N3 – K Fest.-Brom., V Armer. elong., O Agrop. – 50, 54, 72). [*P. pratensis* subsp. *angustifolia* (L.) Gaudin]
Schmalblättriges R. – ***P. angustifolia*** L.
17* Laub- u. Halmtriebe einzeln od. in Büscheln, am Grund ohne abgestorbene BlaScheiden. Spreiten der Grund- u. StgBla flach od. rinnig, 2–6 mm br, ihr Grund so br wie die Halmbasis. Ligula an den Rändern der Scheide herablaufend. Rispe wenig länger als br. Dsp 3–5 mm lg **18**
18 Ligula u. Spreitengrund kahl. Rispe ∞ährig, untere Äste mit 3–4 grundständigen Zweigen. Ährchen unbereift, grün, selten gelblich-weiß od. violett. Hsp ungleich lg, spitzlich, untere 1nervig. 0,10–1,00. 5–7. Frische bis feuchte Wiesen u. Weiden, Rud., nährstoffanspruchsvoll; alle Bdl g; auch KulturPfl (m/mo-arct·c1-8CIRCPOL, [N] antarct-austr CIRCPOL – igr H/G ♃ uAusl – Lichtkeimer Sa langlebig – L6 Tx F5 Rx N6 – K Mol.-Arrh., V Agrop.-Rum. – Sport- u. Zierrasen, Futtergras – 21, 22, 24, 26, 27, 28, 29, 30, 32, 34, 36, 38, 40, 44, 50, 52, 56, 58, 65, 80, 84, 86, 92, 96) [*P. p.* var. *latifolia* Mert. et W.D.J. Koch, *P. p.* subsp. *latifolia* (Mert. et W.D.J. Koch) Schübl. et G. Martens]
Wiesen-R. – ***P. pratensis*** L.
18* Ligula ± behaart u. Spreitengrund unterer Bla am Rand locker, kurz u. fein bewimpert. Rispe wenigährig, untere Äste meist mit nur 1 grundständigem Zweig. Ährchen meist bereift, blaugrün bis dunkelviolett. Hsp fast gleich lg, wenigstens die untere 3nervige in eine scharfe Spitze auslaufend. Pfl meist blaugrün. GrundBla oseits oft bereift. 0,10–0,50. 6–7. Feuchte Wiesen, Grünlandbrachen, frische bis feuchte Rud.: Weg- u. Straßenränder, Küstendünen, küstennahe Salzrasen, trockne Wälder; v He Nw Ns, z By Rh Th(v Bck) Sa An Bb(f Od) Mv, s Alp(Chm) Bw(f Alb SO) Sh, Verbr. unvollständig bekannt (temp-b·c1-5(lit)EUR, [N] OAS, NAM – igr H/G ♃ uAusl – L9 T5 F5? R6 N3? – K Mol.-Arrh., V Polyg. avic., V Koel. albesc., O Glauco-Pucc. – 38, 58, 78, 86, 88, 94). [*P. subcaerulea* Sm., *P. irrigata* Lindm., *P. athroostachya* Oett., *P. pratensis* subsp. *irrigata* (Lindm.) H. Lindb.]
Bläuliches Wiesen-R. – ***P. humilis*** Hoffm.

Hybriden: *P. alpina* × *P. pratensis* = *P.* ×*herjedalica* H. Sm. – s, *P. annua* × *P. supina* = *P.* ×*nannfeldtii* Jirásek – z (21), *P. chaixii* × *P. remota* = *P.* ×*pawlowskii* Jirásek – s (14), *P. compressa* × *P. nemoralis* = *P.* ×*figertii* Gerh. – z, *P. compressa* × *P. palustris* = *P.* ×*fossaerusticorum* Wein – s, *P. compressa* × *P. pratensis* = ? – s, *P. pratensis* × *P. trivialis* = *P.* ×*sanionis* Asch. et Graebn. – s

Milium L. – **Flattergras**　　　　　　　　　　　　　　　　　　　　(4 Arten)
Pfl blaugrün, kahl, mit unterirdischen Ausläufern. Ligula bis 7 mm lg, gestutzt. 0,60–1,20. 5–7. Frische Laub- u. NadelmischW, Waldschläge, mäßig nährstoffanspruchsvoll; h Bw Rh He Nw Th An Ns(z N) Mv, v Alp By Sa Bb Sh (m/mo-b·c1-6EURAS+OAM, [N] NEUSEEL – igr H/G ♃ Rhiz Horst+uAusl – AmA? Kältekeimer – L4 Tx F5 R5 N5 – O Fag., O Atrop.).
Wald-F. – ***M. effusum*** L.

1 BlaSpreite (7–)9–12(–15) mm br. Rispe locker, weit ausgebreitet, (10–)15–30 cm lg, 7–18 cm br. Rispenäste 3,5–20 cm lg, waagrecht-abstehend bis herabgeschlagen. Ährchen 3–3,5 mm lg. Standorte, Soz., Verbr. in D u. Gesamtverbr. weitgehend wie Art. (28).　　　　　subsp. ***effusum***
1* BlaSpreite (5–)6–7 mm br. Rispe dicht, zusammengezogen, 10–16 × 2–4 cm. Rispenäste 2–3,5 cm lg, meist aufrecht-abstehend. Ährchen 2,4–3,6 mm lg, purpurn überlaufen. Hochmont.-alp. Hochstaudenfluren u. Gebüsche; z Alp(Allg Brch) (m-stemp//salp-c4-6EUR-(WAS)).
subsp. ***alpicola*** Chrtek

Sclerochloa P. BEAUV. – **Hartgras** (2 Arten)
Pfl graugrün, vom Grund an verzweigt. BlaScheiden gekielt. 0,05–0,15. 4–7. Trockne bis wechseltrockne, lehmige bis tonige Rud.: bes. Trittstellen, Feldwege, salztolerant, nährstoffanspruchsvoll; z Th(Bck) An(f Elb N O), s By(N NM) Bw(Gäu Keu) Rh(ORh SW), † He Sa, [U] s Nw Bb Ns Mv, ↘ (m-stemp·c3-7EUR-WAS, [N] AUST, SAM, NAM – ⊙ – L9 T7 F4~ R8 N5 – V Polyg. avic. – *14*). [*Poa dura* (L.) SCOP.] **Hartgras – *S. dura* (L.) P. BEAUV.**

Dactylis L. – **Knaulgras, Knäuelgras** (2 Arten)
1 Pfl ± graugrün. Bla 4–10 mm br, oberstes aufrecht abstehend. Rispe zur BlüZeit mit 3eckigem Umriss, stark geknäult, mit weit abstehendem unterem Ast, später zusammengezogen, mit (fast) aufrechter Spitze. Ährchen 2–5blütig. Hsp derb, nicht durchscheinend, grün od. rötlich, die untere 1nervig. Kiel der oberen Hsp u. der Dsp mit lg u. kurzen, steifen Haaren (Abb. 254/1). Dsp auf der Fläche kahl, seltener rau bis kurzhaarig, mit deutlicher, an den unteren Blü 1–2 mm lg Granne. 0,50–1,50. 5–7. Frische Wiesen u. Weiden, rud. Trocken- u. Halbtrockenrasen, Brachen, frische Rud.: Weg- u. Straßenränder, Schutt; Waldschläge u. -ränder, nährstoffanspruchsvoll; alle Bdl g; auch KulturPfl (m/(mo)-b·c1-7EUR-WAS, [N] austr-(strop/mo)CIRCPOL+m-bAM+OAS – igr H ♃ Horst – Lichtkeimer – L7 Tx F5 Rx N6 – O Arrh., K Fest.-Brom., K Artem., O Atrop., V Alno-Ulm. – Futtergras).
Gewöhnliches K. – *D. glomerata* L.
1 Dsp im Einschnitt zwischen 2 kleinen Seitenlappen begrannt. Rispe schmal u. dicht. Rispenäste vom Grund an mit Ährchen, kurz, mit dichten, kurzen Knäueln. Bla oft zusammengerollt. Rud.; [N U] s By(N NM) Bw(ORh) Rh(ORh) Nw(MW) (m-sm·c1-5EUR). subsp. ***hispanica*** (ROTH) NYMAN
1* Dsp an der Spitze begrannt. Rispe breiter, ihre Äste 5–15 cm lg, nur in den oberen ⅔ mit Ährchen. Bla meist flach, grün, grau- od. blaugrün 2
2 Halme u. Erneuerungssprosse am Grund nicht knollenfg verdickt. Rispenäste rau, mit dichten Knäueln von Ährchen. Sp an den Seitenflächen meist rau od. kurz behaart. Bla blaugrün. 0,50–1,20. 5–7. Standorte, Soz., Verbr. in D u. Gesamtverbr. wie Art (Futtergras – 14, 28). subsp. ***glomerata***
2* Halme u. Erneuerungssprosse am Grund knollenfg verdickt. Rispe groß, ihre Seitenäste glatt u. mit lockeren Knäueln von Ährchen. Sp an den Seitenflächen glatt u. kahl. Bla grün. 1,00–1,50. 6. Frische Bergwiesen; [N od. heimisch?] z By(NO), s Alp(Allg) Sa(SW), Verbr. ungenügend bekannt (sm-stemp//mo·c3-4EUR – V Triset. – 28). subsp. ***slovenica*** (DOMIN) DOMIN
1* Pfl hellgrün. Bla 3–6 mm br, oberstes übergebogen. Rispe (bes. vor u. nach der BlüZeit) schmal, wenig geknäult, ± überhängend. Ährchen (3–)5–6blütig. Hsp weißlich durchsichtighäutig, die untere wenigstens am Grund 3nervig. Kiel der oberen Hsp kahl, rau. Dsp auf dem Kiel dicht u. sehr kurz rauhaarig, auf der Fläche kahl, rau punktiert, die der unteren Blü in eine 0,5–1 mm lg Spitze allmählich verschmälert, die der oberen Blü stumpf. 0,50–1,20. 5–7. Frische LaubmischW, Waldauflichtungen, an Waldrändern u. -wegen, nährstoffanspruchsvoll; v He Th An, z By(h NM) Bw Rh Nw Sa Bp Ns(h Hrz S) Mv, s Sh(f W) (sm/mo-stemp·c2-4EUR, [N] ntempEUR – igr? H ♃ Horst – L5 T6 F5 R6 N5 – V Carp., V Gal.-Fag., V Atrop. – 14). [*D. aschersoniana* GRAEBN.] **Wald-K. – *D. polygama* HORV.**
Hybride: *D. glomerata* × *D. polygama* = *D.* ×*pendula* (DUMORT.) B.D. JACKS. – z

Cynosurus L. – **Kammgras** (8 Arten)
1 Ährenrispe linealisch, einseitswendig. Ährchen 3–6 mm lg. Bla 2–3 mm br, meist gefaltet. Ligula 0,5–1,5 mm lg. Dsp mit ± 1 mm langer Grannenspitze. Pfl horstig. 0,20–0,60. 6–7. Frische Weiden u. Wiesen, Rud.: Wegränder, nährstoffanspruchsvoll; h Alp By Rh He Nw Th, v Bw Sa Ns Mv, z An(h Hrz S) Bb Sh, ↘ (sm/(mo)-b·c1-4EUR, [N] AUST, SAM, NAM – igr H ♃ Horst – Lichtkeimer – L8 T5 F5 Rx N4 – V Cynos., V Arrh., V Triset. – Futtergras – *14*). **Weide-K. – *C. cristatus* L.**
1* Ährenrispe eifg. Ährchen ohne Grannen 8–14 mm lg. Bla 3–9 mm br, flach. Ligula 3–10 mm lg. Dsp langgrannig, Granne 6–16 mm lang, deutlich länger als die Dsp. Stg einzeln. 0,20–0,60. 5. Trockne Rud.: Wegränder, Umschlagplätze; [N U] s By Bw Rh He Nw Th Sa An Bb Ns Mv Sh (m·c1-5 temp·c1EUR, [N] AUST, SAM – ⊙ ①? – *L7 T9 F1 R5 N7* – V Sisymbr. – *14*). **Igel-K. – *C. echinatus* L.**

POACEAE 285

Sesleria Scop. – **Blaugras** (26 Arten)
1 Mittelnerv der Dsp mit bis 0,6 mm lg Granne, die 4–6 Seitennerven in unbegrannte kurze Zähne auslaufend. BlaSpreiten 2–5 mm br, flach, seltener weitrinnig gefaltet, grün, nicht bereift, Mittel- u. Randnerven stark hervortretend. Ährenrispe meist kurz zylindrisch, 1–4 cm lg. Pfl horstig. 0,10–0,45. 3–5(–9). Alp. bis koll. Fels- u. Schotterfluren, Trocken- u. Halbtrockenrasen, lichte Buchen- u. KiefernW, Niedermoore, kalkstet; h Alp, z By Bw(f ORh) Rh He(MW NW O W) Nw(f MW N) Th(f Hrz O, v NW) An(f Elb N O) Ns(S, s Hrz), † Bb(M Od); auch ZierPfl (sm-temp//desalp·c1-3EUR – igr H ♃ Horst – L7 T3 F4 R9 N3 – O Sesl., O Brom., V Sesl.-Fest., V Cephal.-Fag., V Eric.-Pin., V Car. davall. – 28). [*S. calcaria* Opiz, *S. varia* auct., *S. albicans* Schult.] **Kalk-B. – *S. caerulea*** (L.) Ard.
1* Dsp 5grannig, die mittlere Granne (1–)1,8–2,5(–3) mm lg, etwa so lg wie die Dsp, die übrigen 0,5–1 mm lg. BlaSpreiten <1 mm br. Ährenrispe kuglig bis eifg, ± 0,7 cm lg. 0,05–0,10. 7–8. Alp. (nivale) frische Felsgrus- u. Feinschuttfluren, basenhold; z Alp(Brch) (sm-stemp//alp·c3ALP – igr H ♃ Horst+uAusl – L8 T1 F5 R8 N2? – V Drab. hopp.). [*Psilathera ovata* (Hoppe) Deyl] **Zwerg-B. – *S. ovata*** (Hoppe) A. Kern.

Oreochloa Link – **Kopfgras** (4 Arten)
Bla haarfein, gefaltet. Scheiden geschlossen. 0,10–0,20. 7–8. Alp. frische Magerrasen, kalkmeidend; z Alp(Allg) (sm-stemp//alp·c3EUR – sogr? H ♃ Horst – L9 T1 F5 R1 N1 – V Car. curv. – *14*). [*Sesleria disticha* (Wulfen) Pers.]
Zweizeiliges K. – *O. disticha* (Wulfen) Link

Parapholis C.E. Hubb. – **Dünnschwanz** (6 Arten)
Bla kurz, gekrümmt, zuletzt meist eingerollt. Ähre (Abb. **245**/3) zur Reifezeit zerbrechend. 0,05–0,20. 6–7. Wechselfeuchte, meist lückige, gestörte Küstensalzwiesen; z Ns(N: Inseln), s Mv(N) Sh(W O) (sm-temp·c1-3litEUR-WAS – ⊙ – L8 T6 F7= R7 N4 – V Sagin. mar., V Armer. marit. – *28*). [*Lepturus incurvatus* auct., *Pholiurus incurvus* auct.]
Gekrümmter D. – *P. strigosa* (Dumort.) C.E. Hubb.

Briza L. – **Zittergras** (20 Arten)
1 Rispe mit 1–12 Ährchen, diese 14–30 mm lg u. 8–16 mm br, 6–20blütig. 0,10–0,60. 5–7. Rud.; [U] s By Bw Rh He Nw Th Sa Ns Bb Mv Sh (m-sm·c2-6EUR – ⊙ – K Sisymbr. – Ziergras). **Großes Z. – *B. maxima*** L.
1* Rispe mit ∞ Ährchen, diese 3–7 mm lg u. br, 3–12blütig (Abb. **249**/4) 2
2 BlaHäutchen 1–2 mm lg. Ährchen 4–7 mm lg. Dsp 3,6–4,2 mm lg. Staubbeutel 2–2,5 mm lg. Rispe u. Rispenäste dünn, wenig verzweigt. Ährchen herzfg, hängend. 0,20–0,50. 5–6. Halbtrockenrasen, mäßig trockne Silikatmagerrasen, wechseltrockne Wiesen, basenhold; h Alp By Bw Rh Th, v He Nw Sa An(g S) Mv, z Bb Ns(h Hrz) Sh (sm/(mo)-temp·c1-4EUR, [N] AUST, SAM,NAM, (AS) – igr H ♃ uAusl – Lichtkeimer – L8 Tx Fx Rx N2 – V Mesobrom., V Cirs.-Brach., K Mol.-Arrh., V Viol. can. – *14*).
Gewöhnliches Z. – *B. media* L.
2* BlaHäutchen 3–6 mm lg. Ährchen 3–5 mm lg. Dsp 2,5–3,5 mm lg. Staubbeutel 0,6–0,7 mm lg. Rispe u. Rispenäste sehr dünn, reich verzweigt. 0,10–0,60. 6.–9. Rud.; [U] s By Bw He Nw Sa Bb Mv Sh (m-sm·c2-6EUR – ⊙ – K Sisymbr.). **Kleines Z. – *B. minor*** L.

Beckmannia Host – **Doppelährengras** (2 Arten)
1 Halme am Grund knollig verdickt. Pfl dunkelgrün, oft mit kurzen unterirdischen Ausläufern. Ährchen 2blütig, 3 mm lg, rundlich-elliptisch. Hsp stark aufgeblasen. Dsp auf dem Rücken kurzhaarig, meist grannenspitzig. Staubbeutel 1,2–1,8 mm lg. 0,30–1,50. 6–8. Rud.: Schutt; flache Gewässer, Teichufer; [N U] s Bw Nw Sa An Bb Ns Sh (sm-temp·c3-7EUR-WSIB – sogr? H ♃ uAusl+SprKnolle – V Phragm., V Bid. – *14*).
Westsibirisches D., Fischgras – *B. eruciformis* (L.) Host
1* Halme am Grund nicht verdickt. Pfl hellgrün, ohne unterirdische Ausläufer. Ährchen 1blütig, zuweilen noch mit sterilen Blü, 2,5–3,5 mm lg, so lg wie br. Hsp schwach aufgeblasen. Dsp

kahl, unbegrannt. Staubbeutel 0,5–0,8(–1,0) mm lg. (0,30–)0,50–1,00(–1,20). 6–9. Nasse Stellen; [N 1930, meist U] s By Rh Nw Th Sa Bb Ns Mv Sh (sm-b·c3-8AS-AM − ☉/H ⚁).
Amerikanisches D. − *B. syzigachne* (STEUD.) FERNALD

Ammophila HOST − **Strandhafer, Helm** (2 Arten)
Ährenrispe dicht, spindelfg, weißlich. BlaSpreite bis 8 mm br, meist eingerollt, mit 6–10 kräftigen Riefen. 0,60–1,00. 6–7. Lockere Weißdünen, auch Binnendünen, basenhold; z Küste von Sh Ns(Elb N NW O) Mv, [N] s Binnenland: By He Nw(MW N) Sa An Bb(Elb MN) Ns (m-temp·c1-4litEUR − igr H/G ⚁ Horst+uAusl − L9 T6 F4 R7 N5 − O Ammoph. − Dünenbefestiger, auch im Binnenland zur Sandbefestigung gepflanzt − 28).
Gewöhnlicher S. − *A. arenaria* (L.) LINK

×**Calammophila** BRAND [×*Ammocalamagrostis* P. FOURN.] −
Bastardstrandhafer (1 Art)
Ährenrispe locker, gelappt, bräunlich bis violett. BlaSpreite bis 10 mm br, meist ausgebreitet, mit 8–14 schmalen Riefen. 0,60–1,30. 6–7. Ältere Weißdünen, kalkmeidend; h Ns(N: Inseln), z Küste von Ns Mv Sh, s Ns(N) (temp·c2-4lit EUR − igr H/G ⚁ uAusl − L8 T6 F4 Rx N2 − V Ammoph., V Koel. albesc. − Dünenbefestiger − *28, 42*). [*Ammophila arenaria* × *Calamagrostis epigejos*]
Baltischer B. − ×*C. baltica* (SCHRAD.) BRAND

Calamagrostis ADANS. − **Reitgras** (270 Arten)
1 Haare am Grund der Dsp länger als die Dsp, fast so lg wie die Hsp (Abb. **287**/3) od. bei ungleichen Hsp fast so lg wie die kleinere (Abb. **287**/1) **2**
1* Haare am Grund der Dsp etwa so lg wie die Dsp (Abb. **287**/2, 4) od. nur wenig länger (Abb. **289**/3) od. kürzer als die Dsp (Abb. **289**/1, 2) **4**
2 Hsp eines Ährchens ungleich lg. Granne im Einschnitt der 2zähnigen Spitze der Dsp entspringend, fast so lg wie die Dsp u. fast bis zur Spitze der längeren Hsp reichend (Abb. **287**/1). Hsp lineal-pfriemlich. Rispe bis 40 cm lg. Bla blaugrün. Ligula der HalmBla 6–10 mm lg, außen kurzhaarig. 0,60–1,20. 6–7. Wechselfrische bis -feuchte, flussbegleitende lehmige Sand- u. Kiesbänke, auch Rud.: Sand- u. Lehmgruben, basenhold; z Alp(f Allg) Rh(ORh), s By(S MS O) Bw(ORh S) An(Hrz W), † He, ↘ (m-temp//demo-(b)·c3-9EURAS − sogr H ⚁ Horst+uAusl − auch WaA − L8 T6 F7= R9 N3? − V Epil. fleisch. − 28). [*C. littorea* (SCHRAD.) P. BEAUV.]
Ufer-R. − *C. pseudophragmites* (HALLER f.) KOELER
2* Hsp eines Ährchens etwa gleich lg. Granne kürzer als die Dsp od. auf dem Rücken der Dsp entspringend. Ligula der HalmBla 4–10 mm lg, kahl **3**
3 Granne im Einschnitt der 2zähnigen DspSpitze od. etwas darunter eingefügt, die Zähnchen um ± 1 mm überragend. Dsp 4–5-, selten 3nervig. Hsp lanzettlich. Halme nur oben u. unter den Knoten rau, sonst glatt, oft aus der Mitte, seltener auch von unten verzweigt. BlaSpreiten 1–2 cm br, beidseits sehr rau, oseits dicht kurzhaarig, am Rand schneidend scharf. Rispe locker, meist überhängend, nach der Blüte schmal zusammengezogen. Rispenäste sehr rau u. lg, der längste des untersten Wirtels bis über den dritten darüberliegenden Wirtel reichend. 1,00–2,00. 6–7. Flussufersäume u. -röhrichte; s Sa(W SW) An(Elb) (stemp·c3ZEUR Endemit − sogr? H ⚁ uAusl − auch WaA − Ap − wohl aus *C. canescens* u. *C. phragmitoides* entstanden − V Convolv., V Car. elat. − Sa steril WaA vegetativ − 56). [*C. pseudopurpurea* O.R. HEINE]
Sächsisches R. − *C. rivalis* H. SCHOLZ
3* Granne in od. über der Mitte der Dsp rückenständig, die Dsp um mindestens ⅓ ihrer Länge überragend (Abb. **287**/3). Dsp 3nervig. Hsp lineal-pfriemlich. Halme bes. oben rau. BlaSpreiten 0,5–1 cm br, oseits auf den Rippen rau, am Rand scharf. Rispe steif aufrecht, auch zur BlüZeit dicht, knäuelig gelappt. Rispenäste bis 10 cm lg, aufrecht abstehend, rau. 0,60–1,50. 7–8. Trockne bis mäßig frische, sandreiche, lichte Laub- u. NadelW, Kiefernforste, Waldschläge, Rud.: Bahndämme, Kiesgruben, Tagebaue; Brachen, Küstendünen, wechselfrische bis -feuchte Flussuferfluren, mäßig nährstoffanspruchsvoll; g Th Sa An Ns,

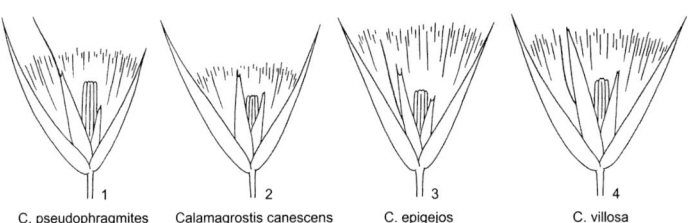

1 C. pseudophragmites   2 Calamagrostis canescens   3 C. epigejos   4 C. villosa

h He Nw Bb Mv, v Alp By(g NM) Bw Rh Sh, ↗ (austr-strop/moAFR+m/mo-b·c2-8EURAS, [N] OAM – teiligr G/H ♃ Horst+uAusl – L7 T5 Fx~ Rx N6 – K Artem., bes. O Agrop., K Epil. ang., V Mol., V Salic. alb. – 56).

Sand-R., Land-R., Sandrohr – *C. epigejos* (L.) ROTH

4 **(1)** Granne die Hsp (zuweilen nur wenig) u. die Haare am Grund der Dsp deutlich überragend, im unteren Viertel der Dsp auf ihrem Rücken entspringend, länger als diese. Pfl ± dichthorstig 5

4* Granne die Hsp nicht überragend, oft zwischen den Haaren versteckt. Pfl meist rasig od. lockerhorstig, mit längeren unterirdischen Ausläufern 6

5 Bla useits dunkelgrün glänzend, oseits kurzhaarig, am Spreitengrund beidseits mit Haarbüschel. Ligula der GrundBla 1–2 mm lg, gestutzt, oft zerschlitzt. Haare am Grund der Dsp spärlich, nur ¼ so lg wie die Dsp. Granne der Dsp die Hsp um ± 3 mm überragend (Abb. **289**/2). 0,60–1,20. 6–7. Koll. bis mont. frische LaubmischW, Waldschläge u. Verlichtungen, subalp. Hochgrasfluren, kalkmeidend; h Th, v Sa, z Alp(Kch Wtt) By Bw Rh He Nw An(h Hrz S) Bb Mv, s Ns Sh(f W) (sm/mo-b·c2-6EUR-SIB – sogr H ♃ Horst – L6 T5 F5 R4 N5 – V Carp., V Querc. rob.-petr., V Luz.-Fag., V Epil. ang., O Adenost. – 28).

Wald-R. – *C. arundinacea* (L.) ROTH

5* Bla useits hellgrün, matt, am Spreitengrund kurz bewimpert. Ligula 3–4 mm lg, mit stumpfer Spitze. Haare am Grund der Dsp ∞, ⅓–½ so lg od. etwa so lg wie die Dsp. Granne die Hsp wenig überragend (Abb. **289**/3). 0,40–1,00. 7–8. Hochmont. bis koll., mäßig trockne bis wechselfrische, lichte Kiefern- u. LaubmischW u. ihre Ränder, auch Felsfluren u. Halbtrockenrasen, kalkstet; h Alp, z Bw(f NW SW) Th(Bck NW Rho) An(Hrz S), s By(f S NW O) He(MW O) Ns(S) (sm/mo-temp/demo·c3EUR – sogr H ♃ AuslRhiz Horst – L7 T3 F5~ R8 N3 – V Car. ferr., V Eric.-Pin., V Cephal.-Fag., V Mesobrom. – 14, 28).

Berg-R. – *C. varia* (SCHRAD**.) H**OST

6 **(4)** Ligula des obersten HalmBla 5–13 mm lg, außen dicht kurzhaarig. BlaSpreite glanzlos, meist graugrün. Halme verzweigt. Rispe meist >20 cm lg. 0,80–1,50. 7–8. Feuchte bis nasse Hochstaudenfluren, See- u. Bachufer, Niedermoore, Birkenbrüche, basenhold; z Ns(Hrz), s By(NW S) Bw(NO SO) Rh Sa(NO SO) Rh He(O MW NW W) Nw(SO) Th(O Rho, z Hrz) Sa(SW) An(Hrz) Ns(Hrz) (temp/mo-b·c2-5EUR-WSIB – sogr H/G ♃ uAusl – WiA KlA: Vögel – Ap – wohl aus *C. canescens* u. *C. langsdorffii* entstanden – L7 T4? F8? Rx N3? – K Bet.-Adenost., K Aln., K Salic. purp. – 84, 88, 92, 96). [*C. purpurea* auct. non T]RIN.]

Purpur-R. – *C. phragmitoides* HARTM.

6* Ligula kürzer, kahl 7

7 Dsp grünlich, derb, etwas länger als die an ihrem Grund in 2 Gruppen gebüschelten Haare (Abb. **289**/1). BlaSpreiten 2–5 mm br, meist eingerollt, steif, am Rand rau, useits glatt, am Grund kahl. Rispe schmal, steif aufrecht, ihre Äste sehr kurz, aufrecht, zur Blü-Zeit etwas abstehend. 0,40–1,00. 7–8. Feuchte bis staunasse Nieder- u. Zwischenmoore, Großseggenriede, wechselfeuchte Wiesen, kalkmeidend; z Bb Mv, s By(MS S NO) Bw(SO) Rh Sa(NO SO) An(Elb O) Ns(O) Sh(O) (sm/mo-arct·c3-7CIRCPOL – sogr H ♃ Horst+uAusl – L9 T5? F9~ Rx N2 – O Car. nigr., V Car. elat., V Car. lasioc. – 28). [*C. neglecta* auct.]

Moor-R., Übersehenes R. – *C. stricta* (TIMM**) K**OELER

7* Dsp häutig, durchscheinend, so lg wie die Haare an ihrem Grund od. etwas kürzer. Rispe ausgebreitet, schlaff, zuweilen etwas überhängend 8

8 Halme oft knickig aufsteigend, unverzweigt, unter den Knoten oft mit Haarbüscheln, auch oben glatt. BlaSpreiten weich, nicht steif, seltener eingerollt u. steif, glänzend, grün, am Grund useits mit 2 Haarbüscheln, seltener kahl od. rauhaarig. Beide Hsp eines Ährchens etwa gleich lg (Abb. **287**/4). 0,60–1,20. 7–8. Mont. bis koll. feuchte bis frische Fichten- u. FichtenmischW, Fichtenforste, Waldschläge, kalkmeidend; v Alp Sa(g SW), z By(f NW) Th(f NW) An(f O) Ns(h Hrz MO S), s He(MW O) Nw(NO) Bb(SO Elb M), ↗ (sm-stemp//mo·c3EUR – sogr H/G ♃ uAusl – L6 T4 F7~ R2 N2 – V Vacc.-Pic., K Epil. ang., V Querc. rob.-petr. – 70). [*C. halleriana* (GAUDIN) DC.] **Molliges R. – *C. villosa* (CHAIX) J.F. GMEL.**

8* Halme aufrecht, oft an den unteren Knoten verzweigt, unter den Knoten meist kahl. BlaSpreiten schmal, steif, useits stark glänzend, gelblichgrün, am Grund kahl. Hsp eines Ährchens ungleich lg (Abb. **287**/2). 0,60–1,20. 7–8. Feuchte bis nasse, zeitweilig auch überflutete Erlenbrüche, Weidengebüsche, Niedermoore, Großseggenriede, kalkmeidend; h Sh, v Nw Sa An Bb Ns Mv, z Alp(Amm Chm Mng Allg) By Bw Rh He Th, in S u. M ↘ (sm/mo-b·c2-5EUR-WSIB – sogrH/G ♃ uAusl – WiA KIA: Vögel – L6 T6 F9= R6 N5 – V Aln., V Salic. cin., V Car. elat. – 28). [*C. lanceolata* ROTH] **Sumpf-R. – *C. canescens* (F.H. WIGG.) ROTH**

1 Granne dünn, sehr kurz, (fast) im Einschnitt der DspSpitze entspringend. Achsenfortsatz des Ährchens fehlend od. sehr kurz. Standorte, Soz., Verbr. in D u. Gesamtverbr. wie Art. subsp. ***canescens***

1* Granne stärker u. länger, unterhalb des Einschnittes der Dsp entspringend. Achsenfortsatz des Ährchens gut ausgebildet. Verbreitung unbekannt (Taxonomie der Sippe unklar). [*C. vilnensis* BESSER] subsp. ***vilnensis*** (BESSER) H. SCHOLZ

Hybriden: *C. arundinacea* × *C. canescens* = *C.* ×*hartmaniana* FR. [*C.* ×*heidenreichii* DÖRFL.] – z (28), *C. arundinacea* × *C. epigejos* = *C.* ×*acutiflora* (SCHRAD.) RCHB. [*Agrostis acutiflora* SCHRAD.] – z, *C. arundinacea* × *C. varia* = *C.* ×*haussknechtiana* TORGES – z, *C. arundinacea* × *C. villosa* = *C.* ×*indagata* TORGES et HAUSSKN. – s, *C. canescens* × *C. epigejos* = *C.* ×*rigens* LINDGR. – s, *C. canescens* × *C. stricta* = *C.* ×*gracilescens* (BLYTT) BLYTT [*C.* ×*conwentzii* ULBR.] – s, *C. epigejos* × *C. pseudophragmites* = *C.* ×*thyrsoides* K. KOCH [*C.* ×*wirtgeniana* HAUSSKN.] – s, *C. epigejos* × *C. stricta* = *C.* ×*strigosa* (WAHLENB.) HARTM. – s, *C. epigejos* × *C. varia* = *C.* ×*bihariensis* SIMONK. – z, *C. pseudophragmites* × *C. varia* = *C.* ×*torgesiana* HAUSSKN. – s

Agrostis L. – Straußgras (220 Arten)

1 Die 2 Haarbüschel am Grund der Dsp ⅓–½ so lg wie die Dsp (Abb. **289**/4). Vsp ± ¼ so lg wie die Dsp. Pfl mit lg, unterirdischen Ausläufern, halmarm. Rispe ± zusammengezogen. 0,40–0,60. 7–8. Subalp. mäßig frische, hängige Rasen, Grünerlengebüsche, kalkmeidend; z Alp (sm-stemp//alp·c3-4ALP – sogr H/G ♃ Horst+uAusl – L6 T2? F5 R6 N6? – V Car. ferr., V Adenost., V Nard. – 28). [*Calamagrostis tenella* (SCHRAD.) LINK non HOST, *C. humilis* auct., *A. agrostiflora* (BECK) RAUSCHERT] **Schilf-S. – *A. schraderiana* BECH.**

1* Haarbüschel am Grund der Dsp fehlend od. sehr kurz 2

2 Vsp fehlend od. höchstens ⅕ so lg wie die fast stets begrannten Dsp. Bla mit gefalteter Knospenlage, wenigstens die GrundBla auch später borstlich gefaltet 3

2* Vsp mindestens halb so lg wie die meist unbegrannten Dsp. Bla mit gerollter Knospenlage, später meist flach, seltener eingerollt, nie gefaltet 8

3 Rispenäste u. Ährchenstiele ganz glatt u. kahl. Dsp unter der Mitte mit bis 3 mm lg, geknieter Granne. 0,05–0,10(–0,25). 7–8. Alp. (bis subalp.) mäßig frische, steinige Silikatmagerrasen, kalkmeidend; v Alp, s By(O: Arber) (sm-stemp//alp·c2-4EUR – sogr? H ♃ Horst – L8 T2 F4 R2 N1 – O Car. curv., V Nard., V Rhod.-Vacc. – 28). **Felsen-S. – *A. rupestris* ALL.**

3* Rispenäste u. Ährchenstiele rau 4

4 Rispe an der Basis mit 2–3 Zweigen. HalmBla 1–2, höchstens 1 mm br. Granne grundständig. Dichthorstige AlpenPfl. (**Artengruppe Alpen-S. – *A. alpina* agg.**) 5

4* Rispe an der Basis mit 3–7(–15) Zweigen. HalmBla 3–6, ± 2 mm br 6

5 HalmBla meist flach, ± 1 mm br. Rispe zur BlüZeit ausgebreitet. Ährchen lanzettlich, 3–4 mm lg. Hsp lanzettlich, spitz, meist schwarzviolett bis rotbraun. 0,10–0,20(–0,30). 7–9. Alp. mäßig trockne, lückige Steinrasen, basenhold; v Alp (sm-stemp//alp·c2-4 EUR – sogr? H ♃ Rhiz Horst – L8 T2 F5 R6 N4 – O Sesl., V Poion alp., V Epil. fleisch.). **Alpen-S. – *A. alpina* SCOP.**

5* HalmBla meist borstlich gefaltet. Rispenäste zur BlüZeit dicht anliegend. Ährchen schlanker, ± 5 mm lg. Hsp schmal lanzettlich, allmählich in eine Stachelspitze verschmälert, farblos (selten unterwärts hellviolett). 0,20–0,40. 7–9. Alp. frische Steinrasen, kalkstet; v Alp (sm/ alp-temp/dealp·c1-3EUR – sogr? H ♃ Rhiz Horst – L8 T1? F5 R7? N4 – V Car. ferr. – 42).
Schleicher-S. – *A. schleicheri* JORD. et VERL.

6 **(4)** Rispe etwa so br wie lg u. meist so lg wie der Rest des Halms, bis 25 cm lg. Dsp sehr stark rückwärts rau, unbegrannt od. sehr kurz grannenspitzig. Pfl ohne Ausläufer. 0,30–0,70. 6–7. Wechselfeuchte Rud., kalkmeidend; [N 1960] s By Nw Sa Bb, [U] s Rh Ns (m/mo-b·c1- 6AM-(OAS) – G/sogr? H kurzlebig ♃ Horst – L8 T6? F8~ R4? N? – V Agrop.-Rum., V Nanocyp. – 42). **Raues S. – *A. scabra* WILLD.**

6* Rispe länger als br, kürzer als der Rest des Halms. Rispenäste aufrecht abstehend. Dsp schwach rau, mit längerer, rückenständiger, geknieter Granne. Pfl mit ober- od. unterirdischen Ausläufern. **(Artengruppe Hunds-S. – *A. canina* agg.)** 7

7 Bla weich, graugrün. SumpfPfl mit lg, oberirdischen, dichtbüschlig feinblättrigen Kriechtrieben, ohne unterirdische Ausläufer. HalmBla flach. Rispe nach der BlüZeit etwas zusammengezogen. 0,20–0,75. 6–8. Staunasse, oft gestörte Nieder- u. Quellmoore, Hochmoor- u. Grabenränder, Kleinseggenriede, Moorwiesen, Feuchtheiden, kalkmeidend; h He Sa Ns(s MO), v Alp Rh Nw Th An Bb Sh, z By Bw (h SW NW) Mv (sm/mo-b·c1-6EUR-WSIB, [N] NOAM – igr? H ♃ Horst+oAusl – L9 T5 F9 R3 N2 – V Car. nigr., O Scheuchz., V Eric. tetr., V Mol., V Salic. cin. – 14, 16). **Hunds-S. – *A. canina* L.**

7* Bla starr, hellgrün. SandPfl mit kurzen, unterirdischen Ausläufern, ohne oberirdische Kriechtriebe. HalmBla zusammengerollt. Rispe nach der BlüZeit stark zusammengezogen. 0,20–0,40(–0,60). 6–9. Ärmere Sandtrockenrasen u. Silikatfelsfluren, lichte, trockne KiefernW, kalkmeidend; z Bw(NW ORh) Rh(f W) Nw Sa(f SW) An Bb Ns(f Hrz) Sh, s By(f S) He(f NW) Th(Bck Wld) Mv, Verbreitung ungenügend bekannt (m/mo-b·c1-8CIRCPOL – teiligr H/G ♃ Horst+uAusl – L9 T7 F2 R2 N1 – K Sedo-Scler., K Nardo-Call., V Cytis.-Pin., V Dicr.-Pin. – 28). [*A. canina* var. *arida* SCHLTDL., *A. canina* subsp. *montana* (HARTM.) HARTM., *A. stricta* J.F. GMEL, *A. coarctata* HOFFM.]
Schmalrispiges S. – *A. vinealis* SCHREB.

8 **(2)** Ligula der unteren u. mittleren HalmBla <1,3 mm lg, gestutzt, an den sterilen Trieben kürzer als breit. Vsp halb so lg wie die Dsp. Rispe auch nach der BlüZeit gespreizt. Ährchenstiele glatt. Ährchen nicht gebüschelt. 0,20–0,80. 6–7. Sand- u. Silikattrockenrasen, mäßig trockne bis frische Silikatmagerrasen, Heiden, verlichtete Eichen- u. KiefernW, Schläge, Brachen, Rud., kalkmeidend; alle Bdl g–h (sm/mo-b·c1-6EUR-WAS, [N] AUST, SAM, NAM – teiligr H/G ♃ Horst+u/ (o)Ausl – Lichtkeimer Sa langlebig – L7 Tx Fx R4 N4 – K Sedo-Scler., K Koel.-Coryneph., O Arrh., K Nardo-Call., K Querc. rob.-petr., V Salic. aren., V Epil. ang., V Polyg. avic. – Futter- u. Zierrasengras – 28). [*A. vulgaris* WITH., *A. tenuis* SIBTH.] **Rotes S. – *A. capillaris* L.**

Sehr veränderliche Art; wegen fließender Übergänge zwischen den Populationen ist eine Unterscheidung taxonomischer Sippen nicht möglich.

8* Ligula der unteren u. mittleren HalmBla 2–5 mm lg, abgerundet, an den sterilen Trieben länger als breit. Vsp (½–)⅔–¾ so lg wie die Dsp. Ährchenstiele durch Stachelhaare rau 9

9 Dsp auf der Rückenfläche u. an den Rändern ± dicht behaart (starke Lupe!), 2 Seitennerven in deutliche Grannenspitzen auslaufend (Abb. 291/1). Pfl graugrün, mit kurzen,

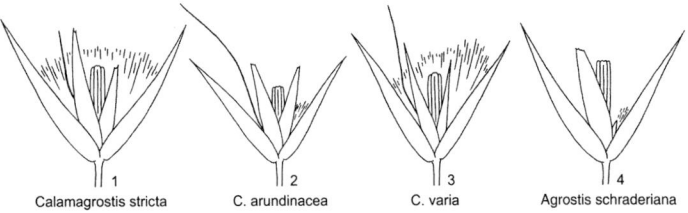

| 1 | 2 | 3 | 4 |
| Calamagrostis stricta | C. arundinacea | C. varia | Agrostis schraderiana |

unterirdischen Ausläufern. FrRispe zusammengezogen. Bla 2–3(–4) mm br, meist borstlich eingerollt. 0,15–0,40. 6–7. Trockne, sandige Rud.: Straßenränder, Schutt; [N 1960 U] s By Bw Rh He Nw Sa? An Bb Ns Mv Sh; in Zierrasen oft angesät (m-sm·c1-3EUR, [N] SAM – igr H ♃ Horst uAusl (oAusl) – *28, 42*).

Kastilisches S. – *A. castellana* Boiss. et Reut.

9* Dsp auf der Fläche kahl, Seitennerven höchstens als sehr kurze Grannenspitzen auslaufend. Pfl meist grasgrün. Bla meist flach. **(Artengruppe Weißes S. – *A. stolonifera* agg.)**
.... **10**

10 Pfl mit dicken, unterirdischen Ausläufern (diese nur mit SchuppenBla), aber ohne oberirdische Ausläufer. Rispe auch nach der BlüZeit spreizend, durch die horizontal gestellten Endzweige in Stockwerke geteilt. Halm nur am Grund mit BlaTrieben, aufrecht. Bla 3–11 mm br. 0,40–1,20. 6–7. Uferröhrichte, feuchte bis nasse Wiesen, Halbtrockenrasen, nasse Rud., basenhold; v Nw Th Sa An Ns, z Alp By Bw Rh(h SW) He Bb Mv Sh, Verbreitung ungenügend bekannt (m/mo-b·c1-7EUR-WAS, [N] AUST, SAFR, NAM – teiligr? H/G ♃ Horst+uAusl – Lichtkeimer – L7 T5 F8 R7 N6 – V Convolv., K Mol.-Arrh., V Cirs.-Brach., V Mesobrom., O Phragm., V Convolv. – Futtergras – *42, 46*). [*A. alba* auct. p. p]

Riesen-S., Fioringras – *A. gigantea* Roth

10* Pfl ohne unterirdische Ausläufer, meist mit lg, oberirdischen Ausläufern (diese mit LaubBla). Rispe nach der BlüZeit zusammengezogen. Halm oft ästig, aufsteigend. Bla 2–6(–8) mm br. 0,10–0,70. 6–7. Frische bis feuchte Rasen, Ufer, Gräben, Wegsenken, feuchte Äcker, salztolerant, nährstoffanspruchsvoll; alle Bdl g (m/mo-b·c1-8EUR-WAS-(OAS), [N] antarctaustrCIRCPOL, NAM – igr H/G ♃ oAusl – Lichtkeimer Sa langlebig – L8 Tx F7~ Rx N5 – K Plant., K Stell., V Agrop.-Rum., V Armer. marit. – Futtergras – *28, 30, 32, 42, 44, 46*). [*A. alba* auct. p. p]

Weißes S., Flecht-S. – *A. stolonifera* L.

Außerordentlich veränderliche Art; der Wert der zahlreichen beschriebenen Unterarten bzw. Varietäten ist nicht geklärt. Eine gewisse Eigenständigkeit besitzt subsp. *maritima* (Lamarck) Vasc. (Pfl mit kurzen, starren, oberirdischen Ausläufern; BlaSpreiten starr, eingerollt od. borstig gefaltet; Rispe ca. 5 cm lang, dicht, zusammengezogen; Meeresstrand, s Ns Mv Sh).

Hybriden: *A. alpina* × *A. rupestris* = ?, *A.* ×*hegetschweileri* Brügger – s, *A. canina* × *A. stolonifera* = *A.* ×*castriferrei* Waisb.? – s, *A. capillaris* × *A. castellana* = ?, *A.* ×*fouilladeana* Lambinon et Verloove – s, *A. capillaris* × *A. gigantea* = *A.* ×*björkmanii* Widén – z, *A. capillaris* × *A. stolonifera* = *A.* ×*murbeckii* Fouill. [*A.* ×*intermedia* C.A. Weber] – z – (Futtergras), *A. capillaris* × *A. vinealis* = ? – s, *A. gigantea* × *A. stolonifera* = *A.* ×*gigantifera* Portal – z, *A. stolonifera* × *A. vinealis* = ? – s, *Agrostis* × *Polypogon* = ×**Agropogon** Fourn.: *A. stolonifera* × *P. monspeliensis* = *A.* ×*lutosus* (Poir.) Fourn. – s

***Apera* Adans. – Windhalm** (3 Arten)

1 Bla flach, bis 3 mm br. Ligula bis 6 mm lg. Rispe bis über 20 cm lg, br, lockerblütig, ihre Äste ziemlich lg, abstehend. Ährchen 2,5–3 mm lg. Granne 5–7 mm lg. 0,30–1,00. 6–7. Sandige bis lehmige, frische bis wechselfeuchte Äcker, Rud.: Umschlagplätze, Brachen, kalkmeidend; g Nw(v SW) An Ns Sh, h He Th Sa Mv, v By(g NM) Bw Rh Bb, s Alp (sm-b·c1-6EUR-WSIB, [N] sm-tempOAM – ☉ ① – Sa langlebig – L6 T6 F6 R5 Nx – O Aper., V Sisymbr. – *14*). [*Agrostis spica-venti* L.]   **Gewöhnlicher W. – *A. spica-venti* (L.) P. Beauv.**

1* Bla flach od. eingerollt, ± 1 mm br. Ligula bis 2 mm lg. Rispe meist <10 cm lg, schmal, ± dichtblütig, mit kurzen, aufrechten Ästen. Ährchen 2–2,5 mm lg. Granne 10–15 mm lg. 0,20–0,40. 6–7. Sandige, trockne Rud.: Umschlagplätze; [N U] s By Bw Rh(ORh) He(ORh) Nw Bb Ns Mv Sh (m·c2-8-temp·c2-3EUR-WAS, [N] austrAM+tempWAM – ☉ ① – L9 T7 F2 R4? N1? – V Sisymbr., O Fest.-Sedet. – *14*).

Unterbrochener W. – *A. interrupta* (L.) P. Beauv.

***Helictotrichon* Roem. et Schult. s. l. – Wiesenhafer** (100? Arten)

1 BlaSpreiten der GrundBla zusammengerollt u. borstenfg, oseits stark gerippt. Pfl dicht horstig. Untere HalmBla u. Scheiden zerstreut behaart. 0,40–1,50. 7–8. Alp. sickerfrische Steinrasen, kalkstet; z Alp(f Brch Chm Mng) (sm-stemp//salp·c2-3EUR – igr H/G ♃ Horst+kurze uAusl – L9 T2 F5 R9? N3? – V Sesl., V Eric.-Pin. – *14*). [*Avena sempervirens* Host non Vill., *Avena parlatorei* Woods]

Parlatore-W., Staudenhafer – *H. parlatoreï* (Woods) Pilg.

1* BlaSpreiten der GrundBla flach od. gefaltet, oseits nicht gerippt 2
2 Ährchenachse zwischen den Blü 3–6 mm lg behaart. Rispe ausgebreitet, die unteren Äste meist zu 5. Ährchen (2–)3(–4)blütig. Untere Hsp 1-, obere 3nervig. Granne in ihrem unteren, gedrehten Teil nicht abgeflacht. Untere Bla u. BlaScheiden meist kurzzottig. 0,30–1,00. 5–6. Mäßig frische bis wechselfeuchte Wiesen, mäßig trockne Magerrasen, Halbtrockenrasen, Rud.: Wegränder, Bahndämme, basenhold; h Alp He Th, v By Bw Rh Sa An, s Nw(h SW) Bb Ns(h Hrz) Mv Sh, im N ↘ (sm/mo·b·c1-6EUR+WAS, [N] NEUSEEL+NOAM – teiligr H/G ⚁ uAusl – L5 Tx F3? Rx N4 – O Arrh., V Mol., V Mesobrom., V Cirs.-Brach. – 14). [Av*e*na pub*e*scens Huds., Av*e*nula pub*e*scens (Huds.) Dumort., Aven*o*chloa pub*e*scens (Huds.) Holub, Homal*o*trichon pub*e*scens (Huds.) Banfi et al.]
**Flaumiger W., Flaumhafer – *H. pub*e*scens* (Huds.) Pilg.
1 BlaScheiden der unteren HalmBla u. an sterilen Trieben meist behaart. Ährchen 10–17 mm lg. Verbreitung wie Art. (14) subsp. *pubescens*
1* BlaScheiden der unteren HalmBla u. an sterilen Trieben meist kahl. Ährchen 15–20(–26) mm lg. Hochgebirgspflanze. s Alp(Allg Chm Brch). subsp. *laevigatum* (Schur) Soó

2* Ährchenachse zwischen den Blü 0,5–3 mm lg behaart. Untere Rispenäste einzeln od. zu 2, selten 3. Granne im unteren, gedrehten Teil bandartig flach, daher gegen das Licht betrachtet abwechselnd dick u. dünn erscheinend. Bla u. BlaScheiden kahl, aber meist rau 3
3 BlaScheiden im unteren Drittel od. in der unteren Hälfte geschlossen. Ligula an allen Bla etwa gleich lg. Ährchen 5(–6)blütig, 10–13 mm lg. Hsp undeutlich nervig, violett mit grünem Mittelstreif u. goldgelbem Hautrand. 0,14–0,40. 7–8. Alp. frische bis mäßig trockne Silikatmagerrasen u. -weiden, basenhold, kalkmeidend; z Alp(f Chm Kch Mng) (sm-stemp//alp·c2-5EUR-VORDAS – sogr? H/G ⚁ Horst+uAusl – L9 T2 F5 R3 N2 – O Car. curv., V Nard., V Rhod.-Vacc. – 14). [Av*e*nula versicolor (Vill.) M. Laínz, Aven*o*chloa versicolor (Vill.) Holub] **Bunter W., Bunthafer – *H. versicolor* (Vill.) Pilg.
3* BlaScheiden bis zum Grund offen. Ligula der oberen HalmBla 2–3mal so lg als die der unteren HalmBla od. der sterilen Triebe. Ährchen 3–5(–8)blütig, 15–30 mm lang. Hsp deutlich 3nervig, silberweiß. 0,30–0,80. 5–6. Trocken- u. Halbtrockenrasen, Silikatmagerrasen, lichte Wälder, basenhold; v Alp(f Brch) He Th An, z By Bw Rh Nw(f N) Bb(f SO) Mv(f Elb) Sh, s Sa Ns(MO S M N O), im N ↘ (sm/mo-temp·c2-3EUR, [N] NW-Indien – igr H/G ⚁ uAusl – L7 T6 F3~ Rx N2 – K Fest.-Brom., O Fest.-Sedet., V Viol. can., V Eric.-Pin. – 126). [Av*e*na pratensis L., Aven*a*strum prat*e*nse (L.) Opiz, Av*e*nula prat*e*nsis (L.) Dumort., Aven*o*chloa prat*e*nsis (L.) Holub] **Echter W., Trifthafer – *H. prat*e*nse* (L.) Besser

Arrhenatherum P. Beauv. – **Glatthafer** (6 Arten)

Bla flach, oseits meist abstehend kurzhaarig. Scheiden meist kahl. Ligula kurz, gestutzt. Untere Hsp 1-, obere 3nervig. Dsp der ♂ Blü, selten auch die der ♀ Blü mit lg, geknieter Granne (Abb. **249**/2), selten grannenlos. 0,60–1,20. 6–7. Planare bis submont. Frischwiesen, wechseltrockne Halbtrockenrasen, mäßig trockne bis mäßig feuchte Rud.: Weg- u. Straßenränder, Bahndämme, Steinbrüche; Brachen, hochmont. Steinschutt- u. Hochgrasfluren, Waldränder, nährstoffanspruchsvoll; [A, ob lokal heimisch?] alle Bdl g (m/mo-

 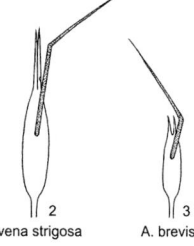

1 Agrostis castellana   2 Avena strigosa   3 A. brevis   4 Deschampsia wibeliana   5 D. cespitosa

temp·c1-4EUR, [N] AUST, NAM – teiligr H ♃ Horst – Lichtkeimer – L8 T5 Fx R7 N7 – V Arrh., V Mesobrom., O Agrop., V Stip. calam., V Trif. med. – Futtergras – *28*).
Glatthafer – ***A. elatius*** (L.) J. Presl et C. Presl
In Ansaaten oft auch Zuchtformen mit grannenlosen Dsp. Umstritten ist der taxonomische Wert des **Knollen-G.** – ***A. e.*** subsp. *bulbosum* (Willd.) Schübl. et G. Martens [*A. precatorium* (Thuill.) P. Beauv., *A. e.* var. *bulbosum* (Willd.) Spenner], bei dem die unteren 2–6(–8) Halmglieder knollenfg auf 6–10 mm ⌀ verdickt sind. Früher wichtiges Ackerunkraut, jetzt rud. Wegränder, Bahnanlagen, trockne Wiesen, Klee-Gras-Ansaaten auf mageren Böden; z alle Bdl (m-temp·c1-3EUR – O Agrop.).

Avena L. – **Hafer** (25 Arten)

1 Untere Hälfte der begrannten Dsp dicht u. lg behaart (Haare 2–4 mm lg). Ährchenachse dicht behaart, gegliedert u. zur Reife zerfallend, bespelzte Fr von selbst sofort abfallend. Ährchen meist 3blütig. 0,60–1,20. 6–8. Lehmige bis tonige, wechseltrockne bis -feuchte Äcker, mäßig trockne Rud.: Wegränder, Müll; v Bw Rh He Nw Th An(g S) Ns, z By Sa Bb Mv, s Alp(Amm Allg) Sh(M SO) (urspr. m·c5-6VORDAS, [A N] austr-strop/mo+m-temp·c1-7CIRCPOL – ⊙ – L6 T6 F5 R7 Nx – K Stell., V Sisymbr. – *42*). **Flug-H.** – ***A. fatua*** L.
1* Dsp kahl od. höchstens kurz behaart (Haare <2 mm lg) **2**
2 Ährchenachse gegliedert u. zur Reife leicht zerfallend. Bespelzte Fr sofort bei Reife abfallend. Basis der Dsp mit 1–2 mm lg Haaren. Abbruchnarbe der Blü rundlich. 0,60–1,20. 6–8. Auf Äckern unter Getreide u. Hackfrüchten; s By(f NW O S) Bw Rh Th(S Bck) Sa(SW W) Bb (⊙ – K Stell.). [*A. hybrida* Peterm.] **Nördlicher H.** – ***A. vilis*** Wallr.

Wenig beachtet, oft in *A. fatua* eingeschlossen od. als Hybride *A. fatua* × *A. sativa* gedeutet, neuerdings aber als eigenständige Sippe akzeptiert.

2* Ährchenachse nicht gegliedert, zäh. Bespelzte Fr erst spät nach der Reife abfallend. Basis der Dsp nicht behaart **3**
3 Dsp in 2 3–9 mm lg Seitengrannen endend (Abb. 291/2), außerdem oft auf dem Rücken unterhalb der Mitte begrannt. Ährchen (ohne Grannen gemessen) 16–24 mm lg, 2blütig, Ährchenachse dünn, selten etwas brüchig, unter jeder Blü behaart. Rispe einseitswendig. 0,40–1,50. 6–8. Früher KulturPfl; auch als Unkraut in frischen, nährstoffreichen Äckern, Rud., kalkmeidend; [U, heute kaum noch] s By(NO) Bw Rh(N SW W) He Nw Th Sa(W) An Bb Ns Mv Sh, ↘ (m-sm·c1-5EUR – ⊙ – L7 Tx F5 R4 N5 – V Aphan. – Futtergetreide). [*A. nuda* L. subsp. *strigosa* (Schreb.) Janch.] **Sand-H., Rau-H.** – ***A. strigosa*** Schreb.
3* Dsp vorn kurz 2spitzig (Spitzen höchstens 1 mm lg), unbegrannt od. nur die unterste in der Mitte mit Rückengranne. Ährchen (ohne Grannen gemessen) 18–30(–50) mm lg, 2–3(–6)blütig, Ährchenachse derb, zäh, höchstens am Grund der unteren Blü behaart. 0,60–1,80. 6–8. KulturPfl seit der Bronzezeit; auch [U] alle Bdl z (Ausgangsart wohl *A. sterilis* L. – m-sm·c1-7EUR-WAS – ⊙ – SeB – *42*). **Saat-H.** – ***A. sativa*** L.

Frühere KulturPfl, heute vermutlich auch als Unkraut [N U] völlig verschwunden: **Nackt-H.** – ***A. nuda*** L. [*A. nuda* L. subsp. *nuda*]: Fr nur locker von den Sp eingehüllt (nacktkörnig), Hsp kürzer als Dsp. Ährchen 3–4blütig. – **Silber-H.** – ***A. brevis*** Roth [*A. nuda* L. subsp. *brevis* (Roth) Mansf.]: Ährchen (ohne Grannen gemessen) nur 10–15 mm lg, 2blütig. Hsp so lg wie Dsp, diese vorn verbreitert, mit höchstens 1 mm lg Grannenspitzen (Abb. 291/3), sonst wie *A. strigosa*.

Hybride: *A. fatua* × *A. sativa* = ? – s

Trisetum Pers. – **Grannenhafer** (70 Arten)

1 Rispe dicht ährenfg, kopfig od. walzig, bis 4 cm lg, mit sehr kurzen Ästen. Halme unter der Rispe behaart. Ährchen violett, grün u. gelb gescheckt. Hsp br, fast gleich lg. Haare am Grund der Blü sehr kurz. 0,10–0,20. 7–8. Alp. frische (bes. windexponierte) Steinschuttfluren, basenhold; z Alp(Allg Brch Krw) (Art: antarct-austr/alpAM+AUST+strop/alpAM+OAS+m/alp-arct·c2-7CIRCPOL, subsp.: sm-stemp//alp·c2-5EUR – sogr H ♃ Rhiz Horst – L9 T1 F5 R7 N1? – V Drab. hopp., V Elyn. – *28*). [*T. subspicatum* (L.) P. Beauv.] **Ähren-G.** – ***T. spicatum*** (L.) K. Richt. subsp. *ovatipaniculatum* Jonsell
1* Rispe zur BlüZeit ausgebreitet, meist locker. Halme unter der Rispe kahl **2**
2 Pfl lockerrasig, mit kurzen oberirdischen Ausläufern. Halme an den Knoten od. dicht unter ihnen behaart. BlaScheiden ± zottig, selten kahl. Rispe bis 20 cm lg. Ährchen goldgelb.

POACEAE 293

Untere Hsp 1-, obere 3nervig. Blü an der Basis mit 0,3–0,5 mm lg Haaren. 0,30–0,80(–1,10). 5–6. Mont. bis koll. Frischwiesen, subalp. bis alp. hängige Steinrasen, nährstoffanspruchsvoll; g Th, h Bw Rh He, v Alp By(g NM) Nw Sa An Ns(s NW O, f Elb N), z Bb(f NO Od) Mv, s Sh (m/mo-temp-(b)·c1-4EUR-(VORDAS), [N] NAM – igr H ♃ Rhiz Horst+oAusl – Lichtkeimer – L7 Tx Fx Rx N5 – O Arrh., bes. V Triset., O Sesl. – Futtergras, für Schafe u. Kaninchen giftig). [*Avena flavescens* L.]

Gold-G., Goldhafer – *T. flavescens* (L.) P. Beauv.

1 BlaSpreiten meist <5 mm br. Rispe locker. Ährchen anfangs grün, zur Reife strohfarben, selten violett überlaufen. 0,30–0,80(–1,10). Mont. bis koll. Frischwiesen; Verbr. in D u. Gesamtverbr. wie Art (O Arrh., bes. V Triset. – Futtergras – *28*). subsp. ***flavescens***
1* BlaSpreiten 5–10 mm br. Rispe groß, dicht. Ährchen violett. 0,30–0,70. Subalp. bis alp. hängige Steinrasen; z Alp(Allg Amm Brch Chm), [N] s By(NM: Bamberg) (sm-stemp//salp·c3EUR – O Sesl. – *12*). subsp. ***purpurascens*** (DC.) Arcang.

2* Pfl mit lg oberirdisch kriechenden Ausläufern. Halme u. BlaScheiden kahl od. bewimpert. Bla auffallend 2zeilig. Rispe bis 6 cm lg. Ährchen violett, grün u. braun gescheckt. Beide Hsp deutlich 3nervig. Blü an der Basis mit 1,2–3 mm lg Haaren. 0,10–0,20. 7–8. Alp. frische Steinschuttfluren, kalkstet; z Alp (sm-stemp//alp·c3EUR – sogr H ♃ oAusl – L8 T2 F5 R9 N2? – V Petasit. parad. – 28, 56).

Zweizeiliger G. – *T. distichophyllum* (Vill.) P. Beauv.

Ventenata Koeler – **Schmielenhafer** (5 Arten)

Ligula 4–9 mm lg. Dsp der oberen Blü mit gedrehter, geknieter, lg Granne. 0,30–0,60. 6. Flachgründige, basenreiche Silikatverwitterung, Felsrunsen, trockne sandige Rud., ephemer in Tagebauen, rud. Xerothermrasen; z He(f SO), s Rh(f N W) Th(Bck) An(S SO), † Nw(SW) By(N) Sa: jetzt nur [N] Zittau, [U] s Bw Nw Bb Ns Mv, ↘ (sm/mo-stemp·c2-7EUR – ⊙ ⓘ – L9? T8 F3 R8 N3? – V Thero-Air., O Coryneph.). [*Avena tenuis* Moench]

Schmielenhafer – *V. dubia* (Leers) Coss.

Gaudinia P. Beauv. – **Ährenhafer** (4 Arten)

Halme knickig aufsteigend. Bla behaart, Ligula fast fehlend. Ähre locker 2zeilig. Ährenachse gliedweise mit den Ährchen abfallend. 0,20–0,60. 6. Frische Rud. u. Wiesen, nährstoffanspruchsvoll; [N] s Bw, [U] s Rh He Nw Sa An Bb Ns Mv Sh (m·c1-5-stemp·c1EUR, [N] AUST – ⊙ – L8? T6? F5~ Rx N7? – O Arrh. – *14*).

Zerbrechlicher Ä. – *G. fragilis* (L.) P. Beauv.

Aira L. – **Haferschmiele** (8 Arten)

1 Ährchen ± 1,5 mm lg, meist viel kürzer als ihre allseitig abstehenden Stiele, meist nur mit 1 Granne (an der oberen Blü des Ährchens). Rispe fast so lg wie br, bis 8 cm lg. Rispenäste sehr dünn, geschlängelt. 0,07–0,15(–0,35). 5–8. ZierPfl; auch Rud.; [N 1852 U] s By Bw Rh He Nw Sa Bb Ns Mv Sh (m-sm·c2-5EUR, [N] NAM – ⊙ – *14*). [*A. capillaris* Host, *A. elegantissima* Schur] **Haar-H., Zierlicher Nelkenhafer – *A. elegans* Gaudin
1* Ährchen 2–3 mm lg, so lg wie ihre Stiele od. länger, 2grannig (an beiden Blü des Ährchens eine Granne) **2**
2 Rispe stets sehr locker ausgebreitet (außer bei subsp. *plesiantha*). Dsp mit 2–3 mm lg Rückengranne. 0,05–0,20(–0,50). 5–7. Felsfluren, Sand- u. lückige Silikattrockenrasen, sandige, trockne Rud.: Wegränder, Dämme, Tagebaue; Brachen, Sandäcker, kalkmeidend; z Rh He Nw Th(f Hrz S) Sa An Bb Ns Mv Sh, s By(f MS S) Bw(f Alb S SO), im S ↘ (m-temp·c1-4EUR, [N] austrCIRCPOL-strop/moAFR+m-tempAM – ⊙ ⓘ – L9 T6 F2 R4 N1 – V Thero-Air., V Aphan.). **Nelken-H., Gewöhnlicher Nelkenhafer – *A. caryophyllea* L.**

1 Halme einzeln od. wenige, meist <20 cm hoch. Rispe ausgebreitet, Achse gerade. Ährchen 2,5–3,5 mm, lg, schlank, ± violett. 0,05–0,20. Sandige, trockne Rud.: sandige Wegränder, Kiesgruben; Verbr. in D u. Gesamtverbr. wie Art. (V Thero-Air. – 28). subsp. ***caryophyllea***
1* Halme ∞ (meist >20), dichtstehend, meist 20–30(–50) cm hoch. Rispe zusammengezogen, Achse hin- u. hergebogen. Ährchen ± 2,5 mm lg, breiter, hellgrünlich. 0,20–0,40. Sandäcker; s By(NM: Bamberg) He(ORh: Frankfurt?, wohl irrtümlich), † Bw(ORh: Karlsruhe) An(W: Hoppelberg bei Langenstein) (m/mo-sm·c1-4EUR – V Aphan.). [*A. c.* subsp. *multiculmis* (Dumort.) Bonnier et Layens]
subsp. ***plesiantha*** (Jord.) K. Richt.

2* Rispe ährenfg zusammengezogen. Dsp mit 3–4 mm lg Rückengranne. Halme einzeln od. wenige. 0,02–0,15. 4–6. Felsfluren, Sand- u. lückige Silikattrockenrasen, Rud.: sandige Wegränder, Kiesgruben; Brachen, kalkmeidend; v An Ns Mv, z Rh He Nw Th(f Hrz NW S) Sa Bb Sh, s By(f MS S) Bw(NW ORh), in S u. M ↘ (sm-temp·c1-3EUR, [N] austrAUST+AM+sm-tempAM – ⊙ ① – L9 T6 F2 R2 N1 – V Thero-Air. – 14).
                                                                           Frühe H. – **A. *praecox*** L.

Deschampsia P. Beauv. – Schmiele (40 Arten)

1 Bla flach, oseits ± rau. Rispenäste nicht geschlängelt, jeder mit mindestens 2 grundständigen Zweigen. Granne gerade od. undeutlich gekniet, weißlich, die Dsp nicht od. wenig überragend. **(Artengruppe Rasen-Sch. – *D. cespitosa* agg.)** **2**
1* Bla eingerollt od. gefaltet. Rispenäste geschlängelt, jeder mit 1(–2) grundständigen Zweig(en) **4**
2 Pfl meist lockerrasig, aber ohne Ausläufer. BlaOSeite ziemlich schwach rau, ihre Rippen (außer Rand- u. Mittelrippe) am Scheitel abgerundet od. gestutzt (Abb. 291/4). Ährchen (4–)5–6 mm lg, 0,40–1,25. 5–6 (selten 8–9). Nasse, zeitweilig überflutete Röhrichte u. Staudenfluren, auch Uferbefestigungen, an lehmig-sandigen Flussufern (nur im Gezeitenbereich), salztolerant; z Ns(Elbe, unterhalb Hamburg), s Sh(M W) (ntemp·c2 ZEUR Endemit – igr H ♃ Horst – L8 T6 F9= R8 N4 – V Bolb., V Bid. – 26). [*Aira paludosa* Wib.]
                                                         Wibel-Sch. – ***D. wibeliana*** (Sond.) Parl.
2* Pfl dichtrasig. BlaOSeite meist äußerst rau, stark 7rippig, alle Rippen mit spitzem Scheitel (Abb. 291/5) **3**
3 Bla oseits auffallend rau, lg, flach. Ligula 6–8 mm lg. Rispenäste rau. Ährchen (1,5–)4–5 mm lg, nie in Brutknospen umgebildet. Obere Hsp 3–4 mm lg. Granne die Dsp meist nicht überragend. 0,30–1,50. 6–7. Feuchte bis nasse Wiesen u. Weiden, feuchte LaubW, Quellfluren, nährstoffanspruchsvoll; alle Bdl g (antarct-trop/mo-arct·c1-6CIRCPOL – igr H ♃ Horst – auch WaA VdA Lichtkeimer – L6 Tx F7~ Rx N3 – K Querc.-Fag., bes. V Alno-Ulm., O Mol., O Mont.-Card. – 26). [*Aira cespitosa* L.]
                                                      Rasen-Sch. – ***D. cespitosa*** (L.) P. Beauv.

   1 Spreiten der GrundBla nicht bis zur Rispe reichend. Ährchen 4–5 mm lg, 2(–3)blütig. Staubbeutel 1,2–1,6 mm lg. Feuchte bis nasse Wiesen, Weiden, LaubW; alle Bdl g (antarct-trop/mo-arctCIRCPOL – O Mol., O Mont.-Card.).   subsp. ***cespitosa***
   1* Spreiten der GrundBla oft bis zur Rispe od. darüberhinaus reichend. Pfl oft blaugrün. Ährchen 1,5–2,5 mm lg, oft 1blütig. Staubbeutel 1–1,2 mm lg. Bes. in Wäldern; s By Mv? Sh, Verbr. ungenügend bekannt (K Querc.-Fag.).   subsp. ***parviflora*** (Thuill.) Dum.

3* Bla wenig rau, steif, oft etwas eingerollt. Ligula bis 4 mm lg. Rispenäste ganz glatt. Ährchen ± 7 mm lg, bei uns stets zu Brutknospen umgebildet. Obere Hsp 5–6 mm lg. Granne die Dsp überragend. 0,60–0,80. 7–8. Im Sommer meist längerzeitlich überflutete kiesige Ufer, trittempfindlich; s By(S: Bodensee) Bw(S: Bodensee), ↘ (stemp·c2ZEUR – igr H ♃ Horst – Ap – pseudovivipar – L8 T6 F10 R7 N2 – V Desch. litt. – 49, 52, 56).
                                                     Bodensee-Sch. – ***D. rhenana*** Gremli
4 (1) Granne schwach gedreht, undeutlich gekniet, die Sp nicht od. kaum überragend. Dsp an der Spitze gezähnelt, die beiden äußeren Zähne stets länger als die inneren. Bla borstlich bis fädlich. Ligula spitz, 8 mm lg. Pfl dichte, starre Rasen bildend. 0,30–0,60. 6–7. Zeitweilig überflutete, wechselfeuchte Wiesenmulden, auch (tritt)verdichtete Rud., kalkstet; s Bw(ORh) Rh(ORh), ↘ (sm-stemp·c1-3EUR – sogr? H ♃ Horst – L8 T7 F8= R7 N4? – V Agrop.-Rum., V Mol. – 26).   Binsen-Sch. – ***D. media*** (Gouan) Roem. et Schult.
4* Granne zur FrZeit deutlich gekniet. Pfl dichte, weiche Polster bildend. Bla borstenfg gefaltet **5**
5 Ligula der GrundBla 2–3 mm lg, abgerundet bis ausgerandet. Dsp an der Spitze mehrzähnig, die äußeren Zähne kürzer als die inneren. 0,30–0,60. 6–8. Mäßig trockne bis frische Laub- u. NadelW, Forste, Waldschläge, Gebüsche, Silikatmagerrasen, Felsfluren, Heiden, kalkmeidend; g Rh(v ORh) Nw Th Sa, h By He An Bb Ns Sh, v Alp Bw Mv (antarct-trop/salp-m/salp-b·c1-5CIRCPOL – igr H ♃ Horst+kurze uAusl – selbststeril – Lichtkeimer – L6 Tx Fx R2 N3 – V Querc. rob.-petr., V Luz.-Fag., O Vacc.-Pic., K Nardo-Call., V Epil. ang.

– 28). [*Avenella flexuosa* (L.) DREJER]
Draht-Sch., Schlängel-Sch. – *D. flexuosa* (L.) TRIN.
Die Verbreitung der subsp. *corsica* (TAUSCH) VALDÉS et. H. SCHOLZ in subalpinen u. alpinen Lagen ist noch unvollständig bekannt: Alp By(O)

5* Ligula 3–8 mm lg, spitz. Dsp an der Spitze mehrzähnig, die äußeren Zähne länger als die inneren. Granne am Grund bläulich. 0,30–0,50. 7–8. Nasse, zeitweilig auch überflutete, sandige od. torfige Teichufer u. Heidemoore, auch wechselnasse Küstendünentäler, kalkmeidend; s Nw(f SO N SW) Sa(NO) Bb(SO) Ns(O M NW) Sh(f SO), † By Mv, ↘ ((sm)-temp·c1-2EUR – igr H ♃ Horst – L8 T6 F9= R2 N1? – O Litt. – 14). [*Aristavena setacea* (HUDS.) F. ALBERS et BUTZIN] **Borstblatt-Sch. – *D. setacea* (HUDS.) HACK.**

Corynephorus P. BEAUV. [*Weingaertneria* BERNH.] – **Silbergras** (5 Arten)

Bla borstlich, steif aufrecht, stark graugrün, Scheiden rosa. Ligula 2–3 mm lg, spitz. Granne gegliedert, in der Mitte mit Haarkranz, darüber keulenfg (Abb. **249**/1). 0,15–0,30. 6–7. Trockenrasen auf lockeren Sanden, bes. Küsten- u. Binnendünen, seltener auch sandig-grusige Felsfluren, sandige, trockne Rud.: Wegränder, Exerzierplätze, Bahnanlagen; Brachen, sandige Tagebaue, lockere KiefernW u. -forste, kalkmeidend; v Sa(g NO, s SW) Bb Ns(f Hrz) Mv(g Elb), z By(f S) Rh(ORh SW W) Nw(f SW) An(h Elb N) Sh, s Bw(f Alb NW S SO) He(SO MW SW) Th(S Bck) (m-temp·c1-4EUR, [N] NAM – igr H ♃ Horst – L8 T6 F2 R3 N2 – V Coryneph., V Cytis.-Pin. – 14). [*Weingaertneria canescens* (L.) BERNH.]
Gewöhnliches S. – *C. canescens* (L.) P. BEAUV.

Koeleria PERS. – **Schillergras, Kammschmiele** (35 Arten)

1 Halme am Grund auffallend zwiebelfg verdickt, von den in verflochtene, geschlängelte, feine Fasern aufgelösten, abgestorbenen BlaScheiden eingehüllt. Bla graugrün, starr, GrundBla borstlich zusammengerollt. 0,10–0,40. 5–6. Submed. Felsfluren u. Trockenrasen, kalkstet; s Rh(ORh: Nackenheim) (m/mo-stemp·c2-4W-ZEUR – sogr? H/G ♃ Horst+kurze uAusl – L9 T8 F1? R9 N1 – V Xerobrom. – *14–126*).
Walliser Sch. – *K. vallesiana* (HONCK.) ASCH. et GRAEBN.
1* Halme am Grund nicht od. nur wenig zwiebelfg verdickt. GrundBlaScheiden nicht zerfasernd od. in gerade, grobe Fasern aufgelöst **2**
2 Dsp ganz stumpf, abgerundet, zuweilen mit kurzer aufgesetzter Stachelspitze. Pfl blaugrün, kahl. Halme am Grund etwas zwiebelfg verdickt. 0,30–0,60. 5–7. Kont. reichere Sandtrockenrasen, bes. Binnendünen, sandige, trockne Rud.: Wegränder, Deiche, trockne KiefernW, basenhold; z Ns(f N ORh) Bb, s Bw(ORh) Rh(ORh) Sa(NO) An(f Hrz S) Ns(O Elb) Mv Sh(M), ↘ (sm-temp·c3-8+(lit)EUR-SIB – sogr H ♃ Horst, s kurze uAusl – L7 T7 F3 R8 N1 – V Koel. glauc., V Cytis.-Pin. – 14). **Blaugrünes Sch. – *K. glauca* (SPRENG.) DC.**
2* Hsp u. Dsp zugespitzt **3**
3 Pfl lockerrasig, mit 5–10 cm lg unterirdischen Ausläufern u. einzeln stehenden Trieben. Halme am Grund etwas zwiebelfg verdickt. Untere BlaScheiden bleich, meist dicht samtig behaart u. rückwärts rau. Bla borstlich eingerollt, starr, graugrün, scharf zugespitzt. 0,10–0,25. 5–6. Reichere Sandtrockenrasen gefestigter Küstendünen (Graudünen), basenhold; z Ns(N: Ostfriesische Inseln) (temp·c1EUR – igr H/G ♃ uAusl Rhiz – L9 T6 F4 R5 N3 – V Koel. albesc. – *14*). [*K. albescens* auct. p.p. non DC., *K. albescens* subsp. *arenaria* (DUMORT.) RAUSCHERT, *K. cristata* var. *arenaria* (DUMORT.) LEJ., *K. glauca* subsp. *arenaria* (DUMORT.) DOMIN] **Weißliches Sch. – *K. arenaria* (DUMORT.) B.D. JACKS.**
3* Pfl ± horstig, dazu oft mit unterirdischen Ausläufern. Halme am Grund nicht zwiebelfg verdickt. **(Artengruppe Großes Sch. – *K. pyramidata* agg.)** **4**
4 BlaSpreiten kahl, am Rand oft bewimpert, flach, 2–3,5 mm br. BlaScheiden kahl, zuweilen die untersten kurzhaarig. Ährchen 3blütig, 5,5–6,5 mm lg. 0,30–1,00. 6–7. Trocken- u. Halbtrockenrasen, trockne Rud.: Wegränder; wechselreichnasse Wiesen, lichte KiefernW, kalkhold; v Alp Rh Th An, z By Bw He Nw(f N) Ns(S Hrz MO M), s Sa(f NO) Bb(Elb MN SW) (sm/mo-temp·c2-6 EUR – sogr H/G ♃ Horst+uAusl – L7 T6 F4 R7 N2 – V Mesobrom., V Cirs.-Brach., V Mol., K Sesl., V Eric.-Pin. – *14–84*). [*K. cristata* PERS. p.p.]
Großes Sch. – *K. pyramidata* (LAM.) P. BEAUV.

4* BlaSpreiten beidseits dicht kurzhaarig, oft eingerollt. BlaScheiden meist alle weichhaarig 5
5 Halme meist kahl. BlaSpreiten meist eingerollt, ausgebreitet 1 mm br, die der HalmBla 1–2,5 mm br, nicht bewimpert. Ährchen 2(–3)blütig, 4–5 mm lg. 0,20–0,50. 6–7. Felsfluren, Trocken- u. Halbtrockenrasen, reichere Sandtrockenrasen, trockne Rud.: Wegränder; lichte KiefernW; v An, z By Rh He Nw(f N NO) Th(f Hrz Rho Wld) Sa Bb Mv, s Bw(f NW) Ns(f Hrz) (m-temp·c2-8CIRCPOL, [N] AUST? – sogr H ♃ Horst, s uAusl – L7 T6 F3 R8 N2 – K Fest.-Brom., V Armer. elong., V Sesl.-Fest., V Eric.-Pin. – 28). [*K. cristata* PERS. p.p., *K. gracilis* PERS.] **Zierliches Sch. – *K. macrantha* (LEDEB.) SCHULT.**
5* Halme dicht kurzhaarig. BlaSpreiten nicht eingerollt, ausgebreitet 2–3(–4,5) mm br, am Rand bewimpert. Ährchen 2–3(–4)blütig, (5,0–)5,5–7,0(–7,5) mm lg. 0,50–1,00. (5–)6(–7). Kont. Halbtrockenrasen; s Bb(f M SO SW) Mv(M NO) (temp-b·c3-5EUR – igr? H ♃ Horst+uAusl? – V Cirs.-Brach.). [*K. polonica* DOMIN]
Erhabenes Sch. – *K. grandis* GÓRSKI

Hybride: *K. glauca* × *K. macrantha* = ? – s

Holcus L. – Honiggras (6 Arten)

1 Halmknoten, BlaScheiden u. Spreiten weichhaarig. Granne nicht od. kaum aus den Ährchen herausragend, zuletzt an der Spitze hakenfg (Abb. 249/3). Pfl horstig. 0,30–1,00. 6–8. Frische bis feuchte, auch (stau)nasse od. moorige Wiesen u. Weiden, Grünlandbrachen, mäßig nährstoffanspruchsvoll; alle Bdl g (m/mo-temp·c1-4EUR, [N] austrCIRCPOL+m-temp·c1-4AM+OAS – igr H ♃ Horst, s uAusl – selbststeril – L7 T6 F6 Rx N5? – K Mol.-Arrh., V Car. nigr. – 14). **Wolliges H. – *H. lanatus* L.**
1* Halmknoten mit Haarkranz. Scheiden u. Spreiten spärlich behaart od. kahl. Granne die Hsp überragend, gekniet. Pfl mit unterirdischen Ausläufern. 0,30–0,80. 7–8. Mäßig frische bis frische, lichte Eichen-BirkenW u. FichtenW, Waldschläge, Heiden, nährstoffarme, extensiv genutzte Äcker (Flachland, Gebirge), (gestörte) Wiesen u. Weiden, kalkmeidend; g Sa, h Rh He Nw Th An(s SO) Ns, v By Bw Bb Mv Sh, s Alp(f Krw Mng Wtt), ↗ (sm/mo-temp·c1-3EUR, [N] NAM – igr H/G ♃ uAusl – L5 T5 F5 R2 N3 – V Querc. rob.-petr., V Prun.-Rub., V Trif. med., K Nard.-Call., V Epil. ang., O Aper. – 28). **Weiches H. – *H. mollis* L.**

Ähnlich ist das **Steife H. – *H. rigidus* HOCHST.**, aber Stg u. Nodien kahl, DspGrannen die Dsp überragend u. gekniet; [U] s By(NO).

Hybride: *H. lanatus* × *H. mollis* = *H.* ×*hybridus* WEIN – z?

Polypogon DESF. – Bürstengras (18 Arten)

1 Hsp aus dem Einschnitt der 2zähnigen Spitze 4–7 mm lg begrannt, Dsp meist kurz begrannt. Rispe zusammengezogen, walzenförmig. Pfl einjährig, am Grund büschlig verzweigt. Bla-Häutchen 2,5–13 mm lg. 0,06–0,75. 4–6(–10). Rud.: Bahnanlagen, Schutt; [N U] s By Bw Rh He Nw Th Sa An Bb Ns Mv Sh (bstrop-sm·c2–10-stemp·c2EURAS, [N] austrCIRCPOL-m-smAM – ☉ – 28). [*Alopecurus monspeliensis* L.]
Gewöhnliches B. – *P. monspeliensis* (L.) DESF.
1* Hsp u. Dsp unbegrannt. Rispe ausgebreitet, pyramidenförmig, gelappt. Pfl ausdauernd, lockere Horste bildend, mit oberirdischen Ausläufern. Ligula 1,5–5 mm lg. 0,10–0,60(–1,00). 6–9. Rud.; [U] s By Bw Rh Nw Ns Mv (m-sm·c2-8EURAS – ♃ – K Sisymbr.).
Grünes B. – *P. viridis* (GOUAN) BREISTR.

Hybride: s. unter *Agrostis* (S. 290)

Phleum L. – Lieschgras (15 Arten)

1 Ährenrispe mit sehr kurzen Ästen, beim Umbiegen nicht lappig 2
1* Ährenrispe mit z. T. verlängerten Ästen, beim Umbiegen lappig 5
2 Ährenrispe (2–)5–30 cm lg, 4–12 mm ⌀, meist grün, selten (im Gebirge) etwas violett überlaufen. Granne der Hsp ¼–½ so lg wie die Hsp, stets unbewimpert (Abb. 247/1). BlaScheiden nicht (od. nur die oberste ganz wenig) aufgeblasen. Sp der Fr eng anliegend. Bla beidseits rau. **(Artengruppe Wiesen-L. – *Ph. pratense* agg.)** 3

POACEAE 297

2* Ährenrispe 1–4(–7) cm lg, durch die Grannen dicker (bis 10 mm ⌀) erscheinend, meist trübviolett. Grannen der Hsp mindestens halb so lg wie die Hsp. Oberste BlaScheiden stark aufgeblasen. Sp die Fr lose umschließend. Bla nur am Rand rau. **(Artengruppe Alpen-L. – *Ph. alpinum* agg.)** **4**
3 Ährenrispe 8–15(–30) cm lg, 7–12 mm ⌀. Ährchen mit Granne 4,5–5,5 mm lg. Hsp doppelt so lg wie die Grannen. Halme am Grund meist nur schwach verdickt. Ligula kahl. 0,40–1,00. 6–8. Mäßig frische bis mäßig feuchte Weiden u. Wiesen, Parkrasen, Rud.: Weg- u. Ackerränder, Brachen, nährstoffanspruchsvoll; alle Bdl g (m/mo-b·c1-6EUR-WAS, [N] austrCIRCPOL+m-bAM+OAS – igr H ♃ Horst, z. T. SprKnolle – Sa langlebig Lichtkeimer – L7 Tx F5 Rx N7 – V Cynos., V Arrh., V Polyg. avic. – Futtergras – 42).
Wiesen-L., Timothee – *Ph. pratense* L.
3* Ährenrispe 1–8(–10) cm lg, 4–6 mm ⌀. Ährchen mit Granne 2,5–3,5 mm lg. Hsp 3mal so lg wie die Grannen. Halme am Grund meist verdickt. Ligula kurz abstehend behaart. 0,10–0,30(–0,80). 6–8. Mäßig trockne bis wechselfeuchte Rud.: Wegränder, Bahnanlagen, Kiesgruben; Brachen, frische Wiesen u. Weiden, lückige Halbtrockenrasen, kalkhold; v Rh He, z By(f S) Bw Nw Th Sa An Ns, s Bb Mv Sh(M O), Verbreitung ungenügend bekannt (m/mo-temp-(b)·c1-6EUR-WSIB, [N] NAM – igr H/(G) ♃ Horst+u/oAusl, oft SprKnolle – L7 T6 F4 Rx N5 – V Cyn., V Mesobrom. – 14). [*Ph. pratense* subsp. *nodosum* (L.) DUMORT., *Ph. bertolonii* DC.] **Knolliges L. – *Ph. nodosum* L.**
4 (2) Granne der Hsp in der unteren Hälfte lg bewimpert, etwa halb so lg wie die Hsp (Abb. **297**/1). Ährenrispe 3–4(–7) cm lg, grün od. schwach violett. Pfl mit kurzen unterirdischen Ausläufern. 0,20–0,50. 7–8. Alp. bis subalp. frische Wiesen u. Weiden, nährstoffanspruchsvoll; v Alp (sm-stemp/alp·c2-4EUR – igr H ♃ Horst+kurze uAusl – L8 T3 F5 R6 N7 – V Poion alp., V Triset., V Rum. alp. – *14*). [*Ph. alpinum* auct.]
Graubündener L. – *Ph. rhaeticum* (HUMPHRIES) RAUSCHERT
4* Granne der Hsp fast kahl od. etwas rau, fast so lg wie die Hsp (Abb. **297**/2). Ährenrispe 1–3 cm lg, trübviolett. Pfl ohne Ausläufer. 0,10–0,25. 7–8. Alp. bis subalp. feuchte bis nasse Schneetälchen, kalkmeidend; z Alp(f Allg), s By(O: Bayr-W), [N] s An(Hrz: Brocken) (antarctaustr/alp+m/alp-arct·c1-5CIRCPOL – igr H ♃ Horst – L8 T3 F5 R6 N7 – V Car. nigr., K Salic. herb. – *28*). [*Ph. commutatum* GAUDIN] **Alpen-L. – *Ph. alpinum* L. s. str.**
5 (1) Ährenrispe eifg bis kurz walzig, 1–4 cm lg. Hsp lanzettlich, zugespitzt. 0,05–0,25. 5–6. Lückige Sandtrockenrasen, bes. Küsten(Grau)- u. Binnendünen, trockne, sandige Rud.: Wegränder, Bahnanlagen, basenhold, salztolerant; v Ns(N: Inseln), z Sh(O), s Rh(ORh) He(ORh SO SW) Mv(N MW), [N U] Bw Th † Nw Bb, † Nw(MW SW), ↘ (m-temp·c1-4litEUR – ⊙ ⓛ – L9 T6 F3 R7 N3 – V Koel. alb., V Koel. glauc., V Sileno-Cerast. – *14*).
Sand-L. – *Ph. arenarium* L.
5* Ährenrispe schlank u. dünn **6**
6 Hsp lanzettlich, allmählich in die 1–2 mm lg Granne zugespitzt (Abb. **297**/3), am Kiel u. auf den Seitennerven bis 1 mm lg weiß bewimpert. Ligula an den HalmBla spitz u. kahl, an den GrundBla fein samthaarig. 0,30–0,60. 7–8. Subalp. sickerfrische hängige Wiesen, basenhold; v Alp (sm-stemp//salp·c3-4EUR – igr H ♃ Rhiz (Horst) – L8 T3 F5 R7 N4 – V Car. ferr. – *14*). [*Ph. michelii* ALL.] **Rauhaariges L. – *Ph. hirsutum* HONCK.**
6* Hsp gestutzt, mit kurzer Stachelspitze. Ligula gestutzt **7**
7 Bla 2–5 mm br. Ligula 1 mm lg. Hsp lanzettlich, am Kiel kurz borstlich rau, seltener mit einzelnen längeren Haaren (Abb. **297**/4). 0,30–0,60. 6–7. Felsfluren, Trocken- u. Halbtrockenrasen, reichere Sandtrockenrasen, Rud.: Wegränder; TrockenW u. ihre Säume, basenhold; z By Bw Rh He Th(f Hrz Wld, v Bck S) An Bb Mv(f Elb), s Nw(f N) Sa Ns(MO),

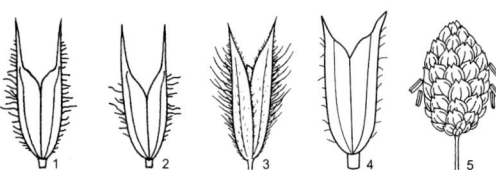

Ph. rhaeticum Phleum alpinum Ph. hirsutum Ph. phleoides Phalaris canariensis

↘ (m/mo-temp·c2-7EUR-WAS-SIB – igr H ♃ Rhiz – L8 T6 F3 R8 N2? – K Fest.-Brom., O Fest.-Sedet., V Ger. sang., V Cytis.-Pin. – *14*). [*Ph. boehmeri* WIB.]
Steppen-L., Glanz-L. – *Ph. phleoides* (L.) H. KARST.

7* Bla 4–10 mm br. Ligula bis 4 mm lg. Hsp nach oben verbreitert, aufgeblasen, am Kiel stark warzig rau. 0,15–0,30. 5–7. Mäßig trockne Rud.: Wegränder, Bahnanlagen, Schutt; Weinberge, Äcker, basenhold; z By(f NO O S) Th(f Hrz O Wld, v NW), s Bw(Alb Gäu Keu) Rh(f N SW W) He(f NW SO W), Ns(S), † Nw(NO) An, [U] s Sa Mv Sh, ↘ (m-stemp·c2-7EUR-WAS, [N] OAS+NOAM – ⊙ ① – L7 T6 F4 R8 N4? – K Stell. – 28). [*Ph. asperum* JACQ.]
Rispen-L. – *Ph. paniculatum* HUDS.

***Alopecurus* L. – Fuchsschwanz** (36 Arten)

1 Untere StgGlieder knollenfg verdickt. Halme meist aufrecht. Bla ± 1 mm br. Hsp nur am Grund verwachsen, spitz, dicht behaart. 0,30–0,50. 5–7. Feuchte, zeitweilig von Brackwasser überflutete Küstenwiesen; [N?] z Ns(N: Schmarren), [U] s Bw Nw Mv (m-temp·c1-3lit EUR – igr H ♃ RhizHorst SprKnolle – L8 T6 F7= R7? N5? – V Armer. marit., V Agrop.-Rum. – *14*). **Zwiebel-F. – *A. bulbosus* GOUAN**
1* Rhizom nicht verdickt. Bla breiter 2
2 Halme meist aufrecht. Hsp mindestens auf ⅓ verwachsen, spitz (Abb. 247/2) 3
2* Halme am Grund liegend, knickig aufsteigend, glatt 5
3 Ährenrispe schmal, beidseits zugespitzt, 0,3–0,5 cm ⌀. Ährchen zu 1–2 an jedem Ästchen. Hsp bis zur Mitte verwachsen, am Kiel schwach geflügelt, kurz bewimpert. 0,20–0,45. 5–10. Lehmige bis tonige Äcker, mäßig frische Rud.: Weg- u. Straßenränder, Schutt, Brachen, basenhold; [A] v Bw He Nw Ns(g MO), z By(h NM) Rh Th(h NW) Sa An Mv Sh, s Alp(Chm) Bb(f M Od SW), ↗ (m·c1-7-temp·c1-3(lit)EUR-WAS – ⊙ ① – Sa langlebig – L6 T6 F5 R7 N6 – V Aphan., V Caucal. – 14). [*A. agrestis* L.] **Acker-F. – *A. myosuroides* HUDS.**
3* Ährenrispe walzig, stumpf. Ährchen zu 4–6. Hsp auf ⅓ verwachsen, am nicht geflügelten Kiel lg bewimpert 4
4 Ährchen oben verschmälert od. parallelrandig. Ligula 1–2,5 mm lg. Rhizom schief, kurz kriechend. Pfl grasgrün. Ährenrispe vor u. nach der BlüZeit 0,5–1(–1,5) cm ⌀. Granne meist dicht über dem Grund der Dsp eingefügt. 0,40–1,00. 5–6. Frische bis feuchte Wiesen, Rud.: Dungplätze, Tierläger; Brachen, Uferstaudenfluren, nährstoffanspruchsvoll; alle Bdl g (m/mo-b·c1-7EUR-WAS, [N] austrAM+AUST-sm/mo-bAM+(OAS) – teilig H/G ♃ Rhiz Horst+uAusl – L6 Tx F6 R6 N7 – K Mol.-Arrh., bes. feuchte O Arrh. u. V Calth., V Convolv. – Futtergras). **Wiesen-F. – *A. pratensis* L.**

1 Ausläufer bis 4 cm lg. Ährenrispe blassgrün bis grün, (3–)7–10 × 1 cm. 0,55–1,00. Standorte, Soz., Verbr. in D u. Gesamtverbr. wie Art (*28*). **subsp. *pratensis***
1* Ausläufer bis >10 cm lg. Ährenrispe schwärzlich, 2–5 cm lg, sehr dick u. dicht. 0,40–0,60. Mäßig frische Rasen; Verbr. ungenügend bekannt. [*A. nigricans* auct. non HORNEM., *A. p.* var. *obscurus* (GRISEB.) ASCH. et GRAEBN.] **subsp. *pseudonigricans* O. SCHWARZ**

4* Ährchen oben kelchartig verbreitert. Ligula 3–5 mm lg. Ausläufer bis über 20 cm lg kriechend. Pfl blaugrün bereift. Ährenrispe 0,8–1,5 cm ⌀. Granne in od. über der Mitte der Dsp eingefügt. 0,60–1,30. 5–6. Salzwiesen, Brackröhrichte, Flussufer; s Mv(NO N) (Art: m/mo-b·c3-6(lit)EUR-WAS-SIB, [N] OAM, subsp: ntemp·c3litEUR – sogr? H/G ♃ uAusl – V Armer. marit., V Agrop.-Rum. – *28*). [*A. ventricosus* PERS.]
Rohr-F. – *A. arundinaceus* POIR. subsp. *exserens* (R. ARNDT) H. SCHOLZ et HENKER

5 (2) Obere BlaScheiden stark bauchig aufgeblasen. Ährenrispe kurz eifg. Hsp bis zur Mitte verwachsen, nach vorn verbreitert, plötzlich in eine flache Spitze zusammengezogen. Granne bis 1,5 cm lg. 0,10–0,50. 5–6. Feuchte Wiesen u. Weiden, wechselfrische Rud.: Wegränder, Schutt, Bahnanlagen, salztolerant, nährstoffanspruchsvoll; s Rh(SW), † Bw, [U] s By Nw Th Sa An Ns Mv Sh (m-stemp·c2-4EUR, [N] OAM – ⊙ ① – *14*). [*A. utriculatus* (L.) SM.] **Aufgeblasener F. – *A. rendlei* EIG**
5* Alle BlaScheiden nicht od. kaum aufgeblasen. Ährenrispe dünn walzlich. Hsp nur am Grund verwachsen, stumpf 6
6 Granne nahe dem DspGrund entspringend, etwa doppelt so lg wie das Ährchen, aus diesem weit herausragend. Staubbeutel anfangs hellgelb (od. schwach violett), später rost- bis kaffeebraun. Ährchen ohne Grannen 2,5–3,5 mm lg. 0,15–0,40. 5–10. Nasse,

POACEAE 299

zeitweise überflutete Wiesen- u. Wegmulden, Ufer von Teichen u. Altwassern, Rud.: Kies- u. Sandgruben, nährstoffanspruchsvoll; g Sh, h Nw Th Sa An Ns Mv, v Rh He Bb, z Alp (f Krw Wtt) By Bw (sm-b·c1-5EUR, [N?] antarct-austrAUST+AM, NAM, OAS – ☉/ igrH ♃ Rhiz, auch SprKnolle – SeB – Sa langlebig – L9 T6 F8= R7 N7 – V Agrop.-Rum., V Bid., V Nanocyp. – 28). **Knick-F. – *A. geniculatus* L.**

6* Granne in der Mitte der Dsp entspringend, etwa halb so lg wie das Ährchen, nicht od. wenig aus ihm herausragend. Staubbeutel erst gelblichweiß, dann ziegelrot, zuletzt wieder gelblichweiß. Ährchen 2–2,5 mm lg. 0,10–0,25. 5–10. Nasse, zeitweise überflutete u. sommerlich z. T. trockenfallende Ufer u. Böden von Teichen, Altwassern, Gräben, Uferfluren u. Röhrichte, nährstoffanspruchsvoll; h Sa, v Th An Bb Ns Mv, z Alp(Amm Chm Allg) By(h NM) Bw Rh He Nw Sh(f W) (m/mo-b·c2-7CIRCPOL, [N] austrAUST+AM – ☉ ①/sogr? H ♃ oAusl – SeB – Sa langlebig – L9 Tx F9= Rx N9 – V Bid., V Nanocyp., V Phragm., V Agrop.-Rum. – 14). [*A. fulvus* Sm.] **Rotgelber F. – *A. aequalis* Sobol.**

Hybriden: *A. aequalis* × *A. geniculatus* = *A.* ×*hausknechtianus* Asch. et Graebn. – s, *A. aequalis* × *A. pratensis* = *A.* ×*winklerianus* Asch. et Graebn. – s, *A. arundinaceus* × *A. geniculatus* = *A.* ×*marssonii* Asch. et Graebn. – s, *A. arundinaceus* × *A. pratensis* = ? – s, *A. bulbosus* × *A. geniculatus* = *A.* ×*plettkei* Mattf. – s, *A. geniculatus* × *A. pratensis* = *A.* ×*brachystylus* Peterm. [*A.* ×*hybridus* Wimm., *A.* ×*elongatus* Peterm., *A.* ×*intermedius* Hallier] – s

***Phalaris* L. – Glanzgras** (15 Arten)

1   Ährchen in eifg Ährenrispe (Abb. **297**/5). Hsp weiß u. grün gestreift. 0,15–0,40. 6–9. KulturPfl; auch frische Rud.: Schutt; [N U] z By Bw He Nw Th Sa An Bb Ns Mv, s Alp Rh Sh (m-sm·c1-4EUR, [N] austr-(trop)-smCIRCPOL – ☉ – *L7 T9 F3 R5 N5* – V Sisymbr., K Bid. – Vogelfutter – 12). **Echtes G., Kanariengras, Glanz – *Ph. canariensis* L.**

1* Ährchen in ausgebreiteter, etwas geknäuelter Rispe (Abb. 247/6). Hohes, schilfartiges Gras. 0,80–2,50. 6–7. Sickernasse Uferröhrichte fließender od. stehender Gewässer mit stark schwankenden Wasserständen, Nasswiesen, auch AuenW, nährstoffanspruchsvoll; g Rh He Nw Th Sa An Ns Sh, h By(g NM) Bw Bb Mv, v Alp (sm-b·c1-8EURAS, [N] austrCIRCPOL+sm-bAM – sogr? H/G/He ♃ uAusl – Lichtkeimer – L7 T5 F8~ R7 N7 – O Phragm., V Calth., V Filip., V Alno-Ulm. – Futtergras, Uferbefestigung, mit weißstreifigen Bla Ziergras: „Bandgras", var. *picta* L. – 28). [*Typhoides arundinacea* (L.) Moench, *Baldingera arundinacea* (L.) Dumort.] **Rohr-G. – *Ph. arundinacea* L.**

***Lagurus* L. – Hasenschwanzgras** (1 Art)

Stg einzeln, aufsteigend, dünn, dicht kurzzottig behaart. Scheide der unteren Bla lang zottig, anliegend, die der oberen Bla lichter behaart u. aufgeblasen. Ährenrispe br eiförmig bis kopfig, 1–7 cm lg u. bis 2 cm br. Hsp länger als die Dsp, fedrig behaart. Dsp mit lg, geknieter, rückenständiger Granne. 0,05–0,60. 5–8. ZierPfl; auch [U] s By Bw Rh He Nw Th Sa Ns Mv (m-stemp//(lit)·c1-3EUR, [N] AUSTR+AS+AFR+AM, ① ☉ K Stell., K Sisymbr.). **Hasenschwanzgras – *L. ovatus* L.**

***Anthoxanthum* L. – Ruchgras** (18 Arten)

1   Halme auch oberwärts verzweigt. Ährenrispe 1–5 × 0,8–1,5 cm, am Grund unterbrochen. Beide Grannen aus dem Ährchen herausragend. 0,05–0,30. 5–7. Mineralarme, sandige Äcker, Brachen, sandige, mäßig trockne Rud.: Wegränder, Umschlagplätze, Schutt, kalkmeidend; [N 1850] v Ns, z Nw An Bb Mv Sh, s Rh Th Sa, [U] s By Bw He (m-temp·c1-2EUR, [N] m-temp·c1-2AM – ☉ ① – L7 T6 Fx R2 N3 – V Aphan. – 10). [*A. puelii* Lecoq et Lamotte] **Grannen-R. – *A. aristatum* Boiss.**

1* Halme oberwärts nicht od. kaum verzweigt. Ährenrispe länglich, 2–8 × 0,6–1,5 cm, ± dicht. Nur 1 Granne aus dem Ährchen herausragend (Abb. 247/3). **(Artengruppe Gewöhnliches R. – *A. odoratum* agg.)** 2

2   BlaRand behaart. Bla 3–7 mm br, flach, beidseits graugrün, matt, selten schwach verschiedenfarbig. Dsp der obersten, unbegrannten Blü kahl u. glatt. Ährenrispe 2–8 cm lg, gelblich. 0,20–0,50. 5–6. Frische bis mäßig trockne, ärmere Wiesen u. Weiden, Silikatmagerrasen, Heiden, Rud.: Weg- u. Straßenböschungen; lichte LaubW, kalkmeidend; g Nw Th Sa Ns, h Alp By Bw Rh He An Mv, v Bb Sh (m/mo-b·c1-6EUR-(WAS), [N] antarct-strop/

mo-CIRCPOL+m-b·c1-5AM+(OAS) – igr H ♃ Rhiz Horst – Lichtkeimer – Lx Tx Fx R5 Nx – K Mol.-Arrh., K Nardo-Call., V Querc. rob.-petr. – kumarinhaltig – giftig – 20).
Gewöhnliches R. – *A. odoratum* L.

2* BlaRand unbehaart. Bla 2–5 mm br, nach oben einrollend, oseits graugrün, matt, useits gelbgrün, glänzend. Dsp der obersten, unbegrannten Blü im oberen Teil an den Seitenflächen kurzhaarig rau. Ährenrispe meist 1–2 cm lg, gelbbraun. 0,15–0,30. 5–7. Alp. bis subalp. frische bis mäßig trockne Rasen u. Schneeböden, kalkmeidend; z Alp, s By(O) Bw(SW), [N] s An(Hrz: Brocken), Verbr. ungenügend bekannt (sm-temp//alp+b-arct·c2-7EURAS, NAM? – igr H ♃ RhizHorst – L7? T3 F6? R2 N2 – V Nard., V Car. nigr. – 10). [*A. alpinum* Á. Löve et D. Löve]   **Alpen-R. – *A. nipponicum* Honda**

Hierochloë R. Br. – **Mariengras**   (30 Arten)

1 Pfl horstfg, ohne unterirdische Ausläufer. Dsp der 2. Blü mit 1–4 mm lg, geknieter Granne. Oberstes HalmBla ohne Spreite. Rispe bis 6 cm lg. Ährchenstiele mit einem Haarbüschel. 0,15–0,45. 4–5. Wechseltrockne, steinige Eichen- u. Eichen-KiefernW, kalkhold; s By(f N NW S), † Th Sa, ↘ (sm/perialp-temp-(b)·c4EUR – igr H ♃ Horst – L5 T7? F3~ R8 N2? – V Querc. pub., V Cytis.-Pin. – 14).
Südliches M. – *H. australis* (Schrad.) Roem. et Schult.

1* Pfl mit unterirdischen Ausläufern. Dsp der 2. Blü ohne od. mit 1 mm lg, gerader Granne. Oberstes HalmBla mit kurzer Spreite. Ährenrispe bis 15 cm lg. Ährchenstiele kahl. **(Artengruppe Duft-M. – *H. odorata* agg.)** 2

2 Oberste Dsp mit 0,1–0,6 mm lg, anliegenden Haaren, die beiden unteren Dsp am Rand locker 0,3–0,7 mm lg behaart. 0,20–0,60(–0,90). 5–6. Wechselfeuchte bis -nasse, meist extensiv genutzte (Auen)Wiesen, Großseggenriede, Niedermoore, Ufer fließender od. stehender Gewässer, BruchW, schwach salztolerant; z Alp(Amm Kch Wtt Mng) Ns(Elb N NW O) Sh, s By(MS S) Rh(SW) Nw(MW) Th(Bck) Nw(MW) An(Elb SO) Bb(f NO Od SW) Mv, † Bw Sa, ↘ (sm/mo-b·c3-8CIRCPOL – sogr H/G ♃ uAusl – Ap – auch WaA – L6 T6 F9 R4 N2? – V Mol., V Car. nigr. – kumarinhaltig – 28).   **Duft-M. – *H. odorata* (L.) P. Beauv.**

2* Oberste Dsp mit 0,4–0,8 mm lg, abstehenden Haaren, die beiden unteren Dsp am Rand dicht 0,5–1 mm lg behaart. 0,40–0,80(–1,10). 5–6. Nasse bis wechselfeuchte Niedermoorwiesen, Gewässerufer; s By(MS S) Bb(M), † An Mv, Verbr. ungenügend bekannt, ↘ (temparct·c3-8CIRCPOL – sogr H/G ♃ uAusl – L8 T6 F7~ R6? N4? – O Mol., V Agrop.-Rum.).
Raues M. – *H. hirta* (Schrank) Borbás

1 Dsp der ♂ Blü bespitzt od. mit kurzer, dünner, rauer, bis 0,5 mm lg Granne. Sonst ähnlich subsp. *arctica*. Feuchte Graben- u. Straßenränder, Wiesen u. Weiden; s Bb(M), [N] s Mv(NO: Demmin) (sm/mo-b·c4-6 EUR-WSIB – 42).   subsp. *praetermissa* G. Weim.

1* Dsp der ♂ Blü mit kräftiger, rauer, 0,2–1 mm lg Granne 2

2 Rispe mit 9 od. mehr Knoten, zur Reife dunkelviolett überlaufen. Untere Äste der Rispe hängend. Trocknere Niedermoorwiesen; s By(MS S) (temp·c3-4EUR – 56). [*H. odorata* subsp. *hirta* (Schrank) Tzvelev]   subsp. *hirta*

2* Rispe mit bis zu 8 Knoten, zur Reife goldbraun. Untere Äste der Rispe aufrecht abstehend. Feuchte bis nasse Niedermoorwiesen, Gewässerufer; † By (MS)? An? Bb? Mv?, frühere Angaben aus D könnten sich auch auf andere Unterarten beziehen u. sind überprüfungsbedürftig (Gesamtverbr. wie Art). [*H. odorata* subsp. *arctica* (J. Presl) Tzvelev]   subsp. *arctica* (J. Presl) G. Weim.

Mibora Adans. [*Chamagrostis* Borkh.] – **Zwerggras**   (2 Arten)

Halme länger als die bis 2(–5) cm lg BlaSpreiten, diese 0,5 mm br, flach od. Ränder eingerollt, BlaScheiden fast bis oben geschlossen. Ähre 2zeilig (Abb. **245**/1). 0,03–0,10. 3–5. Rud. Sandtrockenrasen, sandige Rud.: Wegränder, Brachen, Kiefernforste, kalkmeidend; z He(ORh), s By(NW N) Rh(ORh SW), [U] An, † Nw(SW MW) Bw Nw, ↘ (m-stemp·c1-2EUR – ① – L8 T8 F3 R4? N3? – V Coryneph. – *14*).   **Sand-Z. – *M. minima* (L.) Desv.**

Coleanthus Seidl – **Scheidenblütgras**   (1 Art)

Halme liegend bis aufsteigend. BlaScheiden bauchig aufgeblasen. 0,02–0,06. 5–10. Trockenfallende sandig-schlammige Böden von Altwassern u. abgelassenen Teichen; s Rh (N: Steinen) Sa(f Elb) An(Elb), [U] Bw(ORh: Mannheim) (temp·c1-5EURAS disjunkt, [N?] WAM

POACEAE   301

– ⊙ ① – KIA: Wasservögel – L9 T7? F8= R3 N2? – V Nanocyp. – ▽! – *14*).
                                          Scheidenblütgras – *C. subtilis* (Tratt.) Seidl

Mol<u>i</u>nia Schrank – **Pfeifengras**   (2–4 Arten)
(Beide Arten gehören zur **Artengruppe Pfeifengras** – *M. caerulea* agg.)

1 Unterste Dsp 3–4(–4,5) mm lg, eifg, oben abgerundet. Ährchen 4–6(–8) mm lg. Ährchenachse zwischen den Blü kahl od. mit einzelnen, kurzen Haaren. (0,10–)0,30–1,00(–1,50). 7–10. Wechselfeuchte, streugenutzte Moorwiesen, austrocknende Moore, Heiden, lichte LaubmischW, Birken-BruchW, Nährstoffansprüche gering; h Alp Nw Sa, v By(g NM) Bw Rh He Th An Bb Ns Mv Sh (m/mo-b·c1-5EUR-WSIB, [N] OAM – sogr H ♃ RhizHorst SprKnolle: basales Speicherinternodium – selbststeril, z. T. pseudovivipar – Kältekeimer – L7 Tx F7 Rx N2 – O Mol., K Nardo-Call., K Scheuchz.-Car., V Querc. rob.-petr., V Bet. pub. – früher Streugras – 36).   **Pfeifengras, Besenried, Benthalm** – *M. caerulea* (L.) Moench
1* Unterste Dsp (4,5–)5–7 mm lg, länglich-elliptisch, oben zugespitzt. Ährchen 6–9 mm lg. Ährchenachse zwischen den Blü mit einzelnen längeren, 0,3–0,6 mm lg Haaren. 1,00–2,00(–2,50). 7–9. Wechselfeuchte bis -trockne streugenutzte Wiesen, Halbtrockenrasen, lichte Laub- u. KiefernW u. ihre Säume, an Waldwegen, basenhold; h Alp, z By Bw He Th(Bck Rho S) Sa, s Rh Nw(f N NO) Bb(MN NO SO) Mv(N M MW) Sh(M O), Verbr. ungenügend bekannt (sm-stemp·c2-4 EUR – sogr H ♃ Rhiz Horst SprKnolle: basales Speicherinternodium – L7 T6 Fx~Rx N3 – V Mol., V Mesobrom., V Car. ferr., V Eric.-Pin., O Orig. – 108).   **Rohr-Pf.** – *M. arundinacea* Schrank
Die früher unterschiedenen subsp. *litoralis* (Host) Br.-Bl., subsp. *altissima* (Link) Domin u. subsp. *arundinacea* (Schrank) H. Paul haben keinen taxonomischen Wert.

Phragm<u>i</u>tes Adans. – **Schilf**   (3–4 Arten)
Bla blaugrün. Rispe bis >30 cm lg. 1,00–4,00. 7–9. Röhrichte eu- bis mesotropher stehender u. langsam fließender Gewässer, nasse Moor- u. Feuchtwiesen, Erlenbrüche; g An Ns (v Hrz) Sh, h Alp Rh He(s NW) Nw(s SO) Th Sa Bb Mv, v By(g NM) Bw (austr-(trop)-b·c1-9CIRCPOL – sogr He/G/H ♃ Rhiz+uAusl, oAusl bis 20 m – auch WaA Sa kurzlebig, meist durch Pilze unfruchtbar Lichtkeimer Wintersteher – L7 T5 F10 R7 N7? – K Phragm., O Mol., V Aln., V Salic. cin., K Scheuchz.-Car. – HauptverlandungsPfl, Streugras, auch zu Matten u. zum Dachdecken – 36, 42, 48). [*Ph. communis* Trin.]
                                     Gewöhnliches Sch. – *Ph. australis* (Cav.) Steud.

Eine 5–6(–10) m hohe Riesenform mit bis 6 cm br u. bis 75 cm lg BlaSpreiten wurde als subsp. *pseudodonax* (Rabenh.) Rauschert beschrieben (By(Alb: Brunn) Bb(SO: Stöbritz-Willmersdorf), ähnliche Pfl am Dortmund-Ems-Kanal; taxonomischer Wert nicht geklärt.

Danth<u>o</u>nia DC. – **Traubenhafer, Dreizahn**   (20 Arten)
1 Traube mit ± 5 Ährchen. Ährchen bis >1,5 cm lg. Dsp tief eingeschnitten 2spitzig, im Einschnitt mit lg, gedrehter u. geknieter Granne. BlaScheiden kahl. 0,30–0,60. 5–6. Halbtrockenrasen, basenhold; s By(MS: Garchinger Heide bei München) ((m)-sm//mo+(stemp/demo)·c2-3 EUR – igr? H ♃ Rhiz – SeB Kleistogamie – L9 T6? F3 R? N2 – V Cirs.-Brach. – 36). [*D. provincialis* DC., *D. calicina* (Vill.) Rchb.]
                                                   Kelch-T. – *D. alpina* Vest
1* Traube mit 4–12 Ährchen, diese ± 1 cm lg. Dsp unbegrannt, kurz 3zähnig. BlaScheiden bewimpert. 0,15–0,45. 6–7. Silikatmager- u. -halbtrockenrasen, wechselfeuchte Wiesen, Heiden, Rud.: Wegränder; Waldverlichtungen, trockne KiefernW; h Alp He Th Sa, v By Rh Nw An Bb Ns, z Bw Mv Sh (sm/mo-temp·c1-4EUR, [N] NEUSEEL, NOAM – igr H ♃ Rhiz – SeB kleistogam – AmA – L8 Tx Fx R3 N2 – V Mesobrom., V Cirs.-Brach., V Mol., K Nardo-Call., V Dicr.-Pin. – 36). [*Sieglingia decumbens* (L.) Bernh., *Triodia decumbens* (L.) P. Beauv.]   **Dreizahn** – *D. decumbens* (L.) DC.
Unklar ist die Abtrennung von subsp. *decipiens* O. Schwarz et Bässler. Diese soll sich von der Nominat-Unterart durch lockerrasigen Wuchs, zierliche u. hohe Halme, Vorkommen auf Kalkstandorten (Halbtrockenrasen, wechselfeuchte Wiesen, Waldlichtungen) u. tetraploiden Chromosomensatz (24) unterscheiden.

Angaben liegen aus By Rh Nw(SW: Ahlendorf, Ahrhütte, Bad Münstereifel) He? Th(Bck: Martinsroda bei Orlamünde, Altremda) vor. Neuere Chromosomensatz-Messungen von Material aus D ergaben ausschließlich die hexaploide DNA-Ploidiestufe (36).

Panicum L. – Hirse, Rispenhirse (470 Arten)

1 BlaScheiden kahl. Untere Hsp nur bis ⅓ so lg wie das 2–3,2 mm lg Ährchen, stumpf ... 2
1* BlaScheiden behaart. Untere Hsp >⅓ so lg wie das Ährchen, spitz 3
2 Ährchen länglich, 2,4–3,2 mm lg, 1 mm br. Untere Hsp 1-nervig, untere Blü steril. 0,40–1,30. 7–9. Maisäcker, Rud.; [N 1889] s By Bw He Nw Ns, [U] s Th Sa An Mv Sh (m-temp·c1-5OAM – ⊙ – *L5 T8 F3 R5 N7 – –* V Pan.-Set., V Sisymbr. – Futtermittelbegleiter – *54*).
Gabelästige H., Kahle H., Spätblühende H. – *P. dichotomiflorum* Michx.
2* Ährchen eiförmig, 2–2,6 mm lg, 1,2 mm br. Untere Hsp 3-nervig, untere Blü ♂. 0,30–0,90. 7–9. Maisäcker, Rud.; [N U] s By Bw Nw He Sa Ns Sh (austr-strop·c4-8SAFR – ⊙ – V Pan.-Set., V Sisymbr. – Futtermittelbegleiter). [*P. laevifolium* Hack.]
Schinz H. – *P. schinzii* Hack.
3 (1) Ährchen 4–5 mm lang. Untere Hsp ⅔ so lg wie das Ährchen. Rispenäste kräftig, zuletzt überhängend. 0,30–1,00. 7–9. KulturPfl; auch Rud.: Schutt, Wegränder; Hackkulturen (Mais); [N U] z By Nw Th Sa Bb Ns, s Bw Rh He An Mv Sh (Wildform smZAS? – ⊙ – *L7 T9 F3 R5 N7* – V Sisymbr., K Stell. – KulturPfl seit der jüngeren Steinzeit, jetzt in ZEUR nur noch selten als VogelfutterPfl kultiviert – *36*). **Echte H.** – *P. miliaceum* L.

   1* Rispe aufrecht, Rispenzweige steif, aufrecht-abstehend. Fr 1,5–1,9(–2,1) mm br. Ährchen spontan zerfallend, Ährchenachse unter der oberen Blü abbrechend, daher anfangs die Fr, später auch die Sp abfallend. Rud., Maisfelder; [N U] s By Bw He Tb Bb Mv, Verbr. ungenügend bekannt.
   subsp. *ruderale* (Kitag.) Tzvelev
   1* Rispe nickend, Rispenzweige überhängend. Fr 2–2,3 mm br 2
   2 Fr hellgelb od. rötlich, zur Reife fest in der Rispe verbleibend. Verbr. wie Art. subsp. *miliaceum*
   2* Fr olivbraun bis schwärzlich, zur Reifezeit leicht ausfallend. Rud., Maisfelder; [N U] s By Bw He Bb, Verbr. ungenügend bekannt. subsp. *agricola* H. Scholz et Mikoláš

3* Ährchen 2–3,5 mm lang. Untere Hsp ⅓–½ so lang wie das Ährchen. Rispenäste haarfein, aufrecht u. gespreizt 3
3 Alle od. fast alle Ährchen lg gestielt (Ährchenstiele deutlich länger als das Ährchen), Ährchen eiförmig, (0,8–)0,9–1 mm breit, kurz bespitzt, Längen-Breiten-Verhältnis < 3. Obere Hsp u. untere Dsp 7–9nervig. 0,20–0,75. 7–8. ZierPfl; auch Hackkulturen, (mäßig) trockne, sandig-kiesige Rud.: Schutt, Umschlagplätze, Straßenränder; Gärten, Parkanlagen, nährstoffanspruchsvoll; [N 1890] s By Bw Rh He Nw, [U] z Ns, s Alp Th Sa An Mv Sh, ↗ (m-temp·c1-8AM, [N] austr-subtrop-tempCIRCPOL – ⊙ – V Sisymbr., K Stell. – *18*).
Haarästige H. – *P. capillare* L.
3* Ährchen sitzend od. an den äußersten Verästelungen kurz gestielt (Ährchenstiele maximal so lg wie das Ährchen), Ährchen lanzettlich, 0,7–0,8 mm breit, mit lang ausgezogener Spitze, Längen-Breiten-Verhältnis > 3. Obere Hsp u. untere Dsp 5–7nervig. 0,15–0,35. 8–10. Sandig-kiesige Flussufer; [N] z Bw, s By He Nw Sa An(Elb) Ns Bb Mv(Elb) (m-temp·c2-8NAM – ⊙ – StromtalPfl – V Bid., V Nanocyp.). [*P. riparium* H. Scholz]
Fluss-H. – *P. barbipulvinatum* Nash

Echinochloa P. Beauv. – Hühnerhirse (30–40 Arten)

1 Rispe schmal länglich, Rispenäste kurz, nur 1–2(–3) cm lg, unverzweigt, straff aufrecht u. an der Rispenachse meist anliegend, ½–⅔ ihrer Länge voneinander entfernt an der Rispenachse stehend. Ährchen 2,5–2,8(–3) mm lg, unbegrannt. 0,15–0,50. 7–10. Rud.; [U] s By Bw Rh He Nw Th Sa Bb Ns Mv (trop-stropCIRCPOL – ⊙ – V Sisymbr.).
Kleine H., Schamahirse – *E. colona* (L.) Steud.
1* Rispe br eiförmig bis pyramidal, Rispenäste (1–)2–6 cm lg, am Grund bisweilen verzweigt, schräg aufrecht bis waagerecht von der Rispenachse abstehend, <½ ihrer Länge voneinander entfernt an der Rispenachse stehend. Ährchen 2,5–4(–4,5) mm lg, begrannt od. unbegrannt 2
2 Rispenäste u. Ährchen locker stehend, Rispe deshalb locker. Ährchen spitz od. stachelspitzig bis begrannt, zur Reifezeit oft leicht abfallend 3

POACEAE 303

2* Rispenäste u. Ährchen dicht stehend, Rispe deshalb kompakt. Ährchen stachelspitzig, grannenlos, zur Reifezeit festsitzend, nicht leicht abfallend 4
3   Dsp der oberen, fruchtbaren Blü mit weicher, abgesetzter u. wenigstens unten behaarter Spitze. Dsp der unteren, unfruchtbaren Blü mit einer 1–30 mm lg Granne. Hsp mit vorwärtsgerichteten, geraden Borstenhaaren. 0,30–0,90(–2,00). 7–10. Sandige bis lehmige Äcker (bes. Hackkulturen), Gärten, Weinberge, frische Rud.: Schutt, Müll, Bahnanlagen; Teich- u. Grabenränder, nährstoff(stickstoff)anspruchsvoll; [A] g An, h Sa(s SW) Ns, v Bw Nw(g N) Th Bb Mv(g Elb), z Alp By(h NM) Rh He(h ORh, f NW) Sh, ↗ (urspr. strop-smAFR-(EUR)-AS?, [A N] austr-temp·c2-5CIRCPOL – ⊙ – KlA – Wärmekeimer Sa langlebig – L6 T7 F5 Rx N8 – K Stell., K Bid. – 54). **Gewöhnliche H. – *E. crus-galli* (L.) P. BEAUV.**
  1   Ährchen 3–4 mm lg, 3 mm br. Verbr. wie Art.   subsp. ***crus-galli***
  1* Ährchen (2,3–)2,5–3,2 mm lg. 2,5 mm br. Rud.; [N U] s By Bw Rh Nw Sa An Bb Mv, Verbreitung ungenügend bekannt.   subsp. ***spiralis*** (VASINGER) TZVELEV

3* Dsp der oberen, fruchtbaren Blü in eine harte, kahle Spitze auslaufend. Dsp der unteren, unfruchtbaren Blü mit einer 1–10 mm lg Granne. Hsp mit starr abstehenden, teils geraden, teils gekrümmten, glasartigen Borstenhaaren. 0,30–0,90. 7–10. Rud.: Umschlagplätze, Straßenränder; feuchte, im Herbst trockenfallende Flussuferfluren, nährstoffanspruchsvoll; [N 1915, oft U] z An, s By Bw Rh Nw Sa Bb Ns Mv Sh, Verbr. ungenügend bekannt (m-temp·c1-5AM – ⊙ – Futtermittelbegleiter – K Bid., V Sisymbr.). [*Setaria muricata* P. BEAUV., *Panicum muricatum* (P. BEAUV.) MICHX.]
                                            Stachel-H. – *E. muricata* (P. BEAUV.) FERNALD
4   (2) Rispe dunkelviolett, Rispenäste kurz u. dick. Hsp mit auf Warzen stehenden Haaren od. mit Stachelhaaren. 0,30–1,00. 7–10. Rud.; [N U] s By Bw Rh Nw He Sa Ns Bb Mv (sm-temp·c1-4OAS – ⊙ – V Sisymbr.). [*E. utilis* OHWI et YABUNO]
                                            Japan-H. – *E. esculenta* (A. BRAUN) H. SCHOLZ
4* Rispe bräunlich, Rispenäste länglich u. schlank. Hsp steifhaarig, Haare nicht auf Warzen stehend. 1,00–1,50. 7–10. Rud.; [U] s By Bw Nw Sa An Bb Mv (strop-trop·c1-5AS+AFR – ⊙ – V Sisymbr.).   **Getreide-H. Sawahirse – *E. frumentacea* LINK**

Digitaria HALLER – **Fingerhirse**   (230 Arten)
1   Obere Hsp ± ½ so lg wie die Dsp der oberen Blü, Dsp gut sichtbar, blassgrün bis hellbraun, untere Hsp ein dreieckiges Schüppchen. Bla u. BlaScheiden oft dicht behaart. Ährchen länglich-lanzettlich, spitz, 2,5–3,5 mm lg. 0,15–0,60. 7–10. Sandige Äcker (Hackkulturen), Gärten, Weinberge, trockne bis mäßig trockne Rud.: Wegränder, Pflasterfugen, Bahnanlagen, kalkmeidend, nährstoffanspruchsvoll; [A] v Rh He Sa, z By Bw Nw Th(f Hrz NW Wld) An Bb Ns Mv, s Sh(f W), ↗ (urspr. strop-sm·c1-6AFR-(EUR)-AS?, [A N] austr-temp·c1-6CIRCPOL – ⊙ – L7 T7 F4 R5 N5 – V Pan.-Set., V Polyg. avic., O Sisymbr.). [*Panicum sanguinale* L.]   **Blutrote F., Bluthirse – *D. sanguinalis* (L.) SCOP.**
  1   Dsp der unteren Blü fein behaart, am Rand u. ohne längere Haare. Standorte, Soz., Verbr. in D u. Gesamtverbr. wie Art. (36)   subsp. ***sanguinalis***
  1* Dsp der unteren Blü fein behaart, am Rand mit längeren, auf Wärzchen stehenden Haaren. Rud.: Bahnanlagen; [N?] s bis z Hügel- u. Tiefland By Bw Rh Nw Sa, sonst? (m-smAS? – V Sisymbr.).
                                            subsp. ***pectiniformis*** HENRARD

1* Obere Hsp so lg wie die Dsp der oberen Blü, Dsp daher kaum sichtbar, zur Reifezeit meist schwarzbraun, untere Hsp ein zarthäutiger Saum. Bla u. obere BlaScheiden kahl, nur am Grund der Spreite einige längere Haare. Ährchen elliptisch, stumpf, ± 2–2,5 mm lg. 0,10–0,45. 7–10. Sandige bis sandig-lehmige Äcker (bes. Hackkulturen), Gärten, trockne bis mäßig frische Rud.: Wegränder, Bahnanlagen, Schutt, Kies- u. Sandgruben, kalkmeidend; [A] v Sa Ns(s Hrz) Mv, z Alp(Chm Mng) By Bw Rh He Nw(h N) Th(f Hrz) An Bb Sh(f W), ↗ (m-temp·c2-7CIRCPOL – ⊙ – Lichtkeimer – L7 T6 F5 R2 N3 – V Pan.-Set., auch V Aphan., V Polyg. avic., V Sisymbr. – 36). [*D. linearis* CRÉP.]
                                            Kahle F., Fadenhirse – *D. ischaemum* (SCHREB.) MUHL.

Setaria P. BEAUV. – **Borstenhirse, Fennich** (100 Arten)
1   Unter jedem Ährchen 4–12 gelbe, später fuchsrote Borsten. Ährchen kurz gestielt, in ähriger Traube. Dsp stark querrunzlig. 0,10–0,60. 7–10. Sandige bis lehmige Äcker (bes. Hackkulturen), Weinberge, Gärten, trockne bis frische Rud.: Weg- u. Straßenränder, Schutt, Bahnanlagen, nährstoffanspruchsvoll; [A] v Sa, z Alp(Chm) By Bw(h ORh) Rh He(f NW) Nw Th(f Hrz, v Bck) An Bb Ns Mv, s Sh(M O) (strop-temp·c2-7EURAS, [N] austrCIRCPOL – ⊙ – SeB – KlA Sa langlebig – L7 T7 F4 R5 N6 – O Aper., bes. V Pan.-Set., V Polyg. avic., V Sisymbr. – 36). [*S. lutescens* (STUNTZ) F.T. HUBB., *S. glauca* auct.]
     Fuchsrote B. – *S. pumila* (POIR.) ROEM. et SCHULT.
1*   Unter jedem Ährchen 1–3(–6), meist grüne, oft violett überlaufene, später strohfarbene od. gelblichbraune Borsten. Ährchen wenigstens z. T. auf verzweigten Stielen, in Ährenrispen 2
2   Borsten mit rückwärtsgerichteten Zähnchen, Ährenrispe daher beim Aufwärtsstreichen sehr rau, stark klettenartig anhäkelnd. Ährenrispe am Grund unterbrochen, mit kurzborstiger Achse. 0,30–0,60. 6–9. Sandige bis lehmige Äcker (bes. Hackkulturen), Gärten, Weinberge, mäßig trockne bis frische Rud.: Wegränder, Müll, Schutt, Bahnanlagen, basenhold, nährstoffanspruchsvoll; [A], im N [N] z Bw He(f MW NW W) Th(Bck O) An(f N), s By(f S) Rh(v ORh) Nw Sa Bb(Elb) Ns(MO) Mv, [U] s Sh, ↗ (m-smEUR-WAS?, [A N] austr+m-temp·c2-7CIRCPOL – ⊙ – KlA Sa langlebig – L7 T7 F4 Rx N7 – V Pan.-Set., V Sisymbr. – 36). [*Panicum verticillatum* L.]
     Kletten-B., Klebgras – *S. verticillata* (L.) P. BEAUV.
2*   Borsten mit vorwärtsgerichteten Zähnchen, Ährenrispe daher beim Aufwärtsstreichen glatt 3
3   Ährenrispe am Grund unterbrochen, mit kurzborstiger Achse. 0,30–0,60. 6–9. Sandige bis lehmige Äcker (bes. Hackkulturen), Weinberge, Gärten, mäßig trockne Rud.: Schutt, Bahnanlagen, nährstoffanspruchsvoll; [A] im N [N U] z Rh He(ORh SW SO), s By(f NO S) Bw(f Alb SO SW) Nw(MW) Th(Bck) Sa(SW W) An(f Hrz N S) Bb(SW) Ns Mv (m-sm·c1-7EUR-WAS? – ⊙ – L7 T7? F4 R7 N6? – V Ver.-Euph., V Sisymbr. – von *S. verticillata*, **2**, nur durch die Richtung der Zähnchen verschieden, Artwert fraglich! – 36). [*S. ambigua* (GUSS.) GUSS. non MÉRAT, *S. decipiens* F.W. SCHULTZ]
     Täuschende B. – *S. verticilliformis* DUMORT.
3*   Ährenrispe auch am Grund nicht unterbrochen, mit zottiger Achse 4
4   Untere Hsp ⅔ so lg wie das Ährchen. Borsten unterhalb des Ährchens zu 3–6. Rispen schon von Anfang an überhängend. Ährchen 2,5–3 mm lg. Obere Dsp stark querrunzlig. BlaSpreiten 10–20 mm br, oseits locker behaart. 0,50–1,50. 7–9. Mit Vogelfutter eingeschleppt, [N 1960 meist U] z Sa, s By Bw Rh Nw Bb Ns Mv (sm-temp·c3-6OAS, [N] NAM, sm-stempEUR – ⊙ – L7 T8 F3 R5 N7). [*S. macrocarpa* LUCHNIK]
     Faber-B. – *S. faberi* R.A.W. HERRM.
4*   Untere Hsp ⅓ bis halb so lg wie das Ährchen. Borsten unterhalb des Ährchens zu 1–3. Rispen aufrecht od. später überhängend. Obere Dsp fast glatt. BlaSpreiten kahl od. oseits locker behaart. **(Artengruppe Grüne B. – *S. viridis* agg.)** 5
5   Ährenrispe 7–10 mm dick, bis 10 cm lg. Stg dünn, oft aufsteigend. Untere Hsp ⅓ so lg wie das 1,8–2,2 mm lg Ährchen. Dsp matt, grünlich- od. hellbraun. Reife SpelzFr aus dem FrStand ausfallend, steingrau bis weißlich. Borsten stets viel länger als ihr Ährchen, grün, zuletzt ± gelbrot. BlaScheiden auf der Fläche kahl od. fast kahl, am Rand mit Haarsaum. BlaSpreiten 5–10 mm br. 0,05–0,60. 6–10. Sandige bis lehmige Äcker (bes. Hackkulturen), Gärten, Weinberge, mäßig trockne Rud.: Weg- u. Straßenränder, Pflasterfugen, Bahnanlagen, Sandgruben, Schutt, nährstoffanspruchsvoll; [A] h Sa(s SW) An(s Hrz) Ns(s Hrz), v Nw Th Bb Mv(g Elb), z Alp By Bw Rh He(h ORh) Sh (austr+m-temp·c1-9AUST+AFR+EURAS, [N] austr+m-tempAM – ⊙ – SeB – KlA Sa langlebig – L7 T6 F4 Rx N7 – K Stell., O Sisymbr. – 18). [*Panicum viride* L., *S. italica* subsp. *viridis*] THELL]
     Grüne B. – *S. viridis* (L.) P. BEAUV.
     Sehr kräftige, hochwüchsige Pfl (1,50–2,50 m) mit bis 40 cm lg u. bis 2,5 cm br BlaSpreiten u. bis 20 cm lg, am Grunde oft gelappter Rispe werden als var. ***major*** (GAUDIN) POSPICHAL [subsp. *pycnocoma* (STEUDEL) TZVELEV] abgetrennt, ihr systematischer Wert ist umstritten.

5* Ährenrispe 15–30 mm dick, 10–30 cm lg. Stg bis 1 cm dick, steif aufrecht. Untere Hsp halb so lg wie das 3–3,5 mm lg Ährchen. Dsp gelblich bis gelb. Reife SpelzFr im FrStand bleibend, gelblich od. gelb, selten orange od. rötlichbraun. Borsten länger bis viel kürzer als ihr Ährchen, gelblich, selten schwarz. BlaScheide auf der Fläche schräg abstehend behaart. BlaSpreiten 10–30 mm br. 0,60–1,50. 6–9. KulturPfl; auch Rud.: Wegränder, Schutt, Müll, Baustellen, Äcker, nährstoffanspruchsvoll; [A N U] s in allen Bdl (Herkunft noch unklar, in ZEUR seit 3800 vor Chr. angebaut, heute nur als Vogelfutter gebaut – ⊙ – L8 T8 F4? R7 N8? – *18*).
[*Panicum italicum* L.]   **Kolbenhirse, Fennich, Mohar – *S. italica* (L.) P. Beauv.**

Bothriochloa Kuntze – Bartgras (35 Arten)
Bla graugrün. Ähren zu 3–8, hellviolett. 0,15–0,60. 7–9. Trocken- u. lückige Halbtrockenrasen, trockne Rud.: Wegränder, basenhold; z An(f N O), s Alp(Krw) By(† NM) Bw(f SO) Rh(f N W) He(ORh) Th(Bck O) Sa(SO SW W), † Nw(MW SW): jetzt nur [U], ↘ (m-stemp·c2-8EURAS, [N] AUST, NAM – sogr H ♃ Rhiz-Horst – L9 T7 F3 R8 N3 – K Fest.-Brom. – *40*, *60*). [*Andropogon ischoemum* L., *Dichanthium ischoemum* (L.) Roberty]
                       Gewöhnliches B. – *B. ischoemum* (L.) Keng[1]

Zea L. – Mais (4 Arten)
BlaSpreiten 4–12 cm br, am Rand gewellt. Halme 2–6 cm dick, markig. 1,00–3,00. 7–10. KulturPfl (stropAM – ⊙ – Vm – in AM seit 4000 J. v. Chr. kultiviert, 1493 von Mittelamerika nach Spanien gebracht – Getreide- u. FutterPfl – *20*).   Ⓚ **Mais – *Z. mays* L.**

Cynodon Rich. – Hundszahngras (8 Arten)
Pfl graugrün, mit Ausläufern. Ligula in Haare aufgelöst. Ährchen unbegrannt. 0,20–0,40. 7–9. Trockne, lehmige bis sandige Rud.: Trittstellen, Wegränder, Schutt, Umschlagplätze, Sportplätze; niedrige Parkrasen, Weinberge, nährstoffanspruchsvoll; z W-Nw: am Rhein heimisch?, [N] z Bw Rh He An, s By Nw Sa Bb, [U] s Th Ns Mv (austr-stemp·c1-6CIRCPOL, [N] auch ntemp – sogr H/G ♃ u/oAusl – L8 T7 F4 Rx N5 – V Polyg. avic., V Conv.-Agrop., V Cynos., V Sisymbr. – *36*).
                       Gewöhnliches H., Bermudagras – *C. dactylon* (L.) Pers.

Spartina Schreb. – Schlickgras (15 Arten)
1 Obere Hsp begrannt. Ährchen dicht gedrängt, einseitswendig, kammfg. Ähren zu 10–20 an der Hauptachse. 1,00–2,00. 9–10. Flussufer; [N] s NW-By He S- u. M-Bb, [U] s O-Th (sm-temp·c2-8AM – sogr? H ♃ uAuslRhiz).   **Prärie-Sch., Kamm-Sch. – *S. pectinata* Link**
1* Alle Sp unbegrannt. Ährchen an 2 Seiten der Ährenachse lockerstehend 2
2 Obere Bla fast rechtwinklig abstehend. Haare anstelle der Ligula 2–3 mm lg. Ährchen ± dicht behaart, 14–21 mm lg, meist 2,5–3 mm br. Staubbeutel 8–13 mm lg. 0,30–1,30. 7–11. PionierPfl auf stark salzhaltigem Schlick im Watt der Nordsee; [N 1927] g NW-Ns u. W-Sh: Küsten, ↗ (durch Chromosomenverdopplung aus *S.* ×*townsendii*, **2***, um 1890 in S-England entstanden – igr He/G ♃ uAuslRhiz – L8 T5 F9= R8 N3 – K Spart., V Pucc. mar. – zur Landgewinnung gepflanzt – *120*, *122*, *124*).
                       Englisches Sch. – *S. anglica* C.E. Hubb.
2* Obere Bla schräg aufwärts abstehend. Haare anstelle der Ligula 1–2 mm lg. Ährchen spärlich kurzhaarig, 12–18 mm lg, 2–2,5 mm br. Staubbeutel 5–8 mm lg, sich nicht öffnend. Keine Fr ausbildend. 0,30–1,30. 7–10. Marschen u. Salzwiesen der Nordseeküste; [N] z an den Küsten von Ns u. W-Sh, seltener als *S. anglica*, **2** (pollensteriler Bastard aus *S. alterniflora*) (austr+m-temp-(b)·c1-5litOAM) u. *S. maritima* (austr WAFR+ m-temp·c1-2litEUR), vor 1870 in S-England entstanden – igr G/He ♃ AuslRhiz – L8 T5 F9= R8 N3 – K Spart. – zur Landgewinnung gepflanzt – *62*). [*S. alterniflora* Loisel. × *S. maritima* (Curtis) Fernald]
                       Townsend-Sch., Hohes Sch. – *S.* ×*townsendii* H. Groves et J. Groves

---
[1] Sprich is-choemum.

Tragus HALLER **– Klettengras** (7 Arten)
Pfl niederliegend od. aufsteigend. Bla schmal, borstig bewimpert. Ährenrispe 2–6 cm lg, am Grund oft unterbrochen. 0,10–0,30. 6–7. Trockne bis mäßig frische, sandige u. kiesige Rud.: Wegränder, Pflasterfugen, Bahnanlagen; sandige Ackerbrachen, rud. Sandtrockenrasen, nährstoffanspruchsvoll; [N 1888] s NW-Bw Rh He, [U] s By Sa An Ns Mv (austr-stemp·c1-6AFR-EURAS, [N] CIRCPOL – ⊙ – KlA, mit Wolle eingeschleppt – L8 T8? F4? Rx N7? – V Polyg. avic., V Eragrost. – 40). [*C̱enchrus racemo̱sus* L.]
                   Traubiges K. – ***T. racemo̱sus*** **(L.)** ALL.

Sorghum MOENCH **– Mohrenhirse** (30 Arten)
1 Sitzende Ährchen eifg bis kugelig, nur wenig länger als br. Rispe dicht, zusammengezogen, eifg bis länglich, mit aufrecht stehenden, vielährigen Rispenästen, Hauptachse stets von den Rispenästen verdeckt. 1,00–3,00. 7–9. Rud.: Müll- u. Umschlagplätze; [U] s By Bw Rh He Nw Sa Bb Mv (strop-tropAFR, [N] EUR+AM+AS+AUST – ⊙ – VogelfutterPfl – *L7 T9 F3 R5 N5* – K Stell., K Sisymbr.).   **Gewöhnliche M. –** ***S. bi̱color*** **(L.)** MOENCH
1* Sitzende Ährchen lanzettlich bis länglich, etwa doppelt so lg als br. Rispe locker u. ausgebreitet, pyramidenfg, mit abstehenden Rispenästen, Hauptachse während u. nach der Blü sichtbar. 0,40–1,40. 6–7. Rud.: Müll- u. Umschlagplätze, Bahndämme, Wegränder, Maisäcker; [N] s Sa, [U] s By He Nw Th Ns (strop-smEUR+AFR, [N] EUR+AS+AM+AUST – ⊙ – VogelfutterPfl – *L7 T9 F3 R7 N7* – K Stell., K Sisymbr.).
                   Wilde M. – ***S. halepe̱nse*** **(L.)** PERS.

Miscanthus ANDERSSON **– Stielblütengras, Chinaschilf** (18 Arten)
1 Rhizom lg, Pfl lockerrasig wachsend. Rispe eifg, Äste kürzer als die Hauptachse. Ährchen grannenlos, Hsp ± behaart. Halmnodien mit BlaAchselknospen, BlaSpreiten useits kahl. 1,00–2,50. 8–10. ZierPfl; auch frische Rud.; [U] s By Bw Rh Sa An Ns (sm-temp·c1-3OAS, [N] sm-tempEUR+NAM – ♃ – K Artem.). **Großes St. –** ***M. sacchariflo̱rus*** **(**MAXIM.**)** HACK.
1* Rhizom kurz, Pfl dicht horstig wachsend. Rispe fächerfg, Äste länger als die Hauptachse. Ährchen begrannt, Granne 8–15 mm lg, Hsp kahl. Halmnodien ohne BlaAchselknospen, BlaSpreiten useits behaart. 1,00–4,00. 8–10. ZierPfl; auch frische Rud.; [U] s By Bw Rh He Sa Bb Ns Mv (sm-temp·c1-3OAS, [N] sm-tempEUR+NAM+NEUSEELAND – ♃ – *L7 T8 F5 R5 N7* – K Artem.).   **Japanisches St. –** ***M. sine̱nsis*** **(**THUNB.**)** ANDERSSON
Hybride: *M. sacchariflo̱rus* × *M. sine̱nsis* = *M.* ×*gigante̱us* HODKINSON et RENVOIZE – s

Eragrostis WOLF **– Liebesgras** (350 Arten)
1 Ränder der BlaSpreiten mit einer Reihe warzenförmiger Drüsen 2
1* Ränder der BlaSpreiten drüsenlos 3
2 BlaScheiden zerstreut zottig. Beide Hsp 1nervig. Ährchen 10–20blütig, zur BlüZeit 1,5–2 mm br. Ährchenstiele in der oberen Hälfte mit 1(–2) ringförmigen od. kreisförmigen Drüsen. Fr eiförmig. 0,10–0,40. 7–9(–10). Trockne, meist sandige bis kiesige Rud.: Pflasterfugen, Trittrasen, Bahnanlagen, Industriebrachen; sandige Äcker, Gärten, Weinberge, kalkmeidend; [N 1782] z By Bw Rh He Nw Th Sa An Bb Ns Mv, s Alp Sh, ↗ (strop-sm·c2-7EUR-WAS, [N] austr-tempCIRCPOL – ⊙ – L8 T7 F3 Rx N4 – V Eragrost., V Polyg. avic., V Sisymbr. – 20, 30, 40). [*E. poaeoi̱des* P. BEAUV.]   **Kleines L. –** ***E. mi̱nor*** HOST
2* BlaScheiden kahl, am Rand bewimpert. Obere Hsp 3nervig. Ährchen 12–34blütig, zur BlüZeit 2–3(–4) mm br. Ährchenstiele meist drüsenlos. Fr kugelförmig. 0,20–0,30(–0,50). 5–9. Nährstoffreichere, sandige Äcker (Hackkulturen) u. Gärten, trockne Rud.: Pflasterfugen, Bahnanlagen, bahnseinnahold, nährstoffanspruchsvoll; [N 1860er Jahren] meist U] s By Bw Rh Nw He Th Sa An Bb Ns Mv Sh, † An (strop-sm·c1-3a·3 EURAS?, [N] austr-tempCIRCPOL – ⊙ – L7 T7 F3 R8 N6 – V Eragrost., V Polyg. avic., V Sisymbr. – 20, 40, 60). [*E. major* HOST, *E. megastachya* (KOELER) LINK] **Großes L. –** ***E. ciliane̱nsis*** **(**ALL.**)** JANCH.
3 (1) Pfl ♃, mit grundständigen Erneuerungssprossen. BlaScheiden zwischen den Rippen silbrig behaart. BlaSpreiten oft fadenfg u. sichlig od. spiralig gebogen, in eine feine lg Spitze auslaufend. Ährchen meist den Rispenästen anliegend. 0,30–1,20. 6–9. Rud.: [N] s By Bw(ORh) Rh He Nw Ns, [U] s Sa (austr-bstropAFR – igr? H ♃ Horst). [*Po̱a cu̱rvula* SCHRAD.,

E. filiformis (THUNB.) NEES, *E. chloromeles* STEUD.]
Gebogenblättriges L. – *E. curvula* (SCHRAD.) NEES
3* Pfl ⊙, ohne Erneuerungssprosse. BlaScheiden kahl od. an der Mündung langhaarig. BlaSpreiten meist flach, seltener etwas eingerollt. Ährchen von den Rispenästen ± abstehend 4
4 Halmglieder u. Rispenachsen ± drüsig punktiert. Untere Hsp (0,7–)0,9–1,2 mm lg. 0,10-0,50. 8–10. Feuchte, zeitweilig überflutete u. sommerlich trockenfallende sandig-kiesige, auch schlammige Flussufer; [N] z Sa(SW W) Bb(Od) (temp-b·c4-6AS, [N] temp·3-4EUR – ⊙ – V Chen. rub., V Nanocyp., V Bid.). [*E. pilosa* (L.) P. BEAUV. var. *amurensis* (PROB.) VOROSCH.] **Amur-L. – *E. amurensis* PROB.**
4* Halmglieder u. Rispenachsen drüsenlos 5
5 Rispenäste dünn, untere zu 3–6. Grund der BlaSpreiten lg behaart 6
5* Rispenäste dick, untere zu 1–2 (bei **8** zu 3–4, dann aber Grund der obersten BlaSpreite kahl) 7
6 Untere Rispenäste meist zu 3–4, zuletzt waagerecht abstehend. Untere Hsp 0,3–0,6(–0,8) mm lg. Dsp 1,2–1,8 mm lg, mit undeutlichen Seitennerven. Ährchen 6–15blütig, 1–1,5 mm br, wenig länger od. kürzer als ihre Stiele. Rispe 4–15 cm lg. 0,10–0,30. 7–10. Trockne bis wechseltrockne, sandige u. kiesige, oft stark betretene Rud.: Wegränder, Pflasterfugen, Sand- u. Kiesgruben, nährstoffanspruchsvoll; [N U] s By Bw Rh He Nw Th Sa An Bb Ns Mv Sh (strop/moAFR-m-sm·c1-8EURAS, [N] austr-tropCIRCPOL-m-stempAM+stempEUR – ⊙ – L8 T7 F3 Rx N? – V Eragrost., V Polyg. avic., V Sisymbr. – 40, 60).
Behaartes L. – *E. pilosa* (L.) P. BEAUV.
6* Untere Rispenäste zu 5–6, oft in der obersten BlaScheide bleibend. Untere Hsp 1–2 mm lg. Dsp 1,6–3 mm lg, mit deutlichen Seitennerven. Ährchen 3–7blütig, 2,5 mm br, kürzer als ihre Stiele. Rispe oft überhängend, 10–30 cm lg. 0,20–0,80(–1,20). 8–10. Rud.: Straßenränder, Müllplätze; [U] s By Bw Rh He Nw Sa An Bb Ns Mv Sh; neuerdings KulturPfl, ehemals zur Befestigung von Böschungen angesät, z. B. By Bw Rh He (in subtropOAFR aus *E. pilosa* gezüchtet, heute in Tropen weit kultiviertes Getreide – ⊙ – Vogelfutter). [*E. abyssinica* (JACQ.) LINK] **Äthiopisches L., Tef – *E. tef* (ZUCCAGNI) TROTTER**
7 (5) Grund der obersten BlaSpreite behaart. Untere Hsp 0,5–1,5 mm lg, mindestens halb so lang wie die unterste Dsp. Rispenspindel leicht wellig. Ährchenstiele der seitlichen Ährchen kürzer als die Ährchen. 0,30–0,50. 8–10. Sandige bis kiesige Flussufer u. Rud.; [U] s By Bw Bb Ns Mv (austr-b·c1-6AM, [N] sm-tempEURAS – ⊙ – V Polyg. avic., V Chen. rub.).
Büscheliges L. – *E. pectinacea* (MICHX.) NEES
7* Grund der obersten BlaSpreite kahl. Untere Hsp 0,3–0,7 mm lg, weniger als halb so lg wie die unterste Dsp 8
8 Rispe im Umriss dreieckig od. eiförmig, längste Rispenäste im unteren Viertel der Rispe, bis 5 cm lg. Rispenäste u. Ährchenstiele glatt. Ährchenstiele der seitlichen Ährchen 0,2–1,5 mm lg, kürzer als die Ährchen, dadurch Rispe dicht zusammengezogen. 0,05–0,20. 7–10. Trockne, sandige bis kiesige Rud.: Wegränder, Trittflächen, gesalzte Straßenränder; Parkanlagen, Friedhöfe; [N 1825 U] z Ns Mv, s By Bw Rh He Nw Sa An Bb Mv Sh, ↗ (bstrop-temp·c1-5AS, [N] sm-tempEUR+AM – ⊙ – *L7 T7 F3 R5 N5* – V Polyg. avic.). [*E. peregrina* WIEGAND, *E. damiensiana* (BONNET) THELL, *E. pilosa* var. *damiensiana* BONNET]
Japanisches L. – *E. multicaulis* STEUD.
8* Rispe im Umriss rautenförmig, längste Rispenäste ± in der Mitte der Rispe, bis 12 cm lg. Rispenäste u. Ährchenstiele rau. Ährchenstiele der seitlichen Ährchen 1–2,5(–4,5) mm lg, einige so lg od. länger als die Ährchen. Ährchen 4–7blütig. 0,10–0,60(–1,10). 6–9. Feuchte, zeitweilig überflutete u. sommerlich trockenfallende sandig-kiesige, auch schlammige Flussufer; [N 1991?] z Sa An Bb Ns Mv Sh, s Bw Rh He, neuerdings auch außerhalb der großen Stromtäler, z. B. Sa(W: Leipzig), ↗ (StromtalPfl, seit 1991 stellenweise in Massenbeständen auftretend, möglicherweise in Mitteleuropa neu entstanden aus einer Sippe, die *E. pilosa* nahesteht u. aus dem Osten eingeschleppt wurde – ⊙ – L7 T6 F7,5 R7 N7 – V Chen. rub., V Nanocyp., V Bid., V Sisymbr. – 40).
Elbe-L. – *E. albensis* H. SCHOLZ

Eleusine GAERTN. – **Korakan** (9 Arten)

BlaScheiden zusammengedrückt, kahl, an der Mündung bewimpert. Ligula als Haarkranz ausgebildet. Halme mit 2–8(–12) 3,5–15 cm lg Ähren. Ährchen kahl, gekielt. Hsp u. Dsp am Kiel rau. (0,05–)0,15–0,60(–0,85). 7–9. Frische bis trockne Rud.: Trittstellen, Pflasterfugen; [N 1900 U] s By Bw Rh Nw Sa Bb Ns Mv Sh (austr-temp·c1-5CIRCPOL – ⊙ – *L7 T9 F3 R5 N7* – V Polyg. avic. – *18*).
Wilder K., Indischer Hundszahn – *E. indica* (L.) GAERTN.

Sporobolus R. BR. – **Vilfagras, Fallsamengras** (160 Arten)

1   Pflanze ⊙. Rispe 1–5 cm lg, 0,2–0,5 cm br 2
1* Pfl ♃. Rispe (10–)20–45(–50) cm lg, 0,2–2,2(–3) cm br 3
2   Hsp 3–5 mm lg. Ährchen 3–7 mm lg. Dsp 3–5 mm lg, spitz, angedrückt behaart, kürzer als Vsp. Endständige Rispe zuletzt das oberste StgBla überragend. 0,15–0,55(–0,70). 8–9. Rud.; [U] s By (sm-temp·c2-6NAM – ⊙ – K Artem.).
Scheidenblütiges V. – *S. vaginiflorus* (A. GRAY**)** ALPH. WOOD
2* Hsp 1,5–2,5 mm lg. Ährchen 2–3 mm lg. Dsp 2,5–3 mm lg, stumpf, kahl, so lg wie die Vsp. Endständige Rispe meist vom obersten StgBla überragt. 0,10–0,40. 8–9. Rud.; [U] s By (sm-temp·c3-5NAM – ⊙ – K Artem.). **Übersehenes V. – *S. neglectus*** NASH
3   (1) Obere u. untere Hsp ungleich lg, schmal-lanzettlich, obere Hsp >⅔ so lg wie das Ährchen. BlaScheiden am Rand behaart., 0,40–1,10. 8–9. Rud.; [U] s Rh (m-temp·c3-AM – ♃ – K Artem.). **Zusammengezogenes V. – *S. contractus*** HITCHC.
3* Obere u. untere Hsp fast gleich lg, eifg bis elliptisch, obere Hsp ½–⅔ so lg wie das Ährchen. Blattscheiden kahl. 0,30–1,00. 8–9. Rud.; [U] s Bw Nw Sa An Ns ((austr)-trop/mo-(temp)·c1-3 CIRCPOL – ♃ – *L7 T9 F3 R7 N5* – K Artem.).
Indisches V. – *S. indicus* (L.) R. BR.

Muhlenbergia SCHREB. – **Mühlenbergie** (160 Arten)

Stg aufrecht, im mittleren Teil verzweigt, unter den Knoten rau. Rhizom dicht mit Schuppen besetzt. BlaSpreiten 2–6 mm br. Rispe schmal, 10–20 cm lg, mit vielen, dicht anliegenden Seitenästen. Hsp so lg wie das Ährchen, Dsp 2–3 mm lg, spitz od. mit kurzer Grannenspitze, am Grund dicht behaart. 0,30–0,90. 7–9. Frische bis trockne Rud.; [N] s By Bw He, [U] s Sa Bb Ns Mv (temp-m·c1-8NAM – ♃ – K Artem.).
Wiesen-M. – *M. mexicana* (L.) TRIN.

Familie ***Commelinaceae*** MIRB. – **Commelinengewächse**

(40 Gattungen/652 Arten)

Ausläufer- od. Rhizom ♃, selten ⊙. Stg saftig, mit knotigen Gelenken. Bla meist 2zeilig, mit geschlossener Scheide, linealisch bis eifg. Blü in end- od. achselständigen Zymen, ⚥ od. selten ♀+♂, radiär bis dorsiventral, nur 1 Tag blühend; KeBla 3; KrBla 3, gelb, rosa, weiß od. blau, frei od. am Grund verwachsen, eins davon oft kleiner; StaubBla 3 + 3, Staubfäden oft lg behaart; FrBla 3, verwachsen, oberständig. Kapsel, selten Beere.

Commelina L. – **Commeline, Tagblume** (170 Arten)

Pfl ⊙, Stg liegend bis aufsteigend, verzweigt, oft an den Knoten wurzelnd. Bla br lanzettlich, (3–)8(–10)×(1)–3(–4) cm, spitz od. zugespitzt. Blü zu mehreren in gefalteter HochBla- Hülle. Kapsel 2fächrig, 4samig. 0,08–0,60 hoch, bis 0,70 lg. 7–10. (s. Bd. Zierpfl.), auch warme, sandige Äcker u. Rud.: Schutt; [N 18. Jh.] s Rh Sa Bb, [U] s By Bw He Th An(S SO) Mv(SW: Ludwigslust) Sh (strop-stemp·c1-5OAS, [N] EUR, S-AS, AM – eros ⊙ – O Aper., O Onop.).
Gewöhnliche C. – *C. communis* L.

Zweikeimblättrige Bedecktsamer

Familie *Ceratophyllaceae* GRAY – Hornblattgewächse
(1 Gattung/6 Arten)

Untergetauchte, 1häusige, wurzellose WasserPfl mit quirligen, gabelteiligen, hornartig knorpligen Bla. Spaltöffnungen fehlen. BlüHüllBla 8–15, am Grund verwachsen. StaubBla 8–18(–27). FrBla 1, FrKn oberständig, 1fächrig, mit lg Griffel u. seitlicher Narbe. Fr eine 1samige Nuss.

Ceratophyllum L. – Hornblatt (6 Arten)

1 Bla hellgrün, (2–)3–4mal gabelteilig, mit 5–8 borstlichen, weichen, kaum stachlig gezähnten Zipfeln (Abb. **130**/6). Fr stachellos, Griffelrest oft viel kürzer als die Fr. 0,30–0,80. 6–8. Eutrophe, stehende Gewässer: Teiche, Stauseen, Altwasser; z Th(f Hrz O Wld) Sa An Bb Ns(f Hrz) Mv, s By(f O) Bw(ORh Gäu Keu S) Rh(f MRh N) He(f NW SO W) Nw(f N SW) Th(f Hrz Wld) Sh, ↗ (tropOAS+m-temp·c2-6EUR-WAS – igr uHy ⚃ Turionen WaBlü – KIA: Wasservögel WaA – L5 T8 F12 R8 N7 – V Potam., V Nymph. – 24, 40).
Zartes H. – *C. submersum* L.

1* Bla dunkelgrün, 1–2mal gabelteilig, mit 2–4 linealischen, starren, dicht stachlig gezähnten Zipfeln (Abb. **130**/5). Fr am Grund meist mit 2 Stacheln. **(Artengruppe Raues H. –** ***C. demersum* agg.)** 2

2 FrStacheln so lg wie die eifg od. ellipsoide Fr od. wenig länger. Fr ohne Stachel auf Seitenflächen, zwischen den basalen Stacheln ohne gezähnte Flügel. 0,30–0,80. 6–9. Eutrophe, stehende u. langsam fließende Gewässer: Teiche, Seebuchten, Altwasser; v Sa Bb Ns Mv, z Alp(f Brch Krw) By Bw Rh He(f NW) Nw Th(f Hrz S) An(h Elb) Sh (austrb·c1-8CIRCPOL – teilig uHy ⚃ Turionen – WaB, bes. in warmen Sommern blühend – KIA: Wasservögel WaA – L6 T7 F12~ R8 N8 – O Potam.).
Raues H. – *C. demersum* L.

2* FrStacheln doppelt so lg wie die ± 3kantige Fr, am Grund verbreitert. Fr mit Stachel auf Seitenflächen, zwischen den basalen Stacheln mit gezähnten Flügeln. Standort wie **2**; s By(NM?) Bw? Bb Th Mv, † He Sa Berlin, Verbr. in D ungenügend bekannt (temp·c3-8EURAS – O Potam. – Artwert zu prüfen). [*C. demersum* subsp. *platyacanthum* (CHAM.) NYMAN]
Breitstachliges H. – *C. platyacanthum* CHAM.

Familie *Papaveraceae* JUSS. – Mohngewächse (41 Gattungen/760 Arten)

Kräuter, selten Sträucher od. Bäume, oft mit Milchsaft. Bla wechselständig, ohne NebenBla, oft fiederschnittig od. gefiedert. Blü radiär, disymmetrisch od. schräg-dorsiventral. KeBla 2(3), hinfällig. KrBla 4(–12), die äußeren zuweilen gespornt. StaubBla (2), 4 od. ∞. FrKn oberständig, 1–∞fächrig. FrBla 2–∞. SaAnlagen 1–∞. Fr eine mit Poren od. Klappen sich öffnende Kapsel, Schote od. Nuss.

1 Kr radiär. Pfl mit Milchsaft (farblos bei *Eschscholzia*, **2**). Bla tief gesägt, gelappt bis fiederschnittig, selten gefiedert (*Papaveroideae*) 2
1* Kr disymmetrisch od. schräg-dorsiventral. Pfl ohne Milchsaft. Bla gefiedert od. doppelt 3teilig (*Fumarioideae*) 6
2 KeBla 2, mützenfg verwachsen, beim Aufblühen sich abhebend. Narbe fädlich. Milchsaft wässrig, farblos. **Kappenmohn – *Eschscholzia* S. 310**
2* KeBla 2, frei. Milchsaft weiß od. orangegelb, selten farblos od. gelb 3
3 Narbe scheibenfg, 4–20strahlig. ∞samige Porenkapseln (Abb. **320**/4–6). Milchsaft weiß, selten farblos od. gelb, getrocknet auch braun od. rot. **Mohn – *Papaver* S. 311**
3* Narbe 2- od. 4lappig. Schoten od. Spaltkapseln 4
4 Blü (3–)5–6 cm ⌀, einzeln achselständig. Narbe 4lappig. Spaltkapseln. Bla gefiedert.
Wald-Mohn, Scheinmohn – *Papaver cambricum* S. 311

4*	Blü 1–4 cm ⌀, endständig od. in Dolden. Schoten. Bla fiederteilig bis fiederschnittig 5
5	Blü 1–2 cm ⌀, in Dolden. Milchsaft orangegelb. Schoten ohne Scheidewand. **Schöllkraut – *Chelidonium* S. 310**
5*	Blü 2–4 cm ⌀, einzeln endständig. Milchsaft weiß. Schoten mit Scheidewand. **Hornmohn – *Glaucium* S. 310**
6	**(1)** Pfl niederliegend, klimmend od. kletternd 7
6*	Pfl aufrecht 8
7	Bla teilweise zu Ranken umgebildet. Kr gelblichweiß. **Rankenlerchensporn – *Ceratocapnos* S. 313**
7*	Bla nicht zu Ranken umgebildet, aber BlaStiele oft rankend. **Erdrauch – *Fumaria* S. 313**
8	**(6)** Stg einfach, mit einer endständigen BlüTraube u. 2–3 voll entwickelten Bla, einer unterirdischen Knolle entspringend. Blü trübpurpurn, rot od. weiß. Mehrsamige Schoten. ♃. **Lerchensporn – *Corydalis* S. 312**
8*	Stg verzweigt, mit end- u. seitenständigen BlüTrauben, mehrblättrig, ohne unterirdische Knolle 9
9	KrBla rosa od. rot, meist an der Spitze dunkler, der untere Teil zuweilen weißlich. Einsamige kuglige Nüsse. ⊙ ①. **Erdrauch – *Fumaria* S. 313**
9*	KrBla gelb od. gelblichweiß. Mehrsamige Schoten. ♃. **Scheinerdrauch – *Pseudofumaria* S. 313**

Lokal [N U]: ***Macleaya*** R. Br. **– Federmohn**
KrBla fehlend, KeBla beim Aufblühen abfallend. Pfl 1–3 m hoch. Milchsaft orange. BlaSpreite blaugrün, >10 cm lg, rundlich, gelappt, Grund nierenfg. In D 2 Arten aus Z.-China als ZierPfl. **Ockerfarbiger F. – *M. microcarpa*** (Maxim.) Fedde: StaubBla 8–12. Fr rundlich, 1-samig. Starke Wurzelausläuferbildung. [U] s By He Sa Bb. **Weißer F. – *M. cordata*** (Willd.) R. Br.: StaubBla 24–30. Fr verkehrteifg, 4–8samig. [U] s By Bw Rh He Nw Sa Bb Mv.

Chelidonium L. – Schöllkraut (1 Art)
Bla useits blaugrün, fiederschnittig, mit eifg bis br elliptischen Zipfeln. Kr gelb. 0,30–0,70. 4–10. Frische, halbschattige Rud.: Schutt, Mauern; Wald- u. Gebüschsäume, Parkanlagen, Robinienforste, nährstoff(stickstoff)anspruchsvoll; [A] g Nw Th Sa An Ns(v N), h Bw Rh He Bb Mv, v By(g NM), z Alp(f Krw Wtt) Sh (m/mo-b·c1-7EURAS – teiligr hros H kurzlebig ♃, selten Bla mit Brutknospen? – InB: Fliegen, Bienen SeB Vm – AmA – L6 T6 F5 Rx N8 – V Geo-Alliar., V Arct., O Prun., V Cymb. mur. – Heil- u. FärbePfl, giftig! – 28, 32).
Schöllkraut – *Ch. majus* L.

Glaucium Mill. – Hornmohn (23 Arten)
1 Stg fast kahl. Schote warzig. Kr rein gelb. 0,30–0,70. 6–7. Rud. beeinflusste Xerothermrasen, Schutt, Küstenspülsäume, salztolerant; s Ns: Inseln, [N] s By Rh An Sa, [U] s Bw Nw He Th(Bck) Sh, † By(N) (m·c1-5lit-temp·c1-2litEUR – igr hros ⊙ od. H kurzlebig ♃ – Dunkelkeimer – L9 T6 F6 R8 N7 – O Onop., O Cak.). [*G. luteum* Scop.]
Gelber H. – *G. flavum* Crantz
1* Stg behaart. Schote steifhaarig. Kr orangegelb bis rot. 0,15–0,50. 6–8. Nagerbauten, Rud.; extensiv genutzte Äcker, kalkhold; [A?] s Th(Bck) An(SO), [U] s By Bw Rh Nw He Sa Bb Mv (m-sm·c4-7EUR-WAS – hros ⊙, auch ① ? – L7 T7 F4 R9 N4 – V Sisymbr., V Caucal.).
Roter H. – *G. corniculatum* (L.) Rudolph

Eschscholzia Cham. – Kappenmohn (12 Arten)
Bla blaugrün, fiederschnittig, mit linealischen Zipfeln. Kr goldgelb, rot od. weiß. 0,30–0,50. 6–10. ZierPfl; auch Rud.: Schutt; [N U] z Rh(ORh), s By Bw Nw He Th Sa An Bb Ns Mv Sh (m-sm·c1-6WAM – hros ⊙, auch H ♃ Rübe – InB – SeA: SchleuderFr Dunkelkeimer? – V Sisymbr. – giftig).
Kalifornischer K., Schlafmützchen – *E. californica* Cham.

PAPAVERACEAE 311

Papaver L. – **Mohn, Scheinmohn** [inkl. *Meconopsis* Vig.] (80 Arten)
1 Narbe scheibenfg, 4–20strahlig. ∞samige Porenkapseln (Abb. **320**/4–6). Narbe 2- od. 4lappig. Schoten od. Spaltkapseln **2**
1* Narbe 4lappig. 4 bis mehrspaltige Spaltkapseln, länglich bis schmal zylindrisch. Blü (3–)5–6 cm ⌀, auf lg Stielen einzeln in den BlAchseln, Kr zitronen- bis orangegelb. BlaStiel bis 25 cm lg, Spreite im Umriss lanzettlich, gefiedert, mit fiederspaltigen Abschnitten, bis 20 cm lg. 0,25–0,45. (5–)6(–10). ZierPfl, auch frisch-feuchte Waldsäume u. Wegränder; [N 1930?] s By Bw He Nw Sa, [U] s Th Ns Sh, ↗ (sm-stemp·c1-2EUR, [N] sm-temp·c1-3EUR – sogr kurzlebig ⌱ PfWu – V Geo-Alliar. – *L5 T8 F5 R7 N5*). [*Meconopsis cambrica* (L.) Vig.]
Wald-M., Scheinmohn – *P. cambricum* L.
2 1jährig od. <0,25 m Staude, ohne BlaRosette zur BlüZeit. Alle Blü mit 2 KeBla u. 4 KrBla, Kr rot, blau, weiß od. selten gelb **3**
2* Kräftige >0,35 m hohe, borstige behaarte Hochstaude mit BlaRosette. Endstdg. Blü mit 3 KeBla u. 6 Kr hell orangerot, Narbenstrahlen 8–15. Knospe nickend. 5–6. 0,40–0,70(1,00). ZierPfl, selten verwildert; [U] s By Rh(ORh) He? Sa An Bb(Berlin) Ns Mv Sh (m-sm//mo·c2-3WEURAS, [N] sm-temp·c1-4EUR+(NAM) – ⌱ Pleiok PfWu).
Orient-Mohn – *P. orientale* L.
3 AlpenPfl, ⌱. Stg unverzweigt, blattlos, borstig behaart, einblütig. Kr weiß, selten gelb. Bla einfach bis doppelt fiederschnittig, in grundständiger Rosette. 0,05–0,20. 7–8. Alp., frische Schotterhalden, kalkstet; z Alp(Brch Krw Wtt Allg), [N] W(Hrz: Brocken) (sm-stemp// alp·c3EUR, subsp. ***sendtneri*** nur N-ALP – sogr ros H ⌱ PfWu – L9 T1 F5 R9 N2 – V Thlasp. rot. – ▽). **Alpen-M.** – *P. alpinum* L. subsp. ***sendtneri*** (Hayek) Schinz et R. Keller
3* Pfl der Ebene, ☉ ⨀. Stg meist verzweigt u. stets beblättert. Kr rot (nur bei KulturPfl violett bis weiß) **4**
4 Bla nicht stängelumfassend, fiederteilig. Kr meist rot **5**
4* Bla halbstängelumfassend, unzerteilt bis unregelmäßig fiederlappig, kahl, blaugrün. Kr violett bis weiß od. rot. 0,40–1,50. 6–8. KulturPfl; auch frische Rud.: Schutt; [A] s By Rh, [U] alle Bdl z (seit der jüngeren Steinzeit in M-Europa kultiviert – eros ☉ – InB – StA WiA – *L7 T7 F4 R5 N7* – V Sisymbr. – ÖlPfl: Samen für Speiseöl, Gewürz, ZierPfl, HeilPfl, Rauschdroge, Sa für Backwaren, unreife Sa und Pfl giftig! - formenreich).
Schlaf-M. – *P. somniferum* L.

  1 KeBla kahl, selten mit einzelnen Borsten. Kapsel kuglig bis eifg, oft geschlossen bleibend. Narbenstrahlen 8–18. Stg kahl, meist >1,00. KulturPfl; auch [A U]. [*P. somniferum* L.] subsp. ***somniferum***
  1* KeBla borstig. Kapsel verkehrteifg bis keulig, sich stets mit Poren öffnend, Narbenstrahlen 5–8. Stg meist borstig, selten >0,50. Frische Rud.; [U] s By Bw Rh He Nw Th Sa An Bb Ns Mv Sh (m-sm·c1-3EUR – V Sisymbr.). [*P. setigerum* DC.] subsp. ***setigerum*** (DC.) Arcang.

5 Staubfäden nach oben keulig verbreitert. Kapsel borstig, sehr selten kahl **6**
5* Staubfäden nicht verdickt, linealisch. Kapsel kahl **7**
6 Kapsel lg keulenfg, mehrmals länger als br (Abb. **320**/4), selten kahl (var. *glabrum*) 0,15–0,30. 5–7. Sandige, mäßig nährstoffreiche Äcker, Rud.: Schutt, Bahnanlagen, kalkmeidend; [A] h Th An, v He Nw Sa Ns Mv, z By(h NM) Bw Rh Bb Sh (m-temp·c1-4EUR – hros ☉ ⨀ – *L6 T6 F4 R5 N5* – V Aphan., V Sisymbr. – 36, 42). [*Roemeria argemone* (L.) C. Morales et al.] **Sand-M.** – *P. argemone* L.
6* Kapsel kurz kreiselfg, höchstens doppelt so lg wie br. 0,20–0,50. 5–7. Nährstoffreiche Äcker, Rud.: Schutt, Bahnanlagen; [A] s Rh(O) Th(Bck) An(S), [U] s By Bw Rh(ORh SW) Th(Bck) Sa(SW) Ns Bb An(f N O W) Mv, † hes (m-stemp·c1-4EUR-WAS – hros ☉ ⨀ – InB – kleistogam – *L7 T7 F5 R7 N5* – V Aphan., V Sisymbr.). [*Roemeria hybrida* (L.) DC.]
Krummborstiger M. – *P. hybridum* L.
7 (5) Kapsel br eifg, 1,2–2,0(–2,8)mal so lg wie br, am Grund abgerundet (Abb. **320**/6). Narbenstrahlen 8–12. BlüStiele unter der Blü meist abstehend behaart. KrBla blutrot, am Grund oft mit schwarzem Fleck. Endabschnitt der Bla größer als die gebogenen Seitenabschnitte, gesägt. 0,30–0,90. 4–7. Lehmige, nährstoffreiche Äcker, trockne bis mäßig frische Rud.: Böschungen, Umschlagplätze, kalkhold; [A] g Th An, h Bw He Nw, v By(g NM) Rh Sa Bb Ns Mv, z Sh, s Alp(Chm Allg Brch Mng) (m-temp·c1-5EUR, [N] AM – hros ☉ ⨀ – InB Vm selbststeril – StA WiA Sa langlebig – *L6 T6 F5 R7 N6* – V Caucal., V Ver.-Euph., V Aphan., V Sisymbr. – HeilPfl., giftig - formenreich – 28, 32). **Klatsch-M.** – *P. rhoeas* L.

PAPAVERACEAE

7* Kapsel keulenfg bis zylindrisch (Abb. 320/5). Narbenstrahlen meist 5–8. BlüStiele stets anliegend, höchstens unten abstehend behaart. KrBla orangerot, ohne dunklen Fleck. Endabschnitt der Bla ± gleichgroß wie die geraden Seitenabschnitte, ganzrandig. **(Artengruppe Saat-M. – *P. dubium* agg.)** 8
8 Kapsel 1,5–3,1mal so lg wie br, am Grund konkav verschmälert. Milch frisch weiß, getrocknet dunkelbraun. Seitenabschnitte der obersten StgBla länglich, (1,5–)2–4(–5) mm br. BlüStiele unten abstehend od. anliegend behaart. Staubbeutel bläulich. Freie Lappen der Narbenscheibe sich nicht berührend. 0,30–0,60. 5–7. Nährstoffreiche Äcker, trockne bis mäßig frische Rud., kalkmeidend; [A], auch [N] g Ns(v Hrz N), h Nw Th Sa An Mv, v Rh He Bb, z By Bw Sh, s Alp(Allg) ((bstrop/moAFR)-m·c1-6-temp·c1-4EUR – hros ☉ ① – StA Sa langlebig – L6 T6 F4 R5 N5 – V Aphan., V Sisymbr. – giftig – 42).
Saat-M. – *P. dubium* L.
8* Kapsel (1,3–)2,0–2,3(–3,6)mal so lg wie br, am Grund konvex-bauchig bis gerade-keilfg. Milchsaft getrocknet rot. Seitenabschnitte der obersten StgBla linealisch, (0,5–)1,0–2,0(–3,5) mm br 9
9 Milch frisch gelb, getrocknet ziegelrot. Kapsel zylindrisch, am Grund plötzlich verengt. BlüStiele unten anliegend behaart. Staubbeutel gelblichbraun. Freie Lappen der Narbenscheibe sich berührend od. sogar etwas deckend. 0,30–0,70. 5–7. Steinige Äcker, Rud.; [A] z Bw(Alp) Nw(Sw) Th(f Hrz O), s By Rh(N SW) He? Nw An? Ns, [U] s Bb, oft verwechselt (sm-stemp·c1-4EUR – L8 T7 F4 R7 N5 – V Sisymbr., V Caucal.). [*P. dubium* subsp. *lecoqii* (LAMOTTE) SYME] **Gelbmilchender M. – *P. lecoqii* LAMOTTE**
9* Milch frisch farblos bis weiß, trocken hellrot. BlüStiele unten meist abstehend behaart. 0,40–0,80. 4–5. Rud.: Böschungen, Bahnanlagen, Steinbrüche, rud. Trockenrasen, kalkhold; [N?] z By(N NM) Rh(SW M) Nw(MW SO) He Th (f Hrz O Wld), s Bw Sa An Ns Bb? Mv? Sh (m-stemp·c1-5EUR? – hros ☉ ① – V Sisymbr. – *L7 T F2 R5 N5* – 14, 28, 32, 42). [*P. lecoqii* LAMOTTE p. p., *P. dubium* subsp. *confine* (JORD.) HÖRANDL]
Verkannter M. – *P. confine* JORD.

Hybride: *Papaver dubium* ×*P. rhoeas* = *P.* ×*hungaricum* BORBÁS [*P.* ×*exspectatum* FEDDE] – s

Corydalis DC. – **Lerchensporn** (400 Arten)
1 TragBla der Blü eifg, ganzrandig 2
1* TragBla der Blü keilfg, handfg gespalten (Abb. 313/1). Stg mit 1 NiederBla 3
2 Traube mit (4–)6–20 Blü, stets aufrecht. Blü 18–28 mm lg. Stg ohne NiederBla. Knolle hohl. 0,10–0,35. 3–4. Frische Buchen-, Schlucht- u. AuenW, Streuobstwiesen, Weinberge, nährstoffanspruchsvoll; v Th An, z Alp(f Krw Wtt) By Bw Rh He Nw Sa(f NO) Ns(h MO) Mv Sh, s Bb, auch [N StinsenPfl] (sm/mo-temp·c2-5EUR – frgr eros G ♃ SprKnolle 10–15 cm tief – InB: langrüsslige Hautflügler, Wollschweber Vm selbststeril – AmA Kältekeimer – L3 T6 F6 R8 N8 – V Til.-Acer., V Carp., V Alno-Ulm., V Ver.-Euph. – giftig). [*C. bulbosa* (L.) PERS. non (L.) DC.] **Hohler L., Hohlwurz – *C. cava* SCHWEIGG. et KÖRTE**
2* Traube mit 1–5(–8) Blü, wenigstens zur FrZeit überhängend. Blü 10–15 mm lg. Stg mit bleichem, schuppenfg NiederBla. Knolle voll. 0,10–0,20. 3–4. Frische Laubwiesen- u. SchluchtW, AuenW, Gebüsche, Hochstaudenfluren, nährstoffanspruchsvoll; z By Bw(SO Alb S Keu) He Th Sa An(h S) Bb Ns Mv(f Elb) Sh, s Alp(f Allg f Krw Wtt) Rh(N M MRh) Nw (NO SO), auch [N StinsenPfl] Mv (sm/mo-b·c2-4EUR – frgr eros G ♃ SprKnolle 2–6 cm tief – InB: Bienen, Hummeln, slt. SeB – AmA – L3 T4 F5 R7 N7 – V Til.-Acer., UV Gal.-Fag., V Alno-Ulm., V Adenost.). [*C. fabacea* (RETZ.) PERS.]
Mittlerer L. – *C. intermedia* (L.) MÉRAT
3 **(1)** Traube mit (3–)4–12 Blü, stets aufrecht. Blü 16–20 mm lg, ihr Stiel ≥halb so lg wie der gekrümmte Sporn. Schote so lg wie ihr Stiel. Knolle meist mit 2 Stg. 0,10–0,20. 4–5. Frische bis feuchte LaubmischW, Hecken, Parks, nährstoffanspruchsvoll; v Rh, z By(f O) Bw He Nw Th(Rho S Wld) Ns, s Sa(f Elb), [N U] z An Bb Mv Sh, auch ZierPfl (m/mo-b·c2-6EUR – frgr eros G ♃ SprKnolle 3–9 cm tief – InB: Hautflügler selbststeril – AmA – L3 T6 F5 R7 N7 – O Fag., O Prun., V Geo-Alliar. – giftig). [*C. bulbosa* (L.) DC.]
Finger-L. – *C. solida* (L.) CLAIRV.
3* Traube mit 1–6(–10) Blü, zur FrZeit überhängend. Blü 12–15 mm lg, ihr Stiel kaum ¼ so lg wie der ± gerade Sporn. Schote (2–)3mal so lg wie ihr Stiel. Knolle stets mit 1 Stg. 0,05–0,20.

3–4. LaubmischW (bes. Feldulmen-HangW), AuenW; z An: Saale-Elbegebiet, s Th(Bck) Bb(Od M MN NO) Mv(N M MW) Sh(SO O) (sm-temp·c3EUR – frgr eros G SprKnolle 0–5 cm tief – InB, selten SeB – AmA Kältekeimer – *L3 T6 F5 R5 N7* – V Carp., V Alno-Ulm.).
Zwerg-L – *C. pumila* (HOST) RCHB.

Hybriden: *C. cava* × *C. solida* = *C.* ×*budensis* VAJDA – s By Sa Mv, *C. intermedia* × *C. solida* = *C.* ×*campylochila* TEYBER – s By He An *C. pumila* × *C. solida* = *C.* ×*zahlbruckneri* J. SCHEFF – s An.

Ceratocapnos DURIEU – Rankenlerchensporn (3 Arten)

Pfl kletternd. Bla in Ranken endend. Stg 50–100 cm lg, sehr zart. Blü 4–6 mm lg, in lg gestielten Trauben. 6–9. EichenW, Kiefernforste, Gebüsche, Waldsäume, kalkmeidend; v Ns(f Hrz), z Nw Sh, s Rh(SW) An(N Elb) Bb(Elb M MN) Mv(v Elb), [N] By Bw He Th Sa, ↗ (sm/mo-temp·c1EUR – eros ☉ RankPfl, slt. ① – L5 T6 F5 R3 N6 – V Querc. rob., O Orig., V Epil. ang., V Prun.-Rub. – 14, 32, 48). [*Corydalis claviculata* (L.) DC.]
Europäischer R. – *C. claviculata* (L.) LIDÉN

Pseudofumaria MEDIK. – Scheinerdrauch (2 Arten)

1 Bla oseits hellgrün, useits blaugrün. BlaStiel nicht geflügelt. Kr goldgelb. Sa glänzend. 0,10–0,20(–0,40). 4–10. ZierPfl; auch Mauerspalten, Gärten, Hecken; [N 16. Jh.] z By Bw Rh He Nw Sa An, s Alp Th(f Hrz) Bb Ns Mv Sh (sm/mo·c1-3EUR – igr eros H ♃ Rübe – InB – Sa-Nachreifung bei Kälte AmA – L6 T7 F6 R9 N5 – V Cymb. mur., V Potent. caul.). [*Corydalis lutea* (L.) DC.] **Gelber Sch. – *P. lutea* (L.) BORKH.**
1* Bla blaugrün bereift. BlaStiel geflügelt. Kr gelblichweiß bis weißlich, an der Spitze gelb. Sa matt. 0,10–0,40. 6–10. ZierPfl; auch feuchte Felsen u. Mauerspalten; [N 19. Jh. U] s By Bw He Sa Ns Bb Mv Sh (sm/mo·c3EUR – K Thlasp. rot. – *L7 T7 F3 R9 N5*). [*Corydalis ochroleuca* W.D.J. KOCH] **Blassgelber Sch. – *P. alba* (MILL.) LIDÉN**

Für D wird neben der subsp. *alba* (Pfl >10 cm hoch, Bla nicht dünn, Kr an Spitze gelb) selten auch die subsp. *acaulis* (WULFEN) LIDÉN (Pfl <10 cm, Bla fleischig, Kr an Spitze grün) angegeben, deren Vorkommen aber fraglich ist.

Fumaria L. – Erdrauch (50 Arten)

1 Stg lg kriechend od. klimmend. BlaStiele oft rankend. Reife Fr glatt 2
1* Stg aufrecht od. aufsteigend, nicht klimmend. BlaStiele nicht (bisweilen jedoch BlaSpindel) rankend. Reife Fr rau 3
2 Blü 9–15 mm lg, in reichblütigen, lockeren Trauben. Kr vor Bestäubung weiß, dann rosa, an der Spitze dunkel purpurrot. FrStiele stark herabgekrümmt. 0,30–1,00. 5–9. Frische Rud.: Gärten, Heckensäume; [N U] s By Bw Rh Nw Sa An Ns Bb Sh Mv (m·c1-5-temp·c1EUR, [N] AM – eros ☉ RankPfl – L6 T6 F5 R4 N7 – K Stell., V Geo-Alliar.).
Ranken-E. – *F. capreolata* L.
2* Blü (5–)7–12 mm lg, in wenigblütigen, lockeren Trauben. Kr purpurrosa, an der Spitze fast schwarz. FrStiele abstehend. 0,30–0,60. 6–9. Mauern; [N meist U] s By Bw Nw Th Sa Ns Sh (m-temp·c1-2EUR – eros ☉ RankPfl – L7 T7 F5 R4 N6).
Mauer-E. – *F. muralis* W.D.J. KOCH

1 Zarte Pfl mit bis 12blütigem BlüStand. Kr 9–11 mm lg. Fr etwa 2 mm lg, eifg-kuglig, spitz od. zugespitzt, glatt. Rud.; [N U] s Nw Sh (m-temp·c1-2EUR). subsp. *muralis*
1* Kräftige Pfl mit >12blütigem BlüStand. Kr 10–20 mm lg. Fr etwa 2,2–2,5 mm lg, verkehrteifg, stumpf, glatt od. trocken fein runzlig. Rud.; [N U] s By Bw He Ns: Hamburg, genaue Verbr. unbekannt (temp·c1-2 EUR). subsp. *boraei* (JORD.) PUGSLEY

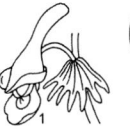  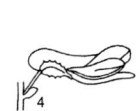  

Corydalis solida   F. rostellata   Fumaria officinalis   F. parviflora   F. schleicheri

3	(1) KeBla (leicht abfallend!) 1,5–3,5 × 1,0–1,5 mm br. Kr (5–)7–9 mm lg, purpurrot od. purpurrosa 4
3*	KeBla (leicht abfallend!) höchstens 1,0 × 0,75 mm. Kr 5–6 mm lg, oft blassrosa 7
4	KeBla etwa halb so lg wie die Kr ohne Sporn, mindestens so br wie die Kr. (Innere) KrBla kräftig purpurrot, Spitze dunkelrot. BlaZipfel 1–3 mm br 5
4*	KeBla etwa ⅓ so lg wie die Kr ohne Sporn, schmaler als die Kr (Abb. **313**/4), (1,5–)2–3 × ±1,5 mm. (Innere) KrBla weiß bis rosa, Spitze purpurrot. BlaZipfel 2–3(4) mm br. (**Artengruppe Gewöhnlicher E. – *F. officinalis* agg.**) 6
5	KeBla (1,5–)2–3 × ±1,5 mm. Traube 12–32blütig. TragBla kürzer als FrStiel. Fr kurz bespitzt, fast kuglig, schwach runzlig (Abb. **313**/2). Kr 5,5–7,0(–8,0) mm lg, äußere KrBla kurz geschnäbelt (Knospen anschauen), Kiel des obersten KrBla rötlich. BlaZipfel 1–3 mm br. 0,15–0,45. 6–9. Lehmige Äcker, Rud.; [A] z By(NO) Sa(f Elb), s Th(f NWW) An(f Elb N O), [U] Rh Nw Ns Mv Sh (sm-stemp·c4-5 EUR – eros ⊙ – V Ver.-Euph., V Galeops. seget. – *L7 T6 F3 R7 N7*). **Schnabel-E. – *F. rostellata* KNAF**
5*	KeBla rundlich, (2,0)2,5 × 2,0–2,5 mm. Traube dichtblütig. TragBla so lang wie der FrStiel. Fr stumpf, kuglig, an der Spitze mit Grübchen. Kr 6–7 mm lg, äußere KrBla nicht geschnäbelt, Kiel des obersten KrBla oft grün. 0,15–0,40. 5–9. [A U] s Rh Nw Sa Ns Bb Mv Sh (m-(sm)·c4-8WEURAS, [N] sm-(ntemp)·c1-4EUR – eros ⊙ – AmA – K Stell. – *L7 T9 F5 R7 N7*). [*F. micrantha* LAG., *F. officinalis* subsp. *densiflora* (DC.) O. SCHWARZ] **Dichtblütiger E. – *F. densiflora* DC.**
6	(4) Traube mit (10–)20–45 Blü, anfangs dicht. KeBla 2–3 × 0,7–1,5 mm. Kr (7–)8–9 mm lg, unteres KrBla zugespitzt. Nuss an der Spitze mit flachem Grübchen, breiter als lg (Abb. **313**/3). 0,15–0,30. 5–10. Nährstoffreiche, lehmige Äcker, Gärten, Weinberge, Rud., basenhold; [A] g Th An, h Rh He Nw Sa Ns, v By Bw Mv, z Bb(h NO) Sh, s Alp(Allg Wtt), oft nicht von *F. wirtgenii* unterschieden (m-b·c1-5EUR, [N] AM – eros ⊙ ① – InB: Bienen SeB – MeA AmA Sa langlebig – L6 T6 F5 R6 N7 – V Caucal., V Aphan., V Ver.-Euph. – HeilPfl – 12, 42). **Gewöhnlicher E. – *F. officinalis* L.**
6*	Traube mit 10–20 Blü, ziemlich locker. KeBla 1,5–2,0 × 1 mm. Kr 5–6(–8) mm lg, unteres KrBla gestutzt. Nuss gestutzt od. mit Spitzchen, fast kuglig. 0,15–0,25. 5–10. Gärten, Ackerränder, Rud.; [A] z By(f S) Rh He(SO ORh SW) Th(f Hrz Wa), s Bw(f SO Alb S) Nw(f SO N) Sa(f Elb) An(f N O) Ns(MO M O S), [U] Bb Sh (m-temp·c1-3EUR – K Stell. – *L7 T7 F3 R7 N7* – 42). [*F. officinalis* subsp. *wirtgenii* (W.D.J. KOCH) ARCANG.] **Wirtgen E. – *F. wirtgenii* W.D.J. KOCH**
7	(3) KrBla weiß, an der Spitze dunkelpurpurn. FrStiele dick, etwa so lg wie die Nüsse, höchstens so lg wie ihr DeckBla. Nüsse ringsum deutlich gekielt, sehr rau, 1,8–2,2 × 1,8–2,0 mm (Abb. **313**/5). BlaAbschnitte rinnig, letzte bis 15 × 0,5 mm. 0,15–0,30. 6–9. Nährstoffreiche Äcker, Gärten, Rud., basenhold; [A] v Th(f Hrz), z By Bw Rh An(SO O), Ns(M, sonst s), v Alp(Allg) He(MW) Nw (SW) Sa(f SO) Bb(f Od) Ns(f Elb O) Mv(M) Sh(M), † Bw (m-stemp·c2-5EUR-WAS, [N] AM – eros ⊙ ① – L6 T6 F4 R8 N5 – V Caucal., V Ver.-Euph.). [*F. tenuifolia* G. GAERTN. et al.] **Kleinblütiger E. – *F. parviflora* LAM.**
7*	(3) KrBla rosa, meist mit dunklerer Spitze. FrStiele 1,5–2mal so lg wie ihr DeckBla. Nüsse undeutlich gekielt. BlaZipfel flach 8
8	FrStiele 4 mm lg, etwa 3mal so lg wie ihr DeckBla. BlaZipfel bis 2,5 mm br. KrBla tiefrosa, das obere abgerundet, seine Flügel aufwärts zurückgeschlagen. Nüsse mit stumpfem Spitzchen (Abb. **313**/6). Trauben 12–20blütig. 0,15–0,30. 6–9. Nährstoffreiche Äcker, Weinberge, Gärten, Heckensäume, Rud., Brachen, kalkhold; [A] z Th(f Hrz NW), s By(f S) Bw(f S) Rh(f M W) He(O ORh SW) Nw An(S SO), [U] Sa (m-stemp·c2-6EUR-WAS – eros ⊙ ① – L7 T7 F4 R8 N7 – V Ver.-Euph., V Geo-Alliar.). [*F. wirtgenii* auct. non W.D.J. KOCH] **Schleicheri-E. – *F. schleicheri* SOY.-WILL.**
8*	FrStiele <3 mm lg, höchstens 2mal so lg wie ihr DeckBla. BlaZipfel bis 4 mm br. KrBla blassrosa, das obere ausgerandet, seine Flügel abstehend. Nüsse stumpf od. bespitzt. Trauben 6–12(–15)blütig. 0,06–0,20. 5–9. Lehmige bis tonige, oft skelettreiche Äcker, Weinberge, Gärten, mäßig trockne Rud., kalkstet; [A] v Th(f Hrz), z By Bw Rh He(f W) Nw (f MW) An(h S), s Alp(Allg) Sa(f SO) Bb Ns(f Elb O) Mv(M), ↘ (m-stemp·c2-8EUR-WAS – eros ⊙ ① – L6 T6 F4 R8 N5 – V Caucal., V Ver.-Euph., V Geo-Alliar.). **Vaillant-E. – *F. vaillantii* LOISEL.**

1 Trauben kurz gestielt, nur wenig länger als ihr Stiel. DeckBla ¾ so lg wie der FrStiel. Nuss kuglig, zur Reifezeit runzlig, vorn stumpf. Kr blassrosa. Sporn aufsteigend. Äcker, Weinberge, Gärten, mäßig trockne Rud., kalkstet; Verbr. in D wie Art (m-stemp·c2-8EUR-WAS – V Caucal., V Ver.-Euph., V Geo-Alliar.). subsp. *vaillantii*

1* Trauben fast sitzend, kurz, deutlich länger als ihr Stiel. DeckBla halb so lg wie der FrStiel. Nuss kuglig, kaum runzlig, stets bespitzt. Kr sehr blass lila, an der Spitze nicht dunkler. Sporn herabgebogen. Hackfruchtäcker, Gärten; [A] s Alp By(N NM) Th An Bb, [U] Sa, sonst wohl übersehen (m-stempEUR? – V Ver.-Euph.). [*F. schrammii* (Asch.) Velen.]

subsp. *schrammii* (Asch.) Nyman

Familie *Berberidaceae* Juss. – Berberitzengewächse

(12–16 Gattungen/650–700 Arten)

Stauden od. Sträucher. Bla wechselständig, oft ohne NebenBla. Blü ♂, radiär. BlüOrgane quirlig, frei, (2–)3(–4)zählig. NektarBla meist vorhanden, kronblattartig. StaubBla 4–18, oft reizbar. FrBla 1, oberständig. Griffel 1, kurz od. fehlend. Narbe kopfig od. gelappt. Fr Bälge, Beeren.

1 Blü 4zählig. Innere KrBla (NektarBla) gespornt. Fr ein sich mit 2 Klappen öffnender Balg. Stauden. **Sockenblume – *Epimedium* S. 316**
1* Blü 3zählig, gelb, in Trauben. KrBla flach. Fr eine Beere. Sträucher **2**
2 Bla einfach, ungeteilt, büschlig. LangtriebBla verdornt. **Berberitze – *Berberis* S. 315**
2* Bla gefiedert, einzeln an Langtrieben stehend. **Mahonie – *Mahonia* S. 315**

Mahonia Nutt. – Mahonie (>100 Arten)

Bla ledrig, immergrün, gefiedert. Blchen dornig gezähnt. 0,50–1,50. 4–6. Zierstrauch; auch TrockenW u. -gebüsche, stadtnahe (Vor)Wälder, Parks, eutrophierte Kiefernforste, basenhold; [N] v An, z By Rh He Nw Th Sa Bb, s Bw Ns, [U] Mv Sh, ↗ (sm-temp·c1-3WAM – igr Str uAusl – InB StaubBla reizbar – VdA Kältekeimer – O Prun. – Zweige für Kranzbinderei – Beeren schwach giftig). [*Berberis aquifolium* Pursh.]

Mahonie – *M. aquifolium* (Pursh) Nutt.

Die meisten in D verwilderten Pfl sind vermutlich Hybriden mit den ebenfalls westamerikanischen *M. repens* (Lindl.) G. Don (=*M.* ×*decumbens* Stace, Pfl <0,5 m, Blchen oseits matt, weniger als 2mal so lg wie br) u. *M. pinnata* (Lag.) Fedde (=*M.* ×*wagneri* (Jouin) Rehder, Blchen >2mal so lg wie br, oseits matt).

Berberis L. – Berberitze (>500 Arten)

1 Immergrüner Str. Fr blauschwarz, bereift. Bla (3–)6–8(–9) × 0,8–2,0 cm, mit jederseits 15–35 Zähnen. Dornen 3teilig, 1–4 cm lg. Blü zu 8–20 in Doldentrauben. 2,00–3,00(–4,00). 5. ZierStr, Parks, Gärten; auch siedlungsnahe Gehölze, Bahnschotter, Mauern; [N U] s By Bw Rh He Nw Bb (m-sm//mo·c2OAS – giftig außer Beeren).

Juliana-B. – *B. julianae* C.K. Schneid.

1* Sommergrüner Str. Fr rot **2**
2 Bla gezähnt, 2–6 cm lg. Blü ± ∞ in hängenden Trauben. Langtriebe mit meist 3teiligen Dornen, in deren Achseln Kurztriebe mit verkehrteifg, stehend gewimperten Bla stehen. Bis 3,00. 4–6. Lichte TrockenW u. -gebüsche, AuenW, Waldränder, Hecken, kalkhold; h Alp, v Bw Th An, z By Rh He Nw Sa Bb, s Ns([U] Elb N) Mv(f Elb, [U] NO) Sh(M); auch Zierstrauch (m/mo-stemp·c2-5EUR, [N] austrAUS+ntemp-b·c1-4EUR+NAM – sogr Str – InB: Fliegen, Hautflügler, Käfer SeB? Staubfaden-Innenseite reizbar – VdA – L7 Tx F4 R8 N3 – V Berb. – Zwischenwirt des Schwarzrostes – Beeren essbar, Pfl sonst schwach giftig).

Gewöhnliche B., Sauerdorn – *B. vulgaris* L.

2* Bla ganzrandig (meist Cultivar ‚Atropurpurea' mit purpurroten Bla), 1–2(–3) cm lg. Blü einzeln od. zu 2(–5) in Büscheln. Dornen meist einfach, 0,5–1,5 cm lg. 0,50–1,00(–3,00). 5. ZierPfl, auch [U] s By Bw Rh He Nw Th Sa An Ns Bb Mv Sh (m-sm·c1-2OAS? – sogr Str).

Thunberg-B. – *B. thunbergii* DC.

Epimedium L. – Sockenblume (25 Arten)

1 BlüStg mit 1–2 Bla. Blchen 5–9, gesägt, Zahnspitzen gewimpert. KeBla 4–6, grünlichrot. Äußere KrBla 4, blutrot, innere KrBla 4, gelb, gespornt (Abb. **320**/3). 0,20–0,30. 3–4. ZierPfl; auch schattige Parkanlagen; [N U] s By Bw Rh He Th Sa An Bb Ns Mv Sh (sm/ demo·c3EUR – eros sogr G ♃ uAuslRhiz – InB: Bienen SeB Vw). **Alpen-S. – *E. alpinum* L.**
1* BlüStg blattlos. Blchen 3–5, entfernt gezähnt od. ganzrandig. ZierPfl, selten verwildert, s. Bd. ZierPfl; [N U] By Ns (sm·c2VORDAS). **Kolchische S. – *E. pinnatum* DC.**

Familie *Ranunculaceae* Juss. – Hahnenfußgewächse

(55 Gattungen/2500 Arten)

Kräuter, selten Sträucher, Lianen u. WasserPfl. Bla meist wechsel- od. grundständig, selten gegenständig, oft handfg geteilt od. zusammengesetzt, BlaStiel am Grund scheidig. Neben-Bla klein od. meist fehlend. BlüTeile spiralig od. nur z. T. in Kreisen. BlüHülle meist einfach, Perigon meist kronartig, 4–∞blättrig, zwischen ihm u. den oft ∞ StaubBla oft verschieden geformte NektarBla (Abb. **318**/1–3), diese zuweilen kronblattartig, dann als KrBla u. Perigon als Ke bezeichnet. FrKn 1–∞, oberständig. SammelFr mit BalgFrchen od. Nüsschen, selten scheidewandspaltige Kapsel od. mehrsamige Beere.

1 Bla gegenständig, gefiedert. **Waldrebe – *Clematis* S. 327**
1* Bla grund- od. wechselständig, zuweilen in Scheinquirlen **2**
2 Blü dorsiventral **3**
2* Blü radiär **4**
3 Perigon nicht gespornt. Oberes PerigonBla helmartig (Abb. **317**/1), die 2 lg gestielten, gespornt-kapuzenfg NektarBla einschließend. **Eisenhut – *Aconitum* S. 321**
3* Mindestens 1 PerigonBla lg gespornt, den (die) NektarBlaSporn(e) umhüllend (Abb. **317**/2). **Rittersporn – *Delphinium* S. 322**
4 **(2)** Blü mit 5 gespornten NektarBla, die mit 5 spornlosen PerigonBla wechseln (Abb. **317**/3). Bla doppelt 3zählig. **Akelei – *Aquilegia* S. 320**
4* Blü ungespornt od. PerigonBla kurz gespornt u. dann Bla ungeteilt **5**
5 WasserPfl. Blü weiß. **Wasserhahnenfuß – *Ranunculus* S. 328**
5* LandPfl od. gelbblühende SumpfPfl **6**
6 Stg nur am Grund beblättert **7**
6* Stg auch über dem Grund mit LaubBla, diese z. T. reduziert, wenn (selten) fehlend, dann <6 gelbe KrBla u. GrundbBla rundlich-herzfg. **10**
7 Bla 3lappig, Lappen zuweilen grob gekerbt. PerigonBla blau, selten weiß od. rosa, eifg, 6–10. Blü seitenständig. **Leberblümchen – *Hepatica* S. 324**
7* Bla nicht 3lappig. Blü weiß, violett, gelb; wenn blau, dann PerigonBla länglich, 8–15. Blü end- od. end- u. seitenständig **8**
8 Bla ungeteilt, schmal verkehrt-eilanzettlich. Blü grünlich. BlüBoden walzenfg verlängert (Abb. **318**/4). SammelFr mäuseschwanzähnlich. **Mäuseschwänzchen – *Myosurus* S. 328**
8* Bla geteilt od. zusammengesetzt **9**
9 Pfl 15–30 cm hoch. Bla >15 cm lg, fußfg geschnitten, Zipfel verkehrteilanzettlich, mindestens vorn gezähnt. Blü weiß od. rötlich. NektarBla röhrig (Abb. **317**/3). Frchen 2–7, mehrsamig. ♃. **Nieswurz – *Helleborus* S. 323**
9* Pfl <10 cm hoch. Bla <5 cm lg, gablig geteilt, Zipfel linealisch, ganzrandig. Blü gelb. NektarBla flach. Frchen ∞, 1samig (Abb. **318**/5). ⊙ ①. **Hornköpfchen – *Ceratocephala* S. 328**
10 **(6)** Dicht unter den Blü od. unter dem Perigon (Abb. **317**/4) od. etwas entfernt davon ein 3(–4)blättriger, zuweilen durch Verwachsung trichterfg Scheinquirl. Alle übrigen Bla grundständig. **11**
10* Bla grund- u./od. wechselständig, zuweilen scheingegenständig **14**
11 Bla des Scheinquirls ungeteilt, dicht unter dem blauen Perigon, kelchblattartig. GrundBla 3lappig, Lappen zuweilen grob gekerbt. **Leberblümchen – *Hepatica* S. 324**
11* Bla des Scheinquirls 3zählig od. handfg geteilt **12**

12 Scheinquirl dicht (<1,5 cm) unter dem gelben Perigon (Abb. **317**/4). NektarBla röhrig. Frchen mehrsamig. **Winterling – _Era_nthis** S. 324
12* Scheinquirl >1,5 cm vom Perigon entfernt. NektarBla fehlend. Frchen 1samig **13**
13 Griffel lg, abstehend behaart, sich nach der BlüZeit stark verlängernd. Frchen daher lg fedrig geschnäbelt (Abb. **317**/6). Perigon weiß od. violett, bei AlpenPfl selten schwefelgelb. ScheinquirlBla oft in linealische Zipfel geteilt. **Küchenschelle – _Pulsatilla_** S. 326
13* Griffel auch nach der BlüZeit kurz, kahl. Frchen daher kurz geschnäbelt. Perigon weiß, zuweilen rötlich überlaufen, blau, goldgelb, selten blassgelb. ScheinquirlBla nicht mit linealischen Zipfeln, Abschnitte >2 mm br. **Windröschen, Berghähnlein – _Anem_o_ne_** S. 325
14 (10) StaubBla viel länger als die oft schon beim Aufblühen abfallende BlüHülle. Reichblütige Trauben od. Rispen **15**
14* Höchstens einige StaubBla die BlüHülle überragend. Blü oft einzeln, selten in rispenfg BlüStand **16**
15 FrKn 1. Fr eine schwarze Beere. Blü weißlich, in Trauben. Blchen mit ∞ scharfen Zähnen. **Christophskraut – _Act_a_ea_** S. 324
15* FrKn >1. Fr aus mehreren Nüsschen bestehend. Blü grünlich, gelblich od. hellviolett, in Rispen. Blchen mit <6 Zähnen. **Wiesenraute – _Thal_i_ctrum_** S. 318
16 (14) Blü ohne NektarBla od. NektarBla flach, kronblattartig u. meist größer als die kelchblattartigen PerigonBla. Frchen 1- od. mehrsamig **17**
16* Blü mit NektarBla, diese von den kronblattartigen PerigonBla verschieden u. kleiner als diese (Abb. **318**/1–3). Frchen stets mehrsamig **20**
17 BlüHülle einfach, gelb. NektarBla fehlend. BalgFrchen. Bla unzerteilt, herzfg bis nierenfg. **Dotterblume – _Ca_l_tha_** S. 324
17* Blü mit Ke u. Kr. 1samige Nüsschen **18**
18 Bla 2–3fach fiederteilig, mit fädlich-linealischen Zipfeln. KeBla 5. KrBla ohne Nektartasche am Grund. **Adonisröschen – _Adonis_** S. 320
18* Bla flächig, nicht mit fädlich-linealischen Zipfeln. KeBla 3–5. KrBla (= NektarBla) oseits am Grund meist mit kleiner Nektartasche **19**
19 KeBla 3(–5), KrBla ≥6. Bla unzerteilt, rundlich-herzfg, glänzend, kahl, gelegentlich schwarz gefleckt. Pfl oft mit Wurzelknöllchen in den BlaAchseln. **Scharbockskraut – _Ficaria_** S. 327
19* KeBla u. KrBla 5. Wenigstens obere Bla tief handfg gelappt bis geschnitten od. 3teilig; wenn unzerteilt, dann elliptisch bis lanzettlich od. am Rand zottig behaart od. nicht stark glänzend. Pfl ohne Wurzelknöllchen in den BlaAchseln. **Hahnenfuß – _Ran_u_nculus_** S. 328
20 (16) Blü gelb. BlüHüllBla kuglig zusammenneigend (Abb. **317**/5). NektarBla linealisch (Abb. **318**/1). **Trollblume – _Tro_l_lius_** S. 320
20* Blü nicht gelb **21**
21 Bla 2–3fach fiederschnittig, mit <2 mm br Zipfeln. Blü blau, selten weiß od. rosa. NektarBla gestielt, 2lippig, mit 2teiliger, behaarter Unterlippe (Abb. **318**/2). ☉ ⊙. **Schwarzkümmel – _Nigella_** S. 323
21* Bla fußfg geschnitten, mit >5 mm br Zipfeln. Blü grünlich. NektarBla röhrig (Abb. **318**/3). ♃. **Nieswurz – _Hell_e_borus_** S. 323

1	2	3	4	5	6
Aconitum	Consolida	Aquilegia	Eranthis	Trollius	Pulsatilla

Thalictrum L. – **Wiesenraute** (120 Arten)
Bearbeitung: **Ralf Hand**

1 Staubfäden oben verdickt, violett. Frchen gestielt, hängend, glatt, 3kantig geflügelt. 0,40–1,20. 5–7. AuenW, Gebüsche, (wechsel)nasse Wiesen, subalp. Hochstaudenfluren, kalkhold, nährstoffanspruchsvoll; h Alp, z By(f NW) Bw(f NW) Th(M N O) Sa, s An(SO S) Bb(M MN NO), [N] s Rh Ns Sh Nw He, ↘ (sm/mo-temp·c2-5EUR – sogr eros H kurzlebig ♃ Rhiz – InB: Pollenblume: Bienen, Fliegen, Käfer Vw – WiA KlA? Kältekeimer – L5 Tx F8= R7 N7 – V Alno-Ulm., O Mol., V Adenost.). **Akelei-W. –** ***Th. aquilegiifolium*** L.
1* Staubfäden oben kaum verdickt, gelblich od. grünlich. Frchen sitzend, längsrippig, ungeflügelt 2
2 Blü mit den StaubBla überhängend, einzeln, in lockeren Rispen 3
2* Blü wie die StaubBla aufrecht, an den Zweigenden der Rispen dicht gedrängt 4
3 FiederBlchen rundlich od. rundlich-keilfg, gekerbt bis gelappt, etwa so lg wie br. Pfl meist ohne Ausläufer. 0,15–1,20. 5–8. Trockengebüsche, lichte Eichen- u. KiefernW u. ihre Säume, waldnahe Xerothermrasen, subalp. Staudenfluren, flussnahe Mähwiesen, basenhold; z Alp By Bw Rh He(f MW NW ORh) Th Sa An Bb Mv, s Nw(SO MW) Ns(f M NW) Sh(O), ↘ (austr+subtrop/moAFR-m/mo-b·c1-8EURAS – sogr hros/eros G ♃ langlebiges Rhiz, selten uAusl – WiB InB – WiA KlA – L6 Tx F3 R8 N3 – V Arrh., V Ger. sang., V Berb., V Querc. pub., V Eric.-Pin., K Fest.-Brom., V Salic. aren., O Sesl., V Adenost. – 28, 42).
Kleine W. – ***Th. minus*** L.
1 Bla am StgGrund od. in der Mitte des Stg gehäuft, Stg oft stark knickig. Blchen useits mit stark hervortretendem Nervennetz. Frchen-Schnabel meist >0,7 mm lg 2
1* Bla am Stg gleichmäßig verteilt, Stg gerade od. schwach knickig. Blchen useits nicht mit stark hervortretendem Nervennetz (nur größere Nerven). Frchen-Schnabel meist <0,7 mm lg 3
2 BlaMittelrippe im ⌀ scharfkantig u./od. scharf gefurcht bis gekerbt. Pfl nur sehr selten graugrün bereift. BlüZeit (5–)6–7. 0,15–0,30(–0,60). Xerothermrasen, Trockengebüschsäume, lichte KiefernW, kalkhold; z Alp(f Amm Wtt), s By(f O NM NO) Bw(f SO S SW) Rh(MRh ORh SW) He(O) Th(N W) Ns(N) Sh(O), † An, ↘ (m/mo-stemp·c1-3EUR – K Fest.-Brom., V Ger. sang., V Eric.-Pin. – 42 – bes. in An Th(N) Bb By(N); oft Übergangsformen zu subsp. *minus*. subsp. ***saxatile*** CES.
2* BlaMittelrippe im ⌀ rundlich od. mit abgerundeten Kanten. Pfl stets stark graugrün bereift. BlüZeit 5–6. Xerothermrasen, TrockenW; s By(Alb) (sm/(mo)-stemp·c4-5EUR – O Fest. val., V Querc. pub.-petr.), in Bw: Jura s Übergangsformen zu subsp. *saxatile*. subsp. ***majus*** (CRANTZ) MOORE & MORE
3 (1) BlüZeit Hochsommer (plan.-koll. ab Ende Juni). Bla mit NebenBlchen. Blchen am Grund überwiegend keilfg bis stumpf, über der Mitte am breitesten. Staubbeutel meist <2,5 mm lg. 0,25–0,50(–1,20). BlüZeit (6–)7–8. Trockengebüsche, lichte EichenW u. ihre Säume, waldnahe Xerothermrasen, basenhold; z Bb(f SW) Mv, s Rh(ORh) Sa(f NO) An(fN W) Ns(Elb M O S) Mv(N M MW), ↘ (m/mo-b·c3-8EURAS – V Berb., V Querc. pub., V Salic. aren., V Ger. sang., K Fest.- Brom. – 42).
subsp. ***minus***
3* BlüZeit Frühjahr bis Frühsommer (plan.-koll. ab Mitte Mai, mont. ab Juni). Bla ohne NebenBlchen. Blchen am Grund meist abgerundet bis herzfg, in den unteren ⅔ am breitesten. Staubbeutel meist >2,3 mm lg. BlüZeit: 5(–6). Alluviale Frischwiesen, Hochwasserdämme; z Rh, s By(f NM NO S) He(ORh) Nw(MW), ↘ (sm/mo-stemp·c2-3EUR – V Brom. erect., O Arrh. – 28, 42) in By Rh oft Übergangsformen zu den subsp. *minus* u. *saxatile*. subsp. ***pratense*** (F.W. SCHULTZ) HAND

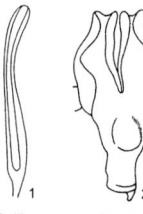

Trollius

Nigella

Helleborus

Myosurus

Ceratocephala

3* FiederBlchen länglich bis fast linealisch, (in D) immer mit wenigstens einigen ganzrandigen Blchen, deutlich länger als br. Pfl mit Ausläufern. 0,30–1,10. 6–9. Wechselfeuchte Moorwiesen, Halbtrockenrasen, Trockengebüschsäume, basenhold; s By(f NW) Bw(f NW) Th(Bck) An(f Hz n W), † He Rh Bb Sh, ↘ (sm/mo-b·c3-8 EURAS – sogr eros G ♃ uAusl – WiB InB – WiA WaA – L8 T6 F6~ R8 N2? – V Mol., V Brom. erect., V Ger. sang.).
Einfache W. – *Th. simplex* L.

1 Blchen der 4 oberen Bla >1 mm br, nicht glänzend, meist 3lappig bis 3teilig. BlüStand bis zur Spitze schwach beblättert. Fr >2,8 mm lg. BlüZeit (6–)7–9(–10). Moorwiesen, Halbtrockenrasen, Trockengebüschsäume; [U] s Bb(M Elb), † Bb(M) Sh(O), ↘ (sm/mo-b·c3-8EURAS – V Mol., V Brom. erect., V Ger. sang.). [*Th. bauhini* CRANTZ, *Th. s.* subsp. *bauhini* (CRANTZ) TUTIN]
① subsp. *simplex*

1* Blchen der 4 oberen Bla großenteils <1 mm br u. großenteils ganzrandig, oft glänzend 2
2 Blchen der oberen Bla zu 90–100 % ganzrandig, fadenfg bis linealisch, 0,5–1,0 mm br, useits mit auf fallenden Papillen, ihr Rand stark nach unten umgerollt. BlüStand an der Spitze unbeblättert (nicht blühend ähnlich *Galium verum*). Pfl kaum >0,50. BlüZeit (6–)7. Moorwiesen, Halbtrockenrasen; s By(f NM NW NO) Bw(f Keu NW SW) Th(N), † He Rh, ↘ (sm-temp·c3-4EUR – V Mol., V Brom. erect. – 28). [*Th. galioides* (DC.) PERS.] subsp. ***galioides*** (DC.) KORSH.
2* Blchen der oberen Bla zu etwa 25–50 % ganzrandig, an den unteren Bla nur wenige ganzrandig, useits nicht mit auffallenden Papillen. Fr <2,8 mm lg. BlüZeit (6–)7. Halbtrockenrasen, magere Frischwiesen, Moorwiesen; s By(Alb N NM) Bw(Alb Keu) Th(Bck) An(SO Elb O), † Rh, ↘ (sm/mo-temp·c3-4EUR – V Mol. – 42), vermittelt zwischen subsp. *galioides* u. subsp. *simplex*). [*Th. s.* subsp. *bauhini* auct.] subsp. ***tenuifolium*** (HARTM.) STERNER

4 (2) Pfl od. wenigstens Bla useits stark blaugrün bereift. Frchen 3,1–4,6 mm lg. NebenBlchen an den untersten Fiedern fehlend. BlüStand br eifg, mit Tendenz zur Thyrsenbildung. Pfl ohne Ausläufer. 1,00–1,80. 5–7. Quellige Stellen; [N 1885 U?] s Bw(SW: Zell im Wiesental) Rh(SW: Oberstein/Nahe); auch ZierPfl (m-sm·c1-3WEUR – sogr eros G ♃ Rhiz – InB WiB – MeA – 28). [*Th. glaucum* (PERS.) SCHRAD., *Th. flavum* subsp. *glaucum* (PERS.) BATT]
Blaugrüne W., Pracht-W. – *Th. speciosissimum* L.

4* Pfl grün, nicht stark blaugrün bereift. Frchen 2,2–3,1 mm lg 5
5 Pfl stets mit Ausläufern. Untere Fiedern meist mit kleinen, häutigen NebenBlchen (Abb. 319/1). Frchen 2,3–3,1 mm lg. BlüStand schmal länglich-eifg, rispig. 0,40–1,00. 6–8. Feuchte bis wechselnasse Moorwiesen, Küstenröhricht, Staudenfluren u. Niedermoore, AuenWSäume, nährstoffanspruchsvoll, salztolerant; v An(f Elb, z Hrz) Bb, z Alp(Chm Mng) By(f NO) Bw(f Gäu) Rh(f N) He(f O SOW) Nw Th(f Hrz NW) Ns(f Hrz) Mv(h Elb) Sh, s Sa(f NO), ↘ (m/mo-b·c1-7EUR – sogr eros G ♃ uAusl – InB WiB Vw – WaA Sa langlebig – L7 T6 F8 R8~ N5 – V Mol., V Filip., V Car. elat. – früher FärbePfl – 84). [*Th. morisonii* C.C. GMEL.]
Gelbe W. – *Th. flavum* L.

5* Wurzelstock nicht kriechend, ohne Ausläufer. Bla stets ohne NebenBlchen. Frchen 2,2–2,9 mm lg. 0,60–1,20. 6–7. Nasse bis wechselnasse Wiesen u. Hochstaudenfluren, Auengebüsche, AuenW u. ihre Säume, nährstoffanspruchsvoll; z Sa An(f Hrz S), s Alp(Chm Mng) By(MS O S) Bb(f NO SW) Ns(MO O), † Th (sm-temp·c3-4EUR – sogr eros G ♃ Rhiz – InB

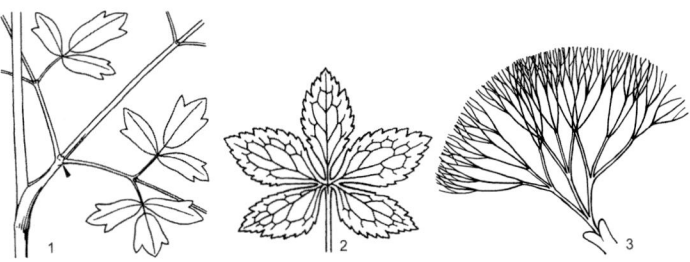

Thalictrum flavum   Ranunculus aconitifolius   Ranunculus sect. Batrachium

WiB – WaA Kältekeimer – L7 Tx F8 R7 N3? – V Mol., V Calth., V Filip., V Alno-Ulm. – 28).
[*Th. angustifolium* JACQ., *Th. exaltatum* GAUDIN, *Th. morisonii* auct. mult. europ.]

Glanz-W. – *Th. lucidum* L.

Hybriden: *Th. minus* × *Th. simplex* = *Th.* ×*timeroyi* JORD. – s, *Th. flavum* × *Th. minus* = *Th.* ×*medium* JACQ. – s, *Th. flavum* × *Th. simplex* subsp. *galioides* = *Th.* ×*spurium* nothosubsp. *pseudomorisonii* HAND – s (56).

Aquilegia L. – Akelei (ca. 70 Arten)

1 Stg meist unverzweigt, 1–3(–5)blütig. Sporn höchstens schwach gebogen. Blü 2,5–3,0(–4,0) cm ⌀. 0,15–0,40. 6–7. Subalp. Steinschutthalden, lichte Gebüsche, kalkstet; z Alp(Brch Mng) (sm-stemp//desalp·c3ALP – teiligr hros H kurzlebig ♃ Rübe – InB: Bienen, Hummeln Vm – StA – L7 T3 F5 R9 N4 – O Thlasp. rot., V Sesl., O Orig. – giftig – 32 – ▽).

Kleinblütige A. – *A. einseleana* F.W. SCHULTZ

1* Stg meist verzweigt, 3–10blütig. Sporn hakig (Abb. 317/3). **(Artengruppe Gewöhnliche A. – *A. vulgaris* agg.)** 2

2 Blü braunviolett, sehr selten weiß. StaubBla die inneren PerigonBla um (3–)5–10 mm überragend. 0,30–0,70. 6–7. Sommerwarme GebirgsnadelW, Gebüsche, Waldsäume, Moorwiesen, kalkhold; h Alp, z By(Alb MS O S) Bw(f NW ORh), [U] s Th Sa An (sm-stemp//desalp·c3-4EUR – teiligr hros H kurzlebig ♃ Rübe – InB: Bienen, Hummeln Vm – StA – L6 T4 F4~ R8 N3 – V Eric.-Pin., UV Cephal.-Fag., V Mol., V Atrop. – giftig – 56 – ▽).

Schwarzviolette A. – *A. atrata* W.D.J. KOCH

2* Blü blauviolett (Wildform), sehr selten rosa od. weiß. StaubBla kaum (<2 mm) aus der Blü ragend. 0,40–0,80. (4–)5–7. Sommerwarme, lichte LaubmischW, Gebüsche, Hecken, Wiesen, Halbtrockenrasen, kalkhold; h Th, v Rh An Ns(s M O Hrz MO S), z Alp(Allg) By Bw He Nw Sa, s Bb(SO Elb SW) Sh(M); auch ZierPfl (m/mo-stemp·c2-4EUR – teiligr hros H kurzlebig ♃ Rübe – InB: Bienen, Hummeln Vm – StA Lichtkeimer – L6 T6 F4 R7 N4 – O Querc. pub., UV Cephal.-Fag., V Ger. sang., V Brom. erect., O Arrh., O Thlasp. rot. – früher HeilPfl, giftig? – 32 – ▽).

Gewöhnliche A. – *A. vulgaris* L.

Hybride: *A. atrata* × *A. vulgaris* – s

Trollius L. – Trollblume (30 Arten)

Bla handfg 5teilig, mit 3spaltigen, gesägten Zipfeln. 0,30–0,60. 5(–6). Feuchte bis nasse Niedermoor- u. Quellwiesen, im Gebirge auch ärmere Fettwiesen u. Staudenfluren; h Alp, v Th(f O Rho f NW), z By(h S) Bw(f NW ORh) Rh He(O, s MW, f ORh SW) Sa(SO SW W) An(f Elb O) Ns(Hrz, sonst s od. †) Mv(f Elb SW), s Nw(SO NO) Bb(NO MN Od) Ns(Hrz MO M S), † Sh, ↘; auch ZierPfl (sm/mo-b·c2-5EUR – sogr hros H ♃ Rhiz – InB: Käfer, Fliegen, auch SeB – VdA WaA? Kältekeimer – L9 T3 F7 R6 N5 – O Mol., V Triset., V Adenost. – giftig – ▽).

Trollblume, Kugelranunkel – *T. europaeus* L.

Adonis L. – Adonisröschen (ca. 35 Arten)

1 KrBla 10–20, goldgelb. Blü 4–8 cm ⌀. 0,10–0,40. 4–5. Kont. Halbtrocken- u. Trockenrasen, lichte Eichen- u. KiefernW, kalkhold; z An(f Elb O), s By(f NO O S) Rh(ORh SW) Th(Bck O) Bb(Od MN NO) Ns(MO), ↘ (sm-temp·c4-7EUR-WSIB – sogr eros H ♃ Rhiz – InB: Bienen, Fliegen, Käfer, Pollenblume Vw – AmA Kälte-Lichtkeimer – L7 T6 F3 R7 N2 – V Fest. val., V Cirs.-Brach., V Cytis.-Pin., V Querc. pub. – HeilPfl, giftig!! – 16 – ▽).

Frühlings-A. – *A. vernalis* L.

   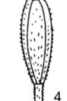  

Adonis flammea   A. aestivalis   Epimedium   Papaver argemone   P. dubium   P. rhoeas

1* KrBla 5–8, rot od. blassgelb, am Grund oft schwarz. Blü bis 3 cm ⌀. ⊙ ① **2**
2 KeBla wollig behaart, höchstens halb so lg wie die KrBla, der Kr angedrückt. KrBla blutrot, selten gelb. Frchen 4,5–6,0 mm lg, lockerstehend, BlüBoden daher sichtbar. Frchen an der (der Achse zugewandten) Bauchkante unmittelbar unter dem Schnabel mit stumpfem Zahn; Rückenkante ohne Zahn (Abb. **320**/1). Schnabel an der Spitze schwarz. 0,20–0,50. 5–7. Trockne bis mäßig trockne, meist steinige, lehmig-tonige, extensiv genutzte Äcker, kalkstet; [A] s By(f O S) Bw(f NW SW, † S SO ORh) Rh(ORh) Nw(ob noch?) Th(Bck S) An(S N SO), † He Ns, ↘ (m-stemp·c2-6EUR-VORDAS – hros/eros ⊙ ① – InB: Bienen SeB – MeA KlA AmA? – L6 T6 F3 R9 N3 – V Caucal. – giftig?).
Flammen-A. – *A. flammea* JACQ.
2* KeBla kahl, mindestens ⅔ so lg wie die KrBla **3**
3 KeBla der Kr angedrückt. KrBla orangerot, seltener gelb. Frchen sehr dichtstehend, außer 1 stumpfen Zahn auf der Bauchseite unterm Schnabel noch mit je 1 spitzen Bauch- u. Rückenzahn im unteren Drittel (Abb. **320**/2). Schnabel reif grün. 0,20–0,60. 5–7. Trockne bis mäßig trockne, meist steinige, lehmig-tonige Äcker, gelegentlich trockne Böschungen, kalkstet; v Th(f Hrz), z By(f MS O S) Bw (f S SW SO NW) Rh(ORh SW W) He(f ORh SO W) An(h S, f Elb O), s Nw(NO SW, f N) Sa(SW W) Bb(f Elb) Ns(S) Mv(M, † MW), ↘ (m/mo-stemp·c2-8EUR-WAS – eros/hros ⊙ ① – InB SeB? – MeA KlA AmA? Sa langlebig – L6 T6 F3 R8 N3 – V Caucal. – giftig?).
Sommer-A. – *A. aestiv̲alis* L.
3* KeBla zurückgeschlagen, bald abfallend. KrBla dunkel blutrot. Frchen auf dem Rücken abgerundet, ohne Zahn. Schnabel an der Spitze grün. 0,25–0,60. 6–9. Früher ZierPfl; auch Rud.: Schutt; [N U] By Bw Rh Nw He Sa An Ns Mv (m-stemp·c1-5EUR – hros/eros ① ⊙ – MeA – *L7 T8 F3 R7 N5* – giftig?). [*A. autumna̲lis* L.]
Herbst-A. – *A. a̲nnua* L.

Aconi̲tum L. – **Eisenhut, Sturmhut** (300–400 Arten)

1 Perigon hellgelb (im S kräftiger gelb). 0,50–1,50. (5–)6–8. AuenW u. -gebüsche, mont. feuchte LaubmischW, subalp. Gebüsche; h Alp, v Th, z By Bw(s S ORh) Rh He(f ORh SO) Nw(f MW) An(f Elb O) Ns(f Elb N O), s Sa(SW) (sm/mo-demo/demo·c2-3EUR – sogr eros H-G ♃ Rhiz – InB: Hummeln Vm – StA Kältekeimer – L3 T4 F7 R7 N8 – V Til.-Acer., V Alno-Ulm., V Adenost. – giftig!! – 16 – ▽. [*A. vulparia* R*CHB.*] **Gelber E., Wolfs-E. – *A. lycoctonum* L.**
1* Perigon blau od. violett, oft weiß gescheckt, selten ganz weiß **2**
2 Helm (oberes PerigonBla) etwa so hoch wie br od. höher. StgBla useits deutlich netznervig. Sa braun. Knolle kuglig. **(Artengruppe Bunter E. – *A. variegatum* agg.)** **3**
2* Helm meist breiter als hoch. StgBla useits undeutlich netznervig. Sa schwarz. Rübe nicht kuglig. Perigon blauviolett, selten lila, blau od. weiß. **(Artengruppe Blauer E. – *A. napellus* agg.)** **5**
3 Helm etwa so hoch wie br od. wenig höher. NektarBla mit gebogenem Stiel u. wenig zurückgebogenem Sporn. Perigon blau od. violett. 0,50–2,50. 7–9. Subalp. Hochstaudenfluren, mont. Laubmisch- u. GrauerlenW; z Alp(Allg) (sm-stemp//salp·c3-4EUR – sogr eros G ♃ InKnolle – InB: Hummeln Vm – StA – V Adenost., V Til.-Acer., V Aln. – L6 T2 F6 R7 N7 – giftig!! – ▽). [*A. degenii* subsp. *paniculatum* (A*RC.*) M*UCHER*]
Rispen-E. – *A. degenii* GÁYER
3* Helm deutlich höher als br (Abb. **317**/1). NektarBla mit geradem Stiel u. zurückgerolltem Sporn **4**
4 Perigon außen kahl, violett bis blau, zuweilen grün od. weiß gescheckt, selten lila od. ganz weiß. 0,25–2,50. 7–9. (Sub)Mont. bis subalp., sickerfeuchte Hochstaudenfluren, Grauerlen- u. AuenW, Gebüsche, Waldränder; v Alp, z By Bw(Alb SO S, † Keu) Th(f Hrz NW) Sa(SO SW W) An(f Elb O), s He(O SO), [N] s Rh, ↘; auch ZierPfl (sm/mo-salp-stemp/demo·c3-4EUR – sogr eros G ♃ InKnolle – InB: Hummeln Vm – StA Kälte-Lichtkeimer – L5 T4 F7= R8 N7 – V Adenost., V Alno-Ulm., V Til.-Acer., V Berb. – giftig!! – 16 – ▽).
Bunter E. – *A. variegatum* L.
4* Perigon außen schlängelig-drüsig behaart, blauviolett. FrKn ringsum behaart, zu (3–)5. 0,30–1,50. 7–9. Mont. bis alp. Hochstaudenfluren; z Alp(Brch) (temp/salp·c4ALP – sogr eros G ♃ InKnolle – InB Vm – StA – L5 T3 F6 R5 N7 – V Adenost. – giftig!! – *16* – ▽). [*A. ca̲mmarum* L. var. *pili̲pes* R*CHB.*, *A. variegatum* L. p. p.]
Behaarter E. – *A. pili̲pes* (R*CHB.*) GÁYER

5 (2) PerigonBla außen kahl. BlüStiele aufrecht anliegend, kahl od. unter der Blü mit gerade abstehenden Drüsenhaaren. VorBla 3–7 mm, selten nur 2 mm lg, kahl od. bewimpert, fädlich bis linealisch. NektarBla kahl od. behaart. BlüStand traubig od. mit wenigen kurzen Seitentrauben. Helme 12–20 mm lg. 0,10–0,80. 8–10. Alp. bis subalp. Rasen, Hochstaudenfluren; v Alp(Brch) (sm-stemp//salp-alp·c3EUR – sogr eros G ♃ InRübe – InB: Hummeln Vm – StA – L8 T2 F5 R7 N7 – V Rum. alp., O Sesl. – giftig!! – 32 – ▽). [*A. napellus* subsp. *tauricum* (WULFEN) GÁYER, *A. napellus* subsp. *neomontanum* (WULFEN) GÁYER]
Tauern-E. – *A. tauricum* WULFEN
5* PerigonBla außen wie die aufrecht abstehenden BlüStiele zerstreut bis dicht krummhaarig, wenn kahl, dann VorBla nur 1–2 mm lg **6**
6 PerigonBla außen wie die BlüStiele dicht krummhaarig. VorBla behaart, meist lanzettlich. NektarBla u. StaubBla dicht behaart. BlüStand einfach od. mit wenigen bis ∞ Seitentrauben. 0,30–2,00. 6–8. Subalp. bis mont. Hochstaudenfluren, Viehläger, Bachsäume, Gebüsche u. GrauerlenW, kalkhold; v Alp(g Allg), z Bw(f NW) Rh(N W MRh) He(f ORh SO), s By(MS S Alb O) Nw(SO MW) Th(Rho) Sa(SW), [N U] An Mv? Sh; auch ZierPfl (sm/salp-temp/ demo·c1-4EUR – sogr eros G ♃ InRübe – InB: Hummeln Vm – StA – V Adenost. – V Rum. alp., V Filip., V Alno-Ulm., V Salic. eleagn. – L7 Tx F7 R7 N8 – VolksheilPfl, giftig!! – 32 – ▽). [*A. napellus* subsp. *neomontanum* auct.]
Blauer E. – *A. napellus* L. subsp. *lusitanicum* ROUY
6* PerigonBla außen wie die BlüStiele zerstreut krummhaarig od. BlüStiele kahl. VorBla 1–2 mm lg, kahl, linealisch bis dreieckig. NektarBla kahl od. behaart. StaubBla nur oben dicht abstehend behaart. BlüStand einfach od. meist mit wenigen kurzen Seitentrauben. 0,30–1,50. 7–9. SchluchtW, Hochstauden- u. Quellfluren; z Alp(Brch Chm), s By(O S) Sa(SW) (sm-stemp//mo·c1-4EUR – V Adenost. – L7 T3 F7 R7 N6 – giftig!! – 32 – ▽). [*A. amoenum* RCHB., *A. napellus* subsp. *hians* (RCHB.) GÁYER, *A. napellus* subsp. *formosum* (RCHB.) GÁYER, *A. callibotryon* RCHB.] **Sudeten-E. – *A. plicatum* RCHB.**

Eine Tendenz zur Einbürgerung zeigt der **Garten-Eisenhut** - *A.* ×*cammarum* L.: BlüStiele kahl o. spärlich behaart. Blü violett o. weiß u. blau gescheckt, Helm ca. 1,5mal so hoch wie br. NektarBla abrupt in Sporn verschmälert. Junge FrBla zusammenneigend. Höhe des Helms u. Behaarung intermediär zwischen potentiellen Elterarten. 0,60–1,50. 7–9. ZierPfl, schattige Rud., Gebüsche; [N] Rh [N?] Bw Mv Sh, [U] By Th Sa (Sa steril – giftig – HeilPfl – 16, 24). (entstanden aus *A. variegatum*? × *A. napellus*) [*A. stoerkianum* RCHB.]

Weitere Hybriden (die Kombinationen innerhalb der beiden Aggregate sind fertil): *A. degenii* × *A. napellus* = *A.* ×*mielichhoferi* RCHB. [*A.* ×*acuminatum* RCHB.] – z, *A. degenii* × *A. pilipes* = *A.* ×*pilosiusculum* (SER.) GÁYER = ? – z, *A. degenii* × *A. variegatum* = *A.* ×*hebegynum* DC. – z, *A. napellus* × *A. pilipes* = ? – z, *A. napellus* × *A. plicatum* = *A.* ×*bavaricum* STARM. – z, *A. napellus* × *A. tauricum* = *A.* ×*teppneri* STARM. – s, *A. napellus* × *A. variegatum* = *A.* ×*schneebergense* GÁYER [*A.* ×*algoviense* GÁYER] – s, *A. pilipes* × *A. tauricum* = ? – s, *A. pilipes* × *A. variegatum* = *A.* ×*austriacum* MUCHER – z, *A. plicatum* × *A. variegatum* = *A.* ×*exaltatum* RCHB. – z (24), *A. tauricum* × *A. variegatum* = *A.* ×*acutum* RCHB. [*A.* ×*zahlbruckneri* GÁYER] – z (24).

Delphinium L. [inkl. *Consolida* (DC.) GRAY] – **Rittersporn**   (ca. 300–400 Arten)
1 FrKn 1. NektarBla 1 (aus 2 verwachsen), gespornt. ⊙ ① **2**
1* FrKn 3–5. NektarBla 4, frei, die 2 oberen gespornt. ♃. NektarBla 4, frei. Bla handfg geteilt, mit br Zipfeln. Perigon blau bis violett, selten weiß. 0,80–2,00. 6–7. ZierPfl; auch [U] s By Bb (sm/mo-b·c3-7EURAS – sogr eros H ♃ Pleiok-Rhiz – InB: langrüsslige Hummeln Vm – StA – *L5 T3 F7 R7 N7* – giftig – ▽). **Hoher R. – *D. elatum* L.**
2 Traube 5–8blütig. Perigon dunkelblau od. blauviolett. Unterste DeckBla ungeteilt od. 2–3teilig. Fr kahl od. angedrückt behaart. 0,20–0,60. 5–8(–10). Nährstoffreiche Äcker, Rud.; v Th An(g S) Mv(f Elb), z By(h N NM) Bw He Nw Sa Bb Ns(f N), s Rh Sh(O), ↘ (m-temp·c2-6 EUR-(WAS) – hros ⊙ ① – InB: Hummeln – StA MeA Sa langlebig – L6 T7 F4 R8 N5 – V Caucal., V Aphan. – giftig). [*Consolida regalis* GRAY]
Feld-R. – *D. consolida* L.
2* Traube 8–20blütig. Unterste DeckBla mehrteilig. Fr weichhaarig **3**
3 VorBla mit ihrer Spitze den BlüGrund nicht erreichend. Perigon blauviolett, selten hellblau, weiß od. rosa. Sporn 13–18 mm lg. Fr allmählich in den Griffel zugespitzt (Abb. **323**/3). Sa

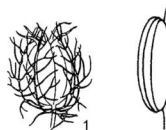 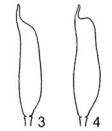 

1 2 3 4 5 6
Nigella damascena N. arvensis Delphinium ajacis hispanicum Pulsatilla pratensis subsp. pratensis subsp. nigricans

schwarz. 0,30–1,00. 6–8(–10). ZierPfl; auch Rud.; [N U] s By Bw Rh He Nw Th Sa An Ns Bb Mv Sh (m-sm·c3-7EUR-WAS – eros ☉ – InB: Hummeln – StA – V Sisymbr. – *L7 T8 F4 R7 N5* – giftig). [*Cons*o*lida ambigua* (L.) P.W. BALL et HEYWOOD, *C. ajacis* (L.) SCHUR]
Garten-R. – *D. ajacis* L.

3* VorBla den BlüGrund erreichend od. überragend. Perigon rotviolett. Sporn 8–12 mm lg. Fr sehr plötzlich in den Griffel zugespitzt (Abb. **323**/4). Sa rötlichbraun. 0,30–0,70. 6–8. Lehmige bis tonige Äcker, Rud., kalkhold; [N] s Rh, [U] s By He Nw Sa An Bb Mv Th, ↗? (m-sm·c4-7EUR-WAS – eros ☉ ①? – InB: Hummeln – StA VdA – V Caucal. – *L7 T7 F3 R7 N5* – giftig). [*Cons*o*lida hisp*a*nica* (COSTA) GREUTER et BURDET, *D. orient*a*le* auct., *C. orient*a*lis* auct., *C. orient*a*lis* (J. GAY) SCHRÖDINGER subsp. *hisp*a*nica* (COSTA) M. LAÍNZ]
Orientalischer R. – *D. hisp*a*nicum* COSTA

***Nig*e*lla* L. – Schwarzkümmel** (20 Arten)

1 Blü von grüner, vielzipfliger HochBlaHülle umgeben (Abb. **323**/1). Unterlippe der NektarBla ungeteilt, lg gewimpert, PerigonBla hellblau, weiß, selten rosa, länger als br, allmählich zugespitzt, ihr Nagel kurz. Staubbeutel nicht stachelspitzig. FrKn völlig verwachsen, mit fast waagerecht abstehenden Griffeln. Fr kapselartig, aufgeblasen 0,15–0,30. 5–8. ZierPfl; zuweilen verwildert auf Schutt. [N U] s By Bw Rh He Nw Sa Ns Bb Mv Sh (m-sm·c1-5EUR – hros ☉ ① – InB: Bienen SeB? Vm – StA Dunkelkeimer – V Sisymbr.).
Damaszener Sch., Jungfer im Grünen, Braut in Haaren – *N. damascena* L.

1* Blü ohne HochBlaHülle, Unterlippe der NektarBla 2lappig. Fr kapselartig, nicht aufgeblasen
.... **2**

2 Bla handfg. gefiedert. FrKn nur bis zur Mitte verwachsen, mit ± aufrecht abstehenden Griffeln. Blü bläulichweiß, so lg wie br od. breiter, plötzlich aufgesetzt bespitzt, Platte plötzlich in lg. schmalen Nagel verschmälert. Staubfäden mit 0,5–0,9 mm lg Stachelspitze (Abb. **323**/2). 0,10–0,30. 7–9. Nährstoffreiche Äcker u. Brachäcker, kalkstet; [A] z He(ORh) An(S SO Elb) Bb(f Elb SW), s By(Alb N NM NW) Bw(Alb Gäu) Rh(ORh SW) Nw? Th(S, z Bck) Sa(Elb W) Mv(M), † SO-Ns, ↘ (m-stemp·c2-6EUR – hros ☉ – InB: Bienen Vm – StA Dunkelkeimer – *L8 T7 F3 R9 N3* – V Caucal., V Conv.-Agrop.).
Acker-Sch. – *N. arv*e*nsis* L.

2* Blä 2–3fach gefiedert. FrKn bis oben verwachsen. Spitze der Staubfäden <0,3 mm. Blü weißlich bis blaßblau, Platte allmählich in br Nagel verschmälert. 0,20–0,40. 6–8. ZierPfl, selten verwildert; [N U] s By Bw Nw Th Sa An Bb: Berlin Mv(m-sm·c4-7WAS, N: bstroptempc·2-6 EURAS-AFR+(NAM) – hros ☉ – InB: Bienen – StA Dunkelkeimer – HeilPfl Gewürz – *12*).
Echter Schw., Saat-Schw. – *N. sat*i*va* L.

***Hell*e*borus* L. – Nieswurz** (ca. 25 Arten)

Selten verwildert: **Orientalische N. – *H. orient*a*lis* LAM.**: BlaAbschnitte gesägt. BlüHülle weiß bis purpurrot. [N] s By Bw He Th Ns; s. Bd. ZierPfl. (sm/mo·c3-4EUR).

1 Blü weiß od. rötlich, später grünlich. LaubBla grundständig, Abschnitte nur an der Spitze gesägt. 0,15–0,30. (12–)1–4. Mont. BuchenmischW, Legföhrengebüsche, kalkhold; z Alp(Brch Chm), s By(S), [N U] s Rh Th Sa; auch ZierPfl (sm-stemp//mo·c2-3EUR – igr ros H ♃ Rhiz – InB: Hautflügler – AmA – *L3 T5 F5 R8 N4* – V Acer.-Fag. – giftig – ▽).
Schwarze N., Schneerose, Christrose – *H. n*i*ger* L.

1* Blü grün od. gelbgrün, zuweilen am Rand rötlich 2
2 Stg dicht beblättert, zur BlüZeit ohne GrundBla. Blü ∞, BlüHülle glockenfg, gelbgrün, am Rand rötlich. 0,30–0,80. 3–5. Warme, mäßig trockne Eichen- u. BuchenW, Trockengebüsche, Waldsäume, kalkhold; z Bw Rh, s By(f NO O S) He(f NW W) Nw(SO) Th(Bck S, z NW Rho), [N] s Th An, s Sa Ns, [U] Sh (m/mo-stemp·c1-3EUR – igr eros mehrphasiger C kurzlebig ♃ – InB: Hautflügler – AmA – L5 T7 F4 R8 N3 – UV Cephal.-Fag., V Querc. pub., V Berb. – giftig! – ▽). **Stinkende N. – *H. foetidus* L.**
2* Stg bis zur Verzweigung blattlos. LaubBla grundständig, nicht überwinternd. BlüHülle ± rein grün, flach ausgebreitet. 0,15–0,40. 3–4. Frische Wälder, kalkhold; z Nw Th(f S Hrz O S) Ns(Hrz MO S), s Alp(Allg Brch Chm) By(f Alb NO O) Bw(f NW) Rh(MRh N) He(W MW O ORh), [N] An, [U] Mv (sm/mo-stemp·c1-2EUR – sogr eros/ros H ♃ Rhiz – InB: Hautflügler – AmA – L3 T6 F5 R8 N6 – O Fag. – früher HeilPfl, giftig! – ▽). **Grüne N. – *H. viridis* L.**

  1 Bla useits behaart, BlaAbschnitte fein gesägt. Blü 4–7 cm ⌀. PerigonBla br eifg. Griffel kürzer als FrKn. s By Bw Ns Th, [U] s Sa Bb Mv (sm/mo-stemp·c2EUR). subsp. ***viridis***
  1* Bla useits kahl, blaugrün, BlaAbschnitte grob eingeschnitten bis doppelt gesägt. Blü 3–5 cm ⌀. PerigonBla eifg bis elliptisch. Griffel mindestens so lg wie FrKn. s By Rh He Nw Ns, [N] Sh (sm/mo-stemp·c1-2EUR). subsp. ***occidentalis*** (REUT.) SCHIFFN.

Eranthis SALISB. – Winterling, Winterstern (8 Arten)
GrundBla erst nach der BlüZeit erscheinend, herzfg-rundlich, 5 bis 7teilig. 0,05–0,15. (1)2–4. ZierPfl; auch Weinberge, Parks, frische LaubmischW, nährstoffanspruchsvoll; [N] z Sa An, s By Bw Rh He Nw Th, [U] s Mv (sm/mo·c3-4EUR – frgr eros G ♃ SprKnolle – InB: Bienen, Fliegen SeB – WaA: Regenschleuderer Kältekeimer – V Ver.-Euph., O Prun. – *L5 T8 F5 R7 N5* – giftig!). **Winterling – *E. hyemalis* (L.) SALISB.**

Actaea L. – Christophskraut (8 Arten)
LaubBla stängelständig, doppelt 3zählig bis gefiedert. Blü weißlich, in ∞blütigen, gedrängten Trauben. 0,30–0,60. 5–6. Schlucht- u. HangW, krautreiche Buchen- u. TannenW, Gebüsche u. Hochstaudenfluren, kalkhold; h Alp(z Krw) Th, v By Bw (s SW) Rh He, z Nw(f MW) Sa An(h Hrz S f O) Bb(MN NO Od M) Ns Mv Sh(f W) (sm/mo-b·c2-5EUR+WSIB – sogr eros H-G ♃ Rhiz – InB: Käfer Vw – VdA Kältekeimer – L3 T5 F5 R6 N7 – UV Gal.-Fag., V Til.-Acer., V Gal.-Abiet., V Berb., V Adenost. – giftig? – 14). **Christophskraut – *A. spicata* L.**

Caltha L. – Dotterblume (ca. 10 Arten)
Stg dick, hohl, aufsteigend. Bla gekerbt, dunkelgrün, glänzend. 0,15–0,30. 4–6. Sumpfwiesen, Quellen, Bäche, Gräben, Bruch- u. AuenW, nährstoffanspruchsvoll; g Alp Rh He Th, h Bw Nw Sa An Bb Ns Mv Sh(s W), v By(g NM), aber MDt-Trockengeb z (sm/mo-arct·c1-8CIRCPOL – sogr hros H/He ♃ Rhiz LegTr – InB: Zwei- u. Hautflügler, Käfer – WaA: Regenschleuderer SchwimmSa, Fr bei Feuchte geöffnet, Sa kurzlebig? Licht-Kältekeimer – L7 Tx F9= Rx N6 – V Calth., O Phragm., V Aln., V Alno-Ulm., O Mont.-Card. – giftig – formenreich – 16, 28, 32, 42, 56–58, 84). **Sumpf-D. – *C. palustris* L.**

Hepatica MILL. – Leberblümchen (7 Arten)
1 Bla 3lappig, BlaLappen ganzrandig. Perigon blau, selten rosa, dicht darunter eine 3blättrige, kelchartige HochBlaHülle, vorn 1spitzig. Staubbeutel fast weiß. 0,05–0,15. (2–)3–4. Mäßig trockne bis frische Laub- u. NadelmischW, kalkhold; h Alp(z Allg), v Th, z By Bw(f NW) He(MW NW O) Nw(f MW SW) Sa An(h Hrz S) Bb Ns(f Elb) Mv(f Elb) Sh(f W), s Rh(ORh NW), im N ↘; auch KulturPfl (sm/mo-temp·c2-4EUR+OAS – igr ros H ♃ monop. Rhiz – InB – AmA Kälte-Lichtkeimer – L4 T6 F4 R7 N5 – K Querco-Fag., auch K Vacc.-Pic. – ZierPfl, früher VolksheilPfl, giftig – *14* – ▽). [*Anemone hepatica* L., *H. triloba* GILIB.]
Leberblümchen – *H. nobilis* SCHREB.
1* BlaLappen 3(–5), grob gekerbt. Perigon blau bis violett, zuweilen rosa. Kelchartige HochBla zuweilen 2–3spitzig. Staubbeutel hellblau. 0,20–0,30. 2–4. ZierPfl, auch frische LaubmischW, kalkhold; [N] s By Th An (sm/mo·c3Eur – ♃ Rhiz).
Siebenbürger L. – *H. transsilvanica* FUSS

RANUNCULACEAE 325

Anemone L. [inkl. *Anemonastrum* HOLUB] –
Windröschen, Anemone, Berghähnlein (ca. 200 Arten)
1 PerigonBla 8–15(20), länglich, <4 mm br, meist blau bis blassblau. Rhizom ± knollig, 8–20 mm ⌀ 2
1* PerigonBla <8, elliptisch bis verkehrt-eifg, >4 mm br, weiß bis blassrosa. Rhizom nicht knollig 3
2 BlaSpreite useits verkahlend, BlaMittelsegment fast ungestielt. BlüStiel abstehend lg behaart. PerigonBla useits kahl, 12–15, blau, malvenfarben, selten weiß od. rosa. SammelFr nickend. Knolle rundlich. 0,07–0,25. 3–4. Zierpfl.; [U] s By Bw Rh He Ns Th Sa Bb Mv (m-sm·c3-5OEUR, [N] temp·c1-4EUR – frgr eros G ♃ uRhiz – InB – *L3 T7 F5 R5 N5*).
Balkan-W. – *A. blanda* SCHOTT et KOTSCHY
2* BlaSpreite beidseits fast angedrückt behaart, BlaMittelsegment gestielt. BlüStiel mit vorwärts angedrückten Haaren. PerigonBla useits behaart, 8–14, länglich, blau, selten weiß. SammelFr aufrecht. Rhizom verlängert. 0,15–0,20. 4–5. Zierpfl., selten verwildernd; [U] s By Rh Ns Mv (m-sm//(mo)·c2-3EUR, [N] temp·c2EUR – frgr eros G ♃ uRhiz – InB).
Apenninen-W. – *A. apennina* L.
3 **(1)** Blü 1–2. ScheinquirlBla 3, gestielt od. sitzend. Frchen behaart, nicht geflügelt, <4 mm ⌀ 4
3* Blü (1–)3–8. ScheinquirlBla 4, sitzend, gespalten bis geteilt. Frchen kahl, geflügelt, flach gedrückt, 5–6(–7) mm ⌀. Stiel der GrundBla abstehend behaart. Blü zu (1–)3–8 in endständigen Dolden. Perigon u. Fr kahl. 0,20–0,40. 5–7. Alp. Steinrasen, subalp. bis mont., frische Staudenfluren, Gebüschränder, kalkhold; v Alp, z By(S), s Bw(Alb, † S), ↘ (sm-temp// salp·c3-4EUR – sogr hros G Pleiok – Vm – Kältekeimer Sa langleig – L8 T3 F5~ R7 N4 – V Sesl., V Elyn., V Stip. calam. – giftig – 32 – ▽). [*Anemonastrum narcissiflorum* (L.) HOLUB]
Narzissen-Windröschen, Alpen-Berghähnlein – *A. narcissiflora* L.
4 Perigon gelb, außen behaart. Die 3 scheinquirligen StgBla fast sitzend, wie die GrundBla 3teilig, eingeschnitten gezähnt. 0,10–0,20. 4–5. AuenW u. feuchte LaubmischW, halbschattige, frisch-feuchte Wiesen, nährstoffanspruchsvoll; h Th, z Bw Rh He Nw An(g S), z Alp(f Krw Kch) By Sa Bb Ns(h Hrz MO S f N) Mv Sh (sm/mo-temp·c2-6EUR-WAS – frgr eros G ♃ uRhiz – InB – AmA Kältekeimer – L3 T6 F6 R8 N8 – V Alno-Ulm., V Carp., V Til.-Acer. – giftig – 32). **Gelbes W. – *A. ranunculoides* L.**
4* Perigon weiß, zuweilen rötlichpurpurn überlaufen. StgBla gestielt. Blü einzeln 5
5 Perigon kahl, 1,5–4,0 cm ⌀. GrundBla 0(–2) Alle Bla 3teilig, Abschnitte 2–3spaltig. 0,10–0,25. 3–5. Krautreiche, frische bis wechselfeuchte Wälder, Gebüsche, mont. Magerrasen u. Wiesen, mäßig nährstoffanspruchsvoll; g Bw Rh He Nw Th Sa Ns(v N), h Alp An Mv, v By(g NM) Bb Sh (sm/mo-b·c1-5EUR+WAS – frgr eros G ♃ uRhiz – InB – AmA – Lx Tx F5 Rx Nx – K Querc.-Fag., O Arrh., O Prun., O Nard., V Triset. – giftig – 16, 24, 32, 48, 56).
Busch-W. – *A. nemorosa* L.
5* Perigon außen behaart, Blü 2,5–7,0 cm ⌀. GrundBla >2 6
6 PerigonBla 5(–6), außen seidenhaarig, Blü 4–7 cm ⌀. Alle Bla handfg (3–)5teilig, Abschnitte nicht gestielt. 0,15–0,35. (4–)5(–6). Trockenwarme Waldsäume u. Gebüsche, TrockenW, kalkstet; v Th(f Hrz), z By(f MS S) He(f NW W) An(f Elb N O) Ns, s Bw(f S SO SW NW) Rh(f N W) Nw(NO) Sa(W) Bb(NO Od M MN), † Mv(M) (sm-b·c3-7EUR-SIB – sogr eros H/G ♃ WuSpr – InB – WiA KlA Kälte-Lichtkeimer – L7 T7 F3 R7 N3 – V Querc. pub., V Eric.-Pin., V Cytis.-Pin., V Ger. sang. – giftig – 32, 56 – ▽).
Großes W. – *A. sylvestris* L.
6* PerigonBla 8–10, außen zottig-filzig, Blü 2,5–4,0 cm ⌀. GrundBla 2zählig, Blchen gestielt, 3schnittig, Abschnitte eingeschnitten. 0,05–0,12, zur FrZeit bis 0,20. 6–8. Offne Felsrasen auf kalkreichem Lias-Mergel. z Alp(Brch) (sm-stemp//alp·c2-3EUR – sogr eros G ♃ uRhiz – *L7 T2 F3 R7 N3* – V. Thlasp. rot, V. Sesl.). **Baldo-W. – *A. baldensis* L.**

Hybride: *A. nemorosa* × *A. ranunculoides* = *A. ×lipsiensis* BECK [*A. ×seemenii* E.G. CAMUS]: Perigon bleichgelb, StgBla gestielt; s By Bw Rh He Th Sa An Ns Mv Sh.

Pulsatilla MILL. – **Küchenschelle, Kuhschelle** (38 Arten)
1   StgBla laubblattartig, den GrundBla ähnlich, aber kleiner u. nur kurz gestielt. Blü ± aufrecht. PerigonBla ausgebreitet, weiß od. gelb, nie violett, außen zuweilen rötlich bis bläulich überlaufen, 0,5–2,0 cm br. 0,20–0,45. 5–8. Alp. bis subalp. frische Rasen, nährstoffanspruchsvoll; v Alp, z By(S) An(Hrz) Ns(Hrz), † Ns(S) (sm/alp-stemp/salp·c1-4EUR – sogr hros H ♃ PfWu/Pleiok – InB – WiA KIA Kälte-Lichtkeimer – O Sesl., V Nard. – ▽).
Alpen-K. – *P. alpina* (L.) DELARBRE

   1   PerigonBla schwefelgelb. BlaSpreite den Stiel geradlinig fortsetzend. Blü 3–5 cm ⌀. Alp. bis subalp. Magerrasen, kalkmeidend; s Alp(Allg) (sm/alp-temp/salp·c1-4EUR – L9 T2 F5 R3 N2). [*Anemone apiifolia* SCOP., *P. a.* subsp. *sulphurea* (DC.) ZÄMELIS] subsp. *apiifolia* (SCOP.) NYMAN
   1* PerigonBla weiß, außen zuweilen rötlich bis bläulich überlaufen. Blü 2,5–6,0 cm ⌀ 2
   2   Spreite der LaubBla den Stiel geradlinig fortsetzend, nicht abgewinkelt, Endabschnitte nicht bis zur Mittelrippe eingeschnitten, Zipfel oft zurückgerollt. NiederBla ganzrandig. PerigonBla 1–2 cm br. Blü 4–6 cm ⌀. Alp. bis subalp. Rasen, kalkstet; v Alp, z By(S), † Ns(S) (sm/alp-temp/salp·c1-4EUR – L8 T2 F5 R8 N3 – O Sesl., V Nard.). subsp. *alpina*
   2* Spreite der LauBla abgewinkelt, fast waagerecht ausgebreitet, Endabschnitte bis zur Mittelrippe eingeschnitten, Zipfel nicht zurückgerollt. NiederBla gefranst. PerigonBla 0,5–1,0 cm br. Blü 2,5–4,5 (–5,0) cm ⌀, stets weiß. 0,15–0,30. 5–8. Subalp. Magerrasen. Ne Allg. Zwergstrauchheiden, kalkmeidend; z An(Hrz) Ns(Hrz) (temp/salp·c2-3EUR – L8 T4 F5 R2 N2 – V Nard.). [*P. micrantha* (DC.) SWEET, *P. alpina* subsp. *alpicola* (ROUY et FOUC.) NEUMAYER]
   Brocken-K., Brocken-Anemone – subsp. *alba* ZÄMELIS et PAEGLE

1* StgBla hochblattartig, sitzend, eine im unteren Drittel od. Viertel verwachsene Hülle bildend. Perigon (wenigstens außen) violett 2
2   Stg, HochBla u. Perigon außen dicht bronzefarben behaart. LaubBla überwinternd. Perigon innen gelblichweiß, außen violett. 0,05–0,30. 4–6. Alp. bis subalp., mäßig frische Magerrasen, in tieferen Lagen lückige KiefernW, kalkmeidend; s Alp(Brch Wtt Allg) By(f N NM NW), † Rh Th Sa An Bb Ns Mv, ↘ (sm/salp-b·c2-4EUR – igr ros H ♃ PfWu/Pleiok – InB – WiA KIA). – L7 Tx F4 R5 N2 – K Car. curv., O Nard., V Cytis.-Pin. – ▽!).
Frühlings-K. – *P. vernalis* (L.) MILL.
2* Pfl nicht bronzefarben behaart. LaubBla sommergrün 3
3   Blü nickend. Perigon wenig länger als die StaubBla, purpurn od. schwarzviolett, innen selten gelblichweiß. 0,10–0,50. (3–)4–5. Kont. Sand-, Silikattrocken- u. Halbtrockenrasen, trockne Kiefern- u. EichenW, basenhold; z An Bb Ns Mv, s Th(Bck) Sa(W) Ns(Elb O) Sh(f W), ↘ (sm-temp·c3-5EUR – sogr ros H ♃ PfWu/Pleiok – InB: Bienen, Hummeln – WiA KIA? – L7 T6 F2 R7 N2 – O Fest. val., O Fest.-Sedet., V Cytis.-Pin., V Querc. rob. – giftig? – 32 – ▽). [*Anemone pratensis* L.] **Wiesen-K. – *P. pratensis* (L.)** MILL.

   1   Perigon mit lg, seidig glänzenden Haaren, innen hellviolett bis grünlichweiß. Quirlständige HochBlaHülle in 3 stark zerteilte Abschnitte gegliedert (Abb. 323/5). Sandtrockenrasen; s Bb? Mv (temp·c3-4EUR – O Fest.-Sedet.). subsp. *pratensis*
   1* Perigon mit kurzen, nicht glänzenden Haaren, innen dunkelviolett. HochBlaHülle gleichmäßig in einfache, schmale Zipfel geteilt (Abb. 323/6). Reichere Sand-, Silikattrocken- u. -halbtrockenrasen, trockne Kiefern- u. EichenW, kalkhold; Verbr. in D wie Art (sm-stemp·c3-5EUR – O Fest.-Sedet., O Fest. val., V Cytis.-Pin., V Querc. rob.). [*P. nigricans* STÖRCK, *Anemone nigricans* (STÖRCK) A. KERN.] subsp. *nigricans* (STÖRCK) ZÄMELIS

3* Blü aufrecht. PerigonBla viel länger als die StaubBla 4
4   GrundBla 3zählig, mit 3teiligen Blchen. PerigonBla sternfg ausgebreitet, violett. 0,07–0,35. 3–5. Sand-Trocken- u. Halbtrockenrasen, trockne KiefernW, basenhold; s By(MS), † Bb Mv (sm-temp·c4-7CIRCPOL – sogr ros H ♃ Pleiok – InB – WiA – L6 T6 F4 R6 N2 – O Fest.-Sedet., V Cytis.-Pin. – 32 – ▽!). **Finger-K., Stern-K. – *P. patens* (L.)** MILL.
4* GrundBla 2–3fach fiederschnittig, mit schmalen Zipfeln. Perigon glockig, hellviolett. GrundBla dem Boden ± anliegend, mit (75) bis >100 2–4 mm br Zipfeln, vor der Blü erscheinend (var. *vulgaris*) od. mit den Blü erscheinend u. Zipfel 2–5 mm br (var. *germanica* (BLOCKI) AICHELE et SCHWEGLER) od. nur 40–90 u. 4–8 mm br (var. *oenipontana* (DALLA TORRE et SARNTH) AICHELE et SCHWEGLER). 0,05–0,50. (3–)4–5. Kalk-, Sand- u. Silikatxerothermrasen, trockne Heiden u. KiefernW; z By(n Alb) Bw Rh He(f NW) Th(h S Wld, f Hrz) An(f O), s Nw(f NO) Sa(W) Bb(f Elb M SO) Ns(Elb O) Mv(f Elb) Sh(M), ↘; Angaben der SO-EUR *P. grandis* WENDER. aus By: Garching, Fränkischer Jura u. Th: Kyffhäuser gehören zu var.

oenipontana, auch ZierPfl (temp·c2-4EUR – sogr ros H ♃ PfWu-Pleiok – InB: Hummeln, Bienen Vw – WiA KlA? Kältekeimer – L7 T6 F2 R7 N2 – K Fest.-Brom., O Sedo-Scler., V Genisto-Call., V Eric.-Pin., V Cytis.-Pin. – giftig? – 32 – ▽) UR [Anemone pulsatilla L.]
Gewöhnliche K. – P. vulgaris Mill.
Hybriden: P. pratensis × P. vernalis = P. ×spuria E.G. Camus – s By?, P. patens × P. vernalis = P. ×intermedia (Lasch) Don – †, P. vernalis × P. vulgaris = P. ×propinqua (Lasch) Don – s, P. pratensis × P. vulgaris = P. ×affinis (Lasch) Don. – s, P. patens × P. vulgaris = ? – s,

Clematis L. – **Waldrebe** (ca. 300 Arten)
1 Stg aufrecht, krautig. Perigon weißlich. 0,50–1,50. 6–7. Sommertrockne EichenmischW, Wald- u. Gebüschsäume, basenhold, StromtalPfl; z By(f NM NO S), s Th(Bck) Sa(f NO) An(f Hrz W) Bb(Elb), [N U] s Mv, † He Ns (sm-temp·c3-5EUR – sogr eros H ♃ Rhiz – InB: Käfer, Fliegen, Hautflügler Vm – WiA KlA? – L6 T7 F3~ R8 N3 – V Ger. sang., V Berb., V Querc. pub. – giftig). **Aufrechte W. – C. recta** L.
1* Pfl kletternd, strauchig 2
2 Perigon leuchtend gelb, glockenfg. PerigonBla 2–4 cm lg. Bla einfach gefiedert bis doppelt gefiedert. 0,50–5,00. 6–8. ZierPfl, s. Bd. ZierPfl., auch skelettreiche Rud.: Bahnanlagen, Bergwerkshalden; [N U] s By Bw Th Sa An Ns Bb (sm-temp//mo·c5-8AS – sogr Liane – L7 T7 F4 R5 N5). **Mongolische W. – C. tangutica** (Maxim.) Korsh.
2* Perigon weiß, blau, violett od. rot 3
3 Perigon weiß. Blü in Rispen, bis 2 cm ⌀. PerigonBla beidseits zottig. FrchenGriffel lg bärtig. Bla einfach gefiedert. 1,00–5,00(–15,00). 6–8. (Siedlungsnahe) Gebüsche, AuenW, Waldränder u. -lichtungen, Rud.: Bahnanlagen, kalkhold, nährstoffanspruchsvoll; h Rh, v Alp By Bw He Nw Th(f Hrz) An(g S), z Ns(Hrz M NW), s Sa(W SW), [N] z Bb Mv Sh, ↗ (m-stemp·c1-4EUR – sogr Liane: Blattstielranker – InB: Bienen, Pollenblume Vw – WiA KlA Kältekeimer Sa langlebig – L7 T6 F5 R7 N7 – V Alno-Ulm., O Prun. – giftig). **Gewöhnliche W. – C. vitalba** L.
3* Perigon blau, violett od. rot. Blü einzeln blattachselständig, 4–6 cm ⌀. PerigonBla kahl od. nur useits behaart 4
4 PerigonBla ausgebreitet, br elliptisch, blau, dunkelviolett od. rot. Blü ohne NektarBla. Bla gefiedert. Frchen mit kurzem, gebogenen, kahlen Griffelrest. 2,00–5,00. 6–8. ZierPfl; auch [N U] s By Bw Rh He Th Sa (sm·c3-5EUR – sogr Liane: Blattstielranker – L5 T9 F6 R7 N7 – auch Hybriden kultiviert, s. Bd. Zierpfl.). **Italienische W. – C. viticella** L.
4* PerigonBla glockig zusammenneigend bis abstehend, zuletzt länglich, blau. Blü mit einem Kranz von 10–12 kleinen, kronblattartigen, weißen NektarBla. Bla doppelt 3zählig. Frchen durch den abstehend behaarten Griffel lg geschwänzt. 1,00–2,00. 5–7. Subalp. Gebüsche u. NadelW, kalkmeidend; v Alp, z By(S) (sm/salp-b·c37 EURAS – sogr Liane: Blattstielranker – InB: Bienen, Hummeln SeB? – WiA Kältekeimer – L4 T3 F5 R3 N3 – V Rhod.-Vacc., V Eric.-Pin. – ▽). [Atragene alpina L.] **Alpen-W., Alpenrebe – C. alpina** (L.) Mill.

Ficaria Huds. – **Scharbockskraut** (8 Arten)
1 Bla nicht rosettig, an niederliegendem mehrgliedrigen Stg, nach dem Verblühen mit Brutknollen in BlaAchseln. BlüStiele endständig, zuweilen beblättert. KrBla (NektarBla) 8–14, schmal eifg. KeBla (PerigonBla) 3(–5). Frchen oft nicht reif werdend, ± kahl. 0,05–0,20. 3–5. AuenW, frische bis feuchte LaubmischW u. ihre Säume, frische Wiesen, Hecken, Parkanlagen, nährstoffanspruchsvoll; g Rh Nw Th Sa An Ns, h He Mv, v Alp By(g NM) Bw Bb Sh (m-temp·c1-5EUR – frgr hros G ♃ Rhiz – InB, selten fruchtend – AmA: Brutknöllchen – L4 T5 F6 R7 N7 – O Fag. (bes. V Alno-Ulm.), V Geo-Alliar., V Arrh. – schwach giftig – 32). [Ranunculus ficaria L.] **Knöllchen-Scharbockskraut – F. verna** Huds.
1* Bla in endständiger Rosette, in Bodennähe, da meist unterirdisch verlängerten Stg, keine Brutknollen. BlüStiele zu mehreren am StgEnde, meist blattlos. KrBla 8(–9), br eifg. KeBla 3. Frchen reif werdend, meist behaart. 0,03–0,07. 3–4. (Kultur)Rasen, lückige Xerothermrasen, Deiche; s By Sa An Bb (m/mo-stemp+(ntemp)·c3-4EUR – hros G ♃ Rhiz WuKnolle – L5 T6 F6 R5 N7 – 16, 24, 32, 40). [Ranunculus ficaria subsp. calthifolius (Guss.) Simonk.]
Nacktstängel Sch.– F. calthifolia Rchb.

Myosurus L. – **Mäuseschwänzchen** (15 Arten)
Frchen ∞, in bis 6 cm lg SammelFr. 0,02–0,10(–0,17). 4–5(–6). Krumenfeuchte, nährstoffreichere, lehmige Äcker, (wechsel)feuchte, zeitweilig überschwemmte Rud.: Wegränder, Fahrspuren; Ufer von Teichen u. Bächen, kalkmeidend, salztolerant; [A] v Sa An Ns(s Hrz) Mv, z By(f S) Bw(f Alb S SO SW) Rh He Nw Th (f Hrz, v Bck Rho S) Bb Sh(f W) (m/mo-b·c2-8EUR-WAS+AM – ros ① (☉) – InB SeB Vm – KlA WiA Kältekeimer Sa langlebig – L8 T7 F7= R6 N5 – V Aphan., V Nanocyp., V Pot. ans., V Polyg. avic.). **Mäuseschwänzchen – *M. m*i*nimus* L.

Ceratoc*e*phala MOENCH – **Hornköpfchen** (3 Arten)
1   Pfl grauwollig. FrSchnabel spitz, stark sichelfg gekrümmt (Abb. **318**/5). Blü 10–15 mm ⌀. 0,03–0,10. 3–5. Rud.: Schutt, Umschlagplätze; früher auch Äcker; [U] By Bb, † Bw Th An Ns Sh Bw (m-sm·c4-8EUR-WAS – ros ① ☉ – InB SeB – KlA – L8 T9 F4 Rx N4). [*Ran*u*nculus fal*c*atus* L.]   **Sichelfrüchtiges H. – *C. falcata*** (L.) CRAMER
1* Pfl dünn spinnwebig behaart. FrSchnabel spitz, fast gerade. Blü 5–10 mm ⌀. 0,02–0,10. 3–5. Rud.; [U] Bw Bb (m-sm·c5-10EUR-WAS – ros ☉ ①? – InB SeB – KlA). [*Ran*u*nculus testicul*a*tus* auct.]   **Geradfrüchtiges H. – *C. orthoc*e*ras*** DC.

Ran*u*nculus L. – **Hahnenfuß, Wasserhahnenfuß** (ca. 300–550 Arten)
Bearbeitung sect. ***Batr*a*chium*** DC.: Gerhard Wiegleb
Die Arten der Sektion *Batr*a*chium* sind durch eine extreme phänotypische Variabilität in Abhängigkeit von Umweltfaktoren u. vom Witterungsverlauf gekennzeichnet. In der Regel finden sich sterile u. fertile Sprosse nebeneinander. Zur Bestimmung, insbesondere der Fließgewässerformen, sind nur die mittleren u. oberen Abschnitte fertiler Sprosse geeignet, die sowohl typisch ausgebildete Tauch- u. SchwimmBla als auch Blü u. reife Fr tragen. Oft sind langjährige Beobachtungen u. Mehrfachaufsammlungen nötig, um zu einer sicheren Bestimmung zu kommen. Die Arten sind in der Regel fertil. Sterilität sowie unvollständige Ausbildung von BlüStielen, KrBla und Fr deuten auf Hybridisierung hin, können aber auch durch ungünstige Umweltbedingungen hervorgerufen werden. Hybridbildung und Introgression treten häufig auf. Die Primärhybriden sind wegen der großen morphologischen Variabilität der Elternarten schwer von diesen zu unterscheiden. Sterile Klone können neben fertilen Formen überdauern u. sind nur genetisch unterscheidbar. Die Basiszahl der Chromosomen ist x = 8, diploide Taxa haben also 2n = 16 (*R. hederaceus, R. circin*a*tus, R. ri*o*nii, R. saniculifolius*). Diese Arten sind in geringem Maße an Hybridisierungsprozessen beteiligt. Durch Auto- u. Allopolypoidisierung nach Hybridisierung sind hybridogene Komplexarten entstanden. Diese haben Chromosomenzahlen von 2n = 32 oder 48 (*R. peltatus, R. baudotii, R. penicillatus, R. pseudoflu*i*tans, R. trichophyllus, R. aqu*a*tilis*). Kreuzungsbarrieren zwischen diesen Arten sind nur gering ausgeprägt. Abweichende Chromosomenzahlen von 2n = 24 oder 40 sind in der Regel ein Anzeichen für Hybridisierung. Nur für *R. fl*u*itans* sind neben 2n = 16 triploide Formen (2n = 24) sicher nachgewiesen. Das hier vertretene Artkonzept ist taxonomisch konservativ und zielt auf morphologisch abgrenzbare Einheiten ab. Diese können genetisch heterogen sein u. spezielle regionale od. ökologisch bedingte Morphotypen ausbilden. Dies gilt insbesondere für die subkosmopolitische Art *R. trichophyllus*, aber auch für *R. peltat*us.

1   KrBla weiß od. selten rötlich, höchstens am Grund gelb 2
1* KrBla gelb 35
2   Untergetauchte od. flutende WasserPfl, seltener amphibisch in zeitweise überschwemmten Uferzonen oder temporären Gewässern, Landformen bildend. KrBla weiß mit gelbem Nagel, selten fast ganz weiß (**Wasserhahnenfuß – Sektion *Batr*a*chium*** DC.) 3
2* LandPfl 30
3   Pfl der schlammigen, zeitweise überschwemmten Uferzonen (amphibische Arten oder Flachwasser- u. Landformen von WasserPfl, vgl. auch *R. fl*a*mmula,* **37***, meist niederliegend u. rasenfg, klein, oft <10 cm hoch 4
Angaben der SO-EUR *P. grandis* WENDER. aus By: Garching, Fränkischer Jura u. Th: Kyffhäuser gehören zu var. *oenipontana*. Die Landformen der WasserPfl sind nur bestimmbar bei Vorliegen von gut ausgebildeten flächigen Bla (SchwimmBla) sowie Blü u. Fr, s. **15**.
3* Untergetauchte od. flutende WasserPfl, meist aufsteigend, meist >50 cm lg 15
4   Flächige, gelappte bis geteilte Bla (SchwimmBla od. LuftBla) vorhanden, haarfg zerschlitzte TauchBla fehlend 5
4* Sowohl flächige, gelappte bis geteilte Bla (SchwimmBla, Abb. **329**/1, 2) als auch TauchBla (Abb. **319**/3) vorhanden od. nur TauchBla vorhanden 8

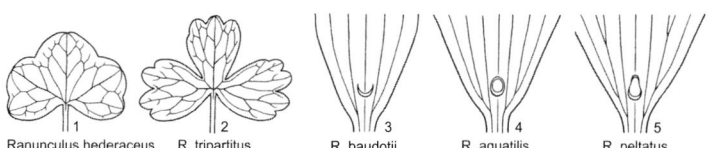

1	2	3	4	5
Ranunculus hederaceus	R. tripartitus	R. baudotii	R. aquatilis	R. peltatus

5   BlüBoden kahl. Flächige Bla (SchwimmBla) nierenfg od. fast herzfg, gegenständig, mit 3(–5) seichten, halbkreisfg bis 3eckigen Lappen, diese am Grund am breitesten (Abb. **329**/1). KeBla 1–3 mm lg. KrBla 1,2–4,2 mm lg, einander bei voll geöffneter Blü nicht deckend, Nektargrube halbmondfg. StaubBla (3–)7–12. FrKn (9–)18–24(–42), reif 1,2–2,0 mm lg. 0,10–0,40(–0,55). 4–6. Quellfluren, Gräben, Bachufer, nasse Sandböden, kalkmeidend; v Ns(M N NW O) Sh(M O), s Rh He Nw Th(Rho) An(N) Ns(S MO) Mv(MW), ↘ (sm-temp·c1-2EUR+OAM – igr eros oHy/Hel ⊙ ♃ KriechTr – InB SeB? – WaA KlA VdA – L8 T5 F9= Rx Nx – V Card.-Mont. – 16). [*Batrachium hederaceum* (L.) Gray]
                                                                                                                                     Efeu-W. – ***R. hederaceus*** L.
5* BlüBoden behaart. Flächige Bla min. bis ½ der Spreite geteilt, BlaLappen (3–)5–7, am Grund verschmälert (Abb. **329**/2) **6**
6   Flächige Bla wechselständig, meist weniger als ⅔ der Spreite geteilt. NebenBla mehr als ½ mit dem BlaStiel verwachsen. Reife Frchen geflügelt (Abb. **334**/1). BlüBoden eifg, nach der FrReife verlängert.   ***R. baudotii***, s. **19**
6* Flächige Bla meist gegenständig, meist mehr als ⅔ der Spreite geteilt (Abb. **329**/2). Neben-Bla weniger als ½ mit dem BlaStiel verwachsen. Reife Frchen nicht geflügelt. BlüBoden kuglig **7**
7   KrBla fast gänzlich weiß, sich berührend, 7–15 mm lg.   ***R. ololeucos***, s. **17**
7* KrBla weiß mit gelbem Nagel, sich nicht berührend, 1,3–4,5 mm lg.   ***R. tripartitus***, s. **17***
8   (4) Flächige Bla vorhanden, 3–5(–7)lappig, untere Bla mit starren linealischen Zipfeln . **9**
8* Flächige Bla fehlend, alle BlaAbschnitte u. Zipfel pinselig od. starr linealisch **12**
9   Reife Frchen ober- u. useits geflügelt (Abb. **334**/1), BlüBoden eifg, nach der FrReife verlängernd. KeBla blau od. blauspitzig. ÜbergangsBla mit linealischen Zipfeln.
                                                                                                                     R. baudotii, s. **19**
9* Reife Frchen nicht geflügelt, BlüBoden nicht verlängert. KeBla meist grün, selten blauspitzig **10**
10 Flächige Bla meist gegenständig. ÜbergangsBla an der Spitze geteilt. KrBla fast ganz weiß, Nektargrube halbmondfg.   ***R. ololeucos***, s. **17**
10* Flächige Bla wechselständig. KrBla weiß mit deutlichem gelben Nagel, Nektargrube kreisfg od. birnfg **11**
11 ÜbergangsBla nur gelappt. KrBla mit birnfg Nektargrube.   ***R. peltatus***, s. **21**
11* ÜbergangsBla bis zum Grund geschnitten. KrBla mit runder Nektargrube.   ***R. aquatilis***, s. **20**
12 (8) BlüBoden nach der FrReife verlängernd, länglich eifg od. zylindrisch. Nektargrube halbmondfg **13**
12* BlüBoden nicht verlängert, rundl. bis eifg. Nektargrube halbmondfg, kreisfg od. birnfg **14**
13 Blü klein, 4–8 mm ⌀, hinfällig. Frchen nicht geflügelt.   ***R. rionii***, s. **24**
13* Blü mittelgroß, 12–15 mm ⌀, persistent. Frchen deutlich geflügelt.   ***R. baudotii***, s. **19**
14 (12) Blü klein, 4–12 mm ⌀, Nektargrube halbmondfg. StaubBla 10–15. BlaAbschnitte nicht starr, pinselig, oft hinfällig.   ***R. trichophyllus***, s. **24***
14* Blü mittelgroß bis groß, 12–25 mm ⌀, Nektargrube variabel, halbmond-, kreis- od. birnfg. StaubBla 15–30. BlaAbschnitte starr.
                                     R. aquatilis, s. **20**, ***R. saniculifolius***, s. **19***, ***R. peltatus***, s. **21**, ***R. circinatus***,
                                     s. **22**, ***R. fluitans***, s. **29***

Derartige Landformen werden oft fälschlich pauschal *R. circinatus* zugeordnet.

15 (3) Flächige Schwimm- od. ÜbergangsBla vorhanden **16**
15* Flächige Schwimm- od. ÜbergangsBla fehlend **22**

16 NebenBla auffällig groß, weißhäutig, weniger als zur Hälfte mit dem BlaStiel verwachsen. SchwimmBla meist mindestens auf ¾ der Spreite 3(–5)teilig. TauchBla haarfein, außerhalb des Wassers pinselfg zusammenfallend. KeBla stets blau od. blauspitzig **17**

16* NebenBla unscheinbar, meist grünlich, mehr als zur Hälfte mit dem BlaStiel verwachsen. SchwimmBla selten tiefer als auf ⅔ der Spreite (3–)5–7teilig. TauchBla kräftiger. KeBla selten blauspitzig **18**

17 KrBla 7–15 mm lg, fast reinweiß, sich berührend. KeBla 3,0–4,5 mm lg, viel kürzer als die KrBla. StaubBla 10–25. FrKn 16–30. 0,10–0,60. 3–5. Flache, langsam fließende od. stehende, zuweilen trockenfallende oligotrophe Gewässer, kalkmeidend; s Nw(SW MW NO) Ns(NW), ↘ (sm-temp·c1EUR – igr eros Hy/Hel ♃ ⊙ KriechTr – InB SeB? – WaA KlA VdA – L8 T6 F10 Rx N3 – V Litt., O Potam. – *16*). [*Batrachium ololeucum* (J. LLOYD) BOSCH]
                 Reinweißer W. – *R. ololeucos* J. LLOYD

17* KrBla 1,5–4,5 mm lg, mit ausgeprägtem gelben Nagel. KeBla 1–3(–4,5) mm lg. StaubBla (1–)5–10. FrKn 5–9(–25). 0,10–0,40. 3–5. Flache, stehende od. langsam fießende oligotrophe Gewässer, kalkmeidend; nicht wildwachsend in D, Ⓚ He (sm-temp·c1EUR – igr eros Hy/Hel ♃ ⊙ KriechTr – InB SeB? – WaA KlA VdA – L9 T6 F10 Rx N3 – V Litt., V Nymph., V Nanocyp. – *48*). [*Batrachium tripartitum* (DC.) GRAY, *Batrachium baudotii* NOLTE]
                Dreiteiliger W. – *R. tripartitus* DC.

Häufig gemeldete Vorkommen von *R. tripartitus* aus Sh und Mv basieren auf Verwechslung mit Zwergformen von *R. baudotii* u. *R. trichophyllus*.

18 (16) Nektargrube halbmondfg (Abb. **329**/3). KeBla blauspitzig, zurückgeschlagen **19**

18* Nektargrube kreisfg od. birnfg. KeBla nicht blauspitzig, meist abstehend **20**

19 Frchen ober- u. useits mit bleibendem Flügel (Abb. **334**/1), FrBoden eifg, nach der FrReife deutlich verlängernd. Stg oft dick u. fleischig, weißlich. TauchBla steif, fleischig, auch außerhalb des Wassers spreizend. KrBla 5,5–12,0 mm lg. StaubBla 10–20. FrKn (20–)30–60, reif 1,0–1,5 mm lg. 0,20–0,50(–1,50). 5–9. Stehende od. langsam fließende Gewässer, bes. brackige Gräben u. Tümpel, salztolerant; h Sh: Küste(W O), z Ns: Küste(N Elb) Mv(N NO Elb), s Th(Bck) An(S) (m-temp·c1-4EUR – ⊙ ♃ L8 T6 F10 R9 N7? – V Potam., V Rupp., V Ranunc. fluit. – *32*). [*R. peltatus* subsp. *baudotii* (GODR.) C.D.K. COOK, *R. confusus* GODR., *Batrachium baudotii* (GODR.) F.W. SCHULTZ, *B. marinum* FR.]
                Brackwasser-W. – *R. baudotii* GODR.

19* Frchen ohne od. selten useits mit hinfälligem Flügel. FrBoden sich meist nicht verlängernd. Stg zarter, grün. TauchBla bei Fließgewässerformen außerhalb des Wassers pinselfg zusammenfallend. KrBla 8–12 mm lg. StaubBla 5–16. FrKn 10–25(–60), reif (1,2–)1,8–2,3 mm lg. 0,20–1,00 lg. 5–6. Langsam fließende Gewässer und Teiche; s By Bw(ORh) Rh? Th? Sa? Ns(NW)(m-sm·c1-4EUR – ♃ ⊙ – L7 T6 F11 R6 N6 – V Ranunc. fluit. – 16). [*Batrachium saniculifolium* (VIV.) DUM.]   **Sanikelblättriger W. – *R. saniculifolius* VIV.**

Die als *R. fucoides* FREYN [*R. peltatus* subsp. *fucoides* (FREYN) MUNOZ-GARMENDÍA] bezeichnete iberische Sippe kommt in Deutschland nicht vor.

20 (18) Nektargrube kreisfg (Abb. **329**/4). FrStiel <50 mm lg, kürzer als die SchwimmBlaStiel. SchwimmBla (3–)5(–7)spaltig, am Rand fg gezackt. ÜbergangsBla am Grund geteilt. TauchBla bis 80 mm lg, oft steif. KeBla 3–5 mm lg. KrBla 5–10(–12) mm lg. StaubBla 14–30. FrKn (20–)30–40(–50), an der Spitze behaart, zur Reife verkahlend. FrBoden kuglig. 0,10–2,00 lg. 5–9. Stehende od. langsam fließende, meso- bis eutrophe Gewässer: Gräben, Tümpel; v küstennahe Gebiete u. Flusstäler; An, Mv, Sh, z Rh Nw Bb Ns, s By Bw He Sa, ↘ (m-temp·c1-6EUR-WAS – igr? eros oHy/Hel ♃ ⊙ KriechTr – InB SeB? – WaA KlA VdA?) – L7 T5 F11 R6 N6 – O Potam. – *16*). [*R. aquatilis* var. *aquatilis* auct. p. p., *R. radians* REVEL, *Batrachium aquatile* (L.) DUMORT.]   **Gewöhnlicher W. – *R. aquatilis* L.**

Ranunculus aquatilis ist mit *R. trichophyllus* durch eine Reihe von fertilen Übergangsformen verbunden. Kleinblütige Pflanzen mit untypischen Schwimm- u. ÜbergangsBla treten v. a. im mitteldeutschen Raum von He über Th, An, Sa bis südl. Bb auf.

20* Nektargrube birnfg (Abb. **329**/5). FrStiel >50 mm lg, länger als die SchwimmBlaStiel. SchwimmBla 3(–5) od. 7spaltig, bis 40 mm breit, am Rand meist stumpf gekerbt. ÜbergangsBla an der Spitze zerteilt **21**

21 TauchBla meist kürzer als das zugehörige mittlere StgGlied, 1,5–18,0 cm lg. KrBla (9–)10–23 mm lg, br eifg, sich zur BlüZeit deckend. StaubBla 15–30. FrKn (25–)30–40(–60), reif 1,8–2,3 mm lg. 0,20–2,50 lg. 5–9. Flache, stehende od. langsam fließende, meso- bis eutrophe Gewässer: Bäche, Gräben, Fischteiche, kalkmeidend, schwach salztolerant; z Th Ns, v By(O NO N) Rh Th Sa An Ns Bb Mv Sh, s Alp By(S) Bw He (m-b·c1-4EUR – igr erosHy/Hel ♃ ⊙ KriechTr – InB: Käfer, Schwebfliegen SeB? – WaA KlA – L6 T6 F12 R5 N6 – V Nymph., V Ranunc. fluit. – 32). [*R. aquatilis* auct., *R. peltatus* SCHRANK subsp. *peltatus*]   **Schild-W. – *R. peltatus* SCHRANK**

Ranunculus peltatus ist durch eine starke phänotypische Variabilität gekennzeichnet. Die Art ist genetisch heterogen und bildet intraspezifische ‚Hybriden' mit abweichenden Merkmalen. *Ranunculus peltatus* und *R. penicillatus* bilden ein Kontinuum von Formen, deren Entstehung genauerer Untersuchung bedarf, da auch Einkreuzung von *R. aquatilis* zu vermuten ist.

21* TauchBla länger als das zugehörige mittlere StgGlied, 10–25(–38) cm lg. KeBla 3–7 mm lg. KrBla 5(–7), (5–)10–15(–22) mm lg. StaubBla (8–)20–40. FrKn (15–)30–40. FrStiel 50–100 mm lg. 1,00–6,00(–8,00) lg. 5–8. Große, kräftige Pfl in langsam bis rasch fließenden, größeren oligo- bis eutrophen Fließgewässern, kalkmeidend; z By(O NO) He Th Sa An(Elb N S) Bb Ns Sh, s Bw(SW) Rh(SW) Nw(MW SO) (m-b·c1-5EUR – igr eros o/uHy ♃ KriechTr – InB SeB: kleistogam – WaA KlA – L8 T6 F11 R7 Nx – V Ranunc. fluit. – 32, *48*). [*R. penicillatus* (DUMORT.) BAB. subsp. *penicillatus*]
        Pinselblättriger W. – *R. penicillatus* (DUMORT.) BAB.

Ranunculus penicillatus ist eine hybridogene Art, die aus *R. peltatus* und *R. fluitans* hervorgegangen ist. Primärhybride findet man selten, eher scheint es sich um das Nebeneinander von Persistenz steriler F2-Linien sowie Rückkreuzung fertiler Linien mit der häufigeren Elternart (in Norddeutschland meist *R. peltatus*) zu handeln. Im Süden und Osten des Gebietes treten Formen auf, die ***R. vertumnus*** (C.D.K. COOK) LUFEROV [*R. penicillatus* subsp. *pseudofluitans* var. *vertumnus* C.D.K. COOK] ähneln: TauchBla mit >500 Endzipfeln, Blü mittelgroß bis groß mit birnfg Nektargruben (s in Fließgew. By Th Sa – *48*).

22 **(15)** BlaZipfel in 1 Ebene, Bla im Umriss kreisrund, außerhalb des Wassers gespreizt bleibend. KeBla 3–6 mm lg. KrBla 6–10 mm lg, sich deckend, mit halbmondfg Nektargrube (Abb. **329**/3). StaubBla (5–)20–25. FrKn (30–)40–50(–60), FrBoden behaart. 0,05–3,00 lg. 5–8. Langsam fließende od. stehende, eutrophe Gewässer: Flüsse, Altwasser, Gräben, Teiche, Seen, kalkhold; v By Bw Nw An Ns Bb Mv Sh, z Rh He Th(f Hrz) Sa, s Alp (sm-b·c2-8CIRCPOL – igr eros uHy ♃ KriechTr – InB SeB? – WaA KlA VdA – L6 T6 F12 R7 N8 – O Potam. – 16). [*R. divaricatus* auct. p. p.]
        Spreizender W. – *R. circinatus* SIBTH.
22* BlaZipfel nicht in 1 Ebene, Bla im Umriss nicht kreisrund, außerhalb des Wasser spreizend od. pinselnd **23**
23 KrBla meist <5 mm lg, sich bei voll geöffneter Blü nicht deckend, Nektargrube halbmondfg. BlaStiel bis 40 mm lg **24**
23* KrBla >5 mm lg, sich randlich deckend, mit kreisrunder od. länglich-birnfg Nektargrube (Abb. **329**/4, 5). BlaStiel bis 200 mm lg **25**
24 Pfl zart, niederliegend. FrBoden halbkuglig, nach der FrReife verlängernd, reife Frchen sehr klein (± 1 mm, höchstens bis 1,4 mm lg), halbkuglig, sehr zahlreich (bis 90 pro Blü). TauchBla bis 40 mm lg, bis 20 mm lg gestielt. KeBla 1,8–2,7 mm lg. KrBla 2,5–5,0 mm lg, Nektargrube kreisfg bis eifg od. halbmondfg (Abb. **329**/3, 4). StaubBla 10–25. 0,10–0,50 lg. 6–8. Stehende mesotrophe Gewässer; z Bw(ORh) Rh(ORh SW) He(ORh O) Th(Bck O) Sa(W Elb NO), s By(NO), Verbr. in D ungenügend bekannt (sm-stemp·c4-9EUR-WAS – igr eros uHy ⊙ – SeB: kleistogam – WaA KlA – V Potam. – *16*). [*R. trichophyllus* subsp. *rionii* (LAGGER) GREMLI, *Batrachium rionii* (LAGGER) NYMAN]
        Zarter W., Rion-W. – *R. rionii* LAGGER
24* Pfl meist kräftig, aufrecht od. niederliegend, meist nur an den unteren Knoten wurzelnd. FrBoden halbkuglig bis elliptisch, nicht verlängernd, reife Frchen >1,5 mm lg, eifg, meist <35 pro Blü. TauchBla bis 80 mm lg, bis 40 mm lg gestielt. KeBla 2,5–5,5 mm lg. KrBla 3,5–5,5(–8,0) mm lg. StaubBla 9–15. FrKn 15–33. 0,10–2,00 lg. 5–7. Stehende od. fließende, meso- bis eutrophe Gewässer; v By(h S MS) Bw Nw(NO) Th Sa An Bb Ns Mv Sh(O), z Rh Nw(SO) He, f Silikatgebirge (austr+m-arct·c1-9CIRCPOL – igr eros uHy ♃ ⊙ KriechTr – InB SeB – WaA KlA VdA Sa langlebig – L7 Tx F12 R8 N7 – O Potam. – 32). [*R. flaccidus*

Pers., *R. paucistamineus* Tausch, *R. lutulentus* Songeon et E.P. Perrier, *R. aquatilis* var. *diffusus* With.] **Haarblättriger W. – *R. trichophyllus* Chaix**

Ranunculus trichophyllus ist eine formenreiche u. genetisch heterogene Art. In kalten alp. Gewässern (s Alp: Allg Brch) finden sich niederliegende Zwergformen, die *R. confervoides* (Fries) Fries [*R. trichophyllus* subsp. *eradicatus* (Laest.) C.D.K. Cook] ähneln. Diese skandinavische Art (Chromosomenzahl 32) ist in Deutschland bisher nicht nachgewiesen.

25 (23) BlaZipfel der TauchBla fein, außerhalb des Wassers oft pinselfg zusammfenfallend. Pfl in Still- u. Fließgwässern 26
25* TauchBla meist steif, fast fleischig, außerhalb des Wassers nicht zusammenfallend. Pfl fast nur in langsam bis rasch fließenden Gewässern 28
26 FrStiele meist <50 mm lg, kürzer als der Stiel des gegenüberliegenden Bla. Mittellappen der TauchBla mit weniger Zipfeln als Seitenlappen. Nektargrube rundlich (Abb. **329**/4).
 ***R. aquatilis*, s. 20**
26* FrStiele gewöhnlich >50 mm lg, länger als der Stiel des gegenüberliegenden Bla. Am Mittellappen der TauchBla Anzahl der Zipfel und Seitenlappen gleich. Nektargrube birnfg (Abb. **329**/5) **27**
27 TauchBla überwiegend kürzer als die StgGlieder, meist <8 cm lg (außer bei Herbst- u. Winterformen). Pfl bis 2,5 m lg. ***R. peltatus*, s. 21**
27* TauchBla überwiegend länger als die StgGlieder, meist >8 cm lg. Pfl bis 5 m lg, nur in Fließgewässern. ***R. penicillatus*, s. 21***
28 (25) Reife Frchen meist geflügelt (Abb. **334**/1). KeBla blauspitzig, meist zurückgeschlagen. BlüStiele höchstens am Grunde undeutlich verdickt. ***R. baudotii*, s. 19**

Die schwimmblattlose Form von *R. baudotii* [*Batrachium marinum* Fr.] wurde bisher häufig übersehen. Sie tritt auch in Fließgwässern des Binnenlandes auf (s Sh, Ns).

28* Reife Frchen nicht geflügelt. KeBla selten blauspitzig, meist abstehend. BlüStiele bis kurz unterhalb der Blü deutlich verdickt 29
29 BlüBoden deutlich behaart. TauchBla 8–15(–28) cm lg, meist kürzer als die StgGlieder, oft steif, Endzipfel (70–250) parallel bis divergierend. Pfl grün. KeBla 3–7 mm lg. KrBla 5(–6), 6–15 mm lg, Nektargrube birnfg od. irregulär. StaubBla 10–40. FrKn 10–50, oft unterentwickelt. 1,00–4,00. 5–8. Langsam bis rasch fließende, eutrophe Gewässer, kalkhold; z By(S MS) Bw(Alb, SO), s Rh He Nw Th Sa Ns(NW) Sh(M) (sm-temp·c1-3EUR – igr eros o/uHy ♃ KriechTr – InB SeB: kleistogam – WaA KlA – L8 T6 F11 R7 Nx – V Ranunc. fluit. – *32*). [*R. penicillatus* var. *calcareus* (Butcher) C.D.K. Cook, *R. penicillatus* subsp. *pseudofluitans* (Syme) S.D. Webster] ***R. pseudofluitans* (Syme) Baker et Foggitt**

Ranunculus pseudofluitans ist eine hybridogene Art, die aus *R. fluitans* und *R. circinatus* hervorgegangen ist. Ältere Angaben beziehen sich oft auf schwimmblattlose Formen von *R. fluitans* u. *R. peltatus* sowie auf kurzblättrige Formen von *R. fluitans*. Die als var. *calcareus* (Butcher) C.D.K. Cook bezeichnete Form ist kurzblättriger und könnte aus *R. fluitans* × *R. trichophyllus* entstanden sein.

29* BlüBoden (fast) kahl. TauchBla fleischig, bis 55 cm lg, mit wenigen (20–30) Zipfeln, meist parallel. Pfl hellgrün. KeBla 4,0–6,5 mm lg. KrBla 5–7(–10), 7–13(–20) mm lg. StaubBla 10–25. FrKn 30–60, reif 1,4–2,2 mm lg. 0,50–6,00 lg. 6–8. Rasch fließende, meso- bis eutrophe Gewässer mit regelmäßiger Wasserführung, zuweilen in Seen: Starnberger See; v By Bw Rh He Nw Th Sa An Bb, z Alp Ns Sh(O) Mv(MW) (sm-temp·c2-3 EUR – igr eros uHy ♃ KriechTr – InB SeB? – WaA KlA – L8 T6 F12 Rx N8 – V Ranunc. fluit. – 16, 24). [*Batrachium fluitans* (Lam.) Wimm.] **Flutender W. – *R. fluitans* Lam.**

Pfl mit SchwimmBla-artig verbreiterten BlaZipfeln, oft ohne Gelenk [var. *heterophyllus* (Coss. et Germain) Glück, s Sh Ns He Sa Bw By] sind hybridogen u. können sowohl als *R. fluitans* × *R. penicillatus* als auch als *R. fluitans* × *R. baudotii* entstanden sein. Pfl mit sehr kurzen Bla treten sowohl nach mechanischer Störung als auch im Herbst u. Winter auf.

30 (2) Pfl 20–120 cm hoch, mehrblütig. Bla handfg gelappt bis gefingert. KrBla rein weiß
 31
30* Pfl 5–15 cm hoch, meist 1–2blütig. Nur Alpen 32
31 Stg mit gespreizten Ästen. Mittellappen der GrundBla in einen Stiel verschmälert (Abb. **319**/2). Abschnitte aller StgBla ziemlich br u. bis zur Spitze gesägt. BlüStiele oberwärts während der BlüZeit auffallend flaumig, 1–3mal so lg wie das TragBla. StaubBla so lg wie

die Griffel. Reife Frchen 2–3 × 2 mm. (0,05–)0,20–0,50(–1,50). 5–7. Mont. bis hochmont., feuchte bis sickernasse, staudenreiche Wälder, Hochstaudenfluren an Bächen u. Quellen, Staudenwiesen, nährstoffanspruchsvoll, kalkmeidend; h Alp, z By(S MS O NW) Bw, s He(SO O) Nw(SO NO) (sm/salp-temp/mo·c2-3 EUR – sogr hros H ⚄ Rhiz – InB Vm – StA WiA – L6 T4 F8 R5 N6 – V Adenost., V Salic. herb., V Calth., V Alno-Ulm. – 32).
 Eisenhut-H. – *R. aconitifolius* L.
31* Stg mit aufrechten Ästen. Bla nicht bis zum Spreitengrund geteilt, Mittellappen mit den Seitenlappen br verbunden. Abschnitte der oberen StgBla schmal, die der obersten meist ganzrandig. BlüStiele kahl, 4–5mal so lg wie das TragBla. StaubBla länger als die Griffel, die FrKn verdeckend. Reife Frchen 3–4 × 3 mm. 0,40–1,20. 5–7. (Sicker)Frische bis feuchte Buchen- u. SchluchtW, subalp. u. mont. Hochstaudenfluren u. Gebüsche, nährstoffanspruchsvoll; z Alp By(f MS) Bw(f S SO) Rh He(f SO W) Th(f Bck NW O) An(Hrz W S), Ns(Hrz), s Nw(SO SW) Sa(SW W) (sm/mo-temp/demo+b·c2-4EUR – sogr hros H ⚄ Rhiz – InB – StA WiA Kälte-Lichtkeimer – L5 T4 F6 Rx N7 – K Mulg.-Aconit., V Til.-Acer., UV Gal.-Fag.).
 Platanen-H. – *R. platanifolius* L.
32 (30) GrundBla ungeteilt, ganzrandig, br eifg od. eilanzettlich, am Rand wie die KeBla zottig behaart. 0,04–0,10. 6–8. Alp., frische Feinschuttfluren, kalkstet; s Alp(Krw Wtt) (sm-stemp//alp·c2-3EUR, subsp. wie Art – sogr hros H ⚄ Rhiz – WiA – L8 T2 F5 R9 N3 – V Thlasp. rot.).
 Herzblättriger H. – *R. parnassiifolius* L. subsp. *heterocarpus* P. KÜPFER
32* GrundBla handfg gelappt od. geteilt 33
33 KeBla rostbraun, zottig behaart, bis zur FrReife bleibend. KrBla weiß, rosarot od. rotviolett, sich oft nicht überlappend. 0,05–0,15. 7–8. Alp., sickerfrische Steinschuttfluren, kalkmeidend; z Alp(Allg) (sm/alp-arct·c2-6EUR+OSIB+GRÖNL – igr hros H ⚄ Rhiz LegTr – InB SeB – WiA VdA? – L8 T1 F6 R3 N2 – O Andros. alp.). [*Oxygraphis gelidus* (HOFFMANNS.) O. SCHWARZ]
 Gletscher-H. – *R. glacialis* L.
33* KeBla grün, KrBla weiß, überlappend 34
34 Pfl kahl. KeBla kahl, hinfällig. BlüBoden kahl. 0,05–0,15. 6–9. Alp., nasse Feinschuttfluren: Schneetälchen u. -runsen, kalkstet; v Alp, z By(S) (sm-stemp//alp·c2-3EUR – sogr ros H ⚄ Rhiz – InB – WiA KlA – L9 T2 F7 R8 N4 – V Arab. caer.).
 Alpen-H. – *R. alpestris* L.
34* Pfl behaart, später verkahlend. KeBla zerstreut behaart. BlüBoden behaart. 0,05–0,15. 5–7. Alp. Felsschuttfluren, kalkstet; s Alp(Brch) (sm-stemp//salp-alp·c2-3EUR – sogr ros H ⚄ Rhiz – WiA – *L7 T2 F5 R9 N3* – V Thlasp. rot.).
 Séguiers-Hahnenfuß – *R. seguieri* VILL.
35 (1) Alle Bla ungeteilt, ganzrandig od. schwach gezähnt 36
35* Wenigstens die mittleren u. oberen Bla geteilt 38
36 Blü 20–40 mm ⌀. Stg aufrecht, dick, hohl. Bla lanzettlich. 0,50–1,50. 6–8. Röhrichtreiche, zeitweise überschwemmte Verlandungszonen stehender od. langsam fließender Gewässer: Altwasser, Teiche, Gräben; lichte Weidengebüsche, nährstoffanspruchsvoll; z Alp(f Brch Krw Wtt) By Bw Rh(f W) He(f NW SW) Nw Th(f Hrz Rho S) An Bb Ns Mv Sh, s Alp(f Krw Wtt) Sa(f NO SO), ↘, auch angesalbt (sm-b·c1-7EUR-WAS – teilgr eros Hel ⚄ uAusl – InB: Käfer, Fliegen, Hautflügler Vw – WaA VdA? – L7 Tx F10 R6 N7 – V Phragm., V Car. elat. – ▽).
 Zungen-H. – *R. lingua* L.
36* Blü 5–20 mm ⌀. Pfl bis 50 cm hoch 37
37 Stg fädlich, kriechend, an jedem Knoten wurzelnd, mit bogigen StgGliedern. Blü einzeln, 5–10 mm ⌀. Alle Bla gestielt, lineal-lanzettlich. Frchen 1,0–1,5 mm lg, Schnabel gebogen, etwa ¼ so lg wie das übrige Frchen. 0,05–0,30. 6–8. Offne, nasse, zeitweise überschwemmte, meist kiesig-sandige Ufer; z Bw(S), s Alp(Chm) By(MS S) Mv(SW) Sh(M O), ↘ (temp/mo-arct·c2-6CIRCPOL – teilgr hros Hel ⚄ oAusl – InB – WaA KlA VdA – L8 T6 F10 R8 N2 – V Desch. litt. – 16).
 Ufer-H. – *R. reptans* L.
37* Pfl aufrecht; wenn kriechend, dann Stg nur an einigen (meist den unteren) Knoten wurzelnd u. mit geraden StgGliedern. Blü 1–∞, 8–20 mm ⌀. Untere Bla elliptisch, gestielt, obere lanzettlich, sitzend. Frchen 1,5–2,0 mm lg, Schnabel gerade, kurz (⅛ des übrigen Frchens), stumpf. 0,05–0,50. 5–9. Sümpfe, Nasswiesen, an Quellen, Gräben, Ufer, Erlenbrüche, kalkmeidend; g Ns(v MO S), h Rh He Nw Th Sa An(s S SO), v Alp By Bw Bb Mv Sh (m/mo-b·c1-5EUR-WSIB – teilgr hros Hel ⚄ LegTr – InB Vm – VdA KlA WaA Sa langlebig – L7 Tx F9~ R3 N2 – V Car. nigr., V Calth., V Litt., V Aln. – für Vieh giftig).
 Brennender H. – *R. flammula* L.

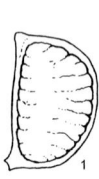 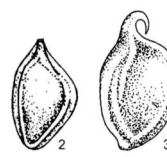 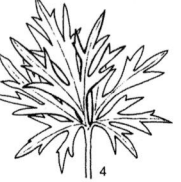 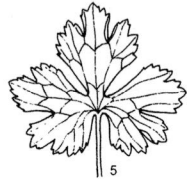

R. baudotii | Ranunculus polyanthemos
subsp. polyanthemos subsp. nemorosus subsp. polyanthemophyllus subsp. nemorosus u. serpens

38 (35) Bla blaugrün bereift, kahl, dicklich. GrundBla meist 2, lg gestielt, nierenfg, am Rand kerbig gezähnt bis ganzrandig, vorn eingeschnitten. 0,05–0,15. 6–8. Alp. bis subalp., frische, bewegte Steinschuttfluren, kalkstet; s Alp(Amm Brch Krw) (sm-stemp//alp·c3EUR – sogr hros H ♃ Rhiz KnollenWu – InB – L9 T2 F5 R9 N3 – O Thlasp. rot., V Sesl. – giftig).
   Nierenblättriger H. – _R. hybridus_ BIRIA
38* Bla nicht blaugrün bereift. Pfl meist >15 cm hoch **39**
39 KeBla zurückgeschlagen; wenn abstehend (_R. sceleratus_, **40**), dann KrBla blassgelb, etwa so lg wie die KeBla, bald abfallend **40**
39* KeBla aufrecht od. waagerecht abstehend. BlüBoden kegelfg. KrBla gelb, länger als die KeBla **43**
40 BlüStiele nicht gefurcht. Blü 2,0–3,5 cm ⌀. Pfl seidig-weißfilzig. Bla lanzettlich od. 3–7teilig mit lineal-lanzettlichen Zipfeln. Pfl oft nichtblühend u. nur ungeteilte GrundBla entwickelnd. 0,30–0,50. 5–6. Reichere, oft gestörte kont. Sand- u. Silikattrockenrasen, trockne Wiesen; z An(SO W Elb), s Sa(Elb W) Bb(Elb), ↘ (sm-stemp·c4-7EUR – frgr hros G ♃ uAusl, WuKnollen – InB selbststeril – StA? – L8 T7 F4 R7 N4 – V Fest. val., V Arrh.).
   Illyrischer H. – _R. illyricus_ L.
40* BlüStiele gefurcht. Blü bis 2 cm ⌀. Pfl nie seidig-weißfilzig **41**
41 Stg am Grund knollig. Pfl unterwärts abstehend, oberwärts anliegend behaart. 0,15–0,35. 4–5(–7). Trockne Wiesen, Halbtrockenrasen, mäßig trockne Rud.: Böschungen, Dämme, basenhold; g Th, h Rh He An, v By(g NM) Bw Nw Sa Ns Mv, z Alp Bb Sh (m/mo-temp·c1-4EUR – hfrgr hros G ♃ SprKnolle VerschiedenWu – InB selbststeril Vm, z. T. gynodiözisch – WiA KlA VersteckA: Knollen Sa langlebig? – L8 T6 F3 R7 N3 – V Arrh., V Brom. erect., V Cirs.-Brach. – giftig). **Knolliger H. – _R. bulbosus_ L.**
41* Stg am Grund nicht verdickt. Pfl kahl od. abstehend behaart **42**
42 Blü klein, 4–10 mm ⌀, blassgelb. KrBla etwa so lg wie KeBla. FrKn ∞, auf walzenfg Blü-Boden. Stg hohl, kahl od. oberwärts behaart. 0,20–0,60. 6–10. Lückige, zeitweise überschwemmte Schlamm-Pionierfluren an Teichen, Gräben, Flüsse, nährstoffanspruchsvoll; g Sh, h Sa An Ns Mv, v Nw Th(f Hrz) Bb, z Alp(Amm) By(h NM) Bw Rh(h ORh) He (austrAUST+m-b·c1-8CIRCPOL – hros ⊙ ① – InB: Fliegen SeB – WaA KlA VdA? Sa langlebig – L9 T6 F9= R7 N9 – V Bid. – giftig! – 16) **Gift-H. – _R. sceleratus_ L.**
42* Blü 12–20 mm ⌀. KrBla doppelt so lg wie KeBla. FrKn auf halbkugligem BlüBoden. Pfl abstehend behaart. 0,10–0,30. 5–8. Krumenfeuchte, lehmige Äcker, feuchte Wegränder, Ufer, Gräben, kalkmeidend, salztolerant; z Rh He Nw(f N) Sa An Bb Mv, s Alp(Brch) By(f S) Bw(f Alb S) Th(Rho S Bck) Ns(N O M NW S) Sh(f SO), ↘ (m-temp·c1-4EUR – hros ⊙ – InB Vw – KlA MeA – L8 T6 F8= Rx N7 – O Aper., V Nanocyp., V Pot. ans., V Cynos. – 16). **Sardischer H., Rauer H. – _R. sardous_** CRANTZ
43 (39) BlüStiele längs gefurcht. BlüBoden behaart **44**
43* BlüStiele nicht gefurcht. BlüBoden kahl **45**
44 Pfl mit lg kriechenden Ausläufern. Bla 3zählig, mittlerer BlaAbschnitt meist gestielt erscheinend. 0,15–0,40. 5–8. Feuchte, z. T. periodisch überschwemmte, lehmige bis tonige Standorte: Äcker, Gärten, Wiesen, Gräben, Ufer, Gebüsche, Wälder, nährstoffanspruchsvoll; g Rh He Nw Th Sa An Ns Sh, h Alp Bw Bb Mv, v By(g NM) (m/mo-b·c1-7EURAS – igr H ♃ oAusl – InB: Käfer, Fliegen, Falter Vw z. T. selbststeril? – StA? – KlA MeA VdA Sa langlebig – L6 Tx F7~ Rx N7 – K Stell., K Bid., K Mol.-Arrh., V Pot. ans., V Calth., V Alno-Ulm.).
   Kriechender H. – _R. repens_ L.

44* Pfl ohne kriechende Ausläufer. Stg aufrecht, selten (bei subsp. _serpens_ **44*/4***) liegend u. an den Knoten wurzelnd. Spreite der GrundBla handfg 3teilig bis 3schnittig, die Abschnitte gelappt bis fast bis zum Grund geschnitten. 0,20–1,00. 5–7. Frische LaubmischW, KiefernW, wechseltrockne Wiesen, Halbtrockenrasen, subalp. Gebüsche; g Alp, v By Rh Th, z Bw He Nw Sa An Ns(f N), s Bb(Elb MN NO) Mv Sh(SO O) (sm-b·c1-6EUR-WAS – sogr hros H ♃ Rhiz LegTr – InB selbststeril – O Fag., V Querc. pub., V Berb., V Ger. sang., V Brom. erect., V Mol., O Arrh., V Adenost. – 14, 32). **Vielblütiger H. – _R. polyanthemos_ L.**

1 Spreite der GrundBla (Abb. **334**/4) bis zum Grund 3schnittig; Mittelabschnitt bis 1 cm lg gestielt, tief 3teilig 3schnittig; Seitenabschnitte 2teilig od. oft bis fast zum Grund 2schnittig, alle mit unregelmäßig geteilten, lanzettlichen bis linealischen Zipfeln, diese sich deckend **2**
1* Spreite der GrundBla 3teilig (teilweise fast bis zum Grund 3schnittig); Mittelabschnitt ungestielt, 3lappig bis 3teilig; Seitenabschnitte 2spaltig (selten bis zum Grund 2schnittig), BlaZipfel sich meist nicht deckend (Abb. **334**/5) **3**
2 FrchenSchnabel kurz, bis ⅕ so lg wie das Frchen, gerade bis wenig gebogen (Abb. **334**/2). 0,30–1,00. Trockne, lichte Eichen(Kiefern)W, Waldränder, (wechsel-)trockne Wiesen; z An, s By(NM Alb N NO) Bw(Keu ORh) Rh(M ORh) He(f NW SO W) Th(Bck NW Wld) Sa Bb(Elb MN NO) Ns(f MO N NW) Mv (N MW) Sh(SO O) (sm-b·c2-6 EUR-WAS – Rhiz – L6 T6 F4~ Rx N2 – V Querc. pub., V Berb., V Ger. sang., V Mol. – 32). subsp. **_polyanthemos_**
2* FrchenSchnabel ⅓–½ so lg wie das Frchen, eingerollt (Abb. **334**/3). 0,40–1,00. Halbtrockenrasen, wechselfeuchte Wiesen, KiefernW, Waldränder; z Rh He Th(f O Hrz), Ns(S Hrz), s Alp(Chm Mng) By Bw(ORh) Nw(f MW N) Sa(SO SW W) An(f N O SO) Ns(S M MO) (sm-stemp//mo·c2-3EUR – Rhiz – V Brom. erect., V Mol., V Querc. pub. – 32). [_R. nemorosus_ subsp. _polyanthemophyllus_ (W. Koch et H.E. Hess) Tutin, _R. serpens_ subsp. _polyanthemophyllus_ (W. Koch et H.E. Hess) Kerguélen]
    subsp. **_polyanthemophyllus_** (W. Koch et H.E. Hess) Baltisberger
3 (1) Spreite der GrundBla 3teilig bis 3schnittig, Mittelabschnitt 3spaltig bis 3teilig, Seitenabschnitte 2teilig bis 2schnittig, alle mit unregelmäßig geteilten, rhombischen bis lanzettlichen Zipfeln, diese sich z. T. deckend. FrchenSchnabel ⅕–½ so lg wie das Frchen, gerade bis wenig gebogen. 0,40–1,00. Halbtrockenrasen, Wiesen, Gebüsche, lichte Wälder, Rud.: Böschungen; z Ns(Hrz S) s By(N Alb NM NW) Bw(ORh S) Rh(f MRh W) He(f SO) Nw(Bck MW S) Th(f Bck Hrz O) An(Hrz) Mv(MW N) (sm-temp·c2-4EUR – Rhiz – V Brom. erect., V Berb., V Querc. pub. – sehr variable Unterart, wahrscheinlich durch Hybridisierung von subsp. _polyanthemos_ u. subsp. _nemorosus_ entstanden – 32). [_R. polyanthemoides_ Boreau] subsp. **_polyanthemoides_** (Boreau) Ahlfv.
3* Spreite der GrundBla 3teilig, Mittelabschnitt 3lappig bis 3spaltig, Seitenabschnitte 2spaltig, alle mit unregelmäßig geteilten, rhombischen Zipfeln, diese sich nicht deckend (Abb. **334**/5). FrchenSchnabel ⅓–½ so lg wie das Frchen, eingerollt (Abb. **334**/3) **4**
4 Stg aufrecht, in den Achseln der StgBla keine sich bewurzelnden Rosetten bildend. Meist alle StgBla einfacher gestaltet als die GrundBla (eingeschnitten, mit ganzrandigen, lanzettlichen Zipfeln). KrBla hellgelb. 0,20–0,80. Frische LaubmischW, Waldränder, magere Gebirgswiesen u. -weiden, Halbtrockenrasen; h Alp, v By, z Bw Rh He Th(v O Wld) Sa An(f N O) Ns(f Elb N O), s Nw(f MW), ↘ (sm-temp·c1-5EUR – Rhiz – L6 Tx F5 R6 Nx – V Carp., UV Cephal.-Fag., V Cynos., V Triset., V Brom. erect. – 32). [_R. breyninus_ auct. non Crantz, _R. tuberosus_ Lapeyr.]
    subsp. **_nemorosus_** (DC.) Schübl. et G. Martens
4* Stg schief aufrecht bis niederliegend, in den Achseln der StgBla während der BlüZeit BlaRosetten bildend, die sich später bewurzeln. Untere StgBla wie die GrundBla. KrBla dunkelgelb bis leicht orange (in getrocknetem Zustand so hell wie die der übrigen Unterarten). 0,10–0,30(–0,80) lg. 5–7. Mont. bis hochmont., frische MischW, subalp. Gebüsche; g Alp(f Chm) By(f NO), s Bw(NW ORh SW) Rh(SW ORh) He(f NW) Nw(NO) Th(Bck Rho S) Ns(S) (sm-stemp//mo·c2-3EUR – LegTr – L4 T4 F5 Rx N7 – V Acer.-Fag., V Adenost. – 16, 32). [_R. nemorosus_ subsp. _serpens_ (Schrank) Tutin]
    subsp. **_serpens_** (Schrank) Baltisberger

45 (43) Blü 4–10 mm ⌀, hellgelb. Frchen sehr stachlig. Bla 3zählig bis 3teilig, mit 3spaltigen od. 3teiligen Abschnitten. 0,20–0,60. 5–7. Nährstoffreiche, lehmige bis tonige Äcker, basenhold; [A] z Bw By Bw Nw Th(f Hrz, v Bck NW S) Sa(f Elb) An Ns(f N NW) Mv, s Alp(Allg) Rh He(ORh SO) Bb(f SW) Sh(O SO), ↘ (m-temp·c1-4EUR-WAS – hros ① ⊙ – InB SeB? Vm auch gynomonözisch – KlA MeA Sa langlebig? – L6 T6 F4 R8 Nx – V Aphan., V Caucal. – giftig?). **Acker-H. – _R. arvensis_ L.**
45* Blü goldgelb, meist größer. Frchen nicht stachlig **46**
46 Frchen ± behaart. StgBla sitzend, handfg geteilt, mit br lanzettlichen bis linealischen Zipfeln, von den ungeteilten bis knollig verdickten GrundBla deutlich verschieden. KrBla oft stark rückgebildet, zuweilen ganz fehlend. 0,15–0,45. 4–5. LaubmischW, Auen- u. BruchW, Waldränder, Gebüsche, feuchte bis moorige Wiesen; g Th, h He An Ns(s N), v By(g NM) Bw Rh

Nw Sa Bb Mv, z Alp(f Brch) Sh (sm/mo-b·c1-5EUR-WSIB – igr hros H ♃ Rhiz – InB Ap – L5 T6 Fx R7 Nx – V Carp., V Alno-Ulm., K Mol.-Arrh. – 14, 16, 24, 30, 32–34, 55–57, 59, 64, 84). [*R. auricomus* L. s. l.]

Artengruppe Gold-H., Goldschopf-H. – *R. auricomus* L. agg.

Formenkreis mit >100 meist apomiktischen Kleinarten, in D bisher >50 nachgewiesen, s. Krit. Ergänzungsband. Beim Sammeln von jeder Population möglichst etwa 10 vollständige Pfl mit Blü u./od. Fr einlegen, wichtig vor allem die Blattfolge u. der BlüBoden.

1   Pfl mit 1–4 GrundBla, diese ungeteilt od. ungeteilt bis 3lappig od. ungeteilt bis höchstens 3teilig; die Haupteinschnitte meist nur an einem Bla bis ⅔ der BlaSpreite reichend. Pfl am Grund mit (1–)2–3 (–4) blattlosen Scheiden. Abschnitte der unteren StgBla höchstens 5(–7)mal so lg wie br. BlüBoden meist behaart. Auen- u. BruchW, feuchte bis nasse Wiesen; s By Bw(ob noch) Mv? (sm-temp·c3-5EUR – teiligr hros H ♃ Rhiz – InB Ap – VdA MeA AmA? – V Filip., V Alno-Ulm., V Calth., V. Carp. – in D 4–6 Kleinarten – 30).   ***R. cassubicus*-Gruppe**

1* Pfl mit (3–)4–7 GrundBla, diese auffällig verschiedengestaltig, mit mindestens einem mehrteiligen Bla, dessen Spreite durch wenigstens 2 sehr tiefe Einschnitte in Mittel- u. zuweilen weiter zerteilte Seitenabschnitte geteilt ist. Pfl am Grund mit (0–)1(–2) blattlosen Scheide(n). Abschnitte der untere StgBla mindestens (7–)10mal so lg wie br. BlüBoden kahl od. behaart. Standorte, Vergesellschaftung u. Verbreitung in D wie Art (sm/mo-b·c1-5EUR-WSIB – igr/teiligr hros H ♃ Rhiz – InB Ap – WiA AmA – in D ca. 50 Kleinarten).   ***R. auricomus*-Gruppe**

46* Frchen kahl, aber zuweilen BlüBoden behaart, KrBla ausgebildet 47
47 BlüBoden (wenigstens oberwärts) behaart. Stg 1–3(–8)blütig, meist 5–25 cm hoch. StgBla fast stets sitzend, tief 3–7spaltig. (**Artengruppe Berg-H. – *R. montanus* agg.**) 48
47* BlüBoden kahl. Stg gewöhnlich ∞blütig, meist >30 cm hoch. Wenigstens untere StgBla gestielt u. den GrundBla ähnlich 51
48 Rhizom oben dicht mit bis 4 mm lg Haaren besetzt. BlüBoden auch an der StaubBlaAnsatzstelle behaart. Noch gefaltete junge BlaSpreiten nach unten geknickt. StgBla klein, mit 3–5 linealischen, 0,5–2,0 cm lg Zipfeln. KrBla meist ausgerandet. Frchen 35–70, mit anliegendem Schnabel. 0,05–0,20. 5–7. Alp. bis mont., sickerfrische Fels- u. Steinschuttfluren, mont. Halbtrockenrasen, kalkstet; z Alp(f Brch), s By(S MS) Bw(Alb Gäu Keu) (sm/alp-temp/salp·c2-3EUR – sogr? hros H ♃ Rhiz – InB selbststeril – L8 T3 F5 R8 N3 – V Thlasp. rot., V Brom. erect.). [*R. hornschuchii* Hoppe, *R. oreophilus* M. Bieb.]
    Gebirgs-H. – *R. breyninus* Crantz
48* Rhizom oben kahl. BlüBoden nur oberwärts behaart. Junge BlaSpreiten aufrecht. KrBla abgerundet. Frchen 25–50 49
49 Spreiten der Sommer- u. HerbstBla fast stets kahl, ihre Zipfel 2–4mal so lg wie br. StgBlaZipfel linealisch, meist 8–16mal so lg wie br. Schnabel der Frchen sehr kurz, anliegend. 0,05–0,20. 4–6. Alp. bis mont., mäßig frische, flachgründige Rasen (Wiesen, Weiden, Halbtrockenrasen), lichte Wälder, kalkstet; s Bw(Alb Gäu Keu) (sm/alp-stemp/dealp·c1-3EUR – sogr hros H ♃ Rhiz – InB selbststeril – L7 T4 F4 R8 N3 – O Sesl., V Brom. erect., V Poion alp.). [*R. gracilis* Schleich.]   **Kärntner H. – *R. carinthiacus* Hoppe**
49* Spreiten der Sommer- u. HerbstBla zerstreut bis dicht behaart, ihre Zipfel meist 1–2mal so lg wie br. StgBlaZipfel 3–8mal so lg wie br. Schnabel ⅙–¼ so lg wie der Rest des Frchens, etwas abstehend 50
50 StgBlaZipfel meist in od. etwas über der Mitte am breitesten, elliptisch bis schmal lanzettlich. Spreiten der Sommer- u. HerbstBla mit 1–8 Haaren pro mm². 0,05–0,25. 4–7(–9). Alp. bis mont., sickerfrische Weiden u. Moorwiesen, auch Gesteinsschutt, lichte KiefernW, kalkhold; h Alp, z By(S MS), s Bw(S SO) (temp/dealp·c2-3EUR – sogr hros H ♃ Rhiz – InB Vw selbststeril – VdA – L6 T3 F5 R8 N6 – V Triset., V Mol., V Poion alp. – 32). [*R. geraniifolius* auct. non Pourr.]   **Berg-H. – *R. montanus* Willd.**
50* StgBlaZipfel im untersten Drittel am breitesten, schmal bis br eilanzettlich. Spreiten dicht behaart, mit >8 Haaren pro mm². 0,05–0,25. 5–7(–9). Alp. bis mont., mäßig frische bis feuchte Wiesen u. Weiden, kalkmeidend; z Alp(Allg) (sm-stemp//salp·c2-3WALP – sogr hros H ♃ Rhiz – InB Vw selbststeril – L9 T1 Fx R2 N3 – V Nard., V Car. curv., V Poion alp.). [*R. grenierianus* Jord.]   **Villars-H., Grenier-H. – *R. villarsii* DC.**
51 (47) FrchenSchnabel kurz. Pfl anliegend behaart. Zipfel der GrundBla linealisch-lanzettlich, im Herbst auch breiter, selten länglich-verkehrteifg. 0,30–1,20. (4–)5–9. Frische, feuchte bis anmoorige Wiesen u. Weiden, Rud., nährstoffanspruchsvoll; g Alp Rh He Nw Th Sa An

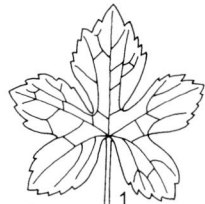  

Ranunculus lanuginosus   R. acris subsp. acris   R. acris subsp. friesianus

Ns Sh, h Bw Bb Mv, v By(g NM) (m/mo-arct·c1-7EURAS − hros H ♃ Rhiz − InB: Fliegen, Bienen, Käfer, z. T. selbststeril auch SeB Vm z. T. gynodiözisch − VdA, KlA Sa kurzlebig − L7 Tx F6 Rx Nx − K Mol.-Arrh. − giftig − 32). [*R. acer* L.]   **Scharfer H. − *R. acris* L.**

1   Spreite der GrundBla bis zum Grund 3−5schnittig, Abschnitte ebenfalls tief geteilt (Abb. **337**/2); BlaZipfel schmal linealisch bis linealisch-lanzettlich, im Herbst auch breiter, spreizend u. sich überlappend. Rhizom kurz, bis 1 cm lg, senkrecht bis schräg, wie abgebissen. 0,30−0,50. Frische bis feuchte Wiesen, Weiden, Wegränder; Verbr. in D wie Art (m/mo-arct·c1-7EUR-WSIB − K Mol.-Arrh. − 32).   subsp. ***acris***

1*   Spreite der GrundBla nur fast bis zum Grund geteilt, Abschnitte höchstens bis zu ⅔ geteilt, dicht kerbig gesägt (Abb. **337**/3); BlaZipfel eifg bis länglich, nicht spreizend u. sich nicht od. nur wenig überlappend. Rhizom 3−10 cm lg, horizontal bis schräg. 0,50−1,20. Frischwiesen, Parkrasen, Rud.: Böschungen; [N U] s By Bw Rh (h SW ORh) He (h SW) Nw Sa An Ns Bb(Berlin) Mv Sh? (smstemp·c1-3EUR − V Arrh. − 32). [*R. acris* subsp. *stevenii* auct.]   subsp. ***friesianus*** (Jord.) Syme

51*   FrchenSchnabel lg, zuletzt eingerollt. Pfl abstehend rauhaarig. Zipfel der GrundBla br eifg (Abb. **337**/1). 0,30−0,70. 5−7. Sickerfrische bis feuchte Buchenmisch-, Schlucht- u. AuenW, kalkhold, nährstoffanspruchsvoll; h Alp(z Krw), v Th Mv(f Elb), z By Bw He Nw(f SW) Sa An(h Hrz S) Bb Ns Sh, s Rh(f SW MW) (sm/mo-temp/demo·c2-4EUR − sogr hros H ♃ Rhiz − InB Vw − WiA − L3 T6 F6 R7 N7 − O Fag.).   **Wolliger H. − *R. lanuginosus* L.**

Hybriden − *Ranunculus* sect. *Batrachium* (DC.) Arcang.: *R. aquatilis* × *R. peltatus* = *R.* ×*virzionensis* A. Félix − s (40), *R. aquatilis* × *R. trichophyllus* − s (40. vgl. Anm. 20), *R. baudotii* × *R. peltatus* − s, *R. baudotii* × *R. trichophyllus* = *R.* ×*segretii* A. Félix nom. nud. − s, *R. circinatus* × *R. fluitans* (vgl. Anm. 29), *R. circinatus* × *R. trichophyllus* = *R.* ×*gluckii* A. Félix nom. nud. − s (24), *R. fluitans* × *R. peltatus* − z (32, 40; vgl. Anm. 21*, 29*), *R. fluitans* × *R. trichophyllus* − s (24, 48, vgl. Anm. 29), *R. peltatus* × *R. penicillatus* − s (32, vgl. Anm. 21), *R. peltatus* × *R. trichophyllus* = *R.* ×*grovesianus* Druce nom. nud. − s (32).

Hybriden − *Ranunculus* s.str: *R. aconitifolius* × *R. platanifolius* = *R.* ×*intermediifolius* W. Huber − s?, *R. acris* × *R. bulbosus* − By, *R. acris* × *R. lanuginosus* − ?, *R. auricomus* × *R. polyanthemos* − By, *R. bulbosus* × *R. repens* − By, *R. flammula* × *R. reptans* − Mv.

Familie *Platanaceae* T. Lestib. − **Platanengewächse**

(1 Gattung/9 Arten)

Einhäusige Bäume. Borke in Platten abblätternd. Bla wechselständig, einfach. Blü radiär, in dichten, kugligen, eingeschlechtigen Köpfen. BlüHülle stark rückgebildet. ♂ Blü mit 3−4(−7) KeBla, stark reduzierten KrBla u. 3−4(−7) StaubBla. Kr der ♀ Blü meist fehlend. FrBla (3−)5−8(−9), frei, oben nicht vollständig geschlossen. Griffel lg, fädlich, an der Innenseite mit Narbe. Meist 1 SaAnlage. Nüsse, am Grund langhaarig.

Platanus L. − Platane   (9 Arten)

1   Bla seicht handfg (3−)5(−7)lappig, Mittellappen breiter als lg. Blü in meist 2(−3) kugligen, hängenden Köpfen. 6,00−40,00. 5. Park- u. Straßenbaum; verwildert in Auen, an Ufermauern in Städten; [N 20. Jh.?] s By Bw Rh He Nw Sa Ns Bb (fertile Hybride aus *P. occidentalis* L. (boreostrop/mo-stemp·c1-6OAM) u. *P. orientalis* L. od. nur Kulturvarietät der letzteren? − sogr B − WiBlü − WiA KlA Lichtkeimer − *L5 T8 F6 R5 N5*). [*P.* ×*acerifolia* (Aiton) Willd., *P.* ×*hybrida* Brot.]   **Bastard-P. − *P.* ×*hispanica* Münchh.**

1* Bla tief handfg 3–7spaltig, Mittellappen länger als br. Blü in (2)3–6 kugligen, hängenden Köpfen. 6,00–40,00. 4–6. Parkbaum; selten verwildert; [N] s Bw Bb (m·c4-6OEUR-WAS – sogr B – WiBlü – WiA KlA – *L5 T8 F6 R5 N7*).
 Morgenländische P. – *P. orientalis* L.

Familie *Buxaceae* DUMORT. – Buchsbaumgewächse
(5 Gattungen/100 Arten)

Einhäusige Sträucher od. kleine Bäume, selten Kräuter, immergrün. Bla gegenständig, seltener wechselständig, ungeteilt, ohne NebenBla. Blü 1geschlechtig, radiär. KeBla 4 od. fehlend. KrBla fehlend. StaubBla 4, über den KeBla stehend, od. 6–∞. FrKn oberständig, (2–)3(–4)blättrig, (2–)3(–4)fächrig, jedes Fach mit 1–2 SaAnlagen. Griffel frei. Kapsel, SteinFr.

[N lokal]: **Ysander, Dickmännchen – *Pachysandra terminalis*** SIEBOLD et ZUCC.: Halbstrauch. Bla verkehrteifg, immergrün, wechselständig, gesägt, 5–8 cm lg. Blü weiß, in endständiger Ähre. 0,12–0,20. 4–5. ZierPfl, auch Anlagen; [N U?] s By Bw Nw Sa (sm/mo·c1-2OAS – igr HStr uAusl – *L5 T8 F5 R5 N5* – s. Bd. Zierpfl.).

Buxus L. – Buchsbaum (90 Arten)

Bla gegenständig, eifg, ledrig. Blü gelblichweiß (♂) od. hellgrün (♀), geknäuelt. 0,30–4,00. 3–4. Mäßig trockne bis frische LaubmischW in wintermilden Klimalagen, basenhold; z Rh(f ORh SW), s Bw(ORh SW), [N U] s By He Nw Sa (m/mo-stemp·c2-3 EUR – igr Str – InB WiB? Vw – WaA AmA? – L5 T8 F4 R8 N4 – V Querc. pub., UV Cephal.-Fag., V Berb. – giftig – ▽).
 Buchsbaum, Immergrüner Buchs – *B. sempervirens* L.

Familie *Paeoniaceae* RAF. – Pfingstrosengewächse
(1 Gattung/25–40 Arten)

Kräuter, Halbsträucher od. Sträucher. Bla wechselständig, ohne NebenBla, (doppelt) 3zählig od. gefiedert, Segmente ganzrandig od. gelappt bis geschnitten. Blü ⚥, radiär, 5–30 cm ⌀, endständig, meist einzeln, mit br Diskus. KeBla meist 3–5, frei, grün od. in die 5–10(–13) freien KrBla übergehend. StaubBla ∞. FrKn oberständig, FrBla (1–)2–5(–15), mit kurzem Griffel u. br Narbe. SaAnlagen ∞, Sa groß, mit saftiger, roter od. schwarzer Schale. SammelbalgFr.

Paeonia L. – Pfingstrose (25–40 Arten)

[N U lokal] **Korallen-P. – *P. mascula* (L.) MILL.:** FiederBlchen eifg, unzerteilt. s By, s. Bd. ZierPfl!
Staude. Kr 7–13 cm ⌀, purpurn. FiederBlchen gelappt bis geschnitten. Frchen 2–3, meist filzig. 0,50–0,90. 5–6. ZierPfl; [N U] z Th An, s By Rh He Nw Sa Ns; aus früheren Kulturen in Brachen erhalten, trockne Hangstandorte, kalkstet (sm·c1-4EUR – sogr eros H ♃ Pleiok KnollenWu – InB Vw – VdA: Vögel Kälte-Lichtkeimer – *L5 Tx F3 R7 N5* – HeilPfl, giftig – ▽).
 Garten-P., Stauden-P. – *P. officinalis* L.

Familie *Grossulariaceae* DC. – Stachelbeergewächse
(1 Gattung/160 Arten)

Bearbeitung: **Rolf A. Engelmann**

Sträucher. Bla wechselständig, einfach, finger- od. fiedernervig, handfg gelappt bis geteilt, meist ohne NebenBla. Blü ⚥ od. 1geschlechtig, radiär, 5zählig, in z. T. verkürzten Trauben. KeBla am Rand eines napffg bis flachen od. röhrigen Achsenbechers. KrBla frei, unscheinbar, meist viel kleiner als die KeBla. StaubBla 5. FrKn unterständig, 2blättrig, 1fächrig. Griffel 2, unten verwachsen. Beeren an der Spitze mit Resten des Ke.

GROSSULARIACEAE 339

Ribes L. – Johannisbeere, Stachelbeere (160 Arten)
1 Strauch stachlig. Blü zu 1–3. Achsenbecher u. Ke grünlich bis bräunlich. Kr weißlich. Fr >10 mm ⌀, ellipsoidisch bis kuglig, grün, gelb od. purpurn. FrKn u. junge Fr drüsenlos, weichhaarig (var. _uva-crispa_, WildPfl?) od. drüsenborstig u. weichhaarig, nur drüsenborstig od. völlig kahl (var. _sativum_ DC., urspr. KulturPfl?). 0,60–1,20. 4–5. Frische Schlucht- u. AuenW, Gebüsche, Waldränder, Lesesteinriegel, nährstoffanspruchsvoll; g Th, h Rh He Nw Sa An Ns, v By Bb Mv Sh, z Alp Bw; oft aus Kultur verwildert, auch KulturPfl (sm/mo-temp·c1-4EUR, in c1 u. ntemp meist [N] – sogr Str – InB: Zwei- u. Hautflügler Vw – VdA – L4 T5 Fx Rx N6 – O Prun., V Til.-Acer., V Alno-Ulm., V Carp. – Obst: formenreich). [_R. grossularia_ L.] **Stachelbeere – _R. uva-crispa_ L.**
1* Strauch stachellos. Blü in Trauben. Fr <10 mm ⌀, kuglig 2
2 Blü goldgelb, rosa od. rot 3
2* Blü grünlich bis rötlich 4
3 Achsenbecher röhrig, wie der Ke goldgelb, kahl. KrBla gelb, später rot, Blü wohlriechend. Bla 3teilig, kahl. 1,50–2,50. 4–6. KulturPfl; auch [N U] s alle Bdl, oft Kulturrelikt (m/mo-temp·c2-5WAM – sogr Str WuSpr – InB: Bienen Vw – VdA – Veredelungsunterlage hochstämmiger Stachel- u. Johannisbeeren, ZierPfl). **Gold-J. – _R. aureum_** PURSH
3* Achsenbecher glockig, wie der Ke purpurrot od. rosa, drüsig. KrBla weiß. Pfl stark riechend. Bla 3–5lappig, useits graufilzig u. drüsig. 1,25–2,00. 4–5. KulturPfl; auch [N U] s By Bw Rh Nw Sa(W) An Bb Ns Mv Sh (m/mo-temp·c1-2WAM – sogr Str – InB: Bienen Vw – VdA – ZierPfl). **Blut-J. – _R. sanguineum_** PURSH
4 (2) Trauben aufrecht. DeckBla länger als die BlüStiele. Blü (meist) 1geschlechtig, 2häusig. Beeren rot. 0,80–1,50. 4–5. Mont., frische LaubW, Schlucht- u. SteilhangW, auch KiefernW, Gebüsche, kalkhold, nährstoffanspruchsvoll; v Rh Th An, z Alp By Bw(f NW) He Sa Mv, s Bb Ns(MO S Elb M, [N] s NW O), [N] s Sh(SO); auch KulturPfl (sm/mo-b·c2-4EUR – sogr Str – InB – VdA Kältekeimer – L5 T4 Fx R8 N7 – V Til.-Acer., V Eric.-Pin., V Berb., V Adenost. – ZierPfl – 16). **Alpen-J. – _R. alpinum_ L.**
4* Trauben hängend. DeckBla kürzer als die BlüStiele. Blü ☿ 5
5 Bla useits mit gelblichen Drüsen. Achsenbecher u. Ke behaart u. drüsig punktiert. Ke purpurn überlaufen. Beeren schwarz. Pfl mit charakteristischem Geruch. 0,80–1,50. 4–5. Feuchte bis nasse, zeitweilig überflutete Erlenbrüche, AuenW, Gebüsche, nährstoffanspruchsvoll; v Nw Ns, z By Bw Rh(f W) He Th Sa An Bb Mv Sh, s Alp, [N] z alle Bdl; auch KulturPfl (sm/mo-b·c2-7EURAS, in c1 [N] – sogr Str – InB SeB – VdA – L4 Tx F9= R6 N5 – V Aln., V Alno-Ulm., V Salic. cin. – Obst: mehrere Sorten, VolksheilPfl). **Schwarze J. – _R. nigrum_ L.**
5* Bla ohne Drüsen. Achsenbecher kahl. Beeren rot od. gelblichweiß 6
6 Achsenbecher glockig, KeBla bewimpert, grünlich od. rötlich. Griffel kegelfg, am Grund verbreitert. BlaLappen spitz. 1,00–2,00. 4–6. Hochmont. sickerfrische Staudenfluren, Gebüsche, Wälder, kalkmeidend; s Alp(Mng) Bw(Gäu SW) (sm/salp-stemp/mo·c1-6 EUR – sogr Str – InB SeB – VdA – L5 T3 F5 R6 N7 – K Mulg.-Aconit., V Acer.-Fag., V Til.-Acer.). **Felsen-J. – _R. petraeum_** WULFEN
6* Achsenbecher flach od. schüsselfg. KeBla kahl. Griffel vom Grund an gleich dick. BlaLappen stumpflich [**Artengruppe Rote J. – _R. rubrum_** agg. (sm/mo-b·c1-7EURAS)] 7
7 Staubbeutelhälften durch br Mittelband voneinander getrennt. Achsenbecher flach, innen mit 5eckigem Diskus. Bla am Grund oft mit spitzwinkliger Bucht. 0,80–2,00. 4(–5). Sickerfrische bis feuchte LaubW, bes. AuenW, Gebüsche, nährstoffanspruchsvoll; h Nw An Ns, v Rh He Th Sa Bb, z Alp(Chm Kch Mng) By(h NM) Bw Mv Sh, [N] s alle Bdl; auch KulturPfl (sm/mo-stemp·c1-4EUR, in ntemp [N] – sogr Str – InB: Fliegen, Bienen, VdA Kältekeimer – L4 T6 F8 R6 N6 – V Alno-Ulm., V Til.-Acer., V Carp. – Obst: formenreich). **Rote J. – _R. rubrum_ L.**
7* Staubbeutelhälften miteinander vereinigt. Achsenbecher schüsselfg, ohne Diskus. Bla am Grund meist gerade od. mit stumpfwinkliger Bucht. 0,80–2,00. 4–5. Frische bis feuchte LaubW, bes. AuenW, nährstoffanspruchsvoll; z Sa(f Elb) Sh(O M), s By(Alb NO) An(f N W) Bb(SO M MN NO) Mv(f Elb), [N U] Bw Rh Th Nw Ns; in D keine KulturPfl aber in Kulturformen von _R. rubrum_ eingekreuzt (sm/mo-b·c2-6EURAS – sogr Str – InB: Fliegen, Bienen – VdA – L4 T5 F8= R7 N7 – V Alno-Ulm.). **Ährige J. – _R. spicatum_ E. ROBSON**

Familie *Saxifragaceae* Juss. – Steinbrechgewächse

(33 Gattungen/500–600 Arten)

Bearbeitung: **Rolf A. Engelmann**

Kräuter. Bla meist wechselständig, meist ohne NebenBla. Blü ⚥, radiär, 4–5zählig. Staub-Bla so viele od. doppelt so viele wie KrBla. FrKn ober- bis unterständig, 2blättrig, 2fächrig, unterwärts verwachsen, oberwärts frei, in jedem Fach ∞ SaAnlagen. Griffel 2, meist frei. Vielsamige Kapsel (viele ZierPfl).

1 KeBla 4, grünlichgelb. KrBla fehlend od. fadenfg. StaubBla 8. Nur GipfelBlü 5–6zählig.
  Milzkraut – *Chrysosplenium* S. 340
1* KeBla u. KrBla 5. StaubBla 10 2
2 KrBla grünlichweiß, später rötlich, fransig zerschlitzt. Bla rundlich-herzfg, 3–7lappig, 4–10 cm br. **Fransenblume – *Tellima* S. 340**
2* KrBla weiß, gelb od. rotbraun, nicht fransig zerschlitzt. Wenn Bla gelappt, dann viel kleiner
  3
3 Blühende Stg unbeblättert, nur mit TragBla im BlüStand. Sa mit Rippen.
  Sternsteinbrech – *Micranthes* S. 340
3* Blühende Stg mit Bla, diese meist viel kleiner als die GrundBla. Sa glatt, uneben od. mit kleinen Stacheln. **Steinbrech – *Saxifraga* S. 341**

Chrysosplenium L. – Milzkraut (55 Arten)

1 Pfl mit ∞ liegenden BlaTrieben, rasenbildend. Bla gegenständig, undeutlich gekerbt. Stg 4kantig. Spreite der GrundBla am Grund gestutzt od. br keilfg verschmälert, mindestens so lg wie ihr Stiel. Blü 3–4 mm ⌀. 0,05–0,15. 4–6. Beschattete Quellfluren, überrieselte Felsen, an Bachrändern u. Waldwegen, bachbegleitende Erlen- u. EschenW; h Rh(z ORh) He(z ORh), v Nw(g SO) Th(h Hrz Wld) Sh, z By Bw(h SW, f Alb) Th Sa(SO NO W) An(h Hrz) Ns, s Bb(SO) Mv(SW) (sm/mo-temp·c1-2EUR – igr eros H/C ⚄ LegTrRasen – InB: Fliegen Vw SeB – WaA: Regenschleuderer – L6 T5 F9= R5 N5 – V Card.-Mont., V Aln.).
  Gegenblättriges M. – *Ch. oppositifolium* L.
1* Pfl ohne liegende BlaTriebe, mit laubblattlosen Ausläufern. Bla wechselständig, deutlich gekerbt. Stg 3kantig. Spreite der GrundBla mit deutlich herzfg Grund, viel kürzer als ihr Stiel. Blü 5–6 mm ⌀. 0,15–0,20. 4–6. Quellfluren, feuchte bis sickernasse, schattige Schlucht- u. AuenW, Bach- u. Wegränder, basenhold; h Th, v Alp Bw Rh He Nw Sa Ns(g Hrz) Mv Sh, z By An Bb (sm/mo-arct·c2–7 CIRCPOL – sogr hros H/G ⚄ uAusl – InB: Fliegen, Käfer Vw – WaA: Regenschleuderer – L4 T4 F8= R7 N5 – V Card.-Mont., V Alno-Ulm., V Adenost.).
  Wechselblättriges M. – *Ch. alternifolium* L.

Tellima R. Br. – Fransenblume (1 Art)

Untere Bla gestielt, obere fast sitzend. BlaStiele u. Stg drüsig behaart. Blü in Trauben, BlüBecher glockig. 0,30–0,80. 5–6. ZierPfl, s. Bd. ZierPfl; auch rud. beeinflusste Wegränder, feucht-schattige nitrophile Säume, Quellstellen; [N] s Nw, [U] s By Bw Th Sa Bb Ns Sh (sm-bc1-3WAM – igr ⚄ Rhiz – InB: Käfer SeB – WiA StA – L5 T6 F6 R5 N5 – V Geo.-Alliar.). **Großblütige F., Falsche Alraunwurzel – *T. grandiflora* (Pursh) Lindl.**

Micranthes Haw. – Sternsteinbrech (85 Arten)

KrBla mit je 2 gelben Punkten. Bla verkehrteifg-keilfg, vorn gezähnt, fleischig. 0,05–0,15. 5–8. Alp. bis subalp. Quellfluren, überrieselte bis sickernasse Felsen, Schuttfluren, Bachränder; z Alp(f Kch), s Bw(SW) (*M. stellaris* s. l.: sm/alp-arct·c1-4EUR-(OAM), subsp. *robusta* (Gremli) Gornall: sm-stemp//mo-alp·c1-3EUR – igr hros/ros C ⚄ kurze oAusl – InB: Fliegen Vm SeB – WaA? – L8 T3 F9= R5 N? – K Mont.-Card. – ▽. [*Saxifraga stellaris* subsp. *robusta* (Engl.) Murr, *S. st.* subsp. *engleri* (Dalla Torre) P. Fourn.]
  Gewöhnlicher Sternsteinbrech – *M. stellaris* (L.) Galasso, Banfi et Soldano

SAXIFRAGACEAE 341

Saxifraga L. – **Steinbrech** (370 Arten)
1   Bla gegenständig, 3–5 mm lg, vorn verdickt, useits gekielt. Stg 1blütig. Kr rosenrot, später blau. KeBla meist drüsenlos, bewimpert. 0,03–0,05. (2–)5–6. Alp. frische bis feuchte Felsen u. Steinschutt, sommerlich überschwemmte Kiesufer; v Alp(f Kch), s By(S) Bw(S: Bodensee); auch ZierPfl (sm-temp//alp-arct·c1-6CIRCPOL – igr eros C ♃ LegTrRasen – InB: Falter SeB – WiA Lichtkeimer – K Thlasp. rot., O Sesl., V Epil. fleisch., V Desch. litt. – ▽ – 26). **Roter St., Gegenblättriger St. – *S. oppositifolia*** L.

   1   Bla mit 1, selten mit 3 kalkausscheidendes Grübchen am Vorderrand, BlaRand meist bis zur Spitze bewimpert. Lockere bis dichte Rasen od. lockere Polster bildend. 0,03–0,05. 5–6. Alp. Felsen u. Steinschutt, auch Alpenschwemmling; Verbr. in D wie Art (L8 T2 F5 R8 N2 – K Thlasp. rot., O Sesl., V Epil. fleisch. – ▽).   subsp. ***oppositifolia***
   1* Bla mit meist 3, selten 1 kalkausscheidendes Grübchen am Vorderrand, BlaRand in der unteren Hälfte od. in den unteren zwei Dritteln bewimpert. Lockere Rasen bildend. 0,03–0,04. 2–4. Sommerlich überflutete Kies- u. Geröllufer; † By(S) Bw(S: Bodensee) (stemp·c2EUR – L9 T6 F9= R8 N2 – V Desch. lit. – ▽ – 26).   ①subsp. ***amphibia*** (Sünd.) Braun-Blanq.

1* Bla wechselständig, oft in Rosetten. Kr weiß, gelb od. rotbraun 2
2   Bla oseits am Rand mit punktfg kalkausscheidendes Grübchen, verkehrteilänglich od. linealisch, oft von Kalkschüppchen grau 3
2* Bla ohne punktfg Kalkgrübchen, zuweilen mit 1 Grübchen dicht hinter der BlaSpitze 7
3   Blü zu 1–6. Stg unterwärts sehr dicht beblättert, blühende Stg lockerblättrig. Pfl in dichten Polstern 4
3* Blü in ∞blütigen Rispen. Pfl mit deutlichen Rosetten, Bla verkehrteilänglich bis br linealisch 5
4   GrundBla zurückgekrümmt, lineal-lanzettlich, kurz zugespitzt, oft von Kalkkruste überzogen, graugrün. KrBla 4–6 mm lg, weiß, 3–5nervig. Blü zu 2–6. 0,05–0,10. 6–9. Alp. mäßig trockne Felsspalten u. windexponierte Felsrasen, dealp. Flussschotter, kalkhold; v Alp, z By(S) (sm-stemp//alp·c2-4EUR – igr hros C ♃ Polster – InB: Fliegen, Käfer, Hummeln, Falter, Ameisen Vm – WiA – L8 T2 F3 R9 N2 – O Sesl., O Potent. caul. – ▽ – 26). **Blaugrüner St. – *S. caesia*** L.
4* GrundBla nach oben gebogen, pfriemlich, allmählich zugespitzt, blaugrün. KrBla 7–15 mm lg, weiß mit ∞ rötlichen Nerven. Blü einzeln, sehr selten zu 2. 0,03–0,10. 6–8. Alp. bis subalp. trockne bis mäßig trockne Felsspalten u. -rasen, auch dealp. Flussschotter, kalkstet; z Alp(Brch Chm); auch ZierPfl (sm-stemp//salp·c3ALP – igr hros C ♃ Polster – InB: Bienen Fliegen Vw – WiA Lichtkeimer – L9 T3 F4 R9 N2 – V Potent. caul. – ▽). **Burser-St. – *S. burseriana*** L.
5* (3) Kr gelb bis orange. Bla fast ganzrandig, Grübchen undeutlich. 0,15–0,30. 6–7. Mont. bis alp. sickernasse, feuchte Felswände, kiesig-mergelige Rutschhänge, Bachkiese, kalkstet; s Alp(f Amm Brch) By(S MS) Bw(S: Adelegg), ↘ (sm-stemp//mo·c3-4ALP – igr hros C ⊗, selten ♃ oAusl – L8 T4 F8 R9 N1 – V Car. davall., V Craton., V Potent. caul. – ▽). **Kies-St. – *S. mutata*** L.
5* Kr weiß, oft rot punktiert. Bla scharf gezähnt. Zähne am Grund mit deutlichen, kalkausscheidendem Grübchen 6
6   RosettenBla aufrecht od. zusammenneigend, verkehrt-eilanzettlich, spitz od. stumpf, 0,5–5,0 × 0,2–0,5 cm. BlüStandsäste 1–3(–5)blütig. 5–7. Mont. bis alp. trockne bis mäßig frische Felsspalten u. -rasen, Steinschutt, an Mauern, kalkstet; v Alp, s By(S) Bw(f NW ORh) Rh(M ORh SW), [N] s By(NO), [U] s Sa(W); auch ZierPfl (sm/alp·arct·c1-5EUR-OAM – igr hros C ♃ kurze oAusl Rosettenpolster – InB Vm – WiA Lichtkeimer – L7 T3 F3 R8 N2 – O Potent. caul., K Thlasp. rot., O Sesl. – ▽). [*S. aïzoon* Jacq.]. **Trauben-St., Rispen-St. – *S. paniculata*** Mill.
6* RosettenBla nach außen gebogen, br linealisch, vorn plötzlich abgerundet, 2–10 × 0,4–0,9 cm. BlüStandsäste 2–10blütig. 0,20–0,60. 5–8. Felsrasen?; s By(Alb: Weltenburger Enge) (sm/salp·c2S-ALP – igr ♃ hros – V Sesl.?). **Südalpen-St., Host-St. – *S. hostii*** Tausch
7   (2) Kr gelb, gelblichweiß, grüngelb, orange od. rotbraun 8
7* Kr rein weiß, zuweilen gelb od. rot punktiert 13

8   KeBla zurückgeschlagen. KrBla 2–3mal so lg wie die KeBla, gelb. Bla lanzettlich, stumpf, ganzrandig. 0,10–0,40. 7–9. Nasse, zeitweise überschwemmte, mesotrophe Zwischenmoore, Schwingrasen, Quellfluren, kalkmeidend; † By(S) Bb Ns Mv Sh (m/alp-arct·c2-7CIRCPOL – sogr eros/hros H ♃ oAusl – InB: Fliegen Vm – L9 T5 F9= R4 N2 – V Car. davall., V Car. lasioc. – ▽!).   ⓕ **Moor-St. – *S. hirculus* L.**
8* KeBla aufrecht od. abstehend 9
9   Kuglige BlaKnospen in den BlaAchseln der nichtblühenden Sprosse fast so lg wie ihr TragBla. Bla 2–6 mm lg, am Rand bewimpert. Blühende Stg locker beblättert, 1blütig. Kr gelblichweiß, am Grund mit orangegelben Punkten. Pfl dichte Polster bildend. 0,01–0,08. 7–8. Hochalp. bis subalp. sickerfrische Schuttfluren, kalkmeidend; s Alp(Allg) (sm-stemp//alp·c2-4EUR – igr hros C ♃ LegTrRasen – InB: Fliegen Vm Wintersteher – WiA auch Brutsprosse Lichtkeimer – L9 T1 F5 R3 N2 – V Andros. alp., V Andros. vand. – ▽).   **Moos-St. – *S. bryoides* L.**
9* Pfl ohne kuglige BlaKnospen. Bla wimperlos od. nur kurz bewimpert 10
10 Bla dicht hinter der BlaSpitze mit einem nicht kalkausscheidenden Grübchen, 10–25 × 2–4 mm, schmal lanzettlich, ganzrandig, fleischig. Blühende Stg locker beblättert, mit 2–10 Blü. Kr gelb, orange od. braunrot. 0,03–0,30. 6–9. Mont. bis alp. Quellfluren, überrieselte Felsen, Schuttfluren, Bachufer, kalkhold; h Alp, s By(S MS), † Bw(S: Wasenmoos) (sm/alp-stemp/dealp+b·c1-5EUR-AM – igr eros C ♃ LegTrRasen – InB: Fliegen Vm – L8 T3 F9= R8 N3 – V Craton., K Thlasp. rot., V Car. davall. – ▽).
   Fetthennen-St., Bach-St. – *S. aïzoides* L.
10* Bla hinter der Spitze ohne Grübchen, meist ± zerteilt 11
11 Bla 5–9lappig, nierenfg bis ± kreisrund, 6–20 mm × 7–25(–30) mm, 5–30 mm lg gestielt, die oberen oft gegenständig. Blü einzeln achselständig, 1,5–2,5 cm lg gestielt, KrBla länglich-elliptisch, 3,0–5,5 mm lg, hellgelb, am Grund mit einem orangegelben Fleck od. mit orangegelben Punkten. 0,10–0,25. 4–9. Rud.: an Mauern; [N U] s By Th Sa Ns (M: Osnabrück) (m-sm//(mo)·c3-5SOEUR-NAFR-VORDAS – hros ☉ – ▽).
   Zimbelkraut-St. – *S. cymbalaria* L.
11* Bla an der Spitze (2–)3zähnig od. (2–)3–5spaltig, zuweilen einzelne od. alle Bla ungeteilt, spatelfg, keilfg bis linealisch 12
12 KrBla ⅓ so br wie die KeBla, linealisch, zugespitzt, blassgelb. Blühende Stg meist blattlos, 1blütig. 0,01–0,03. 7–9. Alp. sickerfrische bis mäßig trockne Steinschuttfluren, Felsen, kalkstet; z Alp(f Chm Kch Mng) (stemp/alp·c3-4ALP – igr hros/eros C ♃ lockere LegTrRasen – InB: Fliegen Vm – WiA – L9 T1 F5 R9 N3 – V Thlasp. rot. – ▽).
   Nacktstängel-St. – *S. aphylla* STERNB.
12* KrBla etwa so br wie die KeBla, länglich-verkehrteifg, abgerundet, grünlichgelb. Blühende Stg 2–5blättrig, 1–5blütig. 0,03–0,10. 6–8. Alp. mäßig frische Schuttfluren, Felsen, Steinrasen, kalkhold; z Alp(f Chm Kch Mng) (sm-stemp//alp·c2–4 EUR – igr hros C ♃ Polster – InB Vw – WiA – L8 T1 F4 R8 N3 – V Sesl., V Elyn., O Potent. caul. – ▽ – 26).
   Moschus-St. – *S. moschata* WULFEN
13 (7) KrBla mit roten od. gelben Punkten 14
13* KrBla ohne farbige Punkte 15
14 KeBla aufrecht abstehend. Bla bis 6 cm br, herz-nierenfg. 0,15–0,60. 6–9. Subalp. sickerfrische Hochstaudenfluren u. Gebüsche, kalkhold; h Alp, s By(S) Bw(S SO: Adelegg, Iberger Kugel); auch ZierPfl (sm/salp-temp/mo·c2-3EUR – igr hros H ♃ Rhiz – InB: Fliegen Vm – StA KlA? – L5 T3 F6 R8 N6 – O Adenost. – ▽).
   Rundblättriger St. – *S. rotundifolia* L.
14* KeBla zurückgeschlagen. Bla verkehrteifg-spatelfg, gekerbt, knorplig berandet, ledrig. 0,10–0,40. 6–8. ZierPfl s. Bd. ZierPfl; auch [N] s, z. B. An (N: Blankenburg), [U] z. B. By He Sa Nw Mv (sm/salp·c2WEUR – igr ros C ♃ Rosetten-Rasen kurze oAusl – InB – ▽). [*S. hirsuta* L. × *S. umbrosa* L.; *S.* ×*umbrosa* auct.]
   Nelkenwurz-St., Schatten-St.– *S.* ×*geum* L.

Neben *S.* ×*geum* L. werden in D auch die Elternarten *S. hirsuta* L., *S. umbrosa* L. sowie *S. spathularis* BROT. u. *S.* ×*urbium* D.A. WEBB [*S. spathularis* × *S. umbrosa*] kultiviert u. mit Ausnahme von *S. spathularis* für alle genannten Sippen verwilderte Vorkommen angegeben. Die taxonomischen Angaben zu diesen Vorkommen sind allerdings widersprüchlich u. bedürfen einer Überprüfung.

SAXIFRAGACEAE · CRASSULACEAE   343

15 (13) GrundBla rundlich-nierenfg, tief gekerbt, lg gestielt. Wurzelstock mit kleinen, rundlichen Brutzwiebeln. 0,15–0,40. 5–6. Extensiv genutzte, mäßig trockne bis wechselfeuchte Wiesen, Silikattrockenrasen, Rud.: Böschungen, Wegränder, Bahnanlagen; kalkmeidend; h Rh He Th Sa, v By(g NM) An Mv, z Bw Nw(h SW) Bb Ns Sh, ↘ (m/mo-temp·c1-4EUR – hfrgr hros H ♃ BrutZw – InB: bes. Schwebfliegen Vm – StA MeA – Lx T6 F4 R5 N3 – O Arrh., O Fest.-Sedet., V Carp. – ▽).   **Körnchen-St., Knöllchen-St. – *S. granulata* L.**
15* GrundBla ganzrandig, 3lappig od. 3–9spaltig, (fast) sitzend. Brutzwiebeln fehlend **16**
16 GrundBla ganzrandig od. vorn mit 3 Zähnen od. kurzen Lappen **17**
16* GrundBla 3–9spaltig **18**
17 KrBla 7–8 mm lg. Blühende Stg blattlos od. armblättrig, meist 1–2blütig. GrundBla meist ungeteilt, langdrüsig, zur BlüZeit grün. 0,01–0,10. 6–8. Alp. feuchte Schneetälchen, ruhender Schutt, kalkstet; v Alp (sm-stemp//alp·c2-5EUR+SIB – igr hros C ♃ Rosetten-Rasen – InB: Fliegen SeB – L7 T2 F7 R8 N4 – V Arab. caer. – ▽).
                                                           Mannsschild-St. – *S. androsacea* L.
17* KrBla 4 mm lg. Blühende Stg beblättert, oben meist locker verzweigt, mehrblütig. GrundBla meist 3lappig, zur BlüZeit vertrocknet. 0,02–0,18. 4–6. Lückige Trockenrasen, Ephemerenfluren, trockne Rud.: Wegränder, Kiesdächer, Mauerkronen, Bahnanlagen, basenhold; v Rh Nw An Ns, z By Bw He Th Sa Bb Mv Sh, s Alp, ↗ auf Eisenbahngelände (m-temp·c1-4EUR – hros ☉ ⊙ – SeB meist Vm – MeA: Schottertransport KIA – L8 T6 F2 R7 N1 – V Alysso-Sed., V Fest. val. – 22).   **Finger-St., Dreifinger-St. – *S. tridactylites* L.**
18 (16) Nichtblühende Stg mit sitzenden BlaAchselknospen. BlaZipfel linealisch, mit kurzer Grannenspitze. 0,12–0,30. 5–6. ZierPfl (temp/mo-b·c1EUR – igr hros C ♃ LegTrRasen – InB – Vm – *L5 T5 F4 R5 N3* – ▽).   Ⓚ **Astmoos-St. – *S. hypnoides* L.**
18* Nichtblühende Stg ohne BlaAchselknospen. BlaZipfel lanzettlich. 0,05–0,25. 5–7. Mäßig trockne Felsspalten u. Schuttfluren; z Ns(Hrz), s By(Alb NO O) Bw(Alb Keu) Rh(f MRh) He(NW MW SW W) Nw(SO) Th(O Wld) Sa(SW) An(Hrz W); auch ZierPfl (temp/mo-b·c1-3EUR – igr hros C ♃ LegTrRasen – InB Vm – KIA? WaA? – K Aspl. trich., K Thlasp. rot. – ▽).   **Rasen-St. – *S. rosacea* MOENCH**
1   BlaZipfel stumpf od. spitz. Standorte u. Soz. wie Art; z Ns(Hrz), s By(Alb NO O) Bw(Alb Keu) He(NW MW W) Nw(SO) Th(O Wld) Sa(SW) An(Hrz) (temp/mo-b·c1-2EUR – L7 T4 F4 R8 Nx – ▽). [*S. decipiens* EHRH.]   subsp. ***rosacea***
1* BlaZipfel zugespitzt od. mit kurzer Grannenspitze. Felsspalten u. Schuttfluren, kalkmeidend; s Rh(f MRh) He(SW) (stemp/(mo)·c2-3EUR – L7 T6 F4 R5 N2 – V Andros. vand.). [*S. sponhemica* C.C. GMEL.]   subsp. ***sponhemica*** (C.C. GMEL.) D.A. WEBB

Ähnlich, selten verwildert: **S. ×*arendsii*** ENGL. (unter diesem Namen werden wohl >40 Gartenhybriden der Arten *S. exarata* VILL., *S. granulata* L., *S. hypnoides* L., *S. rosacea* MOENCH geführt): Blü meist rosa, rot, selten gelb od. weiß. ZierPfl, auch [U] s By, Bw, s. Bd. ZierPfl!

Weitere Hybriden: *S. oppositifolia* L. × *S. biflora* ALL. = *S.* ×*kochii* HORNUNG [*S. macropetala* ENGL.] – s SW-By: Allgäu (*S. biflora* fehlt in D), *S. caesia* L. × *S. aïzoides* L. = *S.* ×*patens* GAUDIN – z, *S. mutata* L. × *S. aïzoides* L. = *S.* ×*hausmannii* A. KERN. – z, *S. granulata* L. × *S. rosacea* MOENCH = ? [*S.* ×*haussknechtii* ENGL. et IRMSCH.] – s, *S. granulata* L. × *S. rosacea* MOENCH = ? [*S.* ×*freibergii* RUPPERT] – s

Familie *Crassulaceae* J. ST.-HIL. – Dickblattgewächse
(34 Gattungen/1400 Arten)

Kräuter od. Sträucher. Bla meist ungeteilt, meist ganzrandig, flach bis stielrund, dickfleischig, ohne NebenBla. Blü meist ♀, radiär, (3–)5(–32)zählig, in Zymen. KeBla u. KrBla frei od. ± verwachsen. StaubBla doppelt so viele od. selten so viele wie KrBla. FrKn oberständig. FrBla so viele wie KrBla, frei od. am Grund verwachsen, ∞samig, jedes fast immer außen am Grund mit einer Drüsenschuppe. BalgFrchen (meist Xerophyten).

1   Pfl mit winter- od. immergrünen, nach der Blü absterbenden (hapaxanthen) Rosetten. Blü zwittrig, 5–18zählig **2**
1* Pfl nicht mit grundständigen Rosetten, Bla am Stg verteilt. ob. gehäuft, sommer- od. (teil)immergrün. Blü 3–5(–9)zählig **4**
2   Pfl ☉ od. ⊙. Untere StgBla zu 4 quirlig, flach, ganzrandig. Blü 5zählig, in rispenfg gestrecktem Thyrsus, KrBla weiß, selten rosa.
                                                  Thyrsen-Fetthenne – *Sedum cepaea* S. 346

2* Pfl ♃, Bla wechselständig. Blü 6–18zählig, in endständigen Zymen od. Schirmthyrsen **3**
3 Blü 6zählig. KrBla zur BlüZeit aufgerichtet, am Rand gefranst, hellgelb bis weißlich.
                                                        Jupiterbart – *Jovibarba* S. 346
3* Blü 8–18zählig; KrBla zur BlüZeit ausgebreitet, ganzrandig, rot od. rosa, selten gelblich.
                                                        Hauswurz – *Sempervivum* S. 345
4 **(1)** Blü 3- od. 4zählig **5**
4* Blü (4–)5(–9)zählig **6**
5 Blü 3- od. 4zählig, zwittrig, einzeln od. zu wenigen in den BlaAchseln. KrBla weiß od. hellrosa. Bla gegenständig, am Grund kurzscheidig verbunden, ganzrandig, 0,1–1,5(–2,0) cm lg.   **Dickblatt** – *Crassula* S. 348
5* Blü 4zählig, getrenntgeschlechtig, in Schirmthyrsen. KrBla gelb, bei ♀ aufrecht, linealischpfriemlich. Pfl zweihäusig, mit dicker Pfahlwurzel-Rübe. Bla wechselständig, in der oberen Hälfte gezähnt, 1,5–4,0 cm lg.   **Rosenwurz** – *Rhodiola* S. 345
6 **(4)** Bla selten eifg, meist im ⌀ (halb-)rundlich, immer <2,5mal so br wie dick, ganzrandig. (Teil-)immergrüne ♃, ① od. ☉.   **Fetthenne** – *Sedum* S. 346
6* Bla flach, >3mal so br wie dick, gezähnt od. gekerbt. Pfl ♃; wenn ① od. ☉ u. Bla ganzrandig, untere zu 4 quirlig, verkehrteifg, s. 2 .... **7**
7 Pfl mit kurzem Rhizom u. Knollenwurzeln, sommergrün, ohne wurzelnde Legtriebe. KrBla purpurn, rosa od. grünlichweiß. Bla (2–)3–7(–10) cm lg.   **Waldfetthenne** – *Hylotelephium* S. 344
7* Pfl mit Legtrieben od. Pleiokorm, ohne Knollenwurzeln, teilwintergrün od. sommergrün. KrBla rosa od. leuchtend gelb. Bla br verkehrteifg bis spatlig-keilfg, vorn gekerbt-gezähnt, 0,7–3,0(–4,0) cm lg.   **Glanzfetthenne** – *Phedimus* S. 345

Hylotelephium H. Ohba – **Waldfetthenne** (27 Arten)

1 Obere Bla verkehrteifg, mit br Grund sitzend od. halbstängelumfassend, stumpf gezähnt bis fast ganzrandig, zuweilen gegenständig od. in 3zähligen Quirlen. Kr grünlichweiß bis gelbgrün, selten blassrot. 0,30–0,80. 7–9. Trockne bis mäßig frische Felsspalten, Schotterfluren, Trockengebüschsäume, Rud.: Wegränder, Lesesteinhaufen; g Th, h Sa, v By He An(g S) Mv, z Rh Nw Bb Ns Sh(f W), s Alp(Brch Chm Allg Mng) Bw (sm/mo-temp·c2-7EUR-(WAS) – sogr eros H ♃ KnollenWuRhiz – InB: Fliegen, Bienen Vm – StA WiA – L8 T6 F3 R5 N3 – K Thlasp. rot., V Conv.-Agrop., K Trif.-Ger., O Fest.-Sedet. – 24, 48). [*Sedum maximum* (L.) Suter]   **Große W.** – *H. maximum* (L.) Holub
1* Bla schmal elliptisch bis länglich-lanzettlich, am Grund keilfg, abgerundet od. gestutzt, nie herzfg stängelumfassend, ± stark gezähnt, alle wechselständig. Kr rosa od. purpurn, selten weiß **2**
2 Untere Bla am Grund keilfg, die oberen mit abgerundetem od. gestutztem Grund sitzend, schwach gezähnt. Frchen außen rinnig. 0,25–0,60. 7–9. Mäßig trockne bis frische Schotterfluren, Rud.: Wegränder, Lesesteinhaufen; extensiv genutzte Äcker, Gebüsch- u. Trockenwaldsäume; v Rh, z Alp(Allg Brch Chm) By Bw He Nw(h SO) Th Sa An Sh, s Bb? Ns(f Hrz MO) Mv; auch ZierPfl, oft verwechselt mit *H. maximum*? (sm/mo-b·c2-7EURAS, [N] OAM – sogr eros H ♃ WuKnolle Rhiz – InB: Fliegen, Hautflügler Vm – StA WiA Licht-Kältekeimer – L7 T6 F4 R7 Nx – K Thlasp. rot., O Sedo-Scler., O Origi., V Cauca l., V Ver.-Euph. – früher HeilPfl – 36, 48). [*Sedum purpurascens* W.D.J. Koch, *S. purpureum* (L.) Schult.]
    Purpur-W. – *H. telephium* (L.) H. Ohba
2* Alle Bla am Grund keilfg, undeutlich od. kurz gestielt, tiefer gezähnt. Frchen nicht rinnig. 0,20–0,40. 7–9. Mont., trockne Silikat-Felsspalten u. -fluren, kalkmeidend; z Rh, s By(f Alb MS S) Bw(NW ORh SW) He(f NW OW) Nw(SW SO), Th(S), [U] s Sa (sm-stemp/mo·c1-4EUR – L9 T4 F3 R4 N2 – V Androsv and., V Sedo-Scler. – 24). [*Sedum vulgare* (Haw.) Link, *S. telephium* subsp. *fabaria* (Kirschl.) Syme, *S. fabaria* W.D.J. Koch nom. illeg.]
    Fels-W. – *H. vulgare* (Haw.) Holub

Ähnlich ist *H. spectabile* (Boreau) H. Ohba – **Pracht-W**.: Bla bläulich bereift, ganzrandig od. oberwärts mit wenigen Zähnen. StaubBla länger als KrBla. 0,30–0,70. 7–8. ZierPfl; Rud.: Schutt, Gebüsche; [U] s By Bw Nw Th Sa Ns Bb.

Rhodiola L. − **Rosenwurz** (90 Arten)

Pfl kahl. Bla flach, lanzettlich bis elliptisch, mit keilfg verschmälertem Grund sitzend, spitz. Schirmthyrsus ∞blütig, dicht. KrBla gelb, oft rötlich überlaufen, bei den ♀ Blü oft verkümmert. Wurzel nach Rosen duftend. 0,10−0,35. 6−8. Subalp. Felsspalten u. Feinschutt, kalkmeidend; s By(O), † Bw, [U] s Rh Bb; auch ZierPfl (sm/alp-arct·c2-7CIRCPOL − sogr eros monop G/H ♃ PleiokRübe − InB: Fliegen − StA − L7 T4 F6 R4 N? − V Andros. vand. − VolksheilPfl). [*Sedum rosea* (L.) Scop.] **Echte R. − *Rh. rosea* L.**

Phedimus Raf. − **Glanzfetthenne, Asienfetthenne** (18 Arten)

1 Bla gegenständig, papillös, am Rand bewimpert (Lupe!). KrBla purpurn, rosa od. weiß, 10−12 mm lg. 0,05−0,20. 7−8. ZierPfl; auch Friedhöfe, Felsen, sandige u. steinige Rud.: Mauern, Dünen, Bahnanlagen; [N 19. Jh.] v Sa An, z By Rh He Nw Th(v Hrz O) Bw Bb Ns, s Mv Sh (sm/mo-alp·c3-4KAUK, [N] sm-temp·c1-4EUR − teiligr eros C ♃ LegTr − InB − StA? − L8 T6 F3 R5 N3 − K Aspl. trich., O Fest.-Sedet., V Conv.-Agrop.). [*Sedum spurium* M. Bieb.] **Kaukasus-G. − *Ph. spurius* (M. Bieb.) 't Hart**

1* Bla wechselständig, glatt, 2,5(−3,0) × 1,0−2,0 cm. KrBla gelb, 8−10 mm lg. 0,10−0,30. 5−8. Sandige u. steinige Rud.: Friedhöfe, Mauern, Bahnanlagen; [N] z By He An Ns Mv, [U] s Bw Rh Nw Sa An (sm/mo-temp·c5-8AS − teiligr eros C ♃ LegTr − InB − StA? − *L7 T7 F3 R7 N5* − K Aspl. trich., O Fest.-Sedet., O Sedo-Scler.,V Conv.-Agrop. − ZierPfl). [*Sedum hybridum* L.] **Sibirische G. − *Ph. hybridus* (L.) 't Hart**

Ähnlich *Ph. spurius*: [N U] **Ausläufer-G. − *Ph. stolonifer* (S.G. Gmel.) t'Hart** [*Sedum stoloniferum* S.G. Gmel.]: aber zarter, mit dünnen, gleichmäßig beblätterten, wurzelnden KriechSpr. Bla kleiner u. deutlich gestielt, kahl od. mit spitzen Papillen. BlüStand locker, Blü rosa. 0,10−0,20. 7−8. s By: München, Passau, He: Frankfurt/M. (m-sm//mo-salp·c2-EUR-(WAS) [N] temp·c1-3EUR). Selten [N U] weitere ZierPfl aus dem subgen. *Aizoon* (W.D.J. Koch) t'Hart (s. Bd. ZierPfl!) mit gelber Kr u. spatlig-keilfg, gezähnten Bla: **Kamtschatka-G. − *Ph. kamtschaticus* (Fisch. et C.A. Mey.) 't Hart** [*S. kamtschaticus* Fisch. et C.A. Mey.]: meist sommergrün, 3,5−5,0 cm lg, stumpf. Pleiokorm mit ausgebreitet-aufsteigenden Trieben. 0,07−0,25. 7−8; s By Bw Rh Nw Sa (sm-b·c2-4OAS). **Deckblatt-G. − *Ph. aizoon* (L.) 't Hart** [*S. aizoon* L.]: Bla sommergrün, 5−9 cm lg. Triebe aufrecht. 0,40−0,80. s By Bw Rh Th Sn An (sm-b·c2-8AS).

Sempervivum L. − **Hauswurz** (65 Arten)

[N lokal] ***S.* ×*funckii*** W.D.J. Koch [*S. arachnoideum* × *S. montanum* × *S. tectorum*]: RosettenBla verkehrteilanzettlich, spitz, ausgebreitet, Rand lg weiß bewimpert. Blü rosa. ZierPfl; auch auf Diabasfelsen [N, gepflanzt] s By(NO: Bad Berneck, Bernstein a. Wald, Hof) Sa(SW: Rößnitz). **Wulfen-H. − *S. wulfenii* Mert. et W.D.J. Koch**: KrBla gelb od. grünlich. Staubfäden rot. BlaFläche kahl, Rand bewimpert. Felsfluren, kalkmeidend; s By: Pleystein (sm-temp/salp·c3OALP). **Berg-H. − *S. montanum* L. subsp. *montanum*** [N 1820, gepflanzt] Pfl mit Harzgeruch. KrBla blau-karminrosa mit dunklerem Mittelstreifen. RosettenBla kurz zugespitzt, beidseits drüsig behaart, Haare am BlaRand kaum länger als die auf der Fläche. s By: Bad Berneck (sm-stemp//alp·c2-3EUR).

1 RosettenBla an der Spitze durch spinnwebige Haare miteinander verbunden, auf der Fläche feindrüsig. Rosetten 0,5−3,0 cm ⌀. 0,05−0,15. 7−9. Alp. bis subalp. Felsfluren, Schutthalden, Mauerkronen, kalkmeidend; s Alp(Allg), [N U] s By Rh Nw Th; auch ZierPfl (sm-stemp//alp·c1-4EUR − igr hros C ♃ kurze oAusl Rosettenpolster − InB Vm − WiA Lichtkeimer Sa kurzlebig − L9 T3 F2 R2 N1 − V Sedo- Scler. − ▽). **Spinnweben-H. − *S. arachnoideum* L.**

1 Rosetten eifg geschlossen, bis 1,5 cm ⌀. Spinnwebige Haare oft spärlich. Blü 10−15 mm ⌀ (östl. Arealteil). subsp. ***arachnoideum***

1* Rosetten halbkuglig, oben abgeflacht,1,5−3,5 cm ⌀. Spinnwebige Haare reichlich. Blü 20−23 mm ⌀ (westl. Arealteil, ob in D?). subsp. ***tomentosum*** (C.B. Lehm. et Schnittsp.) Schinz et Thell.

1* RosettenBla ohne spinnwebige Haare, auf der Fläche kahl. Rosetten 3−7(−14) cm ⌀. 0,15−0,50. 7−8. Alp. bis subalp. Felsfluren, Mauerkronen, Kiesdächer, kalkmeidend; s Alp(Allg), [N U] s By Rh Nw Th; auch ZierPfl (sm/mo-stemp/demo·c1-4EUR, [N] ntemp − igr hros C ♃ kurze oAusl Rosettenpolster − InB Vm SeB − StA WaA: Regen − L8 Tx F2 R4 Nx − O Sedo-Scler., K Aspl. trich. − Volksheil- u. ZauberPfl: gegen Blitz − ▽). [*S. alpinum* Griseb. et Schenk] **Dach-H. − *S. tectorum* L.**

Hybriden: *S. arachnoideum* × *S. montanum* = *S.* ×*barbulatum* Schott − [N 1867] s Alp(Allg) Bw(SW) − *S. arachnoideum* × *S. tectorum* = *S.* ×*angustifolium* A. Kern. − s

Jovibarba OPIZ [*Diopogon* JORD. et FOURR.] – **Fransenhauswurz** (2 Arten)
Rosetten 1–5(–7) cm ⌀, fast kuglig, mit ∞, kurz gestielten Tochterrosetten. RosettenBla fleischig, sternfg ausgebreitet od. nach innen zusammenneigend, am Rand drüsig bewimpert, außen an der Spitze oft mit einem rotbraunen Fleck. KrBla 12–17 mm lg. 0,05–0,30 (–0,40). 7–9. Felsfluren, Sandtrockenrasen, trockne KiefernW, Mauern; s By(f N NW O S) Sa(f Elb), [N U] s Bw An, † Th (sm/mo-temp·c3-4EUR – igr hros C ♃ kurze oAusl Rosettenpolster – SeB – StA? – L9 T6 F2 R8 N1 – V Sesl.-Fest., V Koel. glauc., V Cytis.-Pin. – ▽). [*Sempervivum globiferum* L.] **Sprossende F., Donarsbart** – *J. globifera* (L.) J. PARN.

1 RosettenBla lanzettlich, in od. unter der Mitte am breitesten. StgBla schmaler als die RosettenBla. KeBla auf der Fläche kurz drüsig behaart. KrBla 12–15 mm lg. 0,10–0,20. Diabasfelsen; [N] s By(NO: Bad Berneck) (sm-stemp//mo·c3-4EUR – ▽). [*Sempervivum arenarium* W.D.J. KOCH, *J. arenaria* (W.D.J. KOCH) OPIZ] subsp. ***arenaria*** (W.D.J. KOCH) J. PARN.
1* RosettenBla länglich-verkehrteifg, im oberen Drittel am breitesten. StgBla wenigstens so br wie die RosettenBla, obere drüsig behaart? KeBla auf der Fläche kahl. KrBla 15–17 mm lg. 0,20–0,30(–0,40). Felsfluren, Sandtrockenrasen, trockne KiefernW, basenhold; s Sa(N) Bb(NO), [N?] s By(M N: Regensburg, Jura, Franken, FichtelG); in D wie Art (temp·c3-4EUR – V Sesl.-Fest., V Koel. glauc, V Cytis.-Pin. – ▽). [*Sempervivum soboliferum* SIMS p. p., *J. sobolifera* (SIMS) OPIZ p. p.] subsp. ***globifera***

Sedum L. – **Fetthenne, Mauerpfeffer** (ca. 420 Arten)

[N U lokal]: **Bleiche F.** – ***S. pallidum*** M. BIEB.: Pfl rasenbildend. Bla baugrün, zylindrich. BlüStand drüsig, KrBla 5, weiß bis rosa mit rotem Mittelstreif. 0,05–0,10. 6–8. Rud.: Friedhöfe, Straßenränder, Mauern; s Nw: Eifel Th Bb Ns (m/mo-sm c3-5EUR, [N] temp·c2 EUR – igr eros C ♃ LegTrRasen – InB – MeA – K Aspl. trich. – ZierPfl).

1 KrBla u. StaubBla 5. Bla blaugrün, halbstielrund, die unteren zu 4 wirtelig, die oberen wechselständig, oseits flach od. rinnig. Blü sitzend in Zymen mit 2 od. mehrwickligen Zweigen. KrBla weiß, selten rosa, mit rotem Mittelnerv. 0,05–0,15. 6–7. Sandtrockenrasen, Rud.: Brachen, Wegränder, Mauern; Weinberge; s Rh(W: Trier), † Bw(ORh), [U] s Mv, ↘ (m-sm·c1–5-stemp·c1-2EUR – eros ① – InB – L7 T7 F3 Rx N3 – O Fest.-Sedet., V Sisymbr.). [*Crassula rubens* (L.) L.] **Rötliche F.** – ***S. rubens*** L.
1* KrBla (4–)5(–9). StaubBla doppelt so viele **2**
2 Bla zu 3 quirlig, gelbgrün, 1,0–2,5 cm lg, lanzettlich, spitz. KrBla gelb. Pfl mit wurzelnden Kriechtrieben u. unterirdischen Ausläufern. 0,03–0,15. 7–8. ZierPfl, auch Pflasterfugen, Mauern; [N U] s By Bw Rh He Sa An (sm-temp·c1-5?OAS – igr eros ♃ LegTr uAusl – *L7 T9 F3 R5 N5* – K Aspl. trich.). **Ausläufer-F.** – ***S. sarmentosum*** BUNGE
2* Bla wechselständig od. gegenständig, höchstens untere quirlig **3**
3 Bla flach, ganzrandig, untere rosettig, verkehrteifg, untere StgBla gegenständig od. quirlig, obere linealisch-keilfg, wechselständig. Blü in länglichem, gestrecktem Thyrsus, Kr weiß od. rosarot. 0,10–0,30. 6–7. Frische, oft schattige Rud., Gebüschsäume, Äcker; [N U?] s By (m-sm·c1-5-stemp·c1EUR – eros ⊙/igr eros ⊙ – *L5 T8 F3 R5 N7* – V Geo.-Alliar.).
Thyrsen-F. – ***S. cepaea*** L.
3* Bla ⌀ rund od. halbrund, wenn Bla eifg, dann <2,5mal so br wie dick **4**
4 Ganze Pfl drüsig-weichhaarig (nicht nur im BlüStand). KrBla 3–4,5 mm lg **5**
4* Pfl kahl, höchstens im BlüStand od. am StgGrund schwach behaart **6**
5 Bla grün, wechselständig, länglich-linealisch, 3–8 mm lg, stumpf, oseits fast flach. KrBla 5, rosa. (0,05–)0,10–0,20. 6–7. Sickernasse Quellfluren, Flachmoore u. Grabenränder, kalkmeidend; z Alp(Amm Chm, † Allg), s By(NW NO S, sonst †) Bw(SW) He(MW O) Th(Wld), † Rh Sa An Bb, ↘ (m/mo-arct·c1-4EUR-GRÖNL-(OAM) – igr eros H ⊝, selten ⊙ od. ♃ – InB: Fliegen – WaA KlA Lichtkeimer – *L7 T5 F9 R4 N1* – V Card.-Mont., K Scheuchz.-Car. – 30).
Behaarte F. – ***S. villosum*** L.
5* Bla blaugrün, überwiegend gegenständig, br eifg bis elliptisch, etwa 3–6 mm lg, oseits flach, useits stark gewölbt. KrBla 5–6, weiß, außen zuweilen rot gestrichelt. 0,03–0,10. 6–8. Trockne, besonnte Felsspalten u. Feinschuttfluren, Mauern, alte Dächer, basenhold; z Rh(f Chm Krw), s By(S) Bw(Alb Keu SW) Rh(ORh), [N U] s He Nw Th Sa An (m-stemp// (mo)·c2-5EUR – igr eros C ♃ LegTrPolster InB: Zwei- u. Hautflügler Vw -WaA: Regen, Bruchäste Lichtkeimer – *L7 Tx F3 Rx N?* – K Aspl. trich., O Sedo-Scler.).
Buckel-F. – ***S. dasyphyllum*** L.

6	(4) Bla kurz stachelspitzig, am Grund stets gespornt (Abb. **350**/1). KrBla (5–)6–7(–9), gelb od. blassgelb. **(Artengruppe Felsen-F. – *S. rupestre* agg.)**	7
6*	Bla ohne Stachelspitze, mit od. ohne Sporn	9
7	Bla am Ende der nichtblühenden Stg zapfenähnlich gehäuft. Abgestorbene Bla am Sprossgrund lange bleibend. BlüStand ohne HochBla, seine Äste in der Knospe zurückgebogen. KeBla 2–3 mm, kahl. KrBla 6–8 mm lg, gelb. 0,15–0,35. 6–8. Felsfluren; z Rh(f ORh), [N U] By He Sa An Ns Sh (m/mo-stemp·c1EUR – igr eros C ♃ LegTrRasen – L8 T7 F3 R4 N1 – O Sedo-Scler.). [*S. elegans* LEJ., *Petrosedum forsterianum* (SM.) GRULICH] **Zierliche F. – *S. forsterianum* SM.**	
7*	Bla am Ende der nichtblühenden Stg nicht gehäuft, hinfällig. HochBla im BlüStand vorhanden	8
8	KeBla 5–7 mm lg, drüsig-weichhaarig. KrBla 8–10 mm lg, blassgelb. Schirmrispe eben, Äste in der Knospe nicht zurückgebogen. 0,15–0,30. 6–8. Rud. beeinflusste Fels- u. Schotterfluren, kalkstet; [N] s Th (N: Arnstadt Öttern Elsterberg) (m/mo-sm·c2-4 EUR – igr eros C ♃ LegTrRasen – O Sedo-Scler.). [*S. anopetalum* DC., *Petrosedum anopetalum* (DC.) GRULICH] **Blassgelbe F. – *S. ochroleucum* CHAIX**	
8*	KeBla 3–4 mm lg, kahl. KrBla 6–7 mm lg, gelb. BlüStandsÄste vor der BlüZeit zurückgebogen, BlüStand zur FrZeit konkav. 0,10–0,35. 6–8. Felsfluren, Sandtrockenrasen, sandige u. steinige Rud., trockne Eichen- u. KiefernW, kalkmeidend; v bes. Silikat- u. Sandgebiete Rh An, z By Bw He Nw Sa Bb Ns(h Elb) Mv(h Elb) Sh, s Alp(Allg Chm Mng) Th; auch ZierPfl (m-temp·c1-4EUR – igr eros C ♃ LegTrRasen – InB: Bienen, Fliegen, Falter – L7 T5 F2 R5 N1 – O Sedo-Scler., V Querc. rob., V Dicr.-Pin. – Sprossspitzen Salat- u. Gemüsebeilage – 112). [*S. reflexum* L., *Petrosedum erectum* (T'HART) GRULICH] **Felsen-F., Tripmadam – *S. rupestre* L. subsp. *rupestre*** [N lokal]: **Hart-F. – *S. thartii* L.P. HÉBERT** [*S. montanum* SONGEON et E.P. PERRIER subsp. *orientale* T'HART]: ähnlich, aber BlüStand dicht drüsig-flaumhaarig. KrBla 8–12 mm lg. Staubfäden am Grund papillös. Blü in der Knospe aufrecht. 0,10–0,35. 6–10. Trockenwarme Felsrasen, kalkmeidend; s By: Passau (entstanden aus *S. montanum* × *S. rupestre* – sm-stemp//mo·c2-3EUR – igr ♃ LegTr – 96).	
9	(6) KrBla weiß mit rötlichem od. grünlichem Kiel	10
9*	KrBla gelb od. weißlich- bis grünlichgelb	11
10	KrBla (5–)6–7(–9), 4–5(–7) mm lg, etwa 3–4mal so lg wie der Ke. BlüStands-Zweige spitzenwärts u. Ke schwach drüsig flaumhaarig. Bla blaugrün. 0,07–0,15. 6–7. Trockne bis frische Felsen u. Rud.: Mauern, Kieswege, Bahnschotter, kalkhold; [N 1860] z By Bw Rh Nw Th (Bck, s NW O) Sa An, [U] s He Bb Ns Mv Sh; auch ZierPfl (m-sm//mo·c3-5EUR, nicht Spanien!, [N] temp·c3-4EUR – igr eros ① (♃) – InB: Fliegen, Hautflügler SeB Vw – *L7 T6 F4 R5 N5* – K Aspl. trich.). **Blaugrüne F. – *S. hispanicum* L.**	
10*	KrBla 5, 2,0–4,5 mm lg, weiß, Bla im ⌀ rundlich, oseits abgeflacht, graugrün bis rotbraun. 0,08–0,20. 6–8. Trockne Felsspalten, Fels- u. Schotterfluren, sandige u. steinige Rud.: Mauern, Kiesdächer, Dämme, Bahnanlagen; lückige submed. Trockenrasen; v Alp Bw Rh, z By He Nw Th(O, s Bck) Sa, s An(Hrz W) Bb(Elb) Ns(f Elb O), [N U] s Mv; auch ZierPfl (m-sm·c1-5-temp·c1-3EUR – igr eros C ♃ LegTrRasen – InB Vm – MeA WaA: Regen – L9 Tx F2 Rx N1 – O Sedo-Scler., K Aspl. trich., V Xerobrom. – 34, 68). **Weiße F. – *S. album* L. subsp. *album***	
11	(9) KrBla weißlichgelb bis blass grünlichgelb, rot gestreift od. rot überlaufen, 3–4 mm lg. Pfl ①. Bla keulenfg, im ⌀ rund, oft purpurn od. braun überlaufen. KeBla spitz. 0,03–0,08. 6–8. Alp. frische Felsspalten u. Schotterfluren, kalkstet; v Alp, z By(S) (sm-stemp//alp·c1-4EUR – eros ① ☉ – SeB InB Vw – WiA? – L9 T2 F5 R8 N? – V Sesl., V Thlasp. rot.). **Schwärzliche F. – *S. atratum* L.**	
11*	KrBla gelb. Pfl ☉ od. ♃. Bla nicht keulenfg	12
12	Pfl einjährig, nur mit blühenden Stg. Bla stielrund bis halbstielrund, linealisch, grün. BlüStand locker, fast ährenartig. KeBla stumpf. Blü kurz gestielt. 0,05–0,15. 6–8. Mont. bis alp. mäßig trockne Felsköpfe. Schotterfluren, Rud.: Mauern, alte Dächer, Dämme, kalkmeidend; z Alp(Allg) Bw(SW), † By(S) (m-stemp//salp+b-arct·c2-4EUR-GRÖNL – eros ☉ – InB SeB Vw – WaA: Regen – L9 T3 F3 R4 N1 – V Sedo-Scler.). **Einjährige F. – *S. annuum* L.**	
12*	Pfl ausdauernd, mit blühenden u. nichtblühenden Stg	13

13 KrBla stumpf, 3,5–4,0 mm lg, mattgelb. Bla verkehrteifg bis linealisch, am Grund ohne Sporn, nicht deutlich in Reihen, häufig etwas gelockert, oft rot überlaufen. 0,05–0,08. 6–8. Alp. Fels- u. Schotterfluren, Schneetälchen, kalkmeidend; z Alp(Allg) (sm-stemp//salpalp·c1-3EUR – igr eros C ♃ LegTr – InB Vw – WaA: Regen – L8 T2 F5 R4 N2 – V Andros. alp., V Salic. herb. – giftig?). **Alpen-F. – *S. alpestre* Vill.**
13* KrBla spitz, 4–9 mm lg, leuchtend gelb. Bla nichtblühender Stg oft in 6 Längsreihen, grün 14
14 Bla dick eifg, am Grund abgerundet, ohne Sporn (Abb. 350/2), meist scharf schmeckend. KrBla (5–)6–9 mm lg. 0,03–0,15. 6–8. Felsfluren, Sandtrockenrasen, sandige bis steinige Rud.: Mauern, Kiesdächer, Straßenränder, Bahnanlagen; trockne KiefernW; g Ns, h Nw Th Sa An Mv, v Bw Rh He Bb, z Alp By Sh (m/mo-b·c1-5EUR, [N] AM – igr eros C ♃ LegTrRasen – InB: Fliegen, Hautflügler SeB Vm – WaA: Fr bei Regen geöffnet AmA Lichtkeimer – L8 T6 F2 Rx N1 – O Sedo-Scler., O Fest.-Sedet., V Cytis.-Pin. – giftig – 16, 48).
Scharfer Mauerpfeffer – *S. acre* L.
14* Bla schlank, stielrund, am Grund gespornt (Abb. 350/3), nie scharf schmeckend. KrBla 4–6 mm lg. 0,05–0,15. 6–7. Felsfluren, Sandtrockenrasen, sandige Rud.: Mauern, Kiesdächer, Bahnanlagen; trockne KiefernW; h Sa, v Rh He Th An, z Alp(f Krw) By Bw Nw Bb Ns Mv Sh (sm-temp·c2-4EUR – igr eros C ♃ LegTrRasen – InB SeB Vm – WaA: Regen AmA – L7 T5 F2 R6 N1 – O Sedo-Scler., K Aspl. trich., V Cytis.-Pin., V Eric.-Pin.). [*S. mite* Gilib., *S. boloniense* Loisel.] **Milder Mauerpfeffer – *S. sexangulare* L.**

Crassula L. [*Tillaea* L.] – **Dickblatt** (195 Arten)

1 Blü 3zählig, zu 2–4 achselständig. KrBla kürzer als die KeBla, weiß od. hellrosa. Bla eifg, 1–2 mm lg, dichtstehend. 0,01–0,05. 5–9. Feuchte, sandige Äcker, Heiden, Ufer; s Bw(ORh) Ns(N: Baltrum, Norderney) Sh(O), † Nw(MW) An(Elb O) Bb(SW), [N U] s By(NM) (m·c1-5-stemp·c1EUR – eros ⊙ – SeB – KlA WaA: Regen – L8 T7 F7 Rx N3 – V Nanocyp.). [*Tillaea muscosa* L.] **Moos-D. – *C. tillaea* Lest.-Garl.**
1* Blü 4zählig, einzeln in den BlaAchseln. KrBla länger als die KeBla 2
2 Bla 4–15(–20) mm lg, lineal-lanzettlich bis eifg-lanzettlich. Blü 2–8 mm lg gestielt. Kr weiß od. hellrosa. 0,10–0,30. 8–9. Quellabflüsse, Bäche, Kanäle, stehende Gewässer bis in 0,5(–1,0) m Tiefe; [N 1981] s Rh Nw Ns Sh, [U] s By He An Bb (austr·c1-4 AUST-NEUSEEL – igr hros H ♃ KriechTr – SeB? – WaA KlA – V Litt.). [*Tillaea helmsii* Kirk, *C. recurva* (Hook. f.) Ostenf.] **Nadelkraut – *C. helmsii* (Kirk) Cockayne**
2* Bla 3,0–6,5 mm lg, linealisch. Blü u. Fr fast sitzend. Kr weiß. 0,02–0,05. 7–9. Schlammige Teichböden, Ufer; † Nw(N NO) An(Elb) Bb (MN: Weißensee), Ns(NW) Sh (W: Husum O: Kiel) (sm-b·c2-4CIRCPOL – eros ⊙ – SeB? – KlA WaA – L8 T6 F7~ Rx N2 – V Nanocyp.). [*Tillaea aquatica* L., *Bulliarda aquatica* (L.) DC.]
†**Wasser-D. – *C. aquatica* (L.) Schönland**

[N lokal]: **Gestieltfrüchtiges D. – *C. peduncularis* (Sm.) F. Meigen** [*C. bonariensis* (DC.) Cambees]: Bla 2,0–4,5 mm lg, lineal-lanzettlich, zugespitzt. KrBla durchscheinend. FrStiel bis 12 mm lg. 0,01–0,05. 7–10. Ufer; s Bb (SO: Spremberg) (austr AUST [N] austr+austrostrop-trop//mo AFR+SAM+m-temp c1-3 EUR – eros ⊙ WaA KlA – V Nanocyp.).

Familie *Haloragaceae* R. Br. – Seebeerengewächse

(9 Gattungen/145 Arten)

Kräuter, selten Sträucher od. kleine Bäume. Bla wechsel- od. gegenständig, selten quirlig, ohne NebenBla. Blü ♂ od. 1geschlechtig, radiär, (3–)4zählig, einzeln achselständig od. in endständigen Ähren, Trauben od. Rispen. KeBla 4, 2 od. 0. KrBla so viele wie KeBla, frei, oft hinfällig od. fehlend. StaubBla 2–8. FrKn unterständig, 2–4blättrig, 1–4fächrig, in jedem Fach 1 SaAnlage. Griffel u. Narben 1–4. Nüsse, SteinFr, SpaltFr.

Myriophyllum L. – **Tausendblatt** (60 Arten)

1 Blü einzeln in den Achseln der TauchBla. Pfl meist 2häusig, in D nur ♀. Bla in Quirlen zu (4–)5–6, starr, waagerecht od. aufrecht abstehend, lanzettlich, 20–50 × 5–10 mm, kammfg in 16–36 Segmente geteilt, diese 3–8 mm lg. ÜberwasserBla dicht drüsig, blaugrün. 0,30–1,00(–

6,00). 5–7. Stehende u. fließende, meso- bis eutrophe Gewässer, AquarienPfl; [N Ende 20. Jh., U] s By Nw An (austr-tropAM [N] austr-smCIRCPOL – igr ♃ eros uHy/He, Fragmentation – WaA, MeA, KlA – O Potam.). **Brasilianisches T. – *M. aquaticum* (VELL.) VERDC.**
1* Blü in ährigen BlüStänden über Wasser. Pfl 1häusig, untere Blü ♀, obere ♂. Bla grün, Quirle 4–6zählig 2
2 Alle DeckBla der Blü kammfg fiederschnittig, meist länger als die Blü. BlaQuirle 5- od. 6zählig. 0,10–3,00. 6–8. Stehende, mäßig eutrophe bis eutrophe, gering belastete Gewässer mit meist schlammigem Untergrund (Altwasser, Seen, Teiche, Gräben); z Alp(f Brch Wtt) By Bw(f NW SW) Rh He Th(Bck O, s Rho) Nw Th(Bck O Rho) Sa An Bb Ns(f Hrz) Mv Sh, (m-b·c2-9CIRCPOL – sogr? ♃ eros uHy/He Turionen – WiB – WaA KlA – L5 T6 F12 R7 N8 – V Nymph., V Potam. – 28). **Quirl-T. – *M. verticillatum* L.**
2* Obere DeckBla der Blü ungeteilt 3
3 Obere DeckBla länger als die Blü, gezähnt, in 4–5zähligen Quirlen. Ähre vielblütig, 10–15 (–35) cm lg, aufrecht über der Wasseroberfläche. StaubBla 4. TauchBla in 4–5(–6)zähligen Quirlen. BlaFiedern meist wechselständig. 0,30–1,50. 6–9. Meso- bis eutrophe Gewässer: Teiche, Kanäle; [N 1930 od. 1962?] z Sa, s Rh Nw Th An, [U] s Bw He Bb Ns, ↗ (m-temp·c2-7OAM – igr? eros uHy – WiB – WaA – *L7 T9 F12 R7 N7* – V Potam.). **Verschiedenblättriges T. – *M. heterophyllum* MICHX.**
3* Obere DeckBla kürzer als die Blü. BlaQuirle meist 4zählig. StaubBla 8 4
4 Ähren vielblütig, aufrecht, 5–15 cm lg. Blü in 4zähligen Quirlen, Kr rosa. BlaFiedern ± gegenständig, 0,30–2,00. 7–8. Stehende u. fließende, meso- bis eutrophe, bis mäßig belastete Gewässer: Altwasser, Seen, Teiche, Gräben, Kiesgruben, kalkhold; v Ns, z Alp(f Brch) By Bw Rh He Nw Th(f Hrz, v Bck O) Sa An Bb Mv Sh (stropAFR-m-b·c1-9CIRCPOL – igr ♃ eros uHy/He – WiB – WaA – L5 T6 F12 R9 N7 – O Potam.). **Ähren-T. – *M. spicatum* L.**
4* Ähren wenigblütig, anfangs überhängend, 1–2(–3) cm lg, oben mit wechselständigen ♂ Blü, am Grund mit quirlständigen ♀ Blü. Kr gelblich. BlaFiedern wechselständig. 0,10–1,00. 6–8. Überwiegend stehende, flache, oligotrophe, unbelastete Gewässer mit sandig-kiesigem od. torfig-schlammigem Untergrund: Moortümpel, Teiche, Schlenken, kalkmeidend; z Mv(f Elb) Sh(f W), s By(NO O) Bw(SW) Rh(SW NO Rh) Nw(f NO) Sa(f SW) An(Elb N) Bb(f Od SW) Ns(f Elb Hrz), ↘ (m/mo-b·c1-4CIRCPOL – igr ♃ eros uHy/He – WiB – WaA – L7 T5 F12 R6 N3 – O Litt., V Ranunc. fluit. – 14). **Wechselblütiges T. – *M. alterniflorum* DC.**

Familie *Vitaceae* Juss. – **Weinrebengewächse** (14 Gattungen/850 Arten)

Rankende Lianen, Bäume, Kräuter. Bla wechselständig, handfg gelappt od. gefingert, mit hinfälligen NebenBla. Sprosse mit oft den Bla gegenüberstehenden Ranken (umgebildete Sprosssysteme). Blü ⚥ od. 1geschlechtig, radiär, meist 4–5zählig, Pfl bisweilen 2häusig. Ke klein. KrBla frei od. oben verbunden. StaubBla 4–5. FrKn oberständig, 2blättrig, 2fächrig, in jedem Fach 2 SaAnlagen. Beere.

1 Rinde älterer Zweige längsfasrig. KrBla oben mützenartig verbunden u. zusammen abfallend (Abb. **350**/4). Bla gelappt. Ranken ohne Haftscheiben. **Weinrebe – *Vitis* S. 350**
1* Rinde nicht längsfasrig. KrBla frei, ausgebreitet. Bla gelappt od. gefingert. Ranken mit od. ohne polsterfg Haftscheiben. **Jungfernrebe – *Parthenocissus* S. 349**

Parthenocissus PLANCH. – **Jungfernrebe, Zaunrebe, Wilder Wein** (15 Arten)

1 Bla 3lappig (selten 3zählig). Ranken mit Haftscheiben. 5,00–20,00. 6–7. KulturPfl; auch [N U] s By Bw Rh Nw Th Sa An Bb Ns (m-temp·c1-4OAS – sogr Liane Sprossranken – InB – VdA: Vögel – ZierPfl).
Dreilappige J., Kletterwein – *P. tricuspidata* (SIEBOLD et ZUCC.) PLANCH.
1* Bla 5–7zählig gefingert 2
2 Ranken mit 2–5 Ästen, ohne od. mit schwach entwickelten Haftscheiben. Bla beidseits glänzend, useits hellgrün, kahl. 5,00–10,00. 6–7. KulturPfl; auch Ränder von AuenW u. -gebüschen, Rud.; [N U] z Rh Th Sa An, s By Bw He Nw Bb Ns Mv Sh, ↗ (m/mo-temp AM – sogr Liane Sprossranken, wurzelnde KriechTr – InB: Bienen, Fliegen Vm – VdA: Vögel – V Convolv., O Prun., K Artem. – ZierPfl – giftig). [*P. quinquefolia* auct.]
Gewöhnliche J., Wilder Wein – *P. inserta* (A. KERN.) FRITSCH

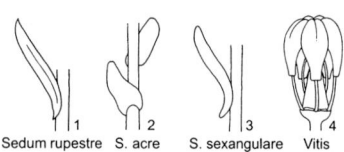

Sedum rupestre S. acre S. sexangulare Vitis

2* Ranken mit 5–12 regelmäßig 2reihigen Ästen, stets mit Haftscheiben. Bla oseits matt, useits blaugrün u. auf den Nerven behaart. 5,00–15,00. 7–8. KuturPfl; auch [N U] s By Bw He Nw Th Sa Bb Sh (m-temp·c1-5OAM sogr Liane Sprossranken – InB – VdA: Vögel – ZierPfl – giftig). **Selbstkletternde J. – *P. quinquefolia* (L.)** PLANCH.

***Vitis* L. – Weinrebe, Weinstock** (60 Arten)

1 Blü 1geschlechtig. Pfl 2häusig. Beere blauviolett bis schwarzblau, 5–7 mm ⌀. 5,00–10,00. 6–7. Frische bis mäßig feuchte, lichte (auch gestörte) AuenW u. ihre Ränder, Gebüsche, nährstoffanspruchsvoll, basenhold; z Bw(ORh) Rh(ORh) (sm-stemp·c3-4 EUR-(WAS) – sogr Liane Sprossranken – InB SeB – VdA Kältekeimer – L6 T8 F6 R8 N6 – V Alno-Ulm., V Berb. – ▽!). [*V. vinifera* subsp. *sylvestris* (WILLD.) HEGI, *V. sylvestris* C.C. GMEL. nom. cons. prop.] **Wilde W. – *V. gmelinii* BUTTLER**

1* Blü ♂. Beere grün, rot od. dunkelblauviolett, 12–20 mm ⌀. 2,00–10,00. 6. KulturPfl, oft als Kulturrelikt lange erhalten, aufgelassene Weinberge, Gebüschränder [N U] z Rh, s By Bw He Nw Th Sa An Bb Ns (sogr Liane Sprossranken – InB SeB – VdA MeA Kältekeimer – L9 T8 F4 R7 Nx – Obst, Wein, Weinbrand, Saft – sortenreich, v. a. als Pfropfunterlage weitere Arten aus NAM, z. B. *V. labrusca* L., *V. vulpina* L.). **Echte W. – *V. vinifera* L.**

Familie *Fabaceae* LINDL. od. *Leguminosae* JUSS. – Hülsenfruchtgewächse, Leguminosen

(766 Gattungen/19.580 Arten)

Bearbeitung: **Hanno Schäfer (mit Beiträgen von Matthias Kropf u. Klaus Pistrick)**

Kräuter, Sträucher, Bäume, kaum WasserPfl. Bla wechselständig, meist gefiedert od. 3zählig, seltener gefingert od. ungeteilt, mit NebenBla. Blü ♂, 5zählig, meist in Trauben, radiär od. dorsiventral, FrKn oberständig, 1blättrig. Hülsen, seltener Gliederhülsen, BalgFr od. Nüsse. 6 Unterfamilien. In D heimisch nur *Faboideae* mit ca. 14.000 Arten, Schmetterlings-Blü: das obere, vergrößerte KrBla ist die Fahne, die beiden seitlichen sind die Flügel, die beiden unteren zum Schiffchen vereinigt (Abb. 352/1), selten alle KrBla verwachsen. Kr mit absteigender Knospendeckung (das obere KrBla ist das äußerste). StaubBla 10, ihre Fäden alle zu 1 Röhre verwachsen od. 1 Staubfaden frei (Abb. 352/4, 5). (InB – Symbiose mit stickstoffbindenden Bakterien in Wurzelknöllchen – Samen oft hartschalig). Unterfamilie *Caesalpinioideae*: Knospendeckung aufsteigend, das oberste KrBla ist das innere, Pfl ohne Wurzelknöllchen; in D nur ZierPfl in Parks:

Amerikanische Gleditschie – *Gleditsia triacanthos* L.: Einhäusiger Baum, 15,00–30,00. 5–6. Zweige rotbraun, verkahlend, Stamm u. Äste mit einfachen od. verzweigten, 3–7 cm lg schwarzen Dornen. Bla paarig einfach od. doppelt gefiedert, 15–20 cm lg; Blchen eifg, gegenständig, flach kerbig gesägt, 1,8–4,5 × 1–2 cm. Blü grün, in seitenständigen Trauben. StaubBla 6–10, frei. Fr 25–40 × 3–4 cm, verdreht. Parkbaum; [U] s By An (m-sm·c3-6OAM). **Amerikanischer Geweihbaum, Schusserbaum – *Gymnocladus dioicus* (L.) K. KOCH**: Zweihäusiger Baum, 15,00–30,00. 5–6. Bla paarig doppelt gefiedert, 30–90 × 45–60 cm, Blchen gegenständig, eifg zugespitzt, ganzrandig, 5–6 × 2–3 cm. Blü in endständigen Rispen; StaubBla 10, frei. Fr 15–25 × 4–5 cm. Parkbaum; [U] s By Bw Rh He Bb (sm-stemp·c3-6 OAM).

Faboideae: **Japanischer Schnurbaum – *Sophora japonica* L.**: Baum, 12,00–20,00. 8. Junge Zweige glänzend, dunkelgrün. Bla unpaarig gefiedert, 15–15 cm lg, Blchen 7–17, eifg bis br lanzettlich, spitz, ganzrandig, 2,5–7,0 × 1,0–2,5 cm. Blü ♂, weißlichgelb, in lg, verzweigten Trauben. StaubBla 10, nur am Grund verwachsen. Beerenartig saftige, 6–8 cm lg SchließFr. Parkbaum; [U] s Th Bb (sm-stemp·c3-4? OAS).

FABACEAE 351

1	Bla nadelfg, wie die NebenBla u. Äste stechend. Strauch.	**Stechginster – _Ulex_** S. 355
1*	Bla nicht nadelfg, nicht stechend	2
2	Bla ohne Spreite, nur aus jeweils einer Ranke bestehend, an ihrem Grund je 2 laubblattartige NebenBla (Abb. **352**/2). **Ranken-Platterbse – _Lathyrus aphaca_** S. 373	
2*	Bla mit Spreite od. verbreitertem Stiel, zuweilen am Ende mit Ranke	3
3	Alle Bla einfach (wenn hinfällig u. Fahne >2 cm lg, s. Anm. zu _Spartium_ bei _Genista_ S. 354)	4
3*	Bla zusammengesetzt, höchstens einige Bla einfach	5
4	BlaStiel flächig, ein streifennerviges, linealisches Bla vortäuschend. BlaSpreite fehlend. Kr rot. ⊙. **Gras-Platterbse – _Lathyrus nissolia_** S. 373	
4*	BlaSpreite vorhanden, netznervig. Kr gelb. Sträucher u. Zwergsträucher. **Ginster – _Genista_** S. 354	
5	(3) Bla 5- bis mehrzählig gefingert, stets deutlich gestielt. **Lupine – _Lupinus_** S. 353	
5*	Bla 3zählig od. gefiedert, zuweilen nur mit 1 Paar FiederBlchen, wenn (selten) 5zählig gefingert, dann Bla ungestielt	6
6	Bla 3zählig od. 3zählig gefiedert, wenigstens an Seitenzweigen	7
6*	Bla gefiedert, unterste Blchen zuweilen grundständig u. nebenblattartig (Abb. **352**/3), selten Bla fast 5zählig gefingert	17
7	Sträucher, Zwergsträucher od. Halbsträucher. Alle 10 Staubfäden zu 1 Röhre verwachsen	8
7*	Kräuter	10
8	Blchen gezähnt, das EndBlchen länger gestielt als die fast sitzenden SeitenBlchen. Ke 5spaltig. **Hauhechel – _Ononis_** S. 362	
8*	Blchen ganzrandig. EndBlchen so lg gestielt wie seitliche. Ke deutlich 2lippig	9
9	BlüStand eine hängende Traube. Kr goldgelb. **Goldregen – _Laburnum_** S. 353	
9*	BlüStand eine aufrechte Traube od. Blü einzeln. **Geißklee, Besenginster, Zwergginster – _Cytisus_** S. 353	
10	(7) EndBlchen 3–4 cm lg, viel größer als SeitenBlchen. Kr gelb. **Skorpions-Kronwicke – _Coronilla scorpioides_** S. 356	
10*	EndBlchen kleiner, wenig größer als SeitenBlchen. Kr rosa, weiß od. gelb	11
11	Alle 10 Staubfäden zu 1 Röhre verwachsen. Blü 1–2 cm lg, zu 1–3 achselständig. Kr rosa, selten weiß od. gelb, Schiffchen geschnäbelt. Blchen gezähnt, das mittlere deutlich länger gestielt als die seitlichen. Obere Bla oft ungeteilt. Stg oft verholzend, oft dornig. **Hauhechel – _Ononis_** S. 362	
11*	Oberstes StaubBla frei, meist aber der durch Verwachsung der übrigen 9 Staubfäden gebildeten Röhre eng anliegend. Stg krautig, dornenlos	12
12	Bla >10 cm br. Jedes Blchen gestielt u. mit 1 od. 2 NebenBlchen. **Bohne – _Phaseolus_** S. 356	
12*	Bla kleiner, Blchen ohne NebenBlchen	13
13	Schiffchen lg schnabelartig zugespitzt. NebenBla auch als zweites, unterstes BlchenPaar gedeutet (dann 5 Blchen pro Bla, Abb. **352**/3). **Hornklee – _Lotus_** S. 358	
13*	Schiffchen nicht schnabelartig zugespitzt	14
14	KrBla miteinander u. mit den StaubBla verwachsen, welk nicht abfallend. Fr kaum so lg wie der Ke od. nur wenig länger, bis zur Reife von der verwelkten Kr umgeben (außer _T. ornithopodioides_, S. 366). **Klee – _Trifolium_** S. 365	
14*	KrBla nicht miteinander u. mit den StaubBla verwachsen, nach dem Verblühen einzeln abfallend. Fr länger als die Ke, bei der Reife nicht von der Kr eingehüllt	15
15	Blü in lg, sehr schmalen Trauben, klein. Kr gelb od. weiß, 2–7 mm lg. **Steinklee, Honigklee – _Melilotus_** S. 363	
15*	Blü in kopfigen, kurzen Trauben od. zu 1–2 in den BlaAchseln. Kr gelb, blau bis dunkel violett, schwärzlich- od. gelblichgrün, 2–12 mm lg	16
16	Pfl stark nach Curry riechend. Fr gerade od. schwach gebogen. Blü zu 1–2 od. in kopfigen Trauben. **Schabzigerklee – _Trigonella_** S. 363	
16*	Pfl geruchlos. Hülsen schneckenfg eingerollt, sichel- od. fast nierenfg (Abb. **365**/3–5). Blü in kopfigen Trauben. **Luzerne – _Medicago_** S. 364	
17	(6) Bla paarig gefiedert, am Ende mit Ranke od. kleiner, krautiger Spitze	18

17* Bla unpaarig gefiedert, sehr selten fast 5zählig gefingert erscheinend **23**
18 Strauch. Blü zu 1–3. Kr goldgelb. **Erbsenstrauch –** *Caragana* S. 361
18* Krautige Pfl **19**
19 BlaFiedern in 0–4 Paaren, meist 1nervig od. scheinbar streifennervig (netznervig bei *L. niger*, *L. japonicus*, *L. laevigatus*, *L. oleraceus*, S. 374–376). Staubfadenröhre gerade (rechtwinklig) abgeschnitten (Abb. **352**/4). **Platterbse, Erbse –** *Lathyrus* S. 373
19* BlaFiedern in 2–16 Paaren, deutlich netznervig. Staubfadenröhre schief abgeschnitten (unten weiter verwachsen als oben, Abb. **352**/5). **20**
20 KeZähne mehrmals länger als die KeRöhre. **Küchen-Linse –** *Vicia lens* S. 369
20* KeZähne etwa so lg wie die KeRöhre od. kürzer **21**
21 FrStiel fadenfg, 2–8 cm lg, 1–6blütig. **Erve –** *Ervum* S. 373
21* FrStiel >0,5 mm ⌀, meist <2 cm lg, 1–50blütig **22**
22 Kr weiß, oft violett geadert. Hülse mit 1–5(–8) Samen. **Ervilie, Wicklinse –** *Ervilia* S. 372
22* Kr meist farbig, wenn weiß, dann Hülse mit >5 Samen. **Wicke –** *Vicia* S. 369
23 **(17)** EndBlchen viel größer als die SeitenBlchen. TragBla der BlüKöpfe fingerfg geteilt.
Wundklee – *Anthyllis* S. 357
23* Bla mit etwa gleich großen Blchen **24**
24 Bla mit 5 Blchen, das untere BlchenPaar grundständig, nebenblattartig, die 3 übrigen Blchen davon entfernt (Abb. **352**/3), selten alle Blchen einander genähert, so dass die Bla fast 5zählig gefingert erscheinen. **Hornklee –** *Lotus* S. 358
24* Bla mit 7 od. mehr Blchen. BlchenPaare gleich weit voneinander entfernt **25**
25 Blü in 2- bis ∞blütigen Dolden. Fr eine Gliederhülse, reif in 1samige Glieder zerfallend
.... **26**
25* Blü in Trauben, Ähren od. Köpfen **30**
26 Blü bis 8 mm lg. BlüStand mit gefiedertem HochBla. FrStand vogelfußähnlich (Abb. **359**/1).
Vogelfuß – *Ornithopus* S. 357
26* Blü größer **27**
27 Kr weiß mit rötlicher Fahne u. violetter Schiffchenspitze. DeckBla der Blü frei. Hülsen meist aufrecht. Stg kantig. Blchen 11–25. **Beilwicke –** *Securigera* S. 356
27* Kr gelb. DeckBla der Blü zu einer gezähnten od. zerschlitzten Hülle od. einem schmalen Ring verwachsen. Hülsen hängend. Blchen 5–15 .... **28**
28 Strauch. Stg kantig. Dolden (1–)2(–6)blütig. **Strauchwicke –** *Hippocrepis emerus* S. 356
28* Stauden od. Halbsträucher. Dolden 4–20blütig **29**
29 Hülsenglieder gerade od. nur schwach gebogen, im ⌀ ± elliptisch, 4kantig od. schmal 4flügig. BlaStiele meist kürzer als das unterste Fiederpaar. Stg ± stielrund.
Kronwicke – *Coronilla* S. 356
29* Hülsenglieder hufeisenfg gekrümmt, flach. Stiele der unteren Bla länger als das unterste Fiederpaar. Stg kantig. **Hufeisenklee –** *Hippocrepis comosa* S. 356
30 **(25)** Krautige Pfl **31**
30* Bäume od. Sträucher **35**
31 Gliederhülsen, in 1samige Glieder zerfallend. NebenBla paarweise zu einer braunen, blattgegenständigen Schuppe verwachsen. Blchen durchscheinend punktiert. Blü in Trauben.
Süßklee – *Hedysarum* S. 361
31* Hülsen, BalgFr od. stachlige Nüsse. NebenBla frei od. mit dem BlaStiel verwachsen **32**
32 KeZähne fast doppelt so lg wie die KeRöhre. Kr rosa. Nüsse 1samig, mit gezähntem Kamm (Abb. **359**/2), reif steinhart. **Esparsette –** *Onobrychis* S. 361

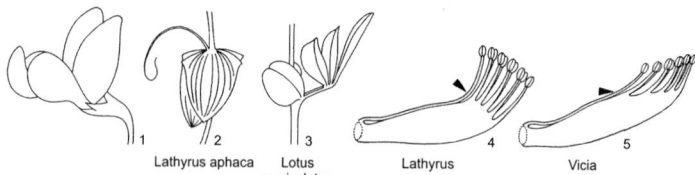

1 Lathyrus aphaca   2 Lotus corniculatus   3 Lathyrus   4   5 Vicia

FABACEAE 353

32* KeZähne höchstens etwas länger als die KeRöhre. Mehrsamige Hülsen od. BalgFr ... **33**
33 Alle Staubfäden zu 1 Röhre verwachsen. Kr bläulichweiß. Hülsen ohne Scheidewand. Pfl 0,60–1,20 m hoch, aufrecht. **Geißraute – *Galega* S. 362**
33* Oberes StaubBla frei. Kr gelb od. violett. Fr meist durch Längsscheidewand ± zweifächrig. Stg bis 0,50 m hoch, wenn länger, dann ± liegend **34**
34 Schiffchen (Kiel) mit fadenfg Spitze (Abb. **359**/3). **Spitzkiel – *Oxytropis* S. 359**
34* Schiffchen ohne fadenfg Spitze. **Tragant – *Astragalus* S. 360**
35 (30) Blü zu 2–6 in kurzen Trauben. Kr hellgelb. Hülsen ballonartig aufgeblasen, geschlossen bleibend (Abb. **359**/4). **Blasenstrauch – *Colutea* S. 361**
35* Blü ∞, in lg Trauben. Kr weiß od. violett **36**
36 Windender Strauch. Trauben hängend. Kr hell blauviolett. **Blauregen – *Wisteria* S. 355**
36* Aufrechte Bäume od. Sträucher **37**
37 Baum. Trauben locker, hängend, in den Achseln von Bla. Kr weiß, schmetterlingsfg. **Robinie – *Robinia* S. 359**
37* Strauch. Trauben dicht, aufrecht, am Ende der Zweige. Kr dunkel- od. braunviolett, nur Fahne vorhanden (Abb. **359**/5). **Bastardindigo – *Amorpha* S. 355**

Lupinus L. – Lupine (230 Arten)

1 Bla 10–15zählig. Kr blau, selten weißlich. 1,00–1,50. 6–8. Zier- u. NutzPfl; auch angesät u. verwildert; mäßig trockne bis frische Waldsäume u. -schläge, Vorwälder, Böschungen, Wiesen, Niedermoore, Magerrasen, kalkmeidend; [N 19. Jh., oft U] h He Nw Th Sa Ns, v By Rh An Mv, z Alp Bw Bb Sh (m/mo-temp·c1-3WAM – sogr hros H ♃ Pleiok – InB: v. a. Hummeln, Bienen PumpBlü Vm – SeA MeA – *L7 T5 F5 R4 Nx* – V Samb.-Salic., V Arct., O Arrh., V Car. nig., V Viol. can. – WildfutterPfl – Sa giftig!). **Stauden-L., Vielblättrige L. – *L. polyphyllus* LINDL.**
1* Bla 5–9zählig **2**
2 Kr gelb. Blü in Trauben, quirlständig. 0,30–0,60. 6–9. KulturPfl; auch sandige Rud., kalkmeidend; [N U] s alle Bdl (m-sm·c1-3EUR – hros/eros ☉ – InB: Hautflügler PumpBlü SeB – SeA MeA – *L7 T5 F3 R1 N5* – V Sisymbr. – GründüngerPfl, alkaloidarme Formen FutterPfl – Sa giftig!). **Gelbe L. – *L. luteus* L.**
2* Kr weiß od. blau. Blü in Trauben, nicht quirlständig **3**
3 Blchen linealisch. Oberlippe des Ke 2spaltig. Kr bläulich od. weiß. 0,30–0,60. 6–9. KulturPfl; auch Rud., kalkmeidend; [N U] s alle Bdl (m-sm·c2-5EUR-VORDAS – hros ☉ – InB: Hautflügler – SeA MeA – *L7 T8 F2 R3 N3* – Zier- u. FutterPfl – Sa giftig!). **Blaue L. – *L. angustifolius* L.**
3* Blchen verkehrteifg. Oberlippe des Ke ungeteilt. Kr weiß. 0,30–1,00. 6–9. KulturPfl, mäßig anspruchsvoll; [N U] s By Bw Rh He Nw Sa Ns (m·c4EUR – *L7 T9 F3 R5 N5* – sonst wie vorige). Ⓚ **Weiße L. – *L. albus* L.**

Laburnum FABR. – Goldregen (2 Arten)

Blü in 10–25 cm lg Trauben. Blchen br elliptisch-eifg, wie die Hülsen seidenhaarig. Kr goldgelb. 3,00–8,00. 5. Zierstrauch; auch mäßig trockne, lichte Eichen- u. KiefernW, Waldränder u. Gebüsche, Rud.: Schutt, Steinbrüche, Bahnanlagen; [N 16. Jh.] z Rh An, s By Bw He Nw Th Bb Ns, [U] s Sa Mv Sh (sm/mo·c2-3EUR, [N] stemp·c2-3EUR – sogr Str/StrB WuSpr – InB: Hautflügler KlappBlü – WiA VdA Kältekeimer – *L7 T7 F3 R8 N3* – V Querc. pub., V Berb. – giftig!!). **Gewöhnlicher G. – *L. anagyroides* MEDIK.**

[N lokal] *L. alpinum* (MILL.) J. PRESL: Blchen schmal elliptisch bis länglich, wie die Hülsen fast kahl. s By He (sm·c3SALP-SOEUR). Auch die Hybride *L. alpinum* × *L. anagyroides* = *L.* ×*watereri* (WETTST.) DIPPEL mit bis 40 cm lg Trauben wird als Ziergehölz gepflanzt u. verwildert.

Cytisus DESF. – Geißklee, Besenginster, Zwergginster (97 Arten)

1 Ke mehr als doppelt so lg wie br, seine Röhre länger als die Zipfel **2**
1* Ke höchstens wenig länger als br, glockig, mit kurzer Röhre **3**
2 Blü zu 1–3 an seitenständigen Kurztrieben, Kr gelb, Fahne mit braunem Fleck. Pfl angedrückt seidenhaarig. Äste liegend, nur vorn aufsteigend. 0,10–0,60. 5–6. Trockne, lichte,

steinige KiefernW, Waldsäume, offene Trockenrasen; z By(f N NM NW) (sm-temp·c4-7EUR-(WSIB) – sogr ZwStr/Str – InB: Hautflügler – SeA AmA? – L6 T7 F4 Rx N2 – V Eric.-Pin., V Genisto-Call. – giftig!). [*Chamaecytisus ratisbonensis* (SCHAEFF.) ROTHM.]
Regensburger Z. – *C. ratisbonensis* SCHAEFF.

2* Blü in 2–6blütigen kopfigen Trauben an Langtrieben u. zu 1–3 seitenständig, Kr gelb, Fahne mit braunem Fleck. Pfl zottig. Äste aufrecht. 0,20–1,00. 6–8. Trockne, lichte KiefernW, Waldränder, Heiden, Trockenrasen; z By(f N NM NW), [N 19. Jh.] s Th (Bck NW), [U] s He An Bb (sm-stemp·c2-4EUR – sogr ZwStr/Str – InB: Hautflügler – SeA AmA – L7 T6 F3 Rx N1 – V Genisto-Call., V Eric.-Pin., V Ger. sang. – giftig!). [*Chamaecytisus supinus* (L.) LINK]
Kopf-Z. – *C. capitatus* SCOP.

3 (1) Blü in ∞blütigen, endständigen, blattlosen Trauben, Kr gelb. Hülsen anliegend behaart. Alle Bla 3zählig, gestielt. Zweige fast stielrund. 0,30–1,20. 6–8. Trockne, felsige Hänge, Waldsäume, Kiefern- u. EichenW, basenhold; z Alp(Brch Mng Chm) By Bw(f NW) Th(Bck) Sa(f Elb), s Bb(M), [N U] An (sm-stemp·c3-4EUR – sogr ZwStr/Str – InB: Hautflügler PumpBlü – SeA – L6 T6 F4 R6 N2 – V Eric.-Pin., O Orig., V Querc. pub., V Querc. rob.). [*Lembotropis nigricans* (L.) GRISEB.]
Schwarzwerdender G. – *C. nigricans* L.

3* Blü zu 1–3 in den BlaAchseln. Junge Zweige kantig 4

4 Kr weiß, Fahne 9–12 mm lg. Ke seidenhaarig. Hülsen behaart, zusammengedrückt. Junge Zweige 5(–7)kantig. 1,00–3,00. 5–7. Trockne, felsige Bahn- u. Straßenböschungen, kalkmeidend; [N 1980, verwildert aus Ansaaten U] s By Bw Rh Nw, Ns (O: Zülow) (sm·c1-3WEUR, [N] AUST+AM – sogr Str – InB: Hummeln ExplosionsBlü – SeA AmA? – V Saroth.). [*Cytisus albus* (LAM.) LINK non HACQ.]
Vielblütiger B. – *C. multiflorus* (L'HÉR.) SWEET

4* Kr gelb, Fahne 10–25 mm lg 5

5 Junge Zweige 5kantig, grün. Bla 3zählig, gestielt, an jungen Zweigen einfach u. sitzend. Ke kahl. Hülsen am Rand behaart, sonst kahl, zusammengedrückt. 0,20–2,50. 5–6. Mäßig trockne bis frische Extensivweiden, Waldsäume u. -schläge, Brandflächen, sandige Brachen u. Böschungen, lichte Eichen-BuchenW, kalkmeidend; g Rh(v ORh), h He Nw Th Sa Ns, v An Bb Mv, z By Bw Sh, s Alp(Amm Chm) [m/mo-temp·c1-4EUR – igr (Achsen) Str frostempfindlich – InB: Hautflügler ExplosionsBlü – SeA AmA Sa langlebig Licht- u. Brandkeimer – L8 T5 F4 R3 N4 – V Saroth., V Prun.-Rub., V Querc. rob. – giftig). [*Sarothamnus scoparius* (L.) W.D.J. KOCH]
Gewöhnlicher B. – *C. scoparius* (L.) LINK

1 Zweige aufrecht od. aufsteigend, zuweilen >2 m hoch. Bla u. junge Zweige kahl od. spärlich seidenhaarig. 0,50–2,00(–2,50). Standorte, Soz. u. Verbr. in D weitgehend wie Art, oft angesät: Autobahnen (–48). subsp. ***scoparius***

1* Zweige niederliegend, zuweilen aufsteigend, bis 0,4 m hoch. Bla u. junge Zweige dicht seidenhaarig. 0,20–0,40. z Küsten von Ns u. Sh, Verbr. in D ungenau bekannt (ntemp·c1litEUR). [*Sarothamnus scoparius* subsp. *maritimus* (ROUY) ULBR.] subsp. ***maritimus*** (ROUY) HEYWOOD

5* Junge Zweige 8–10kantig, zwischen den Kanten hell gestreift. Bla an den unteren Zweigen 3zählig, gestielt, an den oberen 3zählig od. einfach, sitzend. Ke seidenhaarig. Hülsen ± aufgeblasen, am Rand u. auf der Fläche dicht behaart. 1,00–3,00. 5–7. Trockne, felsige Bahn- u. Straßenböschungen, kalkmeidend; [N 1970, oft U, verwildert aus Ansaaten] s By Bw Rh Nw He (m-sm·c1-2EUR, [N] temp·c1-2EUR+AM – igr (Achsen) kurzlebiger Str – InB – SeA – V Saroth.).
Gestreifter B. – *C. striatus* (HILL) ROTHM.

Genista L. – Ginster (90 Arten)

[N lokal]: **Pfriemenginster, Binsenginster – *Spartium junceum* L.**: Zweige graugrün, im ∅ glatt rund. Bla einfach, hinfällig, anfangs seidig behaart. Blü in aufrechten Trauben, Fahne 2,0–2,5 cm lg. 1,00–3,00. 5–6? s Rh (m-sm·c1-5EUR).

1 Stg br geflügelt, gegliedert. Bla 2zeilig, hinfällig, rauhaarig. 0,15–0,25. 5–6. Mäßig trockne Sand- u. Silikatmagerrasen, Felsbänder, Wald- u. Wegränder, lichte Eichen- u. KiefernW, kalkmeidend; v Rh, z Bw He(f MW NW), s By Nw(v SW MW SO) Sa(SW) An(Elb), [U] s Th, [N?] s SO-Sa: Maxen, † Bb(SW), ↘ (m/mo-temp·c2-4EUR – igr ZwStr LegTr – InB: Bienen KlappBlü – SeA – L8 T5 F4 R4 N2 – V Viol. can., V Genisto-Call., V Brom. erect., O Fest.-Sedet.). [*Genistella sagittalis* (L.) GAMS, *Chamaespartium sagittale* (L.) P.E. GIBBS]
Flügel-G., Erdpfriemen – *G. sagittalis* L.

FABACEAE 355

1* Stg nicht geflügelt 2
2 Blü zu 1–2 achselständig. KrAußenseite, Hülse u. BlaUSeite seidenhaarig. 0,15–0,30. 5–6. Mäßig trockne bis frische Silikatmagerrasen, Heiden, Felshänge, Waldränder, lichte Eichen- u. KiefernW, kalkmeidend; v Rh Ns, z Bw(SW Gäu NW ORh) He Nw An Bb Mv Sh, s By(f MS S) Th(Bucht Sa(Elb SO W), im N ↘ (sm/mo-temp·c2-3EUR – igr ZwStr – InB: Bienen ExplosionsBlü – SeA – L7 T5 Fx R2 N1 – V Genisto-Call., V Brom. erect., V Querc. rob., V Dicr.-Pin. – giftig!). **Haar-G. – *G. pilosa* L.**
2* Blü in Trauben 3
3 Pfl stets dornenlos. Bla lanzettlich bis elliptisch, mit kurzen, lineal-pfriemlichen NebenBla. Ke u. Hülse meist kahl. 0,10–0,60(–2,00). 5–8. Frische Heiden u. Silikatmagerrasen, Halbtrockenrasen, Felsbänder, wechselfeuchte Moorwiesen, Säume, lichte EichenW, Rud.: Kiesgruben, Bahndämme, kalkmeidend; h He Th, v By Rh Nw Sa An, z Alp(f Allg Krw) Bw Bb Ns(h Hrz) Mv Sh, im N ↘ (sm/mo-temp·c2-5EUR-(WSIB) – sogr ZwStr/Str, auch LegTr – InB: Hautflügler ExplosionsBlü SeB – SeA Sa langlebig – L8 T6 F6~ R6 N1 – V Genisto-Call., V Brom. erect., O Mol., K Trif.-Ger., V Querc. rob. – giftig!). **Färber-G. – *G. tinctoria* L.**

 1 Pfl ± aufrecht. Bla 4–6 mal so lg wie br. Hülsen kahl. 0,30–0,60(–2,00). 5–8. Standorte, Soz., Verbr. in D u. Gesamtverbr. wie Art. [*G. elata* WENDEROTH]   subsp. *tinctoria*
 1* Pfl niederliegend. Bla 2–4 mal so lg wie br. Hülsen behaart. 0,10–0,15. 6–8. Wechselfeuchte Heiden; s Sh (W: Sylt, Amrum, Föhr) (temp·c1-2litEUR?).   subsp. *littoralis* (CORB.) ROTHM.

3* Pfl meist dornig. Bla ohne NebenBla 4
4 BlüZweige, Ke u. Hülsen abstehend behaart. Bla grasgrün. DeckBla der Blü pfriemlich, ½ so lg wie die BlüStiele. 0,20–0,60. 5–6. Mäßig trockne Heiden, Silikatmagerrasen, Wald- u. Wegränder, Rud.: Sandgruben, Steinbrüche; lichte Eichen- u. KiefernW, kalkmeidend; z Alp(f Amm Krw Wtt) By Bw Rh He Th Sa An Bb(f SW), s Nw(† MW) Ns Mv(M MW SW) Sh, ↘ (sm/mo-temp·c2-4EUR – igr ZwStr – InB: Hautflügler KlappBlü – SeA – L7 T5 F4 R2 N2 – V Genisto-Call., V Querc. rob. – giftig! – 48). **Deutscher G. – *G. germanica* L.**
4* Pfl kahl. Bla graugrün. DeckBla der Blü eifg, länger als die BlüStiele. 0,20–0,80. 4–6. Trockne bis wechselfeuchte Heiden, Silikatmagerrasen, Wegränder, Waldsäume, lichte, trockne Wälder, Sand- u. Kiesgruben, kalkmeidend; z Rh Nw An(Elb N W) Bb(Elb MN NO) Ns Mv(f NO) Sh, [N] s Bw(SW-: SchwarzW: Schönau), ↘ (m/mo-temp·c1-2EUR – igr ZwStr – InB: Hautflügler ExplosionsBlü – SeA – L8 T5 F5 R2 N2 – V Genisto-Call., V Viol. can. – giftig!). **Englischer G. – *G. anglica* L.**

Ulex L. – Stechginster   (10–20 Arten)

Sparriger Strauch mit verdornenden BlaStielen, NebenBla u. Kurztrieben. Stg, Ke, BlaStiele u. Hülsen abstehend behaart. Kr gelb. 0,60–1,20. 5–6. Frische Heiden, Waldränder u. -schläge, Böschungen, Steinbrüche, kalkmeidend; [N 18. Jh.] z Ns Rh He Nw Sa An, [U] s By Bw Th Bb Mv Sh, ↘ (sm-temp·c1EUR, [N] auch c2 u. austrCIRCPOL+NAM – igr (Achsen) ZwStr/Str frostempfindlich – InB: Hummeln, Bienen ExplosionsBlü – SeA AmA Sa langlebig, brandresistent – L7 T6 F5 R3 N2 – O Call.-Ulic.,V Prun.-Rub. – giftig!).
       Gewöhnlicher St., Gaspeldorn, Heckensame – *U. europaeus* L.

Amorpha L. – Bastardindigo   (15 Arten)

Blchen zu 11–25, eifg bis elliptisch, kurz behaart bis kahl. Blü in aufrechten, 7–15 cm lg, ährenartigen Trauben. Kr dunkel- od. braunviolett, nur mit Fahne, Flügel u. Schiffchen fehlend (Abb. 359/5, in D nur bei dieser Gattung so!). Fr kurz, 6–9 mm lg, oft gebogen, 1(–2) samig. 1,00–4,00. 6–9. Ziergehölz u. angepflanzt als Pioniergehölz; auch verwildert, z. B. Tagebaue, Bahnanlagen; [N 18. Jh. U] z Th Sa An, s By Bw Rh He Nw Bb Mv (m-temp·c2-7OAM-(WAM) – sogr Str – InB: *L5 T8 F6 R5 N7*).
       Gewöhnlicher B., Scheinindigo – *A. fruticosa* L.

Wisteria NUTT. – Blauregen   (5–6 Arten)

Blchen 7–13, eifg-lanzettlich, zugespitzt. Kr hell blauviolett. BlüTrauben 15–30 cm lg. Bis 20,00. 4–6. ZierPfl; [U] s Bw He (m-sm·c1-4OAS – sogr Liane, linkswindend – InB – SeA

mit Knall – *L5 T8 F4 R3 N5* – giftig – **Japanischer B. – W. floribunda** (WILLD.) DC.: rechtswindend. BlüTrauben 25–40 cm lg, Blü blassviolett, duftend).
Ⓚ **Chinesischer B. – W. sinensis** (SIMS) SWEET

Phaseolus L. – Bohne (60 Arten)

1 Traube länger als ihr TragBla. Kr scharlachrot, selten weiß. Hülsen rau. Stg fast stets windend. 2,00–3,50. 6–9. KulturPfl; auch Rud.: Schutt; [N U] s (trop-strop//mo·c2-3AM – in D eros ☉, in trop ♃ KnollenWu – InB: Hummeln – *L5 T8 F5 R7 N5* – Gemüse, ZierPfl, Fr roh giftig). [*Ph. multiflorus* LAM.] **Feuer-B., Prunk-B. – *Ph. coccineus* L.**

1* Traube kürzer als ihr TragBla. Kr meist weiß. Hülsen glatt. Stg aufrecht (Buschbohne – var. *nanus* Asch.) od. windend (Stangenbohne – var. *vulgaris*). 0,30–4,00. 6–9. KulturPfl; auch frische Rud. Schutt; Ufersäume; [N U] s (strop-trop//moAM – eros ☉ – SeB InB: bes. Hummeln – *L5 T8 F5 R7 N5* – Gemüse: viele Sorten – Fr roh giftig). **Garten-B. – *Ph. vulgaris* L.**

Hippocrepis L. – Hufeisenklee, Strauchwicke (34 Arten)

1 Strauch. Blchen 2–4paarig. Dolden (1–)2(–3)blütig. Blü 15–20 mm lg. Hülsenglieder fast stielrund. 1,00–2,00. 5–7. TrockenW, -gebüsche u. ihre Säume, Rud.: Steinbrüche, Burgruinen, kalkhold; z Alp(f Brch Chm Mng), s By(Alb S) Bw(f NW SO), [N U] s Rh He (m/mostemp/demo+(ntemp)·c2-4EUR – igr Str WuSpr – InB: Wildbienen PumpB – *L7 T6 F3 R9 N2* – V Berb., UV Cephal.-Fag., O Querc. pub., V Eric.-Pin.). [*Coronilla emerus* L., *Emerus major* MILL.] **Strauchwicke – *H. emerus* (L.) LASSEN**

1* Staude, niederliegend bis aufsteigend, am Grund oft etwas verholzend. Blchen 4–8paarig. Dolden 5–12blütig. Blü 7–12 mm lg. Hülsenglieder hufeisenfg, flach, papillös. 0,08–0,25. 5–7. Submed. (u. kont.) Trocken- u. Halbtrockenrasen, koll. bis subalp. Felsfluren, lichte Kiefern-TrockenW, Steinbrüche, Wegböschungen, kalkhold; h Alp, v Th, z By Bw Rh He Nw(f MW SO) Ns(S), s An(f S N) (m/mo-stemp/demo·c1-3EUR – igr hros C ♃/ HStr LegTr – InB: Wildbienen, Falter – WiA? Sa langlebig – *L7 T5 F3 R7 N2* – O Brom. erect., V Fest. val., O Sesl., V Eric.-Pin.). **Hufeisenklee – *H. comosa* L.**

Securigera DC. – Beilwicke (13 Arten)

Kr weiß, mit rötlicher Fahne u. violetter Schiffchenspitze. Dolde 15–20blütig. Blchen 6–12paarig. Hülsen meist aufrecht. Stg niederliegend bis aufsteigend. 0,30–0,60. 6–8. Mäßig trockne bis frische Gebüsch- u. Trockenwaldsäume, rud. beeinflusste Trocken- u. Halbtrockenrasen, Bahndämme, Steinbrüche, Böschungsansaaten, basenhold; v Bw An, z Alp(f Allg Krw) By Rh(h ORh) He(h ORh) Nw Th(f Hrz) Sa Bb, [N] z Ns, s Mv Sh (m/mo-stemp·c2-5EUR, [N] auch ntemp, NAM – sogr eros H ♃ Pleiok WuSpr – InB: Wildbienen – *L7 T6 F4 R9 N3* – O Orig., O Agrop., O Onop., K Fest.-Brom. – giftig! – 24). [*Coronilla varia* L.] **Bunte B. – *S. varia* (L.) LASSEN**

Coronilla L. – Kronwicke (9 Arten)

(InB: meist Hummeln PumpB)

1 Bla ungeteilt od. 3zählig mit vergrößertem EndBlchen (1–)3–4 cm lg. NebenBla 1–2 mm lg, häutig, verwachsen. Kr gelb, 4–8 mm lg. 0,20–0,40. 5–6. Rud.: Bahnanlagen, Wegränder, Umschlagplätze; [U] s By Bw He Nw Th Sa Sh (S: Hamburg) (m-sm·c2-5(NAFR)-EUR-(WAS), [N] (austrAUST)+temp-(b)·c2-3EUR+(WAM) – eros ① – WiA – *L7 T9 F1 R5 N3* – giftig). **Skorpions-K. – *C. scorpioides* (L.) W.D.J. KOCH**

1* Bla gefiedert 2

2 Halbstrauch. Dolden 4–10blütig. Hülsenglieder schmal 4flügig. Unterstes Blchenpaar vom BlaGrund entfernt. Blchen (2–)4–6paarig. 3–8(–15) mm lg. NebenBla in eine 2spitzige, blattgegenständige Scheide verwachsen. 0,05–0,10. 5–7. Felsfluren, Trocken- u. Halbtrockenrasen, trockne KiefernW, kalkstet; v Alp, z Bw(Alb Keu Gäu) Nw(SW) Th(f Hrz O Wld) An(S), s By(S Alb MS) Rh He(O) (sm/mo-stemp-demo·c2-3EUR – igr eros HStr PfWu – WiA? – *L6 Tx F3 R9 N2* – O Brom. erect., V Eric.-Pin. – giftig – 12). **Scheiden-K. – *C. vaginalis* LAM.**

2* Staude. Dolden 12–20blütig. Hülsenglieder 4kantig. Unterstes Blchenpaar am Grund des BlaStiels. Blchen 3–6(–7)paarig, (8–)15–30 mm lg. NebenBla fädlich, untere verwachsen, obere getrennt. 0,30–0,50. 5–7. TrockenW, -gebüsche u. ihre Säume, kalkstet; z Alp(Amm Kch Wtt) Bw(f ORh SO) Th(f Hrz), s By(f O) He(O) An(f Elb N O) Ns(S) Nw(NO) (m/mostemp/demo·c2-3 EUR – sogr eros H ♃ Pleiok – WiA – L7 T6 F3~ R9 N3 – V Ger. sang., V Querc. pub., V Eric.-Pin. – 12, 24). [*C. montana* JACQ.]   **Berg-K. – *C. coronata* L.**

Anthyllis L. – Wundklee (22 Arten)
Bearbeitung: **Matthias Kropf**

GrundBla ungeteilt od. wie die unteren StgBla mit vergrößertem EndBlchen. Kr gelb, weißlich od. rötlich. 0,05–0,60(–0,90). 5–8(–9). Trocken- u. Halbtrockenrasen, trockne Wiesen, Küstendünen, trockne KiefernW, subalp. bis alp. Rasen, Rud.: Steinbrüche, Sandgruben, Bahnanlagen, Böschungen, kalkhold; h Alp Th, v By Bw Rh An, z He Nw Sa Bb Ns Mv Sh; auch KulturPfl (m-b·c1-5EUR, [N] OAM, AUST, OAFR – teiligr hros kurzlebig ♃ PfWu – InB: Hummeln PumpBlü – WiA KlA VdA Sa langlebig – L8 T6 F3 R7 N2 – K Fest.-Brom., V Arrh., V Koel. albesc., V Eric.-Pin., O Thlasp. rot. – FutterPfl – 12).   **Gewöhnlicher W. – *A. vulneraria* L.**

1 EndBlchen der oberen StgBla nicht od. kaum größer als die seitlichen. Abschnitte der TragBla der BlüKöpfe lanzettlich, spitz. Seitliche KeZähne schmal, an die oberen angedrückt 2
1* EndBlchen der oberen StgBla deutlich größer als die seitlichen. Abschnitte der TragBla der BlüKöpfe lineal-lanzettlich. Seitlich KeZähne nicht an die oberen angedrückt 4
2 Stg im unteren Teil (meist waagerecht) abstehend zottig behaart, aber verkahlend, aufsteigend bis aufrecht, am Grund verholzt. Ke weißlich ohne rötliche Spitze, am Grund Haare deutlich waagerecht abstehend. Kr gelb, selten rötlich. 0,30–0,90. 6–8. Trocken- u. Halbtrockenrasen, Rud.: Wegränder, Umschlagplätze; s Alp By Rh He Bb, auch [N U] Bw Nw (sm-temp·c3-5EUR – *L9 T7 F2 R5 N5* – V Cirs.-Brach.). [*A. macrocephala* WENDER., *A. polyphylla* (DC.) KIT. et DON]
   subsp. ***polyphylla*** (DC.) NYMAN
2* Stg anliegend behaart 3
3 Stg aufrecht, am Grund nicht verholzt. Ke weißlich, oft mit rötlicher Spitze, Haare wenig abstehend. Kr meist gelb, selten rosa od. rot. 0,05–0,55. 5–8. Trocken- u. Halbtrockenrasen, trockne Wiesen, KiefernW, Rud.; s Nw (W: Aachen) Sh (ntemp-b·c1-4EUR? – *L7 T7 F2 R7 N3* – K Fest.-Brom., V Arrh., V Eric-Pin.).   subsp. ***vulneraria***
3* Stg niederliegend bis aufsteigend, am Grund verholzt. Ke weißlich, ohne rötliche Spitze, Haare deutlich abstehend. Kr gelb. 0,20–0,60 lg. 6–8. Küstendünen; z Ns(Küste) Sh, s Mv (ntemp·c3-4EUR – V Koel. albesc.). [*A. maritima* K.G. HAGEN]   subsp. ***maritima*** (SCHWEIGG.) CORB.
4 (1) Ke (12–)13–18 mm lg, ± aufrecht abstehend behaart, Haare weiß, trocken grau. Kr goldgelb. GrundBla oft nur aus dem großen, elliptischen EndBlchen bestehend. 0,05–0,25. 6–8. Subalp. bis alp. Steinrasen; h Alp, z By(S), s Bw(Alb S) (sm/salp-stemp/mo·c1-3 EUR – L8 T2 F4 R8 N2 – O Sesl., O Thlasp. rot.). [*A. alpestris* HEGETSCHW. nom. illeg.]   subsp. ***alpicola*** (BRÜGG.) GUTERM.
4* Ke 8–11(–13) mm lg, ± anliegend behaart, Haare blass gelblich. GrundBla mit großem Endfieder- u. kleineren, seitlichen FiederBlchen 5
5 Kr hellgelb. Bla grundständig od. im unteren Teil des Stg zusammengedrängt. 0,10–0,40. 6–7. Halbtrockenrasen, trockne Wiesen; v Alp By, s Rh He Nw, sonst? (sm/mo-temp·c1-4EUR – *L7 T6 F3 R7 N3* – V Brom. erect., V Arrh.). [*A. carpatica* PANT., *A. vulgaris* (W.D.J. KOCH) A. KERN., *A. affinis* W.D.J. KOCH]   subsp. ***carpatica*** (PANT.) NYMAN
5* Kr goldgelb. Bla am Stg verteilt, wenigstens bis zur Mitte. Ke mit anliegenden od. (v. a. am KeGrund) aufwärts abstehenden Haaren. 0,15–0,60. 6–7. Standorte u. Soz. weitgehend wie Art; alle Bdl v bis z, bes. im S, Verbr. ungenau bekannt (sm-temp·c1-4EUR – *L7 T7 F2 R5 N3*). [*A. v.* subsp. *carpatica* var. *pseudovulneraria* (SAGORSKI) CULLEN]   subsp. ***pseudovulneraria*** (SAGORSKI) J. DUVIGN.

Ornithopus L. – Vogelfuß, Serradella (5 Arten)

1 Blü 3–4 mm lg, weißlich, mit gelblichem Schiffchen u. rotgestreifter Fahne, etwa so lg wie das gefiederte HochBla. KeZähne höchstens ½ so lg wie die KeRöhre. Fr gebogen. 0,05–0,30. 5–6. Arme Sand- (u. Silikatgrus)trockenrasen, Dünen, sandige Äcker, Brachen, Rud.: Sand- u. Kiesgruben, lichte KiefernW, kalkmeidend; h Ns(z MO S f Hrz), v Mv, z Bw(NW ORh SW) Rh He Nw Th(f Hrz O) Sa An Bb Sh, s By(f O S) (m-temp·c1-2EUR – hros ①/ eros ☉ – SeB – VdA – L7 T6 F3 R2 N2 – V Thero-Air., V Coryneph., V Aphan., V Pan.-Set. – 14).   **Kleiner V., Mäusewicke – *O. perpusillus* L.**

1* Blü (5–)6–10 mm lg, rosa od. karminrot, sehr selten weißlich-cremefarben, deutlich länger als das gefiederte HochBla. KeZähne fast so lg wie die KeRöhre. Fr fast gerade. 0,30–0,60. 6–8. KulturPfl; auch sandige Rud.: Kiesgruben, Bahnanlagen; Brachen, Sandtrockenrasen, kalkmeidend; [N U] z An Rh(SW sonst s) Ns(O M, sonst s), s alle übrigen Bdl (m-sm·c1EUR – hros ①/eros ☉ – SeB – MeA – V Coryneph. – FutterPfl). **Serradella – *O. sativus* BROT.**

Lotus L. – Hornklee, Backenklee (133 Arten)

1 Kr gelb, Schiffchenspitze zuweilen rot. Hülsen linealisch, stielrund. Unteres BlchenPaar von den übrigen Blchen entfernt, dicht am Stg (Abb. 352/3) **2**
1* Kr rosa od. weiß, Schiffchenspitze purpurn. Hülsen länglich, eifg od. kuglig. Alle Blchen einander genähert, Bla daher fast gefingert **6**
2 Blü einzeln, lg gestielt. Fr 4kantig, an den Kanten geflügelt. Stg meist liegend. Kr hellgelb. FrFlügel glatt. 0,10–0,30. 5–6. Wechselfeuchte bis -trockne Niedermoorwiesen u. quellige Hänge, Salzwiesen, Rud.: Wegränder, Kiesgruben, Tagebaue, basenhold; v Alp(f Brch), z Rh(ORh SW N) Nw(SW) Th(Bck) An, s By(f NW O) Bw He(ORh O SW) Sa(W) Bb(M MN NO) Ns(MO S) Mv(N M) (m-temp·c2-4EUR – igr eros H ♃ uAusl – InB: bes. Hummeln – SeA – L8 T7 Fx R9 N1 – V Mol., V Car. davall., V Armer. marit., V Brom. erect.). [*Tetragonolobus maritimus* (L.) ROTH, *T. siliquosus* ROTH]
 Hellgelber H., Gelbe Spargelerbse – *L. maritimus* L.
2* Blü zu 1–12 in doldenfg BlüStänden. Fr nicht geflügelt. Kr sattgelb, Schiffchenspitze zuweilen rötlich **3**
3 Pfl mit Ausläufern. Stg weitröhrig. Blchen mit deutlichen Seitennerven. Dolden (1–)5–12blütig. Ke an den BlüKnospen sternfg, seine Zähne nach außen gekrümmt, meist lg gewimpert, zwischen den 2 oberen eine spitze Bucht (Abb. 360/1). Schiffchen useits mit stumpfwinkligem Knie. 0,20–0,50. 6–7. Nasse bis feuchte Wiesen u. Weiden, an Gewässerufern, Quellen u. Gräben, nährstoffanspruchsvoll; g Nw Sa Ns, h Rh He Th An(z SO) Mv, v By Bw Bb Sh, z Alp(f Krw) (m/mo-temp·c1-4EUR, [N] AM, AUST – sogr eros H ♃ o/uAusl – InB: Bienen – SeA – L7 T5 F8 R6 N4 – O Mol., feuchte Ausbildungen d. V Arrh., V Car. elat., V Car. nigr. – 12). [*L. uliginosus* SCHKUHR]
 Sumpf-H. – *L. pedunculatus* CAV.
3* Ausläufer fehlend. Stg markig od. engröhrig. Blchen mit kaum sichtbaren Seitennerven. Dolden 1–6(–8)blütig. KeZähne an den Knospen etwas einwärtsgekrümmt, zwischen den 2 oberen eine stumpfe Bucht (Abb. 360/2). Schiffchen useits mit rechtwinkligem Knie. **(Artengruppe Gewöhnlicher H. – *L. corniculatus* agg.)** **4**
4 Blchen der mittleren StgBl linealisch bis schmal lanzettlich, >4mal so lg wie br, zugespitzt, das untere Paar lanzettlich. Stg stets kahl. Dolden 1–4(–6)blütig, auf dünnen Stielen. Kr 7–12 mm lg. Blü duftend. 0,20–0,60. 6–8. Wechselfeuchte Wiesen, Rud.: Tongruben, Steinbrüche, Bahnanlagen, Tagebaue, salztolerant; z Th(f Hrz O Wld) An(f Hrz), s By(NW N NM) Bw(ORh Gäu S SW) Rh(f N) He(f NW W) Nw(f N O SW SO) Sa(W NO) Bb(M MN SO) Ns(f Elb Hrz) Mv(f Elb SW) Sh (m·c2-7-temp·c1-3EUR-(WAS) – sogr eros H ♃ Pleiok – InB – SeA – L7 T6 F7~ R8 N4 – O Pot.-Polyg., V Armer. marit., V Mol., V Dauco-Mel. – 12). [*L. tenuifolius* (L.) RCHB., *L. glaber* MILL.] **Schmalblatt-H., Salz-H. – *L. tenuis* WILLD.**
4* Blchen der mittleren StgBla br lanzettlich bis rundlich, <4mal so lg wie br, stumpf od. mit aufgesetztem Spitzchen. Blü geruchlos **5**
5 Dolden 1–3(–5)blütig. Blü 14–18 mm lg. Schiffchenspitze rotbraun. Blchen verkehrteifg bis rundlich, die der unteren StgBla oft vorn ausgebuchtet. 0,02–0,10. 6–8. Alp. Matten u. Steinrasen; aus By irrtümlich angegeben u. mit *L. corniculatus* verwechselt (sm-stemp// alp·c2-3EUR? – sogr eros H ♃ Pleiok – InB – SeA – O Sesl.).
 ? Alpen-H. – *L. alpinus* (DC.) RAMOND
5* Dolden 3–8blütig. Blü 6–16 mm lg. Schiffchenspitze gelb, weißlich, rötlich od. rot. Formenreich: var. *corniculatus*: Blchen verkehrteifg bis eilanzettlich, vorn stumpf od. mit einem Spitzchen, kahl; Stg markig, niederliegend-aufsteigend, 1(–2) mm ⌀, 0,05–0,20; var. *hirsutus* (WALTHER) W.D.J. KOCH: Blchen beidseits kurzhaarig; var. *sativus* HYL.: Blchen länglich-lanzettlich, spitz; Stg ∞, 2 mm ⌀, engröhrig hohl, bogig aufrecht; Blü hellgelb, selten rötlich; 0,20–0,30(–1,00). 6–8. Frische Wiesen u. Weiden, Halbtrocken- (u. Trocken-)rasen, Trockengebüschsäume, Rud.: Kiesgruben, Steinbrüche, basenhold; g Nw Th Ns, h Alp Bw Rh He Sa An, v By Bb Mv Sh; var. *sativus* KulturPfl u. [N] Böschungsansaaten

FABACEAE 359

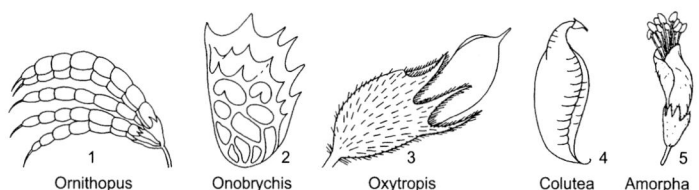

1 Ornithopus   2 Onobrychis   3 Oxytropis   4 Colutea   5 Amorpha

(m-b·c1-6EURAS, [N] AM+AUST+OAFR – sogr eros H ♃ PfWu Pleiok – InB: Hautflügler – SeA VdA Sa langlebig – L7 Tx F4 R7 N3 – O Arrh., O Brom. erect., V Cirs.-Brach., V Mol., V Trif. med., V Dauco-Mel. – FutterPfl – 24). **Gewöhnlicher H. – *L. corniculatus* L.**

6 **(1)** Blü 10–20 mm lg. Köpfe kurz gestielt, 4–10blütig. Kr rosa od. weiß mit purpurner Schiffchenspitze, Flügel an der Spitze nicht verwachsen. Ke 8–12 mm lg. Hülsen länglich, 6–12 × 2–4 mm, längsrunzlig, 2–6samig. Stg u. Bla dicht abstehend behaart. 0,20–0,50. 5–7. Trockenrasen, lichte Kiefernforste, kalkstet; [N 1929] s Th (M: Kleinbreitenbach, Plaue) (m-sm·c3-5EUR – igr HStr PfWu – InB: Haut- u. Zweiflügler – SeA Lichtkeimer – *L5 T9 F1 R7 N3* – V Brom. erect.). [*Bonjeania hirsuta* (L.) Rchb., *Dorycnium hirsutum* (L.) Ser.] **Behaarter B. – *L. hirsutus* L.**

6* Blü 3–7 mm lg. Köpfe lg gestielt, 6–25blütig. Kr weiß mit purpurner Schiffchenspitze, Flügel an der Spitze verwachsen. Ke 1,5–4,0 mm lg. Hülsen 1samig 7

7 Köpfe 6–14blütig. BlüStiele kürzer als die KeRöhre. Blü 5–7 mm lg. Hülsen eifg, 3,5–4,5 × 2,0–4,0 mm, fast doppelt so lg wie der Ke, glatt. Blchen 2–4 mm br, anliegend seidig behaart bis verkahlend. 0,15–0,30. 7. Fels- u. Schotterfluren, lichte, trockne KiefernW, kalkstet; z Alp(Amm Kch Wtt Mng), s By(MS S) (sm/mo-stemp·c3-4EUR – igr HStr PfWu – InB: Haut- u. Zweiflügler PumpBlü – SeA Lichtkeimer – L7 T6 F2 R9 N1 – V Eric.-Pin.). [*Dorycnium germanicum* (Gremli) Rikli, *D. sericeum* (Neilr.) Borbás] **Seidiger B., Seidenhaar-B. – *L. germanicus* (Gremli) Peruzzi**

7* Köpfe 12–25blütig. BlüStiele so lg wie die KeRöhre od. länger. Blü 3–5 mm lg. Hülsen länglich-eifg, 3–4 × 1,5 mm, längsrunzlig. Blchen (2–)4–6 mm br, abstehend behaart bis verkahlend. 0,15–0,60. 6–7. Halbtrockenrasen, Trockengebüschsäume, basenhold; [N U] s By Bw Th An Ns, † Th(N Bck: Hachelbich, Treffurt) Bb(NO) (m/mo-sm·c3-4EUR – igr HStr PfWu – InB: Haut- u. Zweiflügler – SeA – L7 T6 F3 R9 N3 – V Cirs.-Brach., V Ger. sang. – 14). [*Dorycnium herbaceum* Vill.] **Vielblütiger B. – *L. herbaceus* (Vill.) Jauzein**

Robinia L. – **Robinie** (4 Arten)

Blü in hängenden Trauben. Kr weiß. Blchen 9–17, eifg bis elliptisch. NebenBla zu Dornen umgeformt. 15,00–25,00. 5(–6). Forst-, Park- u. Straßenbaum; auch frische bis trockne (Tal-)Hänge, Rud.: Straßenböschungen, Bahndämme, Tagebaue; Brachen, durch Verwilderung u. Forstung Vorwälder bildend; [in D seit 1670 kultiviert, potentiell anspruchsvoll seit 1824, N] g Sa, h Rh He Nw Th An Bb Ns, v By Bw Mv, z Alp Sh ((m)-sm·c3-6OAM, [N] sm-stemp·c2-5 EUR-(WAS) – sogr B WuSpr – InB: Bienen – VdA WiA Sa langlebig – L(5) T6 F4 Rx N8 – V Samb.-Salic. – Humusverbesserer – giftig außer Blü). **Gewöhnliche Robinie, Falsche Akazie – *R. pseudoacacia* L.**

Oxytropis DC. – **Spitzkiel, Fahnenwicke** (300–400 Arten)

1 Kr violett. Pfl locker seidig behaart od. kahl. BalgFr stark aufgeblasen. 0,04–0,10. 7–8. Alp. mäßig trockne, lückige Steinrasen, kalkstet; v Alp(f Mng) (sm-stemp//alp·c2-4ALP – sogr eros H ♃ Pleiok – InB – WiA VdA – L8 T2 F4 R9 N2 – V Sesl., V Elyn.). [*O. jacquinii* Bunge] **Berg-S. – *O. montana* (L.) DC.**

1* Kr hellgelb. Pfl zottig. BalgFr linealisch, schwach aufgeblasen. 0,15–0,30. 6–7. Kont. Felsfluren u. Trockenrasen, Dämme, kalkhold; z An(S SO), s Alp(Chm Mng) By(N NM S) Bw(Alb Gäu Keu S) Rh(ORh SW) Th(Bck S) Bb(Od MN NO), ↘ (sm-temp·c4-7EUR-WAS – sogr eros H ♃ PfWu Pleiok – InB: Wildbienen – WiA VdA – L9 T7 F1 R7 N1 – V Sesl.-Fest., V Fest. val., V Xerobrom. – ▽). **Steppen-S., Zottige F. – *O. pilosa* (L.) DC.**

360 FABACEAE

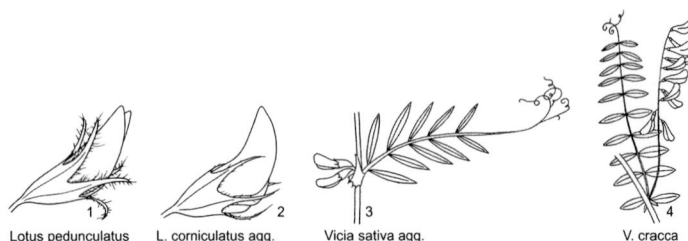

Lotus pedunculatus   L. corniculatus agg.   Vicia sativa agg.   V. cracca

Astragalus L. – **Tragant** (2300–2500 Arten)
(InB: meist Hummeln, Falter KlappBlü)

1   Kr gelb od. gelblich 2
1* Kr violett, fleischfarben od. weißlich, zuweilen gelblichweiß mit violetter Schiffchenspitze
    6
2   Bla u. BlüStände grundständig. Pfl (fast) stängellos, lg zottig. BalgFr eifg. 0,03–0,08. 5. Kont.
    Trocken- u. Halbtrockenrasen, kalkhold; z An(S SO), s Th(Bck), ↘ (m/mo-stemp·c4-7EUR
    – sogr ros H ⚦ PfWu – InB: Hummeln – WiA – L9 T6 F3 R9 N2 – V Fest. val.).
    Stängelloser T. – **A. exscapus** L.
2* Oberirdische Stg vorhanden. Hülsen 3
3   Hülsen 2fächrig, aufrecht. Blü aufrecht od. abstehend. Stg liegend od. nur vorn aufsteigend
    4
3* Hülsen 1fächrig u. wie die Blü nickend 5
4   Stg fast kahl. Blchen zu 11 od. 13, eifg, useits anliegend kurzhaarig. Hülsen kahl, linealisch,
    etwas gebogen, zuletzt nach oben zusammenneigend. 0,50–1,50. 6–7. Frische bis mäßig
    trockne Gebüsch- u. Waldsäume, lichte Wälder, Waldwege, verbuschende Halbtrockenra-
    sen, basenhold; h Th, v Bw He Sa An(g S) Mv, z Alp By Rh Nw Bb(h NO) Ns Sh (sm/mo-
    temp·c2-5EUR +WSIB – sogr eros H ⚦ Pleiok – InB: Hummeln, Falter – VdA WiA Kälte-
    keimer – L6 T6 F4 R7 N3 – O Orig., V Berb., V Brom. erect. – 16).
    Süßholz-T., Bärenschote – **A. glycyphyllos** L.
4* Stg u. Bla angedrückt behaart. Blchen zu 17–25, länglich-lanzettlich. Hülsen rundlich, auf-
    geblasen, rauhaarig. 0,30–0,60. 6–8. Mäßig trockne Wald- u. Gebüschsäume, Waldlichtun-
    gen, Rud.: Bahnanlagen, Steinbrüche; Weinberge, kalkhold; z By Bw(f SW) Th An Bb(MN
    NO Od M), s Rh(ORh SW) He(ORh MW SO) Sa(W) Ns(MO S) Mv(f Elb SW), [N] s Nw, ↘
    (sm-temp·c2–5 EUR – sogr eros H ⚦ Pleiok Rhiz – InB – WiA – L7 T6 F4~ R9 N2 – O Orig.
    – 64). **Kicher-T.** – **A. cicer** L.
5   (3) Bla fast kahl, bläulichgrün. NebenBla 5–10 mm br. Stg meist kahl, einfach. Hülse <1 cm
    br. 0,10–0,35. 7–8. Alp. frische Steinrasen, kalkhold; z Alp, (sm/alp-arct·c4-7CIRCPOL –
    sogr eros G ⚦ uAusl – InB: Hummeln SeB – VdA WiA – L8 T2 F4 R9 N2 – K Sesl.).
    Gletscher-T., Gratlinse – **A. frigidus** (L.) A. GRAY
5* Bla weichhaarig, frischgrün. NebenBla 3 mm br. Stg behaart, ästig. Hülse aufgeblasen,
    meist >1 cm br. 0,30–0,50. 7–8. Alp. mäßig trockne bis frische Steinrasen u. Matten, lichte
    KiefernW, basenhold; z Alp(Allg) (m/alp-b·c3-7EURAS – sogr eros H ⚦ Pleiok PfWu – InB:
    Hummeln, Falter SeB – VdA WiA? – L7 T1 F4 R7? N1 – O Sesl., V Eric.-Pin.).
    Blasen-T. – **A. penduliflorus** LAM.
6   (1) Flügel vorn ausgerandet od. gespalten. Kr gelblichweiß, Schiffchenspitze violett. 0,10–
    0,20. 5–6. Alp. frische Steinrasen, basenhold; s By(SW), z Alp(Allg Mng) (sm-b//alp·c3-
    5EUR – sogr eros H ⚦ Pleiok – L9 T1 F5 R7 N2 – V Elyn., V Sesl.). [A. helveticus
    (HARTMANN) O. SCHWARZ] **Südlicher-T.** – **A. australis** (L.) LAM.
6* Flügel nicht od. kaum ausgerandet 7
7   Fahne u. Schiffchenspitze violett, Flügel weiß. Schiffchen so lg wie die Fahne. Hülsen
    hängend, zottig behaart. 0,05–0,20. 6–8. Alp. frische bis mäßig trockne Steinrasen;
    z Alp(Allg Amm Mng Wtt) (m/alp-arct·c2-7 CIRCPOL – sogr eros H ⚦ Pleiok – InB: Hum-
    meln, Falter – VdA – L9 T2 F4 R6 N? – V Elyn., V Sesl.). **Alpen-T.** – **A. alpinus** L.

FABACEAE 361

7* Kr einfarbig. Schiffchen kürzer als die Fahne. Hülsen aufrecht **8**
8 Blchen zu 7 od. 9. Trauben locker 4–8blütig. Kr hellpurpurn, selten weiß. Hülsen linealisch-länglich, grau behaart. 0,10–0,30. 6–7. Kont., oft rud. beeinflusste Sandtrockenrasen, sandige Rud.: Straßenböschungen, lichte, sandige KiefernW u. -forste; z Sa(NO), s Bb(f Elb SW) Mv(MW M?), [N] s By(NM), ↘ (temp·c3–5 EUR – sogr eros H ♃ Pleiok – L7 T7 F2 R7 N1 – V Koel. glauc., V Cytis.-Pin. – ▽). **Sand-T. – *A. arenarius* L.**
8* Blchen zu 17–25. Trauben 10–∞blütig, kopfig-eifg. Hülsen weißhaarig **9**
9 Fahne fast linealisch, um 6–8 mm länger als die Flügel. Kr hellviolett. Hülsen elliptisch, wenig aufgeblasen. 0,10–0,30. 6–7. Felsfluren u. Trockenrasen; [N U] s By(N) (sm-stemp·c3-8EUR-WAS – sogr eros H ♃ Hautflügler – InB: Hautflügler – L8 T7? F2 R9 N1 – V Fest. val.?). ⓕ **Fahnen-T., Esparsetten-T. – *A. onobrychis* L.**
9* Fahne eifg, höchstens 3 mm länger als die Flügel. Kr violett. Hülsen rundlich-eifg, aufgeblasen. 0,08–0,25. 5–6. Kont., auch rud. beeinflusste Halbtrocken- u. Trockenrasen, kalkhold; z Th(Bck) An(f N), s By(N) Rh(ORh SW) Bb(M MN NO) Ns(MO: Watenstedt) Mv(M MW), † Bw(ORh) He, ↘ (sm/mo-b·c4-7CIRCPOL – sogr eros H ♃ uAusl – L8 T7 F3~ R9 N2 – V Cirs.-Brach. – 16). [*A. hypoglottis* auct.] **Dänischer T., Triften-T. – *A. danicus* RETZ.**

Colutea L. – Blasenstrauch (28 Arten)

Blchen meist zu 11, verkehrteifg, vorn ausgerandet. Blü zu 3–6. Kr hellgelb. Hülsen stark aufgeblasen (Abb. **359**/4). 2,50–5,00. 6–8. TrockenW, -gebüsche u. ihre Säume, Rud.: Steinbrüche, Bahndämme; basenhold; s Bw(ORh SW), [N U] z By Rh An Sa Bb, s He Nw Th Mv Sh; meist Zierstrauch u. gepflanzt als Pioniergehölz (m-sm·c2-6EUR – sogr Str – InB – WiA? – L5 T8 F3 R8 N2 – O Querc. pub., V Berb. – für Vieh giftig).
Gewöhnlicher B. – *C. arborescens* L. subsp. *arborescens*

Caragana FABR. – Erbsenstrauch (70–80 Arten)

Kr goldgelb, zu 1–3. Blchen (3–)4–6(–8)paarig, elliptisch, stachelspitzig. 2,00–6,00. 5. Ziergehölz; auch verwildert, z. B. Gebüschsäume, Rud.: Bahnanlagen, Brachen; [N U] z An, s alle Bdl (sm/mo-temp·c5-7MAS-WSIB – sogr Str – InB – SeA – *L7 T5 F4 R5 N5* – für Vieh giftig). **Gewöhnlicher E. – *C. arborescens* LAM.**

Hedysarum L. – Süßklee (140–180 Arten)

Blü nickend. Kr purpurn, 2 cm lg. Blchen mit durchscheinenden Punkten. Pfl kahl. 0,10–0,40. 7–8. Alp. frische, lückige Steinrasen u. Matten, kalkhold; v Alp (m/alp-arct·c3-7EURAS-(WAM) – sogr eros G ♃ PfWuPleiok – InB: Hummeln, Falter KlappBlü – WiA – L8 T2 F5 R8 N2 – O Sesl. [*H. obscurum* L.] **Alpen-S. – *H. hedysaroides* (L.) SCHINZ et THELL.**

Onobrychis MILL. – Esparsette (130 Arten)

1 Bla mit 3–7(–8) Fiederpaaren. Blchen 5–20 × (2–)3–5 mm. Trauben vor dem Aufblühen eilänglich. KeZähne 1,5–3mal so lg wie die KeRöhre. Fahne (1–)2 mm kürzer als das Schiffchen, 10–12 mm lg. Flügel 4–6 mm lg, (fast) so lg wie der Ke. Fr 6–8 mm lg, am Kamm mit schlanken, bis 2 mm lg Stacheln. Stg liegend bis aufsteigend. 0,05–0,15. 7–8. Alp. bis mont. Stein- u. Halbtrockenrasen, auch Steilhalden, lichte KiefernW, kalkhold; z Alp(Allg) s Bw(Alb Gäu Keu) (m-stemp//alp·c3-5EUR – sogr? eros H ♃ Pleiok – InB: Bienen, Falter – KlA – L9 T3 F4 R9 N2 – O Sesl., V Brom. erect., V Eric.-Pin.). **Berg-E. – *O. montana* DC.**
1* Bla mit 5–14 Fiederpaaren. Blchen 10–35 mm lg. Fahne etwa so lg wie das Schiffchen. Flügel 2–3(–4,5) mm lg, kürzer als der Ke **2**
2 Stg meist liegend bis aufsteigend. Blchen 1,5–4,0(–8,0) mm br, lineal-lanzettlich. Trauben vor dem Aufblühen schmal spindelfg, zur BlüZeit 1,5–2,2 cm br. BlüStiele 2 mm lg. DeckBla 3 mm lg, viel kürzer als der Ke. Ke 4–5(–7) mm lg, seine Zähne 1,5–2,5mal so lg wie die KeRöhre. Kr 8–10(–11) mm lg. Fr 4–6 mm lg, am Kamm mit 4–5(–6) schlanken, 0,5–2,0 mm lg Stacheln. 0,10–0,30. 6–7. Kont. Halbtrocken- (u. Trocken-)rasen, trockne lichte KiefernW, kalkstet; z Th(Bck S) An(f Elb O), s By(f NO O S) Bw(f NW ORh S SW) Rh(ORh SW) (sm-temp·c4-8EURAS – sogr eros H ♃ Pleiok – InB: Bienen KlappBlü – KlA Sa kurzlebig – L7 T7 F2 R9 N1 – O Fest. val., O Brom. erect.). **Sand-E. – *O. arenaria* (KIT.) DC.**

2* Stg aufrecht. Blchen 4–9 mm br, eilänglich, selten linealisch. Trauben vor dem Aufblühen eilänglich, zur BlüZeit 2–3 cm br. BlüStiele 1,0–1,5 mm lg. DeckBla 3,5–4,0 mm lg, wenig kürzer als die Ke. Ke 5,5–8,0 mm lg, seine Zähne 1,5–4mal so lg wie die KeRöhre. Kr (8–)10–14 mm lg. Fr (5–)6–8 mm lg, am Kamm mit 6–8 dicken, bis 1 mm lg Stacheln. 0,30–0,60. 5–7. KulturPfl; auch Halbtrockenrasen, trockne Wiesen, mäßig trockne Rud., oft Ansaaten an Straßenböschungen, Dämme, kalkstet; [A] v Bw, z Alp(f Krw) By Rh He Nw Sa, s Th(ob noch?) An(SO) Bb(f Elb) Ns Mv(M) Sh (m/mo-temp·c2-8 EUR-WAS, [N] z An Mv AM, urspr. sm·c4EUR? – sogr eros H ♃ Pleiok – InB: bes. Bienen Vm – VdA MeA KlA? – L8 T7 F3 R8 N3 – V Brom. erect., V Cirs.-Brach., V Arrh. – FutterPfl). [*O. sativa* Lam.]
Saat-E. – *O. viciifolia* Scop.

***Galega* L. – Geißraute** (6 Arten)

Stg aufrecht. Blchen 9–17, lanzettlich. Kr bläulichweiß. 0,60–1,20. 6–8. ZierPfl; auch (wechsel)feuchte Rud.: Straßenränder, Bahnanlagen, Steinbrüche; Brachen, nährstoffanspruchsvoll; [N 19. Jh., meist U] z Bw Nw Th Sa An, s By(MS N NW O) Rh(ORh) He Bb Ns Mv Sh: Hamburg (m-stemp·c3-7EUR-WAS – sogr? eros H ♃ Pleiok Rübe – InB: bes. Wildbienen KlappBlü – L7 T6 F6~ R7 N8 – V Sene. fluv., V Pot. ans., V Dauco-Mel., V Arct. – früher HeilPfl – für Vieh giftig). **Echte G. – *G. officinalis* L.**

***Ononis* L. – Hauhechel** (75 Arten)

1 Kr gelb, Flügel u. Schiffchen oft mit roten Strichen. Blü einzeln in den BlaAchseln. Hülsen länglich-linealisch, 10–25 mm lg, hängend. Pfl drüsig-klebrig, dornenlos. 0,20–0,50. 5–7. Lückige, submed. Trockenrasen, kalkstet; [N 1862? U] s Nw(NO), † Bw(ORh: Tuniberg, Kaiserstuhl) (m·c1-5-stemp·c1-2EUR – sogr eros H ♃ PfWu Pleiok – InB: v. a. Hummeln, Bienen – SeA VdA – L8 T8 F3 R8 N1 – O Brom. erect.). **Gelbe H. – *O. natrix* L.**
1* Kr hell- bis purpurrot od. rosa, selten weiß. Blü zu 1–3 achselständig. Hülsen eifg, 5–10 mm lg. **(Artengruppe Dornige H. – *O. spinosa* agg.)** **2**
2 Blü in dichten, ährenfg Trauben, zu (1–)2(–3) achselständig. Kr rosa, purpurn gestreift, selten weiß. Hülse 6–9 mm lg, kürzer als die Ke. Stg aufrecht od. aufsteigend, drüsig-zottig behaart, dornenlos. Pfl mit starkem Bocksgeruch. 0,20–0,60. 6–7. Kont. Halbtrockenrasen; [N] s By Mv, [U] Bw Rh Sh (sm-temp·c3-6EUR-WAS – sogr eros H ♃ PleiokRhiz – InB: Bienen – SeA VdA – L8 T6 F4~ R7 N2 – V Cirs.- Brach.). [*O. hircina* Jacq.]
Bocks-H. – *O. arvensis* L.
2* Blü in lockeren, ährenfg Trauben, meist einzeln, selten zu 2 achselständig. Kr hell- bis purpurrot, dunkler gestreift **3**
3 Stg niederliegend bis aufsteigend, meist ringsum drüsig-zottig. Blchen abgerundet-gestutzt bis leicht ausgerandet, 3–20 mm lg. Blü 1,3–2,5 cm lg. Hülsen meist kürzer als die Ke. Pfl meist dornenlos, zuweilen mit weichen Dornen. 0,20–0,40(–0,60). 6–7. Halbtrockenrasen, wechseltrockne Wiesen u. Weiden, Küstendünen, mäßig trockne Böschungen, basenhold; h Th, v Alp By Bw Rh He Sa An(g S) Mv, z Nw Bb Ns Sh, im N [A] (m-temp·c1-3EUR – sogr eros H ♃ PfWu+uAusl – InB: Bienen PumpBlü – SeA VdA – L8 T5 F4~ R7 N2 – V Brom. erect., V Cirs.-Brach., V. Arrh., V Mol. – 32, 60).
Kriechende H. – *O. repens* L. subsp. *procurrens* (Wallr.) Bonnier et Layens
3* Stg aufrecht od. aufsteigend, 1- od. 2reihig behaart, oben oft ringsum behaart. Blchen ± spitz **4**
4 Pfl stark dornig. Blchen 5–15 mm lg. Hülsen so lg wie der Ke od. länger. Pfl ohne die unterirdische Ausläufer. 0,30–0,60(–1,00). 6–7. Halbtrockenrasen, Magerrasen, bes. nach Beweidung, (wechsel)trockne Wiesen u. Weiden, mäßig trockne Rud.: Dämme, kalkhold, salztolerant; v An, z Alp By Bw Rh He Nw Th(f Hrz) Sa Bb Ns Mv Sh (m·c2-7-temp·c2–4 EUR-WAS – sogr eros H ♃ PleiokRübe uAusl – InB: Bienen PumpBlü – SeA – L8 T6 F4~ R7 N3 – V Brom. erect., V Cirs.-Brach., V Viol. can., V Mol. – HeilPfl). [*O. campestris* W.D.J. Koch et Ziz, inkl. *O. s.* subsp. *aberrans* Endtm.] **Dornige H. – *O. spinosa* L.**
4* Pfl dornenlos od. mit wenigen, meist weichen Dornen. Blchen 10–30 mm lg. Hülsen kürzer als die Ke. Pfl einfach od. kurzästig, zuweilen mit lg unterirdischen Ausläufern. 0,30–0,60. 6–7. Wechselfeuchte Wiesen u. Weiden, Halbtrockenrasen; s Alp(Amm Allg), By(N NM S)

(sm-stemp·c2-3EUR – L7 T7 F6 R7 N3 – V Mol., V Brom. erect.). [O. spin*o*sa subsp. austr*i*aca (BECK) GAMS, O. austr*i*aca BECK] **Stinkende H. – O. f*oe*tens** ALL.

Hybriden: O. arv*e*nsis × O. spin*o*sa = O. ×pseudohirc*i*na SCHUR – s, O. r*e*pens L. subsp. proc*u*rrens × O. spin*o*sa = ? – s

Melil*o*tus MILL. – **Steinklee, Honigklee** (20 Arten)

1 Kr weiß 2
1* Kr gelb 3
2 Kr 4–5 mm lg. Flügel u. Schiffchen kürzer als Fahne. BlüStiel 1,0–1,5 mm lg. Fr 3–5 mm lg, reif graubraun. 0,30–1,50. 6–9. Mäßig trockne bis frische Rud.: Wegränder, Schutt, Bahnanlagen, Kiesgruben, rud. beeinflusste Trockenrasen, basenhold, nährstoffanspruchsvoll; [A] g Th, h He Nw Sa An Ns Mv, v By Bw Rh Bb, z Alp Sh; auch KulturPfl (m-b·c1-9 EUR-WAS, [N] aust-trop/mo-bCIRCPOL – sogr hros ⊙ Rübe, s ⊙ – InB: Bienen SeB – StA MeA VdA? – L9 T6 F3 R7 N4 – V Dauco-Mel., V Arct., O Agrop. – Bienenweide, FutterPfl – 16).
Weißer St., Bokharaklee – M. *a*lbus MEDIK.
2* Kr 3,0–3,5 mm lg. Flügel u. Schiffchen länger als die Fahne. BlüStiel 2–4 mm lg. Fr 4–5 mm lg, reif bräunlich gelb. 0,40–1,20. 6–9. Rud., meist salzhaltige Orte; [U] By Bw Rh Nw Sa An Bb Ns Mv Sh (S: Hamburg). (sm-stemp·c4-8EUR-WAS, [N] temp-b·c3-4EUR – sogr hros ⊙ Rübe – InB: Bienen SeB). **Wolga-St., Russischer St. – M. w*o*lgicus** POIR.
3 **(1)** Blchen mit wenigstens 18 Seitennervenpaaren. NebenBla der mittleren StgBla deutlich gezähnt (Abb. **365**/2). Kr blassgelb. 0,15–0,80. 7–9. Frische, nährstoffreiche, meist salzhaltige Trittrasen u. Salzwiesen, lückige Rud., Ufer; z Rh(ORh) Th(Bck) An(f Hrz O), s Bb(M) Ns(MO: Jerxheim, sonst †) Mv(f Elb SW) Sh(O), † Na (m-temp·c4-9EUR-WAS – sogr hros ⊙ Rübe, s ⊙ – InB: Bienen – StA VdA? – L8 T6 F6~ R7 N5? – V Pot. ans., V Sisymbr.). **Salz-St. – M. dent*a*tus** (WALDST. et KIT.) DESF.
3* Blchen mit <16 Seitennervenpaaren. Kr reingelb 4
4 Blü 2–3 mm lg. NebenBla meist deutlich gezähnt. Fr fast kuglig. 0,10–0,50. 6–7. Mäßig trockne bis frische Rud.: Wegränder, Schutt, Umschlagplätze; Äcker, salztolerant; [N 1853 U] s By Bw Rh Nw Sa An Ns Mv Sh: Hamburg (m-(sm)·c2-7EUR-WAS, [N] austr+m-stemp-CIRCPOL – eros ⊙ – L9 T6 F5~ R7 N7 – V Pot. ans., V Sisymbr., K Isoëto-Nanojunc.). [*M. parvifl*o*rus* DESF.] **Kleinblütiger St. – M. *i*ndicus** (L.) ALL.
4* Blü 5–7 mm lg. NebenBla ganzrandig, selten am Grund 1zähnig 5
5 Fahne, Flügel u. Schiffchen gleich lg. FrKn u. Fr behaart. Fr netzig-runzlig. 0,60–1,20. 7–9. Mäßig trockne bis wechselfeuchte waldnahe Staudenfluren u. Waldsäume, Rud.: Wegränder, Schutt, Bahnanlagen; Moor- u. Salzwiesen, nährstoffanspruchsvoll; v Nw, z Alp(f Brch Krw Wtt) By Bw Rh He(f W) Th(f Hrz) An Ns(f Elb), s Bb(M MN NO SW) Mv(f Elb) Sh, [N] s Sa(W) (sm-temp·c2-5 EUR-(WAS), [N] NAM – sogr hros ⊙ Rübe, s ⊙ – InB: Bienen SeB? StA – L8 T6 F7~ R7 N7 – V Sene. fluv., V Onop., V Pucc.-Sperg. – HeilPfl – 16). [*M. macrorrh*i*zus* (WALDST. et KIT.) PERS.] **Hoher St. – M. altissimus** THUILL.
5* Fahne u. Flügel deutlich (>0,5 mm) länger als das Schiffchen. FrKn u. Fr kahl. Fr querfaltig. 0,30–1,00. 6–9. Trockne bis frische Rud.: Wegränder, Schutt, Bahnanlagen, Steinbrüche; Ufer, nährstoffanspruchsvoll; [A] h Nw Th Sa An, v By(g NM) Bw Rh He Bb Ns(g MO) Mv, z Alp Sh (m-b·c4-9EUR-WAS – sogr hros ⊙ Rübe, s ⊙ – InB: bes. Bienen SeB KlappBlü – StA VdA? Sa langlebig – L8 T6 F3 R8 N3 – V Dauco-Mel., V Arct., V Conv.-Agrop. – HeilPfl, Bienenweide – für Vieh giftig! – 16).
Echter St., Gelber Honigklee – M. officin*a*lis (L.) LAM.

Hybride: *M. *a*lbus* × *M. officin*a*lis* = *M. ×schoenheiti*a*nus* HAUSSKN.

Trigon*e*lla L. – **Schabziegerklee, Bockshornklee** (55 Arten)

1 Blü in lg gestielten, kopfigen Trauben. Kr blau. Hülsen eifg, <1 cm lg (Abb. **365**/1). 0,30–0,60. 6–7. KulturPfl; auch Rud.: Schutt, Umschlagplätze; [U] s By Rh Sa Bb: (M: Berlin) Sh Bw He Mv (nur in Kultur bekannt, abzuleiten von *T. procumbens* (BESS.) RCHB. (m-sm·c4-6EUR-VORDAS – eros ⊙ – InB: Wildbienen – L7 T9 F4 R7 N7 – Käse- u. Brotgewürz, früher VolksheilPfl). [*T. melil*o*tus-caer*u*leus* (L.) ASCH. et GRAEBN.]
Schabziegerklee – T. caer*u*lea (L.) SER.

1*   Blü zu 1 od. 2, fast sitzend. Kr gelblich. Hülsen linealisch, 5–10 cm lg. 0,20–0,60. 6–7.
    KulturPfl; auch Rud.: Schutt; [U] s By Rh He Bb: Berlin (urspr. m·c5-6WAS?, [A N]
    m-stemp·c1-5EUR+AM – eros ☉ ① – InB: Wildbienen – MeA – *L7 T9 F3 R5 N5* – Käse- u.
    Brotgewürz, HeilPfl). **Bockshornklee** – *T. foenum-graecum* L.

Medicago L. – Luzerne, Schneckenklee (83 Arten)

[U lokal] meist Rud.: Bahnanlagen, Wegränder, Umschlagplätze: **Scheiben-Sch.** – *M. orbicularis* (L.)
BARTAL. mit beidseits abgeflachter, 10–20 mm br, 4–6fach gewundener, glatter Hülse. s By Bw Rh He Nw
Sa Sh: Hamburg (m-sm·c2-6EUR-WAS, [N] austr(SAM)+AUST+temp·c2-4EUR+m-sm·c2-3NAM – ☉).
Kreisel-Sch. – *M. turbinata* (L.) ALL. mit zylindrischer, 5–7 mm br, eng 5–6fach gewundener Hülse. s Bw
Rh Sa Bb Sh: Hamburg (m-sm·c2-6EUR-WAS, [N] (austrAUST)+temp·c2-3EUR+(WAM) – ☉). **Gestutz-**
ter Sch. – *M. truncatula* GAERTN. mit 5–8 mm br, locker behaarter, 3–6fach gewundener Hülse. Kr 5–6 mm
lg. s Bw Rh Sa Bb Sh: Hamburg (boreostrop/mo)AFR+m-sm·c1-5EUR-WAS, [N] austr+auststrop
(SAM)+AUST+temp·c1-4EUR+m·c2WAM – ☉). **Samt-Sch.** – *M. rigidula* (L.) ALL. mit 5–8 mm br, locker
behaarter, 4–7fach gewundener Hülse. Kr 6–7 mm lg. s Bw Rh Nw Sa Bb: Berlin Sh: Hamburg (m-sm c3-6
EUR-WAS, [N] sm-temp c2-4 EUR – ☉).

1   Kr blau- bis dunkelviolett, schwärzlich- od. gelblichgrün 2
1* Kr rein gelb. Hülsen stachlig od. glatt u. dann sichel- od. nierenfg 3
2   Hülsen glatt, mit 0,5–2,5 Windungen (Abb. 365/3). Fr mit 3–8 Sa. 0,30–0,80. 6–8. KulturPfl;
    auch rud. beeinflusste Halbtrockenrasen u. trockne Wiesen, Weg- u. Ackerränder, Gebüsch-
    säume, basenhold; [N] h Th Sa An, v Bw Rh Nw Ns Mv, z Alp By He Bb Sh (Hybride aus
    M. falcata u. der in D wohl nicht kultivierten *M. sativa*; m-(sm)·c5-8 WAS – igr eros H/C ♃
    Pleiok PfWu – InB: Wildbienen SeB Vm ExplosionsBlü – MeA WiA VdA StA Sa langlebig
    – *L8 T6 F4 R7 Nx* – V Dauco-Mel., V Conv.-Agrop., V Arrh., V Brom. erect., V Ger. sang.
    – FutterPfl). [*M. sativa* subsp. *media* (PERS.) SCHÜBL. et G. MARTENS]
    Bastard-L. – *M.* ×*varia* MARTYN
2* Hülsen behaart, mit 2–3 Windungen. Fr mit 10–20 Sa. Trockne Wiesen, Weg- u. Ackerrän-
    der; – [U od. übersehen?] By (m-(sm)·c5-8 WAS – igr eros H/C ♃ Pleiok PfWu – InB:
    Wildbienen SeB Vm ExplosionsBlü– MeA WiA VdA StA – *L8 T6 F4 R7 Nx* – V
    Dauco-Mel., V Conv.-Agrop., V Arrh., V Brom. erect., V Ger. sang. – FutterPfl).
    Echte L. – *M. sativa* L.
3   (1) Trauben (3–)10–35blütig. Hülsen glatt, sichel- od. fast nierenfg 4
3* Trauben mit 1–8 Blü. Hülsen stark stachlig, schneckenfg gerollt, mit 1,5–7 Windungen   5
4   Blü 8–11 mm lg. Hülsen sichelfg (Abb. 365/4) bis fast gerade. Stg liegend od. aufsteigend.
    0,20–0,50. 6–9. Trocken- u. Halbtrockenrasen, Trockengebüsch- u. TrockenWSäume,
    Böschungen kalkhold; h Th(z Wld, f Hrz), v Bw An(g S), z Alp By(h NM) Rh He Nw Sa Bb
    Ns Mv Sh(f W) (m/mo-temp·c1-8 EURAS, [N] NAM – teilig eros H ♃ Pleiok PfWu – InB:
    Wildbienen ExplosionsBlü SeB – MeA WiA VdA StA – *L8 T6 F3 R9 N3* – K Fest.-Brom.,
    O Agrop., V Ger. sang. – 16, 32). [*M. sativa* subsp. *falcata* (L.) ARCANG.]
    Sichel-L, Sichelklee – *M. falcata* L.
4* Blü etwa 3 mm lg. Hülsen fast nierenfg (Abb. 365/5). 0,15–0,60. 5–10. Halbtrockenrasen,
    trockne Wiesen, Wegränder, nährstoffreiche Äcker, kalkhold; g Nw Th Sa An Ns Sh, h Alp
    Bw Rh He Mv, v By Bb, im N [A]?; auch KulturPfl (m/mo-temp·c1-9EUR-WAS-(OAS), [N]
    austr-trop/moCIRCPOL+ NAM – igr hros ① bis H ♃ Pleiok PfWu – InB SeB – MeA VdA
    WiA Sa langlebig – *L7 T5 F4 R8 Nx* – V Brom. erect., V Cirs.-Brach., V Arrh., V Caucal.,
    V Ver.-Euph., V Sisymbr. – FutterPfl – formenreich).
    Hopfen-L., Hopfenklee, Gelbklee – *M. lupulina* L.
5   (3) Blchen beidseits dicht behaart. NebenBla ganzrandig od. am Grund gezähnt. Trauben
    mit 1–6(–8) Blü, Kr 4,0–4,5 mm lg. Hülsen 3–5 mm br, mit 3–5 lockeren Windungen, fast
    kuglig, innen ohne Querwände. 0,10–0,30. 5–6. Lückige Xerothermrasen, Rud.: Wegränder,
    Sandgruben, Mauerkronen, kalkhold; z By(f S) Rh He(f NW) Th(f Hrz NW O) An Bb(f SO)
    Mv(f Elb), s Bw Sa(SW W) Ns(f Hrz N NW) Sh(SO O), im N u. W [A], [N U] s Nw Sh (O:
    Lübeck) (m-temp·c1-7EUR-WAS, [N] Z- u. SAFR, NOAM, AUST – hros ① ☉ – InB SeB
    – KlA – *L9 T7 F3 R8 N2* – K Fest.-Brom., V Alysso-Sed., V Koel. glauc., V Sisymbr.).
    Zwerg-Sch. – *M. minima* (L.) L.
5* Blchen oseits kahl. Hülsen 2,5–10 mm br, innen mit Querwänden. NebenBla tief kammartig
    eingeschnitten-gezähnt 6

FABACEAE 365

 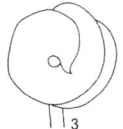   

 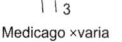

| 1 Trigonella caerulea | 2 Melilotus dentatus | 3 Medicago ×varia | 4 M. falcata | 5 M. lupulina | 6 Trifolium fragiferum |

6 Blchen oseits meist mit purpurschwarzem Fleck. Pfl von einzellreihigen Haaren etwas rau. Trauben 1- bis 5blütig. Hülse (4–)5–6 mm br, mit 4–7 lockeren, breitrandigen Windungen. 0,15–0,50. 4–6. Mäßig trockne Rud.: Wegränder, Schutt, Umschlagplätze; [N 1862] z Ns, s Rh(W), [U] s Bw He Sa Bb Ns Sh (m-sm·c2-4 stemp-c1-2EUR, [N] austr+m-tempCIRCPOL – eros ⊙ – InB SeB – KlA MeA – L8 T7 F4 R8 N5 – O Sisymbr., V Arrh. – 16).
Arabischer Sch. – *M. arabica* (L.) HUDS.
6* Blchen ungefleckt 7
7 Blchen nur an der Spitze leicht gezähnelt. Pfl meist kahl od. mit spärlichen einzelligen Haaren. Trauben meist 1–8blütig, Kr 3,0–4,5 mm lg. Hülse 4–8(–10) mm br, mit 1,5–6 lockeren Windungen. 0,15–0,40. 5–6. Trockne Rud.: Umschlagplätze, Wollabfälle; [N 1820 meist U] s By Bw Rh Nw Sa An Ns Mv (m-sm·c1-7EUR-WAS, [N] AM, stempEUR – eros ⊙ ①? – L9 T8 F3 R7 N5 – V Sisymbr.). [*M. hispida* GAERTN., *M. nigra* (L.) KROCK.]
Schwarzer Sch., Rauer Sch. – *M. polymorpha* L.
7* Blchen deutlich gezähnt bis gelappt. Trauben 1–2blütig, Kr 5 mm lg. Hülse 2,5–5,0 mm br, mit 3–7 lockeren Windungen. 0,10–0,40. 5–6. Trockne Rud.; [U] s By Bw Nw Sa Bb (M: Berlin) Sh (M: Hamburg) (m-sm·c1-7EUR-WAS, [N] austr-(trop)-boreostropAFR+AUST+temp·c1-4EUR+m·c1OAS – eros ① – InB SeB – KlA MeA – V Sisymbr.
Gelappter Sch. – *M. laciniata* (L.) P. MILL.

Trifolium L. – **Klee** (238 Arten)
(InB: bes. Hummeln, s SeB, KlappBlü)

[U lokal]: **Ausgebreiteter K. – *T. diffusum*** EHRH. wie 23 aber Kr blassrosa, so lg wie der 10nervige Ke. Stg anliegend behaart. NebenBla allmählich verschmälert Rud.: Bahnanlagen, Umschlagplätze; z. B. s By Bw Rh Nw Bb: Berlin Sh: Hamburg (m-sm·c2-7EUR-WAS, [N] (austrNEUSEEL)+temp·c1-5EUR – ⊙).

1 Kr gelb od. braun 2
1* Kr rot, weiß od. gelblichweiß 8
2 Obere Bla fast gegenständig. Alle Blchen sitzend od. fast sitzend. Kr gelb, verblüht kastanienbraun 3
2* Alle Bla wechselständig. Kr gelb, verblüht hellbraun 4
3 BlüStiele viel kürzer als die KeRöhre. NebenBla länglich-lanzettlich. Köpfe zuletzt walzig. 0,10–0,30. 7–8. Feuchte (bis wechselnasse), vorwiegend mont. Moor- u. Magerwiesen, Quellmoore, Graben- u. Wegränder, kalkmeidend; z Th(f Bck NW, v Wld) An(Hrz), s Alp(Chm) By Bw(f NW ORh S SO) Rh He Nw(SO) Sa(SW SO WO) Ns(Hrz), † Sh(M O), ↘ (sm/salp-b·c2-5EUR-(WSIB) – sogr eros ⊙ bis kurzlebig ⚁ PfWu – InB SeB – KlA – L7 T4 F8 R3 N3 – V Mol., V Calth., V Card.-Mont., V Car. nigr.). [*Chrysaspis spadicea* (L.) GREENE]
Moor-K. – *T. spadiceum* L.
3* BlüStiele so lg wie die KeRöhre. NebenBla eifg-lanzettlich. Köpfe zuletzt eifg. 0,10–0,20. 7–8. Subalp. bis alp. frische Fettweiden u. Lagerplätze, basenhold; z Alp(h Allg) (sm-stemp// salp·c2-3EUR – igr eros H ⊙ ⊛), s kurzlebig ⚁ PfWu – InB: Hummeln, Falter SeB – VdA WiA – L8 T2 F6 R8 Nx – V Poion., V Arab. caer.). [*Chrysaspis badia* (SCHREB.) GREENE]
Braun-K. – *T. badium* SCHREB.
4 **(2)** Blü 2,5–3,5(–4,0) mm lg. Flügel gerade vorgestreckt. Köpfe meist <20blütig 5
4* Blü (3–)4–7 mm lg. Flügel spreizend. Köpfe meist >20blütig 6
5 Köpfe 5–20blütig. Blü 3,0–3,6 mm lg. BlüStiele 0,4–0,6 mm lg, kürzer als die KeRöhre. Mittleres Blchen länger gestielt als die seitlichen. Hülse meist 1samig. 0,10–0,25. 5–9. Mäßig trockne bis frische Wiesen u. Weiden, Sandtrockenrasen, Rud.: Böschungen, Sand-

gruben; Gärten; g Nw Sa Ns Sh, h Rh He Th An, v By Bw Bb Mv, z Alp(f Brch) (m/mo-temp·c1-4EUR, [N] AM, SAFR, AUST – eros/hros ⊙ ① – SeB InB: Bienen? – WiA Sa langlebig – L6 T6 F4 R6 N4 – O Arrh., O Fest.-Sedet. – 28). [*T. minus* SM., *Chrysaspis dubia* (SIBTH.) DESV.] **Kleiner K., Faden-K. – *T. dubium* SIBTH.**
5* Köpfe (1–)2–5(–8)blütig. Blü 2–3 mm lg. BlüStiele 0,5–1,1 mm lg, so lg wie die KeRöhre. Alle 3 Blchen fast sitzend. Samen 1–2. 0,05–0,25. 5–7. Ufer, Teichränder, beweidete Seedeiche; Sh: Eiderstedt, [U] s Bw He Nw Ns (m-sm·c1-4EUR, [N] temp·c1-2 – eros ⊙ ① – MeA – L9 T6 F7~ Rx Nx – V Nanocyp., V Pot. ans.). [*Chrysaspis micrantha* (VIV.) HENDRYCH] **Armblütiger K. – *T. micranthum* VIV.**
6 (4) Blü (3–)4–5 mm lg. Köpfe 20–30blütig. Mittleres Blchen länger gestielt als die seitlichen. NebenBla eifg, am Grund verbreitert. 0,15–0,30. 6–9. Sand- u. Silikattrockenrasen, trockne bis mäßig trockne Wiesen u. Rud.: Steinbrüche, Bahnschotter; Äcker, basenhold; h Rh He Nw Th Sa An Ns Mv, v By Bw Bb Sh, z Alp(f Amm Brch) (temp·c1-6EUR, [N] AM, AFR, AUST – eros/hros ⊙ ① – InB: bes. Bienen SeB – WiA AmA KlA – L8 T6 F4 R6 N3 – O Fest.-Sedet., V Fest. val., V Brom. erect., V Arrh. – 14). [*T. procumbens* L., *Chrysaspis campestris* (SCHREB.) DESV.] **Feld-K. – *T. campestre* SCHREB.**
6* Blü 5–7 mm lg. Mittleres Blchen nicht od. kaum länger gestielt als die seitlichen 7
7 Alle 3 Blchen mit gleich lg, sehr kurzem Stiel. NebenBla länglich-lanzettlich, am Grund verschmälert. Köpfe 20–40blütig. 0,20–0,40. 6–7. Mäßig trockne bis wechselfrische, lückige Magerrasen, Silikattrockenrasen, Rud.: Kiesgruben, Steinbrüche, Bahnanlagen; Waldwege u. -ränder, kalkmeidend; v Th Sa(s Elb), z Alp(Allg Krw Mng) By Bw Rh He Nw(f N) An(h Hrz) Ns Mv(f Elb), s Bb(f Od SW) Sh(f W), ↘ (m/mo-temp·c2-5EUR-(WSIB), [N] AUST, NAM – hros ① ⊙ ⊖ – InB SeB – WiA – L7 T6 F4 R4 N2 – O Fest.-Sedet., V Viol. can. – 14). [*T. strepens* CRANTZ, *T. agrarium* auct., *Chrysaspis aurea* (POLLICH) GREENE] **Gold-K. – *T. aureum* POLLICH**
7* Mittleres Blchen fast sitzend od. bis 2 mm lg gestielt. NebenBla eifg, am Grund verbreitert u. abgerundet. Köpfe 12–25blütig. 0,20–0,50. 6–7. Frische Wiesen, Rud.: Bahnanlagen; [N 1903 U? noch 1987] s Bw Rh (sm-stemp·c1-5EUR – eros/hros ⊙ – MeA – O Arrh.). [*Chrysaspis patens* (SCHREB.) HOLUB] **Spreiz-K. – *T. patens* SCHREB.**
8 (1) Köpfe (1–)2(–5)blütig. Kr rosa. Fr (5–)7(–10)samig, von der verwelkten Kr nicht eingeschlossen. 0,03–0,10. 6–7. Sandtrockenrasen, beweidete Seedeiche; [N 1768] s Sh(W), † Sylt, [U] s Bw (sm-stemp·c1-3EUR, [N] stemp·lit – hros ① – SeB – VdA KlA Sa kurzlebig – L9 T6 F3 Rx N? – V Cynos.). [*Trigonella ornithopodioides* (L.) DC.] **Vogelfuß-K. – *T. ornithopodioides* L.**
8* Köpfe ∞blütig. Fr 1–2samig, von der verwelkten Kr eingeschlossen 9
9 Blü deutlich gestielt. Ke zur FrZeit nicht aufgetrieben 10
9* Blü sitzend; wenn Blü sehr kurz gestielt, dann Ke zur FrZeit blasig aufgetrieben 14
10 Ke so lg wie die Kr od. etwas länger, KeZähne sehr ungleich lg, zurückgebogen. BlüKöpfe klein, 7–10 mm ⌀. Kr rosa od. weißlich. 0,05–0,30. 5–6. Trockne Rasen, kalkmeidend; s An(SO): Petersberg, Wettin, Halle, [U] s Bw Rh Nw Sh: Hamburg, † Ns(S) (sm-stemp·c3-5EUR – hros ⊙ ①? – KlA – L8 T7 F3 R7 N? – Thero-Air.). [*T. parviflorum* EHRH.] **Kleinblütiger K. – *T. retusum* L.**
10* Ke ½ so lg wie die Kr. BlüKöpfe 10–20 mm ⌀ 11
11 Stg wollig behaart, aufrecht. Blchen useits weichhaarig, ringsum fein stachlig gezähnt. Obere KeZähne so lg wie untere. Kr weiß. 0,15–0,40. 5–7. Halbtrockenrasen, Trocken-gebüsch- u. TrockenWSäume, wechseltrockne Wiesen, kalkhold, N in Blühmischungen; h Alp, v Th, z By Bw Rh He Nw(f N) An Bb(f Elb SW) Ns(S MO, s Hrz) Mv(f Elb), s Sa(f Elb), † Sh (sm/mo-temp·c2-5EUR-(WSIB) – sogr hros H ♃ Pleiok WuSpr? – InB: Bienen, Falter – VdA WiA – L8 Tx F3~ R8 N2 – V Brom. erect., V Cirs.-Brach., V Ger. sang., V Mol. –16, 18). **Berg-K. – *T. montanum* L.**
11* Stg kahl od. nur oben schwach behaart. Obere KeZähne länger als untere 12
12 Ke 5nervig. Stg nicht wurzelnd. NebenBla krautig. Kr weiß, dann rötlich. 0,30–0,50. 5–9. Frische bis feuchte Wiesen, Rud.: Wegränder, Kiesgruben; Äcker, nährstoffanspruchsvoll; [N] g Nw Sa Ns Sh, h Rh He Th An, v By Bw Bb Mv, z Alp(f Brch) (sm/mo-temp·c2-5EUR, [N] aust+sm-b·c2–5 CIRCPOL – sogr hros H ♃ Pleiok- InB – VdA Sa langlebig – L7 T6 F6 R7 N5 – O Arrh., V Calth., V Pot. ans., V Dauco-Mel. – FutterPfl – 16 – subsp.

FABACEAE 367

hybridum: Stg hohl, aufsteigend-aufrecht, meist kahl. BlüKöpfe 25 mm ⌀. Kr 6–7mal so lg wie die KeRöhre, wohl nur Kulturform der im Gebiet in SO u. Mitte heimischen subsp. *elegans* (Savi) Döll. [*T. hybridum* var. *elegans* (Savi) Asch. et Graebn.]: Stg markig, niederliegend, oberwärts weichhaarig. BlüKöpfe 15–20 mm ⌀. Kr 4–5mal so lg wie die Ke-Röhre). **Schweden-K. – *T. hybridum* L.**

12* Ke 10nervig **13**
13 Stg kriechend, wurzelnd. NebenBla trockenhäutig, verwachsen. Blü weiß bis hellrosa, später stark zurückgebogen. 0,15–0,50. 5–9. Frische Weiden u. Wiesen, Park- u. Trittrasen, rud. Wegränder, Äcker, nährstoffanspruchsvoll, salztolerant; g Rh He Nw Th Sa An Ns Sh, h Alp Bw Bb Mv, v By(g NM); auch KulturPfl (m-b·c1-8EUR-WAS, [N] austr-trop/mo-bCIRCPOL – igr eros H ♃ KriechTr – InB: Honigbiene, Wildbienen, s SeB – VdA KlA Sa langlebig – L8 Tx F5 R6 N6 – O Arrh. (bes. V Cyn.), O Polyg. – FutterPfl – 28, 32).
Weiß-K. – *T. repens* L.

1 BlaStiele kahl, Blchen 10–25(–40) mm lg, verkehrteifg od. elliptisch. Kr weiß od. rosa, selten tiefrot. Köpfe 20–24 mm ⌀. Standorte, Soz. u. Verbr. in D weitgehend wie Art; auch KulturPfl, im O wohl nur [N]? (ursprünglich vielleicht sm/mo·c2-3EUR). subsp. *repens*
1* BlaStiel behaart, Blchen 5–10(–15) mm lg, br verkehrteifg bis fast rundlich-verkehrtherzfg. Kr hell rosa. Köpfe 14–18 mm ⌀. [N U] s By Rh Sa An (sm/mo·c2-3EUR – Abgrenzung umstritten). [*T. biasoletii* Steud. et Hochst.] subsp. *prostratum* (W.D.J. Koch) Nyman

13* Stg liegend, nicht wurzelnd. NebenBla zarthäutig. BlüStiele meist kürzer als die KeRöhre. Kr weiß, bald lebhaft rosa. Blü nach dem Verblühen aufrecht. 0,04–0,10. 7–8. Subalp. frische Fettweiden u. Lägerfluren, Schneeböden, basenhold; z Alp(f Chm), (sm-stemp// salp·c1-3EUR – sogr hros H ♃ PfWu Pleiok – InB – WiA VdA – L7 T2 F5 R8 Nx – V Poion alp., V Salic. herb., V Car. ferr.). **Rasiger K. – *T. thalii* Vill.**
14 (9) Ke ungleich 2lippig, Oberlippe nach dem Verblühen blasig aufgetrieben, häutig, netznervig. Köpfe zur FrReife erdbeerähnlich (Abb. **365**/6) **15**
14* Ke nicht blasig aufgetrieben **16**
15 Blü gedreht, Fahne nach unten gerichtet. Stg aufsteigend od. aufrecht, nicht wurzelnd (wohl fast stets var. *majus* Boiss. mit aufrechten, hohlen Stg). 0,20–0,40. 4–6. KulturPfl; auch frische Trittrasen, Wegränder, Schutt; Ackerränder, nährstoffanspruchsvoll, salztolerant; [N 19. Jh., meist U] alle Bdl s bis z, bes. By (m-sm·c1-6EUR-VORDAS – eros ⊙ – InB, SeB – WiA KlA VdA MeA – L8 T7 F6~ R7 N5 – K Polyg. – FutterPfl).
Persischer K., Schabdar – *T. resupinatum* L.
15* Blü mit nach oben gerichteter Fahne. Stg kriechend, wurzelnd. 0,07–0,20. 6–9. Feuchte Wiesen u. Weiden, Tritt- u. Flutrasen, Rud.: Wegränder, Steinbrüche, Kiesgruben, nährstoffanspruchsvoll, salztolerant; z Alp(f Brch Krw) By(f NO) Rh(f N) Nw(MW N NO) Th(Bck Rho) An Bb Ns(f Hrz) Mv Sh, s Bw He(f NW W) Sa(W), ↘ (m-temp·c1-9EUR-WAS, [N] AM, AFR, AUST – igr eros H ♃ KriechTr – InB – VdA WiA? – L8 T6 F7~ R8 N7 – V Armer. marit., V Pot. ans. – 16). **Erdbeer-K. – *T. fragiferum* L.**
16 (14) Ke etwa so lg wie die Kr od. länger. KeRöhre stets behaart. Köpfe etwa 1 cm ⌀ . **17**
16* Ke deutlich kürzer als die Kr. KeRöhre behaart od. kahl. Köpfe >1,5 cm ⌀ **19**
17 Köpfe gestielt, endständig an Stg u. Ästen, sehr zottig. Ke länger als die weißliche, später rötliche Kr. 0,08–0,30. 6–9. Sandtrockenrasen u. Felsfluren, sandige, trockne Äcker u. Brachen, Rud.: Sand- u. Kiesgruben, kalkmeidend; h Sa As An Ns Mv, v By(s S) Rh Nw Th Bb Sh, z Bw, s Alp(Chm Mng) (m-b·c1-6EUR-WAS, [N] AM, AFR, AUST – eros/hros ① ⊙ – InB SeB – WiA KlA – L8 T6 F3 R2 N1 – K Sedo-Scler., V Coryneph., O Aper., V Sisymbr., V Dauco-Mel. – 14). **Hasen-K. – *T. arvense* L.**
17* Köpfe sitzend in den BlaAchseln **18**
18 Seitennerven der Blchen gerade, gegen den BlaRand kaum verdickt. KeZähne zur FrZeit gerade, krautig. Kr rosa, dunkler geadert. 0,08–0,30. 6–7. Lückige Sandtrockenrasen, sandige Wegränder u. Äcker, kalkmeidend; v He(MW), z Rh Th(f NW Rho) An Mv(f SW), By(N NM) Bw(ORh) Nw(f N) Sa Bb(f M SO SW) Ns(f Hrz MO) Sh(O SO) (m-temp·c1–4 EUR – eros/hros ⊙ ① – InB SeB? – KlA – L8 T7 F3 R2 N1 – O Fest.-Sedet., O Aper. – 14). **Streifen-K. – *T. striatum* L.**
18* Seitennerven der Blchen zurückgebogen, gegen den BlaRand deutlich verdickt. KeZähne zur FrZeit zurückgebogen, starr. Kr weißlich. 0,08–0,15. 5–7. Felsfluren u. lückige Tro-

ckenrasen, kalkhold; [N U] s Bw(ORh) (m·c1–7-temp·c1-2EUR-VORDAS – eros ☉ – InB – KlA – L9 T9 F2 R9 N1 – V Alysso-Sed.). **Rauer K. – *T. scabrum* L.**

19 (16) Kr gelblichweiß **20**
19* Kr rot, selten weiß **21**
20 Köpfe sitzend od. kurz gestielt, am Grund mit 1 Paar gegenständiger, sitzender Bla. Kr 15–20 mm lg. Unterster KeZahn 2–3mal so lg wie die anderen. 0,20–0,40. 6–7. Halbtrockenrasen, Gebüsch- u. Waldränder, basenhold; z By(f NW O S) Rh, s Bw(f S SO) He Nw(SW) Th(S), † Sa An, ↘ (m/mo-stemp·c2-5EUR – sogr hros H ♃ Pleiok uAusl? – InB – KlA – L7 T7 F4~ R8 N2 – O Brom. erect., O Orig.). **Blassgelber K. – *T. ochroleucon* Huds.**
20* Köpfe 2–3 cm lg gestielt, Kr 8–10 mm lg. Unterster KeZahn 1,5–2mal so lg wie die anderen. 0,40–0,70. 6–9. KulturPfl; auch [N U] z By Bw Rh, s Nw Th Sa An Ns Mv (m·c5AFR-VORDAS, nur aus Kultur bekannt – eros ☉ – MeA – *L7 T8 F3 R5 N5* – FutterPfl). **Alexandriner K. – *T. alexandrinum* L.**
21 (19) KeRöhre außen gleichmäßig dicht behaart **22**
21* KeRöhre außen kahl, aber KeZähne deutlich bewimpert **24**
22 Köpfe einzeln, ± lg gestielt, eifg, später länglich-walzig, am Grund ohne Hülle. Kr blutrot. Pfl zottig. 0,20–0,40. 6–8. KulturPfl, auch mäßig trockne Straßenränder, Schutt, Brachäcker; [N 19. Jh. U] alle Bdl s bis z (m/mo-sm·c1-4EUR – hros/eros ① ☉ – InB: Wildbienen SeB – WiA KlA – *L7 T9 F3 R5 N5* – FutterPfl). **Inkarnat-K. – *T. incarnatum* L.**
22* Köpfe meist zu 2, mit 2 HüllBla **23**
23 Ke 10nervig. Blchen eifg od. elliptisch. NebenBla eifg, plötzlich in eine lg, pinselartig behaarte Spitze verschmälert. 0,05–0,80. 6–9. Frische (bis nasse) Wiesen u. Weiden, Halbtrockenrasen, TrockenWsäume, Rud.: Wegränder, Straßenböschungen, nährstoffanspruchsvoll; g Alp Rh He Nw Th Sa An Ns Sh, h Bw Mv, v By(g NM) Bb; auch KulturPfl u. [N] (m/mo-b·c1-7EUR-WAS, [N] austr+ sm-bCIRCPOL – igr hros ♃ Pleiok, Kulturformen ☉ – InB: bes. Hummeln selbststeril – VdA AmA Sa langlebig – L7 Tx F5 Rx Nx – K Mol.-Arrh., V Brom. erect., V Cirs.- Brach., V Trif. med. – FutterPfl – 14). **Rot-K., Wiesen-K. – *T. pratense* L.**

1 Stg niederliegend, aufsteigend od. aufrecht, kahl od. angedrückt od. abstehend behaart. NebenBla kahl, mit bewimperter Spitze od. nur auf den Nerven behaart. Köpfe 2(–3) cm ⌀. Kr rot bis violett, rosa, selten weiß od. cremefarben. (0,20–)0,30–0,80. Standorte u. Soz. in D weitgehend wie Art; alle Bdl g (häufige KulturPfl). Sehr formenreich in Bezug auf Behaarung, Wuchshöhe, Blchenform, Kopfgröße, KrFarbe usw., die verschiedenen beschriebenen Sippen erfüllen aber kaum die Kriterien einer Unterart). [*T. p.* subsp. *sativum* (Afzel.) Schübl. et G. Martens, *T. p.* subsp. *expansum* (Waldst. et Kit.) Simk.], *T. p.* subsp. *maritimum* (Zabel) Rothm. ist ein Küsten-Ökotyp der Nord- u. Ostsee mit dünnen, aufsteigenden, unterwärts abstehend behaarten Stg, kleinen Blchen u. BlüKöpfen u. lg bewimperten NebenBlaSpitzen. subsp. **pratense**
1* Stg niedrig, kräftig, niederliegend od. aufsteigend, dicht, meist abstehend behaart. Köpfe bis >3 cm ⌀. Ke dicht behaart. Kr schmutzigweiß, gelblich od. rötlich. 0,05–0,30. Alp. bis subalp. Rasen u. Lägerfluren; z Alp(f Kch Krw Mng) (sm-stemp//alp·c2-3EUR – InB: Hummeln, Falter – L8 T2 F5 R6 N6 – V Poion alp.). [*T. p.* var. *villosum* Wahlb., *T. p.* var. *nivale* W.D.J. Koch, *T. p.* var. *frigidum* Gaudin] subsp. **nivale** (W.D.J. Koch) Ces.

23* Ke 20nervig. Blchen länglich-lanzettlich, bis 13 mm lg. Freies Ende der lg behaarten NebenBla schmal lanzettlich, allmählich verschmälert. 0,15–0,30. 6–8. Halbtrockenrasen, Trockengebüsche, lichte TrockenW u. ihre Säume, basenhold; z By Bw(f SO) Rh He(f NW) Th Sa An(h Hrz) Bb Mv, s Alp(Allg Chm Mng) Ns(f N NW) Sh(SO O), † Nw (sm/mo-temp·c2-5EUR – sogr eros H ♃ Pleiok uAusl, regenerativ WuSpr – InB: Falter, Hautflügler – VdA WiA – *L7 T6 F3~ R6 N3* – O Orig., O Querc. pub., V Cirs.-Brach. – 16). **Hügel-K., Wald-K., Voralpen-K. – *T. alpestre* L.**
24 (21) Ke 20nervig. Köpfe meist zu 2, länglich-walzlich, bis 80 mm lg, am Grund mit TragBla. NebenBla groß, kahl, den BlaStiel meist überragend. Blchen länglich-lanzettlich, bis 10 mm br, ringsum fein gesägt. Stg aufrecht. 0,30–0,60. 6–7. TrockenW- u. -gebüschsäume, lichte Wälder, basenhold; z Alp(Amm Kch Wtt) By(f NO) Bw Rh Th(Bck NW S) An, s He(f NW O W) Nw(NO) Bb(MN), † Sa Ns Mv (sm/mo-stemp·c2-4EUR – sogr hros H ♃ Pleiok uAusl? – InB: Hautflügler, Falter SeB – WiA VdA KlA – *L7 T6 F3 R8 N2* – V Ger. sang., O Querc. pub.). **Purpur-K., Langähriger K., Fuchsschwanz-K. – *T. rubens* L.**

24* Ke 10nervig. Köpfe meist einzeln 25
25 Köpfe kuglig bis eifg, 25–35 mm lg ohne TragBla. Kr 10–12 mm lg, rosa. Blchen länglich-
elliptisch, 9–20 mm br. NebenBla bewimpert, ihr freier Teil pfriemlich. Ältere Stg knickig
hin- u. hergebogen. 0,15–0,45. 6–8. Mäßig trockne bis frische, lichte Wälder u. Gebüsche
u. deren Ränder, Halbtrockenrasen, Rud.: Steinbrüche, Bahnanlagen, basenhold; g Th,
h Alp Bw Rh He Nw Sa, v By(g NM) An Ns Mv, z Bb Sh(f W) (sm/mo-b·c1-6EUR-(WSIB),
[N] NAM, AUST – sogr eros H ♃ Pleiok+uAusl – InB: Falter, Hummeln selbststeril – AmA
VdA KlA WiA – L7 T6 F4 R6 N3 – V Trif. med., O Querc. pub., O Prun., V Brom. erect. – 96).
Zickzack-K., Mittel-K. – *T. medium* L.
25* Köpfe eifg od. zylindrisch, 15–80 mm lg, auf 20–40 mm lg Stiel. Kr 10–12 mm lg, rosa. Stg
aufrecht, gerade, angedrückt behaart, am Grund wenig verzweigt. Blchen lineal-lanzettlich
2–4 mm br, spitz. NebenBla lanzettlich, anliegend behaart. 0,20–0,60. 5–6. Trockne Rud.,
kalkmeidend; [U] s By Bw He Nw Th Sa Sh (M: Hamburg) (m-sm·c1-6EUR-(WAS), [N]
austr-(austrstrop)SAM+AFR+AUST+(boreostropAFR)+sm-temp·c1-4EUR+OAS+WAM –
eros ① – InB – WiA – *L7 T9 F1 R3 N3*). **Schmalblättriger K. – *T. angustifolium* L.**
Hybriden: *T. pratense* × *T. medium* = *T.* ×*permixtum* K.G. NEUMANN – s, *T. alpestre* × *T. medium* =
T. ×*schwarzii* WEIN – s

Vicia L. – Wicke, Linse (150 Arten)

(InB: Wildbienen SeB – SeA Keimung hypogäisch – nicht selten NebenBlaNektarien)

[U lokal]: Rud.: Bahnanlagen, Umschlagplätze: **Bengalische W. – *V. benghalensis* L.** wie **21** aber Schiff-
chen meist mit schwarzer Spitze. Traube kürzer od. so lg wie Bla.; s Bw Nw Sa Ns Sh (m-sm·c1-4EUR,
[N] austr-(trop/mo)SAM+austrAFR+AUST+sm-temp·c1-3EUR+WAM – ☉). **Fremde W. – *V. peregrina* L.**
wie **12** aber Blchen nur bis 3 mm br. Blü zu 2–5. s By Bw Rh Nw Ns Sh(Hamburg) (m-sm·c1-4EUR, [N]
sm-temp·c1-4EUR – ☉). **Gezähnte W. – *V. serratifolia* JACQ.** wie **12*** aber Blchen deutlich gezähnt. s By
Bw He Rh Sa Bb Ns Sh(M: Hamburg) (m-sm·c1-4EUR, [N] sm-temp·c1-4EUR – ☉).

1 KeZähne mehrmals länger als die KeRöhre. Hülsen 1–2samig. Blchen meist in 6 Paaren.
Trauben 1–3blütig. Kr bläulichweiß. 0,15–0,30. 6–7. KulturPfl, früher gelegentlich verwildert;
[U] s Rh Nw Sa An Bb: Berlin (nur in Kultur bekannt, urspr. wohl m·c5-7WAS – eros ① ☉
– *L7 T8 F3 R5 N5* – GemüsePfl). [*Lens culinaris* MEDIK., *L. esculenta* MOENCH]
Küchen-Linse – *V. lens* (L.) COSS. et GERM.
1* KeZähne etwa so lg wie die KeRöhre od. kürzer. Hülsen 2–∞samig 2
2 BlüStände kurz gestielt, 1–6blütig (Abb. **360**/3) 3
2* BlüStände >2 cm lg gestielt, (1–)2–∞blütig (Abb. **360**/4) 16
3 Bla mit endständigem, krautigem Spitzchen od. mit einfacher Ranke, 1–4paarig gefiedert
.... 4
3* Bla mit geteilter Ranke, (2–)3–8paarig gefiedert 6
4 Blü einzeln, 5–8 mm lg, hellviolett. Bla mit krautigem Spitzchen od. mit kurzer, unverzweig-
ter Ranke. Blchen in (1–)2–4 Paaren, 4–14 × 1–5 mm. Hülse 15–30 × 2–4 mm, schwarz,
kahl. 0,07–0,20. 4–6. Rud. beeinflusste Sand- u. Silikat(grus)trockenrasen, sandige Bra-
chen, Rud.: Wegränder, Sandgruben; v He(MW), z By(f S) Bw(NW ORh Gäu) Rh Nw Th
Sa An Bb Ns(h Elb, f Hrz) Mv Sh, ↘ (m/mo-temp·c2-4EUR – eros ① ☉ – SeB InB – SeA
– *L8 T7 F2 R3 N2* – O Fest.-Sedet., O Coryneph.). **Platterbsen-W. – *V. lathyroides* L.**
4* Blü in 2–8blütigen, kurz gestielten bis fast sitzenden Trauben, 14–30 mm lg, hellgelb od.
weiß. Bla stets mit krautigem Spitzchen 5
5 Blü hellgelb, 14–19 mm lg, Fahne am Rücken purpurn od. bläulich überlaufen, Schiffchen
mit grünlicher od. rötlicher Spitze. Blchen in 1–3 Paaren, eifg, 4–8 × 1,5–4,5 cm, zugespitzt.
Hülsen 2–4 × 0,6–0,9 cm, schwarz, kahl. 0,25–0,50. 5–7. Frische Gebüsch- u. Nadel-
mischWSäume; z Alp(Chm) (sm-stemp//mo·c3-4EUR – sogr eros H ♃ Pleiok – InB – SeA
– *L6 T5 F5 R8 N?* – O Orig.). **Walderbsen-W. – *V. oroboides* WULFEN**
5* Blü meist weiß, 20–40 mm lg, Flügel meist mit schwarzem Fleck. Blchen in (1–)2–3 Paaren,
eifg bis elliptisch, 3–10 × 1–4 cm, dicklich. Hülsen 5–20 × 1–2 cm, anfangs dicht, später
locker behaart. 0,50–1,00. 5–7. KulturPfl, auch [N U] s (nur in Kultur bekannt, urspr. wohl
m/mo·c5-7WAS – eros ☉ – InB: Hummeln SeB – *L5 T8 F5 R5 N7* – Futter- u. GemüsePfl,
viele Sorten). [*Faba vulgaris* MOENCH, nom. illeg.]
Ⓚ **Dicke Bohne, Acker-, Sau-, Pferde-, Puffbohne – *V. faba* L.**

370   FABACEAE

6   (3) Fahne zottig. Pfl weichhaarig bis zottig. Hülse anliegend behaart 7
6*   Fahne kahl 8
7   Kr weißlich bis ockergelb, Platte der Fahne kürzer als der Nagel. Sa schwarz, pyramidal bis
       kuglig. 0,30–0,60. 5–7. Nährstoffreiche Äcker, Weinberge, mäßig trockne Rud.: Wegränder,
       Bahndämme; [N 1875 U] s By Bw Rh He Th Sa An Bb Ns, ↘ (m-sm·c3-5EUR-WSIB – eros
       ① ⊙ – InB – SeA MeA – L7 T6 F4 R6 N5 – K Stell. – KulturPfl).
                                         Pannonische W., Ungarische W. – *V. pann*o*nica* CRANTZ
7*   Kr schmutzigviolett. Platte der Fahne so lg wie der Nagel. Sa schwärzlich u. dunkelbraun
       marmoriert, pyramidal bis länglich. 0,30–0,60. 5–7. Standorte u. Soziologie wie 7;
       [N 1915 U] s By Bw Rh Nw Th (Bck) Sa An Bb Ns (m-sm·c3-6 EUR – *L7 T9 F3 R5 N5*).
       [*V. pann*o*nica* subsp. *stri*a*ta* (M. BIEB.) NYMAN, *V. pann*o*nica* subsp. *purpur*a*scens* (DC.)
       ARCANG.]
                                                                     Streif-W. – *V. stri*a*ta* M. BIEB.
8   (6) Kr hellgelb, zuweilen violett, grün od. bräunlich überlaufen 9
8*   Kr rot, purpurn od. violett 11
9   KeZähne fast gleich. Hülsen anfangs kurz behaart, später kahl. Blü 2,5–3,5 cm lg. 0,30–
       0,60(–1,50). 5–6. Mäßig trockne Rud.: Umschlagplätze, Schutt; sandige Äcker; [N 1886 U]
       z Th Sa An Mv, s By Rh He Nw Bb Sh, ↗? (m/mo-sm·c3-6EUR – eros ⊙ – MeA – L7 T7
       F4 Rx Nx – V Sisymbr., O Aper.). [*V. g.* subsp. *s*o*rdida* (WILLD.) MURR]
                                          Großblütige W. – *V. grandifl*o*ra* SCOP. subsp. ***grandiflora***
9*   KeZähne ungleich, die oberen kürzer 10
10   Hülsen auf den Klappen u. Nähten mit lg, auf Knötchen stehenden Haaren. Blü hellgelb,
       2,0–2,5 cm lg. Flügel ohne dunklen Fleck. 0,30–0,60. 6–7. Nährstoffreiche Äcker, mäßig
       trockne Rud.: Wegränder, Schutt, Bahnanlagen, [N? 1719] s alle Bdl, f Sh (m-temp·c1-
       5EUR, [N] AM – eros ⊙ – InB SeB – SeA – L7 T7? F4 R7 N5 – O Aper., V Sisymbr.).
                                                                            Gelbe W. – *V. l*u*tea* L.
10*   Hülsen nur auf den Nähten mit lg, auf Knötchen stehenden Haaren, die Klappen kahl. Blü
       grünlichgelb, 1,5–2,2 cm lg. Flügel meist mit großem, schwarzem Fleck. 0,20–0,80. 6. Rud.:
       Schutt, Umschlagplätze; [N U] s He Th An (smc3-4 EUR – eros ⊙ – *L7 T8 F3 R3 N5*).
                                                                   Grünblütige W. – *V. m*e*lanops* SM.
11   (8) KeZähne ungleich, die oberen kürzer u. breiter (Abb. 371/1) 12
11*   KeZähne gleich (Abb. 371/2). (**Artengruppe Saat-W. – *V. sat*i*va* agg.**) 13
12   Bla 4–8paarig gefiedert, Blchen rundlich- bis länglich-eifg, 7–25 × 6–12 mm. Hülsen anfangs
       kurzhaarig, verkahlend. Blü zu 2–5, schmutzigviolett. 0,30–0,60. 5–8. Frische Wiesen, Laub-
       mischW, Gebüsch- u. Waldsäume, Wegränder in Wäldern, nährstoffanspruchsvoll; g Nw(v
       N) Th Sa(v NO), h Bw Rh He An Ns, v Alp By Mv, z Bb Sh (m/mo-b·c1-6 EUR-WAS, [N]
       AM, OAS, AUST – igr eros H ♃ lg uAusl – InB – SeA VdA Sa langlebig – Lx Tx F5 R6 N5
       – O Arrh., V Trif. med., V Geo.-Alliar., O Prun., O Fag.).   **Zaun-W. – *V. s*e*pium*** L.
12*   Bla 1–3(–4)paarig gefiedert, Blchen ± elliptisch bis verkehrteifg, 20–60 × 10–40 mm. Hülsen
       zumindest auf den Nähten mit auf kleinen Knötchen stehenden Borstenhaaren. Blü zu
       1–2(–6), violett. 0,30–0,80. 5–6. Weinberge, Äcker, Gebüschsäume; [U] s By Bw (ORh:
       Istein) Rh (ORh: Landau/Pfalz, Nack/Rheinhessen), ↘ (m-sm·c1-7EUR-WAS, [N] AM –
       eros ⊙ – SeB InB – L7 T7 F4 R8 N5). [*F*a*ba narbon*e*nsis* (L.) SCHUR]
                                                                     Maus-W. – *V. narbon*e*nsis* L.
13   (11) Reife Hülsen abstehend, schwarz od. braunschwarz, 10samig, im Querschnitt stets
       rundlich. Ke 8–12 mm lg, KeZähne kürzer als die KeRöhre. Kr <20 mm lg. Blchen der
       oberen Bla linealisch bis lineal-länglich, vorn kaum ausgerandet 14
13*   Reife Hülsen aufrecht, gelb- od. dunkelbraun, sehr selten fast schwarz, 7–9samig. Ke
       14–17 mm lg, KeZähne so lg wie die KeRöhre od. länger. Kr >20 mm lg. Blchen der oberen
       Bla elliptisch, vorn oft ausgerandet 15
14   Fahne u. Flügel leuchtend rotviolett, Platte der Fahne im rechten Winkel zurückgeschlagen.
       Ke kurz, höchstens 10 mm lg, fast nur ½ so lg wie die Kr. Blchen der unteren Bla deutlich
       breiter als die schmal linealischen der oberen Bla. 0,15–0,50. 5–7. Sandtrockenrasen,
       Äcker, Wege; v Sa Ns, z By(f S) Rh He(f NW) Nw An(f S) Sh(f W), s By Th Bb(Elb NO SO) Mv(v
       Elb f N NO), Verbr. ungenügend erfasst, oft nicht von **14*** unterschieden (m-b·c1-7EUR-
       WAS – eros ⊙ ① – InB, SeB – L5 T6 Fx Rx Nx – K Stell., O. Fest.-Sedet., O Brom. erect.
       – *L7 T8 F2 R5 N5* – 12). [*V. sat*i*va* subsp. *n*i*gra* (L.) EHRH.]
                                                             Schmalblättrige W. – *V. angustif*o*lia* L.

FABACEAE 371

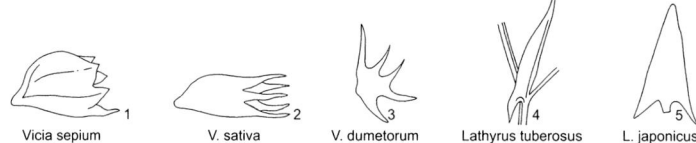

Vicia sepium   V. sativa   V. dumetorum   Lathyrus tuberosus   L. japonicus

14* Fahne u. Flügel verschieden gefärbt: Fahne hell rotviolett, außen grünlich überlaufen, Flügel rotviolett, Platte der Fahne vorgestreckt, höchstens bis zu einem Winkel von 45° zurückgebogen. Ke 10–12 mm lg, etwa ¾ so lg wie die Kr. Blchen stets lineal-länglich bis länglich. 0,20–0,70. 5–7. Äcker, rud. Sand- u. Halbtrockenrasen; z By(h NM f S) Bw(f Alb S SW) Rh Nw Sa, s He(f MW NW) Th(f NW) An(Hrz) Bb(f M MN Od) Nz Mv(f Elb N) Sh(f SO), gebietsweise häufiger als **14** (m-b·c1-7 EUR-WAS, [N] AM, S-AFR – eros ⊙ ① – InB: bes. Bienen SeB – *L7 T8 F3 R7 N5* – K Stell., V Sisymbr., O Arrh. – 12). [*V. sativa* var. *segetalis* (THUILL.) SER., *V. angustifolia* subsp. *segetalis* (THUILL.) CES.]
 Korn-W. – *V. segetalis* THUILL.
15 (13) Hülsen seitlich zusammengedrückt, 6–11 mm br, zwischen den Samen eingeschnürt, gelbbraun bis bräunlich, meist kurzhaarig, oft samtig. Blchen vorn gestutzt od. etwas ausgerandet, selten spitz bis abgerundet. 0,30–1,00(–1,50). 5–7. KulturPfl; auch frische Äcker u. Rud.: Schutt, Wegränder; [A N U] v By Sa An Bb Sh, s Alp Bw Rh He Nw Ns Mv (urspr. wohl m·c3-5EUR-VORDAS, [N] austr-trop/mo-temp·c1-7CIRCPOL – eros ⊙ ① – MeA Sa langlebig – *L7 T8 F3 R7 N5* – K Stell., K Stell. – FutterPfl – 12).
 Saat-W., Futter-W. – *V. sativa* L.
15* Hülsen im Querschnitt rundlich, 4,5–6,0 mm br, glatt, nicht eingeschnürt, dunkelbraun, meist fast kahl. Blchen vorn deutlich ausgerandet. 0,20–0,90(–1,30). 5–7. Schutt, Umschlagplätze; [U] s By Bw Nw (m-(sm)·c1-6EUR-VORDAS – *L7 T9 F5 R5 N5*). [*V. sativa* subsp. *cordata* (HOPPE) ASCH. et GRAEBN.] **Herzblättrige W. – *V. cordata* HOPPE**
16 (2) Blchen eifg od. länglich, 2–3mal so lg wie br 17
16* Blchen lanzettlich bis linealisch, 3–10mal so lg wie br. NebenBla ganzrandig 20
17 Blchen in 3–5 Paaren, >2 cm lg. NebenBla zerschlitzt (Abb. **371**/3) 18
17* Blchen in 6–12 Paaren 19
18 Kr hellgelb. Unterstes Blchenpaar dem Stg anliegend, die NebenBla verdeckend. 1,00–2,00. 6–8. Trockne bis mäßig trockne Gebüsch- u. Waldsäume, lichte Wälder, an Waldwegen u. -lichtungen, basenhold; z By(f S) Bw(f SO SW) Th(f Hrz) An(f N O), s Rh He Nw(NO) Sa(SO SW W) Bb(f SO SW) Ns(MO S), † Mv (M MW NO), ↘ (sm/mo-temp·c3-5EUR – sogr eros H/G ♃ Pleiok Rhiz – InB: v. a. Hummeln, Bienen – L6 T7 F4 R8 N3 – O Orig., O Querc. pub.). **Erbsen-W. – *V. pisiformis* L.**
18* Kr purpurn, nach dem Verblühen schmutziggelb. Unterstes Blchenpaar von den NebenBla abgerückt, diese nicht verdeckend. 1,00–2,00. 6–8. Frische Wald- u. Gebüschsäume, Waldlichtungen u. aufgelichtete Wälder, kalkhold; z Alp(Amm Chm Mng) By Bw Th An(f Elb O) Ns(MO S), s Rh(ORh) He(O W MW) Sa Bb(f Elb SW) Mv(M MW NO) (sm/mo-temp·c2-4 EUR – sogr eros H ♃ uAusl – InB – SeA – L6 T6 F5 R8 N4 – V Trif. med., UV Gal.-Fag. – 14). **Hecken-W. – *V. dumetorum* L.**
19 (17) Bla mit kurzer, ungeteilter Ranke. NebenBla halbspießfg, oft schwach gezähnt. Kr weiß, Fahne violett geädert. 0,20–0,50. 7–8. Frische bis mäßig trockne Magerrasen, Heiden, Hochgrasfluren, Gebüschsäume, kalkmeidend; s By(NW) He(SO) Nw(SW), [N?] By(NW: Lohr), ↘ (sm/mo-b·c1EUR – sogr eros H ♃ Pleiok – L7 T7 F5 R5 N3 – V Trif. med., K Call.-Ulic., V Prun.-Rub.). **Heide-W. – *V. orobus* DC.**
19* Bla mit verzweigter Ranke. Kr purpurviolett. Trauben kürzer als ihr TragBla. Seitennerven der Blchen mit 45–60° vom Hauptnerv abzweigend. NebenBla ganzrandig. 0,30–0,60. 6–7. Lichte TrockenW, -gebüsche u. ihre Säume, kalkmeidend; z By(f MS O S) Th(Bck O S) Sa An Bb Ns(O Elb, sonst s) Mv Sh(f W), s Bw(Gäu Keu) Rh(ORh SW), † Nz, ↘ (m/mo-temp·c2-5EUR-(WAS) – sogr eros H ♃ uAusl – InB – VdA SeA – L6 T6 F4~ R5 N3 – V Trif. med., O Prun., V Querc. pub., V Querc. rob.). **Kaschuben-W. – *V. cassubica* L.**

20 (16) Platte der Fahne etwa ½ so lg wie ihr Nagel. Ke am Grund stark ausgesackt. ① ①
(Artengruppe Zottel-W. – V. villosa agg.) **21**
20* Platte der Fahne mindestens so lg wie ihr Nagel. Pfl kahl od. anliegend behaart. Ke am Grund kaum ausgesackt. Seitennerven der Blchen mit 30° vom Hauptnerv abzweigend. ♃
(Artengruppe Vogel-W. – V. cracca agg.) **22**
21 Stg ± dicht abstehend weichhaarig. Trauben 10–30(–40)blütig, dicht, vor der BlüZeit sehr zottig. KeZähne lg gewimpert, die 3 unteren fädlich, 2–5 mm lg, etwa so lg wie die KeRöhre. Kr 15–20 mm lg. 0,30–1,20. 6–8. KulturPfl; auch Äcker, mäßig trockne Rud: Wegränder, Schutt; [N 1808] h Sa, v An Mv, z Rh He Th Bb Sh, s By Nw Ns (m-temp·c2-7EUR-WAS, [N] AM – eros ① ⊙ – InB – MeA – L7 T6 F4 R6 N5 – K Stell., V Sisymbr. – FutterPfl – 14).
Zottel-W. – *V. villosa* ROTH subsp. *villosa*
21* Stg anliegend kurzhaarig, verkahlend. Trauben 5–15(–30)blütig, vor der BlüZeit nicht zottig. KeZähne kurzhaarig bis kahl, die 3 unteren mit verbreitertem Grund, 1–2 mm lg, kürzer als die KeRöhre. Kr 10–16 mm lg. 0,30–1,00. (4–)6–8. Nährstoffreiche Äcker, mäßig trockne Rud.: Wegränder, Schutt; [N 1850 U] z By Rh Th Sa Mv, alle übrigen Bdl s, f Alp, Verbr. ungenügend bekannt, ↗ (m-temp·c2-5EUR – eros ① ⊙ – K Stell., V Sisymbr.). [*V. villosa* ROTH subsp. *varia* (HOST) CORB., *V. dasycarpa* auct.]
Bunte W. – *V. glabrescens* (W.D.J. KOCH) HEIMERL
22 (20) Blchen 10–25 × (1–)2–6 mm, in od. unterhalb der Mitte am breitesten od. mit ± parallelen Rändern. Trauben mit Stiel zur BlüZeit 1–1,5mal so lg wie ihr TragBla (Abb. **360**/4). Kr 8–12(–14) mm lg, blauviolett bis purpurn. Platte der Fahne etwa so lg wie ihr Nagel. Hülsen 20–25 × 4–6 mm, länglich, vorn u. am Grund schief gestutzt, in einen kurzen, in der KeRöhre eingeschlossenen FrKnStiel verschmälert. 0,30–1,20. 6–8. Frische bis mäßig trockne Wiesen u. Weiden, Wald- u. Gebüschsäume, Flussuferstaudenfluren, Rud.; g Nw Th An Ns Sh, h Alp Rh He Sa Bb Mv, v By(g NM) Bw (m/mo-b·c2-8EURAS, [N] austr+m/mo-bCIRCPOL – sogr eros H ♃ kurze uAusl – InB: bes. Bienen, Falter Vm – SeA VdA – L7 T5 F6 Rx Nx – K Mol.-Arrh. – für Vieh giftig – 28). **Vogel-W. – *V. cracca* L.**
22* Blchen 10–40 × 0,5–5,0 mm, stets mit parallelen Rändern. Trauben mit Stiel zur BlüZeit etwa doppelt so lg wie ihr TragBla. Kr (10–)12–18 mm lg, hellviolett, hellblau, lila od. violettblau, selten weiß. Platte der Fahne länger als ihr Nagel. Hülsen 20–35 × 5–8 mm, FrKnStiel länger als die KeRöhre **23**
23 Blchen länglich linealisch, 15–40 × 2–5 mm. Trauben dicht, 15–30blütig, Blü ± nickend, Platte der Fahne 1,5–2mal so lg wie ihr Nagel. Hülsen länglich, 0,30–1,50. 6–7. Trockne Gebüschsäume, lichte LaubW, Rud.: Weg- u. Straßenränder, kalkhold; v Th An, z By Bw Rh He(f NW W) Sa Bb Ns(f NW) Mv, s Nw(f N) Sh(f W), [U] Alp(Mng) (m-temp·c1-8EURAS, [N] AM – sogr eros H ♃ Pleiok – InB – SeA Sa langlebig – L8 T6 F3 R8 N2 – V Ger. sang. – 24).
Feinblättrige W. – *V. tenuifolia* ROTH s.str.
23* Blchen schmal linealisch, 10–30 × 0,5–3,0 mm. Traube locker, 8–20blütig, Blü ± abstehend, Platte der Fahne etwa 1,5mal so lg wie ihr Nagel. Hülsen verkehrtlanzettlich, im vorderen Drittel am breitesten. 0,30–0,60. 7. Gestörte, trockne Wald- u. Gebüschsäume; [N 20. Jh.] s By Bw Rh He Ns, Verbr. unvollständig bekannt (m-sm·c3-5EUR-VORDAS – sogr? eros H ♃ uAusl – InB – SeA – *L5 T8 F2 R7 N5* – 12). [*V. tenuifolia* subsp. *dalmatica* (A. KERN.) ASCH. et GRAEBN., *V. cracca* subsp. *stenophylla* VELEN.]
Dalmatinische W. – *V. dalmatica* A. KERN.

Ervilia LINK – **Ervilie, Wicklinse** [*Vicia* p. p.] (9 Arten)
(InB: Wildbienen, SeB – SeA)

1 Blü 2–4 mm lg. Hülse 2samig, weichhaarig. Blchen in (4–)6–8(–16) Paaren, vorn meist gestutzt od. ausgerandet. Traube 3–6blütig. 0,15–0,60. 6–7. Sandige bis lehmige Äcker, mäßig trockne bis frische Rud.: Wegränder, Schutt; gestörte Sandtrockenrasen, Gebüschsäume; [A] g Nw Ns Sh, h Rh He Th Sa An Mv, v By(g NM) Bw Bb, [U] z Alp(Brch Chm) (m/mo-b·c1-7EUR-WAS, [N] austr+m-b·c1-5CIRCPOL – eros ① ⊙ – InB SeB – SeA VdA Sa langlebig – L7 T6 F2 Rx N4 – V Aphan., V Sisymbr., O Fest.-Sedet., O Orig. – 14). [*Ervum hirsutum* L., *Vicia hirsuta* (L.) GRAY] **Behaarte E., Zitterlinse – *E. hirsuta* (L.) OPIZ**
1* Blü 7–20 mm lg, Hülse kahl **2**

FABACEAE 373

2 Blü einzeln, 10–15 mm lg, lg gestielt, Kr weiß od. hellblau. NebenBla ungleich, das eine linealisch u. sitzend, das andere nierenfg, mit borstlichen Zipfeln u. gestielt. Hülse 2–3samig. 0,20–0,60. 6–8. Nährstoffreichere Äcker, kalkmeidend; [N 1829 U] s Bw Bb; früher KulturPfl (m-sm·c1-5EUR – eros ☉ – L7 T8 F2 R3 N3 – O Secal.). [Vicia mon_a_nthos (L.) Desf., V. articul_a_ta Hornem.] **Einblütige E., Wicklinse, Glieder-Wicke – _E. articulata_ (Hornem.)**
H. Schaef., Coulot et Rabaute
2* Blü zu mehreren 3
3 Blü 7–9 mm lg, hellrosa, Trauben 1–4blütig. Bla am Ende mit ungeteiltem, krautigem Spitzchen. Hülsen perlschnurartig eingeschnürt, 2–4samig. 0,30–0,60. 6–7. Nährstoffreichere Äcker, kalkmeidend; [A jetzt U] s By Bw Rh He Sa; früher KulturPfl (m-sm·c2-7EUR-WAS – eros ☉ – L7 T9 F3 R3 N3 – K Stell.). [Vicia ervilia (L.) Willd.]
Linsen-E., Steinlinse – _E. sativa_ Link.
3* Blü 15–20 mm lg, weiß, violett geadert, Trauben 10–25blütig, länger als ihr TragBla. Bla am Ende mit geteilter Ranke. Hülse nicht eingeschnürt, 5–8samig. 0,50–2,00. 6–8. Frische bis mäßig trockne Laub- u. NadelmischWSäume, WLichtungen u. aufgelichtete Wälder, an Waldwegen, basenhold; v Alp Th, z By Bw(f NW) He(f W) Nw(NO SO) Sa An(f O) Ns(Hrz MO S M) Mv(f Elb) Sh(f W), s Bb(f M SO SW) (sm/mo-b·c2-6EUR-WSIB – sogr eros H ♃ uAusl – InB – SeA – L7 Tx F4~ R8 Nx – V Trif. med., V Eric.-Pin. – 14). [Vicia sylv_a_tica L.]
Wald-E. – _E. sylvatica_ (L.) Schur

Ervum L. – Erve [_Vicia_ p. p.] (3 Arten)
(SeB – SeA)

1 Traube 1–3blütig, ihr Stiel zur FrZeit 2–4 cm lg, so lg wie ihr TragBla. Blü 4–7(–8) mm lg. Hülsen meist 4samig, SaNabel ¼–⅕ des SaUmfangs. 0,15–0,60. 6–7. Sandige bis lehmige Äcker, mäßig trockne bis frische Rud., Wegränder, Brachen, Silikatmagerrasen, wechselfeuchte Wiesen, kalkmeidend; [A] h He Nw Th Sa An Ns, v By Rh Bb Mv, z Bw Sh (m-temp·2-7EUR-WAS, [N] austr+m-temp·c1-7CIRCPOL – eros ① ☉ – InB: Bienen – SeA VdA Sa langlebig – L6 T5 F5 R5 N5 – V Aphan., V Sisymbr., V Mol.). [Vicia tetrasperma (L.) Schreb.] **Viersamige E. – _E. tetraspermum_ L.**
1* Traube 1–4(–5)blütig, ihr Stiel zur FrZeit bis 8 cm lg, länger als das TragBla. Blü (5–)6–7 (–9) mm lg. Hülsen (4–)5(–8)samig, SaNabel ⅛ des SaUmfangs. 0,10–0,40. 6–7. Lehmige Äcker, mäßig trockne Rud.: Schutt, kalkmeidend; [N U] s By Bw Rh He Th Sa Mv (m-stemp·c1-3EUR – eros ① ☉ – L7 T8 F4 R6 N6? – V Aphan.?). [Vicia gr_a_cilis Loisel, V. laxifl_o_ra Brot., V. parvifl_o_ra Cav., V. tenu_i_ssima auct.] **Zierliche E. – _E. gracile_ DC.**

Lathyrus L. – Platterbse, Erbse [_Pisum_ L.] (160 Arten)
(InB: Wildbienen KlappBlü – SeA)

1 Bla nur aus einer Ranke u. 2 großen laubblattartigen, spießfg NebenBla bestehend (Abb. 352/2). Blü gelb, einzeln. 0,15–0,30. 6–7. Lehmige Äcker, Rud., Heckensäume, basenhold; [A] z Bw Rh, s By(N NM) Nw(N SW) Th(Bck, s Rho) An(f Elb N O), [N U] s Sa Bb Ns, † He, ↘ (stropOAFR+m·c1-7-stemp·c1-2 EUR-WAS – eros ☉ – InB – SeA MeA – L7 T7 F3 R8 N3 – V Caucal., O Orig. – Sa giftig – 14). **Ranken-P. – _L. aphaca_ L.**
1* Bla mit 1–∞ Paaren flacher Blchen od. ungeteilt, grasartig 2
2 Bla nur aus dem flachen Stiel u. kleinen NebenBla bestehend, grasähnlich, ungeteilt. BlüStand 1–2blütig. Kr purpurn, 0,30–0,50(–0,70). 5–7. Lehmige bis tonige Äcker, trockne Wiesen u. Rud., Trockengebüschsäume; [A] sw By(f S) Rh(f W) Th(f Hrz O Wld), s Bw(f SO) Nw(f NW W), [N U] s NW Sa An Bb Ns Mv (m/mo-stemp·c1-5 EUR – eros ☉ – SeB: Kleistogamie InB? – L7 T6 F4 R7 N4 – K Stell., V Sisymbr. – 14). **Gras-P. – _L. nissolia_ L.**
2* Obere Bla gefiedert, Blchen 1- bis mehrpaarig 3
3 Untere Bla ohne Blchen, BlaStiel u. BlaSpindel blattartig verbreitert 4
3 Alle Bla mit Blchen, BlaStiel u. BlaSpindel nicht blattartig verbreitert 5
4 Kr blassgelb, 15–20 mm lg. Obere Bla 1–2paarig gefiedert. Trauben 1–2blütig. Hülse 40–60 × 10–12 mm, doppelt geflügelt. 0,30–1,00. 4–6. Rud.: Schutt, Straßenränder; [U] s Bw Rh He Nw Sa Sh (M: Hamburg) (m-(sm)·c2-4EUR-(WAS), [N] (austr)SAM+NEU-

374   FABACEAE

SEEL+(sm-temp)·c1-3EUR+(WAM) – eros ① – InB SeB – SeA MeA – *L7 T8 F2 R5 N3* –
FutterPfl – 14). **Flügel-P. – L. ochrus** L.
- 4* Kr purpurn, 15–20 mm lg. Obere Bla 2–4paarig gefiedert. Trauben 1–5blütig. Hülse 30–70 × 5–12 mm. 0,30–1,00. 4–6. Rud.; [U] s By Bw He Nw Th Sa Bb:Berlin (m-(sm)·c1-4EUR, [N] austr(SAM)+AUST+sm-temp·c1-3EUR – eros ① – InB SeB – MeA – ZierPfl).
 Purpur-P. – L. clymenum L.
- 5 (3) NebenBla kleiner als die Blchen 6
- 5* NebenBla größer als die Blchen. Pfl kahl. Blchen 2–3paarig, eifg. Traube meist 2blütig. Kr weiß od. purpurn. 0,30–1,00. 5–7. KulturPfl, zuweilen verwildert (Ackerränder); (m-sm// mo·c4-7EUR-WAS – eros ⊙ – SeB, InB – Futter- u. GemüsePfl, ∞ Sorten). [*Pisum sativum* L.]
 Garten-Erbse, Futter-E. – L. oleraceus LAM.
- 6 Bla mit endständiger Ranke 7
- 6* Bla ohne Ranke, am Ende nur mit zartem, krautigem Spitzchen 17
- 7 Kr gelb. Blchen 1paarig. NebenBla pfeilfg. Stg kahl bis weichhaarig. 0,30–1,00. 6–8. Frische bis wechselfeuchte (auch moorige) Wiesen, Gebüsch- u. WSäume, WLichtungen, an Ufern, nährstoffanspruchsvoll; g Nw Th Sa Sh, h Alp Bw Rh He An Ns Mv, v By(g NM) Bb (m/ mo-b·c1-7EUR-WAS, [N] AUST+sm-bOAM – sogr eros H ♃ lg uAusl – InB – SeA VdA – *L7 T5 F6 R7 N6* – K Mol.-Arrh., V Trif. med. – 14). **Wiesen-P. – L. pratensis** L.
- 7* Kr rot, purpurn, violett od. blau, selten weiß 8
- 8 Stg ungeflügelt, höchstens kantig 9
- 8* Stg deutlich geflügelt 10
- 9 Blchen 1paarig. NebenBla halbpfeilfg (Abb. **371**/4). Kr purpurn. Wurzeln mit Knollen. 0,30–1,00. 6–8. Lehmige bis tonige Äcker, mäßig trockne bis frische Rud.: Schutt, Böschungen, Bahndämme, Brachen, Heckensäume, kalkhold; [A] v Bw An(g S), z By(h NM) Rh He(h ORh) Nw Sa Bb Ns(h MO), s Alp(Kch) Th(O) Mv(f Elb), [N] s Sh (m/mo-temp·c2-8EUR-WAS, [N] AM – sogr eros G/H ♃ uAusl SprWuKnolle essbar – InB – SeA – *L7 T6 F4~ R8 N4* – V Caucal., V Dauco-Mel.). **Knollen-P., Erdnuss-P. – L. tuberosus** L.
- 9* Blchen 2–4paarig. NebenBla meist pfeilfg (Abb. **371**/5). Kr rotviolett, später blau. 0,15–0,50. 6–8. Lockere Weißdünen; z Ns(N NW) Sh(O W), s Ns(N NW) Mv(N MW) (sm-b·c2-5/lit-CIRCPOL – igr eros H/G ♃ uAusl – InB – SeA – *L8 T6 F4 R7 N3* – V Ammoph. – 14 – ▽). [*Pisum maritimum* L., *L. maritimus* (L.) BIGELOW]
 Strand-P. – L. japonicus WILLD. subsp. **maritimus** (L.) P.W. BALL
- 10 (8) Trauben 1–3blütig 11
- 10* Trauben mehrblütig 14
- 11 Blchen elliptisch od. eifg, 2mal so lg wie br, stumpf. Trauben 2–3blütig. Blü groß, wohlriechend. BlaStiele schmal geflügelt. Hülsen rauhaarig. 0,80–1,60. 6–8. ZierPfl; auch Rud.: Schutt; [N U] s By Bw Sa An Bb(Berlin) (m·c1-2EUR – eros ⊙ ① – InB – SeA MeA).
 Duftende P., Gartenwicke, Duftwicke – L. odoratus L.
- 11* Blchen lanzettlich od. elliptisch, mehr als 3mal so lg wie br 12
- 12 KeZähne 1–1½mal so lg wie die KeRöhre. Trauben 1–3blütig. Kr violett, später blau. Hülsen lg behaart, 4–8 mm br. 0,30–1,00. 6–8. Sandige bis lehmige Äcker, mäßig trockne Rud.: Wegränder, Steinbrüche; Säume, kalkhold; [A] z Rh(f W) Th(Bck Rho S), s By(f NO S) Bw(f SO) He(f NW) Nw(MW SW) Th(Bck S, s Rho), [N U] s Sa An(S) Bb Ns Mv Sh (m-stemp·c1-7EUR-WAS, [N] AM – eros ⊙ ① – InB – MeA – *L7 T6 F4 R7 Nx* – V Caucal., V Sisymbr.).
 Behaarte P. – L. hirsutus L.
- 12* KeZähne 2–3mal so lg wie die KeRöhre. Blü einzeln 13
- 13 Kr 10–14 mm lg, weiß bis purpurn, BlüStiel 10–30 mm lg. Stg geflügelt. Hülsen kantig, 5–10 mm br. 0,20–1,00. 5–6; Rud.: Schutt, Böschungen [U] s By Bw Rh Nw Sa Bb: Berlin Sh (M: Hamburg) (m-sm·c2-4EUR-sm/moWAS, [N] austrAUST+sm-temp·c2-4EUR – eros ① – InB: Wildbienen SeB – MeA – *L5 T8 F2 R5 N5* – 14). **Kicher-P. – L. cicera** L.
- 13* Kr 12–24 mm lg, meist weiß, bläulich geadert, BlüStiel 30–60 mm lg. Hülsen geflügelt, 10–18 mm br. 0,30–1,00. 5–6. Nur noch selten angebaute FutterPfl; auch frische Rud.: Schutt; [N U] s By Bw Rh Nw He Th Sa Bb(Berlin) Sh(Hamburg) (wohl entstanden aus *L. cicera* L.; m·c5-7WAS – eros ⊙ – InB: Wildbienen – MeA – *L5 T8 F5 R7 N5* – 14).
 Saat-P. – L. sativus L.

FABACEAE 375

14 (10) Stg schmal geflügelt. BlaStiele ungeflügelt. Blchen 2–3paarig. Kr schmutzigblau. 0,30–1,00. 7–8. Wechselnasse, zeitweilig überflutete Moorwiesen, Röhrichte, Großseggenriede, verlandete Gräben, Grauweidengebüsche, basenhold; z Bw(f Keu SO SW) An(f W) Bb Ns(f S) Mv Sh, s Alp(Amm Kch Wtt) By(f NO) Rh(ORh MRh) He(MW ORh NW W) Nw Th(Bck) Sa(W), ↘ (sm/mo-b·c2-7CIRCPOL – sogr eros H ♃ uAusl – InB – SeA – L8 T6 F8= R8 N3 – O Mol., O Phragm. – 42 – ▽). **Sumpf-P. – *L. palustris* L.**
14* Stg u. BlaStiele br geflügelt **15**
15 Bla 1–2(–3)paarig gefiedert. Kr purpurn. Flügel des Stg 2,0–3,5 mm br. 1,00–2,00. 7–8. Frische bis trockne Gebüschsäume u. Waldlichtungen, Steinschutthänge, verbuschende Halbtrockenrasen, kalkstet; z Alp(Allg), s By(Alb MS NO) Bw(f NW ORh) Th(O Rho, z Bck) An(Hrz), † Ns(S), ↘ (sm/mo-temp·c2-3EUR – sogr eros H ♃ Pleiok uAusl? – L7 T7 F4 R8 N2 – O Orig., V Stip. calam., V Brom. erect.). **Verschiedenblättrige P. – *L. heterophyllus* L.**
15* Alle Bla 1paarig gefiedert **16**
16 Traube mit Stiel so lg wie ihr TragBla od. etwas länger. Kr gelblichgrün bis schmutzigrosa. Flügel des Stg 2,5–6,0 mm br, breiter als die der BlaStiele. 1,00–2,00. 7–8. Frische bis mäßig trockne Gebüsch- u. Waldränder, Waldlichtungen, Waldwege, Rud.: Bahnanlagen, Sandgruben, kalkhold; v Bw Rh He Nw Th Sa Ns, z Alp(f Kch Wtt) By An(h Hrz) Bb Mv Sh, im N an Dämmen, ↗ (sm/mo-temp·c2-5EUR – sogr eros H ♃ Pleiok uAusl – InB – MeA SeA – L7 T6 F4 R8 N2 – O Orig.). **Wald-P. – *L. sylvestris* L.**

    1 Blchen 1–3 mm br, oft 1nervig. Pfl schmächtig. StgFlügel nur ± 1,5 mm br. s Nw Sa, genaue Verbr. unbekannt. [*L. angustifolius* Medik., *L. s.* subsp. *angustissimus* Holub]
                                                                                                                              subsp. ***angustifolius*** (Medik.) Čelak.
    1* Blchen mindestens 5 mm br **2**
    2 Blchen 5–20 mm br, 3nervig. Flügel des BlaStiels etwa ½ so br wie die des Stg. Standorte, Soz. u. Verbr. in D weitgehend wie Art, oft [N].   subsp. ***sylvestris***
    2* Blchen 15–40 mm br, deutlich netznervig. Flügel des BlaStiels fast so br wie die des Stg. [N] s By(N NM NO) Sa Bb, genaue Verbr. unbekannt.   subsp. ***platyphyllos*** (Retz.) Hartm.

16* Traube mit Stiel mehrmals länger als ihr TragBla. Kr purpurn, blassrosa od. weiß. Flügel des Stg etwa so br wie die der BlaStiele. 1,00–3,00. 7–8. ZierPfl; auch mäßig trockne Gebüsch- u. Heckensäume, Rud.: Weg- u. Straßenränder, Bahnanlagen; [A N] v Sa An, z Rh Nw Th Ns, s By Bw He Bb, [U] z Alp Mv, ↗ (m-sm·c1-4-stemp·c1-2EUR – sogr eros H ♃ Pleiok – InB – MeA SeA – L7 T8 F4 R9 N3 – O Orig., V Dauco-Mel., V Arct.).
                                                                                         Breitblättrige P. – *L. latifolius* L.
17 (6) Kr gelb od. gelblichweiß, zuweilen rötlich überlaufen **18**
17* Kr purpurn od. blau **19**
18 Blchen 10–30 mm br, meist 4paarig. BlaStiele ungeflügelt. Kr gelb. 0,20–0,60. 6–8. Subalp. bis alp. frische Rasen u. Hochstaudenfluren, TrockenW, basenhold; z Alp(Allg Amm Brch Chm), s By(S) sm-stempl/salp·c2-4EUR – sogr eros G ♃ Pleiok – V Car. ferr., V Eric.-Pin.). [*L. occidentalis* (Fisch. et C.A. Mey.) Fritsch]
                                                       Gelbe P. – *L. laevigatus* (Waldst. et Kit.) Gren.

    1 Untere KeZähne so lg wie die KeRöhre, auch die oberen KeZähne deutlich entwickelt. Stg u. USeite der Blchen ± behaart. Standorte u. Soz. in D weitgehend wie Art (sm-stemp//salp·c2-3EUR – L8 T3 F5 R9 N4?).   subsp. ***occidentalis*** (Fisch. et C.A. Mey.) Beirstr.
    1* Untere KeZähne viel kürzer als die KeRöhre, die oberen fast ganz zurückgebildet. Stg u. USeite der Blchen kahl od. fast kahl. s By(Brch) (sm/salp-temp/dealp·c3-4EUR – vermittelt zu subsp. *laevigatus*, diese fehlt in D). [*L. scopolii* Fritsch]   subsp. ***scopolii*** (Fritsch) Rothm.

18* Blchen 2–3 mm br, 2–3paarig. BlaStiele geflügelt. Kr gelblichweiß, Fahne außen oft rot überlaufen. 0,15–0,55. 5–6. Trockengebüschsäume, verbuschende Halbtrockenrasen, kalkhold; s Bw(Gäu Keu: Spitzberg u. Grafenberg bei Tübingen) (sm-stemp·c3-7EUR+(WSIB) – sogr eros H ♃ Pleiok KnollenWu – L8 T7 F3~ R9 N2 – V Ger. sang. – ▽. [*L. suevicus* A. Mayer nom. inval.]
                           Pannonische P. – *L. pannonicus* (Jacq.) Garcke subsp. *collinus* (J. Ortmann) Soó
19 (17) Stg deutlich geflügelt. Traube 2–5blütig. Blchen 2- od. 3paarig, länglich-lanzettlich bis linealisch, blaugrün. Kr hellpurpurn, später schmutzigblau. 0,15–0,30. 4–6. Mäßig trockne, lichte EichenmischW, Waldlichtungen, an Waldwegen, Magerrasen u. Heiden, kalkmeidend; h Rh(z ORh) Th(z Bck NW), v By(s MS, f S) He, z Bw Nw(h SW) Sa An(h

Hrz) Bb Ns(h Hrz) Mv Sh, im NW ⇘ (sm/mo-temp·c1-4EUR – igr eros G/H uAusl SprKnolle – InB: bes. Wildbienen – SeA AmA – Lx T5 F5 R3 N2 – O Querc. rob., V Carp., V Trif. med., V Viol. can. – 14). [*L. mont<u>a</u>nus* BERNH.]

Berg-P. – *L. linifolius* (REICHARD) BÄSSLER

19* Stg ungeflügelt od. nur oben undeutlich geflügelt. Traube 3–10blütig 20
20 Blchen meist 6paarig, elliptisch bis eifg, 1–3 cm lg, useits blaugrün, matt, beim Trocknen schwarz werdend. Kr purpurn, später violett. 0,30–0,80. 6–7. Lichte, trockne bis mäßig trockne Eichen- u. KiefernmischW, Wald- u. Gebüschsäume, basenhold; z By Bw(f SO) Rh He Th An(h S) Ns(MO S) Mv(f Elb), s Nw Sa Bb(f SO SW) Sh(SO O) (m/mo-temp·c2-4EUR – sogr eros G ♃ Rhiz – L5 T6 F3 R7 N3 – O Querc. pub., V Carp., V Ger. sang.). [*Orobus niger* L.]

Schwarze P. – *L. niger* (L.) BERNH.

20* Blchen 2–4paarig, beim Trocknen nicht schwarz werdend 21
21 Blchen eifg, lg zugespitzt, 3–7 × 1–3 cm. Traube während der Blüte so lg wie ihr TragBla. Kr purpurn, später blaugrün. 0,20–0,40. 4–5. Frische Laub- u. NadelmischW, nährstoffanspruchsvoll, kalkhold; h Th, v Bw, z Alp(f Allg Kch Mng) By(h NM) He Nw(f MW SW) Sa An(h Hrz S) Ns(f Elb NW) Mv(f Elb), s Rh Bb(f Elb) Sh(f W) (sm/mo-b·c2-6EUR-WSIB – sogr eros G ♃ Rhiz – InB: Hummeln – L4 T6 F5 R8 N4 – O Fag.). [*Orobus v<u>e</u>rnus* L.]

Frühlings-P. – *L. v<u>e</u>rnus* (L.) BERNH.

21* Blchen lineal-lanzettlich, 3–6 × 0,2–0,4 cm. Traube während der Blüte viel länger als ihr TragBla. Kr purpurn od. blauviolett. 0,20–0,50. 5–7. Mont. frische, lichte, hängige KiefernW u. Staudenfluren, kalkstet; s Bw(Alb Keu) (sm-stemp//mo·c3EUR – sogr eros H ♃ Pleiok – L5 T6 F5~ R9 N2 – V Eric.-Pin., V Car. ferr. – ▽). [*L. filif<u>o</u>rmis* auct., *L. ensif<u>o</u>lius* (LAPEYR.) GAY]

Schwert-P. – *L. bauh<u>i</u>ni* P.A. GENTY

Familie *Polyg<u>a</u>laceae* HOFFMANNS. et LINK –
Kreuzblümchengewächse (21 Gattungen/800–1000 Arten)

Bearbeitung: Karl Peter Buttler (†)

Kräuter, Sträucher, kleine Bäume od. Lianen. Bla wechselständig, einfach, ganzrandig, oft wintergrün. Blü ⚥, dorsiventral, schmetterlingsfg. KeBla 5, frei, 2 seitliche große, kronblattartige (KeFlügel) u. 3 äußere, kleinere. KrBla 3–5, das untere kahnfg (Schiffchen), mit fransig-lappigem Anhängsel, die übrigen klein, ± verwachsen. StaubBla 8 (selten 10, 7 od. 5), zu einer oben offnen Röhre verwachsen. FrKn oberständig, meist 2blättrig, 2fächrig. Kapseln, Nüsse, SteinFr. Samen 1–2, oft mit Anhängsel.

Polyg<u>a</u>la L. – Kreuzblümchen, Kreuzblume (300–350 Arten)

1 Blü gelb-weiß od. rötlich-purpurn, 12–15 mm lg, einzeln od. zu 2–3 in den BlaAchseln. Schiffchen ausgesackt, mit 4lappigem Anhängsel. Bla ledrig, immergrün. Zwergstrauch. 0,10–0,25. 4–8. Submont. bis mont. mäßig trockne, lichte Kiefern- u. EichenW u. ihre Säume, mont. bis alp. Halbtrocken- u. Steinrasen, kalkhold; h Alp, z By(f N NW), s Bw(Alb Gäu Keu S) Th(O) Sa(SW) (sm-stemp//desalp·c2-3EUR – igr ZwStr oAusl – InB: Hummeln – WiA AmA Kältekeimer – L6 T4 F3~ R8 N2 – O Eric.-Pin., V Brom. erect., V Sesl. – 44). [*Chamaeb<u>u</u>xus alpestris* SPACH, *Polygal<u>o</u>ides chamaeb<u>u</u>xus* (L.) O. SCHWARZ]

Buchsblättriges K., Zwergbuchs – *P. chamaeb<u>u</u>xus* L.

1* Blü blau, rotviolett od. weiß, 3–8 mm lg, in Trauben. Schiffchen vorn mit zerschlitztem, viellappigem Anhängsel. Bla krautig. Staude 2

2 Trauben 3–8(–10)blütig. DeckBla halb so lg wie der BlüStiel. Untere StgBla gegenständig, klein, elliptisch, die oberen lanzettlich, paarweise genähert. Stg dünn, ästig, am Grund niederliegend. Seitentriebe den Hauptspross übergipfelnd. Blü hellblau. Ke weiß berandet. 0,06–0,12. 5–9. Plan. bis subalp. frische bis feuchte Silikatmagerrasen, Zwergstrauchheiden, Quellmoore, kalkmeidend; v Alp(Allg), z By(f N) Bw Rh He Nw Th(Bck Rho, h O, v Wld) Ns(NW, sonst s), s Sa(SW W) An(f Elb O) Bb(SO) Sh(M), † Mv, ⇘ (sm/mo-b·c1-2 EUR – igr eros H/Ch ♃ Pleiok – InB – AmA – L8 T4 F6 R2 N2 – O Nard., V Mol., V Triset. – 34). [*P. depr<u>e</u>ssa* WENDER., *P. serpyll<u>a</u>cea* WEIHE]

Quendel-K. – *P. serpyllif<u>o</u>lia* HOSE

2* Trauben vielblütig. DeckBla so lg wie der BlüStiel od. länger. Bla wechselständig, zuweilen am Grund rosettig gehäuft **3**
3 GrundBla rosettig gehäuft, verkehrteifg bis spatelfg, deutlich größer als die ± lanzettlichen StgBla **4**
3* GrundBla nicht rosettig (höchstens etwas genähert), elliptisch bis lanzettlich, kleiner als die ähnlichen nach oben folgenden **6**
4 Stg im unteren Teil ausläuferartig niederliegend, mit kleinen, ± schuppenfg Bla u. mit lockerer, großblättriger Rosette abschließend. BlüTriebe zu mehreren seitlich in den Achseln der RosettenBla, 6–14(–20)blütig. DeckBla länger als der BlüStiel. Blü tiefblau. KeFlügel 5–7 mm lg, ihre Seitennerven mit 4–8 Netzmaschen (Abb. **377**/4). Bla nicht bitter schmeckend. 0,10–0,20. 4–6. Halbtrockenrasen, Gebüschsäume, kalkstet; z Rh(SW W N), s Bw(ORh), ↘ (sm/mo-stemp·c2EUR – igr hros monop H/Ch ♃ kurze LegTr – InB – L7 T7 F3 R9 N2 – V Brom. erect., V Ger. sang.).   **Kalk-K.** – *P. calcarea* F.W. SCHULTZ
4* Stg aufrecht od. aufsteigend, mit ± dichter Rosette. BlüTriebe endständig, vielblütig. Deck-Bla etwa so lg wie der BlüStiel. Blü blau od. purpurn, selten weiß. Seitennerven der Ke-Flügel wenig verzweigt, selten an der Spitze mit dem Mittelnerv verbunden, ihre wenigen Außenäste meist frei endend (Abb. **377**/3). Bla gallig bitter schmeckend. **(Artengruppe Bitteres K.** – *P. am**a**ra* agg.**)** **5**
5 KeFlügel zur FrZeit 3,5–5,1 × 1,2–2,2 mm, höchstens so lg wie die Kapsel. KeBla 2,0–3,0 mm lg. Schiffchen vor dem Anhängsel undeutlich eingeschnürt (Abb. **377**/2). Anhängsel mit 6–14 Fransen. Sa 1,5–2,1 mm lg. Lappen des SaAnhängsels ± gleich. StgBla über der Mitte am breitesten. 0,05–0,30. 4–6. Halbtrockenrasen, wechselfeuchte Wiesen, Niedermoore, Quellfluren, Wegböschungen, kalkstet; h Alp, z By Bw Rh(f M Rh) He(f NW W) Th(f Hrz, v Bck NW) An(f NO), s Nw(f NW) Sa(f NO SO) Bb Ns(S: Walkenried) Mv(f Elb SW), † Sh (sm-b·c2-5 EUR – hros igr H/Ch ♃ Pleiok – L9 Tx F9 R9 N1 – V Brom. erect., V Mol., V Car. davall. – 34). [*P. austriaca* CRANTZ]   **Sumpf-K.** – *P. amarella* CRANTZ
5* KeFlügel zur FrZeit 4,8–6,5 × 2,0–4,4 mm, länger als die Kapsel. KeBla 3,0–4,3 mm lg. Schiffchen vor dem Anhängsel deutlich eingeschnürt (Abb. **377**/1). Anhängsel mit 12–35 Fransen. Sa 2,1–2,8 mm lg, Lappen des SaAnhängsels ungleich. StgBla etwa in der Mitte am breitesten. 0,05–0,25. 5–6. Subalp. bis alp. Steinrasen u. Felsbänder, lichte KiefernW, wechselfeuchte Niedermoorwiesen u. Quellsümpfe, kalkstet; z Alp By(N NW S MS), s Bw(Alb S) He(O) Nw(NO) Ns(S: Bodenwerder), † Th Sa, außerhalb der Alpen oft unsicher (sm/mo-stemp/demo·c3EUR – hros igr H/Ch ♃ Pleiok – L8 T3 F4~ R8 N2 – V Brom. erect., O Sesl., V Car. davall. – 34). [*P. amblyptera* RCHB.]
   Bitteres K. – *P. amara* L. subsp. *brachyptera* (CHODAT) HAYEK
6 (3) DeckBla lineal-lanzettlich, ± bewimpert, 2,2–5,0 mm lg, die BlüKnospen überragend, 2–3mal so lg wie der BlüStiel. Traube schopfig, auch zur FrZeit dicht. Blü rotviolett, auch blau (regional dominant) od. selten weiß. Kr etwa so lg wie der KeFlügel, diese mit 1–6 undeutlichen Netzmaschen. 0,15–0,30. 5–7. Halbtrocken- u. Trockenrasen, wechseltrockne Wiesen, trockne Frischwiesen, trockhold; h Th(z Hrz O Wld), z Alp By Bw Rh He Nw An(h S f O) Bb(f SO) Ns(f Elb NO), s Sa(SW SO W) Mv(M MW NO: Kreidebrüche Rügen) (sm-temp·c2-6 EUR-(WSIB) – sogr eros H ♃ Pleiok – InB SeB – WiA AmA – L8 T6 F3 R8 N2 – K Fest.-Brom., bes. V Brom. erect., V Mol., V Arrh. – 34).
   Schopf-K. – *P. com**o**sa* SCHKUHR
6* DeckBla länglich-eifg, kahl, 0,8–2,2 mm lg, die BlüKnospen nicht überragend, etwa so lg wie der BlüStiel od. kürzer. Traube nicht schopfig. Blü blau od. rotviolett, selten weiß .. **7**

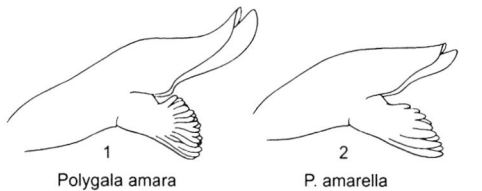
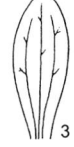

Polygala amara   P. amarella   P. amara   P. vulgaris

7   Kr 5,5–9,5 mm lg. KeFlügel 4,0–8,5 mm lg, mit 4–20 deutlichen Netzmaschen (Abb. **377**/4). Traube (2–)3–12 cm lg, meist locker. 0,05–0,25. 5–9. Silikatmager- u. Halbtrockenrasen, wechseltrockne Wiesen, Zwergstrauchheiden, Küstendünen, nährstoffarme Rud.: Wegränder, Steinbrüche; lichte KiefernW, kalkmeidend; h Th, v Alp By Rh He Nw Sa, z Bw An(h Hrz) Bb Ns(h Hrz) Mv Sh (m/mo-b·c1-4EUR – igr eros H/Ch ♃ – InB: Bienen, Falter SeB – WiA AmA Lichtkeimer – L7 Tx F4 R3 N2 – V Viol. can., V Nard., V Brom. erect., V Cirs.-Brach., V Mol., O Arrh.). **Gewöhnliches K. – *P. vulgaris* L.**

1   Knospen u. Blü blau, seltener rotviolett. Pfl ± aufrecht, kräftig, vielstänglig. Obere StgBla deutlich größer als die basalen. KeFlügel am Grund genagelt, etwa so br wie die Kapsel, mit 6–20 Netzmaschen. Anhängsel mit 14–32 Fransen. Silikatmager- u. Halbtrockenrasen, wechseltrockne Wiesen, Zwergstrauchheiden, Rud.; Verbr. u. Soz. in D weitgehend wie Art (m/mo-b·c1-4EUR – *L7 T6 F7 R3 N3* – 52, 68). subsp. ***vulgaris***

1* Knospen grün, Blü grünweiß bis blassblau. Pfl ± aufsteigend-aufrecht, wenigstänglig. Obere StgBla wenig größer als die basalen. KeFlügel am Grund ± keilig, schmaler als die Kapsel, mit 4–8 Netzmaschen. Anhängsel mit 8–16 Fransen 2

2   DeckBl so lg wie der BlüStiel. BlüStand vielblütig, verlängert, ± locker. Pfl 15–25 cm hoch, mit mehreren, aufrechten Trieben. GrundBla den StgBla ± gleich, wechselständig. KeFlügel lanzettlich, zugespitzt, 6,0–7,5 × 2,0–3,5 mm. Silikatmagerrasen, Heiden, lichte KiefernW, Heiden, kalkmeidend; z By(f MS S) He Th Sa(f Elb), s Bw(f ORh SO) Rh(M N) Nw(f SW) An(f O) Bb(M MN NO SO) Ns(f Elb N) Mv(f Elb N) (sm-temp·c2-4EUR – *L7 T5 F6 R3 N3* – V Viol. can., V Nard. – 68). [*P. oxyptera* Rchb.] subsp. ***oxyptera*** (Rchb.) Schübl. et G. Martens

2* DeckBl kürzer als der BlüStiel. BlüStand armblütig, kurz, ± dicht. Pfl 5–15 cm hoch, ausgebreitet, mit wenigen, aufsteigenden Trieben. GrundBla klein, oft schuppenfg. Alle BlüTeile ± bewimpert. KeFlügel elliptisch bis verkehrteifg, 4,0–6,5 × 2,0–3,5 mm. Küstendünen (Graudünen); s He(NW) Nw(f MW N) Ns(N) Sh(M W), † Th(Bck) (sm-temp·c1-2litEUR). [*P. ciliata* Gren. non L. , *P. dunensis* Dumort.] subsp. ***collina*** (Rchb.) Borbás

7* Kr 3,8–6,0 mm lg. KeFlügel 3,5–5,5 × 2,0–3,2 mm, elliptisch bis verkehrteifg, ihre Seitennerven wenig verzweigt u. selten mit dem Mittelnerv verbunden (Abb. **377**/3). Traube 2,0–3,5 cm lg, dicht, von den stark vergrößerten oberen StgBla umgeben. Blü tiefblau. 0,05–0,15. 6–7. Subalp. bis alp., frische Steinrasen u. kurzrasige Matten; v Alp, z By(S) (sm-stemp//alp·c2-4EUR – igr H/Ch ♃ Pleiok – L8 T2 F4 R7 N2 – O Sesl., V Nard.). [*P. microcarpa* Gaudin] **Alpen-K. – *P. alpestris* Rchb.**

Familie *Rosaceae* Juss. – Rosengewächse

(90 Gattungen/2500 Arten + ca. 2500 apomiktische Kleinarten)

Kräuter, Sträucher, Bäume. Bla wechselständig, meist mit NebenBla. Blü radiär, meist ♂ u. mit ungleichartiger BlüHülle, (3–)5zählig. Ke oft mit AußenKe. Kr freiblättrig od. fehlend. StaubBla 1 bis meist ∞. FrKn ∞–1, ober-, mittel- od. unterständig, meist chorikarp. Kapseln, Nüsse, SteinFr, Beeren, ApfelFr, SammelFr – viele Nutz- u. ZierPfl.

1   Bäume, Sträucher od. Scheinsträucher (oberirdische Triebe 2jährig), seltener aufrechte Zwergsträucher 2
1* Kräuter od. kriechende Spaliersträucher 21
2   Griffel ∞ 3
2* Griffel 1–5 5
3   BlüBoden krugfg, auf seinem Rand die BlüHülle u. StaubBla (Abb. **406**/1). **Rose – *Rosa* S. 404**
3* BlüBoden halbkuglig bis kegelfg 4
4   Pfl meist mit Stacheln od. abstehenden Borsten. Kr weiß bis rot. Essbare SammelFr aus SteinFrchen bestehend (Abb. **383**/3, 6). **Himbeere, Brombeere – *Rubus* S. 381**
4* Pfl stachellos. Kr gelb (selten weiß). Trockne SammelFr aus Nüsschen bestehend. Zierstrauch. **Strauchfingerkraut – *Dasiphora* S. 411**
5   **(2)** FrKn mittelständig (d. h. in einem Achsenbecher, doch nicht mit ihm verwachsen, Abb. **379**/2) od. oberständig 6
5* FrKn unterständig (Abb. **379**/1), mehrere FrBla als Kerngehäuse in eine ApfelFr eingeschlossen. Griffel 1–5 11

ROSACEAE

6	FrKn u. Griffel 1 (Abb. **379**/2). SteinFr aus 1 FrBla.	**Steinobst** – *Pr**u**nus* S. 431
6*	FrKn od. Griffel 3–8. Ziersträucher	7
7	Kr gelb. Blü meist gefüllt.	**Goldröschen** – *K**e**rria* S. 431
7*	Kr weiß bis rot	8
8	Bla gefiedert.	**Fiederspiere** – *Sorb**a**ria* S. 436
8*	Bla einfach, jedoch oft gelappt	9
9	FrBla am Grund verwachsen. Fr aufgeblasen (Abb. **379**/3). Bla br eifg, 3lappig, Stiel >1,2 cm lg.	**Blasenspiere** – *Physoc**a**rpus* S. 431
9*	FrBla frei. Frchen nicht aufgeblasen. BlaStiel <1,2 cm lg	10
10	Bla gegenständig. Blü einzeln, 4zählig, 2 cm ⌀. Fr aus 4 schwarzen SteinFrchen bestehend.	**Scheinkerrie, Kaimastrauch** – *Rhod**o**typos* S. 431
10*	Bla wechselständig, Blü in Rispen, Schirmrispen, -trauben od. Dolden, 5zählig, 0,5–0,7 cm ⌀. Fr aus 5 BalgFrchen bestehend.	**Spierstrauch** – *Spir**ae**a* S. 434
11	**(5)** Bla doppelt gesägt, gelappt od. gefiedert	12
11*	Bla einfach gesägt od. ganzrandig	13
12	Pfl im Jugendstadium mit Dornen. Bla meist kahl, Spreite 2,5–5,0 cm lg, beidseits mit 1–3 Lappen u. 2–5 Nerven. NebenBla an Langtrieben oft groß u. bleibend. Staubbeutel rot. ApfelFr mit steinharten Nüsschen.	**Weißdorn** – *Crat**ae**gus* S. 436
12*	Pfl dornenlos. Bla useits wenigstens auf den Nerven behaart, Spreite 3–20 cm lg, einfach, gefiedert od. beidseits mit 4–10 Lappen u. 5–14 Nerven. NebenBla hinfällig. ApfelFr, Kerngehäuse pergamentartig.	**Mehlbeere** – *S**o**rbus* S. 441
13	**(11)** Blü klein, 5–12 mm ⌀. Sträucher	14
13*	Blü größer, >12 mm ⌀. Fächer des Kerngehäuses mit pergamentartiger Wand. Sträucher od. Bäume	16
14	Blü zu 1–25 in den BlaAchseln od. an Kurztrieben. Bla ganzrandig. ApfelFr mit steinharten Nüsschen.	**Zwergmispel** – *Coton**ea**ster* S. 445
14*	Blü zu >10 in endständigen Schirmrispen. Bla kerbig gesägt	15
15	Dorniger Strauch. Bla immergrün, ledrig. ApfelFr mit steinharten Nüsschen. Bla ohne Drüsenhaare.	**Feuerdorn** – *Pyrac**a**ntha* S. 436
15*	Dornenloser Strauch. Bla sommergrün. ApfelFr, Kerngehäuse pergamentartig. Bla oseits auf der Mittelrippe mit dicken, schwarzroten Drüsenhaaren.	**Apfelbeere** – *Ar**o**nia* S. 440
16	**(13)** Kr rot bis rosa. Blü sitzend. Dorniger Zierstrauch. NebenBla der LangtriebBla groß, eirundlich (Abb. **379**/4).	**Scheinquitte** – *Chaenom**e**les* S. 440
16*	Kr weiß bis rosa, selten rot. Blü sitzend od. gestielt. Bäume od. höhere Sträucher. NebenBla meist klein, hinfällig	17
17	Blü einzeln, endständig. KeBla länger als die KrBla, an der Fr ± zusammenneigend (Abb. **379**/5).	**Mispel** – *M**e**spilus* S. 436
17*	Blü zu 1(–∞) an kurzen Seitenästen. KeBla kürzer als die KrBla	18
18	Bla ganzrandig. NebenBla vorn abgerundet. Blü einzeln.	**Quitte** – *Cyd**o**nia* S. 440
18*	Bla gesägt od. gezähnt. NebenBla linealisch, spitz, hinfällig. Blü zu mehreren	19
19	KrBla 2–5mal so lg wie br. FrFächer 10 (Querschnitt durch Fr!). Bla mit aufgesetztem Stachelspitzchen od. abgerundet. Blü 1–3 cm ⌀. Dornenloser Strauch, selten Baum.	**Felsenbirne** – *Amel**a**nchier* S. 439

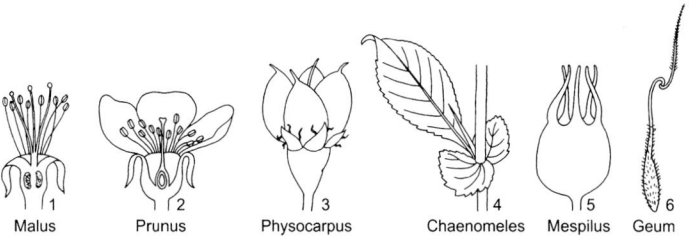

Malus   Prunus   Physocarpus   Chaenomeles   Mespilus   Geum

19* KrBla bis 2mal so lg wie br. FrFächer 5. Bla zugespitzt, ohne Stachelspitzchen. Blü 2–5 cm ⌀. Bäume od. Sträucher mit od. ohne Dornen **20**
20 Staubbeutel gelb. Griffel am Grund verwachsen. Blü in wenigblütigen Dolden. BlaStiel viel kürzer als die Spreite. Bla kahl od. behaart, nicht glänzend. **Apfel – _Malus_** S. 440
20* Staubbeutel rot bis violett. Griffel bis zum Grund frei. Blü in wenigblütigen Dolden od. Schirmtrauben. BlaStiel etwa so lg wie die Spreite. Ältere Bla meist kahl, glänzend.
Birne – _Pyrus_ S. 440
21 **(1)** Bla ungeteilt, gekerbt, immergrün, ledrig, useits weißfilzig. Kr weiß. Spalierstrauch. Wenn Bla ganzrandig, s. _Cotoneaster_ S. 445. **Silberwurz – _Dryas_** S. 381
21* Bla gefingert, gefiedert od. durch tiefere Einschnitte gelappt **22**
22 Blü in dichten, kugligen. eifg, endständigen Köpfen, grünlich od. rotbraun, sitzend. Kr fehlend. Bla gefiedert. **Wiesenknopf – _Sanguisorba_** S. 430
22* Blü nicht in dichten Köpfen, gestielt; wenn sitzend, dann Kr gelb **23**
23 Kr fehlend. Ke 2reihig, mit 4 größeren inneren u. 4 viel kleineren äußeren KeBla, gelbgrün. Blü 2–4 mm ⌀. Bla handfg gelappt bis geteilt **24**
23* BlüHülle aus Ke u. meist auffallend gefärbter Kr bestehend; wenn Kr unscheinbar u. hinfällig, dann KeBla 10 .... **25**
24 Pfl ① ⊙, ohne BlaRosette. StgBla handfg 3spaltig. BlüStand scheinbar seitlich (blattgegenständig), geknäuelt. 1 StaubBla. **Ackerfrauenmantel – _Aphanes_** S. 429
24* Pfl ♃, meist mit BlaRosette. Bla 5–13lappig bis -teilig. BlüStand an gestrecktem Seitenspross endständig. 4 StaubBla. **Frauenmantel – _Alchemilla_** S. 419
25 **(23)** KeBl 4–8, alle gleich. AußenKe fehlend. KrBla ebensoviele **26**
25* KeBla 4 od. 5, AußenKeBla od. 5, meist kleiner als die KeBla. KrBla 4 od. 5(–6) **29**
26 Blü gelb. BlüStände ährig. SammelFr gefurcht, oberwärts mit hakigen Stacheln.
Odermennig – _Agrimonia_ S. 430
26* Blü weiß, rosa od. gelblichweiß **27**
27 Bla 3zählig od. (3–)5–7lappig. Blü einzeln od. zu 2–10. **Brombeere – _Rubus_** S. 381
27* Bla vielpaarig gefiedert od. 2–3fach 3zählig. BlüStand ∞blütig **28**
28 Bla mit NebenBla. Blü in Trichterrispen, ⚥. Bla unterbrochen gefiedert.
Mädesüß, Spierstaude – _Filipendula_ S. 381
28* Bla ohne NebenBla. Blü in rispig angeordneten, schmalen Ähren. Pfl 2häusig. Bla 2–3fach 3zählig. **Geißbart – _Aruncus_** S. 435
29 **(25)** Kr braunrot, kürzer als der innen braunrote Ke. Bla gefiedert, blaugrün.
Blutauge – _Comarum_ S. 411
29* Kr weiß od. gelb, zuweilen rötlichgelb **30**
30 StaubBla 5–10 .... **31**
30* StaubBla >10 .... **32**
31 GrundBla unterbrochen gefiedert, reingrün. KrBla 6–7 mm lg, wenig länger als der Ke. AußenKe 6–10spaltig. **Aremonie – _Aremonia_** S. 430
31* GrundBla 3zählig, blaugrün. KrBla 1–2 mm lg, hinfällig. AußenKe 5blättrig.
Gelbling – _Sibbaldia_ S. 417
32 **(30)** FrBla 2–6(–13). Griffel endständig, nach der BlüZeit abfallend. Bla 3zählig od. 3–5lappig. **Waldsteinie – _Waldsteinia_** S. 404
32* FrBla ∞. Griffel seitenständig; wenn endständig, dann zumindest unterer Teil am reifen Frchen bleibend **33**
33 Griffel endständig, an den reifen Frchen verlängert, entweder ungegliedert u. federfg behaart od. 2teilig u. unterer Teil hakenfg, oberer Teil von der Hakenspitze abgehend, ± federfg behaart, nach der BlüZeit abfallend (Abb. **379**/6). GrundBla gefiedert.
Nelkenwurz – _Geum_ S. 403
33* Griffel meist seitenständig, hinfällig, an den reifen Frchen fehlend. Bla gefingert, 3zählig od. gefiedert **34**
34 GrundBla gefiedert. KrBla weiß. Obere StgBla sitzend, 3teilig.
Steinfingerkraut – _Drymocallis_ S. 411
34* GrundBla gefingert od. 3zählig; wenn gefiedert, dann KrBla gelb **35**
35 BlüBoden bei der FrReife trocken; Nüsschen einzeln abfallend. Bla gefingert, gefiedert od. 3zählig. Kr gelb od. weiß. (Weißblütige Pfl mit erdbeerähnlichen Bla unterscheiden sich von

Fragaria durch stumpf ausgerandete, nicht kreisrunde KrBla u. 3–4 mm dicke, <15 cm lg Ausläufer.). **Fingerkraut – *Potentilla* S. 412**
35* BlüBoden zur FrReife vergrößert, fleischig, rot od. rötlich, darauf die Nüsschen sitzend u. eine beerenähnliche SammelFr bildend. Bla dreizählig **36**
36 Kr weiß. AußenKeBla schmal lanzettlich, ungezähnt. BlüBoden zur FrReife mit Erdbeergeschmack. KrBla rund. **Erdbeere – *Fragaria* S. 418**
36* Kr gelb. AußenKeBla verbreitert, größer als die KeBla, an der Spitze 3zähnig. BlüBoden zur FrReife geschmacklos. **Scheinerdbeer-Fingerkraut – *Potentilla indica* S. 413**

Dryas L. – **Silberwurz** (10 Arten)

Spalierstrauch. Blü einzeln, 2–4 cm ⌀. KrBla weiß, meist 8. 0,02–0,10. 6–8. Alp. frische bis mäßig trockne, flachgründige Steinrasen u. Schuttfluren, kalkhold; h Alp, s By(S MS), [N?] † He: Meißner, ↘ (sm-temp//alp+b-arct·c2-7EURAS+WAM – igr SpalierStr – InB – WiA – L9 T2 F4 R8 N4 – K Sesl., K Thlasp. rot). **Silberwurz – *D. octopetala* L.**

Filipendula Mill. – **Mädesüß, Spierstaude** (15 Arten)

1 FiederBlchen groß, >3 cm lg, eifg, doppelt gesägt, 2–5paarig, (das EndBlch größer, handfg 3–5spaltig), useits grün, auf den Nerven behaart, nicht filzig [var. *denudata* (J. Presl et C. Presl) Maxim.] od. graugrün bis grauweiß filzig (var. *ulmaria*). KrBla gelblichweiß. 0,50–1,50. 6–8. Nasse bis feuchte Wiesen, an Gräben, Bächen, Ufergebüsche, AuenW, nährstoffanspruchsvoll; g Rh He Nw Th Sa Ns(v N), h Alp Bw An Bb Mv Sh(z W), v By(g NM) (sm/mo-b·c1-6EUR-WAS, [N] OAM – sogr hros H ♃ Rhiz – InB: Pollenblume SeB – WiA WaA Sa kurzlebig – L7 T5 F8 Rx N5 – O Mol., V Alno-Ulm., O Convolv. – HeilPfl – 14). [*Spiraea ulmaria* L., *Ulmaria pentapetala* Gilib.] **Echtes M., Große S. – *F. ulmaria* (L.) Maxim.**
1* FiederBlchen klein, bis 2,5 cm lg, länglich, fiederspaltig, vielpaarig. KrBla weiß, außen oft rötlich. 0,30–0,60. 6(–7). Trocken- u. Halbtrockenrasen, wechseltrockene Wiesen, Trockengebüsch- u. TrockenWSäume, lichte Eichen- u. KiefernW, basenhold; v An, z Alp By Bw Rh Th Sa Bb Mv(f Elb) Sh, s He(f NW) Ns(f NW O), in M ↘; auch ZierPfl (m/motemp·c2-6EUR-WAS – igr hros H ♃ Rhiz KnollenWu – InB: Pollenblume SeB – L7 T6 F3~ R8 N2 – K Fest.-Brom., V Mol., V Cnid., V Ger. sang., V Querc. pub.). [*Spiraea filipendula* L., *F. hexapetala* Gilib.] **Kleines M., Knollen-S., Filipendelwurz – *F. vulgaris* Moench**

Rubus L. – **Brombeere, Fuchsbeere, Haselblattbrombeere, Himbeere, Steinbeere, Moltebeere** (>750 Arten)
Bearbeitung: **Heinrich E. Weber (†)**

(InB, oft Ap – VdA: bes. Vögel MeA, SeA: meist Kriech- od. Bogentriebe – wenn nicht anders angegeben: ScheinStr (s. u.))

In Deutschland sind bislang über 400 Brombeer- u. Haselblattbrombeerarten nachgewiesen. Die hier behandelten 92 Arten repräsentieren dabei den überwiegenden Teil der entsprechenden Biomasse. Daneben wird man auf meist weniger häufige sowie auf unbenannte singuläre od. lokal verbreitete Pflanzen stoßen, ebenso kommen aber auch taxonomisch irrelevante Hybriden unbekannter Herkunft u. deren Abkömmlinge vor.

Brombeeren (wie auch die Himbeere) werden in ihren oberirdischen Teilen nur 2 Jahre alt, sind also keine echten Sträucher, sondern sogenannte „Scheinsträucher" („Pseudophanerophyten"). Im 1. Jahr erscheint ein Blütenloser, mehr od. minder verzweigter „Schössling" (Langspross) (Abb. **382**) mit charakteristischen Bla. Dieser entwickelt im 2. Jahr Blü- u. FrStände u. stirbt danach ab.

Zur Bestimmung ist Standardmaterial erforderlich; ein entsprechender Herbarbeleg besteht aus (1) zwei getrennten Bla mit dazugehörigen Schösslingsstücken aus der Mittelregion des diesjährigen Schösslings (nicht von Seitenzweigen!) u. (2) einem BlüStand (od. einem etwa 30 cm lg oberen Teil davon) aus der Mittelregion des vorjährigen Schösslings. Am Anfang sollte man möglichst von Einzelsträuchern sammeln, um nicht Bla u. Blü verschiedener Arten zu vermischen. Zu bevorzugen sind besonnte Standorte (im Schatten oft unbestimmbare Kümmerformen).

Angaben für die „Bla" beziehen auf die SchösslingsBla. Deren „EndBlchen" ist das den BlaStiel fortsetzende TeilBlchen. Seine Stielchenlänge wird in Prozent (%) der Länge der dazugehörigen Spreite angegeben. „Hauptzähne" sind die BlaZähne, in denen die Haupt-Seitennerven endigen. Bei einer „periodischen Serratur" weichen die Hauptzähne durch größere Länge u./od. durch eine Auswärtskrümmung ab. „Konvexe" Blchen haben lebend eine verkehrt löffelfg Spreithaltung, bei den seltenen „konkaven" Blchen ist es entgegengesetzt. Bei „fußfg" Bla entspringen die Stielchen der unteren Blchen 5zähliger Bla auf den Stielchen der mittleren Blchen oft nur 1–2 mm, teilweise aber auch bis 10 mm oberhalb des Grundes dieser Stielchen. Maßangaben beziehen sich auf die jeweilige Strecke. Angaben zur Behaarung der BlaOSeiten (Haare pro cm^2) betreffen das vordere Drittel der EndBlchen-Spreiten (ohne den BlaRand). Bei „nicht fühlbarer Behaarung" der BlaUSeiten ist keinerlei Behaarung zu spüren. Wenn Zweifel bestehen, dürfte es sich um eine „fühlbare Behaarung" handeln. Der „Filz" der BlaUSeiten wird durch (scheinbare) 0,05–0,30 mm lg Sternhärchen gebildet u. ist bei schattigeren Standorten oft als ein nur mit Lupe erkennbarer dünner Flaum ausgebildet. Die wichtige Quantifizierung der Haare od. Stieldrüsen auf dem Schössling erfolgt durch die Angabe ihrer Anzahl „pro cm Seite", das heißt, pro 1 cm Länge auf einer der 5 Seiten des 5kantigen Schösslings (od. bei rundlichen Schösslingen auf einem entsprechenden Abschnitt). Bei derartigen Angaben (auch zu den BlüStielen) sind größere Abschnitte od. mehrere Stiele mit einem daraus gebildeten Mittelwert zugrunde zu legen. StaubBla werden als „kürzer als die Griffel" bezeichnet, wenn sie von den Griffeln überragt werden. Angaben zur „Fr" beziehen sich auf die gesamte SammelFr, die aus SteinFrchen („TeilFrchen") zusammengesetzt ist. Die Wuchshöhe der meisten Brombeeren u. Haselblattbrombeeren variiert sehr stark. Im Allgemeinen wird daher nur die Länge der Schösslinge angegeben. Eine wesentliche Hilfe bei der großen Artenfülle ist die regional meist sehr unterschiedliche Verteilung der Sippen. Daher sollten stets auch die Verbreitungsangaben bei der Bestimmung berücksichtigt werden.

Thamnophile Arten wachsen in Hecken, Gebüschen, an sonnigen Waldrändern od. treten als Pioniergehölze außerhalb des Waldes auf. Bei „schwach thamnophilen" Arten ist dieses Verhalten weniger ausgeprägt. Nemophile Arten sind mehr od. minder bis vollständig auf das gepufferte Mikroklima des Waldes angewiesen u. kommen auf Waldlichtungen, an Waldwegen u. auch an sonnigen Waldrändern vor. Nach O werden thamnophile Arten gegen ihre Verbreitungsgrenze hin zunehmend nemophil. Die Angaben beziehen sich auf das Verhalten der Arten in ihrem Hauptverbreitungsgebiet in Deutschland. Zur Unterstützung der Bestimmung kann auf validierte Herbarbelege im Online-Portal „Bestimmungskritische Taxa zur Flora Deutschland" (https://webapp.senckenberg.de/bestikri/) zurückgegriffen werden.

1 Bla gelappt. Stg stachellos **2**
1* Bla handfg geteilt od. gefiedert. Stg meist stachlig **3**
2 Pfl krautig. Bla stumpf (3–)5–7lappig. Blü einzeln, endständig, zweihäusig: KrBla weiß. Fr kuglig, orangegelb. 0,05–0,25. 5–6. Hochmoore; Glazialrelikt; s Ns(NW: nur noch lpweger Moor u. Südmentzhausen bei Oldenburg, Schwegen bei Bremerhaven) Sh(M), † Bw? He, ↘ (temp/salp-arct·c2-7CIRCPOL – sogr H ♃ uAusl – InB: Fliegen, Käfer – in D selten fruchtend – L9 T3 F8 R2 N1 – O Sphagn. magell. – 56 – ▽!).
                                                                                  Moltebeere – *R. chamaemorus* L.
2* Pfl strauchfg, Bla spitz 5lappig. Blü in Trauben, Kr rot. Fr (s lt. in D) halbkuglig, blassrot. 1,50–2,00(–2,50). 5–7. ZierPfl; auch [N 1770, U] s alle Bdl. (sm-tempc1-4OAM – 14).
                                                                                      Zimt-Himbeere – *R. odoratus* L.

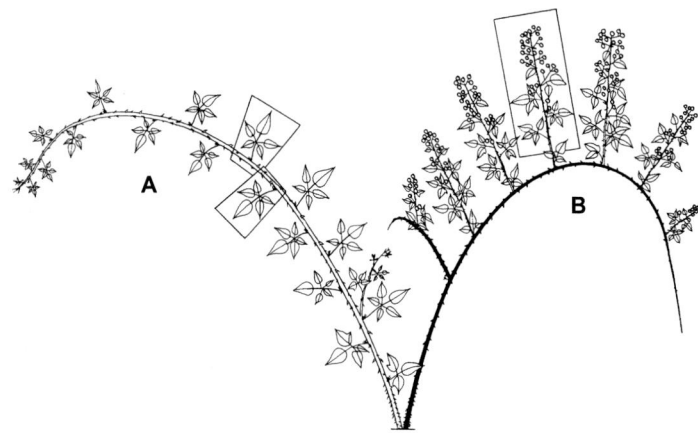

3 (1) Pfl krautig, unbewehrt od. mit weichen 0,5–1,5 mm lg, nadligen Stacheln, vegetative Stg kriechend, fertile aufrecht. NebenBla br elliptisch bis eifg, am Stg od. am BlaStielgrund entspringend. Fr glasig rot. Blü in Schirmtrauben. KrBla schmal, weiß, aufrecht. Bla 3zählig, EndBlchen grob gesägt, fast rhombisch bis (verkehrt)eifg, Grund ± keilfg. 0,10–0,30 hoch, 1,00–2,00(–3,00) lg. 5–6. Waldsäume, Gebüsche, Wälder; h Alp, z By Bw(f ORh) Rh Th(f Hrz) Sa(f Elb) An Mv(f Elb), s He(f SW) Nw(NO SO) Bb Ns(f Elb) Sh, ↘ (sm/mo-b·c2-6 EURAS − sogr H ♃ − L7 TX F6? R7 N4 − O Fag., O Pic., O Prun. − 28).
Steinbeere, Felsen-Himbeere − *R. saxatilis* L.
3* Pfl strauchfg. NebenBla 1–3 mm oberhalb des BlaStielgrundes entspringend. Fr rot, schwarz, schwarzrot od. bläulich. Blü einzeln, in Trauben od. Rispen **4**
4 Fr wohlentwickelt u. dann gelb od. rot, andernfalls fehlschlagend od. mit 0(–2) schwarzroten Frchen. Schössling ± aufrecht, mit Ausnahme des Grundes stachellos, mit schwarzvioletten Stacheln od. mit dichten, bis 7–9 mm lg roten Drüsenhaaren. Bla 3zählig mit (fast) sitzenden SeitenBlchen u. lg gestieltem EndBlchen od. gefiedert 5–7zählig (Untergattung *Id*ae*us*) **5**
4* Fr schwarz, schwarzrot od. bläulich, mit >5 Frchen. Schössling fast aufrecht, bogig od. kriechend, fast immer bestachelt, ohne lg rote Drüsenhaare. Bla teilweise etwas fußfg bis handfg 3–5zählig od. durch Spaltung des EndBlchens handfg gefiedert 6–7zählig (ausnahmsweise auch in viele TeilBlchen zerschlitzt) (Untergattung *R*ub*us*) **8**
5 Schössling nur unten etwas stachlig, sonst unbewehrt, kahl. Bla beidseits fast kahl, 3zählig. Blü meist einzeln, 2,5–4,0 cm br, Kr rosarot. Fr (in D selten) kuglig bis keglig, blassgelb bis orangerot. 1,50–2,50. 4–5. ZierPfl; auch [N] z Ns(NW: Ostfriesland bis Lingen u. Bremerhaven, s NO: Buxtehude, Handeloh, Bremen) Sh (M: Rendsburg) (sm/mo-b·c1WAM − V Lon.-Rub. − 14). **Pracht-Himbeere − *R. spectabilis* PURSH**
5* Schössling durchgehend stachlig, völlig unbewehrt od. lg drüsenhaarig. Bla useits angedrückt grau- bis weißfilzig, 3–7zählig. Blü in Trauben, unscheinbar **6**
6 Schössling wie alle Achsen von lg fuchsroten Drüsenhaaren zottig. Bla 3(–5)zählig. Kr rosa. Fr glasig rosarot. 1,00–2,00. 4–5. ObstStr; auch [N U] s Bw Rh He Nw Sa Mv Sh (sm/mo-tempc1-5OAS − 14). **Japanische Weinbeere − *R. phoenicolasius* MAXIM.**
6* Schössling kahl od. dünnfilzig, mit fast fehlenden bis vielen schwarzvioletten Stacheln. Kr weiß **7**
7 Schössling ± aufrecht, unbereift. Bla (3–)5(–7)zählig, useits weißfilzig. NebenBla fädig dünn. KrBla kürzer als die Ke, aufrecht. Fr wohlentwickelt, rot. 0,60–2,00. 5–6. Waldschläge, Staudenfluren, Gebüsche, aufgelichtete Wälder u. Forste; g Rh(v ORh) He Nw Th Sa Ns Sh, h Alp By Bw An Bb Mv, lokal auf armen Böden u. in Trockengebieten seltener (sm/mo-b·c1-6EUR-WAS − SeA: Ausläuferwurzeln − L7 TX FX RX N6 − V Samb.-Salic, V Adenost., O Prun., V Lon.-Rub. u. a. Obst, VolksheilPfl − 14). **Himbeere − *R. idaeus* L.**
7* (11) Schössling bogig bis kriechend, ± bereift (mit weißlichem Wachsüberzug). Bla 3–5zählig, useits schwach graufilzig. NebenBla lineal-lanzettlich. KrBla meist so lg wie die Ke od. länger, ± ausgebreitet. Fr fehlschlagend od. mit 1–2 schwarzroten Frchen. 1,50–2,50 lg. 5–6. Gebüsche, Waldränder, alle Bdl z (sm/mo-temp·c2-6EUR-WAS? − O Samb. rac., O Prun. − 21, 28, 35, 42). [*R. c*ae*sius* × *R. idaeus*, *R.* ×*pseudoidaeus* (WEIHE) LEJ. non F.W. SCHMIDT] **Bastard-Himbeere − *R.* ×*idaeoides* RUTHE**

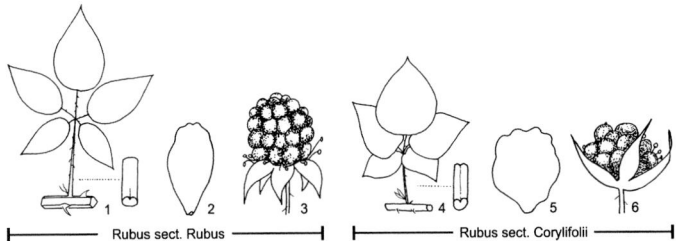

8	(4) Bla auch im BlüStand mit tief fiederteilig zerschlitzten Blchen. KrBla vorn tief eingeschnitten. **Schlitzblättrige B. – *R. laciniatus* S. 389, s. 45**
8*	Bla auch im BlüStand mit ungeteilten gesägten od. gelappten Blchen (selten mit 2–3teiligen EndBlchen). KrBla vorn ganzrandig od. mit schwacher Kerbe **9**
9	BlaStiel oseits durchgehend rinnig (Abb. **383**/4). Blchen sich oft randlich überlappend. Untere Blchen 5zähliger Bla 0–1(–2) mm lg gestielt. NebenBla schmal (meist 1–3 mm br) lanzettlich. SeitenBlchen 3zähliger Bla im BlüStand 0–1(–2) mm lg gestielt. KrBla meist rundlich (Abb. **383**/5) u. oft etwas knittrig. Fr schwarz u. dann meist unvollkommen (Abb. **383**/6) od. bläulich bereift u. dann oft vollkommen entwickelt **10**
9*	BlaStiel oseits meist nur an der Basis rinnig (Abb. **383**/1). Blchen sich randlich meist nicht überlappend. Untere Blchen 5zähliger Bla (0–)1–8(–12) mm lg gestielt. NebenBla meist fädig bis schmal (0,5–1,0 mm br), linealisch od. lineal-lanzettlich. SeitenBlchen 3zähliger Bla im BlüStand (0–)2–6(–10) mm lg gestielt. KrBla meist ± elliptisch (Abb. **383**/2), nicht knittrig. Fr schwarzrot bis schwarz, meist alle Frchen entwickelt (Abb. **383**/3). (Sect. *Rubus*, *R. fruticosus* agg. – Brombeeren) **12**
10	Schössling stielrund bis deutlich kantig, unbereift od. meist nur sehr schwach bereift, mit meist kräftigen Stacheln. KeZipfel oft kurz, aufrecht (Abb. **383**/6) bis zurückgeschlagen. Fr schwarz od. schwarzrot (Sect. *Corylifolii*, ***R. corylifolius*** agg. – Haselblattbrombeeren) **75**
10*	Schössling stielrund, wie alle Achsen mit abwischbarem hellbläulich-weißlichem Wachsüberzug stark bereift, Stacheln nadlig. KeZipfel dünn, verlängert, nach der Blü aufrecht. Fr bläulich bereift od. (fast) fehlschlagend **11**
11	Schössling mit grünlichen od. gelblichen, bis 2(–3) mm lg Nadelstacheln. Bla 3zählig, selten einzelne 4–5zählig, useits grün. NebenBla lanzettlich, (1–)2–4 mm br. FrKn kahl, Fr bläulich bereift. Kr weiß. 1,50–3,00 lg. 5–7(–10). Waldsäume, Gebüsche, kalkhaltige Küstendünen, AuenW, Stromtäler, rud. Wegränder, Äcker, kalk- u. stickstoffliebend, überschwemmungstolerant; g Th(v Hrz) An, h Rh He Nw(s MW) Sa Bb Mv, v Alp By(g NM, s BayrW, BöhmerW) Bw(s SchwarzW) Ns, z Sh (m/mo-temp·c1-7EUR-WAS – sogr KriechStr – L6 T5 FX R8 N7 – O Convolv., O Agrop., O Prun., K Salic. aren., V Alno-Ulm. – 28). **Kratzbeere, Bockbeere, Ackerbeere – *R. caesius* L.**
11*	Schössling mit rötlichen bis violetten, oft >3 mm lg Stacheln. Bla useits ± filzig. NebenBla schmaler. FrKn anfangs filzig. Fr fehlschlagend, selten mit 1–2 dunkelroten Frchen. **Bastard-Himbeere – *R.* ×*idaeoides* S. 383 s. 7***

Sect. *Rubus* – Brombeeren

12	(9) Bla (zumindest im BlüStand) oseits dicht sternhaarig (Lupe!), useits grauweiß filzig. Blchen schmal, grob, fast eingeschnitten 4–5(–6) mm tief gesägt. BlüStand sehr schmal. Kr weiß, beim Trocknen etwas gelblich (Ser. *Canescentes*) **59**
12*	Bla oseits ohne Sternhaare, useits grün od. grau- bis grauweißfilzig. Blchen unterschiedlich geformt u. gesägt. BlüStand schmal bis br. Kr weiß bis rosarot, beim Trocknen nie gelblich **13**
13	BlüStiele mit 0(–5) Stieldrüsen (wenn mehr, dann StaubBla kürzer als die Griffel). Schössling fast aufrecht, bogig od. kriechend, mit gleichgroßen Stacheln, pro 5 cm mit 0(–10) Stachelhöckern u./od. Stieldrüsen **14**
13*	BlüStiele mit >10 Stieldrüsen (wenn StaubBla selten kürzer als die Griffel, dann Schössling dicht stieldrüsig). Schössling hochbogig bis kriechend, mit gleichgroßen bis sehr ungleichen Stacheln, mit 0–>300 Stieldrüsen u./od. Stachelhöckern pro 5 cm **18**
14	Ke außen auf der Fläche meist grün. Bla sommergrün, useits grün, filzlos. Schössling aufrecht bis hochbogig, gleichstachlig, ohne Stieldrüsen, kahl (selten stellenweise mit vereinzelten Härchen). (5–)6(–7). WuSpr (Subsect. *Rubus*) **25**
14*	Ke außen auf der Fläche graugrün bis weißgrau. Bla überwinternd grün, useits filzlos grün bis weißfilzig. Schössling bogig bis kriechend, behaart od. kahl, ohne od. mit sehr vereinzelten Stieldrüsen. (6–)7–8. Schösslingsspitzen im Herbst einwurzelnd **15**
15	StaubBla (zuweilen nur wenig) von den Griffeln überragt. KrBla nach der BlüZeit vertrocknet, (bis fast zur FrReife) haftend. Bla useits stets filzlos grün (Ser. *Sprengeliani*) **56**

ROSACEAE 385

15* StaubBla so hoch wie die Griffel od. höher. KrBla nach der BlüZeit abfallend. Bla useits filzlos grün bis grauweißfilzig **16**
16 Bla useits deutlich grau- bis grauweißfilzig (Ser. *Discolores*) **36**
16* Bla useits filzlos grün, seltener schwach graugrünfilzig **17**
17 Bla oft etwas ledrig derb, oseits völlig kahl od. behaart. Schössling kahl od. behaart, mit oft rotfüßigen, 6–11 mm lg Stacheln (Ser. *Rhamnifolii*) **45**
17* Bla dünn (nicht ledrig), oseits zumindest mit einzelnen Haaren. Schössling meist etwas behaart (wenn kahl, dann kantig-rinnig), mit 4–6(–7) mm lg, nie auffallend rotfüßigen Stacheln; wenn diese länger, dann Schössling grünlich od. wenig weinrot überlaufen, mit auffallend gelblich hervortretenden Stacheln (Ser. *Sylvatici*) **50**
18 (13) Bla useits von nervenständigen, schimmernden Haaren ausgeprägt samtig weich, dazu oft auch ± sternhaarig bis (weiß)graufilzig. Schössling mit (15–)20 Haaren pro cm Seite, mit fast gleichgroßen Stacheln u. davon abgesetzten wenigen bis vielen kurzen Stieldrüsen. BlüStand meist kurzzottig behaart, bei den hier behandelten Arten mit (fast) geraden Stacheln. Kr weiß bis rosarot (Ser. *Vestiti*) **60**
18* Bla useits fast kahl bis stark behaart, aber nicht samtig weichhaarig (wenn doch, dann Schössling nur mit 0–15 Haaren pro cm Seite) **19**
19 Schössling mit ungleich verteilten Stacheln, Stachelhöckern u. Stieldrüsen: derselbe Schössling streckenweise teils ± gleichstachlig mit wenigen Stachelhöckern u. Stieldrüsen, teils sehr ungleichstachlig mit meist vielen Stachelhöckern u. Stieldrüsen (Ser. *Anisacanthi*) **66**

Falls beim Einsammeln der Belege die Verteilung der Stacheln etc. nicht beachtet wurde, bei **19*** fortfahren.

19* Schössling mit ± gleichmäßig verteilten, gleichartigen od. ungleichartigen Stacheln. Stachelhöcker u./od. Stieldrüsen fehlend bis zahlreich **20**
20 Schössling mit 0–20 Stieldrüsen u./od. Stachelhöckern pro 5 cm u. mit gleichgroßen Stacheln (Ser. *Mucronati*) **61**
20* Schössling mit >250 Stieldrüsen, deren Stümpfen u./od. Stachelhöckern pro 5 cm (durchschnittlich >10 pro cm Seite) u. mit gleichgroßen bis sehr ungleichgroßen Stacheln ... **21**
21 Staubbeutel alle (dicht) behaart (Lupe!). EndBlchen rundlich, ± dünn aufgesetzt bespitzt (Ser. *Mucronati*) **61**
21* Staubbeutel alle kahl **22**
22 Schössling meist mit gleichgroßen Stacheln u. deutlich davon abgesetzten, 0,3–1,0(–1,5) mm lg Stieldrüsen (u. oft auch vereinzelten Stachelchen), so dass sich der Schössling zwischen den Stacheln meist raspelartig rau anfühlt. Stieldrüsen der BlüStiele bis 0,6 mm lg **23**
22* Schössling (meist dicht) in allen Übergängen mit einzelnen Stacheln, Stachelborsten u. Stieldrüsen besetzt. Stieldrüsen der BlüStiele 0,3–2,5 mm lg **24**
23 Bla bei ausreichender Besonnung useits (zuweilen nur im BlüStand) grüngrau- bis grauweißfilzig, Griffel bei den hier behandelten Arten grünlich (Ser. *Radula*) **67**
23* Bla useits filzlos grün. Griffel bei den hier behandelten Arten rosafüßig (Ser. *Pallidi*) .. **69**
24 (22) Größere Stacheln des Schösslings am Grund ± br zusammengedrückt. Kr weiß od. rosa (Ser. *Hystrix*) **70**
24* Alle Stacheln des Schösslings bis zum Grund ± pfriemlich dünn bis nadlig. Kr weiß (Ser. *Glandulosi*) **73**

Subsect. ***Rubus*** [Sect. *Suberecti* LINDL.] – **Sommergrüne Brombeeren**

sogr, WuSpr, Apomixis, außer *R. alleghenisiensis* u. *R. canadensis*. Schössling aufrecht bis hochbogig

25 (14) BlüStiele dicht stieldrüsig. EndBlchen >20 mm lg bespitzt. KrBla vertrocknet haften bleibend. StaubBla verblüht waagerecht abgespreizt (Ser. *Alleghenienses*) **27**
25* BlüStiele ohne Stieldrüsen. EndBlchen weniger lg bespitzt. KrBla nach der Blüte abfallend. StaubBla verblüht aufrecht od. zusammenneigend **26**
26 Schössling mit kegligen bis nadligen, nur 3–4(–5) mm lg Stacheln. Bla 5–7zählig. Fr schwarzrot, im Geschmack etwas himbeerartig (Ser. *Nessenses*) **28**

26* Schössling mit seitlich zusammengedrückten, 5–10 mm lg Stacheln. Bla fast immer 5zählig. Fr schwarz, mit Brombeergeschmack (Ser. R_u_bus) 29

Ser. *Alleghenienses* (L.H. BAILEY) H.E. WEBER – **Allegheny-Brombeeren**

Schössling aufrecht od. überhängend. BlüStiele dicht stieldrüsig, KrBla vertrocknet an der Blü haftend, StaubBla nach der Blüte nach außen abgespreizt.

27 (25) Schössling kantig, rinnig, kahl, mit wenigen Stacheln, Bla 5zählig, oseits mit 20–80 Haaren pro cm^2, unten schimmernd weichhaarig. EndBlchen herz-eifg, mit dünner, 20–30 (–40) mm lg Spitze, gleichmäßig u. eng bis 2 mm tief gesägt. 1,50–2,50. (5–)6. Thamno- u. nemophil, kalkmeidend, auf ärmeren Böden. Obststrauch, auch [N] z Sa Ns Mv Sh, s By Bw Rh He Nw Th An Bb (sm-temp·c1-5OAM – L7 T5 F5 R4 N4 – V Lon.-Rub. – Obst – 14). [*R. villosus* AIT.] **Allegheny-B. – *R. alleghenie_n_sis* PORTER**

Ähnlich, aber Schössling kaum sitzdrüsig, BlüStand stieldrüsenlos, Bla useits (fast) kahl: ***R. canadensis*** L.: Obststrauch, s Rh He Th Sa Bb, [U] s Nw Ns Mv Sv Sh – (14).

Ser. *Nessenses* H.E. WEBER – **Fuchsbeeren-Gruppe**

Schössling aufrecht od. etwas überhängend. Bla 5–7zählig, reife SammelFr schwarzrot (nicht schwarz), im Geschmack an Himbeeren erinnernd. Frühe Blütezeit 5–6.

28 (26) Schössling 1,5–2,0 m hoch, rundlich, kahl, mit (0–)1–5 keglig-pfriemlichen dunkelvioletten Stacheln pro 5 cm, fast ohne od. mit sehr zerstreuten Sitzdrüsen. Bla überwiegend od. alle 5zählig, oseits glänzend, mit 0–5(–10) Haaren pro cm^2, EndBlchen ungefaltet. StaubBla die Griffel deutlich überragend. FrKn (fast) kahl, FrBoden kahl. 0,60–2,00. 5–6. Thamno- u. nemophil, kalkmeidend, auf ärmeren, gern humosen u. etwas frischen Böden; v Rh He Nw Th Sa, z By Bw An Bb Ns Mv Sh, s Alp(Amm Kch Allg Chm) in Trocken- u. Kalkgebieten s od. f (sm-temp·c1-4EUR – L7 T5 F6 R2 N3 – V Lon.-Rub. – 28). [*R. suberectus* ANDERSON] **Fuchsbeere – *R. nessensis* HALL**

28* Schössling 0,5–0,8 m hoch, kantig, stellenweise fein behaart, mit 18–30 gelblichen, pfriemlichen Stacheln pro 5 cm. Bla überwiegend 6–7zählig, oseits matt, mit 50–120 Haaren pro cm^2, useits fühlbar behaart. StaubBla nicht so hoch wie die Griffel. Fr ± unvollkommen entwickelt. 0,50–0,80, zierlichste Brombeere im Gebiet. 5–6. Schwach thamnophil, kalkmeidend, auf armen, sauren, gern frischen, auch anmoorigen Böden; z Rh(M N SW W) Nw(f N), s He(f MW O SO) An(N Elb O) Bb(Elb MN) Ns(f Hrz MO) Sh (temp·c1-3EUR – L7 T4 F6 R3 N2 – O Rub. plic. – 28). [*R. ochracanthus* H.E. WEBER et SENNIKOV] **Eingeschnittene B. – *R. scissus* W.C.R. WATSON**

Ser. *R_u_bus* – **Faltenbrombeer-Gruppe**

Schössling aufrecht bis hochbogig. Bla 5zählig, nur selten vereinzelte auch 6–7zählig. Reife SammelFr schwarz, mit typischem Brombeergeschmack. Blütezeit 6–7.

29 (26) Bla 1–2(–3) mm fußfg, useits nicht fühlbar behaart. EndBlchen stark periodisch mit etwas längeren, deutlich auswärtsgekrümmten u. br Hauptzähnen 3–5 mm tief gesägt, am Grund abgerundet bis stumpfkeilig. BlaStiel wie die BlüStandsachse mit schwach gekrümmten bis fast geraden, gelblichen Stacheln. BlüStiele mit 6–13 Stacheln. Kr blassrosa. 2,00–3,00 lg. 6–7. Schwach nemophil, kalkmeidend; v Bb(SO, z Elb SW M), z Sa(f SW), s Th(Bck: Udersleben) An(SO Elb) (stemp·c3EUR – L7 T5 F5? R3? N4 – V Lon.-Rub. – ?). **Sorbische B. – *R. sorbicus* H.E. WEBER**

29* Bla handfg, useits nicht fühlbar bis weich behaart. EndBlchen gleichmäßiger u. enger mit nicht od. kaum auswärtsgekrümmten Hauptzähnen gesägt, am Grund herzfg bis abgerundet. BlaStiel mit stark, oft fast hakig gekrümmten od. weniger gekrümmten u. dann rotfüßigen Stacheln 30

30 StaubBla nicht so hoch wie die Griffel. Bla gefaltet (zwischen den Seitennerven aufgewölbt), EndBlchen mäßig lg gestielt (24–35 % der Spreite), untere Blchen im Sommer 0–2 (im Herbst bis 4) mm lg gestielt. Ke kurz, abstehend. 1,00–2,00. 6(–7). Thamno- u. nemophil, kalkmeidend, auf armen bis mittleren Böden; h Sa, v Nw Th Bb Ns Mv Sh, z Alp(f Amm Krw Mng) By Rh He An(h Elb N O), s Bw, oft die häufigste Art, in Kalk- u. Trockengebieten s od.

f (temp·c1-4EUR – L7 T5 F5 R2 N3 – O Rub. plic., V Prun.-Rub. – 28).
Falten-B. – *R. plicatus* Weihe et Nees
30* StaubBla so hoch wie die Griffel od. höher. EndBlchen meist länger gestielt (30–50 % der Spreite), untere Blchen im Sommer (2–)3–10 mm lg gestielt. Ke meist locker zurückgeschlagen 31
31 Schössling mit 13–25 Stacheln pro 5 cm. BlüStiele mit 10–15 bis 3–4(–5) mm lg Stacheln. Kr weiß. Ke bestachelt. BlaStiel mit 15–28 fast hakigen Stacheln. 2,00–3,00 lg. 6–7. Schwach thamnophil, kalkmeidend, auf nicht zu armen Böden; z He(ORh) Nw Th(f Hrz NW) Sa An Bb(f Oder) Mv(f N NO), s By(Alb N NM) Bw(ORh) Rh Ns Sh(f W) (temp/demo·c2-3EUR – L8 T5 F5 R3 N4 – V Lon.-Rub., V Samb.-Salic. – 28). **Dornige B. – *R. senticosus* Weihe**
31* Schössling mit 3–12 Stacheln pro 5 cm. BlüStiele mit 0–10 Stacheln. Kr weiß od. blassrosa
.... 32
32 Schössling fast aufrecht, kantig u. (meist tief) gefurcht, mit etwa 3 breiten, 6–10 mm lg, nicht auffällig gefärbten Stacheln pro 5 cm. EndBlchen lg gestielt ([33–]36–44 % der Spreite), ± herzeifg bis rundlich, mit längeren Hauptzähnen 2–4(–5) mm tief gesägt, lebend meist etwas konvex, untere SeitenBlchen 4–10 mm lg gestielt. KrBla 12–16 mm lg. 2,00–3,00 lg. 6–7. Ausgeprägt nemophil, kalkmeidend, auf etwas reicheren Böden; z By Bw Rh He Nw Th(f Hrz) Ns(f Elb) Mv(f Elb) Sh(f W), s Alp(Allg Chm) Sa(W SO SW) An Bb(M MN NO) (temp/demo·c1-2EUR – L7 T5 F6 R3 N3 – V Lon.-Rub., V Samb.-Salic. – 28).
Gefurchte B. – *R. sulcatus* Vest
32* Schössling fast aufrecht bis bogig, rundlich, ± flachseitig od. wenig gefurcht, Stacheln meist kürzer (außer **33**); wenn ebenso lg od. länger, dann auffallend rötlich gefärbt. EndBlchen 1,5–2(–3) mm tief gesägt, untere SeitenBlchen 3–5 mm lg gestielt. KrBla 7–12(–13) mm lg
.... 33
33 Schössling (dunkel)rotbraun, pro 5 cm mit 3–6 auffallend rotfüßigen 8–11(–12) mm lg, ± geraden Stacheln. Bla oseits dunkelgrün, mit 10–50 Haaren pro cm². EndBlchen br herzeifg, scharf 2–4 mm tief gesägt, lebend grobwellig. BlüStiele mit (0–)2–4 rotfüßigen, fast geraden, bis 4 mm lg Stacheln. Ke außen graugrün. KrBla weiß od. blassrosa, fast rundlich. Griffel weißlich od. etwas rosafüßig. 2,00–4,00 lg. 6–7. Thamno- u. nemophil, kalkmeidend, auf nicht zu armen Böden; v Ns, z Nw, s By(NW NM) Rh(N) Th (Rho: Vacha) An(N W SO) Bb Mv(SW) Sh (temp·c1-3EUR – L8 T5 F5 R3 N4 – V Lon.-Rub. – 28). [*R. vigorosus* P.J. Müll. et Wirtg.] **Üppige B. – *R. affinis* Weihe et Nees**
33* Schössling grünlich od. etwas rötlich überlaufen, meist nicht auffallend gefärbten, bis 8 mm lg Stacheln. Bla oseits grün, kahl od. weniger behaart, nicht scharf gesägt, nicht wellig. BlaStiel mit krummen Stacheln. Ke außen grün. KrBla verkehrteifg, nie rundlich. Griffel grünlichweiß 34
34 Bla useits nicht fühlbar behaart. KeZipfel oft etwas verlängert. EndBlchen ± rundlich-eifg od. etwas verkehrteifg, mit scharfen Zähnen. BlüStiele mit 0–2(–5) Stacheln. KrBla 10–13 mm lg. FrKn kahl. 1,50–2,00. (5–)6. Thamno- u. nemophil, kalkmeidend, auf ärmeren bis mittleren Böden; z Alp(f Krw Mng Wtt) By(MS O S) Sh(f SO), s Bw(S SO) Rh(N SW W) Nw(f N NO) Sa(W) An(O: Grimme) Ns(f Elb Hrz) (temp·c1-3 EUR – L8 T5 F5 R3 N4 – V Lon.-Rub., V Samb.-Salic. – 28). **Bertram-B. – *R. bertramii* G. Braun**
34* Bla useits deutlich fühlbar behaart. KeZipfel kurz 35
35 Schössling bogig, wenig verzweigt, mit gekrümmten, 5–6 mm lg Stacheln. EndBlchen elliptisch bis verkehrteifg, mit 10–15 mm lg Spitze, Stacheln des BlaStiels krumm (nicht hakig). Ke ± abstehend. Zumindest einzelne Staubbeutel etwas behaart. 2,00–3,00 lg. 6(–7). Thamno- u. nemophil, kalkmeidend, auf nicht zu armen Böden; z Nw Sa An Bb Ns, s By (NO O) Th (Bck: Weißenborn) Mv(M SW) (temp·c2-3EUR – L8 T5 F5 R3 N3 – V Lon.-Rub. – 21). **Dunkle B. – *R. opacus* Focke**
35* Schössling ± aufrecht, auffallend stark verzweigt, mit (fast) geraden, 6–8 mm lg Stacheln. EndBlchen schlank verkehrteifg bis elliptisch, mit 2–10 mm lg Spitze, Stacheln des BlaStiels hakig. Ke zurückgeschlagen. Staubbeutel alle kahl. 1,00–1,50(–2,00). 6–7. Thamno- u. nemophil, kalkmeidend, auf armen bis mittleren Böden; z Bw(ORh) Nw Sa(f SW) An(f Hrz S W) Bb(f Oder) Ns(f Hrz) Mv(f M N NO), s By(NM) Rh(f M MRh) He(ORh SW) Th(O, f Bck) (temp·c2-3EUR – L8 T5 F5 R3 N3 – V Lon.-Rub. – 21). [*R. nitidus* Weihe et Nees p. p.]
Sparrige B. – *R. divaricatus* P.J. Müll.

Subsect. **Hiem*a*les** E.H.L. KRAUSE – **Wintergrüne Brombeeren**
Überwinternd grün, BogenTriebe mit einwurzelnden Schösslingsspitzen, Apomixis außer
*R. ulmif*o*lius* u. *R. can*e*scens*.

Ser. **Discol*o*res** P.J. MÜLL. – **Zweifarbige Brombeeren**
Fast alle Arten ohne Stieldrüsen. Schössling hoch bis mittelhoch bogig, gleichstachlig. Bla
alle 5zählig (nur bei *R. b*i*frons* u. *R. ulmif*o*lius* teilweise auch 3–4zählig), useits durch Sternhaare graugrün bis grauweiß filzig.

36 (16) Schössling kahl od. fast kahl, am längerem Abschnitt mit durchschnittlich 0–3(–5) Haaren pro cm Seite. Kr weiß bis blassrosa **37**
36* Schössling durchschnittlich mit >5 Haaren pro cm Seite (oft winzige, nur mit Lupe erkennbare Büschelhärchen). Kr weiß bis rosarot **41**
37 Schössling im Sommer mit auffallend rotfüßigen Stacheln u. oft auch Kanten. EndBlchen am Grund abgerundet od. etwas herzfg **38**
37* Schössling mit nicht od. wenig von den Flächen abweichend gefärbten (gelegentlich wenig rötlicheren od. gelblicheren) Stacheln. EndBlchen am Grund etwas herzfg **39**
38 Schössling stumpfkantig-rundlich bis flachseitig, mit etwas breitfüßigen, teilweise deutlich krummen Stacheln. EndBlchen aus abgerundetem bis keiligem Grund verlängert elliptisch bis leicht verkehrteifg, in eine 15–25(–30) mm lg Spitze auslaufend, mit geraden Hauptzähnen fast gleichmäßig gesägt. BlüStandsachse mit breitfüßigen, teilweise deutlich krummen Stacheln. 2,50–4,00 lg. 7–8. Thamnophil, auf mittleren bis nährstoffreichen, auch kalkhaltigen Böden; z Nw An, s By(NW) Rh He(f NW O W) Ns(S NW) Sh(W) (temp·c1-2EUR – L8 T5 F5 R5 N4 – V Prun.-Rub., V Samb.-Salic. – 28).   **Gekniete B. – *R. geniculatus*** KALTENB.
38* Schössling kantig bis etwas rinnig, mit dünnen, überwiegend geraden Stacheln. EndBlchen aus etwas herzfg Grund elliptisch bis verkehrteifg, periodisch mit stark auswärtsgekrümmten, längeren Hauptzähnen gesägt. BlüStandsachse mit dünnen, (fast) geraden Stacheln. 2,50–4,00 lg. 7(–8). Schwach thamnophil, auf nährstoffreichen, auch kalkhaltigen Böden; z Nw, s Rh(MRh N) He(f O SO W) An(Elb) Ns(S M MO NW O) (temp·c1-2EUR – L8 T5 F5 R6 N6 – V Prun.-Rub., V Samb.-Salic.).
Schlankstachlige B. – *R. elegantispinosus* (A. SCHUMACH.) H.E. WEBER
39 (37) BlaStiel kürzer als die unteren SeitenBlchen. EndBlchen aus abgerundetem od. leicht herzfg Grund (schmal) eifg bis elliptisch, mit 20–25 mm lg Spitze, 3–5 mm tief gesägt. Kr weiß bis blassrosa. 2,50–5,00 lg. 7. Thamnophil, etwas wärmeliebend, auf basenreichen, meist kalkhaltigen Böden; z Rh Th(f Hrz Rho S), s By(f MS S) Bw(NW ORh) He(f W) Nw(MW SO) Sa(SW) Mv (MW: Krakow) (temp·c2-3EUR – L8 T7 F5 R7 N5 – V Prun.-Rub. – ?).
Lügen-B. – *R. p*e*rperus* H.E. WEBER
39* BlaStiel länger als die unteren SeitenBchen. EndBchen mit 10–15 mm lg Spitze, 2–4 mm tief gesägt **40**
40 Schössling mit (0–)1–3(–5) Stacheln pro 5 cm. EndBlchen kurz gestielt (25–35 % der Spreite), aus schmalem Grund schmal verkehrteifg, mit wenig abgesetzter, etwas dreieckiger Spitze. BlaStiel mit 3–8 Stacheln. FrKn kahl. 2,50–4,00 lg. (6–)7. Schwach thamnophil, auf basenreichen, oft kalkhaltigen Böden; v Rh Th, z By Bw(f Alb) He(h SW) Nw Sa An Ns(f Elb), s Alp(Chm Allg) Bb(f MN Oder) Mv(MW M N) Sh(SO O) (sm/mo-temp·c2-4EUR – L8 T6 F5 R7 N5 – V Prun.-Rub., V Samb.-Salic. – 21).
Mittelgebirgs-B. – *R. mont*a*nus* LEJ.
40* Schössling mit 4–8 Stacheln pro 5 cm. EndBlchen länger gestielt (30–50 %), aus breiterem Grund meist br eifg bis verkehrteifg, schlanker bespitzt. BlaStiel mit 7–15 Stacheln. FrKn an der Spitze behaart. 2,50–4,00 lg. (6–)7. Schwach thamnophil, auf basenreichen, oft kalkhaltigen Böden; v Th, z By Rh He Nw(N NO SO) Sa An(h S) Bb Ns Mv Sh(f W), s Bw(f Alb SO) (sm/mo-temp·c2-4EUR – L8 T5 F5 R7 N5 – V Prun.-Rub., V Samb.-Salic. – 21).
[*R. thyrs*a*nthus* FOCKE]   **Grabowski-B. – *R. grabowskii*** WEIHE
41 (36) Schössling (8–)10–20(–25) mm ⌀, mit (sehr) zerstreuten kleinen Büschelhärchen. Stacheln auf grünem Grund auffallend rotfüßig, 8–11 mm lg. Kanten im Sommer rot. Bla groß. EndBlchen aus br herzfg Grund (br) (verkehrt)eifg, mit 5–15 mm lg Spitze, lebend konvex. KrBla blassrosa, 14–20 mm lg. 2,50–5,00 lg. (6–)7. Thamnophil, etwas wärmelie-

bend, auf unterschiedlichen, optimal auf nährstoffreicheren Böden, bes. rud. in Siedlungsnähe, Bahn- u. Industriegelände. KuturPfl; [N vor 1900] v Rh He An Ns, z Alp By Bw Nw Th(f Hrz) Sa Bb Mv Sh (sm/mo·c2-4KAUK, [N] temp·c1-3EUR+WAM+AUST − L8 T6 F5 RX N6 − V Arctio-Samb., V Prun.-Rub. − Obst − 28). [*R. procerus* auct.]
Armenische B. − *R. armeniacus* Focke
41* Schössling 6–10 mm dick, Stacheln wie die Kanten nicht auffällig abweichend vom übrigen Schössling gefärbt, Stacheln 5–7(–10) mm lg. EndBlchen nicht konvex. KrBla 8–12 mm lg
.... **42**
42 Kr (violettstichig) rosarot. Griffel rötlich. Bla (3–)4zählig bis fußfg 5zählig, useits angedrückt (grau)weißfilzig, ohne längere Haare (daher nicht fühlbar behaart). EndBlchen mäßig bis extrem lg gestielt (37–60[–85]% der Spreite). BlüStiele u. Ke meist angedrückt graufilzig, ohne längere Haare. Schössling dunkelviolettrot-bläulich, oft etwas bereift, mit 7–11 mm lg, breiten, fein büschelhaarigen Stacheln. 2,50–5,00 lg. 7–8. Thamnophil, wärmeliebend, auf basenreichen, meist kalkhaltigen Böden; z Nw, [N U] s By (N: Schweinfurt) Bw (Gäu: Lauffen) Rh (SW: Stephanshof) He(ORh: Frankfurt) Ns (Hrz: Osterode) Mv (N: Rügen) Sh (m·c1-3temp·c1-2EUR − L9 T8 F5 R8 N6? − V Prun.-Rub. − 14). [*R. discolor* Weihe et Nees]
Mittelmeer-B. − *R. ulmifolius* Schott
42* Kr weiß bis hellrosa, Griffel gelblich(-grün). EndBlchen meist weniger lang (bis 52 % der Spreite) gestielt. BlüStiele u. Ke graufilzig u. dazu mit längeren Haaren **43**
43 Kr deutlich hellrosa. Schössling braunrot-violett. Bla ausgeprägt (meist 3–6 mm) fußfg 4–5zählig, oseits kahl. EndBlchen verkehrteifg, mit aufgesetzter, 5–15(–20) mm lg Spitze, periodisch mit sehr fein zugespitzten Zähnen u. deutlich auswärtsgekrümmten Hauptzähnen 1–3 mm tief gesägt. BlüStandsachse büschelhaarig filzig, nicht kurzzottig. 2,50–3,50 lg. (6–)7. Thamnophil, etwas wärmeliebend, auf nicht zu nährstoffarmen, optimal auf basenreichen, auch kalkhaltigen Böden; h Rh(z N), z Alp(f Krw Wtt) By Bw He(h SW) Sa(f Elb), s Nw(f N NO) Th(Rho S), [N] Mv(M: Reppelin b. Sanitz), [U] Bb (Berlin) (sm/mo-stemp·c2EUR − L8 T6 F5 R5 N5 − V Prun.-Rub. − 28). **Zweifarbige B. − *R. bifrons* Vest**
43* Kr weiß od. schwach rosa angehaucht. Schössling grünlich bis (dunkel-)weinrot. Bla alle handfg bis schwach fußfg (1–2 mm) 5zählig, oseits meist behaart, EndBlchen mit geraden Hauptzähnen **44**
44 EndBlchen lg gestielt (38–53 % der Spreite), br verkehrteifg bis rundlich, mit unvermittelt aufgesetzter, dünner, (12–)15–22 mm lg Spitze, scharf mit etwas längeren Hauptzähnen 3–4 mm tief gesägt. Pfl sehr kräftig. 3,00–8,00 lg. 7–8. Thamnophil, etwas wärmeliebend, auf nährstoffreichen, auch kalkhaltigen Böden; z Rh(f ORh) Nw, s He(MW ORh: Ernsthausen, Hinkelstein) Ns(NW: Emsland, Mittelweser S: Osnabrück) (stemp·c1-2EUR − L8 T6 F5 R7 N5 − V Prun.-Rub. − 28). **Wintersche B. − *R. winteri* (Focke) Foerster**
44* EndBlchen mittellg gestielt (30–35 % der Spreite), aus abgerundetem Grund schmal elliptisch bis verkehrteifg, allmählich in eine 14(–20) mm lg Spitze verschmälert, stark periodisch mit längeren Hauptzähnen 4–5 mm tief gesägt. 2,50–4,00 lg. 6–7. Thamnophil u. nemophil, auf mäßig reichen, auch kalkhaltigen Böden; z Alp(Amm) By(f NW), s Bw(Gäu Keu) (stemp·c3EUR − L8 T6 F5 R6 N6 − V Prun.-Rub., V Samb.-Salic. − 21). **Höhere B. − *R. elatior* Gremli**

Ser. *Rhamnifolii* (Bab.) Focke − **Lederblättrige Brombeeren**

Schössling dick, oft stark verzweigt, mit kräftigen, oft rotfüßigen Stacheln. Bla oft etwas ledrig, useits grün od. meist nur schwach graufilzig.

45 **(8, 17)** Bla abweichend von allen anderen Brombeeren mit (fast doppelt) gefiederten od. tief fiederteilig zerschlitzen Blchen, auch BlüStand mit zerschlitzen Blchen u. vorn eingeschnittenen KrBla. 2,00–4,00 lg. 7(–8). Thamno- u. nemophil, gern auf ärmeren, sandigen Böden. KulturPfl (meist in der stachellosen Sorte 'Thornless Evergreen'), in bestachelter Form auch [N] z Rh He Nw Sa An Ns Sh, s By Bw Th Bb Mv (wohl in England aus *R. nemoralis* entstanden, urspr. ntemp·c1EUR, [N] tempEUR, AM, AUST − L8 T5 F5 R3 N3 − O Rub. plic., V Prun.-Rub., V Samb.-Salic. − Obst − 28).
Schlitzblättrige B. − *R. laciniatus* Willd.
45* Bchen nicht zerschlitzt, ihr Rand gesägt. KrBla nicht eingeschnitten **46**
46 Schössling mit 0–2(–10) Haaren pro cm Seite. Bla oseits kahl **47**

46* Schössling mit (5–)20–50 Haaren pro cm Seite. Bla oseits mit 3–30 Haaren pro cm^2 . **49**
47 Schössling mit geraden, 7–12 mm lg Stacheln. Bla oseits mit Lederglanz. EndBlchen elliptisch od. verkehrteifg, mit schwach abgesetzter Spitze. BlüStandsachse u. BlüStiele mit schlanken, (fast) geraden Stacheln. Staubbeutel zumindest zum Teil mit einzelnen Härchen (Lupe!). 2,00–4,50 lg. 7–8. Thamno- u. nemophil, auf mäßig nährstoffreichen, kalkfreien Sand- u. Lehmböden; z Nw An(f Hrz S) Ns Mv Sh, s By(NW: Spessart) Rh(N SW W) He(f NW SW W) Bb(SW) (temp·c2EUR – L7 T5 F5 R4 N4 – V Lon.-Rub., V Prun.-Rub., V Samb.-Salic. – 28). **Lange-B. – *R. langei*** Frid. et Gelert
47* Schössling mit krummen, 6–8 mm lg Stacheln. Bla oseits ohne Lederglanz. BlüStandsachse u. BlüStiele mit krummen Stacheln. Staubbeutel alle kahl **48**
48 EndBlchen aus br Grund br verkehrteifg bis fast kreisrund, zum Grund nicht schmal nach unten umgefalzt. BlüStand im oberen Teil mit oft br eifg bis fast dreieckigen Bla. Kr blassrosa. 2,50–4,00 lg. 7(–8). Thamno- u. nemophil, auf mittleren Böden, kalkmeidend; z Th(Bck Rho, s S) Ns(f Hrz) Mv Sh(f W), s By(NM: Dechsendorf, Alb) Bw(ORh) Rh(f MRh W) He(O) Nw(f SW) Sa(NO SO) An(f S) Bb(M MN NO SO; z. T. verschleppt) (temp-(b)·c1-3EUR, [N] AUST – L8 T5 F5 R3 N4 – V Lon.-Rub., V Prun.-Rub., V Samb.-Salic. – 28). [*R. selmeri* Lindeb.] **Hain-B. – *R. nemoralis*** P.J. Müll.
48* EndBlchen aus schmalem Grund meist schmal verkehrteifg, zum Grund hin mit schmal nach unten umgefalztem Rand. BlüStand im oberen Teil mit schmal lanzettlichen Bla. Kr weiß bis blassrosa. 2,00–4,50 lg. 7. Thamno- u. nemophil, auf nährstoffarmen bis mittleren, kalkfreien Böden; z He(f ORh SO) Nw Th(NW Rho Wld) Ns Sh(f W) Rh(f ORh SW) Sa(NO SO) An(f O S SO) Bb(NO), s Mv(M MW SW), [N] s By(NW) (temp·c2-3EUR – L8 T5 F5 R3? N4 – V Lon.-Rub., V Prun.-Rub., V Samb.-Salic. – ?). **Gewöhnliche B. – *R. vulgaris*** Weihe et Nees
49 (46) Bla hand- od. sehr schwach (bis 1 mm) fußfg 5zählig, useits ± grün, nicht od. nur angedeutet filzig, EndBlchen relativ kurz gestielt (25–30 % der Spreite), meist elliptisch u. allmählich bespitzt. Kr weiß od. etwas rosa angehaucht, Griffel grünlich. 2,50–4,50 lg. 7–8. Thamno- u. nemophil, auf etwas nährstoffreicheren, aber kalkfreien Böden; z By(f S) Rh He(f NW W) Nw(f MW N NO) Th(f Hrz) Sa An Bb Mv, s Bw(Gäu Keu ORh) Ns(f N NW) (temp·c2-4EUR – L8 T5 F5 R5 N5 – V Prun.-Rub., V Samb.-Salic. – 28). [*R. villicaulis* Weihe et Nees] **Haarstängelige B. – *R. gracilis*** J. Presl et C. Presl
49* Bla stärker (1–3 mm) fußfg 4–5zählig, useits meist graufilzig, EndBlchen länger gestielt (27–35 % der Spreite), oft rundlicher, meist br verkehrteifg mit abgesetzter kurzer Spitze. Kr rosa. Griffelbasis blassrosa. 2,00–4,00 lg. 7–8. Schwach thamnophil, auf etwas nährstoffreicheren, kalkfreien Böden; v Nw(N NO SO) Th(Bck) Bb(f Oder SO SW) Ns(f Hrz MO), z An(Elb N O) Mv Sh, s Rh(M: Kappel) He(O: Spessart) (temp·c2EUR – L8 T5 F5 R5 N6 – V Prun.-Rub., V Samb.-Salic. – 28). **Insel-B. – *R. insularis*** F. Aresch.

Ser. ***Sylvatici*** (P.J. Müll.) Focke – **Wald-Brombeeren**

Schössling hoch- bis flachbogig, gleichstachelig, meist ± behaart, ohne Stieldrüsen. Bla useits meist filzlos grün. StaubBla höher als Griffel. Staubbeutel bei einer Reihe von Arten behaart.

50 (17) Staubbeutel alle od. z. T. behaart (oft nur mit einzelnem Härchen, Lupe!). Schösslingsstacheln bis 7 mm lg **51**
50* Staubbeutel alle kahl. Schösslingsstacheln bei einigen Arten bis 10 mm lg **54**
51 Schössling mit 0–5 Haaren pro cm Seite, etwas glänzend bronzefarben, scharfkantig mit deutlich rinnigen Seiten u. geraden, 4–5(–6) mm lg Stacheln. Bla 5zählig, EndBlchen verkehrteifg bis br elliptisch, grob 3–5 mm tief gesägt. BlüStandsachse mit geraden, 3–4(–5) mm lg Stacheln. KrBla blassrosa bis fast weiß, um 15 mm lg. 2,50–3,50 lg. 7(–8). Thamno- u. nemophil, auf nährstoffärmern, gern etwas frischen Böden, kalkmeidend; im NW Tiefland mit *R. plicatus* die häufigste Brombeere; v Ns(g NW f Hrz), z Nw(h N) An(Elb N O) Mv(SW sonst s) Sh, s Rh(f M ORh) He(f NW O SW) Sa (Elb: Dahlener Heide) Bb(f Oder SW), [N] s By: Hambach (temp·c1-2EUR – L8 T5 F6 R2 N4 – V Lon.-Rub. – 28). **Angenehme B. – *R. gratus*** Focke
51* Schössling mit (5–)10–50 Haaren pro cm Seite, rundlich-stumpfkantig bis flachseitig. BlüStiele mit geraden od. leicht gekrümmten Stacheln. Bla 5- od. 3–5zählig **52**

52 Schössling stumpfkantig-rundlich, mit 15–25 meist 4–5 mm lg Stacheln pro 5 cm. Bla (fast) alle hand- od. 1–2 mm fußfg 5zählig. EndBlchen aus abgerundetem Grund schmal verkehrteifg. BlaStiel mit etwa 18–30 Stacheln. BlüStand schmal. KrBla weiß, 9–11 mm lg. Staubbeutel meist wenig u. nur teilweise behaart. 2,50–4,00 lg. 7–9. Thamno- u. nemophil, auf mäßig nährstoffreichen, kalkfreien Böden; v Ns(s Hrz), z Nw(f SW) Mv(f M N NO) Sh, s By(NM) Rh(N SW) He(f NW SO W) Th(Bck O) Sa(SW) An(f S SO W) Bb(Elb MN NO) (temp·c1-2EUR – L7 T5 F5 R4 N4 – V Lon.-Rub., V Prun.-Rub. – 28).
                            Wald-B. – *R. silvaticus* Weihe et Nees
52* Schössling stumpfkantig-rundlich bis flachseitig, mit 6–15 Stacheln pro 5 cm. EndBlchen am Grund herzfg. BlaStiel mit 8–17 Stacheln. Kr weiß od. blassrosa. Staubbeutel vielhaarig
.... 53
53 Schössling grünlich od. schwach rötlich überlaufen, mit 4–5(–6) mm lg Stacheln. Bla überwiegend 3–4zählig, einzelne 1–4 mm fußfg 5zählig, useits kaum fühlbar behaart. EndBlchen br eifg bis br elliptisch, mit wenig abgesetzter, 10–15 mm lg Spitze. BlüStiele mit 8–12 Stacheln. Ke gelbstachlig. KrBla weiß, 13–18 mm lg. 2,50–4,00 lg. 7(–8). Thamno- u. nemophil, auf mäßig nährstoffreichen, kalkfreien Böden; h Sh(M O, z SO), z Ns, s Mv(MW N SW), [N aus holsteinischen Baumschulen verschleppt] z By Bw He Nw Sa An Bb (temp·c1-2, [N] c3EUR – L7 T5 F5 R4 N4 – V Lon.-Rub., V Prun.-Rub. – 28).
                   Schattenliebende B. – *R. sciocharis* (Sudre) W.C.R. Watson
53* Schössling dunkelweinrot, mit 6–8 mm lg Stacheln. Bla handfg od. bis 1 mm fußfg 5zählig, useits schimmernd weichhaarig u. oft etwas filzig. EndBlchen br verkehrteifg bis rundlich, mit stark abgesetzter, dünner, 10–20 mm lg Spitze. BlüStiele mit 0–2(–5) Stacheln. Ke nicht od. wenig bestachelt. Kr blassrosa (selten fast weiß). 2,50–4,00 lg. 7–8. Schwach thamnophil, auf mäßig nährstoffreichen, kalkfreien Böden; z An(f O S SO) Ns Sh(M O), s He(MW O) Th(Bck: Eisenberg) Bb(Elb: Zollchow) Mv(M); [N] s By(NW: Braidbach) He (W: Rosentahl u. Albshausen) (temp-(b)·c1-2EUR – L7 T5 F5 R4 N4 – V Lon.-Rub.). [*R. danicus* Focke]
                         Dünnrispige B. – *R. leptothyrsos* G. Braun
54 (50) Schössling mit 4–6(–7) mm lg, fast geraden Stacheln. Bla oft sehr groß, bis >30 cm lg. EndBlchen lg gestielt ([37–]40–50 % der Spreite), verlängert verkehrteifg, oft etwas parallelrandig u. angedeutet 5eckig, br 3eckig 15–20 mm lg bespitzt, 1–2 mm tief gesägt, lebend deutlich konvex. BlüStandsachse bes. oben dicht kurzzottig u. filzig, mit 3–5 dünnen, (fast) geraden Stacheln pro 5 cm. 3,00–8,00 lg. 7–8. Schwach thamnophil, wärmeliebend, auf nährstoff-, auch stickstoffreicheren u. kalkhaltigen Böden; v Rh Nw Sa(f SW), z By Bw(f Alb SO) He(f W) An(O Elb N) Bb(f Oder SW) Ns(NW S M N O) Sh(M O), s Th(Bck NW Rho), s Mv(M N NO) (sm-temp·c1-2EUR – L7 T6 F5 R6 N6 – V Prun.-Rub., V Samb.-Salic. – 28).
                   Großblättrige B. – *R. macrophyllus* Weihe et Nees
54* Schössling mit 7–10 mm lg, zumindest teilweise gekrümmten Stacheln. Bla kleiner, EndBlchen lebend nicht konvex. BlüStandsachse mit breiteren, gekrümmten Stacheln
.... 55
55 Schössling mit bis zu 20(–25) Haaren pro cm Seite. EndBlchen aus meist herzfg Grund eifg bis elliptisch, allmählich bespitzt. BlaStiel mit (12–)15–22 Stacheln. BlüStiele mit oft etwas stieldrüsigen DeckBla, 10–18 mm lg. Kr weiß bis rosa. FrKn behaart. 2,50–4,00 lg. 7(–8). Schwach thamnophil, auf mittleren, kalkfreien Böden; z Rh(N) Nw An(Elb N O), s By(Alb: Krottensee bei Nürnberg) Bb(f Oder SW) Ns(f Hrz MO N), † Th(Wld: Grub) (temp·c1-3EUR – L8 T5 F5 R3 N4 – V Lon.-Rub., V Prun.-Rub. – 28). [*R. carpinifolius* Weihe non J. Presl et C. Presl]   **Hainbuchenblättrige B. – *R. adspersus*** H.E. Weber
55* Schössling mit 10 Haaren pro cm Seite. EndBlchen aus ± abgerundetem Grund elliptisch bis verkehrteifg, mit abgesetzter Spitze. BlaStiel mit 17–35 Stacheln. BlüStiele mit stieldrüsenlosen DeckBla, 15–30 mm lang. Kr weiß. FrKn (fast) kahl. 2,50–4,00 lg. 7(–8). Thamno- u. nemophil, auf mittleren, kalkfreien Böden, z Rh(MRh N SW) Nw Bb(f NO Oder) Ns(f Hrz), s He(W: Eibelshausen) Sa(Elb NO) An(f O W) Mv(Elb SW) Sh(SO: Langenlehsten, M: Quickborn, Kummerfeld, † Hamburg) (temp·c1-3EUR – L8 T5 F5 R3 N4 – V Lon.-Rub., V Prun.-Rub. – 28).   **Breitstachlige B. – *R. platyacanthus*** P.J. Müll. et Lefèvre

Ser. **Sprengeliani** Focke – **Kurzmännige Brombeeren**

Schössling flachbogig, mit (fast) gleichen Stacheln. Bla useits filzlos grün, BlüStand ± stieldrüsig, KrBla vertrocknet lange, teils bis zur FrReife haftend, StaubBla nicht so hoch wie Griffel.

56 **(15)** Kr deutlich rosa. Bla überwiegend 3–4zählig. Schössling pro 5 cm mit (8–)12–15(–20) größtenteils od. insgesamt etwas sichligen Stacheln. EndBlchen (schmal) (verkehrt)eifg, 2–3 mm tief gesägt. BlüStand dünnästig sperrig. 2,50–4,00 lg. (6–)7(–8). Thamno- u. nemophil, auf mäßig nährstoffreichen, kalkfreien Böden; v Nw Ns Mv Sh, z Rh He Th(Bck O Rho Wld) Sa An Bb, s By(NM NW) (temp·c1-3EUR – L7 T4 F5 R3 N4 – V Lon.-Rub., V Prun.-Rub. – 28). **Sprengel-B. – *R. sprengelii*** Weihe

56* Kr weiß bis etwas rosa angehaucht. Bla alle 5zählig. Schössling mit geraden Stacheln 57

57 Schössling mit 3–4 mm lg Stacheln. Bla useits nicht fühlbar behaart. EndBlchen elliptisch, sehr gleichmäßig 1,5–2,0 mm tief gesägt. BlüStandsachse mit 2,0–3,5(–4,0) mm lg Stacheln. BlüStiele mit 1,5–2,5(–3,5) mm lg Stacheln. KrBla fast kreisrund. StaubBla meist nur ein Drittel bis halb so hoch wie die Griffel. 2,50–4,00 lg. 7–8. Mäßig thamnophil, auf mittleren, kalkarmen Böden; z Nw(N NO) Ns(f Hrz) Sh, s An(Elb N) Bb(SW) Mv(SW), [U] s By He (temp·c1-2EUR – L8 T5 F5 R4 N5 – 17 – V Lon.-Rub., V Prun.-Rub. – 28). **Arrhenius-B. – *R. arrhenii*** Lange

57* Schössling mit (5–)6–7 mm lg Stacheln. Bla useits deutlich fühlbar bis weich behaart. EndBlchen ungleichmäßig 2–5(–7) mm tief gesägt. BlüStandsachse mit 4–7 mm lg Stacheln. BlüStiele mit 3,0–5,0(–5,5) mm lg Stacheln. KrBla verkehrt eifg, nie rundlich. StaubBla halb bis fast so hoch wie die Griffel 58

58 Schössling karminrot, mit (0–)1–5(–10) Haaren pro cm Seite. EndBlchen aus deutlich herzfg Grund (oft br) eifg, allmählich in die Spitze verschmälert, grob bis fast eingeschnitten periodisch 3–5(–7) mm tief gesägt, nicht konvex. BlüStandsachse mit bis 5(–7) mm lg Stacheln. BlüStiele mit (fast) geraden, 3,5–5,0(–5,5) mm lg Stacheln. Bla des BlüStands 1–5 cm unter der Spitze beginnend, nur die obersten 1–3 ungeteilt, (oft br) eifg. 2,50–4,00 lg. 7–8. Schwach thamnophil, auf mäßig nährstoffreichen, kalkarmen, gern etwas frischen Böden; z Sa(W) Sh, s Th(Bck Wld) An(f Hrz) Bb(SO SW) Ns(f Hrz MO S, aber verschleppt Ns: Okertalsperre im Harz) Mv(SW: Lüdersdorf) (temp·c2-3EUR – L8 T5 F5 R4 N5 – V Lon.-Rub. – 28). **Cimbrische B. – *R. cimbricus*** Focke

58* Schössling grünlich od. wenig rötlich, mit 20–30(–60) Haaren pro cm Seite. EndBlchen aus abgerundetem Grund verkehrteifg, mehr aufgesetzt bespitzt, etwas ungleichmäßig 2–3 (–3,5) mm tief gesägt, lebend konvex. BlüStandsachse mit bis zu 3,5(–4,0) mm lg Stacheln. BlüStiele mit ± gebogenen, 2,5–3,5 mm lg Stacheln. Bla des BlüStands in der Spitze beginnend, die obersten 4–9 ungeteilt, lanzettlich. 2,50–4,00 lg. 7–8. Nemophil, auf mäßig nährstoffreichen, kalkarmen Böden; z Ns(f Elb Hrz) Mv(f Elb), s Nw(N NO) An(N: Hundisburg) Bb(SW) Sh(M O) (temp·c1-2EUR – L8 T5 F5 R4 N5 – V Lon.-Rub., V Prun.-Rub., V Samb.-Salic. – ?). **Grünsträußige B. – *R. chlorothyrsos*** Focke

Ser. **Canescentes** H.E. Weber – **Filz-Brombeeren**

Monotypische (nur aus 1 Art bestehende) Serie. Schössling flachbogig-niederliegend. BlaStiel oseits gefurcht, BlaSpreite oseits zumindest anfangs sternhaarig.

59 **(12)** Schössling kantig, meist nur 4–5 mm dick, mit br, gelblichen, gekrümmten, 4–6 mm lg Stacheln, kahl bis dicht filzig, mit (fast) fehlenden bis vielen dünnen, 0,5–1,0 mm lg Stieldrüsen. Bla 3–4zählig bis fußfg 5zählig, oseits dicht mit feinen Stern- u. Striegelhärchen bedeckt, seltener kahl od. verkahlend, useits grau- bis grauweißfilzig u. weichhaarig. EndBlchen meist schmal angenähert rhombisch od. elliptisch, mit nicht abgesetzter, 3eckiger Spitze, mit br Zähnen periodisch bis 4–5(–6) mm tief gesägt. BlüStand oben dünn u. blattlos, zumindest obere Bla oseits dicht sternhaarig. BlüStiele mit 0–30 Stieldrüsen. KrBla weiß (beim Trocknen gelblich), 8–10 mm lg. 2,00–4,00 lg. 6–7(–8). Thamnophil, wärmeliebend, auf lehmigen, gern kalkhaltigen Böden, Weinbaugebiete; z By(f S) Rh Th(f Hrz NW), s Bw(f S SO) He Nw(N SW) An(SO: Sautzschen) (m/mo-stemp·c2-4EUR – L9 T8 F4

R7 N5 – V Prun.-Rub., V Berb. – 14). [*R. tomentosus* BORKH. p. p.]
  Filz-B. – *R. canescens* DC.

Ser. *Vestiti* (FOCKE) FOCKE – **Samt-Brombeeren**

Schösslinge mäßig hoch bis flach bogig, gleich- od. wenig ungleichstachelig, dunkelviolettrotbraun, fast ohne bis zu ∞ Stieldrüsen, oft dichthaarig. Bla useits von nervenständigen, gekämmten, schimmernden Haaren samtig weich, dazu meist durch Sternhärchen graugrün- bis graufilzig. BlüStand pyramidal od. zylindrisch, stieldrüsig.

60 **(18, 64)** Schössling mit (0–)1–10(–30) unregelmäßig verteilten Haaren pro cm Seite, ohne Stieldrüsen, mit (fast) geraden, 6–7 mm lg. Stacheln. Bla oseits mit (0–)1–2 Haaren pro cm², EndBlchen mäßig lg gestielt (28–35 % der Spreite), aus meist abgerundetem Grund verkehrteifg bis rundlich, mit wenig abgesetzter 10–15 mm lg Spitze, periodisch mit deutlich auswärtsgekrümmten u. etwas längeren Hauptzähnen 3–5 mm tief gesägt, useits grün u. filzlos. BlüStand keglig (pyramidal). Kr blassrosa bis fast weiß. Griffel grünlichweiß. FrKn kahl. 2,50–4,00 lg. 7(–8). Thamno- u. nemophil, auf mäßig nährstoffreichen, kalkfreien Böden; v Nw Sh, z Rh He(f NW W) Sa An(f Hrz W) Bb Ns Mv, s By(NW Alb) Bw(ORh) Th(f Hrz S), [N] s By(NW) (temp·c1-3EUR – L8 T5 F5 R4 N4 – V Lon.-Rub., V Prun.-Rub. – 28). [*R. pyramidalis* KALTENB.]
  Pyramiden-B. – *R. umbrosus* (WEIHE et NEES) ARRH.
60* Schössling dichthaarig (20–100 Haare pro cm Seite), mit Stieldrüsen u. geraden, 7–8(–10) mm lg schlanken Stacheln. Bla oseits mit 5–30 Haaren pro cm², useits unter der längeren Behaarung graugrün- bis grauweißfilzig. EndBlchen länger gestielt (35–50 % der Spreite), br verkehrteifg bis kreisrund, mit aufgesetzter, 5–8 mm lg Spitze, ziemlich weit mit auswärtsgekrümmten, gleichlg od. wenig längeren Hauptzähnen nur 1,0–1,5 mm tief gesägt. Kr (dunkel) rosa (f. *vestitus*) od. weiß (f. *albiflorus* KRETZER). Griffelbasis ± rosa od. gelblich. FrKn vielhaarig. 2,50–4,00 lg. 7–8. Schwach thamnophil, auf nährstoffreichen, auch kalkhaltigen Böden, eine der anspruchsvollsten Arten; v Rh Nw Sh(O z M), z Alp(Allg Brch Chm) Bw(f Alb SO) He Mv(f NO), s By(f NO O) Th(Bck O) An(f S W) Ns (sm/demo-temp·c1-3EUR, [N] tempAUST – L8 T5 F5 R7 N6 – V Prun.-Rub., V Samb.-Salic. – 28). **Samt-B.** – *R. vestitus* WEIHE

Ser. *Mucronati* (FOCKE) H.E. WEBER – **Pickelhauben-Brombeeren**

Bla mit oft rundlichen, aufgesetzt bespitzten Blchen. BlüStand mit zerstreuten bis ∞ 0,5–1,5(–2,0) mm lg Stieldrüsen. Schössling mit fehlenden bis mäßig ∞ Stieldrüsen.

61 **(20, 21)** Kr lebhaft rosarot. Schössling (fast) kahl, dunkel rotbraun, fast ohne Drüsenborsten u. Stachelhöcker. Die meisten od. alle Bla 5zählig, oseits mit 0–1(–10) Haaren pro cm². EndBlchen aus herzfg Grund (br) verkehrteifg bis elliptisch, mit etwas auswärts gekrümmten Hauptzähnen seicht 1,5–2,0(–2,5) mm tief gesägt. Staubbeutel ∞haarig. 2,50–4,00 lg. 7–8. Thamno- u. nemophil, auf mäßig nährstoffreichen, kalkfreien, gern etwas frischen Böden; z Nw(f SW) Sh(M O) Ns(NW S M MO N) (temp·c2EUR – L8 T5 F6 R4 N5 – V Lon.-Rub. – 28). [*R. badius* FOCKE] **Drüsensträußige B.** – *R. glandithyrsos* G. BRAUN
61* Kr weiß od. blassrosa angehaucht. Schössling kahl od. behaart, mit fehlenden bis ∞ Stieldrüsen. Staubbeutel behaart od. kahl **62**
62 Bla useits von nervenständigen Haaren schimmernd u. samtig weich. Schössling ohne Stieldrüsen. EndBlchen verkehrteifg, nicht mit aufgesetzter Spitze. Staubbeutel kahl . **63**
62* Bla useits nicht fühlbar behaart. Schössling mit meist ∞ Stieldrüsen. EndBlchen br verkehrteifg bis kreisrund, mit pickelhaubenartig aufgesetzter Spitze, 1,0–1,5 mm tief gesägt. Staubbeutel (meist dicht) behaart (Lupe!) **65**
63 Schössling scharfkantig, mit nur 1–5 Stacheln pro 5 cm. EndBlchen aus herzfg Grund eifg, in eine 20–30(–40) mm lg Spitze verschmälert, völlig gleichmäßig mit geraden Hauptzähnen gesägt. KrBla nach der BlüZeit vertrocknet haftend bleibend, StaubBla nach der BlüZeit auswärtsgekrümmt. **Allegheny-B.** – *R. allegheniensis* S. 386, s. **27**
63* Schössling stumpfkantig, mit >6 Stacheln pro 5 cm. EndBlchen anders geformt, mit 5–15 mm lg Spitze, deutlich periodisch mit auswärts gekrümmten Hauptzähnen gesägt. KrBla nach der BlüZeit abfallend, StaubBla nach der BlüZeit zusammenneigend **64**

64 Schössling kahl, ohne Stieldrüsen u. Borsten, pro 5 cm Seite mit 8–12 dünnen, geneigten, geraden, 5–7 mm lg Stacheln. Bla größtenteils 3–4zählig, EndBlchen kurz gestielt (20–30 % der Spreite), verkehrteifg bis elliptisch, mit br, zum Grund hin nur wenigen Zähnen seicht u. geschweift mit kaum längeren Hauptzähnen 1,5–2,0(–2,5) mm tief gesägt. BlüStandsachse locker behaart, ohne od. mit wenigen Stieldrüsen, mit 2–5 nadligen, geraden Stacheln pro 5 cm. Kr weiß. 2,50–4,00 lg. 7–8. Schwach thamnophil, auf mäßig nährstoffreichen, kalkfreien Böden; z He(f NW SW W) Th(Bck) Ns Mv(f M N NO) Sh(f W), s By(N NW) Rh(SW) Nw(f SW) An(N O) (temp·c1-3EUR – L8 T5 F5 R4 N4? – V Lon.-Rub., V Prun.-Rub., V Samb.-Salic. – 28). **Samtblättrige B. –** *R. hypomalacus* FOCKE

64* Schössling mit 1–30 Haaren pro cm Seite u. breiteren, oft teilweise ± gekrümmten Stacheln. Bla alle 5zählig. BlüStandsachse dichthaarig. Ke mit ∞ rosaköpfigen Stieldrüsen. Kr blassrosa bis weiß. EndBlchen stark periodisch mit deutlich längeren auswärtsgekrümmten Hauptzähnen 2–3 mm tief gesägt. **Pyramiden-B. –** *R. umbrosus* S. 393, s. **60**

65 (62) Schössling pro 5 cm mit 6–12 schlanken, (fast) geraden Stacheln. Bla dünn, überwiegend od. alle 5zählig, oseits mit 10–30 Haaren pro cm². EndBlchen mit dünner, 10–15 mm lg Spitze, oft etwas konvex. BlüStandsachse pro 5 cm mit 2–5 größeren, pfriemlichen, fast geraden, 4–6 mm lg Stacheln. BlüStiele mit (0–)1–3 nadligen, fast geraden Stacheln. FrKn behaart. 2,50–4,00 lg. 7–8. Schwach thamnophil, auf mäßig nährstoffreichen Böden in luft- u. regenfeuchten Lagen; z Sh(f NW SO), s Nw(SO: Ebbeg) Ns(Elb N NW O), auch [N] aus holsteinischen Baumschulen verschleppt: s By(NM NO O) He(MW NW SW) Nw Bb(SW) (ntemp·c1-2EUR, [N] stempEUR – L8 T5 F5 R4 N4 – V Lon.-Rub. – 28). **Pickelhauben-B. –** *R. mucronulatus* BOREAU

65* Schössling pro 5 cm mit 12–15 br, teilweise etwas gekrümmten Stacheln. Bla etwas ledrig, überwiegend od. alle 3–4zählig. EndBlchen mit mäßig schlanker, 5–12 mm lg Spitze, nicht konvex. BlüStandsachse pro 5 cm mit 8–12 breiteren, etwas krummen Stacheln. BlüStiele mit (5–)10–18 etwas gekrümmten Stacheln. FrKn kahl. 2,50–4,00 lg. 7–8. Schwach thamnophil, auf nährstoffreichen Böden; z Sh(f W), Ns(S: Wieheng) Mv (N: Usedom) (ntemp·c1-2EUR – L8 T5 F5 R6 N5 – V Prun.-Rub.). **Drejer-B. –** *R. drejeri* LANGE

Ser. *Anisacanthi* H.E. WEBER – **Verschiedenstachlige Brombeeren**

Schössling abschnittsweise fast gleichstachlig u. (fast) stieldrüsenlos od. stark ungleichstachlig u. mit Stachelhöckern u. Stieldrüsen. Gelegentlich kommen an derselben Pflanze auch ± durchgehend gleichstachlige u. ungleichstachlige Schösslinge vor.

66 (19) Schössling (fast) kahl, kantig, flachseitig bis rinnig, mit br, überwiegend gekrümmten, bis 7–9 mm lg Stacheln. Bla 4–5zählig, oseits mit 10–30 Haaren pro cm², useits meist etwas graufilzig. EndBlchen aus schwach herzfg Grund (br) verkehrteifg. BlüStandsachse mit br, teilweise fast hakig gekrümmten, 6–7(–9) mm lg Stacheln. BlüStiele mit bis 0,5–0,7 mm lg Stieldrüsen. 2,50–4,00 lg. 7–8. Thamno- u. nemophil, auf nährstoffärmeren bis reichen, auch kalkhaltigen Böden; z He(f ORh SW) Nw(f MW SW) Th(Rho Wld: Eisenach) An(Hrz W), s Rh Ns(v Hrz, f Elb N) (temp·c1-2EUR – L8 T4 F5 RX N5 – V Prun.-Rub., V Samb.-Salic. – 28). **Feindliche B. –** *R. infestus* WEIHE

66* Schössling mit 4–15 Haaren pro cm Seite, mit geraden od. nur wenig krummen, 5–7 mm lg Stacheln. Bla 3–5zählig, oseits mit 0(–5) Haaren pro cm², useits filzlos grün, ohne Sternhaare. EndBlchen aus br abgerundetem bis geradem Grund br elliptisch bis verkehrteifg od. fast rundlich, mit abgesetzt scharfspitzigen Zähnen. BlüStandsachse mit etwas dünneren, nur wenig krummen, bis 4–5(–6) mm lg Stacheln. 2,50–4,00 lg. 7(–8). Nemophil, auf nährstoffreicheren Böden; z Bw(NW ORh SW Gäu) He(ORh SO), s By(NW N) Rh(v SW, f MRh) Th(O Wld) (stemp/(mo)·c2EUR – L7 T4 F5 R5 N4? – V Prun.-Rub., V Samb.-Salic. – ?). **Falsche Feindliche B. –** *R. pseudoinfestus* H.E. WEBER

Ser. *Radula* FOCKE – **Raspel-Brombeeren**

Schössling flachbogig, durch kurze, gleichartige Stieldrüsen(-Höcker) meist raspelartig rau, dazu mit fast gleichförmigen größeren Stacheln. Zwischen Stieldrüsen u. Stacheln keine od. nur wenige Übergänge durch kleinere Stacheln od. (Drüsen-)Borsten. Bla useits graugrün bis weißgrau filzig.

67 **(23)** BlüStiele neben der kurzen filzig-wirren Behaarung auch mit (einigen) längeren Haaren, die über die 0,1–0,3(–0,5) mm lg Stieldrüsen hinausragen. Schössling behaart u. mit 6–9 (–10) mm lg Stacheln. BlüStand schmal keglig, Achse mit 7–8 mm lg Stacheln. BlüStiele mit 3–4 mm lg Stacheln. Kr blassrosa bis fast weiß. 2,50–4,00 lg. 7–8. Thamnophil, auf nährstoffreichen, auch kalkhaltigen Böden; g SH(O), v An Ns Mv, z By Bw(f Alb S SO) Rh He(h MW) Nw Th(v NW) Sa Bb Sh(M) (sm/mo-temp-(b)·c2-3EUR – L8 T5 F5 R6 N5 – V Prun.-Rub. – 28). **Raspel-B. –** ***R. radula*** Weihe
67* BlüStiele nur mit ± angedrückter, filzig-wirrer Behaarung, die von den 0,1–0,5 mm lg Stieldrüsen überragt wird. Schössling kahl od. behaart **68**
68 Schössling kahl, mit überwiegend geraden, 4–6(–7) mm lg Stacheln. EndBlchen aus abgerundetem od. keilfg Grund elliptisch bis etwas verkehrteifg. BlüStand sperrig, Achse mit geraden od. leicht gekrümmten, 3–4 mm lg Stacheln. BlüStiele 15–20(–30) mm lg, mit dichtgedrängten (einer Perlenkette vergleichbaren), gleichartigen, 0,1–0,3 mm lg, rotköpfigen Stieldrüsen. Ke nach der BlüZeit abstehend od. etwas aufgerichtet. KrBla blassrosa, 7–9 mm lg. 2,50–4,00 lg. 7–8. Schwach nemophil, auf nährstoffreichen, auch etwas stickstoffbeeinflussten u. kalkhaltigen Böden; eine der häufigsten Arten; v Rh He Nw Th, z By Bw Sa(f NO SO) An Ns Mv Sh(SO), s Alp(Allg) Bb(f Oder SW) (temp/demo·c2-3EUR – L8 T5 F5 R6 N6 – V Prun.-Rub., V Samb.-Salic. – 28). **Raue B. –** ***R. rudis*** Weihe
68* Schössling mit 3–20 Büschelhärchen pro cm Seite u. gekrümmten, 5–7(–8) mm lg Stacheln. EndBlchen aus herzfg Grund eifg bis verkehrteifg. BlüStand nicht sperrig, Achse mit überwiegend deutlich krummen, 5–6 mm lg Stacheln. BlüStiele 10–15 mm lg, mit 0,3–0,5 m lg, blasseren Stieldrüsen (diese nur ausnahmsweise von einzelnen Haaren überragt). Ke zurückgeschlagen. KrBla ± weiß, 10–13 mm lg. 2,50–4,00 lg. 7–8. Thamno- u. nemophil, auf ± nährstoffreichen, auch kalkhaltigen Böden; z By(f N NO NW), s Alp(Chm Kch Allg Mng) (stemp/(mo)·c3EUR – L7 T5 F5 R6? N5 – V Prun.-Rub., V Samb.-Salic. – 28). **Kahlstirnige B. –** ***R. epipsilos*** Focke

Ser. ***Pallidi*** W.C.R. Watson – **Filzlose Raspel-Brombeeren**

Wie die vorige Ser. *Radula*, doch Bla useits ± grün, ohne Filz.

69 **(23)** Kr weiß. EndBlchen aus herzfg Grund eifg bis elliptisch, allmählich 15–20 mm lg bespitzt. BlüStiele mit 15–20 Stacheln. 2,50–4,00 lg. 7–8. Schwach nemophil, auf etwas nährstoffreicheren Böden; z He Nw Th (Bck Rho) Ns Mv(f NO) Sh(f W NM), s By(NW NM) Bw(Keu) Rh Sa(f NO SW) An Bb(f Elb M Oder) (temp·c1-3EUR – L7 T5 F5 R4 N4 – V Prun.-Rub., V Samb.-Salic. – 28). **Bleiche B. –** ***R. pallidus*** Weihe
69* Kr rosa bis rosarot. EndBlchen br elliptisch-verkehrteifg bis kreisrund, abgesetzt 7–16 mm lg bespitzt. BlaStiele mit (3–)5–15 Stacheln. 2,50–4,00 lg. 6–8. Thamno- u. nemophil, auf mäßig nährstoffreichen Böden; z Bw(f Alb S SO SW) Rh(f W) He(f NW), s By(NM NW N S) Th(S Wld) (stemp/(mo)·c2-3EUR – L8 T5 F5 R6 N5 – V Prun.-Rub., V Samb.-Salic. – 28). **Schnedler-B. –** ***R. schnedleri*** H.E. Weber

Ser. ***Hystrix*** Focke – **Stachelschwein-Brombeeren**

Schössling flachbogig bis kriechend, mit unterschiedlich großen Stacheln, Stachelhöckern, (Drüsen-)Borsten u. Stieldrüsen in allen Übergängen. Größere Stacheln zum Grund hin br zusammengedrückt.

70 **(24)** Bla (zumindest im BlüStand) useits graugrün bis graufilzig. Kr rosa **71**
70* Bla useits filzlos grün. Kr weiß od. nur sehr schwach rosa angehaucht **72**
71 Bla überwiegend 3zählig, oseits kahl, useits schimmernd weichhaarig, EndBlchen elliptisch bis verkehrteifg od. etwas rundlich, mit 15–20 mm lg Spitze, mit stark auswärts gekrümmten Hauptzähnen gesägt. Griffelbasis schwach rötlich. 2,50–4,00 lg. 7–8. Thamno- u. nemophil, auf mäßig nährstoffreichen, kalkfreien Böden; disjunkt wegen unabhängiger Ausbreitung der in England sehr häufigen Art durch Vögel; z Nw(N NO MW) Mv(f Elb NO), s Ns(f Hrz MO N) Sh(O) By(NW: Schollbrunn/Spessart) (temp·c1-2EUR – L8 T5 F5 R4 N5 – V Lon.-Rub., V Prun.-Rub., V Samb.-Salic. – 28).
Dickblättrige B. – ***R. dasyphyllus*** (W.M. Rogers) E.S. Marshall

71* Bla 3–5zählig, oseits mit vereinzelten Härchen, EndBlchen verkehrteifg, mit 10–15 mm lg Spitze, Hauptzähne nicht od. wenig auswärts gekrümmt. Griffel grünlich. 2,50–4,00 lg. 7(–8). Nemophil, auf mäßig nährstoffreichen Böden; z By(f NW), s Alp(Amm Allg Mng) Bw(f NW ORh SW) Sa(SW: Herlasgrün) (stemp/(mo)·c3EUR – L7 T5 F5 R3 N4 – V Samb.-Salic. – 28). **Bayerische B. –** *R. bavaricus* (Focke) Utsch
72 (70) Schössling mit brettartig br zusammengedrückten, überwiegend sichligen bis fast hakigen, bis 6–7(–8) mm lg, auffallend gelblichen od. rötlichen Stacheln. EndBlchen meist verlängert verkehrteifg mit oberhalb des Grunds oft fast geradem Rand, mit kaum längeren Hauptzähnen 1,5–2,0 mm tief gesägt. Bla 3(–5)zählig. BlüStandsachse mit teilweise stark gekrümmten Stacheln. 2,50–4,00 lg. 7–8. Nemophil, auf mäßig nährstoffreichen, meist kalkfreien Böden; z By(f MS) He(f NW W) Nw Th(f Hrz) Sa An Ns(f Elb), s Bw(ORh: Renchen Keu) Rh(f MRh) Bb(f Oder) Mv(M: Rerik-Neubuckow) Sh(M: Itzehoe O: S von Lübeck) (temp/(demo)·c2-3EUR – L7 T5 F5 R4 N4? – V Lon.-Rub., V Samb.-Salic. – 28). **Schleicher-B. –** *R. schleicheri* Tratt.
72* Schössling mit schlanken, abstehenden od. etwas geneigten, (fast) geraden u. nicht auffallend gefärbten Stacheln. EndBlchen br (verkehrt)eifg, oft rundlich, mit deutlich längeren Hauptzähnen gröber bis 2–3(–4) mm tief gesägt. Bla 5zählig. 2,50–4,00 lg. 6–8. Schwach nemophil, auf mäßig nährstoffreichen, meist kalkarmen Böden; v Sa Th(z Bck Rho S, f Hrz NW), s By He(MW O) An(f W) Bb(f Oder) Ns(O: Thieshope) Mv(N: Zweedorf, Usedom) Sh(M: Basedow SO: Dalldorf), [N] s Nw (SO: Essen-Bredeney) (stemp/(demo)·c3EUR – L8 T4 F5 R4 N5 – V Prun.-Rub., V Samb.-Salic. – 28). **Köhler-B. –** *R. koehleri* Weihe

Ser. *Glandulosi* (Wimm. et Grab.) Focke – **Drüsenreiche Brombeeren**

Schössling aus flachem Bogen kriechend, mit Stacheln, Drüsenborsten u. Stieldrüsen in allen Größenordnungen. Auch größere Stacheln (im Gegensatz zur vorigen Ser. *Hystrix*) unmittelbar oberhalb der ± verbreiterten Basis pfriemlich bis nadelig verengt.

73 (24) Stieldrüsen im BlüStand blassgelblich od. nur etwas rotköpfig. Schössling mit (0–)1–5 Haaren pro cm Seite. Alle Bla 3zählig. useits nicht fühlbar behaart. EndBlchen regelmäßig elliptisch mit unvermittelt aufgesetzter, dünner, 15–25 mm lg Spitze, gleichmäßig 1–2 mm tief gesägt. SeitenBlchen fast ebenso groß u. ähnlich geformt. KrBla weiß, ± spatelig, nur 3(–4) mm br. StaubBla höher als die blassgrünen Griffel. 2,50–4,00 lg. 7–8. Ausgeprägt nemophil, auf mäßig nährstoffreichen, kalkfreien Böden, im S (sub)mont., im N auch plan.; v Nw Th Sa, z By Bw(f Alb S SO) Rh He An(f N) Bb(f Oder SW) Ns(h Hrz) Mv Sh (temp/demo·c1-3EUR – L7 T5 F5 R3 N4 – V Lon.-Rub., V Samb.-Salic. – 28, 35). [*R. glandulosus* auct., *R. bellardii* Weihe p. p.] **Träufelspitzen-B. –** *R. pedemontanus* Pinkwart
73* Stieldrüsen im BlüStand schwarzrot bis dunkelviolett. Schössling fast kahl bis mäßig dicht haarig. Bla 3–5zählig, useits nicht fühlbar bis etwas weich behaart. EndBlchen anders geformt. SeitenBlchen meist kleiner. KrBla verkehrteifg, meist >4 mm br **74**
74 StaubBla nicht so hoch wie die am Grund rosafarbenen Griffel. Bla überwiegend od. alle 3zählig. EndBlchen elliptisch bis schwach verkehrteifg, allmählich bespitzt, um 2–4 mm tief gesägt. SeitenBlchen 3zähliger Bla 5–15 mm lg gestielt. BlüStiele grauweiß filzig mit deutlich dazu kontrastierenden, schwarzroten Stieldrüsen. KrBla weiß. 2,50–4,00 lg. 7–8. Nemophil, auf mäßig nährstoffreichen, meist kalkfreien Böden, mont.; z Th(f NW S) Sa(f Elb), s Alp(Wtt Allg) By(NO O) He(O) An(Hrz) (stemp/mo·c3EUR – L7 T4 F5 R3 N3? – V Samb.-Salic. – 28). **Günther-B. –** *R. guentheri* Weihe
74* StaubBla meist höher als die grünlichen od. am Grund rosafarbenen Griffel. Nicht alle vorgenannten Merkmale zutreffend. Neben wenigen stabilisierten Arten ein unstabilisierter Formenschwarm mit zehntausenden von singulären Biotypen. 2,50–4,00 lg. 7–8. Nemophil, auf unterschiedlichen Böden; v Alp(f Krw Wtt) By He Th(f Hrz), s Bw(f Alb Keu) Rh(f W) Nw(SO) Sa(SO SW W) Ns(Hrz MO S) (sm/mo-stemp/demo·c2-4EUR-(WAS) – L7 T4 F5 RX NX – V Samb.-Salic. – 28). **Dunkeldrüsige B. –** *R. hirtus* Waldst. et Kit. s. l.

Rubus corylifolius agg. (Sect. *Corylifolii* Lindl.) – **Haselblattbrombeeren**

(sogr Ap, ohne Klettermöglichkeit meist um 0,50 hohe Bogen- bis KriechTr)

Die Haselblattbrombeeren sind aus unbekannten Kreuzungsvorgängen entstanden, mit Beteiligung von
R. caesius u. R. fruticosus agg., teilweise auch von R. idaeus (subsect. Subidaeus). Folgende Formeln
kommen für die Entstehung in Frage: Rubus fruticosus agg. × R. caesius, R. (caesius ×idaeus) × R. caesius,
R. corylifolius agg. × R. corylifolius agg., R. corylifolius agg. × R. caesius (Rückkreuzungen), R. corylifolius
agg. × R. fruticosus agg. (Rückkreuzungen).

75 **(10)** Schössling im Querschnitt rund, mit geraden, auffallend dunkelvioletten Stacheln, (fast) kahl. FrKn filzig-dichthaarig bis kahl. Kr weiß. Griffel grünlichweiß. Reife Fr schwarzrot (Subsect. Subidaeus) **83**
75* Schössling rundlich od. kantig, mit gelblichen od. rötlichen, oft wie der Schössling gefärbten Stacheln, kahl bis behaart. FrKn zerstreut behaart od. kahl. Kr weiß bis rosa, Griffel(basis) grünlichweiß bis rosa. Fr schwarz (Subsect. Sepincola) **76**
76 Schössling mit ausgeprägt ungleichgroßen Stacheln u. zahlreichen, teilweise >1 mm lg Stieldrüsen. Staubbeutel kahl. Kr weiß. Griffel grün (Ser. Hystricopses) **103**
76* Schössling mit (fast) gleichgroßen Stacheln (wenn mit ungleichgroßen, dann mit stark konvexen Blchen u. dicht behaarten Staubbeuteln), ohne od. mit einzelnen bis vielen, meist nur bis 0,5 mm lg Stieldrüsen. Kr weiß bis rosa. Griffel(basis) grün od. rötlich **77**
77 Staubbeutel alle od. einzelne behaart (Lupe!). Bla 5- od. 4–5zählig, useits fühlbar bis weich behaart (Ser. Subsilvatici) **94**
77* Staubbeutel alle kahl. Bla 3–5zählig, useits nicht fühlbar bis weich behaart **78**
78 Schössling mit 10–50 Haaren pro cm Seite. Bla 5–7zählig, useits schimmernd weichhaarig u. zumindest im BlüStand oft auch filzig. BlüStiele mit gelblichen, bis 1 mm lg Stieldrüsen u. meist 2,5–3,0 mm lg Stacheln (Ser. Vestitiusculi) **100**
78* Schössling mit 0–10 Haaren pro cm Seite. Bla meist 3–5zählig. BlüStiele meist mit <2,5 mm lg Stacheln **79**
79 Ke außen auf der Fläche grün od. etwas graugrün. Schössling kahl, ohne od. mit nur 0,1–0,2 (seltener einzelne bis 0,5) mm lg Stieldrüsen. Bla auch im BlüStand useits grün, filzlos, meist nicht od. kaum fühlbar behaart. EndBlchen meist mit aufgesetzt bespitzten Zähnen gesägt. NebenBla bis 1,0(–1,5) mm br (Ser. Suberectigeni) **84**

Falls die Bestimmung bei den Suberectigeni nicht zum Ziel führt, könnte es sich ausnahmsweise auch um einen (untypischen) Vertreter der Subthyrsoidei handeln, S. 399, s. **90**

79* Ke außen auf der Fläche graugrün bis graufilzig. Schössling kahl od. behaart, ohne od. mit 0,1–1,5 mm lg Stieldrüsen. Bla useits filzlos grün bis graufilzig. EndBlchen mit ± allmählich zugespitzten Zähnen gesägt. NebenBla 1–3 mm br **80**
80 Bla oseits mit (50–)100–>500 kurzen u. teilweise sternfg Haaren pro cm², useits (grün graubis) graufilzig u. weichhaarig (Ser. Subcanescentes) **97**
80* Bla oseits mit 0–50 Haaren pro cm² (wenn mehr, dann Bla useits nicht gleichzeitig graufilzig u. Schössling mit nur 2,0–3,0(–3,5) mm lg Stacheln), useits filzlos grün bis etwas grau filzig, nicht fühlbar bis weich behaart **81**
81 Schössling kahl, mit bis zu 4(–5) mm lg Stacheln. EndBlchen meist br, oft rundlich. NebenBla oft >2,5 mm br. FrKn kahl (Ser. Sepincola) **87**
81* Schössling kahl od. mit sehr vereinzelten Härchen, mit bis 4–6(–7) mm lg Stacheln. EndBlchen schlank bis br, auch rundlich. NebenBla <2,5 mm br. FrKn kahl od. behaart **82**
82 Schössling gleichstachlig bis schwach ungleichstachlig, mit 0(–2) nur 0,1–0,2(–0,3) mm lg Stieldrüsen pro cm Seite. Bla bei den hier behandelten Arten meist 5zählig, useits filzlos grün. BlüStiele ohne od. mit 0,1–0,2 mm lg Stieldrüsen (Ser. Subthyrsoidei) **90**
82* Schössling etwas ungleichstachlig, mit (3–)5–10 bis etwa 0,5 mm lg Stieldrüsen od. deren Stümpfen pro cm Seite. BlüStiele mit meist 10–>50 bis 0,5 mm lg Stieldrüsen (Ser. Subradula) **101**

Subsect. Subidaeus (FOCKE) HAYEK – Himbeerverwandte Haselblattbrombeeren

Schössling rundlich, kahl, bei den behandelten Arten mit dunkelvioletten, gleichartigen Stacheln. Bla 3–7zählig. Kr weiß. Reife Fr schwarzrot.

83 **(75)** Bla 5zählig, einzelne 6–7zählig, useits graugrün- bis graufilzig u. weichhaarig. Schössling mit 4–6 mm lg Stacheln. EndBlchen 5zähliger Bla br herz-eifg bis rundlich, 8–15 mm lg

bespitzt. FrKn anfangs kurzzottig u. filzig. 2,00–3,00 lg. 5–6. Thamnophil, auf meist nährstoffreichen, auch mäßig kalkhaltigen, meist lehmigen Böden; disjunkt wegen unabhängiger Ausbreitung durch Vögel dieser in England häufigen Art; z Th(f Hrz O) Mv(f Elb) Sh, s By(NW N NM) He(f NW W) Sa(SW: Rabenau) Bb(NO) Ns(f Hrz), [N aus Baumschulen Holsteins]: s NW (SO: Sauerland) (temp·c1-3EUR – L8 T5 F5 R6 N5 – V Prun.-Rub. – 35). [*R. balfourianus* A. Bloxam]   **Bereifte H. – *R. pruinosus* Arrh.**

83* Bla 3zählig, useits grün, nicht od. nur schwach fühlbar behaart. Schössling mit 2,5–4,0 mm lg Stacheln. EndBlchen br herz-eifg bis fast kreisrund, nur etwa 5 mm lg bespitzt. FrKn kahl od. mit einzelnen Härchen. 2,00–3,00 lg. 5–6. Thamnophil, auf mäßig nährstoffreichen Böden; z Sh(f SO), s Ns(M N NW) Mv(N NO) (ntemp·c2EUR – L8 T5 F5 R5 N5 – V Lon.-Rub., V Prun.-Rub. – ?).

Violettstachlige H. – *R. maximiformis* H.E. Weber

Subsect. ***Sepincola*** (Focke) Hayek – **Gewöhnliche Haselblattbrombeeren**

Schössling rundlich bis kantig, mit gleichen bis sehr ungleichen, rötlichen bis gelblichen Stacheln. Bla 3–5zählig, selten 6–7zählig.

Ser. ***Suberectigeni*** H.E. Weber – **Grünkelchige Haselblattbrombeeren**

Schössling kahl, mit fehlenden bis ∞ bis 0,5 mm lg Stieldrüsen. Stacheln (fast) gleichartig. Bla useits grün, ohne Filz. Ke außen auf der Fläche grün bis graugrün.

84 (79) Schössling deutlich kantig, mit flachen od. etwas vertieften Seiten, kahl, stieldrüsenlos, mit 3–5 geneigt-geraden 3–4 mm lg Stacheln pro 5 cm. Bla oft teilweise 6–7zählig, oseits (fast) kahl. EndBlchen br verkehrteifg bis rundlich od. kreisrund mit aufgesetzter 5 mm lg Spitze, fast gleichmäßig 1–2(–3) mm tief gesägt, lebend konvex od. konkav. BlüStandsachse mit geraden Stacheln. BlüStiele mit 0–10(–50) nur 0,1–0,2 mm lg Stieldrüsen. KrBla u. StaubBla (hell)rosa. Griffel an der Basis rosa. 2,00–3,00 lg. 5–6. Thamnophil, etwas wärmeliebend, auf nährstoffreichen, gern kalkhaltigen Böden; z By(f S) He Sa Th An(f EIb O), s Bw(Gäu NW) Rh(M SW) Nw Bb(SO NO) Ns(f M MO NW) Mv(MW SW) (temp/(demo)·c2-3EUR – L8 T6 F5 R8 N5 – V Prun.-Rub. – 28).

Geradachsige H. – *R. orthostachys* G. Braun

84* Schössling stumpfkantig-rundlich, mit (5–)7–20 Stacheln pro 5 cm. Griffel(basis) grünlich. EndBlchen flach, konvex od. konkav. BlüStandsachse mit geraden od. ± krummen Stacheln. BlüStiele ohne od. mit bis zu 0,3–0,5 mm lg Stieldrüsen 85

85 Schössling mit 7–12 etwa 4–5 mm lg Stacheln pro 5 cm, mit etwa 10–250 nur 0,1–0,2(–0,5) mm lg Stieldrüsen pro 5 cm (0–20 pro cm Seite) u. Bla useits fühlbar bis weich behaart. EndBlchen (br) elliptisch od. verkehrteifg bis fast kreisrund, abgesetzt 10–15 mm lg bespitzt, mit rundlichen Zähnen sehr gleichmäßig nur um 1 mm tief gesägt, lebend konvex u. konkav. Mittlere SeitenBlchen (0–)2–6(–10) mm lg gestielt. BlüStiele 10–30 mm lg, kurz stieldrüsig u. mit 3–10 bis 1,0–1,5 mm lg Stacheln. 2,00–3,00 lg. 5–6. Schwach thamnophil, auf nährstoffreichen, meist sandigen, sauren Böden des Tieflands; v Bb(s Oder), z Nw(N NO) Th(Bck NW O) Sa An(Elb S SO) Ns Mv Sh, s By(NW) He(MW) (temp·c2-3EUR – L8 T5 F5 R2 N3? – V Lon.-Rub. – 28). [*R. serrulatus* Lindeb. non Foerster, *R. aequiserrulatus* H.E. Weber]   **Feingesägte H. – *R. lamprocaulos* G. Braun**

Nicht verwechseln mit **Schmiedeberger H. – *R. fabrimontanus*, S. 402, 102**: Bla ähnlich, aber Stieldrüsen länger.

85* Schössling mit zahlreicheren (15–20 pro 5 cm) od. längeren (4–6 mm lg) Stacheln, Bla useits nicht fühlbar behaart. EndBlchen anders geformt, gröber gesägt, nicht konvex od. konkav 86

86 Schössling mit (5–)10–15, dünnen, abstehenden od. wenig geneigten, geraden, 4–6 mm lg Stacheln pro 5 cm. Bla oseits vielhaarig. EndBlchen br herz-eifg, oft schwach 3lappig (selten auch 2–3-teilig), allmählich 10–15 mm lg bespitzt, sehr grob periodisch 5–>8 mm tief gesägt. BlüStandsachse mit (fast) geraden, dünnen 3,5–5,0 mm lg Stacheln. BlüStiele mit 3–10 nadligen, (fast) geraden 2,5–3,0 mm lg Stacheln. 2,00–3,00 lg. 5–6. Thamnophil, auf nährstoffreichen, gern nitrathaltigen Böden; s By(Alb O) Nw(N NO) Bb(f Elb) Ns(MO NW) Mv(MW SW) (temp·c2-3EUR – L8 T5 F5 R5 N5 – V Prun.-Rub. – ?).

Lappenzähnige H. – *R. lobatidens* H.E. Weber et Stohr

ROSACEAE 399

86* Schössling mit 15–20 br, geneigt-gekrümmten, bis 4 mm lg Stacheln pro 5 cm. Bla oseits (fast) kahl. EndBlchen rundlich, abgesetzt 5–10(–20) mm lg bespitzt, meist angedeutet 2–3lappig, nicht selten auch 2–3teilig (dann Bla 6–7zählig), unregelmäßig 2–5 mm tief gesägt. BlüStandsachse mit breiteren, krummen, 3–4 mm lg Stacheln. BlüStiele mit (8–)12–21 leicht gekrümmten, 1,5–2,0 mm lg Stacheln. 2,00–3,00 lg. 5–6. Thamnophil, auf mäßig nährstoffreichen bis reichen, auch kalkhaltigen Böden; z Th(Bck S) An(S: Billroda, Ober-Möllern), s By(f S) Bw(Alb Keu SO) (stemp/(demo)·c2-3EUR – L8 T5 F5 R5 N5 – V Prun.-Rub. – 28). **Holub-H. – *R. josefianus* H.E. WEBER**

Ser. ***Sepincola*** (FOCKE) E.H.L. KRAUSE – **Hecken-Haselblattbrombeeren**

Schössling mit meist nur bis 3–4 mm lg (fast) gleichartigen Stacheln, kahl od. fast kahl, ohne od. mit sehr zerstreuten, seltener bis etwa 50 Stieldrüsen pro 5 cm. EndBchen aus meist herzfg Grund oft br bis rundlich od. gelappt. NebenBla meist 2–3 mm br. Griffel grünlich. Staubbeutel kahl. Thamnophil. Schwer gegen die Ser. *Subthyrsoidei* abzugrenzen.

87 **(81)** Schössling weißlich bereift, mit ± rötlichen, etwas ungleichen, fast nadlig-dünnen, 2,0–3,0 (–3,5) mm lg Stacheln. Bla alle od. überwiegend 3zählig, oseits mit 300–500 Härchen pro cm^2. EndBlchen ± angenähert 3eckig. NebenBla 3–4 mm br. BlüStiele mit >50 bis 0,5 mm lg, roten Stieldrüsen. KeZipfel oft fädig verlängert, die Fr umfassend (Pfl insgesamt etwas ähnlich *R. caesius*, 11). KrBla weiß. 2,00–3,00 lg. 5–6. Thamnophil, auf nährstoffreichen, gern etwas nitrathaltigen Böden; z Sa(f SO SW) An Bb, s By(NO) He(SW O ORh) Th(f Hrz NW Wld) Ns(f Hrz MO S) Mv(f M) Sh(O: Malkendorf SO: Woltersdorf) (temp·c2-3EUR – L8 T5 F5 R6 N6 – V Prun.-Rub. – ?). **Plötzensee-H. – *R. leuciscanus* E.H.L. KRAUSE**
87* Schössling (fast) unbereift, mit gleichfarbigen, breiteren, 2–5 mm lg Stacheln. Bla alle 5zählig, oseits mit 0–20(–100) Haaren pro cm^2. EndBlchen br eifg bis br rhombisch. NebenBla 1–3 mm br. BlüStiele ohne, seltener mit vereinzelten, nur etwa 0,1 mm lg blassen Stieldrüsen. KeZipfel kurz, meist locker zurückgeschlagen **88**
88 **(93)** Kr rosa. Schössling mit am Grunde etwas polsterfg verdickten, (fast) geraden Stacheln. Bla oseits (fast) kahl. EndBlchen meist br eifg bis elliptisch, 7–12 mm lg bespitzt, lebend schwach konvex. BlüStandsachse mit dickfüßigen, ± gekrümmten Stacheln. BlüStiele mit dicken, nur 1,0–1,5 mm lg Stacheln. 2,00–3,00 lg. 5–6. Thamnophil, auf nährstoffreichen, gern kalkhaltigen Böden; z Rh He Nw Th An Ns Mv Sh(f W), s By(f O S) Bw(f S SO SW) Sa(SO SW W) Bb(f Oder SO) (temp/(demo)·c2-3EUR – L8 T5 F5 R7 N6 – V Prun.-Rub. – 28). **Dickstachlige H. – *R. hadracanthos* G. BRAUN**
88* Kr weiß **89**
89 Schössling mit dünnen, gekrümmten, 2,0–3,5 mm lg Stacheln. Bla oseits mit 10–100 Haaren pro cm^2, useits weichhaarig. EndBlchen br herzeifg bis rundlich, allmählich 12–20(–25) mm lg bespitzt, lebend meist ± konvex. BlüStiele mit 9–10 krummen, 0,5–1,0(–1,5) mm lg Stacheln. 2,00–3,00 lg. 5–6. Thamnophil, auf nährstoffreichen, gern nitrathaltigen, auch kalkreichen Böden; v Th, z By(f O S) He(f W) An Bb(f Oder) Ns Mv Sh(f W), s Bw(Gäu Keu) Nw(SO) Sa(SW SO W) (temp·c2-3EUR – L8 T5 F5 R7 N6 – V Prun.-Rub. – ?). [*R. dethardingii* auct. p. p.] **Krummnadlige H. – *R. curvaciculatus* H.E. WEBER**
89* Schössling mit dickfüßigen, meist fast geraden, 4–5 mm lg Stacheln. Bla oseits fast kahl, useits nicht fühlbar behaart. EndBlchen mit größter Breite in od. unterhalb der Mitte, ohne die Spitze oft breiter als lg, aufgesetzt 3–5(–10) mm lg bespitzt. BlüStiele mit 10–20 krummen, 1–2 mm lg Stacheln. 2,00–3,00 lg. 5–6. Thamnophil, auf mäßig nährstoffreichen Böden; v Sa, z By(f S) Th(f Hrz NW) An, s Bw(Gäu) He(MW O: Queck, Dietershan) Bb (f Oder) Ns(Hrz MO) Mv(MW) Sh(O SO) (temp·c3EUR – L8 T5 F5 R6 N5 – V Prun.-Rub. – 28). **Fränkische H. – *R. franconicus* H.E. WEBER**

Ser. ***Subthyrsoidei*** (FOCKE) FOCKE – **Graukelchige Haselblattbrombeeren**

Schössling meist kahl, (fast) ohne Stieldrüsen mit gleichartigen Stacheln. Bla useits (vor allem im BlüStand) oft graufilzig. Staubbeutel gewöhnlich kahl.

90 **(82)** Kr weiß od. schwach rosa angehaucht. Schössling kahl. EndBlchen lebend flach od. grobwellig. BlüStiele ohne Stieldrüsen. Griffel grünlichweiß **91**

90* Kr lebhaft rosa. Schössling kahl od. zerstreut behaart. EndBlchen lebend etwas konvex. BlüStiele mit einzelnen bis ∞ Stieldrüsen. Griffel grünlichweiß od. rosafüßig 92
91 Schössling deutlich kantig, bis 8–10 mm dick, mit 3–8 ± gerade abstehenden Stacheln pro 5 cm. EndBlchen br elliptisch od. eifg bis rundlich, etwas abgesetzt 10–15 mm lg bespitzt, periodisch grob 2–4(–5) mm tief gesägt. BlüStiele mit 3–15 etwa 2–3 mm lg Stacheln. 2,50–3,50 lg. 5–6. Thamnophil, auf nährstoffreichen, gern kalkhaltigen Böden; z By Rh He Th An(f Elb N), s Alp(Allg) Bw(f NW S SO SW) Nw(SW) Sa(f Elb) Bb(SO) Ns(Hrz MO S) (stemp/(mo)·c2-3EUR – L8 T6 F4 R7 N6 – V Prun.-Rub. – ?). [*R. grossus* H.E. Weber]
                         Grobe H. – *R. holandrei* P.J. Müll.
91* Schössling rundlich od. schwach kantig, um 5 mm dick, mit (5–)8–15 etwas geneigten Stacheln pro 5 cm, EndBlchen eifg bis elliptisch, allmählich (12–)15–20 mm lg bespitzt, deutlich periodisch (2–)3–4 mm tief gesägt. BlüStiele mit 5–20 etwa 1,5–2,0 mm lg Stacheln. 2,00–3,00 lg. 6(–7). Thamnophil, auf nährstoffreichen, auch kalkhaltigen Böden; v Mv Sh(f W), z Th Sa An Bb Ns, s By(f O) Bw(Gäu Keu) He(f NW SO) Nw(NO: Seeste, Westerkappeln) (temp·c2-3EUR – L8 T5 F5 R7 N6 – V Prun.-Rub. – 28).
                        Gotische H. – *R. gothicus* E.H.L. Krause
92 (90) Griffel grünlichweiß. Bla (3–)4–5zählig. Bla oseits mit 5–50 Haaren pro cm^2, useits nicht fühlbar behaart. EndBlchen mittellg gestielt (24–33 % der Spreite), herz-eifg bis rundlich, nicht selten 2–3lappig, periodisch (2,5–)3–5(–6) mm tief gesägt. BlüStiele mit etwas gekrümmten, 1–2 mm lg Stacheln. 2,00–3,00 lg. 6. Schwach thamnophil, auf mäßig nährstoffreichen Böden; z Th(Bck) Sa An, s By(f NO O S) Bb(f Oder) (stemp·c3EUR – L8 T5 F5 R5 N5 – V Lon.-Rub., V Prun.-Rub. – ?). **Stohr-H. – *R. stohrii* H.E. Weber et Ranft**
92* Griffelbasis deutlich rosafüßig. Blü alle 5zählig. EndBlchen 1–2 mm tief gesägt 93
93 Schössling kahl, ohne Stieldrüsen. Bla oseits (fast) kahl. EndBlchen 2–3(–4) mm tief gesägt. BlüStiele mit 10(–15) dicken, 1–2 mm lg Stacheln.
            Dickstachlige H. – *R. hadracanthos* S. 399, s. 88
93* Schössling zerstreut behaart u. meist etwas stieldrüsig. Bla oseits mit 20–60 Haaren pro cm^2. EndBlchen aus abgerundetem od. seicht herzfg Grund meist (verlängert) verkehrteifg, 1–2 mm tief gesägt. BlaStiele mit 2–6 bis 3,0(–3,5) mm lg Stacheln u. zerstreuten bis vielen Stieldrüsen. 2,00–3,00 lg. 5–6. Thamnophil, auf mäßig nährstoffreichen, kalkfreien Böden; z Nw(f NO SW) Ns(f Hrz) Mv(f M N NO), s He(O) Sa(W) An(f Hrz S W) Sh(f W) (temp·c1-2EUR – L8 T5 F5 R4 N4 – V Lon.-Rub. – 28). **Kahlköpfige H. – *R. calvus* H.E. Weber**

Ser. **Subsilvatici** (Focke) Focke – **Wimpermännige Haselblattbrombeeren**

Schössling ± rundlich, gleichstachlig (außer *R. ferocior*). Stieldrüsen fast fehlend bis mäßig ∞. Staubbeutel behaart.

94 (77) Kr weiß, selten etwas rosa angehaucht od. beim Trocknen blassrosa. Griffel grünlich. EndBlchen aus meist abgerundetem Grund eifg bis elliptisch. BlüStandsachse mit teilweise gekrümmten, bis 2,0–3,5(–4,0) mm lg Stacheln. KrBla meist 8–12 mm lg. 2,00–3,00 lg. 5–6. Schwach thamnophil, auf unterschiedlichen, optimal auf sauren Böden; v Nw, z He Th(f Hrz S Wld) An(f Elb O S) Ns Mv Sh, s By(NW NM NO O) Bw (ORh: Offenburg) Rh(f W) Sa(SW W) Bb(M MN NO) (ntemp·c2EUR – L8 T5? F5 RX NX – V Lon.-Rub., V Prun.-Rub. – 28). [*R. ciliatus* F. Aresch.] **Bewimperte H. – *R. camptostachys* G. Braun**
94* Kr lebhaft rosa. Griffel(basis) rosa 95
95 Schössling (zumindest streckenweise) mit sehr ungleichgroßen Stacheln, zahlreichen (drüsigen) Borsten u. meist vielen bis 0,6 mm lg Stieldrüsen, fast kahl. Bla 5zählig, useits schwach bis deutlich fühlbar behaart. EndBlchen elliptisch od. schwach (verkehrt)eifg, 8–12 mm lg bespitzt, 2(–3) mm tief gesägt, extrem konvex (beim Pressen meist nicht glatt auszubreiten). 2,00–3,00 lg. 5–6. Thamnophil, auf unterschiedlichen, sauren bis kalkhaltigen, bevorzugt etwas frischen Böden; z Nw Ns Mv(f M N NO), s Rh(N W) An Bb(Elb MN) Sh(f W), [N] †? Bb (temp·c1-2EUR – L8 T5 F5 RX N5? – V Lon.-Rub., V Prun.-Rub. – 28). [*R. ferox* Weihe non Vest] **Wildere H. – *R. ferocior* H.E. Weber**
95* Schössling mit (fast) gleichgroßen Stacheln, ohne od. mit wenigen (drüsigen) Borsten u. mit fast fehlenden bis zahlreichen kürzeren Stieldrüsen, fast kahl bis reichlich behaart 96

96 Schössling mit 0–5 Härchen pro cm Seite u. mit geneigt-geraden u. etwas gekrümmten, 3–5 mm lg Stacheln. Bla alle 5zählig, EndBlchen verlängert eifg, 1,0–1,5(–2,0) mm tief gesägt, lebend konvex. BlüStandsachse mit teilweise gekrümmten, 3–4(–5) mm lg Stacheln. KrBla 8–14 mm lg. Meist nur einzelne Staubbeutel mit einem Härchen. 2,00–3,00 lg. 6–7. Thamnophil, auf mäßig nährstoffreichen Böden; v Sh, z Nw Sa An(f S W) Bb(f NO Oder) Ns Mv, s By(NM) Bw(Gäu Keu) Rh(M N SW) He(MW NW O SO) Th(f S Hrz Wld) (temp/demo·c2-3EUR – L8 T5 F5 R4? N5 – V Lon.-Rub., V Prun.-Rub. – ?).
Friedliche H. – *R. placidus* H.E. Weber

96* Schössling mit 10–60 bis 1 mm lg Haaren pro cm Seite u. gerade abstehenden, 4–6 mm lg Stacheln. Bla (3–)4–5zählig, EndBlchen br eifg bis rundlich, oft auf einer od. beiden Seiten mit lappigem Absatz, 2–3 mm tief gesägt, nicht konvex. BlüStandsachse mit geraden, (3–)4–6 mm lg Stacheln. KrBla 11–18 mm lg. BlüStiele mit durchschnittlich 0,5 mm lg Stieldrüsen. Alle Staubbeutel vielhaarig. 2,00–3,00 lg. 5–7. Schwach thamnophil, auf ärmeren bis nährstoffreichen, gern etwas nitrathaltigen Böden; v Sh(f W), z Rh(f ORh) He(f NW SW W) Nw Th(Bck O, s Wld) An(f Hrz W) Ns Mv, s By(NW NO) Bw(NW ORh) Sa Bb(f Oder) (temp/(demo)·c1-3EUR – L8 T5 F5 RX NX – V Lon.-Rub., V Prun.-Rub. – 28).
Hain-H. – *R. nemorosus* Hayne et Willd.

Ser. **Subcanescentes** H.E. Weber – **Filzblättrige Haselblattbrombeeren**

Schössling kahl od. behaart, mit fehlenden bis ∞ Stieldrüsen, meist gleichstachelig. Bla oseits meist dicht kurzhaarig (>100 Haare pro cm^2), meist auch mit Sternhärchen, useits graufilzig u. weichhaarig. Zumindest teilweise mit Beteiligung von *R. canescens*, S. 393, s. 59, hybridogen u. apomiktisch stabilisierte Sippen.

97 (80) Kr u. StaubBla hellrosa. Bla (fast) alle 3zählig, auch oseits mit fühlbar weicher Behaarung. Schössling mit 2,5(–3,0) mm lg Stacheln. EndBlchen verkehrteifg, mit etwas abgesetzter, 3–7 mm lg Spitze, fast gleichmäßig fein, 1(–2) mm tief gesägt. SeitenBlchen 1–3 mm lg gestielt. BlüStiele mit 1,0–1,5(–2,0) mm lg Stacheln. 2,00–3,00 lg. 5–6. Thamnophil, wärmeliebend, auf basenreichen, meist kalkhaltigen Böden; z By(NW N NM) Rh He Th(f Hrz NW), s Bw(NW Gäu ORh) Nw(SO SW) Sa(SW) (stemp/(mo)·c2-3EUR – L8 T6 F5 R7 N5 – V Prun.-Rub. – 28). **Samtblättrige H. – *R. amphimalacus* H.E. Weber**

97* Kr u. StaubBla weiß (seltener in der Knospe od. beim Trocknen rosa angehaucht). Bla 5zählig, oseits fühlbar, doch nicht weich behaart, EndBlchen periodisch 1,5–6,0 mm tief gesägt **98**

98 Schössling kahl, mit (3–)4–5 mm lg Stacheln, ohne Stieldrüsen. Bla oseits durch dichte Behaarung (50–500 Haare pro cm^2) etwas grauschimmernd. EndBlchen mäßig kurz gestielt (25–33 % der Spreite), (br) eiförmig bis elliptisch. BlüStiele mit 6–15 derben, (1,0–)1,5–2,0 mm lg Stacheln. 2,00–3,00 lg. 6(–7). Thamnophil, auf nährstoffreichen, gern kalkhaltigen Böden; z By(f S) Rh He Th(f Hrz) Sa An Bb(f Oder) Ns Mv(f Elb) Sh, s Bw(f S SO SW) Nw(N NO SO) (temp/(demo)·c2-3EUR – L8 T6 F5 R8 N6 – V Prun.-Rub. – 28).
Büschelblütige H. – *R. fasciculatus* P.J. Müll.

98* Schössling etwas behaart, mit 2,0–3,5 mm lg Stacheln u. mit zerstreuten bis zahlreichen, kurzen Stieldrüsen. BlüStiele mit vielen 0,1–0,3 mm lg Stieldrüsen **99**

99 EndBlchen br (verkehrt)eifg, 5–10 mm lg bespitzt, grob periodisch bis 5–6 mm tief gesägt. Untere SeitenBlchen 0–2(–4) mm lg gestielt. SeitenBlchen 3zähliger Bla im BlüStand 1–4 mm lg gestielt. BlüStiele mit nadligen, fast geraden, bis 1,5–2,0 mm lg Stacheln. KeZipfel oft etwas verlängert. 2,00–3,00 lg. 6–7. Thamnophil, ausgeprägt wärmeliebend, auf basenreichen, gern kalkhaltigen Böden; z By He(O SO SW) Th(v S Wld f Hrz NW) Sa(f Elb), s Bw(Keu Alb Gäu S) (stemp/(mo)·c2-3EUR – L9 T7 F4 R8 N6 – V Prun.-Rub. – 28).
Weiche H. – *R. mollis* J. Presl et C. Presl

99* EndBlchen oft (fast) kreisrund, 2–3 mm tief gesägt. Untere SeitenBlchen (fast) sitzend. NebenBla 1,5–3,0 mm br. SeitenBlchen im BlüStand 0–1 mm lg gestielt. BlüStiele mit breiteren, leicht gekrümmten, bis 0,5–1,0 mm lg Stacheln. KeZipfel nicht verlängert. 2,00–3,00 lg. 5–6. Thamnophil, auf nährstoffreichen, gern kalkhaltigen Böden; z By Rh He Th(f Hrz) An Ns(f Elb N), s Bw(NW ORh Gäu) Nw(N NO SO) Sa(SW) Bb(f NO Oder) (temp/

(demo)·c2-3EUR – L8 T6 F5 R7 N5 – V Prun.-Rub. – ?). [*R. visurgianus* H.E. WEBER]
Weser-H. – *R. scabrosus* P.J. MÜLL.

Ser. *Vestitiusculi* H.E. WEBER – **Bekleidete Haselblattbrombeeren**

Schössling meist behaart, mit wenigen bis ∞ Stieldrüsen u. fast gleichen bis sehr ungleichen Stacheln. Bla useits von schimmernden Haaren samtig weich u. dazu oft filzig.

100 **(78)** Schössling mit 10–>50 Haaren pro cm Seite u. zerstreuten, 0,1–0,2(–0,3) mm lg Stieldrüsen sowie meist geraden, br, bis 4–7(–8) mm lg Stacheln. Bla 5zählig, einzelne 6–7zählig, useits schimmernd weichhaarig, seltener dazu sternhaarig. EndBlchen 5zähliger Bla br herz-eifg bis rundlich, meist auf einer od. beiden Seiten mit lappigem Absatz, außerhalb der Absätze 2–3 mm tief gesägt. BlüStandsachse mit (teilweise) gekrümmten bis 3–6(–7) mm lg Stacheln. BlüStiele mit vielen 0,1–1,0 mm lg gelblichen Stieldrüsen u. leicht gekrümmten (1,5–)2,5–3,0(–4,0) mm lg Stacheln. Kr weiß. 2,00–3,00 lg. 6–7. Thamnophil, auf mittleren bis nährstoffreichen Böden; z Sh(M O) (ntemp·c2 EUR – L8 T5 F5 R6 N6 – V Prun.-Rub. – 42). **Schleswigsche H. – *R. slesvicensis* LANGE**

Ser. *Subradula* W.C.R. WATSON – **Raspelstänglige Haselblattbrombeeren**

Schössling meist mit ∞ bis 0,5(–1,5) mm lg Stieldrüsen u. größtenteils gleichartigen Stacheln. Bei starker Besonnung werden die Stacheln mehrerer Arten zunehmend ungleich, entsprechen dann eher der folgenden Ser. *Hystricopses*.

101 **(82)** KrBla weiß. Bla (3–)4–5zählig, oseits kahl, useits weichhaarig u. ± graufilzig. EndBlchen herz-eifg, allmählich 10–18 mm lg bespitzt. Schössling mit 3,5–5,0 mm lg Stacheln u. zarten, 0,2–0,6 mm lg Stieldrüsen (od. deren Stümpfen), Stachelhöcker fast fehlend. BlüStandsachse mit 3–5 mm lg Stacheln. BlüStiele mit etwa 0,5 mm lg Stieldrüsen. KeZipfel oft etwas fädig verlängert. 2,00–3,00 lg. 5–6. Thamnophil, auf nährstoffreichen, auch kalkhaltigen Böden; v Rh, z He, s By(NW N NM) Bw(NW ORh Gäu SW) Nw(SO) Th(Wld Rho) (stemp/(mo)·c2EUR – L8 T6 F5 R7 N5 – V Prun.-Rub. – ?).
Zugespitzte H. – *R. cuspidatus* P.J. MÜLL.
101* Kr rosa. Bla alle 5zählig, oseits zumindest mit vereinzelten Härchen, useits filzlos grün od. etwas graugrün weichhaarig, EndBlchen br ± elliptisch bis kreisrund, stärker abgesetzt bespitzt, gleichmäßig 1,0–1,5(–2,0) mm tief gesägt, useits fühlbar bis weich behaart **102**
102 **(103)** Schössling im Querschnitt rundlich, meist behaart, mit dichten, 0,3–1,0(–1,5) mm lg Stieldrüsen od. deren Stümpfen u. mit fast gleichen bis ungleichgroßen, schlanken, gerade abstehenden, 4–5(–7) mm lg Stacheln. Blü oseits mit 15–120 Härchen pro cm². EndBlchen br verkehrteifg bis fast kreisrund, ± abgesetzt 6–19 mm lg bespitzt, 1,0–1,5(–2,0) mm tief gesägt. BlüStiele mit 0,3–0,6 mm lg Stieldrüsen u. mit 3–10 dünnen, (fast) geraden, 1,5–3,5 mm lg Stacheln. KeZipfel nicht verlängert. 2,00–3,00 lg. 6–7. Thamno- u. nemophil, auf mäßig nährstoffreichen, kalkfreien Böden; h Sa, v Th(f Hrz), z By(f S) Bw(ORh) Rh(ORh SW) He(f NW W) Nw(N NO SO) An(h O) Bb(h SO SW) Ns Mv Sh (temp/(demo)·c2EUR – L7 T5 F5 R3? N5 – V Lon.-Rub., V Prun.-Rub., V Samb.-Salic. – 35).
Schmiedeberger H. – *R. fabrimontanus* (SPRIB.) SPRIB.
102* Schössling (scharf)kantig, flachseitig od. etwas rinnig, (fast) kahl, mit überwiegend 0,1–0,2 mm lg Stieldrüsen od. deren Stümpfen. Bla oseits mit 0–2 Haaren pro cm², EndBlchen rundlich od. ± 5eckig, wenig abgesetzt 10–15(–20) mm lg bespitzt, 3–4 mm tief gesägt. BlüStiele mit 0,1–0,2 mm lg Stieldrüsen u. (7–)10–20 rotfüßigen, leicht krummen, 1–2 mm lg Stacheln. KeZipfel meist mit 5–10 mm lg Anhängsel verlängert. 2,00–3,00 lg. 5–7. Thamnophil, auf nährstoffreichen Böden; z Th(Bck O, s Rho) Ns(Elb O N) Mv(f NO) Sh, s By(NM: Obertreitenau) He(O) An(f O) (temp·c2-3EUR – L8 T5 F5 R6? N5 – V Prun.-Rub. – ?). **Schreckliche H. – *R. horridus* SCHULTZ**

Ser. *Hystricopses* H.E. WEBER – **Ungleichstachlige Haselblattbrombeeren**

Schössling rundlich bis stumpfkantig, mit sehr ungleichen Stacheln, Stachelhöckern, (Drüsen-)Borsten u. Stieldrüsen.

103 (76) Schössling behaart. Bla alle 5zählig. EndBlchen 1,0–1,5(–2,0) mm tief gesägt. KeZipfel zuletzt aufgerichtet, aber nicht die Fr umfassend. Kr rosa.
R. fabrimontanus S. 402, s. 102
103* Schössling (fast) kahl. Bla überwiegend od. alle 3zählig. EndBlchen 1,0–3,0(–3,5) mm tief gesägt. KeZipfel zuletzt die Fr ± umfassend. Kr weiß 104
104 Schössling im Querschnitt rundlich, mit nadligen, bis 3–4 mm lg Stacheln. Bla useits nicht fühlbar behaart. EndBlchen kurz gestielt (16–25 % der Spreite), oft mit lappigem Absatz, mit wenig abgesetzter Spitze. BlüStiele mit 3–6 Stacheln. Ke (fast) stachellos. 2,00–3,00 lg. 6–7(–8). Schwach thamnophil, auf mäßig nährstoffreichen Böden; z Th(f Hrz NW W) Sa(f Elb) An(SO Elb), s By(f MS O S) Bb(Elb SO) (stemp/(mo)·c3EUR – L7 T5 F5 R5 N5 – V Prun.-Rub., V Samb.-Salic. – 35). **Drüsenborstige H. – R. dollnensis** SPRIB.
104* Schössling kantig, mit schlanken, doch nicht nadligen, bis 4–5 mm lg Stacheln. Bla useits weichhaarig. EndBlchen länger gestielt (25–35 % der Spreite), ohne lappigen Absatz, mit stärker abgesetzter lg Spitze. BlüStiele mit 10–20 Stacheln. Ke igelstachlig. 2,00–3,00 lg. 5–6. Thamnophil, auf mäßig nährstoffreichen Böden; z Rh(h W), s Nw(SW: Monschau) (stemp/(mo)·c2EUR – L8 T5 F5 R5 N5 – V Prun.-Rub. – ?).
Igelkelchige H. – R. echinosepalus H.E. WEBER

Geum L. – **Nelkenwurz** (40 Arten)

[N U lokal] **Rote N.** – **G. coccineum** SM.: Blü 1–3, aufrecht, Kr orangerot, Ke an der Blü abstehend, zur FrZeit zurückgeschlagen. EndBlchen der GrundBla fast kreisrund. 0,20–0,70. 5–8. s By Sa (m-sm//moalpOEUR, [N] temp-b WEUR).

1 Griffel gerade. Stg meist 1blütig. Blü 2–4 cm ⌀. Kr lebhaft gelb 2
1* Griffel in der Mitte durch hakige Krümmung gegliedert (Abb. **379**/6). Stg mehrblütig. Blü <2 cm ⌀. Kr gelb od. rötlich 3
2 EndBlchen der GrundBla viel größer als die SeitenBlchen. Pfl ohne Ausläufer. 0,05–0,40. 5–7. (8–10). Subalp. bis alp. mäßig trockne bis frische, steinige Magerrasen, kalkmeidend; z Alp(f Amm Kch Mng) (sm-stemp//salp-alp·c1-3EUR – igr hros H ♃ Rhiz monop – InB Vm – WiA – L7 T2 F5 R2 N2 – V Nard., V Salic. herb., V Car. curv.). [*Sieversia montana* (L.) SPRENG., *Parageum montanum* (L.) H. HARA] **Berg-N., Petersbart – G. montanum** L.
2* EndBlchen der GrundBla wenig größer als die SeitenBlchen. Pfl mit Ausläufern. 0,05–0,15. 7–8. Alp. frische Steinschuttfluren, kalkmeidend; z Alp(Allg) (sm-stemp//alp·c3-4EUR – igr hros H ♃ oAusl+Rhiz monop – InB Vw – WiA – L9 T1 F5 R2 N2 – V Andros. alp.). [*Sieversia reptans* (L.) SPRENGL., *Parageum reptans* (L.) M. KRÁL] **Kriechende N. – G. reptans** L.
3 (1) Blü nickend. Kr außen rötlich, innen gelb. Ke an der Fr aufrecht, rotbraun. NebenBla der StgBla klein. Rhizom gestreckt, horizontal. 0,30–0,70. 4–7. Sickernasse, zeitweilig überflutete Wiesen, Hochstaudenfluren an Bächen u. Gräben, feuchte Auen- u. Bruchwälder; h Alp, v By Bw Th(z NW) Mv Sh, z Rh He Nw Sa An(h Hrz) Bb(h NO) Ns, ↘ (m/mo-b·c1-5EUR-WAS-OAM – teilig hros H ♃ Rhiz monop – InB SeB Vw – KlA – L6 Tx F8~ Rx N7 – V Filip., V Calth., V Adenost., V Alno-Ulm., V Car. elat.). **Bach-N. – G. rivale** L.
3* Blü aufrecht. Kr gelb. Ke an der Fr zurückgeschlagen, grün 4
4 EndBlchen der GrundBla 3teilig gespalten, am Grund keilfg. NebenBla der StgBla gezähnt, groß, laubblattartig. Ke an der Blü abstehend, an der Fr zurückgeschlagen. BlüStand locker, fast etwas sparrig. FrStand aus 60–80 Frchen. Rhizom kurz, aufrecht. 0,30–1,20. 5–10. Frische Eichen-Hainbuchen W, AuenW, an Waldwegen, Rud.: schattige Zäune u. Mauern, nährstoffanspruchsvoll; g He Nw Th Sa An Ns, h Bw Rh Bb Mv, v Alp By Sh (m/mo-temp·c1-6EUR-(WAS) – igr hros H ♃ Rhiz monop – InB SeB Vw – KlA – L4 T5 F5 Rx N7 – O Fag., O Prun., V Geo.-Alliar.). **Echte N. – G. urbanum** L.
4* EndBlchen der GrundBla rundlich, gelappt, am Grund herzfg. NebenBla der StgBla klein, oft ungezähnt. Ke bereits an der Blü zurückgeschlagen. BlüStand gedrängt. BlüBoden mit <1 mm lg weißlichen Haaren. BlüStiele mit wenigen Borsten. FrStand aus >100 Frchen. 0,20–1,00. 6–9. Parkanlagen, städtische Gebüsche; [N 1991?] s By Nw (MW: Bochum) Ns (N: Bremen), [U] Sa(O) Sh (M: Hamburg) (m/mo-temp·c1-6OAS+WAM – teilig hros H ♃ Rhiz monop – InB). [*G. japonicum* auct. non THUNB.]
Großblättrige N. – G. macrophyllum WILLD.

Ähnlich: **Japanische N. – *G. japonicum*** Thunb.: BlüStiele flaumig, BlüBoden mit 2–3 mm lg Haaren. 0,30–0,60. 5–10. [U] s Bw Ns (m-sm·c1-3OAS [N] temp·c2-3WEUR).
Hybriden: *G. montanum* × *G. rivale* = *G.* ×*sudeticum* Tausch – z; *G. rivale* × *G. urbanum* = *G.* ×*intermedium* Ehrh. – z

Waldsteinia Willd. **– Waldsteinie, Golderdbeere** (6–7 Arten)

1 Bla 3–5lappig, rosettig an kurzem Rhizom. BlüStg mit laubblattartigen 3lappigen bis 3spaltigen HochBla. KrBla am Grund mit 2 öhrchenartigen Fortsätzen, kurz genagelt. 0,15–0,25. 4–5. ZierPfl, Parkanlagen, Friedhöfe; [U] s By Bw Th Sa Bb (sm-stemp·c2-4EUR [N] temp·c2-4WEUR – igr hros Rhiz – InB – AmA – *L5 T7 F5 R5 N5* – ZierPfl).
Gelapptblättrige W. – *W. geoides* Willd.
1* Bla 3zählig, an gestrecktem Kriechtrieb 2zeilig. BlüStg mit wenigen kleinen lineal-lanzettlichen, zuweilen 3zähligen HochBla. KrBla ohne Fortsätze und Nagel. ZierPfl, Parkanlagen, Friedhöfe; [U] s By He Nw Sa (sm-stemp//mo-salp·c3-4EUR [N] temp-(b)·c1-4WEUR – igr eros KriechTr – InB – AmA – *L5 T6 F5 R5 N5* – ZierPfl).
Dreiteilige W. – *W. ternata* (Stephan) Fritsch subsp. ***trifolia*** (W.D.J. Koch) Teppner

Rosa L. **– Rose** (>100 Arten)

(alle Arten in D: sogr Str – InB: Pollenblumen SeB, auch Ap – VdA – Zwischenformen)

Für eine sichere Bestimmung sind Zweige mit zumindest reifenden SammelFr (Hagebutten) erforderlich, die von August bis Anfang September optimal entwickelt sind. Im Bestimmungsschlüssel wurden folgende Merkmale besonders berücksichtigt, die sich weitgehend als artspezifisch herausgestellt haben: Griffelkanal∅ (Abb. **405**/6: d$_2$), Gestalt u. ∅ des Diskus (Abb. **405**/6: d$_1$), Haltung der KeBla zur Zeit der FrRötung u. ihre Haftungsdauer. Die ZentralFr eines FrStandes weicht oft in einigen Merkmalen ab. Drüsige Fr u. FrStiele sind gewöhnlich mit drüsigen KeBlaUSeiten gekoppelt. Der Griffelkanal∅ (Abb. **405**/6: d$_2$, **406**/3, 4) wird stets an seiner engsten Stelle gemessen. Die wichtigsten Merkmale sind in den Abb. **405**/1–6, **406**/1–4 dargestellt. Es ist notwendig, bei der Bestimmung stets den gesamten Merkmalskomplex einer Art zu berücksichtigen!

Die heimischen Wildrosen der Sektion *Caninae* gelten taxonomisch als besonders kritisch. Alle hier berücksichtigten Arten sind polymorphe, hybridogene Formenschwärme. Sie sind durch einen nur bei diesen Rosen zu findenden Fortpflanzungsmechanismus (balancierte Heterogamie) charakterisiert, bei dem i. d. R. ⅘ des mütterlichen aber nur ⅕ des väterlichen Genoms an die Nachkommen weitergegeben werden. Hybridisierung kommt häufig vor, Primärhybriden sind aber schwer von hybridogenen Arten abzugrenzen u. selten steril. Auf Grund der besonderen Fortpflanzung sind Hybriden nicht intermediär, sondern ähneln dem mütterlichen Elter, zeigen aber bei bestimmten Merkmalen (KeBlaStellung, Griffelkanal∅) oft den väterlichen Merkmalszustand. Eine weitere Besonderheit der Gattung *Rosa* besteht darin, dass eng verwandte Arten im gemeinsamen Areal fast stets durch Zwischenformen (Übergangsformen) verbunden sind, die sich nach bisherigen Erkenntnissen eher durch die Variabilität der Merkmalszustände als durch Hybridisierung erklären lassen. Bisher konnte dies aber nur für zwei dieser Taxa (*R. gremlii* u. *R. ellipitica*) gezeigt werden, daher folgt das vorliegende Konzept weitgehend dem von Henker (2000), bewertet aber *R. gremlii, R. ellipitica* u. *R. mollis* nicht als eigenständige Taxa. Infraspezifische Taxa werden nicht berücksichtigt. Zur Unterstützung der Bestimmung kann auf validierte Herbarbelege im Online-Portal „Bestimmungskritische Taxa zur Flora Deutschland" (https://webapp.senckenberg.de/bestikri/) zurückgegriffen werden. Fast alle Kulturrosen sind künstliche Hybriden. Sie werden im vorliegenden Schlüssel nur berücksichtigt, wenn sie sich in D eingebürgert haben.

1 Griffel fast stets zu einer weit aus dem Griffelkanal herausragenden Säule verwachsen **2**
1* Griffel frei, Griffelbündel kurz, Narbenköpfchen dem Diskus halbkuglig aufliegend (hutfg, Abb. **406**/2) od. verlängert u. aus dem Griffelkanal straußfg herausragend (Abb. **406**/3) (bei *R. stylosa*, **19**, Griffel zur BlüZeit meist zu einem Bündel verklebt, nicht verwachsen, später oft frei) **3**
2 NebenBla fransig zerschlitzt. Stämme zuerst aufrecht, später überhängend od. kletternd. Bla meist 7–9zählig. BlüStand vielblütig. Blü 1,5–2,0 cm ∅. KrBla weiß, zuweilen blassrosa. Fr kuglig, rot, 5 mm ∅. 1,00–5,00. 6–7. Zierstrauch, häufig gepflanzt; auch Rud.: Weg- u. Straßenränder; [N U] z By Bw Rh Nw, s Rh He Th Sa An Bb Ns Mv Sh (m-temp·c1-2OAS – T8 L5 F3 R5 N5 – 14). **Büschel-R., Vielblütige R. – *R. multiflora*** Thunb.
2* NebenBla ungeteilt, höchstens am Rand gezähnt. Stämme liegend, kletternd od. überhängend, grünrindig, Spreizklimmer. Bla 5–7zählig. Blü gewöhnlich einzeln, zuweilen wenig-

ROSACEAE 405

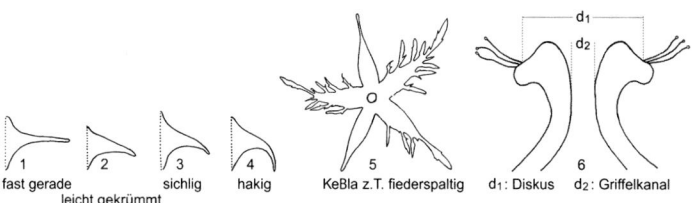

1 fast gerade
2 sichlig leicht gekrümmt
3 hakig
4
5 KeBla z.T. fiederspaltig
6 d_1: Diskus d_2: Griffelkanal

blütige BlüStände. Blü 2,5–5,0 cm ⌀. KrBla weiß. Fr eifg bis kuglig, rot, 8–12 mm ⌀. Kriechtriebe bis 3 m lg. 0,30–1,00(–1,50). 6–7. Trockne bis mäßig feuchte LaubmischW, Waldlichtungen u. -ränder, (Wald)Wegränder, basenhold; v Alp Bw Rh, z By He(f NW) Nw Th(Bck, s NW), s An(Hrz S) Ns(MO S) (sm-temp·c1-3EUR – KriechTr – Kältekeimer – L5 T5 F5 R7 N5 – V Carp., UV Cephal.-Fag., V Til.-Acer., O Prun. – 14). **Kriechende R. – *R. arvensis* HUDS.**
Die Hybride mit *R. gallica*: **Bastard-R. – *R.* ×*polliniana* SPRENG. [*R.* ×*hybrida* SCHLEICH.] ist intermediär, aber sehr variabel: Griffel oft nur unten verwachsen. Kr weißlich bis rosa. Fr gewöhnlich verkümmert u. fehlschlagend; z bis s unter den Eltern, z. B. s By(N) Bw(ORh Gäu) Rh(SW).

3 (1) KeBla ungeteilt, meist ganzrandig, zuweilen gesägt, selten einzelne mit wenigen fadenfg Zipfeln **4**
3* KeBla ganzrandig bis gesägt, die beiden äußeren beidseits, das mittlere nur einseitig fiederspaltig, fiederteilig od. fiederschnittig (Abb. **405**/5), selten nur mit wenigen Zipfeln od. ohne Zipfel u. dann Bla beidseits graugrün filzig u. useits drüsig (*R. villosa*, **12**) **8**
4 Zweige (bes. junge) gewöhnlich rotviolett u. meist wie die Bla auffallend hechtblau bereift. Stacheln gleichartig, gerade (Abb. **405**/1) bis sichlig (Abb. **405**/3), ohne Nadelstacheln u. Stachelborsten. Blü 2,5–3,5 cm ⌀, in wenigblütigen BlüStänden od. einzeln. KrBla purpurn mit weißem Nagel. KeBla zuweilen mit einzelnen schmalen Anhängseln, zur FrReife aufrecht bleibend. Fr kuglig, etwa 1,5 cm ⌀, rot. Pfl nicht koloniebildend. 1,00–3,00. 6–7. Trockne Felsspalten u. -gebüsche, Schuttfluren, GebirgsPfl, basenhold, auch Zierstrauch, häufig gepflanzt u. zuweilen verwildert; z Alp(Amm Kch Wtt Allg), s By(S) Bw(Alb Keu S SO), [N U] z Sa Th(Bck, s NW) An, s Rh He Nw Bb Mv Sh (sm-stemp//salp·c2-3EUR – L8 T5 F4 R7 N2 – V Berb.). [*R. rubrifolia* VILL.] **Rotblättrige R. – *R. glauca* POURR.**
4* Zweige braun, grün od. graugrün. Bla grün bis graugrün. Stacheln gleichartig od. ungleichartig u. dann wenigstens Stämme in Erdnähe mit Nadelstacheln u. Stachelborsten, Blü-Zweige bei einigen Arten auch stachellos (vgl. *R. pendulina*, **7***). Pfl mit uAusl Kolonien bildend **5**
5 KrBla weiß bis schwach gelblich, selten blassrosa. Blü 3–5 cm ⌀. BlüStiele am Grund ohne HochBla. Reife Fr dunkelbraun bis schwarzbraun, kuglig bis flachkuglig, 1,0–1,5 cm ⌀. Bla 7–11zählig, Blchen elliptisch bis rundlich. Blü meist einzeln. KeBla kurz, um 1 cm lg, zur FrReife steil aufrecht bleibend. Koloniebildend. 0,10–1,00(–1,20). 5–6. Trockne Felsspalten, Trockenrasen, TrockenW- u. Trockengebüschsäume, Kriechweidengebüsche der Küsten(grau)dünen, basenhold, auch Zierstrauch u. zuweilen verwildert; z By(f MS O S) Rh He(ORh SW) Ns(N: Ostfriesische Inseln), s Bw(f SO SW) Nw(SW) Th(z S: Grabfeld) Sh(SO W: Sylt, Amrum, Föhr), [N U] z An, s Sa Bb Mv (m/mo-temp·c1-8EUR-WAS – WuSpr – Kältekeimer – L8 T6 F4 R8 N3 – V Xerobrom., V Ger. sang., V Berb., O Querc. pub., V Salic. aren. – 28). [*R. pimpinellifolia* L.] **Pimpinell-R., Bibernell-R. – *R. spinosissima* L.**
Ähnlich: **Gelbe R. – *R. foetida* HERRM.**: Bla 5–9zählig, Blchen eifg bis verkehrteifg. Blü 5,0–7,5 cm ⌀, unangenehm riechend, Kr gelb. Fr rot. 1,00–3,00. 5–6. Zahlreiche Kultursorten mit weißer, gelber od. rosafarbener Kr. Zierstrauch; [N U] s By Sa An Bb (m-sm//mo·c5-7WAS [N] m-temp·c1-3EUR+NAM).

5* KrBla rot bis rosa, selten weiß. BlüStiele am Grund mit HochBla. Reife Fr rot. Blchen elliptisch od. eifg. KeBla >1 cm lg **6**
6 Alle Zweige dicht stachelborstig u. filzig, große Stacheln gerade u. behaart. Fr 2,0–2,5 cm ⌀, flachkuglig, fleischig, rot. Blchen oseits glänzend, runzlig, useits graugrün, dicht weichhaarig. Blü einzeln od. in wenigblütigen BlüStänden, 6–8 cm ⌀, purpurn, zuweilen rosa od.

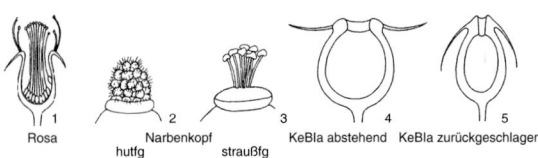

1 Rosa hutfg 2 Narbenkopf straußfg 3 4 KeBla abstehend 5 KeBla zurückgeschlagen

weiß. Koloniebildend. 1,00–2,00. 5–8. Zierstrauch, häufig gepflanzt (Straßen- u. Windschutzhecken); verwildert: rud. Weg- u. Straßenränder, Küstendünen, salztolerant; [N 2. Hälfte 19. Jh.] alle Bdl s bis z, aber Küste v, f Alp (sm-b·c3-4litOAS, [N] EUR+AM – WuSpr – Kältekeimer – T8 L7 F3 R7 N5 – V Salic. aren. – 14).
Kartoffel-R., Runzel-R. – *R. rugosa* THUNB.

6* Zweige nicht od. nur wenig stachelborstig u. wie die Stacheln unbehaart. Fr <2 cm ⌀ .. **7**
7 Bla 5–7zählig, stets einfach gesägt u. drüsenlos. NebenBla nichtblühender Triebe häufig mit eingerollten Rändern. Stämme glänzend braunrot. Stacheln der BlüZweige hakig (Abb. **405**/4) bis sichlig (Abb. **405**/3) od. fehlend, am BlaGrund oft paarweise. Blü einzeln od. wenige, etwa 5 cm ⌀. KrBla kräftig rosa bis purpurn. Fr kuglig bis flachkuglig od. birnfg, meist hängend, reif dunkelrot. KeBla zur FrReife steil aufrecht bleibend. 1,00–1,50. 5–7. Mäßig trockne bis frische Felshänge, Waldränder, AuenW u. -gebüsche, Hecken, Burgwälle, basenhold; z Alp By(f N NW) Bw(Alb SO S), s Th(Bck), [N U] s He Sa An Bb Ns Mv (sm-b·c3-8EUR-WAS – L7 T6 F5 R8 N3 – V Berb., V Salic. alb., V Alno-Ulm. – 14). [*R. cinnamomea* L. nom. illeg.] **Zimt-R., Mai-R. – *R. majalis* HERRM.**

7* Bla 7–9(–11)zählig, meist doppelt, selten einfach drüsig gesägt. NebenBla flach. Stacheln der BlüZweige fast gerade (Abb. **405**/1), höchstens geneigt od. selten leicht gekrümmt (Abb. **405**/2), zuweilen fehlend. Fr flaschenfg bis länglich eifg, selten kuglig. Blü 3 cm ⌀, einzeln od. in wenigblütigen BlüStänden. KrBla purpurn bis dunkelrosa. KeBla an der hängenden Fr steil aufgerichtet u. mindestens bis zur FrReife bleibend. 0,50–2,00. 6–7. Mont. bis subalp. frische Gebüsche, lichte MischW u. ihre Säume; h Alp, z By(NO O S MS), s Bw(f Keu NW ORh) Sa(SO SW) (sm/salp-temp/desalp·c2-3EUR – L6 T4 F5 R7 N6 – V Adenost., V Til.-Acer., V Eric.-Pin.). [*R. alpina* L.] **Alpen-R., Gebirgs-R. – *R. pendulina* L.**

Einige nordamerikanische Kulturrosen u. ihre Hybriden ähneln **7** u. **7***. Sie werden häufig gepflanzt u. verwildern zuweilen, z. B. **Eschen-R., Labrador-R. – *R. blanda* AITON: Zweige ohne od. mit wenigen geraden od. leicht gekrümmten Stacheln. Bla matt graugrün. Fr kuglig, 1 cm ⌀. Blü 5–6 cm ⌀, Kr rosa. [N 1930? U] s By(Alb) Sa(SW) An (Elb: Dessau) Mv. **Virginische – *R. virginiana* MILL.**: Stacheln am BlaAnsatz oft paarweise. BlüStiel drüsig. KeBla an der kugligen, drüsigen Fr erst aufrecht, dann abfallend. [U] s By Bw Rh He Ns (N: Hamburg) Sh (temp·c2-3OAM [N] temp·c1-3WEUR).

8 **(3)** BlüZweige u. Stämme ungleichstachlig, fast stets mit ∞ verschiedenartigen Stacheln **9**
8* BlüZweige u. Stämme mit gleichartiger Bestachlung, Stacheln an BlüZweigen zuweilen fehlend **10**
9 Bla 5(–7)zählig, derb, rau, einfach bis mehrfach drüsig gesägt. Koloniebildend. Blü meist einzeln, 4–7 cm ⌀, stark duftend. KrBla kräftig rosa bis purpurn, selten blassrosa od. weiß. Fr oft kuglig, drüsig, reif ledrig, braunrot. FrStiel fast stets viel länger als die Fr, dicht stieldrüsig u. stachelborstig. 0,30–1,50. 6–7. Mäßig trockne, lichte EichenW, Wald- u. Gebüschsäume, an (Feld- u.) Waldwegen, Weinbergsbrachen, basenhold; z By(f NO S) Bw(f S) Th(Bck W S), s Rh(f MRh N) He(O ORh SO) Sa(Elb W) An(f Hrz N W) Bb(SW), [N U] s Nw Mv Sh, ↘ (m/mo-stemp·c3-5EUR, [N] WEUR+OAM – WuSpr, Kältekeimer – L7 T7 F4–R7 N4 – V Ger. sang., V Berb., O Querc. pub., V Carp. – StammPfl von Gartenrosen: Centifolien). **Essig-R. – *R. gallica* L.**

Neben der Wildform kommen auch *R. gallica*-Hybriden verwildert od. s als [N] vor. Abweichende Merkmale sind z. B. Blü gefüllt, Pfl vielblütig, KeBla blattartig vergrößert, fast od. völlig ungeteilt, Fr von abweichender Gestalt, oft fehlschlagend, Bestachelung gleichartig od. schwächlich bis fehlend. Hierzu gehören die folgenden alten Kulturrosen: **Hundertblättrige R. – *R. ×centifolia* L., Weiße R. – *R. ×alba* L., Damaszener R. – *R. ×damascena* MILL., Frankfurter R. – *R. ×francofurtana* MÜNCHH.**

9* Bla (5–)7zählig, hohe Sträucher ohne Koloniebildung **17**

10 (8) Stacheln gerade (Abb. **405**/1) od. leicht gekrümmt (Abb. **405**/2), bei **11** u. **14*** zuweilen sichlig (Abb. **405**/3) **11**
10* Stacheln auffällig gekrümmt, hakig (Abb. **405**/4) bis sichlig (Abb. **405**/3), sehr selten nur leicht gekrümmt (Abb. **405**/2) od. im BlüBereich fehlend **15**
11 Blchen beidseits kahl od. useits locker bis dicht behaart, oft nur auf den Nerven, derb, starr, etwas ledrig, useits graugrün, mit stark hervortretendem Adernetz, fast stets mehrfach drüsig gesägt, auch useits Nerven oft drüsig, nicht nach Harz duftend. Blü meist einzeln, 5–7 cm ⌀, Kr rosa, selten blassrosa. Fr oft kuglig, rot, zumindest am Grund drüsig, FrStiel meist deutlich länger als die Fr, fast stets drüsenborstig u. stieldrüsig, Griffelkanal meist 1,0–1,5 mm ⌀. Narbenköpfchen hutfg (Abb. **406**/2), gewöhnlich wollhaarig. KeBla nach der Blü zurückgeschlagen, zur FrReife abgefallen. 0,30–1,00(–2,00). 6–7. Mäßig trockne Gebüsche, lichte Eichen- u. KiefernW u. ihre Säume, Feldhecken, Weinbergsbrachen, Lesesteinhaufen, basenhold; z By(f S) Rh Th(Bck NW O S) Sa(f Elb NO), s Bw He(ORh SO SW) An(f O W) Bb(M MN SO), ↘ (sm-stemp·c2-6EUR – L8 T7 F3 R8 N4 – V Querc. pub., V Querc. rob., V Berb., V Eric.-Pin. – sehr variable Art, aus Hybridisierung von *R. canina* × *R. gallica* entstanden, Verwechslung mit drüsenreichen Ausbildungen von *R. balsamica* mgl.). [*R. trachyphylla* A. Rau, *R. jundzillii* Besser]
Raublättrige R. – *R. marginata* Wallr.
11* Bla fast stets beidseits behaart, meist graufilzig, weich. Blchen useits (sehr selten auch oseits), mit ∞, oft in der Behaarung versteckten (Lupe!), frisch meist nach Harz bzw. Terpentin duftenden grauen, braunen od. rötlichen Drüsen, BlaSpindel u. BlchenRand reichdrüsig bis drüsenlos. Fr (mindestens am Grund) u. FrStiele fast stets stieldrüsig bis drüsenborstig. (**Filzrosen – sect. *Vestitae*)** **12**
12 Stacheln der BlüZweige fast stets völlig gerade. KeBla meist mit wenigen Zipfeln od. einfach, zur FrRötung steil aufgerichtet, lg haftend. Fr kuglig, 1,0–2,5 cm ⌀, mit Stieldrüsen u. Stachelborsten, Griffelkanal⌀ fast stets >2 mm (Abb. **406**/4). KrBla zuweilen drüsig gewimpert (Lupe!). 0,50–2,00. 6–7. Trockne Felsgebüsche, Lesesteinhaufen, Weinbergsbrachen, lichte Eichen- u. KiefernW, Waldränder, Graudünen, Strandwälle, Deiche der Ostseeküste; z Alp(Brch Chm Mng) Rh, s By Bw(NW) He(f NW W) Nw(f MW) Sa(f Elb) Mv(N NO) Sh(O), [N U] z An Th; auch Zierstrauch (uAusl – sm-stemp//mo-b·c2-5EUR-(WAS), [N] ntempEUR – L6 T5 F3 R8 N2 – V Berb., V Cytis.-Pin., V Eric.-Pin., V Querc. pub., O Prun.). [inkl. *R. mollis* Sm.]
Apfel-R. – *R. villosa* L.
Morphologische u. genetische Studien haben gezeigt, dass die an der Ostseeküste u. in den Alpen vorkommende **Weiche R. – *R. mollis* Sm.** nicht klar von *R. villosa* getrennt werden kann (s. Kaplan 2015; Kellner et al. 2014).

12* Stacheln der BlüZweige meist leicht gekrümmt, selten gerade (bei **14*** selten sichlig). KeBla fast stets mit ∞ Zipfeln, fiederspaltig bis fiederteilig (Abb. **405**/5), KeBlaHaltung u. ⌀ des Griffelkanals bei den einzelnen Arten unterschiedlich **13**
13 KeBla zur FrRötung zurückgeschlagen, schon vor der FrReife abgefallen. Griffelkanal⌀ 0,5–1,0(–1,2) mm. Narbenköpfchen straußfg (Abb. **406**/3). Bla einfach gesägt u. mit drüsenlosen Zähnen od. einfach bis mehrfach drüsig gesägt (regional unterschiedlich), BlaSpindel u. BlaUSeite mit grauen, seltener braunen, oft in der Behaarung versteckten Drüsen. Fr gewöhnlich kuglig, zuweilen eifg od. ellipsoidisch, bis 1,5 cm ⌀, FrStiel meist 1,5–2,5mal so lg wie die Fr. Kr hellrosa bis weiß. Langästiger Strauch. (0,50–)1,00–3,00. 6–7. Mäßig trockne bis frische Waldränder, Hecken, Gebüsche, Rud.: Weg- u. Straßenränder, Lesesteinhaufen, basenhold; v He, z Alp(f Krw) By Bw(f Alb S SO) Rh Nw Th Sa An Bb Mv, s Ns Sh (sm/(mo)-temp·c1-5EUR, [N] OAM – L8 T6 F4 R7 N4 – O Prun., V Eric.-Pin., O Querc. pub., V Carp.)·
Filz-R. – *R. tomentosa* Sm.
13* KeBla zur FrRötung aufgerichtet, selten ausgebreitet, zur FrReife noch vorhanden. Griffelkanal⌀ meist über od. um 1 mm. Narbenköpfchen hutfg (Abb. **406**/2), fast stets wollhaarig **14**
14 KeBla an der Fr meist flattrig ausgebreitet. Griffelkanal⌀ 0,8–1,2 mm, Diskus konvex bis flach. FrStiele meist deutlich länger als die bis etwa 2 cm dicke Fr. BlaUSeite, BlchenRand u. BlaSpindel mit ∞, selten fehlenden, grauen od. braunen, zuweilen rötlichen Drüsen. KrBla kräftig rosa bis hellrosa. Meist langästiger, selten gedrungener Strauch. 1,00–3,00. 6–7. Mäßig trockne Waldsäume, Hecken, lichte Gebüsche, Rud.: Wegränder, Steinbrüche, Halb-

trockenrasen, basenhold; z Alp(f Kch Krw) By(f O) Rh Th Sa An Bb Mv(f Elb), s Bw(f NW) He Nw(SO SW NO) Ns Sh(O); Verbr. in D ungenügend bekannt (sm-temp·c1-5EUR? – L8 T6 F3 R8 N3 – O Prun.). [*R. scabriuscula* auct. non Sm.]
Falsche Filz-R., Kratz-R. – *R. pseudoscabriuscula* (Keller) Henker et G. Schulze

Kontinuierliche Übergänge zu *R. tomentosa* wurden vielfach beobachtet, z. B. Kaplan 2015b. Die Abgrenzung zwischen beiden Arten bedarf weiterer Überprüfung.

14* KeBla an der Fr meist schräg aufgerichtet. Griffelkanal⌀ (1,2–)1,5–2,0(–2,5) mm. FrStiel gewöhnlich kürzer als die etwa 2,5 cm dicke Fr. BlaUSeite, BlchenRand u. BlaSpindel meist mit ∞ rötlichen Drüsen. KrBla fast stets kräftig rosa bis rot. Gedrungener Strauch. 0,50–2,00. 6–7. Trockne Felsgebüsche, Waldränder, Hecken, Rud.: Straßen- u. Wegränder; Graudünen, basenhold; v Mv, z Rh(ORh) Th(f Hrz) Sa An Bb Sh(f W), s Alp(Chm Mng) By(f MS S) Bw(f NW ORh S SO) He(MW O ORh W) Ns (temp·c1-4EUR – V Berb. – formenreich).
Samt-R., Sherard-R. – *R. sherardii* Davies

15 (10) Blchen useits, selten auch oseits, BlaSpindel u. BlchenRand mit ∞, zuweilen in der Behaarung versteckten (Lupe!), frisch stark nach Obst duftenden, klebrigen Drüsen. **(Weinrosen** – sect. *Rubigineae*) **16**

15* Bla drüsenlos od. Drüsen auf BlaNerven, BlaSpindel u. BlchenRand beschränkt u. fast stets nur zerstreut (nur *R. balsamica* zahlreicher), zuweilen in der Behaarung versteckt (Lupe!), frisch ohne Obstduft. **(Hundsrosen** – sect. *Caninae, Tomentellae*) **19**

16 BlchenGrund br, selten schmal abgerundet. FrStiel stets u. die Basis der Fr gewöhnlich stieldrüsig **(R. rubiginosa agg.)** **17**

16* Blchen an der Spreitenbasis keilig, verschmälert od. selten schmal abgerundet. FrStiel u. Fr gewöhnlich drüsenlos **(R. inodora agg.)** **18**

17 (16, 9) Griffelkanal⌀ 0,5–0,8(–1,0) mm. Diskus gewöhnlich deutlich konvex. Narbenköpfchen meist straußfg (Abb. **406**/3). Griffel fast stets kahl bis schwach rauhaarig. KeBla zur FrRötung zurückgeschlagen u. zur FrReife abgefallen. Fr ellipsoidisch, ei- od. flaschenfg, reif dunkelrot. FrStiel so lg wie die Fr od. deutlich länger. Stacheln hakig, selten sichelig, Nadelstacheln meist fehlend. Pfl lockerästig. 2,00–3,00(–3,50). 6–7. Trockne Felshänge, Gebüsche, Waldränder, lichte Wälder, Weinbergsbrachen, kalkhold; z Alp(f Allg Krw Wtt) By Bw Rh He Nw(f MW) Th(f Hrz O Wld) An(f N O), s Sa(W) Bb Ns(f N Elb) Mv(f Elb SW) Sh(O) (m/mo-stemp·c2-4EUR, [N] NAM – L8 T6 F3 R8 N3 – V Berb., V Querc. pub., V Eric.-Pin. – zumindest teilweise Hybriden aus *R. rubiginosa* s. l. × *R. canina* od. *R. corymbifera* – 35, 42). **Kleinblütige R.** – *R. micrantha* Sm.

17* Griffelkanal⌀ (0,8–)1,0–2,0 mm. Diskus flach bis schwach konkav od. schwach konvex. Narbenköpfchen hutfg (Abb. **406**/2) selten straußfg (Abb. **406**/3). Griffel wollig behaart od. kahl. KeBla zur FrRötung ausgebreitet bis aufgerichtet, meist noch an der reifen Fr vorhanden. Fr ellipsoidisch bis kuglig, reif orangerot. FrStiel so lg od. kürzer als die Fr. Neben kräftigen, hakigen bis sichligen Stacheln oft mit ∞ Nadelstacheln u. Stachelborsten (bes. an Stämmen in Erdnähe). Blchen frisch (bes. nach Regen) stark nach Äpfeln duftend. Pfl gedrungen, kurzästig, zuweilen lockerer. 1,00–2,00(–2,50). 6–7. Trockenrasen, -gebüsche, -waldränder, Rud.: Weg- u. Straßenränder; Strandwälle, häufig gepflanzt, kalkhold; h Th(f Hrz), v Rh He An, z Alp(f Amm Brch Chm) By(h NM) Bw Nw Sa Bb Mv Sh(f W) (sm/mo-temp·c1-5EUR, [N] N- u. SAM+AUST+AFR – L7 T6 F3 R8 N3 – O Prun., K Fest.-Brom. – HeilPfl). [*R. eglanteria* L. inkl. *R. gremlii* (Christ) Gremli (*R. columnifera* (Schwertschl.) Henker et G. Schulze, *R. henkeri-schulzei* Wissemann)] **Wein-R.** – *R. rubiginosa* L. s. l.

Genetische u. morphologische Studien konnten keine Trennung zwischen *R. rubiginosa* u. *R. gremlii* (Christ) Gremli zeigen (s. Herklotz et al. 2017).

18 (16) Griffelkanal⌀ 0,5–0,8(–1,0) mm. Diskus meist deutlich konvex. Narbenköpfchen meist straußfg (Abb. **406**/3). Griffel meist kahl bis schwach rauhaarig. KeBla zur FrRötung zurückgeschlagen u. zur FrReife bereits abgefallen. Blchen meist elliptisch bis länglich-verkehrteifg, weit voneinander entfernt, frisch nur schwach nach Apfel duftend. Blü klein, meist nur 2–4 cm ⌀. Kr weiß, selten blassrosa. Fr ellipsoidisch bis eifg, orangerot. FrStiel etwa so lg od. doppelt so lg wie die Fr. Strauch lockerwüchsig, mit rutenfg verlängerten, oft überhängenden Ästen. 1,00–3,00(–3,50). 6–7. Mäßig trockne bis frische, lichte LaubW u. ihre Ränder, Hecken, Rud.: Steinbrüche, Lesesteinhaufen; Halbtrockenrasen, basenhold;

z Alp(Allg) Bw(f NW S SO) Rh Th(f Hrz Wld) An(f Elb O), s By(f S) He Nw Sa(SO) Bb(f Elb NO) Ns(MO S M) Sh(O SO) (m/mo-sm-(temp)·c2-4EUR – L8 T6 F3 R8 N3 – O Prun., O Fag., V Querc. pub. – zumindest teilweise Hybriden aus *R. inodora* s. l. × *R. canina* od. *R. corymbifera* – 35, 42). [*R. sepium* THUILL.] **Acker-R. – *R. agrestis* SAVI**
18* Griffelkanal⌀ (0,8–)1,0–2,0 mm. Diskus konkav, flach od. schwach konvex. Narbenköpfchen hutfg (Abb. **406**/2). Griffel gewöhnlich wollhaarig bis rauhaarig. KeBla zur FrRötung aufgerichtet, abstehend od. flattrig, zur FrReife meist noch vorhanden KrBla rosa bis blassrosa. Strauch gedrungen bis lockerästig. (0,50–)1,00–2,00(–2,50). 6–7. Trockne Felshänge, (verbuschende) Trockenrasen, -gebüsche u. -waldränder, Rud.: Wegränder, Lesesteinhaufen, Hecken, Steinbrüche; z By(f S) Th(f Hrz) Sa(f Elb) An(h S) Bb Ns(MO S, sonst s), s Alp(Mng) Bw(f ORh S SO SW) Rh(f N) He(f SO W) Nw(NO SO) Mv(f Elb) (sm/mostemp·c2-5EUR – uAusl – Kältekeimer – L8 T6 F3 R8 N3 – V Berb., V Querc. pub. – 35). [inkl. *R. elliptica* TAUSCH] **Duftarme R. – *R. inodora* FR. s. l.**

Analog zu *R. rubiginosa* konnten auch für die intermediäre Art *R. inodora* weder genetische noch morphologische Unterschiede im Vgl. zu *R. elliptica* gefunden werden (HERKLOTZ et al. 2017); aus Prioritätsgründen muss aber der ältere Name *R. inodora* verwendet werden. Gelegentlich werden Pfl mit intermediären Merkmalen zu *R. rubiginosa* s. l. beobachtet, wobei es sich eventuell um Hybriden handelt: BlchenGrund weniger ausgeprägt keilig bis abgerundet, oft an einem Strauch alle Übergänge. FrStiele, zuweilen auch Fr, mit kräftigen Stieldrüsen reich besetzt.

19 (15) Griffel gewöhnlich zunächst verklebt (nicht verwachsen!), später frei werdend, kürzer als die goldgelben inneren StaubBla. Griffelkanal⌀ 0,3–0,5 mm. Diskus fast stets extrem konvex, 2,0–2,5 mm hoch. Stacheln (bes. an den Stämmen) hakig, mit sehr br Grund (deltafg). Blchen einfach, selten mehrfach drüsig gesägt, EndBlchen meist länglich-elliptisch mit verlängerter Spitze (Kerzenflammen-Schema!). BlaSpindel gewöhnlich dicht flaumhaarig, drüsig u. meist mit Kleinstacheln. KrBla weiß od. blassrosa. FrStiele meist auffällig länger als die Fr, gewöhnlich kurzdrüsig, Fr meist nur am Grund stieldrüsig. Kräftige Büsche, Stämme aufrecht, Äste oft überhängend od. kletternd. 0,50–3,00. 6–7. Trockengebüsche, lichte TrockenW u. ihre Ränder, Hecken, kalkstet; s Bw(ORh Gäu SW) Rh(f M W) Nw(N) (m/mo-temp·c1-2EUR – L8 T7 F4 R8 N4? – O Prun., V Querc. pub. – Verwechslung mit **21** u. **24**, Hybride aus *R. canina* agg. × *R. arvensis*?). **Verwachsengrifflige R. – *R. stylosa* DESV.**
19* Griffel fast stets von Anfang an frei, meist so lg wie die inneren StaubBla. Griffelkanal⌀ 0,5–2,0 mm **20**
20 Blchen stets u. BlaSpindel meist kahl, zuweilen Rille auf der OSeite der BlaSpindel u./od. Ansatzstellen der Blchen mit einzelnen Haaren **21**
20* Blchen stets, zumindest useits auf dem Hauptnerv behaart. BlaSpindel gewöhnlich ringsum behaart **23**
21 Griffelkanal⌀ stets <1 mm, Diskus ausgeprägt bis schwach konvex. Narbenköpfchen meist straußfg (Abb. **406**/3). KeBla zur FrRötung zurückgeschlagen u. zur FrReife abgefallen. Blchen derb, eifg bis elliptisch, meist einfach bis mehrfach drüsig gesägt, zuweilen nur einfach gesägt, drüsenlos u. Zähne mit Knorpelspitze, Nerven der BlchenUSeite meist drüsenlos od. Hauptnerv im unteren Drittel drüsig, sehr selten alle Nerven mit schwachem Drüsenbesatz, BlaSpindel drüsig bis drüsenlos. Blü 4–6 cm ⌀. KrBla rosa, selten weiß. Griffel kahl bis rauhaarig, sehr selten wollhaarig. FrForm sehr vielgestaltig, reif rot, hart, spätreifend. FrStiele meist etwa so lg od. 2–3mal so lg wie die Fr, wie die Fr drüsenlos od. selten drüsig. Strauch mit ausladenden, überhängenden od. klimmenden, bis 5 m lg Zweigen. 1,00–3,50. 5–7. Mäßig trockne bis frische Gebüsche, lichte Wälder u. ihre Ränder, Trocken- u. Magerrasen, Strandwälle, Rud.: Straßen- u. Wegränder, Steinbrüche, Lesesteinhaufen; g Rh He Nw Th Sa An Ns, h Bw Mv, v Alp By(g NM) Bb, z Sh (m/mo-temp·c1-6EUR-(WAS), [N] NAM – Kältekeimer – L8 T5 F4 Rx Nx – O Prun., V Querc. rob., V Querc. pub. – HeilPfl – Verwechslung mit spärlich behaarten Ausbildungen von **24** möglich). [*R. lutetiana* LÉMAN, *R. andegavensis* BAST., *R. squarrosa* (RAU) BOREAU, *R. blondaeana* DÉSÉGL.] **Hunds-R. – *R. canina* L.**
21* Griffelkanal⌀ (0,8–)1,0–2,0 mm. Diskus meist flach bis schwach konkav. Narbenköpfchen meist hutfg (Abb. **406**/2) selten straußfg (Abb. **406**/3). KeBla zur FrRötung ausgebreitet bis aufgerichtet **22**

22 Griffelkanal∅ (1,2–)1,5–2,0 mm, KeBla zur FrRötung meist aufgerichtet, oft bis zum Winter haftend. FrStiele fast stets kürzer als die Fr, meist von den stark entwickelten HochBla verdeckt. Narbenköpfchen hutfg, wollig. KrBla gewöhnlich kräftig rosa. Blchen u. junge Triebe gewöhnlich bläulichgrün (wie bereift), useits zuweilen auf den Nerven (oft nur Hauptnerv) drüsig, meist mehrfach drüsig gesägt, selten nur einfach gesägt u. drüsenlos, BlaSpindel fast stets drüsig u. meist auch mit Kleinstacheln. Gedrungener Strauch. 1,00–2,00(–2,50). 6–7. Mäßig trockne bis frische, lichte SteinschuttW, Waldränder, Hecken, Trockenrasen, Rud.: Lesesteinhaufen, Wegränder, basenhold; v Th Sa, z Alp(f Chm) By Rh He An Bb Ns(f NW) Mv Sh(f W), s Bw(f SO) Nw(f MW) (sm/mo-b·c1-5EUR – Kältekeimer – L7 T5 F5 R6 N3 – O Prun.). [*R. vosagiaca* auct.] **Vogesen-R., Blaugrüne R. – *R. dumalis* BECHST.**

22* Griffelkanal∅ meist um 1 mm. KeBla zur FrRötung ausgebreitet, schräg aufgerichtet od. zurückgeschlagen (flattrig), zur FrReife meist abgefallen. FrStiele unterschiedlich lg. HochBla meist gut entwickelt. Narbenköpfchen hutfg od. straußfg, kahl bis behaart. KrBla rosa bis weiß. Blchen grün od. bläulichgrün, einfach bis mehrfach drüsenlos od. drüsig gesägt, useits drüsenlos od. auf den Nerven (meist nur auf dem Hauptnerv) drüsig. Gedrungener bis lockerästiger Strauch. (1,00–)1,50–2,50(–3,00). 6–7. Mäßig trockne Waldränder, Gebüsche, Hecken, basenhold; alle Bdl v bis z, ersetzt in höheren Lagen oft *R. canina*, **21**, Verbr. ungenügend bekannt, da oft nicht von **22** getrennt (sm/mo-b·c1-5EUR? – L8 T5 F4 R6 N3 – O Prun.). [*R. dumalis* subsp. *subcanina* (CHRIST) Soó]
Falsche Hunds-R. – *R. subcanina* (CHRIST) VUK.

Zwischen dieser Kleinart u. *R. dumalis* bestehen wahrscheinlich kontinuierliche Übergänge, umfangreiche morphologische u. genetische Analysen stehen aber noch aus.

23 (20) Griffelkanal∅ 0,5–0,8(–1,0) mm. Diskus meist deutlich konvex. Narbenköpfchen meist straußfg (Abb. **406**/3). Griffel meist kahl bis schwach rauhaarig. KeBla zur FrRötung zurückgeschlagen u. zur FrReife bereits abgefallen. KrBla blassrosa bis weiß, selten rosa ... **24**
23* Griffelkanal∅ (0,8–)1,0–2,0 mm. Diskus meist flach bis schwach konkav. Narbenköpfchen meist hutfg (Abb. **406**/2) selten straußfg (Abb. **406**/3). KeBla zur FrRötung ausgebreitet bis aufgerichtet. KrBla gewöhnlich kräftig rosa **25**
24 Blchen useits drüsenlos od. nur auf dem Hauptnerv im unteren Drittel mit unauffälligen Drüsen (Lupe!), am Rand meist einfach gesägt u. drüsenlos, selten ein- bis mehrfach gesägt u. mit einzelnen Drüsen; gewöhnlich weich, nicht derb, oft br elliptisch bis br eifg. Wuchs locker. 1,00–3,00. 6–7. Mäßig trockne Waldränder, Feldhecken, Xerothermrasen, Rud.: Straßen u. Wegränder, Bahnanlagen, kalkhold; v Rh He Nw Th Sa An Mv, z Alp By Bw Bb Ns Sh (m/mo-temp·c1-6EUR-(WAS) – L8 T6 F4 R7 N5 – O Prun., V Querc. rob.). [*R. dumetorum* THUILL., *R. deseglisei* BOREAU, *R. obtusifolia* DESV.]
Hecken-R., Busch-R. – *R. corymbifera* BORKH.
24* Blchen useits fast stets mit rötlichen Drüsen, in Randnähe gehäuft (Drüsenbesatz oft an einem Strauch unterschiedlich, bes. an jungen Blchen (Lupe!) leicht erkennbar), derb, eifg bis elliptisch, ihr Rand stets 2- bis mehrfach drüsig gesägt. 1,00–2,00. 6–7. Mäßig trockne bis frische, lichte LaubW u. ihre Ränder, Gebüsche, Feldhecken, Rud.: Straßen- u. Wegränder, Lesesteinhaufen, basenhold; z Rh He(f NW) Nw Sa Ns Mv Sh(f W), s Alp(Brch) By(f S) Bw(f S SO) Th(f Hrz Wld) An Bb(f SW), Verbr. in D ungenügend bekannt (sm-temp·c2-4EUR – L7 T6 F4 R8 N4 – V Berb., O Fag.). [*R. obtusifolia* auct. non DESV., *R. tomentella* LÉMAN] **Flaum-R. – *R. balsamica* BESSER**

Vermittelt durch den stärkeren Drüsenbesatz zwischen Hunds- u. Weinrosen; ein hybridogener Ursprung wird von DECOCK et al. (2008) vermutet.

25 (23) BlaSpindel, Nerven der BlchenUSeite (bes. in der Randzone) u. KeBlaUSeite reich mit braunroten Drüsen. FrStiele u. Fr (meist nur an der Basis) fast stets dicht stieldrüsig. Stacheln an BlüZweigen klein, oft sichlig, selten nur leicht gekrümmt. Blchen meist br eifg bis elliptisch, ihr Grund abgerundet, zuweilen keilfg, gewöhnlich doppelt bis einfach drüsig gesägt. BlaStiel oft auffällig dick u. wie die BlaSpindel von anliegendem dichtem Filz grau. Blü meist einzeln. Gedrungener Strauch. 1,00–2,00. 6–7. Mäßig trockne bis frische Waldränder, Hecken, Gebüsche, Lesesteinhaufen; z Alp(Brch Mng), s By(S) Bw(SW) (stemp/mo·c2-3ALP – L8 T5 F5 R7 N3? – V Berb.). **Tannen-R. – *R. abietina* CHRIST**

ROSACEAE 411

25* BlaSpindel, Nerven der BlchenUSeite u. Fr, FrStiel u. KeBlaUSeite nicht od. nur spärlich drüsig. Stacheln kräftig u. fast stets hakig 26
26 Griffelkanal⌀ (1,2–)1,5–2,0 mm. KeBla zur FrRötung meist aufgerichtet, vereinzelt bis zum Winter haftend. FrStiele fast stets kürzer als die Fr, meist von den stark entwickelten Hoch-Bla verdeckt. Narbenköpfchen hutfg, wollig. Gedrungener Strauch. 1,00–2,00. 6–7. Mäßig trockne Waldränder, lichte Gebüsche, Hecken, verbuschte Halbtrockenrasen, Rud.: Wegränder, Steinbrüche, Lesesteinhaufen, basenhold; bes. Kalkbergland z By Th(f Hrz) Sa An(f O) Bb Mv, s Alp(Kch Allg Chm) Bw(Gäu) Rh(ORh SW) He(f SW W) Nw(SW SO) Ns(f M N NW) Sh(f W) (sm/mo-temp/demo·c2-5EUR – Kältekeimer – L8 T6 F3 R8 N3 – O Prun.). [*R. coriifolia* FR.] **Lederblättrige R. – *R. caesia* SM.**
26* Griffelkanal⌀ meist um 1 mm. KeBla zur FrRötung ausgebreitet, schräg aufgerichtet od. zurückgeschlagen (flattrig), zur FrReife meist abgefallen. FrStiele unterschiedlich lg. Narbenköpfchen hutfg od. straußfg, kahl bis behaart. Gedrungener bis lockerästiger Strauch, 1,00–2,00(–2,50). 6–7. Frische Waldränder, Gebüsche, Feldhecken, Wegränder; alle Bdl z, bes. in höheren Lagen, hier oft **24** ersetzend (sm/mo-temp/demo·c2-6EUR-(WAS)? – L8 T6 F3 R8 N3). [*R. caesia* subsp. *subcollina* (CHRIST) HESL.-HARR.]
Falsche Hecken-R. – *R. subcollina* (CHRIST) VUK.

Zwischen dieser Kleinart u. *R. caesia* bestehen wahrscheinlich kontinuierliche Übergänge, umfangreiche morphologische u. genetische Analysen stehen aber noch aus.

Hybriden: Von nahezu allen einheimischen Rosenarten wurden viele Hybriden beschrieben, deren Nachweis aber durch die oben beschriebene Canina-Meiose ohne genetische Daten schwierig ist. Auf eine Zusammenstellung wird daher verzichtet.

Comarum L. – Blutauge (1 Art)
Bearbeitung: **Pedro Gerstberger u. Thomas Gregor**

KrBla braunrot, sehr schmal u. nur etwa halb so lg wie der innen braunrote Ke. FrBoden u. KeBla sich zur Reife vergrößernd. Bla unpaarig gefiedert, mit 2–3 Paaren scharf gezähnter, elliptisch-lanzettlicher Fiedern, Endfieder bis 7 cm lg. Hauptachse lg horizontal kriechend, meist untergetaucht od. im Schlamm. Aufrechte BlüStg 0,20–0,35. 6–7. Nasse, zeitweilig überflutete Flach- u. Zwischenmoore, Schlenken, Seeufer, Verlandungsgürtel, BruchW, Gräben, Sumpfwiesen, kalkmeidend; v Alp Bb Ns Mv Sh(M SO O), z By Bw Rh He Nw Th Sa An, ↘ (sm/mo-arct·c1-7CIRCPOL – teilig eros C/He ♃ AuslRhiz monop – InB: Zwei- u. Hautflügler Vm – WaA KlA – L8 Tx F9= R3 N2 – K Scheuchz.-Car., V Car. elat. – 28, 42). [*Potentilla palustris* (L.) SCOP.] **Sumpf-Blutauge – *C. palustre* L.**

Dasiphora L. – Strauchfingerkraut (ca. 7 Arten)
Bearbeitung: **Pedro Gerstberger u. Thomas Gregor**

Bis 1,40 m hoher Strauch. Bla gefiedert od. handfg gefingert, etwas ledrig, BlaRand umgerollt. KrBla gelb od. weiß. 0,50–1,40. 5–9. Zierstrauch; auch [N meist U] s By Bw He Th Sa An Bb Sh (sm/mo-b·c2-7AM-AS-(EUR) – sogr ZwStr/Str – InB: Käfer, Zwei- u. Hautflügler, andro- u. gynomonözisch – KlA MeA Kältekeimer – *L7 T5 F4 R7 N3*). [*Pentaphylloides fruticosa* (L.) O. SCHWARZ, *Potentilla fruticosa* L.]
Strauchfingerkraut – *D. fruticosa* (L.) RYDB.

Drymocallis SOJÁK – Steinfingerkraut (12 Arten)
Bearbeitung: **Pedro Gerstberger u. Thomas Gregor**

GrundBla gefiedert, mit 2–3 Paaren von zum BlaGrund kleiner werdenden, rundlichen od. schief elliptischen Fiedern, StgBla ungestielt, 3zählig. Stg straff aufrecht, braunrot, oberwärts drüsig behaart. KrBla weiß, kreisrund. Frchen kahl. 0,40–0,70. 5–7. Mäßig trockne Wald- u. Gebüschsäume, lichte Eichen- u. KiefernW, Halbtrockenrasen, kalkmeidend; z Rh, s By(N Alb MS NM) Bw(SO Gäu S) He(f SO NW) Th(Bck O) Sa(W) An(f N O S), † Bb(Od), ↘ (m/mo-temp/(mo)·c2-4EUR – sogr hros H ♃ Pleiok monop – InB SeB – KlA StA VdA – L7

T7 F4 R6 N2 – V Ger. sang., V Querc. pub., V Brom. erect. – 14). [*Potentilla rupestris* L.]
      Gewöhnliches Steinfingerkraut – *D. rupestris* (L.) SOJÁK

***Potentilla* L. – Fingerkraut** (485 Arten)
Bearbeitung: **Pedro Gerstberger u. Thomas Gregor**

1	Kr weiß	2
1*	Kr gelb	6
2	GrundBla meist 5zählig gefingert	3
2*	GrundBla 3zählig, denen der Erdbeere ähnlich, useits graugrün	5
3	Staubfäden wenigstens am Grund lg behaart. Blü in Schirmrispen, 5–20blütig. KrBla spatelfg-länglich. Stg liegend od. herabhängend (FelsspaltenPfl). BlaRosette am Grund mit vielen abgestorbenen Bla der Vorjahre. BlaZähne zusammenneigend. 0,10–0,30. 7–9. Hochmont. bis subalp. Felsspalten, kalkstet; h Alp, z By(S) (m-stemp//salp·c2-3EUR – teiligr hros H/C ♃ Pleiok monop – InB SeB – KlA VdA WiA – L8 T3 F3 R8 N3 – O Potent. caul.). **Stängel-F. – *P. caulescens* L.**	
3*	Staubfäden kahl (BlüBoden jedoch dicht behaart!). BlüStg 1–3blütig	4
4	BlüStg die GrundBla nicht überragend. Blchen oseits fast kahl, useits angedrückt spärlich seidenhaarig, verkehrteilanzettlich, vorn mit 3–11 winzigen Zähnen. 0,05–0,20. 4–6. Mäßig trockne Wald- u. Gebüschsäume, lichte Eichen- u. KiefernW, Magerrasen, kalkmeidend; z By(f NW NO) Th(Bck NW S) An, s Alp(Kch) Bw(Keu S) Rh(ORh SW) He(ORh) Sa(W) Bb Ns(MO: Asse) Mv(M), ↘ (sm-temp·c3-5EUR – teiligr ros H ♃ Rhiz monop KnollenWu – InB: Fliegen, Bienen, Ameisen, Käfer SeB – KlA VdA Kälte- u. Lichtkeimer – L6 T6 F4 R5 N5 – V Querc. pub., V Ger. sang. – 28). **Weißes F. – *P. alba* L.**	
4*	BlüStg die GrundBla weit überragend. Blchen beidseits dicht seidenhaarig, lanzettlich bis verkehrteifg, vorn fast gestutzt u. mit 3–5 nicht zusammenneigenden Zähnen. Außenseite des Ke, Staubfäden u. Griffel (bes. abgeblüht) rot überlaufen. 0,05–0,10. 6–8. Alp. Felsen u. Schuttfluren, kalk- bzw. dolomitstet; s Alp(Brch Chm) (sm-stemp//alp·c3EUR – igr hros H ♃ Pleiok monop – InB: Hautflügler SeB Vw – KlA VdA WiA – L8 T2 F3 R8 N2 – V Cystopt., V Sesl. – 14). **Ostalpen-F. – *P. clusiana* JACQ.**	
5	**(2)** Ke innen dunkelpurpurn. Staubfäden bandartig, so br wie die Staubbeutel, vom Grund an bis zur Mitte bewimpert, alle über den FrKn kegelfg zusammenschließend. Mittleres Blchen der GrundBla mit 17–23 Zähnen. Bla des 1–3blütigen Stg einfach (nicht 3teilig). Pfl ohne Ausläufer. 0,05–0,15. 3–5. Mäßig trockne, lichte Eichen- u. KiefernmischW, Gebüsche, Waldränder, auch an Felsen u. Mauern, kalkhold; z Rh(f W), s Alp(Mng) By(NM S) Bw(S Alb) He(SW) (m/mo-stemp·c2-4EUR – igr ros H ♃ monop-Rhiz – InB – AmA KlA VdA – L5 T7 F4 R8 N4 – O Querc. pub., V Carp., V Eric.-Pin., V Berb. – 14). **Kleinblütiges F. – *P. micrantha* DC.**	
5*	KeBla innen am Grund gelblichgrün. Staubfäden fädlich, schmaler als die Staubbeutel, kahl, nicht über der FrKn zusammenschließend, FrKn dadurch sichtbar. Mittleres Blchen der GrundBla mit 9–15 br, im Umriss fast halbkreisfg Zähnen. StgBla 3teilig. Pfl mit bis zu 15 cm lg, beblätterten Ausläufern. 0,05–0,15. 3–5. Mäßig trockne bis (sicker)frische LaubmischW, Kiefernforste, Gebüsche, Waldränder, magere Wiesen, kalkmeidend; h Rh(z ORh) He, v Bw Ng(w SW), z By Th(v Rho) An(f Elb O) Ns Sh(SO O), s Alp(f Allg f Krw Wtt) Sa(f Elb NO) Mv(f MO) (m/mo-temp·c1-2EUR – igr monop-Rhiz+oAusl – InB – AmA KlA VdA Lichtkeimer – L5 T5 F5 R6 N6 – V Carp., V Trif. med., V Prun.-Rub. – 28). [*P. fragariastrum* PERS.] **Erdbeer-F. – *P. sterilis* (L.) GARCKE**	
6	**(1)** Alle Bla gefiedert	7
6*	Bla 5–9zählig gefingert od. 3zählig, selten einzelne 5zählig gefiedert	8
7	Bla useits (od. beidseits) seidig-weißfilzig behaart, unterbrochen gefiedert: mit 7–14 Paaren zum BlaGrund deutlich kleiner werdenden, scharf gesägten Hauptfiedern u. dazwischen viel kleineren Zwischenfiedern. Blü 15–20 mm ⌀, einzeln u. lg gestielt an den Knoten lg kriechender, rötlicher Ausläufer. KrBla fast doppelt so lg wie die KeBla. AußenKeBla fiederspaltig gezähnt bis ganzrandig u. schmal lanzettlich. 0,10–0,20, Ausläufer bis 1,00 lg. 5–8. Frische bis feuchte Rud.: Weg- u. Straßenränder, Anger u. Weiden, Ufer, Strandwallsäume, feuchte Äcker, salzertragend; g Nw Th Sa An Ns Sh, h Bw He Bb Mv, v Alp By(g	

NM) Rh (austr-AUST+AM+m/mo-b·c1-8CIRCPOL – sogr ros H ⚥ monop-Rhiz+oAusl, regenerativ WuSpr – InB SeB – KlA MeA VdA WaA – L7 T6 F6~ Rx N7 – K Polyg., K Bid., O Sec., K Junc. mar. – HeilPfl – 42, 84) [*Argentina anserina* (L.) RYDB.].
Gänse-F. – *P. anserina* L.
7* Bla beidseits grün, einfach gefiedert: GrundBla mit 3–5, StgBla mit 1–2 Fiederpaaren. TragBla im BlüStand weit hinauf laubblattartig, die jungen Blü überragend. Blü 6–10 mm ⌀, in durchblätterten monochasialen BlüStänden. KrBla etwa so lg wie die KeBla od. kürzer, schmal verkehrteifg, zwischen ihnen die KeBla zu erkennen. AußenKeBla stets ganzrandig. BlüStiel zur FrReife herabgebogen. Pfl ohne Ausläufer. Stg liegend bis aufsteigend. 0,10–0,40. 6–10. Frische bis feuchte Rud.: Wegränder, Bahn- u. Straßenschotter, Schutt, Dorfplätze, trockenfallende Gewässerufer u. Teichböden, nährstoffanspruchsvoll; z Alp(Chm Mng) Bw(f SO Alb) Nw(f SW) Th(Bck, s O) Sa An Bb Ns(f Hrz) Mv, s By Rh He (ORh SW MW) Sh(M) (m-temp·c2-8EURAS, [N] SAFR+NAM – sogr eros ⊙ od. kurzlebig H ⚥ Pleiok WuSpr? – InB – KlA VdA WaA Lichtkeimer – L7 T7 F8= R6 N7 – O Bid., V Pot. ans., V Nanocyp. – 28) [*Argentina supina* (L.) LAM.].
Niedriges F. – *P. supina* L.
8 (6) Blü 4zählig (zuweilen an derselben Pfl einige Blü 5zählig) 9
8* Alle Blü 5zählig 10
9 Alle StgBla sitzend od. bis höchstens 5 mm lg gestielt, Blchen der GrundBla mit 7–9 Zähnen; NebenBla tief 3–5spaltig (Abb. **413**/1). Stg aufrecht bis liegend, an den Knoten nie wurzelnd. Blü stets 4zählig, 7–11(–15) mm ⌀. 0,10–0,35. 5–8. Mäßig trockne bis wechselfeuchte Magerrasen, Moorwiesen, Quellsümpfe, Zwergstrauchheiden, lichte Wälder, Waldwege; g Alp He Nw(v MW) Sa, h Rh Ns, v By(g NM) Bw Th An(g Hrz) Bb Mv Sh (m/mo-b·c1-5EURWSIB – igr hros/eros H ⚥ monop-Rhiz – InB: Haut- u. Zweiflügler, Käfer, Falter – AmA KlA VdA – L6 Tx Fx Rx N2 – K Call.-Ulic., V Eric. tetr., V Mol., V Querc. rob. – HeilPfl – 28). [*Tormentilla erecta* L.] **Blutwurz, Tormentill – *P. erecta* (L.) RAEUSCH. subsp. *erecta***
9* Untere StgBla 1–2 cm lg gestielt, Blchen der GrundBla mit 9–13 Zähnen; NebenBla meist ganzrandig bis schwach gezähnt (Abb. **413**/2). Stg liegend, im Spätsommer an den Knoten meist wurzelnd. Blü überwiegend 4zählig (ca. 25 % 5zählig), (10–)14–18 mm ⌀. 0,15–0,70 lg. 5–9. Frische bis feuchte Magerrasen, Sumpfwiesen, lichte EichenW u. Kiefernforste, Waldsäume u. -wege, Grabenränder; v Sa, z By(NW NM NO O) Th(f NW) An Bb Ns Mv Sh, s Bw(NW ORh S SW) Rh(f W) He(ORh NW O) Nw (sm/mo-temp·c1-3EUR – igr ros H ⚥ monop-Rhiz+oAusl – InB – KlA MeA VdA – L7 T6 F5 R6 N4 – V Pot. ans., V Mol., V Querc. rob. – 56). [*P. procumbens* SIBTH., *Tormentilla reptans* L.] **Englisches F. – *P. anglica* LAICHARD.**

Die Art ist nach Chromosomenverdopplung aus *P. erecta* × *P. reptans* hervorgegangen u. kaum von den zerstreut vorkommenden Rückkreuzungen mit den Ausgangsarten zu unterscheiden; diese sind jedoch hochgradig steril.

10 (8) Alle Stg lg ausläuferartig kriechend, 0,60–1,00 m lg, an den Knoten wurzelnd u. TochterPfl entwickelnd. StgGlieder >5 cm lg 11
10* Stg nicht ausläuferartig kriechend, blühende Stg aufrecht, wenn niederliegend, dann StgGlieder <5 cm lg 12
11 Bla 3zählig. Blü einzeln an den Knoten der Ausläufer entspringend. AußenKeBla an der Spitze dreizähnig, größer als die KrBla. Frucht erdbeerartig, leuchtend rot, geschmacklos. 0,10–0,20. 5–10. ZierPfl; auch Hecken u. rasige Säume; [N 1903] v. a. Wärmegebiete u. in Größstädten: z By Bw Rh Nw Sa An, s He Th Bb Ns Mv Sh, ↗ (trop-m//mo·c1-4OAS, [N] austr-trop/moAUST-AM+sm-sm·c1-3OAM+sm-stemp·c1-3EUR – igr hros H ⚥ monopRhiz+oAusl – InB – KlA MeA VdA – L5 T8 F5 R5 N7 – V Geo-Alliar. – 42, 84). [*Fragaria indica* ANDREWS, *Duchesnea indica* (ANDREWS) FOCKE]
Scheinerdbeer-F. – *P. indica* (ANDREWS) TH. WOLF

1
Potentilla erecta

2
P. anglica

3
P. verna

4
P. cinerea subsp. incana

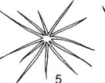
5
Sternhaar

6
Zackenhaar

11* Bla 5(–7)zählig gefingert: die ersten beiden BlchenPaare der GrundBla mit gemeinsamem Stielchen von 1–4 mm Länge, das unterste Blchen einer jeden Seite daher an dem folgenden hochgerückt erscheinend (d. h. fußfg). Blü einzeln an den Knoten der Ausläufer entspringend, lg gestielt, 17–25 mm ⌀, mit großen, eifg-lanzettlichen AußenKeBla. Fr nicht erdbeerartig vergrößert. 0,10–0,20. 6–8. Frische bis feuchte, lückige Rasen, Wiesen, Rud.: Wegränder, Dämme u. Bahnanlagen, Äcker, Ufer, Waldwege; g Th Sa(v SW) An, h Bw Rh Nw Bb Ns Mv, v Alp By(g NM) He(g ORh), z Sh (m-temp·c1-6EUR-WAS, [N] OAFR+AUST+AM – igr H ♃ monop-Rhiz+oAusl – InB: Haut- u. Zweiflügler – KlA MeA VdA Sa langlebig – L6 T6 F6 R7 N5 – V Pot. ans., V Arrh., V Mol., V Bid. – HeilPfl – 28). **Kriechendes F. – *P. reptans* L.**
12 (10) Alle Bla 3zählig gefingert, selten einzelne 5zählig gefiedert 13
12* GrundBla u. untere StgBla 5–9zählig gefingert 14
13 Blühende Pfl >10 cm hoch. Stg steif aufrecht, die grundständigen Bla weit überragend. BlüStand reichblütig u. verhältnismäßig dicht beblättert. KrBla etwa so lg wie die KeBla, die sich nach der Blüte vergrößern. Griffel am Grund deutlich verdickt. Pfl abstehend rauhaarig, Haare auf kleinen Knötchen stehend. Untere GrundBla zur BlüZeit meist vertrocknet. 0,20–0,50. 6–9. Frische Rud.: Kiesgruben u. Umschlagplätze, trockengefallene Teichböden, Ufer, Gärten, kalkmeidend; [N 1832] z By Bw Rh Nw He Th Sa An(f N W) Bb Ns Mv(f Elb SW) Sh (temp-b·c2-6EURAS – sogr eros/hros ⊙ od. kurzlebig H ♃ Pleiok – Ap InB – KlA VdA WaA Sa langlebig Lichtkeimer – L7 T6 F5 R5 N5 – V Pot. ans., V Sisymbr., V Dauco-Mel., V Bid. – 70). **Norwegisches F. – *P. norvegica* L.**
13* Blühende Pfl <10 cm hoch. Stg liegend, an der Spitze bogig aufsteigend, meist 1–3blütig, wenigblättrig. KrBla wenig länger als KeBla. Griffel fädlich u. überall gleich dick. Pfl spärlich anliegend behaart. 0,02–0,05. 7–8. Alp. feuchte Schneetälchen u. -böden, kalkstet; v Alp, meist 1100–2500 m (sm-stemp//alp·c2-3EUR – igr hros H ♃ Pleiok monop – InB – KlA VdA – L7 T2 F7 R9 N5 – V Arab. caer. – 14). **Zwerg-F. – *P. brauneana* Hoffm.**
14 (12) Die meisten GrundBla u. unteren StgBla 7zählig gefingert 15
14* Die meisten GrundBla u. unteren StgBla 5zählig gefingert (wenn öfters 7zählig, dann Pfl niederliegend u. flach ausgebreitet) 17
15 NebenBla bes. der unteren StgBla tief fiederspaltig, mit 3–5 bis 1 cm lg, zahnartigen Zipfeln. Rosettentriebe mit BlüStg abschließend, zur BlüZeit RosettenBla absterbend. Blchen schmal verkehrt-eilanzettlich, useits mit stark hervortretendem Mittelnerv. Mittleres Blchen der GrundBla 6–9 cm lg, bis zum Grund tief gesägt, mit 25–35 großen, z. T. nach außen gebogenen Zähnen. BlüStiel u. straff aufrechter Stg mit abstehenden, bis 4 mm lg u. auf einem Sockel stehenden Haaren sowie dicht mit dichten, ±0,5 mm lg, starren, senkrecht abstehenden Borstenhärchen. BlüStand schirmrispig, reichblütig. Blü 22–25 mm ⌀. KrBla meist blass schwefelgelb (bei der seltenen subsp. *obscura* (Willd.) Ces. dottergelb), tief ausgerandet (verkehrtherzfg). 0,50–0,70. 6–7. Rud. Felsfluren u. Sandtrockenrasen, trockne Rud.: Wegränder, Dämme, Kiesgruben, basenhold; [A im NO, oft U] v Rh, z By Bw He Nw Sa Ns Mv Sh, s Alp An Bb, † Th; auch ZierPfl (m-temp·c2-5OEUR-(WAS) – teiligr H ♃ Pleiok – Ap InB – KlA MeA StA VdA – L9 T7 F3 R5 N2 – O Fest.-Sedet., O Brom. erect., V Sisymbr. – formenreich – 24, 28, 56). **Aufrechtes F. – *P. recta* L.**
15* NebenBla der StgBla ganzrandig od. nur schwach gezähnt. BlüStg seitlich aus den Achseln der GrundBla entspringend; daher auch zur BlüZeit eine zentrale BlaRosette vorhanden. Blü 10–20 mm ⌀. Kr sattgelb 16
16 Blchen der 7–9zähligen GrundBla 2–6 cm lg, br lanzettlich bis schmal verkehrteilänglich, mit den Rändern sich oft gegenseitig deckend, bis zum Grund mit 15–23 ± br BlaZähnen. BlüStand weitästig, mindestens doppelt so hoch wie die GrundBla. AußenKeBla länger als die KeBla. 0,20–0,60. 5–7. Bergwiesen, mäßig trockne, lichte Eichen- u. KiefernW, Gebüsche, Waldränder, kalkmeidend; z By(N NM NW) Th(O S Rho), † Sa, ⟍ (m/mo-b·c3-5EUR-(WSIB) – teiligr hros H ♃ monop-Rhiz – Ap? InB –KlA StA VdA – L9 T6 F4 R6 N3 – V Triset., V Ger. sang., V Querc. pub. – 42). **Thüringisches F. – *P. thuringiaca* Link**
16* Blchen der meist 7zähligen GrundBla 1–3 cm lg, länglich-lanzettlich, mit 11–17 spitzen Zähnen. BlüStand kaum höher als die GrundBla. BlaSpreite, Stiel u. KeBla dicht waagerecht abstehend weichhaarig, Haare dünn, weiß, etwa 2–3 mm lg; bes. junge BlaSpreiten u. Stiele auffallend weiß behaart, später verkahlend. AußenKeBla klein, kürzer als die KeBla, nach der

Blü abspreizend. NebenBla der GrundBla pfriemlich, die der StgBla grün, br, mit 2–3 Zähnen. BlüStiele dünn, zur FrReife herabgebogen, wie der Ke oft rötlich. Nach der FrReife größere GrundBla entwickelnd. Grundachse dicht mit schwärzlichen BlaResten besetzt, Pfl horstig, ohne wurzelnde Ausläufer (im Gegensatz zu **23***). 0,10–0,15. 4–6. Halbtrocken- u. Trockenrasen, trockne Kiefern- u. EichenW, kalkhold; v An, z Alp By Bw Th(f O Hrz, v Bck) Bb Mv, s Rh(ORh SW) He(f SO W) Sa(f Elb) Ns(f N NW) Sh(SO O) (sm/mo-temp·c3-4EUR – igr hros H ♃ Pleiok– InB – KlA VdA – L7 T5 F3 R9 N2 – K Fest.-Brom., V Eric-Pin., V Querc. pub. – 14). [*P. opaca* L., *P. rubens* (CRANTZ) ALL.] **Siebenblättriges F. – *P. heptaphylla* L.**
17 (14) Blchen am Rand anliegend silbrigweiß behaart, so dass sie schmal weiß umrandet erscheinen, im Gegenlicht mit deutlich sichtbarem, engmaschigem Nervennetz, oseits schwach glänzend, kahl. BlaZähne schmal u. spitz, etwa 1–2 mm br, Endzahn kürzer als die Nachbarzähne u. nur etwa ⅓ so br. NebenBla der GrundBla lanzettlich. Stg u. BlaStiele angedrückt behaart. KrBla ausgerandet, goldgelb mit orangefarbenem Grundfleck. 0,05– 0,20. 6–9. Subalp. bis alp. mäßig trockne bis wechselfrische Magerrasen u. Zwergstrauchheiden, kalkmeidend, auch auf oberflächlich entkalkten Rohhumusböden; v Alp, z By(S), s Bw(SW) (sm-stemp//salp·c2-3EUR – teiligr hros H ♃ monop-Rhiz – InB: Zwei- u. Hautflügler, Käfer – KlA VdA – L8 T3 F4 R3 N2 – V Nard., V Salic. herb. – 14).
Gold-F. – *P. aurea* L.
17* Blchen ohne weiße, anliegende Haarumrandung 18
18 Wenigstens BlaUSeite mit viel- od. wenigstrahligen Sternhaaren (starke Lupe) (Abb. **413**/4) 19
18* Bla ohne Sternhaare (Abb. **413**/3) 21
19 Stg u. Bla ± dicht filzig sternhaarig (noch dichter als in Abb. **413**/4), BlaEpidermis durch den Sternhaarfilz verdeckt, Bla daher graugrün, glanzlos. Sternhaare (zwischen den BlaNerven) mit 10–30 gleichlangen Strahlen (Abb. **413**/5, starke Lupe!). Pfl flache Polster bildend; Rhizom nicht (wie bei *P. verna*, **23***) ausläuferartig. KrBla 4–7 mm lg. Bla meist 5zählig gefingert. 0,05–0,15. 3–5. Kont. Felsfluren, Trocken- u. Sandtrockenrasen, trockne KiefernW; z An Bb, s By(f SO) Rh(f N W) He(f NW W) Th(f Hrz NW) Sa(Elb W) Ns(MO: Heeseberg) Mv(M MW NO), ↘ (sm-temp·c3-7EUR-(WAS) – teiligr hros H ♃ PleiokRhiz monop – InB – KlA VdA – L9 T7 F1 R8 N1 – V Sesl.-Fest., V Fest. val., auch V Xerobrom., V Cytis.-Pin. – 28) [*P. arenaria* G. GAERTN. et al. nom. inval, *P. incana* P. GAERTN., B. MEY. et SCHERB.] **Sand-F. – *P. cinerea* VILL. subsp. *incana* (G. GAERTN. et al.) ASCH.**
19* Stg u. Bla weniger dicht sternhaarig, BlaEpidermis meist sichtbar. Sternhaare 2–10strahlig mit deutlich längerem Mittelstrahl („Zackenhaare", Abb. **413**/6) 20
20 Neben Zackenhaaren keine Kräuselhaare auf der BlaUSeite. 0,05–0,10. 3–5. Trockne Felsfluren u. Trockenrasen kiesiger Auen des Alpenvorlands, Gebüsch- u. Waldsäume, kalkhold; z By, s Alp(Brch Mng) Bw(Keu Gäu) Th(Bck W S) An(SO S) Sa(SO), † He(ORh), ↘ (sm/dealp-stemp·c2-4EUR – igr hros H ♃ PleiokRhiz monop – Ap InB – KlA VdA – L9 T6 F2 R8 N1 – K Fest. val., V Querc. pub.). [*P. pusilla* HOST] **Flaum-F. – *P. puberula* KRAŠAN**

Diese Art ist wohl aus *P. cinerea* subsp. *incana* × *P. verna* hervorgegangen u. von der im Gebiet der Eltern öfters auftretenden Primärhybride *P.* ×*subarenaria* ZIMM. nicht zu unterscheiden, von *P. verna* nur durch die Zackenhaare.

20* Neben Zackenhaaren u. einfachen Haaren auch Kräuselhaare auf der BlaUSeite. Blchen verkehrteifg mit wenigen Zähnen, wenig tief geteilt, mittleres mit (3–)5–7 Zähnen. 0,05–0,10. 4–6(–9). Magerrasen auf saurem Gestein; s Rh(W: Moseltal MRh: Erpel, Linz ORh: Stromberg, Südl. Weinstraße) (temp·c3-5EUR – teiligr eros H ♃ Pleiok monop – Ap InB – KlA VdA – K Fest.-Brom. – 42). **Weißenburger F. – *P. leucopolitana* P.J. MÜLL.**

Diese Art ist wohl entstanden aus Kreuzung *P. argentea* × *P. cinerea* subsp. *incana*, nicht sicher abzugrenzen von den zuweilen im Verbreitungsgebiet der Eltern auftretenden Spontanhybriden, zu denen wohl auch *P.* ×*collina* WIBEL s. str. gehört.

Ähnlich: **Schultz-F. – *P. schultzii* F.W. SCHULTZ:** GrundBla 5zählig, rundlich, Blchen stark gefaltet, jung sich deutlich überdeckend, Zähne rundlich, kurz. NebenBla vorn. Zackenhaaren, seitlich meist weißlich mit Schlängelhaaren. 0,20–0,30. 4–8. Magerrasen, Wegränder; s Rh (SW: Olsbrücken, Remigiusberg, Schrollbach), ↘ (Endemit – teiligr eros H ♃ Pleiok monop – Ap InB – KlA VdA – L9 T7 F3 R3 N3 – O Sedo-Scler. – 42).

21 (18) Bla useits nicht filzig, aber oft flaum- od. seidenhaarig od. zottig 22

21* Bla useits weiß- od. graufilzig (durch ineinander verflochtene Kräuselhaare) 24
22 NebenBla der GrundBla eifg od. br lanzettlich, rotbraun verwelkend, bleibend. Nichtblühende Triebe kurz, nicht wurzelnd, am Grund auffallend 2zeilig beblättert. Blchen br keilfg bis elliptisch, sich mit den Rändern oft deckend, unregelmäßig gezähnt: mittleres Blchen an den geraden Keilflanken jederseits mit 1–2 kleinen Zähnen, spitzenwärts mit 7–9 großen, ± abgerundeten Zähnen. Blchen useits, BlaStiel u. Stg abstehend zottig behaart. Blü 20–25 mm ⌀. KrBla dottergelb, oft mit orangefarbenem Grundfleck. 0,10–0,30. 6–7. Alp. frische Steinrasen, Felsspalten u. Schutt, kalkhold; z Alp(f Chm Mng) (sm-temp//alp+b-arct·c2-6EUR-(WAS)+OAM – igr hros H ♃ Pleiok monop – InB – KlA VdA – L9 T2 F5 R8 N2 – K Sesl. – 28, *42*, *49*). **Zottiges F., Crantz-F. – *P. crantzii*** (CRANTZ) FRITSCH
22* NebenBla der GrundBla schmal linealisch. Nichtblühende Triebe am Grund nicht 2zeilig beblättert. Blü 10–15 mm ⌀ 23
23 Mittleres Blchen der (4–)5zähligen Grund- u. unteren StgBla 2–6 mm lg gestielt, vom Grund an unregelmäßig gezähnt, daneben oft noch eingeschnitten, dadurch manchmal tief 3teilig; GrundBla kaum eingeschnitten, rundlich, zur BlüZeit abgestorben. Stg aufrecht, etwa von der Mitte an verzweigt, anliegend bis leicht abstehend weich behaart, meist 15–30blütig, zuweilen wesentlich mehr. Blü 10 mm ⌀. KrBla hellgelb, schmal, so lg wie die KeBla; letztere sich nach der Blüte nicht vergrößernd (Gegensatz zu **13**). StaubBla auffallend klein. 0,20–0,50. 6–9. Trockne, sandige bis kiesige Rud.: Dämme, Umschlagplätze; [N 1825, oft U] z Rh Nw Sa Ns, s By Bw He Th An Bb Mv Sh (temp-b·c2-5EUR, [N] OAM – teiligr eros ☉ od. kurzlebig H ♃ Pleiok – Ap InB – KlA MeA VdA – L8 T6 F3 R7 N4 – O Onop., V Arct. – 56). **Mittleres F. – *P. intermedia*** L.
23* Mittleres Blchen der 5(–7)zähligen GrundBla nicht od. nur sehr kurz gestielt, im vorderen Drittel regelmäßig gezähnt mit 5–7 Zähnen. Grundachse liegend, verzweigt u. später wurzelnd, ältere Pfl daher rasenfg Flachpolster bildend. Stg niedrig, 3–5blütig. Blü 12–15 mm ⌀. KrBla gelb, fast doppelt so lg wie die KeBla. Pfl ohne Sternhaare, nur wie, teilweise vorwärts abstehenden u. gebogenen einfachen Haaren (Abb. **413**/3) u. zuweilen BlüStand mit Drüsenhaaren. BlüStiele zur FrReife nicht herabgebogen (Gegensatz zu **16***). 0,05–0,10(–0,15). (3–)4–6. Felsfluren, Trocken- u. Halbtrockenrasen, Zierrasen, trockne Rud.: Bahnanlagen, Kiesgruben; lichte KiefernW; g Th, h Rh He, v Alp By Bw Sa An(g S), z Nw Bb Ns Mv, s Sh (sm/mo-temp·c2-4EUR – igr hros H ♃ Pleiok LegTr – Ap InB: Haut- u. Zweiflügler, Käfer, Falter – KlA MeA VdA Sa langlebig – L8 T6 F3 R7 N2 – K Fest.-Brom., O Fest.-Sedet., V Eric.-Pin., V Cytis.-Pin. – formenreich – 28, 35, *42*, *49*, 63).
[*P. neumanniana* RCHB., *P. tabernaemontani* ASCH.] **Frühlings-F. – *P. verna*** L.
24 (21) Bla useits dicht weißfilzig, über dem Haarfilz nur wenige lg, gestreckte Haare. Blchen der StgBla am Rand umgerollt, tief unregelmäßig geteilt bis fiederschnittig. Endzipfel weiter vorragend als die angrenzenden seitlichen, alle Zipfel linealisch bis lineal-lanzettlich, meist spitz. 0,20–0,50. 6–10. Felsfluren, Sandtrockenrasen, trockne bis mäßig frische, sandige bis kiesige Rud.: Wegränder, Bahnanlagen, Kiesgruben u. Brachen, kalkmeidend; g Sa An, h He Bb Mv, v Rh Nw Th Ns(g Elb O), z By Bw Sh, s Alp (m/mo-b·c1-6EUR-WAS, [N] NAM – teiligr hros H ♃ Pleiok – Ap InB: Käfer, Zwei- u. Hautflügler – KlA MeA VdA Sa langlebig – L9 T6 F2 R3 N2 – O Onop., V Polyg. avic. – formenreich, viele, kaum sicher abgrenzbare Kleinarten, z. B. *P. demissa* JORD., *P. grandiceps* ZIMMETER, *P. tenuiloba* JORD., *P. neglecta* BAUMG. – 14, 28, *42*). **Silber-F. – *P. argentea*** L.
24* Bla useits ± graugrünfilzig, darüber viele lg, gerade Deckhaare (bes. an den BlaNerven). Blchen der StgBla am Rand nicht umgerollt 25
25 Stg kräftig, aufrecht bis aufsteigend, endständig, d. h. die GrundBlaRosette abschließend, in der Mitte od. ab dem oberen Drittel verzweigt. GrundBla zur BlüZeit bereits verwelkt, wie die unteren StgBla 5(–7)zählig. Blchen verkehrteilanzettlich. Mittleres Blchen bis zum Grund tief gesägt, mit mindestens 13 Zähnen. Blü 10–15 mm ⌀. Ganze Pfl dünn graufilzig, ohne feine, dichtstehende Borstenhärchen (Unterschied zu **15**). Griffel zur Narbe hin verschmälert. 0,30–0,50. 5–8. Sand- u. lückige Silikattrockenrasen, trockne, sandige Rud.: Wegränder, Bahndämme, Hafenanlagen, Kiesgruben, kalkmeidend; [N 1799?] s By(f O NO Alb S) Bw(S) Rh(SW W) Nw(f N NO) Th(f Hrz NW Rho) Sa(f Elb) An (So Elb) Bb(SO NO) Ns (N: Hamburg) Mv(M), ↘ (sm/mo-temp·c2-7EUR-WAS, [N] OAM – teiligr hros H ♃ Pleiok – Ap InB – KlA StA VdA – L9 T7 F2 R6 N1 – O Fest.-Sedet., V Dauco-Mel. –

formenreich, wohl aus *P. argentea* × *P. recta* hervorgegangen, auch Rückkreuzungen mit *P. argentea* u. Spontanhybriden – 42). [*P. canescens* BESSER]
Graues F. – *P. inclinata* VILL.
25* Stg aufsteigend, aus den Achseln der RosettenBla entstehend. Obere Bla mit wenigen Zähnen **26**
<small>Neben den folgenden stabilisierten apomiktischen Sippen, die aus Kreuzungen von *P. argentea* × *P. verna* hervorgegangen sind, kommen Spontanhybriden vor.</small>

26 Blchen der GrundBla deutlich keilfg, meist nur im oberen Drittel gezähnt. Nichtblühende Triebe wie bei **22** am Grund 2zeilig beblättert. 0,15–0,20. 4–8. Sandmagerrasen, sandige Rud.: Wegränder, Dämme; s Mv (N: Boiensdorfer Werder, Langenwerder, Poel, Stove, Wieschendorf), ↘ (Endemit – teilig eros H ♃ Pleiok monop – Ap InB, selten InB – KlA VdA – O Sedo-Scler., K Fest.-Brom. – 42). [*P. sordida* auct.]
Wismarer F. – *P. wismariensis* T. GREGOR et HENKER
26* Blchen der GrundBla verkehrteifg, meist bereits in der Mitte gezähnt. Nichtblühende Triebe nicht 2zeilig beblättert **27**
27 Stg, BlüStiele, Ke u. BlaStiele lg zottig behaart. Blchen stumpfzähnig. 0,20–0,30. 4–8. Magerrasen, magere Wegränder; s Bw(S: Gottmadingen), ↘ (Endemit vom Schaffhausen – teilig eros H ♃ Pleiok monop – Ap InB – KlA VdA – K Fest.-Brom. – 42).
Schaffhausener F. – *P. praecox* F.W. SCHULTZ
27* Pfl nicht lg zottig behaart **28**
28 Blchen tief geteilt in meist <10 spreizende, lanzettliche bis eifg Lappen od. Zähne, br keilfg, an der Spitze deutlich verbreitert, oseits verkahlend, useits locker seidenhaarig. GrundBla 5zählig. Blü 14–15 mm ⌀. 0,10–0,20. 4–8. Schwach gestörte Trockenrasen auf basenarmem Tonschiefer; s Rh(N: Ahrtal W: Unteres Moseltal), ↘ (Endemit – teilig eros H ♃ Pleiok monop – Ap InB – KlA VdA – L9 T8 F2 R2 N1 – O Sedo-Scler. – 42).
Rheinisches F. – *P. rhenana* ZIMMETER
28* Blchen mit meist >10 wenig tiefen Zähnen, aus keilfg Grund verkehrteifg, useits (bes. jung) mit wenigen einfachen Seidenhaaren. GrundBla 5–7zählig. Blü 9–12 mm ⌀. 0,10–0,20. 4–8. Rud. beeinflusste sandige Magerrasen, trockne Rud.; s Sa(W: Dresden SO: Krippen), ↘ (Endemit in Sachsen u. ČR – teilig eros H ♃ Pleiok monop – Ap InB – KlA VdA – K Fest.-Brom. – 42). [*P. opizii* DOMIN, *P. thyrsiflora* auct.] **Lindacker-F. – *P. lindackeri* TAUSCH**

<small>Hybriden: *P. alba* × *P. micrantha* = ? – s, *P. alba* × *P. sterilis* = *P.* ×*hybrida* WALLR. – s, *P. micrantha* × *P. sterilis* = *P.* ×*spuria* A. KERN. – s, *P. anglica* × *P. erecta* = *P.* ×*suberecta* ZIMMETER – s, *P. erecta* × *P. reptans* = *P.* ×*italica* LEHM. – s, siehe *P. anglica*, *P. anglica* × *P. reptans* = *P.* ×*procumbentireptans* G.F.W. MEY. – z, *P. inclinata* × *P. recta* = *P.* ×*herbichii* BŁOCKI – s, *P. cinerea* subsp. *incana* × *P. heptaphylla* = *P.* ×*subcauliopaca* LASCH – s, *P. heptaphylla* × *P. pusilla* = *P.* ×*castriferrei* BORBÁS et WAISB. – s, *P. heptaphylla* × *P. verna* = *P.* ×*aurulenta* GREMLI – s (28), *P. cinerea* subsp. *incana* × *P. pusilla* = *P.* ×*ginsiensis* WAISB. – s, *P. cinerea* subsp. *incana* × *P. verna* = *P.* ×*subarenaria* BORBÁS – z (35, 42, 56), *P. argentea* × *P. cinerea* subsp. *incana* = *P.* ×*collina* WIBEL – s, s. *P. leucopolitana*, *P. pusilla* × *P. verna* = *P.* ×*boetzkesii* J. MURR – s, *P. argentea* × *P. verna* = s (42), *P. argentea* × *P. inclinata* = *P.* ×*semiargentea* BORBÁS – s. Die Hybriden sind meist steril, woran sie – neben morphologischen Differenzierungsmerkmalen – erkannt werden können. Ihre Pollenkörner sind meist leer u. verformt, der FrAnsatz ist sehr gering. Falls sich vergrößerte Nüsschen entwickeln, sind sie oft leer. Fehlbestimmungen sind häufig; ohne Herbarbeleg bleiben viele Angaben zweifelhaft.</small>

Sibbaldia L. – Gelbling (6 Arten)
Bearbeitung: **Pedro Gerstberger u. Thomas Gregor**

Blchen keilfg, vorn gestutzt u. 3zähnig, dunkel blaugrün. Blü klein. KrBla 1–2 mm lg, grünlichgelb. 0,02–0,04. 6–8. Alp. Schneetälchen u. magere Matten; z Alp, meist 2000–2500 m (m/alp-arct·c2–6CIRCPOL – igr hros/ros H ♃ Pleiok/Rhiz – InB – KlA VdA – L7 T2 F2 R2 N4 – V Salic. herb., V Nard.).
Gelbling – *S. procumbens* L.

Fragaria L. – **Erdbeere** (23 Arten)
Bearbeitung: **Klaus Olbricht**

1   Bla ledrig, oseits fast kahl, runzlig, BlaStiele abstehend od. vorwärts anliegend behaart. Blü 2,5–3,7 cm ⌀. SammelFr >1,5 cm ⌀. Stg zur FrZeit niedergebogen. 0,20–0,30. 5–6. KulturPfl; auch Parkanlagen, Friedhöfe, Gartenabfälle; [U] z By Sa An, s Rh Nw Th Bb (igr ros H ♃ monop-Rhiz+oAusl – InB Vw SeB – VdA Lichtkeimer – L5 T9 F5 R7 N7 – zahlreiche Kultursorten, entstanden aus *F. chiloensis* (L.) Weston: austr·c1-2WAM × *F. virginiana* Mill.: sm-b·c1-2WAM – 56). [*F.* ×*magna* auct. non Thuill., *F. chiloensis* var. *ananassa* Weston] **Garten-E., Ananas-E.** – *F.* ×*ananassa* (Weston) Rozier

1* Bla nicht ledrig, oseits deutlich behaart, BlaStiele abstehend behaart. Blü <2,8 cm ⌀. SammelFr <1,7 cm ⌀. Stg zur FrZeit aufrecht. WildPfl 2

2   BlaUSeite, bes. auf den Nerven abstehend behaart. Endzahn des mittleren Blchens die Seitenzähne überragend. Alle BlüStiele waagerecht abstehend behaart. Stg die Bla deutlich überragend. Blü in Scheindolden, 2häusig. 0,15–0,35. 5–6. Frisch-feuchte LaubmischW, Gebüsche, Säume, mäßig nährstoffanspruchsvoll, wärmebedürftig; s Alp(Allg Brch Mng), z By Sa, [A N?] z Th(f Hrz NW) An Mv, s Bw Nw Bb Ns Sh, ↘, auch KulturPfl (sm-temp·c3-5EUR [N] temp-(b)·c2-5EUR-(WSIB) – igr ros H ♃ Rhiz+oAusl – InB Vw diözisch – VdA – L6 T6 F5 R6 N6 – V Alno-Ulm., V Carp., V Prun.-Rub. – Obst – 42). **Zimt-E., Moschus-E.** – *F. moschata* Weston

2* BlaUSeite anliegend, höchstens am Grund abstehend behaart. Seitliche od. alle BlüStiele angedrückt od. aufrecht abstehend behaart. Stg nur wenig länger als die Bla. Blü ♂ 3

3   FrKe waagerecht abstehend; reife SammelFr beim Pflücken ohne diesen abreißend. Ausläufer sympodial, ihre BlaBüschel mit einem spreitenlosen VorBla beginnend, aus dessen Achsel oft ein zweiter Ausläufer kommt, der den ersten fortsetzt, zwischen den BlaBüscheln etwa in der Mitte mit einem schuppenfg NiederBla. Alle Blchen fast sitzend, das mittlere mit keilfg Grund. BlaZähne mit schmaler, nur ⅓ der Zahnbreite ausfüllender, beidseits br hellgrün gesäumter, hellrosa Wasserspalte; Endzahn des MittelBlchens die seitlichen Zähne überragend, deren Spitzen fast gerade. TragBla der BlüStände gezähnt. BlüBoden am Grund mit Haarkranz, sonst kahl. 0,05–0,20. 5–6. Säume, Gebüsche, LaubW, Lichtungen, auf frischen, nährstoffreichen Böden; g He Nw(v MW N) Th, h Alp Bw Rh Sa An, v By(g NM) Ns(g Hrz S) Mv, z Bb(h NO) Sh (m/mo-b·c1-7CIRCPOL [N] austr-trop/moCIRCPOL+NAM – igr ros H ♃ Rhiz+oAusl sympod – InB: Haut- u. Zweiflügler, Käfer SeB Vw – VdA Lichtkeimer – L7 Tx F5 Rx N6 – V Carp., O Prun., V Trif. med. – Wildobst, VolksheilPfl – 14). **Wald-E.** – *F. vesca* L.

3* FrKe angedrückt, reife SammelFr beim Pflücken mit diesem knackend abreißend. Ausläufer monopodial, ihre BlaBüschel vorblattlos, mit vollentwickeltem LaubBla beginnend, nur zwischen MutterPfl u. 1. BlaBüschel mit einem schuppenfg NiederBla. MittelBlchen kurz gestielt, elliptisch, SeitenBlchen fast sitzend bis kurz gestielt. Wasserspalte der BlaZähne rot, br dreieckig, die ganze Zahnspitze einnehmend; Endzahn des MittelBlchens kürzer als die seitlichen Zähne, deren Spitzen einwärts gebogen. TragBla der BlüStände stark reduziert, ungezähnt. BlüBoden fein langhaarig. 0,05–0,15. 5–6. Lichte, warme LaubmischW, -gebüsche u. ihre Säume, Halbtrockenrasen, kalkhold; v Th An(g S), z Alp(Allg Mng Chm) By Bw Rh He Nw Sa Bb Ns(S Hrz MO M) Mv(f Elb), s Sh(f W) (sm-temp·c1-8EUR-WAS – igr ros H ♃ Rhiz+ oAusl monopod – InB SeB Vw selbststeril – VdA Lichtkeimer – L7 T5 F3 R8 N3 – V Ger. sang., O Querc. pub., V Cirs.-Brach., V Brom. erect. – Wildobst – 14). **Knack-E., Knackelbeere, Hügel-E., Bresling** – *F. viridis* Weston

Teilweise etabliert u. fertil auch die morphologisch intermediäre *F.* ×*bifera* Duchesne [*F. vesca* × *F. viridis*, *F.* ×*hagenbachiana* W.D.J. Koch]: Säume, Gebüsche, LaubW auf nährstoffreichen Böden. s By(NO) Bw(SW) Sa(SO) (igr ros H ♃ Rhiz+ oAusl monopod u. sympod.– InB SeB Vw selbstfertil, oft KrüppelFr – VdA Lichtkeimer – 14, 21).

ROSACEAE 419

Alchemilla L. – **Frauenmantel, Silbermantel** (>1000 Ap Arten)
Bearbeitung: **Sigurd E. Fröhner**

(teiligr hros H ♃ Rhiz monop, die Arten 2–5* Spaliersträucher – Ap – KlA VdA: Huftiere WiA WaA Kältekeimer – HeilPfl)

Die oft sehr ähnlichen Arten entstanden wahrscheinlich durch vielfache Hybridisierung einiger (heute ausgestorbener) Elternarten. Sie besitzen neben sterilen zwar manchmal keimfähige Pollenkörner, aber da der Embryo bei der Blütenöffnung meist schon mehrzellig ist, kann keine Befruchtung mehr stattfinden (Apomixis). Es ist daher mit der genetischen Unvermischbarkeit unserer Arten zu rechnen, jede Pfl sollte eindeutig bestimmbar sein.

Hinweise zum Sammeln u. Bestimmen: Unbedingt ganze, zusammenhängende Pfl sammeln u. untersuchen! Andernfalls besteht die Gefahr, benachbart wachsende Arten zu vermischen. Die Behaarung muss meist an SommerBla untersucht werden, bei manchen Arten auch an FrühjahrsBla. Die Begriffe Bla, BlaStiel, BlaSpreite, BlaZähne u. NebenBla beziehen sich, wenn nicht anders vermerkt, auf die RosettenBla. Die Angabe „NebenBlaÖhrchen frei od. verwachsen" bezieht sich auf die Stelle, wo die Öhrchen vom BlaStiel abgehen. Über dieser Stelle sind die Öhrchen frei (Abb. **425**/3) od. miteinander verwachsen (Abb. **425**/2). Die ebenfalls sehr wichtige Öhrchenverwachsung gegenüber dem BlaStiel lässt einen Spalt (den „Tuteneinschnitt") übrig. Wichtige Merkmale finden sich an der EndBlü. Das ist die größte Blü eines BlüStandes: endständig zwischen den übergipfelnden Ästen. Sie hat die längsten KeZipfel u. AußenKeBla, die größte Anzahl von FrKn u. meist auch die reichste Behaarung aller Blü. Der KeBecher ist zur FrZeit zu untersuchen, wenn er v reifen Nüsschen prall gefüllt ist. Beim Bestimmen ist der Vergleich mit sicher bekannten Pfl zu empfehlen. Extrem klein gewachsene, missgestaltete Pfl od. solche mit zerstörter Endknospe, die viele Erneuerungssprosse bilden, sind nur bestimmbar, wenn sie zu normaler Form heranwachsen (evtl. kultivieren). Frühere Angaben der folgenden Arten aus D beruhen auf Fehlbestimmungen: *A. acutidens* Buser, *A. anisiaca* Wettst., *A. flexicaulis* Buser, *A. grossidens* Buser, *A. helvetica* Brügger, *A. heteropoda* Buser, *A. inconcinna* Buser, *A. kerneri* Rothm. u. *A. trunciloba* Buser. Zur Unterstützung der Bestimmung kann auf validierte Herbarbelege im Online-Portal „Bestimmungskritische Taxa zur Flora Deutschland" (https://webapp.senckenberg.de/bestikri/) zurückgegriffen werden.

1   BlaAbschnitte 2–5mal so lg wie br, bis (fast) zum Grund der BlaSpreite getrennt (Abb. **419**/1). Bla oseits fast stets kahl, übrige Pfl dicht anliegend silberseidig. Kriechende Spaliersträucher mit 5–20 Jahresringen **2**
1*   BlaAbschnitte 0,1–1,0(–1,5)mal so lg wie br, selten bis über die Hälfte des Spreitenradius getrennt (Abb. **425**/2). Bla beidseits kahl bis (selten dicht silberseidig) behaart. Stauden, selten Spaliersträucher mit 3–5 (selten mehr) Jahresringen **6**
2   BlüStiele 0,5–2,0(–3,0) mm lg, stets mit HochBla. BlaSpreiten 5–7teilig, oseits stark glänzend. Kalkmeidend. 0,05–0,20. 6–10. Alp. saure Steinrasen; s Alp(Allg: Haldenwanger Kopf), [N] s An(Hrz: Brocken), [U] s Ns (m-stemp/alp+b-arct·c1-4EUR-GRÖNL-(OAM) – L9 T2 F5 R2 N2 – V Nard.).   **Alpen-F. – *A. alpina* L.**
2*   BlüStiele 1–7(–12) mm lg, fast stets ohne HochBla. BlaSpreiten 7–9teilig, oseits matt od. schwach glänzend. Kalkliebend **3**
3   Abschnitte der BlaSpreiten am Grund (fast) stets miteinander verwachsen. Bla useits meist grau-silbrig, oseits matt **4**
3*   Abschnitte der BlaSpreiten wenigstens im Frühjahrs- u. HerbstBla bis zum Grund getrennt. Bla useits grau-silbrig bis silberweiß, oseits matt od. schwach glänzend **5**
4   Abschnitte der BlaSpreiten 1,5–3mal so lg wie br, auf 33–67 % der Länge ganzrandig, verkehrt eilanzettlich bis br elliptisch (Abb. **419**/1). BlaZähne 1–4 mm lg. 0,07–0,25. 6–10. Hochmont. bis alp. frische bis feuchte, kalkreiche Felsspalten, Steinrasen, Quellfluren;

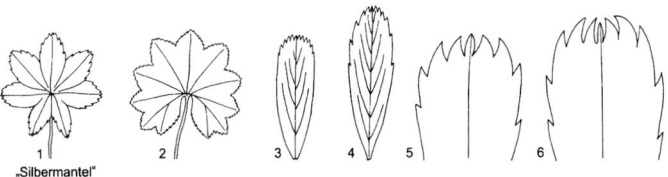

| 1 | 2 | 3 | 4 | 5 | 6 |
| „Silbermantel" Alchemilla pallens | „Frauenmantel" | A. alpigena | | Alchemilla nitida | A. hoppeana |

v Alp, z By(S), [N] s He(SW: Großer Feldberg am Taunus) (stemp/salp·c2-3ALP – L7 T2 F5 R8 N3 – V Potent. caul., O Sesl., V Car. davall.). **Blassgrüner F. – *A. pallens* Buser**

4* Abschnitte der BlaSpreiten 2–5mal so lg wie br, auf 50–90 % der Länge ganzrandig, keilfglänglich bis lineal-lanzettlich. BlaZähne 0,3–1,5 mm lg (Abb. **419**/6). 0,07–0,25. 6–10. Hochmont. bis subalp., selten demont. frische, kalkreiche Felsspalten u. Steinrasen, z Alp(h Brch, f Amm), s By(S) Bw(SW: Feldberg, Belchen) (sm-stemp/mo-salp·c2-3ALP – L7 T3 F5 R8 N3 – V Potent. caul., V Sesl.). **Hoppe-F. – *A. hoppeana* (Rchb.) Dalla Torre**

5 (3) Abschnitte der SommerBla bis zum Grund frei, selten bis 5 mm verwachsen. BlaZähne gleichfg u. klein, an den meisten Bla fast im Haarsaum verborgen (Abb. **419**/3). BlaAbschnitte an Frühjahrs- u. HerbstBla nie stielartig verschmälert. 0,07–0,25. 6–10. Subalp. u. alp. frische, kalkreiche Steinrasen, Felsbänder; z Alp, [U] s Gartenflüchtling (stemp/salp·c2-3ALP – L8 T3 F5 R8 N3 – O Potent. caul., V Sesl., V Thlasp. rot.). [*A. plicatula* auct. non Gand.] **Kalkalpen-F. – *A. alpigena* Buser**

5* Abschnitte der SommerBla meist am Grund 5–10(–15) mm verwachsen. BlaZähne meist verschieden u. deutlich sichtbar (Abb. **419**/5). BlaAbschnitte an Frühjahrs- u. HerbstBla meist deutlich getrennt u. meist etwas stielartig verschmälert (Abb. **419**/4). 0,07–0,25. 6–8. Hochmont. bis alp. frische, kalkreiche Steinrasen, Felsbänder; v Alp(Allg), s By(S: an Lech u. Isar), [N] s Bw(SW: Feldberg) („historisch"), s Gartenflüchtling (sm-stemp/salp·c2-3ALP – L8 T3 F5 R8 N3 – O Potent. caul., O Sesl., V Thlasp. rot., V Poion alp., V Car. davall. – Pfl mit verwachsenen Blchen wurden oft als *A. hoppeana* bestimmt, solche mit getrennten Blchen als *A. plicatula*). **Glanz-F. – *A. nitida* Buser**

6 (1) BlaStiele wenigstens an SommerBla abstehend behaart **7**

6* BlaStiele an SommerBla kahl od. anliegend behaart **40**

7 BlaStiele aller Bla behaart. Unterste StgGlieder fast stets behaart **8**

7* BlaStiele an 1–6 FrühjahrsBla kahl. Unterste StgGlieder meist kahl (ser. ***Heteropodae*** auct.) **35**

8 KeBecher wenigstens einiger Blü mit einigen Haaren **9**

8* KeBecher aller Blü kahl (ser. ***Hirsutae*** auct.) **24**

9 KeZipfel u. AußenKeBla wenigstens an der EndBlü (= größte Blü) länger als der KeBecher. AußenKeBla oft so br wie die KeZipfel. Große Pfl mit 100–1500blütigem BlüStand (sect. ***Erectae*** S.E. Fröhner) ....

9* KeZipfel u. AußenKeBla kürzer als der KeBecher, selten gleichlg. AußenKeBla stets deutlich schmaler als die KeZipfel. Meist kleine bis mittelgroße Pfl mit 20–700blütigem BlüStand **11**

10 BlaSpreiten 4–25 % ihres Radius gelappt. Haare an Stg u. BlaStielen 90–120° abstehend. BlüStiele u. zuweilen einige KeBecher kahl. 0,30–0,80. 6–8. ZierPfl; auch verwildert: Parks, Friedhöfe, Ansaatrasen, Flussschotter, Weg- u. Straßenränder; [N] z, z. B. By(S NO) Bw Nw He Sa Th Mv Sh, [U] s Rh Ns ↗ (m-sm/mo·c3-4OEUR-VORDAS, [N] temp/(mo)·c1-3EUR – L7 T5 F5 R7 N7 – O Arrh.). **Samt-F. – *A. mollis* (Buser) Rothm.**

10* BlaSpreiten 25–50 % ihres Radius gelappt od. gespalten. Haare an Stg u. BlaStielen 30–90° abstehend. BlüStiele u. KeBecher aller Blü behaart. 0,20–0,70. 6–8. ZierPfl; auch in Hochstaudenfluren; [N U] s (sm/mo·c4KAUK, [N] stemp/mo·c2-3EUR – O Arrh.). **Pracht-F. – *A. speciosa* Buser**

11 (9) Alle BlüStiele behaart. KeBecher fast stets sehr dicht behaart (80–700 Haare). Bla oseits meist graugrün bis bläulichgrün **12**

11* Alle BlüStiele kahl od. nur die der untersten Blü behaart. KeBecher dicht bis spärlich behaart, oft viele kahl. Bla oseits rein- od. graugrün **15**

12 BlaZähne 67–143, im ⌀ 100, an einem Lappen 11–19, ihre Länge 2,5–7,0 % des Spreitenradius. KeBecher (1–)1,3–2mal so lg wie br. 0,10–0,30. 5–10. Koll. bis subalp., selten plan., mäßig trockne bis rieselnasse kurzrasige od. lückige Wiesen u. Weiden, Gebüsch- u. Waldränder, Bach- u. Teichufer; z Bw(f NW, s S ORh) He(f SO) Th(f Hrz O) An(Hrz), s Alp(Allg Krw Chm Mng) By Rh Nw Sa(SW) Bb(NO) Ns Mv(f Elb SW), ↘ – In 2 Untersippen: BlüStiele meist kahl. BlüStandsachse meist spärlich behaart: var. *filicaulis* (oft als Art bewertet: *A. filicaulis* Buser s. str.). BlüStiele stets dicht behaart (Abb. **421**/6). BlüStandsachse meist ganz behaart: var. *vestita* Buser (oft als Art bewertet: *A. vestita* (Buser) Raunk.) (sm/ mo-alp-arct·c1-4EUR-GRÖNL-OAM – L8 T4 Fx R7 N3 – V Brom. erect., V Calth., V Card.-Mont., V Triset.). **Fadenstängel-F. – *A. filicaulis* Buser**

ROSACEAE   421

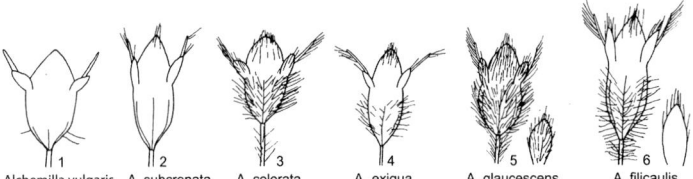

| 1 | 2 | 3 | 4 | 5 | 6 |
Alchemilla vulgaris   A. subcrenata   A. colorata   A. exigua   A. glaucescens   A. filicaulis

12* BlaZähne 43–107, im ⌀ 63–78, an einem Lappen 9–13(–15), ihre Länge 4–13 % des Sprei-
tenradius. KeBecher (0,9–)1–1,5mal so lg wie br **13**
13 Haare an BlaStiel u. Stg 90–135° abstehend, etwas steif (Abb. **421**/3). 0,05–0,20. 6–10.
Alp. bis subalp., mäßig trockne bis frische Magerrasen u. Zwergstrauchheiden; z Alp(f Brch
Chm) (sm-stemp/alp-mo·c2-3EUR – L8 T2 F4 R7 N3 – V Sesl., V Poion alp., V Elyn.,
V Nard.). **Geröteter F. – A. colorata** BUSER
13* Haare an BlaStiel u. Stg 20–90° abstehend, seidig-wollig **14**
14 KeBecher an der Fr oben deutlich eingeschnürt (Abb. **421**/5). BlaLappen auf 0–2 mm ganz-
randig, seicht bogig bis hyperbelfg od. selten dreieckig. Nüsschen 0–0,3 mm über den
Diskus ragend. BlaStiele u. Stg meist grün. 0,05–0,30. 5–10. Koll. bis alp., selten plan.
mäßig trockne bis mäßig frische (sehr selten feuchte) kurzrasige od. lückige Wiesen u.
Weiden, Gebüsch- u. Waldränder, v Alp Th, z By Bw(f NW, † ORh) Rh(f ORh) He Sa(f NO)
An(h Hrz, S W SO) Ns(Hrz S) Mv(f SW), s Nw MW NO SO Bb(M MN NO) Sh(M O), ↘ (sm/
dealp-b·c2-5EUR – L7 T4 F5 R4 N3 – V Brom. erect., V Arrh., V Triset., V Nard., V Sesl.).
Filziger F. – A. glaucescens WALLR.
14* KeBecher an der Fr schwach eingeschnürt bis erweitert. BlaLappen auf 1–4 mm ganz-
randig, keilig-seicht-bogig bis quadratisch od. keilig-hyperbelfg. Nüsschen 0,2–0,5 mm über
den Diskus ragend. BlaStiele u. Stg meist purpurn. 0,03–0,20. 6–10. Alp. bis subalp. mäßig
trockne bis frische steinige Rasen; z Alp(Allg Brch Krw Wtt) (sm-stemp/alp·c2-3EUR – L8
T1 F4 Rx N3 – K Sesl., V Car. curv., V Nard., V Triset.).
Fächerblatt-F. – A. flabellata BUSER
15 (11) Haare an voll entwickelten BlaStielen u. Stg 90° od. 90–140° abstehend **16**
15* Haare an BlaStielen u. Stg (0–)20–90° abstehend, wenigstens an einigen BlaStielen u. Stg
teilweise spitzwinklig abstehend **22**
16 Länge der GrundBlaZähne 2–8 % des Spreitenradius. BlaStiele kaum rot gefärbt **17**
16* Länge der GrundBlaZähne 5–15 % des Spreitenradius. BlaStiele meist rot gefärbt **21**
17 Haare an BlaStielen u. Stg 100–140° abstehend. (Abb. **428**/5). 0,10–0,50. 5–10. Submont.
bis subalp. mäßig trockne bis mäßig frische kurzrasige od. lückige Wiesen u. Weiden,
Gebüsch- u. Waldränder, Waldwege; z Alp(Kch Wtt Allg) Bw(f NW ORh), s By(Alb S) (sm-
stemp/mo·c2-3EUR – L7 T4 F5 R7 N2 – V Triset., V Brom. erect.).
Gestriegelter F. – A. strigosula BUSER
17* Haare an BlaStielen u. Stg 90° abstehend **18**
18 BlaLappen mit (11–)13–19 Zähnen. BlaSpreiten mit 75–170 Zähnen. FrKeBecher unter den
KeZipfeln sehr oft etwas verengt. Zwischen 2 Wickeln 1–6 scheindoldig gestellte EndBlü
.... **19**
18* BlaLappen mit (13–)15–27 Zähnen. BlaSpreiten mit 100–260 Zähnen. FrKeBecher unter
den KeZipfeln gleichbr. Zwischen 2 Wickeln 1–2 EndBlü **20**
19 Die meisten od. alle Blü wickelig angeordnet. BlüStiele 0,5–1,0 mm, an EndBlü bis 4,0 mm
lg. BlaZähne (0,7–)1–2mal so lg wie br. Basis der grundständigen NebenBla weiß. 0,10–
0,40. 5–10. Submont. bis alp., selten plan. bis koll. mäßig trockne bis sickernasse Wiesen,
Weiden u. Rud.; häufigste Art der Gattung in D, h Alp He(z ORh), v By Th(h O Wld) Sa(s
Elb), z Bw Rh Nw An(h Hrz, f Elb O), s Bb(f NO Oder SW) Ns (hf Hrz f Elb) Mv(f Elb SW)
Sh(M O), ↘ (sm/mo-alp-b·c2-5EUR-(WSIB) – L7 Tx F4 R7 N5 – K Mol.-Arrh., V Brom.
erect., V Rum. alp., K Polyg.). **Bergwiesen-F. – A. monticola** OPIZ

19* Die meisten od. alle Blü scheindoldig angeordnet. BlüStiele 1–3 mm, an EndBlü bis 5 mm lg. BlaZähne 0,5–1,0(–1,5)mal so lg wie br. Basis der grundständigen NebenBla meist rosa bis rot. **A. filicaulis** s. 12

20 (18) BlaSpreiten wenigstens an SommerBla oseits locker bis dicht behaart u. reingrün, useits meist weniger behaart. Blü 2–4 mm lg. Öhrchen der grundständigen NebenBla über dem Ansatz am BlaStiel frei. BlaZähne meist sehr spitz, 0,5–2mal so lg wie br. (Abb. **421**/1). 0,15–0,70. 5–10. Frische bis feuchte Wiesen, Weiden u. Rud., Hochstaudenfluren; h Th, v He, z Alp(f Amm Kch Wtt) By Bw Rh Nw(f MW) Sa(h SO SW) An(h Hrz, f N O) Ns, s Bb(f NO Oder SW) Mv(f N MW) Sh(M O) (sm-mo-b·c2-5EUR-(WSIB) – L6 T4 F5 R7 N6 – K Mol.-Arrh., V Rum. alp., V Aego. pod.). [*A. acutiloba* OPIZ]
Gewöhnlicher F., Spitzlappen-F. – *A. vulgaris* L.

20* BlaSpreiten oseits fast stets kahl, hell blaugrün, useits wenigstens an SommerBla dicht behaart. Blü 1,5–3,0 mm lg. Öhrchen der grundständigen NebenBla über dem Ansatz am BlaStiel 1–10 mm miteinander verwachsen. BlaZähne spitz, 0,4–1mal so lg wie br. 0,15–0,70. 5–10. Mont. bis alp., selten koll. bis plan. mäßig trockne bis feuchte Wiesen, Weiden u. Rud., Hochstaudenfluren; h Th, v Bw Rh He(g NW), s Alp By Nw Sa An(h Hrz, S W SO) Sh(M O) Bb(f MN Oder SW) Ns(MO N M NW) Mv(M MW), ↘ (sm/mo-temp/demo·c1-4EUR, [N] tempOAM, f AUST – L6 T4 F7 R7 N5 – K Mol.-Arrh., V Adenost., V Rum. alp., V Aego. pod.). **Kleinblütiger F. – *A. xanthochlora* ROTHM.**

21 (16) Nüsschen 0–0,3 mm (= 0–20 % der Länge) über den Diskus ragend. KeBecher (1–)1,5–2,5mal so lg wie br (Abb. **421**/4). BlüStiele 0,4–2,0 mm, an EndBlü bis 3 mm lg. 0,03–0,15. 6–10. Subalp. bis alp. mäßig trockne bis frische, kurzrasige, lückige Rasen, an Waldwegen; z Alp(f Amm Mng), s By(S) (sm-stemp/mo-alp·c2-3EUR – L8 T3 F5 R8 N4 – V Triset., V Nard., V Sesl.). **Kleiner F. – *A. exigua* PAULIN**

21* Nüsschen 0,3–0,6 mm (= 20–35 % der Länge) über den Diskus ragend. KeBecher 1–1,2 (–1,5)mal so lg wie br (Abb. **421**/3). BlüStiele 1–3 mm, an EndBlü bis 6 mm lg.
A. colorata s. 13

22 (15) KeBecher kuglig, 0,9–1,5mal so lg wie br, kahl bis spärlich behaart (0–40 Haare). BlüStandsachse oft im oberen Teil kahl. BlaSpreiten beidseits oft fast kahl, waagerecht u. eben. Grundständige NebenBla mit 1–5 Zähnen. KeZipfel 0,9–1,5mal so lg wie br. 0,05–0,15. 6–10. Alp. kalkreiche Steinrasen, mäßig trockne Magerrasen; s Alp(Krw) (stemp/alp·c2ALP – L9 T3 F3 R8 N3 – V Sesl.). **Krainer F. – *A. carniolica* (PAULIN) FRITSCH**

22* KeBecher birnfg bis kugelfg, 1–2mal so lg wie br, meist dicht behaart (1–400 Haare). BlüStandsachse bis zur Spitze behaart. BlaSpreiten beidseits (useits meist sehr dicht) behaart, wellig. Grundständige NebenBla mit 1–9 Zähnen. KeZipfel 1–2mal so lg wie br 23

23 Monochasien wickelig, seltener etwas scheindoldig. NebenBlaTute am untersten StgBla gegenüber der Spreite auf 8–25 % ihrer Länge eingeschnitten. BlaStiele 1,5–2,5 mm dick. Länge der GrundBlaZähne 2,5–6(–9)% des Spreitenradius. Haare an BlaStielen u. Stg 30–90° abstehend, 0,10–0,30. 5–10. Mont. bis plan. frische bis mäßig trockne Wiesen, Weiden u. Rud.; z Th(f Hrz O Rho) Sa(SW W SO) Ns(Hrz, s S), s By(NW: Sandsteinspessart) Bw(SW) Rh(N: Westerwald) Nw(SW) An(Hrz) Bb(M MN) Sh(O), ↘ (temp-b·c3-5EUR – L7 T4 F5 R7 N6 – O Arrh.). **Schwachfilziger F. – *A. propinqua* Juz.**

23* Monochasien ganz od. überwiegend scheindoldig. NebenBlaTute am untersten StgBla gegenüber der Spreite auf 18–75 % ihrer Länge eingeschnitten. BlaStiele 1,0–1,5 mm dick. Länge der GrundBlaZähne 5–13 % des Spreitenradius. Haare an BlaStielen u. Stg 20–70° abstehend, 0,05–0,30. 5–10. Mont. bis alp., selten plan. feuchte bis mäßig trockne kurzrasige od. lückige Wiesen u. Weiden; z Alp(Allg Amm Brch Wtt) Th(f Bck Hrz S) Sa(SO SW W) An(Hrz), s By(NO NW S) Bw(SW Alb) He(SO MW O) Nw(SO) Bb (N: Berlin, Tegeler Fließ) Ns(Hrz), ↘ (temp/dealp-b·c3-5EUR – L7 T4 F5 R7 N4 – O Arrh.).
Falten-F. – *A. plicata* BUSER

24 (8) Bla oseits fast ganz kahl. Öhrchen der grundständigen NebenBla über dem Ansatz am BlaStiel 1–10 mm miteinander verwachsen. Bla mit 110–235, im ⌀ 172 Zähnen.
A. xanthochlora s. 20*

24* Wenigstens SommerBla oseits zerstreut bis dicht behaart. Öhrchen der grundständigen NebenBla über dem Ansatz am BlaStiel frei, nur bei *A. crinita* (s. 26) 1–3 mm verwachsen
.... 25

ROSACEAE 423

25 Haare an BlaStiel u. Stg etwas rückwärtsgerichtet (100–140° abstehend) **26**
25* Haare an BlaStiel u. Stg 90° od. (20–)45–90° abstehend **30**
26 BlaSpreite schüsselfg, lebend oseits mit eingesenktem Nervennetz. BlaStielHaare oft nur unterhalb der Spreite rückwärts gerichtet, sehr dicht. Bla mit 64–160, im ⌀ 93 Zähnen. Öhrchen der grundständigen NebenBla über dem Ansatz am BlaStiel 1–3 mm verwachsen. 0,10–0,40. 5–10. Mont. bis alp. frische bis feuchte Wiesen, Weiden u. Rud.; z Alp Bw(f Gäu Keu NW), s By(S MS NO O) Th(Wld) Sa(SO: Hainewalde SW: Vogtland, ErzG: Altenberg) (sm/salp-stemp/dealp·c2-5EUR-VORDAS – L7 T3 F6 R7 N7 – K Mol.-Arrh., V Rum. alp., V Aego. pod.). **Runzelblatt-F. – *A. crinita* BUSER**
26* BlaSpreite trichterig bis waagerecht, meist wellig od. faltig, nicht mit eingesenktem Nervennetz. BlaStielhaare spärlich od. dicht. NebenBlaÖhrchen frei **27**
27 FrKeBecher kuglig, am Grund fast stets br abgerundet, 0,9–1(–1,5)mal so lg wie br (Abb. **428**/6). Blü 3–5 mm lg. Lebende BlaStiele im Querschnitt rötlich bis purpurn. TeilBlüStände kuglig. BlaSpreiten stark wellig u. faltig. 0,10–0,50. 5–10. Mont. frische bis mäßig trockne Wiesen, Weiden, Rud.: Wege, Dungstellen; Gebüsch- u. Waldränder; z Alp(Brch Chm) Sa(SO SW) An(f Elb N O, z Hrz) Ns(Hrz), s By(NO O) Bw(Alb) Th(Bck Rho Wld, v Hrz) (temp/mo-b·c3-4EUR – L7 T4 F5 R7 N6 – V Triset., V Cynos., V Polyg. avic.).
Kugelfrucht-F. – *A. subglobosa* C.G. WESTERL.
27* FrKeBecher glockenfg bis birnfg od. zylindrisch, höchstens etwas kuglig, am Grund meist kurz zugespitzt, 1–1,5(–2)mal so lg wie br. Blü 1,5–4,0 mm lg. Lebende BlaStiele im Querschnitt grün. TeilBlüStände kaum kuglig. BlaSpreiten wellig od. waagerecht u. zuweilen etwas faltig **28**
28 Blü 3–6 mm br. KeZipfel oft dicht behaart (0–100 Haare). BlüTriebe 2–7mal so lg wie der längste BlaStiel, 5–16gliedrig. ***A. strigosula*** s. 17
28* Blü 2,5–4,0 mm br. KeZipfel kahl bis spärlich behaart (0–15 Haare). BlüTriebe 1–2mal so lg wie der längste BlaStiel, 5–10gliedrig **29**
29 BlaZähne meist unsymmetrisch, br krumm dreieckig bis eifg-dreieckig, meist verschieden. Lappen der BlaSpreiten auf 0–1(–2) mm ganzrandig. Basis der grundständigen NebenBla weiß. KeZipfel 1–1,7mal so lg wie br, wenigstens an einigen Blü mit einigen (0–15) Haaren (Abb. **421**/2). BlaSpreiten oseits rein- bis dunkelgrün. 0,10–0,50. 5–10. Submont. bis alp., selten koll. bis plan. frische u. feuchte Wiesen, Weiden u. Rud., Quell- u. Hochstaudenfluren; v Th(h Wld), z Alp By Bw(h SW, f NW) He(MW NW O SW) Sa An(f Elb N O), s Rh(N) Nw(f MW NO) Bb(f NO Oder SW) Ns(S N O) Mv(Elb: Neu Kaliß? NO: Rügen M: Altentreptow) Sh(M O), ↘ (sm/mo-b·c2-5EUR-(WSIB) – L7 Tx F5 R5 N6 – K Mol.-Arrh., V Rum. alp., V Adenost., V Aego. pod., V Card.-Mont., V Polyg. avic.).
Kerbzahn-F. – *A. subcrenata* BUSER
29* BlaZähne ziemlich symmetrisch, ei-warzenfg, seltener dreieckig, ziemlich gleich. Lappen der BlaSpreiten auf 1–5 mm ganzrandig. Basis der grundständigen NebenBla rosa. KeZipfel 0,8–1,2(–1,6)mal so lg wie br, fast stets kahl. BlaSpreiten oseits bläulich- bis reingrün. 0,15–0,70. 5–10. Mont. frische Wiesen, Weiden u. Rud.; s Sa(SW), [N?] s Nw(SW: Eifel) Th(Wld: Lichtentanne) ((temp/mo)-b·c3-5EUR – L7 T4 F5 R7 N6 – V Triset., V Cynos., V Aego. pod.). **Wellenblatt-F. – *A. cymatophylla* JUZ.**
30 (25) Schmale Zähne etwas parallelrandig. BlaSpreiten oseits dunkel graugrün, ziemlich waagerecht, oft etwas faltig. BlüTriebachse auf 80–100 % der Länge behaart. TeilBlüStände kuglig, kaum 10 mm dick. ***A. monticola*** s. 19
30* Schmale Zähne dreieckig, nicht parallelrandig. BlaSpreiten oseits hellgrün od. rein- bis dunkelgrün, waagerecht od. trichterfg, eben od. wellig od. faltig. BlüTriebachse auf (40–) 60–90(–100)% der Länge behaart. TeilBlüStände wickelig od. in über 1 cm dicken Knäueln
.... **31**
31 Haare an BlaStielen u. Stg (20–)45–90° abstehend. FrKeBecher unten lang zugespitzt. Grundständige NebenBla am Grund oft rötlich. Nüsschen 0,0–0,4 mm über den Diskus ragend, s. auch **59** **32**
31* Haare an BlaStielen u. Stg 90° abstehend. FrKeBecher unten abgerundet bis kurz zugespitzt. Grundständige NebenBla am Grund weiß. Nüsschen 0,2–0,5 mm über den Diskus ragend **33**

32 BlaSpreiten oseits dunkelgrün, etwas glänzend, fast stets dicht behaart. Endzahn der BlaLappen 0,6–1mal so lg wie br. TeilBlüStand locker, fast stets wickelig. KeBecher 1–1,7mal so lg wie br. Diskuswulst so br wie die Öffnung od. breiter. 0,07–0,70. 5–10. Submont. bis subalp., selten koll. bis plan. feuchte bis mäßig trockne Wiesen, Weiden u. Rud.; v Th(h Wld), z Alp By Bw(f NW) Nw(f N MW) Sa An(h Hrz, S W SO) Ns(v Hrz), s Rh(M SW N W) He(O MW SW) Bb(f Elb M Oder) Mv(M MW NO) Sh(M O), ↘ (sm/mob·c2-5EUR-(WSIB) – L7 Tx F7 Rx N7 – K Mol.-Arrh., K Polyg.).
   Zierlicher F. – *A. micans* BUSER
32* BlaSpreiten oseits reingrün, am Rand u. in den Falten od. überall behaart. Endzahn der BlaLappen 1,2–2,3mal so lg wie br. TeilBlüStand dicht, meist scheindoldig. KeBecher 1,5–2,5mal so lg wie br. Diskuswulst schmaler als die Öffnung. 0,10–0,40. 6–10. Mont. bis subalp. Wiesen u. Weiden; z Alp(Allg Amm Wtt) (stemp/mo-salp·c3ALP – L8 T3 F6 R7 N4 – V Triset., V Nard.).
   Westtiroler F. – *A. hirtipes* BUSER
33 (31) BlaSpreiten waagerecht, eben bis schwach faltig, oseits hell- bis reingrün, ihre Lappen 25–45° br, ihre Zähne fast stets auswärts gekrümmt. Blü oft ungestielt. KeZipfel 0,8–1mal so lg wie der KeBecher, fast stets kahl (Abb. 421/1).
   A. vulgaris s. str. s. 20
33* BlaSpreiten trichterfg bis waagerecht, aber wellig, oseits rein- bis dunkelgrün, ihre Lappen 45–60° br, ihre Zähne fast stets einwärts gekrümmt bis gerade. Blü deutlich gestielt. KeZipfel 0,50–0,85mal so lg wie der KeBecher, wenigstens an einigen Blü mit einigen (0–25) Haaren 34
34 BlaLappen auf 0–1(–2) mm ganzrandig, ihre Zähne 0,3–1mal (Endzahn 0,6–1,2mal) so lg wie br. KeBecher 1–1,6mal so lg wie br. BlüStiele ohne DeckBla. ***A. subcrenata*** s. 29
34* BlaLappen auf 1–5 mm ganzrandig, ihre Zähne 1–1,5mal so lg wie br. KeBecher 1,4–2mal so lg wie br. BlüStiele oft mit DeckBla. 0,10–0,40. 5–10. Mont. frische Wiesen u. Rud.; s Bw(S: S-SchwarzW) (frühere Angaben ab D beruhten auf Fehlbestimmung) (stemp/mo·c2-3JURA-ALP – L7 T4 F5 R7 N6 – V Triset., V Aego. pod.).
   Dunkler F. – *A. obscura* BUSER
35 (7) Haare an BlaStielen u. Stg 90–120° abstehend 36
35* Haare an BlaStielen u. Stg 90° od. 45–90° abstehend 37
36 Blü 2,0–3,5 mm lg, so lg wie br od. breiter. KeZipfel dreieckig bis dreieckig-eifg. SommerBla useits meist locker bis dicht behaart (0–1000 Haare auf 1 cm²). AußenKeBla fast stets vorhanden. 0,10–0,40. 6–10. Subalp. bis alp. frische bis rieselnasse Rasen u. Staudenfluren, Schneetälchen; z Alp (sm-stemp/salp·c2-3EUR – L7 T3 F5 R7 N6 – V Triset., V Adenost., V Sal. herb.). [*A. sectilis* ROTHM.]
   Welliger F. – *A. undulata* BUSER
36* Blü 2,5–4,0 mm lg, meist länger als br (Abb. 427/3). KeZipfel halbeifg-dreieckig bis rundlich od. eifg. Bla useits außer den Nerven kahl bis spärlich behaart (0–75 Haare auf 1 cm²). AußenKeBla oft fehlend. 0,05–0,30. 6–10. Hochmont. bis alp. feuchte bis mäßig trockne Rasen, Quellfluren, Schneetälchen; z Alp Bw(SW) (stemp/salp-alp·c2-3ALP – L7 T2 F6 Rx N5 – K Salic. herb., V Card.-Mont., V Calth., V Poion alp., V Triset., V Adenost.).
   Niederliegender F. – *A. decumbens* BUSER
37 (35) Basis der grundständigen NebenBla rosa bis weinrot. FrKeBecher oben oft schwach eingeschnürt 38
37* Basis der grundständigen NebenBla weiß, selten schwach rosa. FrKeBecher oben gleichbr bis etwas erweitert 39
38 Lappen der BlaSpreiten 45–50° br. SommerBla oseits dunkelgrün, glänzend. BlüStiele 1–4 mm, an EndBlü bis 9 mm lg. Nüsschen 1,3–1,5mal so lg wie br. 0,10–0,30. 6–10. Mont. bis alp. mäßig trockne bis feuchte Rasen, Stauden- u. Quellfluren; z Alp(Allg) (sm-stemp/mo-alp·c2-3EUR – L7 T4 F5 R7 N5 – V Triset., V Poion alp.).
   Schlanker F. – *A. tenuis* BUSER
38* Lappen der BlaSpreiten 27–45° br. SommerBla oseits bläulichgrün, matt. BlüStiele 0,5–2,0 mm, an EndBlü bis 5 mm lg. Nüsschen 1,5–2mal so lg wie br. 0,10–0,30. 6–10. Subalp. bis alp. mäßig trockne bis frische Rasen u. Staudenfluren; z Alp(Allg) (stemp/salp·c2-3EUR – L8 T3 F5 R7 N5 – V Triset.).
   Rotscheiden-F. – *A. rubristipula* BUSER
39 (37) Endzahn der BlaLappen 0,5–1mal so lg wie br. BlaLappen (30–)45–60° br, am Grund auf 0–1 mm ganzrandig. FrKeBecher am Grund meist abgerundet. BlaZähne rundlich bis br warzenfg, seltener br dreieckig. 0,10–0,40. 6–10. Subalp. bis alp. mäßig frische, basen-

ROSACEAE 425

reiche steinige Rasen u. Staudenfluren; z Alp(f Brch Mng) (stemp/salp·c3OALP – L7 T3 F5 R7 N6 – V Triset., V Poion alp.). **Tiroler F. – *A. tirolensis* DALLA TORRE et SARNTH.**
39* Endzahn der BlaLappen 0,8–1,7mal so lg wie br. BlaLappen 30–45° br, am Grund auf 0–4 mm ganzrandig. FrKeBecher am Grund meist spitz. BlaZähne br krumm-dreieckig bis sichelfg-dreieckig. 0,10–0,40. 6–10. Subalp. frische Weiden, Gebüsche, Quellfluren; z Alp(f Krw Mng) Nw(SW): Eifel (stemp/salp·c2-3EUR – L7 T3 F5 R7 N6 – V Triset., V Adenost., V Calth., V Rum. alp.). [*A. heteropoda* auct. non BUSER]
Halbmond-F. – *A. lunaria* S.E. FRÖHNER
40 (6) BlaStiel an 3–6 od. mehr Bla kahl **41**
40* BlaStiel an allen Bla (fast) anliegend behaart od. an 1(–2) FrühjahrsBla kahl **50**
41 Länge der BlaZähne 8–25 % des Spreitenradius. Endzahn eines BlaLappens 2–3,5mal so lg wie br (Abb. **427**/1). An den größten Blü KeZipfel u. AußenKeBla meist länger als der KeBecher (Abb. **427**/2). Nüsschen 0–0,2 mm über den Diskus ragend. BlaSpreiten 33–70 % des Radius gespalten. Stg 0,5–1,5 mm dick. 0,05–0,30. 6–10. Alp. frische bis sickernasse saure Magerrasen, Schneetälchen; z Alp(f Chm f Amm Kch) (sm/temp/alp·c2-3EUR – L8 T2 F6 Rx N3 – K Salic. herb., V Poion alp.).
Zerschlitzter F. – *A. fissa* GÜNTHER et SCHUMMEL
41* Länge der BlaZähne 2–8 (selten 15) % des Spreitenradius. Endzahn eines BlaLappens 0,5–1,5 (selten 2,5)mal so lg wie br. KeZipfel u. AußenKeBla kürzer als der KeBecher od. gleichlang (Abb. **427**/4 u. 5). Nüsschen 0–0,8 mm über den Diskus ragend. BlaSpreiten 10–60 % des Radius gespalten. Stg 0,7–5,0 mm dick (ser. *Glabrae* auct.) **42**
42 BlaSpreiten oseits kahl od. nur ganz am Rand spärlich behaart. Länge der BlaZähne 2–7 % des Spreitenradius **43**
42* Wenigstens SommerBlaSpreiten oseits zerstreut bis dicht behaart. Länge der BlaZähne 3–7 %, bei einigen Arten bis 15 % des Spreitenradius **45**
43 Bla oseits trüb dunkelgrün. BlaLappen an manchen Bla am Grund etwas keilfg, auf 0–5 mm (= 0–40 % der Länge) ganzrandig. Blü innen oft rot. 0,10–0,40. 6–10. Subalp. Nadelwaldränder, alp. kurzrasige Weiden; ob Alp(Allg): Biberkopf? (frühere Angaben aus D beruhten auf Fehlbestimmung) (sm-stemp/salp·c2EUR – L7 T4 F6 R7 N3 – V Rhod.-Vacc., V Nard.).
(?) Stutzlappiger F. – *A. trunciloba* BUSER
43* Bla oseits hell blaugrün. BlaLappen nicht keilfg, auf 0–4 mm (= 0–20 % der Länge) ganzrandig. Blü grün bis gelb **44**
44 BlaStiele fast zylindrisch. BlaZähne spitz dreieckig. Endzahn eines BlaLappens 1–1,3mal so lg wie br. Blü so br wie lg od. breiter. AußenKeBla 0,7–1mal so lg wie der KeBecher (Abb. **427**/4). BlaSpreiten glatt trichterfg. 0,15–0,40. 5–10. Mont. bis alp. Quellfluren, Bachränder, (frische) feuchte bis rieselnasse, kurzrasige od. lückige Wiesen u. Weiden, Hochstaudenfluren; z Alp, s By(S MS O) Bw(SO Alb S SW) (sm/alp-stemp/dealp·c2-3EUR – L7 T4 F9 R7 N4 – V Card.-Mont., V Adenost., V Nard.).
Gelbstängel-F. – *A. straminea* BUSER
44* BlaStiele fast halbzylindrisch. BlaZähne meist warzenfg u. stumpflich. Endzahn eines BlaLappens 0,6–1mal so lg wie br. Blü so lg wie br od. länger. AußenKeBla 0,3–0,8mal so lg wie der KeBecher (Abb. **427**/5). BlaSpreiten meist stark wellig. 0,15–0,40. 5–10. Submont. bis subalp. Quellfluren, Bachränder, (frische) feuchte bis rieselnasse kurzrasige od. lückige Wiesen u.

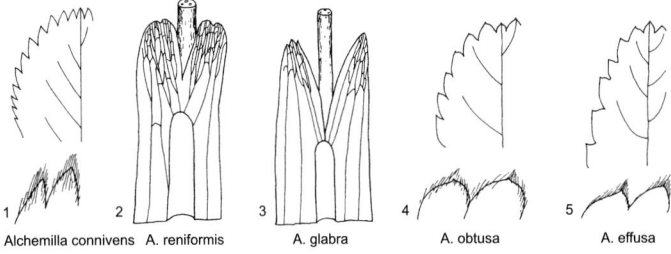

1 Alchemilla connivens   2 A. reniformis   3 A. glabra   4 A. obtusa   5 A. effusa

Weiden; z By(S) s Bw (S Gäu ORh, v SW) (sm-stemp/mo·c1-3EUR − L7 T4 F8 R7 N4 − V Card.-Mont., V Calth., V Arrh., V Adenost.). **Lederblatt-F. − *A. coriacea* BUSER**

45 (42) Bla oseits wenigstens an SommerBla dicht behaart 46

45* Bla oseits kahl bis spärlich, höchstens an einzelnen Bla dicht behaart. Endzahn eines BlaLappens 0,7–2(–2,5)mal so lg wie br. Bla 2–4 mm lg. Nüsschen 1,2–2,0 mm lg 47

46 Auch SommerBlaStiele kahl. Nüsschen 1,0–1,4 mm lg, 1,1–1,4mal so lg wie br. 0,15–0,30. 5–10. Hochmont. frische bis feuchte Wiesen, Flachmoore, feuchte Waldwege; s By(O: Böhmerwald: Fürstenau) (temp·c3-5EUR-(WSIB) − L7 T4 F5 R7 N6 − V Calth., V Card.-Mont.). **Kahlstängel-F. − *A. glabricaulis* H. LINDB.**

46* SommerBlaStiele dicht u. anliegend behaart. Nüsschen 1,5–2,0 mm lg, 1,6–1,7mal so lg wie br. 0,15–0,40. 6–10. Alp. Sümpfe u. Quellfluren, frische bis feuchte Wiesen u. Weiden, Hochstaudenfluren, kalkhold; s Alp(Chm) (frühere Angaben aus D falsch) (stemp/salp·c2-3ALP − L7 T4 F5 R8 N6 − O Tofield., V Adenost., V Triset.). **Glatthaar-F. − *A. compta* BUSER**

47 (45) AußenKeBla 0,2–0,75mal so lg wie der KeBecher, oft einige fehlend. BlaSpreiten 20–50(–67)% des Radius gelappt od. gespalten. BlaLappen mit 7–19 Zähnen 48

47* AußenKeBla 0,4–0,9(–1)mal so lg wie der KeBecher, stets vorhanden. BlaSpreiten 15–33 % des Radius gelappt. BlaLappen mit 13–19(–25) Zähnen 49

48 BlaZähne 0,6–1,5mal so lg wie br, ihre Länge 4–10 % des Spreitenradius. BlaSpreiten nieren- bis meist kreisfg, 270–450° br, wellig. BlüStiele 0–1 mm, an EndBlü bis 3 mm lg. Oft SommerBlaStiele u. Stg (locker anliegend) behaart. Nüsschen 1,5–2mal so lg wie br. 0,10–0,30. 6–10. Hochmont. bis subalp. Quellfluren; s Bw(SW: S-SchwarzW) (stemp/alp·c2-3ALP − L9 T2 F7 Rx N3 − V Card.-Mont.). **Kälte-F. − *A. frigens* BUSER**

48* BlaZähne 1–2mal so lg wie br, ihre Länge 5–15 % des Spreitenradius. BlaSpreiten halbkreis- bis nierenfg, 200–300° br, kaum wellig. BlüStiele 0,5–2,0 mm, an EndBlü bis 9 mm lg. Sehr selten SommerBlaStiele (locker anliegend) behaart. Nüsschen 1,2–1,5mal so lg wie br. 0,10–0,20. 6–10. Alp. u. subalp. Schneetälchen; s Alp(Allg Mng) (stemp/alp·c2-3ALP − L7 T2 F7 Rx N4 − V Salic. herb., Thlasp. rot.). **Halbgeteilter F. − *A. semisecta* BUSER**

49 (47) Länge der BlaZähne 5–10 % des Spreitenradius. Bla dunkelgrün, ihre Zähne 0,6–1,5(–2)mal so lg wie br. SommerBlaStiele fast stets behaart. KeBecher 1–1,5mal so lg wie br. NebenBla am obersten vollständigen TragBla im BlüStand 5–9 mm lg, 3–8zipflig. 0,10–0,30. 6–10. Subalp. basenreiche feuchte Rasen, Bachschluchten, Staudenfluren; z Alp(Amm) (stemp/salp·c2-3ALP − L8 T2 F5 R7 N4 − O Thlasp. rot., V Adenost.). **Wechselhaar-F. − *A. versipila* BUSER**

49* Länge der BlaZähne 2,5–5 % des Spreitenradius. Bla hellgrün, ihre Zähne 0,3–1mal so lg wie br. Alle BlaStiele kahl. KeBecher 1,2–2mal so lg wie br. NebenBla am obersten vollständigen TragBla im BlüStand 9–16 mm lg, 6–10zipflig. 0,10–0,30. 6–10. Subalp. Quellfluren, feuchte Staudenfluren, kalkhold; s Alp(Brch Allg) (stemp/alp·c2ALP − L8 T3 F6 R8 N3 − V Craton., V Adenost.). **Kleinknäuel-F. − *A. aggregata* BUSER**

50 (40) (Fast) alle Bla useits dicht bis sehr dicht seidig behaart (0–2500 Haare auf 1 cm²), oseits meist kahl. BlaStiele 1 mm ⌀. BlüTriebachse auf ganzer Länge behaart, meist auch einige BlüStiele behaart. BlaZähne 1–2 mm br. BlaSpreiten 2–6 cm br. 0,10–0,30. 6–10. Subalp. frische Felsspalten, Feinschutt, steinige Rasen u. Matten, basenhold; z Alp(Allg Wtt) (stemp/salp·c3ALP − L8 T3 F4 R8 N3 − O Sesl., V Potent. caul., V Poion alp.). [*A. kerneri* auct. non ROTHM.] **Schimmernder F. − *A. splendens* CHRIST**

50* Bla useits außer den Nerven kahl od. bis dicht behaart (0–800 Haare auf 1 cm²), oseits kahl od. behaart. BlaStiele 1,0–4,5 mm ⌀. BlüTriebachse meist oberwärts kahl. BlüStiele kahl. BlaZähne 1–5(–8) mm br. BlaSpreiten 3–16 cm br 51

51 KeZipfel u. AußenKeBla an den größten Blü oft länger als der KeBecher (Abb. **427**/2). KeZipfel oft 2mal so lg wie br. An getrockneten Bla meist Nerven auch oseits hervortretend (sect. *Calicinae* BUSER s. l.) 52

51* KeZipfel u. AußenKeBla kürzer als der KeBecher od. gleichlg. KeZipfel kaum länger als 1,5mal so lg wie br (Abb. **427**/4 u. 5). An getrockneten Bla Nerven oseits nicht hervortretend (sect. *Alchemilla* ser. *Subglabrae* auct.) 55

ROSACEAE 427

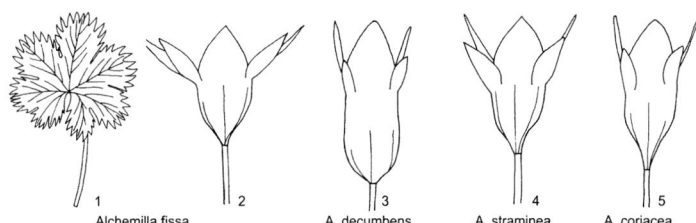

1 Alchemilla fissa | 2 | 3 A. decumbens | 4 | 5 A. straminea   A. coriacea

52 BlaLappen 20–40(–60)% des Spreitenradius eingeschnitten, auf (0–)1–5(–8) mm ganzrandig. BlüTriebachse auf (0–)20–40 % der Länge behaart. Bla useits auf den Nerven u. selten am Rand behaart (0–120 Haare auf 1 cm²) 53
52* BlaLappen 10–30(–45)% des Spreitenradius eingeschnitten, auf 0–2 mm ganzrandig. BlüTriebachse auf 40–80(–100)% der Länge behaart. Bla useits auf den Nerven u. oft auf der Fläche behaart (0–800 Haare auf 1 cm²) 54
53 BlaSpreite meist eben, waagerecht, ihre Zähne etwa gleich, gerade dreieckig bis eifg-dreieckig. Blü 2,0–4,0 × 3,0–4,5 mm. Nüsschen 1,4–1,7 mm lg. 0,15–0,30. 6–10. Subalp. bis alp. frische Rasen u. Staudenfluren, Bachufer; z Alp(f Brch Chm) (sm-stemp/salp·c2-3EUR – L8 T3 F8? R8 N2? – V Adenost., V Triset., V Poion alp.).
 Eingeschnittener F. – *A. incisa* BUSER
53* BlaSpreite meist wellig od. faltig, oft etwas trichterfg, ihre Zähne meist verschieden, gerade dreieckig bis krumm-dreieckig od. sichelfg-eifg. Blü 2,5–5,0 × 3–7 mm. Nüsschen 1,5–2,0 mm lg. 0,20–0,40. 6–10. Subalp. bis hochmont. frische Gebüsche u. Hochstaudenfluren, basenhold; z Alp(f Chm Mng) (stemp/salp·c3ALP – L8 T3 F6 R7 N3 – V Eric.-Pic., V Adenost.).
 Othmar-F. – *A. othmarii* BUSER
54 (52) BlaLappen 30–45 ° br. Grundständige NebenBla am Grund rosa, ihre Öhrchen gegenüber dem BlaStiel 4–8(–16) mm getrennt (= Tuteneinschnitt). BlaSpreite schwach wellig bis eben. BlüTriebachse 7–15gliedrig. 0,10–0,50. 6–10. Subalp. bis alp. mäßig frische steinige Rasen, Hochstaudenfluren, Gebüsche, basenhold; z Alp(Allg Amm Brch) (sm-stemp/salp·c2-3EUR – L8 T3 F5 R8 N4 – V Adenost., V Eric.-Pic., V Triset.).
 Täuschender F. – *A. fallax* BUSER
54* BlaLappen 45–60 ° br. Grundständige NebenBla am Grund weiß, ihre Öhrchen gegenüber dem BlaStiel 1,5–5,0 mm getrennt (= Tuteneinschnitt). BlaSpreite wellig. BlüTriebachse 5–8gliedrig. 0,10–0,30. 6–10. Subalp. frische Gebüsche, Waldränder, Staudenfluren, basenhold; z Alp(Allg) (stemp/salp·c2-3ALP – L8 T3 F5 R8 N4 – V Eric.-Pin., V Triset., V Poion alp.).
 Seidennerviger F. – *A. sericoneura* BUSER
55 (51) Bla oseits rein- bis graugrün od. dunkelgrün. Öhrchen der grundständigen NebenBla über dem Ansatz am BlaStiel frei (Abb. **425**/3) (an SommerBla bei **56** u. **62** oft 1–4 mm miteinander verwachsen) 56
55* Bla oseits hell blaugrün. Öhrchen der grundständigen NebenBla 2–15 mm miteinander verwachsen (Abb. **425**/2) (bei **64** frei od. 1–2 mm verwachsen) 63
56 Nüsschen 1,8–2mal so lg wie br. AußenKeBla 1–2mal so lg wie br. KeBecher 1–2,5mal so lg wie br. 0,10–0,30. 6–10. Subalp. bis alp. frische Rasen, basenhold; s Alp(Brch: Untersberg) Bw (S: Adelegg) (stemp/salp·c3OALP – L8 T3 F7 R8 N6 – V Triset., V Poion alp.).
 Langröhren-F. – *A. longituba* S.E. FRÖHNER
56* Nüsschen 1,3–1,8mal so lg wie br. AußenKeBla 1,5–4(–5)mal so lg wie br. KeBecher (0,9–)1–2mal so lg wie br 57
57 BlüTriebachse auf (0–)10–30(–60)% der Länge behaart. BlaSpreiten 15–40 % des Radius gelappt 58
57* BlüTriebachse auf 60–100 % der Länge behaart. BlaSpreiten (3–)10–30 % des Radius gelappt 60
58 Haare an BlaStielen u. Stg reg anliegend. BlaZähne 0,3–1mal so lg wie br, oft schief angedrückt u. sehr unsymmetrisch (Abb. **428**/3). Ansatz der BlaSpreite trichterig. 0,10–0,60. 5–10. Submont. bis subalp., selten koll. bis plan. frische bis feuchte Wiesen, Weiden u. Rud., Quell- u. Hochstaudenfluren; v Alp(g Allg) Th(h Wld), z By Bw(h SW) Rh He(h NW)

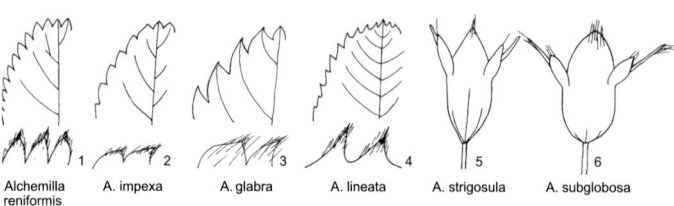

Alchemilla reniformis   A. impexa   A. glabra   A. lineata   A. strigosula   A. subglobosa

Nw(f MW N) Sa An(h Hrz, f N O) Mv(f Elb), s Bb(f Oder) Ns(MO N NW O) Sh(O M), ↘ (sm/mo-alp-stemp/mo-b·c1-5EUR – L6 T4 F5 R7 N6 – V Adenost., V Card.-Mont., K Mol.-Arrh.
– Stark behaarte Pfl werden oft mit *A. obtusa* od. *A. reniformis* verwechselt.).
 Kahler F. – *A. glabra* Neygenf.
58* Haare an BlaStielen u. Stg locker anliegend bis spitzwinklig abstehend. BlaZähne 0,6–1,5(–2)mal so lg wie br, gerade bis etwas krumm dreieckig, weniger unsymmetrisch . **59**
59 BlaStiel an 0–1 FrühjahrsBla kahl. BlaZähne meist gerade u. schmal (Abb. **425**/1). Bla oseits rein- bis graugrün, auf den Zähnen od. in breiter Randzone u. in den Falten behaart, selten überall. Nüsschen 0,3–1,0 mm über den Diskus ragend. 0,10–0,40. 5–10. Mont. bis alp. mäßig trockne bis rieselnasse kurzrasige od. lückige Wiesen u. Weiden, Gebüsch- u. Waldränder, Hochstaudenfluren; z Alp, s Bw(SW Alb) He(SW: Taunus) Nw(SO: Sauerland) Th(Wld: Neustadt a. R., Gehlberg) (sm-stemp/alp-salp·c2-3EUR – L7 T4 F5 R7 N4 – V Rhod.-Vacc., V Adenost., V Triset., V Cynos., V Sesl., V Brom. erect.). [*A. cleistophylla* Rothm.] **Schmalzahn-F. – *A. connivens*** Buser
59* BlaStiel an 2–6 FrühjahrsBla kahl. BlaZähne meist krumm u. br. Bla oseits dunkelgrün, auf den Zähnen od. in br Randzone od. überall behaart. ***A. versipila* s. 49**
60 **(57)** BlaZähne 1–2 mm lg (= 1,3–4,0 % des Spreitenradius; Abb. **428**/4). Lebende BlaSpreiten oseits mit auffällig eingesenkten Nebennerven, useits (mehr als oseits) oft überall behaart (0–150 Haare auf 1 cm²). BlaSpreiten 3–30 % des Radius gelappt. 0,10–0,50. 5–10. Mont. bis subalp. frische Wiesen, Weiden, Hochstaudenfluren, Rud.; z Alp(f Krw), s By(S) Bw(SWS) (sm-stemp/salp·c2-3EUR – L6 T4 F5 R7 N6 – V Adenost., V Car. ferr., V Cynos.).
 Streifen-F. – *A. lineata* Buser
60* BlaZähne 1–3 mm lg (= 2–8 % des Spreitenradius). Lebende BlaSpreiten oseits nicht mit eingesenkten Nebennerven, oseits mehr als useits od. beidseits gleich behaart. BlaSpreiten 10–30(–40)% des Radius gelappt **61**
61 FrKeBecher 0,9–1,5mal so lg wie br. AußenKeBla 0,5–1mal so lg wie die KeZipfel, stets 4 vorhanden. BlaZähne gleich, gerade-dreieckig bis eifg, 1–3 mm br. BlüStiele 0,7–2,5 mm, an EndBlü bis 3 mm lg. BlaLappen auf 1–5 mm ganzrandig. 0,15–0,50. 5–10. Mont. frische bis mäßig trockne Wiesen u. Waldränder; [N?] s Nw(SW: Hohes Venn) Sa(SW: ErzG Rauschenbach) (stemp-b·c3-5EUR-WSIB – L7 T4 F5 R6 N5 – O Arrh.).
 Baltischer F. – *A. baltica* Juz.
61* FrKeBecher 1–2mal so lg wie br. AußenKeBla 0,25–0,8(–1)mal so lg wie der KeBecher, oft einige fehlend. BlaZähne verschieden od. gleich, breit krumm dreieckig bis breit rundlich od. breit gerade-dreieckig, 1,5–5(–8) mm br. BlüStiele 0–1,5 mm, an EndBlü bis 3 mm lg. BlaLappen auf 0–2 mm ganzrandig **62**
62 Spreiten der SommerBla meist beidseits locker bis dicht behaart, meist stark wellig. Blü-Triebachse auf (80–)100 % der Länge behaart, ihr unterstes Bla seicht 5–7lappig. TeilBlü-Stände kuglig geknäuelt. KeBecher oft etwas behaart (0–30 Haare). 0,10–0,40. 5–10. Alp. bis mont. Rasen, Schneetälchen, Bachränder, Sümpfe, Staudenfluren; z Alp (Allg Chm Mng), s By(NW) Bw(SW) He(O W) Th(Wld Rho) (stemp-arct/alp-mo+b-arct·c2–5EUR-GRÖNL-(OAM) – L8 T2 F7 R7 N4 – V Salic. herb., V Adenost., V Calth., V Triset.).
 Knäuel-F. – *A. glomerulans* Buser
62* BlaSpreiten nur oseits in br Randstreifen behaart, wenig wellig. BlüTriebachse auf 60–90 % der Länge behaart, ihr unterstes Bla tief 3–5lappig. TeilBlüStände locker, die Wickel etwas traubenfg. KeBecher kahl. 0,10–0,30. 6–10. Subalp. bis alp. frische Wiesen u. Weiden, kalkhold; s Alp(Allg: Oberstdorf) (stemp/salp·c2EUR – L8 T4 F5 R8 N5 – V Triset., V Poion alp., V Sesl.). **Träubel-F. – *A. racemulosa*** Buser

63 (55) BlaSpreiten 25–40 % des Radius gelappt, waagerecht, eben od. schwach faltig, oft etwas sternfg, oseits auch auf den Zähnen fast stets ganz kahl (Abb. **425**/5). KeBecher kurz, meist etwa so lg wie br. 0,10–0,40. 5–10. Hochmont. bis subalp. Quell- u. Staudenfluren, Bachränder, feuchte bis rieselnasse kurzrasige od. lückige Wiesen u. Weiden; z Alp, s By(S MS O) Bw(SW SO S) Sa(SW: ErzG), ↘ (sm-stemp/salp·c2-3EUR – L7 T3 F9 R6 N4 – V Card.-Mont., V Calth., V Adenost., V Triset. – Stark behaarte Pfl werden oft als *A. obtusa* bestimmt.). **Flachblatt-F. – *A. effusa*** BUSER
63* BlaSpreiten 12–25 % des Radius gelappt, schwach trichterig, meist schwach wellig, nie sternfg, oseits kahl od. auf den Zähnen behaart. KeBecher meist länger als br **64**
64 Pfl in allen Teilen dünn u. zart. BlaStiele 1–2 mm dick. BlaZähne meist br u. stumpf, 0,25–1mal so lg wie br (Abb. **425**/4). Öhrchen der grundständigen NebenBla über dem Ansatz am BlaStiel 0–2 mm miteinander verwachsen. 0,10–0,40. 5–10. Mont. bis alp., selten demont. frische bis nasse Wiesen u. Weiden, Quell- u. Hochstaudenfluren; z Alp(Allg Brch Krw Wtt), s By(O) Bw(f Keu Gäu NW ORh) (sm-stemp/alp-salp·c2-3ALP – L8 T3 F6 R7 N4 – V Triset., V Adenost., V Poion alp.).
Stumpfzahn-F. – *A. obtusa* BUSER
64* Pfl in allen Teilen dicklich. BlaSpreiten etwas ledrig. BlaStiele 1,5–4,5 mm dick. BlaZähne schmal u. stumpf bis in u. spitz. Öhrchen der grundständigen NebenBla über dem Ansatz am BlaStiel 2–15 mm miteinander verwachsen (Abb. **425**/2) **65**
65 AußenKeBla 0,25–0,67mal so br wie die KeZipfel. BlaZähne 1–2,5 mm br, 0,5–1,3mal so lg wie br, stumpf bis spitz, ziemlich symmetrisch (Abb. **428**/1). KeBecher 1–1,5mal so lg wie br. Nüsschen 1,3–1,5mal so lg wie br. Haare an BlaStielen u. Stg meist eng anliegend. 0,10–0,40. 5–10. Mont. bis subalp. Quellmoore, frische Magerrasen u. Staudenfluren; z Alp(f Amm) Sa(SW: ErzG Vogtland), s By(S MS NO O) Bw(Alb S SW) (sm-stemp/mo-salp·c2-3EUR – L8 T3 F8 R7 N2 – V Triset., V Viol. can., V Car. davall., V Car. nigr.).
Nierenblatt-F. – *A. reniformis* BUSER
65* AußenKeBla 0,33–1mal so br wie die KeZipfel. BlaZähne 1–6 mm br, 0,3–1mal so lg wie br, spitz, unsymmetrisch (Abb. **428**/2). KeBecher 1–2mal so lg wie br. Nüsschen 1,3–2mal so lg wie br. Haare an BlaStielen u. Stg meist etwas abstehend u. wirr. 0,10–0,40. 5–10. Hochmont. bis subalp. frische bis nasse Wiesen, Weiden, Quell- u. Hochstaudenfluren; z Alp(Allg Brch Krw Wtt) Bw(f Keu Gäu NW ORh) Th(Wld), s By(MS S) (sm-stemp/salp·c2-3ALP – L8 T3 F7 R8 N4 – V Triset., V Adenost., V Calth., V Car. davall.).
Stumpfecken-F. – *A. impexa* BUSER

Aphanes L. – **Ackerfrauenmantel, Ackersinau** (20 Arten)
Bearbeitung: **Sigurd E. Fröhner**

1 Blü 1,8–2,7 mm lg. KeBla an der Fr aufrecht spreizend, ihre Spitzen 0,5–1,0 mm voneinander entfernt. FrKe (Abb. **430**/3) am Grund zwischen den erhabenen Nerven gefurcht. Zipfel der die Blü umgebenden NebenBla 1–2(–3)mal so lg wie br, etwa halb so lg wie der ungeteilte Abschnitt der NebenBla, allmählich verschmälert (Abb. **430**/1). Blü die NebenBla zuletzt meist überragend. BlaZipfel 7–15(–21), 1–2(–3)mal so lg wie br. Nüsschen 1,2–1,4 mm lg. 0,05–0,20. 5–9. Nährstoffreiche, sandige bis lehmige Äcker, Brachen, selten Ruderalstellen; [A] h He Nw Th, v By(s S) Bw Rh Sa An Ns(g S) Mv, z Bb Sh, f Alp (m-temp·c1-4EUR – hros/eros ⊙ ① – SeB Vm Ap – WiA KlA VdA Lichtkeimer – L6 T6 F6 Rx N5 – V Aphan. [*Alchemilla arvensis* (L.) SCOP.] **Gewöhnlicher A. – *A. arvensis*** L.
1* Blü 1,0–1,8 mm lg. KeBla an der Fr aufrecht bis zusammenneigend, ihre Spitzen 0,1–0,5 mm voneinander entfernt. FrKe (Abb. **430**/4) ziemlich glatt. Zipfel der die Blü umgebenden NebenBla (1–)2–5mal so lg wie br, etwa so lg wie der ungeteilte Abschnitt der NebenBla, an der Spitze plötzlich verschmälert (Abb. **430**/2). Blü in den NebenBla verborgen. BlaZipfel (4–)6–9(–15), 1–3mal so lg wie br. Nüsschen 0,8–1,2 mm lg. 0,03–0,15. 5–9. Mineralarme, sandige Äcker u. Brachen, kalkmeidend; [A] v Ns(f Hrz), z Rh(f MRh) Nw An Bb, s By(f MS O S) Bw(NW ORh Gäu SW) He(f W) Th(f Hrz S) Sa Mv Sh, ↘ (sm-temp·c1-3EUR – hros/eros ⊙ ① – SeB Vm – WiA KlA VdA – L7 T7 F5 R4 N4 – V Aphan., V Thero-Air.). [*A. microcarpa* ROTHM. p. p., typo excluso, *A. inexspectata* W. LIPPERT]
Südlicher A. – *A. australis* RYDB.

1 Aphanes arvensis 2 A. australis 3 A. arvensis 4 A. australis

Agrimonia L. – Odermennig (15 Arten)

1 Bla useits dicht graufilzig, mit wenigen, im Filz versteckten, sitzenden Drüsen. KrBla meist nicht ausgerandet. SammelFr verkehrtkegelfg, fast bis zum Grund tief u. eng gefurcht, unterste Stacheln aufrecht bis waagerecht abstehend. 0,30–1,00. 6–9. Trockne bis frische Gebüsch- u. Waldsäume, lichte Gebüsche, Halbtrockenrasen, Böschungen, Rud.: Wegränder, Bahnanlagen, basenhold; h Bw Rh He Nw Th An, v By(g NM) Bb Ns(g MO S) Mv, z Alp Sa Sh (m/mo-temp·c1-6EUR-(WAS) – sogr hros H ♃ Rhiz – InB: Pollenblume SeB – KIA Sa kurzlebig – L7 T6 F4 R8 N4 – V Trif. med., O Prun., V Brom. erect., V Cirs.-Brach. – HeilPfl – 28).   **Kleiner O. – *A. eupatoria* L.**

1* Bla useits grün bis graugrün, nie filzig, schwach behaart, mit ∞ aromatisch duftenden, sitzenden Drüsen. KrBla meist ausgerandet. SammelFr glockenfg, nur in der oberen Hälfte weit u. seicht gefurcht bis fast ungefurcht; unterste Stacheln herabgeschlagen. 0,50–1,80. 6–8. Frische Wald- u. Heckenränder, Waldwege, Rud.: Straßenränder, Bahnanlagen, Tongruben u. Steinbrüche, kalkmeidend; [A?] z By Bw Rh He Nw Sa An Bb Ns Mv Sh, s Alp(Allg Chm Mng) Th(NW, s Bck Hrz Rho W), oft [U], Trockengebiete s (sm/mo-temp·c1-4EUR, in Kultur entstanden? – sogr eros H ♃ Rhiz – InB: Pollenblume SeB – KIA – L5 T6 F5 R6 N4? – V Trif. med., O Prun. – früher HeilPfl – 56). [*A. odorata* auct.]   **Großer O. – *A. procera* WALLR.**

Hybride: *A. eupatoria* × *A. procera* = *A.* ×*wirtgenii* ASCH. et GRAEBN. – s

Aremonia NESTL. – Aremonie (1 Art)

Kr gelb, Blü mit 6–10spaltigem, zur FrReife vergrößertem AußenKe. 0,05–0,40. 5–6. Frische LaubmischW, an Waldwegen, Waldränder, Gebüsche, basenhold, wärmeliebend; [A?] s Bw(Gäu) (m-sm//mo·c3EUR – igr hros H ♃ Rhiz monop – InB – AmA – L4 T7 F5 R8 N6 – V Geo.-Alliar., V Carp.).   **Aremonie – *A. agrimonoides* (L.) DC.**

Sanguisorba L. – Wiesenknopf (15 Arten)

1 BlüKöpfe eilänglich. Blü dunkel rotbraun, ☿. StaubBla 4, kurz, starr, etwa so lg wie der rot braune Ke. Griffel 1, kurz, mit kopfiger Narbe, am Grund mit Nektarring. 0,30–1,50. 6–9. Wechselfeuchte bis nasse Wiesen; h He Th(s Hrz) Sa, v Alp By(g NM) Bw Rh, z Nw(h SW) An Bb Ns Mv Sh; im NW-D Stromtalpflanze u. ↘ (sm-b·c2-7EURAS- (WAM) – sogr hros H ♃ Rhiz – InB – WiA Licht- u. Kältekeimer – L7 T5 F6~ Rx N5 – O Mol. – formenreich; var. *montana* (JORD.) DUCOMMUN.: Blchen <2 cm lg, Stg wenig verzweigt, 0,30–0,60. 5–7(– 8). Gebirgswiesen in S-D. – 28, 56).   **Großer W. – *S. officinalis* L.**

1* BlüKöpfe fast kuglig. Blü anfangs grün, später rötlich, untere ♂, obere ♀, mittlere ☿. StaubBla 20–30, schlaff überhängend, viel länger als der grünliche Ke. Griffel 2, mit karminroten, pinselfg Narben, ohne Nektarring. 0,15–0,50(–0,80). 5–8. Felsfluren, Trocken- u. Halbtrockenrasen, trockne, sandige Rud.: Wegränder, Böschungen, Bahnanlagen, basenhold; h Alp Bw Rh He Th An(z Elb N O), v By(g NM) Nw Sa, z Bb Ns(h Hrz S) Mv Sh(f W) (m-c1-6-temp·c1-4EUR-WAS – igr hros H ♃ Pleiok Rhiz – WiB – WiA Sa langlebig – K Fest.-Brom., O Fest.-Sedet., V Arrh., V Sisymbr. – Suppenkraut, SalatPfl).   **Kleiner W., Kleine Bibernelle – *S. minor* SCOP.**

1 Fr 4 mm lg, mit 4 geradrandigen Längskanten, zwischen diesen fein erhaben-netzig, nicht grubig, ungeflügelt. Blchen sitzend od. 1–2 mm lg gestielt. Stg am Grund ± kurzzottig. 0,15–0,40(–0,60). 5–8. Felsfluren, Trocken- u. Halbtrockenrasen, basenhold; Verbr. in D wie Art (m-temp·c1-5EUR-(WAS) – K Fest.-Brom. – L7 T6 F3 R8 N2 – 28). [*Poterium sanguisorba* L.]   subsp. *minor*

ROSACEAE 431

1* Fr 6 mm lg, mit 4 am Rand buchtigen Längsflügeln, zwischen diesen stark grubig u. mit groben, gezähnten Netzleisten. Blchen 1–4 mm lg gestielt. Stg meist kahl. 0,25–0,80. 6–7. Trockne, sandige Rud.: Bahngelände; lückige Xerothermrasen; [N U] vor allem mit Rasenansaaten, z Nw Th Sa An, s By Bw Rh He Bb Mv Sh (m-sm-(temp)·c1-6EUR-WAS – L8 T8 F2 R7 N2 – V Sisymbr., V Brom. erect., O Fest.-Sedet., V Arrh. – 28, 56). [*S. muricata* (Spach) Gremli, *Poterium polygamum* Waldst. et Kit., *S. m.* subsp. *polygama* (Waldst. et Kit.) Coutinho]
                                subsp. *balearica* (Nyman) Muñoz Garm. et C. Navarro

Physocarpus (Cambess.) Raf. – **Blasenspiere** (ca. 10 Arten)

Bla br eifg, 3lappig. Blü in kugligen Schirmtrauben. Kr weiß. Fr aufgeblasen. Bis 3,00. 5–7. Zierstrauch; auch Waldsäume; [N] s By Bw Sa, [U] s Rh Nw An Bb Ns (sm-temp·c1-4OAM – sogr Str – InB – WiA Kältekeimer – *L5 T8 F6 R5 N5*). [*Spiraea opulifolia* L.]
                        Virginische B., Schneeballblättrige B. – *Ph. opulifolius* (L.) Maxim.

Rhodotypos Siebold et Zucc. – **Scheinkerrie, Kaimastrauch** (1 Art)

Bla 4–10 cm lg, eifg, zugespitzt, doppelt gesägt. Kr weiß. 0,50–1,50. 5–6. Zierstrauch; [N U] s Bw He Bb (m-sm·c1-3OAS, [N] sm-temp·c2-5EUR+OAM+(WAM) – sogr Str – InB – VdA – giftig).   **Scheinkerrie – *R. scandens*** (Thunb.) Makino

Kerria DC. – **Goldröschen** (1 Art)

Bla lg zugespitzt, doppelt gesägt. Blü einzeln, Kr gelb, meist gefüllt. 1,00–3,00. 5. Zierstrauch; [N U] s By Bw Rh Nw An Ns (N: Hamburg) (m/mo-temp·c2OAS – sogr Str uAusl – InB – *L3 T8 F5 R5 N5*).   **Japanisches G. – *K. japonica*** (Thunb.) DC.

Prunus L. [inkl. *Padus* Mill., *Cerasus* Mill., *Persica* Mill., *Armeniaca* Scop.]
– Steinobst: **Pflaume, Schlehe, Traubenkirsche, Kirsche, Pfirsich, Aprikose, Mandel** (>200 Arten)

[N U lokal] **Zwerg-Mandel** – *P. tenella* Batsch [*Amygdalus nana* L.]: Blü zu 1–3, sitzend, Kr rosarot. Bla schmal (verkehrt)eifg, 3–7 cm lg, Stiel <6 mm. Fr eifg, 2 cm lg, filzig, fest. 0,50–1,50. 4–5. s By Th(Bck: Kyffhäuser) An(SO: östlich Halle) Bb (sm-stemp·c5-8EUR-WAS – sogr Str WuSpr – ZierPfl).

1   Immergrüner Strauch. Bla ledrig, kahl, lanzettlich bis verkehrteifg, 5–15(–25) cm lg. BlüTrauben aufrecht, am Grund ohne LaubBla, mit >10 Blü, 5–12 cm lg. Fr schwarz.1,00–3,00(–8,00). 4–5. ZierStr, verwildert: Parkanalagen, LaubW; [N U] s By Bw Rh He Nw Sa An Bb Ns Sh (sm·c3SOEUR-KAUK – igr Str – InB – VdA – *L3 T8 F4 R5 N5* – giftig). [*Laurocerasus officinalis* Roem.]   **Pontische Lorbeerkirsche, Kirschlorbeer – *P. laurocerasus*** L.
1*   Sommergrüne Sträucher od. Bäume. Blü einzeln, in Dolden, Schirmtrauben. am Grund beblätterten Trauben 2
2   Blü in >12blütigen, lg ± hängenden Trauben 3
2*   Blü in wenig- bis höchstens 12blütigen Dolden, Schirmtrauben od. einzeln 5
3   Achsenbecher innen behaart. Steinkern grubig gefurcht. BlaSpreite am Grund schwach herzfg, elliptisch bis verkehrteifg, weich, oseits matt, durch die vertieften Nerven etwas runzlig, dunkelgrün, useits ohne Haarstreifen am Mittelnerv. Seitennerven einige Millimeter vor dem Rand äußerlich deutlich sichtbar, bogenfg miteinander verbunden. 1,00–25,00. 4–5. Sickernasse bis feuchte, zeitweilig überflutete Auen- u. BruchW, Auengebüsche, Waldränder, mont. bis subalp. lichte NadelW, SchluchtW, Hochstaudenfluren, Blockhalden, nährstoffanspruchsvoll; h He Nw Sa An Ns, v Alp By Bw Rh Th Bb Mv Sh(s W) (sm/mo-b·c2-7EURAS-WSIB – sogr StrB/B WuSpr – InB W Se B – VdA Sa kurzlebig Kältekeimer – VdA Aln., V Alno-Ulm., V Til.-Acer., O Prun., V Adenost. – ZierPfl, VolksheilPfl, Pfl außer FrFleisch für Rinder giftig!). [*Padus avium* Mill.]   **Gewöhnliche Traubenkirsche – *P. padus*** L.
       1   BlüTrauben hängend. Einjährige Triebe bald verkahlend. Bla dünn, beidseits frischgrün, kahl od. useits nur in den Nervenwinkeln behaart. Pfl zuletzt meist baumfg. Nasse bis feuchte, zeitweilig überflutete Auen- u. BruchW, Auengebüsche, Waldränder; im Flachland h-v (sm/mo-b·c1-5EUR-WSIB – *L(5) T5 F8= R7 N6* – O Aln., V Alno-Ulm., O Prun.). [*Padus avium* subsp. *avium*]
                                                                            subsp. ***padus***

1* BlüStände ± aufrecht bis waagerecht. Junge Zweige oft stärker behaart. Bla später derb, mit hervortretenden Nerven, useits behaart u. heller. Pfl strauchig, 1,00–3,00 (var. *petraea*) od. baumfg, 5,00–15,00 (var. *discolor* (BR.-BL.) H. PASSARGE). Mont. bis subalp. lichte NadelW, SchluchtW, Hochstaudenfluren, Blockhalden, Felshänge; s Alp(Allg Brch Chm Mng)By(NW O) Bw(SW) He(O) (sm-stemp//mo+b·c2-3EUR? – O Aln., V Til.-Acer., O Prun.). [*Padus avium* subsp. *petraea* (TAUSCH) HOLUB] subsp. **petraea** (TAUSCH) DOMIN

3* Achsenbecher innen kahl, höchstens am Grund mit einigen lg Haaren. Steinkern (fast) glatt. BlaSpreite zum Grund verschmälert, oseits glatt u. glänzend od. matt u. durch erhabene Nerven angedeutet runzlig, useits im unteren Teil oft mit weißem od. rostbraunem Filzstreifen beidseits der Mittelrippe. Seitennerven erst unmittelbar am Rand im Nervennetz verlaufend od. bogenfg miteinander verbunden, jedoch äußerlich nicht sichtbar **4**

4 Bla beidseits des Mittelnervs mit >15 Seitennerven, meist länglich-elliptisch, oseits (stark) glänzend, fast ledrig, glatt, hellgrün bis grün, useits gelblichgrün. BlaZähne mit stark einwärts gekrümmter, oft verdeckter Spitze, daher scheinbar sehr stumpf. KrBla verkehrteifg, oft länger als br. KeZipfel ganzrandig od. spärlich drüsig, an der Fr bleibend. Reife Fr (rötlich) schwarz, etwas bitter schmeckend. Rinde beim Abziehen würzig duftend. 3,00–15,00. 5–7. KulturPfl, auch mäßig trockne, lichte EichenmischW, Kiefernforste, Waldränder, Gebüsche, kalkmeidend; [N 2. Hälfte 19. Jh.] h Sa, v He An Bb Ns, z By Bw Rh Nw Th Mv Sh, ↗ (strop/moAM-temp·c1-6OAM, [N] temp·c1-4EUR – sogr StrB/B WuSpr – InB Vw SeB – VdA Kältekeimer – L(6) T6 F5 Rx N? – V Querc. rob., V Alno-Ulm. – Forst- u. Ziergehölz). [*Padus serotina* (EHRH.) BORKH.]   **Späte Traubenkirsche – *P. serotina* EHRH.**

4* Bla beidseits des Mittelnervs mit 8–11 Seitennerven, elliptisch bis br elliptisch, oseits nur schwach glänzend od. matt, durch erhabene Nervatur schwach runzlig, dunkelgrün, useits bläulichgrün. BlaZähne mit (fast) gerader, wenigstens im oberen Teil des Bla deutlich sichtbarer, feiner Spitze. KrBla rundlich. KeBla br dreieckig bis halbkreisfg, oft breiter als lg, am Rand deutlich ausgebissen drüsig gezähnelt, nach der BlüZeit abfallend. Reife Fr dunkelrot bis rötlichschwarz. Rinde beim Abziehen unangenehm riechend. 3,00–5,00(–10,00). 5–6. KulturPfl; auch [N] Sa(SO), s Bb(MN: Friesack, Berlin) (m/mo-b·c2-8AM – sogr StrB/B WuSpr – InB Vw SeB – VdA – ZierPfl, blüht mehrere Tage vor *P. serotina*). [*Padus virginiana* (L.) BORKH.]   **Virginische Traubenkirsche – *P. virginiana* L.**

5 (2) Blü in wenigblütigen Dolden od. Schirmtrauben, zuweilen einzeln od. zu 2, länger gestielt: BlüStiel etwa doppelt so lg wie der Blü⌀, nur bei **6** u. **8** kürzer. FrStiel > doppelt so lg wie die Fr. FrKn stets kahl. Blü mit den Bla erscheinend **6**

5* Blü einzeln od. zu 2, (fast) sitzend od. kurz gestielt: BlüStiel etwa so lg wie der Blü⌀; wenn länger, dann Bla useits am unteren Teil der Mittelrippe filzig. FrStiel etwa so lg wie die Fr od. kürzer. FrKn kahl od. behaart. Blü meist vor den Bla erscheinend **9**

6 Bla mit kurzen, stumpfen Zähnen. Blü zu 4–12 in gestielten Schirmtrauben. Fr u. Steinkern länglich. 2,00–6,00(–10,00). 4–5(–10). Trockne Felshänge u. -gebüsche, TrockenW, Tagebaue, Weinbergbrachen; z Rh He(ORh SW), s By(Alb MS O) Bw(f Keu NW S) Nw(SW), [N U] v An, z Th(f Hrz, v Bck) Sa, s Bb Ns Mv Sh; auch KulturPfl (m/mo-stemp·c2-6EUR-WAS – sogr StrB/B – InB – VdA MeA Sa kurzlebig Kältekeimer – L7 T7 F3 R8 N2 – O Prun., O Querc. pub. – Pfropfunterlage für Sauerkirschen – früher ZierPfl, Spazierstöcke, Tabakpfeifen). [*Cerasus mahaleb* (L.) MILL.]   **Felsen-Kirsche, Steinweichsel – *P. mahaleb* L.**

6* BlaZähne deutlich ausgebildet. Blü in 1–5blütigen Dolden, sitzenden Dolden. Fr u. Steinkern kuglig **7**

7 Innere Knospenschuppen am Grund des BlüStandes zurückgeschlagen. BlüStand ohne LaubBla. BlaStiel an der Spitze mit 1–2 Drüsen. 2,00–25,00. 4–5. Frische bis sickerfeuchte LaubmischW, Waldschläge, Hecken, nährstoffanspruchsvoll; g Rh He Nw Th, h Sa An Ns, v Alp By(g NM) Bw Mv, z Bb Sh; auch KulturPfl (m/mo-temp·c1-4EUR – sogr B – InB – VdA MeA Sa kurzlebig Kältekeimer – L(4) T5 F5 R7 N5 – O Fag. (bes. V Carp.), O Prun. – Obst, Straßenbaum, Forstgehölz, ZierPfl). [*Cerasus avium* (L.) MOENCH]
Vogel-Kirsche, Süß-Kirsche – *P. avium* (L.) L.

1 Fr <1 cm ⌀, FrFleisch dünn, bittersüß schmeckend. Wildbaum. Standorte, Soz. u. Verbr. in D wie Art (m/mo-temp·c1-4EUR – sogr B – VdA – Pfropfunterlage). [*P. avium* L. s. str., *P. avium* var. *sylvestris* (DC.) DIERB.]
Vogel-Kirsche – subsp. *avium*

ROSACEAE 433

1* Fr meist >1 cm ⌀, dickfleischig, nicht bitter. Obst-, Park- u. Straßenbaum (Süßkirschen) 2
2 FrFleisch weich, meist rot od. schwarz, sehr saftig. KulturPfl; auch [N] z Obst: formenreich. [*Cerasus avium* subsp. *juliana* (L.) JANCH.] **Herz-Kirsche** – subsp. ***juliana*** (L.) SCHÜBL. et G. MARTENS
2* FrFleisch hart, knorplig, gelb od. rot. Fr gelb od. rot, wenig saftig. KulturPfl; auch [N] s Obst: formenreich. [*Cerasus avium* subsp. *duracina* (L.) JANCH.]
Knorpel-Kirsche – subsp. ***duracina*** (L.) SCHÜBL. et G. MARTENS

7* Knospenschuppen am Grund des BlüStandes aufrecht. BlüStand über den Knospenschuppen mit 1 bis mehreren LaubBla. Pfl oft mit Wurzelsprossen 8
8 Bla der Kurztriebe 3–4 cm lg, glänzend, ledrig derb, vorn abgerundet. BlaStiel drüsenlos. KrBla länglich, tief ausgerandet, 5–7 mm lg. Fr 7–10 mm ⌀. Pfl stets strauchig. 0,10–2,00 (–3,50). 4–5. Trockne, kont. Gebüsche, Felskanten, kalkhold; z Rh(ORh) An(SO), † He(ORh) Th, [U] s By (sm-temp·c4-8EUR-WAS – sogr Str WuSpr – InB – VdA – L8 T8 F3 R8 Nx – V Prun. frut. – oft mit verwilderter *P. cerasus* verwechselt). [*Cerasus fruticosa* (PALL.) WORONOW] **Zwerg-Kirsche, Steppen-Kirsche** – *P. fruticosa* PALL.
8* Bla der Kurztriebe 8–12 cm lg, vorn zugespitzt. BlaStiel an der Spitze mit od. ohne Drüsen. KrBla fast kreisrund, 10–12 mm ⌀. Fr 15–20 mm ⌀. 1,00–10,00. 4–5. KulturPfl; auch Gebüsche, Hecken, Feldraine; [N U] v An, z Rh He Th(f Hrz, v Bck) Sa Bb, s By Bw Nw He Ns Mv Sh (sogr Str/B WuSpr – InB – VdA MeA Kältekeimer Sa kurzlebig – *L5 T8 F5 R5 N5* – O Prun., bes. V Berb. – entstanden aus *P. avium* × *P. fruticosa* – Obst, VolksheilPfl). [*Cerasus vulgaris* MILL.] **Sauer-Kirsche, Weichsel** – *P. cerasus* L.
  1 Strauch od. kleiner Baum mit Wurzelsprossen u. überhängenden, schlaffen Zweigen. BlaStiele meist drüsig. Fr dunkelrot, sauer, mit färbendem Saft. Obst: formenreich; auch [N U] Standorte, Soz. u. Verbr. in D wie Art (smVORDAS – sogr StrB/B WuSpr – InB – VdA MeA). [*Cerasus vulgaris* subsp. *acida* (EHRH.) DOSTÁL]
Strauchige Sauer-Kirsche, Schattenmorelle – subsp. ***acida*** (EHRH.) SCHÜBL. et G. MARTENS
  1* Baum mit aufrechten Zweigen. Entweder BlüStiel kurz, 2–3mal so lg wie der BlüBecher, Fr glasig, hellrot, sauer, mit nichtfärbendem Saft, Stein nicht vom Stiel lösend (Glaskirsche, Wasserkirsche, Amarelle – var. *cerasus*) od. BlüStiel länger, Fr dunkelrot, süßsauer, mit färbendem Saft, Stein sich vom Stiel lösend (Süßweichsel, Morelle – var. *austera* L.). Obst: formenreich; auch [N U] s (sogr B). [*Cerasus vulgaris* subsp. *vulgaris*] **Gewöhnliche Sauer-Kirsche, Weichsel** – subsp. ***cerasus***

9 (5) Blü u. Fr sitzend od. fast sitzend. Fr meist dicht behaart 10
9* Blü deutlich gestielt. Fr kahl 11
10 Bla lanzettlich. KrBla lebhaft rosa. Fr grünlich od. rötlich, samtig behaart (Gewöhnlicher Pfirsich – var. *persica* [*Persica vulgaris* subsp. *vulgaris*]) od. kahl bis schwach flaumig (Nektarine – var. *nectarina* (SOL.) MAXIM. [*P. nucipersica* BORKH., *Persica vulgaris* subsp. *laevis* (DC.) JANCH.]). Steinkern tief gefurcht. 3,00–8,00. 4–5. KulturPfl; [N U] s By Bw Rh He Nw Sa An Bb (m-sm·c3-5OAS – sogr StrB/B – InB – MeA Kältekeimer Sa kurzlebig – *L3 T8 F3 R7 N5* – Obst: formenreich). [*Persica vulgaris* MILL.]
Pfirsich – *P. persica* (L.) BATSCH
10* Bla ei-herzfg, vorn zugespitzt. KrBla blassrosa bis weiß. Fr gelb bis orange. Steinkern fast glatt, scharfkantig. 2,00–5,00(–10,00). 3–4. KulturPfl; auch [U] s Sa An Bb: Berlin Sh (Heimat: m/mo·c5-8ZAS – sogr B WuSpr – InB – MeA – *L7 T8 F3 R7 N5* – Obst: formenreich). [*Armeniaca vulgaris* LAM.] **Aprikose, Marille** – *P. armeniaca* L.
11 (9) Sparriger, stark dorniger Strauch, selten kleiner Baum. Zweige anfangs samtig. Bla 2–5 cm lg. KrBla 5–6(–8) mm lg. Fr aufrecht, ± kuglig, blau, bereift. 1,00–3,00. 4–5. Mäßig trockne bis frische Gebüsche, lichte Wälder, Waldränder, Trockenrasen, Steinriegel, nährstoffanspruchsvoll; g Rh He Nw Th, h Bw Sa An Ns Mv, v Alp By Bb Sh (m/mo-temp·c1-6EUR – sogr StrB/B WuSpr – InB – VdA MeA – L7 T5 F4 R7 Nx – O Prun., V Alno-Ulm., V Carp.). **Schlehe, Schwarzdorn** – *P. spinosa* L.
  1 Fr (fast) kuglig, 15–25 mm ⌀, selten größer, schwarzviolett. Blü einzeln od. zu 2, bis 2 cm ⌀. Bla verkehrteifg bis eifg-elliptisch, 4–5 × 2–3 cm, meist behaart. Dornen nur vereinzelt an älteren Zweigen. Strauch bis kleiner Baum. 2,00–3,00. KulturPfl; auch Hecken; [A] z By Nw s Bw Rh He Th Sa Bb Ns Mv Sh (sogr StrB/B – InB – VdA MeA Kältekeimer Sa kurzlebig – Obst, Pfropfunterlage – Herkunft unsicher; wird als verwilderter Abkömmling einer alten Kultursippe, aber auch als Hybride *P. domestica* subsp. *insititia* × *P. spinosa* od. *P. ×fruticans* WEIHE gedeutet).
Hafer-Schlehe, Große Schlehe – subsp. ***fruticans*** (WEIHE) NYMAN

434   ROSACEAE

1*   Fr kuglig bis kuglig-eifg, 10–15 mm ∅. Blü einzeln, 10–15 mm ∅. Bla 2–4 × 1–2 cm. Strauchbaum.
     1,50–2,00(–3,00). Standorte, Soz. u. Verbr. in D wie Art (m/mo-temp·c1-6EUR – sogr StrB WuSpr
     – InB – VdA – Obst, VolksheilPfl). [*P. s.* subsp. *dasyphylla* (SCHUR) DOMIN]
                                                                           Gewöhnliche Schlehe – subsp. ***spinosa***

11* Dornenlose od. schwach dornige Bäume od. Sträucher. Zweige kahl od. anfangs samtig.
     Bla meist >5 cm lg. KrBla 7–12 mm lg 12
12   BlüStiele oft behaart. Blü meist zu 2. BlaKnospen (1,5–)4,5–5,0 mm lg. KrBla grünlichweiß
     bis weiß. 1,00–6,00(–10,00). 4. KulturPfl; auch (aus verwilderten Anpflanzungen) mäßig
     trockne bis trockne Hecken u. Gebüsche; [N] v An, z By Bw Rh Nw He Th? Sa Bb Ns, s Mv
     (sogr StrB/B WuSpr – InB – MeA – L7 T6 F? R? N7 – O Prun. – wohl aus Hybriden von
     P. spinosa × *P. cerasifera* entstanden – Obst).   **Pflaume, Zwetsche** – *P. **domestica*** L.
1   Strauch od. kleiner Baum mit Dornen. Fr ± kuglig 2
1*   Baum ohne Dornen 3
2   1- u. 2jährige Zweige samtig behaart. Strauch od. seltener kleiner Baum. Fr blauschwarz mit rotem
     Saft, kuglig bis tropfenfg, 1,7–3,5 cm lg, Fleisch weich. KrBla weiß. Steinkern mit fast glatter Ober-
     fläche, am FrFleisch haftend. FrReife Mitte 9. KulturPfl; auch Hecken, Gebüsche; [N] wohl überall z
     (sogr StrB/B – InB – MeA – Obst, Pfropfunterlage). [*P. insititia* L.]
                                                              Hafer-Pflaume, Krieche, Kricke – subsp. ***insititia*** (L.) BONNER et LAYENS
2*   Zweige kahl, anfangs grün. Kleiner Baum. Fr schwarz, blau, blaurot, grüngelb od. gelb u. teilweise
     rötlich, stark duftend, kuglig, 1–3 cm ∅, Fleisch weich. KrBla weiß. Steinkern runzlig, sich zuweilen
     vom FrFleisch lösend. FrStiel der Fr flach ansitzend. KulturPfl; [U] By Bw (sogr B – Obst, Pfropf-
     unterlage – Fr ähnlich *P. cerasifera*, dort aber FrStielansatz eingesenkt) [*P. d.* subsp. *prisca* H.L.
     WERNECK].   **Ziparte, Ziberl** – subsp. ***catherinea*** (SER.) SCHÜBL. et MARTENS
3   (1) 1jährige Zweige kahl. Fr länglich-eifg, rot od. gelb, blauschwarz, bereift. KrBla grünlich. Steinkern
     sich leicht vom FrFleisch lösend. Fleisch halbweich. Bis 6,00(–10,00). KulturPfl; Standorte, Soz. u.
     Verbr. in D wie Art (sogr B – Obst: formenreich, Straßenbaum). [*P. domestica* L. s. str.]
                                                              Pflaume, Zwetsche, Zwetschge – subsp. ***domestica***
3*   1jährige Zweige ± behaart 4
4   Fr ± kuglig. KrBla weiß 5
4*   Fr ± länglich, birnfg, eifg od. kuglig-eifg 6
5   Steinkern meist am FrFleisch haftend. Fr 3–5 cm ∅, dunkelrot bis blauschwarz, innen gelb, Fleisch
     weich (Edelpflaume – var. *subrotunda* (BECHST.) H.L. WERNECK) od. grün bis gelbgrün, innen gelb
     grün (Reineclaude – var. *claudiana* (POIRET) GAMS). KulturPfl (sogr B – Obst: mehrere Sorten).
     [*P. italica* BORKH.]   Ⓚ **Edel-Pflaume, Reineclaude** – subsp. ***italica*** (BORKH.) GAMS
5*   Steinkern sich vom FrFleisch lösend. Fleisch fest. Fr 2–3 cm ∅, gelb u. oft rot punktiert od. grünlich,
     innen gelblich. KulturPfl (sogr B – Obst: mehrere Sorten). [*P. syriaca* BORKH.]
                                                                           Ⓚ **Mirabelle** – subsp. ***syriaca*** (BORKH.) JANCH.
6   (4) KrBla weiß. Fr 4–8 cm lg, blau, violett, rot od. gelb, länglich, birnfg bis eifg od. kuglig-eifg, Fleisch
     weich. Steinkern sich weniger leicht vom FrFleisch lösend. KulturPfl (sogr B – Obst: formenreich).
                                                                           Ⓚ **Halb-Zwetsche, Eier-Pflaume** – subsp. ***intermedia*** RÖDER
6*   KrBla grünlichweiß. Fr 2,0–3,5 cm lg, gelb, rot od. blau, sehr weich, frühreif. Steinkern sich vom
     FrFleisch lösend. KulturPfl (sogr B – Obst: mehrere Sorten, Pfropfunterlage).
                                                                           Spilling – subsp. ***pomariorum*** (BOUTIGNY) H.L. WERNECK
12* BlüStiele kahl. Blü meist einzeln. BlaKnospen 2–3 mm lg. Zweige meist kahl. KrBla weiß
     (wenn Bla rotbraun, dann rötlich). Fr kuglig, rot od. gelb. FrStielansatz in die Fr eingesenkt.
     3,00–5,00(–10,00). 3–4. KulturPfl; auch [N U] z Rh He, s By Bw Nw Th Sa Bb Sh (urspr.
     wohl m/mo-sm·c4VORDAS-KAUK – sogr B – InB – VdA MeA – ZierPfl, Pfropfunterlage
     für Pflaumen, Obst).   **Kirsch-Pflaume** – *P. **cerasifera*** EHRH.

     Weitere Hybriden: *P. avium* × *P. cerasus* = *P.* ×*gondouinii* (POIT. et TURPIN) REHDER – ZierPfl, *P. fruticosa*
     × *P. cerasus* subsp. *acida* = *P.* ×*eminens* (BECK) DOSTÁL [*Cerasus* ×*intermedia* HOST] – Mittlere Weichsel
     – s, *P. armeniaca* × *P. cerasifera* = *P.* ×*dasycarpa* EHRH. [×*Armenoprunus dasycarpa* (EHRH.) JANCH.] – s
     KulturPfl

Spiraea L. – Spierstrauch, Spiräe   (ca. 100 Arten)

1   Blü an Seitenzweigen in endständigen Schirmtrauben, mit Nektarring. KrBla weiß, 5–7 mm
     lg, kürzer als die StaubBla. Zweige scharfkantig. Bla meist kahl, die der Langtriebe vom
     unteren Drittel od. der Mitte an doppelt, am BlüZweigen einfach gesägt. Bis 2,00. 5–7. Zier-
     strauch; auch [N U] s By Rh Nw Sa An (sm/mo-temp·c3-6OEUR+SIB – sogr Str – InB – MeA
     – L5 T7 F5 R5 N7 – O Prun.). [*S. ulmifolia* SCOP.]   **Ulmen-Sp.** – *S. **chamaedryfolia*** L.

Ähnlich **Belgischer Sp.** – *S.* ×*vanhouttei* (BRIOT) CARRIÈRE: KrBla 2mal so lg wie die StaubBla. Blühende Zweige überhängend. Bis 2,00. 5–6. Zierstrauch, sterile Kulturhybride; [N U] s By Nw Sa An Bb.

1* Blü in endständigen Rispen od. Schirmrispen, daneben oft auch mit seitenständigen. Kr weiß, rosa od. rot. Bla useits auf den Nerven behaart od. filzig 2
2 Kr weiß. Blü mit Nektarring. BlüStand u. junge Zweige fein filzig weichhaarig, schmal kegelfg. Bla länglich-lanzettlich, >3 mal so lg wie br, fein gesägt, kahl od. useits auf den Nerven u. höchstens jung auch am Rand u. Stiel behaart. Strauch mit Ausläufern. Bis 2,00. 6–8. Zierstrauch; auch sickernasse, zeitweilig überflutete Ufergebüsche u. Schotterauen, Rud.: Bahnanlagen, Straßenränder; [N U] z Rh, s By Bw He Nw Sa Ns Mv Sh (sm-b·c2-6OAM – sogr Str uAusl – InB – MeA – *L5 T7 F6 R5 N7* – O Prun., V Salic. alb.).
 Weißer Sp. – *S. alba* DU ROI
[N U] **Breitblättriger Sp.** – *S. alba* var. *latifolia* (Aiton) DIPPEL [*S. latifolia* (AITON) BORKH.]: Bla eigellipitsch, 2–3 mal so lg wie br, grob gesägt. BlüStand behaart bis verkahlend, locker, br pyramidenfg. Zierstrauch; s By Ns Mv Sh (temp-b·c2-5OAM, [N] temp-(b)·c1-4EUR).

2* Kr rosa; wenn selten weiß, dann BlaUSeite gelbfilzig 3
3 BlüStand etwa so lg wie br (Schirmrispe). Bla useits graugrün, nur auf den Nerven behaart, meist länglich-eifg, spitz, 20–80 mm lg, tief doppelt gesägt. Drüsenring fehlend. Nektardrüsen lappenfg, keinen geschlossenen Ring bildend. Kr rosa. StaubBla viel länger als die KrBla. Bis 1,50. 7–8. Zierstrauch; auch [N U] s By Bw He Nw Sa An (m-temp//mo·c1-5OAS – sogr Str – InB – MeA – *L5 T9 F5 R5 N5* – O Prun.). **Japanischer Sp.** – *S. japonica* L.f.
3* BlüStand länger als br. Bla useits dünn- od. dichtfilzig 4
4 BlaUSeite dünnfilzig, nur wenig heller als die OSeite. Bla länglich-elliptisch, 40–70 × 15–25 mm, vorn kurz zugespitzt bis abgerundet, ± fein gesägt, im unteren Drittel ganzrandig. Rispen pyramidenfg, im Spätsommer auch schmal zylindrisch. Strauch mit unterirdischen Ausläufern. Bis 2,00. 6–10. Zierstrauch; auch sickernasse Bachufergebüsche, Flussschotter, DünenkiefernW, Rud.: Bahnanlagen; [N] z Rh Th(f Rho, v Wld) Sa An Ns, s By Bw He Nw Mv Sh, Verbr. ungenau bekannt, da oft verwechselt (sm-temp·c1-3 EUR? – sogr Str uAusl – InB – MeA – *L7 T6 F8= R6 N6* – O Prun., V Salic. alb. – sterile Kulturhybride, in Europa entstanden? bisher oft für *S. salicifolia* gehalten). [*S. salicifolia*]* × *S. douglasii*; *S. pseudosalicifolia* SILVERSIDE, *S. salicifolia* auct. p. p.]
 Bastard-Sp. – *S.* ×*billardii* agg. HÉRINCQ
4* BlaUSeite dicht weiß- od. gelblich- bis bräunlich filzig, deutlich heller als die OSeite 5
5 Zweige braunfilzig. BlaOSeite runzlig, USeite graugelblich od. bräunlich filzig; Bla länglicheifg, bis 70 mm lg, grob gesägt. Rispe schmal kegelfg. Kr rosenrot, selten weiß. FrBla dicht behaart. Griffel unterhalb der FrKnSpitze entspringend. Bis 1,20. 7–9. Zierstrauch; auch feuchte Gebüsche, Waldwegränder, Teichufer, Moore; [N 19. Jh.] z Sa(SO NO), [U] s He (sm-temp·c1-5OAM – sogr Str – InB – MeA – K Oxyc.-Sphagn., K Call.-Ulic., V Salic. cin.).
 Filziger Sp. – *S. tomentosa* L.
5* Zweige weißfilzig, verkahlend. Bla in der oberen Hälfte nd. nur gesägt, die dicht unter der Rispe stehenden Bla oft auch ganzrandig, alle useits weißfilzig, selten kahl, oben u. unten abgerundet, 40–90 mm lg. Rispe dicht kegelfg. Kr dunkelrosa. FrBla kahl. Griffel endständig. Strauch mit Ausläufern. Bis 2,00. 6–8. Zierstrauch; auch Hecken, Dünen, Bahnanlagen; [N] z Sa Nw, s By He, [U] s Rh An Ns (sm-temp·c1-3WAM – sogr Str uAusl – InB – MeA – *L5 T8 F6 R5 N7* – O Prun., V Salic. alb.). **Douglas-Sp.** – *S. douglasii* HOOK.
Hybriden: *S.* ×*rosalba* DIPPEL (*S. alba* DU ROI × *S. salicifolia* L.) oft für *S. salicifolia* L. gehalten. Verbr. in D ungenau bekannt.

Aruncus L. – Geißbart (3 Arten)

Bla 2–3fach 3zählig. ♂ BlüRispen gelblichweiß, ♀ reinweiß. 0,80–1,50. 6–7. Sickerfrische, halbschattige, bes. mont. Schlucht- u. HangW, Bachsäume, (Weg)Böschungen, kalkmeidend; h Alp, v Sa(f Elb), z By Bw Rh(Rh SW) Th(Bck S Wld) An(S SO), s He(SO O), [N U] s Nw An Ns Mv Sh; auch ZierPfl (sm/mo-b·c2-5CIRCPOL – sogr eros H ♃ PleiokRhiz – InB: bes. Käfer – WiA – *L4 T5 F6 Rx N8* – V Til.-Acer., V Alno-Ulm., V Adenost.). [*A. vulgaris* RAF., *A. sylvestris* KOSTEL.] **Wald-G.** – *A. dioicus* (WALTER) FERNALD

Sorbaria (Ser.) A. Braun – **Fiederspiere** (4 Arten)
Bla bis 30 cm lg, beidseits mit 6–12 scharf doppelt gesägten FiederBlchen. 1,00–2,00. 6–8.
Zierstrauch; auch Kahlschlagflächen; [N 1900] s By Rh An Ns Sh, [U] z Bw Nw Sa Bb, s He Th(Bck) (temp-b·c2-6AS – sogr Str WuSpr – InB – WiA – *L7 T6 F6 R5 N7*). [*Spiraea sorbifolia* L.] **Ebereschen-F. – *S. sorbifolia* (L.) A. Braun**

Pyracantha M. Roem. – **Feuerdorn** (3–10 Arten)
Bla immergrün, ledrig, feinkerbig gesägt bis ganzrandig, am Grund keilig. Blü in ∞blütigen Schirmrispen, weiß od. rötlichgelb, Blü 7–10 mm ⌀. Fr kuglig, leuchtend rot, seltener orange od. gelb. 0,50–4,00. 5–6. Zierstrauch; auch [U] s By Bw Rh He Nw Sa An Bb Ns (N: Hamburg) (m-sm·c3-4OEUR-VORDAS – igr Str – InB – VdA – *L7 T8 F5 R5 N5*).
Feuerdorn, Mittelmeer-F. – *P. coccinea* M. Roem.

Mespilus L. – **Mispel** (1 Art)
Dornstrauch od. in Kultur meist dornenloser Baum. Bla länglich-lanzettlich. Fr vom laubigen Ke gekrönt (Abb. **379**/5). 1,50–6,00. 5–6. Mäßig trockne Waldränder, Gebüsche, Hecken, basenhold; [A] z Nw Th(Bck Wld) Sa, s By Bw Rh He An, auch KulturPfl (Heimat: m/mosm·c3-5KAUK-VORDAS – sogr StrB/B WuSpr – InB SeB – VdA VersteckA – L(6) T8 F4 R6 Nx – O Prun., V Carp., V Querc. rob. – Obst). [*Crataegus germanica* (L.) Kuntze]
Echte M., Deutsche M. – *M. germanica* L.

Crataegus L. – **Weißdorn** (290–340 Arten)
Bearbeitung: **Peter A. Schmidt**

(Alle Arten in D: sogr Str/B regenerativ WuSpr – InB: Käfer, Fliegen, Bienen Vw – VdA – HeilPfl)
Zwischen den Arten treten Hybriden auf, sie können lokal od. regional häufiger als die Elternarten sein. Rückkreuzungen u. Mehrfachhybriden sowie das Vorkommen hybridogener Formenschwärme sind nicht auszuschließen, ebenso fakultative Apomixis, für die bisher aus D aber keine Nachweise vorliegen. Umstritten ist nach wie vor die Einstufung (Varietät, Unterart, Art) mehrerer, in vorherigen Auflagen als (Notho-) Subspecies (vgl. auch Schmidt 2013) geführter Sippen, die ab der 20. Auflagen entsprechend dem taxonomischen Konzept der „Liste der Gefäßpflanzen Deutschlands" (Buttler et Hand 2008, Buttler et al. 2015) als Arten behandelt wurden.
Blü u. Fr sind meist Voraussetzung für eine sichere Bestimmung, ohne Fr können in einigen Fällen (**3**, **3***, **5***) Pfl nur einer Artengruppe (agg.) zugeordnet werden. Die Zahl der Griffel u. Steinkerne ist an mehreren Blü bzw. Fr zu ermitteln. Die Griffelzahl ist bei den einheimischen Arten fast stets konstant, die Blü sind entweder 1- od. 2grifflig. Bei 1griffligen Sippen treten ausnahmsweise bei zentralen Blü der TeilBlüStände 2 Griffel auf u. bei Pfl mit 2griffligen Blü können zuweilen Blü 3 Griffel aufweisen, was im Bestimmungsschlüssel unberücksichtigt bleibt. Bei den Hybriden zwischen 1- u. 2grifflgen Arten ist die Griffelzahl variabel: Blü mit 1 Griffel u. Blü mit 2 Griffeln treten am gleichen Strauch auf, wobei die eine od. andere Griffelzahl dominieren kann. Entsprechendes gilt für die Zahl der Steinkerne in den Fr. Bla- u. NebenBlaMerkmale beziehen sich auf die größeren Bla blühender bzw. fruchtender Kurztriebe. LangtriebBla weichen stark ab u. sind zur Bestimmung nicht geeignet. Zur Unterstützung der Bestimmung kann auf validierte Herbarbelege im Online-Portal „Bestimmungskritische Taxa zur Flora Deutschland" (https://webapp.senckenberg.de/bestikri/) zurückgegriffen werden.
Unberücksichtigt im Schlüssel bleiben nichteinheimische Weißdorne, die teils verwildern. Auftretende Naturverjüngung fruktifiziert meist (noch) nicht u. ist deshalb nicht sicher zu bestimmen. Zudem besteht oft Klärungsbedarf zur taxonomischen Einordnung u. zum Status der Angaben. Neben Einzelmitteilungen (z. B. *C. intricata* Lange, *C. microphylla* K. Koch, *C. sanguinea* Pall., *C. submollis* Sarg.) liegen als [U] mehrfach Beobachtungen vor für den **Scharlach-W.** od. **Scharlachdorn – *C. coccinea* L.** ([*C. pedicellata* Sarg.] (temp·c2-5OAM, [N] temp·c1-3 EUR), Dornen bis 5 cm lg. Bla br eifg bis rhombisch, in oberer Hälfte mit 4–5 Paar spitzer Lappen. BlaStiel oft mit Drüsenhöckern. Fr orange bis rot) u. den **Hahnensporn-W. – *C. crus-galli*** L. ((m)-temp·c1-6OAM, [N] sm-temp·c1-3EUR), Dornen bis 10 cm lg. Bla verkehrteifg bis spatelfg, in oberer Hälfte fein gesägt. Fr dunkelrot), wobei letzterer oft verwechselt wird mit einer Hybride dieser Art, dem **Pflaumenblättrigen W. – *C.* ×*persimilis* Sarg.** ([*C.* ×*prunifolia* Pers.], Dornen bis 5 cm lg. Bla verkehrteifg bis rundlich, scharf gesägt, zuweilen in oberer Hälfte seicht gelappt. Fr rot).

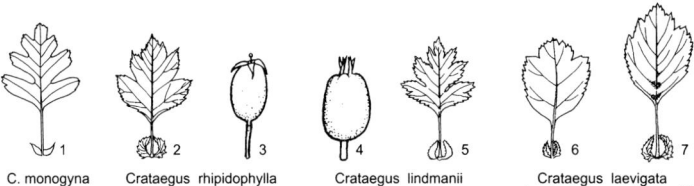

C. monogyna Crataegus rhipidophylla Crataegus lindmanii Crataegus laevigata laevigata Crataegus laevigata palmstruchii

1   Blü stets mit 1 Griffel. Fr mit 1 Steinkern. Bla gelappt bis geteilt (Abb. **437**/1, 2, 5), tiefste Einschnitte bis über ½, oft bis ¾ der Spreitenhälfte reichend, Hauptnerv unterer BlaLappen ± gerade od. vom Mittelnerv weg bogig. KeBla oseits kahl **2**
1* Blü mit 2 Griffeln, entweder alle Blü einer Pfl od. wenn nur ein Teil, dann an der gleichen Pfl 2- u. 1grifflige Blü (stets mehrere Blü prüfen!). Fr alle mit 2 Steinkernen od. an einer Pfl Fr mit 1 Steinkern u. Fr mit 2 Steinkernen. Bla fast ungeteilt (Abb. **437**/6, 7) od. gelappt, tiefste Einschnitte nur bis ⅓ od. ½ der Spreitenhälfte, selten tiefer reichend, Hauptnerv unterer BlaLappen ± gerade od. zum Mittelnerv hin bogig. KeBla oseits seidenhaarig od. kahl **4**
2   KeBla stets br 3eckig, etwa so lg wie br, wenn länger als br, dann <2mal, der BlüKnospe anliegend u. diese nicht überragend, an der Fr schräg abstehend od. zurückgebogen bis anliegend. NebenBla u. VorBla ganzrandig, zuweilen mit einzelnen groben Zähnen. Bla gelappt bis geteilt, Einschnitte bis ¾ der Spreitenhälfte od. tiefer reichend, BlaLappen nur an der Spitze mit wenigen Sägezähnen, sonst ganzrandig (Abb. **437**/1), Buchten oft br u. stumpf; Spreite meist derb u. ledrig, useits bläulich- bis graugrün, Hauptnerv unterer BlaLappen meist vom Mittelnerv weg bogig. Fr weinrot. 2,00–10,00(–12,00). 5–6. Trockne bis frische Gebüsche, Waldränder, lichte LaubmischW, plan.–koll., basenhold; g Rh He Nw An Ns, h Th Sa Bb Mv, v Alp By Bw Sh; auch HeckenPfl (m-temp·c1-6EUR-(WAS) – L7 T5 F4 R8 N4 – O Prun., O Querc. pub., V Alno-Ulm., V Eric.-Pin. – *34*).
    Eingriffliger W. – *C. monogyna* JACQ**.
2* KeBla alle od. zumindest einige deutlich schmaler od. aus breiterem Grund sich auffällig verschmälernd, 3eckig-lanzettlich bis fast pfriemlich, 2–3mal so lg wie br, die BlüKnospe mit ihren Spitzen überragend, an der Fr zurückgebogen, abstehend od. steif aufrecht. NebenBla u. VorBla fein gesägt. Bla gelappt bis gespalten, Einschnitte bis ½ od. ⅔ der Spreitenhälfte, selten tiefer, BlaLappen ringsum od. wenigstens ihr unterer Rand auch unterhalb der Spitze fein u. scharf gesägt, Buchten spitz; Spreite dünn od. derb, beidseits gleichfarbig od. useits blass-, bläulich- od. graugrün, Hauptnerv unterer BlaLappen ± gerade od. teilweise bogig. Fr dunkel- od. hellrot **3**
3   Alle KeBla schmal od. aus verbreitertem Grund lanzettlich, 2–3mal so lg wie br. NebenBla stets fein, meist drüsig gesägt. BlaLappen ringsum od. zumindest ihre vordere Hälfte fein u. scharf gesägt (Abb. **437**/2, 5); Spreite beidseits gleichfarbig od. useits heller grün; Hauptnerv unterer BlaLappen ± gerade. Bis 5,00. 5–6. Frische bis mäßig trockne, lichte LaubmischW, Waldränder, Gebüsche, Hecken; z By Bw Rh He Nw Th Sa An Ns Mv, s Alp Bb Sh, Verbr. ungenau bekannt (sm-temp·c2-6EUR-WAS – V Carp., O Prun., UV Cephal.-Fag., V Samb.-Salic. – *34, 51, 68*). [*C. calycina* auct. s. l., *C. curvisepala* L**INDM**. nom. illegit. s. l., *C. rosiformis* auct. s. l.] **Artengruppe Großkelch-W. – *C. rhipidophylla* agg.**
1   KeBla an der Fr zurückgebogen, selten waagerecht abstehend (Abb. **437**/3). Fr ellipsoidisch bis kuglig, 8–15 mm lg, reif dunkelrot. Bla 4–6 cm lg, meist etwas derb u. ledrig, useits heller als oseits, blassgrün, obere ½–⅔ der BlaLappen gesägt (Abb. **437**/2). LaubW, Waldränder, Gebüsche, Hecken; z By Bw Nw Th Sa, s Alp Rh He An Bb Mv Sh (sm-temp·c2-6EUR-WAS – *L5 T7 F5 R5 N3* – V Carp., O Prun., UV Cephal.-Fag.). [*C. calycina* subsp. *curvisepala* F**RANCO**, *C. curvisepala* s. str., *C. rosiformis* s. str., *C. praemonticola* H**OLUB**]
    Krummkelch-W., Großkelch-W. i. e. S. – *C. rhipidophylla* GAND**. s. str.**

Der Name *C. rhipidophylla* wird, der Typisierung von C**HRISTENSEN** (1992) folgend, beibehalten (nach T**YSON** et F**OUCAULT** 2014 Typus zu *C.* ×*subsphaerica*).

1* KeBla an der Fr aufrecht bis zusammenneigend (Abb. 437/4). Fr walzenfg bis zylindrisch, oft leicht kantig, 12–15 mm lg, reif hellrot. Bla 3–5 cm lg, dünn, beidseits fast gleichfarbig, BlaLappen fast bis zum Grund fein gesägt (Abb. 437/5). LaubW, Waldränder; z By Th(Bck O S Wld), s Bw Rh He Nw Sa An Ns Bb Mv Sh, Verbr. ungenau bekannt (temp·c2-4EUR – *L5 T7 F5 R5 N5* – V Carp., O Prun.). [*C. calycina* auct., *C. curvisepala* subsp. *lindmanii* (Hrabětová) Byatt, *C. rosiformis* subsp. *lindmanii* (Hrabětová) K.I. Chr., *C. rhipidophylla* subsp. *lindmanii* (Hrabětová) P.A. Schmidt]
Langkelch-W., Lindman-W. – *C. lindmanii* Hrabětová

Wenn die beiden Sippen nicht als Varietäten (z. B. Christensen 1992) od. Unterarten (z. B. Schmidt 2013) sondern wie hier als Arten behandelt werden, dann sind Pfl, die als Hybriden beider aufgefasst werden, dem **Dünen-W. – *C. ×dunensis*** Cinovskis zuzuordnen.

3* KeBla teilweise br 3eckig u. kaum länger als br, teilweise deutlich schmaler, 2–3mal so lg wie br. NebenBla unregelmäßig gesägt bis fast ganzrandig, Zähnchen nur vereinzelt drüsig. BlaLappen meist nur an der Spitze u. derem unteren Rand, zuweilen nur an den unteren BlaLappen, fein gesägt; Spreite useits meist etwas bläulich- bis graugrün; Hauptnerv unterer BlaLappen teilweise gerade, teilweise vom Mittelnerv weg bogig. 2,00–10,00. 5–6. Gebüsche, Hecken, Waldränder, lichte LaubW; z By Bw Rh He Nw Th Sa An Bb Ns Mv, s Sh, stellenweise häufiger als *C. rhipidophylla*, s. **3**; auch HeckenPfl u. [N] (sm-temp·c1-5EUR-WAS – O Prun. – Hybridkomplex von *C. monogyna* × *C. rhipidophylla* agg. – *34, 51, 68*). [*C. ×kyrtostyla* auct. s. l., *C. ×heterodonta* Pojark. s. l.]
Artengruppe Verschiedenzähniger W. – *C. ×subsphaerica* agg.

1 KeBla an der Fr schräg abstehend bis zurückgebogen. Gebüsche, lichte LaubW, Waldränder; Verbr. in D wie Artengruppe, oft gepflanzt. [*C. monogyna* × *C. rhipidophylla* s. str., *C. raavadensis* Raunk., *C. heterodonta* Pojark. s. str., *C. fallacina* Klokov]
Verschiedenzähniger W. i.e. S. – *C. ×subsphaerica* Gand. s. str

1* Alle od. zumindest ein Teil der KeBla an der Fr aufrecht od. aufrecht abstehend. Lichte LaubW, Waldränder; s By(N NO) Rh Sa(SO) Mv. [*C. monogyna* × *C. lindmanii*, *C. ×subsphaerica* nothosubsp. *domicensis* (Hrabětová) P.A. Schmidt]
Domica-W. – *C. ×domicensis* Hrabětová

4 (1) Blü stets mit 2 Griffeln. Fr stets mit 2 Steinkernen. KeBla br 3eckig, etwa so lg wie br, der Fr ± anliegend, oseits seidenhaarig. Bla fast ungeteilt od. schwach gelappt (Abb. 437/6), Einschnitte nur bis ⅓ der Spreitenhälfte; BlaLappen br u. stumpf od. abgerundet, selten spitz (subsp. *palmstruchii*) zugespitzt, Spreitenrand stumpf gesägt bis gekerbt; Hauptnerv unterer BlaLappen meist zum Mittelnerv hin bogig. Fr ellipsoidisch bis kugelig, meist <1 cm lg, dunkel- bis schwarzrot. 2,00–8,00. 5. Frische LaubW, Waldränder, Gebüsche, Hecken, basenhold; g He(v SO), h Rh Nw Th Sa An Ns, v By Bw Mv Sh, z Alp Bb (sm-temp·c1-4EUR – *L6 T6 F5 R7 N5* – O Prun., O Fag., V Samb.-Salic. – *34*). [*C. oxyacantha* auct. non L.]
Zweigriffliger W. – *C. laevigata* (Poir.) DC.

Pfl, die durch weniger abgerundete, sondern mehr spitze bis zugespitzte BlaLappen (Abb. 437/7), abstehende bis aufrechte, schmalere (bis 2mal so lg wie br) KeBla u. ellipsoidische bis walzliche, 1,0–1,2 cm lg, hell- bis dunkelrote Fr abweichen, werden auch als subsp. *palmstruchii* (Hrabětová) Franco [*C. palmstruchii* auct. non Lindm., *C. oxyacantha* subsp. *palmstruchii* Hrabětová] abgetrennt. Vermutlich gehören sie aber in den Variationsbereich von *C. ×macrocarpa*, s. **5*** od. Rückkreuzungen mit *C. laevigata*.

4* An einer Pfl Blü mit 1 Griffel u. Blü mit 2 Griffeln, Fr mit 1 Steinkern u. Fr mit 2 Steinkernen. KeBla entweder alle (*C. ×media*) od. zumindest einige br 3eckig u. etwa so lg wie br, die anderen deutlich schmaler, 3eckig-lanzettlich bis fast pfriemlich u. 2–3mal so lg wie br, an der Fr zurückgebogen bis anliegend od. abstehend, selten aufrecht, oseits seidenhaarig od. kahl. Bla gelappt bis gespalten, Einschnitte bis ½ od. ⅔ der Spreitenhälfte; BlaLappen meist spitz od. zugespitzt, seltener br u. stumpf, vorn grob gesägt od. ihr Rand ± ringsum scharf gesägt **5**

5 Alle KeBla br 3eckig, etwa so lg wie br, meist ± stumpflich, an der Fr zurückgebogen bis anliegend. BlaLappen meist br u. im oberen Teil grob gesägt. Spreite useits meist bläulich- bis graugrün. Fr 6–11 mm lg. Blüs 8,00. 5–6. Gebüsche, Hecken; z He Nw Th Sa, s Alp By Bw Rh An Bb Ns Mv Sh, Verbr. ungenügend bekannt; auch Zier- u. HeckenPfl (sm-temp·c1-4EUR – O Prun. – *C. laevigata* × *C. monogyna* – als ZierPfl hierzu Rotdorn-Sorten mit gefüllten roten Blü – *34*). **Mittlerer W., Bastard-W. – *C. ×media* Bechst.**

5* KeBla wenigstens zum Teil deutlich schmaler u. spitz, 3eckig-lanzettlich, 2–3mal so lg wie br, an der Fr entweder alle zurückgebogen, anliegend bis abstehend od. teilweise aufrecht.

BlaLappen meist spitz od. zugespitzt, am Rand fein u. scharf gesägt. Spreite useits heller grün, aber nicht bläulich- od. graugrün. Fr 10–15 mm lg. Bis 8,00. 5–6. Frische, lichte LaubW, Waldränder, Gebüsche, Hecken, aufgelassene Weinberge; h He, v Bw(Alb sonst z) Rh Nw(MW, sonst z) Th Sa, z Alp By An Bb Ns Mv, s Sh, stellenweise häufiger als die Elternarten, Verbr. ungenau bekannt (sm-temp·c2-4EUR – O Prun., O Fag., V Samb.-Salic. – Hybridkomplex von *C. laevigata* × *C. rhipidophylla* agg. – *34*, 51, *68*). [*C. calycina* PETERM. s. l.]   **Artengruppe Großfrüchtiger W. – *C.* ×*macrocarpa* agg.**

1   KeBla an der Fr stets zurückgebogen, dieser anliegend od. abstehend. Fr ellipsoidisch bis kuglig, meist dunkelrot. Hecken, lichte LaubW; Verbr. in D wie Artengruppe (O Prun.). [*C. laevigata* × *C. rhipidophylla* s. str., *C. schumacheri* RAUNK., *C.* ×*uhrovae* SOÓ, *C.* ×*pseudoxyacantha* CINOVSKIS]
        Großfrüchtiger W. i.e. S. – *C.* ×*macrocarpa* HEGETSCHW. s. str.

1*   Zumindest ein Teil der KeBla an der Fr aufrecht bis zusammenneigend. Fr oft ± zylindrisch, meist heller rot. LaubW, Waldränder; z By Nw Sa, s Bw Rh He Th An Bb Ns Mv (O Fag.). [*C. laevigata* × *C. lindmanii*, *C. calciphila* HRABĚTOVÁ, *C. macrocarpa* nothovar. *hadensis* (HRABĚTOVÁ) K.I. CHR.]
        Kalkliebender W., Geradkelchiger W. – *C.* ×*calycina* PETERM.

***Amelanchier* MEDIK. – Felsenbirne**   (ca. 20 Arten)

1   KrBla außen zottig, schmal lanzettlich, weiß od. gelblichweiß. Griffel nicht aus dem Achsenbecher herausragend, völlig getrennt. BlüStiel 12–18 mm lg, KrBla 14–19 mm lg. Bla elliptisch, beidseits abgerundet, jung weißfilzig, verkahlend. Fr blauschwarz, bereift. 1,00–3,00. 4–5. Trockne Felsgebüsche, felsige Eichen- od. KiefernW; h Alp, z Bw(f NW) Rh Th(f Hrz S), s By(MS S) He(f W) Nw(SW), [N] s Sa, auch KulturPfl (m/salp-stemp·c1-4EUR – sogr Str WuSpr – InB Vm – VdA – L7 Tx F3 Rx N3 – V Berb., O Querc. pub., V Eric.-Pin. – ZierPfl – 68). [*A. vulgaris* MOENCH, *A. embergeri* (FAVARGER et STEARN) LANDOLT]
        Echte F. – *A. ovalis* MEDIK. subsp. *embergeri* FAVARGER et STEARN

In den Alpen östlich des Lechs auch die diploide *A. ovalis* subsp. *ovalis* (34): BlüStiel 6–13 mm lg, KrBla 9,0–14,5 mm lg.

1*   KrBla außen kahl. Griffel weit aus dem Achsenbecher herausragend, im unteren Teil säulenfg verwachsen **2**

2   Seitennerven wenigstens im oberen Teil der Bla bis in die BlaZähne laufend. Bla rundlich bis br elliptisch, 2–5 cm lg, vorn abgerundet bis gestutzt, ohne die Zähne überragende Stachelspitze, grob gesägt (2–5 Zähne pro cm), zur BlüZeit meist voll entfaltet, useits verkahlend, später völlig kahl u. bläulichgrün. BlüStand 2–8 cm lg, aufrecht. KrBla 6–16 mm lg. FrKn an der Spitze filzig. Fr rötlichschwarz, süß. 2,00–4,00. 4–5. KulturPfl; auch lichte Laubgehölze; [N 1888] s An (SO: Dübener Heide, Halle Elb: Zerben bei Burg), [U] s Sa Bb Mv (sm-b·c1-7WAM-(OAM) – sogr Str – InB Vm – VdA – Obst: mehrere Sorten, ZierPfl).
        Erlenblättrige F. – *A. alnifolia* (NUTT.) M. ROEM.

2*   Seitennerven in der Mehrzahl sich vor den BlaZähnen im Nervennetz verlierend od. umbiegend, nur einzelne (bes. bei Bla von JungPfl u. Stockausschlägen) bis in die BlaZähne laufend. Bla vorn zugespitzt, mit aufgesetzter, die Zähne überragender Stachelspitze, fein gesägt. Fr zuerst schmutzig- od. purpurrot, später blauschwarz **3**

3   KrBla verkehrteifg, gewimpert, 6–10 mm lg, etwa doppelt so lg wie br. FrKn an der Spitze dicht behaart. Bla br eifg-rundlich, useits anfangs dicht gelblichfilzig, verkahlend, nur am Stiel bleibend behaart, mit od. vor der Blü entfaltet. Fr blauschwarz, unangenehm schmeckend, 0,30–2,00. 4–5. KulturPfl; auch trockne bis frische Laub- u. NadelW, Waldsäume, Steinbrüche, Dünen, kalkmeidend; [N 1800] s Sa An Bb, [U] s By Mv Ns (sm-temp·c2-5OAM, [N] temp-b·c2-4EUR – sogr Str – InB Vm Ap? – VdA – *L5 T4 F6 R3 N3* – ZierPfl, Bienenfutter).   **Besen-F., Ährige F. – *A. spicata* (LAM.) K. KOCH**

3*   KrBla schmal länglich, kahl, 9–14 mm lg, mindestens 3mal so lg wie br. FrKn an der Spitze kahl, selten locker behaart. Bla eilänglich, zur BlüZeit kupferrot, seidig behaart, verkahlend, nur am Stiel bleibend behaart, zur BlüZeit meist noch nicht entfaltet. Fr blauschwarz, süß. 1,00–10,00. 4–5. KulturPfl; auch mäßig trockne, lichte Eichen- u. KiefernW, Erlenbrüche, Gebüsche, kalkmeidend; [N 19. Jh. U] z Nw Ns Sh, s alle übrigen Bdl(f Mv), ↗ (temp·c2-5OAM, [N] temp·c1-3EUR – sogr Str/B – InB Vm – VdA – L6 T6 F5 R3 N3 – V Querc. rob., V Prun.-Rub. – ZierPfl, Bienenfutter, früher Obst: „Korinthenbaum"). [*A. laevis* auct. non WIEGAND, *A. confusa* auct. non HYL., *A. canadensis* auct. non L.]
        Kupfer-F. – *A. lamarckii* F.G. SCHROED.

Malus MILL. – **Apfel** (ca. 40 Arten)
Mit Beiträgen von Klaus Pistrick

1 Äste durch abgebrochene abgestorbene Triebe meist dornig. Bla beidseits verkahlend. Achsenbecher mindestens in der oberen Hälfte kahl, zur BlüZeit 2–3 mm ⌀. Fr 20–35 mm ⌀, gelblichgrün. 2,00–10,00. 5. Mäßig trockne bis wechselfeuchte Eichen-HainbuchenW, AuenW, Waldränder, Gebüsche, Hecken, Steinriegel, basenhold; v Rh An, z Alp By Bw He Nw Th Sa Bb Ns Mv Sh; auch KulturPfl, Hybride mit *M. domestica* (SUCKOW) BORKH. mit intermediären Merkmalen, ↗ (m/mo-temp·c1-7EUR-(WAS), [N] AM – sogr B – InB Vw – VdA – L(7) T6 F5 R7 N5 – V Alno-Ulm., V Carp., V Querc. rob., O Prun. – Forstbaum).
Wild-A., Holz-A. – *M. sylvestris* (L.) MILL.

1* Äste nicht dornig. Bla useits bleibend filzig. Achsenbecher weißfilzig, zur BlüZeit >5 mm ⌀. Fr meist >50 mm ⌀, grün, gelb od. rot. 2,00–10,00. 4–5. KulturPfl; auch [N] z alle Bdl (entstanden aus formenreichen Wildpopulationen von *M. sieversii* (LINDL.) M. ROEM. aus m-sm·c5-7WAS – Kältekeimer – L7 T8 F5 R7 N6 – Obst: formenreich, Straßenbaum). [*M. pumila* MILL.] **Kultur-A.** – *M. domestica* (SUCKOW) BORKH.

Chaenomeles LINDL. – **Scheinquitte, Zierquitte** (5 Arten)

1 Aufrechter, hoher, sparriger Strauch mit kräftigen Dornen. Kr rosa bis dunkelrot, selten weiß, 4–5 cm ⌀. Fr gelblich bis grünlich braun, schwach duftend. Bla dicht u. spitz gesägt. Neben-Bla der LangtriebBla sehr groß (Abb. **379**/4). Junge Zweige glatt. 0,50–2,00(–3,00). 5–6. KulturPfl; [U] s Bw Rh He Sa Bb Sh (sm·c2-5OAS – sogr Str WuSpr – InB – VdA – ZierPfl, Obst, kultiviert auch die Hybride mit 1*: *Ch.* ×*superba* (FRAHM) REHDER). [*Ch. lagenaria* (LOISEL.) KOIDZ.] Ⓚ **Chinesische Sch.** – *Ch. speciosa* (SWEET) NAKAI

1* Breitwüchsiger, niedriger Strauch, schwach dornig. Kr braunrot bis orange, 2,5–3,5 cm ⌀. Fr gelb, stark duftend. Bla kerbig gesägt. Junge Zweige zottig, im 2. Jahr warzig. 0,30–0,90. 4–5. KulturPfl; [U] s By Bw He Nw Bb Ns Sh (sm/mo·c1-2OAS – sogr Str WuSpr – InB – VdA Kältekeimer – *L5 T8 F5 R5 N5* – ZierPfl, Obst).
Ⓚ **Japanische Sch.** – *Ch. japonica* (THUNB.) SPACH

Aronia MEDIK. – **Apfelbeere** (2 Arten)
Bla useits u. BlüStände behaart. ApfelFr ± dicht filzig, (7–)9–12 mm ⌀, dunkel- bis schwarzrot. KeZipfel mit wenigen Drüsen. KrBla weiß bis blassrosa. 1,00–2,00(–4,00). 5–6. KulturPfl; auch oligotrophe Moore; [N 1892 M-Eur., 1968 D] s Ns(NW: Huvenhoopssee südlich Bremervörde), [U] s Sa (m-b·c2-5OAM – wohl konstante Hybride der m-bOAM Arten *A. melanocarpa* (MICHX.) ELLIOTT, *A. arbutifolia* (L.) PERS. – sogr Str – InB Ap – VdA – V Car. nigr., V Aln. – ZierPfl, Obst). [*A. atropurpurea* BRITTON]
Pflaumenblättrige A. – *A. prunifolia* (MARSHALL) REHDER

Cydonia MILL. – **Quitte** (1 Art)
Kr rosa. Bla eifg, useits grasgrün. Fr apfel- od. birnfg, filzig. 1,20–6,00. 5–6. KuturPfl, [N U] s By Rh He Nw Sa Ns Sh (m/mo-sm·c4-5KAUK-VORDAS – sogr StrB WuSpr – InB Vw – VdA Kältekeimer – Obst: mehrere Sorten – L8 T6 F4 R8 N4). [*C. vulgaris* BORCKH.]
Echte Qu. – *C. oblonga* MILL.

Pyrus L. – **Birne** (25 Arten)
Mit Beiträgen von Klaus Pistrick

1 Zweige dornig. Langtrieb⌀ <3(–4) mm. Bla rundlich. Fr 15–35 mm lg, kuglig bis kurz birnfg, grün bis gelblichgrün, später braun, hart, nicht süß. Bis 20,00. 4–5. Sickerfrische bis mäßig trockne AuenW, LaubmischW, lichte TrockenW, Felsgebüsche, Waldränder, Strandwälle, basenhold; v Rh He Th Sa An, z Alp(Allg Chm Mng) By Bw Nw Bb Ns Mv Sh(f W); oft mit verwilderten Kulturbirnen verwechselt (m/mo-temp·c1-7EUR – sogr B – InB Vw WuSpr – VdA – L6 T7 F? R? N4 – V Alno-Ulm., V Carp., O Querc. pub., V Eric.-Pin., V Berb.). [*P. achras* GAERTN.] **Wild-B., Holz-B.** – *P. pyraster* (L.) BURGSD.

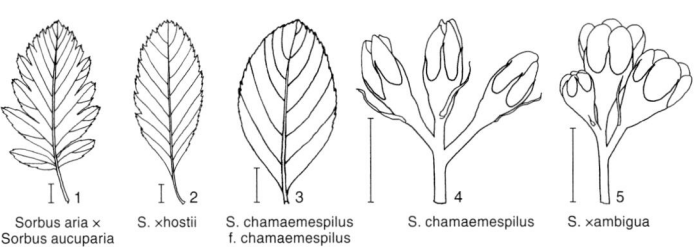

1	2	3	4	5
Sorbus aria × Sorbus aucuparia 'Pinnatifida'	S. ×hostii	S. chamaemespilus f. chamaemespilus	S. chamaemespilus	S. ×ambigua

1* Zweige meist dornenlos. Langtrieb∅ >3(–4) mm. Bla elliptisch. Fr meist >50 mm lg, meist birnfg, gelb, braun, grün od. rötlich, saftig, süß. Bis 20,00. 4–5. KulturPfl; auch [N meist U] z bis s wohl alle Bdl (Heimat: m/mo·c5-6VORDAS, [N] m-tempEUR+OAM – sogr B – InB Vw selbststeril – VdA Kältekeimer – L5 T6 F? R8 N? – Obst: formenreich, Straßenbaum). [*P. domestica* MEDIK.] **Kultur-B. – *P. commu̲nis* L.**

Sorbus L. – Mehlbeere, Eberesche, Elsbeere, Speierling (150 Arten)
Bearbeitung: **Norbert Meyer**

(InB Vw, auch Ap – VdA Kältekeimer)

Die BlaMerkmale beziehen sich auf mittlere Bla von Kurztrieben. Der in der Taxonomie diskutierten Aufteilung der Gattung wird hier nicht gefolgt: *Sorbus* (*S. aucuparia* als Typus), *Cormus, Aria, Torminaria* u. *Chamaemespilus* verbleiben als Untergattungen bei *Sorbus* s. l. Die diploiden Hauptarten (2n = 34) der fünf Untergattungen vermehren sich sexuell. In der Untergattung *Aria* existieren zusätzlich Polyploide, die sich fakultativ (2n = 64) od. obligat (2n = 51) agamosperm vermehren. Mitglieder aller Untergattungen (außer *Cormus*) hybridisieren zuweilen mit *Aria* u. auch innerhalb von *Aria* sind Hybriden häufig. Diese sind meist fertil, 2x Hybriden spalten dabei auf u. sind an heterogener Morphologie u. Aussaat kenntlich. Hybriden der polyploiden *Aria*-Sippen vermehren sich meist agamosperm, bilden morphologisch einheitliche Populationen mit regionaler Verbreitung u. werden als Kleinarten beschrieben. Ihre Erforschung in D ist nicht abgeschlossen. Eine ausführliche Bearbeitung der Gattung findet sich im Kritischen Ergänzungsband der Rothmaler Exkursionsflora (MEYER 2016).

1	Bla gefiedert od. nur im unteren Teil gefiedert od. bis zur Mittelrippe fiederschnittig (Abb. **441/1**)	2
1*	Bla ungeteilt, BlaRand einfach bis periodisch gesägt, gekerbt, gelappt od. fiederteilig	4
2	Bla gefiedert, useits behaart od. kahl, aber nicht filzig	3
2*	Bla nur im unteren Teil mit 1 bis mehreren Blchen gefiedert od. Bla wenigstens z. T. am Spreitengrund bis zur Mittelrippe fiederschnittig, mit 11–12 Nervenpaaren. Bla useits grün- bis graufilzig. Primäre, aufspaltende Hybride, einzeln od. truppweise zwischen den Eltern, sehr variabel: Bla buchtig fiederspaltig bis fiederteilig ('Thuringiaca'); untere 1–2(–3) BlaAbschnitte gefiedert ('Pinnatifida'); untere 3(–7) BlaAbschnitte gefiedert bis fiederteilig ('Decurrens'); Bla lg, schmal, zungenfg, untere BlaFiedern über 1 cm abgerückt, häufiger Parkbaum ('Quercifolia'). 5,00–20,00. 4–5. Kalkhold; s Alp By He(O: Rhön) Th (sm/mo-temp·c1-3EUR – sogr B WuSpr – L(6) T4 F5 R6 N3 – O Fag., K Vacc.-Pic., V Adenost. – 34). [Untergattung *Soraria* MÁJOVSKÝ ET BERNÁTOVÁ] **Bastard-Eberesche – *S. a̲ria* (L.) CRANTZ s. str. × *S. aucuparia* L.**
3	Zähne an jungen Blchen mit hinfälliger brauner Drüse. NebenBla der Langtriebe früh hinfällig. Knospen bräunlichgrün, kahl. Schirmrispen meist 35–75blütig. Griffel meist 5. Fr birnenfg od. kuglig, 15–30 mm in ∅, grün bis gelb, oft an der Sonnenseite gerötet, mit ∞ großen Lentizellen, zur FrReife verbraunend. Stamm sehr früh mit rauer Borke (wie bei *Py̲rus*). 8,00–20,00. 4–5. Mäßig trockne LaubmischW, Eichen-TrockenW, kalkhold; [A?] z By(N NM NW) Rh He Th(Bck S) An(f Elb N O), s Bw(f S SO) Nw(MW SW), [N U] s Sa, ↘; auch Obstbaum u. verwildert (m/mo-stemp·c2-3EUR – sogr B WuSpr – L(4) T8 F4 R8 N3 – O Querc. pub., V Fag., V Carp. – Obst – 34). [*Cormus domestica* (L.) SPACH] **Speierling – *S. domestica* L.**

3* Zähne der Blchen drüsenlos. NebenBla der Langtriebe bleibend. Knospen dunkelbraun, weiß behaart, selten kahl. Schirmrispen 200–300blütig. Griffel 2–4. Fr reinrot, meist ± kuglig, 9–10 mm im ⌀, mit spärlichen, winzigen Lentizellen. Rinde lange glatt bleibend. Variabel: diesjährige Zweige, BlüStandsachsen u. BlaUSeiten stets deutlich behaart. Fr kuglig, Verbr. u. Soz. wie Art (subsp. *aucuparia*); diesjährige Zweige u. BlüStandsachsen schon zur Blü-Zeit fast kahl, Bla useits nur auf den Nerven behaart od. kahl, Fr br eifg. subalp. Gebüsche (subsp. *glabrata*). 3,00–15,00. 5–6. Mäßig trockne bis frische Laub- u. NadelW, MoorW, Waldränder, -schläge, an Felsen, kalkmeidend; g He Nw Th Sa Ns, h Alp Rh An Bb Mv Sh(s W), v By(g NM) Bw; auch formenreicher Straßen- u. Obstbaum u. verwildert (sm/mo-b·c1-7EURAS – sogr B/StrB, WuSpr – VdA VersteckA Wintersteher Dunkelkeimer – L(6) Tx Fx R4 Nx – V Samb.-Salic., O Prun., K Vacc.- Pic., UV Luz.-Fag., O Aln. – 34). [Untergattung *Sorbus* L.] **Eberesche, Vogelbeere – *S. aucuparia* L.**

4 **(1)** KrBla rot, rosa, weiß u. am Rand rosa od. wenn weiß, dann StaubBla zumindest in der Knospe rosa, KrBla aufrecht zusammenneigend od. halb geöffnet. Bla mit 4–10 Nervenpaaren, (wenigstens einige) nahe des BlaRandes gablig verzweigt, BlaStiel 3–15 mm lg, Bla useits kahl, verkahlend od. dünnwollig bis graufilzig bleibend. Niedrige, bis 3 m hohe Sträucher der mont. u. subalp. Stufe 5

4* KrBla weiß, seitlich abstehend. Bla mit 5–15 Nervenpaaren, nahe des BlaRandes nicht gablig verzweigt, BlaStiel 10–20 mm lg, Bla useits kahl, verkahlend od. weiß-, grau-, gelblich- od. grünfilzig bis dünnwollig bleibend. Sträucher od. Bäume 7

5 Bla einfach bis doppelt gesägt, dazu entfernt u. unregelmäßig tiefer kerbig (Abb. **441**/2), 5–8 × 2–4 cm, ei- bis zungenfg, BlaStiel 10–15 mm lg, Spreite am Grund keilfg (60–80°), an der Spitze stumpf bis kurz zugespitzt, mit 7–8 Nervenpaaren, oseits grün bis blaugrün, verkahlend, glänzend, useits graugrün, ± dünnfilzig bis wollig behaart od. kahl. KrBla rosa od. weißlich u. Rand rosa, halb geöffnet, StaubBla in der Blü sichtbar (Abb. **441**/5). 1,00–3,00. 5 Subalp. Gebüsche, basenhold z Alp(Allg Brch Chm) (stemp/salp·c2EUR Endemit – sogr Str WuSpr – Wintersteher Dunkelkeimer – L7 T3 F4 R8 N3 – O Pic., V Adenost., V Stip. calam. – entstanden aus *S. chamaemespilus* × *S. mougeotii* od. *S. austriaca* – 51, 68). [Untergattung *Chamsoraria* MÁJOVSKÝ et BERNÁTOVÁ, *S.* ×*hostii* (J. JACQ.) HEYNH., *S.* ×*schinzii* DÜLL] **Artengruppe Host-Zwerg-Mehlbeere – *S. hostii* agg.**

Hierzu als konstante Art **Dörr-Zwerg-M. – *S. doerriana* N. MEY.**: z Alp(Allg: Oberstdorf, Immenstadt), sowie weitere unbeschriebene konstante Taxa im Alpenraum.

5* Bla nicht deutlich kerbig, fein einfach od. in der oberen Hälfte doppelt gesägt, BlaStiel 3–10 mm lg 6

6 Bla dicht u. fein einfach gesägt (**441**/3), mit 5–8 ungleich weit voneinander entfernten Nervenpaaren, useits rasch verkahlend, BlaStiele 3–7 mm lg, BlaForm variabel: eifg (f. *chamaemespilus*) bis lanzettlich (f. *angustifolia*). KrBla rosa bis hellrot, keglig zusammenneigend (**441**/4), StaubBla in der Blü verborgen. 0,40–2,00. 6–7. Subalp. frische bis mäßig trockne Gebüsche, lichte mont. NadelW, Schuttfluren, kalkhold; v Alp, z By(S), s Bw(SW: Feldberg, wohl nur Hybriden) (sm-stemp/salp·c2-3EUR – sogr Str WuSpr – Wintersteher Dunkelkeimer – L7 T3 F4 R8 N3 – O Pic., V Adenost., V Stip. calam. – 34). [*Chamaemespilus alpina* (MILL.) K.R. ROBERSTON et J.B. PHIPPS]
Zwerg-M. – *S. chamaemespilus* (L.) CRANTZ

6* Bla eifg-lanzettlich, gröber u. oberwärts deutlich doppelt gesägt, mit 7–9(–11) etwa gleich weit voneinander entfernten Nervenpaaren, useits kahl, spärlich behaart od. meist graugrün- bis weißfilzig bleibend, BlaStiel 6–10 mm lg. KrBla rot, rosa od. weiß u. Rand rosa, aufrecht abstehend, daher StaubBla in der Blü sichtbar (Abb. **441**/5). 0,40–3,00. 6–7. Subalp. Gebüsche, basenhold; z Alp, s Bw (SW: Feldberg) (sm-stemp/mo·c2-3 EUR – sogr Str WuSpr – L7 T3 F4 R8 N3 – V Pic., V Adenost., V Stip. calam. – entstanden aus *S. aria* agg. × *S. chamaespilus* – 34, 51, 68). [Untergattung *Chamaespilaria* MÁJOVSKÝ et BERNÁTOVÁ]
Artengruppe Sudeten-Zwerg-M. – *S. sudetica* agg.

Hierzu als konstanter Lokaldemit **Allgäuer Zwerg-M. – *S. algoviensis* N. MEY.**: s Alp(Allg: Oberstdorf), sowie weitere unbeschriebene Taxa im Alpenraum.

7 **(4)** Bla useits bleibend dicht weißfilzig, nicht gelappt od. zuweilen in der oberen Hälfte leicht bis deutlich gelappt, mit 7–14 deutlichen Nervenpaaren. Bäume u. Sträucher. 3,00–15,00.

ROSACEAE 443

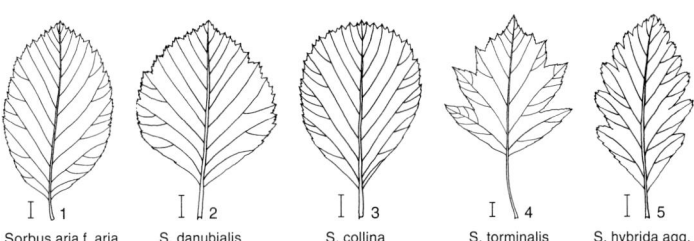

1	2	3	4	5
Sorbus aria f. aria	S. danubialis	S. collina	S. torminalis	S. hybrida agg.

5–6. Trockne bis mäßig frische, lichte LaubmischW, Eichen-TrockenW, Steinriegel, Felsen, subalp. Gebüsche; h Alp, v Rh, z By Bw He(h SW) Th(S Wld Bck NW), s Nw(SO MW NO) An(S), † Ns(S), [N U] s Sa An Bb Ns Mv Sh; auch Straßenbaum (m/mo-temp/demo·c1-3EUR – sogr B/StrB WuSpr – Wintersteher – L(6) T5 F4 R7 N3 – O Querc. pub., O Fag., V Berb., V. Adenost. V Stip. calam., V Eric.-Pin. – 34, 51, 68).
Artengruppe Gewöhnliche M. – S. aria agg.
Wichtige Taxa des S. aria agg.: **Gewöhnliche M. – S. aria** (L.) CRANTZ s. str.: Bla eifg-lanzettlich, dünn, mit 10–15 Nervenpaaren (Abb. **443**/1). Fr blassrot, eifg. 3,00–15,00. 5–6. Standorte, Soz. u. Verbr. wie Artengr.– (34). Aus der **Artengruppe Griechische M. – S. graeca** (SPACH) S. SCHAUER s. l.: **Donau-M. – S. danubialis** (JÁV.) KARPATI: Bla br rhombisch bis fast rund, derb, mit 8–10 Nervenpaaren (Abb. **443**/2). Fr tiefrot, flachkuglig. 3,00–10,00. 5. Waldsäume, Felsgebüsche, lichte Kiefernforste, kalkstet; s By(Alb MS NM) (sm-stemp·c3-4EUR? – sogr StrB WuSpr, Wintersteher – L(7) T6 F3 R8 N3 – V Berb., O Querc. pub. – 68); **Hügel-M. – S. collina** M. LEPŠÍ, P. LEPŠÍ et N. MEY.: Bla verkehrteifg, mit abgerundeter Spitze, derb, mit 9–11 Nervenpaaren (Abb. **443**/3). Fr tiefrot, flachkuglig. 3,00–16,00. 5. Standort wie vorige; v By(Alb), s By(S: Burghausen) (sm/mo-stemp/co·c3-4EUR – sogr StrB/B WuSpr, Wintersteher – L(6) T6 F3 R8 N3 – O Querc. pub., UV Cephal.-Fag. V Berb. – 68).

7* Bla useits weniger dicht silber- bis gelbgrau, silbriggrün od. gelbgrün filzig od. verkahlend, auf ganzer Länge zumindest schwach gelappt, Tiefe der BlaLappen zum Spreitengrund zunehmend, mit 4–12 deutlichen Nervenpaaren **8**
8 Bla mit 4–7 deutlichen Nervenpaaren, Bla useits anfangs locker filzig, später verkahlend, Haare sehr dick, kurz, kaum gekräuselt, BlaForm variabel, br eifg bis 3eckig, tief gelappt mit spitzwinkligen Einschnitten (Abb. **443**/4), Spreiten nahe Grund bis auf ½–¾ der Nervenlänge eingeschnitten, Spreitengrund gestutzt bis herzfg, BlaRand fein einfach gezähnt. KrBla rundlich-löffelfg, kahl, mit kurzem Nagel. Fr matt braun, rostartig überzogen, verkehrteifg bis kuglig, reif weich u. abfallend (Mausfrüchte). 5,00–20,00. 4–5. Mäßig trockne, lichte Eichen- u. LaubmischW, Gebüsche, Felsspalten, kalkhold; v Rh He Th, z By(h N) Bw Nw An(h S) Ns(S Hrz M MO), s Sa Bb(f SO SW) Mv(f Elb NO), † Sh (m/co-temp·c1-4EUR – sogr B WuSpr – L(4) T7 F4 R7 N4 – O Querc. pub., UV Cephal.-Fag., V Carp., V Berb. – 34).
[*Torminalis clusii* (M. ROEMER) K.R. ROBERSTON et J.B. PHIPPS]
Elsbeere – S. torminalis (L.) CRANTZ
8* Bla mit 6–12 Nervenpaaren, useits bleibend filzig od. behaart, Bla bis ½ der Nervenlänge gelappt. KrBlaGrund mit weißen Haaren auf der Fläche **9**
9 Bla useits bleibend weißgrau bis silbrigrün filzig, ohne Gelbton, BlaZähne jung ohne Drüsenspitzen (**Artengruppe Bastard-Ebereschen – S. hybrida agg.**) **10**
9* Bla useits bleibend dicht weißlichgelb, gelbgrau bis gelbgrün filzig, selten verkahlend, BlaZähne (wenigstens bei einigen Zähnen junger Bla) in eine braune Drüsenspitze auslaufend **13**
10 Bla br elliptisch, mit 11–12 Nervenpaaren, useits grün- bis graufilzig, BlaRand seicht bis tief gelappt od. fiederteilig, ungefiederte Aufspaltungsprodukte der Primärhybriden einzeln od. truppweise zwischen den Eltern. **Bastard-Eberesche – S. aria** s. str. × **S. aucuparia** s. **2***
10* Bla eifg, elliptisch od. zungenfg, mit 7–10 Nervenpaaren, seicht bis tief gelappt, am Spreitengrund selten bis zur Mittelrippe fiederschnittig. Agamosperme Kleinarten, Merkmale innerhalb einer Population gleich **11**

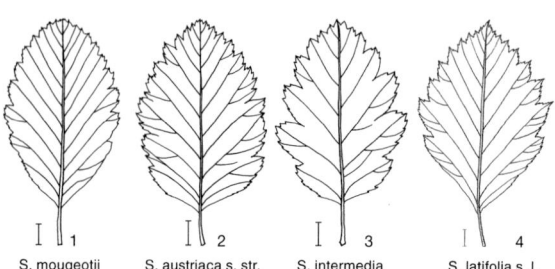

S. mougeotii   S. austriaca s. str.   S. intermedia   S. latifolia s. l.

11 Bäume der mont. bis subalp. Stufe, aber oft gepflanzt. Spitze der BlaLappen abgerundet **12**
11* Bäume der koll. Stufe in N-By u. Bw. BlaLappen abgerundet od. zugespitzt, einander nicht überdeckend. Bla schmal bis br elliptisch, meist doppelt so lg wie br (Abb. **443**/5). Fr rot, kuglig, ⌀ 10 mm. 5,00–15,00. 5. Frische, lichte BuchenW, Säume, Felsgebüsche, Kiefernforste, kalkstet; z By(Alb), s Bw(Alb) (stemp/(mo)·c3EUR Endemit – sogr B/StrB WuSpr – L(6) T5 F5 R7 N3 – UV Cephal.-Fag., V Ger. sang. – entstanden aus *S. graeca* agg. × *S. aucuparia* – 51, 68). [Untergattung *Soraria* MÁJOVSKÝ et BERNÁTOVÁ]
Artengruppe Bastard-E. – *S. hybrida* agg.

Mehrere 3x Lokalendemiten mit kleinen Arealen sind bei MEYER (2016) im Kritischen Ergänzungsband, ein weiterer 4x Endemit von HAMMEL et HEYNOLD (2015) verschlüsselt.

12 Bla elliptisch, 1,5–2mal so lg wie br, höchstens bis ¼ der Spreitenhälfte eingeschnitten, Spitzen der BlaLappen abgerundet, einander nicht deckend (Abb. **444**/1), unterste Bla-Nerven <60° von der Mittelrippe abgewinkelt. Fr flachkuglig, rot, ⌀ 10 mm, mit wenigen, kleinen Lentizellen. 5,00–10,00. 5–6. Mont. bis subalp. mäßig trockne Gebüsche, Buchen-TannenW, Waldwänder, Felsen; s Alp(Allg) By(S), häufig gepflanzt, z. B. v Bw(Alp SW: SchwarzW), z By(N) (sm/salp-stemp/mo·c2-3EUR – sogr StrB/B WuSpr, Wintersteher – L8 T4 F3 R4 N2 – V Berb. – entstanden aus *S. aria* agg. × *S. aucuparia* – 68).
Vogesen-Mehlbeere – *S. mougeotii* SOY.-WILL. et GODR.

12* Bla br elliptisch, 1,3–1,5mal so lg wie br, bis ⅓ der Spreitenhälfte eingeschnitten, BlaLappen v. a. zum Spreitengrund hin einander etwas überdeckend (Abb. **444**/2), unterste BlaNerven ≥60° von der Mittelrippe abgewinkelt. Fr kuglig, rot, ⌀ 10–13 mm, mit ∞, großen Lentizellen. 5,00–15,00. 5–6. Mont. bis subalp. Gebüsche, kalkhold (?). In D nicht indigen, nur gepflanzt. (sm/salp-stemp/mo·c3-4EUR – sogr B WuSpr – Wintersteher – L8 T4 F4 R4 N3 – entstanden aus *S. aria* agg. × *S. aucuparia* – 68).
Österreichische M. – *S. austriaca* (BECK) HEDL.

Eine ähnliche 4x, noch unbeschriebene *Soraria*-Sippe kommt in den Chiemgauer, Berchtesgadener u. Salzburger Alpen vor.

13 (9) Primäre, aufspaltende Hybride, daher Merkmale innerhalb einer Population variierend. Bla mit 8–12 Nervenpaaren, dünn od. derb, useits meist grau- bis grünfilzig mit Gelbton, z. T. verkahlend. Fr grünlichgelb, gelb bis rot, oft rostartig überzogen, verkehrteifg, eifg od. kuglig. Pfl einzeln od. in Trupps. 5,00–25,00. 4–5. z By(N NW Alb, s S), s Th(Bck Wld) Bw(Gäu NW Alb SW) He(O ORh SW) Rh(W) Nw(SW) (m-stemp/(mo)·c1-3EUR – sogr B WuSpr – L(6) T5 F4 R8 N3 – UV Cephal.-Fag. V Berb. – 34). [*S. ×decipiens* (BECHST.) PETZ. et G. KIRCH., *S. ×tomentella* GAND., *S. ×vagensis* WILMOTT, *S. ×rotundifolia* auct. non HEDL.]
Bastard-Elsbeere – *S. aria* (L.) CRANTZ s. str. × *S. torminalis* (L.) CRANTZ

13* Agamosperme Kleinarten, Merkmale innerhalb einer Population gleich. Bla mit 6–12 Nervenpaaren, dünn od. derb, useits meist graufilzig bis grünfilzig, stets mit Gelbton. Fr meist orangerot, zur Vollreife teilweise verbraunend od. rostartig überzogen, seltener gelb, hellod. dunkelrot, eifg, verkehrteifg, ellipsoidisch od. kuglig **14**

14 Bla br eifg, 1,5mal so lg wie br, mit stumpfer Spitze u. mit 6–9 Nervenpaaren, derb, flach ausgebreitet, oseits dunkelgrün u. glänzend, useits bleibend u. dicht gelbgrau filzig, BlaLappen zu 4–5, bis 2 cm br, abgerundet, abstehend gesägt (Abb. **444**/3). Fr eifg., orangerot. 3,00–12,00. 5–6. Straßen- u. Parkbaum, zunehmend auch eingebürgert; s Mv(N NO), [N U] z Th, s By Bw Nw He Sa An Bb Sh (ntemp·c3-4EUR – sogr StrB WuSpr – Wintersteher – L(6) T5 Fx Rx Nx – 68). [Untergattung *Triparens* M. LEPŠÍ et T. RICH [*S. scandica* (L.) FR., *S. suecica* (L.) KROK et ALMQ.] **Schwedische M. – *S. intermedia* (EHRH.) PERS.**
14* Bla eifg bis rundlich, stumpflich bis spitz, kaum od. >15 mm tief eingeschnitten, flach ausgebreitet od. gefaltet, BlaLappen ganzrandig od. geschweift, BlaGrund keilfg, br od. herzfg (Abb. **444**/4). Fr kuglig od. eifg, 9–11 × 10–16 mm, gelb, orangebraun od. rot. 5,00–8,00. 6. Felsgebüsche, BuchenWRänder, Hutungen, Säume, Kiefernforste; kalkhold; s By(f O S) Bw(Gäu) Rh(W) Th(O) (stemp/co·c3EUR Endemit – sogr StrB/B WuSpr Wintersteher – L(6) T5 F4 R8 N3 – UV Cephal.-Fag. V Berb. – entstanden aus *S. aria* agg. × *S. torminalis* – 51, 68, 85). **Artengruppe Breitblättrige M. – *S. latifolia* agg.**

Mehrere 3x u. 4x Lokalendemiten mit unterschiedlichen Merkmalen u. Arealen sind in bei MEYER (2016) im Kritischen Ergänzungsband verschlüsselt. Weitere unbeschriebene konstante Taxa in By, Bw u. Rh.

***Cotoneaster* MEDIK. – Zwergmispel** (60–300 Arten)
Bearbeitung: **Wolf Bernhard Dickoré, Gerwin Kasperek**

Alle Arten schwach giftig – VdA: Vögel – BlaGrößen sind an Kurztrieben zu messen.

Polyploidie, Hybridisierung u. Apomixis treten in der Gattung auf und wurden oft als Begründung für enge Artkonzepte herangezogen; entsprechend einer sehr weiten Spanne der akzeptierten Artenzahl unter verschiedenen Konzepten. Viele der zahlreich beschriebenen "Kleinarten" beruhen allerdings auf Gartenformen, bzw. kultivierten Einzelpflanzen. Klonen unbekannter od. unscharfer Herkünfte und auch, insbesondere innerhalb des subgen. *Chaenopetalum* (KOEHNE) G. KLOTZ auf geographisch mehr od. weniger isolierten, aber morphologisch geringfügig differenzierten Populationen. Das hier vertretene weite Artkonzept scheint auch die Verhältnisse der bei uns adventiven Sippen in ihren Herkunftsgebieten reproduzierbar abzubilden. Eine konkrete Zuordnung der entsprechend zahlreichen Synonyme ist jedoch oft sehr schwierig und erfolgt hier nur einzelfallweise, bzw. wenn von potentieller Bedeutung für den akzeptierten Namen.

1 KrBla seitlich abstehend, weiß. Fr rot **2**
1* KrBla aufrecht od. nach innen gebogen, rosa od. weiß mit rosa Grund, selten rot. Fr rot, schwarz od. dunkel braunviolett **6**
2 Aufrechter, 1–8 m hoher Strauch. Bla 2–9 cm lg, useits meist behaart. Blü zu 8–50 in Schirmrispen **3**
2* Niederliegender, kriechend-wurzelnder Spalierstrauch od. kleiner, <1 m hoher Strauch mit bogig übergeneigten Zweigen. Bla immergrün, 0,5–3,5(–4,0) cm lg, oseits glänzend, vorn stumpf mit Stachelspitze. Blü zu 1–5 .... **4**
3 Bla sommergrün, 2,0–5,0 × 1,4–4,0 cm, br eifg bis fast rund, vorn stumpf bis rund, useits behaart. BlüStand locker. Fr 8–9(–12) mm ⌀, Griffel u. Nüsschen (1–)2(–3). 1,00–4,00. 5. ZierPfl, auch siedlungsnahe Gehölze; [N noch U?] s By Bw An: Halle Sa: Leipzig Bb: Berlin Mv: Usedom) Sh(M: Hamburg) (m-sm//mo·c5-8OAS-WAS).
Vielblütige Z. – *C. multiflorus* BUNGE

Ähnlich: aber Fr dunkelviolett. Bla blaugrün, useits weißfilzig: **Stumpfblättrige Z. – *C. affinis* LINDL.** [*C. obtusus* LINDL., *C. insignis* POJARK.]: [U] s By: Erlangen. Ähnlich: aber Fr dunkelrot. Bla eifg, oseits fein filzig, useits graufilzig: **Rispen-Z. – *C. racemiflorus* (DESF.) SCHLTDL.**: [U] s By: Bamberg, Erlangen.

3* Bla immergrün, 4–9 × 1–3 cm, lanzettlich, spitz, useits dicht wollig behaart bis fast kahl, oseits die 3–8 Seitennervenpaare eingesenkt. Blü zu 8–50. Fr 4–6 mm ⌀, Griffel u. Nüsschen 2. 1,00–8,00. 6. ZierPfl, auch siedlungsnahe Gehölze, [N 1981 U] s By Bw Rh Nw He Th Ns Sh(M: Hamburg) (m-sm//mo·c3-5OAS – igr Str – *L5 T8 F4 R7 N3* – kultiviert auch Hybride mit **4**). **Weidenblättrige Z. – *C. salicifolius* FRANCH.**
4 (2) Spalierstrauch, Zweige kriechend, wurzelnd. Bla 1,5–3,5(–4,0) × 0,6–2,0 cm. Blü zu 2–5. Fr kuglig, 6–7 mm ⌀, Nüsschen 5. 0,05–0,10(–0,25). 5–6. ZierPfl, auch Felsen, Pflaster- u. Mauerfugen, Rasen; [N 1977] s By Bw Rh Nw Th Sh, [U] s He Sa An Bb: Berlin Ns (m-sm//

salp·c2-4OAS – igr Spalierstr – InB Vw – *L7 T8 F3 R7 N7* – s. Bd. ZierPfl).
                   Teppich-Z. – *C. dammeri* C.K. SCHNEID.
4* Zwergstrauch <1 m, Zweige niederliegend bis bogig aufsteigend, selten kriechend-wurzelnd. Bla 0,5–0,8(–2,0) cm lg **5**
5 Bla verkehrteifg, stumpf bis gestutzt, useits kahl od. verkahlend, ihr Rand flach. Zweige niederliegend bis bogig, zuweilen kriechend-wurzelnd. Blü zu 1–3. Fr kuglig, 6 mm ⌀, Nüsschen 2. 0,20–1,00. 5–6. ZierPfl, auch [N U] s By Bw Nw He? Bb(Berlin) (m/alp·c2-4OAS – igr ZwStr – *L7 T8 F3 R7 N5* – s. Bd. ZierPfl).   **Kleinblättrige Z.** – *C. microphyllus* LINDL.
5* Bla lanzettlich bis eifg, stumpf, kurz bespitzt od. spitz, useits behaart bis verkahlend, ihr Rand umgebogen. Zweige ± aufrecht. 0,20–0,50(–1,00). 6. ZierPfl, auch [N U] s By: München Nw: Ruhrgebiet Sh: Hamburg (m/salp·c3-6AS – igr ZwStr – oft kultiviert u. s verwildert auch die fertile Hybride mit **4**: *C.* ×*suecicus* G. KLOTZ). [*C. conspicuus* C. MARQUAND]
                Berandete Z. – *C. integrifolius* (ROXB.) G. KLOTZ
6 (1) KrBla rot, aufrecht. BlaSpreite bis 10 × 8 mm, ihr Rand wellig, BlaStiel 1–2 mm lg. Fr rot, zylindrisch-länglich. 0,20–0,70(–1,50). 5–6. Stadtnahe Waldränder, Böschungen; [N U] s By Nw An (m/alp·c4-6OAS – igr ZwStr – s. Bd. ZierPfl).
              Spalier-Z., Sparrige Z. – *C. adpressus* BOIS
6* KrBla rosa, selten weißlich, nach innen gebogen **7**
7 Niedriger Strauch <1 m. Äste bogig, fischgrätartig horizontal verzweigt. Bla useits nicht bleibend filzig. Fr rot **8**
7* Höherer, aufrechter Strauch 1–5 m; wenn <1 m, dann Bla useits bleibend filzig. Fr rot, dunkel braunviolett od. schwarz **9**
8 Blü zu 1–3. Bla ledrig, rundlich bis br elliptisch, spitz, 0,5–1,0(–1,5) cm lg, oseits kahl, glänzend, useits striegelhaarig. Fr kuglig bis birnfg, 5–6 mm lg, Nüsschen 3. 0,30–1,00. 5–6. Zierstrauch; auch Felsen, Mauern; [N 1951 U] z Nw By, s Bw Rh He Th An Bb Ns Mv: Usedom Sh(M: Hamburg W: Helgoland), ↗ (m/salp·c2-5OAS – igr ZwStr bis teilig ZwStr – InB Vw – *L7 T7 F3 R7 N3* – s. Bd. ZierPfl).   **Fächer-Z.** – *C. horizontalis* DECNE.
8* Blü einzeln. Bla kaum ledrig, dünn, meist 10–15 mm lg, br eifg bis fast rund, meist bespitzt. Fr flachgedrückt kuglig. 0,30–1,00. 5. [N U] s By: Garching a. d. Alz, Seeshaupt, Oberstdorf, Mittenwald Bw He: Zierenberg Sh(W: Helgoland) (m-sm·c4-5OAS – sogr ZwStr).
              Bespitzte Z. – *C. apiculatus* REHDER et E.H. WILSON
9 (7) Äste weißlich bis weißgrau od. gelblich filzig behaart. Bla useits bleibend filzig od. dicht zottig behaart, vorn abgerundet bis spitz, oft mit aufgesetzter Stachelspitze **10**
9* Äste anfangs gelblich borstenhaarig, verkahlend. Bla useits striegelhaarig, verkahlend od. auf den Nerven behaart, vorn spitz bis zugespitzt, selten **(11)** mit Stachelspitze **14**
10 Ke kahl, nur am Rand wie die BlüStiele etwas weichhaarig. Blü zu (1–)2–3(–4). Fr 6 mm lg, rot, selten weiß, kahl, Nüsschen 2–3. 0,50–2,00. 4–5. Trockne Felshänge, steinige TrockenW; z Alp By Rh He Th Sa(SW W SO) An(f Elb N O), s Bw(f NW) Nw(NO SW SO) Ns(S) (m/mo-stemp/demo+b·c2-6EUR-WAS – sogr Str – InB SeB? Vw – *L8 Tx F3 R7 N2* – V Berb., O Querc. pub., V Eric.-Pin. – 68 – ▽). [*C. pyrenaicus* GAND.]
              Gewöhnliche Z. – *C. integerrimus* MEDIK.
10* Ke u. BlaStiele dicht behaart bis weißfilzig. Blü zu 3–10(–15). Nüsschen (2–)3–5 .... **11**
11 BlaSpreite 3–6 cm lg, br eifg, vorn abgerundet, mit Stachelspitze, oseits oft verkahlend, useits weiß- bis graufilzig. Fr rundlich, 7–8 mm ⌀, blutrot, behaart. 1,00–2,00. 4–5. Trockne Gebüsche, TrockenW, Waldränder, kalkstet; v Alp, z By(S), s Bw(f SO NW ORh), ↘ (m/mo-stemp/demo·c2-4EUR – sogr Str – InB SeB? Vw – *L7 T5 F3 R9 N2* – V Berb., V Querc. pub., V Eric.-Pin.). [*C. nebrodensis* auct. non (GUSS.) K. KOCH]
              Filz-Z. – *C. tomentosus* (AITON) LINDL.
11* BlaSpreite 1–2(–3) cm lg, elliptisch bis eifg, an Langtrieben zugespitzt, useits gelb- bis graufilzig **12**
12 Fr an kurzen, 1–4 mm lg Stielen, aufrecht-abstehend. Fr kuglig, 5–6 mm ⌀. Bla eifg, spitz, Seitennerven etwas eingesenkt **13**
12* Fr an 3–8 mm lg hängenden Stielen. Fr birnfg-kuglig, 7–8 mm lg. Bla eifg, stumpf, kurz bespitzt. Seitennerven nicht eingesenkt. 1,50–2,00. 5–6. ZierPfl, auch trockne Gebüsche; [U] s By An (SO: Halle) (m/mo-sm·c3-7OAS – sogr Str).   **Zabel-Z.** – *C. zabelii* C.K. SCHNEID.

13 Pfl sommergrün. BlaSpreite 1,5–2,5 cm lg, eifg-rundlich (unterhalb der Mitte am breitesten), spitz od. kurz stachelspitzig. Blü zu 2–5. Fr scharlach- od. dunkelrot, Nüsschen (3–)4(–5). 1,00–2,00. 5–6. ZierPfl, auch trockne Gebüsche, TrockenW, Kiefernforste; [N U] z By, s Bw Rh Nw He Th(NW) Sa(NO) An Bb: Berlin Ns(S) Mv(N: Rügen) Sh(Hamburg, Helgoland) (m-sm//salp·c3-5OAS – sogr Str – *L5 T8 F4 R7 N3*). **Diels-Z.** – *C. dielsianus* E. Pritz.
13* Pfl (halb-)immergrün. Bla 2–3 cm lg, elliptisch (in der Mitte am breitesten), an Langtrieben br zugespitzt und lg stachelspitzig. Blü zu 4–8. Fr orange- bis ziegelrot. Nüsschen (2–)3. 1,00–3,00. 5–6. ZierPfl, auch lichte Wälder; [N U] s By: Marktheidenfeld, Erlangen, München He: Frankfurt a. M. (m/mo·c3-5OAS – teiligr Str). **Franchet-Z.** – *C. franchetii* Bois
14 (9) Blü zu 2–4. BlaSpreite 0,7–2,5(–3,0) cm lg, spitz bis stumpf. Nüsschen 2. Bla 0,8–2,5 × 0,6–1,6 cm, elliptisch, oseits glänzend, useits auf Mittelrippe u. am Rand striegelhaarig. Fr ellipsoidisch-zylindrisch, 8–10 × 6 mm, dunkelrot. Äste schräg aufsteigend od. bogenfg, sparrig, nur selten fischgrätenartig verzweigt. Junge Zweige meist rötlich, striegelhaarig. KrBla rosa. Bis 2,00(–3,00). 5–6. ZierPfl, auch Rud.: Bahngelände, Waldränder, Auen- u. BergW, Lichtungen; [N 1966 U] v By Bw He Rh Nw, z An, s Th Sa Ns Mv: Usedom Sh (M: Hamburg Helgoland), ↗ (m-sm//salp·c2-7OAS – sogr Str – InB Vw – *L5 T7 F3 R7 N5* – jung mit **10** zu verwechseln). **Gespreizte Z.** – *C. divaricatus* Rehder et E.H. Wilson

Ähnlich (auch mit **6**), aber Fr dunkelviolett bis schwarz, zylindrisch; Zweige unregelmäßig gebogen: **Glänzende Z.** – *C. nitens* Rehder et E.H. Wilson: [U] s Sa: Leipzig An: Bitterfeld (m/mo·c4OAS). Auf *C. divaricatus* beziehen sich auch Angaben von *C. simonsii* Baker aus By (Brch: Königssee) Sh(Helgoland), wohl auch aus He u. Ns: Braunschweig.

14* Blü zu 1–25. BlaSpreite (2–)4–10(–15) cm lg. Reife Fr rot, schwarz od. dunkel braunviolett **15**
15 Fr rot. Nüsschen (4–)5. Blü zu (4–)8–20(–50). BlaSpreite (3,5–)4–8(–9) × 2–5 cm, eifg bis eilänglich, stark runzlig, mit 6–8 tief eingesenkten Nervenpaaren. 1,00–3,50. 5–6. ZierPfl, auch siedlungsnahe Wälder; [N 1970 U] z By, s Bw Rh Nw, s He (SW: Taunus) Sa An: Halle Bb: Berlin Ns Mv: Usedom, Rügen Sh (m-sm//salp·c4-6OAS – sogr Str – *L5 T8 F4 R7 N3* – var. *macrophyllus* Rehder et E.H. Wilson: Bla bis 15 cm lg, mit 8–10 Nervenpaaren. Blü zu 8–30). [*C. rehderi* Pojark.] **Runzel-Z.** – *C. bullatus* Bois
15* Fr dunkelviolett bis schwarz. Nervennetz nicht od. schwach eingesenkt **16**
16 Griffel u. Nüsschen 3–4(–5). Fr dunkel braunviolett, kreiselfg. Blü zu (1–)2–15. BlaSpreite 4–7(–9) × 2,0–3,5(–4,7) cm, eifg bis rhombisch-eifg, zugespitzt, oseits matt glänzend, mit 5–6(–8) schwach eingesenkten Nervenpaaren. 1,00–3,00. 5. ZierPfl, auch siedlungsnahe Wälder, Lichtungen; [N U] s By: München Nw An: Halle Mv: Usedom, ↗ (m-sm//mo·c4-7OAS – sogr Str). [*C. foveolatus* Rehder et E.H. Wilson?, *C. cornifolius* (Rehder et E.H. Wilson) Flinck et B. Hylmö] **Hartriegelblättrige Z.** – *C. moupinensis* Franch.
16* Griffel u. Nüsschen 2–3 .... **17**
17 BlaSpreite (3–)5–12(–15) × (1,5–)3,0–7,0 cm, eifg, spitz od. zugespitzt, beidseits (?) bleibend behaart, Nerven kaum eingesenkt. BlüBecher, Ke u. junge Triebe behaart. Fr schwarz, zylindrisch bis birnfg, oft behaart. Blü zu 1–5(–7). 1,00–3,00. 5. ZierPfl, auch LaubW u. Waldränder; [N 1969] s By: Erlangen Nw: Iserlohn An: Halle Ns: Göttingen, ↗ (m-sm/mo·c4-5?OAS – vermittelt zwischen **16** u. **17***). [*C. villosulus* (Rehder et E.H. Wilson) Flinck et B. Hylmö, *C. acutifolius* var. *villosulus* Rehder et E.H. Wilson] **Zweifelhafte Z.** – *C. ambiguus* Rehder et E.H. Wilson
17* BlaSpreite 2,5–7,0 × 1,6–4,0 cm, eifg-rhombisch, spitz od. kurz zugespitzt, oseits matt glänzend, verkahlend, useits ± blass, auf den Nerven striegelhaarig, verkahlend. Nerven oseits nicht eingesenkt. Fr anfangs rot, reif dunkelviolett, kuglig bis birnfg, 8–11 mm lg. Blü zu (2–)5–15(–25). BlüBecher u. Ke schwach behaart. 1,00–4,00. 5(–6). ZierPfl; [N U] s By: Erlangen, München Bw Nw Th: Gera Sa: Leipzig An: Halle, Calbe Bb Mv: Usedom (sm-stemp·c3-6OAS – sogr Str – InB Vw). [*C. lucidus* Schltdl.] **Peking-Z.** – *C. acutifolius* Turcz.

Familie *Elaeagnaceae* Juss. – Ölweidengewächse

(3 Gattungen/50 Arten)

Sträucher, selten Bäume. Bla wechselständig od. selten gegenständig, ungeteilt, dicht mit Schildhaaren besetzt, ohne NebenBla. Blü ♂ od. 1geschlechtig, radiär, 4zählig, einzeln od. in Ähren od. Trauben, mit einem gut entwickelten Achsenbecher. KeBla 2 od. 4. KrBla 0. StaubBla so viele od. doppelt so viele wie KeBla, dem Achsenbecher angeheftet. FrKn oberständig, 1blättrig, 1samig. Griffel 1, lg. Fr eine Nuss, vom fleischigen Achsenbecher ganz od. teilweise umschlossen, daher steinfruchtähnlich.

1 Pfl 2häusig. Blü klein, bräunlich, ♂ mit tief 2teiliger Hülle, ♀ röhrig. Bla 3–10 mm br, oseits fast kahl, useits silberweiß. **Sanddorn** – *Hippophaë* S. 448
1* Blü ♂, glockig-trichterfg, innen gelb, wohlriechend. Bla 8–45 mm br, beidseits silberschülfrig. **Ölweide** – *Elaeagnus* S. 448

Elaeagnus L. – Ölweide (45 Arten)

1 Junge Zweige silberweiß schülfrig. Bla 8–25 mm br. Blü aufrecht. Fr hellgelb. 3,00–10,00. 5–6. ZierPfl; auch sandige Rud.: Hänge, Tagebaue; [N] s By Bw Rh Sa An Th Nw Bb(bes. Berlin) Mv(N: Küste), angebaut als Pioniergehölz (m-sm·c6-8AS – sogr StrB – InB: Bienen, Fliegen – VdA Kältekeimer – mit Aktinobakterien-Wurzelknöllchen stickstoffbindend).
Schmalblättrige Ö. – *E. angustifolia* L.
1* Junge Zweige rostfarben schülfrig. Bla bis 45 mm br. Blü abwärts gebogen. Fr silbrig. 1,50–4,00. 5–6. ZierPfl; s Sa An, gepflanzt als Pioniergehölz (temp/mo-b·c3-7AM – sogr Str WuSpr). [*E. argentea* Pursh non Moench] Ⓚ **Silber-Ö.** – *E. commutata* Rydb.

Hippophaë L. – Sanddorn (7 Arten)

Pfl dornig. Fr orangerot, selten gelb. Bis 5,00. 3–5. Pioniergebüsche in Kies- u. Schotterauen, sandige (bis lehmige) Küstendünen u. -steilufer, Rud.: Tagebaue, KieferntrockenW, kalkhold; h Ns(N: Küste Inseln, sonst adventiv), z Alp(f Wtt) By(MS S Alb), s Bw(f NW) Mv(NO M MW) Sh(O SO), [N] z alle Bdl; auch ZierPfl u. gepflanzt für Saft u. als Pioniergehölz, bes. Küstenschutz (m/mo-stemp/demo·c3-8EUR-ZAS-ntemp-b·c2-4litEUR – sogr Str WuSpr – WiB InB? – VdA WaA Licht-Kältekeimer – L9 T6 F4~ R8 N3 – V Berb., V Salic. aren., V Eric.-Pin., V Salic. eleag. – mit Aktinobakterien-Wurzelknöllchen stickstoffbindend, Fr reich an Vitamin C). **Sanddorn** – *H. rhamnoides* L.

1 Bla meist 3–6 mm br. Zweige mit wenigen Dornen. Sa eifg, nicht abgeflacht. Fr meist kuglig bis verkehrteifg. Gebüsche wechseltrockner Sand- u. Schotterauen, KieferntrockenW; z By(S MS), s Bw(ORh SO), [N] By(N NM O NO Alb) (sm/mo-stemp/demo·c3-4ALP – V Berb., V Eric.-Pin., V Salic. eleag.).
subsp. *fluviatilis* Soest
1* Bla meist 5–10 mm br. Zweige mit vielen Dornen. Sa ± abgeflacht 2
2 Schösslinge ± gedreht, knotig. Fr meist zylindrisch, Sa elliptisch. Küstendünen u. -steilufer; s Ns(N) Mv(MW) Sh(O): Küsten (ntemp-b·c2-4litEUR – V Salic. aren. – 12, 24). [*H. r.* subsp. *maritima* Soest]
subsp. *rhamnoides*
2* Schösslinge gerade. Fr ± kuglig. Sa lanzettlich od. schmal eifg. Sandige, dealp. Auen; s By: Neuburg/Donau, München, Isarauen; Verbr. ungenügend bekannt (sm-stemp//demo·c3-4EUR – V Berb.).
subsp. *carpatica* Rousi

Familie *Rhamnaceae* Juss. – Kreuzdorngewächse

(52 Gattungen/925 Arten)

Bäume od. Sträucher. Bla meist wechselständig, ungeteilt, mit kleinen NebenBla. Blü ♂ od. 1geschlechtig, radiär, 4–5zählig. Ke 4–5lappig, KeBla oft innen gekielt. KrBla 4–5 od. fehlend, klein. Diskus innerhalb des StaubBlaKreises. StaubBla 4–5. FrKn ober- bis unterständig, (2–)3(–5)blättrig, meist 2–3fächrig, in jedem Fach 1 SaAnlage. SteinFr od. Beere.

1 Blü 5zählig. Bla ganzrandig. Griffel ungeteilt. KrBla genagelt.
Faulbaum – *Frangula* S. 449

1* Blü 4(–5)zählig. Bla fein gesägt. Griffel 2–5spaltig. KrBla ungenagelt.
  Kreuzdorn – *Rhamnus* S. 449

Rhamnus L. – **Kreuzdorn** (125 Arten)

1 Zweige dornenlos. Bla büschlig gehäuft, wechselständig. Stamm knorrig, liegend. 0,05–0,20. 6–7. Subalp. bis alp. sonnige Felsspalten, kalkstet; v Alp (m-stemp//salp·c2-3EUR – sogr SpalierStr – InB – VdA – L8 T2 F3 R9 N2 – O Potent. caul.). [*Oreoherzogia pumila* (Turra) W. Vent] **Zwerg-K. – *Rh. pumila* Turra**

1* Zweigspitzen meist dornig. Bla meist gegenständig. Äste aufrecht od. aufsteigend, selten liegend **2**

2 Bla 4–6 cm lg, eifg. BlaStiel mindestens 2mal so lg wie die NebenBla. Äste aufrecht. 1,00–3,00. 5–6. Trockne bis wechselfeuchte Gebüsche, Hecken, lichte Wälder, basenhold; v Alp Bw He Nw Th An Bb Ns Mv, z By Rh Sa Sh(f W) (m/mo-temp·c1-6 EUR-WAS, [N] OAM – sogr Str/B WuSpr – InB zweihäusig – VdA – L7 T5 F4 R8 N4 – V Berb., O Querc. pub., V Carp. – HeilPfl, giftig – 24). **Purgier-K. – *Rh. cathartica* L.**

2* Bla 1–3 cm lg, lanzettlich. BlaStiel so lg wie die NebenBla. Äste aufsteigend od. liegend. 0,20–1,00. 4–5. Trockne Felshänge, lichte KiefernW, Gebüsche, kalkstet; v Alp(f Allg), z By(Alb MS S), s Bw(Alb Gäu S) (m/mo-stemp/demo·c2-3EUR – sogr Str – InB zweihäusig – VdA – L7 T6 F3 R9 N2 – V Eric.-Pin., V Querc. pub., V Berb.).
  Felsen-K. – *Rh. saxatilis* Jacq.

Frangula Mill. – **Faulbaum, Pulverholz** (10 Arten?)

Bla wechselständig. Zweige dornenlos. 1,00–4,00. 5–6. (Tiefen)feuchte bis nasse Gebüsche, Erlenbrüche, Kiefern- u. Birkenmoore, LaubmischW, kalkmeidend; g Sa, Alp Rh He Nw Th An Bb Ns, v By(g NM) Bw Mv Sh (m/mo-b·c1-6EUR-WAS, [N] NO-AM – sogr StrB WuSpr – InB SeB – VdA – L6 T6 F8~ R4 Nx – O Aln., V Salic. cin., O Prun., V Querc. rob., V Bet. pub., O Fag. – VolksheilPfl – 26). [*Rhamnus frangula* L.]
  Echter F. – *F. alnus* Mill.

Familie *Ulmaceae* Mirb. – **Ulmengewächse** (6 Gattungen/35–45 Arten)

Bäume. Bla ungeteilt, meist wechselständig, 2zeilig, oft am Grund unsymmetrisch. NebenBla hinfällig. Blü ♂ einzeln od. in büschligen Scheindolden. Perigon 4–5blättrig. StaubBla 4–5(–10), vor den PerigonBla stehend. FrKn oberständig, 2blättrig, 1–2fächrig, mit 1 hängenden SaAnlage. Fr eine 1samige, br geflügelte Nuss.

Ulmus L. – **Ulme, Rüster** (20–30 Arten)

1 Blü u. Fr lg gestielt, hängend. StaubBla 6–8. Flügel der Fr zottig gewimpert. Bla beidseits mit 12–19, höchstens in der unteren BlaHälfte verzweigten Seitennerven, am Grund stark asymmetrisch, useits kraushaarig. Junge Zweige dicht behaart, gelblich punktiert. Bis 35,00. 3–4. Plan. bis koll., sickernasse, zeitweise überflutete Auen-, Laubmisch- u. BruchW, nährstoffanspruchsvoll, basenhold; v Sa An Bb, z By(f S) Rh He Nw Th(Bck O, s Rho) Ns(h Elb) Mv(h Elb) Sh, s Bw(v ORh); auch Forstbaum (sm-temp·c2-6EUR – sogr B – Wib – WiA Lichtkeimer – L(4) T6 F8= R7 N7 – V Alno-Ulm., V Til.-Acer.). [*U. effusa* Willd.]
  Flatter-U. – *U. laevis* Pall.

1* Blü u. Fr fast sitzend. StaubBla 4–7. Fr kahl. BlaHaare (fast) gerade, Seitennerven auch in der oberen BlaHälfte verzweigt **2**

2 Junge PflTeile ± rotdrüsig, Winterknospen weiß behaart. Bla jederseits mit 8–14 Seitennerven, useits meist nur in den Nervenwinkeln bärtig, kurz zugespitzt, etwa in der Mitte am breitesten. BlaStiel 8–15 mm lg, länger als die Knospen. Narben weiß. Sa nahe der Umrandung der Fr (Abb. **452**/1). 2,00–25,00(–40,00). 3–4. Plan. bis koll., sickerfrische, zeitweilig überflutete Auen-, Laubmisch- u. mäßig frische HangW, nährstoffanspruchsvoll, kalkhold; h An, v Rh Sa Bb, z He(h ORh) Th(h Bck), s By Bw Nw Ns Mv Sh; auch Forstbaum (m-stemp·c1-6EUR – sogr B WuSpr – WiB Vm – WiA Lichtkeimer – L(5) T7 Fx~ R8 Nx – V Alno-Ulm., V Carp., O Querc. pub., O Prun. – ältere Bäume, auch der anderen Arten,

durch das Ulmensterben, verursacht von dem Pilz *Ceratocystis ulmi*, stark gefährdet).
[*U. carpinifolia* GLED., *U. campestris* auct. non L.]   **Feld-U. – *U. minor* MILL.**
2* Junge PflTeile nicht rotdrüsig, Winterknospen braun behaart. Bla jederseits mit 12–20 Seitennerven, useits behaart, lg zugespitzt, im oberen Drittel am breitesten, die großen SchattenBla oft dreispitzig. BlaStiel 3–7 mm lg, kürzer als die Knospen. Narben rot. Sa in der Mitte der Fr (Abb. 452/2). Bis 30,00. 3–4. Sickerfeuchte Schlucht- u. schattige HangW, nährstoffanspruchsvoll; h Alp Th Sa(z Elb), v By Bw Rh He Nw An Bb Ns Mv, z Sh; auch Forstbaum (m/mo-b·c1-5EUR – sogr B, s WuSpr – WiB Vm – WiA – L(4) T5 F6 R7 N7 – V Til.-Acer., V Alno-Ulm., UV Gal.-Fag. – mehrere Kulturformen). [*U. scabra* MILL., *U. montana* STOKES]   **Berg-U. – *U. glabra* HUDS.**

Ulmus glabra u. *U. minor* sind formenreich u. durch einen hybridogenen Formenschwarm verbunden. *Ulmus laevis* ist weitgehend einheitlich. Die Hybride *U. glabra* × *U. minor* = *U.* ×*hollandica* MILL. ist schwer von den Eltern zu unterscheiden: Pfl in Blü-, Bla- u. FrMerkmalen zwischen den Eltern stehend od. mit neuen Merkmalen: Fr 11–20 mm lg od. länger. Sa in der Mitte der Fr bis nahe dem oberen Rand. StaubBla 3–7. Narben weiß, rosa, rötlich od. rot. Bla sehr variabel, meist ± groß u. br, auch klein od. schmal u. lg, oft mehrspitzig. Winterknospen weiß bis bräunlich od. rostrot behaart. Mit u. ohne Wurzelbrut, Wasserreisern u. Korkleisten, ohne Brettwurzeln. KulturPfl (häufig gepflanzt, Alleen, Parks, durch Wurzelbrut ausgebreitet); auch natürlich im Gebiet der Eltern, s alle Bdl? – Merkmale am besten vor Ort untersuchen!

Familie *Cannabaceae* MARTINOV – Hanfgewächse

(11 Gattungen/170 Arten)

Zweihäusige Kräuter, oft WindePfl, seltener Bäume, ohne Milchsaft. Bla wechsel- od. gegenständig, ungeteilt, handfg geteilt od. gelappt, mit NebenBla. Blü in Trauben, Rispen od. Kätzchen. BlüHülle gleichartig, 5zählig od. fehlend. StaubBla 5. FrKn 2blättrig, 1fächrig, mit 1 kurzen Griffel u. 2 fädigen Narben. SaAnlage 1. Nuss od. 1samige SteinFr.

1   Baum. Bla ungeteilt, Spreite schief eilanzettlich, am Grund 3nervig, Rand scharf gesägt. SteinFr kuglig, 7–12 mm ⌀.   **Zürgelbaum – *Celtis* S. 451**
1* Pfl krautig, ⚃ od. ☉. Bla gelappt od. gefingert. NussFr 2,5–5,0 mm lg 2
2   Stg windend. Bla gelappt. Fr 2,5–5,0 mm lg.   **Hopfen – *Humulus* S. 450**
2* Stg aufrecht. Bla gefingert.   **Hanf – *Cannabis* S. 450**

Humulus L. – Hopfen

(2 Arten)

[U 1886]: **Japanischer H. – *H. japonicus* SIEBOLD et ZUCC. [*H. scandens* (LOUR.) MERR.]:** Bla 5–7lappig. 2,00–4,00. 7–8. Rud., Ufergebüsche, nährstoffanspruchsvoll; [U] s By Bw Nw Th Sa Bb (bstrop/mo-sm c1-3OAS, [N] (m-)temp c2-4EUR+OAM– eros ① KletterPfl – WiB – WiA – *L7 T9 F6 R5 N5* – V Sene. fluv., V Arct. – ZierPfl).

Stg rechtswindend, mit ± ankerfg Kletterhakenhaaren. Pfl zweihäusig. ♀ BlüStände eifg, ährige Kätzchen ("Hopfendolden"), ♂ rispig. 2,00–6,00. 7–8. Feuchte, zeitweise überflutete Auen- u. NiederungsW, Waldränder u. Gebüsche, nährstoffanspruchsvoll; g An(v Hrz), h Rh He Nw Th Sa Bb Ns Mv, v By Bw Sh, z Alp(f Krw Wtt) (sm-temp·c1-6EUR-WAS – sogr H ⚃ WindePfl Pleiok+uAusl – WiB – WiA – L7 T6 F8= R6 N8 – V Alno-Ulm., V Aln., O Prun. – ♀ Pfl seit 8. Jh. KulturPfl: Bierwürze, HeilPfl).   **Gewöhnlicher H. – *H. lupulus* L.**

Cannabis L. – Hanf

(1 Art)

Bearbeitung: **Klaus Pistrick**

Stg kurzhaarig. Blchen lanzettlich, gesägt. 0,40–2,00. 7–8. KulturPfl; auch Rud., Äcker; [A N U] alle Bdl s (urspr. strop-sm·c5-9 AS-OEUR – eros ☉ – WiB – VdA StA WiA – L8 T8 F5 R8 N8 – V Sisymbr. – Faser- u. ÖlPfl, Vogelfutter; Rauschdroge, HeilPfl: **Indischer H. – *C. sativa* L. subsp. *indica* (LAM.) E. SMALL et CRONQUIST [*C. indica* LAM.]   **Hanf – *C. sativa* L.**

1   Fr 3,5–5,0 × 2,5–4,0 mm, meist grau, da nicht vom Perigon umhüllt, netzadrig, ohne stielähnlichen Ringwulst. 1,50–2,00. KulturPfl; auch [A N U] z Nw Sa An, s übrige Bdl; Faser- u. ÖlPfl, Vogelfutter.   **Kultur-H. – subsp. *sativa* var. *sativa***

CANNABACEAE – URTICACEAE 451

1* Fr 2,5–3,5 × 1,8–2,5 mm, dunkel graubraun marmoriert, da vom Perigon umhüllt, netzadrig, am Grund mit kurzem, br, stielähnlichem Ringwulst. 0,40–1,50. Rud., Äcker; [N 1883, meist U] s By Rh Sa An Bb Mv (strop-sm·c5-9AS-OEUR – V Onop., V Sisymbr.). [*C. ruderalis* JANISCH., *C. sativa* subsp. *spontanea* (VAVILOV) SEREBR. nom. illeg.]   **Wilder H. – subsp. *sativa* var. *spontanea* VAVILOV**

Celtis L. – Zürgelbaum (100 Arten)

1 Bla oseits kurz rauhaarig, useits u. Stiel weich behaart. Fr 10–12 mm ⌀, 2–3 cm lg gestielt, erst gelblichweiß, reif violettbraun, essbar. 10,00–25,00. 4–5. Park- u. Straßenbaum, [U] s Bw Rh He An Bb (m-sm·2-6EUR-WAS – sogr B – WiB – VdA MeA – *L5 T9 F3 R5 N5*).
Südlicher Z. – *C. australis* L.

1* Bla beidseits kahl, nur useits auf den Nerven behaart, oseits glänzend, Spreite 6–8 × 4–5 cm. Fr 7–10 mm ⌀, 2 cm gestielt, reif orange bis dunkelpurpurn. 8,00–20,00. 3–4(–5). Park- u. Straßenbaum; [N U] s Bw He Nw An Bb (sm-stemp·c3-6 OAM – sogr B – WiB – VdA MeA – *L5 T9 F6 R5 N5*). **Nordamerikanischer Z. – *C. occidentalis* L.**

Familie *Moraceae* GAUDICH. – Maulbeergewächse
(39 Gattungen/1100 Arten)

Bäume u. Sträucher, selten Kräuter, mit Milchsaft, ein- od. zweihäusig. Bla wechselständig, ungeteilt od. gelappt, mit zuweilen paarweise verwachsenen NebenBla. Blü eingeschlechtig, auf der kolben-, kugel-, scheiben-, becher- od. hohlkugelfg BlüStandsachse sitzend od. in diese eingesenkt. BlüHülle gleichartig, oft fleischig werdend od. fehlend. PerigonBla meist 4, oft ± verwachsen. StaubBla ebensoviele wie PerigonBla od. nur 3–1. FrKn 2blättrig, meist 1fächrig, ober- od. ± unterständig. Griffel 1–2. SaAnlage 1. Fr 1samige Nüsse od. SteinFr, bisweilen zu beerenartigen FrStänden (Scheinbeeren) vereinigt.

1 Blü in Ähren. SammelFr eifg-zylindrisch, „brommbeerartig" durch fleischig werdendes Perigon. BlaRand gezähnt. **Maulbeere – *Morus* L. S. 451**
1* Blü von krugfg, fleischigem Achsenbecher umhüllt. SammelFr birnfg. Bla ganzrandig od. schwach gekerbt. **Feige – *Ficus* L. S. 451**

Ficus L. – Feige (1800 Arten)

BlaSpreite handfg, tief 3–5(–7)buchtig, 10–20(–35) cm br. FrStand violett od. blassgrün, 5–8 cm lg. 2,00–6,00(–10,00). 5–10. KulturPfl; [U] z Nw, s übrige Bdl (f Mv) (m-sm·c3-5OEUR-WAS – sogr Str/B – InB: Wespen, meist 1häusig – VdA – *L5 T9 F3 R5 N5* – Obst).
Gewöhnlicher Feigenbaum – *F. carica* L.

Morus L. – Maulbeere (10–15 Arten)

1 Bla dünn, oseits glatt. ♀ BlüHülle am Rand kahl. Scheinbeeren weißlich. 1,00–15,00. 5. KulturPfl; auch [N U] s By Rh He Nw Sa An Bb (sm·c2-5OAS – sogr StrB/B WuSpr – WiB – VdA – *L5 T9 F5 R7 N5* – Park- u. Straßenbaum, Seidenraupenfutter, Obst, in SEUR seit 12., in D seit 14. Jh.). **Weiße M. – *M. alba* L.**
1* Bla derb, oseits rau. ♀ BlüHülle am Rand rauhaarig. Scheinbeeren schwarzrot, 1,00–15,00. 5. KulturPfl; auch [N U] s By Rh He Nw Sa An (m-sm·c5WAS – sogr B WuSpr – WiB – VdA – *L5 T8 F3 R7 N5* – Obst, Parkbaum). **Schwarze M. – *M. nigra* L.**

Familie *Urticaceae* JUSS. – Brennnesselgewächse
(54 Gattungen/2625 Arten)

Kräuter, selten Bäume, Sträucher od. Lianen, oft mit Brennhaaren. Bla meist ungeteilt, meist mit NebenBla. Blü in rispigen, ährigen od. kopfigen Thyrsen, meist eingeschlechtig. Perigon 4–5zählig. StaubBla meist 4 od. 5, vor den PerigonBla, in der Knospe nach innen gebogen, dann elastisch zurückschnellend. FrKn oberständig, scheinbar 1blättrig, 1fächrig. Griffel 1, zuweilen sehr kurz, mit meist pinselfg Narben. SaAnlage 1, grundständig. Nuss, SteinFr.

 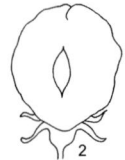    

1 Ulmus minor 2 Ulmus glabra 3 Urtica urens 4 Urtica dioica 5 Urtica kioviensis 6 Echinocystis

1 Bla gegenständig, gesägt. Pfl (fast stets) mit Brennhaaren. **Brennnessel** – *Urtica* S. 452
1* Bla wechselständig, ganzrandig. Pfl ohne Brennhaare, kurzhaarig 2
2 Pfl aufrecht od. liegend, nicht an den Knoten wurzelnd. Bla eifg bis eilanzettlich, >10 mm lg. Blü in Wickeln. **Glaskraut** – *Parietaria* S. 452
2* Pfl kriechend, an den Knoten wurzelnd, Bla rundlich, 3–8 × 2–4 mm. Blü einzeln. **Bubikopf** – *Soleirolia* S. 452

Parietaria L. – Glaskraut (20 Arten)

1 Pfl ⊙, aufrecht. Reife Nüsse braun. BlüStand locker. 0,20–0,80. 5–11. Frische Rud.: an Mauern, Schutt, Gärten, Parkanlagen; [N 1861, meist U] z Bb(Berlin), s Sa An (m/mo-temp·c2-8AM – eros ⊙ – L7 T7 F5 R7 N7 – V Arct., V Sisymbr., V Geo.-Alliar.). **Pennsylvanisches G.** – *P. pensylvanica* WILLD.
1* Pfl ♃. Reife Nüsse schwarz. BlüStand dicht 2
2 Stg aufrecht, 3–6 mm ⌀, einfach od. schwach verzweigt, ähnlich Große Brennnessel. Bla eifg-lanzettlich, lg zugespitzt, mit Stiel 3–12 cm lg. BlüHülle der ♂ Blü auch zur FrZeit glockig bis kurz breitröhrig, bis 2(–3) mm lg, die der ♀ Blü dunkelbraun, 2–3 mm lg, auf fällig bauchflaschenfg, die DeckBla weit überragend. Nüsse 1,5–1,8 mm lg. 0,30–1,00. 6–10. (Sicker)frische Rud.: an Mauern, stadtnahe Gebüsche, AuenWSäume, nährstoffanspruchsvoll; [A] z Th(Bck Rho S) Sa(f SW) An, s By(f S) Bw(f Alb SO) Rh(f N W) He(f NW W) Nw(f SO) Bb(f NO Od) Ns(f Elb) Mv(f Elb SW) Sh(O M) (sm-stemp·c2-4EUR – eros sogr H ♃ Pleiok – WiB – KlA – L5 T7 F5 R7 N7 – V Arct., V Geo.-Alliar., V Alno-Ulm. – 14). [*P. erecta* MERT. et W.D.J. KOCH] **Aufrechtes G.** – *P. officinalis* L.
2* Stg meist aufsteigend od. liegend, 2(–3) mm ⌀, reich verzweigt. Bla eifg-rundlich bis eilanzettlich, zugespitzt, mit Stiel 2–5(–8) cm lg. BlüHülle der ♂ Blü zur FrZeit 3,0–3,5 mm lg, lg- u. engröhrig, die der ♀ Blü zur FrZeit mittelbraun, 2,0–2,3 mm lg, die DeckBla kaum überragend. Nüsse 1,0–1,2 mm lg. 0,05–0,80. 6–10. Frische bis (sicker)feuchte Rud.: an Mauern, Trittsteinen; Gebüsche, nährstoffanspruchsvoll; [A z Bw(f Alb SO) Rh He(f NW O) Nw(f NO), [N U] By An Bb Ns Mv Sh, ⌐ (m·c1-5-temp·c1EUR – eros teiligr H kurzlebig ♃ Rhiz – WiB – AmA MeA mit Stauden – L6 T7 F7 R8 N7 – O Pariet. – 26). [*P. ramiflora* MOENCH, *P. diffusa* MERT. et W.D.J. KOCH, *P. punctata* WILLD.] **Ausgebreitetes G.** – *P. judaica* L.

Soleirolia GAUDICH. – Bubikopf (1 Art)

Pfl 1häusig. Blü 1 mm ⌀, untere ♀ obere ♂. 0,05–0,20. 5–8. Rud.: Mauern, stadtnahe Gebüsche, schattige Rasen; [U] s By Bw He Nw Ns Sa (m-sm c3-4EUR, [N] aust+bstrop-temp c1-3 AUST+EUR+WAM – eros teiligr H ♃ KriechTr– WiB – MeA – ZimmerPfl). **Bubikopf** – *S. soleirolii* (REQ.) DANDY

Urtica L. – Brennnessel

1 ♀ BlüStände gestielt, kuglig. 0,30–0,90. 6–10. Frische Rud.; [N U] s By Bw He Nw Th Sa An Bb Ns (m-sm·c1-5EUR – eros ⊙ – WiB – L7 T8 F5 R5 N8 – V Sisymbr.). **Pillen-B.** – *U. pilulifera* L.
1* Alle BlüStände rispig 2
2 BlaSpreite 1–5 × 1–4 cm, rundlich-eifg bis elliptisch, tief gesägt, stumpflich, am Grund gestutzt bis keilig (Abb. 452/3). Pfl 1häusig, ⊙. 0,10–0,60. 6–9. Frische, stickstoffreiche Rud.,

Gärten, Hackfruchtäcker; [A] h Nw Th(z Hrz) Sa An Ns Mv, v He, z By(h NM) Bw Rh Bb(h NO) Sh, s Alp(Mng) (austr+m-b·c1-7CIRCPOL, urspr. EUR-WAS − eros ☉ − WiB − MeA − L7 T6 F5 Rx N8 − O Sec., V Sisymbr. − HeilPfl). **Kleine B. − *U. urens* L.**

2* BlaSpreite 5–15 × 3–8 cm, eifg bis eifg-lanzettlich, grob gesägt, lg zugespitzt, am Grund herzfg, selten abgerundet bis keilig (Abb. **452**/4, 5). ♃ 3

3 Pfl 1häusig, obere BlüStände ♀, untere ♂. Außer Brennhaaren nur zerstreut Borstenhaare. NebenBla br eifg, am Grund bis 15 mm br (Abb. **452**/5), die der oberen Bla bis zur Mitte paarweise verwachsen. Stg am Grund liegend u. reichlich wurzelnd, aufsteigend, kaum kantig, etwa 5–8 mm ⌀. BlaStiele mindestens halb so lg wie die Spreite, diese oseits hellgrün u. stark glänzend. ♂ BlüStände meist kürzer als der BlaStiel. Perigon der ♂ Blü bis ⅔ geteilt, Zipfel in der Mitte am breitesten. 0,60–2,00. 7–8. Großseggenriede, Röhrichte, AuenW u. Auengebüsche; z An(Elb) Bb(Elb M MN), s Mv(M) (sm-stemp·c4-6EUR − teiligr eros H ♃ oAusl − WiB − StA KlA − L8 T6 F10 R7 N6 − V Phragm., V Glyc.-Sparg., V Car. elat., V Alno-Ulm.). [*U. radicans* BOLLA, *U. bollae* KANITZ]

Röhricht-B., Ukrainische B. − *U. kioviensis* ROGOW.

3* Pfl meist 2häusig, kurz rauhaarig u. mit Brennhaaren od. Brennhaare auf der BlaSpreite fehlend. NebenBla linealisch-pfriemlich, 1–2(–3) mm br (Abb. **452**/4), auch die oberen frei. Stg aufrecht, deutlich 4kantig, etwa 3–5 mm ⌀. BlaStiel <½, meist <⅓ so lg wie die Spreite; diese oseits dunkelgrün, kaum glänzend. ♂ BlüStände meist länger als der BlaStiel. Perigon der ♂ Blü bis zur Mitte gespalten, Zipfel unten am breitesten. **(Artengruppe Große B. − *U. dioica* agg.)** 4

4 BlaSpreite meist mit Brennhaaren u. dazu bes. auf den Nerven ± behaart, meist dunkelgrün. Unterster BlüStand am 7.–14. StgKnoten entspringend. 0,30–1,50. 7–10. Frische bis feuchte Staudenfluren, Auen- u. ErlenW, Gebüsche, Rud.; alle Bdl g (m-b·c1-8EUR-SIB − teiligr eros H ♃ Rhiz − WiB − WiA WaA StA Sa langlebig − Lx Tx F6 R7 N9 − K Art., O Atrop., V Salic. alb., V Alno-Ulm., K Aln. − Wildgemüse, FaserPfl, HeilPfl. − 48, 52).

Große B. − *U. dioica* L.

4* BlaSpreite ohne Brennhaare, unterseits dicht behaart, gelbgrün. Unterster BlüStand am 13.–20. StgKnoten entspringend. 1,50–2,50. 7–10. ErlenW, sumpfige Flussufer; z Bw(ORh) Rh(f N SW W) An(f Hrz SW) Ns(f Hrz S) Mv(Elb), s By(MS O Alb N) He(ORh SW) Nw(f N NO) Sa(Elb) Bb(Elb MN) Mv(f N Elb) Sh(M SO), Verbr. ungenügend bekannt (sm-tempEUR? − teiligr eros H ♃ Rhiz − WiB − WiA WaA StA Sa langlebig− L7 T6 F7 R7 N7 − O Convolv., V Sene. fluv., V Car. elat., V Alno-Ulm., O Salic. purp. − 24, 26). [*U. galeopsifolia* OPIZ, *U. dioica* subsp. *galeopsifolia* (OPIZ) CHRTEK, *U. dioica* subsp. *subinermis* (UECHTR.) WEIGEND] **Auen-B. − *U. subinermis* (UECHTR.) R. HAND et BUTTLER**

Familie *Fagaceae* DUMORT. − **Buchengewächse** (7 Gattungen/670 Arten)

Einhäusige, selten zweihäusige Bäume. Bla wechselständig, einfach, ganzrandig bis fiederteilig. NebenBla hinfällig. ♂ BlüStände kätzchenartig. BlüHülle unscheinbar, PerigonBla meist 6. StaubBla 4–∞. FrKn unterständig, 3- od. 6fächrig. Griffel u. Narben 3 od. 6. Fr einzeln od. zu 2–5 von einem gemeinsamen, ringfg od. becherfg, später leichten ob. verholzten Achsenbecher (FrBecher, Cupula) umgeben od. eingeschlossen. 1samige Nuss.

1 ♂ Blü in fast kugligen, lg gestielten Kätzchen. Nüsse 3kantig. Bla fast ganzrandig od. geschweift. **Buche − *Fagus* S. 453**

1* ♂ Blü in verlängerten Kätzchen. Nüsse nicht 3kantig. Bla gelappt od. dornig gezähnt .. 2

2 Bla länglich-lanzettlich, dornig gezähnt. ♂ Kätzchen aufrecht od. abstehend. FrBecher mehrere Nüsse ganz einschließend, stachlig. **Kastanie − *Castanea* S. 454**

2* Bla gelappt. ♂ Kätzchen hängend. FrBecher 1 Nuss am Grund umschließend.

Eiche − *Quercus* S. 454

Fagus L. − **Buche** (10 Arten)

Rinde glatt, grau. Stamm im Querschnitt rundlich (vgl. *Carpinus*, S. 458). Junge Bla lg bewimpert. Bis 40,00. 4–5. Plan. bis hochmont., frische Laub- u. NadelmischW, BuchenW, schattentolerant, staunässeempfindlich; g Rh He Nw Th Sa(v Elb) Ns(v N), h Alp Bw An Mv

Sh(z W), v By(g NM) Bb; auch Forstbaum (m/mo-temp·c1-3EUR – sogr B – WiB – VersteckA Sa kurzlebig – L(3) T5 F5 Rx Nx – O Fag., V Querc. rob. – Bucheckern in Menge giftig). **Gewöhnliche B., Rot-Buche – *F. sylvatica* L. subsp. *sylvatica***

Castanea MILL. – **Kastanie** (10 Arten)
Bla länglich-lanzettlich, bis 25 cm lg, derb, dornig gezähnt. FrBecher stachlig. Bis 30,00. 6. Frucht- u. Parkbaum; auch mäßig trockne bis frische, lichte Eichen(misch)W, Gebüsche, kalkmeidend; [A] v He(s W NW), z Bw(NW Gäu ORh SW) Rh, s Nw(SW MW), [N U] z By Sa An Bb, s Ns Sh (m/mo-sm·c3-4 EUR, [A] in m/mo-stemp·c1-2EUR – sogr B – InB: Käfer, Fliegen, Bienen – VersteckA Sa kurzlebig – L(5) T8 Fx R4 Nx – V Querc. rob., UV Luz.-Fag. – Maronen). **Ess-K. – *C. sativa*** MILL.

Quercus L. – **Eiche** (350–450 Arten)
(Alle Arten in D: sogr B – WiB – VersteckA: Vögel, Nager; Sa kurzlebig – Hybriden häufig)

1 BlaLappen zugespitzt. Fr im 2. Jahr reifend, FrZweige daher nicht beblättert 2
1* BlaLappen abgerundet. Fr im 1. Jahr reifend, FrZweige beblättert 4
2 Junge Bla beidseits graufilzig, ältere wenigstens useits an den Nerven behaart, jederseits mit 6–8 3eckigen, meist ungezähnten Lappen. Fr 3–4 cm lg, Schuppen des FrBechers abstehend. Bis 35,00. 4. Parkbaum; auch [N 1912 U] s alle Bdl(f Ns Mv Sh) (m/mo-sm·c3-5EUR – L(6) T8 F4 R6 Nx). **Zerr-E. – *Qu. cerris*** L.
2* Bla stets kahl, beidseits mit 2–6 gezähnten Lappen. Schuppen des FrBechers anliegend 3
3 Bla 15–20 cm lg, jederseits mit 4–6 br Lappen u. schmalen Buchten. Fr bis 2,5 cm lg. Bis 25,00. 5. Forst-, Straßen- u. Parkbaum; auch lichte Eichen-, Kiefern-, FelsW, kalkmeidend; [N 1724 U] h Sa, v Nw Th An Bb Ns, z By Rh Mv, s Bw He Sh (m/mo-temp·c1-5OAM – *L5 T8 F5 R5 N5* – V Querc. rob., V Dicr.-Pin.). **Rot-E. – *Qu. rubra*** L.
3* Bla 8–12 cm lg, beidseits mit 2–4 fast waagerecht abstehenden, schmalen Lappen u. br Buchten. Fr etwa 1,5 cm lg. Bis 25,00. 5. Park- u. Forstbaum; [U] s Nw Sa Ns Sh(M: Hamburg) (sm-stemp·c2-5OAM – *L7 T7 F5 R5 N5*). Ⓚ **Sumpf-E. – *Qu. palustris*** MÜNCHH.
4 (1) Junge Äste, BlaKnospen u. BlaStiele filzig. Bla useits weichhaarig, mit Büschelhaaren (Abb. **457**/1), ohne Sternhaare. 3,00–20,00. 5. Trockne Eichen-BuschW u. Gebüsche, kalkhold; s Bw(f SO) Rh(W) Th(Bck); außerdem Hybriden mit **5** u. **5*** (m/mo-stemp·c2-5EUR – L(7) T8 F3 R7 Nx – V Querc. pub.). [*Qu. lanuginosa* (LAM.) THUILL. nom. illeg.] **Flaum-E. – *Qu. pubescens*** WILLD.
4* Junge Äste u. BlaKnospen kahl 5
5 BlaStiel 1–3 cm lg. Spreitengrund keilfg bis gestutzt, flach. Größte Lappen in der Mitte der Spreite. BlaUseite ± sternhaarig (Abb. **457**/2, starke Lupe!). FrStiel <1 cm lg. Stamm gewöhnlich bis zum Wipfel durchgehend. Bis 35,00. 5. Plan. bis submont., trockne bis frische LaubmischW, Eichen-KiefernW, staunässemeidend; g Rh(v ORh) He, h Th Sa An, v By(g NM, s S) Bw Nw(g SO) Bb Ns, s Alp(f Allg Amm Kch) Mv Sh(f W); auch Forstbaum (sm/mo-temp·c1-4EUR – L(6) T6 F5 Rx Nx – V Querc. rob., V Querc. pub., V Carp., UV Luz.-Fag. – 24 – oft Hybride mit **5***: *Qu.* ×*rosacea* BECHST.: FrStiel länger, BlaStiel kürzer). [*Qu. sessilis* EHRH., *Qu. sessiliflora* SALISB.] **Trauben-E. – *Qu. petraea*** (MATT.) LIEBL.
5* BlaStiel sehr kurz, 2–8 mm lg. Spreitengrund herzfg, oft umgebogen (geöhrt). Größte Lappen über der Mitte der Spreite. BlaUSeite kahl od. mit Sternhaaren. FrStiel 3–8 cm lg. Stamm sich gewöhnlich am Beginn der Krone verzweigend. Bis 40,00. 5. Plan. bis mont., trockne bis frische LaubmischW, bes. AuenW, Eichen-BirkenW, Eichen-KiefernW, staunässeertragend; g Rh He Nw Th Sa An Ns, h Bw Bb Mv Sh, v Alp By, ↘; auch Forstbaum (m/mo-temp·c1-5EUR – WiB selbststeril – L(7) T6 Fx Rx Nx – V Alno-Ulm., V Carp., V Querc. rob., V Dicr.-Pin. – 24 – Hybride mit **5**). [*Qu. pedunculata* EHRH.]. **Stiel-E. – *Qu. robur*** L.

Weitere Hybriden: *Qu. rubra* × *Qu. palustris* = *Qu.* ×*richteri* BAEN. Ⓚ, *Qu. pubescens* × *Qu. petraea* = *Qu.* ×*calvescens* VUK. [*Qu.* ×*streimii* auct. non FREYN] – z Th(Bck), s By Bw Rh Th, *Qu. pubescens* × *Qu. robur* = *Qu.* ×*bedaei* BORBÁS [*Qu.* ×*pendulina* KIT.] – s

Familie **Myric_aceae** Kunth – **Gagelgewächse** (4 Gattungen/57 Arten)

Aromatisch riechende, dicht mit Harzdrüsen besetzte Bäume od. Sträucher. Bla wechselständig, meist einfach. NebenBla meist fehlend. Pfl 2- od. 1häusig. Blü meist nackt, in Ähren. StaubBla 2–8(–20). FrKn ober- od. unterständig, 1fächrig, mit 1 grundständigen SaAnlage. Griffel sehr kurz, mit 2 fadenfg Narben. SteinFr. Stickstoffbindung in Wurzelknöllchen.

Myrica L. [*G_ale* Adans.] – **Gagel** (55 Arten)

1 Bla lanzettlich, am Grund keilfg, kurz gestielt, 3–6 × 0,5–1,5 cm, vorn etwas gesägt, oseits kahl. Zweige braun. HochBla an der geschnäbelten, gelb drüsig punktierten, <3 mm dicken Fr erhalten bleibend. Pfl 2häusig, Blü vor den Bla erscheinend. 0,50–2,50. 4(–5). Nasse, lichte, nährstoffarme BirkenbruchW, Grauweidengebüsche, Ränder von Gräben, Hoch- u. Heidemooren; z Nw(f SW SO) Ns(f Hrz) Sh, s Rh(MRh) An, [N] Bb(SO) Mv(f Elb SW), [U] s Sa(NO) (sm/mo·b·c1-2EUR+OAS+AM – sogr Str uAusl – WiB – WaA WiA StA Kälte-Lichtkeimer – L8 T6 F9 R3 N3 – V Salic. cin., V Eric. tetr. – giftig). [*G_ale palustris* Chev.]
Moor-G., Gagelstrauch – *M. g_ale* L.
1* Bla verkehrt-eilanzettlich bis elliptisch, 4–8(–10) × (0,6–)1,5–3,0(–4,0) cm, ganzrandig od. vorn mit wenigen flachen Zähnen, beidseits behaart. Zweige weißgrau behaart. Fr ohne HochBla, kuglig, 3–5 mm ⌀, dick mit weißem Wachs bedeckt. Pfl 2häusig. 0,50–2,00. 4–5. [N 1893] s Mv(MW: Kalkwerder bei Schwerin SW: Grabow) (sm-temp·c1-3OAM – sogr Str uAusl? – WiB). [*Morella pensylvanica* (Mirb.) Kartesz] **Nördliche G. – *M. pensylv_anica* Mirb.**

Familie ***Juglandaceae*** Perleb – **Walnussgewächse**

(9 Gattungen/51 Arten)

Einhäusige Bäume. Bla wechselständig, unpaarig gefiedert, ohne NebenBla. ♂ Blü in hängenden Kätzchen, am vorjährigen Holz. StaubBla 2–∞. ♀ Blü in hängenden Kätzchen od. zu 2–3 am Ende diesjähriger Triebe. FrKn unterständig, 1fächrig, mit 1 grundständigen SaAnlage. Narben 2. Flügelnuss od. SteinFr mit grünlicher, aufspringender, fasriger Außenschale. Sa durch unvollständige Scheidewände tief 2- od. 4lappig.

1 Fr eine geflügelte Nuss. Seitenknospen deutlich gestielt. **Flügelnuss – *Pterocarya* S. 455**
1* Fr mit einer fleischigen, fasrigen Hülle umgeben. Seitenknospen (fast) sitzend.
Walnuss – *J_uglans* S. 455

Pterocarya Kunth – **Flügelnuss** (6 Arten)

Bla mit 7–25 gesägten Fiedern. NussFr mit 2 seitlichen Flügeln in 20–40 cm lg hängenden Ähren. 18,00–25,00(–30,00). 5. Park- u. Straßenbaum, kalkhold, auch AuW?; [U] s By Bw Rh He Th Nw Bb Sh (sm·c2-3KAUK – sogr B WuSpr? – WiB – *L7 T8 F4 R7 N7*).
Kaukasische F. – *P. fraxinif_olia* (Poir.) Spach

Juglans L. – **Walnuss** (21 Arten)

1 Bla mit 7–9 ganzrandigen Fiedern. FrSchale glatt. 5,00–25,00. 5. Forst-, Straßen- u. Fruchtbaum; auch sickerfeuchte Auen- u. HangmischW, nährstoffanspruchsvoll, kalkhold; [A] z Bw Rh, s By He, [N U] alle Bdl (m/mo-sm·OEUR-WAS – sogr B – WiB selbststeril – Versteck A – L6 T8 F6 R7 N7 – V Alno-Ulm., V Til.-Acer. – VolksheilPfl).
Echte W. – *J. r_egia* L.
1* Bla mit 10–23 gesägten Fiedern, Endfieder oft fehlend. FrSchale rau. 15,00–30,00. 5. Park- u. Forstbaum, selten Naturverjüngung; [N U] z Bw Rh, s By He Nw Sa An (m-stemp·c2-6OAM – sogr B – WiB). **Schwarze W. – *J. n_igra* L.**

Familie *Betul_aceae* GRAY – **Birkengewächse** (6 Gattungen/150 Arten)

Einhäusige Bäume od. Sträucher u. Zwergsträucher. Bla wechselständig, einfach, Seitennerven in die Zähne verlaufend. Blü in walzigen Kätzchen, ♀ zuweilen in knospenfg Gruppen. ♂ Blü ohne od. mit unscheinbarem, meist 4blättrigem Perigon, zu 1 bis mehreren in der Achsel jedes TragBla. StaubBla (1–)2–6. Staubbeutel an der Spitze mit od. ohne Haarbüschel. FrKn unterständig, am Grund 2fächrig. Griffel meist 2. ♀ Blü mit unscheinbarem Perigon od. ohne BlüHülle. Fr eine Nuss, entweder ohne Hülle u. geflügelt od. mit VorBlaHülle u. ungeflügelt. Alle Arten WiB.

1 Fr ungeflügelt, mit 3lappiger od. becherfg u. vielzipfliger VorBlaHülle, >3 mm dick, im Herbst nach der BlüZeit ausfallend. StaubBla an der Spitze mit Haarbüschel. BlaSpreite 5–15 cm lg 2
1* Fr geflügelt, ohne VorBlaHülle, <2 mm dick, im Winter nach der BlüZeit ausfallend. StaubBla an der Spitze ohne Haarbüschel. BlaSpreite 0,5–10 cm lg 3
2 Bla länglich-eifg, längs der Seitennerven gefaltet, am Grund schief abgerundet bis schwach herzfg, oseits kahl, useits nur auf den Nerven u. in den Nervenwinkeln spärlich behaart, zur BlüZeit sich entfaltend, Nervenpaare 10–13. ♀ Kätzchen endständig am Jahrestrieb, ∞blütig, zur BlüZeit nicht in Knospen eingeschlossen. FrHülle 3teilig (Abb. **457**/5).
Hainbuche – *_C_arpinus* S. 458
2* Bla rundlich-verkehrteifg, nicht gefaltet, am Grund herzfg, vorn schwach eckig gelappt, oseits zerstreut behaart, useits flaumhaarig, erst nach der BlüZeit sich entfaltend, Nervenpaare 6–7. ♀ Kätzchen am Vorjahrestrieb seitenständig, wenigblütig, zur BlüZeit in Knospen eingeschlossen, aus denen die roten, fadenfg Narben herausragen (Abb. **457**/6). FrHülle becherfg, zerschlitzt (Abb. **457**/7). **Hasel – *_C_orylus*** S. 458
3 (1) TragBla der ♀ Blü 3lappig bis 3spaltig, bei der Reife mit der geflügelten Fr abfallend (Abb. **459**/2, 5). StaubBla gespalten (Abb. **457**/3). Kätzchen zugleich mit Entfaltung der Bla stäubend. **Birke – *_B_etula*** S. 457
3* TragBla der ♀ Blü 4–5lappig, nach der Reife verholzend, nicht abfallend. StaubBla nicht gespalten. Kätzchen vor od. zugleich mit Entfaltung der Bla stäubend.
Erle – *_A_lnus* S. 456

_A_lnus MILL. – **Erle** (25 Arten)

[N lokal]: **Herzblättrige E. – *A. cordata*** (LOISEL.) DUBY: Bla herzfg, 4–10 × 2,5–6,0 cm, 4–6 Nervenpaare. Stiel der Knospe so lg wie die Knospe. s He (MW: Marburg) Sa (m/mo·c3EUR). Kultiviert, auch [N]?:
Runzel-E. – *A. rugosa* (DU ROI) SPRENG. [*A. inc_ana* subsp. *rugosa* (DU ROI) R.T. CLAUSEN]: Meist Strauch bis 6,00. Junge Zweige u. Bla useits rostgelb behaart? FrStand mit vorspringenden Schuppen (sonst wie *A. incana*) (temp-b·c3-6AM – StrB – auch Hybride mit **2***: *A. ×aschersoni_ana* CALLIER Ⓡ).

1 Knospen ungestielt, spitzlich. Fr br geflügelt. Bla spitz, beidseits grün. ♂ Kätzchen bei Entfaltung der Bla stäubend. 2,00–2,50(–4,00). 4–6. Subalp. sickerfrische Knieholzgebüsche, mont. bachnahe Hochstaudenfluren, Böschungen, Vorwälder, basenhold; v Alp, z Bw(S SW), s By(S MS), [N U] s Rh He Sa Bb Ns (sm/salp-temp/demo·c2-4EUR – sogr Str, s StrB – WiB Vw – WiA Lichtkeimer – L7 T3 F6 R5 N7 – V Adenost., V Samb.-Salic.). *A. viridis* (CHAIX) DC.] **Grün-E. – *A. alnobetula*** (EHRH.) K. KOCH
1* Knospen gestielt, stumpf, der Stiel kaum halb so lg wie die Knospe (Abb. **457**/4). Fr nicht od. schmal geflügelt. ♂ Kätzchen vor Entfaltung der Bla stäubend 2
2 Bla mit 5–8 Seitennervenpaaren, rundlich, sehr stumpf od. ausgerandet, schwach ungleich gesägt, beidseits grün, kahl, jung klebrig. ♀ Kätzchen gestielt. Bis 20,00. 3–4. Sicker- bis staunasse, zeitweilig überflutete Auen- u. BruchW, auch bachbegleitend; alle Bdl g, aber MDT-Trockengeb v; auch Forstbaum (m/mo-b·c1-5EUR-(WSIB) – sogr B/StrB – WiB Vm – WiA Lichtkeimer – L(5) T5 F9= R6 Nx – V Aln., V Alno-Ulm. – 28). **Schwarz-E. – *A. glutinosa*** (L.) GAERTN.
2* Bla mit 8–12 Seitennervenpaaren, eifg-elliptisch, zugespitzt, scharf doppelt gesägt, useits graugrün, behaart. ♀ Kätzchen sitzend. 3,00–25,00. 2–4. Sickernasse, z. T. zeitweilig überflutete GebirgsauenW u. -gebüsche, kalkhold; v By(MS S) Bw(SW S Alb), [N?] v By(NM N NO) He Ns(Hrz), [N] v Bw Rh Nw Sa Mv(f Elb) Ns, s Bb Sh; auch Forstgehölz (sm/mo-b·c3-

BETULACEAE 457

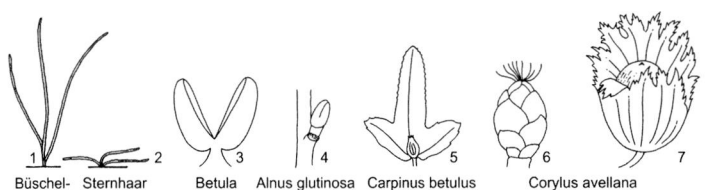

1 Büschel- 2 Sternhaar   3 Betula   4 Alnus glutinosa   5 Carpinus betulus   6 7 Corylus avellana

5EUR-(WSIB) – sogr B/StrB WuSpr – WiB Vw – L(6) T4 F7= R8 Nx – V Alno-Ulm.).
Grau-E. – **A. incana** (L.) MOENCH
Hybride: *A. glutinosa* × *A. incana* = *A.* ×*pubescens* TAUSCH – z

Betula L. – Birke (35 Arten)
1 Bla spitz od. zugespitzt, mit Stiel >3,5 cm lg. ♂ Kätzchen hängend. Rinde weiß, gelblich od. bräunlich. Meist Bäume 2
1* Bla stumpf, rundlich od. rundlich-eifg, <3,5 cm lg. ♂ Kätzchen aufrecht. Rinde graubraun. Sträucher 3
2 Junge Bla u. Zweige weichhaarig. Bla rhombisch-eifg bis rundlich, mit abgerundeten Seitenecken, kurz zugespitzt (Abb. **459**/1, 3), auch später useits in den Nervenwinkeln meist bärtig. Seitenlappen der TragBla der ♀ Blü deutlich aufwärtsgebogen (Abb. **459**/2). 1,00–25,00. 4–5. Moor- u. BruchW, Weidensümpfe, Hochmoorränder, mont. bis subalp. Blockfelder, kalkmeidend; h Alp Nw Sa Ns Sh(z W), v An Bb Mv, z By Bw Rh He Th (sm-b·c1-6EUR-SIB – sogr B/StrB – WiB – WiA Kälte-Lichtkeimer – V Bet. pub., K Aln., V Rhod.-Vacc., V Pic. – HeilPfl – häufige Hybride s. **2***). Moor-B. – ***B. pubescens*** EHRH.

1 Bla unter der Mitte am breitesten, deltoid-eifg, kurz zugespitzt, am Grund abgerundet, herzfg (Abb. **459**/1) od. br keilig, wie die jungen Zweige behaart. Seitenlappen der TragBla ♀ Blü seitlich abstehend (Abb. **459**/2). FrFlügel kaum den Narbenansatz überragend. Rinde gelblichweiß. Bis 25,00. Moor- u. BruchW, Weidensümpfe, Vorwaldgehölze; Verbr. in D wie Art (sm-b·c1-6EUR-SIB – sogr B – L(7) Tx F8 R3 N3 – V Bet. pub., K Aln. – 56). subsp. ***pubescens***
1* Bla in der Mitte bis über die Mitte am breitesten, rundlich-rhombisch bis rundlich-eifg, zugespitzt, am Grund abgerundet od. etwas keilfg (Abb. **459**/3), Zweige jung etwas behaart, verkahlend. Seitenlappen der TragBla ♀ Blü seitlich abstehend, trapezfg. Rinde gelblichbraun bis rötlichbraun od. braun. 1,00–2,00(–10,00). Birkenmoore u. -brüche, Quellsümpfe, mont. bis subalp. Blockfelder im Waldgrenzbereich; z Alp(f Chm) He(f ORh SO) Ns Sh, s By(f N) Bw(Keu NW, z SW) Rh Nw Th(Rho Wld) Sa(f Elb) An(f O S) Mv(f Elb M) (sm-temp/demo·c3-4EUR – sogr B/StrB – L(9) T4 Fx R1 N1 – V Bet. pub., V Rhod.-Vacc., V Pic. –56). [*B. carpatica* WILLD., *B. p.* subsp. *glutinosa* BERHER] Karpaten-B. – subsp. ***carpatica*** (WILLD.) SIMONK.

2* Bla u. Zweige (fast) stets kahl. Bla 3eckig-deltoid, mit kaum abgerundeten Seitenecken, lg zugespitzt (Abb. **459**/4). Zweige anfangs mit harzigen Wärzchen, später meist hängend. Seitenlappen der TragBla der ♀ Blü deutlich abwärtsgebogen (Abb. **459**/5). Bis 25,00. 4–5. Trockne bis feuchte Schlag- u. Vorwaldgehölze, lichte Laub- u. NadelW, Magerweiden u. Heiden; g Rh He Nw Th Sa An Ns, h Alp Bw Bb Mv Sh(z W), v By(g NM), auch Straßen- u. Parkbaum (sm-b·c1-7EUR-WSIB – sogr B – WiB – WiA – L(7) Tx Fx Rx Nx – V Querc. rob., UV Luz.-Fag., K Call.-Ulic. – HeilPfl – oft Hybride mit **2**: *B.* ×*aurata* BORKH.: z Nw Mv u. a. Bdl, bes. Bahngelände, meist steril, oft mit *B. pubescens* verwechselt – 28). [*B. verrucosa* EHRH.] Gewöhnliche B., Hänge-B. – ***B. pendula*** ROTH
3 (1) Bla länger als br, ungleich gesägt (Abb. **459**/6). 0,50–2,00. 4–5. Mesotrophe Birken- u. Zwischenmoore; z Mv(M NO), s Alp(f Brch Krw Wtt) By(S MS) Bw(S SO Alb Gäu) Mv(NO MN) Sh(SO), † Bb, ↘ (temp-b·c3-6EUR-SIB – sogr Str/ZwStr – WiB – WiA – L8 T3 F9 R1 N2 – V Salic. cin. – 28 – ▽). Niedrige B. – ***B. humilis*** SCHRANK
3* Bla breiter als lg, fast kreisrund, stumpf gekerbt (Abb. **459**/7). 0,30–0,80. 4–6. Offne Hochmoore, Kiefernmoore; s Alp(Amm Allg Chm) By(S MS NO O) Bw(SW) Ns(Hrz, † O), [N] Sa(SW: Kleiner Kranichsee, Georgenfelder Moor, Pfahlbergmoor) An Bb(NO: Uckermark), † Mv(MW: Federow) (temp/mo-arct·c3-7 EUR-WSIB – sogr Str/ZwStr – WiB – WiA – L8 T3 F9 R1 N2 – V Sphagn. magell., V Pic. – ▽). Zwerg-B. – ***B. nana*** L.

Weitere Hybriden: *B. pubescens* × *B. pendula* × *B. humilis* = *B.* ×*grossii* NATHO – s, *B. pubescens* × *B. humilis* = *B.* ×*warnstorffii* C.K. SCHNEID. – z, *B. pubescens* × *B. nana* = *B.* ×*intermedia* GAUDIN – s, *B. pendula* × *B. nana* = *B.* ×*zabelii* (DIPPEL) SCHELLE [*B.* ×*zimpelii* JUNGE] – z, *B. pendula* × *B. nana* = *B.* ×*fennica* DÖRFL. [*B.* ×*plettkei* JUNGE] – s

Carpinus L. – **Hainbuche** (26 Arten)
Stamm mit glatter, grauer Rinde u. Längswülsten, dadurch im Querschnitt unregelmäßig ausgebuchtet (vgl. *Fagus*, S. 453). Bla doppelt gesägt. Bis 20,00. 4–5. Feuchte bis mäßig trockne LaubmischW, bes. in tieferen Lagen, Gebüsche, (Schnitt)Hecken; g Rh He Nw Th, h Bw Sa An Ns, v By(g NM) Bb Mv Sh, z Alp; auch Forst- u. Zierbaum (sm/mo-temp·c2-4EUR – sogr B – WiB – WiA VersteckA – L(4) T6 Fx Rx Nx – V Carp., UV Gal.-Fag., O Prun. – Holzkohle – 64). **Hainbuche, Weißbuche** – *C. betulus* L.

Corylus L. – **Hasel** (15 Arten)
1 Strauch. Bla beidseits weichhaarig. NebenBla länglich, stumpf. FrHülle nicht drüsig, ± so lg wie die Fr, gelappt bis gespalten (Abb. **457**/7). Fr zu 1–2(–4). 2,00–6,00. 2(–4). Frische, lichte LaubmischW, bestandsbildend in Hecken, Gebüschen u. NiederW, nährstoffanspruchsvoll; g Rh He Nw Th Sa An, h Alp Bw Ns Mv, v By Bb Sh; auch Park- u. Fruchtgehölz (m/mo-b·c1-5EUR – sogr Str – WiB – VersteckA Sa kurzlebig – L6 T5 Fx Rx N5 – K Querc.-Fag., V Samb.-Salic. – 22). **Gewöhnliche H.** – *C. avellana* L.
1* Baum. Bla useits auf den Nerven behaart. NebenBla lanzettlich, spitz. FrHülle drüsig, viel länger als die Fr, tief zerschlitzt. Fr zu ± 8 in ballfg Büscheln. Bis 20,00. 2–3. Straßen- u. Parkbaum, auch [N U] s By Rh He Nw Sa An Bb Ns Sh (sm/mo·c3-4VordAS – sogr B – WiB – VersteckA). **Baum-H.** – *C. colurna* L.

Familie *Cucurbitaceae* JUSS. – **Kürbisgewächse**

(98 Gattungen/1000 Arten)

1- od. 2häusige Kräuter, meist mit Ranken kletternd, selten Halbsträucher od. kleine Bäume. Bla wechselständig, fingernervig, meist handfg gelappt, ohne NebenBla. Blü meist 1geschlechtig, radiär. KeBla u. KrBla (3–)5(–6), am Grund verwachsen. StaubBla 5, ihre oft gewundenen Staubbeutel mit nur 1 Staubbeutelhälfte, alle od. gruppenweise (2+2+1) verbunden, daher meist scheinbar 3, selten alle frei. FrKn unterständig, 3(–5)blättrig, 1- od. 3fächrig. Griffel 1. Narben 3. Beere.

Wichtige Nutz- u. ZierPfl-Familie, z. B. auch *Cucumis* L. – **Gurke**; *Thladiantha* BUNGE – **Quetschblume**, *Th. dubia* BUNGE [U] s Bw Rh Bb Mv; s. Bd. ZierPfl!

1 ♂ Blü einfach od. zu wenigen in den BlaAchseln. Kr gelb 2
1* ♂ Blü in Trauben od. Doldentrauben. Kr grünlichweiß, grünlichgelb od. weiß 3
2 Kr glockig, KrBla etwa bis zur Hälfte verwachsen, >5 cm lg. Bla ganz od. gelappt.
Kürbis – *Cucurbita* S. 459
2* KrBla frei od. nur am Grund verwachsen, <5 cm lg. Bla doppelt fiederteilig.
Wassermelone – *Citrullus* S. 459
3 **(1)** Ranken einfach. Staubbeutel gruppenweise (2+2+1) verbunden, StaubBla daher scheinbar 3. Fr erbsengroß, fleischig u. kahl, ihre Fächer 2samig. **Zaunrübe** – *Bryonia* S. 459
3* Ranken ästig od. fehlend. Staubbeutel alle miteinander verwachsen (Abb. **452**/6). Fr trocken, borstig 4
4 Kr 6zipfelig, weiß. Fr 3–5 × 3–4 cm, 2fächrig, stachlig, sich an der Spitze öffnend. Bla 5lappig, fast kahl. **Stachelgurke** – *Echinocystis* S. 459
4* Kr 5zipflig, grünlichweiß. Fr 1,0–1,5 × 0,2–0,5 cm, geschnäbelt, ungefächert, stechend borstig u. dick wollig, geschlossen bleibend. Bla schwach 3–5lappig, behaart.
Haargurke – *Sicyos* S. 460

CUCURBITACEAE 459

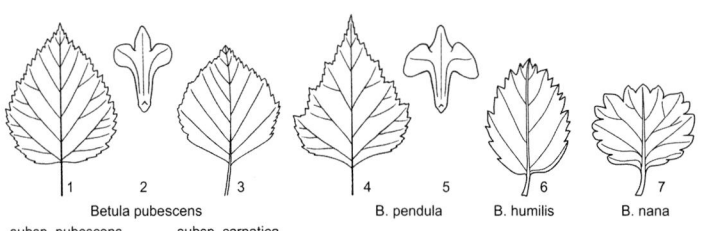

1	2	3	4	5	6	7
Betula pubescens			B. pendula		B. humilis	B. nana
subsp. pubescens	subsp. carpatica					

Bryonia L. – **Zaunrübe** (12 Arten)

1 Pfl meist 1häusig. BlaLappen scharf gezähnt, der mittlere viel länger als die seitlichen. ♀ Blü ohne StaubBlaReste, 9–10 mm lg, ihr Ke etwa so lg wie die Kr. Narbe kahl. Reife Beere schwarz. 2,00–4,00. 6–7. Frische, rud. Gebüsch- u. Heckensäume, Zäune, Wegränder, nährstoffanspruchsvoll; [A] v An, z Th(f Hrz Wld) Sa Bb Ns(f Hrz) Mv(f Elb), s By(f S) Bw(Alb) He(MWO) Sh(M), im W ↘ (sm·c3-6EUR, [A N] sm-temp·c2-5EUR-WAS – sogr eros G ♃ Ranken-KletterPfl Rübe – InB: bes. Wildbienen – VdA MeA – L7 T6 F5 R7 N6 – V Geo.-Alliar., V Arct. – Volksheil- u. ZierPfl, giftig! – 20). **Weiße Z. – *B. alba* L.**

1* Pfl stets 2häusig. BlaLappen ganzrandig od. mit wenigen großen, stumpflichen Zähnen, der mittlere kaum länger als die seitlichen. ♀ Blü im Schlund mit verkümmerten, dicht behaarten StaubBla, 6 mm lg, ihr Ke etwa ½ so lg wie die Kr. Narbe rauhaarig. Reife Beere rot. 2,00–4,00. 6–9. Rud. Gebüsch- u. Heckensäume, Zäune, Wegränder, nährstoffanspruchsvoll; h Rh, z By(f S) Bw He(h ORh SW) Nw Th(f Hrz S Wld) Ns(f Hrz), [A N] z Th Sa An Bb Mv Sh (m-stemp·c1-3 EUR, [N] ntemp·c1-3EUR – sogr eros G ♃ Ranken-KletterPfl Rübe – InB: bes. Wildbienen – VdA MeA – L7 T6 F5 R8 N6 – V Geo.-Alliar., V Arct. – Volksheil- u. ZierPfl, giftig! – 20). [*B. cretica* L. subsp. *dioica* (JACQ.) TUTIN]
Rotbeerige Z. – *B. dioica* JACQ.

Cucurbita L. – **Kürbis, Zucchini** (27 Arten)
Pfl liegend od. kletternd, 1häusig. Stg scharfkantig u. borstig behaart, Ranken ästig od. fehlend. Fr verschiedengestaltig, flachkuglig bis zylindrisch, bis 1,50 cm ⌀. 3,00–8,00 lg. 6–8. Rud., Schutt, Gartenabfälle, nährstoffanspruchsvoll; [U] s alle Bdl(f Mv) (boreostrop-temp·OAM, [A N U] austr-temp·COSMOPOL – eros ⊙ Ranken-KletterPfl – InB – VdA MeA – *L7 T9 F6 R5 N7* – Gemüse-, Heil u. ZierPfl, sehr formenreich). **Garten-K. – *C. pepo* L.**

Citrullus SCHRAD. – **Wassermelone** (3 Arten)
Pfl liegend od. kletternd, 1häusig. Stg behaart mit zweispaltigen Ranken. Fr zylindrich bis kuglig. 1,00–3,00. 6–9. Rud., Ufer, nährstoffanspruchsvoll; [U] s alle Bdl, f Mv Sh (tropboreostrop·WAFR, [A N U] austr-temp·COSMOPOL – eros ⊙ Ranken-KletterPfl – InB – VdA MeA – *L7 T9 F4 R5 N7* – ObstPfl). **Wassermelone – *C. lanatus* (THUNB.) MATSUM. et NAKAI**

Echinocystis TORR. et GRAY – **Stachelgurke, Igelgurke** (1 Art)
Pfl kletternd, 1häusig. Bla 5lappig. Fr stachlig. 1,00–6,00. 6–8. ZierPfl; auch nasse, nährstoffreiche Staudensäume von Flussufern, Ufergebüsche, Hecken; [N 1922 U] z An Th Sa Bb Mv, s By Bw Rh Nw He Sh (sm-temp·c2-7OAM, [N] sm-temp·c2-5 EUR+(OAS) – eros ⊙ Ranken-KletterPfl – InB – WaA Kältekeimer – L7 T8 F9= R8? N8? – V Sene. fluv., V Sisymbr.). [*E. echinata* (WILLD.) BRITTON et al.]
Gelappte S. – *E. lobata* (MICHX.) TORR. et GRAY

Sicyos L. – **Haargurke** (15 Arten)

Pfl kletternd, 1häusig. Stg borstig behaart mit ästigen Ranken. 8,00–10,00. 6–9. Rud. Staudensäume von Ufern, nährstoffanspruchsvoll; [U] s By Bw Rh Nw Th Sa An Bb Ns Mv (sm-temp·c2-6OAM, [N] sm-temp·c1-4EUR+m-sm·c1-3OAS – eros ☉ Ranken-KletterPfl – InB – VdA MeA – *L7 T9 F7 R5 N7* – ZierPfl). **Haargurke –** *S. angulatus* L.

Familie *Celastraceae* R. Br. (inkl. *Parnassiaceae* Martinov) – Baumwürgergewächse (94 Gattungen/1400 Arten)

Sträucher, Lianen, Bäume, selten Kräuter. Bla wechsel- od. gegenständig, einfach, NebenBla klein, hinfällig, selten fehlend. Blü ♂ od. 1geschlechtig, radiär, 4–5zählig, meist mit Diskus, einzeln, in Zymen od. Rispen. KeBla u. KrBla frei. StaubBla od. Staminodienbündel vor den KeBla stehend. FrKn oberständig, 2–5blättrig, einfächrig od. gefächert, in jedem Fach 1–2(–∞) SaAnlagen. Griffel 1. Kapsel, SteinFr, Beere. Sa oft mit lebhaft gefärbtem SaMantel.

1 Pfl holzig, Sträucher od. Liane. Blü in Zymen, bis 10 mm ∅, Kr grünlich.
Pfaffenhütchen – *Euonymus* S. 460
1* Kräuter, bis 25 cm hoch. Blü einzeln, 15–20 mm ∅, mit weißer Kr u. 5 StaubBla abwechselnd mit 5 auffälligen, spatelfg, gelbgrünen, am Grund drüsigen HonigBla (Staminodienbündeln), die jeweils in 9–13 fingerfg angeordneten Fransen mit gelben Drüsenköpfchen enden (Abb. **461**/1). **Herzblatt –** *Parnassia* S. 460

Euonymus L. [*Evonymus* L.] – **Pfaffenhütchen, Spindelstrauch** (150 Arten)

[U]: **Kletter-Spindelstrauch –** *E. fortunei* (Turcz.) Hand.-Mazz. Pfl kriechend-aufsteigend od. mit Haftwurzeln kletternd, immergrün. KrBla 4. Kapsel rundlich-stumpf vierkantig. 6–7. Bis 10,00. ZierPfl. Frische LaubW, Gebüsche u. ihre Ränder, Friedhöfe; [U] By Bw Rh He Nw Sa Bb(Berlin) (boreostrop/mo-temp c1-4 OAS [N] m/mo-temp c1-4 EUR+NAM – igr Liane, wurzelnde KriechTr– InB – VdA MeA – sortenreich).

1 Junge Äste 4kantig, grün. KrBla 4, hellgrün. Kapsel stumpf 4kantig. 1,50–3,00. 5–6. Frische bis mäßig feuchte LaubW, bes. AuenW, Gebüsche, Hecken, nährstoffanspruchsvoll; h Bw He Nw Th Sa An Ns(z N) Mv, v Alp By(g NM) Rh Bb Sh(s W) (sm-temp·c1-5EUR-(WAS), [N] OAM – sogr Str WuSpr – InB: bes. Fliegen – VdA – *L6 T5 F5 R8 N5* – V Alno-Ulm., V Carp., UV Gal.-Fag., O Prun. – giftig! – 64). **Europäisches Pf. –** *E. europaeus* L.
1* Junge Äste etwas zusammengedrückt, nicht deutlich 4kantig. KrBla 5, grünlich mit roten Rändern. Kapsel meist 5kantig, an den Kanten geflügelt. 1,50–6,00. 5–6. Frische Laub- u. NadelmischW, bes. Hang- u. SchluchtW, Gebüsche, kalkhold; v Alp, z Bw(S SO), s By(S MS), [N U] s Rh Sa; auch ZierPfl (m/mo-stemp/demo·c2-4EUR-(WAS) – sogr Str – InB – VdA – *L4 T6 F5 R8 N5* – V Til.-Acer., UV Cephal.-Fag., V Berb. – 64).
Breitblättriges Pf. – *E. latifolius* (L.) Mill.

Parnassia L. – **Herzblatt** (50 Arten)

GrundBla lg gestielt. Stg im unteren Drittel mit 1 sitzenden, herzfg Bla. 0,10–0,25. 7–9. Flach- u. Quellmoore, Moorwiesen, sickerfrische Halbtrockenrasen, feuchte bis nasse Dünentäler u. Teichufer, kalkhold; g Alp, z By Bw He (SO O, s SW) Nw Th Sa An Sb Bb Mv Sh, s Rh(f MW) Ns, ↘ (m/mo-b·c1-8CIRCPOL – sogr hros H ♃ Rhiz – InB: Fliegen SeB Vm – StA WiA Lichtkeimer – *L8 Tx F8~ R7 N2* – O Car. davall., O Car. nigr., V Mol., V Brom. erect., O Sesl. – ▽ – 18). **Sumpf-H. –** *P. palustris* L.

Familie *Oxalidaceae* R. Br. – Sauerkleegewächse

(6 Gattungen/600–800 Arten)

Kräuter, selten Sträucher od. Bäume. Bla wechsel- od. grundständig, zusammengesetzt, mit od. ohne NebenBla. Blü ♂, radiär, 5zählig, meist heterostyl. KrBla frei. StaubBla 10. FrKn oberständig, (3–)5blättrig, (3–)5fächrig. Griffel (3–)5. Kapsel, selten Beere.

OXALIDACEAE 461

Oxalis L. – **Sauerklee** (500–700 Arten)
1   KrBla weiß, purpurn geadert, am Grund mit gelbem Fleck. Wurzelstock kriechend, durch die verdickten BlaStielbasen gezähnt. Stg fehlend. BlüStandsstiele unverzweigt, nur mit 2 schuppenfg VorBla, 1blütig. 0,05–0,12. 4–5. Plan. bis mont., frische bis feuchte Laub- u. NadelW, mont. Hochstaudenfluren, kalkmeidend; g Rh(v ORh) Nw Th, h Alp Bw He Sa An(z SO) Ns Mv Sh(f W), v By(g NM) Bb (m/mo-b·c1-6EURAS – igr ros H/G ♃ uAusl/SchuppenRhiz – InB SeB – SeA Kälteheimer – L1 Tx F5 R4 N6 – K Vacc.-Pic., UV Luz.-Fag., V Querc. rob., O Adenost. – für Vieh giftig – 24). **Wald-S. – *O. acetosella* L.**
1* KrBla gelb od. rosa. Stg mit Bla u./od. BlüStandsstiele mehrblütig 2
2   KrBla rosa, trocken blau. Bla grundständig, mit 5–6(–10) Blchen, silbriggrün. Pfl mit Brutknollen. 0,16–0,20. 6–9?. Lehmige Äcker, Gärten; [N 1956] s Bw: SchwarzW, ob noch? (strop/mo AM? – sogr ros ♃ Brutknollen – V Ver.-Euph. – Bestimmung unsicher!).
   Zehnblättriger S. – *O. decaphylla* KUNTH
   [N U]: **Breitblättriger S. – *O. latifolia* KUNTH**: Blchen br dreieckig, drüsenlos, frischgrün. KrBla purpurn mit grünem Grund. 0,07–0,20. 7–10. Unkraut in Gärtnereien, nicht winterhart. s By He Sa Mv (bstrop-m// mo-sm·WAM, [A N U] austr+austrstrop-trop//mo·AUST-NZ+AFR+SAM+boreostrop-sm//mo-temp·EUR+HI-MAL – sogr ros ♃? Brutknollen). **Brasilianischer S. – *O. debilis* KUNTH** [*O. corymbosa* DC.]: Blch br herzfg-rundlich, drüsig punktiert, frischgrün. BlüStiele lg behaart. KrBla purpurn, dunkler geadert. 0,10–0,30. 5–8. Rud: Gärten; s By He Nw Sa Bb Mv (austr-austrostrop-trop/mo·SAM, [A N U] austr-temp·COSMOPOL – sogr ros ♃ Brutknollen) s. Bd. ZierPfl!

2* KrBla gelb. Stg mit Bla 3
3   Kapsel kahl od. mit spärlichen, mehrzelligen Haaren, 8–12(–15) mm lg. NebenBla fehlend. BlüStiele nach dem Verblühen aufrecht bis waagrecht abstehend. Bla wechselständig, fast gegenständig od. fast quirlig, Blchen auf ⅕–¼ 2lappig. Stg einzeln an unterirdischen Ausläufern, aufrecht od. später etwas liegend, wie die BlaStiele mit krausen, einzelligen Haaren. 0,10–0,40. 6–10. Nährstoffreiche Äcker u. Gärten, frische Rud., Friedhöfe, kalkmeidend; [N 1761] g Sa, h Nw An Ns, v By Bw Rh He Th Bb Mv, z Sh (sm-temp·c1-8OAM, [N] austr·NEUSEEL+sm-temp·c1-5EURAS – sogr eros G ♃ uAusl – SeB – SeA Licht-Kälteheimer – L6 T6 F5 R5 N7 – V Sperg.-Oxal., V Aphan., V Sisymbr. – 24). [*O. fontana* BUNGE, *O. europaea* JORD.] **Steifer S. – *O. stricta* L.**
3* Kapsel von ∞ meist einzelligen, abwärts gerichteten Haaren weichhaarig, (4–)12–25 mm lg. NebenBla meist vorhanden, dem BlaStiel angewachsen. BlüStiele nach dem Verblühen meist herabgeschlagen 4
4   Pfl kriechend, an den Knoten wurzelnd. Bla wechselständig, grün. Blchen auf ¼–½ zwei lappig, (8–)10–25 mm br. NebenBla deutlich, dem BlaStiel angewachsen (Abb. **461**/2). Blü zu (1–)2–6(–8). Kapsel (9–)12–25 mm lg. 0,05–0,15. 6–9. Mäßig trockne bis frische Rud., Gärten, Friedhöfe; [N] v By Bw Rh He Nw Th Sa An Ns, s Bb Mv Sh (austr-temp·c1-8CIRCPOL, Heimat trop AS? – sogr? eros ⊙, H ♃ oAusl – InB SeB – SeA AmA – L7 T7 F4 Rx N6 – V Eragrost., V Polyg. avic. – 44, 48). [*O. repens* THUNB., *O. corniculata* var. *atropurpurea* VAN HOUTTE] **Gehörnter S. – *O. corniculata* L.**
4* Pfl aufrecht, ohne Ausläufer. Bla fast gegenständig od. quirlig. Blchen auf ⅙ zweilappig. NebenBla undeutlich, dem BlaStiel als schmale Säume angewachsen od. fehlend. Kapsel 15–25 mm lg. 0,10–0,40. 7–10. Mäßig trockne bis frische Rud., lückige Parkrasen, Friedhöfe, Gärten; [N 1903] z Th(Bck, s NW) Sa, s By Bw Rh He An Bb, [U] s Nw Ns Mv Sh (m-temp·c1-5OAM, [N] austr·NEUSEEL+ trop/mo·AFR+sm-temp·EURAS – eros ⊙ bis kurzlebig ♃ – L7 T7 F5 R6 N5 – V Sisymbr., V Cynos.). [*O. navieri* JORD., *O. stricta* auct.]
   Dillenius-S. – *O. dillenii* JACQ.

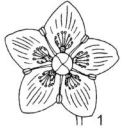 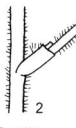  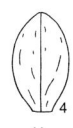 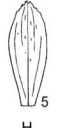 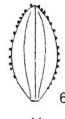 

| Parnassia | Oxalis corniculata | Hypericum desetangsii | H. maculatum | H. dubium | H. pulchrum | H. montanum |

Familie *Hypericaceae* Juss. – Johanniskrautgewächse

(9 Gattungen/560 Arten)

Bearbeitung: **Jürgen Klotz**

Kräuter, Sträucher od. Bäume. Bla gegenständig od. quirlig, ungeteilt, oft von Öldrüsen durchscheinend punktiert, ohne NebenBla. Blü ⚥, radiär, in endständigen Thyrsen, selten einzeln. KeBla (2–)5, frei. KrBla (3–)5, in der Knospe gedreht. StaubBla ∞, meist zu 2–5 über den KrBla stehenden Bündeln verwachsen. FrKn oberständig, 3- od. 5fächrig. Griffel 3 od. 5. Meist vielsamige Kapsel.

Hypericum L. – Johanniskraut, Hartheu (370–420 Arten)

1   Bla, Ke u. Kr ohne schwarze Drüsenpunkte. Strauch od. Halbstrauch. Bla (fast) sitzend, 5,0–8,5(–10,0) cm lg, ledrig, wintergrün. Blü 5–8 cm im ∅. StaubBla zu 5 Bündeln verwachsen. Fr eine fleischige, beerenartige Kapsel, nickend. 0,20–0,60. 7–8. Wegränder, Heckensäume; [U] s in Siedlungsnähe verwildert, z. B. s By Bw He Nw Sa ((m)-sm·c3-4EUR, [N] (m)-temp-(b)·c1-4EUR+WAM+austr·c1-3AUST – igr HStr uAusl – InB – StA Kältekeimer – ZierPfl, mehrere ähnliche, strauchfg Arten in Kultur).
Großblütiges J., Kelch-J. – *H. calycinum* L.

1* Bla, Ke u. Kr mit schwarzen Drüsenpunkten. Stg unten oft etwas holzig, aber im Winter teilweise od. ganz absterbend. Bla sitzend od. kurz gestielt, stets <6 cm lg (höchstens einzelne Bla bis 8 cm lang), zart od. derb, nicht ledrig, sommergrün (teilweise lang haftend). Blü 0,6–3,5 cm im ∅. StaubBla zu 3 Bündeln verwachsen. Fr eine trockene Kapsel, aufrecht
.... **2**

2   Stg liegend od. aufsteigend, zart, ∅ um 0,5 mm, am Grund oft wurzelnd. Blü stets <10 mm im ∅ **3**

2* Stg steif aufrecht, höchstens am Grund gebogen, derb, ∅ meist >1 mm, nicht wurzelnd. Blü 8–35 mm im ∅ **4**

3   Pfl behaart. Stg stielrund. Bla eifg, am Grund seicht herzfg, angedeutet stängelumfassend. KeBla gleich groß, eifg, am Rand rotdrüsig gefranst. KrBla zitronengelb, deutlich länger als die KeBla. 0,10–0,30(–0,40) lg. 8–9. Nasse bis moorige, nährstoffarme Heidetümpel- u. Schlenkenränder; z Ns(NW, s M), s Nw(MW NO) Bb(SO) Ns(NW N) Sh(W: Sylt), † By(NW) Rh(ORh) He(SO ORh) Sa(NO), ↘ (m-temp·c1EUR – igr H/He ♃ KriechTr – InB – KlA? WaA? Sa langlebig – L8 T6 F9= R2 N1 – V Litt. – ▽). **Sumpf-J. – *H. elodes* L.**

3* Pfl kahl. Stg fadenfg, fast 2kantig. Bla elliptisch bis lanzettlich, am Grund keilfg. KeBla ungleich groß, länglich, ganzrandig, mit schwarzen Drüsenpunkten. KrBla hell- bis weißlichgelb, nur wenig länger als die KeBla. 0,05–0,15(–0,25) lg. (5–)6–10. Krumenfeuchte, sandige bis lehmige Äcker, feuchte Wege, Waldschläge, Ufer, lückige bodensaure Magerrasen, kalkmeidend; h Sa, v By Bw Rh He Nw Th Ns, z Bw An(h Hrz) Bb(f Od) Mv Sh, s Alp(f Amm Krw Wtt) (m-temp·c1-3EUR – igr eros H kurzlebig ♃ ⊙ – InB SeB – KlA? Sa langlebig – L7 Tx F7 R4 N3 – K Isoëto-Nanojunc., O Aper., K Polyg.).
Liegendes J. – *H. humifusum* L.

4   **(2)** Stg weichhaarig, stielrund. Bla dicht weichhaarig, sitzend bis kurz gestielt, BlaNerven oseits tief eingesenkt, Spreite dadurch deutlich längs gefurcht. Blü in lg Rispe. Kr blass- bis hellgelb. 0,40–1,00. 7–8. Frische, nährstoffreiche Waldschläge, Waldsäume, Eichen-mischW, kalkhold; h Th, v Bw Rh He An, z Alp By(h NM, v Alb, s O) Nw Sa Ns(h MO Hrz S), Sh(f W), s Mv(MW), † Bb (m/mo-temp·c2-5EUR-WAS – sogr eros H ♃ Pleiok – InB – StA Sa langlebig – L7 T6 F5 R8 N7 – V Atrop., V Carp., V Trif. med. – 16).
Behaartes J. – *H. hirsutum* L.

4* Stg kahl, kantig od. stielrund. Bla höchstens useits schwach behaart, sitzend od. halbstängelumfassend, BlaNerven oseits höchstens schwach eingesenkt (oft nur der Mittelnerv) od. alle BlaNerven undeutlich, Spreite nicht gefurcht. Blü meist in gedrungener bis fast schirmfg od. pyramidaler Rispe (wenn in lg Rispe, dann Bla herzfg-dreieckig). Kr blass- bis goldgelb **5**

5 KeBla ganzrandig od. höchstens mit vereinzelten Drüsen. Stg wenigstens unten deutlich 2- od. 4kantig od. 4flüglig **6**
5* KeBla drüsig gesägt od. drüsig gewimpert (Abb. 461/6, 7). Stg stielrund od. (höchstens oben) undeutlich 2kantig **11**
6 Stg 2kantig, markig, oft dicht 4zeilig beblättert. KeBla lanzettlich bis pfriemlich, sehr spitz, ganzrandig u. an einer Blü gleichartig geformt, 2mal so lg wie der FrKn. Bla elliptisch bis fast linealisch, dicht durchscheinend punktiert. Blü (8–)20–35 mm im ⌀. 0,15–0,60(–1,00). 6–8. Trockenrasen, Silikatmagerrasen, Heiden, frische bis trockne Rud.: Wegränder, Böschungen, Brachen, Gebüsche, Waldränder u. -lichtungen; alle Bdl g, v Alp, zuweilen seltener als *H. desetangsii* u. oft damit verwechselt (m-b·c1-6EUR-WAS, [N] AM – teiligr eros H ♃ Pleiok WuSpr – SeB InB: Hautflügler, Schwebfliegen Ap – StA KlA Sa langlebig – L7 T6 F4 R6 N4 – K Fest.-Brom., O Prun. – HeilPfl, für Vieh giftig – hybridogen, partiell ap, sehr formenreich – 18, 24, 32, 40, 48). [*H. officinarum* CRANTZ]. **Echtes J., Tüpfel-H. – *H. perforatum* L.**

1 Bla bis auf oberste kurz gestielt, 2–3mal (an Trockenstandorten bis 5mal) so lg wie br, meist >1 cm lg, nicht starr, nicht umgerollt (höchstens bei Trockenstress). Blü 20–35 mm im ⌀. KeBla 4–7 × 1,0–1,5(–2,5) mm. Drüsen auf der KrBla-Oberfläche schwarz u. mindestens einige bleich. Standorte, Soz. u. Verbr. in D wie Art. subsp. ***perforatum***

1* Bla sitzend, mindestens am HauptStg 5–9mal so lg wie br, wenn nur 2,5–4mal, dann wie 5–10 mm lg, dichtstehend, starr, nach unten umgerollt. Blü 8–24 mm im ⌀. KeBla 3–4 × 1 mm. Drüsen auf der KrBla-Oberfläche meist alle bleich. Trocken- u. Halbtrockenrasen, trockne Rud.; s [z. T. U?] By(z. B. N: Ochsenfurt) Bw(ORh: Isteiner Klotz) Th, ob noch? Sa(SO W Elb) Sh(M: Hamburg), † Mv(N), sonst? (m-stemp·c2-4EUR). **Veroneser Tüpfel-J. – subsp. *veronense* (SCHRANK) CES.**

Die früher unterschiedenen subsp. *angustifolium* (DC.) A. FRÖHL. u. subsp. *latifolium* (GAUDIN) A. FRÖHL. verdienen nicht den Rang von Unterarten.

6* Stg wenigstens unten 4kantig (zuweilen undeutlich) od. 4flüglig, ± hohl, meist locker beblättert. KeBla eifg bis schmal lanzettlich, v. a. an der Spitze (oft an einer Blü ungleichmäßig) gezähnelt od. ganzrandig, 1–1,5mal so lg wie der FrKn. Bla eifg bis schmal elliptisch, durchscheinend punktiert od. nicht. Blü 9–30 mm im ⌀ **7**
7 Stg 4flüglig, Flügel 1–2 mm br. Pfl mit fädlichen, unterirdischen Ausläufern. Bla sehr fein u. dicht durchscheinend punktiert (Lupe!), halbstängelumfassend. KeBla schmal lanzettlich, sehr spitz bis scharf zugespitzt, ungezähnt. KrBla 5,0–7,0(–7,5) mm lg, hellgelb, nicht od. nur am Rand mit 1–2(–4) schwarzen Drüsenpunkten. StaubBla 30–40. 0,30–0,80. 7–8. Nährstoffreiche, nasse, zeitweise überflutete Ufer, Gräben, Bäche, Quell- u. Staudenfluren, Röhrichte; v Alp By(s O NO) Bw(s SW Alb) Rh(s M N ORh) He(s MW O) Nw Th Sa(s SW) An Bb Ns Mv Sh (m/mo-temp·c1-4EUR – sogr eros H ♃ uAusl – InB: Glanzkäfer, Zweiflügler – StA KlA Lichtkeimer – L7 T5 F8= R7 N5 – V Filip., V Glyc.-Sparg., V Sene. fluv., V Pot. ans. – 16). [*H. acutum* MOENCH, *H. quadrangulum* L.]
Flügel-J. – *H. tetrapterum* FR.

7* Stg im unteren Teil 4kantig (meist mit 2 fast gleich starken Paaren von Kantenleisten), Kanten <0,5 mm br, bes. im oberen Teil oft undeutlich, dann 1 Paar deutliche Kanten. Pfl ohne fädliche, unterirdische Ausläufer. Bla nicht od. zerstreut bis mäßig dicht durchscheinend punktiert, nicht od. nur undeutlich stängelumfassend. KeBla lanzettlich bis elliptisch, spitz, an der Spitze ausgebissen gezähnelt, od. stumpflich. KrBla 8–30 mm lg. nur 3,5–6,0 mm lg, blass- od. goldgelb, mit Drüsenpunkten od. ohne. StaubBla (50–)80–100 od. nur 12–21 .... **8**
8 Stg zierlich, nur im oberen Teil 4kantig ¼ länglich verzweigt, nicht blühende Seitentriebe fehlend. Bla lanzettlich, schmal elliptisch bis länglich, (5–)15–30(–45) × (2–)4–12 mm, dicht durchscheinend punktiert, ohne schwarze Drüsenpunkte. KeBla eilanzettlich bis lanzettlich, spitz, ganzrandig. KrBla 3,5–6,0 mm lg, blassgelb, ohne Drüsenpunkte. StaubBla 12–21. 0,05–0,35 (–0,40). 7–8. Trockenliegende Teichböden, sandig-lehmige, verdichtete, wechselnasse Rud.: Kiesgruben; [N 1949] s By(NO: N-Oberpfalz) Bb(M: Sperenberg SO: Gießmannsdorf) (sm-b·c3-6OAM – sogr eros H ♃ uAusl – InB – StA – V Nanocyp.). [*H. canadense* var. *majus* A. GRAY] **Großes J. – *H. majus* (A. GRAY) RUSBY**

8* Stg kräftig, bis unter die Mitte reich verzweigt, unter dem BlüStand oft mit zahlreichen nicht blühenden Seitentrieben. Bla eifg bis länglich od. elliptisch, 10–40 × 6–19 mm, durchscheinend punktiert od. nicht, am Rand schwarz punktiert. KeBla eifg bis lineal-lanzettlich, stumpf bis spitz, ganzrandig od. gezähnelt (Abb. 461/3-5). KrBla 8–14 mm lg, goldgelb, mit schwarzen Drüsenpunkten. StaubBla 80–100 (**Artengruppe Kanten-J. – H. maculatum agg.**)
.... 9
9 Stg unten schwach 4kantig (mit 2 stärkeren u. 2 schwächeren, zuweilen undeutlichen Kantenleisten), oben 2kantig, reich verzweigt. Bla länglich-eifg, fein punktiert. KeBla lineallanzettlich, spitz od. lg zugespitzt, Spitze fein gezähnelt (Abb. 461/3). KrBla 10–14 mm lg, am Rand spärlich schwarz punktiert. 0,20–0,80(–1,00). 7–8. Feucht- u. Moorwiesen, Staudenfluren, Bachufer, wechselfeuchte Waldsäume; Verbr. ungenau bekannt, da oft mit den Eltern verwechselt, auch ohne diese vorkommend, bes. in W- u. S-D nicht selten, wohl alle Bdl h bis v (temp-b·c1-2EUR – sogr u. teiligr eros H ♃ – L7 T6 F6~ R7 N5 – V Filip. – Verwechslung mit **6** u. **10*** mgl. – 32). [*H. dubium* × *H. perforatum*]
Des-Étangs-J., Französisches H. – *H. desetangsii* LAMOTTE
9* Stg unten meist mit 4 fast gleich starken Kantenleisten, oben zumindest schwach 4kantig, spärlich bis reich verzweigt. Bla (br) eifg, nur zerstreut punktiert. KeBla eifg bis länglich, wenn kurz zugespitzt, dann Spitze gezähnt (Abb. 461/5). KrBla 8–12(–14) mm lg, meist am Rand u. auf der Fläche schwarz punktiert 10
10 KeBla eifg bis elliptisch, stumpf bis abgerundet, höchstens etwas spitzlich, (fast) ganzrandig (Abb. 461/4). Blü 20–25 mm im ⌀. KrBla auf der Fläche meist dunkeldrüsig, am Rand meist ohne schwarze Drüsenpunkte. BlüStand dicht. Stg zumindest unten deutlich 4kantig. Bla dicht netznervig. 0,20–0,60(–0,80). Silikatmagerrasen, (Berg-)Wiesen (bes. Borstgrasrasen), Waldsäume, kalkmeidend; alle Bdl z bis s, Mittelgebirge u. Alp h (sm/mo-b·c1-6EUR-WAS – sogr eros H ♃ uAusl – InB – StA – L8 Tx F6~ R3 N2 – O Nard., V Cynos., V Triset. – 16). [*H. quadrangulum* auct.] **Kanten-J., Geflecktes H. – *H. maculatum* s. str.** CRANTZ
10* KeBla (ei-)lanzettlich, meist spitz bis zugespitzt, mit fein u. ungleichmäßig gezähnter Spitze (Lupe!). (Abb. 461/5) Blü 25–30 mm im ⌀. KrBla auf der Fläche u. am Rand hell- u. dunkeldrüsig. BlüStand locker. Stg oft nur undeutlich 4kantig. Bla locker netznervig. Bildet einen schwierigen Formenschwarm mit *H. desetangsii*. 0,30–1,00. Staudenfluren auf feuchten bis nassen, lehmigen bis tonigen Böden, Feuchtwiesen, Ufergebüsche, Waldsäume u. -schläge; Mittelgebirge h, Norddeutsche Tiefebene v bis s, s Alp, Verbr. ungenau bekannt (temp-b·c1-2EUR – V Filip. – 32). [*H. erosum* (SCHINZ) O. SCHWARZ, *H. maculatum* subsp. *obtusiusculum* (TOURLET) HAYEK] **Stumpfliches J. – *H. dubium* LEERS**
11 (5) Bla am Rand ohne schwarze Drüsenpunkte, herz-eifg bis abgerundet dreieckig, stumpf, sitzend, oseits dunkelgrün, useits graugrün, wintergrün. BlüStand schmal, meist mehrfach länger als br. KeBla verkehrteifg, sehr stumpf, mit sitzenden od. <0,2 mm lg gestielten schwarzen Drüsen (Abb. 461/6). KrBla goldgelb, oft rot überlaufen (bes. intensiv im Knospenstadium). 0,20–0,60(–1,00). 7–9. Nährstoffärmere, frische bis mäßig trockne Eichen-Birken- u. Eichen-BuchenW, Besenginstergebüsche, Säume von Zwergstrauchheiden, kalkmeidend; v Rh He Bw(h NW) Nw(h SO SW), z By(f O S) Th(f Hrz) An(f O) Ns Sh, s Sa(f NO) Bb(SO M) Mv(MW SW), ↘ (sm-temp·c1-2EUR – igr eros C ♃ uAusl – InB – StA Sa langlebig – L4 T6 F5 R3 N2 – V Querc. rob., UV Luz.-Fag., V Saroth.).
Schönes J., Heide-J. – *H. pulchrum* L.
11* Bla am Rand mit schwarzen Drüsenpunkten, eifg od. lanzettlich, spitz od. stumpflich, halbstängelumfassend, oseits grasgrün, useits hell- od. blaugrün, sommergrün (bis teilimmergrün). BlüStand locker ausgebreitet od. fast kopfig, höchstens doppelt so lg wie br. KeBla (ei-)lanzettlich, spitz, mit 0,2–0,4 mm lg gestielten dunkelbraunen bis schwarzen Drüsen (Abb. 461/7). KrBla hell- od. goldgelb, nicht rot überlaufen 12
12 Bla (zumindest oberste unter dem BlüStand) viel kürzer als die meist 5–10 cm lg StgGlieder, schmal eifg bis br eilanzettlich, am Rand flach, 2–6(–8) cm lg. Stg kaum verzweigt, stielrund, ohne schwarze Drüsenpunkte. Pfl ohne Ausläufer. BlüStand wenigblütig, fast kopfig gedrängt. KrBla hellgelb, nicht schwarz punktiert. (0,30–)0,40–0,80(–1,20). 6–8. Säume auf lehmigen, mäßig nährstoffreichen, mäßig trocknen Böden, Gebüsche, wärmeliebende LaubW, kalkhold; v Alp Th By(s O NO MS) Bw (s SW), z Rh He Nw Sa(SO SW W) An(h S) Bb Ns(f N) Mv, s Sh(f W), ↘ (sm/mo-temp·c1-4EUR – sogr eros H ♃ Pleiok – InB – StA – L5

T6 F4 R7 N3 – O Querc. pub., O Fag., O Orig., O Prun. – 16).
Berg-J. – *H. montanum* L.
12* Bla etwa so lg wie die meist 2–3 cm lg StgGlieder, schmal eifg bis länglich-lanzettlich, am Rand umgerollt, 1,0–2,5(–3,5) cm lg. Stg meist stark verzweigt, wenigstens oben ± 2kantig, an den zarten Kantenleisten mit vielen schwarzen Drüsenpunkten. Pfl mit ober- u. unterirdischen Ausläufern. BlüStand vielblütig, locker. KrBla hell goldgelb, am Rand schwarz punktiert. 0,15–0,35(–0,45). 6–7. Kont. Trocken- u. Halbtrockenrasen, Trockengebüschsäume, kalkstet; z Th(Bck), s Rh(ORh) An(S SO) (sm-temp·c4-6EUR-WSIB – teiligr eros H ♃ u/oAusl – InB – StA – L7 T7 F3~ R9 N2 – O Fest. val., V Ger. sang. – ▽).
Zierliches J., Schmuck-J. – *H. elegans* WILLD.

Hybriden: *H. maculatum* × *H. perforatum* = *H.* ×*carinthiacum* A. FRÖHL. – s, *H. maculatum* × *H. tetrapterum* = *H.* ×*laschii* A. FRÖHL. – s, *H. perforatum* × *H. tetrapterum* = *H.* ×*medium* PETERM. – s, *H. humifusum* × *H. perforatum* = ? – s.

Familie *Elatinaceae* DUMORT. – Tännelgewächse (2 Gattungen/35 Arten)

Kräuter, Halbsträucher; SchlammPfl. Bla gegenständig od. quirlig, ungeteilt, mit häutigen NebenBla. Blü ⚥, radiär, 2–5zählig, klein, achselständig, einzeln od. in Zymen. KeBla 2–5, frei od. am Grund verwachsen. KrBla 2–5, frei. StaubBla so viele od. doppelt so viele wie KrBla. FrKn oberständig, 3–5fächrig. Griffel 2–5, frei. Scheidewandspaltige Kapsel.

Elatine L. – Tännel (10 Arten)

1 Stg aufsteigend od. aufrecht, unverzweigt od. am Grund ästig, Bla quirlständig, ungestielt (Abb. **467**/4), unter Wasser schmal linealisch, über Wasser eifg. Blü grünlich. KrBla 4, StaubBla 8. 0,02–0,50. 7–8. Nasse, zeitweise überschwemmte, nährstoffreiche, meist kalkarme, sandige od. schlammige Ufer, Teichränder, Ackersenken; s By(NM) Bw(ORh) Rh(MW) Th(Bck) Sa(NO SO) An(Elb) Bb Ns(Elb: Laasche) Mv(M MW), † Alp(Amm Allg) He(ORh O), ↘ (m-temp·c2-6EUR-WAS – eros ⊙ ⊛ Hy He, auch H KriechTr – InB SeB: Wasserformen kleistogam – KIA: Vögel – L8 T7 F9= R5 N4 – V Nanocyp.). **Quirl-T. – *E. alsinastrum* L.**
1* Stg liegend od. kriechend, ästig. Bla gegenständig, gestielt. Blü rötlichweiß od. gelblich **2**
2 KeBla u. KrBla 4. StaubBla 8. BlaStiel meist länger als die Spreite. (**Artengruppe Wasserpfeffer-T. – *E. hydropiper* agg.)** **3**
2* KeBla u. KrBla 3. StaubBla 3 od. 6. BlaStiel kürzer als die Spreite. KrBla rosa od. weiß **4**
3 Kapsel kuglig, oben schwach eingedrückt. Sa hakenfg gekrümmt. Blü sitzend, selten < 1 mm gestielt, bei der Wasserform geschlossen, kuglig. KeBla ganzrandig od. mit winzigen Zähnen. 0,02–0,12. 6–9. Nährstoffreiche, sandig-schlammige Ufer, Teichränder, zeitweise vernässte Ackersenken, salztolerant; z Sa, s By(f S) Bw(Keu) Rh(N) He(O ORh) Nw(N) Th(Bck Wld, z O) An(f S SO W) Bb(f MN Od SW) Ns(f M O) Mv(f NO SW) Sh(M S), ↘ (sm-b·c2-5EUR-(WAS) – eros ⊙ Hy He KriechTr – InB? SeB: Kleistogamie – KIA: Vögel – L8 T6 F8 R2 N3 – O Litt., O Nanocyp.). [*E. gyrosperma* DÜBEN] **Wasserpfeffer-T. – *E. hydropiper* L.**
3* Kapsel länglich-elliptisch. Sa gerade bis kommafg gekrümmt. Blü 1–4 mm lg gestielt, selten sitzend. KeBla mit einzelnen kleinen Zähnen. KrBla gelblich. Blüht u. fruchtet auf frisch trockengefallenem Standort. 0,02–0,10. 6–9. Gering verschmutzte, mäßig nährstoffreiche, lehmige, seltener sandige Ufer, Teichränder; s Sh, † By(MS: Donaustauf), ↘ (temp-b·c3-5EUR+OAS – eros ⊙ Hy He KriechTr – O Litt. O Nanocyp.). [*E. hydropiper* subsp. *orthosperma* (DÜBEN) C. HARTM.] **Geradsamiges T. – *E. orthosperma* DÜBEN**
4 (2) Blü sitzend, sich meist nicht öffnend. StaubBla 3. 2 KeTeile, so lg wie die Kr, der 3. kleiner, 0,02–0,18. 6–9. Nasse, zeitweise überschwemmte, nährstoffreiche sandige od. schlammige Ufer von Seen, Teichen, langsam fließenden Flüssen, kalkmeidend; z Sa, s By(f N NW S) Bw(SO Keu) Rh(N) He(O) Nw(N SO) Th(Bck Wld, z O) An(Elb) Bb(SO Elb M) Ns(O NW), ↘ (m-b·c2–5CIRCPOL – eros ⊙ Hy He KriechTr, auch igr? – InB SeB: Wasserformen kleistogam – KIA: Vögel – L8 T6 F9= R4 N4 – O Nanocyp.).
Dreimänniges T. – *E. triandra* SCHKUHR

4* Blü 0,5–5,0(–10,0) mm lg gestielt. StaubBla 6. Ke 3teilig, kürzer als die Kr. 0,02–0,20. 6–8. Nasse, zeitweise überschwemmte, nährstoffreiche schlammige Ufer, kalkmeidend; z Sa, s By(NM MS) Bw(Keu S SO) Rh(N SW) He(O) Nw(MW N SO) Th(O S) An(Elb) Bb(f MN NO Od) Ns(NW O), ↘ (sm-temp·c1-3EUR – eros ⊙, auch wigr ⊙ Hy He KriechTr- InB SeB – KIA: Vögel Lichtkeimer – L8 T6 F9= R3 N2 – V Eleoch. acic., O Nanocyp., O Litt.).
Sechsmänniges T. – _E. hexandra_ (LAPIERRE) DC.

Familie _Violaceae_ BATSCH – **Veilchengewächse**

(23 Gattungen/ca. 800 Arten)

Bearbeitung: **Stefan Rätzel** mit Beiträgen von **Rudolf Höcker**

Kräuter, Sträucher, Lianen od. Bäume, im Gebiet nur Kräuter (viele ZierPfl). Bla wechselständig, meist ungeteilt, mit NebenBla. Blü ⚥, dorsiventral mit Sporn od. radiär, 5zählig, einzeln od. in Thyrsen, Ähren od. Rispen, Stiel oft mit HochBlaPaar. KeBla 5, frei, bei V_i_ola mit Anhängseln (Abb. **467**/1). KrBla chasmogamer Blü 5, frei, das untere abweichend gestaltet u. am Grund gespornt od. alle untereinander gleich, KrBla bei kleistogamen Blü fehlend, rudimentär od. verkleinert. StaubBla 5. FrKn oberständig, 3blättrig, 1fächrig. Griffel 1, Narben sehr verschieden gestaltet. 3klappige, vielsamige Kapseln, Sa wandständig, meist mit Ölkörper.

V_i_ola L. – **Veilchen, Stiefmütterchen** (ca. 550 Arten)

Die Länge (Höhe) der Kr wird an der nicht aufgedrückten Blü von der Spitze der oberen KrBla bis zur Spitze des untersten gemessen, die der Breite entsprechend quer. Fast alle Arten bilden im Frühjahr chasmogame Blü, danach – oft nach einer ± langen BlüPause – kleistogame Blü. bzw. nochmals chasmogame Blü. Die BlüZeiten beider Typen werden bei Veilchen separat genannt: zuerst die BlüZeit der chasmogamen Blü („ch"), dann die der kleistogamen Blü („kl"). In einigen Fällen ist zur sicheren Bestimmung die Prüfung auf erfolgreichen FrAnsatz nötig (bei Fehlschlagen: taube Samen leicht zusammendrückbar, nicht wie reife Fr). Nach bisheriger Kenntnis unterscheiden sich in D die Fr chasmogamer Blü kaum von denen kleistogamer. Die Angabe zur Behaarung der FrKn bezieht sich auf chasmogame Blü zur BlüZeit. Bei der Stellung der VorBla am BlüStg chasmogamer Blü bleibt der Abstand zwischen Blü und VorBla ± konstant, jedoch nimmt der Abstand der VorBla zum BlüStielGrund im Verlauf der Vegetationsperiode, also bei den später gebildeten Blü, zu. Daher ist besonders das Merkmal „Sitz der VorBla ca. in der Mitte" nur unter Berücksichtigung phänologischer Aspekte anwendbar. Die Form der NebenBla unterliegt, auch innerhalb eines Individuums, erheblichen Schwankungen. Sowohl BlaForm u. -größe als auch Ausläufermerkmale sind ebenfalls variabel u. Angaben zu diesen Merkmalen geben nur Tendenzen wieder.

Es können auch Pfl ohne die typischen Ausläufer bzw. Legtriebe auftreten (nicht mit Wurzelsprossen verwechseln!). Da diese Unterscheidung schwierig ist u. teils großer Erfahrung bedarf, wird im Schlüssel zusammenfassend nur von Ausläufern gesprochen. Hier ist ggf. Spezialliteratur zu Rate zu ziehen. Je nach Sippe u. Standortverhältnissen werden Ausläufer unterschiedlich schnell abgestoßen u. die Neubildung erfolgt oft erst nach der Bildung chasmogamer Blü. Gegebenenfalls Bestände prüfen u. Mischpopulationen in Erwägung ziehen.

Die Angaben zu Bla beziehen sich auf FrühjahrsBla zur Zeit der chasmogamen Blü, später im Jahr können die Pfl teils stark abweichen.

Wohl ± alle Sippen können zumindest auf der BlaUseite vereinzelt Haare ausbilden, was bei der Beurteilung von (fast) „kahlen" Sippen zu berücksichtigen ist. Abnorme Haarbildung kann z. B. auch durch Schädlingsbefall entstehen.

In der Gattung gibt es eine große Zahl von ZierPfl. Besonders _V. odor_a_ta_ wurde vor allem im 19 Jh. sehr stark züchterisch bearbeitet u. einige dieser Varianten konnten sich im Gebiet etablieren u./od. an Hybridisierungen beteiligen, was die Bestimmung erheblich erschwert. Rezente u. historische Hybridisierungen spielen im Florengebiet eine wichtige Rolle. Je nach ökologischem Verhalten u. Vorkommen sind Hybriden unterschiedlich zu bewerten (Primärhybriden, etablierte Sippen hybridogenen Ursprungs). Viele Angaben zu Vorkommen von Hybriden, bes. von Trippelhybriden, sind nicht ausreichend fundiert. Aufgrund der Variabilität mancher Elternarten sind weiterführende genetische Untersuchungen nötig.

Verwilderungen weiterer, nicht indigener Arten oder Sorten sind bei der Bestimmung ggf. in Erwägung zu ziehen (z. B. _V. cornu_ta L., _V. sororia_ WILLD.), s. auch Bd. ZierPfl. Auch mehrere, lokal oder regional durchaus häufiger auftretende Hybriden (z. B. _V._ ×_interjecta_ BORBÁS, z im Jura) sind hier nicht verschlüsselt. Zu ihrer Erkennung bedarf es sehr guter Kenntnisse der Elternsippen.

VIOLACEAE 467

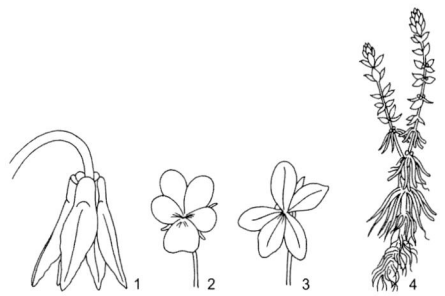

Viola riviniana   V. tricolor   V. odorata Elatine alsinastrum

1   Seitliche KrBla ± aufwärtsgerichtet, den Rand der oberen meist deckend (Abb. **467**/2). KrBla gelb, weiß, violett od. bunt, stets wenigstens das unterste am Grund mit gelbem Saftmal **2**
1* Seitliche KrBla deutlich abwärtsgerichtet, den Rand der oberen oft nicht deckend (Abb. **467**/3). KrBla meist blau, violett od. weiß, selten rosa od. gelblich, aber nicht bunt, nie mit gelbem Saftmal **9**
2   BlaSpreite breiter als lg, nierenfg. NebenBla unzerteilt, viel kürzer als der BlaStiel. Kr gelb, bräunlich gestreift. Narbe gestutzt, flach 2lappig. 0,08–0,15. ch: 5–8, kl: 7–9. Subalp. Hochstaudenfluren, sickerfeuchter Steinschutt, Rieselfluren, Schluchten, hochmont. BuchenW; h Alp, z By(S, s MS) Bw(S SO) Sa(SO), s Nw(SO: Ramsbeck) Th(W: Eisenach, sonst mehrfach angesalbt) (m/salp-arct·c2-6EURAS-WAM – igr eros/ hros H ♃ Rhiz – InB: Dipteren SeB Kleistogamie – VdA: Wiederkäuer AmA Kältekeimer – L4 T3 F6 R7 N6 – K Mulg.-Aconit., V Card.-Mont., O Fag. – 12).
    Zweiblütiges V. – *V. biflora* L.
2* BlaSpreite länger als br. NebenBla gezähnt bis tief geteilt. Narbe kuglig, ausgehöhlt (Abb. **469**/6, 7) **3**
3   Bla u. Blü (fast) grundständig. Sporn 8–15 mm lg, mindestens so lg wie der Rest des KrBla. Kr 25–35 mm lg, violett, selten gelb od. weiß. NebenBla gezähnt bis fiederspaltig. Pfl lockerrasig, mit Ausläufern. 0,04–0,10. 6–7. Alp. Matten, Schneerunsen, Felsschutt; z Alp(Allg) (sm-stemp//alp·c3-4EUR – igr ros H ♃ uAusl – InB: Tagfalter – SeA – L8 T1 F6 R8 N2 – V Thlasp. rot., V Arab. caer. – ▽ – In D nur subsp. *calcarata*).
    Sporn-St. – *V. calcarata* L.
3* Bla u. Blü an deutlich gestrecktem Stg. Sporn 1–6(–8) mm lg, deutlich kürzer als der Rest des KrBla. NebenBla tief geteilt. Pfl einzeln od. lockerrasig, ausläufertreibend od. nicht **4**
4   Kr (1–)3–7 cm lg. Sporn im Verhältnis zur Kr sehr kurz (≤⅒ der Kr), meist völlig von den KeBlaAnhängseln verdeckt. 0,10–0,30. 4–7. [U] alle Bdl, ZierPfl (igr hros H ☉ – InB – SeA Lichtkeimer – entstanden aus *V. lutea* subsp. *sudetica* × *V. tricolor* × *V. altaica*, KrBla ab der 2. Generation kleiner, meist nur 1–2 cm lg). [*V. hortensis* auct., *V. wittrockiana* GAMS nom. inval.] Ⓚ **Garten-St. – *V. wittrockiana* NAUENB. et BUTTLER**
4* Kr <3(–4) cm lg. Sporn im Verhältnis zur Kr länger (≥⅕ der Kr), gut sichtbar od. von den KeBlaAnhängseln verdeckt (wenn sehr kurz, dann Kr <1,5 cm lg). WildPfl **5**
5   Pfl meist mit unterirdischen Ausläufern, lockerrasig. NebenBla mit linealischen, ganzrandigen Abschnitten, Endabschnitt kaum od. nicht vergrößert. Blü meist einzeln pro Stg, an der Spitze des Stg scheinbar endständig. Auf stark schwermetallhaltigen Böden **(Artengruppe Galmei St. – *V. lutea* agg.)** **6**
5* Pfl ohne Ausläufer (zuweilen durch Überwehungen unterirdisch verzweigt), einzeln (vgl. aber **8***/2). NebenBla nicht linealisch, Endabschnitt meist deutlich vergrößert. Blü ± zahlreich pro Stg, mindestens teils achselständig **(Artengruppe Wildes St. – *V. tricolor* agg.)** **7**

6 Kr gelb, selten von oben her schwach bläulich überlaufen, 15–25(–30) mm lg. KrBla ± verkehrt-eifg, im obersten Drittel am breitesten, die 2 oberen sich weit deckend, ca. 1,2mal so lg wie br. 0,10–0,25. 6–8. Trockenrasen u. Magerwiesen, auf schwermetallreichen (Zink-) Böden, bes. Bergbauhalden, basenhold; s Nw(SW MW) (temp/mo+b·c1-3EUR Endemit – igr eros H ♃ uAusl – InB – SeA – V Thlasp. calamin. – 48, 52 – ▽). [*V. sudetica* WILLD. var. *calaminaria* DC., *V. lutea* HUDS. subsp. *calaminaria* (DC.) ROTHM.]
Gelbes Galmei-St. – *V. calaminaria* (DC.) LEJ.
6* Kr rot- bis blauviolett, 25–40 mm lg. KrBla auffällig schlank, schmal verkehrteifg bis br- länglich, die 2 oberen fast parallelrandig, sich höchstens am Grund etwas deckend, ca. 2mal so lg wie br. 0,10–0,25(–0,40). 5–10. Trockenrasen u. Magerwiesen auf zinkreichen Böden; Lokalendemit: s Nw(NO: Blankenrode) (temp·c2EUR Endemit – sogr eros H ♃ uAusl – InB – SeA – L8 T6 F4 R6 N1 – V Thlasp. calam. – 52 – ▽). [*V. calaminaria* (DC.) LEJ. var. *westfalica* (A.A.H. SCHULZ) W. ERNST] **Violettes Galmei-St. – *V. guestphalica* NAUENB.**

Die systematische Stellung der beiden Sippen des *V. lutea* agg. bedarf weiterer Untersuchungen. Die Beziehung von *V. guestphalica* zu *V. tricolor* ist noch nicht abschließend geklärt.

7 (5) Kr (zumindest seitliche KrBla) deutlich kürzer als die KeBla, 4–6(–8) mm lg, stets ± trichterfg, weißlich bis gelb od. leicht violett überlaufen (nicht satt blauviolett). Sporn kräftig, deutlich länger als die KeAnhängsel, dunkel rotviolett. Lippe des Narbenkopfs fehlend. Pfl ± dicht kurz abstehend behaart. Endabschnitt der NebenBla wenig kleiner als die zugehörige BlaSpreite. Spreite des größten Bla beidseits mit 1–3(–4) Kerben, verkehrteifg bis fast rundlich, selten verlängert eifg. 0,02–0,10. 4–5. Kont. Trockenrasen, auch Rud.: Schutt, Umschlagplätze; s Th(Bck: Erfurt) (m-sm·c2-6EUR – frgr/hros ☉ – SeB – SeA – V Fest. val. – 16). **Kleines St., Steppen-St. – *V. kitaibeliana* SCHULT.**
7* Kr ± so lg bis deutlich länger als die KeBla, Kr (6–)10–25(–35) mm lg, flach ausgebreitet bis ± trichterfg, weißlich bis gelb od. großflächig satt rot- bis blauviolett. Sporn schlank, wie die Kr od. dunkler gefärbt, deutlich bis wenig länger als die KeAnhängsel (wenn Kr deutlich kürzer als KeBla u. ± trichterfg, dann Narbenkopf prüfen). Lippe des Narbenkopfs (zumindest schwach) vorhanden (Abb. **469**/6, 7). Pfl zerstreut kurzhaarig bis kahl. Endabschnitt der NebenBla deutlich kleiner als die zugehörige BlaSpreite. Spreite der größten Bla beidseits meist mit 5 od. mehr Kerben 8
8 Lippe des Narbenkopfs sehr klein, <¼ des Narbenkopf⌀ (Abb. **469**/6). Endabschnitt der NebenBla stark vergrößert, der Spreite ähnlich, lanzettlich bis eifg, meist deutlich gekerbt bis gesägt. KrBla hellgelb, zuweilen die 2 oberen weißlich, bläulich od. violett, 10–25 mm lg. Pollenkörner (4–)5(–6)kolporat. 0,05–0,20(–0,40). 4–10. Äcker, frische bis mäßig trockne Rud.; [A] g-h alle Bdl., außer: z Alp(Kch Mng Brch, sonst s-f) (m-b·c1-6EUR-WAS – igr hros/ eros ☉, H ① ☉ – InB SeB – SeA Sa langlebig – L6 T5 Fx Rx Nx – K Stell. – HeilPfl – 34).
Feld-St., Acker-St. – *V. arvensis* MURRAY

Die subsp. *megalantha* NAUENB. – unterschieden durch wesentlich größere, ca. 18–26(–35) mm lg Kr – bedarf vertiefender taxonomischer Untersuchungen. Entgegen neuerer Literaturangaben sind nach aktuellem Kenntnisstand der Bearbeiter aus D keine gesicherten Vorkommen bekannt. Insbesondere ihre Abgrenzung gegen partiell großblütige Typen der Nominatsippe (diese lokal im Gebiet nicht selten, z. B. Hügelland) ist ungenügend geklärt.

8* Lippe des Narbenkopfs groß, ¼–⅙ des Narbenkopf⌀ (Abb. **469**/7). NebenBla abstehend; ihr Endabschnitt kaum der BlaSpreite ähnlich, schmal lanzettlich bis br eilanzettlich, ganzrandig (außer Mastexemplare). Kr stets flach ausgebreitet. ≤25 mm lg (vgl. aber **8*/1**, 3 u. **3***), KrBla meist 2–3farbig, zuweilen auch rein (blau)violett od. gelb. Pollenkörner (3–)4(–5)kolporat. 0,10–0,35. 4–9. Plan. bis subalp. Wiesen u. Felsfluren, Sandtrockenrasen, Küstendünen, extensiv genutzte Äcker; h-v By(NO NM, sonst z-s) Nw Sa Th Ns An Bb Mv, z Alp Bw Rh He Sh (m/mo-b·c1-6EUR – igr hros H ① ☉ ♃ – InB – SeA VdA Sa langlebig – O Arrh., O Coryneph., V Aphan., V Armer. elong. – formenreich, HeilPfl).
Wildes St. – *V. tricolor* L.

1 KrBla gelb, höchstens von oben schwach bläulich überlaufen. Kr 20–30 mm lg. Pfl ♃. Sonst wie subsp. *tricolor*. 0,20–0,30. Submont. bis subalp., frische Wiesen, auch Schuttfluren; s Alp (nur noch Brch) By(O) Bw(S) Sa(SW), Verbr. ungenügend bekannt (sm-stemp·c3-6EUR – igr hros H ♃ – V Triset. – 26). [*V. saxatilis* F.W. SCHMIDT, *V. alpestris* (DC.) JORD., *V. t.* subsp. *subalpina* auct. p. p.]
subsp. *alpestris* (DC.) CES.

VIOLACEAE   469

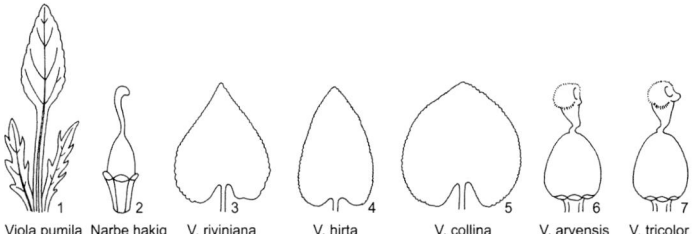

Viola pumila Narbe hakig   V. riviniana   V. hirta   V. collina   V. arvensis   V. tricolor

1*   KrBla zuerst weißlich od. blau, dann von oben nach unten fortschreitend blau- bis rotviolett, die
     seitlichen u. bes. das untere zuweilen weißlich bleibend od. alle KrBla rotviolett u. t. mit ± großem
     gelbem Saftmal („tricolor") 2
2   Stg niederliegend bis aufsteigend, meist unterirdisch (von Sand überweht) reich verzweigt. Pfl kahl
     od. sehr spärlich kurzhaarig. Bla derb bis fleischig, Spreite mittlerer StgBla schmal eilanzettlich bis
     lanzettlich, allmählich in den Grund verschmälert, nur untere Bla eifg, obere lineal-lanzettlich. Neben-
     Bla fiederschnittig. Pfl meist ♃. Kr (10–)15–20 mm lg, meist violett. 0,10–0,35. Weiß- u. Graudünen
     u. Pionier-Sandtrockenrasen der Küste, lichte Dünen-KiefernW, kalkmeidend; h Ns(N: Inseln), s Mv(N:
     Küste), Sh(O W: Inseln) (temp·oz2-3litEUR – igr hros H ♃ – L8 T7 F3 R6 N3 – O Coryneph., bes.
     V Koel. albesc. – 26). [inkl. subsp. *coniophila* WITTR., subsp. *stenochila* WITTR., subsp. *curtisii* auct.
     non (E. FORST.) SYME, *V. t.* var. *maritima* C.G. HAGEN]   subsp. **ammotropha** WITTR. s. l.
2*   Stg aufrecht bis aufsteigend, nur oberirdisch verzweigt. Pfl locker kurzhaarig. Bla krautig, nicht derb
     od. fleischig, Spreite unterer u. mittlerer StgBla eifg bis br eifg, mit herzfg, gestutztem od. kurz ver-
     schmälertem Grund, nur obere Bla eilanzettlich bis lanzettlich. NebenBla meist nur fiederteilig, mit
     flächigem Grund 3
3   Pfl ① bis 3jährig. Kr 15–25(–30) mm lg, Färbung variabel, oft 3farbig. 0,10–0,25. Plan. bis mont.,
     nährstoffreiche Böschungen u. Wegränder, Sandtrockenrasen, extensiv genutzte Äcker, kalkmeidend;
     h By(NM NO sonst z-s) Nw(SO SW, sonst z-s) Sa(z Elb W SO) Th(O Wd, sonst z-s) Ns(Elb O: elbnah,
     sonst z-s, f Ostfriesische Inseln) An(Hrz Elb, sonst z-s) Bb(z MN SO) Mv(SW Elb, sonst z-s), v Bw(S
     SO, sonst s-f), z Alp(Allg, sonst s) Rh(MRh N, sonst s, f SW) He(ORh, sonst s-f) Sh(Elbtal, sonst s)
     (m/mo-b·c1-6EUR – igr hros H ① ⊖ bis 3jährig – L7 Tx F4 Rx Nx – V Coryneph., V Arrh., V Aphan.
     – 26).   subsp. *tricolor*
3*   Pfl stets ♃. Kr 20–35 mm lg, meist rotviolett. 0,10–0,25. Mont. bis subalp., meist basenreiche Wiesen;
     s Alp By(O) Sa(SW) (L8 T4 F3 R6 N3 – V Triset. – 26). [*V. polychroma* A. KERN., *V. t.* var. *polychroma*
     (A. KERN.) GAMS, *V. saxatilis* subsp. *polychroma* (A. KERN.) KIRSCHNER et SKALICKÝ, *V. t.* subsp.
     subalpina auct.]   subsp. **polychroma** (A. KERN.) NYMAN
     Die *V. tricolor*-Sippen bedürfen weiterer Untersuchungen.

9   (1) Stg u. BlaStiel 1reihig behaart (selten zusätzlich ± flächig behaart). Bla br herzfg. Neben-
     Bla ganzrandig. Grundständige, chasmogame Blü blasslila, duftend, stängelständige Blü
     (meist) kronlos u. kleistogam (seltener auch chasmogame). BlüStiele der kleistogamen Blü
     sehr kurz, dadurch Fr auf dem TragBla „liegend". 0,10–0,30. ch u. kl: 4–6(–7). Warme, lichte
     LaubmischW u. Gebüsche, kalkhold; h By(N NM Alb, sonst z-s) Bw(Alb, sonst z-s, f SW)
     Th(Bck, sonst z-s, f S) An(S SO, sonst z-s, f Elb), z Ns(MO S Hrz, s M), s Alp(f Krw) Rh He
     Nw Sa Bb Mv(M MW SW), ↘ (sm-b·c2-7EURAS – sogr ros/ hros H ♃ Rhiz WuSpr –
     InB+Kleistogamie – SeA+AmA – L4 T5 F5 R8 Nx – V Querc. pub., V Carp., UV Cephal.-
     Fag. – 20).   **Wunder-V. – *V. mirabilis* L.**
9*   Stg u. BlaStiel kahl bis ± flächig behaart. Bla herzfg od. andersartig. NebenBla ganzrandig
     od. andersartig. Blü u. Fr nicht auf dem TragBla „liegend" 10
10   Pfl mit aufrechten oberirdischen Stg, ohne Ausläufer. Blü in den Achseln von StgBla (Stg
     zu Blühbeginn zuweilen schlecht erkennbar). KeBla zugespitzt 11
10* Pfl ohne aufrechte oberirdische Stg, teils mit Ausläufern. Blü in den Achseln von GrundBla.
     KeBla stumpflich 19
11   Sporn gut entwickelt, meist >3 mm lg, die KeAnhängsel deutlich überragend; wenn kleiner,
     dann ganze Pfl zwergwüchsig. NebenBla zugespitzt, ± gefranst u. teils gezähnt, zierlich, meist
     deutlich länger als die ½ des BlaStiels, am Stg nach oben hin kaum größer werdend (au-
     ßer **16**). StgGrund mit lg gestielten Bla od. blattlos. Bla br eifg od. rundlich, am Grund deutlich

herzfg od. gestutzt. KrBla verschiedenfarbig, bis auf das untere meist nicht od. nur undeutlich dunkler geadert 12
11* Sporn sehr kurz, 2–3 mm lg, die KeAnhängsel kaum überragend. NebenBla vorn stumpflich, laubblattähnlich, fransenlos, gewöhnlich (v. a. außen) grob gesägt, kräftig, >½ so lg wie der BlaStiel (bei **18** auch deutlich kürzer), am Stg nach oben hin meist deutlich vergrößert. StgGrund ohne lg gestielte Bla. Bla eifg od. länglich-eifg, am Grund gestutzt od. verschmälert bis höchstens seicht herzfg. KrBla hell blauviolett mit ausgedehntem weißem Grund od. weißlich, meist deutlich dunkler geadert 17
12 FrKn, Bla u. Stg dicht abstehend kurzhaarig (Bla u. Stg auch selten fast kahl). Bla rundlich-herzfg (ohne Spitze), 0,5–1(–2) cm lg, oseits graugrün, schwach gekerbt od. ganzrandig. VorBla meist im oberen Drittel des BlüStiels (oft "ohrenartig" über od. wenig unter der Krümmung des BlüStiels stehend). 0,03–0,08(–0,10). ch: (4–)5–6(–7), kl: 6–9(–10). Kiefern-TrockenW, Trocken- u. Halbtrockenrasen, Felsfluren, kalkhold; z Alp(Wett Karw, sonst s-f) By (f NW NO) Th(Bck) An(SO S, sonst s-f), s Bw Rh He Bb, † Nw Sa Mv, ↘ (sm/mo-b·c2-7EURAS – sogr hros H ♃ Pleiok – InB+Kleistogamie – SeA+AmA – L6 T5 F3 R8 N2 – V Eric.-Pin., V Cytis.-Pin., K Fest.-Brom., O Sesl. – 20). [*V. arenaria* DC.]
Sand-V. – *V. rupestris* F.W. SCHMIDT
12* FrKn kahl. BlaStiele u. Stg ± kahl bis zerstreut behaart. Bla br herzfg (Abb. **469**/3) bis rundlich-herzfg, wenigstens einige >2 cm lg (bei **15** u. **16*** auch <2 cm), deutlich gekerbt, oseits zerstreut kurz borstig. VorBla unter, in od. über der Mitte des BlüStiels 13
13 GrundBlaRosette zur BlüZeit vorhanden. BlaSpreite stets herzfg, rundlich. Kr hell blauviolett bis kräftig rotviolett, sehr selten weißlich 14
13* GrundBlaRosette zur BlüZeit fehlend. BlaSpreite herzfg bis gestutzt, deutlich länger als br (1,5:1); wenn herzfg-rundlich, dann Pfl sehr klein (s. **16***). Kr weißlich-blauviolett bis hellblau, od. kräftig blauviolett **(Artengruppe Hunds-V. – *V. canina* agg.)** 16
14 Blü zahlreich, steril, Kr chasmogamer Blü zwischen **15** u. **15***, lange welk haftend, kleistogame Blü unreif welkend. Pfl auffällig starkwüchsig u. vieltriebig. 0,15–0,30(–0,40). ch: (3–)4–6(–7), kl: 6–8. Standort wie die Eltern; angegeben für alle Bdl, Verbr. ungenügend bekannt. (igr hros H ♃ Rhiz WuSpr – steril – 30). [*V. reichenbachiana* × *V. riviniana*, *V. ×dubia* WIESB., *V. ×intermedia* RCHB.] ***V. ×bavarica* SCHRANK**

Ob die Hybride – wie oft behauptet – gebietsweise häufiger ist als die Eltern, ist fraglich. Chromosomenzahlen fehlen für D weitgehend. Der Hybridcharakter fertiler Pfl mit lediglich bläulichem Sporn u. verwaschener Aderung der KrBla ist kritisch zu prüfen.

14* Blü fertil, Kr chasmogamer Blü schnell hinfällig. Pfl zierlich bis mäßig kräftig, mit 1 bis wenigen Stg 15
15 KeAnhängsel 2–3 mm lg, zur FrZeit noch länger, oft ausgerandet. Kr hell blauviolett, selten fast weiß, 14–22 mm lg, im Umriss (fast) quadratisch, zuweilen breiter als hoch, KrBla br, sich meist überdeckend, fast so br wie lg. Sporn weißlich bis blass blauviolett überlaufen, dick, ± 2mal so lg wie br, useits gefurcht, an der Spitze ausgerandet. Fr ± 18samig. 0,10–0,25 (–0,40). ch: (3–)4–6(–7), kl: (5–)6–9(–10). Eichen-BirkenW, Eichen-HainbuchenW, BuchenW, ärmere subkont. Eichen-TrockenW, Gebüsche, Magerrasen, mäßig anspruchsvoll; g bis h alle Bdl, z bis s Ns(Küste, NW) Sh(W) (m/mo-b·c1-4EUR – sogr hros H ♃ Rhiz – InB+Kleistogamie – SeA+AmA – L5 Tx F4 R4 Nx – V Carp., UV Gal.-Fag., V Querc. pub., O Prun. – 40). [*V. r.* subsp. *minor* (GREG.) VALENTINE] **Hain-V. – *V. riviniana* RCHB.**

Exemplare mit bläulichem Sporn werden wohl häufig als *V. ×bavarica* fehlbestimmt. Sehr kleinwüchsige Pfl („*minor*") können zudem leicht mit *V. rupestris* verwechselt werden.

15* KeAnhängsel bis 1 mm lg, nicht ausgerandet, zur FrZeit undeutlich. Kr rotviolett, 12–15 mm lg, höher als br, KrBla schmal, sich kaum überdeckend, deutlich länger als br. Sporn dunkelviolett, schlank, ca. 2,5–4mal so lg wie br, ungefurcht, mit abgerundeter Spitze. Fr ± 12samig. 0,10–0,25. ch: 4–5(–6), kl: 6–9. Frische LaubmischW, nährstoffanspruchsvoll; g-h Alp By Bw Rh(z MW) He Nw Th Sa(z NO) An(z Elb) Ns(z NW O M, f Küste) Mv Sh(f W), z Bb(h NO) (m/mo-temp·c1-4EUR – igr hros H ♃ Rhiz WuSpr – InB+Kleistogamie – SeA+AmA – L4 Tx F5 R7 N6 – O Fag. – 20). [*V. sylvestris* LAM.]
Wald-V. – *V. reichenbachiana* BOREAU

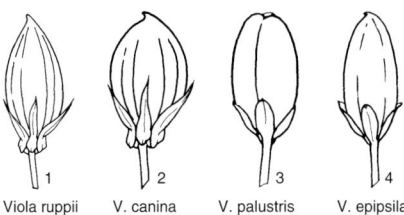

1	2	3	4
Viola ruppii	V. canina	V. palustris	V. epipsila

16 (13) FrKn ellipsoidisch, gleichmäßig kegelfg zugespitzt (Abb. **471**/1). NebenBla der oberen StgBla bis 20 mm lg, obere gewöhnlich fast so lg wie der BlaStiel. Kr höher als br, blass hellblau bis blauviolett, 15–22 mm lg. Sporn 1,5–2mal so lg wie die KeAnhängsel, grünlichweiß, gerade bis etwas aufwärtsgebogen. Pfl meist hochwüchsig. 0,10–0,40. ch: 5–6(–7), kl: 6–9(–10). (Sub)mont. bis subalp. wechselfeuchte Wiesen, lichte frische Säume, Wälder; z Alp(Allg Amm Chm), s By(f N NO NW) Bw(S SO) He(NW MW) Nw(MW SO) Sa(SW), Verbr. ungenügend bekannt. (sm/mo-b·c3-7EUR-WAS – igr eros H ♃ PleiokRhiz – InB+Kleistogamie – SeA – L7 T5 F4 R3 N3 – V Mol., V Carp. – 40). [*V. montana* auct., non L., *V. canina* subsp. *montana* auct., non (L.) HARTM., *V. nemoralis* KÜTZ., *V. canina* subsp. *nemoralis* (KÜTZ.) ELVEN nom. illeg.] **Berg-V. – *V. ruppii* ALL.**

16* FrKn kurz eifg bis fast kuglig, vorn abgerundet, höchstens mit kurzem, aufgesetztem Spitzchen (Abb. **471**/2). NebenBla der oberen StgBla kaum >10 mm lg, obere ½ so lg wie der BlaStiel. Kr im Umriss (fast) quadratisch od. selten breiter als lg, 7–15(–18) mm lg, hell bis kräftig blau od. blauviolett, selten weißlich. Sporn 1–3mal so lg wie die KeAnhängsel, grünlich- bis gelblichweiß, selten blass blauviolett, Ausrichtung variabel, selten auch leicht abwärts gerichtet. Pfl meist niedrigwüchsig, deutlich <25 cm. 0,05–0,15(–0,25). ch: 5–6(–7), kl: 6–9(–11). Magerrasen, Heiden, Moore, Sandfluren, lichte Wälder u. Gebüsche, auch wechseltrockene/-feuchte Standorte, Fluss- u. Stromtalwiesen, weitgehend kalkmeidend; h By(NO NM O, sonst v-z) Rh(N W M SW, sonst v-s) Nw(SO, sonst z-s) Th(z-s W N) Sa(z W Elb) An(N Hrz S, sonst z-s) Bb(MN M SO, sonst z-s) Ns(NW M O, sonst z-s) Mv(MW SW, sonst z-s) Sh(s W), z Alp(Allg, sonst s) Bw(SW S, sonst s) He, ↘ (sm/mo-b·c1-5EUR-WAS – igr eros H ♃ PleiokRhiz, auch WuSpr – InB+Kleistogamie – SeA Sa langlebig – L7 Tx F4 R3 N2 – V Viol. can., V Mol., V Querc. Rob. – 40). [*V. schultzii* BILLOT, *V. canina* subsp. *schultzii* (BILLOT) DÖLL] **Hunds-V. – *V. canina* L.**

<small>Die äußerst variable Sippe ist im Gebiet wohl noch nicht ausreichend verstanden. Dies betrifft bes. sehr kleinwüchsige, rundblättrige Pfl mit blauem Sporn, die sich in Kultur als merkmalskonstant erwiesen (auf Sand: Bb(S)). Andererseits dürften bisher unterschiedene Sippen (vgl. *V. schultzii*) lediglich Standortmodifikationen darstellen, da deren „Merkmale" sich in Vergleichskultur verlieren. Bei sehr niedrigwüchsigen Typen kann der Eindruck einer grundständigen Rosette entstehen. Es besteht auch Verwechslungsgefahr mit *V. rupestris* u. *V. riviniana*.</small>

17 (11) Pfl hochwüchsig u. kräftig, oberwärts ± dicht flaumhaarig. Blü groß, Kr hellblau bis blauviolett mit großem weißen „Auge", dunkler geadert, gespornteg KrBla 2,0–2,5 cm lg. BlaSpreiten am Grund ± gestutzt. NebenBla der mittleren StgBla so lg wie der BlaStiel, die der oberen länger als dieser. 0,20–0,50. ch: 5–6(–7), kl: 7–8(–9). Wechselfeuchte, zeitweise nasse, basenreiche Auenwiesen u. Gehölzränder, kalkhold, StromtalPfl; z Bw(ORh, s NW S Gäu) Rh(ORh), He(ORh, s SO), s By(N, lokal z Alb O MS: bes. Donau) An(bes. Saale u. Elbe, f N W Hrz O), † Th Sa Bb, ↘ (sm-temp·c3-6EUR-WAS – sogr eros H ♃ Pleiok, s WuSpr – InB+Kleistogamie – SeA+AmA – L7 T7 F8~ R8 N2 – V Cnid., V Mol. – 40). [*V. montana* L. nom. rejic. prop., *V. erecta* auct.] **Hohes V. – *V. elatior* FR.**

17* Pfl niedriger u. zierlicher, 10–20(–30) cm lg, kahl od. nur mit spärlichen, kurzen Haaren. Blü kleiner, gespornteg KrBla bis 1,7 cm lg **18**

18 NebenBla der mittleren StgBla etwa so lg wie der BlaStiel. BlaSpreite keilfg in den Stiel verschmälert (Abb. **469**/1). Kr hellviolett, mit weißem „Auge", dunkler geadert. Pfl frischgrün, völlig kahl. 0,10–0,15(–0,30). ch: 5–6(–7), kl: 6–8(–9). Wechselfeuchte, moorige Wiesen,

besonders in Strom- u. Flusstälern; z Bw(ORh, s S) Rh(ORh) An(Elb S SO), s By(f NW NO O) He(ORh) Th(Bck) Sa(W), † Bb, ↘ (sm-stemp·c3-7EUR-WAS – igr? eros H ♃ Pleiok WuSpr – InB+Kleistogamie – SeA+AmA – L8 T7 F7~ R6 N4 – V Cnid. – 40).
Zwerg-V., Niedriges V. – *V. pumila* CHAIX

18* NebenBla der mittleren StgBla etwa ½ so lg wie der BlaStiel. BlaSpreite gestutzt bis schwach herzfg. Kr blassviolett, rosa bis weißlich, dunkler geadert. Pfl blass gelbgrün, spärlich kurzhaarig bis kahl. 0,10–0,30. ch: (5–)6–7, kl: 7–9. Nasse, wechselfeuchte Moorwiesen, Gräben, Teichränder; auch StromtalPfl; v An(Elb, sonst s, f Hrz W) Bb(SO: Spreewald, z Elb, sonst s, f NO SW), z By(Donau, Main, sonst s, f NO NW) Bw(ORh SO: Donau) Rh(ORh) Ns(Elb O M), s Alp(Chm: Mittersee) Bw(ORh SO: Donau) He(ORh SO) Sa(Elbtal, W: Elster-Luppe NO) Mv(Elb MW NO M) Sh(M), † Nw Th, ↘ (sm-temp·c2-7EUR-WAS – igr? eros H ♃ Pleiok WuSpr – InB+Kleistogamie – SeA+AmA Sa langlebig? – L6 T7 F8~ R6 N3 – V Cnid., V Mol. – 20). [*V. persicifolia* auct., *V. lactea* auct. non SM.]

Graben-V., Milchweißes V. – *V. stagnina* SCHULT.

19 (10) Narbe schief scheibenfg od. fast 2lippig. FrStiel lg aufrecht, bei der noch unreifen Fr an der Spitze nickend, sich später (reif) aufrichtend. Pfl stets mit Ausläufern. Moor- u. SumpfPfl **20**

19* Narbe hakig gebogen, kurz schnabelfg (Abb. **469**/2). FrStiel niederliegend (nicht straff aufrecht). Pfl Ausläufer treibend od. nicht. Pfl anderer Standorte **23**

20 Sporn abwärts gerichtet. Kr groß, (18–)22–30 mm lg, satt dunkelviolett bis violettblau, alle KrBla schwach dunkler geadert. Sa braun. Bla verlängert herzeifg. BlaSpreite herablaufend, BlaStiel geflügelt mit Gefäßen in den Flügeln, (Abb. **473**/1). NebenBla bis zur Mitte dem BlaStiel angewachsen, drüsig gezähnelt. 0,10–0,20. ch: 3–4, kl: 7–8, im Herbst zuweilen nochmal chasmogame Blü. Erlen- u. Birkenbrüche, Bachtäler, Standorte mit zügigem Wasser; s Sa(NO: Kreba), † By[U?] Th An Bb, ↘ (temp·c3-5EUR – igr? ros H ♃ Pleiok WuSpr od. uAusl? – InB+(Kleistogamie) – SeA – V Aln. – 20). **Moor-V. – *V. uliginosa* BESSER**

20* Sporn gerade od. leicht aufwärts gerichtet. Kr kleiner, ≤25 mm lg, blass rötlich- bis blauviolett, Aderung hyalin durchscheinend, zumindest unteres KrBla zusätzlich mit kräftiger schwärzlicher Aderung. Sa olivgrün u. schwarz punktiert od. schwarz od. fehlend. Bla nierenfg, zuweilen mit stumpfer Spitze, nie länger als br. NebenBla (fast) frei, fransig-gezähnelt od. ganzrandig. BlaStiel ungeflügelt (höchstens unterhalb der Spreite ein kurzes Stück undeutlich herablaufend, Abb. **473**/2) **21**

21 Pfl steril, ohne Fr. Bla u. chasmogame Blü sehr variabel. Kr lg welk haftend, 10–24 mm lg. BlaUSeite, BlüStiel u. KeBla reich abstehend behaart bis fast kahl, an einer Pfl u. saisonal variabel. Sehr stark Ausläufer treibend. 0,08–0,20. ch: (3–)4(–5), kl: (5–)6–9. Nasse, nährstoffärmere Zwischenmoore, Sumpf- u. Moorwiesen, Erlen- u. Birkenbrüche (Standorte mit zügigem Wasser); s Bb(M: Müncheberg) Mv(f Küste Elb NO), (Verbr. u. Ökologie ähnlich **22*** – 36). [*V. epipsila* × *V. palustris*, *V. ×ruprechtiana* BORBÁS] ***V. ×fennica*** F. NYL.
Die Hybride ist lokal erheblich konkurrenzstärker und ökologisch plastischer als *V. epipsila* u. somit gesondert zu berücksichtigen.

21* Pfl fertil. KrBla chasmogamer Blü nach der Befruchtung hinfällig **22**

22 Fr eifg, tief ausgerandet bis abgerundet (Abb. **471**/3), 8–14 mm lg, KeBla der Fr ± dicht anliegend (an der Spitze nicht auswärts gebogen), vorn abgerundet bis ausgerandet. Sa (reif!) olivgrün, aber durch dicht stehende Papillen schwärzlich. BlaUSeite, BlüStiel u. KeBlaRänder kahl od. selten zerstreut behaart (saisonal schwankend). VorBla in der Mitte des BlüStiels. Kr 7–15(–20) mm lg. 0,05–0,12(–0,20). ch: 4–6, kl: 6–9(–10). Staunasse, saure, nährstoffarme Niedermoore, mesotrophe Teile von Kesselmooren, Sumpf- u. Moorwiesen, Gräben, Waldwege, Erlen- u. Birkenbrüche; h Alp, By(NO O, z NM, sonst s) Bw(SW, z S, sonst s-f) Rh(s ORh) Sa(s Elbtal W) An(Hrz, sonst z-s) Bb(NO M SW SO, sonst z, s Elb Oder), Ns (s Küste MO S) Mv(MW SW, sonst z-s) Sh(z-s W), ↘ (sm/mo-arct·c1-5EUR-OAM – igr ros H ♃ oAusl – InB: Fliegen+Kleistogamie – SeA – L6 TX F9 R2 N3 – O Car. nigr., V Junc. acutifl., V Viol. can., V Aln. – 48). [*V. palustris* subsp. *juressi* (WEIN) COUT., *V. p.* subsp. *pubifolia* KUTA, *V. juressi* WEIN, *V. pubifolia* (KUTA) G.H. LOOS]

Sumpf-V. – *V. palustris* L.

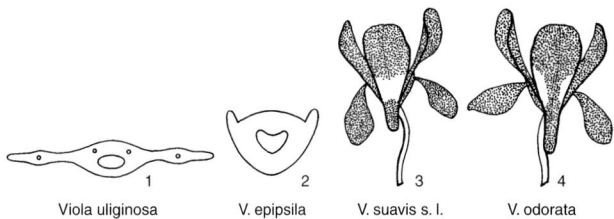

1 Viola uliginosa 2 V. epipsila 3 V. suavis s. l. 4 V. odorata

Eine taxonomische Abgrenzung der behaarten Formen ist nicht solide begründet. In D überwiegen Pfl mit sehr kleiner Kr. Soweit bekannt, finden sich Formen mit größerer Kr eher im S u. W, kommen aber auch im restlichen Gebiet sehr vereinzelt vor.

22* Fr ellipsoidisch, mit kegelfg Spitze (Abb. **471**/4), 14–20 mm lg. KeBla am Grund der Fr dicht anliegend, an der Spitze meist auswärts gebogen od. locker abstehend, Ränder an der Spitze eingerollt, dadurch zugespitzt wirkend, nie ausgerandet. Sa (reif!) olivgrün, von zerstreut stehenden schwarzen Papillen punktiert. BlaUSeite, BlüStiel u. KeBlaRänder reich, abstehend behaart, selten fast kahl (saisonal schwankend). VorBla meist deutlich über der Mitte des BlüStiels. Kr 15–28 mm lg. 0,08–0,15(–0,25). ch: 3–4, kl: (5–)6–10. Nasse, nährstoffärmere Zwischenmoore, Sumpf- u. Moorwiesen, Erlen- u. Birkenbrüche, Standorte mit zügigem Wasser; s Bb(MN: Hohenstein) Mv(ob noch?, f Küste Elb), † Sa(NO SO: ob je?) Sh, ↘ (temp-b·c2-6EURAS-WAM – sogr ros H ⚄ oAusl – InB+Kleistogamie – SeA+AmA – L8 T5 F9= R3 N2 – V Car. lasioc. – 24). **Torf-V. – *V. epipsila*** LEDEB.

Entgegen zahlreicher Literaturangaben liegen gesicherte Nachweise für D nur aus Gebieten des Jungpleistozäns vor. Wegen der großen morphologischen Variabilität von *V.* ×*fennica* ist die sichere Bestimmung von nicht fruchtenden *V. epipsila* nur über die Ploidiestufe möglich. In „Verdachtsfällen" empfiehlt sich Kultur (*V. epipsila* u. *V. palustris* mit sehr hohem FrAnsatz, ca. 100 %).

23 (19) Pfl ohne Ausläufer **24**
23* Pfl mit lg ober- u./od. unterirdischen Ausläufern **27**
24 KeBla, FrKn u. Fr kahl. BlaSpreite (fast) kahl, im Austrieb teils zerstreut behaart, br eifg, etwa so lg wie br, am Grund schwach herzfg, gelbgrün. NebenBla lanzettlich, gefranst, Fransen kürzer als die halbe Breite der NebenBla, kahl bis schwach gewimpert. VorBla in od. über der Mitte des BlüStiels. Blü duftend, hell(blau)violett, am Grund weiß. Sporn (grünlich)weiß. 0,05–0,15. ch: 4–6, kl: ?. Subalp. Hochstauden-Lägerfluren auf Kalkschutt; s Alp(Allg Brch) (sm-stemp//salp·c1-4EUR – igr?) ros H ⚄ Rhiz – InB+Kleistogamie – SeA+AmA – *L5 T4 F5 R7 N7* – V Adenost., V Rum. alp.).
Pyrenäen-V. – *V. pyrenaica* DC.
24* KeBla bewimpert u. Fr behaart, FrKn chasmogamer Blü zur BlüZeit behaart od. kahl. Bla (fast) kahl bis dicht behaart **25**
25 Blü mit weißlichem, oft schwach purpurn überlaufenem Sporn, duftend. Kr hell blauviolett bis schmutzig hellviolett, selten weiß. FrKn flächig kurz behaart. NebenBla reich gefranst, Fransen mindestens so lg wie die halbe Breite der NebenBla, zusätzlich bewimpert. BlaSpreite nur wenig länger als br, rundlich-herzfg bis leicht eifg-herzfg, mit enger, tiefer Bucht (Abb. **469**/5), meist deutlich bespitzt, gelbgrün. BlaStiele dicht 0,5–1,0 mm lg abstehend behaart. VorBla in od. über der Mitte des BlüStiels. 0,06–0,15. ch: 3–4(–5), kl: 6–9. Säume, sonnige Gebüsche, Waldränder von Eichen- u. Kiefern-TrockenW, kalkhold; v Alp(Wtt Brch, sonst z-s), z By(Alb MS, sonst s-f) Bw(Alb, s SO S) Th(Bck NW, s Rho), s Rh(ORh) He(SO) An(SO S), † Sa, [U] Ns, ↘ (sm-temp·c2-6EURAS – igr ros H ⚄ Rhiz – InB+Kleistogamie – SeA+AmA – L6 T5 F3 R8 N2 – V Cytis.-Pin., O Querc. pub., V Berb., V Ger. sang. – 20).
Hügel-V. – *V. collina* BESSER
25* Blü mit (hell)bläulich-violettem Sporn. Kr hellblau, hell bis kräftig blauviolett. Fransen fehlend od. kürzer als die halbe Breite der NebenBla, unbewimpert (bei **27** u. **29*** einzelne Wimpern möglich). BlaSpreite bis 1,5mal so lg wie br (mehrere Bla prüfen), Basalbucht, wenn vorhanden, seicht (nicht eng und tief). BlaStiele meist mit >1 mm lg abstehenden Haaren, zudem mit anliegenden Haaren. Blü (fast) geruchlos **26**

26 FrKn blühender chasmogamer Blü oseits u. auch oft useits mit wenigen lg Haaren, ohne kurze Haare, selten ganz kahl. NebenBla ganzrandig od. gefranst. BlaSpreite länglich-eifg, fast stets deutlich länger als br, herzfg, am Grund mit seichter, br Bucht (Abb. **469**/4). Vor-Bla unter der Mitte des BlüStiels. Kr hellblau bis (hell)blauviolett, weißes „Auge" nur undeutlich abgesetzt od. fast fehlend. 0,05–0,15(–0,25). ch: (2–)3–5, kl: 6–9. TrockenW, -gebüsche u. ihre Säume, Halbtrockenrasen, wechseltrockene Moorwiesen, kalkhold; h-v Alp(hohe Lagen s-f) By(z-s NW O MS) Bw(z SO S, s SW) Rh(M SW, sonst z) He(W SW, sonst z) Th(W S, sonst z-s) An(z-s Elb N Hrz O) Ns(S, z MO Hrz S, s Elb M, sonst f), z Sa (s NO SO SW) Bb(NO Oder, sonst s-f) Mv(M, sonst s-f), s Nw Sh(O) (sm/mo-temp·c1-6EUR-WAS – sogr ros H ♃ PleiokRhiz – InB+Kleistogamie – SeA+AmA – L6 T5 F3 R8 N3 – O Orig., V Berb., O Querc. pub., V Eric.-Pin., UV Cephal.-Fag., V Brom. erect., V Cirs.-Brach. – 20). **Behaartes V. – *V. hirta* L.**

Die Bildung kleistogamer Blü scheint regional verschieden zu sein (gebietsweise fehlend?). Ähnlich ist *V. ambigua* WALDST. et KIT. – **Steppen-V.**: Blü kräftig rot- bis blauviolett. Fransen der NebenBla kräftig. BlaSpreite gestutzt. BlaStiele <0,4 mm lg abstehend behaart. Ob in D (Th: Kyffhäuser, He)?

26* FrKn blühender chasmogamer Blü flächig kurzhaarig, oft oseits vereinzelt zusätzlich mit lg Haaren. BlaSpreiten herzfg, meist zumindest einige deutlich eifg-herzfg, 1,2–1,5mal so lg wie br. VorBla verschieden angeordnet. Kr verschiedenfarbig, oft kräftiger od. blass blauviolett, mit meist deutlich abgesetztem weißem „Auge". Stg am Grund oft auffällig kräftig („stämmchenartig" wie bei *V. hirta*). 0,05–0,15(–0,25). ch: (2–)3–5, kl: 6–9. TrockenW, -gebüsche u. ihre Säume, Halbtrockenrasen, Ökologie u. Verbr. weitgehend wie *V. hirta*, kalkhold; z By(regional h N NM, s O MS S) Th(regional v Bck, f Hrz) Nw(regional v in MW, sonst s, f N NO SW), s Bw Rh He Sa An Bb, † Mv (– 20, 22, 24) (evtl. teils verkannte, ausläuferlose Form von **28**!). [*V. hirta* × *V. odorata*]   ***V.* ×*scabra* F. BRAUN**

Im Gegensatz zu vielen anderen Veilchen-Hybriden ist die Sippe im Gebiet regional fertil, kann unabhängig von den Eltern eigene Populationen aufbauen u. durch Rückkreuzung Hybridschwärme bilden. Weitere Untersuchungen sind wünschenswert.

27 (23) FrKn blühender chasmogamer Blü kahl (s. Anm.!). Sporn auffällig kurz u. schwach, nur wenig aus den KeBlaAnhängseln herausragend, bläulich. Kr blau („kornblumenblau") bis violettblau, mit großem weißem Auge, selten blassblau od. weiß. KrBla useits auf Höhe der KeBla mit durchgehendem weißem Band (Abb. **473**/3). Nektarium ± parallelrandig. VorBla weit unter der Mitte des BlüStiels sitzend. BlaSpreite zerstreut behaart bis fast kahl, BlaStiel 0,3 mm lg abstehend behaart. NebenBla lanzettlich, lg zugespitzt, gefranst, Fransen unbewimpert (in S-D auch selten bewimpert). 0,06–0,20. ch: (2–)3–4, kl: (5–)6–8(–9). ZierPfl; siedlungsnahe Gartenanlagen, Hecken, eutrophe Wälder, nährstoffanspruchsvoll; [N] v Bb(MN M, regional h: Berlin Oder, sonst s), z By(regional NM, sonst s-f) Sa(NO, SW: elbnah, sonst s, f Elbtal) An(Saaletal, sonst s-f), s Bw He, Th, wohl auch übersehen (m-stemp·c2-6EUR-WAS – sogr ros H ♃ uAusl+Rhiz – InB+Kleistogamie – SeA+AmA – *L5 T8 F3 R5 N3* – V Trif. med. – 40). [?*V. austriaca* A. KERN. et J. KERN., ? *V. beraudii* BOREAU, ? *V. cyanea* ČELAK., ? *V. sepincola* JORD., ? *V. wolfiana* W. BECKER]   **Blau-V. – *V. suavis* M. BIEB. s. l.**

Die o. g. Synonyme bedürfen kritischer Prüfung: möglicherweise sind die in D unter *V. suavis* geführten Pfl nicht einheitlich od. die Pfl werden mit Hybriden verwechselt. Zumindest die etablierten Pfl in weiten Teilen von Bb entsprechen *V. cyanea* ČELAK. nicht aber *V. suavis* s. str. und *V. sepincola* JORD. Auf *V. cyanea* beziehen sich die Angaben im Schlüssel (abweichend bei Pfl aus S-D z. B. behaarte FrKn). Pfl, die eher *V. sepincola* entsprechen, wurden (zumindest historisch) z. B. in Bb: Kundersdorf, Frankfurt/O. kultiviert, konnten sich (dort) aber nicht etablieren. Gezielte Untersuchungen sind angeraten.

27* FrKn der blühenden chasmogamen Blü behaart. Sporn kräftig, deutlich länger als die KeBlaAnhängsel. Kr verschiedenfarbig, auch blauviolett, mit verwaschenem bis ± deutlich entwickeltem weißem Auge. KrBla useits ohne weißes Band (Abb. **473**/4) od. weiß. VorBla in od. über der Mitte des BlüStiels. Bla zerstreut bis reich behaart, oseits teils verkahlend
.... **28**

28 FrKn blühender chasmogamer Blü flächig kurzhaarig, oseits oft vereinzelt mit lg Haaren. BlaSpreiten herzfg, meist zumindest einige deutlich eifg-herzfg, 1,2–1,5mal so lg wie br, in eine kurze Spitze ausgezogen. BlaStiel gewöhnlich teilweise deutlich >1 mm lg abstehend behaart, dazu mit kürzeren anliegenden Haaren. Stg am Grund oft auffällig kräftig („stämm-

chenartig" wie bei *V. hirta*). VorBla verschieden angeordnet. Kr verschiedenfarbig, mit meist abgesetztem weißem „Auge".
V. ×*scabra*, s. 26*

28* FrKn chasmogamer Blü gleichmäßig kurzhaarig, ohne längere Haare. BlaSpreite herzfgrundlich bis 1,2mal so lg wie br, behaart, vorn stumpf bis spitz. BlaStiele meist <1 mm lg anliegend od. abstehend behaart. Stg am Grund nicht „stämmchenartig" verdickt. VorBla in od. über der Mitte des BlüStiels. Kr verschiedenfarbig, weißes „Auge" schwach ausgebildet od. (fast) fehlend od. Kr weiß **29**

29 BlaSpreite vorn stumpf bis spitz, meist deutlich länger als br. NebenBla lineal-lanzettlich, 2 mm br, lg gefranst. Ausläufer nicht wurzelnd, vorn aufsteigend, meist im ersten Jahr blühend. Kr weiß, Sporn weißlich bis grünlichweiß od. violett überlaufen. 0,05–0,12. ch: 3–4, kl: (5–)6–9. Säume frischer Gebüsche u. Wälder, bes. Auenwälder, nährstoffanspruchsvoll; s Alp(Chm Mng) By(S MS) Bw(f Alb Keu SO) Rh(SW), ↘ (m-stemp·c2-4EUR – igr ros H ♃ Pleiok LegTr – InB+Kleistogamie – SeA+AmA – L5 T7 F5 R7 N6 – V Geo.-Alliar. – 20). [*V. scotophylla* JORD., *V. alba* subsp. *scotophylla* (JORD.) GREMLI]
Weißes V. – *V. alba* BESSER

Im Gebiet nur subsp. *alba*. Die Abgrenzung von subsp. **scotophylla**, angegeben für By Bw (S: Bodensee), kann nach neueren Untersuchungen nicht aufrecht erhalten werden.

29* BlaSpreite gewöhnlich vorn abgerundet, zuweilen stumpf, kaum länger als br. NebenBla eifg, 3–4 mm br, ganzrandig od. kurz gefranst, Fransen unbewimpert (sehr selten bewimpert). Ausläufer wurzelnd, erst im zweiten Jahr blühend. Kr dunkel-, blau- bis blassviolett, rosa od. weißlich, dann meist KrZipfel violett überlaufen, Sporn rötlichviolett, selten weiß (in Kultur weitere KrFarben). Nektarium oberwärts stark verjüngt. 0,05–0,15. ch: (2–) 3–4(–5), kl: 6–9(–10). Säume, Gebüsche, Hecken, Waldränder, FeldulmenW, nährstoffanspruchsvoll; [A, im Tiefland eher N?] g-h (alle Bdl), regional nur z-s in Alp By(O) Bw(SW) Sh(W); auch ZierPfl (m-temp·c1-5EUR, [A] temp·c2–5 – igr ros H ♃ oAusl+Rhiz – InB: Bienen, Wollschweber, Tagfalter+Kleistogamie – SeA+AmA Lichtkeimer – L5 T6 F5 Rx N8 – V Geo.-Alliar., O Prun., V Carp. – VolksheilPfl – 20). **März-V. – *V. odorata* L.**

Durch (meist historische) Züchtungen äußerst variabel. Großräumig etabliert sind fast nur Exemplare mit blauvioletter Kr, in Trockengebieten dominieren zuweilen weißblütige Typen mit rotviolettem Sporn (z. B. Bb: Oder). Bei Exemplaren mit violetter Kr, NebenBla mit bewimperten Fransen u. fehlenden Ausläufern besteht Verwechslungsgefahr mit *V. collina* (s. **25**).

Weitere Hybriden: *V. calaminaria* × *V. arvensis* = ? – s?; *V. calaminaria* × *V. tricolor* = *V. ×aquisgranensis* BORBÁS – s; *V. guestphalica* × *V. arvensis* = *V. ×preywischiana* NAUENB. – s (43); *V. arvensis* × *V. tricolor* = *V. ×contempta* JORD. [*V. ×norvegica* WITTR., *V. ×tricoloriformis* GERSTL.] – z? (29, 31, 32, 34); *V. arvensis* × *V. tricolor* subsp. *alpestris* = ? – s?; *V. arvensis* × *V. tricolor* subsp. *ammotropha* s. l. = ? – s?; *V. mirabilis* × *V. rupestris* = *V. ×heterocarpa* BORBÁS – s?; *V. mirabilis* × *V. riviniana* = *V. ×orophila* WIESB. – z; *V. mirabilis* × *V. reichenbachiana* = *V. ×vindelicina* GERSTL. – ?; *V. mirabilis* × *V. reichenbachiana* = *V. ×perplexa* GREMLI – z?; *V. mirabilis* × *V. hirta* = ? – s?; *V. rupestris* × *V. riviniana* = *V. ×burnatii* GREMLI – s; *V. rupestris* × *V. riviniana* × *V. reichenbachiana* = ? – s?; *V. rupestris* × *V. reichenbachiana* = *V. ×bethkeana* BORBÁS – s?; *V. rupestris* × *V. riviniana* × *V. canina* = ? – s?; *V. rupestris* × *V. ruppii* = ? – s?; *V. rupestris* × *V. canina* = *V. ×braunii* BORBÁS – z?; *V. riviniana* × *V. reichenbachiana* × *V. canina* = *V. ×suevica* GERSTL. (ined.) – s?; *V. riviniana* × *V. ruppii* = *V. ×neglecta* F.W. SCHMIDT – z? (40); *V. riviniana* × *V. ruppii* × *V. canina* = ? – s?; *V. riviniana* × *V. canina* = *V. ×intersita* BECK [*V. ×baltica* W. BECKER] – z (40); *V. riviniana* × *V. canina* = *V. ×murbeckii* DÖRFLER – s?; *V. reichenbachiana* × *V. ruppii* = *V. ×longicornis* BORBÁS – s; *V. reichenbachiana* × *V. canina* = *V. ×borussica* (BORBÁS) W. BECKER – s; *V. reichenbachiana* × *V. pumila* = *V. ×gerstlaueri* L. GROSS – s; *V. ruppii* × *V. canina* = ? – z? (40); *V. ruppii* × *V. pumila* = *V. ×commutata* WIESB. – s?; *V. canina* × *V. elatior* = *V. ×mielnicensis* ZAPAL. – s; *V. canina* × *V. pumila* = *V. ×semseyana* BORBÁS – s?; *V. canina* × *V. stagnina* = *V. ×ritschliana* W. BECKER – s?; *V. elatior* × *V. pumila* = *V. ×skofitziana* WIESB. – s; *V. elatior* × *V. stagnina* = *V. ×torslundensis* W. BECKER – s; *V. pumila* × *V. stagnina* = *V. ×gotlandica* W. BECKER – s; *V. collina* × *V. hirta* = *V. ×interjecta* BORBÁS – z; *V. collina* × *V. hirta* × *V. odorata* = *V. ×poelliana* J. MURR – s?; *V. collina* × *V. alba* = *V. ×wiesbaurii* SABR. – s?; *V. collina* × *V. odorata* = *V. ×merkensteinensis* WIESB. – s?; *V. hirta* × *V. suavis* = *V. ×kerneri* WIESB. – s; *V. hirta* × *V. alba* = *V. ×adulterina* GODR. – s (20, 22, 24, 25, 26, 28); *V. hirta* × *V. alba* × *V. odorata* = ? – s?; *V. suavis* × *V. odorata* = *V. ×erdneri* GERSTL. ined. – s, *V. alba* × *V. odorata* = *V. ×multicaulis* JORD. – s

Familie *Salicaceae* MIRB. (inkl. *Flacourtiaceae* p. p.) – Weidengewächse
(54 Gattungen/1200 Arten)

Zweihäusige Bäume, Sträucher, Zwerg- od. Spaliersträucher. Bla wechselständig, ungeteilt, drüsig gezähnt, mit oft früh abfallenden NebenBla. Blü 1- od. 2geschlechtig, oft ohne BlüHülle, bei *Populus* u. *Salix* in getrenntgeschlechtigen Ähren („Kätzchen"), oft vor den Bla erscheinend, einzeln in den Achseln schuppenartiger DeckBla. StaubBla 2–∞. FrKn oberständig od. halb-unterständig, 2–4blättrig, 1fächrig. SaAnlagen ∞. Griffel 1–8. Narben 2–∞. Kapseln, SteinFr, Beeren. Sa ohne Speichergewebe, mit Arillus od. grundständigem Haarschopf.

1 Knospen mit mehreren dachzieglig angeordneten Schuppen. Kätzchen schlaff herabhängend. DeckBla der Blü geschlitzt od. gezähnt (Abb. **479**/1, 2). StaubBla 5–30(–60). FrKn in einem becherfg Diskus. Bla dreieckig bis eifg od. rundlich. (WiB). **Pappel** – *Populus* S. 476
1* Knospen stets von einer geschlossenen Knospenschuppe umgeben, darunter zuweilen 1–2 weitere Schuppen. Kätzchen zur BlüZeit aufrecht bis bogig abstehend. DeckBla der Blü ganzrandig (Abb. **479**/3–5). StaubBla 2, seltener 3 od. 5, sehr selten mehr. FrKn am Grund mit 1–2 kleinen Nektarschuppen. Bla lineal-lanzettlich bis rundlich. (InB).
Weide – *Salix* S. 478

Populus L. – **Pappel** (35 Arten)
Bearbeitung: **Peter A. Schmidt**

(sogr B, oft WuSpr – WiB – WiA Lichtkeimer, Sa kurzlebig)

Die meisten Arten zeichnen sich durch ausgeprägte Heterophyllie aus. Deshalb werden in einigen Fällen Merkmale sowohl für FrühBla (Bla der Kurztriebe u. basaler Bereiche der Langtriebe) als auch für SpätBla (im Laufe der Vegetationsperiode an Langtrieben gebildete Bla) angegeben. Bla von jungen WuSpr u. Stockausschlägen weichen oft so stark ab, dass sie nur eingeschränkt für die Bestimmung geeignet sind.

1 BlaUSeite filzig bis wollig, teils an FrühBlä später ± verkahlend. Junge Zweige u. Knospen, zumindest anfangs, weiß- od. graufilzig, Knospen nicht klebrig. DeckBla lg bewimpert . **2**
1* BlaUSeite kahl od. ± behaart, aber weder filzig noch wollig. Junge Zweige u. Knospen kahl od. ± behaart, aber nie filzig, Knospen oft klebrig. DeckBla lg bewimpert, kurz behaart od. kahl **3**
2 Junge Zweige, Knospen u. BlaUSeite weißfilzig, an FrühBla oft mehr graufilzig, stets bleibend behaart. SpätBla 3–5lappig, Lappen grob gezähnt; FrühBla eifg-rundlich bis elliptisch, unregelmäßig gebuchtet. Spreite am Stielansatz ohne Drüsen. DeckBla mit wenigen kurzen Zähnen (Abb. **479**/1). StaubBla 5–10 je Blü. Narben gelbgrün 15,00–30,00. 3–4. Frische bis wechselfrische, auch kurzzeitig überflutete AuenW u. -gebüsche, steinige Rud., basenhold; z By(Alb MS O) Bw(f S) Rh(f M N W) He(ORh SO SW), [N] z Nw Th Sa An Ns Bb Mv Sh; auch Zier- u. Forstbaum (m-temp·c3-8EUR-WAS, [N] c1-2EUR, OAM – WuSpr – L(5) T7 F7~? R8 N6 – V Alno-Ulm., V Salic. alb.). **Silber-P.** – *P. alba* L.
2* Junge Zweige, Knospen u. BlaUSeite anfangs ± weiß-, aber meist graufilzig, später ± stark verkahlend, bes. FrühBla fast kahl. SpätBla nur schwach gelappt, unregelmäßig grob gezähnt; FrühBla meist rundlich, unregelmäßig buchtig gezähnt. Spreite am Stielansatz mit 0–4 Drüsen. DeckBla ± geschlitzt. StaubBla 8–16 je Blü. Narben rot. 15,00–30,00(–46,00). 3–4. AuenW (meist gepflanzt), trockne bis staunasse Rud.; z By(Alb MS O) Bw(ORh SW Gäu) Rh (f M N W) He(ORh SO SW), [N] z Nw Th Sa An Bb Ns Mv Sh, s Alp (Mng); auch Zier- u. Forstbaum (sm-temp·c2-5EUR – WuSpr – L5 T7 F7 R7 N5 – O Prun., V Salic. alb.). [*P. alba* × *P. tremula*; *P.* ×*hybrida* M. BIEB.] **Grau-P.** – *P.* ×*canescens* (AITON) SM.
3 (1) BlaStiele im ⌀ ± rund u. oseits rinnig od. höchstens an der Spitze leicht abgeflacht, dann aromatisch duftend. Knospen stark klebrig, von intensiv aromatisch duftendem Harz bedeckt. Bla useits weiß bis blaugrün, oft teils rostfarben od. mit rotbraunen Längsbändern od. Flecken (eingetrocknetes Harz) **4**
3* BlaStiele stark abgeflacht, da seitlich zusammengedrückt. Knospen ± klebrig, aber nicht auffällig aromatisch duftend. Bla useits grün od. wenn grau- bis blaugrün, dann ohne rotbraune Bänder od. Flecken u. Knospen nur leicht u. erst zu Beginn des Frühjahrs klebrig **5**

4 FrKapsel 2klappig, meist eifg, kahl. WuSpr gewöhnlich vorhanden. Junge Zweige im ⌀ rund od. nur spitzenwärts etwas kantig, kahl. BlaSpreite eifg, seltener br eifg, am Grund abgerundet bis leicht herzfg; BlaStiel meist kahl. Endknospen 12–25 mm lg. 15,00–30,00 4. Park- u. Forstbaum, auch Flussauen u. Rud.; [U] z By Ns Mv Sh (sm/mo-b·c3-6AM – WuSpr). [*P. tacamahaca* MILL.] **Echte Balsam-P. – *P. balsamifera* L.**

Ohne Fr manchmal schwierig von folgender Art u. der **Ontario-** od. **Gilead-P. – *P.* ×*jackii*** SARG. [*P. balsamifera* × *P. deltoides*; *P.* ×*gileadensis* ROULEAU] zu unterscheiden, bei letzterer FrKapsel 3–4klappig, junge Zweige u. BlaStiel ± behaart, Spreitenrand gewimpert, WuSpr reichlich. Zierbaum, auch Rud.; [U] s Bb.

4* FrKapsel 3–4klappig, kuglig, behaart bis kahl. WuSpr selten. Junge Zweige leicht kantig, zumindest anfangs schwach behaart. BlaSpreite eifg bis eifg-länglich od. eifg-deltoid, am Grund meist gestutzt bis schwach herzfg, seltener abgerundet; BlaStiel kurz behaart. Endknospe (9–)12–15 mm lg. 20,00–25,00. 3–4. Park- u. Forstbaum; [N] z By, [U] s Bw Rh He Sa Ns Mv Sh (m-b·c1-5WAM). **Westliche Balsam-P. – *P. trichocarpa* HOOK.**

Ebenfalls etwas kantige u. ± behaarte junge Zweige, useits blassgrüne bis weißliche BlaSpreite u. fehlende WuSpr zeichnet die **Berliner Lorbeer-P. – *P.* ×*berolinensis*** K. KOCH [*P. laurifolia* LEDEB. × *P. nigra* L.] aus; diese bes. durch einen sehr schmalen durchsichtigen Saum (Lupe!) am Spreitenrand abweichend. Zierbaum, auch Rud.; [U] s Sa.

5 (3) BlaRand ohne od. mit ganz schmalem durchsichtigem Saum (Lupe!), unregelmäßig grob u. ausgeschweift od. buchtig gezähnt. BlaSpitze abgerundet, stumpf od. spitz. Spreite oseits mattgrün, useits grau- bis blaugrün. DeckBla 5 seidig bewimpert. StaubBla 5–15 je Blü. Knospen erst zu Beginn des Frühjahrs schwach klebrig. Spreite der FrühBlä rundlich bis br eifg, 3–5(–7) cm lg, bei SpätBla kräftiger Langtriebe u. Schösslinge deltoid-eifg bis dreieckig-herzfg, bis >10 cm lg. BlaStiele 3–7 cm lg, so lg wie bis deutlich länger als die Spreite. Spreite am Stielansatz mit (1–)2(–4) Drüsen. 10,00–25,00. 3–4. Lichte Wälder, Waldschläge u. Gebüsche auf trocknen bis nassen, sandigen bis tonigen Böden, Xerothermrasenhänge, trockne Moore, Rud.; g Rh He Nw Th Sa An Ns, h Bw Bb Mv, v Alp By(g NM) Sh (m/mo-b·c1-7EURAS – WuSpr – L(6) T5 F5 Rx Nx – O Prun., V Samb.-Salic., V Querc. rob. –57). **Zitter-P., Espe, Aspe – *P. tremula* L.**

5* BlaRand mit schmalem aber deutlichem durchsichtigen Saum (Lupe!), ± eichelmäßig gekerbt-gesägt. BlaSpitze kurz od. lg zugespitzt. Spreite beidseits grün, useits heller. DeckBla kahl od. kurz behaart. StaubBla 15–40(–55) je Blü. Knospen sehr klebrig. BlaSpreite dreieckig, deltoid bis eifg od. rhombisch, (3–)5–12(–14) cm lg **6**

6 BlaSpreite am Rand ± dicht bewimpert, an der Basis am Übergang zum BlaStiel mit 2–4(–6) Drüsen. StaubBla 30–40(–55) je Blü. Narben 3–4, lg gestielt. FrKapsel 3–4klappig. Junge Zweige ± kantig, zumindest starke Langtriebe deutlich kantig. 15,00–30,00. 4. Parkbaum; [U] s Mv Hamburg (m-temp·c2-7OAM – WuSpr – *L7 T8 F6 R5 N7*). [incl. *P. monilifera* AITON, *P. angulata* AITON] Ⓚ **Nordamerikanische Schwarz-P. – *P. deltoides* MARSHALL**

6* BlaSpreite am Rand nicht od. spärlich bewimpert, am Übergang zum BlaStiel ohne od. mit 1–2 Drüsen. StaubBla 12–30 je Blü. Narben 2 od. 2–4, sitzend od. kurz gestielt. FrKapsel 2klappig od. 2–4klappig. Junge Zweige im ⌀ rund od. ± schwach kantig **7**

7 BlaSpreite am Rand stets kahl, am Übergang zum BlaStiel stets ohne Drüsen, meist lg zugespitzt, im Austrieb grün. Junge Zweige im ⌀ rund. Knospen rot- bis gelbbraun od. ocker. Narben stets 2, sitzend (Abb. **479**/2). FrKapsel stets 2klappig. 15,00–30,00(–40,00). 4. Feuchte bis (wechsel)nasse, zeitweilig überflutete, nährreiche Flussufer, im Übergangsbereich von Weich- u. Hartholzaue, nährstoffanspruchsvoll, auch Allee- u. Parkbaum.; z Alp(f Amm Brch) By Bw Rh(f W) He(f NW) Nw Th(Bck) Sa An Bb Ns(Elb N O NW) Mv Sh, ↘ (m-temp·c1-9EUR-WAS – s WuSpr – L(5) T6 F8= R7 N7 – V Salic. alb.). **Europäische Schwarz-P. – *P. nigra* L.**

1 Junge Zweige kahl, bleigrau bis gelbbraun. Bla auch anfangs kahl. Standorte, Soz. u. Verbr. in D wie Art (sm-temp·c2-9EUR-WAS). subsp. ***nigra***
Im Habitus durch im spitzen Winkel abgehende, steil aufgerichtete Äste abweichende säulenfg Sorten, meist **Säulen-** od. **Pyramiden-P. – 'Italica'** [var. *pyramidalis* (ROZIER) SPACH] (♂)

1* Junge Zweige anfangs behaart, braunorange. BlaSpreite u. -Stiel anfangs behaart, später kahl, kleiner, birkenblattähnlich. s By (sm-temp·c1-2EUR). subsp. ***betulifolia*** (PURSH) BUTTLER et HAND

7* BlaSpreite am Rand zumindest anfangs bewimpert, später nur noch einzelne Wimpern od. Wimperreste, am Übergang zum BlaStiel mit 0–2 Drüsen, kurz od. lg zugespitzt, im Austrieb oft rötlich. Junge Zweige im ⌀ rund bis leicht kantig. Knospen braun. Narben 2–4, kurz gestielt. FrKapsel 2–4klappig. 15,00–30,00(–40,00). 4. Forstbaum; auch Flussufer, Weichu. Hartholzauen, Rud., Bergbaufolgelandschaften; [N] h An, v Th Sa Bb, z Alp By Bw Rh He Nw Sh, s Ns Mv; verdrängt *P. nigra* (WuSpr – ca. 1750 in Frankreich entstanden). [*P. deltoides* × *P. nigra*, *P.* ×*euramericana* (DODE) GUINIER]

Euroamerikanische Schwarz-P., Hybrid-Schwarz-P. – *P.* ×*canadensis* MOENCH

Hierzu zahlreiche zur Holzproduktion u. Landschaftsgestaltung gepflanzte Sorten, zu deren Bestimmung Spezialliteratur erforderlich ist (z. B. KOLTZENBURG 1999).

Salix L. – Weide (400–500 Arten)
Bearbeitung: **Gregor Aas**

(sogr B, Str, ZwergStr, SpaliersStr – InB, auch WiB – WiA, auch WaA, Licht- u. Rohbodenkeimer, Sa meist kurzlebig – oft Reproduktion durch Stockausschläge sowie durch Bewurzelung abgebrochener Zweige).

Zur Bestimmung im vegetativen Zustand sollten stets regulär gebildete Frühjahrssprosse mit gut entwickelten LaubBla verwendet werden, ungeeignet sind Wasserreiser, Johannistriebe u. Stockausschläge sowie stark beschattete Zweige. Striemen sind ± scharf hervortretende, bis 0,5(–1,0) mm br Längsleisten auf dem Holz, die an frischen 2–4jährigen Zweigen zu erkennen sind, wenn die Rinde komplett entfernt wird (Abb. **479**/6, z. B. bei *S. cinerea*, *S. aurita*, *S. starkeana*). Bei vielen Weidenarten ist die USeite (teilweise auch die OSeite) der BlaSpreite bereift, d. h. durch eine feine, oft abwischbare Wachsauflage auf der Epidermis blau- od. graugrün, grau od. fast weiß.

Die hohe Variabilität vieler diagnostischer Merkmale erschwert oft die Differenzierung ähnlicher Weidenarten. Zudem können zwischen vielen Arten Hybriden sowie Rückkreuzungen mit den Eltern vorkommen. Diese vermitteln häufig ± kontinuierlich zwischen den Elternarten. Aus diesem Grund ist eine Hybriddiagnose oft unsicher. Die Bestimmungsschlüssel ermöglichen deshalb nur bei sehr wenigen Hybriden eine direkte Bestimmung. Für Pflanzen, die in mehreren Merkmalen intermediär zwischen zwei Arten sind, kann davon ausgegangen werden, dass es sich um Hybriden handelt. Bei vielen Arten erfolgt in den Anmerkungen der Verweis auf häufige Hybriden u. deren Merkmale.

Wichtige taxonomische Merkmale bieten neben beblätterten Zweigen die 2häusig verteilten Blü, die aber oft nicht zeitgleich mit den Bla vorhanden sind. Je nach Status der zu bestimmenden Pflanze ist eine der 3 Bestimmungstabellen zu benutzen.

Schlüssel A: Beblätterte Zweige mit Blü- od. FrStänden od. blütenlose Zweige (Hauptschlüssel) .... S. 478
Schlüssel B: Zweige mit ♀ Blü .... S. 487
Schlüssel C: Zweige mit ♂ Blü .... S. 491

Schlüssel A: Beblätterte Zweige mit Blü- od. FrStänden od. blütenlose Zweige (Hauptschlüssel)

1 Am Boden kriechende Spalierweiden höherer Lagen der Alpen (subalp., alp.) 2
1* Aufrecht wachsende Bäume, Sträucher od. Zwergsträucher 7
2 BlaSpreite useits graugrün bis weißlich bereift, oseits durch tief eingesenkte Nerven deutlich runzlig, rundlich bis br elliptisch, 2–4 cm × 1–3(–4) cm, BlaSpitze stumpf, ganzrandig od. selten am Rand schwach gekerbt, BlaStiel 5–20 mm lg. 0,02–0,10. 6–8. Subalp. u. alp. feuchte, lg schneebedeckte Schuttfluren, steinige Hänge u. Schneetälchen, Spalierweiden-Rasen, kalkhold; z Alp (sm/alp-arct·c2-7CIRCPOL – sogr SpalierStr – L8 T2 F6 R9 N3 – V Arab. caer., O Sesl. – *38*). **Netz-W. – *S. reticulata* L.**
2* BlaSpreite useits grün, oft etwas heller als oseits, aber nicht bereift, oseits ± glatt 3
3 BlaSpreite rundlich, so lg wie od. wenig länger als br, 1–2(–3) cm lg, am Rand gekerbt. Mehrjährige, verholzte Sprosse unterirdisch, nur kurze, diesjährige Sprosse oberirdisch, lockere Rasen bildend. 0,01–0,10. 6–8. Subalp. u. alp., sickerfeuchte, humose, lg schneebedeckte Schneeböden u. -tälchen, kalkmeidend; s Alp (sm/alp-arct·c1-6EUR-OAM – sogr unterirdisch kriechender ZwStr od. SpalierStr – L7 T2 F7 R3 N4 – V Salic. herb., V Car. curv., V Nard. – *38*). **Kraut-W. – *S. herbacea* L.**
3* BlaSpreite ± elliptisch, deutlich länger als br. Mehrjährige, verholzte Sprosse oberirdisch 4

4	Spitze der BlaSpreite stumpf bis abgerundet (selten spitz), zumindest teilweise ausgerandet, kahl od. nur mit einzelnen Haaren, zwischen den deutlich bogenfg Seitennerven nur undeutlich netznervig. Bla beim Trocknen nicht schwärzend. FrKn u. Fr kahl. DeckBla der Blü einfarbig hell (Artengruppe Stumpfblättrige W. − S. ret_usa agg.) 5
4*	BlaSpreite spitz od. stumpf, aber nicht ausgerandet, dicht bis zerstreut behaart od. ± kahl, zwischen den nur schwach bogenfg Seitennerven deutlich netznervig. Bla beim Trocknen ± schwärzend. FrKn u. Fr behaart (bei *S. alpi_na* Fr mitunter kahl). DeckBla der Blü ± zweifarbig mit dunkler Spitze (Artengruppe Alpen-W. − S. alpi_na agg.) 6
5	BlaSpreite 8–30 × 5–10 mm, mit 3–6 Paar Seitennerven. Kätzchen 1–2 cm lg, die Bla zur BlüZeit deutlich überragend, mit meist >10 Blü. Pfl ± locker verzweigt, die Äste dem Boden ± locker anliegend. 0,01–0,10. 6–8. Subalp. u. alp., feuchte Rasen, Schneetälchen, steinige Hänge, Felsfluren, Weidenspaliere, kalkhold; v Alp (sm-stemp//alp·c2-4EUR − sogr SpalierStr − L7 T2 F6 R8 N4 − V Arab. caer. − *76, 114).* **Stumpfblättrige W. − S. ret_usa** L.
5*	BlaSpreite 4–11 × 2–4 mm, mit 2–4 Paar Seitennerven. Kätzchen <1 cm lg, die Bla zur BlüZeit nicht od. kaum überragend, mit 3–8 Blü. Pfl dicht verzweigt, die Äste dem Boden dicht angepresst. 0,01–0,05. 7–8. Subalp. u. alp. lückige Rasen, Weidenspaliere, kalkstet; z Alp (sm-stemp//alp·c2-3ALP − sogr SpalierStr − L7 T2 F4 R9 N2 − O Sesl., O Drab. hopp. − *38).* **Quendelblättrige W. − S. serpillifolia** Scop.
6	(4, 32, 42) BlaSpreite am Rand dicht drüsig gesägt, anfangs wollig („spinnwebig") od. anliegend behaart, ± verkahlend bis fast kahl, häufig oseits stärker behaart bleibend als useits, useits dann stärker glänzend als oseits, 1–3(–4) × 0,5–1,5(–2,0) cm. FrKn u. Fr sitzend. 0,05–0,60. 6–7. Subalp. sickerfeuchte Schuttfluren, Weidengebüsche, Zwergstrauchheiden, basenhold; s Alp(Brch: Hochkalter, Steinernes Meer, sonst unsicher) (sm-stemp//salp·c1-4EUR − sogr ZwStr − O Adenost., O Car. nigr. − 38).
	Matten-W., Kurzzähnige W. − S. breviserrata Flod.
6*	BlaSpreite ganzrandig od. mit wenigen, undeutlichen Zähnen, nur anfangs ± seidig behaart, verkahlend, oseits ± kahl, meist nur am Rand bewimpert bleibend, beidseits glänzend, 1,0–3,5 × 0,6–1,8 cm (Abb. 481/1). FrKn u. Fr kurz gestielt. 0,05–0,30. 6–7. Subalp. u. alp. sickerfrische Schutt- u. Felsfluren, Pionierrasen, Weidenspaliere, kalkhold; s Alp(Brch) (sm-stemp//salp·c3-4EUR − sogr ZwStr − L9 T2 F6 R8 N4 − *38).* **Alpen-W. − S. alpi_na** Scop.
7	(1) Bäume mit dünnen, lg u. schlaff hängenden Zweigen (Trauer-Weiden) od. Zweige korkenzieherartig gedreht (Korkenzieher-Weiden). BlaSpreite länglich. od. lanzettlich, mit lg ausgezogene Spitze, useits meist graugrün bereift, zerstreut seidig behaart bis kahl ... 8
7*	Bäume, Sträucher od. Zwergsträucher, Zweige aufrecht abstehend, ± gerade, nicht korkenzieherartig gedreht 9
8	Zweige peitschenartig lg herabhängend, nicht korkenzieherartig gedreht, hellgelb. BlaSpreite 8–14 cm lg. Kätzchen meist mit ♂ u. ♀ Blü. Bis 15,00. 4–5. Parkbaum (sogr B). [*S. alba* var. *vitelli_na* (L.) Stokes × *S. babyloni_ca* L.]
	Ⓚ **Dotter-Trauer-W. − S. ×sepulcr_alis** Simonk. nothovar. **chrysocoma** (Dode) Meikle

Außerdem als Trauerweide selten kultiviert: Zweige grünlich od. bräunlich, an der Basis brüchig. BlaSpreite 8–12 cm lg, lg zugespitzt, oseits glänzend x dunkelgrün, useits graugrün. Kätzchen meist mit ♂ u. ♀ Blü. Parkbaum. Mit *S. ×rubens* verwechselbar. [*S. babyloni_ca × S. fragilis, S. elegantissima* K. Koch, *S. ×blan_da* Andersson] Ⓚ **Liebliche T.-W., Wisconsin-T.-W. − S. ×penduli_na** Wender.

Nicht in D vorkommend: **Babylon-T.-W. − S. babyloni_ca** L. mit gelblichen, bräunlichen od. hellpurpurnen Zweigen (die Wildform mit geraden, nicht korkenzieherartig gedrehten Zweigen), useits hellgrünen, 9–16 cm lg BlaSpreiten u. stets eingeschlechtigen Kätzchen.

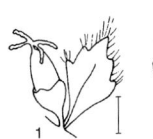  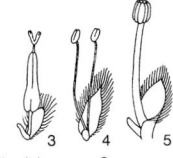 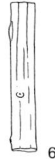

1 Populus alba 2 P. nigra 3 Salix glabra 4 S. purpurea 5 S. daphnoides 6 Salix, Striemen

8* Zweige korkenzieherartig gedreht, bei jüngeren Pfl straff aufrecht, bei älteren ± überhängend, gelblichbraun bis grünlich. BlaSpreite 5–10 cm lg, oft wellenartig gewunden; Kätzchen entweder ♂ od. ♀. Bis 13,00. 4–5. Parkbaum. [*S. matsudana* KOIDZ. 'Tortuosa']
Ⓚ **Korkenzieher-W. – *S. babylonica* L. 'Tortuosa'**
9 (7) Zweige weißlich od. blassblau bereift (mehrere Zweige prüfen!). NebenBla ± deutlich, am Grund mit dem BlaStiel verwachsen (bleiben beim Entfernen des Bla oft am BlaStiel haften). Bäume od. höhere Sträucher **10**
9* Zweige nicht bereift. Wenn NebenBla vorhanden, dann nicht mit dem BlaStiel verwachsen. Bäume, Sträucher od. Zwergsträucher **11**
10 BlaStiel 5–10(–15) mm lg, BlaSpreite (Abb. **481**/2) 3–5mal so lg wie br, 4–10(–12) × 1,5–3,0 (–4,0) cm. Sprossachse u. Bla anfangs ± behaart (im Austrieb oft flaumig), später ± kahl. Zweige kräftig, ± aufrecht, glänzend rötlich bis gelblichbraun. Bis 10,00(–15,00). 2–4. Sickernasse, kurzzeitig überflutete Kies- u. Schotterauen, v. a. in den Alpen od. entlang von Alpenflüssen im Vorland, aufgelassene Kiesgruben, Küstendünen, kalkhold; z Alp Mv s By(MS S Alb NM, im N auch [N]) Bw, s Rh(ORh), [N U] s Nw Sa Bb An Ns Sh; auch Ziergehölz u. Bienenweide (sm/mo-b·c2-5EUR – sogr B/Str – L(6) Tx F8~ R8 N4 – V Salic. eleag., V Salic. aren. – HeilPfl – *38, 57*). **Reif-W. – *S. daphnoides* VILL.**
10* BlaStiel 12–20 mm lg, BlaSpreite meist >5mal so lg wie br, 6–15 cm × 1,0–2,5 cm. Sprossachse u. Bla meist auch anfangs kahl. Zweige dünn, meist ± bogenfg überhängend. Bis 10,00. 2–4. Selten gepflanzt, ob verwildert? Bahndämme, Straßenbegleitgrün, Ufer, Dünen; [N U] s Alle Bdl f Nw (sm/mo-temp·c4-8 OEUR – sogr Str/B – *38*). [*S. daphnoides* subsp. *acutifolia* (WILLD.) AHLFV.] **Spitzblättrige W. – *S. acutifolia* WILLD.**
11 (9) BlaStiel am Übergang zur Spreite mit mehr als 2 deutlichen, höcker- od. stielartigen Drüsen, BlaSpreite (Abb. **481**/3) 5–10 cm × 1,5–4,0 cm, am Rand dicht u. auffallend drüsig gesägt, oseits ± glänzend dunkelgrün, useits heller grün, aber nie bereift. NebenBla klein, meist fehlend. Kätzchen mit od. nach dem Laubaustrieb, an 2–5(–7) cm lg Stielen, diese mit 3–8 gut entwickelten, am Rand drüsig gesägten Bla. ♂ Blü mit meist (3–)5(–8) Staub-Bla., ♀ Kätzchen ± überhängend. Samenreife im Spätsommer od. Herbst, Kätzchen oft bis nach dem Laubfall bleibend. Bis 15,00. 5–6. Sicker- bis staunasse Moorbruch- u. Auengebüsche, mont. Bachufer u. Hochstaudenfluren; v Bb Mv Sh, z Bw(f Keu NW ORh) Nw(MW N NO SO) Th(Bck NW O Rho) Sa An(f W) Ns, s Alp(Allg Amm Wtt) By(MS S, sonst [N]) He(MW O), [N U] s Rh; auch Ziergehölz (sm/mo-b·c2-6EUR-WAS, [N] OAM – sogr B/Str – L7 T5 F8~ R6 N4 – V Alno-Ulm., O Adenost. – *76*).
Lorbeer-W. – *S. pentandra* L.
11* BlaStiel am Übergang zur Spreite ohne od. mit 1–2 (selten 3–4) kleinen, ± undeutlichen Drüsen. ♂ Blüten mit 2(–3) StaubBla; Samenreife im Frühjahr od. Frühsommer, Kätzchen danach abfallend **12**
12 BlaSpreite meist >4mal so lg wie br **13**
12* Spreite meist <4mal so lg wie br **27**
13 Bla u. Kätzchen teilweise (schief) gegenständig (v. a. an der Triebbasis). NebenBla stets fehlend. BlaStiel 2–8 mm lg. BlaSpreite (Abb. **481**/4) länglich od. (verkehrt)lanzettlich, 3–8 (–12) cm × 0,5–2,0 cm, am Rand fein gesägt, am Grund oft ganzrandig, useits grau- od. blaugrün bereift, anfangs zuweilen zerstreut od. flaumig behaart, sonst kahl. Bla beim Trocknen ± schwarz od. schwarzfleckig werdend. Die 2 Staubfäden der ♂ Blü verwachsen, dadurch scheinbar 1 StaubBla pro Blü (Abb. **479**/5). Bis 10,00. 3–4(–5). Nasse bis wechseltrockene, zeitweilig überflutete Auengebüsche, Niedermoore, Quellsümpfe, Ufer, steinige Hänge, aufgelassene Kiesgruben, Ruderalflächen, kalkhold; h Alp He Th, v By Bw Rh Nw Sa An Bb Ns(g Hrz), z Mv Sh (m-temp·c2-4EUR – sogr Str – L8 T5 Fx= R8 Nx – O Salic. purp., V Berb. – HeilPfl, auch als Ziergehölz u. im Landschaftsbau gepflanzt – *38*).
[*S. purpurea* subsp. *lambertiana* (SM.) MACREIGHT] **Purpur-W. – *S. purpurea* L.**
Ähnlich ist **S. *purpurea* × S. *viminalis* (S. ×*rubra* vgl. 20*):** im Unterschied zu *S. purpurea* Bla wechselständig od. selten ganz an der Triebbasis ± gegenständig. NebenBla an kräftigen Trieben. Sprossachse u. BlaSpreite useits seidenhaarig, ± verkahlend.
13* Bla u. Kätzchen stets wechselständig (außer bei *S. repens*, s. **33**, zuweilen Bla an der Basis der Triebe ± gegenständig) **14**
14 Spreite voll entwickelter Bla useits kahl, höchstens auf den Nerven zerstreut behaart **15**

14* Spreite voll entwickelter Bla useits behaart (zumindest zerstreut) **17**
15 Strauch. Grund der BlaSpreite herzfg (zumindest bei einem Teil der Bla, mehrere Zweige prüfen!) od. gestutzt bis abgerundet. BlaSpreite eifg od. elliptisch bis länglich, 6–14 × 1–3 (–4) cm, gesägt, useits hell- bis graugrün bereift. Bla im Ausrieb oft rötlich. NebenBla meist groß u. deutlich. Bis 3,00(–6,00). 4–5. Zur Wildäsung, an Wegen u. zur Böschungsbegrünung gepflanzt; [N U] s By Rh He Sa Bb Ns (sm-b·c1-7AM – sogr Str). [*S. cordata* Muhl. non Michx., *S. rigida* Muhl.]   **Herzblättrige W. – *S. eriocephala* Michx.**
15* Baum od. Strauch. Grund der BlaSpreite keilfg bis abgerundet, nie herzfg **16**
16 Baum. BlaSpreite (Abb. **481**/5) lanzettlich mit lg ausgezogener Spitze, 8–18 × 1,5–3,0(–4,0) cm, meist unterhalb der Mitte am breitesten, useits oft ± grauweiß bereift. BlaStiel 0,5–2,0 cm lg. Rinde am Stamm u. an stärkeren Ästen nicht flächig abschuppend. ♂ Blü mit 2 StaubBla, DeckBla bis zur Spitze mit ± langen Haaren, DeckBla meist vor der FrReife abfallend. Bis 15,00(–25,00). 4–5. Wechselfeuchte bis nasse, zeitweilig überflutete Weidengebüsche an Fließgewässern, BachauenW, kalkmeidend; Verbr. wegen Verwechslung mit *S.* ×*rubens* (s. **23***) ungenügend bekannt, wahrscheinlich alle Bdl s bis z, bes. Bergland, aber Alp nur [U]; auch kultiviert als Forstbaum u. Flechtweide sowie in Parks (m/mo-temp·c1-5EUR-(WAS) – sogr B – L(5) T5 F8= R6 N6 – O Salic. purp., O Salic. aur., V Alno-Ulm. – HeilPfl – *76, 114)*. [*S. euxina* I. V. Belyaeva]   **Bruch-W., Knack-W. – *S. fragilis* L.**

Sehr ähnlich u. oft nicht sicher abzugrenzen ist *S. alba* × *S. fragilis* (*S.* ×*rubens*, s. **23***), im Unterschied zu *S. fragilis* Sprossachse u. USeite der BlaSpreite bleibend zerstreut behaart, nie völlig kahl.

16* Strauch (selten kleiner Baum). BlaSpreite (Abb. **481**/6) schmal elliptisch, länglich od. lanzettlich, gleichmäßig zugespitzt, 5–10(–13) × 1,5–3,0 cm, ± in der Mitte am breitesten, useits grün od. bereift (s. Unterarten). BlaStiel 0,6–1,3 cm lg. Rinde am Stamm u. an stärkeren Ästen flächig abschuppend, darunter zimtbraun. ♂ Blü mit 3 StaubBla. DeckBla der Blü im unteren Teil ± kraus behaart, zur Spitze hin ± kahl od. kurzhaarig, DeckBla meist bis zur FrReife bleibend. An 2–3jährigen Zweigen oft paarige Knospen an der BlaNarbe od. am Grund der Seitentriebe, oft aus diesen blühend. Bis 4,00(–7,00). 4–5. Feuchte bis sickernasse, zeitweilig überflutete Gebüsche an Bach-, Fluss- u. Seeufern, Altwässern u. Buhnen; h He, v Rh Th Sa An Ns, z By Bw Nw Bb Mv Sh, s Alp; auch als Flechtweide gepflanzt (m/mo-b·c1-7EURAS – sogr Str/B – L7 T5 F8= R7 N5 – V Salic. alb. – *38*).   **Mandel-W. – *S. triandra* L.**

1   BlaSpreite useits grün. Verbr. in D u. Areal wie Art. [*S. amygdalina* var. *concolor* W.D.J. Koch, *S. t.* subsp. *concolor* (W.D.J. Koch) Rech. f.]   subsp. *triandra*
1*   BlaSpreite useits grauweiß bereift. Östliche Unterart, alle Bdl z, aber im W s. [*S. amygdalina* var. *glaucophylla* Ser., *S. t.* var. *discolor* W.DJ. Koch *S. t.* subsp. *discolor* (Wimm. et Grab.) Arcang., *S. amygdalina* L.]   subsp. **amygdalina** (L.) Schübl. et G. Martens

Ähnlich ist die **Busch-W. – *S. triandra* × *S. viminalis* (*S.* ×*mollissima* Elwert)**: im Unterschied zu *S. triandra* BlaSpreite 5–9mal so lg wie br (*S. triandra* ≤6mal), useits meist zerstreut anliegend behaart, nur selten kahl. Rinde nicht od. kaum flächig abschuppend.

17   (14) BlaSpreite meist >7mal so lg wie br **18**
17* BlaSpreite meist <7mal so lg wie br **22**
18   BlaSpreite meist <5 cm lg, lanzettlich, 5–10mal so lg wie br, ganzrandig, useits ± dicht anliegend, hell seidig behaart (Abb. **481**/7). 0,20–1,50. 4–5. Moorwiesen, eutrophe Moore; z Mv(f Elb), s Alp(Allg) By(S Alb MS NM) Sa(SO SW W) Bb(NO M MN) Ns? Sh(M), †

Salix alpina   S. daphnoides   S. pentandra   S. fragilis   S. triandra   S. viminalis
                             S. purpurea   S. rosmarinifolia   S. eleagnos

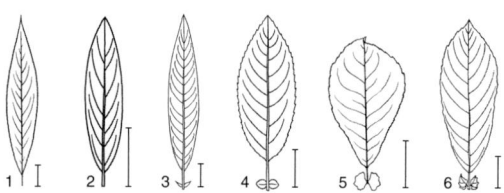

Salix alba S. repens S. gmelinii S. myrsinifolia S. aurita S. cinerea

Th(Bck), ↘ (sm-b·c3-9EURAS – sogr Str – L8 T5 F8 R5 N2 – V Salic. cin. – *38*). [*S. repens* subsp. *rosmarinifolia* (L.) ČELAK.] **Rosmarin-W. – S. rosmarinifolia** L.

18* BlaSpreite meist >5 cm lg 19
19 BlaSpreite voll entwickelter Bla useits zerstreut behaart (Epidermis sichtbar) 20
19* BlaSpreite voll entwickelter Bla useits dicht behaart (Epidermis durch Behaarung verdeckt)
    21
20 Zweige z. T. abgeflacht, mehrere cm br (verbändert, mehrere Zweige prüfen!). Bla stets wechselständig, beim Trocknen nicht schwärzend. BlaSpreite länglich, 6–15 × 0,8–3,0 cm, meist unterhalb der Mitte am breitesten. Bis 5,00. 3–4. Verbr. in D ungenügend bekannt: s By Bw Sa; auch Ziergehölz (Drachen-Weide, 'Sekka', ob von der Art auch nicht verbänderte Wildformen vorkommend?). [*S. sachalinensis* F. SCHMIDT]
    Sachalin-W. – S. udensis TRAUTV. et C.A. MEY.
20* Zweige nicht abgeflacht. Bla an der Basis der Triebe zuweilen gegenständig, beim Trocknen ± schwärzend. BlaSpreite länglich, 4–12 × 0,8–1,5 cm, oft im obersten Drittel am breitesten. Bis 6,00. 3–4. Verbr. in D ungenügend bekannt: alle Bdl s bis z; auch Ziergehölz (sm-temp·c1-4EUR? – sogr Str – Soz. wie die Eltern?). [*S. purpurea* × *S. viminalis*, *S. helix* L.]
    Blend-W. – S. ×rubra HUDS.

Ähnlich ist **Busch-W. – S. triandra** × *S. viminalis* (*S.* ×*mollissima* ELWERT): im Unterschied zu *S.* ×*rubra* Bla nie gegenständig, beim Trocknen nicht schwärzend. S. auch Anm. 21.

21 (19) BlaSpreite useits durch dicht anliegende, den Seitennerven ± parallele, helle Haare ± seidig schimmernd, länglich bis linealisch, meist ≥ 9mal so lg wie br, 5–15(–20) × 2 cm, ganzrandig od. selten undeutlich kerbig gesägt (Abb. 481/8). Kätzchen ellipsoid. DeckBla zweifarbig, Spitze dunkel. FrKn behaart. Holz ohne od. nur mit kurzen, <5 mm lg Striemen. Bis 6,00(–10,00). 3–4. Feuchte bis sickernasse, periodisch überflutete Gebüsche in Flussu. Bachauen tieferer Lagen, durch Anpflanzung bis in mont. Lagen, basenhold, nährstoffanspruchsvoll; g He, h Rh Nw Th Sa An Ns, v By Bw Bb Mv Sh, z Alp; als Korb- u. Bienenweide kultiviert (sm-b·c2-7EURAS, [N] c1EUR u. OAM – sogr Str/B – L7 T6 F8= R7 Nx – V Salic. alb. – *38*). **Korb-W. – S. viminalis** L.

Ähnlich sind **Busch-W. – S. triandra** × *S. viminalis* (*S.* ×*mollissima* ELWERT): BlaSpreite 5–9mal so lg wie br, am Rand ± deutlich gesägt, useits zerstreut behaart, Epidermis sichtbar, ± verkahlend. Bis 5,00. Wechselfeuchte bis nasse Weichholzauen; Verbr. in D ungenügend bekannt, alle Bdl z bis s; oft gepflanzt, u. a. ein ♀ Klon: var. *undulata* (EHRH.) WIMM. (sm-temp·c1-5EUR? – sogr B).

Salix purpurea × *S. viminalis* (*S.* ×*rubra*, s. 20*): Bla an der Triebbasis oft ± gegenständig, BlaSpreite 5–9mal so lg wie br, useits zerstreut behaart, Epidermis sichtbar, ± verkahlend, Bla beim Trocknen oft schwarzfleckig werdend.

Salix cinerea subsp. *cinerea* × *S. viminalis* (*S.* ×*holosericea* WILLD. sensu RECH.): Holz mit >5 mm langen Striemen. BlaSpreite bis 2,5 cm br, useits schwach seidenhaarig, verkahlend.

Salix caprea × *S. viminalis* (*S.* ×*smithiana*, s. 26*): BlaSpreite etwa 3–6mal so lg wie br, useits ± verkahlend.

21* BlaSpreite useits durch filzige Behaarung matt grau od. weißgrau, nicht schimmernd, länglich bis linealisch, (3–)5–12(–15) × 0,5–1,5(–2,0) cm, ganzrandig od. selten zur Spitze hin undeutlich kerbig gesägt (Abb. 481/9). Kätzchen ± länglich, meist deutlich gekrümmt bis abwärts gebogen (v. a. die ♀). FrKn kahl, zur BlüZeit vom einfarbig gelbgrünen, an der Spitze mitunter rötlichen DeckBla verdeckt, nur Griffel u. Narben herausragend. Bis 15,00 (–20,00). 4–5. Sickernasse, kurzzeitig überflutete, vor allem gebirgsnahe Kies- u. Schotterauen, aufgelassene Kiesgruben, Böschungen, kalkhold; h Alp, z By(S MS Alb, [N] N NM) Bw(f NW), s Rh(ORh), [N U] Nw Th(Bck) Sa An Bb Ns Mv Sh; auch Ziergehölz (m-stemp// mo-demo·c1-3EUR – sogr Str/B – L7 T5 F7~ R8 N4 – V Salic. eleag. – *38*). [*S. incana* SCHRANK] **Lavendel-W. – *S. eleagnos* SCOP. subsp. *eleagnos***

22 (17) BlaSpreite regelmäßig gesägt, Rand flach, nicht umgerollt 23
22* BlaSpreite ganzrandig od. unregelmäßig gesägt, Rand oft umgerollt 24
23 BlaSpreite useits ± dicht anliegend, silbrig seidig behaart (Haare ± parallel zur Mittelrippe), schmal elliptisch bis lanzettlich (Abb. **482**/1) größte Breite ± in der Mitte, 5–12 × 1–2 cm, fein drüsig gesägt, BlaStiel 3–10 mm lg. Knospen u. junge Triebe anfangs dicht anliegend behaart, verkahlend. Jüngere Zweige beim Anlegen an die Tragachse nicht leicht abbrechend. Bis 25,00(–35,00). 4–5. Wechselfeuchte bis nasse, zeitweilig auch länger überflutete Weichholzauen der Stromtäler, an Fluss-, Bach- u. Seeufern, kalkhold, nährstoffanspruchsvoll; g An(v Hrz), h Rh He Nw Th Sa Bb Ns, v Alp By Bw Mv Sh; auch als Forst- u. Parkbaum sowie als Korbweide kultiviert (m-temp·c2-7EUR-WAS – sogr B – L(5) T6 F8= R8 N7 – V Salic. alb. – HeilPfl – *76*). **Silber-W. – *S. alba* L.**
Bei der typischen Form junge Zweige braunrot bis gelbgrün, abweichend davon: **Dotter-W. – *S. a.* var. *vitellina* (L.) STOKES ['Vitellina']:** Zweige hellgelb, oft ± kahl. BlaSpreite u. junge Triebe nur spärlich behaart – Parkbaum. **Mennige-W., Kermesin-W. – *S. a.* var. *britzensis* SPAETH ['Chermesina']:** orangerote Zweige – Parkbaum. ***S. a.* 'Tristis':** Kulturform mit lg hängenden Zweigen u. niemals ♀ Kätzchen, vgl. ***S. ×sepulcralis***, s. 8.

23* BlaSpreite useits zerstreut behaart, schmal elliptisch bis lanzettlich, 7–15 × 1,5–3,0 cm, BlaStiel 0,8–1,8 cm lg. Knospen u. junge Triebe zerstreut behaart bis kahl. Jüngere Zweige beim Anlegen an die Tragachse ± leicht abbrechend. Variabler Komplex aus Hybriden u. Rückkreuzungen, intermediär zwischen den Elternarten od. einer Elternart genähert. Bis 25,00. 4–5. Wechselfeuchte bis nasse, zeitweilig überflutete Weichholzauen; Verbr. in D ungenügend bekannt, wohl alle Bdl v bis z; auch Forst- u. Parkbaum u. Korbweide (sm-temp·c1–5EUR? – sogr B – L(5) T6 F8= R6 N6 – O Salic. purp. – *76*). [*S. alba* × *S. fragilis*; *S. ×fragilis* L.] **Hohe W., Fahl-W. – *S. ×rubens* SCHRANK**
24 (22) BlaSpreite <5 cm lg. Bis 1,5 m hohe Sträucher 25
24* BlaSpreite >5 cm lg. Höhere Sträucher od. Bäume 26
25 BlaSpreite lanzettlich, >(4–)5mal so lg wie br, größte Breite in od. oberhalb der Mitte, ± lang zugespitzt, meist ≥8 Paar Seitennerven (Abb. **481**/7). Kätzchen kuglig bis kurz kegelfg, ± so lg wie br. FrKn u. Fr stets behaart. ***S. rosmarinifolia*, s. 18**
25* BlaSpreite elliptisch bis länglich, 2–5mal so lg wie br, größte Breite in od. unterhalb der Mitte, meist ≤8 Paar Seitennerven (Abb. **482**/2). Kätzchen eifg bis kurz kegelfg, 1–2,5mal so lg wie br. FrKn u. Fr behaart od. kahl. ***S. repens*, s. 33**
26 (24, 35) Holz mit kurzen Striemen. Junge Triebe u. Knospen dicht grau bis schwarzgrau samtig od. ± abstehend behaart. BlaSpreite länglich, 8–15(–23) × 2–4(–5) cm, unregelmäßig kerbig gesägt bis ganzrandig, useits behaart (zuweilen seidig) ob. als auf die Nerven kahl (Abb. **482**/3). Bis 6,00. 3–4. Nasse, periodisch überflutete Gebüsche u. Flussauen des Flachlandes, durch Anpflanzung u. Verwilderung auch an anderen Standorten u. in höheren Lagen; s Sh(M: Elbe von Lauenburg bis Glückstadt), [N U] z By Rh Nw He Sa An, s Bw Th(Bck S) Bb Ns Mv Sh; auch als Bienen- u. Korbweide gepflanzt (sm-b·c4-7EURAS – sogr Str – O Salic. purp. – *S. caprea* × *S. cinerea* × *S. viminalis*? – *76*). [*S. dasyclados* WIMM.] **Filzast-W., Bandstock-W. – *S. gmelinii* PALL.**
26* Holz ohne Striemen. Junge Triebe u. Knospen ± angedrückt behaart. BlaSpreite 6–12(–15) cm lg, useits durch anliegende Haare ± seidig schimmernd, sonst ± intermediär zwischen den Elternarten. Bis 9,00. 3–4. Böschungen, Ufer, Grünanlagen; [N] v Nw Ns, z By Bw Rh Th An, s He Sa Mv Sh; als Bienen- u. Korbweide gepflanzt (sogr B/Str – Soz. wie die Eltern – s. auch *S. ×rubra*, **20***). [*S. caprea* × *S. viminalis*] **Kübler-W. – *S. ×smithiana* WILLD.**
27 (12) BlaSpreite useits graugrün bis grauweiß bereift, aber ganz an der Spitze grün, meist kahl, seltener ± behaart, elliptisch, verkehrteifg od. länglich, 2–7(–12) ×1–4(–5) cm, gekerbt od. gesägt (Abb. **482**/4). NebenBla deutlich, bei eifg. Bla beim Trocknen schwarz od. schwarzfleckig werdend. Bis 5,00(–8,00). 4–6. Sickernässe, zeitweilig auch überflutete Gebirgs-Weidengebüsche u. GrauerlenW, Quellmoore, Auenwaldmäntel, aufgelassene Kiesgruben, kalkhold; h Alp, z By(f NW) Bw(f NW) Rh(ORh) Bb(M MN NO), s Ns(S: Süntel)

Sh(M O), [N U] s Th(Bck Wld) Sa An Mv (temp/mo-b·c2-5EUR-WSIB – sogr Str – L7 T4 F7= R8 N6 – V Berb., V Alno-Ulm., V Aln., V Salic. cin. – *114*). [*S. nigricans* SM.]
Schwarz-W. – *S. myrsinifolia* SALISB.

27* BlaSpreite useits bis zur Spitze (!) grün od. graugrün bis weißlich bereift od. bis zur Spitze hell behaart. NebenBla deutlich od fehlend. Bla beim Trocknen nicht od. selten schwarz od. schwarzfleckig werdend **28**

Salix waldsteiniana (**45***) useits bereift u. zuweilen mit grüner Spitze, aber ohne od. mit undeutlichen Neben-Bla. Bla beim Trocknen nicht schwärzend. Bla zuweilen auch bei *S. glabra* (**45**), *S. breviserrata* (**6**) u. *S. alpina* (**6***) sowie bei *S. repens* (**33**) schwärzend.

28 Voll entwickelte Bla useits zumindest auf den Nerven deutlich behaart **29**
28* Voll entwickelte Bla useits kahl od. nur mit einzelnen Haaren **36**
29 Holz mit deutlichen, 5–25 mm lg Striemen. NebenBla fast stets vorhanden u. deutlich, br eifg **30**
29* Holz ohne Striemen od. Striemen <5(–8) mm lg u./od. undeutlich. NebenBla vorhanden od. fehlend **31**
30 Sprossachse u. Winterknospen ± rotbraun, anfangs behaart, rasch verkahlend, Zweige oft schon im ersten Jahr ± kahl. BlaSpreite (Abb. **482/5**) useits anfangs behaart, oft bis auf die Nerven verkahlend, verkehrteifg, 1,5–2,5mal so lg wie br, 2–6(–7) × 1,5–3,5 cm, größte Breite meist über der Mitte, mit 7–10 Nervenpaaren, ± wellig-buchtig, unregelmäßig kerbig gesägt, oseits durch eingesenkte Nerven runzlig (v. a. an lichten Standorten). Bis 3,00. 4–5. Feuchte bis nasse Weidengebüsche, Flach- u. Quellmoore, Torfstiche, Moorwiesen, Seeufer u. Bruchwälder, kalkmeidend; h He Nw Sa Ns, v Alp By Rh Th(h Wld) An Bb Mv Sh, z Bw (sm/mo-b·c1-5EUR – sogr Str – L7 Tx F8~ R4 N3 – O Salic. aur. – *38, 76*).
Ohr-W. – *S. aurita* L.

30* Dies- u. oft auch vorjährige Sprossachse sowie Winterknospen samtig braun bis schwarzgrau behaart, nie rotbraun. BlaSpreite (Abb. **482/6**) useits bleibend ± dicht grau behaart, schmal elliptisch bis länglich verkehrteifg, 2–4mal so lg wie br, 5–10(–12) × 1,5–3,5(–4,5) cm, größte Breite in od. über der Mitte, mit meist >10 Nervenpaaren, unregelmäßig kerbig gesägt bis ganzrandig, oseits nicht od. nur wenig runzlig, mattgrün. Bis 4,00 (subsp. *oleifolia* bis 12,00). 3–4. Sicker-, bis staunasse Weidengebüsche, Quellmoore, Moorwiesen, Bachufer, See- u. Teichverlandungen, Bruchwälder; g He An Ns, h Rh Nw Th Sa Bb Mv Sh, v Alp By(g NM) Bw (m-b·c1-6EUR-WAS – sogr Str – L7 Tx F9~ R5 N4 – V Salic. cin., V Salic. alb., V Aln. – *76*).
Grau-W., Asch-W. – *S. cinerea* L.

1 BlaSpreite useits nur mit grauen Haaren. Sprossachse bis zum 2. Jahr behaart. Strauch, nur selten baumfg. Bis 4,00. Standort, Verbr. in D u. Gesamt-Verbr. wie Art. subsp. ***cinerea***
1* BlaSpreite useits neben grauen auch rostfarbene Haare (v. a. auf den Nerven). Bla u. Sprossachse stärker verkahlend. Strauch od. Baum. Bis 12,00. s Rh(SW ORh), [N] By(N NM NW), gepflanzt; sonst?; Standort wie Art (m-temp·c1-2EUR). [*S. atrocinerea* BROT.] subsp. ***oleifolia*** MACREIGHT

Folgende Hybriden in ihren Merkmalen ± intermediär zwischen den Elternarten, oft aber einer Elternart genähert u. deshalb schwer abzugrenzen: **Vielnervige W. – *S. aurita* × *S. cinerea* subsp. *cinerea*** (*S.* ×*multinervis* DÖLL): Sprossachse stärker verkahlend. Knospen rötlichbraun. *S. caprea* × *S. cinerea* subsp. *cinerea* (*S.* ×*reichardtii* A. KERN.): Knospen. BlaSpreiten stärker verkahlend, Striemen weniger deutlich. *S. cinerea* subsp. *cinerea* × *S. viminalis* (*S.* ×*holosericea* WILLD. sensu RECH.): BlaSpreite eher länglich, meist nur bis 2,5 cm br, useits oft etwas seidenhaarig. Ähnlich auch **Ägyptische W. – *S. aegyptiaca* L.** (s. auch Anm. bei **34**): im Unterschied zu *S. cinerea* Spreite < 2,5mal so lg wie br, größte Breite ± in der Mitte, oseits oft ± glänzend grün. Striemen meist nur bis 10 mm lg. Knospen u. BlaStiel oft rötlich.

31 (29) 10–100(–200) cm hohe Sträucher od. Zwergsträucher **32**
31* >100 cm hohe Sträucher od. Bäume **34**
32 30–100(–200) cm hohe Sträucher. BlaSpreite useits durch dichte, anliegende od. wolligfilzige Behaarung hellgrau bis weißlich, Epidermis durch Behaarung meist ganz verdeckt, ganzrandig od. undeutlich gesägt (aber nie dicht drüsig), zwischen den Seitennerven nicht od. undeutlich netznervig **33**
32* 5–50 cm hohe Zwerg- od. Spaliersträucher. BlaSpreite useits ± grün, kahl od. v. a. anfangs wollig od. seidig behaart, die grüne Epidermis aber sichtbar, ganzrandig od. dicht drüsig gesägt; zwischen den Seitennerven deutlich netznervig **6**

33 BlaSpreite useits dicht anliegend, hellgrau bis silbrig behaart, oft ± seidig schimmernd, 1–3(–5) × 0,5–2,0 cm (Abb. **482**/2). 0,20–1,00(–2,00). 4–5. (Frische–) Staufeuchte Moorwiesen, Magerrasen u. Heiden, Wald- u. Grabenränder, Küstendünen, kalkmeidend; v Alp Ns Sh, z By Bw Rh(f W) He Nw Th(f Hrz NW) Sa(h NO) An Bb Mv, ↘ (sm-b·c1-4EUR – sogr ZwStr/Str – L8 T5 F7 Rx Nx – V Mol., V Salic. cin., V Salic. aren., V Empetr., V Eric. tetr. – *38*). **Kriech-W. – *S. repens* L.**

   1 BlaSpreite 2,5–5mal so lg wie br, oseits kahl od. zerstreut behaart, beim Trocknen zuweilen etwas schwärzend. (Frische–) Staufeuchte Moorwiesen, Magerrasen u. Heiden, Wald- u. Grabenränder; v Alp Ns, z By Rh(f W) He(f MW) Nw Sa An Bb(f NO Oder) Mv Sh, s Bw(f Keu) Th(f Hrz NW) (sm-b·c1-4EUR – V Mol., V Salic. cin., V Eric. tetr.). subsp. ***repens***

   1* BlaSpreite <2(–2,5)mal so lg wie br, oseits ± dicht behaart, beim Trocknen nicht schwärzend. Küstendünen; z Ns(f MO Hrz), s Nw(MW N NO) Bb(SO M) Mv(N) Sh(M O); auch gepflanzt ((m)-temp-(b)·c1-3litEUR – L9 T6 F6 R7 N3 – V Salic. aren., V Empetr., V Eric. tetr.). [*S. arenaria* L., *S. argentea* SM., *S. r.* subsp. *argentea* (SM.) A. CAMUS et E.G. CAMUS]

      Sand-Kriech-W., Dünen-Kriech-W. – subsp. ***dunensis*** ROUY

Ähnlich ist die **Bastard-Ohr-W.** – *S. aurita* × *S. repens* = *S.* ×*ambigua* EHRH.: aber Holz mit ± deutlichen Striemen. BlaSpreite useits wenig od. nicht seidig schimmernd. NebenBla meist vorhanden.

33* BlaSpreite useits wollig-filzig (im Austrieb zuweilen seidig), grau bis (fast) weiß behaart, 3–6(–9) cm × 1,0–3,5 cm (Abb. **486**/1). Subalp. u. alp. Lagen der Alpen. 0,30–1,00(1,50). 6–7. Silikat-Blockschutthalden, Zwergstrauchheiden, kalkmeidend; [N] s An(Hrz: Brocken) (sm-temp//salp ALP-N-KARP – sogr Str – O Call.-Ulic. – *38*). **Schweizer W. – *S. helvetica* VILL.**

34 **(31)** BlaSpreite <2,5mal so lg wie br, elliptisch mit kurzer, ± verdrehter Spitze, 5–10(–15) × 2,5–4,0(–7,0) cm, am Rand wellig, undeutlich u. unregelmäßig gekerbt od. (fast) ganzrandig, oseits nur anfangs behaart, verkahlend, useits graugrün, dicht bis locker behaart, seidig schimmernd bis fast kahl mit deutlich hervortretenden Nerven (Abb. **486**/2). BlaStiel (5–)8–20 mm lg. NebenBla meist nur an kräftigen Trieben vorhanden, br eifg, sonst undeutlich od. fehlend. Rinde an Stamm u. stärkeren Ästen mit großen, rautenfg Korkwarzen. Mark der Zweige braun. Bis 12,00. 3–4. Frische bis feuchte Pionierwälder (Waldschläge, Brachen), Ruderalstandorte (Kiesgruben, Steinbrüche, Dämme), Waldränder; g Rh He Nw Th Sa Ns, h Bw An Mv, v Alp By(g NM) Bb Sh; als Ziergehölz u. als Bienenweide gepflanzt (sm-b·c1-6EURAS – sogr B – L7 Tx F6 R7 N7 – V Samb.- Salic, O Prun. – *38, 76*). **Sal-W. – *S. caprea* L.**

Ähnlich sind folgende Hybriden: *S. caprea* × *S. cinerea* (*S.* ×*reichardtii* A. KERN.): Holz mit ± deutlichen Striemen. BlaSpreite meist 1,5–2,5(–3,0) cm br, Zweige ± behaart. **Kübler-W.** – *S.* ×*smithiana* WILLD. (*S. caprea* × *S. viminalis*, **S. 26***): BlaSpreite etwa 3–6mal so lg wie br. **Ägyptische W.** – *S. aegyptiaca* L.: Holz meist mit bis 10 mm lg Striemen. Junge Zweige, Knospen u. Spreite useits ± zottig grau behaart. Knospen u. BlaStiel oft rötlich.

34* BlaSpreite >2,5mal so lg wie br **35**
35 Sträucher od. Bäume der mont. u. subalp. Stufe der süddeutschen Gebirge (v. a. Alpen). BlaSpreite useits abstehend, dicht bis zerstreut behaart, oft bis auf die Nerven verkahlend, schmal elliptisch bis länglich od. länglich verkehrteifg, 5–14(–18) × 3–5 cm (Abb. **486**/3). 1,00–6,00. 4–5. Subalp. sickerfrische bis feuchte Gebüsche, in Lawinenbahnen, an Bächen, hochmont. SchluchtW, basenhold; h Alp, z By(O S MS), s Bw(S SO SW) (sm/alptemp/dealp·c3-4EUR – sogr Str/B – L7 T3 F6 R8 N6 – V Adenost. – *38*). [*S. grandifolia* SER.] **Großblättrige W., Schlucht-W. – *S. appendiculata* VILL.**
35* Sträucher od. Bäume tieferer Lagen. BlaSpreite useits ± anliegend, m. meist etwas seidig schimmernd behaart **26**
36 **(28)** Sträucher od. Zwergsträucher tieferer Lagen (plan. bis mont.) **37**
36* Sträucher od. Zwergsträucher höherer Gebirgslagen (hochmont. bis alp., v. a. Alpen)
.... **41**
37 Meist >1,5 m hohe Sträucher. BlaSpreite 5–14 cm lg. NebenBla fast stets vorhanden, breit eiförmig bis rund **38**
37* Bis 1,5 m hohe Sträucher. BlaSpreite <5(–6) cm lg (bei *S. glabra* auch länger). NebenBla vorhanden od. fehlend **39**

38 BlaSpreite am Grund keilfg bis abgerundet, nie herzfg. Rinde am Stamm u. an stärkeren Ästen flächig abschuppend, darunter zimtbraun (Abb. **481**/6). ♂ Blü mit 3 StaubBla. DeckBla der Blü einfarbig hell. **S. triandra**, s. **16***
38* BlaSpreite am Grund herzfg (zumindest bei einem Teil der Bla, mehrere Zweige prüfen!) od. gestutzt bis abgerundet. Rinde nicht flächig abschuppend. ♂ Blü mit 2 StaubBla. DeckBla der Blü zweifarbig, am Grund hell, an der Spitze dunkel. **S. eriocephala**, s. **15**
39 (37) BlaSpreite oseits mattgrün bis blaugrün, nicht glänzend, ganzrandig (selten undeutlich gesägt), elliptisch bis länglich, 1,5–3,5 × 0,7–1,8 cm, kahl od. anfangs etwas behaart. NebenBla fast stets fehlend (Abb. **486**/4). 0,20–0,50(–1,00). 4–5. Hochmoorränder, Zwischenmoore, Weiden-Birken-Gebüsche; z Alp(f Brch Krw), s By(S MS NO O), ↘ (temp-b·c3-6EUR-SIB – sogr ZwStr uAusl– L6 T4 F9 R4? N2? – V Salic. cin. – *38*).
 Heidelbeer-W. – *S. myrtilloides* L.
39* BlaSpreite oseits grün u. ± glänzend, gesägt od. ganzrandig. NebenBla vorhanden od. fehlend **40**
40 NebenBla meist vorhanden u. deutlich, br eifg. Bla beim Trocknen nicht schwärzend. BlaSpreite elliptisch bis verkehrteifg, 2–6 × 1–3 cm, ganzrandig od. unregelmäßig gesägt, anfangs beidseitig ± behaart, verkahlend u. dann oseits grün u. ± glänzend, useits grauweiß bereift (Abb. **486**/5). FrKn u. Fr dicht behaart. 0,20–0,70(–1,00). 4–5. Wechselfeuchte Magerwiesen, Moorgebüsche; kalkmeidend; s By(Alb: Alerheim) Bw(f SO NW ORh S), † Bb(Oder), f(Alp) (temp-b·c3-6EURAS – sogr Str/ZwStr – L7 T4 F7~ R4 N? – V Viol. can., V Mol., V Salic. cin. – *38*). [*S. depressa* auct. non L., *S. livida* WAHLENB.] **Bleiche W. – *S. starkeana* WILLD.**
40* NebenBla klein od. fehlend. Bla beim Trocknen schwärzend. FrKn u. Fr kahl. Nur in mont. bis subalp. Stufe der Alpen. **S. glabra**, s. **45**
41 (36) BlaSpreite oseits matt grau- od. blaugrün, useits heller, ganzrandig, zuweilen zur Spitze hin einzelne Zähnchen, 1–3(–6) × 0,5–2,0(–3,0) cm, kahl. NebenBla meist fehlend, BlaStiel 2–4 mm lg (Abb. **488**/1). 0,30–1,50. 5–7. Flachmoorwiesen, Bachufer; s Alp(Amm) By(S) (sm-temp//dealp c4-8ALP+MAS-ZAS – sogr Str – V Car. davall., O. Mol. – *76*).
 Blaugrüne W. – *S. caesia* VILL.
41* BlaSpreite oseits grün, nicht grau- od. blaugrün, gesägt od. ganzrandig **42**
42 BlaSpreite beidseits ± grün, useits nicht grau bis weißlich bereift, 1–3(–4) cm lg. BlaStiel ≤3 mm lg. 10–50 cm hohe, niederliegende bis aufsteigende Zwergsträucher **6**
42* BlaSpreite useits grau bis weißlich bereift, dadurch oseits u. useits verschiedenfarbig, 2–9 cm lg. BlaStiel ≥2 mm lg. Aufrechte Sträucher **43**
43 NebenBla fast stets vorhanden u. deutlich, br eifg. Junge Triebe am Grund oft auffallend lg behaart. BlaSpreite elliptisch bis verkehrteifg, am Grund keil- bis herzfg, 4–8 × 2–5 cm, gesägt, oft zur Spitze hin ganzrandig, selten ± ganzrandig, anfangs ± behaart, rasch kahl (Abb. **488**/2). FrKn u. Fr kahl. 0,50–1,50(–2,50). 5–6. Subalp. bis alp., sickerfrische bis -feuchte Hochstaudengebüsche; z Alp s By(S), † Th(Bck) Sh(W: Amrum); auch als Ziergehölz gepflanzt (sm/salp-arct·c2-6EURAS – sogr Str – L7 T3 F6 R7 N4 – O Adenost. – *38*).
 Spieß-W. – *S. hastata* L.
43* NebenBla fehlend od. klein u. undeutlich **44**
44 BlaSpreite ganzrandig, selten undeutlich gesägt. FrKn u. Fr behaart. BlaSpreite 3–5 (–8) × 1,5–2,5(–4,0) cm, anfangs behaart, z. T. seidig, rasch kahl, oseits ± glänzend grün, useits matt grau- bis blaugrün bereift (Abb. **488**/3). 0,60–2,00(–4,00). 5–7. Subalp., sickernasse Weidengebüsche, Quellmoore, kalkmeidend; Nur ♀ Pfl, † An Ns(Hrz), jetzt kultiviert

1 Salix helvetica 2 S. caprea 3 S. appendiculata 4 S. myrtilloides 5 S. starkeana

(sm-stemp//salp·c1-3EUR – sogr Str – O Adenost. – *114*). [*S. phylicifolia* L.]
Zweifarbige W. – *S. bicolor* WILLD.
44* BlaSpreite gesägt (*S. waldsteiniana* selten ganzrandig). FrKn u. Fr behaart od. kahl. Alpenpflanzen 45
45 BlaSpreite useits grauweiß bis weißlich bereift (oft auffallend hell), oseits ± glänzend grün, beim Trocknen schwarz od. schwarzfleckig werdend, 2–7(–9) × 1,0–3,0(–3,5) cm, drüsig gesägt (Abb. **488**/4). FrKn u. Fr kahl. 0,30–1,50. 5–6. Mont. bis alp. sickerfeuchte, steinige bis lehmige Hochstaudengebüsche, an Bächen u. Quellen, Schuttfluren, kalkstet; v Alp (sm-stemp//salp·c3EUR – sogr Str – L6 T3 F7 R8 N4? – O Adenost. – *38, 114*).
Kahle W. – *S. glabra* SCOP.
45* BlaSpreite useits graugrün, oseits matt od. glänzend, beim Trocknen nicht schwärzend, 2–6(–7) × 0,5–3,0 cm, drüsig gesägt, zuweilen fast ganzrandig (Abb. **488**/5). FrKn u. Fr behaart. 0,30–1,00(–2,00). 5–7. Subalp. sickerfrische Hochstauden- u. Weidengebüsche, kalkstet; v Alp (sm-temp//salp·c3-4EUR – sogr Str/ZwStr – L7 T3 F6~ R8 N5 – O Adenost., V Car. ferr. – *38*). [*S. arbuscula* auct. non L.] **Bäumchen-W. – *S. waldsteiniana* WILLD.**

Hybriden: *S. alba* var. *vitellina* × *S. babylonica* = *S.* ×*sepulcralis* SIMONK. nothovar. *chrysocoma* (DODE) MEIKLE, s. **8**; *S. alba* × *S. fragilis* = *S.* ×*rubens* SCHRANK, s. **23***; *S. alba* × *S. pentandra* = *S.* ×*ehrhartiana* G. MEY. – s; *S. alba* × *S. triandra*, zweifelhaft, (?); *S. appendiculata* × *S. aurita* = *S.* ×*limnogena* A. KERN. – s; *S. appendiculata* × *S. caprea* = *S.* ×*macrophylla* A. KERN. – s; *S. appendiculata* × *S. eleagnos* = *S.* ×*intermedia* HOST – s (?); *S. appendiculata* × *S. purpurea* = *S.* ×*austriaca* HOST – s (?); *S. aurita* × *S. caprea* = *S.* ×*capreola* ANDERSSON – s; *S. aurita* × *S. cinerea* subsp. *cinerea* = *S.* ×*multinervis* DÖLL, s. Anm. **30***; *S. aurita* × *S. myrtilloides* = *S.* ×*onusta* BESSER – s; *S. aurita* × *S. myrsinifolia* = *S.* ×*coriacea* SCHLEICH. – s od. zweifelhaft; *S. aurita* × *S. purpurea* = *S.* ×*dichroa* DÖLL – s; *S. aurita* × *S. repens* = *S.* ×*ambigua* EHRH., s. Anm. **33**; *S. aurita* × *S. starkeana* = *S.* ×*livescens* DÖLL – s; *S. aurita* × *S. viminalis* = *S.* ×*fruticosa* DÖLL – s; *S. babylonica* × *S. fragilis* = *S.* ×*pendulina* WENDER., s. Anm. **8**; *S. caprea* × *S. cinerea* subsp. *cinerea* = *S.* ×*reichardtii* A. KERN. – z, s. Anm. **34**; *S. caprea* × *S. daphnoides* = *S.* ×*hungarica* A. KERN., *S.* ×*erdingeri* A. KERN.; *S. caprea* × *S. eleagnos* = *S.* ×*flueggeana* WILLD. – s; *S. caprea* × *S. myrsinifolia* = *S.* ×*badensis* DÖLL, *S.* ×*latifolia* J. FORBES – s; *S. caprea* × *S. purpurea* = *S.* ×*wimmeriana* GREN. et GODR. – s; *S. caprea* × *S. repens* = *S.* ×*scandica* ROUY – s (?); *S. caprea* × *S. viminalis* = *S.* ×*smithiana* WILLD., s. **26***; *S. cinerea* subsp. *cinerea* × *S. myrsinifolia* = *S.* ×*strepida* J. FORBES [*S.* ×*vaudensis* SCHLEICH.] – s; *S. cinerea* subsp. *cinerea* × *S. myrtilloides* = *S.* ×*bacarica* BRÜGGER – s (?); *S. cinerea* subsp. *cinerea* × *S. purpurea* = *S.* ×*pontederana* WILLD. – z, *S. cinerea* subsp. *cinerea* × *S. repens* = *S.* ×*subsericea* DÖLL – s, *S. cinerea* subsp. *cinerea* × *S. viminalis* = *S.* ×*holosericea* WILLD., s. Anm. **21, 30***; *S. daphnoides* × *S. eleagnos* = *S.* ×*reuteri* MORITZI, *S.* ×*wimmeri* A. KERN. – s; *S. daphnoides* × *S. purpurea* = *S.* ×*calliantha* JOS. KERN. – s; *S. daphnoides* × *S. repens* = *S.* ×*maritima* HARTIG – s; *S. daphnoides* × *S. viminalis* = *S.* ×*digenea* JOS. KERN., *S.* ×*gremlica* SCHWEIGER – s; *S. eleagnos* × *S. purpurea* = *S.* ×*wichurae* ANDERSSON – s; *S. fragilis* × *S. pentandra* = *S.* ×*meyeriana* WILLD. – s; *S. fragilis* × *S. triandra* = *S.* ×*alopecuroides* TAUSCH – s; *S. glabra* × *S. retusa* = *S.* ×*vollmannii* TOEPFF., *S.* ×*fenzliana* A. KERN. – s; *S. hastata* × *S. retusa* = *S.* ×*alpigena* A. KERN. – s; *S. myrsinifolia* × *S. purpurea* = *S.* ×*beckiana* L.C. BECK – s od. zweifelhaft, (?); *S. myrsinifolia* × *S. repens* = *S.* ×*nana* SCHLEICH. – s; *S. myrtilloides* × *S. repens* = *S.* ×*finnmarchica* WILLD. – s; *S. purpurea* × *S. repens* = *S.* ×*doniana* SM.; *S. purpurea* × *S. viminalis* = *S.* ×*rubra* HUDS., s. **20***; *S. udensis* × *S. viminalis* = s; *S. triandra* × *S. viminalis* = *S.* ×*mollissima* EHRH., s. **16*, 20*, 21**.
Weitere Kombinationen sind möglich, u. U. auch Tripelbastarde.

Schlüssel B: Zweige mit ♀ Blü

Die Angaben zur Farbe der DeckBla beziehen sich auf den frischen Zustand. Getrocknet können einfarbige helle DeckBla dunkler u. zweifarbige einfarbig werden.

1 DeckBla zur BlüZeit einfarbig gelbgrün od. hellbraun, zuweilen an der Spitze rötlich od. einfarbig rötlich, DeckBla zur FrZeit oft hinfällig 2
1* DeckBla zur BlüZeit deutlich zweifarbig, an der Spitze stets dunkelbraun bis schwarz, am Grund heller, gelbgrün od. zuweilen rötlich, meist noch zur FrZeit vorhanden 16
2 Bäume od. >2 m hohe Sträucher 3
2* Kleine, bis 1,5(–2,0) m hohe Sträucher, Zwerg- od. Spaliersträucher 9
3 Bäume mit dünnen, lg u. schlaff herabhängenden Zweigen (Trauer-Weiden) od. Zweige korkenzieherartig gedreht (Korkenzieher-Weiden) 4
3* Sträucher od. Bäume. Zweige ± aufrecht abstehend, ± gerade, nicht korkenzieherartig gedreht 5

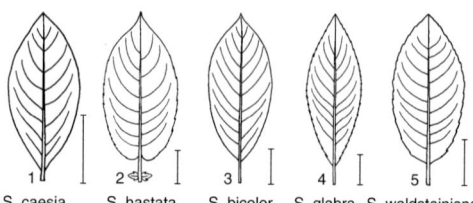

S. caesia   S. hastata   S. bicolor   S. glabra   S. waldsteiniana

4	Zweige korkenzieherartig gedreht (Korkenzieher-Weiden). Kätzchen nur mit ♀ od. nur mit ♂ Blü. **S. babyl_o_nica 'Tortuosa'** S. 480
4*	Zweige nicht korkenzieherartig gedreht, sondern lg, schlaff hängend (Trauer-Weiden). Kätzchen meist mit ♀ u. ♂ Blü. **S. ×sepulcr_a_lis** nothovar. **chrys_o_coma** S. 479
5	(3) FrKn zur BlüZeit vom DeckBla umschlossen (DeckBla länger als FrKn), nur Griffel u. Narben sichtbar. Kätzchen schlank, sitzend od. bis 5 mm lg gestielt, an aufrechten Zweigen ± waagrecht abstehend u. oft bogig abwärts gekrümmt. BlaSpreite länglich bis linealisch, useits dicht filzig behaart. **S. ele_a_gnos** S. 483
5*	FrKn zur BlüZeit zumindest teilweise sichtbar (DeckBla deutlich kürzer als FrKn). Kätzchen >5 mm lg gestielt 6
6	Kätzchen zur BlüZeit ± bogig überhängend, 2–7 cm lg gestielt, Stiele meist länger als das Kätzchen, mit (4–)5–8 gut entwickelten, drüsig gesägten HochBla (den LaubBla ähnlich), deren Stiele am Übergang zur Spreite mit >2 deutlichen, höcker- bis stielartigen Drüsen. DeckBla an der Spitze kahl. ♀ Blü mit 2 Nektarien; Blü nach dem Laubaustrieb (die am spätesten blühende Weide). **S. pentandra** S. 480
6*	Kätzchen aufrecht od. abstehend an 0,5–3,0 cm lg Stielen, diese meist kürzer als die Kätzchen, mit 2–4(–6) HochBla, deren Stiele am Übergang zur Spreite ohne od. mit 1–2 (selten 3–4) Drüsen. DeckBla an der Spitze kahl od. behaart. ♀ Blü mit 1 Nektarium; Blü mit dem Laubaustrieb 7
7	DeckBla meist bis zur FrReife bleibend, nur im unteren Teil behaart, zur Spitze hin ± kahl od. selten kurzhaarig. Kätzchen außer an vorjährigen zuweilen auch an 2–3jährigen Zweigen, dann Kätzchen aus paarigen Knospen zu beiden Seiten von BlaNarben od. an der Basis von Seitentrieben. Strauch. Rinde am Stamm u. an stärkeren Ästen flächig abschuppend, darunter zimtbraun. **S. triandra** S. 481
7*	DeckBla vor der FrReife abfallend, zur Spitze hin kahl od. lg behaart. Kätzchen stets an vorjährigen Zweigen. Bäume. Rinde nicht flächig abschuppend 8
8	DeckBla nur im unteren Teil behaart, zur Spitze hin spärlich behaart od. kahl. Zweige braunrot bis gelbgrün, jüngere Zweige beim Anlegen an die Tragachse nicht leicht abbrechend. Knospen, Spitze der Sprossachse u. BlaUSeiten ± dicht, anliegend silbrig-seidig behaart. **S. alba** S. 483
8*	DeckBla bis zur Spitze behaart. Zweige lehmgelb, beim Anlegen an die Tragachse leicht abbrechend. Knospen, Sprossachse u. BlaSpreite kahl. **S. fragilis** S. 481

± intermediär zwischen S. _alba_ u. S. _fragilis_ ist die Hybride S. ×r_u_bens.

9	(2) Kriechende, bis 10 cm hohe Spalierstäucher 10
9*	Aufrechte, höhere Zwergsträucher od. Sträucher 13
10	FrKn dicht behaart. Kätzchen 1–3 cm lg gestielt. BlaStiel 5–20 mm lg. **S. reticulata** S. 478
10*	FrKn kahl od. höchstens zerstreut behaart. Kätzchen <1 cm lg gestielt. BlaStiel 1–5 mm lg 11
11	BlaSpreite rundlich, ± so lg wie br, gekerbt. Verholzte Sprosse unterirdisch, nur die kurzen, diesjährigen Sprosse oberirdisch. FrKn meist rötlich. **S. herbacea** S. 478
11*	BlaSpreite ± elliptisch, deutlich länger als br, ganzrandig od. selten ± schwach gesägt. Verholzte Sprosse oberirdisch 12
12	Kätzchen kurz gestielt, 10–20 mm lg, zur BlüZeit die Bla an seiner Basis überragend, meist mit 10–20 Blü. Fr 3–5 mm lg. BlaSpreite 8–30 × 5–10 mm. Pfl ± locker verzweigt, die Äste dem Boden ± locker anliegend. **S. ret_u_sa** S. 479

SALICACEAE 489

12* Kätzchen fast sitzend, <8(–10) mm lg, zur BlüZeit meist kürzer als od. so lg wie die Bla an seiner Basis, mit 3–8 Blü. Fr 2–3 mm lang. BlaSpreite 4–11 × 2–4 mm br. Pfl dicht verzweigt, die Äste dem Boden dicht angepresst. **S. serpillifolia** S. 479
13 (9) FrKn kahl **14**
13* FrKn behaart **15**
14 Stiel des FrKn länger als das DeckBla. BlaSpreite ganzrandig. **S. myrtilloides** S. 486
14* Stiel des FrKn kürzer als das DeckBla. BlaSpreite drüsig gesägt. **S. glabra** S. 487
15 (13) FrKn ± sitzend od. <1(–2) mm lg gestielt, Stiel <¼ so lg wie der FrKn. AlpenPfl.
  S. caesia S. 486
15* FrKn ≥2 mm lg gestielt, Stiel >¼ so lg wie der FrKn, zur FrReife oft ± so lang wie der FrKn. Pfl plan. bis mont. verbreitet. **S. starkeana** S. 486
16 (1) Bis 30(–40) cm hohe Spalier- od. Zwergsträucher der Alpen. DeckBla am Grund meist rötlich, an der Spitze schwarz. Narben u. Griffel meist rötlich **17**
16* Bäume od. aufrechte Sträucher **18**
17 FrKn u. Fr kurz gestielt. BlaSpreite ganzrandig od. undeutlich gesägt. **S. alpina** S. 479
17* FrKn u. Fr sitzend. BlaSpreite dicht u. deutlich drüsig gesägt. **S. breviserrata** S. 479
18 (16) FrKn kahl, zuweilen anfangs zerstreut behaart **19**
18* FrKn dicht behaart **25**
19 Zweige stellenweise weißlich od. hechtblau bereift (mehrere Äste prüfen!), glänzend rötlich bis braun. Kätzchen deutlich vor dem Laubaustrieb, sitzend, am Grund ohne od. nur mit einigen kleinen Bla. FrKn gestielt, seitlich stark zusammengedrückt, kahl, Griffel lg. Bäume od. große Sträucher **20**
19* Zweige nicht weißlich bereift. Sträucher, meist <3 m hoch **21**
20 DeckBla der Blü meist etwa so lg wie der FrKn. Zweige kräftig, ± aufrecht, junge Triebe anfangs oft dicht behaart. Narben meist kürzer als der Griffel. **S. daphnoides** S. 480
20* DeckBla der Blü nur etwa halb so lg wie der FrKn. Zweige dünn, oft ± bogig überhängend, junge Triebe anfangs nur spärlich behaart. kahl. Narben so lg wie od. länger als der Griffel. **S. acutifolia** S. 480
  Beide Arten im blühenden Zustand schwer zu unterscheiden.
21 (19) Kätzchen zur BlüZeit eifg, 1–2,5mal so lg wie br, 1,0–1,5(–2,0) cm lg. Zweige dünn, vorjährige Sprossachse v. a. an der Spitze u. Knospen dicht anliegend ± seidig behaart. 20–100 cm hoher Strauch tieferer Lagen (plan. bis mont.) mit unterirdisch kriechenden Sprossen u. bogenfg aufsteigenden, dünnen Zweigen. **S. repens** S. 485
21* Kätzchen zur BlüZeit meist >2mal so lg wie br, >(1,5–)2,0 cm lg. Vorjährige Sprossachse kahl od. behaart, aber nicht dicht anliegend seidig. >1 m hohe Sträucher; wenn <1 m hoch, dann in höheren Lagen der Gebirge (v. a. Alpen) **22**
22 Bla beim Trocknen oft schwarz od. schwarzfleckig werdend **23**
22* Bla beim Trocknen nicht schwarz od. schwarzfleckig werdend **24**
23 FrKn anfangs oft etwas behaart. Vorjährige Sprossachse behaart od. kahl, im Austrieb meist dicht behaart. BlaSpreite useits behaart, selten kahl. NebenBla deutlich. 1–5 m hohe Strauch. **S. myrsinifolia** S. 484
23* FrKn kahl. Vorjährige Sprossachse kahl, Sprossachse im Austrieb wenig behaart bis kahl. NebenBla fehlend od. undeutlich. BlaSpreite kahl. 0,3–1,5 m hoher Strauch.
  S. glabra S. 487
24 (22) FrKn seitlich zusammengedrückt, meist <1,2 mm lg gestielt. Strauch bis 1,5 m hoch. BlaSpreite 4–8 cm lg. Kätzchen vor dem Aufblühen auffallend dicht wollig, hell behaart.
  S. hastata S. 486
24* FrKn im ⌀ rundlich, meist >1,2 mm lg gestielt. Strauch >1,5 m hoch. BlaSpreite 6–18 cm lg. **S. eriocephala** S. 481
25 (18) FrKn ± sitzend, höchstens zur FrReife kurz gestielt **26**
25* FrKn deutlich gestielt, Stiel meist >¼ so lg wie der FrKn **30**
26 Kätzchen, Knospen u. Bla zumindest teilweise schief gegenständig bis gegenständig. Griffel sehr kurz (um 0,1 mm lg), Narbe dem FrKn fast aufsitzend. Kätzchen vor dem Laubaustrieb, dichtblütig, sitzend, am Grund ohne od. mit sehr kleinen, schuppenfg HochBla. **S. purpurea** S. 480

26*	Kätzchen, Knospen u. Bla stets wechselständig. Griffel deutlich **27**
27	Bis 1,5(–2,0) m hohe Alpensträucher (hochmont. bis subalp.). Narbenäste kurz, <1 mm lg. BlaSpreite elliptisch bis breitanzettlich **28**
27*	Höhere Sträucher (selten kleine Bäume) tieferer Lagen. Narbenäste fädig, >1 mm lg. BlaSpreite länglich **29**
28	BlaSpreite useits weißlich, dicht wollig-filzig behaart. Kätzchen 2–5(–8) cm lg. DeckBla an der Spitze auffallend schwarz. ***S. helvetica*** S. 485
28*	BlaSpreite useits kahl, höchstens etwas seidenhaarig. Kätzchen 1,5–3,0(–4,0) cm lg. DeckBla an der Spitze hellbraun bis rötlich braun. ***S. waldsteiniana*** S. 487
29	**(27)** Wenn Striemen am Holz, dann <5 mm lg. Vorjährige Sprossachse fein samtig behaart od. ± kahl. BlaStiel 0,5–1,0 cm lg. BlaSpreite <2 cm br, >7mal so lg wie br. ***S. viminalis*** S. 482
29*	Holz oft mit >5 mm lg Striemen. Vorjährige Sprossachse ± dicht filzig od. samtig behaart. BlaStiel 1–2 cm lg. BlaSpreite 2–4 cm br, ≤6 mal so lg wie br. ***S. gmelinii*** S. 483

Beide Arten im laublosen Zustand schwer zu unterscheiden, ebenso von Hybriden unter Beteiligung von *S. viminalis*, insbes. von *S.* ×*smithiana*, *S.* ×*rubra*, *S.* ×*holosericea* u. *S.* ×*mollissima*.

30	**(25)** Holz mit zahlreichen, deutlichen, bis zu 25 mm lg Striemen **31**
30*	Holz ohne od. nur mit wenigen u. undeutlichen, bis 5 mm lg Striemen **34**
31	Stiel des FrKn etwa so lg wie der FrKn od. länger, länger als das DeckBla. Striemen meist nur bis 6 mm lang. Niederliegender bis aufsteigender Strauch, 20–70(–100) cm hoch. ***S. starkeana*** S. 486
31*	Stiel des FrKn kürzer als der FrKn u. kürzer als das DeckBla. Striemen 5–25 mm lg. Aufrechte Sträucher, >100 cm hoch **32**
32	Griffel etwa ½ so lg wie der FrKn, mit langen Narbenästen. Striemen zuweilen undeutlich od. fast fehlend. ***S. gmelinii*** S. 483
32*	Griffel stest deutlich kürzer als der FrKn. Striemen deutlich u. zahlreich **33**
33	Vorjährige Sprossachse u. Knospen rotbraun u. meist kahl, höchstens zerstreut behaart. Griffel sehr kurz, bis 0,2 mm lg. Kätzchen 1–3(–4) cm lg, zur FrReife nur wenig verlängert. ***S. aurita*** S. 484
33*	Vorjährige Sprossache u. Knospen samtig braun bis schwarzgrau behaart, nie rotbraun. Griffel deutlich, 0,5–1,0 mm lg. Kätzchen 3–4(–9) cm lg, zur FrReife deutlich verlängert. ***S. cinerea*** S. 484

Intermediär zwischen den Eltern ist *S.* ×*multinervis*. *Salix aegyptiaca* ähnelt *S. cinerea*, hat aber meist rote Knospen u. nur bis 10 mm lg Striemen.

34	**(30)** Niedrige, 20–100(–150) cm hohe Sträucher mit unterirdisch kriechenden Sprossen u. bogig aufsteigenden, dünnen Zweigen. Vorjährige Zweige (v. a. an der Spitze), Knospen u. BlaSpreite useits dicht anliegend ± seidig behaart. Kätzchen 1,0–1,5(–2,0) cm lg, kuglig od. ei- bis kegelfg, 1–2(–2,5)mal so lg wie br **35**
34*	Bäume od. Sträucher. Kätzchen meist >1,5 cm lg , >2mal so lg wie br **36**
35	Kätzchen eifg, 1–2,5mal so lg wie br. FrKn u. bes. Fr zuweilen ± kahl. BlaSpreite <4(–5)mal so lg wie br. ***S. repens*** S. 485
35*	Kätzchen kuglig bis kurz kegelfg, ± so lg wie br. FrKn u. Fr stets behaart. BlaSpreite >(4–)5mal so lg wie br. ***S. rosmarinifolia*** S. 482

Beide Arten ohne Bla schwer zu unterscheiden.

36	**(34)** Griffel kurz, <0,5 mm lg, meist kürzer als die Narbenäste **37**
36*	Griffel deutlich, >0,5 mm lg, so lg wie od. länger als die Narbenäste **38**
37	Stiel des FrKn meist kürzer als der FrKn u. kürzer als das DeckBla. Kätzchen vor dem Laubaustrieb. Zweige mit braunem Mark. Rinde am Stamm u. an stärkeren Ästen mit großen, rautenfg Korkwarzen. Holz ohne Striemen. ***S. caprea*** S. 485
37*	Stiel des FrKn fast so lg wie der FrKn u. etwa so lg wie das DeckBla. Kätzchen kurz vor od. mit dem Laubaustrieb. Zweige mit hellem Mark, Rinde ohne rautenfg Korkwarzen. Holz oft mit undeutlichen, kurzen Striemen. ***S. appendiculata*** S. 485

Salix aegyptiaca ähnelt *S. caprea*, hat aber meist rote, deutlich behaarte Knospen u. Holz mit Striemen.

38 (36) Kätzchen vor dem Laubaustrieb, sitzend od. kurz gestielt, ohne od. nur mit 1–2(–3) winzigen HochBla. BlaSpreite länglich, >3mal so lg wie br, zumindest teilweise >(6–)8 cm lg, useits kahl od. behaart. Große Sträucher od. kleine Bäume **39**
38* Kätzchen kurz vor od. mit dem Laubaustrieb, gestielt, mit mehreren HochBla. BlaSpreite ± elliptisch, meist <3mal so lg wie br, meist <6 cm lg, useits behaart. Kleine od. große Sträucher **40**
39 Vorjährige Sprossachse wie die Knospen ± dicht grau bis schwarzgrau behaart. NebenBla meist vorhanden u. deutlich. BlaSpreite 2,5–6mal so lg wie br, useits ± dicht behaart. Zweige stielrund. ***S. gmelinii*** S. 483

Im blühenden Zustand nicht sicher von *S. gmelinii* zu unterscheiden ist *S. ×smithiana*.

39* Vorjährige Sprossachse meist kahl. NebenBla meist fehlend od. undeutlich. BlaSpreite >6mal so lg wie br, useits zerstreut behaart. Zweige z. T. auffällig abgeflacht, mehrere cm br, verbändert (Mehrere Zweige prüfen!). ***S. udensis*** S. 482
40 (38) Bla beim Trocknen oft schwarz od. schwarzfleckig werdend. BlaSpreite gesägt. NebenBla fast stets vorhanden u. deutlich. FrKn oft ± kahl. ***S. myrsinifolia*** S. 484
40* Bla beim Trocknen nicht schwarz od. schwarzfleckig werdend. BlaSpreite ganzrandig od. gesägt. NebenBla fehlend od. undeutlich. FrKn stets behaart **41**
41 FrKn dicht weiß wollig-filzig behaart. Bla useits dicht weiß wollig-filzig od. seidig behaart. ***S. helvetica*** S. 485
41* FrKn ± anliegend hell behaart. Bla kahl od. behaart, aber nicht dicht wollig-filzig **42**
42 FrKnStiel kürzer als ¼ des FrKn, bis 1(–2) m hoher Strauch. Holz ohne Striemen. ***S. waldsteiniana*** S. 487
42* FrKnStiel länger als ¼ des FrKn, bis 2(–4) m hoher Strauch. Holz mit kurzen Striemen. ***S. bicolor*** S. 487

Schlüssel C: Zweige mit ♂ Blü

Die Angaben zur Farbe der DeckBla beziehen sich auf den frischen Zustand. Getrocknet können einfarbige helle DeckBla dunkler u. zweifarbige einfarbig werden.

1 Staubfäden bis zur Hälfte od. ganz miteinander verwachsen (mehrere Kätzchen prüfen!) **2**
1* Staubfäden frei **4**
2 Staubfäden bis zu den Staubbeuteln miteinander verwachsen, dadurch scheinbar nur 1 StaubBla pro Blü (Abb. **481**/4). DeckBla zweifarbig, am Grund hell, an der Spitze dunkelbraun bis schwarz. ***S. purpurea*** S. 480

Bei Hybriden unter Beteiligung von *S. purpurea* Staubfäden auch ± verwachsen.

2* Staubfäden unterschiedlich weit miteinander verwachsen, oft nur am Grund, selten bis fast zu den Staubbeuteln. DeckBla einfarbig hell- od. gelbgrün, zuweilen an der Spitze rötlich **3**
3 >150 cm hoher Strauch od. Baum. Kätzchen länglich, >2,5mal so lg wie br. Staubbeutel vor dem Aufblühen nicht auffallend rötlich. BlaSpreite länglich, useits dicht grau- bis weißfilzig behaart. ***S. eleagnos*** S. 483
3* 30–100(–150) cm hoher Strauch. Kätzchen eifg, 1–2(–2,5)mal so lg wie br. Staubbeutel vor dem Aufblühen auffallend rötlich. BlaSpreite elliptisch, useits seidig behaart bis kahl. ***S. caesia*** S. 486
4 (1) Mindestens 3 StaubBla pro Blü **5**
4* 2 StaubBla pro Blü **6**
5 Meist 3 StaubBla pro Blü. Kätzchen kurz vor od. mit dem Laubaustrieb, bis 1 cm lg gestielt, am Grund mit 0–4(–5) kleinen HochBla. Kätzchen außer an vorjährigen zuweilen auch an 2–3jährigen Zweigen (Kätzchen dann aus paarigen Knospen zu beiden Seiten von BlaNarben od. an der Basis von Seitentrieben). Strauch. Rinde am Stamm u. an stärkeren Ästen flächig abschuppend, darunter zimtbraun. ***S. triandra*** S. 481

5*	(3–)5(–8)StaubBla pro Blü. Kätzchen mit od. nach dem Laubaustrieb, >1,5 cm lg gestielt, am Grund (4–)5–8 den LaubBla ähnlichen HochBla. Rinde nicht flächig abschuppend. **S. pentandra** S. 480	
6	(4) DeckBla zur BlüZeit einfarbig gelbgrün, zuweilen an der Spitze rötlich, od. DeckBla einfarbig rötlich bis hellbraun	7
6*	DeckBla zur BlüZeit deutlich zweifarbig, an der Spitze stets braun bis schwarz, am Grund heller, gelbgrün od. zuweilen rötlich	17
7	Bäume od. >2 m hohe Sträucher	8
7*	Kleine, bis 1,5(–2,0) m hohe Sträucher, Zwerg- od. Spaliersträucher	11
8	Bäume mit dünnen, lg u. schlaff hängenden Zweigen (Trauer-Weiden) od. Zweige korkenzieherartig gedreht (Korkenzieher-Weiden)	9
8*	Sträucher od. Bäume, Zweige ± aufrecht abstehend, ± gerade, nicht korkenzieherartig gedreht	10
9	Zweige korkenzieherartig gedreht (Korkenzieher-Weiden). Kätzchen nur mit ♂ (bzw. nur mit ♀) Blü. **S. babylonica** 'Tortuosa' S. 480	
9*	Zweige ± gerade, lg u. schlaff hängend (Trauer-Weiden). Kätzchen meist mit ♀ u. mit ♂ Blü. **S. ×sepulcralis** nothovar. **chrysocoma** S. 479	
10	(8) DeckBla nur unterwärts behaart, an der Spitze kahl od. spärlich behaart. Zweige braunrot bis gelbgrün, beim Anlegen an die Tragachse nicht leicht abbrechend. Knospen, Spitze der Sprossachse u. BlaSpreite useits ± dicht, anliegend silbrig-seidig behaart. **S. alba** S. 483	
10*	DeckBla bis zur Spitze behaart. Zweige lehmgelb bis braun, beim Anlegen an die Tragachse leicht abbrechend. Knospen, Sprossachse u. BlaUSeite kahl. **S. fragilis** S. 481	
	Zwischen S. alba u. S. fragilis ± intermediär ist S. ×rubens.	
11	(7) Aufrechte, höhere Zwergsträucher od. Sträucher	12
11*	Am Boden kriechende, bis 10 cm hohe Spaliersträucher	14
12	Staubfäden zumindest unterwärts behaart. **S. glabra** S. 487	
12*	Staubfäden kahl	13
13	Staubbeutel vor dem Stäuben rötlich. Kätzchen mit dem Laubaustrieb, an der Basis meist mit Blättchen. Holz ohne Striemen. BlaSpreite ganzrandig, oseits blau- od. graugrün. **S. myrtilloides** S. 486	
13*	Staubbeutel vor dem Stäuben gelb. Kätzchen vor od. mit dem Laubaustrieb. Holz mit Striemen. BlaSpreite unregelmäßig gesägt bis ganzrandig, oseits grün. **S. starkeana** S. 486	
14	(11) Staubfäden am Grund ± behaart. Kätzchen 1–3 cm lang gestielt. BlaStiel 5–20 mm lg. **S. reticulata** S. 478	
14*	Staubfäden kahl. Kätzchen <1 cm lg gestielt. BlaStiel 1–5 mm lg	15
15	BlaSpreite rundlich, ± so lg wie br, gekerbt. Verholzte Sprosse unterirdisch, nur die kurzen, diesjährigen Sprosse oberirdisch. **S. herbacea** S. 478	
15*	BlaSpreite ± elliptisch, deutlich länger als br, ganzrandig od. selten ± schwach gesägt. Verholzte Sprosse oberirdisch	16
16	Kätzchen kurz gestielt, 10–20 mm lg, zur BlüZeit die Bla an seiner Basis überragend, meist mit 10–20 Blü. BlaSpreite 8–30 × 5–10 mm. Pfl ± locker verzweigt, die Äste dem Boden ± locker anliegend. **S. retusa** S. 479	
16*	Kätzchen fast sitzend, 4–8 mm lg, zur BlüZeit meist kürzer als od. so lg wie die Bla an seiner Basis, meist mit 3–8 Blü. BlaSpreite 4–11 × 2–4 mm. Pfl dicht verzweigt, die Äste dem Boden dicht angepresst. **S. serpillifolia** S. 479	
17	(6) Bis 30(–40) cm hohe Spalier- od. Zwergsträucher subalp. u. alp. Lagen der Alpen. DeckBla am Grund meist rötlich, an der Spitze schwarz. StaubBla vor dem Aufblühen rötlich; Kätzchen am Grunde stets mit Bla	18
17*	Bäume od. aufrechte, höhere Sträucher; wenn Zwergsträucher, dann in tieferen Lagen. DeckBla am Grund einfarbig gelbgrün	19
18	BlaSpreite ganzrandig od. undeutlich gesägt. **S. alpina** S. 479	
18*	BlaSpreite dicht u. deutlich drüsig gesägt. **S. breviserrata** S. 479	
19	(17) Holz mit zahlreichen, deutlichen, 3–25 mm lg Striemen	20
19*	Holz ohne od. nur mit wenigen, undeutlichen, 2–5 mm lg Striemen	23
20	Holz mit zahlreichen, bis 25 mm lg Striemen. Staubfäden am Grund meist behaart	21

20*	Holz mit wenigen, u. meist nur bis 5 mm lg Striemen. Staubfäden kahl od. höchstens am Grund zerstreut behaart	22
21	Vorjährige Sprossachse u. Knospen rotbraun, ± kahl. Kätzchen 1–3 cm lg. ***S. aurita***	S. 484
21*	Vorjährige Sprossachse u. Knospen samtig braun bis schwarzgrau behaart, nie rotbraun. Kätzchen 2–5 cm lg. ***S. cinerea***	S. 484
22	(20) 20–70(–100) cm hoher Strauch. Kätzchen 1–2 cm lang. Vorjährige Sprossachse kahl od. zerstreut behaart. ***S. starkeana***	S. 486
22*	100–600 cm hoher Strauch. Kätzchen 2–4 cm lang. Vorjährige Sprossachse ± dicht filzig od. samtig behaart. ***S. gmelinii***	S. 483
23	(19) Kätzchen kurz, 1,0–1,5(–2,0) cm lg, kuglig od. ei- bis kegelfg, 1–2(–2,5)mal so lg wie br. Niedrige, 20–100(–150) cm hohe Sträucher mit unterirdisch kriechenden Sprossen u. bogig aufsteigenden, dünnen Zweigen. Vorjährige Sprossachse (v. a. an der Spitze), Knospen u. BlaUSeiten dicht anliegend, ± seidig behaart	24
23*	Kätzchen meist >1,5 cm lg u. >2mal so lg wie br. Bäume od. Sträucher	25
24	Kätzchen eifg, 1–2,5mal so lg wie br. BlaSpreite <4(–5)mal so lg wie br. ***S. repens***	S. 485
24*	Kätzchen kuglig bis kurz kegelfg, ± so lg wie br. BlaSpreite >(4–)5mal so lg wie br. ***S. rosmarinifolia***	S. 482

Beide Arten ohne gut entwickelte Bla schwer zu unterscheiden.

25	(23) Staubfäden an der Basis dicht od. zerstreut behaart	26
25*	Staubfäden kahl od. nur mit einzelnen Haaren	29
26	Sprossachse im Austrieb u. BlaSpreite useits kahl od. zerstreut behaart, zuweilen etwas seidig. NebenBla fehlend od. klein u. undeutlich. <2 m hohe Sträucher	27
26*	Sprossachse im Austrieb u. BlaSpreite useits behaart. NebenBla deutlich. 1–6 m hohe Sträucher	28
27	DeckBla an der Spitze hellbraun bis rötlich. BlaSpreite gesägt. Bla beim Trocknen schwarz od. schwarzfleckig werdend. ***S. glabra***	S. 487
27*	DeckBla an der Spitze dunkelbraun bis schwarz. BlaSpreite ganzrandig od. schwach gesägt. Bla beim Trocknen nicht schwarz werdend. ***S. bicolor***	S. 487
28	(26) Bla beim Trocknen nicht schwarz werdend. BlaSpreite schmal elliptisch bis länglich. ***S. appendiculata***	S. 485
28*	Bla beim Trocknen schwarz od. schwarzfleckig werdend. BlaSpreite elliptisch od. eifg. ***S. myrsinifolia***	S. 484
29	(25) Zweige stellenweise weißlich (hechtblau) bereift (mehrere Äste prüfen!). Kätzchen vor dem Laubaustrieb, sitzend, am Grund ohne HochBla od. nur mit einigen kleinen HochBla. Bäume od. große Sträucher	30
29*	Zweige nicht weißlich bereift. Kätzchen vor od. mit dem Laubaustrieb	31
30	Zweige kräftig, ± aufrecht, junge Triebe anfangs oft dicht behaart. ***S. daphnoides***	S. 480
30*	Zweige dünn, oft ± bogig überhängend, junge Triebe anfangs nur spärlich behaart od. kahl. ***S. acutifolia***	S. 480

Beide Arten im blühenden Zustand nur schwer zu unterscheiden.

31	(29) Kätzchen kurz vor od. mit dem Laubaustrieb. Kätzchenstiel stets mit HochBla	32
31*	Kätzchen vor dem Laubaustrieb. Kätzchenstiel ohne od. mit winzigen, schuppenartigen HochBla	35
32	BlaSpreite useits dicht weiß wollig-filzig behaart (Epidermis nicht sichtbar). Staubbeutel vor dem Aufblühen rötlich. ***S. helvetica***	S. 485
32*	BlaSpreite useits kahl od. zerstreut behaart (Epidermis sichtbar). Staubbeutel vor dem Aufblühen gelb od. leicht rötlich	33
33	30–300 cm hoher Strauch tieferer Lagen (nur kultiviert od. aus Anpflanzungen verwildert). BlaSpreite 6–18 cm lg. ***S. eriocephala***	S. 481
33*	30–150(–200) cm hoher Strauch der Alpen (hochmont. bis subalp.). BlaSpreite 2–8 cm lg	34
34	DeckBla auffallend lg behaart, Haare 3–5 mm lg. Kätzchen 3–4 cm lg. Staubbeutel vor dem Aufblühen zuweilen ± rötlich. NebenBla deutlich. ***S. hastata***	S. 486
34*	DeckBla kürzer behaart, Haare bis 2 mm lg. Kätzchen 2–3 cm lg. Staubbbeutel vor dem Aufblühen gelb. NebenBla fehlend od. undeutlich. ***S. waldsteiniana***	S. 487

35 (31) Knospen u. vorjährige Sprossachse kahl od. zerstreut behaart. Zweige mit braunem Mark, Rinde am Stamm u. an stärkeren Ästen mit großen, rautenfg Korkwarzen. Holz ohne Striemen. BlaSpreite elliptisch. *S. caprea* S. 485
35* Knospen u. vorjährige Sprossachse (zumindest an der Spitze) samtig behaart, selten kahl. Zweige mit weißem od. hellbraunem Mark. Rinde ohne rautenfg Korkwarzen. Holz oft mit kurzen Striemen. BlaSpreite länglich **36**
36 Wenn Striemen am Holz, dann <5 mm lg. Vorjährige Sprossachse fein samtig behaart od. ± kahl. BlaStiel 0,5–1,0 cm lg. BlaSpreite <2 cm br, >7mal so lg wie br. *S. viminalis* S. 482
36* Holz oft mit >5 mm lg Striemen. Vorjährige Sprossachse ± dicht filzig od. samtig behaart. BlaStiel 1–2 cm lg. BlaSpreite 2–4 cm br, ≤6mal so lg wie br. *S. gmelinii* S. 483

Im ♂ blühenden Zustand nicht sicher von beiden Arten zu unterscheiden ist *S.* ×*smithiana*; ähnlich auch *S. udensis*, bei dieser aber Zweige z. T. abgeflacht, mehrere cm br (Verbändert, mehrere Zweige prüfen!).

Familie *Euphorbiaceae* Juss. – Wolfsmilchgewächse

(250 Gattungen/6300 Arten)

Bearbeitung: **Hans Reichert**

Ein- od. zweihäusige Kräuter, Sträucher od. Bäume, mit od. ohne Milchsaft. Bla meist wechselständig u. ungeteilt, mit od. ohne NebenBla. Blü 1geschlechtig, radiär. BlüHülle oft fehlend. StaubBla 1–∞. FrKn oberständig, meist 3blättrig, 3fächrig, mit 1–2 SaAnlagen in jedem Fach. Fr meist in 3 TeilFr zerfallend.

1 BlaSpreite 20–60 cm lg, handfg in 5–11 Lappen geteilt. **Rizinus – *Ricinus*** S. 499
1* BlaSpreite <15 cm lg, ungeteilt, ganzrandig od. gezähnt **2**
2 Pfl 2häusig, seltener 1häusig, ohne Milchsaft. Blü mit 9–12 StaubBla od. 2 Narben. Bla eifg, gegenständig. **Bingelkraut – *Mercurialis*** S. 499
2* Pfl 1häusig, mit Milchsaft u. ♂ ScheinBlü (Cyathien). Jede ScheinBlü mit glockenfg Hüllbecher (Abb. **496**/2, 3); dieser zwischen seinen 5 Zipfeln mit 4–5 bohnenfg od. mondfg Drüsenanhängseln, in seinem Inneren mit 10–20 ♂ Blü aus je 1 StaubBla u. mit 1 nur aus 1 FrKn bestehenden, gestielten ♀ GipfelBlü. Cyathien zu einer doldenähnlichen Zyme angeordnet; diese mit HüllBla am Grund u. HüllchenBla an den Verzweigungen (Abb. **496**/1).
Wolfsmilch – *Euphorbia* S. 494

Euphorbia L. – Wolfsmilch (>2000 Arten)

(InB, Cyathium Vw – Milchsaft, außer bei *E. dulcis*, **11**, giftig)

Die für die Bestimmung einiger Arten wichtige Spaltöffnungsverteilung an den Bla ist mit einer starken Lupe anhand weißlicher Flecke erkennbar.

[N lokal: **Iberische W. – *E. iberica*** Boiss.: Ähnlich *E. esula*, aber BlaSpreite 10–20 mm br, spitz, am Grund abgerundet bis gestutzt, größte Breite in der Mitte. 0,50–1,20. s Mv(N: Peenemünde). **Weißrand-Wolfsmilch – *E. marginata*** Pursh: HochBla und obere StgBla auffällig weiß berandet. 0,80–1,00. 7–10. ZierPfl, s. Bd. ZierPfl [U] s By Rh He Sa An Bb (m-temp·NAM – eros ⊙).

1 Bla wechselständig, selten kreuzgegenständig u. dann 7–10 cm lg, ohne NebenBla, BlaSpreite am Grund symmetrisch. Stg aufrecht [Wolfsmilch s. str. – subgen. *Euphorbia*] . **2**
1* Bla in einer Ebene gegenständig, 0,3–3,5 cm lg, mit NebenBla, BlaSpreite am Grund unsymmetrisch. Stg meist liegend [Zwergwolfsmilch – subgen. *Chamaesyce* (Raf.) Rchb.][1] **24**
2 StgBla kreuzgegenständig, länglich-linealisch, dunkel bläulichgrün. Scheindolde 2–4strahlig, Drüsen des Hüllbechers kurz 2hörnig. 0,20–1,00. 6–8. Alte KulturPfl; Gärten, auch frische Rud.: Schutt; [A] z Rh He An Nw Sa Ns, [U] z By, s Mv Sh (urspr. m·c4-6EUR-WAS?, [N] NAM+OAFR+m-stemp·c1-4EURAS – igr eros ⊙ ⊙ krautiger Phanerophyt – InB – SeA

---

[1] Schlüssel nach Hügin, G. et Hügin, H. 1997: Die Gattung *Chamaesyce* in Deutschland. – Ber. Bayer. Bot. Ges. **68**: 103–121.

EUPHORBIACEAE 495

AmA MeA – L6 T6 F4 R? N7 – früher HeilPfl, heute nur ZierPfl u. angeblich gegen Wühl-
mäuse). [*Tithymalus lathyris* (L.) Hill] **Spring-W. – *E. lathyris* L.**
2* StgBla wechselständig 3
3 Pfl sukkulent. StgBla ± 2 cm br., eifg bis rundlich, blaugrün, fleischig, an niederliegenden
bis aufsteigenden Stg. Scheindolde endständig, (5–)6–12(–15)strahlig. Drüsen des Hüll-
bechers 2hörnig, ihre Enden verdickt bis 2lappig. 0,2–0,5. 4–7. Mauerfugen, trockene Rud.
[N U] s Bw, By Rh Nw He Sa An (m-sm·c2-6EUR-WAS – ♃ C igr – InB: Fliegen – SeA AmA
MeA – *L7 T6 F2 R7 N3* – ZierPfl, s. Bd. ZierPfl). **Walzen-W. – *E. myrsinites* L.**
3* Pfl nicht sukkulent, mit krautigen StgBla 4
4 Alle StgBla durch Einbiegung der Ränder ca. 0,5 mm lg scharf u. rinnenfg bespitzt. Drüsen
des Hüllbechers queroval bis leicht halbmondförmig. Pfl meist in Büscheln wachsend.
Scheindolde ∞strahlig. Hüllbecher innen mit dichtem Haarfilz. 0,50–0,60. 6. Kont. Trocken-
u. Sandtrockenrasen, kalkstet; z He(ORh SW SO) Th(Bck), s By(N NM NW) Bw(ORh Gäu
NW) Rh Nw(MW N) Sa(SO W) An(SO), † Ns, ↘ (sm-temp·c2-8EUR-WAS – teilig eros H
♃ PleiokRübe – InB: bes. Fliegen – L9 T7 F2 R8 N1 – V Fest. val., V Sesl.-Fest., V Koel.
glauc.). [*E. gerardiana* Jacq., *Tithymalus seguierianus* (Neck.) Prokh.]
Steppen-W. – *E. seguieriana* Neck.
4* BlaSpitze nicht rinnenfg, od. höchsten an einzelnen Bla angedeutet rinnenfg. 5
5 Drüsen des Hüllbechers rundlich bis querelliptisch od. bohnenfg, ohne Spitzen (Abb. **496**/2)
.... 6
5* Drüsen des Hüllbechers 2hörnig bis mondsichelfg (Abb. **496**/3, 4) 14
6 Fr glatt, höchstens fein punktiert od. behaart. StgBla schmal elliptisch bis verkehrteifg, vorn
fein gesägt. Scheindolde meist 5strahlig (Abb. **496**/1) 7
6* Fr warzig 8
7 Pfl ♃. StgBla useits weichhaarig, 4–8 cm lg, 1–2 cm br, schmal elliptisch bis länglich-ver-
kehrteifg. Unter der Enddolde ∞ blühende Seitentriebe. 0,50–0,80. 5–6. Nasse Stauden-
fluren, Sumpfwiesen; † s By(O: Passau, jetzt Erhaltungskultur) (sm-stemp·c3-5EUR – sogr
eros G ♃ Pleiok Rhiz – InB – AmA SeA – L8? T7 F7 R? N3 – V Filip.). [*Tithymalus villosus*
(Willd.) Pacher, *E. villosa* Willd.] ⊕ **Wollige W. – *E. illirica* Lam.**
7* Pfl ⊙. StgBla kahl od. spärlich flaumig behaart, 1–3 cm lg, keilfg-verkehrteifg (Abb. **496**/1).
Nur 1 endständige Scheindolde. 0,10–0,30. 6–9. Lehmige Äcker, Gärten, Weinberge, mä-
ßig trockne bis frische Rud., basenhold; [A] g Th Sh, h Bw Rh He Nw Sa An Ns Mv, v By(g
NM) Bb, z Alp(f Brch) (m-b·c1-6EUR-WAS, [N] austr-temp·c1-5CIRCPOL – eros ⊙, re-
generativ Hypokotylsprosse – InB: bes. Fliegen – SeA MeA Sa langlebig – L6 Tx F5 R7 N7
– O Sec., V Aphan., O Onop.). [*Tithymalus helioscopius* (L.) Hill]
Sonnenwend-W. – *E. helioscopia* L.

Falls Pfl bis 60 cm u. Bla schmal verkehrt-eilanzettlich (Abb. **897**/9), Pfl ♃, s. ***E. esula***, 18.

8 (6) Scheindolde ∞strahlig. Pfl >50 cm hoch. Bla sitzend, länglich-lanzettlich, fast ganzrandig.
Stg dick, im ⌀ 10–18 mm. 0,50–1,50. 5–6. Wechselnasse, periodisch überflutete Hoch-
staudenfluren, Moorwiesen, lückige Röhrichte, Gräben, StromtalPfl, nährstoffanspruchsvoll;
z By(MS N O Alb) He(ORh SW SO) Th(Bck) An(f Hrz) Bb(f SO SW) Ns(f Hrz MO S), s
Bw(ORh NW) Rh(MRh M N) Nw(MW) Sa(W) Mv(SW N NO) Sh(M SO), ↘ (sm-temp·c2-
8EUR – sogr eros H ♃ PleiokRhiz – InB: bes. Fliegen, Käfer – SeA AmA WaA Kältekeimer
Sa kurzlebig – L8 T6 F8~ R8 Nx – O Mol., V Car. elat. – ▽). [*Tithymalus palustris* (L.) Hill]
Sumpf-W. – *E. palustris* L.
8* Scheindolde 3–5strahlig. Pfl meist <50 cm hoch 9
9 Warzen der Fr fadenfg, >3mal so lg wie br, oben rot. Hüllbecherdrüsen gelb. HüllBla hell-
gelb, später orange. Bla vorn abgerundet. 0,30–0,50. 5(–6). Trockengebüsch- u. Trocken-
waldsäume, kalkhold; s By(MS: wild †), jetzt nur [N U] s By Rh Nw Th(Bck) Sa; auch ZierPfl
(sm·c3-4EUR – sogr eros H ♃ PleiokRhiz– InB – AmA – L6 T7 F3 R8 N2 – V Ger. sang.,
V Querc. pub.). [*E. polychroma* A. Kern., *Tithymalus epithymoides* (L.) Klotzsch et Gar-
cke] **Vielfarbige W. – *E. epithymoides* L.**
9* Warzen der Fr halbkuglig od. kurz walzig, höchstens 2mal so lg wie br 10

10 Stg oberwärts scharfkantig, kahl. Rhizom mit knolligen Verdickungen. HüllchenBla kaum länger als br. Bla kurz gestielt, 0,6–1,5 × 2–4 cm. 0,20–0,50. 5–6. Wechseltrockne offne Magerwiesen u. -weiden, mont. Trockenwaldsäume, kalkhold; s Alp By(MS S) (sm-stemp·c1-4EUR – sogr eros G ♃ uAuslRhiz – *L3 T8 F5 R7 N5* – V Brom. erect., V Ger. sang.). [*E. dulcis* subsp. *angulata* (JACQ.) BONNIER et LAYENS, *Tithymalus angulatus* (JACQ.) RAF.] **Kanten-W. – *E. angulata* JACQ.**
10* Stg nicht kantig, im ∅ rund od. elliptisch, kahl od. behaart **11**
11 Bla 4–8 × 1–2 cm, sitzend. Rhizom waagerecht, nicht knollig verdickt. Stg oberwärts zerstreut behaart. HüllchenBla deutlich länger als br. Drüsen des Hüllbechers anfangs gelbgrün, später purpurrot. Scheindolden meist 5strahlig; Strahlen meist nur 1mal 2teilig. Fr meist behaart. Stg oben meist behaart. 0,20–0,50. 5. Sickerfrische, seltener auch mäßig trockne Laub- (bes. Buchen-) u. NadelW, kalkhold, nährstoffanspruchsvoll; v Sa, z Alp By(f NO) Bw Rh He(f MW NW O) Th(f Hrz NW Wld) An, s Nw(SW SO) Bb(SW Elb M) (sm/mo-stemp·c1-3EUR – sogr eros G ♃ Rhiz – InB – SeA AmA – *L4 T5 F5 R8 N5* – O Fag. – 24). **Süße W. – *E. dulcis* L.**
1 Fr auch noch zur Reife behaart. z Alp(Brch Chm Mng) Th(f Hrz NW Wld) Sa(SW W), s By(S MS N NW O) Bw(Gäu Keu) An(S SO) (sm/mo-stemp·c2-3EUR – *L3 T6 F5 R7 N5* –). subsp. ***dulcis***
1* Fr anfangs behaart, später kahl. z Alp(f Brch Chm Kch) Rh He(W), s By(Alb S MS N) Bw(f Keu NW) Nw(SW SO) (sm/mo-stemp·c1-3EUR – *L3 T6 F5 R7 N5* –). [*E. dulcis* subsp. *incompta* (CES.) NYMAN, *Tithymalus dulcis* subsp. *purpuratus* (THUILL.) HOLUB] subsp. ***purpurata*** (THUILL.) MURR.
11* Bla 2–4 cm lg. Pfl ohne waagerechtes Rhizom. Drüsen des Hüllbechers gelb. Scheindolde 3–5strahlig, Strahlen zunächst 3-, dann 2teilig. Fr kahl **12**
12 Bla mit verschmälertem Grund sitzend. HüllchenBla br elliptisch, kurz gestielt. ♃ 0,30–0,50(–1,00). 5–6. Submed. Halbtrockenrasen, Trockengebüschsäume, kalkstet; z Alp(f Allg) By(f NO) Bw Th(S Rho), s Rh(ORh) (sm-stemp·c1-3EUR – sogr eros H ♃ Pleiok – InB: Fliegen – *L8 T6 F3 R9 N3* – V Brom. erect., V Ger. sang.). [*E. brittingeri* SAMP., *Tithymalus brittingeri* (SAMP.) HOLUB] **Warzen-W. – *E. verrucosa* L.**
12* Obere Bla mit herzfg Grund sitzend. HüllchenBla 3eckig, sitzend. ☉ **13**
13 Kapsel 3–4 mm br, mit halbkugligen Warzen. Scheindolde meist 5strahlig. Bla hellgrün, useits meist zerstreut behaart. 0,25–0,60. 7–8. Lehmige bis tonige Äcker, Gärten, frische Rud.: Wegränder, Schutt, Säume, kalkhold; [A] v Th(f Hrz), z By Bw Rh He(f NW W), Ns(S MO), s Alp(Chm) Nw(NO N) Sa(W: Gröbern bei Meißen) An(S SO N W), ↘ (sm-stemp·c1-5EUR, [N] sm-stempOAM – eros ☉ – InB: Fliegen, Bienen – SeA AmA – *L6 T7 F5 R7 N5* – O Sec., V Pot. ans., V Sisymbr.). [*Tithymalus platyphyllos* (L.) HILL] **Breitblättrige W. – *E. platyphyllos* L.**
13* Kapsel 2 mm br, mit kurzwalzigen Warzen. Scheindolde meist 3strahlig. Bla dunkler grün, meist kahl. 0,20–0,45. 6–9. Frische bis mäßig trockne Waldränder, halbschattige Säume, lichte AuenW, nährstoffanspruchsvoll; v Rh, z Alp(f Kch Krw) Bw, s By He(f MW NW O) Nw(MW SW SO), [N U] s Sa (sm·c1-6-stemp·c1-4EUR – eros ☉ ☉? – *L5 T6 F6 R8 N7* – O Convolv., V Alno-Ulm.). [*E. serrulata* THUILL., *Tithymalus strictus* (L.) KLOTZSCH et GARCKE] **Steife W. – *E. stricta* L.**
14 (5) HüllchenBla paarweise verwachsen (Abb. 496/4). Bla weichhaarig. Kapsel kahl, fein punktiert, 3furchig. 0,30–0,60. 4–5. Frische LaubW, bes. BuchenW, auch AuenW, kalkhold; v Alp(Brch Chm Kch), z By(f NO) Bw Rh(f ORh) Ns(Hrz S), s He(MW O SW) Th(Bck) Nw(Mw) (m/mo-stemp·c1-4EUR – igr eros C ♃ PleiokRhiz WuSpr, Triebe 2–3jährig – InB:

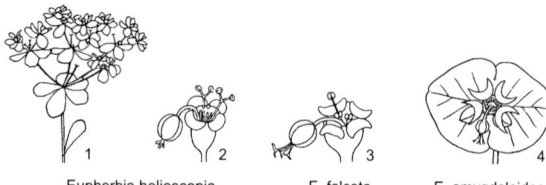

Euphorbia helioscopia   E. falcata   E. amygdaloides

Fliegen, Bienen – SeA AmA Sa langlebig – L4 T5 F5 R8 N5 – O Fag.). [*Tithymalus amygdaloides* (L.) Hill] **Mandel-W. – *E. amygdaloides* L.**
14* HüllchenBla frei 15
15 Scheindolde ∞strahlig. Sa glatt. ♃ 16
15* Scheindolde 3(–5)strahlig, Strahlen mehrmals 2teilig. Fr glatt. Sa höckrig od. grubig. ☉ 21
16 Bla fein bewimpert u. drüsig behaart, lanzettlich, 5–7(–8) × 1,0–2,0(–2,5) cm. Stg kurzflaumig bis fast kahl. Fr warzig, kahl. 0,30–0,70. 5–6. Trockengebüschsäume, Halbtrockenrasen; [N] s By(MS: Regensburg NM: Nürnberg) (sm·c5-6EUR – sogr eros H ♃ Pleiok? – InB: Fliegen, Käfer – L7 T7 F4 R8 N3 – O Orig., V Brom. erect.). [*Tithymalus salicifolius* (Host) Klotzsch et Garcke] **Weidenblatt-W. – *E. salicifolia* Host**
16* Bla u. Stg kahl 17
17 StgBla (frisch) oseits fettig glänzend, 5–11(–14) × 1,0–2,5(–3,5) cm; mit br herzfg bis geöhrtem Grund sitzend, die breiteren vorn stumpf u. teils stachelspitzig, untere Seitennerven im Winkel von 45–80° vom Hauptnerv abgehend. Fr glatt. 0,40–1,30. 5–7. Feuchte bis wechselnasse Auengebüsche, Grabenränder, Ufer, moorige Wiesen, StromtalPfl; s By(MS) Rh(ORh) Bb(Oder M MN NO), ↘ (sm-stemp·c4-6EUR+(WSIB) – sogr eros H/G ♃ WuSpr – L7 T6 F7~ R7 N5 – V Filip., V Mol., V Sene. fluv. – ▽). [*Tithymalus lucidus* (Waldst. et Kit.) Klotzsch et Garcke] **Glanz-W. – *E. lucida* Waldst. et Kit.**
17* Bla glanzlos, Seitennerven sehr spitzwinklig (<30°) vom Hauptnerv abgehend. Fr feinwarzig od. fein runzlig. (**Artengruppe Esels-W. – *E. esula* agg.**) 18
18 Bla oberhalb der Mitte am breitesten (verkehrt-eilanzettlich, Abb. **897**/9), zum Grund hin keilfg bis fast stielartig verschmälert, weich, im Austrieb braunrot, zumindest obere StgBla oseits fast ohne Spaltöffnungen. Hörner der Nektardrüsen oft kurz u. stumpf. Hüllbecher innen mit vielen Haaren. 0,30–0,60. 5–7. Frische bis mäßig trockne Rud., trockne Wiesen, rud. Halbtrockenrasen, extensiv genutzte Äcker, Ufer, Stromtäler u. Trockengebiete; h An, v Sa, z By(f S) Rh Nw Th Bb Ns Mv(h Elb) Sh(f W), s Bw(f Alb S SO SW) He(v ORh f NW) (sm-stemp·c2-6EUR, [N] ntemp-bEUR+sm-tempAM – sogr eros H/G ♃ WuSpr – InB: Fliegen, s Bienen – MeA, Sa langlebig – L8 T6 F4 R8 Nx – O Onop., V Arct., V Arrh., V Brom. erect., V Sene. fluv., V Pot. ans. – Ob öfter auch **16** × **18** [*E. ×paradoxa* (Schur) Simonk.] z. B. Mv? – 60). [*E. esula* subsp. *pinifolia* (Lam.) P. Fourn., *Tithymalus esula* (L.) Hill] **Esels-W. – *E. esula* L.**
18* Bla in od. unterhalb der Mitte am breitesten od. parallelrandig, im Austrieb grün, StgBla beidseits flächendeckend mit Spaltöffnungen (bei **20** oseits zuweilen fehlend). Hörner der Nektardrüsen lg. Hüllbecher nur am Mündungsrand behaart 19
19 Bla unterhalb der Mitte am breitesten (eilanzettlich, Abb. **897**/7), am Grund abgerundet bis br keilfg (fast) sitzend, meist schräg aufgerichtet, ± steif. Hörner der Nektardrüsen oft keulenfg verdickt. 0,60–0,80. 5–7. Rud. beeinflusste Halbtrockenrasen, Wegränder [A N] z Mv s By Th An Sh, oft verwechselt mit **20** (sm-stemp·c4-7EUR-WAS – sogr eros H/G ♃ Pleiok WuSpr? – InB: Fliegen, Bienen – L9 T6 F3 R8 N4 – V Dauco-Mel., V Sisymbr. – 20). [*E. esula* subsp. *tommasiniana* (Bertol.) Kuzmanov, *Tithymalus virgatus* (Waldst. et Kit.) Klotzsch et Garcke] **Ruten-W. – *E. virgata* Waldst. et Kit.**
19* Bla in der Mitte am breitesten od. linealisch (Abb. **897**/8, 11), am Grund (schmal keilfg), kurz gestielt u. vom Stg, ± waagerecht abstehend 20
20 BlaSpreite (0,4–)0,5–0,8(–1,2) cm br, meist mit ± langem parallelrandigem Abschnitt, seltener länglich-lanzettlich, am Grund plötzlich verschmälert bis keilfg, vorn kurz zugespitzt. Hörner der Nektardrüsen oft keulenfg verdickt od. gelappt. 0,40–1,00. 5–7.; Frische bis mäßig trockene Rud.: Bahngleise, Straßenränder, Kiesgruben, Dämme, Ufer; bisher oft mit **19** verwechselt; [N] z Th(Bck) Sa An, s By Bw Rh He Nw Ns, ↗ (sm-stemp·c4-7EURAS? [N] WEUR+NAM – sogr eros H/G ♃ WuSpr - InB: Fliegen, Bienen – MeA – L9 T5 F4 R7 N5 – V Dauco-Mel., V Sisymbr. – 60). [*E. pseudovirgata* auct. non (Schur) Soó, *E. virgata* auct. non Waldst. et Kit., *E. virgultosa* Klok.] **Schein-Ruten-W. – *E. saratoi* Ard.**
20* BlaSpreite gewöhnlich nur bis 0,3 cm br, linealisch, die der Seitenäste fast fadenfg. HüllchenBla gelb, zuletzt rot. 0,15–0,30. 4–5. Xerothermrasen, trockne Heiden u. Rud.: Wegränder, Böschungen; Trockengebüsche, -wälder u. -säume; g Th An, h Bw Rh Sa Bb, v Alp By He Nw Ns(g Hrz), z Mv, s Sh(M) (sm-stemp·c1-5EUR, [N] ntempEUR+sm-temp·c2-

6OAM-(WAM) – sogr eros H ♃ WuSpr – InB Vw – SeA AmA Sa langlebig – L8 Tx F3 Rx N3 – K Fest.-Brom., O Agrop., V Genisto-Call., V Viol. can., V Berb., V Querc. rob., V Eric.-Pin. – 40). [*Tithymalus cyparissias* (L.) HILL]   **Zypressen-W. – *E. cyparissias* L.**

21 (15) Bla verkehrteifg, vorn stumpf. HüllBla eifg, kurz stachelspitzig. Kapsel an den 3 Kielen schmal doppelt geflügelt. 0,10–0,30. 7–10. Sandige bis lehmige, stickstoffreichere Äcker, Gärten, Weinberge, mäßig trockne bis frische Rud.; [A] h He Nw Th Sa An Ns, v By Bw Rh Mv, z Bb Sh(f W), s Alp(Amm Allg Chm) (m·c1-6-temp·c1-4EUR-WAS, [N] austr-(trop)-temp·c1-4CIRCPOL – eros ☉, s ① – InB: Fliegen SeB? – MeA Lichtkeimer Sa langlebig – L6 T6 F4 Rx N7 – O Sec. – 18). [*Tithymalus peplus* (L.) HILL]   **Garten-W. – *E. peplus* L.**

21* Bla lanzettlich od. linealisch, spitz (bei **22** zuweilen dreispitzig). Kapsel ungeflügelt. Sa <1,5 mm lg (wenn Sa >1,8–2,0 mm lg, *E. taurinensis* ALL., ob in D?) **22**

22 Bla lanzettlich, Spreite 3–6 mm br, blaugrün. HüllBla verkehrteilanzettlich, stachelspitzig. 0,10–0,40. 6–10. Lehmige Äcker, Rud.: Wegränder, Schutt, Bahnanlagen, basenhold; [A] s By(N) Rh(ORh SW) Th(Bck) An(S), † Bw He,↘ (m-sm·c2-6stemp·c2EUR, [N] sm-tempOAM – eros ☉ – InB SeB? – MeA – L7 T7 F4 R8 N5 – O Sec.). [*Tithymalus falcatus* (L.) KLOTZSCH et GARCKE]   **Sichel-W. – *E. falcata* L.**

22* Bla linealisch, Spreite 1–3 mm br **23**

23 HüllchenBla mit herzfg Grund sitzend, eifg-lanzettlich, länger als br. 0,06–0,20. 6–10. Lehmige bis tonige Äcker, mäßig trockene Rud., Brachen, kalkhold; [A] h Th(f Hrz), v Bw He An(g S), z By(h N NM) Rh Nw(MW) Sa Bb(f SW) Ns(h MO, f N) Mv(f Elb), s Alp(Brch Chm) Sh(O) (m-temp·c1-4EUR, [N] AUST+AM – eros ☉ – MeA Sa langlebig – L6 T6 F4 R8 N4 – O Sec.). [*Tithymalus exiguus* (L.) HILL]   **Kleine W. – *E. exigua* L.**

23* HüllchenBla nierenfg bis fast rhombisch, stumpf, breiter als lg. 0,10–0,30. 6–7. Mäßig trockne Rud., Äcker; [U] † s By Rh, He Th (m-sm·c1-3EUR – eros ☉ – InB – KlA MeA AmA Sa langlebig – *L7 T9 F3 R7 N7* – O Sec.).   ⓉSaat-W. – *E. segetalis* L.

24 (1) Stg u. Bla kahl (aber zuweilen durch Pilzbefall behaart wirkend). BlaSpreite ohne dunklen Fleck **25**

24* Stg u. Bla behaart (z. T. nur spärlich, dann StgSpitze, nur in Haarleisten od. auf BlaUSeite). BlaSpreite oft mit dunklem Fleck (außer *E. prostrata*, **27**) **26**

25 Meist alle NebenBla auf beiden StgSeiten paarweise verwachsen, meist br dreieckig, so br wie lg od. breiter, sich farblich auffällig vom Stg abhebend, weiß, selten rötlich. Stg an einzelnen Knoten wurzelnd (oft aber nur Wurzelknospen als braune Höcker erkennbar). BlaSpreite ganzrandig. 0,08–0,25 lg. 6–9. Sandige bis kiesige Rud.: Bahnanlagen, Wege, bes. Friedhöfe; [N 1890 U] s By Bw He Bb (trop-strop·c1-6AM?, [N] m-stemp·c1-6AM+WEUR – eros ☉ – SeA KlA – *L9 T9 F2 R5 N5* – V Eragrost., V Polyg. avic.). [*Chamaesyce serpens* (KUNTH) SMALL]   **Schlängelnde W. – *E. serpens* KUNTH**

25* NebenBla nicht verwachsen, pfriemlich, viel länger als br, unauffällig. Pfl ohne sprossbürtige Wurzeln. BlaSpreite (zumindest vorn) meist gezähnt. 6–9. Sandige bis kiesige Rud.: Bahnanlagen, Wege, bes. Friedhöfe, Pflasterfugen; [N 1860] s By Bw He An Bb, [U] s Rh Th Sa Mv (m-temp·c2-8OEUR-AS – eros ☉ – *L9 T7? F4 R7 N5* – V Sisymbr., V Polyg. avic.). [*Chamaesyce humifusa* (WILLD.) PROKH.]   **Niederliegende W. – *E. humifusa* WILLD.**

26 (24) Fr kahl, Griffel an der reifen Fr ≥(0,5–)0,6 mm lg. reife Sa (1,1–)1,2–1,3(–1,4) mm lg, schwärzlich, unregelmäßig grubig-furchig. Cyathien meist zu Scheindolden gedrängt. Pfl meist ± aufrecht, meist nur spärlich behaart. StgHaare meist in Haarleiste(n), oft nur an der StgSpitze, viel kürzer als die BlaHaare (höchstens 0,5 mm lg). BlaSpreite der großen Bla meist >15 mm lg, meist mit dunklem Fleck. NebenBla meist (auf einer StgSeite) verwachsen, am Grund seitlich mit Drüsen. 0,15–0,40. 7–9. [N 1883 U] s By Bw He Sa (boreostrop-temp·c1-5AM – eros ☉ – SeA KlA – *L8 T9 F4 R7 N5* – V Eragrost., V Polyg. avic.). [*Chamaesyce nutans* (LAG.) SMALL]   **Nickende W. – *E. nutans* LAG.**

26* Fr behaart, Griffel an der reifen Fr 0,2–0,4(–0,6) mm lg. Reife Sa (0,7–)0,8–1,1(–1,2) mm lang, nicht schwärzlich, meist quergefurcht. Cyathien einzeln od. in Scheintrauben. Pfl meist niederliegend, ± dicht behaart. StgHaare nicht in Leisten (aber useits deutlich lockerer od. fehlend), nicht auffällig kürzer als die BlaHaare. BlaSpreite meist <15 mm lg, mit dunklem Fleck od. Fleck fehlend. NebenBla getrennt od. useits miteinander verwachsen, ohne Drüsen **27**

27 Fr abstehend u. meist ungleichmäßig behaart (Haare v. a. an den Kanten, Flächen meist kahl). Sa scharfkantig, mit 5–8 tiefen Querfurchen, Rücken zwischen den Furchen schmal u. gratfg, meist einzelne Sa (dunkel)grau, sonst hellbraun. Griffel meist fast bis zum Grund gespalten. BlaSpreite ohne dunklen Fleck. NebenBla auf der StgUSeite verwachsen u. länger als die unverwachsenen NebenBla auf der OSeite. 7–8. Sandige bis kiesige Rud.: Bahnanlagen, Wege; [N 1946 U] s By Bw Rh He Nw Bb Ns (trop-strop·c2-7AM, [N] m-sm·c2-7EUR-WAS+AM – eros ⊙ – SeA KlA – *L8 T9 F3 R5 N5* – V Eragrost., V Polyg. avic.). [*Chamaesyce prostrata* (Aiton) Small]   **Hingestreckte W. – *E. prostrata* Aiton**

27* Fr ± anliegend u. gleichmäßig behaart. Sa an den Kanten abgerundet, meist mit 3–5 flachen, zuweilen undeutlichen Querfurchen, Rücken zwischen den Furchen br u. rund. Sa hellbraun, nie (dunkel)grau. Griffel nur bis ca. ⅓ der Länge gespalten. BlaSpreite meist mit dunklem Fleck. Alle NebenBla frei, ohne auffällige Längenunterschiede. 0,05–2,0 lg. 6–9. Sandige bis kiesige, trockne Rud.: Wege, bes. Friedhöfe, Pflasterfugen; [N 1877] v By Bw, z Rh He Th(Bck), sonst s (austrAM-m-temp·c1-8OAM, [N] m-stemp·c1-5EUR – eros ⊙ – SeA KlA – *L9 T8 F4 R7 N5* – V Polyg. avic, V Eragrost., V Sisymbr.). [*Chamaesyce maculata* (L.) Small]   **Gefleckte W. – *E. maculata* L.**

Hybriden: *E. salicifolia* × *E. esula* = "*E.* ×*paradoxa* Schur – s, z. B. Mv, s. **18**; *E. lucida* × *E. virgata* = *E.* ×*pseudolucida* Schur – s; *E. lucida* × *E. cyparissias* = *E.* ×*wimmeriana* J. Wagner – s; *E. esula* × *E. cyparissias* = *E.* ×*pseudoesula* Schur – z; *E. virgata* × *E. cyparissias* = *E.* ×*gayeri* Boros et Soó – s.

Mercurialis L.– Bingelkraut (8 Arten)

(Blü unscheinbar, kein Cyathium, kein Milchsaft)

1 Stg ästig, in der ganzen Länge beblättert. ♀ Blü fast sitzend. Pfl meist 2häusig, seltener 1häusig. 0,20–0,50. 6–10. Lehmige, stickstoffreiche Äcker (bes. Hackkulturen), Gärten, Weinberge, frische bis mäßig trockne Rud.: Wegränder, Schutt, basenhold; [A] v Rh An Ns(M MO S, s N), z Bw(h ORh) He(h ORh) Nw Th Sa, s By(v N f S), [N U] s Bb Mv(f Elb) (m·c1-6-temp·c1-3EUR, [N] austrCIRCPOL+m-temp·c1-4AM – eros ⊙, selten überwinternd – WiB, auch Ap, ♂ Blü abgeschleudert – SeA AmA MeA Sa langlebig – L7 T7 F4 R7 N8 – O Sec., V Sisymbr., V Onop. – giftig).   **Einjähriges B. – *M. annua* L.**

1* Stg einfach. ♀ Blü gestielt. Pfl 2häusig **2**

2 Bla deutlich gestielt. Unterer Teil des Stg nur mit SchuppenBla. 0,15–0,30. 4–5. Frische, lehmige bis skelettreiche LaubmischW, AuenW, Gebüsche u. Waldränder, basenhold, nährstoffanspruchsvoll; h Alp Rh(z ORh) Th, v By Bw He Nw Sa(s Elb) An Mv, z Bb Ns(h MO S) Sh(f W) (m/mo-temp·c1-5EUR – sogr eros G ♃ uAuslRhiz – WiB InB? – AmA SeA – L2 Tx Fx R8 N7 – O Fag. – giftig).   **Ausdauerndes B., Wald-B. – *M. perennis* L.**

2* Bla sitzend od. BlaStiel höchstens 2 mm lg. Unterer Teil des Stg mit kleinen LaubBla. 0,15–0,40. 4–5. Trockenwarme LaubmischW, basenhold; s By(Alb MS O: Donau, Altmühl, Naab, Regen) (m/mo-stemp·c3-4EUR – sogr eros G ♃ uAuslRhiz – WiB – AmA SeA – L5 T7 F4 R7 N5 – V Querc. pub. , UV Cephal.-Fag.).
 Eiblatt-B. – *M. ovata* Sternb. et Hoppe

Hybride: *M. perennis* × *M. ovata* = *M.* ×*paxii* Graebn. – s.

Ricinus L. – Rizinus (1 Art)

Bla wechselständig, sehr lg gestielt. BlüStand rispig, Blü unscheinbar. Pfl 1häusig, ohne Milchsaft. 1,00–2,00. 8–10. Flussufer, frische bis feuchte Rud., nährstoffanspruchsvoll; s Nw: Niederrhein (Einbürgerung wahrscheinlich), [U] s By Bw Rh(ORh) Nw(MW) Sa: Elbtal Bb: Berlin (boreostrop·c2-5OAFR, [N] austr-sm·c1-5-temp c1-3CIRCPOL – In D eros ⊙, in Tropen oft ♃ – WiB AmA SeA MeA – *L9 T9 F4 R5 N7* – V Sene. fluv. – ZierPfl, HeilPfl, giftig, v. a. Sa).   **Rizinus, Wunderbaum – *Ricinus communis* L.**

Familie *Linaceae* PERLEB – **Leingewächse** (7 Gattungen/300 Arten)

Kräuter, Sträucher. Bla meist wechselständig, meist sitzend, kahl, ganzrandig, ungeteilt, meist ohne NebenBla. Blü in Schirmthyrsen, ♂, radiär, 4–5zählig, häufig heterostyl. KrBla frei. StaubBla 4, 5 od. 10, am Grund verbunden. FrKn oberständig, 2–5blättrig, 2–5fächrig, oft mit vollständigen od. unvollständigen Scheidewänden, in jedem Fach (1–)2 SaAnlagen. Kapseln.

1   Blü 5zählig. KeBla ganzrandig. Pfl (5–)15–80 cm hoch. Bla wechelständig, selten gegenständig.   **Lein – *Linum*** S. 500
1*   Blü 4zählig. KaBla 2- od. 3zähnig. Pfl 1–10 cm hoch. Bla gegenständig.   **Zwergflachs – *Radiola*** S. 500

Radiola HILL – **Zwergflachs** (1 Art)

Stg dünn. Bla eifg-lanzettlich, ganzrandig. Blü sehr klein, in vielästigem Dichasium. 0,01–0,10. 7–8. Feuchte, sandige, zeitweilig überflutete Ackermulden, periodisch trockenfallende Kleingewässer, abgeplaggte Feuchtweiden, Dünentäler, feuchte Rud.: Fahrwege, kalkmeidend; z Th(Bck, s O) Sh(f SO), s By(f Alb MS S) Bw(Alb Keu) Rh(M N SW) He(MW ORh SO, ob noch?) Nw Sa(NO SO) An(Elb S) Bb(SO Elb MN) Ns(f Hrz) Mv(SW N), ↘ (trop-strop/moAFR-m/mo-temp·c1-4EUR – eros ☉ – InB: Fliegen SeB – KlA Lichtkeimer – L8 T6 F7= R3 N2 – V Nanocyp.).   **Zwergflachs, Zwerglein – *R. linoides*** ROTH

Linum L. – **Lein** (190 Arten)
Mit Beiträgen von Klaus Pistrick

1   Bla gegenständig, sehr fein gezähnt. KrBla 4–5 mm lg, weiß, am Grund gelb. Blü in lockerem Dichasium, BlüKnospen hängend. 0,05–0,30. 6–7. Wechseltrockne bis -feuchte Rasen, Quellfluren, nährstoffarme Rud., kalkhold; h Alp Th An(z Elb NO), v By Bw Rh He Nw, z Sa Bb Ns(h S) Mv Sh (m/mo-b·c1-5EUR – eros ☉ bis igr eros H kurzlebige ♃ – SeB InB – KlA Sa langlebig – L7 Tx Fx R7 N2 – V Mol., V Calth., V Arrh., V Brom. erect., V Cirs.-Brach., V Sesl., V Car. davall. – früher HeilPfl – winterannuelle, mehrstänglige Pfl (Alpen, SchwarzW, Harz, Erzgebirge) wurden als subsp. *suecicum* HAYEK unterschieden – 16).
      Purgier-L., Wiesen-L. – *L. catharticum* L.
1*   Bla wechselständig. KrBla >(8–)10 mm lg 2
2   Kr gelb. Stg scharfkantig. BlaGrund jederseits mit 1 Drüse. 0,20–0,55. 6–7. Halbtrockenrasen, TrockenWSäume, Waldlichtungen, kalkstet; s By(MS) Bw(Alb Keu SO), [U] s Rh; auch KulturPfl (sm-stemp·c4-6EUR – sogr eros H ♃ WuSpr Pleiok – InB Vg – KlA – L8 T7 F4~ R8 N3 – V Cirs.-Brach., V Brom. erect., V Ger. sang. – ZierPfl – ▽!).
      Gelber L. – *L. flavum* L.
2*   Kr blau od. rötlich, selten weiß. BlaGrund ohne Drüsen, Bla zuweilen am Rand drüsig . 3
3   KeBla am Rand drüsig gewimpert. Kr rötlich 4
3*   KeBla drüsenlos. Kr blau 5
4   Bla lanzettlich, 4–9 mm br, drüsig gewimpert. Stg zottig. 0,30–0,60. 5–7. Halbtrockenrasen, wechseltrockne bis frische Wiesen, Wegränder, TrockenWSäume, trockne KiefernW, kalkstet, auch KulturPfl; z Alp(f Allg Krw), s By(S MS), ↘ (sm/mo-stemp/perimo·c2-3EUR – sogr eros H ♃ Pleiok – InB – KlA – L7 Tx F4~ R8 N? – V Brom. erect., V Mol., V Ger. sang., V Eric.-Pin. – ZierPfl – ▽).   **Klebriger L. – *L. viscosum* L.**
4*   Bla linealisch, 1,5 mm br, am Rand von kurzen Zäckchen rau, sonst kahl. Stg oberwärts kahl. 0,15–0,50. 6–7. Submed. Trocken- u. Halbtrockenrasen, rud. beeinflusste steinige Böschungen, kalkhold; z Bw Rh Th(f Hrz NW O), s By(f NO O S) He(f NW W) Ns(S: Göttingen), † Nw An, ↘ (m-stemp·c2-6EUR-VORDAS – igr eros H ♃ Pleiok – InB – KlA – L9 T8 F2 R9 N2 – O Brom. erect. – ▽).   **Schmalblättriger L. – *L. tenuifolium* L.**
5   (3) KeBla am Rand fein gewimpert, jedoch nicht drüsig. Bla 3nervig. Pfl nicht ♃, meist 1stänglig. Narben u. Staubbeutel in gleicher Höhe. Reife Kapseln geschlossen bleibend, die Sa nicht ausstreuend, Sa klein, Pfl meist 70–100 cm hoch: convar. *elongatum* VAVILOV et ELLADI – Faser-Lein; Sa groß, Pfl meist 40–70 cm hoch, Tausendkornmasse >9 g: convar. *mediterraneum* (ELLADI) KULPA et DANERT – Öl-Lein; Tausendkornmasse <9 g: convar.

usitatissimum – Kombinations-L.; Kapseln zur Reife geöffnet, die Sa ausstreuend, Pfl 20–60 cm hoch: convar. *crepitans* (BOENN.) KULPA et DANERT – Spring-Lein. 0,20–1,00. 6–7. KulturPfl; auch frische Rud.; [U] z alle Bdl, s Bb Mv Sh (entstanden aus *L. usitatissimum* subsp. *angustifolium* (HUDS.) THELL. [*L. bienne*]: m-smOEUR-VORDAS – eros ☉ ①, s ☉ – InB – Faser- u. ÖlPfl seit der Jungsteinzeit, HeilPfl). **Saat-L., Flachs** – *L. usitatissimum* L.

5* KeBla am Rand kahl. Bla meist 1nervig. Pfl ♃, meist mehrstänglig. **(Artengruppe Ausdauernder L.** – *L. perenne* agg.) 6

6 Narben u. Staubbeutel in gleicher Höhe. Stg niedrig, liegend bis aufsteigend, mit 1–6 Blü. Innere KeBla 3,5–6,0 mm lg, spitz. KrBla 8–14 mm lg. Kapsel 5–7(–8) mm lg. 0,05–0,15 (–0,30). 5–7. Flachgründige, lückige Trocken- u. Halbtrockenrasen, kalkstet; z By(N) Bw(NW Gäu) Rh(SW W N) He(MW, s O) An(W) Ns(S), s Th(Bck) (temp·c1-2WEUR – sogr? eros H ♃ Pleiok WuSpr – SeB InB – KIA – L9 T7 F3 R9 N1 – V Alysso-Sed., O Brom. erect. – 20). [*L. anglicum* auct. non MILL.] **Lothringer L.** – *L. leonii* F.W. SCHULTZ

6* Narben u. Staubbeutel in verschiedener Höhe. Pfl mit 3–25 Blü 7

7 BlüStiele nach der Blüte nickend. Innere KeBla 3,5–6,0 mm lg, abgerundet, stachelspitzig, so lg wie die äußeren. KrBla 10–15(–18) mm lg. Kapsel 3,5–5,0 mm lg. 0,30–0,60. 5–7. Lückige Trockenrasen, trockne Rud., Weinbergsbrachen, kalkhold, auch KulturPfl; [N 1860?] z By Rh Th An, s Bw He Nw Sa Bb, [U] z Ns Mv, ↗? (m-stemp·c4-7EUR-VORDAS – sogr eros H ♃ Pleiok WuSpr – InB – L9 T7 F3 R8 N2 – K Fest.-Brom., V Dauco-Mel., V Conv.-Agrop. – ZierPfl – ▽ – 18). **Österreichischer L.** – *L. austriacum* L.

7* BlüStiele nach der Blüte aufrecht abstehend. Innere KeBla 4,5–5,5 mm lg. KrBla 15–20 mm lg. Kapsel 5–7 mm lg 8

8 Innere KeBla 0,5–1,0 mm länger als die äußeren, gestutzt, etwas stachelspitzig. Stg 5–25blütig. 0,30–0,80. 5–7. Halbtrockenrasen, trockne KiefernW, basenhold; s By(f NO NW S) He(ORh SO), [U] s Nw, † Bw (sm-temp·c4-7EUR-WAS – sogr eros H ♃ Pleiok WuSpr – InB – StA, KIA: Schleimsamen – L7 Tx F3 R8 N2 – V Cirs.-Brach.?, V Arrh.? – ▽! – 18). [*L. bavaricum* F.W. SCHULTZ]. **Ausdauernder L., Dauer-L., Stauden-L.** – *L. perenne* L.

8* Innere KeBla so lg wie die äußeren, spitz od. abgerundet, stachelspitzig. Stg 1(–3–10(–12) blütig. 0,10–0,30. 6–8. Subalp., mäßig frische Steinrasen u. Steinschuttfluren, kalkstet; z Alp(Brch) (stemp/mo-alp·c2-3EUR – sogr eros H ♃ – InB Vg – L9 T3 F4 R9 N2 – O Sesl. – ▽ – 36). [*L. laeve* SCOP., *L. montanum* DC., *L. perenne* subsp. *alpinum* (JACQ.) OCKENDON, *L. p.* subsp. *montanum* (DC.) OCKENDON, *L. julicum* HAYEK, *L. ockendonii* GREUTER et BURDET] **Alpen-L.** – *L. alpinum* JACQ.

Familie *Geraniaceae* JUSS. – Storchschnabelgewächse

(7 Gattungen/805 Arten)

Bearbeitung: **Jens Stolle**

Kräuter od. Halbsträucher, selten Bäume. Bla meist wechselständig, mit NebenBla. Blü ☿, meist radiär, 5zählig. KrBla frei. StaubBla 10. FrKn oberständig, 5blättrig, 5fächrig, in jedem Fach 1–2 SaAnlagen. SpaltFr, in je 5 schnabelartig verlängerte, 1samige TeilFr zerfallend. erect.

1 Bla handfg eingeschnitten, gefingert u. rundlich bis 5eckig od. mehrfach fiedrig 3(–5)zählig, 3eckig. FrSchnäbel bei der Reife bogig aufwärts gekrümmt (Abb. **502**/1). Sa abgeschleudert (nicht bei *G. divaricatum*). Blü in Zymen. **Storchschnabel** – *Geranium* S. 501

1* Bla gefiedert, im Umriss meist länglich. FrSchnäbel bei der Reife im unteren Teil schraubenfg gedreht. Sa mit dem FrSchnabel verbunden. Blü in Dolden.
Reiherschnabel – *Erodium* S. 505

Geranium L. – Storchschnabel (430 Arten)

1 Bla aus 3–5 völlig getrennten, gestielten, bis nahe an den Mittelnerv fiederschnittigen Blchen zusammengesetzt (Abb. **502**/4). **(Artengruppe Stinkender St.** – *G. robertianum* agg.)
.... 2

1* Bla handfg gespalten bis geschnitten (Abb. **502**/5–7) **3**
2 KrBla 5–9 mm lg, ihre Platte 2–3 mm lg, purpurn. Staubbeutel gelb. KeBla mit 0,5–1,0 mm lg Granne. FrKlappen an der Spitze mit 3–4 starken Querleisten. Pfl nicht od. wenig riechend. 0,20–0,40. 4–9. Trockne, lückige Rud., bes. Gleisschotter; [N 1890] z Bw Rh He Nw Th An Ns(S: Ith), s By(Alb MS), [U] Bb Mv Sh, ↗ (m-sm·c1-4EUR – hros ① ⊙ – 32). [*G. robertianum* subsp. *purpureum* (Vill.) Nyman]   **Purpur-St.** – *G. purpureum* Vill.

Ähnlich sind die beiden 2016 beschriebenen und mutmaßlich durch Introgression von *G. robertianum* in *G. purpureum* entstandenen Sippen **Siedlungs-St.** – *G. urbanum* Bomble: KeBla sowohl mit kurzen als auch mit 1,5 –3,4 mm lg Drüsenhaaren. KrBla mittelrosa, mit relativ schmaler Platte. [N Neoendemit?] s Nw (MW: Aachen). u. **Zartrosa-St.** – *G. atroroseum* Bomble: KeBla sowohl mit kurzen als auch mit mindestens 2 mm lg Drüsenhaaren. KrBla zartrosa bis weißlich, mit relativ breiter Platte. [N Neoendemit?] s Nw.

2* KrBla 9–12(–13) mm lg, ihre Platte 4–6(–8) mm lg, verwaschen rosa bis helllila. Staubbeutel orange bis purpurrot. KeBla mit 1,5–2,5 mm lg Granne. FrKlappen an der Spitze mit 1–2 starken Querleisten. Pfl stark unangenehm riechend. 0,20–0,40. 5–10. Frische Wälder (bes. Bachauen- u. SchluchtW), Waldsäume, Hecken, feuchte Felsen, Rud.: an Mauern, Gleisschotter, Geröllstrände, nährstoffanspruchsvoll; g Rh Nw Th Sa An Ns(v N), h Alp Bw He Bb Mv, v By Sh (m-b·c1-6EUR, [N] austr+m-temp·c1-6CIRCPOL – igr hros ① ⊙ Stütz-Bla-Stiele – InB SeB – KIA VdA – L5 Tx Fx Rx N7 – V Geo-Alliar., V Arctio-Samb., V Til.-Acer., V Alno-Ulm., V Atr. litt. – 56?, 64).
   Stinkender St., Ruprechtskraut – *G. robertianum* L.

1 Fr ± behaart. Stg meist aufrecht. Verbr., Standorte u. Soz. in D wie Art.   subsp. **robertianum**
1* Fr kahl. Stg niederliegend bis bogig aufsteigend. Geröllstrände, Strandwälle; Küsten, z Mv Sh (V Atr. litt.).   subsp. **maritimum** (Bab.) H.G. Baker

3 (1) Stg kahl od. mit einzelnen Haaren. Bla glänzend. KeBla aufrecht, kegelfg zusammenneigend. KrBla länglich-keilfg, abgerundet, rosa. 0,15–0,30. 5–7. Frische LaubWSäume, BlockW, an meist halbschattigen Felsen, Blockhalden, Mauern u. Waldwegen, kalkmeidend, nährstoffanspruchsvoll; z Rh, s By(Alb) He(SW MW ORh) Nw(f MW N) Th(Bck Hrz Wld) An(f Elb N O) Ns(MO Hrz S), [N U] Bb Mv (m-sm·c1-6-temp·c1-4EUR – hros ① ⊙ Stütz-BlaStiele – SeB – KIA – L5 T7 F5 R7 N8 – V Geo-Alliar., V Galeops. seget., V Til.-Acer. – 40).   **Glänzender St.** – *G. lucidum* L.
3* Stg behaart. Bla nicht glänzend **4**
4 KrBla meist 10–20 mm lg. Pfl ♃. BlaSpreite 4–20 cm ⌀ **5**
4* KrBla meist 3–10 mm lg. Pfl meist ⊙ od. ⊙. BlaSpreite 3–7 cm ⌀ **11**
5 TeilBlüStände mit 3–9 nickenden Blü. Kr blassrosa od. purpurrot. KrBla 15–18 mm lg. Ke vor u. nach der Blühphase kuglig aufgeblasen. Pfl intensiv riechend. 0,20–0,50. 6. ZierPfl, auch verwildernd, nährstoffreiche, Parks, schattige Säume, Rud.; [N] s By Bw(SW ORh) He Th An Sa Ns Bb, [U] Nw Mv Sh (sm/mo·c2-4EUR – hros H ♃ Rhiz – InB – K Artem., V Geo-Alliar.).   **Balkan-St., Felsen-St.** – *G. macrorrhizum* L.
5* Blü einzeln od. in 2-blütigen TeilBlüStänden. Ke nie aufgeblasen **6**
6 Blü einzeln. BlaSpreite fast bis zum Grund in Abschnitte mit linealischen Zipfeln geteilt. KrBla purpurrot, vorn ausgerandet, 15–20 mm lg. 0,15–0,50. 6–8. TrockenW- u. -gebüschsäume, waldnahe Xerothermrasen, lichte Eichen- u. KiefernW, rud. Böschungen, basenhold; z Alp By Bw Rh He(f NW) Th An Ns(S) Bb(f SO SW), s Nw(SW) Sa(f NO) Mv(f Elb SW) Sh(M O); auch ZierPfl (m/mo-temp·c1-5EUR – sogr hros H ♃ Rhiz WuSpr – InB: Schwebfliegen, Bienen, Falter, Käfer Vm – SeA – L7 T6 F3 R8 N3 – V Ger. sang., V Berb., K Fest.-Brom., O Querc. pub., V Eric.-Pin., V Cytis.-Pin.).   **Blut-St.** – *G. sanguineum* L.

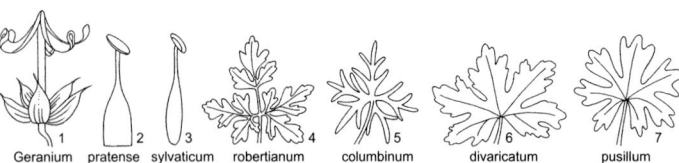

Geranium   pratense   sylvaticum   robertianum   columbinum   divaricatum   pusillum

GERANIACEAE 503

6* Blü in 2-blütigen TeilBlüStänden. BlaZipfel nicht linealisch 7
7 KrBla etwas zurückgeschlagen u. nur wenig länger als der Ke, rotbraun od. schwarzviolett, selten schmutziglila, 10–15 mm lg. KeBla mit aufgesetzter Spitze. StgBla wechselständig. 0,30–0,60. 5–6. Frische Waldsäume, lichte AuenW, gestörte Frischwiesen, Parkanlagen, nährstoffanspruchsvoll; s Alp(Brch Krw Wtt) Bw(S), [N 19. Jh.] He Sa Nw An Ns Mv Sh, [U] Bb; auch ZierPfl (sm/mo-stemp/demo·c3-5EUR, [N] temp·c3-5EUR – sogr hros H ♃ Rhiz – InB: Bienen, Hummeln Vm SeB? – KlA – L6 Tx F5 R6 N5 – V Trif. med., O Arrh., V Alno-Ulm. – 28). **Brauner St. – *G. phaeum* L.**
1 Kr rotbraun od. schwarzviolett. Bla oft mit braunem Fleck. Standorte u. Verbr. in D wie Art.
subsp. ***phaeum***
1* Kr schmutziglila. Bla stets ungefleckt. Urspr. z Alp(Kch Krw), [N] s Nw Ns? Sh? (sm-stemp// mo·c3ALP). subsp. *lividum* (L'Hér.) Hayek
Ähnlich: **Zurückgebogener St. – *G. reflexum* L**: KeBla ohne aufgesetzte Spitze. KrBla 7–9 mm lg, rosa, schmutziglila bis purpurn. Blü- u. FrStiele stark zurückgebogen. [N] s By Ns (sm/mo·c3EUR – 28).

7* KrBla schräg aufwärtsgerichtet, nie zurückgeschlagen, doppelt so lg wie der Ke. Obere StgBla gegenständig 8
8 KrBla ausgerandet, lila mit violetten Adern, 12–17 mm lg. Bla 3–5teilig, ihre Zipfel gezähnt. Stg mit angedrückten, rückwärtsgerichteten Haaren. 0,20–0,50. 5–9. Nährstoffreiche Frischwiesen; s By Bw He Nw Th Sa Bb (sm/(mo)·c1-4 EUR, [N] temp·c1EUR – sogr hros H ♃ Rhiz – InB – SeA – O Arrh.). **Knotiger St. – *G. nodosum* L.**
8* KrBla vorn abgerundet. Bla (5–)7spaltig od. -teilig 9
9 Pfl drüsenlos. FrKlappen mit abstehenden, drüsenlosen Haaren. BlüStiele nach dem Verblühen abwärtsgebogen. Kr purpurn. 0,25–0,80. 6–9. Frische bis nasse, teils periodisch überflutete Hochstaudenfluren, Fließgewässersäume, Feuchtwiesen u. -brachen, Auenwaldränder, nährstoffanspruchsvoll; h Th, s By Bw He Sa An Bb Mv, z Alp(f Krw) Rh(f W) Nw Ns Sh (sm/mo-temp·c2-5EUR – sogr hros H ♃ Rhiz – InB: Fliegen, Bienen Vm – SeA – L8 T5 F7~ R8 N7 – V Filip., V Mol., V Calth., V Salic. alb. – 28).
Sumpf-St. – *G. palustre* L.
9* Obere Teile der Stg, BlüStiele u. FrKlappen mit Drüsenhaaren. Kr blau- od. rötlichviolett **10**
10 Kr hell blauviolett. BlüStiele nach dem Verblühen abwärts gebogen, zuletzt oft wieder aufrecht. Staubfäden am Grund 3eckig verbreitert (Abb. **502**/2). Bla geteilt, ihre Zipfel fast fiederspaltig. 0,20–0,80. 6–8. Frische bis wechselfrische Wiesen, Auenwaldsäume, Rud.: Straßen- u. Wegränder, Dämme, nährstoffanspruchsvoll; h Th An(z Elb N O), v Bw(g NW) Rh He Sa, z Alp(f Krw) By Nw Bb Ns Mv, Sh (SM SO), [N U] Ns(NW N) Sh(O), ↗ (sm/mo-b·c3-7EURAS, [N] c1-2EUR+OAM – sogr hros H ♃ Rhiz – InB: Hautflügler, Schwebfliegen Vm – SeA MeA – L8 T6 F5 R8 N7 – V Arrh.). **Wiesen-St. – *G. pratense* L.**
10* Kr bläulich- bis rötlichviolett. BlüStiele nach dem Verblühen aufrecht bleibend. Staubfäden lanzettlich (Abb. **502**/3). Bla gespalten, ihre Zipfel tief gesägt. 0,20–0,60. 5–7. Frische bis feuchte, besonders auf zeitweilig vernässten u. dauerfrischen Böden, bevorzugt mont. bis subalp. Wiesen, Hochstaudenfluren, Wald- u. Gebüschsäume, Rud.: Straßenränder; selten noch. Xerothermrasen, nährstoffanspruchsvoll; h Alp, Ns(Hrz, sonst s), v Th(g Hrz Wa), z By Bw(f NW) Rh He Sa(h SW SO W) An(h Hrz f O), s Nw(f N NO) Bb(NO Od) Ns(S MO M), [N U] Sh, † Mv (sm/mo-b·c2-6EUR-WSIB – sogr hros H ♃ Rhiz – InB: Bienen, Fliegen, Falter, Käfer – SeA – L6 T4 F6 R6 N7 – V Triset., V Adenost., V Alno-Ulm.). **Wald-St. – *G. sylvaticum* L.**
11 (4) KrBla vorn abgerundet, verkehrteifg, rosenrot. Stg ästig, kurzzottig, oben drüsig. 0,10–0,30. 6–10. Mäßig trockne Rud.: Wegränder, an Mauern; Weinberge; [N] z Bw(f SO Alb) Rh(h ORh), s By(f S) He(f NW) Nw (f NO) An, [U] s Th Sa Ns (m/mo·c1-7stemp·c1-3EUR-WAS – hros ① ⊙ – SeB InB? – VdA KlA? – L7 T8 F4 R7 N6 – V Ver.-Euph., V Sisymbr. – 26). **Rundblättriger St. – *G. rotundifolium* L.**
11* KrBla vorn ausgerandet **12**
12 Bla bis zur Mitte od. etwas tiefer gespalten **13**
12* Bla bis fast zum Grund 5–7schnittig, BlaAbschnitte fiederteilig (Abb. **502**/5) **19**
13 Bla im Umriss eckig (Abb. **502**/6). KeBla deutlich begrannt **14**

13* Bla im Umriss rundlich (Abb. **502/7**). KeBla kurz bespitzt **16**
14 KrBla 7–10 mm lg, blauviolett. KeBla 2–3 mm lg begrannt. FrKlappen glatt. 0,25–1,00. 6–7. Störflächen in Wäldern (Schläge, Brandstellen); s By(NO: Markleuthen) Bb, † Sa(N O: Rietschen) (sm-temp·c3-5EUR – hros ① ☉ – SeB? – KlA, Sa langlebig, Hitzekeimer – 28).
Böhmischer St. – *G. bohemicum* L.
14* KrBla 5–7 mm lg. KeBla 0,5–2,0 mm lg begrannt **15**
15 Stg mit lg abstehenden, drüsenlosen u. kurzen drüsigen Haaren. BlüStände meist 2blütig. KrBla rosa, 5–7 mm lg. KeBla 0,5–1,0 mm lg begrannt. FrKlappen querrunzlig. 0,25–0,60. 6–8. Mäßig frische Rud.: Wegränder; Heckensäume, Weinberge; [A] s Sa(SO SW W) An Bb(NO Od), [U] s By Rh (sm-temp·c3-6EUR-WAS – hros ☉ – MeA KlA – V Geo-Alliar., V Berb. – 28). **Spreizender St. – *G. divaricatum* Ehrh.**
15* Stg mit lg rückwärtsgerichteten, drüsenlosen Haaren. BlüStände meist 1blütig. KrBla blassrosa mit dunklen Adern, 6 mm lg. KeBla 0,5–2,0 mm lg begrannt. FrKlappen glatt. 0,30–0,60. 7–8. Hecken- u. Gebüschsäume; [N U] s By Bw Bb(Berlin) Th Mv Sh(S: Hamburg); auch ZierPfl (sm/mo-temp·c2-6(EUR)-AS, [N] NAM – sogr hros H wenigjährig ♃ Pleiok – InB – MeA KlA – V Geo-Alliar. – 28). **Sibirischer St. – *G. sibiricum* L.**
16 (13) Stg kurzhaarig. KrBla schwach ausgerandet, hellviolett, 2,5–4,0 mm lg u. so lg wie der Ke. Die 5 äußeren StaubBla ohne Staubbeutel. FrKlappen glatt, angedrückt behaart. 0,15–0,30. 5–10. Nährstoffreiche, sandige bis lehmige Äcker u. Gärten, mäßig trockne Rud., Weinberge; [A] g Th Sa An Ns, h He Nw Mv, v By(g NM) Bw Rh Bb, z Sh, s Alp(f Amm Krw Kch) (m-temp·c1-5EUR-WAS – hros ☉ u. igr hros ① ☉ – SeB InB: Fliegen, Hautflügler Vw – MeA VdA Sa langlebig – L7 T6 F4 Rx N7 – K Stell., K Artem., V Sisymbr. – 26).
Zwerg-St. – *G. pusillum* Burm. f.
16* Stg mit kurzen weichen u. längeren zottigen Haaren. KrBla tief ausgerandet, länger als der Ke. Alle StaubBla mit Staubbeutel **17**
17 KrBla 6–10 mm lg, hellviolett, etwa doppelt so lg wie der Ke. FrKlappen glatt, anliegend behaart. 0,25–0,70. 5–10. Mäßig trockne bis frische Rud.: Wegränder, Viehläger, rud. beeinflusste Frischwiesen, Hecken, nährstoffanspruchsvoll; [N 1800] h Th An, v Bw Rh He Nw Sa, z By Bb Ns Mv Sh, s Alp, ↗ (m/mo-temp·c1-4EUR, Heimat m-sm// moEUR – igr hros H ☉/♃ Pleiok Rübe – InB: Zwei- u. Hautflügler SeB Vm – VdA – L8 T6 F5 R7 N8 – K Artem., V Sisymbr., V Arrh. – 26).
Pyrenäen-St., Anger-St. – *G. pyrenaicum* Burm. f.
Ähnlich: **Fremder St. – *G. thunbergii* Lindley et Paxton: Stg oben, BlüStiele u. KeBla lg drüsenhaarig. KrBla weiß, violett geadert, oben abgerundet, 7–8 mm lg, etwas länger als die deutlich begrannten KeBla. [N U] s By(NW) Bw(ORh: Karlsruhe) (c1-4OAS, [N] temp·c2-3NAM+EUR).
17* KrBla 3,5–7,0 mm lg, hell rotviolett, etwas länger als der Ke. StgBla meist wechselständig **18**
18 FrKlappen querrunzlig, kahl od. am Grund mit vereinzelten Wimperhaaren, den Sa vollständig überdeckend. KrBla 4,5–7,0 mm lg. 0,10–0,30. 5–10. Mäßig trockne Rud., rud. beeinflusste Sandtrockenrasen u. gestörte Rasen; [A] g Ns(v Hrz) Sh, h Nw An Mv, v Rh He Th Sa Bb, z By Bw, s Alp(Allg Amm Chm Mng) (m-temp·c1-4EUR-(WAS), [N]austrCIRCPOL+m-temp·c1-4AM – hros ① ☉ – InB: Hautflügler SeB Vm – KlA MeA VdA – L7 T6 F4 R5 N4 – V Sisymbr., O Fest.-Sedet., V Cynos., V Geo-Alliar. – 26).
Weicher St. – *G. molle* L.
18* FrKlappen glatt, am Grund dicht bewimpert, den Sa nicht vollständig überdeckend. KrBla 3,5–4,5 mm lg. 0,10–0,40. 5–8. Mäßig trockne Rud., Äcker; Verbreitung ungenügend bekannt, s He Nw(N SW) Sa Sh(S: Hamburg) (temp·c1-3 EUR, [N] NAM+NZ – hros ① – K Artem., K Stell., V Sisymbr.).
Glattfrüchtiger St. – *G. aequale* (Bab.) Aedo
19 (12) Stg anliegend behaart. BlüStandsstiel 2–12 cm lg, länger als sein TragBla. BlüStiele 2–6 cm lg, anliegend behaart, drüsenlos. KeBla hautrandig, drüsenlos, einschließlich Granne 8–10 mm lg. KrBla 7–10 mm lg, etwas länger als die Ke. Fr fast kahl bis zerstreut behaart, drüsenlos, Schnabel 15–20 mm lg. 0,10–0,60. 5–7. Mäßig trockne bis frische Rud.,

rud. beeinflusste Rasen, Hecken, basenhold; [A] h Th, v Bw Rh He Nw Sa An, z By Bb Ns(h S) Mv Sh, s Alp(f Krw) (m-temp·c1-4EUR, [N] NAM – hros ① ☉ – SeB – SeA MeA – L7 T6 F4 R7 N7 – O Onop., V Sisymbr. – 18).   **Tauben-St., Taubenfuß** – *G. columbinum* L.
19* Stg abstehend behaart. BlüStandsstiel 0,5–3,0 cm lg, kürzer als sein TragBla. BlüStiele 0,5–1,5 cm lg, abstehend behaart, drüsig. KeBla nicht hautrandig, drüsenhaarig, einschließlich Granne 5–8 mm lg. KrBla 4–6 mm lg, nicht länger als der Ke. Fr stark behaart, drüsig, Schnabel 7–12 mm lg. 0,10–0,60. 5–8. Nährstoffreiche, sandige bis lehmige Äcker (bes. Hackkulturen), Gärten, feuchte bis mäßig trockne Rud.; [A] h Th(z Hrz Wld) Nw, v By(g NM) Bw Rh He Sa An(g S) Ns, z Bb Mv Sh, s Alp(Allg Brch Chm Mng) (m·c1-6-temp·c1-4EUR-(WAS), [N] austrCIRCPOL+m-temp·c1-5AM – hros ① ☉ – InB SeB – SeA MeA mit Saat – L6 T6 F5 R8 N5 – V Ver.-Euph., V Aphan., V Sisymbr. – 22).
Schlitzblättriger St. – *G. dissectum* L.

Hybriden: *G. robertianum* × *G. purpureum* – s (48), *G. pusillum* × *G. pyrenaicum* – s, *G. pusillum* × *G. molle* – s, *G. pyrenaicum* × *G. molle* – s

Erodium L'Hér. – **Reiherschnabel** (80 Arten)

1 BlaFiedern gestielt, gezähnt bis fiederlappig, stets weniger als halbwegs bis zur Mittelrippe der Fieder geteilt. KrBla 13–15 mm lg, purpurn bis violett. Fruchtbare StaubBla am Grund 2zähnig. Fr 2–5 cm lg, Gruben an der Spitze der TeilFr drüsig, am Grund mit einer breiten, tiefen Furche. TeilFr abstehend behaart. 0,10–0,50. 5–6. Trockne, sandige bis kiesige Rud.: Wegränder, Umschlagplätze; [N U] s By Bw Rh Nw? Th? Sa Ns Bb Mv Sh(S: Hamburg), (m-sm·c1-5EUR-(WAS), [N] austrCIRCPOL+m-stempAM – hros ① ☉ – WiA KlA, Bohrfrucht – L8 T7 F4 R7 N4 – V Sisymbr.).   **Moschus-R.** – *E. moschatum* (L.) L'Hér.
1* BlaFiedern sitzend, fiederspaltig bis fiederschnittig, weit über die Hälfte oder bis ganz zur Mittelrippe geteilt. KrBla 4–11 mm lg, rosa, selten weiß. Fruchtbare StaubBla am Grund nicht gezähnt. Fr 2–5 cm lg, Gruben an der Spitze der TeilFr nicht drüsig, am Grund mit od. ohne Furche. TeilFr mit aufwärts gerichteten Haaren. **(Artengruppe Gewöhnlicher R. – *E. cicutarium* agg.)** 2
2 Gruben an der Spitze der TeilFr tief, am Grund mit scharf abgesetzter Leiste (Abb. **505**/1). Dolden meist 5–8blütig. FrSchnabel (22–)30–35 mm lg. Blü meist 12–17 mm ∅. Meist einzelne KrBla am Grund mit dunklem Fleck. Pfl ± dicht behaart u. oft ± drüsig. Stg aufrecht bis niederliegend-aufsteigend. 0,10–0,30. 4–10. Sandige bis lehmige Äcker, Weinberge, trockne bis mäßig trockne Rud.: Bahngleise, rud. Sandtrockenrasen; g An Sh, h Th Sa Ns Mv, v By(g NM) Rh He Nw Bb, z Alp(f Brch Krw) Bw (m-b·c1-6EUR-WAS, [N] austr-(trop/mo)-b·c1-7CIRCPOL – hros/ros ①, s ☉ – InB SeB Vm – StA KlA VdA? Bohrfrucht – L8 T6 F4 Rx Nx – K Stell., O Fest.-Sedet., V Sisymbr., V Conv.-Agrop. – 20, 36, 40, 48, 54, 56). [*E. glutinosum* Dumort.]   **Gewöhnlicher R.** – *E. cicutarium* (L.) L'Hér.
2* Gruben an der Spitze der TeilFr flach, am Grund ohne od. mit undeutlicher Leiste (Abb. **505**/2). Dolden meist 2–5blütig. FrSchnabel 18–28 mm lg. Blü 7–12(–14) mm ∅. KrBla am Grund ohne dunklen Fleck. Pfl dicht drüsenhaarig, stark klebrig. Stg lg niederliegend. 0,25–0,75 lg. 4–10. Dünen, auch küstennahe Sandtrockenrasen u. Sandäcker; nur Küste, s Ns(ob noch?) Mv(N) Sh(O) (m-stemp·c1-2litEUR – hros ① ☉ – L8 T6 F4 R7 N2 – V Koel. albesc. – 20). [*E. neglectum* Baker f. et Salmon]   **Drüsiger R.** – *E. lebelii* Jord.

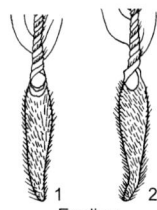
Erodium
cicutarium lebelii

Die tetraploide Dünensippe der Ostseeküste bedarf kritischer Prüfung u. nomenklatorischer Klärung. Sie wurde wohl zu Unrecht auch als „*E. ballii*" bezeichnet. – Fraglich ist das Vorkommen von *E. danicum* K. Larsen an den Küsten Deutschlands (Sh?). Diese Sippe wird als amphidiploider Bastard von *E. cicutarium* u. *E. lebelii* gedeutet. Weitere mediterrane, selten u. unbeständig auftretende Taxa sind **Großer R.** – *E. ciconium* (L.) L'Hér., KeBla 10–15 mm lg, mit 2–4 mm lg Granne, KrBla 8–10 mm lg, bläulich bis lila, Fr 6–10 cm lg, **Trauben-R.** – *E. botrys* (Cav.) Bertol., RosettenBla buchtig fiederspaltig, mit annähernd abgerundetem bis herzfg BlaGrund, StgBla gefiedert, Dolden 1–3blütig, Fr 9–12 cm lg und **Malvenblättriger R.** – *E. malacoides* (L.) L'Hér., alle Bla ungeteilt bis dreilappig, am Grund herzf, BlaRand gekerbtgesägt.

Familie *Lythraceae* J. St.-Hil. – Blutweiderichgewächse

(31 Gattungen/ca. 600 Arten)

Ein- od. mehrjährige Kräuter od. SchwimmPfl, seltener Bäume od. Halbsträucher. Bla gegen- od. quirlständig, selten wechselständig, ohne od. mit kleinen, hinfälligen NebenBla. Blü ⚥, radiär bis dorsiventral, 4–8(–16)zählig. BlüHülle ungleichartig, selten durch Ausfall der Kr einfach. Kelchartiger Achsenbecher oft einen AußenKe bildend. FrKn mittel- bis halbunterständig, 2–4blättrig, 2–4fächrig, in jedem Fach meist ∞ SaAnlagen, selten nur 1. Griffel 1. Kapsel, SchließFr, selten Nuss.

1 Einjährige SchwimmPfl. Bla wechselständig. Fr mit 4 Dornen aus KeBla. Blü 4zählig.
 Wassernuss – *Trapa* S. 506
1* Land- od. SumpfPfl. Bla gegen- od. wechselständig. Fr ohne Dornen. Blü meist 5–6zählig
 Blutweiderich, Sumpfquendel – *Lythrum* S. 506

Lythrum L. – Blutweiderich
(36 Arten)

1 Stg kriechend, mit aufsteigenden Zweigen. Achsenbecher becherfg, bis 1,5 mm lg, Blü unscheinbar, Blü einzeln achselständig. Bla gegenständig, verkehrteifg bis spatelfg. 0,05–0,20. 7–9. Feuchte Äcker (Nassstellen), zeitweilig überflutete Teichränder u. Kleingewässer, Gräben, Wegrinnen, kalkmeidend; v Sa, z Alp(Kch) By Bw Rh He Nw Th An Bb Ns Mv Sh (m/mo-temp·c1-5EUR, [N] AUST+AM – eros ⊙ – InB SeB – WaA: SchwimmSa KlA Lichtkeimer – L8 T6 F7= R3 N2 – K Isoëto-Nanojunc., V Chen. rub. – 10). [*Peplis portula* L.]
 Gewöhnlicher Sumpfquendel – *L. portula* (L.) D.A. Webb
1* Stg aufrecht od. aufsteigend. Achsenbecher walzlich, 4–7 mm lg 2
2 Bla oben meist wechselständig, lineal-lanzettlich. Blü einzeln od. zu 2 achselständig. KrBla violettrot, 4–6(–7) mm lg. Pfl <0,7 m hoch 3
2* Bla gegenständig od. selten quirlig, länglich-lanzettlich bis eilanzettlich. Blü quirlig, in lg Ähren od. Rispen. KrBla purpurrot, 8–12 mm lg. StaubBla 12 (6 lange u. 6 kurze). Pfl kräftiger 4
3 StaubBla 2–6, gleich lg, kürzer als KrRöhre. Pfl meist aufrecht. Bla linealisch. 0,07–0,30. 7–9. Feuchte Äcker (Nassstellen), zeitweilig überflutete Gewässerufer, verdichtete Trittstellen, lückige Flutrasen; z By(f Alb NO S) Rh(f M) Th(Bck S) Sa An(f Hrz W), s Bw He(MW) Nw(MW) Bb Ns Sh, [U] s Alp(Allg), † Mv(Elb MW), ↘ (austr CIRCPOL-m-stemp·c1-8AFR-EUR-WAS+(AM) – eros ⊙ – InB: Bienen SeB – KIA WaA VdA – L8 T7 F7= R3 N4 – K Isoëto-Nanojunc.). **Ysop-Blutweiderich** – *L. hyssopifolia* L.
3* StaubBla 6 kurze u. 6 lange, die die KrRöhre überragen. Pfl niederliegend–aufsteigend. Bla länglich. 0,05–0,60. 7–9. Ufer, Moore, [N U] s By Bw Nw Th Sa (m-sm-(stemp)·c1-4 EUR [A N U] temp·c1-3EUR+austr-austrostrop AUST – ⊙ ① – InB).
 Binsen-B. – *L. junceum* Banks et Sol.
4 (2) Pfl behaart. Bla am Grund abgerundet od. herzfg. Innere KeZähne halb so lg wie äußere. 0,50–1,50. 7–9. Feuchte bis nasse, zeitweilig auch überflutete Staudenfluren od Gräben u. Teichufern, Seggenriede u. Röhrichte, Niedermoorwiesen, nährstoffanspruchsvoll; g Rh He Sa(v SW) Ns(v Hrz), h Alp(z Krw) Nw Th An Bb Mv Sh, v By(g NM) Bw (austrAUST+stropOAFR+m-b·c1-8EURAS, [N] AM – sogr eros H/Hel ♃ Pleiok/Rhiz – InB Vg – KlA: Vögel Sa langlebig Lichtkeimer – L7 T5 F8~ R6 Nx – O Mol., K Phragm., V Pot. ans., V Bid. – 10, 58, 60). **Gewöhnlicher B.** – *L. salicaria* L.
4* Pfl kahl. Bla am Grund verschmälert. Innere KeZähne so lg wie äußere. 0,30–1,00. 6–8. ZierPfl, selten verwildert: Feuchtwiesen. [N U] s Rh Nw Mv (sm-temp-(b) c3-8 WEURAS [N U] temp c2-3 WEUR+(NAM) – sogr eros H/Hel ♃ Rhiz – InB – WiA KlA – *L5 T8 F7 R7 N7*). **Ruten-B.** – *L. virgatum* L.

Trapa L. – Wassernuss
(1 Art)

SchwimmBla rhombisch, ihre BlaStiele aufgeblasen (Abb. **508**/4). Blü weiß. Sprossbürtige Wurzeln quirlig, assimilierend. 0,60–3,00. 7–8. Sommerwarme, eutrophe, stehende Gewässer mit schlammigem Untergrund; z Rh(ORh) An(Elb O), s Bw(ORh S) He(MW) Sa(f

SO SW) Bb(f MN SW), † NW, ↘, oft ursprünglich angesät (strop-temp·c2-6 AFR-EURAS, [N] AM – eros ⊙ oHy – SeB – KlA, vegetativ WaA Wärmekeimer – L8 T7 F11 R6 N8 – V Nymph. – essbare Fr: Wasserkastanie – ▽). **Gewöhnliche W. – *T. natans* L.**

Familie *Onagraceae* Juss. – Nachtkerzengewächse

(21 Gattungen/ca. 650 Arten)

Kräuter, selten Sträucher od. Bäume. Bla wechsel-, gegen-, kreuzgegenständig od. quirlig, ohne od. mit hinfälligen NebenBla. Blü ⚥, radiär, seltener dorsiventral, meist 4zählig, meist mit ungleichartiger BlüHülle. Achsenbecher meist über den unterständigen FrKn hinaus verlängert u. kronblattartig gefärbt, hier als BlüRöhre bezeichnet. StaubBla 8, seltener 2 od. 4. FrKn meist 4blättrig u. 4fächrig, in jedem Fach 1–∞ SaAnlagen. Vielsamige Kapseln, seltener Beeren, SteinFr, Nüsse.

1	Stg kriechend od. flutend, oft an den Knoten wurzelnd. BlüHülle nur aus dem Ke bestehend, grünlich. StaubBla 4. **Heusenkraut – *Ludwigia* S. 507**
1*	Stg aufrecht od. aufsteigend. BlüHülle mit Ke u. Kr 2
2	StaubBla 2. Ke u. Kr 2blättrig. Kr weiß. Fr eine 1–2samige, dicht mit abstehenden Haken besetzte SchließFr. **Hexenkraut – *Circaea* S. 507**
2*	StaubBla 8. Fr eine mit 4 Klappen aufspringende Kapsel 3
3	Kr gelb. FrKn u. Kapsel länglich. Sa ohne Haarschopf. **Nachtkerze – *Oenothera* S. 513**
3*	Kr rot, rosa od. weißlich. FrKn u. Kapsel schmal linealisch (Abb. **512**/1). Sa mit Haarschopf. **Weidenröschen – *Epilobium* S. 508**

Ludwigia L. [*Ludvigia* L.] – Heusenkraut (80-90 Arten)

Stg kriechend od. flutend, oft rot. Blü einzeln achselständig. Bla eifg bis elliptisch, spitz. 0,15–0,30 lg. 7–8. Feuchte bis nasse, zeitweise überflutete, schlammige Teichufer, Gräben, offne Stellen in Lehm- u. Kiesgruben, kalkmeidend; s Bw(ORh SW) Rh(ORh) Nw(MW) An(Elb) Bb(SO Elb M), ↘ (boreostrop-stemp·c1-4AM+(EUR), [N?] austrAUST+AFR – igr eros H/Hel ♃ LegTr/⊙ – InB SeB – WaA – L8 T7 F9= R4 N4 – V Nanocyp., V Litt., V Bid.). [*Isnardia palustris* L.] **Sumpf-H. – *L. palustris* (L.) ELLIOTT**

Hybride: *L. palustris* × *L. repens* J.R. FORST. (trop-smOAM) = *L.* ×*kentiana* E.J. CLEMENT – s

Circaea L. – Hexenkraut (7 Arten)

Bearbeitung: **Rolf Wisskirchen**

Zur sicheren Bestimmung sind i. d. R. blühende od. fruchtende Exemplare nötig, BlaMerkmale sind wegen variabler Ausprägung nicht immer zuverlässig.

1	Blü ohne TragBla. BlüRöhre (unterhalb von Kr u. Ke) so lg wie der FrKn. Bla eifg bis lanzettlich, am Grund abgerundet bis br keilfg (selten schwach herzfg), am Rand meist nur fein gezähnt. BlaStiel allseitig behaart. Fr stets mit 2 Fächern, rundlich eifg, mit lg kräftigen Hakenborsten (Abb. **508**/1), fertil. 0,20–0,70. 6–8. Frische (bis feuchte) Laub- u. NadelmischW, vor allem im Bereich von Wegrändern u. Waldsäumen, nährstoffanspruchsvoll; g Rh, h Bw He Nw Th Ns(s N), v Sa An Mv Sh, z Alp By Bb (m/mo-temp·c1-5EURAS-OAM – sogr eros G ♃ uAusl Hibernakeln – InB – KlA – L4 T5 F6 R7 N7 – V Geo-Alliar., O Fag.). **Großes H. – *C. lutetiana* L.**
1*	Blü mit sehr kleinen zipfelfg TragBla. BlüRöhre sehr kurz bis maximal ²/₃ so lg wie der FrKn. Bla rundlich bis br eifg, am Grund ± herzfg, am Rand meist deutlich buchtig gezähnt. BlaStiel kahl od. nur oseits etwas behaart. Fr mit 1–2 Fächern, eifg bis länglich-eifg, mit feinen kurzen od. längeren kräftigen Hakenborsten 2
2	BlüStand sich schon vor dem Öffnen der Blü verlängernd. BlüRöhre beim Aufblühen ½ bis ²/₃ so lg wie der FrKn (0,4–1,2 mm lg). Fr eifg (Abb. **508**/2), unreif abfallend, steril, der FrStand im fortgeschrittenen Zustand daher größtenteils ohne Fr u. nur oben mit wenigen halbreifen Fr. FrHaken schon vor der Blü deutlich entwickelt, FrFächer (1)2. Pfl sich vegetativ über Ausläufer vermehrend. BlaStiel ungeflügelt. 0,10–0,45. 6–8. Sickerfrische bis

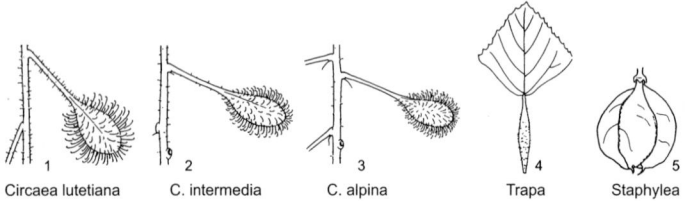

1 Circaea lutetiana 2 C. intermedia 3 C. alpina 4 Trapa 5 Staphylea

feuchte Schlucht- u. AuenW, in Quell-ErlenW, an Waldwegen, nährstoffanspruchsvoll; z Alp By Bw Rh He Nw Th(v Hrz Wld) Sa An Ns(h Hrz) Sh(f W), s Bb(f Od) Mv (sm/mo-temp·c2-4EUR – sogr eros G ♃ uAusl Hibernakeln – stets steril od. selten Fr u. KIA? – L4 T5 F7 R7 N6 – V Til.-Acer., V Alno-Ulm., V Geo-Alliar. – 22). [*C. alpina* × *C. lutetiana*]
Mittleres H. – *C.* ×*intermedia* EHRH.

2* BlüStand sich erst nach dem Öffnen der Blü verlängernd. Blütenröhre sehr kurz, beim Aufblühen weniger als ½ so lg wie der FrKn (0,1–0,2 mm lg). Fr länglich-eifg, erst bei der FrReife abfallend. FrHaken erst nach der Blü deutlich ausgebildet, sehr kurz u. fein, FrFächer 1 (Abb. **508**/3), Fr fertil. BlaStiel geflügelt. 0,05–0,30. 6–8. Sickerfrische bis nasse Laub- u. NadelmischW (bes. Erlen- u. Birken-BruchW, auch Schlucht- u. AuenW), Nadelholzforste, Quellfluren, an nährstoffarmen aber basenreichen, meist kalkarmen Standorten; h Alp, z By Bw(f ORh) He Nw(f SW) Th(v Wld f NW) Sa An Bb(f Elb Od) Ns(h Hrz) Mv(f Elb), s Rh(f MRh) Sh(f W), ↘ (m/mo-b·c2-6CIRCPOL – sogr eros G ♃ u/oAusl Hibernakeln – InB – KIA – L4 T4 F7 R5 N5 – O Fag., V Aln.). **Alpen-H. – *C. alpina* L.**

Epilobium L. – Weidenröschen (172 Arten)
Bearbeitung: **Eggert Horst**

Frischmaterial der Gattung ist einfacher zu bestimmen als Herbarbelege, die insbesondere Blütenmerkmale oft nicht klar erkennen lassen. Fehlbestimmungen kommen in Herbarien häufig vor. Im Gelände ist besonders darauf zu achten, dass aus Samen hervorgegangene Pfl (nur mit einfacher Primärwurzel) oft erheblich von "Innovationspflanzen" abweichen, die aus vorjährigenTrieben entstehen (Bildung von Turionen/ Hibernakeln). Hybriden sind innerhalb der sect. *Epilobium* häufig u. oft schwer bestimmbar, ihre Verbreitung ist aber ungenügend bekannt. Arten bzw. Unterarten der aus Nordamerika stammenden *E. ciliatum*-Gruppe hybridisieren mit fast allen indigenen Sippen; *E. ciliatum* subsp. *adenocaulon* ist flächenhaft in D verbreitet und hat indigene Sippen wie *E. roseum* gebietsweise vollständig "aufhybridisiert". Die sect. *Chamaenerion* SÉG. stellt eine natürliche Gruppierung dar, wird hier aber als Teil von *Epilobium* behandelt.

[N lokal] **Bräunliches W. – *E. brunnescens*** (COCKAYNE) P.H. RAVEN et ENGELHORN subsp. ***brunnescens***: Pfl niederliegend, zerstreut drüsig u. drüsenlos behaart. Bla 3–10(–14) mm lg, rundlich, useits oft purpurn, BlaStiele 0,5–3,0 mm lg. Blü einzeln in den BlaAchseln, KrBla 2,5–4,0 mm lg, weiß bis blassrosa. Bis 0,25 lg. BlüZeit? Feuchte Rud.; s Bb (NEUSEELAND).

1 Pfl ⊙; auffallend sparrig, mit Pfahlwurzel. Epidermis des Stg in Streifen abblätternd. Bla wechselständig, linealisch bis schwach lanzettlich, 2–10 mm br, obere gekielt. KrBla 4–7 mm lg, hellrosa, dunkler geadert, tief eingeschnitten. Fr 2,0–3,5 cm lg. Narbe 4lappig, Lappen oft keulenfg zusammenschließend. Stg rund, unten kahl, oben drüsig u. weich behaart. 0,30–0,80(–2,00). 7–9. Mäßig trockne bis feuchte, nährstoff- u. kalkarme Rud.: Steinbrüche, Abraumhalden, Schlagfluren; sandige Brachen; [N 1994] v He(MW, sonst z), s By Rh Sa, ↗ (m/mo-temp·c2-6WAM, [N] sm-temp·c2-3EUR – ⊛ PfahlWu – MeA WiA –*L7 T8 F2 R5 N5* – O Sisymbr. – 24). **Kurzfrüchtiges W. – *E. brachycarpum*** C. PRESL
1* Pfl ♃, nicht sparrig, ohne Pfahlwurzel. Epidermis des Stg nicht in Streifen abblätternd. Wenn Bla linealisch, dann KrBla >7 mm lg 2
2 Blü schwach dorsiventral. Griffel abwärts geneigt. Narbe 4spaltig. Alle Bla wechselständig. Sect. *Chamaenerion* SÉG. 3
2* Blü (fast) radiär. Griffel aufrecht. Narbe 4spaltig od. keulig. Zumindest die unteren Bla gegenständig od. quirlig. Sect. *Epilobium* L. 5

3   Bla lanzettlich, 10–20(–30) mm br, weich, useits blaugrün, mit hervortretenden Seitennerven. KrBla mit kurzem Nagel, purpurrot. 0,60–1,20. 6–7. Frische Waldschläge, Gebüsche, Nadelholzforste, Rud., subalp. Hochstaudenfluren, kalkmeidend; g He Nw Th Sa An Ns, h Bw Rh Mv, v Alp By(g NM) Bb Sh (m/mo-arct·c1-8CIRCPOL – sogr eros H/G ♃ WuSpr – InB Vm – WiA Sa kurzlebig Lichtkeimer – L8 Tx F5 R5 N8 – K Epil. ang., V Adenost.). [*Chamaenerion angustifolium* (L.) Scop.]   **Schmalblättriges W. –** ***E. angustifolium*** L.
3*   Bla linealisch bis lineal-lanzettlich, bis 5 mm br, starr, beidseits grün, mit nicht hervortretenden Seitennerven. KrBla ohne Nagel **4**
4   Stg aufrecht. Bla zumindest oseits dicht anliegend behaart. Griffel nur am Grund zottig, fädlich, fast so lg wie die längeren StaubBla. Kr rosa. 0,20–1,00. 7–9. Flussschotter, kiesige bis grobschotterige Rud., kalkhold; [A] z Bw (f Gäu Keu NW), s By (NM MS S) Rh(ORh), [N] Sa, [U] He, ↗, spontane Vorkommen in By † (m/mo-stemp/demo·c2-4EUR – igr HStr – InB: Bienen, Falter Vm – WiA – L9 Tx F4 R9 N2 – V Epil. fleisch., V Dauco-Mel.). [*Chamaenerion palustre* auct.]   **Rosmarin-W. –** ***E. dodonaei*** Vill.
4*   Stg aufsteigend. Bla kahl. Griffel bis zur Mitte zottig, walzlich, dick, kaum so lg wie die kürzeren StaubBla. Kr purpurrot. 0,20–0,40. 7–9. Subalp. Flussschotter, Kiesbänke, Moränenschutt, kalkmeidend; z Alp(Allg), s By(S) Bw(S SO) (sm-stemp//salp·c2-4EUR – igr? HStr WuSpr – InB – WiA – L9 T4 F4~ Rx N2? – V Epil. fleisch.). [*Chamaenerion fleischeri* (Hochst.) Fritsch]   **Fleischer-W. –** ***E. fleischeri*** Hochst.
5   **(2)** Narbe 4spaltig (Abb. **512**/1), bei *E. parviflorum*, 7* oft undeutlich (bei Hybriden mit keulennarbigen Arten asymmetrisch 2–3teilig). Stg stets stielrund **6**
5*   Narbe keulig, ungeteilt (die 4 Narbenlappen miteinander verwachsen). Stg oft mit 2 od. 4 Längsleisten (nur bei *E. palustre*, **12** stielrund) **11**
6   Mittlerer StgAbschnitt zur Hauptblütezeit mit >0,5 mm lg ± abstehenden fast geraden drüsenlosen Haaren, dazu ≤ 0,3mm lg abstehende deutlich sichtbare Drüsenhaare (bei jungen *E. hirsutum*, **7** aber fast unbehaart). Bla sitzend. BlüKnospen aufrecht **7**
6*   Mittlerer StgAbschnitt zur Hauptblütezeit mit <0,3 mm lg ± anliegenden sichelfg gekrümmten, gleichmäßig verteilten drüsenlosen Haaren, deutlich sichtbare Drüsenhaare nur bei *E. montanum*, **10** auftretend. Bla meist kurz gestielt. BlüKnospen ± nickend. Pfl ♃; wenn ⊙, s. *E. brachycarpum*, **1** **8**
7   Abstehende drüsenlose StgHaare maximal 2–3(–5) mm lg. Bla 6–12 cm lg, scharf gezähnt bis gesägt, stängelumfassend, schwach herablaufend. KrBla 10–16 mm lg, Kr 15–23 mm br, tiefrosa. 0,80–1,50. 6–9. Nasse Staudenfluren an Bächen, Gräben, Quellen; Rud., nährstoffanspruchsvoll; g Nw Th An Ns Sh, h Alp By(g NM) Bw Rh He Sa Bb Mv (austr-strop/moAFR-m-temp·c1-6EURAS, [N] OAM – sogr eros H o/uAusl – InB SeB – WiA Lichtkeimer – L7 T5 F8= R8 N8 – V Conv.-Agrop., V Filip., V Glyc.-Sparg.).
     Behaartes W. – ***E. hirsutum*** L.
7*   Abstehende drüsenlose StgHaare maximal 1(–2) mm lg. Bla 3–7(–10) cm lg, entfernt u. schwach gezähnt, weder stängelumfassend noch herablaufend. KrBla 5–9 mm lg, Kr 6–9 mm br, blassrosa. 0,30–0,80. 6–9. Feuchte bis nasse Ränder von Bächen, Gräben u. Quellen; gestörte Röhrichte, feuchte Rud., basenhold; h Nw Th An Mv, v Alp By Bw Rh He Sa Bb Ns Sh (m-temp·c1-5EUR-WAS – igr eros H ♃ uAusl – SeB InB – WiA –L7 T5 F9= R8 N6 – V Conv.-Agrop., V Filip., O Bid., V Glyc.-Sparg.).
     Kleinblütiges W. – ***E. parviflorum*** Schreb.
8   **(6)** BlaStiel 4–8 mm lg. BlaSpreite in der Mitte am breitesten, am keilfg verschmälerten Grund ganzrandig, sonst entfernt gezähnt (Abb. **512**/2). Kr erst blassrosa, dann dunkler. BlaAchseln im unteren u. mittleren Bereich regelmäßig mit Kurztrieben. 0,30–0,60. 6–8. Mäßig trockne bis mäßig frische Silikatschutthänge, an Mauern, in Steinbrüchen, Waldwegränder, kalkmeidend; v Rh, z He, s By(f N Alb MS S) Bw(f Alb SO) Nw(f N) Th(O Rho) Sa(SW W) An(Hrz) Ns(S) (m/mo-stemp·c1-4EUR – sogr eros H ♃ – WiA – L8 T7 F4 R3 N3 – O Andros. vand., V Galeops. seget.).
     Lanzett-W. – ***E. lanceolatum*** Sebast. et Mauri
8*   BlaStiel <3 mm lg, BlaSpreite am Grund herzfg bis abgerundet **9**

9 Stg meist vom Grund an ästig. Bla 1–4 × 0,5–1,5 cm, graugrün, oseits bei Lupenvergrößerung kahl erscheinend, tatsächlich mit mikroskopischen Drüsenhaaren. BlüKnospen fast kuglig, stumpf. Kr 4–6 mm lg. Ke vorwiegend mit abstehenden Drüsenhaaren. Kapsel auf den Flächen dicht anliegend drüsenlos behaart, dazu mit winzigen, auch mit starker Lupe kaum sichtbaren abstehenden Drüsenhaaren. 0,10–0,40. 6–9. Trockne bis mäßig frische Felsspalten, rud. Mauerkronen, Burgruinen, kalkmeidend, bes. in SilikatG; z Rh Th(f NW) Sa An(f Elb NO) Ns(Hrz), s Alp(Allg Chm Mng) By(f MS) Bw He(MW) Nw(f MW N) Bb(Elb SO), ↘ (sm/mo-stemp/(mo)+b·c2-4EUR – teiligr eros H ♃ Hibernakeln – SeB InB – WiA – L8 T4 F5 R2 N2 – O Andros. vand., O Galeops. seget.).
                            Hügel-W. – *E. collinum* C.C. GMEL.
9* Stg einfach od. oberwärts wenigästig. Bla 4–10 × 1,5–4,0 cm, grasgrün. BlüKnospen eifg, kurz bespitzt **10**
10 Pfl zur HauptBlüZeit ohne Ausläufer, kurze Winterknospen (Turionen/Hibernakeln) können Ausläufer entwickeln. Stg aufrecht. Mittlere Bla deutlich u. meist dicht gezähnt. Drüsenhaare der BlaFlächen gerade abstehend. KrBla 8–12 mm lg. Ke u. junge Kapsel deutlich drüsenhaarig. Sa 1,0–1,5 mm lg, meist an der Spitze (Verbindung zum Haarschopf) ohne deutliches Anhängsel. 0,10–0,80. 6–9. Frische Laub- u. NadelmischW u. ihre Säume, Waldschläge, Hecken, Parks, Gärten, Steinschutt, Mauern, nährstoffanspruchsvoll; g He Nw(v N) Th, h Alp Bw Rh Sa Ns Sh, v By(g NM) An(g Hrz) Bb Mv (m/mo-stemp·c1-5EUR-WAS+(OAS) – teiligr eros H ♃ Hibernakeln – SeB InB – WiA – L4 Tx F5 R6 N6 – V Geo-Alliar., O Atrop., O Fag.).   **Berg-W. – *E. montanum* L.**
10* Pfl mit bis 15 cm lg, beschuppten unterirdischen Ausläufern. Stg aufsteigend. Mittlere Bla deutlich u. meist entfernt gezähnt. Drüsenhaare der BlaFlächen gekrümmt (dadurch schwer erkennbar), > 0,1 mm lang. KrBla 7–10 mm lg. KeBla 5–6 mm lg. Fr zwischen den gebogenen anliegenden Haaren auch mit abstehenden Drüsenhaaren. Sa 1,7–2,0 mm lg, meist an der Spitze (Verbindung zum Haarschopf) mit deutlichem Anhängsel. 0,10–0,40. 7. Frischer Steinschutt, hochmont. Hochstaudenfluren; bs Bw(SW) (sm-stemp// salp·c1-2EUR – wigr eros H ♃ –WiA SeA – *L5 T4 F6 R5 N7* – V Adenost.).
                              Durieu-W. – *E. duriaei* GODR.
11 (5) Bla zu 3–4 quirlig (seltener die oberen gegen- od. wechselständig), am Grund abgerundet. Kr 8–12 mm lg. 0,30–1,00. 7–8. Subalp. sickerfrische Hochstaudenfluren, Lägerfluren; v Alp, z By(S), s Bw(SW) Sa(SW) (sm-stemp//salp·c2-3EUR – igr eros H ♃ Hibernakeln – SeB InB – WiA Lichtkeimer – L7 T3 F6 R7 N8 – V Adenost., V Rum. alp.).
[*E. trigonum* SCHRANK]   **Quirl-W. – *E. alpestre* (JACQ.) KROCK.**
11* Bla nicht quirlig **12**
12 Stg stielrund, ohne erhabene Leisten, zuweilen mit 2 Haarlinien. InnovationsPfl mit unterirdischen Ausläufern, die im Herbst eine endständige, haselnussgroße, zwiebelartige Knospe bilden. Bla lineal-lanzettlich, fast ganzrandig, am Rand umgerollt, mit keiligem Grund sitzend. 0,10–0,50. 7–9. Feuchte bis nasse Nieder- u. Quellmoore, an Gräben, gestörte Nasswiesen u. Röhrichte, kalkmeidend; h Mv, v Alp By Rh He Nw Th(g Hrz) Sa An Bb Ns Sh, z Bw (m/mo-arct·c1-7CIRCPOL – sogr eros H ♃ uAusl Hibernakeln – WiA WaA – L7 T5 F9 R3 N2 – V Car. elat., V Car. nigr., V Calth., V Card.-Mont.).   **Sumpf-W. – *E. palustre* L.**
12* Stg mit 2 od. 4 erhabenen Längsleisten. Pfl ohne Ausläuferknospen. Bla breiter; wenn schmal, dann mit br, nicht keilfg Grund **13**
13 Stg 4–30 cm hoch, 1–4blütig. Spitze des BlüStands mit noch unreifen Kapseln nickend. Sa länglich, beidendig verschmälert **14**
13* Stg 20–150 cm hoch, mehrblütig. Spitze des BlüStands aufrecht, höchstens vor der BlüZeit nickend. Sa (außer bei *E. ciliatum*, **18**) verkehrteifg, mit abgerundetem Scheitel **16**
14 Ausläufer unterirdisch, mit fleischigen, gelblichen NiederBla. StgSpitze kaum nickend. Bla 2–4 cm lg, glänzend, dicklich, zugespitzt, entfernt u. seicht gezähnelt. Sa glatt, ohne Papillen. 0,10–0,30. 7–8. Subalp. u. alp. sickernasse Quellfluren, an Bächen, basenhold; v Alp, s Bw(SW) Sa(SW) (m-stemp//alp+b-arct·c1-3EUR-GRÖNL – igr eros H ♃ uAusl – InB SeB – WiA – L8 T2 F9 R6N5 – O Mont.-Card.).   **Mieren-W. – *E. alsinifolium* VILL.**
14* Ausläufer oberirdisch, mit LaubBla. Bla 1–2 cm lg, (fast) ganzrandig, stumpf. Pfl nur 4–20 cm hoch **15**

15 Stg meist zu mehreren, kahl, mit 2 od. 4 Längs-Haarreihen, Ausläufer fast so dick wie die Stg. BlaStiel 1–2 mm lg, an den unteren Bla länger. Kapsel kahl. Sa glatt. 0,04–0,15. 7–8. Subalp. bis alp. Quellfluren, sickerfeuchter Feinschutt, überrieselte Felsen; z Alp, ↘ (m/alparct·c1-6CIRCPOL – igr eros H ♃ oAusl – WiA – L8 T2 F7 R5 N4 – K Salic. herb., V Andros. alp., V Card.-Mont.). **Gauchheil-W. – *E. anagallidifolium* LAM.**
15* Stg einzeln, oberwärts kraushaarig. Ausläufer dünn fädlich. Bla sitzend, höchstens die unteren kurz gestielt. Kapsel grauhaarig. Sa dicht papillös. 0,05–0,20. 7–8. Hochmont. bis subalp. sickernasse Quellfluren u. -moore, kalkmeidend; z Alp(f Chm Kch Krw), s By(NO O) Bw(SW) Sa(SW), (sm-stemp//mo·c2-3EUR – igr eros H ♃ oAusl – WiA – L9 T3 F9 R3 N3 – V Card.-Mont., V Car. nigr.). [*E. alpinum* L. p. p.] **Nickendes W. – *E. nutans* F.W. SCHMIDT**
16 **(13)** BlaSpreite keilfg in den (3–)5–15(–20) mm lg Stiel verschmälert, drüsig gezähnelt, runzlig, Nervennetz eingesenkt. Kr 5–6 mm lg, anfangs nickend. BlüStand ± drüsig. Papillen der Sa rund, braun, nicht in Längsreihen. 0,25–0,80. 7–9. Nasse, lückige Röhrichte an Bach-, Flussufern u. Gräben; feuchte Rud.: Straßenränder, an Mauern, nährstoffanspruchsvoll; h Th(z Hrz NW), v By Bw He Nw Sa, z Alp(f Krw) Rh An Bb Ns Mv, s Sh, ↘(m/motemp·c1-6EUR-WAS-(OAS) – sogr? hros H ♃ Hibernakeln – InB SeB – WiA Lichtkeimer – L7 T6 F9= R8 N8 – V Filip., V Phragm., V Conv.-Agrop., V Sisymbr., V Glyc.-Sparg.).
Rosenrotes W. – *E. roseum* SCHREB.
16* Bla sitzend od. mit abgerundetem Grund sehr kurz (bis 3 mm) gestielt **17**
17 Ke am Grund unauffällig spärlich drüsig, Drüsenhaare meist ± abstehend (starke Lupe!), Pfl sonst drüsenlos. BlüKnospen nickend. Nur InnovationsPfl ab Hochsommer an der StgBasis mit entfernt beblätterten Laubläufern. Kr 5–7 mm lg. Kapsel 4–6 cm lg. 0,30–1,00. 6–9. Feuchte bis nasse Staudenfluren, Röhrichte an Bächen, Quellen u. Gräben; Waldschläge, nährstoffanspruchsvoll, bes. SilikatG; v He Sh, z Alp(f Allg Brch Krw) By Bw Rh(h SW) Nw Th Sa An Ns, s Bb(f Od) Mv, Verbr. in D ungenügend bekannt, wird oft für *E. lamyi*, **19*** gehalten (m/mo-temp·c1-3EUR – igr eros H ♃ u/oAusl – WiA – L7 T5 F8 R4 N4 – V Car. elat., V Glyc.-Sparg., V Card.-Mont., V Calth., V Phragm., V Geo-Alliar. – 36).
Dunkelgrünes W. – *E. obscurum* SCHREB.
17* Pfl entweder völlig drüsenlos od. im ganzen BlüStand drüsig. BlüKnospen stets aufrecht. StgBasis mit kurz gestielten bis sitzenden BlaRosetten, stets ohne Ausläufer **18**
18 Stg oberwärts mit abstehenden Drüsenhaaren u. meist mit krausen, drüsenlosen Haaren. KrBla 3–6(–7,5) mm lg. StgBla 3,5–9,0 × 1,5–3,5 cm, plötzlich in den 1,5–3,0 mm lg Stiel verschmälert. Narbe <½ so lg wie der Griffel. Kapsel 4,0–6,5 cm lg, drüsig. Sa mit weißen, spitzen Papillen in Längsreihen, an der Spitze mit kurzem Anhängsel. 0,30–1,50. 6–9. Frische bis feuchte Rud., Gärten, Brachen, Äcker, Bachröhrichte, Waldränder; [N 1927, starke Ausbreitung nach 1950] g Nw Th Sa Ns, h He An, v Bw Rh Bb Mv, z Alp By(Alb MS O) Sh, ↗ (m/mo-b·c1-3EUR-(AS) – igr hros H ♃ Hibernakeln – SeB – WiA – *L7 T8 F6 R5 N5* – V Bid., O Convolv., K Stell., V Glyc.-Sparg.). [*E. pallidiglandulosum* BOMBLE] **Drüsiges W. – *E. ciliatum* RAF.**
1 DeckBla fast so groß wie die mittleren StgBla. Fr fast nur mit abstehenden Drüsenhaaren u. nur wenigen, nicht angedrückten einfachen Haaren. BlüStand meist unverzweigt, lang, 5–20(–30)blütig. FrStiele (5–)10–15 mm lg. KrBla 6,5–7,5 mm lg, purpurrosa bis rosa. Stiele der Knospen u. jungen Blü aufrecht. Pfl mit Turionen überwinternd. s Th Bb Sh, sonst? (in EUR sm/mo?-temp·c1-4). [*E. glandulosum* LEHM.] subsp. ***glandulosum*** (LEHM.) HOCH et RAVEN
1* DeckBla viel kleiner als die mittleren StgBla. Fr mit ∞ angedrückten drüsenlosen Haaren u. abstehenden Drüsenhaaren. BlüStand bei großen Pfl reich verzweigt, die einzelnen Trauben 5–15(–20) blütig **2**
2 Stg meist nur oben verzweigt. Turionen im Herbst vorhanden. FrStiele 4–8(–10) mm lg. KrBla 4,0–6,5 mm lg, purpurrosa, selten weiß. v alle Bdl (in EUR sm/mo-b·c2-5 – *L7 T8 F6 R5 N7*). [*E. adenocaulon* HAUSSKN.] subsp. ***adenocaulon*** (HAUSSKN.) HAND et BUTTLER
2* Stg meist vom Grund an verzweigt. Turionen oft fehlend. FrStiele (7–)10–20(–40) mm lg. KrBla 4–5 mm lg, weiß, selten hellrosa. z By He Sa (in EUR sm/mo-b·c2-5 – *L7 T9 F5 R5 N5*).
subsp. ***ciliatum***
18* Stg ohne Drüsenhaare, kahl od. oberwärts angedrückt flaumig. Kr 6–12 mm br. Bla 3–10 mm br. Narbe so lg wie der Griffel. Kapsel 7–11 cm lg, drüsenlos. Sa ohne Anhängsel. **(Artengruppe Vierkantiges W. – *E. tetragonum* agg.)** **19**

Epilobium hirsutum   E. lanceolatum   E. tetragonum   E. lamyi

19 Mittelrippe der oberen StgBla useits kahl. Stg kahl, nur oberwärts spärlich angedrückt behaart. Untere u. mittlere Bla sitzend, etwas herablaufend, deutlich scharf u. dicht gezähnt bis gesägt, hellgrün (Abb. 512/3). Kr 4–6 mm lg. 0,30–1,00. 7–8. Nasse Staudenfluren, an Ufern, Gräben, Quellen; Waldwege, frische bis feuchte Rud., Gärten, Weinberge; h He Th An, v Bw Rh Nw Sa Ns, z Alp(f Brch Krw) By Bb Mv Sh, ↗ (m-temp·c1-6EUR-WAS – igr hros H♃ Rhiz – SeB – WiA – L7 T6 F8 R6 N5 – O Convolv., V Sisymbr., V Filip., O Pot.-Polyg.). [*E. adnatum* GRISEB.]   **Vierkantiges W. – *E. tetragonum* L.**
19* Mittelrippe der oberen StgBla useits behaart. Stg kahl od. nur oberwärts von dichten, bogigen Härchen grau. Untere u. mittlere Bla sehr kurz gestielt, nicht herablaufend, meist entfernter u. seichter gezähnt, graugrün (Abb. **512**/4). Kr 6,0–8,5 mm lg. 0,20–0,60. 7–9. Frische bis mäßig trockne Waldschläge u. -säume, Waldwege, Rud., nährstoff-anspruchsvoll; z in allen Bdl, Verbr. ungenau bekannt, taxonomisch unzureichend erforscht, oft verwechselt (m/mo-temp·c1-4EUR – igr hros H ♃ –WiA – L7 T6 F5 R7 N6 – V Geo-Alliar., O Sisymbr.). [*E. tetragonum* subsp. *lamyi* (F.W. SCHULTZ) NYMAN]
        Graugrünes W. – *E. lamyi* F.W. SCHULTZ

Hybriden: *E. alpestre* × *E. alsinifolium* = *E.* ×*amphibolum* HAUSSKN. – By, *E. alpestre* × *E. montanum* = *E.* ×*freynii* ČELAK. – By, *E. alsinifolium* × *E. anagallidifolium* = *E.* ×*boissieri* HAUSSKN. – By, *E. alsinifolium* × *E. montanum* = *E.* ×*grenieri* ROUY et E.G. CAMUS – By Sa, *E. alsinifolium* × *E. nutans* = *E.* ×*finitimum* HAUSSKN. – By, *E. alsinifolium* × *E. obscurum* = *E.* ×*rivulicola* HAUSSKN. – By Bw Sa, *E. alsinifolium* × *E. palustre* = *E.* ×*haynaldianum* HAUSSKN. – By Bw Sa, *E. alsinifolium* × *E. parviflorum* = *E.* ×*gerstlaueri* RUBNER – By, *E. alsinifolium* × *E. roseum* = *E.* ×*gemmiferum* BOREAU – By, *E. anagallidifolium* × *E. nutans* = *E.* ×*celakovskyanum* HAUSSKN. – By, *E. ciliatum* × *E. hirsutum* = *E.* ×*novae-civitatis* SMEJKAL – By Nw Sa Bb, *E. ciliatum* × *E. lamyi* = *E.* ×*iglaviense* SMEJKAL – By Nw Sa, *E. ciliatum* × *E. montanum* = *E.* ×*interjectum* SMEJKAL – By Nw Sa Bb, *E. ciliatum* × *E. obscurum* = *E.* ×*vicinum* SMEJKAL – By Nw Sa, *E. ciliatum* × *E. palustre* = *E.* ×*fossicola* SMEJKAL – By Rh He Sa Bb, *E. ciliatum* subsp. *ciliatum* × *E. palustre* – By He Sa Bb, *E. ciliatum* × *E. parviflorum* = *E.* ×*floridulum* SMEJKAL – By Rh He Nw Sa, *E. ciliatum* × *E. roseum* = *E.* ×*nutantiflorum* SMEJKAL – By Nw Sa, *E. ciliatum* × *E. tetragonum* = *E.* ×*mentiens* SMEJKAL – By Nw Sa, *E. collinum* × *E. hirsutum* = *E.* ×*gutteanum* GNÜCHTEL – Sa, *E. collinum* × *E. lanceolatum* = ?*E.* ×*larambergueanum* F.W. SCHULTZ – By Bw Th Rh Sa, *E. collinum* × *E. montanum* = *E.* ×*confine* HAUSSKN. – By Rh Sa, *E. collinum* × *E. obscurum* = *E.* ×*decipiens* F.W. SCHULTZ, n. inv.? – By Bw Rh, *E. collinum* × *E. palustre* = *E.* ×*krausei* R. UECHTR. et HAUSSKN. – By An Th, *E. collinum* × *E. parviflorum* = *E.* ×*schulzeanum* HAUSSKN. – By Th, *E. collinum* × *E. roseum* = *E.* ×*glanduligerum* K. KNAF. – By Bw Th Sa An, *E. collinum* × *E. tetragonum* = *E.* ×*percollinum* SIMONK – Bw, *E. hirsutum* × *E. lamyi* = *E.* ×*ratisbonensis* RUBNER – By Bw Sa, *E. hirsutum* × *E. montanum* = *E.* ×*erroneum* HAUSSKN. – By Sa Bb Sh, *E. hirsutum* ×*E. parviflorum* = *E.* ×*subhirsutum* GENNARI– By Bw Rh Nw Th Sa Mv Sh, *E. hirsutum* × *E. roseum* = *E.* ×*goerzii* RUBNER – Bw Th Mv, *E. hirsutum* × *E. tetragonum* = *E.* ×*brevipilum* HAUSSKN. – By Bw Rh Th, *E. lamyi* × *E. lanceolatum* = *E.* ×*ambigens* HAUSSKN. – Bw Rh, *E. lamyi* × *E. montanum* = *E.* ×*haussknechtianum* BORBÁS – By Bw Th Sa, *E. lamyi* × *E. obscurum* = *E.* ×*semiobscurum* BORBÁS – By Th Sa, *E. lamyi* × *E. palustre* = *E.* ×*probstii* LEV. – Nw Sa, *E. lamyi* × *E. parviflorum* = *E.* ×*palatinum* F.W. SCHULTZ – By Rh Sa, *E. lamyi* × *E. roseum* = *E.* ×*dufftii* HAUSSKN. – By Bw Th Sa, *E. lamyi* × *E. tetragonum* = *E.* ×*semiadnatum* HAUSSKN. – By Bw Th Sa, *E. lanceolatum* × *E. montanum* = *E.* ×*neogradiense* BORBÁS – By Bw Rh Th, *E. lanceolatum* × *E. obscurum* = *E.* ×*lamotteanum* HAUSSKN. – By Bw Rh Th, *E. lanceolatum* × *E. roseum* = *E.* ×*abortivum* HAUSSKN. – Bw Nw, *E. lanceolatum* × *E. tetragonum* = *E.* ×*fallacinum* HAUSSKN. – Bw Rh Th, *E. montanum* × *E. obscurum* = *E.* ×*aggregatum* ČELAK. – By Bw Rh Th Sa Sh, *E. montanum* × *E. palustre* = *E.* ×*montaniforme* ČELAK. – By Nw Rh Sa, *E. montanum* × *E. parviflorum* = *E.* ×*limosum* SCHUR – By Bw Nw Sa Sh, *E. montanum* × *E. roseum* = *E.* ×*heterocaule* BORBÁS – By Bw Rh Nw Sa Sh, *E. montanum* × *E. tetragonum* = *E.* ×*beckhausii* HAUSSKN. – Bw Sa, *E. obscurum* × *E. palustre* = *E.* ×*schmidtianum* ROSTK. – By Bw Rh Th Sa Sh, *E. obscurum* × *E. parviflorum* = *E.* ×*dacicum* BORBÁS – By Bw Rh Th Sa Sh, *E. obscurum* × *E. roseum* = *E.* ×*brachiatum* ČELAK. – By Bw Sa, *E. obscurum* × *E. tetragonum* = *E.* ×*thuringiacum* HAUSSKN. – By Bw Th, *E. palustre* × *E. parviflorum* = *E.* ×*rivulare* WAHLENB. – By Bw Rh Nw Th Sa Mv Sh , *E. palustre* × *E. roseum* = *E.* ×*purpureum* FRIES – By Sa Bb,

E. pal̠ustre × *E. tetra̠gonum* = *E.* ×*laschianum* HAUSSKN. – By Rh Sa Sh, *E. parviflo̠rum* × *E. ro̠seum* = *E.* ×*persici̠num* RCHB. – By Bw Rh Nw Th Sa Bb Sh , *E. parviflo̠rum* × *E. tetra̠gonum* = *E.* ×*weissenburge̠nse* F.W.SCHULTZ, n. inv.? – By Bw Rh Nw Th Sa Bb Sh, *E. ro̠seum* × *E. tetra̠gonum* = *E.* ×*borbasia̠num* HAUSSKN. – By Bw Th Sa

Oenothe̠ra L. [*Onagra* MILL.] – **Nachtkerze** (mehr als 150 Arten)
Bearbeitung: **Rüdiger Prasse, Karl Heyde, Michael Hassler, Peter Gutte**

OTTO RENNER hat die Sippenbildung bei *Oenothe̠ra* in Europa weitgehend geklärt. Durch Ringbildung in der Reduktionsteilung reagiert ein haploider Chromosomensatz als Komplex. Väterliche u. mütterliche Chromosomen haben verschiedenes Erbgut u. werden nicht frei verteilt, sondern bleiben als Pollen- bzw. Eizellenkomplex auf die ♂ bzw. ♀ Geschlechtszellen beschränkt (Heterogamie). Aus der reziproken Kreuzung zweier komplex-heterozygoter Arten gehen zwei völlig verschiedene Hybriden hervor, die konstant sind, weil die Chromosomenkomplexe im Allgemeinen Aufspaltung verhindern. Rückkreuzung mit den Eltern ergibt wieder nur die Hybriden od. die Eltern. Die meisten europäischen Arten sind auf diese Weise hybridogen entstanden. Es bilden sich auch heute noch ständig Hybriden, die eigenständige Arten bilden, wenn sie so konstant u. vital sind, dass sie nicht der Konkurrenz der Eltern erliegen u. unabhängig von ihnen ein eigenes Areal gewinnen können (z. B. *Oe.* ×*hoe̠lscheri*, *Oe.* ×*albipercu̠rva*). Alle Arten außer *Oe. glaziovia̠na* sind autogam. – Früher sind die Sippen als Gemüse ähnlich Schwarzwurzel („Schinkenwurzel") genutzt worden.
Zur Bestimmung von Sippen der Gattung *Oenothera* bedarf es jahrelanger Einarbeitung u. des Austausches mit Nachtkerzen-Kennern. Nachtkerzen sind am besten im frischen Zustand zu bestimmen, weil wichtige Farbmerkmale (Rotfärbung der BlaNerven, Spitze des BlüStandes, Knospen, Tupfen) im Herbar oft schwer erkennbar sind. Manche Merkmale können sich während der Entwicklung der Pfl ändern (Krümmung der BlüStands-Spitze, Farbe der Knospen, Behaarung der unteren u. oberen Fr, Größe der sich später entwickelnden Blü), manche Farbmerkmale sind von äußeren Bedingungen abhängig (z. B. farblose BlaNerven im Schatten bei sonst rotnervigen Arten). Herbarbelegen müssen neben den üblichen Angaben auch Aussagen zur Färbung u. Punktierung der KeBla u. des Stg, zur KrBlaGröße u. -form, Rotfärbung der Blattnerven, der Position der Spitze des BlüStandes u. a. beigefügt werden. Gute Fotos dieser Merkmale sind hilfreich. Solche Fotos müssen in jedem Fall Ausschnitte des Blü- bzw. FrStandes sowie die oberen, mittleren u. unteren StgBla mit den entsprechenden Bereichen der Sprossachse wiedergeben. Die Behaarung der FrKnoten u. Fr ist von großer diagnostischer Bedeutung.
Nachtkerzen sollten stets zur HauptBlüzeit (erste untere Fr vorhanden, Blü voll entwickelt) gesammelt u. fotografiert werden, da sich manche Merkmale im Verlaufe der Individualentwicklung verändern. Die Standortbedingungen sind zu vermerken. Zur Ansprache von Nachtkerzen-Sippen ist es immer notwendig, mehrere Pfl eines Bestandes zu betrachten.
Noch immer sind weder das Sippeninventar noch die Verbreitung der Sippen in Deutschland ausreichend bekannt. In Zukunft werden "neue" Sippen beschrieben werden müssen, während bereits beschriebene Sippen möglicherweise eingezogen werden. Der Schlüssel erhebt keinen Anspruch auf Vollständigkeit. Die Angaben zu den Verbreitungen beruhen auf früheren Auflagen und wurden verändert[1]. Der Schlüssel orientiert sich an den Schlüsseln der vorhergehenden Auflagen der Exkursionsflora von Deutschland (ROSTANSKI et GUTTE div. Auflagen). Es wurde jedoch versucht, diesen klarer zu gestalten, die artspezifischen Unterscheidungsmerkmale stärker zu betonen u. auf die Größenangaben für bestimmte Merkmale (z. B. Länge u. Breite der KrBla, Fr- u. Hypanthienlängen) zu verzichten, wenn diese sich in der Variation überschneiden. So sind Angaben zu KrBlaLängen eher als Orientierungswerte zu begreifen, da KrBla nicht nur artspezifisch, sondern auch individuenspezifisch sowie mit den Standortbedingungen variieren. Die Spanne für die Ansprache hilfreich, diesbezüglich in den Kategorien sehr groß (u. a. *Oe. stucchii*, *Oe. glazovia̠na*, *Oe. coroni̠fera*, *Oe. oehlke̠rsii*), groß (u. a. *Oe. bie̠nnis*, *Oe. ca̠mbrica*, *Oe. suaveo̠lens*), kleiner (u. a.

---

[1] Angaben zur Verbr. Bw Rh He (HASSLER et KIESEWETTER), Mv (KIESEWETTER), in geringerem Maße für Bb (KIESEWETTER, PRASSE) u. Sa An (HEYDE).

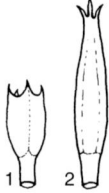
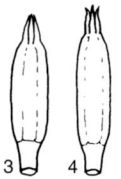

Oenothera parviflora agg.   Oe. biennis agg.

Oe. rubricaulis, *Oe. pycnocarpa*, *Oe. casimiri*, *Oe. deflexa*) u. sehr klein (u. a. *Oe. parviflora*, *Oe. royfraseri*, *Oe. oakesiana*, *Oe. angustissima*) zu denken. Allerdings sind sehr kleine Blü kein sicheres Merkmal für *Oe. parviflora*, wie oft fälschlich angenommen. Auf detaillierte Angaben zur Blütezeit u. zur Höhe der Individuen wurde verzichtet. Alle Arten blühen im Sommer 6–8(–9), der Blühzeitraum ist kein verlässliches Bestimmungskriterium. Die Höhe der Nachtkerzen variiert mit den Umweltbedingungen so stark, dass sie auch bei kräftigeren u. in der Regel höherwüchsigen Sippen kein verlässliches Bestimmungsmerkmal darstellt.

1   Pfl ⊙. KrBla gelb, beim Trocknen gelb bleibend od. ausbleichend, nicht rötlich werdend. Samen kantig-polyedrisch (Subgenus ***Oenothera***) **2**
1*   Pfl bei uns meist ①. KrBla gelb, beim Trocknen rötlich werdend. Samen ellipsoidisch bis fast kuglig, nicht kantig (Subgenus ***Raimannia*** (SPACH) MURR) **58**
2   KeBla-Endzipfel an der Spitze des KeBla stehend, daher an den geschlossenen Knospen am Grund aneinandergedrückt, sich berührend (Abb. **514**/3), im oberen Teil manchmal spreizend (Abb. **514**/4). Gesamte Pfl nicht vom Grund an schiefstehend (alle Individuen des Bestands betrachten). BlüStand (auch vor dem Aufblühen) nicht nickend. Trockene bis mäßig trockene, sandige bis kiesige Rud., rud. beeinflusste Sandtrockenrasen, Brachen, Flussufer; [N 1614] g Bb, v übrige Bdl außer Alp By(O) Nw(SO) (m-temp·c1-6AM, [N] m-temp·c1-5CIRCPOL – igr hros H ⊙ regenerativ WuSpr – SeB InB – StA MeA Sa langlebig Lichtkeimer – L9 T7 F4 RX N4 – O Onop. V Sisymbr., O Fest.-Sedet.). (**Artengruppe Gewöhnliche N. – *Oe. biennis* agg.**) **3**
2*   KeBla-Endzipfel an der Spitze der KeBla etwas von der Spitze der KeBla entfernt stehend, daher an den jungen (!) Knospen sich am Grunde nicht berührend (Ausnahme *Oe. ammophila*, **50**), vom Grund an ± U-fg (Abb. **514**/1) od. V-fg (Abb. **514**/2) voneinander entfernt stehend. Bei *Oe. biennis* s. l. können die KeBla-Endzipfel an älteren Knospen kurz vor dem Aufblühen zuweilen auseinandergedrückt sein. Trockene, sandige bis kiesige nährstoffarme Rud., sandige Brachen, Dünen, Flussufer; [N 1614] z By(S NM) Bw(h ORh) Rh Nw Sa An Bb Ns Mv Sh(Helgoland W O), s He Th (temp·c1-4OAM, [N] temp·c1-4EURAS – igr hros H ⊙ – SeB StA – L8 T6 F3 R7 N3 – O Onop., V Sisymbr., O Fest.-Sedet.). (Series *Rugglesia* ROSTAŃSKI, **Artengruppe Kleinblütige N. – *Oe. parviflora* agg.** [*Oe. muricata* auct. non L.]) **49**
3   FrKn dicht mit anliegenden Borstenhaaren bedeckt, ohne Drüsenhaare, FrKn-Epidermis niemals glänzend, da von liegenden Haaren bedeckt. Basis der Borstenhaare des Stg meist niedrig kegelfg. FrZähne kurz, deutlich ausgerandet (außer bei *Oe. villosa*, **9***). (Series *Devriesia* ROSTAŃSKI, vgl. auch die insgesamt relativ stark behaarte *Oe. hoelscheri*, **26**, ohne dicht anliegende Haare auf den FrKn) **4**
3*   FrKn mit meist längeren, aufrechten od. schief stehenden, nie anliegenden Borstenhaaren sowie oft abstehenden Drüsenhaaren, wenige Sippen besitzen keine Drüsenhaare od. entwickeln nur wenige u. dies erst zum Ende der BlüZeit. FrKn-Epidermis meist speckig glänzend. Basis der Borstenhaare des Stg deutlich kegel- bis walzenfg. FrZähne von unterschiedlicher Länge, meist gestutzt, stumpf od. abgerundet (Series *Oenothera*) **12**
4   Stg u. BlüStandsachse rot getupft (bei *Oe. scandinavica*, **6***, zuweilen nur schwach). Bereits junge Haarbasen rot **5**
4*   Stg u. BlüStandsachse nicht rot getupft **8**

5	StgBla u. DeckBla am Rande wellig, viele der StgBla mit eingedrehten Spitzen 6
5*	StgBla u. DeckBla flach od. nur leicht wellig, StgBla mit eingedrehter Spitze treten nur als Ausnahme u. dann an sehr wenigen Bla eines Individuums auf 7
6	BlüKnospen weinrot gestreift, viele bereits im geschlossenem Zustand abfallend (kleistogam). DeckBla lanzettlich bis br lanzettlich, die oberen am Grund am breitesten. Ganze Pfl grauweiß überlaufen. KeBla-Endzipfel 3–5 mm lg. v Bb, z Sa(NO SO) Mv, s By(NO Oberpfalz?) Bw? Rh Th An. [*Oe. baurii* BOEDIJN, *Oe. hungarica* BORBÁS, *Oe. salicifolia* DON] **Weidenblättrige N.** – *Oe. depressa* GREENE
6*	BlüKnospen nicht od. sehr schwach weinrot gestreift, nicht bereits in geschlossenem Zustand abfallend. DeckBla (v. a. die unteren) br eifg. Pfl nicht grauweiß überlaufen. KeBla-Endzipfel 1–3 mm lg. s Sa(W, † Markranstädt) (in EUR aus *Oe. depressa* × *Oe. biennis* entstanden). **Skandinavische N.** – *Oe. scandinavica* ROSTAŃSKI
7	(5) KeBla-Endzipfel 4–7 mm. BlüKnospen stets grün. Kapselzähne lg, ein Krönchen bildend. KrBla 14–20 × 14–24 mm. s By(NO) Bw(Mannheim) Sa(W SO NO) (in EUR aus *Oe. rubricaulis* × *Oe. depressa* entstanden). **Danziger N.** – *Oe. wienii* ROSTAŃSKI
7*	KeBla-Endzipfel 1–3 mm lang. BlüKnospen grün, später oft rötlich angelaufen. Kapselzähne kurz u. kein Krönchen bildend. KrBla (7–)20(–25) mm. Seltene Form. ***Oe. canovirens***, s. 9
8	(4) StgBla hell graugrün. BlüKnospen anfangs grün, später oft rotstreifig od. rötlich überlaufen 9
8*	StgBla dunkelgrün. BlüKnospen, auch die jüngsten, oben von Anfang an rot (*Oe. paradoxa*, **11**, bildet nur einen roten Ring im oberen Bereich der Knospen, regelmäßig erst spät ausgebildet, mehrere Exemplare u. die jüngeren Knospen anschauen) 10
9	FrZähne ausgerandet. BlüKnospen mäßig weißlich behaart, anfangs grün, später oft rötlich angelaufen. Bla flach bis rinnig, lanzettlich, weichhaarig, weißnervig. Die ganze Pfl nicht dicht kurzhaarig, ohne grauweißen Gesamteindruck. [N 1. Hälfte 20. Jh.] v Bw Rh He, z Bb Mv, s By(NO) Nw Sa Ns [*Oe. canovertex* HUDZIOK, *Oe. mollis* RENNER, *Oe. renneri* H. SCHOLZ, *Oe. velutinifolia* HUDZIOK] **Renners-N., Graugrüne N.** – *Oe. canovirens* E.S. STEELE
9*	FrZähne gestutzt, nicht ausgerandet. BlüKnospen stark weißlich behaart, grün od. leicht verwaschen rötlich, teilweise kleistogam. Bla flach, obere am Grund am breitesten. Ganze Pfl dicht kurzhaarig, mit grauweißer Tönung. [N] s By(Trunstädt) Bw(Schwetzingen) Rh(Ingelheim) Mv (Eggesin). **Behaarte N.** – *Oe. villosa* THUNB.
10	(8) Stg auch im unteren Teil grün (zuweilen leicht rötlich). StgBla dunkelgrün, lanzettlich mit weißem Mittelnerv. DeckBla flach, nicht gedreht, schmal lanzettlich. BlüKnospen erst grün, später rötlich überlaufen. s Bb(M: Luckenwalde) Mv(NO). **Dunkelgraublättrige N.** – *Oe. obscurifolia* HUDZIOK
10*	Stg v.a. im unteren Teil tiefrot angelaufen. StgBla dunkelgrün mit tiefrotem Mittelnerv. DeckBla oft gedreht 11
11	Gut entwickelte BlüKnospen mit rotem Ring im mittleren bis oberen Drittel (oft schwach u. nicht an allen Knospen entwickelt, viele Blü v. a. die jüngeren Knospen älterer Pfl im oberen Teil des BlüSta ansehen), selten im gesamten oberen Drittel rot. s Bw(ORh: Philippsburg, Schwetzingen) Bb(Wünsdorf, Trebbin, Beelitz, Senftenberg) Sa(NO SO) Mv(SW) (in MEUR aus *Oe. depressa* × *Oe. parviflora* od. *Oe. subterminalis* entstanden). **Seltsame N.** – *Oe. paradoxa* HUDZIOK
11*	BlüKnospen meist grün, selten später rötlich werdend, nie mit rotem Ring. Stg ungetupft, schwächer rot als bei *Oe. subterminalis*, **56**. Bla mit rosa Nerven, weichhaarig. Pfl wirkt wie eine rotstänglige *Oe. canovirens*, **9**. s Rh(Ingelheim Heidesheim) He(Seeheim-Jugenheim Bickenbach) Bb(Buchwalde) (in MEUR aus *Oe. canovirens* × *Oe. subterminalis* entstanden). **Breslauer N.** – *Oe. wratislaviensis* ROSTAŃSKI
12	(3) Stg u. BlüStandsachse grün, nicht deutlich rot getupft (*Oe. jueterbogensis*, **19** u. *Oe. cambrica* var. *impunctata*, **20** selten mit sehr lockerer u. feiner Punktierung). Stg selten unten rötlich überlaufen, bei stressbedingter StgRötung selten auch einige Haarbasen rötlich, dies aber niemals in grünen StgBereichen. BlüKnospen grün (vgl. aber *Oe. pseudocernua*, **18**) 13

12* Stg u. BlüStandsachse deutlich rot getupft, oberer Teil der BlüStandsachse oft rötlich bis stark rot gefärbt od. überlaufen. BlüKnospen grün od. rotstreifig **22**
13 BlüStandsachse, Stg, Fr u. Hypanthium fast kahl, zerstreut borstenhaarig, ohne Drüsenhaare, wirkt wie eine kahle Oe. *biennis* [N] s By(NO) Bb (Hybride amerikanischer Arten).
 Kahle N. – *Oe. nuda* ROSTAŃSKI
13* BlüStandsachse, Stg u. Fr mit zahlreichen Borsten- u. Drüsenhaaren **14**
14 Griffel lg, Narben die Staubgefäße überragend. KrBla bis 30–50 mm lg, meist breiter als lg, BlüRöhre 35–45 mm lg. StgBla eilanzettlich. Kapsel ± 30 mm lg. z Bw Rh He Mv, s By(NO) Nw Sa An(Bitterfeld) Bb Ns(Lomitz) (wohl in WEUR aus *Oe. glazioviana* × *Oe. suaveolens* entstanden). **Oehlker N. – *Oe. oehlkersii*** ROSTAŃSKI
14* Narben die StaubBla nicht überragend. KrBla 10–35 mm lg **15**
15 FrStand am Grund u. auch die unteren Fr ohne Drüsenhaare (Unterschied zu *Oe. oehlkersii*), nur mit Borstenhaaren **16**
15* FrStand am Grund u. auch die unteren Fr mit Drüsen- u. Borstenhaaren **17**
16 KrBla 25–35 mm lg, meist etwas länger als br. BlüRöhre 30–40(–45) mm lg. Blü oft duftend. StgBla eilanzettlich, stets mit weißem Mittelnerv. Kapsel 25–40(–45) mm lg. [N] v Bw, z Rh He Bb, s By(NO) Th(Bck S) An(S SO) Mv. **Duftende N. – *Oe. suaveolens*** PERS.
16* KrBla 9–15 mm lg u. br, untere. BlüRöhre (25–)30–35(–40) mm. StgBla lanzettlich mit weißem od. zart rötlichem Mittelnerv. Untere Fr, zuweilen auch alle Fr, ohne Drüsenhaare. Kapsel 30–40 mm lg. [N] s Bw(NW Gäu) Rh He Nw(Bochum) Th Sa An(Beuna) Bb Mv [*Oe. lipsiensis* ROSTAŃSKI et GUTTE] **Abgebogene N. – *Oe. deflexa*** R.R. GATES
17 **(15)** KrBla deutlich breiter als lg. Bla lanzettlich od. elliptisch **18**
17* KrBla meist so lg wie br., z. T. etwas schmaler als br od. nur etwas breiter als lg, nie deutlich breiter als lg **19**
18 Bla lanzettlich, Mittelnerv weiß. BlüKnospen anfangs grün, später braunrötlich gestreift. BlüStand kurz u. dicht. s Bb(O M) Mv(SW) (wohl aus *Oe. ammophila* × *Oe. biennis* entstanden). **Falsche N. – *Oe. pseudocernua*** HUDZIOK

Ähnlich, aber sehr selten **Großsamige N. – *Oe. macrosperma*** HUDZIOK: Mittelnerv weiß od. rot, BlüKnospen grün, auch später nicht braunrötlich überlaufen. BlüStand dicht u. langgestreckt. s By(NO) Bb.

18* Bla meist elliptisch, selten lanzettlich (var. *angustifolia* RENNER), bucklig, Mittelnerv rot, selten Populationen mit rotnervigen u. weißnervigen Pfl; weißnervige Pfl im (Halb-)Schatten. BlüKnospen stets grün. BlüStand länger als bei den zuvor genannten Arten, lockerer. KrBla rein gelb od. schwefelgelb bis weißlich (var. *sulphurea* DE VRIES), BlüRöhre 25–35 mm lg od. (var. *brevihypanthialis* ROSTAŃSKI) nur 12–20 mm lg. [N] v alle Bdl, außer z Th.
 Zweijährige N. – *Oe. biennis* L. s. str.
19 **(17)** Bla wellig, oft mit gedrehter Spitze, viel kleinblütiger als *Oe. biennis* mit ebenfalls unpunktiertem Stg. z Bb, s Ns Mv(SW W) (wohl in Bb aus *Oe. pycnocarpa* × *Oe.* ? entstanden).
 Jüterboger N. – *Oe. jueterbogensis* HUDZIOK
19* Bla flach od. rinnig, aber nie wellig u. nie mit gedrehter Spitze **20**
20 Pfl großblütig. KrBla 20–30 × 21–28 mm. StgBlaStiel useits auffallend rot. An.
 Oe. cambrica var. ***impunctata*** ROSTAŃSKI, s. **47***
20* Pfl kleinblütiger. KrBla 10–20 mm lg. StgBlaStiel useits nicht auffallend rot **21**
21 KrBla stets länger als br, KeBla-Endzipfel 4–7 mm lg. Bla eilanzettlich. [N Mitte 20. Jh. U] s By(NO) Sa(Zwickau, † Leipzig) Bb(Boblitz) Mv. [*Oe. nissensis* ROSTAŃSKI]
 Victorin-N. – *Oe. victorinii* R.R. GATES et CATCHSIDE
21* KrBla oft so lg wie br, KeBla-Endzipfel ± 3 mm lg. Bla länglich-lanzettlich, zuweilen leicht gedreht. Hypanthium auffällig kurz. Pfl wirkt wie auffällig zierliche u. kleinblütige *Oe. biennis*, 17. [N] v Bw(NW) He, z Rh, s By(N NW) Th Sa Ns Mv(SW W).
 Kasimirs-N. – *Oe. casimiri* ROSTAŃSKI
22 **(12)** BlüRöhre >50 mm lg. Pfl auffallend großblütig u. hochwüchsig, oft >2 m hoch. FrKn mit Drüsen- u. Borstenhaaren, letztere mit rötlich verdickten Basen. Knospen grün. KrBla 20–30 × 24–32 mm. Kapsel 25–35 mm lg. [N 2004] s By(Schweinfurt) (wahrscheinlich aus *Oe. suaveolens* × *Oe. jamesii* in N-Italien entstanden).
 Stucchi-N. – *Oe. stucchii* ROSTAŃSKI

22* BlüRöhre in der Regel <40 mm lg, selten bei *Oe. glazioviana* bis 55 mm lg, bei *Oe. glazioviana*-Hybriden bis 50 mm lg, bei *Oe. coronifera* u. ihren Hybriden bis 48 mm lg. Nie so großblütig u. hochwüchsig wie 22 23
23 KrBla meist deutlich >30 mm lg (mehrere Blü von mehreren Pfl messen!). Ke stets rot gestreift 24
23* KrBla 10–30 mm lg, bei *Oe. rubricauloides* auch bis 35 mm lang (mehrere Blü von mehreren Pfl messen!). Ke grün od. rot gestreift 26
24 FrZähne bis 3 mm lang, krönchenartig wirkend (Name!), die einzelnen Zähne abgerundet od. gestutzt. Narben stehen zwischen den Staubbeuteln od. überragen diese nur wenig. KrBla-Zipfel länger als br, 30–40 mm lg, BlüRöhre (30–)35–40 mm lg. Junge BlüStandsachse oben grün. StgBla stark samtig behaart, langgestreckt, schmallanzettlich (sehr viel langgestreckter als z. B. bei *Oe. fallax* u. *Oe. glazioviana*), flach, dunkelgrün, mit rotem Mittelnerv (selten mit weißem: var. *albinervis* BAUMANN, DITTMANN et GUTTE), Bla hängend, den meist stark weinroten Stg oft abdeckend. Kapsel 30–40 mm lg. Die Sippe neigt stark zur Hybridisierung. z Bb Sa An, s By(Franken) Mv(SW MW) An(Roßlau).
 Kronen-N. – *Oe. coronifera* RENNER
24* FrZähne nicht deutlich krönchenfg, bis 2 mm lang, die einzelnen Zähne gestutzt od. ausgerandet. Griffel lg, Narben die Staubbeuteln stets überragend 25
25 Ganze Pfl nicht dicht u. kurz weißhaarig. Auch ältere Fr ohne Drüsenhaare. BlüRöhre ohne od. mit wenigen, zerstreuten Drüsenhaaren. Bla fast parallelrandig, Nerven stets weiß. Pfl wirkt weniger farbig als *Oe. glazioviana*. He(Seeheim-Jugenheim Darmstadt-Eberstadt). [*Oe. elata* KUNTH subsp. *hirsutissima* (S. WATS.) W. DIETRICH]
 Weichhaarige N. – *Oe. hirsutissima* (S. WATS.) DE VRIES
25* Ganze Pfl dicht nicht weißhaarig. Junge u. ältere Fr deutlich drüsenhaarig. BlüRöhre dicht drüsenhaarig. Bla nicht parallelrandig, in der Regel ziemlich br (selten auch schmalblättrigere Formen), StgBla rot- od. weißnervig. [N Mitte 19. Jh.] v By Bw Rh Nw, z He Th(f Hrz Wld) Sa An Ns Mv Sh, s Bb (in Kultur entstanden in NAM od. England, [N] EUR – Zierpfl.). [*Oe. grandiflora* auct. non L'HER. *Oe. lamarckiana* auct. genet. non SER., *Oe. vrieseana* H. LÉV., *Oe. erythrosepala* BORBÁS] **Rotkelchige N., Glaziou-N. – *Oe. glazioviana* MICHELI**
26 (23) FrZähne deutlich ausgerandet, Kapsel 20–30 mm lg, grün, jung fein rot gepunktet. FrStand auffallend lg. StgBla oft wellig. KeBla-Endzipfel 2–4 mm lg. BlüRöhre 25–35 mm lg, BlüKnospen grün od. rotstreifig (var. *rubricalyx* ROSTAŃSKI). z Sa Mv, s By Bb An (in MEUR aus *Oe. rubricaulis* × *Oe. depressa* entstanden).
 Hoelscher-N. – *Oe. hoelscheri* ROSTAŃSKI
26* FrZähne schwach ausgerandet, gestutzt od. zugespitzt. FrStand nicht auffallend lg. StgBla bucklig od. flach 27
27 FrZähne schwach ausgerandet 28
27* FrZähne gestutzt od. zugespitzt 29
28 Untere StgBla stets sehr ausgeprägt bucklig, eifg bis eilanzettlich, aber BlaForm sehr variabel. BlüKnospen auffallend rotstreifig. Kapsel grün, auch rotstreifig od. rot punktiert. g Bw Rh He, v Nw, z By(N NO) Th Sa An Bb Mv, s Ns Sh(Hamburg) (in Deutschland aus *Oe. glazioviana* × *Oe. biennis* entstanden, neben stabilisierten Formen existieren Primärhybriden aus Rückkreuzungen mit Elternsippen). **Täuschende N. – *Oe. fallax* RENNER**
28* StgBla flach, lanzettlich bis schmal lanzettlich, nicht bucklig. BlüKnospen grün od. rotstreifig (var. *rubricalyx* R.R. GATES). Kapseln grün. z Bw (NW Gäu) Rh He(SW ORh SO), s Sa(SO: Görlitz). **Schmale N. – *Oe. perangusta* R.R. GATES**
29 (27) FrZähne zugespitzt 30
29* FrZähne gestutzt 31
30 BlaMittelnerven rot. Junge Fr rotstreifig, Frkn u. Fr stark drüsig, keulig u. mit auffällig lg Zähnen. BlüRöhre dünn, viele Blü nach dem Verblühen nicht abfallend. s Bb(SW: Jüterbog, Treuenbrietzen) (wohl Hybride aus *Oe. ammophila* var. *germanica* × *Oe. jueterbogensis*).
 Ungeteilte N. – *Oe. indivisa* HUDZIOK
30* BlaMittelnerven weiß. Junge Fr grün, FrKn derb u. dick, spärlich drüsenhaarig, untere FrKn nicht düsig behaart. BlüRöhre bis 3 mm dick, Blü nach dem Verblühen abfallend. s Bw(Weinheim) He(Hanau) Bb(Luckenwalde) Mv(SW) (wohl in Bb aus *Oe. ammophila* × *Oe. canovirens* entstanden). **Nagelförmige N. – *Oe. clavifera* HUDZIOK**

31	(29) Junge BlüStandsachse oben deutlich rot gefärbt 32
31*	Junge BlüStandsachse oben grün 41
32	Stg auch im unteren Teil kräftig tiefrot gefärbt 33
32*	Stg nur im Bereich der BlüStandsachse deutlich u. teilweise sehr kräftig (z. B. *Oe. mediomarchica*) rot gefärbt, darunter grün od. rötlich überlaufen 36
33	BlüKnospen rot gestreift. KrBla 12–30 mm lg 34
33*	BlüKnospen grün. KrBla 7–16 mm lg 35
34	Pfl meist erst im oberen Teil (BlüStandsachse) verzweigt, Basen der Borstenhaare nicht deutlich länger als br. KeBla-Endzipfel 4–6 mm lg. s By(Franken) Bw(Graben-Neudorf) Sa(W: Zwickau) Ns(N: Bremen) Bb(M) Mv(SW) (aus *Oe. coronifera* × *Oe. rubricaulis* entstanden). **Gefärbte N. – *Oe. coloratissima*** HUDZIOK
34*	Pfl meist bereits in der unteren Hälfte stark verzweigt u. oft kandelaberartig wirkend. StgBehaarung dicht u. abstehend, Basen der oft abwärts gebogenen Borstenhaare deutlich länger als br, zylindrisch. KeBla-Endzipfel (2–)3(–4) mm lg. [N 1. Hälfte 20. Jh.?] z Bw, s By (Franken) Rh(Ludwigshafen) He(Frankfurt) Nw Bb(Neu-Seddin Glau) Mv(SW MW) (wohl aus NAM). **Ersteiner N. – *Oe. ersteinensis*** R. LINDER et R. JEAN
35	(33) StgBla deutlich gezähnt. KeBla-Endzipfel dünn, 3–5 mm lg. Junge Fr grün. StgBehaarung (im Gegensatz zu *Oe. ersteinensis*) nicht dicht abstehend. z Bb(Teltow Luckenwalde Jüterbog), s By(Franken) He(Frankfurt) Sa An Mv(SW MW) (in Bb aus *Oe. pycnocarpa* × *Oe. rubricaulis* entstanden). **Fläming-N. – *Oe. flaemingina*** HUDZIOK
35*	StgBla schwach gezähnt. KeBla-Endzipfel dick, bis 3 mm lg. Junge Fr rot gestreift. s Bb(Stahnsdorf), † Mv Sa (wohl in Bb aus *Oe. pycnocarpa* × *Oe.rubricaulis* entstanden). **Achtstreifige N. – *Oe. octolineata*** HUDZIOK
36	(32*) Blü meist kleistogam, vertrocknet oft lg an der Pfl bleibend. BlüRöhre oben allmählich erweitert. 20–26 mm lg. KeBla-Endzipfel dick, 2–4 mm lg. KrBla 7–12 mm lg u. br. FrKn rot gestreift. Kapsel 27–37 mm lg. s Bb(M: Ludwigsfelde, Seddin SW: Kloster Zinna) Mv(SW MW) (wohl in Bb aus *Oe. rubricaulis* × *Oe. ?* entstanden). **Unscheinbare N. – *Oe. inconspecta*** HUDZIOK
36*	Blü sich normal öffnend. BlüRöhre oben plötzlich erweitert 37
37	KrBla so lg wie br. Bla eilanzettlich bis lanzettlich, flach 38
37*	KrBla meist länger als br. Bla lanzettlich bis elliptisch 39
38	BlüKnospen grün (selten Spitzen etwas rot). Kapsel 20–30 mm lg. StgBla stets mit rotem Mittelnerv. z Sa, s By Bw He(Frankfurt Darmstadt) An Bb Bw Mv (wohl in MEUR aus *Oe. rubricaulis* × *Oe. ammophila* od. *Oe. subterminalis* entstanden). **Spitzblättrige N. – *Oe. acutifolia*** ROSTAŃSKI
38*	BlüKnospen rot gestreift. Kapsel 35–45(–50) mm lg. BlaNerven zuerst weiß, dann rötlich. z He Bw(NW Gäu) Rh, s Bb(Zossen Wünsdorf) Mv(SW), unter den Eltern (*Oe. depressa* × *Oe. suaveolens*). **Drawerts-N. – *Oe. drawertii*** ROSTAŃSKI
39	(37) StgBla lanzettlich. KrBla-Endzipfel dicklich, 21–28 mm lg, BlüRöhre 26–32 mm lg. Stg oft rot überlaufen. s Bb(Luckenwalde) Mv(SW MW), † Sa (wohl Hybrid aus *Oe. pycnocarpa* × *Oe. rubricaulis*). **Mittelmärkische N. – *Oe. mediomarchica*** HUDZIOK
39*	StgBla elliptisch bis eilanzettlich. KrBla-Endzipfel dünn 40
40	Narben die Staubgefäße nicht überragend. KrBla 15–20(–24) mm lg, BlüRöhre 15–25(–30) mm lg. Stg grün od. rötlich überlaufen. g Sa(z SW) Bb, v Bw Rh He, z Nw An Th Ns Sh Mv, s By. [*Oe. muricata* L. s. str., nom. conf.]. **Rotstängelige N. – *Oe. rubricaulis*** KLEB.
40*	Narben die Staubgefäße stets überragend. KrBla 20–35 mm lg, BlüRöhre 25–35 mm lg. z Mv, s Sa Ns (ntemp EUR). **Langgrifflige N. – *Oe. rubricauloides*** ROSTAŃSKI
41	(31) FrStand (aus erstem) BlüSchub auffallend kurz, zuweilen durch nachfolgende Blü-Schübe verlängert 42
41*	FrStand (aus erstem BlüSchub) bereits deutlich verlängert. (Merkmal witterungs- u. standortabhängig sehr variabel; in sehr trockenen Sommern auf Magerstandorten auch bei den nachfolgenden Sippen mitunter sehr kurze FrStände) 43
42	KrBla deutlich länger als br, trichterfg. KeBla-Endzipfel 2–4 mm lg. StgBla lanzettlich. Stg tiefrot überlaufen. s Bb(Potsdam) Mv(SW MW) Sa(Zwickau) (wohl in Bb aus *Oe. jueterbogensis* × *Oe. ?* entstanden). **Kurzährige N. – *Oe. brevispicata*** HUDZIOK

ONAGRACEAE 519

42* KrBla breiter als lg, tellerfg ausgebreitet. KeBla-Endzipfel 5–9 mm lg. StgBla eilanzettlich bis lanzettlich. Stg gerötet. s Bb(Luckenwalde Brieske) An(wohl in Bb aus *Oe. pycnoca̱rpa* × *Oe.* ? entstanden). **Hochwüchsige N. – *Oe. editicau̱lis* Hudziok**
43 (41) Untere StgBla elliptisch, die oberen lanzettlich. Rotfärbung u. -punktierung in der Regel schwach. Fr stark drüsig behaart, mit Borstenhaaren. KeBla-Endzipfel 3–4 mm lg. BlüRöhre 25–35 mm lg. KrBla 15–22 × 18–24 mm. Kapsel 25–35 mm lg. z By(Franken) Bw Rh He Nw Bb, s Sa An Ns Mv (*Oe. bie̱nnis* × *Oe. pycnoca̱rpa*).
Feinpunktierte N. – *Oe. punctula̱ta* Rostański et Gutte
43* StgBla lanzettlich, seltener br lanzettlich, dann aber untere StgBla nicht deutlich breiter als obere 44
44 Junger BlüStand (Knospen) kegel- bis schmal pyramidenfg 45
44* Junger BlüStand (Knospen) gestutzt bis br pyramidenfg 46
45 Stg unten dunkelrot. StgBla graugrün. Alle Fr drüsenhaarig. s Bb(M: Neuhof bei Zossen) (wohl aus *Oe. flaeminginạ* × *Oe. pycnoca̱rpa* entstanden).
Pyramidenförmige N. – *Oe. pyramidiflo̱ra* Hudziok
45* Stg grün od. nur leicht rötlich angelaufen. StgBla dunkelgrün. Junge Fr im unteren Teil des FrStands nur mit Borstenhaaren, die oberen auch mit Drüsenhaaren. [N ca. 1950]. v Bb, z Bw Rh He Nw Sa An Mv, s By(N NO) Th. [*Oe. chicagine̱nsis* Renner]
Dichtfrüchtige N. – *Oe. pycnoca̱rpa* G.F. Atk. et Bartlett
46 (44) KeBla-Endzipfel 3–6(–7) mm lg 47
46* KeBla-Endzipfel 2–3 mm lg 48
47 Stiel der StgBla useits nicht auffallend rot. FrStand auffallend dicht. Blü in der Regel deutlich kleiner als bei 47*, KrBla 14–21 × 15–23 mm. KeBla-Endzipfel 4–6 mm lg. s By(N NO) Bb(Teupitz) Sa(W Elb) Mv(SW MW) (wohl in Bb aus *Oe. bie̱nnis* × *Oe. royfra̱seri* entstanden). **Dichtblütige N. - *Oe. compacta* Hudziok**
47* Stiel der StgBla useits auffallend rot. FrStand locker bis mäßig dicht. Blü deutlich größer als bei 47, KrBla 20–30(–38) × 20–28(–30) mm. KeBla-Endzipfel 3–5(–7) mm lg. Stg rot punktiert (var. ca̱mbrica) od. nicht punktiert (var. impuncta̱ta Rostański – bisher noch nicht nachgewiesen, vgl. 20). s Bb Mv He(ORh Mörfelden-Walldorf) (vielleicht NAM).
Waliser N. – *Oe. ca̱mbrica* Rostański
48 (46) Bla stark gezähnt, dunkelgrün, sehr viel kürzer als die Bla von 48*, KrBla 5–11 mm lg u. br, BlüRöhre 30–40 mm lg. Knospen grün, selten im Herbst rötlich überlaufen. Kapsel 30–40 mm lg., ohne auffällig lg, weiße Behaarung. Mittelnerv der StgBla rot. [N ca. 1950] z Bw Rh He(SW PRh) Sa(v NO W Leipzig), s Nw An Bb Ns(M: Celle N: Blumenthal) Mv (NAM, [N] EUR). [*Oe. turovie̱nsis* Rostański] **Royfraser-N. – *Oe. royfra̱seri* R.R. Gates**
48* Bla fast ganzrandig, hellgrün, im Längen-Breitenverhältnis an *Oe. coroni̱fera*, 24 erinnernd, wie auch ganze Pfl. KrBla 15–22 mm lg u. br, BlüRöhre 20–25(–30) mm lg. Knospen grün od. rötlich überlaufen. Kapsel 20–30 mm lg, mit dichter u. langer weißer Behaarung. FrZähne abgestutzt, meist 1,5–2,0 mm lg. Mittelnerv der StgBla weiß, höchstens am Grund leicht rötlich. By(N NO) Sa An Bb(Jüterbog) (*Oe. coroni̱fera* × *Oe. bie̱nnis*).
Sächsische N. – *Oe. saxo̱nica* Gutte et Rostański
49 (2) BlüStandsgipfel im Knospenstadium u. während der gesamten Blütezeit deutlich u. stark nickend 50
49* BlüStandsgipfel nur zu Beginn der BlüZeit leicht nickend, später aufrecht 52
50 Stg immer von Grund an schräg aufrecht stehend, mit nickendem Gipfel des Hauptsprosses u. der Seitenäste. Haarbasen deutlich verdickt. FrZähne kurz, stumpf, ausgerandet od. leicht zugespitzt u. rot überlaufen, oft nach innen geneigt, kurz u. wie abgebissen erscheinend. Kapsel meist rotfleckig, besonders an der Spitze. KeBla grün od. rötlich überlaufen (var. germa̱nica (Boedijn) Renner ist in Kulturversuchen nicht stabil u. sollte nicht unterschieden werden), KeBla-Endzipfel (2–)5 mm lg. BlüRöhre (25–)30–40 mm lg, KrBla 12–20 × 10–16 mm. Kapsel 25–35 mm lg, oft gekrümmt, meist rotfleckig. v Ns(N: Inseln), z Sa An Bb Sh(v Helgoland W), s By(Franken) Th Mv (L9 T6 F3 R8? N5). [*Oe. murica̱ta* auct. eur. p. p. non L.] **Sand-N. – *Oe. ammo̱phila* Focke**
50* Stg aufrecht, nicht von Grund an auffällig schiefstehend (bei *Oe. albipercu̱rva* etwas variabel, aber nicht von Grund an so schief wie 50). Knospenstandsgipfel leicht nickend, während

u. nach Blü oft aufrecht. Haarbasen kaum verdickt, niedrig keglfg. FrZähne deutlich ausgebildet, mindestens 1 mm lang. Kapsel grün 51
51 StgBla fast ganzrandig, sehr schmal lanzettlich. BlüStand locker. KeBla-Endzipfel 4–6 mm lg. Stg leicht getupft (nicht getupft: var. *impunctata* HUDZIOK). KrBla 15–25 × 17–28 mm. Obere DeckBla am Grund mit rotem Mittelnerv. BlüKnospen rot gefleckt. Kapsel 30–35 mm lg. z Sa(W NO) Bb, s Mv(SW) Sh (Hybride von *Oe. biennis* × *Oe. ammophila*, oft mit Elternarten). **Gekrümmte N. – *Oe. albipercurva*** HUDZIOK
51* StgBla in der unteren Hälfte buchtig gezähnt, lanzettlich, nicht so schmal wie bei *Oe. albipercurva*, ähnlich *Oe. ammophila*, **50**, aber deutlicher gezähnt. BlüStand dicht. Stg deutlich getupft. KeBla-Endzipfel (2–)3 mm lg, KeBla grün od. rötlich überlaufen. KrBla 10–12(–16) mm lg u. br. Kapsel 25–35 mm lg. [N 1614] Verbr. in D ungenau bekannt, da übersehen bzw. nicht von **50** getrennt. Bisher s Bw Rh Sa (temp·c1-4OAM, [N] EUR. [*Oe. muricata* auct. non L., *Oe. syrticola* BARTLETT]
Oakes-N. – *Oe. oakesiana* (A. GRAY) S. WATSON et J.M. COULT.
52 (49) BlüStandsachse deutlich rot getupft. StgBla schmal lanzettlich, fast ganzrandig, rotnervig. BlüKnospen im oberen Drittel rot, mit roten, bis 6 mm lg KeBla-Endzipfel. BlüRöhre 30–40 mm lg. KrBla 12–20 mm lg u. br. Junge Fr mit Drüsenhaaren. Fr 25–35 mm lg, mit leicht brüchigen Klappen. [N Anfang 19. Jh.] s By(Franken) He(ORh: Frankfurt, bis Ende des 19. Jh. oft an Bahngeländen, derzeit weitgehend verschwunden) Nw(MW: Duisburg) (NAM, [N] tempEUR). [*Oe. rubricuspis* ROSTAŃSKI]
Schmalblättrige N. – *Oe. angustissima* R.R. GATES
52* BlüStandsachse grün od. leicht getupft (an trockenen Pfl nicht erkennbar!). StgBla am Rand leicht buchtig gezähnt. BlüKnospen grün od. später rötlich angelaufen. KeBla-Endzipfel bis 4 mm lg. Junge Fr mit Drüsen- u. Borstenhaaren. FrKlappen hart, nicht brüchig 53
53 KeBla-Endzipfel von der Spitze des KeBla deutlich entfernt stehend, daher an der Knospe U-fg. voneinander entfernt stehend, sich am Grunde nicht berührend (Abb. **514**/1), bis 3 mm lg. KrBla 6–12 mm lg u. br, BlüRöhre 30–40 mm lg. Knospen zuerst grün, später oft braunrot überlaufen. Kapsel 20–30 mm lg. [N Ende 18. Jh.] Häufig fehlbestimmt, Verbr. in D kaum bekannt. z Nw Th(f Hrz Rho S) Sa(SO NO) An Mv(SW MW), s By(Franken Oberbayern) Rh Ns Bb Sh(Hamburg), † Bw He (sm-temp·c1-5OAM, [N] sm-temp EUR). [*Oe. pachycarpa* C.F. RUDLOFF] **Kleinblütige N. – *Oe. parviflora*** L.
53* KeBla-Endzipfel an der Knospe von unten an v-fg auseinandergehend od. unten einander fast berührend (Abb. **514**/2), im oberen Teil bogig spreizend (Vorsicht, viele Sippen aus der *Oe. biennis*-Gruppe können auch Knospen aufweisen, deren KeBla-Endzipel im oberen Teil bogig spreizen, bei diesen berühren sich die KeBla-Endzipfel aber stets im unteren Bereich (Abb. **514**/4 u. es weist immer nur ein Teil der Knospen dieses Merkmal auf). Knospen grün. 54
54 KrBla länglich, sehr schmal, stumpf, 8–12 × 2–3 mm, BlüRöhre 30–40 mm lg. KeBla-Endzipfel 2–4 mm lg. Kapsel 25–32 mm lg. StgBla dunkelgrün mit rotem Mittelnerv. Bw? (temp·c1-2OAM, in EUR seit 1825 in Botanischen Gärten, dann zuweilen verwildert). [*Oe. atrovirens* SHULL et BARTLETT] **Kreuzblütige N. – *Oe. cruciata*** DON
54* KrBla verkehrtherzfg, br, 10–20 mm lg u. br 55
55 Stg unten dunkelrot. StgBla lanzettlich, dunkelgrün mit tiefrotem Mittelnerv 56
55* Stg unten grün od. rötlich überlaufen. StgBla eilanzettlich bis lanzettlich, hellgrün 57
56 Junge Fr mit Drüsen- u. Borstenhaaren. KrBla-Endzipfel gerade, bis 5 mm lg. [N 2. Hälfte 19. Jh.] v Sa(SO NO, s W) Bb, z Bw Nw, s By Rh He By Th Mv. [*Oe. silesiaca* RENNER]
Schlesische N. – *Oe. subterminalis* R.R. GATES
56* Junge Fr mit nur anliegenden Borstenhaaren. [N 2. Hälfte 20. Jh.] s By(N, † Bamberg).
Hazel-N. – *Oe. hazelae* R.R. GATES
57 (55) Stg grün od. selten rot angelaufen (= var. *silesiacoides* ROSTAŃSKI). KeBla-Endzipfel vom Grund an bogig, dünn, bis 3 mm lg. StgBla grasgrün, am Grund mit hellrotem Mittelnerv. FrStand sehr dicht. Junge Fr stark drüsig, nicht anliegend behaart. s By(N NO) Bw(ORh: Schwetzingen Gäu: Remchingen) He? Sa Bb Mv(NO), ↘.
Isslers-N. – *Oe. issleri* ROSTAŃSKI

57* Stg rötlich angelaufen. KeBla-Endzipfel gerade, bis 4 mm lg, dick, am Grunde U-fg getrennt. StgBla hellgrün, schmal lanzettlich, weißnervig. Junge Fr u. Kapseln anliegend behaart, nicht od. wenig drüsig. [U] s By(N NO) Bw(ORh: Karlsruhe) He(ORh SO) Mv(SW), meist unter den Elternarten (in EUR aus *Oe. biennis* × *Oe. parviflora* entstanden).
  Brauns-N. – *Oe. braunii* DOLL
58 (1) Bla buchtig bis buchtig-fiederspaltig, dünn, eifg. KrBla bis 20 mm lg. BlüRöhre 15–35 mm lg. Pfl 1– od. mehrjährig. 20–30(–50). [N U] z. B. Bw Nw Sa Ns Sh(M: Hamburg) (N- u. SAM, [N] EUR). [*Oe. sinuata* L.] **Schlitzblättrige N. – *Oe. laciniata*** HILL
58* Bla nicht buchtig, lanzettlich bis linealisch. KrBla 15–25 mm lg. BlüRöhre 15–25 mm lg. Pfl ☉. [N U] z. B. Nw Rh Sa (SAM, [N] weltweit). **Chilenische N. – *Oe. stricta*** LINK

Familie *Staphyleaceae* MARTINOV – Pimpernussgewächse

(3 Gattungen/45–50 Arten)

Sträucher, Bäume. Bla gegenständig, dreizählig od. unpaarig gefiedert, mit hinfälligen NebenBla u. NebenBlchen. Blü ♂ od. 1geschlechtig, radiär, 5zählig, mit Diskus, in Rispen. KeBla u. KrBla frei. StaubBla 5. FrKn oberständig, 2–3(–4)blättrig, 2–3(–4)fächrig, selten FrBla frei. Kapseln.

Staphylea L. – Pimpernuss (12 Arten)

Bla 5- od. 7zählig gefiedert. Blü in hängenden Rispen, weißlich. Fr eine häutige, aufgeblasene Kapsel (Abb. **508**/5). 2,00–5,00. 5–6. Mäßig frische bis trockne, lichte Wälder, bes. in wärmebegünstigten Hanglagen, kalkhold; s Alp(Brch Allg) By(S Alb MS O) Bw(SO S ORh SW), [N] s Rh Nw N NO Th, [U] An Sa; auch Zierstrauch (m/mo-stemp·c3-4EUR – sogr Str BogenTr – InB SeB – WiA VdA? Kältekeimer – L7 T7 F5 R8 N4 – V Berb., V Til.-Acer., UV Cephal.-Fag., O Querc. pub.). **Gewöhnliche P. – *S. pinnata*** L.

Familie *Anacardiaceae* R. BR. – Sumachgewächse

(82 Gattungen/>800 Arten)

Sträucher, Bäume. Pfl mit Harzgängen. Bla meist wechselständig, einfach, gefiedert od. gefingert, selten einfach, ohne NebenBla. Blü ⚥ od. 1geschlechtig (dann Pfl 2häusig), radiär, meist 5zählig u. mit Diskus, in Rispen od. Thyrsen. StaubBla 5 od. 10. FrKn ober-, selten unterständig, 1–5blättrig. FrBla 1samig, meist verwachsen. SteinFr od. (Flügel-)Nuss.

1 Bla zusammengesetzt, unpaarig gefiedert. FrStiele ohne auffallend lg Haare. Zweige dicht zottig. **Sumach – *Rhus*** S. 521
1* Bla einfach. FrStiele verlängert, mit lg abstehenden, violetten Haaren. Zweige kahl.
  Perückenstrauch – *Cotinus* S. 521

Rhus L. – Sumach (35 Arten)

1 Bla bis 50 cm lg, mit >11 Blchen. BlaSpindel ungeflügelt. BlüStand dicht, in pyramidenfg Rispe. ♂ Blü gelblichgrün, ♀ Blü rot. 3,00–6,00. 6–7. Ziergehölz; auch Rud.; [N U] z By Rh Nw Th Sa An Ns(N: Hamburg) Bb(M: Berlin), s Bw He Mv Sh (sm-temp·c3-5OAM – sogr StrB WuSpr – InB – VdA? – *L7 T8 F3 R5 N5* – V Samb.-Salic.). [*Rh. hirta* (L.) SUDW.]
  Kolben-S., Essigbaum – *Rh. typhina* L.
1* Bla bis 18 cm lg, mit 4–8 Blchen. BlaSpindel oberwärts schmal geflügelt. BlüStand lockerer, in länglicher Rispe. Blü grünlich. 1,00–3,00. 7–8. [N U] s By Th? (m-sm c2-6EUR-WAS – sogr Str – InB – Gewürz- u. GerberPfl). **Gerber-S., Gewürz-S. – *Rh. coriaria*** L.

Cotinus MILL. – Perückenstrauch (3 Arten)

Bla lg gestielt, verkehrteifg, elliptisch bis rundlich, ganzrandig, kahl. 1,00–3,00. 6–7. Ziergehölz; auch Felshänge, Trockengebüsche; [N 17. Jh.] s By Bw Rh He Nw Th Sa An Mv (m/mo-sm·c3-5EUR-WAS+(OAS) – sogr Str – InB – WiA VdA – L7 T8 F3 R7 N3 – V Berb.). [*Rhus cotinus* L.] **Gewöhnlicher P. – *C. coggygria*** SCOP.

Familie *Sapindaceae* Juss. – Seifenbaumgewächse

(145 Gattungen/1900 Arten)

Bäume, Sträucher, Lianen. Bla gegenständig, meist gefiedert od. gefingert, selten einfach, handfg gelappt bis geteilt, fingernervig, meist ohne NebenBla. Blü ♀ od. 1geschlechtig, radiär od. schräg dorsiventral, 4–5zählig, in Thyrsen od. Trauben. KeBla frei od. ± verwachsen. KrBla frei. StaubBla meist 5–8. FrKn ober- bis mittelständig, 1–3blättrig u. 1–3fächrig, in jedem Fach 1 bis wenige SaAnlagen. Kapsel, SteinFr, Beere od. SpaltFr, 1- bis wenigsamig.

1 Bla gegenständig, gefiedert mit >3 Fiederpaaren, selten auch 2fach gefiedert. Fr eine häutige, blasige Kapsel, sich 3teilig öffnend. **Blasenesche –** *Koelreuteria* S. 522
1* Bla wechselständig, gefingert od. gelappt, nur selten mit 2–3 Paaren 1fach gefiedert. Fr fleischig od. geflügelt 2
2 Blü dorsiventral, andromonözisch, obere ♂, untere ♀. KeBla ± verwachsen. Bla gefingert.
Rosskastanie – *Aesculus* S. 522
2* Blü radiär, (funktionell) 1geschlechtig. KeBla frei. Bla ungeteilt, gelappt, 3zählig od. gefiedert, nie gefingert. **Ahorn –** *Acer* S. 522

Koelreuteria Laxm. – Blasenesche (4 Arten)

Bla mit 4–8 Paaren gefiedert, zuweilen auch 2fach gefiedert, wechselständig. Blü in großen verzweigten Rispen. Fr eine blasige Kapsel, reif 3teilig zerfallend. Sa 6–8 mm, schwarz glänzend. Bis 10,00. 7–8. Park- u. Gartenbaum, häufig verwildert. [U] By Bw Rh He Nw Bb(Berlin) Ns (OAs – sogr B – InB – WiA). **Blasenesche –** *K. paniculata* Laxm.

Aesculus L. – Rosskastanie, Pavie (13 Arten)

1 KrBla weiß, mit gelben, später roten Flecken. Blchen vorn stumpf u. kurz bespitzt, sitzend. Fr stachlig. Winterknospen klebrig. Bis 20,00. 5–6. Park-, Straßen- u. zuweilen Forstbaum; auch frische, auennahe Wälder, nährstoffanspruchsvoll; [N 16. Jh., meist U] h Rh He Nw Th Sa An Ns, v By Bw Bb, z Mv Sh (m/mo-sm·c3-4OEUR – sogr B – InB: Hummeln Vw – Kältekeimer – *L5 T7 F6 R3 N5* – V Alno-Ulm., V Carp. – HeilPfl, für Vieh giftig).
Gewöhnliche R. – *Ae. hippocastanum* L.
1* KrBla rosa, rot od. gelb. Blchen lg zugespitzt. Fr glatt od. mit wenigen weichen Stacheln 2
2 Ke röhrenfg, >2 mal so lg wie Ke ⌀. KrBla am Rand drüsig bewimpert, orangegelb bis rot, vorwärts gerichtet. Alle Blchen deutlich gestielt. Winterknospen nicht klebrig. Fr stets unbestachelt. Strauch od. Baum (baumfg nur durch Veredlung). 2,00–6,00. 5–6. Ziergehölz, Park- u. Straßenbaum; [U] s Bw (m-(sm)·c1-3OAM). **Pavie –** *Ae. pavia* L.
2* Ke glockenfg, <2 mal so lg wie Ke ⌀ od. wenn länger, dann KrBla gelb. KrBla am Rand behaart, ohne Drüsen. Mittelgroße Bäume 3
3 StaubBla die Kr überragend, KrBla rosa bis rot, spreizend. Blchen 10–20 cm lg, die mittleren etwas gestielt. Winterknospen leicht klebrig. Reife Fr ohne od. mit wenigen weichen Stacheln. 10,00–20,00. 5. Park- u. Straßenbaum; [U] s By (für Vieh giftig). (Kulturhybride) [*Ae. hippocastanum* × *Ae. pavia*] **Rote R. –** *Ae.* ×*carnea* Hayne
3* StaubBla kürzer als die oberen KrBla. KrBla gelb bis gelbgrün, sehr ungleich lg. Blchen >15 cm lg, gestielt. Fr unbestachelt. 10,00–20,00. 4–5. ZierPfl, selten verwildert [N U] s By Bb (sm-temp·c2-4OAM, [N] temp·c1-3EUR) [*Ae. lutea* Wangenh.]
Appalachen-R. – *Ae. flava* Sol.

Acer L. – Ahorn (ca. 120 Arten)

1 Bla 3zählig od. gefiedert (Abb. **523**/1). Blü vor den Bla erscheinend, in hängenden Trauben. Kr fehlend. Pfl 2häusig. 3,00–20,00. 4. Parkbaum; mäßig trockne bis feuchte Rud.; Brachen, AuenW, nährstoffanspruchsvoll; [N 18. Jh.] v Sa An Bb, z Rh He Th, s By Bw Nw Ns Mv Sh, f im Bergland, ↗ (m-temp·c2-7AM – sogr B – WiBlü – WiA – L(5) T6 F6 R7 N7 – V Alno-Ulm., V Samb.-Salic.). **Eschen-A. –** *A. negundo* L.

SAPINDACEAE 523

1* Bla nicht zusammengesetzt, ± handfg 3–7lappig od. ungeteilt. Pfl unvollständig einhäusig **2**
2 Bla ungeteilt bis seicht gelappt, an JungPfl Bla auch dreilappig, Rand der Lappen doppelt gezähnt. Blü in aufrechten Rispen. FrFlügel ± parallel. Strauch od. Baum. 3–6 m. 5–6. Ziergehölz, selten verwildert; [U] s By Sa Bb(Berlin) Mv ((m/mo)-temp·c3-7EURAS, [N] temp·c2-6WEUR+NAM) – WiA – *L7 T8 F5 R4 N5*). **Steppen-A., Tataren-A. – *A. tataricum* L.**
   1 Bla an normalen Trieben ungelappt od. mit 1–2 stumpfen Seitenlappen. Bla an Langtrieben u. Jungtrieben meist 3lappig u. ähnlich **1***. Bla oseits stumpf grün, useits an Basis u. auf Nerven bleibend behaart. [U] s By Sa Bb Mv. **Tataren-A. – subsp. *tataricum***
   1* Bla stets gelappt, meist 3 lappig. Lappen spitz, oseits glänzend, useits verkahlend. [U] s By Bw Rh He Sa Ns Bb Sh. [*A. ginnala* Maxim.]
                                       Mongolischer Steppen-A. – subsp. *ginnala* (Maxim.) Wesm.

2* Bla 5–7lappig, wenn nur 3lappig dann Lappen ganzrandig. Meist Bäume **3**
3 Bla useits weiß, tief 5lappig, Lappen spitz, scharf gesägt. Blü vor den Bla erscheinend, in Büscheln. Kr fehlend. Ke rötlichgelb. Fr sichelfg gebogen, FrFlügel einen ca. rechten Winkel bildend. Bis 40,00. 3–4. Park- u. Straßenbaum, auch [U → N] s By Bw He Nw Sa Ns Bb Sh (m-temp·c2-5OAM – sogr B – WiBlü – WiA). [*A. dasycarpum* Ehrh.]
                                         Silber-A. – *A. saccharinum* L.
3* Bla useits grün, graugrün od. rötlich. Blü nach od. mit den Bla erscheinend, mit Ke u. Kr **4**
4 BlaLappen ungleich grob gesägt od. gekerbt. FrFlügel einen spitzen bis rechten Winkel bildend. BlaStiele ohne Milchsaft **5**
4* BlaLappen mit wenigen, ± tiefen Einschnitten od. ganzrandig. FrFlügel >90° spreizend od. selten parallel. Blü in Schirmrispen. BlaStiele oft mit Milchsaft **6**
5 BlaLappen 5, ungleich grob gesägt (Abb. **523**/2) mit spitzen Buchten. Blü in hängenden, walzigen Rispen. Bis 30,00. 5. Hochmont. bis plan., sickerfrische bis feuchte, lehmige bis schuttreiche LaubmischW, feuchte Rud., Staunässe meidend, nährstoffanspruchsvoll; g Alp Rh He Nw Th Sa An Ns, h Bw Bb Mv Sh v By(g NM); auch Forst- u. Straßenbaum, ↗ (sm/mo-temp·c2-4EUR, [N] c1 – sogr B – InB WiB – WiA – L(4) Tx F6 Rx N7 – UV Gal.-Fag., V Til.-Acer., V Alno-Ulm.). **Berg-A. – *A. pseudoplatanus* L.**
5* BlaLappen 3, seltener 5, stumpf gekerbt. Blü in nickenden Schirmrispen. Bis 12,00. 3–4. Trockne bis mäßig frische, lichte (Hang)LaubW, kalkhold; s Bw(SW) (m/mo-stemp·c2-4EUR – sogr B Vw, auch rein ♂ – InB – WiA – L5 T8 F4 R8 N6 – V Querc. pub., UV Cephal.-Fag., V Til.-Acer.). [*A. opulifolium* Chaix] **Schweizer A., Schneeball-A. – *A. opalus* Mill.**
6 (4) BlaLappen 3, ganzrandig (Abb. **523**/3), BlaStiele ohne Milchsaft. BlüStand meist nickend. FrFlügel zusammen geneigt, meist parallel. Bis 6,00. 4–5. Trockne bis mäßig frische Felshänge u. lichte LaubW; z By(N NW) Rh, s He(SW ORh), [N] s An (m/mo-stemp·c1-5EUR – sogr B/StrB – InB – WiA – L(6) T8 F3 R8 N4 – V Querc. pub., V Berb.).
                                     Französischer A., Felsen-A. – *A. monspessulanum* L.
6* BlaLappen (3–)5–7, BlaStiele mit Milchsaft. BlüStand aufrecht od. abstehend. FrFlügel spreizend **7**
7 BlaLappen lg zugespitzt, mit spitzen Vorsprüngen (Abb. **523**/4) u. stumpfen Buchten. Blü gelbgrün. FrFlügel einen stumpfen Winkel bildend bis fast waagerecht spreizend. Bis 25,00. 4–5. Plan. bis (sub)mont., frische bis mäßig feuchte LaubmischW, bes. Hang-, Schlucht- u. AuenW, städtische Brachen, Vorwälder u. Forste, nährstoffanspruchsvoll; g He Th Sa An, h Rh Nw Bb Ns Mv, v Alp By(g NM) Bw, z Sh; auch Forst- u. Straßenbaum, ↗ (sm/mo-

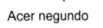
Acer negundo

A. pseudoplatanus   A. monspessulanum

A. platanoides

A. campestre

temp·c2-5EUR – sogr B – InB WiBlü Vm od. Vw – WiA – L(4) T6 Fx Rx Nx – V Til.-Acer., UV Gal.-Fag., V Carp., V Alno-Ulm. – für Vieh giftig). **Spitz-A. – *A. platanoides* L.**

7* BlaLappen stumpf, mittlerer stumpf 3lappig, seitliche oft ganzrandig (Abb. 523/5); Buchten zwischen den Lappen oft spitz. Blü grünlich. Fr kahl od. behaart, FrFlügel waagerecht abstehend. Zweige mit Korkleisten. 1,00–5,00(–20,00). 5–6. Mäßig trockne bis frische LaubmischW, bes. Eichen-HainbuchenW u. AuenW, Gebüsche u. Feldgehölze, basenhold, nährstoffanspruchsvoll; g He, h Bw Rh Nw Th An, v By(g NM) Sa Bb Ns(g MO S) Sh, z Alp(f Krw) Mv (m/mo-stemp·c1-6EUR – sogr B/StrB WuSpr – WiB InB – WiA Sa kurzlebig Kälteeimer – L(5) T6 F5 R7 N6 – V Carp., V Alno-Ulm., UV Cephal.-Fag., V Til.-Acer., V Querc. pub., V Berb.). [*A. c.* subsp. *leiocarpum* Pax] **Feld-A., Maßholder – *A. campestre* L.**

Familie *Rutaceae* Juss. – Rautengewächse (160 Gattungen/2085 Arten)

Bäume, Sträucher, Halbsträucher, selten Kräuter. Pfl oft aromatisch. Bla meist wechselständig, einfach od. zusammengesetzt, mit Öldrüsen, daher durchscheinend punktiert, ohne NebenBla. Blü ⚥, selten 1geschlechtig, meist radiär, (2–)5zählig, mit Diskus. KeBla u. KrBla frei. StaubBla 8–∞. FrKn 4–5blättrig u. 4–5fächrig. Kapseln, SteinFr, Beeren.

1 Niedrige, meist mehrstämmige Bäume od. Sträucher. **Kleeulme – *Ptelea* S. 524**
1* Stauden od. basal verholzende Halbsträucher 2
2 Halbstrauch. Blü radiär. KrBla 4, bei der EndBlü des BlüStandes meist 5, gelb. Bla 2–3fach gefiedert. **Raute – *Ruta* S. 524**
2* Pleiokorm ♃. Blü dorsiventral. KrBla 5, rosa mit dunkleren Adern (Abb. 525/1). Bla einfach gefiedert. **Diptam – *Dictamnus* S. 524**

Ptelea L. – Lederstrauch, Kleeulme (ca. 5 Arten)

Bla dreizählig, selten 5zählig gefiedert, Blchen 5–10(–15) × 5–8 cm. Blü 4–5zählig, 10–12 mm br, grünlichweiß, in Schirmrispen. Flügelnüsse 2,2–2,8 cm ⌀, ähnlich Ulme, lange am Baum verbleibend. 2,00–6,00. 5–6. ZierPfl, auch [U] s By Bw He Nw Sa Mv Sh (strop/mo-stemp c1-5OAM – StrB – InB). **Dreiblättriger L., Kleeulme, – *P. trifoliata* L.**

Ruta L. – Raute (7 Arten)

Pfl kahl, stark aromatisch, bläulichgrün. KrBla gelb, mit kapuzenfg Spitze. 0,30–0,80(–1,00). 6–8. Alte KulturPfl; auch trockne Rud.: Mauern, Felsen, selten Halbtrockenrasen u. Trockengebüsche, kalkhold; [A] s Bw(Alb Gäu Keu S), [N] z Th An, [U] s By He Nw Sa Bb (m-sm·c3-5EUR – teilig HStr – InB SeB Vm – *L7 T8 F2 R7 N5* – V Brom. erect., V Ger. sang. – Zier-, Volksheil- u. GewürzPfl, verursacht Dermatitis durch Furanocumarine).
Wein-R. – *R. graveolens* L.

Dictamnus L. – Diptam (1 Art)

Bla einfach gefiedert, zitronenartig duftend. Blü in Trauben. 0,60–1,20. 5–6. Trockengebüschsäume, TrockenW, kalkhold; z By(f NO S) Rh Th(Bck S) An(f Elb N O), s Bw(f SO) He(ORh), † Nw, [U] Ns, ↘; auch ZierPfl (m/mo-stemp·c3-6EURAS – sogr eros H ♃ Pleiok – InB Vm – SeA Keimung hypogäisch, Kälteeimer – L7 T8 F3 R8 N2 – V Ger. sang., V Berb., O Querc. pub. – verursacht Dermatitis durch Furanocumarine – ▽).
Gewöhnlicher D. – *D. albus* L.

Familie *Simaroubaceae* DC. – Bittereschengewächse

(ca. 20 Gattungen/115 Arten)

Bäume, Sträucher, Lianen. Bla wechsel- od. gegenständig, meist gefiedert, ohne NebenBla. Blü ⚥ od. 1geschlechtig, radiär, 3–8zählig, in Thyrsen. KeBla frei od. verwachsen. KrBla frei. StaubBla meist (6–)10(–14), meist die äußeren über den KrBla stehend. FrKn oberständig, FrBla 2–5(–8), 1samig, oft am Grund frei u. nur die Griffel fd. Narben verwachsen, selten ganz frei od. völlig vereint. Kapseln, SteinFr od. (Flügel-)Nüsse.

SIMAROUBACEAE · MALVACEAE 525

Ailanthus DESF. – **Götterbaum** (5–10 Arten)
Bla einfach gefiedert, bis 1,0(–1,7) m lg. Blchen entfernt gezähnt, Zähne mit Drüse (Abb. **525**/2). Pfl 1häusig. Blü grünlichgelb, in großen Thyrsen. Ke 5zipflig. FrBla 5–6, frei 8,00–25,00. 7. Park- u. Straßenbaum; trockne bis frische städtische Rud. (urbanophil), Brachen, Vorwälder, selten auch naturnahe, xerotherme (Eichen)Wälder, offne Auwälder; [N 1906, oft U] z Bw He Sa An Bb, s By Rh Nw f NO Ns, ↗ (m-sm·c1-5 OAS, [N] austr+m-stemp·c1-6CIRCPOL – sogr B WuSpr – InB Vw – WiA – L(8) T8 F5 R7 N8 – V Samb.-Salic. – giftig? Allergen). [*A. glandulosa* DESF., *A. peregrina* (BUC'HOZ) F.A. BARKLEY]
Drüsiger G. – *A. altissima* (MILL.) SWINGLE

Familie ***Malvaceae*** JUSS. – **Malvengewächse** (inkl. ***Bombacaceae***, ***Sterculiaceae***, ***Tiliaceae***) (243 Gattungen/4300 Arten)

Kräuter, Sträucher od. Bäume, oft mit Schleimzellen u. Sternhaaren. Bla wechselständig, fingernervig u. handfg gelappt od. ungeteilt, NebenBla hinfällig. Blü einzeln od. in Trauben od. Thyrsen, ♀, radiär, meist mit AußenKe. KeBla 5, frei od. verwachsen, KrBla 5, frei, in der Knospe oft gedreht, selten fehlend. StaubBla ∞, frei od. zu einer Röhre verbunden (Abb. **525**/4), mit 1 od. 2 Staubbeutelhälften. FrKn oberständig, 2–∞blättrig, 1–∞fächrig, jedes Fach mit 1–∞ SaAnlagen. Kapseln, SpaltFr od. Nüsse.

1 Bäume. StaubBla frei, mit 2 Staubbeutelhälften. **Linde – *Tilia*** S. 525
1* Kräuter. StaubBla zu einer Röhre verbunden, mit nur je 1 Staubbeutelhälfte 2
2 Fr eine mehrsamige Kapsel. AußenKe vielteilig. **Stundenblume – *Hibiscus*** S. 526
2* Fr aus einem Kranz von TeilFr bestehend, bei der Reife in diese zerfallend. AußenKe fehlend od. 3–9blättrig 3
3 TeilFr mehrsamig. AußenKe fehlend. **Samtpappel – *Abutilon*** S. 526
3* TeilFr 1samig. AußenKe 3–9blättrig 4
4 AußenKe 3blättrig od. 3spaltig (Abb. **525**/6, 7) **Malve – *Malva*** S. 527
4* AußenKe 6–9blättrig (Abb. **525**/5) 5
5 Pfl 1,00–3,00 m hoch. Blü 6–7(–10) cm ∅, zahlreich, in lg BlüStänden. **Stockrose – *Alcea*** S. 526
5* Pfl 0,15–1,20 m hoch. Blü 2,5–4(–5) cm ∅, zu 1-4 blattachselständig. **Eibisch – *Althaea*** S. 526

Tilia L. – **Linde** (23 Arten)
1 Bla useits filzig, weiß od. silbergrau, sternhaarig, scharf gesägt, BlaZähne ohne Grannenspitze. BlaStiel meist kürzer als die halbe Spreitenlänge. Junge Triebe filzig. BlüStand 5–10blütig. Äste aufrecht. Bei **Hänge-Silber-Linde** – var. *petiolaris*: BlaStiel länger als die halbe Spreitenlänge, Bla useits silbergrau Äste ± abhängend. Bis 30,00. 7–8. Straßen- u. Parkbaum; [U] s By Bw Rh He Bb (m/(mo)-sm·c3-5EUR – sogr B – InB: Hautflügler – WiA – L3 T7 F4 R5 N5). [*T. argentea* DC., *T. petiolaris* DC.]
Ⓚ **Silber-L – *T. tomentosa*** MOENCH
1* Bla useits kurzhaarig od. kahl, grün od. bläulichgrün, Haare stets einfach 2
2 Triebe behaart. Bla useits u. oft auch oseits kurzhaarig, useits in den Nervenwinkeln weißbärtig Fr stark 5kantig, holzig. BlüStand (2–)3(–5)blütig, hängend. Bis 30,00. 6. Mäßig frische bis sickerfrische, lockere, schuttreiche bis steinig-lehmige Schlucht- u. HangW,

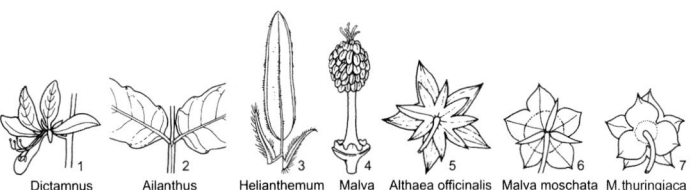

Dictamnus Ailanthus Helianthemum Malva Althaea officinalis Malva moschata M.thuringiaca
nummularium

nährstoffanspruchsvoll; h He(f ORh) Th Sa An, v By Bw Rh, z Alp Nw(f MW N) Bb Ns Mv Sh; auch Forst-, Park- u. Straßenbaum, Dorflinden (sm/mo-temp/demo·c2-4EUR – sogr B – InB: Hautflügler Vm – WiA Kältekeimer – L(4) T6 F6 Rx N7 – V Til.-Acer., UV Gal.-Fag. – HeilPfl). [inkl. *T. grandifolia* Hoffm., *T. cordifolia* Besser, *T. platyphyllos* subsp. *pseudorubra* C.K. Schneid.] **Sommer-L. – *T. platyphyllos* Scop.**

2* Triebe u. Bla kahl, useits in den Nervenwinkeln gelblich-, weißlich- od. rostbraunbärtig. Fr schwach kantig, ledrig 3

3 BlaZähne mit Grannenspitze. Bla oseits glänzend, beidseits dunkelgrün, doch useits heller u. in den Nervenwinkeln rostbraunbärtig. BlüStand 3–7blütig, hängend. Bis 20,00. 7. Straßen- u. Parkbaum ; [N U] s Nw Sa Bb Sh (sm·c4OEUR – sogr B). [*T. cordata* × *T. dasystyla* Stev. (Kauk)] Ⓚ **Krim-L. – *T.* ×*euchlora* K. Koch**

3* BlaZähne spitz, ohne Grannenspitze 4

4 BlaSpreite 3–6(–10) cm lg, rundlich, oseits matt dunkelgrün, useits blaugrün, u. in den Nervenwinkeln rostbraunbärtig. BlaStiel 1,5–3,0 cm lg. BlüStand 4–7(–11)blütig, nach vorn gerichtet. Bis 25,00. 6–7. Frische bis mäßig trockne, schuttreiche bis lehmig-tiefgründige, wärmebegünstigte Steilhang- u. Plateauwälder; g Sa, h He(f ORh) Th An, v By(g NM) Bw Rh Bb Ns Mv, z Alp Nw Sh; auch Forst- u. Straßenbaum (sm/mo-temp·c2-5EUR-(WSIB) – sogr B – InB: Hautflügler Vm – WiA Kältekeimer – L(5) T5 F5 Rx N5 – V Carp., V Til.-Acer., V Querc. rob., O Querc. pub. – HeilPfl). [*T. parvifolia* (Ehrh.) Hoffm.] **Winter-L. – *T. cordata* Mill.**

4* BlaSpreite 6–10 cm lg, br eifg, oseits matt dunkelgrün, useits graugrün u. in den Nervenwinkeln gelblich- od. weißlichbärtig. BlaStiel 3–5 cm lg. BlüStand 3–7blütig, hängend. Bis 30,00. 6–7. Park- u. Straßenbaum; vereinzelt auch [N] z. B. By Rh Sa Mv Sh u. spontan im Überschneidungsgebiet der Elternarten (sogr B – InB: Hautflügler – WiA – HeilPfl). [entstanden aus *T. cordata* × *T. platyphyllos* , *T.* ×*vulgaris* Hayne, *T.* ×*hollandica* K. Koch, *T.* ×*intermedia* DC.] **Holländische L.- *T.* ×*europaea* L.**

Hibiscus L. – Stundenblume, Stundeneibisch (>300 Arten)

Kr hellgelb, am Grund violett. Staubfäden blutrot. Pfl steifhaarig u. von Sternhaaren filzig. 0,15–0,60. 7–8. ZierPfl; auch Hackkulturen, Rud.; [N 1885 U] s in allen Bdl (m-sm·c4-6EUR-(WAS), [N] austr+m-stemp·c2-6CIRCPOL – eros ⊙ – InB SeB – MeA WiA – *L7 T8 F5 R5 N5* – V Eragrost., V Sisymbr.). **Gelbe St., Stundeneibisch – *H. trionum* L.**

Abutilon Mill. – Samtpappel (160 Arten)

KrBla 6–15 mm lg, gelb. TeilFr 9–15, schwarz, behaart, länger als der am Grund verwachsene Ke. BlaSpreite 5–23 cm lg, rundlich-herzfg, gekerbt, zugespitzt, lg gestielt. Pfl von einfachen u. Sternhaaren ± dicht samthaarig. 0,20–1,50. 7–8. Frische bis feuchte Rud.: Schutt, Grabenränder, intensiv gedüngte Hackkulturen; [A] z Rh, [N U] z Ns Sa An Mv, s By Nw Bb; ständig mit Futtergetreide neu eingeschleppt, sich stellenweise einbürgernd (m·c5AS?, [N] (austr)-m-stemp·c2-6CIRCPOL – eros ⊙ – InB – StA MeA – *L7 T9 F4 R7 N7* – K Stell., O Bid. – FaserPfl, früher HeilPfl). **Samtpappel – *A. theophrasti* Medik.**

Alcea L. – Stockrose (60 Arten)

Kr verschiedenfarbig. BlüStand lg, ährenähnlich. Bla 5–7eckig od. -lappig. 1,00–3,00. 6–10. ZierPfl; auch Rud.: Schutt; [N U] z Rh An, s By Bw He Th Sa Bb(Berlin) Ns Mv Sh(Hamburg) (wohl Kulturhybride, Heimat der Eltern: m-sm·c4-5OEUR-WAS – sogr hros H ⊙ bis kurzlebig ♃ Pleiok Rübe - InB: Hautflügler Vm – StA Kältekeimer – O Artem., O Onop. – *L7 T8 F5 R5 N7* – Volksheil- u. FärbePfl). [*Althaea rosea* (L.) Cav.] **Stockrose, Rosenpappel – *A. rosea* L.**

Althaea L. – Eibisch (12 Arten)

1 Stg u. Bla samtig-filzig, sternhaarig. Pfl mehrjährig. Blü in den BlaAchseln büschlig gehäuft, 3–5 cm ⌀. TeilFr dicht sternhaarig. Bla schwach 3–5lappig. 0,60–1,20. 7–9. Nasse bis wechselfeuchte Salzweiden u. -röhrichte, Grabenränder, Rud.: Schutt, Wegränder, nährstoffanspruchsvoll; z Bw(f SO Alb S SW) He(ORh) Th(Bck) An(f Hrz), s By(N) Rh(ORh SW

MALVACEAE 527

W) Bb(Elb M) Ns(Elb) Mv(N MW) Sh(M O), [N U] s He(MW) Nw Sa (m-stemp·c4-9+(lit) EUR-WAS, [N] OAM, [A] c1-3EUR – sogr hros H ♃ Rhiz – InB: Hautflügler – MeA VdA WaA – L6 T7 F7= R8 N4 – O Glauco-Pucc., O Convolv., O Artem., O Mol. – HeilPfl – ▽).
Echter E. – *A. officinalis* L.
1* Stg u. Bla rauhaarig, einfache u. Sternhaare. Pfl 1jährig. Blü einzeln in den BlaAchseln, 2,5 cm ⌀. TeilFr kahl. Obere Bla handfg geteilt, untere 5lappig. 0,15–0,50. 7–8. Lehmige bis tonige Äcker, mäßig trockne Rud.: Schutt, kalkhold; [A] z Bw(f SO Alb S SW) Rh(f MRh N) Th(f Bck NW S) An(S), s By(f O S) He(f MW NW W) Nw(SW MW), ↘ (m-sm·c1-6EUR-(WAS), [A] stemp·c1-3EUR – hros ☉ ☉ – L7 T8 F4 R8 N3 – V Caucal., V Ver.-Euph., V Sisymbr.). [*Malva setigera* K.F. SCHIMP. et SPENN.] **Rauhaar-E. – *A. hirsuta* L.**

Sehr selten verwildernd: **Hanfblättriger Eibisch – *A. cannabina* L.** Alle Bla handfg gespalten bis tief geschnitten, hanfartig. Pfl mehrjährig, mit Sternhaaren, Behaarung lockerer als bei **1**, nicht rau. TeilFr kahl. ZierPfl – s. Bd. ZierPfl. 0,40–2,00. 7–9. s By Bw Rh Sa (m/mo-stemp·c1-5EUR-WAS, [N] temp·c2-3WEUR – sogr hros H ♃ – *L9 T7 F6 R5 N5*).

*M**a**lva* L. – **Malve, Strauchpappel** (20 Arten)
1 AußenKeBla zu einer 3spaltigen Hülle verwachsen (Abb. **525**/7), nicht mit dem Ke verwachsen **2**
1* AußenKeBla frei, am Grund mit dem Ke verwachsen (Abb. **525**/6) **3**
2 Staude. BlüAchse kegelfg. Kr 5–8 cm ⌀, hellrosa, dunkel geadert, vorn ausgerandet. Pfl von Sternhaaren filzig. Untere Bla 5eckig, obere 3–5lappig. 0,50–1,25. 7–8. Frische Rud.: Schutt, Salzwiesen, nährstoffanspruchsvoll; z Th(Bck) An(f N O), s Sa(W), [N U] s By Bw Rh He Nw Bb Sh; auch ZierPfl (sm-temp·c4-8 EUR-WAS – sogr hros H ♃ PleiokRübe – InB: Bienen Vm – MeA – L7 T6 F5 R? N7 – V Arct., V Onop., O Orig.). [*Lavatera thuringiaca* L.] **Thüringer Strauchpappel – *M. thuringiaca* (L.) VIS.**
2* Pfl ☉. BlüAchse scheibenfg. FrBla überdeckend. KrBla 2–5 cm ⌀, hellrosa, dunkler geadert, kaum ausgerandet. Pfl mit lg Haaren, nicht filzig. Untere Bla seicht gelappt, obere oft spießfg. 0,15–1,20. 7–10. ZierPfl, selten verwildert; [U] s By Bw Rh He Nw Th Sa Bb (m-sm·c2-6EUR, [N] temp·c1-4EUR – MeA KIA – InB: Bienen – *L7 T9 F3 R5 N5* – K Stell.). [*Lavatera trimestris* L.] **Sommer-St. – *M. trimestris* (L.) SALISB.**
3 (1) StgBla handfg geteilt od. tief gespalten. Blü einzeln in den BlaAchseln od. nur die obersten gehäuft **4**
3* StgBla ± gelappt. Blü in den BlaAchseln büschlig gehäuft **5**
4 AußenKeBla eifg bis eilanzettlich, am Grund verbreitert, 3–8(–10) mm lg. Reife TeilFr (fast) kahl, an den Seiten stark runzlig. Stg oberwärts wie Bla u. Ke anliegend sternhaarig. 0,40–1,25. 6–10. Frische Rud.: Wegränder, Böschungen, Wälle, kalkhold; [A] z Bw By Rh He Nw Th(f Hrz, v Bck S) Sa An Bb Ns Mv Sh, s Alp(Allg Kch Mng) (sm-temp·c24EUR, [N] OAM – sogr hros H ♃ Pleiok – InB: bes. Bienen – StA MeA – L8 T6 F5 R8 N7 – O Onop., V Arct.). [*Bism**a**lva alcea* (L.) MEDIK.] **Siegmarswurz – *M. alcea* L.**
4* AußenKeBla lanzettlich bis linealisch, am Grund verschmälert, 6 mm lg. Reife TeilFr am Rücken stark behaart, auf den Seiten nicht runzlig. Stg u. Bla mit abstehenden, einfachen Haaren, nur der Ke sternhaarig. 0,20–0,80. 6–10. Frische, rud. beeinflusste Wiesen, Halbtrockenrasen, Gebüschsäume, nährstoffanspruchsvoll; [A?] h Rh He Nw Th, v Bw Sa Ns, z By An(h Hrz) Bb Mv(f Elb) Sh, s Alp(f Krw Wtt) (m-temp·c1-4EUR, [N] AFR, AUST, AM – igr eros H ♃ PleiokRübe – InB: Bienen – MeA – L8 T6 F4 R7 N4 – V Arrh., V Brom. erect., O Orig. – früher KulturPfl – 42). [*Bism**a**lva moschata* (L.) MEDIK.]
Moschus-M. – *M. moschata* L.
5 (3) KrBla 4–5 mm lg, so lg wie der Ke, schwach ausgerandet, weißlich. AußenKe linealisch. TeilFr stark runzlig **6**
5* KrBla länger als der Ke. AußenKe lanzettlich. od. verkehrt eifg. TeilFr runzlig od. glatt ... **7**
6 Stg niederliegend, bewimpert. KeZipfel am Rand kraus mit 1 mm lg Haaren. Ke bei FrReife schwach vergrößert. AußenKeBla linealisch, 0,5 mm br. FrStiele >1 cm lg, TeilFr runzlig, ihr Rand nicht geflügelt. Bis zu 10 Blü pro (Teil-)BlüStand, blassrosa bis tiefrosa. 0,08–0,30 lg. 6–9. Trockne bis mäßig trockne, oft lückige Rud.: Wegränder, Schutt, Trittstellen; Weinberge, Maisäcker, salztolerant; z By(N NM, † NW) Th(s S Rho, v Bck) An, s Bw(NW Gäu ORh) Rh(ORh SW) He(f NW O W) Bb(f SO SW) Ns(f Hrz) Mv, [U] s Nw(N) Sa (sm-temp·c3-

8EUR-WAS, [N] AUST+sm-tempAM+bEUR – hros ☉ – InB SeB – MeA KlA VdA Sa langlebig – L8 T7 F4 R5 N5 – V Sisymbr., V Polyg. avic.). [*M. borealis* WALLMAN]
Nordische M., Kleinblütige M. – *M. pusilla* SM.

6* Stg aufrecht bis aufsteigend, Äste spreizend, verkahlend. Ke kahl od. mit <0,5 mm lg Haaren. Ke bei FrReife deutlich vergrößert, AußenKeBla schmal lanzettlich, <0,5 mm br. FrStiele <1 cm lg, Rand d. TeilFr schmal geflügelt. Blü in (Teil-)BlüStanden von 2–4, blassrosa. 0,20–0,50. 3–5. Trockne bis mäßig trockne, oft lückige Rud.; [U] s By Bw Rh He Nw Th Sa An Bb Ns Mv Sh (m-sm·c2-6EUR-WAS, [N] austr-austrstrop-(trop/m)-temp AM+EURAS+AUS+AFR – h (hros ☉ – VdA KIA – *L7 T9 F3 R5 N7* – K Stell.). **Kleinblütige M. – *M. parviflora* L.**

7 (5) KrBla 15–30 mm lg, 3–4mal so lg wie die Ke, tief ausgerandet, purpurn mit dunkleren Längsstreifen. Pfl 2- bis mehrjährig. FrStiele >2mal so lg wie Ke, aufrecht od. abstehend. AußenKeBla eilänglich bis länglich, an breitester Stelle ca 2 mm br. BlaGrund kaum herzfg. 0,30–1,00. 6–10. Mäßig trockne, meist stickstoffreiche Rud.: Wegränder, Schutt, an Mauern, frühere Düngerplätze; [A] h An, v Nw Th Sa Mv, z By Bw Rh He Bb Ns Sh, s Alp(Allg) (m-temp·c1-6EUR-WAS, [N] austr+m-temp·c1-6CIRCPOL – igr hros ☉/H kurzlebig ♃ PleiokRübe – InB – MeA Sa langlebig – L8 T6 F4 R7 N8 – V Arct., O Onop., V Sisymbr. – VolksheilPfl). **Wilde M., Rosspappel, Große Käsepappel – *M. sylvestris* L.**

1 Stg niederliegend od. aufsteigend, dicht behaart. BlaStiel ringsum dicht behaart. Verbr. u. Biologie wie Art (– 42). **Wilde M., Große Käsepappel –** subsp. ***sylvestris***

1* Stg aufrecht, 0,90–1,50, fast kahl, BlaStiel nur oberwärts behaart, BlaLappen stumpf. KrBla dunkelpurpurn, weniger ausgerandet. BlaScheide eifg. Früher GemüsePfl, jetzt Wildfutteräcker, Blühstreifen, Rud., Parks, auch ZierPfl; im Tiefland [U] s By Bw Rh He Nw Th Sa An Ns Mv Sh (WiA MeA – *L7 T8 F5 R5 N7* – O Sisymbr.). [*M. mauritiana* L.] **Mauretanische M. –** subsp. ***mauritiana*** (L.) Boiss.

7* KrBla 4–12 mm lg, 2mal so lg wie die Ke. Pfl kurzlebig 8
8 TeilFr stark runzlig. AußenKeBla verkehrt eifg, an breitester Stelle ca 2 mm br, Rand gewimpert. Ke sternhaarig. KrBla ca. 2mal so lg wie Ke, tief ausgerandet, weißlich bis blassrosa, 10–12 mm lg, etwas dunkler gestreift. FrStiele max. 2mal so lg wie Ke. Stg aufsteigend, verkahlend. BlaGrund schwach herzfg. 0,20–0,50(1,00). 4–7. Rud.: Umschlagplätze, Felder, Rasen; [U] s By Bw Rh Nw Th Sh (hros ☉☉ – WiA MeA – *L7 T9 F3 R5 N7* – K Stell.). **Nizza-M. – *M. nicaeensis* ALL.**

8* TeilFr höchstens schwach runzlig. AußenKeBla lanzettlich, <2 mm br. BlaGrund herzfg 9
9 Stg steif aufsteigend aufrecht, kaum behaart. BlüStiele kurz, zur FrZeit höchstens doppelt so lg wie der Ke. TeilFr glatt. Kr blassrosa, bis 2mal so lg wie der Ke, schwach ausgerandet. AußenKeBla lanzettlich, max 1 mm br. 0,80–1,50. 7–9. KulturPfl; auch Rud.; [N U] s in allen Bdl (m·c5OAS?, [N] austr-strop/mo-sm·c2-5CIRCPOL – hros ☉ ① – MeA – V Sisymbr. – Futter- u. VolksheilPfl). [*M. crispa* (L.) L.] **Quirl-M. – *M. verticillata* L.**

9* Pfl niederliegend bis aufsteigend, Stg mit Sternhaaren u. einfachen Haaren. BlüStiele zur FrZeit mehrmals länger als der Ke. TeilFr glatt bis schwach runzlig, am Rand abgerundet. KrBla 5–12 mm lg, etwa doppelt so lg wie die Ke, tief ausgerandet, rosa bis weiß. KeZipfel flach, lanzettlich, max. 1 mm br. Stg schwach behaart. Stg bewimpert bis verkahlend. 0,15–0,50 lg. 6–10. Mäßig frische bis frische, stickstoffreiche Rud.: Wegränder, Dungstellen, an Mauern, Umschlagplätze, Hackäcker, Gärten; [A] h He(z W) Th(z Hrz Wld) Sa An Ns Mv, v By(g NM) Bw Rh Nw Bb, z Sh, s Alp(Allg Brch Chm Wtt) (m-temp·c1-7EUR-WAS, [N] AUST+sm-tempAM+bEUR – hros ☉ – InB: Bienen SeB Vm – MeA VdA KlA Sa langlebig – L8 T6 F4 R7 N9 – V Sisymbr., V Arct., V Ver.-Euph. – VolksheilPfl). **Weg-M., Kleine Käsepappel – *M. neglecta* WALLR.**

Hybriden: *Malva alcea* × *M. moschata* – s By Bw Rh Mv, *M. alcea* × *M. neglecta* – s Rh, *M. neglecta* × *M. pusilla* – s Ns Th

Familie *Thymelaeaceae* Juss. – Spatzenzungengewächse

(45–50 Gattungen/890 Arten)

Bäume od. Sträucher, selten Kräuter. Bla meist wechselständig, ungeteilt, ohne NebenBla. Blü meist ⚥, radiär, 4–5zählig, mit einem schüssel- bis röhrenfg, ± gefärbten Achsenbecher, einzeln od. in Köpfen, Ähren od. Trauben. Ke 4–5zipfelig, oft gefärbt wie der Achsenbecher. Kr meist fehlend. StaubBla 8, in 2 Kreisen, dem Achsenbecher angeheftet. FrKn oberständig, 2blättrig, 1fächrig mit 1 SaAnlage, 1 FrBla ist stark reduziert. Griffel 1. SteinFr, Nüsse, Beeren od. Kapseln.

1 Sträucher od. Zwergsträucher. BlüHülle auffällig, nach der BlüZeit abfallend. Fr eine SteinFr.
Seidelbast – *Daphne* S. 529
1* Pfl ⊙. BlüHülle unscheinbar, bis zur FrZeit bleibend. Fr eine Nuss.
Spatzenzunge – *Thymelaea* S. 529

Daphne L. – Seidelbast (70–95 Arten)

[Status unklar] **Krainer S., Königs-S. – *D. blagayana* F**REYER: Blü weißlich, zu (5–)10–15(–20) in endständigem BlüStand. Fr weißgelb. Bla schmal verkehrteifg, 3–6 × 1,0–1,5 cm, am StgEnde gehäuft. 0,10–0,30. 4–5. s By(Chm: Hochfelln-Gebiet), ob spontan? (sm/mo·c3EUR – igr ZwStr uAusl – *L7 T6 F2 R7 N3*).

1 Blü gelblichgrün, in meist 5blütigen, achselständigen, nickenden Trauben. Bla derb, immergrün. Fr schwarz. 0,40–1,20. 2–4. Mäßig frische, lichte LaubW u. Gebüsche, kalkhold; s Bw(SW) Rh(MRh N) (m-sm//mo·c1-4temp·c1EUR – igr ZwStr/Str – InB: Falter – VdA – L4 T7 F4 R8 N4 – V Querc. pub., UV Cephal.-Fag., V Carp., V Til.-Acer. – giftig! – ▽).
Lorbeer-S. – *D. laureola* L.
1* Blü rot, selten weiß 2
2 Blü vor den Bla erscheinend, seitenständig, meist zu 3 über den Narben vorjähriger Bla, dunkelrosa, selten weiß. Bla sommergrün. Fr rot. 0,40–1,20. 3–4. (Sicker)Frische Laub- u. NadelmischW, Gebüsche, subalp. Hochstaudenfluren, kalkhold, nährstoffanspruchsvoll; h Alp Th, v By Bw Rh He Nw Ns(s NW, f Elb N O), z Sa(f Elb) An(h Hrz S), s Bb(SO) Mv(N), ↘ (sm/mo-b·c1-6EUR-WSIB – sogr Str/StrB – InB: Bienen, Fliegen, Falter SeB – VdA Dunkelkeimer – L4 Tx F5 R7 N5 – UV Gal.-Fag., UV Cephal.-Fag., V Carp., V Alno-Ulm., V Adenost. – giftig! – ▽). **Gewöhnlicher S., Kellerhals – *D. mezereum* L.**
2* Blü an beblätterten Zweigen. BlüStände endständig. Pfl <40 cm hoch 3
3 Blü einfarbig dunkelrosa, außen behaart. Bla 0,6–2,5 × 0,3–0,5 cm, gleichmäßig an den Zweigen verteilt. FrKn behaart. 0,10–0,40. 5–8. KieferntrockenW, Waldränder, waldnahe Halbtrockenrasen, Felsbänder, kalkhold; s Alp(f Allg Brch Chm) By(MS S Alb O) Bw(Alb Gäu Keu S) Rh(SW), † He (sm/mo-stemp/dermo·c2-4EUR – igr ZwStr – InB: Falter – AmA – L6 T5 F4 R8 N2 – O Eric.-Pin., O Brom. erect. – giftig! – ▽).
Rosmarin-S., Heideröschen, Reckhölderle – *D. cneorum* L.
3* Blü hellrosa, längsgestreift, kahl. Bla 1,8–3,0 × 0,3–0,5 cm, an den Zweigenden rosettig gehäuft. FrKn kahl. 0,10–0,35. 5–7. Subalp. Latschengebüsche u. steinige Rasen, kalkhold; v Alp(s Brch, f Chm) (sm-stemp//salp·c3ALP – igr ZwStr – InB: Falter – VdA – L7 T3 F4 R8 N2 – O Eric.-Pin., O Sesl. – giftig! – ▽).
Gestreifter S., Steinröschen, Alpenflieder – *D. striata* TRATT.

Thymelaea MILL. – Spatzenzunge (30 Arten)

Bla lanzettlich bis linealisch. Blü klein, einzeln od. zu 2–4 achselständig. 0,15–0,40. 7. Nährstoffreiche Äcker, Rud.: Wegränder, Tagebaue; Brachen, gestörte Xerothermrasen, kalkhold; z By(Alb N NW MS) Bw(f ORh S SW) An(SO), s Rh(f M W), [U] s Nw Th(?), ↘ (m-sm·c2-8EUR-WAS – eros ⊙ – InB SeB – MeA – L7 T7 F4 R8 N4 – V Caucal., K Sedo-Scler., O Brom. erect. – giftig!). **Acker-S. – *T. passerina* (L.) C**OSS. et G**ERM.**

Familie *Cistaceae* JUSS. – Zistrosengewächse

(8 Gattungen/175–210 Arten)

Sträucher, Zwergsträucher, selten Kräuter. Bla gegen-, seltener wechselständig, ungeteilt, ganzrandig, mit od. ohne NebenBla. Blü ⚥, radiär, einzeln od. in traubenähnlichen Zymen. KeBla 5, oft 2 kleine u. 3 große, frei. KrBla 5, in der Knospe oft geknittert, in kleistogamen Blü zuweilen fehlend. StaubBla (3–)∞. FrKn oberständig, 3–5(–12)blättrig, 1fächrig od. durch vorspringende Plazenten gefächert. Griffel 1 od. fehlend. Vielsamige Kapsel.

1 Bla nadelfg, wechselständig. Blü einzeln. **Nadelröschen – *Fumana* S. 530**

1*	Bla nicht nadelfg, wenigstens die unteren gegenständig. Blü in traubenfg Zymen	2
2	Bla mit 3 Längsnerven, ungestielt. BlüStand ohne VorBla. Griffel fast fehlend. Stg krautig. Sommerannuelle. **Sandröschen – _Tuberaria_** S. 531	
2*	Bla fiedernervig, untere kurz gestielt. BlüStand mit VorBla. Griffel deutlich. Zwergstrauch. **Sonnenröschen – _Helianthemum_** S. 530	

Fumana (DUNAL) SPACH – Nadelröschen, Heideröschen (10 Arten)

Bla nadelfg. Kr goldgelb. 0,10–0,20. 6–10. Kalkfelsfluren u. -trockenrasen (bes. sub-med.), reiche Sandtrockenrasen, kalkstet; z Bw(ORh), s By(Alb MS) Rh(f N W) He(f NW O W) Nw(NO) Th(Bck) An(S SO) (m-stemp·c2-5EUR-WAS – igr ZwStr – InB – KlA – L9 T7 F2 R9 N1 – V Xerobrom., V Sesl.-Fest., V Koel. glauc). [_Helianthemum fumana_ L.]
                 Gewöhnliches N. – _F. procumbens_ (DUNAL) GREN. et GODR.

Helianthemum MILL. – Sonnenröschen (80–110 Arten)

1	Bla mit NebenBla (Abb. **525**/3). Kr gelb od. weiß	2
1*	Bla ohne NebenBla. Kr gelb	3
2	Bla oseits grün. NebenBla lanzettlich, länger als der BlaStiel. Kr gelb, selten gelblichweiß. 0,10–0,20. 5–10. Xerothermrasen, Hochgebirgsmatten, Felsfluren, Steinrasen, frische Magerrasen, Säume, Trockengebüsche u. -wälder; h Alp, v Bw Rh He Th(z Hrz Rho), z By Nw Sa An(h S) Ns(f Elb N NW) Mv(f Elb), s Bb (sm/mo-temp·c2-4EUR-(VORDAS) – igr ZwStr – InB – KlA VdA Sa langlebig Lichtkeimer – L7 T6 F3 R7 N2 – K Fest.-Brom., O Sesl., V Viol. can., V Ger. sang., V Eric.-Pin.). [_H. chamaecistus_ MILL.] **Gewöhnliches S. – _H. nummularium_** (L.) MILL.	
1	Bla useits von meist kurzen Sternhaaren weiß- bis graufilzig, die oberen lineal-lanzettlich. Innere KeBla 5–8 mm lg, zwischen den Nerven kurz sternhaarig. KrBla 8–12(–13) mm lg. 6–10. Trockenrasen, Silikatmagerrasen, Trockengebüsche; s By Bw Rh He Nw Th(NW, z Bck) Sa Ns Bb Mv, † Sh (L7 T6 F3 R7 N2 – O Brom. erect., V Viol. can., V Ger. sang.). subsp. **_nummularium_**	
1*	Bla useits von Borsten- u. lg Sternhaaren locker behaart od. kahl, eifg-lanzettlich	2
2	KrBla 8–12 mm lg. Innere KeBla 5–8 mm lg, zwischen den Nerven ± dicht kurz sternhaarig. Bla useits auf der Fläche mit Borsten- u. lg Sternhaaren. 6–10. Xerothermrasen, Silikatmagerrasen, Trockengebüsche u. TrockenW; v Alp He Th(z Hrz O), z By Bw Rh Nw(f N) An(h Hrz) Ns(f Elb N NW), s Sa(SW SO W) Bb Mv(f Elb N) (L8 T5 F3 R9 N2 – K Fest.-Brom., V Viol. can., V Ger. sang., V Eric-Pin. – 20. [_H. vulgare_ GAERTN., _H. ovatum_ (VIV.) DUNAL] subsp. **_obscurum_** (WAHLENB.) HOLUB	
2*	KrBla 10–18 mm lg. Innere KeBla 10 mm lg	3
3	(1) Bla useits auf der Fläche mit Borsten- u. lg Sternhaaren. Innere KeBla zwischen den Nerven meist kahl, zuweilen kurz sternhaarig i./od. borstenhaarig. BlüKnospen eifg. 5–10. Mont. bis alp. Felsfluren u. Steinrasen, kalkstet; v Alp, s Bw(Alb Keu) (sm-temp//mo·c1-3EUR – L7 T3 F4 R8 N3 – O Sesl., V Eric.-Pin.). [_H. grandiflorum_ (SCOP.) DC., _H. obscurum_ PERS.] subsp. **_grandiflorum_** (SCOP.) SCHINZ et THELL.	
3*	Bla useits auf der Fläche kahl, nur am Rand u. auf dem Mittelnerv borstenhaarig. Innere KeBla zwischen den Nerven stets kahl. BlüKnospen mit lg ausgezogener Spitze. 5–10. Alp. Steinrasen; s Alp(v Brch, f Allg Krw) (sm-temp//mo·c1-3EUR – L8 T2 F4 R9 N3 – O Sesl. – 20). [_H. glabrum_ (W.D.J. KOCH) A. KERN.] subsp. **_glabrum_** (W.D.J. KOCH) WILCZEK	
2*	Bla oseits graufilzig. NebenBla pfriemlich bis fädlich, untere so lg wie der BlaStiel, obere länger. Kr weiß. 0,10–0,30. 5–7. Submed. Kalkfelsfluren, Kalktrocken- u. -halbtrockenrasen; z By(N NW), s Bw(Gäu NW) Rh(ORh) An(S), [U] s Nw; auch ZierPfl (m/mo-stemp·c2-3EUR – igr ZwStr – InB StaubBla reizbar – KlA? – L8 T7 F2 R8 N1 – O Brom. erect., V Sesl.-Fest. – ▽). **Apenninen-S. – _H. apenninum_** (L.) MILL.	
3	(1) Bla wenigstens useits weiß- od. graufilzig. Nichtblühende Triebe aufsteigend, ohne Bla-Rosette. 0,10–0,20. 5–6. (Bes. submed.) Kalkfelsfluren u. -trockenrasen, trockne KiefernW, kalkstet; z An(SO S), s By(N) Bw(Alb Gäu Keu) Th(Bck) (m/mo-stemp·c2-5EUR-VORDAS – igr ZwStr Legtr – InB: Bienen Vw – KlA? VdA? Kältekeimer – L8 T7 F2 R9 N1 – V Xerobrom., V Eric.-Pin., V Sesl.-Fest. – 22 – ▽). **Graues S. – _H. canum_** (L.) BAUMG.	
3*	Bla beidseits grün, anliegend behaart od. kahl. Nichtblühende Triebe meist mit BlaRosette abschließend. 0,03–0,12. 6–8. Alp., mäßig frische Matten u. Steinrasen, kalkstet; z Alp, (sm-stemp//alp·c3-5EUR-VORDAS – igr ZwStr – InB SeB – KlA? VdA – L9 T2 F4 R9 N2	

– V Sesl.). [*H. oelandicum* (L.) DC. subsp. *alpestre* (Jacq.) Ces.]
Alpen-S. – *H. alpestre* (Jacq.) DC.
Hybriden: *H. nummularium* subsp. *nummularium* × subsp. *obscurum* = ? – s Bw, *H. nummularium* × *H. apenninum* = *H.* ×*sulphureum* Schltdl. – s By

Tuberaria (Dunal) Spach – Sandröschen (12 Arten)
Pfl behaart. KrBla gelb, am Grund oft schwarzbraun gefleckt, hinfällig. 0,07–0,30. 6–9.
Sandtrockenrasen, lichte KiefernW, Brachen, kalkmeidend; s He(ORh) Bb(SW) Ns(Norderney), ↘ (m-stemp·c1-4EUR – hros ☉ – SeB: kleistogam InB? – KlA? – L9 T7 F2 R5 N1 – V Thero-Air., V Cytis.-Pin.). [*Helianthemum guttatum* (L.) Mill.]
Geflecktes S. – *T. guttata* (L.) Fourr.

Familie *Tropaeolaceae* DC. – Kapuzinerkressengewächse
(1 Gattung/95 Arten)

Kräuter. Bla wechselständig, mit od. ohne NebenBla. Blü ⚥, dorsiventral, einzeln achselständig. KeBla 5, das dorsale gespornt. KrBla 5. StaubBla 8. FrKn oberständig, 3blättrig, 3fächrig, jedes Fach mit 1 SaAnlage. Fr in drei 1samige TeilFr zerfallend.

Tropaeolum L. – Kapuzinerkresse (95 Arten)
Bla schildfg. Blü gelb bis rot. 0,30–3,00. 6–10. ZierPfl; auch frische Rud, Gärten; [N U] s alle Bdl (hybridogene Art, Eltern strop/mo·c2-4WAM – eros ☉ Blattstiel-RankPfl, in SAM ♃ – SeB InB: Hummeln, in AM Vögel Vm – WaA – *L7 T9 F6 R5 N7* – VolksheilPfl, Gewürz).
Große K. – *T. majus* L.

Familie *Resedaceae* Martinov – Resedengewächse
(8–11 Gattungen/ca. 95 Arten)

Kräuter, selten Halbsträucher od. Sträucher. Bla wechselständig, ungeteilt od. fiederteilig, mit NebenBla. Blü ⚥, dorsiventral, in Trauben. KeBla 4–7. KrBla 4–7, frei, oft zerschlitzt. StaubBla 7–40. FrKn oberständig, 3–6blättrig, 1fächrig, zwischen den Narbenlappen oft offen, ohne Griffel. Narben so viele wie FrBla. Kapseln sich durch Spreizung der Narbenlappen öffnend, Beeren.

1   FrBla 4(–6), frei, 1samig, zur FrReife sternfg ausgebreitet. Bla ungeteilt, ganzrandig, untere spatelig-verkehrteilanzettlich, obere linealisch. **Sternfrucht – *Sesamoides* S. 532**
1* FrBla 3–4, mindestens zu ½ verwachsen, vielsamig, nicht sternfg ausgebreitet. Bla fiederteilig od. 3teilig; wenn ungeteilt, dann am Rand wellig. **Resede – *Reseda* S. 531**

Reseda L. – Resede, Wau (55 Arten)
1   Alle Bla tief fiederteilig 2
1* Alle Bla ungeteilt od. nur die oberen geteilt 3
2   Ke u. Kr 6teilig, Kr hellgelb. Blü geruchlos. Sa glatt. 0,20–0,60. 5–9. Trockne bis mäßig trockne Rud.: Wegränder, Schutt, Umschlagplätze, Steinbrüche; extensiv genutzte Äcker, kalkhold; [A] v Bw Rh Nw Th An, z Alp By He Ns, [N] h Sa, z Bb Mv Sh (m-sm·c1-7-temp·c1-5EUR-WAS, [N] sm-temp AM, NEUSEEL – hros ☉/igr ☉ ⊛? WuSpr – InB selbststeril – StA MeA – L7 T6 F3 R8 N5 – O Onop., V Conv.-Agrop., V Caucal.).
Gelbe R. – *R. lutea* L.
2* Ke u. Kr 5(–6)teilig, Kr weiß. Blü wohlriechend. Sa höckrig. 0,30–0,80. 6–9. ZierPfl; auch [N U] s By Bw Rh He Nw Th Sa Bb Ns Mv Sh (m-sm·c2-5EUR – hros ☉/igr H kurzlebig ♃ – InB). **Weiße R. – *R. alba* L.**
3   (1) Ke u. Kr 4teilig, Kr blassgelb. FrStiele <5 mm lg, aufrecht. Fr <7 mm lg. Stg steif aufrecht. 0,40–1,50. 6–9. Trockne bis mäßig trockne Rud.: Schutt, Wegränder, Umschlagplätze; Felsschotterfluren, Küstenkliffe; [A?] h An(z Elb N O), v Rh He Nw Th Ns, z By Bw Sa Bb Mv Sh;

auch KulturPfl (m·sm·c1-6-temp·c1-3EUR-WAS [N] austrAUS+m-temp·c2-6NAM+EUR –
hros ①/igr ☉ – InB SeB – StA AmA MeA Sa langlebig Kälte-Lichtkeimer – L8 T7 F4 R9 N6
– V Onop., V Arct., V Conv.-Agrop., V Stip. calam. – alte FärbePfl, auch ÖlPfl – 26).
Färber-R. – *R. luteola* L.

3* KeBla u. KrBla je 6. FrStiele >5 mm lg, hängend. Fr >7 mm lg. Pfl bis 0,60 m 4
4 KrBla weiß, Blü kaum duftend. StaubBla gelb. KeBla zur FrZeit >5 mm lg. Fr 12–14 mm lg.
Bla spatelfg. 0,10–0,40. 6–9. Äcker, Wegränder, Weinberge. [U] s By Bw He Nw Th Sa An?
Ns Bb Sh (m-(temp)·c1-4EUR – ☉ ⊛ – WiA AmA – *L7 T9 F1 R7 N7* – O Sisymbr.).
Rapunzel-R. – *R. phyteuma* L.

4* Kr grünlichgelb od. selten weiß, Blü wohlriechend. StaubBla dunkelbraun, rotbraun, dunkelrot
od. goldgelb. KeBla zur FrZeit <5 mm lg. Fr <12 mm lg. Bla alle ungeteilt od. nur die oberen
3teilig. 0,15–0,30. 7–10. KulturPfl; auch Rud: Schutt; [N U] s By Bw Rh He Nw Th Sa Bb Mv
Sh (m·c6AFR – eros ☉ – InB: Bienen SeB – MeA – V Sisymbr. – ZierPfl, DuftPfl).
Garten-R. – *R. odorata* L.

Sesamoides ALL. [*Astrocarpus* NECK] – **Sternfrucht, Spanische Resede** (6 Arten)

Blü in dichter, ährenfg Traube. KeBla (4–)5(–7), 1,0–1,5 mm lg, am Grund verwachsen.
KrBla (4–)5(–7), weiß bis cremegelb, ungleich, 2–3 mm lg, oberes 5–9teilig, seitliche 4–5teilig, StaubBla 7–15. Griffel seitlich an FrBla entspringend. Stg. kaum verzweigt. GrundBla
1,0–4,0(–7,0) × 0,2–0,5 cm. 0,05–0,35. 6–10. Pappelplantagen, Ackerbrachen, Wegränder;
[N 1878 lokal] s Bb Mv(Parchim), [U] Rh (sm/salp·c1-2EUR – igr ♃ ☉ HStr – InB: Bienen,
Hummeln, Fliegen – PfWu-Pleiok – *L9 T7 F2 R4 N6*). [*S. interrupta* auct., *S. pygmaea* auct.]
Sternfrucht, Spanische Resede – *S. purpurascens* (L.) G. LÓPEZ

Familie ***Brassicaceae*** BURNETT od. ***Cruciferae*** JUSS. –
Kreuzblütengewächse (341 Gattungen/3973 Arten)

Bearbeitung: **Barbara Neuffer, mit Karl Peter Buttler (†) u. Klaus Pistrick**

Kräuter, sehr selten Gehölze. Bla wechselständig, ohne NebenBla. Blü ♂, radiär od. disymmetrisch, in Trauben, selten in Schirmtrauben, dann auch dorsiventral (*Iberis*). KeBla 4.
KrBla 4, frei. StaubBla meist 6 (2 äußere kurze u. 4 innere lange), selten 4 od. 2. FrKn
oberständig, sehr selten mittelständig, 2blättrig; vom samentragenden **Replum** (Plazentarahmen, Abb. 533/1, 2) lösen sich zur FrReife 2 Klappen ab (Abb. 913/3). Fr eine **Schote**
(od. Schötchen); zuweilen mit einem **Schnabel** (oberer Schotenabschnitt, der den Griffel
u. Teile der FrKn umfasst, nicht selten 1 od. mehrere Sa enthält, aber beim Ablösen der
Klappen zur FrReife auf dem Replum stehenbleibt), meist durch eine falsche Scheidewand
2fächrig; seltener Nuss, Gliederschote, Gliederschötchen od. Beere.

1 RosettenBla 30–100 cm lg, Spreite 15–50 × 8–20 cm, länglich-eifg bis länglich, ungeteilt,
dunkelgrün, untere StgBla (im Frühjahr) fiederschnittig, mittlere u. obere lanzettlich, ungeteilt. BlüStand mit ∞ aufrechten Ästen u. ∞ weißen Blü, aber (fast) nie mit entwickelten Fr.
Meerrettich – *Armoracia* S. 546

1* RosettenBla kleiner; wenn annähernd gleich groß, dann blaugrün, bereift od. tief geteilt od.
Blü gelb. Fr meist mit fertilen Samen 2

2 Reife Fr >3mal so lg wie br, meist >13 mm lg; Schote, Gliederschote, Flügelnuss.
Schlüssel A: Schotenfrüchtige *Brassicaceae* S. 532

2* Reife Fr <3mal so lg wie br, wenn etwas länger (*Draba* z. T., S. 552; *Aubrieta*, S. 555), dann
<13 mm lg; Schötchen, Gliederschötchen, Nuss, SpaltFr, selten Beere.
Schlüssel B: Schötchenfrüchtige *Brassicaceae* S. 536

Schlüssel A: Schotenfrüchtige *Brassicaceae*

1 StgBla zu 3(–4) quirlig genähert, 3zählig gefingert. Kr gelblichweiß.
Quirl-Zahnwurz – *Cardamine enneaphyllos* S. 543

1* StgBla nicht quirlig genähert 2

2	Kr gelb od. gelblich, selten etwas bräunlich	3
2*	Kr weiß, rosa, blau od. violett, selten fehlend	28
3	Bla (zuweilen nur die oberen) mit herzfg od. pfeilfg Spreitengrund ± stängelumfassend od. am BlaStielgrund geöhrt	4
3*	Obere Bla sitzend od. gestielt, nicht stängelumfassend, ohne Öhrchen am BlaStielgrund	10
4	Fr eine hängende, 1(–2)samige, schwarz werdende Flügelnuss (Abb. **533**/3). Pfl oberwärts kahl. **Waid – _Isatis_** S. 561	
4*	Fr nicht hängend, eine Schote od. Gliederschote	5
5	Kr hell gelblichweiß. StgBla ganzrandig od. ungleichmäßig gezähnt	6
5*	Kr intensiv gelb; wenn blassgelb, dann obere StgBla tief fiederspaltig	8
6	StgBla ungleichmäßig gezähnt, sternhaarig. Schoten lg, einseitig bogig überhängend. **Turm-Gänsekresse – _Pseudoturritis turri̲ta_** S. 555	
6*	StgBla ganzrandig u. völlig kahl. Schoten nicht einseitswendig	7
7	Alle Bla sehr stumpf, kahl, ganzrandig. Schoten aufrecht abstehend. Sa in jedem Fach 1reihig (Abb. **533**/2). **Ackerkohl – _Conringia_** S. 560	
7*	Bla ± spitz; GrundBla behaart, buchtig gezähnt bis leierfg; StgBla kahl, ganzrandig, stängelumfassend. Schoten der Traubenspindel anliegend. Sa in jedem Fach 2reihig (Abb. **533**/1). **Turmkraut – _Turritis_** S. 543	
8	(5) Obere StgBla blaugrün, ganzrandig, selten etwas gezähnt. Meist KulturPfl. **Kohl – _Bra̲ssica_** S. 556	
8*	Obere StgBla grün, gezähnt, gefiedert od. leierfg fiederteilig. WildPfl	9
9	FrKlappen durch den starken Mittelnerv fast gekielt. Sa in jedem Fach 1reihig (Abb. **533**/2). **Winterkresse – _Barba̲rea_** S. 546	
9*	FrKlappen (fast) nervenlos, am Rücken gewölbt. Sa in jedem Fach 2reihig (Abb. **533**/1). **Sumpfkresse – _Rori̲ppa_** S. 545	
10	(3) Stg u. Bla ausschließlich mit 2–6strahligen, anliegenden Haaren, Oberfläche der Haare durch Kalkablagerungen rau. Bla ganzrandig od. gezähnt (höchstens im unteren Drittel des Stg fiederspaltig). **Schöterich – _Erysimum_** S. 541	
10*	Stg u. Bla niemals ausschließlich mit 2–6strahligen anliegenden Haaren, sondern zumindest auch mit anderen Haartypen od. kahl, wenn dicht sternhaarig, dann Bla 2–3fach fiederschnittig	11
11	Narbe tief 2lappig (Abb. **533**/5), Schote mit lg, schwertfg Schnabel (Abb. **533**/6). KrBla gelblich, violett netzadrig. Bla leierfg fiederteilig. **Senfrauke – _Eru̲ca_** S. 559	
11*	Narbe kopfig od. scheibenfg, selten am Scheitel etwas ausgerandet	12
12	Fr eine perlschnurartig eingeschnürte Gliederschote, ihr samenloses Endglied viel länger als das oberste SaGlied (Abb. **534**/1). KeBla aufrecht anliegend. KrBla meist dunkler geadert. **Hederich – _Raphanus raphanistrum_** S. 558	
12*	Fr eine Schote, sich klappig öffnend, nicht perlschnurartig. KrBla nicht dunkler geadert	13
13	Alle Bla (auch die unteren) ungeteilt, höchstens grob gezähnt, gesägt od. gekerbt	14
13*	Wenigstens die unteren Bla 3zählig, gefiedert, gefingert, fiederspaltig od. buchtig gelappt	16
14	Alle Bla eifg bis br lanzettlich, 2–3 cm br, gezähnt, spitz, wenigstens useits dicht weichhaarig. Stg bis oben ± kurzhaarig. **Steife Rauke – _Sisymbrium strictissimum_** S. 560	
14*	Wenigstens die oberen Bla lanzettlich bis linealisch; wenn breiter, dann Pfl oberwärts völlig kahl	15

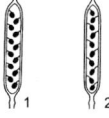

Sa 2reihig 1reihig   Isatis   Matthiola   Eruca   Cakile   Euclidium

15 Stg fast nur am Grund beblättert, 10–50 cm hoch. Sa in jedem Fach 2reihig, eifg (Abb. **533**/1). **Doppelsame** – *Diplotaxis* S. 557
15* Stg auch oben beblättert, bis >1 m hoch. Sa in jedem Fach 1reihig, fast kuglig (Abb. **533**/2).
 Kohl – *Brassica* S. 556
16 **(13)** Bla 2–3fach fiederschnittig, mit linealischen Zipfeln, durch Sternhaare graugrün. Blü sehr klein. **Besenrauke** – *Descurainia* S. 551
16* Bla einfach fiederteilig bis -schnittig (zuweilen mit fiederspaltigen Fiederabschnitten), leierfg od. buchtig gelappt **17**
17 Schoten der Traubenspindel dicht anliegend, 1,0–2,5 cm lg **18**
17* Schoten der Traubenspindel nicht anliegend **20**
18 Schoten pfriemlich-kegelfg. Sa eifg. KrBla 2–3 mm lg.
 Wege-Rauke – *Sisymbrium officinale* S. 560
18* Schoten linealisch. Sa meist kuglig. KrBla 6–9 mm lg **19**
19 Schoten (10–)15–25 × 1,5–2,0 mm. FrKlappen durch den stark vorspringenden Mittelnerv scharf gekielt. FrSchnabel 2–3 mm lg, dünn, stets samenlos. FrStiele an der Spitze kaum verdickt. KrBla 7–9 mm lg. Bla grasgrün. **Schwarzer Senf** – *Brassica nigra* S. 556
19* Schoten 8–12(–17) × 1,0–1,4 mm, ihre FrKlappen zur Reife ohne äußerlich sichtbaren Mittelnerv. FrSchnabel 4–7 mm lg, meist 1samig, bauchig. FrStiele zur Reife stark keulig verdickt (Abb. **534**/2). KrBla 6–7 mm lg. Bla graugrün. **Bastardsenf** – *Hirschfeldia incana* S. 557
20 **(17)** FrSchnabel 6–25 mm lg, mit od. ohne Sa. Sa (fast) kuglig **21**
20* FrSchnabel fehlend od. höchstens 4 mm lg, schmal zylindrisch, samenlos (nur bei *Erucastrum nasturtiifolium*, S. 558, dicker u. meist 1samig) **23**
21 Schnabel 6–12 mm lg, höchstens ¼ so lg wie die Klappen, stets samenlos, schmal kegelfg, nicht abgeflacht. **Sareptasenf** – *Brassica juncea* S. 556
21* Schnabel 10–25 mm lg, ¼ so lg wie die Klappen od. länger, abgeflacht, wenn kegelfg, dann mit 1(–2) Sa (Abb. **534**/4) **22**
22 KeBla aufrecht, röhrig anliegend. Schote mit 15–50 Sa. Schnabel schwertfg abgeflacht.
 Schnabelsenf – *Coincya* S. 559
22* KeBla zur BlüZeit waagerecht abstehend. Schote mit 4–8 Sa u. Schnabel schwertfg abgeflacht (Abb. **534**/3); wenn 8–13samig, dann Schnabel kegelfg (Abb. **534**/4).
 Senf – *Sinapis* S. 558
23 **(20)** Stg blattlos od. nur mit wenigen grundnahen Bla, die meisten Bla rosettig. Sa in jedem Fach deutlich 2reihig, eifg (Abb. **533**/1). **Doppelsame** – *Diplotaxis* S. 557
23* Stg auch oberwärts ± reich beblättert **24**
24 Schoten oberhalb des Ke 1–3 mm lg gestielt **25**
24* Schoten oberhalb des Ke sitzend od. höchstens bis 1 mm lg gestielt **26**
25 Schoten 15–25 × 1,5–2,5 mm, Schnabel 1,0–2,5 mm lg (Abb. **534**/5). Sa in jedem Fach 1reihig, kuglig. **Langtraubiger Kohl** – *Brassica elongata* S. 556
25* Schoten 25–35 × 2 mm. Schnabel 2,0–2,5 mm lg. Sa in jedem Fach deutlich 2reihig (Abb. **533**/1), eifg. **Schmalblättriger Doppelsame** – *Diplotaxis tenuifolia* S. 557
26 **(24)** Reife Schoten 5–12(–20) mm lg. **Sumpfkresse** – *Rorippa* S. 545

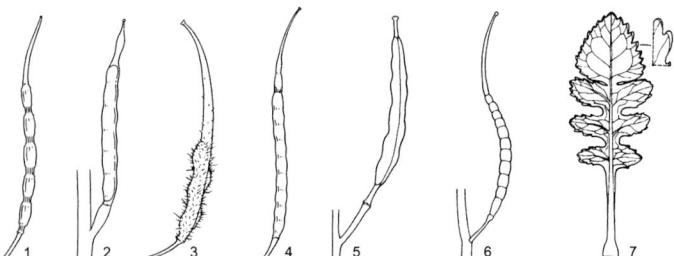

Raphanus Hirschfeldia S. alba Sinapis arvensis Chorispora tenella Diplotaxis erucoides
raphanistrum incana Brassica elongata

26*	Reife Schoten 20–100 mm lg **27**
27	Schnabel 3–4 mm lg, samenlos od. 1samig. **Hundsrauke – _Erucastrum_** S. 558
27*	Schnabel <3 mm lg, stets samenlos. **Rauke – _Sisymbrium_** S. 560
28	**(2)** Fr eine dicke, 2gliedrige Gliederschote (Abb. **533**/7), 10–20 × 4–6 mm. Oberes Schotenglied 2schneidig zusammengedrückt. Kr lilarosa, selten weiß. Kahle StrandPfl mit dicklichen, ungeteilten bis doppelt fiederspaltigen Bla. **Meersenf – _Cakile_** S. 559
28*	Fr u. Bla anders gestaltet **29**
29	Alle Bla ungeteilt, höchstens gezähnt od. gesägt **30**
29*	Wenigstens die unteren Bla gefiedert, gefingert, fiederspaltig od. buchtig gelappt **40**
30	Obere Bla mit herzfg od. pfeilfg Grund ± stängelumfassend **31**
30*	Alle Bla gestielt od. sitzend, nicht stängelumfassend **33**
31	Bla sehr stumpf, kahl. **Ackerkohl – _Conringia_** S. 560
31*	Bla spitz, kahl od. behaart **32**
32	Stg u. Bla kahl. Sa ungeflügelt. **Kohlkresse – _Fourraea_** S. 565
32*	Stg u. Bla behaart. Sa geflügelt. **Gänsekresse – _Arabis_** S. 553
33	**(30)** Bla gestielt, ihre Spreite am Grund herz- od. nierenfg **34**
33*	BlaSpreite am Grund nicht herz- od. nierenfg **35**
34	Pfl nach Knoblauch riechend. KrBla weiß, 5–6 mm lg. Fr linealisch, (35–)60–70 × 2 mm. **Lauchhederich – _Alliaria_** S. 561
34*	Pfl nicht nach Knoblauch riechend. KrBla helllila, 10–20 mm lg. Fr br lanzettlich, 35–90 × 20–30 mm (Abb. **556**/3). **Ausdauerndes Silberblatt – _Lunaria rediviva_** S. 555
35	**(33)** Fr eine perlschnurartig eingeschnürte Gliederschote, sich nicht öffnend, ihr samenloses oberes Endglied (Schnabel) ± ⅓ so lg wie die übrige Fr (Abb. **534**/6). KrBla purpurn. **Gliederschote – _Chorispora_** S. 564
35*	Fr eine Schote, sich klappig öffnend, nicht perlschnurartig **36**
36	Narbe aus 2 bogig zusammenneigenden (Abb. **533**/4) od. flach aneinanderliegenden Lappen bestehend. ZierPfl **37**
36*	Narbe einfach, stumpf od. seicht ausgerandet **38**
37	Narbenlappen bogig nach innen gekrümmt (Abb. **533**/4). Bla grau. **Levkoje – _Matthiola_** S. 563
37*	Narbenlappen flach, einander anliegend. Bla grün. **Nachtviole – _Hesperis_** S. 563
38	**(36)** FrKlappen nervenlos od. nur am Grund mit schwachem Nervenansatz. Bla etwas verdickt. Bis 12 cm hohe AlpenPfl. **Alpen-Schaumkraut – _Cardamine alpina_** S. 543
38*	FrKlappen deutlich 1nervig **39**
39	FrKlappen höckrig. Traube vielblütig, langgestreckt. Sa ungeflügelt. Pfl planar bis montan. **Schmalwand – _Arabidopsis_** S. 539
39*	FrKlappen nicht höckrig. BlüStand wenigblütig, ± schirmtraubig. Sa geflügelt od. ungeflügelt. Alpine bis subalpine Pfl (nur Mauer-G. mit br geflügelten Sa, im Hügel- u. Tiefland). **Gänsekresse – _Arabis_** S. 553
40	**(29)** Bla meist aus völlig getrennten Blchen zusammengesetzt; wenn StgBla einfach oder fiederschnittig, dann Zwiebeln in den BlaAchseln **41**
40*	Wenigstens untere StgBla nicht aus getrennten Blchen zusammengesetzt **42**
41	Schoten stielrund, mit gewölbten Klappen, 8–20(–25) mm lg. Kr reinweiß, Staubbeutel gelb. Stg am Grund kriechend, hohl, ohne BlaRosette. WasserPfl. **Brunnenkresse – _Nasturtium_** S. 547
41*	Schoten zusammengedrückt, mit flachen Klappen, oft länger. Stg aufrecht, markig; wenn hohl, dann mit BlaRosette. LandPfl od. am Rand von Gewässern. **Schaumkraut – _Cardamine_** S. 543
42	**(40)** Traube bis zur Spitze beblättert. **Niedrige Rauke – _Sisymbrium supinum_** S. 560
42*	Traube blattlos **43**
43	KrBla 14–20 mm lg. Fr eine perlschnurartig eingeschnürte Gliederschote (Abb. **534**/1) od. trockne, schwammige Beere. **Rettich, Hederich – _Raphanus_** S. 558
43*	KrBla 4–13 mm lg. Fr eine Schote, sich klappig öffnend, nicht perlschnurartig **44**
44	KrBla weiß, 4–8(–9) mm lg. Zähne u. Lappen der BlaAbschnitte ohne Knorpelspitzen. **Schmalwand – _Arabidopsis_** S. 539

44* KrBla weiß, später lila werdend, (5–)7–13 mm lg. Zähne u. Lappen der BlaAbschnitte mit Knorpelspitzen (Abb. **534**/7).
 Raukenähnlicher Doppelsame – *Diplotaxis erucoides* S. 557

Schlüssel B: Schötchenfrüchtige *Brassicaceae*

1 KrBla sehr ungleich, die 2 von der Traubenachse abgewandten bedeutend größer **2**
1* KrBla (fast) gleich groß **3**
2 Bla rosettig, meist leierfg fiederschnittig. Stg blattlos od. höchstens mit 1–2 kleinen Bla. StaubBla am Grund mit einer weißen Schuppe. **Bauernsenf – *Teesdalia*** S. 563
2* Bla am Stg verteilt, ungeteilt. StaubBla am Grund ohne Schuppe.
 Schleifenblume – *Iberis* S. 565
3 (1) Kr gelb, gelblichweiß od. fehlend **4**
3* Kr weiß, rötlich, violett od. blau **19**
4 Fr eine aus 2 kreisfg Fächern bestehende, brillenähnliche SpaltFr (Abb. **538**/5).
 Brillenschötchen – *Biscutella* S. 550
4* Fr nicht brillenähnlich **5**
5 Wenigstens die unteren Bla fiederteilig bis gefiedert **6**
5* Alle Bla ungeteilt, höchstens gesägt od. gezähnt **11**
6 Fr eine 2knotige SpaltFr (Abb. **549**/6). **Krähenfuß – *Lepidium didymum*** S. 548
6* Fr ein Schötchen **7**
7 Fr vielsamig **8**
7* Fr höchstens 4samig **9**
8 StgBla, wenigstens die oberen, am Grund pfeilfg. Schötchen birnfg bis fast kuglig, an der Spitze gestutzt. **Gezähnter Leindotter – *Camelina alyssum*** S. 540
8* StgBla am Grund herzfg od. mit stumpfen Öhrchen. Schötchen eifg bis länglich, nicht gestutzt. **Sumpfkresse – *Rorippa*** S. 545
9 (7) Bla sehr verschieden: die oberen ganzrandig, mit herzfg Grund stängelumfassend, die unteren doppelt fiederschnittig.
 Durchwachsenblättrige Kresse – *Lepidium perfoliatum* S. 548
9* Obere Bla nicht stängelumfassend, meist gezähnt bis gelappt. Untere Bla fiederlappig bis fiederteilig **10**
10 Fr eine schief-eifg od. vierkantige u. zackige geflügelte Nuss (Abb. **537**/1, 2). Stg von drüsigen Höckern rau. **Zackenschote – *Bunias*** S. 563
10* Fr ein 2gliedriges Gliederschötchen, das untere Glied walzig, das obere kuglig u. geschnäbelt (Abb. **537**/3, 4). Stg ohne drüsige Höcker, aber unterwärts borstig.
 Windsbock – *Rapistrum* S. 559
11 (5) Stg unbeblättert. GrundBla in dichter Rosette. **Felsenblümchen – *Draba*** S. 552
11* Stg beblättert **12**
12 Alle StgBla am Grund verschmälert, sitzend **13**
12* Obere StgBla sitzend, am Grund pfeilfg od. geöhrt, stängelumfassend **15**
13 StgBla keilfg, etwas behaart. Schötchen br lanzettlich.
 Hain-Felsenblümchen – *Draba nemorosa* S. 552
13* StgBla spatelfg bis linealisch, dicht sternhaarig grau. Schötchen rundlich bis eifg **14**
14 Fr behaart, Fächer 4samig. StgBla ohne verdickte Basis, keine Narbe am Stg hinterlassend.
 Steinkraut – *Alyssum* S. 550
14* Fr kahl, Fächer 2samig. StgBla mit verdickter Basis, am Stg eine Narbe hinterlassend.
 Felsensteinkraut – *Aurinia* S. 551
15 (12) Fr eine hängende, 1(–2)samige, zur Reife schwarz werdende Flügelnuss (Abb. **533**/3).
 Waid – *Isatis* S. 561
15* Fr ein Schötchen od. eine Nuss, kuglig bis birnfg, nicht hängend **16**
16 Fr birnfg, mit 1 unteren, 1samigen u. 2 oberen, hohlen Fächern (Abb. **538**/7). Pfl völlig kahl.
 Hohldotter – *Myagrum* S. 561
16* Fr anders, wenn Fr birnfg, dann Pfl behaart **17**
17 Fr eine 1samige, kurz bespitzte Nuss (Abb. **538**/6). Pfl von 3strahligen Gabelhaaren rau.
 Finkensame – *Neslia* S. 542
17* Fr ein mehrsamiges Schötchen **18**

BRASSICACEAE 537

18 Pfl sehr locker sternhaarig bis dicht sternhaarig u. mit lg einfachen od. verzweigten Haaren. Schötchen im Umriss birnfg. **Leindotter – *Camelina*** S. 540
18* Pfl fast kahl (nur Bla useits sehr kurz flaumig). Schötchen fast kuglig.
Österreichische Sumpfkresse – *Rorippa austriaca* S. 545
19 **(3)** KrBla gespalten **20**
19* KrBla ungeteilt, höchstens etwas ausgerandet, od. fehlend **21**
20 Stg blattlos, 3–15 cm hoch. BlüZeit 3–4.
Artengruppe Hungerblümchen – *Draba verna* agg. S. 552
20* Stg beblättert, 20–60 cm hoch. BlüZeit 6–10. **Graukresse – *Berteroa*** S. 551
21 **(19)** Wenigstens die unteren Bla fiederspaltig, fiederteilig od. gefiedert **22**
21* Alle Bla ungeteilt, höchstens gesägt, gezähnt od gelappt **32**
22 RosettenBla gestielt, 30–100 cm lg, Spreite 15–50 × 8–20 cm, länglich eifg bis länglich, ungeteilt. BlüStand mit zahlreichen aufrechten Ästen u. vielen weißen Blü, aber (fast) nie mit entwickelten Fr. **Meerrettich – *Armoracia*** S. 546
22* RosettenBla kleiner **23**
23 Fr eine gezähnte, nierenfg Nuss (Abb. **549**/5). **Krähenfuß – *Lepidium coronopus*** S. 548
23* Fr anders gestaltet, nicht nierenfg u. gezähnt **24**
24 Fr eine schwammige, trockne, kegelfg, lg zugespitzte Beere, 20–90 × 10–15 mm. Wurzel bzw. Hypokotyl auffällig verdickt, rot, schwarz od. weiß.
Radies, Rettich – *Raphanus sativus* S. 558
24* Fr ein Schötchen, Gliederschötchen od. eine Nuss **25**
25 Fr schief elliptisch, eifg od. kuglig **26**
25* Fr abgeflacht **28**
26 Fr schief elliptisch, behaart, mit schnabelfg, gekrümmtem Griffel (Abb. **533**/8). Nur untere StgBla zuweilen fiederspaltig, sitzend. Pfl behaart.
Schnabelschötchen – *Euclidium* S. 564
26* Fr eifg od. kuglig **27**
27 Fr eine eifg, 1fächrige, 1samige, runzlige Nuss. Nur RosettenBla fiederteilig, StgBla ungeteilt, pfeilfg, stängelumfassend. Pfl kahl. ⊙ ①. **Wendich – *Calepina*** S. 561
27* Fr ein fast kugelrundes Schötchen. Fächer 4samig. Nur RosettenBla fiederteilig, StgBla ungeteilt, sitzend. Pfl wenigstens unterwärts behaart. ♃.
Kugelschötchen – *Kernera* S. 565
28 **(25)** KrBla lila bis purpurrosa. Bla keilfg, vorn 3–5spaltig, bewimpert. Schötchen elliptisch, 2–4samig, ungeflügelt. 2–8 cm hohe, polsterfg AlpenPfl.
Steinschmückel – *Petrocallis* S. 555
28* KrBla weiß, selten etwas rötlich **29**
29 Stg unbeblättert. RosettenBla fiederteilig bis fiederschnittig. Schötchen br lanzettlich. 5–12 cm hohe AlpenPfl. **Gämskresse – *Hornungia alpina*** S. 552
29* Stg beblättert **30**
30 FrFächer 1samig (Abb. **538**/4). **Kresse – *Lepidium*** S. 548
30* FrFächer 2- bis ∞samig **31**
31 Schötchen verkehrtdreieckig bis verkehrtherzfg (Abb. **538**/3).
Hirtentäschel – *Capsella* S. 541
31* Schötchen verkehrteifg, elliptisch od. lanzettlich. **Steppenkresse – *Hornungia*** S. 551
32 **(21)** KrBla lila, rötlich, violett od. blau; wenn selten weiß, dann purpurn geadert u. später meist purpurn **33**

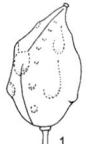

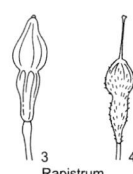

1 Bunias orientalis 2 erucago 3 Rapistrum perenne 4 rugosum 5 Sisymbrium volgense 6 Cardamine impatiens

32* KrBla weiß, nicht purpurn geadert 37
33 Schötchen sehr groß, 10–90 × 20–30 mm (Abb. **556**/3, 4). Bla gestielt. Pfl 30–140 cm hoch.
Silberblatt – ***Lunaria*** S. 555
33* Schötchen klein, 5–10(–18) mm br (Abb. **538**/1, 2). Bla stängelumfassend, sitzend od. in den BlaStiel verschmälert. Pfl 6–50 cm hoch 34
34 Obere Bla stängelumfassend. **Täschelkraut** – ***Noccaea*** S. 562
34* Obere Bla nicht stängelumfassend 35
35 Bla kahl, bläulich bereift, ganzrandig. Pfl mit zweiklappig aufspringenden, br geflügelten, oben ausgerandeten Schötchen auf bogig abstehendem Stiel (Abb. **538**/1a) u. Nüssen auf geradem, aufrechtem Stiel (Abb. **538**/1b). AlpenPfl. **Steintäschel** – ***Aethionema*** S. 539
35* Bla behaart 36
36 Bla mit 2–6 stumpfen Zähnen, mit Sternhaaren. Kr blau, rot, selten weiß. FrFächer mehrsamig. **Blaukissen** – ***Aubrieta*** S. 555
36* Bla ganzrandig, mit 2strahligen, anliegenden Haaren (Kompasshaaren). Kr rötlich od. violett, selten weiß. FrFächer 1samig. **Silberkraut** – ***Lobularia*** S. 551
37 (32) Stg unbeblättert, nur GrundBlaRosette vorhanden 38
37* Stg beblättert, GrundBlaRosette vorhanden od. fehlend 39
38 Bla linealisch-pfriemlich, ganzrandig. WasserPfl, meist untergetaucht. ⊙ ⊙.
Pfriemenkresse – ***Subularia*** S. 548
38* Bla lanzettlich od. verkehrteifg. LandPfl. Nur Alpen. **Felsenblümchen** – ***Draba*** S. 552
39 (37) Pfl kahl, selten am StgGrund etwas behaart (*Thlaspi alliaceum*, S. 562) 40
39* Bla u. meist auch Stg ± behaart 45
40 Fr ein 2gliedriges Gliederschötchen; oberes Glied 1samig, kuglig; unteres Glied samenlos, stielartig (Abb. **538**/2). Bla blaugrün, bereift, fleischig, kahl. MeeresstrandPfl.
Meerkohl – ***Crambe*** S. 559
40* Schötchen nicht gegliedert 41
41 Schötchen weichhaarig, 2samig, deutlich abgeflacht.
Breitblättrige Kresse – ***Lepidium latifolium*** S. 549
41* Schötchen kahl 42
42 Schötchen eifg bis kuglig od. ellipsoidisch, ungeflügelt. Nicht in der alpinen Stufe vorkommend. **Löffelkraut** – ***Cochlearia*** S. 564
42* Schötchen verkehrt birnfg bis ellipsoidisch, geflügelt (nur bei dem in der alpinen Stufe vorkommenden Rundblättrigen Täschelkraut, *Noccaea rotundifolia*, S. 562, ungeflügelt) 43
43 Stg kantig. Pfl beim Zerreiben nach Lauch riechend, ohne GrundBlaRosette. Sa schwarz bis dunkel graubraun, runzlig od. grubig. Bla meist gezähnt. **Hellerkraut** – ***Thlaspi*** S. 562
43* Stg rund. Pfl beim Zerreiben nicht nach Lauch riechend, mit od. ohne GrundBlaRosette. Sa gelb bis rotbraun od. braun, glatt 44
44 Pfl einjährig, ohne nichtblühende GrundBlaRosetten. Sa gelb bis orange, nass schleimend. Griffel 0,1–0,3 mm lg (Abb. **563**/3, 4). KeBla 1,0–1,5 mm lg. Bla blaugrün, untere gestielt, rosettig, ganzrandig, obere blaugrün, stängelumfassend.
Kleintäschelkraut – ***Microthlaspi*** S. 562
44* Pfl ausdauernd, mit nichtblühenden GrundBlaRosetten. Sa rotbraun bis braun, nicht nass verschleimend. Griffel 0,5–3,0 mm lg (Abb. **563**/5, 6). KeBla 2–3 mm lg.
Täschelkraut – ***Noccaea*** S. 562
45 (39) Fr eine Nuss, sich nicht öffnend 46
45* Fr ein sich öffnendes Schötchen 47
46 Nuss schief elliptisch, behaart, mit schnabelfg, gekrümmtem Griffel (Abb. **533**/8). StgBla sitzend. **Schnabelschötchen** – ***Euclidium*** S. 564

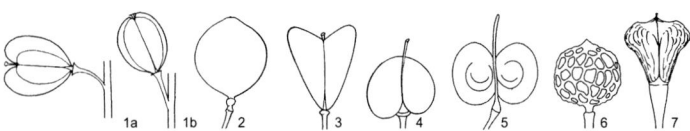

1a 1b 2   3   4   5   6   7
Aethionema saxatile Crambe   Capsella Lepidium draba Biscutella   Neslia Myagrum

BRASSICACEAE 539

46* Nuss herzfg (Abb. 538/4). Obere StgBla mit herz- bis pfeilfg Grund stängelumfassend.
 Pfeilkresse – _Lepidium draba_ S. 548
47 (45) Schötchen fast kuglig. Fächer 8–10samig. **Kugelschötchen – _Kernera_** S. 565
47* Schötchen ± abgeflacht **48**
48 Schötchen verkehrtdreieckig bis verkehrtherzfg (Abb. 538/3).
 Hirtentäschel – _Capsella_ S. 541
48* Schötchen rundlich bis eifg od. elliptisch bis br lanzettlich **49**
49 Schötchen rundlich bis eifg (Abb. 549/1–4). **Kresse – _Lepidium_** S. 548
49* Schötchen elliptisch bis br lanzettlich **50**
50 Pfl ohne GrundBlaRosette. StgBla lanzettlich, ganzrandig.
 Silberkraut – _Lobularia_ S. 551
50* Pfl mit vielblättriger, dichter GrundBlaRosette (nur beim Mauer-Felsenblümchen wenigblättrig). StgBla eifg bis br lanzettlich. **Felsenblümchen – _Draba_** S. 552

**Aethionema** (L.) R. Br. [_Aëthionema_ Thell.] – **Steintäschel** (45 Arten)
Bla bläulich bereift. Blü fleischrot od. weiß, KeBla weiß od. rötlich hautrandig. Fr von zweierlei Art: zweiklappig aufspringende, br geflügelte, oben ausgerandete Schötchen auf bogig abstehendem Stiel u. Nüsse auf geradem, aufrechten Stiel (Abb. 538/1a, b). 0,05–0,20. 4–6. Lückige, wechseltrockne Steinschutt- u. Flussgeröllfluren, selten auch an Felsen, kalkstet; z Alp(Krw Wtt) s By(S), [U] s Nw, ↘ (m/alp-stemp/demo·c2-4EUR – igr eros C ⊙ ⊛ ♃ – SeB InB: Fliegen, Käfer Vw – Sa: KIA Nüsse: WiA – L9 T4 F4~ R9 N2 – V Epil. fleisch., V Stip. calam., V Thlasp. rot. – 24). **Steintäschel – _Ae. saxatile_** (L.) R. Br.

**Arabidopsis** Heynh. [_Cardaminopsis_ (C.A. Mey.) Hayek] – **Schmalwand**
 (10 Arten)
1 Pfl mit wurzelnden Legtrieben. GrundBla lg gestielt, ganzrandig bis gezähnt u. rundlichherzfg od. gefiedert mit rundlichem EndBlchen. KrBla 4–6 mm lg, weiß, selten lila. 0,10–0,50. 4–6. Magere, frische bis feuchte Wiesen u. Schwermetallrasen, Bach- u. Flussufer, feuchte Felsen, Waldränder; z Th(Hrz O Wld) Sa An(f N O) Ns(MO S M), s By(NM NO O) Rh(f ORh W) He(NW) Nw(f N SW), ↘ (sm/salp-stemp/demo·c2-3EUR – igr? hros H ♃ Legtr, BrutSpr an BlüStänden – InB – WaA WiA – L8 T4 F6 R3 Nx – O Arrh., K Viol. calamin. – 16). [_Cardaminopsis halleri_ (L.) Hayek]
 Haller-Sch. – _A. halleri_ (L.) O'Kane et Al-Shehbaz
1* Pfl ohne Ausläufer. GrundBla in den kurzen Stiel verschmälert, länglich od. verkehrt eilanzettlich, nie rundlich herzfg **2**
2 GrundBla fiederspaltig bis fiederschnittig, mindestens tief u. grob gezähnt. StgBla behaart **3**
2* GrundBla ganzrandig od. schwach gezähnt, wenn gebuchtet, dann StgBla kahl **4**
3 GrundBla gezähnt bis fiederspaltig. KrBla 4–6(–8) mm lg, ohne Zähnchen am Nagel. Schote 20–30 × 0,7–1,0 mm. 0,10–0,30. (4–)5–6. Sandige Magerrasen; [N U] † Bb(M: Nauen) Mv(N: Warnemünde) Sh (temp·b·c3-4EUR – wohl allopolyploide, intermediäre Hybridsippe aus **3*** × **4***, der ersteren sehr ähnlich). [_Cardaminopsis suecica_ (Fr.) Hyl, _Hylandra suecica_ (Fr.) Á. Löve] ⓕ **Schwedische Sch. – _A. suecica_** (Fr.) Norrl.
3* GrundBla fiederspaltig bis -schnittig. KrBla 6–8(–9) mm lg, mit 1 Paar Zähnchen am Nagel, weiß od. hellpurpurn. Schote 10–50 × 1,0–1,2 mm. 0,15–0,40. 4–8. Trockne bis mäßig frische Felsfluren u. Sandtrockenrasen, sandige kiesige Rud., kalkhold; v Alp Rh, z By Bw He Nw Sa An Bb Mv, s Th Ns Sh(M SO O), im NW [N 1890] (sm/mo-temp·c2-4EUR, [N] auch b – igr hros ⊙, slt. kurzlebig H ♃ Pleiok – InB SeB? – WiA MeA – L9 Tx F4 R6 N2 – O Fest.-Sedet., V Sisymbr., O Arrh., V Cystopt., V Petasit. parad. – 32). [_Cardaminopsis arenosa_ (L.) Hayek, _Arabis arenosa_ (L.) Scop.]
 Sand-Sch. – _A. arenosa_ (L.) Lawalrée
1 Endzipfel der GrundBla kaum größer als die Seitenzipfel. Seitenzipfel in 4–9 Paaren. Schoten 0,9–1,7 mm br. Sa 1,0–1,6 mm lg, meist mit mehr od. weniger br Hautrand. KrBla hellpurpurn, selten weiß. ⊙ ♃. Frische Felsfluren u. Steinschutt, kalkhold; z? By Bw Rh He Th Sa An, s Nw(SW), Verbr. un-

genau bekannt (temp/(mo)·c2-3EUR – V Cystopt., V Petasit. parad.). [*Arabis aren**o**sa* subsp. *borba*-*sii* ZAPAL] subsp. ***borbasii*** (ZAPAL.) O'KANE et AL-SHEHBAZ
1* Endzipfel der GrundBla deutlich größer als die Seitenzipfel. Seitenzipfel in 1–6 Paaren. Schoten 0,6–1,1 mm br. Sa 0,6–1,1 mm lg, ohne Hautrand. KrBla weiß, selten hellpurpurn od. rosa. ⊖. Lückige, trockne Rasen, sandige bis kiesige Rud.; Verbr. in D wie Art (sm/mo-temp·c2-4EUR – O Fest.- Sedet., V Sisymbr., O Arrh.). subsp. ***aren**o**sa***

4 (2) KrBla 6–8 mm lg. Schote 20–45 × 1,0–1,5(–2,0) mm, FrKlappen flach. StgBla kahl. 0,10–0,25. 5–7. Xerotherme Felsfluren u. -spalten, Steinbrüche, kalkhold; s By(Alb) Th(Bck) Ns(Hrz S), ↘ (temp/demo-b-arct·c2-7EURAS-WAM – igr hros H ♃ Pleiok WuSpr – InB SeB? – WiA – L9 T2 F3 R8 N1 – V Sesl.-Fest., V Potent. caul. – 16). [*Cardamin**o**psis hispida* (MYGIND) HAYEK, *C. petr**ae**a* (L.) HIITONEN, *Arabid**o**psis ly**ra**ta* subsp. *petr**ae**a* (L.) O'KANE et AL-SHEHBAZ] **Felsen-Sch. – *A. petr**ae**a* (L.)** V.I. DOROF.
4* KrBla 2,0–4,0(–4,5) mm lg. Schote 5–20(–30) × 0,5–0,8 mm, FrKlappen gewölbt, gekielt. StgBla meist gabelhaarig. 0,05–0,30. 4–5. Lückige Xerothermrasen, Ephemerenfluren, nährstoffarme Äcker, sandige Rud., kalkmeidend; [A] g Nw Sa Ns, h Rh He Th An Mv, v By(g NM) Bw Bb, z Alp(Allg Brch Chm) Sh (m-b·c1-7EUR-WAS, [N] austr+sm-temp-CIRCPOL – hros ① – meist SeB – WiA MeA Sa langlebig Lichtkeimer – L6 T6 F4 R4 N4 – K Fest.-Brom., K Sedo-Scler., O Aper. – 10). [*Stenophr**ag**ma thali**a**num* (L.) ČELAK.] **Acker-Sch. – *A. thali**a**na* (L.)** HEYNH.

Camel**i**na CRANTZ **– Leindotter** (8 Arten)
1 Stg im unteren Teil u. Bla dicht kurz sternhaarig u. von lg verzweigten u. einfachen Haaren ± zottig. KrBla (2,2–)2,6–4,0(–4,5) mm lg. Fr br birnfg, hart, ohne Griffel 4,0–6,5(–7,2) mm lg, (2,0–)2,5–4,4(–4,8) mm br u. 1,7–3,1 mm dick. Sa (0,9–)1,0–1,4(–1,5) mm lg. Bla ganzrandig od. entfernt gezähnt. 0,30–0,70. 5–7. Nährstoffreiche Äcker, mäßig trockne Rud., rud. Xerothermrasen, kalkhold; [A] z By(f S) Rh(f W) He(f NW W) Th(f Hrz Wld) An(h SO S) Bb(f SW), s Bw(f SO NW S SW) Nw(f N) Sa(f Elb) Ns(f Elb O) Sh(O), [N] s Mv, ↘ (m-temp·c3-7EUR-WAS – hros ① – StA MeA: Aussaat Sa kurzlebig – L7 T6 F4 R8 N4 – V Caucal., V Sisymbr. – 16, 26, 32, 40). **Kleinfrüchtiger L. – *C. microcarpa*** ANDRZ. ex DC.
1 Pfl hellgrün, ⊖. KrBla (2,2–)2,6–3,5 mm lg. Fr (ohne Griffel) 4,0–5,2 mm lg, (2,0–)2,5–3,5 mm br u. 1,7–2,5 mm dick. [N U] s Bw He Nw(SW MW NO) Sa (m-temp·c3-7EUR-WAS).
 (†)subsp. *microcarpa*
1* Pfl dunkelgrün, ①. KrBla 3,4–4,1(–4,5) mm lg. Fr (ohne Griffel) 5,2–6,8(–7,2) mm lg, (3,6–)3,8–4,4 (–4,8) mm br u. 2,3–3,1 mm dick. Verbr. in D wie Art (Gesamtverbr. ungenau bekannt – 40). [*C. m.* subsp. *sylvestris* (WALLR.) HIITONEN] subsp. ***pil**o**sa*** (DC.) HIITONEN
1* Stg im unteren Teil u. Bla locker kurz sternhaarig u. höchstens mit einzelnen lg, einfachen od. verzweigten Haaren. KrBla 4–6 mm lg. Fr ohne Griffel 6,5–10,0 mm lg, (3,5–)4–7 mm br u. 3,0–5,5 mm dick. Sa 1,5–2,9 mm lg 2
2 Fr meist schmal birnfg, an der Spitze abgerundet, (3,5–)4,0–5,5 mm br, bald verholzend, hart, an aufrecht abstehenden Stielen. KrBla 4,0–4,5(–1,00) mm lg. Sa 1,5–2,0 mm lg. Untere StgBla ganzrandig bis entfernt gezähnt. 0,30–0,70(–1,00). 5–8. Äcker, trockne Rud.; [A] z By Rh(f W) He(f NW, s MW) Th(f Hrz Wld) An(f SO) Bb Mv(f Elb), s Bw(f SW) Nw(f N) Sa(f Elb) Ns(f Elb O) Sh(M O), † Bw Th Bb Ns Mv, ↘; oft mit **1** verwechselt (m-b·c2-9EUR-WAS, [N] AM+AUST – hros ⊙ – InB SeB – MeA mit Saatgetreide StA Lichtkeimer – L7 T7 F4 R7 N6 – V Caucal., V. Sisymbr. – 40). [*C. m.* subsp. *zingeri* MIREK sei Bronzezeit – var. ***sativa*** KulturPfl, ohne lg einfache Haare, mit kurzen einfachen od. Gabel-Haaren od. fast kahl, ⊙ – 40). **Saat-L. – *C. sativa*** (L.) CRANTZ
2* Fr br birnfg bis fast kuglig, an der Spitze gestutzt, 5–7 mm br, dünnhäutig, lange weich bleibend, an waagerecht abstehenden od. aufwärtsgebogenen Stielen. KrBla 4,5–6,0 mm lg. Sa 2,0–2,9 mm lg. Untere StgBla buchtig fiederlappig bis -teilig, selten ganzrandig. Pfl fast kahl. 0,15–0,60(–1,00). 5–8. Früher sandige u. lehmige Leinäcker, kalkmeidend; [A, im Leinbau entstanden] jetzt in allen Bdl † (sm-b·c4-5EUR, † in c2-3 – hros ⊙ – MeA: mit Leinsaat u. Vogelfutter Sa-Mimikry Sa kurzlebig – L7 T6 F5 R6 N4 – V Lolio-Lin. – 40). [*C. dent**a**ta* (WILLD.) PERS.] (†)**Gezähnter L. – *C. al**y**ssum*** (MILL.) THELL.

BRASSICACEAE 541

Capsella MEDIK. – **Hirtentäschel** (5 Arten)
1   KrBla 2–3 mm lg, den Ke überragend, weiß, selten fehlend od. durch StaubBla ersetzt. Ke grün, zuweilen rötlich od. purpurn. Fr 4–10 × 4–9 mm, an der Spitze schwach ausgerandet, FrRand meist konvex od. gerade (Abb. **538**/3). (0,02–)0,10–0,70. 1–12. Mäßig trockne bis frische Rud., Brachen, nährstoffreiche Äcker u. Gärten; g He Nw Th Sa An Ns Sh, h Bw Rh Mv, v By(g NM) Bb, z Alp, im N von D [A?] (austr+m-b·c1-7CIRCPOL, Heimat: EUR-WAS – hros ① ☉ – SeB InB: Bienen, Schwebfliegen – KlA MeA StA WaA: Regenballist Sa langlebig – L7 Tx F5 Rx N6 – K Stell., V Polyg. avic., V Sisymbr. – formenreich – 32).
   Gewöhnliches H. – *C. bursa-pastoris* (L.) MEDIK.
1* KrBla 1,5–2,0 mm lg, den Ke nicht überragend, rötlich od. weiß u. am Rand rötlich. Ke oft rötlich od. grün u. an der Spitze rötlich. Fr oft dunkelrot, 4–6 mm × 4–6 mm, FrRand konkav. Pfl sparrig. 0,10–0,40. (1–)4–10. Rud.; [U] s Bw Rh He Nw Sa Ns Mv Sh (m-stemp·c2-7EUR-WAS? – hros ① ☉ – SeB – KlA MeA – V Sisymbr. – *L7 T8 F3 R5 N7* – 16).
   Rötliches H. – *C. rubella* REUT.

Erysimum L. – **Schöterich, Schotendotter** (200 Arten)
Die 2–5strahligen sitzenden Sternhaare mit 15–20facher Lupe untersuchen. Der Winkel der reifen Schote (nicht deren Stiel!) ist der zur Blütenstandsachse.

1   Griffel 3–6 mm lg, Schoten 15–25 mm lg, seitlich stark zusammengedrückt, der Traubenachse dicht anliegend. Kr schwefelgelb. Pfl oberwärts sparrig verzweigt. 0,70–0,80. 6–10. Mäßig trockne Rud.; s [N] Mv(N: Greifswald Insel Riems), † He(Untermainebene) Sa(Dresden) Bb(Lychen) (sm-stemp·c3-5SOEUR – ① ☉ – V Dauco-Mel. – 16). [*Cheiranthus cuspidatus* (M. BIEB.) DC.]
   Stachelspitziger Sch. – *E. cuspidatum* (M. BIEB.) DC.
1* Griffel <3 mm lg 2
2   Narbe tief 2lappig (Abb. 533/5). Schoten seitlich zusammengedrückt, 2kantig, 2,5–3,5 mm br. Blü süß duftend, KrBla 12–20 mm lg, dunkelgelb bis orangebraun od. bräunlich violett. Stg u. Bla von 2teiligen (kompassnadelfg) Haaren graufilzig. 0,20–0,60. 4–6(–10). ZierPfl; auch trockne bis mäßig frische Rud.: Mauern, Burgen; [A] z Rh, s By(NM) He(SW ORh), [N] s Bw Nw An, [U] z Th, s Sa Bb Ns Mv (m-temp·c1-2EUR, hybridogen aus *E. corinthium* (BOISS.) WETTST. × *E. senoneri* (HELDR. et SART.) WETTST., beide m·c5OEUR – igr HStr – InB: bes. Hummeln, Bienen SeB – MeA WiA – L8 T8 F5 R9 N6 – V Cymb. mur., V Conv.-Agrop. – giftig – 12, 14). [*Cheiranthus cheiri* L.] **Goldlack – *E. cheiri* (L.) CRANTZ**
2* Narbe kopfig, ± ausgerandet, aber nicht 2lappig. Schoten stielrund od. 4kantig, 1,0–1,5 mm br. Kr hellgelb bis sattgelb 3
3   Pfl ☉ od. ①, daher ohne LaubBlaReste od. dichtstehende BlaNarben am StgGrund. Reife Schoten abstehend bis waagerecht abstehend (Winkel 40–90°). KrBla 3–8 mm lg. Blü duftlos 4
3* Pfl ☉ bis kurzlebig ♃, daher mit LaubBlaResten od. zumindest dichtstehenden BlaNarben am StgGrund (selten ①). Reife Schoten aufrecht (parallel zur Traubenachse) bis aufrecht abstehend (Winkel 0–40°, selten bis 50°). KrBla 6–16(–20) mm lg 5
4   Schotenstiel 6–12 mm lg, Schoten im ⌀ 4kantig, 12–30 mm lg, 2–3mal so lg wie ihr Stiel, im Winkel von 40–55° abstehend, Klappen der Schote glatt (ohne Einschnürungen). KrBla 3–5 mm lg. Bla mit reichlich 3- u. 4teiligen Haaren. (0,05–)0,15–0,60(–1,10). 5–9. Feuchte, nährstoffreiche Äcker, Gärten, feuchte Rud., Ufer; h Sa, v Rh He Nw Th An Bb Ns Mv, z Alp(Brch Krw Wtt Chm) By Bw Sh (sm-b·c2-7EURAS – eros ① ☉ – SeB InB: Bienen – WiA StA?). Sa langlebig – L7 T5 F5 R7 N7 – O Aper., V Convolv., O Bid. – für Vieh giftig – 16).
   Acker-Sch. – *E. cheiranthoides* L.
4* Schotenstiel 2–5 mm lg, Schoten im ⌀ rundlich, 30–95 mm lg, mindestens 5mal so lg wie ihr Stiel, waagerecht abstehend, Klappen der Schote wellig (mit Einschnürungen). KrBla 6–8 mm lg. Bla mit hauptsächlich 3teiligen u. reichlich 2teiligen Haaren. (0,05–)0,15–0,35(–0,50). 3–6. Trockne Rud., Äcker; [A?] z By(N) Th(Bck S), s He(O), [N] s An, [U] Sa Mv, ↘ (sm-stemp·c3-7EUR-WAS – eros ☉ – InB – StA – L7 T7 F4 R8 N5 – V Sisymbr., V Caucal. – 16). **Spreiz-Sch. – *E. repandum* L.**

5 (3) Bla mit hauptsächlich 2teiligen (kompassnadelfg), daneben wenigen 3- u. 4teiligen Haaren. Stg ausschließlich mit 2teiligen Kompasshaaren 6
5* Bla mit hauptsächlich 3teiligen, daneben wenigen 2-, 4- u. 5teiligen Haaren. Stg neben den überwiegenden 2teiligen mit wenigen 3teiligen Haaren 7
6 Blü 1–3 mm lg gestielt. KrBla 11–16 mm lg. Schoten aufrecht od. aufrecht abstehend, mit der Traubenachse einen Winkel von 10–30° bildend. Untere StgBla oft entfernt bis buchtig gezähnt. 0,15–0,80. 4–6. (Kont.) Silikat- u. Kalkfelsfluren u. -trockenrasen, trockne, steinige Rud.; z Th(f Hrz Rho S) An(f O), s By(NM Alb) Bw(Alb Keu S) Rh(f N W) He(O ORh SW), † Sa, [N U] s Bb?, ↘ (stemp·c3-4EUR – igr hros H ⊙ ⊛/H/C kurzlebig ⚁ – InB: Falter, Bienen, Fliegen – StA? – L9 T7 F2 R7 N1 – V Sesl.-Fest., V Fest. val., O Agrop. – für Gänse giftig – 14). **Bleicher Sch., Gänsesterbe – *E. crepidifolium* Rсhb.**
6* Blü 3–6 mm lg gestielt. KrBla 6–10 mm lg. Schoten abstehend, mit der Traubenachse einen Winkel von 30–50° bildend. Alle Bla ganzrandig. 0,30–1,00. 5–7. Rud.; [N U] s Bw Sa(Elbe) Bb(M: Töpchin) Ns(S: Alfeld) Sh(S: Hamburg) (sm·c5-7EUR-WAS – igr hros ⊙ – *L7 T7 F1 R7 N3* – 14, 28). [*E. canescens* Roth] **Grauer Sch. – *E. diffusum* Ehrh.**
7 (5) KrBla 13–16(–20) mm lg, 4–7 mm br. Staubbeutel mit hauptsächlich 3teiligen, reichlich 2teiligen u. wenigen 4teiligen Haaren. BlaStiel nur mit 2- u. 3teiligen Haaren. Schoten mit hauptsächlich 2teiligen, wenigen 3teiligen u. sehr wenigen 4teiligen Haaren, Schotenkanten schwach behaart bis kahl, sich dadurch deutlich abhebend. Blü stark duftend. 0,20–0,90 (–1,30). 5–7. Felsfluren, Trockenrasen, trockne, steinige Rud., kalkstet; z Th(f Hrz NW), s By(f S) Bw(Alb Gäu Keu) Rh(M MRh N) Sa(SO SW W) Bb(SO M MN NO) Sh(M), [N] s An, f Ns, ↘ (sm-temp·c2-5EUR – igr hros H ⓵ ⊛/H kurzlebig ⚁ – InB – StA? – L9 T7 F2 R8 N2 – V Sesl.-Fest., V Fest. val., V Xerobrom. – 32). [*E. hieraciifolium* L. non auct., nom. illeg., *E. pannonicum* Crantz] **Duft-Sch. – *E. odoratum* Ehrh.**
7* KrBla 6–13 mm lg. Staubbeutel kahl. BlaStiel mit reichlich 2-, 3- u. 4teiligen Haaren. Schoten mit hauptsächlich 3- u. 4teiligen Haaren, Schotenkanten behaart 8
8 KrBla 8–10 mm lg, spatelfg, dunkelgelb. Blü duftend. FrStiel 3–7(–10) mm lg. Schoten bogig aufrecht abstehend (Winkel 10–20°), ohne Griffel (30–)35–50 mm lg, mit hauptsächlich 3teiligen, reichlich 4teiligen u. wenigen 2- u. 5teiligen Haaren. Griffel 1,0–1,5 mm lg, von der Schote deutlich abgesetzt. (Achtung: Hungerformen ähneln stark der folgenden Art!) (25–)40–100(–125). 5–8. Frische Gebüschsäume, lückige Hochstaudenfluren, rud. Xerothermrasen, trockne Rud.; oft (im Gegensatz zur folgenden Art) verschleppt, z By(f S) Rh(f W) Th Sa An Bb Ns(f Hrz), s Bw(f SO Alb S SW) He(f NW W) Nw(f N) Mv(f NO) Sh(M), in Bb ↗ (sm-b·c2-7EURAS – igr hros ⊛/kurzlebig ⚁ H – InB – StA? – L6 T6 F5 R9 N8 – O Convolv., V Arct. – 48). **Ruten-Sch., Steifer Sch. – *E. hieraciifolium* L.**
8* KrBla 6,0–8,5 mm lg, keilfg, hellgelb. Blü duftlos. FrStiel (3–)4–5(–6) mm lg. Schoten aufrecht (der Traubenachse anliegend), ohne Griffel 23–30(–40) mm lg, mit hauptsächlich 4teiligen, reichlich 3teiligen, wenigen 5teiligen u. sehr wenigen 6teiligen Haaren. Griffel 0,5–1,2 mm lg, von der Schote meist abgesetzt (außer bei Fehlschlagen: dann bis 1,8 mm lg). 0,20–0,90. 6–9. Feuchte Gebüschsäume, Flussufer, rud. Xerothermrasen, Bahnanlagen; z Th(f Hrz Rho Wld) Sa An, [N] s By Nw Mv, [U] s Ns (sm-stemp·c3-7EUR – igr? hros ⊙ – InB – StA? – L9 T6 F4 R7 N5 – V Convolv., V Arct., V Dauco-Mel. – 48). [*E. durum* J. Presl et C. Presl] **Harter Sch. – *E. marschallianum* DC.**

Neslia Desv. [*Vogelia* Medik.] – **Finkensame** (2 Arten)

Pfl rauhaarig. StgBla mit pfeilfg Grund. Kr goldgelb. Fr kuglig (Abb. **538**/6). 0,15–0,80. 5–7. Lehmige bis tonige Äcker, mäßig trockne Rud., Brachen, kalkhold; [A] z By Bw(f NW ORh) Th Sa(f NO) An Mv(f Elb), s Alp(Allg Wtt) Rh(f M SW W) He(O) Nw(f ob noch?) Bb(f Od SW) Ns(S MO Hrz O) Sh(M), ↘ (m-temp·c2-6EUR-WAS, [N] AM – hros ⊙ ⓵? – meist SeB – MeA: mit Saatgut Sa langlebig – L6 T6 F4 R8 N4 – V Caucal., V Sisymbr. – 14). [*Vogelia paniculata* (L.) Hornem.] **Finkensame – *N. paniculata* (L.) Desv.**

1 Fr breiter als lg, nicht zugespitzt, am Grund gestutzt, nur am Rand mit 2 Längsrippen. Lehmige bis tonige Äcker, mäßig trockne Rud., kalkhold; Verbr. in D wie Art (m-temp·c2-6EUR-WAS – V Caucal., V Sisymbr.). subsp. **paniculata**
1* Fr etwa so lg wie br, beidseits zugespitzt, bes. am Grund durch 4 Längsrippen ± 4kantig. Mäßig trockne Rud.: Umschlagplätze; [N U] s Bw (m-stemp·c1-5EUR-WAS – V Sisymbr.). [*N. apiculata* G. Fisch. et al.] subsp. **thracica** (Velen.) Bornm.

Turritis L. – **Turmkraut** (2 Arten)
Fr 4kantig, FrKlappen gewölbt, mit starkem Mittelnerv. GrundBla von Sternhaaren rau. StgBla eilanzettlich, bläulichgrün, bereift. 0,60–1,20. 5–7. Mäßig trockne bis mäßig frische Wald- u. Gebüschsäume, Waldwege u. -lichtungen, Grau- u. Braundünen, Magerrasen, Rud.; v Rh Th Sa An, z By Bw He(f ORh) Nw Bb Ns Mv Sh, s Alp(Kch Allg Mng), [A] Mv Ns, ↘ ((m)-sm-b·c2-7EUR-WAS, [N] AM, OAS, AUST – igr hros H ⊙ – InB SeB – StA – L6 T6 F3 R8 N5 – O Prun., V Atrop., V Geo-Alliar. – 12). [*Arabis glabra* (L.) BERNH.]
Turmkraut – *T. glabra* L.

Cardamine L. [*Dentaria* L.] – **Schaumkraut** (200 Arten)
1 Rhizom vorhanden, fleischig, kriechend u. mit zahnfg NiederBlaSchuppen, meist kräftige Pflanzen 2
1* Rhizom fehlend od. dünn u. ohne zahnfg NiederBlaSchuppen, meist zarte Pflanzen mit BlaRosette 5
2 Kr gelblichweiß. 3 Bla quirlig genähert, 3zählig. 0,20–0,30. 4–6. Frische, mont. BuchenW (u. NadelmischW), SchluchtW, subalp. Hochstaudenfluren; v Alp(g Chm, f Allg Krw Wtt), z Sa(SO SW W), s By(f N NW) Bw(Keu), ↘ (sm/mo-stemp/demo·c3EUR – frgr eros G ♃ uRhiz – InB: bes. Hummeln – SeA Keimung unterirdisch – L4 T4 F5 R7 N7 – V Til.-Acer., UV Gal.-Fag. – 80). [*Dentaria enneaphyllos* L.] **Quirl-Sch. – *C. enneaphyllos*** (L.) CRANTZ
2* Blü purpurn, rosenrot, blassrosa, lila od. weiß 3
3 BlaAchseln mit kleinen, bräunlichvioletten Zwiebeln. Untere Bla gefiedert, mit 2–3 Fiederpaaren, oberste einfach. Kr hellviolett, rosa od. weiß. 0,30–0,60. 5–6. Frische Buchen- u. BuchenmischW, nährstoffanspruchsvoll; v Rh He, z Alp(f Amm Krw Wtt) By Bw Nw(f MW) Th Sa(SO SW W) An(h Hrz, S W SO) Ns(f Elb M O) Sh(M O), s Bb(f SO Elb) Mv(f Elb) (sm/mo-temp·c2-4EUR – sogr eros G ♃ uSchuppenRhiz BrutZw – SeB Schb Blü meist steril – SeA BrutZw: AmA – L3 T5 F5 R7 N6 – V Til.-Acer., V Carp. – 96). [*Dentaria bulbifera* L.] **Zwiebel-Sch. – *C. bulbifera*** (L.) CRANTZ
3* BlaAchseln ohne Zwiebeln 4
4 Bla gefingert, die unteren 5zählig, das oberste meist 3zählig. Kr rosenrot od. violett. 0,25–0,50. 4–6. Frische, mont. SchluchtW, Buchen- u. BuchenmischW, nährstoffanspruchsvoll; z Alp(Mng Chm), s By(S) Bw(f NW ORh) (sm/mo-stemp/demo·c2-3EUR – sogr eros G ♃ uAusl/SchuppenRhiz – InB – SeA – L3 T5 F5 R7 N6 – V Til.-Acer., UV Gal.-Fag. – 48). [*Dentaria pentaphyllos* L.] **Finger-Sch. – *C. pentaphyllos*** (L.) CRANTZ
4* Bla gefiedert, mit 2–4 Fiederpaaren. Kr weiß od. blasslila. 0,30–0,60. 4–5. Frische Buchen- u. Buchen-TannenW, nährstoffanspruchsvoll, kalkhold; s Bw(f SO Alb NW) (sm-stemp·c2EUR – sogr eros G ♃ uSchuppenRhiz – InB – SeA – L3 T5 F5 R8 N6 – UV Gal.-Fag. – 48). [*Dentaria pinnata* LAM., *D. heptaphyllos* VILL.]
Fieder-Sch. – *C. heptaphylla* (VILL.) O.E. SCHULZ
5 (1) Alle Bla ungeteilt. StgBla ausgeschweift gezähnt od. seicht gelappt, häufig ganzrandig, am Grund des BlaStiels ohne stängelumfassende Öhrchen. 0,02–0,12. 7–8. Sickerfeuchte, alp. Schneeböden u. -tälchen; z Alp(Allg Brch) (sm-stemp//alp·c2-3EUR – igr hros H ♃ Pleiok – InB SeB – SeA WiA – L7 T1 F7 R4 N4 – V Salic. herb., V Card.-Mont. – 16). [*C. bellidifolia* L. subsp. *alpina* (WILLD.) JAER] **Alpen-Sch. – *C. alpina*** WILLD.
5* Wenigstens die oberen Bla geteilt 6
6 Ältere GrundBla ungeteilt, jüngere 3teilig. StgBla 2–3paarig fiederschnittig. BlaStiel am Grund geöhrt. 0,02–0,15. 5–8. Sickerfrische, alp. bis subalp. Felsspalten u. Steinschuttfluren, kalkmeidend; z Alp(Allg), s By(O) (sm-stemp//alp·c2-3EUR – igr hros H ♃ PfWu/Pleiok+Ausl u. WuSpr – InB – SeA WiA – L8 T2 F5 R3 N2 – V Andros. alp., V Andros. vand. – 16). **Reseden-Sch. – *C. resedifolia*** L.
6* Alle GrundBla geteilt 7
7 Bla 3zählig u. gestielt. Blchen rhombisch-rundlich, ausgeschweift gekerbt. Stg 0–2blättrig. 0,20–0,30. 4–6. Sickerfrische, mont. bis hochmont. Buchen- u. Fichten-MischW, kalkhold; z Alp(f Krw), s By(S O) Bw(SO) (sm-stemp//mo·c3EUR – igr hros H ♃ KriechTr/oAusl – SeA – L3 T4 F6 R8 N7 – UV Gal.-Fag., V Alno-Ulm. – 16). **Kleeblatt-Sch. – *C. trifolia*** L.
7* Bla fiederschnittig bis gefiedert 8

8 KrBla verkehrteifg, 7–16 mm lg, ausgebreitet, meist 3mal so lg wie der Ke, lila od. weiß. ♃
.... **9**
8* KrBla länglich, 2–5 mm lg, aufrecht, 2mal so lg wie der Ke, weiß, zuweilen fehlend. ⊙ od.
①, selten kurzlebig ♃ **11**
9 Stg markig, gefurcht, ohne RosettenBla. StgBla br eifg, unregelmäßig gebuchtet. Staubbeutel violett. Kr weiß. 0,10–0,60. 4–6. Feuchte bis sickernasse Quellfluren u. Erlenbrüche, Bäche u. Gräben; h Alp Rh He Nw(z N) Sa Th(g Wld) Sh, v By Bw An(g Hrz) Ns(g Hrz) Mv, z Bb (sm/mo-b·c2-5EUR-(WSIB) – igr eros H ♃ oAusl – InB SeB – SeA WaA – L7 Tx F9= R6 N4 – V Card.-Mont., V Aln., V Alno-Ulm. – 16). **Kressen-Sch. – *C. amara* L.**
  1 StgBla (4–)6–14(–40), untere mit (3–)4–9(–11) Fiederpaaren, s By (NO O S).
  Österreichisches Kressen-Sch. – subsp. *austriaca* MARHOLD
  1* StgBla (2–)3–8(–10), unten mit 2–4(–6) Fiederpaaren, Verbr. in D wie Art.
  Eigentliches Kressen-Sch. – subsp. *amara*
9* Stg hohl, rund, mit RosettenBla. **(Artengruppe Wiesen-Sch. – *C. pratensis* agg.)** ... **10**
10 Alle StgBla gefiedert. Blchen gestielt, leicht abfallend, verkehrteifg, elliptisch bis linealisch, ganzrandig od. unregelmäßig gesägt bis gebuchtet (Abb. **544**/1). KrBla (9–)12–16(–19) mm lg. 0,20–0,50. 4–6. Röhrichte, Großseggenriede, ErlenbruchW; v By Bw Th Ns Mv Sh, z Nw(f SW) Sa An Bb ((sm)-b·c2-7CIRCPOL – igr hros H ♃ Ausl/Rhiz BrutBlchen – InB – SeA WaA: BrutBlchen – L6 T6 F9 R7 N4? – O Phragm., V Aln. – 56, 64, 68, 72, 80). [*C. paludosa* KNAF, *C. pratensis* subsp. *dentata* (SCHULT.) ČELAK., *C. pratensis* subsp. *paludosa* (KNAF) ČELAK.] **Zahn-Sch. – *C. dentata* SCHULT.**
10* StgBla meist fiederschnittig, Blchen der unteren StgBla in (2–)5–8(–11) Paaren, sitzend, verkehrteilanzettlich bis linealisch, meist ganzrandig (Abb. **544**/2), EndBlchen oft >15 mm lg. KrBla (6–)7,5–15(–16) mm lg. 0,10–0,60. 4–6. Frische bis nasse Wiesen, lichte LaubW, AuenW, Gärten; g Rh He Nw Th Sa Ns, h Bw An Mv Sh, v Alp By(g NM) Bb (sm/mo-temp·c2-7CIRCPOL – igr hros H ♃ Ausl/Rhiz – InB: Bienen, Falter – SeA – L4 Tx F6 Rx Nx – K Mol.-Arrh., V Alno-Ulm. – 16, 28, 30, 32, 38, 44, 46, 48, 56, 64, u. mehr). [*C. nemorosa* LEJ., *C. rivularis* auct. non SCHUR **Wiesen-Sch. – *C. pratensis* L. s. str.**
  Gelegentlich unterschieden: *C. udicola* JORD., EndBlchen wenig vergrößert, <12 mm lg, untere StgBla mit 2–10 Fiederpaaren. Artstatus unklar, s By (MS S)Bw (sm-stemp-c2-3ALP).
11 (8) BlaStiel am Grund mit 2 pfeilfg Öhrchen (Abb. **537**/6), behaart. Kr oft fehlend. Blchen der unteren Bla eifg, 3–5spaltig. 0,10–0,85. 5–7. Frische bis feuchte SchluchtW, Buchen- u. FichtenmischW, AuenW, Waldsäume, nährstoffanspruchsvoll; v Alp By Bw Rh He, z Nw Th Sa An(h Hrz), s Bb Ns(v S, f Hrz f N) Mv(N M NO MW) Sh(M O) (sm-temp·c2-5EURAS – hros ① ⊙ BrutBlchen – InB SeB? – SeA >5 m – L5 Tx F6 R7 N8 – V Til.-Acer., V Alno-Ulm., V Geo-Alliar. – 16). **Spring-Sch. – *C. impatiens* L.**
11* BlaStiel am Grund ohne Öhrchen **12**
12 GrundBla mit keilfg EndBlchen, hinfällig. Blchen der unteren Bla länglich, ganzrandig, meist sitzend. Pfl stets kahl. KrBla 2,0–2,5 mm lg. 0,05–0,25. 5–7. Periodisch überschwemmte, wechselnasse, sandig-lehmige Flussufer u. Flutmulden; z Sa(SO NO) An(Elb O N) Bb(f NO

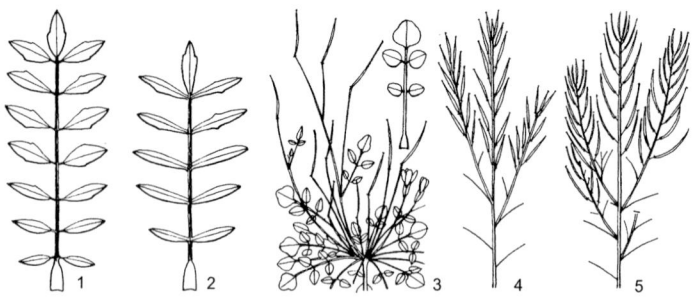

Cardamine dentata   C. pratensis   C. corymbosa   Barbarea vulgaris   B. arcuata

BRASSICACEAE 545

SW), Ns(Elb), s Bw(ORh) Rh(ORh) He(ORh) Mv(Elb M), † NO-By, ↘ (sm/mo-temp·c2-6CIRCPOL – eros/hros ⊙ BrutBlchen – InB SeB? – WaA KIA – L8 T6 F7= R7 N6 – V Pot. ans.– 16). **Kleinblütiges Sch. – *C. parviflora* L.**

12* GrundBla mit rundlichem EndBlchen, in bleibender Rosette. Blchen der unteren Bla rundlich bis verkehrteifg, gestielt. KrBla 2,5–4,0 mm lg **13**
13 Stg kahl od. zerstreut behaart, 2–4blättrig, nur am Grund verzweigt. RosettenBla ∞, mit 1–3 Paar Blchen. StgBla meist kahl. BlüStiele 1,5–2,0 mm lg. StaubBla meist 4. Schoten die Knospen überragend. 0,03–0,30. 3–6. Hecken- u. Gebüschsäume, Weinberge, Gärten, Äcker, frische Rud.; s By(Alb MS O), [N] g Nw Ns, h He, v Bw Rh Th Sa An, z Alp Bb Mv Sh, ↗ (m-temp-(b)·c1-4EUR-(WAS), [N] trop/mo-tempAM – hros ① ⊙ – SeB – SeA MeA mit Gartenstauden, Sa langlebig – L6 T6 F5 R5 N7 – V Geo-Alliar., K Stell. – 16, 32).
Viermänniges Sch. – *C. hirsuta* L.

Ähnlich: **Neuseeland-Sch. – *C. corymbosa*** Hook. f.: StaubBla meist 6. BlüStand unregelmäßig, oft EinzelBlü grundständig. Stg mit 0–3 Bla (Abb. 544/3). 0,03–0,10. [U? Gärtnereien] s By He Nw Ns, ↗? (austrNEUSEEL, [N 1985] temp-c1-2EUR – ① ⊙, an BlaSpitzen wurzelnd ♃).

13* Stg unterwärts reich behaart, 4–10blättrig, bis oben verzweigt. RosettenBla wenige, mit 3–6 Paar Blchen. StgBla oseits behaart. BlüStiele (2–)3–4 mm lg. StaubBla (4–)6. Schoten die Knospen kaum überragend. 0,10–0,50. 4–10. Quellfluren, nasse Waldwege, Bach-EschenW, kalkmeidend; h Bw(z Alb) He Nw(z N) Th(z Bck S), v Alp Rh Ns(g Hrz), z By Sa An(h Hrz) Bb Mv Sh(M O) (m/mo-b·c1-4EURAS – hros ① ⊙/igr kurzlebig ♃ BrutBlchen – InB SeB? – SeA KIA – L6 T5 F8 R4 N5 – V Card.-Mont. – 32). [*C. sylvatica* Link]
Wald-Sch. – *C. flexuosa* With.

Hybriden: *C. amara* × *C. pratensis* = *C.* ×*ambigua* O.E. Schulz – s; *C. amara* × *C. flexuosa* = *C.* ×*keckii* A. Kern.; *C. hirsuta* × *C. pratensis* = *C.* ×*fringsii* F. Wirtg. – s

Rorippa Scop. – **Sumpfkresse** (86 Arten)

1 KrBla höchstens so lg wie die 1,6–2,5 mm lg KeBla, blassgelb. Fr 5–12 × 1,7–3,0 mm, ihr Stiel 4–12 mm lg, schwach gebogen. Untere Bla leierfg fiederspaltig, jederseits mit 3–6 unregelmäßig gezähnten Abschnitten. Pfl ohne Ausläufer, nicht am Grund verzweigt. 0,10–0,80. 6–9. (Wechsel)Feuchte bis nasse, nährstoffreiche Äcker u. Rud., Gräben, schlammige Seeufer; h Th Sa Ns, v He Nw(g N) An Bb Mv, z Alp By(h NM) Bw Rh Sh ((m)-sm-b·c1-9CIRCPOL – sogr hros ⊙ ⊙ bis kurzlebig ♃ regenerativ WuSpr – InB SeB – KIA WaA Sa langlebig – L7 Tx F8= Rx N8 – O Bid., V Pot. ans., V Sperg.-Oxal. – 32). [*R. islandica* auct.]
Gewöhnliche S. – *R. palustris* (L.) Besser

Ähnlich: **Island-Sumpfkresse – *R. islandica*** (Oeder) Borbás: KeBla 1,0–1,5 mm lg. FrStiele 2–8 mm lg. Pfl am Grund verzweigt. (0,05–)0,10–0,20(–0,25). 6–9. Feuchte Lehm- bis Kiesböden am Rand temporärer Gewässer: s Alp(Brch Amm) (sm/salp-b-c1-3EUR – teilgr hros kurzlebig ♃ – SeB InB – WaA KIA Sa langlebig) – L8 T3 F8 R8 N6 – V Pot. ans., V Eleoch. acic. –16)

1* Kr länger als der Ke, goldgelb **2**
2 Fr fast kuglig, 2–3 mm ⌀, ihr Stiel 7–15 mm lg. Kr 3–4 mm lg. Alle Bla ungeteilt, unregelmäßig gezähnt, elliptisch, die unteren kurz gestielt, die oberen mit herzfg Grund halbstängelumfassend, geöhrt. Pfl mit lg, unterirdischen Ausläuferwurzeln. 0,40–1,00. 6–8. Wechseltrockne bis feuchte, periodisch überflutete Flussufersäume, feuchte Rud., rud. Frischwiesen, StromtalPfl; z Sa(f NO) Bb(Elb), s He(O ORh) An(f Hrz S W), [N] z Bw Rh, [N] s By Mv, ↗ (sm-temp·c3-6EUR, [N] AM – sogr eros H/G ♃ WuSpr – InB SeB – WaA MeA – L8 T7 F7= R8 N8 – V Convolv., V Pot. ans., V Arrh. – Teil eines Hybridschwarms mit *R.* ×*armoracioides*, **6**, z. T. fertil, intermediär u. schwer abzugrenzen – 16). [*Nasturtium austriacum* Crantz]
Österreichische S. – *R. austriaca* (Crantz) Spach

2* Fr eifg-elliptisch bis linealisch. Bla fiederspaltig bis fiederschnittig; wenn StgBla ungeteilt, dann mit verschmälertem Grund sitzend **3**
3 StgBla meist ungeteilt, elliptisch bis lanzettlich, ganzrandig od. gezähnt, mit verschmälertem Grund sitzend. GrundBla meist fiederlappig bis fiederschnittig. Pfl mit Wurzelsprossen u. am Grund bewurzelten Legtrieben. Fr eifg-elliptisch, 3–6 × 1,8–3,0 mm, gerade, ihr Stiel waagerecht abstehend od. herabgeschlagen, 2–3mal so lg wie die Fr. 0,40–1,20. 5–8. Schlammige, zeitweilig trockenfallende Teiche, Altwasser, Gräben mit stehendem bis lang-

sam fließendem, nährstoffreichem Wasser; v Sa An Bb Ns(g Elb) Mv Sh, z By Bw Rh He Nw(h N) Th ((m)-sm-temp·c2-7EUR-SIB, [N] AM – teilig eros/hros Hel/oHy ♃ WuSpr/LegTr – InB, s SeB – KlA WaA – L7 T6 F10 R7 N8 – V Phragm., V Pot. ans., O Bid. – 16, 32). [*Nasturtium amphibium* (L.) R. Br.]
              Wasser-S., Wasserkresse – *R. amphibia* (L.) Besser
3* StgBla fiederspaltig bis fiederschnittig, die untersten zuweilen gefiedert 4
4 Pfl zur BlüZeit mit BlaRosette. StgBla sitzend, mit schmalen Öhrchen stängelumfassend, fiederschnittig mit linealischen Abschnitten. Fr elliptisch, 2,5–6,0 mm lg, so lg wie ihr Stiel od. etwas kürzer. 0,05–0,40. 5–8. Mäßig trockne bis frische, lückige Wiesen u. Weiden, Rud., kalkmeidend; z Bw(ORh SW), [N U] Rh Mv, ↘ ((m)-sm-stemp·c2-4EUR – sogr hros H ♃ Pleiok WuSpr – InB – WaA? – L8 T7 F5 R6 N6 – O Arrh. – 16). [*R. stylosa* (Pers.) Mansf. et Rothm.]
              Pyrenäen-S. – *R. pyrenaica* (L.) Rchb.
4* BlaRosette zur BlüZeit verwelkt. StgBla geöhrt, seltener mit schwachen Öhrchen, ihre Abschnitte breiter. Fr schmal elliptisch bis linealisch, 5–20 mm lg 5
5 Fruchtbare Schoten 5–7(–10) × 1,2–2,5 mm, schmal elliptisch bis lineal-lanzettlich, ihre Stiele meist herabgeschlagen, FrGriffel 1,0–2,5 mm lg. Obere Bla ± sitzend, fiederspaltig, 2,5–4mal so lg wie br. 0,30–1,00. 5–9. Schlammige, verlandende Fluss- u. Seeufer mit stark schwankenden Wasserständen, Gräben, feuchte Rud., nährstoffanspruchsvoll, kalkhold; z Sa, s By(MS N NM O S) Bw(ORh S) Rh He(ORh SO NW) Nw(f SW) Th(Bck) An(f Hrz S) Bb(f SW) Ns(N O MO M NW) Mv Sh(M SO O) (sm-temp·c2-5EUR – sogr eros He ♃ Pleiok? – InB? – WaA? – L7 T6 F9= R9 N8 – V Car. elat., O Bid., V Pot. ans. – 32). [*R. amphibia* × *R. sylvestris*; *R.* ×*prostrata* (J.P. Bergeret) Schinz et Thell.]
            Niederliegende S. – *R.* ×*anceps* (Wahlenb.) Rchb.
5* Fruchtbare Schoten waagrecht bis aufsteigend, 3–20 x 1,0–1,5 mm 6
6 Fruchtbare Schoten (3–)3,5–9,0 × 1,5–2,0 mm, FrGriffel (0,8)1,2-1,5 mm. Obere Bla scharf gezähnt oder gelappt, stängelumfassend geöhrt. z An(Elb), Ns(Elb), s By(N NM NO) He(ORh) Th(Bck O) Sa Bb(Elb) Mv(f M N?) Sh(SO M), [N U] s Nw (L7 T6 F8= R? N? – Hybride zwischen *R. austriaca* × *R. sylvestris*)
            Meerrettichblättrige S. - *R.* ×*armoracioides* (Tausch) Fuss
6* Fruchtbare Schoten 8–20 mm lg u. 1,0–1,2 mm br, schmal linealisch, ihre Stiele waagrecht bis aufsteigend, FrGriffel 0,5–1,0 mm lg. Obere Bla gestielt, fiederteilig bis fiederschnittig, etwa doppelt so lg wie br. Pfl mit Wurzelsprossen. 0,20–0,60. 5–9. Feuchte bis nasse, zeitweilig überstaute, nährstoffreiche Äcker u. Rud., Gräben, Ufer; h Nw Sa Ns, v Rh He Th An, z By Bw(h ORh) Bb Mv(h Elb) Sh, s Alp (sm-temp·c1-6EUR, [N] AM – teilig? eros/ hros H/G ♃ WuSpr – InB – KlA MeA: mit Gartenstauden – L6 T6 F8= R8 N6 – O Bid., O Phragm, V Pot. ans., V Sperg.-Oxal. – Hybride S. 2 – 32, 40, 48). [*Nasturtium sylvestre* (L.) R. Br.]
              Wilde S. – *R. sylvestris* (L.) Besser
Seltene Hybriden: *R. amphibia* ×*R. palustris* = *R.* ×*erythrocaule* Nyman, *R. palustris* × *R. sylvestris*, *R. amphibia* × *R. austriaca* = *R.* ×*hungaricum* Nyman

Armoracia G. Gaertn. et al. – Meerrettich   (3 Arten)

GrundBla 0,3–1,0 m lg, gekerbt, untere StgBla oft fiederschnittig. 0,60–1,25. 5–7. KulturPfl; auch frische Rud.: Böschungen, Gräben, Schutt, rud. Wiesen; [N 1594] g Th, h He Nw Sa An Ns Mv, v By Bw Rh Bb, z Sh, s Alp (sm-temp·c2-5EUR, [N] AM – sogr hros G ♃ Rübe WuSpr – InB, fast stets steril MeA: Wurzelstücke – L8 T6 F5 Rx N9 – V Arct., V Convolv., V Arrh. – Gewürz – in großen Mengen für Vieh giftig – 32). [*A. lapathifolia* Usteri, *A. sativa* Bernh].
            Meerrettich – *A. rusticana* G. Gaertn. et al.

Barbarea R. Br. – Winterkresse, Barbarakraut   (22 Arten)

1 Oberste Bla ungeteilt, gezähnt od. gelappt 2
1* Alle Bla fiederspaltig bis fiederteilig. Griffel reifer Schoten 0,5–1,5 mm lg 4
2 Schoten der Spindel angedrückt, auf dicken, 3–5 mm lg Stielen. GrundBla mit 1–2 Paar Seitenzipfeln u. eifg-länglichem, am Grund nie herzfg. Endzipfel dieser länger als der Rest des Bla u. breiter als das oberste Seitenzipfelpaar. KrBla 1½mal so lg wie die Ke, 3,5–6,0 mm lg. Blü 5–6 mm ⌀. BlüKnospen an der Spitze weichhaarig. FrGriffel 0,5–1,5 mm lg.

0,60–1,00. 4–6. Spülsäume von Flüssen u. Bächen, Flussufer-Staudenfluren, wechselfeuchte Rud.; z By Bw(f SO Alb SW) Rh(f W) Nw(f SW) Th(Bck O Rho) Sa An Bb Ns(h Elb, f S) Mv Sh, s Alp(Allg Chm Kch) He(f MW NW W) Nw(MW, † SO, f SW), ↘ (sm-b·c2-7EUR-WAS – igr? hros H ⊙ – InB SeB – StA WaA MeA – L8 T6 F7= R7 N8 – V Convolv., V Pot. ans. – 16). **Steife W. – *B. stricta* A**NDRZ. ex B**ESSER
2*** Schoten aufrecht abstehend od. bogig aufsteigend. GrundBla mit 2–5 Paar Seitenzipfeln u. rundlichem, am Grund oft herzfg Endzipfel; dieser kürzer als der Rest des Bla u. so br wie od. schmaler als das oberste Seitenzipfelpaar. KrBla fast doppelt so lg wie der Ke, 5–7 mm lg. Blü 7–9 mm ⌀. BlüKnospen kahl. Schoten aufrecht abstehend, auf dünnen, 4–6 mm lg Stielen, FrGriffel 2–3 mm lg 3
3 FrStiele u. Fr aufrecht abstehend (Abb. **544**/4). FrGriffel 2,5–3,0 mm lg. Endzipfel der GrundBla am Grund ± herzfg. BlüStand anfangs sehr dicht, meist breiter als lg. 0,30–0,90. 5–7. Frische bis feuchte Rud., Ufer, Flussschotter, Ackerränder, rud. Auwiesen, Waldsäume; g Th, h He Nw Ns, v Alp By(g NM) Bw Rh Sa An(g Hrz) Mv, z Bb Sh, (m/mo-b·c1-6EUR, [N] NAM – igr hros H ⊙ bis kurzlebig ♃ regenerativ WuSpr – SeB InB – StA WaA MeA Lichtkeimer – L8 T6 F6 Rx N6 – V Convolv., V Pot. ans., V Bid., V Geo-Alliar. – 16). [*B. rivularis* L**ORET**] **Echte W. – *B. vulgaris* R. B**R**. subsp. *rivularis* (M**ARTRIN**-D**ONOS**) S**UDRE
3*** FrStiele u. Fr bogig aufsteigend (Abb. **544**/5), FrGriffel ca. 2 mm lg. Endzipfel der GrundBla am Grund ± keilig. BlüStand locker, meist länger als br. 0,20–0,90. 5–7. Ufer-, Feucht- u. Nassgrünland, Grünlandbrachen, Rud.; Verbr. ungenügend bekannt, [A] v Bb Mv, z By(NW) Nw Th Ns, s Rh (m-bEURAS – meist ♃). [*B. vulgaris* var. *arcuata* (J. P**RESL** et C. P**RESL**) F**R**.] **Krummfrüchtige W. – *B. arcuata* (J. P**RESL** et C. P**RESL**) R**CHB**.
4** (1) GrundBla mit 3–5 Paar Seitenzipfeln u. großem Endzipfel. Schoten 1,5–3,0 cm lg, gerade. 0,20–0,60. 4–5. Frische Rud., Ufer, Gärten, Äcker; v Rh, z He(f SO MW O) Nw(h SW, SO MW), s Bw(SW Gäu ORh), [N] Ns, s By Th Sa An Mv, [U] s Sh (sm-temp·c1-2EUR – igr hros H ⊙ – InB SeB – StA WaA MeA – L8 T6 F5 Rx N7 – V Sisymbr., V Pot. ans., V Geo-Alliar., V Arct. – 16). **Mittlere W. – *B. intermedia* B**OREAU
4* GrundBla mit 6–10 Paar Seitenzipfeln u. kleinem Endzipfel. Schoten 3–7 cm lg, leicht gekrümmt. 0,20–0,70. 4–6. Frische Rud.; [N 1849 U] Bw Rh Sa Mv Sh (m-stemp·c1-2EUR – igr hros H ⊙ – InB SeB? – MeA WaA? Lichtkeimer – L8 T6 F5 Rx N6 – V Sisymbr., V Arct. – alte Salat- u. ÖlPfl 16). [*B. praecox* (S**M**.) R. B**R**.]
Frühe W. – *B. verna* (MILL**.) A**SCH**.**

Hybriden: *B. stricta* × *B. vulgaris* = *B.* ×*schulzeana* H**AUSSKN**. – s, *B. vulgaris* × *B. intermedia* = *B.* ×*gradlii* J. M**URR** – s

Nasturtium R. B**R**. – **Brunnenkresse** (5 Arten)
1 Schoten dick, 10–18 × 2,0–2,5 mm. Sa in jedem Fach deutlich 2reihig, jederseits mit 25–50 großen erhabenen Netzmaschen (Abb. **556**/2). FrStiele relativ dick, (5–)8–12(–16) mm lg, gerade od. kaum gebogen. Bla im Herbst grün bleibend. 0,20–0,80. 5–10. Bach- u. Grabenröhrichte, auch flutend u. (bis 1 m Tiefe) untergetaucht im offenen Bereich ± schnell fließender Gewässer v Alp(f Krw) Bw Nw Th An Ns Mv Sh, z By Rh He Sa Bb; auch KulturPfl (austr-trop/mo-temp·c1-4AFR-AUST-AM-EUR – igr eros oHy/Hel LegTr – InB: Bienen, Falter SeB – KlA WaA – L5 T6 F10 R7 N7 – V Glyc.-Sparg., V Ranunc. fluit. – Salat – 32, 64). [*Rorippa nasturtium-aquaticum* (L.) H**AYEK**] **Gewöhnliche B. – *N. officinale* R. B**R**.
1*** Schoten dünn, (14–)16–24 × 1,2–2,0 mm. Sa in jedem Fach ± 1reihig, jederseits mit >130 kleinen erhabenen Netzmaschen (Abb. **556**/1). FrStiele dünner, (6–)11–20 mm lg, oft gebogen. Bla im Herbst purpurn bis bronzefarben. 0,20–0,80. 5–10. Bach- u. Grabenröhrichte ± schnell fließender Gewässer; v Mv, z Rh(N ORh SW) Nw An Bb Ns Sh, s Alp(Allg Amm Chm Mng) By(S MS NM) Bw(SO S Alb ORh) He(f SO NW) Th(Bck Rho) Sa(f SO SW) (sm-temp·c1-3EUR – igr eros oHy/Hel LegTr – InB – KlA WaA – L5 T5 F10 R3 N7 – V Glyc.-Sparg. – 64). [*Rorippa microphylla* (B**OENN**.) H**YL**]
Einreihige B., Braune B. – *N. microphyllum* (BOENN**. ex R**CHB**.) R**CHB**.**

Hybride: *N. microphyllum* × *N. officinale* = *N.* ×*sterile* (A**IRY** S**HAW**) O**EFELEIN** – z (48, 50, 52, 54, 60)

Subularia L. – **Pfriemenkresse** (2 Arten)
Stg einfach, mit 2–8blütiger Traube. Fr elliptisch, 2–5 mm lg. Bla 10–20, alle grundständig. Pfl meist untergetaucht. 0,02–0,08. 6–7. Flache, zeitweise überschwemmte Ufer oligotropher (dystropher) Seen, kalkmeidend; † By(NM?) Bw Nw Ns Sh (sm/mo-arct·c1-5 CIRCPOL – ros igr ⊙ ⊖ uHy/He – SeB InB? – WaA KlA Lichtkeimer – L8 T4 F10 R2 N1 – V Litt., V Isoët. – 28, 30). ⓕ **Pfriemenkresse –** *S. aquatica* L.

Lepidium L. [*Coronopus* Zinn, *Cardaria* Desv.] – **Kresse, Pfeilkresse, Krähenfuß**
(250 Arten)
1 Fr eine 2knotige, glatte SpaltFr (Abb. 549/6). BlüStiele länger als Blü u. Fr. Kr gelblich, kürzer als die Ke od. fehlend. StaubBla 2, seltener 4. 0,10–0,30. 6–8. Frische Rud.: bes. Trittstellen, Umschlagplätze; Gärten; [N 1808] s Sa(SO SW W), [N] z Bw Nw An, s Rh Ns, [U] s By Bb Mv(Heimat: austr-trop/moAM?, [N] austr+m-temp·c1-3CIRCPOL – hros ⊙ – InB SeB – KlA – L9 T7 F5 R6 N6 – V Polyg. avic. – 32) [*Coronopus didymus* (L.) Sm.]
Zweiknotiger Krähenfuß – *L. didymum* L.
1* Fr eine Nuss od. ein Schötchen 2
2 Fr eine Nuss 3
2* Fr ein Schötchen 4
3 Nuss nierenfg, gezähnt (Abb. 549/5). BlüStiele kürzer als Blü u. Fr. Kr weiß, länger als der Ke. StaubBla 6. 0,05–0,30. 5–8. Frische bis wechselfeuchte Rud.: bes. Trittstellen; Äcker, basenhold, salztolerant; z Bw(f SO NW S) He(f NW W) Nw(f SO) Th(Hrz O Wld) Sa(Elb W) An(h S W) Ns Mv, s By(f NO S) Rh(f M MRh) Bb Sh, ↘ (m-temp·c1-5EUR, [N] austrCIRCPOL, NAM – hros ⊙, slt. ⓘ – InB SeB – KlA Sa langlebig – L8 T7 F6~ R7 N6 – V Polyg. avic., V Caucal. – 32). [*L. squamatum* Forssk., *Coronopus squamatus* (Forssk.) Asch] **Gewöhnlicher Krähenfuß –** *L. coronopus* (L.) Al-Shehbaz
3* Nuss herzfg, glatt (Abb. 538/4). BlüStiele länger als Blü u. Fr. Obere StgBla mit herz- bis pfeilfg Grund stängelumfassend. Kr weiß. 0,20–0,50. 5–7. Trockne Rud.: Straßen, Bahnanlagen; lehmige Äcker, Weinberge, basenhold; [N 1728] v Th An, z By Bw Rh He Nw Sa Ns Mv Sh Bb, ↗ (m-temp·c2-8EUR-WAS+AM, Heimat: m-sm-c5-8WAS-OEUR – eros sogr G ♃ WuSpr – InB: Fliegen SeB Vw – MeA WiA Lichtkeimer – L8 T7 F3 R8 N4 – V Sisymbr., O Onop., V Caucal., V Conv.-Agrop. – 64). [*Cardaria draba* (L.) Desv.]
Pfeilkresse – *L. draba* L.
4 (2) KrBla blassgelb. Untere StgBla doppelt fiederschnittig mit fast linealischen Abschnitten obere eifg bis rundlich, völlig ganzrandig, mit tief herzfg Grund stängelumfassend. 0,20–0,40. 5–6. Frische Rud., Brachen, Ufer, nährstoffreiche Äcker, salztolerant; [N 1858, oft U] s By Rh Nw? He Sa An Bb Ns Mv, † Bw Th (m-sm·c5-8EUR-WAS – hros ⓘ – KlA WaA Sa langlebig – L8 T6 F6 R6 N5 – V Polyg. avic., V Pot. ans., V Sisymbr. – 16).
Durchwachsenblättrige K. – *L. perfoliatum* L.
4* KrBla weiß od. fehlend 5
5 Obere StgBla mit pfeilfg Grund stängelumfassend. Fr 5–6 mm lg, ihr br Flügel dem Griffel angewachsen (Abb. 549/4). 6
5* Obere StgBla nicht stängelumfassend, kurz gestielt od. sitzend 7
6 Pfl 1stänglig. Fr dicht mit schuppigen Bläschen bedeckt. Freier Griffelteil 0,5 mm lg, die Ausrandung des Flügels etwas überragend. 0,20–0,60. 5–6. Trockne bis mäßig trockne Rud., Hackfruchtäcker, rud. Trockenrasen, Waldränder; [A] h Th, v Rh He Nw Sa An, z By Bw Bb Ns Mv Sh(M O), s Alp(f Kch Mng) (m-temp·c1-5EUR, [N] AM+AUST – hros ⓘ ⊖ – SeB InB? – StA WiA KlA WaA: Regenschleuderer – L7 T6 F4 R8 N6 – V Sisymbr., V Ver.-Euph., V Conv.-Agrop. – 16). **Feld-K. –** *L. campestre* (L.) R.Br.
6* Pfl ∞stänglig. Fr kahl od. mit einzelnen Schüppchen. Freier Griffelteil >1 mm lg, die Ausrandung deutlich überragend. 0,15–0,45. 5–6. Frische Rud., nährstoffreiche Äcker, Ufer; [N] Bw Rh He Nw Ns, [U] An Bb (m-temp·c1-2EUR – hros igr H kurzlebig ♃ PfWu – StA MeA – L8 T7 F5 R6 N5 – V Sisymbr. – 16). [*L. smithii* Hook.]
Verschiedenblättrige K. – *L. heterophyllum* Benth.
7 (5) Fr 5–6 × 3–4 mm, oberwärts br geflügelt, viel länger als ihr steil aufrechter Stiel. Pfl kahl. Stg bereift. StgBla meist fiederschnittig. 0,20–0,40. 5–7. KulturPfl; auch Rud; [N U] s in

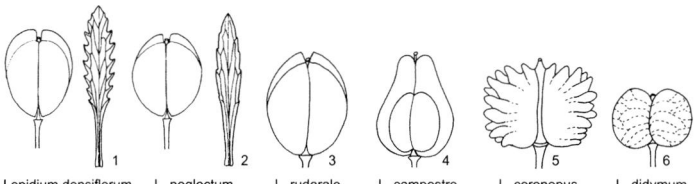

Lepidium densiflorum   L. neglectum   L. ruderale   L. campestre   L. coronopus   L. didymum

allen Bdl (Heimat: m·c8OAFR-WAS – eros ☉ ①? – InB Vw SeB – KlA – *L9 T7 F4 R5 N7* – V Sisymbr. – Salat – 24). **Garten-K. – *L. sativum* L.**

7* Fr 1,5–4,0 × 1,5–3,0 mm, nicht od. schmal geflügelt, so lg wie ihr Stiel od. kürzer **8**
8 Fr nicht geflügelt, spitz od. abgerundet, nicht od. schwach ausgerandet. StaubBla 6. ♃ **9**
8* Fr oberwärts schmal geflügelt, deutlich ausgerandet, Griffel die Ausrandung nicht überragend (Abb. **549**/1–3). StaubBla 2 od. 4. ☉ ① **10**
9 Fr eifg, spitz, kahl. KeBla von der Mitte an schmal weiß berandet. GrundBla lanzettlich-spatelfg, kerbig gezähnt od. am Grund ± fiederspaltig, mittlere StgBla lineal-lanzettlich, etwa 1–4 × 0,1–0,5 cm. 0,40–0,70. 6–8. Trockne, sandige bis steinige Rud.; z Rh: bes. Rhein, Nahe, z Rh He(ORh SW SO), s Bw(NW Gäu ORh) Nw(MW), [N] s An, [U] Th Mv (m-sm·c2-5EUR – eros sogr? H ♃ Pleiok, regenerativ WuSpr – InB – L8 T8 F3 R6 N5 – V Sisymbr. – 48). **Grasblättrige K. – *L. graminifolium* L.**
9* Fr br elliptisch od. rundlich, weichhaarig. KeBla fast vom Grund an br weiß berandet. Grund-Bla meist eifg, ungeteilt; mittlere u. obere StgBla eifg bis eifg-lanzettlich, 5–10 × 1–2 cm. Pfl scharf schmeckend. 0,50–1,00. 5–7. (Wechsel)Frische, sandige bis tonige Rud., Brachen, Küstenspülsäume, Dünen, salztolerant; z Ns, s Mv(Elb N NO) Sh(O M), [N] z Hn An Nw(f NO SW) Th Sa Bb, ↗ (m-temp·c4-10+litEUR-ZAS, [N] NAM – sogr eros G ♃ WuSpr – MeA WaA – L9 T6 F5~ R7 N5 – V Pot. ans., V Sisymbr. – früher GewürzPfl – 24). **Breitblättrige K., Pfefferkraut – *L. latifolium* L.**
10 **(8)** KrBla länger als der Ke. Stg mit bogig zurückgekrümmten Haaren. StgBla länglich-lanzettlich bis lineal-lanzettlich, scharf gesägt, mit deutlichen Seitennerven. GrundBla (zur FrZeit meist fehlend) leierfg fiederteilig, borstig. Fr kreisrund. Sa flügelig berandet. 0,30–0,50. 5–8. Mäßig trockne, lehmige bis sandig-kiesige Rud., Gärten; [N 1786] z By Bw Rh He Nw Sa Bb Ns Mv, [U] s An, ↗ (trop/mo-temp·c1-7AM, [N] sm-temp·c1-4EUR, AUST, SAFR – hros ☉ ① – MeA WaA Sa langlebig – L8 T7 F4 R6 N5 – V Sisymbr., V Dauco-Mel., V Polyg. avic. – 16, 32). **Virginische K. – *L. virginicum* L.**
10* KrBla kürzer als der Ke od. fehlend. Stg mit kurzen, gerade abstehenden Haaren **11**
11 Pfl stinkend. Stg von der Mitte an mit ∞ verzweigten, sparrigen Ästen u. vielen lockeren Trauben. GrundBla u. untere StgBla (zur FrZeit abgefallen) 1–2fach fiederschnittig mit schmal lanzettlichen Zipfeln u. ebensolchem Endabschnitt. Obere Bla linealisch, ganzrandig, 1nervig, stumpflich. KrBla stets fehlend. Fr eifg mit br V-fg Ausrandung (Abb. **549**/3). Sa nicht berandet. 0,10–0,30. 5–10. Trockne, sandige bis lehmige Rud.: Schutt, Bahn-anlagen; [A] g Th(s Hrz) Sa(v SW), h An, v Rh He Bb Ns(g MO) Mv, z By Bw Nw Sh, s Alp(Allg Mng) (m-b·c2-7EUR-WAS, [N] AM u. Südhem. – hros ☉ ① – SeB – KlA MeA WiA: Steppenläufer Lichtkeimer – L9 T6 F4 Rx N6 – V Polyg. avic., V Sisymbr. – 32). **Schutt-K. – *L. ruderale* L.**
11* Pfl nicht stinkend. Stg oberwärts mit meist wenigen, selten verzweigten, aufrecht abstehenden Ästen u. dichten Trauben. GrundBla (zur FrZeit fehlend) meist leierfg fiederlappig bis -teilig, mit br Zipfeln u. viel größerem Endabschnitt **12**
12 Mittlere StgBla lanzettlich bis lineal-lanzettlich, entfernt sägezähnig (Abb. **549**/2), obere linealisch, ganzrandig, 1nervig, spitz, am Rand ringsum papillös. KrBla vorhanden, kürzer als der Ke. FrStiele fast waagerecht abstehend, dünn. Fr kreisrund od. breiter als lg, mit V-fg Ausrandung (Abb. **549**/2). Sa schmal flügelig berandet. 0,20–0,40. 5–8. Trockne, sandige Rud.: Umschlagplätze; [N 1900] Rh He Sa, [U] s Nw An Bb Ns Mv (Heimat: sm-temp·c3-7OAM? – hros ☉ ① – KlA MeA – L9 T7 F3 R8 N4 – V Dauco-Mel., V Sisymbr.). **Verkannte K. – *L. neglectum* Thell.**

12* Mittlere StgBla länglich-lanzettlich, meist deutlich gesägt (Abb. 549/1), obere lineal-lanzettlich, meist entfernt sägezähnig, mit Seitennerven, am Grund gewimpert. KrBla fehlend od. verkümmert. FrStiele aufrecht abstehend, dicklich. Fr verkehrteifg, mit schmal U-fg Ausrandung (Abb. 549/1). Sa nicht berandet. 0,15–0,40. 5–7. Trockne, sandige Rud.: Wegränder, Umschlagplätze; [N 1879] z Sa, s By Bw Rh He Nw(MW N) An Bb Ns Mv, ↘? (Heimat: sm-temp·c3-8OAM-(WAM), [N] sm-temp·c2-5EUR – hros ☉ ⓘ – SeB InB? – KlA MeA – L8 T7 F4 R7 N6 – V Sisymbr., V Polyg. avic., V Onop. – 32). [*L. ape̱talum* auct.]
Dichtblütige K. – *L. densiflo̱rum* SCHRAD.

Biscute̱lla L. – Brillenschötchen (45 Arten)

GrundBla ganzrandig bis gezähnt, kahl od. behaart. SpaltFr brillenfg (Abb. 538/5). Kr hellgelb. 0,15–0,30. 5–7. Alp. bis subalp. mäßig trockne bis frische Felsspalten u. Steinschuttfluren, in Tieflagen in Felsfluren u. Sandtrockenrasen; h Alp, z By(Alb MS S O) Rh, s Bw(SO Alb) He(SW) Nw(SW) Th(Bck) Sa(W) An(SO Elb) Ns(S), † Sa(jetzt nur [N]) Bb, ↘; auch ZierPfl (sm-stemp//dealp·c2-4EUR – sogr hros H ⚷ Pleiok regenerativ WuSpr – InB – WiA – L8 Tx Fx R7 N2 – O Sesl., V Potent. caul., V Andros. vand., V Thlasp. rot., V Sesl.-Fest., V Xerobrom., V Brom. erect., V Eric.-Pin., O Fest.-Sedet. – ▽ – 18, 36).
Glattes B. – *B. laevigata* L.

1 Bla rauhaarig od. nur am Rand behaart u. sonst kahl, GrundBla 8–12 × 0,9–1,2(–2,0) cm, lanzettlich, gezähnt. Stg verzweigt, am Grund rauhaarig. Alp.-subalp. Felsspalten u. -fluren, kalkstet; v Alp, z By(MS S) Ns(S: Süntel), s Th(Bck) (sm-stemp//dealp·c2-3EUR – O Sesl., V Thlasp. rot., V Eric-Pin. – 36). [*B. longifolia* VILL.] subsp. *laevigata*
1* Bla weichhaarig 2
2 Bla tief gebuchtet 3
2* Bla ganzrandig od. gezähnt 4
3 GrundBla 8,0 × 1,2 cm, lanzettlich. Stg verzweigt. Felsspalten u. -fluren, basenhold; z Rh(Rhein u. Nebentäler), s Bw(obere Donau Lauchert Schmeie) He(ORh) (stemp/dealp·c2-3EUR – V Andros. vand., V Potent. caul., V Sesl.-Fest., V Xerobrom. – 18). [*B. alsa̱tica* JORD.]
  subsp. *va̱ria* (DUMORT.) ROUY et FOUCAUD
3* GrundBla 3–4 × 0,5–0,7(–1,0) cm, linealisch bis länglich. Stg kaum verzweigt. Felsspalten u. -bänder; s Rh(Nahe) (stemp/dealp·c2EUR – 18). subsp. *subaphylla* MACH.-LAUR.
4 (2) GrundBla ganzrandig, bis 8 × 1,0–1,5 cm. Stg verzweigt. Felsspalten, -bänder, kalkstet; Lokalendemit, s Ns(S: Süntel) (stemp/demo·c2EUR). subsp. *guestpha̱lica* MACH.-LAUR.
4* GrundBla gezähnt 5
5 GrundBla 5–8 × 0,7–1,0 cm, mit 3–5 spitzen Zähnen. Stg verzweigt. Präalp. Trocken- u. Halbtrockenrasen, Kiefern-Trockenwälder; z By(Alb MS S) (stemp/demo·c3EUR – V Brom. erect., V Eric.-Pin. – 18). subsp. *ke̱rneri* MACH.-LAUR.
5* GrundBla bis 5 cm lg 6
6 GrundBla lanzettlich, lg gestielt, mit spitzen Zähnen. Stg verzweigt. Silikatfelsfluren u. reichere Sandtrockenrasen, kalkmeidend; z An(Elb: Dessau, SO: Saale von Halle bis Wettin), † Sa Bb, ↘ (stemp·c3EUR – V Sesl.-Fest., O Fest.-Sedet. – 18.). subsp. *graci̱lis* MACH.-LAUR.
6* GrundBla länglich, kurz gestielt, mit stumpfen Zähnen. Stg wenig od. nicht verzweigt. Halbtrockenrasen, kalkstet; s Th(Bck) (stemp·c3EUR – V Brom. erect. – 18.).
  subsp. *tenuifo̱lia* (BLUFF et FINGERH.) MACH.-LAUR.

Alyssum L. – Steinkraut (195 Arten)

[N lokal] **Kleinblütiges St. – *A. campestre* (L.) L.** [*A. si̱mplex* RUDOLPHI, *A. parvifl*o̱*rum* M. BIEB.]: Pfl ⓘ, Bla oseits graugrün, useits grauweiß. KeBla 0,7–1,5 mm lg, hinfällig, KrBla 2–3 mm lg. 0,10–0,40. Weinberge; [N 1990] s By(Keuper-Lias-Land), sonst [U] By(S) Mv (m-sm-c1-8EUR-WAS).

1 KrBla an der Spitze abgerundet, 2,0–3,5 mm lg. BlüStand schirmfg. 0,25–0,70. 5–6. ZierPfl; auch Felsen, Mauern; [N], s, z. B. By Bw Th An Sa(W: Leipzig) Mv (sm·c3-6OEUR-(WAS) – igr eros H kurzlebig ⚷ Pleiok – InB – WiA StA – L7 T8 F2 R7 N3 – 16). [*Odontarrhena mura̱lis*[2] (WALDST. et KIT.) ENDL.] **Mauer-St. – *A. murale* WALDST. et KIT.**
1* KrBla an der Spitze ausgerandet, 3–6 mm lg. Blü in Trauben 2

---

[2] Laut neuerer Forschungen als eigenständige Gattung zu führen, hier aber aus praktischen Gründen im Schlüssel belassen.

BRASSICACEAE 551

2 Pfl ① od. ⊙. Ke zur FrReife noch vorhanden. KrBla 3–4 mm lg, blassgelb, weiß verbleichend. 0,07–0,30. 4–9. Lückige, oft rud. Xerothermrasen, sandige Brachen, Rud., kalkhold; v An(s N O), z By Bw(f SW NW) Rh He Th(f Hrz) Sa(f Elb) Bb(f SW) Mv, s Alp(Allg Wtt Krw) Nw(f N) Ns Sh, im N auch [N] (m/mo-temp·c2-4EUR, [N] bis (b)EUR, AM – igr hros ① ⊙ – SeB – WiA Kältekeimer – L9 T6 F3 R8 N1 – K Sedo-Scler., K Fest.-Brom. – 32). [*A. calycinum* L.] **Kelch-St. – *A. alyssoides* (L.) L.**

2* Pfl ♃. Ke zur FrZeit abgefallen. KrBla 3,5–6,0 mm lg, meist goldgelb. 0,10–0,20. 3–5. Felsfluren, Trocken- u. Sandtrockenrasen, kalkhold; z An(f O), s By(f S) Bw(Alb ORh S) Rh He(f MW NW W) Nw(SW) Sa(f SO NO) Th(z Bck) Bb(f SO SW) (m/mo-temp·c2-5EUR – igr eros H kurzlebig ♃ Pleiok – InB – WiA Sa kurzlebig Lichtkeimer – L9 T6 F2 R7 N1 – O Alysso-Sed., V Fest. val., V Koel. glauc. – ▽ – 16, 32, 48).   **Berg-St. – *A. montanum* L.**

   1 Stg niederliegend bis aufsteigend. KrBla 4,5–6,0 mm lg, goldgelb. Fr 3,5–5,5 mm lg, fast kreisrund. Griffel 1–3 mm lg. Felsfluren, Trockenrasen; Verbr. in D wie Art, auch ZierPfl (m/mo-stemp·c2-4EUR – O Alysso-Sed., V Fest. val.). subsp. ***montanum***

   1* Stg aufsteigend bis aufrecht. KrBla 3,5–4,0 mm lg, blassgelb. Fr 3–5 mm lg, br elliptisch. Griffel 2,0–3,5 mm lg. Sandtrockenrasen, basenhold; s By(N, † Alb) Bw(ORh) Rh(ORh) He(ORh SO SW) Bb(M NO Od) (sm/mo-temp·c4-5EUR – V Koel. glauc). [*A. montanum* var. *angustifolium* FUCKEL, *A. gmelinii* JORD. et FOURR.] subsp. ***gmelinii*** (JORD.) HEGI et EM. SCHMID

Aurinia DESV. – **Felsensteinkraut**   (7 Arten)

Pfl halbstrauchig, grau behaart. Stg verzweigt, niederliegend-aufsteigend. GrundBla verkehrteilanzettlich, in den Stiel verschmälert, StgBla sitzend. KrBla gelb, kahl. 0,15–0,35. 4–5. Kalk- u. Silikatfelsfluren (Felsbänder); [N?] z Sa(f NO), s Alp(Allg) By(Alb), [N] s Rh An, [U] z Bw; auch ZierPfl (m-stemp·c4-6EUR – igr hros/eros C HStr, selten WuSpr – InB: Bienen, Fliegen – WiA – L9 T7 F2 R8 N1 – V Sesl.-Fest. – ▽ – 16). [*Alyssum saxatile* L.]
Felsensteinkraut – *A. saxatilis* (L.) DESV. subsp. *saxatilis*

Berteroa DC. – **Graukresse**   (5 Arten)

Pfl von Sternhaaren graugrün. Fr elliptisch. KrBla weiß, gespalten. 0,20–0,60. 6–10. Trockne Rud., rud. Sandtrockenrasen, Brachen; [N 1594; in By A] h Bb Mv, v Sa An, z By Bw Rh He Nw Th Ns Sh (sm-temp·c3-6EUR-WAS, [N] temp-(b)·c2EUR, NAM – igr hros H ⊙ ① – InB SeB – StA MeA – L9 T6 F3 R6 N4 – V Dauco-Mel., O Fest.-Sedet., O Agrop., O Sisymbr. – 16). [*Farsetia incana* (L.) R. BR.]   **Graukresse – *B. incana* (L.) DC.**

Lobularia DESV. – **Silberkraut**   (4 Arten)

Stg ästig. Bla ganzrandig. Kr weiß, selten violett. Blü duftend. 0,10–0,25. 6–10. ZierPfl; auch Rud.; [N U] s, z. B. By Bw Nw He Sa An Bb Mv (m-sm·c2-4litEUR, [N] auch temp – eros/ hros ⊙ ①/kurzlebig ♃ C – InB – WiA WaA? – *L7 T8 F2 R5 N3* – V Sisymbr. – 24). [*Alyssum maritimum* (L.) LAM.]   **Strand-S. – *L. maritima* (L.) DESV.**

Descurainia WEBB et BERTHEL. – **Besenrauke**   (35 Arten)

KrBla ± 2 mm lg, blassgelb. 0,20–0,70(–1,50). 5–9. Nährstoffreiche, meist kalkhaltige Äcker, trockne bis mäßig frische Rud., Uferböschungen; [A], im N [N] g An, h Mv, v Th Sa Bb Ns(g Elb), z By Bw Rh(h ORh) He(f NW) Nw(f SO) Sh (m-b·c2-9EURAS, [N] AM, SAFR – hros ⊙ ① – SeB InB – WiA StA KlA VdA Lichtkeimer – L8 T6 F4 Rx N6 – V Caucal., V Ver.-Euph., V Sisymbr., V Onop. – 28). [*Sisymbrium sophia* L.]
Gewöhnliche B., Sophienrauke – *D. sophia* (L.) WEBB ex PRANTL

Hornungia RCHB. – **Steppenkresse, Gämskresse, Salztäschel**   (3 Arten)

1 Pfl ausdauernd. Bla alle in Rosette, gestielt, die untersten ungeteilt od. 3teilig, die folgenden 1–4paarig fiederschnittig. KrBla doppelt so lang wie KeBla. 0,05–0,12. 5–8. Alp. sickerfrische Steinschuttfluren, Flussschotter im Alpenvorland, kalkstet; v Alp, z By(S), auch ZierPfl (sm-stemp//alp·c1-3EUR – igr ros C/H ♃ Pleiok – InB SeB Vw – WiA: Wintersteher – L8 T2 F5 R9 N2 – V Thlasp. rot., V Arab. caer., V Epil. fleisch. – 12). [*Hutchinsia alpina* (L.)

BRASSICACEAE

R. Br., *Noccaea alpina* (L.) Rchb., *Pritzelago alpina* (L.) Kuntze]
Alpen-Gämskresse – *H. alpina* (L.) O. Appel

1* Pfl einjährig. Stg beblättert. KrBla etwa so lang wie die KeBla 2
2 Schötchen ∞samig, elliptisch. Rosetten- u. StgBla ungeteilt bis fiederschnittig. 0,05–0,15. 4–5. Lehmige bis tonige, (wechsel)feuchte Salzstellen; s An(f Hrz O) Th(NW Rho, z Bck), [N] s He Ns, ↗ (austr+m-stemp·c3-9+litCIRCPOL – hros ☉ ① – SeB InB? – KlA – *L7 Tx Fx R7 N5* – K Th.-Salicorn. – 12). [*Capsella procumbens* (L.) Fr., *Hymenolobus procumbens* (L.) Torr. et Gray]   **Salztäschel** – *H. procumbens* (L.) Hayek
2* Schötchen 4samig. Alle Bla fiederschnittig. 0,02–0,15. 3–5. Submed. Kalkfels- u. Ephemerenfluren, kalkstet; z An(SO S), s By(N Alb) Rh(ORh SW) Th(Bck) Ns(S), ↘ (m-stemp·c2-4(+lit)EUR – hros ① – SeB – KlA – L8 T7 F2 R9 N1 – V Xerobrom., V Alysso-Sed. – 12). [*Hutchinsia petraea* (L.) Bonnier]   **Zwerg-St.** – *H. petraea* (L.) Rchb.

Draba L. [inkl. *Erophila* DC.] – **Felsenblümchen, Hungerblümchen**   (400 Arten)
Bearbeitung: **Karl Peter Buttler** (†)

1 KrBla gespalten **(Artengruppe Frühlings-Hungerblümchen** – *D. verna* agg. – Chromosomenzahlen – 24, 40) 2
1* KrBla ungeteilt 4
2 Schötchen 5–10 mm lg, elliptisch od. verkehrteilanzettlich, 2,5–5mal so lg wie br. Bla br lanzettlich od. elliptisch, oseits ± dicht sternhaarig, meist ohne einfache Haare. 0,03–0,15. 3–5. Lückige Xerothermrasen, Ephemerenfluren, sandige Äcker u. Rud.: Wegränder, Böschungen; g Rh He Nw Th Sa An Ns Bb Mv Sh, h By(g NM) An, v Alp(f Krw Wtt) Bw Th (sm-temp-(b)·c1-5EUR-WAS? – ros ① ☉ – SeB InB – WiA KlA – L8 T6 Fx Rx N2 – K Fest.-Brom., O Fest.-Sedet., O Aper.). [*Erophila verna* (L.) Chevall, *E. vulgaris* DC., *E. verna* subsp. *verna*]   **Frühlings-H.** – *D. verna* L.
2* Schötchen 3–6 mm lg, 1,5–2mal so lg wie br 3
3 Schötchen elliptisch bis verkehrteilanzettlich, etwa 2mal so lg wie br. Bla verkehrteifg-lanzettlich, oseits ± dicht mit einfachen Haaren u. wenigen Sternhaaren. 0,03–0,08. 3–4. Lückige Xerothermrasen, kalkhold; v Bw Rh He, z By(f Alpen) Th? Sa? An? B? (m-stemp·c1-5EUR. – ros ① ☉ – InB SeB – WiA KlA – L8 T6 F2 R8 N1 – K Fest.-Brom., O Fest.-Sedet.). [*Erophila praecox* (Steven) DC., *E. verna* subsp. *praecox* (Steven) Gremli]   **Frühes H.** – *D. praecox* Stev.
3* Schötchen br verkehrteifg od. fast rund, etwa 1,5mal so lg wie br. Bla verkehrteifg-spatelfg, oseits mit Gabel- u. Sternhaaren. 0,03–0,10. 3–5. Lückige Xerothermrasen; v By Bw?, s Th? Sa An (sm-temp·c1-5EUR? – ros ① ☉ – InB SeB – WiA KlA – L8 T6 F3 R9 N2 – K Sedo-Scler., K Fest.-Brom.). [*Erophila boerhaavii* (H.C. Hall) Dumort., *E. spathulata* Láng, *E. verna* subsp. *spathulata* (Láng) Zapał., *D. spathulata* (Láng) Sadler, nom. illeg.]
Rundfrüchtiges H. – *D. boerhaavii* (H.C. Hall) Jacks. ex Raus
4 (1) Pfl ☉ od. ⊙. Stg einzeln, mit ∞ StgBla. FrStiele waagerecht abstehend 5
4* Pfl ♃, rasenbildend, selten ⊙ u. Stg einzeln. StgBla an blühenden Trieben höchstens 4, selten mehr u. dann FrStiele aufrecht 6
5 KrBla weiß, vorn abgerundet. StgBla halbstängelumfassend. Fr kahl, mit <20 Samen. 0,10–0,30. 5–6. Reichere Sandtrockenrasen, mäßig trockne bis frische Rud.: Böschungen, auf Mauern; Trockengebüschsäume, kalkhold; z Rh He Nw(f N), s Bw(f SO Alb) Th(Bck NW O) Sa(W) An(f N O), [N] s By Ns, [U] s Mv Sh, † Sa (m-temp·c1-4EUR – hros ① ☉ – InB SeB – WiA – L7 T6 F5 R8 N3 – V Alysso-Sed., V Geo-Alliar., V Ger. sang. – 32).
Mauer-F. – *D. muralis* L.
5* KrBla hellgelb, weiß verblassend, vorn ausgerandet. StgBla keilfg sitzend. Fr mit kurzen, einfachen Haaren od. kahl, mit >25 Samen. 0,10–0,20(–0,40). 5–6. Lückige Xerothermrasen; [N] s, z. B. By(MS: Straubing, Regensburg) Nw Bb Mv (sm-b·c3-9CIRCPOL – hros ☉ ① – InB SeB? – WiA – *L7 T5 F3 R7 N5* – K Sedo-Scler.?).
Hain-F. – *D. nemorosa* L.
6 (4) Bla starr, gekielt, am Rand von steifen Borsten kammfg gewimpert. Kr gelb 7
6* Bla weich, nicht gekielt, mit einfachen u. oft auch verzweigten Haaren. Kr weiß 8

7 StaubBla 0,5–0,8mal so lg wie die Kr. Pfl lockerrasig. BlüStand locker, mit 2–5 Blü. Griffel <1 mm lg. Fr 3–7 mm lg, auf sparrig abstehenden Stielen. 0,01–0,10. 6–7. Alp. frische, beschattete Felsspalten u. Steinschuttfluren, kalkstet; z Alp(Brch Chm), ↘; auch ZierPfl (stemp/alp·c3OALP – teilig ros C ♃ lockere Polster – InB SeB? – WiA – L6 T2 F5 R9 N2 – V Potent. caul. – 32 – ▽). **Sauter-F. – *D. sauteri* HOPPE**

7* StaubBla so lg wie die Kr. Pfl polsterfg. Blü in zuerst dichter, vielblütiger Schirmtraube. Griffel >1,4 mm lg. Fr 6–13 mm lg, auf aufrecht abstehenden Stielen. 0,03–0,10(–0,20). 4–8. Mont. mäßig trockne Felsfluren, alp. Steinrasen, kalkhold; z Alp(f Amm Kch) Bw(SO Alb Keu), s By(f N NW O), [U] s Nw, ↘; auch ZierPfl (sm/alp-stemp/dealp·c2-4EUR – teilig ros C ♃ Polster – InB SeB – WiA: Wintersteher – L8 Tx F3 R9 N1 – V Potent. caul. – 16 – ▽). **Immergrünes F. – *D. aïzoides* L.**

8 (6) StgBla >5. Stg einzeln od. zu wenigen in kleinen Rasen. GrundBla 1–4 cm lg, zur FrReife oft verwelkt. Pfl dicht behaart mit einfachen, Gabel- u. Sternhaaren. Fr behaart od. kahl, auf aufrechten Stielen dem Stg angedrückt. 0,05–0,30. 5–7. Alp. bis subalp. Felsfluren; s Alp(Allg) (sm-stemp//alp·c2-4EUR+b-arct·c2-4EUR+OAM – teil igr hros H ☉ ♃ – WiA – L8 T3 F5 R7 N2 – ▽). **Graues F. – *D. incana* L.**

8* StgBla <4. Pfl polsterbildend. GrundBla <1,0(–1,5) cm lg, bleibend. Fr auf abstehenden Stielen **9**

9 Pfl ohne Sternhaare. Bla am Rand von einfachen u. gegabelten Haaren gewimpert, auf der Fläche kahl od. behaart, Stg fast stets kahl. Fr kahl. FrStand gedrängt, fast schirmtraubig. 0,01–0,05(–0,08). 6–8. Alp. frische Steinschuttfluren u. Steinrasen, kalkhold; z Alp(Allg), ↘ (sm/alp-arct·c3-7CIRCPOL – teiligr hros/ros C ♃ Polster – InB: Fliegen – WiA – L8 T1 F5 R6 N2? – V Drab. hopp., V Elyn. – *L9 T3 F3 R7 N7* – ▽). [*D. wahlenbergii* HARTM.]. **Flattnitzer F. – *D. fladnizensis* WULFEN**

9* Pfl mit Sternhaaren wenigstens auf der BlaFläche, selten nur mit einfachen Haaren od. ganz kahl, dann FrStand locker u. verlängert **10**

10 KrBla 2–5 mm lg. RosettenBla sitzend, als verkehrteilanzettlich, auf der Fläche variabel locker behaart, mit einfachen, Gabel- u. schwach verzweigten Sternhaaren. Stg oft kahl od. nur unten behaart. Fr klein, 3,5–10,0 × 1,0–2,7 mm, meist kahl, selten gewimpert. 0,03–0,15. 5–7. Alp. frische Steinschuttfluren u. Steinrasen, basenhold; z Alp(Allg), ↘ (sm-stemp// alp·c3-4EUR – teiligr hros C ♃ Polster – WiA: Wintersteher – L8 T2 F5 R6 N2 – WiA – V Elyn. – 16 – ▽). [*D. carinthiaca* HOPPE, *D. johannis* HOST.]. **Kärntner F. – *D. siliquosa* M. BIEB.**

10* KrBla 3,0–5,5 mm lg. RosettenBla verkehrteifg, auf der Fläche filzig behaart mit stark verzweigten Sternhaaren. Stg u. Fr behaart od. kahl. Fr groß, 5–13 × 2,0–4,5 mm **11**

11 Fr elliptisch, dicht mit einfachen u. Gabelhaaren besetzt, nicht gedreht. Stg u. FrStiele dichthaarig. 0,03–0,10. 6–8. Sonnige alp. Felsspalten, kalkstet; z Alp (sm-stemp//alp·c2-4EUR – teiligr hros C ♃ Polster WiA: Wintersteher – L9 T1 F2 R9 N2 – V Potent. caul. – 16 – ▽). **Filz-F. – *D. tomentosa* CLAIRV.**

11* Fr an beiden Enden zugespitzt, selten elliptisch, kahl od. behaart, oft schwach gedreht. Stg u. FrStiele variabel behaart, Pfl oben meist kahl. 0,03–0,15. 5–7. Alp. exponierte Felsen u. Felsspalten, basenhold; z Alp(Allg) ((m)-sm-temp//alp·c3-4EUR – teiligr hros C ♃ Polster – WiA: Wintersteher – L8 T2 F3 Rx N2 – K Aspl. trich. – ▽). [*D. frigida* SAUT.] **Eis-F. – *D. dubia* SUTER**

***Arabis* L. – Gänsekresse** (60 Arten)

1 Kr bläulich. GrundBla in den lg, am Grund verbreiterten Stiel keilig verschmälert, vorn 3–7zähnig. Blü in nickender, 2–8blütiger Traube. 0,02–0,12. 7–8. Alp. feuchte Schneeböden u. feinerdereichere Felsschuttfluren, nährstoffanspruchsvoll; z Alp(Brch Allg Krw Wtt) (sm-temp//alp·c3-4ALP – igr? hros C ♃ Pleiok/Polster – L8 T2 F7 R9 N4 – V Adn. caer. – 16). **Blaue G., Blaukresse – *A. caerulea* (ALL.) HAENKE**

1* Kr weiß **2**
2 StgBla mit abgerundetem od. verschmälertem Grund sitzend **3**
2* StgBla mit herz- od. pfeilfg Grund stängelumfassend (bei *A. hirsuta*, **8**, zuweilen abgerundet) **6**

3   Sa ungeflügelt. Bla matt, bewimpert. KrBla 4–5 mm lg. Blü in dichter Schirmtraube. KeBla gegen die Spitze meist mit violettem Fleck. 0,08–0,20. 5–7. Alp. bis subalp. sickerfrische bis feuchte Steinrasen u. Feinschutthalden, kalkhold; v Alp, s By(S MS) (sm/salp-stemp/desalp·c2-4EUR – igr hros C ⊙ ♃ Pleiok/Polster – InB: Bienen, Falter, Fliegen Vw – WiA? – L9 T2 F5 R9 N3 – O Sesl. – 16). [*A. corymbiflora* VEST]   **Dolden-G. – *A. ciliata* CLAIRV.**
3* Sa geflügelt. Bla glänzend. KrBla 5–8 mm lg 4
4   Stg außer den GrundBla mit 2–6 StgBla. 0,05–0,15. 6–8. Alp. bis subalp. mäßig trockne bis sickerfrische Felsspalten u. Steinschuttfluren, kalkstet; z Alp(f Amm), s By(S), ↘ (sm-temp//alp·c3-4EUR – igr hros C ♃ Pleiok/Polster – L9 T2 Fx R9 N2 – V Thlasp. rot., V Potent. caul. – 32). [*A. pumila* JACQ. s. l.]   **Zwerg-G. – *A. bellidifolia* CRANTZ**

   1   Haare am Rand der GrundBla überwiegend 2teilig. StgBla meist 3–6. 0,10–0,15. Steinschuttfluren; v Alp, s By(S: Icking) (sm-temp//alp·c3-4EUR – V Thlasp. rot.). [*A. pumila* JACQ. s. str., *A. pumila* subsp. *pumila*]   subsp. ***bellidifolia***

   1* Haare am Rand der GrundBla überwiegend 3–4teilig. StgBla meist 2–3. 0,05–0,10. Felsspalten; z Alp (sm-temp//alp·c3-4ALP – V Potent. caul.). [*A. stellulata* BERTOL., *A. pumila* subsp. *stellulata* (BERTOL.) NYMAN]   subsp. ***stellulata*** (BERTOL.) GREUTER et BURDET

4* Stg außer den GrundBla mit 4–12 StgBla 5
5   Stg u. Bla kahl. Fr 25–40 × 1,5–1,8 mm. Sa 0,2 mm br geflügelt. 0,15–0,30. 5–8. Alp. bis subalp. Quellfluren u. sickernasse Bachufer, kalkhold; v Alp, z By(S), auch ZierPfl (sm-temp//salp·c3-4EUR, subsp. *soyeri* nur Pyrenäen – igr hros C ♃ Polster – Vw – L9 T2 F9= R9 N2 – V Craton. – 16).   **Glanz-G. – *A. soyeri* REUT. et A. HUET subsp. *subcoriacea* (GREN.) BREISTR.**
5* Stg im unteren Teil behaart, oben kahl, mit einfachen od. 2teiligen Haaren. Bla dicht sternhaarig, mit 3–4(–5)teiligen Haaren. Fr 55–60 × 1,4–1,5 mm. Sa ± 0,4 mm br geflügelt. 0,10–0,30. 5–7. Trockne Mauerfugen u. Felsspalten, kalkhold; [N; angesalbt] By(NO S: Bad Berneck, München) (m-sm·c3-4EUR – igr hros C ♃ Pleiok Polster? – *L7 T7 F3 R7 N3* – V Potent. caul., V Cymb. mur. – 16, 32). [*A. muralis* BERTOL.]   **Mauer-G. – *A. collina* TEN.**
6   **(2)** Reife Schoten aufrecht, dem Stg ± angedrückt. Stg aufrecht, dicht beblättert. GrundBla rosettig. (**Artengruppe Behaarte G. – *A. hirsuta* agg.**) 7
6* Reife Schoten abstehend 9
7   Stg am Grund abstehend behaart, mit ∞ ungeteilten (u. sehr selten daneben einzelnen 2–3teiligen) Haaren. KrBla 5,0–6,5 mm lg. Fr steif aufrecht parallel, 25–60 × 0,8–1,1 mm, fast flach, ihre Stiele 4–6 mm lg. FrKlappen nur in der unteren Hälfte mit deutlichem Mittelnerv. StgBla 12–50, meist viel länger als die StgGlieder, am Grund mit 1–2 mm lg spreizenden, spitzen Öhrchen, behaart. (0,15–)0,35–0,80. 5–7. Halbtrockenrasen, Gebüschsäume, Steinbrüche; s By(f NO NW O) Bw(f SO NW S) Rh He(O ORh) Nw(f N MW) Th(Bck NW) Sa(SO) An(f N O W) Bb(NO) (m/mo-stemp·c2-5EUR – igr hros H ⊙/kurzlebig ♃ PfWu – InB SeB – StA – *L5 T4 F5 R7 N3* – V Brom. erect., O Orig. – 16).   **Pfeilblättrige G. – *A. sagittata* (BERTOL.) DC.**
7* Stg am Grund mit 2–4teiligen (oft daneben auch ungeteilten) Haaren. KrBla 4,0–5,5 mm lg. StgBla höchstens mit abgerundeten, <1 mm lg Öhrchen 8
8   Stg am Grund mit abstehenden, ungeteilten od. 2teiligen Haaren, oben meist mit 2–4teiligen Haaren. StgBla 6–25(–30), meist kürzer als die StgGlieder, mit abgerundetem od. schwach herzfg Grund. Fr nicht steif aufrecht parallel, 20–40 mm × 1–2 mm, fast flach, Klappen auch oben mit deutlichem Mittelnerv. Griffel 0,5 mm lg, kegelfg. Sa ringsum geflügelt. 0,10–0,80. 5–7. Lückige, oft rud. Xerothermrasen, trockne Rud., trockne Wiesen, lichte KiefernW; v Alp By Bw, z Rh He Nw Th Sa An Ns(MO S Hrz, s N), s Bb Mv(f Elb) Sh(SO O) (m/mo-b·c1-4EUR – igr hros H ⊙/ kurzlebig ♃ PfWu – InB SeB? – StA – L7 T5 F4~ R8 Nx – K Fest.-Brom., V Arrh., O Orig., K Thlasp. rot. – 32).   **Behaarte G. – *A. hirsuta* (L.) SCOP.**
8* Stg am Grund mit anliegenden, 2(–4)teiligen Kompassnadel-Haaren, oben kahl. StgBla 20–90, am Grund herzfg mit angedrückten Öhrchen. Schoten 30–50 × 0,6–0,9 mm, perlschnurfg, Klappen fast nervenlos. Griffel 1 mm lg, zylindrisch. Sa nur an der Spitze geflügelt. (0,20–)0,50–0,80(–1,20). 5–7. Feuchte Wiesen, lichte AuenW u. -gebüsche, nährstoffanspruchsvoll; z He(ORh), s By(f NO NW) Bw(ORh S) Rh(f SW) An(Elb) Bb(M MN Od), † Th Sa (sm-temp·c2-5EUR-(WSIB) – igr hros H ⊙kurzlebig ♃ PfWu – InB SeB? – StA – L7 T6 F7 R6 N4 – V Cnid., V Mol., V Alno-Ulm. – 16). [*A. gerardii* (BESSER) BESSER,

BRASSICACEAE 555

  A. planisiliqua subsp. nemorensis (HOFFM.) SOJÁK]
            Gerard-G. – *A. nemorensis* (HOFFM.) W.D.J. KOCH
9 (6) Pfl ☉, ohne nichtblühende Triebe. KrBla <6 mm lg. 0,10–0,40. 4–5. Felsfluren, Trockenrasen, Wegböschungen, Heckensäume, kalkhold; z An(SO S), s By(f NO NW S) Bw(ORh) Rh(ORh SW) He(ORh) Th(Bck) Bb(NO Od); † Bb, ↘ (m-stemp·c3-7EUR-WAS – hros ① ☉ – L7 T7 F3 R7 N3 – V Xerobrom., V Alysso-Sed., V Fest. val. – 16). [*A. recta* VILL.]   **Öhrchen-G. – *A. auriculata* LAM.**
9* Pfl ♃, mit nichtblühenden BlaRosetten. KrBla >8 mm lg. **(Artengruppe Alpen-G. – *A. alpina* agg.)** 10
10 KrBla 8–10 mm lg, allmählich in den Nagel verschmälert. KeBla 3–4 mm lg. Pfl rauhaarig. 0,05–0,40. 3–10. Alp. bis mont., sickerfrische bis feuchte Steinschuttfluren u. Felsspalten, Flussschotter im Alpenvorland, kalkhold; h Alp, s By(Alb S MS NM) Bw(Alb Gäu) Nw(SO) Th(Bck: Ellrich), † Ns(S)?, ↘ (trop/alpAFR+sm-temp//salp+b/dealp-arct·c1-5EUR-OAM – igr C ♃ LegTr Polster – InB SeB? – WiA: Wintersteher Lichtkeimer – L7 T3 F5 R9 N3 – K Thlasp. rot., V Potent. caul. – 16).   **Alpen-G. – *A. alpina* L.**
10* KrBla 9–18 mm lg, plötzlich in den Nagel zusammengezogen. KeBla 4–6 mm lg. Pfl grau- bis weißfilzig. 0,15–0,30. 3–4(–5). ZierPfl in Steingärten; auch [N] Rh Sa An [U] s Bw Ns (m-sm// salp·c3-4EUR – igr C ♃ LegTr Polster – InB SeB? – WiA – *L7 T6 F3 R9 N3* – 16). [*A. albida* J. JACQ., *A. alpina* subsp. *caucasica* (WILLD.) BRIQ.] **Garten-G. – *A. caucasica* WILLD.**

Aubrieta ADANS. [*Aubrietia* DC.] – **Blaukissen**   (12 Arten)
Pfl lockerrasig, grau behaart. KrBla 12–20 mm lg. 0,10–0,20. 4–5. ZierPfl; auch [N] s, z. B. By Bw Rh Nw He, sonst [U] (m-(sm)·c4-5OEUR – igr hros C ♃ LegTr Polster – InB – WiA Lichtkeimer – *L7 T8 F3 R7 N5* – 16).   **Griechisches B. – *A. deltoidea* (L.) DC.**

Pseudoturritis AL-SHEHBAZ – **Turmgänsekresse**   (1 Art)
Kr gelblichweiß. Stg u. Bla rau. GrundBla elliptisch, spitz, in den Stiel verschmälert. StgBla länglich, mit herzfg geöhrtem Grund stängelumfassend. 0,10–0,70. 4–6. Trockne bis mäßig trockne Gebüsche u. Säume, lichte Wälder; z Alp(Allg Amm Kch Wtt) Rh, s By(f N NW O) Bw(Alb S) Nw(SW) (m/mo-stemp/demo·c2-4EUR – igr hros H/G ♃ WuSpr – InB SeB – StA WiA – L6 T7 F3 R7 N3 – O Querc. pub., V Berb., O Orig. – 16). [*Arabis turrita* L.]
             Turmgänsekresse – *P. turrita* (L.) AL-SHEHBAZ

Lunaria L. – **Silberblatt, Mondviole**   (3 Arten)
1 Fr elliptisch bis br lanzettlich, an beiden Enden spitz (Abb. **556**/3). Alle Bla gestielt. KrBla blassviolett. 0,30–1,40. 5–7. Frische, luftfeuchte Schlucht- u. feinerdereiche SteinschuttW, auch Parks; basenhold, nährstoffanspruchsvoll; v Alp, z By Bw Rh He Nw(f MW N) Th(f S) Sa(f Elb) An(f N O) Ns(Hrz MO S), [N] s Sh; auch ZierPfl (sm/mo-temp/demo·c2-5EUR – sogr eros H ♃ Rhiz – InB: Falter, Bienen – WiA StA Kältekeimer – L4 T5 F6 R7 N8 – V Til.-Acer. – ▽ – 28, 30).   **Ausdauerndes S. – *L. rediviva* L.**
1* Fr elliptisch bis fast kreisrund, an beiden Enden abgerundet (Abb. **556**/4). Obere Bla sitzend. KrBla violett od. weiß. 0,30–1,00. 4–6. ZierPfl; auch frische, stickstoffreiche Rud., Hecken, RobinienW; [N] g Rh He Nw Th Ns, z in anderen Bdl (m-sm·c3-4EUR – igr hros/eros C ① ☉ KnollenWu – InB: Falter, Bienen – WiA StA – *L5 T8 F5 R5 N7* – V Arct., V Geo-Alliar. – 28, 30).   **Einjähriges S. – *L. annua* L.**

Petrocallis R. BR. – **Steinschmückel**   (1 Art)
Pfl dichtrasig bis polsterfg. Bla in dichter Rosette, vorn 3–5teilig. 0,02–0,08. 6–7. Alp. sonnige Felsspalten u. Steinrasen, kalk- od. dolomitstet; z Alp(f Chm Kch Mng), [N?] Bw, ↘; auch ZierPfl (sm-stemp//alp·c2-3EUR – igr ros C ♃ lockere Polster – InB SeB: Vw – WiA – L8 T1 F4 R9 N1 – V Potent. caul., V Thlasp. rot., V Sesl. – ▽ – 14).
              Pyrenäen-St. – *P. pyrenaica* (L.) R. BR.

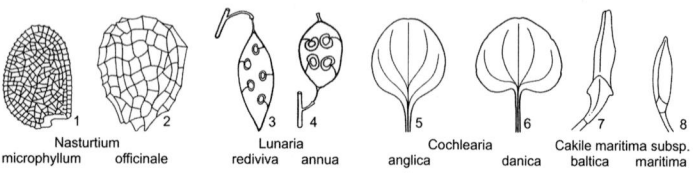

1 Nasturtium microphyllum 2 Nasturtium officinale 3 Lunaria rediviva 4 Lunaria annua 5 Cochlearia anglica 6 Cochlearia danica 7 Cakile maritima subsp. baltica 8 Cakile maritima subsp. maritima

Brassica L. – **Kohl, Raps, Rübsen** (38 Arten)
Bearbeitung: **Klaus Pistrick**

1 Obere StgBla gestielt od. wenigstens stielartig verschmälert 2
1* Obere StgBla am Grund abgerundet bis tief herzfg stängelumfassend, sitzend 4
2 Fr u. FrStiele dem Stg dicht angedrückt. Fr 10–20 mm lg, 4kantig. KrBla gelb. 0,50–1,50. 6–9. Feuchte, periodisch überschwemmte Flussufer, Rud., Äcker, nährstoffanspruchsvoll; [A Neolithikum] z bes. an Flüssen Rh He(SO ORh SW), s By(f O S) Bw Nw(f SW SO) Ns(Elb N: Weser), [N] z Th(Bck) An, s Sa Mv Sh, im O ↗; früher KulturPfl (m-temp·c1-5EUR-(WAS), [N] AM – hros ⊙, s ① – InB – MeA WaA Sa langlebig Lichtkeimer – L8 T7 F8= R8 N7 – V Convolv., V Chen. rub., V Sisymbr. – Gewürz, ÖlPfl, VolksheilPfl, Bienenfutter, für Vieh giftig – 16). **Senf-K., Schwarzer Senf – B. nigra** (L.) K. Koch
2* Fr dem Stg nicht dicht angedrückt 3
3 Fr oberhalb des Ke meist deutlich gestielt, ihr Schnabel 1,0–2,5 mm lg (Abb. **534**/5), 0,50–1,00. 6–9. Trockne bis mäßig trockne Rud., Kalkbrüche, Ufer; [N 1885] z An, [U] Rh Mv (m/mo-sm·c5-8EUR-WAS – hros ⊙/igr kurzlebig ⚁ – L9 T7 F4 R8 N5 – V Sisymbr., O Agrop. – 22). **Langtraubiger K. – B. elongata** Ehrh.
3* Fr oberhalb des Ke nicht gestielt, ihr Schnabel 5–12 mm lg. 0,60–1,00. 6–9. Trockne bis frische Rud., Uferdämme; [N 1870 U] z He, s By Bw Rh Nw Sa Bb Mv Sh (Heimat: m-sm·c7-8AS – hros/eros ⊙ – InB Lichtkeimer – V Sisymbr. – auch KulturPfl: Gründüngung, Nitratbindung; Futter, Gewürz: Senf, ÖlPfl, Salat, Gemüse; in D selten angebaut – entstanden aus B. nigra × B. rapa – 36). **Ruten-K., Sareptasenf – B. juncea** (L.) Czern.
4 (1) Kr schwefelgelb. KeBla u. StaubBla sämtlich aufrecht. Obere StgBla am Grund abgerundet od. verschmälert. 0,40–2,00. 5–9. Küstenfelsen, salztolerant; wild nur subsp. **oleracea** [B. sylvestris (L.) Mill.] – **Wild-K.**, (⚁) r Sh(W: Helgoland); sonst KulturPfl. subsp. **capitata** (L.) DC. em. Gladis et K. Hammer – **Kultur-K.** (⊙ ⊙); [N U] v Sh(W: Helgoland), z Alp By Sa An He Nw Th Bb Ns (sm-temp·c1litEUR – igr hros/eros C ⊙ ⊙ bis kurzlebig ⚁ – InB: Bienen WiB SeB – WaA SeA MeA StA – L8 T7 F5 Rx N8 – V Sisymbr. – Gemüse, Futter, auch ZierPfl, formenreich: var. **botrytis** L. – Blumen-K., var. **italica** Plenck – Brokkoli, var. **gemmifera** DC. – Rosen-K., var. **sabauda** L. – Wirsing-K., var. **capitata** L. – Kopf-K., var. **helmii** Gladis et K. Hammer – Zier-K., var. **gongylodes** L. – Kohlrabi, var. **medullosa** Thell. – Markstamm-K., var. **sabellica** L. – Grün-K., var. **palmifolia** DC. – Palm-K., var. **viridis** L. – Blatt-K. – 18). **Gemüse-K. – B. oleracea** L.
4* Kr reingelb. KeBla u. kürzere StaubBla ± abstehend. Obere StgBla mit herzfg Grund 5
5 Bla alle bläulich bereift, meist kahl, die oberen halbstängelumfassend. Geöffnete Blü im Langtag die Knospen nicht überragend (Abb. s. Bd. ZierPfl S. **251**/7). 1,00–1,40. 4–9. KulturPfl; auch frische Rud.; [N U] z in allen Bdl, subsp. **napus** var. **napus** – **Raps** stellenweise eingebürgert in By (m-temp·c2-5EUR – igr hros/eros ⊙ C ① ⊙ – InB: Bienen – MeA – L7 T7 F6 R5 N7 – V Sisymbr., O Onop. – ÖlPfl: Biodiesel, Speiseöl, Schmierstoffe; Futter, Bienenfutter, Gemüse – Sorten z. T. erucasäure- und glucosinolatarm: 00-Raps und zusätzlich EISäurereich und linolensäurearm: HOLLi-Raps – entstanden aus B. oleracea × B. rapa – 38). **Raps, Kohlrübe, Schnitt-K. – B. napus** L.

1 Wurzel, Hypokotyl u. StgBasis zu Hypokotylknollen, Wurzel- od. Sprossrüben verdickt (Futter, Gemüse: formenreich). **Kohl-, Steckrübe, Wruke** – subsp. **rapifera** Metzg.
1* Wurzel, Hypokotyl und StgBasis nicht verdickt (Öl- u. FutterPfl: var. **napus** – Raps, auch Gemüse: var. **pabularia** (DC.) Rchb. – Schnitt-K., Unkraut in Folgekulturen). **Raps** – subsp. **napus**

BRASSICACEAE 557

5* Untere Bla unbereift, borstig od. kahl, obere ± schwach bläulich bereift, meist kahl, mindestens die des Haupttriebes ganz stängelumfassend. Geöffnete Blü die Knospen überragend (Abb s. Bd. ZierPfl S. 251/8). 0,40–0,80. 4–9. KulturPfl, auch Rud., Äcker; subsp. *oleifera* (DC.) METZG. [incl. subsp. *campestris* (L.) A.R. CLAPHAM] – **Rübsen**: verwildert u. SegetalPfl [A N U] z By Bw Rh, s Nw Sa An Ns (sm-b·c1-8CIRCPOL, Heimat: AS? – igr hros/eros ⊙ C ① ⊖ – InB: Bienen, Schwebfliegen SeB? – MeA KIA Sa langlebig – L7 T6 F6 R5 N7 – O Sec. – ÖlPfl, Gemüse, Salat: formenreich: subsp. *pekinensis* (LOUR.) HANELT – Peking-K., subsp. *chinensis* (L.) HANELT – China-K., subsp. *nipposinica* (L.H. BAILEY) HANELT – Senfspinat, subsp. *rapa* – Stoppelrübe, subsp. *oleifera* (DC.) METZG. – Rüben – 20, 40). [*B. campestris* L.] **Rübsen, Stoppelrübe, China-K. – *B. rapa* L.**

Diplotaxis DC. – **Doppelsame, Rampe, Doppelrauke** (25 Arten)

1 KrBla (5–)7–13 mm lg, weiß, lila geadert, später blasslila werdend. KeBla 4–5 mm lg. Schote oberhalb des Ke ohne Stiel od. Stiel höchstens 1 mm lg. Pfl locker behaart. Stg 3–6blättrig, Bla fiederlappig bis fiederspaltig, Zähne u. Lappen der BlaAbschnitte meist mit Knorpelspitzchen (Abb. **534**/7). 0,10–0,50. 5–9. Trockne Rud.; [N U] s z. B. Bw(S: Heilbronn) Sa(W: Leipzig) Mv(N: Rostock) (m-sm·c4-6EUR-(WAS) – *L7 T9 F3 R5 N7* – ⊙ ① – 14).
Raukenähnlicher D. – *D. erucoides* (L.) DC.

1* KrBla gelb. Pfl ± kahl. BlaAbschnitte ohne Knorpelspitzchen 2
2 KrBla 3–4 mm lg, wenig länger als die Ke, blassgelb, keilig in den Nagel verschmälert. BlüStiele kaum so lg wie der Ke. Kurze StaubBla steril od. fehlend. Stg nur am Grund beblättert. 0,10–0,20. 6–9. Mäßig frische Rud., nährstoffreiche Hackkulturen: Weinberge, Gärten; [N 1813 U] s By Bw Rh Nw An, † He (m-sm·c1-5EUR – ros/hros ⊙ ① – MeA – L7 T8 F5 R8 N6 – V Ver.-Euph. – 20). **Ruten-D. – *D. vinimea* (L.) DC.**

2* KrBla 5–15 mm lg, deutlich länger als die Ke, plötzlich in den Nagel verschmälert. BlüStiele 2–3mal so lg wie der Ke. Staubbeutel alle fruchtbar 3
3 Pfl ♃. KrBla 8–15 mm lg, schwefelgelb, useits deutlich heller. KeBla 4–7 mm lg. Schote oberhalb des Ke mit 1–2 mm lg Stiel. Stg 3–6 blättrig, ohne Rosette. Abschnitte der unteren StgBla schmal, >3mal so lg wie br. 0,30–0,80. 5–10. Trockne bis mäßig trockne Rud., Brachen, basenhold; [N 1768] v Sa An, z Alp Bw Rh He Nw Th Bb Ns, s By Mv Sh, ↗ (m-temp·c1-4EUR, [N] AM – igr eros C kurzlebig ♃ PflWu – InB SeB – StA MeA KIA – L8 T7 F3 Rx N6 – V Sisymbr., O Onop., V Conv.-Agrop., V Arct. – auch NutzPfl: Gewürz, Salat, in D als Rucola verkauft, vgl. *Eruca vesicaria* S. 559! – 22).
Schmalblättriger D. – *D. tenuifolia* (L.) DC.

3* Pfl ⊙ od. ①. KrBla 5–8 mm lg, beidseits hell schwefelgelb. KeBla 3–4 mm lg. Schote oberhalb des Ke ohne Stiel. Stg 1–3blättrig, mit Rosette. Abschnitte aller StgBla br dreieckig, bis 3mal so lg wie br. 0,15–0,60. 6–9. Trockne bis mäßig trockne Rud.: Bahnanlagen, an Mauern; Hackkulturen: Weinberge, Äcker, basenhold; [N 18. Jh] z Bw Rh Nw Th(Hrz NW O) Sa An Ns, s By He Bb Mv Sh (m-temp·c1-4EUR, [N] AM – hros ⊙ ①, slt. WuSpr – InB SeB – MeA Lichtkeimer – L8 T8 F4 R8 N5 – V Sisymbr., V Dauco-Mel., V Ver.-Euph., V Eragrost. – 42). **Mauer-D. – *D. muralis* (L.) DC.**

Hybride: *D. muralis* × *D. tenuifolia* = *D. ×wirtgenii* ROUY et FOUCAUD – s

Hirschfeldia MOENCH [*Erucastrum* C. PRESL. p. p.] – **Grausenf** (1 Art)
Schoten der Traubenspindel dicht anliegend, FrStiele keulig. Bla dicht grauhaarig, leierfg fiederschnittig. BlüStand später stark verlängert. 0,20–1,00. 5–10. Trockne bis mäßig frische Rud.: Umschlagplätze; nährstoffreiche Äcker: bes. Klee; [N 1850] s Sa(W) Nw [U] s By Bw Rh Bb Ns Mv (m-sm·c1-5EUR-WAS, [N] temp – hros ① ⊙ – InB: Bienen – MeA – L8 T6 F3 R7 N5 – V Sisymbr. – 14). [*Erucastrum incanum* (WILLD.) W.D.J. KOCH]
Grauer Bastardsenf, Grausenf – *Hirschfeldia incana* (L.) LAGR.-FOSS.

Erucastrum C. Presl – **Hundsrauke, Bastardsenf** (25 Arten)

1 Schoten von der Traubenspindel abstehend. Blü fast stets ohne DeckBla. KeBla waagerecht abstehend. KrBla 8–12 mm lg, lebhaft gelb. Fr im Ke 0,5–1,0 mm lg gestielt. FrSchnabel fast stets 1samig, lanzettlich-kegelfg. Untere Abschnitte der StgBla rückwärts gerichtet. 0,40–0,80. 5–6(–10). Sandig-kiesige Fluss- u. Seeuferspülsäume, frische bis feuchte Rud.: Mauern, Schutt, Bahnanlagen; z Bw(ORh S SW), s Alp(Allg Amm) By(S), [N U] s Rh Ns An(SO) (sm-stemp·c1-4WEUR – igr hros ⊙ bis kurzlebig H ♃ – InB: Bienen – WaA – L8 T6 F6= R8 N3 – V Convolv., V Pot. ans. – 16). [*E. obtusangulum* (Schleich.) Rchb.]
Stumpfkantige H. – *E. nasturtiifolium* (Poir.) O.E. Schulz

1* Untere Blü mit DeckBla. KeBla fast aufrecht. KrBla 7–8 mm lg, weißlichgelb, grünlich geadert. Fr im Ke nicht od. kaum gestielt, ihr FrSchnabel fast stets samenlos, linealisch-walzig. Abschnitte der StgBla abstehend od. vorwärts gerichtet. 0,30–0,60. 5–10. Mäßig trockne bis frische Rud., Brachen, nährstoffreiche Äcker, Gärten, Ufer; [A] z By Bw Rh(f N W) He(f MW NW W), s Alp(Allg Chm Brch Mng), [N] z An, s Nw Ns, [U] s Mv (sm/mo-temp·c2-3EUR, [A, N] sm/mo-b·c1-4EUR+AM – hros ⊙/igr ⊙ – InB – WiA MeA Lichtkeimer – L8 T6 F4 R8 N4 – O Sec., V Sisymbr. – 30). [*E. pollichii* K.F. Schimp. et Spenn.]
Französische H. – *E. gallicum* (Willd.) O.E. Schulz

Sinapis L. – **Senf** (5 Arten)

1 Bla ungleich grob gezähnt, untere fast leierfg. Fr kahl od. nur wenig behaart (Abb. 534/4), mit 8–13 schwarzen Sa. 0,30–0,60. 6–10. Nährstoffreiche, lehmige Äcker, mäßig trockne bis mäßig feuchte Rud., Brachen, basenhold; [A] g Th(z Hrz), h Bw He Nw Sa An Ns, v By(g NM) Rh Mv, z Alp(Brch Wtt) Bb Sh (m-temp-b·c1-5EUR-WAS, [N] austr+m-bCIRCPOL – eros ⊙ – InB: Käfer, Fliegen, Bienen, Falter SeB – KlA StA MeA: mit Saatgut Sa langlebig Lichtkeimer – L7 T5 Fx R8 N6 – O Sec., V Aphan., V Sisymbr. – für Vieh giftig – 18).
Acker-S. – *S. arvensis* L. subsp. *arvensis*

1* Untere Bla fiederschnittig–gefiedert, Rand unregelmäßig gebuchtet. Fr meist steifborstig (Abb. 534/3), mit 4–8 gelblichen Sa. 0,30–0,60. 6–7. KulturPfl; auch mäßig trockne bis frische Rud.; [A N U] z By Bw Rh Sa S-An, s An u. übrige Bdl (austr+m-b·c1-7CIRCPOL, Heimat: m-sm·c1-5EUR? – eros ⊙ – InB: Bienen – StA KlA MeA Sa langlebig Lichtkeimer – L7 T8 F4 R7 N5 – V Sisymbr. – Gründüngung, Gewürz, Futter u. VolksheilPfl – 24).
Weißer S. – *S. alba* L. subsp. *alba*

Raphanus L. – **Rettich, Hederich** (3 Arten)
Bearbeitung: **Klaus Pistrick**

1 Fr eine perlschnurfg eingeschnürte Gliederschote (Abb. 534/1), bei Reife abfallend. Kr gelb, seltener weiß (z. T. violett geadert). 0,30–0,60. 6–10. Sandige bis lehmige Äcker, mäßig frische bis frische Rud., kalkmeidend; [A] h Sa, v By(g NM) Bw He Nw Th An Mv, z Rh Bb Ns Sh, s Alp(Allg Amm Wtt), ↘ (m-b·c1-5EUR – hros ⊙ – InB selbststeril – WiA WaA VdA MeA: mit Saatgut Sa langlebig – L7 T7 F5 R5 N7 – V Aphan., V Sisymbr. – für Vieh giftig! – 18). [incl. subsp. *landra* (DC.) Bonnier et Layens s. l.]
Hederich, Acker-R. – *R. raphanistrum* L.

1* Fr eine höchstens etwas unregelmäßig eingeschnürte, schwammige Beere, bei Reife nicht abfallend. Kr weiß, violett od. rötlich, z. T. dunkel geadert. 0,30–1,00. 5–10. KulturPfl; auch Rud., Brachen; [N U] s in allen Bdl (Heimat: m·c3-5litVORDAS – hros ⊙ ⊕ – InB: Bienen SeB – WaA MeA – L5 T7 F5 R5 N7 – 18).
Kultur-R. – *R. sativus* L.

1 Wurzel u. Hypokotyl fleischig zu Hypokotylknollen u. Wurzelrüben verdickt (Gemüse, VolksheilPfl, formenreich: **Radieschen, Radies**:Treib- u. Freilandsorten mit kleinen Wurzelrüben od. Hypokotylknollen u. kurzer Entwicklungszeit, überwiegend zur Aussaat u. Ernte im Frühjahr; **Rettich, Radi**: Treib- u. Freilandsorten mit kleinen bis sehr großen Wurzelrüben od. Hypokotylknollen u. meist längerer Entwicklungszeit zur Ernte im Frühjahr (**Mairettiche, Bündelrettiche**), Sommer (**Sommerrettiche**) od. Herbst (**Herbst-** u. **Winterrettiche**). **Japanischer R.**, Raphanistroides Gruppe [*R. acanthiformis* Sisley]: RosettenBla fiederschnittig mit >9 Seitenlappen-Paaren, Fr meist perlschnurartig eingeschnürt u. verholzt – Rettichformen, Anbautypen u. geographische Gruppen durch Übergänge verbunden u. z. T. durch Kreuzung kombiniert). **Gemüse-R.** – convar. *sativus*

BRASSICACEAE 559

1* Wurzel u. Hypokotyl nicht fleischig verdickt (Gründüngung, Futter, nematodenresistente Sorten als Zwischenfrucht in Anbaugebieten der Zuckerrübe Beta vulgaris L. var. altissima DÖLL zur Verringerung der Populationsdichte des Rübenzystenälchens Heterodera schachtii SCHMIDT, Nitratbindung, Bienenfutter, auch ÖlPfl). [var. oleiformis PERS.] **Öl-R., Futter-R.** – convar. oleifer (STOKES) ALEF.

Rapistrum CRANTZ – Windsbock (2 Arten)

1 Untere Bla fiederteilig. Kr gelb. Griffel zur FrZeit kurz kegelfg, kaum halb so lg wie das kahle, gerippte obere FrGlied (Abb. **537**/3). BlüStiele länger als der Ke. 0,30–1,00. 6–8. Trockne bis mäßig frische Rud., rud. Trocken- u. Halbtrockenrasen, extensiv genutzte Äcker, kalkstet; z Th(Bck) An(f Elb N O), [N U] z Mv Nw Sa (sm-stemp·c5-7EUR – sogr eros H ⚃ PfWu – InB – WiA: Steppenläufer – L9 T8 F3 R9 N4 – V Sisymbr., O Agrop., V Caucal., K Fest.-Brom. – 18). **Ausdauernder W., Stauden-W.** – *R. perenne* (L.) ALL.
1* Untere Bla leierfg fiederschnittig. Kr zitronengelb. Griffel zur FrZeit fadenfg, fast so lg wie od. länger als das gerippte u. höckrige obere Glied der oft kurzborstigen Fr (Abb. **537**/4). BlüStiele höchstens so lg wie der Ke. 0,25–0,60. 6–10. Lehmige Äcker: bes. Klee u. Luzerne, mäßig trockne Rud., kalkhold; [N] Bw Rh Sa, [U] z Nw Th Mv, s By Bb Ns Sh (m-sm·c1-6EUR-VORDAS, [N] AM+tempEUR – hros ☉ ⚀ – InB SeB – L7 T7 F4 R8 N5 – K Stell., V Sisymbr. – 16). **Runzliger W.** – *R. rugosum* (L.) ALL.

Neben der Nominatunterart werden für D noch zwei Unterarten angegeben, deren taxonomischer Wert aber strittig ist: *R. rugosum* subsp. *linnaeanum* ROUY et FOUCAUD [U] Bw Nw Bb Ni Mv, sowie *R. a.* subsp. *orientale* (L.) ARCANG. [U] By Bw He Nw An Mv.

Eruca MILL. – Senfrauke (1 Art)

Pfl beim Zerreiben eigenartig unangenehm riechend. Stg aufrecht, kantig gestreift. Bla leierfg fiederteilig. 0,05–0,40. 5–6. Frische bis mäßig trockne Rud., Gärten, in *Trifolium resupinatum*-Saaten; [A U] z Mv By Bw Rh He Nw Th Sa An Bb Ns (m-sm·c1-5EUR-WAS, [N] temp – hros ⚀ ☉ – InB: Bienen SeB – MeA – L8 T6 F4 R7 N6 – V Sisymbr. – KulturPfl: Gewürz, Salat: Rucola; früher VolksheilPfl, vgl. *Diplotaxis tenuifolia*, S. 557 – 22). [*E. sativa* MILL.] **Senfrauke, Ölrauke, Ruke** – *E. vesicaria* (L.) CAV.

Cakile MILL. – Meersenf (7 Arten)

Fr 2gliedrig (Abb. **533**/7). Bla fleischig. Kr hell lilarosa. 0,15–0,30. 7–10. Salzhaltige, stickstoffreiche Spülsäume, Vordünen, Küsten; z Sh(f M), s Mv(MO M MW), [U] Ns(N: Inseln) (m-b·c1-7litEUR – eros ☉ – InB SeB – WaA Kältekeimer – L9 T6 F6= Rx N8 – O Cak. – 18) **Europäischer M.** – *C. maritima* SCOP.

1 Unteres FrGlied mit deutlich zurückgebogenen Anhängseln (Abb. **556**/7), oft mehr als 1 mm lg. Bla 1–2mal fiederteilig, letzte Abschnitte 10–20mal so lg wie br. Ostseeküste (temp-b·c2-4litEUR).
subsp. *baltica* (ROUY et FOUCAUD) P.W. BALL
1* Unteres FrGlied mit sehr kurzen Anhängseln (Abb. **556**/8). Bla ungeteilt od. fiederteilig, letzte Abschnitte nicht mehr als 5mal so lg wie br. Nordseeküste (m-b·c2-4litEUR). [subsp. *integrifolia* GREUTER et BURDET] subsp. *maritima*

Crambe L. – Meerkohl (35 Arten)

Fr 2gliedrig, das untere Glied stielfg (Abb. **538**/2). Bla kahl, blaugrün, fleischig. Kr weiß. 0,30–0,75. 5–7. Steinige bis sandige Spülsäume u. Vordünen, nährstoffanspruchsvoll, salztolerant; z Sh(O), s Ns(N) Mv(N), ↘; auch ZierPfl (sm·c4-7lit+temp·c1-4litEUR – sogr hros H ⚃ Rübe WuSpr? – InB SeB – WiA: Steppenläufer – L9 T6 F6= R7 N8 – V Atr. litt. – ▽ – ZierPfl, früher Gemüse: gebleichte BlaStiele – 30, 60). **Echter M.** – *C. maritima* L.

Coincya ROUY [*Brassicella* O.E. SCHULZ, *Rhynchosinapis* HAYEK] – Schnabelsenf, Lacksenf (6 Arten)

Stg unterwärts wie die BlaStiele abstehend steifhaarig. Zähne u. Lappen der BlaAbschnitte mit stumpfem Knorpelspitzchen. 0,50–0,60. 6–10. Trockne bis mäßig frische, sandige bis kiesige Rud.: Bahnanlagen, Steinbrüche, rud. Sandtrockenrasen, Felsen, kalkmeidend; [A?]

z Bw(ORh SW Gäu) Rh, s He(SW) Nw(SW), [N U] Mv (m/(mo)-temp·c1-3WEUR – teiligr hros ⊙/kurzlebig ⚃ PfWu – InB: Falter – KlA? – L9 T8 F4 R6 N3 – V Dauco-Mel., V Pan.-Set., O Fest.-Sedet. – 24, 48). [*Rhynchosinapis cheiranthos* (Vill.) Dandy, *C. cheiranthos* (Vill.) Greuter et Burdet]
Schnabelsenf, Lacksenf – *C. monensis* (L.) Greuter et Burdet subsp. *cheiranthos* (Vill.) Aedo et al.

Conringia Fabr. – **Ackerkohl** (6 Arten)

Pfl kahl. Bla bereift, ganzrandig, stängelumfassend, stumpf. Kr gelblich- od. grünlichweiß. 0,10–0,50. 5–7. Trockne bis mäßig frische, lehmige bis tonige, oft skelettreiche, extensiv genutzte Äcker, Rud., Brachen, kalkstet; [A] z Bw(f ORh S SW) Th(f Hrz O Wld) An(f Elb N O), s By(f O S) He(O) Nw(ob noch?) Sa(W) Ns(S), † Rh , ↘ (m-stemp·c2-8EUR-WAS, [N] NAM – eros/hros ⊙ ① – InB – MeA mit Saatgut – L7 T6 F3 R9 N4 – V Caucal., V Sisymbr. – 14). [*Erysimum orientale* (L.) W.T. Aiton] **Ackerkohl** – *C. orientalis* (L.) C. Presl

Sisymbrium L. – **Rauke** (41 Arten)

1 Traube bis zur Spitze beblättert. Kr weiß oder blassgelb 2
1* Traube blattlos. Kr gelb. Sa 1reihig (Abb. 533/2) 3
2 Kr weiß. FrKlappe mit deutlichem Mittelnerv u. netzigen Seitennerven, Sa 2reihig (Abb. 533/1). Schoten 1,5–3,0 cm lg, ihre Stiele 2–4 mm lg. 0,05–0,25. 7–8. Kiesig-schlammige Seeufer, nährstoffanspruchsvoll; [N] † Nw Sh, [U] s Rh Mv (temp·c2-3EUR – hros ⊙ ① – InB SeB – SeA WiA WaA – L8 T7 F7= R7 N5 – V Pot. ans.). [*Braya supina* (L.) W.D.J. Koch; *Erucastrum supinum* (L.) Al-Shehbaz et S.I. Warwick]
Niedrige R. – *S. supinum* L.
2* Kr fahlgelb. FrKlappe 3-nervig, Schoten 1,0–2,5 cm, gerade o. gekrümmt, ihre Stiele 0,5–1,0 mm lang. Eingeschleppt aus S-Europa; [U] By Bw Rh He Nw Bb Ns Mv *L7 T8 F3 R7 N7* – 28). **Gehörnte R.** – *S. polyceratium* L.
3 (1) Bla ungeteilt, lanzettlich, gezähnt. 0,50–1,00. 6–7. Frische bis feuchte, halbschattige Staudenfluren, Gebüschsäume an Bach- u. Flussufern, nährstoffanspruchsvoll, kalkhold; z By(f O S), s Bw(f ORh SW) Rh(ORh) He(ORh SO SW) Nw(NO) Th(Bck) Sa Bb(Elb) Ns(S: Ith), † An (sm-stemp·c3-5EUR – sogr eros H ⚃ Rhiz – InB? – SeA StA – L6 T7 F6 R8 N7 – V Geo-Alliar., V Convolv. – 28). **Steife R.** – *S. strictissimum* L.
3* Wenigstens die unteren Bla tief gelappt bis fiederschnittig 4
4 Schoten dem Stg dicht angedrückt, (0,7–)1,0–2,0 cm lg, nach Grund bis zur Spitze verschmälert. Obere StgBla fiederschnittig. 0,30–0,60. 5–10. Stickstoffreiche Äcker: bes. Hackkulturen, Gärten, frische bis mäßig trockne Rud., Ufer, basenhold; [A] g Nw Th Sa An Ns Sh, h Rh He Mv, v By(g NM) Bw Bb, s Alp (m-temp·c1-6EUR-WAS, [N] m-tempAM – hros ⊙ ① – SeB InB – StA MeA Lichtkeimer – L8 T6 F4 Rx N7 – V Caucal., V Fum.-Euph., V Sisymbr., V Arct., V Polyg. avic. – 14). **Wege-R.** – *S. officinale* (L.) Scop.
4* Schoten ± abstehend, linealisch, (1,0–)1,5–10,0 cm lg 5
5 FrStiele etwa so dick wie die 5–10 cm lg Schoten 6
5* FrStiele dünner als die (1,0–)1,5–6,0 cm lg Schoten 7
6 Pfl grün. Stg am Grund bis 3 mm lg borstig. Obere Bla meist sitzend, fiederschnittig mit schmal linealischen Abschnitten. KeBla zur BlüZeit abstehend, 2 davon unter der Spitze gehörnt (Abb. 537/5). 0,30–0,60. 5–7. Trockne bis mäßig trockne, sandige bis kiesige, oft verdichtete Rud.; [N] h Sa An, v Ns Mv, z By Rh He Nw Th(f Hrz, v Bck) Bb Sh Bw, ↗ (m-temp·c2-8EUR-WAS, [N] AM – hros ① ⊙ – InB SeB – SeA WiA: Steppenläufer MeA: Viehtransport Sa langlebig – L8 T6 F4 R7 N4 – V Sisymbr., V Salsol. – 14). [*S. pannonicum* Jacq.] **Hohe R., Ungarische R.** – *S. altissimum* L.
6* Pfl grauhaarig. Stg bis oben 1 mm lg weichhaarig. Obere Bla gestielt, 3teilig-spießfg bis ungeteilt. KeBla aufrecht, nicht gehörnt. 0,40–0,60. 6–7. Trockne Rud.: Umschlagplätze; [N 1808] Sa An, [U] Bb Ns Mv Sh (m-sm·c3-7EUR-(WAS), [N] temp·c1-4EUR, mWAM, austr-CIRCPOL – hros ① ⊙/igr ⊖ H – InB SeB? – MeA – L*8 T8 F3 R?* N*6* – V Sisymbr. – 14). [*S. columnae* Jacq.] **Orientalische R.** – *S. orientale* L.

7 (5) KeBla 4,0–4,5 mm lg, 2 davon unter der Spitze gehörnt (Abb. **537**/5). KrBla 7–9 mm lg. Pfl blaugrün, mit Ausläuferwurzeln, ⚃. 0,30–0,75. 5–8. Trockne, sandige bis kiesige Rud.; [N 1880] s Bw(Rhein) Nw(MW) Th(Bck: Jena) An Sa Bb Ns Mv (sm·c6-7EUR – sogr eros H/G ⚃ WuSpr – L8 T6 F3 R8 N4 – V Sisymbr., V Dauco-Mel., V Arct. – 14).
Wolga-R. – *S. volgense* E. FOURN.

7* KeBla 2–4 mm lg, nicht (od. bei *S. loeselii*, **8**, zuweilen) gehörnt. ☉ ☉ **8**

8 KeBla 2,0–2,5 mm lg. KrBla 3–4 mm lg, blassgelb. Junge Schoten die Blü überragend. 0,10–0,50. 5–8. Trockne Rud.: Umschlagplätze; [N 1700 U] z Sa, s By Bw Rh He Mv (m-stemp·c1-4EUR-WAS, [N] NAM – hros ☉ ① – InB SeB – StA MeA – L8 T8 F3 R7 N5 – V Sisymbr. – 14, 21, 28, 42, 56). **Glanz-R. – *S. irio* L.**

8* KeBla 3–4 mm lg. KrBla 4–7 mm lg, goldgelb. Junge Schoten die Blü nicht od. kaum überragend **9**

9 Stg unten abwärtsgerichtet bis ± waagerecht abstehend rauhaarig. Bla fiederteilig, dicht behaart. Griffel bis 0,5 mm lg. KrBla 5,5–6,0 mm lg. 0,30–1,50(–2,00). 5–8. Mäßig trockne, steinige bis lehmige Rud., nährstoffreiche Äcker; [N 1620] h Sa An, v Bb, z Rh Th Ns Mv, s By He Nw(f SW SO), ↗ (m-temp·c2-8EUR-WAS, [N] NAM – hros ① ☉ – InB SeB – StA MeA – L7 T6 F4 R7 N5 – V Sisymbr., V Ver.-Euph., V Geo-Alliar. – 14).
Loesel-R. – *S. loeselii* L.

9* Stg fast kahl, mit einzelnen, meist aufwärtsgekrümmten Börstchen. Bla schrotsägefg bis leierfg-fiederspaltig, meist kahl. Griffel 1–3 mm lg. KrBla 4–7 mm lg. 0,30–0,60. 5–6. Mäßig trockne, kiesige bis steinige Rud.: Böschungen, Mauern u. Felsen, kalkhold; s By(Alb N) Bw(f NW ORh s SW) Rh(f ORh SW) Th(Bck) An(CS SO) Ns(S: Süntel) (sm-stemp·c2-3EUR – igr hros ☉ ⚃ – InB – L7 T6 F4 R8 N7 – V Sisymbr., V Arct. – 14). [S. *eckartsbergense* WILLD.] **Österreichische R. – *S. austriacum* JACQ. subsp. *austriacum***

Isatis L. – **Waid** (86 Arten)
Pfl oberwärts bläulichgrün, bereift. StgBla pfeilfg, sitzend, oseits kahl. 0,40–1,20. 5–7. Selten KulturPfl; auch rud. Kalkfelsfluren u. -trockenrasen, trockne, steinige Rud., kalkhold; [A 13. Jh] z By(f S) Bw(f S) Rh He(f NW O W) Sa(f NO) An(f N O), s Nw(f NO) Th(f Hrz Nw Rho) Bb(Elb), [N U] s Ns Sh, ↘ (m-temp·c2-7+c4litEUR – sogr eros H ☉/⚃ Pleiok, regenerativ WuSpr – InB: Bienen – WiA – MeA – L8 T7 F3 R8 N3 – O Brom. erect., V Dauco-Mel., V Conv.-Agrop., K Thlasp. rot. – alte FärbePfl – 14, 28). **Färber-W. – *I. tinctoria* L.**

Myagrum L. – **Hohldotter** (1 Art)
Pfl blaugrün, bereift, beim Zerreiben unangenehm riechend. StgBla mit herzfg bis pfeilfg Grund sitzend. 0,20–0,50. 5–7. Kalkhaltige Äcker, rud. Umschlagplätze; [N 1791] s Bw, [U] s Sa (m-sm·c3-6EUR-WAS – hros ① ☉ – InB SeB – WiA WaA Lichtkeimer – L6 T7 F4 R9 N4 – V Caucal., V Sisymbr. – 14). **Hohldotter – *M. perfoliatum* L.**

Calepina ADANS. – **Wendich, Calepine** (1 Art)
RosettenBla gezähnt bis leierfg fiederteilig. KrBla klein, 2–3 mm lg, weiß. 0,20–0,50. 5–6. Trockne Rud., Weinberge; [N] z Rh, s Bw Nw(MW), [U] s By Sa (m-sm·2-6EUR-WAS – hros ① ☉ – InB – StA MeA – L8 T9 F3 R8 N4 – V Sisymbr. – 14, 28). [*C. corvini* (ALL.) DESV.]
Wendich, Calepine – *C. irregularis* (ASSO) THELL.

Alliaria FABR. – **Lauchhederich, Knoblauchsrauke** (1 Arten)
GrundBla herzfg bis nierenfg, gebuchtet, gestielt, beim Zerreiben nach Knoblauch riechend. Kr weiß. 0,20–1,00. 4–6. Wald- u. Gebüschsäume, Hecken, halbschattige Wegränder, nährstoffanspruchsvoll; g Rh He Nw Th An Ns(v N), h Bw Sa, v By(g NM) Bb Mv Sh, z Alp (m/mo-temp·c1-6EUR-WAS, [N] NAM – igr hros ☉H/C, auch WuSpr G – InB: Bienen, Mücken SeB – StA WiA MeA AmA SeA Kältekeimer – L5 T6 F5 R7 N9 – V Geo-Alliar., V Alno-Ulm. – 36, 42). [*A. officinalis* ANDRZ.]
Lauchhederich, Knoblauchsrauke – *A. petiolata* (M. BIEB.) CAVARA et GRANDE

Thlaspi L. – Hellerkraut (6 Arten)

1 Pfl kahl. KrBla 3–4 mm lg. Fr flach, fast kreisrund, 10–18 mm lg, ringsum br geflügelt, oben mit tiefer, schmal U-fg Ausrandung (Abb. **563**/1). In jedem Fach 5–8 bogig gerunzelte Sa. 0,10–0,50. 4–9. Nährstoffreiche, lehmige Äcker, frische Rud.: Schutt, basenhold; [A] g Th Sa An, h Bw He(f ORh) Nw Ns, v By(g NM) Rh Bb Mv, z Sh, s Alp (sm-b·c1-8CIRCPOL, Heimat: EUR-WAS – hros ⊙ ① – SeB slt. InB – StA WiA KlA MeA Sa langlebig Lichtkeimer – L6 T5 F5 R7 N6 – O Sec., V Sisymbr. – 14). **Acker-H. – Th. arvense** L.
1* Stg am Grund zerstreut langhaarig. KrBla 2,5–3,0 mm lg. Fr dicklich, verkehrteifg bis keilfg, 6–10 mm lg, am Grund fast ungeflügelt, oberwärts schmal geflügelt, mit seichter V-fg Ausrandung (Abb. **563**/2). In jedem Fach 3–4(–5) grubige Sa. 0,20–0,60. 4–6. Nährstoffreiche Äcker; [N?] s Alp By(Vorland Hochebene), [U] s Bw Rh Sa(M: Leipzig) (sm-stemp//alp·c2-5EUR – hros ⊙ ① – InB SeB – KlA – L6 T7 F4 R8 N5 – V Ver.-Euph. – 14). [*Mummenhoffia alliacea* (L.) Esmailbegi et Al-Shehbaz] **Lauch-H. – Th. alliaceum** L.

Noccaea Moench – Täschelkraut (85 Arten)

1 Kr hellviolett. FrTraube kurz, fast schirmtraubig. Fr an der Spitze abgerundet, kaum geflügelt od. ungeflügelt. GrundBla rundlich-eifg, dicklich, bläulichgrün. 0,05–0,12. 6–9. Alp. sickerfrische Steinschuttfluren, kalkstet; z Alp By(S); auch ZierPfl (sm-stemp//alp·c3ALP – igr hros C ♃ Pleiok/Polster – InB: Fliegen, Falter Vw – WiA – L9 T2 F5 R9 N3 – V Thlasp. rot. – 14). [*Th. rotundifolium* (L.) Gaudin] **Rundblättriges T. – N. rotundifolia** (L.) Moench
1* Kr weiß, bei *N. caerulescens*, **2**, höchstens rötlich überlaufen. FrTraube verlängert. Fr deutlich ausgerandet, wenigstens vorn schmal geflügelt **2**
2 Staubbeutel rötlich dunkelblau od. weinrot bis rosaviolett. KeBla 1,4–2,2 mm lg. KrBla 2–4 mm lg, weiß bis rötlich überlaufen. Bla bläulichgrün. Fr ± löffelfg (Abb. **563**/5). FrFächer 2–6samig. 0,10–0,30. 4–6. Frische, nährstoffreiche Gebirgs- u. Flusstalwiesen, lückige Rasen auf schwermetallhaltigen Standorten (bes. Bergbauhalden), kalkmeidend; v Sa, z Rh(f ORh W) Th(Bck O Wld) An(f Hrz N W), s Alp(Allg Chm) By(f N NM) Bw(NW SW ORh S) He(f ORh SW) Nw(f N) Bb(f NO Od SW) Ns(Elb), [N U] s Mv (sm/mo-stemp/demo·c1-3EUR, [N] ntemp-b – igr hros C ⊙ ⊛, slt. ♃ – InB – WaA: Regenschleuderer – L8 T4 F5 R5 N4 – V Triset., V Arrh., V Thlasp. calam. – 14). [*Thlaspi alpestre* (L.) L. non Jacq., *Th. caerulescens* J. Presl et C. Presl]
Gebirgs-T. – N. caerulescens (J. Presl et C. Presl) F.K. Mey.

1 Staubbeutel blau, später schwärzend. Sa 4–6 je FrFach. Gebirgs- u. Flusstalwiesen; Verbr. in D wie Art (sm/mo-stemp/demo·c1-3EUR – meist nur ⊙ od. ⊛) – L8 T4 F5 R5 N4 – V Triset., V Arrh.).
subsp. **caerulescens**
1* Staubbeutel weinrot, oft nur am Rand, später verbleichend. Sa 2–4 je FrFach. Lückige Rasen auf schwermetallhaltigen Standorten (bes. Bergbauhalden); s Nw(MW: Aachen NO SW) Ns(NW: Osnabrück) (temp·c2EUR – ♃ – L8 T6 F5 R6? N1? – V Thlasp. calam.). [*Th. calaminare* (Lej.) Lej. et Courtois]
subsp. **sylvestris** (Jord.) F.K .Mey.

2* Staubbeutel gelb. KeBla 2–3 mm lg. KrBla 5–8 mm lg, stets weiß. Bla grün. Fr flach (Abb. **563**/6). FrFächer 1(–2)samig. 0,10–0,20. 4–5. TrockenW, wärmeliebende Gebüsche, Säume, Halbtrockenrasen, kalkhold; z By(f NO O S) Bw(f S), s Th(Bck) An(S); auch ZierPfl (sm/mo-stemp/demo·c2-3EUR – igr hros C ♃ LegTr/Pleiok – InB – WiA – L6 T5 F4~ R9 N2 – V Querc pub., V Eric.-Pin., V Berb., V Ger. sang., V Brom. erect.). [*Thlaspi montanum* L.] **Berg-T. – N. montana** (L.) F.K. Mey.

Microthlaspi F.K. Mey. – Kleintäschelkraut (4 Arten)

1 Winkel der FrBasis u./od. der Ausrandung zwischen den Flügeln an der Spitze des Schötchens >90°. In jedem Fach 2–4 glatte Sa. FrGriffel 0,1–0,3 mm lg, von den Flügeln weit überragt (Abb. **563**/3). 0,07–0,20. 3–6. Ephemerenfluren skelettreicher Abbrüche u. Aufschlüsse, lückige Xerothermrasen, extensiv genutzte Äcker, Weinberge, Trockengebüschsäume, Rud.: Steinbrüche, Bahnschotter, kalkhold; h Th(f Hrz, z O Wld), v Bw Rh, z Alp(Allg Chm Mng) By(N NM? Alb) He Nw An(h S) Ns(f Elb), s Sa(f SO NO) Bb(MN) Mv(f Elb SW) Sh(M) (m-stemp·c1-7EUR-WAS, [N] ntemp u. NAM, AUST – hros ① – InB SeB? – Regen-

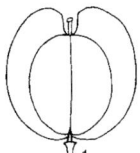 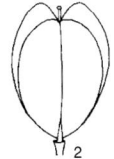 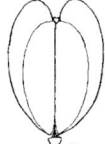 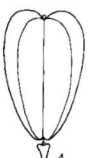 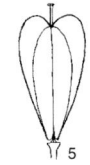 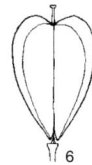

1 Thlaspi arvense   2 Th. alliaceum   3 Microthlaspi perfoliatum   4 M. erraticum   5 Noccaea caerulescens   6 N. montana

schleuderer MeA – L8 T6 F4 R8 N5 – V Alysso-Sed., O Secal. – 14, 28, 42). [*Thlaspi perfoliatum* L.] **Durchwachsenblättriges K. – *M. perfoliatum* (L.) F.K. MEY.**
1* Winkel der FrBasis u. meist auch der Ausrandung zwischen den Flügeln an der Spitze des Schötchens <90° (Abb. **563**/4). In jedem Fach 3–4 glatte Sa. 0,07–0,18. 3–6. Ephemerenfluren skelettreicher Abbrüche u. Aufschlüsse, lückige mäßig frische bis halbtrockene Rasen, extensiv genutzte Äcker, Weinberge, Gebüschsäume, Rud.: Steinbrüche, kalkhold, im Gebiet zumeist auf flachgründigen Böden des Weißjura; h Bw(Alb), v By(N, NM, insbes. Fränkische Alb), z He Nw Ns, z Th(Bck: bei Jena), f Bb(MN) Mv(f Elb SW) Sh(M), Verbr. sonst ungenügend bekannt (m-stemp·c1-7EUR-WAS, – hros ① – InB SeB? – Regenschleuderer MeA – L8 T5 F5 R9 N5 – V Alysso-Sed., O Secal. – 14, 28, 42). [*Thlaspi perfoliatum* L. auct. p. p.] **Verwechseltes K. – *M. erraticum* (JORD.) T. ALI et THINES**

Teesdalia R. BR. – **Bauernsenf**   (3 Arten)
Bla meist leierfg fiederschnittig, rosettig. Fr löffelfg gebogen, schmal geflügelt. 0,08–0,15. 4–5. Arme Sandtrockenrasen, mineralarme Sandäcker, kalkmeidend; v Sa(g NO) An(f S) Bb Ns Mv Sh, z By(f S) Bw(f SO Alb S) Rh He(f ORh) Nw Th(f Hrz NW), ↘ (sm-temp·c1-4EUR – ros ① – InB SeB – WiA – L8 T6 F3 R1 N1 – V Coryneph., V Thero-Air., V Aphan. – 36).
Bauernsenf – *T. nudicaulis* (L.) R. BR.

Hesperis L. – **Nachtviole**   (46 Arten)
Bla eifg bis lanzettlich, gezähnt. Blü violett, duftend. 0,40–1,00. 5–7. ZierPfl bes. in Bauerngärten; auch Auenwälder, feuchte Gebüsche u. Rud.; [N] h Th, v Rh Sa An, z By He Nw Bb Ns Mv Sh, s Alp Bw, ↗ (sm·c3-5EUR, [A] temp·c1-4, [N] AM – igr hros ☉/kurzlebig ♃ H – InB SeB – StA MeA – L6 T5 F7= R7 N7 – V Alno-Ulm., V Convolv. – 14, 24, 28).
Gewöhnliche N. – *H. matronalis* L. subsp. *matronalis*

Bunias L. – **Zackenschote**   (2 Arten)
1 RosettenBla länglich, buchtig fiederteilig, selten ungeteilt. Nuss schief eifg, ungeflügelt, 1–2fächrig, warzig (Abb. **537**/1). 0,25–1,20. 5–8. Skeletreiche Kalkäcker, rud. Xerothermrasen, mäßig trockne bis frische Rud., Böschungen, kalkhold; [N 18. Jh.] v He(MW, z SW NW N O S W) Th An, z By Bw Rh Nw Sa Bb Ns Sh, s Mv, ↗ (sm-temp·c2-6EUR, [N] tempOAM – sogr hros H/G ♃ PfWu WuSpr – InB – MeA – L7 T6 F5 R8 N5 – V Caucal., V Arct., O Onop., V Pot. ans. – 14). **Orientalische Z. – *B. orientalis* L.**
1* RosettenBla leierfg, schrotsägefg fiederteilig. Nuss ellipsoidisch, 4kantig, an den Kanten zackig geflügelt, 4fächrig (Abb. **537**/2). 0,15–0,50. 5–7. Rud.: Schutt; [N 19. Jh] s By Sa(W: Leipzig) Ns, [U] s Bw An(S) Mv (m-sm·c2-5EUR-WAS – igr hros ☉ H – InB – KlA? – *L5 T9 F3 R5 N7* – V Sisymbr. – 14). **Echte Z. – *B. erucago* L.**

Matthiola R. BR. – **Levkoje**   (109 Arten)
Pfl sternhaarig-graufilzig. Bla schmal lanzettlich. Kr verschiedenfarbig, oft gefüllt. 0,20–0,80. 4–10. ZierPfl; auch Rud.: Schutt, Mauern; [N U] s (m·c3-4litEUR – igr HStr, in D meist ☉ – InB, gefüllte Sorten steril – StA WaA Lichtkeimer – *L7 T8 F2 R9 N1* – 14).
Garten-L – *M. incana* (L.) R. BR.

Euclidium W.T. Aiton – **Schnabelschötchen** (1 Art)

Pfl sparrig verzweigt, mit einfachen u. 2teiligen Haaren. Stg 4kantig. StgBla schmal lanzettlich, gezähnt, untere zuweilen fiederspaltig. Blü sehr klein, 0,8–1,0 mm lg, gestielt. KrBla weiß, 1,2–1,5 mm lg. Fr schief elliptisch, mit schnabelfg, gekrümmten Griffel, behaart, 3–4 mm lg, 2samig (Abb. **533**/8). 0,20–0,40. 5. Wegränder, trockne Rud., Weinberge; [N U] s Bw Th An Sa(W: Leipzig) Mv(MW: Parchim) (m-sm-c5-9OEUR-WAS – ⊙ – *L7 T9 F1 R7 N7* – 14). [*Anastatica syriaca* L., *Bunias syriaca* Gärtn., *Myagrum syriacum* Lam., *Ornithorrhynchium syriacum* Röhl, *Soria syriaca* Desv.]
Syrisches Sch. – ***E. syriacum*** (L.) R. Br.

Chorispora DC. – **Gliederschote** (11 Arten)

Pfl mit einfachen Haaren u. Drüsen. LaubBla lanzettlich, 3–8 cm lg, sitzend od. kurz gestielt, entfernt gezähnt, selten ganzrandig. KeBla röhrig, aufrecht, 6–8 mm lg, seitliche ± ausgesackt. KrBla purpurn, lg genagelt, schmal, sich nicht deckend, 10–13 mm lg. Gliederschote walzig, mit Schnabel 30–45 mm lg, Schnabel 10–20 mm lg, aufwärtsgebogen (Abb. **534**/6). 0,10–0,50. 4–6. Trockne Brachäcker u. Rud.; [N U] s By(S) Th Sa(W: Leipzig) An Ns Mv(MW: Parchim) (m-stemp-c6-8OEUR-WAS – hros ① – *L9 T7 F3 R7 N7* – 14).
Zarte G., Moschussenf – ***Ch. tenella*** (Pallas) DC.

Cochlearia L. – **Löffelkraut** (20 Arten)

1 Spreiten der lg gestielten GrundBla mit abgerundetem bis br keilfg Grund (Abb. **556**/5). Obere StgBla sitzend, herzfg stängelumfassend, die untersten gestielt. Fr 8–15 mm lg, rhombisch-elliptisch, an beiden Enden verschmälert. Blü 10–14 mm ⌀. KrBla 5–7 mm lg. 0,20–0,30. 5–7. Sandige bis tonige Salzwiesen, Grabenränder, auch Salzröhrichte; Küste u. Binnensalzstellen z Sh(O), s Ns(N NW) Mv(N) (temp·c1-3litEUR – hfrgr hros ① ⊖, slt. ♃ PfWu – L8 T5 F8= R7 N7 – K Junc. mar. – ▽ – 48). **Englisches L. –** ***C. anglica*** L.
1* Spreiten der lg gestielten GrundBla herz- bis nierenfg (Abb. **556**/6). Fr 3–6 mm lg 2
2 Alle StgBla gestielt, nicht stängelumfassend, efeuähnlich 3–7lappig, die obersten zuweilen sitzend. Blü 4–5 mm ⌀. KrBla 2,5–3,5 mm lg. Fr eifg. Sa ± 1 mm lg. 0,10–0,20. 4–6. Lückige Strandrasen, sandige bis tonige Salzwiesen u. Grabenränder, sekundär an gesalzten Straßen; z Ns, s Mv(N) Sh, [N] z Rh Nw Th Mv An, s By Bw He Sa An, ↗ (sm-temp-(b)·c1-4litEUR – igr hros H ① ⊖, slt. ♃ PfWu – InB SeB – WaA – L9 T6 F8 R8 N5 – V Sagin. mar. – ▽ – 42). **Dänisches L. –** ***C. danica*** L.
2* Obere StgBla sitzend, herzfg stängelumfassend, ganzrandig od. schwach gezähnt od. gelappt, die unteren ± gestielt. Blü 5–10 mm ⌀. KrBla (3,0–)4,0–5,0(–5,5) mm lg. Sa 1,0–2,6 mm lg [sm/mo-arctc1-7CIRCPOL). **(Artengruppe Gebräuchliches L. –** ***C. officinalis*** **agg.)**
.... 3
3 FrStiele waagerecht abstehend. Fr eifg-kuglig, an beiden Enden abgerundet. Sa 1,0–1,5 mm lg. 0,20–0,50. 5–6. Nasse, periodisch überschwemmte Salzwiesen u. salzbeeinflusste Röhrichte im Küstenbereich, salzhaltige Rud. an Straßen; Küsten u. Binnensalzstellen s Nw(MW NO) Ns(N: Jadebusen) Mv(N MW) Sh(O M), † By(S) Nw(jetzt nur [U]) He, ↘ (temp·b·c1-5litEUR). – igr hros ⊖/♃ Pleiok – InB SeB – WaA MeA – L8 T6 F7= R7 N6 – K Junc. mar. – Gewürz, Salat, HeilPfl: Antiskorbutikum – ▽ – 24).
Gebräuchliches L. – ***C. officinalis*** L.
3* FrStiele aufrecht abstehend. Fr ± elliptisch, an beiden Enden verschmälert. Sa meist 1,5–2,4 mm lg 4
4 Stg zur BlüZeit 10–30(–40) cm hoch. Spreite der GrundBla 1,0–3,8 × 1,2–4,5 cm. Griffel an reifen Fr (0,2–)0,3–0,5(–0,6) mm lg. Sa (1,3–)1,5–2,2(–2,6) mm lg. 0,10–0,30. 4–6. Feuchte bis sickernasse, lückige (Wald)Quellfluren, Quellmoore, Bach- u. Grabenränder, kalkstet; z Alp(Amm), s By(f N NO O) Bw(S SO Alb Gäu) He(O) Nw(f SO), ↘ (sm/mo-temp/demo·c2-3EUR – igr hros ⊖/♃ – L8 T4 F9= R8 N3 – V Craton. – ▽ – 12).
Pyrenäen-L. – ***C. pyrenaica*** DC.
4* Stg zur BlüZeit 25–45(–55) cm hoch. Spreite der GrundBla 1,5–5,5 × 2–6 cm. Griffel an reifen Fr 0,4–0,8(–1,0) mm lg. Sa (1,4–)1,8–2,4(–2,6) mm lg. 0,25–0,45. 4–6. (Wald)Quellfluren, Quellmoore, Bach- u. Grabenränder, kalkstet; s By(S MS) (stemp·c3EUR – igr hros

BRASSICACEAE · SANTALACEAE   565

☉/♃ Pleiok – V Craton. – Hybridsippe aus *C. officin*a*lis*, **3** × *C. pyren*a*ica*, **4** – ▽ – 36).
                                                                Bayerisches L. – *C.* ×*bav*a*rica* VOGT
Hybride: *C.* a*nglica* × *C. officin*a*lis* = *C.* ×*holl*a*ndica* HENRARD – s.

K*e*rnera MEDIK. **– Kugelschötchen**   (1 Art)
GrundBla rosettig, spatelfg-verkehrteifg, behaart. Kr weiß. Fr fast kuglig. 0,10–0,30. 6–8.
Alp. bis mont. Kalk- u. Dolomitfelsspalten u. Steinschutt, alpennahe Flussschotter; h Alp,
s By(S MS) Bw(Alb SO Keu), auch ZierPfl (sm/alp-stemp/dealp·c2-4EUR – igr hros H ♃
Pleiok – InB SeB – WiA WaA – L9 T3 F3 R9 N2 – V Potent. caul., O Thlasp. rot., V Sesl.-
Fest. – 14, 16).   **Felsen-K. – *K. sax*a*tilis*** (L.) SWEET

Ib*e*ris L. **– Schleifenblume**   (30 Arten)
1 Bla länglich-keilfg, stumpf, beiderseits 2–3zähnig. FrStand locker. Blü weiß, seltener blass
   violett. 0,10–0,30. 5–8. Trockne, steinig-lehmige Rud.: Schutt, Kiesgruben, selten auch
   extensiv genutzte Äcker, kalkstet; [A U] s By Bw Nw Sa An Ns, † Rh He; auch ZierPfl (sm-
   temp·c1-2EUR – eros ☉ ① – InB SeB – WiA Lichtkeimer – L7 T7 F4 R8 N3 – V Sisymbr.,
   V Caucal. – 14).   **Bittere Sch. – *I. am*a*ra*** L.
1* Bla lanzettlich, spitz, ganzrandig. Blü rosa bis purpurn 2
2 FrStand sehr dicht schirmtraubig. Fr vom Grund an geflügelt. 2 KeBla am Grund gesackt.
   0,15–0,40. 6–8. ZierPfl; auch Rud.: Schutt [N U] z By, s Bw Nw(MW N) He Sa An Bb Ns
   Mv ((m)-sm·c3EUR – eros ☉ ① – InB – WaA: Regensschleuderer – *L7 T8 F2 R5 N7* – 14,
   16, 18).   **Doldige Sch. – *I. umbell*a*ta*** L.
2* FrStand kurztraubig. Fr am Grund ungeflügelt. KeBla nicht gesackt. 0,30–0,60. 6–7. Wein-
   berge, Felsen; s Rh(M MRh) (sm-stemp·c2EUR – eros ☉ ① – L8 T7 F4 R9 N? – V Stip. calam.
   – in D nur der Lokalendemit subsp. ***boppard*e*nsis*** (JORD.) KORNECK – 14, 18, 22). [*I. interm*e*dia*
   GUERS]   **Mittlere Sch. – *I. linif*o*lia*** L. subsp. ***boppard*e*nsis*** (JORD.) KORNECK

Fourr*ae*a GREUTER et BURDET **– Kohlkresse**   (1 Art)
GrundBla lg gestielt. StgBla ganzrandig, blau bereift, stängelumfassend. Fr aufrecht ab-
stehend. 0,30–1,00. 5–7. Mäßig trockne Wald- u. Gebüschsäume, Trockenwälder, basen-
hold; z By(f MS O S) Rh Th(f Hrz), s Bw(f SO ORh S SW) He(f SO) Nw(SW, † SO) An(S),
([N U]) s Ns Mv, ↘ (sm/mo-stemp/demo·c2-3EUR – igr hros H ♃ Pleiok/Rhiz – InB SeB?
– StA – L4 T7 F3 R3 N3 – V Ger. sang., V Berb., O Querc. pub. – 14). [*Arabis br*a*ssica*
(LEERS) RAUSCHERT, *A. paucifl*o*ra* (GRIMM) GARCKE]
                                                 Wenigblütige K. – *F. alpina* (L.) GREUTER et BURDET

Familie ***Santal*a*ceae*** R. BR. **– Sandelgewächse**
                                                           (44–50 Gattungen/>1000 Arten)
Bäume, Sträucher od. Kräuter. Halbschmarotzer od. Schmarotzer auf Sprossen od. Wur-
zeln. Bla wechsel- od. gegenständig, ungeteilt, ohne NebenBla. Blü radiär, 3–6zählig, in
Rispen, Dolden od. Zymen, ♂ od. 1geschlechtig, dann Pfl 1- od. 2häusig. BlüHülle einfach.
StaubBla so viele wie PerigonBla. FrKn unterständig, (2–)3(–5)blättrig, 1fächrig od. am
Grund geteilt, mit 1–3 Embryosäcken an zentraler Säule. SaSchale einfach. Fr 1samig.
Beeren, SteinFr od. Nüsse.

1 2häusiger Strauch. Bla gelbgrün, immergrün, lederartig. Blü in Scheindolden. Griffel fehlend.
   Beeren weiß, seltener grünlichweiß od. gelblich. Fast nie auf Eiche schmarotzend (selten
   auf *Qu*e*rcus r*u*bra*, vgl. *Loranthus* S. 567).   **Mistel – *Viscum*** S. 567
1* Zwittriges Kraut. Bla sommergrün. NussFr.   **Vermeinkraut – *Thes*i*um*** S. 565

Thes*i*um L. **– Vermeinkraut, Leinblatt**   (325 Arten)
1 Jede Blü nur mit 1 HochBla (DeckBla). Stg mit blütenlosem BlaSchopf endend 2
1* Jede Blü mit 3 HochBla (1 DeckBla u. 2 kleinere VorBla; Abb. **566**/1, 2). Stg an der Spitze
   ohne BlaSchopf 3

2 Pfl mit Ausläufern. Fr sehr kurz gestielt, ledrig. BlüHülle zur FrZeit höchstens so lg wie die Fr. 0,10–0,30. 5–6. Sandtrockenrasen, Zwergstrauchheiden, lichte KiefernW, kalkmeidend; z He(ORh), s Bb(SO M MN) Ns(NW: Bötersheim), † An Mv Sh (sm-temp·c4-5EUR – sogr eros G HPar ♃ uAusl – InB – AmA – L7 T6 F4 R2 N2 – O Fest.-Sedet., V Cytis.-Pin. – ▽!).
Vorblattloses V. – *Th. ebracteatum* HAYNE
2* Pfl ohne Ausläufer. Fr sitzend, beerenartig, saftig, gelblich. BlüHülle zur FrZeit etwa doppelt so lg wie die Fr, letztere daher geschnäbelt erscheinend. 0,20–0,30. 5–7. Trockne, oft schotterreiche KiefernW u. ihre Ränder, kalkstet; z Alp By(MS S Alb), s Bw(SO Alb S) (sm/salp-stemp/desalp·c3EUR – sogr eros G HPar ♃ Pleiok – InB – AmA – L6 T5 F3~ R9 N2 – V Eric.-Pin.). **Geschnäbeltes V. – *Th. rostratum* MERT. et W.D.J. KOCH**
3 (1) BlüHülle zur FrZeit bis auf den Grund eingerollt, daher viel kürzer als die Fr (Abb. **566/1**) 4
3* BlüHülle zur FrZeit nur an der Spitze eingerollt, daher mindestens so lg wie die Fr (Abb. **556/2**) 5
4 Pfl mit unterirdischen Ausläufern. Alle SchuppenBla am StgGrund voneinander entfernt. Bla lineal-lanzettlich, 1–4 mm br, in der Mitte am breitesten, oft ziemlich steif u. hellgrün, mit deutlichem Mittelnerv, daneben am Grund meist 2(–4) undeutliche Seitennerven. 0,10–0,30. 6–7. Trockenrasen, lückige Halbtrockenrasen, kalkhold; z Th(Bck S) An Ns(MO: Emmerstedt), s By Bw(f SO) Rh(f N W) He(MW, f NW W) Bb Mv(N NO), † Sa, ↘ (sm-stemp·c2-5EUR – sogr eros H/G HPar ♃ Pleiok uAusl – InB Vg – AmA – L8 T7 F2 R8 N1 – O Fest. val., O Brom. erect.). [*Th. intermedium* SCHRAD.]
Mittleres V. – *Th. linophyllon* L.
4* Pfl ohne Ausläufer. SchuppenBla am StgGrund auf einem kurzen Stück sich deckend. Bla br lanzettlich, 2–7 mm br, im unteren Drittel am breitesten, schlaff, bläulichgrün, deutlich 3–5nervig. 0,25–0,60. 6–9. Trockengebüsch- u. TrockenWSäume, lichte KiefernW, kalkstet; z By Bw(f ORh) Th(f Hrz Rho) An(f Elb N O), s Alp(Amm Krw Kch Mng), † Sa (sm/mo-stemp·c2-3EUR – sogr eros G HPar ♃ WuSpr Pleiok – InB – AmA – L7 T6 F3~ R8 N2 – V Ger. sang., V Berb., V Eric.-Pin., O Querc. pub.). [*Th. montanum* HOFFM.]
Bayerisches V. – *Th. bavarum* SCHRANK
5 (3) Bla 1nervig. Ästchen zur FrZeit aufrecht abstehend, einseitwendig. BlüHülle meist (3–)4(–5)zipflig, röhrig-trichterfg. 0,10–0,25. 6–7. Alp. bis plan., mäßig frische Magerrasen; h Alp, z By(f N NW O) Bb(Elb), s Bw(ORh SW) Rh(SW ORh) He(MW) Th(O) Sa(f SO) An(f N O S W), ↘ (sm/alp-temp/dealp·c2-4EUR – sogr eros H HPar ♃ Pleiok – InB SeB – AmA – L8 T3 F4 R8 N2 – O Sesl., V Stip. calam., O Nard., V Cyn., O Orig., V Eric.-Pin.). [*Th. tenuifolium* SAUT.]
Alpen-V. – *Th. alpinum* L.
5* Bla schwach 3nervig. Ästchen zur FrZeit waagerecht abstehend, allseitswendig. BlüHülle meist 5zipflig, kurz röhrig-glockig. 0,10–0,50. 6–7. Mäßig trockne bis frische, bes. mont. Magerrasen, Wiesen u. Weiden, auch Halbtrockenrasen; v Alp, z By Bw(f NW) Rh He(f SO ORh) Nw(SO SW) Th(f NW, v Wld), Ns(Hrz), s Sa(SW SO) An(Hrz W), ↘ (sm/mo-stemp/demo·c2-3 EUR – sogr eros H HPar ♃ Pleiok – InB SeB – AmA – L8 T4 F4~ R4 N2 – O Nard., O Arrh., V Brom. erect.). **Pyrenäen-V., Wiesen-V. – *Th. pyrenaicum* POURR.**
1 BlüHülle 3–4(–5) mm lg, ± so lg wie die Fr. 0,10–0,50. Bis mont. Stufe. Verbr. wie Art.
Pyrenäen-V. – subsp. *pyrenaicum*
1* BlüHülle (5–)6–8(–9) mm lg, 1,5–2mal so lg wie die Fr. 0,10–0,20. (Sub-)Alp. Magerrasen. s Alp.
Großblütiges Pyrenäen-V. – subsp. *alpestre* O. SCHWARZ

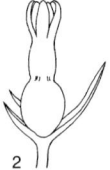

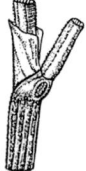

Thesium bavarum   Th. alpinum   Oxyria   Rumex   Fallopia

Viscum L. – **Mistel** (65 Arten)
Die morphologischen Unterschiede sind fragwürdig, die Wirtsbindung ist nachgewiesen. Nach DNA-Sequenzanalysen ist die Kiefern-M. von den beiden anderen Sippen stärker isoliert.

1 Nur auf Kiefer u. (selten) Fichte. Beeren gelblich, länger als ihr ⌀. Sa grünlich, mit 1 Keimling? Bla 4–5(–6)mal so lg wie br. 0,20–0,50. 3–5. NadelW, Kiefernforste; z By(f NW) Rh(ORh SW) Sa An(Elb O SO) Bb, s Alp(Amm Wtt) Bw(f SO Alb S) He(SO SW) Mv(MW NO N) (sm-temp·c3-4EUR – igr HPar Str – InB: bes. Fliegen – KlA VdA – L7 T6 F- R- N- – V Eric.-Pin., V Dicr.-Pin.). [*V. album* subsp. *austriacum* (Wiesb.) Vollm.]
Kiefern-M. – *V. laxum* Boiss. et Reut.
1* Nur auf Laubgehölzen od. Tanne. Beeren weiß, kuglig. Sa weiß, mit 2(–3) Keimlingen? Bla 2–4(–5)mal so lg wie br. 0,40–0,80(–1,50). 2–4. Bes. in luftfeuchten Lagen, auf heimischen Bäumen, Sträuchern u. Fremdgehölzen, z. B. Robinie; v Rh He(f ORh) Th (f Hrz) Sa An Ns(s N NW, f Elb), z Alp(f Krw) By Bw Nw Bb(h NO) Mv, s Sh(SO O) (m/mo-temp·c1-5EURAS – igr HPar Str WuSpr – InB: bes. Fliegen – VdA KlA – L7 T6 F- R- N- – HeilPfl – O Fag., V Salic. alb.). **Gewöhnliche M. – *V. album*** L.

1 Nur auf Laubgehölzen. Bla 2–4(–5)mal so lg wie br. v Rh Th(f Hrz) Sa An Ns(s N NW, f Elb), z Alp(f Amm Krw Wtt) By Bw He(SO MW O SW) Nw Bb(h NO) Mv, s Sh(SO O).
Laubholz-M. – subsp. *album*
1* Nur auf Tanne. Bla 2–3mal so lg wie br. z By(f NW) Bw(f NW) He(ORh) Th(f Hrz Rho), s Alp(v Brch Chm, f Amm) Rh(ORh SW) Sa(f Elb) Bb(SO) (sm/mo-stemp·c3-5EUR – L7 T5? F- R- N-).
Tannen-M. – subsp. *abietis* (Beck) K. Malý

Familie ***Loranthaceae*** Juss. – **Riemenmistelgewächse**
(77 Gattungen/950 Arten)

Meist strauchige Halbschmarotzer auf Sprossen od. Wurzeln von zweikeimblättrigen HolzPfl. Bla gegenständig od. quirlig, ledrig-fleischig, ungeteilt, ohne NebenBla. Blü meist ⚥, radiär, in Zymen, Trauben, Ähren od. Köpfen. Ke saum- od. röhrenfg. KrBla (3–)4–5(–9). StaubBla ebensoviele, den KrBla angewachsen. FrKn unterständig, ohne ausdifferenzierte SaAnlagen. 1samige Beere, FrWand verschleimend u. klebrig.

Loranthus Jacq. non L. – **Riemenmistel** (1–10 Arten)
Bla dunkelgrün, sommergrün. Blü in Ähren. Griffel fadenfg. Beeren hellgelb. Nur auf *Quercus*, sehr selten auf *Castanea* schmarotzend. Zweige schwarzgrau. 0,30–1,00. 4–5. Lichte EichenW; s Sa(SO) (m-stemp·c3-5EUR – sogr Hpar Str WuSpr – InB – VdA KlA – *L7 T9 F- R- N-* – V Querc. pub.). **Europäische R., Eichenmistel – *L. europaeus*** Jacq.

Familie ***Tamaricaceae*** Link – **Tamariskengewächse**
(4–5 Gattungen/ca. 80 Arten)

Bäume, Sträucher, Halbsträucher. Bla wechselständig, klein, nadel- od. schuppenfg, ohne NebenBla. Blü ⚥, radiär, 4–5(–6)zählig, einzeln od. in Ähren od. Trauben. KeBla u. KrBla je 4–5(–6), frei. StaubBla so viele od. doppelt so viele wie KrBla. FrKn oberständig, 2–5blättrig, 1fächrig. Griffel frei od. am Grund vereint od. Narben fast sitzend. Kapseln, Sa mit lg Haaren.

Myricaria Desv. – **Rispelstrauch** (10–14 Arten)
Bla schuppenfg, 2–3 mm lg, graugrün. Blü hellrosa od. weiß, in dichten Trauben. Narbe sitzend. 0,60–2,00. 6–8. Subalp. bis perialp. periodisch überflutete, sandig-lehmige bis kiesige Alluvionen, Kiesgruben, kalkstet; z Alp(f Allg), s By(s MS) Bw(SO ORh S), [U] Rh, ↘ (m-b//perialp·c3-9EURAS – sogr Str – InB SeB – WiA Lichtkeimer – L8 T4 F8= R8 N3 – V Salic. eleag., V Epil. fleisch.).
Rispelstrauch, Deutsche Tamariske – *M. germanica* (L.) Desv.

Familie **Plumbaginaceae** Juss. – **Bleiwurzgewächse**

(29 Gattungen/836 Arten)

Stauden, Sträucher, Halbsträucher u. Lianen. Bla ungeteilt, ganzrandig, meist rosettig, ohne NebenBla. Blü in ährigen, traubigen, kopfigen od. rispigen Thyrsen. Blü ⚥, radiär, 5zählig. BlüHülle ungleichartig. KeBla oft zu einer Röhre verwachsen, meist trockenhäutig u. bleibend, oft gefärbt. KrBla meist ± verwachsen, gedreht. StaubBla 5. FrKn oberständig, 5blättrig, 1fächrig, mit 1 grundständigen SaAnlage. Griffel 1–5. Narben 5. Vom Ke umschlossene Nuss.

1 Stg verzweigt, mit HochBla. Bla verkehrteifg od. spatelfg. BlüStände schirmrispig. Narben fadenfg. **Strandflieder – _Limonium_** S. 568
1* Stg einfach, blattlos. Bla grasähnlich. BlüStände kopfig, von mehreren HochBla umgeben (Abb. **577**/6). **Grasnelke – _Armeria_** S. 568

[N lokal] **Tataren-Blauschleier, Tatarisches Goniolimon – _Goniolimon tataricum_** (L.) Boiss.: Narbe kopfig. Bla verkehrteifg, stachelspitzig. 0,20–0,30. [N] s Bw He Sa An (sm-c5-8EUR) s. Bd. ZierPfl.

Limonium Mill. – **Strandflieder, Strandnelke** (350 Arten)

[N lokal] **Breitblättriger St. – _L. gerberi_** Soldano [_L. latifolium_ auct.]: Pfl 0,50–1,00 m hoch, behaart. Bla 25–60 × 8–15 cm, Hauptnerven der Bla gefiedert. Kr hellviolett bis blau. [N] s By Rh(ORh: Landau) He Ns, [U] By(MS: Regensburg) (sm-stemp·c5-8EUR-KAUK – 18) s. Bd. ZierPfl.!

1 Hauptnerven der Bla gefiedert, Bla 10–15(20) × 1,5–4,0 cm, verkehrteifg, ganzrandig, kahl. Kr blauviolett. 0,20–0,50. 8–9. Tonige Salzwiesen, Spalten im Spritzwasserbereich von Küstenschutzbauten; z Mv, s Ns(N NW) Sh(O M) (m-temp·litEUR – sogr ros H ♃ Pleiok WuSpr – InB SeB, Pollen u. Narben dimorph – L9 T6 F7= R7 N5 – V Pucc. mar., V Armer. marit. – ▽ – 36). [_Statice limonium_ L.] **Gewöhnlicher S. – _L. vulgare_** Mill.
1* Hauptnerven der Bla am Grund der Spreite entspringend, parallel. Bla bis 15 cm, oft kürzer, 1,0–1,2(1,5) cm br, spatelfg, kahl. Kr violett. 0,20–0,50. 8–9. Felsen; [N] s Sh(Helgoland) ((m)-temp//lit·c1EUR – igr ros H/C ♃ – Ap). **Fels-S. – _L. binervosum_** (G.E. Sm.) C.E. Salmon

Armeria Willd. – **Grasnelke** (ca. 100 Arten)

1 Bla lanzettlich, >3 mm br, 3–7nervig, kahl. Äußere HüllBla den BlüKopf meist seitlich überragend, lg zugespitzt, innere mit kurzer Spitze, stumpf. Kr rosa. Schaft kahl. 0,20–0,50. 6–7. Sandtrockenrasen, trockne Wiesen, kalkmeidend; [U] Rh(Sw), † He (m-stemp·ozEUR – igr ros H/C ♃ Pleiok – L8 T8 F3 R6 N2 – O Fest.-Sedet., V Arrh. – ▽). [_A. plantaginea_ (All.) Willd.] ⊕ **Sand-G., Wegerich-G. – _A. arenaria_** (Pers.) Schult.
1* Bla linealisch, 1–3 mm br, 1(–3)nervig, oft behaart. Äußere HüllBla den Kopf meist nicht überragend (Abb. **577**/6), HüllBla stumpf od. kurz bis lg zugespitzt. Kr rosa od. purpurn. 0,05–0,50. 5–11. Graudünen, Sand- u. Silikattrockenrasen, Silikat- u. Serpentinfelsfluren, Schwermetallhalden, Salzwiesen, trockne Wälder; h Bb, v Sa(g Elb NO) An(g Elb O) Mv, z By(f S) Th(O Rho Bck) Ns Sh, s Bw(f SO Alb S SW) Rh(ORh SW) He(f NW SW W) Nw(f N NO) (antarct-AM+sm/mo-arct·c1-6+litCIRCPOL – sogr od. igr ros H/C ♃ Pleiok/Rübe – InB SeB heterostyl – WiA KlA – V Armer. marit., O Viol. calamin., V Craton. – V Dicr.-Pin. – ▽). [_A. vulgaris_ Willd.] **Gewöhnliche G. – _A. maritima_** (Mill.) Willd.

1 HüllBla braun, 8–20 mm lg, die äußeren kürzer als die inneren. Blü purpurn. Bla ± 2 mm br, 1nervig, mit durchscheinendem Saum. Riedwiesen, Seeufer; s By(MS), † Bw (sm/mo-stemp·c2-3EUR – L8 T6 F10 R7 N2 – V Litt., V Craton. – ▽! – 18). [_A. purpurea_ W.D.J. Koch, _A. rhenana_ Gremli] subsp. **purpurea** (W.D.J. Koch) Á. Löve et D. Löve
1* HüllBla ± bleich, äußere HüllBla des Kopfes 10–25 mm lg. Blü rosa bis purpurn. Bla 1nervig, am Grund 3nervig, nicht mit durchscheinendem Saum 2
2 Äußere HüllBla des Kopfes 2–4 mm lg, meist stumpf. Köpfe 15–20 mm ⌀, Schaft zuweilen behaart. Bla fleischig, 1 mm breit, stumpf. 0,05–0,15. Graudünen, Strand- u. Salzwiesen; v Ns Sh Mv, s Th(Bck Rho O), bes. Küsten (temp-(b)//lit·c1-4EUR – sogr H – L8 T6 F6= R5 N4 – V Armer. marit.). subsp. **intermedia** (T. Marsson) Buttler
2* Äußere HüllBla des Kopfes (6–)10–25 mm lg, zugespitzt, lanzettlich. Köpfe 18–25 mm ⌀, Schaft kahl. Bla kaum fleischig, spitz, 5–12 cm lg, 1–3 mm br. 0,15–0,30(–0,50). Sand- u. Silikattrockenrasen,

Serpentinfelsfluren, Schwermetallhalden, trockne Wälder, kalkmeidend; h Bb, v An Mv, z By(f S) Sa Ns Sh, s Bw(ORh NW) Rh(ORh SW) He(f NW SW W) Nw(f N NO) Th(Rho Bck O) (temp·c2-4EUR – sogr H – L7 T6 F3 R6 N2 – V Armer. elong., V Dicr-Pin., O Viol. calamin. – 18). [*A. vulgaris* WILLD., *A. elongata* (HOFFM.) W.D.J. KOCH]   subsp. *elongata* (HOFFM.) BONNER
Die schwermetalltoleranten, oft als subsp. geführten Sippen *A. m.* subsp. *bottendorfensis* (A.A.H. SCHULZ) ROTHM., *A. m.* subsp. *hornburgensis* (A.A.H. SCHULZ) ROTHM., *A. m.* subsp. *serpentini* (GAUCKLER) ROTHM. u. subsp. *halleri* (WALLR.) ROTHM. sind mehrfach aus subsp. *elongata* entstanden u. können höchstens als Varietäten dieser Unterart bewertet werden. *Armeria maritima* subsp. *maritima* reicht ostwärts nur bis an die niederländische Küste.

Familie *Polygonaceae* Juss. – Knöterichgewächse

(± 50 Gattungen/1170 Arten)

Bearbeitung: **Rolf Wißkirchen**

Kräuter, Sträucher, Lianen, seltener Bäume. Stg oft knotig gegliedert („Knöterich"). Bla meist wechselständig, ganzrandig, selten gelappt, am Grund des BlaStiels meist mit einer häutigen stängelumfassenden Röhre (Ochrea) verwachsen. Blü meist ⚥, klein, radiär od. leicht dorsiventral, in Knäueln (Zymen), diese einzeln blattachselständig od. häufiger zu ährigen bis rispigen, zuweilen kopfigen BlüStänden (Thyrsen) vereinigt. PerigonBla (3–)4–6 in 2 Kreisen, gleichartig bis deutlich ungleich, die äußeren zuweilen geflügelt, frei bis ± verwachsen. StaubBla (2–)5–9(–∞). FrKn 1, oberständig, 1fächrig. SaAnlage 1, grundständig, aufrecht, Griffel 2–3(–4). Fr eine 2–3(–4)kantige, fast stets vom Perigon eingeschlossene, zuweilen geflügelte Nuss.

1	PerigonBla 6, selten 4 u. dann alle LaubBla grundständig. Narben pinselfg	2
1*	PerigonBla 5, wenn 4, dann StgBla vorhanden. Narben kopfig od. fransig zerteilt	3
2	PerigonBla 6. Narben 3 (Abb. 566/4). Fr 3kantig, nicht geflügelt, zur FrZeit von den inneren, vergrößerten PerigonBla (Valven) ganz eingehüllt. LaubBla fast stets sowohl grund- als auch stängelständig.	**Ampfer – *Rumex*** S. 570
2*	PerigonBla 4. Narben 2 (Abb. 566/3). Fr 2kantig, geflügelt, nicht von PerigonBla eingehüllt. Bla fast stets nur grundständig.	**Säuerling – *Oxyria*** S. 575
3	(1) Unterhalb des BlaStielansatzes am Stg eine rundliche bis länglich-eifg, drüsige Vertiefung (Grubennektarium, Abb. 566/5). Die 3 äußeren PerigonBla mittig auf dem Rücken mit grünlichen od. weißen Flügeln od. Leisten (Abb. 572/6, 7). Krautige bis holzige Lianen, hohe Stauden.	**Flügelknöterich – *Fallopia*** S. 575
3*	BlaStielansatz ohne drüsige Vertiefung. Perigon nicht geflügelt. Nie Liane, selten hohe Stauden	4
4	BlaSpreite etwa so lg wie br, br spießfg bis pfeilfg-dreieckig. Reife Fr >2mal so lg wie das Perigon, dieses deutlich überragend. Stg oben mit einer vertikalen Haarleiste.	**Buchweizen – *Fagopyrum*** S. 581
4*	BlaSpreite länger als br, linealisch bis eifg. Reife Fr höchstens 1,5mal so lg wie das Perigon, dieses nicht od. nur etwas überragend. Stg kahl od. rundum behaart	5
5	Blü einzeln od. zu wenigen in Knäueln blattachselständig, an den Sprossenden zuweilen genähert. Bla kahl, BlaStiel am Grund mit Trennstelle. Ochrea trockenhäutig, oben hell („silbrig") glänzend, fein zerschlitzt. Staubfäden am Grund stark verbreitert, Staubbeutel gelb. Blü ohne Nektarien.	**Vogelknöterich – *Polygonum*** S. 576
5*	Blü in deutlich abgegrenzten Scheinähren, Rispen od. Köpfchen hauptsächlich am Ende des Stg. Bla meist behaart, BlaStiel am Grund ohne Trennstelle. Ochrea krautig, nicht hell glänzend. Staubfäden am Grund nicht od. nur wenig verbreitert, Staubbeutel rosa, weiß od. violett. Blü innen am Grund mit kleinen kugligen bis elipsoidischen Nektarien	6
6	Blü in rispenfg verzweigten BlüStänden.	**Bergknöterich – *Koenigia*** S. 578
6*	Blü in Scheinähren od. rundlichen Köpfchen	7
7	Pfl mit Grundrosetten. StgBla wenige, nach oben hin reduziert. Stg fast stets mit nur 1 endständigen Scheinähre. Narben kuglig, glatt, glänzend. **Wiesenknöterich – *Bistorta*** S. 577	

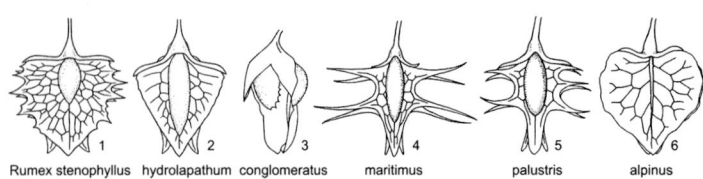

Rumex stenophyllus hydrolapathum conglomeratus   maritimus   palustris   alpinus

7* Pfl ohne Grundrosetten. Größte Bla im mittleren StgAbschnitt. Stg fast stets mit 2 od. mehr Scheinähren oder Köpfchen. Narben kopfig, warzig, matt.
Knöterich – *Persicaria* S. 578

Rumex L. – Ampfer, Sauerampfer (200 Arten)

1 Bla am Grund keilig verschmälert, abgerundet od. herzfg, nie pfeil- od. spießfg. Blü fast stets ⚥ (Untergattung Ampfer – subg. *Rumex*) 2
1* Bla pfeil- od. spießfg (zuweilen ohne Spießecken), sauer schmeckend. Blü fast stets 1geschlechtig, meist 2häusig, seltener 1häusig (Untergattung Sauerampfer – subg. *Acetosa*) 19
2 GrundBla fehlend. Stg liegend-aufsteigend. BlaAchseln mit beblätterten Seitentrieben, die später als der Hauptspross blühen u. diesen zuletzt übergipfeln. Untere StgBla lineal-lanzettlich, 12–15 cm lg. Valven 3eckig. 0,30–1,00. 6–9. Flussufer, feuchte Rud.: Schutt, Umschlagplätze; [N 1935] s Rh(N ORh) Nw(MW: Neuss) Sa(Elb) An Bb(Berlin) Sh(SO: Elbe), [U] s Bw(Keu: Stuttgart) He Th Ns(N MO) Mv(N: Warnemünde), ↗ (m-temp·c2-7AM – sogr? eros H ♃ Pleiok/Rübe – WiB – WaA MeA? – L8 T6 F7 R7 N7 – V Pot. ans., V Chen. rub. – 20). [*R. salicifolius* Weinm. subsp. *triangulivalvis* Danser]
Weidenblatt-A. – *R. triangulivalvis* (Danser) Rech. f.
2* GrundBla vorhanden. Stg aufrecht, ohne spätblühende Achselsprosse 3
3 Alle 3 Valven (innere, der Fr anliegende PerigonBla) od. wenigstens eine mit Schwiele (Abb. **570**/1–5) 4
3* Valven sämtlich ohne Schwiele (Abb. **570**/6) 17
4 Valven mit deutlichen, mindestens 1 mm lg Zähnen od. Borsten 5
4* Valven ganzrandig, selten mit 0,5(–1,0) mm lg Zähnen 8
5 Untere Bla mit keilfg verschmälertem BlaGrund, BlaSpreite linealisch-lanzettlich, 6–8 mal so lg wie br. Valven jederseits mit 2(–3) lg borstlichen Zähnen 6
5* Untere Bla mit abgerundetem bis herzfg Grund. BlaSpreite lanzettlich bis br elliptisch, 2–4 mal so lg wie br. Valven jederseits mit 3–8 zugespitzten Zähnen 7
6 BlüKnäuel an den Zweigen durchgehend dicht stehend, bei der Reife zunächst goldgelb, später braun. Die borstlichen Zähne viel länger als die Valvenbreite (Abb. **571**/4). FrStiele fadenfg dünn, biegsam. Staubbeutel 0,4–0,6 mm lg. Schwielen schmal lanzettlich, vorn spitz. 0,10–0,60. 7–9. Nasse, zeitweilig überflutete, im Spätsommer trocken fallende, schlammige Ufer, wechselfeuchte Äcker, Rud.: Lagerplätze; lückige Flutrasen, salztolerant; v Sa An Bb Mv, z By(s MS) Bw(f NW) Rh He Nw(v MW s SO) Th(f Hrz) Ns Sh(s W), ↘ (austr+m-b·c2-8+litCIRCPOL – eros ① ⊙ – SeB WiB – WaA KlA WiA – L8 T7 F9= R8 N9 – V Bid., V Nanocyp.).
Strand-A. – *R. maritimus* L.
6* BlüKnäuel an den Zweigen oben genähert, unten zunehmend locker stehend, bei der Reife zunächst hell- bis rotbraun mit kontrastierend hellen Schwielen, später einheitlich dunkelbraun verfärbend. Die borstlichen Zähne nur so lg wie die Valvenbreite (Abb. **571**/5). FrStiele dicklich, steif. Schwielen eifg, vorn stumpf. Staubbeutel 0,9–1,3 mm lg. 0,10–0,80. 7–9. Feuchte bis nasse, zeitweilig überflutete, im Spätsommer trockenfallende, schlammige Ufer, Rud.: Schutt- u. Lagerplätze; z By Rh Th(f Hrz) Sa An Bb Ns(h Elb) Mv, s Bw(f SO Alb S SW) He(f SO NW) Nw(f SW SO) Sh(f W), ↘ (sm-temp·c1-4EUR – sogr hros ⊙ ⊖, slt. kurzlebig ♃ – WiB – WaA KlA WiA – L8 T7 F9= R9 N8 – K Bid. – 40).
Sumpf-A. – *R. palustris* Sm.
7 (5) Pfl von unten an verzweigt, die Äste sehr lg, sparrig abstehend, zuweilen ineinander verflochten. BlaSpreiten klein, bis höchstens 10 cm lg u. 4 cm br, die unteren in der Mitte oft geigenartig eingeschnürt (Abb. **571**/1). BlüKnäuel alle voneinander entfernt stehend in

POLYGONACEAE   571

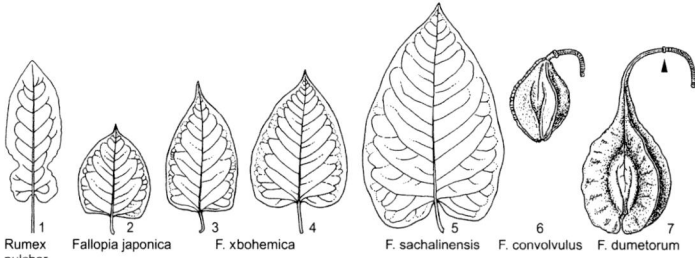

| 1 | 2 | 3 | 4 | 5 | 6 | 7 |
| Rumex pulcher | Fallopia japonica | F. xbohemica | | F. sachalinensis | F. convolvulus | F. dumetorum |

der Achsel von kleinen Tragblättern, die oberwärts kürzer als die Knäuel sind. FrStiel dicklich, kürzer als die Fr. 0,15–0,60. 5–7. (Wechsel)Trockne, kiesige bis tonige Rud.: Wegränder, Schutt, schwach salztolerant; [A] † s Bw(ORh), [N U] s He Nw Mv(N) (m-stemp·c1-5EUR, [N] AM – sogr? hros H ♃ Pleiok – SeB – KIA, WiA – L8 T7 F3~ R7 N7 – V Sisymbr.).
Schöner A. – *R. pulcher* L.

7* Pfl erst in der oberen Hälfte verzweigt, Äste gerade angewinkelt od. nach oben gebogen (nie auffällig lg od. sparrig abstehend). Bla mittelgroß bis groß, 15–35 × 10–17 cm, BlaSpreiten nie eingeschnürt. BlüKnäuel nur unten etwas entfernt stehend, im oberen Teil ohne TragBla. FrStiel dünn, länger als die Fr. 0,50–1,20. 7–8. Frische Rud.: Wegränder, Schutt, Gräben; Flussufer, überdüngte, (tritt-)gestörte Wiesen u. Weiden, halbschattige Waldschläge; g D, h By(g NM), v Alp(f Chm) (m/mo-temp·c1-5EUR, [N] austr-trop/mo+m-b·c1-5CIRCPOL – igr hros H ♃ Pleiok/Rübe regen. WuSpr – WiB Vm – WiA KlA WaA VdA Lichtkeimer Sa langlebig – L7 T5 F6 Rx N9 – K Artem., V Pot. ans., K Mol.-Arrh., V Epil. ang.).
Stumpfblättriger A. – *R. obtusifolius* L.

1   Valven klein, 3–4 mm lg, schmal, zungenfg bis länglich-3eckig, ungezähnt od. nur nahe der Basis undeutlich gezähnt, alle mit länglicher Schwiele, diese fast so br wie die Valve. BlaUSeite kahl. Standorte wie Art; hauptsächlich östlich verbreitet: z By Th Sa, s He An Bb? Ns (sm-temp·c3-5 EUR).
subsp. ***sylvestris*** (J. Becker) Čelak.

1* Valven größer, (4–)5–6 mm lg, eifg-3eckig, alle mit deutlichen Zähnen 2

2   Die längsten Zähne so lg wie die Breite der Valven, diese 4,5–6,0 mm lg, meist nur 1 Valve mit Schwiele. BlaStiel u. Nerven auf der BlaUSeite dicht kurzhaarig. Standorte u. Verbr. in D wie Art, aber bes. westlich (m/mo-temp·c1-3EUR). [*R. o.* subsp. *friesii* (Gren.) Rech. f., *R. o.* subsp. *agrestis* (Fr.) Danser]
subsp. ***obtusifolius***

2* Die längsten Zähne höchstens so lg wie die halbe Breite der Valven, diese 4–5 mm lg, alle Valven mit Schwiele, diese ungleich groß. Bla useits kahl bis fein papillös. Verbr. in D ungenau bekannt, möglicherweise in der geographischen Zwischenbereich; z By(s MS S Alb) Sa An Bb, s He Th Mv (sm/mo-temp·c2–3 EUR).
subsp. ***transiens*** (Simonk.) Rech.

8   (4) Valven länglich-zungenfg 9
8* Valven rundlich od. dreieckig 11
9   Die BlüKnäuel oben genähert, unten etwas entfernt. Bla br eifg (ca. 2mal so lg wie br)
R. obtusifolius L. subsp. *sylvestris* (J. Becker) Čelak (s. 7*/1)
9* Alle BlüKnäuel deutlich voneinander entfernt. Bla länglich-eifg bis lanzettlich (3–4mal so lg wie br) 10
10 Stg gerade, erst von der Mitte an verzweigt. BlüStände nur im unteren Teil beblättert. Schwielen der Valven sehr ungleich: Nur 1 Valve mit 1 großen, fast kugelfg Schwiele, die beiden anderen Valven ohne od. mit nur kleinen Schwielen. FrStiele länger bis doppelt so lg wie die Fr, Scheinquirle daher locker. 0,50–0,80. 6–8. Halbschattige Standorte, bes. in LaubW: AuenW, frische bis feuchte Waldwegränder, Waldschläge, Gräben, Waldquellen, kalkmeidend; h He Nw Ns(z N), v Bw Rh Th, z By Sa An Bb Mv Sh(s W), s Alp (sm/mo-temp·c1-4EUR – sogr hros H ♃ Pleiok/Rübe, regenerativ WuSpr – WiB KlA? – L4 T6 F8 R7 N7 – O Fag., bes. V Alno-Ulm., V Geo.-Alliar. – 20).
Blut-A., Hain-A. – *R. sanguineus* L.

10* Stg von Knoten zu Knoten leicht hin und her gebogen, meist schon vom Grund an verzweigt. BlüStände bis zur Spitze beblättert. Alle 3 Valven mit länglichen, fast gleich großen Schwielen (Abb. 570/3). Die meisten FrStiele kürzer als die Fr, Scheinwirtel daher sehr kompakt

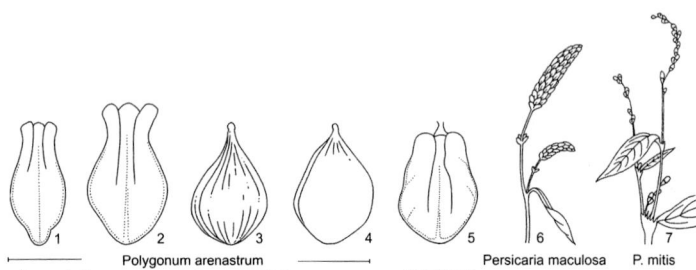

1	2	3	4	5	6	7
Polygonum arenastrum				P. aviculare	Persicaria maculosa	P. mitis
subsp. calcatum	subsp. arenastrum					
subsp. microspermum			subsp. calcatum			

u. geknäuelt (Name!). 0,30–0,80. 7–8. Feuchte bis staunasse Standorte: Ufer, Wegränder; Brachen, auch Waldschläge; h Nw Ns, v He Th Sa An Mv, z Alp(f Allg Kch Wtt) By Bw Rh Bb Sh, Bergland s (m-temp·c1-4EUR-WAS, [N] AM – igr hros H ♃ Pleiok/ Rübe – SeB WiB – WaA – L8 T6 F7 Rx N8 – V Pot. ans., O Bid., O Atrop., V Convolv.-Agrop. – 20).
Knäuel-A. – *R. conglomeratus* MURRAY

11 (8) Valven kurz aber deutlich gezähnt, die Zähne 0,5–1,0 mm lg **12**
11* Valven ganzrandig od. nur undeutlich am Grund leicht gezähnelt **13**
12 Alle Blü mit reifen, gleichmäßig ausgebildeten Fr (Abb. **570**/1). Alle Valven mit deutlichen Schwielen, StgBla lineal-lanzettlich, meist 10–25 × 3–5 cm. 0,60–1,00. 7–8. Frische bis feuchte Rud., salztolerant; [N U] z Mv(Elb), [N?] s He Th An(z Elb) Bb(z Elb), [N U] s Sa, ↗ (m-stemp·c5-8EURAS – sogr hros H ♃ Pleiok – L8 T6 F7= R8 N5 – O Pot.-Polyg., K Bid.). [*R. odontocarpus* BORBÁS] **Schmalblättriger A. – *R. stenophyllus* LEDEB.**
12* Meist nur wenige Blü mit reifen Fr, diese ungleich groß u. von unregelmäßiger, teilweise verdrehter od. verkümmerter Form, nur 1 Valve mit deutlicher Schwiele. StgBla lanzettlich, meist 25–35 × 6–9 cm. 0,60–1,50. 5–6. Ziemlich regelmäßig unter den Eltern auftretend, mitunter auch eigene Populationen bildend (teilfertil), jedoch nicht dauerhaft, in D die häufigste *Rumex*-Hybride. Frische bis feuchte Weg- u. Straßenränder, Gräben, frische Rud., überdüngte, (tritt)gestörte Wiesen u. Weiden; Verbr. ungenügend bekannt, wohl alle Bdl z–v (K Mol.-Arrh., K Artem., V Pot. ans.) [*R. crispus* × *R. obtusifolius*]
Bastard-A. – *R.* ×*pratensis* MERT. et W.D.J. KOCH
13 (11) Landpflanze. Valven mit gerundetem od. herzfg Grund. Bla bis 40 cm lg **14**
13* Sumpf- od. WasserPfl. Valven mit keilfg bis geradem Grund (Abb. **570**/2). Bla 50–80 cm lg **16**
14 Spreiten der GrundBla 1–2mal so lg wie br, herz-eifg, stumpf, am Grund tief herzfg. Bla-Stiele 1,2–2mal so lg wie die Valven, diese rundlich-nierenfg, breiter als lg, 6 × 8 mm. Bla useits behaart. 0,60–1,20. (6–)7–8. Rud.? [N lokal] s Sh(M: Höltigbaum) Ns Bb(M: Berlin) (sm-temp-c5-8OEUR-AS – sogr ♃). **Gedrungener A. – *R. confertus* WILLD.**
14* Spreiten der GrundBla mindestens 3mal so lg wie br. Valven rundlich, etwa so lg wie br. Bla kahl **15**
15 Bla lanzettlich, 3–4 mal so lg wie br, am Rand flach, BlüStand dicht, stark rispig verzweigt. Meist nur 1 Valve mit Schwiele, zuweilen auch schwielenlos. 0,80–1,50. 7–8. KulturPfl; auch frische bis feuchte Rud.: Straßenböschungen; [N] s By(NO) Th An, [U] s By(MS NW) Bw Rh Sa Ns Mv (sm·c4-6EUR – igr? hros H ♃ Pleiok/Rübe – V Arct., V Dauco-Mel. – Gemüse). **Gemüse-A., Ewiger Spinat – *R. patientia* L.**
15* Bla linealisch, 4–8mal so lg wie br, am Rand wellig kraus. BlüStand locker, einfach traubig verzweigt. Meist alle 3 Valven mit Schwielen. 0,30–1,50. 6–8. Frische bis (stau)feuchte Rud.: Wegränder, Anger, Gräben; feuchte Äcker, (tritt)gestörte Wiesen u. Weiden, Ufer; alle Bdl g, außer h By(g NM) Bw Rh Bb Mv, z Alp (m/mo-b·c1-7EURAS, [N] austr+m-b·c1-7CIRCPOL – igr hros H ♃ Rübe – WiB Vm – VdA WiA Sa langlebig – L7 T5 F7~ Rx N6 – V Pot. ans., K Stell., K Mol.-Arrh.). **Krauser A. – *R. crispus* L.**
16 (13) Bla am Grund beidseitig keilfg verschmälert. Valven rhombisch-dreieckig, am Grund gestutzt bis etwas keilfg. Äußere PerigonBla anliegend. Alle Blü reife Fr bildend (Abb. **570**/2). 1,00–2,00. 7–8. Nasse, zeitweilig überstaute Ufer langsam fließender u. stehender eutro-

pher Gewässer, Röhrichte, Großseggenriede; g Bb Mv Sh, h Ns(z Hrz S), v Sa An(z SO), z By Bw Rh He(f NW W) Nw(h N, f SW) Th(f Hrz NW), s Alp(Brch Kch) (sm-temp·c1-5EUR – sogr hros Hel ♃ Pleiok/Rübe – WaA WiA – L7 T6 F10 R7 N7 – O Phragm.).
Fluss-A., Hoher A. – *R. hydrolapathum* HUDS.
16* Bla am Grund ungleich, höchstens eine Seite keilig verschmälert, die andere od. beide gestutzt bis schwach herzfg. Valven dreieckig, am Grund gestutzt bis schwach herzfg, im unteren Teil fein gezähnelt. Äußere PerigonBla horizontal abstehend, Blü nur zum Teil reife Fr bildend. 1,00–1,50. Hybride mit ziemlich hoher Fertilität, oft ohne die Eltern. Ufer, Röhrichte, Sümpfe, nicht im offenen Wasser; z By(s S) An Th(O), s Bw Rh He Sa Bb Mv, ↘ (sm-temp-(b)·c1-5EUR? – sogr hros Hel ♃ – WiA). [*R. aquaticus* × *R. hydrolapathum*, *R. maximus* SCHREB.] **Verschiedenblättriger A. – *R.* ×*heterophyllus* SCHULTZ**
17 (3) GrundBla mit verschmälertem Grund, 3–4mal so lg wie br, BlaRand wellig kraus, 0,60–1,50. 7–8. Frische Rud., trittgestörte Weiden, Straßenränder; s Sh(O: nahe Schleswig) [N] By(NW NO O) He(O) Nw(SO) Th(W Wld) Sa(SW) An(Hrz) Ns(Hrz), [N U] Bw(SW) Rh(MRh) Nw(NO) Bb(M: Berlin) Sh(SW: Hamburg), ↘ (sm/mo-b·c2-6EURAS, [N] AM – igr hros H ♃ Pleiok/Rübe – L8 T6 F5 R? N8 – V Arct., V Pot. ans.). [*R. domesticus* HARTM.]
Nordischer A., Gemüse-A. – *R. longifolius* DC.
17* GrundBla mit herzfg, abgerundetem od. gestutztem Grund, 1–2,5mal so lg wie br, BlaRand höchstens schwach wellig **18**
18 GrundBla im Umriss rundlich, 1–1,5mal so lg wie br. Valven 4,5–5,0 × 3,5–5,0 mm (Abb. 570/6). FrStiele deutlich gegliedert (Trennstelle). HochgebirgsPfl. 0,50–1,50. 6–8. Hochmont. bis subalp. sickerfrische bis feuchte, stickstoffreiche Lägerfluren, selten auch Hochstaudenfluren; v Alp, z By(S) Bw(SW S), s He(O: Hochrhön) Ns(Hrz) An(Hrz), [U] Th(Wld) (sm-stemp//salp·c1-4 EUR – sogr hros H ♃ Rhiz monop. – InB WiB, Vm?, z. T. gyno- od. andromonözisch – VdA WiA WaA – L8 T4 F6 R7 N9 – V Rum. alp., V Adenost.). [*R. pseudoalpinus* HÖFFT] **Alpen-A. – *R. alpinus* L.**
18* GrundBla im Umriss dreieckig-eifg, 1,5–2mal so lg wie br. Valven 5–7 × (3,5–)5–7 mm. FrStiele fast stets ungegliedert. SumpfPfl, pla. bis koll. 0,80–1,70. 7–8. Feuchte bis nasse, zeitweilig überflutete, kiesige bis tonige Staudenfluren u. Uferröhrichte an stehenden u. fließenden Gewässern, basenhold; z By(v NO) Bw(f NW) He Nw(f N SW) Th Sa An(v Hrz) Bb Ns(h Hrz), s Alp(Allg) Rh Mv, † Sh(M: Hamburg, W: Trischen), ↘ (sm/mo-b·c2-8 CIRCPOL – sogr hros Hel ♃ Rhiz – WiB – WaA WiA – L7 T6 F8= R7 N8 – V Car. elat., V Filip., V Pot. ans.). **Wasser-A. – *R. aquaticus* L.**
19 (1) Bla am Grund mit deutlichen, seitlich abstehenden Spießbecken. Die äußeren PerigonBla der reifen Fr anliegend od. etwas abstehend (selten ± zurückgeschlagen). Valven stets ohne Schwiele **20**
19* Bla am Grund ohne deutlich abstehende Spießbecken, pfeilfg mit ± nach hinten gerichteten BlaZipfeln. Die äußeren PerigonBla zur FrZeit ganz nach unten zurückgeschlagen, dem FrStiel anliegend. Wenigstens 1 der Valven mit 1 kleinen Schwiele am Grund **21**
20 Bla rundlich, mit großen rundlichen Spießbecken, hell blaugrün. BlüStiele gegliedert. Pfl einhäusig (Blü teils ♂, teils eingeschlechtig). Valven viel größer als die reife Nuss. 0,20–0,40. 5–8. (Coll.) Mont. bis subalp. mäßig trockne bis frische Schuttfluren, Felsspalten, alpennahe Flussschotter, Rud.: Bahnschotter, Steinbrüche, an Mauern, basenhold; v Alp, z Rh, s By(S) Bw(z Alb, f NW S), [A] z He(ORh SW) Nw(MW: Niederrhein), s By(Alb MS O) [N U] s He Nw Th Sa An Ns (m-stemp//desalp·c2-3EUR – igr hros HStr uAusl – WiB, Vm – WiA – L8 Tx F4 R7 N3 – K Thlasp. rot., K Aspl. trich., V Dauco-Mel. – GemüsePfl). [*Acetosa scutata* (L.) MILL.] **Schild-S. – *R. scutatus* L.**
20* Bla länger als br, mit spitzen Spießbecken, grasgrün. BlüStiele ungegliedert. Pfl zweihäusig (Blü eingeschlechtig, selten einzelne ♂). Valven so groß wie die reife Nuss. 0,10–0,30. 5–7. Sand- u. Silikattrockenrasen, lückige bodensaure Magerrasen u. Heiden, entwässerte Moore, sandige Äcker. Waldschläge, magere Rud., kalkmeidend; g By (z S MS) He Nw Sa An(v SO) Ns Sh, h Bw(z Alb Gäu) Th(g O Wld), z Alp (m-arct·c1-7EUR-WAS, [N] austr+m-arct·c1-7CIRCPOL – igr hros H/G ♃ WuSpr – WiB diözisch, slt. gynomonözisch od. ♂ – WiA VdA MeA Sa langlebig – L8 T5 F3 R2 N2 – O Sedo-Scler., O Aper., K Call.-Ulic., V Polyg. avic., V Epil. ang. – für Vieh giftig – 28, 42, 43). [*Acetosella vulgaris* (W.D.J. KOCH) FOURR.] **Kleiner S. – *R. acetosella* L.**

1 Valven fest mit der Fr verbunden, Valvennerven erhaben. Sandtrocken- u. Magerrasen, kalkmeidend; Verbr. in D ungenügend bekannt, vor allem im W, v Rh, z By Bw He Th Sa? An Bb?, s Nw(f MW SO) (m-temp·c1-3EUR, [N] AM+OAS). [*R. angiocarpus* auct. non MURB.]
   subsp. ***pyrenaicus*** (LAPEYR.) AKEROYD
1* Valven die Fr nur locker umhüllend u. leicht von ihr zu lösen, Valvennerven nicht od. nur schwach erhaben 2
2 Bla am Spreitengrund mit einfachen Spießecken od. diese nur wenig verzweigt, zuweilen Spießecken fehlend od. Bla schmal linealisch bis fast fadenfg u. Spießecken ebenso schmal od. fehlend (var. *tenuifolius* WALLR. [*R. tenuifolius* (WALLR.) Á. LÖVE]). Standorte u. Soz. wie Art; Verbr. in D ungenügend bekannt, vor allem in der Mitte u. im O.
   subsp. ***acetosella***
2* Bla am Grund mit stark verzweigten Spießecken. Südosteuropäische Sippe mit Tendenz zur Einbürgerung; [N U] s By (N NM MS) An?.
   subsp. ***acetoselloides*** (BALANSA) DEN NIJS

21 (19) Stg 7–20 cm lg., unbeblättert od. nur 1–2blättrig. Bla fast nervenlos bis 3nervig. 0,10–0,20. 7–9. Alp. feuchte Schneetälchen u. Kare, kalkstet; z Alp(Allg) (sm-stemp//alp·c3-4EUR – igr ros/hros C ♃ Pleiok – WiB diözisch – WiA – L8 T2 F7 R8 N4 – V Arab. caer.). [*Acetosa nivalis* (HEGETSCHW.) HOLUB] **Schnee-S. – *R. nivalis* HEGETSCHW.**
21* Stg 30–120 cm lg, deutlich beblättert. Bla netzadrig od. 5–7nervig 22
22 BlüStand locker, einfach verzweigt, die Äste kaum verzweigt 23
22* BlüStand dicht, die Äste mehrfach rispig verzweigt 24
23 Bla 2–4(–6)mal so lg wie br. Valven zur Reife 3,0–3,5 mm br. NussFr schwarzbraun, glänzend, 1,8–2,5 mm lg. Ochrea fransig zerschlitzt od. gezähnt. 0,30–1,00. 5–7. Frische bis feuchte, nährstoffreiche Wiesen u. Weiden, seltener auch Rud.; g D (m/mo-b·c1-7EURAS, [N] austr+m/mo-b·c1-7 CIRCPOL – igr hros H ♃ Rhiz – WiB, selten InB, meist diözisch – MeA WaA Sa langlebig Lichtkeimer – L8 Tx Fx Rx N6 – K Mol.-Arrh. – für Vieh giftig). [*Acetosa pratensis* MILL.]   **Wiesen-S. – *R. acetosa* L.**
23* Bla höchstens 2mal so lg wie br. Valven zur Reife 3,5–4,5 mm br. NussFr gelbbraun, kaum glänzend, 2,3–3,0 mm lg. Ochrea (fast) ganzrandig, später zuweilen einreißend. 0,30–1,00. 6–8. Mont. bis subalp. frische bis feuchte Hochstaudenfluren u. hochstaudenreiche Wiesen, hochmont. LaubmischW u. Gebüsche, basenhold; v Alp, z By(O, s S NW), s Bw(NO O S) Th(Wld) Sa(SW) An(Hrz) (sm-stemp//mo-alp+b-arct·c2-6EURAS-WAM – sogr hros H ♃ Pleiok – WiB, meist diözisch – MeA WaA – L7 T3 F6 R8 N6 – O Adenost., V Triset., V Poion alp., V Car. ferr., V Arrh., V Brom. erect.). [*R. alpestris* auct., *Acetosa arifolia* (ALL.) SCHUR   **Gebirgs-S. – *R. arifolius* ALL.**
24 (22) Untere StgBla 4–8 mal so lg wie br, die oberen noch schmaler u. mit abstehenden Basallappen. Valven 2,5–3,3 mm lg. 0,30–1,20. 6–8 (2–6 Wochen später als *R. acetosa*, 23). Trockne bis mäßig frische Rud.: Bahnanlagen, Straßenränder, steinige Uferböschungen; Deiche, rud. Frischwiesen u. Halbtrockenrasen; [A N] h Sa(z SW), v By(f S, s O NO, z MS: bes. Donau) An(g Elb) Bb Mv, z Rh He(f NW) Nw Th(f Hrz) Ns(f Hrz) Sh, s Bw(f SO), ↗ (sm-b·c2-8EURAS – igr? hros H ♃ Rübe – WiB diözisch – L8 T7 F3~ R7 N4 – V Dauco-Mel., O Agrop., V Arrh., V Brom. erect.). [*Acetosa thyrsiflora* (FINGERH.) Á. LÖVE et D. LÖVE]   **Rispen-S. – *R. thyrsiflorus* FINGERH.**
24* StgBla 2–4mal so lg wie br, mit zum BlaGrund gerichteten Basallappen. Valven 3–4 mm lg. 0,60–1,20. 5–7. KulturPfl; [N U] s By Bw Rh He Nw Th Ns (Heimat unbekannt – sogr? hros H ♃ Pleiok/Rübe – Gemüse). [*R. ambiguus* GREN.]   **Garten-S. – *R. rugosus* CAMPD.**

Weitere Hybriden (mit überwiegend sterilen FrStänden u. meist intermediären Merkmalsausprägungen): *R. conglomeratus* × *R. sanguineus* = *R.* ×*ruhmeri* HAUSSKN. – s, *R. conglomeratus* × *R. hydrolapathum* = *R.* ×*digeneus* BECK – s, *R. conglomeratus* × *R. crispus* = *R.* ×*schultzei* HAUSSKN. – s, *R. conglomeratus* × *R. maritimus* = *R.* ×*knafii* ČELAK. – s, *R. conglomeratus* × *R. palustris* = *R.* ×*wirtgenii* BECK – s, *R. conglomeratus* × *R. abortivus* RUHMER – z, *R. conglomeratus* × *R. aquaticus* = *R.* ×*ambigens* HAUSSKN. – s, *R. crispus* × *R. sanguineus* = *R.* ×*sagorskii* HAUSSKN. – s, *R. sanguineus* × *R. obtusifolius* = *R.* ×*dufftii* HAUSSKN. – z, *R. sanguineus* × *R. aquaticus* = *R.* ×*dumulosus* HAUSSKN. – s, *R. crispus* × *R. hydrolapathum* = *R.* ×*schreberi* HAUSSKN. – z, *R. crispus* × *R. hydrolapathum* × *R. obtusifolius* = *R.* ×*weberi* FISCH.-BENZ. – s, *R. crispus* × *R. maritimus* = *R.* ×*fallacinus* HAUSSKN. – s, *R. crispus* × *R. palustris* = *R.* ×*areschougii* BECK – s, *R. crispus* × *R. longifolius* = *R.* ×*propinquus* F. ARESCH. – s, *R. maritimus* × *R. obtusifolius* = *R.* ×*callianthemus* DANSER – s, *R. palustris* × *R. obtusifolius* = *R.* ×*steinii* J. BECKER – s, *R. obtusifolius* × *R. longifolius* = *R.* ×*hybridus* KINDB. – s, *R. alpinus* × *R. obtusifolius* = *R.* ×*mezei* HAUSSKN. – s, *R. aquaticus* × *R. obtusifolius* = *R.* ×*platyphyllos* ARESCH. – s, *R. obtusifolius* × *R. patientia* = *R.* ×*erubescens* SIMK. – s.

Oxyria HILL – **Säuerling** (2 Arten)

Stg fast stets nur am Grund beblättert. GrundBla lg gestielt, kahl, ihre Spreite nierenfg bis br spießfg. BlüStand doppeltraubig bis rispig. PerigonBla 4 (2 kürzere äußere u. 2 längere innere, Abb. **566**/3). StaubBla meist 6. Griffel 2, mit fransig zerteilten Narben. Fr eine flach linsenfg Flügelnuss. 0,05–0,25. (6–)7–8. Alp. bis nivale frische Schuttfluren (bes. Moränen), kalkmeidend; z-s Alp(f Chm Krw Kch), [N U] s By He Ns (m/alp-arct·c2-8CIRCPOL – sogr hros H ♃ AuslRhiz – WiB – WiA – L8 T2 F5 R3 N3 – V Andros. alp., V Salic. herb.).
Alpen-S. – *O. digyna* (L.) HILL

Fallopia ADANS. s. l. (inkl. *Reynoutria* HOUTT.) – **Flügel-, Winden-, Staudenknöterich** (15 Arten)

1 WindePfl od. verholzende Liane mit dünnen Trieben. Narben kopfig, Blü ⚥ 2
1* Kräftige Staude mit aufrechten, meist 2–4 m hohen hohlen Sprossen, oft herdenbildend. Narben fransig zerteilt, Pfl zweihäusig 4
2 Bis >10 m hoch kletternde starkwüchsige Liane, ältere Sprosse stark verholzend. Bla länglich ei-pfeilfg, am Rand etwas wellig, bei 2jährigen Sprossen an Kurztrieben gebüschelt. Blü weiß (zuweilen etwas rosa überlaufen), in traubig-rispigen BlüStänden, PerigonBla 5 mm lg. 4,00–10,00. 5–10. ZierPfl (hauptsächlich die chinesische *aubertii*-Rasse mit rötlichen Jungtrieben); selten verwildert: Zäune, Gebüschränder, Baubegrünung (Autobahn u. a.); [KulturPfl U 19. Jh.] z alle Gebiete, ob etabliert? (m-sm//mo·c5-6AS – Winde-Liane Ausl – InB: Bienen – WiA – O Convolv.). [*Polygonum baldschuanicum* REGEL, inkl. *Fallopia aubertii* (L. HENRY) HOLUB, *Polygonum aubertii* L. HENRY]
Schling-F., Silberregen – *F. baldschuanica* (REGEL) HOLUB
2* Bis ca. 3 m hoch windende krautige KletterPfl. Bla herzfg, nicht gebüschelt. Blü grünlich-weiß, in traubigen BlüStänden. PerigonBla 3–4 mm lg 3
3 Reife Fr am Grund plötzlich in einen kurzen stielartigen Fortsatz zusammengezogen, FrStiel daher scheinbar oberhalb der Mitte gegliedert (Abb. **571**/6). Stg unten meist kantig, rau. Perigon zur FrZeit mit hellen Kielen, selten deutlich geflügelt (var. *subalata* (LEJ. et COURT.) D.H. KENT). Fr schwarz, matt, fein gekörnelt, nur die Kanten glatt-glänzend, 3,5–4,5 mm lg. 0,20–1,50. 6–9. Äcker, Gärten, Rud.; g He Nw Th Sa An Nz Sh, h By(g NM) Bw Rh Bb Mv, z Alp (m-b·c1-8EUR-WAS, [N] austr+m-b·c1-8CIRCPOL – eros ⊙ WindePfl – SeB selten InB – MeA AmA VdA Sa langlebig – L7 T6 F5 Rx N6 – K Stell., V Conv.-Agrop. – in Europa wohl erst in Kultur entstanden – 20). [*Polygonum convolvulus* L., *Bilderdykia convolvulus* (L.) DUMORT.]
Acker-F., Gewöhnlicher W. – *F. convolvulus* (L.) Á. LÖVE
3* Reife Fr am Grund in einen lg, stielartigen Fortsatz verschmälert, FrStiel daher scheinbar unterhalb der Mitte gegliedert (Abb. **571**/7); die an den einzelnen BlüKnäueln zuerst gebildete Fr aber oft kurz gestielt u. ± ungeflügelt. Stg glatt. Perigon zur FrZeit mit 3 deutlichen, in die stielartige Basis verschmälerten Flügeln. Fr glatt, glänzend-schwarz, 2,5–3,5 mm lg. 1,00–3,00. 7–9. Frische (Ufer)Gebüsche u. Hecken, Waldsäume, nährstoffanspruchsvoll; h An, v Rh He Nw Th Bb Ns(h M) Mv, z By Bw Sa Sh, um höheren Bergland fehlend (m/mo-temp·c1-6EURAS – eros ⊙ WindePfl – SeB, slt. InB – WiA? AmA – L6 T6 F5 Rx N7 – O Convolv., V Arct., O Prun.). [*Polygonum dumetorum* L., *Bilderdykia dumetorum* (L.) DUMORT.]
Hecken-F., Hecken-W. – *F. dumetorum* (L.) HOLUB
4 (1) BlaSpreite br eifg, mit aufgesetzter schmaler Spitze, am Grund ± rechtwinklig gestutzt (Abb. **571**/2), 10–20 cm lg, etwas ledrig, useits kahl (bzw. nur mit kurzen Papillen). Stg deutlich braunrot gefleckt, nur 1 großes Grubennektarium am BlaStielgrund (Abb. **566**/5). Blü weiß. In D fast stets nur ♀ Pfl. 1,50–3,00. (die var. *compacta* (HOOK. f.) J.P. BAILEY in allen Teilen kleiner, 0,5–1,0(–1,5) m hoch, die BlaSpreiten rundlich (bis 11 cm lg), am Grund undeutlich gestutzt). 8–9. Frische bis feuchte, einwellig überflutete Bach- u. Flussufer, Weidengebüschsäume, Bahndämme, Rud., nährstoffanspruchsvoll; (N1872) h–v alle Gebiete, außer z Mv, ↗ (sm-temp·c1-4 OAS, [N] sm-temp·c1-4CIRCPOL – sogr eros G ♃ Rhiz uAusl – InB: Fliegen – WiA WaA MeA – Extrafloral-Nektarien vor allem im Frühjahr von Ameisen besucht – L8 T6 F8= R5 N7 – V Arct., O Convolv., V Filip., V Salic. alb. – 88).

[*Reyn**ou**tria jap**o**nica* HOUTT., *Polygonum cuspid**a**tum* SIEBOLD et ZUCC.]
Japanischer F., Japanischer St. – *F. japo**nica*** (HOUTT.) RONSE DECR.
4* BlaSpreite länglich eifg, oben allmählich od. etwas aufgesetzt zugespitzt, unten gestutzt bis deutlich herzfg (Abb. **571**/3–5), 20–45 cm lg, useits kurz (0,5–2,0 mm lg) behaart. Stg 2,5–4,5 m, rein grün od. etwas rotbraun gefleckt, teilweise zusätzliche längliche Grubennektarien seitlich an den Knoten **5**
5 Stg zumindest teilweise etwas rotbraun gefleckt, seitliche Grubennektarien fehlend od. wenige kleine. Bla lg eifg mit gestutztem Grund (Abb. **571**/3) bis br eifg mit herzfg Grund (Abb. **571**/4), 20–30 cm lg, fest, aber nicht ledrig, useits mit ca. 0,5 mm lg Haaren auf den Nerven. In D meist ♀, seltener ♂ Pfl. Blü weiß. 2,50–4,00. 8–9. Hochgradig steril, aber durch vegetative Vermehrung weitgehend unabhängig von den Eltern, Flussufer, Waldränder, Rud.: Bahndämme, Straßenränder; Brachen; [N] v–z alle Gebiete, z Sh, ↗ (vermutlich erst in EUR entstanden – sogr eros G ♃ Rhiz uAusl – V Arct., O Convolv. – 66, 88). [*F. jap**o**nica* × *F. sachalin**e**nsis*; *Reyn**ou**tria* ×*boh**e**mica* CHRTEK et CHRTKOVÁ]
Bastard-F., Bastard-St. – *F.* ×*bohe**mica*** (CHRTEK et CHRTKOVÁ) J.P. BAILEY
5* Stg rein grün, sehr kräftig, an den Knoten stets mit deutlichen seitlichen Grubennektarien. Bla sehr groß, 30–45 cm lg, eifg, oben allmählich (± stumpflich) zugespitzt, unten deutlich herzfg (Abb. **571**/5), weich, useits mit 1–2 mm lg, mehrzelligen, weißlichen, weichen Haaren. In D ♀ u. ♂ Pfl. PerigonBla der ♀ Pfl grünlichweiß, die der ♂ Pfl weiß. 3,00–4,50. 8–9. KulturPfl; auch frische bis nasse Bach- u. Flussufer, Wald- u. Gebüschsäume, Rud.; [N] v Sa An, z Alp By Bw Rh He Nw Bb Nz Mv Sh, ↗ (temp-(b)·c1-3OAS, [N] (sm)-temp-(b)·c2-3CIRCPOL – sogr eros G ♃ Rhiz uAusl – InB – WiA WaA MeA – L7 T7 F8= R7 N8 – V Arct., O Convolv. – Wildfutter – 44). [*Reyn**ou**tria sachalin**e**nsis* (F. SCHMIDT) NAKAI, *Polygonum sachalin**e**nse* F. SCHMIDT]
Sachalin-F., Sachalin-St. – *F. sachaline**nsis*** (F. SCHMIDT) RONSE DECR.
Weitere Hybride: *F. baldschu**a**nica* × *F. jap**o**nica* = *F.* ×*conolly**a**na* J.P. BAILEY – s

Polygonum L. s. str. – **Vogelknöterich** (60 Arten)
1 Fr 3,0–6,5 mm lg, bei der Reife das Perigon deutlich überragend. Stg stets in ganzer Länge liegend. MeeresstrandPfl **2**
1* Fr 1,5–3,0 mm lg, kaum länger als das Perigon, Stg liegend, aufsteigend od. aufrecht. Binnenland, selten MeeresstrandPfl. **(Artengruppe Echter V. – *P. avicul**a**re* agg.)** **3**
2 Fr hellbraun, länglich, das Perigon um die Hälfte überragend. Perigonzipfel rot berandet, sich kaum deckend. 0,10–0,50 lg. 7–9. Küstenspülsäume der Ostsee; s Sh, † Mv(N: Rügen, Hiddensee) (temp/litEUR+(OAM)-arct·c1-4EUR-OAM – eros ⊙ – O Cak.).
Strand-V. – *P. oxyspe**rmum*** LEDEB.
2* Fr dunkelbraun bis schwarz, gedrungen, das Perigon nur bis zu ⅓ überragend, Perigonzipfel weiß bis rosa berandet, sich etwas deckend. 0,10–0,50 lg. 7–9. Küstenspülsäume der Nordsee; s Sh(Helgoland W: St. Peter, Eidermündung, Föhr) (sm-arct·litEUR – ⊙ – L9 T6 F7= R7 N8). [*P. oxysp**e**rmum* subsp. *r**a**ii* (BAB.) D.A. WEBB et CHATER] **Ray-V. – *P. r**a**ii*** BAB.
3 **(1)** Fr gleichseitig 3kantig, die Seitenflächen ± konkav, 2–3 mm lg. Perigon tief geteilt (Abb. **572**/5), rosa bis rot, Nervatur bei der FrReife meist deutlich hervortretend. Stg meist aufsteigend bis aufrecht, seltener niederliegend. Bla des Hauptsprosses deutlich länger als die der Seitensprosse (heterophyll). 0,10–1,00 lg. 6–11. Frische bis trockene Äcker, Rud., Wegränder; Küstendünen u. -salzwiesen; v alle Bdl. (austr-trop/mo-arct·c1-9CIRCPOL – eros ⊙ – SeB, selten InB – VdA KlA MeA Sa langlebig – L7 T6 F4 Rx N6 – K Stell., V Bid., O Cak. – HeilPfl? – 40). **Echter V. – *P. avicul**a**re*** L.
1 Bla des Haupttriebs 0,5–2,0 cm br, die unteren vorn stumpf. Perigon so lang od. länger als die bis 3 mm lg, geriefte reife Fr. Frische Äcker (vor allem Hackfrüchte), Rud, alle Bdl. (sm-bCIRCPOL? – K Stell., V Bid.). [*P. monspeli**e**nse* PERS.] subsp. ***avicul**a**re***
1* Bla des Haupttriebs 0,1–1,2 cm br, alle deutlich zugespitzt, Perigon stets kürzer als die 2,5 mm lg reife Fr, diese gerieft od. glatt u. etwas glänzend. Frische bis trockene Äcker (vor allem Getreide, Mais), Rud., Küstendünen u. -salzwiesen; Verbr. in D ungenügend bekannt, vor allem in S warmen Regionen (sm-bCIRCPOL? – L7 T7 F5 R8 N7? – O Sec., O Cak.). [*P. heteroph**y**llum* auct., *P. r**e**ctum* (CHRTEK) H. SCHOLZ, *P. rurivagum* BOREAU] subsp. ***ruriv**a**gum*** (BOREAU) BERHER

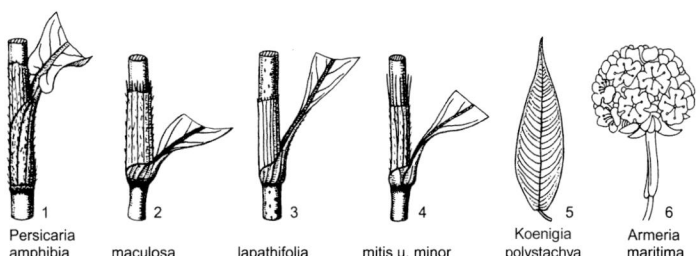

1	2	3	4	5	6
Persicaria amphibia	maculosa	lapathifolia	mitis u. minor	Koenigia polystachya	Armeria maritima

3* Fr abgeflacht (ungleich) 3kantig, die größte Seitenfläche konvex, die kleinste meist schmal konkav. Perigon mindestens im unteren Drittel verwachsen (Abb. **572**/1, 2), weiß bis rosa, die Nervatur nicht deutlich hervortretend. Stg meist niederliegend od. kurz aufsteigend. 0,05–0,50 lg. Bla des Hautsprosses nicht od. nur etwas länger als die der Seitensprosse (± homophyll) 7–11. Unbefestigte Feldwege, Straßenränder, Pflasterritzen; Rud.: Baumscheiben; Gärten, selten Äcker; g D (m-b·c1-9CIRCPOL – eros ⊙ – SeB, s InB – VdA KIA MeA – V Polyg. avic. – HeilPfl). [*P. depressum* auct.] **Gewöhnlicher V. – *P. arenastrum* BOREAU**

1 Fr 2,0–2,5 mm lg, gerieft od. punktiert, matt (Abb. **572**/3). Bla br eifg bis länglich, zugespitzt, zeitig abfallend. Standorte u. Soz. weitgehend wie Art; g D (sm-bEURAS – V Polyg. avic., K Stell.– 40).
subsp. ***arenastrum***
1* Fr 1,5–2,0 mm lg, meist glänzend, glatt (Abb. **572**/4). Bla schmal, länglich. Pfl bis zum Spätherbst noch frischgrün, Standorte relativ trocken u. nährstoffarm, meist sandig, kiesig od. grusig: Pflasterfugen, Wegränder, Brachen, Parkplätze, Bahnanlagen, Flussufer **2**
2 Perigon mindestens bis zur Hälfte verwachsen (Abb. **572**/1), die freien Perigonzipfel der länglichen, im ⌀ etwas gerundeten, deutlich glänzenden Fr anliegend. StaubBla 5–6; z D, außer s Ns Mv Sh (temp-EURAS´ – V Polyg. avic. – 40). [*P. calcatum* LINDM.]   subsp. ***calcatum*** (LINDM.) WISSKIRCHEN
2* Perigon bis über die Hälfte geteilt (Abb. **572**/2), die freien Perigonzipfel von der kurzen, gedrungenen, im ⌀ etwas kantigen, kaum glänzenden Fr ± abstehend. StaubBla 6–8; z By Bw Rh Sa, s Nw(N SO) (sm-stemp-EUR – V Polyg. avic.). [*P. microspermum* BOREAU]
subsp. ***microspermum*** (BOREAU) H. SCHOLZ
Hybride: *P. arenastrum* × *P. aviculare* = ? – z

Bistorta MILL. [*Polygonum* L. s. l. p. p.] – **Wiesenknöterich**   (25 Arten)

1 Pfl ziemlich groß (0,30–1,00 m). Scheinähren dickwalzig (1–2 cm ⌀), ohne Brutknöllchen (Fruchtbildung reichlich). Blü rosa, 3,5–4,5 mm lg. Spreite der GrundBla lg 3eckig bis länglich-lanzettlich, am Grund kurz keilig bis leicht herzfg, flügelartig in den BlaStiel verschmälert, useits bläulichgrün, weich behaart. Zuweilen funktional ♀ Pfl mit Staminodien. 5–6(–7). Frische bis nasse Wiesen, Hochstaudenfluren, Bach- u. Grabenränder, lichte AuenW, kalkmeidend; h Alp By Bw He(z ORh) Th Sa(z Elb), v Rh, z Nw(h SO SW) An(h Hrz) Bb Ns Mv Sh, in tieferen Lagen ↘ (sm/mo-arct·c2-8EURAS – sogr hros H/G ♃ doppelt gebogenes Rhiz (Name!) – InB Vm – WaA Sa langlebig – L7 T4 F7 R5 N5 – V Calth., V Triset., V Adenost., V Alno-Ulm. – Viehfutter, Bienenweide, Wildgemüse, früher HeilPfl – 22). [*Polygonum bistorta* L., *Bistorta major* GRAY, *Persicaria bistorta* (L.) SAMP.]
Schlangen-W. – *B. officinalis* DELARBRE
1* Pfl klein (0,05–0,30 m). Scheinähren dünnwalzig, 0,5–0,8 cm ⌀, im unteren Teil mit rotbraunen Brutknöllchen (Fr selten). Blü weiß, zuweilen schwach rosa, ± 3 mm lg. BlaSpreite nicht flügelartig in den BlaStiel verschmälert, schmal elliptisch bis lineal-lanzettlich, useits hell graugrün, meist kahl. 6–8. Alp. (bis mont.) frische bis wechselfeuchte Rasen, Ränder von Quell- u. Niedermooren; h Alp, z By(MS S), s Bw(SO Alb), im unteren Bergland ↘ (sm/alp-arct·c1-8CIRCPOL – sogr hros H ♃ Rhiz – InB SeB, selten Sa bildend, Brutknöllchen – VdA VersteckA – L7 T2 F5~ R4 N2 – V Car. curv., V Elyn., V Sesl.-Fest., V Nard., V Viol. can.). [*Polygonum viviparum* L., *Persicaria vivipara* (L.) RONSE DECR.]
Knöllchen-W. – *B. vivipara* (L.) DELARBRE

Koenigia L. [*Polygonum* L. s. l. p. p., incl. *Aconogonon* (Meisn.) Rchb., *Rubrivena* M. Kral] – **Bergknöterich** (30 Arten)
Bla bis 38 cm lg, kurz gestielt, Spreite br lanzettlich, lg zugespitzt, am Grund etwas verschmälert, gerundet gestutzt (Abb. **577**/5). Blü in endständigen Rispen, weißlich, zuweilen rosa überlaufen, ± 4 mm lg, duftend. 1,00–2,00. 9–10. Ursprünglich ZierPfl; Bachauen, verwilderte Gärten, Rud.: Straßenränder; Brachen; [N meist U] z Bw, s By Rh He Nw Th Sa Bb Mv Sh (m/alp·c3OAS – sogr eros H ♃ Rhiz – O Convolv. – 22). [*Polygonum polystachyum* Meisn., *Persicaria wallichii* Greuter et Burdet, *Persicaria polystachya* (Meisn.) H. Gross non Opiz, *Rubrivena polystachya* (Meisn.) M. Kral, *Aconogonon polystachyum* (Meisn.) Small]
Himalaja-B., Stutzblättriger B. – *K. polystachya* (Meisn.) T.M. Schust. et Reveal

Persicaria (L.) Mill. [*Polygonum* L. s. l. p. p.] – **Knöterich** (100 Arten)
Weitere Arten: **Orient-Knöterich** – *P. orientalis* (L.) Vilm.: Pfl ☉ aufrecht, groß bis sehr groß, abstehend behaart. Bla eifg bis eilanzettlich, 8–20 cm lg. Ochrea lg bewimpert, oben oft mit abstehendem grünem Kragen. Blü intensiv rosarot (auch weiß) in dichten, leicht nickenden Scheinähren. 0,70–2,50. 7–10. [U] s Ba Bw Rh Nw Sa Bb(Berlin) (O- u. SO-As). **Köpfchen-Knöterich** – *P. capitata* (D. Don) H. Gross: Pfl niederliegend, klein, dicht beblättert, an den Knoten wurzelnd. Bla sehr kurz gestielt, breit eifg mit dunkler V-fg Zeichnung, 2–5 cm lg. Blü rosa, in gestielten kugligen Köpfchen. 0,05–0,15 5–9. ZierPfl; [U] s By He Sa (Himal., China) – ♃, in D nur ☉ kultiviert.

1 BlüStände kleine, meist sitzende, halbkuglige Köpfchen. Bla rhombisch-eiförmig, am Grund flügelartig zusammengezogen. Blü (weißlich) rosa- bis bläulich-violett. BlüStandsstiele oben mit lg gestielten Drüsenhaaren. 0,05–0,30. 6–10. Wildäcker, Waldwegränder, Straßenränder; [N] z Nw, [U] s By Bw Ns (trop-m//mo OAS-HIMAL [N] austrostrop-temp c1-3 AFR-EUR+(NAM)-SAM – eros ☉ KriechTr – SeB – VersteckA MeA –L5 T7 F5 R7 N5). [*Polygonum nepalense* Meisn.]
Nepalesischer Knöterich – *P. nepalensis* (Meisn.) H. Gross
1* BlüStände zylindrische Scheinähren. Bla anders. BlüStandsstiele kahl od. mit sitzenden bis kurz gestielten Drüsenhaaren 2
2 Scheinähren dichtblütig, 6–15 mm ⌀, Blü sich dachziegelartig halb verdeckend (Abb. **572**/6) 3
2* Scheinähren lockerblütig, schlank, 3–5 mm ⌀, fast jede EinzelBlü sichtbar (Abb. **572**/7) 6
3 Pfl ♃, mit unterirdischen Ausläufern. BlaScheide so lg wie die Ochrea od. länger, der BlaStiel daher scheinbar in od. über der Mitte der Ochrea abzweigend (Abb. **577**/1). Entweder modifikative Wasserform (WF) od. Landform (LF), zuweilen Übergänge: Bei der Wasserform (mod. *aquatica*): Stg bis 3 m lg flutend, SchwimmBla lg gestielt, ihre Spreite länglich-eifg, kaum zugespitzt, fast kahl, oseits etwas glänzend, Pfl ♀; bei der Landform (mod. *terrestris*): Stg aufsteigend-aufrecht, 0,30–1,00 m lg, Bla sehr kurz gestielt, Spreite länglich-lanzettlich, allmählich zugespitzt, stärker feinborstig behaart, zuweilen dunkel gefleckt, Pfl oft funktional ♀, 6–9. (WF früh, LF spät od. nicht blühend). WF: stehende, meso- bis eutrophe, flache Gewässer, Röhrichte u. Großseggenriede; LF: frische Rud., Grabenränder, Äcker, Flutrasen; g Th(z Wld) Sa Mv, h Nw Ns An Bb Sh(f W), v By(g NM) Bw Rh He, s Alp (m/mo-b·c19 CIRCPOL – WF: sogr eros oHy ♃, LF: sogr eros G ♃ uAusl – InB – WaA VdA – WF: L7 T6 F11 R6 N4, LF: L8 T6 Fx Rx N6 – WF: V Nymph., K Phragm, LF: V Pot. ans., V Sperg.-Oxal. – 66, 88). [*Polygonum amphibium* L.] **Wasser-K. – *P. amphibia* (L.) Delarbre**
3* Pfl ☉, BlaScheide viel kürzer als die Ochrea, BlaStiel daher scheinbar unterhalb der Mitte der Ochrea abzweigend (Abb. **577**/2–4) 4
4 Ochrea auf der Fläche behaart, oben mit 1–2 mm lg Wimpern (Abb. **572**/2). BlaStiel ziemlich kurz, meist kürzer als die halbe Breite des zugehörigen Bla. BlüStandsachsen drüsenlos. Fr linsenfg, einseitig gewölbt (plankonvex) od. dreikantig. 0,20–0,80. 6–10. Frische bis feuchte Äcker, Gärten, Halden, Wegränder, Flussufer, nährstoffanspruchsvoll; g D, außer h By Rh(v N) Bb, v Ns(N), z Alp (austr-trop/mo-b·c1-5CIRCPOL – eros ☉ – SeB InB: Fliegen, Hautflügler, Falter – MeA VdA WaA Sa langlebig Lichtkeimer – L6 T6 F5 R7 N7 – O Aper., O Bid., V Sisymbr. – 44). [*Polygonum persicaria* L., *Persicaria maculata* (Raf.) Fourr.] **Floh-K., Pfirsichblättriger K. – *P. maculosa* Gray**

4* Ochrea auf der Fläche kahl, oben mit 0,2–0,6 mm lg Wimpern (Abb. **577**/3). BlaStiel rel. lg, meist etwa so lg wie die halbe Breite des zugehörigen Bla od. länger. BlüStandsachsen oft mit sitzenden od. kurz gestielten Drüsen. Fr linsenfg od. rund (beidseits konkav od. plankonkav), selten dreikantig **5**

5 BlüStandsachsen kahl od. mit sitzenden Drüsen. BlaSpreite useits mit deutlichen Drüsenpunkten od. ± stark filzig. Scheinähren 0,6–1,0 cm dick. PerigonBla weiß, hellrosa, rot od. grünlich, zur FrZeit an der Spitze mit meist deutlich hervortretenden ankerfg Nerven. Fr eifg bis rundlich, Schmalseiten an der Nahtstelle leicht kantig gewinkelt, 1,6–3,0 mm lg. 0,20–1,60. 6–10. Frische bis mäßig feuchte Äcker, Gärten, Rud., feuchte, zeitweilig überflutete Flussufer u. Grabenränder; g D, außer h By Bw Rh(v N) Bb Ns(v N) Mv, z Alp (austr-(trop)-m-b·c1-9CIRCPOL – eros ⊙ – InB SeB – KlA MeA WaA Sa langlebig Lichtkeimer – L6 T6 F8 Rx N8 – K Stell., O Bid.). [*Polygonum lapathifolium* L.]

Ampfer-K. – *P. lapathifolia* (L.) Delarbre

1 Stg mit ca. 14–30 Knoten (nur bei kleinen Pfl weniger) u. ziemlich kurzen StgGliedern, diese oft rötlich überlaufen u./od. mit roten Punkten. Bla reingrün, oft mit dunklem Fleck. BlüStände oberhalb der letzten deutlichen StgBla mit 2–5 meist deutlich gestielten Scheinähren, zuweilen sogar etwas rispig verzweigt. Scheinähren schlank walzlich, bei der FrReife ic. 6–8 mm dick u. oft überhängend. PerigonBla nach der Blüte weiß, rosa od. rot, höchstens am Grund etwas grünlich. Fr meist eifg, seltener rundlich, mit deutlich abgerundeter Basis, 1,7–2,3(–2,5) mm lg **2**

1* Stg mit ca. 6–14 Knoten u. ziemlich langen StgGliedern, diese grün od. nur schwach rötlich überlaufen, nie punktiert. Bla ±graugrün, ohne od. mit undeutlichem Fleck. BlüStände ± kompakt, oberhalb des letzten deutlichen Bla mit meist nur 1–2(–3) Scheinähren, die seitlichen kurz gestielt bis sitzend. Scheinähren dickwalzlich, bei der FrReife ca. 8–10 mm dick. PerigonBla nach der Blüte vergrünend (selten zusätzlich trübrot überlaufen). Fr stets rundlich, mit schwach abgerundeter od. gestutzter Basis, (2,0–)2,3–3,0 mm lg **3**

2 Stg meist aufsteigend bis aufrecht. Bla schmal bis br lanzettlich, 3–8mal so lg wie br. 0,40–1,60. 7–10. Ufer von Still- u. Fließgewässern, feuchte Äcker, Rud.; g–v D, s Bergland (austr-bCIRCPOL – L6 T6 F8 Rx N8 – O Bid., V Sperg.-Oxal. – 22). [*Polygonum lapathifolium* subsp. *lapathifolium, P. nodosum* Pers., *P. tomentosum* Schrank, *P. incanum* F.W. Schmidt] subsp. ***lapathifolia***

2* Stg meist liegend u. höchstens an den Zweigspitzen aufsteigend, nur in geschlossenen Beständen ± aufrecht. Bla kurz eilanzettlich bis fast rund, zumindest die untersten höchstens 2mal so lg wie br. 0,20–1,00. 7–10. Flussufer, Talsperren, selten feuchte Rud., StromtalPfl; z By(f S) Rh He Nw Th(f Hrz O) Bb(Elb) Ns(f Hrz), s Bw Sa(SW W) An(Elb) Mv(f N M MW) Sh(SO M) (sm-temp·c1-5EUR – L8 T6 F5 = Rx N5 – V Chen. rub. – 22). [*Persicaria brittingeri* (Opiz) Opiz, *Polygonum brittingeri* Opiz, *P. lapathifolium* subsp. *brittingeri* (Opiz) Soó, *P. lapathifolium* subsp. *danubiale* (A. Kern.) O. Schwarz] subsp. ***brittingeri*** (Opiz) Soják

3 Pfl sparrig verzweigt. StgGlieder kräftig. Bla meist br lanzettlich. FrStiele stets gegliedert. Perigon oft oben od. seitlich nicht ganz geschlossen. Fr reif abfallend. 0,20–1,00. 6–8. Äcker (bes. Hackfrüchte), Rud., Ufer von Talsperren u. kleineren Flüssen; Verbr. in D wie Art (sm-bCIRCPOL – L7 T6 F6 Rx N8 – K Stell., V Sisymbr. – vermutlich in EUR entstandenes Ackerunkraut – 22). [*Polygonum tomentosum* auct. non Schrank, *P. lapathifolium* subsp. *incanum* auct. non F.W. Schmidt, *P. lapathifolium* subsp. *pallidum* (With.) Fr., *P. scabrum* Moench?]

subsp. ***pallida*** (With.) Á. Löve

3* Pfl steil aufstrebend. StgGlieder lg u. schlank. Bla schmal lanzettlich. Die NussFr aus dem kurzen Perigon oben deutlich herausragend. FrStiel nicht gegliedert od. funktionslos gegliedert, d. h. Fr reif nicht od. kaum abfallend. 0,40–1,00. 6–7. Leinäcker; † By Nw (temp-bEUR – vermutlich in OEUR in Leinkultur entstanden – V Lolio-Lin.). (†) subsp. ***leptoclada*** (Danser) Wisskirchen

Selten u. wenig bekannt ist die Unterart subsp. ***mesomorpha*** (Danser) Soják. Sie ist entweder intermediär zwischen den Unterarten *lapathifolia* und *pallida* od. zeigt in unterschiedlicher Kombination gleichzeitig typische Merkmale beider Sippen. Stg mit 10–20 Internodien. Blü weiß od. rosa, nach der Blüte teilweise vergrünend. Fr rundlich, ca. 2,0–2,5 mm lg. Zeitweilig überflutete od. infolge hohen Grundwasserstands vernässte Äcker, Fischteiche, Schlammteiche, Talsperren, selten an Flussufern – meist nur einzeln od. in kleinen Gruppen, unter günstigen Standort-Bedingungen aber auch große Bestände bildend; Verbr. in D ungenügend bekannt [*Polygonum lapathifolium* subsp. *mesomorphum* Danser]

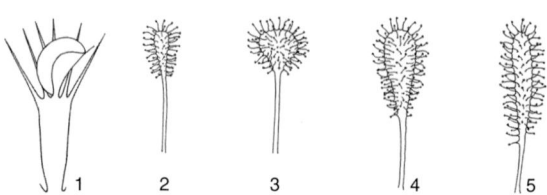

| 1 | 2 | 3 | 4 | 5 |

Aldrovanda   Drosera   D. rotundifolia   D. ×obovata   D. anglica
             intermedia

5* BlüStandsachsen mit kurz gestielten Drüsen. Bla useits nie filzig u. höchstens undeutlich drüsig, Scheinähren 0,8–1,2 cm dick. PerigonBla intensiv rosa, ihre Nerven zur FrZeit an der Spitze nicht hervortretend u. nicht ankerfg. Fr stets rundlich, Schmalseiten an der Nahtstelle gleichmäßig gerundet, Naht nur als Linie sichtbar, 2,5–3,5 mm lg. 0,50–1,50. 8–9. Flussufer, Rud.; [N U] s Bw Rh Nw(MW: Niederrhein), wohl in Einbürgerung (m-temp-(b)·c1-8AM, [N] temp·c1-2EUR – eros ☉ – V Chen. rub., V Sperg.-Oxal., V Sisymbr.). [*Polygonum pensylvanicum* L.]

Pennsylvanischer K. – *P. pensylvanica* (L.) M. Gómez

6 (2) Ochrea 1–2 mm lg gewimpert (ähnlich Abb. **577**/2), auf der Fläche fast kahl. DeckBla der Blü am Ende mit wenigen, etwa 0,5 mm lg Wimpern. Scheinähren deutlich übergebogen bis nickend. PerigonBla (bes. zur FrZeit) mit vielen uhrglasartig gewölbten, gelblichen bis bräunlichen Drüsen. Bla scharf schmeckend, am Rand oft etwas gewellt. Fr schwarzbraun, körnig rau, matt. 0,20–0,70. 7–9. Nasse bis feuchte, zeitweilig überflutete Gewässerufer, feuchte Äcker, Waldwege u. -lichtungen, kalkmeidend; g Nw(v SW) Sa Nz Sh(z W), h By(g NM) Bw Rh He Th An(z SO) Bb Mv, z Alp(f Krw Wtt) (austrAUST-tropOAS-sm-temp·c1-8CIRCPOL – eros ☉ – SeB – KlA VdA MeA WaA Sa langlebig – L7 T6 F8= R5 N8 – O Bid., O Aper. – giftig! – 20). [*Polygonum hydropiper* L.]

Pfeffer-K., Wasserpfeffer – *P. hydropiper* (L.) Delarbre

6* Ochrea 3–5 mm lg gewimpert (Abb. **577**/4), auf der Fläche deutlich behaart. DeckBla der Blü mit vielen 1–2 mm lg Wimpern. Scheinähren etwas übergebogen od. gestreckt. PerigonBla drüsenlos od. mit nur wenigen undeutlichen, nicht aufgewölbten Drüsen. Bla nicht scharf schmeckend. Fr schwarz, ± glänzend 7

7 Bla lanzettlich, am Grund keilig verjüngt. Scheinähren ± übergebogen bis leicht nickend, (2,5–)3,0–5,0 cm lg. Perigon drüsenlos od. mit wenigen kleinen, nicht aufgewölbten Drüsen. Fr (2,0–)2,5–3,5 mm lg, glänzend, an der Spitze aber fein körnig rau u. matt. 0,20–0,70. 7–9. Wechselnasse, zeitweilig überflutete Gewässerufer, feuchte halbschattige Waldwege, Quellen; z By Bw Rh He(h ORh) Nw Th(f Hrz O Wld) Sa An Bb Nz Mv Sh, s Alp (sm-temp·c1-5EUR-(WAS) – eros ☉ – SeB – WaA – L7 T6 F8 R6 N7 – O Bid. – 40). [*P. dubia* (A. Braun) Fourr., *P. laxiflora* (Weihe) Opiz, *Polygonum mite* Schrank, *Polygonum hybridum* Chaub.]

Milder K. – *P. mitis* (Schrank) Assenov

7* Bla lineal-lanzettlich (selten lanzettlich), in der unteren Hälfte fast parallelrandig, am Grund kurz gerundet. Scheinähren gestreckt, 1,5–2,5(–3,0) cm lg. Perigon stets drüsenlos. Fr 1,5–2,0(–2,5) mm lg, im Ganzen glatt u. stark glänzend. 0,10–0,40. 7–10. Nasse bis feuchte, kurzzeitig auch überflutete Ufer- u. Grabenränder, feuchte Waldwege, kalkmeidend; v Nw Sa(z SW) An(s SO) Ns, z By Bw(s SW) Rh He(h SO) Th(v O) Bb Mv Sh, s Alp(f Brch Krw Wtt) (austr AUST+AFR-sm-temp·c1-7EUR-WAS, [N] AM, OAS – eros ☉ – InB SeB – WaA – L7 T6 F8= R5 N8 – V Bid. – 40). [*Polygonum minus* Huds.]

Kleiner K. – *P. minor* (Huds.) Opiz

Hybriden: *P. maculosa* × *P. mitis* = *P. ×condensata* (F.W. Schultz) Soják – z, *P. maculosa* × *P. minor* = *P. ×brauniana* (F.W. Schultz) Soják – s

Fagopyrum MILL. – **Buchweizen** (8 Arten)
1 Blü 3–4 mm lg, weiß bis hellrosa, zu vielen in dichtblütigen, kurzen Scheintrauben, diese an den Sprossspitzen ± schirmrispig zusammengefügt. Fr so lg wie br, glatt, mit 3 ganzrandigen, scharfen Kanten. 0,20–1,00. 6–9. KulturPfl; auch Rud., Waldränder, kalkmeidend; [A, jetzt N U] z By, s Bw Rh He Nw Th Sa An Bb Ns Mv (m-sm·c3-7OAS – eros ⊙ – InB – MeA Sa kurzlebig – K Stell., V Sisymbr. – Mehl, Grütze, Wildfutter, Bienenfutter, Gründüngung, seit dem 13. Jh., heute nur noch zerstreut angebaut). [*F. sagittatum* GILIB., *F. vulgare* HILL, *Polygonum fagopyrum* L.] **Echter B.** – *F. esculentum* MOENCH
1* Blü 2 mm lg, grünlich, zu wenigen in lockerblütigen Scheintrauben, diese an den Sprossspitzen einzeln od. zu 2–3 traubig angeordnet. Fr deutlich länger als br, etwas runzlig, ihre Kanten stumpf, meist geschweift-gezähnt, selten unten stumpf abgerundet. 0,30–1,00. 6–9. Unkraut in Buchweizenfeldern, Rud.: Umschlagplätze, Müll, kalkmeidend; [N U] z Mv, s By Rh He Nw Th Sa An Bb Ns Sh, † Bw, ↘?; auch KulturPfl (m-sm·c3-7ZAS-OAS – eros ⊙ – O Aper. – Gründüngung, Viehfutter). [*Polygonum tataricum* L.]
Tataren-B., Falscher B. – *F. tataricum* (L.) GAERTN.
Hybride: *F. esculentum* × *F. tataricum* = *F.* ×*kuntzei* BECK – s

Familie *Droseraceae* SALISB. – **Sonnentaugewächse** (150–200 Arten)
Bearbeitung: **Thomas Huntke**

Tierfangende Kräuter. Bla grundständig, wechselständig od. quirlig, mit reizbaren Drüsenhaaren od. Borsten u. kurzen Verdauungsdrüsen zum Fangen u. Verdauen von Tieren. Blü ♂, radiär, meist 5zählig, zuweilen 4- od. 6–8zählig. KeBla am Grund verwachsen, KrBla frei. StaubBla 4–20, häufig 5. FrKn oberständig, 3–5blättrig, 1fächrig. Vielsamige Kapsel.

1 Meist schwimmende WasserPfl. FangBla (Abb. **582**/1) in Quirlen, auf Reiz längs der Mittelrippe zusammenklappend. Blü einzeln. **Wasserfalle** – *Aldrovanda* S. 582
1* Im Boden wurzelnde MoorPfl mit BlaRosette. Bla mit reizbaren, lg Drüsenhaaren (Abb. **580**/2, 3). Blü in Wickeln. **Sonnentau** – *Drosera* S. 581

Drosera L. – **Sonnentau** (100 Arten)
1 Bla flach ausgebreitet, Spreite kreisrund, 5–10 × 5–15 mm, Stiel 15–50 mm lg, behaart, am Grund mit auf einer deutlichen Querleiste angeordneten NebenBlaSchuppen (Abb. **580**/3). Fr glatt, Sa länglich, glatt. 0,07–0,20. 7–8. Bulten von Hoch- u. Zwischenmooren, Feuchtheiden, periodisch feuchte bis nasse Torf- u. Sandböden, Torfstiche, feuchte Heidewege, Grabenränder, kalkmeidend; h Alp, v Sh, z By Bw(f NW) Rh(f MRh) Nw Th Sa An(f SO S) Bb Ns Mv, s He(O ORh SO MW), ↘ (sm/mo-b·c1-7CIRCPOL – sogr ros H ♃ monop – SeB InB: Zweiflügler – WiA WaA StA Licht-Frostkeimer BlaBrutknospen – L8 T4 F9 R1 N1 – K Oxyc.-Sphagn., K Scheuchz.-Car. – 20 – ▽). **Rundblättriger S.** – *D. rotundifolia* L.
1* BlaSpreite deutlich länger als br 2
2 BlüTriebe seitlich der Rosette entspringend, bogig aufsteigend, zur BlüZeit <2mal so lg wie die Bla. BlaSpreiten 7–10 mm lg, keilfg-verkehrteifg, 2–4mal so lg wie br (Abb. **580**/2). Sa papillös, 0,03–0,10. 7–8. Hochmoorschlenken, Zwischenmoore, nackte, zeitweise überschwemmte Torfschlamm- u. Sandböden, kalkmeidend; z He(f SW) Sa(f SW) Bb(f Od SW) Ns(f Hrz) Sh, s Alp By(v S, NO MS NM O) Bw(S SO) Rh(SW N ORh) An(N Elb) Mv, † He Th, ↘ (sm-b·1-6EUR-OAM – sogr ros H ♃ monop – SeB InB – WiA WaA StA Licht-Frostkeimer BlaBrutknospen – L9 T5 F9= R2 N2 – V Rhynch. alb. – 20 – ▽).
Mittlerer S. – *D. intermedia* HAYNE
2* BlüTriebe aus der Mitte der Rosette entspringend, aufrecht. BlaSpreiten 10–40 mm lg ... 3
3 BlaStiele kaum behaart. BlüTriebe 2–3mal so lg wie die Bla. Fr länger als der Ke, längs gerieft. Bla ± 6, aufrecht, NebenBlaSchuppen am Grund des BlaStiels zerstreut, haarfg, BlaSpreite keilfg-linealisch, 4–8mal so lg wie br, 10–40 × 3–5(–7) mm (Abb. **580**/5). Sa länglich, glatt, fruchtbar. 0,05–0,25. 7–8. Hochmoorschlenken, Zwischenmoore, Schwingrasen

an Rändern von Moorseen; z Alp Bw(SO S SW), s By(v S, f N NW) Nw(ob noch?, jetzt angesalbt Wahner Heide) Sa(SW) Bb(f SW) Ns(N NW) Mv(f Elb NO) Sh(M), † Rh He Th An Sh, ↘ (sm/mo-b·c1-7CIRCPOL – sogr ros H ♃ monop – SeB InB – WiA WaA StA Licht-Frostkeimer BlaBrutknospen – L8 T4 F9= R3 N2 – O Scheuchz. – 40 – ▽). [*D. longifolia* L.]
Langblättriger S. – *D. anglica* Huds.
3* BlaStiele stets behaart. BlüTriebe >2mal so lg wie die Bla. Fr kürzer als der Ke, glatt. Bla ± 11, schräg aufrecht. NebenBlaSchuppen am Grund des BlaStiels zerstreut und zusätzlich auf einer deutlichen Querleiste angeordnet, BlaSpreite keilfg-verkehrteifg, ähnlich wie bei *D. intermedia*, aber größer, 13–37 × 4–12 mm (Abb. **580**/4). Sa länglich-eifg, glatt, steril. 0,05–0,15. 7–8. Nasse Torf- u. Sandböden, Schlenken von Hoch- u. Zwischenmooren; v Alp, z By(S Alb) Bw(S SO), s Rh? He? Nw? Th Sa Ns Bb Mv Sh, ↘ (L8 T4 F9 R2 N2 – O Scheuchz. – Vermehrung nur durch BlaBrutknospen – *D. anglica* × *D. rotundifolia*).
Bastard-S. – *D.* ×*obovata* Mert. et W.D.J. Koch
Hybriden: *D. rotundifolia* × *D. intermedia* = *D.* ×*eloisiana* T.S. Bailey – s, *D. intermedia* × *D. anglica* = ? – s

***Aldrovanda* L. – Wasserfalle** (1 Art)
Pfl wurzellos. Bla quirlig. Blü sehr selten, grünlichweiß. 0,10–0,30. 7–8. Geschützte Buchten meso- bis eutropher Seen, Flachmoor-Torfstiche; † By(NM) Bb, [N angesalbt] s Bw(S) (stropAUST+AFR+sm-stemp·c2-9EURAS – sogr eros uHy ♃ – SeB: kleistogam – KlA WaA Hibernakeln – L5 T8 F12 R7 N4 – V Hydroch. – ▽!). ⓕ **Wasserfalle – *A. vesiculosa* L.**

Familie *Caryophyllaceae* Juss. – Nelkengewächse
(100 Gattungen/3000 Arten)

Bearbeitung: **Markus Dillenberger**

Kräuter, selten Sträucher. Bla fast stets gegenständig, ungeteilt, meist ganzrandig u. oft schmal. Blü in Thyrsen, Dichasien od. Zymen in rispiger, traubiger bis kopfiger Anordnung. Blü radiär, 5-, selten 4zählig, meist mit Ke u. Kr. KeBla frei od. verwachsen. KrBla 5, selten 4 od. fehlend, frei, oft mit Nagel, zuweilen mit NebenKr. StaubBla 5–10, selten weniger. Griffel 2–5. FrKn oberständig, 1- od. mehrfächrig. SaAnlagen ∞–1. Kapseln, Nüsse od. selten Beeren (viele ZierPfl).

1	KeBla 5, röhrig verwachsen. KrBla stets vorhanden. NebenBla fehlend	2
1*	KeBla 4 od. 5, frei. Kr zuweilen fehlend u. dann oft KeBla am Grund becherfg verwachsen (Abb. **596**/3–5)	15
2	Ke mit erhabenen Längsrippen. Griffel 3–5 od. nur ♂ Blü	3
2*	Ke ohne erhabene Längsrippen. Griffel 2, nur bei *Saponaria* (S. 597) oft auch 3	11
3	KeZipfel die purpurne Kr weit überragend. NebenKr fehlend (Abb. **583**/1). **Rade – *Agrostemma* S. 604**	
3*	Ke kürzer als die Kr, diese oft mit NebenKr (Abb. **583**/2)	4
4	Pfl klimmend. Stg stark knotig. Fr eine kuglige, zuletzt schwarz u. brüchig-trockenhäutig werdende Beere. Ke weitglockig. **Hühnerbiss – *Silene baccifera* S. 601**	
4*	Pfl nicht klimmend. Fr eine Kapsel	5
5	KrBla tief 4teilig (Abb. **583**/3), rosa. Griffel 5. Reife Kapsel sich mit 5 Zähnen öffnend. **Lichtnelke – *Lychnis flos-cuculi* S. 603**	
5*	KrBla ungeteilt, 2lappig, od. 4zähnig	6
6	KrBla stumpf 4zähnig. Sa mit Strahlenkranz aus Schuppen (Abb. **602**/1). **Strahlensame – *Heliosperma* S. 603**	
6*	KrBla abgerundet, schwach ausgerandet od. deutlich zweiteilig. Sa ohne Strahlenkranz	7
7	Griffel 5. Blü stets ☿. Reife Kapsel sich mit 5 Zähnen öffnend	8
7*	Griffel meist 3 od. fehlend, wenn 5, dann Pfl 2häusig u. reife Kapsel sich mit 10 Zähnen öffnend	9

8 Stg unter den Knoten stark klebrig, oft rötlich mit dunklen Leimringen. BlüStand eine zylindrische, kurzästige Thyrse. **Pechnelke – *Viscaria*** S. 603
8* Stg nicht klebrig, nie rötlich. BlüStand ein Dichasium. **Lichtnelke – *Lychnis*** S. 603
9 (7) Pfl grün, meist behaart od. niedrige AlpenPfl. **Leimkraut – *Silene*** S. 600
9* Pfl bläulichgrün, meist kahl, nie niedrige AlpenPfl **10**
10 Ke zylindrisch bis glockig, mit 10 deutlichen Hauptnerven. KrBla abgerundet od. (schwach) ausgerandet. **Felsenleimkraut – *Atocion*** S. 600
10* Ke deutlich aufgeblasen, Nerven netzartig. KrBla deutlich zweiteilig.
Leimkraut – *Silene vulgaris* S. 601
11 (2) Ke am Grund von schuppenartigen HochBla (AußenKe) umgeben (Abb. 583/4) od. Blü in wenigblütigen, von gemeinsamer HochBlaHülle umgebenen Köpfen **12**
11* Ke am Grund ohne HochBla. Blü nie in Köpfen mit gemeinsamer Hülle **13**
12 KeBla durch weißliche, trockenhäutige Streifen verbunden.
Nelkenköpfchen – *Petrorhagia* S. 599
12* Ke ohne trockenhäutige Streifen, gleichmäßig grün od. rot. **Nelke – *Dianthus*** S. 598
13 (11) Ke abwechselnd mit grünen u. trockenhäutigen Längsstreifen. KrBla allmählich in den Nagel verschmälert. **Gipskraut – *Gypsophila*** S. 596
13* Ke ohne trockenhäutige Streifen. KrBla plötzlich in einen lg Nagel verschmälert **14**
14 Ke walzig, ungeflügelt. KrBla mit NebenKr. **Seifenkraut – *Saponaria*** S. 597
14* Ke bauchig, scharf geflügelt (Abb. 583/5). NebenKr fehlend.
Kuhnelke – *Gypsophila vaccaria* S. 596
15 (1) Blü zu mehreren geknäuelt in den BlaAchseln liegender Stg sitzend. Kr winzig od. fehlend. Fr eine 1samige Nuss. Bla elliptisch bis lanzettlich **16**
15* Blü nicht zu mehreren geknäuelt in den BlaAchseln sitzend **17**
16 KeBla knorplig verdickt, grannig zugespitzt, weiß (Abb. 583/6).
Knorpelmiere – *Illecebrum* S. 587
16* KeBla flach, stumpf. **Bruchkraut – *Herniaria*** S. 586
17 (15) Bla wechselständig, linealisch. Blü stecknadelkopfgroß, weiß, fast stets geschlossen. Fr eine 1samige Nuss. Stg fädlich, liegend. **Hirschsprung – *Corrigiola*** S. 587
17* Bla gegenständig od. scheinquirlig **18**
18 Blü ohne Kr. KeZipfel 5, grün, mit weißem Rand. Blü in Knäueln. Fr eine vom KeBecher eingehüllte Nuss. Bla linealisch-pfriemlich, gegenständig. **Knäuel – *Scleranthus*** S. 595
18* Blü mit Ke u. Kr, wenn Kr fehlend, dann Bla eifg (*Stellaria*, S. 591) od. KeZipfel 4 (*Sagina*, S. 594) od. Pflanze polsterbildend (*Cherleria*, S. 593). Fr eine Kapsel **19**
19 KrBla ungeteilt od. schwach ausgerandet, weiß od. rötlich, wenn Kr fehlend, dann Pflanze polsterbildend (*Cherleria*, S. 593) od. KeZipfel 4 (*Sagina*, S. 594) **20**
19* KrBla tief ausgerandet od. 2lappig bis tief 2teilig, weiß; wenn Kr fehlend, dann Bla eifg (*Stellaria*, S. 591) **34**
20 Zumindest einige Bla scheinquirlig **21**
20* Alle Bla gegenständig **22**
21 Bla zu 6–∞ büschlig, linealisch-pfriemlich, 10–30 mm lg. Griffel 5. Reife Kapsel 5klappig aufspringend. **Spergel – *Spergula*** S. 585
21* Bla zu (2)4(–6) scheinquirlig, fast rundlich, 2–12 mm lg. Griffel 3. Reife Kapsel 3klappig aufspringend. **Nagelkraut – *Polycarpon*** S. 586

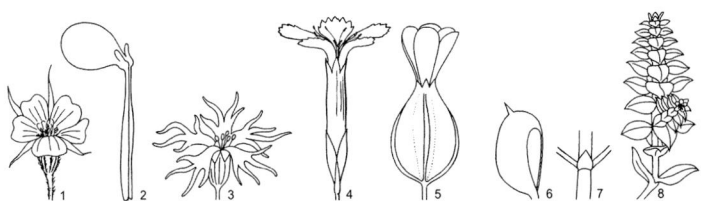

Agrostemma NebenKr Lychnis flos-cuculi Dianthus Gyposphila vaccaria Illecebrum Spergularia Honckenya

22 **(20)** Bla am Grund mit häutigen, silberglänzenden NebenBla (Abb. **583/7**). Griffel 3. Reife Kapsel 3klappig aufspringend. **Schuppenmiere – _Spergularia_** S. 585
22* Bla ohne NebenBla 23
23 Blü in Scheindolden (gestauchten Dichasien), bei Hungerformen Scheindolden 1–2blütig. BlüStiele nach dem Verblühen bis zum Beginn der FrReife herabgeschlagen. KrBla vorn gezähnelt. **Spurre – _Holosteum_** S. 593
23* Blü nicht in Scheindolden. KrBla ausgerandet od. abgerundet u. ganzrandig, nicht gezähnt, zuweilen fehlend 24
24 Bla dickfleischig, eifg, dichtstehend, deutlich 4zeilig (Abb. **583/8**). MeeresstrandPfl.
Salzmiere – _Honckenya_ S. 594
24* Bla nicht dickfleischig 25
25 Griffel 4 od. 5 26
25* Griffel 3, selten 2 (wenn meist 2 u. Fr mit 2 Klappen geöffnet, vgl. **_Lepyrodiclis_** Anm. S. 592)
.... 27
26 KeBla lg zugespitzt. Griffel vor den KeBla stehend. KeBla, KrBla u. StaubBla 4. Reife Kapsel 8zähnig aufspringend. Bla lanzettlich. **Weißmiere – _Moenchia_** S. 591
26* KeBla stumpf od. kurz stachelspitzig. Griffel mit den KeBla abwechselnd. Blü 4- od. 5zählig. Reife Kapsel 4- od. 5zähnig aufspringend. Bla linealisch od. fädlich.
Mastkraut – _Sagina_ S. 594
27 **(25)** Bla linealisch-pfriemlich, am Grund (etwas) scheidenfg verbreitert 28
27* Bla linealisch, fädlich, lanzettlich bis eifg od. elliptisch, am Grund nicht scheidenfg verbreitert 29
28 KeBla weiß, trockenhäutig od. knorplig, mit 1–2 schmalen, grünen Rückenstreifen.
Miere – _Minuartia_ S. 593
28* KeBla ganz grün od. nur am Rand trockenhäutig. **Sändling – _Sabulina_** S. 593
29 **(27)** Bla linealisch bis fädlich, auf der ganzen Länge gleich br 30
29* Bla lanzettlich bis eifg od. verkehrteilanzettlich bis spatelfg, nach oben u. unten (zuweilen plötzlich) verschmälert 32
30 KrBla fehlend, selten linealisch. Blü grünlich, sitzend od. kurz gestielt. Niedrige AlpenPfl.
Bergmiere – _Cherleria_ S. 593
30* KrBla stets vorhanden, Blü weiß, deutlich gestielt 31
31 KeBla, Stg u. BlüStiele meist drüsig behaart. KrBla 5, so lg od. doppelt so lg wie die KeBla. Klappen der reifen Kapsel 3(–4), so viele wie Griffel. **Sändling – _Sabulina_** S. 593
31* KeBla, Stg u. BlüStiele kahl. KrBla 4–5, so lg wie die KeBla od. kürzer. Klappen od. Kapselzähne 4 od. 6, doppelt so viele wie Griffel. **Nabelmiere – _Moehringia_** S. 588
32 **(29)** Bla sitzend, dicht dachziegelig den Stg verdeckend, stumpf bis stachelspitzig, od. locker, den Stg nicht verdeckend u. untere stumpf. KrBla wie KeBla 4–5, so lg wie die KeBla od. wenig kürzer. Klappen der reifen Kapsel 3(–4), so viele wie Griffel.
Felsenmiere – _Facchinia_ S. 593
32* Wenigstens die untersten Bla ± (zuweilen nur sehr kurz) gestielt, spitz bis zugespitzt. KeBla 5. KrBla 5, höchstens halb so lg od. doppelt so lg wie die KeBla. Klappen od. Kapselzähne 4 od. 6, doppelt so viele wie Griffel 33
33 Sa mit weißlichem Anhängsel, glänzend. Bla 0,5–3,0 cm lg. Ke etwa doppelt so lg wie die Kr. **Nabelmiere – _Moehringia_** S. 588
33* Sa ohne Anhängsel, matt. Bla 0,2–0,5 cm lg. Ke halb od. doppelt so lg wie die Kr.
Sandkraut – _Arenaria_ S. 587
34 **(19)** Griffel 4–5 35
34* Griffel 3 (zuweilen an einzelnen Blü 4 od. 5) 36
35 KrBla höchstens bis zur Mitte gespalten. Kapselzähne (8–)10, doppelt so viele wie Griffel. Spreitengrund nie herzfg. **Hornkraut – _Cerastium_** S. 588
35* KrBla fast bis zum Grund 2teilig. Kapsel 5klappig aufspringend. Klappen 2zähnig.
Wasserdarm – _Stellaria aquatica_ S. 591
36 **(34)** Kapsel walzig, sich 6zähnig öffnend. KrBla ausgerandet, nicht od. höchstens bis zur Mitte gespalten. Ganze Pfl drüsig-weichhaarig od. Pfl fast kahl, nur BlüStiele schwach drüsig u. dann Pfl 5–15 cm hoch u. Bla 1,0–2,5 mm br. **Spaltzahn – _Dichodon_** S. 588

36* Kapsel kuglig bis eifg, sich 6klappig öffnend. KrBla fast bis zum Grund 2teilig, scheinbar 10 od. bis zur Mitte gespalten od. fehlend. Pfl kahl od. schwach behaart, aber nicht drüsig; wenn (bei *S. nemorum*) Stg oberwärts u. BlüStiele drüsig, dann Pfl 20–50 cm hoch u. Bla 16–40 mm br. **Sternmiere – *Stellaria* S. 591**

Spergula L. – **Spergel, Spark** (6 Arten)

1 Bla useits mit Längsfurche. Sa mit schmalem Hautrand. 0,10–0,50(–1,00). 6–10. Sandige bis lehmige Äcker, sandige Rud.: Wegränder, kalkmeidend; [A] g Sh, h He Th Sa Ns Mv, v Bw Rh Nw(g N) An Bb, z By, s Alp(Allg), auch KulturPfl (m-b·c1-5EUR-WAS, [N] austr-trop/ mo-b·c1-5CIRCPOL – eros ⊙ – InB SeB – KlA MeA Sa langlebig – L6 T5 F5 R3 N6 – O Aper. – Futter). **Acker-S. – *S. arvensis* L.**

    1 Sa mit weißen od. bräunlichen Papillen 2
    1* Sa ohne Papillen od. fein punktiert 3
    2 Pfl bis 0,30(–0,50) m hoch, ± reich verzweigt, kahl od. (drüsig) behaart. Sa 0,8–1,0 mm ⌀. Äcker, sandige Rud.; Verbr. in D wie Art (m-b·c1-5EUR-WAS – O Aper. – 18). subsp. ***arvensis***
    2* Pfl sehr kräftig, 0,50–1,00 m hoch. Sa bis 1,5 mm ⌀. Feuchte Äcker, Gärten; s, auch KulturPfl (Futter). [*S. a.* var. *maxima* (WEIHE) MERT. et W.D.J. KOCH] subsp. ***maxima*** (WEIHE) O. SCHWARZ
    3 **(1)** Sa glatt. Pfl unverzweigt od. nur am Grund mit wenigen Ästen, aufrecht. Leinfelder; Verbr. in D ungenügend bekannt, s By(NM), † z. B. Mv Sh, ↘ (temp·c1-5EUR?). [*S. a.* var. *linicola* (BOREAU) O. SCHWARZ] subsp. ***linicola*** (BOREAU) JANCH.
    3* Sa fein punktiert, bis 3 mm ⌀. Pfl stark verzweigt, meist kahl. Stg dick. Bla sehr fleischig. [N] s, im N KulturPfl (FutterPfl). [*S. a.* var. *sativa* (BOENN.) MERT. et W.D.J. KOCH]
    subsp. ***sativa*** (BOENN.) CES.

1* Bla useits ohne Längsfurche. Sa mit br, strahlig gerieftem, ringfg Hautrand 2
2 KrBla elliptisch, stumpf, sich berührend od. randlich deckend. StaubBla (6–)10. SaRand bräunlich, halb so br wie der ⌀ des übrigen Sa. 0,05–0,25. 4–6. Sandtrockenrasen (bes. Binnendünen), sandige Brachen, Felsköpfe, trockne KiefernW, kalkmeidend; v Sa(g NO) Bb, z By(f S) Nw(† SW SO) Th(f Hrz NW Rho) An(h Elb N O) Ns Mv Sh, s Bw(ORh Keu) Rh(f M W) He(f MW NW W), ↘ (sm/mo-temp·c2-4EUR – hros/eros ⊙ ⓪ – InB SeB? – WiA Kältekeimer – L9 T5 F3 Rx N2 – V Coryneph., V Thero-Air., V Cytis.-Pin. – 18). [*S. vernalis* auct. non WILLD., *S. pentandra* auct.] **Frühlings-S. – *S. morisonii* BOREAU**
2* KrBla lanzettlich, spitzlich, sich nicht berührend. StaubBla meist 5. SaRand weißlich, so br wie der übrige Sa. 0,05–0,20. 4–5. Silikatfelsfluren u. Sandtrockenrasen, kalkmeidend; z Rh An(f N O), s By(N NM) He(MW) Th(Bck) Mv(MW), ↘ (m/mo-stemp·c1-5EUR – hros/ eros ⓪ – InB SeB? – WiA – L9 T6 F2 R6 N1 – K Sedo-Scler.).
Fünfmänniger S. – *S. pentandra* L.

Spergularia (PERS.) J. PRESL et C. PRESL – **Schuppenmiere, Spärkling** (25 Arten)

1 Stg aufrecht. KeBla weiß, trockenhäutig, mit grünem Rückennerv. Kr weiß. 0,03–0,10. 6–7. Krumenfeuchte, sandig-lehmige bis tonige Äcker, kalkmeidend; [N U] s Mv(ob noch?), † By Bw Rh Nw He Th An Bb Ns, ↘ (sm-temp·c1-2EUR – eros ⊙ – SeB? – KlA – L9 T6 F8 R4 Nx – V Nanocyp.). [*Delia segetalis* (L.) DUMORT.] **Saat-Sch. – *S. segetalis* (L.) G. DON**
1* Stg liegend od. aufsteigend. KeBla grün, nur am Rand trockenhäutig. Kr rosa 2
2 Blü 8–12 mm ⌀. KrBla blassrosa, allmählich zum Grund hin weiß. Kapsel 6–12 mm lg, etwa doppelt so lg wie die Ke. Alle Sa mit br weißem Hautsaum. 0,05–0,40. 7–9. Nasse, stark salzhaltige Schlick- u. Sandböden, gesalzte Straßen; z Th(Bck NW Rho) An(f Hrz O), s Rh(ORh SW) Ne(O) Ns(f Elb Hrz) Mv(f Elb SW) Sh(O SO M), † Nw (m-stemp·c4-9+lit- b·litEUR-WAS – igr? eros H kurzlebig ⚇ PflWu – InB – WiA KlA – L7 T6 F7= R7 N5 – O Glauco-Pucc. – 18 – Pfl der Küsten werden als subsp. ***angustata*** (CLAVAUD) KERGUÉLEN et LAMBINON abgetrennt). [*S. marginata* (C.A. MEY.) KITT., *S. maritima* (ALL.) CHIOV.]
Flügelsamige Sch. – *S. media* (L.) C. PRESL
2* Blü 6–8 mm ⌀, Kr tiefrosa. Kapsel 4–6 mm lg, so lg wie die Ke od. wenig länger. Alle Sa od. doch die meisten ohne Hautsaum 3
3 Sa am Rand mit ∞ Stacheln, auf den Flächen mit spitzen Wärzchen, braun. Untere Bla stumpf, obere stachelspitzig. NebenBla sehr klein. 0,04–0,10. 6–10. Feuchte, zeitweise

überschwemmte, sandige bis lehmige Ufer; v Ns(Elb), z Sa(Elb) Ns(Elb O N), s An(f Hrz S W) Bb(Elb MN) Mv(Elb SW?) Sh(SO M) (temp·c2-3EUR – eros ☉/igr eros H kurzlebig ♃ – SeB? – WaA KlA – L8 T6 F7= R7 N8 – V Nanocyp., V Chen. rub. – 36).
Braune Igelsamige Sch. – *S. echinosperma* (ČELAK.) ASCH. et GRAEBN. subsp. *albensis*
KÚR, AMARELL, JAGE et ŠTECH

Ähnlich: **Igelsamige Sch. – *S. echinosperma* (ČELAK.) ASCH. et GRAEBN. subsp. *echinosperma*:** Sa schwarz. 0,04–0,10. 6–10. Feuchte, zeitweise überschwemmte, sandige bis lehmige Ufer; historisch belegt für Bb (1899); keine jüngeren Aufsammlungen im Gebiet bekannt (temp·c2-3EUR – eros ☉/igr eros H kurzlebig ♃ – SeB? – WaA KlA – L8 T6 F7= R7 N8 – V Nanocyp., V Chen. rub. – 36).

3* Sa fein körnig, nicht bestachelt **4**
4 Bla stachelspitzig. NebenBla silberweiß, glänzend. Kapsel so lg wie der Ke. Kr rosa. 0,04– 0,25. 5–9. Krumenfeuchte Äcker, sandige bis lehmige, wechselfrische, verdichtete Rud.: Wegränder, Pflasterfugen; Ufer, kalkmeidend; [A?] g Ns, h An Ns, v Rh He Nw Th Bb Mv, z By Bw Sh, s Alp(Chm Allg) (austr+m-b·c1-7CIRCPOL – eros ☉ ①/igr eros H kurzlebig ♃ PfWu – InB SeB blüht 10–15 Uhr – VdA – L7 T5 F5~ R3 N4 – V Polyg. avic., O Aper., V Nanocyp. – 36). [*S. campestris* (L.) ASCH.]
Rote Sch. – *S. rubra* (L.) J. PRESL et C. PRESL
4* Bla stumpf, fleischig. NebenBla wenig glänzend. Kapsel wenig länger als der Ke. Kr tiefrosa, am Grund weiß. 0,05–0,20. 5–9. Lückige, wechselfeuchte bis nasse Salzwiesen, Ufer salzhaltiger Gewässer, Salzhalden, gesalzte Straßen; z Th(f Hrz), v Bck O Wld) An Ns(f Hrz) Mv(f SW) Sh, s By(NO NW) Rh(ORh SW) He(f NW SW W) Nw(f MW) Sa(SW W) Bb(Elb SO M), [N U] s Bw (austr+m-b·c6-10+litCIRCPOL, [N] trop/moAM – sogr eros ☉ ① – L7 T6 F7= R9 N? – O Glauco-Pucc, V Chen. rub. – 36). [*S. salina* J. PRESL et C. PRESL]
Salz-Sch. – *S. marina* (L.) BESSER

Hybriden: *S. media* × *S. marina* = ? – s, *S. echinosperma* × *S. rubra* = *S.* ×*kurkae* F. DVOŘÁK – s, *S. rubra* × *S. marina* = ? [*S.* ×*salontana* I. POP] – s

Polycarpon L. – Nagelkraut (16 Arten)

Pfl kahl, vielstänglig. Blü in reichverzweigten Dichasien. 0,05–0,15. 7–9(–11). Trockne, sandig-lehmige, betretene Rud.: Wegränder, Pflasterfugen, kalkmeidend; [N Anfang 19. Jh.] s Rh(ORh SW) He(ORh), [N] Bw Nw(MW SW), ↗ (m-sm·c1-5EUR, [N] N- u. SAM – eros ☉ – SeB kleistogam – KlA MeA – L9 T8 F3 R5 N? – V Polyg. avic.).
Vierblättriges N. – *P. tetraphyllum* (L.) L.

Herniaria L. – Bruchkraut (45 Arten)

1 Pfl frisch- bis gelbgrün. Stg kahl od. sehr kurz kraushaarig. Bla kahl od. nur am Grund kurz gewimpert bis spärlich kurzhaarig. BlüHülle kürzer als die reife Kapsel od. ebenso lg, kahl bis kurz gewimpert od. mit sehr kurzen, spärlichen Haaren. 0,05–0,30 lg. 6–10. Rud. beeinflusste Sandtrockenrasen, sandige, betretene Rud.: Wegränder, Pflasterfugen, Bahnanlagen; sandige Uferspülsäume, kalkmeidend; [A] v Rh He Nw Th Sa An Bb Ns(g Hrz) Mv(g Elb), z Alp(f Amm Mng Wtt) By Bw Sh (m-temp·c2-8EUR-WAS, [N] AM – ☉ od. igr eros H kurzlebig ♃ – InB: Fliegen, Ameisen SeB Vm – KlA – L8 T6 F3 R4 N2 – früher HeilPfl – V Armer. elong., V Polyg. avic.).
Kahles B. – *H. glabra* L.
1* Pfl infolge dichter Behaarung graugrün. Kapsel von BlüHülle eingeschlossen **2**
2 BlüHüllBla an der Spitze mit 1 od. mehreren bis 1 mm lg Stachelborsten. 0,05–0,20 lg. 7–9(–10). Rud. beeinflusste Sandtrockenrasen, sandige-kiesige Rud.: Wegränder, Bahnanlagen; Äcker, kalkmeidend; [N] z Rh He(MW) By(ob einheimisch?) Bw Nw (f NO SO) Sa Ns, [U] s Mv, ↘ (m-stemp·c2-7EUR-WAS, [N] N- u. SAM – ☉ od. igr eros H kurzlebig ♃ – InB: Fliegen, Ameisen SeB Vm – KlA – L9 T7 F3 R5 N1 – O Fest.-Sedet., O Plant.).
Behaartes B. – *H. hirsuta* L.
2* BlüHüllBla an der Spitze ohne längere Stachelborsten. 0,05–0,20 lg. 7–10. Rud. beeinflusste Sandtrockenrasen; [N U] s By Sh (m-sm·3-7EUR-WAS – eros igr H/C ♃ PfWu – InB SeB? – KlA – *L7 T8 F1 R7 N7*).
Graues B. – *H. incana* LAM.

CARYOPHYLLACEAE 587

Illecebrum L. – **Knorpelmiere** (1 Art)
Stg liegend, fadenfg. Bla verkehrteifg, kahl. Blü weiß. 0,05–0,25 lg. 7–9. Lückige, (wechsel-) feuchte, sandige bis kiesige Rud.: Übungsplätze, Sandgruben; Ufer, sandige Äcker, kalkmeidend; [A?] z Nw(f SW) Sa(f SW) An(f Hrz S W) Ns(f MO) Sh, s By(NO) Bw(ORh SW) Rh(SW M) Bb(f M NO Od) Mv(f N M MO), ↘ (m-temp·ozEUR – eros ⊙ – SeB: kleistogam – WaA KlA VdA? – L8 T7 F7 R3 N2 – V Nanocyp., V Aphan.).
Quirlige K. – *I. verticillatum* L.

Corrigiola L. – **Hirschsprung** (11 Arten)
Stg reich verzweigt mit liegenden Ästen. Bla lineal-lanzettlich. Blü weiß. 0,07–0,50 lg. 7–10. Lückige, trockne bis wechselnasse Uferfluren, krumenfeuchte Äcker, sandige bis schottrige Rud.: Wegränder, Bahn- u. Industrieanlagen; kalkmeidend; z Nw Sa An(f Hrz S W) Ns(f MO), s By(NW) Bw(Gäu ORh SW) Rh(f M) He(f SO O) Bb Mv(f N M MO) Sh(g Elb), † Th, ↘ (m-temp·c1-3EUR, [N] SAFR+AM – hros ⊙ – InB SeB? – KlA Sa langlebig – L8 T6 F7 R5 N5 – V Chen. rub., V Nanocyp.). **Hirschsprung – *C. litoralis* L.**

Arenaria L. – **Sandkraut** (150 Arten)
1 KrBla kürzer als der Ke. Stg einzeln, nicht rasig. Blü ∞ in Di- od. Monochasien. Bla eifg, mit Ausnahme der untersten ungestielt. ① ⊙. **(Artengruppe Quendel-S. – *A. serpyllifolia* agg.)** 2
1* KrBla länger als der Ke. Stg dichtrasig. Blü zu 1–2, end- od. seitenständig. Bla gestielt. ♃ 3
2 Pfl graugrün. Blü 5–8 mm ⌀. KeBla eifg bis eilanzettlich, 3,0–4,5 mm lg. FrStand ein lockeres Dichasium. FrStiele aufrecht. Kapsel br eifg, am Grund bauchig, 1½mal so lg wie br, meist etwas länger als der Ke (Abb. **596**/1), derbwandig. 0,03–0,30. 5–9. Lückige Xerothermrasen, trockne bis mäßig frische Rud.: Wegränder, auf Mauern; Äcker; g Nw Th An Ns, h Bw Rh He Sa Mv, v Alp By Bb, z Sh (m-b·c1-6EUR-WAS, [N] austr+m-bCIRCPOL – eros ① ⊙ – InB SeB – KlA Sa langlebig – L8 Tx F4 R7 Nx – K Fest.-Brom., K Sedo-Scler., K Stell. – 40). **Quendel-S. – *A. serpyllifolia* L.**
  1 Pfl ± drüsig behaart. BlüStiele aufrecht. Kapsel fast kuglig. Lückige Xerothermrasen, Rud., basenhold; z Rh By Sa, Verbr. in D ungenügend bekannt (m-stemp·c1-5EUR? – K Fest.-Brom.). [*A. viscida* LOISEL.] subsp. ***glutinosa*** (MERT. et W.D.J. KOCH) ARCANG.
  1* Pfl nie drüsig, ± behaart bis fast kahl. Kapsel eifg 2
  2 BlüStiele meist 2–3mal so lg wie der Ke od. länger. Kapsel meist weniger als 3,5 mm lg, 2 mm br. Innere KeBla meist br hautrandig. Pfl graugrün. Lückige Xerothermrasen, trockne bis mäßig frische Rud., Äcker; Verbr. u. Soz. in D wie Art (m-b·c1-6EUR-WAS). [*A. s.* var. *scabra* LEDEB., *A. s.* var. *erecta* WILLK.] subsp. ***serpyllifolia***
  2* BlüStiele so lg wie der Ke od. höchstens ½mal länger. Kapsel meist mehr als 3,5 mm lg, u. 2 mm br. Pfl grün. s Ns Mv, Verbr. ungenügend bekannt (sm-temp·c1-2 litEUR? – K Sedo-Scler.). [*A. s.* subsp. *macrocarpa* (J. LLOYD) F.H. PERRING et P.D. SELL nom. illegit., *A. lloydii* JORD.]
  subsp. ***lloydii*** (JORD.) BONNIER

2* Pfl gelbgrün, zart, dünnstänglig. Blü 3–5 mm ⌀. KeBla lanzettlich, 1,8–3,0 mm lg. FrStand mit wickelartigen Ästen. FrStiele oft an der Spitze gebogen. Kapsel schmal kegelfg, am Grund kaum bauchig, doppelt so lg wie breit ⌀, höchstens so lg wie der Ke (Abb. **596**/2), dünnwandig. 0,05–0,15. 5–9. Lückige Xerothermrasen, mäßig trockne Rud., Äcker; z Bw(f SO Alb) Rh He Nw, s By(f O S) Th(Bck O) Sa(f NO) An(f O W) Ns, [U] s Bb (m-sm·c1-5-temp·c1-4EUR – eros ① ⊙ – *L7 T9 F1 R7 N7* – K Fest.-Brom., K Sedo-Scler. – 20). [*A. serpyllifolia* subsp. *tenuior* (MERT. et W.D.J. KOCH) ARCANG., *A. s.* subsp. *leptoclados* (RCHB.) NYMAN]
Dünnstängliges S. – *A. leptoclados* (RCHB.) GUSS.

3 (1) Bla br lanzettlich bis länglich-eifg, spitz, von unten mindestens bis über die Mitte od. ganz (zuweilen nur spärlich) bewimpert, sehr kurz gestielt. Blü einzeln. KrBla >2mal so lg wie der Ke. 0,03–0,10. 7–8. Alp. (sicker)frische Steinrasen u. Steinschuttfluren; z Alp(Allg) By(S) (sm/alp-arct·c1-6EUR-GRÖNL – igr eros C ♃ ①? Pleiok – WiA – *L9 T1 F5 R7 N4* – V Elyn., V Sesl., V Thlasp. rot.). **Wimper-S. – *A. ciliata* L.**
  1 Blü zu 1–2(–3), (10–)12–15 mm ⌀. KrBla (5–)6–9 mm lg, 1¼–2mal so lg wie die KeBla. 0,02–0,05. Alp. Rasen, kalkliebend; z By(S) (OALP). subsp. ***ciliata***

1* Blü zu (1–)3–7(–11), 7–9(–10) mm ⌀. KrBla (4–)5–6(–7) mm lg, 1¼–1½mal so lg wie die KeBla. 0,04–0,10. Lückige alp. Rasen, etwas kalkliebend; z Alp(Allg) (sm-stemp//alp·c1-2EUR). [*A. c.* subsp. *moehringioides* (J. Murr) Asch. et Graebn., *A. multicaulis* L.]   subsp. ***multicaulis*** (L.) Ces.

3* Bla br eifg bis rundlich, stumpf, nur am Stiel gewimpert. Blü einzeln od. zu 2. KrBla wenig länger als der Ke. 0,05–0,20. 7–9. Alp. Schneetälchen, kalkmeidend; im österreichischen Allgäu dicht jenseits der Grenze, aber bisher nicht in D (sm-stemp//alp·c3-5 EUR – igr eros C ♃ oAusl – L8 T2 F7 R5 N2 – K Salic. herb.).   ⑦ **Zweiblütiges S.** – ***A. biflora*** L.

Moehringia L. – Nabelmiere   (25 Arten)

1 Bla eifg od. br lanzettlich, spitz, 3(–5)nervig, mittlere mindestens 8 mm lg. BlaRänder vorwärts abstehend kurzborstig. Stg ringsum rückwärts abstehend kurzborstig. KrBla kürzer als die KeBla, weiß. Blü 5zählig. 0,10–0,30. 5–7. Frische Laub-, Misch- u. NadelW, Waldsäume, Gebüsche, mäßig nährstoffanspruchsvoll; g Nw Th Sa An Ns(v N), h Bw Rh He Bb Mv, v By(g NM), z Alp Sh (m/mo-b·c1-5EUR-WAS – sogr?/eros H ① ♃ Pleiok – InB: Fliegen SeB – AmA Sa langlebig Kältekeimer – L4 T5 F5 R6 N7 – V Geo-Alliar., K Querc.-Fag., V Querc. rob., O Vacc.-Pic. – 24).   **Dreinervige N.** – ***M. trinervia*** (L.) Clairv.

1* Bla fadenfg od. linealisch. KrBla länger als die KeBla, weiß 2

2 Blü 4zählig. StaubBla 8. Bla schmal linealisch bis fädlich, bis 35 mm lg, nicht fleischig. 0,05–0,20. 5–9. Subalp. sickerfeuchte Steinschuttfluren u. Felsspalten, kalkstet; h Alp, z By(S), s Bw(S) (sm-stemp/dealp·c2-4EUR – igr eros H ♃ – AmA – L5 T3 F7 R9 N2 – V Cystopt., O Thlasp. rot.).   **Moos-N.** – ***M. muscosa*** L.

2* Blü 5zählig. StaubBla 10. Bla linealisch, bis 10 mm lg, etwas fleischig. 0,05–0,20. 6–8. Alp. frische Steinschuttfluren, auch Alpenschwemmling, kalkstet; v Alp, s By(S) (sm-stemp//alp·c3-4EUR – igr eros H ♃ – AmA – L9 T2 F5 R7 N2 – O Thlasp. rot., V Arab. caer.).   **Wimper-N.** – ***M. ciliata*** (Scop.) Dalla Torre

Dichodon (Rchb.) Rchb. – Spaltzahn   (6 Arten)

1 Stg kriechend-aufsteigend, oberwärts mit 1 Haarleiste, sonst kahl. KrBla 7–12 mm lg. 0,05–0,15. 7–8. Schneetälchen u. Quellfluren, kalkmeidend; s Alp(v Allg Brch, f Amm Mng Chm) (m/alp-arct·c2-5EURAS-(OAM) – igr eros C ♃ Polster oAusl – InB: Fliegen SeB – VdA StA – L8 T1 F8 R4 N7 – V Salic. herb.). [*Cerastium cerastoides* (L.) Britton, *C. trigynum* Vill.]   **Dreigriffliger S.** – ***D. cerastoides*** (L.) Rchb.

1* Stg aufrecht, wie die ganze Pfl drüsig-flaumig. KrBla 5–8 mm lg. 0,06–0,30. 4–6. Frische bis nasse, zeitweilig überflutete, sandige bis tonige Pionierstandorte (Auwiesen, Ufersäume, Wegränder), salztolerant; z Ns(Elb O N), s Bw(ORh) Rh(ORh) He(ORh) Sa(Elb W) An(f Hrz S W) Bb(f SO SW) Mv(Elb) Sh(SO M), [N] s By (N NM MS) Th (sm-stemp·c3-7EUR-(WAS) – hros ①? ⊙ – L9 T6 F8= R7 N5 – V Pot. ans.). [*Cerastium dubium* (Bastard) Guépin, *C. anomalum* Waldst. et Kit.]   **Drüsiger S.** – ***D. viscidum*** (M. Bieb.) Holub

Cerastium L. – Hornkraut   (95 Arten)

1 KeBla, KrBla, StaubBla u. Griffel 4, sehr selten 5. KrBla etwas kürzer als die KeBla, 4–6 mm lg. Pfl stark drüsig. 0,04–0,15. 5–7. Weiß- u. Graudünen, basenhold; z Ns(N) Sh(Helgoland O) (m-b·c12litEUR – hros ① ⊙ – SeB – L8 T6 F4 R4 N2? – V Koel. albesc. – 36). [*C. tetrandrum* Curtis]   **Viermänniges H.** – ***C. diffusum*** Pers.

1* KeBla u. KrBla 5, StaubBla 5–10, Griffel 5 (bei *C. subtetrandrum*, **6**, teilweise Blü 4zählig) 2

2 Pfl ⊙ ①, im Frühjahr (nur *C. glomeratum*, **4**, bis in den Sommer) blühend u. danach absterbend. Stg vom Grund an aufrecht, ohne nichtblühende Triebe. Blü 5–8 mm ⌀. StaubBla 5–10 3

2* Pfl ♃, ganzjahresgrün, im Frühjahr od. Sommer blühend. StgGrund kriechend, meist mit nichtblühenden Trieben in den BlaAchseln. Blü 8–30 mm ⌀. StaubBla stets 10 8

3 Alle HochBla krautig, ohne Hautrand, abstehend behaart u. meist drüsig. KeBla oben mit lg, die Spitze überragenden Haaren. KrBla an der Basis bewimpert 4

3* Alle od. zumindest obere HochBla am Rand (zuweilen sehr schmal) trockenhäutig, kurz haarig u. drüsig. KeBla nicht von den Haaren überragt. KrBla an der Basis kahl 5

4 BlüStand gedrängt. FrStiel höchstens so lg wie der Ke. KeBla 4–5 mm lg. KrBla so lg wie die KeBla. StaubBla kahl. Pfl gelbgrün, meist dicht drüsig. Kapsel gekrümmt, 7–10 mm lg. 0,02–0,45. 3–9. Frische bis feuchte, nährstoffreiche Äcker, Rud.: Wegränder, Schutt; [A?] g Nw Ns, h He Th, v Bw Rh Sa An, z By Bb Mv Sh, s Alp(f Chm Krw) (m-b·c1-4EUR-WAS, [N] AM – hros ①? ⊙ – SeB – L7 T5 F5 R5 N5 – K Stell., V Nanocyp., V Pot. ans. – 72). [*C. viscosum* auct.]   **Knäuel-H. – *C. glomeratum* THUILL.**

Ähnlich: **Gabel-H. – *C. dichotomum* L.**: KeBla nicht von den Haaren überragt, 6–11 mm lg. Kapsel gerade, nicht od. sehr wenig gekrümmt, 10–15 mm lg. 0,15–0,30. 4–6. Äcker, Straßenränder, [U] s By Bw Nw He Bb (m-sm·c3-8EUR-WAS, N: temp·c2-4 EUR+WAM – hros ① ⊙ – V Caucal.).

4* BlüStand locker. FrStiel 2–3mal so lg wie der Ke. KrBla kürzer als die KeBla. StaubBla am Grund locker behaart. Pfl graugrün. 0,05–0,40. 4–6. Lückige Xerothermrasen, Ephemerenfluren, trockne Rud.: Wegränder, Böschungen, Bahnanlagen, kalkhold; [A?] z By Bw Rh He Nw Th(f Hrz) An Bb(NO Od MN), s Sa(f NO) Ns (S) Mv(M) Sh (m-temp·c2-5EUR – hros ① ⊙ – L9 T7 F3 R8 N2 – V Alysso-Sed., V Thero-Air.).

   Kleinblütiges H. – *C. brachypetalum* PERS.

   1 BlüStiele u. KeBla mit abstehenden od. etwas aufwärts gerichteten Haaren, ohne od. mit Drüsenhaaren. 0,05–0,40. Lückige Xerothermrasen, trockne Rud.; Verbr. in D wie Art (V Alysso-Sed., V Thero-Air.). [*C. strigosum* FR., inkl. *C. tauricum* SPRENG.]   subsp. **brachypetalum**
   1* BlüStiele u. KeBla mit aufwärts anliegenden Haaren, drüsenlos. 0,05–0,18. Lückige, kiesige Xerothermrasen, Bahnanlagen; s By(MS NM) (m-stemp·c3-5EUR – V Alysso-Sed.). [*C. tenoreanum* SER., *C. pilosum* TEN.]   subsp. **tenoreanum** (SER.) Soó

5 (3) Unterstes HochBlaPaar des BlüStandes u. oft gezähnelt hautrandig, mit nur kleinem grünem Mittelfeld, ebenso die KeBla. KrBla ausgerandet. Kapsel 4,5–6,5 mm lg. Gelblichbraun. FrStiel nach dem Verblühen bis zum Beginn der Reife abwärtsgerichtet, am Grund gekrümmt. StaubBla 5. 0,03–0,20. 3–6. Lückige Xerothermrasen, bes. Sandtrockenrasen, Ephemerenfluren, Äcker, trockne Rud.: Wegränder, Böschungen, Bahnanlagen; h An Ns, v Nw(g N) Sa(g NO) Bb Mv, z By Bw(h ORh) Rh(h ORh SW) He(f W) Th Sh   (m-sm·c1-5-temp·c1-4EUR-(WAS), [N] m-tempEAM – hros ① ⊙ – InB SeB – WiA KlA – L8 T6 F3 R6 Nx – O Fest.-Sedet., K Fest.-Brom., V Aphan. – 36).   **Fünfmänniges H. – *C. semidecandrum* L.**

5* Unterstes HochBlaPaar ganz krautig od. höchstens im vorderen Achtel schmal hautrandig. KeBla bis ¼ hautrandig. KrBla auf ⅕–¼ zweilappig. Sa dunkler. FrStiel aufrecht, zuweilen abstehend bis schwach abwärtsgerichtet, unter der (S) 6–8 mm lg Kapsel stumpf winklig gekrümmt. **(Artengruppe Zwerg-H. – *C. pumilum* agg.)** **6**

6 KrBla kürzer als die KeBla. BlüStand locker bis gedrängt. Unterste Blü meist oberhalb der StgMitte (vgl. *C. diffusum*, **1**). Unterste HochBla kürzer und schmaler als oberste StgBla. FrStiele gerade. 0,10–0,15. Rud.: Straßenränder; [N U] s By(NM: Erlangen) He(MW: Marburg) (temp·c3-4EUR – eros ⊙).   **Öresund-H. – *C. subtetrandrum* (LANGE) MURB.**

6* KrBla so lg wie KeBla oder etwas länger. BlüStand locker **7**

7 KeBla u. KrBla 1,5–2,5 mal so lg wie br, >KeBla. Griffel maximal (1,0–)1,1–1,5(–1,7) mm lg. Drüsenhaare der KeBla max. 0,35–0,55(–0,65) mm lg. Stg unten meist auch mit Drüsenhaaren, oben meist mit Drüsenhaaren. Reife Samen max. 0,55–0,60(–0,70) mm ∅. Pfl meist dunkelgrün. 0,03–0,15. 3–6. Lückige Xerothermrasen, Ephemerenfluren, trockne Rud.: Wegränder, Böschungen, Bahnanlagen; Äcker, kalkhold; v h He An, z By Bw Rh Nw(f Hrz) Sa Bb Ns Mv Sh (m-temp·c1-4EUR – hros ① ⊙ – SeB – StA WiA KlA – L8 T7 F2 R8 N2 – O Fest.-Sedet., V Alysso-Sed., K Fest.-Brom.). [*C. obscurum* CHAUB., *C. glutinosum* auct.]   **Dunkles Zwerg-H. – *C. pumilum* CURTIS**

7* KeBla (4)5. KrBla (4)5, 2,5–3,5 mal so lang wie br, ≤ KeBla. Griffel max. (0,5–)0,6–0,9(–1,0) mm lg. Drüsenhaare der KeBla max. (0,20–)0,25–0,35(–0,40) mm lg. Stg unten mit drüsenlosen Haaren, oben meist mit Drüsenhaaren. Samen max. (0,40–)0,45–0,55(–0,65) mm ∅. Pfl meist hellgrün. 0,03–0,15. 3–6. Lückige Xerothermrasen, Ephemerenfluren, trockne Rud.: Wegränder, Böschungen, Bahnanlagen, basenhold; h By Rh He Th An Sa, z Bw Nw Ns Bb Mv Sh (m-temp·c1-4EUR – hros ① ⊙ – L8 T7 F2 R8 N2 – O Fest.-Sedet., K Fest.-Brom.). [*C. pallens* F.W. SCHULTZ]   **Bleiches Zwerg-H. – *C. glutinosum* FR.**

8 (2) Stg oberwärts mit 1 Haarleiste, sonst wie die Bla kahl.

   ***Dichodon cerastoides*, s. S. 588**

8* Stg u. Bla stets behaart (höchstens bei *C. arvense*, **15**, ± kahl) **9**
9 KrBla 3–8 mm lg, so lg wie die KeBla od. wenig länger. **(Artengruppe Gewöhnliches H. – *C. fontanum* agg.)** **10**
9* KrBla 10–18 mm lg, mindestens 1,5mal so lg wie die KeBla **12**
10 KeBla u. KrBla (3–)5–6(–7) mm lg. Kapsel 7–12 mm lg. Sa 0,4–0,8 mm. Untere HochBla oft ohne Hautrand. Bla 10–25 × 3–10 mm. 0,05–0,50. 4–10. Frische Wiesen u. Weiden, Rud., Gärten, nährstoffreiche Äcker; g He Nw Th Sa An Ns Sh, h Alp Bw Rh Bb Mv, v By(g NM) (Heimat: m/mo-b·c1-6EUR-WAS?, [N] austr-b·c1-6CIRCPOL – igr hros/eros C ♃ Pleiok oAusl – InB SeB – KlA VdA MeA Sa langlebig – L6 Tx F5 Rx N5 – K Mol.-Arrh., O Aper. – 144). [*C. caespitosum* Gilib., *C. triviale* Link, *C. vulgatum* auct., *C. fontanum* subsp. *vulgare* (Hartm.) Greuter et Burdet] **Gewöhnliches H. – *C. holosteoides*** Fr.
10* KeBla u. KrBla 6–9 mm lg. Kapsel 12–18 mm lg. Sa 0,7–1,2 mm. Alle HochBla hautrandig, bei *C. lucorum*, **11**, das unterste Paar meist krautig **11**
11 Bla groß, 30–60 × 12–25 mm, dünn, etwas durchscheinend. Stg schlaff, BlüStandsäste spreizend, brüchig. Pfl dicht drüsenhaarig. KrBla 6–7 mm lg, kürzer bis wenig länger als die KeBla, am Nagel mit bis 0,4 mm lg Wimpern od. kahl. 0,10–0,60. 5–8. Feuchte Wälder u. deren Säume, Bachufer; s Alp(Allg Chm) By(f NO NW O) Bw(SO S Alb Keu) Th(S Bck NW) An(SO Elb) Bb(f Elb) Ns(S) Mv(M), Verbr. ungenau bekannt (sm/mo-stemp·c2-4EUR – igr eros C/H ♃ oAusl – WiA WaA – V Alno-Ulm., V Aln., V Geo-Alliar. – 144). [*C. macrocarpum* auct., *C. fontanum* subsp. *lucorum* (Schur) Soó]
Großfrüchtiges H. – *C. lucorum* (Schur) Möschl
11* Bla klein, 10–25 × 5–15 mm, dicker, nicht durchscheinend. Stg kräftig, BlüStandsäste aufrecht abstehend. Pfl dicht abstehend behaart, drüsenlos od. selten mit einzelnen Drüsenhaaren. KrBla 7–9 mm lg, meist deutlich länger als die KeBla, meist unbewimpert, selten mit 0,2 mm lg Wimpern. 0,20–0,40. 7–8. Subalp. bis alp. frische Magerrasen u. -weiden, kalkmeidend; s Alp(f Kch Chm) (sm-stemp//alp·c3-4EUR – igr hro/eros C ♃ Pleiok – InB – VdA – L6 T3 F5 R5 N5 – V Poion alp., V Nard.). **Quellen-H. – *C. fontanum*** Baumg.
12 (9) HochBla den LaubBla ähnlich, krautig, ohne Hautrand. Blü 20–30 mm ⌀. Stg 1–3blütig. Nichtblühende Triebe der Grundachse gestreckt **13**
12* Zumindest obere HochBla schuppenfg, mit Hautrand. Blü 12–20 mm ⌀. Stg oft >3blütig **14**
13 Bla 10–35 × 4–10 mm, unter der Mitte am breitesten, br eifg bis eifg-elliptisch, br am Grund sitzend, spitz. Pfl kurzhaarig, lockerrasig, mit wenigen nichtblühenden Trieben. 0,03–0,10. 7–8. Alpine (sicker)frische Steinschuttfluren, kalkstet; z Alp(Allg Krw Wtt Brch) (sm-stemp// alp·c3-4ALP – igr eros C ♃ uAusl – InB – WiA – L9 T1 F5 R9 N3 – V Thlasp. rot.).
Breitblättriges H. – *C. latifolium* L.
13* Bla 4–14(–18) × 2–5 mm, über der Mitte am breitesten, länglich-verkehrteifg bis verkehrteilanzettlich, Grund keilig, vorn stumpf abgerundet. Pfl langhaarig zottig, dichtrasig, mit ∞ nichtblühenden Trieben. 0,02–0,08. 7–8. Frische Steinrasen u. feinerdereiche Steinschuttfluren; z Alp(Brch, s Wtt) (temp/alp·c3-5EUR – igr eros C ♃ Polster Ausl – WiA – L9 T1 F5 Rx N3 – K Thlasp. rot.). **Einblütiges H. – *C. uniflorum*** Clairv.
14 (12) Bla elliptisch bis länglich-lanzettlich, 1,5–4mal so lg wie br. Nichtblühende Triebe ± rosettig, die blühenden ohne Achselknospen od. -triebe. 0,06–0,20. 7–8. Mäßig trockne alp. Steinrasen u. Felsfluren, bes. in windausgesetzten Lagen, kalkmeidend; z Alp(Allg Amm Wtt), † By(MS) (sm/alp-arct·c2-5EUR+OAM – igr eros C ♃ Polster Ausl – InB – StA – L9 T1 F4 R6 N2 – V Elyn.). **Alpen-H. – *C. alpinum*** L.
1 Stg 4–5blütig. Pfl wollig behaart, graugrün, zuweilen drüsig od. verkahlend. Mäßig trockne alp. Steinrasen u. Felsfluren; Verbr. in D wie Art (sm/alp-arct·c3-5EUR – V Elyn.). subsp. ***alpinum***
1* Stg 2–3blütig. Pfl dicht lg- u. kraushaarig, grau bis weißlich, drüsenlos. Mäßig trockne alp. Steinrasen u. Felsen; s Alp(Allg) (sm/alp-arct·c2-5EUR+OAM – V Elyn.). [*C. lanatum* Lamk.]
subsp. ***lanatum*** (Lam.) Ces.
14* Bla linealisch bis lanzettlich, 4–20mal so lg wie br. Nichtblühende Triebe gestreckt, die blühenden in den BlaAchseln meist mit BlaBüscheln od. kurzen Trieben **15**
15 Pfl grauflaumig u. oft drüsig od. fast kahl. Kapsel gekrümmt. 0,03–0,30. 4–8. Rud. beeinflusste, lückige Xerothermrasen, bes. Sandtrockenrasen, Steinrasen, Felsschutt, Rud.: Wegränder, Böschungen, Mauern; g Th Sa An, h He Nw Ns Mv, v By(g NM) Bw Rh Bb,

z Alp Sh (m/mo-b·c2-7CIRCPOL, [N] SAM − igr eros C u/oAusl LegTr − InB: Fliegen, Bienen Vm − KlA MeA AmA − K Sedo-Scler., K Fest.-Brom., O Agrop. − 72). [*C. a.* subsp. *strictum* GAUDIN] **Acker-H. − *C. arvense* L.**
15* Pfl dicht weißfilzig, drüsenlos. Bla lineal-lanzettlich bis linealisch. Kapsel gerade. 0,15−0,30. 5−7. ZierPfl; auch Rud.: Schutt, Wegränder, Trockenmauern; [N 16. Jh., meist U] h Rh Nw An Sa Ns, z By Bw He Th(f Hrz) Bb Mv Sh (m-sm//mo·c3EUR − igr eros C ♃ uAusl LegTr − InB − MeA WiA − *L7 T8 F4 R7 N6*). [*C. biebersteinii* auct.]
Filziges H. − *C. tomentosum* L.

Moenchia EHRH. **− Weißmiere** (3 Arten)
Stg aufrecht, 1−2blütig. KeBla, KrBla u. StaubBla 4. 0,03−0,10. 4−5. Sandtrockenrasen, sandige Brachen, kalkmeidend; s Rh(f W) He(f SO) Bb(SW SO), † By Bw Th NW An Sa Ns [U] Sh, ↘ (m/mo-temp·c1-3EUR − hros/eros ① ☉ − L9 T7 F2 R4 N1 − V Thero-Air.).
Aufrechte W. − *M. erecta* (L.) G. GAERTN. et al.

Stellaria L. **− Sternmiere, Wasserdarm** (175 Arten)
1 Griffel 5. Stg kahl, oben drüsenhaarig, liegend od. klimmend, schlaff, unten stumpf 4kantig. Bla eifg-länglich, alle mit gestutztem od. schwach herzfg Grund sitzend (vgl. die habituell ähnliche *S. nemorum*, **4**). 0,15−1,20. 6−10. Feuchte Rud., nasse, zeitweilig überflutete, rud. Staudenfluren, bes. in Flussauen (Waldschläge), nährstoffanspruchsvoll; g Th An, h Nw Sa Ns(z N) Mv, v By(g NM) Bw Rh He Bb Sh, s Alp (m/mo-temp·c1-5EURAS, [N] sm-tempAM − igr eros G/H ♃ LegTr o/uAusl − SeB InB: Fliegen, Bienen Vm − KlA WaA WiA? − L7 T5 F8= R7 N8 − O Convolv., O Bid.). [*Malachium aquaticum* (L.) FR., *Myosoton aquaticum* (L.) MOENCH]
Gewöhnlicher W. − *S. aquatica* (L.) SCOP.
1* Griffel (2−)3. Stg behaart od. kahl 2
2 Stg stielrund, behaart. Untere Bla gestielt, eifg bis herzfg 3
2* Stg unten 4kantig, kahl, höchstens rau (wenn drüsig, vgl. Anm. bei **7**). Alle Bla sitzend, linealisch bis lanzettlich 7
3 Kr doppelt so lg wie der Ke. Stg oberwärts meist ringsum drüsenhaarig, unten behaart, bes. an sterilen Trieben auch 1reihig. Bla eifg bis elliptisch, bewimpert, 2,5−8,0 cm lg. **(Artengruppe Hain-St. − *S. nemorum* agg.)** 4
3* Kr höchstens etwas länger als der Ke, zuweilen fehlend. Stg 1reihig behaart. Bla eifg, meist kahl, 0,3−3,0(−4,5) cm lg. **(Artengruppe Vogelmiere − *S. media* agg.)** 5
4 BlaSpreite der mittleren StgBla mindestens doppelt so lg wie br, elliptisch bis länglich-eifg, Grund abgerundet od. schwach herzfg. (1−)2−3 obere BlaPaare des BlüTriebs (fast) sitzend, die des BlüStandes (nach der 1. Verzweigung) nur allmählich kleiner werdend. Stg auch oben behaart. Sa am Rand mit kurzen, halbkugligen Papillen. 0,20−0,50. 5−6(−9). Sickerfrische bis feuchte, bes. bachbegleitende LaubW, subalp. Hochstaudengebüsche, frische Waldschläge u. Wegböschungen, nährstoffanspruchsvoll; h Rh He Th Sa(z Elb), v Alp By Bw Nw(g SO) An(g Hrz) Ns(g Hrz), z Bb Mv Sh (sm/mo-temp·c2-6EURAS − igr eros H ♃ uAusl − InB: Fliegen, Käfer Vm − KlA? WaA − L4 Tx F7 R5 N7 − V Alno-Ulm., V Gal.-Fag., V Carp., V Adenost.). **Hain-St., Wald-St. − *S. nemorum* L. s. str.**
4* BlaSpreite kaum mehr als doppelt so lg wie br, herzfg od eifg mit ± herzfg Grund, auch obere Bla 0,5−3,0 cm lg gestielt, nur das oberste Paar fast sitzend, die Bla des BlüStandes plötzlich in 1−2 mehr lg HochBla übergehend. Stg behaart od. kahl. Sa am Rand mit verlängerten, zylindrischen od. nagelfg Papillen. 0,15−0,30. 5−8. Frische Waldschläge u. Wegböschungen, nährstoffanspruchsvoll; s By(NO) Bw(SW Gäu ORh) Rh(f MRh) Sa(f NO) Ns(N) Sh(M O) (sm/mo-temp·c2-3EUR − igr eros H ♃ oAusl − InB: Fliegen, Käfer Vm − KlA? − V Epil. ang., V Geo-Alliar. − 26). [*S. montana* PIERRAT, *S. nemorum* subsp. *montana* (PIERRAT) BERHER, *S. n.* subsp. *glochidiosperma* MURB.]
Stachelsamige St. − *S. glochidiosperma* (MURB.) FREYN
5 (3) StaubBla (2−)10(−11), mit vor dem Aufspringen purpurnen Staubbeuteln. Kr mindestens so lg wie der Ke. KeBla 5,0−6,5 mm lg. Sa 1,3−1,7 mm, dunkel rotbraun, mit 4 Reihen hoher, spitzkegliger Warzen. BlüStiele kahl od. ringsum weichhaarig. 0,20−0,80. 4−7. Feuchte, rud. Wald- u. Flussufersäume, nährstoffanspruchsvoll; z Nw(f SW) Th(Bck O S)

Sa An Ns Mv Sh, s Alp(Mng) By(N NM MS) Bw(f SO Alb S SW) Rh He(f W) Bb(f SO), Verbr. ungenau bekannt (m-sm·c1-6-temp·c1-3EUR-WAS+(OAS) – igr eros ① ♃? – InB – VdA KlA? – V Geo-Alliar., O Bid. – 22). **Auwald-St. – *S. neglecta* Weihe**

5* StaubBla (0–)1–5(–10). Kr meist etwas kürzer als der Ke, zuweilen fehlend. KeBla 2–5 mm lg. Sa 0,5–1,4 mm, mit br, stumpfen Warzen. BlüStiele 1reihig behaart 6
6 StaubBla (0–)3–5(–10). KeBla br lanzettlich, KeBlaBasis nie rötlich. Kr (1,0–)1,5–4,0 mm lg (selten standortbedingt völlig kronblattlose Formen). Staubbeutel meist rotviolett. Fr 6 mm lg. Sa (0,8–)0,9–1,3 mm, dunkel rötlichbraun. 0,03–0,40. 1–12. Frische, nährstoff- u. meist stickstoffreiche Äcker, Gärten, Weinberge, Rud., Forste, Ufer; [A?] g Bw He Nw Th Sa An Ns Sh, h Rh Bb Mv, v By, z Alp (austr-arct·c1-8CIRCPOL, urspr. m-sm·c1-6EUR-WAS – eros ☉ ① – InB SeB – KlA VdA MeA WaA Sa langlebig Lichtkeimer – L6 Tx Fx R7 N8 – K Stell., V Chen. rub. – 40, 44). **Vogel-St., Vogelmiere – *S. media* (L.) Vill.**

6* StaubBla (1–)2(–4). KeBla schmal lanzettlich, KeBlaGrund zuweilen rötlich. Kr 0–1,5 mm lg. Staubbeutel grau violett. Fr 3–4 mm lg. Sa (0,5–)0,6–0,9(–1,2) mm, gelblichbraun. 0,05–0,25. 3–5. Mäßig trockne, sandige Rud.: Scherrasen, Wegränder, Schutt, an Mauern; [A] v Bw An, z By Rh(h ORh) He(f NW W) Nw Th(f Hrz Wld, v Bck) Sa Bb Ns Mv Sh, Verbr. ungenau bekannt, ↗ (m-temp·c1-6-temp·c1-3EUR-WAS, [N] SAM – frgr eros ☉ ① – SeB – VdA MeA – V Sisymbr., K Sedo-Scler. – 22). [*S. pallida* (Dumort.) Crép.]

Bleiche St. – *S. apetala* Ucria
7 (2) KrBla ± bis zur Mitte gespalten. Bla steif, lineal-lanzettlich. 0,15–0,30. 4–5. Frische bis mäßig trockne LaubmischW, Waldränder, Gebüsche, Waldschläge, mäßig nährstoffanspruchsvoll; g Rh(v ORh) He Nw Th, h An Ns Mv Sh, v By(g NM s S) Bw(g NW) Sa, z Alp(Allg) Bb (m/mo-b·c1-5EUR-WAS, [N] OAM+NEUSEEL – igr eros C ♃ o/uAusl/LegTr – InB Vm – VdA? – L5 T6 F5 R6 N5 – O Fag. (bes. V Carp.), V Trif. med., V Prun.-Rub).

Echte St. – *S. holostea* L.

Blasenmiere – ***Lepyrodiclis holosteoides*** (C.A. Mey.) Fisch. et C.A. Mey.: Habituell ähnlich 7, aber KrBla flach ausgerandet, außen drüsig, am Grund verwachsen. Griffel meist 2, Kapsel mit 2 Klappen geöffnet. Pfl ☉, drüsig behaart: Äcker, [U] s By Bw Rh He Nw Ns, mit Klee- u. Roggensaatgut aus der Türkei (m-sm·c5-9WAS).

7* KrBla fast bis auf den Grund geteilt 8
8 Stg oberwärts rau. Bla lanzettlich-linealisch, am Rand rau. 0,10–0,25. 6–8. Frische bis feuchte Fichten- u. KiefernW u. Waldschläge, kalkmeidend; z By(f Alb N NW MS), s Sa(SW NO) Bb(SO Elb) (sm/mo-b·c3-8CIRCPOL – igr? eros H oAusl/LegTr – SeB InB – StA? – L4 T4 F7 R2 N2 – V Vacc.-Pic.). [*S. diffusa* Schltdl., *S. friesiana* Ser.]

Langblättrige St. – *S. longifolia* Willd.
8* Stg glatt. Bla kahl od. am Grund bewimpert 9
9 KeBla frisch undeutlich nervig. HochBla krautig. Bla kahl, saftig grün, etwas fleischig, länglich-lanzettlich. 0,03–0,15(–0,30). 7–8. Mesotrophe Nieder- u. Zwischenmoore; s By(Alb NO O) Bw Nw An Bb? Ns Mv(MW) Sh? ↘ (sm/mo-arct·c3-8(+lit)CIRCPOL – igr eros H ♃ oAusl – InB Vm – L9 T5 F9 Rx N2 – V Car. lasioc., V Car. davall.).

Dickblättrige St. – *S. crassifolia* Ehrh.
9* KeBla stets deutlich 3nervig. HochBla trockenhäutig 10
10 KrBla viel kürzer als die am Grund trichterfg verschmälerte Ke. Bla länglich-lanzettlich, in der Mitte am breitesten, am Grund bewimpert, bläulichgrün, saftig. 0,10–0,40. 5–7. Quellfluren, an sickernassen Waldwegen u. Gräben, kalkmeidend; h Rh(z ORh) He Nw Th Ns, v By Bw Sa(g SO SW) An(g Hrz) Mv, z Alp(f Wtt) Bb Sh (trop/moOAS-sm/mo-b·c1-5EURAS+(OAM) – igr eros H ♃ oAusl – InB: Fliegen – WaA – L5 T4 F8 R4 N4 – V Card.-Mont., V Alno-Ulm., V Nanocyp. – 24). [*S. uliginosa* Murray] **Quell-St. – *S. alsine* Grimm**

10* KrBla mindestens so lg wie die am Grund abgerundete Ke. Bla lineal-lanzettlich, am Grund am breitesten 11
11 HochBla u. BlaGrund bewimpert, Bla dünn, grün. Stg schlaff. 0,10–0,50. 5–7. Mäßig frische Magerrasen, Äcker, kalkmeidend; g Nw Th Sa Ns Sh, h Alp Rh He An Mv, v By(g NM) Bw Bb (sm/mo-b·c1-6EUR-WAS, [N] sm-bAM – sogr? eros H ♃ oAusl/LegTr – InB: Fliegen, Bienen, Käfer Vm, Blü groß, ♂ od. klein, eingeschlechtig – VdA – L6 Tx F5 R4 N3 – O Arrh., V Nard., V Aphan. – 26). **Gras-St. – *S. graminea* L.**

11* HochBla u. Bla kahl, Bla etwas fleischig, blaugrün. Stg aufrecht. 0,10–0,45. 5–7. Niedermoore, staunasse Moor- u. Seggenwiesen, feuchte Grünlandbrachen, Teich- u. Grabenränder, Birkenbrüche, kalkmeidend; v An Bb Ns Mv, z By He Nw(h N) Th(Bck O Rho) Sa Sh, s Bw Rh(f W), ↘ (sm/mo-b·c2-7EURAS – igr eros H ♃ oAusl – InB Vm auch gynodiözisch – L5 T5 F9~ R4 N2 – V Car. nigr., V Calth., V Car. elat. – 26). [*S. glauca* WITH.]
Graugrüne St. – *S. palustris* HOFFM.

Holosteum L. – **Spurre** (1 Art)

Bla bläulichgrün. FrStiele anfangs zurückgeschlagen, zur Reife wieder aufrecht. 0,05–0,30. 3–5. Lückige Xerothermrasen, Ephemerenfluren, trockne Rud.: Wegränder, Dämme, Kiesdächer; extensiv genutzte Äcker; v Th An, z By(f S) Bw Rh He Nw Sa Bb Ns Mv Sh, ↘ (m-stemp·c2-6EUR-WAS, [N] m-tempAM – hros ① ☉ – InB: Fliegen, Bienen SeB Vm – WiA – L8 T6 F3 Rx N2 – K Sedo-Scler., K Fest.-Brom., O Aper. – 20).
Dolden-S. – *H. umbellatum* L.

Facchinia RCHB. – **Felsenmiere** (7 Arten)

1 Bla oseits rinnig. KeBla u. KrBla 4. StaubBla 8. Pfl dicht polsterfg, mit säulenfg Stämmchen. 0,02–0,05. 7–8. Alp. Felsspalten, kalkstet; v Alp(Brch), ↘ (sm-stemp//alp·c3-4ALP – igr eros C ♃ Polster – L8 T3 F3 R8 N2 – V Potent. caul.). [*Minuartia aretioides* (J. GAY) SCHINZ et THELL., *M. cherlerioides* (SIEBER) BECH.]
Polster-F. – *F. cherlerioides* (SIEBER) DILLENB. et KADEREIT subsp. ***aretioides*** (J. GAY) DILLENB. et KADEREIT
1* Bla oseits flach. KeBla u. KrBla 5. StaubBla 10. Pfl kriechend, rasig. Stg verholzend. 0,04–0,15. 7–8. Alp. trockne Felsspalten, kalkstet; s Alp(Allg Brch) (sm-stemp//alp·c3-4ALP – igr eros C ♃ KriechTr – InB – WiA: Wintersteher – L8 T1 F3 R8 N2 – V Potent. caul.). [*Minuartia rupestris* (SCOP.) SCHINZ et THELL.]
Felsen-F. – *F. rupestris* (SCOP.) DILLENB. et KADEREIT

Cherleria L. – **Bergmiere** (18 Arten)

KrBla fehlend, sehr selten fädlich. Blü grünlich, einzeln, sitzend od. kurz gestielt. Bla linealisch-pfriemlich, am Grund verwachsen. Pfl dicht polsterfg. 0,04–0,08. 7–8. Alp. lückige Steinrasen, windausgesetzte Felshänge, kalkmeidend; s Alp(f Chm Kch) (sm-stemp+b//alp·c2-4EUR – igr eros C Polster – InB: Fliegen – WiA – L9 T1 F4 R4 N1 – O Car. curv., V Elyn.). [*Minuartia sedoides* (L.) HIERN] **Zwerg-B. – *C. sedoides*** L.

Minuartia L. [*Alsine* L.] – **Miere** (55 Arten)

1 KrBla viel kürzer als die ungleichen, knorpligen KeBla. Blü büschlig gehäuft. Stg einzeln. 0,08–0,35. 7–8. Felsfluren, reichere Sandtrockenrasen (Binnendünen), kalkhold; s By(Alb MS O) Bw(ORh SW) Rh(ORh SW), † He (sm/mo-stemp·c3-4EUR – igr? eros ☉ ☉ – L9 T8 F2 R8 N1 – V Xerobrom., V Alysso-Sed.). [*M. fasciculata* auct., *M. fastigiata* (SM.) RCHB.]
Büschel-M. – *M. rubra* (SCOP.) MCNEILL
1* KrBla etwas länger als die KeBla. Stg ∞. 0,05–0,20. 5–8. Kalk- u. Silikatfelsfluren; s By(Alb), † Bw, ↘ (sm-stemp·c3-7EUR – igr eros C ♃ PleiokRasen – L9 T7 F2 R7 N1 – V Sesl.-Fest., V Xerobrom.). **Borsten-M. – *M. setacea*** (THUILL.) HAYEK

Sabulina RCHB. – **Sändling** (65 Arten)

1 KeBla länger als die KrBla. ☉ od. ① 2
1* KeBla höchstens so lg wie die KrBla. ♃ 3
2 KeBla schmal lanzettlich, 2,0–2,5(–3,0) mm lg, so lg wie die Kapsel od. etwas länger, ihre Nerven fast parallel. Kr deutlich kürzer als der Ke. Kapsel 2(–3) mm lg. Sa 0,25–0,35 mm ⌀. Stg oberwärts meist drüsig. 0,03–0,10. 5–7. Lückige Xerothermrasen, sandige Äcker, trockne Wegränder, basenhold; s Rh(f ORh SW) An(SO) Sh(M O), † By He NW Th Sa Bb Ns Mv Sh, ↘ (sm-stemp·c3-6EUR-(WAS) – eros ☉ ①? – L8 T6 F3 Rx N2 – O Fest.-Sedet., O Aper.). [*Minuartia viscosa* (SCHREB.) SCHINZ et THELL.]
Klebriger S. – *S. viscosa* (SCHREB.) RCHB.

2* KeBla meist eifg-lanzettlich, (2,8–)3,0–4,0 mm lg, etwas kürzer als die Kapsel. Kr wenig kürzer als der Ke. Kapsel 3,8–4,8 mm lg. Sa 0,4–0,5 mm ⌀. Pfl meist kahl. 0,07–0,20. 5–7. Lückige Xerothermrasen, trockne Rud.: Wegränder, auf Mauern, Bahnanlagen; extensiv genutzte Äcker, kalkhold; z Bw Rh He, s By(f O) Nw Th(Bck) Ns(S), ↘, jetzt ↗ auf Bahnschotter (m-sm·c2-6-temp·c1-3EUR-WAS – hros/eros ① ☉ – L9 T7 F3 R8 N3 – O Brom. erect., V Alysso-Sed.). [*Minuartia tenuifolia* (L.) HIERN]
                                    Schmalblättriger S. – *S. tenuifolia* (L.) RCHB.
1   Pfl kahl. KeBla eifg-lanzettlich, spitz, beide seitlichen Nerven gebogen. Kapsel eifg-zylindrisch. Standort u. Verbr. in D wie Art außer S- u. O-By, ↘ (sm-temp·c1-3EUR? – 70). [*M. h.* subsp. *vaillantiana* (DC.) FRIEDRICH] subsp. ***tenuifolia***
1* Pfl bes. im BlüBereich drüsig behaart. KeBla lineal-lanzettlich, sehr spitz, seitliche Nerven parallel zum mittleren. Kapsel schmal zylindrisch. Bahnhöfe, [N] s Bw, Th(z Bck), ↗ (m-sm·c2-3EUR-WAS?). [*Minuartia hybrida* (VILL.) SCHISCHK.] subsp. ***hybrida*** (VILL.) DILLENB.

3   (1) Bla nervenlos od. 1nervig. Blü meist zu 3. BlüStiele auffallend verlängert, 15–35 mm lg. 0,05–0,20. 6–8. Nasse Torfböden in Hoch- u. Zwischenmooren, Quellfluren; s Alp(Allg) By(† MS S), ↘ (temp/dealp-arct·c3-7CIRCPOL – igr eros C ♃ PleiokRasen – L9 T4 F9 R2 N1 – O Scheuchz.). [*Minuartia stricta* (Sw.) HIERN.] **Steifer S. – *S. stricta* (Sw.) RCHB.**
3* Bla wenigstens am Grund useits 3nervig 4
4   Kr u. Kapsel fast doppelt so lg wie die Ke. Stg meist 2blütig. 0,08–0,20. 6–8. Subalp. bis alp. Steinschuttfluren u. Felsspalten, kalkstet; s Alp(Krw Wtt) (sm-stemp//alp·c3-4OALP – igr eros C ♃ PleiokRasen – L9 T2 F5 R9 N2 – O Thlasp. rot., V Potent. caul.). [*Alsine austriaca* (JACQ.) WAHLENB., *Minuartia austriaca* (JACQ.) HAYEK]
                                    Österreichischer S. – *S. austriaca* (JACQ.) RCHB.
4* Kr u. Kapsel so lg wie die Ke od. wenig länger. Stg oft mehr als 3blütig. 0,05–0,15. 5–8. Alp. frische Steinrasen, koll. bis mont. Felsfluren u. Trockenrasen, Pionierrasen auf schwermetallhaltigen Böden: Halden, Schotterplätze, basenhold; z Alp An(f Elb N O) Ns(h Hrz, MO S), s By Nw(NO SW) Th(Bck) (m/alp-arct·c2-7CIRCPOL – igr eros C ♃ PleiokRasen, selten WuSpr – InB – WiA – V Sesl., K Fest.-Brom., K Viol. calamin.). [*Alsine verna* (L.) WAHLENB., *Minuartia verna* (L.) HIERN] **Frühlings-S. – *S. verna* (L.) RCHB.**
1   Stg u. BlüStiele kahl. Blü zu 1–3(–4). KrBla meist länger als der Ke. Pfl dichtrasig. Alp. frische Steinrasen; z Alp (m/alp-arct·c2-7CIRCPOL – L9 T2 F5 R7 N2 – V Sesl., V Elyn.). [*Arenaria gerardii* WILLD., *Minuartia gerardii* (WILLD.) HAYEK] subsp. ***gerardii*** (WILLD.) DILLENB.
1* Stg u. BlüStiele drüsig behaart. KrBla so lg wie der Ke od. selten länger 2
2   Pfl rasenbildend, bis 15 cm hoch, am Grund nicht holzig. Bla linealisch-pfriemlich bis borstenfg, meist in den Achseln kurze BlaBüschel tragend. Blühende Stg aufrecht, 1- bis ∞blütig. KrBla so lg wie der Ke od. länger. Koll. bis mont. Felsfluren u. Trockenrasen; s By(Alb) (sm/mo-stemp·c3-6EUR?). – InB: Fliegen – K Fest.-Brom.). [*Minuartia glaucina* DVOŘÁKOVÁ] subsp. ***verna***
2* Pfl polsterbildend, 5–10 cm hoch, am Grund verholzt. Bla kurz, 3–7 mm lg, oft drüsig behaart, Stg (1–)2–5blütig. Schwermetallhaltige Standorte: Halden, Schotterplätze; Verbr. in D wie Art außer Alp u. By (stemp·c2-4EUR – L9 T4 F3 Rx N1 – K Viol. calamin.). [*Minuartia caespitosa* (WILLD.) DEGEN] subsp. ***hercynica*** (WILLK.) DILLENB. et KADEREIT

Honckenya EHRH. – Salzmiere   (1 Art)

Bla eifg, kahl, gelbgrün. Kr weiß. 0,10–0,30. 6–7. Küstenspülsäume, unverfestigte Vordünen; z Ns(N NW, h N: Inseln) Mv(N MW MO), s Ns(N NW) Sh, ↘ (sm-arct·c1-7litCIRCPOL – igr eros H/G ♃ KriechTr/ uAusl – InB WiBlü durch Sand Vm – WaA? – L9 T6 F6= R7 N7 – O Honck.-Elym. – 64, 68). [*Arenaria peploides* L., *Alsine peploides* (L.) WAHLENB.]
                                    Salzmiere – *H. peploides* (L.) EHRH. subsp. *peploides*

Sagina L. – Mastkraut, Knebel   (25 Arten)

1   KrBla 4, oft hinfällig, kürzer als der 4blättrige Ke 2
1* KrBla u. KeBla 5 5
2   Die 2 äußeren KeBla spitz od. kapuzenfg zusammengezogen u. mit aufgesetzter kleiner, gekrümmter Stachelspitze. Bla mit lg Stachelspitze. **(Artengruppe Wimper-M. – *S. apetala* agg.)** 3
2* Alle KeBla gleichgestaltet, stumpf, ohne Stachelspitze. Bla sehr kurz stachelspitzig 4

3   KeBla an der reifen Fr sternfg abstehend, deutlich kürzer als die br eifg Kapsel, die beiden äußeren kapuzenfg, mit aufgesetzter Stachelspitze. Pfl hellgrün. 0,03–0,15. 5–9. Krumenfeuchte Äcker, wechselfeuchte Rud.: Pflasterfugen; Grabenränder; kalkmeidend; [A] z Bw(NW ORh Gäu) Rh He Nw Th(f Hrz Wld, v Bck) Sa An Ns(f N), s By Bb(M MN SW) Mv Sh, ↘ (m-temp·c1-3EUR-(WAS) – eros ☉ ① – InB SeB – KlA MeA – L8 T7 F7~ R4 N4 – V Nanocyp., V Polyg. avic., O Aper.). [*S. apetala* subsp. *erecta* (Hornem.) F. Herm., *S. apetala* auct.] **Aufrechtes M. – *S. micropetala* Rauschert**
3* KeBla der reifen Fr anliegend, fast so lg wie die schmal eifg Kapsel, die 2 äußeren spitz. Pfl dunkelgrün. 0,03–0,10. 4–7. Rud. Sandtrockenrasen, wechselfrische sandige Äcker u. Rud.: Trittstellen, Brachen, kalkmeidend; [A] v Nw, z By Bw Rh He Th Sa An Ns Sh, s Bb(f NO Od) Mv(f Elb SW), ↘ (m-sm·c1-5-temp·c1-3EUR-(WAS), [N] AM – eros ☉ ① – InB SeB – KlA MeA – V Thero-Air., V Nanocyp., V Polyg. avic., O Aper. – *L7 T8 F3 R4 N6*). [*S. ciliata* Fr.] **Wimper-M. – *S. apetala* Ard.**
4   (2) Pfl meist liegend, wurzelnd, mit zentraler BlaRosette. BlüStiele nach der BlüZeit abwärts gebogen. 0,02–0,15. 5–9. Krumenfeuchte Äcker, halbschattige, wechselfrische bis feuchte Rud.: Wegränder, Pflasterfugen; Gräben, kalkmeidend; g Nw Th Sa Ns Sh, h Bw He An, v By(g NM) Rh Mv, z Alp Bb (austrCIRPOL+m/mo-b·c1-5EUR-WAS+OAM – igr hros H/C ♃ – InB SeB – KlA MeA Sa langlebig – L7 Tx F5~ R7 N6 – V Nanocyp., V Polyg. avic., O Aper. – 20, 22 – formenreich, subsp. *litoralis* (Rchb.) Natho u. subsp. *bryoides* (Froel.) Dostál sind eher Varietäten). **Liegendes M. – *S. procumbens* L.**
4* Pfl meist aufrecht, ohne zentrale BlaRosette. BlüStiele nie abwärts gebogen. 0,05–0,07. 5–8. Wechselfeuchte, offne, sandige bis tonige Salzwiesen; z Ns(N NW) Mv(N MO MW), s Sh (m-b·c1-5litEUR – eros ☉ ① – InB SeB – KlA VdA – L8 T6 F7= R8 N3 – O Sagin. mar. – 24). **Strand-M. – *S. maritima* Don**
5   (1) Kr doppelt so lg wie der Ke. Stg mit nichtblühenden Kurztrieben in den BlaAchseln. 0,05–0,15. 6–8. Wechselfeuchte bis nasse Pionierrasen, Grabenränder, abgetorfte Moore, Dünenränder, kalkhold; z Alp(f Allg) Nw(MW NO N) Bb Mv Sh, s By(f N NW O) Bw(SO Alb SW) Sa(Elb W) An(Elb N) Ns(f Hrz), † Rh He(MW NW) Th, ↘ (temp-arct·c1-6EUR-SIB+OAM – igr hros H ♃ Brutknospen – InB SeB – KlA VdA Lichtkeimer – L8 T6 F8~ R8 N5 – V Pot. ans., V Nanocyp. – 24). **Knotiges M. – *S. nodosa* (L.) Fenzl**
5* Kr etwa so lg wie der Ke 6
6   LaubBla bewimpert, ihre Stachelspitze so lg wie die BlaBreite. Reife Kapsel wenig länger als der oft drüsige Ke. 0,03–0,10. 6–8. Feuchte, offne Stein- u. Sandböden; s Sh(W), [N U] s Sa Mv(N Berlin)Rh(Orh), † By Th Ns, ↘; auch ZierPfl „Sternmoos" (m/mo-b·c1-4EUR – igr eros H/C LegTr – InB SeB – KlA VdA – L8 T6 F7 R? N? – 18). [*S. subulata* (Sw.) C. Presl] **Pfriemen-M. – *S. alexandrae* Iamonico**
6* LaubBla kahl, ihre Stachelspitze halb so lg wie die BlaBreite. Kapsel bis doppelt so lg wie der meist kahle Ke 7
7   KeBla 2,8–3,0 mm lg. StaubBla 10, selten 5. Kapseln stets gut entwickelt, 3,5–5,0 mm lg. RosettenBla bis 2 cm lg. 0,02–0,07. 6–8. Subalp. bis alp. frische, betretene Magerrasen, Schneetälchen, Quellfluren; v Alp, s By(S NO O) Bw(S) Sa(SW) (m/alp-arct·c1-6CIRCPOL – igr hros H/C ♃ LegTr – InB SeB? – KlA VdA – L7 T3 F6~ R5 N4 – V Polyg. avic., K Salic. herb., V Card.-Mont., V Nard.). [*S. linnaei* C. Presl, *S. saginoides* subsp. *macrocarpa* (Rchb.) Soó] **Alpen-M. – *s. saginoides* (L.) H. Karst.**
7* KeBla 1,5–2,5 mm lg. StaubBla 4 od. 5. Kapsel meist verkümmert, ohne entwickelte Sa. RosettenBla bis 3 cm lg. 0,03–0,15. 6–8. Bergwiesen, kalkmeidend; s Sa(SW); auch ZierPfl (temp/mo-b·c3-4EUR? – igr hros H ♃ LegTr – SeB? – KlA VdA – V Nard.). [*S. procumbens* × *S. saginoides*; *S. scotica* (Druce) Druce] **Norman-M. – *S.* ×*normaniana* Lagerh.**

Scleranthus L. – Knäuel (10 Arten)

1   KeZipfel stumpf, br weißhäutig berandet. Pfl am Grund verholzt, mit abgestorbenen Bla-Resten. 0,05–0,20. 5–9. Silikatfelsfluren, Sandtrockenrasen, sonnige Rud., Brachen, kalkmeidend; z By(f S) Rh He Nw(f SW MW) Th(f Hrz NW) Sa(h NO) An Bb Ns(f Elb) Mv Sh, s Bw(f SO) (sm/mo-temp·c2-4EUR – igr eros C/H ♃ PleiokRasen – L8 T6 F2 R4 N1 – K Sedo-Scler. – 22). **Ausdauernder K. – *S. perennis* L.**

1* KeZipfel spitz, mit schmalem, nach vorn verschmälertem Hautrand (m-b·c1-5EUR – eros ⊙ ① – SeB InB – KlA Sa langlebig). **(Artengruppe Einjähriger K. – *Scleranthus annuus* agg.)** 2

2 KeZipfel auffallend ungleich lg. Reife Fr mit einwärtsgebogenen PerigonBla (Abb. **596**/3), 1,5–3,0 mm lg. Pfl auffallend gelbgrün, zart. StgGlieder nur 2–5 mm lg, meist kürzer als die 4–6(–10) mm lg, oft zurückgekrümmten Bla. BlüStand aus scheinbar wirtligen, sitzenden, gehäuften Knäueln bestehend. StaubBla 2–5. 0,03–0,10. 4–5. Lückige Xerothermrasen; s Rh(MRh) He(ORh MW SW) Th(Bck) An(f Elb N O) (sm-stemp·c4-5EUR – L9 T7 F2 R6 N1 – V Alysso-Sed., V Thero-Air. – 22). [*S. annuus* subsp. *collinus* Hornung, *S. a.* subsp. *verticillatus* (Tausch) Ces.] **Quirl-K. – *S. verticillatus* Tausch**

2* KeZipfel ± gleich lg. Reife Fr mit gerade vorgestreckten od. spreizenden KeZipfeln, 2,2–5,3 mm lg. Pfl meist größer. StgGlieder >5 mm lg. Bla 6–20 mm lg 3

3 Reife Fr 2,2–3,0(–3,8) mm lg, am Grund meist abgerundet, mit gerade vorgestreckten, seltener schwach spreizenden KeZipfeln (Abb. **596**/4). StgGlieder <1 cm lg, kürzer als die 6–9 mm lg Bla. BlüStand dichter, meist aus sitzenden, gehäuften Knäueln. 0,03–0,15. 4–7. Silikatfelsfluren, Sandtrockenrasen, kalkmeidend; z By(NO) Rh He An Sa(h Elb NO) Ns Mv, s By Nw(f SO) Th(Bck) Bb Sh (m-b·c2-4EUR? – L9 T4 F2 R3 N1 – V Sedo-Scler., V Thero-Air.). [*S. alpestris* Hayek, *S. annuus* subsp. *polycarpos* (L.) Bonner et Layens] **Triften-K. – *S. polycarpos* L.**

3* Reife Fr (3,2–)4,0–5,3 mm lg, am Grund meist kreiselfg, mit meist deutlich spreizenden KeZipfeln (Abb. **596**/5). StgGlieder 1–5 cm lg, meist bedeutend länger als die >1 cm lg Bla. BlüStand meist ausgebreitet. 0,05–0,20. 4–10. Sandige bis lehmige, mäßig trockne bis frische Äcker, Rud., kalkmeidend; [A?] h Sa An, v Rh He Nw Th Bb Ns Mv, z Alp(Amm Chm Allg) By Bw Sh (m-b·c1-5EUR, [N] N- u. SAM – L6 T5 F5 R2 N5 – O Aper., V Sperg.-Oxal., V Pan.-Set. – 22). **Einjähriger K. – *S. annuus* L.**

Hybriden: *S. perennis* × *S. polycarpos* = *S.* ×*podperae* Smejkal – z, *S. perennis* × *S. annuus* = *S.* ×*intermedius* Kitt. – z

***Gypsophila* L.** (inkl. *Vaccaria* Wolf) – **Gipskraut, Kuhnelke** (150 Arten)

1 Ke ohne trockenhäutige Streifen. Ke bauchig, scharf geflügelt (Abb. **583**/5). KrBla plötzlich in einen lg Nagel verschmälert. Pfl kahl, oberwärts ästig. Bla lanzettlich, blaugrün. Kr rosa. 0,30–0,60. 6–8. Trockne, steinige Äcker, Schutt, kalkstet; [A] s Alp(Allg Brch) By(f NW S) Bw(Keu Alb) Rh(ORh SW) Nw(f N SW) Th(Bck) Sa(W) An(S) Bb(MN NO Od) Ns(MO), [N U] s Mv Sh, † He(MW) Sa, ↘ (m-stemp·c2-8EUR-WAS – eros ⊙ – InB: Falter – StA MeA Sa kurzlebig – L7 T6 F2 R9 N3? – V Caucal.). [*Vaccaria pyramidata* Medik., *V. hispanica* (Mill.) Rauschert, *V. h.* subsp. *grandiflora* (Ser.) Natho] **Saat-K. – *G. vaccaria* (L.) Sm.**

1* Ke abwechselnd mit grünen u. trockenhäutigen Längsstreifen. Ke walzig, ungeflügelt. KrBla allmählich in den Nagel verschmälert 2

2 Wenigstens die größeren unteren Bla breiter als 1 cm, eifg bis lanzettlich, 3- bis mehrnervig 3

2* Untere Bla höchstens 1 cm br, linealisch bis schmal lanzettlich, 1nervig, höchstens am Grund mit undeutlichen Seitennerven 4

3 Pfl blaugrün, vorwiegend im oberen Teil verzweigt, mit aufrecht abstehenden Ästen. Stg unten kahl, im BlüStand u. bes. BlüStiele u. drüsenhaarig. Bla lanzettlich, 5–10mal so lg wie br, lg zugespitzt, kahl. Blü etwa 10 mm ⌀. KrBla deutlich ausgerandet, useits hellrosa

  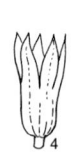   

1 Arenaria serpyllifolia A. leptoclados Scleranthus verticillatus S. polycarpos S. annuus Dianthus plumarius Dianthus arenarius

bis -lila, oseits fast weiß. 0,50–1,80. 6–9. (Mäßig) Frische Rud.: Haldengelände, Bahnanlagen, salztolerant; [N 1870] z An, s He(O) Th(f Hrz S Wld) Sa Bb Ns, [U] Rh Mv (sm·c8-9OEUR-WAS – sogr eros H ♃ Pleiok – InB – WiA StA – V Dauco-Mel.). [*G. acutifolia* auct. non Spreng.] **Schwarzwurzelblättriges G.** – *G. scorzonerifolia* Ser.
3* Pfl gelblichgrün, von unten an reich verzweigt, mit ± spreizenden Ästen. Stg unten dicht drüsenhaarig, selten kahl, im BlüStand wie die BlüStiele u. Ke völlig kahl. Bla eifg bis länglich-lanzettlich, 2–4(–5)mal so lg wie br, vorn stumpf, mit aufgesetztem Spitzchen, bes. am Rand u. useits auf dem Mittelnerv drüsenhaarig. Blü etwa 9 mm ⌀. KrBla abgerundet, selten schwach ausgerandet, useits kräftig purpurlila, oseits heller. 0,30–0,80(–1,10). 6–9. (Mäßig) Frische, oft verdichtete Rud.: Wegränder, Halden, Bahngelände; auch lückige, feuchte Salzrasen; [N 1925] Th (f Hrz S Wld) An Ns (m-sm·c6-8OEUR-WAS – sogr eros H ♃ Pleiok – InB – WiA MeA – V Dauco-Mel., V Pucc.-Sperg.). **Durchwachsenblättriges G.** – *G. perfoliata* L.
4 (2) Pfl aus kriechendem Grund niederliegend bis aufsteigend, kahl, blaugrün. KrBla u. BlüStiele doppelt so lg wie die Ke od. länger. StaubBla kürzer als die Kr. BlüStand locker. KrBla weiß bis blassrosa. 0,08–0,25. 5–8. Wechselfrische alp. Schuttfluren, Schotter der Alpenflüsse, dealp. Halbtrockenrasen, kalkstet; h Alp, z By(MS S), s Bw(SO) Ns(S: Walkenried), [U] s Rh Th (sm-stemp//dealp·c2-4EUR – igr eros C ♃ KriechTr – L9 Tx F5= R9 N2 – K Thlasp. rot., O Sesl., V Brom. erect.). **Kriechendes G.** – *G. repens* L.
4* Pfl aufrecht, später sich mitunter niederlegend u. dann Stg unten kurzhaarig, od. aufsteigend u. dann im BlüStand drüsig behaart. KrBla höchstens doppelt so lg wie der Ke 5
5 BlüStiel mehrmals länger als die Ke. KrBla schwach ausgerandet, rosa, dunkler gestreift. StaubBla kürzer als die Kr. Pfl ☉. 0,04–0,25(–0,40). 6–10. Wechselfeuchte bis -nasse, sandiglehmige Rud.: Weg- u. Uferränder, Sandgruben; Brachen, Äcker, kalkmeidend; [A] z By(f S) Bw(f Alb) Rh He Th Sa An(f W) Bb, s Nw(f N) Ns Mv(f N M MO) Sh(O), ↘ (sm-temp·c2-8 EUR-WAS, [N] sm-tempOAM – eros ☉ – InB SeB – WiA MeA KlA Wärmekeimer Sa langlebig – L8 T6 F8= R3 N3 – O Nanocyp., V Aphan.). **Acker-G.** – *G. muralis* L.
5* BlüStiel höchstens 1,5mal so lg wie die Ke. KrBla abgerundet. StaubBla länger als die Kr. Pfl ♃ 6
6 Blü an den Zweigenden in schirmfg Thyrsen gedrängt. BlüStandsachsen drüsenhaarig. KrBla weiß od. rosa, 1,5mal so lg wie der Ke. Bla 1nervig, 1–5 mm br. Pfl am Grund mit nichtblühenden Trieben. 0,20–0,50. 6–9. Kont. Gipsfelsfluren u. -trockenrasen, reichere Sandtrockenrasen, lichte KiefernW, kalkhold; z Sa(NO), zs Rh(ORh) He(ORh SW) Th(z Bck) An(S) Bb(f Elb SW) Ns(S), ↘ (sm-b·c4-5EUR – sogr eros C ♃ Pleiok – InB Vm – WiA StA – L8 T8 F2 R6 N1 – V Sesl.-Fest., V Koel. glauc., V Fest. val., V Xerobrom., V Cytis.-Pin. – ▽). **Ebensträußiges G.** – *G. fastigiata* L.
6* Blü in reichverzweigten Rispen, nur Endverzweigungen teilweise dichasial. Stg unten kurzhaarig, im BlüStand kahl. KrBla weiß, selten hellrosa, etwa doppelt so lg wie der Ke. Bla 2,5–10,0 mm br, zuweilen undeutlich 3nervig. Nichtblühende Triebe fehlen. 0,60–1,00. 6–9. ZierPfl; auch Sandtrockenrasen, Rud.; [N] z By Rh An Bb, s Bw He Nw Th Sa Mv (sm-stemp·c4-6EUR-WSIB), [N] m-tempAM – sogr eros H ♃ Pleiok – InB Vm – WiA StA – *L7 T8 F3 R7 N4* – O Fest.-Sedet., V Sisymbr.). **Schleierkraut, Rispiges G.** – *G. paniculata* L.

Saponaria L. – Seifenkraut (40 Arten)

1 Stg aufrecht, feinflaumig od. kahl. Blü büschlig gehäuft, oft gefüllt, blassrosa bis weiß. 0,30–0,80. 6–9. Mäßig trockne bis frische Rud., bes. in Auenlandschaften: Ufer, Bahndämme, Schuttplätze, Wegränder; auf Flussschotter heimisch?, sonst [A] h Th(z Wld, f Hrz) Sa An, v Rh Nw Bb Ns Mv, z By Bw He Sh, s Alp(f Kch Mng); auch ZierPfl: Blü gefüllt (m-stemp·c1-5EUR-(WSIB), [N] ntemp EUR, AM – sogr eros H ♃ uAusl/Rhiz – InB: Schwärmer Vm – StA Kältekeimer – L7 T6 F5 R7 N5 – V Dauco-Mel., V Convolv., V Arct., V Conv.-Agrop. – früher HeilPfl – 28). **Echtes S.** – *S. officinalis* L.
1* Stg meist liegend od. aufsteigend, kurz drüsenhaarig. Blü in lockeren Zymen, purpurn. 0,10–0,30. 4–10. Subalp. trockne Kalkschuttfluren u. KiefernW, Ufergeröll, rud. Säume; z Alp(Krw Kch Wtt), [N] Sa, [U] s By Bw Rh An Th (m-stemp/demo·c2-4EUR – igr eros H ♃ LegTr – InB: Falter, Hummeln, Fliegen – L7 T? F3~ R9 N2 – K Thlasp. rot., O Eric.-Pin., O Orig. – für Vieh giftig). **Rotes S.** – *S. ocymoides* L.

Dianthus L. – **Nelke** (300 Arten)

1 KrBla tief zerschlitzt **2**
1* KrBla an der Spitze gezähnt od. ganzrandig **4**
2 KrBla höchstens bis zur Mitte fingerfg eingeschnitten, mit eifg Mittelfeld (Abb. **596**/6). Bla blaugrün. Kr rosa od. weiß. 0,15–0,30. 6–8. ZierPfl; auch [N U] s (sm-b·c3-4EUR – igr hros C ♃ PolsterH – *L7 T6 F4 R9 N4*). **Feder-N. –** ***D. plumarius*** L.
2* KrBla bis über die Mitte fiedrig eingeschnitten, mit länglichem Mittelfeld (Abb. **596**/7). Bla grasgrün od. blaugrün **3**
3 Stg meist 1blütig. Bla linealisch, ±1 mm br, grün. Kr weiß. 0,20–0,45. 6–9. Kont. reichere Sandtrockenrasen, lichte KiefernW; z Bb(NO Od SO), s Mv(N M NO), ↘ (sm-b·c3-5EUR – igr hros H ♃ Pleiok/Polster – V Koel. Glauc., V Cytis.-Pin. – ▽). **Sand-N. –** ***D. arenarius*** L. subsp. ***borussicus*** Vierh.
3* Stg 2–∞blütig. Bla lineal-lanzettlich, 3–5 mm br. Kr purpurn. 0,20–0,80(–1,00). 6–10. Wechselfeuchte bis -nasse Wiesen, lichte LaubW, sickerfrische subalp. bis alp. Rasen, basenhold; z Alp By Bw Th(f Hrz O) An Bb, s Rh Nw(SW) Sa Ns(f Elb S) Mv(f Elb, † SW) Sh(O), [N U] s He(MW), ↘ (sm/mo-b·c2-6EURAS – teiligr hros H/G ♃ Pleiok/oAusl – InB: Tagfalter gynodiözisch Vm – StA Kältekeimer – V Mol., V Querc. pub., V Querc. rob., V Car. ferr., V Stip. calam. – ▽). **Pracht-N. –** ***D. superbus*** L.

> **1** Stg am Grund aufsteigend, grasgrün, ästig. Ke grün od. purpurn überlaufen. Platte der KrBla bis weit über die Mitte unregelmäßig fiedrig geschlitzt, am Grund mit grünem Fleck. Bla lineal-lanzettlich. Pfl wenig verzweigt, 0,20–0,40(–0,50). (5–)6–8(–10). Wechselfeuchte bis nasse Wiesen; z By Th(f Hrz O), s Alp(f Brch Krw Wtt) Bw(f SW) Rh(ORh SW) He(SO O ORh) Nw(SW) Sa(SO NO) An(Hrz N W) Bb(M NO) Ns(f Elb S) Mv(f Elb, † SW) Sh(O) (sm/mo-b·c2-7EURAS – L7 T6 F8~ R8 N8 – V Mol. – 30). subsp. ***superbus***
> **1*** Stg steif aufrecht, bläulich bereift, 1- od. wenigblütig. Ke braunrot od. violett. Platte kaum bis über die Mitte linealisch-gablig geschlitzt, am Grund meist schwarz getüpfelt. Bla lineal-lanzettlich. Pfl wenig verzweigt, 0,20–0,40(–0,50). 6–7. Sickerfrische subalp. bis alp. Rasen; z Alp(Brch) (sm-stemp// salp·c3EUR – L8 T2 F5~ R7 N4 – V Car. ferr., V Stip. calam.). [*D. s.* subsp. *speciosus* (Rchb.) Hayek] subsp. ***alpestris*** (Uechtr.) Čelak.

Abgrenzung und Verbr. ungenügend bekannt: *D. superbus* subsp. *sylvestris* Čelak.: Bla schmal linealisch, hell blaugrün. Pfl lockerrasig, stark verzweigt u. reich beblättert. 0,50–0,80(–1,00). (5–)6–8(–10). Lichte, mäßig trockne bis wechselfrische LaubmischW; z By, s Bw Rh He Th An (V Querc. rob.-petr., V Querc. pub.).

4 (1) Blü in kopfigen BlüStänden od. büschlig gehäuft. EinzelBlü sitzend od. sehr kurz gestielt **5**
4* Blü einzeln, zu 2 od. in lockeren BlüStänden. EinzelBlü nie sitzend, stets länger gestielt **9**
5 HochBla (am KeGrund), Stg u. Bla rauhaarig. Blü klein, purpurn, dunkler punktiert. 0,30–0,60. 6–8. Säume trockner Wälder, Gebüsche, Magerrasen; v Rh He, z By(NW N NM) Bw Nw Th Sa(f NO) An Ns, s Alp(Allg: [N]?) Bb Mv(f SW) Sh(SO O), ↘ (sm-temp·c1-4EUR, [N] sm-tempAM – igr hros H ☉ – InB SeB gynodiözisch Vm – StA – L6 T6 F5 Rx N3 – V Trif. med., V Saroth., O Fest.-Sedet. – 30 – ▽). **Raue N. –** ***D. armeria*** L.
5* HochBla, Stg u. Bla kahl od. nur am Rand rau **6**
6 Bla 5–18 mm br. Kr rot, rosa, weiß od. gestreift. 0,30–0,70. 6–9. ZierPfl; auch siedlungsnahe Waldränder, Rud.; [N U] z By, s Bw Rh He Nw Th An Sa Ns Bb Mv Sh (sm/(mo)·c3-4EUR, [N U] temp – igr hros C kurzlebig ♃ Pleiok – InB: Falter Vm – StA – *L6 T6 F6 R6 N6*). **Bart-N. –** ***D. barbatus*** L.
6* Bla 2–5 mm br **7**
7 HochBla krautig od. nur am Rand trockenhäutig. Blü zu 2. BlaScheiden etwa so lg wie die BlaBreite. ***D. sylvaticus***, s. **12***
7* HochBla trockenhäutig. Blü oft 8–∞. BlaScheiden etwa 4mal so lg wie die BlaBreite **8**
8 HochBla abgerundet u. lg begrannt. Kr purpurn. Pfl grün. 0,15–0,45. 6–9. Xerothermrasen, trockne Dammböschungen u. Waldränder; v Bw Rh An(g S) Bb, z Alp(Amm Kch Wtt Chm) By(h Alb N) He(f NW) Th(f Hrz) Sa Mv Sh, s Nw(f N NO) Ns(v Elb, f Hrz) (sm/mo-stemp·c2-4EUR – teiligr hros H ♃ Pleiok – InB: Falter gynomonözisch Vm – StA MeA – L8 T5 F3 R7 N2 – K Fest.-Brom., V Sesl.-Fest. – 30 – ▽). **Kartäuser-N. –** ***D. carthusianorum*** L.

8* HochBla gleichmäßig lg zugespitzt, nicht abgerundet u. begrannt. Kr purpurrosa. Pfl blaugrün. 0,40–1,00. 6–8. Böschungsansaaten; [N 1980? U] By Bw Rh He Nw Th? An Sa Ns Bb Mv (sm·c3-4EUR-(WAS), [N] temp·c2-3EUR – überwinternd-igr H – StA – auch pseudovivipar – L7 T8 F3 R7 N3). **Große N. – *D. giganteus* D'Urv.**
9 (4) Bla u. Stg kurzhaarig. 2 HochBla am KeGrund. Kr purpurn, mit weißen Punkten u. dunklem Ring. 0,15–0,40. 6–9. Sandtrockenrasen, rud. Silikatmagerrasen: Wegränder, kalkmeidend; g Sa, h Th An(z SO), v By He Bb Mv(g Elb), z Bw Rh Nw Ns Sh (sm/mo-b·c2-5EUR-WSIB, [N] sm-tempAM – igr eros C/H ♃ oAusl/LegTr – InB: Falter gynodiözisch Vm – WiA? MeA Kältekeimer – L8 T5 F3 R3 N2 – V Armer. elong., V Koel.-Phleion, V Viol. can. – 30 – ▽). **Heide-N. – *D. deltoides* L.**
9* Stg kahl. 2–6 HochBla am KeGrund 10
10 KrBla am Schlund nicht bärtig u. nicht punktiert 11
10* KrBla am Schlund behaart od. rot punktiert, hellpurpurn 12
11 Bla am Rand glatt od. nur am Grund rau, 2–10 mm br. Blü in lockeren BlüStänden, verschiedenfarbig, mit 4–6 HochBla am KeGrund. 0,40–0,80. 7–8. ZierPfl; auch [N U] s (m·c3EUR – igr eros C HalbStr – wohl entstanden aus Hybriden von *D. sylvestris* u. west- bis zentralmediterranen Arten). **Garten-N., Edel-N. – *D. caryophyllus* L.**
11* Bla am ganzen Rand rau, 1–2 mm br. KrBla rosa bis hellpurpurn. Blü mit 2 od. 4 HochBla am KeGrund. 0,05–0,40. 6–8. Subalp. bis alp. trockne Felsfluren u. -spalten, basenhold; z Alp(Allg Amm Chm) (m-stemp//(mo)·c2-4EUR – igr hros H ♃ Pleiok – InB: Falter gynodiözisch Vw – L6 T6 F4 R4 N2 – V Sedo-Scler., K Fest.-Brom. – ▽). **Stein-N. – *D. sylvestris* Wulfen**
12 (10) Bla blaugrün, stumpflich. Blü einzeln. Kr am Schlund behaart. 0,10–0,25. 5–6. Xerotherme Kalk- u. Silikatfelsspalten, Felsfluren; z Th(O Wld), s By(f NW O) Bw(Alb Gäu Keu S) Rh(f W) He(MW O) Nw(f N NO) Sa(SO SW W) An(Hrz) Bb(SO M NO Od) Ns(S: Süntel), auch [N] angesalbt, ↘ (sm-stemp·c2-4EUR – igr hros C ♃ Polster uAusl – InB: Tagfalter – L9 T7 F2 R7 N1 – V Sesl.-Fest. – 60, 90 – ▽). [*D. caesius* Sm.] **Pfingst-N. – *D. gratianopolitanus* Vill.**
12* Bla graugrün, spitz. Blü zu 2. KrBla hellpurpurn, am Grund der Platte mit dunkelroten Punkten. 0,25–0,50. 6–8. (Wechsel)Frische Magerrasen, Gebüsch- u. Waldränder, lichte LaubW, kalkmeidend; z By(f N NM NW), s Bw(f SO NW ORh S) Th(O) Sa An(Elb) Bb(Elb), ↘ (stemp·c2-3EUR – igr hros H ♃ Pleiok oAusl – InB – L7 T6 F4~ R3 N2 – V Viol. can., V Mol., V Trif. med., O Brom., V Triset. – ▽). [*D. seguieri* Vill. subsp. *glaber* Čelak.] **Busch-N. – *D. sylvaticus* Willd.**

Hybriden: *D. arenarius* × *D. carthusianorum* = *D.* ×*lucae* Asch. – z, *D. arenarius* × *D. deltoides* = *D.* ×*seehausianus* Asch. – s, *D. superbus* × *D. armeria* = *D.* ×*zschackeanus* Asch. et Graebn. – s, *D. superbus* × *D. barbatus* = *D.* ×*courtoisii* Rchb. – s, *D. superbus* × *D. deltoides* = *D.* ×*jaczonus* Asch. – z, *D. armeria* × *D. carthusianorum* = *D.* ×*aschersonii* M. Schulze – s, *D. armeria* × *D. deltoides* = *D.* ×*hellwigii* Asch. – z, *D. barbatus* × *D. deltoides* = *D.* ×*laucheanus* Bolle – s, *D. carthusianorum* × *D. deltoides* = *D.* ×*dufftii* Hausskn. – s, *D. carthusianorum* × *D. sylvaticus* = *D. lorberi* Kubát et Abtová – s

Petrorhagia (Ser.) Link [*Tunica* auct.] – **Nelkenköpfchen, Felsennelke** (33 Arten)
1 Stg aufrecht, meist einfach, kahl. Bla linealisch, am Grund verwachsen, obere schuppenfg. Blü in endständigen, (1- bis) wenigblütigen Köpfen mit gemeinsamer HochBlaHülle. Kr rosa. 0,15–0,45. 6–10. Lückige, oft rud. beeinflusste Silikat- u. reichere Sandtrockenrasen, trockne Rud.: Bahnanlagen, Sandgruben, Tagebaue; [A?] v Rh, z By Bw He Nw Th(f Hrz) Sa An Bb Ns Mv, s Sh, ↘ (m-stemp·c1-4EUR – hros/eros ① ☉ – SeB InB – WiA – L8 T7 F3 R5 N2 – K Fest.-Brom., O Fest.-Sedet. – 30). [*Kohlrauschia prolifera* (L.) Kunth, *Dianthus prolifer* L., *Tunica prolifera* (L.) Scop.] **Sprossendes N. – *P. prolifera* (L.) P.W. Ball et Heywood**
1* Pfl dichtrasig. Bla sehr schmal. Blü einzeln, lg gestielt, mit AußenKe. KrBla helllila bis sattrosa, mit 3 dunkleren Adern. 0,10–0,35. 6–9. Felsfluren, Schotterbänke, Trockenrasen, Rud.: Schutt, kalkhold; s Alp(Allg) By(f N NO NW), [N] An, [U] s Rh He Nw Ns Sa Mv Sh, ↗ aus Dachbegrünungs-Saatgut (m-stemp·c2-4EUR-(WAS) – igr eros C kurzlebig ♃ Pleiok – InB: Fliegen, Bienen, Falter Vm – WiA – L9 T7 F2 R7 N1 – O Alysso-Sed.). [*Tunica saxifraga* (L.) Scop.] **Felsennelke – *P. saxifraga* (L.) Link**

Atocion ADANS. – **Felsenleimkraut** (5 Arten)
1 Ke 3–7 mm lg, KeBla grün bis bräunlich. KrBla weiß bis rosa. Blü in lockeren Dichasien. BlüStiele deutlich länger als der Ke. 0,10–0,25. 7–8. Silikattrockenrasen, kalkmeidend; z Alp(Allg), s Bw(SW), † ORh) (m-temp//alp+b·c1-4EUR – igr hros/eros H kurzlebig ⚘ Pleiok – InB SeB Vm, auch gynodiözisch – WiA Lichtkeimer – L9 T3 F3 R3 N1 – V Sedo-Scler., V Andros. vand.). [*Silene rupestris* L.] **Gewöhnliches F. – *A. rupestre* (L.)** OXELMAN
1* Ke 12–15 mm lg, KeBla hellpurpurn. KrBla hellpurpurn. Blü in reichblütigen, dichten Scheindolden. BlüStiele viel kürzer als der Ke. 0,15–0,60. 6–9. Silikattrockenrasen, mäßig frische Gebüschsäume, Rud.: Wegränder, Schutt, kalkmeidend; z Rh, s He(SW) Nw(SW), [N U] s Bw Sa Bb Ns Mv, † Sh, ↘; auch ZierPfl (m-stemp·c2-4EUR – eros ☉ – InB: Falter Vm – StA MeA – L7 T7 F4 R5 N2 – O Fest.-Sedet., V Trif. med.). [*Silene armeria* L.]
Nelken-F. – *A. armeria* (L.) RAF.

Silene L. (inkl. *Cucubalus* L., *Pleconax* RAF., *Oberna* ADANS., *Melandrium* RÖHL.)
– **Leimkraut, Lichtnelke** (650 Arten)
1 Pfl bis 3 cm hoch, dicht polsterfg. Stg sehr kurz, 1blütig. Kr purpurn. 0,01–0,03. 6–9. Alp. frische, lückige Steinrasen; v Alp (Art: sm/alp-arct·c1-7EUR-AM-(OAS), subsp.: sm-stemp// alp·c3ALP – igr eros C Polster regenerativ WuSpr – InB: Falter, Hautflügler, Schwebfliegen diözisch, andro- od. gynodiözisch – WiA Kältekeimer – L9 T1 F4 R8 N1 – V Car. curv., K Sesl.). **Stängelloses L. – *S. acaulis* (L.)** JACQ. subsp. ***longiscapa*** VIERH.
1* Pfl höher. Stg mehrblütig 2
2 Pfl 2häusig (selten bei *S. otites* die ♂ Pfl mit einzelnen ♀ Blü). Griffel 5 od. 3 u. dann Blü gelbgrün 3
2* Meist alle Blü ♀, wenn Pfl 2häusig, dann Blü weiß u. Ke aufgeblasen, 20nervig. Griffel stets 3. Blü rot, rosa, weiß od. grünlichweiß 5
3 Griffel 3. Ke kahl, 4–5 mm lg. KrBla ungeteilt, gelbgrün, ohne NebenKr. 0,20–0,60. 5–8. Kalk- u. Silikatfelsfluren, Silikat- u. reichere Sandtrockenrasen, trockne KiefernW; z Rh(ORh SW) He(ORh) Th(Bck) An Bb Ns(N: Inseln, s Elb O) Mv, s By(f NO S) Bw(ORh Alb Keu S) Sa(W), [U] s Nw (sm-b·c2-7EURAS – igr hros H kurzlebig ⚘ selten WuSpr – InB: Mücken, Ameisen, Fliegen Vm diözisch, auch gynodiözisch – StA – L8 T7 F2 R7 N2 – K Fest.-Brom., O Fest.-Sedet., V Koel. albesc., V Cytis.-Pin. – 24). [*S. o.* subsp. *pseudotites* auct.]
Ohrlöffel-L. – *S. otites* (L.) WIB.
3* Griffel 5. Ke behaart, 10–25 mm lg. KrBla gespalten, weiß od. purpurn, mit NebenKr ... 4
4 Kr weiß, selten hellrosa, 25–30 mm ⌀. KeRöhre 10–20 mm lg. KeZähne schmal dreieckig. Blü sich erst nachmittags od. abends öffnend, duftend. 0,30–1,00. 6–9. Mäßig trockne bis frische Rud.: Schutt, Wegränder, Bahndämme; Äcker: bes. mehrjährige Kulturen; Gebüschsäume; g Th Sa An Ns, h Rh He Nw Bb Mv, v By(g NM) Bw, z Sh, s Alp(f Amm Brch) (Art u. subsp.: m-b·c1-7EUR-WAS-(OAS), [N] sm-bAM – igr hros H kurzlebig ⚘ selten WuSpr – InB: Nachtfalter, Schwärmer diözisch – StA MeA Sa langlebig – L8 T6 F4 Rx N7 – V Arct., O Onop., O Sec. – 24). [*Melandrium album* (MILL.) GARCKE, *S. alba* (MILL.) E.H.L. KRAUSE, *S. pratensis* (RAFN.) GODR.]
Weiße Lichtnelke, Weiße Nachtnelke – *S. latifolia* POIRET subsp. ***alba*** (MILL.)
GREUTER et BURDET
4* Kr purpurn, 18–25 mm ⌀. KeRöhre 10–15 mm lg. KeZähne br dreieckig. Blü am Tag geöffnet, geruchlos. 0,30–0,90. 4–9. Frische bis feuchte Wiesen u. Wälder, Waldsäume, Gebüsche, Hochstaudenfluren, nährstoffanspruchsvoll; g Nw Th, h Alp Bw He Sa(z NO), v By Rh An(g Hrz) Ns Mv, z Bb Sh (sm/mo-b·c1-4EUR, [N] tempOAM, NEUSEEL – igr hros H kurzlebig ⚘ Pleiok – InB: Falter, Hummeln, Schwebfliegen, Käfer diözisch – vdA StA WaA MeA – Lx T5 F6 R7 N8 – V Alno-Ulm., V Filip., V Geo-Alliar., K Mol.-Arrh., O Adenost. – 24). [*Melandrium rubrum* (WEIGEL) GARCKE, *M. silvestre* (SCHKUHR) RÖHL, *M. dioicum* (L.) SIMONK. non COSS. et GERM.] **Rote Lichtnelke – *S. dioica* (L.)** CLAIRV.
5 (2) Fr eine schwarze Beere. Kr grünlichweiß. Stg sehr ästig, klimmend, wie die Bla kurz flaumig. 0,60–1,50. 7–9. Frische, teils periodisch überflutete Auenwald- u. -gebüschsäume, Hecken, basenhold; mittl. u. unterer Rhein Donau Main Elbe Saale Mulde, StromtalPfl: z By(f NO S) Bw(NW ORh Gäu) He(ORh SW) Sa(f NO) An(f Hrz) Ns(Elb, s MO: Räbke)

Mv(Elb), s Rh(f SW W) Nw(MW SO) Th(Bck) Bb(f SW), ↘ (m/mo-temp·c2-6EURAS – sogr eros G ♃ uAusl Spreizklimmer – InB Vm – VdA WaA Sa langlebig – L6 T6 F9= R8 N7 – V Salic. alb., O Convolv.). [*Cucubalus baccifer* L.]
Hühnerbiss, Beeren-L. – *S. baccifera* (L.) DURANDE

5* Fr eine Kapsel. Kr weiß, hellpurpurn od. grünlichweiß. Stg nicht sehr ästig, nicht klimmend, höchstens bis 80 cm hoch **6**
6 Ke 20- od. 30nervig, d. h. in jeden Zahn verlaufen 3 od. 5 Nerven u. in jede Bucht 1 Nerv
.... **7**
6* Ke 10nervig, d. h. in jeden Zahn u. in jede Bucht verläuft je 1 Nerv **10**
7 Ke 20nervig, aufgeblasen, stark netzadrig (bei *S. vulgaris*, Abb. 602/2), wie die ganze Pfl kahl. Kr weißlich **8**
7* Ke 30nervig, nicht netzadrig, kegelfg, zuletzt schwach aufgeblasen, wie die ganze Pfl drüsenhaarig. Kr hellpurpurn **9**
8 Ke 20nervig, stark netzadrig, am Grund gestutzt (Abb. 602/2), deutlich aufgeblasen. Reife Kapsel deutlich kleiner als der aufgeblasene Ke. 0,10–0,60. 6–9. Alp. Steinschuttfluren, Schwermetallhalden, gestörte Halbtrockenrasen, mäßig frische Rud.: Wegränder, Bahnanlagen, Gebüschsäume; g Th Sa An(v N), h Alp Bw Rh He Nw, v By Bb Ns(g Hrz) Mv, z Sh (m-b·c1-7EUR-WAS-(OAS), [N] AUST+AM – sogr/igr eros G/H ♃ Rübe/ Pleiok selten WuSpr – SeB InB: Nachtschwärmer, Hautflügler Vm, auch gyno- od. andromonözisch – StA VdA KlA MeA, regenerativ WuSpr – K Thlasp. rot., V Car. ferr., V Brom. erect., V Triset., V Ger. sang., V Dauco-Mel., K Viol. calamin.). [*S. cucubalus* WIB., *S. inflata* (SALISB.) SM., *S. willdenowii* SWEET, *Behen vulgaris* MOENCH, *Oberna behen* (L.) IKONN.]
Gewöhnliches L., Taubenkropf-L. – *S. vulgaris* (MOENCH**) G**ARCKE

1 Stg aufsteigend od. aufrecht, bis 60 cm hoch. StgBla 3–13 cm lg u. 1,0–2,5 cm br, kahl od. spärlich behaart, eifg-lanzettlich. BlüStand meist ∞blütig, selten nur 1–3blütig. NebenKr meist fehlend. Kapsel mit aufrechten Zähnen. Sa 0,5–2,0 mm ⌀, dicht kurzstachlig. Mäßig frische Rud., gestörte Halbtrockenrasen, Gebüschsäume, Schwermetallhalden; Verbr. in D u. Gesamtverbr. wie Art (L8 Tx F4~ R7 N4 – V Brom. erect., K Viol. calamin., V Ger. sang., V Dauco-Mel., V Triset. – 24). [inkl. *S. v.* subsp. *humilis* (R. SCHUB.) RAUSCHERT] subsp. ***vulgaris***
1* Stg niederliegend bis aufsteigend, 10–25(–30) cm lg. StgBla 1–3 cm lg u. 0,3–1,0 cm br, eifg bis eifg-lanzettlich, oft etwas dicklich. BlüStand 1–3(–5)blütig. NebenKr meist vorhanden, 2höckerig. Kapsel mit umgebogenen Zähnen. Sa 1,5–2,0 mm ⌀, feinwarzig. Subalp. bis alp. Steinschuttfluren, kalkstet; v Alp, z By(S) (sm-stemp//alp·c3-4EUR – L9 T2 F5 R8 N2 – K Thlasp. rot., V Car. ferr.). [*S. v.* subsp. *prostrata* auct., *S. willdenowii* auct.]
subsp. ***glareosa*** (JORD.) MARSDEN-JONES et TURRILL

8* Ke mit 20 undeutlichen Nerven, nicht netzartig, an der Basis trichterfg, zur BlüZeit etwas aufgeblasen. Reife Kapsel den Ke nahezu ausfüllend. 0,40–0,90. (5–)6–7(–8). Offene, trockene, vegetationsarme Standorte mit steinigen u. sandigen Böden: Waldsäume, Straßenränder, Äcker, Bahntrassen; [U] s He Sa An Ns Bb Mv Sh (m-sm·c4-7EUR, [N] temp-b·c2-7EUR+NAM – eros ☉ ☉ – 24). **Csereis L. – *S. csereii* B**AUMG.
9 **(7)** KrBla 13–20 mm lg, tief ausgerandet, 2lappig. Ke zur BlüZeit 10–15 mm lg. Kapsel 7–12 mm lg, eifg-keglig. 0,10–0,40. 6–7. Reichere, teils rud. beeinflusste Sandtrockenrasen; z He(SO ORh SW), s Bw(ORh Gäu) Rh(f N), [N] z Bb Mv, [U] s By Sa An, † Nw, ↘ (m-sm·c2-7-temp·c1-3EUR-WAS – eros ☉ – SeB? – StA – L9 T7 F2 R5 N2 – O Fest.-Sedet – 20).
Kegel-L. – *S. conica* L.
9* KrBla 25–35 mm lg, nicht od. flach ausgerandet, zuweilen fein gekerbt. Ke zur BlüZeit 15–30 mm lg. Kapsel 12–20 mm lg, kuglig u. schnabelartig verschmälert. 0,20–0,60. 6–7. Äcker mit *Trifolium resupinatum*-Ansaaten; [N U] s By Bw Rh Nw Sa Ns, † An (m-sm·c3-4? EUR-WAS – eros ☉ – *L9 T8 F3 R6 N6*). **Kugel-L. – *S. conoidea* L.**
10 **(6)** NebenKr fehlend **11**
10* NebenKr vorhanden **13**
11 Pfl nicht drüsig-klebrig, bisweilen völlig kahl. Bla am Rand mit feinen Zähnchen (Lupe!). Kr weiß od. grünlichweiß, Blü beim Aufblühen auf senkrechten Stielen nickend, in aufrechten Thyrsen. 0,30–0,60. 7–9. Grundwassernahe, reichere Sandtrockenrasen (Flussterrassen); s Bb(Od MN NO) (sm-b·c4-5EUR – sogr eros H/C ♃ Pleiok – StA – V Armer. elong. – 24).
Tataren-L. – *S. tatarica* (L.) PERS.
11* Ganze Pfl drüsig-klebrig od. Stg klebrig beringelt. Bla ohne Zähnchen **12**

12 Ganze Pfl klebrig-zottig. KrBla rein weiß. Bla am Rand wellig. 0,30–0,70. 5–7. Arme Sandtrockenrasen (Dünen), kalkmeidend; s Mv(N) Sh(O), † An Bb (m-temp·c4-8+(lit) EUR-WAS – igr hros H ⊛ od. kurzlebig ⚇ – StA – V Coryneph., V Ammoph. – *L7 T7 F3 R6 N6*). [*Melandrium viscosum* (L.) Čelak.] **Klebriges L. – *S. viscosa* (L.) Pers.**
12* Pfl flaumig-kurzhaarig. Stg klebrig beringelt. KrBla oseits weiß, useits mit hellvioletten, grauen od. grünen Adern. BlüStand bis über die Mitte des Stg herabreichend. KrBla kahl. 0,60–0,80(–1,00). 5–7. Waldränder, rud. Staudenfluren; [N] s Sa(W), [U] s Nw(ob noch?) Mv (sm/mo-stemp/demo·c3-4EUR – igr hros H ⊙ ⊛ – InB – StA MeA – *L7 T6 Fx R8 Nx* – O Orig., V Bid.). [*S. italica* subsp. *nemoralis* (Waldst. et Kit.) Nyman]
Hain-L. – *S. nemoralis* Waldst. et Kit.
13 (10) Kr gelblichgrün. Pfl kahl. Bla am Rand nicht feinzähnig, obere hochblattartige Bla schmal hautrandig. 0,30–0,60. 6–8. Kont. reichere Sandtrockenrasen, lichte Sand-KiefernW; s Bb(f Elb), † Sa Mv, ↘ (sm-temp·c4-7EUR-WSIB – sogr hros H ⚇ PleiokPfWu – InB Nachtblüher – StA – *L7 T6 F2 R8 N2* – V Koel. glauc., V Cytis.-Pin. – 24).
Grünblütiges L. – *S. chlorantha* (Willd.) Ehrh.
13* Kr weiß, rosa od. rot **14**
14 KrBla tief gespalten, weiß od. blassgelb bis blassrosa **15**
14* KrBla abgerundet bis kurz 2lappig, rosa od. purpurn, selten weiß **17**
15 Pfl ⚇, zur BlüZeit mit nichtblühenden BlaRosetten. Blü in rispigen, vor dem Aufblühen einseitig überhängenden Thyrsen, nur nachts geöffnet, duftend. 0,30–0,50. 5–8. Silikatfelsfluren, Trockengebüsche, TrockenW u. ihre Säume, kalkmeidend; h Alp, v By Bw Rh He Th Sa, z Nw(f N) An(h Hrz) Bb(f SW) Ns(f NW) Mv(f Elb), s Sh (sm/mo-temp·c1-6EUR-WSIB – sogr hros H ⚇ PleiokPfWu, selten WuSpr – InB: Nachtfalter Vm – StA VdA – *L7 Tx F3 R7 N3* – O Sedo-Scler., K Trif.-Ger., V Querc. rob. – 24). **Nickendes L. – *S. nutans* L.**
15* Pfl ⊙ od. ⊖, zur BlüZeit ohne nichtblühende BlaRosetten **16**
16 Stg behaart, nicht drüsig. BlüStand wiederholt gegabelt, mit einer EinzelBlü in jeder Gabelung; die Gabeläste sind reichblütige, einseitswendige Wickel (Abb. **602**/4). Kr weiß. KeRöhre 11–15 mm lg. Blü abends geöffnet, duftend. 0,30–0,70. 6–8. Rud.: Halden, Schutt; nährstoffreichere Äcker: Klee, Luzerne; [N] z Th Sa, s By Bw Rh He Th Sa, [U] He Ns Mv (m-temp·c4-7EUR-VORDAS, [N] m-tempAM – igr hros ⊖, auch ⊙ ① – InB SeB Vm, auch gynodiözisch, Nachtblüher – StA MeA – *L7 T7 F4 Rx N6* – K Stell. – 24).
Gabel-L. – *S. dichotoma* Ehrh.
16* Stg oben klebrig-drüsig. BlüStand ein ziemlich armblütiges Dichasium (wie Abb. **602**/3). Kr blassgelb bis blassrosa. KeRöhre 12–20 mm lg. Blü nachts geöffnet, duftend. 0,15–0,40. 6–9. Nährstoffreiche Äcker, mäßig trockne Rud., kalkhold; [A] v Th An, z Alp(f Brch Chm Mng) By Bw Rh(f W) He Nw Sa(f NO) Bb Ns(f Elb) Mv(f Elb), s Sh, ↘ (m-b·c2-5EUR-(WAS), [N] m-bAM – eros/hros ⊙ ① – SeB InB: bes. Nachtfalter – StA MeA Lichtkeimer – *L7 T6 F3~ R8 N5* – V Caucal., V Ver.-Euph.). [*Melandrium noctiflorum* (L.) Fr.]
Acker-L. – *S. noctiflora* L.
17 (14) Blü in lockeren, traubenähnlichen, oft einseitswendigen Wickeln, kurz gestielt (Abb. **602**/5) **18**
17* Blü in dichten Scheindolden od. armblütigen Dichasien (Abb. **602**/3) **19**
18 KeBla 13–18 mm lg. Kr purpurn. StaubBla etwas länger als der Ke. Griffel so lg wie KrBla. Pfl niederliegend bis aufsteigend. 0,15–0,45. 6–8 [U] s By Rh He Nw Th An Sa Bb (m-sm·c3-

Heliosperma

Silene vulgaris

S. noctiflora

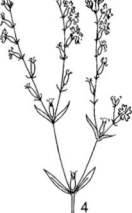
S. dichotoma

S. gallica

4EUR+NAFR, [N] austr AUS+AFR+SAM+m-stemp·c1-3EUR+OAS+NAM – eros ☉ – StA – L7 T8 F3 R7 N5). **Hängendes L. – *S. pendula* L.**
18* KeBla 7–10 mm lg. Kr (weiß bis) hellpurpurn. StaubBla höchstens so lg wie der Ke. Griffel deutlich kürzer als die KrBla. Pfl aufrecht. 0,10–0,45. 6–8. Mäßig frische Rud.: Schutt, Wegränder; nährstoffreichere Äcker, Weinberge; [A] s Bw(Keu ORh) Rh(ORh SW), [N U] s By Nw Sa Ns Sh, † Th An (m-stemp·c1-4EUR, [N] N- u. SAM – eros ☉ od. igr hros ☉ – MeA Sa kurzlebig – L7 T7 F4 R7 N6 – K Stell.). **Französisches L. – *S. gallica* L.**
19 (17) Stg nur am Grund behaart, sonst kahl. BlüStiele viel länger als der Ke. KrBla rosa, meist 2lappig. Ke zwischen den hervortretenden rötlichen Rippen aderlos, mit spitzen, br weißrandigen Zähnen. 0,10–0,70. 6–7. Leinäcker; [A U] He Sh, † By Bw Sa Mv (m-sm·c3-5EUR – eros ① ☉ – InB SeB: kleistogam – MeA KlA – O Aper.). **Kreta-L. – *S. cretica* L.**
19* Stg kurzflaumig. BlüStiele meist kürzer als der Ke. KrBla rosa, mit 3 purpurnen Streifen, schwach ausgerandet. Ke zwischen den Rippen geadert, grünlichweiß, stumpfzähnig. 0,30–0,60. 6–9. Früher Leinäcker; [A, im Leinbau entstanden] † By Bw Rh Ns Mv (sm-temp·c2-3EUR, weltweit erloschen? – eros ☉ – SeB – MeA mit Leinsaat – L7 T7 F4 R8 N4 – O Aper.). **† Flachs-L. – *S. linicola* C.C. GMEL.**
Hybriden: *S. latifolia* × *S. dioica* = *S.* ×*hampeana* MEUSEL et K. WERNER [*S.* ×*dubia* (HAMPE) GUIN. et R. VILM. non HERBICH] – s

Heliosperma (RCHB.) RCHB. – Strahlensame (8 Arten)

Bla >10mal so lg wie br, reingrün. Sa 1 mm ⌀, am Rand mit strahlig abstehenden Schuppen (Abb. **602**/1). Wuchs lockerrasig. 0,05–0,20. 6–9. Subalp. bis alp. Quellfluren, überrieselte Felsen, kalkstet; v Alp, z By(S) (m/alp-temp/salp·c3-4EUR – igr eros C ♃ Pleiok LegTr – InB – WiA – L8 T3 F9= R9 N2? – V Craton.). [*H. quadridentatum* auct. non (MURRAY) SCHINZ et THELL., *Silene pusilla* WALDST. et KIT., *S. quadrifida* JACQ. non L.]
Kleiner St. – *H. pusillum* (WALDST. et KIT.) RCHB.

Viscaria BERNH. – Pechnelke (3 Arten)

Stg unter den Knoten stark klebrig. KrBla gestutzt od. schwach ausgerandet, purpurn. BlüStand eine zylindrische, kurzästige Thyrse. 0,30–0,60. 5–7. Felsfluren, Trockenrasen, TrockenW, -gebüsche, kalkmeidend; v Sa, z By Rh He(f Hrz NW) Th(f Hrz NW) An Bb Mv(f Elb) Sh, s Bw Nw(SO) Ns(O), ↘ (sm/mo-b·c2-5EUR-(WSIB), [N] sm-tempOAM, NEUSEEL – teiligr hros H ♃ Pleiok – InB: bes. Tagfalter Vm – StA – L7 T6 F3 R4 N2 – O Sedo-Scler., O Brom. erect., V Ger. sang., V Querc. rob. – 24). [*Lychnis viscaria* L., *V. viscosa* ASCH., *Silene viscaria* (L.) BORKH.] **Gewöhnliche P. – *V. vulgaris* BERNH.**

Lychnis L. – Lichtnelke (30 Arten)

1 Pfl weißfilzig. KrBla ungeteilt od. ausgerandet, purpurn. 0,40–0,90. 6–8. ZierPfl; auch Rud.; [N U] z By Rh He Nw Sa Ns Bb Sh, s Bw Th Mv (m/mo-sm·c3-6EUR+WAS – igr hros H kurzlebig ♃ Pleiok monop – InB – StA – V Arct. – L7 T8 F3 R4 N2). [*Silene coronaria* (L.) CLAIRV.] **Vexiernelke, Kronen-L. – *L. coronaria* (L.) DESR.**
1* Pfl rauhaarig, nie weißfilzig. KrBla tief 2- od. 4spaltig, rosa od. rot 2
2 KrBla tief 4spaltig (Abb. **583**/3), rosa. Pfl etwas rauhaarig. 0,30–0,80. 5–7. Staunasse bis wechselfeuchte Wiesen, Moorwiesen u. Niedermoore; g He Nw Th Sa Ns, h Alp Bw Rh An Bb Mv Sh, v By(g NM), ↘ (sm/mo-b·c1-5EUR-WSIB – igr hros H kurzlebig ♃ Pleiok – InB: Falter, Fliegen, Bienen Vm – StA – L7 T5 F7~ Rx Nx – O Mol., übergreifend in O Arrh. – 24). [*Silene flos-cuculi* (L.) CLAIRV.] **Kuckucks-L. – *L. flos-cuculi* L.**
2* KrBla tief 2spaltig, rot. Pfl rauhaarig. 0,30–1,00. 6–7. ZierPfl; auch Rud., Straßenränder; [N U] s By Bw Rh He Nw An Sa Ns Bb Mv Sh, ↗ (temp-b·c5-6WEURAS, [N] temp-b·c2-6 EUR+NAM – 48). [*Silene chalcedonica* (L.) E.H.L. KRAUSE]
Scharlach-L., Brennende Liebe – *L. chalcedonica* L.

Agrostemma L. – **Rade** (2 Arten)
Pfl bes. am Grund der Bla lg behaart. Kr trübpurpurn. 0,50–1,00. 6–7. Nährstoffreichere Äcker, vor allem in Wintergetreide, trockne bis mäßig frische Rud.: Wegränder, Böschungen; [A] früher alle Bdl v, jetzt s By(f S) Bw(† S SW) Rh(ORh N) Th(Bck S) Sa(f Elb) An Bb(f SW) Ns Mv(f Elb) Sh(SO), heute oft angesalbt u. in Saatgutmischungen, † He Nw, ↘ (m-b·c1-7EURAS, [N] AM – hros ① – InB: Falter SeB – MeA mit Saatgut StA Sa kurzlebig – L7 Tx Fx Rx Nx – K Stell. – früher lästiges Getreideunkraut, heute fast verschwunden – Sa giftig! – 24, 48). **Korn-R. – *A. githago* L.**

Familie ***Amaranthaceae*** Juss. s. str. – **Amarantgewächse**
(69 Gattungen/1000 Arten)

Bearbeitung: **Rolf Wißkirchen**

Meist ☉, selten ♃, Sträucher od. Bäume. Bla ganzrandig, ohne NebenBla. Blü klein, unscheinbar, einzeln in den Achseln von meist häutigen TragBla od. in oft knäueligen Teil-BlüStänden, diese zu kopfigen, ähren- od. rispenfg Gesamt-BlüStänden (Thyrsen) vereinigt. BlüHülle meist radiär, mit 2–5 meist trockenhäutigen, oft lebhaft gefärbten PerigonBla. Staubblätter (1–)3–5. Zwischen den Staubfäden oft kronblattartige Zipfel. FrKn oberständig, 2–3blättrig, 1fächrig. Griffel od. Narben 1–3. SaAnlagen 1(–∞). Meist 1samige Nüsse od. Deckelkapseln.

1 Blü in endständigen, federbuschartig pyramidenfg od. zusammengedrückten, verbreiterten Scheinähren. PerigonBla lebhaft gefärbt. Staubfäden am Grund zu einer napffg häutigen Röhre verwachsen. Griffel 1, mit kopfiger Narbe. Fr 2–3samig.
Brandschopf – *Celosia* S. 604
1* Blü einzeln in BlaAchseln, in blattachselständigen Knäueln od. in endständigen, zylindrischen Scheinähren, meist grünlich-bräunlich, seltener weißlich od. bunt. Staubfäden stets frei, Griffel 2–3, mit fadenförmiger Narbe. Fr 1samig 2
2 Bla pfriemlich, spitz. Blü zwittrig, einzeln blattachselständig. SaSchale warzig, matt.
Knorpelkraut – *Polycnemum* S. 604
2* Bla flächig entwickelt (meist rhombisch-lanzettlich). Blü stets 1geschlechtig, ♂ u. ♀ gemischt in blattachselständigen Knäueln od. endständigen Scheinähren (selten Pfl zweihäusig). SaSchale glatt, glänzend. **Amarant, Fuchsschwanz – *Amaranthus* S. 605**

Celosia L. – **Brandschopf** (45 Arten)
Perigon rot, orange, gelb od. weiß, viel länger als die HochBla. 0,30–0,60. 7–9. Zier- u. KulturPfl (s. Bd. ZierPfl); gelegentlich verwildert z. B. s By (trop-stropCIRCPOL, Heimat Indien? – eros ☉). [*C. cristata* L.] **Silber-B., Hahnenkamm – *C. argentea* L.**

Polycnemum L. – **Knorpelkraut** (8 Arten)
1 BlüHülle 2,0–2,5 mm lg, ihre 2 VorBla 3–5 mm lg. DeckBla bis 8mal so lg wie die BlüHülle. Untere Bla (6–)10–20 mm lg. Sa 1,5–2,0 mm. 0,10–0,20. 7–10. Extensiv genutzte Äcker, Brachen, trockne Rud., basenhold; [A] s By(f SO Alb Keu) Rh(ORh SW: Luisental) He(MW O) Nw Th(Bck) Sa, † An Bb Ns, ↘ (sm-temp·c2-6EUR+(WAS) – eros ☉ – WiB – L8 T7 F4 R8 N4 – V Caucal., V Sisymbr.). **Großes K. – *P. majus* A. BRAUN**
1* BlüHülle 1,0–1,7 mm lg, ihre 2 VorBla etwa ebenso lg. DeckBla 2–5mal so lg wie die BlüHülle. Untere Bla 3–8(–12) mm lg. Sa 1,0–1,5 mm. 0,05–0,30. 7–10. Extensiv genutzte Äcker, Felsfluren, Sandtrockenrasen, basenhold; [A] s By(Alb MS O), † Bw Rh He Nw Th Sa An Bb Ns Mv, ↘ (m-temp·c2-7EUR-WAS – eros ☉ – WiB – MeA WiA? KIA? – L8 T8 F3 R7 N2 – V Caucal., O Fest.-Sedet.). [*P. verrucosum* LÁNG] **Acker-K. – *P. arvense* L.**

AMARANTHACEAE 605

Amaranthus L. – **Amarant, Fuchsschwanz** (70 Arten)

Weitere Arten: **Dorniger A. – *A. spinosus* L.**: In den BlaAchseln paarige Dornen. Pfl aufrecht. BlüStande unbeblättert, 5–15 cm lg, unten ♀, oben ♂ (nur hier!). BlaSpreite 3–9 cm lg, stumpf, stachelspitzig. PerigonBla der ♀ Blü 5. NussFr. 0,30–0,90. 8–10. [U] s By Bw He Nw Ns Sa Mv (SAM, [N] austr-smCIRCPOL).
Grüner A. – *A. viridis* L: Pfl aufrecht wachsend, nicht dornig. BlüStand unbeblättert, schlank, verzweigt, endständige Scheinähre bis 10 cm lg. BlaSpreite rhombisch-eifg, 3–10 cm lg, stumpf bis flach ausgerandet. PerigonBla 3. NussFr stark warzig-runzlig. 0,30–0,90. 8–10. [U] s By Bw Nw Th Sa Ns (SAM, [N] austr-smCIRCPOL).

1 Pfl zweihäusig, d. h. Pfl entweder rein ♂ od. rein ♀ u. mit etwas unterschiedlichem Aussehen. Bla länglich elliptisch bis lanzettlich. ♂ Blü mit 5 PerigonBla, in hell-violettrosa Knäueln an langen dünnen, etwas unterbrochenen, blattlosen Scheinähren. ♀ Blü ohne PerigonBla (var. *tuberculatus*) od. mit 1–2 PerigonBla (var. *rudis*), in vielbütigen kugligen, anfangs grünlichen, später sich violett, dann braunrot färbenden Knäueln, die endständig zu langen, im unteren Teil durchblätterten Scheinähren zusammentreten. FrKn mit 3 lg, kurzgefiederten Griffeln. Fr eine Nuss (var. *tuberculatus*) od. Deckelkapsel (var. *rudis* (J. D. SAUER) COSTEA et TARDIF). 0,50–2,00(3,00). 8–10. Verschlammte Ufer stehender nährstoffreicher Gewässer; [N U] s Bw(ORh: Mannheimer Hafen) Rh Nw(MW: Meerbusch-Nierst) (sm-temp c1-4OAM, [N] sm-temp WAM+EUR+OAS – (K Bid.). [*A. rudis* J.D. SAUER, *A. tamariscinus* auct.] **Wasserhanf – *A. tuberculatus*** (MOQ.) J.D. SAUER
1* Pfl einhäusig: d. h. ♂ u. ♀ Blü auf einer Pfl, beide gemischt in den Knäueln od. die ♂ vorwiegend in den oberen Teilen der BlüStände, dabei die ♂ stets vor den ♀ blühend 2
2 BlüStand lg endständig (selten achselständige Knäuel), im Verlauf der Entwicklung mit dicker Endähre im Ganzen herabhängend, meist intensiv purpurn, seltener gelblich od. grünweißlich. PerigonBla verkehrt länglich-eiförmig, sich seitlich überlappend, oben ± gerundet, kaum spitz. Pfl im oberen Teil kurz flaumig behaart. 0,30–1,20. 7–9. Zier- u. Kultur Pfl; auch Rud.: Müll; [U] s D, außer f Alp (trop-stropSAM – eros ⊙ – WiB – L8 T9 F5 R8 N7 – V Sisymbr.). **Garten-F. – *A. caudatus* L.**
2* BlüStände achsel- od. endständig; wenn endständig, dann aufrecht od. höchstens von ihrer Mitte an nickend, in der Regel grün (außer bei ZierPfl) 3
3 PerigonBla 2–3 4
3* PerigonBla 4–5 7
4 Fr eine Deckelkapsel, alle Blü in blattachselständigen Knäueln 5
4* Fr eine Nuss, Blü teilweise auch in kurzen (selten längeren) Endähren 6
5 Stg grünweißlich, aufrecht, sparrig abstehend verzweigt, dichte kuglig-pyramidenfg Büsche bildend. VorBla doppelt so lg wie die BlüHülle, auswärts gebogen, mit derber Dornspitze. Bla länglich-spatelfg, stumpf od. ausgerandet, am Rand etwas wellig od. fein kraus, zu den Sprossenden hin sehr klein werdend (vgl. **8**: *A. blitoides*). Deckelkapsel oben warzig. Sa 0,6–1,0 mm ⌀. 0,10–0,50. 7–10. Trockne Rud.: bes. Bahnanlagen, selten Hackfruchtäcker; [N 1880] z Bw Rh He Nw Th Sa An, s By Bb Ns, [U] s Sh (stropAM, [N] austr+sm-stemp·c2-7CIRCPOL – eros ⊙ – WiB – WiA Steppenläufer MeA – L8 T8 F2 Rx N7 – O Sisymbr. – 32). **Weißer A. – *A. albus* L.**
5* Stg reingrün. VorBla etwa ¾ so lg wie die BlüHülle, mit kurzem Stachelspitzchen. Bla eifg-rhombisch, beidseitig ± spitz. Stg aufsteigend bis aufrecht, mit ∞ bogig aufsteigenden Zweigen. In Deutschland nur die subsp. *sylvestris* (VILL.) BRENAN. 0,15–0,70. 7–9. Nährstoffreiche Hackfruchtkulturen: Weinberge, Gemüseäcker, Rud.; [N 1826] s Bw(ORh: Kaiserstuhl), [U] s Rh He Nw An Sh By Th Sa Bb(M: Berlin) Ns(N: Bremen) Mv, ⟍ (m-smEUR-WAS – eros ⊙ – WiB – MeA – L9 T9 F3 R9 N8 – V Ver.-Euph., V Sisymbr.). [*A. angustifolius* LAM., *A. sylvestris* VILL.] **Wilder A. – *A. graecizans* L.**
6 (4) Pfl ♃. Stg oberwärts dicht flaumhaarig. Bla mit stumpflicher Spitze. Sa viel kleiner als die jährlich aufgeblasene Fr. 0,20–0,80. 6–10. Trockne Rud.: Umschlagplätze, Trittstellen, Bahnanlagen, Vogelfutterunkraut; [N] Bw Rh, [U] Sa An Bb Mv (austr-stropAM – ⊙, auch kurzlebig H ♃ – WiB – MeA – L8 T9 F4 R7 N7 – O Plant.). **Herabgebogener A. – *A. deflexus* L.**
6* Pfl ⊙. Stg völlig kahl. Bla vorn gestutzt bis tief ausgerandet. Sa die etwas zusammengedrückte Fr ± ausfüllend. 0,10–1,00 lg. 6–10. Gärten, Hackfruchtkulturen, Rud., Flussufer.

[N] z Bw(h ORh) Rh Sa, s By He(f O) Nw(MW) An Bb(Elb M) Ns Mv(f N NO) Sh(SO M) (austr-stempCIRCPOL, trop – eros ⊙ – L8 T7 F4 Rx N8).

Aufsteigender A. – A. blitum L. s. l.

1 Pfl aufsteigend (selten aufrecht), mittel- bis dunkelgrün (zuweilen auch bläulich- od. rötlichgrün). Bla oft mit hellem od. dunklem Fleck, vorn gestutzt bis leicht ausgerandet. PerigonBla meist 3, die der ♀ Blü 1,5–2,0 mm lg, oben verbreitert mit dunkelgrünem Mittelnerv, meist spitzlich. Fr 2,0–2,5(–3,0) mm, mit 3 Griffeln, Sa (1,0–)1,1–1,5 mm lg. 0,20–0,80 lg. 6–10. Gärten, Hackfruchtkulturen, Weinberge, Rud. vor allem in warmen Tieflagen; Verbr. wie Art, ↘ (m-stemp·c1-8EUR – WiB Vw MeA – V Ver.- Euph., V Sisymbr. – Kulturunkraut (vermutlich in (Süd-)Ostasien aus der Wildsippe subsp. *emarginatus* entstanden), früher als Gemüse genutzt, desgleichen hiervon abgeleitete Kulturselektionen wie "Roter Meier" (var. *lividus*) od. "Chinesischer Spinat" (var. *oleraceus* – 34). [*A. ascendens* LOISEL, *A. lividus* L., *A. oleraceus* L] **Aufsteigender A. – subsp. *blitum***

1* Pfl niederliegend bis aufsteigend, meist hellgrün (nie rötlich). Bla ungefleckt, vorn leicht bis stark ausgerandet. PerigonBla meist 2, die der ♀ Blü etwa 1,2–1,5 mm lg, linealisch, vorn meist stumpflich. Fr 1,5–2,0 mm, mit 2 od. 3 Griffeln. Sa (0,7–)0,8–1,1 mm lg. Unterschieden werden: var. *emarginatus* (ULINE & BRAY) LAMBINON: Pfl niederliegend, reich verzweigt, ohne od. mit nur kurzer Endähre. Bla meist klein u. rundlich, seicht ausgerandet. 0,10–0,50. v. a. Rhein u. Elbe – var. *pseudogracilis* (THELL.) LAMBINON [*A. emarginatus* subsp. *pseudogracilis* (THELL.) HÜGIN, *A. blitum* subsp. *pseudogracilis* (THELL.) N. BAYÓN]: Pfl meist aufsteigend, Bla meist größer u. länglich, oft tief ausgerandet. Endähre an nährstoffreichen Standorten lang u. dünn, verzweigt. 0,20–1,00. 6–10. Frische bis feuchte Kies- und Sandbänke von Flussufern, Rud.: Schlammteiche, Kläranlagen, Dungstellen, von dort verschleppt auch in Äckern; [N 1889] z Bw, s By Rh He Nw(MW) Sa An Bb Ns (trop – [N] m-tempEUR – V Nanocyp., V Chen. rub., V Ver.-Euph.) – pantropische WildPfl, erst in neuerer Zeit bei uns eingebürgert – 34, 38). [*A. emarginatus* ULINE et W.L. BRAY, *A. lividus* var. *polygonoides* (MOQ.) THELL., *A. blitum* subsp. *polygonoides* (MOQ.) CARRETERO nom. illeg.]

Ausgeranderter A. – subsp. *emarginatus* (ULINE et W.L. BRAY) CARRETERO et al.

7 (3) Alle Blü in achselständigen Knäueln od. nur kurzen ± durchblätterten Scheinähren. Stg liegend od. aufsteigend (selten aufrecht) **8**

7* BlüKnäuel in langen blattlosen endständigen Scheinähren, daneben meist auch in achselständigen Scheinähren od. Knäueln. Stg stets aufrecht **10**

8 Fr eine glatte Deckelkapsel. Bla mit glattem Rand, 15–50 mm lg, länglich-lanzettlich od. verkehrteifg, vorn meist stumpf, mit weißlichem Hautrand, oseits etwas glänzend, useits mit hervorspringenden, weißlichen Nerven, an den Sprossenden gehäuft stehend u. dort kaum verkleinert (vgl. *A. albus*, 5). Stg gelblich weißlich, meist kahl. PerigonBla der ♀ Blü eilanzettlich bis lanzettlich. VorBla höchstens so lg wie die PerigonBla. Sa 1,2–1,6 mm im ⌀. 0,15–0,50. 7–9. Trockne Rud.: Umschlagplätze, Schutt; Hackfruchtäcker; The A (OR Gäu) Rh Nw(MW N) Bb, [U] s Th Ns Mv, ↗ (m-stemp·c2-7WAM, [N] austr-tempAM+EURAS – eros ⊙ – KlA – L9 T7 F3 Rx N8 – O Sisymbr.). **Westamerikanischer A. – *A. blitoides* S. WATSON**

8* Fr eine faltig-runzlige Nuss. Bla mit ± krausem Rand **9**

9 Stg mäßig bis dicht weichhaarig, dünn, liegend bis aufsteigend. Bla 10–15 mm lg, am Rand stark wellig-kraus. Blü stets in achselständigen Knäueln, PerigonBla verkehrteifg bis spatelfg, ihre Spitzen nach innen gebogen u. der Fr anliegend. Fr etwas länger als die BlüHülle. Sa 0,8–1,0 mm lg. 0,10–0,40. 7–9. Rud.: Umschlagplätze, Müll; [U] s By Bw Rh He Nw Sa An (austr-austrostropAM, [N] sm AM+EUR – eros ⊙ – L7 T8 F5 R6 N7 – V Sisymbr.). **Krauser F. – *A. crispus* (LESP. et THÉV.) N. TERRACC.**

9* Stg kahl bis schwach weichhaarig, kräftig, aufsteigend bis aufrecht. Bla 30–50 mm lg, am Rand nur fein gekräuselt. Achselständige Knäuel an den Sprossenden sich teilweise zu kurzen ± durchblätterten Scheinähren verdichtend. PerigonBla mit lg keilfg Grund oberwärts verkehrteifg bis verkehrtkeilfg, ihre Spitzen gestutzt bis schwach ausgerandet u. etwas nach außen gebogen u. von der Fr abstehend. Fr kürzer als die BlüHülle od. so lg wie diese. 0,20–0,70. 7–9. Rud.: Umschlagplätze, Müll; [N U 1895] s By Bw Nw Sa (austr-austrostropAM – eros ⊙ – L8 T9 F4 R6 N7 – V Sisymbr.). [*A. vulgatissimus* auct.] **Standley-F. – *A. standleyanus* COVAS**

10 (7) Stg, besonders oberwärts, sowie BlaStiele dicht flaumhaarig-zottig behaart. PerigonBla oberwärts keilig verbreitert od. zumindest parallelrandig, an der Spitze stumpf abgerundet, gestutzt od. leicht ausgerandet, weißlich, 2,5–3,0 mm lg, Narben ca. 0,5 mm lg. BlüStand dicklich, kompakt, die seitlichen Scheinähren kurz walzlich, oft auch die Endähre. VorBla

4–6 mm lg, derb, stechend, oft 2mal so lg wie die BlüHülle. Die var. *delilei* (RICHTER et LORET) THELL. abweichend durch: Pfl in allen Teilen kleiner, aufsteigender Wuchs, VorBla 3–4 mm lg, die BlüHülle nur kurz überragend, weniger derb stechend, PerigonBla 2,0–2,5 mm lg, verkehrt- eilanzettlich, an der Spitze br abgerundet, Narben bis >1 mm lg. 0,15–1,00. 7–9. Trockne bis frische Rud.: Schutt, Umschlagplätze; nährstoffreiche Hackfruchtäcker, Weinberge, Flussufer; [N] h Sa An, v Rh Th Ns Mv, z By Bw(h ORh) He Nw Bb Sh, s Alp, ↗ (m-sm·c2-7OAM, [N] austr+m-temp·c1-9CIRCPOL – eros ☉ – SeB WiB – VdA MeA KlA Sa langlebig – L8 T7 F4 R7 N7 – V Ver.-Euph., O Sisymbr., K Bid. – 34).
Zurückgebogener A. – *A. retroflexus* L.

10* Stg nicht od. nur oberwärts etwas behaart. PerigonBla nach oben verschmälert, lanzettlich, stets ± spitz, blass grünlich od. bunt. **(Artengruppe Grünähriger Fuchsschwanz – *A. hybridus* agg.)** 11

11 VorBla der ♀ Blü 1,5–2mal so lg wie die BlüHülle, 4–8 mm lg, allmählich in eine meist kräftige pfriemliche Spitze verjüngt (auf ²/₃ der Länge von einem Hautrand begleitet). Fr meist ohne Absatz allmählig in die Griffel übergehend 12

11* VorBla der ♀ Blü 1–1,5mal so lg wie die BlüHülle, 2–5 mm lg, nach ½ der VorBlaLänge in eine hautrandlose dünne pfriemliche Spitze übergehend. Fr an der Spitze meist abgesetzt verschmälert (geschnäbelt), dann erst in die Griffel übergehend 13

12 BlüStand nicht auffallend vergrößert, grünlich (höchstens im Herbst etwas rötlich überlaufen). VorBla 4–8 mm lg, 2mal so lg wie die BlüHülle. 0,20–1,00. 7–9. Mäßig trockne Rud.: Schutt, Hackfruchtäcker, Bahnanlagen, Flussufer; [N] z By Bw Rh He Nw (f SW SO) Th(S O Bck) Sa An Ns Mv, s Alp(Allg), ↗ (strop-mWAM, [N] m-stemp·c1-5EUR, tempAM – eros ☉ – L8 T7 F4 R8 N6 – V Ver.-Euph., V Sisymbr., V Chen. rub. – 32). [*A. hybridus* L. subsp. *powellii* (S. WATSON) KARLSSON, *A.* ×*kappii* AELLEN, *A. chlorostachys* auct.]
Grünähriger A. – *A. powellii* S. WATSON s. l.

1 BlüStand aus wenigen lg, dicken, steil aufwärts gerichteten, im unteren Teil unterbrochenen Scheinähren bestehend, dabei die endständige Scheinähre (8–25 cm) deutlich länger als die seitlichen. VorBla sehr lg, 4–8 mm lg, derb, stechend. Meist KapselFr. Verbr. wie Art. [*A. chlorostachys* var. *pseudoretroflexus* THELL.] **Grünähriger A. – subsp. *powellii***

1* BlüStand aus meist vielen kurzen, dünnen, abstehenden Ästen bestehend. Endständige Scheinähre 3–9 cm lg, länger als die seitlichen. VorBla mäßig lang, 3–5 mm, weniger derb, kaum stechend, meist NussFr. [N] z Bw Rh He Sa An Nw(MW) Bb, [U] s Mv, ↗. [*A. bouchonii* THELL., *A. hybridus* subsp. *bouchonii* (THELL.) O. BOLÒS et VIGO, *Amaranthus cacciatoi* (CACCIATO) IAMONICO]
Bouchon-A. – subsp. *bouchonii* (THELL.) COSTEA et CARRETERO

12* BlüStand auffällig vergrößert, intensiv rötlich bis gelblich. VorBla mäßig lg, 3,5–4,5 mm, 1,5mal so lg wie die BlüHülle, im Gesamtaspekt der Scheinähren deutlich sichtbar. Leicht zu verwechseln mit *A. cruentus*, **13.** 0,20–1,50. 7–9. Zier- u. KulturPfl, [U] z By Rh, s Bw He Nw Th Sa An Bb (eros ☉). [*A. hybridus* subsp. *hypochondriacus* (L.) THELL., *A. hybridus* var. *erythrostachys* MOQ.] **Trauer-A., Inkaweizen – *A. hypochondriacus* L.**

13 (11) BlüStand grünlich. VorBla mäßig lg, 3–5 mm lg, eher weich, 1,5mal so lg wie die BlüHülle. Fr etwas kürzer bis so lg wie die BlüHülle. Stg im oberen Teil oft etwas behaart. 0,20–1,00. 7–10. Rud.: Schutt; Äcker, Weinberge; [N U] z Sa, s By Bw Rh He Nw Th Sa Ns Bb Mv? (trop-stropAM? – eros ☉ – L8 T8 F4 R7 N7 – O Sisymbr., V Ver.-Euph.). [*A. chlorostachys* WILLD., *A. patulus* BERTOL.] **Ausgebreiteter A. – *A. hybridus* L. s. str.**

13* BlüStand leuchtend rot, orange od. gelblich (selten hellgrün), stark verzweigt u. meist sehr groß. VorBla sehr kurz, 2–4 mm lg, im Gesamtaspekt der Scheinähren kaum sichtbar, an der Spitze fein nadelartig, so lg wie die BlüHülle. wenig länger als die BlüHülle. Fr länger als die BlüHülle. 0,20–1,50. 6–10. ZierPfl; auch Rud.; [K U] s alle Bdl, f Mv Sh (stropAM, [N] NAM, OAFR, m-smEURAS, – eros ☉ – L7 T8 F5 R7 N7 – V Sisymbr.). [*A. paniculatus* L., *A. sanguineus* L., *A. hybridus* subsp. *cruentus* (L.) THELL.]
Rispiger A., Blutroter A. – *A. cruentus* L.

Hybriden: *A. retroflexus* × *A. powellii* = *A.* ×*soproniensis* PRISZTER et KÁRPÁTI – z, *A. retroflexus* × *A. hybridus* s. str. = *A.* ×*ozanonii* THELL. – s, *A. retroflexus* × *A. hypochondriacus* = *A.* ×*zobelii* THELL. – s, *A. caudatus* × *powellii* = *A.* ×*alleizettei* AELLEN – s

Familie *Chenopodiaceae* VENT. — Gänsefußgewächse

(100 Gattungen/1500 Arten)

Bearbeitung: **Rolf Wißkirchen mit Haubold Krisch** (*Atriplex*)

Kräuter, seltener Sträucher, Lianen od. kleine Bäume. Bla überwiegend wechselständig, nur die unteren oft, selten alle gegenständig. Blü klein, unscheinbar, radiär, meist in Knäueln, die zusammen ährenähnliche Thyrsen bilden. Perigon fehlend od. 1–5blättrig, fast stets nur am Grund verwachsen, grünlich od. rötlich. StaubBla 1–5. FrKn oberständig, 2(–5) blättrig, 1fächrig, mit 1 basalen SaAnlage. Griffel od. Narben 2(–5). Nüsse, seltener Deckelkapseln (WiB – vorwiegend stickstoff- od. salzliebend, daher viele Ruderal- und StrandPfl).

1 Stg dickfleischig (sukkulent), deutlich gegliedert, an den Knoten eingeschnürt. Bla fehlend (bzw. zu kleinen Schuppen reduziert). BlüHülle ganz verwachsen bis auf eine kleine zentrale Öffnung (Abb. **620**/5). **Queller — *Salicornia*** S. 620
1* Stg nicht dickfleischig, nicht gegliedert, stets deutlich beblättert. BlüHülle nicht od. nur wenig verwachsen 2
2 Bla gestielt, flächig entwickelt. Blü in Knäueln, die zu endständigen Scheinähren od. Rispen vereinigt sind, selten in blattachselständigen lockeren Dichasien 3
2* Bla ungestielt, pfriemlich, nadelförmig od. linealisch, teils mit stechender Spitze. Blü blattachselständig, eine durchblätterte Ähre bildend, od. einzeln in sehr kurzen Ähren mit Hoch-Bla 8
3 Die meisten Blü eingeschlechtlich, 1- od. 2-häusig verteilt. ♀ Blü ohne BlüHülle, nur mit 2–3 die Fr einhüllenden, bisweilen verhärteten VorBla (Abb. **611**/1ff) 4
3* Die meisten Blü zwittrig, stets mit BlüHülle 5
4 Einhäusige SchaftPfl, meist stark bemehlt. Bla zumindest im unteren Teil gegenständig. Griffel 2. **Melde — *Atriplex*** S. 610
4* Zweihäusige RosettenPfl, kahl. Bla stets wechselständig. Griffel 4–5. **Spinat — *Spinacia*** S. 609
5 (3) BlüHülle im unteren Teil mit dem FrKn verwachsen, zur FrZeit anschwellend u. verholzend, BlüKnäuel meist 2–3blütig, RosettenPfl. **Rübe — *Beta*** S. 609
5* BlüHülle im unteren Teil nicht mit dem FrKn verwachsen, krautig bleibend, BlüKnäuel meist vielblütig; meist SchaftPfl, selten RosettenPfl (*Blitum*) 6
6 ☉ ♃ RosettenPfl, oft mehrstänglig, die größten Bla am Grunde der Pfl. BlüHülle bei der FrReife entweder beerenartig fleischig werdend u. sich intensiv rot verfärbend, od. nicht fleischig u. bräunl. werdend; dann Narben 1,0–1,5 mm lg.
Spinatgänsefuß — *Blitum* S. 609
6* Einjährige SchaftPfl, stets einstänglig, die größten Bla in der (unteren) Mitte der Pfl. BlüHülle bei der Reife nie fleischig werdend. Narben höchstens 0,5 mm lg 7
7 Pfl durch weißliche (selten rosa) Blasenhaare ± stark bemehlt erscheinend, besonders im oberen Teil, selten fast kahl, geruchlos od. übelriechend. BlaSpreite ganzrandig bis deutlich gezähnt, teilweise am Grund zusätzlich mit deutlichen Basalzähnen oder -lappen.
Gänsefuß — *Chenopodium* S. 614
7* Pfl nicht bemehlt erscheinend, aber durch feine gelbliche Drüsenhaare ± stark aromatisch riechend. BlaRand regelmäßig gelappt bis fiederspaltig.
Drüsengänsefuß — *Dysphania* S. 619
8 (2) Bla in eine dornige, stechende Spitze auslaufend. BlüHülle bei der Reife mit waagerecht nach außen abstehenden Flügeln. **Salzkraut — *Salsola*** S. 621
8* Bla vorn stumpf od. etwas spitz, aber nicht stechend. PerigonBla nicht auswärts geflügelt, zuweilen aber mit einem Anhängsel od. Höcker (Abb. **620**/1, 2) 9
9 BlüHülle fehlend od. nur aus kleinen Schüppchen bestehend. Fr stark abgeflacht, am Rand häutig geflügelt. **Wanzensame — *Corispermum*** S. 620
9* BlüHülle vorhanden, Fr ohne randliche Flügel 10
10 Pfl kahl, oft bläulichgrün, Bla fleischig (sukkulent). PerigonBla ohne Anhängsel.
Sode — *Suaeda* S. 621

10* Pfl zumindest fein behaart. Bla nicht fleischig, grün. PerigonBla mit einem auswärts abstehendem Anhängsel od. Höcker **11**
11 FrStände bei der Reife korkenzieherartig gedreht. **Drehmelde** – *Spirobassia* S. 619
11* FrStände bei der Reife nicht korkenzieherartig gedreht. **Radmelde** – *Bassia* S. 619

Beta L. – Rübe (11–13 Arten)
Mit Beiträgen von **Klaus Pistrick**
GrundBla rosettig, lg gestielt. Blü zu 2–4 in Knäueln, diese in rispigen, beblätterten Blü-Ständen. 0,50–1,50. 7–9. Stickstoffreiche Küstenspülsäume; im Binnenland auch KulturPfl; s Ns(N) Mv(N) Sh(W), [N U] z By An Bw Rh He Nw Sa (m·c1-6lit-temp·c1-2lit EUR-(WAS) – igr hros ⊙ ⊙ ⊛ – WiB – WaA – L9 T6? F6= R7 N9 – V Atr. litt).
Beta-Rübe – *B. vulgaris* L.
1 Pfl kleinblättrig (Spreiten der GrundBla bis 10–35(55) cm lg), ohne Rübe. Stickstoffreiche Küstenspülsäume. Stammsippe der Kultur-Rübe; s Mv(N: Langenwerder, Hiddensee) Sh(Helgoland O:Küste), f Ns (m-temp+litEUR-WAS – ⊙ od. igr hros H ⊙ ⊛ – Sa langlebig – V Atr. litt. – 18).
[*B. maritima* L., *B. v.* subsp. *perennis* (L.) AELLEN] **Wild-Rübe, See-Mangold** – subsp. *maritima* (L.) ARCANG.
1* Pfl großblättrig (Spreiten der GrundBla bis 20–55(65) cm lg), mit Rübe (var. *altissima* DÖLL – Zucker-R., var. *rapacea* W.D.J. KOCH s. str. – Futter-R., Runkel-R., var. *vulgaris* – Rote R., Rote Bete, var. *lutea* DC. – Gelbe R.) od. mäßig verdickter Wurzel u. fleischigen (var. *cicla* L. s. l. – Schnitt-Mangold), zuweilen außerdem bandartig verbreiterten BlaStielen (var. *flavescens* DC. – Stiel-Mangold). KulturPfl; auch Rud., Äcker; (U) s (igr hros H ⊙ – Zucker, Gemüse: formenreich, Bioethanol). [U] in Rübenanbaugebieten (igr hros H ⊙). **Kultur-Rübe** – subsp. *vulgaris*

Spinacia L. – Spinat (4 Arten)
Bla lg gestielt, dreieckig-pfeilfg od. länglich-eifg. Blü in Knäueln, ♀ Knäuel achselständig, ♂ Knäuel in blattlosen Scheinähren, Pfl zweihäusig, bei neuen Sorten auch einhäusig. 0,30–0,45. 6–9. KulturPfl (m-sm·c6WAS – hros ⊙ ① igr H – WiB – MeA, Sa keimen nicht bei Nässe). **Spinat** – *S. oleracea* L.

Blitum L. – Spinatgänsefuß (12 Arten)
1 BlüHülle bei der SaReife trockenhäutig, zunächst grünlich, später braun verfärbend. Pfl. ♃ mit rübenähnlicher Wurzel, mehrstängelig. Bla dreieckig-spießfg, fast ganzrandig, (Abb. **610**/1). 0,20–0,60. 6–9. Frische, stickstoffreichere Rud.: bes. in Dörfern, an Straßen-u. Wegrändern, Dungplätze; [A, nur im S im hohen Bergland heimisch] v Th, z He(MW O) Sa Mv, s Alp By Bw Rh Nw An(z S) Bb Ns(v Hrz) Sh(f W), ↘ (sm/mo-temp·c1-4EUR, [N] AM – igr hros H ♃ Rübe/Pleiok monop – WiB Vw – KlA MeA VdA Kältekeimer – L8 Tx F5 Rx N9 – O Artem. – früher Gemüse). [*Chenopodium bonus-henricus* L.]
Guter Heinrich – *B. bonus-henricus* (L.) RCHB.
1* BlüHülle bei der SaReife beerenartig fleischig, intensiv rot gefärbt (später eintrocknend u. über braun nach schwarz verfärbend). Pfl ⊙, einstänglig, Bla länglich-dreieckig, deutlich gezähnt bis gelappt **2**
2 BlüStand bis zur Spitze beblättert. Bla unregelmäßig tief buchtig gezähnt. FrKnäuel klein, 0,4–0,8 cm ∅, stets deutlich getrennt voneinander stehend. Sa an der Schmalseite abgerundet, höchstens mit einer Rinne. 0,15–0,70. 6–9. Mäßig trockne bis frische Rud.: Schutt, Wegränder; [N] z An [U] s By Bw Rh He Nw Th Sa Bb Ns Mv, ↘; früher KulturPfl (m-temp·c3-8EUR-WAS – eros ⊙ – WiB Vw – VdA MeA – L8 Tx F4 R7? N8 – V Sisymbr. – früher Gemüse). [*Chenopodium foliosum* ASCH.]
Durchblätterter Erdbeerspinat – *B. virgatum* L.
2* BlüStand im oberen Teil blattlos, Bla schwach gezähnt bis ganzrandig. FrKnäuel groß, 0,6–1,5 cm ∅, sich teilweise, besonders oberwärts berührend. Sa an der Schmalseite deutlich gekielt. 0,20–0,60. 6–8. Frische Rud.: Schutt, Wegränder; [N U] s By Bw Rh He Nw Th Sa An Bb Mv?, ↘ (m/mo-b·c3-7AM – hros ⊙ – VdA K Chen. – früher Gemüse, auch ZierPfl). [*Chenopodium capitatum* (L.) ASCH.] **Kopfiger Erdbeerspinat** – *B. capitatum* L.

1	2	3	4	5
Blitum bonus-henricus	Chenopodium hybridum	Ch. glaucum	Ch. rubrum	Dysphania schraderiana

Atriplex L. (inkl. *Halimione* AELLEN) – **Melde** (300 Arten)

Bearbeitung: **Haubold Krisch**

Zur sicheren Bestimmung sind ausgewachsene fruchttragende VorBla (je 2 bilden eine FrHülle) mit reifen Fr (je 1 Sa unter dünnhäutiger FrKnWand) u. StgBla erforderlich. Bla meint immer nur die Spreiten ohne Stiel u. bei hochwüchsigen Arten (vor allem **4–7***) die Spreiten mittlerer StgBla, weil untere zur FrZeit meist fehlen. Die hier verschlüsselten Arten (außer *A. portulacoides*, **16***) sind einjährig; deren aufrechte u. gestreckte Achse des Primärsprosses ohne den Abschnitt in einem terminalen BlüStand ist der Stg. Schülfern sind zu einem trockenen, krustenartigen Überzug verklebte Blasenhaare. Hybridisierung u. Introgression häufig.

- **1** Reife Sa derselben Pfl nach Größe, Gestalt u. Farbe deutlich unterscheidbar: Zwischen kleinen VorBla etwa 1–2 mm im ⌀, beidseits stark gewölbt, schwarz; zwischen großen VorBla etwa 2,5–4,0 mm im ⌀, scheibenfg flach, braun **2**
- **1*** Reife Sa derselben Pfl in Größe u. Gestalt (u. meist auch in der Farbe) nicht unterschiedlich **8**
- **2** VorBla nicht miteinander verwachsen, kreisrund od. unter ± rechtwinkliger Spitze rundlich (Abb. **611**/1, 2) od. aus kurzem basalen Vorsprung br eifg bis fast herzfg (Abb. **611**/3, 4), ganzrandig u. auf der Fläche glatt, nur *A. oblongifolia*, **5*** mit höchstens 2 Zähnchen am Rande u. höchstens 2 Knötchen auf der Fläche (wenn mehr, vgl. *A.* ×*northusiana*, **6**). Fruchtende Scheinähren nickend **3**
- **2*** VorBla am unteren Rande ± miteinander verwachsen u. anders gestaltet, ganzrandig od. gezähnt, auf der Fläche meist mit Auswüchsen. Fruchtende Scheinähren aufrecht, nur bei *A.* ×*northusiana*, **6** nickend od. aufrecht **6**
- **3** Einige Fr in 4- od. 5zipfligem Perigon, die anderen zwischen 2 VorBla auf 1–3 mm lg Stiel, von dem erst am unteren Rande der Fr die 3 Hauptnerven entspringen (Abb. **611**/1, 2). StgBla oseits dunkelgrün, hellgrün od. (*A. hortensis*, **4**) purpurn **4**
- **3*** Alle Fr am Grunde zweier VorBla, diese schon dort mit 3 getrennten (bei *A. micrantha*, **5** nur im basalen Vorsprung ± gebündelten) Hauptnerven (Abb. **611**/3, 4). StgBla oseits olivgrün, lange schülfrig **5**
- **4** VorBla rundlich, klein bespitzt. Fr innerhalb der VorBla etwa 1,7–2,3 mm lg gestielt (Abb. **611**/1). StgBla br dreieckig bis pfeilfg mit konvex bogigen Rändern u. abgerundeter Spitze, ganzrandig od. unregelmäßig entfernt kleingezähnt (Abb. **612**/1), oseits meist matt, selten schwach glänzend, hellgrün od. purpurn. 0,50–1,50. 7–9. Frische Rud.: Abfall, Kompost; [U] z Nw Th Sa An Bb Mv, s By Bw Rh He Ns, auch KulturPfl (m-temp·c2-7EUR-WAS, [N] AM – eros ⊙ – WiB InB – MeA – L7 T6 F5 R7 N8 – V Sisymbr. – ZierPfl: Bla purpurn; Gemüse). **Garten-M. – *A. hortensis* L.**
- **4*** VorBla rundlich eifg mit rechtwinkliger bis zugespitzter Spitze. Fr innerhalb der VorBla 0,8–1,1 mm lg gestielt (Abb. **611**/2). StgBla br dreieckig-spießfg mit gestutztem Grund, regelmäßig grob gezähnt (Abb. **612**/2), oseits stets stark glänzend, dunkelgrün. 0,50–1,50. 7–9. Trockne bis frische Rud.: Schutt, Straßenränder, Abfall, Dung, Ufer; z He Nw Th(f Hrz) An(f O) Bb(f SO) Ns(h MO) Mv(f N), s By(f S) Bw(ORh) Sa(Elb) Sh, [N] z Rh, ↗ (m-temp·c3-9EUR-WAS, [N] AM – eros ⊙ – WiB SeB InB? – MeA WiA WaA – L9 T7 Fx R7? N7? – V Sisymbr., V Chen.rub.). [*A. acuminata* WALDST. et KIT., *A. nitens* SCHKUHR] **Glänzende M. – *A. sagittata* BORKH.**

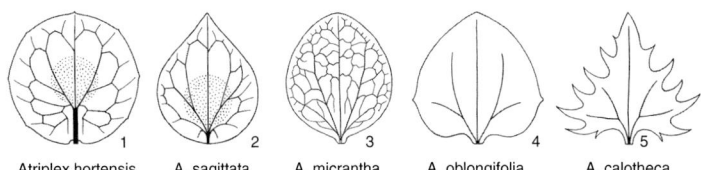

Atriplex hortensis   A. sagittata   A. micrantha   A. oblongifolia   A. calotheca

5 **(3)** VorBla rundlich bis eifg, oft bespitzt, neben den Hauptnerven auch das übrige Nervennetz deutlich hervortretend (Abb. **611**/3). Oft lange Abschnitte mit kleinen FrHüllen unterbrochen von Gruppen großer FrHüllen. Untere StgBla br dreieckig-spießfg mit gestutztem Grund, mittlere StgBla schmaler, schließlich 3lappig mit abgerundetem Grund, Seitenlappen meist mit 3 Zähnen, der obere lg u. vorwärtsgekrümmt (Abb. **612**/3). 0,50–1,50. 7–9. Straßenränder, Binnensalzstellen; v He(MW, s O), s By(MS), [N] z Bw Th Sa An, s Rh Nw Ns [U] s Mv Sh, ↗ (m-sm·c7-9OEUR-WAS, [N] temp·c3EUR – eros ⊙ – MeA – L9 T6? F5 Rx N6 – V Sisymbr. – 36). [*A. heterosperma* BUNGE]
   Verschiedenfrüchtige M. – *A. micrantha* LEDEB.
5* VorBla br herzfg, aber obere Ränder konvex bogig, nur die 3 Hauptnerven hervortretend (Abb. **611**/4). Kleinere u. größere FrHüllen durch Übergänge verbunden u. gleichmäßig verteilt. Alle StglBla mit keilfg Grund, untere StgBla br deltoid, mittlere StgBla schmaler, beidseits meist mit 2 Zähnen, der obere etwas vorwärtsgebogen (Abb. **612**/4). Stg mit aufrecht (<45°) abstehenden Zweigen. 0,30–1,20. 7–9. Trockne bis frische Rud.: Schutt, Straßenränder; [N] h An, v Th Sa, z By He Bb Ns Mv, s Bw Rh Nw, [U] s Sh, ↗ (sm-stemp·c3-7EUR-(WAS) – eros ⊙ – WiB – MeA – L9 T7 F4 R6 N6 – V Sisymbr.).
   Langblättrige M. – *A. oblongifolia* WALDST. et KIT.
6 **(2)** VorBla ± weit, aber nicht bis zur breitesten Stelle verwachsen, ihre Gestalt schwankend. Auch andere elterliche Merkmale verschieden kombiniert, beispielsweise so: Farbe u. Gestalt der Bla ähnlich *A. oblongifolia*, aber fruchtende Scheinähren aufrecht u. mindestens untere Zweige waagerecht abstehend ähnlich *A. patula*, **7**. 0,30–1,20. 7–9. Trockne bis frische Rud.: Straßenränder (V Sisymbr.). [*A. oblongifolia* × *A. patula*]
   ***A. ×northusiana* WEIN**
6* VorBla verwachsen bis zur breitesten Stelle. Fruchtende Scheinähren steif aufrecht **7**
7 Stg mit waagerecht bis schräg (>45°) abstehenden Zweigen. StgBla deltoid, mit deutlichen Seitennerven. u. einem Paar vorwärtsgerichteter Lappen an breitester Stelle, Mittellappen entfernt gezähnt (Abb. **612**/5). VorBla innen nicht silbrig glänzend, rhombisch od. deltoid, meist nur mit einem Paar vorwärtsgerichteter Zähne an breitester Stelle, auf der Fläche mit od. ohne Auswüchsen. Pfl hoch, dunkelolivgrün, aber auch (var. *angustissima* WALLR.) niedrig (0,15–0,45), grauschülfrig. Basale Zweige oft länger als der Stg hoch. StgBla schmal lanzettlich, ganzrandig. BlüStand locker. 0,30–1,20. 7–10. Gärten, frische Rud., Ufer; g Nw Th Sa An Ns, h Bw He Mv, v By(g NM) Rh Bb, z Sh(SO M O), s Alp (m-b·c1-6EUR-WAS, [N] AUST+AM – eros ⊙ – WiB InB? – WaA MeA – L6 T6 F5 R7 N7 – V Veron.-Euph., V Sisymbr., V Chen. rub. – für Vieh giftig – 36). [*A. angustifolia* SM.]
   Spreizende M. – *A. patula* L.
7* Stg mit aufrecht (<45°) abstehenden Zweigen. StgBla lanzettlich, ohne deutliche Seitennerven, entfernt gezähnt od. ganzrandig. VorBla innen silbrig glänzend, br dreieckig bis eifg, oft mit zungenfg verlängerter, ganzrandiger Spitze, darunter kräftig gezähnt, auf der Fläche mit kräftigen Auswüchsen. 0,30–1,20. 7–9. Tangwälle, auch Spülsäume; z Mv(N NO M) Sh(O M), s Ns(N NW) (m-temp·c5-9AS-m-b·litEUR+OAM – eros ⊙ – WiB InB? – KlA WaA – L9 T6 Fx= Rx N9 – O Cak. – 18).   **Strand-M. – *A. littoralis* L.**
8 **(1)** Pfl auffallend klein, zeitig rot, Mitte Juli absterbend. KeimBla zur FrZeit oft noch erhalten, darüber 3 Paare gegenständiger StgBla, diese deltoid mit Spießecken bis lg elliptisch od. eilanzettlich, ganzrandig, bis 3 cm lg. Unter der kurzen endständigen Scheinähre nur noch kleinere, wechselständige Bla. VorBla sitzend, 4–10 mm lg, ganzrandig, dreieckig bis del-

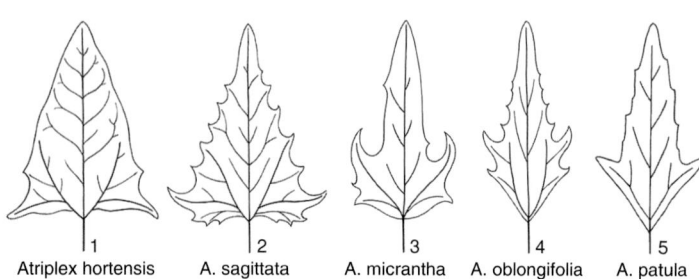

| 1 | 2 | 3 | 4 | 5 |
| Atriplex hortensis | A. sagittata | A. micrantha | A. oblongifolia | A. patula |

toid, mit einem bis in die Spitze reichenden Mittelnerv. 0,05–0,20. Mitte 5 bis Mitte 6, FrReife Mitte 6 bis Mitte 7. Salzwiesen wenig oberhalb der Mittelwasserlinie; z Mv(N NO) (ntemparct·c2-5litEUR? – eros ⊙ – WiB – WaA) [*A. longipes* subsp. *praecox* (HÜLPH.) TURESSON]
                                                                                     Frühe M. – *A. praecox* HÜLPH.
8* Merkmale nicht zutreffend 9
9   Pfl größer, Mitte August absterbend u. dann oft gelb. StgBla elliptisch mit Spießecken bis eilanzettlich, ganzrandig, bis 6 cm lg. Größere FrHüllen vor allem in der unteren Hälfte des Stg und der lg Zweige, dort im Winkel zwischen Achselspross u. TragBla meist zu mehreren als reduzierte Beisprosse (Abb. **613**/1) u. deshalb auf 10–25(–35) mm lg Stiel. VorBla selbst 25–35 mm lg, ganzrandig, elliptisch bis spießfg mit schwach konvexen Rändern, stets mit 3 kräftigen, bis unter die Spitze reichenden Längsnerven. 0,20–0,50. 6, FrReife Mitte 7 bis Mitte 8. Salzwiesen (Nordsee), Tangwälle (Ostsee); z Mv(N NO MW), s Ns(N) Sh(SO O) (ntemp·c2-5litEUR – eros ⊙ – WiB – WaA – L9 T6? F6~ Rx N8 – V Pucc. mar., V Atr. litt.).
                                                                          Gestieltfrüchtige M. – *A. longipes* DREJER
9* Merkmale nicht zutreffend 10
10 Die von 2 VorBla gebildete FrHülle krautig od. fleischig, im Umriss dreieckig 11
10* Die von 2 VorBla gebildete FrHülle wenigstens in der unteren Hälfte korkig (*A. glabriuscula*, **14**) od. holzig, im Umriss rhombisch od. auf verschiedene Weise dreilappig **12**
11 VorBla etwa 10–20 mm lg, sehr dünn, mit langen, vorwärtsgebogenen Zähnen (Abb. **611**/5), auf der Fläche ohne Auswüchse. StgBla bis 12 cm lg, gleichseitig dreieckig, seitlich mit großen, langen u. meist vorwärtsgebogenen, unten in jeder Hälfte mit 2 rückwärtsgebogenen Zähnen (Abb. **613**/2). Pfl in allen Teilen hellgrün, nicht schülfrig. 0,30–0,90. 7–8, FrReife 9. Tangwälle; z Mv(N NO M), s Sh(O), ↘ (temp·c2-4EUR – eros ⊙ – WiB – WaA – L9 T6 F6= R7? N8? – V Atr. litt.). [*A. hastata* L. non auct.] **Pfeilblättrige M. – *A. calotheca* (RAFN.) FRIES**
11* VorBla kleiner, ganzrandig od. gezähnt, ohne od. mit Auswüchsen. StgBla kleiner, weniger auffällig gezähnt, unten in jeder Hälfte mit höchstens einem rückwärtsgerichteten Zahn. Pfl dunkelgrün od. grauschülfrig. 0,10–0,90. 7–8, FrReife 9–10. Als „var. *salina*" an Binnensalzstellen u. salzgestreuten Straßenrändern, andere Standorte siehe Unterarten; g Sh, h Th An Ns, v Rh He Nw Sa Bb Mv, z By(h NM) Bw, s Alp(Chm) (m-temp·c1-7EUR-WAS, [N] AM – eros ⊙ – WiB – WaA MeA – L8 T6 F6 Rx N9 – V Sisymbr., V Chen. rub., V Pucc.-Sperg., O Cak. – 18). [*A. hastata* auct. non L.] **Spießblättrige M. – *A. prostrata* DC. s. l.**
1   StgBla gleichschenklig dreieckig bis spießfg: um etwa ein Drittel länger als br, seitlich ganzrandig od. entfernt kleingezähnt, unten ohne rückwärtsgerichtete Zähne (Abb. **613**/4). VorBla meist ganzrandig 2
1* StgBla gleichseitig dreieckig: nicht od. kaum länger als br, seitlich deutlich gezähnt, unten in jeder Hälfte mit einem rückwärtsgerichteten Zahn (Abb. **613**/3, **614**/1). VorBla gezähnt 3
2   Stg aufrecht, Seitenzweige aufrecht bis schräg abstehend, kürzer als der Stg. Bla bis 8 cm lg (Abb. **613**/4), dunkelgrün. VorBla 4–8 mm lg, größer als die Fr, meist ohne Warzen. FrStand mit langen, übergebogenen Zweigen. FrKnäuel in der oberen Hälfte der Zweige dicht gedrängt. 0,30–0,90. Frische bis feuchte Rud., Ufer, Tangwälle; V Sisymbr., V Chen rub., V Atr. litt. [*A. hastata* auct. s. str., *A. latifolia* WAHLENB., *A. latifolia* subsp. *hastifolia* HIITONEN]
                                                                          subsp. ***latifolia*** (WAHLENB.) RAUSCHERT
2* Untere StgKnoten dicht aufeinanderfolgend, ihre Seitenzweige in ganzer Länge liegend, mehrfach länger als der Stg hoch. Bla 1,5–3,0 cm lg, grauschülfrig. VorBla 2–4 mm lg, nur so groß wie die Fr,

CHENOPODIACEAE 613

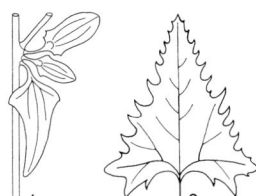  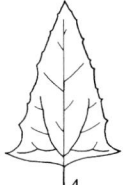

1	2	3	4
Atriplex longipes	A. calotheca	A. prostrata subsp. deltoidea	A. prostrata subsp. latifolia

    von dieser gewölbt, stets ohne Warzen. FrStand mit kurzen Zweigen. FrKnäuel auch am Ende der Zweige voneinander entfernt. 0,10 hoch, ringsum 0,30 lg. Lücken in Salzweiden; V Pucc.-Sperg. [*A. prostrata* DC. s. str., *A. latifolia* subsp. *prostrata* (DC.) Hiitonen]   subsp. ***prostrata***

3   (1) StgBla bis 9 cm lg, dunkelgrün, unregelmäßig grob gezähnt (Abb. **613**/3). VorBla mit größeren Zähnen u. meist mit Warzen. 0,30–0,90. Tangwälle; V Atr. litt. [*A. deltoidea* Bab., *A. latifolia* subsp. *deltoidea* (Bab.) Hiitonen]   subsp. ***deltoidea*** (Bab.) Rauschert

3* StgBla bis 5 cm lg, grauschülfrig, ziemlich regelmäßig fein gezähnt (Abb. **614**/1). VorBla mit kleinen Zähnen u. meist mit Warzen. Alle StgBla (also bis unter den BlüStand) gegenständig. 0,15–0,30. Spülsäume; V Cak. [*A. oppositifolia* DC., *A. triangularis* Willd.?, *A. latifolia* subsp. *triangularis* (Willd.) Hiitonen]   subsp. ***triangularis*** (Willd.) Rauschert

12 (10) VorBla bis etwa zur Mitte verwachsen, im Umriss rhombisch, in der Mitte zuweilen (*A. laciniata*, **14**, *A. tatarica*, **15***) ein eckiger Vorsprung od. wenige grobe Zähne. Pfl schülfrig od. nur anfangs schülfrig u. später verkahlend **13**

12* VorBla bis zur Spitze verwachsen, als FrHülle die Fr völlig einschließend, unten schmal, oben br u. dreilappig. Pfl bis zuletzt in allen Teilen weiß- bis grauschülfrig. Bla schmal elliptisch bis schmal verkehrteifg, ganzrandig **16**

13 Pfl nur auf Küstenstandorten **14**

13* Pfl nur im Binnenland **15**

14 Pfl verkahlend, zuletzt wenigstens die Bla useits grauschülfrig. Mittlere StgBla gleichseitig dreieckig, ungleich gezähnt (Abb. **614**/2), unten Bla dreilappig. VorBla quadratisch rhombisch, obere Ränder gezähnt. FrKnäuel in lockeren, nur unten beblätterten Scheinähren. 0,20–0,60. 7–8, FrReife 9. Spülsäume; z Sh(f M), s Ns(N: Inseln) Mv(f Elb SW) Sh(f M) (temp-b·c1-3litEUR+OAM – eros ⊙ – WaA – L9 T6 F7= R7 N9 – V Cak. – 18). [*A. babingtonii* Woods]   **Kahle M. – *A. glabriuscula*** Edmondston

14* Pfl bis zuletzt in allen Teilen ± weißschülfrig. StgBla deltoid, entfernt gezähnt bis ganzrandig. VorBla meist etwas breiter als lg, oben ganzrandig. FrKnäuel blattachselständig über die Pfl verteilt. 0,10–0,50. 8–9. Spülsäume; s Ns(N: Inseln, ob noch?), † Sh (temp·c1-2litEUR – eros ⊙ – WaA – L9 T6 F7= R7 N8 – V Cak. – 18). [*A. maritima* L., *A. sabulosa* Rouy]   **Gelapptblättrige M. – *A. laciniata*** L.

15 (13) Pfl bis zuletzt in allen Teilen weißschülfrig. StgBla im Umriss deltoid, gezähnt od. gebuchtet, oft kleine u. große Vorsprünge miteinander abwechselnd (Abb. **614**/3). VorBla quadratisch rhombisch, obere Ränder gezähnt. FrKnäuel überwiegend blattachselständig über die Pfl verteilt. 0,20–0,60. 7–9. Frische Rud., salztolerant; z Th(Bck, s NW Rho) An(f O), s By(N) Bw(ORh) Rh(ORh) He(O) Nw(f SO) Sa(W) Bb(MN Od) Ns(f Elb), † Mv(N MW), ↘ (m-temp·c2-8EUR-WAS, [N] AM – eros ⊙ – WiB – MeA WaA – L6 T6 F5 R7 N7 – V Sisymbr.).   **Rosen-M. – *A. rosea*** L.

15* Pfl verkahlend, zuletzt wenigstens die Bla beidseits grauschülfrig. StgBla im Umriss spießfg, ungleich gezähnt bis ungleich gebuchtet, im breiten unteren Abschnitt buchtig gelappt (Abb. **614**/4). VorBla meist etwas länger als br, oben ganzrandig od. gezähnelt. FrKnäuel überwiegend in endständigen, dichten Scheinähren. 0,20–0,60. 7–9. Trockne Rud., salztolerant; [N] z Th An, s By Rh He Th Sa Ns Mv, ↗ (m-temp·c4-9EUR-ZAS, [N] AM – eros ⊙ – WiB InB? – MeA – L9 T7 F3 Rx N6 – V Sisymbr.).   **Tataren-M. – *A. tatarica*** L.

16 (12) Nur die unteren StgBla gegenständig. FrHüllen lg gestielt, mit 2 auswärtsgebogenen Seitenlappen u. sehr kleinem Mittellappen (Abb. **618**/3). 0,10–0,50. 7–9. Salzwiesen;

1 Atriplex prostrata subsp. triangularis   2 A. glabriuscula   3 A. rosea   4 A. tatarica

s He(O) Th(NW Bck Rho) An(f Hrz O) Ns(z N: Inseln) Sh(O), † ?Mv(N), ↘ (sm-temp·c5-8+litEUR-WAS – eros ⊙ – WiB – KlA WaA – L9 T6? F8= R7 N8? – V Pucc. mar. – 18). [*Obione pedunculata* (L.) Moq., *Halimione pedunculata* (L.) Aellen]
 Salz-M. – A. pedunculata L.
16* Bla bis nahe an den BlüStand gegenständig, in den BlaAchseln nichtblühende Triebe. FrHüllen sitzend, mit 3 fast gleich großen Lappen (Abb. **618**/4). 0,20–0,50. 7–8. Salzwiesen; z Sh(Helgoland M), s Ns(N NW), ↘ (m-temp·litEUR – igr eros HStr LegTr – WiB – WaA – L9 T6? F7= Rx N7 – V Pucc. mar. – 36). [*Obione portulacoides* (L.) Moq., *Halimione portulacoides* (L.) Aellen]
 Ausdauernde M. – A. portulacoides L.
Hybriden: *A. calotheca* × *A. longipes* = ? – s, *A. glabriuscula* × *A. longipes* = *A.* ×*taschereaui* Stace – s, *A. glabriuscula* × *A. prostrata* = ? – s, *A. littoralis* × *A. longipes* = ? – s, *A. longipes* × *A. praecox* = ? – s, *A. longipes* × *A. prostrata* = *A.* ×*gustafssoniana* Taschereau – s, *A. patula* × *A. prostrata* = *A.* ×*ludwigii* P. Fourn. – s

***Chenopodium* L. s. str.** (excl. *Blitum* u. *Dysphania,* incl. *Lipandra, Oxybasis* u. *Chenopodiastrum*) – **Gänsefuß**
Mit Bla sind nachfolgend stets die unteren bis mittleren BlaSpreiten des Stg (Hauptachse) gemeint. Die mit Abstand verbreitetste u. häufigste Art in Deutschland ist *Ch. album.* Lokal häufig sind auch *Ch. polyspermum,* u. *Ch. hybridum.* Alle anderen Arten sind eher selten bis selten selten u. treten nur an spezifischen Standorten (z. B. Flussufer, Dungplätze, Umschlagplätze) od. in bestimmten Regionen auf.

1 Bla am Grund ± herzfg, weitbuchtig grob gezähnt mit 1–3 großen Zähnen beidseitig, am Ende lg zugespitzt (Abb. **610**/2), sehr ähnlich den Blättern des Stechapfels. BlüStände hauptsächlich endständig, meist stark aufgelockert, oft doldenrispig. Sa groß (1,5–2,0 mm ⌀), mit sehr deutlichem Grubenmuster. Pfl einen bitteren Geruch verströmend, 0,30–0,80. 6–9. Stickstoffreiche Äcker (bes. Hackkulturen) u. Gärten, frische Rud.: Schutt, Dungplätze, Balmen; kalkhold; h By(z Alb MS, s S O NO) An, v Bw Rh He Nw Th Sa Bb Ns Mv, s Alp(Allg Amm) Sh(f W), ↘ (m/mo-temp·c2-9CIRCPOL – eros ⊙ – WiB Vw – VdA MeA – L7 T6 F5 R8 N8 – V Ver.-Euph., V Caucal., V Sisymbr.). [*Chenopodiastrum hybridum* (L.) S. Fuentes, Uotila et Borsch]
 Stechapfelblättriger G. – *Ch. hybridum* L.
1* Bla am Grund gestutzt, abgerundet od. ± keilig verschmälert. Sa kleiner. Pfl geruchlos od. (selten) übel nach Verwesung stinkend 2
2 Bla sehr klein (1–3 cm lg), linealisch bis lineal-lanzettlich, am Ende plötzlich in eine kurze, feine Spitze auslaufend, kurz gestielt (0,6–1,0 cm lg), ganzrandig, nur die unteren Bla unterhalb der Mitte mit kleinem Zahn, der Mittelnerv ohne od. nur mit einem basalen Paar randparallel verlaufender Seitennerven. 0,50–1,00. 8–10. Rud., bes. Umschlagplätze: Bahnhöfe, Häfen; [U] By Bw He Rh Nw An Sa Bb Mv, ↘ (m-bAM – eros ⊙ – V Sisymbr.). [*Ch. desiccatum* s. str. auct., *Ch. leptophyllum* auct.]
 Schmalblättriger G. – *Ch. pratericola* Rydb.
2* Bla größer u. breiter, nur selten lineal-lanzettlich (wenn, dann Mittelnerv mit mehreren Seitennervenpaaren) 3
3 Bla in der Regel ganzrandig, höchstens sehr spärlich 1fach gezähnt, eifg bis rundlich-rhombisch. Pfl niedrigwüchsig (10–50 cm hoch) 4
3* Bla meist nicht ganzrandig, stets gezähnt bis gelappt; wenn ganzrandig, dann Pfl größer 6

4   Pfl kahl. Stg niederliegend, aufsteigend od. aufrecht, im Herbst oft rot überlaufen. Bla hellod. dunkelgrün, eifg od. eilanzettlich, meist ganzrandig. Perigon bei der FrReife weit geöffnet, die dunklen NussFr gut sichtbar. 0,10–0,50. 7–9. Flussufer, Frische bis feuchte Rud.:, Schutt, feuchte Äcker, Gärten, Weinberge, kalkmeidend; g Sa, h By(g NM) Bw He Nw Th An Ns, v Rh Mv, z Alp(f Krw Kch Wtt) Bb Sh(s W) (sm-temp·c2-7EUR-WAS, [N] OAM – eros ⊙ – SeB WiB Vw – MeA VdA Sa langlebig – L6 T6 F6 Rx N8 – V Sperg.-Oxal., V Chen. rub.) [*Lipandra polysperma* (L.) S. Fuentes, Uotila et Borsch]
    Vielsamiger G. – *Ch. polyspermum* L.
4* Pfl zumindest oberwärts bemehlt. Bla mehr graugrün. Perigon bei der FrReife stets geschlossen 5
5   Pfl nach verfaultem Fisch (Trimethylamin) riechend, stark bemehlt. Stg niederliegend bis aufsteigend. Bla kurz rundlich bis rhombisch, ganzrandig, klein, 1–2(–3) cm lg. 0,10–0,40. 6–9. Trockne, stickstoffreiche Rud.: Hühnerhöfe, Schutt, Bahnanlagen; Hackfruchtäcker; [A] z Rh An, s Alp(Chm) By(f O S) Bw(f NW SW) He(ORh, † SW) Nw(MW) Th(Bck O S) Sa(Elb W), [U] s Ns Mv, † Bb Sh, ↘ (m-stemp·c2-7EUR-ZAS, [N] austrCIRCPOL+NAM – eros ⊙ – WiB InB? Vw – MeA KlA – L7 T7 F4 R7? N9 – V Sisymbr., V Ver.-Euph.).
    Stink-G. – *Ch. vulvaria* L.
5* Pfl geruchlos, schwach bemehlt. Stg aufrecht, aber niedrig, stark verzweigt. Bla länglich rhombisch bis schmal elliptisch, ganzrandig od. höchstens einzelne mit kleinem Zahn am Grund der Spreite. Blü vor allem im oberen Teil der Pfl in stark aufgelockerten Scheinähren od. doldigen Rispen, oft mit deutlich gestielten EinzelBlü. 0,20-0,60. 6–9. Wert des Taxons fraglich. Ökologie u. Verbr. wie Art, s. **19**. [*Ch. pedunculare* Bertol.]
    Stielblütiger Weißer G. – *Ch. album* L. subsp. *pedunculare* (Bertol.) Arcang.
6   (3) Blü in den Knäueln meist aufrecht, höher als hoch, stets kahl, meist mit (2–)3–4 PerigonBla, nur die EndBlü 5zählig u. waagerecht. Sa meist rotbräunlich. BlüStände mit kurzen Zweigen 7
6* Blü in den Knäueln meist waagerecht, breiter als hoch, radiär, meist mit 5 PerigonBla. Sa dunkelbraun bis schwarz 9
7   Bla klein, länglich, kurz buchtig gelappt od. gezähnt, auffallend 2-farbig: oseits blaugrün, kahl u. mit hellen Nerven, useits weißgrau mit sehr dichter Bemehlung, bis 4 cm × 2 cm, selten größer (Abb. **610**/3). Blü blattachselständig, ohne deutliche Endähre. 0,10–0,50. 7–10. Frische bis feuchte Rud.: Müll, Dungplätze; überdüngte Äcker, Flussufer, Küstenspülsäume, salztolerant; Küstenstandorte einheimisch?, sonst [U?] v Th Sa An Ns Mv, z By Bw Rh He(f NW) Nw Bb Sh(f W), s Alp(Allg) (austr+sm-(b)·c2-10CIRCPOL – eros ⊙ – WiB SeB Vw – KlA Lichtkeimer – L8 T6 F6 Rx N9 – V Chen. rub., V Sisymbr., V Atr. litt.). [*Oxybasis glauca* (L.) S. Fuentes, Uotila et Borsch]
    Graugrüner G. – *Ch. glaucum* L.
7   Bla größer, br rhombisch bis dreieckig, am Grund keilfg, meist stark gezähnt bis gelappt, ± kahl (nur jüngste Bla mit wenigen Blasenhaaren). Blü in längeren, meist durchblätterten dichten Scheinähren, deren Zweige kurz 8
8   BlüBla der 3zähligen SeitenBlü nicht od. höchstens bis zur Hälfte verwachsen, auf dem Rücken nicht gekielt. Bla meist tief buchtig gezähnt, besonders im basalen Teil (Abb. **610**/4), bei spät im Jahr (Kurztag!) gekeimten Pfl Zähnung stark reduziert u. Bla fast ganzrandig (tageslängeninduzierte Zwergpflanzenbildung). BlüStand bis ganz oben durchblättert. 0,05–1,50. 7–9. Frische bis feuchte, stickstoffreiche Rud.: Schutt, Dungplätze; Klärpolder, Flussufer, Küstenspülsäume, salztolerant; v Th Sa An Ns Mv, z By Bw Rh He Bb Sh, s Alp(Brch Chm) ((m)-sm-temp·c1-8EUR-WAS, [N] OAM, SAM, SAFR – eros ⊙ – WiB Vw – MeA WaA Sa langlebig Lichtkeimer – L8 Tx F6 Rx N9 – V Chen. rub., V Sisymbr., V Atr. litt.). [*Oxybasis rubra* (L.) S. Fuentes, Uotila et Borsch]
    Roter G. – *Ch. rubrum* L.
8* Perigon der 3zähligen SeitenBlü bis über die Hälfte verwachsen, die Fr sackartig einschließend, wenigstens jung am Rücken oberwärts deutlich gekielt. Bla seicht gezähnt bis ganzrandig (Abb. **616**/1), etwas dicklich. BlüStand oberwärts blattfrei. 0,05–0,30. 8–10. Salzhaltige Sandböden der Küste, Salzstellen des Binnenlandes; z An(f Hrz N) Mv(f SW MW), s Nw(N NO) Th(Bck) Ns(f MO Hrz) Sh(O), [U] s Nw Rh Bb (sm-temp·c3-9+litEURAS – eros ⊙ – WiB Vw – KlA WaA – L8 T6? F7 R7? N9? – K Cak., V Chen. rub.). [*Ch. crassifolium* Hornem., *Ch. botryodes* Sm., *Oxybasis chenopodioides* (L.) S. Fuentes, Uotila et Borsch]
    Dickblättriger G. – *Ch. chenopodioides* (L.) Aellen

1	2	3	4	5	6
Ch. chenopodioides	Chenopodium murale	Ch. hircinum	Ch. ficifolium	Ch. berlandieri	Ch. opulifolium

9 **(6)** Blütenstände im oberen Teil der Pfl stark verlängert, kahl 10
9* Blütenstände im oberen Teil der Pfl kurz bis mäßig verlängert, nie kahl, oft grau bis weißlich bemehlt 11
10 Lange, oberwärts blattlose Zweige der BlüStände dem Stg u. den Seitenachsen auffallend eng (rutenartig) anliegend, stets grün. Pfl ± kahl, nur die BlaUSeiten anfangs schwach bemehlt. Bla gleichseitig dreieckig (ähnlich denen der Spießmelde, _Atriplex prostrata_), oben ± rhombisch, BlaGrund gestutzt od. kurz keilfg, am Rand regelmäßig fein (selten stärker) gezähnt bis fast ganzrandig. Grundständige Hauptseitennerven deutlich über die BlaMitte reichend. Blü fast stets stets mit 5zähligem Perigon. Fr stets waagerecht. 0,30–1,00 (2,00). 7–8. Mäßig trockne bis frische, stickstoffreiche Rud.: Schutt, Dungplätze, Ufer; [A od. N, jetzt meist U] s By(f S) He(ORh) Nw(ob noch?) Th(Bck) Sa(W) An(f Hrz O W) Bb(Elb MN Od) Sh(M), [U] s Ns Mv, † Bw Rh, ↘ (m-temp·c2-8EUR-WAS, [N] AM, NEU-SEEL – eros ☉ – WiB Vw – MeA – L7 T7? F4 R7? N7 – V Sisymbr., V Onop., V Bid.). [_Oxybasis urbica_ (L.) S. Fuentes, Uotila et Borsch]
Ruten-G., Straßen-G. – _Ch. urbicum_ L.
10* Lange, unterwärts beblätterte Zweige der BlüStände mit Stg deutlich abgewinkelt, grün od. zuweilen rötlich überlaufen. Pfl fast kahl, nur BlaUSeiten locker durchscheinend bemehlt. Untere Bla dreieckig, obere zunehmend rhombisch, BlaGrund meist deutlich keilfg. BlaRand mit vielen großen, teils gebogenen spitzen Zähnen tief u. scharf ausgebissen, teilweise doppelt gezähnt. Grundständige Hauptseitennerven nur bis zur BlaMitte reichend. Perigon teilweise mit nur 3 od. 4zählig. Fr meist aufrecht od. schräg stehend. 0,30–1,00(1,80). 7–9. Frische (bis feuchte) nährstoffreiche Rud.: Dungplätze, Deponien, Ufer, slt. in Äckern [N?]; s Bw Rh(ORh, † SW) He, ↘ (sm-temp·c1-3EUR, [N] östl. NAM – eros ☉ – WiB Vw – L8 T6? F5 R? N8 – V Sisymbr., V Chen. rub.). [_Chenopodium intermedium_ Mert. et W.D.J. Koch, _Ch. urbicum_ var. _intermedium_ (Mert. et W.D.J. Koch) W.D.J. Koch, _Ch. rubrum_ var. _intermedium_ (Mert. et W.D.J. Koch) Jauzein, _Oxybasis rubra_ var. _intermedia_ (Mert. et W.D.J. Koch) B. Bock et J.-S. Tison, _O. urbica_ subsp. _rhombifolia_ (Willd.) Mered'A]
Sägeblättriger G. – _Ch. rhombifolium_ Willd.
11 **(9)** Bla glänzend, eifg-rhombisch, am Rand dicht u. scharf gezähnt, die Zähne oft nach vorn gebogen (Abb. **616**/2), den Bla von Brennesseln ähnlich. BlüStand endständig an Haupt- u. Seitenachsen, kurz abstehend verzweigt, ± wenigblütig. Sa am Rand scharf gekielt (!), matt, FrSchale kaum abreibbar. Pfl bis zum Winter grün bleibend. 0,15–0,60. 7–9. Trockne bis mäßig trockne, stickstoffreiche Rud.: Schutt; [A] z Bb Mv, s By(f S) Bw(Gäu ORh S SW) Rh He(MW O) Nw Th(Bck) Sa An Ns, † Sh, ↘ (austr-m·c1-8temp·c1-4CIRCPOL, Heimat m-smEUR-WAS? – eros ☉ – WiB SeB? Vw – MeA – L8 T7 F4 R8? N9 – V Sisymbr.) [_Chenopodiastrum murale_ (L.) S. Fuentes, Uotila et Borsch]
Mauer-G., Brennnesselblättriger G. – _Ch. murale_ L.
11* Bla anders, BlüStand lg, blattachsel- u. endständig, vielblütig. Sa nicht gekielt, meist glänzend, FrSchale meist gut abreibbar. Pfl im Verlauf des Herbstes verwelkend 12
12 Bla ausgeprägt dreilappig, länglich, 2–4mal so lg wie br 13
12* Bla nicht od. nur kurz dreilappig, eifg-rhombisch bis gleichseitig dreieckig, 1,0–1,5mal so lg wie br 14
13 Pfl geruchlos. Seitenlappen der Bla nahe dem BlaGrund sitzend, diese viel kürzer u. schmaler als der lange Mittellappen, teilweise auch nur als deutliche Zähne ausgebildet (selten fehlend). Mittellappen 3–4mal so lg wie br, weitgehend parallelrandig, die Seiten leicht geschweift-gezähnt, an der Spitze abgerundet od. nur kurz zugespitzt (Abb. **616**/4). Ast-

achseln oft weinrot. SaSchale tief bienenwabenartig grubig (Abb. **618**/2). 0,30–1,20. 6–9. Frische Rud.: Müll, Dungplätze, Ufer, nährstoffreiche Äcker, Gärten; [A?] v Sa An Ns, z By Bw Rh He Nw Th Bb Mv, s Alp(Allg) Sh, ↗ (m/mo-temp·c2-8EURAS – eros ⊙ – WiB SeB Vw – MeA WaA – L7 T7 F6 Rx N7 – V Ver.-Euph., V Chen. rub. – 18). [*Ch. serotinum* auct. non L.]   **Feigenblättriger G. – *Ch. ficifolium* Sm.**

13* Pfl nach Heringslake stinkend, stark bemehlt. Seitenlappen der Bla durch langkeilige Basis bis zur Mitte der Spreite reichend, oft in 2 Teillappen od. Zähne zerteilt. Mittellappen fast rechteckig, nach vorn sich etwas verjüngend, etwa so lg wie die Seitenlappen, Lappen ± gezähnt (Abb. **616**/3). SaSchale grubig (Abb. **618**/2). 0,20–1,00. 8–10. (Mäßig) trockne Rud.: Umschlagplätze, Wollabfälle; [N U] s He Sa, [U]/† By Bw He Nw Th An (austr-stropAM – eros ⊙ – V Sisymbr.).   **Bocks-G. – *Ch. hircinum* Schrader**

14 (12) Bla im Umriss rundlich-eifg bis rhomisch-eifg, BlaSpitze br abgerundet bis kurz spitz, am Rand oberwärts wenig fein gezähnt, z. T. aber auch beidseits ein deutlicher Zahn in der BlaMitte (Abb. **616**/5). SaSchale mit deutlichem Bienenwabenmuster (!). Stg oft etwas gelblich (keine Herbstverfärbung). 0,50–1,50. 7–9. Mäßig trockne Rud.: Umschlagplätze, Schutt; ([N U 1890] s By(MS NM) Bw He(O?) Th(Hrz?) Sa(W) An Mv(N), ↘ (boreostrop-b. c2-9AM – eros – ⊙ – V Sisymbr.). [*Ch. zschackei* J. Murr]
   Berlandier-G. – *Ch. berlandieri* Moq.

14* BlaForm anders. Sa ohne Bienenwabenmuster. (*Ch. album* agg.) 15
15 Bla regelmäßig mit deutlichen aber kurzen Seitenlappen 16
15* Bla ohne Seitenlappen od. nur einzelne undeutlich gelappt 18
16 Bla etwa so lg wie br, klein, 1,3–3,0 cm lg, useits heller als oseits, mit br, zuweilen 2zähnigen Seitenlappen, der breitere Mittellappen kurz, nicht od. nur wenig gezähnt, am Ende meist br u. halbkreisfg gerundet, seltener kurz spitz (Abb. **616**/6). Stg auch im Herbst grün bleibend, nie rötlich verfärbt. Sa radial gerillt, papillös (Abb. **618**/1). 0,30–1,00. 7–9. Trockne bis mäßig trockne Rud.: Schutt, Bahnanlagen, Umschlagplätze; [A?] z He(ORh SW SO) Sa(f SO NO), s Rh Nw(N) Th(z Bck), [N] s Alp(Allg) By(NM N) Bw(ORh Gäu Keu) [U] s Ns Bb(Berlin) Mv Sh, ↘, oft verwechselt mit *Ch. album*, **19**? (austrAFR-m-temp·c2-7EUR-(WAS) – eros ⊙ – WiB Vw – MeA – L8 T7 F4? R7? N6 – V Sisymbr. – 54).
   Schneeballblättriger G. – *Ch. opulifolium* W.D. J. Koch et Ziz

16* Bla länger als br, größer, 4–10 cm lg, BlaRand stärker gezähnt, USeite kaum heller als OSeite 17
17 Bla 4–6 cm lg, nicht dicklich, nicht od. nur selten rotrandig, gesamter BlaRand scharf u. tief gezähnt, vorn abgerundet bis etwas spitz. Ökologie u. Verbr. wie Art, **19**.
   Dreilappiger Weißer G. – *Ch. album* subsp. *borbasii* (Murr) Soó

17* Bla 4–10 cm lg, dicklich, sich früh über gelb bis nach rot verfärbend, im Umriss rhombisch-dreieckig, mit gezähnten Seitenlappen u. einem gleichmäßig verjüngten gezähnten Mittellappen. Stg sich früh rötlich verfärbend. Pfl meist sehr groß. 1,50–2,00, 7–10? Rud.: [N U] s By Bw Rh He Nw Th Sa An Ns? Mv, ↗ (Heimat NAM?, austrAUST? – 54).
   Probst-G. – *Ch. probstii* Aellen

18 (15) Stg dünnwandig, im obersten Teil meist leicht zusammendrückbar, nie mit roten Tönen (höchstens Astwinkel rotfleckig), im oberen Teil der Pfl häufig Konkauleszenz (Hochrücken des Blattstielansatz aus der Achsel hinauf aus dem Stg). Bla dünn, zart, reingrün bis graugrün, an der Basis oft etwas lappig verbreitert, unregelmäßig stark gezähnt, die scharfen BlaZähne oft etwas nach vorn gebogen. BlüStand ziemlich kurz, aufgelockert, am Ende oft gabelästig u. mit deutlich gestielten EinzelBlü. Sa deutlich radiär gerillt mit feinem flachgrubigen Netzmuster, 1,3–1,8 mm ⌀. 0,30–1,00. 6–8. Mäßig trockne bis frische Rud.: Schutt, Wegränder; Verbr. ungenügend bekannt, [A?] z Sa Ns(f Hrz M) Mv, s Rh(ORh) He(O ORh SW) Th(Bck S) An(f Hrz N W) Sh, [N U] s Alp(Allg) By(f NO NW S) Bw(f SO Alb S) Bb(f SO Od SW) (temp-b·c2-7EURAS-WAM – eros ⊙ – WiB Vw – MeA – L8 T6? F4 R6? N7? – V Sisymbr. – 18). [*Ch. viride* auct.]   **Grüner G. – *Ch. suecicum* J. Murr**

18* Stg dickwandig, fest, nicht leicht zusammendrückbar, grün od. rötlich überlaufen. Bla ziemlich dick u. fest. BlüStand meist lg, dicht, Sa undeutlich gerillt od. ± glatt 19
19 Stg meist grün, seltener rot gestreift. Seitenäste meist deutlich über dem Boden abzweigend, zuweilen an unten bogig aufsteigend (aber nicht dem Boden aufliegend). Bla nicht od. erst spät rotranding, meist 1,5mal so lg wie br (4–12 cm lg), br eifg-rhombisch bis

rhombisch-lanzettlich, ansonsten sehr vielgestaltig aber nie parallelrandig, vorn meist spitz, BlaRand ungleichmäßig stumpf gezähnt bis etwas gelappt, selten ganzrandig. BlüKnäuel an den Ästen meist unregelmäßig klumpig verteilt. Sa ± rund, 1,2–1,5 mm ⌀, undeutlich gerillt, mit völlig ebenem Netzmuster. 0,20–1,50. 7–10. Trockne bis frische Rud.: Schutt, Wegränder; Äcker, Gärten, Ufer; [A?] g alle Bdl., außer z Alp (austr-b·c1-9CIRCPOL, Heimat: EURAS – eros ☉ – SeB WiB, s InB? Vw – MeA VdA WaA Sa langlebig – Lx Tx F4 Rx N7 – K Stell. med., V Sisymbr., V Chen. rub. – für Vieh giftig – 54). [*Ch. lobodontum* H. Scholz ?].   **Weißer G. – *Ch. album* L.**

1   Bla wenig länger als br, kurz dreilappig od. zumindest am Grund abgesetzt lappig gezähnt, bis zur oft stumpflichen BlaSpitze mit großen Zähnen. BlüKnäuel regelmäßig gereiht; [N U] s By Th.
                                         Dreilappiger Weißer G. – subsp. *borbasii* (Murr) Soó
1* Bla deutlich länger als br, nicht od. nur andeutungsweise dreilappig, am Ende spitz. BlüKnäuel meist etwas klumpig, unregelmäßig gehäuft, od. aufgelöst u. EinzelBlü sichtbar 2
2   Bla br dreieckig-rhombisch bis eilanzettlich, BlaRand meist dicht gezähnt, unten oft mit zwei deutlichen Zähnen (Basalzähne). BlüKnäuel vielblütig. BlüStand kompakt mit angewinkelten Scheinähren. Ganze Pfl meist stärker weiß bemehlt, besonders oberwärts; Verbr. in D wie Art.
                                           Gewöhnlicher Weißer G. – subsp. *album*
2* Bla länglich elliptisch bis lanzettlich, vorn meist abgerundet, nicht od. nur wenig gezähnt. BlüStand stark aufgelockert mit abstehenden Ästen, oft gabelspaltig. BlüKnäuel wenigblütig, in kleinen Gruppen od. in Form von gestielten EinzelBlü. Pfl meist wenig bemehlt. Verbr. ungenügend bekannt, Wert des Taxons fraglich; By Bw Rh He Sa An. [*Ch. pedunculare* Bertol.].
                                       Stielblütiger Weißer Gänsefuß – subsp. *pedunculare* (Bertol.) Arcang.

19* Stg intensiv rotstreifig, später oft im Ganzen rotviolett verfärbt. Untere Äste zunächst waagerecht dem Boden aufliegend, später lg bogig aufsteigend. Bla früh rotrandig, länglich eifg u. parallelrandig od. rhombisch (dann sehr klein), 1,5–3mal so lg wie br (3–6 cm lg). Sa ± eifg, 0,9–1,2 mm lg, deutlich glänzend, glatt, nahezu ohne Zeichnung. BlüKnäuel klein, meist gleichmäßig perlschnurartig an den Ästen gereiht **20**
20 Pfl meist groß. Bla 3–6 cm lg, länglich elliptisch od. länglich eifg, fast parallelrandig, sich zur Spitze hin etwas verjüngend, ganzrandig oder fein regelmäßig gezähnt, die BlaSpitze stumpf abgerundet. Perigon schwach blasenhaarig. 0,20–1,50. 8–10. Kiesig-sandige Böden; trockne Rud.: Schutt, Trümmer, Bahnanlagen; [N 1860] z Bw Rh Nw(f SW) He(s NW MW O) Sa(s W) An Bb Sh, s Th Ns, [N U] s By Mv (austr-temp·c2-9CIRCPOL?, Heimat: m-sm·c4-8EUR-WAS – eros ☉ – WiB Vw – MeA VdA -L9 T7 F4? Rx N6 – V Sisymbr. – 36). [*Ch. album* subsp. *striatum* (Krasan) J. Murr]   **Gestreifter G. – *Ch. strictum* Roth**
20* Pfl klein, zierlich, Bla 1,0–2,5(–3,5) cm lg, länglich rhombisch, nicht parallelrandig, sondern zur Spitze hin gleichmäßig verjüngt, scharf klein gezähnt. Perigon dicht blasenhaarig. 0,10–0,40(–1,00). 8–10. Sandfelder, trockne, sandige Rud.: Müll, Bahngelände, an Mauern; [N U? 19. Jh.] s Bw(Gäu ORh) Rh(f M N W) He(ORh SW) Sa(W) An Bb? Ns(N) Mv(f SW Elb) Sh(M) [U] s By(f NO S), Verbreitung unvollständig bekannt (sm-stemp·c4-6EUR? – eros ☉ – V Sisymbr. – 36). [*Ch. album* var. *microphyllum* Boenn., *Ch. strictum* subsp. *striatiforme* (Murr) Uotila]   **Kleinblättriger G. – *Ch. striatiforme* J. Murr**

Hybriden: *Ch. album* × *C. ficifolium* = ? – s, *Ch. album* × *C. berlandieri* = *Ch.* ×*variabile* Aellen – s , *Ch. album* × *Ch. suecicum* = *Ch.* ×*fursajewii* Aellen et Iljin = s, *Ch. album* × *Ch. probstii* = ? – s, *Ch. album* × *Ch. opulifolium* = ? – s, *Ch. album* × *Ch. giganteum* (Pfl > 2 m, oben intensiv rosa bemehlt, sonst ähnlich *Ch. album*) = *Ch.* ×*reynieri* Ludwig et Aellen [*Ch. amaranticolor*] – s, *Ch. glaucum* × *Ch. rubrum* = *Ch.* ×*schulzeanum* J. Murr – s

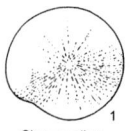
Chenopodium opulifolium

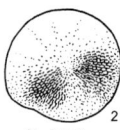
Ch. ficifolium

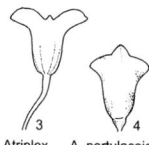
Atriplex pedunculata

A. portulacoides

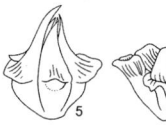
Salsola kali

S. tragus

Dysphania R. Br. – **Drüsengänsefuß** (17 Arten)
1   Blü in end- u. blattachselständigen, dichten, sitzenden Knäueln. Bla im Umriss lanzettlich bis rhombisch, gezähnt bis gelappt (selten ganzrandig). Fr waagerecht, nicht od. nur sehr kurz gestielt 2
1* Blü in end- u. blattachselständigen lockeren Dichasien. Bla im Umriss länglich bis elliptisch od. eifg, tief zerteilt. Fr waagerecht, schief od. aufrecht, einzeln od. in Gruppen sparrig abstehend gestielt 3
2   Pfl aufrecht, stark aromatisch (kampferartig riechend). Bla lanzettlich, regelmäßig gezähnt bis gebuchtet. Blü in blattachsel- u. endständigen, wenigblütigen, sich berührenden Knäueln, 2–3 mm ⌀, mit 5 Staubgefäßen. Perigon hoch verwachsen, die (nicht sichtbaren) reifen NussFr ganz einschließend. 0,25–0,80(–1,20). 6–9. Früher HeilPfl, Tee gegen Würmer, frische Rud.: Schutt, Müll; Ufer; [N] s Nw(MW N) Rh He, [U] s By Bw(SW) Sa Bb Ns Mv Sh (austr-m-stemp·c1-6AM – eros ☉ – V Sisymbr. – giftig). [*Chenopodium ambrosioides* L.]
            Mexikanischer Tee – ***D. ambrosioides*** (L.) Mosyakin et Clemants
2* Pfl liegend bis aufsteigend, schwach aromatisch. Bla rhombisch, regelmäßig gelappt. Blü in blattachselständigen, reichblütigen, entfernten Knäueln, 3–5 mm ⌀, mit 1–2 Staubgefäßen. Perigon schmal, wenig verwachsen, die (sichtbare) reife NussFr wie mit Fingern umfassend. 0,20–0,80. 6–9. Trockne, sandige Rud.: Bahnanlagen, Schutt; Flussufer; [N 1890] v Nw(N MW: N-Rhein, s Ems), z Bw(ORh) He(ORh) Rh(ORh, v MRh), [U] s By(MS: München, NM) Th(O) Sa(W SO) An(S) Bb Ns Mv (austrAUST, [N] stemp·c1-3EUR – eros ☉ – WiB Vw – MeA – L9 T7 F4? R7? N8? – V Sisymbr., V Chen. rub., Ver.-Euph.). [*Chenopodium carinatum* auct., *Ch. pumilio* R. Br.]
            Australischer D. – ***D. pumilio*** (R. Br.) Mosyakin et Clemants
3   (1) Mittelnerv der PerigonBla außen ohne Kiel u. ohne Höcker. Pfl stark drüsig-klebrig, herb aromatisch (terpentinartig duftend). Sa etwas kantig. 0,30–0,70. 5–8. Trockne Rud.: Schutt, Müll, Wegränder; [A N U, in Großstädten z. T. eingebürgert] z Bb(M MN: Großraum Berlin, s Bw(ORh) Rh(ORh MRh) Nw(MW: Rhein) Sa An, (O: Halle), [U] s By He Th Ns(N: Hamburg) Mv Sh (m-stemp·c2-10EUR-WAS, [N] austrCIRCPOL, OAS, NAM – eros ☉ – WiB Vw – VdA MeA Lichtkeimer – L8 T7 F4 R7? N6 – O Sisymbr.). [*Chenopodium botrys* L.]
            Klebriger D. – ***D. botrys*** (L.) Mosyakin et Clemants
3* Mittelnerv der PerigonBla außen gekielt u. kammartig mit Höckern besetzt (Abb. **610**/5), Pfl kaum klebrig, angenehm aromatisch (zitronenartig duftend). Sa rund. 0,30–0,90. 7–9. Rud.; [N U 1907] s By Bw Rh He Nw Sa An Bb Ns Mv(?), † Th, oft verwechselt mit *D. botrys*, 3 (austr-boreos-trop/mo OAFR – eros ☉ – V Sisymbr.). [*Chenopodium schraderianum* Schult.]
            Schrader-D. – ***D. schraderiana*** (Schult.) Mosyakin et Clemants

Verwandt ist der **Grannengänsefuß** – *Teloxys aristata* (L.) Moq. [*Chenopodium aristatum* L., *Dysphania aristata* (L.) Mosyakin et Clemants]: Pfl zart, aufrecht, buschig verzweigt, kahl. Bla fast sitzend, ganzrandig, lineal-lanzettlich mit stumpflicher Spitze. Blü in end- od. achselständig lockeren Dichasien, Blü-Standsäste fast stets in lg stachelartige Grannen endend. 0,05–0,20. 8–10. Rud.; [U] s By Bw Nw Th Sa Bb Ns Mv (m-temp·c5-9MAS-ZAS – eros ☉)

Spirobassia Freitag et G. Kadereit – **Drehmelde** (1 Art)
Perigonzipfel zur FrZeit auf dem Rücken mit braunem stumpfem Höcker. FrStände korkenzieherartig verdreht. Pfl in D kahl (sonst meist rauhaarig). Bla halbstielrund. 0,05–0,30. 8–9. Küstenspülsäume, wechselfeuchte Dünenmulden, salztolerant; s Küsten von Sh(W O), † Mv (sm-c5-8+litEUR-WAS+temp·c2-3litEUR – eros ☉ – WiB – L9 T6 F8= R7 N5 – V Suaed. – 18). [*Bassia hirsuta* (L.) Asch.]
            Rauhaarige D. – ***Sp. hirsuta*** (L.) Freitag et G. Kadereit

Bassia All. [inkl. *Kochia* Roth] – **Dornmelde, Radmelde** (20 Arten)
1   Stg liegend od. aufsteigend. Anhängsel der FrHülle trockenhäutig, deutlich voneinander getrennt (Abb. **620**/1). Bla fädlich-pfriemlich, 0,5 mm br. 0,10–0,40. 8–10. Rud. Sandtrockenrasen, basenhold; s Bw(ORh: Sandhausen) Rh(ORh) He(ORh SO), ↘ (sm-stemp·c4-9 EUR-WAS – eros ☉ – WiB – WiA KIA? – L9 T8 F2 R8 N1? – V Koel. glauc., V Salsol.). [*Kochia arenaria* (Maerkl.) Roth, *K. laniflora* (S.G. Gmel.) Borbás, *K. densiflora* B.D. Jacks.]
            Sand-R. – ***B. laniflora*** (S.G. Gmel.) A.J. Scott

1* Stg aufrecht. Anhängsel der FrHülle krautig, sehr kurz, nicht deutlich voneinander getrennt (Abb. **620**/2). Bla lineal-lanzettlich bis schmal eifg, >4 mm br. Unterschieden werden – var. *scoparia* – **Sommerzypresse**: Zweige steif aufrecht, BlüStand lockerblütig, Blü am Grunde kahl od. nur mit wenigen Haaren, ZierPfl in verschiedenen Sorten, selten verwildert; [N] s Sa An, [U] By Rh – var. *subvillosa* (Moq.) Buttler [*B. scoparia* subsp. *densiflora* (B.D. Jacks.) Cirujano et Velayos] – **Dichtblütige Radmelde**: Zweige ± abstehend, BlüStand dichtblütig, Blü am Grunde von einem dichten Haarkranz umgeben, trockne, sand- u. schotterreiche Rud. (Bahndämme, Deponien), Steppenroller, Verbr. wie die Art. 0,20–1,50. 7–9. [N] z Th Sa An, s By Nw Th Bb, [U] s D außer Sh (m-stemp·c6-9AS, [N] c3-8EUR+AM – eros ☉ – WiB – KlA MeA Sa langlebig – O Sisymbr.). [*Kochia scoparia* (L.) Schrad.]
Besen-R. – *B. scoparia* (L.) Voss

Corispermum L. – **Wanzensame** (60 Arten)

1 FrFlügel mindestens ⅓ so br wie der Sa, dünnhäutig, gezähnelt bis gekerbt, an beiden Enden ausgerandet (Abb. **620**/3). Fr rundlich bis schwach eifg, 4–5 × 3–4 mm, breiter als die zugehörigen TragBla. BlüHülle meist fehlend. 0,30–0,40. 7–9. Trockne, sandige Rud., Binnendünen; [N 1836] s Bw(ORh) He(ORh), [U] s Mv, † Bb(M: Berlin) (sm-stemp·c5-6EUR – eros ☉ – WiB – WiA – L9 T6? F4? R8 N5? – V Salsol.).
Marschall-W. – *C. marschallii* Steven
1* FrFlügel schmal, höchstens ¼ so br wie der Sa, höchstens am Rand durchscheinend dünnhäutig, ganzrandig od. nur spärlich gezähnelt (Abb. **620**/4). Fr deutlich eifg, 3,5–4,0 × 2,5–3,0 mm. BlüHülle meist 1blättrig. 0,10–0,60. 6–9. Trockne, sandige bis kiesige Rud.: Bahnanlagen, Sandgruben, Braunkohlen-Tagebaue, rud. beeinflusste Binnen- u. Küstendünen; [N 1849 U] z He(ORh) Nw(MW: Rhein, s NO) Th Sa An Bb Ns Mv Sh, s By Rh (sm-temp·c4EUR – eros ☉ – WiB – WiA – L8 T7? F3 R7? N6? – O Sisymbr., bes. V Salsol. – formenreich). [*C. hyssopifolium* auct. non L., *C. intermedium* auct.]
Schmalflügliger W. – *C. leptopterum* (Asch.) Iljin

Salicornia L. – **Queller** (8 Arten)

Die morphologisch schwer fassbaren Sippen sind nicht immer klar von standörtlich bedingten Modifikationen unterschieden, die sich vor allem auf Habitus, Größe u. Färbung beziehen. Aus den morphologischen, zytologischen, ökologischen u. vegetationskundlichen Untersuchungen heben sich drei genetisch fixierte Sippen heraus. Typische Exemplare sind in D ab Ende August zu erwarten. Jüngere Pfl lassen sich ebenso wie Herbarexemplare nicht sicher bestimmen. Die Pfl sollten im Zusammenhang mit der ganzen Population bestimmt werden, da stets vorhandene atypische Pfl, die isoliert nicht bestimmbar sind, in der Population durch Übergangsformen mit typischen Pfl in Verbindung gebracht werden können. Merkmale z. T. nach R. Dahmen. Neuen Erkenntnissen zufolge ist eine Unterteilung in Unterarten bei *S. europaea* nicht sinnvoll. *S. stricta* ist besser infraspezisch zu *S. procumbens* zu stellen.

Alle Arten gehören zur **Artengruppe Gewöhnlicher Qu. – *S. europaea* agg.**: Bla den Stg berindend, mit kurzer, abstehender Spitze. Blü in die Sprossachse eingesenkt (Abb. **620**/5). 0,05–0,30(–0,45). 8–10.

1 Oberste Äste deutlich abstehend; Winkel 45° od. größer. Scheinähren kurz, 1–4(–5) cm lg, ± spindelfg. MittelBlü mehr als doppelt so hoch wie die kleinen SeitenBlü. Staubbeutel 0,2–0,5 mm lg, vor dem Strecken der Staubfäden bereits geöffnet. Sa rundlich, 1,0–1,7 mm lg, dicht behaart. Die Pfl sich im Herbst meist rot verfärbend. Hygrohaline, regelmäßig od.

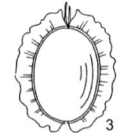
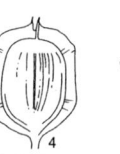

Bassia laniflora B. scoparia Corispermum marschallii C. leptopterum Salicornia

längerfristig überstaute Küstenwatten, mit einem Verbreitungsschwerpunkt oberh. mittl. Tidehochwassers, besonders Salzwiesen u. binnenländische Salzsenken; Küsten: v Ns(N) Sh(W), z Sh(O) Mv, Binnenland: z Th(Bck NW Rho) An(SO S) Ns(SO), [N] s Bw(ORh), † By(NW) He(O) Bb(M: Havelländisches Luch), im Binnenland z. T. ↘, aber in An Ns ? (m-b·c5-10+litEURAS+OAM – eros ☉ – WiB SeB? – WaA KlA VdA – L9 T6 F8= R8 N4 – O Th.-Salicorn. – 18). [*S. herbacea* (L.) L., *S. ramosissima* Woods, *S. europaea* subsp. *gracilis* (G. Mey.) Kloss, *S. europaea* subsp. *brachystachya* (G. Mey.) Dahmen et Wissk.]
Gewöhnlicher Qu. – *S. europaea* L.

1* Oberste Äste meist angewinkelt; Winkel selten 45° erreichend, meist kleiner. Scheinähren lg, gestreckt, 3–10 cm lg od. länger, wie die StgGlieder ± zylindrisch. SeitenBlü mindestens halb so groß wie die MittelBlü. Staubbeutel 0,6–1,0 mm lg, erst nach dem Strecken der Staubfäden geöffnet. Sa schlank, 1,4–2,2 mm lg, spärlich behaart. [*S. dolichostachya* Moss, *S. fragilis* P.W. Ball et Tutin] **Langähren-Qu. – *S. procumbens* Sm.**

1 Stg niederliegend od. schräg aufsteigend, mit unregelmäßiger Wuchsform. Scheinähren 3–10(–20) × 4–5(–8) mm, oft paarweise. MittelBlü oben abgerundet. SeitenBlü fast so groß wie MittelBlü. Pfl im Herbst gelblich bis bräunlich-orange verfärbt. Flugsandflächen der Küsten u. Sandwatten oberh. mittl. Tidehochwassers; z? Sh(W: Westküste u. ostfriesische Inseln), s Ns(N) (m-b·litEUR? – eros ☉ – WiB SeB? – WaA KlA – L9 T6? F7= R7? N3? – V Salicorn. – 36). [*S. dolichostachya* Moss, *S. fragilis* P.W. Ball et Tutin, *S. stricta* subsp. *decumbens* Aellen, *Salicornia stricta* subsp. *procumbens* (Sm.) D. König nom. inval, *S. stricta* subsp. *nidiformis* König, *S. dolichostachya* subsp. *dolichostachya*]
Sandwatt-Qu. – subsp. *procumbens* Sm.

1* Stg aufrecht. Äste aufrecht, angewinkelt, höchstens bis 45° abstehend. Scheinähren 4–8 × 3,5–4,0 mm. MittelBlü oben spitz. SeitenBlü nur etwas mehr als halb so lg wie MittelBlü. Pfl im Herbst nicht verfärbt. Schlickwatten der Küsten, meist unterh. mittl. Tidehochwassers; z Ns(N), s Sh(W) (ntemp-b·litEUR? – eros ☉ – WiB SeB? -WaA KlA – L9 T6 F9 = R7 N4 – V Salicorn. – 18, 36). [*S. herbacea* var. *erecta* G. Mey., *Salicornia herbacea* var. *stricta* G. Mey., *S. dolichostachya* s. str. auct. non Moss, *S. strictissima* Gram, *S. dolichostachya* subsp. *strictissima* (Gram) P.W. Ball, *S. stricta* Dumort., *S. strictissima* Gram.] **Schlickwatt-Qu. – subsp. *strictissima* (Gram) Wissk.**

Suaeda J.F. Gmel. – **Sode** (ca. 100 Arten)

Pfl kahl, blaugrün, oft rot überlaufen. Bla linealisch, fleischig. Blü zu 2–3 achselständig. 0,10–0,35. 7–9. (Wechsel)Nasse Salzschlamm-Standorte im Übergangsbereich zu Salzwiesen; z Küsten: Ns(N) Mv(N) Sh(W O), Binnenland: z Th(Bck NW Rho), s An(S SO W) Ns(f Elb Hrz) Mv(MW), [N] s Sa(W) Sh(M: Hamburg) (austr+m-temp·c6-9+litAUST+AFR+EURAS, [N] AM – eros ☉ – SeB – KlA VdA WaA? – L8 T6 F8= R7 N7 – K Th.-Salicorn., V Pucc. mar., V Atr. litt. – 36). [*S. m.* subsp. *prostrata* (Pall.) Soó, *S. m.* subsp. *salsa* auct.]
Strand-S. – *S. maritima* (L.) Dumort.

Salsola L. (inkl. *Kali* Mill.) – **Salzkraut** (ca. 100 Arten)

1 Pfl meist niederliegend. Die auswärts gestellten Flügel der PerigonBla bei der FrReife schmal (oft nur saumartig) u. undurchsichtig. Die einwärts gerichteten PerigonZipfel alle dornartig verlängert u. über der BlüMitte hoch aufgerichtet, einen spitzen Kegel bildend (Abb. 618/5). 0,10–0,60. 7–9. Trockne bis frische Küstenspülsäume (Vordünen); v Mv(N) Sh(f SO), z Ns(N: Inseln, sonst s) (m-temp·litEUR – eros ☉ – WiB InB – WiA WaA MeA – L9 T7 Fx= R7 N8 – V Atr. litt., V Ammoph., O Cak. – 36). [*S. kali* L. subsp. *kali*, *Kali soda* Moench]
Küsten-S. – *S. kali* L.

1* Pfl meist aufrecht. Die auswärts gestellten Flügel der PerigonBla bei der FrReife br, halbdurchsichtig u. geädert, zusammen tellerartig ausgebreitet. Die einwärts gestellten BlüZipfel kurz u. weich, höchstens 1–2 verdornt u. über die Fr gebogen (Abb. 618/6). 0,10–1,00. 7–9. Rud. beeinflusste Binnendünen, trockne, sandig-schottrige Rud.: Bahnanlagen, Brachen; salztolerant; [N] v An(S SO) Mv(MW), z By(NW, s MS: Landshut) Rh(ORh) He(ORh) Nw(MW NO) Th Sa An(N) Bb(SW M: Berlin), s Bw(ORh S) N-Ns(N) Mv(NO), ↗ (m-temp·c5-9+litEURAS, [N] austrAUST+AFR, NAM, c2-4EUR – L9 T7 F4? R8 N5? – O Cak. – 54). [*S. kali* subsp. *ruthenica* (Iljin) Soó, *S. kali* subsp. *iberica* (Sennen et Pau) Rilke, *Kali tragus* (L.) Scop.]
Kali-S. – *S. tragus* L.

Familie *Phytolaccaceae* R. Br. – Kermesbeerengewächse

(5 Gattungen/32 Arten)

Kräuter, Lianen, Sträucher, Bäume. Bla wechselständig, ganzrandig, ohne NebenBla. Blü in Ähren od. Trauben, durch Übergipflung der Seitenäste auch scheinbar seitenständig, den Bla gegenüberstehend. Blü meist unscheinbar, mit einfacher Hülle, 4–5zählig, radiär. StaubBla 4–∞. FrKn meist oberständig, 3–∞, frei od. verwachsen. Griffel so viele wie FrKn od. fehlend. 1 grundständige SaAnlage. Beeren od. Achänen.

Phytolacca L. – Kermesbeere (25 Arten)

1 StaubBla 10. FrBla 10, bis auf die Griffel zu 1 FrKn verwachsen. Stg oft rötlich überlaufen. Bla 10–26(–40) cm lg, eifg-lanzettlich, am Stg etwas herablaufend. Trauben zur FrZeit übergebogen. Perigon weiß bis grünlichweiß, rötlich werdend. Fr eine Beere, unreif mit 10 Längsfurchen, rötlichschwarz, zuletzt glatt, schwarz, selten weiß. 1,00–3,00. 6–9. Kultur- u. ZierPfl; auch Waldlichtungen, Rud.; [N 17. Jh.] s By Bw Rh He Nw Th Sa Sh (m-sm·c1-5AM, [N] m-stemp·c1-5EUR – eros sogr G ♃ Rübe – InB – VdA – *L5 T8 F5 R5 N7* – Arct., V Geo-Alliar. – Fr früher zum Färben von Wein u. Süßwaren, in der Heimat auch GemüsePfl – alle PflTeile roh schwach giftig – oft mit **1*** verwechselt). [*Ph. decandra* L.]
Amerikanische K. – *Ph. americana* L.
1* StaubBla 8(–9). FrKn 8, frei. Stg grün. Bla 10–40 cm lg, eifg-elliptisch bis fast rundlich. Trauben ± aufrecht. Perigon anfangs weiß, später grünlichweiß. SammelFr deutlich in Frchen geteilt, schwarz. 1,00–2,00. 7–9. Kultur- u. ZierPfl; auch frische Rud.; Gehölzsäume, Weinberge; [N 19. Jh.] s Rh Nw(f SW) Sa, [U] z Ns, s By Th Mv Sh (m-sm·c1-5OAS – eros sogr G ♃ Rübe – InB – VdA – *L5 T8 F5 R3 N7* – V Arct., V Geo-Alliar. – in der Heimat GemüsePfl – 72 – oft mit **1** verwechselt). **Asiatische K. –** *Ph. esculenta* Van Houtte

Familie *Nyctaginaceae* Juss. – Wunderblumengewächse

(31 Gattungen/400 Arten)

Bäume, Sträucher, Lianen, Kräuter. Bla gegenständig od. quirlig, oft ungleich, ohne NebenBla, gestielt, ungeteilt, ganzrandig od. geschweift. BlüStände zymös od. rispig, HochBla oft vergrößert, manchmal kronblattartig gefärbt u. eine kelchartige Hülle bildend. Blü ♀ od. 1geschlechtig, meist radiär. BlüHülle einfach, aus (3–)4–5(–7) verwachsenen PerigonBla, glockig, tricherig od. röhrig. StaubBla 1–10(–40), oft am Grund verwachsen. FrBla 1, oberständig, SaAnlage 1, gestielt, reife Fr nussartig, vom unteren Teil der BlüHülle umschlossen („Anthocarp").

Oxybaphus Willd. – Regenschirmkraut (ca. 30 Arten)

Blü 5–10 mm lg, 8–10 mm Ø, mit 1–2 mm lg Röhre, zu 2–4 von gemeinsamer HochBlaHülle umgeben, Perigon purpurrosa, od. (bei späteren Blü) grün, verkümmert u. Blü kleistogam. HochBlaHülle 5teilig, zur FrZeit auf 8–15 mm vergrößert. BlaStiel 0,2–2,0 cm, Spreite dreieckig-eifg 6–8 × 5–6 cm, kahl od. oseits zerstreut kurzhaarig, die oberen kleiner. BlüStand gablig verzweigt. Stg 2reihig flaumhaarig. Fr verkehrteifg, 4–5 mm lg, mit 5 knotigen Rippen, behaart, feucht schleimig. 0,50–0,90. 7–8. Trockne Rud.: Weinbergs- u. Gartenmauern, Straßenränder; [N lokal 1850] s By Nw Th Sa(Dresden) (m-temp·c4-6AM, [N] SOEUR – sogr? ♃ PfWu – KIA – früher FärbePfl – V Arct., V Cymb. mur.). [*Mirabilis nyctaginea* (Michx.) MacMill.]
Regenschirmkraut – *O. nyctagineus* (Michx.) Sweet

Familie *Montiaceae* RAF. – Quellkrautgewächse
(10–15 Gattungen/ ca. 240 Arten)

Kahle ⊙ od. ♃, oft mit Rosetten u. Speicherwurzeln. Bla ungeteilt, gegenständig od. rosettig, Blü in endständigen Thyrsen od. einzeln achselständig, radiär, ⚥. PerigonBla 4–5(–19), kronartig. StaubBla ebensoviele, vor den PerigonBla. FrBla 2–5(–8), verwachsen. FrKn oberständig. Kapsel.

1   Bla (bis auf 2 sitzende HochBla) grundständig, rosettig, lg gestielt. Pfl aufrecht, etwas fleischig. Perigon kronblattartig, weiß od. rosa. StaubBla 5.   **Claytonie – *Claytonia***
1* Bla alle gegenständig, länglich, meist beidseits verschmälert od. spatelfg. Pfl nicht od. nur etwas fleischig, niederliegend bis aufsteigend od. flutend. Perigon kronblattartig, unscheinbar, weiß. HochBlaHülle aus 2 freien Bla bestehend. StaubBla 3, den PerigonBla angewachsen.   **Quellkraut – *Montia***

Claytonia L. – Claytonie   (27 Arten)

1   Die beiden TragBla der BlüStände zu einem flachen, oft unsymmetrisch 2spitzigen Trichter verwachsen. Nur unterste Blü mit DeckBla. Blü 5–8 mm ∅. PerigonBla vorn abgerundet od. schwach ausgerandet, am Grund etwas verwachsen, weiß. 0,07–0,20(–0,35). 4–6. Grünanlagen, Rud.; [N 1851] v Ns, z He Nw Sa An, s By Bw Rh Bb Mv Sh; ↗, auch KulturPfl (strop-temp·c1-5WAM, [N] austr AM+AUST, sm-temp·c1-3EUR – hros ⊙ ① H – SeB – SeA AmA – L6 T6 F5 R7 N7 – V Geo-Alliar. – Gemüse, Salat – 36). [*Montia perfoliata* (WILLD.) HOWELL]   **Tellerkraut, Kubaspinat, Postelein – *C. perfoliata* WILLD.**
1* Die beiden TragBla der BlüStände frei. Blü den DeckBla gegenüberstehend, (10–)15–20 mm ∅. PerigonBla tief ausgerandet bis gespalten, am Grund sehr kurz verwachsen, rosa bis weiß. 0,05–0,30. 4–6. Feuchte, schattige Sandböden, kalkmeidend; [N] s He Bb, [U] By Bw Nw Th Sa Ns Sh (m/mo-b·c1-4 WAM – hros ⊙/sogr? H ♃ kurzlebig – InB Vm). [*C. alsinoides* SIMS, *Montia sibirica* (L.) HOWELL]   **Sibirische C. – *C. sibirica* L.**

Montia L. – Quellkraut   (12 Arten)

Die einzelnen Taxa können nur nach reifen Samen u. bei mindestens 40facher Vergrößerung bestimmt werden. Übergangsformen zwischen *M. f.* subsp. *variabilis* u. subsp. *amporitana* sind nicht selten [*M. limosa* DECKER].

1   Sa nicht glänzend, mit großen, stumpfen Warzen auf der ganzen Fläche. Pfl stark verzweigt. Äcker-Nassstellen, feuchte Trittstellen in Viehweiden, Fahrrinnen, Gräben; z Rh Nw Sa An(Elb N O) Ns(f Hrz) Mv, s By(f Alb MS S) Bw(ORh Keu SW) He(f NW) Th(Bck) Bb(f M Od SW) Sh, ↘ ((m)/mo-temp·c1-4EUR – meist ⊙ – L7 T6 F8= R3 N4 – V Nanocyp., V Card.-Mont. – 18). [*M. fontana* subsp. *chondrosperma* (FENZL) WALTERS, *M. verna* auct., *M. minor* auct.]   **Acker-Qu. – *M. arvensis* WALLR.**
1* Sa auf ganzer Fläche od. nur in der Mitte ± glänzend. Warzen kleiner u. nur am Kiel. Nie auf Äckern. 0,02–0,50. 6–8. Quellfluren, an Bächen u. Gräben, sickernasse Wiesen, kalkmeidend; z By(f S) Bw(f SO Alb S) Rh He Nw Th(f NW) Sa An(f SO S) Ns Sh, s Bb(f Od SW), † Mv, ↘ (meist ⊙ ①/igr kurzlebig HelC ♃ – SeB, selten InB – SeA KlA – V Card.-Mont., V Nanocyp. – 20).   **Bach-Qu. – *M. fontana* L.**

  1   Sa auch am Kiel glatt, stark glänzend. Quellfluren, Gräben, sickernasse Wiesen; s By(NW) Rh(M N SW) He(O W) Nw(SW SO) Th(Wld) Sa(SW SO) An(Hrz) Sh(M), † By (antarct-trop/moarct·c1-6CIRCPOL – L8 T4 F9 R5 N4 – V Card.-Mont.). [*M. lamprosperma* CHAM.]   subsp. ***fontana***
  2* Sa am Kiel mit ± deutlichen Warzen, nur in der Mitte ± glänzend 3
  3   Sa am Kiel dicht mit mehreren Reihen langer spitzer Warzen besetzt. Quellfluren, Gräben, Bäche; z Th(Hrz O Wld), s By(f Alb N S) Bw(Gäu NW SW) Rh(M SW N W) He(f SW) Nw(f MW) Sa An(Hrz N) Ns(f MO Elb), † Mv(Elb) (antarct-austr+m/mo-temp c1-3EUR+WAM – V Card.-Mont. – *L7 T7 F9 R3 N5*). [*M. lusitanica* SAMP., *M. rivularis* auct. p. p.]   subsp. ***amporitana*** SENNEN
  3* Sa am Kiel mit einzelnen niedrigen, stumpfen od. zugespitzten Warzen. Quellfluren, Gräben, Bäche; v He, z (bes. Bergland) By Bw Rh Nw Th(?) Sa An Ns Bb, † Sh (strop/mo-temp c1-5EUR+WAM – V Card.-Mont. – *L7 T6 F8 R3 N5*). [*M. rivularis* auct. p. p.]   subsp. ***variabilis*** WALTERS

Die Eigenständigkeit der subsp. *variabilis* ist nicht gesichert, entsprechende intermediäre Pfl werden auch zu subsp. *amporitana* gestellt od. als Hybriden mit subsp. *fontana* aufgefasst.

Familie *Portulacaceae* Juss. – Portulakgewächse

(1 Gattung/ca. 120 Arten)

Sträucher od. Kräuter. Bla ungeteilt, ganzrandig, meist fleischig, oft mit häutigen Basalschuppen, gegen- od. wechselständig. Blü meist ⚥, meist radiär u. wenig auffällig, durch die kelchähnliche HochBla- u. kronblattähnliche BlüHülle scheinbar in Ke u. Kr gegliedert. PerigonBla meist weiß, gelb od. rot, (2–)5(–18), frei od. am Grund verwachsen, hinfällig. StaubBla (1–)5–∞. FrKn (halb)unterständig, (2–)5(–8)blättrig, später 1fächrig. SaAnlagen meist 2–∞. Griffel 2–8. Kapsel.

Portulaca L. – Portulak

(ca. 120 Arten)

Mit Beiträgen von **Klaus Pistrick**

1 Bla linealisch, zylindrisch, spitz. Pfl aufrecht, Blü >1 cm ⌀, PerigonBla die kelchähnliche Hülle aus HochBla überragend, rot od. gelb, orange, rosa, weiß, auch gefüllt od. gestreift. Sa silbrig grau, metallisch glänzend. 0,10–0,15. 6–9. KulturPfl; auch Brachen, Rud.; [U] z By Rh, s He Sn Bb (austr-austrstrop·c1-4SAM, [N] austr-(trop)-temp·c1-4AM-AFR-EURAS-AUS eros ⊙ – SeB – VersteckA – *L9 T9 F3 R5 N5* – V Cymb. mur. – ZierPfl).
Portulakröschen, Großblütiger P. – *P. grandiflora* Hook.

1* Bla verkehrteifg. od. spatelfg, flach. Pfl niederliegend bis aufsteigend od. aufrecht, Stg oft rot überlaufen. Blü <0,5(–1,0) cm ⌀, PerigonBla so lg wie HochBla od. kürzer, gelb. Sa schwarz, glänzend od. matt. 0,02–0,30. 6–9. Trockne, sandige Rud.: Wegränder, Pflasterfugen; sandige Flussufer, nährstoffreiche Hackfruchtkulturen, Gärten; [A] z By Rh(h ORh) He(f NW W) Sa An, s Alp(Allg Krw) Bw(NW ORh Gäu S) Nw Bb(f M SW) Ns(f Hrz) Mv(f N NO) Sh(M), † Th(S Bck Rho) (austr-temp·c1-9CIRCPOL – eros ⊙ – SeB, auch kleistogam, InB: Fliegen, Ameisen – AmA MeA Sa langlebig – V Eragrost., V Polyg. avic., V Chen. rub., V Salic. alb.– Salat, Gemüse, VolksHeilPfl).
Gemüse-P. – *P. oleracea* L.

1 Pfl (aufsteigend bis) aufrecht. (0,20–)0,60–0,65 m. Bla (2,0–)3,5–5,5(–6,0) cm lg, vorn gestutzt bis ausgerandet. Zipfel der kelchartigen HochBlaHülle stumpf gekielt bis flügelartig gekielt. Sa 1,2–1,3 (–1,4) mm lg. KulturPfl, auch Rud.; [U] s By Bw Rh He Sa An Mv, Angaben bisher wegen Verwechslung mit subsp. *oleracea* nicht sicher. (*L7 T8 F5 R5 N7*). subsp. ***sativa*** (Haw.) Čes
1* Pfl niederliegend. Bla 1–2 cm lg, vorn abgerundet. Zipfel der kelchartigen HochBlaHülle stumpf gekielt. Sa 0,6–0,8(–0,9) mm lg. Standorte, Soz. u. Verbr. in D weitgehend wie Art (austr-temp·c1-9CIRCPOL, Heimat: mVORDAS? – *L7 T8 F4 R7 N7* – ca. 54). subsp. ***oleracea***

Innerhalb der Wildformen wurden nach Größe u. Oberflächenstruktur der Samen verschiedene Taxa als (Unter-)Arten unterschieden, deren Status aufgrund großer Variabilität aber fraglich ist: subsp. *granulatostellulata* (Poelln.) Danin et H.G. Baker, subsp. *nitida* Danin et H.G. Baker, subsp. *papillostellulata* Danin et H.G. Baker, subsp. *trituberculata* (Danin, Domina et Raimondo) J. Walter.

Familie *Hydrangeaceae* Dumort. – Hortensiengewächse

(9 Gattungen/ca. 220 Arten)

Sträucher, Lianen, kleine Bäume. Bla meist gegenständig, ungeteilt od. manchmal etwas gelappt, ohne NebenBla. Blü ⚥, radiär, manchmal die RandBlü steril, 4–5(–10)zählig, in Rispen, Schirmrispen od. Trauben. StaubBla ∞ od. doppelt so viele wie KrBla u. die äußeren über diesen stehend. FrKn meist unterständig, meist 3–5blättrig u. 3–5fächrig. Griffel getrennt od. ± verwachsen. Kapseln, selten Beeren.

1 KeBla 4(–6). StaubBla >10. Bla ohne Sternhaare. **Pfeifenstrauch** – *Philadelphus* S. 625
1* KeZipfel 5. StaubBla 10. Bla mit Sternhaaren. **Deutzie** – *Deutzia*

Deutzia Thunb. – Deutzie

(60 Arten)

1 Bla am Grund keilig, langspitzig, 3–7 cm lg, useits fast kahl, Sternhaare 3–6strahlig, BlaRand kurz gezähnt. Kr weiß. Ke weißlichgrün, heller als der BlüBecher. 0,50–1,00. 5–6.

ZierPfl; [U] s Bw (m-sm//mo·c1-3OAS – sogr Str – InB).
Ⓚ **Zierliche D.** – ***D. gracilis*** SIEBOLD et ZUCC.

1* Bla am Grund abgerundet, bis 12 cm lg, useits dicht mit 10–15strahligen Sternhaaren besetzt, BlaRand kerbig gezähnt, Zähne zur Spreite hin zeigend. Kr weiß, außen zuweilen rötlich, Blü oft gefüllt. Ke wie BlüBecher grün. 1,00–2,50. 6–7. Zierstrauch; [U] s By Bw Nw? (m-sm·c1-2OAS [N] austrAUS+(m)-temp·c1-3OAM+EUR+OAS – sogr Str – InB). [*D. scabra* hort., non THUNB.] Ⓚ **Gekerbte D.** – ***D. crenata*** SIEBOLD et ZUCC.

Die **Raue D.** – *D. scabra* THUNB. ist in D auch in Gärten selten; viele Angaben beruhen vermutlich auf Verwechslungen mit *D. crenata* bzw. deren häufig kultivierten Hybriden.

Philadelphus L. – **Pfeifenstrauch** (ca. 60 Arten)

Bla elliptisch, gegenständig, meist >3 cm lg, gezähnt, useits kahl od. schwach behaart. Blü zu 5–7, weiß, stark duftend. StaubBla ± 25. 1,50–4,00. 5–6. ZierPfl, auch Rud.; [N U] z By Nw Sn An Sa Bb, s Bw He Th Ns Mv Sh (m-stemp//mo·c3EUR-VORDAS – sogr Str – InB – KIA? – *L5 T8 F6 R7 N5*) **Großer P., Falscher Jasmin** – ***Ph. coronarius*** L.

Häufig u. wohl oft verwechselt sind verschiedene Hybriden: meist Bla <3 cm lg, useits behaart, Blü stark duftend, StaubBla ± 25: *Ph. coronarius* × *Ph. microphyllus* = **Ph. ×*lemoinei*** LEMOINE; ZierPfl, [U] s By Sa. Ähnlich, aber Blü duftlos u. nur zu 3, StaubBla 60–90, Bla >3 cm lg: **Duftloser P.** – ***Ph. inodorus*** L. ZierPfl, s By? Bw (m-smc2-3OAM).

Familie ***Cornaceae*** BERCHT. et J. PRESL – **Hartriegelgewächse**
(2 Gattungen/ca. 80 Arten)

Bäume od. Sträucher, selten Kräuter. Bla gegen- od. wechselständig, einfach, meist ohne NebenBla. Blü meist ⚥, radiär, 4–5zählig, meist in Köpfen, Dolden od. Rispen. KeBla klein, manchmal verkümmert. KrBla frei. StaubBla so viele wie KrBla. FrKn unterständig, 2–4blättrig, 1–4fächrig, in jedem Fach 1 SaAnlage. Griffel 1 od. ± gespalten. SteinFr, selten Beeren.

Cornus L. – **Hartriegel** (60 Arten)

1 Stauden mit 4kantigem Stg, <25 cm hoch. Blü in Dolden, diese von 4 großen, weißlichen, kronblattähnlichen HüllBla umgeben (Abb. **626**/1) **2**
1* Sträucher, >1m hoch. HüllBla klein od. fehlend **3**
2 KraBla dunkelrot. Stg mit 1–3 voneinander entfernten LaubBla-Paaren. Fr rot. 0,05–0,25. 5. Frische bis wechselnasse (anmoorige) MischW u. Nadelholzforste, Zwergstrauchheiden, kalkmeidend; s Ns(NW: Drangstedt) Sh(M), ↘ (ntemp-arct·c1-5CIRCPOL – sogr eros H ♃ uAusl – InB – VdA – L5 T4 F7 R2 N2 – O Vacc.-Pic. – 22 – ▽). [*Chamaepericlymenum suecicum* (L.) ASCH. et GRAEBN.] **Schwedischer H.** – ***C. suecica*** L.
2* KraBla gelblichweiß. Stg mit 1 LaubBla-Paar, übrige LaubBla an der StgSpitze gehäuft. 0,10–0,25. 6? Lichte Nadelholzforste auf frischen Standorten; [N lokal 1930?] s By Th(Bck: Bollberg) (temp-arct·c1-5Am+OAS – igr ♃ uAusl). **Kanadischer H.** – ***C. canadensis*** L.
3 **(1)** Blü vor den Bla erscheinend, in Dolden mit HochBlaHülle. Kr gelb. Bla mit 3–5 Paar Seitennerven, useits in den Nervenwinkeln mit Bärtchen. Fr hängend, länglich, rot. 2,00–5,00. 3–4. Trockengebüsche, lichte TrockenW u. ihre Ränder, sickerfrische AuenW, Steinbrüche, kalkhold; z By(f NO O S) Th(Bck NW Rho) An(f Elb N O) Ns(MO S), s Alp(f Chm Kch) Bw(Alb Gäu Keu) Rh(SW M N) He(MW O), [N] z Sa, s Nw(NW SW), [U] s Bb Mv Sn; auch Zier- u. Obstgehölz (m/mo-stemp·c2-6EUR – sogr Str/Blü – InB – VdA MeA – L6 T7 F4 R8 N4 – O Querc. pub., V Berb., V Alno-Ulm.). **Kornelkirsche, Herlitze** – ***C. mas*** L.
3* Blü nach den Bla erscheinend, in Schirmrispen ohne HochBlaHülle. Kr weiß. Bla ohne Bärtchen. Fr aufrecht, kuglig, weiß, blau od. schwarz **4**
4 Bla beidseits grün, im Herbst rot, mit 3–4 Nervenpaaren. Fr blauschwarz. 1,00–5,00. 5–6. Frische bis (mäßig) trockne LaubmischW, Gebüsche u. ihre Ränder, Hecken, ältere Weinbergsbrachen, kalkhold; g He Th, h Bw Rh Nw An, v By(g NM) Sa Bb Ns(g MO S), z Alp Mv Sh; auch Zierstrauch (m/mo-temp·c1-5EUR – sogr Str/StrB WuSpr – InB – VdA: Vögel Sa kurzlebig Kältekeimer – L7 T5 F5 R7 Nx – O Prun., O Querc. pub., O Fag. – Bienenweide). [*Thelycrania sanguinea* (L.) FOURR., *Swida sanguinea* (L.) OPIZ] **Blutroter H.** – ***C. sanguinea*** L.

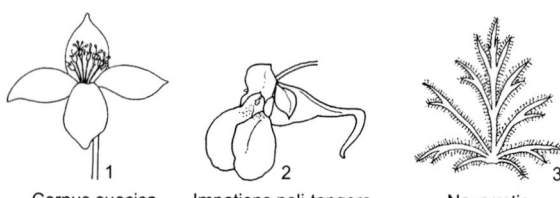

1 Cornus suecica   2 Impatiens noli-tangere   3 Navarretia

- **1** Bla useits nur mit 2schenkligen gerichteten Kompasshaaren. Verbr. in D ungenügend bekannt, oft gepflanzt, ob heimisch? By Bw Rh He Th Sa Ns Bb (m/mo-sm·c3-5OEUR-VORDAS). [*Swida australis* (C.A. Mey.) Pojark.]   subsp. *australis* (C.A. Mey.) Jáv.
- **1*** Bla useits mit abstehenden, oft gekräuselten Haaren, oft auch mit Kompasshaaren **2**
- **2** Haare useits überwiegend einfach, gekräuselt, ungerichtet; Kompasshaare vereinzelt, v. a. am Bla-Rand. Verbr., Standorte u. Soz. in D wie Art.   subsp. *sanguinea*
- **2*** Behaarung der BlaUSeite intermediär, mit abstehenden, einfachen, gekräuselten Haaren u. Kompasshaaren, deren Schenkel oft asymmetrisch lg sind. Verbr. in D ungenügend bekannt, oft gepflanzt u. verwildert, By Rh He Nw Sa Bb (sm·c4-5EUR – *L5 T7 F6 R7 N5* – 22). [*C. sanguinea australis* × *C. s. sanguinea, Swida hungarica* (Kárpáti) Soják]   subsp. *hungarica* (Kárpáti) Soó

Nach neuesten Untersuchungen ist die Trennung der letzten beiden Unterarten in Deutschland unsicher, möglicherweise hybridsiert subsp. *sanguinea* od. ist morphologisch hoch variabel.

- **4*** Bla useits graugrün, mit 5–7 Nervenpaaren **5**
- **5** Pfl ohne wurzelnde Ausläufer od. mit wenigen Ausläufern. Bla 4–8 cm lg. Fr weiß od. hellblau, Steinkern ellipsoidisch, länger als br, an beiden Enden zugespitzt. 1,00–3,00. 6–7. Ziergehölz; auch [N U] z By Nw Th Sa An Bb, s Bw Rh He Mv Sh, ob mit **5*** verwechselt? (temp-b·c5-7EURAS – sogr Str – InB – VdA – *L5 T6 F6 R5 N5*). [*Thelycrania alba* (L.) Pojark., *Swida alba* (L.) Opiz, *C. tatarica* Mill.]   **Tatarischer H. – *C. alba* L.**
- **5*** Pfl mit ∞ wurzelnden Ausläufern. Bla 5–14(–20) cm lg. Fr weiß, Steinkern ± kuglig, nicht länger als br, nicht od. nur unten zugespitzt. 1,00–3,00. 6–7. Ziergehölz, auch [N U] z By Rh Nw Sa An Bb Ns, s Bw He Th Mv Sh (m/mo-b·c1-7AM – sogr Str uAusl – InB – VdA – *L5 T8 F7 R5 N5*). [*Thelycrania stolonifera* (Michx.) Pojark., *Swida sericea* (L.) Holub, *C. stolonifera* Michx.]   **Seidiger H., Weißer H. – *C. sericea* L.**

Familie *Balsaminaceae* A. Rich. – Balsaminengewächse

(2 Gattungen/1095 Arten)

Kräuter, ⊙ od. ♃. Bla wechsel-, gegen- od. quirlständig, ungeteilt, gezähnt od. gekerbt, ohne NebenBla. Blü ⚥, dorsiventral, einzeln od. in Trauben. KeBla 3 (od. 5), das hintere kronblattartig u. mit Sporn. KrBla 5, die seitlichen paarweise verwachsen. StaubBla 5, ihre Staubbeutel verwachsen u. den Griffel kapuzenartig bedeckend. FrKn oberständig, 5blättrig, 5fächrig. Griffel 1. Narben 5. Fr eine 5klappige, gefächerte, elastisch aufspringende Kapsel.

Impatiens L. – Springkraut

(1094 Arten)

- **1*** Blü einzeln od. zu 2–3 in den BlaAchseln, blütentragende Achsen eingliedrig. Fr dicht behaart, hängend. Blü weiß, rosa, orange, rot od. scharlachrot, 30–40 mm lg. Sporntragendes KeBla plötzlich in den Sporn verschmälert, Sporn 11–21 mm lg, schlank, 90° od. mehr gebogen. Bla länglich-lanzettlich, 2,5–9,0 cm × 1,0–2,5 cm, sitzend od. kurz gestielt. 0,30–0,45(–0,70). 7–9. ZierPfl, auch Rud.; [U] s Bw Rh He Nw Th Sa Bb (strop-m//mo·c1-3AS – eros ⊙ – InB – SeA – *L5 T7 F4 R5 N7*).   **Garten-S., Balsamine – *I. balsamina* L.**
- **1** Blü in gestielten Trauben, zuweilen 1blütig, blütentragende Achsen aus mehreren Gliedern. Fr kahl **2**

BALSAMINACEAE · POLEMONIACEAE 627

2 Bla gegenständig od. zu 3 quirlig, gestielt, eifg-lanzettlich, an den unteren Zähnen u. am BlaStiel mit Drüsen. Blü purpurn, blassrosa od. selten weiß, in lg gestielten, 2–14blütigen Trauben, Sporn dick, 2–7 mm lg. 0,50–2,50. 7–10. Feuchte bis nasse WeichholzauenW u. -gebüsche, Staudenfluren an Bächen u. Gräben, Pappelforste, nährstoffanspruchsvoll; [N 1854] h He Nw Th Sa Ns, v Alp By Bw Rh An, z Bb Mv Sh, ↗; auch ZierPfl (strop-m//mo·c1-3AS, [N] sm-temp·c1-3EUR+AM – eros ⊙ – InB: Hummeln Vm – SeA – L5 T7 F8= R7 N7 – O Convolv., V Arct., V Sal. alb. – BienenfutterPfl – *18*, *20*). [*I. roylei* WALP.]
Drüsiges S. – *I. glandulifera* ROYLE
2* Bla wechselständig. Blü gelb, orange, violett od. weißlich 3
3 Obere KrBla weißlich, untere purpurrosa, Schlund weißlich. Sporn gerade od. schwach gebogen, >10 mm lg, KeBla allmählich in den Sporn verschmälert. Blü mit Sporn 25–40 mm lg. Bla eifg-lanzettlich, dunkelgrün, mit 25–35 kurz zugespitzten Zähnen/BlaHälfte. 0,10–0,60. 6–10. ZierPfl; auch Rud., Hecken, Ufer; [N U] s Rh He Nw (m/mo·c3WHIMAL – eros ⊙ – InB – SeA – *L7 T9 F6 R7 N7*). **Balfour-S. – *I. balfourii* HOOK. f.**
3* Blü gelb, orange, weißlich od. zart violett. Sporn deutlich gebogen, <15 mm lg, wenn gerade, dann Blü <15 mm lg 4
4 Blü orange, mit großen rötlichbraunen Flecken, Sporn 5–9 mm lg, um etwa 180° gekrümmt, sporntragendes KeBla plötzlich in den Sporn verschmälert. Bla oseits grün, spitz, BlaZähne ± spitz. 0,20–0,60. 7–10. Ufer, Erlensümpfe, Röhrichte; [N 1987] s By Bw Rh He Nw Mv (sm-b·c1-6OAM – eros ⊙ – InB – SeA – V Salic. alb., O Convolv. – 20).
Orangefarbenes S. – *I. capensis* MEERB.
4* Blü gelb, weißlich od. zart violett 5
5 Blü hängend, goldgelb, innen mit roten Punkten, 25–30 mm lg. Bla mit 5–16 stumpfen Zähnen/BlaHälfte, beidseits matt bläulichgrün. Sporn 6–12 mm lg, Krümmung meist <90° (Abb. **626**/2), sporntragendes KeBla allmählich in den Sporn verschmälert. Trauben kürzer als die Bla, 3–4(–6)blütig. 0,30–1,00. 7–8. Sickerfeuchte bis nasse LaubW (bes. Schlucht- u. AuenW), Waldränder u. an Waldbächen, nährstoffanspruchsvoll; g Rh(v ORh), h Alp Bw He Nw Th Sa, v By An(g Hrz) Ns Mv Sh, z Bb (sm-b·c2-7EURAS-WAM – eros ⊙ – InB: Hummeln SeB Vm – SeA – L4 T5 F7 R7 N6 – V Alno-Ulm., V Aln., V Til.-Acer., V Geo-Alliar. – *20*, *40*). **Großes S., Rührmichnichtan – *I. noli-tangere* L.**
5* Blü aufrecht, hellgelb, weißlich od. zart violett. Bla mit (13–)20–35 spitzen Zähnen/BlaHälfte 6
6 Blü 6–15 mm lg, hellgelb, mit orangefarbenem Schlund. Sporn gerade, sporntragendes KeBla allmählich in den Sporn verschmälert. Trauben mindestens so lg wie die Bla, 4–10 (–16)blütig. 0,30–0,60. 6–9. Frische (bis feuchte) Waldsäume, an Waldwegen, Hecken, Parkgehölze, Gebüsche, Laub- u. Nadelholzforste, gestörte LaubmischW, nährstoffanspruchsvoll; [N 1837] g Sa, h Rh He Nw Th An Ns Mv, v Alp By Bw Bb Sh, ↗ (urspr.: m-sm//mo·c5-6MAS, [N] sm-b·c2-5EUR+AM – eros ⊙ – InB: Schwebfliegen SeB Vm – SeA Kältekeimer – L4 T6 F5 Rx N6 – V Geo-Alliar., K Querc.-Fag., K Querc. rob. – 24, 26).
Kleinblütiges S. – *I. parviflora* DC.
6* Blü 25–30 mm lg, gelb, weißlich od. blass violett, Schlundzeichung rötlich. Sporn um etwa 180° gekrümmt, ± 10 mm lg, sporntragendes KeBla plötzlich in den Sporn verschmälert. Trauben meist 5–8blütig. 0,60–1,80. 7–10. Waldwege, Störstellen in Wäldern; [N] s He Nw Th Sa An Bb, ↗ (m/mo-alp·c3-5WHIMAL – eros ⊙ – InB – SeA – V Geo-Alliar.).
Buntes S. – *I. edgeworthii* HOOK. f.

Familie ***Polemoniaceae*** JUSS. – **Himmelsleitergewächse**

(18 Gattungen/385 Arten)

Kräuter, selten Sträucher. Bla wechsel- od. gegenständig, ohne NebenBla. Blü ⚥, meist radiär, 5zählig, meist in Rispen od. Schirmrispen. KrBla verwachsen. StaubBla 5. FrKn oberständig, 3fächrig. Griffel 1. Narben 3. Kapseln.

1 Bla gefiedert. Kr fast radfg. **Himmelsleiter – *Polemonium* S. 628**
1* Bla ungeteilt. Kr stieltellerfg 2
2 StaubBla die Kr überragend. Blü in lockeren, von ovalen HüllBla umgebenen Köpfen. Kr hellorange, später rötlich. **Leimsaat – *Collomia* S. 628**

2* StaubBla nicht hervorragend. Blü ohne HüllBla. Kr rot, purpurn, lila od. weiß.
Phlox – *Phlox* S. 628
[U]: **Sparrige Navarretie – *Navarretia squarrosa*** (Eschsch.) Hook. et Arn.: Pfl ☉, bes. im BlüStand stark drüsig-klebrig, stark riechend. Kr blassblau, 1 cm lg, KrZipfel 3 mm lg, Narbe 3lappig. StgBla sitzend, handfg fiederteilig mit spitzen Zipfeln (Abb. **626**/3). 0,10–0,25. 7(–8). Sandig-steinige Rud.; [U] s By Bw He Nw (m-temp·c1-3WAM).

*Polem*o*nium* L. – Himmelsleiter (27 Arten)

Stg kahl. BlaFiedern eilanzettlich. Blü in drüsig behaarter Rispe. Kr himmelblau od. weiß. 0,30–0,80. 6–7. Sickerfeuchte (bis frische) Staudenfluren (bes. an Gewässern), GrauerlenW u. Steinschuttfluren, an Mauern, Rud., kalkhold; z By(S MS Alb NO), s Alp Bw(f NW ORh) Rh(N MRh SW) Nw(SO) An(Hrz) Mv(M), † Th(O), [N] z By(O NM) Sa, s He Th, [U] s Bb Sh; auch ZierPfl (sm-b·c4-6EUR-WAS – teiligr hros H ♃ Rhiz- InB: Bienen Vm – StA Lichtkeimer – L6 T4 F7 R8 N6 – V Filip., V Alno-Ulm., O Thlasp. rot., O Artem. – *18* – ▽).
Blaue H. – *P. caer*u*leum* L.

*Coll*o*mia* Nutt. – Leimsaat, Kollomie (15 Arten)

Pfl oberwärts drüsig-kurzhaarig. Bla lanzettlich, sitzend. 0,30–0,60. 6–7. ZierPfl; auch mäßig frische Rud.: Wegränder, Weinberge, Waldränder; [N 19. Jh.] z Rh, s He Nw Th, [U] s By Bw Sa An Bb Ns Mv (m/mo-temp·c1-3WAM – eros ☉ – InB SeB: Kleistogamie – SeA: Trockenschleuderer KlA: verschleimende Samen – L6 T7 F4 R7? N3? – V Ver.-Euph., V Sisymbr. – *16*). **Großblütige L. – *C. grandifl*o*ra* Lindl.**

Phlox L. – Phlox, Flammenblume (70 Arten)

Stg kahl. Bla eilanzettlich bis elliptisch, fast sitzend, untere kreuzgegenständig. 0,60–0,80 (–1,50). 7–9. ZierPfl; auch [N U] s z. B. Nw (sm-stemp·c1-4OAM – sogr eros H/G ♃ Rhiz/ Pleiok – InB: Falter – StA Licht-Kältekeimer – *14*). [*Ph. decuss*a*ta* hort.]
Stauden-Ph., Rispige F. – *Ph. panicul*a*ta* L.

Familie *Primul*a*ceae* Borkh. – Primelgewächse

(58 Gattungen/2790 Arten)

Kräuter. Bla grund- od. wechselständig, seltener gegen- od. quirlständig, ohne NebenBla. Blü ☿, radiär, meist 5zählig, häufig heterostyl, einzeln od. in Dolden, Trauben. Rispen. KrBla fast stets verwachsen, seltener fehlend (*Glaux*). StaubBla 5, über den KrBla stehend. FrKn oberständig, selten halbunterständig (*S*a*molus*), 1fächrig, mit Zentralplazenta, vielsamig. Griffel 1. Kapseln.

1 Sumpf- od. WasserPfl. Bla kammfg-fiederschnittig, untergetaucht. BlüSchaft aufrecht über dem Wasser. Blü in quirligen Trauben. **Wasserfeder – *Hott*o*nia* S. 633**
1* Land- od. SumpfPfl. Bla ungeteilt. Blü nicht in quirligen Trauben **2**
2 Bla grundständig, rosettig. Blü doldig auf blattlosem Schaft od. grundständig **3**
2* Stg beblättert. Blü achselständig od. in end- od. achselständigen Trauben od. Rispen . **7**
3 Bla länglich, verkehrteifg, lanzettlich, linealisch od. pfriemlich **4**
3* BlaSpreite rundlich-herzfg, ganzrandig od. gelappt u. gesägt **5**
4 KrRöhre länger als der KrSaum, walzig, oben nicht verengt (Abb. **629**/3, 4). Kr rot od. gelb od. bei ZierPfl verschiedenfarbig. **Primel – *Prim*u*la* S. 632**
4* KrRöhre so lg wie der KrSaum od. kürzer, glockig, oben verengt. Kr weiß od. rötlich, bisweilen mit gelbem Schlund. **Mannsschild – *Andr*o*sace* S. 631**
5 (3) Bla weich, handfg 7–13lappig, Lappen scharf gesägt. Pfl zottig u. drüsig behaart. Kr rosarot. **Alpen-Heilglöckel – *Primula matth*i*oli* S. 632**
5* Bla ledrig, nicht od. kaum gelappt, ganzrandig od. gekerbt. Pfl kahl **6**
6 Kr violett bis weiß, weitröhrig od. trichterfg, Zipfel fransig zerschlitzt (Abb. **629**/6). Pfl mit Rhizom od. Ausläufern. Fr eine Deckelkapsel. **Alpenglöckchen – *Soldan*e*lla* S. 633**
6* Kr rosarot, Zipfel ganzrandig, zurückgeschlagen (Abb. **629**/1). Pfl mit br kugliger Hypokotylknolle. **Alpenveilchen – *C*y*clamen* S. 631**

PRIMULACEAE 629

7	(2) Bla wechselständig od. scheinquirlig. Kr weiß	8
7*	Bla gegenständig (wenigstens die unteren) od. quirlig	10
8	Blü meist 7zählig. Obere Bla auffällig größer als untere, scheinquirlig gedrängt.	
	Siebenstern – *Trientalis* S. 629	
8*	Blü 4- od. 5zählig. Obere Bla nicht größer, gleichmäßig am Stg verteilt	9
9	Blü 5zählig. BlüStiele lg. FrKn halbunterständig. Pfl 10–50 cm hoch, ♃.	
	Salzbunge – *Samolus* S. 634	
9*	Blü 4zählig. BlüStiele sehr kurz. FrKn oberständig. Pfl 2–8 cm hoch, ☉.	
	Zwerg-Gauchheil – *Anagallis minima* S. 630	
10	(7) Blü sitzend. Kr fehlend. Ke glockig, rosa, kronartig. Bla fleischig, untere gegenständig, obere wechselständig. **Milchkraut – *Glaux*** S. 630	
10*	Blü gestielt. Kr gelb, rot od. blau. Ke grün	11
11	Kr gelb. Kapsel mit 5 Klappen aufspringend. **Gilbweiderich – *Lysimachia*** S. 629	
11*	Kr blau od. rot. Kapsel mit Deckel aufspringend (Abb. **629**/2).	
	Gauchheil – *Anagallis* S. 630	

Trientalis L. – Siebenstern (4 Arten)

Bla lanzettlich, meist ganzrandig. Blü lg u. dünn gestielt, weiß, meist 7zählig. 0,05–0,20. 5–7. Frische bis feuchte FichtenW, LaubW, Birkenbrüche, Gebüsche, Flachmoorwiesen; v Th Sa Ns Mv, z By Bw(SW) He Nw An Bb(f Od) Sh, s Alp(Amm Wtt) Rh(f ORh W) (sm/mo-b·c2-7CIRCPOL – sogr eros G ♃ uAusl u. Hibernakel – InB: Pollenblume SeB – VdA? Lichtkeimer Sa langlebig – L5 T5? Fx R3 N2 – O Vacc.-Pic., V Luz.-Fag., V Querc. rob.-petr., V Car. nigr. – 160). **Europäischer S. – *T. europaea*** L.

Lysimachia L. – Gilbweiderich, Felberich (200 Arten)

1	Blü 6–7zählig, in dichten, achselständigen Trauben. Bla gegenständig, schmal lanzettlich. Kr- u. KeZipfel linealisch. 0,30–0,70. 5–7. Nasse, zeitweise überflutete, mesotrophe Großseggenriede, Graben- u. Teichränder, Flachmoorgebüsche, BruchW, kalkmeidend; v Bb Ns(s S, f Hrz) Mv Sh, z By(† N, s NW NM) Nw(MW N) Sa An(f Hrz S W), s Alp(f Brch) Bw(f NW ORh SW) Rh(SW ORh) Th(Bck, z O), † He, ↘ (sm/mo-b·c2-7CIRCPOL – sogr eros Hel ♃ uAusl – InB SeB Vw – WaA – L7 T6 F9= Rx N4 – V Car. elat., V Aln., V Salic. cin. – 42). **Strauß-G. – *L. thyrsiflora*** L.	
1*	Blü 5zählig (bei **4*** selten 6 KrBla)	2
2	Blü einzeln, achselständig. Stg kriechend. Bla gegenständig	3
2*	Blü quirlig od. rispig. Stg aufrecht. Bla meist quirlig	4
3	Bla rundlich od. elliptisch, stumpf. KeZipfel herzfg. Stg weit kriechend. 0,01–0,02 hoch, 0,10–0,50 lg. 5–7. Frische bis feuchte, zeitweise überflutete, lückige Wiesen u. Weiden, Grabenränder, Gärten, Parks, AuenW, nährstoffanspruchsvoll; g By He Nw Th Sa An Ns, h Bw Rh Bb, v Alp Mv Sh; auch ZierPfl (sm-temp·c1-5EUR – igr eros H ♃ KriechTr – InB selbststeril, kaum fruchtend – WaA MeA – L4 T6 F6~ Rx Nx – K Mol.-Arrh., V Agrop.- Rum., V Alliar., V Alno-Ulm. – 30, 36). **Pfennig-G., Pfennigkraut – *L. nummularia*** L.	
3*	Bla eifg, spitz. KeZipfel lineal-pfriemlich. Stg kurz kriechend. od. aufsteigend. 0,08–0,15 hoch; 0,10–0,30 lg. 5–8. Sickerfeuchte bis frische SchluchtW, AuenW, Waldquellen, subalp. Gebüsche, Waldwegränder, nährstoffanspruchsvoll; h Alp, v Bw Rh He Nw(g SO) Sa(s Elb), z By Th(h Wld) An(f Elb O) Ns(h Hrz) Mv(f Elb) Sh, s Bb(f Elb Od) (m/mo-temp·c1-3EUR, [N] OAM – igr eros H ♃ KriechTr – InB – Sa langlebig – L2 T5 F7 R7 N7 – V Alno-Ulm., V Gal.-Fag., V Adenost., V Card.-Mont., V Alliar. – 16). **Hain-G. – *L. nemorum*** L.	

1	2	3	4	5	6
Cyclamen	Anagallis	Primula elatior	P. veris	Soldanella pusilla	S. alpina

4 (2) KrZipfel am Rand kahl. KeZipfel meist rötlich berandet. Blü in unten beblätterter Rispe. 0,50–1,50. 6–8. Bruch- u. AuenW, Sumpfgebüsche, feuchte bis moorige, zeitweise überflutete Staudenfluren, Röhrichte, Grabenränder, mäßig nährstoffanspruchsvoll; g Rh Sa Ns, h By He Nw Th An Bb Mv Sh, v Alp Bw (m/mo-b·c1-7EURAS, [N] OAM – sogr eros G ♃ uAusl – InB – WaA StA – L6 Tx F8~ Rx Nx – V Aln., V Car. elat., V Filip., V Mol. – 84).
Gewöhnlicher G. – *L. vulgaris* L.
4* KrZipfel drüsig bewimpert. KeZipfel grün. Blü in beblätterter, quirliger Traube. 0,50–1,00. 6–8. ZierPfl; auch frische bis (sicker)feuchte Rud.: Wegränder, rud. Staudenfluren, AuenW, nährstoffanspruchsvoll; [N, oft U] v Sa, z By Bw Rh He Nw Th An Ns, s Alp Bb Mv Sh, ↗ (sm-temp·c3-6EUR – sogr eros G ♃ uAuslRhiz – InB – L6 T7 F7 R8 N4? – V Filip., V Convolv. – 30). **Drüsiger G. – *L. punctata* L.**

Anagallis L. – Gauchheil (30 Arten)

1 Bla wechselständig od. scheinquirlig. Blü einzeln achselständig, Kr weiß od. hell rötlich. Bla eifg. 0,02–0,08. 5–6. Krumenfeuchte, zeitweise vernässte Äcker, bes. in Rinnen, feuchte Wegränder, feuchte Dünensenken, kalkmeidend; z Bw(f SO Alb S) Rh He(O, s MW) Nw, s Alp By Th(Bck O Rho Wld, z S) Sa(f SW) An(f Hrz O) Bb(f Od SW) Ns(f Hrz) Mv(f Elb) Sh(SO M), ↘ (austr-trop/mo+sm/mo-temp·c1-4AUST+AM+EUR – eros ⊙ – SeB auch kleistogam InB? – KIA WiA? Sa langlebig – L8 T6 F7~ R4 N3 – V Aphan., V Nanocyp. – 22). [*Centunculus minimus* L.] **Zwerg-Gauchheil, Acker-Kleinling – *A. minima* (L.) E.H.L. Krause**
1* Bla gegenständig (wenigstens die unteren) **2**
2 Kr glockig, viel länger als der Ke, rosa, dunkler geadert. Bla gestielt. Stg sehr dünn, kriechend. 0,04–0,20. 7–8. Feuchte bis nasse Binsenwiesen, Moorschlenken- u. Grabenränder, kalkmeidend; [A?] s Bw(SW: Hotzenwald) Nw(MW: Salzkotten), † Ns, ↘ (m/mo-b·c1-2EUR – igr eros H ♃ KriechTr – InB – KIA? Dunkelkeimer – L8 T6 F9 Rx N2? – V Junc. acutifl., K Scheuchz.-Car., O Litt. – 22 – ▽). **Zarter G. – *A. tenella* (L.) L.**
2* Kr radfg, ± so lg wie die Ke, meist rot od. blau. Bla sitzend. Ackerunkräuter. ⊙ **3**
3 Kr mennigrot, seltener blau (südliche Sippe?), lila od. weiß. KrZipfel etwa 7 mm lg, 6 mm br, verkehrteifg, in der unteren Hälfte sich deckend, vorn ganzrandig, schwach gekerbt od. gezähnt u. am Rand mit vielen 3zelligen Drüsenhaaren, ihre terminale Zelle vergrößert, kuglig. KeBla ganzrandig, an der geöffneten Blü nur die Spitzen sichtbar, an der geschlossenen Blü ⅔ so lg wie die Kr u. diese nicht voll deckend. Kapsel mit 20–22 Sa. Sa 1,3 × 1 mm. 0,05–0,20. 6–10. Nährstoffreiche Äcker, Gärten, Weinberge, frische bis mäßig trockne Rud.; [A] g Th(v Hrz), h Bw He Nw Sa An, v By(g NM) Rh Bb Ns(g MO, z N NW) Mv Sh, z Alp(f Amm Mng) (m-temp·c1-6EUR, [N] austr-strop/mo-temp·c1-5CIRCPOL – eros ⊙, s ① – SeB InB? – MeA Sa langlebig – L6 T6 F5 Rx N6 – O Sec., V Sisymbr. – für Vieh giftig – 36, 40). **Acker-G. – *A. arvensis* L.**
3* Kr stets blau. KrZipfel etwa 6 mm lg, 3,5 mm br, scheinbar nach vorn verschmälert, sich nicht deckend, vorn deutlich gesägt bis gebuchtet u. am Rand mit wenigen, meist 4zelligen Drüsenhaaren, deren terminale Zelle nicht vergrößert. KeBla fein gesägt, an der geöffneten Blü von oben fast in ganzer Länge sichtbar, an der geschlossenen Blü so lg wie die Kr u. diese voll deckend. Kapsel mit 15–16 Sa. Sa etwa 1,6 × 1,3 mm. 0,05–0,20. 6–9. Lehmige bis tonige, oft skelettreiche, (mäßig) trockne Äcker, auch Rud., kalkstet; [A] v Th, z By(f S) Bw Rh He(f NW) An(SO W Hrz) Ns(MO S), s Nw(f N) Bb(SO NO Od) Mv(M NO), † Sa, ↘ (m-temp·c1-6EUR-WAS – eros ⊙ – SeB InB? – MeA Sa langlebig – L8 T7 F4 R9 N5 – O Sec. – 40). [*A. caerulea* Schreb. non L.] **Blauer G. – *A. foemina* Mill.**

Hybride: *A. arvensis* × *A. foemina* = *A.* ×*doerfleri* Ronniger – s

Glaux L. – Milchkraut (1 Art)

Bla dicklich, länglich-lanzettlich bis elliptisch, dichtstehend. Blü rosa. 0,03–0,20. 5–8. Nasse bis feuchte, periodisch überstaute, meist natürlich od. anthropogen (Fahrspuren) gestörte Salzwiesen, Brackwasserröhrichte; z An(f Hrz O) Mv(f Elb SW) Sh, s He(MW) Nw(NO) Th(Rho, z Bck) Bb(M) Ns(f Elb Hrz), † By Rh, im Binnenland ↘ (m-b·c4-9+litCIRCPOL – sogr eros H ♃ uAusl sekundäre Rübe – SeB InB Vw – KIA WaA VdA Lichtkeimer – L6 T6 F7= R7 N5 – O Glauco-Pucc., O Bolb. – 30). **Strand-M. – *G. maritima* L.**

PRIMULACEAE 631

Cyclamen L. – **Alpenveilchen, Zyklamen** (20 Arten)
BlüStiel zur FrZeit liegend u. spiralig eingerollt. Kr rosarot. 0,05–0,15. 7–9. (Sicker)frische bis mäßig trockne BuchenmischW, mont. KiefernW, kalkstet; s Alp(Chm Mng Wtt) By(MS O S), [N] s By(Alb) Bw He (sm-stemp//mo·c2-3EUR – igr ros G ♃ Hypokotylknolle – InB: Bienen, Fliegen – AmA Dunkelkeimer – L4 T6 F5 R9 N5 – V Cephal.-Fag., V Eric.-Pin., O Querc. pub. – giftig– 34 – ▽!). [*C. europaeum* L. p.p.]
Wildes A. – ***C. purpurascens*** MILL.

Androsace L. – **Mannsschild** (160 Arten)
1   Pfl des Hügellandes, ⊙ od. ⓘ, ohne nichtblühende Rosetten. Bla gezähnt, gestielt **2**
1* Pfl der Alpen, ♃, rasen- od. polsterbildend, mit nichtblühenden Rosetten. Bla ganzrandig, stets ungestielt **4**
2   Stg von einfachen Haaren weichhaarig. HüllBla der Dolde so lg wie die BlüStiele od. etwas länger. Kr weiß od. rötlich. 0,02–0,15. 4–5. Nährstoffreiche Äcker u. Brachen, basenhold; [A?, U] † Bw(MRh ORh) Rh(ORh) He(ORh), [U] † Th(Bck) (m/mo-stemp·c3-8EURAS – ros ⓘ ⊙ – SeB – MeA – L7 T8 F4 R7 N3? – V Caucal., V Alysso-Sed.).
ⓕ Riesen-M. – ***A. maxima*** L.
2* Stg von Sternhaaren flaumig. HüllBla viel kürzer als die BlüStiele. Kr weiß (od. rötlich) mit gelbem Schlund **3**
3   Ke sternhaarig, länger als die Kr, seine Zipfel zur FrZeit abstehend. Kapsel kürzer als der Ke. HochBla eilanzettlich. 0,02–0,08. 4–5. Rud. beeinflusste Sand- u. Silikattrockenrasen, Brachen, basenhold; [A] z Rh(f M N W), s By(N) He(MW ORh) Th(Bck) Sa(Elb) An(f O S W), † Bb, ↘ (sm-stemp·c4-7EUR – ros ⊙ – InB: Fliegen SeB – L9 T8 F2 R6 N1? – O Fest.-Sedet. – *40*).
Langstieliger M. – ***A. elongata*** L.
3* Ke kahl, kürzer als die Kr, seine Zipfel zur FrZeit aufrecht. Kapsel länger als der Ke. HochBla linealisch. 0,08–0,20. 4–6. Rud. Sandtrockenrasen, Brachen, basenhold; s By(N W: Kahl, † N NM?), † Bw Rh Sa An Bb Ns, [U] † He Th, ↘ (sm/mo-arct·c3-8CIRCPOL – ros ⓘ ⊙ – InB: Fliegen SeB – L8 T7? F2 R5 N2 – O Fest.-Sedet. – *20*).
Nördlicher M. – ***A. septentrionalis*** L.
4   (1) Blü einzeln achselständig. Bla meist <7 mm lg **5**
4* Blü in Dolden an der Spitze eines Schaftes. Bla >1 cm lg **6**
5   Pfl dichte, graufilzige Kugelpolster bildend. Blü weiß, fast sitzend, die Bla nicht überragend. Haare einfach. Kapsel länger als der Ke. 0,01–0,05. 5–7. Alp. sonnige Felsspalten, kalk- u. dolomitstet; z Alp(Brch Allg Wtt) (sm-stemp//alp·c3EUR – igr monop ros C ♃ Polster – InB: Fliegen Vw SeB – WiA – L9 T2 Fx R8 N2 – V Potent. caul. – *40* – ▽). [*Aretia helvetica* (L.) L.]
Schweizer M. – ***A. helvetica*** (L.) ALL.
5* Pfl lockere, grünliche Polster bildend. Blü rosa, deutlich 3–6 mm lg gestielt, die Bla überragend. Haare sternfg. Kapsel kürzer als der Ke. 0,01–0,04. 7–8. Subalp. Felsspalten u. Steinschutt, kalk- u. dolomitstet; z Alp(Brch) (sm-stemp//alp·c3OALP – igr monop ros C ♃ Polster – InB: Fliegen – WiA – L9 T1 F3~ R9 N2? – V Potent. caul. – 40 – ▽).
Dolomiten-M. – ***A. hausmannii*** LEYB.
6   (4) Stg, BlüStiele u. Ke kahl. Kr weiß mit gelbem Schlund. Bla linealisch od. lineal-lanzettlich. Pfl lockerrasig. 0,02–0,20. 6–7. Subalp. bis mont., (sicker)frische, schattige Felsspalten, kalkstet; z Alp(f Krw), s Bw(Alb: Donau bei Beuron), ↘ (sm-stemp//dealp·c2-3EUR – teilig (Speicher-WinterBla) monop ros C ♃ Rosettenpolster HypopodialAusl – InB: Fliegen – L8 T3 F4 R9 N3 – V Potent. caul. – O Sesl. – *76* – ▽). **Milchweißer M. –** ***A. lactea*** L.
6* Stg, BlüStiele u. Ke behaart. Kr weiß od. rötlich mit gelbem Schlund. Bla lanzettlich **7**
7   Bla stumpflich, fein gewimpert. BlüStiele länger als die HüllBla der Dolde. 0,02–0,10. 6–7. Alp. frische Magerrasen, kalkmeidend; z Alp(Brch Wtt Allg), ↘ (sm-stemp//alp·c3-4EUR – igr monop ros C ♃ – InB: Fliegen – WiA – L8 T2 F5 R1 N1 – V Car. curv., V Nard. – *36, 38* – ▽). **Stumpfblättriger M. –** ***A. obtusifolia*** ALL.
7* Bla spitz, lg zottig gewimpert. BlüStiele höchstens so lg wie die HüllBla der Dolde. 0,01–0,04(–0,10). 6–7. Alp. frische Steinrasen, kalkstet; v Alp(s Krw, f Chm Kch Mng) (sm-temp//alp-arct·c3-6EURAS-WAM – igr ros H ♃ Rosettenpolster HypopodialAusl – InB: Fliegen – L9 T2 F5? R9 N2 – V Sesl. – *20* – ▽).
Wimper-M., Zwerg-M. – ***A. chamaejasme*** WULFEN

Primula L. – **Primel, Schlüsselblume, Heilglöckel** (490–600 Arten)
1 BlaSpreite rundlich herzfg, gelappt, Lappen scharf gesägt. Blü nickend, zu 5–12 in Dolden, Kr rosarot. Pfl zottig. 0,20–0,50. 7–8. Subalp. sickerfrische Hochstaudenfluren, nährstoffanspruchsvoll; z Alp(Allg Wtt Mng) (sm-stemp//mo+b-arct·c4-5EUR – sogr ros H ♃ Rhiz – InB Vw – StA – L5 T3 F6 R6 N7? – V Adenost. – *24* – ▽). [*Cortusa matthioli* L.]
Alpen-Heilglöckel – *P. matthioli* (L.) V.A. Richt.
1* BlaSpreite verkehrteifg, länglich, keilfg od. lanzettlich, am Grund nicht herzfg. Blü gelb; wenn rosa, dann Pfl kahl od. bemehlt 2
2 Bla runzlig, wenigstens useits behaart. Kr gelb (nur bei ZierPfl auch mehrfarbig) 3
2* Bla glatt, kahl, bisweilen mehlig bestäubt od. drüsig. Kr rot, rosa, gelb mit weißem Schlund od. (bei ZierPfl) mehrfarbig 5
3 Blü in grundständiger, ungestielter Dolde. BlüStiele zottig. Ke bis zur Mitte gespalten. Bla oseits kahl. 0,08–0,15. (1–)2–5. (Sicker)frische LaubW, Gebüsche, waldnahe Wiesen u. Böschungen, nährstoffanspruchsvoll; z Sh(M O), s Alp(Kch Amm Krw Wtt) By(S) Bw(S) Ns(NW), † Mv(N), [N U, auch Bastarde] s Nw Th Sa An; auch ZierPfl, in Parks u. Gärten verwildert, oft durch Kreuzung mit Sippen aus SEUR-KAUK rot od. rosa (m/mo-temp·c1-2EUR – igr ros H ♃ Rhiz – InB: Hummeln, Falter Vg – AmA MeA – L6 T5 F5 R7 N5 – O Fag., O Prun., O Arrh. – *22* – ▽). [*P. acaulis* (L.) Hill] **Schaftlose P.** – *P. vulgaris* Huds.
3* Blü doldig auf lg Schaft. BlüStiele kurzhaarig. Ke auf ¼ gelappt, Lappen spitz. Bla beidseits behaart 4
4 KrSaum ausgebreitet, hellgelb, am Schlund oft dunkler. Ke schlank, Zähne 4 mm lg, lanzettlich (Abb. **629**/3). Kapsel mindestens so lg wie der Ke. Spreite allmählich in den BlaStiel verschmälert, Seitennerven 1. Ordnung durch die Seitennerven 2. Ordnung miteinander verbunden. 0,10–0,30. 3–5. Frische bis feuchte LaubW, extensiv genutzte Gebirgswiesen, Bach- u. Grabenränder, Parks; g Alp, h Th Sa(z Elb NO), v By(g NM) Bw Rh He Nw Sh, z An Ns Mv(f Elb), s Bb(Elb); auch ZierPfl (sm/mo-temp/(demo)·c2-5EUR+WSIB – sogr ros H ♃ Rhiz – InB: Hummeln, Falter Vg selbststeril – Kältekeimer – L6 Tx F6 R7 N7 – V Gal.-Fag., V Carp., V Alno-Ulm., V Calth., V Triset. – HeilPfl – *22* – ▽).
Hohe P., Hohe Sch., Wald-P., Himmelschlüssel – *P. elatior* (L.) Hill
4* KrSaum ± glockig, dottergelb, Schlund mit 5 rotgelben Flecken. Ke bauchig, Zähne eifg, 2–3 mm lg (Abb. **629**/4). Kapsel ½ so lg wie die Ke. Spreite am Grund gestutzt bis fast herzfg, vom meist geflügelten BlaStiel scharf abgesetzt. Seitennerven 2. Ordnung zwischen den Seitennerven 1. Ordnung aufgezweigt. 0,10–0,30. 4–6. Halbtrockenrasen, trockne bis wechseltrockne Wiesen, Böschungen, kalkhold; h Rh Th, v Alp By Bw He An(g Hrz S) Mv(f Elb), z Nw(h SW) Sa(f NO) Bb(h NO, f SO) Ns(h Hrz) Sh, ↘ (sm/mo-temp·c1-5EUR-WSIB – teilig ros H ♃ Rhiz – InB: Hummeln, Falter Vg – StA WiA MeA Licht- u. Kältekeimer – L7 Tx F4 R8 N3 – V Mesobrom., V Cirs.-Brach., V Arrh., V Mol., O Orig., O Querc. pub., V Carp., V Cephal.-Fag. – HeilPfl – *22* – ▽). [*P. officinalis* (L.) Hill]
Wiesen-P., Wiesen-Sch., Himmelschlüssel – *P. veris* L.
In D ausschließlich od. überwiegend subsp. *veris*, das Vorkommen von subsp. *columnae* (Ten.) Maire et Petitm. [subsp. *suaveolens* (Bertol.) Gutermann et Ehrend.] ist fraglich u. bedarf der Überprüfung (Blü größer, Ke 16–25 mm lg, Kr 10–22 im ∅; KeZähne kürzer als br; Bla useits grau- bis weißfilzig).

5 **(2)** Ke stumpfkantig. Bla dünn, deutlich nervig, kahl, useits dicht mehlig, länglich bis länglich-spatelfg. Kr 10–15 mm br, hellpurpurn, Schlund gelb. 0,10–0,30. 5–7. Feuchte bis nasse Quell- u. Flachmoore, alp. Steinrasen, kalkstet; h Alp, s By(z S f NW) Bw(z S, f Keu NW ORh) Mv(M NO), † Ns Sh, ↘, [U] s He Nw (sm/alp-stemp/dealp·c2-4EUR – sogr ros H ♃ Rhiz – InB: Hautflügler, Falter, schwach Vg – StA – L8 Tx F8~ R9 N2 – V Car. davall., V Mol., V Sesl. – *18* – ▽). **Mehl-P.** – *P. farinosa* L.
5* Ke stielrund 6
6 Stg 1–20blütig. KrZipfel ausgerandet od. 2lappig. Bla fleischig 7
6* Stg 1–2(–5)blütig. KrZipfel tief gespalten. Bla ledrig. Pfl nicht bemehlt 9
7 Kr helllila od. purpurrot, mit weißem Schlund. KrZipfel bis ⅔ ausgerandet. Schaft meist kürzer als die LaubBla, 1–3(–mehr)blütig. Bla beidseits drüsig behaart, klebrig. Pfl nicht bemehlt. 0,03–0,10. 4–7. Subalp. Felsspalten, kalkmeidend; s Bw(SW: Belchen), ob angesalbt? (sm-stemp//alp·c3-4EUR – igr ros H ♃ Rhiz – InB Vg – L8 T2 F5 R3 N2 – V Andros. vand. – *62, 63, 64, 67* – ▽). **Behaarte P.** – *P. hirsuta* All.

PRIMULACEAE 633

7* Kr gelb mit weißem Schlund od. (bei ZierPfl) verschiedenfarbig. Pfl meist bemehlt 8
8 Kr stieltellerfg, verschieden-, meist 2farbig. KrZipfel auf ⅓ 2lappig. 0,10–0,30. 5–7. Subalp. Felsspalten, basenhold; die hellrot blühende Wildform s Alp(Allg) Bw(SW: Belchen); auch ZierPfl mehrfarbig (stemp/alp·c3ALP – igr ros H ♃ Rhiz – InB Vg – ▽). [7 × 8*; *P.* ×*horten-sis* WETTST.] **Garten-P., Garten-Aurikel** – *P.* ×*pubescens* WULFEN
8* Kr trichterfg od. etwas glockig, gelb mit weißem Schlund. KrZipfel nur schwach ausgerandet. 0,05–0,25. 4–6. Alp. bis subalp. sickerfrische Felsspalten u. Steinrasen, präalp. Moorwie-sen, kalkhold; h Alp, s By(S Alb MS) Bw(SW), ↘ (sm/alp-stemp/dealp·c2-4EUR – igr ros H ♃ Rhiz – SeB InB Vg – StA WaA Licht- u. Kältekeimer – L8 T3 Fx R8 N2 – V Potent. caul., V Sesl. – ▽). **Gamsblume, Alpen-Aurikel** – *P. auricula* L.
 1 Bla nur am Rand schwach behaart. Standorte u. Verbreitung in D wie Art (stemp/dealp·c2-4EUR – 62). subsp. *auricula*
 1* Bla lang u. stark behaart. s Bw(SW: Höllental bei Freiburg) (Lokalendemit).
 subsp. *widmerae* (PAX) L.B. ZHANG

9 (6) Bla keilfg, vorn gestutzt u. scharf tief gesägt, auf der Fläche feindrüsig. Stg meist 1blütig. Kr leuchtend rosa. 0,01–0,04. 7–8. Alp. frische Magerrasen, Schneetälchen, kalkmeidend; s Alp(v Brch, s Krw Wtt) (sm-stemp//alp·c3-4EUR – igr ros H ♃ Rhiz – InB Vg – WiA – L8 T2 F5 R1 N1? – V Car. curv., V Elyn., V Nard. – *66–70, 73* – ▽). **Zwerg-P., Habmichlieb** – *P. minima* L.
9* Bla länglich od. verkehrteifg, vorn abgerundet, kahl, nur am Rand drüsig, ganzrandig. Stg meist 2blütig. Kr rosa. 0,03–0,10. 5–7. Alp. bis subalp. feuchte Felsen u. Steinrasen, kalk-hold; z Alp(Brch), ↘ (stemp/dealp·c3OALP – sogr? ros H ♃ Rhiz – InB Vg – WiA – L8 T2 F5? R8 N2? – V Potent. caul., V Sesl. – 156 – ▽). **Clusius-P.** – *P. clusiana* TAUSCH
Hybriden: *P. elatior* × *P. veris* = *P.* ×*media* PETERM. – s, *P. elatior* × *P. vulgaris* = *P.* ×*digenea* A. KERN. – s, *P. veris* × *P. vulgaris* = *P.* ×*tommasinii* GREN. et GODR. – s

Hottonia L. – Wasserfeder, Wasserprimel (2 Arten)

Obere Bla rosettenartig genähert. Blü in 3–6blütigen Quirlen, traubig. Kr blassrosa. 0,15–0,50. 5–7. Mesotrophe, teils periodisch austrocknende, flache, meist halbschattige Ge-wässer (Tümpel, Gräben, Altwasser, Erlenbrüche; v An(f Hrz S) Bb Ns(f Hrz) Mv Sh, z By He(f NW W) Nw(f SW) Sa, s Bw(f Keu SW) Rh(ORh M SW) Th(Bck), ↘ (sm/mo-temp·c2-4EUR – igr eros Hel/uHy ♃ – InB: Bienen Vg – KlA WaA Lichtkeimer – L7 T6 F12 R5 N4 – V Nymph., V Aln. – 20 – ▽). **Wasserfeder, Wasserprimel** – *H. palustris* L.

Soldanella L. – Alpenglöckchen, Troddelblume (16 Arten)

1 Bla 10–70 mm br. Schaft meist 2–8blütig. Kr glockig-trichterfg, bis zur Mitte gespalten (Abb. **629**/6), mit Schlundschuppen, kürzer als der Griffel, blauviolett 2
1* Bla 4–10(–20) mm br, meist ganzrandig. Schaft meist 1blütig. Kr weitröhrig bis röhrig-glo-ckig, höchstens auf ⅓ gelappt, stumpfzipflig, ohne Schlundschuppen, länger als der Griffel 3
2 Bla 1–3 cm br, meist ganzrandig. Dolde (1–)2–3blütig. BlüStiele mit sitzenden Drüsen. KrZipfel stumpf. 0,05–0,20. 4–7. Subalp. sickerfeuchte Rieselfluren, Schneeböden, Hoch-staudenfluren, kalkhold; h Alp, s Bw(SW: Feldberg) (sm-stemp//salp·c2-3EUR – igr ros H ♃ Rhiz – InB: bes. Bienen – StA – L7 T2 F7 R8 Nx – V Arab. caer., V Car. davall., V Adenost., V Triset. – 40 – ▽). **Gewöhnliches A., Alpen-T.** – *S. alpina* L.
2* Bla 2,5–7 cm br, entfernt gekerbt. Dolde 3–8blütig. BlüStiele mit Stieldrüsen. KrZipfel spitz. 0,10–0,35. 5–6. Mont., frische bis feuchte FichtenW, Halbschatten bevorzugend, kalkmei-dend; s Alp(Mng Chm) By(O S) (sm-stemp//mo·c3EUR – igr ros H ♃ Rhiz – InB: bes. Bienen – StA – L5 T4 F6 R2 N2 – V Vacc.-Pic. – 38 – ▽). **Berg-A.** – *S. montana* WILLD.
3 (1) BlaSpreite dünn, rundlich-nierenfg, am Grund mit Bucht (Abb. **629**/5), 4–10(–20) mm br, Nerven oseits deutlich sichtbar. Bla- u. BlüStiele mit 0,05 mm lg, fast sitzenden Drüsen. Kr auf ⅙ bis ¼ gelappt, rötlichviolett, selten weiß (getrocknet blau). 0,03–0,10. 5–6. Alp. feuchte Magerrasen u. Schneetälchen, kalkmeidend; z Alp (sm-stemp//alp·c3-4ALP – igr ros H ♃ Rhiz – InB: Bienen – StA Kältekeimer – L7 T1 F7 R2 N3 – V Salic. herb., V Car. curv., V Nard. – *36, 40* – ▽). [*S. alpicola* F.K. MEY.]
Zwerg-A. – *S. pusilla* BAUMG. subsp. *alpicola* (F.K. MEY.) CHRTEK

3* BlaSpreite dicklich, kreisrund bis rundlich-eifg, am Grund ohne od. mit seichter Bucht, 4–10 mm br, Nerven oseits nicht deutlich sichtbar. Kr auf ¼ bis ⅓ gelappt, blasslila bis weiß. **(Artengruppe Kleinstes A. – S. minima agg.)** **4**

4 Bla- u. BlüStiele ± dicht drüsenhaarig, Drüsen bis 0,2 mm lg. BlaSpreite ohne Bucht, Spaltöffnungen nur auf ihrer USeite. Kr meist blasslila. 0,03–0,10. 5–6. Alp. sickerfeuchte Steinschuttfluren u. Schneetälchen, kalkstet; s Alp(Amm Allg) (sm-stemp//alp·c3ALP – igr ros H ⚇ oAusl – InB: bes. Bienen – StA – L8 T3 F7 R8 N3? – V Arab. caer., V Craton. – *32–34, 40* – ▽). **Kleinstes A. – *S. minima* H**OPPE

4* Bla- u. BlüStiele locker drüsenhaarig, Drüsen bis 0,1 mm lg. BlaSpreite oft mit seichter Bucht, beidseits mit Spaltöffnungen. Kr meist weiß bis blasslila. 0,02–0,10. 5–7. Alp. Steinschuttfluren u. Schneetälchen, kalkstet; s Alp(Chm) (stemp/alp·c3OALP – igr ros H ⚇ oAusl – InB: bes. Bienen – StA – ▽). **Österreichisches A. – *S. austriaca* V**IERH.

Seltene Hybriden: *S. alpina* × *S. montana* = *S.* ×*wiemanniana* VIERH., *S. alpina* × *S. pusilla* = *S.* ×*hybrida* A. KERN., *S. minima* × *S. pusilla* = *S.* ×*neglecta* R. SCHULZ [*S.* ×*janchenii* VIERH.]

Samolus L. – Salzbunge (15 Arten)

Untere Bla verkehrteifg, rosettig, obere wechselständig. BlüStand traubig. Blü klein, weiß. 0,10–0,50. 6–10. Wechselfeuchte bis nasse, periodisch überflutete, oft salzhaltige Teich- u. Gräbenränder, lückige Brackwasserröhrichte, feuchte Küstendünentäler, nährstoffanspruchsvoll; z Nw(MW N NO) Th(Bck) An(f O) Sh, s By(N) Bw(ORh Gäu) Rh(v ORh, MRh SW) He(ORh SW) Sa(W) Bb(f SO Od SW) Ns(f Elb Hrz) Mv(f Elb SW), ↘ (austr-trop/(mo)-temp·c2-7+litCIRCPOL – igr hros H ⚇ Rhiz – SeB, s InB: Pollenblume – KlA WiA Sa langlebig Lichtkeimer – L8 T6 F8= R7 N5? – V Armer. marit., V Phragm., V Agrop.-Rum., V Nanocyp. – *24*). **Salzbunge – *S. valerandi* L.**

Familie *Sarraceniaceae* DUMORT. – Schlauchpflanzengewächse

(3 Gattungen/32 Arten)

[N lokal]: **Purpurrote Krugpflanze, Schlauchpflanze – *Sarracenia purpurea* L.**: Bla immergrün, 10–20 (–30) cm lg, schlauchfg, bogig aufsteigend, dem Fang von Kleintieren dienend. Blü radiär, nickend, 3–5 cm ⌀, purpurrot bis gelbgrün, auf nacktem Schaft. Ke- u. KrBla je 5, StaubBla ∞. Kapsel. 0,20–0,60. 7. Angepflanzt u. eingebürgert in Mooren; [N] s By Nw Sa Bb Ns (m-temp·c1-5OAM-(WAM) – igr ros He ⚇ – InB: bes. Hummeln, Fliegen).

Familie *Ericaceae* JUSS. – Heidekrautgewächse (inkl. *Pyrolaceae, Monotropaceae, Empetraceae*) (126 Gattungen/4215 Arten)

Sträucher, Zwergsträucher, selten Bäume od. Kräuter, meist mykotroph, immergrün, selten ohne Blattgrün u. voll mykotroph. Bla wechsel-, gegen- od. quirlständig, ungeteilt, ohne NebenBla. Blü meist ⚥, radiär od. schwach dorsiventral, (2–)4–5(–9)zählig, einzeln od. in Trauben od. Schirmrispen. Ke bleibend. KrBla verwachsen, seltener frei. StaubBla meist doppelt so viele wie KrZipfel, selten mehr od. weniger, die äußeren über den KrBla stehend. Staubbeutel oft mit hornfg Anhängseln, sich meist an der Spitze mit Löchern öffnend. Pollenkörner meist in Tetraden. FrKn ober- od. unterständig, (1–)5(–10)fächrig, in jedem Fach (1–)∞ SaAnlagen. Griffel 1. Kapseln, Beeren, selten SteinFr – meist kalkmeidend.

[U lokal]: **Vielblütige Lavendelheide – *Pieris floribunda* (PURSH) HOOK. f.**: Junge Stg u. BlaStiele striegelhaarig. Bla immergrün, wechselständig, useits mehr braunlichen Drüsenpunkten, länglich-lanzettlich, spitz, 3–8 × 1–2,3 cm, kerbig gesägt, Zähne bewimpert. Blü 5zählig, nickend, in 5–10 cm lg Doppeltrauben, Kr 5–6 mm lg, krugfg, weiß. 1,00–2,00. 4–5. ZierStr, [U] s Bb(NO: Eberswalde) (sm/mo·c2-3OAM – igr Str – V Bet. pub.)

1 Krautige Pfl ohne grüne Bla, Bla schuppenfg. Blü 4–5zählig, nickend, KrBla frei. KapselFr. **Fichtenspargel – *Hypopitys* S. 637**

1* (Zwerg)Str, StaudenStr od. immergrüne ⚇ mit grünen Bla **2**

2 Bla gegenständig od. zu 3–4 quirlig, meist schuppen- od. nadelfg. Blü 4–5zählig **3**

2* Bla wechselständig, meist flächig; wenn nadelfg, dann Blü 2–3zählig u. SteinFr **6**

ERICACEAE 635

3 Bla 20–60 × 8–18 mm, zu 3 quirlig od. gegenständig. Aufrechter Strauch. Verwelkte Kr abfallend. **Berglorbeer – _Kalmia angustifolia_** S. 638
3* Bla <8 mm lg. ZwStr od. SpalierStr. Verwelkte Kr erhalten od. abfallend **4**
4 Bla zu 3–4 quirlig, nadelfg, Ke kürzer als die Kr, AußenKe fehlend (Abb. **636**/3). **Heide – _Erica_** S. 639
4* Bla gegenständig **5**
5 Bla schuppenfg. Blü 4zählig, seitenständig, mit grünem AußenKe. Ke kronartig rosa, 2mal so lg wie die 2 mm lg Kr (Abb. **636**/1, 2). **Heidekraut – _Call<u>u</u>na_** S. 639
5* Bla eifg, bis zu Mitte umgerollt. Blü 5zählig, zu 2–5 in endständigen Schirmtrauben. Ke dunkelrot, kürzer als die 4 mm lg Kr. **Alpenazalee – _Kalmia proc<u>u</u>mbens_** S. 638
6 (2) Bla <1 cm lg, nadelfg. Blü 2–3zählig, KrBla frei. FrKn oberständig, 2–9fächrig, in jedem Fach 1 SaAnlage. SteinFr. **Krähenbeere – _<u>E</u>mpetrum_** S. 639
6* Bla meist >1 cm lg. u. nicht nadelfg, wenn <1 cm u. Rand umgerollt, dann Stg drahtig, lg kriechend. Blü 4–5zählig **7**
7 FrKn unterständig. Fr eine Beere. **Heidel-, Preisel-, Moosbeere – _Vacc<u>i</u>nium_** S. 640
7* FrKn oberständig. Fr eine Kapsel od. SteinFr **8**
8 KrBla frei **9**
8* KrBla verwachsen **13**
9 Bla useits rostrot filzig, ihr Rand umgerollt. Blü 5zählig, in Schirmtrauben. **Sumpfporst – _Rhododendron_** z. T. S. 638
9* Bla useits kahl. Blü 4–5zählig **10**
10 Blü in Schirmtrauben. Griffel <0,5 mm lg, dick; Narbe schildfg. Bla lanzettlich, scharf gesägt. **Winterlieb – _Chim<u>a</u>phila_** S. 636
10* Blü in verlängerten Trauben od. einzeln. Griffel 1–8 mm lg. Bla eifg od. rundlich, ganzrandig od. fein gekerbt **11**
11 Blü einzeln, groß, 13–20 mm ⌀. Kr flach ausgebreitet. Kapsel aufrecht. **Moosauge – _M<u>o</u>neses_** S. 636
11* Blü in Trauben, 5–12 mm ⌀. Kr glockig bis halbkuglig. Kapsel nickend **12**
12 Traube einseitswendig, zur BlüZeit nickend. Bla eifg, spitz. **Birngrün – _Orth<u>i</u>lia_** S. 637
12* Traube allseitswendig, nicht nickend. Bla rundlich, stumpf. **Wintergrün – _P<u>y</u>rola_** S. 635
13 (8) Kr trichterfg-glockig od. radfg, 5spaltig od. fast 5teilig, rot, 15–30 mm ⌀ **14**
13* Kr kuglig od. krugfg, nur an der Spitze 5zähnig (Abb. **636**/4), weiß od. blassrosa, 5–8 mm ⌀ **15**
14 Bla >1 cm lg. Kr 5spaltig, trichterfg, etwas unregelmäßig 2lippig. StaubBla kürzer als die Kr. **Alpenrose – _Rhododendron_** S. 638
14* Bla <1 cm lg. Kr fast 5teilig, radfg ausgebreitet, radiär, mit weit herausragenden StaubBla. **Zwergalpenrose – _Rhodoth<u>a</u>mnus_** S. 638
15 (13) Bla lanzettlich bis lineal-lanzettlich, useits weißlich, mit umgeroltem Rand. Blü in Schirmtrauben. Fr eine Kapsel. **Gränke – _Andr<u>o</u>meda_** S. 639
15* Bla schmal verkehrteifg bis elliptisch, oseits u. useits grün. BlaRand nicht umgerollt. Blü in Trauben. SteinFr. **Bärentraube – _Arctost<u>a</u>phylos_** S. 637

P<u>y</u>rola L. – Wintergrün (35 Arten)

1 Kr offen, glockig. Griffel S-fg gebogen, unter der Narbe verdickt, 4–8 mm lg. BlaStiel länger als die BlaSpreite **2**
1* Kr fast geschlossen, (halb)kuglig. Griffel gerade. BlaStiel höchstens so lg wie die 2,5–6 × 1,5–5 cm große BlaSpreite **3**
2 Griffel die weiße, selten rötliche Kr überragend u. viel länger als der FrKn (Abb. **637**/1). KeZipfel meist lanzettlich, abstehend. Bla rundlich-eifg, ihre Spreite 2–5 × 1,5–5 cm. Stg stumpfkantig. 0,15–0,30. 6–7. Frische bis feuchte NadelW u. NadelholzforsteLaubmischW, Gebüsche, kalkmeidend: v Alp, z By Bw(f ORh) Rh Nw Th(v NW) Sa An(f O) Ns Mv(f Elb), s He(f NW) Bb(f SW) Sh, ↘ (trop/moOAS-m/mo-b·c2-6EUR-SIB-OAM – igr ros C/H uAusl – SeB InB – WiA – L4 Tx F6 R5 N3 – O Vacc.-Pic., V Eric.-Pin., V Querc. rob.-petr., V Samb.-Salic.). **Rundblättriges W. – _P. rotundif<u>o</u>lia_ L.**

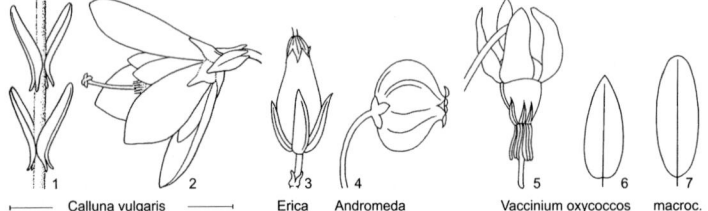

1 — Calluna vulgaris — 2   3   4 Erica   Andromeda   5   6   7 Vaccinium oxycoccos   macroc.

1 Schaft mit 1–2 SchuppenBla. BlüStiele 4–6 mm lg. KeZipfel lanzettlich, spitz, 2–3mal so lg wie br. Griffel 7–8 mm lg. NadelW, Nadelholzforste, LaubmischW, Birkengebüsche; Verbr. in D wie Art (sm/mo-b·c2-6EUR-SIB). subsp. ***rotundifolia***

1* Schaft mit 2–5 SchuppenBla. BlüStiele 2–5 mm lg. KeZipfel eifg, stumpf, kaum 2mal so lg wie br. Griffel 4–7 mm lg. Kriechweidengebüsche der Küstendünen; s Ns(N) Sh(W) (ntemp·c1-2litEUR).
subsp. ***maritima*** (Kenyon) E.F. Warb.

2* Griffel die grünlichweiße Kr kaum überragend, länger als der FrKn (Abb. **637**/2). KeZipfel eifg, kurz, anliegend. Bla spatelfg-rundlich, ihre Spreite 0,5–2,0 × 0,5–2,5 cm. Stg rot, am Grund scharfkantig. 0,10–0,25. 6–7. Trockne bis mäßig trockne KiefernW, seltener auch FichtenW, Nadelholzforste; z By Bw Th(f Hrz) Mv(f SW), s Rh(ORh SW) He(f MW NW W) Sa(f SW W) An(Elb SO) Bb(f SW) Ns(O: Langendorf), † Sh, ↘ (m/mo-b·c2-6CIRCPOL – igr ros H/C ♃ uAusl – InB SeB? Vw – WiA – L5 T5 F4 R5 N2 – V Dicr.-Pin., V Cytis.-Pin., V Eric.-Pin.). [*P. virens* Schweigg.] **Grünblütiges W. – *P. chlorantha* Sw.**

3 (1) Griffel (3–)4–6 mm lg, dem FrKn schief eingefügt, nach oben verdickt, die Kr überragend, länger als der FrKn (Abb. **637**/3). KeZipfel eifg-lanzettlich, abstehend. Kr 7–10 mm ∅, weiß bis blassrosa. Bla fast kreisrund. 0,15–0,30. 6–7. Mäßig frische NadelW, EichenW, kalkmeidend; z Alp, s By(Alb NO O S) Rh(SW N ORh) He(MW) Nw(SO, † SW) Th(Wld Bck) Sa(NO) An(Hrz), † An(Elb) Bb Ns Mv, ↘ (sm/mo-b·c2-5EUR-WSIB – igr hros H/C ♃ uAusl – SeB InB? – WiA – L4 Tx F4 R5 N2 – O Vacc.-Pic., V Eric.-Pin.).
Mittleres W. – *P. media* Sw.

3* Griffel 1–2(–4) mm lg, gerade, nach oben nicht verdickt, kürzer als die Kr u. höchstens so lg wie der FrKn od. kürzer (Abb. **637**/4). KeZipfel 3eckig, der Kr angedrückt. Kr 5–7 mm ∅, weiß bis hellrosa. Bla elliptisch bis eifg-rundlich. 0,07–0,25. 6–7. Frische NadelW, Nadelholzforste, LaubmischW, Böschungen, Steinbrüche, kalkmeidend; v Th Sa, z By Bw Rh He Nw An(h Hrz) Bb Ns Mv Sh, s Alp(v Allg) (sm/mo-arct·c2-6CIRCPOL – igr ros H/C ♃ uAusl – InB? SeB – WiA – L6 Tx F5 R3 N2 – O Vacc.-Pic., V Luz.-Fag., V Querc. rob.-petr.).
Kleines W. – *P. minor* L.

Hybride: *P. minor* × *P. rotundifolia* = ? – s Rh Ns

Moneses Gray – **Moosauge** (2 Arten)

Bla in Rosette. Blü nickend, wohlriechend. Kr weiß. 0,05–0,10. 5–7. Feuchte bis mäßig trockne NadelW u. Nadelholzforste, EichenW; v Alp, z By Bw(f ORh) Th An(f SO N W), s Rh(N SW) He(f NW SW W) Nw(SW MW: Niederrheinische Bucht) Sa Bb Ns(f MO M) Mv Sh(M), ↘, [N] s mit Nadelholzkulturen verschleppt, z. B. W-Rh SW-Nw N-Ns (m/mo-b·c2-6CIRCPOL – igr ros C ♃ WuSpr – InB SeB? – WiA – L4 Tx F4 R4 N2 – V Vacc.-Pic., V Dicr.-Pin., V Cytis.-Pin.). [*Pyrola uniflora* L.] **Moosauge – *M. uniflora* (L.) A. Gray**

Chimaphila Pursh – **Winterlieb** (5 Arten)

Bla scheinquirlig genähert, ledrig. Kr weiß bis hellrosa. 0,07–0,15. 6–8. Trockne KiefernW u. -forste; s By(f S) Bw(Gäu ORh SW) He(ORh SO) Th(Bck S Wld) Sa(f SO SW) An(Elb) Bb(f SW) Ns(O: Gusborn) Mv, [N] mit Kiefern-Anbau s N-Bw, † Rh Sh, ↘ (sm/mo-b·c3-6CIRCPOL – igr ZwergStr uAusl – WiA – L4 T6 F4 R6 N3 – V Dicr.-Pin., V Cytis.-Pin., V Eric.-Pin. – HeilPfl – ▽). [*Pyrola umbellata* L.]
Dolden-W. – *Ch. umbellata* (L.) W.P.C. Barton

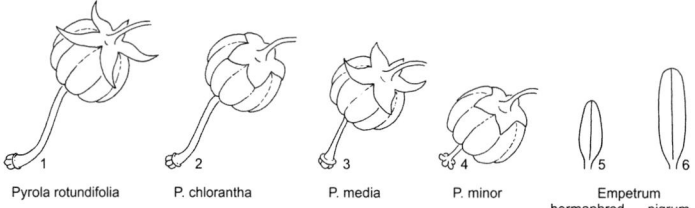

Pyrola rotundifolia P. chlorantha P. media P. minor Empetrum hermaphrod. nigrum

Orthilia Raf. [*Ramischia* Opiz] – **Birngrün** (1 Art)
Blü in einseitswendiger Traube. Kr glockig bis halbkuglig, grünlichweiß. 0,07–0,25. 6–7.
Frische bis mäßig trockne NadelW u. Nadelholzforste, LaubmischW, Steinbrüche; v Alp, z
By Bw Th(f Hrz) Sa An Bb Ns(f N NW) Mv, s Rh(f MRh W) He(f NW) Nw(f N, † SO), † Sh,
↘ (strop/moAM-m/mo-arct·c2-6CIRCPOL – igr eros ZwStr uAusl, regenerativ WuSpr? – InB
– WiA – L4 Tx F5 Rx N2 – O Vacc.- Pic., V Eric.-Pin., K Puls.-Pin., V Querc. rob.-petr. –
HeilPfl). [*Pyrola secunda* L., *Ramischia secunda* (L.) Garcke]
Birngrün – ***O. secunda*** (L.) House

Hypopitys Hill [*Monotropa* L.] – **Fichtenspargel**
Beide Arten gehören zur **Artengruppe Echter Fichtenspargel** – *H. monotropa* agg.

1   Traube dicht, (6–)10–15blütig. KrBla (9–)10–15 mm lg, an der Spitze etwas ausgebreitet.
Oberer StgTeil, Ke u. Außenseite der Kr behaart od. kahl; Innenseite der Kr, Staubfäden,
Griffel u. oft der FrKn steifhaarig. FrKn u. Kapsel oft länger als br. 0,10–0,25. 6–7. Frische
bis mäßig trockne NadelW, Nadelholzforste, seltener auch LaubmischW; z Alp(f Krw Kch)
By Bw Rh He Nw Th Sa An Bb Ns Mv Sh, sm NW ↘, Verbr. ungenügend bekannt (strop/
moAM-m/mo-b·c1-6CIRCPOL – eros G ♃ mykotroph auf Wurzelpilz der Fichte, WuSpr –
InB: Bienen – WiA – L4 Tx F5 R3 N2? – O Vacc.-Pic., V Cytis.-Pin., V Eric.-Pin., V Luz.-
Fag.). [*Monotropa hypopitys* L.] Echter F. – *H. monotropa* Crantz
1* Traube lockerer, 3–6(–12)blütig. KrBla 8–10 mm lg, aufrecht. Stg u. gesamte Blü kahl.
Kapsel fast kuglig. 0,10–0,25. 6–7. Buchen- u. BuchenmischW; z By Bw Rh He Nw Th Sh,
s Sa An Bb Ns Mv, Verbr. ungenügend bekannt (m/mo-temp·c1-3EUR? – eros G ♃ my-
kotroph auf Wurzelpilz der Buche, WuSpr – InB – WiA – V Luz.-Fag.). [*M. hypophegea*
Wallr.] Kahler F., Buchenspargel – *H. hypophegea* (Wallr.) G. Don
Mykotroph auf Wurzelpilz von Weiden (*Salix*) wachsende Populationen besitzen intermediäre Merkmale
u. bedürfen der weiteren Untersuchung.

Arctostaphylos Adans. – **Bärentraube** (60 Arten)

1   Bla ganzrandig, kahl, ledrig, immergrün, useits mit deutlichem feinen Adernetz, nicht drüsig
punktiert (Unterschied zur ähnlichen Preiselbeere, S. 641). Blü zu 5–7(–10). Fr rot, mehlig.
0,20–0,60. 3–7. Mäßig trockne, lichte KiefernW u. -forste, Zwergstrauchheiden, sandige Weg-
ränder; s Alp By(f NM NW) Bw(S) Th(NW Wld) Sa(NO SO) An(Hrz) Bb(SO M NO SW) Ns(f
MO Elb S) Sh(M), [U] s Nw, † Rh He Nw Mv, ↘ (sm/mo-b·c2-7CIRCPOL – igr SpalierStr – InB:
bes. Hummeln SeB – VdA Kältekeimer – L6 Tx F3 Rx N2 – K Puls.- Pin., K Eric.-Pin., V
Rhod.-Vacc. – HeilPfl – 52 – ▽). Echte B. – *A. uva-ursi* (L.) Spreng.
1* Bla gesägt, lg gewimpert, krautig, sommergrün. Blü zu 2–3(–5). Fr halbreif rot, reif schwarz,
saftig. 0,15–0,30. 5–6. Alp. frische Zwergstrauchheiden u. -gebüsche, lichte NadelW, kalk-
meidend; v Alp (sm/alp-arct·c2-7CIRCPOL – sogr SpalierStr – SeB InB: Hummeln – VdA
– L7 T2 F5 Rx N2 – O Vacc.-Pic., V Eric.-Pin. – VolksheilPfl). [*Arctous alpina* (L.) Nied.]
Alpen-B. – *A. alpinus* (L.) Spreng.

Rhododendron L. – **Alpenrose, Azalee, Porst** (850 Arten)
1 Pfl stark aromatisch riechend. KrBla frei, weiß. Bla useits rostrot filzig **2**
1* Pfl nicht stark aromatisch riechend. Kr verwachsen, 5spaltig, rot od. gelb. Bla beidseits grün od. useits rostrot beschuppt **3**
2 Bla lanzettlich bis lineal-lanzettlich, 4–12mal so lg wie br. StaubBla 10. Pfl stark duftend. 0,60–1,50. 5–7. Moorgebüsche u. MoorW, feuchte KiefernW, kalkmeidend; z Bb Mv, s y(O, † NM) Sa(SO SW W) An(N Elb O) Ns(f MO Hrz S) Sh, † Th, ↘ (temp·arct·c3-7EURAS – igr ZwStr LegTr/uAusl – InB: bes. Fliegen – WiA Wintersteher Lichtkeimer – L6 T5? F9 R2 N2 – V Sphagn. magell., V Dicr.-Pin., V Bet. pub. – Mottenkraut – giftig – ▽). [*Ledum palustre* L.] **Sumpf-P. – *Rh. tomentosum*** HARMAJA
2* Bla eifg bis lanzettlich, 2–5mal so lg wie br. StaubBla 5–8. 0,50–1,50. 5–7. Torfmoore; [N 20. Jh.] s Nw(MW: Venner Moor N: Recker Moor) Ns (temp-arct·c2-6AM+GRÖNL – igr ZwStr/Str LegTr/uAusl – InB – WiA – K Oxyc.-Sphagn.). [*Ledum groenlandicum* OEDER] **Grönländischer P. – *Rh. groenlandicum*** (OEDER) KRON et JUDD
3 (1) Bla sommergrün, 6–12 cm lg, beidseits drüsenhaarig. Blü gelb, stark duftend. Ke, FrKn, BlüStiel u. junge Triebe drüsig. 1,00–4,00. 5. Frische Wälder; [N 1880] s By(N: Kitzinger Forst bei Großlangheim), [U] s Bw (sm-stemp·c3VORDAS-KAUK-OEUR – sogr Str). [*R. flavum* (HOFFMANNS.) G. DON, *Azalea pontica* L.] **Pontische Azalee – *Rh. luteum*** SWEET
3* Bla immergün, 1,5–4 cm lg, oseits kahl. Blü rot **4**
4 Bla br lanzettlich, beidseits frischgrün u. drüsig punktiert, am Rand flach, lg bewimpert, sonst kahl. Kr hellrot, 0,20–1,00. 6–8. Subalp. mäßig trockne bis frische Felsbänder, Schotterhalden, Latschengebüsche, lichte KiefernW, kalkhold; h Alp, s By(S) (sm-stemp//salp·c3-4ALP – igr ZwStr/Str – InB: bes. Hummeln SeB Vm – WiA Wintersteher Lichtkeimer – L7 T3 F4 R7 N3? – V Eric.-Pin.). **Bewimperte A., Almrausch – *Rh. hirsutum*** L.
4* Bla lanzettlich, oseits dunkelgrün glänzend, useits rostbraun beschuppt, am Rand umgerollt, kahl. Kr dunkelrot. 0,30–1,50. 5–7. Subalp. frische Blockhalden, Latschengebüsche, lichte ZirbelkiefernW, kalkmeidend; v Alp, s By(S), † Bw(S) (sm-stemp//salp·c3-4EUR – igr ZwStr/Str – InB: bes. Hautflügler SeB Vm – WiA Wintersteher Lichtkeimer – L7 T3 F6 R2 N2 – V Rhod.-Vacc. – giftig). **Rostblättrige A. – *Rh. ferrugineum*** L.
Hybride: *Rh. ferrugineum* × *Rh. hirsutum* = *Rh.* ×*intermedium* TAUSCH – z Alp, s By(S)

Rhodothamnus RCHB. – **Zwergalpenrose, Zwergrösel** (2 Arten)
Bla eifg-lanzettlich, ledrig, ganzrandig od. undeutlich gekerbt, am Rand bewimpert. Kr hellrosa. 0,20–0,40. 6–7. Subalp. frische Latschengebüsche, Felsbänder, Schotterhalden, kalkhold; v Alp (sm-stemp//salp·c3ALP – igr ZwStr -InB SeB? Vw – WiA Lichtkeimer – L6 T3 F5 R8 N2 – V Eric.-Pin.). **Zwergalpenrose – *Rh. chamaecistus*** (L.) RCHB.

Kalmia L. – **Lorbeerrose, Gämsheide** (11 Arten)
1 0,50–1,00 m hoher Str. Bla 20–80 mm lg, schmal elliptisch bis länglich, stumpf, Rand umgerollt. Blü in achselständigen Schirmtrauben. Kr rötlich, 7–12 mm ⌀. 0,50–1,00. 6–7. Moore, kalkmeidend; [N 1807] s By(S: Chiemsee) Bw Nw(MW: Neuenkirchen, Ratingen) Ns(M N NW) (sm-b·c2-5OAM – igr ZwStr – InB: explosive Staubbeutel – VdA – L8 T5? F8 R1 N1 – K Oxyc.-Sphagn. – giftig!). **Schmalblättrige L. – *K. angustifolia*** L.
1* 0,05–0,15 m hoher Spalierstrauch. Bla 4–8 mm lg, eifg, fast bis zur Mitte umgerollt. Blü zu 2–5 in Schirmtrauben. Ke rot. Kr weitglockig, hellrosa. 0,05–0,15. 6–7. Alp. frische Zwergstrauchheiden, bes. in windexponierten Lagen, Latschengebüsche, kalkmeidend; v Alp(s Amm, f Chm Kch Mng) (sm/alp-arct·c2-6CIRCPOL – igr SpalierStr – InB: Haut- u. Zweiflügler Vw – WiA Wintersteher Lichtkeimer – L9 T2 F5 R3 N1 – O Vacc.-Pic. – giftig). [*Loiseleuria procumbens* (L.) DESV.] **Gämsheide – *K. procumbens*** (L.) GALASSO, BANFI et F. CONTI

ERICACEAE 639

Empetrum L. – **Krähenbeere** (2 Arten)
Beide Arten gehören zur **Artengruppe Gewöhnliche Krähenbeere** – *E. nigrum* agg.
1 Pfl 2häusig. Junge Triebe rötlich, ältere rotbraun. Bla 3–4mal so lg wie br, parallelrandig (Abb. 637/6), useits mit sehr schmaler weißer Rinne. BlüKnospen meist rot. Am Grund der Fr nie Staubblattreste, da 2häusig. 0,15–0,45. 4–5. Frische bis feuchte, bes. küstennahe u. montan-subalp. Heiden, Moore, lichte NadelW, kalkmeidend; z Sa(SO SW) Ns(f Elb) Mv(f Elb) Sh, s Alp(Mng: Rotwand) By(NO NW O) Bw(SW) Rh(N) He(NW O) Nw Th(Wld) An(f SO S W) Bb(NO) (temp-b·c1-6 EURAS-(AM) – igr ZwStr LegTr – WiB: Bienen, Schwebfliegen – VdA: bes. Krähen – L7 Tx F6 Rx N2 – V Empetr., V Dicr.-Pin., V Bet. pub., K Oxyc.-Sphagn. – 26). **Gewöhnliche K.** – *E. nigrum* L.
1* Blü ♂. Junge Triebe grün, ältere braun. Bla 2–3mal so lg wie br, mit etwas gebogenen Rändern (Abb. 637/5), useits mit breiterer(?) weißer Rinne. BlüKnospen grün. Am Grund der reifen Fr fast stets vertrocknete StaubBla od. deren Basalteile vorhanden. 0,15–0,50. 4–5. Hochmont. bis subalp. Heiden u. Felsköpfe, kalkmeidend; z Alp(f Kch) s By(O) Bw(SW: Feldberg, Belchen) (sm-stemp//alp·c3-4-arct·c2-7CIRCPOL – igr ZwStr – InB WiB? Vm – VdA – L8 T3 F6 R4 N2? – O Vacc.-Pic., K Oxyc.-Sphagn. – 52, 54). [*E. nigrum* subsp. *hermaphroditum* (HAGERUP) BÖCHER] **Zwittrige K.** – *E. hermaphroditum* HAGERUP

Calluna SALISB. – **Heidekraut** (1 Art)
Bla 1–4 mm lg. Blü in einseitwendigen Trauben. Ke u. Kr rotlila. 0,30–1,00. 8–10. Mäßig trockne bis feuchte Heiden, Magerrasen, Felsen, Moore, KiefernW, EichenW, kalkmeidend; g Rh(v ORh) Nw(v MW) Sa Ns(v MO N), h Alp He Th An(z S SO) Sh, v By(g NM) Bw Bb Mv; auch ZierPfl (m-b·c1-5EUR-(WSIB) – igr ZwStr, s LegTr – InB: bes. Bienen WiB Vw – WiA Wintersteher Lichtkeimer Sa langlebig – L8 Tx Fx R1 N1 – K Nard.-Call., O Coryneph., K Oxyc.-Sphagn., O Vacc.- Pic., V Querc. rob.-petr.).
Heidekraut, Besenheide – *C. vulgaris* (L.) HULL

Erica L. – **Heide** (860 Arten)
1 Bla steifhaarig-gewimpert, stumpf. BlüStand kopfig-doldig. StaubBla in der rosa Kr eingeschlossen. 0,15–0,50. 6–9. Feuchtheiden, Moore, Feuchtwiesen, Gebüsche, MoorW, kalkmeidend; v Ns Sh, z Alp(Kch Mng Allg) Rh(f ORh) Nw(h N) Sa(f SW) An(f SO S W) Mv, s By(f Alb) Bw(SW Gäu NW S) He(MW) Th(S Bck) Bb(f Od) (sm/mo-b·c1-3EUR – igr ZwStr – InB: Haut- u. Zweiflügler SeB – WiA Lichtkeimer Sa langlebig – L8 T5? F8 R1 N2 – O Eric.-Sphagn.). **Glocken-H.** – *E. tetralix* L.
1* Bla kahl, spitz 2
2 Blü in dichten, quirligen Trauben. StaubBla in der purpurrosa Kr eingeschlossen. 0,20–0,60. 6–7. Atl. Heiden, kalkmeidend; s Nw(MW: Elmpt, Heidhausen), ↘ (sm-b·c1 EUR – igr ZwStr – InB: bes. Bienen – WiA – L7 T6? F5 R2 N1 – O Call.-Ulic.). **Grau-H.** – *E. cinerea* L.
2* Blü in einseitwendigen Trauben. StaubBla aus der fleischfarbenen Kr hervorragend (Abb. **636**/3). 0,15–0,30. (1–)2–6. Gebirgs-KiefernW, Latschengebüsche; h Alp, z By(f N NM NW), s Sa(SW), † Bw(SO), [U] s Rh Nw Th An Bb; auch ZierPfl (sm/mo-stemp/demo·c3EUR – igr ZwStr LegTr – InB: Bienen Hummeln Falter WiB Vw – WiA Lichtkeimer – L7 Tx F3 Rx N2 – V Eric.-Pin., V Sesl.). [*E. herbacea* L.] **Schnee-H.** – *E. carnea* L.

Andromeda L. – **Gränke** (1–2 Arten)
Blü zu 2–5(–8) in Schirmtrauben, nickend, Kr kuglig-eifg, rosa. 0,15–0,30. 5–8. Nasse Hochmoorbulte, feuchte KiefernW, kalkmeidend; v Alp, z Bw(SO S SW) Nw Sa(f Elb W) Bb(f Od SW) Ns Mv(f Elb) Sh, s By(v S, f N) Rh(N) He(O) Th(Wld Rho) An(N), ↘ (sm/mo-b·c2-6CIRCPOL – igr ZwStr uAusl – InB: bes. Bienen SeB – WiA Wintersteher Kälte- u. Lichtkeimer – L9 T4 F9 R1 N1 – V Sphagn. magell., V Bet. pub. – giftig).
Polei-G., Rosmarinheide – *A. polifolia* L.

Vaccinium L. – **Heidelbeere, Preiselbeere, Moosbeere** (450 Arten)
Bearbeitung der Artengruppe Moosbeere – *V. oxycoccos* agg.: Stefan Jeßen

1 Bla 3,5–8 × 1,5–3,5(–4) cm, sommergrün. Str >1 m hoch. Blü 6–10 mm lg, weiß od. rosa, in dichten hängenden Trauben. Fr blauschwarz. 1,00–2,00(–4,00). 5(–6). NutzPfl, auch Kiefernforste, Moorränder, Heidemoore; [N 1940] z Ns, s Bb(M), ↗ (m-temp·c1-5OAM – K Oxyc.-Sphagn.-Fragmente, V Mol. – ObstStr). [*V. angustifolium* Aiton × *V. corymbosum* L.] **Amerikanische Strauch-H. – *V. atlanticum* E.P. Bicknell**
1* Bla 0,5–3(–3,5) cm lg, sommer- od. immergrün. Pfl meist <0,7 m hoch. Fr rot od. blauschwarz 2
2 Kr tief 4teilig, mit zurückgeschlagenen Zipfeln (Abb. **636**/5). Stg fadenfg, kriechend. Fr rot. **(Artengruppe Moosbeere – *V. oxycoccos* agg.)** 3
2* Kr krugfg bis glockig, 4zähnig. Stg kräftig, aufrecht 6
3 Bla länglich, stumpf, 6–18 mm lg (Abb. **636**/7), am Rand kaum umgerollt. BlüStandsachse durch einen BlaTrieb abgeschlossen. BlüStand meist mit 4 od. >4 Blü. VorBla dicht unter der Blü. KrZipfel >8 mm lg. Beeren 10–20 mm br, >12 Samen enthaltend. 0,03–0,10 hoch, 0,20–1,00 lg. 6. Hochmoore, bes. an gestörten Stellen (Torfstiche); [N 1830] s By(MS: Haspelmoor) Bw(SW: N-Schwarzwald) Nw(SO MW NO) Sa(Elb SO: Särichen) Bb(MN) Ns(M NW) Sh(M W), [U] s Nw, † Th(Wld), ↘ (sm/mo-b·c2-4OAM – igr Kriech-StaudenStr – InB – VdA Licht- u. Kältekeimer – L7 T5? F8? R1? N3? – V Sphagn. magell. – Wildobst – 24). [*Oxycoccus macrocarpos* (Aiton) Pursh] **Großfrüchtige Moosbeere, Krannbeere – *V. macrocarpon* Aiton**
3* Bla eifg bis 3eckig, spitz, 3–8(–12) mm lg (Abb. **636**/6), mit deutlich umgerolltem Rand. BlüTrieb endständig, mit meist 1–4 Blü. VorBla etwa in der Mitte des BlüStieles. KrZipfel bis 7,5 mm lg. Beeren 5–13 mm br, nicht mehr als 10 Samen enthaltend 4
4 BlüStiele kahl, Blü meist einzeln. KrZipfel höchstens 5,5 mm lg. Staubgefäße <4 mm; Staubbeutel (ohne Hörner) höchstens 1,2 mm lg, immer kürzer als die Staubfäden. Griffel bis 5 mm lg. Beeren 5–7(–9) mm br. Sa bis 1,7 mm lg u. 0,8 mm br. Bla 3–5(–6) mm lg. 0,02–0,03 hoch, 0,10–0,60 lg. 6–7. Hochmoorbulte; s By(O: BöhmerW: Zwieselter Filz) (temp/mo-b·c2-6CIRCPOL – igr Kriech-StaudenStr – InB: Hummeln, Bienen, Fliegen Vm – VdA Licht- u. Kältekeimer – L7 T5 F9 R1? N1? – K Oxyc.-Sphagn. – Glazialrelikt – 24). [*Oxycoccus microcarpus* Rupr.] **Kleinfrüchtige Moosbeere – *V. microcarpum* (Rupr.) Schmalh.**
4* BlüStiele behaart (wenigstens, wenn jung), Blü zu 2–4. KrZipfel >5,5 mm lg. Staubgefäße >4 mm lg; Staubbeutel (ohne Hörner) >1,4 mm lg, so lg od. länger als die Staubfäden. Griffel >5 mm lg. Sa >1,7 mm lg u. >0,8 mm br. Bla 4–8(–12) mm lg 5
5 KrZipfel 5,5–6,2 mm lg u. 2,3–2,7 mm br. Griffel höchstens 6,1 mm lang. VorBla höchstens 1,7 mm lg. DeckBla 1,7–1,9 mm lang. Beeren 9–13 mm br. Sa nicht mehr als 1 mm br. 0,02–0,04 hoch, 0,15–0,80 lg. 6–8. Nasse bis feuchte Torfmoosbulte von Hoch- u. Zwischenmooren, vernalende Torfstiche, lichte MoorbirkenW, kalkmeidend; h Alp(z Brch), z By(s MS Alb) Bw(SW S SO, f NW ORh) Rh Nw Th Sa(s W) An Bb Ns Mv Sh, ↘ (sm/mo-b·c1-6CIRCPOL – igr Kriech-StaudenStr – InB: Hummeln, Bienen, Fliegen Vm – VdA Licht- u. Kältekeimer – L7 T5 F9 Rx N1 – K Oxyc.-Sphagn., V Rhynch. alb. – Wildobst – 48). [*Oxycoccus palustris* Pers., *O. quadripetalus* Gilib.] **Gewöhnliche Moosbeere – *V. oxycoccos* L. s. str.**
5* KrZipfel 6,3–7,5 mm lg u. 2,6–3,3 mm br. Griffel >5,9 mm lg. VorBla >1,6 mm lg. DeckBla >(1,5–)1,8 mm lang. Beeren 5–9 mm br. Sa >1 mm br. 0,02–0,06 hoch, 0,15–0,80 lg. 6–8. Hochmoore in montaner u. hochmontaner Lage; s By(O: Bayr-W u. BöhmerW) Sa(SW: oberes Erzg) (temp/mo-b·c2-6?CIRCPOL?). – igr Kriech-StaudenStr – InB: Hummeln, Bienen, Fliegen Vm – VdA Licht- u. Kältekeimer – L7 T5 F9 R1? N1? – K Oxyc.-Sphagn. – Glazialrelikt? – 72). **Hagerup-Moosbeere – *V. hagerupii* (Á. Löve et D. Löve) Ahokas**

Wenderoth & Wenderoth (1994) zeigten durch die Ergebnisse karyologischer Untersuchungen, dass in D neben dem diploiden *V. macrocarpon* und dem tetraploiden *V. oxycoccos* s. str. noch eine weitere Sippe, das hexaploide *V. hagerupii* vorkommt. Hingegen konnten sie die bisherigen Angaben des diploiden *V. microcarpum* nicht bestätigen. Jüngste flow-cytometrische Untersuchungen belegen jedoch das Auftreten von *V. microcarpum* in D (Geissler, Herklotz, Jessen & Lehmann 2015 unpubl.). Die verschiedenen Ploidiestufen sind nach Suda & Lysák (2001) an Material aus der Tschechischen Republik und angrenzenden Gebieten flow-cytometrisch gut zu trennen. Der DNA-Gehalt von 1,19 ± 0,02 pg/2C der bayerischen Pflanzen von *V. microcarpum* stimmt auch mit den Werten nach Smith et al. (2015) anhand von Material aus Ost-Kanada überein. Der Ploidiegrad wurde kürzlich bestätigt (Diewald et al. 2020).

6   (2) Bla immergrün, ledrig, glänzend, am Rand umgerollt, useits drüsig punktiert. Blü in Trauben. Kr glockig, weiß od. rosa. Beeren rot. 0,05–0,15(–0,30). 5–6(–8). Mäßig trockne bis mäßig feuchte NadelW u. Nadelholzforste, LaubmischW, Gebüsche, Heiden, Hochmoorränder, kalkmeidend; h Alp, v By Th Sa(g NO), z Bw(f NW) He(f ORh) Nw An Bb Ns Mv, s Rh(f M W) Sh(M O) (sm/mo-arct·c1-7CIRCPOL – igr ZwStr uAusl – InB: Bienen, Hummeln – VdA Licht- u. Kältekeimer – L5 Tx F4~ R2 N1 – O Vacc.-Pic., V Eric.-Pin., V Querc. rob.-petr., V Genisto-Call. – Wildobst, VolksheilPfl – *24*).
Preiselbeere, Kronsbeere – *V. vitis-idaea* L.
6* Bla sommergrün, krautig, nicht glänzend u. nicht umgerollt. Blü einzeln od. zu 2–3, achselständig. Kr eifg od. kuglig. Beeren blauschwarz 7
7   Äste scharfkantig, grün. Bla eifg, spitz, fein gesägt, hellgrün. Kr rötlichgrün. FrFleisch purpurn, mit rotem Saft. 0,15–0,50. 4–8. Frische NadelW u. Nadelholzforste, LaubW, Gebüsche, Heiden, kalkmeidend; g Alp Nw(v MW) Th Sa, h Rh(z ORh) He(f ORh) Ns, v By(g NM) Bw(g NW) An(g Hrz) Bb Mv Sh (sm/mo-b·c1-6EUR-SIB – sogr ZwStr uAusl – InB: Bienen SeB Vm – VdA Lichtkeimer – L5 Tx Fx R2 N3 – K Vacc.-Pic., V Luz.-Fag., V Querc. rob.-petr., O Call.-Ulic. – Wildobst, HeilPfl – *24*).
Heidelbeere, Blaubeere – *V. myrtillus* L.
7* Äste stielrund, braun. Bla verkehrteifg, stumpf, ganzrandig, blaugrün. Kr weißlich. FrFleisch weißlich, mit farblosem Saft (**Artengruppe Rauschbeere** – *V. uliginosum* agg.) 8
8   Pfl ± aufrecht. Bla 10–25(–35) ×oft >10 mm. Blü zu 2–3, BlüStiele 3,5–10 mm lg, meist länger als die Blü. Blü 4–5 mm lg u. 3–4 mm br. Griffel 3–4 mm lg. 0,20–1,00. 5–7. Nasse bis frische MoorW, verbuschte Hochmoore, vermoorte Dünentäler, subalp. Zwergstrauchheiden, kalkmeidend; h Alp, z Nw Th Bb(f M Od) Ns Mv Sh, s By Bw(f NW ORh) Rh(SW N ORh) He(f SO SW W) Sa(f Elb) An(f SO S W), ↘ (temp-arct·c2-7CIRCPOL – sogr ZwStr uAusl – InB: Haut- u. Zweiflügler Vm – VdA Kältekeimer – L6 Tx Fx R1 N3 – K. Oxyc.-Sphagn., O Vacc.-Pic., V Genisto-Call. – ungiftig! – *48*).
Moor-Heidelbeere, Rauschbeere, Trunkelbeere – *V. uliginosum* L.
8* Pfl niederliegend bis aufsteigend. Bla 6–15 ×selten bis 10 mm. Blü meist einzeln, BlüStiele 1–4,5 mm lg, kürzer als die Blü. Blü 3–4,5 mm lg u. 2–3,5 mm br. Griffel 2,5–3(–3,5) mm lg. 0,05–0,15. Subalp. Zwergstrauchheiden; s Alp(Allg Brch Chm Kch) Bw(SW: Belchen, Feldberg) (sm/salp-b·c1-7CIRCPOL – sogr ZwStr uAusl – InB: Haut- u. Zweiflügler Vm – VdA Kältekeimer – L8 T3 F5 R3 N2? – V Rhod.-Vacc. – *24*). [*V. uliginosum* subsp. *pubescens* (Hornem.) Hornem., *V. uliginosum* subsp. *alpinum* (Bigelow) Hultén]
Gebirgs-Rauschbeere – *V. gaultherioides* Bigelow

Hybriden: *V. hagerupii* × *V. oxycoccos* = ? – s(Sa: oberes Erzgebirge), *V. myrtillus* × *V. vitis-idaea* = *V.* ×*intermedium* Ruthe – z

Familie *Garryaceae* Lindl. – Becherkätzchengewächse

(2 Gattungen/17 Arten)

Immergrüne, 2häusige Sträucher u. kleine Bäume. Bla gegenständig, ungeteilt, gesägt od. ganzrandig. Blü wenige mm ⌀, 4zählig, die ♂ mit 4 StaubBla u. einfacher od. doppelter BlüHülle, die ♀ mit 1–2(–3) FrBla u. oft ohne BlüHülle. FrKn unterständig, Fr eine runde, eifg, 1–2samige Beere.

Aucuba Thunb. – Aukube (4 Arten)

Bla ± 2 cm gestielt, elliptisch, spitz, 5–20 × 2–10 cm, beidseits grün, oseits glänzend, in der oberen Hälfte gesägt, selten ganzrandig, oft gelblichweiß gesprenkelt. Blü 3 mm ⌀, KeBla 4; KrBla 4, eifg, braunrot. Beere rot, 1samig. 0,50–3,00(–5,00). 4–5. Hecken-Zierstrauch, auch siedlungsnahe Gehölze; [N Ende 20. Jh.] s Bw He Nw (m/mo-sm·c1-2OAS – igr Str – InB – VdA). **Japanische A., Fleckenlorbeer** – *A. japonica* Thunb.

RUBIACEAE

Familie **Rubiaceae** Juss. – **Rötegewächse** (615 Gattungen/13000 Arten)
Bearbeitung: **Arndt Kästner**

Kräuter (in trop. u. warm-temp. Gebieten vorwiegend Bäume u. Sträucher mit meist gegenständigen Bla), bei uns Bla stets wirtelig (scheinbar quirlständig, Spreiten u. NebenBla gleichgestaltet u. meist vermehrt), ganzrandig. Blü ⚥, radiär, in Thyrsen. Ke meist rückgebildet, Kr verwachsenblättrig, 3–5-, bei uns meist 4zählig. StaubBla meist 4. FrKn unterständig, 2fächrig. Griffel 2. SpaltFr, Kapsel, Beere, SteinFr.

- 1 Kr (4–)5zipflig. StaubBla meist 5. TeilFr beerenartig, fleischig. Pfl ausdauernd. BlüStand end- bzw. seitenständig in Thyrsen. **Färberröte** – _Rubia_ S. 642
- 1* Kr (3–)4zipflig. StaubBla meist 4. TeilFr trocken (niemals fleischig), glatt, gekörnt, haarig od. hakenborstig. Pfl ausdauernd od. einjährig 2
- 2 Ke deutlich, (4–)6zähnig. BlüStände endständige Zymen, kopfig. Blü hell purpurlila, langröhrig trichterfg. Pfl einjährig. **Ackerröte** – _Sherardia_ S. 642
- 2* Ke fehlend. Bla in 4- od. mehrgliedrigen Wirteln 3
- 3 BlüStände durchblätterte Thyrsen mit wenigblütigen Zymen, terminal vegetativ („offen"). Bla in 4gliedrigen Wirteln, eifg, 3nervig. Kr flach radfg, gelb. **Kreuzlabkraut** – _Cruciata_ S. 649
- 3* BlüStände end- u. seitenständig, meist rispenfg od. selten kopfige Thyrsen, mit TerminalBlü („geschlossen"). Bla in 4- od. mehrgliedrigen Wirteln, eilanzettlich, lanzettlich bis linealisch 4
- 4 Blü fast immer mit Trag- u. VorBla, gewöhnlich kurz gestielt od. sitzend, trichterfg, weiß, rötlich od. bläulich. KrZipfel stets ohne Grannenspitze. **Meier** – _Asperula_ S. 642
- 4* Blü mit VorBla, vielfach auch ohne TragBla, meist deutlich gestielt, meist flach radfg, seltener glockig (wenn trichterfg, dann Fr mit hakenfg Borsten), meist weiß, gelb od. gelblich. KrZipfel mit od. ohne Grannenspitze. **Labkraut** – _Galium_ S. 643

Rubia L. – Färberröte (80 Arten)

Stg spreizklimmend, scharf 4kantig, unterirdische rot. Bla u. StgKanten mit rückwärts gerichteten Stachelchen, rau. Bla unten 4, oben 6zählig (im BlüStand aber 2zählig), kurz gestielt, eifg-elliptisch bis eilanzettlich. Kr 2–3 mm ⌀, grünlichgelb bis hellgelb. Fr mit 2 verwachsen bleibenden, einsamigen TeilFr, fleischig, zuerst rötlich, später fast schwarz, glatt u. kahl. 0,50–1,00(–1,50). 6–8. Früher KulturPfl; Wegränder, Hecken, Rud., Weinberge, Äcker, wärmeanspruchsvoll; [N U] s By Rh He Th Sa An Bb (m-sm·c1-3EUR-WAS – sogr teiligr eros H ♃ Pleiob+Ausl-SpreizklimmPfl – InB: Hautflügler SeB – KlA MeA – V Arct. – Kulturrelikt, FärbePfl: Krapprot, VolksheilPfl – 44) **Färberröte** – _R. tinctorum_ L.

Sherardia L. – Ackerröte (1 Art)

StgBla unten 4-, oben 6zählig. BlüStand kopfig-zymös, umgeben von 8–10 kurzen, stachligrauen, am Grund verwachsenen HochBla. Kr trichterfg, hellpurpurlila, selten weiß. 0,05–0,20. 6–10. Lehmige bis tonige Äcker, Brachen, selten Rud., Rebkulturen, kalkhold; [A] v By Bw Th, z Rh He Nw Sa An(v S) Ns Mv(f Elb SW), s Alp Bb(f SW) Sh, ↘ (m-temp·c1-3 EUR-VORDAS – sogr eros ☉ ⓘ – InB: Fliegen, Hummeln SeB Vm (? Gynodiözie) – MeA KlA SeA – L6 T6 F4 R7 N5 – V Caucal., V Ver.-Euph. – 22). **Ackerröte** – _S. arvensis_ L.

Asperula L. – Meier (ca. 200 Arten)

- 1 BlüStand kopfig, von bewimperten HüllBla umgeben (Abb. **644**/1) 2
- 1* BlüStand ein rispenähnlicher Thyrsus 4
- 2 HüllBla des BlüStandes br lanzettlich bis eifg. Bla in 4zähligen Wirteln, 3nervig. Pfl ausdauernd. (0,10–)0,20–0,50. 5–6. Frische LaubmischW, frische hochstaudenreiche Schlucht- u. Blockschutt-MischW; [N U] s By(Gäu: Bad Mergentheim Keu: Stuttgart-Berg) (sm/(mo)·c3-4EUR – sogr eros H ♃ Pleiob+uKriechTr – InB: ?Nachtfalter Vm andromonözisch – StA L5 T7? F5 R8 N6 – V Til.-Acer., V Carp. – 22). [_Galium taurinum_ (L.) Scop.] **Italienischer M., Turiner M.** – _A. taurina_ L.

RUBIACEAE 643

2* HüllBla des BlüStandes lanzettlich od. linealisch. Bla in (4–)6–8zähligen Wirteln, 1nervig. Pfl einjährig **3**
3 Kr bläulichviolett, selten weiß, nicht duftend, KrZipfel spitz. KrRöhre (3–)4–5,5 mm lg. (0,05–)0,15–0,30. 5–6. Getreidefelder, selten Brachen u. Weinberge, auch Rud.: Schutt, kalkhold; [A] früher z bis s Kalkgebiete aller Bdl, heute †, nur [U] s By Bw Th An (m-stemp·c1-6EUR-VORDAS – sogr teiligr eros ① ☉ – InB SeB – MeA KlA StA – L7 T7 F4 R9 N3 – V Caucal., V Ver.-Euph. – 22). **Acker-M. – _A. arvensis_ L.**
3* Kr hellblau, duftend, KrZipfel ± eifg, schwach abgestumpft. KrRöhre 7–13(–15) mm lg. (0,05–)0,10–0,30(–0,40). 5–6. In Gärten od. als ZierPfl selten kultiviert u. verwildert; [U] s By Sa Bb Mv (m/mo c3VORDAS – sogr eros ① ☉ – InB – MeA: mit Vogelfutter – 22). [_A. azurea_ JAUBERT et SPACH] **Orientalischer M. – _A. orientalis_ BOISS. et HOHEN.**
4 (1) Blü 3zählig, weiß. DeckBla des BlüStandes eifg. Bla in der StgMitte in 6(–7)zähligen, oben 4zähligen Wirteln. Stg meist einzeln, aufrecht od. aufsteigend-aufrecht, 4kantig. (0,20–)0,30–0,60. 6–8. Mager- u. Halbtrockenrasen, Trockengebüschsäume, lichte u. trockene Eichen- u. KiefernW, basenhold; z By Th(f Hrz S) An(f Elb O), s Alp Bw(Alb Keu Gäu S) Rh(ORh) Bb(NO Od M MN), † He Sa Ns Mv(M), ↘ (sm-temp·c2-5EUR-(WSIB) – sogr eros H ♃ uAusl – InB: Fliegen, Hautflügler SeB – KlA MeA – L5 T6 F4 R9 N3 – V Eric.-Pin., V Cytis.-Pin., V Ger. sang., V Querc. pub., K Fest.-Brom. – 22, 44). [_Galium triandrum_ HYL.] **Färber-M. – _A. tinctoria_ L.**
4* Blü 4zählig, rosa bis weißlich. DeckBla des BlüStandes lanzettlich, den FrKnoten nicht bis kaum überragend. Bla bis zum mittleren StgAbschnitt in 4zähligen Wirteln, oberhalb der StgMitte 2–4zählig **5**
5 Kr rosa, selten weiß, KrRöhre außen glatt. FrKnoten glatt bis zerstreut grob papillös. Pfl horstig od. polsterähnlich. Stg ± steif aufrecht, drahtig dünn, oberhalb der Mitte verzweigt. Bla unten verkehrteifg, glänzend, zur BlüZeit noch vorhanden, mittlere u. obere Bla meist so lg od. wenig länger als die StgGlieder. (0,05–)0,10–0,15. 6–9. Obermont. bis subalp. Felsritzen u. Felsrasen, Steinschuttfluren, kalkstet; s Alp(Chm Amm) (temp/salp·c3EUR – teiligr/sogr eros H ♃ Pleiok – InB – KlA WiA – Thlasp. rot., V Sesl. – 20). **Felsen-M. – _A. neilreichii_ BECK**
5* Kr hellrosa bis weißlich, KrRöhre außen ± raukörnig bis papillös. FrKn dicht papillös. Pfl lockerrasig. Stg eher schlaff liegend-aufsteigend, vom Grund an verzweigt. Bla unten lanzettlich, zur BlüZeit meist vertrocknet, mittlere u. obere Bla meist deutlich kürzer als die StgGlieder. 0,05–0,25(–0,30). 6–9. Xerothermrasen, lichte Gebüsche u. Trockengebüschsäume, trockene Wälder, Felstriften; z By Bw Rh He Th An Ns(MO S), s Alp(f Allg Brch Chm) Nw(f N, † MW) Sa(W Elb) Bb(f SO SW) Mv(MW) (sm-temp·c2-4EUR – teiligr/sogr eros H ♃ Pleiok –InB SeB – KlA WiA – L7 Tx F3 R8 N3 – K Fest.-Brom., O Fest.-Sedet., O Alysso-Sed., V Eric.-Pin., V Ger. sang. – 22). **Hügel-M. – _A. cynanchica_ L.**

Galium L. – Labkraut (ca. 650 Arten)

1 Ausdauernde Pleiokorm- od. AusläuferPfl, aus der Basis sich jährlich erneuernd. Wuchs horstig, rasenartig od. polsterartig **2**
1* Kurzlebige Sommer- od. Winterannuelle **25**
2 Bla ohne Stachelspitze, ± stumpflich abgerundet, zumindest in der StgMitte in 4–6zähligen Wirteln, getrocknet schwärzlich, immer nur mit einem Hauptnerv. Blü in rispenfg, reichblütigen Thyrsen, schalen- od. becherfg, weiß. Staubbeutel rot. TeilFr kugelig, mit geringer Kontaktfläche. **(Artengruppe Sumpf-L. – _G. palustre_ agg.)** **3**
2* Bla ± zugespitzt, oft mit Stachel- od. Grannenspitze, in 4- od. 6–12zähligen Wirteln, gelegentlich auch mit >einem Hauptnerv. Blü überwiegend flach radfg. TeilFr oval, mit br Kontaktfläche **4**
3 Stg schwach, nicht weißkantig. Bla 5–15(–20) mm lg, (1–)2–3(–5) mm br. BlüStand zylindrisch bis schmal kegelfg, ± dicht. BlüStiele 1 bis meist 4(–5,5) mm lg. Kr 2–3,5 mm ⌀. Fr 1,2–1,6 mm lg. Pfl lockerwüchsig. 0,10–0,30(–0,60). 5–7. Röhrichte, Seggenriede, Nasswiesen, Erlenbrüche, Gräben, Ufer; g Sa An Ns, h Alp By Bw Rh He Nw Th Bb Mv Sh (m/mo-b·c1-6EUR-WSIB, wohl [N] m/mo-bOAM – igr eros H ♃ oAusl (FlachWu) – InB SeB Vm – WaA Sa langlebig – L6 T5 F9= Rx N4 – O Phragm., O Mol., O Litt., V Aln., V Car. elat. – 24, 48). **Sumpf-L. – _G. palustre_ L.**

  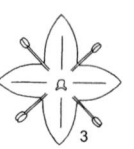  

1 Asperula arvensis   2 Galium sylvaticum   3 Galium verum   4 Adoxa   5 Valeriana

3* Stg kräftig, oft schwach weißkantig. Bla (15–)20–35(–50) mm lg, (2–)2,5–5(–7) mm br. BlüStand br kegelfg, locker, unterbrochen, ziemlich langästig. BlüStiele (3–)4–5,5 mm lg. Kr (3–)4–4,5 mm ⌀. Fr 1,7–2,5(–3) mm lg. Pfl ± dichtwüchsig. 0,30–1,00(–1,50). 6–8. Erlenbrüche, Grauweiden-BruchW, Seggenriede, Nasswiesen, Gräben, Ufer; z By Bw Rh He Nw Th(f Hrz) Sa An(f Hrz W) Bb Mv Sh, s Alp(f Brch) Ns(f Hrz) (sm-b c1-4EUR-(WAS), [N] OAM – igr eros H ♃ oAusl (FlachWu) – InB SeB Vm – WaA Sa langlebig – L6 T5 F9 R5? N6? – O Phragm., V Aln., V Car. elat. – 96). [*G. palustre* subsp. *elongatum* (C. PRESL) LANGE]
   Verlängertes L. – *G. elongatum* C. PRESL

4 **(2) Bla auch in der StgMitte immer nur in 4zähligen Wirteln, oft mit 3(–5) parallelen Hauptnerven (Lupe!)** 5

4* Bla zumindest in der StgMitte in (5–)6–12zähligen Wirteln, immer nur mit einem Hauptnerv 7

5 Stg aufsteigend, dünn. Bla zart, elliptisch bis eifg, 1⅓–2⅓mal so lg wie br, mit kurzer Grannenspitze. Fr hakenborstig. 0,10–0,20(–0,30). 6–8(–9). NadelholzmischW, Fichten- u. Kiefernholzforste (mit Nadelholzanbau oft verschleppt), BuchenW; v Alp By Bw(s ORh), z Th Sa An, s [oft N in Fichtenforsten] Rh He(f MW) Bb(SW M NO) Nw Ns(Hrz S) Mv(M NO N) (sm-temp//mo·c2-3EUR – teiligr eros G/H ♃ Pleiok – InB Vm – KlA MeA – L2 T5 F5 R5 N4 – V Gal.-Abiet., V Vacc.-Pic., V Luz.-Fag. – 22). [*G. scabrum* auct.]
   Rundblatt-L. – *G. rotundifolium* L.

5* Stg steif aufrecht, meist kräftig. Bla derb, >3mal so lg wie br, ± lanzettlich, stumpflich, mit schwacher Knorpelspitze. Fr mit kurzen, gekrümmten od. abstehenden Haaren od. kahl 6

6 Bla 15–40(–45) mm lg, (1,5–)3–5(–8) mm br, schmal lanzettlich bis linealisch, 3nervig, zwischen den Nerven kaum geadert. BlaOSeite u. Nerven kahl. Fr ± behaart od. verkahlend. (0,20–)0,30–0,60. 6–8. Wechselfeuchte Moor- u. Auenwiesen, Halbtrockenrasen, Magerrasen, wechseltrockene u. lichte Eichen-, Buchen- u. KiefernW, basenhold; v Alp(z Allg) An, z By Bw Rh(f W) Th Sa Bb Ns(f N NW) Mv, s He Nw(f N) Sh, ↘ (sm/mo-b·c2-7CIRCPOL – sogr eros G/H ♃ Pleiok-uAusl – InB – KlA MeA – L6 T6 F6~ R8 N2 – V Mol., V Querc. pub., V Mesobrom., V Trif. med., V Cirs.-Brach. – *44*, 66, 67).   **Nordisches L. – *G. boreale* L.**

6* Bla (35–)40–80 mm lg, 9–20(–25) mm br, br lanzettlich, 3(–5)nervig, zwischen den Nerven useits deutlich geadert. BlaOSeite u. Nerven ± fein behaart od. verkahlend. Fr runzelig gefurcht, mit blasenfg abgehobener FrWand, kaum behaart u. meist kahl. 0,30–0,70(–1,20). 6–8. AuenW, Gebüsche u. Wegränder, selten wechselfeuchte bis wechseltrockene Wiesen, mäßig wärmeliebend, basenhold, nährstoffreiche Böden; [N U] s By(S: Traunstein) Rh(SW: Hassel, St. Ingbert) Bb(Od: Frankfurt/O.) (sm·c4-7EUR-WSIB-(OSIB) – sogr eros G/H ♃ uAusl – InB – WaA Tiere? – V Salic. alb., V Filip., Aln.-Ulm. – *66*, *132*). [*G. boreale* subsp. *rubioides* (L.) ČELAK.]   **Krapp-L. – *G. rubioides* L.**

7 **(4) Kr trichter- od. becherfg, weiß, selten blass rötlich. AusläuferPfl, Flachwurzler, oft Herden bildend, Ausläufer dünn, nicht verholzend. Fr mit Hakenborsten od. feinkörnig-rau bis kegelfg-papillös. KrZipfel zugespitzt, nicht grannenspitzig. Stg 4kantig. Pfl getrocknet grün bleibend** 8

7* Kr radfg, schalenfg, selten becherfg od. glockig, weiß, cremefarbig, gelblichweiß, gelb. PleiokormPfl od. Pleiokorm-AusläuferPfl. Fr glatt, feinrunzelig bis ledrig, körnig, papillös od. behaart, niemals mit Hakenborsten 9

8 Kr trichterfg, weiß, selten blass rötlich, (3–)4–6(–7) mm ∅. Fr stets mit Hakenborsten. BlüStand ± schirmfg, locker. Stg aufrecht, glatt. Ausläufer vielgliedrig, reich verzweigt. Bla lanzettlich bis schmal verkehrteilanzettlich, 20–40(–50) mm lg, mit knorpeliger BlaSpitze. 0,10–0,30. 5–6. Frische LaubW, meist BuchenW, nährstoffanspruchsvoll; h Alp Bw Rh He Nw Th Sh, v By Sa An(g Hrz) Ns(g Hrz S) Mv, z Bb (m/mo-temp·c1-5EURAS – teiligr eros G/H ♃ uAusl Mullboden-KriechPfl – InB: Käfer, Fliegen, Bienen – KlA MeA – L2 T5 F5 R6? N5 – O Fag., V Carp. – kumarinhaltig, früher Würzmittel: Maibowle, Speiseeis, Mottenmittel, VolksheilPfl – *22*, *44*) [*Asperula odorata* L.] **Waldmeister** – *G. odoratum* (L.) Scop.

8* Kr schwach becherfg, reinweiß, 1,3–2(–3) mm ∅. Fr feinkörnig-rau bis kegelfg-papillös. BlüStand ± kegelfg, locker. Stg aufsteigend bis schlaff aufrecht, am Grund kriechend, fadendünn, StgKanten rau. Bla schmal verkehrteilanzettlich bis selten br lanzettlich, (8–)10–20(–25) mm lg, glänzend, mit 0,2–0,3 mm lg Grannenspitze. 0,10–0,40(–0,60). 6–9. Staunasse bis wechselfeuchte Moor- u. Sumpfwiesen, Flachmoore, Erlen- u. Weiden-BruchW; h Alp By He Nw Sa, v Bw Rh Th An Bb Ns(g Hrz) Mv Sh, im N ↘ (sm-b·c1-7EUR-SIB – teiligr eros H ♃ oAusl – InB: Fliegen SeB Vm – KlA – L6 T5? F8~ Rx N2? – K Salic. aur., O Mol., V Cnid., V Car. nigr. – *22*, *44*) **Moor-L.** – *G. uliginosum* L.

9 (7) Robuste, meist höherwüchsige Pfl. Basale Sprosse oft verholzt, vielfach mit kräftigen Ausläufern **10**

9* Zarte, niedrigwüchsige Pfl. Basale Sprosse kaum verholzt, meist mit zarten, fädlichen Ausläufern. Blü flach radfg, weiß od. gelblich. KrZipfel zugespitzt, aber niemals grannenfg zugespitzt. Bla mit deutlicher Grannen- od. Knorpelspitze. Pfl (zumindest Knoten u. BlaRänder) oft mit Börstchen u. Haaren. **18**

10 Kr goldgelb, zitronengelb, selten weißlichgelb, radfg. Blü meist mit TragBla. Achsen des BlüStandes fast immer kurzhaarig. Bla fädlich, linealisch od. selten schmal lanzettlich. BlaRand meist nach unten umgebogen, useits ± flaumhaarig. Stg bis zum Grund annähernd stielrund mit 4 erhabenen Linien, selten ± 4kantig. PleiokormPfl, meist mit lg Ausläufern. **(Artengruppe Echtes L.** – *G. verum* agg.) **11**

10* Kr weiß, grünlichweiß, selten gelblichweiß, rad- od. selten breitglockig, KrZipfel zugespitzt od. grannenfg zugespitzt (Abb. **644**/2). Blü oft ohne TragBla. Achsen des BlüStandes meist ± kahl. Bla niemals fädlich-linealisch, eifg-lanzettlich, lanzettlich bis schmal linealisch. Stg bis zum Grund deutlich 4kantig od. nur im unteren Teil leicht stielrund. PleiokormPfl mit ± horstartigem Wuchs od. Pleiokorm-AusläuferPfl, dicht bis locker rasenartig **12**

11 Kr gold- od. zitronengelb, KrZipfel spitz (Abb. **644**/3). BlüStand sehr dicht. Stg bis zum Grund ± stielrund mit 4 erhabenen Leisten, abstehend flaumig behaart. Bla fädlich-linealisch bis linealisch, oseits glänzend, useits dicht flaumhaarig, mit stark umgebogenen Rändern. (0,10–) 0,20–0,70. 6–9. Sand-, Mager- u. Halbtrockenrasen, wechseltrockene Wiesen u. Weiden, Felstriften, Trockengeröllfluren, Trockengebüschsäume, TrockenW (inkl. NadelW), Bahndammu. Wegrandsäume; g Rh He An Bb, h By Bw(z SW) Th, v Alp Nw Sa, z Ns Mv(h Elb) Sh (m/mo-b·c1-8EURAS – sogr eros H ♃ Pleiok-u/oAusl – InB: Fliegen – KlA VdA WiA – L7 T6 F4~ R7 N3 – K Fest.-Brom., K Mol., O Fest.-Sedet., V Armer. elong. – FärbePfl, früher in Käserei Lab-Ersatz zur Milchgerinnung – *22*, 44, *66*). **Echtes L.** – *G. verum* L.

<blockquote>

1 BlüStand schmal kegelfg, dicht, kaum unterbrochen, die längsten Seitenzweige meist deutlich länger als die StgGlieder. Kr goldgelb. Blü duftend. Stg aufrecht bis aufsteigend-aufrecht. Standorte, Soz. u. Verbr. in D weitgehend wie Art (44). subsp. *verum*

1* BlüStand schmal zylinderfg, meist unterbrochen, die längsten Seitenzweige so lg wie die StgGlieder od. kürzer. Kr ± zitronengelb. Blü nicht duftend. Stg steif aufrecht. 0,30–0,85. 5–7. Halbtrockenrasen, wechselfeuchte Wiesen u. Weiden, Trockengebüschsäume, besonders Flusstäler; z By Rh He(f NW) Th(Bck Rho S Wld) Sa, s Alp(Amm Wtt) Bw(f Gäu Keu SW) Nw(NO) An(f O) Bb(Elb NO Od M, f MN SW SO) Ns(M), [U] s Mv, Verbr. ungenügend bekannt (sm-temp·c2-3EUR – V Mesobrom., V Mol., V Ger. sang.– *22*, 44). [*G. wirtgenii* F.W. Schultz] subsp. *wirtgenii* (F.W. Schultz) Oborný

</blockquote>

11* Kr hellgelb bis weißlichgelb, KrZipfel kaum grannenspitzig. BlüStand mäßig dicht bis locker. Stg unten ± 4kantig, dicht kurzhaarig bis verkahlend. Bla schmal lanzettlich bis linealisch, oseits ± fahl glänzend, useits dicht kurzhaarig od. kahl, mit schwach umgebogenen Rändern. (0,20–)0,30–1,00. 6–9. Halbtrockenrasen, trockene Kiefern- u. MischW, Gebüsch- u. WSäume, Wegränder; alle Bdl z zwischen den Eltern (sm-b·c1-5EUR – sogr eros H ♃ Pleiok-u/oKriechTr – V Mesobrom., V Ger. sang., V Cytis.-Pin.). [*G. album* × *G. verum*] **Gelblichweißes L.** – *G.* ×*pomeranicum* Retz.

12 (10) Pfl blaugrün bereift. Bla linealisch bis schmal lanzettlich, kaum >3 mm br, beidseits gleichfarbig blaugrün, am Rand umgerollt. Kr breitglockig, weiß. Pfl mit Ausläufern, Wuchs ± locker rasenartig. BlüStiele 0,5–1,3 mm lg, nach der Blü kaum sparrig. TeilBlüStände ± kegelfg. 0,30–0,70. 5–7. Felsfluren, Trockenrasen, Trockengebüschsäume, Eichen-Hainbuchen-MischW, KiefernW, Bahndämme, Wegränder, basenhold; z By(f S) Bw(f NW) Rh(f W) Th An(f O), s He(f NW W) Sa(W) Ns(MO M), † Nw, [U] s Bb, ↘ (sm-stemp·c2-5EUR – sogr eros H/G ♃ Pleiok-uAusl – InB SeB – WiA KlA – L8 T7 F2 R9 N2 – V Xerobrom., V Fest. val., V Ger. sang. – 44). **Blaugrünes L. – *G. glaucum* L.**

12* Pfl grün (wenn ± blaugrün, dann Bla > 3 mm br). Bla eifg-lanzettlich, lanzettlich bis schmal linealisch, seltener nadelfg, beidseits gleichfarbig grün. Kr radfg od. becherfg, KrZipfel ± länglich grannenspitzig. Pfl ohne Ausläufer, Wuchs höchstens mit Legtrieben, horstartig 13

13 Stg kriechtriebartig bogig-aufsteigend od. aufrecht. Pfl stets grün. Stg 4kantig. Längste Bla <7mal so lg wie br, verkehrteifg bis schmal lanzettlich. Kr weiß od. gelblichweiß 14

13* Stg aufrecht. Pfl grün od. blaugrün bereift. Stg stielrund bis 4kantig. Bla useits heller grün als oseits u. oft bläulich. BlüStiele haardünn, nach der Blü nicht sparrig. Kr ± kurz grannenspitzig 16

14 Pfl niedrigwüchsig. Stg bogig aufsteigend bis aufrecht, kaum od. von der oberen Hälfte an verzweigt, am Grund rötlich. Kr 3–5 mm ⌀, blassgelb. Bla lineallanzettlich, linealisch bis fast nadelfg, dicklich-lederig, (8–)10–18(–20) mm lg, (0,5–)1–2 mm br, mit dünner Mittelrippe, kahl u. mit weicher, hyaliner Spitze, oseits dunkelgrün, useits heller. BlaRand ± umgerollt, meist glatt. BlüStiele 2–7 mm lg. 0,20–0,40. 6–8. Obermont. bis subalp. Schutt- u. Felsfluren, kalkstet; s Alp(Brch Chm) (stemp/mo-salp·c3ALP – teiligr eros H/C ♃ Pleiok – InB – L8 T2 F5 R9 N? – V Potent. caul., V Eric.-Pin. – 22).
Traunsee-L. – *G. truniacum* (RONNIGER) RONNIGER

14* Pfl höherwüchsig. Stg kriechtriebartig bogig-aufsteigend bis aufrecht, am Grund kaum rötlich. **(Artengruppe Wiesen-L. – *G. mollugo* agg.)** 15

15 Kr 2–3 mm ⌀, weiß. BlüStiele 2–3(–4) mm lg, meist länger als der ⌀ der Kr, ± kräftig, postfloral oft sparrig spreizend. Bla verkehrteifg bis länglich, dünn, 10–25 mm lg, (2–)3–7(–8) mm br, 2–4mal so lg wie br, unvermittelt in die Spitze zusammengezogen, meist kahl. 0,30–0,80(–1,00). 5–7(–10). Frischwiesen u. -weiden, AuenWsäume, Weg- u. Gebüschränder, nährstoffanspruchsvoll; z By Bw Rh Nw Th(O S Bck) Sa An, s Alp He Bb(Elb? SO?) Ns Mv(f Elb N), Verbr. in D ungenau bekannt (m/mo-temp·c1-4EUR-(NAFR) – teiligr eros H ♃ Pleiok+o/uLegTr – InB: vorw. Fliegen – KlA VdA SeA – L7 T6 F4 R7 N? – K Mol.-Arrh., O Orig., V Alno-Ulm., V Filip. – 22, 44?). [*G. elatum* THUILL., *G. tyrolense* WILLD., *G. insubricum* GAUDIN] **Wiesen-L. – *G. mollugo* L.**

15* Kr (2,5–)3–5 mm ⌀, weiß bis schwach gelblich. BlüStiele (2–)1,5–3 mm lg, meist kürzer als der ⌀ der Kr, postfloral kaum sparrig spreizend. Bla verkehrteilanzettlich, br lanzettlich bis schmal länglich, etwas derb, 10–30(–40) mm lg, 1,5–5(–7) mm br, 3–7mal so lg wie br. 0,30–1,00(–1,50). 6–9. Frischwiesen, Halbtrockenrasen, Wegsäume, AuenW, Wald- u. Gebüschsäume, nährstoffanspruchsvoll; alle Bdl g, h He, (m/mo-b·c1-5EUR-(WSIB), [N] AUST+sm/mo-temp·c1-5OAM – teiligr eros H ♃ Pleiok+o/uLegTr – InB: Fliegen Vm – KlA VdA – L7 T- F5 R7 N5 – V Arrh., V Mesobrom., V Trif. med., V Dauco-Mel., V Aln.-Ulm., O. Querc. pub. – vgl. auch 11* – 44). [*G. erectum* HUDS., *G. mollugo* auct. non L.]
Weißes-L. – *G. album* MILL.

1 Stg weniger kräftig, 1,8–2,2 mm ⌀, meist vollständig kahl bis selten kurzflaumig behaart. Bla verkehrteilanzettlich bis länglich, 10–25(–30) mm lg, 1,5–4(–5) mm br, oseits kahl, glänzend, allmählich in die knorpelige Spitze verschmälert. Standorte, Soz. u. Verbr. in D weitgehend wie Art (44).
subsp. *album*

1* Stg ziemlich kräftig, 3–6 mm ⌀, meist dicht zottig behaart. Bla br lanzettlich, 10–35(–40) mm lg, (2–)3–6(–7) mm br, zumeist zottig flaumhaarig, ziemlich unvermittelt in die ± knorpelige Spitze zusammengezogen. TrockenWsäume, Halbtrockenrasen, basenhold; s By? Bw Rh He? An Ns? (sm-stemp·c3-4EUR – O Querc. pub., V Ger. sang. – 44). [*G. pycnotrichum* (HEINR. BRAUN) BORBÁS]
Dichthaariges L. – subsp. *pycnotrichum* (HEINR. BRAUN) KRENDL

16 (13) Flächig wachsend, Ausläufer meist >15 cm lg. Stg am Grund stielrund, mit 4 schwachen Längsleisten, oben 4kantig. Pfl beim Trocknen schwarz werdend. Kr (3–)4–5(–5,5) mm ⌀, rad- bis tellerfg. BlüStiele meist länger als der ⌀ der Kr. Bla zur BlaSpitze plötzlich zu-

sammengezogen u. br keilfg zugespitzt, useits blaugrün mit erkennbarem Adernetz. 0,30–1,00(–1,20). 6–9. Lichte LaubW, WRänder, Gebüsche u. Gebüschsäume; s By(NO NM) Th(z O Wld) Sa(SO NO) Bb(M: Dorchetal) (sm/mo-temp·c3-5EUR – sogr eros H/G ♃ uAusl – InB – KlA SeA MeA – L5 T5 F4 R7 N4 – V Carp., V Querc. pub., O Prun. – 66). [*G. schultesii* Vest] **Glattes L. – *G. intermedium* Schult.**

16* Einzeln bis büschelig wachsende Pleiokorm-Stauden, ohne wurzelnde Ausläufer, Wuchs kompakt. Stg 4kantig od. stielrund. Pfl beim Trocknen kaum schwarz werdend **17**

17 Junge Bla u. besonders FrKn bläulich bereift. BlüStiele vor der Blü oft nickend. Kr becher- bis schalenfg, KrZipfel nicht grannenspitzig. Bla beidseits blaugrün, länglich-lanzettlich bis verkehrteilanzettlich, zur BlaSpitze plötzlich zusammengezogen u. kurz scharf zugespitzt. Stg am Grund stielrund mit 4 schwachen Längsrippen, zumeist glatt bis selten dicht flaumig behaart. 0,30–1,00. 7–8. Frische bis mäßig trockne LaubW, WRänder, Gebüsche; h By Bw Th, v Rh He Sa, z Alp Nw An(h S) Bb(NO, sonst s–f) Ns(h MO S, f N) Mv(f Elb N) Sh (sm/mo-temp c2-3EUR – sogr eros H ♃ Pleiok – InB: Fliegen, Käfer SeB Vm – SeA KlA– L5 T5 F5 R6 N5 – V Carp., V Querc. pub., V Til.-Acer., O Prun. – 22). **Wald- L. – *G. sylvaticum* L.**

17* Junge Bla u. FrKn grün, nicht bläulich bereift. BlüStiele immer aufrecht. Kr flach, KrZipfel mit kurzer Grannenspitze. Bla useits graugrün, lanzettlich, manchmal schwach sichelfg, nach vorn allmählich scharf zugespitzt. Stg 4kantig, kahl, nur sehr selten im unteren Abschnitt behaart. (0,20–)0,40–0,65(–0,80). 6–8. Frische LaubW, Gebüsche; z Alp(f Allg Krw), s By(S) (sm-stemp//mo·c3EUR – sogr eros H ♃ Pleiok – InB – KlA SeA VdA – L5 T- F5 R6 N4 – V Carp., V Cephal.-Fag., O Orig. – 22). **Grannen-L. – *G. aristatum* L.**

18 (9) Pfl ± lockerrasig. Stg bogig aufsteigend bis aufrecht. **(Artengruppe Kleines L. – *G. pusillum* agg.)** **19**

18* Pfl ± dicht rasenpolster-mattenartig. Stg überwiegend flach kriechend **22**

19 Pfl niedrigwüchsig, ± mit sterilen Trieben. Stg ca. 5–20 cm hoch, zart, bis 0,7 mm ⌀. BlüStand ± gedrungen kegel- bis schirmfg, viel- bis wenigblütig. TeilBlüStände ± gedrängt bis geknäult. Blü weiß bis gelblichweiß **20**

19* Pfl höherwüchsig, ohne sterile Triebe. Stg ca. 10–30 cm hoch, kräftiger, 1(–1,5) mm ⌀. BlüStand meist verlängert, langgliedrig, reichblütig. TeilBlüStände kaum geknäult. Blü weiß **21**

20 Pfl ± locker rasenartig, zur BlüZeit höchstens vereinzelt mit sterilen Trieben. Mittlere StgGlieder 4–6 cm lg, 3–6mal so lg wie die Bla. Bla schmal verkehrteilanzettlich bis ± lineallanzettlich, 7–11mal so lg wie br. BlüStiele bis 0,5 mm lg. Kr weiß, 1–2,3(–3) mm ⌀. Pfl getrocknet grünlich bleibend. 0,08–0,20(–0,30). (4–)5–6. Basenreiche subkont. Eichen-Trockenwälder u. deren Säume u. Ersatzforste; s Bb(M: Frankfurt/O., früher noch mehrfach), † An (ntemp·c3EUR – sogr eros H ♃ PfahlW-KriechTr-Pleiok – InB? Vm – WiA – O Querc. pub., O Orig. – 22). [*Galium pumilum* Murray subsp. *suecicum* Sterner] **Schwedisches L. – *G. suecicum* (Sterner) Ehrend.**

20* Pfl locker horstwüchsig, kaum rasenartig, zur BlüZeit meist mit ∞ sterilen Trieben. Mittlere StgGlieder 2–5 cm lg, 2–3,5mal so lg wie die Bla. Bla schmal eilanzettlich bis schmal lanzettlich, 6–9(–10)mal so lg wie br. BlüStiele (0,5–)1–2 mm lg. Kr weiß bis cremeweiß, 2,3–3,3 mm ⌀. Pfl getrocknet schwärzlich werdend. Stg aufsteigend, zart, bis 0,7 mm ⌀, am Grunde rot, kahl bis spärlich behaart. 0,05–0,15(–0,25). 6–8. Steinige u. sandige Rohböden im Küstenbereich; s Sh(W: Sylt) (ntemp-b·c1-2EUR – sogr/teiligr eros H ♃ PfahlW- (KriechTr)-Pleiok – InB? Vm – SeA – L9 T5 F4 R5? N1? – 22, 44). [*G. pumilum* Murray subsp. *septentrionale* Hyl.] **Sterner-L. – *G. sterneri* Ehrend.**

21 (19) Pfl ± weitläufig lockerrasig. Stg aufsteigend bis aufrecht, am Grund gelblich od. bräunlich, aber nicht rötlich. Bla lineallanzettlich, oft leicht sichelfg. BlaRand spärlich mit vorwärts gerichteten (im unteren Teil manchmal rückwärts gerichteten) Stachelchen, glatt (od. wie die gesamte Pfl ± dicht behaart). BlüStand kegel- bis schmal rispenfg, sehr locker durchblättert, mit kurzen unteren Seitenästen, meist >2mal so lg wie br. BlüStiele 1–1,5 mm lg. Fr ± glatt, grob kielig-runzelig od. schwach rund-papillös. Pfl getrocknet grünlichbraun. 0,10–0,30(–0,70). 6–8. Silikatmagerrasen, Halbtrockenrasen, Gebüsche, magere u. lichte Laub- u. LaubmischW, KiefernW, WRänder, kalkmeidend; v By He Th, z Alp Bw Rh Nw(f N) Sa An(h Hrz) Ns(Hrz MO S M), s Bb(M SO), [U] s Mv (m/mo-temp·c2-3EUR – sogr/teiligr

H ♃ Pleiok+uAusl – InB: Käfer, Fliegen Vm – SeA VdA KlA MeA – L7 T5 F4~ R4 N2 – V Viol. can., V Mesobrom., V Mol., V Querc. rob.-petr. – *66*, 88). [*G. asperum* SCHREB.]
Heide-L. – *G. pumilum* MURRAY
21* Pfl ± horstwüchsig bis lockere Rasen bildend. Stg kriechend- od. liegend-aufrecht bis (an Felswänden) herabhängend-aufwärtsgebogen, am Grund rötlich, oft ± dicht abstehend behaart. Bla schmal verkehrteilanzettlich bis ± linealisch. BlaRand mit bis zur BlaSpitze rückwärts, manchmal an der BlaSpitze schwach vorwärts gerichteten Stachelchen od. ganze Bla abstehend behaart. BlüStand br bis schmal kegelfg, scheindoldig bis rispenähnlich, vielblütig. BlüStiele 0,8–1,1 mm lg. Fr ± spitz-papillös. Pfl getrocknet meist olivgrün. 0,10–0,30 (–0,40). 6–7. Steinige Silikatrohböden, Felshänge, Trockenrasen, lichte LaubW, Gebüschsäume; z By(f N NM NW), s Bw(Alb) Th(Wld O) Sa(SW W) An(Hrz: Bodetal), † Alp (stemp·c3EUR – sogr H ♃ Pleiok+Kriech-LegTr – InB – SeA – L8 T6? F4 R6? N3? – O Fest.-Sedet., V Trif. med. – *22*, 44). **Mährisches-L. – *G. valdepilosum* HEINR. BRAUN**
22 (18) Wuchs mattenartig. Stg am Grund ± lg fadenfg, vegetative Triebe flach kriechend mit zur Bodenoberfläche horizontal-dachziegelartig ausgerichteten BlaWirteln 23
22* Wuchs ± locker bis dicht rasenpolsterartig. Stg bogig aufsteigend bis aufrecht, unterhalb der StgMitte teilweise verzweigt, am Grund ± kurzgliedrig, meist nur kurz kriechend. BlaWirtel zur Bodenoberfläche nicht horizontal-dachziegelartig ausgerichtet 24
23 Mittlere StgGlieder meist 3–5mal so lg wie die Bla, StgKnoten zumeist mit einem feinen Borstenkranz. Bla verkehrteilanzettlich bis verkehrteifg, selten fast lanzettlich, dünn u. zart, fein netznervig mit deutlicher Mittelrippe. BlüStand ± rispenähnlich, TeilBlüStand ± vielblütig, BlüStiele 1–2 mm lg, gerade, nach der Blü sparrig abstehend. Kr weiß. Pfl getrocknet ± schwarzbräunlich verfärbt. FrOberfläche spitz-papillös. 0,08–0,25(–0,35). 6–8. NadelW, Nadelholzforste, Magerrasen, lichte EichenW, Zwergstrauchheiden, kalkmeidend; h Nw Ns, v Rh He(g NW) Th(g Hrz Wld) Sa(g SW) Sh, z By Bw An Bb(f Od) Mv, s Alp (Brch) (sm/mo-temp·c1-2EUR – igr H ♃ Pleiok + oKriechTr – InB: Fliegen SeB Vm – KlA VdA Sa langlebig – L7 T5 F5 R2 N3 – V Vacc.-Pic., O Nard., V Querc. rob.-petr. – *22*, 44). [*G. harcynicum* WEIGEL] **Harzer L. – *G. saxatile* L.**
23* Mittlere StgGlieder meist 1–2mal so lg wie die Bla, StgKnoten glatt. Bla eilanzettlich bis schmal verkehrteifg, dicklich, mattgrün, mit undeutlicher Mittelrippe. BlüStand kegelfg, TeilBlüStand 1- bis wenigblütig, BlüStiele 2–3 mm lg, nach der Blü verlängert u. verdickt bodenwärts gekrümmt. Kr gelblichweiß. Pfl getrocknet meist grün bleibend. 0,02–0,05(–0,10). 7–8. Subalp. bis alp., sickerfeuchte, feinerdereiche, bewegte Schuttfluren, kalkstet; z Alp(f Chm Mng) (sm-stemp//alp·c3-4WALP – igr H ♃ Pleiok+oKriechTr, Schuttkriecher – InB: Hautflügler, Ameisen, Käfer, SeB – WaA WiA VdA – L8 T2 F5 R9 N3 – V Thlasp. rot., V Epil. fleisch. – *22*, 44). [*G. helveticum* auct. non WEIGEL] **Schweizer L. – *G. megalospermum* ALL.**
24 (22) Stg kahl od. selten abstehend behaart, StgKnoten ± stachelborstig. Bla br eilanzettlich, lineallanzettlich bis selten linealisch, mit kurzer hyaliner Grannenspitze, BlaRand glatt od. zerstreut mit Stachelchen. BlüStand br pyramidal od. schirmfg, TeilBlüStand 3- bis 7(–12)blütig. Kr weiß bis gelblichweiß. Pfl getrocknet sich olivgrün, bräunlich od. schwärzlich verfärbend, meist ± kahl. (0,02–)0,05–0,15(–0,25). 7–9. Mont. bis alp., frische Steinschuttfluren, Schneeböden, Blaugrasrasen, Weiden, Krummholzgebüsche, lichte Berg-NadelW, kalkstet; v Alp, s By(S, † MS) Bw(Alb Keu S) (sm-stemp//salp·c2-3EUR – teiligr H ♃ Pleiok+o/uKriechTr – InB – SeA VdA WaA – L9 T2 F5 R8 N3 – O Sesl., V Thlasp. rot., V Epil. fleisch., V Eric.-Pin., V Sesl.-Fest., V Poion alp. – 44, 66). **Schweizer L. – *G. anisophyllon* VILL.**
24* Stg aufsteigend, kurzgliedrig, wenig verzweigt, StgKnoten glatt. Bla verkehrtlanzettlich bis lanzettlich, mit sehr kurzer, ca. 0,1 mm lg Knorpelspitze, dicklich, stark glänzend, Mittelrippe kaum erkennbar, BlaRand nicht umgerollt, völlig glatt. BlüStand schmal kegelfg, TeilBlüStand 3–5blütig. Kr weißlichgelb. Pfl getrocknet sich ± schwarz verfärbend, kahl. 0,03–0,12(–0,15). 7–9. Alp. Felsheiden, frische Rasen, Schneeböden; s Alp(Brch) (sm-stemp//alp·c3OALP – igr H ♃ Pleiok+oKriechTr – InB: Fliegen – SeA VdA – L8 T2 F6 R7 N3 – V Arab. caer., O Sesl. – 44). **Norisches L. – *G. noricum* EHREND.**
25 (1) Blü im geschlossenen, rispenähnlichen Thyrsen. BlaRand od. Mittelrippe mit vorwärts gerichteten Stachelchen, rau. Kr <1 mm ⌀, grünlichgelb. BlüStiele 1–3mal so lg wie die Blü u. Fr, im FrZustand gerade. TeilFr 0,8–1,3 mm lg, körnig-rau. hakenborstig. 0,10–0,20.

6–8. Rud., rud. Sandtrockenrasen, trockene Brachen, Äcker, Weingärten, Wegränder; [A] s An(SO W), † He Th, [N U] s By Bw Rh Nw Sa Bb Ns Mv, ↘ (m-stemp·c1-5EUR – sogr/hfrgr eros ① ☉ – InB SeB – MeA KIA – L8 T7 F3 R5 N2 – O Aper., V Thero-Air. – *22, 44, 55, 66*). **Pariser L. – *G. parisiense* L.**

25* BIü größtenteils in achselständigen (1–)2–9blütigen TeilBlüStänden. BlaRand u. Mittelrippe meist mit rückwärts gerichteten Stachelchen, rau u. widerhakig. TeilFr (2–)3–6 mm lg. Kr grünlichweiß bis weiß **26**

26 TeilBlüStand länger als die TragBla. BlüStiele zur FrReife kaum abwärts gebogen. BlaRand u. Mittelrippe mit rückwärts gerichteten Stachelchen. **(Artengruppe Kletten-L. – *G. aparine* agg.)** **27**

26* TeilBlüStand kürzer od. nur wenig länger als die TragBla. BlüStiele zur FrReife deutlich abwärts gebogen **28**

27 Kr 0,8–1,3(–1,6) mm ⌀, grünlichweiß. Zymen 3–9blütig, mit 2(–3)blattähnlichen TragBla. TeilFr (1,3–)1,5–2,5(–3) mm lg, mit nicht auf Knoten sitzenden Hakenborsten, seltener kahl u. glatt. 0,30–1,00. 5–8(–10). Lehmige bis tonige Äcker (überwiegend mit Wintergetreide), frische Rud., Heckengebüsche, basenhold; [A?] z By(f S) Bw(f SO) Rh Th An(h S) Bb, s He(f W) Nw(f N) Sa Ns(f Elb N) Mv, [U] s Sh(SO), ↘ (m-b·c1-7EURAS – sogr/hfrgr eros ① ☉ Spreizklimmer – SeB – KIA VdA – L7 Tx F5 R8 N5 – O Sec., V Aphan., V Caucal. – *20, 40*). [inkl. *G. vaillantii* DC. = *G. spurium* subsp. *infestum* (WALDST. et KIT.) OBORNY, *G. s.* subsp. *vaillantii* (DC.) GREMLI] **Kleinfrüchtiges Kletten-L. – *G. spurium* L.**

27* Kr 1,5–1,7(–2) mm ⌀, weiß. Zymen 2–5blütig, mit 4–8 blattähnlichen TragBla. TeilFr (2–)2,5–5(–6) mm lg, mit auf Knötchen sitzenden Hakenborsten. (0,30–)0,50–>2,00. 6–10. Gebüsche, Hecken- u. WSäume, AuenW, Äcker, Weingärten, Ufer, Rud., Brachland; alle Bdl g (m/mo-temp·b·c1-5EUR-WAS, [N] austr-trop/mo·b·c1-5CIRCPOL – sogr/hfrgr eros ① ☉ Spreizklimmer – SeB InB: Schwebfliegen, Schlupfwespen, Fliegen Vm – KIA VdA MeA – L7 T6 Fx R6 N8 – K Artem., K Stell., O Sec., V Salic., alb., V Salic. cin., V Alno-Ulm. – *42, 44, 62, 66, 68, 86, 88*). **Kletten-L., Klebkraut – *G. aparine* L.**

28 (26) Zymen 3(–4)blütig, BlüStiele 1–8 mm lg. FrStiele bogig abwärts gekrümmt. TeilFr feinkörnig. Bla mit bis 1,2 mm lg Grannenspitze. BlaRand mit rückwärts gerichteten Stachelchen. (0,10–)0,15–0,45(–1,00). 7–9. Lemige bis tonige, oft skelettreiche Äcker, Rud.: Schutt, kalkhold; [A] z By(f S) Th(f Hrz O Wld), s Bw(f S) Rh(f MRh N) He Nw(f N) An(S SO W) Bb(SO) Ns(S), † Sa? Mv(M MW), ↘ (m-stemp·c1-6EUR-WAS – sogr/hfrgr eros ① ☉ – InB SeB – KIA MeA – L7 T7 F5 R8 N3 – V Caucal., V Sisymbr. – *44*). [*G. tricorne* auct.] **Dreihörniges L. – *G. tricornutum* DANDY**

28* Zymen 1–3blütig, BlüStiele 1–3 mm lg. FrStiele abwärts gekrümmt. TeilFr dicht papillös bis grobwarzig. Bla mit 0,2–0,4 mm lg Grannenspitze. BlaRand mit vorwärts gerichteten Stachelchen. 0.05–0,20. 6–7. Lehmige bis tonige Äcker, Rud.; [N U] s Bw Rh He(O) Nw Th Sa Bb Ns Sh (m-sm·c1-4EUR-NAFR, [N] stemp·c3EUR – sogr/hfrgr eros ① ☉ – InB SeB – KIA – K Stell. – *22*). [*G. valantia* F.H. WIGG.] **Anis-L. – *G. verrucosum* HUDS.**

Weitere Hybriden: *G. album* × *G. glaucum* = ? – s Rh Th, *G. album* × *G. sylvaticum* = ? – s, *G. album* × *G. truniacum* = ? – s, *G. anisophyllon* × *G. valdepilosum* = ? – s, *G. aristatum* × *G. sylvaticum* = ? – s (22), *G. glaucum* × *G. verum* = *G.* ×*polgari* SOÓ – s, *G. intermedium* × *G. sylvaticum* = ? – s By(NO), *G. pumilum* × *G. valdepilosum* = ? – s, *G. sylvaticum* × *G. verum* = *G.* ×*digeneum* A. KERN. – s, *G. truniacum* × *G. verum* = *G.* ×*effulgens* BECK – s

Cruciata MILL. – Kreuzlabkraut (10 Arten)

1 Stg steifhaarig, mit ∞ 0,7–1,5(–2) mm lg abstehenden Haaren. TeilBlüStände (3–)5–7(–9)blütig, mit kleinen, nie bis ca. 8 mm lg DeckBla. BlüStiele meist behaart, nach der Blü verlängert. TeilFr meist zu zweit. 0,15–0,50(–0,80). 4–6. Frische bis feuchte Wald-, Gebüsch-, Weg- u. Straßensäume, ufernahe Bach- u. Flusssäume, Frischwiesen; v Alp By Bw Rh Th An, z He Nw Sa(f NO) Ns Mv, s Bb(f SO Od SW), [N] s Sh(SO M) (m/mo-temp·c1-4EUR-VORDAS – sogr/teilwintergr eros C/H ⚁ – KriechTr/LegTr-(Pleiok) – InB: Bienen, Fliegen – Se WaA VdA(?) – L7 T5 F6 R6 N7 – O Convolv., O Aln.-Ulm., O Prun. – *22*) [*Valantia cruciata* L., *Galium cruciata* (L.) SCOP.] **Gewimpertes K. – *C. laevipes* OPIZ**

1* Stg kahl od. nur im unteren Drittel spärlich mit <0,8 mm lg abstehenden Haaren. TeilBlüStände 3–5blütig, ohne DeckBla. BlüStiele kahl, nach der Blü kaum verlängert. TeilFr meist einzeln.

(0,05–)0,10–0,50(–0,40). 4–6. Gebüsch- u. WSäume, HainbuchenW, Magerwiesen u. -weiden, Weg- u. Straßenränder, mäßig nährstoffanspruchsvoll; [N] s By Bw Th Sa An, [U] s Rh (m/mo-stemp/demo·c2-5EUR – sogr/teilwintergr eros H/G ♃ oAusl/LegTr-(Pleiok) – SeB InB: Bienen, Fliegen – SeA VdA(?) – L7 T6 F5 R7 N5 – O Convolv., O Orig., O Arrh., V Carp. – 22, 44)). [*C. glabra* (L.) EHREND.] **Kahles K. – *C. verna* (SCOP.) GUTERMANN et EHREND.**

Familie *Gentianaceae* JUSS. – Enziangewächse

(99 Gattungen/1740 Arten)

Bearbeitung: **Bernhard von Hagen, mit Beiträgen von Josef Greimler u. Dieter Reich**

Kräuter, selten Gehölze. Bla gegenständig, ungeteilt, ganzrandig, ohne NebenBla. Blü ☿, radiär, 4–5zählig(selten mehr) in Zymen, Thyrsen od. einzeln endständig. KrBla (4 od.) 5, verwachsen, in der Knospe gedreht. StaubBla (4 od.) 5. FrKn oberständig, 2blättrig, meist 1fächrig. Griffel 1. Narbe gespalten od. kopfig. 2klappige Kapsel.

1 Griffel vom FrKn deutlich abgesetzt, fadenfg (Abb. **651**/1). Kr rosa, fleischrot od. gelb, selten weiß **2**
1* Griffel fehlend od. FrKn allmählich in den kräftigen Griffel übergehend (Abb. **651**/2). Kr oft blau od. violett, seltener purpurn, gelb od. weiß **5**
2 Kr 6–8teilig, goldgelb. StaubBla 6–8. Griffel am Ende geteilt (Abb. **651**/3). StgBla durchwachsen. **Bitterling – *Blackstonia*** S. 655
2* Kr 4–5spaltig. StaubBla 4–5. Griffel ungeteilt. Bla nicht durchwachsen **3**
3 Kr 5spaltig, rosa od. fleischrot (selten weiß), 6–12 mm ⌀. StaubBla 5. **Tausendgüldenkraut – *Centaurium*** S. 655
3* Kr 4spaltig, gelb oder rosa, 3–5 mm ⌀. StaubBla 4 .... **4**
4 KeBla etwa ¾ ihrer Länge verwachsen. Kr goldgelb. **Zindelkraut – *Cicendia*** S. 655
4* KeBla fast bis zum Grund getrennt. Kr rosa oder blassgelb. **Bitterblättchen – *Exaculum*** S. 655
5 (1) Kr weitröhrig-glockig od. stieltellerfg, mit deutlicher Röhre, 4–8zipflig. Ke ± röhrig ... **6**
5* Kr radfg, fast bis zum Grund 5–6(–9)teilig. Ke meist tief 5–6teilig **9**
6 KrZipfel seitlich am Rand gefranst (Abb. **651**/4). Kr 4zählig, leuchtend blauviolett. **Fransenenzian – *Gentianopsis*** S. 653
6* KrZipfel ganzrandig. Kr 4–8zählig **7**
7 Kr im Schlund kahl, in den Buchten zwischen den Zipfeln meist lappen- od. zahnfg Anhängsel. **Enzian – *Gentiana*** S. 651
7* Kr im Schlund mit fransenförmigen Schuppen (Abb. **651**/5), zwischen den Zipfeln ohne Anhängsel **8**
8 KeBla nur am Grund verwachsen u. mit sackfg Anhängseln. BlüStiel deutlich länger als die Blü. **Haarschlund – *Comastoma*** S. 654
8* KeBla mindestens ¼ ihrer Länge verwachsen, am Grund ohne sackfg Anhängsel. BlüStiel meist kürzer als die Blü. **Kranzenzian – *Gentianella*** S. 653
9 (5) KrZipfel goldgelb, linealisch. Blü in achselständigen Scheinquirlen. Pfl 50–140 cm hoch. **Gelber Enzian – *Gentiana lutea*** S. 651
9* KrZipfel dunkelviolett bis blassblau (weiß), lanzettlich bis eifg. Blü nicht quirlig. Pfl 1–50 cm hoch **10**
10 Stg 1–15 cm hoch, meist vom Grund an verzweigt. Blü einzeln endständig. Kr 10–20 mm ⌀, blassblau bis weiß. Narben am FrKn leistenartig herablaufend (Abb. **651**/6). **Saumnarbe – *Lomatogonium*** S. 655
10* Stg 15–50 cm hoch, unverzweigt. Blü in traubenähnlicher, schmaler Thyrse. Kr 20–30 mm ⌀, schmutzig dunkelviolett bis stahlblau, dunkler punktiert. Narbe deutlich 2lappig, sitzend (Abb. **651**/7). **Tarant – *Swertia*** S. 653

Gentiana L. s.str. – Enzian (ca. 360 Arten)

1 Kr gelb od. purpurn, 5–8(–9)zipflig. Bla 10–30 cm lg u. 3–15 cm br, elliptisch bis eilanzettlich, 5–7nervig (kreuzgegenständig im Gegensatz zu den sehr ähnlichen, aber wechselständigen von *Veratrum*, S. 150) . Blü an der StgSpitze kopfig gehäuft u. scheinquirlig in den oberen BlaAchseln 2

1* Kr tiefblau (selten weiß), 4–5zipflig. Bla 0,3–10(–15) cm lg u. selten >3 cm br, 1–5nervig 5

2 Kr bis fast zum Grund in linealische Zipfel geteilt, goldgelb. 0,50–1,40. 6–8. Hochmont. bis subalp. Rasen u. Hochgrasfluren, lichte Kiefernwälder, in tieferen Lagen auch Halbtrockenrasen u. Trockenwaldsäume, basenhold; v Alp(f Brch Chm), z Bw(f NW ORh), s By(S MS), [N U] s By(O) Rh He Nw Th Sa(SW) An(Hrz), ↘ (sm/salp-stemp/desalp·c1-3EUR – sogr hros/eros G ⚄ Rübe – InB: Fliegen, Hummeln – WiA Licht-Kältekeimer – L7 T3 F5~ Rx N2 – V Nard., O Sesl., V Eric.-Pin., V Mesobrom., V Ger. sang. – HeilPfl – ▽!).
Gelber E. – *G. lutea* L.

2* Kr weitröhrig-glockig, höchstens bis zur Hälfte in eifg Zipfel gespalten, purpurn od. blassgelb 3

3 Ke auf einer Seite bis zum Grund geteilt. Kr außen purpurn, innen gelblich. 0,25–0,60. 7–8. Subalp. bis alp. frische Magerrasen u. Hochstaudenfluren, kalkmeidend; v Alp(Allg, s Amm), [N] s Bw(SW: S-Schwarzw) (sm-stemp//salp+b·c2EUR – sogr hros G ⚄ PleiokRübe – InB: Hummeln Vw – WiA Wintersteher – L7 T3 F5 R3 N2 – V Nard., V Car. ferr., O Adenost. – HeilPfl – ▽).
Purpur-E. – *G. purpurea* L.

3* Ke mit 5–8 ziemlich gleichen Zipfeln 4

4 Kr trüb- od. bräunlichpurpurn, schwarzrot punktiert, selten weiß. KeZipfel zurückgekrümmt. 0,20–0,60. 7–8. Subalp. bis alp. frische Magerrasen, kalkmeidend; v Alp, s By(O: Bayr-W), ↘ (sm-stemp//salp·c3EUR – sogr hros G ⚄ PleiokRübe – InB: Hummeln Vm – WiA Licht-Kältekeimer – L7 T3 F5 R1 N2 – V Nard., V Rhod.-Vacc. – HeilPfl – ▽).
Ungarn-E. – *G. pannonica* Scop.

4* Kr blassgelb, schwarzpurpurn punktiert. KeZipfel aufrecht. 0,20–0,60. 7–8. Subalp. bis alp. frische Magerrasen, kalkmeidend; z Alp(f Krw Kch), [N] s An(Hrz: Brocken) (sm-stemp//salp·c3-4EUR – sogr hros G ⚄ PleiokRübe – InB: Hummeln, Falter, Fliegen Vw – WiA Wintersteher Licht-Kältekeimer – L8 T2 F5 R2 N2 – V Nard., V Salic. herb., V Car. curv. – HeilPfl – ▽).
Tüpfel-E. – *G. punctata* L.

5 (1) Kr weitröhrig-glockig, mit etwas bauchiger od. trichterfg Röhre u. dreieckigen bis eifg Zipfeln. Längere Bla meist 2–10 cm lg 6

5* Kr stieltellerfg, mit enger, ± zylindrischer Röhre u. deutlich abstehenden, lanzettlichen bis elliptischen od. rundlichen Zipfeln. Bla 0,3–2(–3) cm lg 10

6 Stg mit BlaRosette, zur BlüZeit sehr kurz, stets 1blütig. Blü 5–6 cm lg 7

6* Stg ohne Rosette, gestreckt, fast stets mehrblütig. Blü 2–5 cm lg 8

7 KeZipfel schmal dreieckig (Abb. **653**/1), scharf zugespitzt, mindestens so lg wie die halbe KeRöhre, anliegend. KeBuchten spitz. Kr innen mit helleren Längsstreifen. RosettenBla lanzettlich bis eilanzettlich, spitz od. zugespitzt, etwas ledrig, glänzend, am Rand papillös (Lupe!). 0,05–0,10. 4–8. Subalp. bis hochmont. frische, tonige bis steinige Rasen, Quell- u. Wiesenmoore, kalkstet; h Alp, z By(S MS), [N] s By(N NW), [U] früher Bw(SW: Schwarzw) Th, ↘ (sm/alp-stemp/dealp·c2-3EUR – igr ros/hros H/G ⚄ kurze uAusl – InB: Hummeln Vm

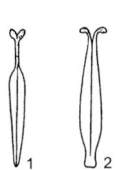   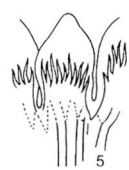 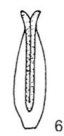 

Griffel fadenfg fehlend | Blackstonia | Gentianopsis ciliata | Gentianella | Lomatogonium | Swertia

SeB seismonastisch – WiA? VdA? – L9 T3 F5 R9 N3 – V Sesl., V Mesobrom., V Mol., V Car. davall. – ▽). [*G. acaulis* L. p.p.]

Kalk-Glocken-E., Clusius-E. – *G. clusii* E.P. PERRIER et SONGEON

7* KeZipfel tailliert eifg (Abb. **653**/2), spitz od. stumpflich, meist kürzer als die halbe KeRöhre, etwas abstehend. KeBuchten br trockenhäutig. Kr innen mit olivgrünen Flecken. Rosetten-Bla verkehrteifg bis elliptisch, stumpf od. mit kurzer Spitze, weich, matt, am Rand glatt. 0,05–0,15. 6–8. Subalp. bis alp. frische Magerrasen, kalkmeidend; z Alp(f Chm Kch Mng); auch ZierPfl (sm-stemp//alp·c2-4EUR – igr ros/hros H/G ♃ kurze uAusl – InB: Hummeln Vm SeB seismonastisch – WiA? VdA? Licht-Kältekeimer – L8 T2 F5 R2 N2 – V Nard., V Salic. herb., V Car. curv. – ▽). [*G. kochiana* E.P. PERRIER et SONGEON]

Kiesel-Glocken-E., Koch-E. – *G. acaulis* L. s.str.

8 (6) Kr 4zipflig, 2–2,5 cm lg, außen etwas grünlich. Blü an der StgSpitze kopfig gehäuft. Bla länglich-lanzettlich, meist 3nervig. 0,15–0,50. 7–8. Halbtrockenrasen, Kiefern-TrockenW u. ihre Säume, kalkstet; z Alp By Bw Th(f Hrz NW O), s Rh(f M W) He(f NW SW W) Nw(f N) An(S SO) Bb(NO Od) Ns(S MO) Mv(M MW), † Sa: nur noch [N], ↘ (sm-temp·c2-6EUR-WAS – sogrhros H ♃ PfWu monopod – InB: Hummeln Vm – WiA? VdA – L7 T6 F3 R8 N3 – V Mesobrom., V Cirs.-Brach., V Ger. sang., V Eric.-Pin., V Cytis.-Pin. – ▽).

Kreuz-E. – *G. cruciata* L.

8* Kr 5zipflig, 2,5–5 cm lg, innen mit violetten od. grünlichen Punkten 9

9 Bla eifg-lanzettlich, 2–5 cm br, lg zugespitzt, 5nervig. Blü ∞ in ährenartiger Rispe. KeZipfel höchstens ½ so lg wie die KeRöhre. (0,15–)0,30–0,80. 7–9. Subalp. BergmischW, Hochstaudenfluren, präalp. wechselfeuchte Moorwiesen, sekundär: mäßig feuchte Waldränder, kalkhold; h Alp, z By(S MS) Bw(S SO Alb), [N, meist angesalbt] s Nw Th Sa(SW SO) An(Hrz) Ns(Hrz) (sm/mo-stemp/demo·c2-4EUR – sogr eros H ♃ Rhiz – InB: Hummeln Vm – WiA KIA VdA – L7 Tx F6~ R7 N2 – V Mol., O Adenost., V Eric.-Pin., V Acer.- Fag., O Orig., V Cephal.-Fag. – ▽). **Schwalbenwurz-E. – *G. asclepiadea* L.**

9* Bla linealisch od. lanzettlich, <1 cm br, stumpf, 1nervig. Blü mehrere od. einzeln an der StgSpitze. KeZipfel mindestens so lg wie die KeRöhre. (0,05–)0,15–0,40. 7–9. Wechselfeuchte Moorwiesen, Magerrasen, feuchte Heiden, kalkmeidend; z By(f NW) Bw(f NW) Nw Ns(f MO Hrz), s Alp(f Krw) Rh(f W) He(ORh SW) Th(Bck S) Sa(f SW) An(f Hrz S W) Bb(f Od SW) Mv(f Elb MW) Sh, ↘ (sm/mo-temp·c1-7EUR-WAS – sogr eros H ♃ VertikalRhiz monopod – InB: Hummeln Vm – WiA Sa langlebig Licht-Kältekeimer – L8 T5 F7 Rx N1 – V Mol., V Viol. can., V Eric. tetr. – früher HeilPfl – ▽). **Lungen-E. – *G. pneumonanthe* L.**

10 (5) Pfl ☉, ohne nichtblühende Triebe. Stg meist verzweigt u. stets mehrblütig 11

10* Pfl ♃, mit nichtblühenden Trieben, rasig. Stg stets 1blütig. Kr 13–30 mm ⌀ 12

11 Ke aufgeblasen, an den Kanten 2–4 mm br geflügelt. Kr 13–20 mm ⌀. 0,08–0,25. 5–8. Nasse bis wechselfeuchte Flach- u. Quellmoore, Moorwiesen, subalp. Steinrasen, kalkstet; z Alp, s By(S MS) Bw(S), † Rh, ↘ (sm/mo-stemp/demo·c3EUR – hros ☉ – InB seismonastisch – WiA – L8 Tx F9~ R9 N2 – V Car. davall., V Mol., V Sesl. – ▽).

Schlauch-E. – *G. utriculosa* L.

11* Ke röhrig, nicht aufgeblasen, höchstens 0,5 mm br geflügelt. Kr 8–12(–14) mm ⌀. 0,02–0,15. 7–8. Frische alp. Steinrasen, kalkhold; z Alp (sm/alp-arct·c1-4EUR-(OAM) – hros/ eros ☉ – SeB? seismonastisch – WiA Licht-Kältekeimer – L9 T1 F5 R7 N3 – V Elyn., V Sesl. – ▽). **Schnee-E. – *G. nivalis* L.**

12 (10) Unterste Bla höchstens so groß wie die übrigen, nicht rosettig, aber dicht genähert, spatelfg bis verkehrteifg, abgerundet, zuweilen der ganze Stg dachziegelig beblättert. Ke nicht od. sehr schmal geflügelt. Kr tiefblau, mit hellerer Röhre. 0,04–0,20. 7–8. Alp. bis nivale schneefeuchte Steinschuttfluren, Schneetälchen, Lägerfluren, an Quellen, kalkhold; z Alp (sm-stemp//alp·c2-4ALP – igr eros H ♃ kurze uAusl – InB: Falter, Bienen Vm seismonastisch – WiA? Kältekeimer – L8 T2 F6 R8 N2 – V Arab. caer., V Poion alp., V Androsac. alp., O Mont.-Card. – ▽). **Bayerischer E. – *G. bavarica* L.**

12* GrundBla rosettig, größer als die StgBla 13

13 RosettenBla elliptisch bis lanzettlich, 2–4mal so lg wie br. 1–3 cm lg, ± spitz. Ke etwa 1–2 mm br geflügelt. Zwischen den KrZipfeln je ein 2spitziges Anhängsel (Abb. **653**/3). 0,03–0,20. 3–6(–8). Mäßig trockne bis frische präalp. Rasen u. subalp. Steinrasen, kalkstet; v Alp, z By(f NW) Bw(f ORh), s Th(Wld O), [N] An, † He Sa Bb, ↘ (sm/alp-temp/dealp·c1-

3EUR – igr hros H ♃ kurze uAusl – InB: Falter seismonastisch – WiA? StA KlA – L8 Tx F4 R7 N2 – O Sesl., V Elyn., V Mesobrom. – 28 – ▽). **Frühlings-E. – G. verna** L.
13* RosettenBla rundlich bis verkehrteifg, 1–2mal so lg wie br, <1 cm lg, abgerundet. Ke etwa 0,5 mm br geflügelt. Kr ohne Anhängsel. 0,03–0,08. 7–8. Alp. frische, sonnige Steinrasen, kalkstet; z Alp(Brch Allg Wtt) (sm-stemp//alp·c3-4EUR – igr ros H ♃ kurze uAusl – InB: Falter, Bienen Vm seismonastisch – WiA? – L8 T1 F5 R8 N3 – V Drab. hopp., V Sesl., V Elyn. – ▽). [G. favratii Favrat] **Rundblättriger E. – G. orbicularis** Schur

Hybriden: G. acaulis × G. clusii = G. ×digenea Jakow. – s, G. lutea × G. pannonica = G. ×spuria Lebert – s, G. punctata × G. purpurea = G. ×laengstii Hausm. – s

Gentianopsis Ma [Gentianella Moench p.p., Gentiana L. p.p.] – **Fransenenzian** (20 Arten)

Stg einfach od. wenig verzweigt. Blü einzeln, endständig. Kr 25–50 mm lg. 0,07–0,30. 8–10. Halbtrockenrasen, subalp. Steinrasen, TrockenWSäume, kalkstet; v Alp Th, z Bw Bw Rh He Nw An(s N, f Elb O) Ns(s NW, f Elb N O), † Sa (sm/mo-stemp·c2-4EUR – sogr eros G ♃ WuSpr – InB: Hummeln, Bienen, Falter Vm Vg – WiA – L7 Tx F3 R8 N2 – V Mesobrom., V Cirs.-Brach., O Sesl., V Ger. sang. – ▽). [Gentiana ciliata L., Gentianella ciliata (L.) Borkh.] **Gewöhnlicher F. – G. ciliata** (L.) Ma

Swertia L. – **Tarant** (120 Arten)

GrundBla eifg bis elliptisch, gestielt, StgBla sitzend, eifg bis lanzettlich. 0,15–0,50. 6–8. Sickernasse Flach- u. Quellmoore, Feuchtwiesen, kalkhold; s Alp(f Brch Krw) By(S MS O) Bw(SO Alb Gäu SW) Sa(SW) Bb(MN NO) Mv(f N), † Ns Sh, ↘ (sm/mo-salp-temp·c2-4EUR – igr? hros H ♃ Rhiz – InB: Fliegen, Käfer Vm – VdA WiA Licht-Kälteikeimer – L7 T4 F9 R8 N3 – V Car. davall., V Car. nigr., V Card.-Mont., V Mol. – ▽).
Blauer T., Sumpfenzian – S. perennis L.

Gentianella Moench [Gentiana L. p.p.] – **Kranzenzian** (± 220 Arten)
Bearbeitung: **Josef Greimler u. Dieter Reich**

1 Ke u. Kr 4zählig (selten an einzelnen Blü 5zählig). KeZipfel sehr ungleich, die beiden äußeren eifg, etwa 3mal so br wie die schmal lanzettlichen inneren, diese großteils u. alle KeBuchten völlig verdeckend (Abb. 653/4), KePapillen lg konisch. 0,05–0,35. 5–10. Wechseltrockene Moorwiesen, mont. bis alp. frische Kalk- u. Silikatmagerrasen u. Felsfluren; z Alp(f Brch Chm), s By(f MS N NW) Bw(Alb Keu SW) He Nw(SO NO) Th(Bck) An(f Elb N O) Mv(MW) Sh, † Rh Sa Bb Ns, ↘ (sm/mo-b·c1-3EUR – igr hros H ☉ ☉ – InB: Hummeln, Falter SeB – WiA Licht-Kälteikeimer – L8 Tx F5 R4 N2 – O Nard., V Triset., V Mol. – ▽). [Gentiana campestris L.; inkl. G. baltica (Murb.) Börner] **Feld-K. – G. campestris** (L.) Börner
1* Ke u. Kr 5zählig (selten an einzelnen Blü 4zählig). KeZipfel ± gleich gestaltet od. die größeren (äußeren) höchstens 2mal so br wie die kleineren, diese ± in voller Länge sichtbar, größere KeZipfel selten alle KeBuchten verdeckend 2
2 Kr 8–20 mm lg, rötlichlila, selten gelblichweiß. FrKn u. Kapsel sitzend (selten bis 1,5 mm lg gestielt). **(Artengruppe Bitterer E. – G. amarella agg.)** 3
2* Kr 18–45 mm lg, violett, selten weißlich od. gelblich. FrKn u. Kapsel 2–6(–8) mm lg gestielt (selten sitzend) **(Artengruppe Deutscher E. – G. germanica agg.)** 4

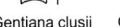

Gentiana clusii   G. acaulis   G. verna   Gentianella campestris   G. germanica

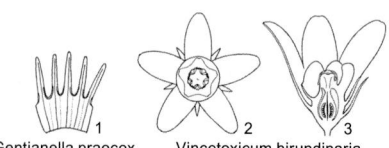

Gentianella praecox   Vincetoxicum hirundinaria

3   Stg zur BlüZeit meist noch die kleinen, eifg-rundlichen KeimBla tragend, unverzweigt od. mit langen meist 1blütigen Ästen aus den unteren BlaAchseln, mit spitzen GrundBla. KeZipfel in Form u. Größe oft ungleich. Buchten zwischen den KeZipfeln oft spitz. KrRöhre oft nicht od. kaum aus dem Ke herausragend. Pfl mit weniger als 5 Internodien, oberstes Internodium inkl. BlüStiel meist mindestens halb so lang wie die gesamte Pflanze. 0,02–0,20. 8–10. Feuchte Flachmoorwiesen, Küstendünentäler, kalkhold; s Bb(M MN NO) Mv(f Elb SW) Sh(M O), † Nw Ns, ↘ (ntemp·c2-3EUR – eros ⊙ – L8 T6 F6~ R7 N2 – V Car. davall., V Sagin. mar. – ▽). [*Gentiana uliginosa* WILLD., *G. amarella* subsp. *uliginosa* (WILLD.) TZVELEV]   **Sumpf-K. – *G. uliginosa* (WILLD.) BÖRNER**

3* Stg zur BlüZeit ohne KeimBla, meist verzweigt, mit kurzen Ästen, mit stumpfen, spatelfg GrundBla. KeZipfel in Form u. Größe ± gleich. Buchten zwischen den KeZipfeln oft abgerundet. KrRöhre meist deutlich aus dem Ke herausragend. Pfl mit mehr als 5 Internodien, oberstes Internodium inkl. BlüStiel höchstens ca. ⅕ so lang wie die gesamte Pflanze. 0,05–0,50. 8–10. Wechselfeuchte Flachmoorwiesen, Gipshänge; s Th(Bck) Sa(SW) An(S), † Bb (sm/mo-b·c2-8CIRCPOL – igr hros ⊙ – InB: Hummeln SeB – WiA? Lichtkeimer – V Mol. – ▽). [*Gentiana amarella* L. s.str.]
Bitterer K. – *G. amarella* (L.) BÖRNER s.str.

4   (2) KeZipfel am Rand, auf dem Mittelnerv u. oft auch auf der Fläche mit lg zylindrischen Papillen. 0,05–0,20. 5–10. Halbtrockenrasen, wechseltrockne Moorwiesen, mont. bis alp. Steinrasen, kalkstet; v Alp, s By(S Alb MS O) Sa(SW), ↘ (stemp/mo·c3EUR – sogr? hros H ⊙ – InB SeB – WiA – L8 T3 F4 R9 N2 – V Mesobrom., V Mol., O Sesl. – 36– ▽). [*Gentiana aspera* HEGETSCHW. et HEER, *G. aspera* (HEGETSCHW. et HEER) SKALICKÝ et al.]
Rauer K. – *G. obtusifolia* (F.W. SCHMIDT) HOLUB

4* KeZipfel am Rand mit kurz konischen Papillen bis glatt, Fläche und Mittelnerv ohne Papillen 5

5   KeZipfel breit eilanzettlich bis 3eckig, am Rand mit kurz konischen Papillen. Buchten zwischen den KeZipfeln spitz (Abb. **653**/5), 0,05–0,40. 6–10. Halbtrockenrasen, Kalksteinbrüche, wechseltrockne Wiesen, mont. bis alp. Rasen, kalkstet; v Alp Th, z By Bw Rh He(f W) Nw(f N) An(f Elb N O) Ns(MO Hrz S M), s Sa(SW), ↘ (sm/mo-stemp·c2-3EUR – sogr? hros H ⊙ – InB: Hummeln, Bienen Vg – WiA – L7 T5 F4~ R8 N3 – V Mesobrom., V Sesl. – 36, 72 – ▽). [*Gentiana germanica* WILLD. s.str.]
Deutscher K. – *G. germanica* (WILLD.) BÖRNER

5* KeZipfel schmal 3eckig bis linealisch, am Rand glatt oder mit kurz konischen Papillen. Buchten zwischen den KeZipfeln abgerundet bis spitz (Abb. **654**/1), 0,03–0,40. 6–10. Mont. mäßig trockne Magerrasen, extensiv genutzte Weiden u. Wiesen; s By(O: Bayr-W) Sa(SW: Altenberg), ↘ (stemp/mo·c3EUR – sogr? hros H ⊙ – InB – WiA? – L8 T4 F4 R5 N2 – V Viol. can., V Triset., V Mol.? – ▽!). [*G. austriaca* (A. KERN. et Jos. KERN.) HOLUB; inkl. *G. bohemica* SKALICKÝ, inkl. der traditionell als *G. lutescens* (VELEN.) HOLUB geführten Osterzgebirgs-Populationen]
Böhmischer K. – *G. praecox* (A. KERN. et Jos. KERN.) E. MAYER

Hybriden: *G. campestris* × *G. germanica* = *G.* ×*richenii* WETTST. – s, *G. campestris* × *G. praecox* = *G.* ×*macrocalyx* (ČELAK.) DOSTÁL – s

Comastoma TOYOK. [*Gentianella* MOENCH p.p., *Gentiana* L. p.p.] – **Haarschlund, Zwergenzian**   (10 Arten)

Stg nur am Grund verzweigt, mit lg, 1blütigen Ästen. Kr 5–15 mm lg. 0,02–0,12. 7–9. Frische, windexponierte alp. Steinrasen; s Alp(Allg Brch Krw Wtt), ↘ (m/alp-arct·c3-7CIRCPOL

– hros/eros ⊙ – SeB – WiA? – L9 T1 F5 R7 N2 – V Elyn. – ▽). [*Gentiana tenella* ROTTB.,
Gentianella tenella (ROTTB.) BÖRNER]   **Zarter H. – *C. tenellum*** (ROTTB.) TOYOK.

Lomatogonium A. BRAUN – **Saumnarbe** (18 Arten)
Pfl kahl. GrundBla kurz gestielt, StgBla sitzend, eifg bis eilanzettlich. 0,01–0,15. 8–9. Alp. frische Steinrasen, Gletscherbachsäume, basenhold; s Alp(Brch) (sm-temp//alp·c4-7EURAS – eros ⊙ – WiA – L8 T1 F5 R7 N2 – V Elyn., V Salic. herb. – ▽).
Kärntner S., Tauernblümchen – *L. carinthiacum* (WULFEN) RCHB.

Cicendia ADANS. – **Zindelkraut** (2 Arten)
Pfl sehr zart. Bla lanzettlich. 0,03–0,10. 7–10. Wechselnasse Teichränder, abgelassene Teiche, lückige Kleinseggenriede, Sandgruben, kalkmeidend; z Ns(NW, s O M), s By(NW) Nw(MW, sonst ↘), † Bw Rh He Sa An Bb Mv Sh, ↘ (m-stemp·c1-2EUR – hros ① – SeB?
– KlA: Vögel WiA – L9 T7 F8= R3 N2 – V Nanocyp. – 24).
Heide-Z. – *C. filiformis* (L.) DELARBRE

Exaculum CARUEL – **Bitterblättchen** (1 Art)
Pfl zart. Bla lineal-lanzettlich. 0,01–0,12. 5–8. Feuchte bis wechselfeuchte, offene Standorte; [U] s Bw Rh (m-temp c1-2EUR – hros ①) [*Cicendia pusilla* (LAM.) GRISEB.]
Bitterblättchen – *E. pusillum* (LAM.) CARUEL

Blackstonia HUDS. – **Bitterling, Bitterenzian** (6 Arten)
1 BlaRosette wohlentwickelt. Obere StgBla eifg-dreieckig, mit ihrem kaum verschmälerten Grund br miteinander verwachsen. KeZipfel linealisch, etwas kürzer als die Kr, an der Fr abstehend. 0,15–0,40. 6–8. Lückige Halbtrockenrasen, wechselfeuchte, lehmige bis tonige Rud.: Wegränder, kalkhold; s Bw(ORh S), † Rh He, ↘, [N] s Sh(W: Helgoland) (m·c1-4-temp·c1-2EUR – hros ① – SeB? – WaA KlA? – L8 T7 F7~ R9 N4 – V Mesobrom., V Nanocyp.). **Durchwachsenblättriger B. – *B. perfoliata*** (L.) HUDS. s.str.
1* BlaRosette fehlend od. undeutlich. Obere StgBla eifg, mit dem deutlich verschmälert-abgerundeten Grund schmal miteinander verwachsen. KeZipfel lanzettlich, etwa so lg wie die Kr, der Fr anliegend. 0,10–0,30. 8–10. Wechselfeuchte, tonige Rud.: Wegränder, Kiesgruben, Ufer, kalkhold, salztolerant; s Bw(ORh) Rh(ORh), † He (m-sm·c3-4EUR – hros/eros ① – SeB? – WaA KlA? – L8 T9 F7~ R6 N3 – V Nanocyp.). [*B. serotina* (RCHB.) BECK, *B. perfoliata* subsp. *serotina* (RCHB.) VOLLM., *Chlora acuminata* W.D.J. KOCH et ZIZ]
Später B. – *B. acuminata* (W.D.J. KOCH et ZIZ) DOMIN

Centaurium HILL [*Erythraea* BORKH.] – **Tausendgüldenkraut** (50 Arten)
1 Stg ohne Rosette, meist in ganzer Länge reich verzweigt. Blü in lockeren Dichasien. KrZipfel 3–4 mm lg, fleischrot. 0,02–0,15. 7–9. Feuchte bis wechselfeuchte, kiesige bis tonige Rud.: Wegränder, Kiesgruben, Tagebaue; Ufer, Salzwiesen, kalkhold, salztolerant; z By Bw Rh He(f NW) Nw Th(f Hrz) Sa An Bb(f SW) Ns Mv, s Alp (f Krw Kch) Sh, ↘ (m-sm·c1-10-temp·c1-4EUR-WAS – eros ⊙ – InB SeB Vg? Blü nur vormittags geöffnet – KlA? – L9 T6 Fx~ R9 N4 – V Armer. marit., V Nanocyp. – 38). [*Erythraea pulchella* (Sw.) FR.]
Zierliches T. – *C. pulchellum* (Sw.) DRUCE
1* Stg nur oberwärts verzweigt, mit Rosette. KrZipfel 5–8 mm lg, rosa 2
2 StgBl linealisch bis länglich-linealisch, 1–3nervig. RosettenBl ± lineal-spatelfg, bis 5 mm br. Blü in verlängerten Dichasien. Ke beim Aufblühen wenig kürzer als die KrRöhre. 0,05–0,25. 7–9. Feuchte, salzhaltige, sandige bis tonige Standorte, Salzwiesen, frische Gipshänge; z Ns(N, † O), Sh(Bck) An(f Hrz O S) Bb Mv(f Elb SW) Sh, ↘ (sm·c4-7EUR-WAS-temp·litEUR – hros ⊙ ①? – InB – WiA KlA? – L9 T6 F7 R8 N3 – V Sagin. mar., V Nanocyp., V Armer. marit., V Car. davall. – ▽). [*C. vulgare* RAFN]
Strand-T. – *C. littorale* (TURNER) GILMOUR

1 Stg, BlaRänder u. KeKanten kahl. KrZipfel 6–7 mm lg. Offene, feuchte, sandige, salzhaltige Wiesen; v Küsten von Ns Mv Sh (temp·litEUR – V Armer. marit., V Sagin. mar. – 38)   subsp. ***littorale***
1* Stg, BlaRänder u. KeKanten ± dicht kurzhaarig-rau (Lupe!). KrZipfel meist 3–6 mm lg. Binnenländische feuchte Salzstellen (Grabenränder), früher (auch) mäßig frische Gipshänge; s Th An Bb Ns(O: Wendland), ↘ (sm·c4-7EUR-WAS – V Armer. marit.) [subsp. *uliginosum* (WALDST. et KIT.) MELDERIS]
                                    subsp. ***compressum*** (HAYNE) KIRSCHNER

2* StgBla länglich-eifg bis lanzettlich, meist 5nervig. RosettenBla eifg bis verkehrteifg, >5 mm br. Blü in schirmfg Dichasien **3**

3 Ke beim Aufblühen mindestens so lg wie die KrRöhre. StaubBla am Grund der KrRöhre angeheftet. BlüStand auch nach dem Verblühen dicht kopfig. 0,02–0,08. 7–8. Salzwiesen, Dünenrasen; s Sh(W: Amrum, Sylt, Grossenbrode) (temp·c1-2EUR – hros ☉ ① – InB – WiA KlA WaA? – V Armer. marit. – ▽). [*C. erythraea* auct. p.p.]
                                       Kopfiges T. – ***C. capitatum*** (WILLD.) BORBÁS

3* Ke beim Aufblühen kürzer als die KrRöhre. StaubBla der KrRöhre nahe dem Schlund angeheftet. BlüStand locker, flach ausgebreitet. 0,10–0,50. 7–9. Wechselfrische bis mäßig trockne Waldränder u. Waldschläge, Halbtrockenrasen, Magerrasen, (mäßig) basenhold; v By Bw Rh He Nw Th Mn(g S) Mv, z Alp(f Krw) Sa Bb Ns Sh (m-temp·c1-5EUR-WAS – hros ☉ ①? – InB – WiA KlA Lichtkeimer Sa langlebig – L8 T6 F5 R6 N6 – O Atrop., O Orig., V Mesobrom., V Cynos. -HeilPfl – ▽ – 38, 40). [*C. umbellatum* GILIB., *C. minus* auct., *Erythraea centaurium* auct.]   **Echtes T.** – ***C. erythraea*** RAFN

Hybriden: *C. erythraea* × *C. littorale* = *C.* ×*intermedium* (WHELDON) DRUCE – s, *C. erythraea* × *C. pulchellum* = *C.* ×*aschersonianum* (SEEMEN) HEGI – s, *C. littorale* × *C. pulchellum* = *C.* ×*wheldonianum* DRUCE – s

Familie *Apocynaceae* Juss. s. l. (inkl. *Asclepiadaceae*) – Hundsgiftgewächse   (380–425 Gattungen/4500–6000 Arten)

Bäume, Sträucher, windende Halbsträucher od. Stauden, mit Milchröhren. Bla meist gegenständig, ganzrandig, meist ohne NebenBla. Blü ⚥, radiär, meist 5zählig. KrBla verwachsen, in der Knospe gedreht. StaubBla meist 5, frei od. mit dem Narbenkopf verklebt. FrKn oberständig bis halbunterständig, aus 2 verwachsenen od. fast freien FrBla. Griffel 1 od. 2 u. an der Spitze zum Narbenkopf verwachsen. Oft 2 mehrsamige BalgFrchen.

1 Kr blau bis blauviolett, 2,5–5 cm ⌀, ohne NebenKr, aber am Schlund mit einem weißen Ring.   **Immergrün** – ***Vinca*** S. 656
1* Kr gelblichweiß od. rot, 0,3–2 cm ⌀. Anhängsel der StaubBla eine NebenKr bildend (Abb. **654**/2, 3) **2**
2 Kr gelblichweiß, mit abstehenden Zipfeln. BlaUSeite nur auf den Nerven flaumig. Fr glatt, 4–6 cm lg.   **Schwalbenwurz** – ***Vincetoxicum*** S. 657
2* Kr fleischrot, mit zurückgeschlagenen Zipfeln. BlaUSeite dicht graufilzig. Fr stachlig, 8–11 cm lg.   **Seidenpflanze** – ***Asclepias*** S. 657

Vinca L. – Immergrün   (7 Arten)

1 Bla lanzettlich bis elliptisch, 1–2,5 cm br, völlig kahl. KeZipfel 3–5 mm lg. Kr 2,5–3 cm ⌀. Bogenausläufer bis 0,60 lg. BlüTriebe 0,10–0,20. 1–6(–9). Frische LaubmischW, Gebüsche, gehölzreiche Wegränder, nährstoffanspruchsvoll, Siedlungszeiger; [A N] v Bw Rh Nw Th, z Alp(f Krw) By(h NM) He Sa An Bb Ns Mv, s Sh; auch ZierPfl, ↗ (sm·c1-3EUR, [A] temp·c1-4EUR – igr eros C Staudenstrauch oAusl – InB: Bienen, Falter, Bombyliden – AmA im Gebiet selten fruchtend – L4 T6 F5 R7 N6 – V Carp., O Querc. pub., O Prun. – giftig! – 46).
                                                       Kleines I. – ***V. minor*** L.

1* Bla herzfg bis eifg, 2–5 cm br, am Rand dicht gewimpert. KeZipfel 7–17 mm lg. Kr (3–)4–5 cm ⌀. Bogenausläufer bis 1,80 lg. BlüTriebe 0,15–0,30. 4–5(–9). ZierPfl; auch Böschungen, lichte, gestörte LaubW; [N] s Bw Rh Sa An, [U] s By He Th Bb Ns Mv Sh (m/mo-sm·c2-3EUR, [N] temp·c1-3EUR – igr eros C Staudenstrauch BogenTr – InB: Bienen, Falter, Bombyliden – im Gebiet kaum fruchtend – O Prun., V Carp. – giftig!).   **Großes I.** – ***V. major*** L.

Vincetoxicum WOLF – **Schwalbenwurz** (70 Arten)
Untere Bla herzfg, obere eilänglich, lg zugespitzt. Stg zuweilen oberwärts windend u. dann oft verlängert. Blü unangenehm riechend, in lockeren Zymen. 0,30–0,80(–1,40). 5–8. Xerothermrasen, Trockengebüsche, TrockenW u. ihre Säume, Steinschuttfluren, basenhold; v Alp Rh Th, z By Bw He(f ORh) Nw Sa An(h S) Bb Ns(f NW), s Mv Sh(O) (m/mo-temp·c2-6EUR-WAS – sogr eros H ♃ Pleiok – InB: größere Fliegen Klemmfallenblume – WiA Wintersteher – L6 T5 F3 R7 N3 – V Ger. sang., V Berb., O Querc. pub., V Stip. calam., V Carp., V Eric.-Pin., V Cephal.-Fag. – früher HeilPfl, giftig! – 22). [*V. officinale* MOENCH, *Cynanchum vincetoxicum* (L.) PERS.]
Weiße Sch. – *V. hirundinaria* MEDIK.

Asclepias L. – **Seidenpflanze** (120 Arten)
Bla länglich-eifg. Blü duftend, in Scheindolden. 1,00–1,50. 6–8. ZierPfl; auch Rud.: Schutt, Wegränder, wärmeliebend; [N] s Bw Rh He Nw, [U] s By Nw Th Sa An Bb Ns Mv (smtemp·c2-7AM, [N] sm-temp·c2-6EUR – sogr eros H ♃ WuSpr – InB – WiA – L8 T9 F? R? N7 – O Onop. – BienenfutterPfl, früher FaserPfl – giftig). **Echte S.** – *A. syriaca* L.

Familie ***Boraginaceae*** JUSS. (inkl. ***Hydrophyllaceae*** R. BR.) – **Borretschgewächse** (94 Gattungen/ca. 1800 Arten)

Kräuter, seltener Holzgewächse, meist steifhaarig. Bla wechselständig, selten gegenständig, ungeteilt, selten gelappt bis fiederschnittig, ohne NebenBla. Blü ⚥, zuweilen gynodiözisch, radiär, selten dorsiventral, meist 5zählig, in Wickeln od. Doppelwickeln (Abb. **658**/2). Kr verwachsenblättrig, oft mit 5 hohlen, seltener in Haarbüscheln aufgelösten Schlundschuppen zwischen den StaubBla (Abb. **658**/3). StaubBla 5, in die KrRöhre eingefügt. FrKn oberständig, 2blättrig, durch eine echte u. eine falsche Scheidewand in 4 Fächer geteilt, dazwischen der meist grundständige Griffel, selten 2 Griffel. Fr bei der Reife meist in 4 1samige, oft bestachelte TeilFr (Klausen) zerfallend, selten in 2 2samige TeilFr zerfallend od. Kapsel.

1 Fr eine Kapsel. BlaSpreite fiederschnittig od. am Grund unregelmäßig gelappt.
Phazelie – ***Phacelia*** S. 668
1* SpaltFr aus 4 TeilFr (Klausen), selten aus 2 zweisamigen TeilFr. Bla ungeteilt, ganzrandig od. gezähnt **2**
2 Pfl völlig kahl (Haare auf die weißen Basalhöcker reduziert). Kr gelb, röhrig, mit spitzen Zipfeln, ohne Schlundschuppen. Fr in 2 zweifächrige u. zweisamige TeilFr zerfallend (SpaltFr). **Wachsblume** – ***Cerinthe*** S. 659
2* Pfl behaart. Fr in 4 einsamige Klausen zerfallend **3**
3 FrKn ungeteilt, erst bei der Reife in 4 Klausen zerfallend. Griffel endständig. Kr trichterfg, mit kurzer Röhre, ohne Schlundschuppen, Saum zwischen den Zipfeln faltig.
Sonnenwende – ***Heliotropium*** S. 659
3* FrKn schon zur BlüZeit tief 4teilig. Griffel zwischen den Klausen grundständig. KrSaum nicht faltig **4**
4 Kr dorsiventral. KrSaum mit ungleichen Zipfeln od. KrRöhre deutlich gekniet (Abb. **658**/4) **5**
4* Kr radiär. KrZipfel gleich; KrRöhre gerade od. kaum gekniet **6**
5 Kr 12–30 mm lg, >10 mm ∅, mit trichterfg Röhre u. ungleichen Zipfeln. Schlundschuppen fehlend. StaubBla herausragend, ungleich lg. Griffel gespalten.
Natternkopf – ***Echium*** S. 660
5* Kr <10 mm lg, 4–7 mm ∅, mit geknieter Röhre u. fast gleichen Zipfeln (Abb. **658**/4). Schlundschuppen vorhanden, die StaubBla verdeckend. Griffel ungeteilt.
Acker-Krummhals – ***Anchusa arvensis*** S. 668
6 **(4)** Ke bei der FrReife mehrfach vergrößert, abgeflacht, herzfg, 2teilig, grob gezähnt (Abb. **659**/2). FrStiele bogig herabgekrümmt. Stg niederliegend, an den Kanten mit rückwärts gerichteten Stacheln. **Schlangenäuglein** – ***Asperugo*** S. 663

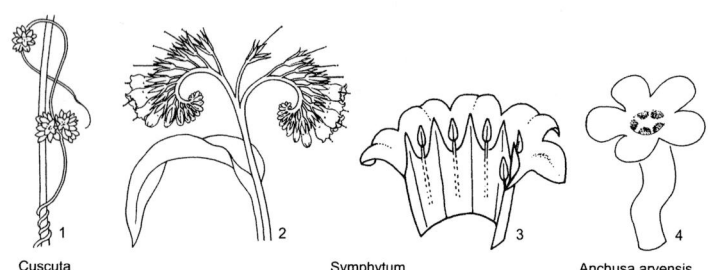

1 Cuscuta 2 Symphytum 3 4 Anchusa arvensis

6* FrKe nicht zweiseitig zusammengedrückt. Stg aufrecht od. aufsteigend, ohne zurückgekrümmte Stacheln **7**
7 Klausen mit 0,5–2 mm lg widerhakigen Stacheln, klettend **8**
7* Klausen ohne Stacheln, nicht klettend **9**
8 Klausen 3kantig, nur an den Kanten der Rückenfläche bestachelt, <5 mm ⌀. Kr stieltellerfg, hellblau. **Igelsame – Lappula** S. 664
8* Klausen ± abgeflacht, auf der ganzen Oberfläche bestachelt, >5 mm ⌀ (Abb. **659**/1). Kr trichterfg, braunrot od. rotviolett. **Hundszunge – Cynoglossum** S. 664
9 (7) Schlundschuppen deutlich entwickelt, schuppenfg **10**
9* Schlundschuppen fehlend od. undeutlich, als kleine behaarte Wülste, Haarbüschel od. -leisten erscheinend **18**
10 Kr 14–25 mm ⌀, radfg, mit schmalen, spitzen, ausgebreiteten od. zurückgebogenen Zipfeln, StaubBla herausragend **11**
10* Kr <15 mm ⌀, keulen-, rad- od. stieltellerfg, KrZipfel br, rund od. stumpf u. kurz bespitzt. StaubBla meist eingeschlossen **12**
11 Spreite der GrundBla am Grund herzfg. KrZipfel zurückgebogen, blau- bis braunviolett. KrRöhre 5–7 mm lg. Staubfäden ohne Anhängsel. **Rauling – Trachystemon** S. 668
11* Spreite der GrundBla in den Stiel verschmälert. KrZipfel ausgebreitet, himmelblau. KrRöhre <3 mm lg. Schlundschuppen weit vorragend. Staubfäden am Rücken mit aufrechten Anhängseln. **Borretsch – Borago** S. 668
12 (10) Kr keulenfg. Schlundschuppen spitz, >3mal so lg wie br. KrRöhre >7 mm lg (Abb. **658**/2, 3). **Beinwell – Symphytum** S. 666
12* Kr stielteller- od. radfg. Schlundschuppen stumpf **13**
13 GrundBlaSpreite groß, 5–20 cm, so lg wie br, herzfg, useits graufilzig. Kr radfg, 4–7 mm ⌀, KrRöhre <2 mm lg. **Kaukasusvergissmeinnicht – Brunnera** S. 668
13* GrundBla am Grund verschmälert od. gestutzt, wenn schwach herzfg, dann >1,5mal so lg wie br u. <6 cm br **14**
14 Schlundschuppen bärtig od. samtig behaart. Pfl ☉ ⊛, mit kräftiger Pfahlwurzel, 30–100 cm hoch. KrRöhre 4–10 mm lg **15**
14* Schlundschuppen kahl. Pfl ① od. ♃, ohne Pfahlwurzel, 5–30(–80) cm hoch. KrRöhre <3 mm lg **16**
15 BlüStände in den GrundBlaAchseln entspringend. Klausen 1,5–2 mm lg, gestielt, mit 3eckigem Anhängsel. Kr blau, 12 mm ⌀. **Fünfzunge – Pentaglottis** S. 668
15* BlüStand am gestreckten Spross endständig, verzweigt. Klausen >3 mm lg, ungestielt. Kr violett od. blau, 4–15 mm ⌀. **Ochsenzunge – Anchusa** S. 667
16 (14) Klausen eifg, ohne Ringsaum. KrZipfel in rechtsgedrehter Knospenlage. KrRöhre kurz, aber deutlich. Bla wechselständig, nicht herzfg. **Vergissmeinnicht – Myosotis** S. 661
16* Klausen napffg, mit eingerolltem, häutigem Ringsaum (Abb. **659**/3). KrZipfel in der Knospe dachzieglig. KrRöhre fast fehlend. Untere Bla gegenständig od. Spreite schwach herzfg **17**
17 Pfl ①. Bla spatelfg bis lanzettlich, schwach rauhaarig. Kr 3–4 mm ⌀, hellblau; Schlundschuppen gelb. **Memoremea – Gedenkemein** S. 664

BORAGINACEAE 659

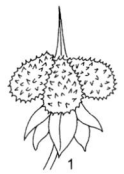
Cynoglossum

Asperugo

Memoremea

Myosotis alpestris

M. sylvatica

17* Pfl ♃. Bla herz-eifg bis eilanzettlich, fast kahl. Kr 8–12 mm ⌀, himmelblau; Schlundschuppen weiß, meist rot punktiert. **Omphalo̲des – Gedenkemein** S. 664
18 (9) Ke höchstens bis zur Mitte gespalten, zur FrZeit vergrößert **19**
18* Ke fast bis zum Grund geteilt, zur FrZeit kaum vergrößert **20**
19 Kr erst rosarot, dann azurblau od. violett. Schlund mit ringfg angeordneten Haarbüscheln. Ke röhrig, 5kantig. Klausen glatt. Pfl mit Rhizom, im Frühling blühend.
Lungenkraut – Pulmona̲ria S. 664
19* Kr purpurrosa, hellgelb od. braun- bis schwarzviolett. Schlund mit 5 behaarten Wülsten. Ke röhrig-glockig, nicht kantig. Klausen gerippt, höckrig. Pfl mit Pfahlwurzel, im Sommer blühend. **Mönchskraut – None̲a** S. 666
20 (18) Schlund kahl, ohne behaarte Wülste od. Haarleisten; wenn Schlund behaart, dann Kr tiefgelb, sonst blassgelb. Bla beidseits abstehend borstig **21**
20* Schlund mit behaarten Wülsten od. Haarleisten. Kr gelblich- od. grünlichweiß, blau, rötlich od. purpurn, nicht tiefgelb **22**
21 Kr röhrig, 5zähnig, blassgelb, 12–19 mm lg. Pfl ☉ od. ⊛, mit ∞blättriger Rosette. Blü nickend. **Lotwurz – Ono̲sma** S. 659
21* Kr trichterfg, 5lappig, tiefgelb od. blassgelb, 3–8 mm lg. Pfl ☉. Blü in spiraligen, endständigen Wickeln. **Geigenhals – Amsi̲nckia** S. 663
22 (20) Bla mit useits deutlich hervortretenden Seitennerven. KeZipfel stumpf. KrSchlund mit 5 behaarten Wülsten. Kr grünlich- od. gelblichweiß. Klausen weiß.
Steinsame – Lithospe̲rmum S. 660
22* Bla 1nervig (Seitennerven sehr undeutlich). KeZipfel spitz. KrSchlund mit 5 Haarleisten. Kr blau, rötlich; wenn cremeweiß, dann Klausen braun.
Rindszunge – Buglossoi̲des S. 660

Heliotro̲pium L. **– Sonnenwende** (250 Arten)

Stg ästig, kurzhaarig. Bla beidseits weich behaart. Blü in endständigen Doppel- u. seitenständigen einfachen Wickeln. Kr 2–4 mm ⌀, weiß bis bläulichweiß, im Schlund gelb. 0,15–0,30(–0,50). 7–9. Nährstoffreiche Äcker, bes. Hackkulturen u. ihre Brachen, Weinberge, Rud., kalkhold; [A] z Rh(f N), s By Bw(ORh) He(SW), [N U] s By Nw Th Sa An Bb Sh, ↘ (urspr. m-sm·c2-6EUR-WAS, [N] austr-stemp CIRCPOL – eros ☉ PfWu – InB: Bienen, Falter, Fliegen – L7? T8 F4 R8 N6? – V Ver.-Euph., V Eragrost. – für Mensch u. Vieh giftig). **Europäische S. – H. europaeum** L.

Ono̲sma L. **– Lotwurz** (150 Arten)

Pfl mit nichtblühenden Rosetten u. seitenständigem BlüTrieb. Bla lineal-lanzettlich. Kr (12–)15–19 mm lg, blassgelb. 0,30–0,50. 5–6. Kont. reiche Sandtrockenrasen, sandige KieferntrockenW, kalkhold; s Rh(ORh: Mainz) (sm·c4-7EUR-WSIB – sogr hros H ☉ ⊛)? Rübe monop – InB: Schwärmer, Mauerbienen SeB – StA KlA – L7 T8 F3 R8 N1? – V Koel. glauc., V Cytis.-Pin. – ▽!). **Sand-L. – O. arena̲ria** WALDST. et KIT.

Ceri̲nthe L. **– Wachsblume** (10 Arten)

1 Kr 5spaltig; ihre Zipfel aufrecht zusammenneigend, lanzettlich, fast so lg wie die KrRöhre. GrundBla oft weißlich gefleckt. 0,15–0,60. 5–7. Mäßig trockne Rud.: Wegränder, Ackerraine; Brachen, Trockengebüschsäume; [A] z Th(Bck O S), s Alp(Allg Brch) By He(SO O) An(S)

Bb(Od NO), [N U] Bw Rh Nw Ns, † Sa, ↘ (m-stemp·c4-6EUR-WAS – igr hros H ☉ ⊛ – InB: Hummeln, Bienen – KlA – L8 T6 F4 R8 N4? – V Onop., V Mesobrom. – 18).
Kleine W. – *C. minor* L.
1* Kr 5zähnig; ihre Zähne eifg, an der Spitze zurückgekrümmt 2
2 KeBla u. Bla am Rande ohne Borstenhaare. Bla nie gefleckt. Kr gelb, mit purpurnen Flecken. 0,30–0,60. 5–7. Subalp. frische, oft steinige Staudenfluren, Viehläger, nährstoffanspruchsvoll, kalkhold; z Alp(Allg), s By(MS S) Bw(SO) (sm/salp-stemp/demo·c3EUR – igr hros H ♃ Rhiz – InB: Hummeln – WaA VdA – L7 Tx F5 R8 N9 – V Rum. alp., V Adenost.). [*C. glabra* auct. non MILL.] **Alpen-W. – *C. alpina* SCHULT.**
2* KeBla u. Bla am Rande mit Borstenhaaren. Untere Bla oft weißlich gefleckt. Kr gelb, am Grund meist violett, selten Kr blauviolett bis rötlich. 0,20–0,80. 5–7. ZierPfl; auch Rud.; [U] s Bw Rh He Nw Mv Sh (m-sm·c3-7EUR – ☉ – K Sisymbr.) **Große W. – *C. major* L.**

Lithospermum L. s.str. – Steinsame (45–59 Arten)

Stg stark verzweigt, dicht beblättert. Klausen glatt, glänzend weiß. 0,30–0,80. 5–7. (Wechsel)frische bis mäßig trockne, lichte AuenW u. ihre Säume, Trockengebüsche u. Waldwegen, verbrachte Halbtrockenrasen, kalkhold; z By Bw He(f NW W) Nw Th(f Hrz O Rho) An, s Alp(f Krw Wtt) Rh(f SW) Bb(f SW) Ns(f Elb N O) Mv(f Elb) Sh(O), † Sa, jetzt [U] in W, ↘ (m/mo-temp·c1-8EUR-WAS, [N] sm-tempAM – sogr eros H ♃ Pleiok – InB: Bienen SeB Vw – StA VdA WaA? – L6 T6 F5 R8 N5 – O Orig., V Berb., V Alno-Ulm. – VolksheilPfl – 28, 56). **Echter St. – *L. officinale* L.**

Buglossoides MOENCH [*Lithospermum* L. p.p., *Aegonychon* GRAY] – Rindszunge, Steinsame (15 Arten)

1 Kr erst purpurn, dann tiefblau, 10–15 mm ⌀. Klausen glatt, glänzend weiß. Pfl mit aufrechtem u. übergebogen-liegendem, unverzweigtem Stg, dicht beblättert. 0,30–0,60. 4–6. Trockne bis mäßig frische, lichte LaubW u. Gebüsche u. ihre Säume, kalkhold; z By(f S) Bw Rh Th(f Hrz O Wld) An(f O) Ns(S), s He(f SO NW) Nw(f N), ↘ (m-stemp·c2-6EUR-(WAS) – sogr eros H ♃ BogenTr+Rhiz – InB: Bienen – VdA Wintersteher – L5 T7 F4 R7 N4 – O Querc. pub., O Fag., V Berb. – 16). [*Lithospermum purpurocaeruleum* L., *Aegonychon purpurocaeruleum* (L.) HOLUB] **Purpurblaue R. – *B. purpurocaerulea* (L.) I.M. JOHNST.**
1* Kr cremeweiß, selten blau od. rötlich, 3–5 mm ⌀. Klausen höckrig, braun. Stg aufrecht, einfach od. nur oben verzweigt, locker beblättert 2
2 FrStiele dünn, gerade, mit der Fr schräg abstehend. Klausen 3–3,5 mm lg. Kr stets cremeweiß. KeimBla elliptisch; unterste Bla zugespitzt. 0,20–0,60. 5–7. Nährstoffreiche, meist lehmig-tonige Äcker, trockne bis mäßig frische Rud.: Ackerraine, Böschungen, Schutt; lückige Xerothermrasen, lichte KieferntrockenW, kalkhold; [A] v By Th Sa An(g S), z Bw Rh He Nw Bb Ns Mv, s Sh, im N ↘ (m-b·c1-8EUR-WAS, [N] austr+m-temp·c1-8CIRCPOL – hros ☉ ① PflWu – SeB InB – MeA VdA – L5 T6 Fx F7 N5 – O Sec., V Conv.-Agrop. – 14, 28). [*Lithospermum arvense* L., *B. arvensis* subsp. *sibthorpiana* (GRISEB.) R. FERN.]
Acker-R. – *B. arvensis* (L.) I.M. JOHNST.
2* Zumindest untere FrStiele angeschwollen u. mit der Fr gegen die BlüStandsachse geneigt. Klausen 2,3–2,8 mm lg. Kr meist blau, seltener rötlich od. cremeweiß (weißblütige Pfl zusammen mit blaublütigen od. allein vorkommend). KeimBla rundlich-elliptisch; unterste Bla an der Spitze ± abgerundet. 0,05–0,30. 4–5. Lückige, auch rud. Xerothermrasen, lichte KieferntrockenW, Äcker; z He, s By(N NM Alb) Th(Bck: Kyffhäuser) An(W: Harsleben) Bb(Od) Mv(N: Rügen, Hiddensee), Verbr. ungenügend bekannt (m-temp·c2-5EUR). [*Lithospermum arvense* subsp. *coerulescens* (DC.) ROTHM.]
Dickstielige R. – *B. incrassata* (GUSS.) I.M. JOHNST. subsp. *splitgerberi* (GUSS.) ZIPPEL et SELVI

Echium L. – Natternkopf (60 Arten)

1 Kr 1,2–2,2 cm lg, anfangs rosarot, später blau, 4–5 StaubBla herausragend. Stg u. Bla mit starren Borsten. Blü in schmalen Thyrsen mit einfachen Wickeln. 0,25–0,80. 5–10. Trockne bis mäßig trockne Rud.: Umschlagplätze, Steinbrüche, Felsfluren, Sand- u. lückige Silikattro-

BORAGINACEAE 661

ckenrasen; [A?] g An, h Rh He Nw Th Sa Bb Ns(z N NW) Mv, v By Bw, z Alp Sh (m-temp·c1-6EUR-WAS, [N] austr+m-temp·c1-6CIRCPOL – igr hros H ⊙ ⊛ PfWu – InB: Bienen, Schwebfliegen, Falter Vm gynodiözisch – KlA: FrKe WiA MeA – L9 T6 F4 R8 N4 – V Dauco-Mel., K Sedo-Scler., K Fest.-Brom. – für Vieh giftig – 32). **Gewöhnlicher N. – *E. vulgare* L.**
1* Kr 2–3 cm lg, violettblau bis purpurn, 2 StaubBla herausragend. Stg u. Bla weichhaarig. 0,15–0,60. ZierPfl, auch [U] s By Bw Nw Th Sa Bb Ns Mv Sh (m-sm·c2-5EUR – ⊙ ⊙ s. Bd. ZierPfl!). **Wegerich-N. – *E. plantagineum* L.**

***Myosotis* L. – Vergissmeinnicht** (80–100 Arten)
1 KeHaare angedrückt, ¼ mm lg, an der Spitze nie hakig. Ke zur FrZeit offen bleibend, fast stets kürzer als sein Stiel. KrSaum meist flach. Pfl nasser od. feuchter Standorte. **(Artengruppe Sumpf-V. – *M. scorpioides* agg.)** 2
1* KeHaare (fast) alle abstehend, bis 1 mm lg, gerade od. z. T. hakig 6
2 Wickel am Grund beblättert (mindestens mit 1–2 Bla). FrKe auf etwa ⅖ – ½ gespalten (Zähne fast so lg wie die Röhre). Griffel 1–1,5 mm lg. Pfl faserwurzlig, ohne Kriechtriebe od. Ausläufer. Stg meist vom Grund an mit blühenden Seitentrieben, stielrund, wie die Bla aufwärts anliegend behaart. Blü ♂. KrSaum 3–6 mm ⌀. FrStiel 5–20 mm lg. 0,20–0,50. 5–7. Wechselfeuchte bis nasse Ufer, Röhrichte, Feuchtwiesen, auch Weidengebüsche u. BruchW, kalkmeidend; bes. Küsten, Trockengebiete, Stromtäler; v Ns, z By Bw(f Alb NW) Rh(f MRh) He(f NW SW W) Nw Th(f Hrz) Sa An Bb Mv Sh, s Alp(Amm Allg) (m/mo-b·c1-7CIRCPOL, [N] austrAUST+AM – igr hros H ⊙ – InB SeB – WaA StA – L7 T6 F9= R4? N7? – O Phragm. – 22, 80, 88). [*M. cespitosa* SCHULTZ] **Rasen-V. – *M. laxa* LEHM.**
2* Wickel stets blattlos. FrKe auf etwa ⅕–⅓ gespalten (Zähne etwa halb so lg wie die Röhre). Griffel 1,6–2,8 mm lg. Pfl meist ⚃, mit Kriechtrieben. Stg am Grund höchstens mit nichtblühenden Trieben. Neben ♂ Blü oft auch kleinere ♀ Blü 3
3 Pfl meist nur bis 10 cm hoch, dicht beblättert, rasenbildend. KrSaum 8–12 mm ⌀ (4–6 mm bei ♀ Blü). FrStiel 1–7 mm lg, kürzer bis wenig länger als die Ke. BlüStand kurz, 1–2ästig, ohne Bereicherungstrieben. 0,02–0,10(–0,20). 4–5. Sommerlich länger überflutete Kiesufer präalpiner Seen; s By(S)–Bw(S): Bodensee, isoliert By(S: Starnberger See), ↘ (sm-stemp// perialp·c3ALP – igr hros H ⚃ kurze oAusl – WaA – L9 T6 F10 R9 N2 – V Desch. litt. – 22 – ▽!). [*M. caespiticia* (DC.) A. KERN.] **Bodensee-V. – *M. rehsteineri* (HAUSM.) WARTM.**
3* Pfl meist >15 cm hoch, nicht rasig, später blühend. KrSaum meist 4–8 mm ⌀ (wenn größer, dann Pfl der Ostseeküste). FrStiel 3–17 mm lg, meist viel länger als die Ke. BlüStand verlängert, meist 2- bis mehrästig, mit Bereicherungstrieben 4
4 Stg scharfkantig, glänzend, im unteren Teil meist abwärts abstehend od. abwärts anliegend behaart od. kahl, seltener aufwärts anliegend behaart. Untere Bla useits meist rückwärts abstehend behaart. Pfl zart, meist ohne nichtblühende Triebe. 0,10–0,40. 5–8. Submont. bis mont. feuchte bis nasse Wiesen, Ufer von Bächen u. Kleingewässern, BruchW; v By Bw Rh Sa, z He Nw Th An Ns, s Sh (sm/mo-temp·c2-7EURAS – igr hros H ⚃ kurze Ausl – InB SeB – WaA – O Mol. – 22). [*M. strigulosa* RCHB.] **Hain-V. – *M. nemorosa* BESSER**
4* Stg stumpfkantig bis fast stielrund, meist matt, waagerecht bis aufwärts (selten auch abwärts) abstehend (od. anliegend) behaart, seltener verkahlend. Untere Bla useits vorwärts (selten auch rückwärts) anliegend behaart od. verkahlend. Pfl meist kräftig, mit ∞ nichtblühenden Trieben 5
5 KrSaum 4–8 mm ⌀. Klausen 1,3–1,8 mm lg. Stg im unteren Teil überwiegend waagerecht bis aufwärts abstehend behaart. 0,10–1,00. 5–9. Nasse bis feuchte Wiesen, Röhrichte, Grabenränder, BruchW, nährstoffanspruchsvoll; g He Nw Th An(v SO) Ns, h Alp By Bw Rh Sa Bb Mv Sh (sm/mo-b·c2-6EUR-WAS, [N] austr+m/mo-b·c2-6AM+(OAS) – igr hros H ⚃ oAusl – InB: Bienen, Fliegen, Falter gynodiözisch – stA WaA – L7 Tx F8~ Rx N5 – V Calth., V Filip., O Phragm., V Aln. – 64, 66). [*M. palustris* (L.) L., *M. laxiflora* RCHB., *M. strigulosa* auct.] **Sumpf-V. – *M. scorpioides* L.**
5* KrSaum bei ♂ Blü 10–12 mm ⌀, bei ♀ Blü (4–)6(–8) mm. Klausen 2,2–2,7 mm lg. Stg auch im unteren Teil überwiegend aufwärts anliegend behaart. 0,20–0,45. Brackwasser-Röhrichte; z Mv(N NO MW), s Sh(O: Dassower See) (ntemp·c3litEUR – InB gynodiözisch selbststeril – V Bolb.). [*M. scorpioides* subsp. *praecox* (HÜLPH.) DICKORÉ] **Ostsee-V. – *M. praecox* HÜLPH.**

6   (1) KrSaum flach, (4–)6–10 mm ⌀, lebhaft hell- bis azurblau. FrStiele 1–2mal so lg wie der Ke. Wickel blattlos. **(Artengruppe Wald-V. – *M. sylvatica* agg.)** 7
6* KrSaum schüsselfg (wenn fast flach, dann FrStiele 2–3mal so lg wie der Ke), 2–4(–5) mm ⌀, blassblau od. gelblich 9
7   Ke (fast) ohne Hakenhaare, mit geraden Haaren, am Grund keilfg u. allmählich in den Stiel übergehend, bei der Reife sich nicht vom ebenso lg FrStiel trennend. KrRöhre meist kürzer als der Ke; KeZipfel daher am flachen KrSaum umgebogen. Kr tief azurblau. Klausen in der Mitte am breitesten, beidendig stumpf, oben nur undeutlich gekielt, mit länglicher Ansatzfläche (Abb. **659**/4). Stiele der RosettenBla deutlich von der Spreite abgesetzt. 0,05–0,20. 7–9. Subalp. bis alp. frische Steinrasen, Steinschuttfluren, Schneetälchen, auch verwildernd: Parks, Waldränder, kalkstet; v Alp, s By(S), [N U] s Bw He Sa Ns Mv; auch ZierPfl? (m-temp//salp-arct·c3-7EURAS-WAM – igr hros H kurzlebig ♃ – InB SeB – StA MeA – L8 T2 F5 R9 N4? – O Sesl., K Salic. herb., K Thlasp. rot., O Convolv., O Prun. – 24, 48, 72).
Alpen-V. – *M. alpestris* F.W. SCHMIDT
7* Ke neben kurzen, geraden Haaren stets auch mit lg Hakenhaaren, mit abgerundetem Grund vom Stiel deutlich abgesetzt, bei der Reife von seinem 1–2mal so lg Stiel abbrechend. Kr hellblau. Klausen unter der Mitte am breitesten, oben spitz u. scharf gekielt (Abb. **659**/5). Stiele der RosettenBla allmählich in die Spreite übergehend 8
8   Ke mindestens so lg wie die KrRöhre, mit linealischen Zipfeln, Hakenhaare etwa 0,2 mm lg. FrStiele mindestens 5 mm lg. Klausen <1,7 mm lg, mit sehr kleiner, fast kreisrunder Ansatzfläche (Abb. **659**/5). StgBla br lanzettlich. GrundBla kurz gestielt. 0,15–0,45. 4–5. Frische WSäume u. -schläge, LaubmischW, Gebüsche, Hochstaudenfluren, mont. Wiesen, nährstoffanspruchsvoll; v Alp Bw He Th An, z By Rh Nw Sa, s Bb Ns Mv(f Elb SW) Sh(O M), auch [N] s; auch ZierPfl (sm/mo-temp·c2-4EUR, [N] AUST+NAM – igr hros H kurzlebig ♃, kultiviert ⊙ – InB SeB – KlA: FrK VdA – L6 Tx F5 Rx N7 – O Atrop., V Triset., V Adenost., O Fag. – vgl. **10** subsp. **1*** – 18). **Wald-V. – *M. sylvatica* HOFFM.**
8* Ke kürzer als die KrRöhre, mit br dreieckigen Zipfeln, Hakenhaare 0,4–0,6 mm lg. FrStiele 3–4 mm lg. Klausen mindestens 2 mm lg, mit ovaler Ansatzfläche. StgBla eifg. GrundBla lg gestielt. 0,20–0,40. 6–8. Frische Bachstaudenfluren u. Lägerfluren, nährstoffanspruchsvoll; z Alp(f Chm Krw), s By(S) (m-stemp//mo+b·c3-5EUR – igr hros H kurzlebig ♃ – L8 T3 F6? R5? N7? – V Adenost., V Rum. alp.). [*M. frigida* (VESTERGR.) CZERNOV]
Niederliegendes V. – *M. decumbens* HOST
9   (6) Wickel entfernt 3–7blütig, darin die untersten Blü oft mit großen TragBla (VorBla). FrStiele 6–20(–35) mm lg, herabgeschlagen. FrKe stark vergrößert. Klausen mit je 1 weißen Ölkörper. Stg sehr schlaff, zerbrechlich. 0,10–0,40. 4–6. Frische bis feuchte Auengebüsche, AuenW u. ihre Säume, Ulmen-HangW, nährstoffanspruchsvoll; z Sa An, s By(N O) Th(z Bck) Bb(f SW) Ns(Elb: Höhbeck) Mv(Elb M), ↘ (sm-b·c4-6EUR-(WAS) – hfrgr hros/eros ⊙ ⊙ – SeB InB: Wollschweber, Fliegen – AmA – L5 T6 F6 R7 N7 – V Alliar., O Prun. – 18).
Zerstreutblütiges V. – *M. sparsiflora* POHL
9* Wickel (10–)14–18(–40)blütig, alle Blü tragblattlos (wenn unterste Blü mit TragBla, dann FrStiele etwa 1 mm lg). FrKe weniger vergrößert. Klausen ohne Ölkörper 10
10 Kr 3–5 mm ⌀. FrStiele 2–3mal so lg wie der Ke, alle tragblattlos, aufrecht abstehend. FrKe geschlossen. Reife Klausen schwarzbraun, bis 2,5 mm lg. FrStand etwa so lg wie der beblätterte StgTeil. 0,10–0,40(–1,00). 4–9. Sandige bis lehmige Äcker, frische Rud.: Wegränder; Waldränder, Waldschläge; [nur im N A?] alle Bdl g(Alp z) (m-b·c1-6EUR-WAS, [N] austr CIRCPOL+sm-bAM – hros ⊙ ⊙?/eros ⊙ – InB SeB – KlA: FrK VdA MeA Sa langlebig – L6 T6 F5 Rx N6 – K Stell., O Atrop.). [*M. intermedia* LINK]
Acker-V. – *M. arvensis* (L.) HILL
1   FrKe bis 5 mm lg, Hakenhaare <0,4 mm lg. Kr 3–4 mm ⌀, Saum konkav. GrundBla zur BlüZeit meist verwelkt. 0,10–0,40. Sandige bis lehmige Äcker, frische Rud.; Verbr. in D wie Art (K Stell. – 52).
subsp. ***arvensis***
1* FrKe >6 mm lg, Hakenhaare 0,6–0,7 mm lg. Kr 4–5 mm ⌀, fast flach. GrundBla länger bleibend. 0,10–0,70(–1,00). Schattige Waldränder, Waldschläge; s By(z NW N) Bw? Rh He? Nw Th?, Verbr. in D u. Gesamtverbr. kaum bekannt (m-b·c1-3EUR? – O Atrop. – oft mit **8** verwechselt – 66). [*M. arvensis* var. *sylvestris* D.F.K. SCHLTDL.]
subsp. ***umbrata*** (ROUY) O. SCHWARZ

10* Kr 1–2 mm ∅. FrStiele kürzer bis wenig länger als der Ke. FrStand länger als der beblätterte StgTeil **11**
11 BlaUSeite u. Stg im unteren Teil mit Hakenhaaren. Die untersten Blü meist mit TragBla. FrStiele starr aufrecht abstehend, etwa 1 mm lg. FrKe geschlossen. KrRöhre kürzer als der Ke, KrSaum blau. Reife Klausen schwarzbraun. 0,03–0,20. 3–6. Felsfluren, Silikat- u. Sandtrockenrasen, Ephemerenfluren, sandige Äcker, kalkmeidend; v Rh He Th Sa An Bb Mv, z By(f S) Nw Bb Ns Sh, s Bw (m/mo-b·c2-7EUR-WAS, [N] NAM NEUSEEL– hfrgr hros ⊙ – SeB InB: Haut- u. Zweiflügler – KlA Sa langlebig Kaltkeimer – L8 T6 F3 R6 N2 – K Sedo-Scler., K Fest.-Brom., O Aper. – 48). [*M. aren_aria* SCHULTZ, *M. micr_antha* auct.]
 Sand-V. – *M. stricta* ROEM. et SCHULT.
11* Bla u. Stg ohne Hakenhaare. Alle Blü tragblattlos. FrStiele schräg bis waagerecht abstehend, 1,5–5 mm lg **12**
12 KrSaum von Anfang an blau, KrRöhre kürzer als der Ke. FrStiele wenig kürzer bis wenig länger als der zur FrZeit geöffnete Ke, ± waagerecht abstehend. Reife Klausen hellbraun. 0,05–0,25. 4–6. Rud. beeinflusste Sand- u. Silikattrockenrasen, Wegränder, Sandgruben, Bahnanlagen; Brachäcker; v Rh He Th Sa An Ns, z By Bw Nw Bb Ns Mv(h Elb) Sh (m-temp·c1-4EUR-VORDAS – hfrgr hros ⊙ – SeB InB – StA WiA Sa langlebig Kaltkeimer – L9 T6 F2 R7 N1? – O Fest.-Sedet., K Fest.-Brom. – 48). [*M. hispida* D.F.K. SCHLTDL., *M. collina* auct.] **Raues V. – *M. ramosissima* ROCHEL**
12* Kr anfangs mit gelbem Saum u. 2 mm lg Röhre (Insektenbestäubung!), dann mit rötlichem u. zuletzt blauviolettem Saum u. einer Röhre von doppelter KeLänge (Selbstbestäubung!). FrStiele ¼–¾ so lg wie der zur FrZeit geschlossene Ke, schräg abstehend. Reife Klausen schwarzbraun. 0,05–0,30. 4–6. Sand- u. Silikattrockenrasen, trockne bis wechselfrische Rud.: Sandgruben, Bahnanlagen; sandige Äcker u. Brachen, kalkmeidend; v He Ns Sh, z By(f S) Bw(f SO) Rh Nw Th(v Bck NW) Sa(h NO) An Bb Mv Sh, im S ↘ (m/mo-temp·c2-3EUR, [N] austrCIRCPOL+m-temp·c1-4AM – hfrgr hros ⊙/eros ⊙ – SeB InB – WiA – L8 T7 F4 R4 N2 – V Thero-Air., V Aphan. – 72). [*M. versicolor* (PERS.) SM.]
 Farbwechselndes V., Buntes V. – *M. disc_olor* PERS.

Hybriden: *M. arv_ensis* × *M. ramosissima* = *M.* ×*pseudohispida* (J. MURR) DOMIN – s, *M. arv_ensis* × *M. stricta* = ? – s, *M. arv_ensis* × *M. sylvatica* = *M.* ×*parviflora* (SCHUR) DOMIN – s, *M. l_axa* × *M. nemor_osa* = ? – s, *M. l_axa* × *M. scorpioides* = ? – s, *M. ramosissima* × *M. stricta* = ? – s, *M. scorpi_oides* × *M. sylvatica* = *M.* ×*perm_ixta* DOMIN – s.

Asperugo L. – Schlangenäuglein, Schärfling (1 Art)

Bla elliptisch-lanzettlich, zart. Kr 2–3 mm lg, violett od. blau; Schlundschuppen weiß. 0,20–0,50 lg. 5–8. Trockne bis mäßig frische, meist stickstoffreiche Rud.: an Mauern, Viehläger, Schutt, kalkhold; [A] z Th(Bck, s S) An(v SO W) Bb(v Od, f SW), s By(f NW O) Bw(Alb Keu) Rh(ORh SW) He(ORh) Nw(MW NO) Sa(W SO) Mv(h Elb SW), † Sh, [U] s Nw Ns(MO S), ↘ (m-b·c1-6EUR-WAS, [N] sm-bAM – eros ⊙/hros ⊙ – SeB InB: Schwebfliegen – KlA: Sprossteile – L7 T6 F4 R8 N9? – V Sisymbr., V Onop.).
 Schlangenäuglein – *A. procumbens* L.

Amsinckia LEHM. – Geigenhals, Gelbklette (15 Arten)

1 KrRöhre innen am Schlund kahl. FrKe 5–6(–9) mm lg. Kr blassgelb, 6–7 mm lg, 3–5 mm ∅, trichterfg. Bla linealisch bis verkehrteilanzettlich, sitzend, 4–8(–15) × 0,7–1,2 cm. StaubBla in der oberen Hälfte der KrRöhre eingefügt. Klausen 2,5 mm, stachlig, schwach querrunzlig. 0,40–0,50(–0,70). 6–7(–8). Sandige Äcker, Rud.: Umschlagplätze; [U] s By Bw Nw He Th Sa Ns Mv (m·c2-3WAM – ⊙). [*A. menziesii* auct., *A. intermedia* auct., *A. calycina* auct.?]
 Gewöhnlicher G., Kleinblütiger G. – *A. micr_antha* SUKSD.
1* KrRöhre innen am Schlund behaart. FrKe (5–)8–11(–15) mm lg. Kr tief gelb, 5–8 mm ∅. Bla 3–8 × 0,5–1,5 cm. StaubBla in od. unter der Mitte der KrRöhre eingefügt. BlüStand höchstens am Grund mit HochBla. Klausen 2–3 mm, stachlig, nicht runzlig. 0,20–0,50 (–0,70). 6–7(–8). Sandige Rud.; [N U 20. Jh.] s By Bw Rh Bb Ns (m·c2-3?WAM – ⊙).
 Krummhals-G. – *A. lycopsoides* LEHM.

Lappula Fabr. [*Echinospermum* Sw., inkl. *Hackelia* Opiz] – **Igelsame**   (100 Arten)
1   Klausen an den Kanten mit je 2 Reihen widerhakiger Stacheln. Bla u. Stg angedrückt behaart. FrStiele aufrecht, dick, kurz. 0,10–0,40. 6–7. Balmen, trockne bis mäßig trockne Rud.: Böschungen, Schutt, Nagerbauten, Brachen; [A?] z Th(Bck S) An(f N O), s Alp(Amm) By(Alb N NM, † NW MS) Bw(f SO NW S SW) Rh(ORh MRh) Sa(W) Bb(NO Od M MN) Mv(f Elb SW), † He Nw Ns Sh, hier z. T. nur noch [U], ↘ (m-b·c2-8 EUR-WAS, [N] SAFR+m-bCIRCPOL – hros ① – InB: Haut- u. Zweiflügler SeB – KlA Wintersteher – L8 T6 F3 R7 N6 – O Sisymbr., V Onop.). [*L. echinata* Gilib., *L. myosotis* Moench]
Kletten-I. – *L. squarrosa* (Retz.) Dumort.
1* Klausen an den Kanten mit je 1 Reihe widerhakiger Stacheln. Bla u. Stg abstehend behaart. FrStiele herabgebogen, schlank, bis 1 cm lg. 0,20–0,60. 6–8. Trockne Felsen; s Alp(Brch Amm) By(Alb NO) Bw(SO Alb) Th(O) An(Hrz), † Ns Sa, ↘ (sm/mo-b·c3-7EURAS, [N] tempb·c3-7AM – hros ① ☉ – InB SeB – KlA Wintersteher – L8 Tx F4 Rx N8). [*Hackelia deflexa* (Wahlenb.) Opiz]
Herabgebogener I. – *L. deflexa* (Wahlenb.) Ces.

Omphalodes Mill. – Gedenkemein (25 Arten)
Pfl mit Ausläufern. BlüStand verkürzt, wenigblütig, unbeblättert od. nur am Grund beblättert. BlüStiele zuletzt aufwärts gebogen. Bla herz-eifg bis eilanzettlich, fast kahl. Kr 8–12 mm ⌀, himmelblau; Schlundschuppen weiß, meist rot punktiert. 0,05–0,20. 4–5. ZierPfl; auch frische LaubW, Parks, Friedhöfe; [N 18. Jh.] s By Bw Rh He Th Sa An Bb Ns Sh, [U?] s Nw Mv (sm/mo·c3EUR – sogr hros H ♃ AuslRhiz – InB: Haut- u. Zweiflügler SeB – AmA Sa kurzlebig – L4 T6 F5 R7 N6). **Frühlings-G. – *O. verna* Moench**

Memoremea A. Otero et al. – Gedenkemein, Nabelnüsschen (1 Art)
BlüStand verlängert, bis zur Spitze mit Bla. BlüStiele zuletzt abwärts gebogen. Bla spatelfg bis lanzettlich, schwach rauhaarig. Kr 3–4 mm ⌀, hellblau; Schlundschuppen gelb. 0,10–0,30. 4–5. Sickerfrische, hängige LaubmischW u. AuenW, nährstoffanspruchsvoll; s By(Alb N) Sa(SO SW) An(f N S), † Th Ns, ↘ (sm-stemp·c4-5EUR – hfrgr eros ① – InB: Bienen, Fliegen, Falter – AmA? – L3 T6 F6 R8 N7 – V Carp., V Til.-Acer. – 24). [*Omphalodes scorpioides* (Haenke) Schrank]
Wald-G., Wildes G. – *M. scorpioides* (Haenke) A. Otero et al.

Cynoglossum L. – Hundszunge (180–200 Arten)
1   Bla dünn graufilzig. Kr braunrot. Klausen am Rand wulstig verdickt, hier dichter bestachelt als auf der Fläche. 0,30–0,80. 5–7. Trockne bis mäßig trockne Rud.: Wegränder, Nagerbauten, rud. beeinflusste Trockenrasen, Waldschläge u. Gebüschränder; [A?] v Th An(g S), z Alp(Brch Chm Amm Kch) By Bw Rh(h ORh) He Nw Sa Bb(h NO) Ns Mv Sh, im W ↘ (m-temp·c1-7EUR-(WAS), [N] m-tempAM – igr? hros H ☉ ⊛ PflWu – InB: Bienen, Falter, Thrips – KlA Wintersteher Dunkelkeimer – L8 T6 F4 R7 N7 – V Onop., V Fest. val., V Conv.-Agrop., V Dauco-Mel. – früher Färbe- u. HeilPfl, Mäusegift, für Vieh giftig – 24).
Echte H. – *C. officinale* L.
1* Bla oseits kahl, glänzend, useits zerstreut behaart. Kr rotviolett. Klausen nicht wulstig verdickt, gleichmäßig bestachelt. 0,30–1,00. 5–7. Frische LaubWSäume u. -lichtungen, Wegböschungen, nährstoffanspruchsvoll; z Th(Bck Hrz Rho S) Ns(S, s Hrz), s By(NW N) Bw(Alb Gäu Keu) Rh(ORh SW) He(MW O NW) Nw(f MW N) An(f Elb N O), ↘ (sm/mo-stemp·c2-3EUR – igr? hros H ☉ ⊛ PflWu – InB – KlA – L6 T6 F5 R8 N8? – V Alliar. – 24). [*C. montanum* auct.]
Deutsche H. – *C. germanicum* Jacq.
Hybride: *C. germanicum* × *C. officinale* = *C. ×modorense* Rech.

Pulmonaria L. – Lungenkraut (14–18 Arten)
Zur sicheren Bestimmung sind neben den im Frühling erscheinenden BlüTrieben die erst im Sommer nach der BlüZeit voll entwickelten GrundBla der Rosette erforderlich, die in die nächsten Frühjahr die BlüTriebe entwickeln. Zur Untersuchung der Behaarung ist eine sehr gute Lupe od. besser ein Präpariermikroskop zu verwenden. Man unterscheidet lange, steife Borsten (0,5–1 mm lg), meist kürzere, weiche Haare (0,3–0,5 mm lg) u. kurz bis lg gestielte Drüsen (0,3–2 mm lg), ferner winzige Stachelhöcker (<0,1 mm lg).

Großfleckiges L. – *P. saccharata* MILL.: ähnlich *P. collina*, **5**, aber Bla mit großen weißen Flecken. ZierPfl; auch rud. Gehölze; [N U] s By Bw Rh He Sa(SW) (Herkunft unbekannt – O Fag., O Prun.). – **Rotes L. – *P. rubra* SCHOTT**: Kr ziegelrot. SommerBla meist ungefleckt, in den Stiel plötzlich verschmälert. 0,15–0,30. (3–)4(–5). ZierPfl, auch frische Gehölze; [N lokal] s Bw He Sa Bb, [U] s By (sm/mo·c3-4OEUR, s. Bd. ZierPfl!).

1 GrundBla plötzlich in den BlaStiel zusammengezogen, ± herz-eifg, stets sehr rau von Borsten u. dichtstehenden Stachelhöckern, höchstens mit einzelnen kurzen Drüsen, oft gefleckt. Kr voll entfaltet rot- bis blauviolett, innen unter dem Haarring kahl. **(Artengruppe Echtes L. – *P. officinalis* agg.)** **2**

1* GrundBla allmählich in den BlaStiel verschmälert, nicht herzfg, oseits ohne Stachelhöcker, aber mit Borsten, Drüsen u. oft Haaren, fast stets ungefleckt, ihr Stiel meist kürzer als die Spreite **3**

2 GrundBla meist derb, hellgrün, fast stets mit rundlichen, scharf begrenzten weißen Flecken, ihr Stiel meist kürzer als die Spreite; HerbstBla oft überwinternd. Ke zur BlüZeit am Grund trichterfg verschmälert, etwa 2mal so lg wie br. 0,10–0,30. 3–5. Frische bis mäßig feuchte LaubmischW, bes. AuenW, Wald- u. Gebüschsäume, aus Anpflanzungen verwildert: Parks, Friedhöfe, basenhold, nährstoffanspruchsvoll; v Alp(s Krw), z By(f N NM NW) Nw Sa(SO W) Ns(S: Göttingen) Mv(f Elb), s Bw(f Gäu Keu NW) Rh(N MRh SW) He(MW O) Th(NW) Bb(Od) Ns(S) Sh(O); auch ZierPfl u. [N] z. B. Th(Bck Hrz NW) An (sm/mo-temp·c3EUR – teiligr hros H ♃ Rhiz – InB: Hummeln, Wildbienen Vg selbststeril – AmA Lichtkeimer – L5 T6 F5 R8 N6 – V Gal.-Fag., V Carp., V Alno-Ulm., O Orig., V Berb. – HeilPfl – 16, 17, 19). [*P. maculosa* LIEBL, *P. officinalis* subsp. *maculosa* (LIEBL.) GAMS]

Geflecktes L., Echtes L. – *P. officinalis* L. s.str.

2* GrundBla meist dünn, weich, dunkelgrün, ungefleckt od. zuweilen mit unregelmäßigen grünlichen Flecken, ihr Stiel meist länger als die Spreite; HerbstBla meist nicht überwinternd. Ke zur BlüZeit walzig mit abgerundetem Grund, etwa 3–4mal so lg wie br. 0,10–0,30. 3–5. Frische bis feuchte Laub- u. NadelmischW, nährstoffanspruchsvoll; v By Th(g Hrz) Sa(s NO) Sh, z Bw(h Alb) Rh He Nw An(h S) Bb(f SO Elb) Ns(h MO, f Elb) Mv(f Elb) (sm/(mo)-temp·c2-5EUR – sogr hros H ♃ Rhiz – InB: bes. Hummeln, Wildbienen selbststeril – AmA – V Gal.-Fag., V Carp., V Alno-Ulm. – HeilPfl – 14, 16, 21, 28). [*P. officinalis* subsp. *obscura* (DUMORT.) MURB.]

Dunkles L. – *P. obscura* DUMORT.

3 (1) GrundBla schmal lanzettlich, im Sommer 1,5–5 cm br, mit Stiel 6–9mal so lg wie br, oseits von dichtstehenden Borsten rau, nur mit zerstreuten sehr kurzen Drüsen, ohne Haare. BlüStand nicht klebrig. Kr voll entfaltet azurblau, innen unter dem Haarring kahl. 0,10–0,30. 3–5. Mäßig trockne bis frische EichenmischW u. ihre Ränder, Gebüsche, basenhold; z By(N NM NW), s Bw(Alb Gäu Keu) Th(S Bck) An(S SO W), † He Sa Bb Mv, ↘ (sm-temp·c3-5EUR – sogr hros H ♃ Rhiz – InB: Hautflügler Vg – AmA – L5 T7 F5– R6 N3 – V Querc. pub., V Carp., V Ger. sang. – 14 – ▽). [*P. azurea* BESSER]

Schmalblättriges L. – *P. angustifolia* L.

3* GrundBla länglich-lanzettlich bis eilanzettlich, im Sommer 5–14 cm br, mit Stiel höchstens bis 6mal so lg wie br. Kr voll entfaltet violett bis blauviolett, selten blau od. rot, innen unter dem Haarring fast stets behaart. **(Artengruppe Weiches L. – *P. mollis* agg.)** **4**

4 GrundBla im Sommer hell- od. graugrün, eilanzettlich, ziemlich rasch in den Stiel verschmälert, 3–4mal so lg wie br, oseits dicht weichhaarig, außerdem mit dichten, lg Drüsen u. zerstreuten Borsten. BlaStiel ¾ bis so lg wie die Spreite. BlüStand, bes. Ke u. BlüStiele, drüsig-klebrig. 0,15–0,40. 4–5. Frische bis wechselfrische LaubmischW u. ihre Ränder, Gebüsche, mont. bis subalp. Hochstaudenfluren, nährstoffanspruchsvoll, kalkhold; z Alp(f Allg) By Bw(f SO NW ORh), s Rh(M N SW) He(SO O) Nw(SW) Th(z S), ↘ (sm/mo-temp·c3-6EUR-WAS – sogr? hros H ♃ Rhiz – InB: Hautflügler – AmA – O Prun., O Orig., O Querc. pub., O Fag., V Adenost. – ▽). [*P. montana* auct.]

Weiches L. – *P. mollis* HORNEM.

1 Bla, BlüStandsachse u. Ke dicht mit Haaren u. lg Drüsen, aber mit wenigen Borsten, weich. Kr matt lila (selten rot). LaubmischW u. ihre Ränder, Gebüsche, nährstoffanspruchsvoll; z By Bw(f SO NW ORh), s Rh(M N SW) He(SO O) Nw(SW) Th(S Rho), ↘ (sm/mo-stemp·c3EUR – L5 T5 F5– R8 N5? – O Prun., O Orig., O Querc. pub., O Fag. – 18 – ▽). [*P. mollissima* KERNER] subsp. ***mollis***

1* Bla, BlüStandsachse u. Ke lockerer u. steifer behaart (mehr Borsten). Kr leuchtend blauviolett bis blau. Mont. bis subalp. Hochstaudenfluren u. angrenzende Wälder; z Alp(f Allg Wtt), s By(S MS) (sm-stemp//mo·c3ALP? – L5 T4 F5? R8 N? – V Adenost. – 18 – ▽). [*P. montana* auct.]
  subsp. *alpigena* SAUER
4* GrundBla im Sommer dunkelgrün, länglich-lanzettlich, nach beiden Enden allmählich verschmälert, 4–6mal so lg wie br, ihr Stiel ⅓–⅔ so lg wie die Spreite **5**
5 GrundBla oseits mit lockeren Borsten, Haaren u. Drüsen, kaum rau. Oberste StgBla mit abgerundetem Grund sitzend. BlüStand oft klebrig. 0,10–0,25. 3–5. Mäßig trockne bis frische LaubmischW, Gebüsche u. ihre Ränder, Weinberge, basenhold; s By(MS: München N: Würzburg) Bw(f SO NW ORh) Th(Bck) (stemp·c3EUR – sogr? hros H ♃ Rhiz – InB – AmA – L5 T6 F5 R8 N4? – V Carp., V Cephal.-Fag., V Berb. – 18 – ▽).
  Hügel-L. – *P. collina* SAUER
5* GrundBla oseits von dichtstehenden Borsten rau, Haare fehlend, nur zerstreut kurze Drüsen. Oberste StgBla mit herzfg Grund fast stängelumfassend. BlüStand nicht klebrig. 0,10–0,50. 3–5. Frische bis mäßig frische LaubmischW u. ihre Ränder, Gebüsche u. Hecken, Lehm- u Tonböden, basenhold; z Bw(f SO S) Rh, s He(f MW NW W) Nw(f N NO), † Th(Bck)? (sm-stemp·c2EUR – sogr? hros H ♃ Rhiz – InB – AmA – L6 T6 F5~ R6 N5? – V Carp., O Prun., V Trif. med. – 22, 24 – ▽). [*P. tuberosa* auct., *P. vulgaris* auct.]
  Knolliges L. – *P. montana* LEJ.

Hybriden: *P. angustifolia* × *P. mollis* = *P.* ×*heinrichii* SABR. – s, *P. angustifolia* × *P. obscura* = ? – s, *P. angustifolia* × *P. officinalis* = *P.* ×*hybrida* A. KERN. – s, *P. collina* × *P. obscura* = ? – s, *P. collina* × *P. officinalis* = ? – s, *P. mollis* × *P. obscura* = *P.* ×*intermedia* PALLA – s, *P. mollis* × *P. officinalis* = *P.* ×*digenea* A. KERN. – s, *P. officinalis* × *P. rubra* = ? – s.

Nonea MEDIK. [*Nonnea* RCHB.] – **Mönchskraut, Napfkraut** (35 Arten)

1 Kr gelb, 7–12 mm lg, Saum 7–15 mm ⌀. Stg rauhaarig u. drüsig weichhaarig, aber auch oberwärts nicht klebrig. Klausen länger als br, 3,5–6 mm lg. (0,15–)0,20–0,30(–0,40). 4–6(–9). ZierPfl, auch Rud: Steinbrüche, Kiesgruben, Parks; [N 1881] s An(SO: Halle, Gatersleben), [N U] s By Bw Rh Nw Th Sa (sm·c5-6OEUR-KAUK – ① – InB – AmA).
  Gelbes M. – *N. lutea* (DESR.) DC.
1* Kr purpurrosa bis schwarzviolett **2**
2 Pleiokorm-Staude. Kr 8–14 mm lg, 4–6 mm ⌀, dunkel purpurbraun bis schwarzviolett. Klausen breiter als lg, 2,5–3 × 3,5–5 mm, aufrecht. Stg kurz grauhaarig, schwach drüsig, kaum klebrig. 0,20–0,50. 5–8. Trockne bis mäßig trockne Ackerraine, gestörte Halbtrockenrasen, extensiv genutzte Kalkäcker, kalkstet; [A] z Th(Bck) An(v S), s By(Alb MS N) Bb(Od MN NO) Ns(MO: Jerxheim), [N U] s Bw Rh He Sa Mv, ↘ (m-stemp·c3-7EUR-WAS, [N] c2EUR – sogr hros H ♃ PleiokRübe – InB: Bienen – AmA – L7 T6? F3 R9 N2? – V Onop., V Conv.-Agrop., V Caucal.). [*N. erecta* BERNH.] **Braunes M.** – *N. pulla* DC.
2* Pfl ☉ ①. Kr 15–20 mm lg, 10–15 mm ⌀, purpurrosa, zuletzt braunviolett. Klausen länglich, seitwärts gerichtet. Stg locker rauhaarig, bes. oberwärts drüsig-klebrig. FrKe 13 mm lg. 0,20–0,40. 6–7. ZierPfl; auch Rud.: Wegränder, Brachen, Äcker; [N 1859] s By(N NM NO), [U] s Bw He Nw Th Sa An (sm/salp·c5-8KAUK – hros ☉ ① PfWu – InB – AmA – V Sisymbr., V Caucal.). [*N. rosea* auct. germ. non (M. BIEB.) LINK]
  Rosa M. – *N. versicolor* (STEVEN) SWEET

Symphytum L. – **Beinwell** (35 Arten)

1 Stg einzeln an kriechendem Rhizom mit Knollen, höchstens an der Spitze gabelästig, 15–50 cm hoch, rauhaarig. Kr blassgelb **2**
1* Stg zu mehreren auf vielköpfiger, oft gespaltener Rübe, meist reichästig u. 50–200 cm hoch, ± steifhaarig od. stachelborstig. Kr purpurn bis blau od. gelblichweiß **3**
2 Schlundschuppen die KrZipfel nicht überragend, wenig länger als die StaubBla. Kr 14–20 mm lg. Rhizom verdickt, mit unregelmäßigen Knollen. 0,15–0,40. 4–5. Sickerfrische bis -feuchte LaubmischW, bachbegleitende Gehölze, nährstoffanspruchsvoll; z Alp(f Allg) By(f N NW) Sa(f NO SW), s An(Elb S), [N U] s Bw Rh He Nw Th Bb Ns Mv Sh (sm/mo-temp·c1-4EUR – frgr eros G ♃ Rhiz – InB: Bienen – O Fag.). **Knoten-B.** – *S. tuberosum* L.

1 Rhizom kräftig. Stg fleischig, dick. Bla elliptisch, br-eifg bis eifg-lanzettlich, stumpf bis spitz, mittlere StgBla 8–15,5 cm lg u. 2,5–5 cm br, 2,3–3,5mal so lg wie br. Blü gelb bis dunkelgelb, der verschmälerte untere Teil der Röhre 7,3–9,5 mm lg. Griffel 15,8–19,8 mm lg. Standorte u. Verbr. in D wie Art (sm/mo-temp·c1-2EUR – L4 Tx F6 R7 N5 – 96, 112). subsp. ***tuberosum***
1* Rhizom dünn. Stg dünn. Bla eifg-lanzettlich bis schmal-lanzettlich, zugespitzt, mittlere StgBla 7–13 cm lg u. 1,5–3,6 cm br, 3–4,8mal so lg wie br. Blü bleichgelb, der verschmälerte untere Teil der Röhre 6,7–8,4 mm lg. Griffel 13,5–18,2 mm lg. Ob in D? (sm/mo-stemp·c3-4EUR – 32). [*S. tuberosum* subsp. *nodosum* (Schur) Soó] subsp. ***angustifolium*** (A. Kern.) Nyman
2* Schlundschuppen die KrZipfel u. StaubBla deutlich überragend. Kr 7–13 mm lg. Rhizom dünn, ausläuferartig, mit rundlichen Knollen. 0,20–0,50. 4–5. Frische WSäume, Parks, Weinbergränder, nährstoffanspruchvoll; [N 1822] s Bw(ORh: Heidelberg, Schwetzingen, Oberweier) Rh(SW), [U] s By He Ns (m-sm·c3-4EUR – sogr eros G/H AuslKnolle – InB: Bienen – AmA – L5 T8 F5 R6? N7? – V Arct., V Alliar.). **Knollen-B. – *S. bulbosum*** K.F. Schimp.
3 **(1)** Schlundschuppen so lg wie die StaubBla (Abb. **658**/3). Klausen glatt, glänzend. **(Artengruppe Gewöhnlicher B. – *S. officinale* agg.)** 4
3* Schlundschuppen länger als die StaubBla. Klausen ± netzig-runzlig, rau. **(Artengruppe Rauer B. – *S. asperum* agg.)** 6
4 Bla höchstens ⅓ des StgGliedes herablaufend. Stg ungeflügelt, unterwärts kahl. Stg oberwärts u. Bla nur zerstreut kurzborstig. Kr rotviolett, selten weiß. 0,50–1,00. 5–7. Nasse Staudenfluren; [N U] s By Bw Rh (sm-stemp·c3-7EUR – sogr hros H ⚃ PleiokRübe). [*S. officinale* subsp. *uliginosum* (A. Kern.) Nyman] **Sumpf-B. – *S. tanaicense*** Steven
4* Mittlere u. obere Bla jeweils bis zum nächsten Bla herablaufend, dadurch Stg geflügelt. Stg u. Bla ± dicht borstig-rauhaarig 5
5 Kr (12–)14–17(–20) mm lg, rotviolett, selten bei einzelnen Pfl rein weiß od. blass gelblich, ihr Saum an der Öffnung deutlich verengt. (0,30–)0,50–1,00. 5–7. Feuchte bis nasse Wiesen, Uferstaudenfluren, an Gräben, Auen- u. BruchW, staunasse Äcker, Rud., nährstoffanspruchsvoll; g An, h By Rh He Nw Th Sa Bb Ns, v Bw(g ORh) Mv, z Alp Sh (sm-temp·c1-7EUR-(WAS), [N] NEUSEEL+m-tempOAM – sogr hros H ⚃ PleiokRübe – InB: Bienen, Hummeln SeB? – WaA AmA MeA – L7 T6 F7 Rx N8 – O Mol., V Phragm., O Convolv., V Sperg.-Oxal., V Alno-Ulm., V Aln. – früher HeilPfl, schwach giftig – 38, 42, 44, 47, 48). **Gewöhnlicher B. – *S. officinale*** L. s.str.
5* Kr 10–13(–15) mm lg, blassgelb od. gelblich weiß, ihr Saum an der Öffnung kaum verengt. 0,40–0,90. 5–7. Gestörte Wiesen, Auen- u. BruchW u. ihre Ränder, ältere Rud.: Straßenränder; z By(f NO) Rh He(f NW) Th(f Hrz O, v Bck Rho S), Ns(Elb, sonst ?), s Bw(f Gäu Keu SW) Nw(f N) Sa(f Elb) An(f N O) Ns(Elb N S), Verbr. ungenügend bekannt (sm-stemp·c2-3EUR – ⚃ – V Filip., V Arrh., O Convolv., V Alno-Ulm., V Aln. – 24). [*S. officinale* subsp. *bohemicum* (F.W. Schmidt) Čelak.] **Böhmischer B. – *S. bohemicum*** F.W. Schmidt
6 **(3)** Obere Bla gestielt od. mit verschmälertem Grund sitzend, nicht herablaufend. Stg mit derben, am Grund stark verdickten Stachelhaaren. Kr erst karminrot, später himmelblau. 1,00–1,75. 6–9. ZierPfl; auch Rud.; [N 19. Jh.] s Rh, [U] s By? Bw He Nw Sa Bb Ns Mv Sh (m-sm/l/mo·c3-6KAUK – sogr hros H ⚃ Pleiok – InB: Bienen, Hummeln – V Arct. – früher FutterPfl – 32, 36). **Rauer B., Kaukasus-Comfrey – *S. asperum*** Lepech.
6* Obere Bla kurz herablaufend od. zumindest halbstängelumfassend. Stg stachel- od. borstenhaarig. Kr purpurn od. von rosa nach blau wechselnd. 1,00–2,00. 6–9. KulturPfl; auch feuchte rud. Wiesen, Ufer; [N] v He Nw, z Bw Rh Th Sa An Ns Mv Sh, s By Bb (sogr hros H ⚃ PleiokRübe – InB – AmA – L5 T5 F7 R? N8 – V Arct., O Bident., O Mol. – FutterPfl – 40). [*S. asperum* × *S. officinale*] **Futter-B., Comfrey – *S.* ×*uplandicum*** Nyman
Hybriden: *S. bohemicum* × *S. officinale* = ? – s, *S. officinale* × *S. tuberosum* = *S.* ×*wettsteinii* Sennholz – s.

Anchusa L. – Ochsenzunge (inkl. *Lycopsis* L.) (35 Arten)

1 KrRöhre doppelt gekrümmt (Abb. **658**/4). Kr blassblau mit weißer Röhre; KrSaum 4–6 mm ⌀. Bla länglich bis länglich-lanzettlich, stark wellig. unregelmäßig geschweift gezähnt. 0,20–0,40. 5–9. Mäßig trockne bis frische, sandige Äcker, Weinberge, Rud., kalkmeidend; [A] h An Bb Mv, v By(s S) Rh He Nw Th Sa Ns(g Elb M O) Sh, z Bw (m-b·c1-6EUR-WAS, [N] AUST+sm-tempOAM – hros ☉ ① PfWu – SeB InB: Bienen – MeA AmA StA – L7 T6

F4 Rx N4 – V Aphan., V Sperg.-Oxal., V Sisymbr.). [*Lycopsis arvensis* L.]
Acker-O., Acker-Krummhals – *A. arvensis* (L.) M. BIEB.

1* KrRöhre gerade. Kr himmelblau od. dunkelviolett; KrSaum 7–15 mm ⌀. Bla lanzettlich, ganzrandig 2

2 Schlundschuppen eifg, samthaarig. Kr dunkelviolett; KrSaum 7–10 mm ⌀. Ke etwa bis zur Mitte gespalten. 0,30–0,80. 5–9. Trockne bis mäßig trockne, sandige Rud.: Wegränder, Bahndämme, rud. Sandtrockenrasen, küstennahe Sanddorngebüsche, kalkmeidend; [A] v Bb Mv, z By Rh(f W) He(f NW) Th(f Hrz S) Sa An(h Elb) Ns Sh, s Alp(Chm) Bw Nw(f N SW), im W ↘ (sm-temp·c2-6EUR, [N] sm-tempAM – igr? hros H ☉ ⊛ PfWu – InB SeB Vg – AmA – L9 T7 F3 R7 N5 – O Onop., V Conv.-Agrop., V Salic. aren. – früher HeilPfl – 16).
Gebräuchliche O. – *A. officinalis* L.

2* Schlundschuppen länglich, bärtig behaart. Kr lebhaft himmelblau; KrSaum 12–15 mm ⌀. Ke fast bis zum Grund geteilt. 0,60–1,30. 5–9. ZierPfl; auch Rud.: Schutt, Umschlagplätze; [N 16. Jh. U] s By Bw Rh He Nw Th Sa An Bb Ns Mv Sh (m-sm·c2-8EUR-WAS – igr hros H ☉ ⊛ PfWu – InB – AmA – V Sisymbr.). [*A. italica* RETZ.]
Italienische O. – *A. azurea* MILL.

***Borago* L. – Borretsch** (3 Arten)

GrundBla elliptisch, oseits bucklig, in den Stiel verschmälert, StgBla sitzend. Kr himmelblau. Schlundschuppen weiß. Staubbeutel dunkelviolett. 0,15–0,60. 6–7(–10). KulturPfl; auch frische Rud.: Schutt, Brachen; [N U] s alle Bdl, bes. wintermilde, warme Gebiete (m/mosm·c1-5EUR – hros ☉ ① PfWu – InB: Bienen Vm – AmA – V Sisymbr. – Gewürz- u. BienenfutterPfl, VolksheilPfl).
Garten-B., Gurkenkraut – *B. officinalis* L.

***Brunnera* STEVEN – Kaukasusvergissmeinnicht** (3 Arten)

Pfl angedrückt behaart. BlüStand (schirm-)rispenfg. Kr himmelblau. 0,20–0,50. 4–5. ZierPfl s. Bd. ZierPfl!, auch Parks, Gehölzränder, Rud.; [U, ob auch N? 19. Jh.] s By Bw Rh He Th Sa Bb Ns Mv Sh (sm/mo·c3KAUK – sogr hros H ♃ Rhiz – AmA – V Alliar., V Arct.).
Großblättriges K. – *B. macrophylla* (ADAMS) I.M. JOHNST.

***Pentaglottis* TAUSCH – Fünfzunge, Spanische Ochsenzunge** (1 Art)

Immergrüne Rübenstaude. BlüStg stechend borstig, unverzweigt, aufsteigend, in den Achseln der RosettenBla, diese br eilanzettlich, in den Stiel verschmälert, 18–40 × 4–8 cm. 0,30–0,70. (4–)5(–6). ZierPfl, s. Bd. ZierPfl!, auch Parks, Gehölzränder; [N 1810] s Bw(ORh: Karlsruhe) Rh Nw(MW: Dyck) Sa(W SW SO) An(SO), [U] s He Ns Sh (sm·c1EUR – igr hros H ♃ Rübe monop, regenerativ WuSpr – InB – AmA). [*Anchusa sempervirens* L.]
Immergrüne F. – *P. sempervirens* (L.) L.H. BAILEY

***Trachystemon* D. DON – Rauling** (2 Arten)

GrundBla 1–2, herz-eifg, lg gestielt, Spreite 15–40 cm lg u. br. KeZipfel eifg, stumpf. Schlundschuppen in 2 Reihen. Staubfäden am Grund behaart. 0,20–0,60. 4–5. ZierPfl, auch frische Gehölze; [N lokal] s Bw Nw(MW: Ruhrgebiet), [U] s An? (sm/mo·c3OEUR-WKAUK – sogr hros H ♃ Rhiz – InB – AmA).
Östlicher R. – *T. orientalis* (L.) G. DON

***Phacelia* JUSS. – Phazelie, Büschelschön** (150 Arten)

1 Kapsel 2samig. Bla fiederschnittig mit gesägt-gekerbten Abschnitten. Kr hellblau, 6–10 mm ⌀. StaubBla weit herausragend. 0,30–0,70. 6–10. Kultur- u. ZierPfl; auch Rud.: Schutt, Bahnanlagen, Ackerränder; [U] s alle Bdl (m-sm·c2-3WAM – eros ☉ – InB: Bienen – Dunkelkeimer – V Sisymbr. – BienenfutterPfl, FutterPfl, auch Gründüngst, hautreizend).
Rainfarn-Ph. – *Ph. tanacetifolia* BENTH.

1* Kapsel 40–80samig. Bla eifg-rundlich, 4–7 × 3–7 cm, unregelmäßig flach gezähnt, höchstens gelappt, bes. am Grund. Kr schüsselfg, 15–25 mm ⌀, weiß, blau od. purpurn. 0,30–0,70. 6–10. Äcker, Rud.: Straßenränder; [U] s Bw Nw (m-sm·c2-3WAM – eros? ☉ – InB).
Klebrige Ph. – *Ph. viscida* (LINDL.) TORR.

Familie ***Convolvulaceae*** Juss. s. l. (inkl. ***Cuscutaceae*** Dumort.)
– **Windengewächse** (59 Gattungen/1880 Arten)
Bearbeitung: **Anselm Krumbiegel**

Kräuter, selten Sträucher, oft windend, meist mit Milchsaft. Bla wechselständig, ungeteilt (bei Cusc*u*ta Bla u. Wurzeln fehlend), ohne NebenBla. Blü meist ⚥, radiär, 4–5zählig. KrBla verwachsen. FrKn oberständig, 2(–4)fächrig. Griffel 1–2. Kapsel.

1	Vollschmarotzer ohne Bla u. Wurzeln, ⊙. Kr 0,2–0,5 cm lg.	**Seide** – *Cusc*u*ta* S. 670
1*	Pfl mit grünen Bla u. Wurzeln, ♃. Kr 2–7 cm lg	2
2	Ke von 2 großen, eifg od. herzfg VorBla ± eingehüllt (Abb. **669**/1, 2). Narbenlappen groß, flach. Kr 3,5–7 cm lg.	**Zaunwinde** – *Calyst*e*gia* S. 669
2*	VorBla lanzettlich bis fadenfg, den Ke nicht od. nur spärlich bedeckend, oft vom Ke entfernt (Abb. **669**/3)	3
3	Griffel mit 2 fadenfg (Abb. **669**/4) bis zylindrisch-keulenfg Narbenlappen.	**Winde** – *Conv*o*lvulus* S. 669
3*	Griffel mit 1–3 kugelfg Narbenlappen (Abb. **669**/5).	**Prunkwinde** – *Ipom*o*ea* S. 672

Conv*o*lvulus L. – **Winde** (215 Arten)

[U lokal]: **Dreifarbige W.** – *C. tricolor* L.: Stg niederliegend od. aufsteigend, nicht windend. Bla sitzend, lanzettlich bis eifg-spatelfg, mit abgerundeter Spitze. Kr (dunkel)blau, in der Mitte weiß, am Grund gelb, 2–3(–3,5) cm, Kapsel zottig. 0,10–0,50. 6–9. ZierPfl; trockene Rud.; [U] s By Bw Nw Sa Bb (m·4-7EUR – sogr eros ⊙). – **Niedrige W.** – *C. h*u*milis* Jacq. [*C. undul*a*tus* Cav.]: Stg niederliegend od. aufsteigend, nicht windend. Obere Bla sitzend od. deutlich stängelumfassend mit abgerundeten Öhrchen. Kr rosa bis (blass)blauviolett mit weißlich-hellgelber KrRöhre, 1 cm, 4–5mal so lg wie der Ke. Kapsel fein behaart. 0,05–0,25. 6–9. trockene Rud.; [U] s Bw (m·c3-6EUR – sogr eros ⊙). – **Feine Eibischblättrige W., Zierliche W.** – *C. althaeoides* L. subsp. ***tenuissimus*** (Sm.) Batt [*C. elegantissimus* Mill., *C. tenuissimus* Sibth. et Sm.]: Stg windend. Pfl anliegend behaart. Bla gestielt, Spreite der StgBla plötzlich in den BlaGrund zusammengezogen, obere StgBla bis zur Mittelrippe schmal gelappt bis geteilt, untere meist ganz (Abb. **669**/6a,b). Kr rosa, 2,5–4 cm lg. Bis 1,00. 6–9. trockene Rud.; [U] s Bw (m-sm·c4-7EUR – eros ♃).

Stg windend od. liegend. Bla pfeilfg od. spießfg, mit meist zugespitzten Öhrchen. Kr weiß bis rosa. 0,20–0,80. 6–9. Rud. Xerothermrasen, mäßig trockne bis wechselfeuchte Rud., nährstoffreichere Äcker, Gärten, Weinberge; alle Bdl g(v Ns, z Alp Sh) (urspr. m-temp·c1-8EURAS, [N] austr-tempCIRCPOL – sogr eros G ♃ WuSpr WindePfl – InB: Fliegen, Bienen – MeA VdA Sa langlebig – L7 T6 F4 R7 Nx – K Stell., V Conv.-Agrop., V Sisymbr. – sehr formenreich). **Acker-W.** – *C. arv*e*nsis* L.

Calyst*e*gia R. Br. – **Zaunwinde, Strandwinde** (26 Arten)

[lokal U]: **Pelzige Z.** – *C. pellita* (Ledeb.) G. Don: Pfl angedrückt flaumig bis zottig behaart. Stg kriechend, aufrecht od. windend. Bla länglich bis schmal dreieckig, 3–7mal so lg wie br, ungelappt bis schwach spießfg od. mit kurzen Zipfeln, BlaStiel 1–12 mm. VorBla der BlüStiele länger als die KeBla, 1,3–2,4 cm lg, 1,0–1,8 cm br. Kr rosa, 4,4–5,5 cm. Bis 1,00. [U] s Bb Sh (sm-temp·c4-7OAS – eros ♃ – InB).

Calystegia | Calystegia | Convolvulus | Convolvulus | Ipomoea | Convolvulus tenuissimus

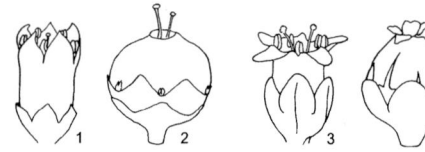
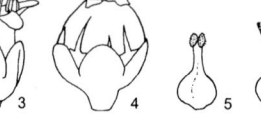

Cuscuta suaveolens   Cuscuta gronovii   lupuliformis epithymum campestris

1 Stg liegend. Bla nierenfg, fleischig. VorBla der BlüStiele eifg. Kr rosa mit 5 weißen Streifen, bis 5 cm lg. 0,10–0,50. 7–8. Mäßig trockne Weiß- u. Graudünen, kalkhold; s Ns(N: Norderney, Baltrum), † Sh(W: Sylt), ↘ (austr+m-temp·c1-4CIRCPOL, urspr. altweltlich – sogr eros G ♃ uAusl – InB – WaA – L8 T6? F4 R7 N5 – V Ammoph. – ▽!). [*Convolvulus soldanella* L.]   **Strandwinde – *C. soldanella* (L.) R. Br.**

1* Stg windend. Bla mit pfeilfg bis herzfg Grund, spitz. VorBla herzfg. **(Artengruppe Gewöhnliche Z. – *C. sepium* agg.)** 2

2 VorBla nicht aufgeblasen, länger als br, ihre Ränder sich nicht deckend, den Ke nicht völlig verdeckend. Buchten der BlaSpreite zu beiden Seiten des BlaStiels spitz. 1,00–3,00. 6–9. (Mäßig) frische bis feuchte Säume von AuenW, -gebüschen u. Hecken, BruchW, Röhrichte, Rud.: Zäune, Gärten, nährstoffanspruchsvoll; alle Bdl g(Alp z) (austr+m-temp·c1-7CIRCPOL, ob urspr. EUR-WAS? – sogr eros G ♃ WindePfl SprKnolle am BogenTrEnde – InB: Schwärmer, Schwebfliegen – WaA Sa langlebig – L8 T6 F6 R7 N9 – O Convolv., V Arct., V Salic. alb., V Aln. – 22). [*Convolvulus sepium* L.]
          Gewöhnliche Z., Echte Z. – *C. sepium* (L.) R. Br.

1 Kr reinweiß (selten mit rosa Streifen), 3,5–4,5 cm lg u. br. VorBla kahl. KeZipfel eilanzettlich, stumpflich, kahl. StaubBla bis über die Mitte mit kurzen Drüsenhaaren. Standorte u. Soz. wie Art; alle Bdl g(Alp z) (Gesamtverbr. wie Art).   subsp. ***sepium***

1* Kr rosa überlaufen, meist mit 5 weißen Streifen, ± 5 cm lg u. br. VorBla an der Spitze fein wimprig gezähnelt. KeZipfel schmal lanzettlich, spitz mit aufgesetztem Spitzchen, am Rand fein bewimpert. StaubBla unter der Mitte mit lg, mehrzelligen Drüsenhaaren. Brackwasserröhrichte, Hochstaudenfluren; z Mv(N) Sh(O) (V Phragm., V Bolb.).   subsp. ***baltica*** Rothm.

2* VorBla am Grund blasig aufgetrieben bis ausgesackt, breiter als lg, mit sich überdeckenden Rändern, den Ke völlig verdeckend. Buchten der BlaSpreite zu beiden Seiten des BlaStiels rund 3

3 Kr reinweiß (zuweilen mit rosa Streifen?), 6–8 cm lg u. br. Ganze Pfl kahl. 1,00–3,00. 6–9. Frische Rud.; [N U] s By Bw Sa(W: Leipzig) Mv (m-sm·c2-5EUR – sogr eros G ♃ WindePfl SprKnolle – InB – V Convolv. – 22). [*Convolvulus silvaticus* Kit.]
         Wald-Z. – *C. silvatica* (Kit.) Griseb.

3* Kr rosa, meist mit 5 weißen Streifen, 4,5–6 cm lg u. br. BlüStiel, BlaStiel u. zuweilen Stg behaart. 1,00–3,00. 6–9. Frische Rud., Säume; [N 1871] z Sa Mv Sh, s By Bw Nw Th Ns, [U] s Rh He An Bb; auch ZierPfl (sm-temp·c1-3EUR – sogr eros G ♃ WindePfl SprKnolle – InB – L6 T6? F5 R? N7? – O Convolv. – 22). [*C. silvatica* subsp. *pulchra* (Brummitt et Heywood) Rothm. nom. illeg.]   **Schöne Z. – *C. pulchra* Brummitt et Heywood**

Hybriden: *C. pulchra* × *C. sepium* = *C.* ×*scandica* Brummitt – s Sa(W: Eilenburg), *C. sepium* × *C. silvatica* = *C.* ×*lucana* (Ten.) Don. – z Sa(SW), s By

Cuscuta L. – **Seide**   (195 Arten)

(Alle Arten in D: eros ⊙, 3 auf *Calluna* auch ♃, WindePfl – Holoparasit – InB: bes. Wespen SeB: kleistogam – VdA MeA Sa oft hartschalig)

1 Griffel 1, mit 2teiliger Narbe (Abb. **670**/5). Blü u. Fr in 1,5–3 cm lg, lockeren Ähren, Trauben od. Rispen. Fr 6–7 mm lg, quer aufspringend. Stg (0,7–)1–3 mm ⌀, warzig-rau, purpurn bis gelblich u. purpurn punktiert. Kr weiß bis rötlich od. purpurn punktiert. 0,50–2,00. 7–9. Feuchte, z. T. zeitweilig überflutete Uferstaudenfluren, Weidengebüsche, lichte (Weichholz) AuenW, nährstoffanspruchsvoll, StromtalPfl, bes. auf *Salix* u. *Populus*; [N] z Rh Nw An(Elb SO) Bb, s By Bw He(ORh: Rhein, Main) Sa(Elb W) Ns Mv Sh(M: Elbe), ↗ (sm-temp·c3-

CONVOLVULACEAE 671

8EUR-WAS-(OAS) – Lx T6 F8? Rx N8? – V Salic. alb., O Convolv.)
Pappel-S., Baum-S. – *C. lupuliformis* Krock.
1* Griffel 2(–4). Blü od. zumindest Fr in ± dichten Knäueln. Fr 1,5–4 mm lg. Stg 0,2–1(–2) mm ⌀, glatt, selten (bei **7***) etwas warzig-rau 2
2 Narben fädlich (Abb. **670**/6). Fr quer aufspringend; Kr sich loslösend u. die Fr kapuzenfg bedeckend (Abb. **670**/4). Blü sitzend od. kurz gestielt, stets in dichten, kugligen Knäueln. Stg rot, weiß od. gelblich 3
2* Narben kopfig (Abb. **670**/7). Fr nicht od. nur unregelmäßig aufreißend; Kr (außer *C. gronovii*, **7***) bleibend u. die Fr am Grund umgebend (Abb. **670**/2). Blü gestielt, in bis 1,5 cm lg, lockeren Trauben od. Rispen, selten in lockeren, kugligen Knäueln. Stg lebhaft orange bis gelblich 5
3 Schlundschuppen zusammengeneigt, die KrRöhre verschließend, spatelfg, gleichmäßig gefranst (Abb. **672**/2). Griffel mit Narben 1,4–2 mm lg, viel länger als der kuglige FrKn. Blü stets 5zählig. 0,20–0,80. 7–9. Mäßig trockne Magerrasen, Heiden, Xerothermrasen, Weinberge, Äcker, bes. auf *Calluna*, *Thymus*, *Fabaceae*; z By Bw Rh He Nw Th An Bb Ns Mv, s Alp Sa Sh, ↘ (m-temp·c1-6EUR-WAS, [N] austr-tempCIRCPOL – Lx Tx Fx Rx N2? – V Viol. can., K Fest.-Brom., V Saroth., V Ver.-Euph.).
Quendel-S. – *C. epithymum* (L.) L.

1 Blü 3–4 mm lg, sitzend od. kurz gestielt, zu 8–12 in 5–8 mm br Knäueln. KeZipfel etwa so lg wie die KrRöhre. Narben die Staubbeutel deutlich überragend. Stg meist purpurrot. Standorte u. Soz. weitgehend wie Art, auf *Calluna*, *Thymus*, *Teucrium*, *Artemisia*, *Achillea*; z By Bw Rh He Nw Th An Bb Ns Mv, s Alp Th(Bck NWW Rho, z S) Sa Sh, ↘ (m-temp·c1-6EUR-WAS –14). subsp. *epithymum*
1* Blü 4–5 mm lg, die meisten deutlich gestielt, zu 12–20(–25) in 8–12 mm br Knäueln. KeZipfel kürzer als die KrRöhre. Narben die Staubbeutel nicht od. kaum überragend. Stg weiß od. rötlich. Äcker, auf *Trifolium* u. *Medicago*; [N U] s By Rh He Th Sa An Bb Ns Mv Sh (m-sm·c1-6EUR?). [*C. trifolii* Bab.] subsp. *trifolii* (Bab.) Benher

3* Schlundschuppen aufrecht, der KrRöhre angedrückt, gestutzt od. 2spaltig, ungleichmäßig gefranst (Abb. **672**/1). Griffel mit Narben 0,6–1,2 mm lg, kürzer als der FrKn 4
4 Meiste Blü 4zählig, einige 5zählig, 3–4 mm lg, kurz gestielt. KeZipfel eifg, stumpf, sich nicht überlappend. KrZipfel fast so lg wie die KrRöhre, eifg, stumpflich, aufrecht abstehend. Griffel mit Narben etwa so lg wie die Kr. Kapsel kuglig-konisch. Stg 1–2 mm ⌀, ästig, erst gelblich, später meist rötlich. 0,30–1,50. 6–8. Feuchte, z. T. zeitweilig überflutete Uferstaudenfluren, Gebüsche, nährstoffanspruchsvoll, vorwiegend StromtalPfl, bes. auf *Urtica*, *Humulus*, *Salix*, *Alnus*; v By Rh He Nw Th Sa An, z Bw Bb Ns(h Elb) Mv(h Elb) Sh, s Alp (sm-temp·c2-7EURAS, [N] austr-bCIRCPOL – Dunkelkeimer – Lx T6 F7? Rx N7 – V Convolv. – 14). **Europäische S., Hopfen-S. – *C. europaea* L.**

Formenreich, aber die früher unterschiedenen Unterarten *C. e.* subsp. *europaea*, subsp. *nefrens* (Fr.) O. Schwarz u. subsp. *viciae* (Schönh.) Vollm. sind ohne taxonomischen Wert.

4* Alle Blü 5zählig, 2,5–3 mm lg, sitzend. KeZipfel br dreieckig, spitz, sich am Grund überlappend. KrZipfel deutlich kürzer als die KrRöhre, dreieckig, ± spitz od. zugespitzt, aufrecht. Griffel mit Narben kürzer als die Kr. Kapsel abgeplattet kuglig. Stg 0,5–1 mm ⌀, einfach od. oberwärts wenigästig, grünlichgelb. 0,30–0,50. 6–8. Äcker, nur auf *Linum usitatissimum*; [A, im Leinbau entstanden] †, früher in allen Bdl z, jetzt [U] s By (m-temp·c1-5EUR-WAS – Saatausbreitung – Lx T6 Fx Rx Nx). **Flachs-S. – *C. epilinum* Weihe**
5 (2) Blü 2–3 mm lg. KeZipfel etwa so lg wie die KrRöhre. FrKn kuglig, oben abgeplattet. Stg 0,3–1,2 mm ⌀ 6
5* Blü 3–4(–5) mm lg. KeZipfel ⅓–¾ so lg wie die KrRöhre. FrKn eifg od. verkehrteifg. Schlundschuppen etwa ¾ so lg wie die KrRöhre (Abb. **672**/3) 7
6 KeZipfel eifg, sich nicht überlappend. KrZipfel eifg, stumpflich. Schlundschuppen kürzer als die KrRöhre, 2teilig (Abb. **672**/4). Griffel ungleich lg, kürzer als der FrKn. Blü duftend. 0,20–0,50. 6–9. Frische Rud., Äcker, bes. auf *Trifolium*, *Medicago* u. *Persicaria*; [N 1897 U] s Bw Rh He Nw Th Sa An Ns Sh (austrAUST-trop-smEURAS – Lx T7 F? Rx Nx – K Stell.). [*C. australis* R. Br., inkl. *C. cesatiana* Bertol.] **Südliche S. – *C. scandens* Brot.**
In D nur **Knöterich-S. – *C. s.* subsp. *cesatiana* (Bertol.) Greuter et Burdet

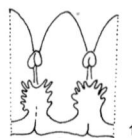 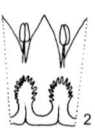 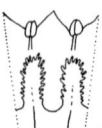  

1 Cuscuta europaea 2 C. epithymum 3 C. suaveolens 4 C. scandens 5 C. campestris

6* KeZipfel br eifg-rundlich, sich am Grund überlappend. KrZipfel dreieckig, spitz. Schlundschuppen die KrRöhre überragend, dicht gefranst (Abb. **672**/5). Blü 5zählig. Griffel gleich lg, etwa so lg wie der FrKn. Blü nicht duftend. 0,20–0,50. 7–9. Einjährige Flussuferfluren, Äcker, Gärten, Rud., bes. auf Xanthium albinum, Apiaceae, Fabaceae, Lamiaceae; [N 1898] z An, s By He Nw Th Bb Ns Mv Sh, [U] s Bw Rh Sa (strop-sm·c1-4AM, [N] austr-temp·c1-5CIRCPOL – L7 T6 F8 R7 N7 – K Bid., bes. V. Chen. rub., K Stell.). [*C. arvensis* auct.]

Nordamerikanische S. – ***C. campestris*** YUNCK.

7 (5) KeZipfel ⅓–½ so lg wie die KrRöhre, kurz dreieckig, sich nicht überlappend. KrZipfel aufrecht, zugespitzt (Abb. **670**/2). FrKn verkehrteifg. Kr bleibend u. die Fr am Grund umgebend (Abb. **670**/2). Blü duftend, 3–6 mm lg gestielt. Stg 0,5–1 mm ⌀, glatt. 0,20–0,50. 8–9. Äcker, auf *Medicago* u. *Trifolium*; [N 1842 U] s By Bw Rh He Nw Th Sa An Bb Ns Mv (austr-stropAM, [N] austr-stemp·c2-5CIRCPOL – Lx T6 F? Rx Nx – K Stell.). [*C. racemosa* MART.]

Chilenische S. – ***C. suaveolens*** SER.

7* KeZipfel ½–¾ so lg wie die KrRöhre, br eifg, sich am Grund überlappend. KrZipfel abstehend od. zurückgeschlagen, stumpf (Abb. **670**/3). FrKn eifg-konisch. Kr sich loslösend u. die Fr kapuzenfg bedeckend (Abb. **670**/4). Blü nicht duftend, 1,5–3 mm lg gestielt. Stg 1–1,5 mm ⌀, rau. 0,50–2,00. 8–9. Feuchte, z. T. zeitweilig überflutete Uferstaudenfluren, Weidengebüsche, nährstoffanspruchsvoll, bes. auf *Salix*, *Populus*, *Urtica*, *Brassica nigra*; [N 1881 U] z Rh, s By Bw He Nw Sa An Bb Ns Sh (strop-temp·c1-7OAM, [N] stemp·c1-4EUR – Lx T6 F8? Rx N8? – V Convolv.).

Gronovius-S., Weiden-S. – ***C. gronovii*** SCHULT.

Ipomoea L. **– Prunkwinde, Trichterwinde** (650 Arten)

[lokal U]: **Weiße P. –** *I. lacunosa* L.: Stg windend. Bla herzfg, zugespitzt, zuweilen tief dreilappig. Kr trichterfg, ± gelappt, 2,5 cm lg, weiß, gelegentlich hellpurpurn od. rosa. StaubBla den KrSaum nicht überragend. Blü zu 1–3. Bis 2,00. 6–9. ZierPfl; auch Rud.: Schutt, Müll, Kompost, Umschlagplätze; [U] s Sh (m-temp·c1-5OAM, [N] strop-temp·EURAS+SAM – eros ☉ – InB: Bienen, Hummeln, Schmetterlinge – V Sisymbr.). – **Efeu-P. –** *I. hederacea* JACQ. [*Pharbitis hederacea* (JACQ.) CHOISY]: Stg windend. Bla eifg, ganz od. 3(–5)-lappig. Kr trichterfg, 2–4 cm lg, KrSaum 2–3(–4) cm ⌀, blau, purpurn od. weiß. KeBla sich spitzenwärts plötzlich linealisch verschmälernd, zur FrZeit meist zurückgebogen. Blü zu 1–3. Bis 4,00. 7–9. ZierPfl; auch Rud.: Schutt, Müll, Kompost, Umschlagplätze; [U] s Nw An Mv Sh (strop·1-3NAM, [N] m-tropAM+AS+AFR – eros ☉ – InB: Bienen, Hummeln, Schmetterlinge – V Sisymbr.). – **Scharlachrote P., Sternwinde –** *I. coccinea* L. [*Quamoclit coccinea* (L.) MOENCH]: Stg windend. Bla herzfg mit ausgezogener Spitze, ganzrandig, zuweilen seicht gelappt od. gezähnt. KeBla unmittelbar unterhalb der Spitze mit einem aufgesetzten Hörnchen. KrRöhre gleichmäßig eng, KrSaum schalenfg ausgebreitet, Kr bis 2,5(–3) cm lg, orange- od. scharlachrot. StaubBla den KrSaum überragend. Blü zu mehreren (bis 6). 2,00–4,00. 7–10. ZierPfl; auch Rud.: Schutt, Müll, Kompost, Umschlagplätze; [U] s Sh (m-sm·c1-4OAM – eros ☉ – InB: Bienen, Hummeln, Schmetterlinge – V Sisymbr.).

Stg windend, mit rückwärts gerichteten steifen Haaren. Bla lang gestielt, ungeteilt od. 3spaltig, herzfg bis rundlich, zugespitzt, kahl od. behaart. Blü einzeln od. zu 2–5, KrSaum blau bis rot od. weiß, oft mit farbigen Streifen, Kr 3–5(–8,5) cm lg. KeBla 8–15 mm lg, stumpf, spitz od. zugespitzt. Bis 3,00. 7–10. ZierPfl; auch Rud.: Schutt, Müll, Kompost, Umschlagplätze; [U] s By Bw Rh He Nw Sa Bb Ns Mv (trop-stropAM, [N] temp-strop-NAM+EURAS+AFR+AUST – eros ☉ – InB: Bienen, Hummeln, Schmetterlinge – V Sisymbr.). [*Pharbitis purpurea* (L.) BOJER] **Purpur-P. –** *I. purpurea* (L.) ROTH

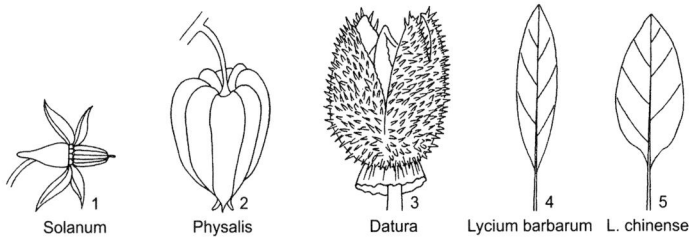

| 1 | 2 | 3 | 4 | 5 |
| Solanum | Physalis | Datura | Lycium barbarum | L. chinense |

Familie *Solanaceae* Juss. – Nachtschattengewächse

(102 Gattungen/2480 Arten)

Kräuter, Sträucher, kleine Bäume, Lianen. Bla wechselständig, selten einzelne scheingegenständig, ohne NebenBla. Stg u. Bla im BlüStand oft verwachsen, dadurch Zweige scheinbar ohne TragBla. Blü ⚥, meist radiär u. 5zählig, in zymösen BlüStänden. KrBla verwachsen, in der Knospe gefaltet. StaubBla meist 5. FrKn oberständig, 2fächrig od. selten durch falsche Scheidewände mehrfächrig. Griffel 1. Narbe 2lappig. Beere od. Kapsel. Viele Nutz-, Zier- u. GiftPfl (Tropanalkaloide).

1	Strauch mit hängenden Zweigen, oft dornig. Kr trichterfg, rotlila. Beere.	
	Bocksdorn – *Lycium* S.	673
1*	Kraut od. dornenloser Halbstrauch mit kletterndem Stg u. radfg Kr	2
2	Blü in end- od. seitenständigen rispen- od. schirmrispenartigen BlüStänden (Zymen), ohne od. mit schuppenfg TragBla	3
2*	Blü einzeln in den Achseln von LaubBla od. gabelständig, zu Dichasien od. Wickeln vereinigt	4
3	Kr glockig bis eng trichterfg. Staubbeutel nicht zusammenneigend. 2klappige Kapsel.	
	Tabak – *Nicotiana* S.	676
3*	Kr radfg. Staubbeutel zusammenneigend (Abb. **673**/1). Beere.	
	Nachtschatten, Tomate, Kartoffel – *Solanum* S.	674
4	(2) FrKe aufgeblasen, stark vergrößert, die Beere völlig umhüllend (Abb. **673**/2)	5
4*	FrKe nicht aufgeblasen. Beere od. Kapsel	6
5	Kr hellblau. Ke fast bis zum Grund geteilt, zur FrReife geflügelt 5kantig. Beere trocken, braunrot. ⊙. **Giftbeere – *Nicandra*** S.	676
5*	Kr weiß od. gelb. Ke höchstens bis zur Mitte gespalten, zur FrReife ungeflügelt, lampionartig (Abb. **673**/2). Beere saftig, orangerot. ♃. **Blasenkirsche – *Physalis*** S.	674
6	(5) Bla ganzrandig. Kr glockig, violettbraun. Beere glänzend schwarz.	
	Tollkirsche – *Atropa* S.	674
6*	Bla spitz gelappt. Kr trichterfg. Kapsel	7
7	Blü in aufrechten, ährenartigen Wickeln. Kr 2–3 cm lg, gelblich, violett geadert. Ke bleibend, mit 5 stechenden Zähnen. Deckelkapsel. Obere Bla halbstängelumfassend.	
	Bilsenkraut – *Hyoscyamus* S.	674
7*	Blü in einem gabligen Dichasium. Kr 6–18 cm lg, weiß od. violett. Ke bis auf den gestutzten Grund abfallend. 4klappige, meist stachlige Kapsel (Abb. **673**/3). Obere Bla gestielt.	
	Stechapfel – *Datura* S.	676

Lycium L. – **Bocksdorn** (92 Arten)

[N 1970 lokal]: **Russischer B. – *L. ruthenicum*** Murray: Bla linealisch. Kr innen u. Staubfaden-Basis flaumhaarig. Ke meist 2lippig. Fr schwarz. 1,00–2,00. 6–9? s An(SO: Zweihausen) (m/mo-sm·c6-10(EUR)- ZAS – sogr Str WuSpr).

1 Bla lanzettlich, meist in der Mitte am breitesten, allmählich in den Stiel verschmälert, graugrün (Abb. **673**/4), meist >5 cm lg. Stg gerieft. Ke 2lippig, 3zipflig. KrRöhre 7–10 mm lg, ihr unterster, engröhriger Teil 2,5–3 mm lg. 1,00–3,00. 6–9. Trockne bis mäßig trockne Rud.,

sandige bis felsige Böschungen, Küstendünen, auch an Straßen gepflanzt; [N 19. Jh.] v An, z Rh He Th(f Hrz Wld) Sa Nw Bb Ns Mv, s Sh (sm-stemp·c5-7OAS, [N] m-stemp·c2-7EUR-WAS – sogr DornStr WuSpr – InB: Hummeln, Bienen SeB – VdA – L9 T7 F5 R7 N4? – O Prun., V Arct. – giftig?). [*L. halimifolium* MILL.] **Gewöhnlicher B. – *L. barbarum* L.**

1* Bla eifg-lanzettlich bis fast rhombisch, unter der Mitte am breitesten, plötzlich in den Stiel verschmälert, lebhaft grün, meist <5 cm lg (Abb. **673**/5). Stg rund. Ke radiär, 5zipflig. KrRöhre 4–6 mm lg, ihr unterster, engröhriger Teil etwa 1,5 mm lg. 1,00–3,00. 6–9. Obst- u. Zierstrauch; auch rud. Böschungen, Müll; [N] s By Sa Bb Mv Sh, [U] s Bw Rh He Tn Nw Ns (m-stemp·c1-7OAS – sogr Str WuSpr – InB: Hummeln, Bienen SeB – VdA – L8 T8 F? R? N? – O Prun., V Arct. – giftig? – Artwert umstritten).
Chinesischer B., Gojibeere – *L. chinense* MILL.

Atropa L. – Tollkirsche (4 Arten)

Bla eifg bis elliptisch, die oberen gepaart. Blü nickend. 0,50–1,50. 6–8. Mäßig frische bis frische Waldschläge u. -lichtungen, Waldwege, nährstoffanspruchsvoll, basenhold; v Alp Bw Rh He Th, z By Nw Sa(SO SW W) An(f O) Ns(h S, f Elb N O), [N] s Bb Mv (m/mostemp·c2-4EUR-(WAS) – sogr eros G ♃ Pleiok – InB: Hummeln Vw – VdA Kältekeimer – L6 Tx F5 R8 N8 – O Atrop. – HeilPfl, giftig!! – 72). **Echte T. – *A. bella-donna* L.**

Hyoscyamus L. – Bilsenkraut (15 Arten)

Pfl klebrig zottig. Bla länglich-eifg, ungleichmäßig spitz gelappt. 0,20–0,80. 6–10. Mäßig trockne bis mäßig frische Rud., Küstenspülsäume, Brachen, Äcker, nährstoffanspruchsvoll, basenhold; [A] z By(f S) Bw(f SW) Rh He(f NW W) Nw Th Sa An(h SO S) Bb Ns Mv, s Sh, im SW u. N ↘ (m-temp·c1-8EUR-WAS – eros ⊙ ⊙ – InB: Hautflügler SeB – StA MeA Sa langlebig Wärmekeimer – L8 T6 F4 R7 N9 – V Onop., V Sisymbr., V Caucal., V Ver.-Euph. – früher HeilPfl, giftig!!). **Schwarzes B. – *H. niger* L.**

Physalis L. – Blasenkirsche, Judenkirsche (90 Arten)

1 Kr weiß. FrKe orangerot, ± kuglig u. 2,5–5 cm lg (var. *alkekengi*) od. eilänglich u. 4–8 cm lg (Abb. **673**/2, var. *franchetii* (MAST.) MAKINO – ZierPfl). Beere orangerot. Bla eifg, locker flaumig. 0,25–0,60(–1,00). 5–8. Frische (Weinbergs-)Gebüsche, LaubmischW u. ihre Ränder, Gärten, Rud., basenhold; [im S A?, sonst N] z By(f S) Th(f Hrz Wld) An(f Hrz N), Ns(S), s Bw Rh(ORh SW) He(f NW SW W) Nw(NO SO) Sa(SW W) Bb Ns(S Hrz) Mv Sh; auch ZierPfl (sm/mo-stemp·c2-4EURAS – sogr eros G ♃ AuslRhiz – InB SeB Vw – WiA mit FrK VdA MeA – L5 T7 F6 R8 N7? – V Alno-Ulm., O Prun., V Alliar., V Arct. – reife Beeren essbar, sonst schwach giftig). **Gewöhnliche B., Laternenpflanze, Lampionpflanze – *Ph. alkekengi* L.**

1* Kr gelb mit dunklen Schlundflecken. FrKe hell bräunlichgrün, eifg-kuglig, 2–4 cm lg. Beere gelb. Bla ± herzfg, flaumig-filzig. 0,30–1,00. 7–8. KulturPfl; auch Rud.: Umschlagplätze; Flusskies; [N U] s By Bw Rh He Nw Th Sa An Bb Ns Mv (strop/moWAM – sogr eros ⊙ – V Sisymbr. – Beeren essbar, Obst).
Peruanische B., Kapstachelbeere – *Ph. peruviana* L.

Solanum L. (inkl. *Lycopersicon* MILL.) – Nachtschatten, Kartoffel, Tomate
(1400 Arten)

1 Bla gefiedert od. fiederteilig 2
1* Bla ungeteilt od. höchstens am Grund mit 1–2 Zipfeln 5
2 Kr gelb 3
2* Kr weiß, bläulich od. lila. Fr nicht vom Ke eingeschlossen 4
3 Pfl ohne Stacheln, drüsig behaart. Bla unterbrochen gefiedert. Beeren 2–10 cm ⌀, reif rot od. gelb, vom Ke nicht eingeschlossen, essbar. 0,40–1,50. 5–10. KulturPfl; auch frische Rud.: Müll, Kläranlagen; kiesige Fluss- u. Seeufer, nährstoffanspruchsvoll; [N U] alle Bdl z (Wildarten: trop/moS- u. MAM – eros ⊙ – InB SeB – VdA MeA WaA KlA Wärmekeimer – L8 T8 F? R? N9 – O Bid., V Sisymbr. – Gemüse – Kraut giftig). [*Lycopersicon esculentum* MILL.] **Garten-Tomate – *S. lycopersicum* L.**

3* Stg u. Bla dicht mit bis 1 cm lg, schlanken gelben Stacheln u. von einfachen u. Sternhaaren filzig. Bla tief fiederteilig, Zipfel länglich-verkehrteifg bis fast rundlich. Ke dicht stachlig, die Beere bis zur Reife einschließend. Kr gelb. 0,30–0,60. 6–8. Mäßig trockne Rud.: Schutt, Müll, Umschlagplätze; [N U] s By Bw Rh He Nw Th Sa An Bb Ns Mv Sh (strop-sm·c5-7AM – eros ☉ – in D nicht ausreifend – V Sisymbr., V Polyg. avic.). [*S. cornutum* auct.]
Stachel-N. – *S. rostratum* DUNAL

4 **(2)** Bla 2–7 × 1,5–4 cm, fiederschnittig, Zipfel lineal-länglich. Kr weiß. Beeren etwa 1 cm ⌀, grün u. weiß marmoriert. 0,15–1,00. 6–9. Trockne Rud.: Hafenanlagen; [N U] s By Bw Rh Nw He Sa An Bb Ns Sh (sm/mo-temp·c1-6WAM – eros ☉).
Dreiblütiger N. – *S. triflorum* NUTT.

4* Bla 10–25 × 6–12 cm, unterbrochen gefiedert, Fiedern ± eifg. Kr weiß, bläulich od. lila. Beeren 1,5–3 cm ⌀, hellgrün. Pfl mit Ausläuferknollen. 0,40–1,00. 7–10. KulturPfl; auch frische Rud.: Schutt, Müll; [N 17. Jh. U] alle Bdl z (strop-trop//mo·c3-5WAM – sogr eros G ♃ uAuslKnolle – InB SeB – MeA Sa langlebig – V Sisymbr. – >1000 Sorten – Beeren, Kraut u. Keime giftig!).
Kartoffel – *S. tuberosum* L.

5 **(1)** Pfl halbstrauchig. Stg kletternd. Bla eifg-lanzettlich, ganzrandig, die oberen meist geöhrt, spießfg od. mit 1–2 Fiederzipfeln. Kr violett. Beeren eifg, scharlachrot. 0,30–2,00. 6–8. Moor-, Bruch- u. SumpfW, Gräben, Röhrichte, mäßig trockne Gebüsche, nährstoffanspruchsvoll; g Nw Sa(v SW) An Ns(v Hrz), h Rh He Th Bb Mv Sh, v Alp By(g NM) Bw (m-b·c1-7EURAS – sogr eros HStr, auch Liane WuSpr – InB: Haut- u. Zweiflügler SeB -VdA KlA – L7 T5 F8~ Rx N8 – V Aln., V Salic. alb., V Salic. cin., K Phragm., O Convolv. – früher HeilPfl, giftig! – 24).
Bittersüßer N., Bittersüß – *S. dulcamara* L.

5* Pfl ☉. Bla eifg, ungleichmäßig bis gelappt. Kr weiß, selten lila od. rötlich. Beeren rundlich **6**

6 Ke die reife Beere mindestens zu ⅓ bedeckend. Beeren reif mit Ke u. Stielende abfallend. Pfl bleichgrün, drüsig-zottig, sparrig. **(Artengruppe Argentinischer N. – *S. sarrachoides* agg.)** **7**

6* Ke nur den Grund der Beere bedeckend. Beeren reif sich aus dem Ke lösend, mit 35–55 Sa **8**

7 FrKe die untere Hälfte der Beere bedeckend, seine Zipfel br dreieckig, 2,5–3,5 mm lg. Reife Beeren dunkelgrün bis braunviolett, mit etwa 15–25 braunen Sa. BlüStände meist 4–8blütig. BlaSpreite etwa 2–5 cm lg. Pfl kaum klebrig u. ohne auffallenden Geruch. 0,10–0,60. 6–10. Trockne bis mäßig frische, sandige Rud., Äcker, nährstoffanspruchsvoll; [N 1880] z Rh He Sa An, s By Bw Nw Bb Ns, [U] s Th Mv (austrAM – eros ☉ – L8 T7 F4 R5 N7 – V Pan.-Set., V Sisymbr. – giftig). [*S. sarrachoides* SENDTN. p.p., *S. physalifolium* auct.]
Argentinischer N., Glanzbeeriger N. – *S. nitidibaccatum* BITTER

7* FrKe die ganze Beere bedeckend u. oft überragend, seine Zipfel länglich-dreieckig, 5,5–8 mm lg. Reife Beeren blassgrün, mit 75 blassgelben Sa. BlüStände 3–4blütig. BlaSpreite etwa 4–8 cm lg. Pfl äußerst klebrig u. stark aromatisch riechend. 0,25–0,60. 6–10. Trockne Rud.; [N 1903] s By Bw Rh Nw, [U] s He Bb Ns Mv (austrAM – eros ☉ – V Sisymbr. – giftig).
Saracha-N. – *S. sarrachoides* SENDTN.

8 **(6)** Reife Beeren schwarz, selten grünlichgelb. KeZipfel durch spitze Buchten getrennt, br eifg. BlüStände (10–)15–30 mm lg gestielt, meist 5–10blütig. Staubfäden viel kürzer als die Staubbeutel. Pfl dunkelgrün. **(Artengruppe Schwarzer N. – *S. nigrum* agg.)** **9**

8* Reife Beeren rot od. gelb. KeZipfel durch runde Buchten getrennt, dreieckig. BlüStände 5–15 mm lg gestielt, 3–5blütig. Staubfäden etwa so lg wie die Staubbeutel. **(Artengruppe Gelbbeeriger N. – *S. villosum* agg.)** **10**

9 Pfl spärlich angedrückt flaumig, verkahlend, drüsenlos, Stg nur an den Kanten behaart. Bla geschweift-gezähnt bis ganzrandig. 0,10–0,80. 6–10. Mäßig trockne bis frische, stickstoffreiche Rud.: Wegränder, Schutt, Bahnanlagen; Ackerraine, Weinberge, Äcker, Gärten; [A] g Ns(v Hrz) Sh, h Nw Sa(z SW) An, v By Rh Th Bb Mv, z Bw, s Alp(Chm Brch) (austrb·c1-9CIRCPOL – eros ☉ – InB: Bienen – VdA Sa langlebig – L7 T6 F5 R7 N8 – O Sec. – früher Gemüse – giftig – 72).
Schwarzer N. – *S. nigrum* L.

9* Pfl zumindest oberwärts mit dicht abstehend drüsig-zottig, Stg auch auf der Fläche behaart. Bla meist buchtig gezähnt, wellig. 0,10–0,80. 6–10. Rud.: Schutt, Straßenränder, Bahnanlagen; [N U] z By He, s Bw Rh Nw Th Sa An Bb Ns Mv Sh? (m-sm·c2-7EUR-WAS?) – V

Sisymbr. – 72). [*S. nigrum* subsp. *schultesii* (OPIZ) WESSELY]

Täuschender N. – *S. decipiens* OPIZ

10 (8) Stg schmal geflügelt, Flügel von Zähnchen stark rau, zerstreut behaart bis fast kahl, drüsenlos. Pfl dunkelgrün. Beeren mennigrot. Sa weiß. 0,10–0,45. 6–10. Frische bis mäßig trockne Rud.; [N 1826 U] s By Bw Rh He Nw Th Sa An Bb Ns Mv Sh, ↘ (m·c2-6EUR, [N] stemp·c2-4EUR – eros ☉ – InB VdA – L7 T7 F? R? N8 – V Sisymbr. – giftig). [*S. miniatum* WILLD., *S. villosum* subsp. *alatum* (MOENCH) GREMLI]

Rotbeeriger N. – *S. alatum* MOENCH

10* Stg stumpfkantig, glatt, drüsig langhaarig. Pfl gelbgrün. Reife Beeren gelb, selten mennigrot, die braunen Sa durchscheinend. 0,10–0,50. 6–10. Frische Rud.: Schutt, Wegränder; [N 1805] s By Bw Rh He Th Bb, [U] s Nw Sa An Ns Mv Sh (m-sm·c1-7EUR-WAS – eros ☉ – L8 T7 F5 R7 N7 – V Sisymbr. – giftig). [*S. luteum* MILL. s.str.]

Gelbbeeriger N., Zottiger N. – *S. villosum* MILL. s.str.

Nicandra ADANS. – **Giftbeere** (3 Arten)

Bla eifg bis länglich, ungleichmäßig spitz gelappt bis grob gezähnt, kahl. Kr 2–4 cm ⌀, hellblau, am Grund weiß. 0,30–1,00. 7–10. ZierPfl; auch Rud.: Umschlagplätze, Wegränder; Maisäcker; [N 1872, oft U] z By Bw Rh Nw Th Sa An Ns, s Bb Mv Sh (strop/moWAM – eros ☉ – InB: Bienen SeB blüht 11–15 Uhr – WiA VdA MeA – L8 T7 F4 R7 N7 – V Sisymbr. – giftig). **Giftbeere – *N. physalodes* (L.) GAERTN.**

Datura L. – **Stechapfel** (9 Arten)

1 Bla, BlüStiele u. Ke samthaarig. Kr 10–18 cm lg. Kapsel nickend. 0,50–1,20. 8–10. ZierPfl, auch Rud.: Müllplätze, Brachflächen, Komposthaufen; [U] s By Bw Rh He Nw Sa Ns (stroptropAM – ☉ – K Sisymbr. **Feinstacheliger S. – *D. innoxia* MILL.**

1* Bla, BlüStiele u. Ke kahl od. zerstreut behaart. Kr 4–10 cm lg. Kapsel aufrecht 2

2 Stacheln der Kapseln bis 15 mm lg, ± dicht stehend. Kr 6–10 cm lg, weiß, selten blauviolett. Stg gabelästig, kahl. Bla eifg, unregelmäßig spitz gelappt bis doppelt gezähnt. 0,30–1,20. 6–10. Mäßig frische Rud.: Schutt, Müll, Wegränder, Umschlagplätze, Brachen, Flussufer, nährstoffanspruchsvoll; [N1584? meist U] v An, z Bw Rh Th Sa Ns, s By He Nw Bb; auch KulturPfl (urspr. stropAM, aber bronzezeitliche Funde aus OEUR?, [N] austr-temp·c1-8CIRCPOL – eros ☉ – InB: Nachtfalter SeB blüht ab 19 Uhr – StA Sa langlebig Wärmekeimer – L8 T6 F4 R7 N8 – V Sisymbr., V Onop. – HeilPfl – giftig! – var. *stramonium*: Kr weiß, Fr stachlig; var. *tatula* (L.) TORR. [var. *chalybea* W.D.J. KOCH]: Kr u. Stg blauviolett, Fr stachlig; var. *inermis* (JACQ.) SCHINZ et THELL: Kr blauviolett, Fr nicht stachlig; var. *godronii* DANERT: Kr weiß, Fr nicht stachlig). **Weißer S. – *D. stramonium* L.**

2* Stacheln der Kapseln bis 30 mm lg, locker stehend. Kr 4–6 cm lg, weiß. Kapsel 5–8 cm lg. 0,30–1,40. 6–9. Rud.; [U] s By Nw Sa Ns Mv (strop-tropOAS? – ☉ – K Sisymbr.)

Furchtbarer S. – *D. ferox* L.

Nicotiana L. – **Tabak** (95 Arten)

1 Kr grünlichgelb, Röhre 12–18 mm lg. Bla eifg, stumpf, untere gestielt. 0,60–1,20. 6–9. KulturPfl; auch Rud.; [N U] s By Bw Rh He Nw Th Sa An Bb Ns Mv (trop-stropWAM, wohl entstanden aus *N. paniculata* L. u. *N. undulata* RUIZ et PAV., beide Peru – hros ☉ – V Sisymbr. – giftig!). **Bauern-T. – *N. rustica* L.**

1* Kr rot, rosa od. weiß, Röhre 35–55 mm lg. Bla länglich-lanzettlich, zugespitzt, untere herablaufend. 0,75–3,00. 6–9. KulturPfl; auch frische Rud.: Schutt; [N U] s By Bw Rh He Nw An Bb Ns Mv Sh (entstanden aus *N. sylvestris* SPEG. et COMES u. *N. tomentosiformis* GOODSPEED, beide austr-stropWAM – hros ☉ – InB: Falter Vw – StA Licht-Wärmekeimer Sa langlebig – giftig!!). **Virginischer T. – *N. tabacum* L.**

OLEACEAE

Familie *Oleaceae* HOFFMANNS. et LINK – Ölbaumgewächse
(25 Gattungen/615 Arten)

Bäume, Sträucher. Bla gegenständig, gefiedert od. ungeteilt, ohne NebenBla. Blü ♂ od. 1geschlechtig, radiär, 4(–6)zählig. KrBla verwachsen, selten frei od. fehlend. StaubBla 2. FrKn oberständig, 2fächrig. Griffel 1. Narbe 2lappig. Beere, SteinFr, Kapsel, Nuss.

1 Baum. Bla meist unpaarig gefiedert. Kr fehlend od. freiblättrig, weiß. Geflügelte Nuss.
  Esche – *Fraxinus* S. 677
1* Strauch. Bla meist ungeteilt, selten bis fiederschnittig od. 3zählig. Kr vorhanden, verwachsenblättrig, gelb, lila bis rot od. weiß. Kapsel od. SteinFr 2
2 Bla gesägt, zuweilen ± 3zählig. Kr gelb, mit kurzer Röhre. Blü vor den Bla erscheinend. Kapsel. **Forsythie – *Forsythia* S. 677**
2* Bla ganzrandig, selten gelappt bis fiederschnittig. Kr nicht gelb, mit relativ langer Röhre
  3
3 Bla lanzettlich bis elliptisch od. eifg-elliptisch, <3 cm br. Kr weiß. Schwarze SteinFr.
  Liguster – *Ligustrum* S. 678
3* Bla herzfg bis eifg, >4 cm br. Kr lila, violett, rot od. weiß. Kapsel.
  Flieder – *Syringa* S. 678

Forsythia VAHL – Forsythie, Goldweide (9 Arten)
Bla einfach, schmal eifg bis lanzettlich, selten 3zählig. Kr gelb, 4zipfig. 1,50–3,00. 4–5. Ziergehölz; auch [N U] s, z. B. By Bw Sa An (Gartenhybride, Eltern OAS – sogr Str BogenTr – seltener auch die Elternarten als ZierStr). [*F. suspensa* (THUNB.) VAHL × *F. viridissima* LINDL.]   **Hybrid-F. – *F.* ×*intermedia* ZABEL**

Fraxinus L. – Esche (45–65 Arten)
1 Knospen (silbrig- bis bräunlich-)grau. BlüHülle doppelt. Kr weiß. Blü mit den Bla erscheinend, ♂ u. ⚥, in endständigen, am Grund beblätterten Rispen. BlaFiedern 5–9, gestielt, eifg-lanzettlich bis elliptisch. 5,00–10,00. 4–6. Parkbaum; auch Pioniergehölz auf Felssteilhängen u. ehemaligen Weinbergen; [N] s By Bw Rh Nw Th Ns, [U] s He Bb Mv (m-sm·c3-4EUR – sogr B – InB andromonözisch – WiA – L(5) T8 F3 R8 N3? – V Berb. – VolksheilPfl: Siebröhrensaft liefert „Manna"). **Blumen-E., Manna-E. – *F. ornus* L.**
1* Knospen braun od. schwarz. BlüHülle fehlend od. einfach (nur Ke). Blü vor den Bla erscheinend, ♂, ♀ od. ⚥, in seitenständigen, unbeblätterten Rispen 2
2 Knospen schwarz (bis bräunlichschwarz). Gesamte BlüHülle fehlend. Fr abgeflacht, ihr Flügel etwa 7–10 mm br. BlaFiedern 7–13(–15), ungestielt, länglich-eifg bis länglich-lanzettlich, 1,5–4 cm br. 10,00–40,00. 4–5. AuenW, frische bis feuchte LaubmischW, auch trockne, steinige HangW, nährstoffanspruchsvoll; alle Bdl g; auch Forst-, Park- u. Straßenbaum (sm/mo-temp·c1-5EUR – sogrB – WiB triözisch Vw – WiA: Wintersteher Kältekeimer – L(4) T5 Fx R7 N7 – V Alno-Ulm., V Til.-Acer., V Carp. – HeilPfl).
  Gewöhnliche E. – *F. excelsior* L.
2* Knospen braun. Ke auch noch an der Fr vorhanden. Fr spindelfg, ihr Flügel etwa 4–6 mm br. BlaFiedern 5–7(–9), fast stets deutlich gestielt, schmal eifg bis eilanzettlich, 3–7 cm br
  3
3 Fiedern useits weißlichgrün, mit Papillen (Lupe!), 5–13 mm lg gestielt. Junge Zweige stets kahl. Endknospe stumpf, meist breiter als lg. BlaNarben die Seitenknospen sichelfg umfassend. FrFlügel die Nuss nur an der Spitze umfassend. 10,00–30,00. 4–5. Zier- u. Forstbaum; auch [N U] s Bw Sa Bb (m-temp·c1-5OAM – sogr B – WiB diözisch – WiA).
  Weiß-E. – *F. americana* L.
3* Fiedern useits grasgrün, ohne Papillen (Lupe!), 1–7 mm lg gestielt. Junge Zweige meist behaart. Endknospe spitz, meist länger als br. BlaNarben die Seitenknospen nicht umfassend, oberer Rand gerade. FrFlügel bis zur Mitte der Nuss herablaufend. 10,00–25,00. 4–5. Zier- u. Forstbaum; [N] z An, s By Bw He Sa Bb Ns Mv, [U] s Rh Nw, ↗ (m-temp·c1-8OAM – sogr B -WiB diözisch – WiA Kältekeimer – V Alno-Ulm.).
  Rot-E., Pennsylvanische E. – *F. pennsylvanica* MARSHALL

Syringa L. – **Flieder** (20 Arten)
Bla am Grund herzfg, wie die jungen Triebe kahl. 2,00–8,00. 4–5. Ziergehölz; auch Felsen u. Mauern, trockne, steinige Gebüsche; [N 16. Jh.] z By Bw Rh He Nw Th Sa An Ns Bb, s Mv Sh, [U] s Alp (sm·c3-4SOEUR, [N] stemp·c2-3EUR – sogr Str/StrB uAusl – lnB SeB – WiA Kältekeimer – L7 T8 F? R? N7 – V Berb. – auch andere Arten u. Bastarde aus Asien als ZierStr). **Gewöhnlicher F. – *S. vulgaris* L.**

Ligustrum L. – **Liguster** (50 Arten)
1 KrRöhre etwa so lg wie die KrZipfel. Junge Achsen behaart. Bla länglich-lanzettlich bis lanzettlich, überwiegend sommergrün. 0,50–5,00. 6–7. Lichte Gebüsche, Wälder u. ihre Ränder, kalkhold; h Alp By Bw He Th An(z Elb N O), v Rh(g ORh), z Nw Sa Ns, s Bb(MN: ob heimisch?), [N] z Mv, s Sh; auch Ziergehölz: Hecken (m/mo-stemp·c1-4EUR, [N] ntemp·c1-4EUR – teiligr Str – lnB SeB – VdA – L7 T6 F4 R8 N3? – O Prun., O Querc. pub., V Carp., V Eric.-Pin. – Beeren giftig).
Gewöhnlicher L., Rainweide – *L. vulgare* L.
1* KrRöhre etwa 3mal so lg wie die KrZipfel. Junge Achsen kahl. Bla eifg-elliptisch bis elliptisch-lanzettlich, überwiegend wintergrün. 1,00–5,00. 6–7. Ziergehölz: Hecken; [N U] s By Bw Rh He Nw Mv Sh (sm-temp·c1-2OAS – igr Str – lnB – VdA Kältekeimer – Beeren giftig?).
Japanischer L. – *L. ovalifolium* HASSK.

Familie ***Plantaginaceae*** Juss. s. l. (inkl. ***Gratiolaceae***, ***Globulariaceae***, ***Callitrichaceae***, ***Hippuridaceae***) – **Wegerichgewächse** i. w. S. (90 Gattungen/1900 Arten)

Die Familie umfasste ursprünglich in D nur *Plantago* – Wegerich u. *Littorella* – Strandling. Durch die Einbeziehung eines großen Teils der *Scrophulariaceae* s. l. – Braunwurzgewächse u. die vollständige Eingliederung der kleinen Familien *Gratiolaceae* – Gnadenkrautgewächse, *Globulariaceae* – Kugelblumengewächse, *Callitrichaceae* – Wassersterngewächse u. *Hippuridaceae* – Tannenwedelgewächse aufgrund molekularphylogenetischer Befunde wurde sie stark erweitert u. damit morphologisch heterogen, denn diese Gruppen weichen infolge Spezialisierung in Lebensform u. Bestäubungsökologie stark voneinander ab.

In D nur Kräuter od. (Zwerg-)Halbsträucher; Land- od. WasserPfl. Bla wechsel- od. gegenständig, selten quirlig, ohne NebenBla, meist ungeteilt, selten fiederteilig. Blü in Ähren, Köpfchen, Trauben, Thyrsen od. einzeln. Blü meist zwittrig, selten 1geschlechtig. Kr verwachsenblättrig, 5- od. 4zählig, meist dorsiventral, oft 2lippig, seltener radiär od. fehlend. StaubBla meist 4, selten 2 od. 1. FrKn meist oberständig u. 2blättrig, selten unterständig u. 1blättrig. Griffel 2 od. 1. Fr eine meist 2fächrige, selten 4fächrige Kapsel (auch Loch- od. Deckelkapsel), 1samige Nuss, selten SteinFr, Beere od. SpaltFr aus 4 steinfruchtartigen Klausen.

1 WasserPfl, auch Landformen auf Schlamm. Blü 1geschlechtig od. ♂. StaubBla 1 od. 4 .... **2**
1* LandPfl. Blü ☿. StaubBla 2 od. 4; wenn Wasser- od. Schlammpflanze, dann StaubBla 2 .... **4**
2 Alle Bla rosettig, schmal-linealisch (Abb. **679**/1). StaubBla 4. Ke u. Kr vorhanden. FrKn oberständig. Fr eine 1samige Nuss. BlüStand mit 1 lg gestielten ♂ Blü u. 2–3(–10) an ihrem Grund sitzenden, später gestreckten ♀ Blü (Abb. **679**/1). **Strandling – *Littorella*** S. 694
2* Nicht alle Bla rosettig, StaubBla 1 .... **3**
3 TauchBla gegenständig, linealisch, Schwimm- u. LuftBla rosettig, ungeteilt, eifg bis schmal elliptisch od. spatelig, ganzrandig (Abb. **679**/2). Blü 1geschlechtig, zu 1–2 achselständig, meist mit 2 sichelfg VorBla unterhalb der Blü. BlüHülle fehlend. FrKn oberständig, durch eine echte u. eine falsche Scheidewand 4fächrig. Griffel 2. Fr in 4 1samige, steinfruchtartige TeilFr (Klausen) zerfallend. **Wasserstern – *Callitriche*** S. 694
3* Tauch- u. LuftBla zu 6–15 quirlig, schmal-linealisch (Abb. **679**/3). Blü meist ☿. Ke saumfg, Kr fehlend. FrKn unterständig. Griffel 1. 1samige SteinFr.
Tannenwedel – *Hippuris* S. 697

PLANTAGINACEAE 679

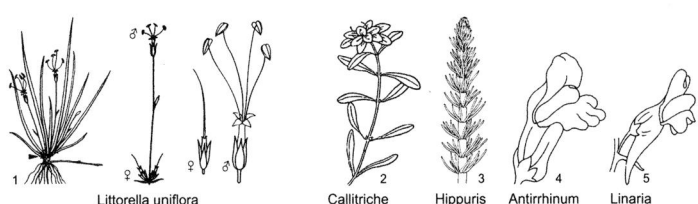

Littorella uniflora   Callitriche   Hippuris   Antirrhinum   Linaria

4 (1) Blü in Köpfen; DeckBla vorhanden. Bla ± ledrig. Kr schwach dorsiventral, KrZipfel linealisch. StaubBla 4. Griffel 1; Narbe 2lappig. 1samige Nuss, vom bleibenden Ke umhüllt.
Kugelblume – *Globularia* S. 692
4* Blü in Ähren, Trauben, Thyrsen, Rispen od. einzeln 5
5 Kr radiär, trockenhäutig, weißlich, gelblich od. bräunlich. Blü in Ähren. StaubBla 4. Fr eine Deckelkapsel. **Wegerich – *Plantago*** S. 692
5* Kr ± dorsiventral, nicht trockenhäutig, auffällig gefärbt. Fr eine sich mit Klappen, Zähnen od. Poren öffnende Kapsel 6
6 StaubBla 2 7
6* StaubBla 4. Ke 5teilig 8
7 Staminodien fehlend. Kr radfg (Abb. **684**/1) od. KrRöhre <4 mm lg. Kr meist blau bis lila, seltener weiß od. rosa. Ke meist 4teilig. **Ehrenpreis** i. w. S. – ***Veronica*** s. l. S. 683
7* 2 Staminodien vorhanden. KrRöhre >8 mm lg, gelblich. Kr weiß bis schwach lilarosa überlaufen, purpurn geadert, 10–20 mm lg. Ke 5teilig. **Gnadenkraut – *Gratiola*** S. 680
8 (6) Kr ohne Sporn od. sackartigen hohlen Höcker, Unterlippe ohne einen Schlundwulst (hohle Ausstülpung) od. dieser nur undeutlich u. dann DeckBla gegenständig. KrSaum undeutlich 2lippig 9
8* Kr am Grund mit Sporn (Abb. **679**/5) od. sackartigem hohlem Höcker (Abb. **679**/4), ihr Schlund oft durch eine Ausstülpung der Unterlippe geschlossen; wenn ohne einen solchen hohlen Schlundwulst (s. **13**), dann deutlich gespornt. DeckBla der Blü wechselständig. (Tribus *Antirrhineae*) 10
9 Bla wechselständig, die unteren rosettig. BlüStiel ohne VorBla. Kr 20–60 mm lg. Alle 4 StaubBla fruchtbar. **Fingerhut – *Digitalis*** S. 682
9* Bla gegenständig, die unteren nicht rosettig. BlüStiel dicht unter dem Ke mit 2 VorBla. Kr 7–20 mm lg. Nur 2 StaubBla fruchtbar, die 2 anderen zu Staminodien verkümmert.
Gnadenkraut – *Gratiola* S. 680
10 (8) Stg niederliegend od. hängend, dünn, schlaff. BlaSpreite höchstens 2mal so lg wie br. Blü einzeln achselständig, lg gestielt 11
10* Stg aufrecht, seltener niederliegend bis aufsteigend. Bla sitzend od. in den br Stiel allmählich verschmälert, Spreite mindestens 3mal so lg wie br. BlüStand: Traube od. Ähre 13
11 Kr ungespornt, 25–40 mm lg, mit sackartigem, hohlem Höcker (Schlundwulst). Pfl drüsig zottig. BlaSpreite ei-herzfg bis nierenfg, fingernervig. **Asarine – *Asarina*** S. 680
11* Kr gespornt, samt Sporn 7–15 mm lg 12
12 Pfl drüsig-weichhaarig. BlaSpreite ± eifg, ungeteilt, fiedernervig, ihr Stiel kürzer als die Spreite. BlüStiel (7–)10–20 mm lg. KrOberlippe innen violett, Unterlippe hellgelb.
Tännelkraut – *Kickxia* S. 681
12* Pfl kahl. BlaSpreite rundlich-nierenfg, 3–7lappig, fingernervig, BlaStiel länger als die Spreite.
Zimbelkraut – *Cymbalaria* S. 681
13 (10) GrundBla rosettig, verkehrteifg bis spatelfg, unzerteilt, grob unregelmäßig gezähntgesägt; StgBla handfg 5–7schnittig mit (schmal-)linealischen Abschnitten. KrSchlund offen.
Lochschlund – *Anarrhinum* S. 681
13* Bla nicht in Rosette, alle linealisch bis verkehrteilanzettlich, ganzrandig. KrSchlund durch einen hohlen Schlundwulst ± geschlossen 14
14 Kr gespornt (Abb. **679**/5) 15
14* Kr am Grund mit sackartigem hohlem Höcker (Abb. **679**/4) 16

15 Pfl drüsig behaart. Kr den Ke wenig überragend. **Klaffmund** – *Chaenorhinum* S. 680
15* Pfl kahl, höchstens BlüStand drüsenhaarig. Kr den Ke weit überragend.
Leinkraut – *Linaria* S. 681
16 (14) Kr (8–)10–15 mm lg, das DeckBla nicht überragend. Ke länger als Kr u. Kapsel.
Katzenmaul – *Misopates* S. 680
16* Kr 25–45 mm lg, das DeckBla weit überragend. Ke kürzer als Kr u. Kapsel (Abb. **679**/4).
Löwenmaul – *Antirrhinum* S. 680

Gratiola L. – **Gnadenkraut** (20 Arten)
1 Pfl kahl. BlüStiele kürzer als die DeckBla. Kr 10–18 mm lg. 0,15–0,40. 6–8. Wechselfeuchte bis nasse, zeitweilig überflutete lückige Röhrichte, Flutrasen, Sumpf- u. Moorwiesen, basenhold; z Bb(f SW) Ns(Elb, sonst s), s By(MS NW O S) Bw(S ORh SW) Rh(f M SW W) Nw(MW) Sa(f SW) An(f S W) Mv(f N M MO) Sh(SO M), † He ↘ (m-temp·c2-6EUR-WAS – sogr eros H ⚃ uAuslRhiz – InB: Wildbienen – WaA Dunkelkeimer? Sa langlebig – L7 T7 F8~ R7 N4? – V Cnid., O Phragm., V Agrop.-Rum. – VolksheilPfl – giftig – ▽).
Gottes-G. – *G. officinalis* L.
1* KrRöhre, Ke, BlüStiele u. Stg im oberen Teil drüsig behaart. BlüStiele zumindest zur FrReife länger als die DeckBla. Kr 7–12 mm lg. 0,05–0,30. 5–9. Nasse, zeitweilig überflutete, offene, schlammig-kiesige Böden u. Ränder von Teichen u. Tümpeln; [N U] s By(MS: Deuringer Heide) Bb(MN: Falkenberg) (m-temp·c1-6NAM – eros ⊙ – V Nanocyp.).
Übersehenes G. – *G. neglecta* Torr.

Antirrhinum L. – **Löwenmaul** (20 Arten)
Kr drüsig flaumig, verschiedenfarbig, Schlundwulst meist gelb. 0,30–0,70. 6–9. ZierPfl; auch Felsspalten, Mauern; [N] z By Bw Rh Nw Sa An, s He Th, [U] s Bb Ns Mv Sh (m-sm·c1-2EUR – eros ⊙/igr eros C kurzlebig HStr WuSpr – InB: Hummeln SeB – StA KlA MeA – L7 T7 F5? R7? N6? – V Cent.-Pariet. – früher HeilPfl). **Garten-L.** – *A. majus* L.

Chaenorhinum (DC.) Rchb. s. l. [inkl. *Microrrhinum* (Endl.) Fourr.] –
Klaffmund, Orant (21 Arten)
1 KrBla an Spitze abgerundet. Bla lineal-lanzettlich. Kr 5–12 mm lg, gelblich-weißlich bis hell lila, Schlundwulst gelblich, Sporn lila. 0,05–0,25. 6–10. Lehmige, oft skelettreiche Äcker, Weinberge, mäßig frische Rud.: Wegränder, Schutt, Bahnanlagen, Schotterfluren, kalkhold; [A?] h Bw Rh He Nw Sa An(z N O), v By Th, z Alp Bb Ns Mv Sh (m/mo-temp·c1-4EUR, [N] OAM – eros ⊙ – SeB – WiA Sa langlebig – L8 T6 F4 R8 N5 – V Caucal., V Ver.-Euph., V Sisymbr. – 14). [*Linaria minor* (L.) Desf., *Microrrhinum minus* (L.) Fourr.]
Klaffmund, Kleiner O. – *Ch. minus* (L.) Lange
1* KrBla an Spitze ausgebuchtet. Bla eifg-rundlich. Kr 8–22 mm lg, hell- bis dunkellila, Schlundwulst gelblich od. weißlich. 0,10–0,40. 7–10. ZierPfl, auch Rud., Mauern; [N U] s By Bw Nw Th Ns (m-sm·c2WEUR – ⚃ – V Potent. caul., O Sisymbr.)
Dostblättriger K. – *Ch. origanifolium* (L.) Kostel.

Misopates Raf. – **Katzenmaul** (7 Arten)
Bla linealisch bis lineal-lanzettlich. BlüStiel 2–4 mm lg. Kr ± kräftig purpurrosa, dunkler geadert. 0,10–0,30. 7–10. Sandige bis lehmige Äcker, Weinberge, Brachen, trockne bis frische Rud.: Kiesgruben, Bahnschotter, kalkmeidend; [A] v Rh, z By(f S) Bw He Nw Th Sa An Ns Sh, s Bb(f Od) Mv(f MO), ↘ (m-temp·c1-4EUR-(WAS), [N] AM, AFR – eros ⊙ – InB: Bienen – WiA MeA – L7 T7? F5 R5 N5 – O Aper., V Sperg.-Oxal., V Dauc.-Mel.). [*Antirrhinum orontium* L.]
Gewöhnliches K., Ackerlöwenmaul, Großer Orant – *M. orontium* (L.) Raf.

Asarina Mill. – **Asarine** (1 Art)
Stg kriechend. Kr blassgelb, rosa gestreift, bis auf den Schlundwulst kahl, dieser tief gelb. 0,10–0,50 lg. 7–9. Mauern, Felsen; [N 18. Jh.] s Sa, [U] s Nw Th Bb; auch ZierPfl (sm/mo-

stemp·c1-2EUR – igr eros H ⚃ – InB – V Potent. caul.). [*Antirrhinum asarina* L.]
Asarine, Kriechendes Löwenmaul – *A. procumbens* MILL.

Cymbalaria HILL – **Zimbelkraut** (9 Arten)
Blü u. Bla lg gestielt. Kr hellviolett, mit gelbem Schlundwulst. BlaUSeite oft purpurn. 0,10–
0,40 lg. 6–9. ZierPfl; auch mäßig frische (bis feuchte) Mauerfugen (bes. alte Bauwerke) u. Felsspalten, kalkstet; [N] v Rh Nw Sa, z Alp By Bw He Th An Bb Ns Mv Sh (sm/mo·c3EUR, [N] m/mo-temp·c1-3EUR+AM – igr eros H ☉ bis kurzlebig ⚃ – InB: Bienen SeB – SeA: Fr in Spalten gesteckt Dunkelkeimer – L7 T7? F6 R8 N5? – V Potent. caul.).
[*Linaria cymbalaria* (L.) MILL.] **Mauer-Z. – *C. muralis* G. GAERTN. et al.**

Kickxia DUMORT. – **Tännelkraut** (9 Arten)
1 Mittlere BlaSpreiten spießfg, obere pfeilfg. BlüStiele nur unter der Blü behaart, sonst kahl. Kr mit Sporn 7–10 mm lg. Sporn fast gerade. 0,08–0,40. 6–10. Lehmige bis tonige Äcker (bes. Stoppelfelder), Rud.: Wegränder, Brachen, basenhold; [A] v He(MW), z By(f S) Bw(f Alb) Rh Nw Th(Bck NW O S) An Ns(f Elb N), s Sa Bb(SO Elb NO) Mv(N M) Sh(O), ↘ (m-temp·c1-4EUR – eros ☉ – SeB – MeA Sa langlebig Wärmekeimer – L7 T6 F4 R7 N3 – V Caucal., V Sisymbr.). [*Linaria elatine* (L.) MILL.] **Spießblättriges T., Echtes T. – *K. elatine* (L.) DUMORT.**
1* Alle BlaSpreiten am Grund abgerundet bis schwach herzfg. BlüStiele zottig. Kr mit Sporn 10–15 mm lg. Sporn gebogen. 0,08–0,40. 7–9. Lehmige bis tonige Äcker (bes. Stoppelfelder), Brachen, kalkhold; [A] z By(f S) Bw Rh He(f NW) Th(f Hrz Rho Wld) An(f Hrz N O) Ns(M S), s Nw Sa(W), [U] s Mv Sh, ↘ (m-stemp·c1-4EUR, [N] AM – eros ☉ – SeB, auch unterirdisch kleistogam – MeA Sa langlebig – L7 T7 F4 R7 N3 – V Caucal.). [*Linaria spuria* (L.) MILL.] **Eiblättriges T., Unechtes T. – *K. spuria* (L.) DUMORT.**
Hybride: *K. elatine* × *K. spuria* = *K.* ×*confinis* (LACROIX) SOÓ – z?

Anarrhinum DESF. – **Lochschlund** (8 Arten)
BlüStiel 1–2 mm lg. Kr 3–4 mm lg, hellviolett; Schlundwulst undeutlich. Sporn nach vorn gerichtet. FrKapsel kuglig-herzfg, 2 mm ⌀. 0,25–0,70. 6–8. Mäßig frische Felsspalten, Steinschutt, steinige Äcker, kalkmeidend; z Rh(M W SW), [U] † By(NM), ↘ (m-stemp·c1-2EUR – igr? hros ☉ ⚃ PfWu – L8 T7 F4 R4? N3? – V Galeops. seget.).
Gänseblümchen-L. – *A. bellidifolium* (L.) DESF.

Linaria MILL. – **Leinkraut, Frauenflachs** (ca. 150 Arten)
[N lokal] **Purpur-L. – *L. purpurea* (L.) MILL.:** Kr 9–12 mm lg, rotviolett bis rosa. Blü ∞ in lg, dichter Traube. Untere Bla quirlig. Pfl straff aufrecht, 0,40–0,80. 6–9. ZierPfl, auch trockne Rud.; [N, meist U] s By Bw He Nw Sa Bb Ns (m·c3EUR – ⚃ WuSpr).

1 Kr hellgelb, mit orangefarbenem Schlundwulst 2
1* Kr bläulich od. violett, wenn gelblichweiß, dann Oberlippe violett geadert 5
2 Bla eifg bis schmal lanzettlich, (2–)5–20(–40) mm br, 1,5–8(–10)mal so lg wie br, mit abgerundetem bis schwach herzfg Grund sitzend, 3–7nervig 3
2* Bla lineal-lanzettlich bis linealisch-pfriemlich, 0,5–5(–8) mm br, mindestens 10mal so lg wie br, mit verschmälertem Grund sitzend, 1(–3)nervig 4
3 Kr mit Sporn 12–22 mm lg, Sporn 5–12 mm lg. Bla 2–10(–15) mm br, 4–10mal so lg wie br. 0,30–1,00. 6–10. Rud. Sand- u. Silikattrockenrasen, trockne Rud.: Hafenanlagen, Straßenböschungen; [N] s By Bw He Nw Sa An, [U] s Th Bb Ns Mv Sh (m-sm·c3-6EUR-WSIB, [N] OAM – sogr eros G ⚃ WuSpr – InB: Bienen – MeA – V Conv.-Agrop., V Dauco-Mel.).
Ginsterblättriges L. – *L. genistifolia* (L.) MILL.
3* Kr mit Sporn (20–)30–40(–50) mm lg, Sporn 12–20 mm lg. Bla 9–20(–40) mm br, 1,5–4mal so lg wie br. 0,30–1,00. 6–10. ZierPfl; auch Straßenböschungen; [N U] s By Bw Rh He Th Sa An Bb Mv (m-sm·c3-5OEUR-VORDAS – sogr eros G ⚃ WuSpr – InB: Bienen – MeA – V Conv.-Agrop., V Dauco-Mel.). [*L. genistifolia* (L.) MILL. subsp. *dalmatica* (L.) MAIRE et PETITM.] **Dalmatinisches L. – *L. dalmatica* (L.) MILL.**
4 **(2)** Pfl ⚃, kräftig, mit Wurzelsprossen. Bla linealisch bis lineal-lanzettlich, >1 mm br, alle wechselständig. BlüStiel höchstens so lg wie sein DeckBla. Kr mit Sporn 20–33 mm lg. Sa

scheibenfg, hautrandig. 0,20–0,75. 6–10. Trockne bis mäßig frische Rud.: Wegränder, Schutt, Umschlagplätze, Steinbrüche; Äcker, Waldschläge; alle Bdl g, aber Alp z (m·b·c1-7EURAS, [N] austrCIRCPOL+NAM – sogr eros G/H ⚇ WuSpr – InB: Hummeln, Bienen – StA WiA – L8 T6 F4 R7 N5? – O Onop., O Agrop., O Sisymbr., K Stell., K Epil. ang. – VolksheilPfl – 24). **Gewöhnliches L. – *L. vulgaris* MILL.**
4* Pfl ☉, zart. Bla linealisch-pfriemlich, 0,5–1 mm br, untere meist quirlig. BlüStiel viel länger als sein DeckBla. Kr mit Sporn 15–25 mm lg. Sa prismatisch, ungeflügelt. 0,20–0,60. 5–8. Sandige Äcker, Rud.: Bahnanlagen, Kiesgruben, kalkmeidend; [N 1850 U] s Bw Sa An Bb Mv (m-stemp·c1-2EUR – eros ☉ – InB – MeA: mit Serradella eingeschleppt – V Aphan., V Sisymbr.). **Ruten-L. – *L. spartea* (L.) CHAZ.**
5 (1) Fast alle Bla zu (3–)4 quirlig, lanzettlich bis verkehrteifg-lanzettlich. Stg liegend od. aufsteigend. Kr blauviolett, meist mit orangegelbem Schlundwulst, mit Sporn 12–22 mm lg, Sporn 8–10 mm lg. 0,05–0,10. 6–7. Subalp. bis alp. mäßig frische Steinschuttfluren, auch präalp. Flussschotterfluren, kalkhold; v Alp, s By(S), † Bw(S SO) (sm/alp-stemp/dealp·c2-3EUR – igr eros G/H kurzlebig ⚴ uAusl: HypokotylSpr – InB: Hummeln – WiA – L9 T3 F4 R8 N2 – K Thlasp. rot.). **Alpen-L. – *L. alpina* (L.) MILL.**
5* Höchstens die unteren Bla quirlig. Stg aufrecht. Bla schmal linealisch 6
6 Kr mit Sporn 3–7(–8) mm lg. Sa scheibenfg, geflügelt. Kr blaulila, Schlundwulst weißlich, violett geadert; Oberlippe aufgerichtet; Sporn 1,5–3(–4) mm lg, gebogen. BlüStand drüsig. BlüStiel kürzer als die Ke. 0,15–0,30. 7–9. Sandige bis lehmige, lockere Äcker, Rud., kalkmeidend; [A] s By(f S) Rh(MRh M N) He(W) Ns(M, ob noch?), † Bw Nw Th Sa An Bb Mv Sh, ↘ (m-stemp·c1-2EUR – eros ☉ – SeB – WiA MeA – L6 T7 F5 R7 N5? – O Aper., V Sisymbr.). **Acker-L. – *L. arvensis* (L.) DESF.**
6* Kr mit Sporn >8 mm lg. Sa 3kantig, ungeflügelt 7
7 Pfl ⚴, mit Ausläufern, kahl. Kr bläulich- od. gelblichweiß, dunkelviolett längsgestreift, Schlundwulst gelb. BlüStiel etwa so lg wie der Ke. 0,20–0,60. 7–8. Mäßig frische bis mäßig trockne Rud.: Wegränder, Bahnanlagen, Waldlichtungen, kalkmeidend; s Bw(ORh SW) Rh(SW ORh W), [N] z Nw Th(f Hrz O Rho), s By He(ORh) An Ns, [U] s Sa Bb Mv Sh, ↗ (sm-stemp·c1-2EUR, [N] ntemp c1-3EUR – sogr eros H/G ⚴ WuSpr – InB – WiA – L7 T6 F4 R4 N6? – V Dauco-Mel., O Orig., V Epil. ang.). [*L. striata* (LAM.) DC., *L. monspessulana* (L.) MILL.] **Streifen-L. – *L. repens* (L.) MILL.**
7* Pfl ☉, ohne Ausläufer, im BlüStand etwas drüsig. Kr violett, rosa, rötlich, gelblich, weiß od. zweifarbig, ohne deutliche dunklere Längsstreifen. BlüStiel etwa doppelt so lg wie der Ke. 0,30–0,70. 6–10. ZierPfl, auch Rud.; [U] s Bw Sa An Ns (m·c4-7NAFR – ☉ – O Sisymbr.) **Marokkanisches L. – *L. maroccana* HOOK. f.**

Meist dürfte es sich bei den Nachweisen um in Kultur gezüchtete Hybriden von *L. maroccana*, *L. bipartita* (VENT.) WILLD. u. *L. incarnata* (VENT.) SPRENG. handeln. Entsprechendes Samenmaterial ist in Saatgutmischungen für Wildblumenwiesen vielfach enthalten u. wird unter dem Namen *L. maroccana* verkauft.

Hybriden: *L. arvensis* × *L. vulgaris* = ? – s, *L. repens* × *L. vulgaris* = *L.* ×*sepium* ALLMAN – s

Digitalis L. – Fingerhut (22 Arten)

1 Mittelzipfel der Unterlippe etwa so lg wie die KrRöhre, diese kuglig aufgeblasen, weißlich u. dicht rostbraun netzadrig. Traube allseitswendig, drüsig lg weißwollig. Stg im unteren Teil kahl. 0,50–1,20. 6–7. KulturPfl; auch Rud.: Steinbrüche; [N] s Rh He Sa An, [U] s By Bw Th (sm·c3-4OEUR – igr hros ☉ – InB Vm – StA MeA – HeilPfl – giftig!). **Wolliger F. – *D. lanata* EHRH.**
1* Mittelzipfel der Unterlippe <½ so lg wie die KrRöhre, diese glockig-bauchig od. röhrig. Traube einseitswendig 2
2 Kr purpurn, selten weiß, innen dunkelrot gefleckt. Bla eifg bis länglich-eifg, runzlig, gekerbt, useits wie der Stg graufilzig. 0,70–1,50. 6–8. Frische bis mäßig trockne Waldschläge, aufgelichtete Laub- u. NadelW, Nadelholzforste, an Waldwegen, kalkmeidend; g Nw, h Rh(z ORh) He Ns, v Bw Th An(g Hrz) z By(f O) Sh, s Alp(f Krw Kch Wtt) Mv, [N] v Sa, z Bb, ↗; auch ZierPfl (m/mo-temp·c1-2EUR, [N] austr+sm-temp·c1-3AM+NEUSEEL+EUR – igr hros ☉, selten H kurzlebig ⚴ Rhizom – InB: Hummeln Vm – StA MeA Lichtkeimer Sa langlebig – L7 T5 F5 R3 N6 – V Epil. ang., V Saroth., V Luz.-Fag., V Querc. rob.-petr. – HeilPfl – giftig! – 56). **Roter F. – *D. purpurea* L.**

2* Kr hellgelb. Bla länglich-elliptisch bis lanzettlich, glatt, gesägt bis entfernt gezähnelt, useits wie der Stg kahl od. kurz rauhaarig 3
3 Kr glockig-bauchig, 30–40 mm lg, innen braun gestreift. Oberlippe stumpf, ± ganzrandig. Stg u. BlaUSeite rauhaarig. 0,40–1,00. 6–8. Frische Waldschläge, aufgelichtete Laub- u. NadelW u. ihre Ränder, an Waldwegen, Trockengebüschsäume, mäßig nährstoffanspruchsvoll; z Alp By Bw Rh He Nw(f MW N) Th Sa(f NO) An, s Bb(f SO Elb) Ns(f N NW), † Mv(M) (m/mo-temp·c3-5EUR – sogr hros H ♃ PleiokRhiz regenerativ WuSpr – InB: bes. Hummeln Vm – StA Lichtkeimer – L7 T4 F5 R5 N5 – V Epil. ang., O Fag., V Querc. rob.-petr., V Ger. sang. – giftig! – ▽). [*D. ambigua* Murray]   **Großblütiger F. – *D. grandiflora* Mill.**
3* Kr röhrig, 15–25 mm lg, innen ohne Zeichnung. Oberlippe spitz 2zipflig. Stg u. Bla (mit Ausnahme des BlaGrundes) meist kahl. 0,50–1,00. 6–8. Frische bis mäßig trockne, skelettreiche Waldschläge, aufgelichtete LaubW, an Waldwegen, basenhold; z Rh, s Bw(f SO S) He(W) Nw(SO SW), [N] s By Th Sa, [U] s An Ns Sh (sm-stemp·c2EUR – igr hros H ♃ Pleiok – InB: bes. Hummeln Vm – StA – L7 T6 F5 R7 N5 – V Atrop., O Orig. – giftig! – ▽).
Gelber F. – *D. lutea* L.

Hybriden: *D. grandiflora* × *D. lutea* = *D.* ×*media* Roth – s, *D. grandiflora* × *D. purpurea* = ? – s, *D. lutea* × *D. purpurea* = *D.* ×*purpurascens* Roth – z

Veronica L. s. l. (inkl. *Pseudolysimachion*) – **Ehrenpreis** (i. w. S.)
(inkl. **Blauweiderich**)   (450 Arten)
Bearbeitung: **Dirk C. Albach**

Die endgültige Länge des Griffels lässt sich unmittelbar nach dem Abblühen, also schon an unreifen Fr feststellen.

[N U lokal 1988–1991]: **Scharfgesägter E. – *V. arguteserrata* Regel et Schmalh.** [*V. bornmuelleri* Haussкn.]: ①. Kr 4–6 mm ⌀, blau, kürzer als die Ke. DeckBla lanzettlich, spitz, die unteren mit 1–2 Zähnen. FrStiele dicht drüsenhaarig. KeBla zur FrZeit stark vergrößert, paarweise am Grund etwas miteinander verwachsen, dicht drüsenhaarig. Sa ausgehöhlt. 0,05–0,30. s Bw(Keu: Stuttgart Gäu: Heilbronn) (m-(sm)·c5-8WAS).

1 Kr trichterfg, schwach 2lippig, ihre Röhre länger als br. Blü meist >40 in dichten, endständigen u. zuweilen zusätzlichen, seitenständigen Trauben od. nahezu Ähren (Abb. **684**/5). Kr blau. (**Blauweiderich – *Pseudolysimachion* = *V.* subg. *Pseudolysimachium*) 2
1* Kr meist radfg (Abb. **684**/1), ihre Röhre höchstens so lg wie br. Blü entweder (scheinbar) einzeln blattachselständig od. in seitenständigen Trauben, wenn in endständiger Traube od. Ähre, dann diese höchstens 40blütig (Abb. **684**/2–4). Fr oft verkehrtherzfg (d. h. an der Spitze mit ± tiefer Ausrandung = Kapselbucht). (**Ehrenpreis** i.e. S. – ***Veronica*** s. str.) 4
2 Pfl meist <40 cm hoch, mit meist nur 1 BlüStand, selten 3–5. BlaSpreite meist 1–5 cm lg, stumpf, meist fein gekerbt, die obersten (verkleinerten) Bla oft wechselständig. KeBla auf der Fläche dicht drüsenhaarig u. am Rand lg abstehend drüsenlos gewimpert. StgHaare waagerecht abstehend, meist drüsig. BlüStiele höchstens 1 mm lg. 0,15–0,40(–0,50). (6–)7–9. Silikat- u. reichere Sandtrockenrasen, Trockengebüschsäume, kalkmeidend; z By(f S) Rh An Bb(f SW) Mv, s Bw(f Gäu NW SW) He(MW O SW W) Th(Bck S) Sa(f SO SW) Ns(f Hrz S), † Nw Sh, ↘; auch ZierPfl u. verwildert (sm-temp·c2-8EUR-WAS – igr hros H ♃ Rhiz – InB: meist Bienen Vw – StA Lichtkeimer – L8 T7 F2 R5 N2 – K Fest.-Brom., O Fest.-Sedet. – *34, 68* – ▽). [*Pseudolysimachion spicatum* (L.) Opiz]
Ähren-B., Heide-E. – *V. spicata* L.
2* Pfl meist >50 cm hoch, mit meist 3–11 BlüStänden. BlaSpreite meist 5–13 cm lg, spitz, scharf gesägt, meist alle Bla gegenständig od. zu 3–4 quirlständig. KeBla meist kahl od. mit (fast) sitzenden Drüsen. StgHaare abwärts gerichtet, alle od. die meisten drüsenlos. BlüStiele 1–4 mm lg 3
3 Stg oben dicht, fast filzig mit 0,2–0,5 mm lg, meist gekräuselten, abwärtsgerichteten, stets drüsenlosen Haaren bedeckt, unten kahl. FrStiele 1–3 mm lg, so lg wie ihr DeckBla od. kürzer, dicht mit oft drüsenlosen, abstehenden bis abwärtsgerichteten Haaren besetzt. DeckBla drüsenlos gewimpert, 3–6 mm lg, linealisch. Griffel (4–)5–8 mm lg. Außer der endständigen Traube weitere 2–3(–6), meist kürzere Trauben in den Achseln der obersten (nur wenig verkleinerten) Bla. 0,50–1,20. 6–8. Feuchte bis wechselnasse, zeitweilig auch über-

flutete Staudenfluren, lichte Röhrichte, Ränder von Bächen, Flüssen u. Gräben, Auengehölzsäume, nährstoffanspruchsvoll; z Nw(MW N, † SW) Sa An Bb(f SW) Ns(h Elb, f MO Hrz) Mv Sh, s Alp(Allg) By Bw(f Gäu NW SW) Rh(f N W) He(f NW ORh), † Th, ∖; auch ZierPfl u. verwildert (sm-b·c2-8EURAS – sogr eros G ♃ PleiokRhiz – InB: Bienen, Schwebfliegen – StA Kältekeimer – L6 T6 F8~ R7 N6 – V Filip., V Mol., V Convolv., V Salic. alb. – 68 – ▽). [*Veronica maritima* L., *Pseudolysimachion maritimum* Á. Löve et D. Löve, *P. longifolium* (L.) Opiz] **Langblättriger B., Langblättriger E. – *V. longifolia* L.**

3* Stg oben mäßig dicht mit 0,1–0,2 mm lg, etwas abwärtsgekrümmten, drüsenlosen u. dazwischen meist etwas längeren, abstehenden, drüsigen Haaren bedeckt, auch unten behaart. FrStiele 2,5–5 mm lg, >1,5mal so lg wie ihr DeckBla, locker bis mäßig dicht mit sehr kurzen (Lupe!) Drüsenhaaren besetzt. DeckBla ebenso behaart, 1–3 mm lg, lanzettlich. Griffel 3–5(–6) mm lg. Außer der endständigen Traube meist weitere 5–10(–12), meist fast gleich lg Trauben in den Achseln von HochBla. 0,50–1,20. 7. Trockenwaldsäume; † Th(Bck: Wandersleben) An(SO: Freyburg, Halle W: Halberstadt) (sm-stemp·c4-7EUR-WAS – sogr eros G ♃ PleiokRhiz – InB: Bienen Vw – StA – L7 T7 F4 R7 N4 – V Ger. sang. – *68*). [*V. paniculata* L., *V. foliosa* Waldst. et Kit., *Pseudolysimachion spurium* (L.) Opiz, *P. paniculatum* (L.) Hartl] ⓕ **Rispen-B., Rispen-E. – *V. spuria* L.**

4 (1) Pfl mit Rosette od. (untere) Bla rosettig gehäuft. Traube meist einzeln (je Rosettenspross). GebirgsPfl in den Alpen 5

4* Pfl ohne Rosette 6

5 Aufrechter Schaft (Traubenstiel) blattlos, gestreckter Stg fehlend; grundständige Bla 8–15 mm lg. Traube scheinbar endständig (tatsächlich seitenständig), 2–6blütig, Stiel 2–5 cm lg. Kr hell lilablau. Blü- u. FrStiel länger als das DeckBla. Dünne, ± unterirdische Ausläufer. 0,03–0,08. 6–8. Subalp. bis alp. frische Steinrasen, auch Gratlagen, kalkstet; v Alp (sm-stemp//alp·c1-3EUR – igr hros/ros H ♃ kurze u/oAusl – InB SeB – L8 T2 F4 R8 N2 – V Sesl., V Elyn., K Salic. herb. – *18*). **Nacktstiel-E., Blattloser E. – *V. aphylla* L.**

5* Aufrechter Stg gestreckt, mit 2(–3) BlaPaaren, StgBla kleiner als die RosettenBla, diese (15–)20–30 mm lg. Traube endständig, 5–15(–20)blütig. Kr dunkelblau. Blü- u. FrStiel viel kürzer als das DeckBla. Grundachse kräftig, halboberirdisch kurz kriechend. 0,05–0,25. 7–8. Alp. mäßig trockne Silikatmagerrasen, kalkmeidend; z Alp(Allg Wtt) (sm-stemp//alp·c2-3EUR – igr hros H ♃ Rhiz – InB SeB – KlA – L8 T2 F3 R3 N3 – O Car. curv., V Nard. – *36*). **Gänseblümchen-E., Maßlieb-E. – *V. bellidioides* L.**

6 (4) BlüStände alle seitenständig, d. h. in den Achseln gegenständiger Bla; Stg an der Spitze oft mit zumindest wenigen Paaren (meist verkleinerter) Bla (Abb. **684**/2) 7

6* Ein endständiger BlüStand vorhanden (Abb. **684**/3), Blü aber oft in den Achseln (wechselständiger) laubblattartiger DeckBla (d. h. Blü einzeln in den Achseln von wechselständigen LaubBla, Abb. **684**/4), dann Stg zuweilen kriechend-weiterwachsend 21

7 Alle od. die meisten Blü mit 5 KeBla, das obere (hintere) KeBla viel kleiner als die übrigen. Pfl ♃. Bla fast sitzend. **(Artengruppe Österreichischer E. – *V. austriaca* agg.)** 8

7* Alle Blü mit 4 KeBla, diese untereinander fast gleich groß 13

8 KeBla kahl od. fein gewimpert (Fläche stets kahl). Kapsel kahl. Pfl aufsteigend. **(Liegender E. i. w. S. – *V. prostrata* L. s. l.)** 9

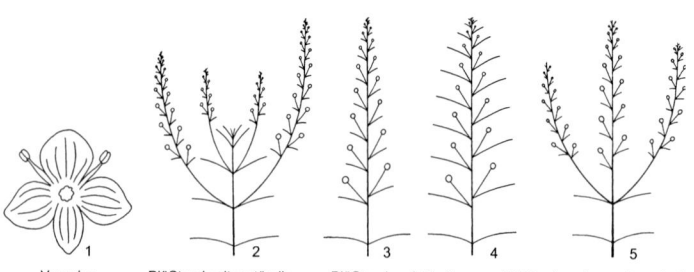

1 Veronica 2 BlüStand seitenständig 3 BlüStand endständig mit HochBla 4 mit LaubBla 5 BlüStand end- u. seitenständig

8* KeBla u. Kapsel meist anliegend kurz krummhaarig **10**
9 Bla (meist auch USeite) dicht sehr kurzflaumig (Haare höchstens 0,2 mm lg). Stg ∞ (oft sternfg ausgebreitet). Trauben (10–)25–40(–60)blütig, vor dem Aufblühen pyramidal. Kr hell(lila)blau, (4–)6–9(–11) mm ⌀. Griffel 3–4,5 mm lg. 0,08–0,20. 4–5. Kont. Trockenrasen, kalkhold; z An Bb(f SO), s Th(Bck) Sa(Elb W) Mv(Elb M), † He(ORh SO SW) Sh, ↘ (sm-stemp·c4-7EUR-WAS – igr eros H ♃ KriechTr – InB selbststeril – StA – L9 T7 F2 R7 N 2 – V Fest. val. – 16). [*V. prostrata* subsp. *prostrata*]
         Liegender E., Niederliegender E. i.e. S. – ***V. prostrata*** L. s.str.
9* Bla fast nur auf dem Mittelnerv der USeite behaart (Haare 0,3–0,5 mm lg). Stg wenige. Trauben (8–)15–20(–30)blütig, vor dem Aufblühen fast eifg. Kr sattblau, (7–)9–12(–14) mm ⌀. Griffel 4–5 mm lg. 0,10–0,25 lg. 4–6. (Kont.) Trocken- u. Halbtrockenrasen, kalkhold; is By(Alb N NW) Bw(f SO ORh SW) Rh(ORh SW), † He (sm-stemp·c2EUR – igr eros H ♃ kurze oAusl – InB – O Fest. val., auch O Brom. erect. – 32). [*V. prostrata* subsp. *scheereri* J.-P. Brandt, *V. scheereri* (J.-P. Brandt) Holub]
         Scheerer-E. – ***V. satureiifolia*** Poit. et Turpin
10 (8) Untere u. mittlere StgBla fiederspaltig bis fiederteilig bis fast gefingert, Abschnitte länglich-dreieckig bis linealisch; obere StgBla weniger tief geteilt bis ungeteilt. Kr satt blau. 0,20–0,50. 5–7. Rud. beeinflusste kont. Halbtrockenrasen; s Bb(NO: Tantow u. Blindow bei Prenzlau) (m-stemp·c4-6EUR – sogr eros H ♃ Pleiok – InB selbststeril – StA AmA – V Cirs.-Brach. – *48*). [*V. austriaca* subsp. *jacquinii* (Baumg.) Eb. Fisch., *V. austriaca* subsp. *austriaca* sensu Fl. Eur.]   **Jacquin-E.** – ***V. jacquinii*** Baumg.
10* Alle StgBla ungeteilt **11**
11 Zumindest die meisten Bla oberhalb der Trauben linealisch, (1–)2–3(–5) mm br, meist ganzrandig, Rand ± deutlich umgerollt; mittlere u. untere Bla mit etwas verschmälertem Grund sitzend bis sehr kurz gestielt, länglich, 5–10(–15) mm br u. 3–7mal so lg wie br. Kr 9–12 mm ⌀, sattblau. Griffel 5–6 mm lg. 0,20–0,40. 5–6. Trocken- u. Halbtrockenrasen, Trockengebüschsäume, kalkstet; s By(f N NW S) Bw(Alb Keu) (sm-stemp·c3-6EUR – sogr eros H ♃ Pleiok – L8 T7 F3 R9 N3 – O Brom., V Cirs.-Brach., V Ger. sang. – *48*). [*V. dentata* F.W. Schmidt, *V. austriaca* subsp. *dentata* (F.W. Schmidt) Watzl]
         Österreichischer E. – ***V. austriaca*** L.
11* Bla oberhalb der Trauben länglich bis eifg, 5–10(–15) mm br, kerbsägig, Rand flach; mittlere u. untere Bla mit br, abgerundetem bis schwach herzfg Grund sitzend, br eifg bis länglich-lanzettlich, 1,5–3mal so lg wie br **12**
12 Pfl niederliegend, <25 cm hoch. Bla (1–)1,5–2(–3) cm lg, eifg bis elliptisch, vorn meist stumpflich bis abgerundet. Kr 10–15 mm ⌀, himmelblau, Griffel 4–5 mm lg. 0,05–0,15 (–0,20). 5–7. Halbtrockenrasen; s Rh(W SW) (sm-stempEUR – V Xerobrom. – 32, 64?). [*V. austriaca* subsp. *vahlii* (Gaudin) D.A. Webb, *V. orsiniana* auct.]
         Schmalblättriger E. – ***V. angustifolia*** (Vahl) Bernh.

Die Populationen in Rh werden in der Florenliste von Deutschland noch als *V. orsiniana* bezeichnet. Jüngste Untersuchungen zeigen jedoch die deutliche Trennung u. Eigenständigkeit dieser ansonsten in Frankreich, West-Schweiz u. Nord-Italien vorkommenden Art.

12* Pfl aufrecht, mindestens 30 cm hoch. Bla 2,5–4(–5) cm lg, eilänglich bis eilanzettlich, vorn ± spitz bis stumpf. Kr 12–18 mm ⌀, tiefblau. Griffel 5–7 mm lg. (0,30–)0,40–0,80. 6–8. Halbtrockenrasen, niedrige Gebüsche u. ihre Säume, kalkstet; z By Bw Rh Nw(f N) Th(Bck S) An, s Alp He Sa(f NO SW) Bb(f SO) Ns(MO Hrz M S) Mv(f Elb SW); auch ZierPfl (sm-temp·c2-6EUR-(WSIB), [N] OAM – sogr eros H ♃ Pleiok – L7 T6 F4 R7 N5 – V Ger. sang., V Berb., O Querc. pub., V Eric.-Pin., V Mesobrom., V Cirs.-Brach. – 48, 64). [*V. latifolia* auct.]   **Großer E.** – ***V. teucrium*** L.
13 (7) Stg u. Bla stets mit ± anliegenden, drüsenlosen Haaren, oft zusätzlich mit meist längeren, abstehenden Drüsenhaaren **14**
13* Stg u. Bla ohne drüsenlose Haare, meist völlig kahl od. (selten) mit kurzen Drüsenhaaren. Auf nassen Standorten **17**
14 Stg an 2 einander gegenüberliegenden Zeilen dichter behaart, dazwischen lockerer behaart bis kahl (Traubenstiele jedoch ringsum gleichmäßig behaart!). Kapsel verkehrtdreieckig, kürzer als die Ke. 0,15–0,30(–0,40). 4–10. Frische bis halbtrockene, auch rud. beeinflusste Wiesen, subalp. Rasen, Staudenfluren, Gebüsch- u. Waldsäume, lichte Wälder, nährstoff-

anspruchsvoll; alle Bdl g (m/mo-b·c1-6EUR-(WAS), [N] NAM, NEUSEEL – igr eros H/C ♃ u/oAusl – InB: bes. Schwebfliegen, Bienen – WaA: Regen AmA – Lichtkeimer – L6-7 Tx F4-6 Rx N5-7 – O Arrh., V Alliar., O Orig., O Prun., O Fag., V Car. ferr., V Adenost., O Brom. erect., V Ger. sang., O Querc. pub. – 16, 32). [*V. chamaedrys* subsp. *vindobonensis* M.A. FISCH.] **Gamander-E. – *V. chamaedrys* L.**
14* Stg ringsum ± gleichmäßig behaart 15
15 Stg aufrecht bis überhängend. Bla mit br, gestutztem Grund (fast) sitzend, die mittleren 5–10 cm lg, br eilanzettlich, spitz, grob scharf gesägt. Kapsel 2–3mal so lg wie die Ke, deutlich ausgerandet, drüsenlos kurzflaumig. BlüStiel 2–3mal so lg wie sein DeckBla. Kr hell purpurrosa. FrStiel auffallend aufwärts gekrümmt. Beblätterte StgSpitze zuweilen fehlend u. durch eine endständige Traube ersetzt. 0,30–0,70. 5–8. Mont. frische bis sickerfrische Laubmisch- u. SchluchtW, Hochstaudenfluren, kalkhold; h Alp, s By(v S, MS O) Bw(f Alb NW ORh) (sm-stemp//mo·c2-4EUR – sogr eros H ♃ uAusl – InB: bes. Bienen – L4 T4 F5 R7 N5 – V Gal.-Abiet., V Luz.-Fag., V Til.-Acer., V Adenost. – *18*). [*V. latifolia* auct.]
Nesselblatt-E. – *V. urticifolia* L.
15* Stg kriechend. Bla deutlich gestielt, Spreite 1,5–4,5 cm lg, stumpf. Kapsel 1–1,5(–2)mal so lg wie die Ke, seicht ausgerandet 16
16 BlaStiel 2–4 mm lg, Spreite eifg bis elliptisch, fein kerbsägig. Traube 15–25blütig. BlüStiel 0,5–2 mm lg, kürzer als sein DeckBla. Kr hell- bis purpurlila. Kapsel verkehrtdreieckig, 4–5 mm br, drüsenhaarig. 0,05–0,10 hoch, 0,15–0,40 lg. 6–8. Mäßig frische bis mäßig trockne Laub- u. NadelW, Waldschläge, Heiden, waldnahe Wegböschungen, kalkmeidend; g He Sa, h Alp By(g NM) Rh Nw Th An Ns, v Bw Bb Mv Sh (sm/mo-b·c1-5EUR, [N] NEUSEEL+AM – igr eros H ♃ kurze oAusl – InB SeB – KlA Hygrochasie Sa langlebig Lichtkeimer – L4 Tx F4 R3 N3 – V Querc. rob.-petr., V Luz.-Fag., V Vacc.-Pic., V Epil. ang., K Nardo-Call. – VolksheilPfl – 36). **Echter E., Wald-E. – *V. officinalis* L.**
16* BlaStiel 7–15 mm lg, Spreite rundlich bis br eifg, grob kerbsägig. Traube 2–8blütig. BlüStiel 4–8 mm lg, länger als sein DeckBla. Kr lilablau bis blasslila, selten hellblau. Kapsel nierenfg, 7–8 mm br, stark abgeflacht, drüsig gewimpert, sonst kahl. 0,05–0,10 hoch, 0,20–0,50 lg. 5–6. (Sicker)feuchte bis frische LaubmischW, an Waldquellen u. -wegen, Waldschläge, Säume, ± kalkmeidend; v Bw Rh He(f ORh) Nw, z Alp By Th Sa An(f O) Ns(h Hrz S) Mv Sh, s Bb(f M SW) (sm/mo-temp/demo·c1-3EUR – igr eros H ♃ kurze oAusl – L3 T5 F7 R5 N6 – O Fag., V Alliar.). **Berg-E. – *V. montana* L.**
17 (13) Trauben wechselständig, lockerblütig, Trauben in den obersten BlaAchseln oft fehlend. Kapsel 5–6 mm br, stark abgeflacht, 2mal so lg wie die Ke; Kapselbucht recht- bis spitzwinklig, etwa ¼ der Kapsellänge tief. Stg schlaff, oft hin u. her gebogen (Spreizklimmer). Bla sitzend, schmal linealisch bis schmal lineal-lanzettlich, spitz, (2–)3–6(–8) mm br, entfernt fein abstehend gezähnelt. Sa 1,2–1,6 mm lg. Kr weiß (selten blassrosa), oft purpurn geadert. Sehr selten ganze Pfl dicht fein drüsenflaumig (var. *pilosa* VAHL), oft Pfl purpurbraun überlaufen. 0,10–0,45. 6–9. Ränder von Teichen, Gräben, Bächen, Altwassern, Quell- u. Flachmoore, lückige Röhrichte, kalkmeidend; v An Ns, z By Bw Rh He(f ORh) Nw Th(h Hrz) Sa Bb Mv Sh, s Alp, ↘ (sm-b·c1-7EUR-WAS+AM, [N] OAS, NEUSEEL – igr? eros H/He ♃ oAusl – InB: bes. Schwebfliegen Vw – WaA Hygrochasie KlA Lichtkeimer – L7 T5 F9= R3 N3 – V Car. lasioc., V Car. elat., O Litt., V Nanocyp. – 18). **Schild-E. – *V. scutellata* L.**
17* Trauben meist gegenständig, dichtblütig, auch in den Achseln der obersten Bla. Kapsel 1,7–4,5 mm br, ± gedunsen, höchstens 1,5mal so lg wie die Ke; Kapselbucht schwach bis fehlend. Stg aufsteigend bis aufrecht. BlaRand niemals mit sehr kleinen, waagerecht abstehenden Zähnchen. Sa 4,0–0,7 mm lg 18
18 Stg (blühende Triebe) zumindest am Grund kriechend, aufsteigend, markig, fleischig, oft rötlich. Alle Bla kurz, aber deutlich 2–4(–8) mm lg gestielt; Spreite dicklich, länglich bis elliptisch, 8–20(–30) mm br, Grund abgerundet bis gestutzt, daher deutlich vom BlaStiel abgesetzt, Spitze meist abgerundet bis stumpf. Traube völlig kahl. FrStiel waagerecht bis schräg abstehend. Kr hell- bis sattblau (mit weißem Zentrum). Kapsel meist etwas breiter als lg; Griffel meist 1,5–2 mm lg. 0,05–0,20 hoch, 0,05–0,20 lg. 5–8. Langsam fließende Gewässer (Bäche, Gräben) u. ihre feuchten bis sickernassen, zeitweilig überfluteten Ränder, Quellfluren, lückige Röhrichte, nasse Waldwege; g He Nw(v N) Th, h Alp By(g NM) Bw Rh Sa An Ns Mv, v Bb Sh (m-temp-(b)·c1-7EUR-WAS, [N] OAM – igr eros He/oHy ♃ u/

oAusl – InB: bes. Schwebfliegen Vw – WaA Hygrochasie KIA – L7 Tx F10 R7 N6 – V Glyc.-Sparg., K Mont.-Card., V Chen. rub. – früher HeilPfl, Wildsalat – 18).
Bach-E., Bachbunge – *V. beccabunga* L.
18* Stg aufrecht, markig od. hohl. Zumindest mittlere u. obere Bla sitzend bis schwach stängelumfassend; Spreite nicht dicklich. **(Artengruppe Wasser-E. – *V. anagallis-aquatica* agg.)**
.... 19
19 Kapsel elliptisch, 2–3(–3,5) mm lg. Griffel (0,6–)0,8–1,1(–1,5) mm lg. Traube dicht kurz drüsenhaarig (Lupe!). Stg meist markig. Bla alle sitzend, oft quirlig zu 3–4, linealisch bis schmal lineal-lanzettlich, 4–10 mm br. FrStiel meist aufrecht abstehend, meist länger als sein DeckBla. Pfl oft stark verzweigt (mit Zweigen 2. Ordnung), gut entwickelte Individuen mit 15–50 Trauben. Kr blaulila bis lila, 2–4 mm ⌀. 0,15–0,60. 6–10. Nasse, zeitweilig überflutete, schlammige Ufer (bes. an Gräben), nährstoffanspruchsvoll, kalkmeidend; s By(Alb MS NM) An(SO W), [U] s Mv (m-stemp·c3-8EUR-WAS – eros ⊙ – WaA Hygrochasie KIA – L8 T7 F9= R5 N7 – K Isoët.-Nanojunc., V Bid. – 18). [*V. anagallis-aquatica* subsp. *anagalloides* (Guss.) Batt.] **Schlamm-E. – *V. anagalloides* Guss.**
19* Kapsel rundlich, (2,5–)3–4 mm lg. Griffel (1,3–)1,5–2(–2,5) mm lg. Traube kahl (od. nur mit sehr vereinzelten Drüsenhaaren). Stg meist hohl 20
20 Kr weiß bis blassrosa (purpurn geadert), 4–6 mm ⌀. Keine vegetativen Seitensprosse am Grund des Stg. Auch die unteren Bla sitzend, linealisch bis länglich, 6–15 mm br, zuweilen useits rötlich. Traube zuweilen mit sehr wenigen, verstreuten Drüsenhaaren (Lupe!). FrStiel 3–6 mm lg, (fast) waagerecht abstehend (Kapsel daher schräg bis waagerecht), meist etwas kürzer (kaum länger) als sein DeckBla. Kapsel rundlich bis etwas breiter als lg. Pfl zuweilen purpurn überlaufen. 0,15–0,70. 6–10. Stehende Gewässer (Auentümpel, Altarme, Gräben) u. deren zeitweilig überflutete, schlammige Ränder, Bachröhrichte, nährstoffanspruchsvoll; z By Rh Nw(f SW) Th(f Hrz O Wld) An Bb Ns Mv Sh, s Alp Bw He(f NW ORh) Sa(W) (austr-strop/mo-temp·c1-6CIRCPOL – eros ⊙, s auch igr eros He ♃? – WaA Hygrochasie KIA – L7 T7 F9= R7 N7 – V Bid., V Phragm., V Nanocyp., V Agrop.-Rum. – 36). [*V. comosa* auct., *V. aquatica* Bernh.]
Roter Wasser-E., Bleicher Gauchheil-E., Lockerähriger E. – *V. catenata* Pennell
20* Kr blaulila bis lila, (4–)5–7 mm ⌀. Am Grund des Stg meist vegetative Seitensprosse mit deutlich gestielten Bla. Untere Bla kurz gestielt; Spreite länglich bis br lanzettlich bis etwas geigenfg, (6–)15–30(–50) mm br. Traube meist völlig kahl. FrStiel 4–8 mm lg, bogig aufrecht abstehend (Kapsel daher meist aufrecht), 1,5–2(–3)mal so lg wie sein DeckBla. Kapsel rundlich bis etwas länger als br. 0,10–0,80. 5–10. Nasse, zeitweilig überflutete Ränder stehender u. langsam fließender Gewässer (an Gräben, Bächen, Teichen), Bachröhrichte u. Quellfluren, nährstoffanspruchsvoll; v By(h NM) Bw Nw Th An Bb Ns Mv Sh, z Alp Rh(h ORh) He Sa (austr+m-temp·(b)·c1-8AUST+AFR+EURAS, [N] AM – ⊙ od. igr eros He ♃ – SeB InB – Wa Hygrochasie KIA: Vögel Lichtkeimer – L7 T6 F9= Rx N6 – V Glyc.-Sparg., V Phragm., V Ranunc. fluit. – 36). [*V. anagallis* auct.]
Blauer Wasser-E., Ufer-E., Blauer Gauchheil-E. – *V. anagallis-aquatica* L.
Sehr (modifikativ) variabel, besonders die BlaGröße! An früh trockenfallenden Standorten bleiben die Pfl sehr klein mit schmalen Bla.

21 **(6)** DeckBla gestielt, laubblattartig u. nicht ganzrandig, von den echten (untersten, gegenständigen) LaubBla nicht od. kaum verschieden, nur die obersten zuweilen etwas kleiner (Blü daher einzeln in den Achseln von LaubBla, Abb. **684**/4). Pfl liegend bis aufsteigend od. kriechend 22
21* DeckBla sitzend, zumindest die oberen ganzrandig u. von den (gegenständigen) LaubBla deutlich verschieden, meist viel kleiner (sie sind HochBla, Abb. **684**/3). Pfl meist aufrecht 29
22 KeBla kurz gestielt, br dreieckig bis herzfg, 0,5–1 mm lg abstehend gewimpert, über der unreifen Kapsel pyramidal zusammenneigend. DeckBla ± deutlich handfg 3–7lappig bis -spaltig. Blü- u. FrStiel mit einer deutlichen adaxialen Haarzeile. Kapsel fast kuglig, nicht ausgerandet, völlig kahl, mit <5 Sa. Sa 2,3–3 mm lg, tief ausgehöhlt, topffg. Pfl stets völlig drüsenlos. **(Artengruppe Efeu-E. – *V. hederifolia* agg. [*V. hederifolia* s. l.])** 23
22* KeBla sitzend, elliptisch bis lineal-lanzettlich, nicht auffallend abstehend gewimpert, nach dem Blühen nicht zusammenneigend. DeckBla gekerbt bis gesägt. Blü- u. FrStiel ohne

Haarzeile, ringsum gleichmäßig behaart. Kapsel stark abgeflacht, deutlich ausgerandet, ±
behaart, mit >6 Sa. Sa <2,3 mm lg, flach od. ± schalenfg 25
23 Kr dunkelblau mit deutlich abgegrenztem weißem Zentrum, 4–5 mm ⌀. FrStiele (2–)4–8
(–10) mm lg, meist 1–2mal so lg wie die Ke. DeckBla 3(–5)spaltig, dunkelgrün, etwas dicklich. KeBla useits meist dicht kurzhaarig (Lupe!). Sa gelblich, kräftig gerippt, Rand des topffg
Samens weder verdünnt noch glatt noch nach innen gerollt. Griffel 0,5–0,7(–1,0) mm lg.
0,02–0,05 hoch, 0,05–0,30 lg. 3–5. Äcker, Weinberge, lückige, meist gestörte Trockenrasen;
z By(N NM NW Alb), s Bw(f SO Alb S SW) Rh(ORh SW) He(SO) Th(S), † An(SO)
(m-stemp·c3-5EUR-VORDAS – hfrgr eros ① – SeB InB – AmA – L8 T7 F4 R7 N6 – O Sec.
– 18). [V. hederifolia subsp. triloba (Opiz) Čelak.]
Dreilappen-E. – V. triloba (Opiz) Wiesb.
23* Kr hellblau od. blasslila. FrStiele (5–)7–18(–24) mm lg, meist 2–4mal so lg wie die Ke.
DeckBla 5–7spaltig bis -lappig. KeBla useits kahl od. nur am Grund mit wenigen Haaren
(Lupe!). Rand des topffg Sa verdünnt, ± glatt, blass, ± nach innen gerollt 24
24 Kr blass(purpur)lila mit sich nur undeutlich abhebendem weißlichem Zentrum, 4–5 mm ⌀,
mit 14–19 Längsadern. Griffel 0,3–0,6 mm lg. Mittlere u. obere DeckBla meist nur seicht
5(–7)lappig. KeBla useits am Grund meist mit wenigen Haaren; KeWimpern 0,5–0,8 mm lg.
Staubbeutel 0,4–0,8 mm lg, blasslila. FrStiele (7–)10–18(–24) mm lg, meist 3–4mal so lg wie
die Ke, oft (zusätzlich zur kurzhaarigen Haarzeile) ringsum verstreut lang, abstehend behaart. Sa topffg, rötlich braun, kaum gerippt, sein Rand stark verdünnt, blass, glänzend, nach
innen gerollt. 0,05–0,15 hoch, 0,05–0,40 lg. 3–5. Mäßig frische Gebüsche, Hecken, (Auen)
Wälder u. ihre Säume, Robinienforste, Parkanlagen, Gärten, selten auch Äcker, nährstoffanspruchsvoll; wohl in allen Bdl g bis v (sm/mo-temp·c1-4EUR – frgr eros ① – SeB InB –
AmA MeA Dunkelkeimer – L5 T5 F6 R7 N8 – V Alno-Ulm., O Prun., V Alliar. – 36). [V.
hederifolia subsp. lucorum (Klett et K. Richt.) Hartl]
Hecken-E., Hain-E., Seichtlappen-E. – V. sublobata M.A. Fisch.
24* Kr hellblau mit sich deutlich abhebendem weißem Zentrum, 5–7 mm ⌀, mit 20–22 Längsadern. Griffel 0,7–1,0 mm lg. Mittlere u. obere DeckBla (3–)5spaltig bis -lappig. KeBla useits
meist völlig kahl; KeWimpern 0,7–1,0 mm lg. Staubbeutel 0,7–1,2 mm lg, blau. FrStiele
(5–)7–14(–18) mm lg, meist 2–3mal so lg wie die Ke, meist keine Haare außerhalb der
Haarzeile. Sa gelblich, schwach gerippt, sein Rand etwas verdünnt, blass, kaum glänzend,
etwas nach innen gerollt. 0,02–0,10 hoch, 0,05–0,40 lg. 3–5. Frische bis mäßig frische,
nährstoffreiche, lehmige Äcker, Weinberge, Gärten, Rud.; wohl in allen Bdl g bis v(Mv z)
(m/mo-b·c1-5EUR(-WAS), [N] AUST, NAM, OAS – hfrgr eros ① – SeB InB – AmA MeA
Dunkelkeimer Sa langlebig – L7 T6 F5 R7 N7 – K Stell., V Alliar. – entstanden aus V.
sublobata × V. triloba – 54). [V. hederifolia subsp. hederifolia]
Efeu-E. i. e. S. – V. hederifolia L. s.str.
25 (22) Pfl ⚃. Stg kriechend, stark verzweigt, dichte Rasen bildend. Spreite der Laub- u. DeckBla rundlich, seicht gekerbt. Blü- u. FrStiele 4–6mal so lg wie die Ke, (15–)20–30 mm lg,
stets mit sehr kurzen Drüsenhaaren (Lupe!). Griffel 3–4 mm lg. Kr 8–14 mm ⌀, hell- bis
kräftig lilablau. Kapsel nur selten ausgebildet, weil Pfl selbststeril. 0,02–0,07 hoch, 0,20–
0,50 lg. 3–6. Frische, bes. oft gemähte Parkrasen, Gärten, Wiesen u. Weiden; [N 1930] v
Alp By Nw Sa, z Bw Rh He Th An Ns Sh, s Bb Mv, ↗; ursprünglich ZierPfl: Friedhofsflüchtling (sm/mo·c2-4KAUK, [N] sm-temp·c1-4EUR+AM – igr eros H ⚃ KriechTr monopod –
InB Vw selbststeril – KlA MeA: Rasenmäher – L7 Tx F5 R5 N7 – V Cynos. – 14).
Faden-E. – V. filiformis Sm.
25* Pfl ①. Stg niederliegend (nicht od. nur sehr wenig wurzelnd). Spreite der (Laub- u.) DeckBla
meist länger als br. Blü- u. FrStiele höchstens 3,5(–4)mal so lg wie die Ke, entweder
<15 mm lg od. länger, dann aber stets ohne Drüsenhaare. Griffel <3 mm lg. Fr stets entwickelt. **(Artengruppe Acker-E. – V. agrestis agg.)** 26
26 Griffel >1,7 mm lg. FrStiele 15–30 mm lg. Kr 8–14 mm ⌀, kräftig hellblau, den Ke weit überragend. Kapsel 6–9 mm br; Kapselbucht weit, recht- bis stumpfwinklig (Abb. **690**/6). KeBla
an der Kapsel elliptisch, spitz. Spreite der DeckBla rundlich bis br eifg, kerbsägig, Rand nicht
od. kaum umgerollt, Behaarung useits nur wenig dichter als oseits. 0,03–0,15 hoch, 0,10–0,60
lg. 1–12. Nährstoffreiche, lehmige Äcker, Gärten, Weinberge, rud. beeinflusste Frischwiesen,
frische Rud.: Wegränder; [N 1805] alle Bdl g(v Bb Ns), ↗ (austr-trop/mo-temp·c1-5CIRCPOL
– eros ① – InB SeB – MeA Sa langlebig – L6 Tx F5 R6 N7 – K Stell., V Sisymbr. – ent-

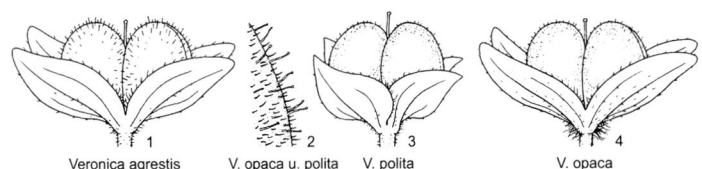

Veronica agrestis   V. opaca u. polita   V. polita   V. opaca

standen aus *V. cerato̱carpa* C.A. MEY. u. *polita* FR. (m-sm//mo·c4-5KAUK-VORDAS) – *28*). [*V. buxba̱umii* TEN., *V. tournefo̱rtii* C.C. GMEL.]   **Persischer E.** – ***V. p̱ersica*** POIR.

26* Griffel <1,7 mm lg. FrStiele meist <15 mm lg. Kr 4–8 mm ⌀, den Ke nicht od. kaum überragend. Kapsel 4–7 mm br; Kapselbucht eng, spitzwinklig **27**

27 Kr weiß, rosa od. blassblau. Kapsel nur mit Drüsenhaaren, drüsenlose Haare fehlend (durch Abbrechen der Drüsenköpfchen zuweilen scheinbar auch einige drüsenlose Haare). DeckBla mit 4–6 Zähnen je Seite; obere Bla meist länglich, 1,5–2mal so lg wie br. KeBla an der Kapsel länglich bis länglich-lanzettlich, locker drüsenlos od. drüsig behaart (Abb. **689**/1). Kapsel mit 8–14 Sa. Griffel (0,6–)0,9–1,1 mm lg, die Kapselbucht meist kaum überragend. Pfl getrocknet grünlich bleibend. 0,10–0,30 lg. 4–10. Sandige bis lehmige, frische, ± nährstoffreiche Hackfrucht-Äcker, Gärten, kalkmeidend; [A] v He, z By Bw(h SW) Rh Nw Th Sa An Bb Ns Mv Sh, s Alp (m-b·c1-5EUR, [N] OAM, NEUSEEL – eros ① – InB SeB – AmA Dunkelkeimer Sa langlebig – L6 T5 F6 R8 N7 – O Aper. – *28*).   **Acker-E.** – ***V. agrestis*** L.

27* Kr blau od. blau u. weiß. Kapsel hauptsächlich mit kurzen drüsenlosen u. dazwischen einigen längeren Drüsenhaaren (Abb. **689**/2). Meist auch obere DeckBla eifg bis rundlich **28**

28 KeBla an der Kapsel elliptisch bis br eifg, vorn spitz, meist >2,6 mm br, meist 1,3–2mal so lg wie br, locker bis dicht kurzhaarig, Haare am KeGrund höchstens 0,7 mm lg (Abb. **689**/3). DeckBla eifg bis länglich, useits meist viel stärker als oseits behaart, BlaRand ± umgerollt, tief gekerbt mit 2–4 Zähnen je Seite. Griffel meist 1–1,6 mm lg, die Kapselbucht meist überragend. Kapsel seitlich fast ungekielt, mit (12–)16–24(–30) Sa, diese 0,9–1,6 × (0,5–)0,8–1,3 mm. Pfl getrocknet graugrünlich bleibend. Kr sattblau od. unterer KrZipfel weiß. 0,10–0,25 lg. 3–10. Lehmige bis tonige, nährstoffreiche Äcker, Gärten, Weinberge, mäßig frische bis mäßig trockne Rud.: Wegränder, Schutt, kalkhold; [A] v By Bw Rh He Th An(g S), z Nw Sa Bb Ns(h S, f MO Elb) Mv(f Elb), s Sh, ↘ (m-temp·c1-5EURAS, [N] AM, OAS, NEUSEEL – eros ① – SeB InB – AmA Dunkelkeimer – L7 T6 F4 R8 N6 – O Sec. – *14*).
   Glanz-E. – ***V. polita*** FR.

28* KeBla an der Kapsel länglich, vorn abgerundet, meist <2,7 mm br, meist 2,3–3mal so lg wie br, dicht behaart, Haare am KeGrund 0,7–1,3 mm lg (Abb. **689**/4). DeckBla br eifg bis rundlich, useits nur wenig dichter als oseits behaart, BlaRand flach, seicht kerbsägig mit 3–4(–5) Zähnen je Seite. Griffel meist 0,9–1,3 mm lg, die Kapselbucht meist nicht od. nur schwach überragend. Kapsel seitlich deutlich gekielt, mit (6–)10–12(–16) Sa, diese 1,5–2,1 × 1,1–1,5 mm. Pfl getrocknet allmählich schwärzlich werdend. Kr tiefblau. 0,10–0,40 lg. 3–10. Lehmige, nährstoffreiche Äcker (bes. Hackkulturen), Gärten, frische Rud.: Wegränder, Schutt, basenhold; z By Nw Sa(SO W SW) An(SO S W) Mv(f Elb), s Alp Bw(Gäu Keu) Rh(f SW) He Th(S Bck) Bb(NO MN Od) Ns(f Hrz N O) Sh(M O), ↘ (temp·c2-4EUR – eros ① – InB SeB – AmA Dunkelkeimer – L5 T6 F4 R8 N6 – K Stell. – *28*).
   Glanzloser E. – ***V. opaca*** FR.

29 (21) Obere LaubBla u. untere DeckBla handfg od. fiedrig gelappt bis geteilt **30**
29* LaubBla u. DeckBla alle ungeteilt, ganzrandig od. gekerbt bis gesägt **33**
30 Blü- u. FrStiel mindestens so lg wie der Ke, FrStiel 4–10 mm lg. Drüsenhaare auf Traube u. Kapsel (auch auf der Fläche!) mit dunklen Drüsenköpfchen. Kapsel gedunsen, auf der Fläche locker drüsenhaarig bis fast kahl. Sa ausgehöhlt (napffg). Bla oft drüsenhaarig. Griffel 0,7–2 mm lg. Pfl getrocknet schwärzlich **31**
30* Blü- u. FrStiel kürzer als der Ke, FrStiel höchstens 3,5 mm lg. Drüsenhaare auf Traube u. Kapselrand mit hellen Drüsenköpfchen. Kapsel abgeflacht, auf der Fläche stets kurz drüsenlos flaumhaarig (Lupe!, daran im fruchtenden Zustand u. sicher von **36** zu unterscheiden!). Sa flach. Mittlere u. obere Bla fiederteilig (bis fast handfg zerteilt), kurz drüsenlos behaart. Kr sattblau **32**

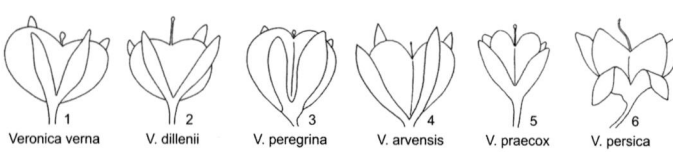

Veronica verna V. dillenii V. peregrina V. arvensis V. praecox V. persica

31 Obere Bla u. untere DeckBla tief handfg 3–5(–7)teilig. Kapsel rundlich bis etwas breiter als lg. Sa dunkelbraun bis schwarz. Pfl unangenehm riechend. Kr dunkelblau, ⌀ 6–9 mm. Griffel 0,7–1,5 mm lg. 0,05–0,20. (3–)4–5. Sandige bis sandig-lehmige, mäßig nährstoffreiche Äcker, lückige Sandtrockenrasen, trockne bis mäßig trockne Rud.: Bahnschotter, kalkmeidend; [A] v By Rh Sa An Bb Mv, z Bw He Nw Th Ns, s Sh (m/mo-temp·c2-5EUR, [N] NAM – hfrgr eros ① – InB: Wildbienen SeB – L6 T7 F4 Rx N4 – O Aper., K Sedo-Scler. – 14). **Finger-E., Dreiteiliger E. – *V. triphyllos* L.**
31* Oberste Bla u. unterste DeckBla tief gekerbt-gesägt bis fiederspaltig. Kapsel etwas länger als br. Sa gelblich bis rotbraun. Pfl ohne auffallenden Geruch. Kr hell- bis sattblau.
***V. praecox*, s. 37**
32 (30) Kr 2–4 mm ⌀, kürzer als die Ke. Griffel 0,4–0,6 mm lg, die Kapselbucht nicht überragend (Abb. **690**/1). FrStiele 1–2,5 mm lg. Kapsel 3 × 3,5–4 mm, mit 12–16 Sa, diese 0,6–0,9 mm br. Pfl getrocknet grünlichbraun. 0,03–0,15(–0,20). 4–5. Trockenrasen, sandige Äcker, auch Rud.: Wegränder, kalkmeidend; [A?] z By(f S) Rh He(f NW) Th(Bck O Wld) Sa An Bb Mv, s Bw(NW ORh Gäu) Nw(MW) Ns(Elb O MO M) Sh(O), ↘ (m/mo-b·c2-7EUR-WAS – hfrgr eros ① – SeB InB – MeA – L8 T7 F3 R4 N2 – K Sedo-Scler., V Aphan. – 16). **Frühlings-E. – *V. verna* L.**
32* Kr 4–6 mm ⌀, etwa so lg wie die Ke. Griffel 1–1,5 mm lg, die Kapselbucht deutlich überragend (Abb. **690**/2). FrStiele 2–3,5 mm lg. Kapsel 3,5–4,5 × 4,5–5,5 mm, mit 18–26 Sa, diese 0,9–1,3 mm br. Pfl getrocknet schwärzlich. 0,05–0,30(–0,40). 4–5. Silikatfelsfluren u. lückige Sandtrockenrasen, kalkmeidend; z By(f N NW S) An Bb Mv(f Elb), s Rh Nw(MW) Th(O) Sa(z NO) (sm-stemp·c2-7EUR-WAS – hfrgr eros ① – InB SeB – L8 T7 F2 R3 N1 – K Sedo-Scler. – 16). **Dillenius-E. – *V. dillenii* Crantz**
33 (29) Stg kahl od. kurz drüsenhaarig, drüsenlose Haare stets fehlend **34**
33* Stg behaart, drüsenlose Haare stets reichlich vorhanden **35**
34 Blü sitzend od. fast sitzend; DeckBla viel länger als die Blü. Kr weiß, kürzer als der Ke. Kapsel fast rundlich, etwas breiter als lg, seicht ausgerandet; Griffel <0,4 mm lg (Abb. **690**/3). Bla länglich bis schwach verkehrteilanzettlich, sitzend bis keilig in den undeutlichen Stiel verschmälert, ganzrandig bis entfernt gesägt. Pfl ganz kahl (var. *peregrina*) od. kurz drüsenhaarig (var. *xalapensis* (Humb. et al.) Pennell, ob in D?) 0,05–0,25. 5–6. Pionier auf offenen, feuchten, nährstoff- u. basenreichen Tonböden, schlammige Ufer, Wegvertiefungen, Äcker, Gärtnereien, Baumschulen; [N 1838] z Bw Rh Nw Sa Ns, s By He Th An Bb Mv Sh, ↗ (austr-trop/mo-b·c1-8AM, [N] AUST+m-temp·c1-4EUR+(OAS) – eros ⊙, s ⊙ – SeB auch kleistogam – Lichtkeimer – L6 T6 F7 R6 N7 – V Nanocyp., V Agrop.-Rum., O Convolv., K Stell. – *52*). **Fremder E., Wander-E. – *V. peregrina* L.**
34* BlüStiel 3–7 mm lg; DeckBla höchstens so lg wie der BlüStiel. Kr lila, etwa so lg wie der Ke od. länger. Kapsel ellipsoidisch, länger als br; Griffel >0,5 mm lg. ***V. anagalloides*, s. 19**
35 (33) Pfl ①. Hauptwurzel vorhanden, nichtblühende Triebe fehlend **36**
35* Pfl ♃ od. Zwerghalbstrauch. Hauptwurzel fehlend, nichtblühende Triebe oft vorhanden **38**
36 Blü- u. FrStiel höchstens 2 mm lg. Griffel 0,4–0,8 mm lg. Bla deutlich gekerbt bis kerbsägig. Kr (nur vormittags u. bei Sonnenschein geöffnet) sattblau, kürzer als der Ke. Kapsel (Abb. **690**/4) drüsig gewimpert, auf der Fläche stets kahl. 0,03–0,25. 3–6(–10). Sandige bis lehmige, nährstoffreiche Äcker, frische bis mäßig trockne Rud.: Schutt, Wegränder, auf Mauern; lückige Sand- u. Halbtrockenrasen, Parkrasen, Waldschläge; [A] alle Bdl g (m-b·c1-6EUR-WAS, [N] austr+m-temp·c1-6CIRCPOL – eros ① – SeB InB: bes. Bienen – WaA: Regen Hygrochasie KIA VdA Lichtkeimer – L7 T5 F5 R6 Nx – O Aper., K Sedo-Scler., V Mesobrom., O Arrh., bes. V Cynos., V Conv.-Agrop. – 16). **Feld-E. – *V. arvensis* L.**
36* Blü- u. FrStiel >3 mm lg. Griffel 1–2 mm lg **37**

37 Kapsel so lg wie br od. etwas länger, zu ± ⅕ ausgerandet; Griffel die Kapselbucht deutlich überragend (Abb. **690**/5). FrStiel 1–1,5mal so lg wie der Ke, ± bogig aufrecht. Bla dunkelgrün, tief kerbsägig bis tief gesägt, behaart, useits meist purpurn. Köpfchen der Drüsenhaare dunkel. Kr blau, ohne gelben Schlundring. Sa beckenfg ausgehöhlt. 0,05–0,20. 3–5. Lückige Trockenrasen u. Ephemerenfluren, sandige Äcker, trockne Rud.: Wegränder, Bahnanlagen, kalkhold; z By Bw Rh Th An, s He Nw Sa(Elb W) Bb(f SW) Ns(f Elb N) Mv(f Elb), ↘, auf Bahngelände ↗ (m-stemp·c2-5EUR – hfrgr eros ① – L8 T8 F7 R4 N3? – O Alysso-Sed., K Fest.-Brom., O Aper. O Sisymbr. – *18*).
   Früher E., Frühblühender E. – ***V. praecox*** ALL.
37* Kapsel breiter als lg, tief ausgerandet, dadurch 2teilig; Griffel die Kapselbucht nicht od. kaum überragend. FrStiel 2–3mal so lg wie der Ke, aufrecht abstehend. Bla seicht gesägt bis fast ganzrandig, fast kahl. Köpfchen der Drüsenhaare hell. Kr tiefblau mit gelbem Schlundring. Sa flach. 0,05–0,15. 4–6. Feuchte, zeitweise überflutete, sandig-tonige Ackerbrachen, selten auch -furchen, Baumschulen, kalkmeidend; s Bw(ORh SW) Rh(ORh SW) He(MW, ob noch?), [N] s By(S: Kaufbeuren), ↘ (sm·c1-3-stemp·c1-2EUR – hfrgr eros ① – L8 T5 F7~ R4 N4 – V Nanocyp., O Aper. – 14). **Steinquendel-E., Kölme-E., Drüsiger E. – *V. acinifolia* L.**
38 (35) Mehrere Trauben in BlaAchseln vorhanden. Bla scharf gesägt. Pfl meist >30 cm hoch.
   V. urticifolia, s. 15
38* Nur eine einzige endständige Traube vorhanden. Bla undeutlich seicht gesägt bis fast ganzrandig. Pfl meist <30 cm hoch **39**
39 Stg auch am Grund nicht verholzt, meist nicht od. nur wenig verzweigt. Bla nicht ledrig. Kr⌀ 4–9 mm. Griffel 0,5–3 mm lg. Kapsel sich mit 2 Klappen öffnen **40**
39* Stg am Grund verholzt, meist stark verzweigt. Bla ledrig u. glänzend. Kr⌀ 9–15 mm. Griffel (3–)4–5(–6) mm lg. Kapsel sich mit 4 Klappen öffnend. **41**
40 Stg am Grund kriechend. Traubenachse mit höchstens 0,2 mm lg, drüsenlosen krummen Haaren, zusätzlich meist ± reich drüsenhaarig; Ke drüsenhaarig. Kapsel breiter als lg, deutlich ausgerandet, drüsig gewimpert; Klappen der toten Kapsel sich bei Befeuchtung öffnen. Griffel 2–3 mm lg. 0,03–0,40 lg. 5–9. Frische Wiesen u. Weiden, Tritt- u. Parkrasen, Rud.: Wegränder; lehmige, feuchte Äcker, Ufer, subalp. bis alp. Läger- u. Hochstaudenfluren, kalkmeidend, nährstoffanspruchsvoll; g Nw Ns Sh, h Bw He Th Sa, v Alp By Rh An Mv, z Bb (austr+m/mo-b·c1-5CIRCPOL – igr eros H ♃ LegTr – SeB InB: Fliegen – VdA KlA Hygrochasie Sa langlebig – Lx Tx F6-7 R5 Nx – V Cynos., V Polyg. avic., V Agrop.-Rum., O Aper., V Poion alp., V Rum. alp. – 14). [*V. tenella* ALL., *V. s.* var. *nummularioides* LECOQ et LAMOTTE, *V. s.* var. *humifusa* (DICKS.) SM.]
   Quendel-E. – *V. serpyllifolia* L.

Recht variabel; Tief- u. Hochlagen-Ökotypen (var. *serpyllifolia* u. var. *humifusa*) unterscheiden sich durch KrFarbe (weiß bis kräftig blau) u. ⌀ (± 5–9 mm), sowie Zahl der Blü pro Traube (5–40) u. Höhe (3–40 cm).

40* Stg aufrecht. Traubenachse, Ke u. Kapsel ausschließlich mit 0,5–2 mm lg, stets drüsenlosen Haaren. Kapsel länger als br, seicht ausgerandet, stets drüsenlos behaart, sich bei Befeuchtung nicht öffnend. Griffel 0,5–1,5(–2) mm lg. Traube 3–8blütig. Kr tiefblau, ⌀ 4–7 mm. Pfl mit unterirdischen Ausläufern. 0,03–0,20. 7–8. Alp. feuchte Rasen, Schneetälchen- u. Lägerfluren; v Alp (sm/alp-arct·c1-5EUR-WAS-OAM – igr? eros H ♃ uAusl – SeB InB: Fliegen – Lichtkeimer – L7 T1 F6 R7 N6 – K Salic. herb., V Poion alp., V Nard. – *18*). [*V. pumila* ALL.] **Alpen-E. – *V. alpina* L.**
41 (39) BlüStiele u. Ke drüsenlos. meist anliegend behaart. Kr tiefblau mit purpurnem Schlundring u. weißem Zentrum. Blühtriebe mit 3–6 diesjährigen BlaPaaren. Bla verkehrteilanzettlich bis verkehrteifg, meist kürzer bis nur wenig länger als die StgGlieder. Traube (1–)3–7(–9)blütig; die untersten beiden DeckBla meist gegenständig. Kr⌀ 13–15 mm. Kapsel den Ke deutlich überragend. 0,05–0,15. 6–8. Subalp. bis alp. mäßig frische Felsspalten u. steinige Matten, kalkmeidend; v Alp, s Bw(SW: S-Schwarzw) (sm/alp-arct·c1-4EUR-GRÖNL – igr eros C ZwHStr – InB SeB – StA Wintersteher – L8 T2 F3 Rx N2 – V Andros. vand., V Car. curv., V Nard. – *16*). [*V. saxatilis* SCOP.]
   Felsen-E. – *V. fruticans* JACQ.
41* BlüStiele u. Ke abstehend drüsenhaarig. Kr rosa. Blühtriebe mit (6–)8–12 diesjährigen BlaPaaren. Bla lineal-lanzettlich, mindestens 2mal so lg wie die StgGlieder. Traube (5–)8–20blütig; auch die untersten DeckBla wechselständig. Kr⌀ (9–)11–14 mm. Kapsel

den Ke kaum überragend. 0,10–0,25. 6–7. Subalp. bis alp. mäßig frische Schuttfluren u. Felsspalten; z Alp(Allg Chm Amm), [N] s Bw(Alb: Fuchseck) (sm-stemp//salp·c1-2EUR – igr eros C ZwHStr – InB SeB – L9 T3 F3 R9 N2 – V Thlasp. rot., V Potent. caul. – 16).
Halbstrauch-E. – *V. fruticulosa* L.
Hybridisierungen sind in der Gattung selten, am ehesten neigen die Arten des subg. *Pseudolysimachium* u. des *V. anagallis-aquatica* agg. zur Bastardierung: *V. anagallis-aquatica* × *V. catenata* = *V.* ×*lackschewitzii* KELLER – s, *V. anagalloides* × *V. catenata*? = ? – ob in D?, *V. longifolia* × *V. spicata* = *V.* ×*media* SCHRAD. – s Bw, *V. longifolia* × *V. spuria* = ? – s An(W: Hoppelberg bei Halberstadt, angepflanzt).

Globularia L. – Kugelblume (23 Arten)
1 Spalierstrauch. Bla 1,5–3 cm lg, spatelfg, vorn ausgerandet. Schaft blattlos od. mit 1–2 HochBla. 0,03–0,10. 5–7. Submont. bis alp. mäßig trockne Fels- u. Schotterfluren, kalkhold; h Alp, s By(S MS) (sm/salp-stemp/dealp·c2-4EUR – igr hros C/SpalierZwStr – InB: Falter SeB – L9 T3 F4 R9 N2? – O Sesl., V Mesobrom., V Potent. caul., V Epil. fleisch., V Eric.-Pin. – ▽). **Herzblättrige K. – *G. cordifolia* L.**
1* Pfl krautig, mit kurzem, ästigem Pleiokorm 2
2 Stg ist oben beblättert. GrundBla 2–4 cm lg gestielt, Spreite 2–4 cm lg, spatelfg od. br eifg, rasch in den BlaStiel verschmälert, StgBla sitzend, ca. 1 cm lg, schmal lanzettlich, spitz. Köpfe 10–20 mm ⌀. 0,05–0,30. (4–)5. Submed. Fels- u. Schotterfluren, seltener lückige Halbtrockenrasen, kalkhold; z Alp(f Allg Brch Chm) Bw Rh(N ORh SW), s By(f NW N) Nw(SW) Th(z Bck) An(SO S), † He, ↘ (sm-stemp·c2-5EUR – igr hros H/C ♃ Pleiok, regenerativ WuSpr – InB SeB – WiA KlA StA VersteckA: Mäuse Wintersteher Lichtkeimer – L8 T6 F2 R9 N2? – V Xerobrom., V Sesl.-Fest. – ▽). [*G. vulgaris* auct., *G. punctata* LAPEYR., *G. willkommii* NYMAN, *G. aphyllanthes* CRANTZ, *G. elongata* HEGETSCHW.]
Gewöhnliche K. – *G. bisnagarica* L.
2* Stg blattlos od. höchstens mit 1–3 HochBla. Bla verkehrteilänglich, (mit Stiel) (5–)7–14 × (1–)1,5–2,5(–3) cm, Spreite allmählich in den BlaStiel verschmälert. Köpfe 15–25 mm ⌀. 0,05–0,30. 5–7. Subalp. bis alp. mäßig frische Felsfluren u. Matten, Krummholzgebüsche, kalkstet; v Alp, s By(S) (sm-stemp//salp·c1-3EUR – igr ros H ♃ Pleiok – InB: Falter SeB – WiA – L7 T2 F4 R8 N3? – O Sesl., V Mesobrom., V Eric.-Pin. – ▽).
Nacktstängel-K. – *G. nudicaulis* L.

Plantago L. – Wegerich (270 Arten)
1 Stg beblättert, ästig. Bla gegenständig, linealisch. Ähren achselständig, gestielt, kurz, obere fast doldig. 0,15–0,30(–0,60). 6–9. Trockne bis mäßig trockne, sandige bis kiesige Rud.: Bahnanlagen, Tagebaue; Brachen, reichere Sandtrockenrasen; [N, Elbtal heimisch?] z Bw(NW ORh SW Gäu) He(SO ORh SW) An Bb, s By Rh(v ORh, f N W) Nw Sa(W SO SW) Ns Mv, [U] s Th Sh (m-stemp·c2-9EUR-WAS, [N] ntempEUR, austrCIRCPOL+sm-temp OAM – eros ☉ – WiB, auch InB Vw – KlA MeA – L8 T7 F4 R7 N5 – V Dauco-Mel., O Sisymbr., V Koel. glauc. V Coryneph. – HeilPfl – 12). [*P. indica* L., *P. psyllium* auct., *Psyllium indicum* DUM.-COUR., *Psyllium arenarium* (WALDST. et KIT.) MIRB.]
Sand-W., Sand-Flohsame – *P. arenaria* WALDST. et KIT.
1* Stg ein blattloser, unverzweigter Schaft mit endständiger Ähre. Bla rosettig 2
2 Bla fiederteilig od. grob gezähnt. Ähre etwa so lg wie der meist bogig aufsteigende Schaft. 0,03–0,30. 6–9. Feuchte bis wechselfeuchte, offene, meist trittbeeinflusste Salzstellen u. (an Küsten) Salzwiesen, basenhold; v Küsten von Ns Mv Sh bis Rügen u. Greifswald, z He(MW), † Nw An, [N] s By Bw Rh Nw Sa An Ns Sh, im Binnenland früher ↘, jetzt ↗ an gesalzten Straßen (m-sm·c1-7EUR-WAS+temp·c1+litEUR, [N] austrCIRCPOL+mAM – igr ros H ① ⊙ ⊛ PflWu – WiB Vw – KlA WaA – L8 T7 F7= R7 N4 – V Sagin. mar., V Armer. marit.). **Krähenfuß-W. – *P. coronopus* L.**

1 KrRöhre kahl od. mit wenigen Kraushaaren. DeckBla 2–2,6 mm lg. Küsten. (10) subsp. ***coronopus***
1* KrRöhre abstehend behaart. DeckBla 1,6–2,3 mm lg. [N U] s By Bw Sa Mv, sonst? (m-sm·c3-5EUR?)
subsp. ***commutata*** (GUSS.) PILG.

2* Bla ungeteilt, ganzrandig od. oft seicht gezähnt 3
3 Bla elliptisch od. eifg bis rundlich-herzfg, höchstens 3mal so lg wie br, 2–10(–15) cm br. Ähre walzig 4

PLANTAGINACEAE 693

3* Bla lanzettlich od. linealisch, >3mal so lg wie br, 0,2–3,5 cm br. Kapsel 2–4samig **6**
4 BlaSpreite in einen meist kurzen, br Stiel verschmälert, elliptisch, bes. anfangs dicht weichhaarig. Schaft 4–8mal so lg wie die FrÄhre u. viel länger als die Bla. Staubfäden helllila od. weißlich, 5–10 mm lg. Blü duftend. Kapsel 2–4samig. 0,10–0,45. 5–9. Halbtrockenrasen, mäßig trockne bis mäßig frische Wiesen, basenhold; g He Th An(v Elb N O), h Alp Bw Rh, v By(g NM) Nw Sa, z Bb Ns(h MO Hrz S) Mv, s Sh(M O) (sm-b·c2-8EUR-WAS, [N] smbeOAS+OAM – teiligr ros H ♃ PfWu Pleiok monop – WiB InB – auch SeB: kleistogam Vw – KlA VdA – L7 Tx F4 R7 N3 – V Mesobrom., V Cirs.-Brach., O Arrh., V Viol. can. – gute FutterPfl – 24). **Mittel-W., Weide-W. – *P. media* L.** (subsp. *media*)
4* BlaSpreite deutlich lg gestielt, kahl bis locker behaart. Schaft etwa so lg wie die FrÄhre bis höchstens doppelt so lg u. meist nicht länger als die Bla. Staubfäden blassgelblich bis grünlich, etwa 2 mm lg. Blü geruchlos. Kapsel 4–35(–46)samig. **(Artengruppe Breit-W. – *P. major* agg.)** **5**
5 Bla meist aufgerichtet; Spreite dunkelgrün, br eifg, höchstens 1,5mal so lg wie br, ganzrandig bis entfernt fein gezähnelt. Schäfte meist aufrecht od. aufsteigend, selten liegend. FrKapsel mit 4–14(–17) Sa; Kapseldeckel keglig; Trennlinie des Kapseldeckels etwa in der Mitte der Kapsel od. oberhalb, gut sichtbar. 0,05–0,40. 6–10. Feuchte bis mäßig trockne Rud.: Wegränder, Trittstellen, Pflasterfugen; übernutzte Weiden, frische bis feuchte Äcker, nasse bis wechselnasse Salzwiesen, nährstoffanspruchsvoll; alle Bdl g (m-b·c1-9EURAS, [N] austr-trop/mo-b·c1·8CIRCPOL – sogr ros H ♃ Rhiz monop – WiB SeB – StA KlA Licht-Kälteikeimer – MeA VdA – O Plant., V Cynos., K Stell., V Armer. marit., V Pucc. mar., V Bolb.). **Breit-W. – *P. major* L.**
   1 BlaSpreite 5–9(–11)nervig, ± steif, meist kahl, am Grund meist schwach herzfg. Schaft ± aufrecht. FrÄhre (2–)7–25(–33) cm lg, sehr dicht, zur Spitze hin allmählich verschmälert. Sa (1,0–)1,2–1,8(–2,1) mm lg. 0,05–0,40. 6–10. Feuchte bis mäßig trockne Rud.: Wegränder, Trittstellen, Pflasterfugen; übernutzte Weiden, frische bis feuchte Äcker, nährstoffanspruchsvoll; alle Bdl g (m-b·c1-9EURAS, [N] austr-trop/mo-b·c1·8CIRCPOL – Sa langleibig – L8 Tx F5 Rx N6 – O Plant., V Cynos., K Stell., V Armer. marit. – sehr variabel – 12). **Gewöhnlicher Breit-W. – subsp. *major***
   1* BlaSpreite 3(–5)nervig, dicklich, oseits ± behaart, am Grund meist kurz keilig. FrÄhre 1–6(–10) cm lg, gegen die Spitze hin meist nicht verschmälert. Sa 0,9–1,2 mm lg. 0,05–0,15. 6–8. Nasse bis wechselnasse Salzwiesen, salzbeeinflusste Rud.: Wegränder, Sandgruben; z Mv(N MO MW), s By(f MS O S) Rh(ORh SW) He(ORh) Nw(MW) Th(Rho Bck) Sa(SO SW W) An(f Elb O) Bb(M) Ns(f Elb Hrz) Sh(M O) (sm-tempEUR? – V Pucc. mar., V Bolb. –12). [*P. major* var. *salina* WIRTG., *P. winteri* WIRTG.] **Salz-Breit-W. – subsp. *winteri*** (WIRTG.) W. LUDWIG
5* Bla meist liegend, Spreite hellgrün, oseits meist behaart, eifg bis ellipitisch, >1,5mal so lg wie br, bes. in der unteren Hälfte unregelmäßig gezähnt bis lappig, Grund deutlich keilig. Schäfte aufsteigend od. liegend, selten aufrecht. Ähre (0,5–)1,5–7(–31) cm lg, dicht bis locker, gegen die Spitze hin nicht verschmälert. FrKapsel mit (4–)9–35(–46) Sa; Kapseldeckel eifg; Trennlinie des Kapseldeckels im unteren Drittel der Kapsel, von den KeBla verdeckt. Sa (0,6–)0,8–1,2(–1,5) mm lg, (0,2–)0,5–0,7(–0,9) mm br. 0,03–0,15. 6–10. Krumenfeuchte bis nasse, zeitweilig auch überflutete Äcker, Teichränder, feuchte Rud.: Trittstellen, Ufer; h Ns, v Nw Th Sa An, z By Bw Rh He Bb Mv, s Alp(Krw) Sh (m-temp·c1-7EUR-WAS – ros ☉ ①? – SeB – L7 T6 F7 R5 N4 – K Stell., V Nanocyp., V Agrop.-Rum., V Bid. – 12). [*P. major* subsp. *intermedia* (DC.) LANGE, *P. intermedia* DC., *P. major* subsp. *pleiosperma* PILG.] **Kleiner W., Vielsamiger W. – *P. uliginosa* F.W. SCHMIDT**
6 (3) KrRöhre kahl. Ähre eifg, kuglig od. kurz walzig, 0,5–5 cm lg. Bla nicht fleischig, schmal bis br lanzettlich, mit 3–7 deutlichen Nerven **7**
6* KrRöhre außen behaart. FrÄhre dünn walzig, ihr Schaft nicht gefurcht. Bla fleischig, linealisch, mit 3 undeutlichen Nerven. **(Artengruppe Strand-W. – *P. maritima* agg.)** **9**
7 Schaft stielrund, zuletzt liegend. DeckBla an der Spitze od. am Rand bewimpert. BlaStiele fast scheidig. Ähre kuglig bis eifg. 0,05–0,20. 5–8. Alp. feuchte Matten, Schneeböden, kalkhold; v Alp (m-stemp//alp·c2-3EUR – sogr ros H ♃ PfWu monop – WiB – VdA KlA – L8 T3 F7 R8 N5? – V Poion alp., K Salic. herb. – gute FutterPfl). [*P. montana* LAM. non HUDS.] **Berg-W. – *P. atrata* HOPPE**
7* Schaft deutlich furchig, aufrecht od. aufsteigend **8**
8 Rhizom lg, kriechend. Wurzel >1 mm dick. Schaft 30–90 cm hoch, mit 5–9 tiefen u. dazwischen mit seichteren Zwischenfurchen. DoppelKeBla nur wenig gelappt od. nur seicht

ausgerandet. 0,30–0,90. 5–6. Rud.; [U] s By Bw Th Sa (m-stemp·c4-8EUR – teiligr ros H kurzlebig ♃ PfWu monop – WiB, auch InB Vw – KlA StA VdA – K Artem., K Plant.) [*P. lanceolata* L. subsp. *altissima* (L.) Nyman] **Hoher W. – *P. altissima* L.**

8* Rhizom kurz, nicht kriechend. Wurzel höchstens 0,75 mm dick. Schaft 10–50 cm hoch, meist 5furchig. DoppelKeBla bis ¼ lappig gespalten. DeckBla kahl. BlaStiele lg, rinnig; Bla kahl bis zerstreut behaart u. FrÄhre walzig (var. *lanceolata*) od. Bla wollig-zottig u. FrÄhre kuglig bis eifg (var. *dubia* (L.) Wahlenb. [subsp. *sphaerostachya* auct.] – z). 0,10–0,50. 5–9. Frische Wiesen u. Weiden, mehrjährige Ackerkulturen, mäßig frische Rud.: Wegränder; Xerothermrasen; alle Bdl g (m-temp·c1-9EUR-WAS, [N] austr+trop/mo-b·c1-7CIRCPOL – teiligr ros H kurzlebig ♃ PfWu monop – WiB, auch InB Vw – KlA StA VdA Sa langlebig Lichtkeimer – L6 Tx Fx Rx Nx – K Mol.-Arrh., L Fest.-Brom., V Agrop.-Rum., O Fest.-Sedet. – gute FutterPfl, HeilPfl – 12). **Spitz-W. – *P. lanceolata* L.**

9 (6) FrÄhre 2–6mal so lg wie br, 1–3(–5) cm lg. Seitennerven der Bla dem BlaRand näher als dem Mittelnerv. BlaReste rasch verwitternd. 0,05–0,15. 5–7. Subalp. bis alp. frische Silikatmagerrasen, Schneeböden, kalkmeidend; s Alp(v Allg, f Brch Chm), [N] s Bw(SW: Feldberg) (sm-stemp//salp·c1-3EUR – igr ros H ♃ PfWu Pleiok monop – WiB Vw, auch InB – KlA VdA – L8 T3 F5~ R3 N2? – V Nard., V Salic. herb., V Poion alp. – gute FutterPfl – 12). **Alpen-W., Ritz, Adelgras – *P. alpina* L.**

9* FrÄhre 5–15mal so lg wie br, 2–12 cm lg. Seitennerven etwa in der Mitte zwischen BlaRand u. Mittelnerv. BlaReste lange bleibend **10**

10 TragBla u. KeZipfel kahl od. sehr kurz gewimpert. Die der Ährenachse abgewandten Ke-Zipfel 2–2,3 mm lg, eifg. Bla kahl. 0,15–0,40. 7–10. Lückige Salzwiesen, salzbeeinflusste Rud.: Wegränder; selten auf Gips; v Küsten von Ns Mv Sh, z An, s By He Th(Rho, z Bck) u. Binnenland von Ns Mv Sh, † Rh Bb, neuerdings Rud.: Straßenränder [N] z (m-stemp·c4-9EURAS+austr+m-arct·litAM-EUR – sogr ros H ♃ PfWuPleiok monop – WiB – KlA VdA – L8 T6 F7= R8 N5? – K Aster. trip. – 12, 18). [*P. maritima* subsp. *maritima*] **Strand-W. – *P. maritima* L.**

10* TragBla u. KeZipfel lg gewimpert. Die der Ährenachse abgewandten KeZipfel 2,5–5 mm lg, eilänglich. Bla deutlich sehr kurz borstig gewimpert. 0,10–0,30. 6–8. Mont. mäßig frische bis trockne, lückige Magerrasen; s Alp(Krw Wtt Kch) (sm-stemp//salp·c4EUR – igr ros H ♃ PfWu Pleiok monop – WiB – KlA VdA? – L9 T6? F4 R6? N2? – V Sedo-Scler., V Eric.-Pin.). [*P. serpentina* All., *P. maritima* subsp. *serpentina* (All.) Arcang.] **Schlangen-W. – *P. strictissima* L.**

Hybriden: *P. alpina* × *P. strictissima* = *P.* ×*decipiens* Beauverd – s, *P. lanceolata* × *P. media* = *P.* ×*argyrostachys* Simonk. – s, *P. major* × *P. media* = *P.* ×*mixta* Domin – s

Littorella P.J. Bergius – **Strandling** (3 Arten)

Pfl mit Ausläufern. Bla rosettig, linealisch bis pfriemlich, am Grund br scheidig (Abb. 679/1). 0,04–0,15. 5–8. Stehende, oligo- bis mesotrophe Gewässer (Seen, Teiche) u. deren zeitweilig trockenfallende, (meist) kiesig-sandige Ufer, feuchte Dünentäler an Küsten; z Ns, s By(f Alb N NW) Bw(S SW) Rh(MRh N) He(W O) Nw(f SW) Th(Wld Bck Rho) Sa(f SO W) An(Hrz Elb) Bb(f Od) Mv(f Elb N) Sh, ↘ (m/mo-b·c1-4EUR – igr ros H/He/uHy ♃ Rhiz, als uHy mit kurzen oAusl – WiB, meist Vw, nur Landform blühend – KlA? – L7 T5 F10 R7 N2 – O Litt. – 24). [*Plantago uniflora* L., *L. lacustris* L., *L. juncea* P.J. Bergius] **Europäischer S. – *L. uniflora* (L.) Asch.**

Callitriche L. – **Wasserstern** (ca. 30 Arten)

In traditionellen Systemen einzige Gattung der Familie *Callitrichaceae*. In molekularphylogenetischer Sicht ein auf das Leben im Wasser spezialisierter Seitenzweig innerhalb der *Plantaginaceae* s. l.

Zur Bestimmung sind Blü u. vor allem reife Fr notwendig (starke Lupe od. Präpariermikroskop!). Möglichst lebende Pfl untersuchen! Die zur Bestimmung wichtigen Schildhaare sind bei starker Vergrößerung am besten am Stg in Nähe der Knoten zu beobachten. Die vegetativen Merkmale schwanken je nach Entwicklungszustand u. Umweltbedingungen stark. Alle Arten außer *C. hermaphroditica* können als Wasserformen völlig untergetaucht od. mit SchwimmBlaRosette od. auch als Landform vorkommen. Die Länge der Sprosse wird für Wasser- u. Landformen durch Schrägstrich getrennt angegeben.

PLANTAGINACEAE 695

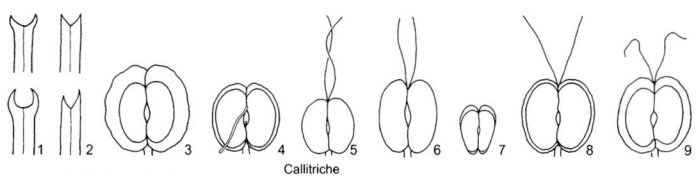

1	2	3	4	5	6	7	8	9
hamulata	brutia	hermaphroditica	hamulata	Callitriche cophocarpa	obtusangula	palustris	platycarpa	stagnalis

1   Klausen reifer Fr fast bis zur Mittelachse getrennt. Pfl stets untergetaucht, ohne Schwimm-Bla u. Landformen. Bestäubung unter Wasser. Bla linealisch, vom Grund zur Spitze allmählich verschmälert, oft dünn u. durchscheinend. Schildhaare fehlend. Blü ohne VorBla. **(Artengruppe Herbst-W. – *C. hermaphroditica* agg.)** 2
1* Klausen zumindest bis zur Hälfte miteinander verbunden. Pfl meist mit rosettig genäherten, ± spatelfg SchwimmBla (Abb. 679/2), seltener ganz untergetaucht u. dann meist unfruchtbar, oft auch als Landform. Bla (meist) zum Grund hin verschmälert, nicht durchscheinend. Schildhaare vorhanden. Blü mit ± entwickelten VorBla. **(Artengruppe Gewöhnlicher W. – *C. palustris* agg.)** 3
2   Fr fast kreisrund, 1,5–2 mm ⌀ (Abb. 695/3); Klausen am Rücken br geflügelt. Bla lineallanzettlich, 8–18 × 1–2 mm. 0,10–0,60. 6–9. Meso- bis oligotrophe, stehende od. langsam fließende Gewässer, kalkmeidend; z Sh, s Bb Mv(f Elb MO), † Th Ns, ↘ (sm-arct·c2-7CIRCPOL – uHy ☉ – WaB – WaA KlA – L7 T6 F12 R4 N3? – O Potam.). [*C. autumnalis* L.]
    Herbst-W. – *C. hermaphroditica* L.
2* Fr etwas breiter als lg, 1,0–1,2 × 1,4–1,6 mm; Klausen ungeflügelt. Bla linealisch, 5–11 × 0,8–1,3 mm. 0,08–0,20. 6–10. Eutrophe, flache, auch trockenfallende Gewässer (Tümpel, Bäche); s Rh(N: Irsen) (sm-stemp·c1-2EUR – uHy ☉ od. igr ⚷ – WaB – WaA).
    Gestutzter W. – *C. truncata* GUSS. subsp. *occidentalis* (ROUY) BRAUN-BLANQ.
3   (1) Narben zurückgekrümmt u. dem FrKn anliegend, ihre Reste der Fr seitlich anhaftend (Abb. 695/4). Staubbeutel u. Pollen farblos. Wasser- u. Landformen oft ohne (Schwimm) BlaRosette; wenn diese vorhanden, dann Stiele der RosettenBla etwa so lg wie die rhombisch-elliptische Spreite. Bei Wasserformen Blü untergetaucht, Bestäubung unter Wasser. VorBla hinfällig. Schildhaarköpfchen 10–16(–18)zellig 4
3* Narben aufrecht-spreizend, bei Landformen auch bogig herabgekrümmt (bei *C. stagnalis*, 8*) od. fehlend (bei *C. palustris*, 7) (Abb. 695/5–9). Staubbeutel u. Pollen gelb. Wasserformen zumindest im BlüZustand stets mit SchwimmBlaRosette; Stiele der RosettenBla kürzer als die Spreite. Blü in den Achseln von RosettenBla, Bestäubung über Wasser (höchstens Fr später unter Wasser) 5
4   UnterwasserBla an der Spitze etwas verbreitert u. halbmondfg bis zangenfg ausgerandet (Abb. 695/1). Fr in Seitenansicht kreisrund, 1,2–1,5 mm ⌀, sitzend od. bei Landformen kurz gestielt; Klausen schmal geflügelt. Pfl meist kräftig; SchwimmBla >5 mm lg. 0,20–0,80/0,02–0,15. 4–10. Oligo- bis eutrophe, fließende, seltener auch stehende Gewässer, Landform auf offenen, nassen, sandigen bis schlammigen Flussufern u. trockengefallenen Teichböden, nassen Waldwegen; z Alp(Allg) By Bw Rh He Nw(f NO) Th Sa An Ns Mv(f N), s Bb Sh, ↘ (sm-b·c1-4EUR – igr u/oHy ⚷/selten He ☉ – SeB WaB, Landform WiB – KlA WaA – L8 T4? F10~ R6? N4? – V Ranunc. fluit., O Litt., V Nanocyp. – 38, 40). [*C. intermedia* HOFFM.]
    Haken-W. – *C. hamulata* W.D.J. KOCH
4* UnterwasserBla an der Spitze kaum verbreitert, 3eckig od. ungleichmäßig ausgerandet (Abb. 695/2). Fr elliptisch bis rundlich, 1–1,4 × 1–1,2 mm, 1–2 cm lg gestielt, bei Landformen bis 5 cm lg gestielt; Klausen meist breiter geflügelt. Pfl zart, zerbrechlich; SchwimmBla 2–6 mm lg. 0,10–0,60/0,06–0,10. 5–10. Stehende, flache, oft trockenfallende Gewässer (Tümpel, Gräben), auch Brackwasser; s Sh(W: Amrum, Sylt), [U] s Sa(SW: Posseck) (m-temp·c1-2EUR – igr oHy ⚷/He ☉ – WaB, Landform WiB – KlA WaA – L8 T6? F10 R? N5? – Artwert fraglich – 28). [*C. pedunculata* DC.]
    Stielfrüchtiger W. – *C. brutia* PETAGNA

5 (3) Klausen auf dem Rücken abgerundet od. höchstens schwach gekielt. Narben aufrecht, 4–6(–8) mm lg, meist bleibend. Schildhaare 8–10(–15)zellig. StaubBla 4–5(–9) mm lg 6
5* Klausen auf dem Rücken geflügelt, zumindest an der Spitze. StaubBla 1–6(–7) mm lg 7
6 Fr in Seitenansicht rundlich, 0,8–1,2 mm ⌀ (Abb. **695**/5), bräunlich; Klausen auf dem Rücken abgerundet od. schwach gekielt. VorBla auffallend groß, bis 2 mm lg. Spreite der SchwimmBla schmal rhombisch od. elliptisch. 0,10–0,25/0,01–0,07. 5–10. Meso- bis eutrophe, stehende od. langsam fließende Gewässer: Teiche, Altwasser, Bäche, Gräben; ErlenbruchW, Landform auf offenen, sandig-schlammigen Ufern u. Wegen; z By Bw Rh Th(f Hrz NW Rho) Sa An Bb Mv Sh, s He Ns (sm-b·c2-6EUR-WSIB – igr oHy ♃/He ☉ – SeB WiB – KlA WaA – L8 Tx F10 R8 N5? – V Potam., V Ranunc. fluit., V Hydroch., V Aln., O Litt., V Nanocyp. – 10). [*C. polymorpha* LÖNNR.]
 Stumpfkantiger W. – *C. cophocarpa* SENDTN.
6* Fr elliptisch, 1,5(–2,0) × 1,2(–1,7) mm (Abb. **695**/6); Klausen auf dem Rücken br abgerundet. VorBla klein, bis 1,5 mm lg. Spreite der SchwimmBla br rhombisch. 0,10–0,60/0,02–0,12. 4–10. Eutrophe, langsam fließende, seltener stehende Gewässer: Bäche, Gräben, Altwasser, Tümpel, auch Brackwasser, Landform auf offenen, schlammigen Böden; z Alp(Allg), s By(f NO NW) Bw(f Keu NW) Rh(f N) He(f SO NW) Nw(MW N) Bb Ns(f Hrz) Sh(M), ↗ (m-temp·c1-2EUR – igr oHy ♃/He ☉ – SeB WiB – KlA WaA – L8 T6? F11 R7? N7? – O Potam., O Lemn., V Glyc.-Sparg., V Rupp. – 10).
 Nussfrüchtiger W. – *C. obtusangula* LE GALL
7 (5) Klausen nur an der Spitze (seltener auch am Grund) geflügelt (Abb. **695**/7); Fr in Seitenansicht verkehrteifg, 1(–1,4) × 0,7–0,8 mm, reif schwarz. Wasserform mit lg, aufrechten, hinfälligen Narben u. 1–5 mm lg Staubfäden, bei Landform beide verkümmert, aber Pfl trotzdem reich fruchtend. VorBla sehr klein. Schildhaarköpfchen 12–16zellig. Pfl zart. Spreite der SchwimmBla elliptisch bis rundlich (selten mit nahezu hakiger Spitze), die der Landform linealisch bis schmal elliptisch. 0,10–0,40/0,01–0,07. 4–10. Meso- bis oligotrophe, stehende, flache Gewässer, im Verlandungsbereich von Seen, Teichen, Tümpeln, trockenfallende Teichböden, nasse Waldwege, lichte Röhrichte u. Großseggenriede, auf Schwingrasen in BruchW, je nach Wasserstand in Wasser- od. Landform, kalkmeidend; z By Bw Rh He Nw Th Sa Bb Mv, s An Ns Sh, ↘ (trop AFR-AS-m/mo-arct·c1-7CIRCPOL – igr oHy ♃/He ☉ – SeB WiB?, z. T. Ap – KlA WaA – L6 Tx F11 R5 N4? – V Nymph., O Litt., V Nanocyp. – 20). [*C. verna* L. p.p.]
 Sumpf-W. – *C. palustris* L.
7* Klausen ringsum geflügelt. Fr rundlich, 1,3–1,8 mm ⌀, reif gelblichgrau bis braun. Auch Landform mit normal entwickelten Blü. Schildhaarköpfchen meist 8–10zellig. Pfl kräftig, reich verzweigt 8
8 Klausen sehr schmal (<0,1 mm) geflügelt (Abb. **695**/8), (dunkel-)braun, oft einige verkümmert od. Fr ganz fehlend. Narben 2–5 mm lg, aufrecht-spreizend, seltener waagerecht abstehend. StaubBla reif (2–)3–5(–6) mm lg, kräftig gelb. VorBla groß, 1,5 mm lg, bleibend. Spreite der SchwimmBla u. der Landform elliptisch, UnterwasserBla linealisch. 0,20–1,00/0,02–0,10. 5–10. Meso- bis eutrophe. bes. kalkreiche, stehende bis fließende Gewässer, Landform auf feuchten Waldwegen u. schlammigen Teichböden; alle Bdl z? Verbr. ungenau bekannt, ↗ (sm-temp·c1-3EUR? – igr oHy ♃/He ☉ – SeB Ap? – KlA WaA – L7 T6 F11 R7? N7 – V Ranunc. fluit., O Lemn., V Glyc.-Sparg., V Nanocyp., O Litt. – 20).
 Flachfrüchtiger W. – *C. platycarpa* KÜTZ.
8* Klausen breiter (>0,1 mm) geflügelt (Abb. **695**/9), hell gelblichbraun. Narben der Wasserform 1–2(–3) mm lg, aufrecht bis waagerecht spreizend, die der Landform oft verlängert u. meist bogig herabgekrümmt. StaubBla reif 1–2 mm lg, blassgelb. VorBla klein, hinfällig. Spreite der SchwimmBla u. der Landform rundlich bis br elliptisch, UnterwasserBla meist lanzettlich bis spatelfg. 0,15–0,70(–1,00)/0,03–0,15. 5–10. Mesotrophe, stehende bis langsam fließende, flache Gewässer: Teiche, Wasserlachen, Gräben, Erlen-BruchW, Landform auf schlammigen od. sandigen Teichufern u. feuchten Waldwegen, kalkmeidend, salztolerant; v By Bw Rh He Nw Bb Ns Mv, z Th Sa An, s Sh (austr-trop/moAFR-AS-AUST-m-b·c1-4EUR, [N] sm-temp·c1-4AM – igr oHy ♃ Fragmentation/He ☉ KriechTr – WiB SeB – KlA WaA Sa langlebig? – L6 T5 F10 R6 N4? – V Ranunc. fluit., V Glyc.-Sparg., V Aln., V Nanocyp., O Litt. – 10). **Teich-W. – *C. stagnalis* SCOP.**

Hybride: *C. cophocarpa* × *C. platycarpa* = *C.* ×*vigens* MARTINSSON – z (15)

Hippuris L. – **Tannenwedel** (1 Art)
Stg engröhrig gekammert, Kammern nicht radial (wie bei *Elatine alsinastrum* S. 465). Bla linealisch, ganzrandig (Abb. **679**/3). 0,10–0,50, Wasserform bis >1 m lg. 6–8. Stehende bis langsam fließende, meso- bis eutrophe, saubere Gewässer mit schlammigem Grund: Teiche bis 7 m Tiefe, Gräben, Brackwasserröhrichte, schwach salztolerant, kalkhold; z By Bw He(f NW W) Nw(f SW) Th(f Hrz) An Bb Ns Mv Sh, s Alp Rh(f SW) Sa, ↘, mehrfach an Teichen angepflanzt (antarctAM+m/mo-arct·c1-8 CIRCPOL – igr eros u/oHy od. sogr eros Hel uAusl/ Rhiz – WiB Vw – KlA VdA – L7 T5 F10 R8 Nx – O Potam., V Phragm., V Bolb.).
 Gewöhnlicher T. – *H. vulgaris* L.

Familie *Scrophulariaceae* Juss. – **Braunwurzgewächse**

(59 Gattungen/1880 Arten)

Der Umfang dieser Familie wurde aufgrund molekularphylogenetischer Befunde stark verändert, sie ist deshalb morphologisch heterogen.

In D Sträucher, Halbsträucher od. Kräuter. Bla wechsel- od. gegenständig. Blü in Thyrsen, Rispen, Trauben od. einzeln, ⚥, ± dorsiventral bis fast radiär, 4- od. 5zählig. Kr verwachsenblättrig, röhrig, glockig od. radfg. StaubBla 4 od. 5. FrKn oberständig, 2fächrig. Griffel 1; Narbe meist kopfig. Meist Kapseln.

1	Strauch. BlüStand eine dichtblütige, schmal keglige Thyrse. Blü 4zählig, KrRöhre viel länger als der Ke.	**Sommerflieder – *Buddleja* S. 700**
1*	Kraut	2
2	Alle Bla u. BlüStiele grundständig. Bla lg gestielt, Spreite 8–20 mm lg, schmal spatelfg, ganzrandig (Abb. **698**/1). Blü 3 mm ⌀.	**Schlammkraut – *Limosella* S. 700**
2*	Beblätterter Stg vorhanden. BlaSpreite >50 mm lg, nicht ganzrandig. Blü >3 mm ⌀	3
3	Kr radfg, 5-zipflig (Abb. **698**/2). StaubBla 5, alle od. einige weiß- od. violettwollig. Blü in trauben- od. ährenfg Thyrse mit geknäuelten Zymen, selten in einfacher Traube. Untere Bla rosettig, wechselständig. Pfl ⊙ od. ♃.	**Königskerze – *Verbascum* S. 697**
3*	Kr ± glockig od. mit fast kugliger Röhre u. schmalem, 5-lappigem, undeutlich 2lippigem Saum (Abb. **698**/4). StaubBla 4, das 5. (oberste) in ein schuppenfg Staminodium umgewandelt od. fehlend. Blü in endständiger rispenfg Thyrse. Wenigstens die unteren Bla gegenständig. Pfl ♃.	**Braunwurz – *Scrophularia* S. 699**

Verbascum L. – **Königskerze** (360 Arten)

1	Blü in einfacher Traube; zu je 1–2, lg gestielt. Bla nicht herablaufend. Kr flach. StaubBla alle violettwollig (Abb. **698**/3)	2
1*	Blü in Thyrsen mit ährig angeordneten Knäueln, kurz gestielt. Kr gelb, selten weiß	3
2	Kr violettpurpurn. Rosette dem Boden angepresst, Bla unzerteilt, br eifg, oseits grubignervig, useits kurzhaarig. 0,30–0,80. 5–6(–7). Trockengebüsch- u. Trockenwaldsäume, kont. Trockenrasen, basenhold; s By(MS) Sa(Elb W) An(f N) Bb(Elb MN SW) Ns(MO: Seinstedt, sonst [N U]), [U] s Bw Rh He Nw Th Mv; auch ZierPfl (m-stemp·c4-7EUR-WAS – sogr? hros ♃ Pleiok – InB – StA – L7 T6 F3 R7 N2 – V Ger. sang., V Fest. val. – VolksheilPfl).	**Purpur-K. – *V. phoeniceum* L.**
2*	Kr hellgelb, außen vor dem Aufblühen ± purpurn. Bla ± unregelmäßig fiederlappig, kahl. 0,50–1,20. 6–8. Mäßig trockne Rud., basenhold; [A] z Rh, s By(f NO) Bw He(SO MW SW) An(f Hrz S W), [N U] s Nw Th Sa Bb(Elb) Ns Mv Sh, ↘, m-mo-stemp·c2-7EUR+WAS – igr? hros ⊙ ⊛ PflWu – InB – StA Sa langlebig Lichtkeimer – L8 T7 F3 R7 N6 – V Onop., V Arct. – 30, 32 – früher kultiviert gegen Schaben – VolksheilPfl).	**Motten-K., Schaben-K. – *V. blattaria* L.**
3	(1) BlüStiel während der BlüZeit nicht länger als der Ke. Die 2 längeren Staubfäden (fast) kahl, übrige weißwollig (Abb. **698**/2). Wenigstens die oberen Bla herablaufend, alle beidseits dicht wollig-filzig. Scheinähre einfach, endständig	4
3*	BlüStiel während der BlüZeit meist doppelt so lg wie der Ke. Alle Staubfäden wollig. Bla nicht herablaufend, oseits fast kahl od. seltener flaumig-filzig	6

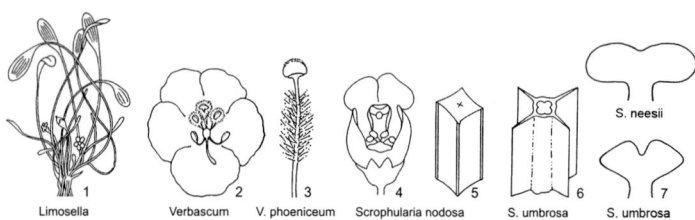

Limosella Verbascum V. phoeniceum Scrophularia nodosa S. umbrosa S. umbrosa

4 Kr weit trichterfg, 12–25 mm br. Die 2 längeren Staubfäden 3–4mal so lg wie ihre 1,5–2 mm lg, kurz herablaufenden Staubbeutel. Bla vollständig herablaufend, schwach gekerbt. 0,30–1,70. 7–9. Mäßig trockne bis frische Rud.: Schutt, Wegränder, Umschlagplätze; Waldränder, basenhold; h He(f ORh) Nw Th Sa, v Alp By Bw Rh An Ns, z Bb Mv Sh, an Küste u. Flussufern wohl heimisch, sonst [A] (m/mo-b·c1-7EUR-WAS, [N] AM, OAS, OAFR, NEUSEEL – igr hros ☉ ⊛ PfWu – InB: Bienen, Schwebfliegen Pollenblume – StA WaA Wintersteher Lichtkeimer Sa langlebig – L8 Tx F4 R7 N7 – O Atrop., O Onop., O Orig. – HeilPfl – 36).
Kleinblütige K. – _V. thapsus_ L.

4* Kr flach od. fast flach, 30–40 mm br. Die 2 längeren Staubfäden 0,5–2mal so lg wie ihre 3,5–5 mm lg, weit herablaufenden Staubbeutel 5

5 Mittlere u. obere Bla bis zum nächsten Bla herablaufend, eifg, untere elliptisch, allmählich in den kurzen Stiel verschmälert, deutlich gekerbt. 0,50–2,50. 7–9. Mäßig trockne bis mäßig frische Rud.: Wegränder, Schutt, Ufer, Waldschläge, basenhold; [A] v Rh Nw Th Sa An Mv, z By Bw He(f ORh W) Bb Ns Sh, s Alp(Amm Kch) (sm-temp·c2-4EUR, [N] AM – igr hros ☉ ⊛ PfWu – InB Pollenblume Vw – StA Wintersteher Lichtkeimer – L8 T6 F4 R8 N5 – V Onop., V Sisymbr., V Atrop. – HeilPfl). [_V. thapsiforme_ SCHRAD.]
Großblütige K. – _V. densiflorum_ BERTOL.

5* Mittlere u. obere Bla nicht bis zum nächsten Bla herablaufend, länglich-eifg, untere br elliptisch, undeutlich gekerbt. 0,50–2,00. 7–8. Mäßig trockne bis mäßig frische Rud.: Schutt, Wegränder, Waldschläge, basenhold; [A] z By Rh He(f ORh) Nw Th Sa An Bb(f Od) Ns Mv, s Alp(Allg Brch Kch Mng) Bw(f Alb) Sh(M) (sm-temp·c2-4EUR, [N] AM – igr hros ☉ – InB – StA – L8 T6 F4 R8 N6? – V Onop., V Atrop. – HeilPfl).
Windblumen-K. – _V. phlomoides_ L.

6 (3) Staubfäden violettwollig. Scheinähre einfach od. selten am Grund ästig. Untere Bla lg gestielt, oseits fast kahl, useits ± kurzhaarig-filzig, Spreitengrund herzfg. Kr am Grund blutrot gefleckt, 15–22 mm br. 0,50–1,20. 6–9. Frische Rud.: Wegränder, Schutt; Ufer, Waldschläge; [A?] h Nw Sa An Ns(z N) Mv, v Bw Rh He(f NW f ORh) Th Bb, z Alp By Sh (sm-b·c1-5EUR-WAS – igr? hros H kurzlebig ♃ PleiokRübe – InB Pollenblume selbststeril – StA Wintersteher – L7 T5 F5 R7 N7 – V Arct., V Onop., V Epil. ang. – VolksheilPfl – 30)
Schwarze K. – _V. nigrum_ L.

6* Staubfäden weißwollig. BlüStand ästig, aus mehreren Scheinähren zusammengesetzt. Untere Bla meist in den Stiel verschmälert 7

7 Stg stielrund. DeckBla 3–5 mm lg, kaum länger als der Ke. Bla oseits dicht grauflaumigfilzig, ± verkahlend, useits mit dickflockigem, abfallendem Filz. Kr hellgelb, 14–22 mm br. 0,60–1,30. 7–8. Mäßig trockne Rud., Waldlichtungen, basenhold; [A] z Rh(f SW), s Bw(ORh Gäu SW) He(SW) Nw(f N NO), [U] s An Sh (sm-stemp·c1-3EUR – igr? hros H ☉ – L8 T8 F3 R9 N5? – O Sisymbr., V Onop. – VolksheilPfl). **Flockige K. – _V. pulverulentum_ VILL.**

7* Stg kantig. DeckBla (5–)8–15(–20) mm lg, länger als der Ke 8

8 Bla oseits kurzhaarig bis fast kahl, useits fein graustaubig filzig, seicht gekerbt bis ganzrandig. Oberste StgBla länglich, nicht gehört. Kr hellgelb od. weiß, ⌀ 10–16 mm. 0,60–1,20. 6–8. Trockengebüsch- u. Trockenwaldsäume, Trocken- u. Halbtrockenrasen, mäßig trockne Rud.: Wegränder, Bahnanlagen, Sandgruben, basenhold; [meist A] v Bw Rh Th(f Hrz) An Bb, z Alp By He(f ORh) Nw Sa Ns Mv(f Elb) Sh (m/mo-temp·c2-7EUR-WAS – igr? hros H ☉ ⊛ PfWu – InB SeB – StA KlA – L7 T6 F3 R7 N3 – K Trif.-Ger., K Fest.-Brom., V Onop. – VolksheilPfl).
Mehlige K. – _V. lychnitis_ L.

8* Bla beidseits graugelblich filzig, ganzrandig. Oberste StgBla br herzeifg, geöhrt, stängelumfassend. Kr gelb, ⌀ 18–30 mm. (0,50–)1,00–1,50(–2,30). 6(–7). ZierPfl, auch rud. Trockenrasen, TrockenWRänder, trockne Rud.; [N] s By Rh Nw An Ns, [U] s Bw He Th Sa Mv Sh (m/mo-sm·c5-7EUR-WAS – igr hros H ☉) **Pracht-K. – V. speciosum** SCHRAD.

Hybriden: *V. blattaria* × *V. densiflorum* = *V.* ×*bastardii* ROEM. et SCHULT. – z, *V. blattaria* × *V. phlomoides* = *V.* ×*flagriforme* PFUND – s, *V. blattaria* × *V. nigrum* = *V.* ×*intermedium* RUPR. – s, *V. blattaria* × *V. lychnitis* = *V.* ×*lychnitidi-blattaria* W.D.J. KOCH [*V.* ×*pseudoblattaria* W.D.J. KOCH] – z, *V. blattaria* × *V. phoeniceum* = *V.* ×*divaricatum* KITT. – s, *V. densiflorum* × *V. lychnitis* = *V.* ×*ramigerum* LINK – z, *V. densiflorum* × *V. nigrum* = *V.* ×*adulterinum* W.D.J. KOCH, *V. densiflorum* × *V. phoeniceum* = *V.* ×*phoeniciforme* ROTHM. – s, *V. densiflorum* × *V. pulverulentum* = *V.* ×*nothum* W.D.J. KOCH – s, *V. lychnitis* × *V. phlomoides* = *V.* ×*denudatum* PFUND – z, *V. lychnitis* × *V. nigrum* = *V.* ×*incanum* GAUDIN [*V.* ×*schiedeanum* W.D.J. KOCH] – z, *V. lychnitis* × *V. phoeniceum* = *V.* ×*schmidlii* A. KERN. – s, *V. lychnitis* × *V. thapsus* = *V.* ×*spurium* W.D.J. KOCH – z, *V. nigrum* × *V. phlomoides* = *V.* ×*brockmuelleri* RUHMER – z, *V. nigrum* × *V. phoeniceum* = *V.* ×*ustulatum* ČELAK. – s, *V. nigrum* × *V. pulverulentum* = *V.* ×*wirtgenii* FRANCH. – s, *V. nigrum* × *V. thapsus* = *V.* ×*semialbum* CHAUB. – z, *V. phlomoides* × *V. phoeniceum* = *V.* ×*schneiderianum* ASCH. et GRAEBN. – s, *V. phlomoides* × *V. thapsus* = *V.* ×*kerneri* FRITSCH – s, *V. phoeniceum* × *V. pulverulentum* = ? – s, *V. pulverulentum* × *V. lychnitis* = *V.* ×*regelianum* WIRTG. – z, *V. pulverulentum* × *V. thapsus* = *V.* ×*godronii* BOR. – s.

Scrophularia L. – Braunwurz (200 Arten)

[N lokal] **Scopoli-B. – *S. scopolii*** PERS.: Ähnlich *S. nodosa*, **3**, Bla aber kerbt-gesägt, beidseits kurzhaarig. KeZipfel mit deutlichem Hautsaum. 0,40–0,70(–1,00). 5–7. Wegböschungen; [N] s Alp(Mng), [U] s Bw Nw(MW: Münster) (m-sm//mo·c3-5EUR-WAS – sogr eros ♃ Rhiz).

1 Kr blassgelb, krugfg, fast radiär, vorn stark eingeschnürt. Stg abstehend drüsenhaarig. Staminodium (rückgebildetes 5. StaubBla) fehlend. 0,30–0,70. (4–)5(–6). Frische Waldsäume u. -lichtungen, Parks, „StinsenPfl", nährstoffanspruchsvoll; [N 18. Jh.] s By(Alb NM) He Nw Th Sa An Bb Sh, [U] s Bw Rh Ns Mv, ↘ (m/mo-stemp·c2-3EUR – sogr eros H ♃ KnollenRhiz – InB Vw – MeA – L5 T6 F5 R7 N7 – V Alliar., V Arct. – BienenfutterPfl – 20). **Frühlings-B. – *S. vernalis*** L.

1* Kr purpurbraun, z. T. useits grünlich, dorsiventral, vorn nicht eingeschnürt. Höchstens BlüStand abstehend drüsenhaarig. Staminodium vorhanden **2**

2 Untere Bla doppelt fiederschnittig. Abschnitte tief-gesägt bis fiederspaltig, lanzettlich; obere Bla einfacher geteilt. Kr 4–5 mm lg, purpurbraun. 0,20–0,60. 6–8. Mäßig trockne, kiesige Rud.: Kiesgruben, Bahnanlagen, Wegränder; Flussschotter, kalkhold; z Rh(ORh), s Bw(f SO Alb S), [U] s He Nw Mv (m-stemp·c1-4EUR – sogr? eros/hros H ♃/HStr Pleiok – InB Vw – L8 T8 F4 R8 N3 – V Epil. fleisch., V Stip. calam.). **Hunds-B. – *S. canina*** L.

2* Bla ungeteilt od. am Grund mit 1–2 kleinen SeitenBlchen **3**

3 Stg ungeflügelt, scharf 4kantig (Abb. **698**/5), im BlüStand mehrkantig. Kr dunkel rotbraun, am Grund grünlich, 7–11 mm lg. Bla gesägt, kahl. 0,40–1,20. 6–9. (Sicker)frische Laub- u. NadelmischW u. ihre Säume, Waldschläge, kalkmeidend; alle BdI g (sm/mo-b·c1-7EURAS – sogr eros H ♃ RhizKnolle – InB: Bienen, Wespen Vw SeB – StA Kältekeimer – L4 T5 F6 R6 N7 – O Fag., V Alliar., K Epil. ang. – früher HeilPfl – 36). **Knoten-B. – *S. nodosa*** L.

3* Stg geflügelt (Abb. **698**/6) **4**

4 Bla am Grund herzfg, stumpf gekerbt, am BlaStiel oft 2 kleine Öhrchen. Staminodium im oberen Teil rundlich-nierenfg, nicht od. kaum ausgerandet, kaum breiter als lg. Kr (5–)7–9 mm lg, dunkel purpurbraun, am Grund grünlich. 0,40–1,00. 6–8. Feuchte bis nasse Bachröhrichte, Gräben, Ufer langsam fließender Gewässer, Nasswiesen, nährstoffanspruchsvoll; z Rh Nw(f N NO), s Bw(ORh), † He, ↘ (m-stemp·c1-2EUR – sogr eros ♃ Rhiz – InB Vw – WaA – L8 T7 F9= R6 N7 – V Convolv., V Glyc.-Sparg.). [*S. aquatica* L. p.p.] **Wasser-B. – *S. auriculata*** L.

4* Bla am Grund verschmälert od. abgerundet, wenigstens obere scharf gesägt. Staminodium im oberen Teil gespreizt 2lappig, ± ausgerandet, mindestens 2mal so br wie lg. Kr 6–8 mm lg **5**

5 Oberer Teil des Staminodiums etwa 2mal so br wie lg, am Oberrand deutlich eingekerbt, Winkel zwischen Stiel u. Lappenunterrand >90° (Abb. **698**/7 unten). Kr grünlich, Rücken purpur- od. rötlichbraun. Alle Bla scharf gesägt, spitz. BlüStand stark verzweigt, reichblütig,

mit zumeist aufrecht abstehenden Ästen. 0,50–1,30. 6–9. Feuchte bis nasse, zeitweilig auch überflutete Bachröhrichte, Ufer langsam fließender Gewässer, Bruch- u. AuenW, nährstoffanspruchsvoll; z Alp(f Krw Wtt) Nw Th Sa(s NO) An Bb Mv, s By(NW MS: Inn) Bw(Gäu) Rh(SW W) He(SO) Ns(S) Sh(O), Verbreitung ungenügend bekannt (m/mo-temp·c2-7EUR-WAS – igr eros He/oHy ♃ Rhiz – InB: Wespen Vw – StA WaA Sa langlebig – L7 T6 F9= R8 N7 – V Glyc.-Sparg., V Convolv. – 26). [*S. alata* GILIB., *S. ehrhartii* STEVEN]
Flügel-B. – *S. umbrosa* DUMORT.

5* Oberer Teil des Staminodiums mindestens 3mal so br wie lg, am Oberrand schwach od. nicht eingekerbt, Winkel zwischen Stiel u. Lappenunterrand um 90° (Abb. **698**/7 oben). Kr lebhaft rotbraun, nur am Grund grünlich. Untere Bla gekerbt, ± stumpf. BlüStand stärker gespreizt, mit oft fast rechtwinklig abstehenden Ästen. 0,50–1,30. 6–9. Feuchte bis nasse, zeitweilig auch überflutete Bachröhrichte, Ufer langsam fließender Gewässer, Bruch- u. AuenW, nährstoffanspruchsvoll; z By Bw Rh He Nw Th An(s N Elb) Ns Sh, s Alp Sa, Verbreitung ungenügend bekannt (m-stemp·c2-6EUR – igr eros He/oHy ♃ Rhiz – InB: Wespen Vw – StA WaA Sa langlebig – V Glyc.-Sparg. – 52). [*S. umbrosa* subsp. *neesii* (WIRTG.) E. MAYER]
Nees-B. – *S. neesii* WIRTG.

Limosella L. – **Schlammkraut** (15 Arten)

BlüStiel viel kürzer als die Bla (Abb. **698**/1). Kr ± radiär, rosa od. weiß. 0,02–0,08(–0,20). 6–10. Nasse, zeitweilig überflutete, lückige Uferfluren fließender u. stehender Gewässer, bes. Altwasser u. Teiche, auch Sandgruben, basenhold; z By(f S) Rh Nw Th(f Hrz) Sa An Bb Mv(f N), s Alp(Allg Amm) Bw(f S) He(f O) Ns Sh(M SO O), ↘ (m-b·c1-8CIRCPOL – ros ⊙ oAusl, s ① – SeB – KlA Licht-Wärmekeimer – L7 T6 F8= R7? N3? – V Nanocyp., V Chen. rub.).
Gewöhnliches Sch., Schlammling – *L. aquatica* L.

Buddleja L. – **Sommerflieder** (108 Arten)

Bla eilanzettlich, gezähnt, useits weißfilzig. Thyrsen 20–30 cm lg. Kr lila, auch weiß, rosa bis purpurn od. blau, selten braunviolett. 1,00–2,00. 7–8. Zierstrauch; auch Rud.: Schutt, Straßenränder, Bahnanlagen, Uferböschungen; [N 1945] z Rh He Nw Th An Bb, s By Bw Sa An Ns, [U] s Alp Mv (m/mo-sm·c1-5OAS, [N] sm-stemp·c2-4EUR – sogr Str – InB: Falter -WiA – L8 T7 F4? R7? N4? – O Convolv., V Samb.-Salic.). [*B. variabilis* HEMSL]
Gewöhnlicher S., Schmetterlingsstrauch – *B. davidii* FRANCH.

Familie *Linderniaceae* BORSCH et al. – **Büchsenkrautgewächse**
(17 Gattungen/255 Arten)

Halbsträucher od. Kräuter. Bla gegenständig, ohne NebenBla. Blü in Trauben, ♂, dorsiventral. Kr verwachsenblättrig. StaubBla 4 od. 2. FrKn oberständig, 2blättrig. Narbe 2lappig, meist reizbar. Fr eine Kapsel.

Lindernia ALL. – **Büchsenkraut** (30 Arten)

1 Bla ganzrandig, 3nervig. Alle 4 StaubBla mit Staubbeuteln. BlüStiel länger als das TragBla. Kr 4–6 mm lg, weiß, oben rötlich, den Ke nicht od. kaum überragend. Blü meist kleistogam. 0,03–0,15. 8–10. Nasse, zeitweilig überflutete, offene, schlammige Böden u. Ränder von Teichen u. Tümpeln, Flussufer, nährstoffanspruchsvoll, StromtalPfl; s By(O MS) Bw(ORh Gäu SW) Sa(f NO SW) An(Elb), † Rh He, ↘ (subtrop-stemp·c2-9AS-sm-stemp EURAS – eros ⊙ oAusl – SeB: meist kleistogam – KlA WaA – L9 T7 F8= R7? N6? – V Nanocyp. – ▽!).
[*L. pyxidaria* L. p.p.]
Gewöhnliches B. – *L. procumbens* (KROCK.) BORBÁS

1* Mindestens obere Bla entfernt gezähnt, 5nervig. Nur 2 der 4 StaubBla mit Staubbeuteln. BlüStiel höchstens so lg wie das TragBla. Kr 7–10 mm lg, weißlich, Unterlippe am Rand violett, den Ke überragend. Blü meist normal entwickelt. 0,05–0,20. 8–9. Feuchte, zeitweilig trockenfallende bzw. überflutete Ränder von Flüssen u. Altwassern, nährstoffanspruchsvoll; [N 1963 U] s By(O NM) He(ORh) Sa(W) An(Elb) Ns(Elb) Mv(Elb) Sh (trop-temp·c1-5OAM-(WAM), [N] SAM+EUR – eros ⊙ oAusl – SeB – KlA WaA – L9 T6? F8= R7? N?
– V Nanocyp.). [*Ilysanthes attenuata* (MUHL.) SMALL]
Großes B., Amerikanisches B. – *L. dubia* (L.) PENNELL

Familie *Bignoniaceae* JUSS. – **Bignoniengewächse**

(110 Gattungen/790 Arten)

Bäume, Sträucher u. Lianen, selten Kräuter. Bla meist gegenständig, fiedrig zusammengesetzt od. einfach; ohne NebenBla. BlüStand: meist Thyrse od. Rispe. Blü ⚥, meist ansehnlich. Kr verwachsenblättrig, 5zählig, dorsiventral, oft 2lippig. StaubBla 4, selten 5 (das 5. oft als Staminodium) od. 2. FrKn oberständig; Griffel 1; Narbe 2lappig. Fr eine meist 2fächrige Kapsel. Sa meist geflügelt.

Catalpa SCOP. – **Trompetenbaum** (11 Arten)

Baum. Bla gegenständig od. in 3zähligen Quirlen, einfach, ungeteilt, gestielt, Spreite etwa 20 cm lg, br herzfg, ganzrandig, useits behaart, zerrieben unangenehm riechend. BlüStand: aufrechte Thyrse. Blü 3–5 cm lg, 2lippig, weiß, innen gelb u. purpurn gezeichnet. StaubBla 2, Staminodien 3. Fr eine schotenfg, 20–40 cm lg, 5–7 mm dicke Kapsel. Sa mit haarig gefransten Flügeln. 8,00–18,00. 6–7. Zierbaum; [N] s Bw, [U] s By Rh He Bb (m-sm·c1-3OAM).
Gewöhnlicher Trompetenbaum, Zigarrenbaum – *C. bignonioides* WALTER

Familie *Lentibulariaceae* RICH. – **Wasserschlauchgewächse**

(3 Gattungen/350 Arten)

Krautige Sumpf- od. WasserPfl. Bla wechsel- od. grundständig, mit Einrichtungen zum Tierfang. Blü ⚥, dorsiventral, 5zählig, in Trauben od. einzeln. Ke 5–2teilig. Kr verwachsenblättrig, 2lippig, am Grund ausgesackt od. gespornt. StaubBla 2, mit nur je 1 Staubbeutelhälfte. FrKn oberständig, 2blättrig, 1fächrig, mit Zentralplazenta; Narbe fast sitzend, 2lappig. Feine vielsamige Kapsel.

1 LandPfl meist ± nasser Standorte, mit Wurzeln. Blü einzeln. Kr mit offenem Schlund, violett od. gelblichweiß. Bla rosettig, verkehrteifg bis elliptisch, klebrig-drüsig.
Fettkraut – *Pinguicula* S. 701
1* WasserPfl, ohne Wurzeln. Blü in auftauchenden Trauben. Kr mit geschlossenem Schlund, gelb. Bla untergetaucht, vielteilig, mit linealischen Zipfeln u. rundlichen Fangblasen (Abb. **703**/4). **Wasserschlauch** – *Utricularia* S. 702

Pinguicula L. – **Fettkraut** (80 Arten)

(Klebrige BlaFläche fängt u. verdaut Insekten)

1 Kr weiß, Unterlippe mit 2 gelben, behaarten Flecken. 0,02–0,15. 5–6. Subalp. bis alp. Quellmoore u. Rieselfluren, frische bis sickerfeuchte Steinrasen, kalkhold; h Alp, z By(S MS), s Bw(S SO), ↘ (m/alp-b·c3-6EURAS – sogr ros H ♃ Turionen Brutzwiebeln – InB: Fliegen – WiA – L9 T3 Fx R8 N2 – V Car. davall., V Craton., V Sesl. – ▽).
Alpen-F. – *P. alpina* L.
1* Kr violettblau, Schlundfleck weiß. 0,05–0,15. 5–6. Nieder- u. Quellmoore, Rieselfluren, sickerfeuchte bis -nasse Weg- u. Grabenränder, basenhold; h Alp, z By(f NW) Bw(f NW) Th(Bck O Wld) An(Hrz W), s Rh(SW) He(MW) Nw Sa(f Elb) Bb(M MN NO) Ns(f MO Elb M) Mv(f Elb) Sh(M O), ↘ (sm/mo-arct·c1-5CIRCPOL – sogr ros H ♃ Turionen Brutzwiebeln – InB: Bienen – WiA Lichtkeimer – L8 Tx F8 R7 N2 – O Car. davall., K Mont.-Card., V Mol. – 64 – ▽). **Echtes F.** – *P. vulgaris* L.

Ein kleinblütiger, 1 Monat später blühender Ökotyp („*P. gypsophila* WALLR.") wächst auf nordexponierten feuchten Gipsfelsen in N-Th(Bck: Alter Stolberg bei Stempeda), Erhaltungsausbringung im Igelsumpf bei Ellrich.

Utricularia L. – **Wasserschlauch** (216 Arten)
Bearbeitung: **Petra Gebauer**

(Alle Arten in D: sogr eros wurzellose uHy Überdauerung durch Turionen – InB: bes. Schwebfliegen SeB – WaA KlA: Vögel Lichtkeimer – Fangblasen an Bla fangen kleine Wassertiere)
BlaMerkmale an ausdifferenzierten WasserBla im mittleren Sprossabschnitt untersuchen, Fangblasen längs halbieren u. die Vierstrahlhaare in ihrem Inneren (zentraler Teil) mikroskopieren.

1   BlaSprosse sind frei schwimmende Wassersprosse, alle gleichartig, grün od. bräunlichgrün, 20–150 cm lg. Bla 10–50(–80) mm lg, mit je 10–100(–200) Fangblasen (Schläuchen) besetzt; Endzipfel der Bla sehr ∞, haarfein, entfernt borstig gezähnelt. Blü 12–20 mm lg. **(Artengruppe Gewöhnlicher W. – *U. vulgaris* agg.)** 2
1* BlaSprosse unterschieden in meist flutende, grüne, 5–40 cm lg Wassersprosse u. farblose, kürzere Schlammsprosse (bei **4** selten fehlend), mit denen sie im Boden verankert sind. Bla der Wassersprosse 3–20 mm lg, ohne od. mit bis zu 10 Fangblasen u. mit 7–25(–30) abgeflachten, linealischen Endzipfeln. Bla der Schlammsprosse verkümmert, mit je 1–8 Fangblasen 3
2   Oberlippe der Blü mit der Unterlippe einen ± spitzen Winkel bildend, dem Schlundwulst angeschmiegt. Schlundwulst niedergedrückt, länger als hoch, der übrige Saum der Unterlippe sattelfg (Abb. **703**/2). Sporn aus dickem, kegelfg Grund ± walzig-spitzlich auslaufend, 6–10 mm lg, innen abaxial mit Drüsen. Kr dottergelb. BlüStiel etwa 2–3mal so lg wie das DeckBla, 5–12 mm lg, nach der BlüZeit kaum verlängert. FrAnsatz regelmäßig. FrStiele herabgebogen. Kürzeres Paar der Vierstrahlhaare bildet einen rechten bis stumpfen Winkel. 0,15–0,35. 6–8. Stehende od. langsam fließende, meso- bis eutrophe Gewässer: Altwasser, Seen, Flüsse, Gräben; z By(f NW) Bw(f SW) An(f Hrz W) Rh(f W) He(SO SW) Nw Sa(f SW), † Th, ↘, oft mit **2*** verwechselt (strop-b·c1-9CIRCPOL – L7 T6 F12 R5? N4 – K Lemn., O Potam. – 40, 44). **Gewöhnlicher W. – *U. vulgaris* L.**
2* Oberlippe mit der Unterlippe einen rechten bis stumpfen Winkel bildend, nicht dem Schlundwulst angeschmiegt. Schlundwulst halbkuglig, der übrige Saum der Unterlippe fast flach (Abb. **703**/3). Sporn ± stumpf kegelfg, 5,5–7,5 mm lg, innen ab- u. adaxial mit Drüsen. Kr hellgelb. BlüStiel etwa 3–5mal so lg wie das DeckBla, 5–18 mm lg, nach der BlüZeit bis 4 cm verlängert, nicht herabgekrümmt. Fr im Gebiet stets fehlend. Kürzeres Paar der Vierstrahlhaare bildet mehrheitlich einen stumpfen Winkel. 0,10–0,40(–0,60). 6–8. Stehende od. langsam fließende, oligo- bis eutrophe Gewässer: Tümpel, Fischteiche, Torfstiche, Gräben; z By Bw Rh He(f ORh) Nw Th Sa An(f Hrz W) Ns, s Alp Bb Mv Sh, ↘ (austrAFR+AUST-temp·c1-4EUR+OAS – steril – L9 T6 F12 R5 N3? – V Lemn. min., V Hydroch., O Potam. – 40, 44). [*U. neglecta* Lehm.] **Südlicher W. – *U. australis* R. Br.**
3   (1) Alle WasserBla mit je 1–10 Fangblasen, ihre Endzipfel am Rand glatt, ohne Wimperborsten, höchstens mit einer Endborste. Strahlen der Vierstrahlhaare ± bukettartig ausgebreitet (Abb. **702**/1). Blü 6–9 mm lg. Sporn etwa so lg wie br, stumpf kegelfg. Schlundwulst der Unterlippe flach, den Schlund nicht völlig verschließend. Winterknospen kahl. **(Artengruppe Kleiner W. – *U. minor* agg.)** 4

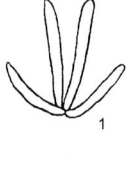
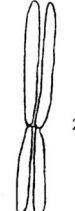
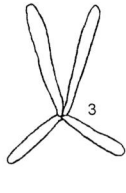
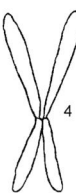

Utricularia minor   U. intermedia   U. ochroleuca   U. stygia

3* WasserBla ohne od. höchstens vereinzelt mit 1–2 Fangblasen, ihre Endzipfel am Rand mit einzeln stehenden (selten gepaarten) Wimperborsten, die ± deutlichen Zähnchen (Sockeln) aufsitzen. Strahlen der Vierstrahlhaare anders angeordnet. Blü 10–15 mm lg. Sporn deutlich länger als br. Schlundwulst der Unterlippe gewölbt, den Schlund verschließend. Winterknospen behaart. **(Artengruppe Mittlerer W. – *U. intermedia* agg.)** **5**

4 Unterlippe länglich-eifg, ihre Seitenränder meist nach unten gebogen, 5–6(–8) mm br (Abb. **703**/1). Traube 2–6blütig. Kr blassgelb, braun gestreift. 0,04–0,15. 6–8. Stehende, oligo- bis mesotrophe Gewässer: Moorschlenken, Torfstiche, Teichbuchten; z Alp Nw(f SW) Sa An(f S W) Bb(f Od) Ns Mv Sh, s By(z S, † N NW? Alb) Bw(f Keu NW) Rh Th(Bck O), † He(MW O), ↘ (m/mo-arct·c1-8CIRCPOL – L8 T6 F12 R6? N2? – V Sphagno-Utric., O Scheuchz. – 40). **Kleiner W. – *U. minor* L.**

4* Unterlippe fast kreisrund, stets flach ausgebreitet, (7–)8–9 mm br. Traube 2–14blütig. Kr blassgelb bis sattgelb, rotbraun gestreift. Pfl in allen Teilen größer als vorige Art. 0,08–0,30. 7–9(–11). Mesotrophe bis dystrophe Waldteiche, Verlandungszone bei 10–30 cm Tiefe, Moortümpel u. -schlenken, kalkmeidend; s By(NM S) He(O), † Bw Rh Nw, ↘ (sm-stemp·c2-4EUR – L8? T7 F12 R3 N2? – V Sphagno-Utric. – ▽!). **Zierlicher W. – *U. bremii* HEER**

5 **(3)** Endzipfel der WasserBla vorn stumpf, mit aufgesetzter Spitze, am Rand jederseits mit 4–12 Wimperzähnchen, die kaum aus dem BlaRand heraustreten (Abb. **703**/5). WasserBla stets ohne Fangblasen. Vierstrahlhaare (in Fangblasen der Schlammsprosse) mit parallelen od. sehr spitzwinkligen Paaren (Abb. **702**/2). Sporn 7–10 mm lg, walzig, etwa so lg wie die Unterlippe. Kr zitronengelb. 0,10–0,20. 7–8. Oligo- bis mäßig eutrophe Moortümpel u. -schlenken, Torfstiche, Gräben, kalkhold; s Alp(f Brch) By(z S, f AN NW) Bw(SO S) Sa(NO) An(Elb) Bb(f Od SW) Ns(NW: Esens) Mv(f Elb SW), † Rh He Sh, ↘ (sm-mo-temp-b·c1-6CIRCPOL – L8 T6 F12 R8 N1 – V Sphagno-Utric.). **Mittlerer W. – *U. intermedia* HAYNE**

5* Endzipfel der WasserBla allmählich in die Spitze verschmälert, am Rand jederseits mit 0–7 Wimperzähnchen, die deutlich aus dem BlaRand heraustreten (Abb. **703**/6). WasserBla meist mit vereinzelten Fangblasen. Sporn 3–5 mm lg, stumpf kegelfg, höchstens ½ so lg wie die Unterlippe **6**

6 Endzipfel der WasserBla am Rand mit je 0–3(–5) Wimperzähnchen. Kürzeres Paar der Vierstrahlhaare gestreckt- bis stumpfwinklig (Abb. **702**/3). Kr hellgelb. Unterlippe 7–9 × 10–13 mm. Sporn etwa 3–4 mm lg, 0,10–0,15. 7–8. Oligo- bis mesotrophe Tümpel u. Schlenken, bes. in Hochmooren, kalkmeidend; s By(NO S) Bw(S: Neukirch) Sa(NO W) Bb?, † Ns Sh, ↘ (temp-arct·c2-4EUR-OAM – L7 T6 F12 R3 N1? – V Sphagno-Utric. – 40 – ▽). **Ockergelber W. – *U. ochroleuca* R.W. HARTM.**

6* Endzipfel der WasserBla am Rand mit je (2–)3–6(–7) Wimperzähnchen. Kürzeres Paar der Vierstrahlhaare gestreckt- bis rechtwinklig (Abb. **702**/4). Kr gelb u. leicht rötlich überlaufen. Unterlippe 9–11 × 13–15 mm. Sporn 4–5 mm lg. 0,05–0,15. 7–8. Oligo- bis mesotrophe Tümpel u. Schlenken, Gräben, flache See- u. Teichufer, ehemalige Torfstiche; z Alp(Allg Wtt) By(f NW N), s Bw(S) Rh(SW) Nw(MW) Sa(NO Elb) Bb(f MN NO Od), Verbr. ungenügend bekannt, anscheinend häufiger als vorige (sm-temp//mo-b·c1-5EUR-AM? – V Sphagno-Utric. – Artwert zweifelhaft). **Dunkler W. – *U. stygia* G. THOR**

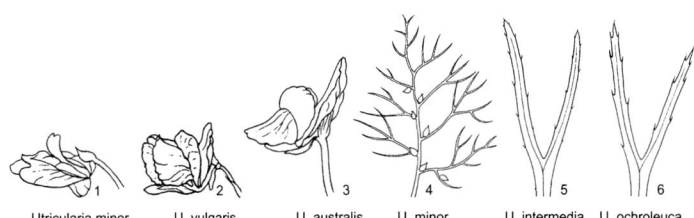

Utricularia minor   U. vulgaris   U. australis   U. minor   U. intermedia   U. ochroleuca

Familie **Verbenaceae** ADANS. – **Eisenkrautgewächse**

(31 Gattungen/918 Arten)

Bäume, Sträucher, Lianen od. (in D nur) Kräuter. Bla gegenständig od. quirlig, ohne NebenBla. Blü meist ♂, dorsiventral, seltener radiär, 5- od. 4zählig, in Trauben od. Zymen. Kr verwachsenblättrig, röhrig, oft 2lippig. StaubBla 4, meist 2 längere u. 2 kürzere. FrKn oberständig, 2blättrig, 2fächrig od. durch falsche Scheidewände mehrfächrig. Griffel 1, endständig. Narbe ungeteilt od. 2lappig. SteinFr od. (in D nur) Fr in 4(–10) TeilFr (Klausen) zerfallend.

Verbena L. – **Eisenkraut** (200–250 Arten)

Bla länglich, mittlere 3spaltig mit großem Endzipfel. Kr blasslila, mit gekrümmter Röhre. Blü in sehr schmalen Ähren. 0,30–1,00. 7–9. Mäßig trockne bis wechselfeuchte Rud.: Schutt, Bahnanlagen, Wegränder, an Mauern, rud. beeinflusste frische Weiden u. Halbtrockenrasen, Teichufer, nährstoffanspruchsvoll; [A] v By Bw(g ORh) Rh Th An(g S W), z Alp He(f ORh) Nw Sa Bb Ns(h MO, f Elb) Mv(f Elb) Sh, im N ↘ (m-sm·c1-7-temp·c1-2EUR-WAS, [N] austr-(trop)-sm·c1-7-temp·c1-4CIRCPOL – teiligr hros/eros ʘ/H kurzlebig ♃ PfWuPleiok – InB: Bienen SeB – StA MeA: Kleesaat VdA? Lichtkeimer – L9 T6 F5 R7 N7 – K Plant., V Arct., V Sisymbr., V Cynos., V Cirs.-Brach. – früher Heil- u. ZauberPfl).

Echtes E. – *V. officinalis* L.

Familie **Lamiaceae** MARTINOV od. **Labiatae** JUSS. –
Lippenblütengewächse (236 Gattungen/7280 Arten)

Kräuter, Sträucher, selten Bäume. Stg meist 4kantig. Bla kreuzgegenständig, selten quirlig, ohne NebenBla. Blü meist ♂, dorsiventral, oft in Scheinquirlen (gegenständigen Zymen), die ihrerseits oft zu ährenfg od. traubenfg GesamtBlüStänden (Thyrsen) vereinigt sind. Ke 5zähnig bis 5spaltig od. 2lippig. Kr verwachsenblättrig, 2lippig, die meist ungeteilte Oberlippe aus 2, die Unterlippe aus 3 KrBla gebildet, selten fast radiär 4lappig. StaubBla 4, 2 längere u. 2 kürzere, selten nur 2. FrKn oberständig, 2blättrig, durch eine echte u. eine falsche Scheidewand in 4 Fächer geteilt, zwischen denen der scheinbar grundständige Griffel steht. Narben 2. Fr bei der Reife in 4 1samige TeilFr (Klausen) zerfallend. Pfl reich an ätherischen Ölen.

1	Blü ♂, zumindest 2 StaubBla mit Staubbeuteln	**2**
1*	Alle Blü mit FrKn, Griffel u. Narben, StaubBla fehlend od. stark zurückgebildet	**37**
2	Kr scheinbar 1lippig. Oberlippe stark verkürzt od. scheinbar fehlend (Abb. **704**/1, 2). FrKn kaum bis zur Mitte 4spaltig	**3**
2*	Kr 2lippig od. mit 4–5 fast gleichen Lappen. FrKn bis fast zum Grund 4teilig	**4**
3	Oberlippe tief 2teilig, ihre Hälften der Unterlippe seitlich angewachsen; Unterlippe daher scheinbar 5zipflig u. Oberlippe scheinbar fehlend (Abb. **704**/1). KrRöhre innen kahl. Kr nach dem Verblühen meist abfallend. **Gamander** – *Teucrium* S. 707	
3*	Oberlippe sehr kurz, seicht 2lappig, Unterlippe 3spaltig (Abb. **704**/2). Kr bleibend, ihre Röhre innen mit Haarring. **Günsel** – *Ajuga* S. 708	
4	(2) Ke nur aus der ungeteilten Oberlippe bestehend, scheinbar 1blättrig (Abb. **704**/3). **Majoran** – *Origanum majorana* S. 724	
4*	Ke 5zähnig bis 5spaltig od. 2lippig	**5**
5	Kr fast radiär, 4spaltig (Oberlippe ungeteilt u. jedem der 3 Lappen der Unterlippe fast gleich)	**6**

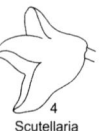

1 Teucrium   2 Ajuga   3 Origanum majorana   4 Scutellaria   5 Lavandula   6 Lycopus

5*	Kr ± deutlich 2lippig od. (bei *Lavandula*, **13** u. *Origanum*, **18**) fast radiär, aber 5lappig .. **8**
6	StaubBla 2, dazu bisweilen noch 2 sehr kurze, rückgebildete, unfruchtbare StaubBla. Kr weiß, purpurn punktiert. Bla grob gesägt (Abb. **704**/6). **Wolfstrapp – *Lycopus*** S. 717
6*	StaubBla 4. Kr violett od. rosa. Pfl mit Pfefferminzgeruch. Bla ganzrandig od. gesägt-gekerbt **7**
7	Blü in stark einseitswendigen Scheinähren. TragBla der Zymen in 1 Ebene, einander deckend (Abb. **716**/1). **Kammminze – *Elsholtzia*** S. 716
7*	Blü in allseitswendigen Scheinähren od. Scheinquirlen. TragBla der Zymen nicht in 1 Ebene, sich nicht deckend. **Minze – *Mentha*** S. 718
8	(5) Ke 2lippig, beide Lippen ungeteilt, KeOberlippe auf dem Rücken mit großer schildfg Schuppe (Abb. **704**/4). **Helmkraut – *Scutellaria*** S. 709
8*	Ke 5zähnig (Abb. **716**/4) od. 2lippig mit 2zähniger bis 4spaltiger Unterlippe (Abb. **716**/3), stets ohne Rückenschild **9**
9	StaubBla 2 (selten daneben noch 2 sehr kleine, verkümmerte StaubBla) **10**
9*	StaubBla 4 (2 längere u. 2 kürzere) **12**
10	Ke stechend 5zähnig, mindestens so lg wie die gelbe Kr. Bla 0,5–3 cm lg. Pfl ☉, wolligzottig behaart. **Gliedkraut – *Sideritis*** S. 715
10*	Ke nicht stechend, bedeutend kürzer als die Kr. Bla >5 cm lg. Pfl ♃ **11**
11	Ke 2lippig, eifg-glockig. Kr blau, violett, weiß od. gelb, selten rosa. BlüStand mit mehreren, etagenfg übereinander angeordneten Scheinquirlen. StaubBla meist unter der Oberlippe verborgen. **Salbei – *Salvia*** S. 716
11*	Ke mit 5 fast gleichen Zähnen, röhrig. Kr scharlachrot. BlüStand meist nur aus einem endständigem Scheinquirl bestehend. StaubBla hervortretend. **Monarde – *Monarda*** S. 725
12	(9) StaubBla u. Griffel tief in der KrRöhre verborgen **13**
12*	StaubBla aus der KrRöhre herausragend **15**
13	Kr blauviolett. Scheinquirle in den Achseln von kleinen HochBla, eine lg gestielte endständige Scheinähre bildend. Ke zur FrZeit durch ein deckelfg Anhängsel des oberen KeZahns geschlossen (Abb. **704**/5). **Lavendel – *Lavandula*** S. 727
13*	Kr weiß od. gelb. Scheinquirle in den Achseln von LaubBla, meist ± entfernt. Ke mit 5 od. 10 spitzen Zähnen, zur FrZeit offen **14**
14	Kr weiß, den Ke deutlich überragend. Pfl ♃, 30–60 cm hoch, filzig. **Andorn – *Marrubium*** S. 715
14*	Kr gelb, den Ke nicht überragend. Pfl ☉, 10–30 cm hoch, wollig-zottig. **Gliedkraut – *Sideritis*** S. 715
15	(12) KrUnterlippe oseits mit 2 zahnfg, hohlen Ausstülpungen (Abb. **716**/2). **Hohlzahn – *Galeopsis*** S. 711
15*	KrUnterlippe ohne Ausstülpungen **16**
16	TragBla der Zymen alle in 1 Ebene angeordnet, br eifg, scharf zugespitzt, sich mit den Rändern deckend, von den LaubBla stark verschieden (Abb. **716**/1). Zymen stark einseitswendig. Kr nur schwach 2lippig. **Kammminze – *Elsholtzia*** S. 716
16*	BlüStand u. Blü anders gestaltet **17**
17	Wenigstens die 2 längeren StaubBla die KrOberlippe überragend. Staubfäden spreizend **18**
17*	Alle StaubBla höchstens so lg wie die KrOberlippe (bei *Horminum*, **21**, mit zusammenneigenden Staubfäden zuweilen etwas länger) **20**
18	Zymen deutlich gestielt, aus fast kopfigen TeilBlüStänden zusammengesetzt, zu einer ± lockeren, endständigen Rispe od. Schirmrispe mit eifg, oft purpurnen HochBla vereinigt. **Dost – *Origanum*** S. 724
18*	Zymen u. Blü sehr kurz gestielt od. sitzend, zu dichten od. kopfigen Scheinähren vereinigt **19**
19	Ke mit 5 fast gleichen Zähnen. Kr meist blau. Zymen stark einseitswendig. **Ysop – *Hyssopus*** S. 718
19*	Ke 2lippig (Abb. **722**/6, 8). Kr purpurn bis rosa. Zymen allseitswendig. **Thymian – *Thymus*** S. 721
20	(17) Ke ± deutlich 2lippig, dorsiventral, meist mit 3zähniger Ober- u. 2zähniger Unterlippe (Abb. **716**/3) **21**

20*	Ke nicht 2lippig, ± radiär (Abb. **716**/4), mit 5 fast gleichen Zähnen (zuweilen die oberen etwas länger od. der obere breiter als die übrigen)	**27**
21	LaubBla fast alle in einer Rosette, grob gekerbt. Kr 16–21 mm lg. BlüStand einseitswendig. Seltene AlpenPfl. **Drachenmaul** – *Horminum* S. 726	
21*	LaubBla stängelständig, Rosette fehlend	**22**
22	Blü 30–45 mm lg, zu 1–3 in den Achseln von LaubBla. Ke 15–20 mm lg, weitglockig (Abb. **715**/1). **Immenblatt** – *Melittis* S. 709	
22*	Blü bis 25 mm lg. Ke höchstens 10 mm lg	**23**
23	Zymen in endständiger, kopfiger Scheinähre, ihre TragBla ganzrandig, br eifg, zugespitzt. Oberlippe deutlich gewölbt. **Braunelle** – *Prunella* S. 725	
23*	Zymen entferntstehend, nicht kopfig genähert, ihre TragBla ± gekerbt. Oberlippe ± flach	**24**
24	Ke glockig. Oberlippe der Kr etwas gewölbt. Mittelzipfel der Unterlippe etwas größer als die seitlichen. Staubbeutelhälften oben verschmolzen. Scheinquirle wenigblütig, einseitig. **Melisse** – *Melissa* S. 727	
24*	Ke walzig. Oberlippe der Kr flach. Zipfel der Unterlippe gleich. Staubbeutelhälften oben getrennt	**25**
25	Blü in gestielten gegenständigen Zymen (Abb. **716**/5). KeRöhre gerade. **Bergminze** – *Calamintha* S. 725	
25*	Blü in Scheinquirlen (ungestielte gegenständige Zymen). KeRöhre gebogen	**26**
26	Bla 20–65 mm lg. Scheinquirle 10–20blütig, dicht. Blü mit lg, pfriemlichen DeckBla. Ke nicht ausgesackt. Pfl mit unangenehmem Geruch. **Wirbeldost** – *Clinopodium* S. 724	
26*	Bla 6–15 mm lg. Scheinquirle (3–)6(–8)blütig. Blü ohne DeckBla. Ke am Grund ausgesackt. Pfl mit Pfefferminzgeruch. **Steinquendel** – *Acinos* S. 725	
27	(20) Bla völlig ganzrandig, linealisch bis lanzettlich, 2–5 mm br	**28**
27*	Bla ± gesägt od. gekerbt od. handfg gespalten, breiter	**29**
28	Kr 25–30 mm lg, blauviolett; Oberlippe etwa 7 mm lg. Oberer KeZahn breiter als die übrigen. **Drachenkopf** – *Dracocephalum* S. 727	
28*	Kr 4–16 mm lg, weißlich bis blass purpurn; Oberlippe etwa 1 mm lg. Alle KeZähne gleich. **Bohnenkraut** – *Satureja* S. 724	
29	(27) KrUnterlippe ungeteilt od. 2lappig, meist seitlich mit 2 kleinen, fadenfg Anhängseln (Abb. **716**/4). **Taubnessel** – *Lamium* S. 709	
29*	KrUnterlippe deutlich 3lappig, ihre Seitenlappen meist kleiner als der Mittellappen, aber nicht fadenfg	**30**
30	Kr gold- od. seltener blassgelb, Unterlippe mit bräunlicher Zeichnung. Seitenlappen der KrUnterlippe dreieckig, spitz. TragBla der Scheinquirle mindestens so lg wie die Blü. **Goldnessel** – *Galeobdolon* S. 710	
30*	Kr weiß bis rot, violett od. blau, wenn hellgelb, dann TragBla der mittleren u. oberen Scheinquirle kürzer als die Blü. Seitenlappen der KrUnterlippe abgerundet, stumpf	**31**
31	BlaSpreite rundlich-nierenfg, grob gekerbt. Blü zu 2–3(–5) in den Achseln von LaubBla, etwas einseitswendig. Stg im unteren Teil kriechend. Kr blauviolett, am Schlund bärtig u. dunkelviolett gezeichnet. **Gundermann** – *Glechoma* S. 727	
31*	BlaSpreite nicht rundlich-nierenfg. Blü in endständigen Thyrsen od. seltener zu mehreren in den Achseln von LaubBla. Stg aufrecht od. aufsteigend	**32**
32	LaubBla überwiegend rosettig. Stg nur mit 1–3 LaubBlaPaaren	**33**
32*	Stg reich beblättert	**34**
33	Scheinquirle zu kopfigen, endständigen Scheinähren vereinigt, mit kurzen TragBla. KrOberlippe schwach behaart, nicht sternhaarig. Rhizom ohne Knollen. **Betonie** – *Betonica* S. 715	
33*	Scheinquirle entfernt, mit großen TragBla. KrOberlippe stark langhaarig u. außerdem mit Sternhaarfilz. Rhizom mit Knollen. **Brandkraut** – *Phlomoides* S. 713	
34	(32) Blü in ± dichten Scheinquirlen (ungestielte gegenständige Zymen, Abb. **716**/6). Ke 5- od. 10nervig, glockig	**35**
34*	Blü in gestielten, ± lockeren gegenständigen Zymen (Abb. **716**/5). Ke erhaben 15- od. 10nervig u. dann trichterfg	**36**

35 Klausen an der Spitze behaart. KeZähne mit dorniger, stechender Spitze. Kr 5–12 mm lg. Mittlere u. obere Bla spitz, 3lappig od. grob gesägt. **Herzgespann – _Leonurus_** S. 713
35* Klausen kahl. KeZähne nicht stechend. Kr 12–22 mm lg, wenn 6–8 mm lg, dann alle Bla stumpf abgerundet u. gekerbt. **Ziest – _Stachys_** S. 713
36 (34) Obere Zymen länger als ihre rhombisch-lanzettlichen bis linealischen TragBla. Ke 15nervig, eifg od. röhrig. **Katzenminze – _Nepeta_** S. 726
36* Zymen kürzer als ihre eifg, laubblattartigen TragBla (Abb. **716**/5). Ke 10nervig, trichterfg. **Schwarznessel – _Ballota_** S. 716
37 (1) Kr fast radiär, etwa bis zur Hälfte 4spaltig. **Minze – _Mentha_** S. 718
37* Kr deutlich 2lippig od. fast radiär 5lappig **38**
38 Blü in lg gestielten gegenständigen Zymen, eine lockere Rispe bildend **39**
38* Blü in sitzenden od. sehr kurz gestielten gegenständigen Zymen (Scheinquirlen), eine lockere od. dichte Scheinähre bildend **40**
39 Ke dorsiventral, mit 3zähniger Ober- u. 2zähniger Unterlippe. Bla nicht punktiert. **Bergminze – _Calamintha_** S. 725
39* Ke radiär, mit 5 gleichen Zähnen. Bla useits fein drüsig punktiert. **Dost – _Origanum_** S. 724
40 (38) TragBla der Scheinquirle von den LaubBla deutlich verschieden **41**
40* Zumindest untere TragBla den oberen LaubBla gleichend **42**
41 Scheinquirle eine dichte, oft kopfige Scheinähre bildend. Pfl 5–30 cm hoch. **Braunelle – _Prunella_** S. 725
41* Scheinquirle ± entfernt, eine unterbrochene, gestreckte Scheinähre bildend. Pfl >30 cm hoch. **Salbei – _Salvia_** S. 716
42 (40) Scheinquirle 2–3(–5)blütig, in den Achseln der lg gestielten LaubBla mit rundlich-nierenfg Spreite. **Gundermann – _Glechoma_** S. 727
42* Scheinquirle meist mehrblütig, ihre TragBla weder lg gestielt noch rundlich-nierenfg .. **43**
43 Ke dorsiventral, mit 3zähniger Ober- u. 2zähniger Unterlippe **44**
43* Ke radiär, mit 5 (fast) gleichen Zähnen **45**
44 Ke röhrig u. am Grund bauchig ausgesackt. **Steinquendel – _Acinos_** S. 725
44* Ke glockig, nicht ausgesackt (Abb. **722**/8). **Thymian – _Thymus_** S. 721
45 (43) Bla linealisch bis schmal lanzettlich, völlig ganzrandig. **Bohnenkraut – _Satureja_** S. 724
45* Bla lanzettlich od. breiter, ± gesägt od. gekerbt, meist behaart. **Ziest – _Stachys_** S. 713

Teucrium L. – Gamander (250 Arten)
1 Bla einfach bis doppelt fiederteilig. Kr rötlich. Pfl kurzlebig, ohne Ausläufer. 0,10–0,40. 7–9. Trockne Felsfluren u. Schotterhalden, skelettreiche Brachen u. Rud.: Steinbrüche, Bahnschotter, Kiesgruben, Weinberge, kalkhold; [A] v Th, z By Bw Rh He(f ORh) Nw An(f Elb O) Ns(MO Hrz S M), s Sa(SW W), [U] Bb(NO), ↘ (m-stemp·c2-3EUR, [N] tempOAM – eros ⊙ ⊙ – InB: Wildbienen SeB – StA KlA Kälteheimer – L9 T6 F2 R8 N2? – V Alysso-Sed., V Sesl.-Fest., V Galeops. seget.). **Trauben-G. – _T. botrys_** L.
1* Bla ungeteilt od. höchstens fiederlappig. Pfl ausdauernd, am Grund oft ± verholzt **2**
2 Bla lineal-lanzettlich, 4–8(–11)mal so lg wie breit, ganzrandig, useits grau- bis weißfilzig, BlaRand eingerollt. Kr hellgelb. 0,05–0,35. 6–9. Submed. (kont.) Fels- u. Schotterfluren, Trocken- (u. lückige Halbtrocken)rasen, kalkstet; v Alp, z Bw Th(Bck Rho Wld) An(SO S), s By Rh(N SW W) He(MW) Nw(SW) (m/mo-stemp·c2-4EUR – igr eros C ZwHStr PflWu – InB: Bienen Vm – VdA KlA Licht- Kälteheimer – L8 T5 F1 R9 N1 – O Brom. erect., V Sesl.-Fest., V Fest. val., V Stip. calam.). **Berg-G. – _T. montanum_** L.
2* Bla eifg bis länglich-elliptisch, 2–4mal so lang wie breit, gesägt od. gekerbt bis fiederlappig, useits flaumhaarig, BlaRand nicht eingerollt **3**
3 Kr gelblich. Ke 2lippig, mit ungeteilter Ober- u. 4zähniger Unterlippe. Bla gestielt, Spreite am Grund herzfg, runzlig, gekerbt. 0,30–0,50. 7–9. Mäßig trockne bis frische, lichte LaubW u. Nadelholzforste u. ihre Ränder, WSchläge, Heiden, Rud.: Bahnböschungen, Wegränder, kalkmeidend; g Rh(v ORh), h He(f ORh) Nw, v Ns, z By Bw(h NW ORh SW) Th Sa An(s S SO), s Alp(Allg Amm Brch) Bb(f Od) Mv(f Elb) Sh(M O) (m-temp·c1-2EUR, [N] tempOAM

– igr eros C ♃ uAusl – InB: bes. Bienen, Hummeln – StA Sa langlebig Lichtkeimer – L6 T5 F4 R2 N3 – V Querc. rob.-petr., V Luz.-Fag., V Trif. med., V Saroth. – 32).
Salbei-G. – *T. scorodonia* L.

3* Kr purpurn. Ke fast regelmäßig 5zähnig. Bla sitzend od. in den Stiel verschmälert 4
4 Bla mit abgerundetem bis schwach herzfg Grund sitzend, grob gesägt. Scheinquirle entfernt, allseitswendig, ihre TragBla viel länger als die Blü. Kr 6–10 mm lg. Pfl krautig, nach Knoblauch riechend. Ausläufer oberirdisch. 0,10–0,50. 7–8. Wechselnasse, zeitweilig überflutete Ufer stehender Gewässer, Moorwiesen, Flutrasen, lückige Großseggenriede, Weidengebüsche, nährstoffanspruchsvoll, basenhold, schwach salztolerant; z Rh(f W) An Bb Ns(f N S), s By(f NO NW) Bw(f NW ORh) He(ORh O SW) Nw(SO MW N) Th(Bck) Sa(W) Mv, † Sh, ↘ (m-temp·c2-7EUR-WAS – teilig eros H/He ♃ u/oAusl BogenTr Hibernakeln – InB: Bienen SeB – WaA – L7 T7 F8= R8 N4? – V Car. elat., V Mol., V Agrop.-Rum. – früher HeilPfl).
Lauch-G. – *T. scordium* L.

4* Bla mit keiligem Grund sitzend od. kurz gestielt, tief gekerbt bis gelappt. Scheinquirle zu endständigen, ± einseitswendigen Scheinähren vereinigt, zumindest die oberen TragBla kürzer als die Blü. Kr 10–15 mm lg. Pfl am Grund holzig, nicht riechend. Ausläufer unterirdisch. 0,10–0,30. 7–9. Submed. (kont.) Fels- u. Schotterfluren, Trocken- u. Halbtrockenrasen, lichte TrockenW u. ihre Säume, kalkhold; z Alp(h Brch) By Bw Rh He(f ORh) Th(f Hrz) An(f Elb N O), s Nw(f N NO), [N] s Sa (m/mo-stemp·c2-6EUR-VORDAS – igr eros C ZwHStr uAusl – InB: Bienen, Hummeln, Schwebfliegen Vm – MeA KlA VdA Sa langlebig Lichtkeimer – L7 T6 F2 R8 N1 – O Brom. erect., V Sesl.-Fest., V Fest. val., V Ger. sang., V Eric.-Pin., V Querc. pub. – VolksheilPfl). [inkl. subsp. *germanicum* (F. Herm.) Rech. f.]
Edel-G. – *T. chamaedrys* L.

Ajuga L. – Günsel (40–50 Arten)

1 Kr gelb. Blü zu 1–2 achselständig. Bla 3spaltig mit linealischen Zipfeln, einzelne ungeteilt. 0,05–0,15. 5–9. Lehmige bis tonige, oft skelettreiche u. extensiv genutzte Äcker, Weinberge, Brachen, kalkstet; [A] z Bw (f SW NW, † SO) Rh He(f MW NW W) Th(f Hrz Rho Wld) An(f Elb N O), s By(f S O) Nw(f SO, † NO), [U] s Bb Mv, ↘ (m-stemp·c2-8EUR-(WAS), [N] OAM – eros ☉, auch igr eros ☉ – InB: bes. Wildbienen – AmA – L7 T8 F4 R9 N2 – V Caucal., V Ver.-Euph., V Alysso-Sed.).
Gelber G. – *A. chamaepitys* (L.) Schreb.

1* Kr blau od. rötlich, selten weiß. Blü in endständiger, ährenartiger Thyrse. Bla ungeteilt, höchstens grob gezähnt bis schwach 3lappig 2
2 Pfl mit oberirdischen Ausläufern u. lg gestielten, zur BlüZeit noch vorhandenen GrundBla. Stg 2seitig behaart od. kahl. Oberste TragBla der Scheinquirle kürzer als die Blü. StaubBla am Grund behaart. 0,07–0,30. 5–8. Frische Wiesen, Gebüsche, Wälder u. ihre Säume, Waldwegränder, nährstoffanspruchsvoll; g Alp Bw He Nw Th Sa(v Elb) Ns(v Elb N), h By(g NM) Rh An Sh, v Mv Bb; auch ZierPfl (m/mo-b·c1-5EUR, [N] sm-bOAM – igr hros H ♃ oAusl – InB: bes. Hautflügler SeB – AmA VdA Sa langlebig – L6 Tx F6 R6? N6 – O Arrh., O Fag. – ZierPfl, früher HeilPfl – 32).
Kriech-G. – *A. reptans* L.

2* Pfl ohne Ausläufer. Stg ringsum ± gleichmäßig behaart 3
3 Pfl zottig, zur Blütezeit ohne GrundBlaRosette. Oberste TragBla der Scheinquirle kürzer od. wenig länger als die Blü, meist 3lappig u. grün. Kr meist dunkelblau. StaubBla am Grund behaart, aus der KrRöhre weit hervorragend. 0,07–0,30. 4–6. TrockenW- u. -gebüschsäume, waldnahe, auch rud. beeinflusste Trocken- u. Halbtrockenrasen; v Th, z Alp(Brch) By Bw Rh He Nw(f N) Sa An(h S) Bb Ns Mv Sh (sm-temp·c2-5EUR, [N] tempOAM – sogr? hros H ♃ Rhiz WuSpr – InB: bes. Bienen – AmA – L8 Tx F3 R7 N2 – K Fest.-Brom., V Conv.-Agrop., V Ger. sang., V Querc. pub. – 32).
Heide-G. – *A. genevensis* L.

3* Pfl kurzhaarig, zur Blütezeit mit deutlicher GrundBlaRosette. Oberste TragBla doppelt so lg wie die Blü, ganzrandig, meist violettbraun. Kr hellblau. StaubBla kahl, nicht od. wenig hervorragend. 0,07–0,30. 5–8. Mont. frische Silikatmagerrasen, Waldränder, kalkmeidend; z Alp, s By(NO O) Bw(SW, † ORh) Rh(N SW) He(MW O) Nw(f N NO) Th(O Rho Wld) An(f Elb N S) Bb(M MN NO), † Mv Sh, ↘ (sm/salp-b·c1-3EUR – sogr? hros H ♃ Rhiz WuSpr? – InB: Hummeln SeB – AmA Kältekeimer – L7 Tx F5 R1 N1 – O Nard. – 24).
Pyramiden-G. – *A. pyramidalis* L.

LAMIACEAE 709

Hybriden: *A. genevensis* × *A. pyramidalis* = *A.* ×*adulterina* WALLR. – s, *A. genevensis* × *A. reptans* = *A.* ×*hybrida* A. KERN. – v, *A. pyramidalis* × *A. reptans* = *A.* ×*pseudopyramidalis* SCHUR – s

Scutellaria L. – **Helmkraut** (360 Arten)

1 Bla lang gestielt (BlaStiel 1–3 cm), breit herz-eiförmig, ringsum grob gezähnt. DeckBla br eifg, ganzrandig, viel kleiner als die LaubBla. Kr 15–18 mm lg, blauviolett mit weißer Unterlippe. 0,60–1,00. 6–7. ZierPfl; Parks, auch mäßig trockne bis frische LaubmischW; [N] s sehr vereinzelt, alle Bundesld (sm·c3-6EUR – sogr eros G ♃ Rhiz? – InB – StA – L6 T7 F? R? N7 – V Carp., V Cephal.-Fag.). **Hohes H. – *S. altissima*** L.
1* Bla kurz gestielt (BlaStiel bis 0,5 cm lang), ± lanzettlich, ganzrandig bis schwach gezähnt. DeckBla von den LaubBla kaum verschieden, allmählich kleiner werdend. Pfl <0,50 m hoch
.... **2**
2 Kr 6–7 mm lg, mit gerader Röhre, rotviolett, wie der Ke flaumig, drüsenlos. Bla ganzrandig od. beidseits am Grunde mit je einem Zahn, Spreite keilfg in den 1 mm lg Stiel verschmälert. 0,10–0,25. 7–9. Nasse bis feuchte Wiesen, Feuchtweiden, Ränder von Heidemooren, lichte BruchW, kalkmeidend; z Rh(f MRh) Nw(f N), s By(NW N NM O) Bw(Keu NW Gäu SW) He(f MW) Th(NW) Sa(f SO SW) An(Elb) Ns, † Bb (m-temp·c1-2EUR – sogr? eros H ♃ oAusl – InB – VdA? – L7 T6? F9 R2 N3? – V Junc. acutifl., V Car. nigr., V Aln., V Nanocyp. – 28).
Kleines H. – *S. minor* HUDS.
2* Kr 12–22 mm lg, mit aufwärtsgekrümmter Röhre, blauviolett, selten rosa **3**
3 Bla eifg-lanzettlich bis lineal-lanzettlich, jederseits mit 3–8 sehr seichten Zähnen, Spreite am Grund herzfg od. gestutzt, vom >2 mm lg Stiel abgesetzt. Kr 12–18 mm lg, wie der Ke kahl od. kurzhaarig, aber drüsenlos. 0,10–0,40. 6–9. Nasse, zeitweilig überflutete Großseggenriede u. Wiesen, Gräben, BruchW; h He Nw Sa An Ns Mv Sh, v By Bw Rh Th Bb, z Alp (m-b·c1-8CIRCPOL – sogr eros H ♃ oAusl – InB: Bienen, Falter, Schwebfliegen Vm SeB – StA WaA Kältekeimer – L7 T6 F9= R7 N6 – V Aln., V Car. elat. – 28).
Gewöhnliches H. – *S. galericulata* L.
3* Untere Bla spießfg, obere ganzrandig. Kr 20–22 mm lg, wie der Ke drüsig-flaumig. 0,10– 0,40. 6–8. Feuchte bis nasse, teils auch zeitweilig überflutete Staudenfluren u. Wiesen, am Rand von Gräben u. Tümpeln, Säume von Auengehölzen, StromtalPfl, nährstoffanspruchsvoll; z He(fORh SW O) An(f Hrz W) Bb(f SW) Ns(Elb O) Mv(Elb SW), s By(MS NM, † Alb) Rh(f N SW W) Th(Bck) Sa(W) Ns Sh(SO M), † Bw Nw, ↘ (sm-temp·c4-8EUR-WSIB – sogr eros H/He ♃ oAusl – InB – KlA: Vögel – L7 T7 F8= R7 N5 – V Cnid., V Filip., V Convolv. – 28). **Spießblättriges H. – *S. hastifolia*** L.

Hybride: *S. galericulata* × *S. minor* = *S.* ×*hybrida* STRAIL – s

Melittis L. – **Immenblatt** (1 Art)

Pfl dicht weichhaarig. Bla grob gekerbt, runzlig. Kr weiß od. rosa, Unterlippe meist mit rotviolettem Mittellappen. 0,20–0,50. 5–6. Mäßig frische, lichte LaubmischW u. Gebüsche, kalkhold; z By(f NO NW) Bw(f NW), s Alp(Brch Chm Kch) Rh(W) Th(Bck) Sa(SW W) An(S SO) Bb(MN) Ns(MO: Asse), ↘ (m/mo-stemp·c1-4EUR – sogr eros G/H ♃ Rhiz – InB: Hummeln, Tagfalter Vm Licht-Kältekeimer – L5 T7 F4 R6 N3 – O Querc. pub., V Querc. rob.-petr., O Fag. – VolksHeilPfl – ▽). [*M. grandiflora* SM.]
Immenblatt – *M. melissophyllum* L.

Lamium L. s.str. – **Taubnessel, Bienensaug** (40 Arten)

(InB: Hummeln, Bienen Vm – AmA)

1 Kr weiß bis gelblichweiß, 20–25 mm lg, ihre Röhre aufwärtsgebogen, innen über dem Grund mit schrägem Haarring. Schlund mit olivfarbenen Flecken. TragBla der Scheinquirle 2–3mal so lg wie br. 0,20–0,50. 4–10. Frische Rud.: Wegränder, an Mauern, Viehläger, Hecken- u. Waldränder, Gräben, nährstoffanspruchsvoll; alle Bdl g(Alp z) (m/mo-b·c1-7EURAS, [N] sm-tempOAM – igr eros H ♃ oAusl – Sa langlebig – L7 Tx F5 Rx N9 – V Arct., O Convolv., O Prun. – VolksheilPfl). **Weiße T. – *L. album*** L.
1* Kr purpurn od. rosa (selten an EinzelPfl reinweiß u. ohne Flecken) **2**

710 LAMIACEAE

2 Kr 3–4 cm lg. Bla >5 cm br. Staubbeutel kahl. Kr purpurrot. 0,40–1,00. 4–6. LaubW u. ihre Säume; [N] s By(MS Alb), [U] s Rh (m-sm·c4-6EUR – igr eros H ♃ oAusl – K Querc.-Fag., K Trif.-Ger.) **Großblütige T. – *L. orvala* L.**
2* Kr <2,5 cm lg. Bla <4 cm br. Staubbeutel behaart 3
3 KrRöhre aufwärtsgebogen, innen mit waagerechtem Haarring. Kr purpurn (selten weiß), 20–30 mm lg. TragBla der Scheinquirle 1–2mal so lg wie br. 0,15–0,60. 4–9. Frische bis feuchte Rud.: Wegränder, an Mauern, Schutt; Gräben, LaubmischW (bes. AuenW), Wald- u. Heckenränder, nährstoffanspruchsvoll; g Th, h Bw He Nw Sa An Ns(z N NW), v Alp By Rh, z Bb Mv Sh (sm-temp·c2-5EUR, [N] sm-tempOAM – teiligr eros H ♃ oAusl – L5 Tx F6 R7 N8 – O Convolv., O Prun., O Fag.). **Gefleckte T. – *L. maculatum* L.**
3* KrRöhre gerade. Kr 10–23 mm lg. ⊙ od. ① 4
4 TragBla der Scheinquirle alle sitzend, mit herzfg Grund halbstängelumfassend, rundlich bis nierenfg, oft breiter als lg, tief gekerbt bis gelappt. Scheinquirle entfernt, nur oberste gedrängt. Ke zur BlüZeit 5–7 mm lg, seine Zähne etwa so lg wie die Röhre. Kr oft knospenartig geschlossen bleibend, geöffnete Kr 10–15(–20) mm lg, ihre Röhre ohne Haarring. 0,10–0,30. 4–8. Sandige bis lehmige Äcker, Gärten, Weinberge, mäßig frische Rud.: Wegränder, Schutt, nährstoffanspruchsvoll; [A] h He Nw Th Sa An Ns, v By(g NM) Bw Rh Mv, z Bb Sh, s Alp(Allg) (m-b·c1-6EUR-WAS, [N] austr+m-(b)·c1-6CIRCPOL – eros ① ⊙ – InB SeB kleistogam – AmA MeA Sa langlebig – L6 T6 F4 R7 N7 – K Stell., V Sisymbr.). **Stängelumfassende T. – *L. amplexicaule* L.**
4* TragBla kurz gestielt, höchstens obere sitzend, aber nicht stängelumfassend. Scheinquirle gedrängt, höchstens unterster entfernt. **(Artengruppe Purpurrote T. – *L. purpureum* agg.)** 5
5 Geöffnete Kr 16–23 mm lg, Mittelzipfel der Unterlippe 3–4 mm lg, Röhre ohne Haarring. Ke zur BlüZeit 7–12 mm lg, seine Zähne länger als die Röhre. TragBlaSpreite rundlich-3eckig, mit schwach nierenfg od. gestutztem Grund, grob gekerbt bis ungleich gelappt. 0,20–0,40. 5–9. Äcker; [A] z Sh, s An Ns, † Bb Mv (temp-b·c1-4EUR – eros ① ⊙ – InB SeB). [*L. intermedium* Fr., *L. moluccellifolium* auct.] **Mittlere T. – *L. confertum* Fr.**
5* Kr 11–20 mm lg, Mittelzipfel 1,5–2,5 mm lg. Ke 5–10 mm lg, seine Zähne höchstens so lg wie die Röhre 6
6 TragBlaSpreite unregelmäßig gelappt bis gespalten (Zipfel meist länger als br), 3eckig bis eifg, etwa so lg wie br, mit gestutztem od. keilig in den Stiel verschmälertem Grund. KrRöhre innen über dem Grund ohne od. mit undeutlichem Haarring. 0,10–0,30. 3–10. Sandige bis lehmige Äcker, frische Rud.: Wegränder, Bahnanlagen; Gärten, Weinberge, nährstoffanspruchsvoll; [A] z Nw Ns Mv Sh, s Rh(SW N ORh) He(f SO SW) Sa(SW) Bb(f SO Od SW), [U] s By Bw (sm-temp·c1-5EUR – eros ① ⊙ – InB SeB – L7 T6 F5 R7? N7 – V Ver.-Euph. – 36). [*L. incisum* Willd., *L. purpureum* var. *incisum* (Willd.) Pers., *L. p.* var. *moluccellifolium* Schumach., *L. dissectum* With.] **Eingeschnittene T. – *L. hybridum* Vill.**
6* TragBlaSpreite regelmäßig kerbig gesägt (Zähne viel breiter als lg), herzfg bis länglich-eifg, 1–2mal so lg wie br, mit ± herzfg Grund. KrRöhre innen stets mit deutlichem Haarring. 0,10–0,40. 3–10. Sandige bis lehmige Äcker, frische Rud.: Wegränder, Schutt; Gärten, Weinberge, nährstoffanspruchsvoll; [A] g Nw Th Sa An Ns Sh, h By Bw Rh Mv, v He Bb, z Alp (m/mo-b·c1-5EUR, [N] sm-b·c1-5AM – eros ① – InB SeB – Sa langlebig – L7 T5 F5 R7 N7 – K Stell., V Sisymbr.). **Purpurrote T. – *L. purpureum* L.**

Hybriden: *L. album* × *L. maculatum* = *L.* ×*holsaticum* E.H.L. Krause – s, *L. album* × *L. purpureum* = *L.* ×*schroeteri* Gams – Sh: Hamburg, *L. amplexicaule* × *L. purpureum* = ? – s By?

Galeobdolon Adans. [*Lamiastrum* Heist.] – **Goldnessel** (4 Arten)

Alle Arten gehören zur **Artengruppe Goldnessel – *G. luteum* agg.** [*Lamium galeobdolon* (L.) L.].

1 Pfl stets ohne Ausläufer. Kr 14–18 mm lg, blassgelb. Scheinquirle mit 10–15 Blü. BlaOSeite ohne od. zuweilen mit unbeständigen weißen Flecken. Stg oft mit blühenden Seitenästen. 0,30–0,60. 6–7. Mont. bis hochmont. Nadel- u. LaubmischW, Hochstaudenfluren; z Alp, s By(S MS) (sm-stemp//mo·c3EUR – sogr eros H ♃ PleiokRhiz – InB: Bienen – AmA – O Fag., V Adenost., V Petasit. parad. – 18). [*Lamium flavidum* F. Herm., *L. galeobdolon* subsp. *flavidum* (F. Herm.) Á. Löve et D. Löve, *Lamiastrum flavidum* (F. Herm.) Ehrend.] **Blassgelbe G. – *G. flavidum* (F. Herm.) Holub**

LAMIACEAE   711

1* Pfl nach der Blü mit oberirdischen, beblätterten Ausläufern. Kr 18–28 mm lg, goldgelb (bis hellgelb) **2**
2 BlaOSeite der LaubBla stets (ganzjährig) beiderseits der Mittelrippe mit großflächigen, intensiv silberweißen Flecken. Kr 20–28 mm lg, ihre Oberlippe 7,5–11 mm br u. am Rand mit größtenteils 1,2–1,8(–2,3) mm lg Wimpern. FrKe 12–15 mm lg. BlüStandsachse unregelmäßig querrunzlig. Scheinquirle mit 5–10 Blü. Ausläufer sehr kräftig, bis 1 m lg. 0,20–0,50. 4–6. ZierPfl; auch gestörte Wälder, ortsnahe Gebüsch- u. Waldränder, Parks, Gärten, Friedhöfe; [N] h Ns, v Nw Sa, z By Bw Rh He Th An Mv Sh, s Alp Bb, ↗ (temp·c1-3EUR, in Kultur entstanden – igr eros H/C ♃ oAusl – InB: Hummeln, Bienen – AmA – Bodendecker – O Prun. – 36). [*Lamium argentatum* (SMEJKAL) G.H. LOOS, *L. galeobdolon* subsp. *argentatum* (SMEJKAL) P.A. DUVIGN., *L. montanum* var. *florentinum* (SILVA TAR.) BUTTLER et SCHIPPM., *Lamiastrum argentatum* (SMEJKAL) H. MELZER, *G. luteum* cv. Variegatum u. cv. Florentinum] **Silberblättrige G. – *G. argentatum*** SMEJKAL
2* BlaOSeite ohne od. mit silbergrauen Tupfen od. ± großen Flecken zwischen den Nerven, aber nicht an allen Bla od. bei allen Pfl u. nicht beständig. Kr 18–23(–25) mm lg, ihre Oberlippe 5,5–8,5 mm br u. mit größtenteils 0,7–1,3(–1,6) mm lg Wimpern. FrKe 8–12 mm lg. BlüStandsachse glatt **3**
3 Stg am Grund fast nur an den Kanten abwärts anliegend behaart. TragBla der Scheinquirle 1,5–4 cm lg, alle rundlich-eifg bis eifg, 1–2mal so lg wie br, gekerbt bis stumpf kerbig gezähnt. Scheinquirle mit 2–8 Blü. Bla oft gefleckt. 0,15–0,40. 5–7. Frische bis mäßig frische LaubW; h Th Sa, v By(s S) Bw He Nw An(g Hrz S) Ns(g Hrz S) Mv Sh, z Rh Bb, s Alp(f Allg) (sm/mo-temp·c2-4EUR – igr ecos C ♃ oAusl – AmA Kältekeimer – L3 T5 F5 R7 N5 – O Fag. – 18). [*Lamium galeobdolon* (L.) L. subsp. *galeobdolon*, *Lamiastrum galeobdolon* (L.) EHREND. et POLATSCHEK, *G. vulgare* (PERS.) PERS.] **Echte G. – *G. luteum*** HUDS.
3* Stg am Grund ringsum meist abstehend behaart. TragBla 2,5–9(–12) cm lg, untere eifg bis eilanzettlich, obere br od. schmal lanzettlich, 1,5–3,5mal so lg wie br, ± scharf gesägt. Scheinquirle mit 8–18 Blü. Bla sehr selten gefleckt. 0,25–0,60. 5–6. Frische bis mäßig feuchte, (auch mont.) LaubmischW, Gebüsche u. Hochstaudenfluren; h Alp, v By Bw Rh He Nw, z Th Sa Ns(f Elb M O), s An(Hrz S), [U] s Bb(M: Berlin) (sm-stemp//mo·c1-3EUR – sogr (teiligr) C ♃ oAusl – O Fag., V Adenost. – 36). [*Lamium montanum* (PERS.) KABATH, *L. galeobdolon* subsp. *montanum* (PERS.) HAYEK, *L. endtmannii* G.H. LOOS, *Lamiastrum montanum* (PERS.) EHREND.] **Berg-G. – *G. montanum*** (PERS.) RCHB.

Hybriden: *G. argentatum* × *G. luteum* = ? – s (27), *G. argentatum* × *G. montanum* = ? – s (27), *G. luteum* × *G. montanum* = ? – s?

Galeopsis L. – Hohlzahn   (10 Arten)

1 Stg unter den Knoten nicht verdickt, abwärts angedrückt weichhaarig, oft auch abstehend drüsig, aber nie mit Borstenhaaren. Spreite der StgBla 1–4 cm lg u. 0,2–2,5 cm breit. KrOberlippe schmaler als der Mittellappen der Unterlippe, nur mit kurzen, vorwärts gerichteten Haaren **2**
1* Stg unter den Knoten meist deutlich verdickt, meist in ganzer Länge, zumindest jedoch unter den oberen Knoten mit rückwärts abstehenden Borstenhaaren, außerdem oft mit Seidenhaaren. Spreite der StgBla 3–12 cm lg u. 1,5–6 cm breit. KrOberlippe mindestens so breit wie der Mittellappen der Unterlippe, neben kurzen Haaren mit einem Schopf langer abstehender Haare **4**
2 Kr hellgelb, selten rötlich, (20–)25–30(–35) mm lg. Bla dicht seidenhaarig, grob gesägt, eifg bis lanzettlich. Ke dicht seidig u. drüsig. 0,10–0,45. 7–8. Mäßig frische Schotterfluren u. Felsbänder, extensiv genutzte, sandige bis steinige Äcker, Rud.: Sandgruben, Bahnanlagen, Wegränder, Ackerbrachen, Waldränder, kalkmeidend; [im O A] v Rh, z He(h NW) Nw Ns(f Hrz) Mv(f MO) Sh, s By(NW) Bw(f SO Keu) Th(Wld) An(N), † Bb, [N U] s Sa, ↘ ((sm-mo)-temp·c1-2EUR – eros ☉ – InB: Hummeln SeB – KlA: FrK VdA? – L7 T6 F4 R3 N3 – V Galeops. seget., V Trif. med., V Aphan. – VolksheilPfl – 16).
                                                                                        Saat-H. – *G. segetum* NECK.
2* Kr hellpurpurn, (10–)15–22(–28) mm lg. Bla locker flaumig, flach gesägt bis ganzrandig. **(Artengruppe Acker-H. – *G. ladanum* agg.)** **3**

3 Ke grün, abstehend mit durchsichtigen, glatten Haaren behaart u. reich drüsig. Bla eilanzettlich bis eifg, 6–16 mm br, jederseits mit 3–8 Zähnen. 0,10–0,80. 6–10. Trockne bis mäßig frische Schotterfluren, sandige od. skelettreiche Äcker, Rud.: Bahnanlagen, Steinbrüche u. Brachen; z By(f S) Th(f Hrz NW Rho) Sa An Bb Mv Sh, s Bw(f NW ORh S) Rh He(f SO ORh) Nw(f N SW) Ns(f MO N S), ↘, oft mit **3*** verwechselt (sm-b·c1-6EUR-WAS, [N] OAM – eros ☉ – InB: Hummeln – KlA VdA? Kältekeimer – L8 T5 F4 R8 N3 – K Thlasp. rot., V Sisymbr., V Dauco-Mel., V Aphan.). **Acker-H. – _G. ladanum_ L.**

3* Ke weißlich von dichten, anliegenden Haaren mit deutlich warzig-rauer Oberfläche (Lupe!), zuweilen außerdem mit abstehenden Haaren, nicht od. schwach drüsig. Bla lineal-lanzettlich bis länglich-lanzettlich, selten eilanzettlich, 2–5(–15) mm br, ganzrandig od. jederseits mit 1–5 flachen Zähnen. 0,10–0,70. 6–10. Trockne Schotterfluren, skelettreiche Äcker, Rud.: Bahnanlagen, Kiesgruben, basenhold; [A?] v Rh Th, z By Bw He(h NW) Nw An Ns(f Elb), s Alp(f Kch Mng) Sa(SW W) Bb(SW), [N U] s Mv Sh (sm-temp·c1-3EUR – eros ☉ – L8 T7 F2 R8 N4 – V Sesl.-Fest., V Caucal., V Stip. calam., V Sisymbr.).
Schmalblättriger H. – _G. angustifolia_ (G.F. Hoffm.) Pers.

4 **(1)** Stg oft nur spärlich u. dann zumindest unter den obersten Knoten borstig, auf allen 4 Seiten angedrückt seidig (zumindest oberwärts), unter den Knoten nur wenig verdickt. Ke nur am Rand u. an den Zähnen borstig. Kr 20–25(–30) mm lg, Röhre die KeZähne weit überragend. 0,20–0,50. 7–9. Lehmige bis tonige, bes. mont. Äcker, frische bis feuchte Rud.: Weg- u. Ackerränder, Waldschläge u. -säume, nährstoffanspruchsvoll; h Sa, v By(h NM), z Bw He(f SO SW) Th(h O, f NW Rho) An Bb Mv(f Elb), s Alp Rh(ORh) Nw(SO MW N) Ns(f MO) Sh(M O) (sm-temp·c3-4EUR – eros ☉ – InB – KlA – L7 T5 F5 Rx N6? – O Aper., O Atrop., V Bid.). **Weichhaariger H. – _G. pubescens_ Besser**

1 Kr purpurn mit gelbem Schlundfleck. Standorte, Soz. u. Verbr. in D wie Art (Gesamtverbr. wie Art).
subsp. **_pubescens_**

1* Kr blassgelb u. oft mit violetter Zeichnung am Mittellappen der Unterlippe. Sandige Rud.; s By(S), [U] s Bw Sh(M: Negernbötel) (stemp·c3EUR?). [_G. p._ var. _sulphurea_ Bubák]
subsp. **_murriana_** (Borbás et Wettst.) Murr

4* Stg meist dicht borstig, nicht od. nur auf 2 Seiten seidig, unter den Knoten stark verdickt. Ke auch auf der Fläche ± borstig **5**

5 Kr (15–)25–35(–40) mm lg, hellgelb, Mittelzipfel der Unterlippe violett; KrRöhre die KeZähne weit überragend. 0,50–1,00. 6–10. Frische bis feuchte, lichte LaubW u. ihre Ränder, Waldschläge, Rud.: Grünlandbrachen, Bachufer, Äcker, nährstoffanspruchsvoll; h Sa(z NO), v Alp By An Ns Mv, z Bw(f NW ORh SW) Nw Th(h Hrz, v O) Bb Sh, s He(MW), [U] s Rh (sm/mo-b·c2-5EUR-WAS – eros ☉ – InB: Hummeln SeB – KlA – L7? Tx F5 Rx N8 – K Epil. ang., V Alliar., O Aper.: bes. V Sperg.-Oxal. – 16). [_G. versicolor_ Curtis]
Bunter H. – _G. speciosa_ Mill.

5* Kr 10–20(–25) mm lg, rot bis weiß; KrRöhre die KeZähne kaum überragend. **(Artengruppe Stechender H. – _G. tetrahit_ agg.)** **6**

6 Kr 15–22(–25) mm lg, rot od. selten weiß; Mittelzipfel der Unterlippe fast quadratisch, vorn meist gezähnelt, flach, gelb od. purpurn gemustert (Abb. **715**/3). KeZipfel derb, stechend. Drüsen im BlüStand meist schwarzköpfig. 0,10–0,80. 6–10. Frische bis feuchte, nährstoffreiche Äcker, frische Rud.: Schutt, Viehläger; Waldschläge u. -ränder; g He Nw Th Sa Ns, h Bw Rh An, v Alp By(g NM) Bb Mv Sh (sm-b·c1-4EUR, [N] NAM – eros ☉ – InB: Hummeln, Schwebfliegen SeB – KlA VdA Sa langlebig Kältekeimer – L7 Tx F5 Rx N6 – K Stell., O Atrop., K Artem., K Thlasp. rot.). **Stechender H. – _G. tetrahit_ L.**

6* Kr 10–15 mm lg, blassrot; Mittelzipfel der Unterlippe länglich, vorn deutlich ausgerandet bis 2lappig, am Rand ± zurückgebogen, einfarbig (Abb. **715**/4). KeZipfel kaum stechend. Drüsen im BlüStand meist gelbköpfig od. fehlend. 0,30–0,70. 6–10. Frische bis feuchte Rud.: Wegränder, Schutt, Ackerränder, Äcker, gestörte Bergwiesen, Waldschläge u. -ränder, nährstoffanspruchsvoll, kalkmeidend; h Sa Ns, v By He Nw Th An Bb Mv, z Bw Rh Sh, s Alp(f Amm Kch) (sm-b·c1-7EURAS – eros ☉ – L7 T5? F5 R6? N6? – K Stell., O Atrop., V Alliar., V Arct., V Triset. – 32). **Kleinblütiger H. – _G. bifida_ Boenn.**

Hybriden: _G. angustifolia_ × _G. segetum_ = _G._ ×_wirtgenii_ Briq. – s, _G. bifida_ × _G. pubescens_ = _G._ ×_carinthiaca_ Fiori – s, _G. bifida_ × _G. speciosa_ = _G._ ×_pernhofferi_ Wettst. – s, _G. bifida_ × _G. tetrahit_ = _G._ ×_ludwigii_

LAMIACEAE 713

HAUSSKN. – z, *G. ladanum* × *G. segetum* = *G.* ×*ochrerythra* E.H.L. KRAUSE – s Bw Mv, *G. pubescens* × *G. speciosa* = *G.* ×*polychroma* BECK – s, *G. pubescens* × *G. tetrahit* = *G.* ×*acuminata* RCHB. [*G.* ×*poolii* BRÜGGER] – z

Phlomoides MOENCH – **Brandkraut** (50–90 Arten)
Bla herz-eifg, untere rosettig, lg gestielt. Kr 15–20 mm lg, hellpurpurn, außen weiß sternhaarig-filzig. 0,60–1,50. 6–7. TrockenW- u. Trockengebüschsäume, basenhold; [U] s By(MS: Pocking) Bb(M: Berlin), † An(SO: Magdeburg) (m-temp·c5-7OEUR-WAS-(OSIB) – sogr eros G ♃ kurzes Rhiz KnollenWu – InB: Hautflügler – StA KIA – V Ger. sang., V Querc. pub., V Berb.). [*Phlomis tuberosa* L.]   **Knollen-B. – *Ph. tuberosa* MOENCH**

Leonurus L. – **Herzgespann** (25 Arten)
1   Untere Bla handfg 3–7spaltig, am Grund herzfg, obere 3lappig, am Grund keilig. Kr 8–12 mm lg, erheblich länger als der 5nervige Ke, innen mit Haarring. Ke deutlich nervig. Scheinquirle 7–13blütig. 0,30–1,00. 6–9. Frische bis mäßig frische, meist stickstoffreiche Rud.: Weg- u. Straßenränder, Schutt, an Mauern u. Zäunen, Hecken, nährstoffanspruchsvoll; [A N] z He(O, s MW) Th(f Hrz) An(f O) Bb Ns(f Hrz), s By(f S) Bw(Alb ORh) Rh(f W) Nw Sa Mv(f M) Sh(M O), ↘ (m/mo-temp·c2-8EUR-WAS, [N] m/mo-tempOAM-(WAM) – sogr eros H ♃ Rhiz – InB: Hummeln – KIA – L8 T6 F5 R8 N9 – V Arct., O Onop. – HeilPfl)
Echtes H., Löwenschwanz – *L. cardiaca* L

1   Stg nur an den Kanten abwärts angedrückt kurzhaarig (etwa 0,5 mm lg). StgBla etwa bis zur Hälfte gespalten, oseits fast kahl od. zerstreut angedrückt kurzflaumig. Ke kahl od. höchstens sehr kurz angedrückt behaart, 5–7 mm lg. Kr 8–10,5 mm lg. Standorte weitgehend wie Art, jedoch bes. in Dörfern; [A N] z Th(f Hrz) An(f O) Bb Ns(f Hrz), s By Bw(Alb ORh) Rh(f W) He(MW O) Nw(f SW) Sa Mv(f M) Sh(M O), † Alp ↘ (sm-temp·c2-4EUR? – V Arct., O Onop. – früher HeilPfl – 18).
subsp. ***cardiaca***
1* Stg ringsum dicht abstehend zottig (1–2 mm lg). StgBla meist über die Hälfte geteilt, dicht weichhaarig. Ke zottig, 6–9 mm lg. Kr 10,5–12 mm lg. Rud.: Wegränder, Gebüschränder; [N] s By Bw Rh He Nw Th Sa An Bb Ns Mv, ↗; auch ZierPfl u. von Imkern gepflanzt (m/mo-temp·c3-8EUR-WAS? – V Arct. – BienenfutterPfl – 18). [*L. quinquelobatus* GILIB., *L. villosus* D'URV.]
subsp. ***villosus*** (D'URV.) HYL.
Hybridogene Übergangsformen zwischen den beiden hier als Unterarten bewerteten Sippen wurden als *L. intermedius* HOLUB beschrieben.

1* Untere Bla rundlich-eifg, obere eifg-lanzettlich, alle ungeteilt u. grob gesägt. Kr 5–8 mm lg, nicht od. kaum länger als der 10nervige Ke, innen ohne Haarring. Ke undeutlich nervig. Scheinquirle 15–25blütig. 0,50–1,20. 7–8. Frische bis nasse Uferstaudenfluren, Gebüsch- u. Waldränder bes. in Auen, Rud.: Wegränder, Schutt, nährstoffanspruchsvoll; z An(f Hrz W) Bb(f SO SW) Ns(Elb) Mv(Elb SW), s By(N) Rh(ORh) Th(Bck) Sa(Elb) Sh(M), † He, [U] s Bw (sm-temp·c4-7EUR-WAS, [N] smOAM – eros ⊙ ⊙ – InB SeB – KIA – L7 T7? F6 R8 N8? – K Artem., bes. O Convolv., O Prun.). [*Chaiturus marrubiastrum* (L.) RCHB.]
Andorn-H., Katzenschwanz – *L. marrubiastrum* L.

Stachys L. – **Ziest** (300 Arten)
1   Kr 6–8 mm lg, kaum länger als der Ke, blassrosa. Scheinquirle meist 6blütig. Bla rundlich bis herz-eifg, stumpf gekerbt. 0,10–0,30. 7–10. Sandig-lehmige Äcker, Gärten, frische Rud.: Wegränder, Pflasterfugen, Brachen, kalkmeidend; [A] z Bw(f SO) Rh He Nw Th(f Hrz O) An Ns Sh, s By(f MS S, † N) Sa Bb(f Elb M SW) Mv, ↘ (m-temp·c1-3EUR, [N] austr+mtempAUST+AM – eros ⊙ – SeB – MeA Sa langlebig – L7 T6 F5 R3 N6 – V Aphan., V Sperg.-Oxal. – 10).   **Acker-Z. – *S. arvensis* (L.) L.**
1* Kr 10–20 mm lg, doppelt so lg wie die Ke 2
2   Kr hellgelb. Spreiten der mittleren u. unteren Bla in den Stiel verschmälert 3
2* Kr rot od. rosa. Spreiten der mittleren u. unteren Bla am Grund abgerundet, gestutzt od. herzförmig 4
3   Scheinquirle 4–6blütig. Bla eifg-elliptisch bis br lanzettlich, 2–4(–5)mal so lg wie br, alle gestielt. KeZähne schmal lanzettlich, mit weichhaariger Spitze. 0,10–0,30. 6–10. Lehmige bis tonige, meist skelettreiche u. extensiv genutzte Äcker, Ackerbrachen, Weinberge,

trockne Rud., kalkstet; [A] z By(f S MS) Bw Rh Th(f Hrz O Wld), s Alp(Allg) He Nw An(f N O) Bb(f SO Elb M), s Ns(S M), [U] s Sh, † Sa, ↘ (m-stemp·c2-6EUR-(WAS), [N] OAM – eros ☉ – InB: Hummeln SeB – MeA – L7 T6 F3 R8 N4 – V Caucal., V Ver.-Euph., V Sisymbr.).
Einjähriger Z. – *S. annua* (L.) L.

3* Scheinquirle 6–10blütig (Abb. **716**/6). Bla länglich bis lanzettlich, 4–8mal so lg wie br, untere kurz gestielt, obere sitzend. KeZähne 3eckig, mit kahler Stachelspitze. 0,20–0,60. 6–10. Felsfluren, Trocken- u. Halbtrockenrasen, lichte Eichen- u. KiefernW u. deren Ränder, basenhold; z By Bw Rh He Th(f Hrz, v Bck S) An(h S) Bb(f SO) Mv, s Alp(Allg Brch Mng) Nw(f N) Sa(W) Ns(f N NW) (sm-stemp·c2-6EUR – sogr eros H ♃ PfWu Pleiok – L7 T6 F3 R9 N2 – K Fest.-Brom., V Ger. sang., V Berb., O Querc. pub., V Eric.-Pin. – 34).
Aufrechter Z. – *S. recta* L.

4 (2) Scheinquirle 4–10blütig. VorBla fehlend od. höchstens halb so lg wie der Ke, fädlich. Kr außen kurz behaart 5
4* Scheinquirle 10–30blütig. VorBla so lg wie der Ke, linealisch. Kr außen zottig behaart 7
5 Bla alle lg gestielt, Stiel der unteren ⅓ bis fast so lg wie die Spreite, etwa 3–7 cm lg; Spreite herz-eifg, 1–2mal so lg wie br, (2–)3–8 cm br, mit tief herzfg Grund. Kr schmutzig dunkelpurpurn, Unterlippe nur wenig länger als die Oberlippe. Pfl unangenehm riechend. Stg dicht abstehend behaart. 0,30–1,00. 6–9. Feuchte bis sickerfeuchte LaubmischW u. Gebüsche, an Waldquellen u. -wegen, Uferstaudenfluren, nährstoffanspruchsvoll; g Rh He Nw Th, h Alp Bw Sa An Ns Mv Sh, v By(g NM) Bb (sm-b·c1-6EUR-WAS, [N] OAM, NEUSEEL – sogr eros H ♃ uAusl – InB: Bienen, Hummeln Vm SeB – KlA WaA Sa langlebig Licht-Kältekeimer – L4 Tx F7 R7 N7 – O Fag., O Prun., V Alliar. – 66). **Wald-Z. – *S. sylvatica* L.**
5* Bla sitzend od. kurz gestielt, Stiel der unteren höchstens ⅛ so lg wie die Spreite, bis 1 cm lg; Spreite eifg-länglich bis länglich, 2–5mal so lg wie br, mit meist nur schwach herzfg Grund. Kr blass bis lebhaft purpurn, Unterlippe deutlich länger als die Oberlippe 6
6 BlaSpreite eifg-länglich bis eilanzettlich, 2–4mal so lg wie br, 2–5 cm br; Stiel etwa 0,5–1 cm lg (¹⁄₁₀–⅛ so lg wie die Spreite), die obersten Bla zuweilen sitzend. Kr lebhaft purpurn. Reife Klausen selten entwickelt. Pfl unangenehm riechend. Stg meist schwach behaart. 0,30–1,00. 6–9. Feuchte, gestörte Standorte, Ufer; z?, auch ohne die Eltern, z Nw Mv, s By Bw Rh Th Sa An Ns Sh (sm-temp·c1-5EUR? – sogr eros G ♃ uAusl (ohne Knolle) – InB – KlA). [*S. palustris* × *S. sylvatica*] **Zweifelhafter Z. – *S. ×ambigua* Sᴍ.**
6* BlaSpreite länglich bis länglich-lanzettlich, 3–5mal so lg wie br, 1–2(–3) cm br; Stiel der unteren Bla <0,5 cm lg (höchstens ¹⁄₁₀ so lg wie die Spreite), obere sitzend, halbstängelumfassend. Kr blass purpurn. Reife Klausen regelmäßig entwickelt. Pfl fast geruchlos. Stg flaumhaarig bis fast kahl, seltener dicht weichhaarig od. stachelhaarig. 0,30–1,00. 6–9. Feuchte bis nasse, lehmige Äcker, (wechsel)nasse Wiesen, Uferstaudenfluren, nährstoffanspruchsvoll, basenhold; g He Nw(v SW) Th Sa An Ns, h Rh Mv, v By(g NM) Bw Bb Sh, z Alp(f Krw Wtt) (sm-b·c1-8CIRCPOL – sogr eros G ♃ uAuslKnollen – InB SeB Vm – StA WaA Sa langlebig – L7 T5 F7~ R7 N6 – K Stell., V Filip., V Mol. – 64).
Sumpf-Z., Schweinsrübe – *S. palustris* L.

7 (4) Stg abstehend rauhaarig, oberwärts drüsig. Bla grob gesägt, anliegend kurzhaarig, alle gestielt. Kr schmutzig dunkelpurpurn. 0,40–1,00. 7–9. Frische bis feuchte, lichte Wälder, Waldschläge u. -ränder, Lägerfluren, nährstoffanspruchsvoll; z Alp Bw(f NW ORh) Ns(S), s By(f N NO O) Rh He(f NW f SO) Nw(SO NO) Th(S Rho) Sa(SW W) Ns(S), [N] s An (sm-stemp//mo·c1-4EUR – sogr eros H ♃ Rhiz – InB: Bienen, Hummeln – KlA Kältekeimer – L7 T4 F5 R9 N8 – O Fag., V Atrop., V Rum. alp.). **Alpen-Z. – *S. alpina* L.**
7* Stg weißwollig-filzig, drüsenlos. Bla fein gekerbt bis fast ganzrandig, weißwollig, untere gestielt, obere sitzend. Kr rosa bis purpurn 8
8 Stg u. Bla sehr dicht wollig-filzig, weiß, Fläche unter der Behaarung nicht sichtbar. BlaSpreite br lanzettlich bis elliptisch, keilfg in den Stiel verschmälert, undeutlich gekerbt od. fast ganzrandig. 0,30–0,80. 6–8. ZierPfl; auch Rud.; [N U] s By Bw Rh He Nw Th Sa An Ns Mv Sh (m-stemp·c4-6VORDAS – hros H/C ♃ – InB – MeA – V Onop.). [*S. olympica* Pᴏɪʀ., *S. lanata* Jᴀᴄǫ.] **Wolliger Z. – *S. byzantina* K. Kᴏᴄʜ**
8* Stg u. Bla locker filzig, graugrün, Fläche unter der Behaarung noch sichtbar. BlaSpreite länglich-eifg, Grund gestutzt bis schwach herzfg, deutlich gekerbt. 0,30–1,00. 6–8. Trockne bis mäßig trockne Rud., rud. beeinflusste Halbtrockenrasen, Waldränder, kalkhold; [A] z

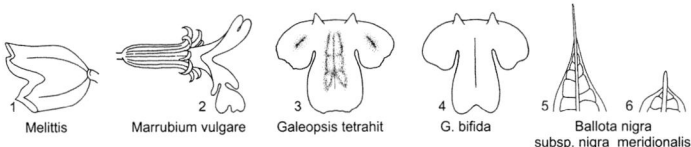

1 Melittis 2 Marrubium vulgare 3 Galeopsis tetrahit 4 G. bifida 5 Ballota nigra 6 Ballota nigra subsp. nigra meridionalis

By(f O) Bw(f S) He(f ORh) Th An Ns(S MO), s Alp(Allg) Rh Nw(f N) Sa(Elb W) Bb(Elb NO) Mv(M MW), ↘ (m/mo-sm·c2-6EUR-VORDAS, [A] stempEUR, [N] AM – teiligr eros/hros H ⊙/kurzlebig ♃ Pleiok – InB: Hautflügler Vm – ?KlA MeA – L7 T7 F3 R8 N5 – V Onop., V Mesobrom., V Cirs.-Brach.). **Deutscher Z. – *S. germanica* L.**
Weitere Hybriden: *S. alpina* × *S. germanica* = *S.* ×*digenea* SALMON – s, *S. alpina* × *S. sylvatica* = *S.* ×*medebachensis* FELD et KOENEN – z, *S. germanica* × *S. palustris* = *S.* ×*mirabilis* ROUY – s

Betonica L. – Betonie, Batunge (12 Arten)

1 Kr purpurrot, selten weiß. BlaSpreite etwa 3mal so lg wie br. Kr 10–18 mm lg. 0,30–1,00. 7–8. Wechseltrockne bis -feuchte, extensiv genutzte Magerrasen, Halbtrockenrasen, Moorwiesen, lichte LaubmischW u. ihre Säume, basenhold; h Rh, v Alp By(g NM) Bw He Th Sa, z Nw(h SW) An(h Hrz) Bb(f SW) Ns(h Hrz, f N) Mv(f Elb), s Sh(SO O) (m/mo-temp·c1-6EUR-WSIB – sogr eros H ♃ Rhiz – InB: Hummeln SeB – MeA KlA Lichtkeimer – L7 T6 Fx~ Rx N3 – V Mol., V Mesobrom., V Viol. can., O Orig., V Querc. rob.-petr., O Querc. pub. – früher HeilPfl). [*Stachys officinalis* (L.) TREVIS.]
Gewöhnliche B., Heilziest – *B. officinalis* L.
Ähnlich: **Großblütige B.** – *B. grandiflora* WILLD. [*Stachys macrantha* (K. KOCH) STEARN, *S. grandiflora* (WILLD.) BENTH.]: Kr 25–40 mm lg. GrundBla eifg. 0,20–0,58. 6–8. ZierPfl; selten verwildernd, [U] s By Rh Th Sa Ns (m-sm·c3-6WAS – sogr eros H ♃ Rhiz).

1* Kr blassgelb. BlaSpreite höchstens doppelt so lg wie br. 0,20–0,50. 6–9. Subalp. bis alp. frische Steinrasen u. -schotter, Latschengebüsche, kalkstet; s Alp(Amm Allg Brch Chm Mng) (m-stemp//salp·c1-3EUR – sogr? eros H ♃ Rhiz – InB: Hautflügler – KlA – L7 T2 F5 R8 N3? – O Sesl., V Thlasp. rot., V Mesobrom.). [*Stachys alopecuros* (L.) BENTH., *B. divulsa* TEN., *B. jacquinii* GREN. et GODR.] **Gelbe B. – *B. alopecuros* L.**
In D ausschließlich subsp. *jacquinii* (GREN. et GODR.) O. SCHWARZ.

Sideritis L. – Gliedkraut (140 Arten)

Bla länglich-lanzettlich, 5–30 mm lg u. 2–8 mm br. KeZähne fast gleich, stechend begrannt. Kr gelb, braun gesäumt. 0,10–0,30. 7–9. Trockne Rud.: Schutt, Wegränder, Bahnanlagen; [N] s By Bw Rh, [U] s He Nw Th Sa An Bb (m-sm·c4-8EUR-WAS, [N U] stemp·c2-3EUR – eros ⊙ – SeB, auch kleistogam – KlA MeA – V Onop., V Sisymbr.).
Berg-G. – *S. montana* L.

Marrubium L. – Andorn (40 Arten)

1 KeZähne 10, von der Mitte an kahl, an der Spitze hakig zurückgebogen (Abb. **715**/2). Scheinquirle mit 18–36 Blü. Bla rundlich-eifg, dünn graugrün-filzig. 0,40–0,50. 6–8. Trockne bis mäßig trockne Rud.: Wegränder, Schutt, Umschlagplätze, bes. in Dörfern, basenhold; [A] z An(f N), s By(NM NO) Bw(f SO Gäu NW) He(ORh) Nw(f N) Th(Bck) Ns(MO: Hannover) Mv(f Elb SW), † Rh Sa Bb Sh, ↘ (m-temp·c1-6EUR-WAS, [N] m-tempAM – sogr/teiligr eros H/C ♃ Pleiok – InB: Wildbienen SeB – KlA – L9 T7 F4 R8 N8 – V Onop., V Arct. – VolksheilPfl). **Gewöhnlicher A. – *M. vulgare* L.**

1* KeZähne 5, bis zur Spitze filzig, aufrecht. Scheinquirle mit 6–14 Blü. Bla elliptisch-lanzettlich, in den BlaStiel verschmälert, dicht weißfilzig. 0,30–0,60. 7–8. Trockne bis mäßig trockne Rud., rud. beeinflusste Trockenrasen, basenhold; [A?] s An(SO: Erdeborn, Wormsleben), [U] s Bw Rh Th Bb (m-sm·c4-7EUR – teiligr eros H ♃ Pleiok – InB: Wildbienen Vm – KlA – V Onop., V Fest. val.). [*M. creticum* MILL.] **Wander-A., Kreta-A. – *M. peregrinum* L.**
Hybride: *M. peregrinum* × *M. vulgare* = *M.* ×*paniculatum* DESR. [*M.* ×*remotum* KIT.] – s

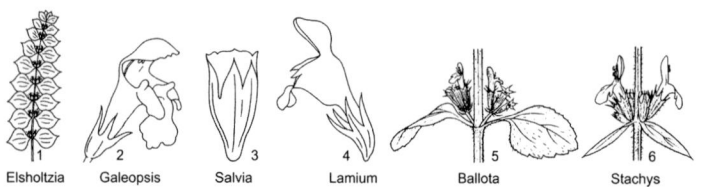

1 Elsholtzia 2 Galeopsis 3 Salvia 4 Lamium 5 Ballota 6 Stachys

Ballota L. – **Schwarznessel** (30 Arten)
Bla weichhaarig, grob kerbig gesägt. Kr purpurn. Pfl unangenehm riechend. 0,30–1,00. 6–9. Frische bis mäßig trockne Rud.: Zäune, bes. in Dörfern; Friedhöfe, Hecken, Weg- u. Straßenränder, Bahnanlagen, nährstoffanspruchsvoll; [A] g An, h Th Sa(z SW) Bb Mv, v By(g NM, s S) Rh He(g ORh) Nw Ns, z Bw Sh, s Alp(Amm Mng), im W ↘ (m-temp·c1-5EUR-(WAS), [N] sm-tempOAM – teiligr eros H kurzlebig ♃ Pleiok – InB SeB Vm – KlA Sa langlebig – L8 T6 F5 Rx N8 – V Arct., V Onop., O Prun. – VolksheilPfl).
Schwarznessel, Schwarzer Gottvergess, Stinkandorn – **B. nigra** L.

1   KeZähne (2,5–)4–6,5 mm lg, schmal dreieckig-pfriemlich, allmählich in eine lg (2–3 mm) stechende Granne verschmälert (Abb. 715/5). BlaSpreite 4–8 cm lg u. 3–6 cm br. Standorte u. Soz. in D wie Art; [A] g An, h Th Sa(z SW) Bb Mv, v By(g NM, s S) Rh He(g ORh) Nw Ns, z Bw (f SW SO) Sh, s Alp(Amm Mng) (sm-temp·c1-3EUR?). [B. ruderalis Sw.] subsp. **nigra**
1* KeZähne 1–2,5(–3) mm lg, eifg, plötzlich in eine kurze (0,2–0,5 mm) Stachelspitze zusammengezogen (Abb. 715/6). BlaSpreite 2–3(–5) cm lg u. 2–3 cm br. Standorte u. Soz. in D wie Art; [A] z By Bw Rh He Nw, s Sa An Ns, [U] s Th Mv Sh (m-stemp·c1-3EUR? – 20). [B. alba L., B. n. subsp. **foetida** (Vis.) Hayek] subsp. **meridionalis** (Bég.) Bég.

Elsholtzia Willd. – **Kammminze** (40 Arten)
Scheinquirle dichte, einseitswendige Thyrsen bildend. Kr rötlichlila. 0,30–0,50. 7–9. Rud.: Schutt, Umschlagplätze; [N U] s By Bw He Nw Th Sa An Bb Ns Mv Sh (strop/mo-b·c1-6OAS-(WAS), [N] temp-bEUR+OAM – eros ⊙ – InB – V Sisymbr.). [E. cristata Willd.]
Echte K. – **E. ciliata** (Thunb.) Hyl.

Salvia L. – **Salbei** (990 Arten)
1   Stg am Grund verholzend. Bla lanzettlich, schwach gekerbt, runzlig u. filzig, am Grund verschmälert. Kr violett. 0,20–0,80. 5–7. KulturPfl; auch lückige Xerothermrasen, Böschungsbegrünung; [A N] s By Rh Nw Th An, [U] s Bw He Sa Bb Ns Mv Sh (m-sm·c2-4EUR, [N] smOAM – igr HStr – InB: bes. Bienen Vm – StA KlA: KlebSA – K Fest.-Brom. – HeilPfl).
Echter S. – **S. officinalis** L. 2
1* Stg krautig. Spreitengrund spießfg, herzfg od. abgerundet 2
2   Scheinquirle 15–30blütig, fast kuglig. Bla herzfg bis dreieckig, am BlaStiel geöhrt. Kr klein, hell blaulila. StaubBla unbeweglich. 0,30–0,60. 6–9. Rud. beeinflusste Halbtrockenrasen, Böschungen, Umschlagplätze, Schutt, kalkhold; [A], im N [N], v Alp, z By Bw Rh He Nw Th(f Hrz, v Bck S) An, s Sa Bb Ns Mv, im N ↘ (m-temp·c2-5EUR-(WAS), [N] sm-tempOAM – sogr eros H ♃ PfWuPleiok – InB Vm – KlA Kältekeimer – L9 T6 F4 R7 N5? – V Mesobrom., V Cirs.-Brach., V Onop.).
Quirl-S. – **S. verticillata** L.
2* Scheinquirle 2–12blütig. StaubBla mit Hebelmechanismus 3
3   Kr lebhaft hellgelb, rotbraun punktiert, 30–40 mm lg. Bla ± spießfg. Pfl drüsenhaarig, klebrig. 0,40–0,80. 7–10. Frische bis sickerfeuchte, bes. mont. Schlucht- u. AuenW, Waldränder u. -schläge, basenhold; h Alp, s By(v S, f N NO NW) Bw(f NW), [N] s Rh He(MW) Nw(SO NO) Th Sa An Bb Ns Mv, [U] s Sh, ↗ (m/mo-stemp/demo·c2-5EUR – sogr eros H ♃ PfWuPleiok – InB: bes. Hummeln Vm – KlA: KlebK Dunkel-Kältekeimer – L4 T5 F6 R7 N7 – V Til.-Acer., V Alno-Ulm., V Adenost.).
Kleb-S. – **S. glutinosa** L.
3* Kr blauviolett, hellblau, weiß od. rosa, 8–30 mm lg. Bla herzfg od. eifg bis länglich 4
4   KeZähne kurz, spitz, aber nicht stechend. Pfl locker (grau)haarig 5
4* KeZähne stechend, >1 mm lg begrannt. Pfl dicht grau- od. weißhaarig 8

5 Kr cremeweiß. StaubBla aus der Kr weit herausragend, spreizend. 0,60–0,80. 5–6. Böschungen, Rasenansaaten; [N U] s Bw Th An(SO: Halle) (sm-stemp·c6-8EUR – sogr hros H ♃ PfWu- Pleiok – InB: Bienen, Hummeln Vm).
Österreichischer S. – *S. austriaca* JACQ.

5* Kr blau- od. purpurviolett (selten rosa od. weiß). StaubBla unter der Oberlippe verborgen, parallel **6**

6 Oberlippe des Ke breit abgerundet u. kurz 2–3zähnig. Bla buchtig gespalten bis fast fiederspaltig. 0,20–0,60. 5–9. Trockne Rud., Böschungen; [N U] s By Bw Rh He Th An Bb Mv (m-stemp·c1-6EUR – sogr hros H ♃ PfWuPleiok – InB).
Eisenkraut-S. – *S. verbenaca* L.

6* Oberlippe des Ke zugespitzt 3zähnig. Bla ungeteilt, am Rand gekerbt bis gesägt **7**

7 Bla größtenteils stängelständig, wie der Stg fein grauflaumig, ohne Borsten u. Drüsenhaare. TragBla der Scheinquirle violett. Kr 8–15 mm lg. Ke nur mit sitzenden Drüsen. 0,30–0,70. 6–7. Rud. beeinflusste Halbtrocken- u. Trockenrasen, Böschungen, Schutt, Gebüschsäume; kalkhold; z Th(NW S, v Bck) An, s Sa(W Elb), [N] z Rh Bb, s By Nw Ns Mv, [U] s Sh (sm-stemp·c4-8EUR-WAS, [N] m-tempOAM – sogr eros/hros H ♃ PfWuPleiok – Lichtkeimer – L7 T7 F4 R9 N4? – K Fest.-Brom., V Onop. – 14). **Steppen-S. – *S. nemorosa* L.**

7* Bla größtenteils grundständig, wie der Stg kurz borstig, dieser oberwärts drüsenhaarig. TragBla grün. Kr (♂ Blü) 20–30 mm lg. Ke mit gestielten u. sitzenden Drüsen. 0,30–0,80. 5–8. Trocken- u. Halbtrockenrasen, trockne Frischwiesen, Rud.: Wegränder, Dämme; Trockenwaldsäume, basenhold; h Bw(z SW), v Alp(f Brch) By Rh He Th An(g S), z Nw(f N) Sa Bb Ns(f N NW O) Mv(f Elb), [N U] s Sh (sm-stemp·c2-5EUR, [N] ntempEUR, sm-tempAM – sogr hros H ♃ PfWuPleiok – InB: Bienen, Hummeln Vm gynodiözisch ♀ Pfl kleinblütig – KlA: SchleimSa – L8 T6 F3 R8 N4 – K Fest.-Brom., V Arrh.).
Wiesen-S. – *S. pratensis* L.

Ähnlich: **Ruten-S. – *S. virgata* J**ACQ.: BlüStand rispenfg verzweigt, mit rutenfg verlängerten, aufrechtabstehenden Ästen, drüsenlos. Kr (♀ Blü) 11–20 mm lg. 0,50–1,00(–1,20). 6–9. Rud., Bahndämme, [N U] s By He Th Sa An Mv (m-sm·c1-6EUR-WAS – sogr hros H ♃ PfWuPleiok – InB).

8 (4) Pfl von Sternhaaren dicht weißwollig, drüsenlos. Kr weiß. 12–18 mm lg. 0,50–1,00. 6–8. ZierPfl; auch trockne Rud.: Umschlagplätze; [N U] s By Bw Rh He Nw Th Bb, † An (m-sm·c3-8OEUR-VORDAS, [N] m-smWAM – igr hros ⊙/kurzlebig ♃ PfWu Pleiok – InB Vm – KlA – O Sisymbr.). **Ungarischer S. – *S. aethiopis* L.**

8* Pfl von einfachen Haaren grauzottig u. oberwärts drüsenhaarig, mit starkem Muskateller-Geruch. Kr hellblau bis lila, 20–30 mm lg. 0,50–1,10. 6–7. KulturPfl; auch Rud.: Wegränder; [N U] s By Bw Rh He Th Sa Ns (m-sm·c3-5EUR-VORDAS – igr ⊙/H kurzlebig ♃ PfWu Pleiok – InB: Hautflügler Vm – KlA: SchleimSa – früher Heil- u. GewürzPfl, ZierPfl).
Muskateller-S. – *S. sclarea* L.

Hybriden: *S. nemorosa* × *S. officinalis* = ? – s, *S. nemorosa* × *S. pratensis* = *S.* ×*sylvestris* L. – z, *S. pratensis* × *S. verticillata* = ? – s

Lycopus L. – Wolfstrapp (14 Arten)

1 Bla grob gesägt bis fiederlappig, nur die unteren am Grund oft fiederteilig (Abb. **704**/6). KeZähne länger als die KeRöhre, 1,6–2,5 mm lg, behaart. Klausen gestutzt. Staminodien winzig, fädlich od. fehlend. 0,20–1,30. 7–9. An nassen Ufern u. Gräben, Röhrichte, Großseggenriede, Erlenbrüche, nährstoffanspruchsvoll; g Rh He Nw Sa An Ns, h Th Bb Mv Sh, v By(g NM) Bw, z Alp (m-temp·c1-8EUR-WAS, [N] AUST+sm-tempOAM – sogr eros He H/G ♃ lg uAusl – InB – WaA KlA Lichtkeimer – L7 T6 F9= R8 N8 – O Phragm., V Aln. – VolksheilPfl). **Ufer-W. – *L. europaeus* L.**

1 Stg u. Bla kahl od. spärlich kurzhaarig. Bla lanzettlich, etwa 3,5mal so lg wie br. Standorte, Soz., Verbr. in D u. Gesamtverbr. wie Art. subsp. *europaeus*

1* Stg dicht kraushaarig-wollig. Bla wenigstens useits lg weichhaarig, eifg, etwa 2,5mal so lg wie br. s Alp(Brch Chm) (sm-stemp//mo·c3ALP?). subsp. *mollis* (A. K**ERN**.) J. M**URR**

1* Alle Bla fiederteilig, Abschnitte mit kurzen, aufgesetzten Spitzchen. KeZähne so lg wie die KeRöhre, 1,3–2 mm lg, (fast) kahl. Stg oft unverzweigt. Klausen am Ende abgerundet. Staminodien deutlich, kopfig. 0,60–1,50. 7–9. Nasse, zeitweilig überflutete Flussufer (Auen)

u. Weidengebüsche, nährstoffanspruchsvoll; † He(ORh) Sa(W) An(Elb N), [U] s By(S: Rosenheim) (m-stemp·c4-8EUR-WAS – sogr eros H/G ♃ uAusl+Knollen – InB – KIA? – L7 T6? F9= R8 N8 – V Salic. alb.). ⊕ **Hoher W. – *L. exaltatus* L. f.**
Hybride: *L. europaeus* × *L. exaltatus* = *L.* ×*intercedens* RECH. [*L.* ×*intermedius* HAUSSKN.] – †

***Hyssopus* L. – Ysop** (2 Arten)

Bla lineal-lanzettlich, ganzrandig. Scheinähren dicht, einseitswendig. Kr 7–12 mm lg, dunkelblau, selten rosa od. weiß. 0,30–0,50. 7–10. Rud. Felsfluren u. Trockenrasen; [N 1829] z An Rh, s By Bw Nw Ns, [U] s He Nw Th Sa Bb Mv Sh; auch KulturPfl (m-sm·c3-6EUR-WAS – igr HStr – InB: Bienen Vm – KIA: KlebSa Lichtkeimer – L8 T7 F2? R7 N3? – V Xerobrom. – Zier- u. GewürzPfl). **Echter Y. – *H. officinalis* L.**

***Mentha* L. – Minze** (20 Arten)

Zur Bestimmung sind StgBla nötig, Pfl ohne StgBla od. Seitenäste sind meist unbestimmbar. Bei einiger Übung gibt der Duft der Pfl wichtige Hinweise. Die Bastarde können sich von den Stammeltern durch teilweise od. völlige Sterilität u. verkümmerte Pollen unterscheiden. Durch ihre starke Vermehrungskraft (Ausläufer) überwuchern sie oft die Elternarten u. bleiben erhalten, wenn diese od. eine von ihnen aus der Gegend verschwunden sind. Die Bastarde sind sehr variabel u. schwanken in ihrer Merkmalsausprägung zwischen den Eltern. Triploide Bastarde sind steril. Diploide Bastarde mit sehr ähnlicher Merkmalsausprägung sind fertil. Fertilität/Sterilität ist oft das einzige sichere Merkmalspaar zur Bestimmung im komplizierten Verwandtschaftskreis des *M. spicata* agg. Daher ist unbedingt auf fruchtende Pfl zu achten. Von den meisten Minzen gibt es kraus- u. schlitzblättrige Formen, die zumeist unter Kulturbedingungen selektiert worden sind. Alle Sippen sind gynodiözisch (neben Pfl mit größeren Vm ☿ Blü solche mit kleinen ♀ Blü).

1 Ke ungleich 5zähnig, fast 2lippig, untere KeZähne schmaler u. etwas länger als obere, zur FrZeit durch Haarkranz geschlossen. Pfl mit oberirdischen Ausläufern. Kr rötlichlila. 0,10–0,30. 7–9. Frische bis feuchte Rud.: Gänseanger; Flut- u. Trittrasen, an Gräben, Flüssen, Altwasser, nährstoffanspruchsvoll, salztolerant, StromtalPfl; z Ns(Elb, sonst f), s By(NW) Bw(ORh Keu S) Rh(f SW W) He(f SO MW W) Nw(f N SW) Sa(SO SW) An(f Hrz S W) Bb(f SO SW) Sh(M), † Th Mv(Elb), ↘ (m-stemp·c1-5EUR, [N] AM – igr eros H ♃ oAusl – InB – Lichtkeimer – L8 T7 F7= R7 N7? – V Agrop.-Rum., V Cynos., K Isoëto-Nanojunc. – früher HeilPfl, giftig! – 20). [*Pulegium vulgare* MILL.] **Polei-M. – *M. pulegium* L.**
1* Ke fast regelmäßig 5zähnig, ohne Haarkranz. Ausläufer überwiegend unterirdisch (außer *M. suaveolens*, **14**) **2**
2 Scheinquirle voneinander entfernt, in den Achseln von LaubBla, zuweilen außerdem am StgEnde kopfig gehäuft. Kr meist mit dichtem Haarkranz im Schlund **3**
2* Scheinquirle einander genähert, in den Achseln kleiner DeckBla, eine Scheinähre bildend; wenn kopfig, dann Kr (fast) ohne Haarring **9**
3 Scheinquirle am Ende des Stg kopfig. Meist ein endständiger Kopf, darunter noch 0–3 entfernte Scheinquirle in den BlaAchseln. Bla eifg bis eifg-lanzettlich, am Grund abgerundet od. ± herzfg (var. *aquatica* – v) bis verschmälert (var. *orthmanniana* (OPIZ) HEINR. BRAUN – z), gesägt. Kr hellviolett, lila, fleischfarben od. weiß. 0,30–0,90. 7–10. Nasse Wiesen, Röhrichte, Großseggenriede, Bach- u. Seeufer, Weidengebüsche, BruchW, nährstoffanspruchsvoll; g Ns, h Rh He Nw An Mv Sh, v Alp By Bw Th Sa Bb(g NO) (m-temp·c1-5EUR-(WSIB), [N] austrCIRCPOL+sm-tempOAM – sogr (Wasserform igr) eros G/He ♃ u/ oAusl – InB – WaA StA Kältekeimer Sa langlebig – L7 T5 F9= R7 N5 – O Phragm., V Filip., O Salic. purp., V Aln. – 96). **Wasser-M. – *M. aquatica* L.**
3* Scheinquirle größtenteils achselständig. Stg mit einem BlaBüschel endend **4**
4 Ke glockig, kaum gefurcht, seine Zähne 3eckig-eifg, höchstens so lg wie br, selten etwas länger. Bla eifg bis elliptisch-lanzettlich, schwach gesägt bis gekerbt. Kr lila. 0,15–0,45. 6–10. Feuchte bis (wechsel)nasse, nährstoffreiche Äcker, Nasswiesen; g Th, h Bw Rh He Nw Sa An Ns Mv, v By(g NM) Bb, z Alp Sh (stropAM+AS-m-b·c1-8CIRCPOL – sogr eros G/He/H ♃ u/o?Ausl – InB – MeA KIA? Sa langlebig WaA – L7 Tx F7~ Rx Nx – K Stell., O Mol. – VolksheilPfl). **Acker-M. – *M. arvensis* L.**
Der taxonomische Wert der folgenden Unterarten ist zweifelhaft.

1 BlaSpreite am Grund br abgerundet od. kurz gestutzt, eifg bis br elliptisch. Stg u. Bla beiderseits ± dicht behaart. Feuchte bis (wechsel)nasse Äcker; v (K Stell. – 72). **subsp. *arvensis***
1* BlaSpreite in den Stiel verschmälert, elliptisch-lanzettlich 2
2 Pfl ± stark behaart. BlaStiele so lg wie die Scheinquirle od. kürzer. Feucht- u. Nasswiesen; in D die häufigste Sippe, Verbr. ungenau bekannt (O Mol. – 72). **subsp. *austriaca*** (JACQ.) BRIQ.
2* Pfl schwach behaart. Bla groß, dünn, ihre Stiele länger als die Scheinquirle, die unteren fast doppelt so lg. z (72) **subsp. *parietariifolia*** (BECKER) BRIQ.

4* Ke röhrig bis glockig, gefurcht, seine Zähne 3eckig-lanzettlich bis pfriemlich, länger als br. Bla mit abstehenden Sägezähnen. **(Hybridgruppe Quirl-M. – *M.* ×*verticillata* agg.)** 5
5 Kr im Schlund mit Haarkranz. Ke röhrig, stets bis zum Grund behaart, gefurcht, seine Zähne 3eckig-lanzettlich, zugespitzt. Bla eifg-elliptisch, 5–10 mm lg gestielt. Pfl ohne Zitronengeruch. Kr rötlichlila, weiß od. rosa. 0,20–0,80. 7–8. Zeitweise überflutete, sandige Ufer, Gräben; v Th Sa, z Alp(f Krw) By Bw Rh He Nw An Bb Ns Mv Sh (m-temp·c1-5EUR?. – sogr eros G/H ♃ uAusl – InB – L7 T5? F8~ R7? N? – V Agrop.-Rum., V. Filip. – 54?, 84, 120). [*M. aquatica* × *M. arvensis*; *M. sativa* L., *M. palustris* MOENCH?] **Quirl-M. – *M.* ×*verticillata* L.**
5* Kr im Schlund kahl od. nur selten mit einzelnen Haaren. Ke meist glockig, wenn röhrig, dann nicht bis zum Grund behaart. Bla sitzend od. kurz (bis 10 mm) gestielt. Pfl mit Zitronengeruch 6
6 Ke stets bis zum Grund behaart 7
6* Ke ganz od. wenigstens am Grund kahl. BlüStiele (fast) kahl 8
7 Stg nur mit einfachen, ± glatten Haaren. Bla beiderseits behaart bis verkahlend, mit sehr schwachen od. ohne Netznerven, am Grund meist verschmälert. BlüStiele behaart, seltener verkahlend. KeZähne lanzettlich bis pfriemlich. Kr lila bis rötlichlila. 0,40–0,70. 7–9. s im Areal der Eltern; auch KulturPfl (sm-temp·c2-3EUR? – sogr eros H/G ♃ uAusl). [*M. arvensis* × *M. longifolia*] **Dalmatiner M. – *M.* ×*dalmatica* TAUSCH**
7* Stg mit einfachen, ± krausen u. mit verzweigten Haaren. Bla oseits flaumig od. fast kahl, useits meist nur auf den Nerven behaart, mit stark hervortretendem Nervennetz, am Grund meist abgerundet. BlüStiele kahl, seltener stark behaart. KeZähne lanzettlich, zugespitzt. Kr lila bis rötlichlila. 0,30–0,60. 7–9. s Bw Rh He; auch KulturPfl (sm-stemp·c2-3EUR? – sogr eros H/G ♃ uAusl). [*M. arvensis* × *M. suaveolens*; *M.* ×*muelleriana* F.W. SCHULTZ] **Kärntner M. – *M.* ×*carinthiaca* HOST**
8 (6) Ke glockig od. seltener verlängert glockig, KeZähne 0,5–1 mm lg. Bla ± dicht behaart, oft verkahlend, Spreite in einen kurzen BlaStiel (3–8 mm) keilig verschmälert. Kr lila bis rötlichlila. 0,40–0,90. 7–9. KulturPfl; auch [N] v(z Nw, s By Sa) (ob in sm-tempEUR? spontan). – HeilPfl – 72, 84). [*M. arvensis* × *M. spicata*; *M.* ×*gentilis* auct. non L.] **Edel-M. – *M.* ×*gracilis* SOLE**
8* Ke röhrig, KeZähne 1–1,5 mm lg. Bla kahl od. fast kahl, Spreite 5–10 mm lg gestielt, am Grund abgerundet. Stg oft stark rot überlaufen. Kr rötlich. 0,70–1,50. 7–9. s By Bw Rh He Nw Sh, [U] s Bb; auch KulturPfl (sm-temp·c1-5EUR? – sogr eros H/G ♃ uAusl). [*M. aquatica* × *M. arvensis* × *M. spicata*; *M. rubra* SM.] **Rote M. – *M.* ×*smithiana* GRAHAM**
9 (2) Bla alle deutlich 3–7 mm lg gestielt. **(Hybridgruppe Pfeffer-M. – *M.* ×*piperita* agg.)** 10
9* Bla sitzend, höchstens untere kurz gestielt. **(Artengruppe Grüne M. – *M. spicata* agg.)** 12
10 Pfl fast od. ganz kahl, nur die Nerven der BlaUSeiten oft flaumig. Ke am Grund kahl. Scheinquirle meist etwas lockerstehend, an den Seitenästen oft ± kopfig gedrängt. Kr rötlichlila. 0,50–0,90. 6–7. KulturPfl; auch Rud., Grabenränder; [N] z in allen Bdl, meist [U] (m-tempEUR? – sogr eros H/G ♃ uAusl – L8 T7 F6? R7? N6? – V Arct., V Filip. – Tee- u. HeilPfl). [*M. aquatica* × *M. spicata*] **Pfeffer-M. – *M.* ×*piperita* L.**
10* Pfl flaumig bis wollig behaart, wenigstens die oberen Bla auf der Fläche behaart, oft zottig 11
11 Bla länglich-eifg bis elliptisch, vorn ± spitz, am Grund verschmälert od. abgerundet, in der Behaarung sehr wechselnd, aber immer ohne verzweigte Haare. Scheinähren verlängert u. locker bis kurz u. dick. Kr rötlich. 0,40–0,60. 7–9. s By Bw Rh He Nw Th(Bck NW Wld)

Sa Mv, Verbr. ungenau bekannt; früher KulturPfl? (sogr eros H/G ♃ uAusl – oft mit behaarten Formen von *M.* ×*piperita*, **10**, verwechselt – 84). [*M. aquatica* × *M. longifolia*]
                               Gebüsch-M. – *M.* ×*dumetorum* Schult.
Möglicherweise kommt die sehr ähnliche *M.* ×*nepetoides* Lej. [*M. aquatica* × *M. longifolia* × *M. suaveolens*] auch in D vor.

11* Bla br eifg, ± runzlig, mit stumpfer Spitze, am Grund herzfg, oseits zerstreut behaart, useits flaumig-filzig, mit einfachen u. verzweigten Haaren. Obere Scheinquirle kopfig gedrängt. Kr rötlich. 0,30–0,90. 7–10. s Bw(ORh) Rh(ORh), ob noch?, Verbr. ungenau bekannt; früher KulturPfl (sogr eros H/G ♃ uAusl). [*M. aquatica* × *M. suaveolens*; *M.* ×*maximilianea* F.W. Schultz]   Liebliche M. – *M.* ×*suavis* Guss.
12 (9) Bla kahl od. nur auf den Nerven zerstreut behaart, länglich bis lanzettlich, scharf gesägt mit vorwärts gerichteten, aber nicht abstehenden Zähnen (vgl. **16***). Stg kahl. Kr weiß bis helllila od. rosa. 0,30–0,90. 7–9. KulturPfl; auch frische bis feuchte Rud.: Schutt, Grabenränder; [N] h Bw Th, v Alp By(g NM) He Nw, z Rh Sa An Ns(f Elb) Sh(M O), s Mv(f Elb SW) (wohl in Kultur entstanden, [N] m-temp·c1-4EUR, austr CIRCPOL+m-tempAM – sogr eros H/G ♃ uAusl – InB Lichtkeimer – V Onop., V Arct. – Tee- u. VolksheilPfl – 54). [*M. crispa* L.]   Grüne M. – *M. spicata* L.
Gelegentlich vorkommende stärker behaarte Pfl sind schwer von *M. longifolia*, **15**, abzugrenzen, aber zumindest BlaStiele u. Ke am Grund kahl; Geruch angenehm.

12* Bla meist useits filzig. Stg weichhaarig-zottig **13**
13 Bla rundlich-eifg bis eifg, vorn abgerundet. FrKe nicht eingeschnürt **14**
13* Bla länglich-lanzettlich bis länglich-elliptisch, in eine Spitze auslaufend, scharf gesägt
.... **15**
14 Pfl fertil. Bla rundlich-eifg, relativ klein, auffallend kerbig gesägt, am Grund abgerundet bis herzfg, oseits stark runzlig, useits filzig (var. *suaveolens*) od. beiderseits verkahlend (var. *glabrescens* (Timb.) Bässler – s). Kr helllila, fast weiß. 0,30–0,80. 7–9. Nasse, zeitweilig überflutete Weiden (Flutmulden), an Gräben, nasse Rud.: Wegränder, nährstoffanspruchsvoll, basenhold; [A?] z Rh, s By(f N NW S) Bw He(f NW SW) Nw(SO MW) Th? An Ns? (m-temp·c1-3EUR – sogr eros H ♃ oAusl – InB – L8 T7 F8= R6 N5? – V Agrop.-Rum. – oft mit *M.* ×*villosa*, **14***, verwechselt). [*M. rotundifolia* auct.]
                                Rundblättrige M. – *M. suaveolens* Ehrh.
14* Pfl steril. Bla eifg bis rundlich-eifg, regelmäßig u. meist grob gesägt, am Grund meist herzfg, meist runzlig u. behaart (*M.* ×*niliaca* auct.), zuweilen kahl (*M.* ×*cordifolia* auct.). Kr rötlich. 0,50–1,00. 7–9. KulturPfl; auch Flussufer; [N] z, z. B. Rh Nw Th Sa Mv, Verbr. ungenügend bekannt (sm-temp·c1-4EUR? – sogr/igr eros H ♃ u/oAusl – 36). [*M. spicata* × *M. suaveolens*; *M. nemorosa* Willd., *M.* ×*niliaca* auct. non Jacq., *M.* ×*cordifolia* auct., *M.* ×*velutina* (Lej.) Briq.]   Zottige M., Apfel-M. – *M.* ×*villosa* Huds.
Sehr variabel, alle Merkmalsstufen zwischen den Eltern kommen vor; var. *alopecuroides* (Hull) Briq. ähnelt *M. suaveolens*, **14**, u. wird oft mit dieser verwechselt; *villosa* ist deutlich intermediär, es kommt auch zu Verwechslungen mit *M. longifolia*, **15**.

15 (13) Bla nicht runzlig, am Grund deutlich verschmälert, Geruch unangenehm (im Gegensatz zu den mit ihr zuweilen verwechselten *M. spicata*, **12** u. *M.* ×*villosa*, **14***). FrKe oben eingeschnürt. Kr rötlichlila. 0,50–1,20. 7–9. Feuchte bis nasse, zeitweise überflutete Weiden (Flutmulden), Grünlandbrachen, Rud.: Weg- u. Straßenränder; an Gräben u. Flüssen, nährstoffanspruchsvoll, basenhold; v Bw He Th, z Rh Nw Sa An Bb S-Ns, [N] s N-Ns Mv Sh (austr-stropAFR-m-temp·c1-6EUR-(WAS), [N] m-tempAM – sogr eros H/G ♃ uAusl – InB – MeA VdA – L7 T5 F8= R9 N7 – V Agrop.-Rum., O Mol. – früher HeilPfl – 24, 36).
                                              Ross-M. – *M. longifolia* (L.) L.
15* Bla runzlig, am Grund br abgerundet, Geruch angenehm. FrKe nicht eingeschnürt **16**
16 Pfl fertil. Bla länglich-lanzettlich. Kr helllila. 0,50–1,00. 7–9. Gräben, nasse Wiesen u. Weiden; z im S, s im N [N] Bb (m-stemp·c1-2EUR, [N] m-tempAM – sogr/igr H ♃ u/oAusl – manchen Formen von *M.* ×*villosa*, **14***, ähnlich, aber immer behaart – 24, 36). [*M. longifolia* × *M. suaveolens*; *M.* ×*niliaca* Jacq.]   Falsche Apfel-M. – *M.* ×*rotundifolia* (L.) Huds.
16* Pfl steril. Bla länglich-elliptisch, Sägezähne abstehend (im Gegensatz zu der ähnlichen, aber kahlen *M. spicata*, **12**). Kr rosa. 0,50–1,00. 7–9. KulturPfl; auch [N] s By Sa, Verbr.

ungenau bekannt (wahrscheinlich in Kultur entstanden – sogr H/G ♃ uAusl). [*M. longifolia* × *M. spicata*; *M. longifolia* var. *horridula* auct. non Briq.]
Gezähnte M. – *M.* ×*villosonervata* Opiz
Weitere Hybriden: *M. aquatica* × *M. piperita* = *M.* ×*grossii* Vollm. – s, *M. longifolia* × *M. villosa* = ? – s

***Thymus* L. – Thymian, Quendel** (220 Arten)
Bearbeitung: **Peter A. Schmidt**

Variabilität morphologischer Merkmale, hohe Kreuzungsbereitschaft u. hybridogene Merkmalsvernetzung veranlassten frühere Autoren zur Vereinigung aller mitteleuropäischen Sippen zu einer „Sammelart *T. serpyllum*". Nicht minder extrem u. künstlich ist die Anerkennung von 17–25 „Arten" (nebst >60 Bastarden) für M-EUR durch spätere Autoren, die Einzelmerkmale (z. B. Grad der Behaarung) taxonomisch überbewerteten. Die in D vorkommenden Sippen gehören zu wenigen morphologisch, ökologisch, chorologisch u. durch Chromosomenzahlen gut charakterisierten Arten, wenn auch im Einzelfall die Bestimmung nach dem Phänotypus schwierig sein kann (z. B. *T. praecox*/*T. serpyllum*) od. intraspezifische Sippen unterschiedlich zugeordnet od. eingestuft werden. Außerdem ist bei gemeinsamem Vorkommen zweier Arten mit Hybriden zu rechnen, selbst zwischen einheimischen Arten u. Arten, die nur als [U] od. [N] auftreten. Zur Beurteilung der für die Bestimmung wesentlichen Verzweigungsverhältnisse sind mehrjährige Sprosssysteme mit BlüTrieben erforderlich. Merkmale der BlüTriebe sind am 2.–3. StgGlied unterhalb des BlüStandes festzustellen, sofern nicht anders angegeben. Nervaturmerkmale sind nur an trocknen Bla erkennbar. Die meisten Arten sind gynodiözisch, Größenangaben zu den BlüOrganen treffen für die ♂ Pfl zu, bei ♀ Pfl sind die Blü kleiner. Die Maße am Ende der Beschreibung beziehen sich auf die Höhe der blühenden Pfl.

1 Bla am Rand stets deutlich umgerollt, am Grund unbewimpert, useits dicht kurzhaarig. Stg bogig aufsteigend bis aufrecht, stark verholzt, dicht verzweigt, ringsum behaart. 0,20–0,40. 5–10. KulturPfl; auch Böschungsbegrünung u. Kulturrelikt, Halbtrockenrasen; [A N] s By Rh An, [N U] s Bw He Nw Th Sa Bb Mv (m-sm·c3-4WEUR – igr ZwStr InB – WiA StA – Gewürz- u. HeilPfl – *30*).   **Echter Th., Gewürz-Th. – *T. vulgaris* L.**
1* Bla flach od. höchstens wenn trocken am Rand schwach umgerollt, am Grund (mitunter spärlich) bewimpert, useits kahl od. langhaarig. Stg kriechend od. aufsteigend u. dann nur am Grund verholzt. Stg der BlüTriebe ringsum od. nur an 2 Seiten od. nur an den 4 Kanten behaart 2
2 Stg der BlüTriebe deutlich 4kantig u. 4zeilig behaart, je 2 Seitenflächen der StgGlieder schmaler u. eingesenkt, fast stets nur an den Kanten behaart (Abb. **722**/1), schmalere Seiten oft durch Kantenhaare verdeckt, wenn selten auch behaart, dann Kantenhaare dichter od. länger (Abb. **722**/2). Pfl stark aromatisch, Duft typisch „quendelartig", selten zitronenartig. **(Artengruppe Arznei-Th. – *T. pulegioides* agg.)** 3
2* Stg der BlüTriebe stumpf 4kantig bis scheinbar rundlich, ohne deutlich schmalere od. eingesenkte Seitenflächen, ringsum ± gleichmäßig behaart (Abb. **722**/3) od. an 2 Seiten schwächer behaart bis völlig kahl (Abb. **722**/4), wenn 2seitig behaart, dann Haare an den Kanten weder dichter noch länger. Pfl meist kaum auffällig aromatisch duftend, selten (*T. pannonicus*, **4**) Duft stärker 4
3 Stg lg kriechend, mit liegendem, vegetativ endendem Trieb abschließend, wenn dieser fehlend, dann mindestens 2jährige, nicht in einem BlüStand endende Kriechsprosse vorhanden; BlüTriebe fast stets seitenständig. BlaSpreite an den Trieben von unten nach oben deutlich größer u. BlaStiel kürzer werdend, untere Bla rundlich-spatelfg, Stiel meist mindestens halb so lg wie die Spreite. BlüStand meist kopfig. Ke (3,5–)4–5 mm lg, KeOSeite u. obere KeZähne meist kahl. 0,03–0,10(–0,15). 7–9. Spalten u. Simse in Gneisfelsen oberhalb 1150 m; s Bw(SW: Feldberg, Belchen) Sa? (oberstes Erzg?, hier auf tschechischer Seite: Klínovec) (stemp/salp·c3EUR – igr SpalierZwStr monop – InB – AmA – O StA. – *28*). [*T. sudeticus* Rchb. non Borbás, *T. serpyllum* subsp. *alpestris* (Čelak.) Lyka non Briq.]
Hochgebirgs-Th., Riesengebirgs-Th. – *T. alpestris* (Čelak.) A. Kern.
Im Umfeld der Vorkommen dieser Art ebenfalls *T. pulegioides* u. Pfl mit Übergangsmerkmalen (Bastard *T. alpestris* × *T. pulegioides*): *T.* ×*pseudoalpestris* Nachychko

3* Stg niederliegend od. kriechend u. dann aufsteigend, wie alle Sprosse spätestens im 2. Jahr mit einem BlüStand abschließend, zur BlüZeit ohne liegende vegetative Triebe; BlüTriebe end- u. seitenständig. Bla an den BlüTrieben mit Ausnahme der untersten in Größe u. Form

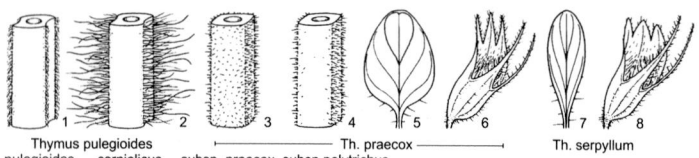

Thymus pulegioides — Th. praecox — Th. serpyllum
pulegioides carniolicus subsp. praecox subsp.polytrichus

kaum unterschiedlich (vgl. aber **3*/2**). BlüStand kopfig od. verlängert walzenfg, oft unterbrochen. Ke 2,5–4 mm lg, KeOSeite u. obere KeZähne bewimpert od. kahl. 0,05–0,30. (6–)7–9. Sandtrocken- u. Halbtrockenrasen, trockne bis frische Silikatmagerrasen, trockne Wiesen, Heiden, Rud.: Steinbrüche, Kiesgruben, Schotter; h Alp By Bw Rh He Nw Th Sa, v Nw An(h Hrz) Ns(h Hrz) Mv, z Bb Sh (sm/(mo)-temp·c1-4EUR, [N] sm-tempAM – igr SpalierZwStr – InB – AmA – K Fest.-Brom., O Fest.-Sedet., V Viol. can., O Arrh., V Eric.-Pin. – HeilPfl – *28*). [*T. ovatus* MILL., *T. serpyllum* subsp. *chamaedrys* (FR.) ČELAK.]
Arznei-Th., Feld-Th. – *T. pulegioides* L.

1   BlaSpreite beidseits behaart. BlüTriebe zottig behaart (Abb. **722**/2), Kantenhaare so lg wie der StgØ od. länger. 0,05–0,25. Submed. Trocken- u. Halbtrockenrasen; z Bw, s By Rh He Th (sm-stemp·c1-3EUR – L8 T7 F2 R8? N1? – O Brom. erect.). [var. *vestitus* (LANGE) JALAS, *T. froelichianus* OPIZ, *T. serpyllum* subsp. *carniolicus* (BORBÁS) LYKA]
Krainer Th., Behaarter Arznei-Th. – subsp. *carniolicus* (BORBÁS) P.A. SCHMIDT
1* BlaSpreite höchstens am Grund bewimpert, sonst kahl. BlüTriebe mit kurzen u. rückwärts gerichteten Haaren, diese stets kürzer als der StgØ (Abb. **722**/1) 2
2   BlaSpreiten an den BlüTrieben von unten nach oben auffällig größer u. Stiel kürzer werdend, untere Bla rundlich-spatelfg, in lg Stiel verschmälert. Pfl nur 5–10 cm hoch, bereits im Juni blühend. 0,05–0,10. 6. Magere Rasen, lückige Feuchtwiesen; s Alp, Mittelg u. Vorland (temp/mo·c2-3EUR – L8 Tx F4 Rx N1 – V Viol. can., V Triset., V Mol.). [var. *praeflorens* (RONNIGER) P.A. SCHMIDT, *T. alpestris* var. *praeflorens* RONNIGER, *T. praeflorens* (RONNIGER) LOOS]
Frühblühender Arznei-Th. – subsp. *similialpestris* DEBRAY
2* BlaSpreite an den BlüTrieben mit Ausnahme der untersten Bla in Größe u. Form kaum verschieden. Pfl 5–30 cm hoch, erst ab Juli blühend 3
3   KeRöhre außen ± kahl, obere KeZähne ohne lg Wimpern. Bla am Grund spärlich bewimpert bis wimperlos, 10–20 mm lg, derb, Seitennerven useits deutlich hervortretend. 0,15–0,30. Rud.: Schotter; [N? U] An(Elb: Aken/Elbe) (sm/(mo)·c2-4EUR). [*T. montanus* auct., *T. serpyllum* subsp. *montanus* (BENTH.) LYKA]
Istrischer Th., Kahler Arznei-Th. – subsp. *montanus* (BENTH.) RONNIGER
3* KeRöhre ringsum od. useits zerstreut behaart, obere KeZähne meist bewimpert. Bla am Grund bewimpert, 4–20 mm lg, meist dünn u. Seitennerven useits kaum hervortretend, wenn derb u. useits mit stärker hervortretenden Nerven, dann nur 4–10 mm lg. 0,05–0,30. Halb- u. Sandtrockenrasen, Magerrasen, trockne Wiesen, Heiden, Rud.: Steinbrüche, Kiesgruben; h Alp By Bw Rh He Nw Th Sa, v Nw An(h Hrz) Ns(h Hrz) Mv, z Bb Sh ((sm)-temp·c1-4EUR – L8 Tx F4 Rx N1 – K Fest.-Brom. erect., O Fest.-Sedet., V Viol. can., O Arrh., V Eric-Pin.). [subsp. *chamaedrys* (FR.) LITARD., *T. ovatus* MILL., *T. serpyllum* subsp. *chamaedrys* et subsp. *parviflorus* sensu LYKA]
Gewöhnlicher Arznei-Th. – subsp. *pulegioides*

4   (2) Stg aufsteigend od. erst niederliegend u. dann aufsteigend, wie alle Sprosse spätestens im 2. Jahr mit einem BlüStand abschließend, zur BlüZeit ohne liegende vegetative Triebe; BlüTriebe end- u. seitenständig. Ke 2,5–3,5(–4) mm lg. Bla 10–20(–30) mm lg, kurz gestielt bis sitzend. BlüStand meist verlängert, walzenfg, oft unterbrochen. 0,05–0,30. 6–8. Xerothermrasen, trockne Rud.: Straßen- u. Bahnböschungen; [N?] s Sa(W) Bb(Elb), [N] s Bw(Gäu: Klettgau), auch [N U] s By Rh Nw (sm-stemp·c4-8EUR-WAS, [N] smAM – igr SpalierZwStr – InB Vm – *28*). [*T. marschallianus* auct., *T. kosteleckyanus* OPIZ, *T. serpyllum* subsp. *pannonicus* (ALL.) ČELAK. p.p., *T. serpyllum* subsp. *marschallianus*, *brachyphyllus* et *auctus* sensu LYKA] **Steppen-Th., Pannonischer Th. – *T. pannonicus* ALL.**
In D bisher nur Pfl mit kahlen, am Grund bewimperten Bla [var. *latifolius* (BESSER) JALAS, *T. marschallianus* auct. s.str., *T. albidus* OPIZ].

4* Stg lg kriechend, mit liegendem, vegetativ endendem Trieb abschließend, wenn dieser fehlend, dann mindestens zweijährige, nicht in einem BlüStand endende Kriechsprosse vorhanden; BlüTriebe fast stets seitenständig. Ke 3,5–5 mm lg. Bla 3–10(–15) mm lg, zu-

mindest die mittleren u. unteren der BlüTriebe deutlich gestielt, wenn fast sitzend, dann <10 mm lg. BlüStand meist kopfig, selten etwas verlängert 5
5   Stg der BlüTriebe ringsum ± gleichmäßig behaart (Abb. **722**/3). Bla linealisch, länglich bis schmal verkehrteifg od. elliptisch, br eifg bis rundlich od. spatelfg 6
5* Stg der BlüTriebe an 2 Seiten behaart, die anderen 2 Seiten fast bis völlig kahl (Abb. **722**/4). Bla elliptisch, br eifg bis rundlich od. spatelfg, nie linealisch, länglich od. schmal verkehrteifg
    7
6   Obere KeZähne br dreieckig, etwa so lg wie am Grund br (Abb. **722**/8). Bla linealisch, länglich bis elliptisch od. schmal verkehrteifg, 1–3 mm br, kurz gestielt bis sitzend, an den BlüTrieben mit Ausnahme der untersten in Größe u. Form kaum verschieden; Seitennerven useits nicht od. stumpf hervortretend, oberstes Seitennervenpaar zur BlaSpitze verlaufend u. sich meist verlierend (Abb. **722**/7), sich nicht zu einem Randnerv vereinigend (vgl. aber var. *porphyrogenitus*); Bla am Grund od. auch darüber bewimpert, selten oseits behaart. 0,02–0,10. 7–9. Silikatfelsfluren, Sandtrockenrasen, trockne KiefernW, kalkmeidend; v Bb, z Rh(ORh SW) Sa(f SW) An(f S) Ns(f Hrz) Mv Sh, s By(f S) Bw(ORh) He(SO O SW) Nw(f SW), † Th, ↘ (temp-b·c3-5EUR – igr SpalierZwStr monop – InB – VdA AmA Lichtkeimer – L7 T6 F2 R5 N1 – O Fest.-Sedet., V Coryneph., V Cytis.-Pin., V Dicr.-Pin. – 24). [*T. angustifolius* Pers., *T. serpyllum* subsp. *serpyllum* et subsp. *rigidus* sensu Lyka]
    Sand-Th. – *T. serpyllum* L.

    In D nur subsp. ***serpyllum***. Hierzu auch var. *porphyrogenitus* (Lyka) P.A. Schmidt: Bla elliptisch mit useits stark hervortretenden Seitennerven u. meist kurzem Randnerv an der BlaSpitze, bes. an DeckBla, untere DeckBla etwas breiter als obere StgBla. Silikatfelsfluren; s An(SO: Halle).

6* Obere KeZähne schmal dreieckig, länger als am Grund br (Abb. **722**/6). Bla elliptisch bis eifg od. rundlich, (2–)3–6(–8) mm br, deutlich gestielt, an den BlüTrieben von unten nach oben meist BlaStiele kürzer u. Spreiten größer werdend, oft Stiel der unteren mindestens halb so lg wie die ± spatelfg Spreite; Seitennerven useits meist scharf hervortretend, oberstes Paar sich mit den Enden an der BlaSpitze meist vereinigend u. einen kurzen Randnerv bildend (Abb. **722**/5); Bla am Grund od. ganzen Rand bewimpert, oft auch oseits od. zuweilen beidseits behaart. 0,03–0,15. 5–7. Koll. bis alp. Fels- u. Schotterfluren, Trocken- (u. Halbtrocken) rasen, kalkhold; h Alp, z By Rh He(f SO ORh) Th An(h S, f Elb O), s Bw(f NW SW) Nw(f N) Ns(Hrz MO M S), † [N] Sa (sm/(mo)-temp·c3-4EUR, [N] tempAM – igr SpalierZwStr – InB – AmA – K Fest.- Brom., V Sesl.-Fest., O Sesl., V Eric.-Pin. – 50–58). [*T. humifusus* Rchb., sensu Čelak. non Ronniger]   **Frühblühender Th. i.w.S – *T. praecox* Opiz s. l.**

1   Stg nur an 2 Seiten behaart, 2 Seiten kahl od. fast kahl (Abb. **722**/4). Subalp. bis alp. Fels- u. Schotterfluren, Magerrasen, kalkhold; h Alp, s By(S MS O) Bw(SO S) (sm-stemp//salp·c3-4ALP – L8 T3 F4 R8 N1? – O Sesl., V Mesobrom., V Eric.-Pin.). [*T. trachselianus* Opiz, *T. alpigenus* (Heinr. Braun) Ronniger, *T. polytrichus* Borbás, *T. serpyllum* subsp. *polytrichus* et subsp. *trachselianus* Lyka]   **Alpen-Th. – subsp. *polytrichus* (Borbás) Ronniger**
1* Stg ringsum behaart (Abb. **722**/3), zuweilen an 2 Seiten etwas schwächer 2
2   Bla 4–10 mm lg. BlüTriebe 3–10 cm hoch. Koll. bis mont. (subalp.) Fels- u. Schotterfluren, Trocken- u. Halbtrockenrasen, kalkhold; Verbr. in D, Gesamtverbr. u. Soz. wie Art (L8 T6 F3 R8 N1). [*T. praecox* s.str., *T. serpyllum* subsp. *praecox* (Opiz) Vollm., *T. s.* wohl *hesperites* Lyka, *T. praecox* subsp. *badensis* (Heinr. Braun) Pawl.]   **Echter Frühblühender Th. – subsp. *praecox***
2* Bla größer, Bla 10–15 mm lg. BlüTriebe bis 10–15 cm hoch. FelsPfl mit sehr langen, oft an Felsen herabhängenden Kriechsprossen. Koll. bis mont. Felsfluren meist ± basenreicher Gesteine (nicht Kalk); s Rh He O-Th An Ns(Hrz) [*T. serpyllum* subsp. *clivorum* Lyka, *T. praecox* subsp. *hesperites* Korneck]   **Felsen-Th., Klippen-Th. – subsp. *clivorum* (Lyka) Domin**

7   (5) Bla 4–15 × (2–)3–6(–8) mm, an den BlüTrieben von unten nach oben sich in Form u. Größe deutlich ändernd, meist BlaStiele kürzer u. Spreiten größer werdend, oft Stiel der unteren mindestens halb so lg wie die ± spatelfg Spreite; Seitennerven useits meist scharf hervortretend, oberstes Paar sich mit den Enden an der BlaSpitze meist vereinigend u. einen Randnerv bildend (Abb. **722**/5). Ke 3,5–5 mm lg, obere KeZähne schmal dreieckig, länger als am Grund br (Abb. **722**/6)   ***T. praecox* subsp. *polytrichus*, s. 6*/1**
7* Bla 3–8 × 2–4 mm, an den BlüTrieben mit Ausnahme der untersten in Größe u. Form wenig verschieden, kurz gestielt od. mittlere u. untere in einen längeren Stiel verschmälert, der jedoch nicht die Hälfte der BlaLänge erreicht; Seitennerven useits ± hervortretend, oberstes

Seitennervenpaar an der BlaSpitze sich nicht immer zu einem Randnerv vereinigend; Spreite oft oseits od. auch beidseits behaart. Ke 3–4 mm lg, obere KeZähne kürzer, schmal od. br dreieckig. 0,03–0,10. 5–7. ZierPfl; auch [N U] s By Bw Rh Sa (stemp-b·c1-2EUR – igr SpalierZwStr – InB – AmA – 56). [*T. praecox* subsp. *britannicus* (Ronniger) Holub, *T. polytrichus* subsp. *britannicus* (Ronniger) Kerguélen, *T. serpyllum* subsp. *arcticus* (Durand) Hyl.] **Britischer Th. – *T. drucei* Ronniger**

Hybriden: *T. alpestris* × *T. pulegioides* = *T.* ×*pseudoalpestris* Nachychko – s Bw Sa(SW), *T. pannonicus* × *T. pulegioides* = *T.* ×*porcii* Borbas – [N U], z. B. Bw Sa S-An Bb, *T. pannonicus* × *T. serpyllum* = *T.* ×*desertostepposus* Ferd. Weber – [U] s Bb(Elb), *T. praecox* × *T. pulegioides* = *T.* ×*braunii* Borbas – s Bw Rh Th Bb, *T. pulegioides* × *T. serpyllum* = *T.* ×*oblongifolius* Opiz – z By Bw Rh He Nw Sa Bb, *T. pulegioides* × *T. vulgaris* = *T.* ×*citriodorus* (Pers.) J.F. Lehm. – s Bb(M: Berlin), *T. serpyllum* × *T. vulgaris* = *T.* ×*aveyronensis* H.J. Coste et Soulie sensu Ronniger – s Bw S-An

Origanum L. [*Majorana* Mill.] – Dost, Majoran (40 Arten)

1 Ke radiär, mit 5 gleichen Zähnen. Kr hellpurpurn, selten weiß. Bla länglich-eifg bis eifg, kahl bis schwach abstehend behaart, useits fein drüsig punktiert. 0,20–0,60. 7–9. Trockne bis mäßig frische, lichte Eichen- u. KiefernW, Wald- u. Gebüschränder, waldnahe Halbtrockenrasen, Rud.: Straßenränder, Bahnanlagen, basenhold; h Alp Bw Rh Nw(z N), v By He(g SW) Th, z Sa An(h Hrz S) Bb Ns(h S) Mv(f Elb) Sh (m/mo-b·c1-7EURAS, [N] austr+mtempAM – sogr eros H ♃ o/uAusl – InB: Haut- u. Zweiflügler, Falter Vm gynodiözisch – StA Wintersteher Sa langlebig – L7 Tx F3 R8? N3 – O Orig., V Mesobrom., O Prun., O Querc. pub., V Querc. rob.-petr., V Eric.-Pin. – Gewürz, Bienenfutter, VolksheilPfl – 30, 32).
Gewöhnlicher D. – *O. vulgare* L.

Der taxonomische Wert der folgenden Unterarten ist sehr fragwürdig.

1 TeilBlüStände fast kuglig, eine dichte bis ziemlich lockere Rispe bildend. 7–8. TrockenW u. -gebüsche u. ihre Ränder, Halbtrockenrasen; Verbr. in D u. Gesamtverbr. wie Art (O Orig., O Prun., O Querc. pub., V Querc rob.-petr., V Eric-Pin., V Mesobrom. – VolksheilPfl). subsp. *vulgare*
1* TeilBlüStände verlängert prismatisch, eine große, lockere Rispe bildend. 8–9. KulturPfl; auch TrockenW- u. -gebüschränder, Halbtrockenrasen; [N U] s By Bw Rh Sa(SO SW) (m/mo-temp·c1-2EUR – V Mesobrom., O Orig. – GewürzPfl Oregano). [*O. v.* subsp. *prismaticum* (Gaudin) Arcang.]
Wintermajoran – subsp. *megastachyum* (Link) Ces.

1* Ke nur aus der ungeteilten Oberlippe bestehend (Abb. 704/3). Kr weiß od. hellrötlich. Bla elliptisch, graufilzig, useits nicht drüsig punktiert. 0,10–0,30. 7–9. KulturPfl; auch Rud.; [N U] s By Bw Rh He Th Ns (m·c6-7OEUR-VORDAS – eros ⊙ – InB: Bienen Vm – WiA, in D selten reife Samen, Lichtkeimer – Gewürz- u. VolksheilPfl). [*Majorana hortensis* Moench]
Ⓚ **Garten-M. – *O. majorana* L.**

Satureja L. – Bohnenkraut (38 Arten)

1 Pfl krautig. Kr 4–6 mm lg, weißlich od. lila. KeSchlund innen kahl. 0,10–0,30. 7–9. KulturPfl; auch Rud.; [N U] s By Bw Rh He Nw Th Sa Bb Ns Mv Sh (m-sm·c3-6EUR-VORDAS – eros ⊙, auch ①? – InB gynodiözisch Vm – MeA Lichtkeimer Sa kurzlebig – V Sisymbr. – Gewürz). **Echtes B., Sommer-B. – *S. hortensis* L.**
1* Zwergstrauch. Kr 6–10 mm lg, weiß, rosa od. violett. KeSchlund innen lg behaart. 0,10–0,50. 7–10. KulturPfl; auch Rud.; [U] s By Bw Rh Th Sa Ns (m-sm·c2-7EUR – eros ZwStr).
Winter-B. – *S. montana* L.

Clinopodium L. – Wirbeldost (100 Arten)

Pfl zottig. Bla nicht drüsig punktiert. Kr 12–22 mm lg, rosarot. 0,30–0,60. 7–9. Trockne bis mäßig frische, lichte Eichen- u. KiefernW u. deren Ränder, an Hecken, Rud.: Bahnanlagen, Schutt, basenhold; h Alp Rh He Th, v By(g NM) Bw Nw An(g S), z Sa Bb Ns(h MO Hrz S) Mv(f Elb) Sh (strop/moOAS-m-b·c1-5CIRCPOL – sogr eros H/G ♃ uAusl – InB: Hummeln, Falter Vm gynodiözisch: ♀ Pfl kleinblütig – StA KlA – L7 Tx F4 R7 N3 – O Orig., O Prun., O Querc. pub., V Eric.-Pin. – 20). [*Satureja vulgaris* (L.) Fritsch, *Calamintha clinopodium* Spenn]
Gewöhnlicher W. – *C. vulgare* L.

LAMIACEAE 725

Calamintha MILL. – **Bergminze** (8 Arten)
Die folgenden Arten gehören zur **Artengruppe Wald-B.** – *C. menthifolia* agg.

1 Ke 6–10 mm lg, seine unteren Zähne 3–4 mm lg, mindestens doppelt so lg wie die oberen, KeSchlund mit nicht od. kaum hervorragenden Haaren. Zymen 3–9blütig, bis zur mittleren Blü 0,7–2 cm lg gestielt. Kr (♀ Blü) 15–22 mm lg. 0,30–0,80. 7–9. Mäßig trockne bis mäßig frische, lichte EichenW, bes. Waldlichtungen, Waldwegränder, TrockenW- u. -gebüschsäume, kalkhold; z By(N NW) Bw(f SO) Rh He(SO ORh SW), s Nw(SW, † MW SO) Th(Rho) (m/mo-stemp·c2-5EUR-VORDAS – sogr eros H/G ♃ uAusl – InB: Hautflügler, Schwebfliegen gynodiözisch Vm SeB – KlA – L8 T7 F3 R9 N3 – V Querc. pub., V Carp., V Ger. sang. – 24, 48). [*C. officinalis* auct., *C. sylvatica* BROMF.] **Wald-B.** – ***C. menthifolia*** HOST
1* Ke 3–7 mm lg, seine unteren Zähne 1–2 mm lg, wenig länger als die oberen, KeSchlund mit deutlich herausragenden Haaren. Zymen 10–20blütig, bis zur mittleren Blü 2–5 cm lg gestielt. Kr 8–15 mm lg 2
2 Kr (♀ Blü) 8–12 mm lg. Zymen ihr TragBla meist weit überragend, bis zur mittleren Blü 3–5 cm lg gestielt. Ke 5–7 mm lg. 0,30–0,80. 7–9. Mäßig trockne Steinschuttfluren, an Felsen u. Mauern, kalkstet; s By(Alb MS O), [N U] s By Bw Rh Nw Th Sa An Bb (m/mo-sm·c1-5EUR – sogr eros H/G ♃ uAusl – InB gynodiözisch – V Stip. calam., K Aspl. trich.). [*C. officinalis* MOENCH, *C. nepetoides* JORD.] **Kleinblütige B.** – ***C. nepeta*** (L.) SAVI
2* Kr 12–15 mm lg. Zymen ihr TragBla kaum überragend, bis zur mittleren Blü 2–3 cm lg gestielt. Ke 3–5 mm lg. 0,30–0,80. 7–9. Felsgebüsche; s Alp(Brch) (sm/mo-stemp/(mo)·c3-4EUR – sogr eros H/G ♃ uAusl – InB gynodiözisch – *C. glandulosa* (REQ.) BENTH. × *C. nepeta*?). [*C. einseleana* F.W. SCHULTZ, *C. subisodonta* BORBÁS, *C. brauneana* JÁV.]
Österreichische B. – ***C. foliosa*** OPIZ

Acinos MILL. – **Steinquendel, Kölme** (10 Arten)

1 Kr 7–10 mm lg, blaulila. FrKe durch zusammenneigende Zähne geschlossen. 0,10–0,30. 6–9. Felsfluren, Trockenrasen, lückige Halbtrockenrasen, trockne Rud.: Wegränder, an Mauern, Bahnanlagen, Industriegeländer, extensiv genutzte, skelettreiche Äcker, basenhold; v Rh Th An, z Alp(f Krw Kch Wtt) By(h Alb) Bw He Nw Sa Bb(h NO) Ns Mv Sh (m/mo-temp-(b)·c1-5EUR, [N] tempOAM – eros ☉/igr eros ☉, s kurzlebig ♃ – InB: Bienen, Hummeln Vm – VdA AmA? KlA? Sa langlebig – L9 T6 F2 R5 N1? – K Fest.-Brom., K Sedo-Scler. – 18). [*Calamintha acinos* (L.) CLAIRV., *Satureja acinos* (L.) SCHEELE]
Gewöhnlicher S. – ***A. arvensis*** (LAM.) DANDY
1* Kr 15–20 mm lg, intensiv blauviolett. FrKe offen. 0,10–0,25. 7–9. Alp. bis präalp. frische Steinrasen u. Halbtrockenrasen, auch verschwemmt, kalkhold; h Alp, s By(S MS) (m/alp-stemp/dealp·c1-4EUR – igr eros H ♃/HStr – InB: Hautflügler, Falter, Schwebfliegen Vm SeB – VdA KlA? – L9 T3 F5 R9 N2 – O Sesl., V Mesobrom., V Eric.-Pin., V Epil. fleisch. – 18). [*Calamintha alpina* (L.) LAM., *Satureja alpina* (L.) SCHEELE]
Alpen-S. – ***A. alpinus*** (L.) MOENCH
Hybride: *A. alpinus* × *A. arvensis* = *A.* ×*mixtus* (AUSSERD.) BÄSSLER – s

Monarda L. – **Monarde** (20 Arten)
Blü kopfig gedrängt. Kr scharlachrot. Bla eifg, zugespitzt. 0,50–0,90. 7–9. ZierPfl; auch [N U] s Bw Rh Th (sm-temp·c1-5OAM – sogr eros G/H ♃ Rhiz – InB: Bienen, Nachtfalter – meist Hybriden angebaut). **Scharlach-M.** – ***M. didyma*** L.

Prunella L. [*Brunella* MILL.] – **Braunelle** (7 Arten)

1 Kr gelblichweiß, 14–18 mm lg. Zumindest obere Bla fiederspaltig. StgKanten u. Bla weiß zottig. 0,05–0,30. 6–8. Halbtrockenrasen, Trockengebüschsäume, kalkhold; z Rh He(W, s O SO), s By(f O S, † NW MS) Bw(f SO) Nw(NO, † SW) Th(Bck NW S), An(f Elb O) Bb(f SW SO Elb) Ns(S) Mv(N M), [N] s Sa(W), ↘ (m/ mo-stemp·c1-5EUR – igr eros H ♃ oAusl – InB – KlA – L7 T7 F3 R9 N2? – V Mesobrom., V Cirs.-Brach., V Ger. sang). [*P. alba* M. BIEB.] **Weiße B.** – ***P. laciniata*** (L.) L.
1* Kr blauviolett, selten rötlich od. weiß. Bla ungeteilt 2

2   Kr 7–15 mm lg, höchstens 2mal so lg wie der Ke. Oberstes LaubBlaPaar direkt am Grund des BlüStandes. 0,05–0,30. 6–9. Frische bis feuchte Wiesen u. Weiden, Parkrasen, Waldwegränder, frischere Halbtrockenrasen; g He Nw Th Sa An Ns Sh, h Alp By Bw Rh Bb Mv (austr-trop/mo-b·c1-6CIRCPOL – igr eros H ♃ oAusl – SeB InB: bes. Hummeln gynodiözisch – KlA: SchleimSa VdA Sa langlebig Lichtkeimer – L7 Tx F5? R7 Nx – K Mol.-Arrh., V Cirs.-Brach., V Agrop.-Rum., V Polyg. avic. – früher HeilPfl – 28).
                                                                      Gewöhnliche B. – *P. vulgaris* L.
2* Kr 20–25 mm lg, 2–3mal so lg wie der Ke. Oberstes LaubBlaPaar vom BlüStand entfernt. 0,10–0,30. 6–8. Halbtrockenrasen, TrockenW-Säume, kalkhold; h Alp, v Th, z By Bw Rh He Nw(f N) An(h S, f O) Ns(MO S M), s Bb(f Elb SW) Mv(M), † Sa; auch ZierPfl (sm-temp·c2-5EUR – sogr eros/hros H ♃ – InB: bes. Hummeln gynodiözisch – KlA – L7 Tx F3 R8 N3 – V Mesobrom., V Cirs.-Brach., V Ger. sang., V Eric-Pin.).
                                                                      Großblütige B. – *P. grandiflora* (L.) SCHOLLER

Hybriden: *P. grandiflora* × *P. laciniata* = *P* ×*dissecta* WENDER. [*P.* ×*bicolor* BECK] – s, *P. grandiflora* × *P. vulgaris* = *P.* ×*spuria* STAPF – z, *P. laciniata* × *P. vulgaris* = *P.* ×*intermedia* LINK – s

Horminum L. – Drachenmaul   (1 Art)

GrundBla gestielt, eifg, grob gekerbt, useits runzlig. Kr blauviolett. 0,10–0,35. 6–9. Subalp. frische Stein- u. Magerrasen, kalkstet; z Alp(Brch) (sm-stemp//salp·c2-3EUR – sogr? hros H ♃ PfWuPleiok – InB: Bienen, Hummeln Vm – KlA? – L9 T2 F5 R9 N2? – V Sesl., V Mesobrom. – ▽).   **Pyrenäen-D. – *H. pyrenaicum* L.**

Nepeta L. – Katzenminze   (200 Arten)

1   KeRöhre gerade, mit gerader Mündung, KeZähne gerade, alle gleich lang. Ke 4–6 mm lang. Kr 6–10 mm lg, hellviolett od. weiß, Mittelzipfel der Unterlippe purpurn gepunktet. Klausen an der Spitze behaart. Bla sitzend, nur untere kurz gestielt. 0,50–1,00. 7–8. Trockne Rud.: Schutt, rud. beeinflusste Trocken- u. Halbtrockenrasen, Gebüschränder, basenhold; [A?] s By(N, † Alb MS) Th(Bck: Wandersleben) An(f Elb N O), [N] s Bw(Alb Gäu Keu), [U] s Rh He Bb Ns (m-temp·c4-7EUR-WAS – sogr eros H ♃ PleiokRhiz – InB – L8 T7? F2 R7 N?
    – O Fest. val., V Onop. – 18). [*N. pannonica* L.]   **Pannonische K. – *N. nuda* L.**
1* KeRöhre im oberen Teil gekrümmt, mit schiefer Mündung, KeZähne ungleich lang, obere die unteren überragend. Ke 5–12 mm lang 2
2   Kr weiß od. blass rötlich, Mittelzipfel der Unterlippe purpurrot gepunktet, KrRöhre den Ke kaum überragend. Stg aufrecht, kräftig. 0,40–1,00. 7–9. Trockne bis mäßig trockne Rud.: Wegränder, Schutt, an Mauern, bes. in Dörfern, Brachen, basenhold, nährstoffanspruchsvoll; [A] z By Bw(f S) Rh He(ORh MW, s SW O) Nw Th(f Hrz) An Bb(f SO) Mv(f Elb), s Alp(Mng Wtt) Sa(SW W) Ns Sh, ↘ (m-temp·c1-6EUR-WAS, [N] austr+m-temp·c1-6CIRCPOL – igr? eros H ♃ Pleiok – InB: Hummeln, Bienen Vm – StA MeA – L8 T7? F4 R7 N7? – V Onop., V Arct., V Sisymbr. – früher HeilPfl – 34).   **Echte K. – *N. cataria* L.**
2* Kr blau od. blauviolett, Mittelzipfel der Unterlippe nicht purpurrot gepunktet, KrRöhre den Ke deutlich überragend 3
3   Ke 9–12 mm lg, auf den Rippen mit kurzen, gebogenen, steifen Haaren, zwischen den Rippen kahl. Kr 12–18 mm lg. Stg u. Bla grün, kahl od. feinflaumig. 0,40–1,00. 7–8. ZierPfl; auch mäßig trockne bis mäßig frische Rud.; [N ca. 1900] s By(Alb NM) Th(Bck: Herrnschwende) ?An(SO: Heiligenthal), [U] s He Sa Bb Mv Sh (sm/salp·c4KAUK – sogr? eros H ♃ Pleiok – V Onop.).   **Großblütige K. – *N. grandiflora* M. BIEB.**
3* Ke 5–9 mm lg, gleichmäßig dicht mit langen, geraden, weichen Haaren bedeckt. Kr 7–14 mm lg. Stg u. Bla grau flaumig bis filzig 4
4   BlaSpreite rundlich-eifg mit herzfg Grund. Stg niederliegend-aufsteigend, 15–40 cm hoch. Nüsschen fruchtbar. 0,15–0,40. 6–8. ZierPfl; auch Rud.; [N U] s By Bw Rh He Sa An Bb Mv (sm·c4-6KAUK – igr eros C ♃ Pleiok). [*N. mussinii* HENCKEL]
                                                                      Trauben-K. – *N. racemosa* LAM.
4* BlaSpreite lanzettlich bis länglich-eifg, mit ± gestutztem bis keiligem Grund. Stg aufsteigend bis aufrecht, 30–60 cm hoch. Nüsschen stets steril. 0,30–0,60. 6–9. ZierPfl; auch Rud.; [N

U] s By Bw He Sa Ns Mv Sh (in Kultur entstandene Hybride zwischen N. racemosa × N. nepetella L. – igr eros C ♃ Pleiok)   **Hybrid-K. – N. ×faassenii** STEARN

Glechoma L. – Gundermann, Gundelrebe (4–8 Arten)
Ke 5–6,5 mm lg, seine Zähne 3eckig, <2 mm lg, ¼–⅓ so lg wie die KeRöhre. Kr (♂ Blü) 10–22 mm lg. BlüStiel etwa 1 mm lg. Pfl fast kahl (var. hederacea) bis dicht behaart (var. villosa W.D.J. KOCH). 0,10–0,40. 4–6. Frische bis nasse Wiesen u. Weiden, Gärten, LaubmischW, bes. AuenW, Auengebüsche u. ihre Säume, nährstoffanspruchsvoll; alle Bdl g(Alp v) (m/mo-b·c1-6EURAS, [N] NEUSEEL+m-bAM – igr eros H ♃ oAusl – InB: Bienen, Hummeln, Schwebfliegen Vm gynodiözisch – AmA KlA Sa langlebig – L6 T6 F6 Rx N7 – K Mol.-Arrh., O Convolv., O Prun., V Salic. alb., V Alno-Ulm. – für Vieh giftig! – VolksheilPfl – 36, 54).   **Gewöhnlicher G. – G. hederacea** L.
Ähnlich: **Behaarter G. – G. hirsuta** WALDST. et KIT. [G. hederacea subsp. hirsuta (WALDST. et KIT.) F. HERM.]: Ke 7–11 mm lg, seine Zähne pfriemlich, >2 mm lg, etwa ½ so lg wie die KeRöhre. Kr (♂ Blü) 20–30 mm lg. BlüStiel 2–4 mm lg. Pfl stets dicht behaart. 0,20–0,40. 4–6. LaubmischW, Gebüsche; Angaben aus D sind unbestätigt (O-By) bzw. erwiesen sich als Fehlangaben (S-Bw) (sm-stemp·c4-6EUR – igr eros H ♃ oAusl – InB: bes. Bienen, Hummeln Vm gynodiözisch – AmA KlA – V Til.-Acer., V Alno-Ulm.).

Dracocephalum L. – Drachenkopf (70 Arten)
1   Bla linealisch, ganzrandig. Staubbeutel wollig behaart. Pfl ♃. Blü in Scheinähren. 0,30–0,60. 7–8. TrockenW u. ihre Säume; † By(MS: Garchinger Heide N: Kitzingen, Schweinfurt) An(SO: Halle Elb: Oranienbaum), nur noch [N U] s Mv(MW: Schwerin) (sm/mo-temp·c4-7EURAS – sogr eros H ♃ Pleiok – InB: Hummeln gynodiözisch – KlA – L6 T5? F4 R7 N2? – V Ger. sang., O Querc. pub. – ▽).   **Nordischer D. – D. ruyschiana** L.
1* Bla lanzettlich, eifg-lanzettlich od. elliptisch, am Rand gekerbt od. gesägt. Staubbeutel kahl. Pfl ☉ **2**
2   Kr 20–25 mm lg, weiß od. blauviolett, den Ke deutlich überragend. Ke mit 3zähniger Oberlippe. Zähne der TragBla mit lg Granne. 0,30–0,50. 7–8. KulturPfl; auch Rud.; [U] s By Bw Rh Th Sa Bb Ns Mv (m-temp·c6-9AS – ☉ – K Sisymbr. – ZierPfl, VolksheilPfl)
     Türkischer D. – D. moldavica L.
2* Kr 7–10 mm lg, hellblau, kaum länger als der Ke. Ke mit 1zähniger Oberlippe. Zähne der TragBla ohne Granne. 0,10–0,20. 5–7. Rud.; [U] s By Bw Rh He Nw Sa Bb Mv Sh (sm-temp·c5-8EURAS – ☉ – K Sisymbr.)   **Quendel-D. – D. thymiflorum** L.

Melissa L. – Melisse (4 Arten)
Pfl stark nach Zitrone duftend. Bla eifg, gesägt. Kr weiß, gelblich od. blassrosa. 0,30–0,80. 6–8. KulturPfl; auch Rud.: Schutt, Zäune; [N] s bis z By Bw Rh He Nw Th Sa Ns Mv Sh (m/mo-sm·c3-7OEUR-WAS, [N] m-tempAM – sogr eros H/G ♃ PleiokRhiz – InB teilweise Vm – KlA VdA Lichtkeimer – O Onop. – Gewürz-, Heil- u. BienenfutterPfl – 32).
     Zitronen-M. – M. officinalis L.

Lavandula L. – Lavendel (39 Arten)
Bla linealisch, am Rand umgerollt. Blü in unterbrochenen, endständigen Scheinähren. Kr blauviolett. 0,20–0,60. 6–8. KulturPfl; auch Rud.: Steinbrüche; [N U] s By Bw Rh He Nw Th Sa An Bb Ns Mv Sh (m-sm·c1-4EUR – igr HStr – InB Vm – Parfüm- u. HeilPfl). [L. officinalis CHAIX]   **Echter L. – L. angustifolia** MILL.

Familie *Phrymaceae* SCHAUER – Hängesamengewächse
(14 Gattungen/217 Arten)

Einjährige kleine WasserPfl bis ausdauernde Kräuter u. Halbsträucher. Bla gegenständig, einfach, unzerteilt. Blü meist in Trauben. Ke röhrig. Kr verwachsenblättrig, radiär bis 2lippig, mit od. ohne Unterlippenwulst. StaubBla 4–2. FrKn oberständig, meist 2fächrig; Narbe meist 2lappig. Kapsel, Beere od. 1samige Nuss.

Mimulus L. – **Gauklerblume** (150 Arten)
1 Stg aufrecht od. aufsteigend, kahl, nur oben etwas drüsig. Ke 15–20 mm lg. Kr 25–40 mm lg, gelb, meist am Schlund rot gefleckt. Bla kahl, obere sitzend. 0,25–0,60. 6–10. ZierPfl; auch Röhrichte an Fluss-, Bach- u. Teichufern, kalkmeidend, nährstoffanspruchsvoll; [N 1824] z Bw Rh He Nw Th(f NW, v Wld) Sa An Ns, s Alp By Bb Mv Sh (m/mo-b·c1-4WAM, [N] sm/mo-stemp·c1-4EUR, AM, NEUSEEL – igr eros H/He ♃ oAusl – InB: Bienen Narbe reizbar – StA WaA MeA – L7 Tx F9= Rx N6 – V Glyc.-Sparg., V Agrop.-Rum., V Card.-Mont.). [*M. luteus* auct.] **Gefleckte G.** – ***M. gutt<u>a</u>tus*** DC.
1* Stg kriechend. Pfl klebrig drüsenhaarig, stark nach Moschus duftend. Ke 8–10 mm lg. Kr 14–20 mm lg, gelb, bisweilen am Schlund rot gestreift. Alle Bla kurz gestielt. 0,10–0,25. 6–8. ZierPfl; auch Flussufer, Gräben; [N 1907] s By Bw Rh He Nw Sa An Bb Ns (m/mo-b·c1-5WAM – igr eros H/He ♃ oAusl – O Mol.). **Moschus-G.** – ***M. moschatus*** LINDL.

Familie *Paulowni<u>a</u>ceae* NAKAI – **Paulowniengewächse**
(2 Gattungen/8 Arten)

Bäume, Sträucher od. Lianen. Bla gegenständig, einfach, ungeteilt. Blü meist in Thyrsen. Kr verwachsenblättrig, 2lippig. StaubBla 4. FrKe 2fächrig. Kapsel. Sa geflügelt.

Paul<u>o</u>wnia SIEBOLD et ZUCC. – **Paulownie** (6 Arten)
Bla gegenständig, lg gestielt, Spreite br herzfg, 12–25 cm lg u. br, bei JungPfl >50 cm. Blü in aufrechten Thyrsen, in der Knospe überwinternd. Ke braunsamtig. Kr 5–6 cm lg, hell blauviolett. Kapsel eifg, 3–5 cm lg. 5,00–15,00. 4–5. Zierbaum; auch wärmebegünstigte städtische Rud., Bahngelände; [N U] z Bw Rh, s By He Nw Th Sa Bb Ns, ↗ (sm·c3-4OAS, [N] smOAM+EUR – sogr B – InB WiA). [*P. imperi<u>a</u>lis* SIEBOLD et ZUCC.]
Kaiser-P., Blauglockenbaum – ***P. tomentosa*** (THUNB.) STEUD.

Familie *Orobanch<u>a</u>ceae* VENT. s. l. – **Sommerwurzgewächse**
i. w. S. (99 Gattungen/2060 Arten)

Kräuter, Halb- od. Vollparasiten. ♃ od. ☉, sich trocken schwarz verfärbend. Bla gegenständig, seltener wechselständig, ohne NebenBla, unzerteilt u. gekerbt bis gesägt od. fiederteilig od. fehlend u. durch wechselständige bleiche SchuppenBla ersetzt. BlüStand: trauben- bis ährenförmige Thyrse od. Ähre. Blü ☿. Ke verwachsenblättrig, 4zählig. Kr verwachsenblättrig, dorsiventral, 5zählig, 2lippig. StaubBla 4 (2 längere u. 2 kürzere), Staubbeutel meist ± zusammenhängend. FrKn oberständig; Griffel 1; Narbe ± kopfig od. 2–4lappig. 1- od. 2fächrige Kapsel.

1 Pfl ohne grüne Bla (Vollparasit). Fr meist 1fächrig 2
1* Pfl mit grünen Bla (Halbparasit). Fr 2- od. oben 1fächrig 4
2 Blü in einseitswendiger, nickender Traube od. gestielt in SchuppenBlaAchseln des unterirdischen Rhizoms, blassrosa od. lila u. purpurviolett (selten reinweiß). BlüZeit 3–4(–7).
Schuppenwurz – ***Lathr<u>a</u>ea*** S. 747
2* Blü in allseitswendiger, aufrechter Traube od. Ähre. Pfl gelblich, gelblichbraun, bräunlich od. bläulich bis violett. BlüZeit (4–)5–8(–10) 3
3 Ke basal mindestens ⅓ verwachsen, röhrig-glockig, 4zähnig (seltener adaxial mit ± gut ausgebildetem fünften Zahn). Zwischen DeckBla u. Ke 2 seitliche, oft dem Ke z. T. angewachsene VorBla. Kr hellblau, blauviolett od. weißlich. SaKapsel reif apikal klaffend. Kr u. Griffel meist schnell hinfällig. Basiszahl n = 12. (Abb. **730**/3, **731**/1–3). [*O.* sect. *Trionychon* WALLR.]. **Blauwürger** – ***Phel<u>i</u>panche*** S. 729
3* Ke aus zwei ± freien, 1–2(–3)zähnigen Segmenten bestehend. VorBla fehlend. Kr rötlich, bräunlich, gelblich od. blaßviolett (sehr selten weißlich od. bläulich). SaKapsel reif an den Längsnähten aufreißend. Kr u. Griffel meist lange haftend. Basiszahl n = 19. (Abb. **730**/4, **731**/4, **734**/1–6, **736**/1–5, **737**/1–7). [*O.* sect. *Orob<u>a</u>nche*]
Sommerwurz – ***Orobanche*** S. 732

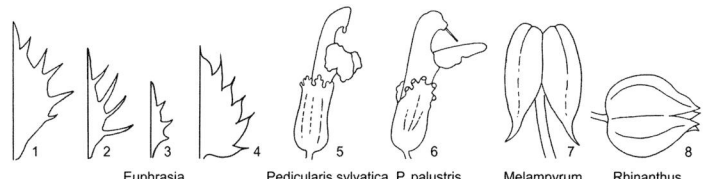

Euphrasia   Pedicularis sylvatica P. palustris   Melampyrum   Rhinanthus

4 (1) Bla wechselständig, seltener gegenständig od. quirlig, fiederschnittig od. gefiedert, die unteren fast stets rosettig. **Läusekraut – _Pedicularis_** S. 742
4* Bla stets gegenständig, die unteren (fast) nie rosettig, ungeteilt od. höchstens spitz gelappt **5**
5 Oberlippe der oft undeutlich 2lippigen Kr flach u. meist ± aufwärtsgebogen, kleiner als die 3teilige Unterlippe. BlüStiel 3–7 mm lg. Staubbeutel am Grund bespitzt (Abb. **729**/7). 1samige SchließFr, mit dem Ke abfallend. **Alpenrachen – _Tozzia_** S. 747
5* Oberlippe der stets tief 2lippigen Kr ± helmfg gewölbt, oft seitlich zusammengedrückt. Blü fast sitzend (Stiel <3 mm lg) **6**
6 Pfl ♃, mit schuppigem Rhizom. Bla eifg, gekerbt. Kr dicht drüsig, trüb dunkelviolett. Staubbeutel bespitzt (Abb. **729**/7). **Bartschie – _Bartsia_** S. 739
6* Pfl ☉, mit dünner, locker verzweigter Hauptwurzel. Bla linealisch bis eilanzettlich, wenn eifg od. elliptisch, dann grob u. spitz gesägt od. gezähnt. Kr kahl od. behaart, aber nur selten drüsig **7**
7 KrOberlippe seitlich zusammengedrückt. DeckBla von den LaubBla meist deutlich verschieden, meist tief gesägt od. fransig gezähnt, oft nicht grün **8**
7* KrOberlippe gewölbt, aber nicht zusammengedrückt. DeckBla von den LaubBla kaum verschieden. Staubbeutelhälften am Grund bespitzt (Abb. **729**/7) **9**
8 Ke bauchig aufgeblasen, seitlich zusammengedrückt, seine Zähne kurz, dreieckig (Abb. **729**/8). Bla flach gesägt. Staubbeutel nicht bespitzt.
  Klappertopf – _Rhinanthus_ S. 745
8* Ke glockig, seine Zähne etwa so lg wie die KeRöhre od. länger, linealisch. Bla ganzrandig od. am Grund mit einzelnen lg Zähnen. Staubbeutelhälften am Grund bespitzt (Abb. **729**/7). **Wachtelweizen – _Melampyrum_** S. 744
9 (7) Kr (16–)18–24 mm lg, gelb. Pfl von dichtstehenden Drüsenhaaren klebrig. Stg meist unverzweigt. **Teerkraut – _Bellardia_** S. 744
9* Kr 3–12(–18) mm lg. Pfl nicht klebrig, aber oft mit Drüsenhaaren. Stg meist oberwärts verzweigt **10**
10 KrOberlippe kürzer als die Unterlippe, die StaubBla verbergend. Zipfel der Unterlippe ausgerandet bis 2lappig. Bla eifg od. elliptisch bis lanzettlich, grob gesägt od. tief gezähnt (Abb. **729**/1–4). Kr weiß, bläulich od. gelblich, oft mit gelbem Schlundfleck u. violetten Streifen. **Augentrost – _Euphrasia_** S. 740
10* KrOberlippe so lg wie die Unterlippe od. länger, die StaubBla nicht od. kaum verbergend. Zipfel der Unterlippe ungeteilt. Bla linealisch bis lanzettlich, ganzrandig od. entfernt flach gesägt. Kr fleischrot od. gelb. **Zahntrost – _Odontites_** S. 739

Phelipanche POMEL – **Blauwürger**[1]   (62–68 Arten)
Bearbeitung: **Holger Uhlich u. Stefan Rätzel, unter Mitarbeit von Jürgen Pusch**

(Alle Arten in D: Wurzel-Holoparasiten – InB: bes. Hautflügler SeB – WiA Sa winzig, langlebig)
Anm. zu _Phelipanche_ u. _Orobanche_: Zur Lebensdauer liegen nur wenige Daten vor. Sie wird auch durch die Lebensdauer des Wirtes bestimmt (z. B. bei 1-jährigen Wirten). Auf ausdauernden Wirten können die

---

[1] Die systematisch-taxonomischen Ergebnisse aus PIWOWARCZYK et al. (2018) haben wir - soweit hier relevant - (noch) nicht übernommen. Sie bedürfen aus unserer Sicht der weiteren wissenschaftlichen Diskussion u. einer breiteren Datenbasis.

Pfl nach erfolgreichem Anschluss knospig teils jahrelang verharren bzw. heranwachsen bevor sie (bei günstigen Bedingungen) ggf. zur Blüte gelangen. *O. hederae* u. *O. flava* können nachgewiesenermaßen nach der Blütezeit in der Wirtswurzel überdauern u. erneut blühen. Ausdauernd sind wohl auch andere *Orobanche*-Sippen, die Angaben dazu sind unsicher. Möglicherweise sind einige Arten hapaxanth. Es ist zudem bekannt, dass die Arten teils an Fundorten jahrelang (bis Jahrzehnte) mit dem Blühen aussetzen. *Orobanche* u. *Phelipanche* sind bestimmungskritisch. Einerseits sind viele Arten merkmalsarm, andererseits stark variabel. Ganz besonders betrifft das Farbmerkmale. Die Angaben im Schlüssel beziehen sich weitgehend auf Pfl aus dem Gebiet u. können nicht ohne weiteres auf die Sippen im Gesamtareal übertragen werden. Teilweise kommen außerhalb des Gebietes infragenerische Taxa vor, die in der Merkmalsausbildung den hier als Schlüsselmerkmale verwendeten Charakteristika widersprechen. Weiterhin werden in der Regel nur die im Gebiet typischen Ausbildungen verschlüsselt. Gfs. ist die Gesamtpopulation zu begutachten (auch Mischpopulationen in Erwägung ziehen!). In Zweifelsfällen müssen Spezialliteratur u./od. Spezialisten zu Rate gezogen werden. Ebenso werden bei den WirtsPfl nur die im Gebiet sicher nachgewiesenen od. mindestens glaubwürdig angegebenen WirtsPfl aufgeführt. Manche Sippen weisen im Gesamtareal (u./od. in Kultur) ein erheblich größeres Wirtsspektrum auf. Bei Maßangaben zur Blü/Kr sind gut entwickelte Blü/Kr vor dem Anschwellen des FrKnotens heranzuziehen. Die oft unvollständig ausgebildeten Blü/Kr im apikalen Bereich des BlüStandes sind nicht zu verwenden. Generell sollten offensichtliche Kümmerexemplare bei Messungen vernachlässigt werden. Zur Bestimmung nur voll erblühte Pfl verwenden, da sich Größenverhältnisse, Krümmung des Rückens der Kr u. Färbung aller Teile der Pfl (bes. der Narbe) während des Auf- u. Abblühens verändern können. Am Fundort neben Farbmerkmalen auch (potentielle) WirtsPfl notieren, da sie für die sichere Ansprache der Art wichtig sind. Drüsenhaare spielen besonders in der Gruppe um *O. minor* eine diagnostisch wichtige Rolle. Zu ihrer Messung sollte eine Messlupe zum Einsatz kommen. Üblicherweise sind sie auf dem Rücken der AußenKr im Bereich der KrOLippe u./od. in der Basalkrümmung am reichsten (u. längsten) entwickelt. Es sind die längsten zur Bewertung heranzuziehen. Die Blütezeit korreliert oft mit der Blütezeit des Wirtes. Treten bei weniger wirtsspezifischen Arten (wie *O. minor* od. *Ph. ramosa*) bisher unbekannte Wirte mit besonderen Blütezeiten auf, kann das auch zu untypischen Blühzeitpunkten der Schmarotzer führen.

1 Stg ästig (selten bei kleinen/schwachen Pfl einfach). Kr (8–)10–12(–17) mm lg, hell (lila) bläulich bis weißlich, basal blassgelblich (Abb. **731**/1). (0,05–)0,15–0,25(–0,40). (5–)7–8 (–11). (Sandig-)lehmige Äcker, bes. Hackkulturen, zahlreiche Wirte, v. a. auf *Cannabis*, *Nicotiana*, ferner *Solanum tuberosum*, *S. lycopersicum*, auch auf ZierPfl; früher wohl auch *Armoracia rusticana*, *Brassica napus*, *Fagopyrum esculentum*, *Datura stramonium* u. a.; [A, teils nur U] sB Bw(ORh Gäu) Rh(ORh SW), † By He Nw Th Sa An Bb Mv, ↘ (stropAFR-stemp·c2-7EUR-WAS? – ⊙ – O Sec., O Aper. – 24).
Ästiger B. – *Ph. ramosa* (L.) POMEL
Vermutlich in menschlichen (Hanf-)Kulturen entstanden (vgl. RÄTZEL et al. 2017). In Spezialkulturen (z. B. Botanischen Gärten, Gewächshäusern) auf sehr vielen Wirtsarten unterschiedlichster Familien parasitierend nachgewiesen. Außerhalb des Gebietes seit etwa 10 Jahren verstärkt in Raps-Kulturen. Die Angaben auf *Liliopsida* (Mais) bedürfen der Bestätigung.

1* Stg einfach. Kr 18–35 mm lg 2
2 Staubbeutel an der Naht dicht wollig behaart (Abb. **730**/1). Ke ± einfarbig hell gelb, KeZähne pfriemlich. Kr hell blauviolett bis lilablau, Aderung farblich undeutlich abgesetzt, (16–)26–35 mm lg, ULippe meist mit abgerundeten Lappen (Abb. **731**/2). Stg bis unter die Ähre ± gleichmäßig u. dicht mit eifg-elliptischen bis br lanzettlichen SchuppenBla besetzt, meist hell gelblich (ohne rötliche od. bleigraue Töne). 0,10–0,30(–0,50). 6–8.Trockenrasen auf Fels- u. Sandböden, basenhold, auf *Artemisia campestris*; sB By(NW N NM) Bw(regional z ORh, f SW Keu Alb SO S) Rh(regional z ORh, f N) He(ORh SO) Th(Bck: Kyffhäuser) An(W SO S) Bb(MN NO Od M) Mv(MW: Waren), † Nw Sa, ↘ (m-stemp·c2-7EUR-WAS – G ⊗ ♃

Phelipanche arenaria

Ph. purpurea

Phelipanche

Orobanche

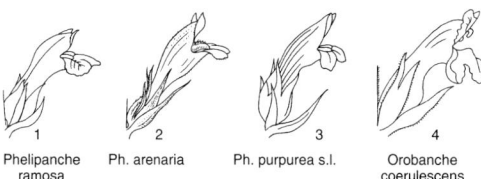

1	2	3	4
Phelipanche ramosa	Ph. arenaria	Ph. purpurea s.l.	Orobanche coerulescens

– K Fest.-Brom., V Fest. val., K Sedo-Scler., V Koel. glauc. – 24). [*O. laevis* auct.]
Sand-B. – *Ph. arenaria* (Borkh.) Pomel

2* Staubbeutel mit wenigen Haaren (Abb. 730/2) od. kahl. Ke meist deutlich rötlich bis grau überlaufen. Kr ± stark blauviolett, Aderung meist deutlich dunkler, (16–)20–30 mm lg, ULippe meist mit elliptischen, ± stark zugespitzten Lappen (wenn ± abgerundet, vgl. **3*/1***). Stg mit ± lg ausgezogenen, nach oben aufgelockert gebildeten SchuppenBla besetzt, meist ± stark rötlichbraun bis gräulich überlaufen (Abb. **731**/3) 3

3 BlüStand bleibend sehr kompakt (2,3–3,5 Blü pro cm). Fünfter, adaxialer KeZahn stets deutlich ausgeprägt, mindestens halb so lg wie die anderen 4 KeZähne. Narbe u. Staubbeutel gelblichweiß; Staubbeutel völlig kahl. (0,10–)0,15–0,40(–0,60). 6–8. Felsfluren, Silikat- u. Sandtrockenrasen (nicht ruderal), basenhold, nur auf *Artemisia campestris*; s Th(Bck: Kyffhäuser, Schönewerda, Hemleben) An(S W: Quedlinburg, Börnecke) Bb(Od: Bad Freienwalde MN: Mallnow) Mv(MW: Waren Feißneck), † Sa, ↘ (sm/mo-stemp·c3-4EUR – G ⊛ ♃ – V Fest. val. – 24). [*O. purpurea* var. *bohemica* (Čelak.) Beck]
Böhmischer B. – *Ph. bohemica* (Čelak.) Holub & Zázvorka

3* BlüStand mindestens im unteren Teil locker (1,5–1,8 Blü pro cm). Fünfter, adaxialer KeZahn meist stark reduziert, höchstens ⅓ so lg wie die anderen 4 KeZähne, bei Pfl auf *Artemisia vulgaris* teilweise gut ausgebildet). Narbe u. Staubbeutel weißlich; Staubbeutel mit wenigen, unauffälligen Haaren, sehr selten kahl. (0,10–)0,15–0,50(–0,80). 6–8(–9). Halbtrockenrasen u. Frischwiesen, Brachen (oft deutlich ruderal), aber auch selten naturnah in Felsfluren, auf *Achillea*-Arten, sehr selten *Artemisia vulgaris*; z Rh(regional v ORh, s M), s Alp(Wtt Krw Mng) By(regional z N Alb, f S) Bw(regional z ORh Alb, f SW) He(f NW) Nw(f N NW) Th(Bck NW Rho Wld) Sa(SW SO) An(f Elb N O) Bb(f Elb SW SO) Ns(Elb S) Mv(f Elb SW) Sh(O SO), ↘, gebietsweise im NO auch in Ausbreitung (m/mo-stemp·c2-7EUR – G ⊛ ♃ – V Mesobrom., V Arrh., V Conv.-Agrop.). [*O. caerulea* Vill.]
Violetter B. – *Ph. purpurea* (Jacq.) Soják

1 Ke zierlich, kürzer bis ca. so lg wie die ½ der GesamtBlü, KeZähne in ± lange, dünne Spitzen ausgezogen. Kr „schlank" wirkend, die KrZipfel (v. a. der KrOLippe) ± vorgestreckt, Kr daher vorn nicht stark ausgebreitet, unauffällig (hyalin bis weißlich) behaart, innen nicht deutlich intensiver gefärbt als außen. Zipfel der KrULippe oval od. elliptisch-lanzettlich, sich seitlich meist nicht überlappend, in der Regel deutlich zugespitzt. Standorte, Soziologie u. Verbreitung wie Art. **subsp. *purpurea***

1* Ke kräftig, meist deutlich länger als die ½ der GesamtBlü, KeZähne verlängert dreieckig, nicht in lange, dünne Spitzen ausgezogen. Kr „kräftig" wirkend, die KrZipfel ± ausgebreitet (stark von der verwachsenen Röhre abwinkelnd), meist auffällig weißlich behaart, innen auffällig kräftiger gefärbt als außen. Zipfel der KrULippe breit oval bis rundlich (bis rhombisch), sich seitlich meist stark überlappend, höchstens plötzlich kurz zugespitzt (oft unbespitzt). 6–7. Felsfluren, Trockenrasen u. -säume, auf *Achillea*-Arten (*A. millefolium* s. l. – konkreter Wirt im Gebiet unbekannt); s By(MS: München, loc. class.), ob noch? (m/mo-stemp·c2-7EUR – G ⊛ ♃ – ?). [*O. coerulea* var. *millefolii* Rchb.]
subsp. *millefolii* (Rchb.) Carlón et al.

Verzeichnis der Wirtspflanzen in D (nur als gesichert geltende Angaben; sind mehrere Arten einer Gattung nachgewiesen, wird in der Regel nur die Gattung benannt)
Asteraceae: *Achillea* (**3*** *Ph. purpurea*), *Artemisia campestris* (**2** *Ph. arenaria*, **3** *Ph. bohemica*), *Artemisia vulgaris* (**3*** *Ph. purpurea*).
Brassicaceae: *Armoracia rusticana*, *Brassica napus* (**1** *Ph. ramosa*).
Cannabaceae: *Cannabis* (**1** *Ph. ramosa*).
Geraniaceae: *Geranium* (**1** *Ph. ramosa*).

Polygonaceae: Fagopyrum esculentum (1 Ph. ramosa).
Solanaceae: Datura stramonium, Nicotiana, Solanum (1 Ph. ramosa).

Orobanche L. – Sommerwurz (130–140 Arten)
Bearbeitung: **Holger Uhlich u. Stefan Rätzel, unter Mitarbeit von Jürgen Pusch**

(Alle Arten in D: Wurzel-Holoparasiten – InB: bes. Hautflügler SeB – WiA Sa winzig, langlebig)

Siehe Hinweise bei Phelipanche.

Im Allgemeinen ist die Narbenfarbe (im knospigen u. frisch erblühten Zustand) in der Gattung ein recht verläßliches Bestimmungsmerkmal. Beachte aber: Im Gebiet primär rötlich- bis purpurnarbige Arten können selten auch ± gelbliche Narben besitzen (gelbnarbige Arten aber nie rötliche!). Solche Ausnahmen sind nur in häufiger auftretenden Fällen mit verschlüsselt bzw. erwähnt.

Bei Sippen der Artengruppe um O. minor s. l. (im Gebiet O. amethystea, O. artemisiae-campestris, O. hederae, O. minor s. str., O. picridis dazu gehörend) ist die Narbenfarbe zumindest teilweise nur wenig konsistent u. variiert ggf. bereits innerhalb einer Population stark (weißlich, gelblich bis satt purpurn od. rötlichbraun). Zudem handelt es sich bei dieser Verwandtschaftsgruppe um eine der schwierigsten in der Gattung mit noch vielen ungeklärten taxonomisch-systematischen Fragen (auch im Gebiet). Teilweise ist eine lokale Fixierung auf nur noch einen Wirt festzustellen (ein Prozess, der offenbar bei den Orobanchaceae üblicherweise zur Herausbildung neuer Sippen führt, vgl. TERYOKHIN & IVANOVA 1965), ohne dass bereits eindeutige morphologische Differenzierungen feststellbar wären. Die Merkmalsvariabilität ist in dieser Gruppe besonders groß.

1 BlüStand dicht spinnwebig-filzig („zottig") behaart. Narbe weißlich. Kr hell blauviolett bis weißblau (bis gänzlich weiß), am Grund weißlich, 10–15(–23) mm lg. StaubBla ca. in der eingeschnürten Mitte der KrRöhre ansitzend, Kr darunter bauchig (Abb. **731**/4). 0,10–0,40. 6–7. Sandige Xerothermrasen, basenhold, auf Artemisia campestris; s By(NM Alb MS), ↘ (sm-temp·c4-9(EUR)-AS – G ⊕ ⚄ – O Brom. erect., V Koel.-Phleion, V Fest. val. – 38).
                 Bläuliche S. – ***O. coerulescens*** STEPHAN

1* BlüStand nicht dicht spinnwebig-filzig behaart. Narbe gefärbt (gelblich, rötlich, bräunlich) od. weißlich. Kr nicht bläulich, höchstens bläulich-lila geadert od. an der OLippe violett (wenn doch Kr bläulich u. Narbe weißlich, dann BlüStand nicht spinnwebig behaart u. Kr ≥ 22 mm lg, vgl. O. lutea, **15**), ihre Röhre unter dem Ansatz der StaubBla nicht bauchig (wenn doch bauchig, dann Narbe gelblich, vgl. O. hederae, **10**) **2**

2 Kr außen mit (wenigstens teilweise) rötlichen Stieldrüsen (diese oft auch nur basal rötlich-purpurn). Narben in der Regel rötlich-purpurn. KeSegmente in der Regel ungeteilt (1zipflig), teils auch (einzelne) geteilt **3**

2* Kr stets ohne rötliche Stieldrüsen. od. basal rötliche Stieldrüsen. Narben gelblich, weißlich, bräunlich od. rötlich-purpurn. KeSegmente geteilt (2–3zipflig) od. ungeteilt **4**

3 KeSegmente aus länglicher Basis lanzettlich, zur Spitze deutlich 1–3nervig. Staubfäden am Grunde deutlich behaart, oberwärts reich dunkel-drüsig. Mittelzipfel der KrULippe etwa doppelt so groß wie die Seitenzipfel (Abb. **736**/1). Kr weißlich, seltener gelblich, zum Saum rötlich, deutlich violett geadert. (0,10–)0,20–0,40(–0,60). 6–7. Trockene Wuchsorte (kaum ruderal): Felsfluren, Trockenrasen, Steinbrüche, basenhold, auf Thymus od. Origanum, selten wohl auch auf Calamintha, Clinopodium; z Alp(Allg, sonst s, f Amm Krw Kch) Rh(SW, sonst s), s By(f NO) Bw Th(Bck Rho S) He(f NW W SW) Nw(SO: Brilon) An(SO S), [U] s Sa(W), † Bb Ns Mv, ↘ (m/mo-stemp·c2-7EUR-WAS – G ⊕ ⚄ – K Fest.-Brom., K Sedo-Scler., O Sesl. – 38). [O. epithymum DC.]
                   Quendel-S. – ***O. alba*** STEPHAN

Im Gebiet unter typischen Pfl s auch die ± einfarbig gelbliche f. lutescens (BOREAU) BECK (ohne rötliche Stieldrüsen) u. die gelbnarbige f. rubiginosa (A. DIETR.) BECK.

3* KeSegmente aus br eifg Basis ± kurz zugespitzt, zur Spitze schwach 1nervig. Staubfäden am Grunde (fast) kahl, oberwärts ± spärlich drüsig od. kahl. Alle Zipfel der KrULippe fast gleich groß (Abb. **736**/2). 0,30–0,80. 6–7(–10). Wechseltrockene, frische bis feuchte Wuchsorte (oft auch deutlich ruderal): Wiesen (im Tiefland besonders Kohldistel-Wiesen) u. Staudenfluren, submont. bis subalp. Rasen, auch Wegränder, Steinbrüche, (jüngere) Brachen, nährstoffanspruchsvoll, auf *Carduus* u. *Cirsium*; v Alp, z An(Hrz, s SO S) Ns(Hrz, sonst s), s By(NW MS S) Bw(regional z ORh, f Gäu SW S) Rh(regional z ORh, s SW W) He(O ORh) Nw(MW SO) Th(Bck Hrz Rho) Bb(No MN) Mv(M: Dargitz MW), † Sa, ↘ (m/mo-temp·c2-7EUR-(WSIB) – G ♃, auch ☉? – K Bet.-Adenost., K Artem., O Alysso-Sed., V Calth. – 38).

Distel-S., Netz-S. – *O. reticulata* WALLR.

Wir folgen PUSCH (2009) u. unterscheiden auf Varietätsebene die eher in höheren Lagen anzutreffende var. *reticulata* u. die im Hügel- u. Tiefland allein vorkommende var. *pallidiflora* (WIMM. et GRAB.) BECK [inkl. var. *procera* (W.D.J. KOCH) BECK].

4 (2) Narben in der Regel rötlich-purpurn bis hell fleischfarben (rosa-bräunlich). Ke zur Kr ± gleichfarbig od. heller (an frischen Pfl bestimmen!). KeSegmente in der Regel aus breiter Basis ± (verlängert) dreieckig, zweispitzig, ihre Zipfel nicht lg fädig ausgezogen. Aderung der Kr farblich unauffällig. BlüStand (voll erblüht) locker u. (in Relation zur Größe) wenigblütig 5

4* Narben gelblich od. andersfarbig (wenn weißlich, rötlich usw., dann KeZipfel lg fädig ausgezogen). Ke von der (basalen) Kr farblich verschieden (meist rötlich-bräunlich), dunkler (wenn ± gleichfarbig, dann Narbe stets gelblich). KeSegmente ein- bis mehrspitzig, ihre Zipfel lg fädig ausgezogen od. kürzer bespitzt. Aderung der Kr auffällig dunkler od. unauffällig. BlüStand (voll erblüht) dicht bis locker, viel- bis wenigblütig 6

5 Kr meist deutlich >25 mm lg (Abb. **734**/5), inkl. ihres Grundes gleichfarbig rötlich fleischfarben, rosa, hell purpurn-braunviolett, seltener ganz bleich weißlich od. hell gelblich. KeSegmente kräftig, 10–17 mm lg, deutlich 3–6nervig. Staubfäden 0,5–2 mm über dem Grund der Kr ansetzend. (0,10–)0,25–0,50(–0,80). (4–)5–6. Halbtrocken- (u. Trocken)rasen, Trockengebüsch- u. TrockenWSäume, auch auf Trockeninseln in Stromtälern, basenhold, auf *Galium* (auch möglich auf *Cruciata, Asperula*); v By(Alb, s NO O, sonst z) Bw(Alb, s Keu SW, sonst z), z Rh Th(f Hrz O) An(s-f N Elb O) Bb(Od, s NO MN M), s Alp(f Chm Krw) He(f NW SO) Nw(MW: besonders Rhein, NO SO) Sa(SW W) Ns(MO, ob noch?) Mv(M NO, z N: Rügen, Usedom), ↘ (m-stemp·c2-6+litEUR-WAS – G ⊗ ♃ – K Fest.-Brom., V Ger. sang., V Arrh. – 38). [*O. vulgaris* POIR., *O. galii* DUBY]

Gewöhnliche S., Gewürznelken-S. – *O. caryophyllacea* SM.

Im Gebiet kommen selten auch gelbnarbige Formen vor.

5* Kr meist deutlich <25 mm lg (Abb. **734**/6), violettbraun (selten ganze Pfl komplett gelblich), zum Grund hin heller, dort weißlichgelb. KeSegmente zierlich, bis 12 mm lg, schwach nervig, nur der Mittelnerv der KeZähne deutlich. Staubfäden (2–)5–7 mm über dem Grund der Kr ansetzend. (0,10–)0,15–0,30(–0,40). 6–7. Submed. Halbtrocken- (u. Trocken)rasen u. ihre Säume, kalkstet, auf *Teucrium*; z Alp(s Kch Mng Krw) Bw(Alb, sonst s, f NW), s By(regional z Alb, f NW NM NO O) Rh(f N MRh M) Nw(SW), ↘ (sm-stemp·c2-3EUR – G ⊗ ♃ – O Brom. erect., V Stip. calam.). [*O. atrorubens* F.W. SCHULTZ]

Gamander-S. – *O. teucrii* HOLANDRE

6 (4) Kr auffällig zweifarbig, innen glänzend dunkelblutrot, außen gelblich bis bräunlich-purpurn, z. T. dunkelrot geadert u. zum Saum purpurrot, selten einfarbig gelb (f. *panxantha* BECK) (Abb. **737**/1). Narbe gelb, vom oberwärts purpur- bis braunroten Griffel farblich gerandet. 0,10–0,40(–0,80). 5–8. Subalp. (selten mont.) Halbtrockenrasen, TrockenW, kalkhold, auf *Fabaceae*, im Gebiet v. a. auf *Lotus corniculatus* (selten auch *Trifolium, Dorycnium, Cytisus, Genista, Hippocrepis comosa, Ononis* u. a.); h Alp, z By(besonders Lech, Isar, Inn, Donau: MS S, s Alb O), s Bw(ORh SO) Rh(ORh SW), [N] s He(MW: Gießen) Th(NW: Eichsfeld), [U] s Ns(M: Evesen S: Groß Lengden), ↘ (m-stemp·c1-3EUR – G ⊗ ♃ – O Sesl., O Alysso-Sed., V Mesobrom., V Eric.-Pin.). [*O. cruenta* BERTOL.]

Blutrote S. – *O. gracilis* SM.

6* Kr innen u. außen ± gleichfarbig, innen nicht satt dunkelblutrot (höchstens bräunlich). Narbe andersfarbig od. gelblich, nicht rötlich gerandet od. rötlich gerandet 7

7 Staubfäden basal kahl od. nur sehr schwach behaart (beachte: z. T. aber im oberen Teil stieldrüsig). In der Regel (Bestände prüfen!) hochwüchsige u. kräftige Pflanzen von bis zu 0,60(–0,90) m Höhe. Habitate: „saure" Besenginsterheiden od. frisch-feuchte Wiesen, Wegränder (auch ruderal) etc. im Hügel- u. Tiefland 8

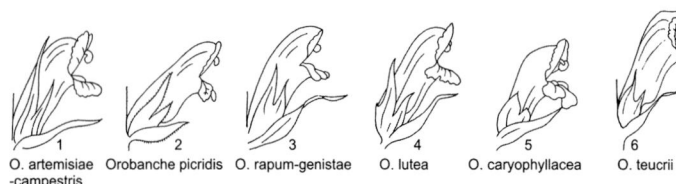

O. artemisiae -campestris 1   Orobanche picridis 2   O. rapum-genistae 3   O. lutea 4   O. caryophyllacea 5   O. teucrii 6

7*   Staubfäden mindestens basal deutlich behaart (meist darüber ± stieldrüsig). Pflanzen gewöhnlich deutlich kleinwüchsiger (in der Regel max. 0,50 m, nur sehr robuste Exemplare bis zu 0,70 m Höhe od. mehr). Kalk- u./od. basenreiche Trockenhabitate (wenn frischfeuchte Habitate: Hochstaudenfluren, Waldsäume, Bachränder, dann Alpen u. Alpenvorland) 9

8   Staubfäden (fast) am Grund der Kr ansitzend. Staubbeutel trocken weißlich. Narbe stets kräftig gelb, teils vom rötlichen Griffel „gerandet". Kr (Abb. 734/3) braun, rosa bis rötlichbraun od. hellgelblich. KeSegmente in der Regel 2zipflig, kräftig. Ähre mindestens in der oberen Hälfte recht dichtblütig bleibend. DeckBla auffällig lg (oft 1,5mal so lg wie die Blü od. länger). Stg hoch hinauf dichtschuppig. (0,15–)0,25–0,60(–0,90). 5–6. Besenginstergebüsche, Wald- u. Wegränder, auch Sandgruben, kalkmeidend, auf *Cytisus scoparius* (auch möglich auf anderen strauchigen „Ginstern" s. l.); z Rh(regional v N, s SW, f ORh) Nw(regional v SW SO, s NO MW, f N), s Bw(ORh SW) He(NW W SW) Ns(NW: Damme), † Th An, ↘ (m-temp·c1-2EUR − G ⊛ ⚳ − V Saroth., V Querc. rob.-petr.).
                                                     Ginster-S. − *O. rapum-genistae* THUILL.
  Im Gebiet von allen anderen Arten der Gattung ökologisch deutlich abweichend u. kaum je in Vergesellschaftung mit weiteren *O*.-Sippen aufzufinden. Im Gebiet auch die reingelbe f. *flavescens* DURAND.

8*   Staubfäden deutlich (2–4 mm) über dem Grund der Kr eingefügt. Staubbeutel trocken hellbraun. Narbe rötlich od. hellgelblich. Kr hellgelblich mit ± braunpurpurner VorderKr, v. a. am Rücken od. gänzlich bleichgelb. KeSegmente in der Regel ungeteilt, meist schmächtig. Ähre in Vollblüte meist bis fast zur Spitze stark auflockernd. DeckBla etwa so lg wie die Kr od. wenig länger. Stg mindestens in der oberen Hälfte armschuppig.   ***O. reticulata***, s. 3*
  Bleichblütige Farbschläge von *O. reticulata* mit (fast) fehlender rötlicher Bedrüsung u. gelblicher Narbe (f. *kirantha* BECK; im Gebiet nur aus dem Hügel- u. Tiefland bekannt).

9   (7) Kr in der Grundfarbe weiß bis gelblichweiß, VorderKr v. a. am Rücken ± kräftig purpurn bis lilarot überlaufen, deutlich dunkler purpurlila geadert (Kr daher „bunt" wirkend), trocken deutlich pergamentartig, ± durchscheinend dünn (wenn Kr reinweiß u. ohne dunklere Aderung, dann vgl. Ke u. weitere KrMerkmale). Kr ca. 10 bis max. 22(–24) mm lg. KrZipfel am Rand ± kahl. KeZipfel ± lg „fädig" ausgezogen, Ke meist deutlich länger als die ½ Kr (wenn KeMerkmale u. KrFärbung ähnlich, aber Kr deutlich >20 mm lg − ca. 22–30 mm − u. Narbe gelb, vgl. 15). Narben (auch in einer Population) oft variabel gefärbt, rosa, fleischfarben purpurn, weißlich od. gelblich bis orange (***O. minor*-Komplex** i. w. S.) 10

9*   Kr in der Grundfarbe rötlich, gelblichbraun bis violettbraun od. weiß, farblich weitgehend einheitlich, nicht od. nur schwach abgesetzt dunkler geadert (Kr nicht „bunt" wirkend), trocken derb/undurchsichtig od. Kr reinweiß u. Narbe gelb, dann vgl. Ke u. weitere KrMerkmale), Kr (12–)15–30(–35) mm lg. KrZipfel am Rand ± drüsenhaarig. KeZipfel nur mäßig (nicht lg „fädig") ausgezogen, Ke meist maximal ½ so lg wie die Kr. Narben stets gelb, gelb- bis orangerot (trocken teils braun werdend) 14

10   Kr unter dem Saum ± deutlich eingeschnürt, am Saum meist wieder etwas erweitert (Abb. 736/3), weißlich, rötlich geadert, Rücken meist kräftig violett überlaufen. Lappen der KrOLippe auch in Vollblüte ± stringent nach vorn gestreckt, auch Lappen der KrULippe kaum abwinkelnd (Kr daher wie „nur halbgeöffnet" erscheinend). Narbe gelb od. orange. 0,15–0,60. 5–8(–10). Frische Gebüsche (selten Wälder), Hecken, Waldränder, Parks, mäßig nährstoffanspruchsvoll, auf *Hedera*, selten anderen kultivierten *Araliaceae*; [N?: Rheintal, sonst N U] z Rh(Rhein, sonst s), s Alp By Bw He Nw Th Sa An Bb Ns Mv Sh, außerhalb

Rheintal zumeist in Parks u. Bot. Gärten, lokal in Ausbreitung (m-temp·c1-3EUR − G ♃ − V Prun.-Rub., V Querc. pub.).   **Efeu-S. − *O. hederae* Duby**

Gegenüber den anderen Sippen der *O. minor*-Gruppe besonders durch die abweichende Standortökologie charakterisiert. Das Indigenat in D ist generell fraglich. Neben vielen gezielten Ausbringungen ist im SW auch eine eigene Arealerweiterung (gefördert durch *Hedera*-Anpflanzungen) denkbar. Besonders im N u. O des Gebietes ist hingegen auch der Status als etablierter [N] oftmals fraglich. Eigenständige (± regional erfolgreiche) Ausbreitung scheint an wintermilde, aber ± frische Lagen gebunden zu sein u. ist selten belegbar (belegt v. a. im Berliner Raum). Oft handelt es sich wohl nur um (beständige) Ausbringungen.

10* Kr röhrig-glockig, allmählich erweitert, unter dem Saum nicht deutlich verengt. KrLappen in Vollblüte deutlich „öffnend"/abwinkelnd bis weitgehend „röhrig" bleibend. Narben weißlich, rosa, fleischfarben bis dunkelpurpurn od. gelblich bis orange. Wuchsorte „offen" (nicht frisch-schattig) 11
11 Stieldrüsen auf der Außenseite der Kr alle ± einheitlich sehr kurz (längste maximal bis ca. 0,3 mm). Kr 10–15(–17) mm lg (Abb. **736**/4). BlüStand in Vollblüte in der Regel lg gestreckt u. sehr locker (bei gut entwickelten Pfl oft mindestens ¾ der Gesamthöhe der Pfl einnehmend). (0,10–)0,15–0,40(–0,50). 5–6. Mäßig frische bis frische Wiesen, Kleefelder (v. a. im westl. D früher Ackerunkraut), Ackerbrachen, reichere Sandtrockenrasen, ruderale Wegränder, basenhold, im Gebiet auf *Trifolium repens, T. pratense, Vicia segetalis, Chondrilla juncea, Geranium dissectum, Levisticum officinale* (mehrere weitere ungesicherte Wirtsangaben); [N? ca. 1840] z Bw(S, sonst s), s Alp(Allg Krw Chm) By(Alb O MS S) Rh Nw, [N] s Bb(Od M), [U?] s He(O) An(SO: Pirkau) Mv(N), † [N U?] Th Ns, ↘ (m-stemp·c1-5EUR-VORDAS, [N] AUST+ntemp·c1-3EUR-OAM − G ⊙ ⊛ ♃ − V Arrh., V Mesobrom., V Cirs.-Brach. − sehr formenreich, Sippenzuordnung z. T. klärungsbedürftig). [*O. apiculata* Wallr., *O. barbata* auct. non Poir.]   **Kleine S., Kleeteufel − *O. minor* Sm.**

Die Statuseinschätzung der Art (für West-D) u. die Zugehörigkeit der Pflanzen auf *Chondrilla* u. *Geranium* bedürfen weiterer Untersuchungen. An der Grenze des Bearbeitungsgebietes (Oberösterr.: Braunau) auch auf *Heracleum sphondylium* nachgewiesen (Hohla 2014: 79).

11* Stieldrüsen auf der Außenseite der Kr mindestens zum Teil deutlich >0,3 mm lg (längste oft 0,5–0,8 mm). Kr (12–)15–23(–25) mm lg. BlüStand in Vollblüte (oben) kompakt bleibend bis gänzlich aufgelockert 12
12 Kr am Ansatz der Staubfäden deutlich gekniet u. ± waagerecht abstehend. Blü im Querschnitt oft sehr stark abgeflacht, KrOLippe tief gespalten, zurückgeschlagen (Abb. **736**/5). 0,10–0,50. 6–7. Submed. Trockenrasen, basenhold, auf *Eryngium campestre* (im Gebiet Hauptwirt), selten *Digitalis purpurea*; s By(N: Karlstadt) Bw(NW Gäu ORh: besonders Kaiserstuhl) Rh(ORh SW), † He Nw, ↘ (m-stemp·c1-4EUR-VORDAS − G ⊛ ♃ − O Brom. erect.). [*O. eryngii* Duby, *O. amethystina* Rchb.]
   Amethyst-S., Mannstreu-S. − *O. amethystea* Thuill.

Bei einigen Neufunden der letzten Jahre − teils in historisch gut untersuchten Gebieten − ist Einschleppung od. gezielte Ausbringung anzunehmen. Die Zugehörigkeit der Pfl auf *Digitalis* (He: Schlitz) bedarf vertiefter Untersuchungen.

12* Kr aufrecht abstehend, nicht deutlich gekniet; Blü im Querschnitt nicht od. nur schwach abgeflacht, KrOLippe nicht tief gespalten (höchstens etwas ausgerandet). Nicht auf *Eryngium* od. *Digitalis*, sondern auf *Asteraceae* 13
13 KeSegmente fast bis zum Grund (mindestens ¾) tief geteilt od. ungeteilt (Abb. **734**/1). Staubfäden oben meist drüsenhaarig. Griffel drüsig behaart. Kr gelblichweiß mit i. d. R. farblich stark abgesetzter rotvioletter Aderung. 0,15–0,50. 6–7. Kont. Felsfluren u. Sandtrockenrasen (nicht ruderal), kalkhold, nur auf *Artemisia campestris*; s Bw(ORh: Kaiserstuhl) He(ORh: Bergstraße) Th(Bck: Kyffhäuser, Sömmerda) An(S: Wendelstein), [U?] s Bb(Od: Wuhden), ↘ (m-stemp·c2-4EUR − G ⊛ ♃ − O Fest. val. − 38). [*O. loricata* Rchb.]
   Panzer-S. − *O. artemisiae-campestris* Gaudin
13* KeSegmente (wenigstens ganz überwiegend) nur bis max. ⅔ geteilt od. ungeteilt (Abb. **734**/2). Staubfäden oben fast kahl. Griffel spärlich drüsenhaarig. Kr weißlich, OLippe u. Adern zartviolett (Aderung farblich nur schwach abgesetzt), oft auch ganz weiß. 0,10–0,50. 6–7. Frische bis mäßig trockne, ruderal beeinflusste, lückige Wiesen, Wegränder, Brachen, im Gebiet bislang nur auf *Picris hieracioides* u. selten *Crepis capillaris*; [N?, teils

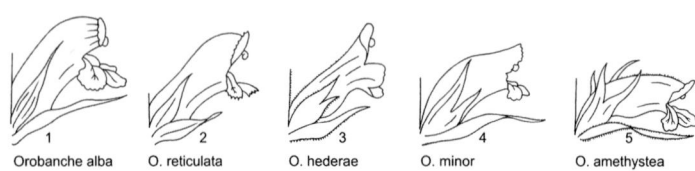

1 Orobanche alba   2 O. reticulata   3 O. hederae   4 O. minor   5 O. amethystea

wohl N U] s By(NW: Karlstadt) Bw(ORh NW) Rh(O ORh) He(O ORh) Th(NW: Ershausen Bck: Jena) Ns(S: Hildesheim) Mv(NO: Stralsund), † An, ↘ (m-stemp·c1-4EUR – G ☉ ⊛ ♃ – V Arrh., V Dauco-Mel.). [*O. loricata* var. *picridis* (F.W. Schultz) Beck]

Bitterkraut-S. – *O. picridis* W.D.J. Koch

Bei einigen Neufunden der letzten Jahre – teils in historisch gut untersuchten Gebieten – ist Einwanderung, Einschleppung od. gezielte Ausbringung anzunehmen. Der bislang im Gebiet fast ausschließlich nachgewiesene Wirt *Picris* hat erst in jüngerer Zeit eine massive Ausbreitung erlangt u. ist in D (mindestens gebietsweise) als Neophyt anzusehen. Selbiges dürfte auch auf viele Funde von *O. picridis* zutreffen.

14 (9) Auf *Apiaceae* (*Cervaria*, *Peucedanum*, *Seseli*, *Laserpitium*), *Asteraceae* (*Centaurea*), *Fabaceae* (v. a. *Medicago*). Trockenstandorte: Trockenwaldsäume, Halbtrockenrasen, Felsfluren od. montane Bergwiesen. Im ganzen Gebiet **15**

14* Auf *Asteraceae* (*Adenostyles*, *Petasites*, *Tussilago*), *Berberidaceae* (*Berberis*), *Lamiaceae* (*Salvia*) od. *Ranunculaceae* (*Aconitum*). Überwiegend frische, reichere u. ± schattige Standorte (nur *O. lucorum*, vgl. **20***, eher auch auf trockneren Standorten). Nur Alpen u. Vorland **18**

15 Kr mit geradem Mittelteil u. dann „helmartig" stark abschüssiger KrOLippe (vgl. Abb. **734**/4), Stg u. KeZipfel stark violettpurpurn überlaufen, stark mit der (mindestens basal) gelblichen Kr kontrastierend; Staubfäden mindestens 2 mm über dem Grund ansitzend, unten behaart. Kr meist deutlich >22 mm lg, gelblichbraun, oft rotbraun überlaufen, selten ganze Pfl ± gelb [f. *pallens* (A. Braun) Aschers.] od. ganze Pfl purpurviolett mit meist weißer Narbe (f. *lilacea* Beck). Blü oft wie Maiglöckchen duftend. Ähre meist kürzer als der übrige Stg. DeckBla so lg wie die Kr od. wenig länger. 0,10–0,60. 5–6. Halbtrockenrasen, mäßig frische Wiesen, Trockengebüschsäume, Luzernefelder (im Kontakt zu Trockenrasen), basenhold, im Gebiet nur auf *Medicago falcata*, *M.* ×*varia*, selten *M. lupulina*, *M. minima*, *Securigera varia* (möglich auch auf anderen staudigen *Fabaceae*); s By(Alb, sonst z-s) Bw(Alb, sonst z-s), z Rh(f MRh W M) Th(f Hrz, v Bck) An(S, sonst s, f Elb O), s He(f MW NW W) Nw(SW MW: besonders Rhein) Bb(NO Od) Ns(S), † Sa, ↘ (m/mo-stemp·c1-6EUR-WAS – G ⊛ ♃ – V Mesobrom., O Orig., V Arrh. – 38). [*O. rubens* Wallr.]

Gelbe S., Luzerne-S. – *O. lutea* Baumg.

15* Kr mit anderer Form (wenn Mittelteil gerade, dann KrOlippe nicht „helmartig" abwärtsgerichtet). Stg u. KeZipfel nicht deutlich purpurn, ähnlich wie die Kr bleichgelb bis rötlichbraun gefärbt **16**

16 Stg unten reich, oben spärlich schuppig. KrRöhre vorn über der Ansatzstelle der Staubfäden deutlich bauchig erweitert. Kr gelblich, zum Saum ± braunviolett, seltener rosa fleischfarben, trocken braun (Abb. **737**/3, 4). Staubbeutel meist lg zugespitzt-stachelspitzig. Staubfäden unten schwach bis mäßig behaart, oben kahl. 0,15–0,70. 6–7. Xerothermrasen, Trockengebüschsäume, TrockenW, kalkhold; auf *Apiaceae* (*Cervaria*, *Peucedanum*, *Seseli*, *Laserpitium*); s By(f NO MS S) Bw(ORh Gäu Keu) He(ORh) Nw(NO) Th(f Hrz Rho Wld) An(SO: Naumburg W: Quedlinburg) Bb(Od) Mv(N: Usedom), † Ns, ↘ (sm-temp·c3-8EUR-WAS – G ⊛ ♃ – O Brom. erect., V Fest. val., V Ger. sang.).   **Elsässer S. – *O. alsatica* Kirschl.**

Zur systematischen Stellung der folgenden Sippen sind weitere Untersuchungen nötig.

1 Kr (15–)20–25 mm lg (Abb. **737**/3). Griffel dicht drüsenhaarig. Staubfäden (2–)3–5(–7) mm über dem Grund der Kr ansetzend, Rückenlinie der Kr ± gleichmäßig scharf gekrümmt od. an der OLippe oft abgeflacht u. fast waagerecht, mitunter fast abschüssig. KeSegmente mit 2 gleichen Zipfeln, selten mit ungleichen Zipfeln od. ungeteilt. 0,30–0,70. 6–7. Standorte u. S. Cervariae, auf *Cervaria rivini* u. *Peucedanum alsaticum*; s By(f NO MS S) Bw(ORh Gäu Keu) He(ORh) Th(f Hrz NW O) An(SO S) Bb(Od), ↘ (sm-temp·c3-6EUR – G ⊛ ♃ – 38). [*O. cervariae* Suard]   subsp. **alsatica**

1* Kr 12–17(–20) mm lg. Griffel kahl od. fast kahl. Staubfäden 1–3,5 mm über dem Grund der Kr ansetzend **2**
2 Ganze (frische) Pfl (im Gebiet) oft gelb. Rücken der Kr von der Basis bis zur OLippe ± gleichmäßig gekrümmt. KeSegmente vorn meist nicht verwachsen. Griffel fast kahl. Bis 0,60. 6–7. Mont. Wiesen, Trockengebüschsäume, auf *Laserpitium latifolium*; s Bw(Keu: Hechingen, loc. class.) (stemp·c3EUR – G ⊛ ♃ – V Ger. sang. – 38). [*O. mayeri* (Suess. et Ronniger) Bertsch et F. Bertsch, *O. a.* var. *mayeri* Suess. et Ronniger] subsp. ***mayeri*** (Suess. et Ronniger) Kreutz
2* Pfl frisch meist ± purpurviolett überlaufen. Kr rötlich-fleischfarben. Rücken im Mittelteil gerade (Abb. **737**/4). KeSegmente vorn meist verwachsen. Griffel kahl. 0,15–0,50. 6–7. Xerothermrasen, Trockengebüschsäume, auf *Seseli libanotis*; s By(f NM NO MS S) Bw(Keu Alb) He(O) Nw(NO: Höxter) Th(Bck O NW) Mv(N: Usedom), † Ns, ↘ (m-temp·c3-8EUR-WAS? – G ⊛ ♃ – 38 – V Ger. sang.). [*O. bartlingii* Griseb., *O. libanotidis* Rupr., *O. a.* var. *libanotidis* (Rupr.) Beck]
subsp. ***libanotidis*** (Rupr.) Tzvelev

16* Stg bis unter die Ähre reich beschuppt. KrRöhre vorn über der Ansatzstelle der Staubfäden wenig erweitert. Staubbeutel zugespitzt od. kurz stachelspitzig; Staubfäden unten reichlich behaart, oben drüsenhaarig. Auf *Centaurea scabiosa* (möglich auch andere *Asteraceae*). (Artengruppe Hohe S. – *O. elatior* agg.) **17**
17 Pflanze gewöhnlich kräftig, (0,12–)0,30–0,70(–0,95) m. StgSchuppen schmal, lineal-lanzettlich. BlüStand zylindrisch, dicht. ca. 28–35 mm breit, gelblich bis blass braun, purpurn überlaufen. Kr gelblich bis ockerfarben od. bräunlich, trocken oft bleich braun (ocker) (Abb. **737**/2). Rückenlinie auf ganzer Länge ± gleichmäßig gekrümmt. 6–7. Trocken- u. Halbtrockenrasen, Trockengebüschsäume, selten wechseltrockene Frischwiesen, basenhold, auf *Centaurea scabiosa*; s By(NW N Alb) Bw(ORh NW Gäu Alb) Rh He(f W SW) Nw(f N) Th(f Hrz O S) An(W SO S) Bb(Od: Oderberg) Ns(S: Sudmerberg) Mv(MW: Schwerin N: Kap Arkona), † Sa Sh, ↘ (m-temp·c2-9EUR-WAS – G ⊛ ♃ – K Fest.-Brom., O Orig. – 38). [*O. major* auct., *O. centaureae-scabiosae* Holandre] **Große S., Hohe S. – *O. elatior*** Sutton

Sehr selten treten im Gebiet (z. B. Kyffhäuser, ehem. auch Bot. Garten Dresden) rein gelbe od. karottenrote Pfl auf, deren Zugehörigkeit zu dieser od. der folgenden Art noch nicht geklärt ist. Auch darüber hinaus konnte die Zugehörigkeit vieler „*elatior*"-Populationen im Gebiet bislang noch nicht abschließend bestimmt werden, da *O. centaurina* erst seit kurzem wieder als eigenständige Art anerkannt wird (vgl. Zázvorka 2010). Erste Untersuchungen legen jedoch nahe, dass *O. elatior* im Gebiet die weit vorherrschende Sippe ist.

17* Pflanze gewöhnlich mittelkräftig, (0,15–)0,20–0,30(–0,60) m. StgSchuppen aus breiter Basis oval-dreieckig. BlüStand fast zylindrisch, unten locker, ca. 30–40 mm breit, farbenfroh. Kr karottenrot bis weißlich-rosafarben, trocken oft rostbraun. Rückenlinie im Mittelteil (fast) gerade. (6–)7–8(–9), gewöhnlich deutlich später als *O. elatior*. Trocken- u. Halbtrockenrasen, Trockengebüschsäume, auf *Centaurea scabiosa*; s Alp(Brch), Verbr. ungenügend bekannt (potentiell nicht auf den Alpenraum beschränkt) (m-temp·c2-9EUR-WAS – G ⊛ ♃ – K Fest.-Brom., O Orig.). [*O. elatior* auct., *O. kochii* F.W. Schultz, ?*O. echinopis* Pančić, ?*O. ritro* Gren.] **Kochs-S. – *O. centaurina*** Bertol.
18 (14) KrOLippe tief 2lappig, mit zuletzt zurückgeschlagenen Zipfeln. Lappen der KrULippe am Rand kahl od. spärlich drüsenhaarig. Auf *Asteraceae* (*Petasites*, *Adenostyles*, *Tussilago*) od. *Ranunculaceae* (*Aconitum*) **19**
18* KrOLippe ungeteilt od. ausgerandet, Zipfel vorgestreckt od. abstehend. Lappen der KrULippe am Rand ± reich drüsenhaarig. Auf *Salvia glutinosa*, *Berberis* (od. *Rosaceae*) **20**
19 Kr meist gelblich, seltener braunviolett bis bleich fleischfarben, OLippe gelb od. rötlich, trocken braunschwarz. Rückenlinie im Mittelteil gewöhnlich deutlich gekrümmt (Abb. **737**/5). Staubfäden 4–6 mm über dem Grund der Kr ansetzend, unten dicht behaart, oben drüsen-

1	2	3	4	5	6	7
O. gracilis	*O. elatior*	*O. alsatica* subsp. *alsatica*	*O. alsatica* subsp. *libanotidis*	Orobanche flava	*O. salviae*	*O. lucorum*

haarig. Griffel fast kahl. (0,12–)0,30–0,65(–0,80). 5–7. Subalp. bis praealp. sickerfrische Schutt- u. (Fluss-)Schotterfluren, kalkstet, auf *Petasites, Adenostyles, Tussilago*; v Alp(Allg Wtt Krw Brch, sonst z), s By(besonders Lech u. Isar: MS S), ↘ (sm-stemp//desalp·c2-4EUR – G ⊗ ♃ – V Thlasp. rot., V Epil. fleisch., V Mesobrom. – 38).

Pestwurz-S. – *O. flava* F.W. Schultz

19* Kr im Aufblühen gelblichweiß, in Vollblüte reinweiß. Rückenlinie meist im Mittelteil nicht bis schwach, gegen den Saum stärker gekrümmt. Staubfäden 2,5–4 mm über dem Grund der Kr ansetzend, bis über die Mitte dicht behaart, darüber meist kahl. Griffel kahl. 0.15–0,40. 7–8(–9). Hochmont. Edellaubholz-Mischwälder, subalp. Hochstaudenfluren, auf *Aconitum lycoctonum*; s Alp(Brch) (sm-temp//mo-salp·c1-3EUR disjunkt – G ⊗ ♃ – V Adenost., V Til.-Acer.). [*O. flava* var. *albicans* Rhiner, *O. aconiti-lycoctoni* Moreno Mor. et al.]

Eisenhut-S. – *O. lycoctoni* Rhiner

Die systematische Stellung zur zentralasiatisch-SO-europäischen *O. krylowii* Beck (auf *Thalictrum minus*) bedarf weiterer Untersuchungen.

20 **(18)** Rücken der KrOLippe mit einer deutlichen kammartigen Erhebung, die sich vom KrRücken bis zum OLippenende hinzieht u. vorn in einer Spitze endet. Lappen der OLippe ± abstehend. Kr (Abb. **737**/6) über der Ansatzstelle der Staubfäden kaum erweitert, gelblich bis bräunlich-fleischfarben od. braunviolett. Griffel reich drüsenhaarig. Staubfäden 3–5 mm über dem Grund der Kr ansetzend. Pfl meist einzeln od. in kleineren Gruppen zu 2–4 stehend. 0,12–0,55. 6–8. Mont. sickerfrische LaubmischW, Schlucht- u. AuenW, mont. bis subalp. Hochstaudenfluren, basenhold, nährstoffanspruchsvoll, auf *Salvia glutinosa*; z Alp(Chm Brch, sonst s-f), s By(MS S) Bw(S: Adelegg), ↘ (sm-stemp//mo·c2-3EUR – G ⊗ ♃ – O Fag., bes. V Til.-Acer.). **Salbei-S. – *O. salviae* W.D.J. Koch**

20* Rücken der KrOLippe ohne deutliche kammartige Erhebung, vorn ohne Spitze. Lappen der OLippe ± vorgestreckt u. kaum abstehend. Kr (Abb. **737**/7) über der Ansatzstelle der Staubfäden deutlich erweitert, gelbrot bis orangegelb, auch reingelb. Griffel fast kahl. Staubfäden 2–3 mm über dem Grund ansetzend. Pfl meist in größeren, seltener in kleineren Gruppen od. einzeln stehend. 0,10–0,55. 6–8. Sickerfrische, lichte Wälder u. Gebüsche, basenhold, auf *Berberis vulgaris* (in Kultur auch auf anderen *Berberis*-Arten), angeblich auch auf *Rubus* u. *Crataegus* (?); s Alp(Allg Amm, früher viel weiter verbreitet) By(besonders Iller, Lech, Isar: MS S) Bw(Keu: Dettingen SO: Aitrach), ↘, ferner mehrfach beständig in Kultur (z. B. Botan. Gärten in Berlin, Dresden) (sm/mo-stemp/demo·c3-4ALP – G ⊗ ♃ – V Berb. – 38). [*O. berberidis* Facchini, *O. rubi* Duby]

Berberitzen-S., Hain-S. – *O. lucorum* F.W. Schultz

Die Diskussion, ob vermeintlich auch auf *Rubus caesius* u. *R. fruticosus* parasitierende Pfl auf Varietätsrang in *O. lucorum* einzuschließen sind, ist schon länger ohne greifbares Ergebnis geführt worden (vgl. Beck in Kerner 1884: 88, Beck 1890: 187, 1926: 175 ff. u. 1930: 266). Erst Buttler (2017: 33 f.) schließt nun diese Pflanzen konsequent mit der Folge ein, dass damit der Name *O. rubi* Duby (1828) vor *O. lucorum* A. Braun (1830) Priorität genießt. Aus Bearbeitersicht ist der Name *O. rubi* nicht abgesichert und problematisch. Daher wird die Spezies hier weiterhin unter dem Namen *O. lucorum* geführt u. dessen Konservierung betrieben. Die Verwerfung des Namens *O. rubi* Duby ist vorgeschlagen (Fleischmann et al. 2019, Proposal 2694, Taxon 68/3, 2019).

Verzeichnis der Wirtspflanzen in D (mit einer Ausnahme nur als gesichert geltende Angaben; sind mehrere Arten einer Gattung nachgewiesen, wird in der Regel nur die Gattung benannt)

Apiaceae: *Cervaria rivini* (**16**/1 *O. alsatica* subsp. *alsatica*), *Eryngium campestre* (**12** *O. amethystea*), *Laserpitium latifolium* (**16**/2 *O. alsatica* subsp. *mayeri*), *Levisticum officinale* (**11** *O. minor*), *Peucedanum alsaticum* (**16**/1 *O. alsatica* subsp. *alsatica*), *Seseli libanotis* (**16**/2* *O. alsatica* subsp. *libanotidis*).
Araliaceae: *Hedera* (**10** *O. hederae*).
Asteraceae: *Adenostyles* (**19** *O. flava*), *Artemisia campestris* (**13** *O. artemisiae-campestris*, **1** *O. coerulescens*), *Carduus* (**3*** *O. reticulata*), *Centaurea scabiosa* (**17** *O. elatior*, **17*** *O. centaurina*), *Chondrilla juncea* (**11** *O. minor*), *Cirsium* (**3*** *O. reticulata*), *Crepis capillaris* (**13*** *O. picridis*), *Petasites* (**19** *O. flava*), *Picris hieracioides* (**13*** *O. picridis*), *Tussilago farfara* (**19** *O. flava*).

Berberidaceae: *Berberis* (**20*** *O. lucorum*).
Fabaceae: *Cytisus scoparius* (**8** *O. rapum-genistae*), *Genista* (**6** *O. gracilis*), *Hippocrepis comosa* (**6** *O. gracilis*), *Lotus corniculatus* (**6** *O. gracilis*, **11** *O. minor*), *Medicago* (**15** *O. lutea*), *Ononis* (**6** *O. gracilis*), *Securigera varia* (**15** *O. lutea*), *Trifolium* (**6** *O. gracilis*, **11** *O. minor*), *Vicia segetalis* (**11** *O. minor*).
Geraniaceae: *Geranium dissectum* (**11** *O. minor*).
Lamiaceae: *Calamintha, Clinopodium vulgare, Origanum vulgare, Thymus* (alle **3** *O. alba*), *Salvia glutinosa* (**20** *O. salviae*), *Teucrium* (**5*** *O. teucrii*).
Plantaginaceae: *Digitalis purpurea* (**12** *O. amethystea*).
Ranunculaceae: *Aconitum lycoctonum* (**19*** *O. lycoctoni*).
? ***Rosaceae***: *Crataegus, Rubus fruticosus* (ungesichert **20*** *O. lucorum*).
Rubiaceae: *Galium* (**5** *O. caryophyllacea*).

Bartsia L. – **Bartschie, Alpenhelm** (54 Arten)

Bla mit br Grund sitzend, die oberen trübviolett. Kr 15–22 mm lg. Sa trockenhäutig geflügelt. 0,05–0,15. 6–8. Subalp. bis alp. frische Steinrasen, sickerfeuchte bis nasse Quellmoore u. Flachmoorwiesen; h Alp(z Chm), s By(S MS) Bw(SW: S-Schwarzw) (sm/alp-arct·c1-5EUR-OAM – sogr eros G ♃ AuslRhiz Wurzel-Hemiparasit – InB: Hummeln Vw – WiA – L8 T3 F8~ R7 N3 – O Tofield., V Car. nigr., O Sesl., V Poion alp., V Nard. – 24).
Alpen-B., Alpenhelm – *B. alpina* L.

Odontites LUDW. – **Zahntrost** (32 Arten)

(Alle Arten in D eros ☉ Wurzel-Hemiparasit. Vgl. die Anm. bei *Rhinanthus* S. 745 zu InterkalarBla, vernal u. autumnal!)

1 Kr gelb, 5–8 mm lg, gewimpert. StaubBla weit aus dem Helm (= Oberlippe) herausragend u. auseinanderstrebend, nicht miteinander verfilzt. 0,15–0,60. 7–10. Xerothermrasen, Trockengebüsch- u. Eichen-KiefernWSäume, kalkhold; z Bw(f SO) Th(f Hrz O Rho) An(f Elb N O), s By(f S) Rh(f N W) He(ORh) Bb(Od MN NO), † Sa Ns, ↘ (m-stemp·c2-7EUR – InB: Bienen SeB Vw – WiA – L7 T7 F3 R9 N2? – K Fest.-Brom., O Fest.-Sedet., V Ger. sang. – 20). [*Euphrasia lutea* L., *Orthantha lutea* (L.) WETTST., *Orthanthella lutea* (L.) RAUSCHERT]
Gelber Z. – *O. luteus* (L.) CLAIRV.
1* Kr schmutzig-rötlich bis hellpurpurn, 9–12 mm lg, filzig behaart. StaubBla nicht od. nur wenig aus dem Helm herausragend, ihre Staubbeutel paarweise miteinander verfilzt. **(Artengruppe Roter Z. –** ***O. vernus*** **agg.)** **2**
2 Stg vom Grund an verzweigt, mit 3–12 Paar fast rechtwinklig (50–90°) abstehender u. bogig aufsteigender Äste; unterste Blü am 10.–30. Knoten; zwischen endständigem BlüStand u. oberstem Astpaar mit 1–12 Paaren von InterkalarBla. 0,15–0,50. 7–10. Autumnal. (Wechsel) frische bis feuchte, teils auch zeitweilig überflutete, intensiv genutzte Weiden, Trittrasen, Brachäcker, Rud.: Wegränder, Schutt, Grabenränder, salztolerant; v Alp By Bw Rh He Nw Th Sa An Mv, z Bb Ns Sh (m/mo-temp·c1-8EUR-WAS-SIB – InB: Bienen, Hummeln Vw – WiA StA Kältekeimer – L6 T6 F5~ R7 N5? – V Cynos., V Agrop.-Rum., V Sisymbr. – 20). [*Euphrasia odontites* L., *O. serotinus* (LAM.) DUMORT., *O. ruber* (BAUMG.) BESSER, inkl. subsp. *rothmaleri* U. SCHNEID. u. subsp. *pumilus* (NORDST.) U. SCHNEID.]
Roter Z., Gewöhnlicher Z. – *O. vulgaris* MOENCH
2* Stg einfach od. nur im oberen Teil mit 1–4 Paar gerader, kurzer, spitzwinklig (20–40(–50)°) abstehender Äste; unterste Blü am 4.–10. Knoten; meist keine od. höchstens 2 Paar InterkalarBla vorhanden **3**
3 StgBla meist spitz, nicht fleischig. Griffel am Ende der BlüZeit meist aus der Kr herausragend. 0,10–0,25. 5–7. Vernal. Lehmige, frische bis mäßig trockne Äcker, nährstoffanspruchsvoll; z By Nw Th(f Hrz, v Bck) Sa An Bb Ns(f Hrz) Mv Sh, s Alp Bw(f NW) Rh He(O W), ↘ (sm/mo-temp·c1-3EUR – InB: Bienen – L6 T6 F5 R6? N5? – V Caucal., V Aphan. – 40).
Acker-Z., Frühlings-Z. – *O. vernus* (BELLARDI) DUMORT.
Sehr spätblühende Sippen in Trockenrasen mit durchschnittlich 20 Internodien könnten zu einer weiteren, bisher noch nicht gültig beschriebenen Sippe gehören.

3* StgBla meist stumpf (Spitze abgerundet), etwas fleischig. Griffel am Ende der BlüZeit nicht aus der Kr herausragend. 0,05–0,20. 5–7. Vernal. Salzwiesen; s Ns(N: Cuxhaven) Mv(N MW NO) Sh(SO O) (ntemp-b·c2-4litEUR – InB: Bienen Vw – StA – V Armer. marit., V Sagin. mar. – 20). **Salz-Z. – *O. litoralis*** (Fr.) Fr.

Euphrasia L. – Augentrost (350 Arten)
Bearbeitung: **überarbeitete Fassung des Schlüssels von Ernst Vitek aus der 21. Aufl.**

(Alle Arten in D: eros ☉ Wurzel-Hemiparasit – InB: Hautflügler, Schwebfliegen SeB – StA KlA Kältekeimer)

Bezüglich der Saisonpolytypie vgl. auch die Anmerkungen bei *Rhinanthus* (S. 745) u. *Melampyrum* (S. 744). Bei *Euphrasia* wird den Saisonrassen kein taxonomischer Wert eingeräumt, da alle Übergänge vorhanden sind u. die Selektion von Ökotypen nach Änderung der Bewirtschaftungsweise offensichtlich sehr rasch erfolgen kann. Alle Arten reagieren in mehr od. minder konvergenter Weise: schattige Standorte od. hohe umgebende (Gras-)Vegetation führt zu schwächerer Verzweigung u. verlängerten Internodien; offene Standorte mit starker Sonneneinstrahlung u./od. Wind zu näher der Basis verzweigten, kleineren Pfl mit verkürzten Internodien. Kleinwüchsige u. oft auch kleinere Bla besitzende Gebirgsformen haben sich lokal aus allen Arten entwickelt – bei diesen sind häufig die LaubBla- u. DeckBlaFormen nicht voll ausgebildet.

Für die Bestimmung sind mehrere Pfl heranzuziehen, wobei auf die Möglichkeit einer Mischpopulation mehrerer Arten zu achten ist. Die Grundfarbe der Kr ist weiß, gelb od. zuweilen ganz violett; zusätzlich zeigt die Kr einen gelben Schlundfleck u. violette Streifen auf der Ober- u. Unterlippe. Die KrRöhren strecken sich während der Blühphase. Die Angaben zur KrLänge beziehen sich auf die dorsale Länge einer am Ende der Blühzeit abfallenden Kr (maximale Länge). Der Griffel krümmt sich während der Blühphase; zusammen mit der Streckung der KrRöhre kommt es zu unterschiedlichen Zeitpunkten zur Selbstbefruchtung. Blütentypen: Die großblütigen Arten (Griffel am Beginn der Blühphase gerade aus der Kr hervorragend, erst ganz am Ende gekrümmt – *E. officinalis*) sind überwiegend allogam, die mittelblütigen (Griffel am Beginn der Blühphase bereits leicht, gegen Ende stark gekrümmt – *E. stricta, E. hirtella* p.p.) ± autogam, die kleinblütigen (Griffel gekrümmt, immer im Schlund verborgen – *E. salisburgensis, E. minima, E. nemorosa, E. micrantha*) überwiegend autogam.

Die Angaben zu den DeckBla beziehen sich auf gut ausgebildete, meist das 3. od. 4. Paar (bei Zwergformen oft nicht vorhanden). Unter 'drüsenhaarig' werden nicht die bei allen Arten vorhandenen sitzenden od. kurz gestielten Drüsenhaare auf der BlaFläche, sondern Drüsenhaare mit mehrzelligem Stiel verstanden.

1 LaubBla mit keiligem Grund u. etwa lanzettlicher Spitze, mit 3–7(–9) Zähnen, zumindest 1. u. 2. Seitenzahn durch ein Stück ungegliederten, geraden BlaRand getrennt (Abb. **729**/1–3), die oberen zuweilen fast fiederschnittig. Kapsel kahl od. mit wenigen, meist kurzen, krummen Wimperhaaren bes. an der Kapselnaht. Kr weiß od. violett. Oft ganze Pfl rötlich gefärbt. Kr kleinblütig, (4–)5–7 mm lg. Oberlippe weiß, oft auch violett. Gut ausgebildete DeckBla mit mindestens 3 Zähnen pro Seite. 0,01–0,20. 7–10. Mont. bis alp. frische bis mäßig trockne, lückige Rasen, präalp. Flussgeröll, Halbtrockenrasen, kalkstet; h Alp, s By(S MS) Bw(SO Alb Gäu), ↘ (m-sm//alp-temp/dealp·c1-3EUR, [N] OAM – L7 T3 F5 R8 N4 – O Sesl., V Mesobrom.). [*E. lapponica* T.C.E. Fr., *E. nivalis* Beck, *E. stiriaca* Wettst., *E. cuspidata* subsp. *stiriaca* (Wettst.) Hayek] **Salzburger A. – *E. salisburgensis*** Hoppe
Ähnlich ist die südostalpische *E. cuspidata* Host (gut ausgebildete DeckBla mit <3 Zähnen pro Seite, Kr (9–)10–12(–15) mm lg). Nachweise dieser Art aus D haben sich als Fehlangaben erwiesen.

1* LaubBla mit abgerundetem od. höchstens kurz keiligem Grund, mit (5–)7–15 aneinander angrenzenden Zähnen (Abb. **729**/4). Kapsel oft auch auf der Kapselfläche mit geraden, steifen Wimpern, in reifem Zustand oft verkahlend. Kr weiß, gelb od. violett 2
2 Kr großblütig, (7–)9–13 mm lg, weiß, sehr selten violett. **(Artengruppe Echter A. – *E. officinalis* agg.)** 3
2* Kr klein- bis mittelblütig, (4–)5–10 mm lg 4
3 Unterste DeckBla jederseits mit 2–4(–5) stumpfen od. zugespitzten Zähnen mit gerundetem od. stumpfwinkligem, stets konvexem Innenrand; unterste Zähne meist ziemlich weit von der Basis der BlaSpreite entfernt u. vorwärts gerichtet. Pfl ohne Drüsenhaare. StgBla jederseits mit 1–5 Zähnen, Endlappen spitzlich. Erste Blü am 2.–6.(–7.) Knoten (KeimBlaKnoten nicht mitzählen). 0,05–0,25. 6–10. Hochmontane bis alp. frische Wiesen, Weiden u. Mager-

rasen, auch Moorwiesen, in subalp. bis alp. Lagen, selten dealp. in Mooren; v Alp, s By(S MS) Bw? Sa(SW) (sm/salp-stemp/dealp·c3EUR − L6 T2 F6 R6? N4? − K Mol.-Arrh., O Nard.). [*E. officinalis* subsp. *picta* (WIMM.) ČELAK, *E. versicolor* A. KERN., *E. algoviana* K. MÜLL. et GERSTL, *E. officinalis* subsp. *versicolor* (A. KERN.) VITEK]

Bunter A. − *E. picta* WIMM..

Die dealp. Vorkommen (meist in Mooren) ähneln stark der pannonisch verbreiteten *E. kerneri* WETTST. [*E. officinalis* subsp. *kerneri* (WETTST.) EB. FISCH., *E. arguta* A. KERN. non R. BR., *E. picta* subsp. *arguta* (F. TOWNS.) YEO] − die verwandtschaftliche Stellung bedarf weiterer Untersuchungen. − Alp. Zwergformen mit kleineren Blü können leicht mit *E. minima* verwechselt werden; der Griffel ragt jedoch zumindest am Anfang der Blühphase aus dem Schlund hervor.

3* Unterste DeckBla jederseits mit 4–9 spitzen od. zugespitzten Zähnen mit konkavem Innenrand; unterste Zähne abstehend od. rückwärts gerichtet. Pfl ± dicht mit Drüsenhaaren besetzt. StgBla jederseits mit 1–7 Zähnen, Endlappen stumpf. Erste Blü am (2.−)4.−10.(−14.) Knoten. 0,01–0,45. 5–10. Xerothermrasen, plan. bis alp. frische Wiesen, Weiden u. Magerrasen, auch Moorwiesen; h Alp, v By He Th, z Bw Rh Nw(f N) Sa An Bb Mv(f Elb), s Ns(v Hrz, f NW) Sh, ↘ ((sm/mo)-temp-b·c2-5EUR-(WSIB) − Kältekeimer − K Fest.-Brom., O Fest.-Sedet., K Mol.-Arrh., O Nard. − früher HeilPfl).

Echter A., Großer A. − *E. officinalis* L.

1 Erste Blü am 2.−6. Knoten. StgInternodien 2−6(−10)mal so lg wie die Bla. Pfl wenig verzweigt, ohne od. mit wenigen, meist blütenlosen Seitenzweigen. 5–6. Montane frische Wiesen, Weiden u. Magerrasen, s Bw He Sa, Verbr. ungenügend bekannt (V Triset., O Nard. − 22) [*E. montana* JORD., *E. rostkoviana* subsp. *montana* (JORD.) WETTST.] subsp. **monticola** SILVERSIDE

1* Erste Blü am 6. Knoten od. höher. StgInternodien meist nicht mehr als 3mal so lg wie die Bla. Pfl meist deutlich verzweigt, meist mit blühenden Seitenzweigen. 0,01–0,45. 6–10. Standorte, Soz., Verbr. in D u. Gesamtverbr. wie Art. (L6 Tx Fx Rx N4? − K Fest.-Brom., O Fest.-Sedet., K Mol.-Arrh., O Nard. − 22). [*E. officinalis* subsp. *rostkoviana* (HAYNE) F. TOWNS., *E. rostkoviana* HAYNE, *E. pratensis* FR., *E. campestris* JORD.]

Gewöhnlicher Echter A. − subsp. *pratensis* (FR.) SCHÜBL. et G. MARTENS

4 **(2)** Kr mittelblütig, (6−)7−10 mm lg, weiß od. violett 5
4* Kr kleinblütig, (3−)5−7,5(−8) mm lg, weiß, gelb od. violett 6
5 DeckBla mit breitem, oft herzfg Grund, ihre Zähne kurz, stumpf, unbegrannt. Pfl drüsenhaarig, ohne od. mit wenigen, nahe dem StgGrund ansetzenden Seitenästen.

***E. hirtella*, s. 6**

5* DeckBla mit keiligem Grund, ihre Zähne spitz, mit meist dunkelroter Granne. Pfl kahl bis dicht kurzborstig, zuweilen mit kurzstieligen Drüsenhaaren, oft mit ∞ Seitenästen, oft durch Anthocyane rötlich gefärbt. 0,05–0,30(−0,40). (7−)8−10. Halbtrockenrasen, frische bis mäßig trockne Magerrasen, Rud.: Weg- u. Straßenränder; v By Rh He Nw Th, z Alp Bw Sa An(h Hrz) Bb Ns(h Hrz) Mv Sh, ↘ (sm-temp·c2-7EURAS, [N] OAM − L8 Tx F4 Rx N2 − V Mesobrom., V Mol., V Nard., V Viol. can. − 44). [*E. tatarica* auct. p.p., *E. diekjobstii* G.H. LOOS]

Steifer A. − *E. stricta* J.F. LEHM.

Die früher als *E. pectinata* angegebenen Pfl sind lokale Formen, die nicht mit *E. pectinata* TEN. identisch sind, die *E. stricta* in SEUR vertritt. Kurzdrüsige, ± alp. Formen wurden im Schweizer Alpenraum als *E. brevipila* GREMLI bezeichnet, kommen aber in D wahrscheinlich nicht vor (Angaben vom Allgäu beziehen sich wahrscheinlich auf *E. hirtella*).

6 **(4)** DeckBla mit br, oft herzfg Grund, mit mindestens 7, bis zu 15 kurzen, ± stumpfen Zähnen. Ähre im oberen Teil meist sehr dicht, oft kopfig gedrängt. Pfl fast immer dicht drüsenhaarig. 0,03–0,25. 7–10. Alp. u. subalp. Magerrasen; s Alp(Allg) ((m/alp)-sm/dealp-temp/(mo)-(b/ (mo))·c1-7EURAS − L8? T3? F5? R4? N2? − O Nard., O Sesl.).

Zottiger A. − *E. hirtella* REUT.

Die Pfl des Allgäus (u. des Rofan-Gebirges, Österreich) weichen von typischer westalpischer *E. hirtella* ab ("Rofan-Rasse"). Zuweilen auftretende drüsenlose od. völlig kahle Formen können am br BlaGrund, den vielen BlaZähnen u. den wenigen aufrechten Seitenästen erkannt werden.

6* DeckBla mit herzfg bis keiligem Grund, mit (5−)7−9(−13) ± spitzen Zähnen. Ähre nicht kopfig gedrängt. Pfl nie drüsenhaarig 7
7 DeckBla mit herzfg bis selten ± keiligem Grund, meist etwa so lg wie br. Stg einfach bis wenigästig. Erste Blü am 2.−5. Knoten. Kr (3−)5−6(−7) mm lg 8

7* DeckBla mit ± keiligem Grund, meist länger als br. Stg meist mit einigen Paaren Seitenästen, diese oft nochmals verzweigt. Erste Blü ab (7.–)10. Knoten. Kr weiß bis violett .. **9**
8 Stg eher aufrecht. StgBla meist kurz gestielt. Kr weiß, gelb od. violett. 0,01–0,15(–0,25). 7–10. Alp. Magerrasen, Weiden, kalkmeidend; v Alp, s By(S) (sm-stemp//alp·c1-3EUR – L7 T2 F5 R2 N3 – V Nard., K Junc. trif.). **Alpen-A., Zwerg-A. – *E. minima* J**ACQ.
8* Stg oft am Grund hin- u. hergebogen, weich. StgBla meist nur sehr kurz gestielt, so lg wie br. Kr weiß od. violett. 0,03–0,15(–0,20). (5–)6(–7). Magerrasen, Weiden, kalkmeidend; s By(NW) Rh(N) He(SO O SW) Nw(SW) Th? Sa(SW) Ns(Hrz) ((temp)-b//mo-arct·c1-5EUR– (WSIB)-OAM – L7? T3 F5 R3? N2? – O Nard.). [*E. coerulea* auct., *E. uechtritziana* auct.]
Skandinavischer A., Nordischer A. – *E. frigida* PUGSLEY

Die hier als *E. frigida* bezeichneten Pfl der Mittelgebirge lassen sich morphologisch nicht von (manchen) *E. minima*-Pfl der Alpen unterscheiden. Durch molekulare Analysen wurde eine enge Verwandtschaft mitteleuropäischer u. skandinavischer Pfl nachgewiesen, während zu *E. minima* keine engen Beziehungen bestehen.

9 **(7)** Kr 5–7,5 mm lg, weiß bis bläulichviolett. Stg mit 1–9 Paar kräftigen, meist aufrechten Seitenästen. StgBla (3–)4–10 mm lg, meist grün. Ähre ± dicht. DeckBla meist abstehend. 0,10–0,35(–0,40). (7–)8–10. Frische Magerrasen u. Weiden, Weg- u. Waldränder, kalkmeidend; z Alp By Bw Rh He Nw Th(f NW) Sa(f Elb) An(f O), s Bb Ns Mv Sh, ↘, Verbr. ungenau bekannt ((sm/mo)-temp-(b)·c1-4 EUR, [N] OAM – L8 T5 F5 R4? N1? – O Nard., V Cynos., V Polyg. avic. – 44). [*E. curta* (FR.) WETTST., *E. preussiana* W. BECKER]
Hain-A. – *E. nemorosa* (PERS.**) W**ALLR.

Das Vorkommen der sudetischen *E. coerulea* HOPPE et FÜRNR. [*E. uechtritziana* JUNGER et ENGL.] in D ist fraglich. Angaben aus Sa(SW SO) u. anderen Teilen D bedürfen der weiteren Überprüfung bzw. beziehen sich entweder auf *E. frigida* od. *E. stricta*.

9* Kr 4,5–6,5 mm lg, weiß bis violett. Stg mit 2–7(–10) Paar ± dünnen, meist ± aufrechten Seitenästen. StgBla 3–6 mm lg, meist stark purpurn gefärbt; oft ganze Pfl rötlich. Ähre ± locker. DeckBla aufrecht bis angedrückt. 0,05–0,25(–0,30). (7–)8–10. Mäßig frische bis feuchte Magerrasen, Heiden, lichte KiefernW, kalkmeidend; z Ns, s By(f S) Bw(f NW ORh) Rh(N) He(f MW NW O) Nw(f N) Th(Wld Bck S) Sa(f Elb W) Bb(f Od SW) Sh, † An Mv, Verbr. ungenau bekannt (temp-b·c1-3EUR – L7? T5? F5 R2 N1? – V Genisto-Call., V Viol. can.). [*E. gracilis* (FR.) DREJER]
Schlanker A. – *E. micrantha* RCHB.

Hybriden (z. T. unsicher): *E. frigida* × *E. nemorosa*, *E. frigida* × *E. officinalis* subsp. *pratensis*, *E. hirtella* × *E. minima* = *E.* ×*freynii* WETTST., *E. hirtella* × *E. officinalis* subsp. *pratensis*, *E. kerneri* × *E. officinalis* subsp. *pratensis*, *E. micrantha* × *E. nemorosa* = *E.* ×*areschougii* WETTST., *E. micrantha* × *E. stricta*, *E. minima* × *E. officinalis* subsp. *pratensis*, *E. minima* × *E. picta* = *E.* ×*vollmanniana* BRAUN-BLANQ., *E. minima* × *E. salisburgensis*, *E. nemorosa* × *E. officinalis* subsp. *pratensis*, *E. nemorosa* × *E. stricta* = *E.* ×*haussknechtii* WETTST. [*E.* ×*petrii* SAGORSKI], *E. officinalis* subsp. *pratensis* × *E. picta*, *E. officinalis* subsp. *pratensis* × *E. salisburgensis*, *E. officinalis* subsp. *pratensis* × *E. stricta*, *E. salisburgensis* × *E. stricta* = *E.* ×*favratii* WETTST. [*E.* ×*glanduligera* WETTST.] – Anm.: Hybriden mit *E. officinalis* sind nomenklatorisch nicht korrekt benannt.

Pedicularis L. – Läusekraut (600 Arten)
(Alle Arten in D: sogr hros Wurzel-Hemiparasit)

1 Kr gelb **2**
1* Kr dunkelrot bis purpurn, selten weiß **5**
2 Schlund der Kr durch die zusammenneigenden Lippen geschlossen. Kr etwa 3 cm lg, schwefelgelb, Unterlippe blutrot gerandet, Oberlippe sichelfg, stumpf, ohne Zähne. 0,30– 1,00. 6–8. Wechselfeuchte bis staunasse Moorwiesen u. Niedermoore, kalkhold; s Alp(Amm Kch) By(S Alb MS O) Bw(SO: Federseegebiet), † Mv, ↘ (temp-arct·c4-7EURAS – H ♃ Rhiz – InB: Hummeln – StA – L8 T5? F8~ R8 N2? – V Car. davall., V Mol. – ▽!).
Moorkönig, Karlszepter – *P. sceptrum-carolinum* L.
2* Schlund der Kr nicht geschlossen. Kr <3 cm lg **3**
3 Oberlippe in einen lg dünnen Schnabel vorgezogen. KeZipfel so lg wie die KeRöhre, laubblattartig, gezähnt. Kr blassgelb. 0,15–0,40. 7–8. Alp. bis subalp. Steinrasen, Halbtrockenrasen, kalkstet; [N U] s Bw(Alb: Bernstadt bei Ulm) (sm/salp·c3OALP – H ♃ Rhiz – InB:

Hummeln SeB? – StA – V Sesl., V Mesobrom. – ▽).
Langähriges L. – *P. elongata* A. KERN.
3* Oberlippe gestutzt od. abgerundet, nicht geschnäbelt. KeZipfel ½ so lg wie die KeRöhre, nicht laubblattartig 4
4 Oberlippe dicht rauhaarig. DeckBla länger als die Blü, untere den StgBla gleich. Bla gefiedert, mit doppelt fiederspaltigen Abschnitten. 0,15–0,50. 6–8. Alp. bis mont. frische bis wechselfrische, skelettreiche Gras- od. Staudenfluren, kalkhold; v Alp, s Bw(Alb Keu) (sm-stemp//salp·c1-3EUR – H ♃ Rhiz – InB SeB? – L7 T3 F6 R8 N3 – V Car. ferr., V Car. davall., V Eric.-Pin. – ▽). **Reichblättriges L. – *P. foliosa* L.**
4* Oberlippe kahl, mit 2 dunkelroten Flecken. DeckBla kürzer als die Blü. Bla fiederschnittig, Abschnitte tief kerbsägig. 0,05–0,20. 6–8. Alp. frische Steinrasen, kalkstet; s Alp(Amm) (m/alp-arct·c3-7EURAS-WAM – H ♃ Rhiz – InB: Hummeln SeB – WaA: Regen – L9 T2 F5 R9 N2? – O Sesl. – ▽). [*P. versicolor* WAHLENB.] **Buntes L. – *P. oederi* VAHL**
5 (1) Oberlippe ohne Schnabel, abgerundet od. gestutzt, stumpf 6
5* Oberlippe in einen ± lg, kegelfg bis linealischen, an der Spitze gestutzten Schnabel endend (Abb. **729**/5, 6) 7
6 Bla, DeckBla u. Blü gegenständig od. quirlig. Ke aufgeblasen, rauhaarig. Kr 17–18 mm lg, meist purpurn. 0,05–0,30. 6–8. Alp. bis subalp. sickerfrische bis -nasse Rasen u. Quellmoore, kalkhold; s Alp(f Allg Amm), ↘ (sm/alp-arct·c2-7(EUR)-AS-WAM – H ♃ PfWu – InB: Hummeln – WaA: Regen – L8 T3 Fx R8 N2? – O Sesl., V Car. davall. – ▽).
Quirlblättriges L. – *P. verticillata* L.
6* Bla u. DeckBla wechselständig. Ke glockig, kahl. Kr bis 15 mm lg, braunrot (dunkelblutrot), selten grünlich. 0,20–0,60. 7–8. Subalp. sickerfeuchte Gras- u. Quellfluren, Hochstaudengebüsche; z Alp(f Krw Kch Wtt) (sm-stemp//salp·c3-4ALP – H ♃ Rhiz – InB: Hummeln – StA – L7 T3 F6 R7 N4? – V Car. ferr., V Card.-Mont. – ▽). **Gestutztes L. – *P. recutita* L.**
7 (5) Oberlippe sehr kurz geschnäbelt, unter der Spitze 2zähnig 8
7* Oberlippe meist lg geschnäbelt, ohne deutliche Zähne. AlpenPfl 9
8 Stg mehrere, meist einfach; SeitenStg liegend, HauptStg fast vom Grund an blütentragend. Blü deutlich gestielt. Ke 5zähnig, mit gezähnelten Abschnitten (Abb. **729**/5). Oberlippe der Kr mit vorn steil abfallendem Helm u. 2 nach unten gerichteten, spitzen Zähnen; Unterlippe kahl. Sa hellbraun. 0,05–0,20. 5–7. Wechselfeuchte bis sickernasse Nieder- u. Quellmoore, Feuchtwiesen u. -heiden, an Wald- u. Moorwegen, Grabenränder, kalkmeidend; z Alp(Allg Amm Kch Chm) By Bw Rh Nw Th(f NW, v O Wld) Sa Ns(f MO Elb) Sh, s He(MW) An Bb(f Od SW) Mv(f Elb), ↘ (sm/mo-temp·c1-3EUR–H ☉ ⊛, ob auch ♃) PfWu – InB: Hummeln – StA? – L7 T5 F8~ R1 N2 – O Nard., V Eric. tetr., V Car. nigr., V Mol. – ▽). **Wald-L. – *P. sylvatica* L.**
8* Stg einzeln, aufrecht, ästig, nur oberwärts blütentragend. Blü (fast) sitzend. Ke 2spaltig, mit blattartigen, krausen, tief-gezähnten Lappen (Abb. **729**/6). Oberlippe der Kr mit vorn wenig abgeschrägtem Helm u. 2 nach außen gerichteten, stumpfen Zähnen; Unterlippe bewimpert. Sa schwarzbraun. 0,20–0,50. 5–8. Feuchte bis sickernasse, teils auch zeitweilig überflutete Wiesen, Nieder- u. Zwischenmoore, Feuchtheiden, Teichränder, selten auch Halbtrockenrasen; v Alp, z By(f N) Mv Sh, s Bw(f NW) Rh(M N SW) He Nw(SW SO N) Th(Bck O Rho Wld) Sa(SW NO W) An(Hrz N W) Bb(f SW) Ns(f MO), ↘ (sm/mo-b·c1-7EUR-WAS-(OAS), [N] OAM – H ☉ ⊛ PfWu – InB: Hummeln – StA KIA WaA Lichtkeimer – L8 Tx F9= Rx N2 – V Car. lasioc., V Car. nigr., V Mol. – 16 – ▽). **Sumpf-L. – *P. palustris* L.**
1 Kr 18–25 mm lg. Untere Seitenzweige länger als die oberen. BlaSpindel flach, etwa 2 mm br. 5–7. Standorte, Soziologie u. Verbreitung wie Art. subsp. ***palustris***
1* Kr etwa 15 mm lg. Alle Seitenzweige etwa gleich lg. BlaSpindel etwas rinnig, ± 0,8 mm br. 7–8. Extensiv genutztes Feucht- u. Nassgrünland; s Mv(N: Rügen, Usedom).
subsp. ***opsiantha*** (EKMAN) E.B. ALMQ.
9 (7) Ke wollig behaart; KeZipfel (zumindest der oberen Blü) ± ganzrandig. Kr 11–16 mm lg, Unterlippe völlig kahl. BlüStand ährig, (4–)6–12(–15) cm lg. 0,15–0,45. 7–8. Alp. frische Steinrasen u. Matten, kalkstet; z Alp(Brch Chm) (sm-stemp//alp·c3-4ALP – H ♃ Rhiz – InB: Hummeln SeB – StA – L7 T2 F5 R9 N4? – V Car. ferr. – ▽). [*P. incarnata* JACQ. non L.]
Ähren-L. – *P. rostratospicata* CRANTZ
9* Ke höchstens am Rand u. auf den Nerven flaumig; KeZipfel (auch der oberen Blü) blattartig, gekerbt. Kr 16–25 mm lg, Unterlippe kurz bewimpert. BlüStand kopfig, 2–3(–5) cm lg.

0,05–0,20. 6–8. Alp. frische Steinrasen, kalkstet; v Alp (sm-stemp//alp·c3-4EUR – H ⚷
Rhiz – InB: Hummeln – StA – L8 T2 F5 R9 N3 – V Sesl. – ▽). [*P. rostrata* L.]
            Kopfiges L. – *P. rostratocapitata* CRANTZ
Hybride: *P. recutita* × *P. rostratospicata* = *P.* ×*pennina* GAUDICH. – s

Bellardia ALL. [*Parentucellia* VIV.] – **Teerkraut**   (2 Arten)
Bla elliptisch bis eilanzettlich, grob gesägt. DeckBla laubig, so lg wie die Blü. Kr (16–)18–
24 mm lg. Sa ungeflügelt. 0,10–0,50. 6–8. Nasse, sandige Ränder von Gräben u. Straßen-
böschungen; [N, ob U?] s Ns, [U] s By Bw Rh He Nw Sa Mv Sh, ↗ (m-sm·c1-5-temp·c1EUR-
(WAS), [N] AM+AUST, temp·c2EUR – eros ☉ Wurzel-Hemiparasit – InB – V Agrop.-Rum.,
V Junc. acutifl., V Nanocyp.). [*Bartsia viscosa* L., *Eufragia viscosa* (L.) BENTH., *Trixago
viscosa* (L.) RCHB., *Parentucellia viscosa* (L.) CARUEL]
            Gelbes T. – *B. viscosa* (L.) FISCH. et C.A. MEY.

Melampyrum L. – **Wachtelweizen**   (35 Arten)
(Alle Arten in D: eros ☉ Wurzel-Hemiparasit – InB: Hummeln – Kältekeimer – AmA Sa
kurzlebig)

Die Arten sind hinsichtlich der Saisonpolytypie (vgl. Anm. zu *Rhinanthus*, S. 745) sehr mannigfaltig. Neben
den phänologischen (vernalen, aestivalen u. autumnalen) Ökotypen kann man noch Tal-, Gebirgs- u. se-
getale Rassen unterschieden. Taxonomisch werden solche Sippen verschieden beurteilt. Wir bewerten
sie als Varietäten u. behandeln sie daher hier nicht.

1 Blü in allseitswendigen Ähren. DeckBla kammfg od. fransig gezähnt **2**
1* Blü in einseitswendigen Ähren od. Trauben, untere meist entferntstehend **3**
2 Ähren 4kantig, dicht. DeckBla rundlich-herzfg, gefaltet, kammfg gezähnt, grünlichweiß bis
    purpurn. Kr 12–16 mm lg, hellpurpurn. 0,08–0,50. 5–9. (Mäßig) trockne
    bis mäßig frische aufgelichtete Eichen- u. KiefernW, lückige Gebüsche u. deren Ränder,
    Halbtrockenrasen, kalkhold; z By Bw Rh Th An, s Alp(Kch) He(f NW) Nw(f N NO) Bb(f SO
    SW) Ns(f NW) Mv(f M MO) Sh(SO O), † Sa, ↘ (sm-temp·c2-6EUR-WSIB – L7 T7 F3~ R8
    N2 – V Ger. sang., O Querc. pub., V Berb. – 18). [inkl. subsp. *ronnigeri* (POEVERL.) RONNIGER,
    subsp. *solstitiale* (RONNIGER) RONNIGER]   **Kamm-W. – *M. cristatum*** L.
2* Ähren walzig, locker. DeckBla flach, eifg-lanzettlich, fransig gezähnt; obere hellpurpurn,
    useits meist schwarz punktiert. Kr 20–25 mm lg, purpurn, mit gelbem bis weißlichem
    Schlundring. 0,15–0,50. 5–8. Lehmige bis tonige, meist skelettreiche u. extensiv genutzte
    Äcker, Halbtrockenrasen, Trockengebüschsäume, kalkhold; v Th, z By Bw Rh He An Mv(f
    Elb SW), s Nw Sa(SW W) Bb(f SW) Ns(f Elb N O), † Sh, auf Äckern ↘ (sm-temp·c2-6EUR
    – auch SeB – auch MeA: Aussaat – L7 T7 F4 R8 N3 – V Caucal., V Cirs.-Brach., V Ger.
    sang.). [inkl. subsp. *pseudobarbatum* (SCHUR) WETTST., subsp. *schinzii* RONNIGER, subsp.
    semleri (RONNIGER et POEVERL.) RONNIGER]   **Acker-W. – *M. arvense*** L.
3 (1) DeckBla br eifg bis eifg-lanzettlich, borstlich gezähnt, mit herzfg bis br abgerundetem
    Grund, zumindest obere blauviolett (selten weißlich od. grün). Ke ± behaart od. fast kahl.
    Kr goldgelb. **(Artengruppe Hain-W. – *M. nemorosum* agg.)** **4**
3* DeckBla lanzettlich, ganzrandig od. nur am Grund jederseits 1–3zähnig, mit keiligem od.
    verschmälert-abgerundetem Grund, grün. Ke kahl **5**
4 KeRöhre gleichmäßig u. dicht wollig-zottig von vielzelligen, >0,5 mm lg Haaren; KeZähne
    schmal dreieckig, spitz. 0,20–0,50(–0,70). 5–9. Mäßig trockne bis frische, meist aufgelich-
    tete LaubmischW u. Trockengebüsche u. deren Ränder, an Waldwegen; v Th Sa, z By An
    Bb Ns(f N NW) Mv, s He(O MW) Sh ((sm)-temp·c3-5EUR – L5 T6 F4~ R6 N4 – V Carp.,
    V Querc. rob.-petr., O Prun., O Orig. – 16). [inkl. subsp. *moravicum* (HEINR. BRAUN) ČELAK.
    sensu U. SCHNEID., subsp. *silesiacum* (RONNIGER) BEAUVERD]
            Hain-W. – *M. nemorosum* L.
4* KeRöhre schwach flaumig von einzelligen, bis 0,25 mm lg Haaren od. fast kahl, auf den
    Nerven u. am Rand der Zähne oft mit etwas längeren, 2–4zelligen Haaren bewimpert;
    KeZähne schmaler, mit lg granniger Spitze. 0,30–0,40. 6–8. LaubW, Gebüsche; s Bb(SO)?
    (temp·c4EUR).   **❓ Polnischer W. – *M. polonicum*** (BEAUVERD) SOÓ

5 (3) Kr 6–10 mm lg, trichterfg, mit kurzer, gekrümmter Röhre, goldgelb. Ke ± so lg wie die KrRöhre; KeZähne abstehend. 0,10–0,35. 5–8. Submont. bis mont., frische NadelW u. Nadelholzforste u. ihre Ränder, kalkmeidend; h Alp Ns(Hrz, sonst f), z By(f NW) Bw(f NW ORh) Th(f NW) Sa(SW SO W), s He(NW) Nw(SO) An(Hrz), † Sh (sm-stemp//mo+b·c1-5EUR – auf *Picea* od. *Vaccinium myrtillus* – L4 T4 F5 R2 N2 – V Vacc.-Pic., V Gal.-Abiet.). [inkl. subsp. *aestivale* (RONNIGER et SCHINZ) RONNIGER, subsp. *intermedium* (RONNIGER et SCHINZ) RONNIGER, subsp. *laricetorum* (A. KERN.) RONNIGER]

                                 Berg-W., Wald-W. – *M. sylvaticum* L.

5* Kr 12–20 mm lg, keulig, mit lg, gerader Röhre, gelblichweiß bis sattgelb, selten purpurn überlaufen. Ke kürzer als die halbe KrRöhre; KeZähne fast anliegend. 0,10–0,50. 5–8. Mäßig trockne bis feuchte, lichte Laub- u. NadelW u. ihre Ränder, Heiden, Hochmoore, kalkmeidend; g Sa(v Elb), h By(g NM) Rh He Nw Th, v Alp Bw(g NW) An(g Hrz) Bb Ns Mv Sh (sm/mo-b·c1-6EUR-WSIB – Lx Tx Fx R3 N2 – O Querc. rob.-petr., V Luz.-Fag., K Vacc.-Pic., K Nardo-Call.). [inkl. subsp. *angustifrons* (BORBÁS) Soó, subsp. *commutatum* (A. KERN.) C.E. BRITTON, subsp. *engleri* Soó, subsp. *oligocladum* (BEAUVERD) Soó, subsp. *paludosum* (GAUDIN) Soó]   **Gewöhnlicher W., Wiesen-W. – *M. pratense* L.**

Rhinanthus L. [*Alectorolophus* ZINN] – **Klappertopf**   (ca. 45 Arten)
Bearbeitung: **Michael Ristow**

(Alle Arten in D: eros ☉ Wurzel-Hemiparasit – Kältekeimer)

Artabgrenzung: *Rhinanthus* ist hinsichtlich der Artabgrenzung merkmalsarm. Zudem sind die Merkmale variabel u. z. T. nicht immer trennscharf. Dies gilt v. a. für die Form u. Begrannung der DeckBlä. Hybridisierung mag eine Ursache dafür sein (nachgewiesen bei *Rh. minor* × *Rh. serotinus*). Von Arten mit normalerweise geschlossenem Schlund sind darüberhinaus außerhalb von D auch Pflanzen mit offenem Schlund angegeben (*Rh. alectorolophus*). Bei der Bestimmung ist im Zweifelsfall die Merkmalsbreite der Population anzuschauen. Kronenform u. -länge sollten an normal ausgebildeten Blü festgestellt werden, Kr von Spät- oder NachBlü an Seitenästen sind häufig deutlich kürzer.

Variabilität: Die großen Unterschiede im Beginn der BlüZeit (bis 10 Wochen Unterschied zwischen den frühest- u. spätestblühenden Ökotypen einer Art unter vergleichbaren Kulturbedingungen) innerhalb vieler Arten der Gattungen *Euphrasia*, *Odontites*, *Melampyrum*, *Rhinanthus* u. auch *Gentianella* korrelieren eng mit morphologischen Unterschieden. Experimentelle Untersuchungen zeigen, dass die phänologischen u. morphologischen Unterschiede eine genetische Grundlage haben u. als Anpassungen an die jeweiligen Standortsbedingungen betrachtet werden können. Auf bestimmte Standorte beschränkte Sippen mit unterschiedlichen BlüZeiten werden als saisonale Ökotypen bezeichnet. Sie zeigen bei Arten verschiedener Gattungen jeweils Unterschiede u. a. in folgenden Merkmalen: Anzahl der StgGlieder unterhalb des Blü-Standes, Länge der StgGlieder u. Anzahl der Äste bei *Rhinanthus* u. *Melampyrum* auch Anzahl der Bla-Paare an der Hauptachse zwischen dem obersten Astpaar u. dem Knoten mit den ersten Blü (Interkalar-Blä). Bes. eng ist die Korrelation zwischen der Anzahl der StgGlieder u. dem Beginn der BlüZeit (je später die BlüZeit, desto mehr StgGlieder). Oft ist das Vorkommen bestimmter Ökotypen auf Standorte mit bes. Bewirtschaftungsweisen, an die sie sich in den letzten Jahrhunderten angepasst haben, beschränkt. Zudem gibt es ältere Ökotypen mit Anpassungen an die Klimabedingungen verschiedener Höhenstufen od. an den Basengehalt des Bodens. Die parallelen morphologischen u. phänologischen Differenzierungen u. ihre Beziehungen zum Standort bei verschiedenen Arten werden als **Saisonpolytypie** bezeichnet. Für D liegen dazu bisher keine experimentellen Untersuchungen vor.

Da die BlüZeiten im Feld von der Höhenlage des Fundortes abhängig sind u. sich zwischen benachbarten saisonalen Ökotypen unter vergleichbaren Bedingungen nur um rund 2 Wochen unterscheiden, können für die Zuordnung der Ökotypen zu den folgenden 4 saisonalen Gruppen jeweils die Anzahl StgGlieder (unten oft nur noch an den Ansatzstellen der abgefallenen Bla erkennbar) u. die damit korrelierten Merkmale verwendet werden: a) *vernale Ökotypen*: Pfl mit wenigen StgGliedern, diese länger als die Bla, Pfl meist unverzweigt od. mit wenigen Ästen; b) *frühaestivale Ökotypen*: Pfl mit relativ wenigen StgGliedern, diese meist länger als die Bla, Pfl meist mit wenigen Ästen; c) *spätaestivale Ökotypen*: Pfl mit relativ vielen StgGliedern, diese so lg wie die Bla od. etwas länger, Pfl meist mit relativ vielen Ästen; d) *autumnale Ökotypen*: Pfl mit ∞ StgGliedern, die alle kürzer als die entsprechenden Bla sind, bes. die unteren StgGlieder sehr kurz, Pfl mit ∞ Ästen. Populationen mit flügellosen Samen sind von extensiven Ackerstandorten unterschieden worden, sie sind heute aber weitgehend erloschen (nachgewiesen bei *Rh. alectorolophus* u. *Rh. serotinus*).

Phänologisch u. morphologisch gut charakterisierte saisonale Ökotypen wurden zwar nicht selten als Unterarten bewertet, doch wäre die Rangstufe der Varietät angemessener, da sie oft sympatrisch vorkommen u. v. a. auf größerer geographischer Skala nicht immer klar unterscheidbar sind. Erste Untersuchungen zeigen zudem, dass Morphologie u. genetische Verwandtschaft nicht zwingend übereinstimmen, also davon ausgegangen werden muss, dass bestimmte Ökotypen unabhängig voneinander an verschiedenen Stellen entstanden sind. Sie werden daher hier nicht unterschieden. Nur die Vielfalt an Ökotypen wird bei den Arten erwähnt.

1 Ke u. DeckBla mit lg hellen Drüsenhaaren (>0,5 mm) od. Zottenhaaren. Schlund geschlossen 2
1* Ke kahl oder an den Kanten schwach anliegend behaart, DeckBla kahl od. anliegend behaart. Schlund offen od. geschlossen 3
2 Ke u. DeckBla mit lg hellen Drüsenhaaren (>0,5 mm). Untere Zähne der DeckBla vergrößert, größer als die darüber folgenden. Stg schwarz gestrichelt. Kr 18–20 mm lg. 0,15–0,60. 6–8. Aestival. Halbtrockenrasen, kalkstet; [N 1908] s Th(Bck: Jena) (sm·c4OEUR – InB: Hummeln – StA WiA – V Mesobrom.). [*Rh. aschersonianus* (M. SCHULZE) O. SCHWARZ, *Rh. alectorolophus* subsp. *aschersonianus* (M. SCHULZE) SOÓ]
Drüsiger K. – *Rh. rumelicus* VELEN.
2* Ke dicht zottig u. manchmal auch kurzdrüsig behaart, DeckBla zottig, seltener auch kurzdrüsig. DeckBla bis zur BlaSpitze mit ± gleich großen Zähnen (Abb. **747**/3). Stg (meist) ohne schwarze Striche. Kr 18–23 mm lg. 0,05–0,80. 5–9. Mäßig frische bis mäßig trockne, extensiv genutzte Wiesen, Halbtrockenrasen, Getreideäcker, Kleefelder, kalkhold; h Ns(MO S), v Alp Bw Th, z By(v S) Rh He(f NW) NS(S MO), s Nw(f N NO) Sa(SW SO W) An(f Elb N O) (sm/mo-stemp·c2EUR – InB: Hummeln, Falter SeB? – StA WiA MeA – L8 Tx F4 R7 N3 – O Arrh., V Car. ferr., V Mesobrom., O Sec. – in D 2 vernale, 2 frühaestivale, 1 spätaestivaler u. 1 autumnaler Ökotyp). [*Alectorolophus hirsutus* (LAM.) ALL., *Rh. major* L.]
Zottiger K. – *Rh. alectorolophus* POLLICH
3 (1) KrRöhre gerade, kürzer als die Ke (Abb. **746**/1), Zähne der Oberlippe breiter als lg, <1 mm lg, weißlich od. blassblau. Kr 13–15 mm lg, Schlund offen. DeckBla dreieckig, spitz, mit kurzen Zähnen, selten begrannt. 0,05–0,50. 5–9. Frische bis nasse, extensiv genutzte Wiesen u. Magerrasen, Halbtrockenrasen, kalkmeidend; v Alp By Bw Rh He Th, z Nw Sa An(v Hrz) Bb Ns(v Hrz) Sh, s Mv, ↘ (sm/mo-b·c1-5EUR-(WSIB), [N] NAM – InB: Hummeln SeB – StA WiA – L7 T5 F4 Rx N3 – K Mol.-Arrh., O Nard., V Mesobrom. – in D 2 vernale, 3 frühaestivale, 1 spätaestivaler u. 1 autumnaler Ökotyp) **Kleiner K. – *Rh. minor* L.**
3* KrRöhre ± aufwärtsgekrümmt (Abb. **746**/2–3), mindestens so lg wie die Ke, Zähne der Oberlippe länger als br, >1 mm lg, meist blau 4
4 Untere Zähne der DeckBla lg zugespitzt u. 1–5 mm lg begrannt (Abb. **747**/5). Kr 15–20 mm lg, Schlund offen (Abb. **746**/3). 0,05–0,60. 6–9. Mäßig trockne bis wechselfrische Wiesen, Magerrasen-Brachen, Halbtrockenrasen, alp. Steinrasen, basenhold; v Alp, z By Bw(f NW ORh) Th(Rho S Wld), s Rh(MRh N) He(SO O SW) An(Hrz: Benneckenstein) Ns(Hrz), ↘ (sm/mo-stemp/demo·c2-3EUR – InB: Bienen – WiA AmA – L8 T3 F5 R4 N2 – O Nard., O Sesl., V Mesobrom. – in D 2 vernale, 2 frühaestivale u. 1 autumnaler Ökotyp). [*Rh. aristatus* ČELAK., *Rh. angustifolius* C.C. GMEL. et auct.]
Begrannter K. – *Rh. glacialis* PERSONNAT
4* Untere Zähne der DeckBl nicht od. bis 1 mm lg begrannt, Schlund offen od. geschlossen 5
5 KrRöhre plötzlich stark aufwärts gekrümmt, kurz, ihr Schlund offen (vgl. Abb. **746**/3). Kr etwa 15 mm lg. Untere DeckBla ± dreieckig, spitz, mit schmalen, grannenlosen unteren Zähnen (Abb. **747**/4). 0,15–0,50. 6–7. Mont. Wiesen u. Weiden; † Sa(SW: Oberwiesenthal), fraglich ob früher By(NO: Berneck)? (sm-stemp//mo·c3-4EUR – InB – StA WiA – in D früher 1 vernaler u. 1 frühaestivaler Ökotyp). [*Rh. alpinus* BAUMG. non LAM., *Rh. pulcher* OPIZ]
Ⓕ **Alpen-K. – *Rh. riphaeus* KROCK.**

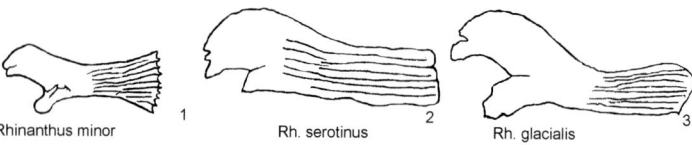

Rhinanthus minor   1   Rh. serotinus   2   Rh. glacialis   3

OROBANCHACEAE

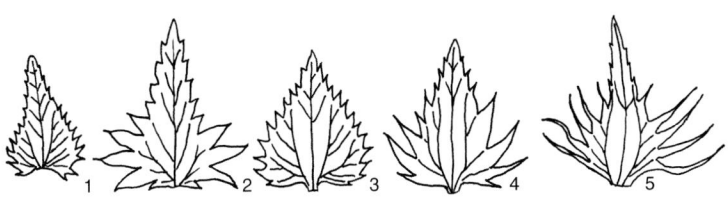

1 Rhinanthus minor 2 Rh. serotinus 3 Rh. alectorolophus 4 Rh. riphaeus 5 Rh. glacialis

5* KrRöhre schwach od. nur allmählich gekrümmt, Schlund geschlossen (Abb. **746**/2). Kr 15–24 mm lg. DeckBla eifg bis schmal dreieckig, lg zugespitzt, untere Zähne spitz od. kurz begrannt (Abb. **747**/2). 0,10–0,70. 5–9. Mäßig frische, (wechsel)feuchte bis moorige Wiesen, Halbtrockenrasen, Dünen, sandig-lehmige Äcker, sandige KiefernW u. -forste, basenhold; v Mv, z Alp By Nw Th Sa An Bb Ns Sh, s Bw(f NW) Rh He, ↘ (sm/mo-b·c2-7EUR-SIB – InB: Hummeln SeB? – StA WiA Kältekeimer – L7 T5 F6~ R7 N2 – K Mol.-Arrh., V Agrop.-Rum., V Mesobrom., O Aper., K Scheuchz.-Car. – in D 2 vernale, 2 frühaestivale, 2 spätaestivale u. 2 autumnale Ökotypen – 14). [*Rh. major* EHRH. non L., *Rh. glaber* LAM. p.p., *Rh. angustifolius* sensu Soó et auct.]   **Großer K. – *Rh. serotinus*** (SCHÖNH.) OBORNY

Hybriden: *Rh. alectorolophus* × *Rh. glacialis* = *Rh.* ×*niederederi* (STERNECK) Soó – s?, *Rh. alectorolophus* × *Rh. minor* = *Rh.* ×*brigantiacus* (GROSS) Soó – s?, *Rh. alectorolophus* × *Rh. rumelicus* = *Rh.* ×*oligadenius* (M. SCHULZE) Soó – s, *Rh. glacialis* × *Rh. serotinus* = *Rh.* ×*poeverleinii* (SEMLER) Soó – s?, *Rh. minor* × *Rh. serotinus* = *Rh.* ×*fallax* (STERNECK) CHABERT – s

Tozzia L. – Alpenrachen, Tozzie (1 Art)

Grundachse von fleischigen NiederBla dicht bedeckt. Bla kahl, fettig glänzend. Kr goldgelb, Unterlippe purpurn punktiert. 0,10–0,50. 6–8. Subalp. sickerfrische bis feuchte Hochstaudenfluren u. -gebüsche, kalkhold; z Alp, s By(S MS) (sm-stemp//salp·c2-3EUR – sogr eros G ♃ SchuppenRhiz Wurzel-Hemiparasit – InB: Schwebfliegen – AmA: FrWand stärkereich Keimung u. Jugendentwicklung unterirdisch – L5 T2 F6 R8 N7 – O Adenost.).
   Alpenrachen, Tozzie – *T. alpina* L.

Lathraea L. – Schuppenwurz (7 Arten)

[N lokal] **Stängellose Sch. – *L. clandestina* L.:** Blü 4–8, in den Achseln der SchuppenBla des unterirdischen Rhizoms, BlüStiel (1–)2–4 cm lg, Ke lila, 18–20 mm lg, Kr purpurviolett, 4–6 cm lg. 0,05–0,10. 3–5. Feuchte MischW; s By(M: München S: Grafrath) (sm/mo-stemp·c1-2EUR – Holoparasit auf Wurzeln von *Populus*, *Alnus*, *Salix*).

Rhizom mit fleischigen NiederBla. Blü trübrosa, in einseitswendiger, schwach übergebogener Traube. Ke ± 10 mm lg. Kr rosa. 0,10–0,30. 3–7. Sickerfrische bis -feuchte Laub- u. NadelW, bes. Auen- u. SchluchtW, basenhold, nährstoffanspruchsvoll; v Th Sa, z By Bw Rh He Nw(f N) An(h Hrz S) Bb Ns Mv(f Elb) Sh, s Alp (m/mo-temp·c1-4EUR-(WAS?) – eros G ♃ SchuppenRhiz Holoparasit auf Wurzeln von *Populus*, *Corylus*, *Alnus*, *Picea* – InB: Hummeln WiB Vw, unterirdische Blü kleistogam – WiA WaA AmA Sa langlebig, Keimung nur bei Wirtswurzel, Jugendentwicklung ∞ Jahre unterirdisch – L3 T5 F6 R7 N6 – K Querc.-Fag.).   **Gewöhnliche Sch. – *L. squamaria* L.**

1   Griffel kahl. Oberlippe der Kr 5–5,5 mm br, Unterlippe 4 mm br. Nur auf Laubhölzern, bes. *Corylus* u. *Alnus*. 3–5. LaubW, bes. Auen- u. SchluchtW; Verbr. wie Art (K Querc.-Fag.).   subsp. ***squamaria***
1* Griffel in der Mitte behaart. Oberlippe etwa 8 mm br, Unterlippe etwa 6 mm br. Auf *Picea*. 5–7. Laub- u. Tannen-GebirgsW; s Alp(Chm Brch) By(S: Allgäu O: Bayr-W).   subsp. ***tatrica*** HADAČ

Familie *Aquifoliaceae* BERCHT. et J. PRESL –
Stechpalmengewächse (1 Gattung/405 Arten)

Bäume od. Sträucher, sommer- od. immergrün. Bla wechselständig, einfach, ohne od. mit kleinen u. hinfälligen NebenBla. Blü ♀ od. 1geschlechtig, radiär, 4–9zählig. Pfl meist 2häusig. KrBla 4–9, frei od. häufig am Grund mit den StaubBla verwachsen. StaubBla 4–9. FrKn oberständig, meist 4–6-, selten 7–∞blättrig, gefächert, in jedem Fach 1–2 SaAnlagen. Griffel sehr kurz od. fehlend. Mehrsamige SteinFr.

Ilex L. – Stechpalme (405 Arten)

Bla immergrün, glänzend, dornig gezähnt bis ganzrandig. Blü weiß. Pfl oft zweihäusig. Fr rot. 1,00–6,00. 5–6. Frische bis mäßig trockne LaubmischW, KiefernW u. -forste, früher durch Waldweide gefördert; h Nw, v Rh Ns(f Hrz) Sh, z Alp Bw(f Alb Keu) Bb(Elb MN) Mv, s By(S MS) He(f MW O) An(N Elb W), [N] s Th Sa; auch Parkbaum (m/mo-temp·c1-2EUR – igr B/StrB WuSpr – InB – VdA Sa kurzlebig – L(4) T5 F5 R4 N5 – K Querc.-Fag., V Querc. rob.-petr., V Aln. – giftig – ▽). **Europäische St., Hülse –** *I. aquifolium* L.

Familie *Araliaceae* JUSS. – **Araliengewächse** (43 Gattungen/1450 Arten)

Meist Bäume, Sträucher od. Lianen, selten Kräuter. Bla wechselständig, einfach od. zusammengesetzt, BlaStiel am Grund oft scheidig, mit undeutlichen NebenBla. Blü in Dolden, ♀ od. 1geschlechtig, radiär, meist 4–5zählig; Ke unscheinbar od. fehlend; KrBla frei; StaubBla 5; FrKn unterständig, 2–5blättrig, mit 1samigen Fächern. Beere, SteinFr, SpaltFr ohne freien FrHalter.

1 Liane (Wurzelkletterer), 2–20 m hoch. Bla 3–5eckig gelappt od. eilanzettlich. Schwarze Beere. **Efeu –** *Hedera* S. 748
1* Kraut, Stg kriechend od. flutend, 0,10–1 m lg. Bla schildfg, Stiele lg u. dünn. 2teilige SpaltFr ohne FrHalter (Abb. **748**/1). **Wassernabel –** *Hydrocotyle* S. 749

Hedera L. – Efeu (5 Arten)

Kriech- u. KletterPfl (Wurzelkletterer). Bla immergrün, 2gestaltig (3–5eckig gelappt od. eilanzettlich). Blü gelbgrün. 0,50–20,00. 9–11. Frische LaubmischW, an Felsen u. Mauern, Parks, Gärten; g Nw An Ns, h Bw Rh He Th Sa Mv Sh, v Alp By Bb, ↗; auch ZierPfl (m-temp·c1-4EUR – igr Liane – InB: bes. Fliegen Vm: andromonözisch, Enddolde ♀, Seitendolden ♂ – VdA: Vögel – L(4) T5 F5 Rx Nx – O Fag., V Querc. rob.-petr. – VolksheilPfl, giftig – oft kultiviert wird subsp. *hibernica* (G. KIRCHN.) D.C. MCCLINT.: Bla >8 cm br, BlaStiel bis 20 cm lg, Beeren bis 12 mm ⌀, [N] Parks, Friedhöfe, Ruinen, s By Sa (sm-tempc1-2EUR – HeilPfl)). **Gewöhnlicher E. –** *H. helix* L.

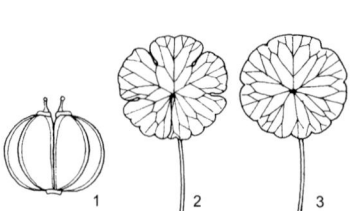

1 Hydrocotyle 2 H. ranunculoides 3 H. vulgaris 4 Sanicula europaea 5 Eryngium campestre

ARALIACEAE · APIACEAE

Hydrocotyle L. – **Wassernabel** (130 Arten)
1   BlaSpreite (25–)40–100(–180) mm ⌀, rund bis nierenfg u. 3–7lappig, gekerbt, bis auf ca. 50% des Radius geteilt, am Grund herzfg (Abb. **748**/2), stark bereift. BlaStiel meist azentrisch, 2–3 mm ⌀. 0,15–0,40 hoch. 7–8. Meso- bis eutrophe, langsam fließende od. stehende, warme, bis ca. 50 cm tiefe Gewässer; [N 2004] s By Nw Ns, ↗ (m-stemp·c1-4AM, [N] austr-trop/moCIRCPOL, m-temp·c1-3EUR+OAS – igr eros Hel ♃ KriechTr).
Großer W. – *H. ranunculoides* L. f.
1* BlaSpreite 15–40 mm ⌀, rund, gekerbt, am Grund ohne Einschnitt (Abb. **748**/3). BlaStiel ± zentrisch, <1 mm ⌀. 0,03–0,18 hoch, 0,10–1,00 lg. 7–8. Feuchte bis nasse Ränder von Flach- u. Zwischenmooren, Teichen u. Gräben, moorige Wiesen, Feuchtheiden, Birkenbrüche, Weidengebüsche, kalkmeidend; h Sh, v Bb Ns Mv, z Rh(f MRh) Nw(h N) Sa(h NO) An(h O), s Alp By Bw(f Alb Gäu) He(f NW SW W) Th(Bck S, z O), ↘ (m-temp·c1-4EUR – sogr/igr eros H/Hel ♃ KriechTr – SeB – WaA? Licht-Kältekeimer – L7 T5 F9~ R3 N2 – V Car. elat., O Scheuchz., O Mol., V Junc. squarr.). **Gewöhnlicher W. – *H. vulgaris*** L.

Familie ***Apiaceae*** LINDL. od. ***Umbelliferae*** JUSS. – **Doldengewächse**
(410–450 Gattungen/3500–3800 Arten)

Bearbeitung: **Jens Wesenberg**

Kräuter, sehr selten Gehölze. Stg knotig, meist hohl. Bla wechselständig, meist gefiedert, ihre Stiele am Grund scheidig. Blü ⚥ od. 1geschlechtig, radiär, 5zählig, die randständigen bisweilen dorsiventral, meist in aus Döldchen zusammengesetzten Doppeldolden (Abb. **906**/1), selten in Köpfen (Abb. **905**/6, 7) od. einfachen Dolden (Abb. **905**/5). Dolden u. Döldchen am Grund bisweilen mit HochBla (Hülle bzw. Hüllchen, Abb. **906**/1). Ke 5zählig (Abb. **753**/5) od. undeutlich lappig, oft fehlend. KrBla 5, meist mit eingebogener Spitze u. dadurch ± ausgerandet. StaubBla 5. FrKn unterständig, 2fächrig. Griffel 2, einem schüsselfg, scheibenfg bis kegligen, glänzenden, drüsigen Griffelpolster (Stylopodium) aufsitzend. Fr eine 2teilige SpaltFr, in 2 geschlossen bleibende, an einem gabelspaltigen FrHalter (Karpophor) hängende TeilFr zerfallend (Abb. **751**/4); diese mit 5 Haupttrippen u. zuweilen noch 4 Nebenrippen, von Ölgängen durchzogen (InB unspezifisch: Käfer, Wanzen, Falter, Haut- u. Zweiflügler; meist Vm u. Andromonözie: ZentralBlü der Döldchen oft ♂, zuweilen die Dolden der Seitentriebe rein ♂).

1   Griffelpolster becher- od. schüsselfg den Griffel umschließend. Bla distelartig od. handfg (Abb. **748**/4, 5) geteilt. (Unterfamilie *Saniculoideae*) **2**
1* Griffel an der Spitze des kegligen od. scheibenfg Griffelpolsters sitzend. Bla fiederteilig, gefiedert, 3zählig od. doppelt 3zählig, selten ungeteilt (Unterfamilie *Apioideae*) **5**
2   Pfl ± distelartig, zumindest HochBla, oft auch Bla dornig (Abb. **748**/5). Blü ungestielt, in Köpfen. **Mannstreu – *Eryngium*** S. 755
2* Pfl nicht distelartig. Bla handfg geteilt (Abb. **748**/4) **3**
3   Kr (grünlich)gelb, Blü in einer einfachen, ± sitzenden Dolde, diese von großen, blattartigen, gelblichgrünen HüllBla umgeben u. weit überragt. LaubBla handfg 3(selten 5)teilig, alle grundständig, lg gestielt. **Schaftdolde – *Hacquetia*** S. 754
3* Kr weiß od. rötlich, Blü in Doppeldolden mit gestielten Döldchen. GrundBla handfg (3–)5–7teilig, StgBla wenige od. fehlend **4**
4   Döldchen strahlig. Blü lg gestielt. HüllchenBla lanzettlich, strahlig, auffällig weiß, grün u. rosa gefärbt. Fr länglich bis eifg, blasig-höckrig. KeBla aufrecht, bleibend, lanzettlich.
Sterndolde – *Astrantia* S. 754
4* Döldchen kopfig. Blü sitzend od. kurz gestielt. HüllchenBla linealisch, weißlich-grün. Fr ± kuglig bis eifg, widerhakig-stachlig. KeBla hinfällig, linealisch. **Sanikel – *Sanicula*** S. 754
5   (1) Zumindest mittlere u. obere StgBla ungeteilt. Kr gelb od. grünlichgelb. Blü in Doppeldolden **6**
5* Bla fiederteilig, gefiedert od. 3zählig **7**

6	Alle Bla ungeteilt u. völlig ganzrandig, obere sitzend od. ± stängelumfassend.	
	Hasenohr – _Bupleurum_	S. 761
6*	Untere Bla 3zählig bis mehrfach 3zählig (schon zur BlüZeit welkend u. hinfällig), obere ungeteilt, gekerbt, ohne deutliche Scheide sitzend, mit tief herzfg Grund den oberwärts häutig geflügelten Stg umfassend.	
	Stängelumfassende Gelbdolde – _Smyrnium perfoliatum_	S. 760
7	(5) Fr deutlich geschnäbelt, Schnabel 5–80 mm lg, 0,9–5mal so lg wie der samentragende Teil der Fr. Bla 2–3fach gefiedert.	
	Nadelkerbel – _Scandix_	S. 758
7*	Fr ungeschnäbelt od. mit kurzem, bis 2 mm lg Schnabel, dieser deutlich kürzer als der samentragende Teil der Fr	**8**
8	Doppeldolden durch starke Verkürzung der Doldenstrahlen u. der BlüStiele knäuelig, fast sitzend, scheinbar blattgegenständig (Abb. 751/1). Fr verschiedengestaltig, die des Knäuelinneren höckrig, die randlichen mit einer nach außen gerichteten langstachligen u. einer nach dem Knäuelinneren gerichteten höckrigen TeilFr.	
	Knäuel-Klettenkerbel – _Torilis nodosa_	S. 758
8*	Doppeldolden nicht knäuelig, meist end- od. achselständig, deutlich gestielt (nur bei _Helosciadium_, S. 762, zuweilen fast sitzend, aber Doldenstrahlen lg). Fr alle gleichgestaltet	**9**
9	Kr gelb od. grünlichgelb, seltener grünlich od. gelblichweiß	**10**
9*	Kr weiß od. rötlich (bei _Trinia_, S. 762, KrBla der ♂ Pfl useits mit schmalem, grünem Mittelstreif; bei einigen _Laserpitium_-Arten, S. 773, Kr beim Trocknen gelblich werdend)	**23**
10	Bla 3–4fach gefiedert, mit haarfg Zipfeln	**11**
10*	BlaZipfel nicht haarfg	**12**
11	Fr walzig, nicht geflügelt. BlaScheiden 3–6 cm lg. **Fenchel – _Foeniculum_**	S. 768
11*	Fr linsenfg flach, geflügelt. BlaScheiden 1,5–2 cm lg. Stg mit weißen Längsstreifen.	
	Dill – _Anethum_	S. 768
12	(10) Hülle u. Hüllchen 4- bis ∞blättrig, bleibend	**13**
12*	Hülle fehlend od. nur aus 1–2(–4) hinfälligen Blchen bestehend. Hüllchen fehlend od. vorhanden	**16**
13	TeilFr am Rand ungeflügelt, 5kantig. Bla fleischig, 1–2fach gefiedert od. fiederschnittig, Abschnitte ganzrandig. Kr gelblich. **Meerfenchel – _Crithmum_**	S. 766
13*	TeilFr am Rand geflügelt. Bla dünn, krautig	**14**
14	Stg gewöhnlich rau- od. steifhaarig. Rand der HüllchenBla zottig gewimpert. Fr steifhaarig. Kr gelblichweiß, trocken oft gelb. **Laserkraut – _Laserpitium_**	S. 773
14*	Stg, Rand der HüllchenBla u. Fr kahl. Kr blassgelb	**15**
15	BlaFiedern mit br eifg Abschnitten. Ke undeutlich. **Liebstöckel – _Levisticum_**	S. 771
15*	BlaFiedern mit schmal linealischen Abschnitten. Ke deutlich 5zähnig (Abb. 751/2).	
	Elsässer Haarstrang – _Peucedanum alsaticum_	S. 771
16	(12) Hüllchen ∞blättrig	**17**
16*	Hüllchen fehlend od. hinfällig 1–3blättrig	**21**
17	TeilFr nicht geflügelt. Ke undeutlich	**18**
17*	TeilFr am Rand geflügelt. Ke ± deutlich 5zähnig	**19**
18	Pfl beim Reiben stark riechend. Kr grünlichgelb. Fr von der Seite zusammengedrückt.	
	Petersilie – _Petroselinum_	S. 763
18*	Pfl ± geruchlos. Kr gelblichweiß. Fr stielrund. **Silau – _Silaum_**	S. 768
19	(17) BlaAbschnitte lg linealisch. Kr gelb. Randflügel der beiden TeilFr fest aneinanderliegend. **Echter Haarstrang – _Peucedanum officinale_**	S. 771
19*	BlaAbschnitte lanzettlich bis eifg	**20**
20	Stg meist rauhaarig, mit Borstenkranz an den Knoten. Bla 1–2fach fiederteilig od. gefiedert. Randflügel der beiden TeilFr fest aneinanderliegend. Doppeldolde flach gewölbt.	
	Bärenklau – _Heracleum_	S. 772
20*	Stg fast kahl. Bla 2–3fach gefiedert. Randflügel der TeilFr klaffend. Doppeldolde fast kuglig.	
	Echte Engelwurz – _Angelica archangelica_	S. 770
21	(16) BlaZipfel 1–2(–4) mm br, schmal linealisch bis lanzettlich, oft 2–3spaltig, Bla einfach gefiedert, mit fiederteiligen Abschnitten. Kr gelblich od. grünlichweiß. Fr geflügelt.	
	Kümmelblatthaarstrang – _Dichoropetalum_	S. 772

    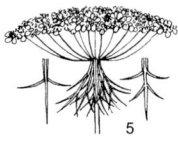

| 1 Torilis nodosa | 2 Peucedanum alsaticum | 3 Chaerophyllum aureum | 4 FrHalter | 5 Daucus carota |

21* BlaZipfel deutlich breiter, länglich, eifg, elliptisch od. am Grunde herzfg, Bla ein- bis mehrfach 3zählig od. gefiedert. Kr gelb. Fr ungeflügelt od. schmal gefügelt 22
22 Bla meist einfach, selten doppelt gefiedert (Abb. **771**/5), untere kurz gestielt, mittlere auf bauchiger, leicht hautrandiger Scheide sitzend, oberste aus einer spreitenlosen Scheide bestehend. Fr br elliptisch, flachgedrückt, reif gelbbräunlich, schmal geflügelt.
Pastinak – *Pastina̱ca* S. 772
22* Bla ein- bis mehrfach 3zählig od. gefiedert, untere lg gestielt, obere auf deutlich aufgeblasener, am Rand zottig-bewimperter Scheide sitzend. Fr eifg-kuglig, reif fast schwarz, glänzend, ungeflügelt. **Gespenst-Gelbdolde – *Smyrnium olusa̱trum*** S. 761
23 **(9)** Fr unterhalb des Griffelpolsters mit einem gerippten bis gefurchten Schnabel (Abb. **757**/4). Schnabel ⅕–½ so lg wie der samentragende Teil der Fr, stets (auch bei borstenfrüchtigen Arten) kahl. **Kerbel – *Anthri̱scus*** S. 757
23* Fr ohne Schnabel (die auf dem Griffelpolster befindlichen 2 Griffeläste nicht für Schnäbel halten!), zuweilen jedoch oben etwas verschmälert (Abb. **751**/3) 24
24 Fr 20–25 mm lg, oben verschmälert, an den Kanten kurz borstig, sonst kahl, lackglänzend, reif schwarzbraun. Pfl mit Anisgruch. Bla 2–3fach gefiedert. **Süßdolde – *Myrrhis*** S. 758
24* Fr höchstens 12(–14) mm lg 25
25 Fr auf den Nebenrippen mit dicken, lg, widerhakigen Stacheln dicht besetzt, sich klettenartig anhäkelnd 26
25* Fr kahl, weichhaarig od. mit zerstreuten, dünnen, kurzen Börstchen besetzt, nicht klettend 30
26 HüllBla 3teilig bis fiederschnittig, mit fädlichen Zipfeln (Abb. **751**/5). FrDolde nestfg zusammengezogen. Pfl mit Möhrengeruch. **Möhre – *Da̱ucus*** S. 760
26* HüllBla ungeteilt od. fehlend 27
27 Bla einfach gefiedert, mit meist 4 Paar lanzettlichen, fiederspaltigen Fiedern (Abb. **759**/1). HüllBla 2–5, HüllchenBla 5–7, alle sehr br hautrandig. **Turgenie – *Turge̱nia*** S. 759
27* Bla 2–3fach gefiedert 28
28 Stg fein gerillt, mit rückwärts anliegenden Börstchen. Spreiten, BlaStiele, Dolden- u. Döldchenstrahlen mit vorwärts anliegenden Börstchen. **Klettenkerbel – *Torilis*** S. 758
28* Stg kantig gefurcht, kahl od. zerstreut abstehend borstig 29
29 Dolde 5–12strahlig. HüllBla (3–)5, br weiß hautrandig. KrBla am Außenrand der Gesamtdolde auffallend vergrößert (Abb. **752**/1), 7–12 mm lg, bis 10mal so lg wie die übrigen KrBla.
Breitsame – *Orlaya* S. 760
29* Dolde 2–3(–5)strahlig. HüllBla 0–2, unscheinbar, kaum hautrandig. KrBla am Doldenrand wenig vergrößert, bis 2 mm lg, 2–3mal so lg wie die übrigen.
Haftdolde – *Cauca̱lis* S. 759
30 **(25)** Bla einfach fiederteilig od. einfach gefiedert (bei *Dichoropetalum*, S. 772, einfach gefiedert, mit fiederteiligen Abschnitten; bei *Pimpine̱lla*, S. 764, die obersten z. T. doppelt fiederteilig) 31
30* Bla 2–3fach fiederteilig od. 2–3fach gefiedert od. 2–3fach dreizählig 38
31 TeilFr mit br Randflügel 32
31* TeilFr ungeflügelt 34
32 Hülle ∞blättrig, bleibend. Fr borstig. Dolde 5–8(–15)strahlig. ① ☉.
Zirmet – *Tordy̱lium* S. 773
32* Hülle fehlend od. hinfällig 1–6blättrig. Fr kahl, weichhaarig od. an den Randflügeln borstig. Dolde 6–25(–150)strahlig. ♃, ⊝ 33
33 BlaAbschnitte eifg bis br lanzettlich. Hüllchen ∞blättrig. **Bärenklau – *Heracle̱um*** S. 772

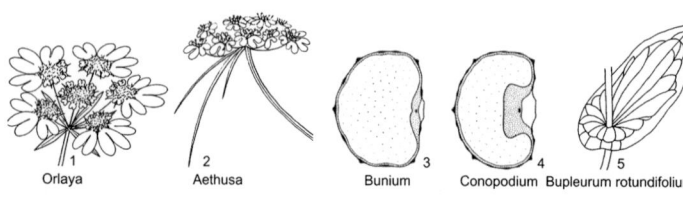

1 Orlaya 2 Aethusa 3 Bunium 4 Conopodium 5 Bupleurum rotundifolium

33* BlaAbschnitte linealisch bis schmal lanzettlich. Hüllchen 1–3blättrig.
Kümmelblatthaarstrang – *Dichoropetalum* S. 772
34 (31) Hüllchen fehlend, selten mit 1–2 hinfälligen Bla 35
34* Hüllchen vorhanden, bleibend, (2–)3–∞blättrig 36
35 Pfl kahl, stark nach Sellerie riechend. Dolden, wenigstens z. T., scheinbar blattgegenständig, fast sitzend. KrBla 0,5 mm lg. Fr 1,5–2 mm lg. **Sellerie – *Apium graveolens* S. 762**
35* Pfl kahl od. behaart, ohne Selleriegeruch. Alle Dolden deutlich gestielt, end- od. achselständig. Größere KrBla 1–1,5 mm lg. Fr 2–5 mm lg. **Pimpinelle – *Pimpinella* S. 764**
36 (34) Stg kriechend, am Grund liegend od. im Wasser flutend (Abb. **753**/1, 2). Ke undeutlich.
Sumpfsellerie – *Helosciadium* S. 762
36* Stg vom Grund an aufrecht. Ke mit 5 deutlichen, pfriemlichen Zähnen 37
37 Pfl mit unterirdischen Ausläufern. Dolden, wenigstens z. T., scheinbar blattgegenständig. Stg zart gerillt. **Berle – *Berula* S. 765**
37* Pfl ohne Ausläufer. Alle Dolden endständig. Stg meist kantig gefurcht.
Merk – *Sium* S. 766
38 (30) Hülle u. Hüllchen fehlend od. hinfällig 1–5blättrig, allseitig 39
38* Hüllchen mehrblättrig, bleibend; zuweilen nur 2–6blättrig u. einseitig 43
39 Pfl 2häusig, selten mit einzelnen ♂ Blü, blaugrün, kahl. Stg am Grund mit auffälligem Faserschopf. KrBla der ♂ Blü mit schmalem, grünem, die der ♀ Blü mit br, rötlichem Mittelstreif. **Faserschirm – *Trinia* S. 762**
39* Blü ⚥. Pfl grasgrün od. etwas trübgrün 40
40 Scheiden der StgBla an ihrem Grund jederseits mit vielzipfligem Fiederabschnitt. Unterstes Fiederchenpaar jeder Fieder mit dem der gegenüberstehenden Fieder ein Kreuz bildend (ähnlich Abb. **753**/3). Fr mit Kümmelgeruch. **Wiesen-Kümmel – *Carum carvi* S. 764**
40* BlaScheiden an ihrem Grund ohne Fiederabschnitte. Unterste Fiederchen kein deutliches Kreuz bildend 41
41 BlaAbschnitte schmal lanzettlich bis linealisch. Stg stielrund, gerillt, hohl. Ke undeutlich. Pfl mit 1–4 cm großer, kugliger Hypokotylknolle. **Erdkastanie – *Conopodium* S. 764**
41* BlaAbschnitte rundlich od. eifg bis eilänglich. Pfl ohne Hypokotylknolle 42
42 BlaAbschnitte rundlich, stumpf, ungleich gekerbt, kahl. Stg stielrund. Ke deutlich 5zähnig. Pfl mit Kümmelgeruch. **Rosskümmel – *Laser* S. 773**
42* BlaAbschnitte eifg bis eilänglich, zugespitzt, scharf gesägt (Abb. **771**/1), useits auf den Nerven kurzhaarig (Lupe!). Stg kantig gefurcht. Ke undeutlich. Pfl ohne Kümmelgeruch.
Giersch – *Aegopodium* S. 765
43 (38) Hüllchen einseitig (seine Bla nur auf der Außenseite des Döldchens), 2–3(–6)blättrig (Abb. **752**/2). Pfl kahl 44
43* Hüllchen allseitig ausgebildet, mehrblättrig 47
44 Pfl mit auffallendem Wanzengeruch. Hülle fehlend. Dolden 3–8strahlig. Griffel 1,5–2 mm lg 45
44* Pfl ohne Wanzengeruch. Hülle fehlend od. vorhanden. Dolden (7–)10–20strahlig. Griffel 0,5–1 mm lg 46
45 Fr fast kuglig, nicht in 2 TeilFr zerfallend. Ke 5zähnig, die beiden äußeren Zähne bedeutend länger (Abb. **759**/5). **Koriander – *Coriandrum* S. 760**
45* Fr reif in 2 kuglige TeilFr zerfallend. Ke undeutlich. **Hohlsame – *Bifora* S. 760**
46 (44) Hülle 3–5blättrig. HüllchenBla dreieckig-lanzettlich. Fr eirund, mit wellig gekerbten Rippen. Pfl mit auffälligem Mäusegeruch. **Schierling – *Conium* S. 761**

APIACEAE 753

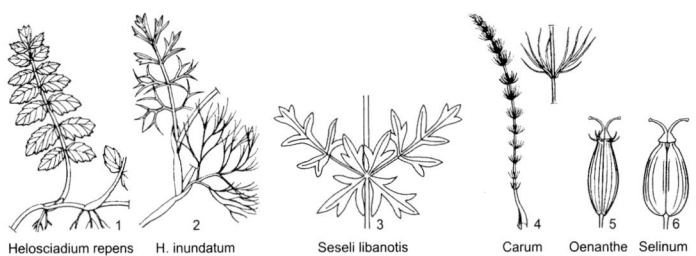

Helosciadium repens   H. inundatum   Seseli libanotis   Carum verticillatum   Oenanthe   Selinum silaifolium

46* Hülle 0(–2)blättrig. HüllchenBla linealisch, meist länger als das Döldchen. Pfl mit schwach knoblauchartigem Geruch. **Hundspetersilie – _Aethusa_** S. 768
47 **(43)** Fr ± behaart **48**
47* Fr völlig kahl **50**
48 Fiedern ungestielt, daher das unterste Fiederchenpaar jeder Fieder mit dem der gegenüberstehenden Fieder ein Kreuz bildend (Abb. **753**/3). Pfl 60–120 cm hoch. Stg sehr stark kantig gefurcht. Dolde 20–40strahlig, zur FrZeit zusammengezogen.
 Berg-Heilwurz – _Seseli libanotis_ S. 766
48* Fiedern gestielt, unterste Fiederchen kein Kreuz bildend. Pfl 10–60 cm hoch. Stg fein gerillt bis schwach kantig **49**
49 Hülle mehrblättrig, meist 1 HüllBla laubblattähnlich u. doppelt gefiedert. Fr fast linealisch, bis zuletzt dicht u. lg zottig, 5–7 × 2 mm. **Augenwurz – _Athamanta_** S. 768
49* Hülle 0(–2)blättrig. Fr elliptisch, spärlich flaumhaarig, verkahlend, 1,5–3 mm lg (wenn länger, dann HüllchenBla becherfg verwachsen, Abb. **771**/2).
 Sesel, Bergfenchel – _Seseli_ S. 766
50 **(47)** Hülle 4–∞blättrig, bleibend **51**
50* Hülle hinfällig 1–3blättrig od. fehlend **62**
51 Bla im Umriss linealisch, <2 cm br, mit fädlichen, fast quirlig gedrängten Abschnitten (Abb. **753**/4). **Quirl-Kümmel – _Carum verticillatum_** S. 764
51* Bla im Umriss breiter, >2 cm br **52**
52 BlaZipfel haarfg (etwa 0,2 mm br), quirlig gebüschelt. Wurzelstock mit braunem Faserschopf. Pfl sehr stark würzig riechend. **Bärwurz – _Meum_** S. 769
52* BlaZipfel breiter, flach **53**
53 HüllBla groß, wenigstens z. T. fiederspaltig, fiederteilig od. handfg gespalten **54**
53* HüllBla klein, lanzettlich, ganzrandig **56**
54 Pfl 3–15 cm hoch. Stg unverzweigt, 0–2blättrig, mit 1 endständigen Dolde. HüllBla u. HüllchenBla handfg 3–5spaltig. Fr geflügelt. **Zwergmutterwurz – _Pachypleurum_** S. 770
54* Pfl 30–120 cm hoch. Stg ästig, reichblättrig, mit mehreren Dolden. Fr gerippt **55**
55 HüllBla 3teilig od. fiederteilig, mit schmal linealischen Abschnitten. Stg fein gerillt. ⊙.
 Knorpelmöhre – _Ammi_ S. 763
55* HüllBla fiederspaltig, mit br Abschnitten. Stg kantig gefurcht. ♃.
 Rippensame – _Pleurospermum_ S. 761
56 **(53)** TeilFr ungeflügelt **57**
56* TeilFr geflügelt **60**
57 BlaZipfel 50–90 × 5–15 mm, linealisch, gleichmäßig scharf gesägt, mit knorpligen, grannenspitzigen Sägezähnen. **Sichelmöhre – _Falcaria_** S. 763
57* BlaZipfel 5–30 × 1–1,5 mm, lineal-lanzettlich, ganzrandig od. fein rau **58**
58 Bla fleischig, 1–2fach gefiedert od. fiederschnittig, Abschnitte ganzrandig. KrBla gelblichweiß od. grünlichweiß. **Meerfenchel – _Crithmum_** S. 766
58* Bla dünn, krautig **59**
59 Ke deutlich 5zähnig, zur Reife vergrößert (Abb. **753**/5). FrHalter (Karpophor) den TeilFr fest angewachsen, daher scheinbar fehlend. Pfl ohne Hypokotylknolle. SumpfPfl.
 Pferdesaat – _Oenanthe_ S. 767

59* Ke undeutlich, zur FrReife fehlend. FrHalter (Karpophor) frei. Pfl mit Hypokotylknolle. Auf trocknen Böschungen, Hängen u. Äckern. **Knollenkümmel – *Bunium*** S. 764
60 (56) Jede TeilFr 4flüglig. Fr nicht abgeflacht. **Laserkraut – *Laserpitium*** S. 773
60* Jede TeilFr 2flüglig. Fr linsenfg abgeflacht 61
61 FrFlügel dünn. Bla beidseits gleichfarbig. **Haarstrang – *Peucedanum*** S. 771
61* FrFlügel dick. Bla oseits hellgrün, useits graugrün. **Hirschwurz – *Cervaria*** S. 772
62 (50) BlaZipfel haarfg, quirlig gebüschelt. Wurzelstock mit braunem Faserschopf. Pfl sehr stark würzig riechend. **Bärwurz – *Meum*** S. 769
62* BlaZipfel breiter 63
63 Stg wenigstens unterwärts zerstreut lg u. steif borstig. Hüllchen meist bewimpert.
Kälberkropf – *Chaerophyllum* S. 755
63* Stg kahl, selten dicht u. kurz feinflaumig. Hüllchen meist unbewimpert 64
64 BlaAbschnitte br herz-eifg. Fr 4–6 mm lg, mit Randflügel. **Engelwurz – *Angelica*** S. 770
64* BlaAbschnitte lanzettlich bis linealisch 65
65 Fr 10flüglig. Stg scharfkantig gefurcht, oberwärts mit häutig geflügelten Kanten. BlaStiele oseits deutlich gefurcht. BlaZipfel mit weißer Grannenspitze (Abb. **769**/2). Doldenstrahlen 15–20, innen flaumig. Ke undeutlich. Pfl mit Möhrengeruch.
Kümmel-Silge – *Selinum carvifolia* S. 769
65* Fr ungeflügelt, ± gerippt. Stg nie geflügelt, fein gerillt, wenn stumpfkantig gefurcht, dann Ke deutlich 5zähnig 66
66 Fr 1,5 × 2 mm, stumpfrippig, vom 5zähnigen Ke gekrönt. StgBasis knollenartig, aufrecht, innen mit großen Querkammern. BlaZipfel scharf u. tief gesägt.
Wasserschierling – *Cicuta* S. 763
66* Fr länger als br. Pfl nicht mit gekammerter Knolle. BlaZipfel ganzrandig 67
67 HüllchenBla br hautrandig, frei od. zu einem Becher verwachsen. Fr wenigstens anfangs behaart. KeZähne klein, br dreieckig, an der reifen Fr unscheinbar.
Sesel, Bergfenchel – *Seseli* S. 766
67* HüllchenBla nicht od. schmal hautrandig (wenn breiter berandet, dann Ke fehlend), stets frei. Fr völlig kahl. Ke undeutlich od. mit 5 großen, lanzettlichen, an der reifen Fr vergrößerten Zähnen 68
68 Ke deutlich 5zähnig, zur Reife sich vergrößernd (Abb. **753**/5). FrHalter (Karpophor) den TeilFr fest angewachsen, daher scheinbar fehlend. SumpfPfl.
Pferdesaat – *Oenanthe* S. 767
68* Ke fehlend od. undeutlich (Abb. **753**/6). FrHalter frei 69
69 Dolde 20–30strahlig. Kr weiß. FlachlandPfl. **Silge – *Selinum*** S. 769
69* Dolde 7–12strahlig. Kr rosa od. weiß. AlpenPfl. **Mutterwurz – *Mutellina*** S. 769

Sanicula L. – Sanikel (ca. 40 Arten)

GrundBla immergrün, handfg geteilt (Abb. 748/4). Döldchen kopfig. 0,20–0,45(–0,60). 5–6. Frische bis mäßig feuchte LaubmischW, AuenW, kalkhold; h Alp, v By Bw Rh Nw Th Sh, z He Sa An(h Hrz S) Bb Ns(h S) Mv(f Elb) (austr-trop/moAS+AFR-m/mo-temp·c1-5EURAS – igr ros H ♃ Rhiz – InB Vm – KlA Kälte-Dunkelkeimer – L4 T5 F5 R8 N6 – O Fag. – früher HeilPfl – *16*). **Wald-S. – *S. europaea*** L.

Hacquetia DC. – Schaftdolde (1 Art)

Bla handfg 3(selten 5)teilig, grundständig. HüllBla 5–6, groß, den BlaAbschnitten ähnlich, viel länger als die Blü. 0,10–0,25. 4–5. LaubW; [N] s By He (sm/mo-stemp/demo·c3EUR – sogr ros H ♃ Rhiz – WiA – *L3 T6 F4 R7 N5 – 16*). [*Sanicula epipactis* (Scop.) E.H.L. Krause] **Schaftdolde – *H. epipactis*** (Scop.) DC.

Astrantia L. – Sterndolde, Strenze (ca. 10 Arten)

1 Mittlerer Abschnitt der handfg geteilten GrundBla fast frei, seitliche untereinander bis mindestens ⅓ verwachsen, alle gegen die Spitze 3lappig. HüllBla ziemlich derb. KeZähne sehr spitz od. mit Stachelspitze. 0,30–0,90. 6–8. Frische Gebirgswiesen, waldnahe Staudenfluren, Waldsäume, Gebüsche, Schlucht- u. AuenW, basenhold; g Alp, z By(f NW) Bw(f NW

ORh) Th(Bck S) Sa(SO SW W), s An(f Elb N O) Bb, [N] s He Nw Mv Sh, f Ns (sm/mo-temp/
demo·c2-4EUR – sogr hros H ♃ Rhiz – InB Vm – StA KlA? Kältekeimer –V Triset., V Trif.
med., V Acer.-Fag., V Alno-Ulm., V Car. ferr., V Adenost. – 28).
Große St. – A. *major* L.

1   HüllBla so lg wie die Dolde od. wenig länger, meist weißlich od. grünlich. Standorte u. Soz. weitgehend
wie Art, jedoch vor allem in tieferen u. mittleren Lagen; Verbr. in D u. Areal wie Art (L6 T4 F6 R8 N5
– 28) [*A. m.* var. *major*] subsp. *major*

1* HüllBla bis doppelt so lg wie die Dolde, oft purpurn überlaufen. Mont. bis subalp. Rasen u. Hoch-
staudenfluren; s Alp(Allg Chm Kch), ↘ (sm-stemp//mo·c3EUR – *L7 T3 F6 R8 N5* – V Car. ferr., V
Triset., V Adenost.). [*A. m.* var. *involucrata* W.D.J. Koch, *A. m.* subsp. *carinthiaca* (Rchb.) Arcang.]
Kärntner St. – subsp. *involucrata* (W.D.J. Koch) Ces.

1* Die 3 mittleren BlaAbschnitte fast frei. HüllBla dünn. KeZähne stumpf od. kaum stachel-
spitzig. 0,20–0,50. 6–8. Subalp. frische Rasen u. Krummholzgebüsche, kalkhold; z Alp(Krw
Mng Kch), ↘ (sm-stemp//salp·c3EUR – sogr hros H ♃ Rhiz – InB Vm – StA KlA? – L7 T2
F5 R8 N4? – O Sesl., V Nard., V Adenost. – 14). [*A. major* subsp. *bavarica* (F.W. Schultz)
F. Herm.] **Bayerische St. – *A. bavarica* F.W. Schultz**

Eryngium L. – Mannstreu (230–250 Arten)

1   HüllBla br, ± eifg od. rhombisch, sich (zumindest am Grund) mit den Rändern deckend
.... 2
1* HüllBla schmal, lineal-lanzettlich, weit voneinander abstehend, nicht überlappend 3
2   HüllBla (4–)5(–7), seicht 3lappig mit br dreieckigen Dornzähnen, etwa so lg wie der BlüKopf.
Köpfe anfangs ± kuglig, 1–2 cm lg, später verlängert. Bla steif, derbdornig, obere stängel-
umfassend. Pfl weißlich bereift, oft bläulich. 0,20–0,60. 6–8. Trockne, lückige Weiß- (u. Grau-)
Dünen, basenhold; z Ns(N, s NW) Sh(f M), s Mv(N MW NO), ↘ (m-temp·c1-5litEUR – hros
H ☉ ♃ Rübe – InB: große Bienen, Fliegen, Falter Vm – StA – L9 T6 F4 R7 N4 – V Ammoph.,
V Koel. albesc. – 16 – ▽). **Strand-M., Stranddistel – *E. maritimum* L.**

2* HüllBla 6–10, mit mehr als 3 dornig gezähnten BlaLappen, länger als der BlüKopf. Köpfe
walzlich bis länglich-eifg, 3–5 cm lg. Bla ledrig, StgBla dornig gezähnt bis gelappt, obere
sitzend od. stängelumfassend, GrundBla verlängert dreieckig-herzfg, gekerbt bis gesägt.
Pfl grau- bis blaugrün. 0,50–1,50(–2,00). 6–8. ZierPfl; auch verwildert: Xerothermrasen,
Wald- u. Gebüschsäume, Rud.; [N U] s By Th, [U] s Bw Rh Sa An (m-sm//mo·c3-4KAUK,
[N] temp·c2-4EUR – igr hros H ☉ ⊛ Rübe – StA – *L7 T3 F2 R7 N7* – K Fest.-Brom.?,
K Trif.-Ger.?, K Artem.?). **Riesen-M., Elfenbeindistel – *E. giganteum* M. Bieb.**

3   (1) Pfl graugrün od. weißlich, sehr ästig. Bla 3zählig, mit doppelt fiederspaltigen Abschnitten
(Abb. 748/5). Köpfe fast kuglig. Kr weiß od. graugrün. 0,15–0,60. 7–8. Trocken- u. Halbtro-
ckenrasen, trockne Wiesen, trockne, sandige bis lehmige Rud.: Wegränder, Böschungen,
Bahnanlagen; v An, z By(f NO O S) Rh He(f NW W) Th(v Bck, s Rho) Bb(f SO NO), s Bw(f
SO S) Nw(f N) Sa(f NO) Ns(f Hrz S) Mv(Elb SW MN) Sh(M SO) (m-stemp·c1-7EUR – sogr
hros H ♃ Rübe – InB: bes. Bienen, Schwebfliegen, Falter Vm – StA KlA WiA: Steppen-
läufer – L9 T7 F3 R8 N3 – K Fest.-Brom.?, V Arrh., O Fest.-Sedet., O Agrop. – *14, 28* – ▽).
Feld-M. – *E. campestre* L.

3* Pfl oberwärts blau überlaufen. Untere Bla ungeteilt, herz-eifg bis länglich, obere 3–5teilig.
Köpfe eifg. Kr blau. 0,20–0,60. 7–9. Sandtrockenrasen, sandige trockne Wiesen, bes. Fluss-
terrassen, Rud.; s Bb(Od M MN), [N] s By, [U] s Bw Rh He Nw An Ns Mv Sh; auch ZierPfl
(m/mo-temp·c4-7EUR-WAS – sogr hros H ♃ Rübe – InB Vm – StA KlA -L7 T6 F? R2 N? – O
Fest.-Sedet., O Coryneph., V Dauco-Mel. – 16). **Flachblättriger M. – *E. planum* L.**

Ähnlich: **Amethyst-M. – *E. amethystinum* L.** – BlüStand blau bis violett. GrundBla geteilt, ihre Spreite am
Stiel herablaufend. ZierPfl; [U] s Bw Rh Ns. **Bourgat-M. – *E. bourgatii* Gouan** – BlüStand blau bis violett.
GrundBla geteilt, ihre Spreite nicht am Stiel herablaufend. ZierPfl; [U] s Bw Rh.

Chaerophyllum L. – Kälberkropf (40–60 Arten)

1   KrBla deutlich gewimpert (Lupe!), weiß od. oft rötlich. Griffeläste fast parallel. Hüllchen lg
gewimpert. Stg unter den Knoten nicht verdickt. (**Artengruppe Rauhaariger K. – *Ch. hir-
sutum* agg.**) 2

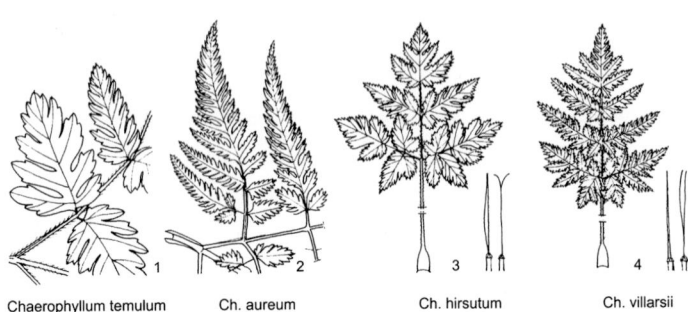

Chaerophyllum temulum   Ch. aureum   Ch. hirsutum   Ch. villarsii

1* KrBla kahl, reinweiß. Griffeläste spreizend. Stg unter den Knoten ± deutlich verdickt, wenigstens unterwärts rotfleckig **3**
2 Jede der beiden unteren BlaFiedern fast so groß wie die übrige BlaSpreite (Abb. **756**/3). FrHalter bis höchstens auf ⅓ gespalten, über dem Grund verdickt (Abb. **756**/3). 0,50–1,20. 5–7. Sickernasse Staudenfluren, an Bächen u. Quellen, mont. Wiesen u. AuenW, nährstoffanspruchsvoll; g Alp, v By Th(g Wld) Sa(g SW, s Elb), z Bw(h SW) He An Ns(MO S), s Rh(f W) Nw(SO NO), † Bb (m/mo-temp/demo·c2-4EUR – sogr hros H ♃ Rhiz – InB Vm – StA – L6 T3 F8 Rx N7 – V Filip., V Calth., V Triset., V Adenost., V Alno-Ulm. – 22).
                                                                             Rauhaariger K. – *Ch. hirs<u>u</u>tum* L.
2* Jede der beiden unteren BlaFiedern viel kleiner als die übrige BlaSpreite (Abb. **756**/4). FrHalter fast zum Grund gespalten, nicht verdickt (Abb. **756**/4). 0,50–1,00. 6–8. Hochstaudenfluren, mont. bis subalp. Rasen; h Alp, s By(S) (sm-stemp//salp·c2-3EUR – sogr hros H ♃ Rhiz – InB Vm – StA – L8 T3 F6 R6 N8 – V Adenost., V Triset., V Car. ferr. – 22).
[*Ch. hirs<u>u</u>tum* subsp. *vill<u>a</u>rsii* (W.D.J. Koch) Briq.] **Alpen-K. – *Ch. villarsii* W.D.J. Koch**
3 **(1)** Bla 2fach gefiedert od. 2–3fach 3zählig; Blchen ungeteilt, eifg-elliptisch, doppelt gesägt (Abb. **757**/1). Hüllchen gewimpert. 0,60–1,20. 7–8. Frische bis feuchte Gebüsch- u. Waldsäume, Graben- u. Bachufer, Rud.: Straßenböschungen, nährstoffanspruchsvoll; z Sa(h SO), s By(O: Bayr-W) Bb(f NO SW), [U] s Nw An Mv (sm-temp·c3-4EUR – sogr hros H ♃ Rhiz – InB – StA Kälte-Dunkelkeimer – L7 T5 F7 R6 N8 – O Convolv. – 22).
                                                                            Aromatischer K. – *Ch. arom<u>a</u>ticum* L.
3* Bla 2–4fach gefiedert; Blchen am Grund fiederspaltig, an der Spitze gekerbt od. gesägt
                                                                                                4
4 Pfl mit kirsch- bis pflaumengroßer, fast kugliger od. rübenfg Hypokotylknolle. Stg oberwärts kahl u. oft bereift. Endabschnitte der oberen Bla linealisch bis fädlich, sehr lg (Abb. **757**/2). Hüllchen kahl. 0,80–1,80. 6–8. Frische bis nasse Wald- u. Gebüschsäume, verlichtete AuenW, Staudenfluren an Bächen u. Flüssen, rud. Weg- u. Straßenränder, nährstoffanspruchsvoll; h Th, v He An(g S) Ns, z By Bw Rh Nw Sa Bb Mv(f SW), s Sh(M O), ↗ (sm/mo-b·c2-6EUR-WSIB – sogr hros G ⊗ ⊙ SprWuKn – InB Vm – StA Kälte-Dunkelkeimer Sa kurzlebig – L7 T6 F7 R8 N8 – O Convolv., V Alno-Ulm. – früher Knollengemüse, für Vieh giftig – 22 – in D nur subsp. *bulb<u>o</u>sum*).
                                                                        Rüben-K., Kerbelrübe – *Ch. bulbosum* L.
4* Hypokotylknolle fehlend. Stg bis oben behaart. Endabschnitte der Bla breiter. Hüllchen bewimpert **5**
5 Pfl nach der FrReife absterbend, mit dünner, leicht aus dem Boden ziehbarer Wurzel. Bla 2–3fach gefiedert, mit stumpfen, eifg Endabschnitten (Abb. **756**/1). Griffel so lg wie das Griffelpolster. Fr 5–7 mm lg. 0,30–1,00. 5–7. Frische Hecken-, Gebüsch- u. Waldsäume, Waldlichtungen, rud. Park- u. Gartenanlagen, nährstoffanspruchsvoll; g Nw An Ns(v N), h Rh He Th Sa Mv, v By(s S) Bb, z Bw Sh, s Alp, ↗ (m/mo-temp·c1-5EUR – igr hros H ① ⊙ – InB Vm – StA Sa kurzlebig – L5 T6 F5 Rx N8 – V Geo.-Alliar., O Prun. – für Vieh giftig – 14, 22).
                                                            Betäubender K., Taumel-K. – *Ch. t<u>e</u>mulum* L.

5* Ausdauernde Pfl mit dickem, ästigem, schwer ausziehbarem Rhizom. Bla 3–4fach gefiedert, mit lg zugespitzten Endabschnitten (Abb. **756**/2). Griffel 2–3mal so lg wie das Griffelpolster (Abb. **751**/3). Fr 8–11 mm lg. Stg stumpf 5kantig, glatt. 0,80–1,20. 6–7. Frische bis mäßig feuchte Staudenfluren an Bach- u. Grabenrändern, Hecken, eutrophierte mont. Wiesen, Waldsäume, Rud.: Weg- u. Straßenränder, nährstoffanspruchsvoll; h Th, v Alp By Bw, z Rh He Sa(SW W) An(f Elb N O) Ns(z Hrz, sonst s), s Nw(f N), [N] s Bb Mv, ↗ (sm/mo-stemp·c2-3EUR – sogr hros H ♃ Rhiz – InB Vm – StA KIA? Kälte-Dunkelkeimer – L6 T5 F5 R9 N9 – O Convolv., O Arrh. – 22, 20). **Gold-K. – *Ch. aureum* L.**

Anthriscus Pers. – **Kerbel** (12–20 Arten)

1 Dolden 2–6strahlig, z. T. sitzend. Hüllchen 1–5blättrig. Stg fein gerillt. ☉ od. ⓘ **2**
1* Dolden 8–15strahlig, alle gestielt. Hüllchen 5–8blättrig. Stg gefurcht. Fr lackglänzend. ♃
.... **3**
2 Fr eifg, 4–5 mm lg, dicht mit aufwärts gebogenen, widerhakigen Borsten besetzt. Griffel kürzer als das Griffelpolster, Schnabel etwa ¼ so lg wie die übrige Frucht. Doldenstrahlen kahl. Pfl zerrieben ohne anisartigen Geruch. 0,15–0,80. 5–6. Trockne bis frische Rud.: Wegränder, Schutt, Lagerplätze; Hecken u. Gebüsche, Ackerränder, nährstoffanspruchsvoll; [A, im NW N] v He(MW, z f NW W) An, z Rh Nw Th(f Hrz NW Wld S) Sa Bb Ns(f Hrz) Mv, s By(N NM Alb NW) Bw(f SO Alb S) Sh(O M), ↗ (m-temp·c1-3EUR, [N] NAM+NEUSEEL – sogr hros ⓘ – InB SeB – KIA – L8 T6 F5 R6 N6 – V Geo.-Alliar., V Sisymbr. – 14). [*A. vulgaris* Pers. non Bernh., *A. scandicinus* (Weber) Mansf.]
Hunds-K. – *A. caucalis* M. Bieb.
2* Fr linealisch, 7–11 mm lg, entweder kahl u. glänzend (var. *cerefolium* – KulturPfl, auch [N] s) od. mit aufwärts gebogenen, steifen, kurzen Borsten (var. *trachyspermus* Rchb. [var. *trichocarpus* Neilr., var. *longirostris* (Bertol.) Cannon, subsp. *trichospermus* Nyman] – WildPfl). Griffel länger als das Griffelpolster, Schnabel bis ½ so lg wie die übrige Frucht. Doldenstrahlen dicht flaumhaarig. Pfl zerrieben mit anisartigem Geruch. 0,20–0,70. 5–8. KulturPfl; auch frische Rud.: Wegränder, Schutt, an Mauern; Hecken- u. Waldränder, nährstoffanspruchsvoll; [A N] z Rh, s By(f NO) Bw(f SO SW) He(ORh SW SO) Th An, [N] s Nw Sa Bb, [U] s Ns Mv Sh, ↘ (m-temp·c3-7EUR-WAS – teilgr? hros ☉ ⓘ – InB – MeA KIA Lichtkeimer – L6 T7 F5 Rx N8 – V Geo.-Alliar. – VolksheilPfl, Gewürz, durch Furanocumarine Photosensibilisierung möglich – 18). [*Chaerophyllum cerefolium* (L.) Crantz, *Chaerefolium cerefolium* (L.) Schinz et Thell.] **Garten-K. – *A. cerefolium* (L.) Hoffm.**
3 **(1)** Jede der beiden untersten Fiedern viel kleiner als das übrige FiederBla (Abb. **757**/4). Fiederabschnitte letzter Ordnung lanzettlich, zugespitzt. Fr (4–)6–16 je Döldchen, mindestens so lg wie ihr Stiel; dieser an der Spitze fast stets mit kurzem Borstenkranz. Nach außen gerichtete KrBla der RandBlü kaum vergrößert. Griffel 1,5–2mal so lg wie das Griffelpolster, Schnabel etwa ⅙ so lg wie die übrige Frucht (Abb. **757**/4). Stg bes. unten dicht kurzhaarig. 0,60–1,50. 5–8. Frische Fettwiesen, Hecken-, Gebüsch- u. Waldränder, Rud.: Wegränder; feuchte Schutthalden u. geröllreiche Bachränder, nährstoffanspruchsvoll; alle Bdl g, ↗ (trop/moOAFRm/mo-b·c1-6EURAS – teilgr hros H ♃ InRübe – InB Vm – StA – L7 Tx F5 Rx

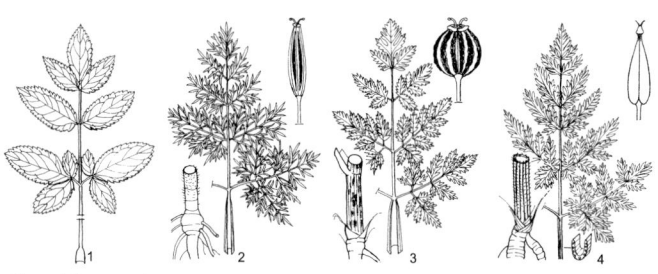

Chaerophyllum aromaticum   Ch. bulbosum   Conium maculatum   Anthriscus sylvestris

N8 – O Arrh., V Geo.-Alliar., V Arct., V Stip. calam. – durch Furanocumarine Photosensibilisierung möglich – 16).   **Wiesen-K. – *A. sylvestris*** (L.) Hoffm.

1   Endabschnitte der Fiedern entfernt fiederschnittig, mit rechteckigen bis trapezfg Buchten. Endzipfel der Fiedern am Grund ca. 2 mm br, allmählich in die Spitze verschmälert, lineal-lanzettlich, schwertfg. BlaAbschnitte bis 2 mm br. 7–8. Feuchte, feinerdereiche Schutthalden, geröllreiche Bachränder, kalkstet; s Bw(Alb: Bad Urach, Blaubeuren, Werenwag, Beuron) (stemp/mo·c2EUR – V Stip. calam.).
     Schmalzipfliger Wiesen-K. – subsp. ***stenophyllus*** (Rouy et E. G. Camus) Briq.
1* Endabschnitte der Fiedern mit spitzen od. abgerundeten Buchten. Endzipfel der Fiedern breiter, br lanzettlich. BlaAbschnitte >2 mm br, fiederspaltig (var. *sylvestris*) od. BlaAbschnitte bis 2 mm br, fiederschnittig (var. *tenuifolius* DC. [*A. s.* subsp. *alpinus* (Vill.) Gremli]). 5–6. Frische Fettwiesen, Hecken-, Gebüsch- u. Waldränder, Rud.; alle Bdl g, ↗ (m/mo-b·c1-6EUR – O Arrh., V Geo.-Alliar., V Arct.).   subsp. *sylvestris*

3* Jede der beiden untersten Fiedern fast so groß wie das übrige FiederBla. Fiederabschnitte letzter Ordnung eilänglich, stumpf. Fr 2–6 je Döldchen, meist kürzer als ihr Stiel; dieser an der Spitze höchstens mit einzelnen Börstchen. Nach außen gerichtete KrBla der RandBlü stärker vergrößert. Griffel wenig länger als das Griffelpolster, Schnabel etwa ¼ so lg wie die übrige Frucht. Stg u. BlaStiele kahl od. zerstreut borstig. 0,60–1,20. 6–8. Mont. frische bis sickerfeuchte BuchenmischW u. SchluchtW, Waldränder, kalkhold, nährstoffanspruchsvoll; v Alp(f Krw), s By(NW S) Bw(f NW ORh) Rh(N) He(O W) Th(Wld, z Rho) An(Hrz) Ns(Hrz: Bad Lauterberg) (sm-stemp//mo·c2-3EUR – sogr? hros H ♃ InRübe – InB – StA KlA? – L4 T4 F6 R8 N8 – V Til.-Acer., V Geo.-Alliar. – 16, *18*).
     Glanz-K. – *A. nitidus* (Wahlenb.) Hazsl.

Scandix L. – Nadelkerbel   (15–20 Arten)

Bla 2–3fach gefiedert. Fr alle gestielt u. gleich lg, 4–7 cm lg, seitlich zusammengedrückt, der samentragende Teil ± 1 cm lg, Schnabel 3–6 cm lg. Dolden z. T. scheinbar blattgegenständig, 1–3strahlig. 0,15–0,30. 5–7. Mäßig trockne, lehmige bis tonige, meist skelettreiche u. extensiv genutzte Äcker, Brachen; [A] z By(f S) He(O, s W) Nw Th Ns(O), s Bw Rh(SW ORh W) Sa(Elb W) An(f Elb N O) Sh(O), [N U] s Bb Mv, ↘ (m·c1-7-temp·c1-3EUR-WAS, [N] austrCIRCPOL+m-tempAM – igr hros ① ⊙ – InB Vm SeB – KlA Sa kurzlebig – L7 T7 F3 R8 N4 – V Caucal.).
     Gewöhnlicher N., Venuskamm – *S. pecten-veneris* L. subsp. ***pecten-veneris***

Die anderen, in D nur unbeständig auftretenden Unterarten mit deutlich kleineren Früchten: subsp. ***brachycarpa*** (Guss.) Thell. – Fr 1,4–1,8 cm lg, Schnabel ca. 0,8–1,2 cm lg. [U] s By. subsp. ***hispanica*** (Boiss.) Bonnier et Layens [*S. macrorhyncha* C.A. Mey.] – Fr 2–3,3 cm lg, Schnabel ca. 1,4–2,2 cm lg. [U] s Bw Rh. Daneben auch weitere Arten der Gattung unbeständig auftretend: **Südlicher N. – *S. australis*** L. – Fr 0,7–3,5 cm lg, die zentrale ± sitzend u. kürzer als die übrigen. [U] s Bw Rh Ns. **Iberischer N. – *S. iberica*** M. Bieb. – Dolden (3–)6–9strahlig, Fr 2,5–5,5 cm lg. [U] s By Bw Rh Bb. **Balansas N. – *S. balansae*** Boiss. – Dolden (2–)3–6strahlig, Fr 0,8–1,5 cm lg. [U] s Bw Rh.

Myrrhis Mill. – Süßdolde   (1 Art)

Bla 2–3fach gefiedert, untere >15 cm br. Fr 20–25 mm lg, reif glänzend schwarzbraun, stark nach Anis duftend. 0,60–1,20. 6–7. Frische subalp. Staudenfluren, Wald- u. Heckenränder, Rud.: Schutt; s Alp(Mng), [N] z Nw, s By He Th Sa An Bb Ns Sh, [U] s Bw Rh Mv (sm-stemp//mo·c2-3EUR, [N] ntemp·c1-4EUR – sogr hros H ♃ PleiokRübe – InB – StA – L7 T6 F5 R7 N7 – V Geo.-Alliar., V Rum. alp. – HeilPfl, Gewürz – *22*).
     Echte S. – *M. odorata* (L.) Scop.

Torilis Adans. – Klettenkerbel   (ca. 15 Arten)

1   Dolden kurz gestielt, geknäuelt, scheinbar blattgegenständig (Abb. **751**/1). Hülle fehlend. 0,15–0,30. 4–5. Trockne bis frische Rud.: Schutt, Umschlagplätze; mehrjährige Ackerkulturen (Klee), frische Weiderasen, kalkhold; [N 1788] z Ns u. Sh: Küsten, [U] s By Bw Rh He Nw Th Sa An Mv, ↘ (m·c1-7-stemp·c1-2EUR-WAS – hros ⊙ – InB Vm – KlA – L8 T6 F4 R7 N6 – V Sisymbr., V Cynos., V Ver.-Euph. – in D nur subsp. *nodosa*).
     Knäuel-K., Knotiger K. – *T. nodosa* (L.) Gaertn.

Ebenfalls mit scheinbar blattgegenständigen Dolden ohne Hülle, aber Dolde deutlich gestielt, nicht geknäuelt, *T. leptophylla* (L.) Rchb. f. – **Feinblättriger K.** [U] s By Bw Rh Nw Bb.

1* Dolden lg gestielt, mit lg Döldchenstielen, endständig. Hülle fehlend od. 1–∞blättrig 2
2 Hülle fehlend od. 1–2blättrig. Griffel am Grund borstig. FrStacheln an der Spitze hakig. (0,05–)0,20–0,90. 7–8. Nährstoffreiche Äcker, mäßig trockne Rud.: Wegränder, Bahnanlagen; Brachen, Weinberge, kalkhold; [A] z Bw(f SO S) Rh Th(Bck) An(f Elb O), s By(f NO S) He(SW W MW O) Nw(f N NO) Bb(SO NO Od), [N U] s Sa Mv, † Ns (m·c1-7-stemp·c1-2EUR, [N] austrCIRCPOL+smWAM – hros ① ☉ – InB – KlA Sa langlebig – L7 T7 F4 R9 N4? – V Caucal. – 12). [*T. infesta* (L.) Clairv.]
Feld-K., Acker-K. – *T. arvensis* (Huds.) Link

1 Äußere KrBla der RandBlü deutlich vergrößert, mindestens 2 mm lg. Griffel 3–6mal so lg wie das Griffelpolster. Dolde 6–12(–20)strahlig. 7–8. [U] s By [*T. infesta* subsp. *neglecta* (E.H.L. Krause) Cout.]
Übersehener Feld-K. – subsp. *neglecta* (E.H.L. Krause) Thell.
1* Äußere KrBla der RandBlü wenig vergrößert, bis 1,5 mm lg. Griffel 2–3mal so lg wie das Griffelpolster. Dolde 3–10strahlig 2
2 Dolde 3–5strahlig. Stg vom Grunde an reich verzweigt, Zweige sparrig abstehend. Pfl max. 30 cm hoch. [U] s He Nw Bb(M: Berlin) [*T. infesta* subsp. *divaricata* Gaudin] subsp. ***arvensis***
2* Dolde 4–10strahlig. Stg meist spärlich verzweigt, Zweige aufrecht, wenig abstehend. Pfl >30 cm hoch. Verbr. in D wie Art. [*T. infesta* var. *elatior* (DC.) Cout.] **Aufrechter Feld-K.** – subsp. ***recta*** Jury

2* Hülle 5–∞blättrig, den Doldenstrahlen gewöhnlich eng anliegend (oft schlecht erkennbar!). Griffel kahl. FrStacheln gebogen, rau, mit glatter, stechender Spitze 3
3 Äußere KrBla der RandBlü kaum vergrößert. Griffel 2(–3)mal so lg wie das Griffelpolster. Fr (2–)3–4 mm lg. 0,30–1,20. 6–8. Mäßig trockne bis mäßig frische Wald- u. Heckenränder, Waldschläge, basenhold; g Nw Th An Ns(v N), h By Bw Rh He(f W ORh) Sa Mv, v Bb Sh, z Alp(Amm Chm Kch Mng) (m-temp·c1-5EURAS, [N] m-tempOAM – igr? hros ① ☉ – InB Vm – KlA – L6 T6 F5 R8 N8 – V Geo.-Alliar., O Atrop. – *12*, 16). [*T. anthriscus* (L.) C.C. Gmel.]
Gewöhnlicher K. – *T. japonica* (Houtt.) DC.
3* Äußere KrBla der RandBlü deutlich vergrößert. Griffel (3–)4–6mal so lg wie das Griffelpolster. Fr 2–3 mm lg. 0,30–1,30. 6–7. Rud.; [U] s Bw Rh Th Bb Ns Mv (sm·c3-5EUR, [N] m-temp·c3-7EUR – hros ① – InB – KlA). [*T. microcarpa* Besser, *T. japonica* subsp. *ucranica* (Spreng.) Soó]
Ukrainischer K. – *T. ucranica* Spreng.

Turgenia Hoffm. – **Turgenie** (1 Art)
Bla einfach gefiedert, Fiedern grob stumpf gezähnt (Abb. **759**/1). Stg dicht kurzhaarig u. borstig. 0,15–0,50. 6–8. Mäßig trockne bis mäßig frische, lehmige bis skelettreiche, extensiv genutzte Äcker, kalkstet; [A] s By(N NM) Rh(SW) Nw(SW) Th(S: Grabfeld), [N U] s An Bb Mv, † Bw He Sa Ns, ↘ (m/mo-sm·c1-7-stemp·c1-2EUR-WAS – hros ☉? – InB SeB – KlA – L8 T7 F3 R9 N3 – V Caucal. – *32*). [*Caucalis latifolia* L.]
Turgenie – *T. latifolia* (L.) Hoffm.

Caucalis L. – **Haftdolde, Klettenmöhre** (1 Art)
HüllBla 0–2, HüllchenBla 3–5, kaum hautrandig. Bla 2–3fach gefiedert (Abb. **759**/2). Stg, bes. Knoten, lg borstig behaart. 0,10–0,30. 5–7. Trockne bis mäßig trockne, skelettreiche,

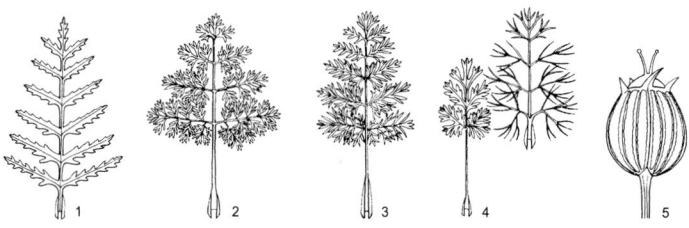

Turgenia latifolia   Caucalis platycarpos   Orlaya grandiflora   Bifora radians   Coriandrum

meist extensiv genutzte Äcker, Brachen, Wegränder, kalkstet; [A] z By(f S) Rh(f M) He Nw(f N) Th An Ns(MO S), s Bw(f ORh S), [U] s Mv Sh, † Sa, jetzt nur [U], ↘ (m-stemp·c1-6EUR-VORDAS – hros ① – InB SeB – KlA Sa langlebig – L6 T6 F4 R9 N4 – V Caucal. – 20). [*C. lappula* (WEBER) GRANDE]   **Acker-H. – *C. platycarpos* L.**

1   FrStacheln etwa so lg wie der ∅ der TeilFr, an der Spitze mit kräftigen Haken. [A], Standorte, Soz., Gesamtverbr. u. Verbr. in D wie Art.   subsp. ***platycarpos***
1* FrStacheln kaum 1 mm lg, auf Warzen sitzende Borsten verkümmert. [N U] s By Bw Rh Nw Sa Ns Mv (sm·c3-5EUR-VORDAS?). [*C. bischoffii* KOSO-POL.]
                        Stachlige Acker-H. – subsp. *muricata* (GREN. et GODR.) HOLUB

Orlaya HOFFM. – **Breitsame**   (3 Arten)

Stg kahl, kantig gefurcht. Bla 2–3fach gefiedert, länglich-eifg (Abb. **759**/3). Äußere KrBla der RandBlü stark vergrößert (Abb. **752**/1). 0,10–0,30. 6–8. Mäßig trockne, skelettreiche, extensiv genutzte Äcker, Brachen, kalkstet; s By(Alb NW S) Bw(Alb Gäu Keu) Nw(SW) Th(Bck S), [U] s Sa Mv Sh, † Rh An Ns, ↘ (m-stemp·c2-4EUR – hros ① – InB SeB – KlA – L7 T7 F3 R9 N4 – V Caucal. – 20).   **Strahlen-B. – *O. grandiflora* (L.) HOFFM.**

Daucus L. – **Möhre**   (ca. 25 Arten)

Bla 2–3fach gefiedert, fast stets behaart. FrDolde nestfg. 0,30–1,00. Rud. Frischwiesen u. Magerrasen, mäßig trockne bis frische Rud.: Wegränder, Steinbrüche, Dämme; alle Bdl g(Alp Sh v), im N [A?]; auch KulturPfl (m-temp·c1-8EUR-WAS, [N] austrCIRCPOL+NAM – igr hros H ⊙ ⊛ PfWu – InB – KlA MeA Sa langlebig – L8 T6 F4 Rx N4 – V Dauco-Mel., V Arrh., V Brom erect., O Orig., O Thlasp. rot.).   **Gewöhnliche M. – *D. carota* L.**

1   Wurzel rübenfg verdickt, essbar. KulturPfl (sortenreich – Gemüse-, Futter- u. VolksheilPfl).
                        Garten-M., Mohrrübe, Karotte – subsp. ***sativus*** (HOFFM.) SCHÜBL. et G. MARTENS
1* Wurzel dünn, spindelfg, ungenießbar. Standorte, Soz., Verbr. in D u. Areal wie Art. (18).
                                                      Wilde M. – subsp. *carota*

Coriandrum L. – **Koriander**   (2 Arten)

Obere Bla 2–3fach gefiedert, mit linealischen, untere mit br Endabschnitten. Fr kuglig (Abb. **759**/5). Pfl nach Wanzen riechend. 0,30–0,50. 6–7. KulturPfl; auch mäßig trockne Rud., Brachen, lehmige Äcker; [N U] s By Bw Rh He Nw Th Sa An Bb Ns Mv Sh (m-sm·c4-6EUR; [N] AM+OAS – hros ⊙ – InB – MeA Kältekeimer – *L7 T9 F4 R5 N5* – V Caucal., V Sisymbr. – Gewürz, HeilPfl).   **Echter K. – *C. sativum* L.**

Bifora HOFFM. – **Hohlsame**   (3–4 Arten)

Untere Bla gestielt, mit linealischen, ± 1 mm br Zipfeln, die oberen sitzend, mit entfernteren, fädlichen Zipfeln (Abb. **759**/4). Pfl stark nach Wanzen riechend. 0,15–0,40. 5–8. Lehmige bis tonige, meist skelettreiche u. extensiv genutzte Äcker, mäßig trockne Rud., kalkstet; [N 1880] z By, s Bw Th, [U] s Rh He Nw Sa An Bb Ns Mv (m-stemp·c3-6EUR-VORDAS – hros ⊙ – InB SeB – StA MeA – L7 T7 F3 R9 *N7* – V Caucal., V Sisymbr. – *20*).
                        Strahlen-H. – *B. radians* M. BIEB.

Smyrnium L. – **Gelbdolde**   (7 Arten)

1   Untere Bla geteilt, obere ungeteilt, fast stets wechselständig, ohne deutliche Scheide sitzend, mit tief herzfg Grund stängelumfassend. Stg aufwärts mit 2–4 zottig gewimperten Längsflügeln. 0,50–1,20. (4–)5(–6). Frische Waldsäume, Parks, nährstoffanspruchsvoll; [N 1850] s By Bw He Nw Th Sa An Sh (m-sm·c3-4EUR – frgr hros G ⊙ ⊛ SprWu-Knolle – InB – MeA WiA – *L5 T9 F4 R5 N7* – V Geo.-Alliar. – *22* – in D nur subsp. *perfoliatum*).
                        Stängelumfassende G. – *S. perfoliatum* L.
1* Alle Bla geteilt, obere oft gegenständig, auf deutlich aufgeblasenen Scheiden sitzend, nicht stängelumfassend. Stg ungeflügelt, oberwärts gefurcht. 0,50–1,50. 5–6. Rud.; [N U] s Sh(W: Helgoland), [U] s Bw; selten kultiviert u. verwildert (m-sm·c2-5EUR, [N] sm-temp·c1-2EUR

APIACEAE 761

– igr? hros ① SprWu-Knolle – InB – WiA – L5 T9 F5~ R7 N7 – früher GemüsePfl).
Pferdeeppich, Gespenst-G. – *S. olusatrum* L.

***Conium* L. – Schierling** (5 Arten)
Stg stielrund, kahl, bereift, unten rot gefleckt. Bla kahl, 2–4fach gefiedert (Abb. 757/3). 0,80–1,80. 6–9. Frische bis (wechsel)feuchte Staudenfluren an Bächen u. Flüssen, Küstenspülsäume, an Hecken u. Gebüschen, Rud.: Wegränder, Schutt, Bahnanlagen; Äcker (bes. Zuckerrüben); [A] v Rh Nw Th An Ns, z By(f S) Bw He Sa Bb Mv Sh, im N u. O ↗ (m-temp·c1-9EUR-WAS, [N] austr-stropCIRCPOL+m-tempAM – sogr hros H ⊙ ① Rübe – InB – StA MeA? Licht-Kältekeimer Sa langlebig – L8 T6 F6~ Rx N8 – V Arct. – früher HeilPfl, giftig!! – 22). **Gefleckter Sch. – *C. maculatum* L.**

***Pleurospermum* Hoffm. – Rippensame** (3 Arten)
Bla 2fach gefiedert, Fiedern br lanzettlich, gesägt. Stg röhrig, gefurcht. Fr eifg, ± 8 mm lg. 0,60–1,20. 6–7. Mont. bis subalp. sickerfrische bis feuchte Staudenfluren, Rasen u. Waldränder, lichte GrauerlenW, kalkhold; v Alp, z By(f NO O) Bw(f NW ORh S SW) He(O: Rhön) Th(Bck NW S) (sm/mo-temp/demo-b·c2-7EURAS – sogr hros H ⊙ ⊛ – InB Vm – StA WaA? – L5 T4 F6~ R8 N4 – O Orig., V Alno-Ulm., V Eric.-Pin., V Adenost. – 18, 22).
Österreichischer R. – *P. austriacum* (L.) Hoffm.

***Bupleurum* L. – Hasenohr** (100–150 Arten)
1 Obere StgBla linealisch, lanzettlich od. schmal eilanzettlich, sitzend, halbstängelumfassend od. wenn stängelumfassend den Stg nicht großflächig umschließend. HüllBla linealisch, lanzettlich od. eilanzettlich 2
1* Obere StgBla breit, rundlich- bis länglich eiförmig od. breit eilanzettlich, durchwachsen od. mit tief herzfg-geöhrten Grund großflächig stängelumfassend. HüllBla fehlend od. eifg bis rundlich 5
2 Pfl einjährig, mit kurzen Wurzeln. Dolden 1–5(–6)strahlig, Strahlen sehr ungleich lg. HüllBla oft länger als der kürzeste Doldenstrahl. Döldchen (1–)2–6(–8)blütig 3
2* Pfl mehrjährig, mit kräftigem Wurzelstock. Dolden (3–)5–15strahlig, Strahlen wenig ungleich lg. HüllBla kürzer als der kürzeste Doldenstrahl. Döldchen 8–20blütig 4
3 Pfl blaugrau-grün. Stg gewöhnlich ab der Basis verzweigt. Fr warzig rau. 0,05–0,30. 8–9. Wechselfeuchte, lückige Salzwiesen, Solgräben, salzbeeinflusste Wegränder, basenhold; z An(f Hrz O, † N), s Rh(ORh) Th(NW Bck) Ns(f Hrz NW) Mv(N NO) Sh, † He Bb, ↘ (m-sm·c2-6-temp·c1-3(lit)EUR-VORDAS – eros ⊙ – InB Vm – StA – L9 T6 F7~ R8 N4 – V Sagin. mar., V Pot. ans. – 16). **Salz-H. – *B. tenuissimum* L.**
3* Pfl grün. Stg gewöhnlich erst in oberer Hälfte verzweigt. Fr glatt. 0,20–0,60. 7–8. Waldnahe Xerothermrasen, TrockenWSäume, kalkmeidend; [N?] s An(Hrz: Selketal W: Großbartensleben) (m-stemp·c1-3WEUR – hros ① – InB – StA Sa kurzlebig – L7 T6 F4 R6 N5 – O Orig.). [*B. scheffleri* Hampe, *B. jacquinianum* Jord., *B. gerardii* All. var. *subadpressum* Rouy et E.G. Camus] **Ruten-H., Jacquin-H. – *B. virgatum* Cav.**
4 (2) HüllchenBla ansehnlich, gelb, br lanzettlich od. elliptisch, die Blü überragend. GrundBla grasartig, lineal-lanzettlich bis länglich, obere Bla am Grund stark verbreitert u. ± herzfg stängelumfassend. 0,10–0,50. 7–8. Subalp. bis alp. frische Steinrasen, kalkstet; z Alp(Allg Brch Chm) (sm-stemp//alp·c1-3EUR – sogr hros H ♃ PleiokRhiz – InB Vm – StA – L9 T2 F5 R9 N3 – V Sesl., K Thlasp. rot. – 14 – in D nur subsp. *ranunculoides*). [*B. gramineum* Vill.] **Hahnenfuß-H. – *B. ranunculoides* L.**
4* HüllchenBla unscheinbar, lanzettlich, die Blü nicht überragend. GrundBla löffelförmig, obere Bla am Grund nicht stark verbreitert, sitzend. 0,20–1,00. 7–9. Trocken- u. Halbtrockenrasen, Gebüsch- u. WSäume, TrockenW, kalkstet; v Th, z By(Alb NM NO NW) Bw(f S) Rh He(f NW) An(Hrz W SO), s Nw(f N NO) Ns(MO S), † Sa (m/mo-temp·c1-7EURAS – sogr hros H ♃ Pleiok – InB Vm – StA – L6 T6 F3 R9 N3 – V Cirs.-Brach., V Brom. erect., V Ger. sang., V Berb., V Eric.-Pin., V Querc. pub. – 16, 17 – in D nur subsp. *falcatum*).
Sichel-H. – *B. falcatum* L.

5 (1) Untere StgBla gestielt, mittlere ± sitzend bis stängelumfassend u. obere tief herzfg stängelumfassend. HüllBla (2–)3–4. Pfl im oberen Teil wenig od. nicht verzweigt. 0,30–1,00. 7–8. Frische bis mäßig trockne LaubmischW u. BuchenW, Waldränder, Gebüsche, Hochstaudenfluren, kalkhold; z By(f O) Th(f Hrz O) An(f Elb N O), s Alp(Brch Allg Chm Mng) Bw(f NW ORh) He(NW O MW W) Nw(SO NO) Ns(MO S), ↘ (m/mo-temp/demo·c2-3EUR – igr hros H ⚃ ⊕ Pleiok – InB Vm – StA Licht-Kältekeimer – L5 Tx F4 R9 N5 – O Orig., V Cephal.-Fag., V Carp., V Adenost. – 16). **Langblättriges H. – *B. longifolium* L.**
5* Unterste StgBla ± sitzend, übrige durchwachsen (Abb. 752/5). HüllBla fehlend od. selten 1–2. Pfl im oberen Teil stark verzweigt 6
6 Bla meist weniger als 2mal so lg wie br. Dolden 4–8strahlig (meist 6strahlig). Fr glatt. 0,15–0,45(–0,80). 6–8. Skelettreiche, trockne bis mäßig trockne, extensiv genutzte Äcker, kalkstet; [A N] z Th(f Hrz O Wld), s By(f O S) Bw(f SO ORh S SW) Rh(ORh SW) He(O) An(f N O) Bb(SO) Ns(S), [N U] s Nw Sa Bb Mv Sh, ↘ (m-stemp·c2-4EUR-(WAS) – hros/eros ⊙ – InB Vm – StA Sa langlebig – L8 T7 F3 R9 N4 – V Caucal. – 16). [*B. perfoliatum* Lam.] **Rundblättriges H. – *B. rotundifolium* L.**
6* Bla meist mehr als 2mal so lg wie br. Dolden (2–)3–4(–5)strahlig. Fr warzig. 0,10–1,00. 6–10. Trockne, mäßig nährstoffreiche Äcker u. Rud., kalkhold; [U] s By Bw He Nw Sa Bb Ns (m-sm·c3-5EUR-(WAS), [N] sm-temp·c1-2EUR – hros/eros ⊙ – InB – StA – *L8 T9 F2 R8 N5* – K Stell.). [*B. intermedium* (DC.) Steud., *B. rotundifolium* var. *intermedium* DC., *B. rotundifolium* var. *subovatum* (Spreng.) Fiori et Paol.] **Eirundblättriges H. – *B. subovatum* Spreng.**

Trinia Hoffm. – **Faserschirm, Scherbet** (ca. 12 Arten)
Pfl 2häusig. BlaZipfel fädlich bis schmal linealisch. Oberste Bla aus einer häutigen, aufgeblasenen Scheide mit wenigen Fiederzipfeln bestehend. KrBla der ♂ Blü mit schmalem, grünem, die der ♀ mit br, rötlichem Mittelstreif. 0,15–0,50. 4–5. Felsfluren, reichere Sandtrockenrasen (Binnendünen), kalkhold; s By(N NW) Bw(Alb Keu ORh) Rh(ORh SW), † He (sm-stemp·c2-5EUR – sogr? hros H ⊙ ⚃ Rübe – InB – WiA: Steppenläufer – L9 T8 F1 R8 N1 – V Xerobrom., V Koel. glauc. – *18* – in D nur subsp. *glauca*). [*Seseli pumilum* L., *S. glaucum* (L.) Lam.] **Blaugrüner F. – *T. glauca* (L.) Dumort.**

Apium L. – **Sellerie, Scheiberich** (ca. 20 Arten)
Mit Beiträgen von **Klaus Pistrick**
Hülle u. Hüllchen fehlend. Stg meist aufrecht. Bla einfach gefiedert, mit keilfg, oft 3lappigen Fiedern, die oberen 3zählig, oseits glänzend. 0,30–1,00. 7–9. Feuchte bis nasse, teilweise überflutete, sandige bis tonige, primäre u. sekundäre (Kalihalden) Salzstellen, -sümpfe u. Gräben, lichte Brackwasserröhrichte, basenhold, nährstoffanspruchsvoll; var. *graveolens* – Wilder S.: z An Mv(N MO MW) Sh(SO O), s Bw(Gäu ORh) Rh(ORh SW) He(ORh) Nw(MW NO) Th(NW Bck Rho) Bb(M NO) Ns(f Elb Hrz), † By, ↘; auch KulturPfl (m·c1-8-temp·c1-3(lit)EUR-WAS, [N] austrCIRCPOL+NAM – igr hros H ⊙ Knolle – InB SeB – StA? WaA Lichtkeimer – L9 T6 F8 R7 N8 – V Pot. ans., V Armer. marit., V Bolb. – Gewürz, Gemüse, formenreich: var. *secalinum* Alef. – Schnitt-S., var. *dulce* (Mill.) Poir. – Bleich-S., Stiel-S., var. *rapaceum* (Mill.) Poir. – Knollen-S., Wurzel-S., VolksheilPfl, durch Furanocumarine Photosensibilisierung möglich – 22). **Sellerie – *A. graveolens* L.**

Helosciadium W.D.J. Koch – **Sumpfsellerie** (6 Arten)
1 Untergetauchte Bla doppelt gefiedert mit haarfeinen Zipfeln, obere einfach gefiedert mit keilfg, oft 3lappigen Fiedern (Abb. 753/2). Dolden 2–3strahlig. Griffel kürzer als das Griffelpolster. 0,10–0,60. 6–7. Oligo- bis mesotrophe Tümpel, Gräben, Bäche u. deren nasse, zeitweilig überflutete Ränder, kalkmeidend; z Ns(f Hrz), s Nw(M NW, † NO) An(N) Mv(f M) Sh, † Sa Bb, ↘ (austr AFR?+m-temp·c1-2EUR – igr eros He Hy ⚃ KriechTr – InB SeB – WaA Lichtkeimer – L7 T6 F10 Rx N2 – V Litt. – ▽ – 22). [*Apium inundatum* (L.) Rchb. f.] **Untergetauchter S. – *H. inundatum* (L.) W.D.J. Koch**
1* Alle Bla einfach gefiedert. Dolden 3–10(–12)strahlig. Griffel länger als das Griffelpolster 2

APIACEAE 763

2 BlaAbschnitte rundlich-verkehrteifg, ungleich gesägt bis gelappt (Abb. **753**/1). Doldenstiel länger als die Doldenstrahlen. Hülle 3–6blättrig. 0,10–0,30. 7–9. Feuchte bis nasse, zeitweilig überflutete Pionierfluren, Scher-, Tritt- u. Flutrasen, Rinder- u. Pferdeweiden, Flussufer, Teichränder, Lehmgruben, basenhold; s Alp(f Allg Brch Krw) By(f N NM NO) Bw(ORh) Rh(ORh) Nw(MW N) An(N) Bb Ns(NW O) Mv(f Elb) Sh(O), † He, ↘ (sm-temp·c1-3EUR – igr eros He ♃ KriechTr – InB SeB – StA Lichtkeimer – L9 T6 F7= R7 N7 – V Nanocyp., V Pot. ans. – ▽!). [*Apium repens* (Jacq.) Lag., *A. nodiflorum* (L.) Lag. subsp. *repens* (Jacq.) Thell.] **Kriechender S. – *H. repens* (Jacq.) W.D.J. Koch**
2* BlaAbschnitte eifg bis lanzettlich, gleichmäßig gekerbt. Doldenstiel kürzer als die Doldenstrahlen od. fehlend. Hülle 0–2blättrig. 0,30–0,60(–1,00?). 7–9. Nasse bis feuchte Röhrichtsäume langsam fließender Gewässer (Gräben, Bäche), basenhold, nährstoffanspruchsvoll, salztolerant; z Rh, s Bw(ORh Gäu) Nw(f N NO) He(f NW W) (strop/moAFR+m·c1-5-temp·c1-2EUR-(WAS) – igr hros/eros He ♃ KriechTr – InB Vm – WaA – L7 T8 F10 Rx N6 – V Glyc.-Sparg.). [*Apium nodiflorum* (L.) Lag.]
Knotenblütiger S. – *H. nodiflorum* (L.) W.D.J. Koch

Hybride: *H. nodiflorum* × *H. repens* = *H.* ×*longipenduculatum* (F.W. Schultz) Rothm. – BlaAbschnitte eifg bis br eifg, grob gesägt bis gelappt. Dolden lg gestielt, Doldenstiel kürzer als meist länger als Doldenstrahlen. Hülle 1–4blättrig. s Rh.

Petroselinum Hill **– Petersilie** (2 Arten)

Untere Bla 3fach gefiedert, oft kraus. Kr grünlichgelb. Wurzel dünn, ungenießbar (convar. *crispum* – Blatt-P.) od. verdickt, als Gemüse essbar (convar. *radicosum* (Alef.) Danert – Wurzel-P.). 0,40–0,90. 6–7. KulturPfl; auch verwildert (Schutt); [N U] s By Bw Rh He Nw Sa Bb Ns Mv Sh (m·c1-5-stemp·c1EUR – igr hros H ⊙ Rübe – InB Vm – MeA – *L7 T7 F4 R5 N7* – Gewürz, Gemüse: mehrere Sorten, VolksheilPfl, durch Furanocumarine Photosensibilisierung möglich – *22*). [*P. sativum* Hoffm.]
Garten-P. – *P. crispum* (Mill.) Fuss

Cicuta L. **– Wasserschierling** (8 Arten)

Pfl kahl. Bla 2–3fach gefiedert, Fiedern gesägt (Abb. **765**/1). 0,60–1,20. 7–9. Nasse, meist flach überflutete Verlandungsbereiche mesotropher, stehender Gewässer: Seen, Tümpel, Altwasser, Gräben; ErlenbruchW, basenhold; v Bb Ns Mv Sh, z By Bw(f Gäu NW SW) Rh(ORh SW N) Sa An(f Hrz S W), s He(f SO NW W) Nw(MW, sonst †, ?SW) Th, ↘ (smb·c2-8EURAS – sogr hros H ♃ SprKnolle – InB Vm – WaA Licht-Kältekeimer – L7 T6 F9= R5 N5 – V Phragm., V Aln. – giftig!! – *22*). **Gift-W. – *C. virosa* L.**

Ammi L. **– Knorpelmöhre, Ammei** (6 Arten)

1 Untere Bla 1–3fach gefiedert, mit br Blchen, obere schmalzipfig. Doldenstrahlen bei der Reife schlank, nicht nestfg zusammengezogen. 0,30–1,00. 6–9. Mäßig trockne Rud.: Umschlagplätze; Luzerneäcker; [N 1840 U] s By Bw Rh Nw He Th Sa An Bb Ns Mv Sh (stropAFR+m·c1-6-stemp·c1EUR-WAS – hros ⊙ – InB Vm – *L7 T8 F4~ R8 N7* – V Sisymbr., V Onop. – durch Furanocumarine in Fr Photosensibilisierung möglich.
Große K., Großes A. – *A. majus* L.
1* Untere Bla 3fach gefiedert, mit linealischen Blchen. Doldenstrahlen bei der Reife dick u. starr, nestfg zusammengezogen. 0,50–1,00. 7–9. Trockne Rud.; [N U] s By Bw Rh He Nw Th Sa Ns Mv Sh (m-sm·c1-5?EUR – ⊙ ⊙). [*Visnaga daucoides* Gaertn.]
Zahnstocher-K. – *A. visnaga* (L.) Lam.

Falcaria Fabr. **– Sichelmöhre** (3–5 Arten)

Pfl kahl, blaugrün. Stg sparrig ästig. Bla meist 2fach gefiedert, zuweilen doppelt 3zählig (Abb. **769**/4). 0,30–0,80. 7–9. Rud. Trocken- u. Halbtrockenrasen, trockne bis mäßig trockne rud. Wegränder, Bahnanlagen, Brachen, extensiv genutzte Äcker, Trockengebüschsäume; h Th(z O Wld, f Hrz), v An(g SO S W), z By(h N, f S) Bw Rh(h ORh) He(h ORh) Nw Sa(f NO) Bb(h NO) Ns Mv(f Elb), s Sh(SO O) (m/mo-temp·c2-8EUR-WAS, [N] OAM – sogr hros

H ⚁ Rübe WuSpr – InB Vm – MeA WiA: Steppenläufer Sa kurzlebig – L7 T7 F3 R9 Nx – K Fest.-Brom., V Caucal., V Ver.-Euph., V Conv.-Agrop. – 22). [*F. riv*i*ni* HOST]
Gewöhnliche S. – *F. vulg*a*ris* BERNH.

***C*a*rum* L. – Kümmel** (ca. 30 Arten)

1 Hülle fehlend, Hüllchen fehlend od. wenigblättrig. Wurzel spindelfg. Bla kahl, unterste Fiederchen nahe der BlaSpindel sich kreuzend (ähnlich Abb. **753**/3). StgGrund ohne Faserschopf. 0,30–0,80. 5–7. Frische, mäßig intensiv genutzte Wiesen u. Weiden (auch Rasenansaaten), Küstendeiche, Wegränder, schwach salztolerant, basenhold; h Alp By Th, v Bw He(g NW) Nw Sa, z Rh An Ns Mv, s Bb(f SW) Sh; auch KulturPfl (m/mo-b·c2-7EURAS, [N] austrCIRCPOL+ sm-bAM – teiligr hros H ⊙ Rübe – InB Vm – VdA Lichtkeimer – L8 T4 F5 Rx N6 – O Arrh. – Gewürz, HeilPfl – *20*). **Wiesen-K. – *C. c*a*rvi* L.**

1* Hülle u. Hüllchen ∞blättrig. Wurzeln gebüschelt, fleischig verdickt. StgGrund mit Faserschopf. GrundBla im Umriss linealisch, sehr fein zerteilt (Abb. **753**/4). 0,30–0,80. 7–8. Wechselnasse, moorige Wiesen, kalkmeidend; † Rh(ORh: Lautertal) Nw(MW: Aachen) (m-temp·c1EUR – sogr). hros H ⚁ WuKnolle Pleiok – VdA – L7 T7 F8~ R4 N3 – V Junc. acutifl.). [*Tr*o*cdaris verticill*a*tum* (L.) RAF.]

✝ **Quirl-K. – *C. verticill*a*tum* (L.) W.D.J. KOCH**

***B*u*nium* L. – Knollenkümmel** (40–50 Arten)

Stg markig. Bla 2–3fach 3zählig od. gefiedert. BlaZipfel der StgBla deutlich länger als die der GrundBla. Dolde 10–20strahlig. Hülle u. Hüllchen 3–12blättrig. Griffeläste bei der Reife abstehend bis zurückgebogen. Fr 3 mm lg, länglich, am Grund allmählich verschmälert. Nährgewebe auf der Fugenseite der Fr flach (Abb. **752**/3). 0,20–0,60. 6–7. Mäßig trockne, lehmige bis tonige Äcker, rud. Halbtrockenrasen, Wald- u. Wegränder, kalkhold; [A?] z Rh Th, s By(Alb N NM NW) Bw(NW ORh) He Nw(f N) An(S SO) Ns(f Elb N O), [U] s Sa Bb Mv Sh (m/mo-stemp·c1-2EUR – sogr hros G ⚁ Hypokotylknolle 10 cm tief – InB – KlA StA – L7 T7 F4 R9 N4 – V Caucal., V Ver.-Euph., O Agrop., V Brom. erect. – früher Knollengemüse – *20*). **Echter K., Erdkastanie – *B. bulboc*a*stanum* L.**

***Conop*o*dium* W.D.J. KOCH – Erdkastanie** (ca. 20 Arten)

Stg hohl. Bla 2–3fach gefiedert. Dolde 6–12strahlig. Hülle fehlend, Hüllchen 3–5blättrig, hinfällig. Griffel stets aufrecht. Fr 3–4 mm lg, länglich-eifg, am Grund plötzlich zusammengezogen. Nährgewebe auf der Fugenseite der Fr mit tiefer, enger Längsfurche, im ⌀ nierenfg (Abb. **752**/4). 0,20–0,50. 5–6. Frische, extensiv genutzte Wiesen, Parkrasen, Grabenränder, kalkmeidend; s Rh(SW), [N U] s By Bw Nw Th Sa An Ns (m/mo-temp·c1-2EUR – sogr hros G ⚁ Hypokotylknolle – InB – L8 T4 F5 R4 N4 – V Triset.). [*C. denud*a*tum* (DC.) W.D.J. KOCH] **Französische E. – *C. m*a*jus* (GOUAN) LORET**

***Pimpin*e*lla* L. – Pimpinelle, Anis** (ca. 150 Arten)

1 FrKn u. Fr behaart. Untere Bla ungeteilt, gesägt, zur BlüZeit meist vertrocknet, die folgenden Bla 1fach gefiedert, die oberen 2–3fach gefiedert mit lineal-lanzettlichen Zipfeln 2

1* FrKn u. Fr kahl. Bla 1(–2)fach gefiedert, untere Bla zur BlüZeit vorhanden 3

2 Fr angedrückt behaart, 3–5 mm lg. Dolden 5–17strahlig, Doldenstrahlen gleich lg. Junge Dolden aufrecht. Hüllchen meist 2blättrig. Pfl mit Anisgeruch. 0,15–0,50. 7–8. KulturPfl; auch Rud.: Schutt; [N U] s By Bw Nw He Th Bb Mv Sh (m·c4-7WAS? – hros ⊙ – MeA WiA – *L7 T9 F3 R5 N5* – Gewürz, HeilPfl – *20*). [*An*i*sum officin*a*rum* MOENCH]
Anis – *P. an*i*sum* L.

2* Fr abstehend behaart, 1,5–2 mm lg. Dolde (8–)12–50strahlig, Doldenstrahlen ungleich lg. Junge Dolden nickend. Hüllchen fehlend. Pfl ohne Anisgeruch. 0,60–0,90. 6–7. Straßenböschungen, rud. beeinflusste Xerothermrasen; [N U] s By Bw Rh He Nw Th Sa An Bb Ns Mv (m-sm·c3-7EUR-WAS – igr? hros ⊙ – InB – KlA WiA? – *L7 T8 F3 R5 N5* – 18).
Fremde P. – *P. peregr*i*na* L.

3 **(1)** Stg kantig gefurcht, meist röhrig hohl, bis zur Spitze entfernt beblättert. Blchen eilanzettlich, spitz (Abb. **765**/5). Griffel sofort nach dem Abblühen länger als die junge Fr. 0,20–1,00.

APIACEAE 765

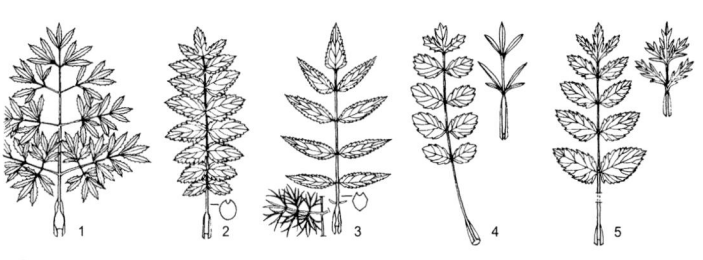

1 Cicuta virosa   2 Berula erecta   3 Sium latifolium   4 Pimpinella saxifraga   5 P. major

6–9. Frische, seltener auch feuchte, vor allem mont. Wiesen u. Staudenfluren; h Alp By Bw Rh He Th, v Nw Sa An Bb Mv, z Ns Sh (sm/mo-temp·c1-4EUR – sogr hros H ⚃ Rübe – InB Vm – StA? VdA? – V Arrh., V Car. ferr., V Rum. alp. – VolksheilPfl. – *18, 20*).
Große P. – *P. major* (L.) Huds.

1   KrBla weiß. 0,50–1,00. 6–9. Frische Wiesen; Verbr. in D u. Gesamtverbr. wie Art (L7 T5 F5 R7 N6 – V Arrh., V Triset.). subsp. ***major***
1*   KrBla dunkelrosa. 0,20–0,40. 7–8. Mont. frische Wiesen u. Staudenfluren; z Alp, s By(S) Bw(SW Alb), Verbr. unvollständig bekannt (sm-stemp//salp·c2-3EUR? – L7 T4 F5 R6 N5 – V Triset., V Car. ferr., V Rum. alp.). subsp. ***rubra*** (Mérat) O. Schwarz

3*   Stg stielrund, schwach gerillt, fast voll, oberwärts nur mit fast spreitenlosen BlaScheiden. Blchen der unteren Bla eifg-rundlich, stumpf, zuweilen fiederteilig (Abb. **765**/4). Griffel nach dem Abblühen kürzer als die junge Fr. **(Artengruppe Kleine P. – *P. saxifraga* agg.)** ... 4
4   Stg kahl od. nur am Grund locker behaart. Bla kahl od. auf der USeite zerstreut behaart. Wurzelhaut blass. Frische Wurzel beim Schneiden nicht färbend. 0,05–0,60. 7–9. Halbtrockenrasen, Silikatmagerrasen, trockne Heiden, TrockenW u. -gebüsche; g Rh He Nw(v N) Th Sa, h Alp By Bw An Ns(z N), v Bb Mv Sh (sm/mo-b·c1-6EUR-(WAS), [N] AM, AUST – sogr hros H ⚃ Rübe – InB – AmA KlA – L7 Tx F3 Rx N2 – V Brom. erect., V Cirs.-Brach., V Viol. can., V Genisto-Call., V Eric.-Pin., V Querc. rob. – VolksheilPfl. – *18, 20, 36*, 40). [*P. s.* subsp. *minor* Weide, *P. s.* subsp. *montana* Weide] **Kleine P. – *P. saxifraga*** L.
4*   Stg bis zur 1. Verzweigung dicht zottig behaart. Bla beidseits dicht behaart. Wurzelhaut dunkelbraun bis schwarz. Frische Wurzel beim Schneiden meist blaufärbend. 0,40–0,80. 7–9. Xerothermrasen; z Bb Mv, s Sa An(f SO S W) Ns(Elb O), Verbr. unvollständig bekannt (sm/mo-temp·c3-5EUR? – sogr hros H ⚃ Rübe – StA KlA – L9 T6 F2 R8 N1 – *18, 40*). [*P. n.* subsp. *arenaria* (Blytt et O.C. Dahl) Weide, *P. saxifraga* subsp. *nigra* (Mill.) Ces.]
Schwarze P. – *P. nigra* Mill.

Hybride: *P. major* × *P. saxifraga* = *P.* ×*media* Dierb. [*P.* ×*intermedia* Figert] – s

Aegopodium L. – **Giersch** (5–8 Arten)
GrundBla meist doppelt 3zählig; Abschnitte eifg-länglich (Abb. **771**/1). 0,50–0,90. 6–7. Frische Wälder, Waldränder, Gebüsche, Gärten, Friedhöfe, Parks, nährstoffanspruchsvoll; alle Bdl g, ↗ (sm-b·c1-5EUR-WAS, [N] AM – teiligr hros H/G ⚃ uAusl+Rhiz – InB – AmA – L5 T5 F6 R7 N8 – K Querc.-Fag., bes. V Alno-Ulm., O Arrh., O Convolv. – Wildgemüse – *22, 42, 44*). **Gewöhnlicher G., Geißfuß – *Ae. podagraria*** L.

Berula W.D.J. Koch – **Berle** (5 Arten)
Stg stielrund, fein gerillt. Fr eifg, fast 2knotig. Bla gefiedert, untere Fiedern br eifg (Abb. **765**/2), obere lanzettlich, gesägt. 0,30–0,80. 7–9. Flache bis mäßig tiefe Bäche u. Gräben, basenhold; h An Ns Mv Sh, v Bw He Nw Th Bb, z Alp(f Krw) By(h NM) Rh Sa (trop/moAFR-m-temp·c1-7EUR-WAS+AM – igr eros He oHy ⚃ u/oAusl – InB – WaA – L8 T6 F10 R8 N6 – V Glyc.-Sparg., V Ranunc. fluit. – giftig – *18, 24*). [*Sium erectum* Huds., *Sium angustifolium* L., *B. angustifolia* Mert. et W.D.J. Koch]
Berle, Schmalblättriger Merk – *B. erecta* (Huds.) Coville

Sium L. – **Merk** (ca. 10 Arten)
Wurzeln strangfg. Stg tief gefurcht. ÜberwasserBla einfach gefiedert, ihre Abschnitte schief eilanzettlich, scharf gesägt (Abb. **765**/3); TauchBla 2–3fach gefiedert mit linealischen Zipfeln. KeZähne ansehnlich. 0,60–1,20. 7–8. Röhrichte stehender od. langsam fließender Gewässer, nasse, periodisch überflutete Senken, nährstoffanspruchsvoll; v Bb Mv, z Nw(N MW NO) Sa(f SW) An(h Elb) Ns Sh, s By(f S) Bw(ORh Gäu SW) Rh(f N SW) He(f NW) Th(Bck) (sm-b·c2-8EUR-WAS – igr? hros He ♃ Rhiz WuSpr – InB Vm – WaA – L7 T6 F10 R7 N7 – O Phragm. – giftig! – 20). **Breitblättriger M. – *S. latifolium*** L.

Crithmum L. – **Meerfenchel** (1 Art)
Bla fleischig, glänzend, gefiedert bis fast 3zählig, Abschnitte 1–2fach fiederschnittig; Endzipfel ganzrandig, lanzettlich bis lineal-lanzettlich, spitz, (1–)2–5 cm lg. Doldenstrahlen 8–30, steif. Hülle u. Hüllchen ∞blättrig, Kr gelb od. gelblich-grünlichweiß. Fr länglich-eifg bis br elliptisch, 5 mm lg, kahl, gelblich-rötlich, im ⌀ 8eckig. 0,20–0,50. 6–10. Fels- u. Steinküsten, salztolerant; s Sh(W: Helgoland, Pellworm) (m-stemp·c1-4litEUR – igr H ♃ Pleiok – WaA).
Gewöhnlicher M. – *C. maritimum* L.

Seseli L. – **Sesel, Bergfenchel, Heilwurz** (inkl. *Libanotis* Zinn) (80–110 Arten)
1 BlaZipfel mindestens 2 mm br, Bla 2–3fach gefiedert, unterste Fiederchen nahe der BlaSpindel sich kreuzend (Abb. **753**/3). HüllBla vorhanden, zahlreich. Stg kantig gefurcht. Fr abstehend behaart. 0,60–1,20. 7–8. Trockengebüsche, TrockenW u. ihre Säume, Felsschutt, kalkstet; z Alp(f Mng) Bw(f NW ORh S) Rh Th(f Hrz Rho), s By He(SO O ORh) Nw(f N) Sa(SW) An(f Elb N O) Bb(f SO SW Elb) Ns(S) Mv(N) Sh(O) (m/mo-temp·c1-7EURAS – teiligr hros H ⊛ Rübe – InB – StA WiA – L7 Tx F3 R8 N2 – V Ger. sang., V Berb., V Eric.-Pin., V Cytis.-Pin. – *22*, *44*). [*Libanotis pyrenaica* (L.) Bourg., *L. p.* subsp. *montana* (Crantz) Lemke et Rothm., *L. montana* Crantz]
Berg-H. – *S. libanotis* (L.) W.D.J. Koch
1* BlaZipfel schmal, ca. 1 mm br. HüllBla fehlend od. 1–3. Stg nicht kantig gefurcht 2
2 Stg, BlaStiele u. BlaUSeiten dicht flaumhaarig. Dolden (12–)15–30strahlig. HüllchenBla so lg wie die FrStiele od. länger, br hautrandig. 0,10–0,90. 7–9. Xerothermrasen, Trockengebüschsäume, kalkstet; z By He(MW, s ORh) Th(Bck O S) An(f N O), s Bw(f SO SW) Rh(f M W) Nw(f N NO) Sa(SO NO) Bb(f SO SW Elb) Ns(S, sonst †) Mv(M), ↘ (sm-temp·c2-5EUR – sogr hros H ① ☉ ⊛ Rübe – InB Vm – StA – L8 T7 F3 R9 N2 – K Fest.-Brom., V Ger. sang. – giftig – *16* – in D nur subsp. *annuum*). [*S. coloratum* Ehrh.]
Steppen-S. – *S. annuum* L.
2* Stg u. Bla kahl. Dolden 5–15strahlig. HüllchenBla becherartig verwachsen od. ± frei u. deutlich kürzer bis etwa so lg wie die FrStiele u. nicht od. sehr schmal hautrandig 3
3 HüllchenBla zu einem am Rand gezähnten Becher verwachsen (Abb. **771**/2). Fr kahl, 4–6 × 2–3 mm. Pfl stark blaugrün. 0,15–0,50. 7–9. Kont. Felsfluren u. Trockenrasen, kalkhold; z An(f Elb N O), s Bw(ORh: Kaiserstuhl) Rh(ORh SW), † Th, ↘ (sm-stemp·c4-8EUR-WAS – sogr hros H ♃ PleiokRübe – InB Vm – StA? – Sa kurzlebig – L9 T8 F2 R9 N1 – V Sesl.-Fest., V Fest. val., V Xerobrom. – *20*, 22). [*Hippomarathrum vulgare* Borkh., *H. pelviforme* G. Gaertn. et al.] **Pferde-S. – *S. hippomarathrum*** Jacq.
3* HüllchenBla frei od. nur am Grund verwachsen. Fr fein behaart od. kahl, ca. 2,5–3,5 × 1,5–2 mm 4
4 BlaStiel der unteren Bla oseits rinnig. Doldenstrahlen kantig, ihre Innenseite flaumig. Fr fein kurzhaarig. 0,30–0,60. 7–9. Trockengebüschsäume, Xerothermrasen, kalkhold; s Ns(S: Weper), † Rh(ORh: Bad Dürkheim) (sm-stemp·c2-3EUR – sogr? hros H ♃ PleiokRübe – InB – StA? – *L7 T8 F3 R7 N3* – V Ger. sang., O Brom. erect. – *22* – in D nur subsp. *montanum*). **Berg-S. – *S. montanum*** L.
4* BlaStiel der unteren Bla oseits gewölbt. Doldenstrahlen fast steifrund, kahl. Fr flaumig od. kahl. 0,30–1,20. 7–8. Trockene Rud.: Bahnanlagen; [N U] s An(SO: Lochau) (sm-stemp·c4-6EUR – hros H ⊛ ♃ ☉ PleiokRübe – InB? –StA – *L7 T8 F2 R7 N3 – 18*).
Meergrüner S., Meergrüner B., Knochenharter B. – *S. osseum* Crantz

APIACEAE 767

Oenanthe L. – **Pferdesaat, Rebendolde, Wasserfenchel** (30–40 Arten)
1 Dolden scheinbar blattgegenständig, <3 cm lg gestielt. Hülle fehlend. Hüllchen armblättrig. Fr 1–3 mm lg gestielt. (**Artengruppe Wasser-Pf.** – *Oe. aquatica* agg.) 2
1* Dolden end- od. achselständig, >4 cm lg gestielt. Fr sitzend od. undeutlich gestielt 4
2 Abschnitte letzter Ordnung der ÜberwasserBla 2–6 × ±1 mm, eifg, in längliche, ungeteilte od. 2–3spaltige Zipfel zerschnitten. UnterwasserBla haarfg zerschlitzt, oft fehlend. Fr 3,5–4,5 mm lg. Stg am Grund oft sehr stark (bis 8 cm) verdickt. 0,30–1,20. 6–8. Flache, verlandende Altwasser, Flutrinnen u. Tümpel u. deren zeitweilig trockenfallende Ränder, kalkhold; v Sa(s SW) Bb Ns Mv Sh, z By Bw(f SW) He(f NW) Nw Th(v Bck O) An(h Elb), s Rh (sm-temp·c1-8EUR-WAS – igr hros ⊙? ⊙ ⊛ He/oHy Ausl – InB Vm – WaA KlA: Wasservögel – L7 T6 F10 R7 N6 – V Phragm., V Bid. – für Vieh giftig! – 22). [*Phellandrium aquaticum* L.] **Wasser-Pf., Großer W.** – *Oe. aquatica* (L.) Poir.
2* Abschnitte letzter Ordnung der ÜberwasserBla 15–25 × 6–10 mm, in breitere, gekerbte Zipfel zerteilt 3
3 Stg bis 3 m lg, meist wie die Bla im fließenden Wasser flutend. UnterwasserBla mit schmalen, nach dem Grund allmählich keilfg verschmälerten, in linealische bis fädliche Endzipfel aufgeteilte Abschnitte 2. Ordnung (Abb. 771/3). Fr (4–)5–6,5 mm lg. 1,00–3,00 lg. 6–7. Langsam fließende, eutrophe Gewässer; † Bw(ORh) (temp·c1-2EUR – igr eros ⊙ ⊛ oHy He – WaA – L8 T7 F11 R8 N7 – V Ranunc. fluit., V Phragm.).
① **Fluss-Pf.** – *Oe. fluviatilis* (Bab.) Coleman
3* Stg bis >1 m hoch, aufrecht. UnterwasserBla meist fehlend, wenn vorhanden, ihre Abschnitte 1. Ordnung in viele schmal linealische, 3–20 mm lg u. 0,3–0,5 mm br Endzipfel auslaufend, Abschnitte 2. Ordnung nicht keilfg verschmälert. Fr 4–4,5(–6) mm lg. (0,30–) 0,80–1,00(–2,00). 6–7. Tidebeeinflusste, periodisch überflutete Uferröhrichte, nährstoffanspruchsvoll; s Ns(N: Unterelbe) Sh(M: Elbe), ↘ (ntemp·c2EUR – sogr? hros ⊙ He – InB – WaA? – L7? T6? F10 R7 N8 – V Phragm. – Artwert fraglich – ▽!).
Schierling-Pf. – *Oe. conioides* Lange
4 (1) Pfl mit Ausläufern. Stg u. BlaStiele weitröhrig. Untere Bla doppelt bis fast 3fach fiederteilig, zur BlüZeit oft abgestorben. Obere Bla einfach bis doppelt fiederteilig, mit linealischen, oft 3spaltigen Abschnitten, ihr Stiel länger als die Spreite. Hülle 0–2blättrig. Dolde 2–5strahlig. 0,30–0,60. 6–8. Nasse bis periodisch überflutete Uferröhrichte u. Großseggenriede, Gräben, Flutmulden; v Ns(f Hrz), z He(f NW SW W) Nw(f SW W) An Bb Mv Sh, s By(f S) Bw(f Keu NW S SW) Rh(ORh SW W) Th(Bck Rho) Sa(f SW W), ↘ (m-temp·c1-4EUR – igr/Landform sogr hros He Hy ⚃ oAusl WuKnolle – L7 T7 F9= R8 N5 – V Car. elat., V Cnid., V Pot. ans. – für Vieh giftig! – 22). **Röhrige Pf.** – *Oe. fistulosa* L.
4* Pfl ohne Ausläufer. Stg markig od. röhrig. BlaStiele nicht od. engröhrig, die der oberen Bla kürzer als die Spreite. Dolde 5–40strahlig 5
5 Untere Bla mit eifg od. keilfg Zipfeln. Hülle meist 4–6blättrig 6
5* Alle Bla mit linealischen Zipfeln. Hülle 0–1blättrig 7
6 Zipfel der mittleren u. oberen StgBla lineal-lanzettlich, mehr als 3mal so lg wie br. Dolde 5–12(–20)strahlig. KrBla bis zur Mitte gespalten. Fr ca. 2,5–3 mm lg. 0,40–0,60. 7–9. Küstenröhrichte, nasse bis feuchte, zeitweilig überflutete (Ried)Wiesen, salztolerant; s Bw(ORh) Rh(ORh) Ns(N: Cuxhaven Inseln) Mv(N NO) Sh(O), † He, ↘ (m-temp·c1-3(lit)EUR – sogr hros He ⚃ SpeicherWu – InB – WaA – L8 T7 F8= R7 N7 – V Armer. marit., V Phragm., V Cnid., V Pot. ans. – für Vieh giftig! – 22). **Wiesen-Pf.** – *Oe. lachenalii* C.C. Gmel.
6* Zipfel der mittleren StgBla eifg od. keilfg, bis 2mal so lg wie br. Dolde (6–)12–40strahlig. KrBla ausgerandet. Fr ca. (3–)4–6 mm lg. Wurzeln mit safrangelben Milchsaft. 0,50–1,50. Brackwasserröhrichte, salztolerant; [N] s Sh(W: Halbinsel Eiderstedt) (m-sm//mo-temp·c1-2EUR – teilig.? ⚃ SpeicherWu – InB – WaA – V Bolb. – *L7 T8 F9~ R7 N5* – giftig!).
Safran-Pf., Safran-W. – *Oe. crocata* L.
7 (5) Reife Fr ellipsoidisch, unter dem Ke zusammengeschnürt. FrDöldchen fast kuglig. Doldenstrahlen u. FrStiele dünn. Griffel etwa ½ lg die Fr. 0,30–0,60. 7–8. Feuchte bis nasse, moorige Wiesen, kalkmeidend; z Rh s By(NW: Gemünden) He(ORh SO), † Bw Nw Ns, ↘ (m-stemp·c1-3EUR – sogr? hros H ⚃ Rhiz WuKnolle – InB – WaA – L7 T7 F9~ Rx N3 – V Junc. acutifl. – 22). **Haarstrang-Pf.** – *Oe. peucedanifolia* Pollich

7* Reife Fr zylindrisch od. verkehrtkegelfg, unter dem Ke nicht zusammengeschnürt. FrDöldchen flach bis halbkuglig. Doldenstrahlen dick. FrStiel so dick wie der untere Teil der Fr. Griffel nur wenig kürzer als die Fr. 0,30–0,60. 5–7. Wechselfeuchte Wiesen u. Weiden, nährstoffanspruchsvoll, schwach salztolerant; † He(ORh: Hanau), nur noch [U] s By(MS: Neutraublig) Rh Th (m-sm·c1-6-stemp·c1-2EUR-WAS – sogr? hros H ♃ Rhiz WuKnolle – InB – WaA – L8 T6 F8~ R7 N5 – V Cnid.(?) – 22). [*Katapsuxis silaifolia* (M. Bieb.) Reduron et al.]

Silau-Pf. – *Oe. silaifolia* M. Bieb.

Aethusa L. – **Hundspetersilie, Gleiße** (1 Art)

Bla stark glänzend, 2–3fach gefiedert. Hüllchen 3–4blättrig, zurückgeschlagen, nur auf der Außenseite der Döldchen (Abb. **752**/2). 0,05–2,10(–2,40). 6–9. Lehmige Äcker, Gärten, Weinberge, frische Rud.: Müll, Schutt; Brachen, Waldsäume; g Nw Th Sh, h He Sa An Ns Mv, v By Bw Rh Bb, z Alp (sm/mo-b·c1-5EUR, [N] AM – igr ☉ ① ☉ – InB SeB – MeA WiA Sa langlebig – V Caucal., V Ver.-Euph., V Geo.-Alliar. – giftig!! – 20).

Hundspetersilie – *Ae. cynapium* L.

1 Pfl ☉, 5–20(–80) cm hoch, vom Grund an verzweigt. Stg meist grün, am Grund 2–5(–12) mm ⌀ u. zuweilen schmutzig violett überlaufen. BlaZipfel eiförmig. 0,05–0,80. Äcker, Gärten, Weinberge, frische Rud.; Verbr. in D u. Areal wie Art, bes. Kalkgebiete (☉ – L7 T7 F4 R9 N5 – V Caucal., V Ver.-Euph. – 20). [*A. c.* subsp. *agrestis* (Wallr.) Dostál] subsp. ***cynapium***
1* Pfl ☉ od. ☉, 140–210 cm hoch, selten höher, meist erst oberhalb der Mitte verzweigt. Stg kaum gefurcht, zuweilen dunkel braunrot, weißlich bereift, am Grund (3–)6–15(–25) mm ⌀. BlaZipfel lineallanzettlich bis länglich. 1,40–2,10(–2,40). Waldsäume, Waldwege; z By Bw (s SW) Rh He Nw Th An Ns, s Sa Sh, Verbr. in D ungenügend bekannt (Areal wie Art? – L5 T6 F5 R7 N7 – V Geo.-Alliar. – *20*).
[*A. c.* subsp. *cynapioides* (M. Bieb.) Nyman, *A. c.* subsp. *gigantea* (Lej.) P.D. Sell]

Hohe H. – subsp. *elata* (Hoffm.) Schübl. et G. Martens

Athamanta L. – **Augenwurz** (5–15 Arten)

Bla graugrün, zottig-rauhaarig. Stg fein gerillt, meist zu mehreren aus der BlaRosette entspringend. 0,10–0,40. 5–8. Hochmont. bis subalp. trockne bis mäßig trockne Felsspalten u. Steinschuttfluren, kalkstet; v Alp, z Bw(Alb: Dettingen) (m-stemp//salp·c2-3EUR – igr hros H ♃ Pleiok – InB – KlA – L9 T3 F4 R9 N2 – V Petasit. parad., V Potent. caul. – *22*).

Zottige A. – *A. cretensis* L.

Foeniculum Mill. – **Fenchel** (1–3 Arten)

Pfl kahl. Stg stielrund, hell gestreift. BlaScheiden lg, am StgGrund nicht (var. *vulgare* – Bitterer F., var. *dulce* (Mill.) Batt. et Trab. – Gewürz-F.) od. zwiebelartig verdickt (var. *azoricum* (Mill.) Thell. – Gemüse-F., Knollen-F.). Hülle u. Hüllchen fehlend. 0,80–1,80. 7–9. KulturPfl; auch mäßig trockne bis frische Rud.: Schutt, Wegränder, rud. Rasen, Weinbergsränder; [N U] alle Bdl s, ↗ (m·c2-3EUR-VORDAS – igr hros H ♃ Rübe Pleiok od. Zwiebel – InB Vm – MeA StA – L8 T8 *F4 R7* N7 – V Sisymbr., V Onop., V Conv.-Agrop. – Gemüse, Gewürz, HeilPfl: formenreich – *22*). **Echter F. – *F. vulgare* Mill.**

Anethum L. – **Dill** (1–4 Arten)

Pfl kahl. Stg stielrund. BlaScheiden kurz. Hülle u. Hüllchen fehlend. 0,50–1,20. 7–9. KulturPfl; auch Rud.: Schutt, Müll, Umschlagplätze; [N U] alle Bdl s (m/mo·c3-5EUR-VORDAS – hros ☉ – InB – WiA MeA Lichtkeimer – L8 T8 *F3 R5 N5* – Gewürz, VolksheilPfl – *22*).

Dill – *A. graveolens* L.

Silaum[1] Mill. – **Silau, Rossfenchel** (10? Arten)

GrundBla 2–4fach gefiedert, BlaStiel oseits nicht rinnig. BlaZipfel lineal-lanzettlich, rötlich bespitzt (Abb. **769**/1). HüllchenBla weißhäutig berandet. 0,30–1,00. 6–9. Frische bis wechselfeuchte, mäßig intensiv genutzte Wiesen, seltener Wegränder, lichte EichenW, basenhold; v By He Th An, z Bw Rh(h ORh) Nw Sa Bb Ns(f Hrz), s Alp Mv(f MW), [U] s S-Sh

---

[1] Sprich *Sila-um sila-us*, aber Silau.

APIACEAE 769

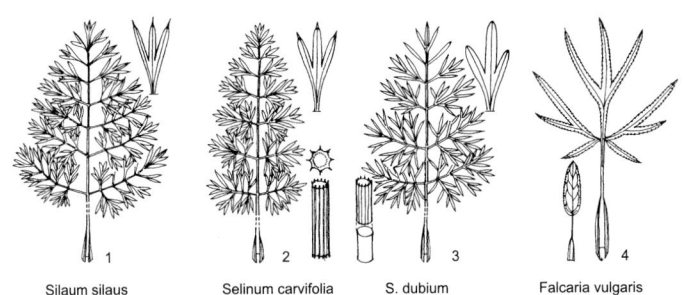

Silaum silaus   Selinum carvifolia   S. dubium   Falcaria vulgaris

(sm-temp·c1-3EUR – sogr hros H ♃ Rübe Pleiok, s WuSpr – InB: bes. Hautflügler – WiA Licht-Kältekeimer – L7 T6 Fx~ R7 N3 – V Mol., V Calth., V Arrh., V Carp. – 22). [*Silaus pratensis* (CRANTZ) SCHULT.]   **Wiesen-S. – *S. silaus* (L.) SCHINZ et THELL.**

Meum MILL. – **Bärwurz** (1 Art)
Wurzelhals faserschopfig. Bla doppelt bis mehrfach gefiedert, mit fädlichen Zipfeln. 0,15–0,45. 5–6. Mont. Frischwiesen u. Magerrasen, Waldweg- u. Moorränder, kalkmeidend; z Th(f Rho S, h Hrz Wld) Sa(h SW, f Elb) An(Hrz W S), s Alp(Allg) By(f Alb MS O) Bw(v SW, f SO Gäu ORh) Rh(M N SW) He(NW O SO W) Nw(SW SO) Bb(SO: Luckau) Ns(h Hrz, s S: Solling) (sm-temp//mo·c1-3EUR – sogr? hros H ♃ Rübe – InB – MeA KlA? – L8 T4 F5 R3 N3 – O Nard., V Triset. – VolksheilPfl – *22*).   **Bärwurz, Bärenkümmel – *M. athamanticum* JACQ.**

Selinum L. – **Silge** (inkl. *Cnidium* CUSSON) (8–13 Arten)
1   Fr 10flügelig. Stg stark kantig gefurcht, oben fast geflügelt. Bla 2–3fach gefiedert, mit lineal-lanzettlichen Zipfeln (Abb. **769**/2). Dolden 15–20(–25)strahlig. Dolden- u. Döldchenstrahlen schwach flaumig. BlaStiel rinnig, im ⌀ fast V-fg. 0,30–0,90. 7–8. Frische bis wechselfeuchte, extensiv genutzte Wiesen, Hochstaudenfluren, Gräben, Gebüschsäume, lichte EichenW; v By Rh Th Sa An, z Alp Bw He Nw Bb Ns Mv Sh, ↘ (sm-temp·c2-5EUR – sogr hros H ♃ Pleiok – InB – StA VdA? – L7 T5 F7 R5 N3 – O Mol., V Querc. rob. – 22).
    Kümmel-S. – *S. carvifolia* (L.) L.
1* Fr gerippt (Abb. **753**/6). Stg gerillt od. zumindest unten glatt. Dolden 20–40strahlig 2
2   Bla 2–3fach fiederteilig, mit lineal-lanzettlichen Zipfeln (Abb. **769**/3). Stg unten glatt, oben kantig gefurcht. Dolden 20–30strahlig. Fr ± 2 mm lg. 0,30–0,90. 8–9(–11). Wechseltrockne bis -nasse, extensiv genutzte Wiesen, Brachen, Gehölzsäume, basenhold, bes. in Stromtälern; z An(f Hrz) Bb(f SW), s By(Alb N NM) Bw(ORh) Rh(ORh) He(ORh) Th(Bck) Sa(Elb W) Ns(Elb O M) Mv(Elb SW N) Sh(M), ↘ (sm-temp·c3-7EURAS – sogr hros H ⊙/♃ WuSpr – InB – L7 T7 F8~ R6 N? – V Cnid. – *22*). [*Cnidium dubium* (SCHKUHR) THELL., *C. venosum* (HOFFM.) W.D.J. KOCH, *Kadenia dubia* (SCHKUHR) LAVROVA et V.N. TIKHOM.]
    Brenndolden-S., Brenndolde – *S. dubium* (SCHKUHR) LEUTE
2* Bla 3–4fach fiederteilig, mit eifg Zipfeln. Stg gerillt. Dolden 30–40strahlig. Fr 3,5–4 mm lg (Abb. **753**/6). 0,60–1,20. 6–8. Felsfluren; [N] s By(N: Oberthres, Sulzheim) (m-sm-c3-4EUR – igr? H ♃ – WiA – *L5 T8 F3 R7 N3*). [*Cnidium silaifolium* (JACQ.) SIMONK.]
    Silaublättrige S. – *S. silaifolium* (JACQ.) BECK

Mutellina WOLF – **Mutterwurz** (3 Arten)
Stg am Grund mit dichtem Faserschopf, blattlos od. oberwärts mit 1–2 Bla, in deren Achseln Dolden stehen. HüllBla meist fehlend, seltener vereinzelt, ganzrandig, kürzer als die Doldenstrahlen. Kr rosa bis weiß. 0,10–0,50. 6–8. Hochmont. bis alp. sickerfrische bis feuchte, oft länger schneebedeckte Magerweiden, Rieselfluren, auch Felsspalten, kalkmeidend; v Alp, s By(O: Bayr-W) Bw(SW: Feldberg) (sm-stemp//salp·c2-4EUR – igr ros H ♃ PleiokRübe WuSpr – InB – VdA – L7 T2 F6 R5 N4 – K Salic. herb., V Nard., V Car. ferr., V Car. davall.,

V Adenost. – 22, 44]. [M. purpurea (POIR.) REDURON et al., Ligusticum mutellina (L.) CRANTZ] **Adonisblättrige M. – M. adonidifolia** (GAY) GUTERM.

Pachypleurum LEDEB. – **Zwergmutterwurz** (2–5 Arten)
Stg am Grund mit häutigen Resten alter Bla, meist blattlos, mit einer einzigen, endständigen Dolde. HüllBla 5–10, meist fiederteilig, so lg wie die Doldenstrahlen. Kr weiß, selten rosa. 0,03–0,15. 7–8. Alp. frische, oft windexponierte Steinrasen u. Matten, kalkmeidend; s Alp(Allg Brch Krw) (sm-temp//alp+arct·c3-6EURAS-WAM – igr hros/ros H ♃ PleiokRübe – InB – WiA – L9 T1 F5 R3 N1 – V Car. curv., V Elyn. – 22). [*Neogaya simplex* (L.) MEISN., *Ligusticum mutellinoides* (CRANTZ) VILL., *L. simplex* (L.) ALL]
Einfache Z. – *P. mutellinoides* (CRANTZ) J. HOLUB

Angelica L. – **Engelwurz, Brustwurz, Angelika** (100–120 Arten)
1 Stg scharfkantig gefurcht. BlaAbschnitte meist herzfg, groß kerbig gesägt, useits auf den Nerven u. am Rand borstig. BlaStiel useits gekielt. Doldenstiele kahl. Ke mit 5 deutlichen, eifg Zähnen. KrBla verkehrtherzfg, deutlich genagelt. 0,50–1,00. 7–8. Nasse bis wechselfeuchte Wiesen; s Th(Bck: Alperstedt) An(SO) Bb(NO M MN) Mv(f Elb SW), † Sa, ↘ (sm-temp·c4-6 EUR-WSIB – sogr hros ⊛ – InB – WaA – L7 T6 F8 Rx N? – V Calth., V Mol. – 22 – ▽!). [*Ostericum palustre* (BESSER) BESSER]
Sumpf-E. – *A. palustris* (BESSER) HOFFM.
1* Stg wenigstens unterwärts stielrund, ± bereift. BlaAbschnitte eifg-lanzettlich bis elliptisch, fein gesägt. BlaStiel nicht gekielt. Doldenstiele wenigstens an der Spitze flaumig-zottig. Ke nicht od. kaum gezähnt. KrBla elliptisch od. lanzettlich, ungenagelt 2
2 BlaStiel u. BlaSpindel oberwärts rinnig. BlaAbschnitte useits auf den Nerven u. am Rand flaumhaarig, zuweilen papillös. Doldenstiele in ganzer Länge flaumig-zottig. KrBla weiß od. rötlich, vor dem Aufblühen grünlich. 0,80–1,50. 7–9. Wechselfeuchte bis sickernasse Wiesen, Hochstaudenfluren, lichte AuenW u. ihre Säume, nährstoffanspruchsvoll; alle Bdl h (m/mo-b·c1-6EUR-WAS – sogr hros ⊛ – InB – WiA KlA – L7 Tx F8 Rx N4 – O Mol., bes. V Calth., O Convolv., K Mulg.-Aconit., V Alno-Ulm. – 22). **Wilde E. – *A. sylvestris*** L.
  1 BlaAbschnitte eifg bis länglich, nicht od. nur sehr kurz am Stiel herablaufend. Fr 4–5,5 × 3–4(–5) mm. Feuchte bis nasse Wiesen, Gehölzsäume, Bachufer; Verbr. in D u. Areal wie Art (O Mol., O Convolv.). [*A. s.* subsp. *montana* (BROT.) ARCANG.] subsp. ***sylvestris***
  1* BlaAbschnitte schmaler, länglich-lanzettlich bis lanzettlich, die oberen herablaufend u. die seitlichen oft paarweise verschmelzend. Fr 6–8 × (4,5–)5–6 mm. Mont. bis hochmont. Staudenfluren; s Alp? By? Bw Sa An Ns, Verbr. ungenügend bekannt (sm-stemp//mo·c2-4EUR? – K Mulg.-Aconit.). [*A. s.* var. *elatior* WAHLENB., *A. s.* subsp. *montana* auct.] **Berg.-E.** – subsp. ***bernardiae*** REDURON

2* BlaStiel stielrund, BlaSpindel rinnig. BlaAbschnitte useits u. am Rand kahl, zuweilen papillös. Doldenstiele nur an der Spitze flaumig-zottig. KrBla grünlich, grünlichweiß od. gelblich. 1,20–3,00. 6–8. Feuchte bis nasse, zeitweilig überstaute Hochstaudenfluren u. Röhrichte an Fluss- u. Seeufern, Schifffahrtskanälen u. Gräben, Erlen-BruchW, nährstoffspruchsvoll, salztolerant; z By(f S) Bw(NW Gäu) Rh He(f NW W) Nw(f SW) Th(f Hrz Wld) Sa An Bb Ns(f Hrz) Mv Sh, s, ↗ (m/mo-arct·c3-7+litEURAS, [N] c2EUR – igr? hros H ⊙ ⊛ Rübe – InB – WaA MeA – L7 T6 F9= Rx N9 – V Sene. fluv., V Aln. – Gewürz, HeilPfl, schwach giftig, durch Furanocumarine Photosensibilisierung möglich – 22). [*Archangelica officinalis* HOFFM.] **Echte E., Brustwurz, Angelika – *A. archangelica*** L.
  1 Fr 7,4–9,1(–9,5) × 5,2–6,0(–7,0) mm, eifg, oft fast rechteckig, mit 3 stark vorspringenden, ziemlich scharfen Rückenrippen, diese mit Kamm, die Furchen dazwischen eng. HüllchenBla linealisch, so lg wie das Döldchen. BlaScheiden fast ganz krautig. Kr grünlich, grünlichgelb od. gelblich. Wurzel kurz, reich verzweigt. Blchen br eifg-elliptisch. 1,20–2,50. Feuchte bis nasse Hochstaudenfluren u. Röhrichte; z By Rh He Nw An Bb, s Bw Th(S), [N U] s Sa; früher KulturPfl (sm/mo-arct·c3-7EUR-WAS – V Sene. fluv., V Aln. – 22). subsp. ***archangelica***
  1* Fr 5,2–6,9(–7,6) × 4,0–5,2(–5,6) mm, elliptisch, mit wenig vorspringenden Rückenrippen, die Furchen dazwischen flach, abgerundet. HüllchenBla pfriemlich, ± halb so lg wie das Döldchen. BlaScheiden mehr häutig. Kr grünlichweiß. Wurzel rübenfg, meist einfach. 1,80–3,00. 6–8. Feuchte bis nasse Hochstaudenfluren u. Röhrichte, salztolerant; z. bes. Küsten von Ns Mv Sh, z Rh Nw Sa, ob südlicher? Verbreitung ungenügend bekannt (temp-b·c1-4litEUR – V Sene. fluv., V Aln. – 22). [*Archangelica litoralis* FR.] **Küsten-E.** – subsp. ***litoralis*** (FR.) THELL.

APIACEAE   771

Levisticum HILL – **Liebstöckel, Maggikraut**   (1? Art)
BlaAbschnitte br verkehrteifg. Kr blassgelb. Pfl nach Maggi riechend. 1,00–2,00. 7–8. KulturPfl; auch [N U] s By Bw Rh He Th Sa Bb Sh (m/salp·c6MAS – sogr hros H ♃ Pleiok Rhiz – InB: bes. Bienen – MeA – *L5 T8 F5 R5 N5* – Gewürz, VolksheilPfl, durch Furanocumarine Photosensibilisierung möglich – *22*).   **Garten-L. – *L. officinale*** W.D.J. KOCH

Peucedanum L. – **Haarstrang**   (100–120 Arten)
1   Hülle fehlend od. hinfällig 1–2(–4)blättrig. Untere Bla ein- bis mehrfach 3zählig 2
1* Hülle u. Hüllchen 4–∞blättrig, hautrandig, bleibend. Untere Bla 2–3fach gefiedert 3
2   Untere Bla einfach bis doppelt 3zählig, BlaAbschnitte br eifg. Kr rötlichweiß. 0,30–1,00. 7–8. Subalp. (bis mont.) frische bis feuchte Stauden- u. Lägerfluren, Grünerlengebüsche, Rud.: Zäune, Mauern, Wegränder, nährstoffanspruchsvoll; v Alp, s By(S) Bw(SW), [N] z Sa(SW), s By(NO O NW) Rh(N) Nw(SO SW) Th(Wld O) An(Hrz) Ns(Hrz), s ByKulturPfl (smstemp//mo·c1-3EUR, [N] ntemp-(b)·c1-3EUR – sogr hros H ♃ uAusl+Rhiz – InB – WiA MeA – L6 T3 F5 R7 N7 – V Adenost., V Rum. alp., V Geo.-Alliar. – Gemüse, VolksheilPfl – *22*). [*Imperatoria ostruthium* L.]   **Meisterwurz – *P. ostruthium*** (L.) W.D.J. KOCH
2* Untere Bla mehrfach 3zählig, BlaAbschnitte linealisch, mit sehr lg Zipfeln. Kr gelblich od. gelb. 0,60–2,00. 7–9. Wechseltrockne Auenwiesen u. Halbtrockenrasen der Stromtäler, TrockenW u. ihre Säume, kalkhold; z Rh(f W) An(s N, f Hrz O), s By(f NO S) Bw(f SO NW S SW) He(ORh SW) Th(S Bck) Sa(W) Ns(MO: Hornburg), † Nw Bb, ↘ (m/mo-stemp·c1-4EUR – hros H ♃ PleiokRübe – InB – MeA StA – L7 T7 F4~ R8 N2 – V Mol., V Cnid., V Ger. sang., V Brom. erect., V Querc. pub. – *66*).   **Echter H. – *P. officinale*** L.
3   (1) Hülle aufrecht bis abstehend. Doldenstrahlen glatt od. nur an der Spitze innen rau. Kr blassgelb. Stg markig. 0,60–1,20. 7–9. Mäßig trockne Gebüschsäume, lichte EichenW, ältere Weinbergsbrachen, kalkstet; s By(Alb N NM NW) Bw(f SO NW S SW) Rh(f M N W) He(ORh SW) Th(S Bck) (sm-stemp·c2-8EUR-WAS – sogr hros H ♃ PleiokRübe – InB – WiA – L7 T7 F4~ R9 N3 – V Ger. sang., V Querc. pub., V Conv.-Agrop. – 22). [*Xanthoselinum alsaticum* (L.) SCHUR]   **Elsässer H. – *P. alsaticum*** L.
3* Hülle zurückgebogen. Doldenstrahlen innen rau. Kr weiß 4
4   Stg kantig gefurcht, röhrig. BlaSpindel gerade. BlaStiel hohl, mit Milchsaft. 0,80–1,50. 7–8. Nasse, mesotrophe, zeitweilig überflutete Großseggenriede, Moorwiesen, Teich- u. Grabenränder, Erlen- u. Birkenbrüche; h Mv Bb Sh, v Sa(h NO) Ns, z Alp By Bw Rh(f N) Nw(h N, f SW) Th(f Hrz NW Rho) An, s He (temp-b·c2-5EUR-WAS – sogr hros H ♃ ⊕ Rübe – InB – WaA WiA Licht-Kältekeimer – L7 T6 F9= Rx N4 – V Car. elat., V Car. nigr., V Aln. – *22*). [*Thysselinum palustre* (L.) HOFFM.]   **Sumpf-H., Ölsenich – *P. palustre*** (L.) MOENCH
4* Stg stielrund, fein gerillt, markig. BlaSpindel knickig (Abb. 771/4). BlaStiel markig, ohne Milchsaft. 0,30–1,00. 7–8. Silikat- u. reichere Sandtrockenrasen, Rud.: Wegränder, Dämme, trockne Eichen- u. KiefernW u. ihre Säume; v Bb, z By Bw(f SO) Sa An(f Hrz) Mv, s Alp Rh(f N W) He(SO ORh SW) Th(Bck) Ns(Elb O) Sh(SO O) (sm-temp·c2-5EUR – sogr hros H ♃ PleiokRübe – InB – StA Kältekeimer – L6 T6 F3 R6 N2 – O Fest.-Sedet., V Fest. val., V Ger. sang., V Querc. rob., V Eric.-Pin., V Cytis.-Pin., V Querc. pub. – *22*). [*Oreoselinum nigrum* DELABRE]   **Berg-H. – *P. oreoselinum*** (L.) MOENCH

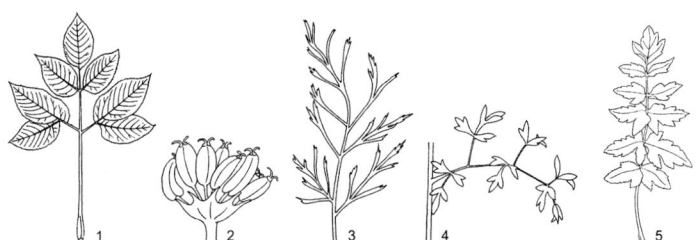

     1   2   3   4   5
Aegopodium   Seseli hippomarathrum   Oenanthe fluviatilis   Peucedanum oreoselinum   Pastinaca sativa

Dichoropetalum Fenzl – **Kümmelblatthaarstrang** (26 Arten)
Stg wenigstens oberwärts kantig gefurcht. Bla einfach gefiedert, mit fiederteiligen Abschnitten. Kr gelblich od. grünlichweiß, außen oft rötlich überlaufen. 0,30–1,00. 6–8. Frische Wiesen, frischere Halbtrockenrasen, Trockengebüsch- u. -WSäume, basenhold; z Rh(f ORh) Nw(f N NO SO), s By(f N NW S, † NO), † Bw (sm-stemp·c2-6EUR – sogr hros H ♃ PleiokRübe – InB – WiA – L8 T7 F5 R7 N5 – V Arrh., V Ger. sang., V Brom. erect. – *22*). [*Holandrea carvifolia* (Vill.) Reduron et al., *Peucedanum chabraei* (Jacq.) Rchb., *P. carvifolia* Vill.] **Echter K. –** ***D. carvifolia*** (Vill.) Pimenov et Kljuykov

Cervaria Wolf – **Hirschwurz** (4 Arten)
Untere Bla 2fach gefiedert. BlaAbschnitte eifg bis eilänglich, fast grannig gezähnt, useits graugrün, uerseits sehr derb. 0,50–1,00. 7–9. Trockengebüsche, TrockenW u. ihre Säume, Halbtrockenrasen, kalkhold; z By Bw Rh Th(f Hrz) An Bb(f Elb SW), s Alp He(f MW NW W) Sa(W) Ns(MO S) Mv(M MW), † Nw (m/mo-stemp·c2-4EUR – sogr hros H ♃ PleiokRübe – InB – WiA – L7 T6 F3 R7 N3 – V Ger. sang., V Mesobrom., V Querc. pub. – *22*). [*Peucedanum cervaria* (L.) Lapeyr.] **Echte H. –** ***C. rivini*** Gaertn.

Pastinaca L. – **Pastinak, Pastinake** (ca. 15 Arten)
Stg kantig gefurcht bis rundlich. Bla einfach gefiedert (Abb. **771**/5), ihre Abschnitte eifg bis länglich. Kr gelb. 0,30–1,90(–3,00). 7–9. Frische Wiesen, frische bis mäßig trockne Rud.: Weg- u. Straßenränder, Bahnanlagen, Steinbrüche, Ackerränder; Äcker, kalkhold; g An, h By(g NM) Nw Th, v Bw Rh He(g ORh) Sa Bb Ns Mv, z Sh, s Alp; auch KulturPfl (m/mo-temp·c1-5EUR-WAS, [N] austr+m-tempAUST+AM – sogr? hros H ⊙ Rübe – InB – WiA MeA Sa langlebig – L8 T6 F4 R8 N5 – V Arrh., V Dauco-Mel., V Onop. – 22).
Gewöhnlicher P. – ***P. sativa*** L.

1 Stg meist kantig gefurcht. Stg, BlaStiele, BlaOSeite u. Doldenstrahlen locker abstehend behaart, GrundBla mit 7–8 Fiederpaaren, Fiedern oben oft ± zugespitzt, am Grund oft schmal keilfg, im unteren Teil fiederschnittig. Enddolden 8–20strahlig, Doldenstrahlen ungleich lang, längster Doldenstrahl 5,3–10 cm lg. (0,30–)0,90–1,60. 7–9. Standorte u. Soz. weitgehend wie Art; g Th(v Wld) An, h By(g NM) Nw, v Bw Rh He(g ORh) Sa Bb Ns Mv, z Sh, s Alp (sm-temp·c2-4EUR – Wurzelgemüse: mehrere Sorten, VolksheilPfl, durch Furanocumarine Photosensibilisierung möglich – *22*).
subsp. ***sativa***

1* Stg meist rundlich od. gerieft. Bla beidseits wie der Stg ± dicht mit gebogenen, ± lg grauen Haaren besetzt. GrundBla meist mit 4–5 Fiederpaaren, Fiedern oben stumpf bis abgerundet., am Grund etwas herzfg, kerbig gesägt bis im unteren Teil gelappt. Enddolden meist 5–8strahlig, Doldenstrahlen ± gleich lang, längster Doldenstrahl 2,3–5,3 cm lg. 1,50–1,90(–3,00). 8–9. Äcker, Rud., Bahnanlagen; [N U] s By Bw Rh He Nw Th? Sa Bb Mv (m/mo-sm·c2-4EUR-WAS – ⊙ ⊛). [*P. opaca* auct.]
Brenn-P. – subsp. ***urens*** (Godr.) Čelak.

Subsp. *sylvestris* (Mill.) Rouy et E.G. Camus ist vielleicht hybridogen: subsp. *sativa* × subsp. *urens*. – Merkmale intermediär: Stg gefurcht, ± dicht mit gebogenen, ± lg grauen Haaren besetzt. Fiedern oben stumpf. Enddolden 8–20strahlig. s By.

Heracleum L. – **Bärenklau** (50–70 Arten)
1 Fr 10–14 × 6–8 mm, mit borstig behaarten Randflügeln; keulenfg Ölgänge am stark angeschwollenen Ende 0,5–1 mm br. Pfl bis 4,00 m hoch. Stg am Grund bis 10 cm dick, oft rot gefleckt. Bla tief 3(–5)teilig, mit fiederteiligen, spitzen Abschnitten, useits kurz behaart, sehr groß, die unteren mit Stiel bis 3 m lg. Dolden 50–150strahlig, 20–50 cm ⌀. Kr weiß. 2,00–4,00. 7–9. Urspr. ZierPfl, jetzt bes. Flussufer, Grünlandbrachen (Auen), Wegränder, Parkanlagen, Gärten; [N Anf. 20. Jh., flächige Aussaat durch Imker u. Jäger] h He Nw Ns, v Rh Th Sa An, z By Bw Bb Sh, s Alp Mv, ↗ (sm/mo·c3KAUK – sogr H ⊙ ⊛ Rübe – InB SeB – WiA MeA Kältekeimer Sa kurzlebig – L9 T6 F6 Rx N8 – O Convolv. – Furanocumarine verursachen Hautreizung (Blasen) durch Photosensibilisierung).
Riesen-B., Herkulesstaude – ***H. mantegazzianum*** Sommier et Levier

Ähnlich: **Persischer B. –** ***H. persicum*** Fisch., C.A. Mey. et Avé-Lall. – Pflanze mit starkem Anisgeruch. [U] s Bb, Verbr. in D ungenügend bekannt. *H. pubescens* (Hoffm.) M. Bieb. [*M. sosnowskyi* Manden.] – ob im Gebiet?

1* Fr 6–10 mm × 6–9 mm, kahl od. weichhaarig; keulenfg Ölgänge nur wenig angeschwollen, 0,2–0,4 mm br. Pfl bis 2,00 m hoch. Stg am Grund 3–20 mm dick. Dolden 6–25strahlig, bis 20 cm ⌀ **2**
2 Stg kantig gefurcht, steifborstig. BlaAbschnitte groß, br eifg bis lanzettlich, meist tief gelappt. KeZähne undeutlich, kurz u. br. Kr weiß od. grünlichgelb. 0,50–1,50(–2,00). 6–9. Frische bis sickerfeuchte Wiesen, Uferstaudenfluren, an Gräben, AuenW u. ihre Säume, Schlagfluren, mont. Hochstaudenfluren, nährstoffanspruchsvoll; alle Bdl g (m/mo-b·c1-7EUR-WAS, [N] AM+AUST − sogr hros H ♃ Pleiok − InB − WiA WaA VdA? − O Arrh., V Calth., V Alno-Ulm., V Adenost., V Sene. fluv., K Epil. ang., V Acer.-Fag. − verursacht Hautreizung − 22, 24). **Gewöhnliche B., Wiesen-B. − *H. sphondylium* L.**

 1 Kr grünlichweiß bis gelbgrün. RandBlü mit nur schwach vergrößerten KrBla, diese auf ⅓ eingeschnitten. Dolden- u. Döldchenstrahlen zerstreut behaart, mit spitzen Höckern besetzt. FrKn mit aufwärts gerichteten Borsten (Abb. **774**/1). 0,50–1,50. 6–9. Frische bis feuchte Wiesen, Schlagfluren, Waldsäume; z Bb Mv, s By? Sh, f Ns (sm-b·c3-7OEUR-WAS − O Arrh., V Calth., K Epil. ang. − *22*). [*H. s.* subsp. *sibiricum* auct. non (L.) Simonk., *H. s.* subsp. *sibiricum* var. *chaetocarpum* Neumayer et Thell., *H. sibiricum* subsp. *glabrum* (Huth) Briq.]
 Grünblühende B. − subsp. *glabrum* (Huth) Holub
 1* Kr reinweiß, selten rötlich werdend od. grünlichgelb. RandBlü mit stark vergrößerten KrBla, diese bis zur Hälfte eingeschnitten. Dolden- u. Döldchenstrahlen weichhaarig. FrKn weichhaarig bis zottig (Abb. **774**/2) **2**
 2 GrundBla u. große StgBla gefiedert. BlaZipfel br bis sehr schmal, abgerundet bis lg zugespitzt (Abb. **774**/3–5). Kr weiß. 0,50–1,50(–2,00). 6–9. Frische Wiesen, AuenW u. ihre Säume; alle Bdl g (m/mo-temp·c1-4EUR − O Arrh., V Sene. fluv., V Alno-Ulm. − L7 T5 F5 Rx N8 − *22*). [*H. s.* subsp. *australe* (Hartm.) Ahlfv.] **Gewöhnliche B. − subsp. *sphondylium***
 2* GrundBla handfg 3-, 5- od. 7teilig. StgBla 3schnittig. Kr weiß, selten rötlich werdend od. grünlichgelb. 1,00–2,00. 6–8. Mont. Hochstaudenfluren; v Alp, s By(S) Bw(Alb Keu S) (m/mo-b·c3-8EURAS? − L7 T3 F6 Rx N8 − V Adenost., V Acer.-Fag.). [*H. s.* subsp. *montanum* (Gaudin) Briq.]
 Berg-B., Schlanke B. − subsp. *elegans* (Crantz) Schübl. et G. Martens

2* Stg gestreift bis schwach kantig, kahl od. oben behaart, nicht steifborstig. BlaAbschnitte eifg bis lanzettlich, gekerbt-gesägt, höchstens am Grund seicht gelappt. KeZähne deutlich, 3eckig-lanzettlich. Kr weiß bis rosa. 0,10–0,60. 7–8. Subalp. frische Steinschuttrasen; z Alp(Brch Chm) (sm-stemp//salp·c3ALP − sogr hros H ♃ Pleiok − InB − WiA KlA − L9 T3 F6 R8 N4 − V Car. ferr. − *22*). [*H. a.* subsp. *siifolium* (Scop.) Nyman]
Österreichische B. − *H. austriacum* L.

Hybriden: *H. mantegazzianum* × *H. sphondylium* = ? − s; *H. sphondylium* subsp. *glabrum* × subsp. *sphondylium* = ?

Tordylium L. − Zirmet   (16–20 Arten)

Stg kantig gefurcht, rückwärts borstig. Bla einfach gefiedert, Fiedern stumpf gekerbt. Fr borstig. 0,60–1,20. 6–8. Trockengebüschsäume, reichere Sandtrockenrasen, Brachen, kalkmeidend; [A] s Rh(f ORh W) Sa(W) An(S) Bb(NO Od), † Th, [N U] s By Bw He Sh (m·c1-5-stemp·c2EUR-VORDAS − hros ① − InB − KlA − L7 T8 F3 R5 N5 − O Orig., O Fest.-Sedet., V Sisymbr. − *20*). **Große Z. − *T. maximum* L.**

Laser Borkh. − Rosskümmel   (1 Art)

GrundBla groß, 2–3fach 3zählig. Abschnitte am Grund herzfg. Pfl stark nach Kümmel riechend. 0,30–1,20. 5–6. Mäßig trockne Gebüsch- u. EichenWSäume, Waldlichtungen, kalkstet; z He(MW, f SO NW O) Ns(S), s By(NW N) Nw(NO: Höxter), [N] s Rh(SW: Saar) (m/mo-stemp/demo·c2-4EUR − sogr hros H ♃ Pleiok − InB − WiA − L7 T6 F4 R9 N2 − V Ger. sang. − *22* − ▽). **Gewöhnlicher R. − *L. trilobum* (L.) Borkh.**

Laserpitium L. − Laserkraut   (14–35 Arten)

1 Stg kantig gefurcht, meist steifhaarig. BlaAbschnitte fiederspaltig bis fiederschnittig. Rand der HüllchenBla zottig gewimpert. Fr steifhaarig. Kr weiß bis gelblichweiß, trocken oft gelb **2**

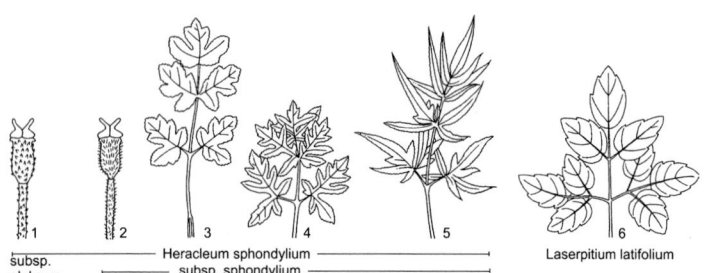

subsp. glabrum — Heracleum sphondylium — subsp. sphondylium — Laserpitium latifolium

1* Stg stielrund, fein gerillt, kahl. BlaAbschnitte ganzrandig od. gesägt. Rand der HüllchenBla u. Fr kahl. Kr weiß **3**
2 Scheiden der oberen StgBla eng. Hüll- u. HüllchenBla frühzeitig zurückgeschlagen. Dolde 10–20(–30)strahlig, Strahlen innen rau od. kurz steifhaarig. 0,30–1,00. 7–8. Wechselfeuchte Wiesen, Gebüsche, lichte EichenW, basenhold; z By(f NO), s Alp(f Krw) Bw(SO Keu S) Th(Bck) Sa(f Elb) An(S) Mv(N O), † Rh He Bb Ns Sh, ↘ (sm/mo-temp·c3-5EUR – sogr hros ⊙ ⊛ Rübe – InB – StA WiA – L7 T6 F7~ R7 N2 – V Mol., V Querc. pub., V Querc. rob. – 22 – in D nur subsp. *prut*e*nicum*). [*Silphiod*a*ucus prut*e*nicus* (L.) Spalik et al.]
                                                                          Preußisches L. – *L. prut*e*nicum* L.
2* Scheiden der oberen StgBla etwas bauchig. Hüll- u. HüllchenBla den Strahlen anliegend. Dolde 30–40(–45)strahlig, Strahlen überall abstehend steifhaarig. 0,30–1,20. Steinige Rud.: Steinbrüche; [N U] s He (sm/mo·c3-5EUR – sogr hros H ⊙·? ⊛? – InB) [*Silphiod*a*ucus hispidus* (M. Bieb.) Spalik et al.]   **Borstiges L. – *L. hispidum* M. Bieb.**
3 **(1)** Bla 2fach gefiedert od. 1–2fach 3zählig; Abschnitte br eifg, am Grund oft herzfg, ungeteilt, gesägt (Abb. **774**/6). HüllchenBla fädlich, kaum hautrandig. 0,60–1,50. 7–8. Mäßig bis sickerfrische Gebüsch- u. WSäume, mont. bis hochmont. Rasen u. Staudenfluren, kalkhold; h Alp, z By Bw(f ORh) Th An(f Elb N O) Ns(Hrz S), s Rh(ORh SW) He(O MW) Nw(f MW N), † Sa Bb (sm/mo-temp·c2-4EUR – sogr hros H ♃ Rübe – InB – StA WiA Kälteker – L7 T4 F5~ R9 N3 – O Orig., O Sesl., V Stip. calam. – 22).
                                                                       Breitblättriges L. – *L. latifolium* L.
3* Bla 2–4fach gefiedert; Abschnitte lineal-lanzettlich, ganzrandig, mit hellem, schmalem Knorpelrand. HüllchenBla länglich, br hautrandig. 0,30–1,00. 6–8. Mont. mäßig trockne Gebüschsäume, EichenWLichtungen, Steinschuttfluren, kalkstet; z Alp(f Allg Mng), s By(S MS) Bw(Alb Keu) (sm/mo-stemp/demo·c2-3EUR – sogr hros H ♃ Pleiok – InB – StA MeA – L7 Tx F4 R9 N2 – V Ger. sang., V Eric.-Pin., V Sesl. – 22 – in D nur subsp. *siler*). [*Siler mont*a*num* Crantz]
                                                                        Berg-L. – *L. s*i*ler* L.

Familie *Adox*a*ceae* E. Mey. s. l. (inkl. *Sambuc*a*ceae*, *Viburn*a*ceae*) – Moschuskrautgewächse   (5 Gattungen/200 Arten)

Kräuter, Sträucher od. kleine Bäume. Bla gegenständig. Blü ☿, radiär. KeBla (3–)4–5, verwachsen, oft stark reduziert. KrBla 4–5, verwachsen. StaubBla 4–5. FrKn halbunterständig od. unterständig. Griffel oft fehlend od. sehr kurz. SteinFr, oft beerenartig.

1 Niedrige, bis 15 cm hohe Kräuter. Blü in einem (4–)5(–9)blütigen Kopf (Abb. **644**/4).
                                                                          Moschuskraut – *Adoxa* S. 775
1* Sträucher, kleine Bäume od. >60 cm hohe Kräuter. Blü in ∞blütigen schirm-, rispen- od. kugelfg BlüStänden. BlaBasen durch Querlinie paarweise verbunden **2**
2 Bla gefiedert.   **Holunder – *Sambucus* S. 775**
2* Bla einfach, unzerteilt od. gelappt.   **Schneeball – *Vib*u*rnum* S. 775**

ADOXACEAE

Adoxa L. – **Moschuskraut** (2 Arten)
GrundBla doppelt 3zählig, die 2 StgBla 3zählig. Blü grünlichweiß, in endständigem, (4–)5(–9)blütigem Kopf. 0,05–0,15. 3–5. Frische bis feuchte, geophytenreiche LaubW u. Gebüsche, nährstoffanspruchsvoll; v By Bw Rh He Nw Th Sa An Ns Mv, z Alp(f Krw) Bb Sh (sm/mo-b·c2-6CIRCPOL – frgr/sogr eros G ♃ verzweigte monop uAusl+Hibernakeln – InB: Fliegen – VdA: Schnecken, Vögel, selten fruchtend, Kälteimer – L5 Tx F6 R7 N8? – O Fag., O Prun. – 36). **Moschuskraut, Bisamkraut** – ***A. moschatellina***[1] L.

Sambucus L. – **Holunder** (9 Arten)
1 Pfl krautig. NebenBla blattartig (Abb. **777**/2). Blchen 5–9. Staubbeutel rot, später schwarz. Fr schwarz. 0,60–1,50. 6–7. Frische Waldschläge, Verlichtungen, rud. Staudenfluren, Schutt, nährstoffanspruchsvoll; v By Bw Rh, z Alp S-He Nw Th(S Wld Rho), [N] s N-Th Sa An Ns Sh, [U] s Bb Mv (m/mo-temp·c2-5EUR – sogr eros G/H ♃ uAusl – InB – VdA – L8 T6 F5 R8 N7 – O Atrop., V Alliar. – giftig!). **Zwerg-H., Attich** – ***S. ebulus*** L.
1* Sträucher od. kleine Bäume. NebenBla sehr klein od. fehlend. Blchen meist 5. Staubbeutel gelb 2
2 BlüStand schirmfg flach. Kr weiß. Fr schwarz. Blchen-Ansatz grün. Zweige mit weißem Mark. 3,00–7,00. 6–7. Frische bis feuchte Wälder, Schläge u. Verlichtungen, Hecken, Gebüsche, Rud.: Schutt, nährstoffanspruchsvoll; alle Bdl g, ↗ (m/mo-temp·c1-6EUR – sogr Str/B – InB: bes. Fliegen, Käfer Pollenblume – VdA MeA Sa langlebig – L7 T5 F5 Rx N9 – V Samb.-Salic., O Prun. – HeilPfl, Obst – Kerne schwach giftig). **Schwarzer H.** – ***S. nigra*** L.
2* BlüStand kuglig od. eifg. Kr grünlichgelb. Fr rot. Blchen-Ansatz rot. Mark gelbbraun. 1,50–3,00. 4–5. Frische Waldschläge u. Verlichtungen, NadelW u. -forste, Steinschutthalden, mäßig nährstoffanspruchsvoll; h Bw Rh(v ORh) He Nw Th Sa, v Alp By(g NM), z An S-Bb Ns(MO M NW), [N] z N-Bb Mv Sh (sm/mo-stemp/(mo)·c2-4EUR, [N] bEUR – sogr Str – InB: Fliegen, Käfer – VdA Sa langlebig – L6 T4 F5 R5 N8 – V Samb.-Salic., O Prun. – Kerne schwach giftig). **Roter H., Berg-H., Hirsch-H.** – ***S. racemosa*** L.
Hybride: *S. nigra* × *S. racemosa* = *S.* ×*strumpfii* Gutte – s Th

Viburnum L. – **Schneeball** (175 Arten)
1 Bla 3–5lappig, beiderseits grün. BlaStiel mit Drüsenhöckern (Abb. **777**/3). Knospen mit Knospenschuppen. Innere Blü der Zymen klein, glockig, ♂; RandBlü mit großer, radfg, weißer Kr, geschlechtslos. Fr scharlachrot. 1,50–3,00. 5–6. Frische bis sickerfeuchte AuenW, Waldränder, Gebüsche, Hecken, nährstoffanspruchsvoll; alle Bdl h; auch Zierstrauch nur mit geschlechtslosen Blü (m/mo-b·c1-6EUR-WAS – sogr Str – InB: Käfer, Fliegen SeB – VdA – L6 T5 Fx R7 N6 – O Prun., V Salic. alb. – giftig). **Gewöhnlicher Sch.** – ***V. opulus*** L.
1* Bla eifg, gezähnt-gesägt, useits dicht sternhaarig-graufilzig. BlaStiel ohne Drüsenhöcker. Knospen ohne Schuppen, offen. Alle Blü gleich. Fr erst rot, dann schwarz. 1,00–3,00. 4–6. Mäßig trockne bis mäßig frische Gebüsche u. lichte Wälder, auf steinigen bis tonigen Böden, kalkhold; v Alp By Bw Rh Th, z An(f Elb O W), s He(SO O SW) Nw(f N NO), [N] s Sa Ns, [U] s Bb Sh; auch Zierstrauch (m/mo-stemp·c1-6EUR – sogr Str – InB: Fliegen, Käfer, Hautflügler SeB – VdA – L7 T5 F4 R8 N4 – O Querc. pub., V Eric.-Pin., V Berb.). **Wolliger Sch.** – ***V. lantana*** L.

---

[1] Sprich: mos-chatellina.

Familie *Caprifoli*a*ceae* Juss. s. l. (inkl. *Diervill*a*ceae, Linnae*a*ceae, Dipsac*a*ceae, Valerian*a*ceae*) – Geißblattgewächse

(31 Gattungen/890 Arten)

Kräuter, Halbsträucher, Sträucher od. Lianen. Bla gegenständig od. in grundständigen Rosetten, einfach od. gefiedert, ohne NebenBla. Blü ♂, selten 1geschlechtig, radiär od. dorsiventral, (4–)5zählig, KrBla verwachsen. StaubBla 1–5. FrKn unterständig. Griffel 1. Beere, SteinFr, Kapsel, Nuss, Achäne.

1	Blü in Köpfen. Pfl krautig	2
1*	Blü nicht in Köpfen. Pfl krautig od. strauchig	7
2	Stg u. Kopfstiele stachlig. Köpfe länglich, selten halbkuglig. Ke ohne Borsten (Abb. **779**/1, 2). ⊙ od. ⊛. **Karde** – *Dipsacus* S. 778	
2*	Stg u. Kopfstiele stachellos. Blühende Köpfe flach bis halbkuglig. Ke meist in Borsten geteilt (Abb. **779**/5, 6). Meist ♃	3
3	Kr 5spaltig. AußenKe mit trockenhäutigem od. knorpligem Saum (Abb. **779**/5). Ke mit 5 Borsten. SpreuBla klein. **Skabiose** – *Scabi*o*sa* S. 779	
3*	Kr 4spaltig. AußenKe 4–8zähnig	4
4	Kopfboden ohne SpreuBla, rauhaarig. Ke mit 8–16 Borsten (Abb. **779**/6). Blühende Köpfe schwach gewölbt. **Witwenblume** – *Knautia* S. 780	
4*	Kopfboden mit SpreuBla. Ke mit 5 Borsten od. borstenlos. Blühende Köpfe halbkuglig	5
5	Kr hellgelb. Bla fiederteilig bis gefiedert. **Schuppenkopf** – *Cephal*a*ria* S. 779	
5*	Kr blau, blasslila od. weißlich. Bla unzerteilt	6
6	AußenKe 4kantig, rauhaarig, am Ende jeder Kante in einen spitzen, stachelspitzigen Zipfel auslaufend. Ke in 5 Borsten endend. Kr dunkelblau. Wurzelstock aufrecht, kurz, wie abgebissen. **Teufelsabbiss** – *Succisa* S. 780	
6*	AußenKe fast stielrund, kahl, sein Saum mit 4 kurzen, stumpfen Lappen. Ke borstenlos. Kr blassblau bis weißlich. Wurzelstock kriechend. **Moorabbiss** – *Succisella* S. 780	
7	(1) StaubBla 3, 1 od. fehlend. Pfl krautig, aufrecht. Frucht eine Nuss	8
7*	StaubBla 4 od. 5. Strauch, kriechender Halbstrauch od. Liane. Fr eine Nuss, SteinFr, Beere od. Kapsel	10
8	Kr stieltellerfg, lg röhrig, am Grund mit Sporn. StaubBla 1. Pfl kahl. Bla eilanzettlich, ganzrandig, bläulichgrün. **Spornblume** – *Centr*a*nthus* S. 781	
8*	Kr trichterfg, ungespornt, höchstens am Grund mit Höcker. StaubBla 3	9
9	Stg gabelästig. Blü in ± dichten Dichasien. Ke an der Fr 1–5zähnig od. 6(–12)spaltig, zur BlüZeit kaum merklich (Abb. **784**/1–6). Kr bläulichweiß. Bla ungeteilt od. gelappt. ⊙ od. ⊙. **Rapünzchen** – *Valerian*e*lla* S. 783	
9*	Stg nur im BlüStand verzweigt. Blü in rispigen od. kopfigen Thyrsen. Ke an der Fr ein Haarkranz (Pappus) (Abb. **644**/5), dieser zur BlüZeit nach innen gerollt. Kr rötlich od. weiß. Bla gefiedert, 3teilig od. ungeteilt. ♃. **Baldrian** – *Valeri*a*na* S. 781	
10	(7) Fr eine Nuss. Blü zu 1–2 auf 5–12 cm hohem Schaft (Abb. **777**/1). Kriechender Halbstrauch. Bla einfach, rundlich gekerbt, <1,5 cm br. **Moosglöckchen** – *Linn*a*ea* S. 778	
10*	Fr eine Beere od. Kapsel. BlüStand wenigblütig, zuweilen quirlig-kopfig. Bla einfach od. buchtig gelappt, >1,5 cm br. Strauch od. Liane	11
11	Fr eine Kapsel. FrKn walzig. Kr fast radiär, ± 3 cm lg. **Weigelie** – *Weigela* S. 776	
11*	Fr eine Beere. FrKn kuglig od. länglich. Kr 2lippig od. radiär u. dann 5–7 mm lg	12
12	Blü zu 2 auf gemeinsamem Stiel (Abb. **778**/1) od. in quirlig-kopfigen BlüStänden (Abb. **778**/2). Kr meist deutlich 2lippig, >8 mm lg. Beeren rot od. (blau)schwarz, selten weißlich. **Heckenkirsche, Geißblatt** – *Lonicera* S. 777	
12*	Blü in unterbrochenen Scheinähren. Kr radiär, 5–6 mm lg. Beeren meist weiß. **Schneebeere** – *Symphoric*a*rpos* S. 778	

Weigela Thunb. – Weigelie (10 Arten)

Bla eifg, fein gesägt. Zweigspitzen weiß behaart. Kr trichterig-glockig, fast radiär, etwa 3 cm lg, rot bis weiß. (1,00–)2,00–3,00. 5–7. Zierstrauch (sm-temp·c4-5OAS – sogr Str – InB: Bienen – StA WiA – kult oft Bastarde). Ⓚ **Rosenrote W.** – *W. fl*o*rida* (Bunge) A. DC.

Lonicera L. – **Geißblatt, Heckenkirsche, Doppelbeere** (180 Arten)

1 Blü in meist 6blütigen, sitzenden, kopfig gedrängten Quirlen. Windende Sträucher 2
1* Blü zu 2 auf gemeinsamem Stiel (Abb. 778/1). Aufrechte, selten (3) windende Sträucher 3
2 Oberste Bla der blühenden Zweige paarweise verwachsen (Abb. 778/2), kahl. BlüKöpfe sitzend. 3,00–5,00(–10,00). 5–6. Mäßig trockne Gebüsche u. LaubW, kalkhold; [A?] z Th An(h S, f N O), [N] z By Bw, s Rh He Nw Sa Bb Mv; auch Zierliane (sm-stemp·c2-4EUR – sogr Liane uAusl – InB: Schwärmer – VdA Kältekeimer – L7 T7 F4 R8 N2? – V Berb., O Querc. pub. – giftig). **Echtes G., Jelängerjelieber** – *L. caprifolium* L.
2* Alle Bla getrennt, useits behaart. BlüKöpfe gestielt. 2,00–3,00(–5,00). 6–8. Mäßig frische bis feuchte Schläge, Gebüsche, LaubW, Nadelholzforste, kalkmeidend; g Rh(v ORh) Nw Ns(v Hrz N), h Mv Sh, v He(g MW SW) An, z Bw(f Alb) Th Sa Bb, s By(NW N S); auch Zierstrauch (m/mo-temp·c1-2EUR – sogr Liane – InB: Schwärmer, Schwebfliegen, Hummeln Vm blüht ab 19 Uhr – VdA – L6 T5 Fx R3 N4 – V Prun.-Rub., V Querc. rob.-petr., V Luz.-Fag., V Carp. – giftig – 36). **Deutsches G.** – *L. periclymenum* L.
3 (1) Windender od. niederliegender immergrüner Strauch. Blühende Knoten zu einer endständigen Ähre gedrängt. 4,00–10,00. 6–8. ZierPfl, auch siedlungsnahe Gebüsche, Rud.; [N U] s By Bw He Nw An (OAS – igr Liane – O Prun.). **Henry-G.** – *L. henryi* F.B. FORBES et HEMSL.
3* Aufrechter sommergrüner Strauch. Blühende Knoten nicht gedrängt 4
4 Die 2 FrKn jedes BlüPaares fast völlig miteinander verwachsen. FrStand eine Doppelbeere 5
4* Die 2 FrKn jedes BlüPaares nur am Grund miteinander verwachsen (Abb. 778/1) 6
5 Kr gelblichweiß, fast radiär. Gemeinsamer BlüStiel kürzer als die Blü. Doppelbeeren blauschwarz, bereift. 0,60–1,30. 5–6. Feuchte bis nasse FichtenW, Kiefern-Hochmoore, Legföhren-Gebüsch, kalkmeidend; z Alp, s By(S MS) Bw(SO S) (sm/mo-b·c3-7EURAS – sogr Str – InB: Hummeln, Bienen – VdA – L5 T3 F8 R2 N2 – O Vacc.-Pic., O Prun. – Beeren essbar). **Blaue H., Blaue D.** – *L. caerulea* L.
5* Kr gelblich-trübrot, deutlich 2lippig. Gemeinsamer BlüStiel länger als die Blü. Doppelbeeren kirschrot, glänzend. 0,60–1,50. 5–7. Mont., frische Buchen- u. BergmischW, auf steinigen bis tonigen Böden, kalkstet; h Alp, z By(S MS) Bw(f NW ORh) (sm-stemp//mo·c2-3EUR – sogr Str – InB: Hummeln, Wespen – VdA – L3 T4 F6 R8 N7 – V Til.-Acer., V Adenost.). **Alpen-H., Alpen-D.** – *L. alpigena* L.
6 (4) Zweige mit weißem Mark. Gemeinsamer BlüStiel 3–4mal so lg wie die Blü. Bla länglich elliptisch bis verkehrteifg, kahl od. useits auf den Nerven zerstreut flaumig. Kr rötlichweiß od. weiß. Beeren schwarz. 0,50–1,50. 5–6. (Sub)mont. bis hochmont. frische Laub- u. NadelmischW, Gebüsche, nährstoffanspruchsvoll, kalkmeidend; v Alp, z By(f NW) Bw(f NW ORh) Th(f Hrz NW) Sa(SW SO W), [N] s An, [U] s Nw Mv (sm-stemp//mo·c2-4EUR – sogr Str – InB: Bienen – VdA – L3 T4 F5 R5 N4? – V Gal.-Abiet., O Vacc.-Pic., V Til.-Acer.). **Schwarze H.** – *L. nigra* L.
6* Zweige hohl. Gemeinsamer BlüStiel 1–2mal so lg wie die Blü. Beeren rot od. gelblich 7
7 Bla elliptisch, beiderseits weichhaarig. Kr gelblichweiß. Beeren scharlachrot. 1,00–2,00. 5–6. Frische Laub- u. NadelmischW, Gebüsche, nährstoffanspruchsvoll, kalkhold h Alp He Th, v By(g NM) Bw Rh An(g Hrz S), z Nw Sa Bb Ns(h MO Hrz S, f NW) Mv Sh; auch Zierstrauch (sm/mo-temp·c2-5EUR-WAS – sogr Str – InB: Hummeln – VdA Kältekeimer – L5 T6 F5 R7 N6? – O Fag., O Querc. pub., V Berb. – giftig). **Rote H.** – *L. xylosteum* L.

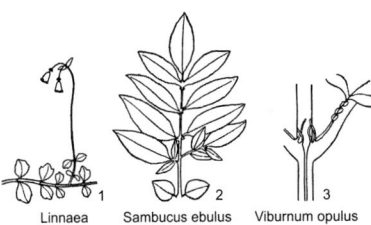

Linnaea Sambucus ebulus Viburnum opulus

7* Bla herz-eifg, kahl. Kr rot bis weiß. Beeren gelblich od. scharlachrot. 1,00–3,00. 5–6. Zierstrauch; auch Hecken, Gebüsche, Flurgehölze; [N] s By Th Sa Bb Mv, [U] s Bw He An Ns Sh (m-stemp·c5-6 EUR-WAS − sogr Str − InB: Bienen, Schwebfliegen − VdA).
Tataren-H. − *L. tatarica* L.

Symphoricarpos Duhamel − Schneebeere (15 Arten)
[N U] s auch **Korallenbeere** − *S.* ×*chenaultii* Rehd. (*S. microphyllus* Humb. et al. × *S. orbicularis* Moench; beide NAM): Beeren rosa. ZierStr.

Bla rundlich, ganzrandig, ungeteilt bis buchtig gelappt. Kr rosa, innen stark behaart. Beeren kuglig, weiß. 1,00–2,00. 7–8. Zierstrauch; auch frische bis feuchte, siedlungsnahe Gebüsche, nährstoffanspruchsvoll; [N] h Sa An, v By Rh He Nw Th Ns, z Bw Bb Mv, s Sh (m/mo-b·c1-8AM − sogr Str uAusl − InB: Wespen, Bienen − VdA MeA − L6 T4 F? R? N7 − V Samb.-Salic. − Beeren schwach giftig). [*S. rivularis* Suksd.]
Weiße Sch., Knallerbse − *S. albus* (L.) S.F. Blake

Linnaea L. − Moosglöckchen (1 Art)
Kriechender Halbstrauch mit fädlicher Sprossachse. Blü an aufrechtem Stg einzeln od. zu 2, nickend, trichterfg (Abb. **777**/1). Kr blassrosa od. weiß, innen rot gestreift. BlüStg 5–12 cm hoch. 0,15–1,20 lg. 6–8. Frische KiefernW u. -forste im Tiefland, kalkmeidend; s Sa(NO) Bb(f Od) An(O) Ns(NW O) Mv(f Elb), † By He Th Sh, ↘ (sm/mo-b·c2-7CIRCPOL − igr ZwStr monop KriechTr − InB: Schwebfliegen − KIA: Drüsenklette, selten fruchtend − L5 Tx F5 R2 N2 − V Dicr.-Pin. − ▽). Moosglöckchen − *L. borealis* L.

Dipsacus L. (inkl. *Virga* Hill) − Karde (15 Arten)
1   Bla gestielt, obere 3teilig u. mit sehr großem Mittelzipfel, untere elliptisch. Köpfe halbkuglig, 1,5–4 cm lg, vor dem Aufblühen nickend. HüllBla so lg wie die SpreuBla, nicht stechend. Kr weißlich bis blassgelb 2
1* Bla sitzend, mittlere am Grund verwachsen. Köpfe länglich, 5–8 cm lg, aufrecht. HüllBla steif, stechend, viel länger als die SpreuBla (Abb. **779**/1). Kr lila, selten weiß 3
2   Abgeblühte Köpfe 15–20(–28) mm ⌀. SpreuBla 8–12 mm lg, aus verkehrteifg Grund plötzlich in die höchstens gleich lg grannenartige Spitze zusammengezogen, bis zur Spitze borstig bewimpert (Abb. **779**/3). Staubbeutel meist schwarzviolett. Fr braun, gerippt, Kr weißlich. 0,60–1,20(–2,00). 7–8. Stau- u. sickerfeuchte Staudenfluren auf Waldschlägen u. an -rändern, bes. von Auen- u. NiederungsW, nährstoffanspruchsvoll; z By(f NW) Bw Rh He(f W) Nw Th An Ns Mv Sh(SO O), s Alp(f Brch Krw Wtt) Sa(f SO NO) Bb(f SO M SW) (sm/mo-stemp·c2-5EUR − sogr hros H ⊛ ⊙ PfWu − InB − WiA − L7 T6 F6~ R8 N7 − V Alliar. − 18). [*Virga pilosa* (L.) Hill] Behaarte K. − *D. pilosus* L.
2* Abgeblühte Köpfe (25–)30–45 mm ⌀. SpreuBla 14–20 mm lg, aus elliptischem Grund allmählich in die meist längere grannenartige Spitze verschmälert, nur auf dem Rücken bewimpert (Abb. **779**/4). Staubbeutel blassgelb bis grünlich. Fr glatt, graubraun, schwarz gestrichelt. Kr blassgelb. 0,80–2,00(–2,50). 7–8. Frische Rud., Acker- u. Gebüschränder, nährstoffanspruchsvoll; [N 19. Jh.?] z By, s Alp Bw Rh He Nw Th Mv Sh, [U] s Ns Sa (m/mo-sm·c4-6EUR-WAS, [N] stemp·c1-2EUR − sogr hros H ⊛ ⊙ − L8 T6? F5 R8? N5? − V Sisymbr.). [*Virga strigosa* (Roem. et Schult.) Holub]
Schlanke K. − *D. strigosus* Roem. et Schult.

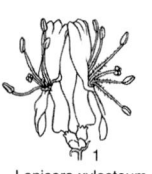

Lonicera xylosteum

L. caprifolium

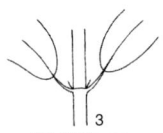

Caprifoliaceae

CAPRIFOLIACEAE 779

3 (1) SpreuBla mit zurückgekrümmter Spitze (Abb. **779**/2), steif, kürzer als die Blü. HüllBla waagerecht abstehend (Abb. **779**/1). Kr lila. 1,00–1,50. 7–8. KulturPfl; auch frische bis feuchte Rud.; [N U] s By Bw Rh He Nw Sa (nur kultiviert bekannt, entstanden aus *D. fullonum* od. *D. ferox* LOISEL. (SW-EUR) – igr hros H ⊙ ⊛ PfWu – InB Vm – MeA – K Artem. – getrocknete Köpfe früher zum Rauen von Wollgewebe, ZierPfl: Trockensträuße). [*D. fullonum* HUDS. non L.] **Weber-K.** – *D. sativus* (L.) HONCK.
3* SpreuBla mit gerader Spitze, länger als die Blü 4
4 Bla borstig gewimpert. StgBla fiederspaltig. HüllBla weit abstehend. 0,50–1,20. 7–8. Frische bis feuchte Rud., Waldränder, nährstoffanspruchsvoll; [N] z Bw, s By Rh(ORh SW) He(ORh SO SW) Nw Th Sa An, [U] s Ns Sh; auch KulturPfl (m-stemp·c3-7EUR-WAS – igr? hros H ⊙ ⊛ PfWu – InB Vm – KlA – L7 T7? F6 R8 N6? – K Artem. – ZierPfl in Naturgärten). **Schlitzblatt-K.** – *D. laciniatus* L.
4* Bla am Rand kahl od. zerstreut stachlig, alle ungeteilt. HüllBla bogig aufgerichtet. 0,70–2,00. 7–8. Frische bis feuchte Rud., Brachen, Ufer; [A] h Rh Th An, v By Bw He Nw Sa Ns(g MO), z Bb Mv Sh, s Alp(f Amm Krw); auch KulturPfl (m-temp·c1-4EUR – igr hros H ⊛ ⊙ PfWu – InB– Schwebfliegen, Falter Vm – KlA – L9 T6 F6~ R8 N7 – K Artem. – ZierPfl: Trockensträuße – 18). [*D. sylvestris* HUDS.] **Wilde K.** – *D. fullonum* L.
Hybride: *D. fullonum* × *D. laciniatus* = *D.* ×*pseudosilvester* SCHUR – s

Cephalaria ROEM. et SCHULT. – **Schuppenkopf** (80 Arten)

Köpfe 4–6 cm ⌀, ihr Rand mit auffälligen StrahlBlü. Kr 15–18(–25) mm lg. 1,00–3,50. 7–9. ZierPfl; auch Staudenfluren an Bächen, Waldsäume, Rud.; [N] s By Bw He Th An Mv, [U] s Nw Sa (sm/mo·c3-4KAUK – hros H ♃ Rhiz – V Filip., O Convolv.).
Riesen-Sch. – *C. gigantea* (LEDEB.) BOBROV

Scabiosa L. – **Skabiose** (ca. 50 Arten)

[N 1986 lokal]: *S. triandra* L. [*S. gramuntia* L.]: Pfl reich verzweigt u. vielköpfig. Obere Bla 2–3fach fiederschnittig, mit linealischen Zipfeln. Köpfe 2–3 cm ⌀, violettrosa, 10–30 cm lg gestielt. KeBorsten 1–3 mm lg. 0,20–0,90. 6–9. Trockenrasen?; s By(O: Rosenheim) (m-sm·c2-4EUR? – 16)

1 Saum des AußenKe knorplig. Kr sehr groß, schwarzpurpurn, selten rosa od. weiß. ⊙. 0,60–1,20. 7–10. ZierPfl; auch Rud.; [U] s (m-sm·c1-5EUR – hros ⊙ – InB – WiA). **Samt-S., Samtblume** – *S. atropurpurea* L.
1* Saum des AußenKe häutig. Kr blau, violett od. hellgelb, selten weiß. ♃ 2
2 KeBorsten bleichgelb, etwa doppelt so lg wie der Saum des AußenKe. GrundBla ungeteilt, ganzrandig od. mit einzelnen Zähnen. Kr hellblau. Blü duftend. 0,20–0,50. 7–11. Kont. Trocken- u. Halbtrockenrasen, TrockenW u. -gebüsche. ihre Säume, basenhold; z Rh(ORh SW) He(ORh) Th(Bck) An Bb, s By(MS N Alb S) Bw(f SO Keu NW) Ns(MO O) Mv(M), † Sa (sm-stemp·c3-4 EUR – sogr? hros H ♃ Pleiok – InB Vm – WiA – L7 T7 F3 R8 N3 – O Fest. val., V Ger. sang., V Eric.-Pin., V Cytis.-Pin. – 16). **Graue S., Duft-S.** – *S. canescens* WALDST. et KIT.
2* KeBorsten fast schwarz od. fuchsrot, pfriemlich, 2–5mal so lg wie der Saum des AußenKe. GrundBla gekerbt bis leierfg fiederspaltig 3
3 Kr hellgelb. KeBorsten anfangs fuchsrot, 2–3mal so lg wie der Saum des AußenKe. 0,25–0,60. 7–10. Kont. Trocken- u. Halbtrockenrasen, trockne bis mäßig trockne Rud.: Dämme; Fluss-

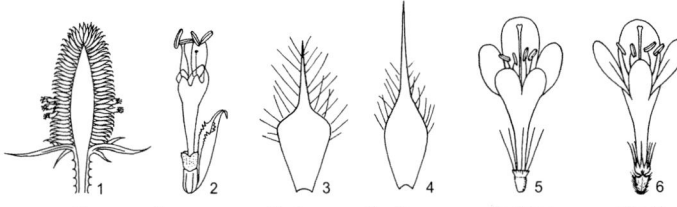

Dipsacus sativus   D. pilosus   D. strigosus   Scabiosa   Knautia

	uferböschungen, basenhold; z Th(Bck O) Sa An(h SO S), s He(O) Bb(Elb), [N] s By Bw Ns, [U] s Rh Nw Mv Sh (sm-temp·c4-7EUR-WAS – igr hros H ♃ PleiokPfWu – InB Vm – WiA – L8 T7 F3 R8 N2 – O Fest. val., V Arrh., O Agrop. – 16). **Gelbe S. –** *S. ochroleuca* L.
3*	Kr blau- bis rotviolett. KeBorsten schwärzlich, 3–5mal so lg wie der Saum des AußenKe. **(Artengruppe Tauben-S. –** *S. columbaria* **agg.)** 4
4	KeBorsten 5–8 mm lg, abgeflacht, innen gekielt, am Grund mit Wulst auf der Mittelrippe. Bla meist kahl, etwas glänzend. Stg meist 1köpfig. 0,10–0,60. 7–9. Subalp. bis alp. mäßig frische Steinrasen u. Felsschutt, kalkhold; h Alp, s By(S MS) (sm-stemp//salp·c3EUR – igr? hros H ♃ PleiokPfWu – InB – WiA – L9 T3 F4 R8 N3? – O Sesl., V Eric.-Pin. – 16). **Glanz-S. –** *S. lucida* VILL.
4*	KeBorsten 3–5 mm lg, stielrund, ohne Kiel. Bla meist fein kraushaarig, glanzlos. Stg meist mehrköpfig. 0,25–0,60. 7–11. Trocken- u. Halbtrockenrasen (bes. submed.), mäßig trockne bis wechseltrockne Wiesen, kalkhold; h Alp, v Bw Rh He Th, z By Nw An(h S) Bb Ns Mv(f Elb) Sh, s Sa (m/mo-temp·c2-4EUR – igr hros H kurzlebig ♃ PleiokPfWu – InB: Haut- u. Zweiflügler, Falter, Käfer Vm – KlA WiA AmA Sa langlebig – L8 T5 F3 R8 N3 – O Brom., V Cirs.-Brach., V Arrh., V Mol.). **Tauben-S. –** *S. columbaria* L.
1	StgBla 2–4 Paar, in der unteren StgHälfte gehäuft, nach oben deutlich kleiner werdend. KeBorsten am Grunde nicht verbreitert. Spätblühend, BlüZeit 7–11. Trocken- u. Halbtrockenrasen (bes. submed.), mäßig trockne bis wechseltrockne Wiesen, kalkhold; Verbr. in D wie Art (16). subsp. *columbaria*
1*	StgBla 3–5 Paar, gleichmäßig über den Stg verteilt, nach oben kaum kleiner werdend. KeBorsten am Grund plötzlich verbreitert. Frühblühend, BlüZeit 5–6. Trocken- u. Halbtrockenrasen; s Rh Nw. subsp. *pratensis* (JORD.) BRAUN-BLANQ.
	Hybride: *S. columbaria* × *S. lucida* = ? – s

Succisa HALLER – Teufelsabbiss (3 Arten)

InnenKe mit 5 Borsten. AußenKe 4kantig, rauhaarig. Bla länglich bis länglich-lanzettlich, meist ganzrandig. 0,15–0,80. 7–9. Wechselfeuchte bis frische Magerrasen, extensiv genutzte Wiesen, Flachmoore; h Alp He, v By(g NM) Bw Rh Nw Th Ns Mv, z Sa An Bb Sh, ⟍ (sm/mo-b·c1-5EUR-WSIB, [N] OAM – igr hros H ♃ VertikalRhiz – InB gynodiözisch Vm – StA Lichtkeimer – L7 T5 F7 Rx N2 – O Mol., O Nard., O Arrh., K Scheuchz.-Car. – 20).
Gewöhnlicher T. – *S. pratensis* MOENCH

Succisella BECK – Moorabbiss (5 Arten)

InnenKe borstenlos. AußenKe fast stielrund, jedoch 8rippig, kahl. Bla lanzettlich. 0,30–1,00. 6–9. Wechselnasse Moorwiesen u. Röhrichte, kalkmeidend; s Alp(Chm) By(N NM S), † He (sm-stemp·c4EUR – teiligr hros H ♃ uAuslRhiz – L8 T6? F8 R5 N2? – O Mol., V Car. elat. – 20). [*Succisa inflexa* (KLUK) S.B. JUNDZ.] **Eingebogener M. –** *S. inflexa* (KLUK) BECK

Knautia L. – Witwenblume, Knautie (50 Arten)

1	StgBla graugrün, matt, flaumig, meist leierfg fiederteilig bis fiederschnittig mit linealischen Zipfeln, selten ungeteilt u. dann meist Kr gelblichweiß. Stg kurzflaumig u. außerdem rückwärts steifhaarig. Pfl mit verzweigtem Pleiokorm u. vegetativen BlaRosetten. **(Artengruppe Wiesen-W. –** *K. arvensis* **agg.)** 2
1*	StgBla lebhaft grün, fast glänzend, stets ungeteilt, ganzrandig od. gekerbt. Kr violett bis purpurn. Pfl mit nicht od. wenig verzweigtem Rhizom 3
2	Kr rot- bis blauviolett. StgGrund oft purpurn gefleckt. StgBla meist geteilt. 0,30–0,80. 7–8. Frische bis mäßig trockne Wiesen, Halbtrockenrasen, extensiv genutzte Äcker, Ackerbrachen, Wald- u. Wegränder; g Rh He Th An, h Alp By Bw Nw Sa Ns(z N) Bb Mv Sh (m/mo-b·c1-6EUR-WSIB – teiligr? hros H ♃ Pleiok/PfWu WuSpr – InB: Bienen, Falter gynodiözisch Vm – AmA Sa langlebig – L7 T6 F4 Rx N4 – O Arrh., V Mesobrom., V Cirs.-Brach., V Caucal. – 16, 20, 40). **Wiesen-W., Acker-W. –** *K. arvensis* (L.) COULT. s.str.
	Ähnlich u. morphologisch schwierig abtrennbar ist die erst neuerdings beschriebene, di- u. tetraploide, in D nur diploide, **Serpentin-W. –** *K. serpentinicola* KOLÁŘ et al.: Pfl niedrigwüchsig, 25–60 cm hoch, schwach, mit mehreren sterilichen Rosetten. Stg oft unverzweigt, StgBla kürzer u. schmaler (4–12 × 1.5–7 cm). Blü dunkler gefärbt (violett bis dunkel rötlich-violett). Lichte KiefernW u. Felshänge über Serpentinit; s By(NO: Wojaleite) (20).

CAPRIFOLIACEAE 781

2* Kr gelblichweiß (höchstens Knospen leicht purpurn). Stg nie rötlich. StgBla meist ungeteilt. 0,20–0,50. 7–8. Wiesen- u. Wegränder; s Sa(SO: Zittauer Gebirge) (sm-stemp·c3-4EUR – igr hros H ♃). [*K. arvensis* subsp. *kitaibelii* (SCHULT.) SZABÓ]
              Gelbe W. – *K. kitaibelii* (SCHULT.) BORBÁS
3 (1) Rhizom in einer vegetativen BlaRosette endend, an deren Grund meist mehrere seitenständige, bogig aufsteigende BlüStg. KeBorsten (8–)10–14(–16). Kr purpurn. 0,40–0,80. 6–9. Lichte, frische LaubmischW u. ihre Säume, verbrachte Frischwiesen, Mauerspalten, kalkmeidend; s Sa(SO W), [N U] s Rh He Nw (sm-stemp//demo·c3EUR – igr hros H ♃ Pleiok/PfWu monop – InB Vm – AmA – L6 T5 F5 R6 N6 – V Alliar., O Arrh., V Carp.). [*K. sylvatica* auct. p.p.]   **Ungarische W., Balkan-W. – *K. drymeia* HEUFF.**
3* Rhizom jeweils in einem einzelnen BlüStg endend; vegetative Rosetten fehlen od. seitenständig. KeBorsten 8. Kr violett, selten purpurviolett **4**
4 Kopfstiele meist mit Stieldrüsen. Stg im unteren Teil wie die Bla steifhaarig. Obere StgBla mit br abgerundetem Grund halbstängelumfassend. Pfl robust. 0,50–1,00. 6–9. Mont. bis hochmont. sickerfrische bis feuchte Staudenfluren im Saum bachbegleitender Wälder u. AuenW, schattige Wegränder; h Alp, v Bw, z By, s He(NW SO) Th(Wld) (sm/mo-stemp/demo·c2-3EUR – igr hros H ♃ PleiokRhiz – InB Vm – AmA – L5 T4 F6 R6? N6? – V Trif. med., V Alliar., V Alno-Ulm., V Til.-Acer., V Aln., V Car. ferr. – 60). [*K. sylvatica* auct. p.p., *K. dipsacifolia* KREUTZER]   **Wald-W. – *K. maxima* (OPIZ) ORTMANN**
4* Kopfstiele (meist) drüsenlos. Stg u. Bla verkahlend. Obere StgBla meist mit verschmälertem Grund sitzend. Pfl schlank. 0,30–1,00. 6–9. Feuchte Staudenfluren, Waldränder; s Rh(f MRh W) He(NW W) Nw(SO SW) (stemp/mo·c2EUR – igr hros H ♃ PleiokRhiz – InB Vm – AmA – V Alliar.– 40). [*K. dipsacifolia* KREUTZER subsp. *gracilis* (SZABÓ) EHREND.]
              Zierliche W. – *K. gracilis* SZABÓ

Hybriden: *K. arvensis* × *K. drymeia* = *K.* ×*speciosa* SCHUR – s, *K. arvensis* × *K. kitaibelii* = *K.* ×*posoniensis* DEGEN – s, *K. arvensis* × *K. maxima* = ? – s

Centranthus DC. [*Kentranthus* RAF.] – **Spornblume**   (9 Arten)
Blü in dichten, zu Thyrsen vereinigten Zymen. Kr purpurn, selten weiß. 0,30–0,80. 5–7. ZierPfl; auch Mauern, Felsspalten; [N] s By Bw Rh He Sh, [U] s Nw Th Sa An Ns (m-sm·c2-4EUR – teilig eros H ♃ PleiokRübe – InB: Falter, Bienen Vm – WiA Dunkelkeimer – L7 T8 F6? R8? N5? – O Pariet.).   **Rote S. – *C. ruber* (L.) DC.**

Valeriana L. – **Baldrian**   (270 Arten)
Zur Bestimmung der BlaMerkmale sind die größten StgBla mit dem längsten BlaStiel u. den meisten Fiedern u. von diesen die breitesten mit den meisten Zähnen an einer BlchenHälfte zu untersuchen. Die Behaarung des Stg wird in dessen unterem Teil geprüft. Zur Einschätzung der Merkmale ist die gesamte Population einzubeziehen, Einzelexemplare sind vielfach nicht eindeutig zuzuordnen. Zur Beurteilung der unterirdischen Ausläufer sind die Pfl vorsichtig auszugraben, um ein Abbrechen der Ausläufer zu vermeiden.

1 Alle Bla gefiedert. Pfl 0,3–2 m hoch. Blü ⚥. **(Artengruppe Arznei-B. – *V. officinalis* agg.)**
  .... **2**
1* Wenigstens die unteren Bla ungeteilt, höchstens gezähnt. Pfl 3–60 cm hoch. Blü meist ± eingeschlechtig, die ⚥ u. ♂ größer als die ♀ **4**
2 Pfl meist mehrstängelig, stockbildend, (fast stets) ohne Ausläufer, hochwüchsig. Stg kahl, unten oft rötlich. Mittlere StgBla mit 6–9 Fiederpaaren, meist stark u. tief gezähnt (2–10 Zähne je Fiederhälfte), useits ± dicht behaart (sehr selten kahl). FrStand 15–50 cm lg. Fr kahl. 0,60–1,60(–2,00). 7–8. Nasse bis wechselfeuchte, extensiv bewirtschaftete Feucht- u. Moorwiesen, an Bächen, Gräben, Waldlichtungen, Rud.: Steinbrüche, basenhold; g Bw He(f ORh) Ns(v N), h Alp Rh An, v By Th Bb Mv Sh, z Nw Sa (m/mo-b·c2-7EUR – sogr hros H ♃ Rhiz – InB Vm – WiA WaA Lichtkeimer – L7 T6 F8~ R7 N5 – V Filip., O Convolv. – HeilPfl – 14).   **Arznei-B. – *V. officinalis* L. s.str.**
2* Pfl einstängelig, meist mit unter- u./od. oberirdischen Ausläufern. Stg behaart od. kahl ... **3**
3 Pfl mit unter- u. meist auch oberirdischen Ausläufern (vgl. aber **3/2***). Mittlere StgBla jederseits mit 2–8 Fiedern, Endfieder meist deutlich breiter als die Seitenfiedern. KrRöhre 4–8 mm. Fr 3–5,5 mm lg. 0,30–1,60(–2,00). 5–8. Staudenfluren, Ufer, BachauenW, Wald-

lichtungen; h Bw He(f ORh) Nw Ns(v N), v Alp By Rh Sa(z Elb) An Bb Mv Sh, z Th (sm/ mo-b·c1-4EUR – sogr hros H ♃ u/oAusl – InB – WiA – L6 T6 F8 R6 N6 – V Filip., V Alno-Ulm., O Convolv., V Adenost. – HeilPfl – 56). **Kriech-B. – *V. excelsa* P**OIR**.**

1 Mittlere StgBla jederseits mit 2–4(–5) Fiedern, useits wie der Stg kahl od. spärlich anliegend behaart (Haare 0,1–1 mm lg). Seitenfiedern meist stark gezähnt (4–9 Zähne je Fiederhälfte), elliptisch bis schmal lanzettlich, 2–8mal so lg wie br. Längster BlaStiel höchstens 10 cm lg. Fr stets kahl. Pfl früh blühend, niedrigwüchsig, mit kurzen (bis 5 cm) unter- u. oberirdischen Ausläufern. 0,30–0,90(–1,30). 5–6. Wechselnasse, bes. mont. bis subalp. Staudenfluren, an Bach- u. Flussufern, basenhold; z By Sa Bb Mv, s Ns An Sh (sm-stemp//mo+ntemp-b·c2-4EUR – sogr hros H ♃ u/oAusl – InB – WiA, auch Achselbulbillen – L7 T6 F8~ R6? N5? – V Filip., V Adenost., V Alno-Ulm. – 56). [*V. officinalis* subsp. *sambucifolia* (POHL) WIRTG., *V. sambucifolia* POHL]
Holunderblättriger K.-B. – subsp. *sambucifolia* (POHL) HOLUB

1* Mittlere StgBla jederseits mit (3–)4–8(–9) Fiedern, useits wie die untere StgHälfte meist dicht abstehend behaart (Haare 0,5–2 mm lg), selten Stg fast kahl. Längster BlaStiel bis 20 cm lg. Pfl spätblühend 2

2 Stg hochwüchsig, bis zum BlüStand mit 5–8 gestreckten StgGliedern. BlüStand locker, zur FrZeit 14–40 cm lg. Seitliche BlaFiedern stark gezähnt (4–10 Zähne je Fiederhälfte), schmal elliptisch bis lanzettlich, 2,5–6mal so lg wie br. Fr kahl. Pfl mit lg (bis 40 cm) unter- u. meist auch oberirdischen Ausläufern. (0,70–)0,90–1,60(–2,00). 6–8. Sickernasse, zeitweilig überflutete Staudenfluren, an Gräben u. Bächen, Wiesenbrachen, Waldlichtungen, BachauenW; v Bw Rh He Nw Ns Sh, z By Th Sa, s An Bb Mv (sm/mo-temp·c1-3EUR – sogr hros H ♃ u/oAusl – InB – WiA – L7 T6 F8= R6 N6 – V Filip., O Convolv., V Alno-Ulm. – HeilPfl – 56). [*V. officinalis* subsp. *excelsa* (POIR.) ROUY, *V. repens* HOST, *V. procurrens* WALLR.]
Echter K.-B. – subsp. *excelsa*

2* Stg niedrigwüchsig, bis zum BlüStand mit 3–6 gestreckten StgGliedern. BlüStand dicht, zur FrZeit höchstens 13 cm lg. Seitliche BlaFiedern ganzrandig od. schwach gezähnt (0–7 Zähne), br lanzettlich bis linealisch, 3–10mal so lg wie br. Fr stets behaart. Pfl oft nur mit unterirdischen Ausläufern (selten Ausläufer völlig fehlend). 0,40–0,90(–1,30). 6–8. Mont. bis subalp. Hochstaudenfluren; z Alp(Allg), s By(S) (sm-stemp//mo·c3ALP – sogr hros H ♃ uAusl – InB – WiA – L7 T3 F6 R6? N6? – V Adenost. – 56). [*V. officinalis* subsp. *versifolia* (BRÜGGER) CAPEDER, *V. versifolia* BRÜGGER]
Verschiedenblättriger K.-B. – subsp. *versifolia* (BRÜGGER) BUTTLER et al.

3* Pfl (fast stets) mit unterirdischen Ausläufern. Mittlere StgBla jederseits mit 6–12(–15) Fiedern, Endfieder kaum br als die Seitenfiedern. KrRöhre 2–5 mm lg. Seitenfiedern br lanzettlich bis linealisch, (2,5–)3–15mal so lg wie br, 2–8 mm br, ganzrandig od. wenig (selten deutlich) gezähnt (0–5, selten bis 7 Zähne). Stg kahl bis dicht behaart. Fr 2–4 mm lg, fast stets behaart. 0,40–1,00(–1,80). 5–6. Lichte LaubmischW u. deren Säume, Halbtrockenrasen, Feuchtwiesen; v Rh He(f ORh), z Alp(Brch Mng) By Bw Nw(f MW N) Th(v S, f Hrz) An(f Elb N O), s Sa(SW SO W) Bb(M) Ns? (sm/mo-stemp·c2-6?EUR(AS?) – sogr hros H ♃ uAusl – InB – WiA – L7 T6–8 F4–7 R6?–9 N2–6? – V Orig., O Querc. pub., V Mesobrom., O Mol., V Adenost., V Alno-Ulm. – 28). **Wiesen-B. – *V. pratensis* DIERB.**

1 Stg u. BlaUSeiten kahl (selten spärlich anliegend kurzhaarig, Haare <0,5 mm lg). Mittlere StgBla jederseits mit 6–8 Fiedern. FrStand 10–30 cm lg. Längster BlaStiel 7–14 cm lg. 0,50–1,00(–1,80). 5–6. Moor- u. Feuchtwiesen, feuchte bis wechselfeuchte, lichte LaubmischW, Grabenränder, basenhold; z Bw(NW ORh) Rh(ORh), s He(SO SW), sonst? (stemp·c2-3EUR? – sogr hros H ♃ uAusl – L7 F7 R6? N6? – V Mol., V Arrh., V Alno-Ulm. – 28). [*V. officinalis* subsp. *pratensis* (DIERB.) SOÓ]
Echter W.-B. – subsp. *pratensis*

1* Stg in unterer Hälfte u. BlaUSeiten dicht abstehend behaart, Haare 0,5–1,5(–2,0) mm lg. Mittlere StgBla jederseits mit (6–)8–12(–15) Fiedern 2

2 Pfl niedrigwüchsig, 40–100 cm. BlüStand dicht, zur FrZeit bis 15 cm lg. BlaFiedern schmal, bis 5(–8) mm br, ganzrandig bis schwach gezähnt (2–5 Zähne je Seitenfiederhälfte). 0,40–1,00(–1,30). 5–6. Wechseltrockne, lichte LaubmischW u. deren Säume, Halbtrockenrasen, Straßenböschungen, basenhold; v He(f ORh), z By Bw Rh Nw(f MW N) Th(v S, f Hrz) An(f Elb N O), s Alp(Brch Amm Kch Mng) Sa(SW SO W) Bb(M) Ns(O: Dangenstorf S?) (sm/(mo)-stemp·c2-6EUR? – sogr hros H ♃ uAusl Speicherwurzeln – InB – WiA – L7 T8 F4 R9 N2 – O Orig., O Querc. pub., V Mesobrom. – 28). [*V. officinalis* subsp. *tenuifolia* auct., *V. wallrothii* KREYER, *V. collina* auct., *V. stolonifera* CZERN. subsp. *angustifolia* SOÓ]
Hügel-W.-B. – subsp. *angustifolia* (SOÓ) KIRSCHNER et al.

2* Pfl hochwüchsig, (75–)125–160(–180) cm. BlüStand locker, zur FrZeit bis 50 cm lg. BlaFiedern bis 15(–18) mm br, meist deutlich gezähnt (2–5 Zähne je Seitenfiederhälfte). (0,75–)1,25–1,60(–1,80). 5–6. Straßengräben u. -böschungen, Waldwege, nährstoffreiche Waldsäume; z By Bw He, s Rh Th (28). **Fränkischer W.-B. – subsp. *franconica* MEIEROTT et T. GREGOR**

CAPRIFOLIACEAE 783

4 (1) StgBla leierfg fiederteilig. GrundBla rundlich-eifg, lg gestielt. Pfl ± 2häusig. ♀ Blü sehr klein, 1–1,5 mm lg, weiß, ♂ 3–3,5 mm lg, rosa. 0,10–0,30. 5–6. (Wechsel)nasse Wiesen, Moorwiesen, Nieder- u. Quellmoore, Bruchwälder, Gräben; h Alp He Th, v By Bw Rh Nw Sa Ns Mv Sh, z An(h Hrz) Bb (sm/mo-temp·c1-3EUR – sogr hros G ♃ u/oAusl – InB: Fliegen, Bienen – WiA WaA Lichtkeimer – L7 Tx F8 R5? N2 – K Scheuchz.-Car., V Mol., V Calth., V Salic. cin. – 16). **Kleiner B. – *V. dioica* L.**
4* StgBla ungeteilt od. 3(–5)teilig. Meist ♂ u. eingeschlechtige Blü auf verschiedenen Pfl 5
5 BlüStand kopfig, von HochBla umhüllt. Kr blassrot. Bla spatelfg, ganzrandig, kurz gewimpert. 0,03–0,15. 7–8. Alp. frische Schuttfluren, Schneetälchen, kalkstet; z Alp(f Chm Kch Mng) (sm-stemp//alp·c3-4M-OALP – sogr hros H ♃ u/oAusl: Schuttkriecher – InB gynodiözisch – WiA – L8 T1 F5 R9 N? – V Thlasp. rot., V Arab. caer.). **Zwerg-B. – *V. supina* Ard.**
5* BlüStand locker zymös, nicht von HochBla umhüllt 6
6 Stg zwischen den GrundBla u. dem BlüStand mit höchstens 1 BlaPaar. StgBla linealisch. BlüStand armblütig. Kr weiß. 0,05–0,30. 6–8. Subalp. Felsspalten, kalkstet; h Alp, s By(S) (sm-stemp//salp·c3M-OALP – sogr hros H ♃ Rhiz – InB: Fliegen triözisch – WiA – L8 T2 F4 R9 N2 – O Potent. caul., V Car. davall.). **Felsen-B. – *V. saxatilis* L.**
6* Stg zwischen den GrundBla u. dem BlüStand mit 3–8 BlaPaaren. BlüStand reichblütig. Kr weiß od. rosa 7
7 Obere StgBla 3(–5)teilig (selten ungeteilt). GrundBla u. Bla der nichtblühenden Triebe herzfg, grob gezähnt. 0,10–0,60. 4–7. Hochmont. bis subalp. Felsspalten u. Steinschuttfluren, basenhold; h Alp, z Bw(f NW), s By(S MS), ↘ (sm-stemp//salp·c2-3EUR – sogr eros H/C PleiokRhiz – InB: Fliegen gynodiözisch – WiA – L7 T3 F5 Rx N2 – K Aspl. trich. – 16). **Stein-B. – *V. tripteris* L.**
7* StgBla ungeteilt, eifg bis eilanzettlich. Untere Bla eifg bis elliptisch, mit keiligem bis gestutztem Grund, ganzrandig od. schwach gezähnelt. 0,05–0,50. 4–7. Subalp. bis mont. frische, feinerdereiche Schuttfluren, kalkstet; h Alp, s By(S) Bw(SO S) (sm/salp-stemp/dealp·c1-3EUR – sogr hros H ♃ Pleiok – InB – gynodiözisch Vm – WiA Lichtkeimer – L8 T2 F5 R9 N2 – V Petasit. parad., V Epil. fleisch., V Sesl.). **Berg-B. – *V. montana* L.**

Hybriden: *V. excelsa* subsp. *excelsa* × *V. excelsa* subsp. *sambucifolia* = ? [*V.* ×*waltherae* Rothm.] – s, *V. excelsa* × *V. pratensis* = ? – s, *V. officinalis* × *V. pratensis* = ? – s

Valerianella Mill. – Rapünzchen, Feldsalat (65 Arten)

1 FrKe groß, schüsselfg, radiär, 6(–12)spaltig, netzadrig, seine Zipfel in 1 hakig zurückgebogene Stachelspitze auslaufend (Abb. **784**/1). Fr dicht zottig. 0,10–0,30. 5–6. Äcker, Rud.: Wegränder, Umschlagplätze; [N U] s By Bw Rh He Th Sa Bb Ns Mv (m-sm·c2-7EUR-WAS – hros ① ⊙ – KlA: TeilFrStand – K Stell.). **Gekröntes R. – *V. coronata* (L.) DC.**
1* FrKe entweder ganz verkümmert od. ein schmaler, durch einen größeren Zahn dorsiventraler Saum 2
2 KeSaum fehlend, Fr an der Spitze nur mit 1 kleinen, stumpfen Zahn. TeilFrStände dicht halbkuglig. Obere Astgabeln oft ohne Blü 3
2* KeSaum schief kragenfg, 3- od. 5zähnig. TeilFrStände meist locker schirmfg. Obere Astgabeln meist mit EinzelBlü 4
3 Fr seitlich etwas zusammengedrückt, von der Breitseite gesehen fast rund od. breiter als lg, mit 3 seichten Furchen; im Querschnitt br elliptisch, die 2 leeren FrFächer mit Scheidewand aneinandergestoßend, SaFach auf dem Rücken stark korkig verdickt (Abb. **784**/2). 0,05–0,15. 4–5. Sandige bis lehmige Äcker, rud. Trockenrasen, mäßig frische Rud.; [A?] h Th An, v By Bw Rh He(f ORh) Nw Sa Ns, z Alp(Allg Chm Mng) Bb Mv Sh; auch KulturPfl (m/mo-temp·c1-4EUR – hros ① ⊙ – SeB InB: Fliegen, Käfer, Hautflügler, Falter – StA VdA MeA WaA – L7 T6 F5 R7 N6? – K Stell., O Fest.-Sedet., V Sisymbr. – Salat – 16). **Gewöhnliches R., Feldsalat – *V. locusta* (L.) Laterr.**
3* Fr länglich-prismatisch, fast 4kantig, mit 2 seichten seitlichen u. 1 br, tiefen mittleren Furche; im Querschnitt fast quadratisch, die 2 leeren FrFächer mit schmaler Scheidewand aneinanderstoßend, SaFach dünnwandig (Abb. **784**/3). 0,10–0,40. 4–5. Sandige bis lehmige Äcker, Weinberge, Wegränder, Gebüschränder, basenhold; [A?] v Rh, z Bw He Nw Th An Ns(f Elb N NW), s By Sa Bb, [U] s Mv Sh (m-stemp·c1-6EUR-(WAS) – hros ① ⊙ – SeB InB – WiA

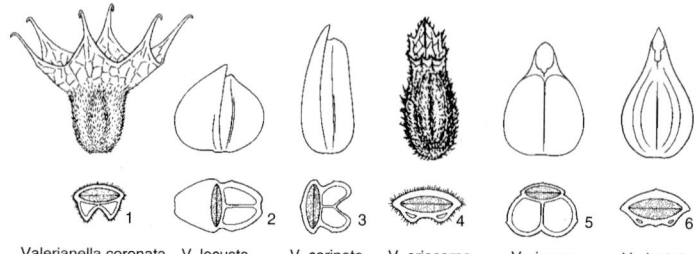

Valerianella coronata V. locusta V. carinata V. eriocarpa V. rimosa V. dentata

– L7 T7 F4 R8 Nx – O Sec., K Sedo-Scler., V Sisymbr.).

Gekieltes R. – *V. carinata* LOISEL.

4 (2) Fr nach oben wenig verschmälert, dicht kurzflaumig; im Querschnitt die 2 leeren FrFächer viel kleiner als das SaFach (Abb. **784**/4). KeSaum fast so br wie die Fr, stark nervig, mit 5 deutlichen Zähnen. Astgabeln fast rechtwinklig. 0,10–0,30. 4–5. Lehmige Äcker, Rud.; [N U] s By Bw Rh He Nw Mv (m-sm·c1-4EUR, [N] stemp·c1-2EUR – hros ☉ ① – KIA – L7 T7 F4 R8 N3? – V Caucal.). **Wollfrucht-R. – *V. eriocarpa* DESV.**

4* Fr nach oben deutlich verschmälert, kahl, seltener borstig. KeSaum ½ bis ⅓ so br wie die Fr, mit 3 Zähnen, die seitlichen undeutlich. Astgabeln spitzwinklig 5

5 Fr eifg-kuglig, auf der Bauchseite eine seichte Längsfurche; im Querschnitt jedes der 2 leeren FrFächer so groß wie das SaFach od. größer (Abb. **784**/5). KeSaum ⅓ so br wie die Fr, mit abgerundetem Mittelzahn. 0,10–0,30. 6–7. Lehmige bis tonige Äcker, Brachen; z By Bw Rh He Th(f Hrz), s Alp(Brch Chm) Nw(f N) Sa(SO SW W) An(S SO) Bb Ns(S MO) Sh(O), † Mv, ↘ (m-stemp·c1-4EUR – hros ① ☉ – SeB InB – VdA WiA? – L6 T7 F4 R7 N5? – O Sec. – 16). **Gefurchtes R. – *V. rimosa* BASTARD**

5* Fr schmal eifg, auf der Bauchseite ein von 2 Wülsten begrenztes flaches Mittelfeld mit Längsrippe; im Querschnitt die 2 leeren FrFächer sehr eng, viel kleiner als das SaFach (Abb. **784**/6). KeSaum ½ so br wie die Fr, mit spitzem Mittelzahn. 0,10–0,40. 6–8. Lehmige bis tonige Äcker, mäßig frische Rud.: Wegränder, an Mauern, basenhold; v By Bw Th, z Rh He(f ORh) Nw Sa An(h S) Ns Mv(f Elb), s Alp(Brch) Bb Sh(O M), ↘ (m/mo-temp·c1-4EUR – hros ☉ ① – SeB InB – WaA Sa langlebig – L7 T6 F4 R7 Nx – O Sec., V Aphan., V Sisymbr.). **Gezähntes R. – *V. dentata* (L.) POLLICH**

Im Gebiet meist mit kahlen Fr (var. *leiosperma* (WALLR.) BÉG.) od. seltener mit hakig behaarten Fr (var. *dentata*).

Familie *Campanulaceae* JUSS. (inkl. *Lobeliaceae* JUSS.) – Glockenblumengewächse (84 Gattungen/ca. 2400 Arten)

Kräuter, seltener Gehölze, meist mit Milchsaft. Bla wechsel- od. grundständig, ungeteilt, ohne NebenBla. Blü ⚥, radiär od. dorsiventral, 5zählig, in Trauben, Rispen, Ähren od. Köpfen. KrBla meist verwachsen, selten frei. StaubBla 5, Staubbeutel ± frei od. zu einer Röhre verklebt. FrKn unterständig, 2-, 3- od. 5fächrig. Griffel 1, meist mit Fegehaaren. Narben meist 2, 3 od. 5. Kapseln.

1 Kr dorsiventral, 2lippig. Staubbeutel zu einer Röhre verklebt. FrKn 2fächrig.
Lobelie – *Lobelia* S. 790
1* Kr radiär. Staubbeutel ± frei. FrKn 3- od. 5fächrig 2
2 KrBla linealisch, zur BlüZeit (fast) frei od. nur an der Spitze zusammenhängend (Abb. **786**/5). Blü klein, in Köpfen, kopfigen Dolden od. dichten Ähren mit gemeinsamer Hülle 3
2* KrBla breiter, deutlich verwachsen; Kr glockig, trichterfg od. radfg. Blü meist in lockeren Trauben, lockeren Rispen od. einzeln (bei *Campanula* zuweilen dichtährig od. kopfig gehäuft, aber ohne Hülle) 4
3 Kr meist krallenartig gekrümmt. KrBla zur BlüZeit nur noch an der Spitze verbunden (Abb. **786**/5). Blü sitzend, in Ähren od. Köpfen (Abb. **786**/6). DeckBla vorhanden. Staub-

CAMPANULACEAE 785

beutel frei, Staubfäden an der Basis dreieckig verbreitert. Kapsel sich mit 2–3 seitlichen Poren öffnend. Narbe fadenförmig. **Teufelskralle – *Phyteuma*** S. 789

3* Kr gerade. KrBla frei (Abb. **786**/1). Blü kurz gestielt, in kopfigen Dolden. DeckBla fehlend. Staubbeutel miteinander verbunden, Staubfäden pfriemlich. Kapsel sich an der Spitze mit einem Schlitz öffnend. Narbe keulenförmig. **Jasione – *Jasione*** S. 785

4 (2) FrKn lg, stielartig. Fr eine linealische Porenkapsel. Kr radfg od. weitglockig (Abb. **786**/7). ⊙. **Frauenspiegel – *Legousia*** S. 789

4* FrKn u. Fr kreiselfg (Abb. **786**/2). Kr glockig od. trichterfg. ♃ od. ⊙ 5

5 StgBla rundlich, eckig 5lappig, lg gestielt. Stg liegend, fädlich. Staubfäden am Grund kaum verbreitert. Fr eine fachspaltige Kapsel. **Moorglöckchen – *Wahlenbergia*** S. 785

5* StgBla anders geformt, höchstens GrundBla rundlich. Stg aufrecht od. aufsteigend. Staubfäden am Grund deutlich verbreitert. Fr eine Porenkapsel 6

6 Griffel viel länger als die Kr, am Grund von einem becherartigen Ringwulst umgeben. **Schellenblume – *Adenophora*** S. 789

6* Griffel so lg wie die Kr od. wenig länger, am Grund ohne Ringwulst. **Glockenblume – *Campanula*** S. 785

Wahlenbergia Roth – Moorglöckchen (260 Arten)

Blü einzeln, 2–6 cm lg gestielt. Kr glockig, 6–10 mm lg, hellblau. 0,05–0,30. 6–9. Sicker- bis staunasse Nieder- u. Quellmoore, an Gräben, Erlenbrüche, kalkmeidend; s Bw(ORh) Rh(M SW W) He(SO, † ORh) Nw(SW), † By(NW) Ns, ↘ (m/mo-temp·c1-2EUR – igr eros H/C ♃ KriechTr – InB: Fliegen, Thrips SeB? – WiA WaA – L6? T6 F9 R4? N3? – V Junc. acutifl., V Mol., V Aln. – ▽). **Efeu-M. – *W. hederacea*** (L.) Rchb.

Jasione L. – Jasione, Sandknöpfchen (16 Arten)

1 Bla am Rand wellig. Pfl ohne Ausläufer. Köpfe 1,5–2,5 cm ⌀. Stg ± aufrecht (var. *montana*) od. bis 15 cm lg niederliegend u. nur an der Spitze aufsteigend (var. *litoralis* Fr. – Sandstrände u. Graudünen der Nord- u. Ostseeküste). 0,10–0,45. 6–8. Sandtrockenrasen u. Felsfluren, Ackerbrachen, trockne, sandige bis schotterreiche Rud.: Wegränder, Bahndämme, Sand- u. Kiesgruben; trockne KiefernW u. -forste, kalkmeidend; h Hb Ns(z MO S, f Hrz), v Rh He Sa(g NO) Mv Sh, z By(f S) Bw Nw Th An(h Elb) (m/mo-temp·c1-4EUR, [N] AM+NEUSEEL – igr hros H ① ⊙ PflWu – InB: Fliegen, Schwebfliegen, Bienen Vm – StA WiA – L7 T6 F3 R3 N2 – K Sedo-Scler., O Coryneph., V Genisto-Call., V Cytiso-Pin. – sehr variabel – 12, 14). **Berg-J., Schafrapunzel – *J. montana*** L.

1* Bla am Rand flach. Pfl mit Ausläufern u. nichtblühenden Rosetten. Köpfe 2,5–3 cm ⌀. 0,25–0,60. 7–8. Frische Silikatmagerrasen, Wegböschungen, lichte Wälder, kalkmeidend; s Bw(f SO Keu NW) Rh(SW ORh), ↘ (sm/mo-stemp/demo·c1-2EUR – igr hros H/C ♃ Pleiok u. Ausl – InB Vm – StA – L9 T6 F5 R3 N2? – V Viol. can.). [*J. perennis* Lam.] **Ausdauernde J. – *J. laevis*** Lam.

Campanula L. – Glockenblume (ca. 420 Arten)

ZierPfl, [N U] s: **Karpaten-G. – *C. carpatica*** Jacq.: s By Bw He Nw Bb Ns. – **Dalmatiner G. – *C. portenschlagiana*** Schult.: s By Bw He Nw Sa Ns Mv . – **Hängepolster-G. – *C. poscharskyana*** Degen: s By Bw He Nw Sa Ns. – **Sternpolster-G. – *C. garganica*** Ten.: s By Bw An. – s. Bd. ZierPfl!

1 Buchten zwischen den KeZipfeln mit herabgeschlagenem, lappenfg Anhängsel (Abb. **767**/4) 2

1* Buchten zwischen den KeZipfeln ohne Anhängsel 6

2 Spreite der GrundBla etwa so lg wie br, br dreieckig-herzfg, lg gestielt. Kr weiß bis cremefarben, 2–5 cm lg. Narben 3. 0,30–0,60. 7–8. ZierPfl; auch [N] s Rh Ns, [U] s He Th Bb (sm/mo·c3VORDAS-KAUK – sogr hros H ♃ PleiokRübe – InB Vm – StA MeA). **Knoblauchsraukenblättrige G. – *C. alliariifolia*** Willd.

2* Spreite der GrundBla viel länger als br, lanzettlich bis länglich-verkehrteifg, allmählich in den Grund od. kurzen Stiel verschmälert 3

3 Narben 5. Kr 3–5 cm lg, weitröhrig, blau, weiß od. rosa. 0,60–0,80. 6–9. ZierPfl; auch Rud. Schutt; [U] s By Bw Rh He Nw Th Sa (sm·c3EUR – igr hros ⊙ Rübe – InB Vm – StA MeA). **Marien-G. – *C. medium*** L.

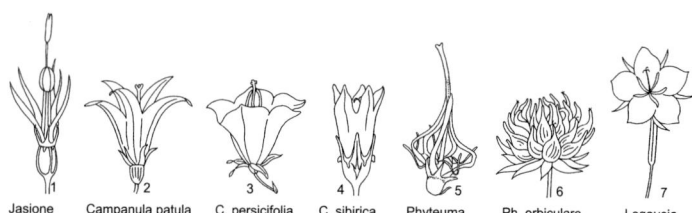

Jasione   Campanula patula   C. persicifolia   C. sibirica   Phyteuma   Ph. orbiculare   Legousia

3* Narben 3. Kr 1–3 cm lg, glockig od. trichterfg, hellblau bis blauviolett, selten weiß **4**
4 KeAnhängsel sehr kurz, 0,5–1 mm lg. KeZipfel länger als die halbe Kr. Pfl wollig-zottig. 0,05–0,20. 7–8. Subalp. bis alp. frische Magerrasen u. Zwergstrauchheiden, kalkmeidend; z Alp(Brch Chm Mng), ↘ (sm-stemp//alp·c3EUR – igr? hros H ⊙ ⊛ Rübe – InB Vm – StA VdA – L7 T2 F5 R4 N2 – V Nard.). **Alpen-G. – *C. alpina* Jacq.**
4* KeAnhängsel wenigstens halb so lg wie der FrKn, 1,5–3 mm lg. KeZipfel kürzer als die halbe Kr. Pfl rauflaumig **5**
5 KrZipfel innen bärtig. Kr glockig. KeAnhängsel br eifg, stumpf. Stg meist einfach. Blü in wenigblütiger, einseitswendiger Traube. 0,10–0,40. 6–8. Subalp. bis alp. frische Magerrasen u. Zwergstrauchheiden, kalkmeidend; z Alp(h Allg, Brch Wtt), † Bw (sm-stemp+(b)·c3-4EUR – igr? hros H ⊛ ♃ Pleiok-Rübe+uAusl SpeicherWu – InB Vm SeB? – StA Lichtkeimer – L7 T2 F5 R1 N2 – V Nard. – 34). **Bärtige G. – *C. barbata* L.**
5* KrZipfel innen kahl. Kr trichterfg-glockig (Abb. **786**/4). KeAnhängsel schmal 3eckig, spitz. Stg meist ästig. Blü in schmaler, allseitswendiger Rispe. 0,15–0,50. 6. Kont. Trocken- u. Halbtrockenrasen, trockne Brachen, kalkhold; z Bb(NO Od MN), s Mv(M), ↘ (sm-temp·c4-6EUR-WSIB – igr? hros ⊙ ⊛ Rübe – InB Vm SeB? – StA – L8 T5 F? R? N3 – O Fest. val., bes. V Cirs.-Brach.). **Sibirische G. – *C. sibirica* L.**
6 (1) Blü sitzend, in Ähren od. Köpfen **7**
6* Blü gestielt, in Trauben, Rispen od. einzeln **9**
7 Blü in endständiger, kolbiger Ähre. Kr blassgelb. 0,10–0,40. 7–8. Subalp. bis alp. frische Rasen, kalkhold, nährstoffanspruchsvoll; z Alp(f Brch), ↘ (sm-stemp//salp·c2-3ALP – igr hros ⊛ Rübe – InB: Bienen Vm – StA Wintersteher – L8 T2 F5 R7 N4 – V Car. ferr. – ▽). **Strauß-G., Kolben-G. – *C. thyrsoides* L.**
7* Blü in end- u. meist auch seitenständigen Köpfen. Kr blauviolett **8**
8 Spreite der GrundBla mit herzfg od. abgerundetem Grund, plötzlich in den Stiel verschmälert. Griffel die Kr nicht überragend. KeZipfel lg zugespitzt. Pfl kahl od. locker bis dicht kurzhaarig. 0,20–0,60. 6–9. Halbtrockenrasen, trockne Frischwiesen, Trockengebüsch- u. TrockenWSäume, kalkhold; v Alp Rh Th, z By Bw He Nw(f N) An Bb(f Elb) Mv(f Elb), s Sa(f Elb) Ns(f NW O) Sh, ↘; auch ZierPfl (sm-b·c2-8EUR-SIB, [N] tempOAM – igr hros H ♃ PleiokRübe, kurze uAusl – InB – StA MeA VdA KlA – L7 Tx F4 R7 N3 – V Mesobrom., V Cirs.-Brach., V Arrh., O Orig. – sehr variabel). [incl. subsp. *farinosa* (Besser) Kirschl.] **Knäuel-G. – *C. glomerata* L.**
8* Spreite der GrundBla allmählich in den Stiel verschmälert. Griffel die Kr deutlich überragend. KeZipfel stumpf. Pfl stechend steifhaarig. 0,40–0,80(–1,10). 6–8. Lichte, (wechsel)frische Laub- u. NadelW u. deren Säume, moorige Wiesen, kalkhold; s Alp(Wtt: Eibsee) By Bw(f SO NW) Rh(ORh) He(O NW ORh) Th(f Wld O Rho) Sa(SW) An(Hrz) Bb(Od NO) Ns(S), † Nw Mv, ↘ (sm-temp-(b)·c2-6EUR-WSIB – sogr hros ⊙ ⊛ Rübe – InB – StA Sa langlebig – L6 T6 F5~ R8 N4? – V Mol., V Carp., V Ger. sang., V Querc. pub. – 34). **Borstige G. – *C. cervicaria* L.**
9 (6) BlaSpreite herzfg, eifg od. eilanzettlich, 1½–4mal so lg wie br, meist >12 mm br, stets deutlich gekerbt od. gesägt **10**
9* Mittlere u. obere StgBla schmal linealisch bis lanzettlich, >4mal so lg wie br, <12 mm br, ganzrandig od. sehr klein gezähnt bis gekerbt. GrundBlaSpreite oft ± rundlich od. herzfg **14**
10 Blü 3–5,5 cm lg, aufrecht od. abstehend. KeZipfel eilanzettlich. Kr am Rand gewimpert. Mittlere u. obere StgBla deutlich gestielt **11**

10* Blü 1–3 cm lg, nickend. KeZipfel schmal lanzettlich bis pfriemlich. Mittlere u. obere StgBla sitzend od. sehr kurz gestielt **12**
11 Stg scharfkantig, wie die Bla steifhaarig. Untere Bla herz-eifg, lg gestielt. BlüStiele am Grund mit 2 VorBla. Kr blaulila. 0,60–1,00. 7–8. Mäßig trockne bis feuchte LaubmischW, Waldschläge, an Waldrändern, -wegen, Hecken u. Parks, basenhold, nährstoffanspruchsvoll; h Alp(z Krw) By Bw Rh He Nw Th Sa(z Elb), v An(g Hrz S) Mv Sh, z Bb Ns; auch ZierPfl (m/mo-temp·c1-5EUR-(WSIB), [N] NEUSEEL+sm-tempOAM – sogr hros H ♃ Pleiok – InB Sa kurzlebig Vm SeB? – StA MeA Lichtkeimer – L4 Tx F6 R8 N8 – O Fag., bes. V Carp., O Prun., V Alliar. – 34). **Nesselblättrige G. – *C. trachelium* L.**
11* Stg stumpfkantig, kahl od. kurzhaarig. Bla weichhaarig, untere eilänglich, mit kurzem, geflügeltem Stiel. BlüStiele unter der Mitte mit 2 VorBla. Kr hellviolett. 0,60–1,00. 6–7. Sickerfrische bis feuchte LaubmischW (bes. SchluchtW), Hochstaudenfluren, basenhold, nährstoffanspruchsvoll; z Alp Rh He(f MW ORh) Nw(SO SW) Th(f Bck O) Sa(f Elb NO) An(f Elb N O) Ns(MO S) Mv Sh, s By(f NO O) Bw(f NW ORh S) Bb(MN NO Od); auch ZierPfl (sm/mo-b·c2-5EUR-(WAS) – sogr hros H ♃ Rhiz – InB Vm – StA MeA Lichtkeimer – L4 T5 F6 R8 N8 – O Fag., bes. V Til.-Acer. – ▽). **Breitblättrige G. – *C. latifolia* L.**
12 (10) Bla useits graufilzig. Stg stielrund, weichhaarig. Blü in meist allseitswendiger, schmaler Traube od. Rispe. KrZipfel nicht gewimpert. Kr 1–2 cm lg. 0,40–1,00. 7–8. Trockengebüsche u. ihre Säume, kont. Halbtrockenrasen, kalkhold; z Th(Bck) An(S W SO) Bb(NO Od MN), s Sa(W: Lommatzsch) Ns(MO: Hedeper) Mv(M MW), ↘ (sm-temp·c4-7EUR-(WSIB) – igr? hros H ♃ Rhiz – InB Vm SeB? – StA – L7 T6 F3 R8 N2 – V Ger. sang., V Cirs.-Brach. – 34 – ▽). **Bologneser G. – *C. bononiensis* L.**
12* Bla useits grün. Stg ± kantig. BlüStand meist einseitswendig **13**
13 Untere Bla gestielt, Spreite herz-eifg. Blü kurz gestielt, in lg Traube. Kr 2–3 cm lg, am Rand meist gewimpert. Stg stumpfkantig, kurz rauhaarig. 0,30–0,80. 6–9. TrockenW, -gebüsche u. ihre Säume, Hecken, lehmige, mäßig trockne, meist extensiv genutzte Äcker, Wegränder, kalkhold; g Th, h By Sa An, v Bw Rh He Nw Ns, z Alp Th(f Hrz O) Bb Mv Sh, ↗ (sm-temp·c2-5EUR, [N] NEUSEEL+sm-tempAM+temp-b·c1-5EUR-WSIB – sogr hros H/G ♃ uAusl Knollen Wu – InB: Bienen Vm – StA MeA Lichtkeimer – L6 T6 F4 R7 N4 – V Ger. sang., V Berb., V Eric.-Pin., V Querc. pub., V Caucal. – 102). **Acker-G. – *C. rapunculoides* L.**
13* Alle Bla sitzend, eifg od. eilanzettlich. Blü ziemlich lg gestielt, in armblütiger Traube. Kr 1,5–2,2 cm lg, kahl. Stg kantig, kahl, nur unten an den Kanten spärlich langhaarig. 0,20–0,70. 6–8. ZierPfl; auch frische Wiesen u. Weiden, nährstoffanspruchsvoll; [N] s By(O: Spiegelau MS? Alb?) Bw(ORh: Freiburg) Rh(SW: Merzig) He(MW: Langenthal) Th(Wld: Siegmundsburg) Sa(SO: Elbsandsteingebirge), [U] s An (sm-stemp//mo·c2-3EUR – igr? hros/eros H ♃ PleiokRübe – InB Vm – StA – L6 T3 F5 Rx N7 – V Triset.). **Rautenblättrige G. – *C. rhomboidalis* L.**
14 (9) GrundBla kurz gestielt, von den StgBla kaum verschieden, Spreite länglich-lanzettlich od. spatelfg. Reife Kapsel aufrecht, über der Mitte aufspringend **15**
14* GrundBla lg gestielt, von den StgBla deutlich verschieden, Spreite rundlich, nierenfg, herzfg od. eifg, zur BlüZeit oft schon vertrocknet. Reife Kapsel überhängend, am Grund aufspringend **17**
15 Kr 2,5–4 cm lg u. br, weitglockig, 5lappig, hellblau, selten weiß (Abb. **786**/3). KeZipfel lanzettlich. Blü in armblütiger Traube. Bla derb. 0,30–0,80. 6–7(–9). Mäßig trockne Laub- u. NadelmischW, Wald-, Gebüsch- u. Heckensäume, basenhold; v By Bw Rh He Th An, z Alp Nw Sa Bb Ns(f NW) Mv, s Sh; auch ZierPfl (sm/mo-temp·c2-5EUR – igr hros H ♃ kurze uAusl+Rhiz – InB: Fliegen, Bienen, Hummeln Vm – StA WiA MeA Lichtkeimer – L5 T5 F4 R8 N3 – V Ger. sang., O Querc. pub., O Querc. rob.-petr., O Fag., O Prun. – 16). **Pfirsichblättrige G. – *C. persicifolia* L.**
15* Kr 1,5–2,5 cm lg, trichterfg, 5spaltig (Abb. **786**/2). KeZipfel pfriemlich **16**
16 BlüStand lg u. schmal rispig, fast traubig. Kr schmal-trichterig-glockig, etwa bis ⅓ gespalten, hell blauviolett. Seitliche BlüStiele nahe dem Grund mit 2 VorBla. Hauptwurzel deutlich verdickt. 0,50–0,80, 6–8. Halbtrockenrasen, magere Frischwiesen, Trockengebüschsäume, mäßig trockne Rud.: Weg- u. Straßenränder, Bahnanlagen, basenhold; h Rh He, v Nw, z By(h NM) Bw(h NW ORh) Th(f Hrz O) An Ns(h MO S), [N] s Alp(Brch) Sa(W) Bb(MN NO M Od) Mv Sh(M O) (m/mo-stemp·c1-5EUR – igr? hros H ☉ Rübe – InB Vm SeB? – KlA StA

– L7 T7 F3? R7 N4 – V Mesobrom., V Arrh., O Orig. – früher Wurzelgemüse – 20).

Rapunzel-G. – *C. rapunculus* L.

16* BlüStand locker ausgebreitet rispig. Kr weit trichterig (Abb. 786/2), etwa bis zur Mitte gespalten, rosalila. Seitliche BlüStiele nahe der Mitte mit 2 VorBla. Hauptwurzel dünn. 0,30–0,60. 5–7. Frische, meist extensiv genutzte Wiesen, Gebüschränder, Rud.: Wegränder, Bahndämme, Brachen, kalkmeidend; g By Bw Sa, h Th An, v Alp He Bb Mv, z Rh Nw Ns Sh (sm/mo-b·c1-5EUR – igr hros ☉ ⊛ – InB Vm – StA VdA? – L8 T6 F5 R7 N5 – V Arrh.).

Wiesen-G. – *C. patula* L.

In D überwiegend diploid, seltener tetraploid od. hexaploid. Die polyploiden Populationen unterscheiden sich von den diploiden durch kräftigeren Wuchs, meist nur im oberen Teil verzweigte Stg, größere, seichter gelappte Kr u. größeren Pollen; sie wachsen an schattigeren u. etwas feuchteren Standorten. Der taxonomische Wert dieser Merkmale ist zu prüfen.

17 (14) Pfl zur BlüZeit mit mehreren nichtblühenden Rosettentrieben u. mehreren BlüStg, ± dichtrasig. GrundBlaSpreite grob gesägt. StgBla <2 cm lg, elliptisch bis lanzettlich. Kr halbkuglig-glockig, etwa so lg wie br, hellblau, 10–18 mm lg. Staubbeutel 0,4–0,8mal so lang wie die Staubfäden. Traube 1–6blütig. BlüKnospen nickend. 0,05–0,15. 6–9. Subalp. bis alp. sickerfeuchte Steinschuttfluren, Felsen, Flussalluvionen, kalkstet; g Alp, s By(S MS) Bw(f SO NW ORh), [N U] s Rh Sa An(Hrz: Brocken); auch ZierPfl (sm-stemp//dealp·c2-3EUR – igr monop hros H ♃ Pleiok – InB Vm selbststeril – StA WaA MeA Lichtkeimer – L8 T3 F7 Rx N3 – K Thlasp. rot., V Epil. fleisch., V Pot. caul. – sehr variabel – 34). [*C. pusilla* HAENKE]

Zwerg-G. – *C. cochleariifolia* LAM.

17* Pfl zur BlüZeit meist ohne Rosettentriebe, mit 1 od. mehreren BlüStg. GrundBlaSpreite flach gekerbt. StgBla (meist) >2 cm lg, lanzettlich bis schmal linealisch. Kr glockig bis trichterfg-glockig, meist deutlich länger als br, blauviolett bis tiefblau (selten hellblau od. weiß). Staubbeutel 1–2mal so lang wie die Staubfäden. **(Artengruppe Rundblättrige G. – *C. rotundifolia* agg. – sehr variabel, ungenügend erforscht)** 18

18 Stg einzeln od. wenige, aufrecht, ± kantig, unten meist nur an den Kanten behaart od. kahl. StgBla lanzettlich bis lineal-lanzettlich, 4–12 mm br, flaumig od. zumindest am Grund gewimpert. BlüKnospen übergeneigt od. nickend. Unterirdische Ausläufer mit Speicherwurzeln 19

18* Stg meist mehrere, bogig aufsteigend bis ± aufrecht, meist stielrund, unten (fast stets) ringsum kurzflaumig. StgBla lineal-lanzettlich bis schmal linealisch od. fadenfg, 0,5–5 mm br, meist kahl. BlüKnospen aufrecht. Kr trichterfg-glockig bis glockig, 10–20(–25) mm lg 20

19 Blü einzeln od. in 2–5blütiger Traube. Kr becherfg-glockig, 17–25 mm lg. Stg kahl od. unten borstig; StgBla nur am Rand gewimpert. 0,10–0,30. 7–8. Subalp. bis alp. frische Steinschuttfluren, Stein- u. Magerrasen, kalkmeidend; h Alp, s By(S: S-Schwarzw), [N] s An(Hrz: Brocken) (sm-stemp//alp·c2-4EUR – igr monop hros H ♃ PleiokRübe+uAusl SpeicherWu – InB Vm selbststeril – StA Lichtkeimer – L8 T2 F5 Rx N3 – O Sesl., O Nard., V Triset. – 34, 68). **Scheuchzer-G. – *C. scheuchzeri* VILL.**

19* Blü in reichblütiger Rispe. Kr trichterfg-glockig, 14–20(–25) mm lg. Stg unten wie die unteren StgBla ± flaumig. 0,20–0,50(–0,60). 7–8. Bergwiesen, frische Waldschläge u. -verlichtungen, an Waldwegen u. -rändern, kalkmeidend; s Rh(SW ORh) He(SW: Taunus) (sm-stemp//mo·c2-3EUR – igr monop hros H ♃ PleiokRübe+uAusl – InB SeB Vm – StA – L7 T7? F5 R6? N3? – V Trif. med. – 68, 102). **Lanzettblättrige G. – *C. baumgartenii* BECKER**

20 (18) StgBla im unteren Drittel des Stg gehäuft, linealisch bis schmal linealisch, obere fadenfg. Stg wenig- od. 1blütig. 0,15–0,35. 7–9. Trockne Felsspalten u. -bänder, kalk- (u. dolomit)stet; s By(Alb) (stemp·c2EUR – igr? monop hros H ♃ uAusl – selbststeril – V Potent. caul. – 34). **Edle G. – *C. gentilis* KOVANDA**

20* StgBla über die gesamte Länge locker verteilt, untere schmal lanzettlich, obere schmal linealisch. Stg meist mehr- bis vielblütig. 0,10–0,30(–0,50). 6–9. Felsfluren, Sand- u. Halbtrockenrasen, mäßig trockne bis mäßig frische Silikatmagerrasen, Heiden, lichte TrockenW u. ihre Säume; g Rh He Sa, h Alp By Bw Nw Th An Ns, v Bb Mv Sh (sm/mo-arct·c1-7CIRCPOL – igr monop hros H ♃ Pleiok+oAusl SpeicherWu – InB: Bienen Vm selbststeril – StA VdA AmA Lichtkeimer – L7 T5 Fx Rx N2 – K Fest.-Brom., O Fest.-Sedet., K Nardo-Call., O Arrh., O Orig., V Querc. rob.-petr., V Eric.-Pin. – 34, 51, 68). **Rundblättrige G. – *C. rotundifolia* L.**

Viele Sippen unterschiedlicher Rangstufen wurden beschrieben, die aber oft nur Standortsmodifikationen darstellen od. durch Übergänge verbunden sind. Di- u. tetraploide Pfl können gemischt vorkommen.
Hybriden: *C. baumgartenii* × *C. rotundifolia* = ? – s (85), *C. cochleariifolia* × *C. scheuchzeri* = *C.* ×*murrii* DALLA TORRE et SARNTH. – s, *C. glomerata* × *C. rapunculoides* = ? – s, *C. glomerata* × *C. trachelium* = ? – s, *C. latifolia* × *C. trachelium* = ? – s, *C. rapunculoides* × *C. trachelium* = ? – s, *C. rotundifolia* × *C. scheuchzeri* = ? – s, *C. scheuchzeri* × *C. trachelium* = ? – s

Adenophora FISCH. – Schellenblume, Becherglocke (65 Arten)
StgBla elliptisch bis lanzettlich. Blü nickend, hellblau, wohlriechend, in Trauben od. Rispen. 0,30–1,00. 7–9. Wechselfeuchte bis -nasse, moorige Wiesen, Gebüsch- u. Waldsäume, kalkhold; s By(MS: Isarmündung, Landau), ↘ (sm/mo-temp·c4-6EUR-WAS – sogr eros G ♃ Rübe – InB Vm – StA – L7 T6? F6~ R8 N2? – V Mol., V Alno-Ulm., O Querc. pub. – ▽).
 Wohlriechende Sch., Lilienglöckchen – *A. liliifolia* (L.) A. DC.

Legousia DURANDE [*Specularia* A. DC.] – Frauenspiegel (7 Arten)
1 KeZipfel linealisch, etwa so lg wie der FrKn u. die Kr, an der 10–15 mm lg Fr abstehend (Abb. **786**/7). Kr 20–25 mm ⌀, dunkelviolett. Blü in lockerer Rispe. 0,10–0,30. 6–8. Lehmige bis tonige, meist skelettreiche, trockne bis mäßig frische Äcker, Rud., kalkhold; [A] z By Bw Rh He(O, S MW SO) Nw, s Alp(Kch) Sa(NO W) An(SO S) Ns(S), [U] s Bb Sh, † Th Mv, ↘ (m-stemp·c2-5EUR – eros ☉ ① – InB: Bienen Vm SeB – StA MeA: mit Saat, Sa hartschalig, durch Drusch skarifiziert – L7 T7 F4 R8 N3 – V Caucal., V Sisymbr.).
 Echter F. – *L. speculum-veneris* (L.) CHAIX
1* KeZipfel lanzettlich, halb so lg wie der FrKn u. länger als die Kr, an der 15–25(–30) mm lg Fr ± aufrecht. Kr 6–12(–15) mm ⌀, purpurn bis violett. Blü an der Spitze der Zweige genähert. 0,15–0,25. 6–7. Lehmige bis tonige, meist skelettreiche, trockne bis mäßig trockne Äcker u. Brachäcker, kalkhold; [A] z He(MW ORh, f W) Nw Th(f Hrz O Wld), s By(f NO O S) Bw(f SO) Rh An(W) Ns(f Elb N O), [U] s Sa Mv, † Sh, ↘ (m-stemp·c1-3EUR – eros ☉ – InB Vm SeB – MeA StA Sa langlebig – L7 T7 F4 R7 N3? – V Caucal.).
 Kleinblütiger F. – *L. hybrida* (L.) DELARBRE

Phyteuma L. – Teufelskralle, Rapunzel (22 Arten)
1 Blü in kugligen, 1–2,5 cm lg Köpfen (Abb. **786**/6). Kr dunkelblau. Narben (meist) 3 ...... **2**
1* Blü in eifg bis walzigen, 2–6 cm lg, fruchtend bis 20 cm lg, dichten Ähren. GrundBla lg gestielt. Kr gelblichweiß, hellblau, blauviolett od. schwarzblau **3**
2 GrundBlaSpreite schmal linealisch, fast grasartig, 1–2 mm br, Grund allmählich stielartig verschmälert. 0,05–0,20. 7–8. Alp. frische Silikatmagerrasen, kalkmeidend; z Alp(Allg Wtt) (sm-stemp//alp·c2-4EUR – igr hros H ♃ uAusl SpeicherWu – InB SeB? Vm – StA – L8 T2 F5 R3 N1? – O Car. curv., V Nard., V Elyn.). **Halbkuglige T. – *Ph. hemisphaericum* L.**
2* GrundBlaSpreite lanzettlich bis elliptisch od. eifg, >4 mm br, mit verschmälertem, abgerundetem od. herzfg Grund, lg gestielt. 0,10–0,50. 5–8. Mont. bis subalp. frische Rasen, Halbtrockenrasen u. Moorwiesen, kalkhold; g Alp, z By Bw(f NW) Rh(N ORh) Th(f Hrz), s He(f SO SW W) Nw(SW SO) Sa(SW W) An(f O S) Ns(Hrz: Hohegeiß), † Bb, ↘ (sm/mo-stemp/demo·c2-4EUR – igr? hros H ♃ Rübe+uAusl SpeicherWu – InB: bes. Bienen, Falter Vm – StA KlA VdA Lichtkeimer – L8 T3 F5? R8 N3 – O Sesl., V Mesobrom., V Triset., V Mol.). **Kugel-T., Kopfige T. – *Ph. orbiculare* L.**
 1 Stg locker beblättert. Bla gekerbt bis grob gesägt, useits mit kaum sichtbaren Seitennerven. HüllBla eiförmig-lanzettlich, zugespitzt, so lg wie der BlüKopf od. länger. Narben meist 3. Standorte, Soz. u. Verbr. wie Art (Gesamtverbr. wie Art). subsp. ***orbiculare***
 1* Stg dicht beblättert. Bla fein u. scharf gesägt, useits mit deutlich hervortretenden Seitennerven. HüllBla klein, schmal-dreieckig, kürzer als der BlüKopf. Narben meist 2. Halbtrockenrasen; s Bw? Rh(ORh) subsp. ***tenerum*** (R. SCHULZ) BRAUN-BLANQ.
 Sehr variabel in BlaForm u. BlaGröße, Form, Behaarung u. Länge der HüllBla u. Narbenanzahl. Hinsichtlich der Abgrenzung der subsp. *tenerum* besteht noch weiterer Untersuchungsbedarf.

3 (1) GrundBlaSpreite schmal lanzettlich bis eilanzettlich, (2–)3–8mal so lg wie br. HüllBla des BlüStandes unauffällig, borstenfg. Kr blauviolett, selten weiß, vor dem Aufblühen fast

gerade. Narben (der meisten Blü) 3. 0,15–0,60. 6–9. Subalp. frische Silikatmagerrasen, kalkmeidend; z Alp(Allg, s Amm) (sm-stemp//salp·c3-4ALP – igr? hros H ♃ PleiokRübe – InB: Haut- u. Zweiflügler Vm – StA Lichtkeimer – L8 T3 F5 R2 N1 – V Nard. – 24).
Betonien-T., Batungen-T. – *Ph. betonicifolium* VILL.

3* GrundBlaSpreite herzfg bis eifg, 1–2(–3)mal so lg wie br. HüllBla des BlüStandes auffällig, linealisch bis lanzettlich. Kr vor dem Aufblühen gekrümmt. Narben 2 .... **4**

4   Kr schwarzviolett (sehr selten weiß) **5**

4* Kr grünlich- bis gelblichweiß, hell- bis blassblau od. schwärzlich- bis braungrün **6**

5   GrundBlaSpreite etwa 2(–3)mal so lg wie br, mit gestutztem bis flach herzfg Grund, fein kerbig gesägt. Untere StgBla gestielt, Spreite mit abgerundetem Grund, mittlere u. obere stark verkleinert, mit verschmälertem Grund sitzend. HüllBla linealisch, etwa so lg wie die Breite der Ähre. 0,20–0,50. 5–7. Koll. bis mont. frische Wiesen, LaubmischW, kalkmeidend; v Rh He, z By Bw Nw Th(f Hrz S) Sa(SW SO W) An(f Elb O) Ns(f Elb), [N] s Bb (temp/demo·c2-3EUR – igr hros H ♃ PleiokRübe – InB Vm SeB? – StA MeA: Rasensaat – L7 T4 F5 R5 N4 – V Triset., V Carp., V Alno-Ulm.).
Schwarze T. – *Ph. nigrum* F.W. SCHMIDT

5* GrundBlaSpreite 1–1,5mal so lg wie br, mit tief herzfg Grund, grob gesägt. Untere u. mittlere StgBla gestielt, Spreite mit herzfg od. abgerundetem Grund, obere mit abgerundetem Grund sitzend. HüllBla eifg, meist länger als die Breite der Ähre. 0,30–0,70. 7–8. Subalp. sickerfrische Wiesen u. Hochstaudenfluren, nährstoffanspruchsvoll, kalkhold; z Alp(Allg Krw Wtt) (sm-stemp//salp·c2-3EUR – igr? hros H ♃ PleiokRübe – InB Vm – StA – L7 T3 F6 R7 N6 – V Triset., V Adenost.). [*Ph. halleri* ALL.] **Haller-T. – *Ph. ovatum* HONCK.**

6   (4) Kr grünlich- bis gelblichweiß. Narben gelb. GrundBlaSpreite 1–1,5mal so lg wie br, mit tief herzfg Grund. HüllBla linealisch, meist nicht länger als die Breite der Ähre. 0,30–0,80. 5–7. Frische Laub- u. NadelmischW, submont. bis mont. frische Wiesen; h Alp Bw Th, v By He Sa Sh, z Rh Nw(h SO) An(h S) Ns(h S) Mv(f Elb), s Bb(f SO) (sm/mo-temp·c2-4EUR – igr hros H ♃ PleiokRübe – InB: Haut- u. Zweiflügler, Käfer SeB? – StA MeA: Rasensaat Licht-Kältekeimer – Lx Tx F5 R6? N5 – O Fag., V Triset., V Adenost. – 22).
Ährige T. – *Ph. spicatum* L.

6* Kr hell- bis blassblau od. schwärzlich- bis schmutzig braungrün. Narben bräunlich bis blau. GrundBlaSpreite 1,5–2mal so lg wie br, mit gestutztem bis flach herzfg Grund. 0,30–0,80. 5–7. Frische Laub- u. NadelmischW, submont. bis mont. frische Wiesen; s Alp(Allg) By(f MS S) Bw(Alb Gäu) Rh? He(f ORh) Nw(SO NO) Th(Bck S Wld) Sa(SW W) An(Hrz) Ns(?), Verbreitung ungenügend bekannt. (temp/demo·c2-3EUR – igr hros H ♃ PleiokRübe – InB – StA – O Fag., V Triset.). [5 × 6, *Ph. spicatum* subsp. *coeruleum* (GREMLI) R. SCHULZ, *Ph. spicatum* subsp. *occidentale* R. SCHULZ] **Unechte T. – *Ph. ×adulterinum* WALLR.**

Unter diesem Namen wird der Komplex von spontanen u. stabilisierten Hybriden zwischen **5** u. **6** zusammengefasst. Diese besiedeln auch Teilareale, in denen *Ph. nigrum* fehlt, u. sind z. T. fruchtbar. In der Färbung der Kr sind sie sehr variabel.

Weitere Hybriden: *Ph. betonicifolium* × *Ph. ovatum* = *Ph. ×murrianum* BORBÁS – s, *Ph. ovatum* × *Ph. spicatum* = *Ph. ×hegetschweileri* BRÜGGER – s

Lobelia L. – Lobelie (ca. 400 Arten)

1   LandPfl. Stg ästig, beblättert. BlaSpreite elliptisch, stumpf gesägt. Kr blau, selten weiß od. rosa. 0,15–0,30. 6–10. ZierPfl; auch Rud.: Pflasterritzen, Mauerfüße, Schutt; [U] s By Bw Rh He Nw Th Sa An Bb Ns Mv Sh (austrAFR – eros ☉ – InB Vm SeB – StA).
Blaue L. – *L. erinus* L.

1* WasserPfl. Stg meist einfach. Bla in einer Rosette, länglich, ganzrandig, stumpf. Kr weiß, Röhre bläulich. 0,30–0,70. 7–8. Im Flachwasser (10–30 cm) an sandigen Ufern oligotropher Seen, auch Sandgruben, kalkmeidend; s Nw(MW N) Ns(NW O) Sh(M O), † Mv, ↘ (temp-b·c1-4EUR-AM – igr ros uHy/He ♃ – Vm SeB – WaA – L7 T5 F10 R5 N1 – V Isoët., V Litt. – giftig! – 14 – ▽).
Wasser-L. – *L. dortmanna* L.

Familie **Menyanthaceae** DUMORT. – **Fieberkleegewächse**

(5 Gattungen/60 Arten)

Wasser- od. Sumpfkräuter. Bla wechselständig, ungeteilt od. 3zählig, mit scheidigen Stielen, ohne NebenBla. Blü ⚥, radiär, 5zählig. KrBla 5, verwachsen, in der Knospe klappig. StaubBla 5. FrKn oberständig, 2blättrig, 1fächrig. Griffel 1. Narbe 2lappig. 2- od. 4klappige Kapseln.

1   Bla 3zählig. Blü in lg gestielten Trauben. Kr etwa 15 mm ⌀, rötlichweiß. SumpfPfl.
        Fieberklee – *Menyanthes* S. 791
1* Bla fast kreisrund, mit tief herzfg Grund, schwimmend. Blü zu 2–5 achselständig. Kr 25–35 mm ⌀, gelb. SchwimmPfl.
        Seekanne – *Nymphoides* S. 791

Menyanthes L. – **Fieberklee** (1 Art)

Rhizom kriechend. Bla gestielt, Blchen elliptisch bis verkehrteifg. 0,15–0,30. 4–6. Zeitweilig überflutete, mesotrophe Flach- u. Quellmoore, Schwingrasen, Verlandungszeiger am Rand stehender Gewässer (Seen, Torfstiche), kalkmeidend; h Alp, v Mv Sh, z By Bw Rh He Nw Th(f Hrz, v O Wld) Sa An Bb Ns, ↘ (sm/mo-b·c1-8CIRCPOL – sogr/teiligr He ♃ KriechTr regenerativ WuSpr – InB: Hummeln Vg – WiA WaA KlA Kältekeimer – L8 Tx F9= Rx N3? – K Scheuchz.-Car., V Car. elat. – früher HeilPfl – ▽).
        Fieberklee, Bitterklee – *M. trifoliata* L.

Nymphoides HILL – **Seekanne** (40 Arten)

SchwimmBla rundlich-herzfg, useits drüsig punktiert. 0,80–1,50. 7–8. Stehende u. langsam fließende, nährstoffreiche, sommerwarme Gewässer (bes. Auen), auch gepflanzt; z Bw(NW ORh) Nw(MW) Bb(Elb Od NO) Ns(Elb, sonst [N]) Sh, s Alp(Allg Brch Mng) By(f N) Rh He(MW ORh) An(Elb N O) Ns(Elb) Mv(f N), ↘ (sm-temp·c1-8EURAS – sogr oHy AuslRhiz auch Landformen – InB: Haut- u. Zweiflügler Vw Vg – WaA KlA: Vögel Lichtkeimer Sa langlebig – L8 T7 F11 R8 N7 – V Nymph. – ▽). [*Limnanthemum nymphoides* (L.) HOFFMANNS. et LINK]
        Gewöhnliche S. – *N. peltata* (S.G. GMEL.) KUNTZE

Familie **Asteraceae** BERCHT. et J. PRESL od. **Compositae** GISEKE – **Korbblütengewächse** (1600 Gattungen/23000 Arten + >2000 Kleinarten)

Bearbeitung: **Siegfried Bräutigam (*Cichorieae*), Joachim Kadereit (*Senecioneae*), Ludwig Martins (*Cynareae*), Christoph Oberprieler u. Robert Vogt (*Anthemideae*, außer *Achillea*), Klaus Pistrick (*Cichorium*), Ingo Uhlemann (*Taraxacum*), Rolf Wißkirchen (*Xanthium*)**

Kräuter, Sträucher, selten Bäume. Bla wechselständig, seltener gegen- od. grundständig, ohne NebenBla. Blü in von HüllBla (Involukrum) umgebenen Köpfen (Körben), die oft eine EinzelBlü vortäuschen (Abb. **799**/1–3). Die Hülle zuweilen am Grund von einzelnen AußenHüllBla umgeben (Abb. **799**/1). Kopfboden mit spelzenähnlichen SpreuBla (DeckBla der EinzelBlü, Abb. **794**/4, 6; **882**/9–13) od. nackt (Abb. **794**/5). Blü meist ⚥, seltener 1geschlechtig od. geschlechtslos, 5zählig. Ke (Pappus) meist zu einem sich zur Reife vergrößernden Haarkranz (Abb. **824**/1, 2) umgebildet, seltener aus grannenartigen Borsten (Abb. **882**/1–3) od. einem schuppenfg od. häutigen Saum (Krönchen) bestehend od. fehlend. Kr verwachsenblättrig, entweder radiär, röhrig, 5-(selten bis 7)zipflig (RöhrenBlü, Abb. **794**/3) od. stark dorsiventral, zungenfg, mit kurzer Röhre (ZungenBlü, Abb. **794**/2). StaubBla 5, Staubfäden frei, Staubbeutel fast stets zu einer den Griffel umgebenden Röhre verklebt (Abb. **794**/1), nach innen sich öffnend u. den Pollen in die Röhre entleerend, aus der er von den Fegehaaren des nachträglich heranwachsenden Griffels herausgedrückt u. präsentiert wird. FrKn unterständig, 2blättrig, aber 1fächrig. Griffel 1. Narben 2. Fr nussähnlich (Achäne).

Die Verteilung der Geschlechter in den Köpfen ist bei den Arten in D unterschiedlich. Alle Zungenblütigen (Tribus *Cichorieae*) haben nur ⚥ Blü. Bei den Röhrenblütigen sind die ScheibenBlü fast immer ⚥, d. h. alle Blü bei *Arctium, Carduus, Carlina, Cirsium* (außer *C. arvense* u. *C. palustre*, s. u.), *Echinops, Jurinea*,

Onopordum, Saussurea, Silybum. Die RandBlü sind entweder ♀ (also Pfl gynomonözisch: *Achillea, Anthemis, Arnica, Aster, Doronicum, Erigeron, Filago, Gnaphalium, Helichrysum, Inula, Leucanthemum, Matricaria, Senecio, Tanacetum, Tephroseris*) od. steril (*Bidens, Centaurea, Cyanus, Cotula, Helianthus, Rudbeckia*). Ausnahmen bilden *Iva, Tussilago* u. *Calendula* (monözisch: RandBlü ♀, ScheibenBlü ♂), *Ambrosia* u. *Xanthium* (monözisch: ♀ u. ♂ Köpfe auf einer Pfl) u. die unvollständig diözischen *Anaphalis, Antennaria, Cirsium arvense, C. palustre, Petasites* u. *Serratula*. Bis auf *Xanthium, Iva, Ambrosia* u. *Artemisia* (WiB) u. die meist apomiktischen Arten von *Taraxacum* u. *Hieracium* sowie *Chondrilla juncea* sind als *Asteraceae* in D insektenbestäubt (InB unspezifisch: Haut- u. Zweiflügler, Falter, Käfer; bei Arten mit langröhrigen Blü, z. B. großköpfigen Disteln, bes. Hummeln, Bienen u. Falter). Daneben ist oft Selbstbestäubung durch Nachbarblüten (Geitonogamie) möglich. Bei mehreren Gattungen sind die Staubfäden reizbar (bei Berührung kontrahierend, z. B. *Anthemis, Antennaria, Centaurea*).

1   Alle Blü mit zungenfg Kr (ZungenBlü), ⚥ (die mittleren oft noch unentwickelt u. dann ohne deutliche Zunge). Zunge aus 5 KrBla gebildet, vorn 5zähnig od. ganzrandig (Abb. **794**/2, 4). Pfl stets (bisweilen nur spärlich) mit Milchsaft, fast nie mit Ölgängen. Bla nie gegenständig. **Schlüssel C** S. 800
1* Kr wenigstens der inneren Blü (ScheibenBlü) radiär, (4–)5zipflig, röhrig bis trichterfg (RöhrenBlü, Abb. **794**/3). Kr der RandBlü ebenso od. zungenfg. ZungenBlü oft 1geschlechtig od. geschlechtslos. Zunge aus 3 KrBla gebildet, vorn 3zähnig od. ganzrandig. Pfl meist ohne Milchsaft, oft mit Ölgängen u. aromatisch riechend **2**
2   Köpfe im Mittelfeld mit RöhrenBlü, am Rand mit ZungenBlü, die die ersteren ± weit überragen (Abb. **794**/5). Hierher auch viele „gefüllte" Gartenblumen mit vermehrten ZungenBlü u. wenigen od. fehlenden RöhrenBlü. Pfl ohne Milchsaft.   **Schlüssel B** S. 796
2* Köpfe nur mit RöhrenBlü (Abb. **794**/6). Die RandBlü zuweilen größer u. dann oft etwas dorsiventral trichterfg (Abb. **795**/3), selten kurz fädlich (nicht röhrig) u. in der Hülle versteckt. Innere HüllBla zuweilen auffallend gefärbt u. verlängert, ZungenBlü ähnelnd, aber derb strohartig. Hierher auch einige Pfl mit sehr abweichend gebauten, oft 1geschlechtigen Köpfen mit nur 1 od. wenigen Blü (Abb. **795**/1, 2, 4). Pfl meist ohne, selten mit Milchsaft, dann meist distelartig.   **Schlüssel A** S. 792

Schlüssel A Köpfe nur mit Röhrenblüten

1   Köpfe 1geschlechtig, ♀ 1–2blütig, ♂ ∞blütig. Pfl 1häusig, ♀ Blü ohne Kr. Windbestäubung **2**
1* Köpfe 2geschlechtig, wenn 1geschlechtig, dann Pfl 2häusig u. alle Köpfe ∞blütig **3**
2   ♀ Köpfe 2blütig, achselständig, oft zu mehreren gehäuft, ihre Hülle völlig geschlossen, widerhakig stachlig, die reifen Fr einhüllend (Abb. **795**/1). ♂ Köpfe in kurzen, knäueligen Ähren, aufrecht. Bla br eifg od. schmal rhombisch u. gelappt.
    Spitzklette – *Xanthium* S. 883
2* ♀ Köpfe 1blütig, in den Achseln der obersten Bla, klein, von behaarter, 4–6zähniger Hülle halb umschlossen (Abb. **795**/2). ♂ Köpfe über den ♀ in blattlosen Ähren od. Trauben, nickend. Bla 3–5teilig od. fiederschnittig.   **Ambrosie** – *Ambrosia* S. 882
3   (1) Jeder Kopf mit 8–20 ♂ Blü, umgeben von 1–5 kronenlosen ♀ Blü (Abb. **795**/4). Köpfe klein, grünlich, in end- u. achselständigen, tragblattlosen Rispen od. Trauben. Bla ± gegenständig, 10–25 cm lg, br eifg bis herzfg. Pfl 0,90–2,00 m hoch.   **Rispenkraut** – *Iva* S. 882
3* Pfl anders gestaltet **4**
4   Köpfe kuglig, igelartig, 2,5–6,0 cm ⌀, zusammengesetzt aus ∞ 1blütigen, von borstenfg u. häutigen HüllBla umgebenen TeilBlüStänden, von oben nach unten aufblühend. Kr bläulich bis weißlich, Staubbeutel blau. Pfl distelartig.   **Kugeldistel** – *Echinops* S. 803
4* Köpfe halbkuglig bis eifg u. walzig, nicht zusammengesetzt, mehrblütig, von außen nach innen aufblühend **5**
5   Bla gegenständig **6**
5* Bla wechselständig, seltener alle grundständig **7**
6   Köpfe 2–5 mm ⌀. Kr rosa. Pappus aus ∞ Haaren bestehend. Kopfboden ohne SpreuBla.
    Wasserdost – *Eupatorium* S. 885
6* Köpfe 10–25 mm ⌀. Kr gelb. Pappus aus 2–4 bleibenden, widerhakigen Grannen bestehend (Abb. **882**/1–3). Kopfboden mit SpreuBla.   **Zweizahn** – *Bidens* S. 880

7	(5) HüllBla (zumindest die äußeren) oberwärts pfriemlich, steif, an der Spitze hakig einwärtsgekrümmt. Köpfe klettend. Alle Bla gestielt, obere eifg bis herzfg, mindestens 5 cm br, untere herzfg, 20–40 cm br. **Klette – _Arctium_** S. 808
7*	HüllBla ohne hakenfg Spitze, aber zuweilen mit geradem Enddorn. Köpfe nicht klettend 8
8	Pappus aus Schuppen bestehend od. fehlend 9
8*	Pappus aus ∞ (selten <10) kahlen, rauen od. lg behaarten (gefiederten) Haaren bestehend (Abb. **824**/1, 2) 16
9	HüllBla (wenigstens die mittleren) mit 1–3 cm lg, am Grund verzweigtem Enddorn od. mit meist trockenhäutigem Anhängsel, dieses zerschlitzt, gefranst, dornig od. ganzrandig (Abb. **795**/5, **812**/1–7) 10
9*	HüllBla ohne Dorn u. ohne Anhängsel. Kr gelb, selten rötlich 11
10	Kr gelb bis orangerot. Äußere HüllBla laubblattartig, ± abstehend, mittlere mit eifg, krautigem, ganzrandigem od. dornig gezähntem Anhängsel (Abb. **795**/5). **Färberdistel – _Carthamus_** S. 809
10*	Kr purpurn od. rosa, selten weiß (wenn gelb, dann kurzer Pappus vorhanden). Alle HüllBla schuppenfg, mit Enddorn od. trockenhäutigem Anhängsel (Abb. **812**/1–6). **Flockenblume – _Centaurea_** S. 809
11	(9) Äußere HüllBla laubblattartig, ungleich lg, abstehend. Bla ungeteilt, elliptisch. Köpfe 15–25 mm ⌀, nickend. **Kragenblume – _Carpesium_** S. 879
11*	Alle HüllBla schuppenfg, anliegend. Bla meist 1–2fach fiederschnittig, seltener ungeteilt 12
12	Köpfe 1,5–4,0(–6,0) mm ⌀, meist nickend, in vielköpfigen Rispen, Trauben od. Ähren. **Beifuß – _Artemisia_** S. 868
12*	Köpfe 5–18 mm ⌀, zumindest zur BlüZeit aufrecht, in Schirmrispen od. einzeln am Ende des Stg u. der Zweige 13
13	Köpfe 12–18 mm ⌀, lg gestielt. Kopfboden mit SpreuBla. Bla 2fach fiederschnittig. **Färber-Hundskamille – _Cota tinctoria_** S. 874
13*	Köpfe 5–11 mm ⌀. Kopfboden ohne SpreuBla 14
14	♃. Köpfe in reich verzweigten Schirmrispen. Stg 50–130 cm hoch, aufrecht. Bla 3–8 cm br, 1–2fach fiederschnittig od. ungeteilt. **Rainfarn, Balsamkraut – _Tanacetum_** S. 875
14*	☉. Köpfe einzeln an Stg u. Zweigen. Stg 5–30 cm hoch, aufrecht od. oft aufsteigend od. niederliegend. Bla 0,2–2,0 cm br 15
15	Bla sitzend, 2fach fiederschnittig mit ∞ fädlichen Zipfeln. Korbboden kegelfg. Pfl stark nach Kamille riechend. **Strahlenlose Kamille – _Matricaria discoidea_** S. 876
15*	Bla mit scheidigem Grund, linealisch u. ganzrandig od. ungleichmäßig gezähnt bis fiederteilig mit wenigen schmalen Zipfeln. Korbboden ± flach. Pfl ohne Kamillengeruch. **Laugenblume – _Cotula_** S. 868
16	(8) Bla distelartig, stechend dornig gezähnt 17
16*	Bla nicht distelartig (höchstens HüllBla dornig) 22
17	Innere HüllBla strahlig ausgebreitet, viel länger als die übrigen, derb trockenhäutig, gelblich, silbrigweiß od. blassrosa. **Eberwurz – _Carlina_** S. 802
17*	Innere HüllBla nicht strahlend 18
18	Pappushaare gefiedert (Abb. **795**/7). **Kratzdistel – _Cirsium_** S. 805
18*	Pappushaare glatt od. rau, unbehaart 19
19	Kr gelb. Köpfe einzeln, von den obersten LaubBla umhüllt. Innere HüllBla mit lg, fiederteiligem, gekniet Dorn. **Benediktenkraut – _Centaurea benedicta_** S. 809
19*	Kr purpurn (selten weiß). Köpfe nicht von LaubBla umhüllt 20
20	Stg ungeflügelt. Bla weißlich gefleckt od. marmoriert. HüllBla mit großem, dornigem Anhängsel. **Mariendistel – _Silybum_** S. 807
20*	Stg zumindest unterwärts dornig geflügelt. Bla ungefleckt. HüllBla höchstens mit sehr kleinem Anhängsel 21
21	Kopfboden mit borstigen SpreuBla, nicht grubig. Köpfe 1–3 cm ⌀, wenn bis 7 cm ⌀, dann nickend. **Distel – _Carduus_** S. 804
21*	Kopfboden ohne SpreuBla, bienenwabenartig grubig (Abb. **795**/6). Köpfe 3–4 cm ⌀, aufrecht. Pfl spinnwebig wollig. **Eselsdistel – _Onopordum_** S. 807

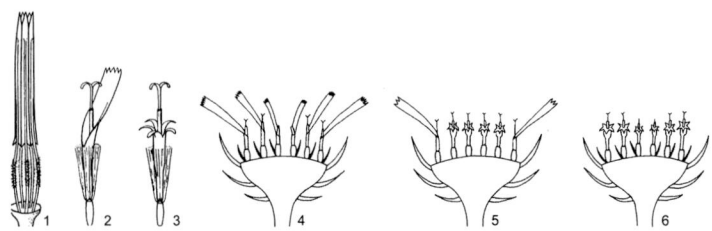

22 (16) HüllBla mit trockenhäutigem Anhängsel, dieses zerschlitzt, gefranst od. federfg, seltener mit 1–3 cm lg, am Grund verzweigtem Enddorn (Abb. **812**/1–7). RandBlü meist größer als die übrigen, mit schief trichterfg Saum (Abb. **795**/3) 23
22* HüllBla krautig od. trockenhäutig, ganzrandig, ohne Anhängsel (wenn an der Spitze etwas gezähnt od. geschlitzt od. mit undeutlichem Anhängsel, dann Köpfe <10 mm lg), Dorn fehlend od. <3 mm lg. RandBlü den übrigen (fast) gleichgestaltet 25
23 RandBlü ♀, nicht größer als die übrigen. HüllBlaAnhängsel der inneren HüllBla schmal, federfg, flaumig, weiß. **Federblume – *Rhaponticum*** S. 809
23* RandBlü geschlechtslos, meist viel größer als die übrigen, strahlend. Innere HüllBla nicht federfg, höchstens die äußeren mit federfg, braunem od. schwärzlichem Anhängsel .. 24
24 RandBlü blau, ScheibenBlü stahlblau bis violett. HüllBlaAnhängsel als gezähnter Saum sehr weit herablaufend (Abb. **812**/7). StgBla ungeteilt od. untere fiederspaltig.
Kornblume, Flockenblume – *Cyanus* S. 813
24* RandBlü purpurn, rosa od. weiß. StgBla ungeteilt bis doppelt fiederschnittig.
Flockenblume – *Centaurea* S. 809
25 (22) Pfl zur BlüZeit (4–5) nur mit lanzettlichen, bleichen od. rötlichen, häutigen SchuppenBla (NiederBla), BlüStand vor den grundständigen LaubBla erscheinend. Köpfe ∞, zur BlüZeit in dichter, walziger Traube (Rispe). Kr rötlich, weißlich od. hellgelb.
Pestwurz – *Petasites* S. 851
25* Pfl zur BlüZeit mit stängel- od. grundständigen LaubBla 26
26 LaubBlaSpreite nicht od. kaum länger als br, mit nierenfg od. herzfg Grund, lg gestielt 27
26* BlaSpreite >2mal so lg wie br, sitzend od. gestielt. Stg stets mit LaubBla 29
27 Stg mit LaubBla. Köpfe in Schirmrispen. **Alpendost – *Adenostyles*** S. 858
27* Stg mit SchuppenBla, LaubBla rosettig 28
28 RosettenBla >10 cm br, nach dem vielköpfigen BlüStg erscheinend.
Pestwurz – *Petasites* S. 851
28* RosettenBla 1–6 cm br, am Grund des 1köpfigen Stg.
Alpenlattich – *Homogyne* S. 851
29 (26) Bla wenigstens der unteren StgHälfte fiederspaltig bis -schnittig 30
29* Bla ungeteilt, höchstens grob gezähnt (bis gelappt) u. die oberen am Grund fiederteilig 33
30 Kr purpurn (selten weiß). Pappushaare ungefiedert 31
30* Kr gelb od. gelblichweiß (wenn ausnahmsweise purpurn, dann Pappushaare gefiedert, Abb. **795**/7) 32
31 Bla useits schneeweiß filzig, ihre Abschnitte ganzrandig. **Silberscharte – *Jurinea*** S. 809
31* Bla kahl, ihre Abschnitte scharf gesägt. **Scharte – *Serratula*** S. 809
32 (30) Köpfe gehäuft u. von bleichen, eifg HochBla umgeben. HüllBla ∞, dachzieglig. Pappushaare gefiedert (Abb. **795**/7). **Kohldistel – *Cirsium oleraceum*** S. 806
32* Köpfe in Schirmrispen. Am Grund der Hülle einige schmale AußenHüllBla. HüllBla wenige, 1reihig. Pappushaare ungefiedert. **Greiskraut – *Senecio*** S. 855
33 (29) Hülle 2–6 cm ⌀. HüllBla völlig strohartig trockenhäutig, strahlig abstehend, glänzend goldgelb bis weiß od. purpurn bis rosa. ZierPfl aus AUST, s. Bd. ZierPfl. [U] s By Bw Rh He Nw Sa Sh [*Helichrysum bracteatum* (Vent.) Willd.]
Garten-Strohblume – *Xerochrysum bracteatum* (Vent.) Tzvelev

ASTERACEAE

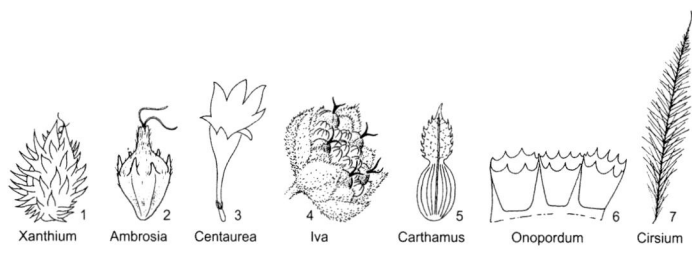

1 Xanthium   2 Ambrosia   3 Centaurea   4 Iva   5 Carthamus   6 Onopordum   7 Cirsium

33* Hülle (ohne Blü) bis 2 cm ∅, krautig od. trockenhäutig u. dann nur bis 1 cm ∅ 34
34 Kr purpurn od. violett, die Hülle weit überragend. Köpfe (mit Blü) 15–30 mm lg 35
34* Kr goldgelb bis gelblichweiß od. bräunlich, sehr selten rötlich, meist die Hülle kaum überragend; HüllBla zuweilen rosa od. rot. Köpfe 2,5–15(–20) mm lg 36
35 Innere Pappushaare gefiedert (Abb. **795**/7). Köpfe an der Spitze des Stg einzeln od. zu mehreren gehäuft. Bla useits langhaarig bis weißfilzig. **Alpenscharte – *Saussurea*** S. 808
35* Pappushaare ungefiedert, aber rau. Köpfe in meist lockeren Rispen od. Schirmrispen, selten gehäuft. Bla (fast) kahl.   **Scharte – *Serratula*** S. 809
36 (34) HüllBla 1reihig (alle gleich lg, sich randlich nicht deckend), zuweilen Köpfe am Grund mit fädlichen HochBla 37
36* HüllBla dachzieglig od. mehrreihig (ungleich od. gleich lg, sich zumindest mit den Rändern deckend) 38
37 StgBla grob unregelmäßig gezähnt bis gelappt, die oberen oft tiefer geteilt, mit sehr schmalen Zipfeln. Köpfe in verlängerter Schirmrispe. ⊙.   **Scheingreiskraut – *Erechtites*** S. 858
37* StgBla ganzrandig od. entfernt flach gezähnt. Köpfe in endständiger, doldenartiger Schirmtraube. ♃.   **Spatelblättriges Aschenkraut – *Tephroseris helenitis*** S. 853
38 (36) StgBla 5–15 × (1,5–)2,0–4,0 cm, elliptisch bis eifg-lanzettlich, fein gesägt. Köpfe 9–15 mm lg. HüllBla spitz, die äußeren mit zurückgebogener Spitze.
                                                                           Dürrwurz – *Inula conyzae* S. 878
38* StgBla 0,5–6(–8) × 0,05–1,2 cm (selten 5–13 × 0,4–1,8 cm, aber dann HüllBla zur BlüZeit anliegend), schmal linealisch bis lanzettlich od. länglich, schmal spatelfg od. selten eilanzettlich, meist ganzrandig. Köpfe 2,5–7,0(–10,0) mm lg 39
39 Stg u. Bla kahl, locker abstehend behaart od. von kurzen Drüsenhaaren stark klebrig   40
39* Stg u. zumindest BlaUSeite grau bis weiß wollig od. filzig, nicht klebrig. Bla stets ganzrandig 43
40 Köpfe in verlängerter, zylindrischer bis schmal kegelfg, vielköpfiger Rispe 41
40* Köpfe in endständiger Schirm- od. ausgebreiteter Trichterrispe, 5–10 mm lg u. br 42
41 Stg u. Bla locker abstehend behaart. Köpfe 3–5 mm lg u. br.
                                                                           Berufkraut – *Erigeron* S. 865
41* Stg u. Bla stark drüsig-klebrig. Köpfe 5–8 mm lg u. br.   **Klebalant – *Dittrichia*** S. 878
42 (40) Bla linealisch, 0,5–2,0 mm br, wie die Stg kahl. Köpfe in endständiger Schirmrispe. Kr goldgelb.   **Steppenaster – *Galatella linosyris*** S. 863
42* Bla länglich-lanzettlich bis eilanzettlich, 3–10 mm br, wie der Stg feinflaumig. Köpfe in reich verzweigter Trichterrispe. Kr schmutziggelb.
                                                                  Kleines Flohkraut – *Pulicaria vulgaris* S. 877
43 (39) Köpfe sitzend, einzeln od. meist in Knäueln, diese endständig (u. seitenständig) an den oft gabligen Zweigen od. in einer ± gestreckten Ähre 44
43* Köpfe kurz gestielt od. in gestielten Knäueln, in einer einzigen endständigen, meist sehr dichten, aber am Grund zuweilen etwas aufgelockerten Schirmrispe od. -traube; Stg darunter stets unverzweigt od. nur am Grund mit lg SeitenStg 46
44 HüllBla krautig, filzig, höchstens Spitze u. Rand schmal trockenhäutig. Köpfe meist prismatisch, ± 5kantig (wenn im ∅ rund, vgl. *F. neglecta*, S. 859), zu 2–40 geknäuelt an gabligen Zweigen (Abb. **860**/1, 3), wenn (bei *F. arvensis* mit kaum 5kantigen Köpfen) an ± aufrechten

traubigen od. rispigen Zweigen, dann Köpfe nicht von HochBla umgeben. ♀ RandBlü in den Achseln von HüllBla. Stets ⊙ od. ①. **Filzkraut – *Filago*** S. 859

44* HüllBla br trockenhäutig berandet, höchstens am Grund wollig. Köpfe eifg bis zylindrisch, im Querschnitt rundlich, einzeln od. zu 2–10 geknäuelt in gestreckten bis gedrängten Ähren (Abb. 860/4), wenn an ± ausgebreiteten Zweigen, dann von lg HochBla umgeben (Abb. 860/5). ♀ RandBlü ohne TragBla. Meist ♃ 45

45 Köpfe 3–4 mm lg, zu 3–10 in von HochBla umgebenen Knäueln, einzeln an Stg u. Zweigen (Abb. 860/5). Stg vom Grund an verzweigt. ⊙. **Ruhrkraut – *Gnaphalium*** S. 861

45* Köpfe 5–7 mm lg, einzeln od. zu 2–8 in Knäueln ohne HochBlaHülle, zu einer ± gestreckten endständigen Ähre vereint, selten Stg 1köpfig. Stg unverzweigt. ♃, selten ⊙.
Ruhrkraut – *Omalotheca* S. 861

46 (43) Schirmrispe von einer auffälligen Hülle aus sternfg ausgebreiteten, schneeweiß-filzigen HochBla umgeben. AlpenPfl. **Edelweiß – *Leontopodium*** S. 861

46* Schirmrispe od. -traube ohne HochBlaHülle 47

47 Äußere HüllBla krautig, wollig, die übrigen in der oberen Hälfte trockenhäutig, weiß, rosa, rot od. braun. Pfl vollständig od. unvollständig 2häusig; ♀ Blü fädlich, ♂ (scheinbar ⚥) Blü röhrig 48

47* HüllBla (fast alle) kahl, völlig strohartig trockenhäutig, glänzend gelb, orange od. gelblich-weiß. Alle Blü röhrig, entweder ⚥ od. die äußeren ♀ 49

48 Stg 5–20 cm hoch, am Grund mit Rosette. StgBla 10–50 × 1–3 mm. Köpfe zu 2–8(–12) in doldiger Schirmtraube. **Katzenpfötchen – *Antennaria*** S. 860

48* Stg 30–80 cm hoch, ohne Rosette. StgBla 50–130 × 5–18 mm. Köpfe ∞ gedrängt in abgerundeter Schirmrispe. **Perlkraut – *Anaphalis*** S. 861

49 (47) HüllBla lebhaft zitronengelb od. orange. Köpfe 5–7 mm lg, in dichter od. aufgelockerter Schirmrispe. ♃. **Sand-Strohblume – *Helichrysum arenarium*** S. 862

49* HüllBla gelblichweiß. Köpfe 4–5 mm lg, zu 4–12 in Knäueln, diese in meist dichter Schirmtraube, selten einzeln (Abb. 860/6). ⊙. **Scheinruhrkraut – *Laphangium*** S. 862

Schlüssel B Köpfe mit Röhren- u. Zungenblüten

[N lokal, ob U?]: **Przewalski-Goldkolben – *Ligularia przewalskii*** (MAXIM.) DIELS: GrundBlaSpreite ± 12 × 20 cm, handfg geteilt. Köpfe ∞, mit (1,0–)2,0(–3,0) ZungenBlü, in schmaler Traube. Blü gelb. 0,80–1,50. 7–9. Bergwaldweg; s Alp(Wtt) (sm/mo·c3-5OAS – s. Bd. ZierPfl!)

Großblättrige Aster – *Eurybia macrophylla* (L.) CASS. [*Aster macrophyllus* L.]: Pfl mit ∞ sterilen Rosetten. Untere StgBla herz-eifg, 6–14 cm br, gestielt, obere eifg, sitzend. Köpfe ∞, in drüsiger Schirmrispe, 3–4 cm ⌀. ZungenBlü 9–20, weiß, purpurn überlaufen. 0,40–1,00. (7–)8. ZierPfl, auch [N 1853] in Parks, s By Bb Sa Mv (sm/mo-temp·c2-5OAM). Ähnlich: **Schreber-A.** – *E. schreberi* (NEES) NEES: ZungenBlü 6–12, weiß.

1 Stg nur mit bleichen od. rötlichen SchuppenBla. LaubBla grundständig, meist erst nach der BlüZeit (3–5) erscheinend, >10 cm br 2

1* Stg mit LaubBla od. völlig blattlos 3

2 Stg 1köpfig. Kr goldgelb. **Huflattich – *Tussilago*** S. 852

2* Stg ∞köpfig. Kr rot bis weißlich od. hellgelb. **Pestwurz – *Petasites*** S. 851

3 (1) LaubBla alle grundständig. BlüSchaft 1köpfig. ZungenBlü weiß, zuweilen bes. useits rötlich 4

3* LaubBla auch am Stg, dieser 1- bis ∞köpfig. ZungenBlü blau, violett, rosa, purpurn, weiß od. gelb 5

4 Fr mit Pappus, 2,0–2,5 mm lg. Köpfe 2–3(–4) cm ⌀. HüllBla spitz.
Alpenmaßliebchen – *Aster bellidiastrum* S. 862

4* Fr ohne Pappus, 1,0–1,5 mm lg. Köpfe (1,0–)1,5–2,0(–3,0) cm ⌀. HüllBla stumpf.
Gänseblümchen – *Bellis* S. 863

5 (3) Pappus wenigstens der mittleren Blü aus einem Haarkranz bestehend 6

5* Pappus fehlend od. aus 2–4 widerhakigen Grannen (Abb. 882/1–3) od. aus (zuweilen zu einem „Krönchen" verwachsenen) Schuppen bestehend 24

6 Obere Bla gegenständig, untere rosettig. Köpfe 6–8 cm ⌀. Kr dottergelb.
Arnika – *Arnica* S. 884

6* Bla wechselständig od. grundständig 7

7	Äußere HüllBla laubblattartig, groß, eifg-elliptisch od. spatelfg, abstehend. Köpfe 5–10 cm ⌀ **8**
7*	Alle HüllBla hochblattartig **9**
8	Pfl ☉, 0,20–0,50 m hoch. ZungenBlü purpurn, lila, blau od. weiß. Köpfe oft „gefüllt". **Gartenaster – _Callistephus_** S. 863
8*	Pfl ♃, 1,00–2,00 m hoch. ZungenBlü gelb. **Echter Alant – _Inula helenium_** S. 878
9	(7) ZungenBlü weiß, rot od. blau **10**
9*	ZungenBlü gelb, orange od. bräunlich **13**
10	ZungenBlü mehrreihig, ihre Zunge schmal linealisch bis fädlich. **Berufkraut – _Erigeron_** S. 865
10*	ZungenBlü ± 1reihig, ihre Zunge lanzettlich bis linealisch **11**
11	Pfl ☉. Bla sukkulent, Seitennerven 0 bis wenige, randparallel. HüllBla hautrandig, sehr stumpf. **Salzaster – _Tripolium_** S. 863
11*	Pfl ♃, mit Rhizom od. unterirdischen Ausläufern. Bla nicht sukkulent, Seitennerven nicht randparallel **12**
12	HüllBla 0,3–1,5 mm br, spitz. Pfl zur BlüZeit ohne GrundBla, meist mit unterirdischen Ausläufern; wenn mit kurzem Rhizom, dann HüllBla klebrig-drüsig. **Herbstaster – _Symphyotrichum_** S. 864
12*	HüllBla 1,5–3,0 mm br, stumpf. Pfl am Grund meist mit nichtblühenden Rosettentrieben. HüllBla nicht drüsig-klebrig. **Aster – _Aster_** S. 862
13	(9) HüllBla 1reihig (d. h. alle gleich lg u. mit den Rändern aneinanderstoßend, aber sich nicht deckend), oft jedoch am Grund der Hülle kurze AußenHüllBla (Abb. **799**/1) **14**
13*	HüllBla mehrreihig (d. h. gleich lg u. sich randlich deckend, Abb. **799**/2) od. dachzieglig (d. h. äußere kürzer als innere u. diese bedeckend, Abb. **799**/3) **19**
14	Köpfe ohne AußenHüllBla. HüllBla grün. Hülle becherfg od. eifg. Köpfe in doldenartigen Schirmtrauben, seltener Schirmrispen. Bla ungeteilt. **Aschenkraut – _Tephroseris_** S. 852
14*	Köpfe mit 1 od. mehreren AußenHüllBla. HüllBla an der Spitze meist schwarz. Hülle zylindrisch od. napffg. Köpfe in Rispen od. Schirmrispen, selten in Schirmtrauben od. einzeln. Bla ungeteilt bis fiederschnittig **15**
15	Pfl ☉ od. ①. **Greiskraut – _Senecio_** S. 855
15*	Pfl ♃ **16**
16	Bla ungeteilt **17**
16*	Bla fiederspaltig bis -schnittig od. leierfg fiederschnittig mit am Grund herzfg bis abgerundetem Endabschnitt **18**
17	Stg ∞köpfig, Köpfe mit 2–9 ZungenBlü od. Stg 1köpfig od. mit wenigen, langen, 1köpfigen Ästen, Köpfe mit 13–23 ZungenBlü. **Greiskraut – _Senecio_** S. 855
17*	Stg ∞köpfig, Köpfe mit 13–24 ZungenBlü. **Greiskraut – _Jacobaea_ (_J. paludosa_)** S. 853
18	(16) BlaRand zwischen den Zipfeln nicht od. kaum gezähnt. AußenHüllBla 1–6(–8). **Greiskraut – _Jacobaea_** S. 853
18*	BlaRand zwischen den Zipfeln wie diese gezähnt. AußenHüllBla 6–14. **Greiskraut – _Senecio_ (_S. rupestris_)** S. 858
19	(13) Hülle zylindrisch, 1,5–2mal so lg wie br, 1,5–5,0 mm ⌀. ZungenBlü 5–20(–25). Bla br lanzettlich bis lineal-lanzettlich, allmählich in den ungestielten Grund od. kurzen Stiel verschmälert **20**
19*	Hülle schüsselfg od. halbkuglig bis becherfg, höchstens so lg wie br (selten länger u. zylindrisch, aber dann Bla mit herzfg Grund sitzend), (4–)5–30 mm ⌀. ZungenBlü meist >20 .... **21**
20	StgBla linealisch, ganzrandig, (undeutlich) drüsig punktiert. Köpfe 5–6 mm lg, fast sitzend. Kopfboden gewimpert. **Schirm-Goldrute – _Euthamia_** S. 863
20*	StgBla lanzettlich, gesägt, nicht drüsig punktiert. Köpfe 3–5 mm lg, deutlich gestielt, Kopfboden kahl. **Goldrute – _Solidago_** S. 863
21	(19) HüllBla 2–3reihig, aufrecht anliegend. ZungenBlü 2,5–3mal so lg wie die Hülle. Untere StgBla oft gestielt od. wie die mittleren geigenfg zusammengezogen u. mit wieder verbreitertem Grund öhrchenfg stängelumfassend. Staubbeutel am Grund abgerundet (Lupe!). **Gämswurz – _Doronicum_** S. 850

21*	HüllBla dachzieglig od. seltener mehrreihig, zumindest ihre Spitze abstehend od. zurückgekrümmt, wenn anliegend, dann von den ZungenBlü nur wenig überragt. Alle StgBla mit abgerundetem od. herzfg (selten stielartig verschmälertem) Grund sitzend bis halbstängelumfassend, zuweilen mit verbreitertem Grund stängelumfassend u. dann mit ∞ Köpfen. Staubbeutel am Grund 2schwänzig (Abb. **800/1**) 22
22	Pappushaare 7–20, am Grund von einem Krönchen aus verwachsenen Schuppen umgeben (Abb. **800/2**). **Flohkraut – _Pulicaria_** S. 877
22*	Pappushaare ∞, am Grund ohne Krönchen 23
23	Pfl ♃, fast kahl bis filzig, aber kaum drüsig, nicht klebrig. Pappushaare frei. Fr walzenfg. **Alant – _Inula_** S. 878
23*	Pfl ☉, stark drüsig-klebrig. Pappushaare am Grund zu einem Ring verbunden. Fr spindelfg. **Klebalant – _Dittrichia_** S. 878
24	(5) Alle od. zumindest untere Bla (od. BlaNarben) gegenständig 25
24*	Alle Bla wechselständig 32
25	Pappus aus 2–4 bleibenden, widerhakigen Grannen bestehend (Abb. **882/1–3**). Fr klettend. Äußere HüllBla blattartig, viel länger als der Kopf. **Zweizahn – _Bidens_** S. 880
25*	Pappus fehlend od. schuppenfg. Fr nicht klettend. Äußere HüllBla nur selten länger als der Kopf u. dann drüsig-klebrig 26
26	Bla gefiedert od. fiederschnittig. HüllBla 1reihig, zu einem gezähnten Becher verwachsen (Abb. **800/4**). Obere Bla meist wechselständig. ZierPfl, selten [U], s. Bd. ZierPfl! **Samtblume – _Tagetes_** L.
26*	Bla ungeteilt, höchstens einige mit 1–4 tiefen Lappen am Grund. HüllBla nicht verwachsen 27
27	Köpfe (ohne die zuweilen strahlend abstehenden äußeren HüllBla) 5–8 mm ⌀. Zunge der ZungenBlü 1–3 mm lg u. br. Stg meist vom Grund an verzweigt 28
27*	Köpfe (mit ZungenBlü) zumindest 30 mm ⌀. ZungenBlü 10–100 mm lg, viel länger als br. Stg nicht od. nur oberwärts verzweigt 29
28	Äußere HüllBla lineal-spatelfg, weit abstehend, viel länger als der Kopf. ZungenBlü gelb. **Siegesbeckie – _Sigesbeckia_** S. 884
28*	HüllBla anliegend, kürzer als der Kopf. ZungenBlü weiß. **Franzosenkraut – _Galinsoga_** S. 884
29	(27) Fr br geflügelt 30
29*	Fr ungeflügelt, im ⌀ 3–4kantig. StgBla nicht trichterfg miteinander verwachsen 31
30	StgBla (geflügelte Stiele) am Grund trichterfg miteinander verwachsen, Spreite dreieckigeifg. Hülle dem Kopf anliegend. Hochstaude >1 m. **Silphie – _Silphium_** S. 882
30*	StgBla am Grund nicht becherartig verwachsen, lanzettlich, in den Stiel verschmälert. Hülle deutlich in anliegende Innen- u. abstehende Außenhülle gegliedert. Pfl <0,70 m hoch. **Mädchenauge – _Coreopsis_** S. 880
31	(29) LaubBla gestielt, Spreite br eifg bis eilanzettlich, obere wechselständig. Köpfe einzeln od. mehrere. Zungen länglich-lanzettlich. FrSpitze nicht von Haaren verdeckt. **Sonnenblume – _Helianthus_** S. 881
31*	LaubBla halbstängelumfassend sitzend, eilanzettlich bis eifg-elliptisch, bis auf das oberste gegenständig. Köpfe ∞, in dichasialer rispenfg Thyrse. Zungen br eifg. FrSpitze von den Haaren der KrRöhrenbasis verdeckt. **Ramtillkraut – _Guizotia_** S. 884
32	(24) ZungenBlü weiß, selten rosa bis purpurn 33
32*	ZungenBlü gelb, seltener orange od. bräunlich 42
33	Kopfboden mit ∞ SpreuBla (Abb. **882/9–13**) 34
33*	Kopfboden ohne SpreuBla 37
34	RöhrenBlü weiß od. grau. Zungen ± rundlich, 1–7 mm lg (Abb. **800/3**). Köpfe meist klein, mit Strahlen 3–18 mm ⌀, schirmrispig. **Schafgarbe – _Achillea_** S. 870
34*	RöhrenBlü gelb. Zungen länglich, 5–17 mm lg. Köpfe mittelgroß, 15–40 mm ⌀, einzeln an langen Zweigen 35
35	Kr der RöhrenBlü am Grund gesackt, die Spitze der Fr umschließend. SpreuBla stumpf (Abb. **882/13**). **Römische Kamille – _Chamaemelum_** S. 876
35*	Kr der RöhrenBlü nicht gesackt. SpreuBla spitz od. stachelspitzig (Abb. **882/9–12**) 36

ASTERACEAE 799

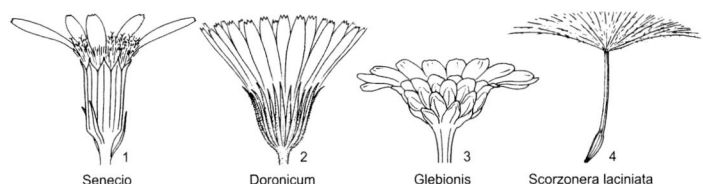

1 Senecio 2 Doronicum 3 Glebionis 4 Scorzonera laciniata

36 Fr abgeflacht, mit 2 scharfen u. 2 stumpfen Kanten.
    Österreichische Hundskamille – _Cota austriaca_ S. 874
36* Fr ± drehrund, glatt, kantig, gerippt od. knotig-höckrig, aber niemals abgeflacht.
    Hundskamille – _Anthemis_ S. 874
37 (33) Bla 2–3fach fiederschnittig mit fädlichen Zipfeln 38
37* Bla ungeteilt od. 1–2fach fiederteilig bis -schnittig mit länglich-lanzettlichen bis eifg Abschnitten 39
38 Kopfboden schmal kegelfg, hohl. Köpfe 10–22(–25) mm ⌀. Zungen bald zurückgebogen. Pfl aromatisch riechend. Fr auf der Rückenseite glatt, ohne Öldrüsen.
    Kamille – _Matricaria_ S. 876
38* Kopfboden gewölbt bis halbkuglig. Köpfe (20–)25–50 mm ⌀. Zungen bis fast zuletzt ausgebreitet. Pfl geruchlos. Fr auf der Rückenseite dunkel querrunzlig u. nahe dem Scheitel mit 2 getrennten Öldrüsen (Abb. 872/4, 5).   **Strandkamille – _Tripleurospermum_ S. 875**
39 (37) Stg mit (5–)∞köpfigen Schirmrispen. Köpfe 0,6–3,0 cm ⌀. Bla 1–3fach fiederteilig bis -schnittig, selten ungeteilt.   **Straußmargerite – _Tanacetum_ S. 875**
39* Stg 1köpfig od. mit wenigen (bis 8) lg gestielten Köpfen, diese 2–6(–9) cm ⌀ 40
40 Stg gleichmäßig sehr dicht beblättert, 40–150 cm hoch, ohne Rosettentriebe. Bla dicht drüsig punktiert, mehrfach länger als die StgGlieder, tief gesägt. Hülle 2–3reihig.
    Herbstmargerite – _Leucanthemella_ S. 870
40* Stg bes. oberwärts locker beblättert, am Grund mit nichtblühenden Rosettentrieben. Bla nicht drüsig punktiert, die oberen nicht od. kaum länger als die StgGlieder. Hülle dachzieglig 41
41 Grundständige Bla spatelfg bis keilfg, StgBla länglich bis lanzettlich, alle gesägt bis eingeschnitten gezähnt, am Grund oft tiefer geteilt. Stg 10–70(–100) cm hoch, 1- od. wenigköpfig.   **Margerite – _Leucanthemum_ S. 877**
41* Meiste Bla grundständig, Spreite ± verkehrteifg, keilfg in den langen Stiel verschmälert, fiederspaltig bis -teilig mit meist 5–7 genäherten, ganzrandigen Abschnitten; StgBla wenige, viel kleiner, linealisch, ganzrandig. Stg 5–15 cm hoch, stets 1köpfig.
    Alpenmargerite – _Leucanthemopsis_ S. 876
42 (32) StgBla ungeteilt, stark drüsig punktiert, kahl. HüllBla mehrreihig, schmal 3eckig-lanzettlich, spitz, klebrig, ihre Spitzen abstehend-zurückgebogen.
    Gummikraut – _Grindelia_ S. 864
42* StgBla u. HüllBla nicht drüsig punktiert u. klebrig, wenn drüsig, dann nicht kahl 43
43 Kopfboden ohne SpreuBla. Köpfe 1–6 cm ⌀ 44
43* Kopfboden mit ∞ SpreuBla. Köpfe 0,2–50 cm ⌀ 46
44 HüllBla dachzieglig, eifg, stumpf, Spitze trockenhäutig (Abb. 799/3). Pfl völlig kahl, blaugrün.
    Wucherblume – _Glebionis_ S. 876
44* HüllBla 2–3reihig, linealisch bis eilanzettlich, spitz (Abb. 799/2). Pfl ± behaart 45
45 Bla ungeteilt, ganzrandig od. entfernt flach gezähnt. Fr innerhalb jedes Kopfes sehr verschiedengestaltig: eingerollt, blasenfg, geflügelt od. geschnäbelt.
    Ringelblume – _Calendula_ S. 858
45* StgBla fiederteilig, mit je 1–3 Paar schmalen Abschnitten (untere u. obere Bla meist ungeteilt). Fr fast gleich, schlank verkehrtpyramidal, mit gelapptem Krönchen.
    Wollblatt – _Eriophyllum_ S. 884
46 (43) Bla fiederschnittig, mit gesägten bis fiederspaltigen Abschnitten. Alle Blü goldgelb 47
46* Bla ungeteilt od. 3–5teilig, wenn untere fiederschnittig, dann Köpfe 6–12 cm ⌀ 48

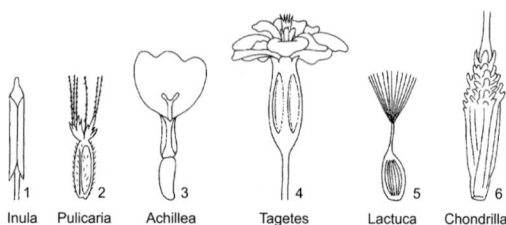

1 Inula   2 Pulicaria   3 Achillea   4 Tagetes   5 Lactuca   6 Chondrilla

47 Köpfe 25–40 mm ⌀, einzeln lg gestielt. **Färber-Hundskamille** – *Cota tinctoria* S. 874
47* Köpfe 2,0–3,5 mm ⌀, ∞ in sehr dichter Schirmrispe.
　　　　　　　　　　　　　　　　　　Gold-Schafgarbe – *Achillea filipendulina* S. 871
48 (46) Spreite der StgBla länglich bis lineal-lanzettlich u. 0,5–5,0 cm br, od. handfg fiederschnittig bis 3teilig, sitzend od. in den Stiel verschmälert **49**
48* Spreite der StgBla br eifg, 5–35 cm br, mit herzfg od. gestutztem Grund, gestielt, nur obere sitzend. ZungenBlü meist gelb od. orange, RöhrenBlü bräunlich od. dunkelbraun **50**
49 Zunge der ZungenBlü 20–50 × 5–15 mm, gelb; RöhrenBlü purpurbraun od. olivgrün. Köpfe 6–12 cm ⌀.　　　　　　　　　　　　　　　　　　**Rudbeckie** – *Rudbeckia* S. 881
49* Zunge 10–20 × 2–3 mm, wie die RöhrenBlü gelb. Köpfe 3–6 cm ⌀.
　　　　　　　　　　　　　　　　　　Rindsauge – *Buphthalmum* S. 878
50 (48) Zunge der ZungenBlü 50–100 × 5–18 mm. Köpfe 10–50 cm ⌀, ± nickend. Bla beidseits rau.　　　　　　　　　　　　　　**Einjährige Sonnenblume** – *Helianthus annuus* S. 881
50* Zungen 15–25 × 1,0–1,5 mm. Köpfe 5–8 cm ⌀, aufrecht. BlaOSeite fast kahl, USeite weich flaumig.　　　　　　　　　　　　　　　　　　　**Telekie** – *Telekia* S. 879

Schlüssel C Köpfe nur mit Zungenblüten

1 Kr hellblau bis violett, weinrot od. purpurn (selten weiß) **2**
1* Kr gelb od. selten (bei *Crepis aurea*, S. 818 u. *Pilosella*, S. 834) orangerot bis rot, USeite der Zungen zuweilen rötlich, grünlich od. blaugrau **7**
2 Pappus ein unscheinbares Krönchen bildend, höchstens ¼ so lg wie die Fr. Köpfe meist zu 2–3 in Knäueln u. diese zu ährenartigen Thyrsen vereinigt, höchstens einzelne Köpfe lg gestielt. Kr himmelblau.　　　　　　　　　　　　　**Wegwarte** – *Cichorium* S. 813
2* Pappus einen Haarkranz bildend, mindestens ½ so lg wie die Fr. Köpfe stets gestielt ... **3**
3 Pappushaare gefiedert (Abb. 795/7). Bla schmal linealisch, ganzrandig. Köpfe wenige, in Trauben od. einzeln **4**
3* Pappushaare nicht gefiedert. Bla breiter, gezähnt u. oft fiederteilig. Köpfe ∞, in Rispen **5**
4 HüllBla dachzieglig, ungleich lg. FrSchnabel undeutlich, <2 mm lg. Kr hellviolett.
　　　　　　　　　　　　　　　　Violette Schwarzwurzel – *Scorzonera purpurea* S. 849
4* HüllBla 1- od. 2reihig, gleich lg. FrSchnabel dünn, >4 mm lg. Kr weinrot.
　　　　　　　　　　　　　　　　　　Haferwurz – *Tragopogon porrifolius* S. 848
5 (3) Köpfe überhängend, 4–6blütig. Kr purpurn. Bla einfach od. doppelt gezähnt.
　　　　　　　　　　　　　　　　　　　Hasenlattich – *Prenanthes* S. 821
5* Köpfe aufrecht, ∞blütig. Kr blauviolett bis blau **6**
6 Bla leierfg fiederteilig, mit großem, br Endabschnitt. Fr ungeschnäbelt. Stg oberwärts dicht drüsenhaarig (nur bei *C. plumieri* kahl).　　　**Milchlattich** – *Cicerbita* S. 820
6* Bla fiederteilig od. schrotsägefg fiederteilig, mit nicht verbreitertem Endabschnitt, die oberen oft ungeteilt. Fr (zuweilen sehr kurz) geschnäbelt. Pfl (fast) kahl. **Lattich** – *Lactuca* S. 820
7 (1) Pappus fehlend **8**
7* Pappus einen Haarkranz bildend, selten an den äußeren Blü nur als Krönchen (Kranz verwachsener Schuppen) entwickelt **10**
8 Stg beblättert. Köpfe in lockerer Rispe. Hülle 5–11 mm lg, am Grund mit kurzen Außen-HüllBla.　　　　　　　　　　　　　　　　　**Rainkohl** – *Lapsana* S. 814

ASTERACEAE 801

8* Alle Bla grundständig 9
9 Schaft oben auffallend keulig, 1- od. meist mehrköpfig. Bla gezähnt. Hülle 3–6 mm lg. ☉.
  Lämmersalat – *Arnoseris* S. 846
9* Schaft nicht keulig verdickt, 1köpfig. Bla fiederteilig. Hülle 10–12 mm lg. ♃.
  Hainsalat – *Aposeris* S. 846
10 (7) Pappushaare (wenigstens die inneren jeder Fr) deutlich gefiedert (Abb. **795**/7, trocken prüfen!); bisweilen die RandBlü mit krönchenartigem, nicht haarfg Pappus 11
10* Pappushaare alle ungefiedert, glatt od. warzig 18
11 Bla rosettig, Stg blattlos od. 1–2blättrig, oft mit SchuppenBla (Abb. **850**/1) 12
11* Stg mit mehreren LaubBla 15
12 Kopfboden mit linealischen, zur FrReife abfallenden SpreuBla.
  Ferkelkraut – *Hypochaeris* S. 846
12* Kopfboden ohne SpreuBla 13
13 Bla ganzrandig, kahl od. spinnwebig flaumig. Fiedern benachbarter Pappushaare ineinander verflochten. **Schwarzwurzel – *Scorzonera*** S. 849
13* Bla gezähnt bis fiederteilig, wenn ganzrandig, dann gabelhaarig. Fiedern benachbarter Pappushaare nicht verflochten 14
14 Köpfe vor dem Aufblühen nickend. GrundBla u. Hülle mit 2–6schenkligen Gabel- od. Sternhaaren (Lupe!) od. kahl, Stg u. Hülle daneben oft auch mit einfachen Haaren. Stg stets 1köpfig, mit 0–2 SchuppenBla. **Löwenzahn – *Leontodon*** S. 847
14* Köpfe auch vor dem Aufblühen aufrecht; ihre Hülle mit einfachen Haaren od. selten fast kahl. GrundBla kahl od. bes. useits mit stets einfachen Haaren.
  Schuppenlöwenzahn – *Scorzoneroides* S. 846
15 (11) Pfl von widerhakig gegabelten Borsten sehr rau. Pappus bei der Reife abfallend. Köpfe in Rispen od. Schirmrispen 16
15* Pfl kahl od. spinnwebig flaumig bis wollig, nicht rau. Pappus bleibend. Köpfe lg gestielt od. einzeln 17
16 Äußere HüllBla herz-eifg, 5–8 mm br, aufrecht, eine auffällige Außenhülle bildend (Abb. **850**/2). Innere Fr mit lg Schnabel, äußere viel größer u. mit sehr kurzem Schnabel.
  Wurmlattich – *Helminthotheca* S. 848
16* Äußere HüllBla linealisch bis eilanzettlich, 1–3 mm br, ± abstehend. Fr alle gleichartig, (fast) ungeschnäbelt. **Bitterkraut – *Picris*** S. 848
17 (15) HüllBla dachzieglig, ungleich lg. Fr nicht od. undeutlich geschnäbelt. Bla ungeteilt od. untere fiederschnittig mit linealischen Zipfeln. **Schwarzwurzel – *Scorzonera*** S. 849
17* HüllBla 1–2reihig, alle gleich lg (Abb. **850**/3, 4). Fr lg geschnäbelt. Bla stets ungeteilt.
  Bocksbart – *Tragopogon* S. 848
18 (10) Fr an der Spitze br gestutzt (Abb. **828**/1, 2) od. etwas verschmälert (Abb. **824**/2), nie geschnäbelt 19
18* Fr (wenigstens die inneren) allmählich od. plötzlich in einen dünnen Schnabel verschmälert (Pappus daher gestielt erscheinend, Abb. **800**/5; **824**/1); Schnabel bisweilen nur kurz, dann aber deutlich abgesetzt 23
19 Fr stark zusammengedrückt. Hülle krugfg bis ei-kegelfg. HüllBla dachzieglig. Bla kahl, mit stängelumfassenden Öhrchen. **Gänsedistel – *Sonchus*** S. 822
19* Fr nicht zusammengedrückt. Hülle walzig od. nach oben verbreitert, wenn krugfg, dann HüllBla 2reihig od. Bla behaart, ohne Öhrchen 20
20 Fr oben verschmälert (Abb. **805**/2). Pappus oft schneeweiß u. biegsam. HüllBla 2- od. mehrreihig, die äußere Reihe oft deutlich kürzer. **Pippau – *Crepis*** S. 817
20* Fr oben br gestutzt (Abb. **828**/1, 2) 21
21 HüllBla 2reihig, die äußeren sehr kurz, die inneren ohne Übergang viel länger. Pappus reinweiß, biegsam. **Tolpis – *Tolpis*** S. 822
21* HüllBla dachzieglig od. mehrreihig. Pappushaare schmutzigweiß, leicht zerbrechlich 22
22 Fr 1,0–2,5 mm lg, jede ihrer Rippen in einem kurzen, zahnartigen Vorsprung endend (Abb. **828**/1). Bla ganzrandig od. schwach gezähnt, mit allmählich verschmälertem Spreitengrund. Pfl oft mit Ausläufern. **Mausohrhabichtskraut – *Pilosella*** S. 834

22*	Fr (2,5–)3,0–5,0 mm lg, ihre Rippen oben in einen ungezähnten, ringfg Wulst verschmelzend (Abb. **828**/2). Bla oft gezähnt, mit keiligem, gestutztem, abgerundetem od. herzfg Spreitengrund. Pfl nie mit Ausläufern. **Habichtskraut – _Hieracium_** S. 822
23	**(18)** Stg über der Rosette blattlos, weitröhrig hohl, 1köpfig. Fr unter dem Schnabelansatz mit spitzen Höckern. **Kuhblume – _Taraxacum_** S. 814
23*	Stg auch über dem Grund wenigstens mit 1 Bla, fast stets mehrköpfig **24**
24	Fr unter dem Schnabelansatz mit 5spaltigem Krönchen u. unter diesem oft mit Höckern. Schnabel mindestens so lg wie der samentragende FrTeil **25**
24*	Fr ohne Krönchen u. meist auch ohne Höcker **26**
25	Köpfe 7–15blütig. Stg wenigstens oberwärts kahl. Hülle flaumig-flockig. Fr mit Krönchen u. Höckern (Abb. **800**/6). **Knorpellattich – _Chondrilla_** S. 814
25*	Köpfe sehr reichblütig. Stg oberwärts wie die Hülle schwarz steifhaarig. Fr nur mit 5spaltigem Krönchen. **Kronenlattich – _Willemetia_** S. 814
26	**(24)** Köpfe sehr reichblütig. Fr stielrund. HüllBla 2reihig, die inneren zur FrZeit knorplig, rinnig u. jeweils 1 Fr einschließend. **Pippau – _Crepis_** S. 817
26*	Köpfe 5–16blütig. Fr zusammengedrückt **27**
27	Schnabel 1–2mal so lg wie der samentragende FrTeil, wenn ⅓–½ so lg (bei _L. quercina_), dann Schnabel reif schwarz. Pappus aus mehreren Reihen gleich lg Haare. Köpfe meist >6blütig. **Lattich – _Lactuca_** S. 820
27*	Schnabel weißlich, ¼–½ so lg wie der reif schwarzbraune samentragende FrTeil. Pappus aus 1 Reihe lg Haare, von einem Kranz kurzer Börstchen umgeben. Köpfe 5–6blütig. **Mauerlattich – _Mycelis_** S. 820

Tribus _Cynareae_ Lam. et DC. [_Cardueae_ Cass.]

Bearbeitung: **Ludwig Martins**

Carlina L. – Eberwurz, Silberdistel, Golddistel (28 Arten)

[N lokal]: **Akanthusblättrige E. – _C. acanthifolia_** All.: Kopf einzeln, 10–15 cm ⌀, sitzend; innere HüllBla goldgelb, 35–55 mm lg. 0,04–0,10. 7–9. Trockne Hänge; [N] s By(NM: Bamberg) Bw(Gäu: Lomersheim) (m-sm//mo-c2-4EUR – igr? ⊗ ros Rübe).

1 Strahlende innere HüllBla silberweiß od. selten ± rötlich, 3,0–5,5 cm lg. Köpfe 4–7 cm ⌀, meist einzeln, selten bis 5. LaubBla fiederschnittig, 8–30 × 3,5–8,0 cm. 0,03–0,60. 7–9. Submed. Halbtrockenrasen, Silikatmagerrasen, lichte Wälder, basenhold; h Alp, v Th(f Hrz), z By(h Alb) Bw(f NW) He(f NW) An(f Elb N O), s Sa(SO SW) Ns(S), [U] s Nw(SO), im N ↘ (m/mo-stemp/demo·c2-4EUR – sogr hros H ♃ PleiokRübe, regenerativ WuSpr – InB – WiA KlA Lichtkeimer – V Mesobrom., V Viol. can., O Sesl., V Eric.-Pin. – früher HeilPfl – ▽).
Große E., Silberdistel, Wetterdistel – _C. acaulis_ L.

 1 LaubBla ± flach bis mäßig kraus. Fiederabschnitte (Abb. **805**/4) mit br Grund der Spindel ansitzend, die oberen durch den flüglig herablaufenden Rand verbunden; mittlere Abschnitte höchstens bis zur Mitte in breitflächige, feindornig gespalten, ihr Endzipfel ± länglich-eifg, am Grund 6–15 mm br. Stg gestaucht od. seltener gestreckt. 0,03–0,05(–0,20). Silikatmagerrasen; z By(O: Bayr-W NO: Oberpfälzer Wald Ab: FrankenW) Sa(SO: Lausitz SW: O-ErzG) (sm/mo-stemp/demo·c3-4EUR – L9 T4 F4 R3 N2 – V Viol. can.). subsp. **_acaulis_**
 1* LaubBla meist sehr kraus. Fiederabschnitte (Abb. **805**/5) mit verschmälertem Grund der Spindel ansitzend, bis zur BlaSpitze deutlich voneinander getrennt; alle Abschnitte bis über die Mitte in schmalflächige, in schlanke Dornen auslaufende Zipfel geteilt, ihr Endzipfel ± pfriemlich, am Grund 2–6 mm br. Stg gestreckt, sehr selten gestaucht. (0,03–)0,20–0,60. Submed. Halbtrockenrasen, lichte Wälder, kalkhold; Verbr. in D wie Art, aber † Sa: jetzt nur angesalbt (m/mo-stemp/demo·c2-3EUR – L9 Tx F4 Rx N2 – V Brom. erect., O Sesl., V Eric.-Pin.). [_C. caulescens_ Lam., _C. a._ subsp. _simplex_ (Waldst. et Kit.) Nyman] subsp. _caulescens_ (Lam.) Schübl. et G. Martens

1* Strahlende innere HüllBla strohgelb bis goldgelb, 1–2 cm lg. Köpfe 1,5–4 cm ⌀, meist zu mehreren bis vielen in Schirmrispen, seltener einzeln. Stg gestreckt. Mittlere StgBla 0,7–2,5 cm br. **(Artengruppe Golddistel – _C. vulgaris_ agg.)** **2**
2 StgBla über den RosettenBla plötzlich verkürzt u. bis zur Sprossspitze etwa gleich lg, 2–7 cm lg, deutlich gelappt bis geteilt mit derbdornigen Lappen, meist sparrig-kraus, selten

fast flach; obere mit dreieckiger, von 2 kräftigen Dornzipfeln flankierter Spitze (Abb. **805**/8). Äußere HüllBla kraus-dornig, bes. am Grund u. dicht unter der Spitze mit derben Dornzipfeln. Köpfe 15–25 mm ⌀, nicht von HochBla überragt. (0,02–)0,10–0,30(–0,60). 7–9. Halbtrockenrasen, Silikatmagerrasen, trockne bis mäßig trockne Rud.: Steinbrüche, Kiesgruben; lichte Wälder u. ihre Ränder, basenhold; h Th, v Rh He An(h S), z Alp By(h NM) Bw Nw Sa Bb Ns Mv Sh(f W) (sm-temp·c1-4EUR – igr hros H ⊛ – InB – WiA Lichtkeimer – L7 T5 F4 R7 N3 – V Mesobrom. V Cirs.-Brach., V Dauco-Mel., V Viol. can., V Eric.-Pin.).
Kleine E., Gewöhnliche G. – *C. vulgaris* L.

2* StgBla von der Rosette zur Sprossspitze allmählich kürzer werdend, mittlere 6–10(–15) cm lg, regelmäßig unterbrochen feindornig gezähnt (Abb. **805**/6,7). Äußere HüllBla kammfg feindornig, höchstens am Grund mit derberen Dornzipfeln. 0,20–0,70(–1,20). 6–9. Silikatmagerrasen, Halbtrockenrasen, mont. bis subalp. Wiesen, lichte Wälder, basenhold; z Alp(f Chm) By(S Alb MS O), s Mv(N: Rügen), † Th Sa (sm/mo-temp·c4-6EUR-WSIB – igr hros H ⊛–InB – WiA – L7 T3 F4 R7 N3? – V Viol. can., V Mesobrom., V Car. ferr., V Eric.-Pin.).
Langblättrige E., Steife G. – *C. biebersteinii* HORNEM.

1 Obere StgBla von den mittleren verschieden, jederseits mit 3–5 oft etwas krausen Dornlappen, darüber allmählich verschmälert (Abb. **805**/7). Stg u. BlaUSeite bleibend graufilzig bis wollig. Köpfe meist mehrere bis viele, 15–25 mm ⌀, nicht von HochBla überragt. 0,30–0,70(–1,20). Silikatmagerrasen, Halbtrockenrasen, lichte Wälder; s Alp(f Allg) By(S: z. B. Wolfratshausen MS-Alb: Donau), † Sa (sm-stemp·c3-4EUR – V Viol. can., V Mesobrom., V Eric.-Pin.). [*C. vulgaris* subsp. *brevibracteata* (ANDRAE) BORNM., *C. intermedia* SCHUR, *C. vulgaris* subsp. *intermedia* (SCHUR) HAYEK]
subsp. ***brevibracteata*** (ANDRAE) K. WERNER

1* Obere StgBla wie die mittleren gleichmäßig feindornig gezähnt im Wechsel mit längeren Zähnchen od. Zähnchengruppen, selten kurz gelappt, stets flach, von der unteren Hälfte an gleichmäßig verschmälert (Abb. **805**/6). Stg u. BlaUSeite zuerst spinnwebig-wollig, verkahlend. Köpfe meist einzeln od. wenige, entfernt 15–25 mm ⌀ u. meist von HochBla überragt (var. *fennica* MEUSEL et KÄSTNER – Mv(N: Rügen)) od. 20–40 mm ⌀ u. meist von HochBla überragt (var. *biebersteinii*). 0,20–0,50(–0,80). Mont. bis subalp. Wiesen, lichte Wälder; z Alp(Allg Amm Wtt) s By(S MS?) Mv(N: Rügen), † Th (Gesamtverbr. wie Art – V Car. ferr., V Eric.-Pin.). [*C. longifolia* RCHB. non VIV., *C. vulgaris* subsp. *longifolia* NYMAN, *C. stricta* (ROUY) FRITSCH] subsp. ***biebersteinii***

Echinops L. – Kugeldistel (120 Arten)

1 Stg oberwärts dicht braunrot drüsenhaarig, meist vielköpfig. BlaOSeite dicht drüsenhaarig, oft außerdem mit drüsenlosen Haaren, Rand umgerollt, glatt. Kopf 4–6 cm ⌀. Hülle der Einzelköpfchen 15–25 mm lg; HüllBla useits (außen) drüsig, mittlere verkehrteilanzettlich, zugespitzt (Abb. **805**/1). Kr bläulich weißgrau. 0,50–1,80(–3,00). 6–8. Trockne Rud.: Böschungen, Dämme, rud. Halbtrockenrasen, Ufer, basenhold; [A], im N [N], v By(h N, z S O NO) Bw(z S SW Keu) Rh(z M N NW) Th(h Bck, z Wa Hrz) An(h S SO, z N), z Alp S-Bw Nw(MW, s SO NO) He(v SO) Sa Bb Mv, s Ns(z S MO M), ↗ (m-stemp·c2-7EUR-WAS, [N] temp·c2-4EUR+OAM – sogr hros H ⊛(♃) Rübe – InB – KlA – L8 T7 F4 R8 N7 – O Agrop., V Onop., V Cirs.-Brach., V Arct. – eine niedrige, wenigköpfige ♃ Sippe wird von Bw: Kaiserstuhl angegeben – ZierPfl, BienenfutterPfl).
Drüsige K. – *E. sphaerocephalus* L.

1* Stg ohne Drüsenhaare, weißfilzig bis fast kahl. BlaOSeite locker steifhaarig od. spinnwebig u. höchstens zerstreut drüsenhaarig, Rand flach, rau. HüllBla der Einzelköpfchen drüsenlos 2

2 BlaOSeite locker steifhaarig, drüsenlos. Hülle der Einzelköpfchen 20–25 mm lg; äußere HüllBla rhombisch-spatelfg, spitz, mittlere schmal lanzettlich, mit lg ausgezogener, nach außen gebogener Spitze (Abb. **805**/2). Kr bläulichgrau. Stg meist 1köpfig, Kopf 4–6 cm ⌀. 0,40–1,50(–2,00). 6–8. Mäßig trockne bis frische Rud.: Böschungen, Gartenbrachen; [N 19. Jh.] s By(z N) Bw(z ORh) Rh(z W) He(z ORh) Nw Th Sa An(z SO) Bb, [U] s Ns (sm·c3-4EUR – sogr hros H ♃ Pleiok – InB – KlA – V Onop., V Arct. – BienenfutterPfl, früher ZierPfl). [*E. commutatus* JUR.]
Drüsenlose K. – *E. exaltatus* SCHRAD.

2* BlaOSeite zerstreut drüsenhaarig u. locker spinnwebig. Hülle der Einzelköpfchen 14–20 mm lg; äußere HüllBla spatelfg, stumpf, mittlere lanzettlich, mit kurzer, gerader Spitze (Abb. **805**/3). Kr graublau. Stg 1- bis wenigköpfig, Kopf 2,5–4(–6) cm ⌀. 0,50–1,20. 7–9.

ZierPfl; auch Rud.: Dämme; Brachen; [N] s By He Sa An, [U] s Bw Nw Bb Ns Mv (sm·c4-5SOEUR – sogr? hros H ♃ –InB – V Arct. – BienenfutterPfl).
Banater K. – *E. bannaticus* SCHRAD.
Hybride: *E. sphaerocephalus* × *E. exaltatus* = *E.* ×*pellenzianus* HÜGIN et W. LOHMEYER – s

***Carduus* L. – Distel, Ringdistel** (90 Arten)
1   HüllBla über dem Grund eingeschnürt, ihre Spitze dornig, meist zurückgebogen. Köpfe 3–8 cm ⌀, meist nickend, auf ungeflügelten Stielen. Stg 1–4köpfig. Bla fiederteilig, herablaufend. 0,30–1,00. 7–9. Trockne bis mäßig trockne Rud., rud. Trocken- (u. Halbtrocken)rasen, gestörte Weiden, nährstoffanspruchsvoll, basenhold; im N [A?] v He Nw Th An Bb Ns Mv, s Alp(Brch Wtt Allg) By Bw Rh Sa Sh (m-b·c1-7EUR-WAS, [N] austr AM+AUST+mtempAM – igr hros H ☉ ⊛Rübe – InB: bes. Hautflügler – WiA KlA Sa langlebig – L8 T6 F4 R8 N6 – O Onop., K Fest.-Brom., V Cynos., V Conv.-Agrop.)
Nickende D. – *C. nutans* L.
Die folgenden Unterarten sind noch ungenügend erforscht.
1   HüllBla mit undeutlicher Einschnürung, darunter br eifg, oberer Teil plötzlich in den <3 mm lg Dorn zusammengezogen, ± aufrecht abstehend. BlaRand mit 1–3 mm lg Dornen. Köpfe meist aufrecht. s Alp(Brch: Loipl), [U] s Bw (sm-stemp//mo·c2-3EUR). subsp. ***platylepis*** (RCHB. et SAUT.) NYMAN
1* HüllBla mit deutlicher Einschnürung, darunter länglich-eifg bis eifg, oberer Teil allmählich in den >3 mm lg Dorn verschmälert. BlaRand mit 4–8 mm lg Dornen. Köpfe meist nickend 2
2   Köpfe 3–5 cm ⌀, locker spinnwebig behaart. Oberer Teil der HüllBla 2–3 mm br, nicht breiter als der eifg untere; äußere u. mittlere HüllBla abstehend bis zurückgebogen, mit deutlichem Mittelnerv. Standorte, Soz. u. Verbr. in D wie die Art (sm/mo-b·c1-7EUR-WAS). subsp. ***nutans***
2* Köpfe 5–8 cm ⌀. Oberer Teil der HüllBla 5–8 mm br, breiter als der länglich-eifg untere 3
3   Köpfe kahl od. schwach behaart. Äußere HüllBla meist abstehend bis zurückgebogen, mit undeutlichem Mittelnerv. Bla useits nur auf den Nerven behaart od. völlig kahl. Rud.: Bahndämme, Autobahnböschungen; [U] s z. B. By Sa Mv (sm-temp·c1-4EUR?). [subsp. *macrolepis* (PETERM.) KAZMI, *C. thoermeri* WEINM.] subsp. ***leiophyllus*** (PETROVIĆ) STOJ. et STEF.
3* Köpfe dicht spinnwebig behaart. HüllBla meist aufrecht angedrückt, mit deutlichem Mittelnerv. Bla useits dicht wollig. s By(Alb Ms: Donau?) (sm-stemp//mo·c1-2EUR).
(?)subsp. ***alpicola*** (GILLOT) CHASS. et ARÈNES

1* HüllBla nicht eingeschnürt. Köpfe 1,5–3,5 cm ⌀ 2
2   Stg 1köpfig od. mit lg, 1köpfigen Ästen, oberwärts blatt- u. flügellos. Köpfe zuletzt nickend. Bla ungeteilt, lanzettlich, herablaufend, fast kahl. 0,30–0,60. 6–9. Subalp. bis mont. frische bis mäßig trockne Felsbandfluren, Steinrasen, Halbtrockenrasen, lichte HangW, Steinbrüche, kalkhold; g Alp, z By(f N NW O) Bw(f NW ORh) He(O) Th(Bck NW Rho) (sm/alp-stemp/dealp·c2-4EUR – sogr hros H ♃ Rhiz – InB: Haut- u. Zweiflügler, Falter – WiA WaA – L7 Tx F4~ R8 N4 – O Sesl., V Car. ferr., K Fest.-Brom., V Thlasp. rot., V Eric.-Pin. – in D nur subsp. *defloratus*). [*C. crassifolius* auct.] **Berg-D. – *C. defloratus* L.**
2* Stg stets mehrköpfig, meist bis zur Spitze beblättert u. dornig geflügelt 3
3   Bla beidseits (fast) kahl, grün, fiederteilig bis -schnittig, derb dornig, längere Dornen 5–7 mm lg. Köpfe entfernt. Kopfstiele gekräuselt geflügelt. 0,30–1,00. 6–9. Trockne bis mäßig trockne Rud., Ackerbrachen, rud. Trocken- u. Halbtrockenrasen, basenhold; h An, v Th, z Alp, s By Bw(f SW) Rh(f ORh, f W) He Nw(f N NO) Sa(h Elb) Bb Ns(f N NW) Mv (m-temp·c2-7EUR-VORDAS, [N] AUST+m-tempAM – igr hros H ☉ ⊛ PfWu – InB: Bienen, Hummeln – WiA, Sa langlebig – L9 T5 F4 R8 N7? – O Onop., V Sisymbr., O Fest. val. – in D nur subsp. *acanthoides*). **Weg-D., Stachel-D. – *C. acanthoides* L.**
3* Bla useits meist ± dicht spinnwebig-filzig, ziemlich weich dornig. Dornen bis 3 mm lg. Köpfe meist gehäuft 4
4   Stg u. Äste br (–6 mm) kraus geflügelt. Bla fiederlappig bis -teilig. Äußere u. mittlere HüllBla anliegend u. nur ihre Spitze ± zurückgebogen, kürzer als die inneren. Pfl ☉–⊛. 0,60–1,80. 7–9. Frische bis feuchte Rud., Ufer, bes. Bachstaudenfluren, nährstoffanspruchsvoll; h Nw Th An Ns, v Bw Rh He Sa Bb Mv, s Alp(f Kch Mng Chm) By Sh (m/mo-b·c1-7EURAS, [N] NEUSEEL+sm-tempOAM – sogr? hros H ☉ ⊛ PfWu – InB – WiA Sa langlebig – L7 T6 F6 R7 N9 – O Artem., O Convolv.). **Krause D. – *C. crispus* L.**

1 StgBla fiederlappig (bis -spaltig), mit 4–6 Paar Lappen, useits grau, ± dicht spinnwebig-filzig, Dornen bis 2 mm lg. Standorte, Soz. u. Verbr. in D wie Art (sm-b·c2-7EUR-WAS). subsp. *crispus*
1* StgBla fiederteilig, mit 6–8 Paar Lappen, useits grünlich, spärlich behaart, Dornen bis 3 mm lg. s Rh(SW: Mosel), im NW von D? (sm/mo-temp·c2EUR). [*C. c.* subsp. *occidentalis* CHASS. et ARÈNES]
subsp. *multiflorus* (GAUDIN) FRANCO

4* Stg u. Äste sehr schmal (–2 mm) geflügelt. Mittlere u. obere Bla ungeteilt, untere fiederteilig od. gelappt. Äußere u. mittlere HüllBla locker abstehend, die mittleren fast so lg wie die inneren. Pfl ♃. 0,60–1,20. 7–8. Subalp. bis (sub)mont. sickernasse Staudenfluren, bes. Bachufersäume, Weidengebüsche, Grauerlen-Auen, nährstoffanspruchsvoll; v Alp, z By(f NM) Bw(f Keu NW ORh) Sa(f Elb), s He(O) Th(O) Bb(SO) (sm/salp-stemp/demo·c2-3EUR – sogr? hros H ♃ Rhiz – InB – WiA – L7 T4 F8 R8 N8 – V Alno-Ulm., V Adenost., V Filip., V Triset., V Rum. alp. – in D nur subsp. *personata*).
Kletten-D. – *C. personata* (L.) JACQ.

Hybriden: *C. acanthoides* × *C. crispus* = *C.* ×*leptocephalus* PETERM. – z, *C. acanthoides* × *C. defloratus* = *C.* ×*schulzeanus* RUHMER [*C.* ×*laxus* BECK, *C.* ×*rechingeri* HAYEK] – z, *C. acanthoides* × *C. nutans* = *C.* ×*orthocephalus* WALLR. – z By Bw He Sh, *C. crispus* × *C. defloratus* = *C.* ×*axillaris* GAUDIN – s, *C. crispus* × *C. nutans* = *C.* ×*polyacanthus* SCHLEICH. – z, *C. crispus* × *C. personata* = *C.* ×*subinteger* J. MURR – s, *C. defloratus* × *C. nutans* = *C.* ×*brunneri* DÖLL – s By Bw, *C. defloratus* × *C. personata* = *C.* ×*digeneus* BECK – z, *C. nutans* × *C. personata* = *C.* ×*grenieri* SCH. BIP. – z

Cirsium MILL. – **Kratzdistel** (200 Arten)

1 KrSaum fast bis zum Grund 5teilig, lilarosa. Blü (unvollständig) 2häusig. Staubfäden fast kahl. Hülle 7–13 mm ⌀. Köpfe ∞, schirmrispig. Pfl mit weitkriechenden Ausläuferwurzeln, ohne Rosetten. 0,60–1,20. 7–9. Nährstoffreichere Äcker, frische bis mäßig trockne Rud., Ufer, Waldschläge; g He Nw Th Sa An Ns Sh, h Alp By(g NM) Bw Rh Bb Mv (m-b·c1-9EURAS, [N] austr AUST+AM+m-bAM – sogr eros G ♃ WuSpr – InB 2häusig – WiA Sa langlebig – L8 T5 Fx Rx N7 – K Stell., K Artem., K Epil. ang.). [inkl. *C. setosum* (WILLD.) M. BIEB., *C. incanum* (S.G. GMEL.) G. FISCH.]
Acker-K., Ackerdistel – *C. arvense* (L.) SCOP.

Sehr variabel: Bla ungeteilt bis fiederteilig, flach u. feindornig bis wellig-kraus u. derbdornig, useits kahl bis weißfilzig. Auf Grund dieser Merkmale wurden mehrere sehr unterschiedlich bewertete Sippen beschrieben. Da sie durch fließende Übergänge verbunden sind u. keine deutlichen ökogeographischen Differenzierungen aufweisen, können sie höchstens als Varietäten angesehen werden.

1* KrSaum etwa bis zur Mitte meist ungleich 5spaltig, gelblichweiß od. purpurn. Blü ⚥. Staubfäden behaart. Hülle (außer *C. palustre*, **8**) mindestens (12–)15 mm ⌀. Pfl ohne Wurzelsprosse. GrundBla rosettig 2
2 Bla oseits durch steife, stechende Borsten sehr rau, fiederschnittig, ihre Abschnitte tief in 2 spreizende Zipfel geteilt 3
2* Bla oseits nicht rau borstig 4
3 Stg durch die herablaufenden Bla kraus dornig geflügelt. Köpfe 2–4 cm ⌀. Bla useits dünn graufilzig, selten weißwollig. 0,60–1,50. 6–9. Mäßig trockne bis feuchte Rud., Grünlandbrachen, Weiden, Ufer, Waldschläge, nährstoffanspruchsvoll; g He Nw Th Sa An Ns Sh, h

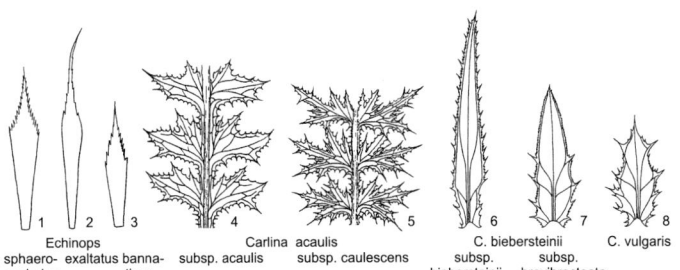

| 1 | 2 | 3 | 4 | 5 | 6 | 7 | 8 |
| Echinops sphaero- cephalus | exaltatus | banna- ticus | Carlina acaulis subsp. acaulis | subsp. caulescens | *C. biebersteinii* subsp. biebersteinii | subsp. brevibracteata | *C. vulgaris* |

Bw Rh Mv, v Alp By(g NM) Bb (m/mo-temp-(b)·c1-7EUR-WAS, [N] austrCIRCPOL+m-(b) AM – igr hros H ⊙Rübe – SeB InB – WiA Sa langlebig? – L8 T5 F5 R7 N8 – K Artem., K Epil. ang., V Cynos.). [*C. lanceolatum* (L.) Scop. non Hill]

Lanzett-K., Speerdistel – *C. vulgare* (Savi) Ten.

3* Stg ungeflügelt. Köpfe 4–7 cm ⌀. Bla sitzend, useits dicht weißfilzig. 0,80–1,80. 7–9. Mäßig trockne Rud.: Wegränder, Viehlagerplätze; überweidete Magerweiden u. Halbtrockenrasen, basenhold; z Alp(f Kch) By Bw(f ORh) Rh(ORh SW W) Th(f Hrz O) An(f Elb NO), s He(O ORh SW) Sa(f Elb) Ns(MO), ↘ (sm/mo-stemp/demo·c2-4EUR – igr hros H ⊙Rübe – InB – WiA – L8 Tx F4 R9 N5 – V Onop., V Mesobrom.).

Wollkopf-K. – *C. eriophorum* (L.) Scop.

4 (2) Kr bleichgelb. Köpfe zu mehreren gehäuft u. von großen, bleichgrünen HochBla umhüllt 5

4* Kr purpurn, selten weiß, nie gelblich. Köpfe nicht von HochBla eingehüllt 6

5 HochBla eifg, ungeteilt, weichdornig; LaubBla weich, untere fiederteilig, obere meist ungeteilt. Stg entfernt beblättert. 0,50–1,50. 6–9. Feuchte bis staunasse Wiesen, Hochstaudenfluren an Bächen, Quellen u. Gräben, AuenW, Waldschläge, nährstoffanspruchsvoll; g Alp Th, h Bw He Sa An Mv, v By(g NM) Rh Nw Bb(g NO) Ns(g MO S) Sh (sm-temp-(b)·c2-5EUR-(WSIB) – sogr hros H ⚴ Rhiz – InB – WiA WaA – L6 Tx F7 R7 N5 – V Calth., V Filip., V Atrop., V Alno-Ulm.). **Kohl-K., Kohldistel – *C. oleraceum* (L.) Scop.**

5* HochBla wie die LaubBla lanzettlich, fiederspaltig, hartdornig. Stg meist dicht beblättert. 0,15–0,60. 7–8. Alp. frische bis feuchte Rud. um Sennhütten, Viehläger, auch Karfluren u. Schneeböden; v Alp (sm-stemp//alp·c2-4EUR – sogr? hros H ⚴ PleiokRübe – InB – WiA KlA – L7 T2 F6 R7 N8 – V Rum. alp., K Salic. herb., K Thlasp. rot.).

Alpen-K., Dornige K. – *C. spinosissimum* (L.) Scop.

6 (4) Stg meist sehr kurz, selten bis 25 cm hoch, meist 1köpfig. Bla rosettig, gewellt, fiederschnittig, zerstreut kurzhaarig. Rosetten dicht gruppiert. 0,03–0,25. 7–9. Halbtrockenrasen, mäßig trockne Silikatmagerrasen, basenhold; h Th, v Alp(s Chm, f Brch) He An(g S), z By(h NM) Bw Rh Nw Sa(f NO) Bb Ns Mv(f Elb) Sh(f W), im N u. W ↘ (sm/mo-temp·c2-4EUR – sogr hros H ⚴ Rhiz – InB: bes. Hautflügler, Falter – WiA KlA AmA – L9 T5 F3 R8 N2 – V Cirs.-Brach., V Mesobrom., V Viol. can. – in D nur subsp. *acaulon*). [*C. acaule* Scop.]

Stängellose K. – *C. acaulon* (L.) Scop.

6* Stg 0,30–1,50 m hoch 7

7 Zumindest untere Bla herablaufend 8

7* Bla nicht herablaufend 9

8 Köpfe gehäuft, auf sehr kurzen Stielen. Stg bis oben beblättert u. dornig geflügelt. Bla gewellt, fiederspaltig. 0,50–2,00. 7–9. Nasse bis wechselfeuchte Wiesen u. Niedermoore, Staudenfluren an Gräben u. Bächen, AuenW, Waldschläge, mäßig nährstoffanspruchsvoll; g Rh(v ORh) He Nw Th Sa Ns, h Alp An Bb Mv Sh(z W), v By(g NM) Bw (sm/mo-b·c1-5EUR-(WSIB), [N] NEUSEEL+tempOAM – igr hros H ⊝ – InB – WiA Sa langlebig – L7 T5 F8 R4 N3 – O Mol., V Aln., V Alno-Ulm., V Epil. ang., K Scheuchz.-Car.).

Sumpf-K. – *C. palustre* (L.) Scop.

8* Köpfe einzeln auf lg, grau spinnwebigen Stielen. Stg oben fast blattlos, nur untere Bla herablaufend. Bla flach, gezähnt, gelappt bis fiederteilig. 0,30–1,00. 7–8. Feuchte bis nasse u. moorige Wiesen, an Gräben; z Th(S), s By(N NM NO) Sa(f SW Elb), [N] s An, † He (m/mo-stemp·c4-6EUR-WSIB – sogr hros H ⚴ Rhiz KnollenWu – InB – WiA – L8 T7 F8~ R7 N? – O Mol.). **Graue K. – *C. canum* (L.) All.**

9 (7) Bla useits schneeweiß filzig, ungeteilt od. fiederspaltig, mit nur wenigen schmalen, vorwärtsgerichteten Zipfeln. Stg reichblättrig. Köpfe 3,5–5 cm lg. Mittlere HüllBla mit abgerundeter, trockenhäutig gefranster Spitze. 0,40–1,00. 7–8. Sickernasse bis feuchte Staudenfluren an Bächen, frische bis feuchte (bes. mont.) Wiesen, subalp. Hochstaudengebüsche, nährstoffanspruchsvoll; z Alp(f Krw) Th(O Wld Bck S) Sa, s By(v NO, f N NW MS) Bw(SO) He(W NW O) An(SO) Bb(SO Elb), [N U] s Nw An(S), † Mv(MW) (sm/mo-b·c2-6EUR-SIB – sogr hros H/G ⚴ uAusl – InB – WiA – L7 T4 F8 R5 N6 – K Mol.-Arrh., V Nard., V Adenost., V Car. ferr.). **Verschiedenblättrige K., Alantdistel – *C. heterophyllum* (L.) Hill**

ASTERACEAE 807

9* Bla useits grün, flaumig od. grau spinnwebig-wollig. Stg oberwärts blattlos. Köpfe etwa 3 cm lg. HüllBla spitz od. stumpf, weder trockenhäutig noch gefranst 10
10 Bla beidseits grün, abstehend feinflaumig, ± fiederspaltig, mit Öhrchen stängelumfassend. Köpfe zu 2–5 gehäuft od. einzeln. 0,40–1,00. 5–6. Stau- od. sickernasse Wiesen u. Weiden, Niedermoorwiesen, an Quellen u. Gräben, nährstoffanspruchsvoll; h Alp, z Bw(f NW), s By(v S, f N NW) Sa(f Elb W) Bb(NO), [N] s Mv(M MW NO), † (sm-temp//demo·c2-4EUR − sogr hros H ♃ Rhiz − InB − WiA − L9 T5 F7~ R8 N5? − V Calth.). [*C. salisburgense* (WILLD.) G. DON] **Bach-K.** − *C. rivulare* (JACQ.) ALL.
10* Bla anliegend spinnwebig behaart, außerdem mit abstehenden Haaren, nicht od. halbstängelumfassend. Köpfe meist einzeln 11
11 Bla useits grün, schwach spinnwebig-flaumig, tief fiederteilig. Wurzeln spindelfg verdickt. 0,30–1,20. 7–8. Wechselfeuchte, meist moorige Wiesen, wechseltrockne Halbtrockenrasen, Gräbenränder, lichte Gebüsche, basenhold; z Alp By Bw Rh(f W) He(f MW NW W) Th(Bck S), s Nw(MW SW) Sa(W) An(f Hrz O W) Bb(Elb MN), [U] s Mv, † Ns, ↘ (sm-stemp·c2-3EUR − sogr hros H ♃ Rhiz KnollenWu − InB − WiA − L7 T6 F6~ R8 N3 − V Mol., V Mesobrom., V Ger. sang., V Berb.). **Knollen-K.** − *C. tuberosum* (L.) ALL.
11* Bla useits grau spinnwebig-wollig, fiederfg gelappt bis ungeteilt. Wurzeln nicht verdickt. 0,30–1,00. 6–7. Feuchte bis nasse Wiesen, oft auf ehemaligen Hoch- u. Niedermooren, Hochmoorränder, kalkmeidend; [N] z Ns(NW), s Nw(MW: Kleve), ↘ (temp·c1-2EUR − sogr hros H ♃ Rhiz − InB − WiA − L7 T7 F8 R4 N2 − V Junc. acutifl., V Mol.). [*C. anglicum* (LAM.) DC.] **Englische K.** − *C. dissectum* (L.) HILL

Hybriden: *C. acaulon* × *C. canum* = *C.* ×*winklerianum* ČELAK. − z, *C. acaulon* × *C. dissectum* = *C.* ×*woodwardii* NYMAN − s, *C. acaulon* × *C. heterophyllum* = *C.* ×*alpestre* NÄGELI − z, *C. acaulon* × *C. oleraceum* = *C.* ×*rigens* (AITON) WALLR. − v, *C. acaulon* × *C. palustre* = *C.* ×*kirschlegeri* SCH. BIP. − s, *C. acaulon* × *C. rivulare* = *C.* ×*heerianum* NÄGELI − z, *C. acaulon* × *C. spinosissimum* = *C.* ×*fissibracteatum* PETERM. − s, *C. acaulon* × *C. tuberosum* = *C.* ×*medium* ALL. − z, *C. arvense* × *C. oleraceum* = *C.* ×*reichenbachianum* M. LOEHR − s, *C. arvense* × *C. palustre* = *C.* ×*celakovskianum* K. KNAF, *C. arvense* × *C. tuberosum* = ? − Bw, *C. canum* × *C. palustre* = *C.* ×*coepeliense* BORBÁS − s?, *C. canum* × *C. oleraceum* = *C.* ×*tataricum* (JACQ.) ALL. − v, *C. canum* × *C. palustre* = *C.* ×*silesiacum* SCH. BIP. − s, *C. canum* × *C. rivulare* = *C.* ×*siegertii* SCH. BIP. − z, *C. canum* × *C. tuberosum* = *C.* ×*aschersonianum* ČELAK. − s, *C. dissectum* × *C. palustre* = *C.* ×*spurium* DELASTRE − s, *C. eriophorum* × *C. oleraceum* = ? − Bw, *C. eriophorum* × *C. vulgare* = *C.* ×*gerhardtii* SCH. BIP. − By Bw Rh He, *C. heterophyllum* × *C. oleraceum* = *C.* ×*affine* TAUSCH − z, *C. heterophyllum* × *C. palustre* = *C.* ×*wankelii* REICHARD − z, *C. heterophyllum* × *C. rivulare* = *C.* ×*ambiguum* ALL. − s, *C. heterophyllum* × *C. spinosissimum* = *C.* ×*purpureum* ALL. − z, *C. oleraceum* × *C. palustre* = *C.* ×*hybridum* DC. − v, *C. oleraceum* × *C. rivulare* = *C.* ×*erucagineum* DC. − v, *C. oleraceum* × *C. spinosissimum* = *C.* ×*thomasii* NÄGELI − z, *C. oleraceum* × *C. tuberosum* = *C.* ×*braunii* F.W. SCHULTZ − z, *C. oleraceum* × *C. vulgare* = *C.* ×*bipontinum* F.W. SCHULTZ − Bw Mv, *C. palustre* × *C. rivulare* = *C.* ×*subalpinum* GAUDIN − z, *C. palustre* × *C. spinosissimum* = *C.* ×*spinifolium* BECK − s, *C. palustre* × *C. tuberosum* = *C.* ×*semidecurrens* K. RICHT. − z, *C. palustre* × *C. vulgare* = *C.* ×*subspinuligerum* PETERM. − By He Sa Mv Sh, *C. rivulare* × *C. spinosissimum* = *C.* ×*schulzeanum* NÄGELI − s, *C. rivulare* × *C. tuberosum* = *C.* ×*brunneri* A. BRAUN − s

Silybum ADANS. − **Mariendistel** (2 Arten)

Bla mit kräftigen, gelblichen Dornen. Köpfe 4–5 cm lg. 0,30–1,50. 7–8. ZierPfl; auch mäßig trockne bis frische Rud., Hafenanlagen, Straßenböschungen, basenhold; [N U] s D außer Alp (m-sm·c1-7EUR-WAS, [N] m-smAM − hros H ⊙ ⊙ PfWu − InB − MeA AmA Lichtkeimer − L8 T8 F? R? N7 − V Sisymbr., V Onop. − HeilPfl). **Echte M.** − *S. marianum* (L.) GAERTN.

Onopordum L. − **Eselsdistel** (50 Arten)

Köpfe einzeln, 3–5 cm lg. 0,60–2,50. 7–8. (Mäßig) trockne Rud., rud. Xerothermrasen, basenhold; [A] h An, v By Rh(h ORh) He Th(h Bck) Sa Bb Ns(f N) Mv, z Nw, [N] s Bw Sh, [U] s Alp, im W ↘; auch ZierPfl (m-temp·c1-7EUR-WAS, [N] austr AM+AUST+m-tempAM − teiligr hros H ⊙ ⊙ Rübe − InB − MeA Lichtkeimer Sa langlebig − L9 T7 F4 R7 N8 − V Onop., V Conv.-Agrop., K Fest.-Brom. − in D nur subsp. *acanthium*). **Gewöhnliche E.** − *O. acanthium* L.

Arctium L. – Klette (10 Arten)

1 Hülle dicht spinnwebig-wollig; innerste HüllBla plötzlich in eine kurze, gerade Stachelspitze verschmälert, die übrigen mit hakenfg Spitze. BlaUSeite dicht graufilzig. Köpfe 1,5–3 cm ⌀, 3–10 cm lg gestielt, schirmrispig. 0,60–1,20. 7–9. Mäßig trockne bis frische Rud: Weg- u. Ackerränder, Schutt; Ufer, basenhold; [A?] h Th An, v He Sa Ns(g MO) Mv, z By Bw Rh Nw Bb(h NO) Sh(f W), s Alp(f Kch Chm Brch) (sm-b·c2-7EUR-WAS, [N] OAM+OAS – sogr hros H ☉ ⊛ Rübe – InB – KlA – L8 T5 F5 R8 N9 – V Arct., V Convolv., V Onop).
Filz-K., Wollkopf-K. – *A. tomentosum* MILL.

1* Hülle locker spinnwebig bis kahl; alle HüllBla mit hakenfg Spitze. BlaUSeite kahl od. schwach graufilzig 2

2 Stiele der GrundBla (zumindest am Grund) markig. Köpfe 3–10 cm lg gestielt, an den Ästen locker rispig, 3–5 cm ⌀. HüllBla bis zur Spitze grün. Fr 6–8 mm lg. 0,80–1,50. 7–8. Mäßig trockne bis feuchte Rud., Ufer, nährstoffanspruchsvoll; [A?] h Nw(z SO) Sa An, v Bw Rh He Th Bb Ns Mv, z Alp(f Krw) By(h NM) Sh(f W) (sm-temp·c1-7EUR-WAS, [N] austrAUST+AM+m-tempAM+OAS – sogr hros H ☉ ⊛ Rübe – InB – KlA Sa langlebig Wärme-Dunkelkeimer – L9 T6 F5 R7 N9 – V Arct., V Convolv., V Onop. – VolksheilPfl).
Große K. – *A. lappa* L.

2* Stiele der GrundBla hohl. Köpfe sitzend od. bis 3 cm lg gestielt, an den Ästen ährig od. schmal rispig. Innere HüllBla an der Spitze purpurn 3

3 Äste bis zuletzt aufrecht abstehend. Köpfe 1,5–2,5(–3) cm ⌀. Fr 5–7 mm lg. 0,50–1,30. 7–9. Frische Rud., bes. Wegränder, Bahnanlagen; Brachen, Ufer, nährstoffanspruchsvoll; h Nw(v SW) Th(z Hrz) Sa An Ns Mv, v By Rh He Bb, z Alp(f Wtt) Bw Sh (m-b·c1-5EUR, [N] m-bAM – sogr hros H ☉ ⊛Rübe – SeB, InB – KlA – L9 T5 F5 Rx N8 – V Arct., V Convolv., V Onop. – früher HeilPfl).
Kleine K. – *A. minus* (HILL) BERNH.

A. pubens BAB. [*A. lappa* subsp. *pubens* (BAB.) P.D. SELL] ist eine sehr unterschiedlich bewertete Sippe, die sich von typischem *A. minus* offenbar nur durch etwas größere Köpfe u. eine frühere BlüZeit unterscheidet. Da sie in den bevorzugten Vorkommen an Waldstandorten vermittelt sie zur folgenden Art, weshalb oft auch ein hybridogener Ursprung (*A. minus* × *A. nemorosum* od. *A. lappa*?) angenommen wird.

3* Äste zumindest im FrZustand bogig überhängend. Köpfe 3–4 cm ⌀. Fr 8–10 mm lg. 1,00–2,50. 7–8. Frische bis feuchte Waldverlichtungen, Waldwegränder u. Waldschläge (bes. im Bereich von Auen- u. SchluchtW), Gebüsche, nährstoff(stickstoff)anspruchsvoll; h He Nw Th(g Hz NW) An, z Alp(f Kar) By Bw(s ORh) Rh Sa Bb(f SO) Ns(s N, h MO Hz S) Mv Sh (sm/mo-temp·c1-5EUR – sogr hros H ☉ ⊛ Rübe – InB – KlA – L6 T6 F7 R7 N9 – V Atrop.). [*A. lappa* subsp. *nemorosum* (LEJ.) P.D. SELL] **Hain-K. – *A. nemorosum* LEJ.**

Hybriden: *A. lappa* × *A. minus* = *A.* ×*nothum* (RUHMER) J. WEISS – v, *A. lappa* × *A. nemorosum* = *A.* ×*cimbricum* (E.H.L. KRAUSE) HAYEK – v, *A. lappa* × *A. tomentosum* = *A.* ×*ambiguum* (ČELAK.) NYMAN – v, *A. minus* × *A. nemorosum* = *A.* ×*maasii* (M. SCHULZE) ROUY – s, *A. minus* × *A. tomentosum* = *A.* ×*mixtum* (SIMONK.) NYMAN – v, *A. nemorosum* × *A. tomentosum* = *A.* ×*neumanii* ROUY – s

Saussurea DC. – Alpenscharte (400 Arten)

1 Stg 1köpfig, dicht weißwollig. Bla linealisch, sitzend. Köpfe 2–4 cm lg, ± 3 cm ⌀, von Bla umgeben. 0,05–0,20. 7–8. Alp. frische Steinrasen, Felsspalten u. Steinschutt, kalkstet; z Alp(f Allg Chm Kch), ↘ (sm-stemp//alp·c3ALP-KARP – sogr? hros H ⚃ Rhiz – InB – WiA – L9 T2 F5 R8 N2? – V Sesl.).
Zwerg-A. – *S. pygmaea* (JACQ.) SPRENG.

1* Stg 2–∞ köpfig. Bla eifg od. lanzettlich, die unteren gestielt. Köpfe 1,5–2 × ± 1 cm 2

2 Bla useits schneeweiß-filzig. GrundBla eifg od. länglich-dreieckig, am Grund schwach herzfg. BlaStiele ungeflügelt. 0,05–0,35. 7–9. Alp. frische Steinrasen, kalkhold; s Alp(Allg: Hinterstein) (sm-stemp//alp·c3-4EUR – sogr? hros H ⚃ Rhiz – InB – WiA – L9 T1 F5 R8 N2? – O Sesl.).
Zweifarbige A. – *S. discolor* (WILLD.) DC.

2* Bla useits locker spinnwebig-grauwollig, eilanzettlich, die unteren in den geflügelten BlaStiel verschmälert. 0,05–0,40. 7–9. Alp. frische windexponierte Steinrasen, kalkmeidend; z Alp(Allg Brch, s Wtt Krw Mng) (sm/alp-arct·c1-7EURAS – sogr hros H ⚃ Rhiz – InB – WiA – L9 T1 F5 R5 N3 – V Elyn., O Sesl.).
Echte A. – *S. alpina* (L.) DC.

ASTERACEAE 809

Jurinea CASS. – **Silberscharte** (200 Arten)
Köpfe einzeln, lg gestielt. Kr purpurn. Bla fiederteilig, useits weißfilzig. 0,30–0,45. 7–9. Kont. reichere Sandtrockenrasen (Binnendünen), verlichtete KiefernW (u. -forste), basenhold; s By(N, † NW) Bw(ORh) Rh(ORh) He(SW ORh) An(SO W Elb) Bb(SO Elb) Mv(Elb), † Sa Ns(Amt Neuhaus) Th(?), ↘ (sm-stemp·c4-9EUR-WAS – sogr hros H ♃ Pleiok+WuSpr – InB? – WiA – L7 T8 F2 R7 N2 – V Koel. glauc. – ▽!). **Sand-S. – *J. cyanoides*** (L.) RCHB.

Rhaponticum VAILL. – **Federblume, Bergscharte** (26 Arten)
Bla länglich-lanzettlich, ungeteilt. Köpfe in Schirmrispen. Kr rosa bis purpurn. Pfl mit weit kriechenden Ausläuferwurzeln. 0,40–0,75. 7–9. (Mäßig) frische Rud.: Schutt, Bahndämme, Salzbergbaukippen, Rohbodenpionier; [N 1918] s Th An Bb (m-sm·c7-10EURAS, [N] AUST+m-temp·c4-8AM+temp·c2-5EUR – sogr eros G ♃ WuSpr – InB – WiA Sa kurzlebig – V Dauco-Mel.). [*Acroptilon repens* (L.) DC.] **Federblume – *Rh. repens*** (L.) HIDALGO

Serratula L. – **Scharte** (2 Arten)
Bla ungeteilt bis meist leierfg fiederteilig. Köpfe in Rispen od. Schirmrispen. HüllBla an der Spitze purpurrot. 0,20–1,00. 7–9. Wechselfeuchte, meist extensiv genutzte (Moor-)Wiesen, wechseltrockne Halbtrocken- u. Silikatmagerrasen, Grabenränder, lichte LaubmischW u. ihre Ränder, basenhold; z Alp(f Kar) By Bw Rh He(MW, s ORh, f NW) Th(f NW, v Bck S) Sa An Bb Ns Mv(f Elb), s Nw(f N) Sh, ↘ (sm-temp·c1-5EUR – sogr hros H ♃ Rhiz – InB unvollständig 2häusig – WiA – L6 T6 Fx R7 N3 – V Mol., V Cnid., V Mesobrom., V Viol. can., V Querc. pub., V Querc. rob.-petr. – früher Heil- u. FärbePfl – in D nur subsp. *tinctoria*).
Färber-Sch. – *S. tinctoria* L.

Carthamus L. – **Färberdistel** (50 Arten)
[N lokal?]: ***C. lanatus*** L.: Bla fiederspaltig, drüsig behaart, Spreite u. Abschnitte dornspitzig. Kr hellgelb. HüllBla mit laubblattartigem Anhängsel. Stg wenigstens anfangs wollig-zottig behaart. 0,25–0,70. 5–7. [U] s Bw By He Th Sa Nw Bb Ns Mv.

Bla eifg, halbstängelumfassend, dornig gezähnt od. ganzrandig. Kr gelb, später orangerot. 0,50–0,80. 7–8. KulturPfl; auch [N? U] s Bw By Rh He Th Sa An Nw Ns Mv (m-sm·c6-8WAS – hros ⊙ – InB -MeA Lichtkeimer – Öl-, Färbe- u. VolksheilPfl, s. Bd. ZierPfl).
Echte F., Saflor, Falscher Safran – *C. tinctorius* L.

Centaurea L. – **Flockenblume** (500-700 Arten)
[N lokal]: ***C. trichocephala*** WILLD.: Ähnlich 7*. Hülle 7–10 mm ⌀. HüllBla sehr schmal, wollig behaart, (hell)braun. Stg vielästig. Bla graugrün, obere am Grund gerundet od. leicht herzfg, halb stängelumfassend, 4–8 × 0,5–1,5 cm. 0,40–0,70. 6–8. Rud. Halbtrockenrasen; [N 20. Jh.] s Th(Bck: Roter Berg nördl. Erfurt) (sm·c5-7EUR).

1 Bla dornig gezähnt, fiederteilig bis -lappig, zottig behaart, klebrig, riechend, obere stängelumfassend. Äußere HüllBla eifg-lanzettlich, laubig, innere mit gefiedertem, gekniete m Endstachel. 0,30–0,50. 6–8. KulturPfl; auch mäßig trockne Rud.; [N? U] s Bw+Rh(ORh), † By Th Sa Nw Bb (m-sm·c5-8OEUR-WAS, [N] m-sm·c3-4WEUR+AM – ① ⊙ – InB – MeA – L8 T8 F4 R7 N6 – V Sisymbr. – VolksheilPfl). [*Cnicus benedictus* L.]
Benediktenkraut – *C. benedicta* (L.) L.
1* Bla nicht dornig. Kr purpurn, rosa od weiß; wenn gelb, dann HüllBla mit derbem, höchstens unten verzweigtem Dorn 2
2 HüllBla in einen derben Dorn auslaufend (mit Seitendörnchen am Grund od. bis in die Mitte, Abb. **812**/1) 3
2* HüllBla an der Spitze mit einem trockenhäutigen fransig zerschlitzten, gefransten od. regelmäßig gewimperten Anhängsel, aber nicht mit geradem Dorn 5
3 Kr gelb. Bla herablaufend, graufilzig. Pappus 3–5 mm lg (an den randlichen Fr fehlend). 0,20–0,80. 7–9. Mäßig trockne Rud., Klee- u. Luzerneäcker, Ackerränder, basenhold; [N] s By An, [U] s Bw Rh He Nw Sa Bb Ns Mv, † Th, ↘ (m-sm·c4-8EUR-WAS, [N] austr

AUST+AM+m-tempAM+temp·c1-3EUR – hros ① ☉ PfWu – InB – KlA WiA: Steppenroller MeA – L8 T6 F4? R7 N6? – V Onop., V Sisymbr.). **Sonnenwend-F. – *C. solstitialis* L.**

3* Kr weiß, rosa od. purpurn. Bla nicht herablaufend, höchstens leicht spinnwebig. Pappus fehlend 4

4 Enddorn der mittleren HüllBla 2–4 mm lg, mit jederseits 5–7 kurzen Dörnchen. Kr weißlich, selten rosa. 0,10–0,60. 7–8. Trockne, sandige bis kiesige Rud., rud. Sandtrockenrasen, Tagebaue; [N 1876] z An(SO S), s By Rh He Sa Bb, [U] s Nw(MW) Ns (m-sm·c5-8EUR, [N] sm-temp·c2-5EUR+AM – hros ☉ – InB – MeA WiA: Steppenroller – L9 T7 F3 R8? N3? – V Dauco-Mel., V Sisymbr.). **Sparrige F. – *C. diffusa* Lam.**

4* Enddorn der mittleren HüllBla kräftig, 1–3 cm lg, nur nahe der Basis jederseits mit (1–)2–3 Dörnchen (Abb. **812**/1). Kr purpurn. 0,15–0,60. 7–8. Mäßig trockne, meist verdichtete Rud., bes. Trittstellen, Umschlagplätze; [N 19. Jh.] s Rh(ORh) An, [U] s By Nw Sa Ns Bb Mv, † Bw He Th, ↘ (m-sm·c1-6-stemp·c1-3EUR-WAS, [N] austrAUST+AM+m-tempAM – igr hros H ☉ PfWu – InB – WiA: Steppenroller MeA – L8 T7 F5? Rx N6? – V Polyg. avic., V Sisymbr., V Onop.). **Stern-F. – *C. calcitrapa* L.**

5 (2) Anhängsel der mittleren HüllBla in eine lg, federartig verzweigte, bogig zurückgekrümmte od. abstehende Granne auslaufend (Abb. **812**/2). **(Artengruppe Perücken-F. – *C. phrygia* agg.)** 6

5* Anhängsel der HüllBla rundlich, elliptisch od. dreieckig, ungeteilt, zerrissen od. kammfg gefranst, aber nicht in eine lg Granne auslaufend (Abb. **812**/3–6) 8

6 Gefiederte Granne abstehend bis leicht zurückgebogen, die der mittleren HüllBla das ungeteilte Anhängsel der inneren nicht verdeckend. 0,20–0,80. 8–9. Frische Wiesen, Säume, Rud.; Sa(SO NO) Bb(SO), [N] s An(S) (sm/mo-b·c4-5EUR-(WSIB) – sogr hros H ♃ Rhiz – InB – MeA: Rasensaat KlA? – L8 Tx F5 Rx N4? – V Arrh.). [*C. austriaca* Willd.] **Phrygische F., Österreichische F. – *C. phrygia* L.**

6* Gefiederte Granne sehr lg, stark bogig zurückgekrümmt, ungeteilte Anhängsel der inneren HüllBla nicht sichtbar 7

7 Hülle rundlich-eifg, am Grund abgerundet, 12–18 mm ⌀. Anhängsel schwarzbraun, unterer Teil schmal dreieckig, etwa 1 mm br (ohne Wimpern). Bla beidseits grün, obere StgBla eifg, größte Breite im unteren Drittel, sitzend bis halbstängelumfassend. 0,20–1,00. 8–9. Frische (sub)mont. Wiesen u. Silikatmagerrasen, Rud., lichte LaubmischW u. ihre Säume, kalkmeidend; v Alp, z By He(f SW W) Th Sa(f Elb) Ns(Hrz MO S M), s Bw(f ORh) Nw(SO) An(f Hrz O) Mv(f Elb N), [N] s Sh, [U] s Rh, im W ↘ (sm/mo-temp/(mo)·c2-5EUR – sogr hros H ♃ Rhiz – InB – L8 T4 F5 R5 N4? – V Triset., V Arrh., O Nard., V Querc. pub.). [*C. phrygia* subsp. *pseudophrygia* (C.A. Mey.) Gugler] **Perücken-F. – *C. pseudophrygia* C.A. Mey.**

7* Hülle fast zylindrisch, am Grund verschmälert, 10–14(–20) mm ⌀. Anhängsel hellbraun, unterer Teil pfriemlich, nur 0,3–0,5 mm br. Bla unters dünn graufilzig, obere StgBla lanzettlich, in der Mitte am breitesten, mit verschmälertem Grund sitzend. 0,50–1,20. 8–9. Waldsäume; [N?] s By(MS NM) (sm·c3-5SOEUR – sogr hros H ♃ Rhiz – InB – L6 T6? F4? R8? N4? – O Orig. – in D meist nicht ganz typisch). **Schmalschuppige F. – *C. stenolepis* A. Kern.**

8 (5) Trockenhäutiges Anhängsel der HüllBla an deren Rand als gezähnter od. gewimperter Hautsaum kurz herablaufend (Abb. **812**/6). StgBla fiederschnittig od. untere fiederteilig. Kr purpurn 9

8* Trockenhäutiges Anhängsel der HüllBla deutlich abgesetzt, nicht an deren Rand herablaufend (Abb. **812**/3–5; **Artengruppe Wiesen-F. – *C. jacea* agg.**, sehr formenreich u. untereinander hybridisierend) 10

9 Köpfe wenige, in einer Schirmtraube. Hülle kuglig, >12 mm ⌀. Pappus fast so lg wie die Fr. 0,50–1,20. 7–8. Trocken- u. Halbtrockenrasen, trockne Frischwiesen, Trockengebüsch- u. TrockenWSäume, mäßig trockne Rud., extensiv genutzte Äcker, subalp. Steinrasen, kalkhold; h Alp He Th An(v Elb), v Bw Rh Nw Bb Mv, z By Sa Ns Sh(s W) (sm/mo-b·c1-7EUR-WSIB, [N] sm-tempAM+(OAS) – sogr hros H ♃ PleiokRübe, regenerativ WuSpr – InB selbststeril – AmA VdA KlA – K Fest.-Brom., V Ger. sang., O Sesl., V Caucal., V Car. ferr.). **Skabiosen-F. – *C. scabiosa* L.**

ASTERACEAE 811

1 Anhängsel den unteren Teil der nach innen folgenden HüllBla nicht verdeckend, Hülle daher grün u. schwarz gescheckt erscheinend. Stg meist mehrköpfig. Hülle 18–25 mm ⌀. Standorte in D wie Art außer Hochgebirgsrasen; Verbr. in D u. Gesamtverbr. wie Art (L7 Tx F3 R8 N4? – K Fest.-Brom., V Ger. sang., V Caucal.). subsp. *scabiosa*
1* Anhängsel den unteren Teil der nach innen folgenden HüllBla ganz verdeckend, Hülle daher schwarz erscheinend. Stg nur 1–3köpfig. Hülle (16–)20–30(–40) mm ⌀. Subalp. Steinrasen; z Alp(v Allg) (sm-stemp//salp·c2-4EUR – L8 T2 F5 R8 N3? – O Sesl., V Car. ferr.).
subsp. *alpestris* (HEGETSCHW.) NYMAN

9* Köpfe ∞, in einer Rispe od. Schirmrispe. Hülle 5–11 mm ⌀. Pappus deutlich kürzer als die Fr. 0,20–1,50. 7–9. Felsfluren, Trocken- u. Sandtrockenrasen, rud. Halbtrockenrasen, trockne, sandig-kiesige bis lehmige Rud.: Bahnanlagen, Tagebaue; Brachen; v An(z Hrz N), z By Rh(f N W) Th(f Hrz Wld) Sa Bb, s Bw(ORh) He(f NW W) Nw(SO NO) Ns(M S) Mv(M MW SW), [N] s Sh, [U] s Alp (sm-stemp·c2-7EUR-(WSIB) – igr hros H ⊙ ⊖ ♃ PfWu – InB – KIA – L8 T7 F2 R8 N3 – K Fest.-Brom., K Sedo-Scler., O Agrop., V Dauco-Mel.). [*C. maculosa* LAM., *C. rhenana* BOREAU] **Gefleckte F. – *C. stoebe* L.**
1 Pfl einstänglig, ⊙ ⊖, ohne Innovationsrosetten. Hülle etwa 6,5–11 mm ⌀. Anhängsel jederseits mit 6–10 Wimpern (Abb. **812**/6). Pappus ½ so lg wie die Fr. Standorte, Soz., Verbr. in D u. Gesamtverbr. wie Art. subsp. ***stoebe***
1* Pfl mehrstänglig, ♃, mit Innovationsrosetten. Hülle etwa 5–8 mm ⌀. Anhängsel jederseits mit 4–7 Wimpern. Pappus <⅓ so lg wie die Fr; [N 1800] z Rh He(ORh) An(SO), s By, [N] s Nw(SO NO) Sa Th(NW: Bornhagen Bck: Gotha) Bb(M: Berlin), ↗ (sm·c4-6EUR – O Onoford.). [subsp. *micranthos* (GRISEB.) HAYEK, *C. biebersteinii* auct.] subsp. ***australis*** (A. KERN.) GREUTER

10 (8) Anhängsel der mittleren HüllBla nicht mit regelmäßigen Wimpern od. Fransen am Rand, ungeteilt, zerrissen od. mit dichtstehenden, unregelmäßigen Fransen (Abb. **812**/3). h Alp Rh, v He Sa, z By Nw(f N) Th(f Hrz NW) Bb Mv, s Bw(f SW) An(f Hrz W) Ns(Elb N S) Sh (sm-b·c2-6EUR, [N] WSIB+ austr+sm-tempOAM – teiligr/sogr hros H · Pleiok, selten WuSpr – InB SeB – VdA AmA – L7 T6 F5 R6? N3 – K Mol.-Arrh., bes. O Arrh., V Dauco- Mel.).
Gesamtart **Wiesen-F. – *C. jacea* L.**
1 Bla elliptisch bis br eilanzettlich, spitz. Pfl grün, kurz behaart, wenig u. meist nur oberhalb der StgMitte verzweigt. Zweige wenigblättrig. Blü purpurn, vergrößerte RandBlü stets vorhanden. Pappus fehlend od. wenige Börstchen. Hülle 15–18 × 12–15 mm. 0,15–0,60. (5–)6–8.
Wiesen-F. – *C. jacea* subsp. *jacea*
Ähnlich, aber mit gleichmäßig kammfg gefransten HüllBlaAnhängseln: *C. jacea* subsp. *subjacea* (BECK) HYL. [*C. subjacea* (BECK) HAYEK] Hülle 14 mm lg, 12 mm ⌀. 0,60–0,80. 6–8. Halbtrockenrasen. Aus D nicht sicher nachgewiesen, ob By Bb? (sm/mo-stemp·c3-4EUR).
1* Bla lanzettlich bis lineal-lanzettlich. Obere Bla 3–4 mm br, untere meist ungeteilt, selten mit einzelnen Lappenzähnen. Pfl flockig-dünnfilzig. Stg schon unter der Mitte reichästig. Zweige vielblättrig. Blü rosa, RandBlü vergrößert, strahlend. (0,30–)0,40–0,80(–1,00). 7–9(–10). Halbtrockenrasen, Säume, Rud.; v An(S SO, z N), z By Bw(v S) Rh He Th Sa Bb? Ns?, s Nw(O MW), [U] s Mv, Verbr. in D ungenau bekannt (sm-stemp·c2-6EUR – L8 T7? F4 Rx N2 – V Circs.-Brach., V Mesobrom., O Orig.). [*C. pannonica* (HEUFF.) SIMONK.] **Ungarische F. – *C. jacea* subsp. *angustifolia*** (DC.) GREMLI Bla lg- u. weichhaarig, graugrün, linealisch bis lineal-länglich. Obere Bla sehr schmal (oft nur 1–3 mm br), untere Bla überwiegend fiederlappig. Stg vom Grund verzweigt, Zweige vielblättrig. Pappus fehlend. RandBlü strahlend. 0,20–0,90. 8–10. Trockenrasen, kalkliebend. [N] s Rh(SW M) (sm-stemp·c2-3EUR). [*C. timbalii* MARTRIN-DONOS] **Timbal-F. – *C. jacea* subsp. *timbalii*** (MARTRIN-DONOS) BRAUN-BLANQ.
10* Anhängsel der mittleren HüllBla regelmäßig gefranst (Abb. **812**/4, 5) 11
11 Fr mit gut entwickeltem, kurzem Pappus. RandBlü nicht vergrößert. HüllBlaAnhängseln den grünlichen unteren Teil der nach innen folgenden HüllBla ganz verdeckend. Hülle einheitlich braun bis schwarz 12
11* Fr ohne od. mit verkümmertem Pappus. RandBlü vergrößert od. nicht 13
12 Hülle kuglig, >15 mm ⌀. Ungeteiltes Mittelfeld der HüllBlaAnhängseln br eifg-rundlich, so br wie die Länge der Wimpern (Abb. **812**/4), angedrückt. HüllBlaAnhänsel dunkelbraun bis schwarz. Pfl mit wenigen Ästen. Obere Bla verkehrt eilanzettlich. 0,20–0,70. 7–9. Rud.: Verkehrswege, kalkmeidend; z Bw Rh He(f SO), s By Nw(v SW SO MW) Th(Rho), [N] s Sa An Ns Sh, [U] s Bb Mv (sm/mo-b·c1-2EUR, [N] sm-tempAM – sogr hros H ♃Rhiz – InB – L8 T4? F5 R3 N4? – V Viol. can., V Triset., V Arrh., V Trif. med.). [*C. jacea* subsp. *nigra* (L.) BONNIER et LAYENS] **Schwarze F. – *C. nigra* L.**

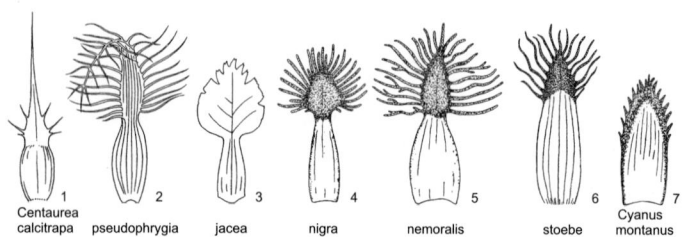

1 Centaurea calcitrapa 2 pseudophrygia 3 jacea 4 nigra 5 nemoralis 6 stoebe 7 Cyanus montanus

12* Hülle eifg, 10–15 mm ⌀. Mittelfeld der HüllBlaAnhängsel dreieckig-lanzettlich, viel schmaler als die Länge der Wimpern (Abb. **812**/5). Wimpern braun. Pfl meist reich verzweigt. 0,20–0,70. 7–9. Mäßig frische Silikatmagerrasen, Heiden, mont. Frischwiesen, Wald- u. Gebüschränder; z Bw(f Alb S) Rh He, s By(f O) Nw(SW SO) Th(Rho Bck Wa), [N] s Sa (sm/mo-temp·c1-3EUR – L7 T6 F4 R6 N3?). [*C. nigra* subsp. *nemoralis* (JORD.) GREMLI]
Hain-F. – *C. nemoralis* JORD.

13 (12) HüllBlaAnhängsel klein, <2,5 mm lg, ausgebreitet od. abgebogen, den grünlichen unteren Teil der nach innen folgenden HüllBla nur teilweise verdeckend, Hülle dadurch schwarz u. grün gescheckt **14**

13* HüllBlaAnhängsel >2,5 mm lg, angedrückt, den grünlichen unteren Teil der nach innen folgenden HüllBla ganz bedeckend **15**

14 RandBlü vergrößert, strahlend. Anhängsel schmal dreieckig bis eifg, schwärzlich, die Fransen so lg wie das Anhängsel od. länger (Abb. **812**/5); Hülle klein, eifg, <12 mm ⌀. RandBlü vergrößert, steril, strahlend. Pfl von der Mitte an wenig verzweigt. BlaSpreite br, obere Bla ± stängelumfassend. 0,20–0,80. 7–9. Frische bis wechselfrische Wiesen, wechseltrockne Halbtrockenrasen, kalkmeidend; [N 19. Jh.] z Th An, s Sa Ns, [U] s By Bw Rh He Nw Bb Sh (sm/mo-stemp·c2-4EUR – sogr? hros H ⚇ Rhiz – InB – L8 T6? F4~? R6? N6? – V Arrh., V Mol., V Mesobrom.). [*C. jacea* subsp. *nigrescens* (WILLD.) ČELAK.]
Schwärzliche F. – *C. nigrescens* WILLD.

14* RandBlü nicht strahlend. HüllBlaAnhängsel klein, dünn, alle anliegend od. auch zurückgebogen. BlaSpreite lanzettlich. Pfl stark verzweigt. 0,20–0,90. 7–10. Trockne Wiesen, Rud.; s Rh SW-Nw? Th? (sm/mo-stemp·c1-2EUR) [*C. microptilon* (GODR.) GODR. et GREN., *C. decipiens* var. *microptilon* (GODR.) BRIQ.]
Kleinfedrige F. – *C. jacea* subsp. *microptilon* (GODR.) GREMLI

15 (13) Bla eifg-elliptisch, grün, kurz behaart. Köpfchen ziemlich groß, Hülle ± kuglig. BlüZeit Sommer. Pappus fehlend od. rudimentär. 0,20–0,90. 6–8. Wiesen, Wegränder; in D nicht sicher nachgewiesen, Nw? (sm-temp·c2EUR) [*C. thuillieri* J. DUVIGN. et LAMBINON, *C. pratensis* THUILL. non SALISB.]
Thuillier-F. – *C. jacea* subsp. *grandiflora* (GAUDIN) SCHÜBL. et G. MARTENS

15* Bla schmal lanzettlich bis linealisch. Pfl graugrün von z. T. weichen u. lg Haaren. Köpfchen eifg, klein. BlüZeit spät. Pappus fehlend. 0,20–1,00. 8–10. Trockenrasen, Heiden, trockne Wegränder; s Rh Nw (sm-temp·c1-2EUR). [*C. decipiens* THUILL.]
Täuschende F. – *C. jacea* subsp. *decipiens* (THUILL.) ČELAK.

Die subsp. *timbalii*, *microptilon*, *grandiflora* u. *decipiens* sind wohl größtenteils durch Hybridisierung von *C. jacea* mit *C. nigra* od. *C. nigrescens* entstanden, ihr Wert ist umstritten.

Hybriden: *C. diffusa* × *C. jacea* = *C. ×juvenalis* GODR. – s, *C. diffusa* × *C. stoebe* = *C. ×psammogena* GÁYER – z, *C. jacea* × *C. nigra* = *C. ×gerstlaueri* ERDNER – s, *C. jacea* × *C. nigrescens* = *C. ×extranea* BECK – s, *C. jacea* × *C. pseudophrygia* = ? – s By Sa, *C. jacea* subsp. *angustifolia* × *C. stoebe* = *C. ×ligerina* FRANCH. – s, *C. nigra* × *C. phrygia* = *C. ×lundstroemii* FEDDE – s, *C. nigra* × *C. pseudophrygia* = ? – s, *C. pseudophrygia* × *C. solstitialis* = *C. ×redita* F. HERM. – s, *C. pseudophrygia* × *C. stenolepis* = *C. ×castriferrei* BORBÁS et WAISB. – s, *C. scabiosa* × *C. stoebe* = *C. ×grabowskiana* ASCH. – s

ASTERACEAE 813

Cyanus MILL. – **Flockenblume, Kornblume** (± 40 Arten)
1 Mittlere StgBla schmal linealisch, nicht herablaufend, oseits stärker filzig als useits. Antherenröhre der ScheibenBlü stark gekrümmt. Pfl ⊙ ①. 0,30–0,80. 6–10. Sandige bis lehmige Äcker, mäßig frische Rud., Ackerbrachen, kalkmeidend?; [A] h Th Sa An Ns Mv, v By(g NM) Bw Rh He Nw Bb, s Sh Alp(Allg Brch), ↘; auch ZierPfl mit unterschiedlicher BlüFarbe (m-b·c1-7EUR-WAS, [N] austr+m-tempCIRCPOL – hros ① ⊙ – InB selbststeril – MeA AmA VdA? Sa langlebig – L7 T6 Fx Rx Nx – K Stell., V Sisymbr. – HeilPfl Schmuckdroge). [*Centaurea cyanus* L.] **Kornblume – *C. segetum*** HILL
1* Mittlere StgBla lanzettlich bis elliptisch, herablaufend, schwach behaart od. beidseits filzig. Antherenröhre der ScheibenBlü nur leicht gebogen. Pfl ⚃ 2
2 HüllBlaAnhängsel dreieckig, als ein schwarzbrauner Saum lg herablaufend, seine Zähne etwa so lg wie die Breite des Saums (Abb. 812/7). Bla lanzettlich bis elliptisch, ganzrandig, grün, useits spinnwebig-flockig. 0,30–0,80. 5–8. Subalp. bis hochmont. frische Staudenfluren u. Wiesen, Auflichtungen mont. Wälder (bes. SchluchtW) u. deren Säume, Rud., basenhold; h Alp, z By Bw Rh He Nw(f N) Th(f Hrz ?), s An(Hrz) Ns(S), [N] z Sa, [U] z Sh, s Bb; auch ZierPfl (sm/mo-stemp/demo·c2-3EUR – igr hros H ⚃ Pleiok+WuSpr – InB – AmA – L6 T4 F5 R7 N6 – V Car. ferr., V Triset., O Orig., V Til.-Acer., V Cephal.-Fag., K Artem.). [*Centaurea montana* L.] **Berg-F. – *C. montanus*** (L.) HILL
2* HüllBlaAnhängsel mit braunem Saum, seine Zähne etwa doppelt so lg wie dieser. Bla schmal lanzettlich, häufig fiederlappig, dünn graufilzig. 0,10–0,60. 5–7. Mäßig frische, lichte LaubmischW u. Gebüsche u. deren Säume, basenhold; s By(MS: Schleißheim, Freising), [U] s Nw, ↘ (m/mo-stemp·c2-6EUR-WAS – igr? hros H ⚃ Pleiok+WuSpr? – InB – AmA? – L6 T7? F4 R7 N4 – V Ger. sang., V Carp., O Querc. pub. – formenreiche Art, in D nur subsp. *axillaris* (ČELAK.) ŠTĚPÁNEK [subsp. *aligera* (GUGLER) DOSTÁL]: sm-stemp·c2-4 EUR?). [*Centaurea triumfettii* ALL.] **Filz-F. – *C. triumfettii*** (ALL.) Á. LÖVE et D. LÖVE

Tribus ***Cichorieae*** LAM. et DC.

Bearbeitung: **Siegfried Bräutigam, Ingo Uhlemann** (*Taraxacum*), **Klaus Pistrick** (*Cichorium*)

Cichorium L. – **Wegwarte** (6 Arten)
Bearbeitung: **Klaus Pistrick**

1 Untere Bla zumindest useits rauhaarig, (bei der WildPfl – var. *intybus*) schrotsägefg fiederspaltig bis -teilig; obere Bla mit verbreitertem Grund halbstängelumfassend. Äußere HüllBla gleich, <5 mm br, Fr deutlich gerippt, mit einem Krönchen aus kurzen, 0,2–0,3 mm lg Pappusschuppen. 0,30–1,20. 7–10. Frische bis mäßig trockne Rud.: Straßenränder, Bahnanlagen; Tritt- u. übernutzte Weiderasen, extensiv genutzte Äcker, nährstoffanspruchsvoll; [A] g An, h By Bw He Th Sa, v Rh Nw Bb Ns Mv, z Alp Sh; auch KulturPfl (m-temp-(b)·c1-9EUR-WAS, [N] austr-(strop)-m-(b)CIRCPOL – sogr hros H ⚃ PleiokRübe regenerativ WuSpr – InB, blüht 6–14 Uhr – StA KlA VersteckA hygrochasisch MeA: Rasensalat Lichtkeimer – L9 T6 F4 R8 N5 – K Polyg., V Conv.-Agrop., V Dauco-Mel., O Arrh., V Caucal. – Gemüse, Salat, Kaffee-Ersatz, VolksheilPfl, formenreich: Wurzelzichorie – var. *sativum* DC., Chicoree – var. *foliosum* HEGI, Fleischkraut, Zuckerhut – var. *latifolium* K. HAMMER et GLADIS, Radicchio – var. *porphyreum* ALEF. – *18*). **Gewöhnliche W., Zichorie, Chicorée – *C. intybus*** L.
1* Bla alle kahl od. untere Bla schach flaumhaarig; obere Bla mit herzfg Grund stängelumfassend 2
2 Ein äußeres HüllBla vergrößert, meist 8–15 mm br. Fr glatt, ohne od. mit winzigen, bis 0,1 mm lg Pappusschuppen, in lg gestielten Köpfen. Untere Bla ungeteilt, gezähnt. 0,30–0,60. 7–9. Rud., Kleeäcker (mit Saatgut u. mit Vogelfutter eingeschleppt); [U] s By Bw Rh He Nw Mv (strop-m//moOAFR-WAS? – hros ⊙ ① Rübe). **Kahlfrüchtige W. – *C. calvum*** ASCH.
2* Äußere HüllBla gleich, <5 mm br. Fr undeutlich gerippt, mit 0,4–0,8 mm lg Pappusschuppen. Untere Bla ungeteilt bis fiederteilig. 0,30–1,00. 7–10. KulturPfl, auch Rud., Kleeäcker; [N U]

s By Bw He Nw Th Sa Bb Ns Mv (m-sm·c3-8EUR-WAS – hros ☉ ☉ Rübe – L7 T8 F5 R5 N7 – Salat, Gemüse, formenreich: Schnitt-E. – var. *endivia* [var. *angustifolia* LAM.], Glattblättrige E., Eskariol, Winterendivie – var. *latifolium* LAM., Krausblättrige E., Plumage, Frisée – var. *crispum* (MILL.) LAM. – *18*). **Endivie** – *C. endivia* L.

Lapsana L. – **Rainkohl** (5 Arten)
Bla eckig gezähnt, untere leierfg, mit großem Endabschnitt. 0,30–1,00. 6–9. Frische Wald- u. Gebüschsäume, Hecken, Waldschläge, an Waldwegen, Rud., Gärten, Brachen, frische Äcker; alle Bdl g, nur Sh v, Alp z (m/mo-b·c1-7EUR, [N] sm-tempSIB+OAS+AM – igr hros ① ☉? ⚃ PfWu – InB – StA AmA MeA Sa langlebig – L5 T6 F5 Rx N7 – V Geo-Alliar., K Stell., O Prun., V Epil. ang.). **Rainkohl** – *L. communis* L.
1 Köpfe 7–12 mm ⌀. Innere HüllBla 5–7 mm lg. ZungenBlü blassgelb, höchstens 1,5mal so lg wie die Hülle. Standorte, Soz. u. Verbr. in D wie Art ① ☉? – *14*). subsp. *communis*
1* Köpfe um 30 mm ⌀. Innere HüllBla 7–11 mm lg. ZungenBlü goldgelb, 2–2,5mal so lg wie die Hülle. Gebüsch- u. Waldsäume; [U] s By Nw (m-sm//mo·c3-5OEUR-WAS – ☉ ① ⚃ – V Geo-Alliar.). subsp. *intermedia* (M. BIEB.) HAYEK

Chondrilla L. – **Knorpellattich** (30 Arten)
1 Stg mit ∞ rutenfg Ästen. GrundBla buchtig fiederteilig, zur BlüZeit vertrocknet. StgBla meist ganzrandig. Köpfe klein, in knäueligen Ähren od. Trauben. 0,30–1,00. 7–9. Rud. Sandtrockenrasen, trockne, sandige Rud.: Böschungen, Bahnanlagen, Sandgruben; Ackerränder, Brachen, lichte KiefernW; v An Bb, z Rh He(SO ORh SW) Sa(f SW) Mv, s By(z NM u. N) Bw Nw Th(Rho, z Bck) Ns Sh, ↘ (m-stemp·c1-9EUR-WAS, [N] austrAUST+AM+m-stempAM – sogr hros H ⚃ Rübe, regenerativ WuSpr – Ap – WiA – L8 T7 F3 R6 Nx – V Conv.-Agrop., O Fest.-Sedet., V Dauco-Mel., V Cytis.-Pin. – *14*, *15*). **Großer K.** – *Ch. juncea* L.
1* Stg nur oberwärts kurz gabelästig. GrundBla entfernt gezähnelt, bleibend, blaugrün. Köpfe in Schirmrispen. 0,10–0,30. 7–8. Subalp. bis mont. sickerfrische bis wechseltrockne Flussschotterfluren, kalkstet; s Alp (Amm: Friedergries), † By(S MS) Bw(S), ↘ (sm-stemp//perialp·c3EUR – igr hros H ⚃ PleiokRübe – InB – WiA – L9 T4 F5= R9 N2 – V Epil. fleisch.). **Alpen-K.** – *Ch. chondrilloides* (ARD.) H. KARST.

Willemetia NECK. [*Calycocorsus* F.W. SCHMIDT] – **Kronenlattich** (2 Arten)
Bla kahl, schwach bläulichgrün. GrundBla rosettig, verkehrteifg, StgBla klein od. schuppenfg. Kr goldgelb, länger als die Hülle. 0,15–0,45. 6–8. Mont. bis subalp. sickernasse Nieder- u. Quellmoore, Bachufer, basenhold; h Alp, z By(S MS, v O), s Bw(S) (sm-stemp// desalp·c3-4EUR – igr hros/ros H ⚃Rhiz – InB – WiA – L9 T3 F9 R7 N4 – K Scheuchz.-Car., V Card.-Mont., V Calth. – *10*). [*Calycocorsus stipitatus* (JACQ.) RAUSCHERT]
Kronenlattich – *W. stipitata* (JACQ.) DALLA TORRE

Taraxacum F.H. WIGG. – **Kuhblume, Löwenzahn** (2300 Arten?)
Bearbeitung: **Ingo Uhlemann**

In D sind bislang 413 beschriebene *Taraxacum*-Arten nachgewiesen, was ca. 30 % der realen Artenzahl entspricht. Der Schlüssel erfasst die Sektionen (früher Aggregate), die in D vorkommen. Die meisten Arten sind Elemente polyploid-apomiktischer, miteinander vernetzter Formenschwärme, die im Kritischen Ergänzungsband verschlüsselt sind. In Deutschland gibt es 3 Typen von Reproduktionssystemen: 1. obligate Apomikten (überall im Gebiet, im N nur diese), 2. fakultative Apomikten (nur By), 3. Sexuelle (SW-By, Bw, S-He). Gesammelt werden Pfl nur während der Hauptblüte: 4–5 (Tiefland, Mittelg), 6–8 (sehr hohe Mittelgebirgslagen u. Alpen). Ein Herbarbeleg sollte ca. 5 Bla, 1 geöffneten u. 1 ungeöffneten BlüStand u. (bes. sect. *Erythrosperma*) reife Fr aufweisen. Die Achänen bestehen aus einem gefärbten Hauptteil (Achänenkörper) mit aufgesetzter Spitze (Pyramide), auf der farblose Stiel (Rostrum) des Pappus sitzt. Die Länge der Achäne setzt sich aus Achänenkörper u. Pyramide zusammen.

(Alle Arten in D: teiligr ros H ⚃ PfWu, regenerativ WuSpr – WiA KlA Lichtkeimer – Futter-, Bienenfutter-, Salat-, VolksheilPfl)

1 Äußere HüllBla an der Außenseite der Spitze mit einer schwielenartigen Verdickung. Pfl meist zart u. klein, mit dünnen BlaStielen 2

ASTERACEAE 815

1* Äußere HüllBla an der Außenseite der Spitze ohne schwielenartige Verdickung. Pfl robust, mittelgroß bis groß, vorwiegend an Rud. u. im Grünland, wenn zart u. klein, dann in alp. Bereichen, Nass- u. Salzwiesen od. modifiziert an untypischen Standorten 4
2 Pappus schmutziggelb bis purpurbraun. Bla ganzrandig, gezähnt, gebuchtet, geschweift od. mit wenigen kleinen Lappen. Äußere HüllBla ca. 1 mm br, den inneren anliegend. Bla meist linealisch bis lanzettlich. Pfl sehr zart u. meist kleinwüchsig (Habitus wie *T.* sect. *Palustria*). Achänen hell graubraun, ohne Pyramide 4–5 mm lg, allmählich in die 1,1–1,7 mm lg zylindrische Pyramide übergehend. Rostrum 4–5 mm lg. Sexuelle Art. 0,10–0,20. 8–10. Salzwiesen, Salzweiden, salzbeeinflusste Rud.; [U] s Rh: Mainz (m-stemp c5-10 EUR+MAS – K Junc. mar.). [*Leontodon dentatus* TAUSCH, *L. pinnatifidus* TAUSCH, *L. parviflorus* TAUSCH, *Pyrrhopappus taraxacoides* DC., *Taraxacum fulvipilis* HARV., *T. microcephalum* SCHUR, *T. procumbens* LESS., *T. salinum* BESSER, *T. salsugineum* LAMOTTE]
Salzwiesen-K. – *T.* (sect. *Piesis* (DC.) KIRSCHNER et ŠTĚPÁNEK) *bessarabicum* (HORNEM.) HAND.-MAZZ.
2* Pappus weiß. Bla tief gelappt 3
3 Achänen braun, rotbraun bis orangerot, gelblichbraun od. selten grau. Pyramide zylindrisch. ZungenBlü hellgelb, meist flach. 0,05–0,25(–0,35). 4–5. Lückige Trockenrasen, (rud.) Sandtrockenrasen, Silikatmagerrasen, Dünen, trockne Rud.: Ackerbrachen, Weinberge; v (Bergland s) Rh Nw Th Bb, z By Bw He Sa An Mv Sh, s Alp(Kch Krw) (m/(mo)-sm-temp·c1-6EUR-WAS – L8 T6 F3 R7 N2 – O Coryneph., K Sedo-Scler., K Fest.-Brom., K Polyg.). [*T. laevigatum* (WILLD.) DC. s. l., *T. fulvum*-Gruppe, *T. simile*-Gruppe s. OBERD.]
Schwielen-K.-Gruppe – sect. *Erythrosperma* (H. LINDB.) DAHLST.
3* Achänen stets grau. Pyramide kegelfg. ZungenBlü gold- bis orangegelb, zumindest teilweise röhrig eingerollt. 0,05–0,15. 4–5. Küstendünen u. küstennahe, sandige Trockenrasen; s Sh(O) Ns(N: Inseln) Mv(f MW NO) (temp·c2-3litEUR – L9 T6 F3 R6 N4 – O Coryneph., bes. V Koel. albesc.). [*T. obliquum* (FR.) DAHLST. s. l.]
Dünen-K.-Gruppe – sect. *Obliqua* (DAHLST.) DAHLST.
4 (1) ZungenBlü meist röhrig eingerollt, an der Spitze kapuzenfg verwachsen, strohgelb bis hell ockerfarben. 0,10–0,25. 5–8. Subalp. u. alp. Matten, Trittrasen, Schneetälchen; s Alp(Brch Wtt) (sm-temp/(salp)-alp·c3-5EUR – L8 T2 F6 R6 N4 – V Poion alp., K Salic. herb.). [*T. cucullatum* DAHLST. s. l.] **Kapuzen-K.-Gruppe – sect. *Cucullata* SOEST**
4* ZungenBlü flach, an der Spitze nicht kapuzenfg verwachsen, hell-, gold- od. orangegelb 5
5 Äußere HüllBla meist br (>0,5 mm) weiß berandet, meist anliegend, selten aufrecht abstehend, (2–)3–6 mm br. Bla meist linealisch bis linealisch-lanzettlich, ganzrandig, entfernt gezähnt, gebuchtet, geschweift od. mit wenigen kleinen Lappen. BlaStiel schmal, meist ungeflügelt, selten schwach geflügelt. Achänen 3,2–5,2 mm lg, mit (fast) zylindrischer Pyramide, diese (0,5–)0,7–2,2 mm lg. Rostrum (6–)7–10 mm lg. Pfl sehr zart u. meist kleinwüchsig, zuweilen schwach sukkulent. 0,05–0,30. 4–6. Staunasse bis wechselfeuchte Wiesen u. Flachmoore, Quellmoore, Salzwiesen, basenhold; z Alp By Bw(f NW) Rh(ORh SW N) Bb Mv, s He(f NW SW W) Nw(N MW NO) Th(Rho Bck O) Sa(SO) Ns(v Elb) Sh(f W), † An ((m)-sm-temp-b·c1-3EUR-WAS – L8 Tx F8~ R8 N2 – O Car. davall., V Mol., V Calth., V Armer. marit.). [*T. palustre* (J. LYONS) SYMONS s. l., *T. paludosum* (SCOP.) CRÉP. s. l.]
Sumpf-K.-Gruppe – sect. *Palustria* (H. LINDB.) DAHLST.
5* Äußere HüllBla nicht od. schmal berandet (0,1–0,3 mm), locker anliegend, aufrecht abstehend, ± waagerecht abstehend, zurückgebogen, zurückgerichtet od. unregelmäßig. Bla lanzettlich bis verkehrteilanzettlich, meist tief gelappt. Achänen mit kegelfg. od. fast zylindrischer, meist <0,8 mm lg Pyramide. Pfl robust, mittelgroß bis groß, vorwiegend an Rud. u. im Grünland, wenn Bla gezähnt, gebuchtet, geschweift od. mit wenigen kleinen Lappen u. Pfl zart u. klein, dann in alp. Bereichen, Salzwiesen od. modifiziert an untypischen Standorten. 6
6 Rostrum kurz, 3–5(–6) mm lg. Äußere HüllBla (4,0–)5,0–7,0(–7,5) mm lg. 0,05–0,15(–0,25). 6–9. Subalp. bis alp. frische bis feuchte Matten, Schneetälchen, Lägerfluren, Bachränder, Wegränder, feinerdereiche Schotter, nährstoffanspruchsvoll; z bis v Alp ((m)-sm-stemp//salp-alp·c1-3EUR – L8 T2 F6 R8 N6 – O Arab. caer., V Poion alp.). [*T. alpinum* HEGETSCHW. s. l., *T. apenninum*-Gruppe s. OBERD.] **Alpen-K.-Gruppe – sect. *Alpina* G.E. HAGLUND**

6*	Rostrum (6–)8–12 mm lg. Äußere HüllBla >7,5 mm lg 7
7	Achänenkörper >3,5 mm lg. An frischen bis nassen Standorten N-D od. der Alpen 8
7*	Achänenkörper <3,5 mm lg. An frischen bis feuchten Standorten 10
8	Bla dicht behaart, auf der gesamten Spreite meist mit ± großen, unregelmäßigen, schwarzvioletten Flecken. BlaStiel meist intensiv purpurn mit einem Muster feiner rot-grüner Linien. 0,10–0,30. 5–6. Nass- u. Salzwiesen, Flachmoore; s Ns? Mv(f Elb) (temp-b·c1-3EUR – L8 T6 F7 R4 N3 – K Junc. mar., O Mol.). [*T. spectabile* s. auct. germ. p. p. s. l., *T. praestans*-Gruppe s. OBERD.] **Flecken-K.-Gruppe – sect. *Naevosa* M.P. CHRIST.**
8*	Bla ± kahl, Spreite ungefleckt. AlpenPfl 9
9	BlaStiel wenigstens der äußeren Bla br geflügelt, grün, rosa od. rotviolett. BlaSpreite grün, gezähnt od. mit wenigen meist kleinen Lappen. Äußere HüllBla anliegend, aufrecht od. zurückgebogen, grün, berandet od. unberandet. Achäne grau bis graubraun. 0,15–0,25 (–0,30). 6–8. Subalp. bis alp. Moore, Quellfluren, Bachufer; s Alp (sm-stemp//salp·c3-4EUR – L8 T3 F9 R6 N5 – K Mont.-Card.). [*T. fontanum* HAND.-MAZZ. s. l.] **Quell-K.-Gruppe – sect. *Fontana* SOEST**
9*	BlaStiel dünn, ungeflügelt, rotviolett. BlaSpreite bläulich graugrün, deutlich gelappt, beidseits mit 2–3 3eckigen Seitenlappen, BlaEndlappen größer als die Seitenlappen, meist gezähnt. Äußere HüllBla aufrecht bis anliegend, in der oberen Hälfte purpurn, unten grün, undeutlich berandet. Achäne rotbraun. 0,15–0,20. 7–8. Subalp. bis alp. Quellfluren, Bachufer; s Alp(Allg: Alte Piesenalpe) (sm-stemp//salp·c3-4EUR – L8 T3 F9 R6? N5? – K Mont.-Card.). [*T. rhodocarpum* DAHLST.] **Rotfrüchtige-K. – *T.* (sect. *Rhodocarpa* SOEST) *schroeterianum* HAND.-MAZZ.**
10	(7) Äußere HüllBla bis 10 mm lg, selten einzelne etwas länger, aufrecht abstehend mit zurückgebogenen Spitzen. Blü meist gold- bis orangegelb. 0,10–0,30. 6–8. Subalp. bis alp. u. dealp., lückige, feuchte Rasen, mont. Wiesen, Bachufer, Weg- u. Straßenränder; z Alp(f Amm Chm Mng), s By(S) Bw(S SW) An(Hrz: Brocken) (sm-stemp//salp-alp·c1-4EUR – L7 T3 F5 R7 N6). [*T. alpestre* HEGETSCHW. non (TAUSCH) DC. s. l., *T. nigricans*-Gruppe s. OBERD.] **Gebirgs-K.-Gruppe – sect. *Alpestria* (SOEST) SOEST**
10*	Äußere HüllBla >10 mm lg. Blü gelb 11
11	Innere HüllBla blauschwarz, stets deutlich bereift. BlaStiel mit einem Muster feiner rot-grüner Linien. BlaSeitenlappen meist hakenfg. Bla meist kahl od. locker behaart. 0,15–0,30. 4–6. Frische bis nasse Wiesen u. Weiden, Parkrasen, seltener Rud. (Weg- u. Straßenränder), nährstoffanspruchsvoll; v Ns Mv Sh, z He Nw Th Sa An Bb, s By(f MS O S) Bw Rh (temp·c2-5EUR – K Mol.-Arrh., K Junc. mar.). [*T. officinale* auct. germ. p. min. p.] **Haken-K.-Gruppe – sect. *Hamata* H. ØLLG.**
11*	Mindestens eines der folgenden Merkmale der Kombination: innere HüllBla blauschwarz, deutlich bereift; BlaStiel mit einem Muster feiner rot-grüner Linien fehlend 12
12	BlaStiel mit einem Muster feiner rot-grüner Linien. Bla dicht behaart. HüllBla rein- bis blaugrün, bereift. 0,15–0,30. 4–5. Frische bis feuchte Wiesen u. Weiden od. (seltener) Rud. (Weg- u. Straßenränder), nährstoffanspruchsvoll; z He Nw Th Sa An Bb Ns Mv Sh, s By Bw Rh (temp·c2-5EUR – K Mol.-Arrh., K Junc. mar.). [*T. officinale* auct. germ. p. min. p.] **Adam-K.-Gruppe – *T. adamii*-Gruppe**
12*	Mindestens eines der folgenden Merkmale der Kombination: BlaStiel mit einem Muster feiner rot-grüner Linien; Bla dicht behaart; HüllBla rein- bis blaugrün, bereift fehlend. 13
13	Äußere HüllBla bläulich, oft oseits mit dunklem Mittelstreifen, steif aufrecht abstehend od. locker anliegend, wenn nicht berandet, dann BlaStiel rosa bis rotviolett. Wenn äußere HüllBla schmal berandet, dann BlaStiel grün. BlaSeitenlappen kurz ± 3eckig, meist aus br Grund ± plötzlich in eine schmale, stumpfe Spitze auslaufend. 0,10–0,35. 5–6. (Frische), feuchte bis nasse, teils auch salzhaltige Wiesen u. Weiden, feuchte Silikatmagerrasen; z By Bw He Nw Ns Sh, s Rh Th Sa An(Hrz) Bb Mv (sm-temp·c2EUR – O Mol., O Nard., K Junc. mar.). [*T. spectabile* auct. germ. p. min. p.] **Moor-K.-Gruppe – sect. *Celtica* A.J. RICHARDS**
13*	Äußere HüllBla grün bis schwarzgrün, oseits ohne dunklen Mittelstreifen, ± waagerecht abstehend, zurückgebogen, zurückgerichtet od. unregelmäßig, wenn aufrecht abstehend bis locker anliegend, dann schmal berandet 14
14	Äußere HüllBla ± waagerecht abstehend, zurückgebogen, zurückgerichtet od. unregelmäßig, berandet od. unberandet. Achänen mit kegelfg, 0,3–0,6 mm lg Pyramide, sehr selten

mit fast zylindrischer, >0,6 mm lg Pyramide. 0,15–0,40. 4–6. Frische bis mäßig frische Wiesen u. Weiden, Rud.: Weg- u. Straßenränder, Äcker, nährstoffanspruchsvoll; alle Bdl g (austr-trop/mo-m-b·c1-7CIRCPOL – L7 Tx F5 Rx N8 – O Arrh., K Junc. mar., K Artem.). [*T. officinale* auct. germ. p. max. p., *T*. sect. *Vulgaria* DAHLST., nom. illeg., *T*. sect. *Ruderalia* KIRSCHNER, H. ⌀LLG. et ŠTĚPÁNEK] **Wiesen-K.-Gruppe – sect.** *Taraxacum*
14* Äußere HüllBla aufrecht abstehend bis locker anliegend, schmal berandet. Achänen mit fast zylindrischer, >0,6 mm lg Pyramide 15
15 Pfl robust. Pollen vorhanden. Bla stets ungefleckt, beidseits mit ≥2 Seitenlappen. 0,15–0,35. 5–6. (Frische), feuchte bis nasse, teils auch salzhaltige Wiesen u. Weiden, z He Nw Th Sa An Bb Ns Mv Sh, s By Bw Rh (sm-temp·c2EUR – O Mol., O Nard., K Junc. mar.). [*T. palustre* auct.] **Hudziok-K.-Gruppe –** *T. subalpinum*-**Gruppe** (Palustroide)
15* Pfl zart. Pollen stets fehlend. Bla ungefleckt od. mit kleinen, schwarzvioletten Flecken, beidseits mit 1–2(–3) Seitenlappen. 0,10–0,25. 4–6. Nasse bis feuchte Salzwiesen; z Ns Sh, s Bb: Binnensalzstellen Mv(N MW NO) (ntemp c2-4 EUR – L8 Tx F8~ R8 N2 – K Junc. mar. – 24). **Strand-K. –** *T. litorale* RAUNK.

Crepis L. – **Pippau, Grundfeste** (>200 Arten)
1 Fr, wenigstens die inneren, mit deutlichem, ± lg Schnabel (Abb. **824**/1). Pappus schneeweiß **2**
1* Fr oben verschmälert, aber höchstens sehr kurz u. undeutlich geschnäbelt (Abb. **824**/2) **4**
2 Köpfe vor dem Aufblühen nickend. Griffel gelb. Pfl mit gelblichem Milchsaft, unangenehm riechend. Kr zitronengelb, RandBlü useits rot. 0,15–0,30. 6–8. Mäßig trockne Rud., Brachen, basenhold; [A], im N [N], z Bw Rh An(f N) Ns(Hrz S), s Alp(Allg) By(z Alb N) He Nw(f NO SW) Th(z Bck) Sa Bb Hrz (S), [U] s Mv, ↘? in An ↗ (m-sm·c1-6-stemp·c1-3EUR – igr hros ① ⊙ – InB – WiA – L9 T7 F4 R7 N3 – V Sisymbr., V Dauco-Mel.).
Stink-P. – *C. foetida* L.
1 Äußere HüllBla ¼ bis ½ so lg wie die inneren, 0,3–0,8 mm br, meist überwiegend drüsenhaarig. FrSchnabel die Hülle meist deutlich überragend. Randliche Fr 7–9 mm lg. Pfl weichhaarig. Standorte, Soz. u. Verbr. in D wie Art. (*10*). **Echter Stink-P. –** subsp. *foetida*
1* Äußere HüllBla ½ bis ¾ so lg wie die inneren, 0,6–1,7 mm br, mit drüsenlosen Borstenhaaren, Drüsenhaare wenige od. fehlend. FrSchnabel die Hülle nicht od. nur wenig überragend. Randliche Fr 5–7 mm lg. Pfl borstenhaarig. [U] s By Bw Rh Mv Sh (*10*). [*C. roeadifolia* M. BIEB.]
Klatschmohn-Stink-P. – subsp. *roeadifolia* (M. BIEB.) ČELAK.

2* Köpfe vor dem Aufblühen aufrecht. Griffel grünlich od. grünlichbraun **3**
3 Hülle reichlich steifborstig, zur FrZeit nur wenig kürzer als der Pappus. Kopfboden kahl. HüllBla abstehend, nicht od. schwach hautrandig. 0,15–0,50. 6–9. Mäßig trockne Rud.: an Mauern, Bahnanlagen; Brachen, Äcker, bes. Dauerkulturen; [N] z Bw Rh s He, [U] s Alp By Nw Th Sa An Bb Ns Mv Sh (m-sm·c2-5EUR, [N] mWAM – hros ⊙ ①? – InB – WiA – L9 T7 F4 R7 N3 – V Sisymbr., V Dauco-Mel. – *8*). **Borsten-P. –** *C. setosa* HALLER f.
3* Hülle nicht od. spärlich borstig, mit wenigen bis ∞ Drüsenhaaren, zur FrZeit halb so lg wie der Pappus. Kopfboden behaart. Äußere HüllBla wenigstens anfangs anliegend, br hautrandig. 0,30–0,80. 5–6. Mäßig bis feuchte frische Rud., an Mauern, Frischwiesen, kalkhold; [A] z Bw Rh Nw Ns(S MO), s Alp By He Th(z Bck), [N U] s Sa Bb Mv Sh, ↘ (m-stemp·c1-4EUR, [N] ntemp·c1EUR+mWAM – igr? hros H ⊙ Rübe – L9 T6 F4 R8 N5 – V Sisymbr.). [*C. taraxacifolia* THUILL.]
Blasen-P., Löwenzahn-P. – *C. vesicaria* L. subsp. *taraxacifolia* (THUILL.) THELL.
4 **(1)** Stg 1köpfig od. mit 1–2(–4) einköpfigen Seitenästen, zur BlüZeit stets mit BlaRosette. GebirgsPfl, nur in By u. Bw **5**
4* Stg mehrköpfig, meist rispig **11**
5 Kr orangerot. Stg mit Rosette, sonst blattlos od. mit einzelnen SchuppenBla, oberwärts schwarzzottig. Bla buchtig gezähnt bis schrotsägefg gelappt, (fast) kahl. Kopf 2,0–2,5 cm ⌀. 0,05–0,20. 6–8. Subalp. (bis mont.) frische Wiesen u. Weiden, Schneebodenrasen, Rud.: Lägerfluren, kalkmeidend, nährstoffanspruchsvoll; h Alp, s By(S), † Bw(S) (m-stemp//alp·c2-

	4EUR – igr ros H ♃ Rhiz – InB – WiA – L8 T2 F5 R5 N7 – V Poion alp., V Salic. herb., V Rum. alp., V Cynos. – 10). **Gold.-P. – *C. aurea* (L.) Cass.**
5*	Kr gelb. Stg beblättert 6
6	Pappus schmutzigweiß, ± zerbrechlich. Bla (fast) kahl 7
6*	Pappus schneeweiß, biegsam 8
7	StgBla eilanzettlich, gezähnt, halbstängelumfassend. Kopf 4–6 cm ⌀. Fr 10–12 mm lg. HüllBla gelblichgrün zottig, auch auf der Innenseite flaumig (Lupe!). 0,20–0,60. 6–8. Alp. bis subalp. frische (hängige) Rasen, kalkhold; s Alp(v Allg), ↘ (sm-stemp//salp·c3EUR – sogr? hros H ♃ Rhiz? – InB – WiA – L8 T2 F5 R8 N5 – V Car. ferr.). [*C. bocconi* P.D. Sell, *C. montana* Tausch] **Berg-P. – *C. pontana* (L.) Dalla Torre**
7*	StgBla lanzettlich, entfernt fiederschnittig mit schmalen Zipfeln, verschmälert sitzend. Kopf 2–3 cm ⌀. Fr 4–5 mm lg. HüllBla schwarzzottig, innen kahl. 0,05–0,15. 7–8. Alp. frische Steinrasen, auch Steinschuttfluren u. Felsspalten, kalkstet; v Alp (sm-stemp//alp·c3EUR – sogr hros H ♃ Rhiz – InB – WiA – L9 T2 F5 R9 N3 – V Sesl.). **Felsen-P. – *C. jacquinii* Tausch subsp. *kerneri* (Rech. f.) Merxm.**
8	(6) Stg 2–10 cm hoch, 1köpfig. Kopf die Bla wenig überragend, 3–5 cm ⌀. Bla schrotsägefg fiederspaltig mit br dreieckigen Zipfeln, (fast) kahl. Hülle dicht schwarzzottig, drüsenlos. 0,02–0,10. 7–8. Alp. frische Steinschuttfluren, kalkstet; z Alp (sm-stemp//alp·c3-4ALP – sogr hros H ♃ Rhiz – InB – WiA – L9 T1 F5 R9 N3 – V Thlasp. rot. – 12). **Triglau-P. – *C. terglouensis* (Hacq.) A. Kern.**
8*	Stg 10–40(–70) cm hoch, 1–5köpfig. Köpfe die Bla deutlich überragend, 2–4 cm ⌀. Bla gezähnt bis fiederlappig od. -spaltig mit schmalen Zipfeln, ± behaart 9
9	StgBla 1–3, mit verschmälertem Grund sitzend. Hülle graufilzig, außerdem mit Drüsenhaaren. Fr 10–12rippig. 0,10–0,30. 6–8. Lichte KieferntrockenW, Trockengebüschsäume, mäßig trockne bis trockne Felsspalten u. Steinrasen, Trockenrasen, kalkstet; v Alp, z By(Alb S MS) Bw(Alb S), ↘ (sm/alp-stemp/dealp·c3EUR – sogr hros H ♃ Rhiz – InB – WiA – L7 T4 F4 R8 N2 – V Eric.-Pin., V Ger. sang., O Sesl., K Fest.-Brom. – 8). **Alpen-P. – *C. alpestris* (Jacq.) Tausch**
9*	StgBla mindestens 4, mittlere mit pfeilfg od. spießfg Grund stängelumfassend. Hülle schwarz od. gelblich langhaarig. Fr (15–)20rippig 10
10	(9, 15) Äußere HüllBla halb so lg wie die inneren. HüllBla flaumig-zottig m. mit Drüsenhaaren, auch auf der Innenseite flaumig (Lupe!). Kopfstiele oberwärts verdickt. 0,15–0,60. 7–9. Subalp. frische Silikatmagerrasen, Rud., Waldsäume, kalkmeidend; z Alp(f Brch) s By(S, † MS), ↘ (sm-stemp//salp·c2-4EUR–(VORDAS) – sogr hros H ♃ Rhiz – InB – WiA – L9 T3 F5~ R2 N2 – V Nard. – 8). [*C. grandiflora* (All.) Tausch] **Großköpfiger P. – *C. conyzifolia* (Gouan) A. Kern.**
10*	Äußere HüllBla etwa so lg wie die inneren. HüllBla ± rauhaarig, drüsenlos, auf der Innenseite kahl. Kopfstiele oberwärts nicht verdickt. 0,25–0,70. 6–8. Subalp. frische Hochstaudenfluren u. (hängige) Rasen, kalkhold; v Alp, s Bw(SW: Feldberg) (sm-stemp//salp·c2-3EUR – sogr eros/hros H ♃ Rhiz – InB – WiA – L7 T3 F5 R7 N6 – O Adenost., V Car. ferr.). [*C. blattarioides* (L.) Vill.] **Pyrenäen-P. – *C. pyrenaica* (L.) Greuter**
11	(4) Stg blattlos. GrundBla entfernt gezähnelt. Köpfe ∞, in traubiger Rispe. 0,15–0,45. 5–6. Lichte, mäßig trockne bis trockne Wälder, Gebüsche u. ihre Säume, Halbtrockenrasen, wechseltrockne Wiesen, kalkhold; z Alp By Bw Th, s Rh He(O) Nw An Bb Ns(S: Holzberg), † Sa Mv, ↘ ((sm/mo)-temp-(b)·c2-6EUR-SIB – sogr hros H ♃ Rhiz – InB – WiA – L6 T7 F3~ R9 N3 – V Ger. sang., O Querc. pub., V Brom. erect., V Mol. – 8). **Abbiss-P. – *C. praemorsa* (L.) Walther**
11*	Stg beblättert 12
12	Pappus schmutzig gelblichweiß, zerbrechlich. Bla buchtig gezähnt, mit spitzen Öhrchen stängelumfassend, kahl, dünn, useits bläulich. Hülle drüsig behaart. 0,40–0,80. 6–8. Nasse Wiesen, Quellfluren, Bachufer, Hochstaudenfluren, Grau-ErlenW, kalkmeidend; nährstoffanspruchsvoll; g Alp, h He Sa Sh, v By Bw Rh Nw Th An Ns Mv Sh, z Bb (sm/mo-b·c2-5EUR – sogr hros H ♃ VertikalRhiz – InB – WiA – L7 Tx F8~ R8 N6 – V Calth., V Mol., V Junc. acutifl., V Adenost., V Alno-Ulm. – 12). **Sumpf-P. – *C. paludosa* (L.) Moench**
12*	Pappus schneeweiß, weich, biegsam 13

ASTERACEAE 819

13 Pfl ♃, mit dunklem Rhizom. Hülle schwärzlich (selten gelblichbraun), drüsig u./od. drüsenlos behaart, aber nur selten (14) graufilzig. Fr meist (außer 14) 20rippig. Köpfe 20–40 mm ⌀ **14**
13* Pfl ☉ od. ☉ (⊗), mit bleicher Pfahlwurzel. Hülle ± weiß- bis graufilzig, selten (16) kahl, höchstens zerstreut drüsenhaarig. Fr stets 10–13rippig. Köpfe 10–35 mm ⌀ **16**
14 Stg außer der Rosette mit 1–3 Bla. Fr 10–12rippig. ***C. alpestris***, s. 9
14* Stg außer der Rosette mehrblättrig. Fr (15–)20rippig **15**
15 Hülle 8–10(–12) mm lg. StgBla mit schwach herzfg Grund halbstängelumfassend. Griffel schwärzlichgrün. HüllBla mit schwärzlichen od. gelblichbraunen Drüsenhaaren u. drüsenlosen Haaren. Stg oberwärts schirmrispig. 0,30–0,60. 6–8. Mont. (bis koll.) frische bis wechselfeuchte Wiesen u. Weiden, auch Silikatmagerrasen, kalkmeidend; h Alp, z (bes. Bergland) By Bw He Nw(SO) Th(h Wld, v Hrz) Sa An, z Ns(Hrz) (sm/mo-temp/demo·c2-4EUR – sogr hros H ♃ Rhiz – InB – WiA – L8 T4 F5~ R5 N5 – V Triset., O Mol., V Nard., V Brom. erect.). **Weicher P. – *C. mollis*** (Jacq.) Asch.
1 Mittlere StgBla oseits dicht behaart, ganzrandig od. in der unteren Hälfte schwach gezähnelt, 2–6mal so lg wie br. Verbr. ungenügend bekannt (12). subsp. ***mollis***
1* Mittlere StgBla kahl od. schwach behaart, am gesamten Rand gezähnt, meist 5–10mal so lg wie br. Verbr. ungenügend bekannt (*12*). [*C. succisiifolia* (All.) Tausch] subsp. ***succisiifolia*** (All.) Dostál
15* Hülle 13–20 mm lg. StgBla mit herzfg, pfeilfg od. spießfg Grund stängelumfassend. Griffel gelb **10**
16 (13) Hülle walzig, kahl. Kopfstiele kahl, hohl. Bla drüsig klebrig od. flaumig. StgBla länglich, ganzrandig od. schwach gezähnt, mit gestutztem od. pfeilfg Grund sitzend. Köpfe 15–17 mm ⌀. 0,30–0,70. 5–7. Mäßig frische bis mäßig trockne Rud. Wegränder, an Mauern; Weinberge, Heckensäume, kalkhold; z Bw Rh, He(ORh), [N U] s By(N NW Alb) Th Ns Mv, ↗ (m·c1-7-stemp·c1-2EUR-WAS – hros H ☉ – InB, blüht vormittags – WiA – L7 T8 F4 R8 N6 – V Sisymbr., O Onop., V Ver.-Euph. – *8*). **Schöner P., Glanz-P. – *C. pulchra*** L.
16* Hülle glockig bis krugfg, ± behaart **17**
17 Pfl graugrün. Mittlere u. obere Bla am Rand umgerollt, linealisch, ganzrandig od. entfernt fiederspaltig, am Grund mit kurzen, 3eckigen Öhrchen halbstängelumfassend (Abb. 821/1). Innere HüllBla auf der Innenseite anliegend behaart (Lupe!). Griffel bräunlichgrün. Köpfe 15–20 mm ⌀. Kr hellgelb. 0,10–0,60. 5–10. Sandige bis steinige, mäßig trockne bis frische Rud.: Wegränder, Bahnanlagen, Industrieflächen, auf Mauern; extensiv genutzte Äcker, Brachen; v Sa An Bb Mv, z By Rh Nw Th(Hrz NW) Ns(v NO) Sh, s Bw He, im Hügel- u. Bergland ↘ (sm-b·c2-8EURAS, [N] sm-bAM – igr hros ① ☉ – L8 T6 F4 Rx N6 – V Sisymbr., O Aper., O Fest.-Sedet. – *8*). **Dach-P., Mauer-P. – *C. tectorum*** L.
17* Pfl frischgrün. StgBla am Rand flach, fiederspaltig bis -teilig, nur oberste ungeteilt **18**
18 Äußere HüllBla der Hülle angedrückt od. einwärts gebogen. StgBla mit meist geschlitzten Öhrchen stängelumfassend (Abb. 821/2). Innere HüllBla auf der Innenseite behaart. Griffel gelb. Köpfe 10–15 mm ⌀. Kr goldgelb, useits oft rötlich. 0,15–0,60. 6–10. Mäßig trockne bis frische Wiesen, Weiden u. Parkrasen, Rud.: Brachen, kalkmeidend; [A?] g Nw Sa Ns Sh, h Bw Rh He An, v By Th Bb Mv, z Alp (m-temp·c1-4EUR, [N] austrAUST+AM+m-temp·c1-4AM – igr hros H ☉ ① – InB – WiA MeA: Rasensaat Sa langlebig – L7 T6 F5 R6 N4 – O Arrh., V Dauco-Mel., V Sisymbr. – 6). **Kleinköpfiger P. – *C. capillaris*** (L.) Wallr.
18* Äußere HüllBla abstehend. Köpfe 20–35 mm ⌀ **19**
19 Innere HüllBla auf der Innenseite anliegend behaart. Bla kahl od. zerstreut kurzhaarig, obere mit gestutztem od. verschmälertem Grund u. meist 2 abstehenden Spießecken sitzend (Abb. 821/3). Griffel gelb. Köpfe 25–35 mm ⌀. Kr goldgelb, useits nicht rot. Fr etwa 5 mm lg. 0,50–1,20. 5–8. Frische bis mäßig frische Wiesen, Rud.: Weg- u. Straßenränder; im N [A] g By(v O NO) Th An, h Bw Rh He Nw Sa(z NO), v Alp Bb, z Ns (g S MO) Mv Sh (sm-temp·c1-4EUR – igr hros H ⊗ ☉ – InB SeB Ap – WiA KlA – L7 T5 F6 R6 N5 – V Arrh., V Triset., V Sisymbr., V Dauco- Mel. – *40*). **Wiesen-P. – *C. biennis*** L.
19* Innere HüllBla auf der Innenseite kahl. Wenigstens untere Bla rauhaarig. StgBla mit ± pfeilfg Öhrchen halbstängelumfassend (Abb. 821/4). Griffel braun. Köpfe 20–25 mm ⌀. Kr blassod. goldgelb. Fr etwa 3 mm lg. 0,30–0,90. 5–6. Mäßig trockne Rud., rud. Frischwiesen,

salztolerant; [N 1850 U] s By Bw Rh Nw Th Sa Bb Sh (sm/mo-stemp·c3-4EUR, [N] temp·c2-3EUR+OAM – igr? hros H ☉ – InB – WiA – L8 T6 F4 R7 N6 – V Sisymbr., V Arrh.). **Nizza-P. – *C. nicaeensis* Pers.**
Hybriden: *C. alpestris* × *C. conyzifolia* = *C.* ×*longifolia* Hegetschw. – s, *C. alpestris* × *C. pyrenaica* = *C.* ×*helvetica* Brügger – s, *C. biennis* × *C. capillaris* = *C.* ×*druceana* J. Murr – s, *C. jacquinii* × *C. terglouensis* = *C.* ×*intermedia* Rech. f. – s

Cicerbita Wallr. [*Mulgedium* Cass.] – **Milchlattich** (ca. 20 Arten)

1 Untere Bla mit 1 Paar Seitenzipfeln u. großem herz-eifg Endabschnitt. Schirmrispe locker. 0,60–1,80. 7–8. ZierPfl; auch Parks, Friedhöfe; [N] s By Rh He Nw Th Sa Bb Mv Sh, [U] s Bw An (sm/mo-temp·c5OEUR+KAUK, [N] temp c1-3EUR – sogr hros H ♃ Rhiz+uAusl – InB – WiA – L5 T7 F5 R5 N7). [*Lactuca macrophylla* (Willd.) A. Gray]
Großblättriger M. – *C. macrophylla* (Willd.) Wallr.
1* Untere Bla mit 3 Paar Seitenzipfeln (Abb. **824**/5) 2
2 Pfl oberwärts stark drüsig behaart. Endabschnitt der Bla dreieckig-spießfg, groß (Abb. **824**/5). Köpfe in verlängerten Rispen. Kr blauviolett. 0,60–1,20. 7–9. Subalp. bis mont. sickerfeuchte bis nasse Hochstaudenfluren, Gebüsche, lichte Wälder u. deren Ränder, Bach- u. Teichufer, nährstoffanspruchsvoll; h Alp, z Sa(SW) Ns(Hrz), s By(S MS NW: Rhön, NO: FichtelG, z O) Bw(Alb S SW) He(O: Vogelsberg, Rhön) Nw(SO: RothaarG) Th(Rho, z Wld) An(Hrz), ↘ (sm-stemp//salp+b/desalp·c2-4 EUR – sogr hros H ♃ Rhiz – InB – WiA – L6 T3 F6 R6 N8 – V Adenost., V Acer.-Fag., V. Til.-Acer. – *18*). [*Lactuca alpina* (L.) A. Gray]
Alpen-M. – *C. alpina* (L.) Wallr.
2* Pfl völlig kahl. Endabschnitt der Bla eifg-länglich. Köpfe in Schirmrispen. Kr hellblau. 0,60–1,30. 7–8. Subalp. sickerfrische bis feuchte Hochstaudenfluren u. -gebüsche, kalkmeidend; s Bw(SW: Feldberg) (sm-stemp//salp·c1-2EUR – sogr hros H ♃ Rhiz – L5 T3 F5 R6 N7 – O Adenost.). [*Lactuca plumieri* (L.) Gren. et Godr.]
Französischer M. – *C. plumieri* (L.) Kirschl.

Mycelis Cass. – **Mauerlattich** (1 Art)

Bla leierfg fiederteilig, mit eckigen BlaZipfeln u. großem Endlappen. Köpfe 5blütig, in lockeren Rispen. 0,40–0,80. 7–8. Frische Laub- u. NadelW, Nadelholzforste u. ihre Säume, Waldverlichtungen u. -schläge, an Waldwegen, schattigen Felsen u. Mauern, nährstoffanspruchsvoll; g Alp By Bw Rh He Nw(v MW N) Th Sa, h An Bb Ns(z N NW) Mv, v Sh(s W) (m/mo-temp-(b)·c1-4EUR, [N] tempOAM+(WAM) – igr hros H ♃ Rhiz – InB – WiA – L4 T6 F5 Rx N6 – V Geo-Alliar., K Epil. ang., K Querc.-Fag. – 18). [*Lactuca muralis* (L.) Gaertn.]
Mauerlattich – *M. muralis* (L.) Dumort.

Lactuca L. – **Lattich** (110 Arten)

1 Kr blau, sehr selten weiß. ♃ 2
1* Kr (blass)gelb. ☉ od. ☉ 3
2 Bla mit verschmälertem Grund sitzend, jederseits mit 1–4 dreieckigen Zipfeln, die oberen ungeteilt. Köpfe in verlängerter Rispe. HüllBla meist purpurn punktiert od. gestrichelt. FrSchnabel kürzer als die übrige Fr. 0,30–0,80. 7–8. Mäßig trockne bis feuchte Weißdünen u. ältere Küstenspülsäume, Rud.: Schutt, Bahnanlagen, salztolerant; [N 1900] z Mv(N), s Ns(N) Sh(O), [U] s Sa An Bb (m/mo-temp·c8-10OEUR-AS, [N] temp·c4-5+litEUR – sogr eros G ♃ WuSpr – InB – WiA – L9 T6 F6~ R8 N5 – V Honck.-Elym., V Ammoph., O Cak., V Pot. ans., O Artem. – *18*). **Tataren-L. – *L. tatarica* (L.) C.A. Mey.**
2* Bla mit geöhrtem Grund halbstängelumfassend, alle mit ∞ linealischen bis lanzettlichen, oft gezähnten od. gelappten Zipfeln. Köpfe in sparrig ausgebreiteter Schirmrispe. HüllBla nicht purpurn punktiert. FrSchnabel so lg wie die übrige Fr (Abb. **800**/5). 0,30–0,50. 5–6. Trockne Felsfluren (bes. Felsbänder), flachgründige Trockenrasen, trockne Rud.: Hafenanlagen, an Mauern; Weinbergsbrachen, basenhold; z Rh, s By(Alb MS NW N O) Bw He(ORh) Th(O S, z Bck) Sa(W: Elbe) An(Hrz S SO), ↘ (m/mo-stemp·c2-4EUR – sogr hros H ♃ Pleiok – InB – WiA – L9 T7 F2 R8 N2 – V Alysso-Sed., K Fest.-Brom., V Ger. sang., V Dauco.-Mel., V Conv.-Agrop. – *18*). **Blauer L., Dauer-L. – *L. perennis* L.**

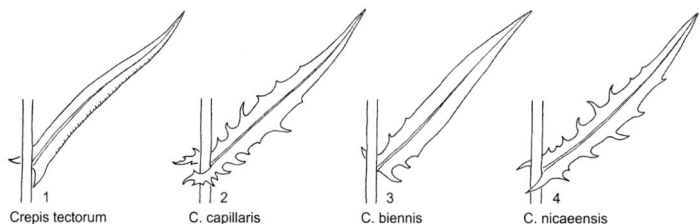

1 Crepis tectorum 2 C. capillaris 3 C. biennis 4 C. nicaeensis

3 (1) Stg hohl, grün. Schnabel halb so lg wie der samentragende FrAbschnitt. Bla zart, fiederteilig (selten ungeteilt), tief pfeilfg stängelumfassend. 0,60–1,20. 7–9. Mäßig trockne bis wechseltrockne, lichte EichenmischW u. Gebüsche u. ihre Säume, basenhold; s By(N NM) Th(Bck) An (sm-stemp·c4-7EUR – sogr hros H ⊙Rübe – InB – WiA – L5 T7 F4 R8 N3 – V Ger. sang., V Querc. pub. – 18). **Eichen-L. – *L. quercina* L.**
3* Stg markig, gelblichweiß. Bla derb. Schnabel mindestens so lg wie die übrige Fr 4
4 Bla herablaufend, untere fiederschnittig, obere ungeteilt, linealisch. Köpfe meist 5blütig. Stg mit aufrecht abstehenden, rutenfg Ästen. 0,30–0,60. 7–8. Trockne Felsfluren u. lückige Trockenrasen, Trockengebüschsäume; † Sa(W: Elbe) (m-stemp·c1-8EUR-VORDAS – igr? hros H ⊙Rübe – L6 T7 F3 R7 N3 – K Fest.-Brom., V Ger. sang. – 18). **⊕Ruten-L. – *L. viminea* (L.) J. Presl et C. Presl**
4* Bla nicht herablaufend. Köpfe 7–20blütig 5
5 KulturPfl. Bla mit herzfg Grund stängelumfassend, meist verkehrteifg, ganzrandig, gezähnt od. fast fiederspaltig. 0,60–1,00. 6–8. KulturPfl; auch [U] s (in Kultur entstanden aus *L. serriola*, **7*** – hros ⊙ ① – InB SeB – WiA MeA keimt nicht bei Wärme >20 °C – Kopf-, Koch-, Schnittsalat – 18). **Grüner Salat – *L. sativa* L.**
5* WildPfl. Bla pfeilfg stängelumfassend, useits auf der Mittelrippe meist stachlig 6
6 StgBla linealisch, ganzrandig, unterste fiederteilig. Schnabel doppelt so lg wie die übrige Fr. 0,30–1,00. 7–8. Trockne Rud.: Schutt, Umschlagplätze, salztolerant; s Bw(Gäu), † By Rh He Th Sa An Bb Ns, ↘ (m-stemp·c1-8EUR-VORDAS, [N] mWAM – igr? hros ① ⊙ Rübe – L9 T8 F4 R8 N5 – O Agrop., V Onop. – 18). **Weidenblättriger L. – *L. saligna* L.**
6* StgBla länglich bis verkehrteifg, fiederspaltig bis -teilig od. ungeteilt, gezähnt. Schnabel etwa so lg wie die übrige Fr 7
7 Bla mit waagerecht gestellter Spreite, ungeteilt, seltener buchtig gelappt bis gespalten, dornig gezähnt. Fr schwarz, br berandet, an der Spitze kahl. 0,50–1,50. 7–8. Mäßig trockne Rud., rud. Trockenrasen, TrockenWSäume, Steinschuttfluren; v Rh, z [meist A] He Th(f Hrz O S) An(f N) Ns(S MO), s By Nw, [N] s Sa(W: Elbe), [U] s Alp Bw Bb Mv Sh (m/mo-stemp·c1-2EUR, [N] ntemp·c1litEUR+sm-tempWAM – igr hros ①⊙PfWu – InB – WiA – L7 T8 F4 R7 N7 – V Geo-Alliar., V Arct., K Thlasp. rot. – früher HeilPfl, giftig). **Gift-L. – *L. virosa* L.**
7* Bla mit ± senkrecht gestellter Spreite (oft in Nord-Südrichtung gestellt: KompassPfl), meist buchtig fiederteilig mit rückwärtsgerichteten Zipfeln. Fr bräunlichgrau, schmal berandet, an der Spitze kurzborstig. 0,60–1,20. 7–9. Trockne bis mäßig trockne Rud.: Schutt, Umschlagplätze, an Mauern; Weinberge, Brachen, basenhold, nährstoffanspruchsvoll; g By(z S O) Th Sa An, h Bw Rh He Nw Bb Ns Mv, z Sh, s Alp, ↗ (m-temp·c1-10EUR-WAS, [N] austr CIRCPOL+m-temp AM – igr hros H ① PfWu – InB – WiA Lichtkeimer – L9 T7 F4 Rx N4 – V Sisymbr., V Dauco-Mel., V Conv.-Agrop. – 18). **Kompass-L., Stachel-L. – *L. serriola* L.**

Prenanthes L. – Hasenlattich (8 Arten)

Bla herzfg stängelumfassend, kahl, blaugrün. Köpfe in Rispen. 0,50–1,50. 7–8. Submont. bis hochmont. mäßig frische bis frische Laub(Buchen)- u. NadelmischW, Waldlichtungen, Waldschläge, Waldwege, mont. bis subalp. Hochstaudenfluren; g Alp, v Bw, z By(h S O NO) Rh He Th Sa(h SW), s An(Hrz S: Finne), [N] s Bb(SO) (sm-stemp//mo·c2-4EUR – sogr eros H ♃ Rhiz – InB – WiA – L4 T4 F5 R5 N5 – O Fag., V Vacc.-Pin., V Querc. rob., V Adenost., V Epil. ang. – 18). **Purpur-H. – *P. purpurea* L.**

Sonchus L. – **Gänsedistel** (120 Arten)
1 Stg ästig. Hülle kahl od. etwas weißflockig, selten mit einzelnen Drüsenhaaren. Fr beidseits mit 3 Längsrippen. ⊙ ① 2
1* Stg einfach, 1köpfig od. schirmrispig. Hülle dicht drüsenhaarig, selten kahl. Fr beidseits mit 5 Längsrippen. ♃ 3
2 StgBla mit spitzen, vorgestreckten Öhrchen, weich, etwas blaugrün, matt, schrotsägefg fiederteilig mit dreieckigem Endzipfel, stachelspitzig, aber nicht stechend gezähnt. Kr hellgelb. Fr kaum zusammengedrückt, ungeflügelt, zwischen den Längsrippen querrunzlig. 0,30–1,00. 6–10. Nährstoffreiche Äcker, mäßig trockne bis frische Rud., Gärten, basenhold; alle Bdl g, z Alp (urspr. m-temp·c1-4litEUR?, [A N] austr-(trop)-m-temp-(b)·c1-8CIRCPOL – hros ⊙, selten ① PfWu – InB – WiA KlA VdA Sa langlebig Lichtkeimer – L7 T6 F4 R8 N8 – K Stell., V Sisymbr. – *32*). **Kohl-G. –** ***S. oleraceus*** L.
2* StgBla mit abgerundeten, anliegenden Öhrchen, derb, dunkelgrün, oseits glänzend, ungeteilt bis fiederspaltig mit eifg Endzipfel, stechend-dornig gewimpert od. gezähnt. Kr sattgelb. Fr deutlich zusammengedrückt u. ± geflügelt, zwischen den Längsrippen glatt. 0,30–0,80. 6–10. Lehmige Äcker (bes. Hackkulturen) u. Gärten, frische bis feuchte Rud., nährstoffanspruchsvoll; alle Bdl g, aber By Bb Mv h, z Alp (urspr. m-sm·c1-5EUR-VORDAS?, [A N] austr+m-temp-(b)·c1-8CIRCPOL – hros ⊙, selten ① – InB – WiA KlA VdA Sa langlebig – L7 T5 F6 R7 N7 – K Stell., V Arct., V Chen. rub. – *18*). **Raue G. –** ***S. asper*** (L.) HILL
3 (1) Bla am Grund mit abgerundeten, angedrückten Öhrchen (Abb. **824**/3). Schirmrispe meist gelblich drüsig, wenig-, selten 1köpfig. Köpfe 4–5 cm ⌀. Kr goldgelb. Fr braun. 0,50–1,50. 7–10. Lehmige bis tonige Äcker, frische bis feuchte Rud., Brachen, Fluss- u. Grabenränder, gestörte Feuchtwiesen u. Salzstellen, Küstenspülsäume, nährstoffanspruchsvoll; alle Bdl g, aber v By Bw Rh Bb, z Alb (sm-b·c1-8EURAS, [N] austrCIRCPOL+sm-bAM – sogr hros H/G ♃ WuSpr – InB – WiA Sa langlebig – L7 T5 F5~ R7 Nx – K Stell., V Conv.-Agrop., O Convolv., K Cak.). **Acker-G. –** ***S. arvensis*** L.
1 Hülle u. Kopfstiele ± drüsenhaarig. Lehmige bis tonige Äcker, Brachen, Rud.; Verbr. in D u. Gesamtverbr. wie Art (K Stell., V Conv.-Agrop. – *54*). subsp. ***arvensis***
1* Hülle u. Kopfstiele kahl od. nur mit vereinzelten Drüsenhaaren. Gestörte Feuchtwiesen, Fluss- u. Grabenränder, Rud., Salzstellen, Küstenspülsäume; z Ns Mv, s By Nw Th Sa An Bb Sh (sm-b·c3-8EURAS – O Convolv., K Cak. – *36*). subsp. ***uliginosus*** (M. BIEB.) NYMAN
3* Bla am Grund mit zugespitzten, abstehenden Öhrchen (Abb. **824**/4). Schirmrispe meist schwärzlich drüsig, ∞köpfig. Köpfe etwa 3 cm ⌀. Kr hellgelb. Fr gelblich. 1,00–3,00. 7–9. Nasse bis wechselfeuchte Uferhochstaudenfluren an Flüssen, Gräben, Kanälen u. Teichen, lückige Schilfröhrichte, Moorwiesen, Ränder von Auengehölzen, schwach salztolerant, nährstoffanspruchsvoll; z Th(Bck) An Bb Mv(v N) Sh(v O), s Alp(Chm) By(MN S MS: bes. Isargebiet) Bw(Gäu) Rh(ORh) Sa(W) Ns, † He, im N ↗ (m-temp·c2-8EUR-WAS – sogr hros/eros H ♃ Rhiz, selten WuSpr – InB – WiA WaA KlA – L7 T6 F8~ R7 N7 – V Convolv., V Phragm., V Filip. – *18*). **Sumpf-G. –** ***S. palustris*** L.
Hybride: *S. asper* × *S. oleraceus* = *S.* ×*rotundilobus* KOVALEVSK. – s

Tolpis ADANS. – **Tolpis** (24 Arten)
Pfl mit unterirdischen Ausläuferwurzeln. Stg meist 1köpfig, mit 0–2 kurzen Bla. GrundBla ∞. Kr hellgelb, getrocknet grün. 0,15–0,40. 6–9. Subalp. bis präalp. wechseltrockne Flussschotterfluren, kalkhold; h Alp, z By(S MS, † O), † Bw(SO) (sm-stemp//desalp·c3EUR – igr ros H ♃ Rhiz WuSpr – InB – WiA – L9 T4 F4~ R8 N2? – K Thlasp. rot., bes. V Epil. fleisch. – *18*). [*Hieracium staticifolium* ALL., *Chlorocrepis staticifolia* (ALL.) GRISEB.]
Grasnelken-T., Grasnelkenhabichtskraut – ***T. staticifolia*** (ALL.) SCH. BIP.

Hieracium L. (inkl. *Schlagintweitia* GRISEB.) – **Habichtskraut** (>800 Arten)
Die im Schlüssel enthaltenen Arten sind meist apomiktisch u. bestehen meist aus einer Vielzahl von Unterarten (Kleinarten), welche die Abgrenzung der Arten gegeneinander erschweren. Neben den „Hauptarten" sind auch alle „Zwischenarten" aufgeschlüsselt. Zwischenarten stehen morphologisch zwischen 2 od. mehreren Hauptarten u. besitzen keine wesentlichen eigenständigen Eigenschaften. Sie sind in der Regel hybridogenen Ursprungs. Ihre morphologische Stellung ist durch eine kurze Formel in [ ] angegeben: die

Zeichen >, ≥, –, ≤,< zwischen den Art-Epitheta geben an, ob die Zwischenart eine intermediäre Stellung einnimmt od. der ersten bzw. zweiten Hauptart nähersteht; der deutsche Name erscheint nicht in Fettdruck.
Als „Haare" werden im *Hieracium*-Schlüssel nur die einfachen, drüsenlosen u. nicht sternfg Haare bezeichnet. Außerdem kommen Drüsenhaare („Drüsen") u. Sternhaare (10fache Lupe!) vor. Die Mengenangaben sind (unter anderem wegen der genetischen u. der modifikativen Variabilität) nur in 3 Stufen differenziert (arm, zerstreut, reich).
Beblätterungsindex: Anzahl der StgBla/StgHöhe in cm.

1 KrZähne mit ∞ Drüsen. Gesamte Pfl sehr reich behaart, Haare hell, 2–6 mm lg, am Stg kurz gefiedert. 0,10–0,25. 5–6. Felsfluren, kalkhold; [N] s S-Ns: Springe, [U] s S-He: Usingen; auch ZierPfl (sm/dealp·c1-2PYR – igr hros H ♃ Rhiz– 27). [*H. bombycinum* Fr.]
   Seidiges H. – *H. mixtum* Froel.
1* KrZähne drüsenlos. Pfl fast kahl bis sehr reich behaart, Haare ungefiedert, ± gezähnt . **2**
2 Bla wenigstens am Rand mit zerstreuten bis ∞ Drüsen **3**
2* Bla drüsenlos od. am Rand mit einzelnen sehr kleinen Drüsen **13**
3 GrundBla vorhanden. StgBla 0–6(–10) **4**
3* GrundBla zur BlüZeit fehlend. StgBla 8–25 .... **11**
4 Pfl klebrig-drüsig. StgBla mit geöhrtem od. herzfg Grund stängelumfassend. KrZähne stark gewimpert. 0,10–0,50. 6–8. Frische bis trockne Felsspalten, Schuttfluren, Burg- u. Stadtmauern; z Alp, s Bw(SW: Schlücht- u. Schwarzatal), [N] z An, s Bw(Gäu: Wimpfen) He(MW: Kassel) Th Sa(SW: Pfaffroda) Bb(M: Potsdam), [U] s N(S), † Nw (m-stemp//mo·c1-3EUR, [N] temp·c1-3EUR – igr hros H ♃ Rhiz – L8 T4 F3 R6 N4 – K Aspl. trich. – 27).
   Stängelumfassendes H. – *H. amplexicaule* L.
4* Pfl nicht klebrig-drüsig. StgBla mit verschmälertem Grund sitzend od. ± gestielt. KrZähne kahl od. gewimpert **5**
5 KrZähne kahl **6**
5* KrZähne ± gewimpert **9**
6 StgBla (0–)1(–2). Pfl arm bis zerstreut drüsig. HüllBla mit zerstreuten bis ∞ Sternhaaren
   .... **7**
6* StgBla (1–)2–4(–6). Pfl zerstreut bis reich drüsig. HüllBla sternhaarlos od. mit wenigen Sternhaaren **8**
7 Hülle 13–14 mm lg. HüllBla sehr reich behaart, mit zerstreuten Sternhaaren. 0,10–0,40. 7–8. s Alp(Allg Brch Krw) (sm-stemp//alp·c3ALP – igr hros H ♃ Rhiz). [*humile – pallescens*]
   Valodda-H. – *H. valoddae* (Zahn) Prain
7* Hülle 9,5–13,0(–14,0) mm lg. HüllBla zerstreut behaart, mit ∞ Sternhaaren. 0,15–0,25. 6–8. Felsfluren, kalkhold; z Alp(Brch Mng), s Bw(SW: Höllental) (sm-stemp//dealp·c2-3EUR – igr hros H ♃ Rhiz). [*bifidum – humile; H. kerneri* Zahn]
   Kerner H. – *H. balbisianum* Arv.-Touv. et Briq.
8 (6) Stg an den BlaAnsatzstellen etwas geknickt. Bla grob gezähnt, oft fiederteilig u. am Spreitengrund mit freien Zähnen. StgBla (0–)1–4(–6). Kopfstiele sternhaarlos od. mit wenigen Sternhaaren. 0,10–0,30. 6–8. Felsspalten, Mauern, kalkhold; v Alp, z Bw(Alb Keu S SW) (sm-stemp//dealp·c2-3EUR – igr hros H ♃ Rhiz – L7 T3 F4 R7 N1 – V Potent. caul. – 27, 36).
   Niedriges H. – *H. humile* Jacq.
8* Stg gerade. Bla ± tief gezähnt, aber nicht fiederteilig u. ohne freie Zähne. StgBla (0–)2–3(–4). Kopfstiele mit zerstreuten bis ∞ Sternhaaren. 0,15–0,25. 6–7. Felsspalten, Mauern, kalkhold; z Alp, s Bw(Alb Keu) (sm-stemp//dealp·c2-3EUR – igr hros H ♃ Rhiz – V Potent. caul.). [*humile ≥ murorum*]
   Cottet-H. – *H. cottetii* Christener
9 (5) Hülle haarlos bis arm behaart, eifg bis br zylindrisch, 9–13 mm lg. StgBla 2–8, elliptischlanzettlich. 0,20–0,60. 7–8. Subalp. bis alp. Silikatmagerrasen, kalkmeidend; z Alp(Allg), [N] s An(Hrz: Brocken) (sm-stemp//salp·c3ALP – igr hros H ♃ Rhiz). [*alpinum – lachenalii;* inkl. *H. simia* (Zahn) Prain]
   Boccone-H. – *H. bocconei* Griseb.
9* Hülle reich bis sehr reich, oft zottig behaart, kuglig bis eifg, 10–18 mm lg. StgBla 0–3, selten mehr, lanzettlich bis linealisch od. brakteenartig **10**
10 Pfl 1- bis wenigköpfig. Spreite der GrundBla rasch od. allmählich in den Stiel verschmälert, zumindest am Grund gezähnt. Griffel dunkel, zuweilen anfangs gelb. Reife Fr schwarz. 0,10–0,35. 7–8. Latschengebüsche, Silikatmagerrasen, Heiden, kalkmeidend; z Alp(Allg

Brch Kch Wtt), s An(Hrz: Brocken), f Ns (sm/alp-arct·c1-5EUR-(WSIB)-GRÖNL – igr hros H ♃ Rhiz – V Rhod.-Vacc., V Nard. – 27, 36, 45). [*alpinum* ≥ *murorum*]

Schwärzliches H. – ***H. nigrescens*** WILLD.

10* Pfl 1- (selten bis 3-)köpfig. Spreite der GrundBla ganz allmählich in den br geflügelten Stiel verschmälert, ganzrandig bis gezähnt. Griffel stets gelb. Reife Fr schwarzbraun. 0,05–0,30. 7–8. Subalp. bis alp. frische Silikatmagerrasen u. Zwergstrauchheiden, kalkmeidend; z Alp, s An(Hrz: Brocken), f Ns (sm/alp-arct·c1-5EUR-WSIB-GRÖNL – igr hros/ros H ♃ Rhiz – L8 T2 F5~ R1 N1 – V Nard., V Car. curv.). **Alpen-H. – *H. alpinum* L.**

1 GrundBla ganzrandig bis gezähnelt. Unteres StgBla lanzettlich. Kopfstiele mit ≤1 mm lg Drüsen. 0,05–0,25. Verbr. in D u. Gesamtverbr. wie Art (27). subsp. ***alpinum***

1* GrundBlaGrund ± grob gezähnt. Unteres StgBla länglich-lanzettlich bis elliptisch. Kopfstiele mit kürzeren u. längeren (≤1,4 mm lg) Drüsen. 0,10–0,30. z Alp (sm-stemp//alp·c3EUR – 27). subsp. ***halleri*** (VILL.) CES.

11 (3) KrZähne nicht gewimpert. Kr gelblichweiß. Griffel gelb. Gesamte Pfl sehr dicht klebrig-drüsig, völlig haarlos. Bla oft nahe dem StgGrund rosettenartig gedrängt. Stg 1–3köpfig. Hülle 14–18 mm lg. 0,05–0,30. 7–9. Subalp. bis alp. trockne bis mäßig frische Felsfluren u. -spalten, kalkmeidend; s Alp(Allg: Höfats, Ifen) Bw(SW: Rappenfels), [U?] s An(Hrz: Brocken) (sm-stemp//alp·c2-3ALP – igr? hros H ♃ Rhiz – L8 T3 F4 R4 N2 – V Andros. vand., V Sedo-Scler. – *18, 36*). [*Schlagintweitia intybacea* (ALL.) GRISEB.] **Zichorien-H. – *H. intybaceum*** ALL.

11* KrZähne gewimpert. Kr blass- bis reingelb. Griffel dunkel. Pfl ± drüsig u. meist behaart. Bla am Stg gleichmäßig verteilt. Stg 2–12köpfig. Hülle 9–15 mm lg **12**

12 KrZähne schwach gewimpert. Kr blassgelb. Mittlere u. obere StgBla sitzend bis halbstängelumfassend. Hülle 11–15 mm lg. 0,15–0,30. 8. Subalp. rud. Silikatmagerrasen, kalkmeidend; [N] s An(Hrz: Brocken) (sm-stemp//alp·c1-3EUR – eros/hros H ♃ Rhiz). [*H. pallidiflorum* HAUSM., *Schlagintweitia huteri* (BAMB.) GOTTSCHL. et GREUTER]

Blassblütiges H. – ***H. huteri*** BAMB. s.str.

12* Kr Zähne ± stark gewimpert. Kr hell- bis normalgelb. Mittlere u. obere StgBla halbstängelumfassend. Hülle 9–13 mm lg. Stg >30 cm hoch. 0,30–0,75. 8–9. Subalp. bis alp. Silikatmagerrasen, Zwergstrauchheiden, kalkmeidend; z Alp(Allg), [N] s An(Hrz: Brocken) (sm-stemp//salp·c2-3ALP – igr? eros/hros H ♃ Rhiz – L8 T3 F4 R4 N? – V Nard.). [*intybaceum – prenanthoides*] Bitterkrautartiges H. – ***H. picroides*** VILL.

13 (2) HüllBla zottig behaart, mit 3–6 mm lg Haaren, lg zugespitzt. Hülle kuglig bis bauchig. Bla ± blaugrün. Pfl 1- bis wenigköpfig. Nur in den Alpen u. sehr selten (*H. scorzonerifolium*, *25*) im Jura **14**

13* HüllBla haarlos od. behaart, aber nicht zottig, Haare ≤2,5 mm lg **26**

14 StgBla 0–1(–2), schuppenartig. GrundBla ganzrandig od. etwas gezähnelt. Stg niedrig (5–20 cm hoch), meist 1köpfig. Hülle 9–15(–17) mm lg. Meist auf sauren/versauerten Böden **15**

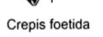

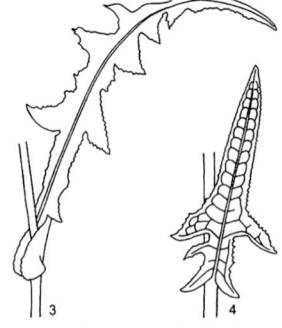
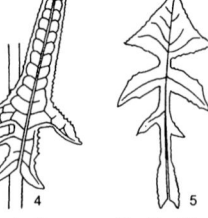

1 Crepis foetida 2 C. biennis 3 Sonchus arvensis 4 S. palustris 5 Cicerbita alpina

14* StgBla 2–15. GrundBla ganzrandig bis (grob) gezähnt. Stg (außer bei *H. dasytrichum*, **16**) >15 cm hoch, 1- bis wenigköpfig. Hülle 11–18(–23) mm lg. Meist auf Kalk **16**
15 KrZähne ungewimpert. HüllBla nur an der Spitze etwas drüsig. Fr 2,5–2,8 mm lg. 0,05–0,15. 7–8. Alp. frische Silikatmagerrasen, kalkmeidend; z Alp(Allg Brch Wtt, oberhalb 1700 m) (sm-stemp//alp·c2-3EUR – igr ros/hros H ♃ Rhiz – L9 T1 F5 R1 N1 – V Car. curv., V Nard. – *27,36*). [*H. piliferum* HOPPE nom. illeg.]
Grauzottiges H. – *H. glanduliferum* HOPPE subsp. *piliferum* NÄGELI et PETER
15* KrZähne gewimpert. HüllBla arm bis zerstreut drüsig. Fr 2,5–3,0 mm lg. 0,10–0,20. 7–8. z Alp(Allg Krw Wtt Mng, oberhalb 1700 m) (sm-stemp//alp·c2-3ALP – igr ros/hros H ♃ Rhiz). [*alpinum – glanduliferum*; *H. cochlearioides* ZAHN]
Löffelkraut-H. – *H. pseudalpinum* (NÄGELI et PETER) PRAIN
16 (14) Stg niedrig. StgBla 2–4, schuppenartig. GrundBla (fast) ganzrandig. Fr 2,5–3,0 mm lg. 0,05–0,20. 7–8. s Alp(Allg oberhalb 1800 m) (sm-stemp//alp·c2-3ALP – igr hros H ♃ Rhiz). [*glanduliferum – villosum*]
Rauzottiges H. – *H. dasytrichum* ARV.-TOUV.
16* Stg >15 cm hoch. StgBla 2–15, laubblattartig. GrundBla ganzrandig bis (grob) gezähnt. Fr (3,0–)3,3–4,5 mm lg **17**
17 (16, 36) HüllBla mindestens von der Mitte bis zur Spitze mit wenigen bis ∞ längeren Drüsen **18**
17* HüllBla drüsenlos od. an der Spitze mit winzigen Drüsen **21**
18 StgBla (4–)6–15, mittlere u. obere am Grund br abgerundet bis stängelumfassend. Grund-Bla wenige od. fehlend. 0,30–0,60. 7–8. Steinrasen, Schuttfluren, kalkstet; z Alp (sm-stemp//alp·c2-3EUR – igr hros/eros H ♃ Rhiz – L8 T3 F5 R7 N4 – O Sesl. – *18, 27, 36*). [*prenanthoides – villosum*]
Starkbehaartes H. – *H. valdepilosum* VILL.
18* StgBla 2–6(–12), nur die oberen am Grund abgerundet bis etwas stängelumfassend. Pfl mit GrundBlaRosette **19**
19 Hülle 10–12 mm lg, alle HüllBla ± anliegend. StgBla 2–3(–5). GrundBla elliptisch bis eilanzettlich. 0,20–0,50. 7–8. Steinrasen, Schuttfluren, kalkstet; s Alp(Amm All Chm) (sm-stemp//alp·c2-3ALP – igr ros H ♃ Rhiz – O Sesl.). [*bifidum* ≥ *valdepilosum*]
Wilczek-H. – *H. wilczekianum* ARV.-TOUV.
19* Hülle 12–15 mm lg, äußere HüllBla ± locker angedrückt. StgBla 3–7(–12) **20**
20 BlaOSeite behaart bis verkahlend. GrundBla verkehrt-eilanzettlich bis spatelfg, deutlich gestielt. 0,20–0,40. 7–8. Steinrasen, Schuttfluren, kalkstet; z Alp (sm-stemp//alp·c2-3EUR – igr hros/ros H ♃ Rhiz – O Sesl. – *45*). [*bifidum < valdepilosum*] Gestrecktes H. – *H. porrectum* FR.
20* BlaOSeite meist kahl. GrundBla länglich-lanzettlich, nur undeutlich gestielt. 0,15–0,40. 7–8. Steinrasen, Schuttfluren, kalkstet; s Alp(Allg) (sm-stemp//alp·c2-3EUR – igr hros H ♃ Rhiz – *27, 36*). [*glaucum – valdepilosum*] Grünliches H. – *H. chlorifolium* ARV.-TOUV.
21 (17) StgBla ganzrandig od. gezähnelt **22**
21* StgBla deutlich gezähnt **24**
22 Stg u. Bla (wenigstens am Rand) sehr reich u. lg behaart. HüllBla sternhaarlos **23**
22* Stg u. Bla ± behaart bis kahl. HüllBla sternhaarlos bis reich sternhaarig **24**
23 Äußere HüllBla etwas sparrig abstehend, elliptisch bis lanzettlich (Abb. **828**/3), meist grün, in die StgBla übergehend, innere linealisch u. lg zugespitzt, meist dunkel. Stg meist 2–4köpfig. 0,15–0,30. 7–9. Subalp. bis alp. frische Steinrasen u. Schuttfluren, kalkstet; v Alp (sm-stemp//alp·c2-3EUR – igr hros H ♃ Rhiz – L9 T2 F5 R9 N3 – O Sesl. – *27, 36*)
Woll-H. – *H. villosum* JACQ.
23* Alle HüllBla gleichgestaltet, lineal-lanzettlich bis lanzettlich, locker angedrückt (Abb. **828**/4), ± dunkel. Stg 1–2(–5)köpfig. GrundBla am Grund lg verschmälert, ungestielt. Hülle 13–18 mm lg. 0,15–0,30. 7–8. Subalp. bis alp. frische Steinrasen u. Schuttfluren, kalkstet; v Alp (sm-stemp//alp·c2-3EUR – igr hros H ♃ Rhiz – L9 T2 F5 R9 N2 – O Sesl. – *27*). [*H. morisianum* RCHB. f.] Weißhaariges H. – *H. pilosum* FROEL.
Ähnlich: *H. aphyllum* NÄGELI et PETER, aber GrundBla deutlich gestielt, Hülle 9–13(–15) mm lg. 0,10–0,30. 7–8. s Alp(Allg: Nebelhorn, ob noch?) (sm-stemp//dealp·c2-3ALP – igr hros H ♃ Rhiz – O Sesl.). [*dentatum – glanduliferum*]

24 (21, 22) GrundBla elliptisch- bis länglich-lanzettlich od. etwas spatelfg, gestielt, meist gezähnt. Bla behaart od. oseits verkahlend. 0,10–0,50. 7–8. Subalp. bis alp. frische Steinrasen

u. Schuttfluren, kalkstet; v Alp (sm-stemp//alp·c2-3EUR – igr hros H ♃ Rhiz – V Sesl. – 27, 36). [*bifidum* ≤ *villosum*] Gezähntes H. – ***H. dentatum*** Hoppe
24* GrundBla schmal lanzettlich, ganzrandig od. gezähnelt 25
25 GrundBla zum Spreitengrund ganz allmählich verschmälert, nicht od. undeutlich gestielt. Bla kahl od. behaart. HüllBla zerstreut bis reich sternhaarig. 0,20–0,60. 7–8. Fels- u. Schuttfluren, Steinrasen, kalkstet; z Alp, s By(Alb: Weltenburg, Essing) (sm-stemp//dealp·c2-3EUR – igr hros H ♃ Rhiz – L9 T? F4 R9 N2 – O Sesl. – 27, 36). [*bupleuroides* od. *glaucum* < *villosum*] Schwarzwurzelblättriges H. – ***H. scorzonerifolium*** Vill.
25* GrundBla gestielt. Bla völlig kahl od. nur am Rand u. Rückennerv behaart. HüllBla sternhaarlos od. arm sternhaarig. 0,10–0,40. 7–8. Steinrasen, Schuttfluren, kalkstet; v Alp, † s By(S: Wolfrathshausen) (sm-stemp//dealp·c2-3EUR – igr hros H ♃ Rhiz -L9 T2 F4 R8 N? – O Sesl. – 27, 36). [*glaucum* – *villosum*] Verkahltes H. – ***H. glabratum*** Willd.
26 **(13)** Hülle (zumindest am Anfang der BlüZeit) kuglig bis bauchig; wenn zylindrisch, dann wenig länger als br, oft >12 mm lg. HüllBla sehr spitz. Pfl (1–)wenigköpfig. Nur Alpen, Vorland, Jura u. Oberharz 27
26* Hülle zylindrisch, deutlich länger als br, meist <12 mm lg. HüllBla spitz bis stumpf 38
27 Bla am Rand mit winzigen Drüsen. HüllBla arm bis reich drüsig 28
27* Bla (fast) ohne Drüsen, ± blaugrün. HüllBla drüsenlos bis zerstreut drüsig 33
28 StgBla 0–2(–4). Pfl 1–2köpfig 29
28* StgBla 3–8. Pfl (1–)2–8(–15)köpfig 30
29 HüllBla mit ∞ Sternhaaren. StgBla 0–1. 0,10–0,25. 7–8. s Alp(Allg: Einödsbach) (sm-stemp//alp·c3EUR – igr hros/ros H ♃ Rhiz). [*alpinum* ≥ *bifidum*]
Pietroszer H. – ***H. pietroszense*** Degen et Zahn
29* HüllBla mit zerstreuten Sternhaaren. StgBla 1–2(–4). 0,10–0,20. 7–8. s Alp(Allg: Linkerskopf) (stemp//alp·c3EUR – igr hros H ♃ Rhiz). [*alpinum* < *dentatum*]
Gesägtblättriges H. – ***H. serratum*** Nägeli et Peter
30 **(28)** Bla blaugrün. KrZähne ungewimpert. 0,10–0,35. 7–8. Fels- u. Schuttfluren, kalkstet; s Alp(Amm) (sm-stemp//dealp·c2-3EUR – igr hros H ♃ Rhiz – O Sesl. – 27). [*humile* – *scorzonerifolium*] Weißgraues H. – ***H. leucophaeum*** Gren. et Godr.
30* Bla gras- bis dunkelgrün. KrZähne meist etwas gewimpert 31
31 GrundBla spatelfg bis verkehrt-eilanzettlich. Mittlere StgBla mit br Grund sitzend bis etwas stängelumfassend, über der Mitte am breitesten. 0,15–0,40. 7–8. Rud. beeinflusste Silikatmagerrasen, kalkmeidend; [N] s An(Hrz: Brocken) (stemp/salp·c3EUR – hros H ♃ Rhiz – 36). [*fritzei* – *lachenalii*, *H. stygium* R. Uechtr.]
Düsteres H. – ***H. chlorocephalum*** R. Uechtr. subsp. ***stygium*** (R. Uechtr.) Zahn
31* GrundBla lanzettlich bis elliptisch-lanzettlich. Mittlere StgBla mit keiligem Grund sitzend, in der Mitte am breitesten 32
32 HüllBla haarlos bis arm behaart, sehr reich drüsig, sternhaarlos od. nur am Rand zerstreut sternhaarig. **H. bocconei**, s. 9
32* HüllBla zerstreut bis reich behaart, zerstreut drüsig, wenigstens am Rand reich sternhaarig. 0,20–0,60. 7–8. s Alp(Allg Chm) (stemp/alp·c2-3EUR – hros H ♃ Rhiz – 36). [*bocconei* – *levicaule*; *H. tephrosoma* (Nägeli et Peter) Zahn p. p.]
Kükenthal-H. – ***H. kuekenthalianum*** (Zahn) Zahn
33 **(27)** HüllBla haarlos bis zerstreut behaart, zerstreut bis reich sternhaarig. Bla linealisch od. lanzettlich, OSeite kahl 34
33* HüllBla reich bis sehr reich behaart, sternhaarlos bis reich sternhaarig. BlaOSeite behaart od. kahl 35
34 GrundBla ungestielt, ganzrandig od. entfernt u. kurz gezähnelt. StgBla (3–)5–10(–15), stumpf bis spitz. Hülle (10–)12–15 mm lg, kuglig. 0,20–0,60. 7–8. Alp. bis mont. mäßig trockne bis frische Felsspalten u. -fluren, kalkstet; v Alp, s By(S Alb MS NM) Bw(SO Alb Keu) (sm-stemp//dealp·c2-3EUR – igr hros H ♃ Rhiz – L9 Tx F4 R9 N2 – V Potent. caul., K Elyn., K Thlasp. rot. – 27, 36). Hasenohr-H. – ***H. bupleuroides*** C.C. Gmel.
34* GrundBla ± gestielt, gezähnelt bis grob gezähnt. StgBla 0–6(–12), sehr spitz. Hülle (9–)10–12(–13) mm lg, eifg (*H. glaucum*, *H. oxyodon*) 55
35 **(33)** StgBla 0–2(–3), nur das untere laubblattartig, mit verschmälertem Grund sitzend bis gestielt. GrundBla deutlich gestielt, elliptisch, länglich od. eilanzettlich. Hülle dicht behaart,

Haare kraus. Griffel meist dunkel. 0,10–0,40. 7–8. Subalp. bis alp. frische Steinrasen u. Schuttfluren, Latschengebüsche, Bachschotter, meist kalkstet; v Alp, s By(Alb), † Bw(S: Adelegg) (sm-stemp//alp·c2-3ALP – igr hros/ros H ♃ Rhiz – O Sesl. – 36). [*bifidum* ≥ *dentatum*; *H. incisum* HOPPE]   Verbleichendes H. – *H. pallescens* WALDST. et KIT.
Ähnlich: Kraushaar-H. – *H. cirritum* ARV.-TOUV., aber Griffel gelb. Hülle dicht behaart, Haare sehr kraus. 0,20–0,35. 7–8. s Alp(Allg) (sm-stemp//dealp·c2-3EUR – igr ros H ♃ Rhiz – O Sesl.). [*bifidum* > *glanduliferum*]. Misox-H. – *H. misaucinum* NÄGELI et PETER, aber Hülle locker behaart, Haare ± gerade. 0,10–0,25. 7–8. z Alp(Amm) (sm-stemp//dealp·c2-3W-MALP – igr ros H ♃ Rhiz – O Sesl.). [*dentatum* – *humile*]. Vgl. auch *H. wilczekianum*, **19**.

35* StgBla 2–15, verschmälert bis abgerundet sitzend od. etwas stängelumfassend. GrundBla oft nur undeutlich gestielt, elliptisch- bis länglich-lanzettlich **36**
36 StgBla mit br Grund sitzend od. etwas stängelumfassend. HüllBla sternhaarlos bis zerstreut, selten reich sternhaarig. BlaOSeite behaart od. kahl **17**
36* StgBla mit verschmälertem Grund sitzend. HüllBla mindestens im unteren Teil an den Rändern reich sternhaarig. BlaOSeite kahl **37**
37 Bla lanzettlich bis lineal-lanzettlich, ganzrandig od. gezähnelt. GrundBla ungestielt. 0,15–0,35. 7–8. Kalkstet; z Alp (stemp/dealp·c2-3ALP – igr hros H ♃ Rhiz – **27**). [*bupleuroides* od. *glaucum* > *villosum*; inkl. *H. subglaberrimum* (NÄGELI et PETER) ZAHN]
    Lockerästiges H. – *H. sparsiramum* NÄGELI et PETER
37* Bla elliptisch- bis länglich-lanzettlich, gezähnelt. GrundBla gestielt. 0,10–0,50. 7–8. Steinrasen, Schuttfluren, kalkstet; z Alp (sm-stemp//dealp·c2-3EUR – igr hros H ♃ Rhiz – O Sesl., O Thlasp. ror, V Epil. fleisch.) [*bifidum* – *villosum* – *glaucum* od. *bupleuroides*; *H. chondrillifolium* FR. p. p.]   Knorpellattich-H. – *H. subspeciosum* PRANTL
38 **(26)** Mittlere u. obere StgBla wenigstens etwas stängelumfassend **39**
38* Mittlere u. obere StgBla gestielt od. sitzend, nie stängelumfassend, od. StgBla fehlend **52**
39 Mittlere StgBla am Grund verbreitert, oft geigenfg, ± stängelumfassend **40**
39* Mittlere StgBla am Grund nicht verbreitert, kaum geigenfg, etwas stängelumfassend . **43**
40 Haare an HüllBla zerstreut bis ∞, 1,0–2,5(–3,5) mm lg. GrundBla zur BlüZeit fehlend. StgBla 7–12(–15). 0,30–0,80. 7–8. Kalkstet; s Alp(Allg Brch Chm Mng) (sm-stemp//alp·c2-3EUR – igr hros H ♃ Rhiz). [*prenanthoides* > *villosum*]
    Quittenblättriges H. – *H. cydoniifolium* VILL.
40* Haare an HüllBla fehlend bis zerstreut, <1 mm lg **41**
41 StgBla 10–40, gedrängt (Beblätterungsindex >0,23), die unteren zur BlüZeit abgestorben. GrundBla fehlend. 0,30–1,20. 7–9. Subalp. frische, felsige Hochgras- u. Hochstaudenfluren; z Alp(Allg Brch Mng Chm), s Bw(SW: Feldberg), † He(O: Wasserkuppe) (m/salp-b·c2-6EUR-WAS – sogr eros H ♃ Rhiz – L7 T3 F5 R5? N5? – O Adenost., V Car. ferr. – **27**).
    Hasenlattich-H. – *H. prenanthoides* VILL.
41* StgBla 4–18, weniger dicht (Beblätterungsindex <0,23), die unteren zur BlüZeit nicht abgestorben. GrundBla fehlend od. vorhanden **42**
42 HüllBla (fast) haarlos, arm bis zerstreut sternhaarig. 0,30–1,00. 7–8. Subalp. Gebüsche, trocknere Hochstaudenfluren, Wiesen; z Alp(Allg Amm Wtt Mng) (sm/salp-b·c1-4EUR – hros/eros H ♃ Rhiz – L5 T3 F6 R5 Nx – V Adenost. – **27**). [*murorum* < *prenanthoides*; *H. juranum* FRIES]   Jura-H. – *H. jurassicum* GRISEB.
42* HüllBla arm bis zerstreut behaart, reich sternhaarig. 0,30–0,80. 7–8. s Alp(Allg Brch) (sm-stemp//salp·c2-3ALP – sogr? hros H ♃ Rhiz). [*bifidum* ≤ *prenanthoides*; *H. juraniforme* (ZAHN) ZAHN]   Schein-Jura-H. – *H. dermophyllum* ARV.-TOUV. et BRIQ.
43 **(39)** Stg sehr reich behaart, Haare im unteren Teil 5–8 mm lg. HüllBla zerstreut bis reich, lg u. hell behaart. StgBla 7–25 .... **44**
43* Stg haarlos bis reich behaart, Haare ≤3 mm lg. HüllBla haarlos bis reich behaart **45**
44 Pfl zur BlüZeit ohne GrundBla. StgBla alle gleichmäßig verteilt, die unteren lanzettlich, mit allmählich verschmälertem Grund sitzend. 0,30–1,00. 7–9. Rud. Magerrasen; [N] s By(N: Marktheidenfeld) (sm/mo·c1-3EUR – sogr eros H ♃ Rhiz – **27**). [*nobile* ≥ *sabaudum*]
    Rauhaariges H. – *H. hirsutum* FROEL.
44* Pfl mit GrundBla u./od. dicht gedrängten unteren StgBla, diese br lanzettlich, br geflügelt gestielt. 0,40–0,80. 7–8. Mauern, Säume; [N] s Nw(SW-We: Jüchen) (sm/mo·c1-3EUR –

sogr hros H ♃ Rhiz). [*cordifolium – racemosum*]
Zusammengesetztes H. – ***H. compositum*** LAPEYR.
45 (43) GrundBla mit rasch verschmälertem, abgerundetem od. herzfg Spreitengrund. StgBla 2–6 .... **46**
45* GrundBla allmählich in den Stiel verschmälert od. fehlend. StgBla 2–50 .... **47**
46 HüllBla haarlos, arm sternhaarig, sehr reich drüsig. 0,30–0,75. 7–8. Mont. lichte, steinige Wälder, Gebüsche, Hochstaudenfluren; z Alp(Allg Brch), s Bw(Alb Gäu Keu) (sm/salp-b·c1-4EUR – hros/eros H ♃ Rhiz – V Adenost. – 27). [*murorum > prenanthoides*]
Schattenliebendes H. – ***H. umbrosum*** JORD.
46* HüllBla arm bis reich behaart, zerstreut bis reich sternhaarig, zerstreut bis reich drüsig. 0,20–0,50. 7–8. z Alp(Allg Brch) (sm/salp-b·c1-4EUR – igr hros H ♃ Rhiz – 27). [*bifidum > jurassicum*; *H. epimedium* FR., *H. macilentum* FR.]
Abgemagertes H. – ***H. froelichianum*** H. BUEK
47 (45) StgBla 2–6 .... **48**
47* StgBla 10–50 .... **49**
48 Hülle 10–13 mm lg, reich behaart. Bla etwas blaugrün. KrZähne deutlich gewimpert. 0,20–0,40. 7–8. Subalp. rud. Silikatmagerrasen, kalkmeidend; [N] s An(Hrz: Brocken) (sm-stemp// alp·c3EUR – igr hros H ♃ Rhiz). [*atratum – froelichianum*]
Gombser H. – ***H. gombense*** CHRISTENER subsp. ***weitfeldense*** (MURR) ZAHN
Ähnlich: Gämswurz-H. – ***H. doronicifolium*** ARV.-TOUV., aber BlaRand drüsenlos. 0,30–0,50. 7–8. kalkhold; s Alp(Brch) (sm-stemp//salp·c2-3EUR – hros H ♃Rhiz). [*jurassicum ≤ valdepilosum*; *H. salaevense* (FR.) ZAHN]
48* Hülle 9–10 mm lg, haarlos bis zerstreut behaart. Bla grün. KrZähne nicht od. spärlich gewimpert. 0,25–0,60. 7–8. Nadelwälder, Hochstaudenfluren, kalkmeidend; z Alp(Allg) (sm/salp-b·c2-3EUR – igr hros H ♃ Rhiz). [*lachenalii – umbrosum*; *H. haematopodum* ZAHN]
Rotstängel-H. – ***H. obscuratum*** MURR
49 (47) HüllBla regelmäßig dachzieglig angeordnet, br u. stumpf (Abb. **836**/1), drüsenlos bis arm drüsig. StgBla 20–50, Beblätterungsindex 0,3–0,5. ***H. sabaudum***, s. 92
49* HüllBla unregelmäßig dachzieglig angeordnet, stumpflich (Abb. **836**/3), arm bis reich drüsig. StgBla <30, Beblätterungsindex 0,15–0,35 .... **50**
50 Mittlere StgBla länglich-lanzettlich, meist 4–5mal so lg wie br. HüllBla arm bis zerstreut drüsig. 0,30–1,00. 7–9. Hochmont. frische bis wechseltrockne Hochgrasfluren, lichte Laub-NadelmischW, Fichtenforstsäume, kalkmeidend; s Bw(SW: Feldberg) (sm/salp-arct·c1-4EUR-GRÖNL – sogr eros H ♃ Rhiz – L7 T3 F5 R5 N3 – O Adenost. – 27). [*laevigatum – prenanthoides*]
Alantblättriges H. – ***H. inuloides*** TAUSCH
50* Mittlere StgBla elliptisch-lanzettlich bis eilanzettlich, etwa 3mal so lg wie br. HüllBla zerstreut bis meist reich drüsig **51**
51 StgBla 10–15(–20), Beblätterungsindex 0,15–0,20. Kopfstiele haarlos od. arm behaart. Reife Fr schwarzbraun od. schwarz. 0,40–1,20. 7–8. s Alp(Allg) (sm-stemp//salp·c2-3EUR – sogr? eros/hros H ♃ Rhiz). [*lachenalii ≤ prenanthoides*]
Rapunzel-H. – ***H. rapunculoides*** ARV.-TOUV.

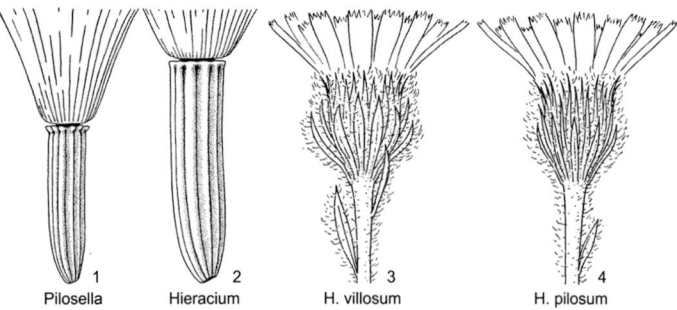

1 Pilosella 2 Hieracium 3 H. villosum 4 H. pilosum

ASTERACEAE

51* StgBla 15–30, Beblätterungindex 0,25–0,30. Kopfstiele zerstreut bis reich behaart. Reife Fr hell-, rot- od. dunkelbraun. 0,60–1,20. 8–10. Mäßig frische bis mäßig trockne, lichte EichenmischW u. ihre Säume, kalkmeidend; s Bw(ORh SW: SchwarzW Alb) (sm-stemp//mo·c2-3EUR – sogr eros H ♃ Rhiz – L5 T6 F4 R5 N4 – V Querc. rob., V Carp., V Trif. med. – 36). [*prenanthoides* – *sabaudum*]   Wolfstrappblättriges H. – ***H. lycopifolium*** FROEL.
52 **(38)** Pfl zur BlüZeit mit GrundBla. StgBla 0–8 (selten mehr) 53
52* Pfl zur BlüZeit ohne GrundBla. StgBla 6 bis meist ∞ 83
53 Alle StgBla sehr schmal, linealisch od. lineal-lanzettlich. Bla ± blaugrün, oseits meist kahl, selten verkahlend. Stg oft sehr tiefgablig u. sparrig verzweigt. HüllBla wenigstens am Rand mit ∞ Sternhaaren. Nur in Alpen, Vorland u. Jura 54
53* Mindestens das unterste StgBla deutlich laubblattartig entwickelt, lanzettlich od. breiter, od. StgBla fehlend. Bla grün od. blaugrün, oseits behaart od. kahl. Stg meist nur im oberen Drittel verzweigt. HüllBla sternhaarlos bis reich sternhaarig 57
54 Kopfstiele zerstreut drüsig. OSeite der äußeren GrundBla etwas behaart. BlaRand mit einzelnen winzigen Drüsen. 0,25–0,40. 6–7. Fels- u. Schuttfluren, kalkstet; s By(Alb: Fränkische Schweiz) Bw(Alb: Dettingen, Beuren) (stemp/mo·c2-3ZEUR Endemit – igr hros H ♃ Rhiz – L9 T5 F2 R8 N1 – V Sesl.-Fest. – 27). [*bupleuroides* – *murorum* od. *glaucinum*]
        Fränkisches H. – ***H. franconicum*** (GRISEB.) ZAHN
54* Kopfstiele drüsenlos. OSeite aller Bla kahl. BlaRand völlig drüsenlos 55
55 **(34, 54)** GrundBla gezähnelt bis gezähnt, lineal-lanzettlich. StgBla 2–6(–12), linealisch. 0,20–0,60. 7–9. Mäßig trockne Fels- u. Schuttfluren, kalkstet; v Alp, s By(MS S) (sm-stemp//dealp·c2-3EUR – igr hros H ♃ Rhiz – L9 T3 F4 R9 N2 – V Stip. calam., V Epil. fleisch., O Thlasp. rot., V Potent. caul. – 27).   **Blaugrünes H. – *H. glaucum*** ALL.
55* GrundBla gezähnelt bis grob gezähnt, lanzettlich. StgBla 0–3, das unterste lineal-lanzettlich, die übrigen hochblattartig 56
56 StgBla 0–1. Stg wenig, aber oft sehr tiefgablig verzweigt, mit 2–5(–10) Köpfen. Hülle (9–)10–12(–13) mm lg. 0,10–0,40. 7–8. Fels- u. Schuttfluren, Steinrasen, kalkstet; z Alp, s By(MS S) Bw(Alb: Glems) (sm-stemp//dealp·c2-3ALP – igr hros/ros H ♃ Rhiz – V Sesl., O Thlasp. rot. – 27). [*bifidum* < *bupleuroides* od. *glaucum*]
        Spitzzähniges H. – ***H. oxyodon*** FR.
56* StgBla 2–3. Stg reicher, aber nur im oberen Drittel verzweigt, mit 2–15 Köpfen. Hülle 9–11 mm lg. 0,20–0,60. 5–7. Steinrasen, Schuttfluren, kalkstet; z Alp(Amm Krw Kch Wtt), s By(MS: Isartal, Loisachtal) (sm-stemp//dealp·c2-3EUR – igr hros H ♃Rhiz – L9 T3 F4?R8 N2 – V Sesl., V Epil. fleisch. – 18, 27). [*bifidum* – *glaucum*]
        Dolliner H. – ***H. dollineri*** NEILR.
57 **(53)** StgBla 0–1, selten 2 u. dann das obere hochblattartig. GrundBla ∞, herzfg, abgerundet, gestutzt od. kurz zusammengezogen 58
57* StgBla ≥3, selten 2. GrundBla wenige od. ∞, ihre Spreite allmählich in den Stiel verschmälert 74
58 HüllBla zerstreut bis sehr reich behaart, Haare 1,0–2,5 mm lg; drüsenlos bis zerstreut drüsig. Stg mit 1–6(–12) Köpfen, oft sehr tiefgablig verzweigt 59
58* HüllBla haarlos bis ± reich behaart, Haare meist ≤1 mm lg; wenn länger, dann HüllBla reichdrüsig. Stg mit 1–∞ Köpfen 62
59 Bla völlig drüsenlos. KrZähne ungewimpert.   ***H. pallescens***, s. 35
59* BlaRand mit sehr kleinen Drüsen. KrZähne etwas gewimpert 60
60 HüllBla zerstreut drüsig, zerstreut bis reich behaart. 0,15–0,40. 7–8. z Alp(Allg Brch Wtt), [N] s An(Hrz: Brocken) (sm/alp+b·c1-4EUR – igr hros H ♃ Rhiz). [*alpinum* – *bifidum*]
        Vorarlberg-H. – ***H. rohacsense*** KIT.
60* HüllBla fast drüsenlos bis armdrüsig 61
61 HüllBla sehr reich behaart, mit einzelnen kleinen Drüsen. 0,15–0,30. 7–8. s Alp(Mng: Soiern) (sm-stemp//alp·c2-3EUR – igr hros/ros H ♃ Rhiz). [*alpinum* ≤ *pallescens*]
        Arlberg-H. – ***H. arolae*** (MURR) ZAHN
61* HüllBla zerstreut behaart, arm aber deutlich drüsig. 0,25–0,40. 7–8. s Alp(Allg: Höfats) (stemp/alp·c3ALP – igr hros H ♃ Rhiz). [*H. atratum* – *pallescens*]
        Promos-H. – ***H. pseudodolichaetum*** (BENZ et ZAHN) ZAHN

62 (58) HüllBla (am Rand stets, auf der Fläche meist) reich sternhaarig, arm bis ± reich behaart; sehr spitz. Kopfstand lockerrispig bis gablig, mit ± geraden Ästen 63
62* HüllBla sternhaarlos bis zerstreut, höchstens am Rand reich sternhaarig, haarlos bis zerstreut behaart; sehr spitz bis stumpflich. Kopfstand gedrängtrispig bis gablig, mit bogigen od. geraden Ästen 67
63 Bla am Rand mit einzelnen winzigen Drüsen, oseits meist behaart, meist etwas blaugrün. KrZähne meist etwas gewimpert. 0,20–0,50. 5–7. Fels- u. Schuttfluren, Trockenrasen, Gebüschsäume, kalkstet; z By(Alb N NW MS), s Bw(Alb Keu) Rh(N) He(MW O) Nw(SO) Th(Bck NW) An(S) (sm-stemp//demo+b/(mo)·c1-3EUR – igr hros/ros H ♃ Rhiz – L7 T6 F3 R8 N1 – V Potent. caul., O Brom. erect., V Ger. sang. – 27). [*bifidum – schmidtii*, *H. wiesbaurianum* R. Uechtr., inkl. *H. schmidtii* subsp. *kalmutinum* (Zahn) Gottschl.]
  Wiesbaur-H. – **H. hypochoeroides** S. Gibson
63* Bla am Rand stets drüsenlos, oseits kahl od. (bei einigen Sippen in Alpen, Vorland u. Jura) behaart, grün od. blaugrün. KrZähne stets ungewimpert. Abgrenzung der Arten u. damit ihre Verbr. noch unzureichend geklärt. (**Artengruppe Gabel-H. – *H. bifidum* agg.**)
  64
64 GrundBla elliptisch-lanzettlich, mit keiligem Spreitengrund. Sternhaare an Hülle sehr kurz getielt u. mit kurzen, ± regelmäßig angeordneten Strahlen. 0,10–0,40. 5–7. Steinrasen, Fels- u. Schuttfluren, kalkstet; s Alp By(MS) (sm-stemp//dealp·c2-3ALP – igr hros/ros H ♃ Rhiz – L9 T3? F4 R8 N2? – V Potent. caul., O Sesl. – 27). [*H. bifidum* grex *pseudo-dollineri* (Murr et Zahn) Zahn, Übergangsformen zu *H. dollineri*]
  Keilblättriges-H. – ***H. pseudodollineri*** (Murr et Zahn) Murr et Zahn
64* GrundBla (wenigstens äußere) mit herzfg, gestutztem od. abgerundetem Spreitengrund. Sternhaare an Hülle deutlich getielt u. mit wenigen unregelmäßig angeordneten Strahlen 65
65 HüllBla zerstreut bis fast reich drüsig. Haare an Hülle dunkel od. mit dunklem Fuß u. heller Spitze. 0,10–0,40. 5–7. Steinrasen, Fels- u. Schuttfluren, Latschengebüsche, lichte Buchenu. NadelW; h Alp, s By Bw Th An(Hrz) (sm-stemp//demo-b·c1-5EUR – igr hros/ros H ♃ Rhiz – L6 Tx F4 R7 N3 – V Potent. caul., O Sesl., UV Cephal.-Fag., O Vacc.-Pic., V EricoPin. – 27, 36). [*H. bifidum* grex *subcaesium* (Fr.) Zahn, *H. obscurisquamum* (Zahn) Schuhw., *H. obscuricapitatum* Schuhw., Übergangsformen zu *H. murorum*]
  Dunkelköpfiges-H. – ***H. subcaesium*** (Fr.) Lindeb.
65* HüllBla drüsenlos bis arm drüsig. Haare an Hülle stets mit heller Spitze 66
66 HüllBla stets reich behaart, der helle Spitzenteil der Haare 6–8mal so lg wie der Fußteil. BlaOSeite behaart. 0,10–0,40. 5–7. Steinrasen, Fels- u. Schuttfluren, kalkstet; v Alp, s By(S MS) Bw(Alb) (sm-stemp//dealp·c2-3EUR – igr hros/ros H ♃ Rhiz – L7 Tx F4 R8 N3 – V Potent. caul., O Sesl. – 27). [*H. bifidum* grex *psammogenes* (Zahn) Zahn, Übergangsformen zu *H. pallescens*] Kraushaariges-H. – ***H. ammobium*** P.D. Sell et C. West
66* HüllBla arm bis ± reich behaart, der helle Spitzenteil der Haare 3mal so lg wie der Fußteil. BlaOSeite meist kahl, seltener zerstreut kurzhaarig. 0,10–0,40. 5–7. Steinrasen, mäßig trockne Fels- u. Schuttfluren, lichte Buchen- u. KiefernW, kalkstet; h Alp, z Th(Bck NW O S), s By Bw(Alb Keu Gäu S SW) Rh(N) He(MW O) Nw(NO) An(S) Ns(Hrz S) Mv(N MW SW), † Sa(W) (sm-stemp//demo-b·c1-5EUR – igr hros/ros H ♃ Rhiz – L7 Tx F4 R8 N3 – V Potent. caul., O Sesl., O Brom. erect., UV Cephal.-Fag., V Erico-Pin. – 27, 36).
  Gabel-H. –***H. bifidum*** Hornem. s.str.
67 (62) Bla stark blaugrün, am Rand mit steif abstehenden, 2–10 mm lg Haaren u. sehr kleinen Drüsen. KrZähne meist gewimpert. Griffel gelb. 0,10–0,40. 5–7. Trockne bis mäßig frische Felsspalten u. -fluren, lichte EichenW, kalkmeidend; z Rh, s By(NW N NO O S) Bw(Gäu S SW) He Nw NO (SW SO) Th Sa(SO SW W) An(Hrz SO) Ns(MO: Süntel) (m-sm//mo·c1-5-temp/demo-b·c1-4EUR – igr hros/ros H ♃ Rhiz – L8 T6 F4 R2 N1 – V Andros. vand., O Sedo-Scler., O Alysso-Sed., V Querc. rob. – 27, 36). [*H. pallidum* Biv.]
  Bleiches H. – ***H. schmidtii*** Tausch
67* Bla gras-, dunkel-, lauchgrün od. schwach blaugrün, am Rand mit weicheren, <4 mm lg Haaren, drüsenlos od. etwas winzigdrüsig. KrZähne gewimpert od. ungewimpert. Griffel gelb od. dunkel 68

68 Bla schwach blaugrün bis lauchgrün, oft violett gefleckt, am Rand meist winzigdrüsig. KrZähne oft gewimpert. HüllBla spitz. Kopfstand ± rispig, oft mit ± bogigen Ästen. 0,20–0,50. 5–7. Mäßig trockne bis frische, lichte EichenW, Kiefernforste, Wald- u. Gebüschsäume, Weinbergsbrachen, Rud.: Steinbrüche, felsige Straßenböschungen; Felsspalten; v Rh, z By Bw He Nw Th Sa An(Hrz S W) Ns(f Elb Nw), [N] s Bb(M) (m/mo-b·c1-4EUR – igr hros/ros H ♃ Rhiz – L5 T6 F4 Rx N3– V Querc. rob., UV Luz.-Fag., V Carp., V Querc. pub., O Orig. – 27). [*murorum – schmidtii*; *H. praecox* Sch. Bip.]
Frühblühendes H. – ***H. glaucinum*** Jord.
68* Bla gras- od. dunkelgrün, meist ungefleckt, drüsenlos od. winzigdrüsig. HüllBla spitz bis stumpflich **69**
69 Bla am Rand mit winzigen Drüsen. Kopfstand gablig bis lockerrispig, mit ± geraden Ästen. Hülle 10–14 mm lg **70**
69* Bla völlig drüsenlos. Kopfstand ± schirmrispig, oft mit bogigen Ästen od. gablig bis locker rispig. Hülle 9–11(–12) mm lg **71**
70 KrZähne gewimpert. HüllBla (fast) sternhaarlos. Bla oft dunkelgrün. 0,10–0,50. 7–8. s Alp(Allg) (sm/alp-arct·c1-5EUR-(WSIB)-GRÖNL – sogr? H ♃ Rhiz – 27, *36*). [*alpinum < murorum*] Schwarzes H. – ***H. atratum*** Fr.
70* KrZähne ungewimpert. HüllBla etwas sternhaarig. Bla frischgrün. 0,20–0,50. 7–8. s Alp(Mng) (sm-stemp//dealp·c2-3ALP – igr hros H ♃ Rhiz). [*humile < murorum*; *H. prinzii* (Zahn) Zahn]
Prinz-H. – ***H. erucophyllum*** (Zahn) Prain
71 (69) HüllBla drüsenlos od. arm drüsig, selten zerstreut drüsig, zerstreut bis fast reich behaart, überall wenigstens etwas sternhaarig, sehr spitz. Kopfstand gablig, ± sparrig.
H. bifidum* agg.**, s. **63
71* HüllBla zerstreut bis meist reich drüsig, spitz bis stumpflich. Kopfstand (außer bei *H. melanops*, **72**) meist ± schirmrispig, Äste meist bogig aufrecht od. abstehend **72**
72 Kopfstand gablig, mit 1–5(–8) Köpfen. HüllBla etwas sternhaarig, die äußeren ± locker. 0,10–0,30. 7–8. s Alp(Allg) (sm-stemp//alp·c2-3ALP – igr hros H ♃ Rhiz). [*murorum – glanduliferum*; *H. adusticeps* (Zahn) Zahn] Schwarzdrüsiges H. – ***H. melanops*** Arv.-Touv.
72* Kopfstand ± schirmrispig, mit 4–∞ Köpfen. HüllBla sternhaarlos. od. sternhaarig, angedrückt **73**
73 Sternhaare auf den HüllBla am Rand ∞, auf der Fläche höchstens zerstreut. HüllBla zerstreut bis reich feindrüsig u. reich behaart; Haare ≥3mal so lg wie die Drüsen. 0,20–0,70. 5–7. BuchenW, Kreidefelsen; s Mv(M MW NO) Sh(O: Flensburg) (ntemp-b·c1-5EUR – igr hros/ros H ♃ Rhiz – L5 T5 F5 R7 N5 – UV Gal.-Fag.). [*H. sagittatum* (Lindeb.) Stenstr.]
Pfeil-H. – ***H. fuscocinereum*** Norrl.
73* Sternhaare auf den HüllBla fehlend od. vorhanden, aber nur selten einen filzigen Rand bildend. HüllBla haarlos od. arm, selten stärker behaart, reich drüsig, Haare <3mal so lg wie die kräftigen Drüsen. 0,20–0,60. 5–8. Frische bis mäßig trockne Laub- u. NadelW u. ihre Säume, Waldschläge, Silikatmagerrasen, Felsspalten u. Schuttfluren; g Nw(v MW N) Th, h Alp Bw Rh He Sa, v By(g NM) An(g Hrz S) Ns(g Hrz S) Mv, z Bb Sh (sm/mo-b·c1-5EUR, [N] temp-b·c1-5AM, NEUSEEL – igr hros/ros H ♃ Rhiz – L4 Tx F5 R5 N4 – UV Luz.-Fag., K Querc. rob., K Vacc.-Pic., V Trif. med., K Aspl. trich. – 27). [*H. sylvaticum* (L.) Gouan] Wald-H. – ***H. murorum*** L.
74 (57) StgBla (4–)5–∞, ungestielt, schmal elliptisch-lanzettlich bis länglich-lanzettlich, 4–8mal so lg wie br, jede BlaHälfte meist mit 3–4 Zähnen **75**
74* StgBla 2–5(–8), untere u. meist auch mittlere gestielt, meist elliptisch-lanzettlich, meist 3–5mal so lg wie br, jede BlaHälfte meist mit 4–6 Zähnen **77**
75 HüllBla zerstreut, am Rand reich sternhaarig; zerstreut bis reich behaart. 0,30–1,00. 7–9. s Mv(NO: Rügen) (ntemp-b·c1-4EUR – hros H ♃ Rhiz). [*laevigatum – subramosum*]
Hochwüchsiges H. – ***H. subrigidum*** Dahlst.
75* HüllBla sternhaarlos bis zerstreut sternhaarig, aber ohne deutlich sternhaarigen Rand; nur nahe dem Mittelnerv arm bis zerstreut behaart od. völlig haarlos **76**
76 Bla etwas blaugrün, am Rand oft mit einzelnen sehr kleinen Drüsen. Stg im unteren Teil ± reich u. bis 5 mm lg behaart. HüllBla undeutlich dachziegig angeordnet. 0,20–0,80. 6–8. Felsfluren, lichte EichenW, kalkmeidend; s Rh(N ORh SW) Th(W: Schwarzatal) An(Hrz SO)

(temp-b·c1-4EUR – igr/sogr hros H ♃ Rhiz – K Sedo-Scler., V Querc. rob.). [*laevigatum* ≦ *schmidtii*; inkl. *H. calocymum* ZAHN]   Norwegisches H. – *H. norvegicum* FR.
76* Bla gras- bis dunkelgrün, drüsenlos. Stg im unteren Teil fast kahl bis reich behaart, Haare <3 mm lg. HüllBla ± dachzieglig angeordnet (Abb. 836/3).   *H. laevigatum*, s. 94*
77 (74) Haare an den HüllBla >1,5 mm lg. HüllBla sehr schmal u. spitz. Stg u. BlaStiele reich langhaarig. 0,15–0,60. 7–8. Alp. bis subalp. frische Steinrasen, Schuttfluren, Latschengebüsche, kalkhold; s Alp(Allg Krw), Bw(S: Adelegg) (stemp/alp·c2-3ALP – igr? hros H ♃ Rhiz – *36*). [*lachenalii – pallescens*]   Benz-H. – *H. benzianum* MURR et ZAHN
77* Haare an den HüllBla <1,5 mm lg od. fehlend. HüllBla spitz bis stumpflich. Stg u. BlaStiele haarlos bis ± reich behaart 78
78 Bla stark blaugrün, am Rand mit steif abstehenden, 2–7 mm lg Haaren u. einzelnen sehr kleinen Drüsen. Kopfstand gablig bis lockerrispig. Griffel gelb. 0,20–0,70. 5–7. Fels- u. Schuttfluren, lichte EichenW, kalkmeidend; s By(N NO NW) Rh He(SO MW O SW) Nw(SO SW) Th(Bck, z O Wld) An(Hrz SO) (sm/mo-b·c1-4EUR – igr hros H ♃ Rhiz – K Sedo-Scler., V Querc. rob.). [*lachenalii < schmidtii*]   Lotwurzblättriges H. – *H. onosmoides* FR.
78* Bla gras-, dunkel-, lauchgrün od. schwach blaugrün, am Rand mit weichen od. borstigen, <3 mm lg Haaren od. haarlos, drüsenlos od. etwas winzigdrüsig. Griffel gelb od. dunkel 79
79 HüllBla haarlos bis arm, selten zerstreut behaart; sternhaarlos od. mit wenigen, höchstens am Rand mit zerstreuten Sternhaaren; stets drüsig, Drüsen meist ∞, kräftig. Kopfstand rispig 80
79* HüllBla zerstreut bis reich behaart; zerstreut bis reich sternhaarig (nur *H. saxifragum*, 84, arm sternhaarig); drüsenlos bis zerstreut drüsig, Drüsen zart od. kräftig. Kopfstand gablig od. rispig 82
80 Bla etwas blaugrün u./od. deutlich violett gefleckt, zuweilen am Rand mit einzelnen sehr kleinen Drüsen. KrZähne zuweilen gewimpert. 0,30–0,80. 5–7. Wechseltrockne bis frische, lichte Eichen- u. KiefernW u. ihre Säume, Heiden, Halbtrockenrasen, Rud.; z Alp(Amm) By Bw Rh He Nw Th(f Hrz NW O), s Sa An Bb(Elb M MN) Ns Mv(N MW) Sh(O) (sm/mo-temp·c1-4EUR-(WAS), [N] tempAM, NEUSEEL – igr hros H ♃ Rhiz – L5 T7 F4 R5 N2 – V Querc. rob., V Trif. med., V Brom. erect. – *27, 36*). [*glaucinum* ≥ *lachenalii*; inkl. *H. rigidiceps* S. BRÄUT. et V. BRÄUT.]   Geflecktes H. – *H. maculatum* SCHRANK
80* Bla stets rein grün, sehr selten gefleckt, drüsenlos. KrZähne ungewimpert 81
81 GrundBla gestutzt bis plötzlich verengt. StgBla (1–)2–3(–5), rasch kleiner werdend. Kopfstiele ± bogig, reich drüsig. 0,30–0,80. 6–7. Mäßig frische, lichte Wälder u. ihre Säume, Felsfluren; s Alp By Bw Rh Nw He Th(Wld) Sa An Ns Mv, Verbr. ungenügend bekannt (m/mo-b·c1-5EUR-WSIB – igr hros H ♃ Rhiz – V Querc. rob., UV Luz.-Fag. – *27*). [*lachenalii – murorum*, Abgrenzung gegen beide Arten unzureichend geklärt; inkl. *H. cryptocaesium* GOTTSCHL.]   Durchscheinendes H. – *H. diaphanoides* LINDEB.
81* GrundBla allmählich in den Stiel verschmälert. StgBla 3–8, allmählich kleiner werdend. Kopfstiele ± gerade, zerstreut bis reich drüsig. 0,30–1,00. 6–8. Mäßig frische, lichte Laub- u. NadelW, Pioniergehölze, Gebüsche u. ihre Säume, Waldschläge, Silikatmagerrasen, Rud.; g Th Sa, h He Nw, v Alp By Bw Rh An Bb Ns, z Mv Sh (sm/mo-b·c1-6EURAS, [N] temp-WAM+temp-bAM, AUST, NEUSEEL – igr/sogr hros H ♃ Rhiz – L5 T5 F4 R4 N2 – V Querc. rob., UV Luz.-Fag., O Nard., V Vacc.-Pic., V Dicr.-Din., V Triset. – *27*). [*H.vulgatum* auct.]   Gewöhnliches H. – *H. lachenalii* SUTER
82 (79) Kopfstiele durch Sternhaarfilz grau, selten grünlich; (fast) drüsenlos. HüllBla drüsenlos bis arm drüsig. StgBla (1–)2–3 83
82* Kopfstiele grünlich, mit ± ∞ Sternhaaren, diese aber keinen grauen Filz bildend; arm bis reich drüsig, selten drüsenlos. HüllBla arm bis fast reich drüsig. StgBla 2–8 84
83 (52) BlaRand haarlos od. arm u. weich behaart, stets drüsenlos. KrZähne ungewimpert. 0,10–0,50. 5–6(–8). Felsfluren u. Trockenrasen, trockne bis mäßig frische, lichte EichenW u. ihre Säume, kalkstet; z Alp, s By(Alb MS S) Bw(ob noch Alb S) Th(Bck) An(S) Ns(Hrz) Mv(NO: Rügen) (sm/demo-b·c1-4EUR – igr hros H ♃ Rhiz – L7T4 F4 R8 N3 – O Sesl., O Brom. erect. – *36, 45*). [*bifidum* ≥ *lachenalii*; *H. wallrothianum* BORNM. et ZAHN]
    Blaugraues H. – *H. caesium* (FR.) FR.

83* BlaRand ± stark u. borstlich behaart, mit einzelnen winzigen Drüsen. KrZähne oft etwas gewimpert. 0,15–0,50. 5–7. Felsfluren u. Trockenrasen, kalkstet; s Th(O: Jena, ob noch?) An(Hrz) (temp/mo-b·c1-3EUR – igr hros H ♃ Rhiz – V Brom. erect.). [*caesium* – *schmidtii*, *hypochoeroides* – *lachenalii*; *H. canescens* auct.]   Graugrünes H. – ***H. sommerfeltii*** LINDEB.
84 **(82)** HüllBla fast sternhaarlos bis arm sternhaarig, zerstreut bis locker drüsig, spitz. 0,20–0,70. 6–7. Fels- u. Schuttfluren, lichte Wälder; z Rh, s By(NO N NW) Bw(Gäu) He Th(O Wld) Sa(SW O) An(Hrz) Ns(S: Hedemünden), † Nw(SW) (sm/mo-b·c1-3EUR – igr hros H ♃ Rhiz – K Sedo-Scler., V Querc. rob. – 36). [*lachenalii* ≥ *schmidtii*]
     Steinbrech-H. – ***H. saxifragum*** FR.
84* HüllBla wenigstens am Rand zerstreut bis reich sternhaarig, arm bis zerstreut drüsig, spitz bis stumpflich **85**
85 HüllBla arm drüsig, Drüsen halb so lg wie die Haare. StgBla 2(–3). 0,20–0,80. 6. BuchenW, Kreidefelsen; s Mv(M NO SW) Sh(O) (ntemp-b·c1-5EUR-(WSIB) – igr hros H ♃ Rhiz – UV Gal.-Fag.). [*caesium* – *fuscocinereum*]
     Schwachverzweigtes H. – ***H. subramosum*** LÖNNR.
85* HüllBla arm bis zerstreut drüsig, Drüsen fast so lg wie die Haare. StgBla (2–)3–8. 0,20–0,80. 6–7. Fels- u. Schuttfluren, Halbtrocken- u. Magerrasen, lichte Wälder, Säume, Rud., kalkhold; v Alp, z By Th, auch in allen anderen Bdl, aber Verbr. ungenügend bekannt (sm/demo-b·c1-6EUR-SIB – igr/sogr hros H ♃ Rhiz – L5 T5 F4 R4 N2 – O Sesl., O Brom. erect. – *27*). [*bifidum* < *lachenalii*, Abgrenzung gegen *H. lachenalii* unzureichend geklärt; *H. vulgatum* auct., *H. caesium* sensu ZAHN p.p., inkl. *H. swantevitii* DRENCKHAHN]
     Dünnstängliges H. – ***H. levicaule*** JORD.
86 **(52)** Bla wenigstens etwas blaugrün **87**
86* Bla reingrün **89**
87 Bla am Rand mit winzigen Drüsen. Stg im unteren Teil ± stark behaart. Nur auf Silikatgestein.   ***H. norvegicum***, s. **76***
87* Bla völlig drüsenlos. Stg überall arm behaart bis kahl **88**
88 StgBla lanzettlich, ≤5mal so lg wie br. 0,30–0,70. 7. Fels- u. Schuttfluren, lichte Wälder u. ihre Säume, kalkstet; s By(Alb: Ehrenbürg bei Forchheim) (stemp·c3ZEUR Endemit – hros H ♃ Rhiz – V Sesl.-Fest. – 36). [*franconicum* – *laevigatum*]
     Ehrenbürg-H. – ***H. harzianum*** ZAHN
88* StgBla lineal-lanzettlich, 6mal so lg wie br. 0,30–0,80. 7. Mauern; [N] s By(MS: Landshut) (sm-stemp//dealp·c2-3ALP – eros/hros H ♃ Rhiz). [*glaucum* – *laevigatum*]
     Felsen-H. – ***H. saxatile*** JACQ.
89 **(86)** Kopfstand zumindest im oberen Teil doldig. HüllBla an der Spitze wenigstens etwas zurückgebogen, die äußeren meist etwas sparrig abstehend. Beblätterungsindex 0,35–1,6 .... **90**
89* Kopfstand rispig od. traubig, auch im oberen Teil nicht doldig. HüllBla nicht zurückgebogen, nicht sparrig abstehend. Beblätterungsindex 0,1–0,5 .... **92**
90 HüllBla deutlich zurückgebogen (Abb. **836**/4), kahl, selten mit einzelnen Haaren od. winzigen Drüsen. StgBla meist mit verschmälertem Grund sitzend. 0,10–1,20. 7–10. Mäßig frische bis mäßig trockne, lichte Eichen- u. KiefernW, lichte Gebüsche u. ihre Ränder, Zwergstrauchheiden, Silikatmagerrasen, Dünen u. Sandtrockenrasen, Rud., kalkmeidend (s im Jura auf Kalk); h He, v By Rh Nw Th Sa An Bb Ns Mv Sh, z Alp Bw (m/mo-b·c1-8CIRCPOL – sogr eros H ♃ Rhiz – meist nicht Ap – L6 T6 F4 R4 N2 – V Querc. rob., V Cytis.-Pin., V Dicr.-Pin., K Trif.-Ger., K Sedo-Scler., V Viol. can., V Ammoph., V Empetr. – 18).
     Dolden-H. – ***H. umbellatum*** L.
90* HüllBla undeutlich zurückgebogen, gewöhnlich mit winzigen od. größeren Drüsen. Mittlere u. obere StgBla mit br Grund sitzend **91**
91 Kopfstiele haar- u. drüsenlos. HüllBla mit winzigen Drüsen od. kahl. Griffel meist gelb. 0,50–1,20. 8–10. Mäßig frische bis mäßig trockne, lichte EichenW, Gebüsche u. ihre Säume, kalkmeidend; s By Bw Rh Nw Th(S) Sa Bb Ns Mv, Verbr. ungenügend bekannt (sm-temp·c1-4EUR – sogr eros H ♃ Rhiz – V Querc. rob. – *18*). [*sabaudum* – *umbellatum*; *H. laurinum* ARV.-TOUV.]   Lorbeerartiges H. – ***H. vasconicum*** MARTRIN-DONOS
91* Kopfstiele zerstreut behaart u. drüsig. HüllBla mit zerstreuten bis ∞ längeren Drüsen. Griffel dunkel. 0,60–1,20. 8–10. Lichte EichenW u. ihre Säume, Staudenfluren, kalkmeidend;

s Bw(SW: Witznau) (sm-stemp//mo·c2-3ALP – sogr eros H ♃ Rhiz – V Querc. rob., V Trif. med. – 18). [*lycopifolium – umbellatum*]

Schirmtraubiges H. – ***H. pseudocorymbosum*** Gremli
92 (89) HüllBla unregelmäßig dachzieglig angeordnet, stumpflich (Abb. 836/3), arm bis fast reich drüsig. Beblätterungsindex 0,1–0,4 93
92* HüllBla regelmäßig dachzieglig angeordnet, br u. stumpf (Abb. 836/1), drüsenlos od. arm winzigdrüsig, dazu oft mit einzelnen längeren Drüsen. Beblätterungsindex 0,3–0,5 95
93 Mittlere StgBla mit sehr br, gestutztem bis abgerundetem Spreitengrund sitzend. BlaUSeite bläulich- bis weißlichgrün, mit deutlich hervortretenden Nerven. ***H. inuloides***, s. 50
93* Mittlere StgBla meist mit keiligem, zuweilen mit etwas abgerundetem Spreitengrund sitzend od. kurz gestielt. BlaUSeite heller als die OSeite, aber nicht bläulich- od. weißlich grün, mit undeutlichen Nerven 94
94 Bla <3mal so lg wie br, rhombisch- bis eilanzettlich. 0,35–1,20. 7–10. Mäßig frische bis mäßig trockne Wald- u. Gebüschränder, kalkmeidend; s By(N NO NW) Bw(ORh) Rh(ORh) SW) He Nw Th Ns(S: Holzminden) (sm/mo-temp·c1-4EUR – sogr eros H ♃ Rhiz). [*lachenalii – sabaudum*] Peitschsprossiges H. – ***H. flagelliferum*** Ravaud
94* Bla 3–8mal so lg wie br, lanzettlich, länglich-lanzettlich od. elliptisch-lanzettlich. 0,30–1,20. 6–8. Mäßig frische, lichte Laub- u. KiefernW u. Gebüsche u. ihre (verhagerten) Säume, Heiden, Silikatmagerrasen, Rud., meist kalkmeidend; g Sa, h He Nw Th An Ns, v By Rh Bb Mv, z Alp Bw Sh (sm/mo-b·c1-6EUR-SIB, [N] tempAM – sogr eros/hros H ♃ Rhiz – L7 T5 F5 R2 N2 – V Querc. rob., UV Luz.-Fag., V Dicr.-Pin., V Trif. med., O Nard. – 27).
Glattes H. – ***H. laevigatum*** Willd.
95 (92) Grubenränder des Korbbodens mit lg, haarartig gefransten Zähnen (Abb. 836/2). Bla am Stg gleichmäßig verteilt od. rosettenartig gedrängt (dann bis zum Spreitengrund gleichmäßig verschmälert). Reife Fr dunkelbraun bis schwarz. HüllBla meist schwarzgrün bis schwarz. 0,50–1,50. 8–10. Mäßig trockne bis mäßig frische, lichte Laub- u. KiefernW, lichte Gebüsche u. ihre Säume, Heiden, Silikatmagerrasen, Rud.; g Sa, h Rh He Nw Th Ns, v By Bw An Bb Mv Sh, z Alp, s östliche Mittelg oberhalb 600 m (sm/(mo)-temp·c1-4EUR, [N] tempAM, NEUSEEL – sogr eros H ♃ Rhiz Lichtkeimer – L5 T6 F4 R4 N2 – V Querc rob., UV Luz.-Fag., O Orig., V Viol. can., V Dauco-Mel. – 27, 36). Savoyer H. – ***H. sabaudum*** L.
95* Grubenränder des Korbbodens kurz gezähnt. Untere StgBla gewöhnlich rosettenartig gedrängt, rasch in einen br Stiel verschmälert. Reife Fr ledergelb bis braun. HüllBla grün od. mit br grünem Rand. 0,10–0,80. 7–10. Mäßig trockne bis mäßig frische EichenW- u. Gebüschsäume, kalkmeidend; [N] s He(Gießen) Bb(Berlin?), [U] s Ns(S), † Bb(Treuenbrietzen) (m/mo-stemp·c2-4EUR – sogr eros H ♃ Rhiz – L7 T6 F4 R5 N2 – V Trif. med. – *18, 27*).
Trauben-H. – ***H. racemosum*** Willd.

Pilosella Hill [*Hieracium* L. subgen. *Pilosella* (Hill) Gray] –
Mausohrhabichtskraut, Habichtskraut (200 Arten)

Siehe auch Anm. zu *Hieracium*. Anders als dort gibt es jedoch mehrere sexuelle Arten bzw. Arten mit sexuellen od. partiell apomiktischen Populationen. Manche Zwischenarten sind stabile hybridogene Sippen, andere nur Primärhybriden; oft aber enthalten sie beides.
Spezielle Termini im *Pilosella*-Schlüssel:
Gablige Verzweigung: die Verzweigung erstreckt sich mindestens über das obere StgViertel, die Äste sind nicht od. höchstens einmal verzweigt.
Hochgablig: alle Zweige beginnen oberhalb der StgMitte.
Tiefgablig: mindestens ein Zweig beginnt unterhalb der StgMitte.
Flagellen: ausläuferähnliche Seitensprosse, die sich aufrichten u. einen Kopf od. Kopfstand ausbilden.

1 Kr beidseits (orange-)rot od. außen rot u. innen orange 2
1* Kr innen rein gelb, außen rein gelb od. gelb mit roten Streifen 12
2 Stg mit 1–3 Köpfen. Kopfstand locker gablig. Kopfstiele >5 cm lg; Stiel des Endkopfes ≥3 cm lg. BlaUSeite meist reich (nur bei *P. latisquamiformis*, **5**, arm) sternhaarig 3
2* Stg meist mit >3 Köpfen. Kopfstand gedrängt gablig, rispig od. doldig. Kopfstiele 1–5 cm lg; Stiel des Endkopfes ≤3 cm lg. BlaUSeite sternhaarlos od. mit wenigen (nur bei *P. guthnikiana*, **9**, mit zerstreuten) Sternhaaren 6
3 Bla rein grün od. gelblichgrün; auf der Fläche reich behaart. Hülle reich behaart 4

3* Bla bläulich- od. blaugrün; auf der Fläche zerstreut behaart bis kahl. Hülle arm behaart od. haarlos 5
4 HüllBla (1,0–)1,2–1,3(–1,5) mm br, mittlere lineal-lanzettlich, bis zum Rand sternhaarig. 0,10–0,30. 7–8. (Gestörte) Silikatmagerrasen, kalkmeidend; z Alp, [N] s By Bw Rh Nw Th Sa An Bb Ns; auch ZierPfl [*H. rubrum* hort. non Peter] (sm/salp-b·c2-4EUR, [N] temp OAM+NEUSEEL – igr ros/hros H ♃ o/uAusl – V Nard. – 36, *45*, 54). [*aurantiaca* ≤ *officinarum*; *H. stoloniflorum* Waldst. et Kit.]
　　　　　Läuferblütiges M. – ***P. stoloniflora*** (Waldst. et Kit.) F.W. Schultz et Sch. Bip.
4* HüllBla (1,1–)1,2–1,8(–2,0) mm br, mittlere lanzettlich, mit oft kahlem Rand. 0,20–0,30. 7–8. Silikatmagerrasen, kalkmeidend; z Alp (stemp/salp·c3ALP – igr ros/hros H ♃ oAusl – V Nard.). [*aurantiaca* ≤ *hoppeana*; *H. substoloniflorum* Peter]
　　　　　Kurztriebblütiges M. – ***P. substoloniflora*** (Peter) Soják
5 (3) Hülle zerstreut behaart, reich drüsig (längste Drüsen 0,5–0,7 mm lg). Bla länglich-spatelfg, stumpf; useits zerstreut bis arm sternhaarig. 0,20–0,30. 7–8. Silikatmagerrasen; s Alp(Allg) (stemp/salp·c3ALP – igr ros/hros H ♃ oAusl). [*notha* – *viridifolia*; *H. latisquamiforme* Touton, *P. amaurocephala* auct.]
　　　　　Unauffälliges M. – ***P. latisquamiformis*** (Touton) Schuhw.
5* Hülle haarlos, reich drüsig (längste Drüsen 1,0–1,2 mm lg). Bla spatelfg bis lanzettlich, stumpf od. spitz; useits reich sternhaarig, bis gräulich. 0,15–0,30. 7–8. Magerrasen; s Alp(Allg) (stemp/salp·c3ALP – igr ros/hros H ♃ oAusl). [*fusca* < *officinarum*; *H. peterianum* Käser]
　　　　　Peter-M. – ***P. peteriana*** (Käser) Holub
6 (2) Bla blaugrün, zerstreut behaart bis fast kahl, oft nur am Rand u. useits am Mittelnerv behaart, fast ohne Sternhaare; zumindest die äußeren oft etwas spatelfg u. stumpflich od. mit Faltspitze. Stg oben arm behaart od. haarlos 7
6* Bla rein od. gelblich grün, beidseits auch auf den Flächen reich behaart, useits zumindest arm sternhaarig; lanzettlich bis elliptisch-lanzettlich, spitz. Stg oben zerstreut bis reich behaart 8
7 Innere RosettenBla spitz, BlaUSeite am Mittelnerv zuweilen mit Sternhaaren. Hülle 6,5–9,0 mm lg, HüllBla spitzlich, zerstreut bis reich behaart. 0,10–0,35. 7–8. Lückige Silikatmagerrasen, kalkmeidend; z Alp(Allg, sonst s), s By (sm/alp+b·c2-4EUR – igr hros H ♃ Rhiz, z. T. kurze o/uAusl – L8 T4 F5 R3 N2 – V Nard. – 36, *45*). [*aurantiaca* > *lactucella*; *H. fuscum* Vill.]
　　　　　Dunkelbraunes M. – ***P. fusca*** (Vill.) Arv.-Touv.
7* Alle Bla abgerundet bis stumpf, BlaUSeite ohne Sternhaare. Hülle 6–8 mm lg, HüllBla stumpf, sehr arm behaart od. haarlos. 0,20–0,35. 6–8. Silikatmagerrasen, Moore; [U] s Alp (sm-stemp//salp+b·c2-4EUR – igr ros/hros H ♃ u/oAusl – 27, *36*). [*aurantiaca* – *lactucella*; *H. blyttianum* Fr.]
　　　　　Blytt-M. – ***P. blyttiana*** (Fr.) F.W. Schultz et Sch. Bip.
8 (6) Stg 1blättrig mit 1–4 Köpfen in gedrängt gablig-rispigem Kopfstand, zuweilen 1 Ast abgesetzt. 0,10–0,25(–0,30). 7–8. Magerrasen; s Alp(Allg Mng) (sm-stemp//alp·c3ALP– igr ros/hros H ♃ u/oAusl). [*aurantiaca* – *sphaerocephala*; *H. fulgens* Nägeli et Peter, *H. nothum* Huter]
　　　　　Unechtes M. – ***P. notha*** (Huter) S. Bräut. et Greuter
8* Stg 1–4blättrig, mit (2–)4–∞ Köpfen in gedrängt rispigem bis doldigem od. hochgabligem Kopfstand. Pfl meist >0,25 m hoch 9
9 BlaOSeite mit Sternhaaren. Pfl mit (10–)20–50 Köpfen. Kopfstand doldig-rispig. Hülle ± zylindrisch, arm od. reich drüsig. 0,35–0,70. 6–8. Silikatmagerrasen, Hochgrasfluren, Straßenränder, Brachen, kalkmeidend; s Alp(Allg Mng), [N?] s He(O) An(Hrz) Ns(Hrz S), ↗ (sm/salp-stemp·c2-4EUR – igr hros H ♃ Rhiz, z. T. uAusl – V Nard. – 54). [*aurantiaca* – *cymosa*; *H. guthnikianum* Hegetschw., inkl. *P. plaicensis* (Woł.) Soják]
　　　　　Guthnik-M. – ***P. guthnikiana*** (Hegetschw.) Soják s. l.
9* BlaOSeite ohne Sternhaare. Pfl mit 4–15(–25) Köpfen. Kopfstand hochgablig od. rispig. Hülle becherfg, reich drüsig 10
10 Kopfstand hochgablig, selten locker rispig mit 3–5(–8) Köpfen. Stiel des Endkopfes 1–3 cm lg. Hülle 8–11 mm lg, während der BlüZeit an der Spitze 10–13 mm ⌀. BlaUSeite auch auf der Fläche arm bis zerstreut sternhaarig. 0,20–0,40. 7–8. Silikatmagerrasen, Hochgrasfluren; s Alp(Allg Mng), [U] s By(O) Nw(SO) (sm/salp-b·c2-4EUR – igr hros H ♃ u/oAusl – 36, 54). [*aurantiaca* > *hoppeana*/*officinarum*; *H. rubrum* Peter, inkl. *H. rubriflorum* Zahn]
　　　　　Rotes M. – ***P. rubra*** (Peter) Soják s. l.

10* Kopfstand gedrängt, selten locker rispig mit 5–15(–25) Köpfen. Stiel des Endkopfes 0,5–1(–2) cm lg. Hülle 5–9(–10) mm lg, während der BlüZeit an der Spitze 8–10 mm ∅. BlaU-Seite meist nur am Rand u. useits am Mittelnerv arm sternhaarig **11**
11 Bla dunkelgrün, weich. Kopfstandsäste zerstreut bis reich behaart, Haare 3–7 mm lg. Hülle 7–9 mm lg. Pfl oft mit Ausläufern. 0,20–0,50. 6–8. Alp. bis mont. (wechsel)frische Silikatmagerrasen, Parkrasen, Straßenränder, Friedhöfe, kalkmeidend; z Alp(h Allg), s Bw(SO: Feldberg), [N?] By(O: Bayr-W), sonst [N] v Sa, z By Bw Rh He Nw Th An Ns Sh, s Bb Mv; auch ZierPfl (sm-stemp//salp+b·c2-5EUR, [N] antarctAM+NEUSEEL+sm/mo-b·c2-5CIRCPOL – igr hros H ♃ Rhiz, u/oAusl – L8 Tx F5~ R4 N2 – V Nard., V Cynos., V Conv.-Agrop.). [*H. aurantiacum* L.]
Orangerotes M. – ***P. aurantiaca*** (L.) F.W. Schultz et Sch. Bip.

1 Stiel des Endkopfs 10–15(–55) mm lg. Kopfstand ± hochgablig, locker, mit 6–9(–12) Köpfen. Hülle 8–10 mm lg. Magerrasen, Hochgrasfluren; s Alp (sm-stemp//salp·c2-3EUR – 54).
subsp. ***auropurpurea*** (Peter) Soják
1* Stiel des Endkopfs 5–9(–12) mm lg. Kopfstand ± schirmrispig, gedrängt, mit 4–25 Köpfen. Hülle 7–8 mm lg. Verbr. in D u. Gesamtverbr. wie Art (36, *45*).
subsp. ***aurantiaca***
11* Bla ± blaugrün, steifer. Kopfstandsäste arm behaart, Haare 2–3 mm lg. Hülle 5–6 mm lg. Pfl stets ohne Ausläufer. 0,60–0,80. 6. Trockne Rud.; s Nw(SO), [U] s By(MS) (stemp·c2-3EUR, [N] tempOAM – igr hros H ♃ Rhiz – 36, *45*). [*aurantiaca – piloselloides*; *H. derubellum* Gottschl. et Schuhw.]
Rötliches M. – ***P. derubella*** (Gottschl. et Schuhw.) S. Bräut. et Greuter
12 (1) Stg blattlos, einköpfig. Pfl stets mit Ausläufern. Bla useits weiß- bis graufilzig **13**
12* Stg mit 1 bis mehreren Bla, mehrköpfig (selten einköpfig bei *P. viridifolia*, **19**, u. *P. schultesii*, **19***, sowie bei KümmerPfl). Ausläufer vorhanden od. fehlend. Bla useits grün od. graugrün, nicht filzig **17**
13 HüllBla 1,5–4,0 mm br, ihre Spitze rund, zugespitzt od. mit lg ausgezogener Spitze. Ausläufer dick, kurz, ihre StgGlieder viel kürzer als die AusläuferBla, diese nach der Ausläuferspitze zu größer werdend od. gleichgroß bleibend **14**
13* HüllBla 0,5–2,0 mm br, ihre Spitze spitz, aber nicht lg ausgezogen. Ausläufer dünner, länger, ihre StgGlieder etwa so lg wie die AusläuferBla od. deutlich länger **15**
14 HüllBla mit lg ausgezogener Spitze, äußere lanzettlich, innere pfriemlich; Hülle reich seidig behaart (Haare 3–4 mm lg), arm drüsig od. drüsenlos. 0,05–0,30. 5–6. Silikatfelsfluren, Sand- u. Silikatmagerrasen, Wegränder, lichte EichenW, kalkmeidend; z Rh, s By(O: Regensburg NW: Kreuzwertheim) Bw(SW: S-SchwarzW) He(ORh) Th(Bck: Kyffhäuser O: Saalfeld) Sa(W: Meißen) An(SO: Halle), ↘ (sm/mo-b·c1-4EUR – igr ros H ♃ kurze oAusl – nicht Ap – L7 T7 F3 R4 N2 – O Sedo-Scler., O Fest.-Sedet., V Querc. rob. – 18). [*H. peleterianum* Schult.,
Peletier-M. – ***P. peleteriana*** (Mérat) F.W. Schultz et Sch. Bip.
14* Äußere HüllBla stumpf, ± eifg, innere stumpf od. spitz, aber nicht zugespitzt, lanzettlich; Hülle haarlos od. arm u. kurz behaart, ± reich drüsig. 0,05–0,30. 5–8. Subalp. (wechsel-)frische Magerrasen, Halbtrockenrasen; z Alp, s By(S MS: Hochebene Isar Lech) (m-stemp·c3-7EURVORDAS – igr ros H ♃ kurze oAusl – nicht Ap). [*H. hoppeanum* Schult.,

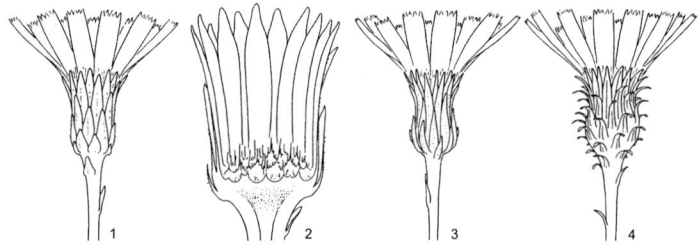

1 Hieracium sabaudum 2 3 H. laevigatum 4 H. umbellatum

H. macranthum (TEN.) TEN.]
         Hoppe-M. – *P. hoppeana* (SCHULT.) F.W. SCHULTZ et SCH. BIP. s. l.
1   Alle HüllBla an der Spitze abgerundet; Hülle wegen der schwarzen Basen der kräftigen Drüsen schwarz wirkend. 0,05–0,30. 7–8. Subalp. (wechsel)frische Silikatmagerrasen, kalkmeidend; z Alp (sm-stemp//salp·c3MALP-OALP – L8 T3 F5~ R4 N2 – V Nard. – 18).   subsp. ***hoppeana***
1*   Innere HüllBla spitz, äußere stumpf; Hülle hell, Drüsen zierlicher. 0,15–0,30. 5–6. Halbtrockenrasen, kalkstet; s Alp By(S u. MS: Isar, Lech), ↘ (m-stemp·c3-7EURVORDAS – V Brom. erect. – 18). [*H. leucopsilon* ARV.-TOUV., *H. macranthum* auct.]
         subsp. ***testimonialis*** (J. HOFM.) P.D. SELL et C. WEST

15 (13) Ausläufer schlank (≤1,2 mm dick), lg, mit lg StgGliedern u. spitzenwärts kleiner werdenden Bla. HüllBla <1,5 (selten bis 2 mm) br, äußere lanzettlich, Spitze spitz. 0,05–0,30. 5–10. Xerothermrasen, Silikatmagerrasen, sandige Brachen, trockne bis mäßig trockne Rud., Heiden, lichte Wälder u. Gebüsche u. ihre Säume; alle Bdl g(v Sh) (sm-b·c1-5EUR, [N] NEUSEEL, antarctAM+sm-bOAM – igr ros H ♃ oAusl, auch WuSpr – meist nicht Ap – L7 Tx F4 Rx N2 – K Fest.-Brom., K Sedo-Scler., V Coryneph., K Call.-Ulic., V Cytis.-Pin. – 36, *45*, *54*). [*H. pilosella* L.]
         Kleines M., Gewöhnliches M. – *P. officinarum* F.W. SCHULTZ et SCH.-BIP.
Ähnlich: **Samt-M. – *P. velutina*** (HEGETSCHW.) F.W. SCHULTZ et SCH. BIP., aber Bla auch oseits mit dichtem Sternhaarfilz. 0,10–0,30. 5–10. Rud. Rasen; [U?] s By(N: Karlstadt) Mv(NO: Rügen); auch ZierPfl (sm-stemp//alp·c2-3W-MALP – igr ros ♃ Rhiz, oAusl. – *45*, *54*). [*H. velutinum* HEGETSCHW., *P. officinarum* subsp. *velutina* (HEGETSCHW.) H.P. FUCHS]

15* Ausläufer relativ dick (1–2 mm), ziemlich kurz, mit kurzen StgGliedern u. gleichgroß bleibenden od. spitzenwärts größer werdenden Bla. HüllBla >1,5 mm br, äußere elliptisch, Spitze zugespitzt od. lg ausgezogen **16**
16 Äußere HüllBla elliptisch mit abgerundeter Spitze, innere spitz, reich drüsig, haarlos od. behaart. 0,15–0,25. 6–8. Silikatmagerrasen, kalkmeidend; s Alp(Allg Mng) By(S MS) (sm-stemp//salp·c3-MALP – igr ros H ♃ – V Nard. – 36). [*hoppeana – officinarum*; *H. hypeuryum* PETER]   Breitschuppiges M. – ***P. hypeurya*** (PETER) SOJÁK
16* Äußere HüllBla lanzettlich, spitz, innere oft mit lg ausgezogener Spitze, oft arm drüsig od. drüsenlos, behaart. 0,05–0,30. 5–6. Silikatfelsfluren u. -magerrasen, lichte EichenW, kalkmeidend; s By(O) Bw(SW) Rh Nw(SW), † Sa(W) An(SO) (sm/mo-b·c1-4EUR – igr ros H ♃ oAusl – O Sedo-Scler., O Fest.-Sedet., V Querc. rob. – 36). [*peleteriana – officinarum*; *H. longisquamum* PETER, *H. pachylodes* NÄGELI et PETER]
         Langschuppiges M. – *P. longisquama* (PETER) HOLUB
17 (12) Stg gablig bis tiefgablig (Verzweigung des Kopfstandes bis mindestens zur Mitte des Stg herabreichend). Seitenäste mit 1–2 Köpfen **18**
17* Stg erst über der Mitte, meist im oberen Drittel bis Fünftel verzweigt (zuweilen aber mit davon abgesetztem tiefem Seitenast), locker bis gedrängt gablig, rispig od. doldig. Seitenäste mit 1–∞ Köpfen **32**
18 Bla ± blaugrün, oseits auf der Fläche mit nur wenigen Haaren od. kahl, Spitze schnell zusammengezogen, oft rundlich. Bla der Ausläufer spatelfg, nach deren Spitze zu ± größer werdend. Auch äußere HüllBla mit br, kahlem, hellem Rand **19**
18* Bla gras-, bläulich- od. dunkelgrün, oseits auf der Fläche arm bis sehr reich behaart (nur bei *P. arida*, **30**, zuweilen kahl), Spitze langsam verschmälert, nie rundlich. Bla der Ausläufer lanzettlich-elliptisch bis leicht spatelfg od. Ausläufer fehlend. HüllBla (zumindest die äußeren) nicht mit br, kahlem Rand **20**
19 Äußere u. mittlere (kurze) HüllBla elliptisch od. zumindest mit eifg zusammengezogenem Grund, wie die inneren 1,3–2,0 mm br. 0,10–0,25(–35). 6–8. Silikatmagerrasen, kalkmeidend; s Alp By(MS) (sm-stemp//salp·c3ALP – igr ros H ♃ oAusl – V Nard. – 27, *54* – Vgl. auch *P. lathraea*, **25**). [*hoppeana – lactucella*; *H. latisquamum* NÄGELI et PETER, *H. viridifolium* PETER].   **Grünblättriges M. – *P. viridifolia*** (PETER) HOLUB
19* Alle HüllBla lanzettlich bis pfriemlich, 1,0–1,3 mm br. 0,05–0,25(–0,40). 5–6. Silikatmagerrasen, Heiden, Wegränder, kalkmeidend; alle Bdl s, oft nur unbeständige Hybride (sm/mo-temp·c1-4EUR – igr ros H ♃ oAusl – L8 Tx F5 R4 N2 – V Nard. – 27, *36*, *45*). [*lactucella – officinarum*; *H. schultesii* F.W. SCHULTZ]
         Schultes-M. – *P. schultesii* (F.W. SCHULTZ) F.W. SCHULTZ et SCH. BIP.

20 (18) Pfl reich behaart, Haare an Stg u. Hülle borstlich, mit lg hellem Spitzenteil 21
20* Pfl arm od. reich behaart, Haare an Stg u. Hülle weich od. ± steif u. dann dunkel od. mit kurzem hellem Spitzenteil 23
21 BlaOSeite arm sternhaarig, BlaUSeite reich sternhaarig. 0,15–0,30. 6. s Rh(ORh: Heidesheim) An(Elb SO), [U] s By(Alb: Regensburg) (stemp·c3EUR – igr ros/hros H ♃ oAusl – 45). [*cymosiformis* ≤ *officinarum*; *H. cinereiforme* R. Meissn. et Zahn]
    Aschgraues M. – *P. cinereiformis* (R. Meissn. et Zahn) S. Bräut. et Greuter
21* BlaOSeite ohne Sternhaare, sehr selten arm sternhaarig, BlaUSeite zerstreut bis reich sternhaarig 22
22 Haare der Hülle 2–6 mm lg. 0,10–0,45. 6. s Rh(ORh) Th(Bck) An Bb(MN Od) Ns(MO) (smtemp·c3-4EUR-(WAS) – igr ros H ♃ kurze oAusl – L8 T7 F2 R6 N1). [*echioides* ≤ *officinarum*; *H. bifurcum* M. Bieb.] Gegabeltes M. – *P. bifurca* (M. Bieb.) F.W. Schultz et Sch. Bip.
22* Haare der Hülle nur 1–2 mm lg. 0,20–0,30. 6. s Rh(ORh) He(ORh) (stemp·c2ZEUR Endemit – igr hros H ♃ oAusl). [*calodons* – *officinarum*; *H. heterodoxiforme* Zahn, *H. nassovicum* (Zahn) Gottschl.]
    Nassauisches M. – *P. heterodoxiformis* (Zahn) S. Bräut. et Greuter
23 (20) HüllBla aus 1,5–2,0 mm br Grund lg zugespitzt (*peleteriana*-artig). Ausläufer kurz, dicklich, mit etwas genäherten Blättern. 0,10–0,35. 5–6. s By(MS: Regensburg) Rh(ORh, ob noch?) (sm/mo-stemp·c2-3EUR – igr ros/hros H ♃ kurze oAusl). [*peleteriana* ≥ *piloselloides*; *H. hybridiforme* Zahn; *H. leucense* F.O. Wolf]
    Leuker M. – *P. promeces* (Peter) Holub
23* HüllBla ≤1,5 mm br, wenn breiter, nicht lg zugespitzt. Ausläufer unterschiedlich 24
24 Haare an Stg u. Hülle dunkel od. zumindest mit dunklem, kräftigem Fußteil (dieser so lg wie die Drüsen od. länger), auch an der Hülle steif gerade, 3–5 mm lg 25
24* Haare an Stg u. Hülle hell od. mit dunklem, zartem Fußteil (dieser kürzer als die Drüsen), zumindest an der Hülle nicht steif gerade, sondern gebogen-kraus, meist ≤3 mm lg 28
25 Zumindest innere RosettenBla oseits mit Sternhaaren. Ausläufer kurz u. dick od. fehlend; Bla der Ausläufer viel länger als deren StgGlieder. Hülle 8–10 mm lg, während der BlüZeit an der Spitze ≤12(–14) mm ⌀. Kr außen meist ohne rote Streifen. 0,10–0,25. 7–8. Subalp. bis alp. Silikatmagerrasen, kalkmeidend; z Alp (sm-stemp//alp·c3M-OALP – igr ros H ♃ Rhiz, z. T. kurze oAusl – L8 T2 F5 R4 N? – V Nard. – 36). [*glacialis* – *hoppeana*; *H. sphaerocephalum* Rchb.]
    Kugelköpfiges M. – *P. sphaerocephala* (Rchb.) F.W. Schultz et Sch.-Bip.
    Ähnlich: Dunkelstreifiges M. – *P. lathraea* (Peter) Soják s. l., aber alle RosettenBla oseits ohne Sternhaare. Ausläufer oft länger. Kr außen oft mit roten Streifen. 0,10–0,20. 7–8. Subalp. bis alp. Silikatmagerrasen, kalkmeidend; s Alp(Allg: Söllereck) (sm-stemp//alp·c3M-OALP – igr ros ♃ Rhiz, z. T. Ausl. – V Nard.). [*sphaerocephala* – *viridifolia*; *H. nigricarinum* Nägeli et Peter]
25* Alle Bla oseits ohne Sternhaare. Ausläufer lg, schlank od. dick; Bla der Ausläufer kürzer od. wenig länger als deren StgGlieder. Hülle 8–13 mm lg, während der BlüZeit an der Spitze 12–14(–20) mm ⌀. Kr außen oft rot gestreift 26
26 Haare an Hülle u. Kopfstielen über dem schwarzen Fuß (rauch-)grau gefärbt. Ausläufer verlängert, *officinarum*-artig. Alle HüllBla schmal, spitz. 0,10–0,25. 7–8. Subalp. bis alp. Silikatmagerrasen, kalkmeidend; s Alp(Allg Mng) (sm-stemp//alp·c3M-OALP – igr ros H ♃ oAusl). [*officinarum* – *sphaerocephala*; *H. basifurcum* Peter]
    Tiefgabliges M. – *P. basifurca* (Peter) Soják
    Ähnlich: Dickhaariges M. – *P. pachypila* (Peter) Soják, aber Ausläufer kurz, *hoppeana*-artig. HüllBla breiter, äußere ± stumpf. 0,10–0,20. 7–8. Subalp. bis alp. Silikatmagerrasen, kalkmeidend; s Alp(Allg) (sm-stemp//alp·c3M-OALP – igr ros ♃ Rhiz, Ausl – V Nard.). [*hoppeana* – *sphaerocephala*; *H. pachypilon* Peter]
26* Haare an Hülle u. Kopfstielen über dem schwarzen Fuß farblos. Pfl nicht in den Alpen (vgl. auch *P. flagellaris*, 50) 27
27 BlaOSeite zerstreut bis reich behaart, Bla grün. 0,20–0,35. 6–7. Frischwiesen, Wegränder; s By Bw Rh Nw Th Sa An Ns Mv, † Bb (sm/mo-b·c2-4EUR, [N] temp OAM – igr ros/hros H ♃ oAusl – 36). [*caespitosa* < *officinarum*; *H. flagellare* subsp. *cernuiforme* Nägeli et Peter; *H. macrostolonum* Gus. Schneid.]
    Langläufer-M. – *P. macrostolona* (Gus. Schneid.) Soják

ASTERACEAE   839

27* BlaOSeite arm bis zerstreut behaart, Bla grün od. bläulichgrün. HüllBla reich drüsig. 0,10–
0,35. 6–7. Magerrasen, Wegränder; s Sa(SO: Zittauer Gebirge SW: ErzG Vogtland), [U]
† Nw(SO) (temp·c3-5EUR, [N] tempOAM – igr ros/hros H ♃ oAusl – *36*, 45, *54*). [*floribundum* ≤ *officinarum*; *H. apatelium* Nägeli et Peter, *H. piloselliflorum* Nägeli et Peter]
Erzgebirgs-M. – ***P. piloselliflora*** (Nägeli et Peter) Soják
Ähnlich: Dünnästiges M. – ***P. leptoclados*** (Peter) Soják, aber HüllBla meist arm drüsig. RosettenBla schmaler, meist lanzettlich u. spitz. 0,15–0,35. 6. Trocknere Moorwiesen, Rud.; s By(M) Rh(M) He(W) Nw(MW), † Bw(SO) (stemp·c3EUR – igr ros/hros H ♃ oAusl – 36, 45). [*erythrochrista* < *officinarum* od. *inops* – *officinarum*; *H. leptoclados* Peter]

28 (24) Bla gelbgrün bis grün, oseits mit Sternhaaren 29
28* Bla bläulichgrün, (auch AusläuferBla u. StgBla) oseits ohne Sternhaare (selten mit wenigen Sternhaaren: *P. pilosellina*, 31) 30
29 Hülle arm bis zerstreut sternhaarig. Kopfstiele meist reich drüsig, Drüsen bis zur StgMitte reichend. Haare am mittleren u. oberen Stg oft mit deutlichem schwarzem Fuß, gerade abstehend   ***P. macranthela***, s. **45***
29* Hülle reich sternhaarig. Kopfstiele reich od. arm drüsig, Drüsen selten bis zur StgMitte reichend. Haare am mittleren u. oberen Stg gewöhnlich ohne deutlichen schwarzen Fuß u. nicht gerade abstehend. Pfl stets in od. in Nachbarschaft von Populationen von *P. cymosa*. 0,10–0,35. 6. Halbtrockenrasen, trockne Säume; s By Bw Rh He Nw(SW) An Ns, † Th Sa, ↘ (sm-b·c2-4EUR – igr ros/hros H ♃ oAusl – L8 T6 F3 R7 N2 – *27*, 36, 45). [*cymosa* < *officinarum*; *H. laschii* Zahn, *H. kalksburgense* auct.]
Graues M. – ***P. cana*** (Peter) Gottschl.

30 (28) Pfl ohne Ausläufer, aber oft mit bogig aufsteigenden NebenStg (Flagellen). 0,10–0,35. 6–7. Trockne Rud., Brachen; s Alp By Bw Rh He Nw(SO) Th(Bck S) Sa Ns(S) Mv(M MW), ↘ (sm-stemp·c2-4EUR – igr ros H ♃ Rhiz – 27, 36, 45). [*officinarum – piloselloides*; *H. aridum* Freyn]   Trockenheitsliebendes M. – ***P. arida*** (Freyn) Soják
30* Pfl mit Ausläufern, meist nur einstängelig, ohne NebenStg 31
31 BlaOSeite zerstreut bis reich behaart, zuweilen mit wenigen Sternhaaren (AusläuferBla u. StgBla oseits oft mit Sternhaaren). Pfl in od. in Nachbarschaft von Populationen von *P. ziziana*, *P. densiflora* u. bes. *P. fallacina*. 0,10–0,40. 6. Trockenrasen, Rud.; z By(N), sonst s) Bw Rh He Nw An, s Th(S, z Bck), ((sm)-stemp·c2-4EUR – igr ros/hros H ♃ oAusl – 36). [*officinarum* > *ziziana*, *officinarum* > *densiflora*, *fallacina* – *officinarum*; *H. pilosellinum* F.W. Schultz]
Mausohrenähnliches M. – ***P. pilosellina*** (F.W. Schultz) Soják
31* BlaOSeite meist nur arm bis zerstreut behaart, nie mit Sternhaaren. Pfl meist in Populationen von *P. bauhini* od. *P. piloselloides*. 0,10–0,40. 5–7. Xerothermrasen, Trockengebüschsäume, lichte Vorwälder, trockne bis mäßig trockne (oft sandige) Rud.; z Rh, s alle anderen Bdl u. Alp (sm-stemp·c2-4EUR, [N] tempOAM – igr ros/hros H ♃ oAusl – V Brom. erect., V Ger. sang., O Coryneph. – 27, 26, 45, 54). [*officinarum* > *piloselloides* od. *bauhini*; *H. brachiatum* DC., *P. brachiata* (DC.) F.W. Schultz et Sch. Bip.]
Gabelästiges M. – ***P. acutifolia*** (Vill.) Arv.-Touv.

32 (17) Pfl meist <25 cm hoch, 2–7köpfig, mit 1 StgBla 33
32* Pfl meist >30 cm hoch, meist mit mehr als 7 Köpfen, mit 1–10(–20) StgBla 38
33 Bla ohne Sternhaare, spatelfg, meist stumpf, blaugrün, nur am Rand u. am Spreitengrund behaart. Bla der Ausläufer nach deren Spitze zu größer werdend. 0,05–0,30. 5–8. Frische bis wechselfeuchte Silikatmagerrasen, Flachmoorwiesen, Quellmoore, Wegränder, kalkmeidend; h Alp, z (besonders Bergland) By Bw Rh He Nw Th Sa, s An Bb Ns Mv Sh, ↘ (sm/mo-temp-(b)·c1-5EUR, [N] tempOAM – igr ros/hros H ♃ oAusl – nicht Ap – L8 Tx F6~ R4 N2 – O Nard., V Mol., V Car. nigr. – *18*). [*H. lactucella* Wallr.]
Öhrchen-M. – ***P. lactucella*** (Wallr.) P.D. Sell et C. West
33* Bla zumindest useits mit wenigen bis ∞ Sternhaaren, die inneren spitz, auch auf der Fläche behaart; Bla der Ausläufer nach deren Spitze zu gleichgroß bleibend od. kleiner werdend 34

34 Hülle 6–7(–8) mm lg. HüllBla <1 mm br 35
34* Hülle 7–10(–11) mm lg. HüllBla (außer bei *P. viridifolia*, 19) 1,0–1,5 mm br 36

35　Alle Bla länglich, spitz, oseits auf der Fläche arm bis zerstreut, am Rand u. useits reich sternhaarig. HüllBla spitz, auch am Rand reich sternhaarig u. dazu mit 1,5–4,0 mm lg Haaren. 0,10–0,20. 7–8. Alp. (wechsel)frische Silikatmagerrasen, kalkmeidend; s Alp(Allg über 1800 m) (sm-stemp//alp·c2-3ALP – igr ros/hros H ♃ Rhiz – nicht Ap – L8 T1 F5 R1 N1 – V Nard. – 18). [*H. angustifolium* Hoppe, *H. glaciale* Reyn.]
　　　　　　　　　　　　　Gletscher-M. – *P. glacialis* (Lachen.) F.W. Schultz et Sch. Bip.
35*　Zumindest äußere RosettenBla spatelfg, stumpflich, oseits höchstens auf dem Mittelnerv u. am Rand, useits mit wenigen Sternhaaren. HüllBla stumpflich, arm sternhaarig u. arm behaart, am Rand kahl. 0,10–0,30. 7–8. Alp. Silikatmagerrasen, kalkmeidend; s Alp(Allg) (sm-stempl//alp·c2-3ALP – igr ros/hros H ♃ oAusl – V Nard. – 36). [*glacialis* – *lactucella*; *H. niphobium* Nägeli et Peter, *H. niphostribes* Peter]
　　　　　　　　　　　　　Schnee-M. – *P. corymbuloides* (Arv.-Touv.) S. Bräut. et Greuter
36　(34) Bla grün, spitz, useits zerstreut, oseits meist arm sternhaarig. Ausläufer fehlend od. ≤5 cm lg, ihre Bla spitz. *P. sphaerocephala*, s. 25
36*　Bla bläulichgrün, stumpflich, äußere spatelfg, useits arm bis zerstreut sternhaarig, oseits ohne Sternhaare. Ausläufer meist >5 cm lg, ihre Bla spatelfg 37
37　HüllBla <1 mm br, schmal grünrandig, reich sternhaarig. Kopfstand lockerrispig. 0,10–0,25. 7–8. Alp. Magerrasen; s Alp(Allg Brch Mng Wtt) (sm-stemp//alp·c2-3ALP – igr ros/hros H ♃ oAusl – V Nard.). [*lactucella* – *sphaerocephala*; *H. brachycomum* Nägeli et Peter]
　　　　　　　　　　　　　Kurzgabliges M. – *P. brachycoma* (Nägeli et Peter) H.P. Fuchs
37*　HüllBla >1 mm br, mit br hellem Rand, arm sternhaarig. Kopfstand gablig.
　　　　　　　　　　　　　　　　　　　　　　　　　　　　　　P. viridifolia, s. 19
38　(32) Kopfstand (auch anfangs) lockerrispig bis hochgablig. Hülle (6,5–)8,0–10,0(–12,0) mm lg 39
38*　Kopfstand (anfangs stets, oft bleibend) gedrängt rispig od. doldig. Hülle 5–8(–9) mm lg 56
39　StgBla (1–)2–10. Gesamte Pfl reich behaart, Haare borstig, meist krumm, anliegend od. gekniet, hell 40
39*　StgBla 1–3(–4). Pfl reich od. arm behaart, Haare nicht borstig, gerade abstehend, gebogen od. kraus, nicht anliegend od. gekniet, hell od. dunkel 43
40　Ausläufer vorhanden, >10 cm lg. StgBla 1–2(–3). 0,25–0,60. 6. Trockne Rud.; s Rh(MRh ORh SW) He(ORh) An(S) (sm-stemp·c2-4EUR – igr hros H ♃ oAusl). [*bauhini* – *rothiana*, *auriculoides* – *officinarum*; *H. euchaetium* Nägeli et Peter] Vgl. auch *P. crassiseta*, 42.
　　　　　　　　　　　　　Reichhaariges M. – *P. euchaetia* (Nägeli et Peter) Soják
40*　Ausläufer meist fehlend, selten vorhanden, <10 cm lg, StgBla 2–10 41
41　StgBla 4–10. Bla reingrün. Stiel des Endkopfes (0,6–)5,0–15,0 cm. 0,30–0,75. 6–7. Kont. Sand- u. Silikattrockenrasen, Felsfluren, Weinberge, Rud.: Kies- u. Sandgruben, Bahngelände; s Bw(Gäu) Rh He(ORh) Th(Bck) Sa(SO W) An Ns(MO), † Bb (sm-temp·c2-6EUR – igr hros H ♃ Rhiz, selten kurze oAusl – L8 T7 F2 R6 N1 – V Koel. glauc, V Fest. val. – 36). [*echioides* > *officinarum*; *H. setigerum* auct. non Fr., *H. rothianum* Wallr.]
　　　　　　　　　　　　　Roth-M. – *P. rothiana* (Wallr.) F.W. Schultz et Sch. Bip.
41*　StgBla 2–4 42
42　Bla oseits mit Sternhaaren, ± graugrün. Stiel des Endkopfes 3–10 cm. 0,20–0,40. 6. Rud.: Weg- u. Straßenränder, Steinbrüche; s By(Alb) Bw(ORh) Rh(ORh) Th(Bck) Sa(W) An(SO) (sm-temp·c2-6EUR-(WSIB) – igr hros H ♃ Rhiz, selten oAusl – 45, 54, 63). [*cymosiformis* > *officinarum*; *H. fuckelianum* Touton et Zahn, *H. fallaciforme* Litv. et Zahn]
　　　　　　　　　　　　　Fuckel-M. – *P. crassiseta* (Peter) Soják
42*　Bla oseits sternhaarlos od. mit sehr wenigen Sternhaaren, ± blaugrün. Stiel des Endkopfes (0,5–)3,0–4,0 cm. 0,25–0,70. 6. s Rh(ORh) He(ORh), † Th Sa ((sm)- stemp·c2-6EUR-(SIB) – igr hros H ♃ Rhiz – 54). [*calodon* > *officinarum*, *piloselloides* – *rothiana*; *H. euchaetiforme* Zahn, *H. glaucisetigerum* (Zahn) Zahn, *H. heterodoxum* (Tausch) Nägeli et Peter]
　　　　　　　　　　　　　Missgedeutetes M. – *P. heterodoxa* (Tausch) Soják
43　(39) Pfl reich behaart, Haare weich, hell. BlaOSeite mit Sternhaaren (bei *P. fallacina*, 45, manchmal sternhaarlos). Kopfstand zuweilen doldig-hochgablig 44
43*　Pfl reich od. arm behaart, Haare steif, hell od. dunkel. BlaOSeite ohne Sternhaare (selten mit zerstreuten Sternhaaren: *P. polioderma*, 51) 48

44 Pfl mit Ausläufern 45
44* Pfl ohne Ausläufer 46
45 Hülle grau, mit zerstreuten bis ∞ Sternhaaren. Kopfstiele zerstreut drüsig od. drüsenlos (längste Drüsen 0,5 mm), Drüsen höchstens im oberen StgDrittel. Kopfstand sehr verschiedenartig. 0,25–0,65. 5–6. Halbtrockenrasen, trockne Rud., Brachen; z By(N, sonst s), s Bw Rh He Th An(SO), † Sa (sm-stemp·c2-3EUR – igr hros H ♃ oAusl – V Brom. erect. – 45, 54). [*densiflora* ≥ *officinarum*; *H. fallacinum* F.W. Schultz]
Trügerisches M. – ***P. fallacina*** (F.W. Schultz) F.W. Schultz
45* Hülle dunkel, mit wenigen bis zerstreuten Sternhaaren. Kopfstiele reich drüsig (längste Drüsen 1 mm), Drüsen bis zur StgMitte reichend. Kopfstand hochgablig od. langstrahlig doldig. 0,30–0,55. 6–7. Magerwiesen, Straßenränder; s By(NW N NM O) Rh(MRh) He(SO) Th(Rho) Sa(SO) Bb(M) (sm/mo-b·c2-6EUR-(WSIB) – igr hros H ♃ oAusl – 35, 45). [*glomerata* – *officinarum*; *H. macranthelum* Nägeli et Peter]
Großblütiges M. – ***P. macranthela*** (Nägeli et Peter) Soják
46 (44) Kr röhrig. HüllBla nur an den Spitzen mit kleinen Drüsen, mit weichen, geraden Haaren, basal mit zarteren, etwas kräuseligen Haaren. 0,30–0,50. 6. Halbtrockenrasen; s By(Alb O) An(Hrz) (sm/mo-stemp·c3EUR – igr hros H ♃ Rhiz – 45). [*cymosa* > *officinarum*; *H. spurium* Froel. subsp. *tubulatum* (Vollm.) Zahn, *P. cymiflora* (Nägeli et Peter) S. Bräut. et Greuter subsp. *tubulata* (Vollm.) Schuhw.]
Lockerrispiges M. – ***P. tubulata*** (Vollm.) Soják s. str.
46* Kr zungenfg. Hülle drüsenlos od. drüsig, mit weichen geraden od. kräuseligen Haaren .. 47
47 Hülle zerstreut bis reich drüsig, haarlos bis reich behaart. 0,20–0,50. 6–7. Halbtrockenrasen, Weg- u. Straßenböschungen; s By Bw Rh He(ORh), † An (sm/(mo)-stemp·c2-3EUR – igr hros H ♃ Rhiz). [*officinarum* < *ziziana*; *H. anchusoides* (Arv.-Touv.) St.-Lag.]
Ochsenzungenblättriges M. – ***P. anchusoides*** Arv.-Touv.
47* Hülle drüsenlos od. nur an den Schuppenspitzen mit kleinen Drüsen, sehr reich behaart. 0,25–0,35. 6. Xerotherme EichenW; s By(O: Regensburg) (sm/mo-temp·c2-3EUR – igr hros H ♃ – nicht Ap – 18). [*cymosa* > *peleteriana*; *H. fuernrohrii* Vollm. *H. hybridum* Vill.]
Schönköpfiges M. – ***P. hybrida*** (Vill.) F.W. Schultz et Sch. Bip.
48 (43) Stg zumindest im oberen Teil reich behaart, Haare dort bis über die Hälfte dunkel, gerade abstehend 49
48* Stg reich od. arm behaart, Haare bis auf den schwarzen Fuß hell, kraus od. gerade abstehend 52
49 Pfl ohne Ausläufer, aber mit ∞ Flagellen. 0,20–0,50. 6. Magerrasen, Rud.: z. B. Dämme; s By(MS S), ↘ (temp·c3EUR – igr hros H ♃ – 36, 45). [*erythrochrista* > *officinarum*; *P. inops* auct. *H. montanum* Nägeli et Peter]
Berg-M. – ***P. chomatophila*** (Peter) Gottschl.
49* Pfl mit Ausläufern 50
50 Kopfstand gablig, 2–6köpfig. Hülle 9–11 mm lg. 0,15–0,40. 6–7. Frischwiesen, Weg- u. Straßenränder; s By Bw Rh He Nw Th Sa An Ns Mv (sm-temp-(b)·c2-5EUR, [N] temp AM – igr hros H ♃ oAusl. [*caespitosa* – *officinarum*; *H. flagellare* Willd.]
Ausläuferreiches M. – ***P. flagellaris*** (Willd.) Arv.-Touv.
50* Kopfstand lockerrispig bis hochgablig, (3–)5–10(–18)köpfig. Hülle 7–10 mm lg 51
51 Bla etwas blaugrün, oseits arm bis zerstreut behaart. 0,20–0,50. 6–7. Frischwiesen, Silikatmagerrasen, Weg- u. Straßenränder; s By(O) Sa(SO SW), [N] s Nw(SO: RothaarG) (temp·c2-5EUR – igr hros H ♃ oAusl, zuweilen WuSpr – O Nard., V Triset. – 36, *45*). [*floribunda*> *officinarum*; *H. iseranum* (R. Uechtr.) Zahn] Vgl. auch *P. piloselliflora* u. *leptoclados*, **27***. Isergebirgs-M. – ***P. iserana*** (R. Uechtr.) Soják
Ähnlich: Grauweißhäutiges M. – ***P. polioderma*** (Dahlst.) Soják, aber Bla oseits zerstreut sternhaarig, etwas graugrün. 0,20–0,45. 6–7. rud. Magerrasen; s Sa(SW) (temp·c3-5EUR – igr hros H ♃ oft u/oAusl). [*dubia* > *officinarum*]
51* Bla grasgrün, oseits reich behaart. 0,15–0,60. 5–6. Frischwiesen, Wegränder; s By Bw Rh He Nw Th(O) Sa An Bb Ns Mv(NO) (sm-temp·c2-4EUR – igr hros H ♃ oAusl). [*caespitosa* > *officinarum*; *H. prussicum* Nägeli et Peter]
Preußisches M. – ***P. prussica*** (Nägeli et Peter) Soják

52 **(48)** Pfl mit Ausläufern **53**
52* Pfl ohne Ausläufer **54**
53 Äußere HüllBla elliptisch, mittlere deutlich lanzettlich, ca. 1,5 mm br. 0,10–0,25. 6–7. [U] s Alp(Allg) By(MS S) (m-stemp·c2-3EUR – igr ros/hros H ♃ oAusl). [*piloselloides* – *hoppeana*; *H. raiblense* (NÄGELI et PETER) ZAHN; *H. arnoserioides* NÄGELI et PETER]
Lämmersalat-M. – ***P. arnoserioides*** (NÄGELI et PETER) SOJÁK
53* Äußere HüllBla pfriemlich bis schmal eilanzettlich, mittlere linealisch-lanzettlich, ≤1,2 mm br. 0,25–0,65. 5–6. Halbtrockenrasen, Rud.: Bahnanlagen, Steinbrüche, Brachen; s By Bw Rh He Nw Th(NW, z Bck S) Sa Ns Sh, † An Bb (sm-stemp·c3-4EUR – igr hros H ♃ oAusl – V Brom. erect. – *36*, 45, 63). [*bauhini* > *officinarum*; *H. leptophyton* NÄGELI et PETER]
Zartes M. – ***P. leptophyton*** (NÄGELI et PETER) S. BRÄUT. et GREUTER
54 **(52)** Äußere HüllBla elliptisch, mittlere deutlich lanzettlich, ca. 1,5 mm br.
P. arnoserioides, s. 53
54* Äußere HüllBla pfriemlich bis schmal eilanzettlich, mittlere lineal-lanzettlich, ≤1,2 mm br **55**
55 HüllBla reich sternhaarig, schmal hellrandig, kurz zugespitzt. 0,15–0,50. 6–7. Rud. Xerothermrasen, trockne Rud., Brachen; s Alp By Bw Rh He Th Sa An(SO) Ns, † Nw (sm-stemp·c2-4EUR – igr hros H ♃ Rhiz – *36*, 45 – Vgl. auch *H. anchusoides*, **47**). [*officinarum* < *piloselloides*; *H. adriaticum* FREYN, *H. visianii* (F.W. SCHULTZ et SCH. BIP.) SCHINZ et THELL.]
Visiani-M. – ***P. visianii*** F.W. SCHULTZ et SCH. BIP.
55* HüllBla mit wenigen Sternhaaren, br hellrandig, lg zugespitzt. 0,15–0,45. 5–6. s Rh(ORh) (sm-stemp·c2-3EUR – igr hros H ♃ Rhiz). [*peleteriana* < *piloselloides*; *H. adriaticiforme* (ZAHN) ZAHN]
Hochästiges M. – ***P. anobrachia*** (ARV.-TOUV. et GAUT.) S. BRÄUT. et GREUTER
56 **(38)** StgBla 4–20. Gesamte Pfl reich behaart, Haare hell, deutlich borstlich, meist gebogen, oft anliegend od. gekniet **57**
56* StgBla 1–3(–4). Pfl reich od. arm behaart, Haare hell od. dunkel, kaum borstlich; wenn borstlich, dann dunkel, meist gerade abstehend od. kraus, nicht anliegend od. gekniet **63**
57 Pfl zur BlüZeit ohne GrundBla, mit 5–20 StgBla. Kopfstand doldig-rispig, mit 4–7 Ästen; diese mit deutlichen, 5–10 × 3 mm TragBla. HüllBla drüsenlos (sehr selten an den Spitzen mit einzelnen Drüsen). 0,25–0,90. 7–8. Kont. Sandtrockenrasen u. Felsfluren; z Bb(Od MN NO M), s Th(Bck) Sa(W: Diesbar) An Mv ((m/mo)-sm-temp·c3-8EUR-WAS – igr/sogr hros/ eros H ♃ Rhiz – L8 T7 F2 R6 N1 – meist nicht Ap – V Koel. glauc, V Fest. val. – *18*, *27*, *36*, *45*). [*H. echioides* LUMN.]
Natternkopf-M. – ***P. echioides*** (LUMN.) F.W. SCHULTZ et SCH. BIP.
57* Pfl zur BlüZeit mit GrundBla u. 2–10 StgBla. Kopfstand doldig od. rispig; TragBla 3–5(–7) × <1 mm. HüllBla wenigstens arm drüsig (bei *P. cymosiformis*, **62***, nur arm, aber stets an den Spitzen) **58**
58 Kopfstand locker bis gedrängt rispig od. doldig-rispig **59**
58* Kopfstand annähernd doldig, d. h. Seitenäste nur auf kurzem (ca. 1 cm lg) StgAbschnitt abzweigend, zuweilen 1(–2) Äste tief abgerückt **61**
59 Haare an Bla 1–2 mm lg. HüllBla an der Spitze mit auffallend schopfig gedrängten Drüsen. Ausläufer dick, <15 cm lg, od. fehlend. 0,50–0,80. 5–6. Lückige Halbtrockenrasen, Rud.: Steinbrüche; s By(NM: Grabfeld Haßberge) Th(S: Grabfeld) (stemp·c3ZEUR Endemit – igr hros H ♃ oAusl – V Cirsio-Brach.). [*glomerata* – *cymosiformis*; *H. aequimontis* GOTTSCHL. et MEIEROTT]
Gleichberg-M. – ***P. aequimontis*** (GOTTSCHL. et MEIEROTT) S. BRÄUT. et GREUTER
59* Haare an Bla (2–)3–4(–5) mm lg. Drüsen der HüllBla an deren Spitze nicht schopfig gedrängt. Ausläufer schlank, oft >15 cm lg, od. fehlend **60**
60 Pfl mit Ausläufern. 0,30–0,80. 5–6. Sand- u. Halbtrockenrasen, trockne Rud.; s By(Alb N NM) Bw Rh He(ORh) Nw(SO) Th(Bck) An(Elb SO) (m/mo-stemp·c2-5EUR – igr hros H ♃ oAusl – L8 T7 F3 R7 N1). [*bauhini* – *echioides*; *H. auriculoides* LÁNG]
Pannonisches M. – ***P. auriculoides*** (LÁNG) ARV.-TOUV.
60* Pfl ohne Ausläufer, zuweilen mit Flagellen. 0,30–0,80. 5–7. Lückige Xerothermrasen, trockne, sandige bis lehmige Rud., lichte EichenW; z Rh, s By(Alb N NM) Bw He Nw(SO SW) Th(z Bck) An Ns(S), † Sa Bb (sm-temp·c2-4EUR – igr hros H ♃ Rhiz – L8 T7 F3 R6

ASTERACEAE 843

N2 – 45). [*echioides* – *piloselloides*; *H. calodon* PETER]
Schönhaariges M. – **P. calodon** (PETER) SOJÁK
61 (58) Kopfstand langstrahlig doldig; Äste 1,5–2mal so lg wie der Dolden∅. Kopfstiele haarlos. 0,80–1,00. 6. Trockne Rud.; s Rh(ORh SW) (stemp·c2ZEUR Endemit – igr hros H ♃ oAusl). [*cymosiformis* – *leptophyton*; *H. walteri-langii* GOTTSCHL.]
Walter-Lang-M. – **P. walteri-langii** (GOTTSCHL.) S. BRÄUT. et GREUTER
61* Kopfstand kurzstrahlig doldig; Äste 0,5–1,2mal so lg wie der Dolden∅. Kopfstiele behaart 62
62 HüllBla auf der gesamten Fläche drüsig, Drüsen kräftig, 0,5–0,7 mm lg. Pfl mit Ausläufern, die zur BlüZeit schräg aufsteigen u. erst später wurzeln, u. mit Flagellen. Dolde mit 7–10 Doldenästen. 0,50–1,10. 6. (Halb–)Trockenrasen, Felsbänder, Säume; s By(Alb) (stemp·c3ZEUR Endemit – igr hros H ♃ oAusl – 45). [*calodon* – *densiflora*; *H. schneidii* SCHACK et ZAHN] Schneid-M. – **P. schneidii** (SCHACK et ZAHN) S. BRÄUT. et GREUTER
62* HüllBla nur an der Spitze arm drüsig, Drüsen zierlich, 0,2–0,5 mm lg. Pfl ohne Ausläufer, zuweilen mit Flagellen. Dolde mit 5–12 Doldenästen. 0,35–0,60. 6. Lückige, rud. Xerothermrasen, trockne Rud., sandige Brachen, Trockengebüsche u. Vorwälder; z Rh An, s By(Alb NW NM O) Bw(ORh) He(ORh) Th Sa Bb Ns(MO S) Mv (sm-temp·c2-6EUR-WAS – igr/sogr hros H ♃ Rhiz – L8 T7 F2 Rx N1 – O Fest.-Sedet. – 45). [*cymosa* – *echioides*; *H. fallax* auct., *P. setigera* auct.]
Täuschendes M. – **P. cymosiformis** (FROEL.) GOTTSCHL.
63 (56) Bla zur BlüZeit nur am Rand u. useits auf dem Mittelnerv (selten, vor allem im Spätsommer auch oseits auf der Fläche) behaart; beidseits sternhaarlos od. useits am Mittelnerv arm bis zerstreut (selten auch auf der Fläche arm) sternhaarig; blaugrün 64
63* Bla beidseits auf der Fläche behaart; useits auch auf der Fläche arm bis zerstreut sternhaarig; dunkel-, gras- od. blaugrün 66
64 RosettenBla spatelfg bis spatelfg-lanzettlich, stumpf. Bla der Ausläufer nach der Spitze zu größer werdend od. gleich groß bleibend, od. Ausläufer fehlend. 0,20–0,45. 6. s By(Alb) Bw(SW) Rh(ORh) Th(Bck), † Sa (sm/mo-stemp·c2-4EUR – igr hros H ♃ kurze oAusl – Vgl. auch *P. floribunda*, **74**). [*lactucella* – *piloselloides*; *H. sulphureum* DÖLL].
Schwefelgelbes M. – **P. sulphurea** (DÖLL) F.W. SCHULTZ et SCH. BIP.
64* RosettenBla lanzettlich, spitz, nur die äußeren zuweilen spatelfg. Bla der Ausläufer nach deren Spitze zu kleiner werdend, od. Ausläufer fehlend. **(Artengruppe Florentiner M. – P. piloselloides agg.)** 65
65 Pfl mit Ausläufern. 0,25–0,80. 5–7. Ruderal beeinflusste Trocken- u. Halbtrockenrasen, trockne bis mäßig trockne Rud., sandige Brachen; z By Bw(f Alb) Rh He Nw(NO) Th Sa An(f N O), s Alp (Chm) Bb(M SO) Ns(f Elb NO) Mv(M MW NO) Sh(O) (m/mo-temp·c2-5EUR-VORDAS, [N] NAM, NEUSEEL – oAusl – L9 T6 F3 R6 N1 – O Fest. val., V Brom. erect., V Conv.-Agrop.). [*H. bauhini* SCHULT.; inkl. *H. pseudeffusum* PETER]
Ungarisches M. – **P. bauhini** (SCHULT.) ARV.-TOUV.

1 Kopfstiele nicht od. nur sehr arm sternhaarig. Hülle nur am Grund sternhaarig. s By(Alb O) Rh(ORh), [N?] s Sa(SO) (m/mo-stemp·c3-5EUR-VORDAS). subsp. **magyarica** (PETER) S. BRÄUT.
1* Kopfstiele reich sternhaarig bis graufilzig. Oft gesamte Hülle sternhaarig. Verbr. in D wie Art (m/mo-temp·c2-5EUR – 36, 45, 54). subsp. **bauhini**

65* Pfl stets ohne Ausläufer, zuweilen mit Flagellen. 0,20–0,80. 5–6. Lückige Xerothermrasen, Trockengebüschsäume, lichte Vorwälder, trockne bis mäßig trockne Rud., Brachen, präalp. wechseltrockne Flussschotter; h Alp, v Bw, z By Rh He Nw, Nw(h SO) Th Sa An Bb Ns, s Mv Sh(O) (sm-b·c2-5EUR, [N] sm-bOAM – igr hros H ♃ Rhiz, selten WuSpr – L8 T6 F4~ Rx N2 – V Brom. erect., V Ger. sang, V Thero-Air., V Dauco-Mel., V Conv.-Agrop., V Epil. fleisch.). [*H. praealtum* GOCHNAT, *P. piloselloides* VILL.]
Florentiner M. – **P. piloselloides** (VILL.) SOJÁK

1 Kopfstiele nicht od. nur sehr arm sternhaarig, ihr ∅ meist <0,4 mm. s Alp Bw Bw Rh(ORh SW) He(ORh) (sm-stemp·c2-4EUR – 36). [inkl. *H. duerkhemiense* (ZAHN) GOTTSCHL. et MEIEROTT] subsp. **piloselloides** s. l.
1* Kopfstiele reich sternhaarig bis graufilzig, ihr ∅ meist >0,4 mm. Verbr. in D wie Art (sm-b·c2-5EUR) – 36, 45. [inkl. subsp. **obscura** (RCHB.) GOTTSCHL. et SCHUHW. u. subsp. **floccosa** (NÄGELI et PETER) S. BRÄUT. et GREUTER] subsp. **praealta** (GOCHNAT) S. BRÄUT. et GREUTER s. l.

66 (63) Kopfstand zumindest im oberen Teil doldig od. doldig-rispig. Pfl meist reich behaart; Haare ganz od. z. T. hell, ± weich. BlaUSeite zerstreut bis reich sternhaarig, BlaOSeite meist mit Sternhaaren 67
66* Kopfstand rispig (zuweilen gedrängt u. dann zu Beginn der BlüZeit doldenähnlich). Pfl zerstreut bis reich behaart; Haare im oberen StgBereich stets mit schwarzem Fuß, ± steif. BlaUSeite arm bis zerstreut sternhaarig, BlaOSeite sternhaarlos od. mit wenigen Sternhaaren 72
67 Stg an der Basis reich, aber sehr kurz behaart (Haare kürzer als der Stg$\varnothing$). Bla grün od. gelblichgrün, selten bläulichgrün 68
67* Stg an der Basis zerstreut u. (außer bei *P. scandinavica*, **70***) länger behaart (Haare meist viel länger als der Stg$\varnothing$). Bla bläulichgrün 69
68 Kopfstand doldig, höchstens 1 Ast abgerückt. Hülle 5,0–7,0(–7,5) mm lg, reich behaart u. arm drüsig od. arm bis nicht behaart u. reich drüsig. Haare der Hüllen u. Kopfstiele hell grau od. dunkel, weich. 0,30–0,80. 5–6. Halbtrockenrasen, Rud.: Straßenböschungen, Steinbrüche, Trockengebüschsäume; z By Th(f Hrz Wld) An, s Bw(z Alb) Rh He Nw(SO SW SO) Sa Bb Ns(MO S) Mv, ↘ (sm-b·c2-5EUR-WSIB – L7 T6 F3 R7 N2 – igr hros H ♃ Rhiz, auch kurze o/uAusl – V Brom. erect., V Ger. sang., V Conv.-Agrop., O Arrh.). [*H. cymosum* L.] **Trugdoldiges M.** – *P. cymosa* (L.) F.W. SCHULTZ et SCH. BIP.

1 Kopfstiele u. HüllBla haarlos bis arm behaart, reich drüsig. Haare der HüllBla ≤1 mm lg, dunkel. Hülle 6,0–7,0(–7,5) mm lg. s By(Alb NO NW) BW(SO) Th Sa(SW SO) (sm-b·c2-5EUR-WSIB – 36, *45*). [*H. cymosum* subsp. *cymigerum* (RCHB.) PETER] subsp. *vaillantii* (TAUSCH) S. BRÄUT. et GREUTER

1* Kopfstiele u. HüllBla reich behaart, arm drüsig (Drüsen vor allem an HüllBlaSpitzen). Haare der HüllBla >1 mm lg, hellgrau. Hülle 5–6 mm lg; Verbr. in D wie Art (sm-b·c2-5EUR – 18, *27, 36*).
subsp. **cymosa**

68* Kopfstand doldig-rispig. Hülle 7–9 mm lg, zerstreut bis reich behaart u. reich drüsig. Haare der Hülle u. Kopfstiele stets mit schwarzem Fuß, steif. 0,30–0,70. 6–7. Magerwiesen, trockne Rud.; s By(z O) Bw(Keu SO) Rh He Nw(MW N NO) Th(Bck, z Rho S Wld) Sa(z SO) Bb(M) Ns(MO S) Mv(M NO), ↗ (sm/mo-b·c3-6EUR-WSIB, [N] temp·c5WAM – igr hros H ♃ u/oAusl, zuweilen WuSpr – L8 T5 F4 R4 N3 – 36, 45). [*caespitosa – cymosa*; *H. ambiguum* EHRH., *H. glomeratum* FROEL.]

Geknäueltköpfiges M. – *P. glomerata* (FROEL.) FR.
Ähnlich: Norrlin-M. – *P. norrliniformis* (POHLE et ZAHN) SOJÁK, aber Kr außen stark rotstreifig. Pfl nur mit 6–15 Köpfen. 0,25–0,45. 7–8. Silikatmagerrasen, Feuchtwiesen, Straßenränder; [U?] s By(O: Bayr-W) (temp-b·c3-5EUR – igr ros ♃ Rhiz, z. T. u/oAusl. – V Nard.). [*aurantiaca – glomerata*; *H. norrliniforme* POHLE et ZAHN]

69 (67) RosettenBla spatelfg-lanzettlich, stumpf bis spitz, arm bis zerstreut behaart. Köpfe 5–20. Hülle (6,5–)7–8 mm lg. Nur östliche Mittelgebirge 70
69* RosettenBla lanzettlich, spitz, nur die äußeren zuweilen spatelfg, zerstreut bis reich behaart. Köpfe 10–40. Hülle (5–)6–7(–8) mm lg. **(Artengruppe Ziz-M.** – *P. ziziana* agg.) 71
70 RosettenBla oseits zerstreut behaart, Haare >1,5 mm lg. Hülle ± reich behaart. 0,25–0,60. 6–7. Magerrasen, Wegränder; s Sa(SW: ErzG) (temp-b·c3-5EUR – igr hros H ♃ oft u/oAusl – 36). [*cymosa – floribunda*; *H. dubium* L.]

Zweifelhaftes M. – *P. dubia* (L.) F.W. SCHULTZ et SCH. BIP.
70* RosettenBla oseits arm bis zerstreut behaart, Haare <1,5 mm lg. Hülle arm behaart. 0,25–0,60. 6–7. Magerrasen, Wegränder; s By(O: BayrW) (temp-b·c3-5EUR – igr hros H ♃ u/oAusl – *36*). [*glomerata – floribunda*; *H. scandinavicum* DAHLST.]

Skandinavisches M. – *P. scandinavica* (DAHLST.) SCHLJAKOV
71 (69) Pfl mit Ausläufern. 0,30–0,80. 5–6. Halbtrockenrasen, mäßig trockne Rud., Weinbergsbrachen, Trockengebüschsäume; z By Bw Rh Th(f Hrz Wld), s Alp He Sa An(Elb SO) Bb Ns(Hrz S) Mv(M), † Nw (sm-temp·c2-5EUR-(WSIB) – igr hros H ♃ oAusl, zuweilen WuSpr – 36, 45). [*bauhini – cymosa*; *H. densiflorum* TAUSCH, *H. tauschii* ZAHN, inkl. *H. pseudomagyaricum* ZAHN p. p.]

Dichtblütiges M. – *P. densiflora* (TAUSCH) SOJÁK
71* Pfl ohne Ausläufer. 0,30–0,80. 5–7. Sand- u. Halbtrockenrasen, trockne bis mäßig trockne Rud., Weinberge, Trockengebüschsäume, lichte Vorwälder; z By Bw Rh Th(f Hrz Rho), s

ASTERACEAE 845

Alp He Nw Sa An Bb(M Od) Ns(M MO S) (sm-temp-(b)·c2-5EUR – igr hros H ⚄ Rhiz – V Brom. erect., V Ger. sang., V Dauco-Mel. – 36, 45). [*cymosa – piloselloides*; *H. zizianum* Tausch, inkl. *H. pseudomagyaricum* Zahn p. p.]

Ziz-M. – ***P. ziziana*** (Tausch) F.W. Schultz et Sch. Bip.

72 (66) Stg an der Basis reich, aber sehr kurz behaart, Haare 0,5–1,5 mm lg.
P. glomerata, s. **68***
72* Stg an der Basis zerstreut u. länger behaart, Haare 2–6 mm lg 73
73 Griffel dunkel. Bla dunkel-, gras-, gelb- od. etwas blaugrün, zerstreut bis meist reich behaart, useits zerstreut sternhaarig. 0,30–0,60. 5–8. Frische bis wechselfeuchte Wiesen, Halbtrockenrasen, Rud., lichte Vorwälder; alle Bdl z, ↘, an Sekundärstandorten z. T. ↗ (sm/mo-b·c2-7EUR-WAS, [N] temp·c1EUR, NEUSEEL, sm/mo-bAM – igr hros H ⚄ Rhiz, z. T. uAusl, zuweilen WuSpr – L8 T5 F5~ R6 N3 – K Mol.-Arrh., V Brom. erect., O Nard., V Conv.-Agrop., V Dauco-Mel. – 27, 36, 45). [*H. caespitosum* Dumort., *H. pratense* Tausch] **Wiesen-M. – *P. caespitosa*** (Dumort.) P.D. Sell et C. West
73* Griffel gelb. Bla ± blaugrün, verkahlend bis zerstreut behaart, useits sehr arm bis zerstreut sternhaarig 74
74 Bla lanzettlich-spatelfg, weich, am Stg 1–2. Pfl mit Flagellen u. Ausläufern. Bla der Ausläufer nach deren Spitze zu größer werdend. 0,15–0,55. 5–9. Frischwiesen, Magerrasen, Weg- u. Straßenränder; z By(O NO, s Alb, † MS) Sa(SW, s W SO), s [z. T. U] Alp Rh He Nw Th An Bb Ns Mv(MW SW), † Bw, ↘ ((sm/mo)-temp-b·c2-5EUR, [N] temp-b·c1-4OAM+WAM – igr hros H ⚄ uAusl, zuweilen WuSpr – L8 T5 F5 R4 N3 – O Nard., V Triset. – 36, 45 – Vgl. auch *P. scandinavica*, **70***). [*caespitosa* ≥ *lactucella*; *H. floribundum* Wimm. et Grab., inkl. *H. spathophyllum* Nägeli et Peter. = *H. longiscapum* auct. u. *H. atramentarium* (Nägeli et Peter) Zahn]

Reichblütiges M. – *P. floribunda* (Wimm. et Grab.) Fr.
74* Bla nicht (höchstens die äußeren RosettenBla etwas) spatelfg, lanzettlich, derber (getrocknet wenig biegsam), am Stg 2–4. Pfl ohne od. mit Flagellen. Bla der Ausläufer nach deren Spitze zu kleiner werdend od. Ausläufer fehlend 75
75 Kr der äußeren Blü rot od. br rot gestreift, Kr der inneren Blü gelb, nicht od. weniger rot gestreift. ***P. derubella***, s. **11***
75* Kr gelb, höchstens bei den äußeren Blü mit roten Spitzen 76
76 Pfl ohne Ausläufer od. nur mit 1–3 kurzen (5–10 cm) Ausläufern. 0,30–0,70. 6–7. Wechselfrische Wiesen, Rud.: Wegböschungen, Kiesgruben; z Alp He, s By Bw Rh Nw Th Sa Ns(MO S), ↘ ((sm)-temp·c2-5EUR, [N] tempOAM – igr hros H ⚄ Rhiz+kurze o/uAusl – L8 T6 F5~ R6 N2 – O Mol., O Agrop. – 36). [*caespitosa – piloselloides*; *H. arvicola* Nägeli et Peter]

Rain-M. – *P. erythrochrista* (Nägeli et Peter) S. Bräut. et Greuter
76* Pfl mit 3–5 lg (10–20 cm) Ausläufern. 0,40–0,70. 6–8. s By(NO) Rh He Nw Th(Bck Wld) Sa(SO) Ns(MO S) (temp·c3EUR – igr hros H ⚄ oAusl – 36). [*bauhini – caespitosa*; *H. obornyanum* Nägeli et Peter, *H. polymastix* Peter]

Peitschenläufeiges M. – *P. polymastix* (Peter) Holub

Anhang (seltene, meist verschollene Sippen, meist unbeständige Hybriden):

P. aneimena (Nägeli et Peter) Soják – Garchinger M.; By(MS: Garchinger Heide, Moosburg). [*hoppeana – chomatophila*]

P. chaetocephala (H. Hofm.) J. Holub – Behaartköpfiges M.; Sa(W: Döbeln). [*caespitosa – peleteriana*]

P. paragoga (Nägeli et Peter) Soják – Irreführendes M.; s Alp(Allg) By(MS) Bw(SW) Nw(SW). [*acutifolia – lactucella*; inkl. *H. pseudoparagogum* Schlick.]

P. pseudosulphurea (Touton) Soják – Schwefelfarbiges M.; Rh(ORh: Nierstein). [*lactucella – ziziana*]

P. sciadophora (Nägeli et Peter) Soják – Schirmtragendes M.; s By(Alb MS O) Bw(Alb S). [*cymosa – lactucella*; *P. corymbulifera* (Arv.-Touv.) Arv.-Touv.]

P. setifolia (Touton) S. Bräut. et Greuter – Borstblättriges M.; Rh(ORh: Heidesheim) [*crassiseta – leptophyton*]

P. stenosoma (Nägeli et Peter) Soják – Schmächtiges M.; Bw(Alb: Gosheim). [*cana – lactucella*]

Aposeris Cass. – **Hainsalat** (1 Art)
Seitenzipfel der Bla fast rhombisch. Endlappen dreieckig, fast 3lappig. Köpfe 2,5–4,0 cm ⌀. Kr goldgelb. 0,08–0,25. 6–8. Mäßig frische bis mäßig feuchte Laub- u. NadelholzmischW, auch an Waldwegen u. Verlichtungen, kalkhold; GebirgsW; g Alp, z By(MS, h S), s Bw(SO), [N] s Th(Bck) (sm/mo-temp/demo·c2-3EUR – sogr ros H ♃ Rhiz – InB – AmA – L4 T4 F5 R6 N5 – O Fag., O Orig. – *16*). **Hainsalat, Stinksalat** – *A. foetida* (L.) Less.

Arnoseris Gaertn. – **Lämmersalat** (1 Art)
Bla spatelfg, gezähnt. Stg 1köpfig od. mit wenigen 1köpfigen Ästen. Köpfe 8–13 mm ⌀. 0,10–0,25. 6–9. Mineralarme, sandige Äcker u. Ackerbrachen, mäßig frische, sandige bis lehmige Rud., kalkmeidend; z By(s MS, f S) Sa(v NO) An(v O) Bb(v M SW SO) Ns Mv Sh, s Bw Rh He Nw(MW, sonst †) Th(f Hrz NW O), ↘ (m/mo-temp·c1-3EUR, [N] OAM – ros ① ☉ –InB – MeA Sa kurzlebig – L7 T6 F4 R3 N3 – V Aphan. – *18*).
Lämmersalat – *A. minima* (L.) Schweigg. et Körte

Hypochaeris L. [*Hypochoeris* L.] – **Ferkelkraut** (7 Arten)
1 Kopfstiele oberwärts allmählich stark verdickt, steifhaarig u. dicht graufilzig. Stg stets 1köpfig. Äußere u. mittlere HüllBla fransig zerrissen, schwärzlich kraushaarig. 0,15–0,50. 7–9. Subalp. frische Silikatmagerrasen, kalkmeidend; z Alp(Allg Amm) (sm-stemp//salp·c2-4EUR – sogr hros H ♃ PfWu Pleiok – InB – WiA – L8 T2 F4~ R4 N2 – V Nard. – *10*).
Einköpfiges F. – *H. uniflora* Vill.
1* Kopfstiele nur dicht unter den Köpfen etwas verdickt, ohne Filz. Stg meist mehrköpfig 2
2 Pappus 1reihig, alle Haare gefiedert. Stg rauhaarig, außer der Rosette mit 1–2 StgBla. Bla meist rotbraun gefleckt. 0,30–1,00. 5–8. Waldnahe Trocken- u. Halbtrockenrasen, wechseltrockne bis -frische Wiesen, Silikatmagerrasen, TrockenW, Trockengebüsche u. ihre Säume, basenhold; z Alp By Th(f Hrz O) An, s Bw Rh He(SW O) Nw Sa Bb Ns(MO O, ob noch?) Mv(M N NO) Sh, ↘ (sm-b·c2-6EUR-WAS – sogr hros H ♃ PfWu – InB – WiA – L7 T6 F4~ R6 N2 – K Fest.-Brom., V Viol. can., V Ger. sang., V Querc. pub., V Cytis.-Pin. – *10*).
Geflecktes F. – *H. maculata* L.
2* Pappus 2reihig, äußere Haare kurz, rau, innere lg, gefiedert. Stg kahl od. unterwärts locker borstig, außer der Rosette höchstens mit einigen SchuppenBla 3
3 Bla zerstreut borstig. Stg blaugrün. Köpfe 20–35 mm ⌀. Alle Fr lg geschnäbelt. Pfl ♃. 0,15–0,60. 6–9. Felsfluren, Sandtrockenrasen, frische bis mäßig trockne Silikatmagerrasen, Parkrasen, Heiden, lichte KiefernW, kalkmeidend; g Rh He Nw Sa An Ns Bb Sh, h Alp By Bw Th Mv (m-temp·c1-4EUR, [N] austrCIRCPOL+m-temp·c1-4AM – igr ros H kurzlebig ♃ PfWu – InB SeB – WiA – L8 T5 F5 R4 N3 – O Fest.-Sedet., V Viol. can., O Arrh., V Dicr.-Pin. – *8*).
Gewöhnliches F. – *H. radicata* L.
3* Bla kahl. Stg grün. Köpfe 5–15 mm ⌀. RandFr schnabellos. Pfl ☉ ①. 0,15–0,30. 6–10. Mineralarme, sandige Äcker, Ackerbrachen, mäßig trockne, sandige Rud., Sandtrockenrasen, kalkmeidend; z Sa An Bb Ns Mv Sh, s By Bw Rh Nw, † He Th, ↘ (m-temp·c1-4EUR, [N] m-temp·c1-3AM – ros ① ☉ – InB – WiA MeA – L9 T7 F3 R3 N1 – V Aphan., V Pan.-Set., V Coryneph., V Thero-Air. – 10). **Kahles F.** – *H. glabra* L.
Hybride: *H. glabra* × *H. radicata* = *H.* ×*intermedia* Richt. – s

Scorzoneroides Moench – **Schuppenlöwenzahn** (20 Arten)
1 Stg meist ästig u. mehrköpfig, oberwärts mit ∞ SchuppenBla. GrundBla fiederspaltig bis -teilig, mit meist schmal länglichen Zipfeln, kahl od. mit zerstreuten Haaren. Kopfstiele nach oben allmählich verdickt (Abb. 850/1). Kr goldgelb, Zunge der RandBlü useits rötlich gestreift. 0,15–0,45. 7–9. Mäßig frische bis frische Weiden, Wiesen u. Parkrasen, Rud., salztolerant, nährstoffanspruchsvoll, kalkmeidend; alle Bdl g(Rh h) (m/mo-b·c1-5EUR-WAS, [N] NEUSEEL+sm-b·c1-5OAM+(WAM+OAS) – igr ros H ♃ Rhiz – InB SeB – WiA KlA Sa langlebig – L7 Tx F5 R5 N5 – O Arrh., V Polyg. avic., V Armer. marit.). [*Leontodon autumnalis* L.] **Herbst-S.** – *S. autumnalis* (L.) Moench
Der taxonomische Wert der folgenden Sippen ist umstritten.

ASTERACEAE 847

1 Kopfstiele u. Hüllen mit zerstreuten, meist weißlichen Haaren bis fast kahl. Köpfe 2–7. Standorte, Soz. u. Verbr. in D wie Art (12). subsp. **autumnalis**
1* Kopfstiele u. Hüllen dicht lg zottig schwärzlich behaart. Köpfe 1–3. Mont. bis subalp. Rasen; s Alp By Bw He Sa Ns (sm/mo-b·c2-5EUR – V Poion. alp.). [*Leontodon autumnalis* subsp. *pratensis* (Less.) Arcang.] subsp. **borealis** (Ball) Greuter

1* Stg unverzweigt, stets 1köpfig (höchstens bei **2*** zuweilen 2köpfig), mit 0–6 SchuppenBla. GrundBla ungeteilt bis fiederteilig, mit br dreieckigen Zipfeln, Kr rein goldgelb 2
2 Stg höchstens wenig länger als die GrundBla, unter dem Kopf verdickt, mit 0–2 Schuppen-Bla, oberwärts wie die Hülle lg schwarzzottig. Kopf 25–35 mm ⌀. Pappus schneeweiß. GrundBla entfernt gezähnt bis fiederspaltig. 0,03–0,10. 7–8. Alp. frische, länger schnee-bedeckte, lockere Feinschuttfluren, kalkhold; z Alp (sm-stemp//alp·c3EUR – igr ros H ♃ Rhiz – InB – WiA – L8 T2 F5 R9 N3 – V Thlasp. rot.). [*Leontodon montanus* Lam.]
Berg.-S. – *S. montana* (Lam.) Holub subsp. **melanotricha** (Vierh.) Gutermann
2* Stg viel länger als die GrundBla, oben wenig verdickt, mit 3–6 SchuppenBla, oberwärts wie die Hülle kurz dunkel kraushaarig. Kopf 20–25 mm ⌀. Pappus gelblichweiß. GrundBla gezähnt. 0,10–0,30. 7–9. Hochmont. bis alp. frische Silikatmagerrasen, auch Schneeböden u. an feuchten Felsen, kalkmeidend; v Alp, s By(S) Bw(SW) (m-stemp//salp·c2-3EUR – igr ros H ♃ Rhiz – InB – WiA – L8 T3 F5 R2 N2 – V Nard., V Car. curv., V Salic. herb. – 12). [*Leontodon helveticus* Mérat] Schweizer S. – *S. helvetica* (Mérat) Holub

Leontodon L. – Löwenzahn (60 Arten)
1 RandFr (oft hinter HüllBla verborgen!) mit zerschlitztem Krönchen, innere mit haarfg Pappus. Kopf 12–20 mm ⌀. Hülle 7–11 mm lg, HüllBla schwarz berandet. Kr gelb, Zunge der Rand-Blü useits blaugrau gestreift. GrundBla seicht gezähnt bis buchtig fiederspaltig, nur mit 2schenkligen Gabelhaaren zerstreut behaart. 0,03–0,30. 7–8. Frische bis feuchte Rud., Brachen, lückige (Zier)Rasen, Kleinseggenriede, Ufer, nährstoffanspruchsvoll, salztolerant; v Ns Sh, z Bw Rh He Nw Sa(h NO) An Bb Mv, s By Th, [N] s Alp (m-temp·c1-3EUR, [N] austr NEUSEEL+AM+m-temp·c1-3AM – igr ros H kurzlebig ♃ Rhiz – InB – WiA – L8 T6 F6~ R6 N5 – V Cynos., V Mol., V Pot. ans., V Dauco-Mel., V Armer. marit. – 8). [*L. nudicaulis* auct., *L. taraxacoides* (Vill.) Mérat]
Nickender L., Hundslattich, Zinnensaat – *L. saxatilis* Lam.
1* Alle Fr mit haarfg Pappus. Kopf 25–40 mm ⌀. Hülle 10–17 mm lg, HüllBla nicht schwarz berandet. Kr gelb od. goldgelb u. dann Zunge der RandBlü oft useits rot od. bläulich gestreift 2
2 Bla u. Stg graufilzig von 4–6strahligen Sternhaaren; deren Schaft höchstens so lg wie die Schenkel. GrundBla ganzrandig od. entfernt fein gezähnt. Pfl mit Pfahlwurzel. 0,15–0,45. 5–6. Koll. bis subalp. Felsfluren u. Trockenrasen, lichte Kieferntrockenw, kalkstet; h Alp, z By(Alb MN MS S), s Bw(Alb SO) Nw(SO), ↘ (sm-stemp//dealp·c3EUR – igr ros H ♃ PfWu Pleiok+WuSpr? – InB – WiA – L7 Tx F3 R9 N2 – V Xerobrom., V Sesl.-Fest., V Sesl., V Eric.-Pin. – 8). Grauer L. – *L. incanus* (L.) Schrank
2* Bla grün, wie der Stg kahl od. ± dicht behaart mit 2–3schenkligen Gabelhaaren; deren Schaft größtenteils länger als die Schenkel. GrundBla gezähnt bis fiederschnittig. Pfl mit Rhizom. 0,10–0,30. 6–10. Halbtrockenrasen, frische bis (nass)feuchte Wiesen u. Weiden, Rud., mont. bis subalp. frische Steinschutt- u. Schotterfluren, basenhold; g Alp By Bw He Sa, h Rh Th, v Nw An Bb, z Ns(s NW N) Mv Sh, im N ↘ (m-tempc1-5EUR, [N] tempOAM – sogr ros H ♃ Rhiz – InB – WiA – L8 Tx F5 R7 N6 – K Mol.-Arrh., V Brom. erect., V Cirs.-Brach., V Thlasp. rot., V Car. ferr.). Steifhaariger L., Wiesen-L. – *L. hispidus* L.
1 Bla locker rauhaarig, zuweilen bei einzelnen Pfl ± kahl, entfernt gezähnt bis fiederteilig (-schnittig). Schaft der meisten Gabelhaare 5–10mal so lg wie ihre Schenkel, diese größtenteils anker-artig zurückgekrümmt. BlaStiel grün (selten rötlich). Kr rein hellgelb. 0,10–0,30. Subalp. bis alp. Stein-schuttfluren, Steinrasen, Felsspalten, alpChm Brch) (L9 T5 F2 R7 N3 – O Thlasp. rot., O Sesl., V Potent. caul. – 14). [*L. dubius* (Hoppe) Poir.] subsp. **dubius** (Hoppe) Pawlowska
1* Bla ± behaart od. kahl, nicht stechend rau. Schaft der meisten Gabelhaare 1–3(–5)mal so lg wie ihre Schenkel, diese ± abstehend, aber nicht bogig od. hakenfg zurückgekrümmt 2
2 Bla fiederteilig bis -schnittig, meist kahl; BlaZipfel schmal dreieckig bis länglich, meist mehrfach länger als br. BlaStiel ± rot überlaufen. Kr meist reingelb. 0,10–0,30. Mont. bis alp. frische Steinschutt- u.

Schotterfluren, kalkhold; z Alp, s By(S) Bw(Alb) (*L7 T3 F5 R7 N3* – O Thlasp. rot. – 14). [*L. hyoseroides* RCHB.] subsp. *hyoseroides* (RCHB.) MURR
2* Bla entfernt gezähnt bis buchtig fiederspaltig(-teilig), behaart od. kahl; BlaZipfel meist br bis schmal dreieckig, nicht od. wenig länger als br. BlaStiel grün. Kr gelb bis goldgelb, Zunge der RandBlü oft useits rot od. bläulich überlaufen. 0,10–0,60. Standorte, Soz. u. Verbr. in D wie Art (14) [inkl. subsp. *opimus* (W.D.J. KOCH) FINCH et P.D. SELL, subsp. *danubialis* (JACQ.) SIMONK., subsp. *glabratus* (W.D.J. KOCH) HOLUB] subsp. *hispidus*

Picris L. – Bitterkraut, Bitterich (60 Arten)

Köpfe mit linealischen, abstehenden AußenhüllBla. Bla mit 2schenkeligen Borstenhaaren, länglich bis lanzettlich, die oberen mit abgerundetem Grund sitzend od. etwas stängelumfassend. 0,30–0,80. 6–10. Mäßig frische Rud., Brachen, rud. Halbtrockenrasen u. Frischwiesen, Steinschuttfluren, Hochstaudenfluren, basenhold, nährstoffanspruchsvoll; h Rh He Th An, v Alp Bw Nw, z By(h N NW) Sa Bb Ns(h S), [A] z Mv Sh (m/mo-temp·c1-8EURAS, [N] sm-tempOAM – teilig hros H ♃ WuSpr+Rhiz – InB SeB – WiA Sa langlebig – L8 Tx F4 R8 N4 – V Dauco-Mel., V Conv.-Agrop., V Brom. erect., V Arrh.).
Gewöhnliches B. – *P. hieracioides* L.

Abgrenzung u. taxonomischer Wert der Unterarten sind unzureichend geklärt.

1 Kopfstiele u. Hüllen schwarzborstig. Hülle 12–15 mm lg. (Sub)mont. bis subalp. Wiesen, Wegränder, Schuttfluren; s Alp Bw(SW S Alb) (sm-stemp//mo·c2-4EUR – *L7 T4 F4 R5 N7* – 10). [subsp. *paleacea* (VEST) DOMIN et PODP., subsp. *auriculata* (SCH. BIP.) HAYEK]
subsp. *grandiflora* (TEN.) ARCANG.
1* Kopfstiele u. Hüllen weißlich borstig bis kahl. Hülle 9–13 mm lg 2
2 Köpfe an der Spitze des Stg schirmrispig geknäuelt, die seitlichen fast sitzend. Hülle 9–11 mm lg, kahl od. mit wenigen Borsten. Bla reichborstig, halbstängelumfassend. Rud.: Umschlagplätze; [N U 19. Jh.] s Bw Th Mv Sh (m-sm·c1-6EUR? – *L7 T8 F2 R5 N5*). subsp. *spinulosa* (GUSS.) ARCANG.
2* Köpfe gestielt, locker schirmrispig. Hülle 10–13 mm lg 3
3 Stg in ganzer Länge borstig. Bla beidseits zerstreut borstig, mit abgerundetem Grund sitzend. Hülle grün, ± borstig. Rud., Brachen, Halbtrockenrasen u. Frischwiesen; Verbreitung u. Soz. wie Art. (10)
subsp. *hieracioides*
3* Stg nur am Grund borstig, sonst kahl. Bla nur am Rand u. useits auf dem Mittelnerv borstig, mit fast herzfg Grund stängelumfassend. Hülle schwärzlichgrün, kahl od. spärlich borstig. Wiesen, Wegränder, Hochstaudenfluren; v Alp (sm-stemp//mo·c1-4EUR – *L7 T3 F6 R5 N5*). [subsp. *sonchoides* (VEST) THELL., subsp. *villarsii* (JORD.) NYMAN] . subsp. *umbellata* (SCHRANK) CES.

Helminthotheca ZINN – Wurmlattich (5 Arten)

Köpfe mit auffällig br AußenhüllBla (Abb. 850/2). Bla mit meist 1–3schenkeligen Borstenhaaren, verkehrt-eilanzettlich bis elliptisch, die oberen mit herzfg Grund stängelumfassend. 0,30–0,70. 7–8. Nährstoffreiche Äcker (bes. Klee u. Luzerne), Gärten, frische Rud., Brachen, Ufer; [N] s By Rh He Nw An, [U] s Bw Th Sa Bb Ns Mv Sh (m-sm·c1-6EUR, temp·c1-2EUR+m-smWAM – hros ⊙ ①? – InB – WiA – *L7 T7 F5 R8?* N6 – V Sisymbr., V Pot. ans. – früher HeilPfl). [*Picris echioides* L.]
Wurmlattich – *H. echioides* (L.) HOLUB

Tragopogon L. – Bocksbart (130 Arten)

1 Kr weinrot. Kopfstiel unter dem Kopf stark verdickt. 0,40–1,20. 6–7. KulturPfl, Rud.; [N] s Nw Sh, [U] s By Bw He Th Sa An Bb Ns Mv (m-sm·c2-5EUR – hros ⊙ ⊝ Rübe – Wurzelgemüse – *12*). **Haferwurz** – *T. porrifolius* L.
1* Kr gelb 2
2 Kopfstiel oberwärts keulig verdickt, hohl (Abb. 850/3). Fr (mit Schnabel) 25–35 mm lg. HüllBla 8–12, länger als die blassgelben Blü. 0,30–0,60. 5–7. Trockne bis mäßig trockne Rud.: Wegränder, Bahnanlagen, rud. Trocken- u. Halbtrockenrasen, kalkhold; [A?] v Sa(s SW) An, z By Bw Rh(h ORh) He Th(f Hrz Rho, v Bck) Bb Ns Mv, s Alp Nw Sh (sm-stemp·c2-8EUR-WAS, [N] mWAM – sogr hros H ⊙ ⊛ Rübe – SeB InB – WiA KlA – L8 T7 F4 R8 N4 – V Conv.-Agrop., V Dauco-Mel., K Fest.-Brom., O Fest.-Sedet. – *12*). [*T. major* JACQ.]
Großer B. – *T. dubius* SCOP.

ASTERACEAE 849

2* Kopfstiel unter dem Kopf nicht od. kaum verdickt (Abb. **850**/4). Fr 10–20 mm lg. HüllBla meist 8. **(Artengruppe Wiesen-B. – *T. pratensis* agg.)** 3
3 Köpfe 4,5–7,0(–8,0) cm ⌀. RandBlü länger als die HüllBla. Kr goldgelb. Staubbeutel gelb, meist mit schwarzvioletten Längsstreifen. RandFr schuppig-stachlig. 0,30–0,70. 5–7. Frischwiesen, Rud.: Weg- u. Straßenränder; v Alp Bw, z By Rh Nw Th(Bck Hrz NW) Sa An, s He Bb, [N U] s Mv Sh (m-temp·c2-7EUR-WSIB – teiligr hros H ⊙ ⊛ Rübe – InB – WiA KlA – L7 Tx F5 R7 N6 – O Arrh. – 12). [*T. pratensis* subsp. *orientalis* (L.) Čelak.]
Orientalischer B. – *T. orientalis* L.
3* Köpfe 1,4–4,5 cm ⌀. RandBlü höchstens so lg wie die HüllBla (an soeben geöffneten Köpfen!). Kr hellgelb. Staubbeutel unten gelb, oben schwarzviolett. 0,20–0,70. 5–7. Frische bis trockne Wiesen, Halbtrockenrasen, Rud.: Wegränder, Bahnanlagen; g Th An Ns(v N NO), h Bw Rh Nw Sa Mv, v By He Bb Sh, s Alp (m-temp·c1-4EUR, [N] austrAUST+AM+smtempAM – teiligr hros H ⊙ ⊛ Rübe – InB SeB – WiA KlA – L7 T6 F4 R7 N6 – V Arrh., V Sisymbr.). **Wiesen-B. – *T. pratensis* L.**

1 RandBlü so lg wie die HüllBla od. wenig kürzer (Abb. **850**/4). Köpfe 2,5–4,5 cm ⌀. Fr 15–20 mm lg, RandFr (fast) glatt. 0,30–0,70. Standorte u. Verbr. wie Art. (*12*).
Echter Wiesen-B. – subsp. *pratensis*
1* RandBlü ½–⅔ so lg wie die HüllBla. Köpfe 1,5–3,0 cm ⌀. Fr 10–12 mm lg. RandFr auf den Rippen schuppig-stachlig, dazwischen warzig-knotig. 0,20–0,55. 5–7. Gestörte, trockne Wiesen, Halbtrockenrasen, Rud. Straßenränder, Bahnanlagen; v Rh, z By Bw Sa Ns Mv Sh, s He Nw An Bb, Verbr. u. Status ungenügend bekannt (temp·c1-2EUR – V Sisymbr., V Brom. erect., V Arrh. – 12). [*T. minor* Mill.]
Kleinköpfiger Wiesen-B. – subsp. *minor* (Mill.) Hartm.

Hybride: *T. dubius* × *T. pratensis* – s

Scorzonera L. – Schwarzwurzel (200 Arten)

1 Untere Bla fiederschnittig mit entfernten, sehr schmal linealischen Zipfeln, obere meist ungeteilt, schmal linealisch. Fr am Grund mit einem lg, stielartigen, samenlosen Fuß, dieser breiter u. heller als der samentragende obere FrTeil (Abb. **799**/4). 0,15–0,45. 5–7. (Wechsel) trockne, sandige bis tonige Rud.: Dämme, Kippen; Trockengebüschsäume, basenhold, salzertragend; z Th(Bck S) An Ns(m MO: Kalihalden), s By(z N) Bw Rh, [U] s Bb, † He Nw Sa (m-stemp·c1-7EUR-WAS – sogr hros ⊙ ⊛ H Rübe – InB -WiA – L8 T8 F3~ R8 N4 – V Dauco-Mel., O Agrop. – 14). [*Podospermum laciniatum* (L.) DC.]
Schlitzblatt-Sch., Stielsame – *S. laciniata* L.
1* Alle Bla ungeteilt, lanzettlich bis linealisch. Fr am Grund ohne od. mit sehr kurzem Fuß 2
2 Kr hellviolett. Bla linealisch, 1–4 mm br, rinnig gefaltet. Rübe mit Faserschopf. 0,25–0,50. 5–6. Kont. Trocken- u. Halbtrockenrasen, kalkhold; s By(MS NNM) Rh(ORh SW) Th(Bck) An(S W) Bb, † He(ORh) Ns Mv, ↘ (sm-stemp·c4-8EUR-WAS – sogr hros H ⩙ Rübe – InB, blüht vormittags – WiA – L8 T7 F2 R8 N2 – O Fest. val. – *14* – ▽!).
Violette Sch. – *S. purpurea* L.
2* Kr gelb. Bla meist breiter, flach 3
3 Stg meist verzweigt u. mehrköpfig, mit mehreren, ± halbstängelumfassenden LaubBla. Randständige Fr mit weichstachligen Rippen. 0,60–1,20. 6–8. Kont. Trocken- u. Halbtrockenrasen, Trockengebüsche, TrockenW u. ihre Säume, trockne bis mäßig trockne Rud.: Wegränder, Bahndämme, kalkhold; z Th(NW Rho S, v Bck) An, s By(NM N) He Ns(MO S), [N] s Bw Rh, [U] s Sa Nw Bb Mv; auch KulturPfl (sm-stemp· c4-7EUR-WSIB – teiligr hros H ⩙ Rübe – InB – WiA KlA – L7 T7 F4 R8 N3 – O Fest. val. – V Ger. sang., V Querc. pub., V Eric.-Pin., V Sisymbr., V Dauco-Mel. – Wurzelgemüse – *14* – ▽).
Garten-Sch. – *S. hispanica* L.
3* Stg unverzweigt od. mit 2–3 Köpfen, blattlos od. mit 1–4 meist schuppigen Bla. Fr mit glatten Rippen 4
4 Rübe oberwärts mit Faserschopf (Strohtunika). Bla bläulichgrün, kahl od. spinnwebig-wollig. 0,05–0,35. 4–5. Felsfluren, lichte, trockne KiefernW, kalkstet; s Bw(S: Küssaburg, Engen) (sm/mo-stemp·c3-8EURAS – sogr hros H ⩙ Rübe+WuSpr – InB – WiA Dunkelkeimer – L7 T7 F3~ R8 N2 – V Sesl.-Fest., V Xerobrom., V Eric.-Pin. – *14* – ▽!).
Österreichische Sch. – *S. austriaca* Willd.

4*	Rübe bzw. Rhizom ohne Faserschopf. Bla grasgrün 5
5	Stg u. Hülle spinnwebig-wollig. Kr etwa doppelt so lg wie die Hülle. Kopf 3–4 cm ⌀. Bla linealisch bis eifg-elliptisch, 5–50 mm br. 0,10–0,40. 5–6. Wechselfeuchte bis -trockne, extensiv genutzte moorige Wiesen, Silikatmagerrasen, lichte Eichen- u. KiefernW, Rud., kalkmeidend; v Alp, z By Bw Th Sa Bb Ns Sh, s Rh He(W O) Nw(SW) An Mv, ↘ (sm/mo-temp·c2-4EUR – sogr hros H ♃ Rübe – InB SeB – WiA – L7 T6 F7 R5 N2 – O Mol., K Scheuchz.-Car., O Nard., V Cytis.-Pin., V Dicr.-Pin. – 14 – ▽). **Niedrige Sch. – *S. humilis* L.**
5*	Stg u. Hülle kahl. Kr so lg wie die Hülle od. wenig länger. Kopf 1–2 cm ⌀. Bla lineal-lanzettlich, 5–15 mm br. 0,20–0,40. 5–7. Wechselfeuchte Salzwiesen; s Th(Bck) An(S SO) (m-stemp·c4-9EUR-WAS – sogr hros/ros H ♃ Rhiz SpeicherWu – InB – WiA – L8 T6 F7 R8 N4 – V Armer. marit., V Mol. – 14). **Kleinköpfige Sch. – *S. parviflora* JACQ.**

Tribus *Senecioneae* CASS.

Bearbeitung: **Joachim Kadereit, Christoph Oberprieler** (*Senecio sarracenicus* – *S. germanicus*)

Doronicum L. – Gämswurz (27 Arten)

1	Alle Fr mit Pappus 2
1*	Randständige Fr (der ZungenBlü) ohne Pappus, innere Fr mit Pappus 3
2	GrundBla u. untere StgBla eifg od. elliptisch, meist am Grund gestutzt od. herzfg, dünn. Obere Bla mit herzfg Grund stängelumfassend. Bla hauptsächlich mit Drüsenhaaren. Stg 1–5köpfig. Fr 2,5 – 4 mm lg. 0,06–0,60. 7–8. Subalp. bis alp. sickerfrische Steinschuttfluren, kalkstet; z Alp(f Kch) (sm-stemp//alp·c1-3EUR – igr hros H ♃ Rhiz – InB: Fliegen, Falter – WiA Dunkelkeimer – L8 T2 F5 R9 N3 – O Thlasp. rot.). **Großblütige G. – *D. grandiflorum* LAM.**
2*	GrundBla u. untere StgBla länglich, meist in den BlaStiel verschmälert, selten gestutzt, dick u. steif. Bla ohne od. mit wenigen Drüsenhaaren. Stg 1köpfig. Fr bis 2 mm lg. 0,05–0,25. 7–8. Alp. sickerfrische bis -feuchte Steinschuttfluren u. Schneeböden, kalkstet; v Alp(Brch) (sm-stemp//alp·c3-4ALP – igr hros H ♃ Rhiz – InB – WiA – L8 T1 F6 R7 N3? – V Drab. hopp., O Salic. herb.). **Gletscher-G. – *D. glaciale* (WULFEN) NYMAN**
3	(1) GrundBla zur BlüZeit fehlend. Untere StgBla klein, spatelfg, mittlere größer, genähert, herzfg, mit abgesetzten Öhrchen stängelumfassend, obere länglich. Stg 2–7(–12)köpfig. 0,30–1,50. 7–8. Subalp. sickerfrische Hochstaudenfluren u. Gebüsche, hochmont. lichte Wälder, basenhold; v Alp(Brch), s By(O) (sm-stemp//salp·c2-3EUR – sogr? eros H ♃ Rhiz – InB – WiA – L5 T3 F6 R7 N7 – V Adenost., V Rum. alp.). **Österreichische G. – *D. austriacum* JACQ.**

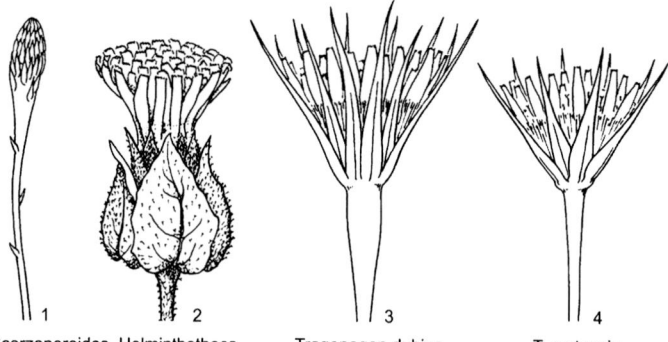

1 Scorzoneroides autumnalis   2 Helminthotheca   3 Tragopogon dubius   4 T. pratensis

ASTERACEAE 851

3* GrundBla zur BlüZeit am BlüStg od. als Rosette an unterirdischen Rhizomen od. Ausläufern vorhanden, herzfg, lg gestielt **4**
4 GrundBla herz-eifg, fast ganzrandig (Abb. 856/1), beidseits dichtwollig behaart. Stg durchgehend behaart, 2–7köpfig. Pfl mit Ausläufern, diese außer aufrechten Stg auch Rosetten bildend. Fr wenigstens der ZungenBlü schwarz. 0,50–1,00. 5–6. Frische LaubW, Gebüsche u. ihre Ränder, Park- u. Burganlagen, Rud., nährstoffanspruchsvoll; [N] z Rh, s By(f NW MS S) Bw(Gäu NW) He(SW ORh) Th(S) Sa, s Nw An Ns(O) Sh, [U] s Mv; auch ZierPfl (sm/mo-stemp/demo·c2EUR, [N] temp·c1-2EUR – igr hros G/H ♃ uAusl+Knolle – InB: Fliegen, Falter – WiA – L4 T6 F5 R7? N6? – V Carp. – früher HeilPfl).
Kriechende G. – *D. pardalianches* L.
Ähnlich: *D. pardalianches* L. × *D. plantagineum* L. = **Willdenow-G. – D.** ×*willdenowii* (ROUY) A.W.HILL: Stg und Bla kahl od. schwach behaart, 0,60–1,50. 1–4köpfig. [U N]?
4* GrundBla nierenfg bis herz-eifg, regelmäßig gezähnt (Abb. 856/2), auf der Fläche fast kahl. Stg unten meist (fast) kahl, oben behaart, 1–3köpfig. StgBla 3–5. Pfl ohne Ausläufer. Fr braun. 0,15–0,60. 5–8. Subalp. sickerfrische Steinschuttfluren, kalkstet; s Alp(Brch), auch ZierPfl (sm-stemp//salp·c3EUR – igr hros H ♃ KnollenRhiz – InB – WiA – L8 T2 F6? R8? N7? – V Adenost., V Car. ferr.). [*D. cordatum* auct.]
Herzblättrige G. – *D. columnae* TEN.
Ähnlich: **Kaukasus-G. – *D. orientale*** HOFFM. [*D. caucasicum* M. BIEB.]: StgBla (1–)2(–3), Pfl mit Ausläufern, Rhizom büschlig behaart. Frühblühende (4–5) ZierPfl, [U] s By Rh (sm/mo·c3-4OEUR-KAUK).

Homogyne CASS. – Alpenlattich, Brandlattich (3 Arten)

1 GrundBla useits weißfilzig, rundlich-nierenfg. Pappus schmutzigweiß. 0,15–0,25. 6–8. Alp. feuchte Schneeböden u. -tälchen, kalkstet, nährstoffanspruchsvoll; z Alp(Brch) (sm-stemp//salp·c3ALP – igr hros/ros H ♃ Rhiz – InB – WiA – L8 T1 F7 R8 N5? – V Arab. caer., V Poion. alp.).
Filziger A. – *H. discolor* (JACQ.) CASS.
1* GrundBla useits grün, kahl, nur auf den Nerven weichhaarig, nierenfg. Pappus schneeweiß. 0,15–0,30. 5–7. Mont. NadelW, subalp. frische bis feuchte Zwergstrauchheiden u. Silikatmagerrasen; h Alp, z By(O S) Sa(SW: oberes W-ErzG), s Bw(SW: S-SchwarzW) (sm-stemp//mo-alp·c2-4EUR – igr hros/ros H ♃ oAuslRhiz – InB: Falter, Fliegen RandBlü ♀ – WiA Kältekeimer – L6 T4 F6 R4 N2? – V Vacc.-Pic., V Nard., V Sesl.).
Gewöhnlicher A. – *H. alpina* (L.) CASS.

Petasites MILL. – Pestwurz (20 Arten)
(unvollständig 2häusig)

1 Kr hellgelb. Hülle (fast) kahl. BlaSpreite dreieckig, 25–50 cm br (Abb. 852/1), useits schneeweißfilzig. BlaStiel oseits flach gefurcht, markig. 0,10–0,30. 4. Wechselfeuchte, offene, sandige bis kiesige Flussufer (StromtalPfl), Weißdünen (Küste); z An(Elb) Bb(f SO SW) Mv(f M), s Ns(z Elb) Sh(f W) (sm-b·c4-6+(lit)EUR-WAS – sogr ros G ♃ uAusl – InB – WiA – L9 T6? F6~ R7 N5? – V Conv.-Agrop., V Ammoph.). [*P. tomentosus* (EHRH.) DC.]
Filzige P. – *P. spurius* (RETZ.) RCHB.
1* Kr weißlich, rötlich od. rot **2**
2 Kr weißlich. Hülle drüsig. Schuppen des BlüStg bleich. BlaSpreite rundlich, 20–40 cm br, unregelmäßig doppelt gezähnt, mit stachelspitzigen, meist grünen Zähnchen, Basis der BlaSpreite nahe dem Stiel nicht durch Seitennerven berandet (Abb. 852/2). BlaStiel oseits flach gefurcht, markig. 0,10–0,80. 4–5. Sickerfrische bis -feuchte Laub- u. NadelmischW, bes. HangW u. deren Säume, alp. bis mont. Hochstaudenfluren, Uferstaudenfluren (Bäche), nährstoffanspruchsvoll; v Alp Ns(Hrz, sonst s), z By Bw(h S) Th(h Wld, v Hrz) Sa An(f Elb O), s Rh(MRh N) He(f ORh) Nw(f N), [N] s Mv(f Elb NO) Sh(O M) (sm-stemp//mo·c2-4EUR, [N] ntempEUR – sogr ros H ♃ AusRhiz – InB – WiA – L4 T4 F6 Rx N5? – O Fag., V Adenost. – BienenfutterPfl).
Weiße P. – *P. albus* (L.) GAERTN.
2* Kr rötlichweiß od. rot. Schuppen des BlüStg rötlich überlaufen. Bla fast gleichmäßig gezähnt. Basis der BlaSpreite nahe dem Stiel durch Seitennerven berandet (Abb. 852/3, 4) **3**

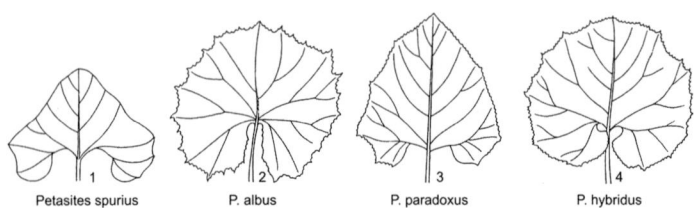

Petasites spurius   P. albus   P. paradoxus   P. hybridus

3 BlaSpreite eifg-dreieckig, meist länger als br, 12–18 cm br (Abb. **852**/3), useits schneeweißfilzig. BlaStiel oseits flach gefurcht, markig. Hülle drüsig. 0,15–0,60. 4–5. Hochmont. bis subalp. sickerfeuchte Schutthang- u. Flussgeröllfluren, kalkstet; h Alp, z By(S MS, s Alb: Langenaltheim, ob indigen?), s Bw(S: Adelegg SO: Aitrach, ob noch?) (sm/salp-stemp/desalp·c2-3EUR – sogr ros H ♃ AuslRhiz – InB – WiA WaA – L8 T3 F6 R8 N3 – V Petasit. parad., V Epil. fleisch.). [*P. niveus* (VILL.) BAUMG.]   **Alpen-P.** – *P. paradoxus* (RETZ.) BAUMG.
3* BlaSpreite rundlich, 30–70(–100) cm br (Abb. **852**/4), useits grauwollig, später verkahlend. BlaStiel oseits tief u. scharfkantig gefurcht, hohl. Hülle (fast) kahl. 0,15–1,00. 4–5. Sickernasse, zeitweise überflutete Ufersäume u. Schotterbänke raschfließender Gewässer (Bäche, Flüsse), Nasswiesen, lichte Weidengebüsche u. AuenW, nährstoffanspruchsvoll; h Alp Rh(z ORh) He Nw Th Sa(z Elb NO), v By Bw An Ns(g Hrz), [A 13. Jh.] v Mv, z Bb Sh(f W) (sm/mo-temp·c2-4EUR – sogr ros H ♃ AuslRhiz – InB: Bienen – WiA WaA KlA Sa kurzlebig – L7 T5 F8= R7 N8 – V Convolv., V Calth., V Salic. alb., V Alno-Ulm. – VolksheilPfl in D. subsp. *hybridus*). [*P. officinalis* MOENCH]   **Gewöhnliche P.** – *P. hybridus* (L.) G. GAERTN. et al.

Hybriden: *P. paradoxus* × *P. hybridus* = *P.* ×*alpestris* BRÜGGER – s By(MS), *P. albus* × *P. paradoxus* = *P.* × *lorenzianus* BRÜGGER – s Alp?, † By(MS?)

Tussilago L. – **Huflattich**   (1 Art)
BlaSpreite herzfg-rundlich, dicklich, 10–25 cm br, regelmäßig spitz gelappt u. seicht schwärzlich gezähnt, useits weißfilzig. BlaStiel oseits tief gefurcht, im Querschnitt U-fg, markig. 0,07–0,30. 3–4. Frische bis wechselfeuchte Rud., Brachen, Ufer, lehmige Steilküsten, feuchte Äcker, basenhold; g D (m/mo-b·c1-7EUR-WAS – sogr ros H/G ♃ uAusl – InB: Bienen, Fliegen – WiA Sa kurzlebig Lichtkeimer – L8 Tx F6~ R8 Nx – V Conv.-Agrop., V Sisymbr., V Dauco-Mel., K Stell., V Petasit. parad., V Filip. – VolksheilPfl).
Huflattich – *T. farfara* L.

Tephroseris (RCHB.) RCHB. [*Senecio* L. p.p.] – **Aschenkraut, Greiskraut**
(ca. 50 Arten)

1 Stg drüsig-zottig, dick, hohl, dicht beblättert, oberwärts meist verzweigt. Köpfe ∞, in Rispen od. Schirmrispen. StgBla lanzettlich. 0,15–1,00(–1,50). 6–7. Nasse, zeitweilig überflutete u. trockenfallende, schlammige Ufer, an Gräben, auch Spülflächen, Torfstiche, neu angelegte Kleingewässer, nährstoffanspruchsvoll; z Nw(f SW) Bb(f SO SW) Ns(f Hrz) Mv, s Rh(N ORh) Sa(W) An(f Hrz S) Sh, [U] He(ob noch?), † Th (sm-arct·c2-8CIRCPOL – sogr hros H ⊙ – WiA – L9 T6 F9= R7? N7 – V Bid.). [*Senecio congestus* (R. BR.) DC., *S. palustris* (L.) HOOK., *S. tubicaulis* MANSF.]   **Moor-A.** – *T. palustris* (L.) RCHB.
1* Stg spinnwebig wollig bis fast kahl, höchstens zerstreut drüsig, oberwärts entfernt beblättert. Köpfe 3–15, in endständiger, einfacher, meist doldenartiger Schirmtraube **2**
2 GrundBla dem Boden anliegend, bleibend, ihr Stiel höchstens so lg wie die Spreite, diese eifg, ganzrandig od. schwach gekerbt. HüllBla 5–8 mm lg, (fast) kahl. Köpfe 15–25 mm ∅. 0,10–0,60. 5–6. Kont. Halbtrockenrasen, wechseltrockne Moorwiesen, Trockengebüschsäume, kalkhold; s By(MS: Lechhaiden N: Nordheim, Grettstadt) Th(Bck: Kyffhäuser) An(SO W), [U] s Mv, † Rh: ob je?, ↘ (sm/mo-arct·c3-8EURAS-WAM – sogr hros H ♃ Rhiz – InB – WiA – L7 T6? F4~ R8 N? – V Cirs.-Brach., V Mol., V Ger. sang.) [*Senecio integrifolius* (L.) CLAIRV., *S. campestris* (RETZ.) DC.]   **Steppen-A.** – *T. integrifolia* (L.) HOLUB

Eventuell durch lange Isolation morphologisch u. ökologisch differenzierte Populationen wurden als Unterarten beschrieben, z. B. Augsburger Lechfeld: *T. i.* subsp. *vindelicorum* B. Krach. Die tetraploiden Populationen von Grettstadt u. Nordheim werden als möglicherweise "endemische fränkische Kleinsippe" diskutiert, aber die Anerkennung beider Unterarten ist fragwürdig.

2* GrundBla ± aufrecht, zur BlüZeit oft verwelkt, ihr Stiel meist länger als die Spreite. HüllBla 8–12 mm lg, ± spinnwebig-wollig 3

3 Köpfe 20–25 mm ⌀. ZungenBlü 12–14(–18), zuweilen fehlend. Spreite der GrundBla deutlich gekerbt bis gezähnt, selten ganzrandig, useits meist dichter spinnwebig-filzig als oseits, plötzlich od. allmählich in den Stiel verschmälert. 0,30–1,00. 5–6. Wechselfeuchte, extensiv genutzte (Streu)Wiesen, Quellsümpfe, Niedermoore, lichte LaubW, basenhold; z Alp(f Krw) By Bw(f NW) Nw(SW, † SO) Th(Bck S), s Rh(f W) He(O), † Ns An, ↘ (sm/mo-stemp/demo·c2EUR – teilig hros H ♃ Rhiz – InB – WiA – L7 T6? F7 Rx N2 – V Mol., V Car. davall., O Fag.). [*Senecio helenitis* (L.) Schinz et Thell, *S. spathulifolius* (C.C. Gmel.) Griess.] **Spatelblättriges A.** – *T. helenitis* (L.) B. Nord.

1 Fr behaart. Spreite der GrundBla plötzlich in den Stiel verschmälert, unregelmäßig gekerbt-gezähnt, bleibend spinnwebig-filzig. Standorte, Soz., Verbr. in D u. Gesamtverbr. wie Art   subsp. ***helenitis***

1* Fr kahl. Spreite der GrundBla allmählich in den Stiel verschmälert, entfernt gezähnt od. ganzrandig, verkahlend. ZungenBlü oft fehlend. Wechselfeuchte Wiesen, Niedermoore; z Alp(Chm) s By MS (S) (stemp·c3EUR – L8 T6? F8 Rx N2 – V Mol.). [*Senecio helenitis* subsp. *salisburgensis* Cufod.]
subsp. ***salisburgensis*** (Cufod.) B. Nord.

Anm.: Die Unterscheidung dieser beiden Ausprägungen als Unterarten ist fragwürdig, da in By oft nur Übergangsformen zur Nominatsippe nachweisbar sind.

3* Köpfe 25–40 mm ⌀. ZungenBlü 15–21. Spreite der GrundBla grob gezähnt, beidseits gleichmäßig spinnwebig-filzig u. verkahlend, Grund meist ± gestutzt bis herzfg 4

4 Spreite der GrundBla 2–6 cm br, eifg, mit herzfg Grund. Fr kahl. 0,30–1,00. 5–6. Sickernasse Staudenfluren an Waldbächen u. -quellen, Erlen-AuenW, Nasswiesen; z Th(Wa) Sa(SO SW), s By(O NO), ↘ (sm/mo-stemp/demo·c3EUR – igr hros H ♃ Rhiz – InB – WiA – L6 T4 F8 R6 N5? – V Calth., V Filip., V Adenost., V Alno-Ulm.). [*Senecio rivularis* (Waldst. et Kit.) DC., *S. crispatus* DC.]
Krauses A., Bach-A. – *T. **crispa*** (Jacq.) Rchb.

4* Spreite der GrundBla 1,5–3 cm br, länglich bis schmal lanzettlich, mit ± gestutztem bis verschmälertem Grund. Fr dicht behaart. 0,20–0,80. 5–7. Subalp. sickerfeuchte Staudenfluren, Lägerfluren, an Bachufern, nährstoffanspruchsvoll; z Alp(Brch) (sm-stemp//salp·c3-4EUR – sogr? hros H ♃ Rhiz – InB – WiA – L8 T3 F6 R8 N8 – V Rum. alp., V Triset. – in D subsp. *gaudinii* (Gremli) Kerguélen). [*Senecio gaudinii* Gremli, *S. ovirensis* subsp. *gaudinii* (Gremli) Cufod., *T. tenuifolia* (Gaudin) Holub]   **Schweizer A.** – *T. **longifolia*** (Jacq.) Griseb. et Schenk

Jacobaea Mill. – **Greiskraut, Kreuzkraut** (ca. 30 Arten)

[N 2003 lokal]: **Hanfblättriges G.** – ***J. cannabifolia*** (Less.) E. Wiebe [*Senecio cannabifolius* Less.]: 1,70–2,50 m hohe Rhizomstaude. Bla fiederschnittig, Abschnitte 5–7, br lanzettlich, 8–10(–15) cm lg, spitz, scharf gezähnt. Köpfe ∞, ZungenBlü 5. AuenW-Saum; s Sa(W: Leipzig) (sm/mo-b·c1-5OAS, [N] temp c3-4EUR – sogr eros H ♃Rhiz).

1 Bla schmal länglich-lanzettlich, scharf vorwärts gesägt, alle sitzend. Stg ∞köpfig. Köpfe 3–4 cm ⌀. Kr hellgelb. 0,80–1,70. 7–8. Nasse, zeitweilig überflutete Großseggenriede u. Röhrichte an Flussufern, Altwassern u. Gräben, Flutmulden, lichte Auen- u. BruchW u. ihre Ränder, nährstoffanspruchsvoll; z By(f NW) An(f S W) Bb Ns(f Hrz), s Alp(Chm Kch) Bw Rh(f N SW W) He(SW, † SO) Nw(MW N) Mv(Elb SW MW) Sh(M SO), † Th(Bck), ↘ (sm-temp·c2-6EUR-WSIB – sogr eros H ♃ AuslRhiz – InB – WiA – L7 T6 F9= Rx N6 – V Car. elat., V Convolv., V Aln.). [*Senecio paludosus* L.]
Sumpf-G. – ***J. paludosa*** (L.) G. Gaertn. et al.

1 StgBla lanzettlich, 8,1–15,9 × 1,2–2,3 cm, useits überwiegend mit kurzen Gliederhaaren behaart. od. selten kahl. Fr auf der ganzen Fläche behaart. Standorte u. Soz. wie Art, z Bb, s By(?) Mv(SW M MW) Sh(M SO), † Th(Bck)   subsp. ***paludosa***

1* StgBla lineal-lanzettlich, 6,5–13,9 × 0,7–1,2 cm, useits spinnwebig behaart. Fr kahl. z By Bw Rh He Nw(?) Ns (sm-temp·c2-7EUR).   subsp. ***angustifolia*** (Holub) B. Nord. et Greuter
Die Unterscheidung dieser beiden Unterarten ist fragwürdig.

1* Bla fiederspaltig bis -schnittig, leierfg od. ungeteilt u. dann gestielt mit am Grund herzfg bis abgerundeter, br eifg Spreite 2
2 Bla ungeteilt od. leierfg fiederschnittig mit am Grund herzfg bis abgerundetem Endabschnitt 3
2* Bla fiederspaltig bis -schnittig, wenn leierfg, dann mit am Grund verschmälertem Endabschnitt 4
3 Bla ungeteilt, höchstens am Grund des Stiels mit kleinen Öhrchen; Spreite useits spinnwebig-wollig, zuweilen verkahlend, etwa 1,5mal so lg wie br, unregelmäßig doppelt gesägt od. gezähnt. 0,30–1,00. 7–9. Mont. bis alp. frische bis nasse Hochstauden- u. Lägerfluren, GrauerlenW, nährstoffanspruchsvoll, kalkhold; v Alp, z Bw(S SO), s By(S MS), [N 1950] † Th(Wld: Goldisthal) (sm-stemp//desalp·c3EUR – igr hros H ⚄ Rhiz – InB: Fliegen, Falter – WiA – L7 T3 F6 R8 N9 – V Rum. alp., V Adenost., V Alno-Ulm. – giftig). [*Senecio alpinus* (L.) Scop., *S. cordatus* W.D.J. Koch]   **Alpen-G. – *J. alpina* (L.) Moench**
3* Bla meist leierfg fiederschnittig, mit 1 od. mehreren Fiederpaaren; Spreite useits kahl od. nur auf den Nerven schwach behaart, selten dünn wollig, Endabschnitt etwa so lg wie br, obere Bla fiederspaltig, doppelt gezähnt u. am Grund schmalzipflig geöhrt. 0,30–0,70. 7–9. Mont. bis subalp. feuchte bis sickernasse Staudenfluren an Waldquellen u. -bächen, Lägerfluren, Nassweiden, nährstoffanspruchsvoll; z By(O), Angaben aus Th betreffen 3 (sm-stemp//mo·c3EUR – igr hros H ⚄ Rhiz – InB – WiA – L6 T4 F8 R7? N7? – V Calth., V Rum. alp., V Alno-Ulm.). [*Senecio subalpinus* W.D.J. Koch]
Berg-G. – *J. subalpina* (W.D.J. Koch) Pelser et Veldkamp
4 (2) Pfl bis 15 cm hoch. Bla wenigstens anfangs angedrückt graufilzig, später oft verkahlend, keilig-verkehrteifg, gelappt bis fiederspaltig. Köpfe wenige in dichter, doldiger Schirmrispe. Kr lebhaft dottergelb. 0,05–0,15. 7–9. Alp. frische Silikatmagerrasen, kalkmeidend; s Alp(Allg) (sm-stemp//alp·c3OALP-KARP – igr hros H ⚄ Rhiz – InB: Fliegen – WiA – L8 T2 F5 R1 N1 – V Car. curv., V Nard. – ▽). [*Senecio carniolicus* Willd., *S. incanus* L. subsp. *carniolicus* (Willd.) Braun-Blanq., *Jacobaea incana* (L.) Veldkamp subsp. *carniolica* (Willd.) B. Nord. et Greuter]   **Krainer G. – *J. carniolica* (Willd.) Schrank**
4* Pfl mindestens 15 cm hoch. Bla auch anfangs nicht filzig, grün. Köpfe (mit Ausnahme von *J. abrotanifolia*, **5**) mehrere bis ∞ in lockerer Rispe od. Schirmrispe 5
5 ZungenBlü orangegelb mit bräunlichen Streifen. Bla ungeöhrt, 1–2fach fiederschnittig mit schmal linealischen, 1–2 mm br Zipfeln, kahl. Köpfe zu 2–5, 25–40 mm ⌀. 0,15–0,40. 7–9. Subalp. mäßig frische Latschen- u. Zwergstrauchgebüsche, offene Steinrasen, basenhold; v Alp(Brch Chm) (sm-stemp//salp·c3EUR, subsp. nur M-OALP – igr hros C ZwStr uAusl – InB: Falter – WiA – L7 T3 F4 R7 N2? – V Eric. pin. – in D nur subsp. *abrotanifolia*). [*Senecio abrotanifolius* L.]   **Eberrauten-G. – *J. abrotanifolia* (L.) Moench**
5* ZungenBlü hell- bis goldgelb. Wenigstens obere Bla am Grund geöhrt. BlaZipfel (fast stets) >2 mm br. Köpfe >5 6
6 AußenHüllBla 3–8, deutlich abstehend, halb so lg wie die HüllBla. Fr kurzhaarig. Bla fiederteilig, mit linealischen bis länglichen, ungeteilten od. tief gezähnten, nach vorn gerichteten Zipfeln. Köpfe 12–15 mm ⌀. 0,30–1,25. 7–9. Halbtrockenrasen, wechseltrockne Moorwiesen, Stromtal-Pfeifengraswiesen, TrockenW- u. Trockengebüschsäume, mäßig trockne Rud.: Wegränder, Steinbrüche, kalkhold; h Rh, v Bw He Nw Th, z Alp(f Chm) By(h N NM) An Ns(h MO f Elb) Mv, s Bb(f Od) Sh, [U] s Sa(SW W) (sm-temp·c2-8EUR-SIB – sogr eros H ⚄ uAusl – InB: Fliegen, Bienen – WiA – L8 T6 F3~ R8 N4 – V Mesobrom., V Cirs.-Brach., V Mol., V Ger. sang., V Dauco-Mel., V Conv.-Agrop.) [*Senecio erucifolius* L.]
Raukenblättriges G. – *J. erucifolia* (L.) G. Gaertn. et al.

Unklar ist der Wert von subsp. **arenaria** (Soó) B. Nord. et Greuter [*S. velenovskyi* Borb., *J. grandidentata* (Ledeb.) Vasjukov]: BlaZipfel useits filzig, BlaNerven spitzwinklig in die Zähne abgehend, BlaBuchten spitz. 0,80–1,60. Rud.; [N lokal] s By(NO: Bayreuth), ↘ (SO-EUR-KAUK) u. von subsp. **tenuifolia** (J. Presl et K. Presl) B. Nord. et Greuter: Endabschnitte der mittleren StgBla an der Basis 1–6 mm br, insgesamt kürzer u. schmäler als in subsp. *erucifolia*. Stromtal-Pfeifengraswiesen; z. B. z By(f S O NW).

6* AußenHüllBla 2–5, anliegend, ¼ so lg wie die HüllBla. Randständige Fr kahl 7
7 Fr der RöhrenBlü dicht behaart. Untere Bla leierfg, mit mäßig großem Endabschnitt (Abb. **856**/5), zur BlüZeit meist abgestorben, mittlere fiederteilig u. mit nach vorn verbreiter-

ASTERACEAE 855

ten, stumpf gelappten Zipfeln u. vielteiligen Öhrchen. Köpfe 15–20 mm ⌀. Kr goldgelb. ZungenBlü zuweilen fehlend. 0,30–1,50. 7–9. Halbtrockenrasen, trockne Frischwiesen, TrockenWSäume, Wegraine, basenhold; h Rh He Nw Th An(z N) Ns, v By Bw Sa Bb Mv, z Alp Sh, Silikatgebiete seltener (m/mo-temp·c1-9EUR-WAS – igr hros H ☉ ⊛ ♃ Rhiz – InB: Bienen, Fliegen – WiA – L8 T5 F4~ R7 N5 – O Orig., O Arrh., V Koel.-Phleion, V Mesobrom., V Cirs.-Brach., V Dauco-Mel. – giftig). [*Senecio jacobaea* L.]
Jakobs-G. – *J. vulgaris* GAERTN.

1   Stg 1–3, bis 150 cm hoch. BlüStandsachsen manchmal leicht behaart; ZungenBlü meist vorhanden. RandFr kahl. Standorte, Soz. u. Verbr. wie Art.   subsp. ***vulgaris***
1* Stg 1, bis 30(–60) cm hoch. BlüStandsachsen meist dicht spinnwebig behaart; ZungenBlü fehlend. RandFr behaart. 0.10–0,30(–0,60). 7–9. Dünen; s Küstendünen Ns(N) (temp-c1-4EUR). [*Senecio jacobaea* subsp. *dunensis* (DUMORT.) KADEREIT et P. D. SELL]   subsp. ***dunensis*** (DUMORT.) PELSER et MEIJDEN

Vorkommen in D von subsp. *gotlandica* (NEUM.) B. NORD. u. subsp. *pannonica* HODÁLOVÁ et MERED'A (Endabschnitte der GrundBla sehr gross bis GrundBla fast ungeteilt, sehr trockene Standorte) sollten geprüft werden.

7* Fr der RöhrenBlü spärlich behaart od. kahl. GrundBla leierfg mit großem Endabschnitt, zur BlüZeit noch frisch. **(Artengruppe Wasser-G. – *J. aquatica* agg.)** 8
8   Seitenzipfel der Bla fast rechtwinklig abstehend, länglich-verkehrteifg. (Abb. 856/6). Bla dunkelgrün. Stg etwa von der Mitte an mit lg, abstehenden Ästen. Köpfe 12–25 mm ⌀. 0,30–1,00. 7–10. Feuchte bis nasse Wiesen, Großseggenriede, Uferstaudensäume, lichte LaubW u. Gebüsche, an Gräben u. Rud.: Wegränder, nährstoffanspruchsvoll; z He(W) Nw Mv(Elb N NO), s Bw(Keu Alb ORh) Rh(f M W) Sa(W: Eilenburg) An(N W) Bb(f SW) Ns(f Hrz) Sh(M W), [U] s Alp(Allg) By(NM) (m-stemp·c1-3EUR – igr? hros H ☉ ☉ – InB – WiA – L8 T6 F6 Rx N6? – V Filip., V Calth.) [*Senecio erraticus* BERTOL., *S. aquaticus* subsp. *erraticus* (BERTOL.) TOURLET, *S. aquaticus* subsp. *barbareifolius* (WIMM. et GRAB.) WALTERS, *S. erraticus* subsp. *barbareifolius* (WIMM. et GRAB.) HEGI]
Spreizblättriges G. – *J. erratica* (BERTOL.) FOURR.
8* Seitenzipfel der Bla vorwärts gerichtet, fast linealisch (Abb. 856/7). Bla gelblichgrün. Stg meist nur an der Spitze mit aufrecht abstehenden Ästen. Köpfe 20–30 mm ⌀. 0,15–0,60. 7–8. Sicker- u. staunasse, intensiv genutzte Wiesen u. Weiden, Moorwiesen, an Gräben u. Quellen, nährstoffanspruchsvoll; v Ns(f Hrz), z Alp(f Brch) By Bw Rh He Nw Th(f Hrz NW) Sa An Bb Mv Sh, ↘ (sm-temp-(b)·c1-4EUR – igr hros H ☉ ♃ Rhiz – InB: Fliegen – WiA – L7 T6 F8 R4 N5 – V Calth., V Agrop.-Rum.). [*Senecio aquaticus* HILL]
Wasser-G. – *J. aquatica* (HILL) G. GAERTN. et al.

Hybriden: *J. alpina* × *J. aquatica* = *Senecio** ×*oyensis* E. HEPP – s Alp(Allg: Oy bei Nesselwang), *J. alpina* × *J. erucifolia* = *J.* ×*lyratifolia* (RCHB.) B. BOCK – z, *J. alpina* × *J. vulgaris* = *J.* ×*reisachii* (GREMBL.) B. BOCK – s, *J. aquatica* × *J. erratica* = ? – s, *J. aquatica* × *J. erucifolia* = *J.* ×*ostenfeldii* (DRUCE) B. BOCK – s, *J. maritima* (L.) PELSER & MEIJDEN × *J. vulgaris* = *J.* ×*albescens* BURB. et COLGAN – s Sh(W: Niebüll), *J. subalpina* × *J. vulgaris* = *Senecio** ×*choczensis* HOLUB – s

* Noch keine Umkombination auf *Jacobaea* bekannt.

Senecio L. – Greiskraut, Kreuzkraut (ca. 1000 Arten)

1   Bla ungeteilt, eifg od. elliptisch bis linealisch, mit verschmälertem Grund sitzend, halbstängelumfassend od. sehr kurz gestielt 2
1* Bla fiederspaltig bis -schnittig 7
2   Stg 1köpfig od. mit wenigen, lg, 1köpfigen Ästen. Untere Bla elliptisch od. eilanzettlich, ungleichmäßig gezähnt, gestielt, ledrig. Köpfe 4–6 cm ⌀. Kr orangegelb. 0,20–0,40. 7–8. Alp. bis subalp. frische, lockere Rasen, kalkstet; v Alp(f Chm) (sm-stemp//m-salp·c1-3EUR – sogr? hros H ♃ Rhiz – InB: Fliegen – Falter – WiA – L8 T2 F5 R8 N3? – O Sesl.).
Gämswurz-G. – *S. doronicum* (L.) L.

1   BlaOSeite zerstreut spinnwebig, BlaUSeite u. Hülle schwach spinnwebig bis wollig. Standorte, Soz. u. Verbr. in D wie Art.   subsp. ***doronicum***
1* Bla u. Hülle meist kahl, selten (BlaUSeite) zerstreut behaart mit rauen bis spinnwebigen Trichomen. Standorte, Soz. u. Verbr. in D unklar; s Alp †? (Brch).   subsp. ***orientalis*** CALVO

2* Stg ∞köpfig 3

3 Köpfe mit 10–13 ZungenBlü. Außenhülle mindestens 10blättrig. Bla 1–4 mm br, linealisch bis schmal lanzettlich, fein gezähnt bis flach gelappt, durch den zurückgerollten Rand oft ganzrandig erscheinend, am Grund halbstängelumfassend geöhrt. Stg vom Grund an stark verzweigt, ∞köpfig. Köpfe 1,8–2,5 cm ⌀. 0,30–1,00. 7–11. Trockne bis mäßig trockne Rud.: Bahnanlagen, Straßenränder, Schutt; [N 1889, starke Ausbreitung ab 1975] v Nw Ns, z By Bw Rh He Th(f Hrz, v Bck) Sa An Mv Sh, s Bb (v entlang A9, Berlin), [N U] z Alp(f Mng Chm), ↗ (austr-austrostrop/mo·c1-7OAFR, [N] austr AM+ AUST+sm-temp·c1-3EUR – igr eros C HStr – InB – L8 T7 F3 R7? N3? – V Dauco-Mel., V Conv.-Agrop., O Convolv.)
  Schmalblättriges G. – *S. inaequidens* DC.
3* Köpfe mit 2–9 ZungenBlü. Außenhülle 2–6blättrig 4
4 Bla länglich-lanzettlich bis lanzettlich, meist über der Mitte am breitesten (Abb. 856/3), schräg aufrecht abstehend, scharf gesägt mit vorwärtsgekrümmten Zähnen, mit allmählich verschmälertem Grund sitzend u. kurz herablaufend. Hülle kurz walzig, etwa 1,5mal so lg wie br. AußenhüllBla viel kürzer als die Hülle. HüllBla meist 11–13, kurz flaumig. ZungenBlü (6–)7–8(–9). RöhrenBlü meist 20–30. Pfl mit 20–40(–60) cm lg Ausläufern. 0,60–1,80. 8–9. Nasse, zeitweilig überflutete Staudenfluren an Ufern von Flüssen, Altwassern u. Teichen, Weidengebüsche, nährstoffanspruchsvoll, StromtalPfl; z By(f S, † NO) He(f NW SW W) Ns(f Hrz), s Bw(f ORh Keu S SW) Rh(f SW) Nw(f N SW), Th(Bck NW S) Sa(SO W) An Bb(Elb MN Od) Mv(f M N) Sh(M: Elbe), ↘ (sm-temp·c2-7EUR-WAS – sogr eros G ♃ uAusl – InB: Bienen, Fliegen – WiA KlA – L7 T7 F9= R7 N8 – V Convolv., O Salic. alb.). [*S. fluviatilis* Wallr.]
  Fluss-G. – *S. sarracenicus* L.
4* Bla eifg od. elliptisch bis länglich od. lanzettlich, in od. unter der Mitte am breitesten, ± waagerecht abstehend, einfach od. doppelt gezähnt od. gesägt mit abstehenden Zähnen. Hülle schmal walzig, 2–4mal so lg wie br. HüllBla 7–12. ZungenBlü (2–)5(–8). RöhrenBlü meist 10–20. Pfl meist mit 3–15(–25) cm lg Ausläufern. **(Artengruppe Hain-G. – *S. nemorensis* agg.** [*S. nemorensis* L. s. l.]) 5
5 Obere StgBla mit verschmälert abgerundetem od. zuerst verschmälertem u. dann ohrfg verbreitertem Grund halbstängelumfassend. BlüStandsäste u. HüllBla ± dicht abstehend drüsenhaarig. AußenhüllBla fadenfg bis pfriemlich, so lg wie die Hülle od. länger, stets drüsig. Stg unterwärts zerstreut kurzhaarig bis fast kahl, meist grün. Blühbeginn 3–6 Wochen vor **6**. 0,60–1,50. 6–7(–8). Hochmont. bis mont. sickerfrische Laub- u. NadelmischW u. deren Ränder, Waldschläge, subalp. bis hochmont. Hochstaudenfluren (Bachtäler, an Quellen), nährstoffanspruchsvoll, kalkmeidend; z By(NW O S) Rh(f ORh W) Nw(SO SW) Th(Hrz Wld) An(Hrz W), s Alp(Allg Chm) Bw(SW Gäu ORh S) He(NW O SW W) Sa(SW) Ns(Hrz) (sm-stemp//mo·c2-3EUR – sogr eros G ♃ uAusl – InB – WiA – L7 T4 F6 Rx N8 – V Vacc.-Pic., V Til.-Acer., O Adenost., K Epil. ang. – giftig – in D nur subsp. *hercynicus*). [*S. nemorensis* L. p.p., *S. cacaliaster* Lam. subsp. *hercynicus* (Herborg) Oberprieler]
  Harzer G., Hain-G. – *S. hercynicus* Herborg
5* Obere StgBla mit allmählich bis plötzlich verschmälertem Grund kurz gestielt od. sitzend, aber nicht stängelumfassend. BlüStandsäste u. HüllBla kahl od. zerstreut behaart, aber nie drüsig 6
6 AußenhüllBla pfriemlich, seltener linealisch, meist kürzer als die Hülle (Abb. 799/1), kahl od. mit wenigen kurzen (<0,3 mm lg) Haaren. Obere StgBla allmählich in einen kurzen Stiel verschmälert, selten mit kurz verschmältertem Grund sitzend, meist fein gesägt. Stg unterwärts kahl od. zerstreut kurzhaarig, oft rotbraun. 0,60–1,50. 7–8. Koll. bis hochmont. frische LaubmischW, NadelW u. deren Ränder, Waldschläge, Lichtungen, an Waldwegen, nähr-

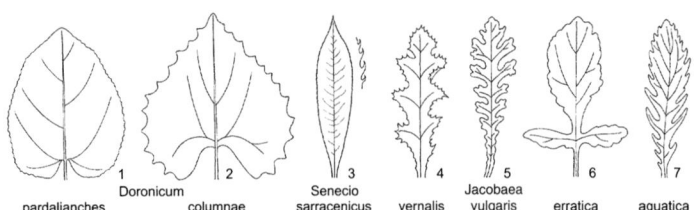

| 1 Doronicum pardalianches | 2 | 3 Senecio sarracenicus | 4 vernalis | 5 Jacobaea vulgaris | 6 erratica | 7 aquatica |
| columnae | | | | | | |

stoffanspruchsvoll; g Th, h Alp Rh He Sa(z Elb), v By Bw Nw(g SO SW) An(g Hrz), z Ns(h MO S), s Bb, [N U] s Mv (sm/mo-stemp/(mo) c2-4EUR – sogr eros G/H uAuslRhiz – InB: Fliegen, Käfer, Falter – WiA KIA Lichtkeimer – L7 Tx F5 Rx N8 – O Atrop., O Fag. – giftig). [*S. fuchsii* C.C. Gmel] **Fuchs'sches G. – *S. ovatus*** (G. Gaertn. et al.) Hoppe

1 ZungenBlü (4–)5(–6). RöhrenBlü (8–)10–16(–20). BlüStand locker. Kopfstiele kräftig, etwa 10–25(–40) mm lg. Stg oberwärts kahl od. zerstreut ± anliegend kurzhaarig, ohne längere Flaumhaare. Koll. bis mont. Wälder u. Lichtungen; Soz. u. Verbr. in D wie Art (sm/mo-stemp/(mo)·c2-4EUR).
    subsp. ***ovatus***
1* ZungenBlü 2–3(–4). RöhrenBlü 3–8(–10). BlüStand fein verästelt. Kopfstiele dünn, meist 5–10(–15) mm lg. Stg unterwärts zumindest unter den Knoten mit vereinzelten gekräuselten Flaumhaaren. Mont. bis hochmont. Wälder, subalp. Hochstaudenfluren; s By(MS: Freising) Bw(SW: S-SchwarzW) (sm-stemp//mo·c2EUR).
    subsp. ***alpestris*** (Gaudin) Herborg

6* AußenhüllBla linealisch bis lineal-lanzettlich, über der Mitte am breitesten, meist etwa so lg wie die Hülle od. länger, am Rand deutlich flaumig gewimpert (0,4–1,6 mm lg). Obere StgBla mit plötzlich verschmälertem od. br keilfg Grund sitzend bis sehr kurz gestielt, meist grob gezähnt. Stg unterwärts meist flaumhaarig, selten anliegend kurzhaarig od. fast kahl, meist grün. Blühbeginn 2–3 Wochen nach **6**. 0,60–1,30. 7–9. Koll. bis mont. Wälder, Gebüsche u. ihre Säume, Waldschläge, hochmont. bis subalp. Hochstaudenfluren; z Alp(f Allg Wtt) Th(NW Wld, h O, v Bck) Sa(SO SW W) An(Hrz S SO), s By(f N NW), † He(O) (sm-stemp// (mo)·c3-4EUR – sogr eros G/H Rhiz/uAusl – InB – WiA KiA – L7 T? F7 R? N8 – O Atrop., O Fag. – giftig). [*S. nemorensis* L. p.p., *S. jacquinianus* Rchb.]
Deutsches G. – *S. germanicus* Wallr.

1 Stg unterwärts ± zerstreut mit 0,4–1,6 mm lg gekräuselten Flaumhaaren. Pfl ohne Ausläufer. Zuweilen bis zum Grund des Stg mit blühenden Seitenzweigen. Koll. bis mont. Wälder, ihre Säume u. Waldschläge; Soz. u. Verbr. in D wie Art (sm-stemp//(mo)·c3-4EUR). [*S. nemorensis* subsp. *jacquinianus* (Rchb.) Čelak.]
    subsp. ***germanicus***
1* Stg unterwärts kahl bis zerstreut ± anliegend kurzhaarig, ohne Flaumhaare. Pfl mit 10–25 cm lg Ausläufern. Mont. Wälder, hochmont. bis subalp. Staudenfluren; z Alp By(S, s MS) (sm-stemp//mo·c3EUR – O Atrop., O Fag.). [*S. nemorensis* subsp. *glabratus* (Herborg) Oberprieler, *S. oberprieleri* G.H. Loos]
    subsp. ***glabratus*** Herborg

7 (1) Hülle schmal walzig od. nach oben verengt, 2–3mal so lg wie br. ZungenBlü fehlend od. sehr kurz u. oft zurückgerollt. Stets ☉ od. ① **8**
7* Hülle napf- od. becherfg, wenig länger als br. ZungenBlü vorhanden, flach ausgebreitet (höchstens beim Welken zurückrollend). ☉, ① od. ⚄ **10**
8 Pfl stark klebrig drüsenhaarig. AußenhüllBla locker abstehend, halb so lg wie die Hülle. Fr fast kahl. 0,15–0,50. 6–10. Schotterfluren, mäßig trockne bis trockne Rud.: Wegränder, Bahnanlagen, Brachen, Küstendünen, Waldschläge, kalkmeidend; g Sa, h He Nw Th An Ns, v By Bw Rh Mv, z Alp(f Chm) Bb Sh (sm-temp-(b)·c2-4EUR, [N] sm-temp·c2-4AM – eros ☉ – InB: Bienen SeB – WiA Sa langlebig – L8 T6 F3 Rx N4 – V Galeops. seget., V Epil. ang., V Sisymbr., V Salsol.).
Klebriges G. – *S. viscosus* L.
8* Pfl drüsenlos (höchstens Hülle u. Kopfstiel etwas drüsig, aber nicht klebrig), kahl od. spinnwebig-weichhaarig. AußenhüllBla angedrückt, etwa ⅕ so lg wie die Hülle. Fr behaart .. **9**
9 ZungenBlü fast stets fehlend. AußenHüllBla meist 8–10, oberer Teil schwarzbraun. Fr <2,5 mm lg. 0,10–0,30. 2–11. Frische Rud., Brachen, Äcker, Gärten, Waldschläge, nährstoffanspruchsvoll; g Nw Th Sa Ns Sh, h He An Mv, v By(g NM) Bw Rh Bb, z Alp (m-b·c1-6EUR, [N] austr+strop/mo-b·bCIRCPOL – igr eros/hros ☉ ① – meist SeB – WiA KIA Sa langlebig – L7 Tx F5 Rx N8 – K Stell., V Sisymbr. – giftig).
Gewöhnliches G. – *S. vulgaris* L.

subsp. ***denticulatus*** (O.F. Muell.) P.D. Sell: ZungenBlü vorhanden, Pfl dicht spinnwebig-weichhaarig. Küstendünen, Ns? (m-temp-c1-3litEUR)

9* ZungenBlü vorhanden, sehr kurz u. zurückgerollt. AußenhüllBla 2–3, meist 1farbig grün. Fr kurz behaart. 0,15–0,80. 6–8. Frische bis mäßig feuchte, verlichtete Wälder u. Forste, Waldschläge, an Waldwegen, nährstoffanspruchsvoll, kalkmeidend; h He Nw Th Sa Ns, v Rh An Mv, z By Bw(h NW) Bb Sh, s Alp(Allg Amm Brch) (sm-temp·c1-4EUR, [N] sm-tempAM – eros/hros ☉ ① – InB: Fliegen SeB – WiA Sa langlebig – L8 T6 F5 R5 N8 – O Atrop., bes. V Epil. ang.).
Wald-G. – *S. sylvaticus* L.

10 (7) Bla beidseits dicht spinnwebig wollig. BlaZipfel eifg, fast rechtwinklig abstehend (Abb. **856**/4). AußenHüllBla mit kahler Spitze, fast bis zur Hälfte schwarz. Pappus bleibend. 0,15–0,45. 5–11. Mäßig trockne Rud.: Wegränder, Schutt, Bahnanlagen; Brachen, Äcker; [N 1850] h Sa An, v Th Bb Ns Mv, z By Bw Rh He Nw Sh, ↗ (m-temp·c2-6EUR-VORDAS – igr hros ① ⊙ – InB – WiA – L7 T6 F4 R7 N6 – O Onop., K Stell. – giftig für Kühe u. Pferde!). [*S. leucanthemifolius* POIR. subsp. *vernalis* (WALDST. et KIT.) GREUTER]
Frühlings-G. – *S. vernalis* WALDST. et KIT.

10* Bla kahl od. nur useits etwas wollig. BlaZipfel länglich, vorwärts gerichtet. AußenHüllBla häufig mit pinselartig behaarten Spitzen. Pappus abfallend. 0,20–0,60. 5–8. Subalp. frische Rud.: Wegränder, an Sennhütten, Lägerfluren, nährstoffanspruchsvoll; z Alp(Brch Chm), [N] s He Nw(SO: Sauerland) (m-stemp//salp·c3-4EUR – igr eros ⊙ ♃ – InB SeB? – WiA MeA Sa langlebig – L8 T3? F5 R7? N8 – V Rum. alp., V Epil. ang., V Sisymbr.) [*S. squalidus* L. subsp. *rupestris* (WALDST. et KIT.) GREUTER; *S. rupestris* ist der nur in den Britischen Inseln vorkommenden hybridogenen Art *S. squalidus* sehr ähnlich aber nicht eng verwandt.]
Felsen-G. – *S. rupestris* WALDST. et KIT.

Hybriden: *S. germanicus* subsp. *germanicus* × *S. ovatus* subsp. *ovatus* = *S.* ×*futakii* HODÁLOVÁ – z, *S. germanicus* subsp. *glabratus* × *S. ovatus* subsp. *ovatus* = ? – g, *S. hercynicus* × *S. ovatus* = *S.* ×*decipiens* HERBORG – z, *S. hercynicus* × *S. ovatus* subsp. *alpestris* = ? – s, *S. hercynicus* × *S. ovatus* subsp. *ovatus* = *S.* ×*herborgii* C. JEFFREY [= *S.* ×*decipiens* HERBORG, nom. illegit.] – g, *S. sylvaticus* × *S. viscosus* = *S.* ×*viscidulus* SCHEELE – z, *S. vernalis* × *S. viscosus* = *S.* ×*subnebrodensis* SIMONK. – s, *S. vernalis* × *S. vulgaris* = *S.* ×*helwingii* BEGER – z

Die früher berichtete Interpretation von unter *S.* ×*leirisii* HUMBERT beschriebenen Formen als Gattungshybride *S. ovatus* × *J. alpina* erscheint unwahrscheinlich.

Erechtites RAF. – **Scheingreiskraut** (5 Arten)

Hülle am Grund mit fädlichen HochBla. ZungenBlü fehlend. Kr blassgelb. 0,50–1,20(–1,80). 7–10. Rud.; [N 1974] s By (Alb MS O), [U] s Sa (m-temp·c1-6OAM, [N] SAM+NEUSEEL+sm-stemp·c3EUR – eros ⊙ – WiA).
Amerikanisches Sch. – *E. hieraciifolius* (L.) DC.

Adenostyles CASS. – **Alpendost** (3 Arten)

1 Bla sehr ungleich gezähnt, mit großen u. kleinen Zähnen, useits etwas graufilzig. BlaStiele der oberen Bla am Grund geöhrt. 0,50–1,20. 7–8. Hochmont. bis subalp. sickerfrische bis feuchte Hochstaudenfluren, MischW u. Knieholzbestände, Waldschläge, an Bachrändern u. Quellen, basenhold, nährstoffanspruchsvoll; h Alp, s By(S MS?) Bw(S SW Gäu), [N] s He(SW: Taunus) (sm/salp-stemp/desalp·c1-4EUR – sogr hros H ♃ Rhiz – InB: Falter – WiA – L6 T3 F6 Rx N8 – O Adenost., V Til.-Acer., V Alno-Ulm., V Vacc.-Pic.).
Grauer A., Filz-A. – *A. alliariae* (GOUAN) A. KERN.

1* Bla fast gleichmäßig gezähnt, useits kahl od. nur auf den Nerven flaumig, selten dünn graufilzig. BlaStiele ungeöhrt. 0,40–0,90. 7–8. Hochmont. bis mont. sickerfrische bis feuchte Steinschuttfluren u. Felsen, skelettreiche Laub- u. NadelmischW, kalkstet; h Alp, s By(S MS?) Bw(S), [N] s By(Alb: Nürnberg) (m/salp-stemp/desalp·c2-4EUR – sogr hros H ♃ Rhiz – InB: Falter SeB – WiA – L6 T3 F6 R8 N4 – V Petasit. parad., V Cystopt., O Fag. – in D nur subsp. *alpina*). [*A. glabra* (MILL.) DC.]
Kahler A. – *A. alpina* (L.) BLUFF et FINGERH.

Hybride: *A. alliariae* × *A. alpina* = *A.* ×*canescens* SENNHOLZ – s Alp

Tribus ***Calenduleae*** CASS.

Calendula L. – **Ringelblume** (15 Arten)

1 Köpfe (2–)3–6 cm ⌀, zur FrZeit aufrecht. ZungenBlü meist mehrreihig, oft sehr ∞, hellgelb, goldgelb od. orange, RöhrenBlü ebenso od. bräunlich. Äußere Fr meist kurz geschnäbelt, oft seitlich geflügelt; BlasenFr meist weit schüsselfg; innere Fr meist hakenfg, selten kreisrund eingerollt. Bla spatelfg bis verkehrteilanzettlich. 0,30–0,50. 6–10. KulturPfl; auch Rud.; [N U] s, z. B. He Nw Th Sa An Bb Ns Mv (m·c3litEUR, [N] mWAM – hros/eros ⊙/igr kurz-

lebig ♃ PfWu – InB – WiA KlA WaA MeA – L9 T8 F? R? N8 – ZierPfl: formenreich, HeilPfl).
Garten-R. – *C. officinalis* L.

1* Köpfe 1–2 cm ⌀, zur FrZeit oft nickend. ZungenBlü 1reihig, wie die RöhrenBlü stets hellgelb. Äußere Fr lg geschnäbelt, ohne seitliche Flügel; BlasenFr kuglig mit schmaler Öffnung; innere Fr stets kreisrund eingerollt. Bla länglich-lanzettlich. 0,10–0,25. 6–10. Weinberge, sandige bis lehmige, trockne Äcker, bes. Hackkulturen, Rud., Brachen, basenhold; [A] s By Bw Rh, [U] s An Bb Mv, † He Nw Th Sa, ↘ (m·c1-6-stemp·c1-2EUR-VORDAS – hros ⊙ ① – InB – MeA KlA – L7 T8 F4 R8 N6? – V Ver.-Euph., V Sisymbr.).
Acker-R. – *C. arvensis* L.

Tribus *Gnaphalieae* (Cass.) Lecoq et Juill.

Filago L. – Filzkraut (46 Arten)

Ergebnisse molekulargenetischer Analysen von Galbany-Casals et al. (2010) deuten an, dass *F. gallica* u. *F. minima* als *Logfia*-Arten von *Filago* abgetrennt werden könnten, aber die phylogenetischen Verhältnisse noch nicht befriedigend gelöst sind, so dass hier *Filago* in der bisherigen Umgrenzung verschlüsselt wird.

1 Obere Bla die Kopfknäuel weit überragend (Abb. **860**/1), linealisch-pfriemlich od. linealischlanzettlich, spitz, steif (0,8–2 mm br, größte Breite in od. unter der Mitte). Köpfe in Knäueln zu (2–)3–6(–14). Stg gabelästig 2

1* Obere Bla die Kopfknäuel nicht od. kaum überragend, selten deutlich überragend, aber dann länglich-spatelfg (1–4 mm br, größte Breite wenig unterhalb der Spitze) 3

2 Mittlere HüllBla mit kahnfg Aussackung, die zur FrZeit eine Achäne fest umschließt, Kopf pyramidenfg-eifg, im ⌀ 5eckig. Äußere HüllBla kurz, eifg. 0,05–0,15. 6–8. Rud. Sandtrockenrasen, Brachen, kalkmeidend; † Bw Rh He Th (m·c1-5stemp·c1-2EUR, [N] austrCIRCPOL+mWAM – eros/hros ⊙ ①? – SeB? – WiA KlA – L9 T8 F2 R6? N1? – V Thero-Air.). [*Logfia gallica* (L.) Coss. et Germ.] Ⓕ**Französisches F. – *F. gallica* L.**

2* Mittlere HüllBla ohne kahnfg Aussackung, Kopf br zylindrisch-eifg, im ⌀ rund. HüllBla an der Spitze rotbräunlich, äußere den inneren ähnlich, länglich-lanzettlich. 0,06–0,20. 7–10. Sandig-kiesige Brachen, kalkmeidend; † Rh: Rödersheim (sm-stemp-c2EUR – hros ⊙ ① – V Thero-Air.] – gedeutet als Hybride 2 × *Gnaphalium uliginosum*?).[*Logfia neglecta* (Soy.-Will.) Holub] Ⓕ**Verkanntes F. – *F. neglecta* (Soy.-Will.) DC.**

3 (1) Alle HüllBla stumpf, bei der FrReife sternfg ausgebreitet. Köpfe zu je 2–7 in ziemlich lockeren Knäueln 4

3* Mittlere HüllBla mit Grannenspitze, bei der FrReife aufrecht. Köpfe zu je 8–40 in dichten Knäueln. HüllBla die RandFr nicht fest umschließend. (**Artengruppe Deutsches F. – *F. germanica* agg.**) 5

4 Stg mit aufrechten, wenig verzweigten Ästen, die meist kürzer bleiben als der HauptStg. Bla meist 10–20 mm lg. HüllBla bis zur Spitze dicht wollig-filzig. Köpfe 4–5 mm lg. 0,10–0,35. 7–9. Sandtrockenrasen, trockne, sandige bis kiesige Rud., Brachen, extensiv genutzte, sandige Äcker, kalkmeidend; im NO [A], v Sa An Bb, z By(f S) Rh He Nw Th Ns(h Elb O) Mv Sh, s Bw(f Alb S), im S ↘, ins Mv Sh ↗ (m-temp·c2-9EUR-WAS, [N] tempAM – eros/hros ⊙ ① – SeB? – WiA KlA – L8? T7 F3 R4? N2 – V Thero-Air., O Aper.). [*Logfia arvensis* (L.) Holub] **Acker-F. – *F. arvensis* L.**

4* HauptStg in Kopfknäuel endigend, meist von mehreren Seitenästen übergipfelt. Bla meist 5–10 mm lg. HüllBla nur unterwärts angedrückt filzig erscheinend, an der Spitze kahl, strohartig glänzend. Köpfe 3–3,5 mm lg. 0,05–0,20. 7–9. Sandtrockenrasen, Felsfluren, trockne, sandige bis kiesige Äcker, Rud., Brachen, kalkmeidend; im NO [A], v Sa Ns Sh, z By(f S) Rh He Nw Th(f Hrz) An Bb Mv, s Bw(f SO Alb S), ↘ (m/mo-temp·c1-4EUR – eros/hros ⊙ ① – SeB? – WiA KlA Sa langlebig – L9 T6 F2 R4 N1 – V Thero-Air., V Coryneph.). [*Logfia minima* (Sm.) Dumort.] **Zwerg-F. – *F. minima* (Sm.) Pers.**

5 (3) Mittlere u. innere HüllBla strohfarben mit grünem Mittelfeld, nie mit Rotfärbung, am Rücken deutlich gekielt, daher Köpfe 5kantig (Abb. **860**/2), mit gelblicher, spreizender Spitze. Knäuel mit 8–16 Köpfen, diese mit (4–)5–6(–7) röhrenfg ♂ Blü u. höchstens ebensovielen fadenfg ♀ Blü. Bla länglich-spatelfg, mehrere obere das Knäuel überragend. Pfl angedrückt

860   ASTERACEAE

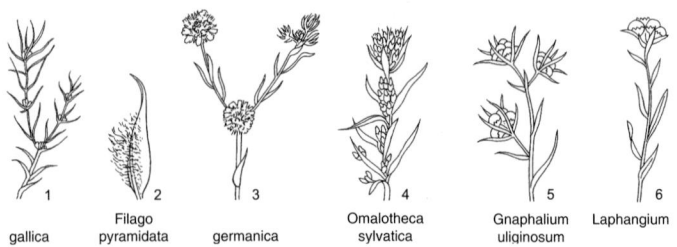

1	2	3	4	5	6
Filago gallica	*Filago pyramidata*	*Filago germanica*	*Omalotheca sylvatica*	*Gnaphalium uliginosum*	*Laphangium*

grauweißfilzig. 0,05–0,30. 7–9. Sandtrockenrasen, trockne, sandige bis kiesige Rud.; s Bw(ORh: Markgräfler Land) An(S: Müncheroda), † Rh Nw Th, [N] s Rh, † By, ↘ (m·c1-7-stemp·c1-2EUR-WAS, [N] WAM – eros/hros? ⊙ ①? – SeB? – WiA KlA – L9 T8 F2 R4? N1? – V Thero-Air.). [*F. spathulata* J. PRESL et C. PRESL]
                                                                Spatelblättriges F. – *F. pyramidata* L.
5* Mittlere u. innere HüllBla an od. unter der Spitze rot gefärbt (Färbung nur bis Beginn der FrReife sichtbar!), am Rücken höchstens schwach gekielt u. mit wenig spreizender Spitze. Knäuel mit 10–40 Köpfen, diese mit 2–5 röhrenfg ♂ Blü u. ∞ fadenfg ♀ Blü. Höchstens 1–2 Bla das Knäuel etwas überragend 6
6 Mittlere HüllBla mit tiefroter Grannenspitze, reich wollig behaart, mit schwach gekieltem Rücken. Knäuel mit 10–25 Köpfen, von 1–2 Bla etwas überragt. Bla länglich-spatelfg, flachrandig. Pfl mit gelbgrauem Filz. 0,05–0,30. 7–9. Sandtrockenrasen, trockne, sandige bis kiesige Rud., Brachen, kalkmeidend; im NO [A], z Rh, s By(f S) Bw(ORh Gäu NW) He(f NW) Nw(SW) Th(Bck) Sa(SO NO) An(f Hrz O) Mv(SW M MW) Sh(M O), † Bb Ns, ↘ (sm-temp·c1-3EUR – eros ⊙ ①? – SeB? – WiA KlA – L9 T7? F3 R4 N2? – V Thero-Air. – in D nur subsp. *lutescens*). [*F. apiculata* BAB.]   **Gelbliches F. – *F. lutescens* JORD.**
6* Innere HüllBla über der Mitte mit halbmondfg, rosa Fleck, die mittleren fast kahl, mit gewölbtem Rücken. Knäuel mit 20–40 Köpfen, nicht von Bla überragt (Abb. **860**/3). Bla linealisch-lanzettlich, am Rand oft wellig. Pfl grauweißfilzig. 0,10–0,40. 7–9. Sandtrockenrasen, trockne, sandige bis kiesige Rud., Brachen, extensiv genutzte Äcker, kalkmeidend; z Rh An Mv(f Elb) Sh, s By(MS N NW) Bw(f SO Alb S) He(f MW NW W) Nw Sa(W) Bb Ns(f Elb Hrz), s Th(Bck), ↘, früher nicht von **6** unterschieden, alte Fundorte daher unsicher (m-temp·c1-4EUR-(WAS), [N] m-stempOAM – hros ⊙ ① – InB WiB SeB – WiA KlA – L8 T7 F3 Rx N2 – V Thero-Air., O Aper.). [*F. canescens* JORD., *F. vulgaris* LAM. nom. illegit.]
                                                                 Deutsches F. – *F. germanica* (L.) HUDS.
Hybride: *F. arvensis* × *F. germanica* = *F.* ×*mixta* HOLUBY – s

***Antennaria* GAERTN. – Katzenpfötchen**   (70 + ∞ Arten)
1 HüllBla der ♂ Köpfe meist weiß, die der ♀ meist rosa od. rot. Pfl mit oberirdischen, beblätterten Ausläufern. Bla oseits meist kahl, useits weißfilzig. 0,07–0,20. 5–6. Mäßig trockne bis mäßig frische Silikatmagerrasen, lückige Heiden, wechselfeuchte Wiesen, KiefernW, kalkmeidend; v Alp, z By Bw(f NW, † ORh) Rh(f W) He Nw(f N, s MW) Th An, s Sa Bb(f SW) Ns(f Elb) Mv(f Elb) Sh, ↘ (sm-b·c1-7EURAS – igr hros H/C ⚃ oAusl – InB 2häusig – WiA – L8 Tx F4 R3 N2 – O Nard., V Mesobrom., O Fest.-Sedet., V Mol., V Eric.-Pin., V Cytis.-Pin., V Dicr.-Pin. – früher HeilPfl – ▽). [*Gnaphalium dioicum* L.]
                                                               Gewöhnliches K. – *A. dioica* (L.) GAERTN.
1* HüllBla bräunlich. Pfl ohne Ausläufer. Bla beidseits lockerer wollig-filzig. 0,05–0,15. 6–8. Alp. frische, windexponierte Steinrasen, kalkmeidend; z Alp(v Allg Brch, s Wtt Krw) (sm/alp-arct·c3-6CIRCPOL – igr hros H ⚃ Rhiz – InB? – WiA – L8 T2 F5 R6 N2 – V Elyn., V Car. curv., V Sesl.).   **Karpaten-K. – *A. carpatica* (WAHLENB.) BLUFF et FINGERH.**

Leontopodium CASS. – **Edelweiß** (60 Arten)
Ganze Pfl weißfilzig. Köpfe zu 5–10 in fast kopfiger Schirmrispe. 0,05–0,20. 7–9. Alp. mäßig frische Steinrasen, Felsspalten, kalkhold; s Alp By(S, † MS), ↘ (sm-stemp//alp·c3-4EUR – sogr hros H ♃ Pleiok – InB – WiA Lichtkeimer – L8 T2 F4 R8 N2 – V Sessl., V Elyn., V Potent. caul. – 52 – ▽!). [*L. nivale* (TEN.) HAND.-MAZZ. subsp. *alpinum* (CASS.) GREUTER]
　　　　　　　　　　　　　　　　　Alpen-E. – *L. alpinum* CASS.

Anaphalis DC. – **Perlkraut** (110 Arten)
StgBla ∞, lanzettlich bis linealisch, useits grau- bis weißfilzig, oseits verkahlend. HüllBla im oberen Teil trockenhäutig, glänzend perlweiß. 0,30–0,80. 7–9. ZierPfl; auch feuchte Waldwege, Waldschläge, Ufergebüsche; [N] s Alp(Allg), [N U] s) By(f NW) Rh(SW) He Th Sa(W), [U] s Bw Nw Bb(MS: Berlin) Ns (m/mo-b·c2-5AM-OAS – sogr/teilig eros H ♃ uAusl Rhiz – InB? 2häusig – WiA KlA? – O Atrop.). [*Gnaphalium margaritaceum* L.]
　　　　　　　　　　　Perlkraut, Perlblume – *A. margaritacea* (L.) BENTH. et HOOK. f.

Gnaphalium L. – **Ruhrkraut** (50 Arten)
Die Darlegungen von SMISSEN et al. (2011) überzeugen, dass die wahrscheinlich auf phylogenetisch basale Allopolyploidisierung zurückgehenden polyploiden *Omalotheca*-Arten von rein diploiden *Gnaphalium* s. str. (2n = 14) abgetrennt werden sollten.

Köpfe 3–4 mm lg, zu 3–10 in von HochBla umgebenen Knäueln, diese einzeln an Stg u. Zweigen (Abb. **860**/5). Stg vom Grund an verzweigt. ⊙. 0,05–0,20. 7–8. Krumenfeuchte, lehmige bis tonige Äcker, feuchte bis nasse, zeitweilig überflutete Rud., Fahrrinnen, an Ufern u. Gräben, kalkmeidend; g Nw Th Sa Ns, h By(g NM, z S Alb) Ne An Mv, v Bw Rh Bb Sh, z Alp(f Amm Krw Wtt) (m/mo-b·c1-7EUR-WAS, [N?] AM+OAS – eros ⊙ – SeB InB? – KlA WiA VdA Sa langlebig Nässe- u. Wärmekeimer – L7 T6 F7 R4 N4 – O Cyp. fusc., O Aper., V Chen. rub. – in D nur subsp. *uliginosum*). [*Filaginella uliginosa* (L.) OPIZ]
　　　　　　　　　　　　　　　Sumpf-R. – *G. uliginosum* L.

Omalotheca L. – **Ruhrkraut** (10 Arten)
1　Stg kräftig, 10–60 cm hoch. Köpfe zu 1–8 geknäuelt in endständiger, vielköpfiger Ähre. Pappushaare weich, am Grund zu einem Ring verwachsen, gemeinsam abfallend 2
1*　Stg dünn, meist nur 2–10 cm hoch. Köpfe einzeln in endständiger, (1–)2–10köpfiger Ähre. Pappushaare derb, frei, einzeln abfallend 3
2　Pfl zur BlüZeit mit ∞ nichtblühenden Rosetten. GrundBla zur BlüZeit frisch, 2–6 × 0,2–0,5 cm, kurz gestielt. Mittlere u. obere StgBla 2–5 mm br, 1nervig, höchstens am Grund undeutlich 3nervig, verkahlend, nach oben hin allmählich kleiner werdend. Ähre mindestens ⅓ so lg wie der Stg, unten unterbrochen, aus 2–8köpfigen Knäueln zusammengesetzt (Abb. **860**/4). HüllBla mit hellem, nur unter der Spitze braunem Hautrand (bei den niedrigen, dichtfilzigen Gebirgsform schwarzbraun berandet!), die inneren so lg wie die Blü. Pappus rötlich. 0,10–0,60. 7–9. Mäßig frische Silikatmagerrasen, Waldschläge u. -verlichtungen, an Waldwegen, kalkmeidend; h He Th Sa, v Alp By Rh An(g Hrz) Ns(g Hrz, z NW) Mv, z Bw Nw(h SO) Bb Sh (sm/mo-b·c1-6EUR-WAS, [N] OAM+OAS – igr hros H ♃ PleiokRhiz – L8 Tx F5 R4 N6 – K Epil. ang., O Nard.). [*Gnaphalium sylvaticum* L.]
　　　　　　　　　　　　Wald-R. – *O. sylvatica* (L.) SCH.-BIP. et F.W. SCHULTZ
2*　Pfl zur BlüZeit höchstens mit 1(–2) nichtblühenden Rosetten. GrundBla zur BlüZeit meist vertrocknet, 5–12 × 0,5–1,8 cm, lg gestielt (Stiel etwa so lg wie Spreite). Mittlere u. obere StgBla 5–10 mm br, deutlich 3nervig bis schwach 5nervig, oseits bis zuletzt dünn filzig, erst innerhalb der Ähre plötzlich kleiner werdend. Ähre höchstens ¼ so lg wie der Stg, dicht, aus 1–3köpfigen Knäueln zusammengesetzt. HüllBla schwarzbraun hautrandig, die inneren kürzer als die Blü. Pappus weiß. 0,10–0,40. 7–9. Subalp. bis mont. frische Silikatmagerrasen u. Wegränder, kalkmeidend; z Alp By(O), s Bw(SW: Feldberg, Schauinsland, Belchen), † Sa(SW: Zechengrund, oberes Mittweidatal) (sm/alp-arct·c2-5EUR-WAS+(OAM) – igr hros H ⊖♃ Pleiok – SeB InB? – WiA KlA – L7 T3 F5 R4 N4? – V Nard., V Car. ferr.). [*Gnaphalium norvegicum* GUNNERUS]
　　　　　　　Norwegisches R. – *O. norvegica* (GUNNERUS) SCH. BIP. et F.W. SCHULTZ

862 ASTERACEAE

3 (1) HüllBla ± 2reihig, die äußeren etwa ⅔ so lg wie die inneren, alle zur FrZeit sternfg ausgebreitet. Rhizom kriechend, mit ∞ nichtblühenden Trieben. 0,02–0,10. 6–9. Subalp. bis alp. (wechsel)feuchte Schneetälchen u. -böden, feuchte Silikatmagerrasen, kalkmeidend; z Alp, s Bw(SW: Feldberg, Stübenwasen) (m/alp-arct·c1-6EUR-WAS+(OAM) – igr hros H ♃ kurze uAusl – SeB? – WiA KlA – L7 T2 F7~ R3 N4 – V Salic. herb., V Nard., V Car. curv. – in D nur subsp. *supina*). [*Gnaphalium supinum* L.] **Zwerg-R. – O. supina** (L.) DC.
3* HüllBla spiralig, fast 3reihig, die äußeren ⅓–½ so lg wie die inneren, Hülle zur FrZeit glockig. Rhizom kurz, mit wenigen nichtblühenden Trieben. 0,02–0,10. 7–8. Subalp. feuchte Schneeböden, kalkhold; v Alp (sm-stemp//alp·c1-3EUR – igr hros H ♃ kurze uAuslRhiz – SeB? – WiA KlA – L8 T2 F7 R8 N4 – V Arab. caer.). [*Gnaphalium hoppeanum* W.D.J. Koch] **Hoppe-R. – O. hoppeana** (W.D.J. Koch) Sch. Bip. et F.W. Schultz

Helichrysum Mill. – **Strohblume** (600 Arten)
Köpfe 4–6 mm ⌀, in ± dichter, endständiger Schirmrispe. Hülle zitronengelb od. orange. Pfl weißwollig. 0,10–0,30. 7–8. Sand- (u. Silikat-)Trockenrasen, trockne Rud., Brachäcker, lichte KiefernW u. -forste, Graudünen; v An Bb Mv, z He(f NW O W) Sa(h NO) Ns(f Hrz) Sh(f W), s By (f S, † O) Bw(ORh NW) Rh(f W) Th(Rho, z Bck), † Nw, ↘ in Mv ↗ (sm-temp·c3-9EUR-WAS – sogr hros H ♃ Pleiok+WuSpr – InB SeB? – WiA KlA – L8 T6 F2 R5 N1 – O Fest.-Sedet., O Agrop., V Cytis.-Pin. – VolksheilPfl – ▽). **Sand-S. – H. arenarium** (L.) Moench

Laphangium (Hilliard et B.L. Burtt) Tzvelev – **Scheinruhrkraut** (3 Arten)
Stg aufrecht u. einfach, seltener mit aufsteigenden Seitensprossen. StgBla länglich-lanzettlich, halbstängelumfassend. Kopfknäuel einzeln (Abb. **860**/6) od. in Schirmtraube. 0,15–0,30. 7–10. Wechselfeuchte bis nasse Teichränder, krumenfeuchte Äcker (bes. Rinnen), Brachen, Waldschläge, kalkmeidend; z Rh(ORh SW), s By(f NW S, † Alb) Bw(ORh Gäu) He(ORh) Nw Sa(NO W) An(f S W) Bb(f Od) Ns(f Hrz) Mv(f Elb NO), † Th, ↘ (austr-m·c1-9-temp·c1-4AFR-AUST-EURAS, [N] AM – hros ⊙, selten ① – SeB? – KlA WiA -L7 T6 F7~ R5 N3 – O Cyp. fusc.). [*Pseudognaphalium luteoalbum* (L.) Hilliard et B.L. Burtt, *Gnaphalium luteoalbum* L., *Helichrysum luteoalbum* (L.) Rchb.] **Gelbweißes Sch. – L. luteoalbum** (L.) Tzvelev

Tribus *Astereae* Cass.

Aster L. – **Aster** (180 Arten)
1 LaubBla alle grundständig. BlüSchaft 1köpfig. ZungenBlü weiß, zuweilen bes. useits rötlich. Köpfe 2–3 cm ⌀. Bla schmal elliptisch, in den Stiel verschmälert, ganzrandig bis kerbsägig. 0,05–0,30. 4–6(–8). Mont. bis subalp. sickerfeuchte Quellmoore, Blaugrashalden, schattige Felsen, SchluchtW, kalkhold; h Alp, z By(S MS) Bw(f NW ORh SO), ↘ (sm/salp-stemp/dealp·c2-4EUR – sogr ros H ♃ Rhiz – InB: Falter, Fliegen – WiA – L7 T3 F5? R8 N4? – O Sesl., V Car. davall., V Craton., V Til.-Acer. – steht *Bellis* nahe – *18*). [*Bellidiastrum michelii* Cass.] **Alpenmaßliebchen – A. bellidiastrum** (L.) Scop.
1* LaubBla auch am Stg, dieser 1- bis ∞köpfig. ZungenBlü blauviolett. Köpfe 3–5 cm ⌀ 2
2 Stg (meist) 1köpfig. Köpfe 3–5 cm ⌀. GrundBla verkehrt-eilanzettlich, in den Stiel verschmälert, 3nervig, weichhaarig, ganzrandig, stumpf. StgBla wenige, schmal lanzettlich. ZungenBlü blauviolett. 0,05–0,15(–0,30). 6–8. Submont. bis alp. trockne bis frische Felsfluren, basenhold; v Alp, z By(S), s Th(O) An(Hrz); auch ZierPfl (m/mo-b·c3-7EURAS-WAM – sogr? hros H ♃ Rhiz – InB: bes. Falter – WiA Wintersteher – L9 T2 F5 R7 N2 – V Sesl., V Elyn., V Sesl.-Fest. – 18 – ▽). **Alpen-A. – A. alpinus** L.
2* Stg mehrköpfig. Köpfe 3–4 cm ⌀. GrundBla br verkehrt-eilanzettlich, spitz. StgBla lanzettlich. Pfl kurz steifhaarig. ZungenBlü blass blauviolett. 0,20–0,40(–0,70). 7–9. Halbtrockenrasen, Trockengebüsch- u. TrockenWSäume, lichte KiefernW, kalkhold; z By Bw (h Alb, f NW) Rh He(f NW W), s MW) Th An(SO S W), s Nw(SW: Kalk-Eifel) Bb(NO Od) Ns(S: Göttingen), † Sa, ↘ (sm-temp·c3-7EUR-(WSIB) – sogr hros H ♃ Rhiz – InB: Fliegen, Falter – WiA KlA – L8 T6 F4 R9 N3 – V Cirs.-Brach., V Ger. sang., V Cytis.-Pin., V Eric.-Pin. – 18, 27 – ▽). **Berg-A. – A. amellus** L.

ASTERACEAE 863

Tripolium NEES – **Salzaster** (1 Art)

Köpfe ∞, 20–25 mm ⌀. HüllBla angedrückt. ZungenBlü hell blauviolett, selten fehlend. Bla lanzettlich, ganzrandig, nur am Rand angedrückt behaart. 0,15–0,60. 7–9. Nasse bis wechselfeuchte, zeitweilig auch überflutete Salzwiesen u. -röhrichte, Tangwälle, Ränder salzhaltiger Gräben, Bäche u. Flüsse, Fuß von Salzhalden, nährstoffanspruchsvoll; z Th(f Hrz O S Wld) An(f Hrz) Ns(f Elb Hrz) Sh, s He(SO MW O) Nw(N SO MW) Bb(M) Mv(NO N), [N] s Sa(Elb W), an Salzhalden oft ↗ (m·c4-7+litEURAS-b·litEUR – sogr hros H ⊙ ⊙ ♃ – InB SeB – WiA WaA KlA Kältekeimer – L8 T6 Fx= R7 N7 – K Aster trip., O Th.-Salic., V Chen. rub. – 18). [*Aster tripolium* L.]   **Salzaster, Strandaster** – ***T. pannonicum*** (JACQ.) DOBROCZ.

Zu prüfen ist die Trennung von subsp. *tripolium* (L.) GREUTER (Fr 2,6–4 mm lg, Pappus 4–6 mm lg, äußere u. innere Fr wenig verschieden. Stg meist nur oben verzweigt. Küsten) u. subsp. *pannonicum* (RandFr 1,6–2,5 mm lg, ihr Pappus 6–9 mm, innere Fr 2,8–4 mm lg, ihr Pappus 7–10 mm. Stg meist vom Grund an verzweigt. Binnenland, ob in D?).

Galatella CASS. – **Steppenaster, Goldschopf** (30 Arten)

RöhrenBlü goldgelb. Köpfe 10 mm ⌀, in Doldentraube. Bla ∞, linealisch, 1nervig. 0,15–0,45. 8–9. Trocken- u. Halbtrockenrasen, reichere Sandtrockenrasen, Trockengebüsch- u. TrockenWSäume, basenhold; z By(f NO S) Bw(f SO) Rh Th(Bck S) An(f N O), s He(SW MW ORh) Nw(f N NO) Bb(NO Od M MN) Ns(MO: Hedeper) Mv(M), [U] s Sa, ↘ (m/mo-stemp·c2-6EUR – sogr eros H ♃ Rhiz – InB: Fliegen, Bienen – WiA – L8 T7 F2 R8 N2 – O Fest. val., O Brom. erect., V Ger. sang., V Cytis.-Pin. – *18, 36*). [*Chrysocoma linosyris* L., *Aster linosyris* (L.) BERNH., *Linosyris vulgaris* (L.) DC.]
Gold-St., Goldschopf – ***G. linosyris*** (L.) RCHB. f.

Callistephus CASS. – **Gartenaster** (1 Art)

Untere Bla gestielt, gezähnt od. gesägt, obere sitzend, ganzrandig od. mit wenigen Zähnen. Stg 1- od. wenigköpfig. 0,20–0,50. 7–10. ZierPfl; auch Rud.: Schutt, nährstoffanspruchsvoll; [N U] s (sm-temp·c2-5OAS – eros ⊙ – InB: Bienen, Fliegen – *18*).
Gartenaster, Sommeraster – ***C. chinensis*** (L.) NEES

Bellis L. – **Gänseblümchen** (8 Arten)

Bla spatelfg bis verkehrt eilanzettlich, kerbt bis fast ganzrandig. 0,03–0,15. (1–)4–10(–12). Frische Wiesen u. Weiden, Parkrasen, Gärten, nährstoffanspruchsvoll; alle Bdl g, im N [A]; auch ZierPfl (m-temp·c1-4EUR, [N] austr-(trop/mo)-b·c1-4CIRCPOL – igr ros H ♃ Rhiz – InB SeB – KlA WaA: Regen MeA Sa kurzlebig – L8 Tx F5 Rx N6 – O Arrh. – auch gefülltköpfig: Tausendschön – *18*).   **Ausdauerndes G., Maßliebchen** – ***B. perennis*** L.

Euthamia (NUTT.) CASS. – **Schirmgoldrute** (5 Arten)

StgBla linealisch, ganzrandig, (undeutlich) drüsig punktiert. Köpfe 5–6 mm lg, in dichten Schirmrispen, fast sitzend. Kopfboden gewimpert. 0,50–0,80. 7–10. ZierPfl; auch feuchte Ufer, Feuchtwiesen, verlichtete AuenW u. -säume, nährstoffanspruchsvoll; [N 1848] s By(Alb MS: Hochebene) Bw(Alb), [U] s An Bb Ns Mv (m/mo-b·c1-8AM, [N] temp·c2-3EUR – sogr eros H ♃ AuslRhiz – InB – WiA – L8 T6? F7 R7 N7 – V Convolv.). [*Solidago graminifolia* (L.) SALISB.]   **Grasblättrige Sch.** – ***E. graminifolia*** (L.) NUTT.

Solidago L. – **Goldrute** (110 Arten)

1 Köpfe 6–10 mm lg, in aufrechter, meist schmaler Rispe od. seltener Traube. ZungenBlü deutlich länger als die Hülle. 0,05–1,00. 7–10. Mäßig frische bis mäßig trockne, lichte LaubmischW, Gebüsche u. deren Säume, Waldschläge, Heiden, Magerrasen; g Alp Th, h Rh He Sa(z Elb), v By Bw(g NW) Nw An(g Hrz) Bb Ns(g Hrz) Mv, z Sh(s W) (m/mo-b·c1-7EURAS – sogr hros H ♃ Rhiz – InB: Bienen, Hummeln, Fliegen SeB – WiA Sa kurzlebig Lichtkeimer – V Querc. rob.-petr., O Fag., K Trif.-Ger., K Epil. ang., K Nard.-Call., V Rhod.-Vacc. – HeilPfl).   **Gewöhnliche G.** – ***S. virgaurea*** L.

1 Köpfe 6–8 mm lg, 10–15 mm ⌀, in dichter, vielköpfiger Rispe. Bla 3–4mal so lg wie br. 0,20–1,00. 8–10. Standorte u. Verbr. wie Art (L5 Tx F5 Rx N4 – V Querc. rob.-petr., O Fag., K Trif.-Ger., K Epil. ang., K Nard.-Call.). subsp. *virgaurea*
1* Köpfe 8–10 mm lg, 15–20 mm ⌀, in einfacher od. wenig verzweigter, lockerer, meist wenigköpfiger Traube. Bla 4–6mal so lg wie br. 0,05–0,30. 7–9. Mont. bis subalp. Silikatmagerrasen u. Gebüsche, kalkmeidend; z Alp By(O: BayrW Rhön?) Bw(SW: SchwarzW) He(O: Rhön) Th(Wld?) Sa(SW: ErzG SO: ElbsandsteinG); auch ZierPfl (sm/salp-stemp/mo-b·c1-5EUR? – L5 T3 F5 R2 N3 – V Nard., V Rhod.-Vacc. – Abgrenzung unklar). [*S. alpestris* WILLD.] subsp. *minuta* (L.) ARCANG.

1* Köpfe 3–6 mm lg, in Schirmrispen od. ± pyramidenfg Rispen. ZungenBlü nicht od. kaum länger als die Hülle **2**
2 Stg rötlich-grau bereift, kahl, nur im BlüStand behaart. Fr 1,3–1,8 mm lg, Pappushaare 32–44, 2,5–3,2 mm lg. ZungenBlü deutlich länger als die RöhrenBlü. BlüStand vor der BlüZeit aufrecht. 0,50–1,50(–2,50). 8–9. Urspr. ZierPfl; jetzt bes. frische bis feuchte, lichte AuenW u. deren Säume, Flussufer, Gräben, Rud.: Wegränder, Bahnanlagen; Brachen, extensiv genutzte Wiesen, nährstoffanspruchsvoll; [N 1832] g Ns, h Nw, v Rh He Th Sa An, z Alp By Bw Bb Mv Sh, ↗ (m-temp-(b)·c1-8AM, [N] sm-temp·c1-4EUR-(AS) – sogr eros H ♃ AuslRhiz – InB: Fliegen, Bienen – KlA WiA MeA – L8 T6 F6 Rx N7 – O Convolv., O Artem., O Onop. – HeilPfl). [*S. serotina* AITON non RETZ.] **Riesen-G. – *S. gigantea* AITON**
2* Stg grün, gänzlich od. wenigstens in der oberen Hälfte dicht kurzhaarig **3**
3 Mittlere bis obere StgBla grob gesägt, selten oberste ganzrandig. Fr 1–1,2 mm lg, Pappushaare 20–30, 1,5–2 mm lg. ZungenBlü etwa so lg wie die RöhrenBlü. BlüStand vor der BlüZeit nickend. 0,50–2,00(–2,50). 8–10. Urspr. ZierPfl; jetzt bes. frische bis feuchte, verlichtete AuenW, Flussufer, Rud.: Wegränder, Bahnanlagen, Schutt; Brachen, extensiv genutzte Wiesen, nährstoffanspruchsvoll; [eingeführt 1648, N 1853] g Sa, v By Bw Rh He Nw Th An Bb O-Ns Mv, z W-Ns S-Sh, s N-Sh, ↗ (m-b·c1-8AM, [N] sm-temp·c1-5EUR-(AS)+austr·c2-4 AUS – sogr eros H ♃ AuslRhiz – InB: Fliegen, Bienen – WiA KlA MeA – L8 T6 Fx Rx N6 – O Convolv., O Onop., O Artem., V Arrh. – HeilPfl). **Kanadische G. – *S. canadensis* L.**
3* Mittlere bis obere StgBla fein gesägt bis ganzrandig. Fr 1,0–1,5 mm lg, Pappushaare 2–3 mm lg. 0,50–2,00. 8–10. Urspr. ZierPfl; jetzt selten verwildert, Rud.; [N U] s Nw Sa (m/mo-b·c1-8AM, [N] sm-temp·c1-4EUR+OAS+austr-austrstr·c1-3 AUS – sogr eros H ♃ AuslRhiz – InB: ?– WiA KlA MeA – L8 T?F?R? N?).[*S. canadensis* subsp. *altissima* (L.) BOLÒS & VIGO BONADA] **Hohe G. – *S. altissima* L.**

Grindelia WILLD. – **Gummikraut** (70 Arten)

StgBla halbstängelumfassend-sitzend, stumpf kerbzähnig. Köpfe 2,5–3,5 cm ⌀. (0,10–) 0,40–1,00. 6–9. ZierPfl, auch Rud.: Umschlagplätze, Bahnanlagen; [N U] s By Rh Nw Sa An Ns Mv (m-temp·c4-8AM – eros kurzlebig ♃ PfWu). **Sparriges G. – *G. squarrosa* (PURSH) DUNAL**

Symphyotrichum NEES – **Herbstaster, Neuweltaster** (90 Arten)

1 Stg steifhaarig, oberwärts drüsig. Hülle klebrig-drüsig. ZungenBlü blau, blauviolett od. rosarot bis purpurn. 1,00–1,50. 9–11. ZierPfl; auch feuchte Staudenfluren, bes. im Saum von Fluss- u. Bachauen, nährstoffanspruchsvoll; [N 19. Jh.] z By Bw, s Rh Ns Sh, [U] s He Nw Th Sa An Bb Mv (m-temp-(b)·c2-7OAM – sogr eros H ♃ Rhiz – InB: Fliegen, Bienen – WiA – L7 T6 F7= R7 N9 – V Convolv., V Arct. – *10*). [*Aster novae-angliae* L.] **Neuengland-H., Raublatt-H. – *S. novae-angliae* (L.) G.L.NESOM**
1* Stg kahl od. nur oberwärts zerstreut flaumig, wie die Hülle drüsenlos **2**
2 HüllBla fast gleich lg, selten äußere nur halb so lg wie innere, die äußeren vom grünen Mittelfeld fast vollständig ausgefüllt, nur am Grund hell berandet (Abb. **882**/6). **(Artengruppe Neubelgien-H. – *S. novi-belgii* agg.)** **3**
2* HüllBla meist deutlich dachzieglig, selten äußere etwas mehr als halb so lg wie innere; die äußeren nur in der oberen Hälfte mit grünem Mittelfeld, das als schmales Band bis zum Grund herabläuft, sonst bleich **4**
3 HüllBla meist <0,7 mm br. StgBla kaum stängelumfassend, meist schmal lanzettlich. 0,20–1,50. 9–10. Staudenfluren an Flussufern u. in verlichteten AuenW, frische bis feuchte Rud.,

ASTERACEAE 865

nährstoffanspruchsvoll; [N 18. Jh.] z Rh Sa, s By Bw He Nw Th An Bb Ns Mv, Verbreitung ungenau bekannt (in Kultur entstanden)? sm-temp·c2-4EUR – sogr eros H ♃ uAusl – InB – WiA – L7 T6 F6= R8 N9 – O Convolv., V Arct.). [*S. lanceolatum* × *S. novi-belgii*; *Aster* ×*salignus* WILLD., *A. salicifolius* SCHOLLER]
Weidenblatt-H. – *S.* ×*salignum* (WILLD.) G.L. NESOM

3* HüllBla(wenigstens äußere) meist >0,7 mm br. StgBla deutlich geöhrt, meist halbstängelumfassend, selten stängelumfassend, schmal lanzettlich bis lanzettlich. 0,20–1,60. 9–10. ZierPfl; auch Staudenfluren an Flussufern, frische bis feuchte Rud., nährstoffanspruchsvoll; [N 18. Jh.] v Ns, z Rh He Th Sa An Bb, s By Bw Sh, [U] s Alp Nw Mv (m-b·c1-4OAM, [N] sm-temp·c1-3EUR – teiligr eros H ♃ uAusl – InB: Fliegen, Bienen selbststeril – WiA – L9 T6 F6= R7 N9 – O Convolv., V Arct. – *48, 64*). [*Aster novi-belgii* L.]
Neubelgien-H. – *S. novi-belgii* (L.) G.L. NESOM

4 (2) HüllBla(0,8–)1(–1,3) mm br, grünes Mittelfeld rautenfg, kaum herablaufend (Abb. 882/8). Obere StgBla meist kahl, ± stängelumfassend, untere Bla in einen stielartigen Abschnitt verschmälert. ZungenBlü meist blauviolett. Stg kahl. **(Artengruppe Kahle H. – *S. laeve* agg.)** 5

4* HüllBla 0,4–0,7(–0,8) mm br, grünes Mittelfeld lanzettlich, verschmälert bis zum Grund herablaufend (Abb. 882/7). StgBla (fast) sitzend bis stängelumfassend, nicht stielartig verschmälert, useits wenigstens auf der Mittelrippe behaart. Pfl nicht bereift. ZungenBlü weißlich od. blasslila. Stg oben mit Haarleisten. **(Artengruppe Lanzett-H. – *S. lanceolatum* agg.)** 6

5 Pfl bläulich bereift. 0,60–1,20. 9–10. ZierPfl; auch frische bis feuchte Staudenfluren an Flussufern, Auen, nährstoffanspruchsvoll; [N 19. Jh.] s By Bw? Rh He Nw? Th Sa An Bb Ns Mv Sh, Verbr. ungenau bekannt (m-temp·c2-8OAM-(WAM) – teiligr eros H ♃ uAusl – InB selbststeril – WiA WaA? – L8 T7 F6 R8 N9 – O Convolv., V Arct. – *48*). [*Aster laevigatus* WILLD., *A. laevis* L.]
Kahle H., Glatte H. – *S. laeve* (L.) Á. LÖVE et D. LÖVE

5* Pfl nicht bläulich bereift. 0,60–1,20. 9–10. ZierPfl; auch feuchte Staudenfluren an Flussufern u. in verlichteten AuenW, nährstoffanspruchsvoll; [N] s bis z By Bw Rh He Nw Th Sa An Bb Mv, Verbreitung ungenau bekannt (entstanden in EUR – teiligr eros H ♃ uAusl – O Convolv., V Arct.). [*S. laeve* × *S. novi-belgii*, *Aster* ×*versicolor* WILLD.]
Bunte H. – *S.* ×*versicolor* (WILLD.) G.L. NESOM

6 (4) KrSaum der RöhrenBlü etwa bis zur Hälfte gespalten. BlaUSeite meist auf der ganzen Fläche behaart. Hülle meist <3 mm ⌀. 0,80–1,00. 8–10. Feuchte Staudenfluren an Flussufern u. verlichtete AuenW, Rud., nährstoffanspruchsvoll; [N 18.–19. Jh.] z By Bw Rh He Nw Th Sa An Bb Ns, [U] s Mv Sh, Verbreitung ungenau bekannt (in Kultur entstanden)? sm-temp·c1-3EUR – eros H ♃ uAusl – L7 T6 F7= R8 N9 – O Convolv., V Arct.). [*Aster tradescantii* auct., *A. parviflorus* NEES]
Kleinköpfige H. – *S. parviflorum* (NEES) GREUTER

6* KrSaum der RöhrenBlü bis ⅓, selten bis zur Hälfte gespalten. BlaUSeite höchstens auf der Nerven behaart, wenn stärker behaart, dann KrSaum der RöhrenBlü nicht bis zur Hälfte gespalten. StgBla lanzettlich, am Grund meist schwach geöhrt. Hülle meist >3–4 mm ⌀. HüllBla meist >35, innere HüllBla(4–)4,5–6 × 0,5–0,7 mm. 0,60–1,20. 8–10. ZierPfl; auch Staudenfluren an Flussufern, verlichtete AuenW, Rud.; [N 19. Jh.] z By Rh He Nw Th Sa An Ns, z Bw Bb Mv Sh, Verbr. ungenau bekannt (sm-temp·c2-7OAM – sogr eros H ♃ uAusl – L7 T7 F6 Rx N8 – O Convolv., O Salic. alb. – *32, 48, 64*). [*Aster lanceolatus* WILLD., *A. simplex* WILLD.]
Lanzett-H., Lanzettblättrige H. – *S. lanceolatum* (WILLD.) G.L. NESOM

Erigeron L. [*Conyza* LESS.] – **Berufkraut** (ca. 350 Arten)

[U lokal]: **Karwinski-B. – *E. karvinskianus* DC.:** Pfl niederliegend aufsteigend, locker reich verzweigt. Bla beidseits mit 1 großen Zahn. Köpfe an den Zweigenden einzeln, gänseblümchenähnlich, ± 15 mm ⌀. 0,10–0,30. 4–10(–12). ZierPfl, auch Rud.: feuchte Mauern, Felsspalten; [N U 20. Jh?] s By Bw Rh He Ns (trop-strop//moAM – Ap – V Centr.-Pariet.)

1 Köpfe 3–5(–12) mm ⌀, in sehr reichköpfiger, gestreckter Rispe od. Schirmrispe. ZungenBlü fehlend od. kurz, <1 mm lg, schmutzigweiß 2
1* Köpfe 6–13 mm ⌀, in wenigköpfiger Traube od. wenigästiger Rispe. ZungenBlü >1 mm lg, rötlich od. bläulich 4

2   Kr der ScheibenBlü mit 4 Zipfeln. HüllBla gelbgrün, kahl bis spärlich behaart. Bla frischgrün; BlaRand abstehend >1 mm lg zerstreut behaart. Kopfstand zylindrisch bis schmal pyramidal, Spitze nicht von Seitenästen überragt. Hülle 3–4 mm lg. RandBlü mit 0,5–1 mm lg Zunge. Pappus 2–3 mm lg. (0,05–)0,20–0,75(–1,00). 7–10. Trockne bis frische Rud.: Schutt, Wegränder, Bahnanlagen, rud. beeinflusste, lückige Xerothermrasen, Brachen, Waldschläge; [N 1700] alle Bdl g, Alp z (m-temp·c1-8AM, [N] austr+strop-temp·c1-7CIRCPOL – hros ① ⊙ PfWu – SeB InB – WiA Sa langlebig Lichtkeimer – L8 T6 F4 Rx N5 – O Aper., O Sisymbr., V Armer elong., O Epil. ang. – 18, 54). [*Conyza canadensis* (L.) CRONQUIST]
     Kanadisches B. – *E. canadensis* L.
2* Kr der ScheibenBlü mit 5 Zipfeln. HüllBla graugrün, ± dicht flaumhaarig. Kopfstand pyramiden- bis doldenfg. BlaRand <0,5 mm lg krummhaarig 3
3   Köpfe in endständiger Rispe, diese von schräg aufwärtsgerichteten Seitenästen übergipfelt, Gesamt-Kopfstand oft doldenfg. Köpfe zur FrZeit 7–11 mm ⌀. Bla graugrün, kurz anliegend behaart. Hülle 3,5–5 mm lg. RandBlü meist ohne Zunge. Pappus 3–3,5 mm lg. 0,20–0,50 (–0,80). 7–10. Rud.: Schutt, Umschlagplätze, nährstoffanspruchsvoll; [N] z Rh, s Bw Nw Bb, [U] s By Sa An Ns Mv (austr-stropAM – hros ⊙ – WiA – V Sisymbr. – 54). [*Conyza bonariensis* (L.) CRONQUIST., *E. crispus* POURR.]   **Argentinisches B. – *E. bonariensis* L.**
3* Kopfstand pyramidenfg. Köpfe zur FrZeit 5–8 mm ⌀. Bla mattgrün. Zungen der RandBlü <0,5 mm lg. 0,40–1,20. 7–10. Rud. sommerwarme Gebiete; [N] z Bw Rh, s He Nw Ns, [U] s By Th Bb (strop AM – hros ⊙ – SeB InB? – 54). [*Conyza albida* SPRENG., *Conyza sumatrensis* (RETZ.) E. WALKER]   **Weißliches B. – *E. sumatrensis* RETZ.**
4   (1) Zunge der RandBlü kurz, die RöhrenBlü wenig (<3 mm) überragend, aufrecht od. etwas gebogen. Köpfe bis 12 mm ⌀, in armblütiger Traube od. Doppeltraube. ZungenBlü rötlich od. bläulich. (**Artengruppe Scharfes B. – *E. acris* agg.**) 5
4* Zunge der RandBlü die RöhrenBlü deutlich überragend, abstehend. Köpfe meist >15 mm ⌀ 8
5   Stg u. Bla (beidseits) rauhaarig. Hülle dicht rauhaarig 6
5* Stg kahl od. spärlich behaart. Bla auf den Flächen kahl od. fast kahl, am Rand bewimpert. Hülle schwach behaart bis kahl 7
6   Bla lanzettlich, spitz, flach, 1,5–2,5mal so lg wie die StgGlieder. 0,10–0,30. (5–)6–7. Halbtrocken- u. Trockenrasen, reichere Sandtrockenrasen, Rud.: Wegränder, Bahnanlagen; h Th An(z N O), v By Bw Nw Sa Ns(g Hrz) Mv, z Alp Rh He Bb(h NO) Sh (m/ mo-b·c1-8EURAS – igr? hros H ⊙ ♃ Pleiok – InB – WiA KlA – L9 T5 F4 R8 N2? – K Fest.-Brom., O Fest.-Sedet., V Dauco-Mel. – 18)   **Scharfes B. – *E. acris* L.**
6* Bla, wenigstens untere, rinnig, zum Grund zurückgebogen, mittlere u. obere am Rand kraus, 2–4,5mal so lg wie die StgGlieder. (0,10–)0,30–0,45(–0,75). 7–10. Felsrasen, z Alp Bw, s By Rh He Nw Th Sa Bb Ns(S) Mv(N M NO) (sm-stemp-c1-5EUR – ⊙ ♃ Pleiok). [*E. serotinus* WEIHE, *E. acris* subsp. *serotinus* (WEIHE) GREUTER]
     Mauer-B. – *E. muralis* LAPEYR.
7   (5) Hülle zerstreut behaart, HüllBla am Rand bewimpert. Untere StgBla 5–10 mm br. Stg mit (3–)5–30 Köpfen. 0,15–0,40. Alp. u. alpennahe Flussschotterfluren, Straßenböschungen; z Alp(f Brch Chm Mng), s By(MS S), † Bw, ↘ (sm/salp-stemp/ demo·c3-4ALP-CARP – L9 T4? F4=? R9 N? – V Epil. fleisch. – 18). [*E. acris* subsp. *angulosus* (GAUDIN) VACC.]
     Kantiges B. – *E. angulosus* GAUDIN
7* Hülle kahl od. mit wenigen Wimperhaaren. Untere StgBla 15–20 mm br. Stg mit 30–300 Köpfen. 0,30–0,80. s By Sa Bb Ns (ntemp·c2-3EUR? – ungenügend bekannte Sippe – 18). [*E. acris* subsp. *droebachiensis* (O.F. MÜLL.) ARCANG., *E. acris* subsp. *macrophyllus* (HERBICH) GUTERMANN, *E. macrophyllus* HERBICH]
     Großblättriges B. – *E. droebachiensis* O.F. MÜLL.

Die Verwandtschaftsverhätnisse von *E. macrophyllus* u. *E. droebachiensis* bedürfen weiterer Klärung. Beide Sippen sind eng verwandt u. wahrscheinlich konspezifisch, wobei *E. droebachiensis* in diesem Fall der aus Prioritätsgründen zu verwendende Name ist.

8   (4) Pfl oberwärts dicht drüsig behaart 9
8* Pfl drüsenlos 10

ASTERACEAE 867

9 Stg rundlich, aufsteigend, unter der Mitte mit wenigen, lg, 1köpfigen Ästen (od. 1köpfig). GrundBla zur BlüZeit noch frisch. Köpfe 10–25 mm ⌀. ZungenBlü die Hülle um 3–5 mm überragend, blasslila. 0,05–0,30. 7–8. Subalp. bis hochmont. Silikatfelsspalten, kalkmeidend; s Bw(SW: Seebuck) (sm-stemp//salp·c3-4ALP – sogr hros H ♃ Rhiz – InB – WiA – L7 T2 F4 R4 N? – V Andros. vand. – 18). [*E. glandulosus* Hegetschw. non Poir., *E. gaudinii* Brügger] **Gaudin-B. – *E. schleicheri* Gremli**

9* Stg etwas kantig, meist steif aufrecht. GrundBla hinfällig. Köpfe in einer Schirmtraube (bis -rispe), 20–35 mm ⌀. ZungenBlü die Hülle 5–8 mm überragend, rotviolett. 0,20–0,60. 7–9. Alp. frische Steinrasen, basenhold; z Alp(Allg), ↘ (sm-stemp//alp·c3EUR – sogr hros H ♃ Rhiz – InB -WiA – L9 T2 F5 R6? N4? – V Car. ferr. – 18). [*E. villarsii* Bellardi] **Attisches B. – *E. atticus* Vill.**

10 (8) HüllBla fast gleich lg. Stg aufrecht, >30 cm hoch 11
10* HüllBla ungleich lg. Stg aufrecht od. aufsteigend, höchstens 30 cm hoch 12

11 StgBla br gestielt bis sitzend. Pappus der RöhrenBlü 2reihig, äußere Borsten viel kürzer als die inneren. ZungenBlü weiß od. lila. Stg ± dicht abstehend langhaarig od. kahl. 0,50–1,00 (–1,50). 6–9. Urspr. ZierPfl; jetzt bes. frische bis feuchte Rud.: Schutt, Bahnschotter, Wegböschungen; Gärten, Flussufer, Auenwaldlichtungen, nährstoffanspruchsvoll; [N 18. Jh.] v By Bw Rh Nw Sa An, z He Th Bb Ns Mv Sh, s Alp, ↗ (sm-temp·c2-6OAM-(WAM), [N] sm-temp·c2-5EUR+OAS – hros ☉, selten ⊙ od. ♃ PfWu – SeB Ap InB? – WiA – L7 T6 F6 Rx N8 – V Convolv., V Arct., V Dauco-Mel. – 27). [*Stenactis annua* (L.) Nees] **Feinstrahl-B. – *E. annuus* (L.) Desf.**

 1 StgBla grob gezähnt bis gesägt, (beidseits) rauhaarig. Stg zerstreut bis dicht abstehend behaart. Standorte u. Verbr. in D wie Art. subsp. *annuus*
 1* StgBla ganzrandig. Stg fast kahl od. sehr zerstreut abstehend behaart. Frische bis feuchte Rud.: Schutt, Bahnschotter, Wegböschungen; [N] s By Bw Rh He Nw Sa Bb Ns Mv Sh. subsp. *septentrionalis* (Fernald et Wiegand) Wagenitz

11* StgBla mit br halbstängelumfassendem Grund sitzend. Pappus aller Blü einfach, aus gleich lg Borsten. ZungenBlü tief rosa, seltener weiß. 0,50–0,80. 5–8 ZierPfl; auch frische Rud., Parkrasen, Auen; [N U 20. Jh.] s By Bw Sa Ns (m-temp-(b)·c1-8OAM-(WAM) – hros H ☉/ kurzlebig ♃ Pleiok? – V Arct. – 18). [*Stenactis philadelphica* (L.) Hayek] **Philadelphia-B. – *E. philadelphicus* L.**

12 (10) Köpfe mit dünnröhrigen ♀ FadenBlü zwischen ScheibenBlü u. ZungenBlü. ZungenBlü purpur- od. weinrot 13
12* Köpfe ohne dünnröhrige FadenBlü. ZungenBlü lila, hellrosa od. weiß 14

13 Bla etwas dicklich, am Rand bewimpert, oseits meist kahl. HüllBla weißwollig. Stg steiflich, 1köpfig, unten locker behaart. 0,10–0,20. 7–8. Alp. frische Steinrasen, kalkhold; z Alp(Allg) (sm-stemp//alp·c3-4ALP – igr? hros H ♃ Rhiz – InB – WiA – L9 T2 F5 R9? N? – V Sesl. – 18). **Verkanntes B. – *E. neglectus* A. Kern.**

13* Bla nicht dicklich, auch auf den Flächen behaart. HüllBla rauhaarig. Stg meist mehrköpfig, oft am Grund gebogen, unten dicht behaart. 0,05–0,30. 7–9. Alp. frische Steinrasen, basenhold; z Alp(Allg Brch Chm) (m-stemp//alp·c2-5EUR – sogr hros H ♃ Rhiz – InB – WiA – L8 T1? F5 Rx N3 – V Car. ferr. – 18, 27). **Alpen-B. – *E. alpinus* L.**

14 (12) Hülle dicht wollig-zottig. Stg stets 1köpfig. 0,03–0,10. 7–9. Alp. frische bis wechseltrockne, meist windexponierte Steinrasen, basenhold; z Alp(f Amm Kch) (m-stemp//alp+b/mo-arct·c2-3EUR – igr hros H ♃ Rhiz – InB – WiA Wintersteher – L9 T1 F5 R5 N2 – V Elyn., V Car. curv. – 18). **Einköpfiges B. – *E. uniflorus* L.**

14* Hülle kahl od. angedrückt kurzhaarig. Stg 1–10köpfig. 0,05–0,30. 7–9. Alp. frische Felsspalten u. Steinrasen, kalkhold; v Alp (sm-stemp//alp·c2-3EUR – igr? hros H ♃ Rhiz – InB – WiA? bes. Falter – WiA – L9? T2 F5 R9? N3? – O Sesl., V Potent. caul. – 18). [*E. polymorphus* auct.] **Kahles B. – *E. glabratus* Bluff et Fingerh.**

Hybriden (Deutung schwierig, nur z. T. gesichert, ob in D?): *E. acris* × *E. alpinus* = ?, *E. acris* × *E. atticus* = *E.* ×*favratii* Gremli, *E. acris* × *E. canadensis* = *E.* ×*huelsenii* Vatke [×*Conyzigeron huelsenii* (Vatke) Rauschert], *E. alpinus* × *E. atticus* = *E.* ×*burnatii* Briq. et Cavill, *E. alpinus* × *E. glabratus* = ?, *E. alpinus* × *E. neglectus* = *E.* ×*huteri* J. Murr, *E. alpinus* × *E. uniflorus* = *E.* ×*rhaeticus* Brügger, *E. atticus* × *E. glabratus* = ?, *E. glabratus* × *E. uniflorus* = ?

Tribus **Anthemideae** Cass.

Bearbeitung: **Christoph Oberprieler, Robert Vogt** (außer *Achillea*)

Cotula L. – **Laugenblume** (55 Arten)
Stg niederliegend od. aufsteigend. Köpfe einzeln od. wenige, lg gestielt, vor u. nach dem Blühen überhängend. Fr 2schneidig zusammengedrückt, gestielt, äußere br geflügelt. 0,08–0,20. 7–8. Feuchte bis nasse, lückige Salzwiesen u. -weiden, Rud., Gräben, Ufer, austrocknende Teichböden, nährstoffanspruchsvoll; [N 1738] Ns(N NW) Mv(N NO) Sh, [U] s Bw Rh Nw (austr·litAFR, [N] austr+m-temp·litCIRCPOL – eros ☉ – SeB? – KlA VdA? WaA MeA, Fr selten reif – L9 T6 F7 R7? N7? – V Agrop.-Rum., V Bid.).
Krähenfuß-L. – *C. coronopifolia* L.

Artemisia L. – **Beifuß, Edelraute, Estragon, Wermut** (540 Arten)
1   Bla ungeteilt, höchstens die unteren 3spaltig, linealisch, verkahlend. Köpfe kuglig, 2–3 mm ⌀. Pfl aromatisch. 0,50–1,50. 8–9. KulturPfl; auch Rud.; [N 16. Jh.] z An Sa, s By Bw (ORh) Rh He Th Bb, [U] s Nw Ns Mv Sh (m/mo-b·c6-8CIRCPOL – sogr eros H/G ♃ Rhiz – WiB – MeA Lichtkeimer – L8 T? F? R? N7 – V Arct. – GewürzPfl, VolksheilPfl).
Estragon – *A. dracunculus* L.
1* Bla geteilt bis geschnitten, höchstens die oberen ungeteilt 2
2   Untere Bla fast handfg 3–7schnittig mit tief zerteilten Abschnitten, Zipfel linealisch. Pfl silbrig seidenhaarig. Köpfe 3–20 in schmaler Traube, 3–5 mm ⌀. 0,05–0,20. 7–9. Alp. windexponierte Felsspalten, -grate, Gesteinsschutt, kalkmeidend; z Alp(Allg Krw Wtt) (sm-stemp//alp·c3-4EUR – igr hros HStr/R ♃ Pleiok – InB: Hummeln WiB – WiA KlA – L9 T2 F3 R4 N2? – V Andros. vand., V Drab. hopp., V Andros. alp. – VolksheilPfl, Gewürz: Bitterlikör – ▽). [*A. laxa* Fritsch, *A. mutellina* Vill.]
Edelraute – *A. umbelliformis* Lam.
2* Bla fiederteilig bis 2–3fach fiederschnittig. Pfl >20 cm hoch (wenn niedriger, dann kahl od. fast kahl). Köpfe meist sehr ∞ in Rispen 3
3   BlaAbschnitte >2 mm br, useits grau od. weiß behaart. Meist hohe Stauden, selten 2jährig 4
3* BlaAbschnitte <1,5 mm br (nur bei kahlen, 1–2jährigen Arten auch breiter) 7
4   Bla 2fach fiederschnittig, mit ± stumpfen Abschnitten, beidseits ± gleichfarbig silbergrau seidig-filzig. Köpfe 3–6 mm ⌀. Kopfboden rauhaarig 5
4* Bla 1fach fiederteilig, mit verlängerten, spitzen Abschnitten, oseits meist kahl u. dunkel grün, useits weißfilzig, am BlaStielGrund mit Öhrchen. Köpfe 2,5–3 mm ⌀. Kopfboden kahl 6
5   Pfl ☉. Mittlere StgBla am Grund des Stiels geöhrt (Abb. **872**/6). Köpfe 4–6 mm ⌀. 0,60–1,20. 7–9. Trockne bis mäßig trockne Rud.; [N 1905 U] s By Sa Bb Mv (m-temp·c5-8AS, [N] temp·c4-5EUR – teiligr hros H ☉ – WiB – L9 T8 F? R? N8 – V Dauco-Mel., V Sisymbr.).
Sievers-B. – *A. siversiana* Willd.
5* Halbstrauch. BlaStielGrund ohne Öhrchen. Köpfe 2,5–4 mm ⌀. 0,60–1,20. 7–9. Mäßig trockne Rud., an Mauern, Weinbergsbrachen, basenhold, nährstoffanspruchsvoll; [A] h An, v Sa Bb Mv, z By Bw Rh He Nw Th Ns Sh; auch KulturPfl (m/mo-temp-(b)·c1-8EUR-WAS, [N] NEUSEEL+sm-tempAM – igr HStr – WiB InB? – MeA KlA Sa langlebig Lichtkeimer – L9 T6 F4 R7 N8 – O Onop., V Sisymbr., V Arct., V Conv.-Agrop. – HeilPfl, Gewürz: Absinth, früher Wermutwein, in Menge giftig – 18).
Wermut – *A. absinthium* L.
6   (4) Pfl ohne Ausläufer, aromatisch riechend. Köpfe eifg. Äußere HüllBla eifg, filzig. Fiedern der oberen StgBla lanzettlich, tief gesägt. 0,60–1,50. 7–10. Frische bis feuchte Rud., Ufer, Gebüsche, Äcker, rud. Wiesen, Brachen, nährstoffanspruchsvoll; alle Bdl g(Alp z); auch KulturPfl (sm/mo-b·c1-8EUR-WAS, [N] stropAS+m-tempOAM+OAS-(WAM) – sogr hros/eros H ♃ Pleiok – WiB – KlA MeA Sa langlebig Lichtkeimer – L7 T6 F6 Rx N8 – K Artem. – Gewürz, VolksheilPfl, früher HeilPfl – 16). [inkl. subsp. *coarctata* (Forselles) Lemke et Rothm.]
Gewöhnlicher B. – *A. vulgaris* L.
6* Pfl mit bis 1 m lg, überwinternde BlaRosetten tragenden Ausläufern, stark aromatisch duftend. Köpfe kuglig. Alle HüllBla linealisch, verkahlend. Fiedern der oberen StgBla linealisch,

ganzrandig. 1,50–2,50. 9–11. Frische bis feuchte, sandige bis tonige Rud., Weinberge, Ufer, nährstoffanspruchsvoll; [N 1920] z Bw, s Alp By Rh He Nw Sa, [U] s Bb Mv, ↗ (sm·c2-4OAS, [N] austr-stropAM+m-temp·c2-4EUR – igr hros G/H ⚁ uAusl – WiB, Fr in D selten reif – MeA – L9 T6 F6 R7? N8 – K Artem. – 54). **Verlot-B. – *A. verlotiorum* LAMOTTE**

7 **(3)** Pfl ⊙ od. ⊖, fast stets kahl, am Grund ohne nichtblühende Triebe 8
7* Pfl ⚁ od. halbstrauchig, meist behaart, am Grund meist mit nichtblühenden Trieben .. 11
8 BlaZipfel schmal linealisch, 5–15 × <1 mm (Abb. **872**/7). Köpfe 1–2 mm ⌀, nickend, in dichtästiger Rispe. Pfl kahl od. schwach seidenhaarig. 0,30–0,60. 8–10. Trockne Rud., rud. Xerothermrasen; s By(O) Sa(W: Meißen), [N U] s Bw Rh Nw He Th An Bb Ns Mv Sh (m-temp·c4-10EURAS – sogr? hros H ⊙ PfWu – WiB – V Sisymbr., K Fest.-Brom.). **Besen-B. – *A. scoparia* WALDST. et KIT.**
8* BlaZipfel lineal-lanzettlich bis elliptisch, mindestens 1 mm br, meist kurz. Köpfe meist >2 mm ⌀. Pfl stets völlig kahl 9
9 Köpfe nickend, 1,5–2 mm ⌀, in ausgebreiteter, meist reich verzwerigter Rispe. Hülle <2 mm lg. Bla 2–3fach fiederschnittig, ihre Zipfel fiederspaltig od. ganzrandig, mit ziemlich stumpfen Spitzen. Zwischen den Hauptabschnitten der Bla keine kleineren Lappen. Pfl stark aromatisch. 0,50–1,50. 8–10. Mäßig trockne bis frische Rud., sandige bis lehmige Flussufer; [N 1885] z An, s Sa Ns Mv Sh, [U] s By Bw Rh He Nw Th, ↗ (m-temp·c3-8AS, [N] m-temp·c2-6EUR+OAM – eros ⊙ – WiB – MeA WaA KlA Lichtkeimer – L9 T7? F4 R7? N6? – V Sisymbr., V Chen. rub. – HeilPfl). **Einjähriger B. – *A. annua* L.**
9* Köpfe aufrecht, 2,5–3 mm ⌀, in schmaler Doppeltraube od. Rispe. BlaZipfel scharf gesägt. Hülle >2 mm lg. Pfl höchstens schwach aromatisch 10
10 HüllBla schmal hautrandig. Bla einfach fiederschnittig, ihre Zipfel schmal lanzettlich, entfernt einfach gesägt. Zwischen den Hauptabschnitten der Bla keine kleineren Lappen. Pfl schwach aromatisch. 0,30–1,00. 7–9. Mäßig trockne, sandige bis kiesige Rud., Flussufer; [N 1894] s Bw An Bb Ns Sh, [U] s Rh Nw Sa Mv (m-temp·c3-8WAM, [N] sm-temp·c2-4OAM+(EUR) – hros eros ⊙ ⊖ – SeB WiB – MeA – V Sisymbr., O Bid.). **Zweijähriger B. – *A. biennis* WILLD.**
10* HüllBla br hautrandig. Bla doppelt fiederschnittig, ihre Zipfel länglich-elliptisch, dicht u. meist doppelt gesägt. Zwischen den Hauptabschnitten der Bla kleinere Lappen. Pfl säulenfg, geruchlos? 0,50–2,00. 7–9. Mäßig trockne bis trockne Rud., Autobahnen; [N 1851 U] s By Bw Rh Nw Th Sa An Bb Ns Mv Sh (m-sm·c7-10WAS, [N] sm-temp·c4EUR – eros ⊖ – WiB – MeA – L9 T8 F? R? N8 – V Sisymbr.). **Armenischer B. – *A. tournefortiana* RCHB.**
11 **(7)** Kopfboden zottig behaart. Köpfe halbkuglig, etwa 5 mm ⌀, in Trauben od. Rispen. Bla kahl, untere 2fach fiederschnittig, obere 1fach fiederteilig, 0,08–0,40. 9–11. Wechselfeuchte binnenländische Salzrasen, Solgräben; s Th(Bck), † An Ns, ↘ (m/mo-temp·c5-8AS+(EUR+WAM) – teilig eros ⊙ ⊖ – InB? – KlA? – L9 T6 F7? R8 N3? – V Armer. marit. – ▽!). **Felsen-B. – *A. rupestris* L.**
11* Kopfboden kahl. Köpfe 1,5–4 mm ⌀. Bla 2–3fach fiederschnittig 12
12 Bla gestielt, ohne Öhrchen (nicht mit VorBla der Seitentriebe verwechseln, Bla abreißen!), kahl, höchstens useits graufilzig. Köpfe 3–4 mm ⌀, in schmaler Doppeltraube 13
12* Bla gestielt od. sitzend, am Grund mit meist mehrzipfligen Öhrchen (wenn teilweise fehlend, dann Bla dicht filzig); BlaZipfel linealisch, höchstens 1 mm br 14
13 Halbstrauch. BlaFiedern spitzwinklig abstehend; Zipfel linealisch-fädlich, <0,5 mm br. Pfl aromatisch. 0,60–1,50. 7–10. KulturPfl; auch Rud.; [N U] s By Bw Rh Nw Th Sa An Bb Ns Mv (m-stemp·c5-8OEUR-WAS, [N] sm-temp·c3-4EUR – sogr Str – WiB – MeA, in D selten fruchtend – Gewürz, VolksheilPfl). **Eberraute, Eberreis, Stabwurz – *A. abrotanum* L.**
13* ⚁. BlaFiedern in 4–6 rechtwinklig abstehenden Paaren; Zipfel lanzettlich, 1–1,5 mm br. Pfl geruchlos. 0,10–0,50. 8–10. Wechseltrockne Salzwiesen des Binnenlandes; † Th(Bck: Artern) An(SO: Staßfurt, Bernburg) (sm-b·c5-8AS(+EUR+WAM) – sogr hros H ⚁ AuslRhiz – V Armer. marit. – ▽!). **Ⓕ Schlitzblatt-B. – *A. laciniata* WILLD.**
14 **(12)** Stg u. HüllBla meist kahl, selten spärlich behaart. Bla verkahlend od. bleibend ± dicht seidenhaarig. Pfl mit Pfahlwurzel, geruchlos? Köpfe 1,5–3 mm ⌀, in sparriger Rispe. 0,30–0,60. 8–10. Xerothermrasen (bes. Felsfluren u. Trockenrasen), trockne, sandige Rud., Dünen; h An Bb Mv, v Sa, z By(f S) Rh(h ORh) He(f MW NW W) Th(O S, v Bck) Ns Sh, s Bw(v ORh, f SO) Nw(f N), ↘ (m-temp·c2-9EUR-WAS – teilig eros/hros HStr PfWu Pleiok,

selten WuSpr – WiB – KlA – L9 T6 F2 R5 N2 – K Sedo-Scler., K Fest.-Brom., V Sisymbr., V Arct. –16). **Feld-B. – *A. campestris* L.**
1 Bla u. Stg verkahlend. Stg oft rotviolett überlaufen. BlaZipfel ± 1 mm br. Standorte u. Verbr. wie Art subsp. *campestris*
1* Bla u. Stg bleibend silbrig seidig-filzig 2
2 BlaZipfel ±1 mm br. BlüStandsäste aufrecht. Köpfe ± 2–2,5 mm lg. Basenreiche, kalkarme Felsen. s By Rh He? Nw Th Sa (sm-stemp·c3-5EUR).
subsp. *lednicensis* (Spreng.) Greuter et Raab-Straube
2* BlaZipfel >1 mm br. BlüStandsäste nickend. Dünen der Ostsee. s Mv Sh (sm-b·c3-5litEUR). [subsp. *sericea* (Fr.) Lemke et Rothm.] – Wert der Unterarten wegen fließender Übergänge umstritten.
subsp. *inodora* Nyman
14* Stg, HüllBla u. LaubBla bleibend grauflaumig-seidig bis weißfilzig. Pfl mit Ausläuferwurzeln u. Wurzelsprossen od. mit Ausläufern 15
15 Alle Blü ♂. Köpfe 2–3 mm lg. 1,5–2 mm ⌀, in ausgebreiteter Rispe. Bla wie die HüllBla weißfilzig; Zipfel linealisch, 0,5–1 mm br. Pfl aromatisch. 0,20–0,80. 9–10. Salzhaltige, niedrige Uferabbrüche im Küstenbereich, wechselfeuchte bis -nasse binnenländische Salzrasen; z Ns(N MO NW) Mv(N), s Th(Bck) Sh(O SO M), † An, [N] s Rh He; auch KulturPfl (m-temp·c1-4litEUR – sogr HStr WuSpr – WiB – WaA KlA – L9 T6 F5= Rx N7 – V Armer. marit. – Gewürz: Bitterlikör, VolksheilPfl, früher HeilPfl: Vergiftungsgefahr – 18, 54). [*A. salina* Willd.] **Strand-B. – *A. maritima* L.**
15* RandBlü ♀. Köpfe 4–8 mm lg, in schmaler Rispe. BlaZipfel schmal linealisch, bis 0,5 mm br. Pfl kaum aromatisch 16
16 Bla glänzend grauweiß seidenhaarig; Zipfel 5–10 mm lg, büschlig gedrängt. HüllBla abstehend kurzflaumig. Köpfe eifg, 6–8 mm lg. 3–4 mm ⌀. Rispe mit straff aufrecht abstehenden Zweigen. Kr rötlichgelb, flaumig. 0,20–0,60. 7–9. Trockne Rud., rud. Sandtrockenrasen; [N 17. Jh.] s By Bw(ORh) An Bb, [U] s Rh He Th Sa Ns Sh (m-temp·c5-9EUR-WAS, [N] temp·c3-4EUR – teiligr? C ♃ WuSpr – WiB – KlA MeA – L8 T? F? R? N5 – O Fest.-Sedet., V Dauco-Mel.). **Österreichischer B. – *A. austriaca* Jacq.**
16* Bla matt graugrün flaumig-filzig; Zipfel meist 3–4 mm lg, regelmäßig abstehend. HüllBla angedrückt graufilzig. Köpfe fast kuglig, etwa 4 mm ⌀. Rispe dicht, säulenartig. Kr gelb, kahl. 0,40–0,80. 8–10. Trockne Rud., rud. Xerothermrasen, Trockengebüschsäume; s Th(Bck) An(SO Elb O), [N] s By Bw (f SW SO NW) Rh He Nw, [U] s Sa Bb Mv Sh; auch KulturPfl (sm-stemp·c4-8EUR-WAS, [N] temp·c2-4EUR – sogr eros H/G ♃ uAusl – WiB – MeA, in D selten fruchtend – L9 T7? F3 R7? N4 – K Fest.-Brom., O Agrop. – Gewürz: Wermutwein, früher HeilPfl). **Pontischer B. – *A. pontica* L.**

Leucanthemella Tzvelev [*Chrysanthemum* L. p.p.] – **Herbstmargerite** (2 Arten)
Bla schmal bis br lanzettlich, tief vorwärts gesägt, am Grund meist 2 spießfg abstehende Zipfel. Köpfe 4–6 cm ⌀, lg gestielt in lockerer Schirmtraube. ZungenBlü weiß od. rötlich. Fr ohne Krönchen. 0,40–1,50. 9–10. ZierPfl; auch nasse Flussufer, Röhrichte (Weichholzauen), Rud.; [N] s Bw, [U] s By Rh Mv Sh, ↗ (sm·c5SOEUR – sogr eros H ♃ Rhiz – lnB – KlA WaA? StA? – O Phragm.). [*Chrysanthemum serotinum* L., *Tanacetum serotinum* (L.) Sch. Bip.] **Europäische H. – *L. serotina* (L.) Tzvelev**

Achillea L. – **Schafgarbe** (115 Arten)
(Alle Arten in D: InB unspezifisch: Haut- u. Zweiflügler, Käfer, Falter usw. – meist selbststeril)
Die Bestimmung der Arten des *A. millefolium* agg. (ab **9**) ist schwierig u. oft ohne die Erfassung der Chromosomenzahl, Pollengröße u./od. biochemischer Merkmale unsicher. Morphologisch gut abgegrenzt ist nur *A. setacea*. Die anderen Sippen sind sehr variabel u. können bastardieren. Hybriden sind meist nur zytologisch erkennbar.
Die Behaarungsstärke der Pfl kann sich im Laufe der Entwicklung ändern: im Knospenstadium dicht behaarte Pfl bleiben oft nur an den Knoten behaart, fruchtende Pfl sind häufig verkahlt. Die Angaben des Kopfdurchmessers beziehen sich auf frische Pfl u. sind mit den ZungenBlü zu verstehen. Sie sind Mittelwerte, daher müssen zur Bestimmung stets mehrere Pfl einer Population vermessen werden. Nur gut entwickelte blühende Individuen mit GrundBla untersuchen! Sprosse, die sich nach der Mahd bilden,

ASTERACEAE 871

Spätsommer- od. Herbsttriebe sind oft nicht bestimmbar. Die Größenangaben des Kopfstandes beziehen sich auf gepresstes u. getrocknetes Material. Bei frischen Pfl sind die Maße um ca. 20 % zu reduzieren (12/12*).
[N U lokal]: **Wollige Sch. – *A. lanulosa*** Nutt. [*A. millefolium* subsp. *lanulosa* (Nutt.) Piper]: Bla wie *A. setacea* mit borstlich-linealischen Endzipfeln, Pfl aber robuster, bis 1,00 m, Bla an vegetativen Sprossen bis 5 cm br (bei *A. setacea* höchstens 1 cm), Köpfe größer, Gesamtkopfstand locker; s By Bb Ns (m-sm// mo-c2-4WAM?).

1	Bla ungeteilt, lineal-lanzettlich. (**Artengruppe Sumpf-Sch. – *A. ptarmica* agg.**)	2
1*	Bla fiederspaltig, fiederteilig od. fiederschnittig	3
2	Bla beidseits angedrückt kurzhaarig, matt graugrün, (3–)5–10(–17) mm br, wenigstens die oberen mit ∞ vertieften Punkten (Harzdrüsen). ZungenBlü 6–8, ihre Zungen 1,5–4 mm lg. Äußere HüllBla ½ so lg wie die inneren. 0,20–1,50. 7–9. Nasse Uferstaudenfluren; z Bb (f SO SW), s An(Elb), oft Übergangsformen, diese auch s Sa(NO W), [U] s Bw Nw Mv(N) Sh (sm-b·c4-8EURAS – sogr eros G/H ♃ uAusl – InB – StA WaA? – L8 T6? F8~ R7 N6? – V Filip. – *18*). [*A. cartilaginea* Rchb.] **Weidenblatt-Sch. – *A. salicifolia*** Besser	
2*	Bla spärlich mit längeren, ± abstehenden Haaren besetzt od. kahl, glänzend od. matt, (2–)3–5(–9) mm br, fast stets ohne vertiefte Harzdrüsen (selten die Spitze der jüngsten Bla mit wenigen Drüsen). ZungenBlü 8–13, ihre Zungen 4–6,5 mm lg. Äußere HüllBla >⅔ so lg wie die inneren. 0,20–1,00. 7–9. Stau- bis wechselnasse Nass- u. Moorwiesen, Staudenfluren an Bächen u. Gräben, Weidengebüsche, kalkmeidend, nährstoffanspruchsvoll; g He Sa Ns, h Rh Nw Th An(z SO W), v By Bw Bb Mv(g Elb) Sh, s Alp; auch ZierPfl, oft gefülltköpfig (sm-b·c1-5EURAS, [N] temp-b·c1-5AM – sogr eros H/G ♃ uAusl – InB – StA VdA – L8 T6? F8 R4 N2 – O Mol., O Convolv., V Salic. alb. – früher HeilPfl – *18*). **Sumpf-Sch., Bertram-Sch. – *A. ptarmica*** L.	
3	(1) ZungenBlü goldgelb, ihre Zungen <1 mm lg. Köpfe 50–500, in sehr dichter Schirmrispe. 0,40–1,00(–1.30). 6–9. ZierPfl; auch Rud.; [U] s By Bw Rh He Th Sa Bb Ns (m-sm//mo·c4-7WAS – igr hros H ♃ Rhiz – InB – V Conv.-Agrop.?). **Gold-Sch. – *A. filipendulina*** Lam.	
3*	ZungenBlü weiß od. rosa bis purpurn, selten gelblichweiß	4
4	ZungenBlü(5–)6–12, stets weiß, ihre Zungen wenigstens so lg wie die Hülle. AlpenPfl .	5
4*	ZungenBlü 4–5(–6), weiß od. rosa bis purpurn, selten gelblichweiß, ihre Zungen kürzer als die Hülle	7
5	StgBla eifg, wenig länger als br, mit lanzettlichen, 5–15 mm br, scharf doppelt gesägten Abschnitten. (0,30–)0,50–1,00. 7–9. Subalp. sickerfrische Hochstaudenfluren u. -gebüsche, kalkmeidend, nährstoffanspruchsvoll; z Alp(Allg) (sm-stemp//salp·c2-3EUR – sogr? eros H ♃ Rhiz – InB – WiA? – L6 T2 F6 R6 N8 – V Adenost. – *18*). **Großblättrige Sch. – *A. macrophylla*** L.	
5*	StgBla länglich, mehrmals länger als br, mit länglichen bis linealischen, 0,5–5 mm br, glattrandigen Abschnitten. Pfl kaum >30 cm hoch	6
6	Pfl weißgrau seidig-filzig (selten verkahlend). Bla einfach fiederspaltig bis fiederteilig mit ganzrandigen od. 2–3zähnigen Zipfeln, Spindel ± 2–5 mm br. Köpfe 10–18 mm ⌀. Zungen der ZungenBlü 3–5 mm lg. 0,10–0,25. 7–9. Alp. bis subalp. frische Steinrasen, kalkstet; z Alp(Brch Chm); auch ZierPfl (sm-stemp//alp·c3EUR – igr hros H ♃ Rhiz – InB – WiA VdA? – L8 T2 F5 R8 N3? – O Sesl., V Thlasp. rot., V Potent. caul. – ▽). **Bittere Sch., Steinraute, Weißer Speik – *A. clavenae*** L.	
6*	Pfl kahl od. schwach behaart, grün. Bla einfach od. tief fiederschnittig, Abschnitte mit Ausnahme der unteren 2–5spaltig, Spindel ± 1–2 mm br (Abb. **872**/1). Köpfe 11–16 mm ⌀. Zungen der ZungenBlü 5–6(–7) mm lg. 0,08–0,20. 7–9. Alp. sickerfrische Steinschuttfluren, kalkstet; v Alp, s By(S) (sm-stemp//alp·c3ALP – igr hros H ♃ AuslRhiz – InB – StA VdA – L9 T2? F5 R8 N3 – O Thlasp. rot. – *18* – ▽). **Schwarzrandige Sch. – *A. atrata*** L.	
7	(4) Pfl ohne Ausläufer. StgBla im Umriss elliptisch bis eifg, ihre Spindel geflügelt u./od. gezähnt. Zungen der ZungenBlü oseits weiß bis gelblichweiß	8
7*	Pfl mit unterirdischen Ausläufern. StgBla linealisch bis lineal-lanzettlich od. länglich-lanzettlich, ihre Spindel nur selten geflügelt u./od. gezähnt (Abb. **872**/2). Zungen der ZungenBlü weiß, rosa od. purpurn, nur bei *A. setacea* (gelblich)weiß. (**Artengruppe Gewöhnliche Sch. – *A. millefolium* agg.**)	9

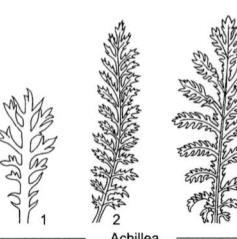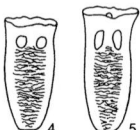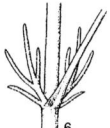

1 2	3	4 5	6	7
Achillea		Tripleurospermum		Artemisia
atrata millefolium agg.	nobilis	inodorum maritimum	siversiana	scoparia

8   BlaSpindel mit gezähnten Flügeln (Abb. **872**/3); Endzipfel der Grund- u. StgBla <1 mm br. 0,20–0,60. 6–10. Felsfluren (bes. Felsbänder), Trockenrasen, trockne Rud.: auf Mauern, Bahnanlagen, basenhold; z Bw(Gäu ORh SW) Rh Th(Bck, s Rho) An(f N), s By(f MS O S) He(f NW), [N] s Sa, [U] s Nw Bb Sh (m-temp·c3-8EUR-WAS – igr? hros H ♃ Pleiok-Rhiz, selten WuSpr – InB – WiA – L8 T7 F4 R8 N1 – V Sesl.-Fest., V Alysso-Sed., V Conv.-Agrop., V Dauco-Mel. – *18*). **Edel-Sch. – *A. nobilis* L.**

8* BlaSpindel geflügelt, ungezähnt; Endzipfel der StgBla ± 1 mm br, Endzipfel der GrundBla meist deutlich feiner. 0,15–0,55. 5–10. Rud.: Schutt, Umschlagplätze; [N] s By Bw He, [U] s Nw Th Bb Ns Mv (sm·c4-5EUR – sogr? hros H ♃ WuSpr – *18*, *36*). **Meerfenchelblättrige Sch. – *A. crithmifolia* WALDST. et KIT.**

9   (7) StgBla 3fach fiederschnittig mit fädlich-borstlichen, 0,1–0,3(–0,4) mm br Endzipfeln (Abb. **874**/1). Fiedern u. Endzipfel der GrundBla flaschenbürstenfg um die Spindel angeordnet. Zungen der ZungenBlü (gelblich)weiß, ⅓ so lg wie die Hülle, diese 3–4 mm lg. Köpfe schmal eifg, meist in dichter Schirmrispe. 0,10–0,30(–0,40). 5–6. Kont. Trockenrasen, reichere Sandtrockenrasen; z An, s Th(Bck) Sa(W Elb), † Bb, ↘ (m-stemp·c4-8EUR-WAS – sogr? hros H ♃ kurze uAusl – InB – WiA VdA? – L9 T7 F2 R7 N1 – V Fest. val., O Fest.-Sedet. – *18*). **Feinblättrige Sch. – *A. setacea* WALDST. et KIT.**

9* StgBla 2–4fach fiederschnittig mit linealischen od. lanzettlichen Endzipfeln, diese nur ausnahmsweise <0,3 mm br. Fiedern u. Endzipfel der GrundBla, auch wenn 3dimensional, niemals flaschenbürstenfg um die Spindel stehend **10**

10 Gesamte Pfl dicht behaart (Hülle wenigstens am Grund u. an den Rändern). Mittlere StgBla 3–8 mm br, Fiedern dort dicht bis sehr dicht stehend u. häufig gedreht ansetzend **11**

10* Pfl kahl od. mäßig behaart od. nur an den Knoten od. Bla dicht behaart. Mittlere StgBla meist 6–21 mm br, Fiedern dort entfernt bis dicht stehend, flach od. gedreht ansetzend **12**

11 Hülle 3–4(–4,5) mm lg. Zungen weiß, seltener ± rosa. Pfl schwach bis dicht ± langhaarig, nur mäßig kräftig, oft mit vielen kurzen StgGliedern, unverzweigt bis stark verzweigt u. mit beblätterten Seitenzweigen in der unteren StgHälfte. Kopfstand eine dichte Hauptschirmrispe od. aufgelockert u. mit oft knospig bleibenden Nebenschirmen in den Achseln von LaubBla bis ins untere Sprossviertel hinein. Mittlere StgBla 3–5(–6) mm br, Fiedern u. Endzipfel dichtstehend (Abb. **874**/2). Fr 1,4–1,8(–2,4) mm lg. (0,10–)0,30–0,50(–0,70). (6–)7–9(–11). Xerothermrasen, reichere Sandtrockenrasen, trockne Rud.: Wegböschungen, TrockenW- u. Trockengebüschsäume, basenhold; z Th(Bck S) Sa An Ns(Elb O), s Alp(Allg) By Rh(ORh) He(ORh) Bb(Elb) Mv, [U] s Bw, Verbr. in D unzureichend bekannt (sm-stemp·3-5EUR – teiligr hros H ♃ kurze uAusl – InB – WiA VdA – L9 T6 F2 R7 N2 – K Fest.-Brom., O Fest.-Sedet., V Conv.-Agrop., O Orig., V Cytis.-Pin. – *36*). **Hügel-Sch. – *A. collina* (WIRTG.) HEIMERL**

11* Hülle (3,5–)4–5 mm lg. Zungen stets weiß. Gesamte Pfl stets dicht ± langhaarig, mäßig kräftig bis kräftig, mit vielen kurzen StgGliedern, meist erst in der oberen Hälfte od. im oberen Viertel verzweigt. Kopfstand kompakt od. aufgelockert, seltener weit ausladend. Mittlere StgBla 2–6(–15) mm br, Fiedern u. Endzipfel dicht- bis sehr dichtstehend (Abb. **874**/3). Fr (1,7–)2–2,5 mm lg. (0,20–)0,30–0,60(–1,00). 6–8. Felsfluren, kont. Trockenrasen, Trockengebüschsäume; z Th(Bck) Sa An, s By(Alb MS NM O) Bb(f SO) Ns(f N

NW S) Mv(Elb M), [N] s Bw, weitere Verbr. in D unsicher (sm-stemp·c3-5EUR – teiligr hros H ♃ kurze uAusl – InB – WiA VdA? – L7 T7 F3 R6 N2 – V Fest. val., V Sesl.-Fest., V Ger. sang. – *72*). **Ungarische Sch. – *A. pannonica* SCHEELE**

12 (10) BlüSprosse zart, am Grund 1–2(–3) mm ⌀, mit wenigen lg StgGliedern, diese im Mittel 4–5 cm lg, längstes StgGlied 7–18 cm. Pfl kahl od. mäßig behaart. Hauptschirmrispe 1–3 (–4) cm ⌀ **13**

12* BlüSprosse kräftiger, >2 mm ⌀, mit wenigen od. ∞ StgGliedern, diese im Mittel 2–4 cm lg, längstes Glied bis 8 cm. Pfl kahl od. mäßig behaart od. an den Knoten od. Bla dicht behaart. Hauptschirmrispe bis 15 cm ⌀ **14**

13 Stg wenigstens im unteren Bereich oft vollkommen stielrund, leicht zusammendrückbar, längstes StgGlied bis 18 cm lg. Pfl rasig wachsend (viele gleich hohe Individuen beisammenstehend). StgBla grobschnittig, stets flächig, nach oben zu wenig an Größe abnehmend, die obersten bis 10 cm lg, meist waagerecht abstehend; Spindel nach oben an Breite zunehmend, im oberen StgBereich geflügelt, oft auch gezähnt. Fiedern entfernt, im Abstand von (3–)3,4(–6) mm plan ansetzend, ihre Endzipfel oft wenig länger als br (Abb. **874**/4). Zungen weiß bis rosa, selten dunkelrosa. (0,20–)0,30–0,50(–0,90). 5–11. Frische bis feuchte Wiesen; v By, s bis z Bw Rh He Nw Th(f Hrz NW O) Sa An Ns, Verbr. in D unzureichend bekannt (sm/mo-stemp·c3-4EUR? – igr? hros H ♃ kurze uAusl? – *36*). **Wiesen-Sch. – *A. pratensis* SAUKEL et R. LÄNGER**

13* Stg auch im unteren Drittel oft kantig, längstes StgGlied bis 11 cm lg. Pfl meist einzeln stehend. StgBla feiner zerteilt, nicht flächig, nach oben zu kleiner werdend u. schräg abstehend; Spindel kaum geflügelt, ungezähnt. Fiedern im Abstand von (1,2–)2,2(–3,8) mm oft gedreht ansetzend, ihre Endzipfel meist deutlich länger als br. Zungen hell- bis dunkelrosa, selten weiß. (0,25–)0,35–0,55(–0,75). 7–9. Frische Wiesen; s By(N: Grettstadt), [U] s Bw? Th(Bck) Ns Mv (sm-stemp//(mo)·c2-3EUR – igr hros H ♃ uAusl – InB – L8 T6 F5 R7 N7? – V Arrh. – *18*). **Blassrote Sch., Südalpen-Sch. – *A. roseoalba* EHREND.**

14 (12) GrundBla meist kürzer als die halbe Pfl, 2–3(–4)fach fiederschnittig. Endzipfel unterer StgBla oft >0,5 mm br. Hülle 3–4(–4,5) mm lg. Pfl oft mit beblätterten Seitenzweigen in der unteren StgHälfte, Kopfstand daher oft aus mehreren Schirmrispen in unterschiedlicher StgHöhe zusammengesetzt. ***A. collina*, s. 11**

14* GrundBla oft 0,5–1mal so lg wie die ganze Pfl, (2–)3–4fach fiederschnittig. Endzipfel unterer StgBla oft <0,5 mm br. Hülle (3–)4(–5) mm lg. Pfl oft erst oberhalb der Mitte verzweigt, Kopfstand daher eine kompakte od. lockere Hauptschirmrispe od. weit ausladend u. mit Nebenschirmen oberhalb der StgMitte. Fr (1,4–)1,9(–2,5) mm lg. (0,15–)0,30–0,60(–1,20). (6–)7–10. Xerothermrasen, reichere Sandtrockenrasen, frische bis mäßig trockne Wiesen u. Weiden, mehrjährige Ackerkulturen, Trockengebüschsäume, Rud.; alle Bdl g; auch ZierPfl: rotblühende Sorten (m/mo-b·c1-8EUR-SIB, [N] AUST+NAM+OAS – igr hros H ♃ uAusl – InB SeB – WiA StA AmA VdA Sa langlebig Lichtkeimer – L8 Tx F4 Rx N5 – K Fest.-Brom., O Fest.-Sedet., V Conv.- Agrop., V Sisymbr., V Ger. sang., O Arrh. – HeilPfl – *54*). **Gewöhnliche Sch. – *A. millefolium* L.**

1 HüllBla mit (oft br) mittel- bis schwarzbraunem Rand. Pfl meist unverzweigt u. mit dickem Stg, mäßig od. stark (u. dann oft zottig) behaart. Zungen oft rosa bis purpurn. Mont. bis subalp. frische Wiesen u. Heiden; s By Sa(SW)(sm-stemp·b//mo·c1-4EUR – V Triset., V Genisto-Call., V Poion. alp.). **Sudeten-Sch., Gebirgs-Sch. – subsp. *sudetica* (OPIZ) OBORNY**

1* HüllBla strohfarben od. mit schmalem od. breiterem gelblichem od. hellbraunem Rand. Pfl mit dickem od. dünnerem Stg, verzweigt od. unverzweigt, kahl, mäßig od. dicht behaart. Zungen weiß bis rosa, selten dunkelrosa od. purpurn. Standorte u. Verbr. wie Art (m/mo-b·c1-8EUR-SIB, [N] AUST+NAM+OAS). **subsp. *millefolium***

Hybriden, meist schwer zu deuten, nur z. T. sicher in D: *A. atrata* × *A. macrophylla* = *A.* ×*thomasiana* HALLER f., *A. clavenae* × *A. macrophylla* = *A.* ×*dumasiana* VATKE – s, *A. collina* × *A. millefolium* = ?, *A. collina* × *A. pannonica* = ?, *A. collina* × *A. pratensis* = ?, *A. collina* × *A. roseoalba* = ?, *A. collina* × *A. setacea* = ?, *A. macrophylla* × *A. ptarmica* = *A.* ×*commutata* HEIMERL, *A. millefolium* × *A. nobilis* = *A.* ×*abscondita* WEIN – s, *A. millefolium* × *A. pannonica* = ?, *A. nobilis* × *A. setacea* = *A.* ×*polyphylla* SCHLEICH., *A. pratensis* × *A. roseoalba* = ?, *A. ptarmica* × *A. salicifolia* = ?

Anthemis L. – **Hundskamille** (175 Arten)
1 Pfl widerlich riechend. SpreuBla schmal linealisch (Abb. **882**/9), am Rand des kegelfg Kopfbodens oft fehlend. Fr kreiselfg, knotig-höckrig, mit abgerundetem Scheitel. Bla unregelmäßig doppelt fiederschnittig. 0,15–0,50. 6–10. Lehmige bis tonige Äcker, mäßig frische bis frische Rud., Brachen, nährstoffanspruchsvoll; [A] z By He Nw Th(f Hrz) Sa An Bb Ns Mv Sh, s Bw, ↘ (m-temp·c1-6EUR, [N] austrCIRCPOL-strop/mo-b·c1-6AM+EUR – hros ⊙ ① – InB SeB? ZungenBlü geschlechtslos – MeA KIA? Sa langlebig – L7 T6 F4 Rx N5 – K Stell., V Sisymbr. – 18). **Stink-H. – *A. cotula*** L.
1* Pfl geruchlos od. aromatisch riechend. SpreuBla ± lanzettlich, auch am Rand des Kopfbodens. Fr gerippt od. kantig, nicht höckrig, mit flachem, am Rand kantigem Scheitel .. 2
2 Pfl wollig-zottig, aromatisch riechend. SpreuBla nach dem gezähnelten Ende hin etwas verbreitert, plötzlich in eine Stachelspitze zusammengezogen (Abb. **882**/11). Fr ± kreiselfg, stark gerippt, die randständigen mit scharfrandigem, schiefem Scheitel. 0,25–0,50. 5–8. Trockne, sandige Rud., Äcker, basenhold; [N, oft U] z Bb, s By Bw Rh He Th Sa An Ns Mv Sh, ↗ (sm-stemp·c4-7EUR – hros ⊙ – L9 T7 F3 R7 N4? – V Sisymbr., V Onop., V Aphan.).
Russische H. – *A. ruthenica* M. Bieb.
2* Pfl locker flaumig od. kahl, fast geruchlos. SpreuBla lanzettlich, ganzrandig, allmählich in eine Stachelspitze verschmälert (Abb. **882**/12). Fr 4kantig-prismatisch, alle mit stumpfrandigem, geradem Scheitel. 0,15–0,50. 5–10. Sandige bis lehmige Äcker, mäßig frische bis frische Rud., Brachen, kalkmeidend; [A] v Rh He Th Sa An Ns Mv, z By(h NM) Bw Nw Bb Sh, s Alp(Brch) (m-b·c1-4EUR, [N] austrAUST+AM+m-temp·c1-4AM – hros ① ⊙ – InB SeB? – MeA KIA: SchleimFr Sa langlebig – L7 T6 F4 R6 N6 – O Aper., V Sisymbr.)
Acker-H. – *A. arvensis* L.

Hybriden: *A. arvensis* × *Cota tinctoria* = [*A.* ×*adulterina* Ruhmer] – s, *A. cotula* × *Cota tinctoria* = [*A.* ×*sulphurea* Nyman] – s, *A. ruthenica* × *Cota tinctoria* = ? – s, *A. arvensis* × *Tripleurospermum inodorum* = ×*Tripleurothemis gruetteriana* (P.F.A. Ascherson) P.D. Sell – s, *A. cotula* × *Tripleurospermum inodorum* = ×*Tripleurothemis maleolens* (P. Fourn.) Stace – s

Cota J. Gay – **Hundskamille** (40 Arten)
1 ZungenBlü goldgelb, selten fehlend. Pfl ⚃, mit holzigem Wurzelstock. 0,30–0,60. 6–9. Felsfluren, rud. Trockenrasen, trockne Rud.: Bahnanlagen, Steinbrüche; skelettreiche, extensiv genutzte Äcker; [A?] h Th, v An, z By Bw Rh He Nw Sa Bb Ns Mv(f Elb) Sh, s Alp(Allg Chm Mng) (m/mo-b·c2-6EURAS-WAS, [N] sm-tempAM – igr hros H kurzlebig ⚃ Pleiok – InB: bes. Bienen, Staubfäden reizbar – MeA Sa langlebig – L8 T6 F3 R6 N4 – V Sesl.-Fest., V Fest. val., V Conv.-Agrop., V Dauco-Mel., V Sisymbr., V Caucal. – früher Färbe- u. HeilPfl – 18). [*Anthemis tinctoria* L.] **Färber-H. – *C. tinctoria*** (L.) J. Gay
1* ZungenBlü weiß. Pfl ein- bis zweijährig. 0,30–0,50. 7–9. Mäßig trockne Rud., Brachen, Flussufer, Äcker, basenhold; [A] s By(f S), [N] z Rh, [U] s Bw He Th Sa An Bb Mv Sh (m-stemp·c4-7EUR-VORDAS – eros/hros? ⊙ ①? – L8 T7 F3 R9 N5 – V Sisymbr., V Onop., V Caucal.). [*Anthemis austriaca* Jacq.]
Österreichische H. – *C. austriaca* (Jacq.) Sch. Bip.

Hybride: *C. austriaca* × *C. tinctoria* = ? – s, *C. tinctoria* × *Tripleurospermum inodorum* = ? – s

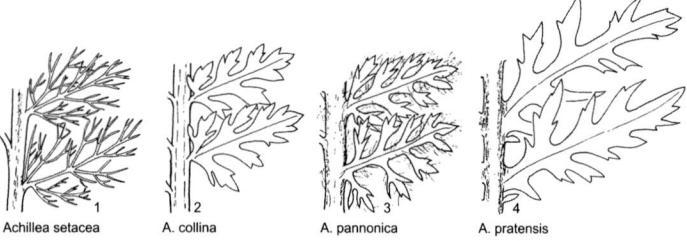

Achillea setacea   A. collina   A. pannonica   A. pratensis

ASTERACEAE 875

Tanacetum L. [*Chrysanthemum* L. p.p., incl. *Balsamita* M ILL., *Pyrethrum* Z INN] –
Straußmargerite, Rainfarn, Mutterkraut, Balsamkraut (160 Arten)
1 ZungenBlü fehlend. Pfl (beim Zerreiben) stark aromatisch 2
1* ZungenBlü vorhanden, weiß 3
2 Bla ungeteilt, höchstens am Grund mit 2–4 öhrchenfg Zipfeln, eifg-elliptisch, kerbig gesägt. 0,50–1,20. 7–9. KulturPfl; auch Rud.; [N U] s By Bw He Nw Th Sa An Bb (urspr. m·c4-6VORDAS, [A] m-smEUR – sogr eros H ⚃ uAusl – InB – MeA – V Arct. – früher Gewürz- u. VolksheilPfl). [*Chrysanthemum balsamita* (L.) B AILL ., *Balsamita major* D ESF .]
Balsamkraut – *T. balsamita* L.
2* Bla fiederschnittig mit fiederteiligen Abschnitten, im Umriss ± länglich. 0,40–1,50. 7–9(–11). Frische Rud.: Straßenränder, Dämme; Brachen, Ufer, nährstoffanspruchsvoll; alle Bdl g(Alp z) (sm-b·c1-8EURAS, [N] AUST+austr-tempAM – teiligr hros H ⚃ – InB – MeA WaA KIA Lichtkeimer – L8 T6 F5 R8 N5 – V Dauco-Mel., V Arct., V Chen. rub., V Arrh. – früher HeilPfl, giftig – 18). [*Chrysanthemum vulgare* (L.) B ERNH .] **Rainfarn – *T. vulgare* L.**
3 (1) Köpfe 6–8 mm ⌀. Zunge der ZungenBlü 1–3 mm lg, breiter als lg. RöhrenBlü bräunlich weiß. Schirmrispe sehr dicht u. vielköpfig. 0,40–1,50. 6–8. ZierPfl; auch frische, rud. Staudenfluren, Parks, Waldränder; [N 1783] s By Bw Th An Bb, [U] s Rh He Sa Ns Mv Sh (sm/mo·c3-4EUR, [N] temp·c2-3EUR – teiligr eros H ⚃ Rhiz – InB – K Artem.). [*Chrysanthemum macrophyllum* W ALDST . et K IT .]
Großblättrige S. – *T. macrophyllum* (W ALDST . et K IT .) S CH . B IP .
3* Köpfe 10–50 mm ⌀. Zunge 2,5–15 mm lg, länger als br. RöhrenBlü gelb 4
4 Zunge lineal-länglich, 10–15(–20) mm lg. Bla derb, länglich, gefiedert, jederseits mit 6–15 fiederteiligen Abschnitten. Pfl geruchlos. 0,50–1,00. 6–8. Xerotherme Trockengebüsch- u. TrockenWSäume, lichte Eichen- u. BuchenW, basenhold; v Th, z By Bw Rh He(f NW) An(h Hrz S) Bb(NO Od M) Ns(MO S), s Nw(f MW N) Sa(W) Mv(M); auch ZierPfl (m/mo-stemp·c2-6EUR-WAS – igr hros H ⚃ PleiokRhiz – InB – KlA MeA – L6 T7 F4 R7 N4 – V Ger. sang., O Querc. pub., V Carp.). [*Chrysanthemum corymbosum* L.]
Gewöhnliche S. – *T. corymbosum* (L.) S CH . B IP .
4* Zunge ± verkehrteifg. Bla zart, eifg, jederseits mit 3–6 Abschnitten. Pfl stark aromatisch
.... 5
5 Zunge 2,5–7 mm lg. Bla gelbgrün, zerstreut behaart, ihre Abschnitte länglich-eifg bis elliptisch, fiederspaltig, mit stumpfen Zipfeln. Köpfe auf straffen Stielen, in dichter Schirmrispe. 0,30–0,60. 6–8. ZierPfl; auch frische Rud.; [A] v Nw Sa, z By Rh Ns, [N] z Bw He Th An, [U] s Rh Bb Mv Sh (sm-c3-4VORDAS-KAUK, [N] AM – igr eros/ hros C kurzlebig ⚃ Pleiok – InB – MeA – L6 T? F? R? N7 – V Arct. – HeilPfl – 36). [*Chrysanthemum parthenium* (L.) B ERNH .] **Mutterkraut – *T. parthenium* (L.) S CH . B IP .**
5* Zunge 7–10 mm lg. Bla grün od. mattgrün, dicht grauhaarig, fiederschnittig, ihre Abschnitte länglich, fiederteilig, mit spitzen Zipfeln. Köpfe auf meist gekrümmten Stielen, in lockerer Schirmrispe. 0,30–0,80. 7–8. Felsspalten, Rud.: Bahnanlagen, Mauern; [N 1855] z Sa(bes. SW), [U] s By Nw Th An (m-sm//mo·c6WAS – igr eros C kurzlebig ⚃ Pleiok – InB – MeA – K Aspl. trich., K Sedo-Scler. – 18). [*Pyrethrum partheniifolium* W ILLD .]
Staubige S. – *T. partheniifolium* (W ILLD .) S CH . B IP .

Tripleurospermum S CH . B IP . [*Matricaria* auct.] – **Strandkamille** (40 Arten)
Die folgenden zwei Arten wurden oft nicht unterschieden, weshalb die Verbreitung der zweiten ungenau bekannt ist. Das betrifft bes. die Vorkommen an Binnensalzstellen. Beim Zusammentreffen beider Arten können Hybride auftreten.

1 Pfl ☉ od. ⊙. Fr auf der Bauchseite mit 3 deutlich getrennten Rippen, auf der Rückenseite nahe dem Scheitel mit 2 fast kreisrunden Öldrüsen (Abb. **872**/4). HauptStg fast stets aufrecht. BlaZipfel fadenfg, 0,3–0,5 mm br. 0,30–0,60(–0,80). 6–10. Nährstoffreiche Äcker, frische bis mäßig trockne Rud., kalkmeidend; [A] alle Bdl g(Alp z) (m-sb·c1-7EUR-WAS, [N] austr+sm-bAM+OAS – hros ⊙ ☉ – InB SeB? – MeA KlA VdA Sa langlebig Lichtkeimer – L7 T6 Fx R6 N6 – K Stell., V Sisymbr. – 18, 27, 36). [*Matricaria inodora* L., *M. perforata* M ÉRAT, *M. maritima* subsp. *inodora* (L.) S OÓ, *T. maritimum* subsp. *inodorum* (L.) A PPLEQ ., *T. perforatum* (M ÉRAT) M. L AÍNZ]
Falsche S., Geruchlose Kamille – *T. inodorum* (L.) S CH . B IP .

1* Pfl ⚃ od. ⊙. FrRippen dicht aneinanderliegend, Öldrüsen elliptisch, mindestens 2mal so lg wie br (Abb. **872**/5). Stg niederliegend od. aufsteigend. BlaZipfel etwas fleischig, 0,6–1,0 mm br. 0,10–0,50. 7–10. Küsten-Spülsäume, Salzstellen im Binnenland; z Küsten von Ns Mv Sh, s An? (sm-b·litEUR-arct·c1-7CIRCPOL – igr hros ⊙⚃ Pleiok – InB – KlA VdA Sa langlebig – L9 T6 F6= R7 N8 – O Cak., O Glauco-Pucc. – 18, 36). [*Matricaria maritima* L.]
                 Echte S. – ***T. maritimum*** (L.) W.D.J. KOCH

Matricaria L. [*Chamomilla* GRAY] – Kamille (6 Arten)

1 Köpfe mit weißen ZungenBlü, 10–25 mm ⌀. RöhrenBlü 5zähnig. Pfl mit Kamillengeruch. 0,15–0,40. 5–8. Sandige bis lehmige Äcker, frische Rud., kalkmeidend, nährstoffanspruchsvoll; [A] g Sa Ns, h He Nw Th An Mv, v By(g NM) Bw Rh Bb Sh, s Alp (m-b·c1-7EUR-WAS, [N] austr AUST+austr-trop/mo-tempAM – hros ① ⊙ – InB: bes. Fliegen – KlA VdA MeA Sa langlebig Lichtkeimer – L7 T6 F5 R5 N5 – V Aphan., V Sisymbr., O Plant. – HeilPfl). [*M. recutita* L., *Chamomilla recutita* (L.) RAUSCHERT]   **Echte K. –** ***M. chamomilla*** L.
1* Köpfe ohne ZungenBlü, 5–11 mm ⌀. RöhrenBlü 4zähnig. 0,05–0,30. 6–8. Frische, meist stickstoffreichere Rud., bes. Trittstellen, Bahnanlagen, Schutt; Äcker; [N 1852] alle Bdl g(Alp z) ([N] austr AM+AUST+sm-b·c1-6CIRCPOL, als [N] entstanden in WAM? – hros/eros ⊙ ① – SeB – MeA VdA KlA Sa langlebig – L8 T5 F5 R7 N8 – V Polyg. avic., O Aper. – 18). [*M. matricarioides* auct., *M. suaveolens* (PURSH) BUCHENAU non L., *Chamomilla suaveolens* (PURSH) RYDB.]   **Strahlenlose K. –** ***M. discoidea*** DC.

Leucanthemopsis (GIROUX) HEYWOOD [*Chrysanthemum* L. p.p.] – Alpenmargerite (6 Arten)

Köpfe 2–4 cm ⌀. HüllBla mit br schwarzbraunem Hautrand. ZungenBlü weiß od. zuletzt rötlich. Fr mit häutigem Krönchen. 0,05–0,15. 7–8. Alp. feuchte Schneetälchen u. -böden, kalkmeidend; z Alp(Allg Chm Wtt) (sm-stemp//alp·c2-4EUR – igr hros H ⚃ PleiokRhiz – InB – WiA VdA? – L8 T2 F7 R2 N2 – V Salic. herb., V Nard., V Car. curv., V Andros. alp. – 36). [*Chrysanthemum alpinum* L., *Tanacetum alpinum* (L.) SCH. BIP.]
               Alpenmargerite – ***L. alpina*** (L.) HEYWOOD
 1 Zipfel der GrundBlaSpreite mehr als 2mal so lg wie die Breite des unzerteilten Mittelfelds (BlaRhachis). Standorte u. Verbr. in D wie Art (sm-stemp//alp·c2-4W-ZALP).   subsp. ***alpina***
 1* Zipfel der GrundBlaSpreite weniger als 2mal so lg wie die Breite des unzerteilten Mittelfelds (BlaRhachis). Ostalpen (sm-stemp//alp·c2-3OALP).   subsp. ***cuneifolia*** (MURR) TOMASELLO et OBERPR.

Glebionis CASS. [*Chrysanthemum* L. p.p.] – Wucherblume (2 Arten)

1 Bla grob gesägt bis fiederspaltig, obere ± stängelumfassend, bläulich-grün. Köpfe 2–5 cm ⌀, StrahlBlü gelb. 0,20–0,60. 6–10. Sandige bis lehmige Äcker, frische Rud., kalkmeidend; [A] v Rh Ns, z He Nw Th An Mv Sh, s By(f MS N O S) Sa Bb(f Od SW), [N U] Bw, ⌃; auch ZierPfl (m-temp·c1-2EUR, [N] temp-b·c3EUR+c1-2AM+NEUSEEL – hros/eros ⊙ ① – InB – MeA KlA Sa langlebig – L7 T6 F5 R5 N5 – V Aphan., V Sperg.-Oxal., V Sisymbr. – 18). [*Chrysanthemum segetum* L., *Xanthophthalmum segetum* (L.) SCH. BIP.]
                Saat-W. – ***G. segetum*** (L.) FOURR.
1* Bla doppelt fiederteilig, obere ± stängelumfassend, grün. Köpfe 2–5 cm ⌀, StrahlBlü gelb od. bleichgelb mit gelber Basis. 0,30–0,80. 6–9. ZierPfl; auch Rud.; [U] s By Bw Rh He Nw Th Sa Bb Ns Mv Sh (m-sm·c3-7EUR, [N] m-sm·c3-5NAM+AUST – hros/eros ⊙ ⊙ – InB – MeA KlA – V Sisymbr.). [*Chrysanthemum coronarium* L., *Xanthophthalmum coronarium* (L.) P.D. SELL]   **Goldblume, Kronen-W. –** ***G. coronaria*** (L.) SPACH

Chamaemelum MILL. – Römische Kamille, Spornkamille (2 Arten)

Bla doppelt fiederschnittig mit linealischen Zipfeln. SpreuBla länglich, mit abgerundeter, gezähnelter Spitze (Abb. **882**/13). Basis der Kr die Fr überlappend. Pfl aromatisch. 0,10–0,30. 7–10. ZierPfl; auch Rud.; [N U] s By Bw Rh He Nw Th Sa Bb Mv Sh (m/mo-sm·c1-2-temp·c1EUR – igr eros H/C ⚃ Pleiok – oft gefülltköpfig, HeilPfl). [*Anthemis nobilis* L.]
                Römische Kamille – ***Ch. nobile*** (L.) ALL.

ASTERACEAE

Leucanthemum MILL. [*Chrysanthemum* L. p.p.] – **Margerite** (43 Arten)
ZierPfl (s. Bd. ZierPfl), selten verwildert: **Garten-M. – L. maximum** (RAMOND) DC.: ähnlich *L. adustum*, aber kräftiger im Wuchs, BlüKöpfe >7 cm ⌀, Bla scharf u. gleichmäßig gesägt. 0,30–1,00. 7(–9). [N U] s He (sm/salp·c2WEUR – igr hros/eros ♃ Rhiz. [N] auch Hybride mit *L. lacustre* (BROT.) SAMP. (= *L. ×superbum* (INGRAM) KENT).

1 Fr der RöhrenBlü mit ± deutlichem krönchenartigem Pappus. Bla auch oberhalb der Mitte mit pfriemlichen, oft nach außen gebogenen Zähnen, obere Bla kaum kürzer. HüllBla mit br schwärzlichem Hautrand. 0,10–0,20. 7–9. Alp. sickerfrische, lockere Steinschuttfluren, kalkstet; v Alp (stemp//alp·c3ALP – igr hros/eros H ♃ Rhiz – InB – WiA WaA VdA? – L9 T2 F5 R9 N2? – O Thlasp. rot. – 18). [*Chrysanthemum halleri* VITMAN, *L. atratum* subsp. *halleri* (VITMAN) HEYWOOD]   **Haller-M. – L. halleri** (VITMAN) DUCOMMUN
1* Fr der RöhrenBlü oben abgerundet, ohne Pappus. Bla höchstens zum Grund hin mit pfriemlichen, abstehenden Zähnen, obere Bla meist deutlich kürzer als die mittleren. HüllBla mit schmalem hellbraunem bis schwarzbraunem Hautrand. **(Artengruppe Wiesen-M. – L. vulgare agg.)** 2
2 Mittlere StgBla nahe der Mitte am breitesten u. hier fast parallelrandig, ihre Zähne nicht am BlaGrund gehäuft. Oberes Drittel od. obere Hälfte des Stg meist blattlos. Fr 2,5–3,2 mm. 0,20–0,50. 6–8. Mont. bis alp. trockne Felsbandfluren u. Steinrasen, kalkhold; v Alp(s Chm), z By(Alb S MS), s Bw(f NW ORh SW), Verbr. in D ungenau bekannt (sm-stemp//mo·c2-3EUR – igr hros H ♃ PleiokRhiz – InB – L9 T4? F4 R7 N3 – O Sesl., V Sesl.-Fest. – 54).
      Berg-M. – L. adustum (W.D.J. KOCH) GREMLI
2* Mittlere StgBla im oberen Drittel am breitesten, ihre Zähne zum Grund hin dichter u. meist länger, z. T. deutliche Öhrchen bildend. Stg über ⅔ od. mehr seiner Länge ziemlich gleichmäßig beblättert. Fr 1,5–2,5 mm 3
3 Spreite der mittleren StgBla (ohne Berücksichtigung der Zähne) zum Grund hin deutlich verschmälert, im unteren Drittel mit Zähnen (Zipfeln), die länger sind als die Breite der unzerteilten Spreite. Untere Zähne verlängert, öhrchenartig angeordnet. Stg meist kahl. 0,20–0,80(–1,00). 5–9(–10). Trockne, auch rud. Frischwiesen, Halbtrockenrasen, basenhold; alle Bdl v(z Bb Mv, f Sa), Verbr. ungenau bekannt; auch ZierPfl (sm-b·c1-6EUR, [N] austr-(trop/mo)-b·c1-6CIRCPOL? – igr hros H kurzlebig? ♃ Pleiok Rhiz – InB – WiA VdA KlA MeA Sa langlebig – L7 Tx F4 Rx N3 – V Mesobrom., V Arrh. – 18). [*Chrysanthemum leucanthemum* L., *L. praecox* (HORVATIĆ) VILLARD]
      Kleine Wiesen-M., Fiederöhrchen-M. – L. vulgare LAM.
3* Spreite der mittleren StgBla zum Grund hin wenig verschmälert, im unteren Teil mit Zähnen, die meist kürzer sind als die Breite der unzerteilten Spreite. Untere Zähne nicht auffallend öhrchenartig ausgebildet. Stg oft behaart. 0,20–0,80(–1,00). 5–9(–10). Frische bis mäßig frische Wiesen u. Weiden, Parkrasen, Halbtrockenrasen, Umbruchwiesen, Brachen; g Rh He Nw Th Sa An Ns(v N), h Alp Bw, v By Bb Mv Sh, Verbr. ungenau bekannt; auch ZierPfl (sm-b·c1-6EUR-WSIB, [N] austr-(trop/mo)-b·c1-6CIRCPOL – igr hros H kurzlebig? ♃ PleiokRhiz – InB – WiA VdA KlA MeA Sa langlebig – L7 Tx F5? Rx N3 – O Arrh., V Mesobrom. – 36). [*L. vulgare* subsp. *ircutianum* (DC.) TZVELEV]
      Wiesen-M., Zahnöhrchen-M. – L. ircutianum DC.
Hybride: *L. adustum* × *L. halleri* = *L. ×intersitum* HAUSSKN.

Tribus *Inuleae* CASS.

Pulicaria GAERTN. – **Flohkraut** (85 Arten)
1 Köpfe 7–10 mm ⌀. ZungenBlü kaum länger als die RöhrenBlü (selten fehlend). Kr schmutziggelb. Innere Pappushaare 7–10 (Abb. **800**/2). Obere Bla mit abgerundetem Grund sitzend. 0,10–0,30. 7–8. Feuchte bis (wechsel)nasse, teils zeitweilig überflutete Ufer, Flutrasen, dörfliche Rud., nährstoffanspruchsvoll, schwach salztolerant; z Rh(f SW) Nw An(f Hrz W) Ns(f MO Hrz), s By(f S) Bw(ORh) He(f SO NW O) Th(Bck) Sa(f NO) Bb Mv(Elb) Sh(SO M) (m-temp·c1-8EUR-WAS – hros/eros ☉ – SeB InB – WiA WaA? – L9 T6 F8= R6? N7 – V Bid., V Agrop.-Rum., V Nanocyp.).   **Kleines F. – P. vulgaris** GAERTN.

1* Köpfe 15–30 mm ⌀. ZungenBlü viel länger als RöhrenBlü. Kr goldgelb. Innere Pappushaare 14–20. Bla mit herzfg Grund stängelumfassend. 0,30–0,60. 7–9. Wechselfeuchte bis nasse Wiesen, Weiden u. Flutrasen, Grünlandbrachen, Rud., lichte Röhrichte, nährstoffanspruchsvoll, salztolerant; z By(f NO) Bw Rh(h ORh) He(f MW NW) Nw Th(NW Rho, z Bck) An Bb Ns(h MO, f Hrz) Mv Sh, s Alp(f Krw) Sa(W Elb) (m·c1-7-temp·c1-3EUR-WAS – sogr eros H ♃ uAusl – InB – WiA WaA KlA? – L8 T6 F7~ R7 N5 – O Mol., V Agrop.-Rum.).
  Großes F. – *P. dysenterica* (L.) BERNH.

Dittrichia GREUTER [*Inula* L. p.p., *Cupularia* GODR. et GREN. non LINK] – **Klebalant** (2 Arten)

Bla lineal-lanzettlich bis linealisch, 1–10 mm br. Köpfe 5–10 mm ⌀, ∞ in lockerer, schmaler Rispe. ZungenBlü die Hülle nicht od. kaum überragend. 0,15–0,50. 7–9. Trockne bis mäßig trockne, sandig-tonige Rud., bes. Autobahnen, Umschlagplätze, Industriebrachen, basenhold, tausalzfest; [N 1950] z By Bw Rh He Nw Sa An, s Th Bb Ns Mv Sh, ↗ (m·c1-6-stemp·c1-2EUR-WAS, [N] austrAUST+AFR – eros ⊙ – InB? -WiA – L9 T7 F4 R8 N5? – V Sisymbr. – *18, 20*). [*Inula graveolens* (L.) DESF.]
  Klebalant – *D. graveolens* (L.) GREUTER

Buphthalmum L. – **Rindsauge** (3 Arten)

Köpfe einzeln od. mehrere, lg gestielt. 0,15–0,70. 6–9. Mont. bis präalp. Halbtrockenrasen, Trockengebüschsäume, lichte TrockenW, trockne Moorwiesen, kalkstet; h Alp, z By Bw(f NW ORh), [U] s Rh Th Sa Mv (sm/mo-stemp/demo·c2-3EUR – teiligr hros H ♃ Rhiz – InB – WiA Sa langlebig – L8 Tx F4 R8 N3 – V Mesobrom., V Mol., O Sesl., V Ger. sang., V Eric.-Pin. – *20*). **Weidenblatt-R. – *B. salicifolium* L.**

Inula L. [*Pentanema* CASS.] – **Alant** (100 Arten)

1 Innere HüllBla spatelfg, äußere laubblattartig. Köpfe 6–7 cm ⌀. Bla useits filzig, br lanzettlich, die unteren >30 cm lg. 1,00–2,00. 7–8. KulturPfl; auch frische bis feuchte Hochstaudenfluren am Ufer stehender Gewässer u. Gräben, Rud., Waldränder, alte Parkanlagen, Friedhöfe; [N meist U] z By He Nw Sa An Ns, s Alp Bw Th Bb Mv Sh, ↘ (sm/mo-stemp·c5-6OEUR-WAS, [A N] sm-temp·c1-6EUR+OAM – sogr hros ♃ kurzes Rhiz – InB – WiA MeA Kältekeimer – L7 T7 F5 R7? N5? – O Convolv., V Arct. – alte Volksheil-, Gewürz-, Färbeu. ZierPfl – *20*). **Echter A. – *I. helenium* L.**

Ähnlich ist der **Traubige A. – *I. racemosa*** HOOK. f.: BlüStand traubig, BlüKöpfe kurz gestielt od. fast sitzend, 5–8 cm ø, GrundBlaSpreite 20–50 cm lg, 10–20 cm br. [N 1998] s Sa(W: Leipzig), [U] s By.

1* Innere HüllBla zugespitzt, lanzettlich od. linealisch. Köpfe höchstens 5 cm ⌀. Bla <20 cm lg **2**
2 ZungenBlü fehlend od. die Hülle nicht überragend, schmutziggelb, RöhrenBlü bräunlich. Köpfe 5–10 mm ⌀, in gedrängter Schirmrispe. 0,50–1,00. 6–10. Halbtrockenrasen, Trockengebüsche, TrockenW u. ihre Säume, Waldverlichtungen, Rud., basenhold; v Bw Rh He Nw Th An, z By Sa Ns(h MO S, f Elb), s Alp Bb(SO Elb SW), [U] s Mv (m/mo-temp·c1-4EUR – igr hros ⊙ ⊘/kurzlebig ♃ PleiokRhiz – InB – WiA – L6 T6 F4 R7 N3 – V Cirs.-Brach., O Orig., O Prun., O Querc. pub., V Eric-Pin., V Arct. – für Vieh giftig – *32*). [*I. conyza* DC., *Pentanema conyzae* (GRIESS.) D. GUT. LARR. et al.]
  Dürrwurz-A., Dürrwurz – *I. conyzae* (GRIESS.) DC.
2* ZungenBlü mit deutlicher, die Hülle überragender Zunge, goldgelb **3**
3 Stg u. Bla kahl od. Stg nur unterwärts u. Bla nur useits auf den Nerven kurzborstig, sonst auf der Fläche kahl **4**
3* Stg u. Bla wenigstens useits stärker behaart **5**
4 Bla netznervig, länglich-lanzettlich, >8 mm br, mit herzfg Grund halbstängelumfassend. Stg 1–5köpfig. Köpfe 2,5–4 cm ⌀. 0,25–0,80. 6–10. Wechselfrische bis -feuchte Wiesen, Halbtrockenrasen, Wald- u. Gebüschsäume, basenhold; z Alp(f Brch) By Bw Rh He(f NW) Th An Bb Ns(f N NW) Mv(f Elb SW), s Nw Sa Sh(O), ↘ (m/mo-temp-(b)·c2-8EURAS – sogr eros G/H ♃ uAusl – InB – WiA – L8 T6 F6~ R9 N3 – V Mol., V Mesobrom., V Ger. sang.,

ASTERACEAE 879

O Querc. pub. – 16). [*Pentanema salicinum* (L.) D. Gut. Larr. et al.]
Weidenblättriger A. – *I. salicina* L.
4* Bla parallelnervig, lineal-lanzettlich, (2–)3–8(–10) mm br, sitzend, etwas steif, spitz. Stg meist 1köpfig. 0,10–0,40. 7–8. Kalkreiche Trockenrasen; † By(MS: Deggendorf), [N] s By (Alb MS N NM) Bw (sm-stemp·c4-8EURAS – sogr eros G/H ♃ uAusl – InB – WiA – V Mesobrom.). **Schwert-A. – *I. ensifolia* L.**
5 (3) Bla beidseits rauhaarig, hervortretend netzadrig, obere mit verschmälertem od. abgerundetem Grund sitzend, nicht stängelumfassend. Stg abstehend rauhaarig, 1–3köpfig. Köpfe 2–5 cm ⌀. 0,15–0,45. 6–7. Waldnahe kont. Trocken- u. Halbtrockenrasen, Trockengebüsche u. ihre Säume, lichte Trockenwälder, kalkhold; z By Th(Bck NW S) An(f N O), s Bw(f SO SW) Rh(f N W) He(f MW NW W) Sa(W) Bb(NO Od) Ns(MO) Mv(M), ↘ (sm-temp·c4-6EUR-WSIB – sogr eros H ♃ kurzes Rhiz – InB – WiA KlA – L7 T6 F3 R8 N3 – V Ger. sang., O Fest. val., V Querc. pub.– 16). [*Pentanema hirtum* (L.) D. Gut. Larr. et al.]
Rauhaariger A. – *I. hirta* L.
5* Bla wenigstens useits wollig od. seidig-filzig 6
6 Bla in einen kurzen Stiel verschmälert, useits wie der Stg angedrückt graufilzig. Äußere HüllBla ± aufrecht, graufilzig. Köpfe 2,5–3 cm ⌀, in Schirmrispe. 0,30–0,60. 7–9. Feuchte bis wechselnasse Säume von AuenW u. -gebüschen, AuenWVerlichtungen, basenhold, nährstoffanspruchsvoll; s Bw(ORh: Neuenburg) (sm/mo-stemp·c2-3WEUR – sogr eros G/H ♃ uAuslRhiz – InB – WiA – L7 T8? F8–? R8 N8? – O Convolv.). [*I. vaillantii* (All.) Vill., *Pentanema helveticum* (Weber) D. Gut. Larr. et al.]
Schweizer A. – *I. helvetica* Weber
6* Obere Bla mit herzfg Grund sitzend od. stängelumfassend. HüllBla an der Spitze zurückgekrümmt 7
7 ZungenBlü wenig länger als die RöhrenBlü. Äußere HüllBla kürzer als innere. Köpfe 0,7–1 cm ⌀, in gedrängter Schirmrispe. Bla useits u. Stg langhaarig. Fr kahl. 0,30–0,60. 7–8. Trockengebüschsäume, waldnahe kont. Trocken- u. Halbtrockenrasen, kalkstet; z Th(Bck), s By(N) Rh(f M N W) An(f S f N) Bb(NO Od) Ns(MO: Seinstedt) (m/mo-stemp·c4-7EUR – sogr eros G/H ♃ uAusl – InB – WiA – L8 T7 F3 R8 N2? – V Ger. sang., O Fest. val. – 16 – ▽). [*Pentanema germanicum* (L.) D. Gut. Larr. et al.]
Deutscher A. – *I. germanica* L.
7* ZungenBlü viel länger als die RöhrenBlü. HüllBla gleich lg. Köpfe 2–5 cm ⌀, einzeln ob in 2–4köpfiger Schirmtraube. Bla useits u. Stg anliegend seidig-zottig. Fr behaart. 0,20–0,60. 7–9. Wechselfeuchte, zeitweilig auch überflutete Wiesen, Flutrasen, Ufer, Gräben, Rud., nährstoffanspruchsvoll, schwach salztolerant, StromtalPfl; z Rh He(f SO NW W) Nw(f SW) Th(Bck NW Rho) Sa An(f Hrz) Bb Ns(f Elb, f Hrz) Mv Sh, s By(f NO) Bw(ORh S SW), ↘ (m/mo-b·c2-9EURAS – sogr eros H/G ♃ WuSpr – InB – WiA – L8 T6 F7= R8 N5 – V Mol., V Agrop.-Rum., V Chen. rub. – 32). [*Pentanema britannicum* (L.) D. Gut. Larr. et al.]
Wiesen-A. – *I. britannica* L.

Hybriden: *I. germanica* × *I. salicina* = *I.* ×*media* M. Bieb. – s, *I. helvetica* × *I. salicina* = *I.* ×*semiamplexicaulis* Reut. – s, *I. hirta* × *I. salicina* = *I.* ×*rigida* Döll – z

Carpesium L. – **Kragenblume** (25 Arten)
Köpfe einzeln, endständig. 0,20–0,80. 7–9. Frische, bes. siedlungsnahe Wald- u. Gebüschsäume; † By(MS: Inn, Donau u. Salzach) ((strop/mo)-m-stemp·c1-5AS-(EUR) – sogr eros H ⊛/⊙ – SeB? – KlA: Fr drüsig – L5 T6? F5? R7? N7? – V Alliar.).
⊕ Nickende K. – *C. cernuum* L

Telekia Baumg. – **Telekie, Sonnenstern** (1 Art)
Köpfe meist mehrere, schirmtraubig. ZungenBlü goldgelb. RöhrenBlü bräunlichgelb. 0,60–1,60. 6–8. ZierPfl; nach Parks, feuchte Uferstaudenfluren, Gebüschränder, basenhold; [N 1852] z Alp(f Allg) By Th(s Bck) Sa(SW: ErzG, sonst s) Mv, s He Nw An Bb, oft auch [N U], ↗ (sm/mo-stemp/demo·c3-4SOEUR-KAUK, [N] temp·c2-4EUR – sogr hros H/G ♃ Rhiz – L7 T6 F7 R7 N7 – O Convolv., V Atrop.).
Gewöhnliche T. – *T. speciosa* (Schreb.) Baumg.

ASTERACEAE

Tribus **Helenieae** LINDL.

Bidens L. – **Zweizahn** (280 Arten)
[N U]: **Weichhaariger Z.** – *B. pilosa* L: ähnlich **3**, aber Pfl weißlich behaart. Fr unten nicht verschmälert, mit (2–)3 Grannen. Bla ungeteilt od. 3teilig, Blättchen 4–8 cm br, Zähne breiter als lg. 0,20–1,50. s By Bw Rh Nw Sa An Bb Ns Mv Sh (strop-tropAM, [N] austr-smAUST-CIRCPIOL – selbstfertil, Warmkeimer, Sa langlebig – K Stell.).

1 Köpfe ± nickend, oft mit ZungenBlü. Bla ungeteilt, lanzettlich, am Grund kaum verschmälert, verwachsen. 0,05–1,00. 8–10. Nasse, zeitweilig überflutete, schlammige Rud., bes. an Dorfteichen, Gräben, Röhrichte, nährstoff(stickstoff)-anspruchsvoll; v Ns Mv Sh, z Alp(f Krw Kch Mng) By Rh He Nw Th Sa An Bb(h NO), s Bw, ↘ (m-temp-(b)·c1-6AM+EUR – eros ☉ – InB SeB – KlA Kältekeimer – L8 T6 F9= R7 N9 – V Bid. – 24).
 Nickender Z. – *B. cernua* L.
1* Köpfe aufrecht, meist ohne ZungenBlü 2
2 Bla ungeteilt, in einen geflügelten Stiel verschmälert, oseits dunkelgrün. Köpfe braungelb, oft rot überlaufen. Fr 3–4kantig, nach unten deutlich verschmälert (Abb. **882**/1). 0,15–1,00. 8–10. Nasse, schlammige bis sandige Uferfluren, nährstoffanspruchsvoll; [N 1865] z Sa Bb Ns, s By Bw Rh Nw An Bb Sh, [U] s He (sm-temp·c2-5OAM, [N] stemp·c2-3EUR – eros ☉ – KlA – L8 T7? F9= R7 N9 – V Bid. – 24, 48, 72).
 Verwachsenblättriger Z. – *B. connata* WILLD.
2* Bla geteilt, selten einige ungeteilt. Fr flach, unten wenig verschmälert 3
3 Bla lg gestielt, 3zählig od. gefiedert, die Blättchen mit verschmälertem Grund ansitzend, BlaZähne meist länger als br. Fr auch auf der Fläche vorwärts stachelhöckrig (Abb. **882**/2), schwärzlich, Grannen meist 2. Köpfe lg gestielt. 0,05–1,00. 8–9. Nasse, zeitweilig überflutete, sandig-kiesige bis schlammige Fluss- u. Teichufer, frische Rud., nährstoffanspruchsvoll; [N 1736] h Sa An, v Nw Th Bb Ns, z By Bw Rh He Mv Sh, ↗ (sm-temp·c2-6AM, [N] sm-temp·c1-6EUR – eros ☉ – SeB WaA KlA Sa langlebig – L7 T6 F8= R7 N8 – O Bid., V Salic. alb. – 48). [*B. melanocarpus* WIEGAND] **Schwarzfrüchtiger Z.** – *B. frondosa* L.
3* Bla kurz gestielt, 3–7teilig, die Abschnitte an der BlaSpindel u. dem Stiel herablaufend. Fr auf der Fläche glatt od. oben mit dünnen Haaren, nur am Rand rückwärts stachlig rau (Abb. **882**/3) 4
4 Köpfe tellerfg, viel breiter als hoch. Äußere, blattartige HüllBla meist 9–12, innere wie die randlichen Blü fast strahlend. SpreuBla 0,6–0,7 mm br, so lg wie die Fr einschließlich Grannen. Fr klein, äußere 3–4,5 mm, innere 4,5–5,5 mm lg. Bla hellgrün, BlaZähne nach der BlaSpitze zu gekrümmt. Stg bleichgrün bis schwach rötlich, mit aufrechten Ästen. 0,15–1,00. 8–10. Nasse, zeitweilig überflutete u. trockenfallende, schlammige Teichufer u. Gräben, nährstoff(stickstoff)anspruchsvoll; z Nw(f N NO) Th(f Hrz NW S) Sa, s By(f N) Bw(f Alb ORh) Rh(N M SW) He(f SW) Th(f Hrz NW) An(f Hrz S W) Bb(f SW) Ns(f Hrz NW S) Mv(f N MO) Sh(M SO), ↗ (sm-b·c2-7EURAS – eros ☉ – SeB – KlA Lichtkeimer – L9 T6 F9= R6 N8 – O Bid., V Nanocyp. – 48). **Strahlender Z.** – *B. radiata* THUILL.
4* Köpfe etwa so br wie hoch. Äußere, blattartige HüllBla meist 5–8, innere wie die randlichen Blü aufrecht. SpreuBla etwa 1 mm br, so lg wie die Fr ausschließlich Grannen. Fr größer, äußere 4,5–6 mm lg. Bla dunkelgrün, Zähne gerade, vorwärtsgerichtet. Stg meist kräftig braunrot, mit weit ausladenden Ästen. 0,15–1,00. 7–10. Nasse, zeitweilig überflutete Teichufer u. Gräben, Rud., Nassstellen in Äckern, nährstoff(stickstoff)anspruchsvoll; h Th Sa An Ns Mv, v By Rh He Nw(g N) Bb Sh, z Bw, s Alp(f Brch Krw Mng) (m-b·c2-8EURAS, [N] AUST+sm-tempOAM – eros ☉ – InB SeB – KlA WaA – L8 T9 F9= Rx N8 – O Bid. – 48).
 Dreiteiliger Z. – *B. tripartita* L.
Hybride: *B. radiata* × *B. tripartita* = *B.* ×*polakii* VELEN. – s

Coreopsis L. – **Mädchenauge** (ca. 90 Arten)
Bla ganzrandig, verkehrt-eilanzettlich, zuweilen mit 2–4 tiefen Fiederlappen. Köpfe 4–6 cm ⌀, auf lg Stielen. ZungenBlü gelb, zuweilen mit braunem Grund. 0,20–0,60. 6–8(–10). ZierPfl →Bd. ZierPfl, auch Rud.; [N, meist U] s By Bw He Sa Bb (m-temp·c1-5OAM – igr hros kurzlebig ♃ Pleiok.)
 Lanzenblättriges M. – *C. lanceolata* L.

ASTERACEAE 881

Tribus *Heliantheae* Cass.

Rudbeckia L. – **Rudbeckie, Sonnenhut** (17 Arten)
1 Bla ungeteilt. Stg meist einfach, rauhaarig. RöhrenBlü pupurbraun. 0,05–0,50. 7–9. ZierPfl; auch mäßig trockne bis frische Rud.: Wegränder, Schutt, Bahndämme; Flussufer, nährstoffanspruchsvoll; [N 1860, meist U] z By Nw, s Bw Rh He Th Sa An Bb Ns Mv Sh (m-temp·c2-7OAM-(WAM), [N] sm-temp·c2-5EUR – eros/hros ⊙ ⊖ H – L8 T7 F4 R8 N5? – V Arct., V Onop., O Convolv. – *38*). **Rauhaarige R. – *R. hirta* L.**
1* Untere Bla fiederschnittig, mittlere 3teilig. Stg ästig, kahl. RöhrenBlü olivgrün. 1,00–2,00. 7–8. ZierPfl; auch feuchte bis wechselnasse Staudenfluren an Fluss- u. Bachufern, nährstoffanspruchsvoll; [N 1790] v Sa, z By Th An Bb Nw, s Bw Rh He Ns Mv Sh, ↗ (sm-temp·c1-6OAM-(WAM), [N] sm-temp·c2-3EUR+(OAS) – sogr eros H/G ♃ uAusl/Rhiz – InB – L7 T6 F8~ R7 N7 – O Convolv. – oft gefülltblumig – *76*). **Schlitzblatt-R. – *R. laciniata* L.**

Helianthus L.– **Sonnenblume, Topinambur** (50 Arten)
1 Bla fast alle wechselständig. Spreite herzfg-dreieckig, Grund gestutzt, plötzlich in den Stiel zusammengezogen. Köpfe meist einzeln, nickend, 10–50 cm ⌀. Zunge der ZungenBlü 5–10 cm lg, meist gelb. RöhrenBlü meist bräunlich. Pfl ⊙, ohne Rhizom u. Knollen. 1,00–2,00. 7–10. KulturPfl; auch frische Rud.: Schutt, Straßenränder; Flussufer; [N] s By Bw, [U] alle Bdl z (m-sm·c2-5WAM – eros ⊙ – InB: Hautflügler, Fliegen – MeA VersteckA Wärmekeimer – L8 T8 F? R? N9 – V Sisymbr. – Öl-, Futter- u. ZierPfl – *34*). **Einjährige S. – *H. annuus* L.**
1* Bla gegenständig, nur die obersten wechselständig. Spreitengrund keilfg in den Stiel verschmälert; höchstens untere Bla schwach herzfg. Köpfe mehrere, lg gestielt, aufrecht, 4–8(–10) cm ⌀. Zungen 2–4 cm lg, wie die RöhrenBlü gelb. Pfl ♃, mit Rhizom od. Ausläuferknollen 2
2 RöhrenBlü rot bis braun. HüllBla eifg, stumpflich, 3–5 mm br. BlüStand ein- od. wenigköpfig. Köpfe 1 od. wenige, 5–8 cm ⌀. Bla rhombisch-lanzettlich, 2,5–8mal so lg wie br, sehr derb, fast ledrig. 0,50–2,30. 8–10. ZierPfl; auch Rud.: Wegränder, Müll; Staudenfluren in Flussauen; [N U] s By Bw Rh He Nw Th Sa Ns, ↗ (m/mo-temp·c4-7AM – sogr eros G ♃ AuslRhiz – K Artem.) **Wenigblütige S. – *H. pauciflorus* Nutt.**
2* RöhrenBlü rein gelb od. gelb mit roten Spitzen. HüllBla br- bis lineal-lanzettlich 3
3 BlaSpreiten br eilanzettlich, beidseits sehr rau, obere meist viel kleiner als untere, BlaStiel 1–5 cm lg. HüllBla 25–35, 7–12 × 3–3,5 mm, länglich-elliptisch, anliegend. Köpfe meist >20 cm gestielt. Knollen selten. 1,00–2,00. 8–10. KulturPfl; auch Rud.: Wegränder, Müll; Staudenfluren in Flussauen; [N 20. Jh.] z By Bb Mv, s He Sa An Ns?, [U] s Bw Rh Bb, ↗ (m/mo-temp·c3-6AM – sogr eros G ♃ AuslRhiz – L7 T? F? R? N7 – K Artem. – ZierPfl). [*H. pauciflorus* Nutt. (*H. rigidus* (Cass.) Desf.) × *H. tuberosus*] **Blühfreudige S. – *H.* ×*laetiflorus* Pers.**
Anm.: [N U] auch **Zehnstrahlige S. – *H. decapetalus* L.**: HüllBla 20–25, 11–16 × 2–3 mm, lanzettlich, zurückgeschlagen.
3* BlaSpreiten eifg bis eifg-länglich, oseits rau, useits ± flaumig, alle ± gleich groß, BlaStiel 2–8 cm lg. HüllBla eilanzettlich, äußere ± abstehend. Köpfe meist <15 cm lg gestielt. Pfl mit Ausläuferknollen. 1,00–2,50. 10–11. KulturPfl; auch mäßig trockne bis frische Rud.: Wegränder, Bahndämme; Brachen, Grabenränder, Flussufer, nährstoffanspruchsvoll; [Kult. 17. Jh., N 1830, außerhalb der Flussäler U] v By Sa An Ns, z Bw Rh He Nw Th Bb Sh, s Alp Mv, ↗ (sm-temp·c2-5OAM, [N] sm-temp·c1-6EUR-(AS) – sogr eros G ♃ uAusl+Knolle – InB – WaA MeA: Knollen, Fr in D nicht reifend – L8 T7 F6 R7 N8 – O Convolv., O Artem. – FutterPfl, Bioethanol, GemüsePfl (Diabetiker-Diät): Ausläuferknollen, formenreich; Grünfutter, Wildfutter – *102*).[*H. decapetalus* auct., *H. doronicoides* auct., *H. strumosus* auct.] **Topinambur, Erdbirne – *H. tuberosus* L.**

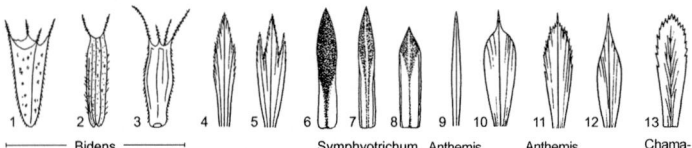

| 1 connata | 2 Bidens frondosa | 3 tripartita | 4 Galinsoga quadriradiata | 5 parviflora | 6 | 7 Symphyotrichum novi-belgii | 8 laeve lanceolatum | 9 Anthemis cotula | 10 Cota austriaca | 11 Anthemis ruthenica | 12 Anthemis arvensis | 13 Chamaemelum |

Silphium L. – Silphie (25 Arten)
Köpfe 5–8 cm ⌀, lg gestielt, in Schirmrispen. ZungenBlü u. RöhrenBlü gelb. 1,00–2,50. 7–10. ZierPfl; auch Staudenfluren an Flussufern, frische Rud.; [N 20. Jh., meist U] s By Rh Th Sa An Bb Ns Mv Sh (sm-temp·c2-5OAM – sogr hros/eros H ♃ Rhiz – InB – StA Kältekeimer – V Convolv., V Arct. – 14). **Durchwachsene S., Becherpflanze** – *S. perfoliatum* L.

Ambrosia L. – Ambrosie, Traubenkraut (30 Arten)
1 Bla handfg 3(–5)spaltig(-teilig), mit br lanzettlichen, >1 cm br, ganzrandigen od. schwach gesägten Abschnitten; die oberen ungeteilt, seltener alle ungeteilt. 0,80–1,50(–2,00). 8–10. Sandige bis kiesige Rud.: Wegränder, Schutt, Böschungen; Flussufer; [N 1877, meist U] s Bw(ORh: Mannheim) Rh Nw(MW: Neuss) Sa(W: Radebeul) An Bb Ns Mv Sh (m-temp·c4-8OAM – eros ☉ – WiB 1häusig – V Sisymbr., V Convolv.).
Dreispaltige A. – *A. trifida* L.
1* Bla 1–2fach fiederschnittig mit viel schmaleren Abschnitten 2
2 Pfl ☉, mit Faserwurzeln. Bla doppelt fiederschnittig, auch die oberen gestielt, unauffällig behaart, grün. Stg oberwärts zottig behaart. FrHülle mit 5–7 kurzen Stacheln (Abb. **795**/2). 0,50–1,00(–1,50). 8–10. Mäßig trockne, sandige bis kiesige Rud.: Umschlag- u. Vogelfutterplätze, Industriebrachen, Bahnanlagen; [N 1860] z By Bw Sa, [U] z Alp Rh He(MW) Th An Bb Ns Mv Sh (m-temp·c2-8OAM, [N] austrAUST+AM-sm-temp·c1-8EUR-(AS)-WAM – eros ☉ – WiB 1häusig – MeA mit Vogelfutter, Sa langlebig, in D zunehmend reifend, Kältekeimer – L9 T7? F4 R8? N6? – V Sisymbr., V Arct.). [*A. elatior* L.]
Beifuß-A. – *A. artemisiifolia* L.
2* Staude mit kriechenden Wurzeln u. Wurzelsprossen, niedriger. Bla einfach fiederschnittig mit höchstens gezähnten Abschnitten, die oberen sitzend, dicht grauhaarig. Stg anliegend behaart. FrHülle mit wenigen stumpfen Höckern. 0,30–0,80. 8–10. Trockne bis mäßig trockne, sandige bis kiesige Rud.: Bahnanlagen, Schutt, Böschungen; [N 1870] z Bb, s By Bw(ORh S NW) Rh(ORh) He(ORh) Sa(W NO) An Mv(SW) Sh(M), [U] s Ne Ns (boreostrop-temp·c3-9AM, [N] austr AUST+AFR+m-temp·c2-8EUR-WAS – sogr eros G ♃ WuSpr – WiB 1häusig – L9 T8 F3 R8 N4 – V Dauco-Mel.). [*A. coronopifolia* Torr. et A. Gray]
Stauden-A. – *A. psilostachya* DC.

Iva L. – Rispenkraut, Schlagkraut, Ive (10 Arten)
Nach Panero (2007) sollte *I. xanthiifolia* als eine Art von *Euphrosyne* DC. betrachtet u. *E. xanthiifolia* (Nutt.) A. Gray genannt werden.

Bla lg gestielt, Spreite br herzfg bis eifg, die oberen oft rautenfg, grob gesägt, zuweilen etwas gelappt, oseits rau. 0,90–2,00. 8–10. Mäßig frische, sandige bis kiesige, bes. stadtnahe Rud.: Weg- u. Straßenränder, Umschlagplätze, nährstoffanspruchsvoll; [N 1860] z Sa An Bb Sh, [U] z Mv, s By Bw Rh He Nw Th Ns (sm-temp·c5-8AM, [N] sm-temp·c2-6EUR – eros ☉ – WiB 1häusig – MeA – L9 T7 F4 R7 N6? – O Sisymbr., V Chen. rub.). [*Euphrosyne xanthiifolia* (Nutt.) A. Gray, *Cyclachaena xanthiifolia* (Nutt.) Fresen.]
Spitzkletten-R. – *I. xanthiifolia* Nutt.

ASTERACEAE 883

Xanthium L. – **Spitzklette** (2–10 Arten)
Bearbeitung: **Rolf Wißkirchen**

(Alle Arten in D: eros ⊙ – WiB 1häusig – KlA)
Alle Sippen von **3** bis **4*** sind schwach getrennt u. könnten auch als infraspezifische Taxa eines weiter gefassten *X. orientale* L. aufgefasst werden.

1 Stg am BlaGrund mit 3teiligen gelblichen Dornen. BlaStiel deutlich kürzer als die BlaSpreite, Bla länglich-rhombisch, mit 2(–4) Seitenzipfeln, useits weißfilzig. FrKöpfe 10–12 mm lg. Hülldornen am Ende schwanenhalsartig hakig gekrümmt. 0,30–1,00. 8–9. Mäßig trockne, sandige bis kiesige Rud.: Schutt, Umschlagplätze; [N U 1850] s D, † Th An (austr-strop·c2-6AM, [N] austrCIRCPOL-strop-temp·c1-8EUR-AM – selten reife Fr? – L8 T7 F4 R6 N5? – V Sisymbr.). **Dornige S. – *X. spinosum* L.**
1* Stg ohne Dornen. BlaStiel etwa so lg wie die BlaSpreite, Bla br eifg bis herzfg, oft leicht 3–5lappig, beidseits grün, useits nicht filzig. Hülldornen am Ende einfach-hakig gekrümmt od. gerade-spitz, FrKöpfe >12 mm lg 2
2 Reife FrKöpfe olivgrün bis graubräunlich, fein weichhaarig, 12–15 mm lg, mit geraden, spitzen Schnäbeln. Austrittsstelle der Narben offen, ohne od. mit nur sehr kurzen Innenzipfeln (der Schnäbel). HüllBla am Grunde der Fr zungenfg, stumpflich, 2–3 mm lg. Bla u. Stg weichhaarig u. höchstens fein rau). 0,20–1,30. 7–10. Mäßig frische, sandige bis kiesige Rud.: Wegränder, Schutt, Müll; Flussufer; z Rh(ORh), s By(f S) Bw(Gäu Keu GFr S) Nw(MW NO) Sa An(f Hrz W) Bb(f NO Od) Ns Mv(f Elb), † Th, ↘ (m-temp·c1-8EUR-WAS – auch WaA – L8 T7 F5 R7? N6 – V Sisymbr.). **Gewöhnliche S. – *X. strumarium* L.**
2* Reife FrKöpfe kräftig braun gefärbt, steifhaarig, die größeren >15 mm lg, mit geraden od. gebogenen, am Ende hakigen Schnäbeln. Austrittsstelle der Narben von deutlichen Innenzipfeln (der Schnäbel) verdeckt. HüllBla am Grunde der Fr bandfg, spitz, 4–8 mm lg. Bla u. Stg deutlich rauhaarig 3
3 Schnäbel u. Hülldornen stark gebogen bis schneckenartig einwärts gekrümmt, stets hakig, lockerstehend (Abstände oft 2–3 mm). FrKöpfe stark drüsig. Stg ohne dunkle Zeichnung. 0,30–1,00. 8–9. Frische, sandig-kiesige Rud.; [N U] s By(N: Würzburg) Bw Bb(Od: Frankfurt/O.). (m-tempAM – V Sisymbr., V Chen. rub.). **Großfrüchtige S. – *X. orientale* L.**
3* Schnäbel ± gerade od. nur etwas einwärts gebogen bis gekniet. Hülldornen bis zur geraden od. hakigen Spitze gerade od. nur schwach bogig, meist dichtstehend (Abstände zwischen ihnen oft nur etwa 1 mm) 4
4 Hülldornen meist 4–6 mm lg. FrKöpfe etwa 3mal so lg wie br, 20–30 mm lg. Stg meist ohne Zeichnung, einfarbig grün. 0,20–1,00(–1,50). 8–10. Sandige Flussufer, auch ruderal; [N 1922] z Rh(ORh MRh W), s Nw(MW: Rhein) (m-tempAM – SeB – auch WaA – V Chen. rub., V Sisymbr.). [*X. orientale* subsp. *italicum* (Moretti) Greuter]
Zucker-S. – *X. saccharatum* Wallr.
4* Hülldornen meist 2,5–4 mm lg. FrKöpfe 2–2,5(–3)mal so lg wie br, 17–25 mm lg. Stg stets mit rötlichen bis braunschwarzen Strichen od. Punkten. 0,10–1,00. 8–10. Sandig-kiesige Flussufer, Kiesgruben, auch ruderal; [N 1830] z He(ORh) Rh(ORh) Sa(Elb) An(Elb SO) Bb(Elb) Ns(N Elb) Mv(Elb MW) Sh(SO O), s By(NW) Bw(ORh) Nw(NO: Weser) Th(Bck) (sm-temp·c3-6AM – SeB – auch WaA – L8 T6 F8= R7 N7? – V Chen. rub., V Sisymbr). [*X. orientale* subsp. *riparium* (Čelak.) Greuter, *X. riparium* auct.]
Ufer-S., Elbe-S. – *X. albinum* (Widder) H. Scholz

1 FrKöpfe dick, fast eifg, viele Hülldornen hakig. BlaGrund gestutzt od. fast herzfg, selten er. T. keilig. Standorte, Soz. u. Verbr. in D wie Art, bes. An Bb: an Elbe, Havel u. Spree. **subsp. *albinum***
1* FrKöpfe schlank ellipsoidisch, nur wenige Hülldornen hakig. BlaGrund ausgeprägt keilig. Flussufer; z He(ORh: Main) Bb(Od). [*X. ripicola* Holub] **subsp. *riparium* (Čelak.) Widder et Wagenitz**

Tribus **Millerieae** BENTH.

Galinsoga RUIZ et PAV. — Franzosenkraut, Knopfkraut (15 Arten)

1 Stg (bes. oberwärts) dicht abstehend langhaarig-zottig u. unter den Köpfen reich drüsig. Bla grob gesägt. SpreuBla lineal-lanzettlich, ungeteilt (Abb. **882**/4). Zunge der RandBlü mindestens so lg wie der halbe ∅ der Scheibe. Pappus der ZungenBlü gut entwickelt, einseitig. 0,10–0,80. 5–10. Sandige bis lehmige, meist stickstoffreichere Äcker, bes. Hackkulturen, Gärten, Weinberge, mäßig frische Rud.: Wegränder, Schutt; [N 1850] g Nw Th Sa, h By Rh He An Ns, v Bw Mv Sh, z Alp Bb, ↗ (strop/moAM, [N] austr-trop/mo-temp·c1-6CIRCPOL – eros ⊙ – SeB – WiA KIA – L7 T6 F4 R6 N7 – K Stell., V Sisymbr. – 36). [*G. ciliata* (RAF.) S.F. BLAKE]   **Zottiges F. – _G. quadriradiata_ RUIZ et PAV.**

1* Stg kahl od. bes. oberwärts ± anliegend kurzhaarig, kaum drüsig. Bla fein gesägt. SpreuBla nach vorn verbreitert u. meist 3spaltig (Abb. **882**/5). Zunge der RandBlü kürzer als der halbe ∅ der Scheibe. Pappus der ZungenBlü rückgebildet, aus wenigen, kurzen Borsten bestehend. 0,10–0,60. 5–10. Sandige bis lehmige, meist stickstoffreichere Äcker (bes. Hackkulturen), Gärten, Weinberge, mäßig frische Rud.: Wegränder, Schutt; [N 1802] g Rh Nw An Ns Mv, h Sa Bb, v He Th Sh, z By Bw, s Alp (strop/moAM, [N] austr-trop/mo-temp·c1-5CIRCPOL – eros ⊙ – SeB – WiA KIA Lichtkeimer Sa langlebig – L7 T6 F5 R5 N8 – K Stell., V Sisymbr. – giftig?).   **Kleinblütiges F. – _G. parviflora_ CAV.**

Sigesbeckia L. – Siegesbeckie (8 Arten)

Äußere HüllBla meist 5, 10–15 mm lg, strahlig abstehend, wie die anliegenden inneren stark drüsig-klebrig. Stg oft rötlich. 0,50–1,50. 8–9. Frische bis feuchte Rud., Gärten, Gebüsche, Ufer; [N 1919] s Mv Sh, [U] s By Rh Nw An Bb Ns (austr-strop/moAM – eros ⊙ – KIA: HüllBla klebrig, mit Fr ausgebreitet Lichtkeimer – L7 T6 F6 R8? N8 – V Arct., V Bid. – 30). [*S. cordifolia* auct., *S. jorullensis* auct.]   **Herzblatt-S. – _S. serrata_ DC.**

Guizotia CASS. – Ramtillkraut (6 Arten)

Stg rund, hohl, am Grund purpurn od. purpurn gestrichelt. Köpfe 3–4 cm ∅. HüllBla 2reihig, äußere krautig, innere häutig, den SpreuBla ähnlich. ZungenBlü u. RöhrenBlü gelb. Fr in D nur selten reifend. 0,50–1,50. 9–10. Rud.: Schutt, Müll, Umschlagplätze, Straßenränder; [N U] s By Bw Rh He Nw Th Sa An Bb Ns Mv, ständig mit Vogelfutter neu eingeschleppt (tropstrop/moOAFR-AS – eros ⊙ – L8 T9 F? R? N8 – V Sisymbr. – VogelfutterPfl, in Tropen ÖlPfl – 30).   **Abessinisches R., Nigersaat – _G. abyssinica_ (L. f.) CASS.**

Tribus **Madieae** BENTH. et HOOK. f.

Arnica L. – Arnika, Wohlverleih (30 Arten)

Stg einfach od. wenigästig. GrundBla elliptisch od. länglich-verkehrteifg, ganzrandig. 0,20–0,50. 6–7. (Wechsel)frische, extensiv bewirtschaftete Silikatmagerrasen u. Moorwiesen, Heiden, lichte Wälder, kalkmeidend; h Alp, z Bw By († Gäu NW ORh SO) Rh He Nw Th(f NW) Sa Ns(f MO), s An(v Hrz, f SO S, † N) Bb(SO Elb MN) Mv(N MW SW) Sh, ↘ (sm/mo-temp/demo·c2-4 EUR – sogr hros G/H Rhiz – InB – WiA KIA Lichtkeimer – L9 T4 F5 R3 N2 – O Nard., V Mol., V Triset. – giftig?, HeilPfl – 38 – ▽!).   **Echte A., Berg-W. – _A. montana_ L.**

Eriophyllum LAG. – Wollblatt (13 Arten)

Stg aufrecht od. niederliegend-aufsteigend. Bla useits wie der Stg weiß wollig-filzig, oseits verkahlend. Köpfe 3–4 cm ∅, einzeln od. lg gestielt in lockerer Schirmtraube. 0,20–0,60. 6–7. ZierPfl; auch Rud.: Straßenböschungen; [N U 1969] s He(O) Nw(SO: Hagen) (m-temp·c2-6WAM – igr hros H ♃ Rhiz – 32).

Gewöhnliches W. – _E. lanatum_ (PURSH) FORBES

ASTERACEAE

Tribus *Eupatorieae* Cass.

Eupatorium L. – **Wasserdost** (45 Arten)
Bla handfg 3–5teilig. Köpfe klein, in dichten Schirmrispen. 0,50–1,50. 7–9. Sickerfrische bis -feuchte AuenW u. ihre Säume, Waldschläge u. -lichtungen, an Ufern u. Gräben, basenhold, nährstoffanspruchsvoll; g Nw, h Alp Rh He An Ns Mv Sh, v By Bw Th Sa Bb, ↗ (m-temp·c1-6EUR, [N] NAM, AUST, HIMAL? – sogr eros H/He ♃ uAusl Rhiz – InB: bes. Falter SeB Ap – WiA – L7 T5 F7 R7 N8 – O Convolv., V Filip., V Aln., V Atrop. – früher HeilPfl).
Gewöhnlicher W., Kunigundenkraut – *Eu. cannabinum* L.

LITERATURVERZEICHNIS

1 Im Text zitierte Quellen

Angiosperm Phylogeny Group III (2009) An update of the Angiosperm Phylogeny Group classification for the orders and families of flowering plants. Bot J Linn Soc 161(2):105–121

Angiosperm Phylogeny Group IV (2016) An update of the Angiosperm Phylogeny Group classification for the orders and families of flowering plants. Bot J Linn Soc 181(1):1–20

Arbeitsgruppe Characeen Deutschlands (Hrsg) (2016) Armleuchteralgen. Springer, Berlin

Beck von Mannagetta G (1890) Monographie der Gattung *Orobanche*. Bibliotheca Botanica 19:1-275

Beck von Mannagetta G (1926) Beiträge zur Nomenklatur der Schweizerflora (IX.): Über die Nomenklatur dreier Orobanchen in der Schweiz. Vierteljahrsschr Naturf Ges Zürich 71:162–177

Beck von Mannagetta G (1930) Orobanchaceae. In: Engler A (Hrsg) Das Pflanzenreich. Regni vegetabilis conspectus. IV. 261. W Engelmann, Leipzig

Bennert HW, Boudrie M, Rasbach H (1991) Nouvelles données géographiques et cytologiques sur *Asplenium* ×*sarniense* (Aspleniaceae, Pteridophyta) dans le Massif armoricain (France). Remarques sur le nouveau status de l´*Asplenium billotii* (= *A. obovatum* subsp. *lanceolatum*). Bull Soc Bot Fr 138(2):187–195

Bennert HW, Horn K, Kauth M, Fuchs J, Bisgaard IS, Øllgard B, Schnittler M, Steinberg M, Viane R (2011) Flow cytometry confirms reticulate evolution and reveals triploidy in Central European *Diphasiastrum* taxa (Lycopodiaceae, Lycophyta). Ann Bot 108:867–876

Bettinger A, Buttler KP, Caspari S, Klotz J, May R, Metzing D (Hrsg) (2013) Verbreitungsatlas der Farn- und Blütenpflanzen Deutschlands. Bundesamt für Naturschutz, Bonn

Brandrud MK, Paun O, Lorenz R, Baar J, Hedrén M (2019) Restriction-site associated DNA sequencing supports a sister group relationship of *Nigritella* and *Gymnadenia* (Orchidaceae). Mol Phylogenet Evol 136:21–28

Braun-Blanquet J (1964) Pflanzensoziologie. Springer, Wien

Buttler KP, Hand R (2008) Liste der Gefäßpflanzen Deutschlands. Kochia, Beih 3(1):1–107

Buttler KP (2019) Zur Benennung einiger Sippen der Flora Deutschlands. Ber Bot Arbeitsgem Südwestdeutschland 8:33–34.

Buttler KP, May R, Metzing D (2018) Liste der Gefäßpflanzen Deutschlands. Florensynopse und Synonyme. Bundesamt für Naturschutz, Bonn

Christensen KI (1992) Revision of *Crataegus* sect. *Crataegus* and nothosect. *Crataegineae* (Rosaceae-Maloideae) in the Old World. Syst Bot Monogr, Bd 35

De Cock K, Mijnsbrugge K, Breyne P, van Bockstaele E, van Slycken J (2008) Morphological and AFLP-based differentiation within the taxonomical complex section Caninae (subgenus *Rosa*). Ann Bot 102:685-697

Dierschke H (2010) Syntaxonomische Übersicht der Gefäßpflanzen-Gesellschaften Mitteleuropas. In: Ellenberg H, Leuschner C: Vegetation Mitteleuropas mit den Alpen in ökologischer, dynamischer und historischer Sicht, 6. Aufl., Ulmer, Stuttgart, S 1136–1146

Dressler S, Gregor T, Hellwig FH, Korsch H, Wesche K, Wesenberg J, Ritz CM (2017) Comprehensive and reliable: a new online portal of critical plant taxa in Germany. Plant Syst Evol 303(8):1109–1113

Ellenberg H (1992) Zeigerwerte der Pflanzen in Mitteleuropa. 3. erweit Aufl. Scr Geobot, Bd 18

Ellenberg H, Leuschner C (2010) Vegetation Mitteleuropas mit den Alpen. Ulmer, Stuttgart

Fischer MA (2001) Wozu deutsche Pflanzennamen? Neilreichia 1:181–232

Fischer MA (2002) Zur Typologie und Geschichte deutscher botanischer Gattungsnamen. Stapfia 80: 125–200

© Springer-Verlag GmbH Deutschland, ein Teil von Springer Nature 2021
F. Müller, C.M. Ritz, K. Wesche, E. Welk (Hrsg.),
Rothmaler - Exkursionsflora von Deutschland. Gefäßpflanzen: Grundband,
https://doi.org/10.1007/978-3-662-61011-4

Flatscher R, Escobar García P, Hülber K, Sonnleitner M, Winkler M, Saukel J, Schneeweiss GM, Schönswetter P (2015) Underestimated diversity in one of the world's best studied mountain ranges: The polyploid complex of *Senecio carniolicus* (Asteraceae) contains four species in the European Alps. Phytotaxa 213:1–21

Frank D (1990) "Flora-D" – Bearbeitung biologisch-ökologischer Daten. Martin-Luther-Universität Halle-Wittenberg, Halle

Galbany-Casals M, Andrés-Sánchez S, Garcia-Jacas N, Susanna A, Rico E, Martínez-Ortega MM (2010). How many of Cassini anagrams should there be? Molecular systematics and phylogenetic relationships in the *Filago* group (Asteraceae, Gnaphalieae), with special focus on the genus *Filago*. Taxon 59(6):1671-1689.

Götz E (1967) Die *Aconitum variegatum*-Gruppe und ihre Bastarde in Europa. Feddes Repert 76(1-2):1–62

Global Biodiversity Information Facility. https://www.gbif.org/ Zugegriffen: 15.01.2020

Hammel S, Haynold B (2014) *Sorbus meyeri* – eine neue Art aus der *Sorbus-latifolia*-Gruppe. Kochia 8:1–13

Hedrén M, Lorenz R, Teppner H, Dolinar B, Giotta C, Griebl N, Hansson S, Heidtke U, Klein E, Perazza G, Ståhlberg D (2018) Evolution and systematics of polyploid *Nigritella* (Orchidaceae). Nord J Bot 36(3)

Henker H (2000) *Rosa*. In: Conert HJ, Jäger EJ, Kadereit JW, Schultze-Motel W, Wagenitz G, Weber HE (Hrsg) Gustav Hegi – Illustrierte Flora von Mitteleuropa. Parey, Berlin, S 1–108

Hernández-Ledesma P, Berendsohn WG, Borsch T, Mering SV, Akhani H, Arias S, Castañeda-Noa I, Eggli U, Eriksson R, Flores-Olvera H, Fuentes-Bazán S, Kadereit G, Klak C, Korotkova N, Nyffeler R, Ocampo G, Ochoterena H, Oxelman B, Rabeler RK, Sanchez A, Schlumpberger BO, Uotila P (2015) A taxonomic backbone for the global synthesis of species diversity in the angiosperm order Caryophyllales. Willdenowia 45(3):281–383

Herklotz V, Mieder N, Ritz CM (2017) Cytological, genetic and morphological variation in mixed stands of dogroses (*Rosa* L. sect. *Caninae* (DC.) Ser.) in Germany with a focus on the hybridogenic *R. micrantha* Sm. Bot J Linn Soc 184:254–271

Hohla M (2014) Über Status u. Vorkommen der Klee-Sommerwurz (Orobanche minor) in Oberösterreich u. den erstmaligen Nachweis des Wiesen-Bärenklau (*Heracleum sphondylium*) als deren Wirtspflanze. Stapfia 101:79–82.

Hügin G, Hügin H (1997) Die Gattung *Chamaesyce* in Deutschland. Ber Bayer Bot Ges 68:103–121

International Plant Names Index http://www.ipni.org Zugegriffen: 15.01.2020

Jäger EJ, Werner K (2008) Die Geschichte der Exkursionsflora von Werner Rothmaler. Feddes Repert 119:124–143

Jäger EJ (2007). Rothmaler – Exkursionsflora von Deutschland. Krautige Zier- und Nutzpflanzen. Springer, Heidelberg

Jalas J, Suominen J (Hrsg) (1989) Atlas Florae Europaeae. 8. Nymphaeaceae to Ranunculaceae. Akat Kirjakauppa, Helsinki, S 261 ff

Kadereit JW (2008) Evolution und Systematik, Samenpflanzen. In: Strasburger Lehrbuch der Botanik. 36. Aufl. Springer-Spektrum, Heidelberg

Kadereit JW (2014) Stammesgeschichte und Systematik der Bakterien, Archaeen, „Pilze", Pflanzen und anderer photoautotropher Eukaryoten. In: Kadereit JW, Körner C, Kost B, Sonnewald U (Hrsg) Strasburger Lehrbuch der Pflanzenwissenschaften. 37. Aufl. Springer-Spektrum, Heidelberg

Kadereit JW (2014) Teil V Evolution und Systematik. In: Kadereit JW, Körner C, Kost B, Sonnewald U (Hrsg) Strasburger Lehrbuch der Pflanzenwissenschaften. 37. Aufl. Springer-Spektrum, Heidelberg

Kadereit JW, Albach DC, Ehrendorfer F, Galbany-Casals M, Garcia-Jacas N, Gehrke B, Kadereit G, Kilian N, Klein JT, Koch MA, Kropf M, Oberprieler C, Pirie MD, Ritz CM, Röser M, Spalik K, Susanna A, Weigend M, Welk E, Wesche K, Zhang L-B, Dillenberger MS (2016) Which changes are needed to render all genera of the German flora monophyletic? Willdenowia 46:39–91

Kaplan K (2015) *Rosa mollis*, eine eigene Sippe neben *Rosa villosa*? Ein altes Problem der Rosensystematik, nachvollzogen in Aosta/Italien. Florist Rundbr 48/49:13–42

Kellner A, Ritz CM, Wissemann V (2014) Low genetic and morphological differentiation in the European species complex of *Rosa sherardii*, *R. mollis* and *R. villosa* (*Rosa* section *Caninae* subsection *Vestitae*). Bot J Linn Soc 174:240–256

Kerner (v Marilaun) A (1884) Schedae ad Floram Exsiccatam Austro-Hungaricam. III. Vindobonae

Koltzenburg M (1999) Bestimmungsschlüssel für in Mitteleuropa heimische und kultivierte Pappelarten und -sorten (*Populus* spec.). Florist Rundbr, Beih 6

Korsch H, Doege A, Raabe U, van de Weyer K (2012) Rote Liste der Armleuchteralgen (Charophyceae) Deutschlands. 3. Fassung. Haussknechtia 17:1–37

Landolt E, Bäumler B, Erhardt O, Hegg O, Klötzli F et al. (2010) Flora Indicativa. Haupt, Bern

Lorenz R, Perazza G (2004) Studio sulla sistematica delle Nigritelle rosse nelle Dolomiti. GIROS Not. 27:1–11

Mabberley DJ (2017) Mabberley's Plant-book: A portable dictionary of plants, their classification and uses. Cambridge University Press, Cambridge

Meyer N (2016) *Sorbus* L. In: Müller F, Ritz CM, Welk E, Wesche K (Hrsg) Rothmaler Exkursionsflora von Deutschland. Gefäßpflanzen: Kritischer Ergänzungsband. Springer-Spektrum, Heidelberg S 113–130

Metzing D, Garve E, Matzke-Hayek G (2018) Rote Liste und Gesamtartenliste der Farn- und Blütenpflanzen (Tracheophyta) Deutschlands. Naturschutz u Biol Vielfalt 70:13–258

Meynen, E., Schmithüsen, J., Gellert, J. F., Neef, E., Müller-Miny, H., Schultze, J. H. (1953–1962): Handbuch der naturräumlichen Gliederung Deutschlands. Bd. 1–8, Selbstverlag der Bundesanstalt für Landeskunde, Remagen und Bad Godesberg.

Müller F, Ritz CM, Welk E, Wesche K (2017) Rothmaler Exkursionsflora von Deutschland. Kritischer Ergänzungsband. 11. Aufl. Springer-Spektrum, Heidelberg

Müller F, Ritz CM, Welk E, Wesche K (2019) Kommentare und Ergänzungen zur Neubearbeitung der 22. Auflage der Rothmaler Exkursionsflora von Deutschland Grundband 2019: Eine Vorbemerkung. Schlechtendalia 35:41

Natho G, Natho I (1964) Herbartechnik. 3. Aufl. Ziemsen, Wittenberg

Paule J, Gregor T, Schmidt M, Gerstner EM, Dersch G, Dressler S, Wesche K, Zizka G, (2016) Chromosome numbers of the flora of Germany – a new online database of georeferenced chromosome counts and flow cytometric ploidy estimates. Plant Syst Evol 303:1123–1129

Piwowarczyk R, Denysenko-Benett M, Góralski G, Kwolek D, Sánchez Pedraja Ó, Mizia, P, Cygan M, Joachimiak AJ (2018) Phylogenetic relationship within *Orobanche* and *Phelipanche* (Orobanchaceae) from Central Europe, focused on problematic aggregates, taxonomy and host ranges. Act Biol Craciov Ser Bot 60(1):27–46

Pott R, (1992) Die Pflanzengesellschaften Deutschlands. Ulmer, Stuttgart

Pteridophyte Phylogeny Group, The (2016) The Pteridophyte Phylogeny Group. J Syst & Evol 54(6):563–603

Pusch J (2009) *Orobanche*. In: Gustav Hegi (Begr). Illustrierte Flora von Mitteleuropa. Band VI. Teil 1A. Orobanchaceae. Weissdorn-Verlag, Jena S 14–99

Rätzel S, Ristow M, Uhlich H (2017) Bemerkungen zu ausgewählten Vertretern der Gattung *Phelipanche* Pomel im östlichen Mittelmeergebiet mit der Beschreibung von *Phelipanche hedypnoidis* Rätzel, Ristow & Uhlich, sp. nov. Carinthia II 207/127:643–684

Rennwald E (2000) Verzeichnis und Rote Liste der Pflanzengesellschaften Deutschlands – mit Datenservice auf CD-ROM. Schriftenreihe für Vegetationskunde 35:89–800

Smith TW, Walinga C, Wang S, Kron P, Suda J & Zalapa J (2015) Evaluating the relationship between diploid and tetraploid *Vaccinium oxycoccos* (Ericaceae) in eastern Canada. Botany 93:1-14

Stevens PF (2001 ff) Angiosperm phylogeny website. Version 14, Juli 2017, fortlaufend aktualisiert. http://www.mobot.org/MOBOT/research/APweb/2001–2011 Zugegriffen: 15.01.2020

Schmidt PA, Schulz B (Hrsg) (2017) Fitschen Gehölzflora. Quelle & Meyer, Wiebelsheim

Schmidt PA (2013) *Crataegus* L. In: Gutte P, Hardtke H-J, Schmidt PA (Hrsg) Die Flora Sachsens und angrenzender Gebiete. Quelle & Meyer, Wiebelsheim, S 235–239

Smissen RD, Galbany-Casals M, Breitwieser I (2011) Ancient allopolyploidy in the everlasting daisies (Asteraceae: Gnaphalieae): complex relationships among extant clades. Taxon 60:649–662

Suda J, Lysák M (2001) A taxonomic study of the *Vaccinium* sect. *Oxycoccus* (Hill) W.D.J. Koch (*Ericaceae*) in the Czech Republic and adjacent territories. Fol Geobot 36:303–320

Täuscher L, van de Weyer K (2016) Die Armleuchteralgen-Gesellschaften Deutschlands. In: Arbeitsgruppe Characeen Deutschlands (Hrsg) Armleuchteralgen. Springer, Heidelberg, S 139–148

Teryokhin ES, Ivanova GI (1965) K sistematike kavkazskij zarazych. Bot Žurn 50(8):1105–1112

Tison JM, de Foucault B (Hrsg) (2014) Flora Gallica. Biotope, Mèze

Weber HE (1999a) Franguletea (H1) Faulbaum-Gebüsche. Floristisch-Soziologische Arbeitsgemeinschaft, Göttingen

Weber HE (1999b) Rhamno-Prunetea (H2A) Schlehen- und Traubenholunder-Gebüsche. Floristisch-Soziologische Arbeitsgemeinschaft, Göttingen

Weber HE (1999c) Salicetea arenariae (H2B) Dünenweiden-Gebüsche. Floristisch-Soziologische Arbeitsgemeinschaft, Göttingen

Weber HE, Moravec J, Theurillat J-P (2001) Internationaler Code der Pflanzensoziologischen Nomenklatur (ICPN). Floristisch-Soziologische Arbeitsgemeinschaft, Göttingen

Wenderoth C, Wenderoth K (1994) Zur Verbreitung karyologisch untersuchter Moosbeeren (*Vaccinium oxycoccus* s. l.) in Teilen Mitteleuropas (Mittel- und Süddeutschland sowie Österreich). Ber Bayer Bot Ges 64:147–155

Werner K (1977) Kurze Anleitung zur Anlage eines Herbariums. Mitt Flor Kart, Halle 3(2):4–13

Welk E (2002) Arealkundliche Analyse und Bewertung der Schutzrelevanz seltener und gefährdeter Gefäßpflanzen Deutschlands. Bundesamt für Naturschutz, Bonn

Wilhalm T., Gutermann W., Niklfeld H. (2006). Katalog der Gefässpflanzen Südtirols: Sämtliche wild wachsenden Farn- und Blütenpflanzen Südtirols. – Veröffentlichungen des Naturmuseums Südtirol 3:[1]–215. Folio, Wien/Naturmuseum Südtirol, Bozen.

Zázvorka J (2010) *Orobanche kochii* and *O. elatior* (Orobanchaceae) in Central Europe. Act Mus Morav, Sci Biol (Brno) 95(2):77–119

2 Sonstige wichtige Quellen

Adler B, Adler J, Kunzmann G (2017) Flora von Nordschwaben. Steinmeier, Deiningen
Aeschimann D, Lauber K, Moser DM, Theurillat J-P (2004) Flora Alpina. Bd. 1–3. Haupt, Bern
Arbeitskreis Vogtländischer Botaniker (2007) Die Farn- und Samenpflanzen des Vogtlandes. Plauen
Bärtels A (2017) Steinobst: Blüten und Früchte. Ott Verlag, Bern.
Bennert HW (1999) Die seltenen und gefährdeten Farnpflanzen Deutschlands – Biologie, Verbreitung, Schutz. BfN, Bonn
Blaschek W (Hrsg.) (2016) Wichtl – Teedrogen und Phytopharmaka. Ein Handbuch für die Praxis. Wissenschaftliche Verlagsgesellschaft, Stuttgart
Blaufuss A, Reichert H (1992) Die Flora des Nahegebietes und Rheinhessens. Pollichia, Bad Dürkheim
Böcker R, Hofbauer R, Maass I, Smettan H, Stern F (2017) Flora Stuttgart. Stuttgart
Bundesamt für Naturschutz (2003 ff) FloraWeb – Daten und Informationen zu Wildpflanzen und zur Vegetation Deutschlands. http://floraweb.de/ Zugegriffen: 15.01.2020
Chrtek J, Kaplan Z, Štěpánková J (Hrsg) (2010) Květena České (Socialistické) Republiky. Bd. 8. Academia, Praha
Cordes H, Feder J, Hellberg F, Metzing D, Wittig B (2006) Atlas der Farn- und Blütenpflanzen des Weser-Elbe-Gebietes. H M Hauschild, Bremen
Deutsche Arzneibuch-Kommission (2019) DAB (Deutsches Arzneibuch), Amtliche Ausgabe. Deutscher Apotheker Verlag, Stuttgart
Dörr E, Lippert W (2001) Flora des Allgäus und seiner Umgebung. IHW-Verlag, Eching
Eggenberg S, Möhl A (2013) Flora Vegetativa. Ein Bestimmungsbuch für Pflanzen der Schweiz im blütenlosen Zustand. Haupt, Bern
Ellenberg H, Leuschner C (2010) Vegetation Mitteleuropas mit den Alpen. Ulmer, Stuttgart
Erhardt W, Götz E, Bödeker N, Seybold S (2008) Der große Zander, Handwörterbuch Enzyklopädie der Pflanzennamen. Bd. 1–2. Ulmer, Stuttgart.
Erhardt W, Götz E, Bödeker N (2002) Zander, Handwörterbuch der Pflanzennamen. 17. Aufl. Stuttgart
Euro+Med Project (2006 ff) Euro+Med PlantBase – the information resource for Euro-Mediterranean plant diversity. http://www.bgbm.org/EuroPlusMed/ Zugegriffen: 15.01.2020
Fischer W (2017) Flora der Prignitz. Bot Ver von Brandenburg und Berlin, Berlin
Fischer MA, Oswald K, Adler W (2008) Exkursionsflora für Österreich, Liechtenstein und Südtirol. 3. Aufl. Oberösterreichisches Landesmuseum, Linz
Frederiksen S, Rasmussen FN, Seberg O (red) (2019) Dansk Flora. Munksgaard, København
Fukarek F, Henker H (2006) Flora von Mecklenburg-Vorpommern. Weissdorn-Verlag, Jena
Garve E (2007) Verbreitungsatlas der Farn- und Blütenpflanzen in Niedersachsen und Bremen. Naturschutz Landschaftspflege Niedersachsen, Hannover 43:1–507
Gatterer K, Nezadal W, Fürnrohr F, Wagenknecht J, Welss W (2003) Flora des Regnitzgebietes. Bd. 1 & 2. IHW-Verlag, Eching
Götte R (2007) Flora im östlichen Sauerland. Verein für Natur- und Vogelschutz, Arnsberg
Gutte P (2006) Flora der Stadt Leipzig einschließlich Markkleeberg. Weissdorn-Verlag, Jena
Gutte P, Hardtke H-J, Schmidt PA (2012) Die Flora Sachsens und angrenzende Gebiete – ein pflanzenkundlicher Exkursionsführer. Quelle & Meyer, Wiebelsheim
Haeupler H, Muer T (2007) Bildatlas der Farn- und Blütenpflanzen Deutschlands. 2. Aufl. Ulmer, Stuttgart
Hand R, Reichert H, Bujnoch W, Kottke U, Capari A (2016) Flora der Region Trier. Bd 1–2. Verlag Michael Weyand, Trier
Hanelt P, Institute of Plant Genetics and Crop Plant Research [Gatersleben] (Hrsg.) (2001) Mansfeld's encyclopedia of agricultural and horticultural crops. Bd. 1–6. Springer, Heidelberg.
Hardtke H-J, Ihl A (2000) Atlas der Farn- und Samenpflanzen Sachsens. Sächsisches Landesamt für Umwelt, Landwirtschaft und Geologie, Dresden
Hardtke H-J, Klenke F, Müller F (2013) Flora des Elbhügellandes und angrenzender Gebiete. Sandstein-Verlag, Dresden
Hassler M, Schmitt B (2019) Checklist of Ferns and Lycophytes of the World. Version 8.11 (und verschiedene vorherige Versionen) http://worldplants.webarchiv.kit.edu/ferns/ Zugegriffen: 15.01.2020
Hegi G (Begr) (1906 ff) Illustrierte Flora von Mitteleuropa. 1. Aufl 1906–1931 Lehmanns, München. 2 Aufl. 1936 ff Hanser, München. 3. Aufl 1966 ff Parey, München. Ab 2007 Weissdorn-Verlag, Jena (Bd. VI/1A, 2009; 2A 2007, 2B)
Herdam H (1995) Neue Flora von Halberstadt. Farn- und Blütenpflanzen des Nordharzes und seines Vorlandes (Sachsen-Anhalt). 2. Aufl. Botanischer Arbeitskreis Nordharz e. V., Quedlinburg
Hess HE, Landolt E, Hirzel R (1976–1980) Flora der Schweiz und angrenzender Gebiete. 2. Aufl., Bd. 1–3. Birkhäuser, Basel
Hess HE, Landolt E, Hirzel R, Baltisberger M (2006) Bestimmungsschlüssel zur Flora der Schweiz und angrenzender Gebiete. 6. Aufl Birkhäuser, Basel
Hoffmann J (2006) Flora des Naturparks Märkische Schweiz. Cuvillier, Göttingen

Hoppe B. (Hrsg.) (2012–2013) Handbuch des Arznei- und Gewürzpflanzenbaus. Bd. 1–4. Bernburg
Hultén E, Fries M (1986) Atlas of North European vascular plants.
Koeltz, Königstein
International Code of Botanical Nomenclature (Shenzen Code) (2018) https://www.iapt-taxon.org/nomen/main.php Zugegriffen: 15.01.2020
Jalas J, Suominen J (ab Bd. 13: Kurtto, A. et al.) (Hrsg) (1972–2010) Atlas Florae Europaeae, Bd 1–15. Committee for Mapping the Flora or Europe und Societas Biologica Fennica Vanamo, Helsinki
Jäger EJ (Hrsg) (2017) Rothmaler – Exkursionsflora von Deutschland. Gefäßpflanzen: Grundband. 21. Aufl. Spinger Heidelberg
Jäger EJ, Müller F, Ritz CM, Welk E, Wesche K (Hrsg) (2017) Rothmaler – Exkursionsflora von Deutschland. Gefäßpflanzen: Atlasband. 13. Aufl. Springer, Heidelberg
Jonsell B, Karlsson T (Hrsg) (2000, 2001, 2004, 2010) Flora Nordica. General volume, Bd. 1, 2, 6. Swedish Royal Academy of Sciences, Stockholm
Kästner A, Jäger EJ, Schubert R (2001) Handbuch der Segetalpflanzen Mitteleuropas. Springer, Wien
Kattge J, Díaz S, Lavorel et al. (2011) TRY – a global database of plant traits. Global Change Biol. 17:2905–2935
Korsch H, Westhus W, Zündorf H-J (2002) Verbreitungsatlas der Farn- und Blütenpflanzen Thüringens. Thüringische Botanische Gesellschaft, Jena
Kaplan Z (Hrsg) (2019) Klíč ke květeně České republiky. Academia, Praha
Kramer KU et al. (1984): Pteridophyta. In: Hegi G: Illustrierte Flora von Mitteleuropa. Bd I, Teil 1. Parey, Berlin
Kramer KU, Schneller JJ, Wollenweber E (1995) Farne und Farnverwandte – Bau, Systematik, Biologie. Thieme, Stuttgart
Kubitzki K (Hrsg) (1990–2007) Families and genera of vascular plants. Vol. 1–9. Springer, Berlin
Kutschera L, Lichtenegger E (1982, 1992) Wurzelatlas mitteleuropäischer Grünlandpflanzen. Bd. 1: Monocotyledoneae, Bd. 2: Pteridophyta und Dicotyledoneae. Fischer, Stuttgart
Lackowitz W (2016) Flora von Berlin. Tp Verone Publishing (Nachdruck der Auflage von 1911, als PDF frei verfügbar), Berlin
Lambinon J, Verloove PH (2012) (Nachdruck des Originals von 1911) Nouvelle Flore de la Belgique, du Grand Duché du Luxembourg, du Nord de la France et des régions voisines. 6. Aufl. Agentschap Platentium, Meise
Lang W, Wolff P (2011) Flora der Pfalz. Verbreitungsatlas der Farn- und Blütenpflanzen für die Pfalz und ihre Randgebiete. 2. Aufl. Veröff Pfälzischen Ges Förderung Wiss, Speyer
Lauber K, Wagner G (2018) Flora Helvetica. 6. Aufl. Haupt, Bern
Lippert W, Springer S, Wunder J (1997) Die Farn- und Blütenpflanzen des Nationalparks. Nationalpark Berchtesgaden, Forschungsbericht 37. Nationalparkverwaltung Berchtesgaden, Berchtesgaden
Lippert W, Meierott L (2014) Kommentierte Artenliste der Farn- und Blütenpflanzen Bayerns. Bayerische Bot Ges, München
Lubienski M (2010) Die Schachtelhalme (Equisetaceae, Pteridophyta) der Flora Deutschlands – ein aktualisierter Bestimmungsschlüssel. Online-Veröff Bochumer Bot Ver 2(6):82–100
Lubienski M (2013) Hybriden der Gattung *Equisetum* (Equisetaceae, Equisetopsida, Monilophyta) in Europa. Ber Inst Landschafts- Pflanzenökologie Univ Hohenheim, Beiheft 22:91–124
Manton I (1950) Problems of cytology and evolution in the Pteridophyta. Cambridge University Press, Cambridge
Meierott L (2008) Flora der Haßberge und des Grabfelds: Neue Flora von Schweinfurt. Bd. 1–2. IHW-Verlag, Eching
Meijden van der R, Stracke van Schijndel MS, Rossum Van F (2016) Field guide of the wild plants of Benelux. Agentschap Plantentuin, Meise
Mieders G (2006) Flora des nördlichen Sauerlandes. Naturwissenschaftliche Vereinigung Lüdenscheid, Lüdenscheid
Meusel H, Jäger EJ, Weinert E (1965, 1978, 1992) Vergleichende Chorologie der zentraleuropäischen Flora, Bd. 1–3 (Bd. 2 mit Rauschert S; Bd. 3 von Meusel H; Jäger EJ). Fischer, Jena
Oberdorfer E (2001) Pflanzensoziologische Exkursionsflora. 8. Aufl. Ulmer, Stuttgart
Otto H-W: (2012) Die Farn- und Samenpflanzen der Oberlausitz. 2. Aufl. Ber Naturforsch Ges Oberlausitz Supplement 20
Parolly G, Rohwer JG (Hrsg) (2019) Schmeil - Fitschen. Die Flora Deutschlands und angrenzender Länder. 97. Aufl. Quelle & Meyer, Wiebelsheim
Petrick W, Illig H, Jentsch H, Kasparz S, Klemm G, Kummer V (2011) Flora des Spreewaldes. Landesumweltamt Brandenburg, Rangsdorf
Pirc H (2015) Enzyklopädie der Wildobst- und seltenen Obstarten. Stocker, Graz
Poland J. & Clement E. (2020) The Vegetative Key to the British Flora. 2. Aufl. John Poland, Southampton. Für Vegetativmerkmale ausgewerte Literatur. Daten vgl. auch hier: https://www.bookdepository.com/The-Vegetative-Key-the-British-Flora-John-Poland/9780956014429
Polatschek A (1997-2000) Flora von Nordtirol, Osttirol und Vorarlberg. Tiroler Landesmuseum, Innsbruck

Poppendieck H-H, Bertram H, Brandt I, Engelschall B, von Prondzinski J (2010) Der Hamburger Pflanzenatlas von a bis z. Dölling & Galitz, Hamburg

POWO (Hrsg) (2019) Plants of the World Online. Kew. http://www.plantsoftheworldonline.org Zugegriffen: 15.01.2020

Raabe E-W (Hrsg: Dierssen K, Mierwald U) (1987) Atlas der Flora Schleswig-Holsteins und Hamburgs. Wachholtz, Neumünster

Rasbach H, Reichstein T, Schneller JJ (1991) Hybrids and polyploidy in the genus *Athyrium* (Pteridophyta) in Europe. 2. Origin and description of two triploid hybrids and synthesis of allotetraploids. Bot Helv 101:209–225

Reichstein T (1981) Hybrids in European Aspleniaceae (Pteridophytae). Bot Helv 91:89–139

Riebe H (2018) Die Farn- und Blütenpflanzen der Sächsischen Schweiz. Nationalparkverwaltung Sächsische Schweiz, Bad Schandau

Roloff A, Bärtels A (2018) Flora der Gehölze. 5. Aufl. Ulmer, Stuttgart

Schmidt PA, Schulz B (2017) Fitschen. Gehölzflora. 13. Aufl. Quelle & Meyer, Wiebelsheim

Schnittler M, Horn K, Kaufmann R, Rimgailė-Voicik R, Klahr A, Bog M, Fuchs J, Bennert, HW (2018) Genetic diversity and hybrid formation in Central European club-mosses (*Diphasiastrum*, Lycopodiaceae) – New insights from cp microsatellites, two nuclear markers and AFLP. Molec Phylogenet Evol 131:181–192

Schönfelder I, Schönfelder P (2004) Das neue Handbuch der Heilpflanzen. Kosmos, Stuttgart

Schuettpelz E et al. (2016) A community-derived classification for extant lycophytes and ferns. J Syst Evol 54:563–603

Sebald O, Seybold S, Philippi G (Wörz A) (1990–1998) Die Farn- und Blütenpflanzen Baden-Württembergs. Bd. 1–8. Ulmer, Stuttgart

Seitz B, Ristow M, Prasse R, Machatzi B, Klemm G, Böcker R, Sukopp H (2012) Der Berliner Florenatlas. Botanischer Verein von Berlin und Brandenburg, Berlin

Seitz W (1969) Die Taxonomie der *Aconitum napellus*-Gruppe in Europa. Feddes Repert 80(1):1–76

Sell P, Murrel G (1996–2018) Flora of Great Britain and Ireland. Bd. 1–5. Cambridge University Press, Cambridge

Slavík B, Hejný S (Hrsg) (1988–2005) Květena České (Socialistické) Republiky. Bd. 1–7. Academia, Praha

Stace C (2019) New Flora of the British Isles. 4. Aufl. C & M Floristics, Cambridge

Stace C, Preston CD, Pearman DA (2015) Hybrid Flora of the British Isles. Botanical Society of Britain & Ireland, Durham

Starmühler W (2001) Die Gattung Aconitum in Bayern. Ber Bayer Bot Ges 71:99–118

Starmühler W (2012) Bestimmungsschlüssel für die Gattung Aconitum in Deutschland. http://offene-natur-fuehrer.de/web/Bestimmungsschlüssel_für_die_Gattung_Aconitum_in_Deutschland_(Walter_Starmühler). Zugegriffen: November 2018

The Plant List (Hrsg) (2013) http://www.theplantlist.org Zugegriffen: 15.01.2020

Tison JM, de Foucault B (Hrsg) (2014) Flora Gallica. Biotope, Mèze

Trittler J (2006) Die Flora des Kreises Heidenheim. Farn- und Blütenpflanzen. U. Siedentop, Heidenheim

Tutin TG et al. (Hrsg) (1964–1980) Flora Europaea. 1. Aufl. Bd. 1–5. Cambridge University Press, Cambridge

Tutin TG et al. (Hrsg) (1993) Flora Europaea. 2. Aufl. Bd. 1. Cambridge University Press, Cambridge

Weber HE (1995) Flora von Südwest-Niedersachsen und dem benachbarten Westfalen. HTh Wenner, Osnabrück

Zündorf H-J, Günther K-F, Korsch H, Westhus W (2006) Flora von Thüringen. Weissdorn-Verlag, Jena

ERKLÄRUNG DER FACHWÖRTER

abgerundet: mit konvex-bogiger, nicht winkliger Spitze bzw. mit bogigen, nicht winklig zusammenstoßenden Spreitenrändern (Abb. **903**/2, 5)
Achäne: einsamige trockne Schließfrucht, Fruchtwand mit Kelch verwachsen (Korbblütengewächse)
Achselknospe: Knospe in der Achsel eines Blattes
achselständig: im oberen Winkel zwischen Blatt und Stängel ansitzend
Achsenbecher: becherförmig ausgebildeter → Blütenboden, trägt am oberen Ende die Blütenhülle und die Staubblätter
Agamospermie: Samenbildung ohne Befruchtung
Aggregat (agg., Artengruppe): informelle taxonomische Bezeichnung für eine Gruppe nahe verwandter, meist schwer unterscheidbarer Arten
Agriophyt: gebietsfremde, aber in der natürlichen Vegetation heimisch gewordene und sich ohne direktes Zutun des Menschen erhaltende Pflanzensippe
Ährchen: Teilblütenstand mit ungestielten Blüten, die längs einer Achse ansitzen, ohne Endblüte. Die Ährchen der Gräser (Abb. **243**/1) sind zu ährigen, traubigen oder rispigen Gesamtblütenständen vereinigt
Ähre: Blütenstand mit ungestielten Blüten, die längs einer Hauptachse ansitzen; Endblüte fehlend (Abb. **905**/3); Aufblühfolge von unten nach oben
Ährenrispe: im Grundaufbau rispiger Blütenstand mit so kurzen, dicht verzweigten Rispenästen, dass der Eindruck einer Ähre entsteht. Die Rispenspindel und die sehr kurzen, stets verzweigten Ästchen werden erst beim Umbiegen oder Zergliedern der Rispe sichtbar (Abb. **243**/3).
allseitswendig (Blütenstand, beblätterter Stängel): mit Blüten od. Blättern, die von der Hauptachse nach allen Seiten gerichtet sind
alpin (alp): Höhenstufe im Gebirge oberhalb der Baum- und Gebüschgrenze; Stufe der Matten, Fels- und Schotterfluren
Ameisenausbreitung (AmA, Myrmekochorie): Ausbreitung von (Teil-)Früchten oder Samen, die meist einen Ölkörper tragen, durch Ameisen
androdiözisch, andromonözisch: mit zwittrigen und männlichen Blüten auf verschiedenen Individuen bzw. auf einem Individuum
angesalbt: vom Menschen absichtlich in der freien Natur ausgesät oder ausgepflanzt
antarktisch (antarkt): waldfreie Florenzone der Südhemisphäre, entspricht der borealen bis arktischen auf der Nordhemisphäre (Abb. **24**/1)
Apfelfrucht: Frucht mit weitgehend freien Fruchtblättern, die durch Achsengewebe verbunden werden
Apomixis (Ap): Verlust der geschlechtlichen Fortpflanzung (→ Agamospermie); Samenbildung ohne Befruchtung
Archäophyt [A]: vor 1500 eingeschleppte, gebietsfremde, aber meist eingebürgerte Pflanzensippe; [A U]: ebenso, nicht beständig, nicht eingebürgert
Areal: Verbreitungsgebiet einer Pflanzensippe gleich welchen Ranges. Weitgehend durch das Klima, auch durch Boden sowie Ausbreitungs- und Sippengeschichte bestimmt. Meist Abbild der ökologischen Potenz der Pflanzensippe
Arealdiagnose: einheitliche, dreidimensionale Beschreibung der Pflanzenareale anhand der zonalen, ozeanisch-kontinentalen und Höhenstufen-Bindung (S. 25)
Arillus (Samenmantel): fleischige od. trockene Hülle, die bei einigen Arten den Samen umgibt (z. B. *Taxus*)
arktisch (arct): Florenzone jenseits der polaren Baum- und Gebüschgrenze (Abb. **24**/1)
Art (Species): Grundeinheit des Systems, Fortpflanzungsgemeinschaft von Individuen mit konstanten morphologischen Unterschieden zu anderen Arten, von diesen meist reproduktiv isoliert
Artengruppe (Aggregat, agg.): informelle taxonomische Bezeichnung für eine Gruppe nahe verwandter, meist schwer unterscheidbarer Arten
Assoziation: Pflanzengesellschaft mit charakteristischer Artenkombination, Grundeinheit der pflanzensoziologischen Vegetationsgliederung (s. S. 29)
aufsteigend: aus kriechendem von liegendem Grund sich allmählich aufrichtend
Ausbreitung: Übertragung der Diasporen einer Pflanze an neue Orte durch Wind (Anemochorie), Wasser (Hydrochorie), Tiere (Zoochorie), den Menschen (Anthropochorie) oder endogenes Abschleudern (→ Selbstausbreitung, Autochorie)

ausdauernd ♃, **perennierend**: Pflanze mit vieljähriger Lebensdauer, in mehreren Jahren blühend. Ausdauernde Kräuter, deren oberirdische Organe den Winter höchstens in Bodennähe überleben, heißen Stauden. Kurzlebig ♃ wird eine Lebensdauer von 3–5 Jahren genannt. Ausdauernde Gehölze sind entweder → Zwerg- oder Halbsträucher (HStr), Sträucher (Str), Lianen oder Bäume (B)
ausgebissen: unregelmäßig gezähnt oder gebuchtet
ausgerandet (Blätter, Blütenhüllblätter): mit spitzem oder stumpfem Einschnitt an der Spitze (Abb. **903**/11)
ausgesackt: (Krone, Kelch) unterseits mit kurzer, breiter Auswölbung
Ausläufer, unterirdisch/oberirdisch (uAusl, oAusl): Bodenspross mit gestreckten Stängelgliedern, der außer der Speicherung vor allem der Ausbreitung und der vegetativen Reproduktion dient. Am Ende der Jahrestriebe werden gestauchte Stängelglieder und sprossbürtige Wurzeln gebildet
Ausläuferrhizom (Ausl+Rhiz): horizontaler, unterirdischer Bodenspross mit Stängelgliedern, die 2–4mal so lang wie dick sind (Zwischenform zwischen Ausläufer und Rhizom)
Ausläuferwurzel: ± horizontal im Boden streichende Wurzel, die aus innerem Gewebe Wurzelsprosse hervorbringt (vgl. S. 14)
Außenhülle (an kopfförmigem Blütenstand, besonders der Korbblütengewächse): Summe der äußeren Hüllblätter, wenn sie von den inneren Hüllblättern deutlich verschieden sind (Abb. **850**/2)
Außenkelch: zusätzliche kelchartige Hochblatthülle unmittelbar unter dem Kelch (Abb. **525**/5–7)
austral (austr): (warm-)gemäßigte Florenzone der Südhemisphäre
austrosubtropisch (austrstrop): subtropische Florenzone südlich der Tropen
Autorname: Name des Autors, der zuerst eine gültige Beschreibung der Pflanzensippe publiziert oder sie als **Kombinationsautor** in eine andere Rangstufe oder andere Gattung bzw. Art überführt hat (s. S. 4)
Balg: trockne Frucht aus einem Fruchtblatt, das sich an der Bauchnaht, also der Innenseite, öffnet (Abb. **913**/1)
bandförmig (Blatt): mit parallelen Rändern, >8mal so lang wie breit
basal: am Grund; bei Samenanlagen-Stellung: am Grund des Fruchtknotens (Abb. **911**/4)
basenhold: auf meist kalkfreien, aber an basischen Kationen reichen Böden vorkommend
Bastard (**Hybride**): aus der Kreuzung verschiedener Arten, Unterarten, selten auch Gattungen hervorgegangenes Individuum, Fertilität meist eingeschränkt
Baum (B): Holzpflanze mit Stamm und Krone
becherförmig: trichterförmig, aber unten breit gestutzt, von der Form eines Kegelstumpfs (Abb. **908**/7)
Beere: → Schließfrucht mit fleischiger Wand, ohne innere harte Schicht, fast immer mehrsamig (Abb. **914**/1)
Befruchtung: Verschmelzung der Eizelle mit einem Spermakern (fast alle Samenpflanzen) oder einem Spermatozoon (Farnpflanzen, Ginkgo). Bestäubung muss nicht zur Befruchtung führen (z. B. bei Unverträglichkeit, Selbststerilität)
bemehlt (Blatt, Spross): durch Blasenhaare wie mit Mehl überstäubt aussehend
bereift: mit abwischbarem, hellem Wachsüberzug
bespitzt: mit kleiner, vom abgerundeten Spreitenende plötzlich abgesetzter, flächiger, nicht nur vom Mittelnerv gebildeter Spitze (Abb. **903**/10)
Bestäubung: Übertragung des Pollens auf die Narbe oder die Samenanlage (s. S. 15)
bewimpert (Blatt): mit randständigen Haaren (Abb. **904**/8)
blasenhaarig (Blatt, Stängel): mit blasig aufgetriebenen Haaren
Blatt (Bla): seitlich der Sprossachsen ansitzendes Organ mit meist begrenztem Wachstum, als **Laubblatt** grün und assimilierend, als **Niederblatt** schuppenförmig oder verdickt und speichernd, als **Blütenhüllblatt** oft gefärbt, so auch zuweilen das **Hochblatt** im Blütenstandsbereich
Blattachsel: oberer Winkel zwischen Stängel und ansitzendem Blatt
Blättchen (Blchen): die selbständigen Spreitenteile eines zusammengesetzten (gefingerten oder gefiederten) Blatts unabhängig von ihrer Größe (Abb. **902**/1, 2)
Blattformen: Ausbildung von Blattgrund, Stiel und Spreite, s. Abb. **895–904**

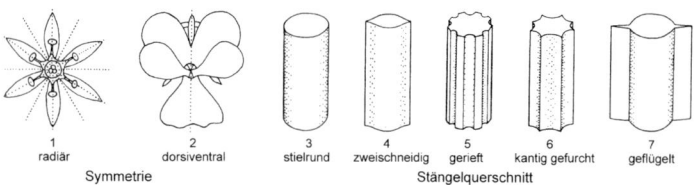

ERKLÄRUNG DER FACHWÖRTER 895

Blattgelenk: verdickte Stelle am Grund von Blättern (Stielbasis) oder von Blättchen, die Bewegungen bewirken kann
Blattgrund: unterster Teil des Blattes, bisweilen scheidig oder als Blattgelenk ausgebildet, trägt oft Nebenblätter (Stipeln)
Blatthäutchen (Ligula): häutige Bildung am Übergang von der Blattscheide zur Blattspreite, frei oder angewachsen, zuweilen durch einen Haarsaum ersetzt (Abb. **895**/2)
Blattranke: Befestigungsorgan von Kletterpflanzen, das nach Stellung und Entstehung einem Blatt entspricht
Blattscheide: Erweiterung des Blattgrundes, die den Stängel umgreift. Häufig bei Einkeimblättrigen, bei denen sie auch völlig geschlossen sein kann (Abb. **895**/2)
Blattspindel (Rhachis): die spreitenlose Mittelrippe eines gefiederten Blattes (Abb. **902**/1)
Blattspreite (BlaSpreite): der flächige Teil des (Ober-)Blattes (Abb. **895**/1)
Blattstiel: Teil des Oberblattes, Träger der Blattspreite
Blüte (Blü): unverzweigter Kurzspross, dessen Blätter durch Keimzellbildung (in Staub- und Fruchtblättern) oder auch als Schutz- oder Schauorgane (Blütenhülle) im Dienst der geschlechtlichen Fortpflanzung stehen
Blütenachse (Blütenboden): der die Blütenhüllblätter, Staub- und Fruchtblätter tragende Sprossabschnitt, kegelförmig, flach scheibenförmig, schüsselförmig, krugförmig oder röhrig. Er bildet die Fortsetzung des Blütenstiels. Bei unterständigem Fruchtknoten verwächst er mit den Fruchtblättern (Abb. **909**/1, **910**/1–4).
Blütenhülle (BlüHülle): Die Gesamtheit der die Staub- und/oder Fruchtblätter umgebenden Blütenblätter, unabhängig davon, ob sie in Kelch und Krone gegliedert oder ungegliedert (→ Perigon, einfache Blütenhülle) sind (Abb. **909**/1)
Blütenröhre: über den unterständigen Fruchtknoten hinaus verlängerter Achsenbecher (Hypanthium)
Blütenstand (BlüStand): abgrenzbarer Teil einer Pflanze, der die Blüten trägt. Seine Spitze wird meist durch die Blütenbildung aufgebraucht
Blütezeit (BlüZeit): die Monate, in denen die Pflanze blühend angetroffen werden kann. Wegen regionaler Verschiebung mit der Meereshöhe, der Jahreswitterung und dem Klimagebiet ist der angegebene Zeitraum meist größer als die wirkliche Dauer der Blütezeit
bogennervig (Blatt): mit Nerven, die vom Grund der Blattspreite bogig zur Blattspitze ziehen
Bogentrieb: bogig überhängender, an der Spitze wurzelnder Spross, dient der vegetativen Fortpflanzung und Ausbreitung
boreal (nördlich, b): Florenzone zwischen der Arktis und der gemäßigten Zone, größtenteils von Nadelwäldern eingenommen (Abb. **24**/1)
boreosubtropisch (bstrop): subtropische Florenzone nördlich der Tropen
Braktee (Hochblatt, Deckblatt): Blatt im Blütenstandsbereich, meist ein solches, aus dessen Achsel ein Teilblütenstand oder ein Blütenstiel hervorgeht
Bruchfrucht: trockne Frucht aus 1–2 Fruchtblättern, die quer in einsamige Teile zerfällt (Gliederhülse, Gliederschote; Abb. **914**/5)
Brutzwiebel, -knöllchen, -spross, -blättchen: besonders gestaltete Knospe, Knolle oder Blättchen im Blütenstand, in der Blattachsel oder an der Blattspindel von Gefäßpflanzen, die/das abfällt, sich bewurzelt und der vegetativen Vermehrung dient
buchtig (Blatt): Blattabschnitte durch abgerundete Einschnitte getrennt (Abb. **901**/3), vgl. aber gebuchtet
Bulbille (Brutzwiebel): in Blattachseln oder im Blütenstand gebildete, zwiebelähnliche Kurzsprosse, dienen der vegetativen Fortpflanzung
Büschelhaar: (schräg) aufrecht verzweigtes Haar (Abb. **457**/1)
büschlig (Blüten, Blätter): in sehr kurz gestielter, dichter Gruppe
Chamaephyt (C): Pflanze mit dicht (etwa 3–30 cm) über dem Boden überdauernden Erneuerungsknospen
chasmogam (ch): Blüte, die im geöffneten Zustand bestäubt wird
chorikarp: in jeder Blüte 2 bis viele Stempel aus je einem freien Fruchtblatt

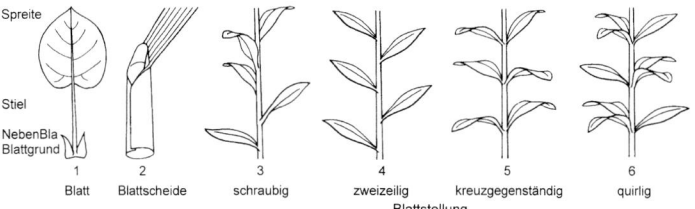

1	2	3	4	5	6
Blatt	Blattscheide	schraubig	zweizeilig	kreuzgegenständig	quirlig
			Blattstellung		

Spreite
Stiel
NebenBla
Blattgrund

CITES: **C**onvention on **I**nternational **T**rade in **E**ndangered **S**pecies of Wild Fauna and Flora (Abkommen über den Internationalen Handel mit gefährdeten Arten der Wildfauna und -flora, Washingtoner Artenschutzabkommen von 1973; s. auch S. 42)

Chromosomenzahl: sippenspezifische Zahl der Chromosomen, Grundzahl (x) in den Körperzellen der Samenpflanzen mindestens verdoppelt (**diploid**, 2n = 2x), oft ein geradzahliges Vielfaches davon (**polyploid**, 2n = 2, 4, 6, 8, 10 …; Entstehung oft durch Kreuzung, dann **allopolyploid**), selten ungerade z. B. (**triploid**, Pflanze dann samensteril, viele *Taraxacum*-Sippen)

Cupula: Fruchtbecher aus reduzierten Blütenstandsteilen, umhüllt eine oder mehrere Früchte

Cyathium: blütenähnlicher Blütenstand der Wolfsmilch mit becherartiger Hülle, vielen ♂ Blüten aus je einem Staubblatt und einer zentralen, nackten ♀ Blüte mit gestieltem, 3blättrigem Stempel

dachziegelig (Blätter): sich gegenseitig an einer Seite oder an beiden deckend

dauergrün: immergrün mit langlebigem (>2 Jahre) Laub

de(sub)alpin (Verbreitung): von der (sub-)alpinen Stufe in darunterliegende Stufen herabsteigend, oft an Flüssen herabgeschwemmt

Deckblatt (DeckBla, s. auch Tragblatt): Hochblatt, das eine gestielte oder sitzende Blüte in seiner Achsel trägt

Deckkapsel: aus 2 oder mehr Fruchtblättern gebildete trockne Streufrucht, die entlang einer ringförmigen Sollbruchstelle einen Deckel aus den oberen Fruchtblattabschnitten absprengt (Abb. **913**/6)

Deckschuppe (Koniferenzapfen): an der Zapfenspindel ansitzende Schuppe, auf der die Samenschuppe mit der/den Samenanlage(n) aufsitzt

Deckspelze (Dsp): häutiges Hochblatt der Gräser, in dessen Achsel die Blüte sitzt. Eine evtl. vorhandene Granne steht fast immer an dieser Spelze (Abb. **243**/1)

dekussiert (kreuzgegenständig): 2 Blätter am selben Knoten einander gegenüber stehend (Abb. **895**/5)

deltoid (Blattspreite): wie rhombisch, aber größte Breite unter bzw. (verkehrt deltoid) über der Mitte

demontan (demo): von der Bergstufe ins Umland herabsteigend bzw. herabgeschwemmt

Diaspore: Oberbegriff für Ausbreitungseinheiten wie Frucht, Same, Spore, Brutkörper

Dichasium: Teilblütenstand, der je eine Seitenachse aus den Achseln der beiden → Vorblätter bildet (Abb. **907**/2)

diözisch (zweihäusig, ♀ + ♂**):** männliche u. weibliche Blüten auf verschiedenen Individuen

disjunktes Areal: Verbreitungsgebiet aus Teilgebieten, von denen angenommen wird, dass der Zwischenraum zwischen ihnen von normalen Ausbreitungsvorgängen nicht überwunden wird

Diskus: scheibenförmiges Nektarium, meist vom verbreiterten Blütenboden, selten von Staubblättern oder vom Fruchtknoten gebildet

disymmetrisch: Teil der Pflanze (z. B. Blüte), durch den 2 rechtwinklig stehende Symmetrieebenen gelegt werden können

Döldchen: doldenförmiger Teilblütenstand einer → Doppeldolde (Abb. **906**/1)

Dolde: Blütenstand, bei dem von einem Punkt mehrere gleichartige Achsen (Doldenstrahlen) ausgehen, die eine Blüte tragen (Abb. **905**/5)

Doldenstrahl: die Blüten tragenden Achsen einer → Dolde oder die Döldchen tragenden Achsen einer → Doppeldolde (Abb. **906**/1)

Doppeldolde: zusammengesetzter Blütenstand der meisten Doldenblütengewächse mit Döldchen in doldiger Anordnung (Abb. **906**/1)

doppelt gefiedert, doppelt 3zählig (Blatt): mit Fiedern, die ihrerseits wieder gefiedert sind (Abb. **902**/2) bzw. mit 3 Blättchen, die ihrerseits wieder 3zählig sind. Die selbstständigen Spreiteteile heißen Fiedern 2. Ordnung, 3. Ordnung usw. oder Fiederchen

doppelt gesägt, doppelt gezähnt: Blattrand, bei dem die Sägezähne bzw. Zähne ihrerseits kleine Sägezähne bzw. Zähne tragen (Abb. **904**/2)

Doppeltraube: zusammengesetzter Blütenstand aus → Trauben in traubiger Anordnung

Doppelwickel: → Dichasium, das sich in 2 Wickeln (→ Monochasium mit Verzweigung abwechselnd aus dem rechten und linken → Vorblatt) fortsetzt. Die beiden Monochasien erscheinen in der Knospe „aufgewickelt" (Abb. **658**/2).

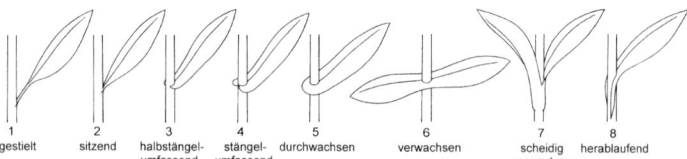

| 1 | 2 | 3 | 4 | 5 | 6 | 7 | 8 |
| gestielt | sitzend | halbstängel-umfassend | stängel-umfassend | durchwachsen | verwachsen | scheidig verwachsen | herablaufend |

ERKLÄRUNG DER FACHWÖRTER

Dorn: stechendes Umwandlungsprodukt von Blättern, Nebenblättern, Blattlappen, Sprossachsen, selten auch Wurzeln
dorsiventral (zygomorph, monosymmetrisch): mit einer Symmetrieebene, die das Organ in 2 spiegelgleiche Hälften teilt (Abb. **894**/2). Verbreitet bei von Bienen bestäubten Blüten (Lippenblüten- und Schmetterlingsblütengewächse)
dreihäusig: Pflanze mit nur weiblichen, nur männlichen und nur zwittrigen Blüten vorkommend
dreizählig (3zählig; Blüte, Blattstellung): aus Wirteln mit jeweils 3 gleichen Organen zusammengesetzt;
 – (Blatt): mit 3 handförmig angeordneten Blättchen (Abb. **899**/7)
dreizeilig: → wechselständig mit 120° Divergenzwinkel, so dass die Blätter in 3 Zeilen übereinander stehen
Drüse: Sekretions- oder Exkretionsorgan aus einzelnen Drüsenzellen oder Gruppen von ihnen
Drüsenhaare: meist erkennbar an der vergrößerten Endzelle oder einem mehrzelligen Köpfchen
durchwachsen (Blatt): Spreitengrund um den Stängel herum verwachsen, so dass dieser durch das Blatt hindurchgewachsen zu sein scheint
eilanzettlich (Blatt): wie lanzettlich, aber unter der Mitte am breitesten (Abb. **897**/7)
einfächrig (Fruchtknoten): ohne echte (von Fruchtblättern gebildete) innere Scheidewand, da die Fruchtblätter entweder nur mit ihren Rändern verwachsen oder ihre miteinander verwachsenen Flanken aufgelöst sind, aber auch ohne falsche (als Auswuchs der Fruchtblattränder gebildete) Scheidewand
eingebürgert: gebietsfremde Pflanze, die im neu besiedelten Gebiet konstant auftritt, indem sie sich entweder an von Menschen beeinflussten Standorten (als → Epökophyt) oder (seltener) in der naturnahen Vegetation (als → Agriophyt) dauernd zu erhalten vermag
eingerollt (Blatt): beide Blatthälften von den Seiten nach oben (innen) gerollt (Abb. **904**/10)
eingeschlechtig: entweder nur mit Staubblättern (männlich, ♂) oder nur mit Fruchtblättern (weiblich, ♀)
einhäusig (monözisch): ♀ und ♂ Blüten auf derselben Pflanze
einjährig (sommerannuell, ⊙): im Frühjahr keimend und im selben Jahr blühend, fruchtend und absterbend
einjährig überwinternd (→ **winterannuell**, ⊙): im Herbst keimend, meist mit Rosette grün überwinternd, im Frühjahr blühend, im (Früh-)Sommer fruchtend und absterbend
einseitswendig: längs einer Achse nach allen Seiten entspringend, aber infolge von Krümmungsbewegungen nach einer Seite hingewendet (z. B. Blüten beim Fingerhut)
Elaiosom: Ölkörper an Samen oder (Teil-)Früchten, der der Ameisenausbreitung dient
elliptisch, ellipsoidisch: 1,5–2,5mal so lang wie breit, in der Mitte am breitesten (Abb. **897**/3)
emers: über der Wasseroberfläche
Endemit: auf einen bestimmten Bezugsraum beschränktes Taxon, meist ist kleinflächiges, enges Areal gemeint
Ephemerenflur: von einjährigen Pflanzen (Ephemeren, Therophyten) bestimmte Vegetation
Ephemerophyt (Unbeständige, Adventivpflanze, [U]): gebietsfremde, eingeschleppte Pflanzensippe, die sich im Gebiet nicht dauerhaft erhalten, reproduzieren und ausbreiten kann
Epitheton: der zweite, auf den Gattungsnamen folgende Teil des wissenschaftlichen Artnamens, besteht aus einem, seltener aus 2–3 mit Bindestrich gekoppelten Wörtern, stets klein geschrieben
Epökophyt: eingeschleppte und eingebürgerte Pflanzensippe, die an menschlich beeinflusste Standorte (Äcker, Ruderalstellen u. a.) gebunden ist (Gegensatz zum → Agriophyten), in die natürliche Vegetation eindringt und mit dem Aufhören des menschlichen Einflusses verschwindet (S. 21)
Erosulate (eros): Pflanze (Staude oder Sommerannuelle) ohne (Grund-)Rosette, Laubblätter nur am gestreckten Spross
erloschen †: ausgestorben, am bekannten Fundort nicht mehr nachweisbar
eutroph (Boden, Wasser): reich an Nährstoffen, besonders Stickstoff, Phosphor, Kalium
Exklave: vom zusammenhängenden Hauptareal isolierter, kleiner Teil des Verbreitungsgebietes
Fächel: → Monochasium, bei dem die Seitenachsen aus der Achsel des einzigen vorhandenen, der Mutterachse zugewendeten Vorblatts entspringen
Fahne: das nach oben zeigende, äußere und meist größte Kronblatt der → Schmetterlingsblüte (Abb. **352**/1)

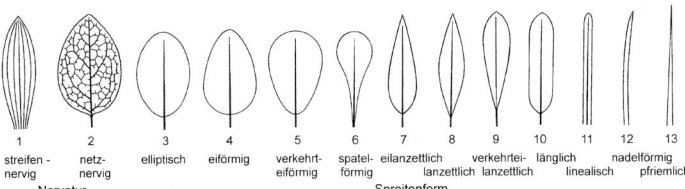

1 streifennervig 2 netznervig Nervatur
3 elliptisch 4 eiförmig 5 verkehrteiförmig 6 spatelförmig 7 eilanzettlich lanzettlich 8 verkehrteilanzettlich lanzettlich 9 länglich linealisch 10 nadelförmig pfriemlich
Spreitenform

Fasermantel (Strohtunika): Hülle der Pflanzenbasis aus schwer zersetzbaren toten Resten von Blättern
fertil: fruchtbar, d. h. funktionsfähige Sporen, Pollenkörner oder Samenanlagen hervorbringend
feucht (Boden): ein feuchter Boden ist im Jahres-Durchschnitt nicht wassergesättigt, hinterlässt aber, auf Papier gelegt, einen feuchten Fleck und fühlt sich kühl an
Fieder, Fiederchen: Abschnitt eines zusammengesetzten bzw. doppelt zusammengesetzten Blattes, der der Spindel (oft mit kurzem Stielchen) ansitzt (Abb. **901**/6, 7; **902**/1, 2)
Fiederblatt: Blatt, das aus mehreren selbständigen Blättchen besteht, die längs der → Spindel angeordnet sind (Abb. **901**/6, 7; **902**/1, 2)
fiederlappig, -schnittig: Blatt mit Einschnitten unter bzw. über 50 % Tiefe der halben Spreitenbreite, Abschnitte stets mit breiter Basis der Spindel ansitzend (Abb. **901**/1–5). Außerdem werden **fiederspaltig** (40–60 %) und **fiederteilig** (60–80 %) unterschieden.
fiedernervig: netznervig mit nur einem Hauptnerv, von dem die Seitennerven 2reihig entspringen
fingernervig (handnervig): netznervig mit mehreren Hauptnerven, die strahlenförmig vom Spreitengrund ausgehen
Flagelle: ausläuferähnlicher Seitenspross, der sich aufrichtet und einen Blütenstand ausbildet
Flügel: 1. die beiden seitlichen Kronblätter der → Schmetterlingsblüte (Abb. **352**/1). – 2. flacher, breiter Randsaum von Stängeln (Abb. **894**/7), Blattstielen, Früchten oder Samen
flutend (Spross, Blätter): im fließenden Wasser am Boden wurzelnd und in Strömungsrichtung ausgestreckt
Form (forma, f.): systematische Rangstufe unterhalb der Varietät für Pflanzen, die meist nur in einem Merkmal abweichen. Heute kaum noch verwendet
Fragmentation: bei Gefäßpflanzen (besonders Wasserpflanzen) Form der vegetativen Vermehrung durch Zerbrechen von Sprossen, Abbrechen von Knospen
freiblättrig (Blütenkrone, -kelch): mit Kron- bzw. Kelchblättern, die untereinander nicht verwachsen sind; Kronblätter daher einzeln abfallend (Abb. **909**/3)
Fremdbestäubung: Befruchtung nur bei Übertragung des Pollens auf ein anderes Pflanzen-Individuum
frisch (Boden): Feuchtestufe zwischen feucht und trocken, außerhalb des Kapillarbereichs des Grundwassers
Frucht (Fr): die Blüte im Zustand der Samenreife und (meist) Loslösung von der Mutterpflanze
fruchtbar (→ fertil): Pflanze oder Pflanzenteil mit voll ausgebildeten generativen Fortpflanzungsorganen
Fruchtblatt (FrBla): die Samenanlagen mit den Eizellen tragendes Blatt bei den Samenpflanzen. Bei vielen Arten verwachsen 2 oder mehrere Fruchtblätter miteinander. Die Samenanlagen sitzen an den → Samenleisten (Plazenten, meist Fruchtblatträndern)
Früchtchen (Frchen): selbständige, nicht miteinander verwachsene, aus je 1 Fruchtblatt hervorgehende Teile einer Sammelfrucht
Fruchtfach: durch Wände aus miteinander verwachsenen Fruchtblättern abgegrenzter Teilraum einer Kapsel, Apfelfrucht oder Beere
Fruchthalter (Karpophor): Träger der Teilfrüchte einer Spaltfrucht (*Apiaceae*, auch *Geranium*)
Fruchtknoten (FrKn, Ovar): der meist verdickte untere Teil des Stempels, der die Samenanlage(n) umschließt (Abb. **909**/1, 3; **910**/1–4)
Fruchtschnabel: der samenlose, verschmälerte obere Teil mancher Früchte (Abb. **502**/1); bei den Schoten der Kreuzblütengewächse dagegen der am oberen Ende des → Rahmens stehenbleibende, sich nicht öffnende Teil der Frucht, der zuweilen auch 1 oder mehr Samen enthält (Abb. **533**/6, 7)
Fruchtstand (FrStand): Gesamtheit der als Ausbreitungseinheit verbunden bleibenden Früchte, die aus einem Blütenstand hervorgehen
Fruchtwand: aus der Fruchtknotenwand hervorgehende, oft mehrschichtige Hülle der Frucht
frühjahrsgrün (frgr): mit Laubaustrieb im Vorfrühling und Absterben des Laubes zu Beginn des Sommers
Fundort: der geographische Wuchsort einer Pflanze (vgl. Standort)
fußförmig: mit fast handförmig angeordneten Spreitenabschnitten oder Blättchen, die aber nicht von einem Punkt, sondern von einer verbreiterten Basis ausgehen, indem die äußeren nahe dem Grund der nach innen folgenden abzweigen, z. B. fußförmig geschnitten (Abb. **902**/4) oder fußförmig zusammengesetzt (Abb. **902**/5)

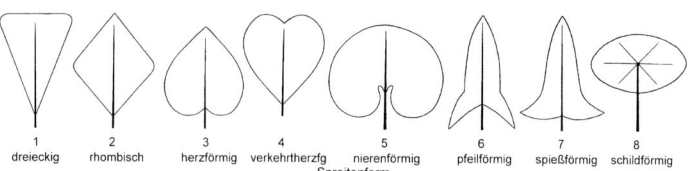

1	2	3	4	5	6	7	8
dreieckig	rhombisch	herzförmig	verkehrtherzfg	nierenförmig	pfeilförmig	spießförmig	schildförmig

Spreitenform

ERKLÄRUNG DER FACHWÖRTER

gabelhaarig: mit zweischenkligen, abstehenden Haaren in Form eines Y
gabelnervig: Nerven sich (wiederholt) in jeweils 2 ± gleichwertige Nerven verzweigend
gablig (gegabelt; Verzweigung): Sprossfortsetzung durch 2 ± gleichwertige Seitensprosse, entweder **dichotom** durch Teilung des Spitzen-Bildungsgewebes, oder **dichasial** (Abb. **907**/2) aus Seitenknospen nach Abschluss des Muttersprosses bei Blütenbildung oder Absterben der Endknospe
ganzjahresgrün: immergrün mit immer neuen Blättern, die <1 Jahr leben
ganzrandig (Blattspreitenrand): ohne Einschnitte, Lappen oder Zähne
Ganzrosettenpflanze (ros): mit Laubblättern nur am gestauchten Stängel in Bodennähe, am gestreckten Stängel höchstens Schuppenblätter
Gaumen: blasige Aufwölbung der Kron-Unterlippe, die den Kronschlund verschließt
gebuchtet (Blattrand): mit abgerundeten Vorsprüngen und abgerundeten flachen Buchten (Abb. **904**/6)
gefaltet (Blatt): längs der Mittelrippe nach oben zusammengeklappt (Abb. **904**/12)
gefiedert: 1. (Blatt): aus mehreren getrennten, an einer Blattspindel (zuweilen mit Stielchen) sitzenden Blättchen bestehend (Abb. **901**/6, 7; **902**/1, 2). – 2. (Pappusstrahl): federförmig behaart (Abb. **795**/7)
gefingert: mit handförmig angeordneten, völlig voneinander getrennten Blättchen (Abb. **899**/6)
geflügelt (Stängel, Blattstiel, Same, Frucht): mit einem breiten, flachen Rand oder Saum (Abb. **894**/7)
gefranst (Blattrand): mit sehr langen und schmalen Zähnen (Abb. **904**/4)
gegenständig (Blatt): paarweise in gleicher Höhe an der Sprossachse gegenüberstehend, demselben Knoten ansitzend (Abb. **895**/5)
gekerbt (Blattrand): mit abgerundeten Vorsprüngen (Kerbzähnen) zwischen spitzen Buchten (Abb. **904**/5)
gekielt: mit hervortretender, erhabener, scharfkantiger Rippe auf gewölbter oder flacher Blatt-Unterseite (Abb. **904**/13)
gelappt: Einschnitte des Blattes <50 % in die Hälften der Blattspreite oder des Radius der Spreite reichend (Abb. **899**/2, **901**/1, s. auch fiederlappig)
gemein (g, Häufigkeitsstufe): in >90 % der Messtischblatt-Kartierflächen des jeweiligen Bezugsraums vorkommend
genagelt (Kronblatt): breiterer oberer Abschnitt (Platte) und verschmälerter unterer (Nagel) deutlich voneinander abgesetzt (Abb. **909**/3)
Geophyt (G): Staude (selten Zweijährige), die den Winter mit Knospen unter der Erdoberfläche überdauert
gerieft: mit Längsrinnen (Abb. **894**/5)
gesägt (Blattrand): mit spitzen Sägezähnen, dazwischen spitze Buchten (Abb. **904**/1)
gescheitelt (Blattstellung): an waagerechten Sprossachsen allseitig entspringend, aber zweireihig in die Horizontalebene gekrümmt
geschnitten (-schnittig): Einschnitte des Blatts >50 % bis (fast) zum Grund der Spreitenhälfte reichend, aber Abschnitte mit breiter Basis ansitzend (Abb. **899**/5, **901**/5)
geschweift (Blattrand): sehr flach gebuchtet, d. h. mit seichten, weitbogigen Vorsprüngen und ebensolchen Buchten (Abb. **904**/7)
gespornt (Blütenhüllblatt oder Nektarblatt): mit rückwärts über den Blütenboden ragender, kegel- bis schlauchförmiger, meist Nektar produzierender Ausstülpung
gestutzt (Blattspreite): mit senkrecht (nicht bogig) auf die Mittelrippe treffenden Rändern der Spreitenhälften (Abb. **903**/1, 4)
geteilt (-teilig; Blatt): mit Einschnitten, die bis 60–80 % der Spreitenhälfte reichen (Abb. **899**/4, **901**/4, s. fiederlappig). Die Abschnitte sitzen der Mittelrippe breit an und sind im Unterschied zu Blattfiedern nicht gestielt
gezähnelt (Blattrand): mit sehr kleinen Zähnen
gezähnt (Blattrand): mit spitzen Vorsprüngen, dazwischen mit abgerundeten Buchten (Abb. **904**/3)
Glazialrelikt: Pflanzensippe, deren Vorkommen als Rest einer weiteren Verbreitung während der Eiszeiten gedeutet wird
Gliederhaar: Haar aus einer Zellreihe
Gliederhülse, -schote: quer in einsamige Teile zerbrechende Bruchfrucht aus 1 bzw. 2 Fruchtblättern
glockig: sich nach oben in glockenartig geschwungener Form erweiternd (Abb. **908**/4)
Granne: abgesetzter borstenartiger Fortsatz, meist an Blättern (vgl. Deckspelze)

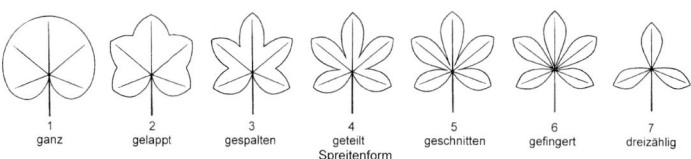

1	2	3	4	5	6	7
ganz	gelappt	gespalten	geteiF	geschnitten	gefingert	dreizählig

Spreitenform

Griffel: stielartiger Abschnitt zwischen Fruchtknoten und Narbe (Abb. **909**/1). Ist die Verwachsung der Fruchtblätter unvollständig, so ist der Griffel in Griffeläste geteilt. Der Griffel kann auch fehlen oder der Stempel kann mehrere Griffel haben

Griffelpolster (Stylopodium): verdickter Grund des Griffels, der als Nektarium dient, besonders bei Doldengewächsen

grundständig (Blätter, Zweige): am Grund des Stängels entspringend

gynodiözisch, gynomonözisch: mit ♀ und zwittrigen ♂ Blüten auf verschiedenen Pflanzen (unvollständig 2häusig); bzw. mit ♀ und zwittrigen Blüten auf derselben Pflanze

Gynophor (Fruchtknotenstiel): gestrecktes Stängelglied zwischen Staubblättern und Fruchtknoten

Gynostegium (Hundsgiftgewächse): aus den verbreiterten Narben und den Antheren gebildeter Kopf über dem Fruchtknoten

Gynostemium (Griffelsäule der Orchideen): durch Verwachsung von Griffel und Staubblatt/blättern entstandene Säule

häufig (h, Häufigkeitsstufe): in 66–90 % der Messtischblatt-Kartierflächen des jeweiligen Bezugsraums vorkommend

Halbparasit (Hemiparasit, HPar) → **Parasit**

Halbrosettenpflanze (hros): mit Laubblättern in grundständiger Rosette und am gestreckten Stängel

halbstängelumfassend: Spreitengrund den Stängel beidseits etwa bis zur Hälfte umgreifend

halbstielrund: in der Form einer (schmalen) Halbsäule

Halbstrauch (HStr): Pflanze mit länger ausdauernden, schwach verholzten oberirdischen Triebbasen und von ihnen jährlich neu gebildeten, größtenteils im Herbst wieder absterbenden Trieben

halbunterständig (Fruchtknoten): bis zur Mitte mit dem Blütenboden verwachsen, sodass die Blütenhülle und evtl. die Staubblätter in Höhe seiner Mitte ansitzen (Abb. **910**/4)

Halm: der meist hohle, an den Knoten volle und verdickte Stängel der *Poaceae*

handförmig (handfg): strahlig um einen Punkt, das obere Ende des Blattstieles, angeordnet (Abb. **899**/2–6), z. B. handförmig → gelappt

handnervig (fingernervig): → netznervig mit mehreren Hauptnerven, die strahlenförmig vom oberen Ende des Blattstieles ausgehen (Abb. **899**/1)

hapaxanth (monokarpisch, semelpar): nach dem (unterschiedlich lange dauernden) Jugendstadium einmal blühend, fruchtend und danach absterbend

Heilpflanze: in diesem Buch: eine ins Europäische, Deutsche, Schweizer oder/und Österreichische Arzneibuch aufgenommene Pflanze. Andere zu Heilzwecken verwendete Pflanzen sollen hier als homöopathische Heilpflanze (Homöopathisches Arzneibuch) oder Volksheilpflanze (nur in älterer Literatur, Heilwirkung meist nicht nachgewiesen) bezeichnet werden

Helophyt (He): Sumpfstaude, die den Winter mit Knospen im Sumpfboden überdauert

Hemikryptophyt (H): Staude, die den Winter mit Knospen in Höhe der Erdoberfläche überdauert, meist im Schutz von Schnee oder Laub

herablaufend (Blatt am Stängel): unterer Spreitenteil so mit dem Stängel verwachsen, dass sich der Spreitenrand von der Anheftungsstelle am Stängel ± weit in Form zweier Säume (→ Flügel) hinabzieht (Abb. **896**/8)

herbst-frühjahrsgrün (hfrgr): mit Laubaustrieb Ende August–September, Laub überwinternd und Anfang Juni absterbend

Herkogamie: räumliche Trennung der Narben und Staubblätter einer Blüte, verhindert Selbstbestäubung

heterostyl: → verschiedengriffig

Hibernakel (→ Turio): selbständige Überwinterungsknospe

hinfällig: frühzeitig abfallend, zur Blütezeit zuweilen nicht mehr vorhanden

Hochblatt (Braktee): Blatt im Blütenstandsbereich mit vom Laubblatt abweichender Form oder Farbe

Hochstaude: ausdauernde krautige Pflanze, die im Winter bis zum Grund abstirbt, im Sommer rasch auf >80 cm Höhe heranwächst, mit oft großflächigen Blattspreiten

holomykotroph: ohne Blattgrün und alle Assimilate von (→ Mykorrhiza-)Pilzen beziehend

Holoparasit (Vollschmarotzer): Pflanze ohne Blattgrün, die alle Assimilate von der Wirtspflanze bezieht

Homonym: gleichlautender Name für verschiedene Pflanzensippen (s. S. 3)

Horst, horstig: durch dichte Verzweigung der kurzen Bodensprosse viele dichtstehende Triebe bildend

Hüllblatt: 1. Hochblatt der Doldengewächse, Tragblatt des Doldenstrahls (Abb. **906**/1). – 2. einzelnes Blatt der Hülle des Kopfes, z. B. der Korbblüten- und Kardengewächse (Abb. **850**/2–4)

Hüllchen: Tragblatt der Blüte im Teilblütenstand (Döldchen) der Doldengewächse (Abb. **906**/1)

Hülle: dichtstehende Hochblätter, die die Doldenstrahlen der Doldengewächse tragen (Abb. **906**/1) oder den Blütenstand z. B. der Korbblütengewächse umgeben (Abb. **794**/4–6), auch Einzelblätter, die den Blütenstand der Laucharten umgeben

Hüllspelze (Hsp): (0–)2(–4) unterste Hochblätter im Gräser-Ährchen, in deren Achseln keine Blüten stehen (Abb. **243**/1)

Hülse: Streufrucht aus einem Fruchtblatt, das sich bei der Reife zweiklappig an der Bauchnaht und Mittelrippe („Rückennaht") öffnet (Abb. **913**/2)

ERKLÄRUNG DER FACHWÖRTER

Hybride (Bastard): durch Kreuzung zweier genetisch ± isolierter Sippen (Unterarten, Arten, Gattungen) entstanden, oft samensteril

Hydrophyt (Hy): Wasserpflanze mit Überdauerungsknospen im Wasser oder am Gewässergrund

Hypokotyl: das erste Stängelglied des Keimlings, zwischen Wurzelhals und Keimblattknoten

Hypokotylknolle: ± kugliges Speicherorgan aus dem verdickten → Hypokotyl

immergrün (igr): zu allen Jahreszeiten mit grünem Laub. Oberbegriff für dauergrün (Blatt-Lebensdauer >2 Jahre), überwinternd grün (Blatt-Lebensdauer 1,0–1,5 Jahre) und wechselimmergrün (ganzjahresgrün, Blatt-Lebensdauer <1 Jahr, Blätter ständig neu gebildet)

Innovationsknolle (InWuKnolle), **Innovationsrübe** (InRübe): aus der grundständigen Erneuerungsknospe entstehend, die ein oder zwei sprossbürtige Speicherwurzeln bildet

Interkalarblätter: Blattpaare an der Hauptachse zwischen dem obersten Astpaar und dem Knoten mit den ersten Blüten

Internodium: → Stängelglied

Interpetiolarstipel: paarweise verwachsene Nebenblätter gegenständiger Blätter

Kahnspitze (Grasblatt): Blattspitze mit nach oben gebogenen Kiel

kalkhold, kalkstet: überwiegend bzw. ausschließlich auf kalkreichem Boden vorkommend

kalkmeidend: auf kalkfreiem, ± saurem Boden vorkommend

Kältekeimer: Pflanze, deren feuchter Samen vor der Keimung eine unterschiedlich lange Periode mit ± kalten Temperaturen (<5 °C) durchlaufen muss

Kapsel: trockne Streufrucht aus 2 oder mehr Fruchtblättern, die sich durch Schlitze, Poren, Klappen oder Deckel öffnet (Abb. 913/4–6)

Kapuzenspitze (Laub- oder Kronblatt): vorn herabgezogene und dadurch hohle Spitze

Karyopse: trockne Schließfrucht der Süßgräser aus oberständigem Fruchtknoten, Fruchtschale mit Samenschale verwachsen

Kätzchen: eingeschlechtige Ähre, Traube oder ährenförmiger Thyrsus mit unscheinbaren Blüten, oft hängend

keilförmig (Spreitengrund): allmählich mit gradlinigem Rand schmaler werdend (Abb. 903/3)

Keimblatt: das erste Blatt (Einkeimblättrige) oder die ersten Blätter des Keimsprosses (mehrere bei den meisten Nacktsamern, 2 bei fast allen Zweikeimblättrigen), schon im Samen gebildet, oft speichernd und in der Form von den folgenden Laubblättern abweichend

Kelch (Ke): Gesamtheit der Kelchblätter (Sepalen) einer gegliederten Blütenhülle (Perianth)

Kelchblatt (KeBla): Blütenhüllblatt des äußeren Kreises bei gegliederter Blütenhülle (Perianth), meist grün und in der Knospe die Blüte schützend, selten auch gefärbt (Abb. 909/1)

Kelchröhre (KeRöhre): unterer, geschlossener Teil eines verwachsenen Kelchs (Abb. 909/2, 3)

Kelchzahn (KeZahn, KeZipfel): oberer, freier Teil eines verwachsenen Kelchs, zuweilen aus der Verwachsung von 2 Kelchblättern hervorgehend (Abb. 909/2, 3)

keulenförmig (verwachsenblättrige Blütenkrone): eng zylindrisch und mit wenig erweitertem, ebenfalls ± zylindrischem Saum (Abb. 908/2)

Klappe (Valve): 1. Wand der Fächer einer Streufrucht, die an der Längslinie (Bauch- oder Rückennaht, d. h. der Fruchtblatt-Mittelrippe) oder an 2 Längslinien (beiden Nähten) aufspringt. Entspricht ganzen oder halben oder zu zweit verwachsenen Fruchtblättern. – 2. bei R̲u̲m̲e̲x̲ die 3 inneren, an der Frucht erhaltenen Perigonblätter

Klausenfrucht: Frucht der Lippenblüten- und Borretschgewächse, die durch eine echte und eine falsche Scheidewand aus den 2 Fruchtblättern zu einer 4samigen Bruchfrucht wird, Teilfrüchte (Klausen) einsamig, nussähnlich

Kleinart: von den Verwandten nur wenig verschiedene, schwer abgrenzbare Sippe, meist in jüngerer Zeit (Holozän) durch Besonderheiten der Erbgut-Weitergabe (Apomixis nach Hybridisierung, Ringchromosomen) entstandene, erbkonstante Sippe

kleistogam (kl): durch Selbstbestäubung in knospenförmig geschlossenen Blüten Samen bildend

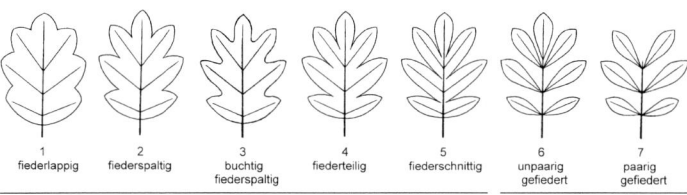

| 1 fiederlappig | 2 fiederspaltig | 3 buchtig fiederspaltig | 4 fiederteilig | 5 fiederschnittig | 6 unpaarig gefiedert | 7 paarig gefiedert |

einfach — zusammengesetzt

Klett- u. Klebausbreitung (Epizoochorie, KlA): Transport der → Diasporen durch Anheften an Tieren mit Haken, Schleim oder im Schlamm

Kletterpflanze: Pflanze, die sich windend, rankend, mit Haftwurzeln oder als Spreizklimmer an anderen Pflanzen, Mauern oder Felsen befestigt und mit nicht selbsttragendem Stängel Lichtstellung erreicht

Knäuel (Blütenstand): sitzende → Zyme mit sitzenden Blüten

Knolle: zur Wasser-, Assimilat- und Nährstoffspeicherung verdicktes Spross- oder Wurzelorgan

Knollenwurzel: nahe der Basis verdickte Wurzel, die außer der Speicherfunktion Wurzelfunktion hat, während die Wurzelknolle nur speichert

Knospe: der von Blattanlagen eingehüllte Sprossscheitel oder die unentwickelte Blüte. Spitzenständig (Endknospe) oder in Blattachsel (Achselknospe). Erneuerungsknospen (Winterknospen) sind meist von Knospenschuppen bedeckt (geschlossen), selten nackt (offen)

Knoten: Ansatzstelle des Blatts (oder von 2 gegenständigen oder mehr quirlig stehenden Blättern) am Stängel, oft etwas angeschwollen

Kolben: Blütenstand mit verdickter Hauptachse, an der dicht kleine ungestielte Blüten sitzen (Abb. **905**/4)

kollin (co): in der Hügelstufe (im Gebiet etwa 150–300 m)

kompasshaarig: mit zweischenkligen Haaren, deren Äste der Oberfläche anliegen, kompassnadelartig in entgegengesetzte Richtungen zeigen und parallel ausgerichtet sind

Konnektiv: Verbindungsstück der beiden Staubbeutelhälften (Theken), Fortsetzung des → Staubfadens

kontinental (Verbreitungsgebiet): im Innerern der Kontinente liegend, relativ trocken, winterkalt und sommerheiß. Kontinentalitätsstufen s. Abb. **26**/1

Kopf (Köpfchen, Korb): Blütenstand mit ungestielten Blüten, die einer gestauchten, zuweilen auch verbreiterten Blütenstandsachse (Kopf- oder Korbboden) ansitzen (Abb. **905**/6, 7); oft von einer → Hülle umgeben

krautig: nicht verholzt

kreuzgegenständig: je 2 Blätter gegenüber an einem Knoten, das nächste Paar um 90° versetzt

Kriechtrieb (KriechTr): ganzes Sprosssystem (bis auf die Blütenstiele oder Blütenstandsstiele) auf der Bodenoberfläche mit gestreckten, normal beblätterten Stängelgliedern kriechend und sich sprossbürtig bewurzelnd

Krone (Kr): Gesamtheit der Kronblätter (Petalen) einer gegliederten Blütenhülle

Kronblatt (KrBla): bei gegliederter Blütenhülle die auf den Kelch nach innen folgenden, meist zarteren und auffallend gefärbten Blütenhüllblätter (Abb. **909**/1)

Kronröhre (KrRöhre): bei Pflanzen mit verwachsenblättriger Krone der röhrige, untere Abschnitt der Krone (Abb. **909**/2)

Kronsaum (KrSaum): bei Pflanzen mit verwachsenblättriger Krone der ± tief zerteilte, meist erweiterte oder ausgebreitete Abschnitt der Krone (Abb. **909**/2)

Kronschlund (KrSchlund): Übergangsstelle vom → Kronsaum zur → Kronröhre bei verwachsenblättriger Krone (Abb. **909**/2)

Kronzipfel (KrZipfel): freie, nicht verwachsene Abschnitte des Kronsaums der verwachsenblättrigen Krone (Abb. **909**/2)

krugförmig: unten birnförmig erweitert, oben wieder verengt und oft mit kurz zylindrischem Mündungsstück (Abb. **908**/3)

Kulturpflanze: Pflanzensippe, die als Nutzpflanze oder Zierpflanze angebaut wird und oft durch ± intensive Züchtung verändert wurde

Kurztrieb: Spross mit verkürzten Stängelgliedern, dessen Blätter daher dicht gedrängt stehen

länglich: ± parallelrandig und 3–8mal so lang wie breit (Abb. **897**/7)

Langtrieb: Spross mit langen Stängelgliedern, dessen Blätter daher entfernt stehen

lanzettlich: 3–8mal so lang wie breit, in der Mitte am breitesten, mit bogigen Rändern nach beiden Enden verschmälert (Abb. **897**/8)

Laubblatt: das grüne, der Assimilation dienende Blatt; im Text meist nur Blatt genannt

Lebensdauer (der Laubblätter): → immergrün, → sommergrün, → frühjahrsgrün, → herbst-frühjahrsgrün

Lebensdauer (der Pflanze): → einjährig ⊙, → einjährig-überwinternd ①, → zweijährig ☉, → ausdauernd ♃, → mehrjährig hapaxanth ⊗

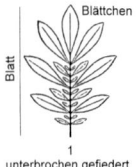

1
unterbrochen gefiedert

2
doppelt gefiedert

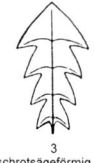

3
schrotsägeförmig

4
fußförmig geschnitten

5
fußförmig zusammengesetzt

ERKLÄRUNG DER FACHWÖRTER

Lebensdauer (der Samen): meist 3–5 Jahre, selten 1–2 Jahre (Samen kurzlebig), bei manchen Arten bei kühler Aufbewahrung oder im Boden mehrere bis viele Jahrzehnte (Samen langlebig; s. S. 17)
ledrig (Blatt): derb, saftarm, kaum welkend; mit verdickter Oberhaut
Legtrieb (LegTr): ein Trieb, der sich mangels Stützgewebe dem Boden anlegt, aber dann im Gegensatz zum Kriechtrieb keine sprossbürtigen Wurzeln bildet
leierförmig: fiederlappig bis fiederschnittig mit vergrößertem Endabschnitt
Liane: holzige Kletterpflanze
Lichtkeimer: Pflanze, deren Samen zur Keimung Licht braucht, daher >1 cm tief im Boden nicht keimt
Ligula: → Blatthäutchen
linealisch: mindestens 10mal so lang wie breit, mit ± parallelen Rändern (Abb. **897**/11), bei relativ breiten Blättern auch als bandförmig bezeichnet
lineal-lanzettlich: zwischen → lanzettlich und → linealisch, 7–10mal so lang wie breit
Lippe (Labellum): bei den Orchideen das mittlere Blatt des inneren Kreises der Blütenhülle, meist größer als die anderen, oft gespornt und meist durch Drehung der Blüte nach unten gerichtet (S. 154, Abb. **155**/3)
Lippenblüte: Blüte, die durch 2 tiefe seitliche Einschnitte in 2 Hauptabschnitte geteilt ist (Oberlippe aus 2, Unterlippe aus 3 Kronzipfeln verwachsen, Abb. **716**/2, **715**/2)
lockerrasig: infolge von Ausläufer- oder Kriechtriebbildung ± ausgedehnte Flächen bedeckend
männlich ♂: nur Pollen ausbildend und keine Samenanlagen
maskiert: Blüte, deren Kronschlund durch Ausstülpung der Unterlippe (Gaumen, Schlundwulst) verschlossen ist (Abb. **679**/4, 5)
Megaspore (früher Makro-): bei verschiedensporigen Farnpflanzen die großen Sporen, aus denen der ♀ Vorkeim hervorgeht
mehrjährig hapaxanth ⊛: mit mehrjährigem (etwa 3–30jährigem) vegetativem Stadium, im letzten Jahr blühend, fruchtend und danach absterbend
Menschen-Ausbreitung (MeA): Transport von → Diasporen durch Handel, Warentransport, Reisen, Kriegszüge
meridional (m): Florenzone am Südrand des holarktischen Florenreiches, im ozeanischen Bereich mit immergrünen Hartlaub- oder Lorbeerwäldern, im koninentalen mit (Halb-)Wüsten; dazu in West-Eurasien das Mediterrangebiet (Mittelmeergebiet) von Südeuropa, dem küstennahen Vorderasien und Nordafrika, ausgezeichnet durch milde, feuchte Winter, heiße, trockne Sommer und immergrüne Hartlaubvegetation (Abb. **24**/1)
mesotroph (Boden, Wasser): mit mittlerem Nährstoffgehalt
Mikrospore: bei verschiedensporigen Farnpflanzen die kleinen Sporen, aus denen der ♂ Vorkeim hervorgeht
Milchsaft: milchig weiße oder gelbe Flüssigkeit, die bei manchen Pflanzen in Milchzellen oder Milchröhren enthalten ist und in emulgierter Form vor allem Polyterpene, manchmal auch hautreizende Harze, giftige Alkaloide und Glukoside enthält
Mittelasien (MAS): der meridional-submeridionale, sommertrockne Teil Westasiens von der Grenze Europas bis zur turkestanischen Gebirgsschwelle
mittelständig (Fruchtknoten): frei stehend im Blütenbecher (also nicht mit ihm verwachsen), an dessen oberem Rand die Blütenhüll- und Staubblätter stehen (Abb. **910**/2)
Monochasium: Teilblütenstand mit sukzessiver Sprossfortsetzung jeweils durch Verzweigung nur aus der Achsel eines → Vorblattes. Hierher gehören die Schraubel, Wickel und Fächel (Abb. **907**/3)
Monopodium (monop): Sprosssystem mit dominierender Hauptachse, die ihr Wachstum nicht einstellt (vgl. Sympodium)
monözisch (einhäusig): ♂ und ♀ Blüten auf derselben Pflanze
montan (mont, mo): Bergstufe im Gebirge, die sich in Deutschland durch Buchen-, Fichten-, Tannen- und Lärchenwälder auszeichnet und nach oben durch die subalpine Gebüschstufe abgelöst wird, etwa 500–1500 m
Mutterspross, -achse: die relative Hauptachse mit Bezug zu einem Seitenspross

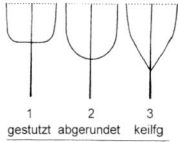

1 gestutzt 2 abgerundet 3 keilfg
Spreitengrund

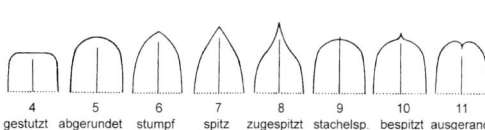

4 gestutzt 5 abgerundet 6 stumpf 7 spitz 8 zugespitzt 9 stachelsp. 10 bespitzt 11 ausgerandet
Spreitenspitze

Mykorrhiza (Pilzwurzel): Symbiose von Pflanzen mit Pilzen, die der Pflanze Wasser und Nährsalze liefern und von ihr Assimilate beziehen, entweder in den Wurzelrindenzellen bäumchenförmige Verzweigungen bilden (vesiculo-arbusculäre M.) oder die Wurzel und Wurzelrindenzellen mit dichtem Geflecht umgeben (ektotrophe M.)

mykotroph: von (Wurzel-)Pilzen lebend, entweder ganz (holomykotroph) oder nur im Jugendstadium oder außerdem assimilierend (hemimykotroph, viele Orchideen)

Nabel (Hilum): Narbe der Ansatzstelle des Stielchens der Samenanlage, am Samen als matte Scheibe erkennbar

Nachbarbestäubung (Geitonogamie): Bestäubung durch Pollen benachbarter Blüten derselben Pflanze

nackt (Blüte): ohne Blütenhülle

nadelförmig (Blatt): starr, schmal, gleich breit, meist mit derber Spitze (Abb. **897**/12)

Nagel: deutlich vom breiteren oberen Kronblattabschnitt, der Platte, abgesetzter, stielartig verschmälerter Abschnitt von Kron- oder → Perigonblättern bei Pflanzen mit freiblättriger Blütenhülle (Abb. **909**/3)

napfförmig (Blütenhülle): halbkuglig, etwa so breit wie lang (Abb. **908**/5)

Narbe: oberer, meist klebriger und → papillöser Abschnitt des Stempels (Abb. **909**/1), dient dem Auffangen des Pollens; ungeteilt, 2- oder mehrlappig bis -spaltig, bei Fehlen des → Griffels sitzend

nass: Feuchtestufe, bei der das Grundwasser ± ganzjährig in Höhe der Bodenoberfläche oder darüber steht

Nebenblatt (NebenBla, Stipel): frühzeitig angelegte, meist paarige, ± blattähnliche seitliche Auswüchse des Unterblatts (Abb. **895**/1)

Nebenblättchen (Stipelle): Blattbildung am Grund des Blättchenstiels einer Blattfieder, an der Endfieder paarig, an Seitenfiedern einzeln

Nebenblattscheide (Ochrea): röhrenartig den Stängel umgreifende, meist häutige Bildung des Blattgrundes bei vielen Knöterichgewächsen

Nebenkrone (NebenKr): an den Kronblättern am Übergang von Platte zu Nagel oder am → Kronschlund gebildete kronenartige Auswüchse innerhalb der eigentlichen Krone (Abb. **909**/3)

Nebenperigon: von den meist verwachsenen Perigonblättern an der Übergangsstelle von Perigonröhre zu Perigonsaum gebildeter becherförmiger Auswuchs (Abb. **176**/4)

Nektarblatt: Blütenblatt mit Nektar abscheidendem Drüsengewebe, oft becherförmig oder mit Sporn

Nektarium: Drüsengewebe innerhalb oder außerhalb (extrafloraler N.) der Blüte, das den Nektar (einen zuckerhaltigen Saft) abscheidet

nemophil (Brombeeren-Arten): auf Waldlichtungen, an Waldwegen, auch an Waldrändern vorkommend (gegensatz: thamnophil)

Neophyt [N]: gebietsfremde Pflanze, die nach der Entdeckung Amerikas eingeschleppt wurde oder eingewandert ist und nun eingebürgert ist (nicht [U] = unbeständig)

netznervig: mit einem oder mehreren Hauptnerven, von denen Seitennerven abgehen, die sich weiter verzweigen und zuletzt ein feines Nervennetz bilden (Abb. **897**/2)

Niederblatt: schuppen- oder scheidenförmiges Blatt, meist nur aus dem Blattgrund bestehend, am Grund von Sprossen, an unterirdischen Sprossen, an Winterknospen der Gehölze (→ Knospenschuppen) und an → Zwiebeln

nomen illegitimum (nom. illegit.): Name, der nicht den Regeln des Internationalen Code der Nomenklatur für Algen, Pilze und Pflanzen entspricht, z. B. weil er mit einem älteren Namen gleichlautet, und der deshalb nicht verwendet werden darf

Nomenklaturregeln: Regeln für die wissenschaftliche Benennung von Pflanzen, festgelegt im regelmäßig erneuerten Internationalen Code der Nomenklatur für Algen, Pilze und Pflanzen

Nothosubspecies: Hybride zwischen 2 Unterarten

Nuss: einsamige Schließfrucht mit trockner, harter Fruchtwand (Abb. **914**/3)

Nüsschen: aus einem Fruchtblatt gebildetes nussförmiges Früchtchen, Teil einer Sammelnussfrucht

Nutzpflanze: vom Menschen und/oder seinem Vieh genutzte Wild- oder Kulturpflanze; in diesem Buch nur zum Zweck der Nutzung (zur Nahrung, Kleidung, Herstellung von Gebrauchsgegenständen, als

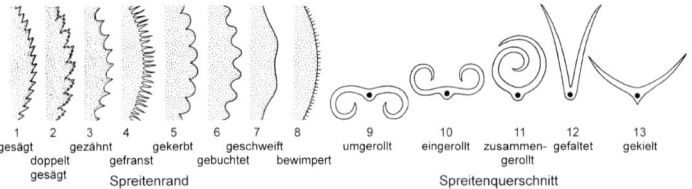

1	2	3	4	5	6	7	8	9	10	11	12	13
gesägt	gezähnt		gekerbt	gefranst	geschweift		bewimpert	umgerollt	eingerollt	zusammen-gerollt	gefaltet	gekielt
	doppelt gesägt				gebuchtet							

Spreitenrand   Spreitenquerschnitt

ERKLÄRUNG DER FACHWÖRTER

Viehfutter, Bienenfutter, Heil-, Duft- oder Zauberpflanze; nicht als Zierpflanze) angebaute Kulturpflanze

Oberlippe: oberer Abschnitt einer → Lippenblüte

oberständig (Fruchtknoten): am Ende der Blütenachse und über den Blütenhüll- und Staubblättern stehend (Abb. **910**/1)

Ochrea (Nebenblattscheide): röhrenartig den Stängel umgreifende, meist häutige Bildung des Blattgrundes bei vielen Knöterichgewächsen (Abb. **577**/1–4)

Öhrchen: kleine Lappen an beiden Seiten des Blattgrundes oder des Spreitengrundes, die den Stängel ± umfassen, aber sich nicht wie Nebenblätter frühzeitig entwickeln (Abb. **267**/2, 3)

oligotroph (Boden, Wasser): nährstoffarm, arm besonders an pflanzenverfügbaren Stickstoff-, Phosphor- und Kaliumverbindungen

ozeanisch (Verbreitungsgebiet): durch Meeresnähe feucht und thermisch ausgeglichen, Gegensatz: → kontinental (Kontinentalitätsstufen s. Abb. **26**/1)

paarig gefiedert: gefiedert ohne Endfieder, die durch ein Spitzchen oder eine Ranke ersetzt ist (Abb. **901**/7)

papillös: mit starker Aufwölbung der Oberhautzellen

Pappus: haar-, grannen-, schuppen- oder krönchenartige Bildung an Früchten anstelle des Kelches; besonders bei Korbblüten- und Geißblattgewächsen

parakarp (Fruchtknoten): mit randlich verwachsenen Fruchtblättern, Samenanlagen wandständig

parallelnervig (Blatt): vom Spreitengrund bis zur Spitze mit zahlreichen parallelen, gleichstarken, sich nicht aufzweigenden Nerven

Parasit (Schmarotzer): Pflanzensippe, die auf oder in einer anderen Pflanze und auf deren Kosten lebt, als **Holoparasit** (Vollschmarotzer, Par) bezieht er auch die Assimilate, als **Hemiparasit** (Halbschmarotzer, HPar) nur Wasser und Nährsalze von der Wirtspflanze

perialpin (perialp): im Vorland eines Gebirges mit Hochgebirgsstufe vorkommend

Perianth: Blütenhülle

Perigon: nicht in Kelch und Krone differenzierte (gleichartige, einfache) Blütenhülle. Ihre Blätter heißen **Perigonblätter** (Tepalen). Zuweilen sind die Blätter des inneren und äußeren Kreises in Form und Größe verschieden

perimontan (perimo): im Vorland von Gebirgen mit Bergstufe vorkommend

Pfahlwurzel (PfWu): senkrecht tief (bis mehrere Meter) in den Boden dringende Wurzel, meist die Primärwurzel

pfeilförmig: dreieckig und am Grund mit 2 spitzen, rückwärtsgerichteten Seitenlappen (Abb. **898**/6)

Pflanzensoziologie: Lehre von der regelhaften Vergesellschaftung der Pflanzenarten an bestimmten Standorten (S. 29)

pfriemlich: sehr schmal und oft starr, am Grund am breitesten und von da in eine feine Spitze verschmälert

Phanerophyt: Pflanze mit Überdauerungsknospen weit über der Bodenoberfläche und Schneehöhe (Bäume, Sträucher, im Gebiet selten krautig)

Phyllokladium: blatt- oder nadelförmiger kurzer Seitenspross mit Laubblatt-Funktion (Spargel)

planar (in der Ebene): untere Höhenstufe, im Gebiet <100(–150) m

Platte: der vom schmalen unteren Teil deutlich abgesetzte, verbreiterte und meist nach außen gerichtete obere Teil einer Kronblatts (Abb. **909**/3; s. auch Nagel) von Kronblatts

Plazenta: Samenleiste am Fruchtblatt(rand) oder (Zentralplazenta) in der Mitte des Fruchtknotens

Plazentarrahmen (Replum): bei einer Schote der die Samenanlagen tragende Rand der Fruchtblätter, von dem sich bei der Reife die 2 Klappen ablösen

Pleiochasium: Blütenstand mit einer Endblüte, unter der an den dicht gedrängten oberen Knoten mehrere Seitenachsen entspringen, welche die Hauptachse übergipfeln (Abb. **907**/1)

Pleiokorm (Pleiok): verzweigter, oft verholzter Bodenspross, der trotz möglicher sprossbürtiger Bewurzelung auf die Verbindung mit der Primärwurzel angewiesen bleibt

pollakanth (iteropar, polykarpisch): in mehreren Lebensjahren blühend und fruchtend

Pollen (stets Einzahl!): Gesamtheit der Pollenkörner

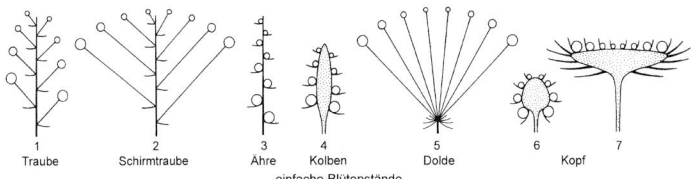

| 1 | 2 | 3 | 4 | 5 | 6 | 7 |
| Traube | Schirmtraube | Ähre | Kolben | Dolde | | Kopf |

einfache Blütenstände

Pollensack: einer der meist 4 Fächer eines → Staubbeutels
Pollinium: die zu einem Paket verklebten Pollenkörner eines Staubbeutelfaches bei den Orchideen und Hundsgiftgewächsen
Polster: Achsensystem aus dicht stehenden, kurzen, an der Spitze verzweigten, dicht und meist immergrün beblätterten Trieben mit meist ausdauernder Primärwurzel
polyploid: mit einem Vielfachen von 2 Chromosomensätzen, oft bei Hybriden (**allopolyploid**)
Porenkapsel: trockne Streufrucht aus 3 oder mehr Fruchtblättern, die sich durch Poren öffnet (Abb. **913**/5)
Primärspross, Primärwurzel: aus dem Keimspross bzw. der Keimwurzel hervorgehende Achse ohne ihre Zweige
Prothallium: Vorkeim der Farnpflanzen
Pseudanthium: Scheinblüte; in Aussehen und Funktion einer Blüte gleichender Blütenstand
Pseudoannuelle: ausdauernde Pflanze, deren Überdauerungsorgane kürzer als 1 Jahr leben
Pyramide: verjüngter oberer Teil der *Taraxacum*-Frucht, trägt den farblosen Stiel (Rostrum) des weißen Haarkelchs
Rhachis (Spindel): Mittelrippe eines Fiederblatts
quirlig (wirtelig; Blattstellung): zu dreien oder mehreren an einem Knoten, d. h. in gleicher Höhe rings um die Sprossachse stehend (Abb. **895**/6)
radförmig (verwachsenblättrige Blütenkrone): mit sehr kurzer Röhre und flach ausgebreitetem Saum (Abb. **908**/8)
radiär: symmetrisch mit >2 möglichen Symmetrieebenen (Abb. **894**/1)
Rahmen (Replum): die beim Öffnen einer → Schote stehenbleibenden Fruchtblattränder mit den Samenleisten
Randblüte: am Rand eines dichten Blütenstands (Dolde, Kopf) abweichend gestaltete, oft dorsiventrale und als Schauorgan vergrößerte Blüte. Bei den Korbblütengewächsen die → Zungenblüten und strahlenden Randblüten
Ranke: fadenförmiges, oft verzweigtes Anheftungsorgan; umgebildete Sprossachse, Blattfieder oder Blatt (Abb. **360**/3)
Regenschleuder-Ausbreitung (Ombroballochorie): Ausschleuderung der Samen durch Regentropfen aus schalenförmig nach oben geöffneter Streufrucht
reitend (Blatt): seitlich flachgedrückt (schwertförmig), mit der Schneide dem Stängel zugewandt und mit stark gefaltetem Grund ihn bzw. die nächsten Blätter umfassend
Relikt: isoliertes Vorkommen als Überrest aus früherer Zeit, bei Pflanzen vor allem der (letzten) Eiszeit oder der Nacheiszeit
Replum: → Plazentarrahmen
Rhizom (Rhiz): Bodenspross mit kurzen, dicken Stängelgliedern, meist horizontal, selten vertikal orientiert, stets sprossbürtig bewurzelt
rhombisch (rautenförmig; Blatt): in der Form eines auf der Spitze stehenden Vierecks, 1–3mal so lang wie breit, größte Breite in der Mitte (vgl. deltoid)
Rispe: Blütenstand mit Endblüte und nach unten zunehmender Verzweigung längs einer Hauptachse (Rispenachse; Abb. **906**/2)
Röhrenblüte: bei den Korbblütengewächsen eine radiäre Blüte mit meist (4- oder) 5zipfliger Krone (z. B. die Scheibenblüte) im Unterschied zur Zungenblüte
röhrig: eng zylindrisch und ohne deutliche Erweiterung in einen Saum, viel länger als breit (Abb. **908**/1)
Rosette: dicht stehende Gruppe von Laubblättern an gestauchtem Achsenabschnitt in Bodennähe
Rostellum: steriler medianer Teil der Narbe der Orchideen, bildet oft einen Klebkörper (Viscidium) zur Anheftung des → Polliniums an die Bestäuber oder eine Rostelldrüse
Rostrum (Schnabel): langer, spitzer Fortsatz besonders von Früchten
Rübe: kräftige Primärwurzel, als Speicherorgan stark verdickt, mit unverzweigter oder wenig verzweigter Sprossbasis

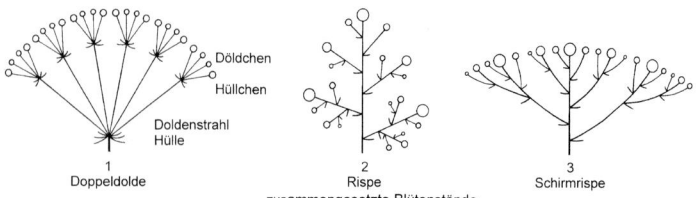

1
Doppeldolde

Döldchen
Hüllchen
Doldenstrahl
Hülle

2
Rispe

3
Schirmrispe

zusammengesetzte Blütenstände

ERKLÄRUNG DER FACHWÖRTER

ruderal: durch den Menschen geschaffene, nicht kultivierte, meist → eutrophierte Standorte wie Abfall- und Umschlagplätze, Bahnanlagen, Schutt, Weg- und Straßenränder

Saisonpolytypie, -polymorphismus: Ausbildung von verschiedenen Sippen (Varietäten, Ökotypen, Formen) einer annuellen oder zweijährigen Art zu verschiedenen Jahreszeiten

Samen (Sa): aus der Samenanlage hervorgegangene, von der Mutterpflanze aus der Streufrucht entlassene oder in der Schließfrucht ausgebreitete Ausbreitungseinheit und Ruhestadium aus Samenschale, Embryo und evtl. Nährgewebe

Samenleiste (Plazenta): Ansatzstelle der Stielchen der Samenanlagen im Fruchtknoten, entspricht meist dem Rand der Fruchtblätter und steht dementsprechend zentralwinkelständig, wandständig, frei zentral oder basal (Abb. **911**/1–4)

Samenmantel: fleischiges, oft gefärbtes Gewebe, das den Samen umgibt und der Tierausbreitung dient

Samennabel (Hilum): weißlicher Fleck auf der Samenschale, Ablösungsstelle vom Samenstielchen

Samenschuppe: im Zapfen der Koniferen das den (oder die) Samen tragende, der Deckschuppe aufsitzende Organ

Sammelfrucht: die Gesamtheit der aus nicht verwachsenen Fruchtblättern gebildeten Früchtchen einer Blüte (Abb. **914**/6, 7): **Sammelbalgfrucht, Sammelnussfrucht, Sammelsteinfrucht**

Säulchen: → Gynostemium, Gynostegium

Saum: erweiterter oder ausgebreiteter, oft tief geteilter Abschnitt von Kelch, Krone oder Perigon bei verwachsenblättriger Blütenhülle

Schaft: laubblattloser, meist aus einer Grundblattrosette entspringender, einen Blütenstand tragender Stängel, zuweilen mit Schuppenblättern

Scheibenblüte: bei den Korbblütengewächsen die radiärsymmetrischen Blüten der Mitte des Kopfes mit 5 (selten 4) Kronzipfeln (Abb. **794**/3)

Scheidewand (d. Fruchtknotens): aus flächiger Verwachsung der Fruchtblätter (echte S.) oder durch Gewebewucherung vom Fruchtblattrand oder des Rückennervs gebildete (falsche S.) Wand im Fruchtknoten

Scheinachse (Sympodium): Sprossachse, die sich aus den jeweils unteren Sprossgliedern auseinander hervorgehender Seitensprosse zusammensetzt

Scheindolde: doldenähnlicher Blütenstand mit Blüten in ± flacher oder gewölbter Ebene, aber nicht mit von einem Punkt ausgehenden Doldenstrahlen, sondern im Grundaufbau ein → Thyrsus (Schirmthyrsus, Abb. **907**/4), eine Rispe (Schirmrispe, Abb. **906**/3) oder eine Traube (Schirmtraube, Abb. **905**/2)

Scheinquirl: 1. Teilblütenstand, bei dem 2 gegenüberliegende → Zymen durch Verkürzung der Stängelglieder einen Quirl vortäuschen; besonders bei Lippenblütengewächsen. – 2. am Stängel dicht stehende, scheinbar quirlige Gruppe von Blättern, die aber an verschiedenen Knoten ansitzen

Scheinstrauch: Pflanze mit verholzten Sprossen, die im 2. Lebensjahr blühen, fruchten und absterben (Brombeeren, Himbeeren)

Schiffchen: das aus den beiden nach unten (vorn) zeigenden inneren Kronblättern vereinigte, die Staubblattsäule umgebende Doppelblatt der Schmetterlingsblüte (Abb. **352**/1)

schildförmig (Blatt): mit einem unterseits auf der Fläche der Spreite ansetzenden Blattstiel (Abb. **898**/8)

Schildhaar: vielzelliges → Sternhaar mit verwachsenen Strahlen

Schirmrispe, Schirmtraube, Schirmthyrsus: doldenförmiger Blütenstand mit rispigem bzw. traubigem oder thyrsischem Grundaufbau, → Scheindolde (Abb. **906**/3, **905**/2, **907**/4)

Schlauch (Utriculus): schlauchartige Hülle um die Frucht, bei *Carex* aus dem verwachsenen, dem Muttersspross zugewandten Vorblatt (Abb. **203**/1)

Schleier (Indusium): häutiges Gebilde, das die Sporangiengruppen vieler Farne während der Entwicklung und manchmal auch noch zur Reifezeit bedeckt

Schließfrucht: Frucht, die bei der Reife um den Samen geschlossen bleibt (Nuss, Steinfrucht, Beere, Abb. **914**). Gegensatz: Streufrucht

Schlund: Übergangsstelle zwischen Kronröhre und Kronsaum bei verwachsenblättriger Krone (Abb. **909**/2)

Schlundschuppen: Einstülpungen, massive Auswüchse oder Haarbüschel am Übergang von der Kronröhre zum Kronsaum (Abb. **909**/2), die den → Schlund verengen und den Rüssel der bestäubenden Insekten zu den Staubbeuteln lenken

1 Pleiochasium 2 Dichasium 3 Monochasium 4 Schirmthyrsus 5 Thyrsus

Zymöse (Teil-)Blütenstände

Schmetterlingsblüte: dorsiventrale Blüte der Schmetterlingsblütengewächse mit einem Kelch aus 5 meist verwachsenen Blättern und 5 meist freien Kronblättern, der nach oben zeigenden → **Fahne**, den seitlichen **Flügeln** und dem aus den 2 inneren Kronblättern vereinigten **Schiffchen**, das den 1blättrigen Fruchtknoten und die ihn umgebenden 10 Staubblätter einhüllt (Abb. **352**/1)

Schnabel (→ **Rostrum**): → Fruchtschnabel

Schössling: 1. raschwüchsiger Jungtrieb aus der Basis gefällter Bäume mit oft abweichender Blattform. – 2. der im 1. Jahr gebildete Langspross der Brombeeren

Schötchen: → Schote, die <3mal so lang wie breit ist. Abgeflachte Schötchen wenden der Mutterachse entweder die Breitseite (Fläche) zu und haben dann eine schmale Scheidewand, oder die Schmalseite (Kante) und haben dann eine breite Scheidewand

Schote: aus 2 Fruchtblättern bestehende lange Kapsel (mindestens 3mal so lang wie breit), bei der zur Fruchtreife 2 samenlose Klappen von einem samentragenden, auf dem Fruchtstiel stehenbleibenden Rahmen abfallen (Abb. **913**/3)

Schraubel: → Monochasium, bei dem die aufeinanderfolgenden Seitensprosse jeweils auf der gleichen Seite (entweder rechts oder links) entspringen. Die Blütenknospen sind in Aufsicht spiralig angeordnet

schraubig (Blattstellung): an jedem Knoten ein Blatt, das nächste mit einem Winkel >120° und <180° (Divergenzwinkel, häufig 144°) versetzt (Abb. **895**/3)

schrotsägeförmig: → fiederlappig bis → fiederteilig mit dreieckigen, spitzen, nach dem Blattgrund gerichteten Abschnitten (Abb. **902**/3)

Schuppenblatt: Blatt mit reduzierter Spreite, im wesentlichen vom Unterblatt gebildet, häufig trocken, häutig, ledrig als Schutzorgan (z. B. Knospenschuppen)

Schuppenhaar (Schildhaar): Sternhaar mit verwachsenen Strahlen

Schuppenrhizom: kurzgliedriger Bodenspross, der in Sprossachse und Niederblättern speichert

Schwellkörper (Lodiculae): 2(–3) das Öffnung der Gräserblüte dienende Gewebekörper oberhalb der Vorspelze, als Rest des inneren Perigonblattkreises gedeutet (Abb. **243**/1)

Schwimmpflanze (oHy): Pflanze, deren Blätter (z. T.) auf der Wasseroberfläche schwimmen

Seitenachse: Sprossachse, die aus einem blattachselständigen Bildungsgewebe hervorgeht

Selbstausbreitung (SeA, Autochorie): Ausbreitung der Diasporen durch Ausschleuder- oder Ausquetsch-Mechanismen der Sporenkapseln, der Frucht, des Fruchtstandes oder der Samen

Selbstbestäubung (SeB, Autogamie): erfolgreiche Bestäubung mit dem Pollen derselben Pflanze

selbststeril: für die erfolgreiche Bestäubung auf den Pollen eines anderen Pflanzen-Individuums angewiesen

selten (s, Häufigkeitsstufe): in diesem Buch die niedrigste Häufigkeitsstufe, in <3 % der Messtischblatt-Kartierflächen des jeweiligen Bezugsraumes vorkommend (S. 23)

sensu stricto, sensu lato (s. str., s. l.): im engen (weiten) Sinn, d. h. unter Ausschluss (Einschluss) von Sippen, die von manchen Autoren eingeschlossen (ausgeschlossen) werden

Silikatgestein: saures, kalkfreies Gestein aus Quarz, Feldspäten, Glimmer, Augit, Olivin u. a. Mineralien, z. B. Granit, Gneis, Porphyr

Sippe (Taxon): systematische Einheit beliebigen Ranges; supraspezifisches T.: vom Reich bis zur Sektion und Subsektion; infraspezifisches T.: Unterart (Subspecies, subsp.) und Varietät (var.) (S. 1 f.)

sitzend (Blatt, Blüte): ohne Stiel

sommergrün (sogr): mit Laubblättern nur während der Vegetationsperiode. Laubblätter im Spätherbst absterbend. Laubaustrieb ein- oder zweimal im Jahr oder ständig

Sorte (cv., Cultivar.): eine Gruppe kultivierter Pflanzen, die sich durch spezielle Eigenschaften auszeichnet und diese Eigenschaften bei der Fortpflanzung auf die Nachkommen überträgt; Name nicht kursiv, in einfachen Anführungsstrichen

Sorus (Sporangienhäufchen): Gruppe von Sporenkapseln auf der Blattunterseite oder am Blattrand von Farnen

Spalierstrauch (SpalierStr): niedrige Holzpflanze, bei der sich die zahlreichen Zweige eng dem Boden oder dem Fels anschmiegen

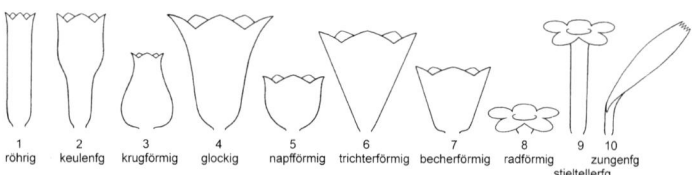

1	2	3	4	5	6	7	8	9	10
röhrig	keulenfg	krugförmig	glockig	napfförmig	trichterförmig	becherförmig	radförmig		zungenfg
								stieltellerfg	

Spaltfrucht: eine Frucht, die bei der Reife durch echte, d. h. Fruchtblättern entsprechende Scheidewände längs in 2 oder mehr Teile zerfällt und deren Wand einem ganzen Fruchtblatt entspricht (Abb. **914**/4)
Spaltkapsel: trockne Streufrucht, die sich durch Längsspalten entlang der Fruchtblatt-Mittelrippe oder der Verwachsungsnähte öffnet (Abb. **914**/4)
spatelförmig: mit abgerundeter Spitze, im oberen Drittel am breitesten und nach dem Grund zu mit konkaven Rändern verschmälert (Abb. **897**/6)
Spatha: großes Hochblatt um den Blütenstand, oft mit Schaufunktion
Species → Art
Spelze (Sp): kahnförmiges oder flaches Hochblatt im → Ährchen von Süßgräsern (→ Hüll-, → Deck- und → Vorspelze). Bei den Sauergräsern gibt es nur 1 Spelze, das Deckblatt.
spießförmig (Blattspreite): dreieckig und am Grund mit 2 spitzen, rechwinklig abstehenden Seitenlappen (Abb. **898**/7), vgl. pfeilförmig
Spindel: 1. (Rhachis) die spreitenlose Mittelrippe eines gefiederten Blattes (Abb. **902**/1). – 2. die zentrale Hauptachse eines Blütenstandes (Traube, Rispe, Thyrsus)
Spirre: Blütenstand mit rispenartigem Aufbau, bei dem die unteren Zweige die oberen übergipfeln
Sporangienträger (Sporangiophor): bei *Equisetum* die tischförmigen Träger der Sporenkapseln
Sporangium (Sporenkapsel, bei Sporenpflanzen): Behälter mit einer Wand aus sterilen Zellen, in dem unter Reduktionsteilung die Sporen gebildet werden (Abb. **108**/3–6)
Spore: meist einzellige Vermehrungs- und Ausbreitungseinheit (z. B. der Farnpflanzen), die sich ohne Sexualakt weiterentwickeln kann
Sporn: rückwärts über den Blütenboden ragende, hohlkegel- bis schlauchförmige, meist Nektar führende Ausstülpung der Blütenhüll- oder Nektarblätter (Abb. **679**/5)
Sporokarp (Sporenfrucht): ein oder mehrere Sporangien, die von einer mehrschichtigen Hülle (Teil eines Farnwedels) umgeben sind
Sporophyll: Blatt, das Sporangien trägt. Bei manchen Farnen sind die Sporophylle von den nicht sporangientragenden Blättern (Trophophyllen) verschieden
Spreizklimmer: Pflanze, die durch steife Seitensprosse, Blattstiele, Stacheln oder Kletterhaare zwischen anderen Pflanzen emporwächst
Spreublatt: schuppenförmiges Tragblatt der Blüten in den Köpfen der Korbblütengewächse (Abb. **794**/4). Bei vielen Arten fehlen die Spreublätter oder sind durch Spreuborsten ersetzt
Spreuschuppe: meist braun oder dunkel gefärbte häutige, blättchenartige Haarbildungen an den Blättern von Farnen, besonders an Stiel und → Spindel
Spross: von den Grundorganen Sprossachse (Stängel) und Blättern gebildete Teile der Gefäßpflanzen (bei Characeae ist die zentrale Achse des Thallus gemeint)
sprossbürtige Wurzel (früher „Nebenwurzel"): aus eine Sprossachse gebildete Wurzel, regelmäßig bei Rhizom-, Ausläufer- und Zwiebelpflanzen
Sprossdorn: ein Dorn, der in Stellung und Entstehung einer Sprossachse entspricht
Sprossknolle (SprKnolle): verdickter, speichernder, ± rundlicher Bodenspross
Sprossranke: Anheftungsorgan von Kletterpflanzen, das in Stellung und Entstehung einem Spross entspricht
Stachel: stechender Auswuchs, an dem nicht nur die Oberhaut, sondern auch darunterliegendes Gewebe beteiligt ist. Nicht von umgebildeten Blättern, Blattteilen, Sprossachsen oder Wurzeln abzuleiten, wie der → Dorn
stachelspitzig: mit sehr kurzer, von dem austretenden Mittelnerv gebildeter Endborste (Abb. **903**/9)
Staminodium: unfruchtbares, keinen Pollen erzeugendes Staubblatt, das keine oder verkümmerte Staubbeutel trägt. Es kann fadenförmig, schuppenförmig oder kronblattartig sein

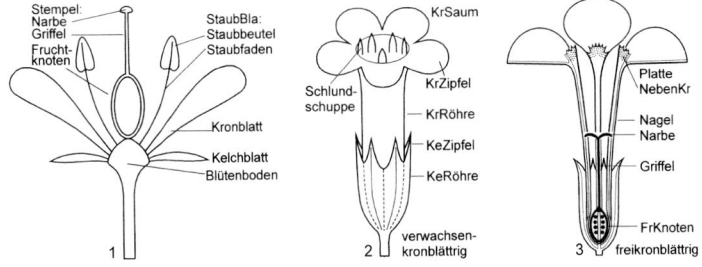

Standort: Gesamtheit der biotischen und abiotischen Faktoren, die auf die Pflanze an ihrem Wuchsort einwirken (vgl. aber Fundort)
Stängel (Stg, Sprossachse): Achsenorgan, das die Blätter trägt und mit ihnen zusammen den Spross bildet
Stängelglied: durch 2 aufeinanderfolgende Knoten (Ansatzstellen der Blätter) abgegrenzter Abschnitt des Stängels. Das unterste Stängelglied, das Hypokotyl, wird durch den Wurzelhals und den Keimblattknoten begrenzt
stängelumfassend (Blatt): mit dem Spreitengrund um den Stängel ganz (Abb. **896**/4) oder halb (halbstängelumfassend, Abb. **896**/3) herumgreifend
Status: die Herkunft und das Verhalten einer Pflanzensippe am Standort: heimisch (indigen), alt- oder neueingebürgert (archäo- bzw. neophytisch) oder unbeständig (adventiv), an das Einwirken des Menschen gebunden (Epökophyt) oder in die natürliche Vegetation integriert (Agriophyt), in die Natur ausgebracht (angesalbt); sich ausbreitend, zurückgehend oder ausgestorben
Staubbeutel (Anthere): der obere Teil des Staubblatts, der in 4 Pollensäcken, die den Sporangien der Farne entsprechen, den Pollen bildet (Abb. **909**/1)
Staubblatt (Stamen): Pollenkörner bildendes Blatt, besteht bei den Bedecktsamern aus dem meist stielartigen Staubfaden, dem Staubbeutel und dem die beiden Staubbeutelhälften verbindenden, die Fortsetzung des Staubfadens bildenden Mittelband (Konnektiv; Abb. **909**/1)
Staubfaden (Filament): Stiel des Staubblatts (Abb. **909**/1)
Staude ⚘: ausdauernde krautige Pflanze, die alljährlich bis zum Grund abstirbt und in mehreren Jahren blüht
Staudenstrauch: Zwergstrauch mit wenig verholzten Sprossen, aber nicht wie der Halbstrauch großenteils oberirdisch absterbend
Steinfrucht: Schließfrucht, deren Wand außen häutig, in der Mitte saftig-fleischig und innen aus harten Steinzellen gebildet ist (Abb. **914**/2)
Stempel (Pistill): Verwachsungsprodukt der Fruchtblätter oder einzelnes Fruchtblatt bei den Bedecktsamern, besteht aus dem basalen Fruchtknoten, der den Pollen aufnehmenden Narbe und evtl. einem verbindenden stielartigen Mittelstück, dem Griffel (Abb. **909**/1)
Steppenläufer: fruchtende, ± kuglig verzweigte Pflanze, die am Grund abbricht und mit den Diasporen als Ganzes vom Wind über den Boden gerollt wird
steril: unfruchtbar; Gegensatz: fertil, fruchtbar
sternhaarig: mit flach sternförmig verzweigten Haaren
Stieldrüse: Drüsenhaar mit ein- oder mehrzelligem Stiel, sezernierender Abschnitt meist köpfchenförmig
stielrund (Stängel, Blatt, Blattstiel): gestreckt, im Querschnitt kreisförmig (Abb. **894**/3)
stieltellerförmig (Blüte): mit enger, langer Röhre und flach ausgebreitetem Saum, meist von langrüsseligen Insekten bestäubt (Abb. **908**/9)
Stinsenpflanze: in alten Schlossparks, Kirch- und Friedhöfen verwilderte und eingebürgerte Pflanze
Stoßausbreitung (StA, Semachorie): Ausbreitung durch Wind oder anstoßende Tiere aus Streufrüchten (meist Bälgen oder Kapseln) auf steif-elastischen Stängeln
Strauch (Str): mittelhohes Holzgewächs, dessen Leitachsen kürzer als die Pflanze leben und sich vom Grund erneuern, ohne dominierenden Stamm
Strauchbaum (StrB): >2 m hohe Holzpflanze ohne abgesetzte Krone, aber nicht regelmäßig von der Basis erneuert
streifennervig (parallelnervig): mit zahlreichen gleichstarken Nerven, die vom Grund bis zur Blattspitze ohne sich aufzuzweigen nebeneinander verlaufen; parallelnervig (bei schmalem Blatt) oder bogennervig (bei breitem Blatt, Abb. **897**/1)
Streufrucht: bei der Reife geöffnete, den Samen entlassende Frucht
striegelhaarig: mit steifen, anliegenden, in eine Richtung zeigenden Haaren
Striemen: scharf hervortretende schmale Längsleisten auf dem Holz junger Zweige mancher *Salix*-Arten, nach Abziehen der Rinde zu erkennen
stumpf (Spitze des Blatts): mit stumpfwinklig zusammenstoßenden Spreitenrändern (Abb. **903**/6)

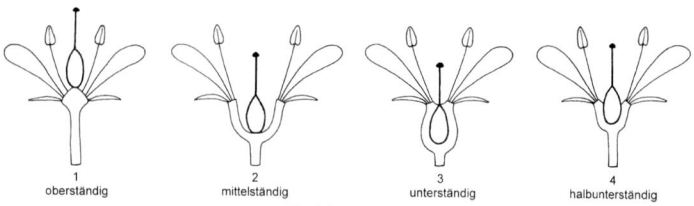

1 oberständig　　2 mittelständig　　3 unterständig　　4 halbunterständig
Fruchtknotenstellung

ERKLÄRUNG DER FACHWÖRTER

subalpin (subalp., salp): Höhenstufe im Hochgebirge oberhalb der Waldgrenze, unterhalb der Stufe der alpinen Rasen, in Deutschland meist von Krummholz, Rhododendrongebüsch und staudenreichen Wiesen eingenommen
submeridional (sm): Florenzone im warmgemäßigten Klima u. a. mit Trockenwäldern und Steppen, zwischen der temperaten und meridionalen Zone (Abb. **24**/1)
submers: unter der Wasseroberfläche, untergetaucht
Subspecies (subsp.): → Unterart
subtropisch (subtrop): randtropische Florenzone, meist arid-semiarid mit Sommerregen, nicht identisch mit der meridionalen Zone, in der z. B. das Mittelmeergebiet liegt (Abb. **24**/1)
sukkulent (Sprossachse, Blatt): dicklich, saftreich, wasserspeichernd, mit geringem Trockenmasse-Anteil
Sukzession: Aufeinanderfolge verschiedener Pflanzengesellschaften an einem Standort nach Vernichtung der ursprünglichen Vegetation oder infolge von Änderung der Standortbedingungen
Sympodium (Scheinachse): Achsensystem aus einander fortsetzenden Seitenachsen. Die jeweiligen Endknospen sterben ab oder werden zur Blütenbildung aufgebraucht
synkarp (Fruchtknoten): mit Fruchtblättern, deren eingebogene Flanken flächig mit denen des Nachbarblatts verwachsen
Synonym (syn.): einer von mehreren wissenschaftlichen Namen für eine Sippe, besonders die Namen, die bei einer bestimmten taxonomischen Auffassung nicht korrekt bzw. nicht legitim sind. Nomenklatorische (homotypische) Synonyme beruhen auf demselben Typus (bei Umstellung einer Art in eine andere Gattung, Umstufung des taxonomischen Ranges), taxonomische (heterotypische) Synonyme beruhen auf verschiedenen Typen. Bei diesen ist es von der systematischen Auffassung abhängig, ob sie als Synonyme angesehen werden
Tauchpflanze (uHy): Wasserpflanze, die nur Unterwasserblätter ausbildet
Taxon (Sippe): systematische Einheit beliebigen Ranges (z. B. Ordnung, Familie, Gattung, Art, Unterart, Varietät)
Teilfrucht (s. auch Klause): Teil einer → Spaltfrucht, der einem Fruchtblatt entspricht oder Teil einer → Bruchfrucht oder Früchtchen einer → Sammelfrucht
teilimmergün (teiligr): mit wenigen kleinen Laubblättern den Winter überdauernd
temperat: mittlere Florenzone der Nordhalbkugel, Zone der sommergrünen Laubwälder, im kontinentalen Bereich der Waldsteppen und Pseudotaiga-Wälder (Abb. S. **24**/1)
thamnophil (Brombeer-Arten): in Hecken, Gebüschen, an sonnigen Waldrändern oder außerhalb des Waldes vorkommend (vgl. nemophil)
Therophyt (☉, Sommerannuelle): kurzlebige Pflanze, die die ungünstige Jahreszeit als Same überdauert
Thyrsus: Blütenstand mit durchgehender Hauptachse und zymösen (d. h. nur aus den Vorblattachseln verzweigten) Teilblütenständen (Abb. **907**/5), verbreitet z. B. bei Lippenblüten- und Nelkengewächsen (vgl. Zyme)
Tierausbreitung (Zoochorie): Ausbreitung von Diasporen, die an Tieren ankleben (Klebausbreitung, KlA, Epizoochorie) oder von ihnen gefressen werden (Verdauungsaubreitung, VdA, Endozoochorie) oder zur Anlage von Vorräten transportiert und verloren oder nicht wiedergefunden werden (Versteck- und Verlust-Ausbreitung, VersteckA, Dyszoochorie)
Tierbestäubung (Zoogamie, Zoophilie): Transport des Pollens auf die Narbe durch Tiere, meist Insekten (InB)
Tragblatt: Blatt, aus dessen Achsel ein Seitenspross entspringt
Traube: Blütenstand mit durchgehender Hauptachse, an der gestielte Blüten sitzen, Endblüte fehlend, Aufblühfolge von unten nach oben (Abb. **905**/1)
trichterförmig: sich nach oben gleichmäßig erweiternd (Abb. **908**/6)

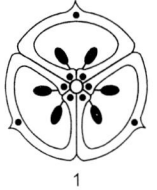
1
zentralwinkelständig

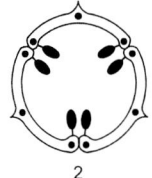
2
wandständig

3
zentral

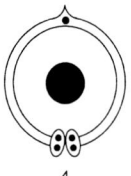
4
basal

Stellung der Samenanlagen

Trockenrasen: von Natur aus wegen der Trockenheit des Standortes waldfreie Gras- und Krautgesellschaften. **Halbtrockenrasen** können sich bewalden, werden aber durch Beweidung, Brand und Entbuschung offen gehalten.
tropisch (trop): Florenzone im immerfeuchten Äquatorialgebiet (Abb. **24**/1)
Turio (Plural Turionen; Hibernakel): selbständige Winterknospe, oft gleichzeitig Überwinterungs-, Fortpflanzungs- und Ausbreitungseinheit
Typus: Herbarexemplar (selten Abbildung), auf das sich die Erstbeschreibung der Pflanzensippe bezieht und an das der Name dauerhaft gebunden ist
übergebogen: aufrecht, an der Spitze höchstens bis zur Waagerechten geneigt
überwinternd grün: Laubaustrieb im Frühjahr, Absterben im nächsten (Früh-)Sommer
umgerollt (Blattspreite): zurückgerollt, an den Rändern nach unten gerollt (Abb. **904**/9)
Unbeständige [U]: nicht eingebürgerte eingeschleppte (adventive) Pflanzensippe
unpaarig gefiedert: gefiedert mit Endblättchen (Abb. **901**/6)
Unterart (Subspecies, subsp.): systematische Rangstufe unterhalb der Art und oberhalb der Varietät, durch 2 oder mehr korrelierte Merkmale und meist durch ein eigenes Verbreitungsgebiet oder eigene Ökologie gekennzeichnet, aber noch nicht durch genetische Kreuzungsbarrieren von anderen Unterarten derselben Art isoliert; Sippe auf dem Wege der Artbildung durch räumliche, ökologische oder genetische Isolation. Bei Beschreibung und Abtrennung von Unterarten werden die Pflanzen, die dem Typus-Exemplar der Art entsprechen, zur nomenklatorischen, typischen Unterart. Ihr Name wiederholt das Art-Epitheton (ohne Autoren, denn sie wurde nicht beschrieben), sie ist jedoch nicht zwangsläufig die weit verbreitete, „normale" Sippe.
unterbrochen gefiedert: mit größeren und kleineren Fiedern in regelmäßigem oder unregemäßigem Wechsel (Abb. **902**/1)
Unterlippe: der von den unteren Kronblättern gebildete untere Kronsaumabschnitt der → Lippenblüte (Abb. **715**/2, **716**/2)
unterständig (Fruchtknoten): von der Blütenachse umgeben und mit ihr verwachsen (Abb. **910**/3)
Varietät (var.): Rangstufe unterhalb der Art und Unterart; Sippe, die in einzelnen Merkmalen erblich konstant annimmt, aber kein eigenes Areal einnimmt, sondern im Artareal verstreut auftritt
Verband: Gruppe von ähnlichen Pflanzengesellschaften (Assoziationen)
verbreitet (v, Häufigkeitsstufe): in 33–66 % der Messtischblatt-Kartierflächen des jeweiligen Bezugsraumes vorkommend
Verbreitung: Areal der Pflanze, Ergebnis des Zusammenwirkens der ökologischen Konstitution der Pflanzensippe, ihrer Ausbreitung und der abiotischen und biotischen Standortsfaktoren
Verdauungsausbreitung (VdA, Endozoochorie): Transport von Diasporen im Verdauungstrakt von Tieren
verkahlend: zunächst behaart, aber die Haare mit der Zeit verlierend
verkehrteiförmig: 1,5–2,5mal so lang wie breit, über der Mitte am breitesten (Abb. **897**/5)
verkehrteilanzettlich: 3–8mal so lang wie breit, über der Mitte am breitesten, mit bogigen Rändern nach beiden Enden verschmälert (Abb. **897**/9)
verkehrtherzförmig (Blattspreite): an der Herzspitze gestielt oder mit dieser dem Blattstiel oder der Sprossachse ansitzend (Abb. **898**/4)
verschiedengrifflig (heterostyl): mit Blüten von unterschiedlicher Griffellänge und Staubbeutelstellung, bei denen nur die Übertragung von Pollen eines Blütentyps auf die Narbe einer Blüte eines anderen Typs zur Bestäubung und damit zur Samenbildung führt
verschollen †: im Gebiet seit langem nicht mehr nachgewiesen
Versteck- und Verlust-Ausbreitung (VersteckA, Dyszoochorie): Transport von Diasporen durch Tiere zur Anlage von Vorräten
verwachsen (Blätter bei Gegen- oder Quirlständigkeit): im unteren Teil ± weit verschmolzen (Abb. **896**/6)
verwachsenkronblättrig: mit wenigstens am Grund von Anfang an miteinander verwachsenen Kronblättern, die daher nach der Blütezeit gemeinsam abfallen
Vorblatt: das erste Blatt (Einkeimblättrige) oder die beiden ersten Blätter (Zweikeimblättrige) eines Seitensprosses. Bei den Einkeimblättrigen dem Muttersspross zugewandt, bei den Zweikeimblättrigen transversal gestellt (senkrecht zur Ebene Seitenspross-Muttersspross)
Vorderasien (VORDAS): meridionaler Teil Westasiens außerhalb der (pflanzengeographisch zum europäischen Mittelmeergebiet gehörenden) Randgebiete Kleinasiens und der westlichen Arabischen Halbinsel
Vorkeim (Prothallium; Farnpflanzen): nicht in Spross und Wurzeln gegliedertes Pflänzchen, das aus der Spore hervorgeht und in besonderen Behältern die Eizellen oder Spermatozoiden entwickelt
vorlaufend (Weidenkätzchen): vor dem Laubaustrieb blühend
vormännlich (Vm, protandrisch): Die Staubblätter geben den Pollen ab, bevor die Narbe (der Blüte oder der Blüten des Blütenstandes) belegt werden kann, dadurch wird Fremdbestäubung erreicht

ERKLÄRUNG DER FACHWÖRTER

Vorspelze (Vsp): das unterste Blatt der Gräserblüte, der Mutterachse zugewendet, meist 2kielig und 2spitzig, als Verwachsungsprodukt von 2 Blütenhüllblättern des äußeren Kreises gedeutet (Abb. **243**/1)

vorweiblich (Vw, protogynisch): Die Narbe öffnet sich oder wird belegbar, bevor sich die Staubbeutel (der Blüte oder des Blütenstandes) öffnen

walzig: kurz zylindrisch, mit rundem Querschnitt

wandständig (Stellung der Samenanlagen): an der Außenwand des Fruchtknotens (Abb. **911**/2)

Wärmekeimer: Pflanzen, deren Samen zum Keimen eine relativ hohe Temperatur (in Deutschland etwa 20 °C) brauchen

Wasserausbreitung (WaA, Hydrochorie): Ausbreitung der Diasporen im Wasser oder an seiner Oberfläche

Wasserbestäubung (WaB, Hydrogamie, Hydrophilie): Übertragung der Pollenkörner auf die Narbe durch Wasser

wechselständig (zerstreut; Blattstellung): an jedem Knoten ein Blatt, d. h. jedes in verschiedener Höhe an der Sprossachse entspringend, entweder → zweizeilig oder → dreizeilig oder → schraubig

weiblich (♀): Blüten(teile), die Samenanlagen ausbilden

Westasien (WAS): Asien von der Grenze Europas (inkl. Mittelmeergebiet) bis zum Jenissej, Baikal, Altai, Pamir, Westhimalaja

Wickel: Teilblütenstand bei Zweikeimblättrigen (besonders Lippenblüten-, Nachtschatten- und Borretschgewächsen), der sich als → Monochasium durch einander übergipfelnde Seitenzweige fortsetzt, die abwechselnd aus der linken und rechten Vorblattachsel des jeweiligen Muttersprosses entspringen. Äußerlich einer Traube ähnlich (Botryoid) und wie diese von unten nach oben aufblühend, aber im Knospenzustand von der Seite gesehen „aufgewickelt"

Windausbreitung (WiA, Anemochorie): Diasporentransport durch Luftströmungen

Windbestäubung (WiB, Anemogamie, Anemophilie): Pollenübertragung durch Luftströmungen

Windepflanze: Pflanze, die ohne selbsttragenden Stängel Lichtstellung erlangt, indem sie um andere Pflanzen oder Stützen unter ständiger Rechts- oder Linkskrümmung herum- und aufwärts wächst, → Kletterpflanze

winterannuell (①): im Herbst keimend, grün überwinternd und im Frühling oder Frühsommer blühend und fruchtend. Nach Kälteeinwirkung können Winterannuelle auch im Spätwinter keimen und im selben Jahr blühen und fruchten

Winterknospe (Turio) → Hibernakel

wirtelig (quirlig; Laub- und Blütenhüllblätter, Zweige): zu mehreren auf gleicher Höhe, an demselben Knoten am Stängel (Abb. **895**/6)

Wuchsform: Bezieheungen der Pflanzenorgane zueinander und zum Standort, Habitus im Verlauf der Lebensgeschichte und der jahreszeitlichen Entwicklung, Möglichkeiten der vegetativen Reproduktion („klonales Wachstum")

Wurzelkletterer: Liane, die sich mit kurzen, verhärteten Wurzeln anheftet

Wurzelknolle (WuKnolle): angeschwollene, speichernde Wurzel, die nur noch Speicherfunktion hat; ohne Sprossknospe nicht zum Wiederaustrieb und zur Vermehrung in der Lage

Wurzelspross (WuSpr): aus dem inneren Gewebe einer meist horizontalen Wurzel gebildeter Spross, der sich sprossbürtig bewurzelt und zu einer selbstständigen Pflanze wird. Nur bei bestimmten Pflanzenarten vorkommend, entweder als normale Art der vegetativen Reproduktion (**konstitutionelle** Wurzelsprossbildung) oder als Ersatz nach Verlust des Sprosses (**regenerative** Wurzelsprossbildung)

Xerothermrasen: → Trocken- und Halbtrockenrasen, auf grundwasserfernen, meist flachgründigen und nährstoffarmen Böden

Zapfenschuppe: Komplex aus Deckblatt (Deckschuppe) und Samenschuppe mit den frei liegenden Samenanlagen bei den Nadelhölzern

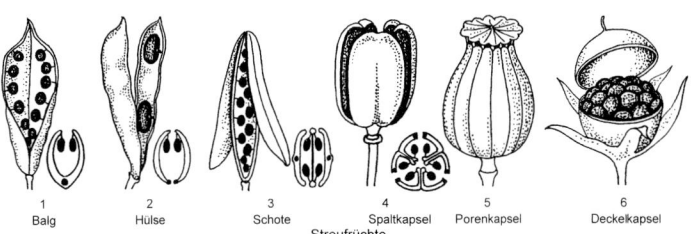

1	2	3	4	5	6
Balg	Hülse	Schote	Spaltkapsel	Porenkapsel	Deckelkapsel
			Streufrüchte		

Zeigerwert: aus dem Vorkommen der Pflanzensippe ermittelter Wert für die Bindung an ökologische Faktoren unter den Bedingungen der Konkurrenz
zentral (Stellung der Samenanlagen): an einer freien (nicht durch Trennwände mit der Außenwand verbundenen) Samenleiste in der Mitte des Fruchtknotens (Abb. **911**/3)
Zentralasien (ZAS): kontinental-arides, wintertrockenes Asien östlich der turkestanischen Gebirge: Mongolei, Westchina bis Tibet
zentralwinkelständig (Stellung der Samenanlagen): am inneren Winkel der Fruchtknotenfächer (Abb. **911**/1)
zerstreut (z, Häufigkeitsstufe): in etwa 3–33 % der Messtischblatt-Kartierflächen des jeweiligen Bezugsraumes vorkommend
zirkumpolar (CIRCPOL): in einer oder mehreren Florenzonen um den ganzen Erdball verbreitet
zugespitzt: mit spitzwinklig zusammenstoßenden, gegen die schmale Blattspitze zu konkaven Rändern (Abb. **903**/8)
Zungenblüte: verwachsenkronblättrige, dorsiventrale, einlippige Blüte, deren Kronzipfel miteinander verwachsen sind (Abb. **908**/10)
zungenförmig: mit kurzer Röhre und einseitig flach ausgebreitetem Saum
zurückgerollt (Blattrand): nach unten umgerollt
zusammengerollt (Blatt): Spreitenhälften nach oben ineinandergerollt (Abb. **904**/11)
zusammengesetztes Blatt: gefiedertes oder gefingertes Blatt mit abgesetzten (sitzenden oder gestielten) → Blättchen
zweihäusig (diözisch): männliche und weibliche Blüten auf verschiedene Individuen verteilt
zweijährig (☉, bienn): einmal fruchtend (→ hapaxanth), im ersten Jahr vegetativ, im 2. Jahr nach Einwirkung von Kälte und/oder Erreichen einer Mindestgröße blühend, fruchtend und danach absterbend. In der Natur verhalten sich nur wenige Pflanzenarten so, viele brauchen bis zum Erreichen der Mindestgröße 2, 3 oder mehr Jahre und sind dann nicht scharf von den → mehrjährig Hapaxanthen (∞) zu trennen.
zweizeilig: in 2 gegenüberliegenden Reihen wechselständig angeordnet (Abb. **895**/4)
Zwergstrauch (ZwStr): niedrige (<50 cm) Holzpflanze mit ausdauernden, oft dünnen und reich verzweigten Sprossachsen
Zwiebel (Zw): knospenähnlicher, meist unterirdischer Speichersproß mit sehr kurzer Achse (Zwiebelscheibe) und fleischigen Niederblättern und/oder Laubblattbasen, die sich als geschlossene Scheiden umeinander schließen (**Schalenzwiebel**) oder voneinander frei der Zwiebelscheibe ansitzen (**Schuppenzwiebel**)
zwittrig (⚥) (Blüte): sowohl mit fertilen Staubblättern als auch Stempel(n)
Zyme: 1. Blütenstand (Zymoid) mit einer Endblüte (die zuerst aufblüht), unter der am obersten Knoten 1 oder 2 Seitenachsen entspringen, die die Hauptachse meistens übergipfeln, nach Ausbildung der 1–2 → Vorblätter mit einer Blüte enden und durch einen Seitenspross (→ Monochasium) oder 2 Seitensprosse (→ Dichasium) aus den Vorblattachseln fortgesetzt werden. – 2. Teilblütenstand mit zymösem Aufbau: → Dichasium, → Doppelwickel, → Wickel, → Fächel oder → Schraubel

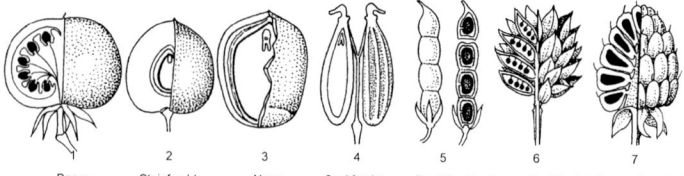

1 Beere 2 Steinfrucht 3 Nuss 4 Spaltfrucht Schließfrüchte 5 Bruchfrucht 6 Sammelbalgfrucht 7 Sammelsteinfrucht

Register der wissenschaftlichen und deutschen Pflanzennamen

Familien und Gattungen; bei Gattungen mit mehr als 25 Arten sind die Artnamen gesondert aufgeführt. Seitenzahlen in [ ] verweisen auf Synonyme.

Abies 121
Abutilon 526
Acer 522
Aceras [170]
Acetosa [573, 574]
Acetosella [573]
Achillea 870
Achnatherum 255
Achroanthes [162]
Acinos 725
Ackerbeere 384
Ackerbohne 369
Ackerdistel 805
Ackerkohl 560
Ackerlöwenmaul 680
Aconitum 321
Aconogonon [578]
Acoraceae 132
Acorus 132
Acroptilon [809]
Actaea 324
Adelgras 694
Adenophora 789
Adenostyles 858
Adlerfarn 105
Adlerfarngewächse 105
Adonis 320
Adonisröschen 320
Adoxa 775
Adoxaceae 774
Aegonychon [660]
Aegopodium 765
Aesculus 522
Aethionema 539
Aëthionema [539]
Aethusa 768
Affodillgewächse 178
Agrimonia 430
×Agropogon 290
Agropyron [262 ff.]
Agrostemma 604
Agrostis 288 [290]
Ahorn 522
Ährenhafer 293
Ährenlilie 149
Ailanthus 525
Aira 293 [294]
Ajuga 708
Akazie, Falsche 359
Akelei 320
Alant 878
Alantdistel 806
Alcea 526

Alchemilla 419
– acutiloba [422]
– aggregata 426
– alpigena 420
– alpina 419
– baltica 428
– carniolica 422
– cleistophylla [428]
– colorata 422
– compta 426
– connivens 428
– coriacea 426
– crinita 423
– cymatophylla 423
– decumbens 424
– effusa 429
– exigua 422
– fallax 427
– filicaulis 420
– fissa 425
– flabellata 421
– frigens 426
– glabra 428
– glabricaulis 426
– glaucescens 421
– glomerulans 428
– heteropoda [425]
– hirtipes 424
– hoppeana 420
– impexa 429
– incisa 427
– kerneri [426]
– lineata 428
– longituba 427
– lunaria 425
– micans 424
– mollis 420
– monticola 421
– nitida 420
– obscura 424
– obtusa 429
– othmarii 427
– pallens 420
– plicata 422
– plicatula [420]
– propinqua 422
– racemulosa 428
– reniformis 429
– rubristipula 424
– sectilis [424]
– semisecta 426
– sericoneura 427
– speciosa 420

– splendens 426
– straminea 425
– strigosula 421
– subcrenata 423
– subglobosa 423
– tenuis 424
– tirolensis 425
– trunciloba 425
– undulata 424
– versipila 426
– vulgaris 422
– xanthochlora 422
Aldrovanda 582
Alectorolophus [745, 746]
Algenfarn 104
Alisma [139] 140 [141]
Alismataceae 139
Allermannsharnisch 181
Alliaceae 178
Alliaria 561
Allium 179
– acutangulum [182]
– angulosum 182
– ascalonicum [181]
– atropurpureum 181
– carinatum 180
– cepa 181
– cirrhosum [180]
– fallax [182]
– fistulosum 181
– flavum 180
– kochii [179]
– lineare [182]
– lusitanicum 182
– montanum [182]
– oleraceum 180
– oreophilum 179
– paradoxum 181
– pulchellum [180]
– roseum 180
– rotundum 180
– sativum 179
– schoenoprasum 181
– scorodoprasum 180
– senescens [182]
– sphaerocephalon 179
– strictum 182
– suaveolens 182
– ursinum 181
– victorialis 181
– vineale 179
Allosorus [105]
Almrausch 638

REGISTER DER PFLANZENNAMEN

Alnus 456
Alopecurus [296] 298
Alpendost 858
Alpenflieder 529
Alpenglöckchen 633
Alpenhelm 739
Alpenlattich 851
Alpenmargerite 876
Alpenmaßliebchen 862
Alpenrachen 747
Alpenrebe 327
Alpenrose 638
Alpenscharte 808
Alpenveilchen 631
Alraunwurzel, Falsche 340
Alsine [593, 594]
Althaea [526]
Alyssum 550 [551]
Amarant 604, 605
Amarantgewächse 604
Amaranthaceae 604
Amaranthus 604, 605
Amaryllidaceae 183
Amaryllisgewächse 183
Ambrosia 882
Ambrosie 882
Ammei 763
Ammi 763
×Ammocalamagrostis [286]
Ammophila 286
Amorpha 355
Ampfer 570
- Alpen- 573
- Bastard- 572
- Blut- 571
- Fluss- 573
- Gedrungener 572
- Gemüse- 572, 573
- Hain- 571
- Hoher 573
- Knäuel- 572
- Krauser 572
- Nordischer 573
- Schmalblättriger 572
- Schöner 571
- Strand- 570
- Stumpfblättriger 571
- Sumpf- 570
- Verschiedenblättriger 573
- Wasser- 573
- Weidenblatt- 570
Amsinckia 663
Amygdalus [431]
Anacamptis [170, 171, 172]
Anacardiaceae 521
Anacharis [137]
Anagallis 630
Anaphalis 861
Anarrhinum 681
Anastatica [564]
Anchusa 667 [668]
Andel 279
Andorn 715

Andromeda 639
Andropogon [305]
Androsace 631
Anemonastrum [325]
Anemone [324] 325 [326, 327]
Anethum 768
Angelica 770
Angelika 770
Anis 764
Anisantha [258]
Anisum [764]
Antennaria 860
Anteriorchis [172]
Anthemis 874 [876]
Anthericaceae 189
Anthericum 189
Anthoxanthum 299
Anthriscus 757
Anthyllis 357
Antirrhinum 680 [681]
Apera 290
Apiaceae 749
Apium 762 [763]
Apocynaceae 656
Aposeris 846
Aprikose 431
Aquifoliaceae 748
Aquilegia 320
Arabidopsis 539
Arabis [539, 543] 553 [555, 565]
Araceae 132
Araliaceae 748
Araliengewächse 748
Archangelica [770]
Arctium 808
Arctostaphylos 637
Arctous [637]
Aremonia 430
Aremonie 430
Arenaria 587 [594]
Aretia [631]
Argentina [413]
Aristavena [295]
Aristolochia 132
Aristolochiaceae 131
Armeniaca [431, 433]
Armeria 568
Armleuchteralgen 87
Armoracia 546
Arnica 884
Arnika 884
Arnoseris 846
Aronstab 133
Aronstabgewächse 132
Arrhenatherum 291
Artemisia 868
Arum 133
Arve 124
Asarina 680
Asarine 680
Asarum 131
Aschenkraut 852

Asclepiadaceae [656]
Asclepias 657
Asienfetthenne 345
Asparagaceae 185
Asparagus 185
Aspe 477
Asperugo 663
Asperula 642 [645]
Aspidium [119]
Asphodelaceae 178
Aspleniaceae 107
Asplenium 107
Aster [796] 862 [863 ff.]
Asteraceae 791
Astragalus 360
Astrantia 754
Astrocarpus [532]
Athamanta 768
Athyriaceae 113
Athyrium 113
Atocion 600
Atragene [327]
Atriplex 610
Atropa 674
Atropis [279]
Attich 775
Aubrieta 555
Aubrietia [555]
Aucuba 641
Augentrost 740
Augenwurz 768
Aukube 641
Auriniel 633
Aurinia 551
Avena [290, 291] 292 [293]
Avenastrum [291]
Avenella [295]
Avenochloa [291]
Avenula [291]
Azalea [638]
Azalee 638
Azolla 104

Bachbunge 687
Backenklee 358
Baeothryon [235, 236]
Baldellia 139
Baldingera [299]
Baldrian 781
Ballota 716
Balsaminaceae 626
Balsamine 626
Balsaminengewächse 626
Balsamita [875]
Balsamkraut 875
Barbarakraut 546
Barbarea 546
Bärenklau 772
Bärenkümmel 769
Bärenschote 360
Bärentraube 637
Bärlapp 94
Bärlappgewächse 93

REGISTER DER PFLANZENNAMEN

Barlia 154
Bart-Glanzleuchterlage 90
Bartgras 305
Bartschie 739
Bartsia 739 [744]
Bärwurz 769
Bassia 619
Bastardindigo 355
Bastardsenf 558
Bastardstrandhafer 286
Bastardstrandroggen 266
Batrachium [328, 329, 330, 332]
Batunge 715
Bauernsenf 563
Baumleuchteralge 92
Baumwürgergewächse 460
Becherglocke 789
**Becherkätzchen-
gewächse** 641
Becherpflanze 882
Beckmannia 285
Behen [601]
Beifuß 868
Beilwicke 356
Beinbrech 149
Beinbrechgewächse 149
Beinwell 666
Bellardia 744
Bellidiastrum [862]
Bellis 863
Benediktenkraut 809
Benthalm 301
Berberidaceae 315
Berberis 315
Berberitze 315
Berberitzengewächse 315
Berg-Binse 193
Bergfarn 114
Bergfenchel 766
Berghähnlein 325
Bergknöterich 578
Bergmiere 593
Bergscharte 809
Berle 765
Bermudagras 305
Berteroa 551
Berufkraut 865
Berula 765
Besenginster 353
Besenheide 639
Besenrauke 551
Besenried 301
Beta 609
Bete 609
Betonica 715
Betonie 715
Betula 457
Betulaceae 456
Bibernelle, Kleine 430
Bidens 880
Biene 174
Bienensaug 709

Bifora 760
Bignoniaceae 701
Bignoniengewächse 701
Bilderdykia [575]
Bilsenkraut 674
Bingelkraut 499
Binse 197
– Alpen- 204
– Baltische 199
– Blaugrüne 198
– Bodden- 201
– Dichotom- 200
– Dreiblütige 198
– Faden- 199
– Flatter- 199
– Frosch- 201
– Glieder- 203
– Jacquin- 198
– Kleinste 202
– Knäuel- 199
– Kopf- 202
– Kröten- 202
– Kugelfrucht- 201
– Moor- 198
– Netzsamige- 201
– Plattalm- 201
– Salz- 201
– Sand- 201
– Schwarzblütige 202
– Schwertblättrige 198
– Sparrige 200
– Spirrige 200
– Spitzblütige 203
– Strand- 198
– Stumpfblütige 203
– Zarte 200
– Zusammengedrückte 201
– Zweischneidige 204
– Zwerg- 203
– Zwiebel- 202
Binsengewächse 193
Binsenginster 354
Biota [129]
Birke 457
Birkengewächse 456
Birngrün 637
Bisamkraut 775
Biscutella 550
Bismalva [527]
Bistorta 576
Bitterblättchen 655
Bitterenzian 655
Bittereschengewächse 524
Bitterich 848
Bitterklee 791
Bitterkraut 848
Bitterling 655
Bittersüß 675
Blackstonia 655
Blasenbinse 141
Blasenbinsengewächse 141
Blasenesche 522
Blasenfarn 106

Blasenfarngewächse 106
Blasenkirsche 674
Blasenmiere 592
Blasenspiere 431
Blasenstrauch 361
Blaubeere 641
Blauglockenbaum 728
Blaugras 285
Blaukissen 555
Blaukresse 553
Blauregen 355
Blaustern 188
Blauweiderich 683
Blauwürger 729
Blechnaceae 113
Blechnum 113
Bleiwurzgewächse 568
Blitum 609
Blumenbinse 139, 142
Blutauge 411
Bluthirse 303
Blutweiderich 506
Blutweiderichgewächse 506
Blutwurz 413
Blysmopsis [234]
Blysmus 234
Bockbeere 384
Bocksbart 848
Bocksdorn 673
Bockshornklee 363
Bohne 356
– Dicke 369
Bohnenkraut 724
Bokharaklee 363
Bolboschoenus 238
Bombacaceae [525]
Bonjeania [359]
Boraginaceae 657
Borago 668
Borretsch 668
Borretschgewächse 657
Borstenhirse 304
Borstgras 255
Bothriochloa 305
Botrychium 101
Botrypus [101]
Brachsenkraut 96
Brachsenkrautgewächse 96
Brachypodium 257
Brandkraut 713
Brandlattich 851
Brandschopf 604
Brassica 556
Brassicaceae 532
Brassicella [559]
Braunelle 725
Braunwurz 699
Braunwurzgewächse 697
Braut in Haaren 323
Braya [560]
Breitsame 760
Brenndolde 769
Brennnessel 452

917

Brennnesselgewächse 451
Bresling 418
Brillenschötchen 550
Briza 285
Brombeere 381
- Allegheny- 386
- Angenehme 390
- Armenische 389
- Arrhenius- 392
- Bayerische 396
- Bertram- 387
- Bleiche 395
- Breitstachlige 391
- Cimbrische 392
- Dickblättrige 395
- Dornige 387
- Drejer- 394
- Drüsensträußige 393
- Dunkeldrüsige 396
- Dunkle 387
- Dünnrispige 391
- Eingeschnittene 386
- Falsche Feindliche 394
- Falten- 387
- Feindliche 394
- Filz- 393
- Gefurchte 387
- Gekniete 388
- Gewöhnliche 390
- Grabowski- 388
- Großblättrige 391
- Grünsträußige 392
- Günther- 396
- Haarstängelige 390
- Hain- 390
- Hainbuchenblättrige 391
- Höhere 389
- Insel- 390
- Kahlstirnige 395
- Köhler- 396
- Lange- 390
- Lügen- 388
- Mittelgebirgs- 388
- Mittelmeer- 389
- Pickelhauben- 394
- Pyramiden- 393
- Raspel- 395
- Raue 395
- Samt- 393
- Samtblättrige 394
- Schattenliebende 391
- Schlankstachlige 388
- Schleicher- 396
- Schlitzblättrige 384, 389, 396
- Schnedler- 395
- Sorbische 386
- Sparrige 387
- Sprengel- 392
- Träufelspitzen- 396
- Üppige 387
- Wald- 391
- Wintersche 389

- Zweifarbige 389
Bromopsis [258, 259]
Bromus 257
Bruchkraut 586
Brunella [725]
Brunnenkresse 547
Brunnera 668
Brustwurz 770
Bryonia 459
Bubikopf 452
Buche 453
Buchenfarn 114
Buchengewächse 453
Buchenspargel 637
Buchs 338
Buchsbaum 338
Buchsbaumgewächse 338
Büchsenkraut 700
Büchsenkrautgewächse 700
Buchweizen 581
Buddleja 700
Buglossoides 660
Bulliarda [348]
Bunias 563 [564]
Bunium 764
Bunthafer 291
Buphthalmum 878
Bupleurum 761
Bürstengras 296
Burzeldorn 67
Büschelschön 668
Butomaceae 139
Butomus 139
Buxaceae 338
Buxus 338

Cakile 559
Calamagrostis 286 [288]
Calamintha [724] 725
×Calammophila 286
Caldesia 141
Calendula 858
Calepina 561
Calepine 561
Calla 133
Callistephus 863
Callitrichaceae [678]
Calluna 639
Caltha 324
Calycocorsus [814]
Calystegia 669
Camelina 540
Campanula 785
Campanulaceae 784
Cannabaceae 450
Cannabis 450
Caprifoliaceae 776
Capsella 541 [552]
Capularia [878]
Caragana 361
Cardamine 543
Cardaminopsis [539]
Cardaria [548]

Carduus 804
Carex 207
- acuta 219
- acutiformis 228
- agastachys 225
- alba 225
- alpestris [226]
- ampullacea [228]
- appropinquata 214
- aquatilis 219
- arenaria 210
- aristata [224]
- aterrima 221
- atherodes 224
- atrata 221
- baldensis 211
- bebbii 215
- bigelowii [218]
- binervis 231
- bipartita [208]
- bohemica 212
- brachystachys 230
- brizoides 211
- brunnescens 216
- buekii 218
- buxbaumii 220
- canescens 216
- capillaris 226
- capitata 209
- caryophyllea 223
- cespitosa 218
- chabertii [214]
- chlorostachys [226]
- chordorrhiza 210
- colchica 211
- contigua [213]
- crassa [229]
- crawfordii 215
- cristatella 215
- cuprina [213]
- curta [216]
- curvata 211
- curvula 212
- cyperoides [212]
- dacica 218
- davalliana 209
- demissa 233
- depauperata 230
- derelicta [232]
- diandra 214
- digitata 223
- dioica 209
- distans 231
- disticha 210
- divisa [210]
- divulsa 213
- echinata 216
- elata 217
- elongata 216
- ericetorum 222
- extensa 231
- ferruginea 230
- filiformis [224]
- firma 230

- flacca 227
- flava 232
- frigida 229
- frisica [218]
- fritschii 222
- fuliginosa 220
- fusca [219]
- glauca [227]
- goodenowii 219
- gracilis [219]
- grayi 216
- guestphalica [214]
- gynobasis [226]
- halleriana 226
- hartmanii [220]
- hartmaniorum 220
- heleonastes 215
- helodes [229]
- hirta 224
- hordeistichos 227
- hostiana 231
- humilis 223
- inflata [228]
- intermedia 210
- irrigua [226]
- laevigata 229
- lasiocarpa 224
- leersii 214
- lepidocarpa 232
- leporina 214
- ligerica [211]
- limosa 226
- liparocarpos 221
- loliacea 216
- magellanica 226
- maxima [225]
- melanostachya 228
- michelii 230
- microglochin 209
- montana 222
- morrowii 216
- mucronata 217
- muricata 213
- muskingumensis 215
- mutabilis [225]
- myosuroides 208
- nemorosa [213]
- nigra 219 [220]
- nitida [221]
- nordica [214]
- nutans [228]
- obtusata 209
- oederi [232]
- oenensis [219]
- omskiana [217]
- ornithopoda 224
- ornithopodioides 224
- orthostachys [224]
- otomana [214]
- otrubae 213
- ovalis [214]
- pairae 213
- pallens [223]
- pallescens 226
- pallidula 223
- paludosa [228]
- panicea 227
- paniculata 214
- paradoxa 214
- parviflora 220
- pauciflora 210
- paupercula [226]
- pendula 225
- perfusca [221]
- pilosa 225
- pilulifera 221
- polyphylla [214]
- polyrrhiza [223]
- praecox 211 [223]
- pseudobrizoides 211
- pseudocyperus 229
- pulicaris 209
- punctata 231
- randalpina 219
- reichenbachii [211]
- remota 216
- rigida [218]
- riparia 229
- rostrata 228
- rupestris 209
- scandinavica [232]
- schreberi [211]
- scoparia 215
- secalina 227
- sempervirens 230
- serotina [232]
- siegertiana 224
- simpliciuscula 208
- sparsiflora [227]
- spicata 213
- stellulata [216]
- stenophylla 210
- strigosa 225
- supina 221
- sylvatica 229
- tenuis [230]
- teretiuscula [214]
- tomentosa 222
- tribuloides 215
- trinervis 218
- tumidicarpa [233]
- umbrosa 223
- vaginata 227
- ventricosa [230]
- verna [221, 223]
- vesicaria 228
- viridula 232 [233]
- vulgaris [219]
- vulpina 212
- vulpinoidea 212
Carlina 802
Carpesium 879
Carpinus 458
Carthamus 809
Carum 764
Caryophyllaceae 582

Castanea 454
Catabrosa 279
Catalpa 701
Catapodium 280
Caucalis 759
Caulinia [138, 139]
Celastraceae 460
Celosia 604
Celtis 451
Cenchrus [306]
Centaurea 809 [813]
Centaurium 655
Centranthus 781
Centunculus [630]
Cephalanthera 157
Cephalaria 779
Cerastium 588
Cerasus [431 ff.]
Ceratocapnos 313
Ceratocephala 328
Ceratochloa [257, 258]
Ceratophyllaceae 309
Ceratophyllum 309
Cerinthe 659
Cervaria 772
Ceterach [108]
Chaenorhinum 680
Chaerefolium [757]
Chaerophyllum 755 [757]
Chaiturus [713]
Chamaebuxus [376]
Chamaecyparis 128
Chamaecytisus [354]
Chamaemelum 876
Chamaemespilus [442]
Chamaenerion [509]
Chamaepericlymenum [625]
Chamaespartium [354]
Chamaesyce [498, 499]
Chamagrostis [300]
Chamomilla [876]
Chamorchis 163
Chara 87
Characeae 86
Cheiranthus [541]
Chelidonium 310
Chenopodiaceae 608
Chenopodiastrum [614, 615]
Chenopodium [609] 614 [619]
- album 615, 617, 618
- ambrosioides [619]
- aristatum [619]
- berlandieri 617
- bonus-henricus [609]
- botryodes [615]
- botrys [619]
- capitatum [609]
- carinatum [619]
- chenopodioides 615
- crassifolium [615]
- desiccatum [614]
- ficifolium 617
- foliosum [609]

- *glaucum* 615
- *hircinum* 617
- *hybridum* 614
- *intermedium* [616]
- *leptophyllum* [614]
- *lobodontum* [618]
- *murale* 616
- *opulifolium* 617
- *pedunculare* [615, 618]
- *polyspermum* 615
- *pratericola* 614
- *probstii* 617
- *pumilio* [619]
- *rhombifolium* 616
- *rubrum* 615 [616]
- *schraderianum* [619]
- *serotinum* [617]
- *striatiforme* 618
- *strictum* 618
- *suecicum* 617
- *urbicum* 616
- *viride* [617]
- *vulvaria* 615
- *zschackei* [617]

Cherleria 593
Chicorée 813
Chimaphila 636
Chinaschilf 306
Chionodoxa [188, 189]
Chlora [655]
Chlorocrepis [822]
Chlorocyperus [242]
Chondrilla 814
Chorispora 564
Christophskraut 324
Christrose 323
Chrysanthemum [870, 875, 876, 877]
Chrysaspis [365, 366]
Chrysocoma [863]
Chrysosplenium 340
Cicerbita 820
Cichorium 813
Cicuta 763
Circaea 507
Cirsium 805
Cistaceae 529
Citrullus 459
Cladium 206
Claytonia 623
Claytonie 623
Clematis 327
Clinopodium 724
Cnicus [809]
Cnidium [769]
Cochlearia 564
Coeloglossum 168
Coincya 559
Colchicaceae 150
Colchicum 150
Coleanthus 300
Collomia 628
Colutea 361

Comarum 411
Comastoma 654
Comfrey 667
Commelina 308
Commelinaceae 308
Commelinengewächse 308
Compositae 791
Conium 761
Conopodium 764
Conringia 560
Consolida [322]
Convallaria 191
Convolvulaceae 669
Convolvulus 669 [670]
Conyza [865]
Corallorhiza 162
Coreopsis 880
Coriandrum 760
Corispermum 620
Cormus [441]
Cornaceae 625
Cornus 625
Coronilla 356
Coronopus [548]
Corrigiola 587
Cortusa [632]
Corydalis 312 [313]
Corylus 458
Corynephorus 295
Cota 874
Cotinus 521
Cotula 868
Crambe 559
Crassula [346] 348
Crassulaceae 343
Crataegus 436
Crepis 817
Crithmum 766
Crocus 177
Cruciata 649
Cruciferae 532
Cryptogramma 105
Cucubalus [600, 601]
Cucumis 458
Cucurbita 459
Cucurbitaceae 458
Cupressaceae 126
Cupressus [128]
Cupularia [878]
Cuscuta 670
Cuscutaceae [669]
Cuviera [268]
Cyanus 813
Cyclachaena [882]
Cyclamen 631
Cymbalaria 681
Cynanchum [657]
Cynodon 305
Cynoglossum 664
Cynosurus 284
Cyperaceae 204
Cyperus 241
Cypripedium 157

Cystopteridiaceae 106
Cystopteris 106
Cytisus 353

Dactylis 284
Dactylorchis [164]
Dactylorhiza 164 [168]
Danthonia 301
Daphne 529
Dasiphora 411
Datura 676
Daucus 760
Delia [585]
Delphinium 322
Dennstaedtiaceae 105
Dentaria [543]
Deschampsia 294
Descurainia 551
Desmazeria [280]
Deutzia 624
Deutzie 624
Dianthus 598 [599]
Dichanthium [305]
Dichodon 588
Dichoropetalum 772
Dichostylis [241, 242]
Dickblatt 348
Dickblattgewächse 343
Dickmännchen 338
Dictamnus 524
Diervillaceae [776]
Digitalis 682
Digitaria 303
Dill 768
Dingel 161
Diopogon [346]
Dioscorea 149
Dioscoreaceae 149
Diphasiastrum 94
Diphasium [94, 95]
Diplotaxis 557
Dipsacaceae [776]
Dipsacus 778
Diptam 524
Distel 804
Dittrichia 878
Doldengewächse 749
Donarsbart 346
Donax [280]
Doppelährengras 285
Doppelbeere 777
Doppelrauke 557
Doppelsame 557
Dornfarn 115, 117
Dornmelde 619
Doronicum 850
Dorycnium [359]
Dost 724
Dotterblume 324
Douglasie 123
Draba 552
Drachenkopf 727
Drachenmaul 726

REGISTER DER PFLANZENNAMEN 921

Dracocephalum 727
Drehähre 162
Drehmelde 619
Dreizack 142
Dreizackgewächse 142
Dreizahn 301
Drosera 581
Droseraceae 581
Drüsengänsefuß 619
Dryas 381
Drymocallis 411
Drymochloa [270]
Dryopteridaceae 114
Dryopteris [106, 114] 115
Duchesnea [413]
Duftwicke 374
Dünnfarn 103
Dünnschwanz 285
Dünnschwingel 269
Dürrwurz 878
Duwock 98
Dysphania 619

Eberraute 869
Eberreis 869
Eberwurz 802
Echinochloa 302
Echinocystis 459
Echinodorus [139]
Echinops 803
Echinospermum [664]
Echium 660
Edelraute 868
Edelweiß 861
Efeu 748
Egeria 137
Ehrenpreis 683
– Acker- 689
– Alpen- 691
– Bach- 687
– Berg- 686
– Blattloser 684
– Blauer Gauchheil- 687
– Blauer Wasser- 687
– Bleicher Gauchheil- 687
– Dillenius- 690
– Dreilappen- 688
– Dreiteiliger 690
– Drüsiger 691
– Echter 686
– Efeu- 688
– Faden- 688
– Feld- 690
– Felsen- 691
– Finger- 690
– Fremder 690
– Frühblühender 691
– Früher 691
– Frühlings- 690
– Gamander- 686
– Gänseblümchen- 684
– Glanz- 689
– Glanzloser 689

– Großer 685
– Hain- 688
– Halbstrauch- 692
– Hecken- 688
– Heide- 683
– Jacquin- 685
– Kölme- 691
– Langblättriger 684
– Liegender 685
– Lockerähriger 687
– Maßlieb- 684
– Nacktstiel- 684
– Nesselblatt- 686
– Niederliegender 685
– Österreichischer 685
– Persischer 689
– Quendel- 691
– Rispen- 684
– Roter Wasser- 687
– Scheerer- 685
– Schild- 686
– Schlamm- 687
– Schmalblättriger 685
– Seichtlappen- 688
– Steinquendel- 691
– Ufer- 687
– Wald- 686
– Wander- 690
Eibe 129
Eibengewächse 129
Eibisch 526
Eiche 454
Eichenfarn 106
Eichenmistel 567
Eidechsenwurz 133, 134
Einbeere 150
Einblatt 162
Einknolle 163
Eisenhut 321
Eisenkraut 704
Eisenkrautgewächse 704
Elaeagnaceae 448
Elaeagnus 448
Elatinaceae 465
Elatine 465
Eleocharis 236
Eleogiton [241]
Eleusine 308
Elfenbeindistel 755
Elisma [141]
Elodea 137
Elsbeere 443
Elsholtzia 716
×*Elyhordeum* 266
×*Elyleymus* 265, 266
×*Elymopyron* [266]
×*Elymotrigia* [266]
Elymus 262 [263, 266, 268]
Elyna [208]
Elytrigia [262 ff.]
Emerus [356]
Empetraceae [634]
Empetrum 639

Endivie 814
Endymion [187]
Engelsüß 120
Engelwurz 770
Entengrütze 134
Enzian 651
Enziangewächse 650
Epilobium 508
Epimedium 316
Epipactis 158
Epipogium 161
Equisetaceae 97
Equisetum 97
Eragrostis 306
Eranthis 324
Erbse 373
Erbsenstrauch 361
Erdbeere 418
Erdbeerspinat 609
Erdbirne 881
Erdkastanie 764
Erdmandel 242
Erdmandelgras 242
Erdpfriemen 354
Erdrauch 313
Erechtites 858
Erica 639
Ericaceae 634
Erigeron 865
Eriophorum 235
Eriophyllum 884
Erle 456
Erodium 505
Erophila [552]
Eruca 559
Erucastrum [557] 558 [560]
Erve 373
Ervilia 372
Ervilie 372
Ervum [372] 373
Eryngium 755
Erysimum 541 [560]
Erythraea [655]
Esche 677
Eschscholzia 310
Eselsdistel 807
Esparsette 361
Espe 477
Essigbaum 521
Estragon 868
Etagenzwiebel 181
Euclidium 564
Eufragia [744]
Euonymus 460
Eupatorium 885
Euphorbia 494
– *amygdaloides* 497
– *angulata* 496
– *brittingeri* [496]
– *cyparissias* 498
– *dulcis* 496
– *epithymoides* 495
– *esula* 497

- *exigua* 498
- *falcata* 498
- *gerardiana* [495]
- *helioscopia* 495
- *humifusa* 498
- *iberica* 494
- *illirica* 495
- *lathyris* 495
- *lucida* 497
- *maculata* 499
- *marginata* 494
- *myrsinites* 495
- *nutans* 498
- *palustris* 495
- *peplus* 498
- *platyphyllos* 496
- *polychroma* [495]
- *prostrata* 499
- *pseudovirgata* [497]
- *salicifolia* 497
- *saratoi* 497
- *segetalis* 498
- *seguieriana* 495
- *serpens* 498
- *serrulata* [496]
- *stricta* 496
- *verrucosa* 496
- *villosa* [495]
- *virgata* 497
- *virgultosa* [497]

Euphorbiaceae 494
Euphrasia [739] 740
Euphrosyne [882]
Eurybia 796
Euthamia 863
Evonymus [460]
Exaculum 655

Faba [369, 370]
Fabaceae 350
Facchinia 593
Fächerlebensbaum 128
Fadenhirse 303
Fagaceae 453
Fagopyrum 581
Fagus 453
Fahnenwicke 359
Falcaria 763
Fallopia 575
Fallsamengras 308
Faltenlilie 151
Färberdistel 809
Färberröte 642
Farsetia [551]
Faserschirm 762
Faulbaum 449
Federblume 809
Federgras 255
Federmohn 310
Federschwingel 278
Feigenbaum 451
Feigenkaktus 56
Felberich 629

Feldsalat 783
Felsenblümchen 552
Felsenleimkraut 600
Felsenmiere 593
Felsennelke 599
Felsensteinkraut 551
Fenchel 768
Fennich 304
Ferkelkraut 846
Festuca [257] 269 [278]
- *airoides* [274]
- *albensis* 277
- *alpina* 273
- *altissima* 270
- *amethystina* 273
- *apennina* 271
- *aquisgranensis* [276]
- *arenaria* [272]
- *arundinacea* 270
- *beckeri* [277]
- *brevipila* 274
- *caesia* [277]
- *capillata* [275]
- *cinerea* [274, 276, 277]
- *csikhegyensis* 277
- *curvula* [274]
- *dertonensis* [278]
- *diffusa* [270]
- *duvalii* 274
- *elatior* [270, 271]
- *fallax* [272]
- *festucoides* [269]
- *filiformis* 275
- *gigantea* 270
- *glauca* [274, 276, 277]
- *glaucina* [277]
- *guestfalica* 276
- *helgolandica* [273]
- *hervieri* [274]
- *heteromalla* 270
- *heteropachys* 275
- *heterophylla* 271
- *hirsuta* [275]
- *lachenalii* [269]
- *laevigata* 274
- *lemanii* [276]
- *longifolia* [274, 277]
- *megastachys* [270]
- *melanopsis* [272]
- *myuros* [278]
- *nigrescens* 272
- *nigricans* 272
- *norica* 272
- *ophioliticola* [276]
- *orientalis* [271]
- *ovina* [274, 275] 276 [277]
- *pallens* 276
- *patzkeï* 274
- *phoenicoides* [257]
- *polesica* 277
- *pratensis* 271
- *psammophila* 277
- *pseudovina* [275]

- *pulchella* 270
- *pulchra* 275
- *pulveridolomiana* 276
- *pumila* 271
- *pyramidata* [278]
- *quadriflora* [271]
- *rhenana* 277
- *rubra* [270] 272
- *rupicaprina* 273
- *rupicola* 275
- *salina* [273]
- *steineri* [273]
- *stricta* [274, 275]
- *sulcata* [275]
- *supina* 274
- *sylvatica* [270]
- *tenuifolia* [275]
- *tomanii* [277]
- *trachyphylla* [274]
- *trichophylla* 272
- *uechtritziana* [270]
- *uliginosa* [272]
- *unifaria* [273]
- *valesiaca* 275
- *villosa* [272]
- ×*Festulolium* 278

Fetthenne 346
Fettkraut 701
Feuerbohne 356
Ficaria 327
Fichte 123
Fichtenspargel 637
Ficus 451
Fieberklee 791
Fieberkleegewächse 791
Filaginella [861]
Filago 859
Filipendelwurz 381
Filipendula 381
Filzkraut 859
Fingerhirse 303
Fingerhut 682
Fingerkraut 412
- Aufrechtes 414
- Crantz- 416
- Englisches 413
- Erdbeer- 412
- Flaum- 415
- Frühlings- 416
- Gänse- 413
- Gold- 415
- Graues 417
- Kleinblütiges 412
- Kriechendes 414
- Lindacker- 417
- Mittleres 416
- Niedriges 413
- Norwegisches 414
- Ostalpen- 412
- Rheinisches 417
- Sand- 415
- Schaffhausener 417
- Scheinerdbeer- 413

REGISTER DER PFLANZENNAMEN 923

- Schultz- 415
- Siebenblättriges 415
- Silber- 416
- Stängel- 412
- Thüringisches 414
- Weißenburger 415
- Weißes 412
- Wismarer 417
- Zottiges 416
- Zwerg- 414

Fingerwurz 164
Finkensame 542
Fioringras 290
Fischgras 285
Fischkraut 148
Flachbärlapp 94
Flachs 501
Flacourtiaceae [476]
Flammenblume 628
Flattergras 283
Flaumhafer 291
Fleckenlorbeer 641
Flieder 678
Fliege 173
Flockenblume 809, 813
Flohkraut 877
Flohsame 692
Flügelknöterich 575
Flügelnuss 455
Fluhfarn 108
Foeniculum 768
Föhre 124
Forsythia 677
Forsythie 677
Fourraea 565
Fragaria [413] 418
Frangula 449
Fransenblume 340
Fransenenzian 653
Fransenhauswurz 346
Franzosenkraut 884
Frauenfarn 113
Frauenfarngewächse 113
Frauenflachs 681
Frauenmantel 419
- Alpen- 419
- Baltischer 428
- Bergwiesen- 421
- Blassgrüner 420
- Dunkler 424
- Eingeschnittener 427
- Fächerblatt- 421
- Fadenstängel- 420
- Falten- 422
- Filziger 421
- Flachblatt- 429
- Gelbstängel- 425
- Geröteter 421
- Gestriegelter 421
- Gewöhnlicher 422
- Glanz- 420
- Glatthaar- 426
- Halbgeteilter 426

- Halbmond- 425
- Hoppe- 420
- Kahler 428
- Kahlstängel- 426
- Kalkalpen- 420
- Kälte- 426
- Kerbzahn- 423
- Kleinblütiger 422
- Kleiner 422
- Kleinknäuel- 426
- Knäuel- 428
- Krainer 422
- Kugelfrucht- 423
- Langröhren- 427
- Lederblatt- 426
- Niederliegender 424
- Nierenblatt- 429
- Othmar- 427
- Pracht- 420
- Rotscheiden- 424
- Runzelblatt- 423
- Samt- 420
- Schimmernder 426
- Schlanker 424
- Schmalzahn- 428
- Schwachfilziger 422
- Seidennerviger 427
- Spitzlappen- 422
- Streifen- 428
- Stumpfecken- 429
- Stumpfzahn- 429
- Stutzlappiger 425
- Täuschender 427
- Tiroler 425
- Träubel- 428
- Wechselhaar- 426
- Wellenblatt- 423
- Welliger 424
- Westtiroler 424
- Zerschlitzter 425
- Zierlicher 424

Frauenschuh 157
Frauenspiegel 789
Fraxinus 677
Fritillaria 153
Froschbiss 137
Froschbissgewächse 136
Froschkraut 141
Froschlöffel 140
Froschlöffelgewächse 139
Fuchsbeere 381
Fuchsschwanz 298, 605
Fuchsschwanzleuchteralge 90
Fumana 529
Fumaria 313
Fünfzunge 668

Gagea 151
Gagel 455
Gagelgewächse 455
Gagelstrauch 455
Galanthus 184
Galatella 863

Gale [455]
Galega 362
Galeobdolon 710
Galeopsis 711
Galinsoga 884
Galium [642] 643 [649]
- *album* 646
- *anisophyllon* 648
- *aparine* 649
- *aristatum* 647
- *asperum* [648]
- *boreale* 644
- *cruciata* [649]
- *elatum* [646]
- *elongatum* 644
- *erectum* [646]
- *glaucum* 646
- *harcynicum* [648]
- *helveticum* [648]
- *insubricum* [646]
- *intermedium* 647
- *megalospermum* 648
- *mollugo* 646
- *noricum* 648
- *odoratum* 645
- *palustre* 643 [644]
- *parisiense* 649
- ×*pomeranicum* 645
- *pumilum* [647] 648
- *pycnotrichum* [646]
- *rotundifolium* 644
- *rubioides* 644
- *saxatile* 648
- *scabrum* [644]
- *schultesii* [647]
- *spurium* 649
- *sterneri* 647
- *suecicum* 647
- *sylvaticum* 647
- *taurinum* [642]
- *triandrum* [643]
- *tricorne* [649]
- *tricornutum* 649
- *truniacum* 646
- *tyrolense* [646]
- *uliginosum* 645
- *vaillantii* [649]
- *valantia* [649]
- *valdepilosum* 648
- *verrucosum* 649
- *verum* 645
- *wirtgenii* [645]

Gamander 707
Gamsblume 633
Gämsheide 638
Gämskresse 551
Gämswurz 850
Gänseblümchen 863
Gänsedistel 822
Gänsefuß 614
- Berlandier- 617
- Bocks- 617
- Brennnesselblättriger 616

REGISTER DER PFLANZENNAMEN

- Dickblättriger 615
- Dreilappiger Weißer 617, 618
- Feigenblättriger 617
- Gestreifter 618
- Gewöhnlicher Weißer 618
- Graugrüner 615
- Grüner 617
- Kleinblättriger 618
- Mauer- 616
- Probst- 617
- Roter 615
- Ruten- 616
- Sägeblättriger 616
- Schmalblättriger 614
- Schneeballblättriger 617
- Stechapfelblättriger 614
- Stielblütiger Weißer 615, 618
- Stink- 615
- Straßen- 616
- Vielsamiger 615
- Weißer 618

Gänsefußgewächse 608
Gänsekresse 553
Gänsesterbe 542
Garryaceae 641
Gartenaster 863
Gartenbohne 356
Gartenwicke 374
Gaspeldorn 355
Gauchheil 630
Gaudinia 293
Gauklerblume 728
Gedenkemein 664
Geigenhals 663
Geißblatt 777
Geißblattgewächse 776
Geißfuß 765
Geißklee 353
Geißraute 362
Gelbdolde 760
Gelbklee 364
Gelbklette 663
Gelbling 417
Genista 354
Genistella [354]
Gentiana 651 [653 ff.]
Gentianaceae 650
Gentianella 653 [654, 655]
Gentianopsis 653
Geraniaceae 501
Geranium 501
Germer 150
Germergewächse 150
Gerste 267
Geum 403
Geweihbaum 350
Giersch 765
Giftbeere 676
Gilbweiderich 629
Ginkgo 120
Ginkgoaceae 120

Ginkgogewächse 120
Ginster 354
Gipskraut 596
Gladiolus 177
Glanz 299
Glanzfetthenne 345
Glanzgras 299
Glanzkraut 162
Glanzleuchteralge 90
Glanzorchis 162
Glaskraut 452
Glatthafer 291
Glaucium 310
Glaux 630
Glebionis 876
Glechoma 727
Gleditschie 350
Gleditsia 350
Gleiße 768
Gliederschote 564
Gliedkraut 715
Globularia 692
Globulariaceae [678]
Glockenblume 785
Glockenblumengewächse 784
Glyceria 252 [279]
Gnadenkraut 680
Gnaphalium [860] 861 [862]
Gojibeere 674
Goldblume 876
Golddistel 802
Golderdbeere 404
Goldhafer 293
Goldkolben 796
Goldlack 541
Goldnessel 710
Goldregen 353
Goldröschen 431
Goldrute 863
Goldschopf 863
Goldstern 151
Goldweide 677
Goniolimon 568
Goodyera 162
Götterbaum 525
Gottvergess 716
Gramineae 243
Gränke 639
Grannengänsefuß 619
Grannenhafer 292
Graslilie 189
Grasliliengewächse 189
Grasnelke 568
Grasnelkenhabichtskraut 822
Grasschwertel 175
Gratiola 680
Gratiolaceae [678]
Gratlinse 360
Graukresse 551
Grausenf 557, 558
Greiskraut 852, 853, 855
Grindelia 864

Groenlandia 148
Grossulariaceae 338
Grundfeste 817
Grundnessel 138
Guizotia 884
Gummikraut 864
Gundelrebe 727
Gundermann 727
Günsel 708
Gurke 458
Gurkenkraut 668
Gymnadenia [164] 168 [169, 170]
Gymnocarpium 106
Gymnocladus 350
Gypsophila 596

Haargurke 460
Haarschlund 654
Haarsimse 235
Haarstrang 771
Habenaria [168]
Habichtskraut 822, 834
- Abgemagertes 828
- Alantblättriges 828
- Alpen- 824
- Ammobium- 830
- Arlberg- 829
- Benz- 832
- Bitterkrautartiges 824
- Blassblütiges 824
- Blaugraues 832
- Blaugrünes 829
- Bleiches 830
- Boccone- 823
- Cottet- 823
- Dolden- 833
- Dolliner 829
- Dünnstängliges 833
- Durchscheinendes 832
- Düsteres 826
- Ehrenbürg- 833
- Felsen- 833
- Fränkisches 829
- Frühblühendes 831
- Gabel- 830
- Gämswurz 828
- Geflecktes 832
- Gesägtblättriges 826
- Gestrecktes 825
- Gewöhnliches 832
- Gezähntes 826
- Glattes 834
- Gombser 828
- Graugrünes 833
- Grauzottiges 825
- Grünliches 825
- Hasenlattich- 827
- Hasenohr- 826
- Hochwüchsiges 831
- Jura- 827
- Kerner 823
- Knorpellattich- 827

REGISTER DER PFLANZENNAMEN

- Kraushaar- 827
- Kükenthal- 826
- Lockerästiges 827
- Löffelkraut- 825
- Lorbeerartiges 833
- Lotwurzblättriges 832
- Misox- 827
- Niedriges 823
- Norwegisches 832
- Peitschsprossiges 834
- Pfeil- 831
- Pietroszer 826
- Prinz- 831
- Promos- 829
- Quittenblättriges 827
- Rapunzel- 828
- Rauhaariges 827
- Rauzottiges 825
- Rotstängel- 828
- Savoyer 834
- Schattenliebendes 828
- Schein-Dolliner- 830
- Schein-Jura- 827
- Schirmtraubiges 834
- Schwachverzweigtes 833
- Schwarzdrüsiges 831
- Schwarzes 831
- Schwärzliches 824
- Schwarzwurzelblättriges 826
- Seidiges 823
- Spitzschniges 829
- Stängelumfassendes 823
- Starkbehaartes 825
- Steinbrech- 833
- Trauben- 834
- Valodda- 823
- Verbleichendes 827
- Verkahltes 826
- Vorarlberg- 829
- Wald- 831
- Weißgraues 826
- Weißhaariges 825
- Wiesbaur- 830
- Wilczek- 825
- Wolfstrappblättriges 829
- Woll- 825
- Zichorien- 824
- Zusammengesetztes 828

Habmichlieb 633
Hackelia [664]
Hacquetia 754
Hafer 292
Haferschmiele 293
Haferwurz 848
Haftdolde 759
Hahnenfuß 328
- Acker- 335
- Alpen- 333
- Berg- 336
- Brennender 333
- Eisenhut- 333
- Gebirgs- 336

- Gift- 334
- Gletscher- 333
- Gold- 336
- Goldschopf- 336
- Grenier- 336
- Herzblättriger 333
- Illyrischer 334
- Kärntner 336
- Knolliger 334
- Kriechender 334
- Nierenblättriger 334
- Platanen- 333
- Rauer 334
- Sardischer 334
- Scharfer 337
- Ufer- 333
- Vielblütiger 335
- Villars- 336
- Wolliger 337
- Zungen- 333

Hahnenfußgewächse 316
Hahnenkamm 604
Hainbinse 194
Hainbuche 458
Hainsalat 846
Hainsimse 194
Halimione [610, 614]
Haloragaceae 348
Hammarbya 162
Händelwurz 168
Hanf 450
Hanfgewächse 450
Hängesamengewächse 727
Hartgras 284
Hartheu 462
Hartriegel 625
Hartriegelgewächse 625
Hasel 458
Haselblattbrombeere 381
- Bereifte 398
- Bewimperte 400
- Büschelblütige 401
- Dickstachlige 399, 400
- Drüsenborstige 403
- Feingesägte 398
- Fränkische 399
- Friedliche 401
- Geradachsige 398
- Gotische 400
- Grobe 400
- Hain- 401
- Holub- 399
- Igelkelchige 403
- Kahlköpfige 400
- Krummnadlige 399
- Lappenzähnige 398
- Plötzensee- 399
- Samtblättrige 401
- Schleswigsche 402
- Schmiedeberger 402
- Schreckliche 402
- Stohr- 400
- Violettstachlige 398

- Weiche 401
- Weser- 402
- Wildere 400
- Zugespitzte 402

Haselwurz 131
Hasenbrot 196
Hasenglöckchen 187
Hasenlattich 821
Hasenohr 761
Hasenschwanzgras 299
Hauhechel 362
Hauswurz 345
Hautfarn 103
Hautfarngewächse 103
Heckenkirsche 777
Heckensame 355
Hedera 748
Hederich 558
Hedysarum 361
Heide 639
Heidekraut 639
Heidekrautgewächse 634
Heidelbeere 640
Heidenkorn 581
Heideröschen 529, 530
Heilglöckel 632
Heilwurz 766
Heilziest 715
Heinrich, Guter 609
Helianthemum 530 [531]
Helianthus 881
Helichrysum [794] 862
Helictotrichon 290
Heliosperma 603
Heliotropium 659
Helleborus 323
Hellerkraut 562
Helm 266, 286
Helminthotheca 848
Helmkraut 709
Helosciadium 762
Hemerocallidaceae 178
Hemerocallis 178
Hemlock 122
Hemlocktanne 122
Hepatica 324
Heracleum 772
Herbstaster 864
Herbstmargerite 870
Herkulesstaude 772
Herlitze 625
Herminium 163
Herniaria 586
Herzblatt 460
Herzgespann 713
Herzlöffel 141
Hesperis 563
Heusenkraut 507
Hexenkraut 507
Hibiscus 526
Hieracium 822 [834 ff.]
- *adriaticiforme* [842]
- *adriaticum* [842]

- adusticeps [831]
- aequimontis [842]
- alpinum 824
- ambiguum [844]
- ammobium 830
- amplexicaule 823
- anchusoides [841]
- angustifolium [840]
- apatelium [839]
- aphyllum 825
- aridum [839]
- arnoserioides [842]
- arolae 829
- arvicola [845]
- atramentarium [845]
- atratum 831
- aurantiacum [836]
- auriculoides [842]
- balbisianum 823
- basifurcum [838]
- bauhini [843]
- benzianum 832
- bifidum 830
- bifurcum [838]
- blyttianum [835]
- bocconei 823
- bombycinum [823]
- brachiatum [839]
- brachycomum [840]
- bupleuroides 826
- caesium 832 [833]
- caespitosum [845]
- calocymum [832]
- calodon [843]
- canescens [833]
- chlorifolium 825
- chlorocephalum 826
- chondrillifolium [827]
- cinereiforme [838]
- cirritum 827
- cochlearioides [825]
- compositum 828
- cottetii 823
- cryptocaesium [832]
- cydoniifolium 827
- cymiflora [841]
- cymosum [844]
- dasytrichum 825
- densiflorum [844]
- dentatum 826
- dermophyllum 827
- derubellum [836]
- diaphanoides 832
- dollineri 829
- doronicifolium 828
- dubium [844]
- duerkhemiense [843]
- echioides [842]
- epimedium [828]
- erucophyllum 831
- euchaetiforme [840]
- euchaetium [840]
- fallaciforme [840]

- fallacinum [841]
- fallax [843]
- flagellare [838, 841]
- flagelliferum 834
- floribundum [845]
- franconicum 829
- froelichianum 828
- fuckelianum [840]
- fuernrohrii [841]
- fulgens [835]
- fuscocinereum 831
- fuscum [835]
- glabratum 826
- glaciale [840]
- glanduliferum 825
- glaucinum 831
- glaucisetigerum [840]
- glaucum 829
- glomeratum [844]
- gombense 828
- guthnikianum [835]
- haematopodum [828]
- harzianum 833
- heterodoxiforme [838]
- heterodoxum [840]
- hirsutum 827
- hoppeanum [836]
- humile 823
- huteri 824
- hybridiforme [838]
- hybridum [841]
- hypeuryum [837]
- hypochoeroides 830
- incisum [827]
- intybaceum 824
- inuloides 828
- iseranum [841]
- juraniforme [827]
- juranum [827]
- jurassicum 827
- kalksburgense [839]
- kerneri [823]
- kuekenthalianum 826
- lachenalii 832
- lactucella [839]
- laevigatum 834
- laschii [839]
- latisquamiforme [835]
- latisquamum [837]
- laurinum [833]
- leptoclados [839]
- leptophyton [842]
- leucense [838]
- leucophaeum 826
- leucopsilon [837]
- levicaule 833
- longiscapum [845]
- longisquamum [837]
- lycopifolium 829
- macilentum [828]
- macranthelum [841]
- macranthum [837]
- macrostolonum [838]

- maculatum 832
- melanops 831
- misaucinum 827
- mixtum 823
- montanum [841]
- morisianum [825]
- murorum 831
- nassovicum [838]
- nigrescens 824
- nigricarinum [838]
- niphobium [840]
- niphostribes [840]
- norrliniforme [844]
- norvegicum 832
- nothum [835]
- obornyanum [845]
- obscuratum 828
- obscuricapitatum [830]
- obscurisquamum [830]
- onosmoides 832
- oxyodon 829
- pachylodes [837]
- pachypilon [838]
- pallescens 827
- pallidiflorum [824]
- pallidum [830]
- peleterianum [836]
- peterianum [835]
- picroides 824
- pietroszense 826
- piliferum [825]
- pilosella [837]
- piloselliflorum [839]
- pilosellinum [839]
- piloselloides [843]
- pilosum 825
- polymastix [845]
- porrectum 825
- praealtum [843]
- praecox [831]
- pratense [845]
- prenanthoides 827
- prinzii [831]
- prussicum [841]
- pseudalpinum 825
- pseudeffusum [843]
- pseudocorymbosum 834
- pseudodolichaetum 829
- pseudodollineri 830
- pseudomagyaricum [844]
- pseudoparagogum [845]
- racemosum 834
- raiblense [842]
- rapunculoides 828
- rigidiceps [832]
- rohacsense 829
- rothianum [840]
- rubriflorum [835]
- rubrum [835]
- sabaudum 834
- sagittatum [831]
- saxatile 833
- saxifragum 833

- *scandinavicum* [844]
- *schmidtii* 830
- *schneidii* [843]
- *schultesii* [837]
- *sciadophorum* [845]
- *scorzonerifolium* 826
- *serratum* 826
- *setigerum* [840]
- *simia* [823]
- *sommerfeltii* 833
- *sparsiramum* 827
- *spathophyllum* [845]
- *sphaerocephalum* [838]
- *spurium* [841]
- *stoloniflorum* [835]
- *stygium* [826]
- *subcaesium* 830
- *subglaberrimum* [827]
- *subramosum* 833
- *subrigidum* 831
- *subspeciosum* 827
- *substoloniflorum* [835]
- *sulphureum* [843]
- *swantevittii* [833]
- *sylvaticum* [831]
- *tauschii* [844]
- *tephrosoma* [826]
- *umbellatum* 833
- *umbrosum* 828
- *valdepilosum* 825
- *valoddae* 823
- *vasconicum* 833
- *velutinum* [837]
- *villosum* 825
- *viridifolium* [837]
- *visianii* [842]
- *vulgatum* [832, 833]
- *wallrothianum* [832]
- *walteri-langii* [843]
- *wiesbaurianum* [830]
- *wilczekianum* 825
- *zizianum* [845]
Hierochloë 300
Himantoglossum [154] 174
Himbeere 381
Himmelschlüssel 632
Himmelsleiter 628
Himmelsleitergewächse 627
Hippocrepis 356
Hippomarathrum [766]
Hippophaë 448
Hippuridaceae [678]
Hippuris 697
Hirschfeldia 557 [558]
Hirschsprung 587
Hirschwurz 772
Hirschzunge 107
Hirse 302
Hirtentäschel 541
Hohldotter 561
Hohlsame 760
Hohlwurz 312
Hohlzahn 711

Hohlzunge 168
Holandrea [772]
Holcus 296
Holoschoenus [241]
Holosteum 593
Holunder 775
Homalotrichon [291]
Homogyne 851
Honckenya 594
Honiggras 296
Honigklee 363
Honigorchis 163
Honorius [185, 186]
Hopfen 450
Hopfenklee 364
Hordelymus 268
Hordeum 267
Horminum 726
Hornblatt 309
Hornblattgewächse 309
Hornklee 358
Hornköpfchen 328
Hornkraut 588
Hornmohn 310
Hornungia 551
Hortensiengewächse 624
Hottonia 633
Hufeisenklee 356
Huflattich 852
Hühnerbiss 601
Hühnerhirse 302
Hülse 748
Hülsenfruchtgewächse 350
Hummel 174
Humulus 450
Hundsgiftgewächse 656
Hundskamille 874
Hundslattich 847
Hundspetersilie 768
Hundsrauke 558
Hundszahngras 305
Hundszahn, Indischer 308
Hundszunge 664
Hungerblümchen 552
Huperzia 94
Hutchinsia [551, 552]
Hyacinthaceae [185]
Hyacinthoides 187
Hyacinthus 187
Hyazinthe 187
Hyazinthengewächse 185
Hydrangeaceae 624
Hydrilla 138
Hydrocharis 137
Hydrocharitaceae 136
Hydrocotyle 749
Hydrophyllaceae [657]
Hylandra [539]
Hylotelephium 344
Hymenolobus [552]
Hymenophyllaceae 103
Hymenophyllum 103
Hyoscyamus 674

Hypericaceae 462
Hypericum 462
Hypochaeris 846
Hypochoeris [846]
Hypopitys 637
Hyssopus 718

Iberis 565
Igelgurke 459
Igelkolben 191
Igelsame 664
Igelschlauch 139
Ilex 748
Illecebrum 587
Ilysanthes [700]
Immenblatt 709
Immergrün 656
Impatiens 626
Imperatoria [771]
Inkaweizen 607
Inula 878
Ipomoea 672
Iridaceae 175
Iris 175
Isatis 561
Isnardia [507]
Isoëtaceae 96
Isoëtes 96
Isolepis 241
Iva 882
Ive 882

Jacobaea 853
Jasione 785
Jasmin, Falscher 625
Jelängerjelieber 777
Johannisbeere 339
Johanniskraut 462
Johanniskrautgewächse 462
Jovibarba 346
Judenkirsche 674
Juglandaceae 455
Juglans 455
Juncaceae 193
Juncaginaceae 142
Juncus [193, 194] 197
- *acutiflorus* 203
- *alpinoarticulatus* 204
- *alpinus* [204]
- *ambiguus* [201]
- *anceps* 204
- *anthelatus* 200
- *arcticus* 199
- *articulatus* 203
- *atratus* 202
- *atricapillus* 204
- *balticus* 199
- *bufonius* 202
- *bulbosus* 202
- *capitatus* 202
- *compressus* 201
- *conglomeratus* 199

- *dichotomus* 200
- *effusus* 199
- *ensifolius* 198
- *filiformis* 199
- *foliosus* 201
- *gerardii* 201
- *glaucus* [198]
- *inflexus* 198
- *jacquinii* 198
- *kochii* [202]
- *macer* 200
- *maritimus* 198
- *minutulus* 202
- *mutabilis* [203]
- *obtusiflorus* [203]
- *pygmaeus* 203
- *ranarius* 201
- *sphaerocarpus* 201
- *squarrosus* 200
- *stygius* 198
- *subnodulosus* 203
- *supinus* [202]
- *sylvaticus* [203]
- *tenageia* 201
- *tenuis* 200
- *trifidus* [193]
- *triglumis* 198

Jungfer im Grünen 323
Jungfernrebe 349
Juniperus 127
Jurinea 809

Kadenia [769]
Kaimastrauch 431
Kälberkropf 755
Kali [621]
Kalmia 638
Kalmus 132
Kalmusgewächse 132
Kamille 875, 876
- Römische 876
Kammfarn 115
Kammgras 284
Kammminze 716
Kammschmiele 295
Kanariengras 299
Kappenmohn 310
Kapstachelbeere 674
Kapuzinerkresse 531
Kapuzinerkressen-
  gewächse 531
Karde 778
Karlsszepter 742
Karotte 760
Kartoffel 674
Käsepappel 528
Kastanie 454
Katapsuxis [768]
Katzenmaul 680
Katzenminze 726
Katzenpfötchen 860
Katzenschwanz 713
Kaukasusvergissmeinnicht 668

Kegelblume 187
Kellerhals 529
Kentranthus [781]
Kerbel 757
Kerbelrübe 756
Kermesbeere 622
Kermesbeerengewächse 622
Kernera 565
Kerria 431
Kickxia 681
Kiebitzei 153
Kiefer 124
Kieferngewächse 120
Kirsche 431
Kirschlorbeer 431
Klaffmund 680
Klappertopf 745
Klebalant 878
Klebgras 304
Klebkraut 649
Klee
- Alexandriner 368
- Armblütiger 366
- Ausgebreiteter 365
- Berg- 366
- Blassgelber 368
- Braun- 365
- Erdbeer- 367
- Faden- 366
- Feld- 366
- Fuchsschwanz- 368
- Gold- 366
- Hasen- 367
- Hügel- 368
- Inkarnat- 368
- Kleinblütiger 366
- Kleiner 366
- Langjähriger 368
- Mittel- 369
- Moor- 365
- Persischer 367
- Purpur- 368
- Rasiger 367
- Rauer 368
- Rot- 368
- Schmalblättriger 369
- Schweden- 367
- Spreiz- 366
- Streifen- 367
- Vogelfuß- 366
- Voralpen- 368
- Wald- 368
- Weiß- 367
- Zickzack- 369
Kleefarn 104
Kleefarngewächse 104
Kleeteufel 735
Kleeulme 524
Kleingriffel 162
Kleinling 630
Kleintäschelkraut 562
Klette 808
Klettengras 306

Klettenkerbel 758
Klettenmöhre 759
Kletterwein 349
Knabenkraut 170
Knabenkrautgewächse 154
Knackelbeere 418
Knallerbse 778
Knäuel 595
Knäuelgras 284
Knaulgras 284
Knautia 780
Knautie 780
Knebel 594
Knoblauch 179
Knoblauchsrauke 561
Knollenkümmel 764
Knopfkraut 884
Knorpelkraut 604
Knorpellattich 814
Knorpelmiere 587
Knorpelmöhre 763
Knotenblume 184
Knotenfuß 154
Knöterich 578
Knöterichgewächse 569
Kobresia [208]
Kochia [619, 620]
Koeleria 295
Koelreuteria 522
Koenigia 578
Kohl 556
Kohldistel 806
Kohlkresse 565
Kohlrauschia [599]
Kohlröschen 169
Kohlrübe 556
Kolbenhirse 305
Kollomie 628
Kölme 725
Königsfarn 102
Königskerze 697
Kopfgras 285
Kopfried 206
Kopfsimse 241
Korakan 308
Korallenbeere 778
Korallenwurz 162
Korbblütengewächse 791
Koriander 760
Kornblume 813
Kornelkirsche 625
Kragenblume 879
Krähenbeere 639
Krähenfuß 548
Krannbeere 640
Kranzenzian 653
Kratzbeere 384
Kratzdistel 805
Krebsschere 137
Kresse 548
Kreuzblümchen 376
Kreuzblümchen-
  gewächse 376

Kreuzblütengewächse 532
Kreuzdorn 449
Kreuzdorngewächse 448
Kreuzkraut 853, 855
Kreuzlabkraut 649
Kricke 434
Krieche 434
Kriechständel 162
Krokus 177
Kronenlattich 814
Kronsbeere 641
Kronwicke 356
Krugpflanze, Purpurrote 634
Krummhals 668
Kubaspinat 623
Küchenschelle 326
Küchenzwiebel 181
Kuckucksblume 164
Kugelblume 692
Kugeldistel 803
Kugelorchis 163
Kugelranunkel 320
Kugelschötchen 565
Kugelsimse 241
Kuhblume 814
Kuhnelke 596
Kuhschelle 326
Kümmel 764
Kümmelblatthaarstrang 772
Kunigundenkraut 885
Kürbis 459
Kürbisgewächse 458

Labiatae 704
Labkraut 643
– Anis- 649
– Blaugrünes 646
– Dichthaariges 646
– Dreihörniges 649
– Echtes 645
– Gelblichweißes 645
– Glattes 647
– Grannen- 647
– Harzer 648
– Heide- 648
– Kleines 647
– Kleinfrüchtiges Kletten- 649
– Kletten- 649
– Krapp- 644
– Mährisches 648
– Moor- 645
– Nordisches 644
– Norisches 648
– Pariser 649
– Rundblatt- 644
– Schwedisches 647
– Schweizer 648
– Sterner- 647
– Sumpf- 643
– Traunsee- 646
– Verlängertes 644
– Wiesen- 646
Laburnum 353

Lacksenf 559
Lactuca 820
Lagarosiphon 138
Lagurus 299
Laichkraut 144, 148
Laichkrautgewächse 143
Lamiaceae 704
Lamiastrum [710]
Lamium 709 [710, 711]
Lämmersalat 846
Lampionpflanze 674
Lamprothamnium 90
Laphangium 862
Lappula 664
Lapsana 814
Lärche 122
Larix 122
Laser 773
Laserkraut 773
Laserpitium 773
Lasiagrostis [255]
Lastrea [106, 114]
Laternenpflanze 674
Lathraea 747
Lathyrus 373
Lattich 820
Lauch 179
– Bär- 181
– Berg- 182
– Duft- 182
– Gekielter 180
– Gelber 180
– Gemüse- 180
– Kantiger 182
– Kugelköpfiger 179
– Purpur- 181
– Rosa 180
– Rosen- 179
– Runder 180
– Schlangen- 180
– Schwarzpurpurner 181
– Seltsamer 181
– Steifer 182
– Weinberg- 179
– Wunder- 181
Lauchgewächse 178
Lauchhederich 561
Laugenblume 868
Laurocerasus [431]
Läusekraut 742
Lavandula 727
Lavatera [527]
Lavendel 727
Lavendelheide 634
Lawsonzypresse 128
Lebensbaum 128
Leberblümchen 324
Lederstrauch 524
Ledum [638]
Leersia 252
Legousia 789
Leguminosae 350
Leguminosen 350

Leimkraut 600
Leimsaat 628
Lein 500
Leinblatt 565
Leindotter 540
Leingewächse 500
Leinkraut 681
Lembotropis [354]
Lemna 134
Lemnaceae [132]
Lens [369]
Lentibulariaceae 701
Leontodon [815, 846] 847
Leontopodium 861
Leonurus 713
Leopoldia [187, 188]
Lepidium 548
Lepidotis [95]
Lepturus [285]
Lepyrodiclis 592
Lerchensporn 312
Leucanthemella 870
Leucanthemopsis 876
Leucanthemum 877
Leucojum 184
Leucopoa [270]
Leucorchis [164]
Levisticum 771
Levkoje 563
×Leymotrigia 266
Leymus 266
Libanotis [766]
Lichtnelke 600, 603
Liebe, Brennende 603
Liebesgras 306
Liebstöckel 771
Lieschgras 296
Ligularia 796
Liguster 678
Ligusticum [770]
Ligustrum 678
Liliaceae 151
Lilie 153
Liliengewächse 151
Lilienglöckchen 789
Lilium 153
Limnanthemum [791]
Limodorum 161
Limonium 568
Limosella 700
Linaceae 500
Linaria 680 [681]
Linde 525
Lindernia 700
Linderniaceae 700
Linnaea 778
Linnaeaceae [776]
Linosyris [863]
Linse 369
Linum 500
Lipandra [614, 615]
Liparis 162
Lippenblütengewächse 704

Listera 161
Lithospermum 660
Littorella 694
Lloydia [151]
Lobelia 790
Lobeliaceae [784]
Lobelie 790
Lobularia 551
Lochschlund 681
Löffelkraut 564
Logfia [859]
Loiseleuria [638]
Lolch 268
Lolium 268 [270, 271]
Lomatogonium 655
Loncomelos [185, 186]
Lonicera 777
Loranthaceae 567
Loranthus 567
Lorbeerkirsche, Pontische 431
Lorbeerrose 638
Loroglossum [174]
Lotus 358
Lotwurz 659
Löwenmaul 680, 681
Löwenschwanz 713
Löwenzahn 814, 847
Ludvigia [507]
Ludwigia 507
Lunaria 555
Lungenkraut 664
Lupine 353
Lupinus 353
Luronium 141
Luzerne 364
Luzula 194
Lychnis 603
Lychnothamnus 90
Lycium 673
Lycopersicon [674]
Lycopodiaceae 93
Lycopodiella 95
Lycopodium 94 [95, 96]
Lycopsis [667]
Lycopus 717
Lysichiton 133
Lysimachia 629
Lythraceae 506
Lythrum 506

Macleaya 310
Mädchenauge 880
Mädesüß 381
Maggikraut 771
Mahonia 315
Mahonie 315
Maianthemum 190
Maiglöckchen 191
Mais 305
Majoran 724
Majorana [724]
Malachium [591]
Malaxis 162

Malva 527
Malvaceae 525
Malve 527
Malvengewächse 525
Mandel 431
Mangold 609
Männchenorchis 170
Mannsschild 631
Mannstreu 755
Margerite 877
Mariendistel 807
Mariengras 300
Marille 433
Marrubium 715
Marsilea 104
Marsileaceae 104
Märzbecher 184
Maßholder 524
Maßliebchen 863
Mastkraut 594
Matricaria [875] 876
Matteuccia 112
Matthiola 563
Mauerlattich 820
Mauerpfeffer 346
Mauerraute 110
Maulbeere 451
Maulbeergewächse 451
Mäusedorngewächse 190
Mäuseschwänzchen 328
Mäusewicke 357
Mausohrhabichtskraut 834
– Aschgraues 838
– Ausläuferreiches 841
– Behaartköpfiges 845
– Berg- 841
– Blytt- 835
– Borstblättriges 845
– Breitschuppiges 837
– Dichtblütiges 844
– Dickhaariges 838
– Dunkelbraunes 835
– Dunkelstreifiges 838
– Dünnästiges 839
– Erzgebirgs- 839
– Florentiner 843
– Fuckel- 840
– Gabelästiges 839
– Garchinger 845
– Gegabeltes 838
– Geknäuelköpfiges 844
– Gewöhnliches 837
– Gleichberg- 842
– Gletscher- 840
– Grauweißhäutiges 841
– Großblütiges 841
– Grünblättriges 837
– Guthnik- 835
– Hochästiges 842
– Hoppe- 837
– Irreführendes 845
– Isergebirgs- 841
– Kleines 837

– Kugelköpfiges 838
– Kurzgabliges 840
– Kurztriebblütiges 835
– Lämmersalat- 842
– Langläufer- 838
– Langschuppiges 837
– Läuferblütiges 835
– Leuker 838
– Lockerrispiges 841
– Mausohrenähnliches 839
– Missgedeutetes 840
– Nassauisches 838
– Natternkopf- 842
– Norrlin- 844
– Ochsenzungenblättriges 841
– Öhrchen- 839
– Orangerotes 836
– Pannonisches 842
– Peitschenläuferiges 845
– Peletier- 836
– Peter- 835
– Preußisches 841
– Rain- 845
– Reichblütiges 845
– Reichhaariges 840
– Rotes 835
– Roth- 840
– Rötliches 836
– Samt- 837
– Schirmtragendes 845
– Schmächtiges 845
– Schnee- 840
– Schneid- 843
– Schönhaariges 843
– Schönköpfiges 841
– Schultes- 837
– Schwefelfarbiges 845
– Schwefelgelbes 843
– Skandinavisches 844
– Täuschendes 843
– Tiefgabliges 838
– Trockenheitsliebendes 839
– Trugdoldiges 844
– Trügerisches 841
– Unauffälliges 835
– Unechtes 835
– Ungarisches 843
– Visiani- 842
– Walter-Lang- 843
– Wiesen- 845
– Zartes 842
– Ziz- 845
– Zweifelhaftes 844
Meconopsis [311]
Medicago 364
Meerfenchel 766
Meerkohl 559
Meerrettich 546
Meersenf 559
Meier 642
Meisterwurz 771
Melampyrum 744

Melandrium [600, 602]
Melanthiaceae 150
Melde 610
Melica 253
Melilotus 363
Melissa 727
Melisse 727
Melittis 709
Memoremea 664
Mentha 718
Menyanthaceae 791
Menyanthes 791
Mercurialis 499
Merk 766
Metasequoia 129
Meum 769
Mibora 300
Micranthes 340
Micropyrum 269
Microrrhinum [680]
Microstylis [162]
Microthlaspi 562
Miere 593
Milchkraut 630
Milchlattich 820
Milchstern 185
Milium 283
Milzfarn 108
Milzkraut 340
Mimulus 728
Minuartia 593 [594]
Minze 718
Mirabelle 434
Mirabilis [622]
Miscanthus 306
Misopates 680
Mistel 567
Moehringia 588
Moenchia 591
Mohar 305
Mohn 311
Mohngewächse 309
Möhre 760
Mohrenhirse 306
Mohrrübe 760
Molchschwanz 131
Molchschwanzgewächse 131
Molinia 301
Moltebeere 381
Monarda 725
Monarde 725
Mönchskraut 666
Mondraute 101
Mondviole 555
Moneses 636
Monotropa [637]
Monotropaceae [634]
Montia [623]
Montiaceae 623
Moorabbiss 780
Moorbärlapp 95
Moorglöckchen 785
Moorkönig 742

Moosauge 636
Moosbeere 640
Moosfarn 97
Moosfarngewächse 96
Moosglöckchen 778
Moraceae 451
Morella [455]
Morus 451
Moschuskraut 775
Moschuskrautgewächse 774
Moschussenf 564
Muhlenbergia 308
Mühlenbergie 308
Mulgedium [820]
Mummel 130
Mummenhoffia [562]
Muscari 187
Mutellina 769
Mutterkraut 875
Mutterwurz 769
Myagrum 561 [564]
Mycelis 820
Myosotis 661
Myosoton [591]
Myosurus 328
Myrica 455
Myricaceae 455
Myricaria 567
Myriophyllum 348
Myrrhis 758

Nabelmiere 588
Nabelnüsschen 664
Nachtkerze 513
– Abgebogene 516
– Achtstreifige 518
– Behaarte 515
– Brauns- 521
– Breslauer 515
– Chilenische 521
– Danziger 515
– Dichtblütige 519
– Dichtfrüchtige 519
– Drawerts- 518
– Duftende 516
– Dunkelgraublättrige 515
– Ersteiner 518
– Falsche 516
– Feinpunktierte 519
– Fläming- 518
– Gefärbte 518
– Gekrümmte 520
– Glaziou- 517
– Großsamige 516
– Hazel- 520
– Hochwüchsige 519
– Hoelscher- 517
– Isslers- 520
– Jüterboger 516
– Kahle 516
– Kasimirs- 516
– Kleinblütige 520
– Kreuzblütige 520

– Kronen- 517
– Kurzährige 518
– Langgrifflige 518
– Mittelmärkische 518
– Nagelförmige 517
– Oakes- 520
– Oehlker 516
– Pyramidenförmige 519
– Renners- 515
– Rotkelchige 517
– Rotstängelige 518
– Royfraser- 519
– Sächsische 519
– Sand- 519
– Schlesische 520
– Schlitzblättrige 521
– Schmalblättrige 520
– Schmale 517
– Seltsame 515
– Skandinavische 515
– Spitzblättrige 518
– Stucchi- 516
– Täuschende 517
– Ungeteilte 517
– Unscheinbare 518
– Victorin- 516
– Waliser 519
– Weichhaarige 517
– Weidenblättrige 515
– Zweijährige 516
Nachtkerzengewächse 507
Nachtnelke, Weiße 600
Nachtschatten 674
Nachtschattengewächse 673
Nachtviole 563
Nacktried 208
Nadelkerbel 758
Nadelkraut 348
Nadelröschen 529
Nagelkraut 586
Najadaceae [136]
Najas 138
Napfkraut 666
Narcissus 184
Nardurus [269]
Nardus 255
Nartheciaceae 149
Narthecium 149
Narzisse 184
Nasturtium [545, 546] 547
Natternkopf 660
Natternzunge 102
Natternzungengewächse 101
Navarretia 628
Navarretie 628
Nelke 598
Nelkengewächse 582
Nelkenhafer 293
Nelkenköpfchen 599
Nelkenwurz 403
Neogaya [770]
Neotinea [172]
Neottia 161

Nepeta 726
Neslia 542
Nestwurz 161
Netzblatt 162
Neuweltaster 864
Nicandra 676
Nicotiana 676
Nieswurz 323
Nigella 323
Nigersaat 884
Nigritella 169
Nitella 90
Nitellopsis 92
Nixkraut 138
Noccaea [552] 562
Nonea 666
Nonnea [666]
Nuphar 130
Nutkazypresse 128
Nyctaginaceae 622
Nymphaea 130
Nymphaeaceae 130
Nymphoides 791

Oberna [600, 601]
Obione [614]
Ochsenzunge 667
Ochsenzunge, Spanische 668
Odermennig 430
Odontarrhena [550]
Odontites 739
Oenanthe 767
Oenothera 513
- acutifolia 518
- albipercurva 520
- ammophila 519
- angustissima 520
- atrovirens [520]
- baurii [515]
- biennis 516
- braunii 521
- brevispicata 518
- cambrica 519
- canovertex [515]
- canovirens 515
- casimiri 516
- chicaginensis [519]
- clavifera 517
- coloratissima 518
- compacta 519
- coronifera 517
- cruciata 520
- deflexa 516
- depressa 515
- drawertii 518
- editicaulis 519
- elata [517]
- ersteinensis 518
- erythrosepala [517]
- fallax 517
- flaemingina 518
- glazioviana 517
- grandiflora [517]

- hazelae 520
- hirsutissima 517
- hoelscheri 517
- hungarica [515]
- inconspecta 518
- indivisa 517
- issleri 520
- jueterbogensis 516
- laciniata 521
- lamarckiana [517]
- lipsiensis [516]
- macrosperma 516
- mediomarchica 518
- mollis [515]
- muricata [518, 519, 520]
- nissensis [516]
- nuda 516
- oakesiana 520
- obscurifolia 515
- octolineata 518
- oehlkersii 516
- pachycarpa [520]
- paradoxa 515
- parviflora 520
- perangusta 517
- pseudocernua 516
- punctulata 519
- pycnocarpa 519
- pyramidiflora 519
- renneri [515]
- royfraseri 519
- rubricaulis 518
- rubricauloides 518
- rubricuspis [520]
- salicifolia [515]
- saxonica 519
- scandinavica 515
- silesiaca [520]
- sinuata [521]
- stricta 521
- stucchii 516
- suaveolens 516
- subterminalis 520
- syrticola [520]
- turoviensis [519]
- velutinifolia [515]
- victorinii 516
- villosa 515
- vrieseana [517]
- wienii 515
- wratislaviensis 515
Ohnhorn 170
Ölbaumgewächse 677
Oleaceae 677
Ölrauke 559
Ölsenich 771
Ölweide 448
Ölweidengewächse 448
Omalotheca 861
Omphalodes 664
Onagra [513]
Onagraceae 507
Onobrychis 361

Onoclea [112]
Onocleaceae 112
Ononis 362
Onopordum 807
Onosma 659
Ophioglossaceae 101
Ophioglossum 102
Ophrys 173
Opuntia 56
Orant 680
Orchidaceae 154
Orchideen 154
Orchis [154, 163 ff.] 170
Oreochloa 285
Oreoherzogia [449]
Oreojuncus 193
Oreopteris 114
Oreoselinum [771]
Orientlebensbaum 128
Origanum 724
Orlaya 760
Ornithogalum 185
Ornithopus 357
Ornithorrhynchium [564]
Orobanchaceae 728
Orobanche [731] 732
Orobus [376]
Orthantha [739]
Orthanthella [739]
Orthilia 637
Oryza [252]
Osmunda 102
Osmundaceae 102
Osterglocke 184
Ostericum [770]
Osterluzei 132
Osterluzeigewächse 131
Othocallis [188]
Oxalidaceae 460
Oxalis 461
Oxybaphus 622
Oxybasis [614 ff.]
Oxycoccus [640]
Oxygraphis [333]
Oxyria 575
Oxytropis 359

Pachypleurum 770
Pachysandra 338
Padus [431, 432]
Paeonia 338
Paeoniaceae 338
Paludorchis [171]
Panicum 302 [303, 304, 305]
Papaver 311
Papaveraceae 309
Pappel 476
Parageum [403]
Parapholis 285
Parentucellia [744]
Parietaria 452
Paris 150
Parnassia 460

Parnassiaceae [460]
Parthenocissus 349
Pastinaca 772
Pastinak 772
Pastinake 772
Paulownia 728
Paulowniaceae 728
Paulownie 728
Paulowniengewächse 728
Pavie 522
Pechnelke 603
Pedicularis 742
Pentaglottis 668
Pentanema [878]
Pentaphylloides [411]
Peplis [506]
Perlblume 861
Perlfarn 112
Perlfarngewächse 112
Perlgras 253
Perlkraut 861
Persica [431, 433]
Persicaria [577] 578
Perückenstrauch 521
Pestwurz 851
Petasites 851
Petersbart 403
Petersilie 763
Petrocallis 555
Petrorhagia 599
Petrosedum [347]
Petroselinum 763
Peucedanum 771 [772]
Pfaffenhütchen 460
Pfefferkraut 549
Pfeifengras 301
Pfeifenstrauch 625
Pfeifenwinde 132
Pfeilkraut 141
Pfeilkresse 548
Pfennigkraut 629
Pferdebohne 369
Pferdeeppich 761
Pferdesaat 767
Pfingstrose 338
Pfingstrosengewächse 338
Pfirsich 431
Pflaume 431
Pfriemenginster 354
Pfriemengras 255
Pfriemenkresse 548
Phacelia 668
Phalaris 299
Pharbitis [672]
Phaseolus 356
Phazelie 668
Phedimus 345
Phegopteris 114
Phelipanche 729
Phellandrium [767]
Philadelphus 625
Phleum 296
Phlomis [713]

Phlomoides 713
Phlox 628
Pholiurus [285]
Phragmites 301
Phrymaceae 727
Phyllitis [107]
Physalis 674
Physocarpus 431
Phyteuma 789
Phytolacca 622
Phytolaccaceae 622
Picea 123
Picris 848
Pieris 634
Pillenfarn 105
Pilosella 834
 – acutifolia 839
 – aequimontis 842
 – amaurocephala [835]
 – anchusoides 841
 – aneimena 845
 – anobrachia 842
 – arida 839
 – arnoserioides 842
 – aurantiaca 836
 – auriculoides 842
 – basifurca 838
 – bauhini 843
 – bifurca 838
 – blyttiana 835
 – brachiata [839]
 – brachycoma 840
 – caespitosa 845
 – calodon 843
 – cana 839
 – chaetocephala 845
 – chomatophila 841
 – cinereiformis 838
 – corymbulifera [845]
 – corymbuloides 840
 – crassiseta 840
 – cymiflora 841
 – cymosa 844
 – cymosiformis 843
 – densiflora 844
 – derubella 836
 – dubia 844
 – echioides 842
 – erythrochrista 845
 – euchaetia 840
 – fallacina 841
 – flagellaris 841
 – floribunda 845
 – fuernrohrii [841]
 – fusca 835
 – glacialis 840
 – glomerata 844
 – guthnikiana 835
 – heterodoxa 840
 – heterodoxiformis 838
 – hoppeana 837
 – hybrida 841
 – hypeurya 837

 – inops [841]
 – iserana 841
 – kalksburgensis 839
 – lactucella 839
 – lathraea 838
 – latisquamiformis 835
 – leptoclados 839
 – leptophyton 842
 – longisquama 837
 – macranthela 841
 – macrostolona 838
 – norrliniformis 844
 – notha 835
 – officinarum 837
 – pachypila 838
 – paragoga 845
 – peleteriana 836
 – peteriana 835
 – piloselliflora 839
 – pilosellina 839
 – piloselloides 843
 – plaicensis 835
 – polioderma 841
 – polymastix 845
 – promeces 838
 – prussica 841
 – pseudosulphurea 845
 – rothiana 840
 – rubra 835
 – scandinavica 844
 – schneidii 843
 – schultesii 837
 – sciadophora 845
 – setifolia 845
 – setigera [843]
 – sphaerocephala 838
 – stenosoma 845
 – stoloniflora 835
 – substoloniflora 835
 – sulphurea 843
 – tubulata 841
 – velutina 837
 – viridifolia 837
 – visianii 842
 – walteri-langii 843
 – ziziana 845
Pilularia 105
Pimpernuss 521
Pimpernussgewächse 521
Pimpinella 764
Pimpinelle 764
Pinaceae 120
Pinellia 134
Pinellie 134
Pinguicula 701
Pinus 124
Pippau 817
Pisum [374]
Plantaginaceae 678, 697
Plantago 692 [694]
Platanaceae 337
Platane 337
Platanengewächse 337

Platanthera 163 [168]
Platanus 337
Platterbse 373
Platycladus 128
Pleconax [600]
Pleurospermum 761
Plumbaginaceae 568
Poa 280 [284, 306]
Poaceae 243
Podospermum [849]
Polemoniaceae 627
Polemonium 628
Polycarpon 586
Polycnemum 604
Polygala 376
Polygalaceae 376
Polygaloides [376]
Polygonaceae 569
Polygonatum 190
Polygonum [575] 576 [577 ff.]
Polypodiaceae 119
Polypodium 119
Polypogon 296
Polystichum 119
Populus 476
Porst 638
Portulaca 624
Portulacaceae 624
Portulak 624
Portulakgewächse 624
Portulakröschen 624
Postelein 623
Potamogeton 144 [148]
– acutifolius 144
– alpinus 146
– angustifolius 147
– berchtoldii 145
– coloratus 147
– compressus 144
– crispus 146
– densus [148]
– filiformis [148]
– fluitans [148]
– friesii 144
– gramineus 147
– heterophyllus [147]
– lucens 147
– mucronatus [144]
– natans 147
– nitens 146
– nodosus 148
– oblongus [147]
– obtusifolius 145
– panormitanus [145]
– pectinatus [148]
– perfoliatus 146
– polygonifolius 147
– praelongus 146
– pusillus 145
– rufescens [146]
– salicifolius 146
– trichoides 145
– zizii [147]

– zosterifolius [144]
Potamogetonaceae 143
Potentilla [411] 412
– alba 412
– anglica 413
– anserina 413
– arenaria [415]
– argentea 416
– aurea 415
– brauneana 414
– canescens [417]
– caulescens 412
– cinerea 415
– clusiana 412
– crantzii 416
– erecta 413
– fragariastrum [412]
– fruticosa [411]
– heptaphylla 415
– inclinata 417
– indica 413
– intermedia 416
– leucopolitana 415
– lindackeri 417
– micrantha 412
– neumanninana [416]
– norvegica 414
– opaca [415]
– opizii [417]
– palustris [411]
– praecox 417
– procumbens 413
– puberula 415
– pusilla [415]
– recta 414
– reptans 414
– rhenana 417
– rubens [415]
– rupestris [412]
– schultzii 415
– sordida [417]
– sterilis 412
– supina 413
– tabernaemontani [416]
– thuringiaca 414
– thyrsiflora [417]
– verna 416
– wismariensis 417
Poterium [430]
Preiselbeere 640
Prenanthes 821
Primel 632
Primelgewächse 628
Primula 632
Primulaceae 628
Pritzelago [552]
Prunella 725
Prunkbohne 356
Prunkwinde 672
Prunus 431
Przewalski-Goldkolben 796
Pseudathyrium [113]
Pseudofumaria 313

Pseudognaphalium [862]
Pseudolysimachion [683]
Pseudorchis 164
Pseudotsuga 123
Pseudoturritis 555
Psilathera [285]
Psyllium [692]
Ptelea 524
Pteridaceae 105
Pteridium 105
Pteris [105]
Pterocarya 455
Puccinellia 279
Puffbohne 369
Pulegium [718]
Pulicaria 877
Pulmonaria 664
Pulsatilla 326
Pulverholz 449
Puppen-Knabenkraut 170
Puppenorchis 170
Puschkinia 187
Puschkinie 187
Pycreus [241, 242]
Pyrethrum [875]
Pyrola 635 [636, 637]
Pyrolaceae [634]
Pyrrhopappus [815]

Quamoclit [672]
Quecke 262
Queckenreis 252
Queller 620
Quellgras 279
Quellkraut 623
Quellkrautgewächse 623
Quellried 234
Quendel 721
Quercus 454
Quetschblume 458

Rade 604
Radiola 500
Radmelde 619
Ragwurz 173
Rainfarn 875
Rainkohl 814
Rainweide 678
Ramischia [637]
Rampe 557
Rams 181
Ramtillkraut 884
Rankenlerchensporn 313
Ranunculaceae 316
Ranunculus [327] 328
– acer [337]
– aconitifolius 333
– acris 337
– alpestris 333
– aquatilis 330 [331, 332]
– arvensis 335
– auricomus 336

- baudotii 330
- breyninus [335] 336
- bulbosus 334
- carinthiacus 336
- cassubicus 336
- circinatus 331
- confervoides 332
- divaricatus [331]
- falcatus [328]
- ficaria [327]
- flaccidus [331]
- flammula 333
- fluitans 332
- geraniifolius [336]
- glacialis 333
- gracilis 336
- grenierianus [336]
- hederaceus 329
- hornschuchii [336]
- hybridus 334
- illyricus 334
- lanuginosus 337
- lingua 333
- lutulentus [332]
- montanus 336
- nemorosus [335]
- ololeucos 330
- oreophilus [336]
- parnassiifolius 333
- paucistamineus [332]
- peltatus 331
- penicillatus 331 [332]
- petiveri 331
- platanifolius 333
- polyanthemoides [335]
- polyanthemos 335
- pseudofluitans 332
- radians [330]
- repens 334
- reptans 333
- rionii 331
- saniculifolius 330
- sardous 334
- sceleratus 334
- seguieri 333
- serpens [335]
- testiculatus [328]
- trichophyllus [331] 332
- tripartitus 330
- tuberosus [335]
- villarsii 336

Raphanus 558
Rapistrum 559
Raps 556
Rapünzchen 783
Rapunzel 789
Raugras 255
Rauke 560
Rauling 668
Rauschbeere 641
Raute 524
Rautenfarn 101
Rautengewächse 524
Raygras 268
Rebendolde 767
Reckhölderle 529
Regenschirmkraut 622
Reiherschnabel 505
Reineclaude 434
Reisquecke 252
Reis, Wilder 252
Reitgras 286
Reseda 531
Resedaceae 531
Resede 531
Resedengewächse 531
Resede, Spanische 532
Rettich 558
Reynoutria [575, 576]
Rhamnaceae 448
Rhamnus 449
Rhaponticum 809
Rhinanthus 745
Rhodiola 345
Rhododendron 638
Rhodothamnus 638
Rhodotypos 431
Rhus 521
Rhynchosinapis [559]
Rhynchospora 207
Ribes 339
Ricinus 499
Riedgras 207
Riedgrasgewächse 204
Riemenmistel 567
Riemenmistelgewächse 567
Riemenzunge 174
Riesenaronstab 133
Riesenmammutbaum 129
Rindsauge 878
Rindszunge 660
Ringdistel 804
Ringelblume 858
Rippenfarn 113
Rippenfarngewächse 113
Rippensame 761
Rispe 280
Rispelstrauch 567
Rispenfarn 102
Rispenfarngewächse 102
Rispengras 280
Rispenhirse 302
Rispenkraut 882
Rittersporn 322
Ritz 694
Rizinus 499
Robinia 359
Robinie 359
Roegneria [263]
Roemeria [311]
Roggen 267
Rohrkolben 192
Rohrkolbengewächse 191
Rollfarn 105
Rorippa 545 [547]
Rosa 404

- abietina 410
- agrestis 409
- alpina [406]
- andegavensis [409]
- arvensis 405
- balsamica 410
- blanda 406
- blondeana [409]
- caesia 411
- canina 409
- cinnamomea [406]
- columnifera [408]
- coriifolia [411]
- corymbifera 410
- deseglisei [410]
- dumalis 410
- dumetorum [410]
- eglanteria [408]
- elliptica [409]
- foetida 405
- francofurtana 406
- gallica 406
- glauca 405
- gremlii [408]
- henkeri-schulzei [408]
- inodora 409
- jundzillii [407]
- lucida 406
- lutetiana [409]
- majalis 406
- marginata 407
- micrantha 408
- mollis [407]
- multiflora 404
- obtusifolia [410]
- pendulina 406
- pimpinellifolia [405]
- pseudoscabriuscula 408
- rubiginosa 408
- rubrifolia [405]
- rugosa 406
- scabriuscula [408]
- sepium [409]
- sherardii 408
- spinosissima 405
- squarrosa [409]
- stylosa 409
- subcanina 410
- subcollina 411
- tomentella [410]
- tomentosa 407
- trachyphylla [407]
- villosa 407
- virginiana 406
- vosagiaca [410]

Rosaceae 378
Rose 404
- Acker- 409
- Alpen- 406
- Apfel- 407
- Bastard- 405
- Blaugrüne 410
- Busch- 410

- Büschel- 404
- Damaszener 406
- Duftarme 409
- Eschen- 406
- Essig- 406
- Falsche Filz- 408
- Falsche Hecken- 411
- Falsche Hunds- 410
- Filz- 407
- Flaum- 410
- Frankfurter 406
- Gebirgs- 406
- Gelbe 405
- Glänzende 406
- Hecken- 410
- Hundertblättrige 406
- Hunds- 409
- Kartoffel- 406
- Kleinblütige 408
- Kratz- 408
- Kriechende 405
- Labrador- 406
- Lederblättrige 411
- Mai- 406
- Pimpinell- 405
- Raublättrige 407
- Rotblättrige 405
- Runzel- 406
- Samt- 408
- Sherard- 408
- Tannen- 410
- Verwachsengrifflige 409
- Vielblütige 404
- Vogesen- 410
- Wein- 408
- Weiße 406
- Zimt- 406

Rosengewächse 378
Rosenpappel 526
Rosenwurz 345
Rosmarinheide 639
Rossfenchel 768
Rosskastanie 522
Rosskümmel 773
Rosspappel 528
Rötegewächse 642
Rotholz, Chinesisches 129
Rottanne 123
Rübe 609
Rubia 642
Rubiaceae 642
Rubrivena [578]
Rübsen 556
Rubus 381
- *adspersus* 391
- *aequiserrulatus* [398]
- *affinis* 387
- *alleghaniensis* 386
- *amphimalacus* 401
- *armeniacus* 389
- *arrhenii* 392
- *badius* [393]
- *balfourianus* [398]
- *bavaricus* 396
- *bellardii* [396]
- *bertramii* 387
- *bifrons* 389
- *caesius* 384
- *calvus* 400
- *camptostachys* 400
- *canadensis* 386
- *canescens* 393
- *carpinifolius* [391]
- *chamaemorus* 382
- *chlorothyrsos* 392
- *ciliatus* [400]
- *cimbricus* 392
- *curvaciculatus* 399
- *cuspidatus* 402
- *danicus* [391]
- *dasyphyllus* 395
- *dethardingii* [399]
- *discolor* [389]
- *divaricatus* 387
- *dollnensis* 403
- *drejeri* 394
- *echinosepalus* 403
- *elatior* 389
- *elegantispinosus* 388
- *epipsilos* 395
- *fabrimontanus* 402
- *fasciculatus* 401
- *ferocior* 400
- *ferox* [400]
- *franconicus* 399
- *geniculatus* 388
- *glandithyrsos* 393
- *glandulosus* [396]
- *gothicus* 400
- *grabowskii* 388
- *gracilis* 390
- *gratus* 390
- *grossus* [400]
- *guentheri* 396
- *hadracanthos* 399
- *hirtus* 396
- *holandrei* 400
- *horridus* 402
- *hypomalacus* 394
- *idaeus* 383
- *infestus* 394
- *insularis* 390
- *josefianus* 399
- *koehleri* 396
- *laciniatus* 389
- *lamprocaulos* 398
- *langei* 390
- *leptothyrsos* 391
- *leuciscanus* 399
- *lobatidens* 398
- *macrophyllus* 391
- *maximiformis* 398
- *mollis* 401
- *montanus* 388
- *mucronulatus* 394
- *nemoralis* 390
- *nemorosus* 401
- *nessensis* 386
- *nitidus* [387]
- *ochracanthus* [386]
- *odoratus* 382
- *opacus* 387
- *orthostachys* 398
- *pallidus* 395
- *pedemontanus* 396
- *perperus* 388
- *phoenicolasius* 383
- *placidus* 401
- *platyacanthus* 391
- *plicatus* 387
- *pruinosus* 398
- *pseudoinfestus* 394
- *pyramidalis* [393]
- *radula* 395
- *rudis* 395
- *saxatilis* 383
- *scabrosus* 402
- *schleicheri* 396
- *schnedleri* 395
- *sciocharis* 391
- *scissus* 386
- *selmeri* [390]
- *senticosus* 387
- *serrulatus* [398]
- *silvaticus* 391
- *slesvicensis* 402
- *sorbicus* 386
- *spectabilis* 383
- *sprengelii* 392
- *stohrii* 400
- *suberectus* [386]
- *sulcatus* 387
- *thyrsanthus* [388]
- *tomentosus* [393]
- *ulmifolius* 389
- *umbrosus* 393
- *vestitus* 393
- *vigorosus* [387]
- *villicaulis* [390]
- *villosus* [386, 391, 398, 402]
- *visurgianus* [402]
- *vulgaris* 390
- *winteri* 389

Ruchgras 299
Rucola 557, 559
Rudbeckia 881
Rudbeckie 881
Ruhrkraut 861
Rührmichnichtan 627
Ruke 559
Rumex 570
- *acetosa* 574
- *acetosella* 573
- *alpestris* [574]
- *alpinus* 573
- *ambiguus* [574]
- *angiocarpus* [574]
- *aquaticus* 573

REGISTER DER PFLANZENNAMEN 937

- arifolius 574
- confertus 572
- conglomeratus 572
- crispus 572
- domesticus [573]
- hydrolapathum 573
- longifolius 573
- maritimus 570
- maximus [573]
- nivalis 574
- obtusifolius 571
- odontocarpus [572]
- palustris 570
- patientia 572
- pseudoalpinus [573]
- pulcher 571
- rugosus 574
- salicifolius 570
- sanguineus 571
- scutatus 573
- stenophyllus 572
- tenuifolius [574]
- thyrsiflorus 574
- triangulivalvis 570

Ruppia 142
Ruppiaceae 142
Ruprechtsfarn 106
Ruprechtskraut 502
Ruscaceae 190
Rüsselschwertel 175
Rüster 449
Ruta 524
Rutaceae 524

Sabulina 593
Sadebaum 128
Saflor 809
Safran
- Falscher 809

Sagina 594
Sagittaria 141
Salat, Grüner 821
Salbei 716
Salde 142
Saldengewächse 142
Salep 171
Salicaceae 476
Salicornia 620
Salix 478
- acutifolia 480
- aegyptiaca 484
- alba 483
- alpina 479
- amygdalina [481]
- appendiculata 485
- arbuscula [487]
- arenaria [485]
- argentea [485]
- atrocinerea [484]
- aurita 484
- babylonica 479
- bicolor 487
- breviserrata 479

- caesia 486
- caprea 485
- cinerea 484
- cordata [481]
- daphnoides 480
- dasyclados [483]
- depressa [486]
- eleagnos 483
- eriocephala 481
- euxina [481]
- fragilis 481
- glabra 487
- gmelinii 483
- grandifolia [485]
- hastata 486
- helix [482]
- helvetica 485
- herbacea 478
- incana [483]
- livida [486]
- matsudana [480]
- myrsinifolia 484
- myrtilloides 486
- nigricans [484]
- ×pendulina 479
- pentandra 480
- phylicifolia [487]
- purpurea 480
- repens [482] 485
- reticulata 478
- retusa 479
- rigida [481]
- rosmarinifolia 482
- ×rubens 483
- ×rubra 482
- sachalinensis [482]
- ×sepulcralis 479
- serpillifolia 479
- ×smithiana 483
- starkeana 486
- triandra 481
- udensis 482
- viminalis 482
- waldsteiniana 487

Salomonssiegel 190
Salsola 621
Salvia 716
Salvinia 103
Salviniaceae 103
Salzaster 863
Salzbunge 634
Salzkraut 621
Salzmiere 594
Salzschwaden 279
Salztäschel 551
Sambucaceae [774]
Sambucus 775
Samolus 634
Samtblume 779
Samtpappel 526
Sanddorn 448
Sandelgewächse 565
Sandknöpfchen 785

Sandkraut 587
Sändling 593
Sandrohr 287
Sandröschen 531
Sanguisorba 430
Sanicula 754
Sanikel 754
Santalaceae 565
Sapindaceae 522
Saponaria 597
Sareptasenf 556
Sarothamnus [354]
Sarracenia 634
Sarraceniaceae 634
Satureja 724 [725]
Saubohne 369
Sauerampfer 570
- Garten- 574
- Gebirgs- 574
- Kleiner 573
- Rispen- 574
- Schild- 573
- Schnee- 574
- Wiesen- 574

Sauerdorn 315
Sauergräser 204
Sauerklee 461
Sauerkleegewächse 460
Säuerling 575
Saumfarngewächse 105
Saumnarbe 655
Sauromatum 134
Saururaceae 131
Saururus 131
Saussurea 808
Sawahirse 303
Saxifraga [340] 341
Saxifragaceae 340
Scabiosa 779
Scandix 758
Sceptridium [101]
Schabdar 367
Schabziegerklee 363
Schachblume 153
Schachtelhalm 97
Schachtelhalmgewächse 97
Schafgarbe 870
Schafrapunzel 785
Schaftdolde 754
Schalotte 181
Schamahirse 302
Scharbockskraut 327
Schärfling 663
Scharlachdorn 436
Scharte 809
Schattenblume 190
Schattenmorelle 433
Schaumkraut 543
Schedonorus [270, 271]
Scheiberich 762
Scheidenblütgras 300
Scheinerdrauch 313
Scheingreiskraut 858

Scheinindigo 355
Scheinkalla 133
Scheinkerrie 431
Scheinmohn 311
Scheinruhrkraut 862
Scheinwasserpest 138
Scheinzypresse 128
Schellenblume 789
Scherbet 762
Scheuchzeria 141
Scheuchzeriaceae 141
Schierling 761
Schierlingstanne 122
Schildfarn 119
Schilf 301
Schillergras 295
Schirm-Goldrute 863
Schlafmützchen 310
Schlagintweitia [822, 824]
Schlagkraut 882
Schlammkraut 700
Schlammling 700
Schlangenäuglein 663
Schlangenwurz 133
Schlauchpflanze 634
Schlehe 431
Schleierkraut 597
Schleifenblume 565
Schlickgras 305
Schlüsselblume 632
Schmalwand 539
Schmerle 206
Schmerwurz 149
Schmetterlingsstrauch 700
Schmiele 294
Schmielenhafer 293
Schnabelried 207
Schnabelschötchen 564
Schnabelsenf 559
Schnabelsimse 207
Schneckenklee 364
Schneeball 775
Schneebeere 778
Schneeglanz 188
Schneeglöckchen 184
Schneerose 323
Schneide 206
Schneidried 206
Schnittlauch 181
Schnurbaum 350
Schoenoplectiella 239
Schoenoplectus [239] 240
Schoenus 206 [207]
Schöllkraut 310
Schotendotter 541
Schöterich 541
Schuppenkopf 779
Schuppenlöwenzahn 846
Schuppenmiere 585
Schuppenried 208
Schuppensimse 241
Schuppen-Wurmfarn 115
Schuppenwurz 747

Schusserbaum 350
Schwaden 252
Schwalbenwurz 657
Schwanenblume 139
**Schwanenblumen-
gewächse** 139
Schwarzdorn 433
Schwarzkümmel 323
Schwarznessel 716
Schwarzwurzel 849
Schweinsohr 133
Schweinsrübe 714
Schwertlilie 175
Schwertliliengewächse 175
Schwimmfarn 103
Schwimmfarngewächse 103
Schwingel 269
– Alpen- 273
– Amethyst- 273
– Apenninen- 271
– Blaugrüner 277
– Bleicher 276
– Dolomitsand- 276
– Dünen- 277
– Duval- 274
– Falscher Schaf- 275
– Furchen- 275
– Gämsen- 273
– Glatter 274
– Haar- 275
– Haarblättriger 272
– Horst- 272
– Kleiner 274
– Langblättriger 277
– Norischer 272
– Patzke- 274
– Raublättriger 274
– Rheinischer 277
– Riesen- 270
– Rohr- 270
– Rot- 272
– Sand- 277
– Schaf- 276
– Schlaffer 275
– Schwarzvioletter 272
– Sudeten- 274
– Tomans 277
– Verschiedenblättriger 271
– Vielblütiger 270
– Wald- 270
– Walliser 275
– Westfälischer 276
– Wiesen- 271
– Zierlicher 270
– Zwerg- 271
Schwingelschilf 279
Scilla [187] 188
Scirpidiella [241]
Scirpoides 241
Scirpus 234 [235, 236, 237, 238, 239, 240, 241, 242]
Scleranthus 595
Sclerochloa 284

Scleropoa [280]
Scolochloa 279
Scolopendrium [107]
Scorzonera 849
Scorzoneroides 846
Scrophularia 699
Scrophulariaceae 697
Scutellaria 709
Secale 267
Securigera 356
Sedum [344, 345] 346
Seebeerengewächse 348
Seegras 143
Seegrasgewächse 143
Seekanne 791
Seerose 130
Seerosengewächse 130
Segge 207
– Alpen-Schlamm- 226
– Alpen-Vogelfuß- 224
– Banater 218
– Bebb- 215
– Behaarte 224
– Berg- 222
– Besen-, Spitze 215
– Blasen- 228
– Blaugrüne 227
– Bleich- 226
– Braun- 219
– Bräunliche 216
– Buxbaum- 220
– Crawford- 215
– Davall- 209
– Dichtährige 213
– Draht- 214
– Dreinervige 218
– Dünnährige 225
– Eis- 229
– Entferntährige 231
– Erd- 223
– Faden- 224
– Fadenwurzlige 210
– Felsen- 209
– Filz- 222
– Finger- 223
– Finger-, Bleiche 223
– Floh- 209
– Französische 211
– Fritsch- 222
– Frühe 211
– Frühlings- 223
– Fuchs- 212
– Fuchsartige 212
– Fuchs-, Falsche 213
– Gekrümmte 211
– Gelb- 232
– Gelb-, Grünliche 233
– Gelb-, Schuppenfrüch- tige 232
– Gelb-, Späte 232
– Gersten- 227
– Geschwärzte 221
– Glanz- 221

REGISTER DER PFLANZENNAMEN

- Glänzende 221
- Glatte 229
- Grannen- 224
- Grau- 216
- Grundstielige 226
- Haarstiel- 226
- Hänge-, Östliche 225
- Hänge-, Westliche 225
- Hartman- 220
- Hasenpfoten- 214
- Heide- 222
- Hirse- 227
- Horst- 230
- Igel- 216
- Inn- 219
- Japan- 216
- Kleinblütige 220
- Kleingrannige 209
- Kohlschwarze 221
- Kopf- 209
- Kurzährige 230
- Langährige 216
- Leers- 214
- Lolch- 216
- Micheli- 230
- Monte-Baldo- 211
- Morgenstern- 216
- Niedrige 221
- Paira- 213
- Palmblatt- 215
- Pillen- 221
- Polster- 230
- Punktierte 231
- Rasen- 218
- Reichenbach- 211
- Riesel- 226
- Riesen-, Östliche 225
- Riesen-, Westliche 225
- Rispen- 214
- Roggen- 227
- Rost- 230
- Ruß- 220
- Sand 210
- Saum- 231
- Schatten- 223
- Scheiden- 227
- Scheinzypergras- 229
- Schlamm- 226
- Schlanke 219
- Schlenken- 215
- Schmalblättrige 210
- Schnabel- 228
- Schopfige 215
- Schwarzährige 228
- Schwarzschopf- 214
- Silikat-Krumm- 212
- Sparrige 213
- Stachelspitzige 217
- Starre 218
- Steife 217
- Steppen- 221
- Stern- 216
- Strand- 231
- Strick- 210
- Stumpfe 209
- Sumpf- 228
- Torf- 209
- Trauer- 221
- Trauer-, Große 221
- Ufer- 229
- Unterbrochenährige 213
- Verarmte 230
- Vogelfuß- 224
- Vogelfuß, Kahlfrüchtige 224
- Wald- 229
- Wasser- 219
- Weiße 225
- Wenigblütige 210
- Westfälische 214
- Wiesen- 219
- Wimper- 225
- Winkel- 216
- Zittergras- 211
- Zweihäusige 209
- Zweinervige 231
- Zweizeilge 210
- Zypergras- 212

Seide 670
Seidelbast 529
Seidenpflanze 657
Seifenbaumgewächse 522
Seifenkraut 597
Selaginella 97
Selaginellaceae 96
Selinum 769
Sellerie 762
Sempervivum 345 [346]
Senecio [852 ff.] 855
Senf 556, 558
Senfrauke 559
Senf, Schwarzer 556
Sequoia [129]
Sequoiadendron 129
Serradella 357
Serratula 809
Sesamoides 532
Sesel 766
Seseli [762] 766
Sesleria 285
Setaria [303] 304
Sibbaldia 417
Sichelklee 364
Sichelmöhre 763
Sicyos 460
Sideritis 715
Siebenstern 629
Siegesbeckie 884
Sieglingia [301]
Siegmarswurz 527
Siegwurz 177
Sieversia [403]
Sigesbeckia 884
Silau 768
Silaum 768
Silaus [769]
Silberblatt 555
Silberdistel 802
Silbergras 295
Silberkraut 551
Silbermantel 419
Silberregen 575
Silberscharte 809
Silberwurz 381
Silene 600 [603]
Siler [774]
Silge 769
Silphie 882
Silphiodaucus [774]
Silphium 882
Silybum 807
Simaroubaceae 524
Simse 234
Simsenlilie 136
Simsenliliengewächse 136
Sinapis 558
Sisymbrium [551] 560
Sisyrinchium 175
Sitter 158
Sium [765] 766
Skabiose 779
Smyrnium 760
Sockenblume 316
Sode 621
Solanaceae 673
Solanum 674
Soldanella 633
Soleirolia 452
Solidago 863
Sommeraster 863
Sommerflieder 700
Sommerwurz 732
Sommerwurzgewächse 728
Sonchus 822
Sonnenblume 881
Sonnenhut 881
Sonnenröschen 530
Sonnenstern 879
Sonnentau 581
Sonnentaugewächse 581
Sonnenwende 659
Sophienrauke 551
Sophora 350
Sorghum 306
Soria [564]
Sparganiaceae [191]
Sparganium 191
Spargel 185
Spargelerbse, Gelbe 358
Spargelgewächse 185
Spark 585
Spärkling 585
Spartina 305
Spartium 354
Späte Faltenlilie 151
Spatzenzunge 529
Spatzenzungengewächse 528
Specularia [789]
Speerdistel 806

Speik, Weißer 871
Spergel 585
Spergula 585
Spergularia 585
Spierstaude 381
Spierstrauch 434
Spilling 434
Spinacia 609
Spinat 609
Spinat, Ewiger 572
Spinatgänsefuß 609
Spindelstrauch 460
Spinne 174
Spinulum [94]
Spiräe 434
Spiraea [381, 431] 434 [436]
Spiranthes 162
Spirobassia 619
Spirodela 134
Spitzkiel 359
Spitzklette 883
Spornblume 781
Spornkamille 876
Sporobolus 308
Springkraut 626
Spurre 593
Stabwurz 869
Stachelbeere 339
Stachelbeergewächse 338
Stachelgurke 459
Stachys 713 [715]
Ständelwurz 158
Staphylea 521
Staphyleaceae 521
Statice [568]
Staudenhafer 290
Staudenknöterich 575
Stechapfel 676
Stechginster 355
Stechpalme 748
Stechpalmengewächse 748
Steckrübe 556
Steifgras 280
Steinbeere 381
Steinbrech 341
Steinbrechgewächse 340
Steinfingerkraut 411
Steinklee 363
Steinkraut 550
Steinlinse 373
Steinquendel 725
Steinraute 871
Steinröschen 529
Steinsame 660
Steinschmückel 555
Steintäschel 539
Steinweichsel 432
Stellaria 591
Stenactis [867]
Stenophragma [540]
Steppenaster 863
Steppenkresse 551
Sterculiaceae [525]

Sterndolde 754
Sternfrucht 532
Sternglanzleuchteralge 92
Sternmiere 591
Sternsteinbrech 340
Sternwinde 672
Stiefmütterchen 466
– Acker- 468
– Feld- 468
– Garten- 467
– Gelbes Galmei- 468
– Kleines 468
– Sporn- 467
– Steppen- 468
– Violettes Galmei- 468
– Wildes 468
Stielblütengras 306
Stielsame 849
Stinkandorn 716
Stinksalat 846
Stipa 255
Stockrose 526
Stoppelrübe 557
Storchschnabel 501
Storchschnabelgewächse 501
Strahlensame 603
Strandaster 863
Stranddistel 755
Strandflieder 568
Strandhafer 286
Strandkamille 875
Strandling 694
Strandnelke 568
Strandroggen 266
Strandschwingel 279
Strandsimse 238
Strandweizen 265
Strandwinde 669
Stratiotes 137
Strauchfingerkraut 411
Strauchpappel 527
Strauchwicke 356
Straußenfarn 112
Straußgras 288
Straußmargerite 875
Streifenfarn 107
Streifenfarngewächse 107
Strenze 754
Streptopus 154
Strobe 124
Strohblume 794, 862
Struthiopteris [112, 113]
Stuckenia 148
Stundenblume 526
Stundeneibisch 526
Sturmhut 321
Sturmia [162]
Suaeda 621
Subularia 548
Succisa 780
Succisella 780
Sumach 521

Sumachgewächse 521
Sumpfenzian 653
Sumpffarn 114
Sumpffarngewächse 114
Sumpfkresse 545
Sumpfquendel 506
Sumpfruhrkraut 861
Sumpfsellerie 762
Sumpfsimse 236
Sumpfwurz 158
Sumpfzypresse 129
Süßdolde 758
Süßgräser 243
Süßklee 361
Swertia 653
Swida [625, 626]
Symphoricarpos 778
Symphyotrichum 864
Symphytum 666
Syringa 678
Szilla 188

Tabak 676
Tagblume 308
Taglilie 178
Tagliliengewächse 178
Tamaricaceae 567
Tamariske, Deutsche 567
Tamariskengewächse 567
Tamus 149
Tanacetum [870] 875 [876]
Tanne 121
Tännel 465
Tännelgewächse 465
Tännelkraut 681
Tannenwedel 697
Tarant 653
Taraxacum 814
Täschelkraut 562
Taubenfuß 505
Taubnessel 709
Tauernblümchen 655
Tausendblatt 348
Tausendgüldenkraut 655
Tausendschön 863
Taxaceae 129
Taxodiaceae [126]
Taxodium 129
Taxus 129
Tee, Mexikanischer 619
Teerkraut 744
Teesdalia 563
Tef 307
Teichfaden 148
Teichlinse 133, 134
Teichrose 130
Teichsimse 239, 240
Telekia 879
Telekie 879
Tellerkraut 623
Tellima 340
Teloxys 619
Tephroseris 852

REGISTER DER PFLANZENNAMEN 941

Tetragonolobus [358]
Teucrium 707
Teufelsabbiss 780
Teufelsklaue 94
Teufelskralle 789
Thalictrum 318
Thelycrania [625, 626]
Thelypteridaceae 114
Thelypteris 114
Thesium 565
Thladiantha 458
Thlaspi 562 [563]
Thuja 128
Thymelaea 529
Thymelaeaceae 528
Thymian 721
Thymus 721
Thysselinum [771]
Tilia 525
Tiliaceae [525]
Tillaea [348]
Timothee 297
Tithymalus [495 ff.]
Tofieldia 136
Tofieldiaceae 136
Tollkirsche 674
Tolpis 822
Tolypella 92
Tomate 674
Topinambur 881
Tordylium 773
Torilis 758
Tormentill 413
Tormentilla [413]
Torminalis [443]
Tozzia 747
Tozzie 747
Trachystemon 668
Tragant 360
Tragopogon 848
Tragus 306
Trapa 506
Träubel 187
Traubenhafer 301
Traubenhyazinthe 187
Traubenkirsche 431
Traubenkraut 882
Traunsteinera 163
Trespe 257
Tribulus 67
Trichomanes [103]
Trichophorum 235
Trichterwinde 672
Trientalis 629
Trifolium
– agrarium [366]
– alexandrinum 368
– alpestre 368
– angustifolium 369
– arvense 367
– aureum 366
– badium 365
– biasoletii [367]

– campestre 366
– diffusum 365
– dubium 366
– fragiferum 367
– hybridum 367
– incarnatum 368
– medium 369
– micranthum 366
– minus [366]
– montanum 366
– ochroleucon 368
– ornithopodioides 366
– parviflorum [366]
– patens 366
– pratense 368
– procumbens [366]
– repens 367
– resupinatum 367
– retusum 366
– rubens 368
– scabrum 368
– spadiceum 365
– strepens [366]
– striatum 367
– thalii 367
Trifthafer 291
Triglochin 142
Trigonella 363 [366]
Trilliaceae [150]
Trinia 762
Triodia [301]
Tripleurospermum 875
Tripmadam 347
Tripolium 863
Trisetum 292
×Triticosecale 267
Triticum [263, 264, 265, 266] 267
×Tritordeum [266]
Trixago [744]
Trocdaris [764]
Troddelblume 633
Trollblume 320
Trollius 320
Trompetenbaum 701
Tropaeolaceae 531
Tropaeolum 531
Trunkelbeere 641
Tsuga 122
Tuberaria 531
Tulipa 153
Tulpe 153
Tunica [599]
Tüpfelfarn 119
Tüpfelfarngewächse 119
Turgenia 759
Turgenie 759
Turmgänsekresse 555
Turmkraut 543
Turritis 543
Tussilago 852
Typha 192
Typhaceae 191

Typhoides [299]

Ulex 355
Ulmaceae 449
Ulmaria [381]
Ulme 449
Ulmengewächse 449
Ulmus 449
Umbelliferae 749
Urtica 452
Urticaceae 451
Urweltmammutbaum 129
Utricularia 702

Vaccaria [596]
Vaccinium 640
Valantia [649]
Valeriana 781
Valerianaceae [776]
Valerianella 783
Vallisneria 138
Vandenboschia 103
Veilchen 466
– Behaartes 474
– Berg- 471
– Blau- 474
– Graben- 472
– Hain- 470
– Hohes 471
– Hügel- 473
– Hunds- 471
– März- 475
– Milchweißes 472
– Moor- 472
– Niedriges 472
– Pyrenäen- 473
– Sand- 470
– Sumpf- 472
– Torf- 473
– Wald- 470
– Weißes 475
– Wunder- 469
– Zweiblütiges 467
– Zwerg- 472
Veilchengewächse 466
Ventenata 293
Venuskamm 758
Veratrum 150
Verbascum 697
Verbena 704
Verbenaceae 704
Vergissmeinnicht 661
Vermeinkraut 565
Veronica 683
– acinifolia 691
– agrestis 689
– alpina 691
– anagallis [687]
– anagallis-aquatica 687
– anagalloides 687
– angustifolia 685
– aphylla 684

- aquatica [687]
- argutuserrata 683
- arvensis 690
- austriaca 685
- beccabunga 687
- bellidioides 684
- buxbaumii [689]
- catenata 687
- chamaedrys 686
- comosa [687]
- dentata [685]
- dillenii 690
- filiformis 688
- foliosa [684]
- fruticans 691
- fruticulosa 692
- hederifolia 688
- jacquinii 685
- latifolia [685, 686]
- longifolia 684
- maritima [684]
- montana 686
- officinalis 686
- opaca 689
- orsiniana [685]
- paniculata [684]
- peregrina 690
- persica 689
- polita 689
- praecox 691
- prostrata 685
- pumila [691]
- satureiifolia 685
- saxatilis [691]
- scheereri [685]
- scutellata 686
- serpyllifolia 691
- spicata 683
- spuria 684
- sublobata 688
- tenella [691]
- teucrium 685
- tournefortii [689]
- triloba 688
- triphyllos 690
- urticifolia 686
- verna 690
Vexiernelke 603
Viburnaceae [774]
Viburnum 775
Vicia 369 [373]
- angustifolia 370 [371]
- articulata [373]
- benghalensis 369
- cassubica 371
- cordata 371
- cracca 372
- dalmatica 372
- dasycarpa [372]
- dumetorum 371
- ervilia [373]
- faba 369
- glabrescens 372
- gracilis [373]
- grandiflora 370
- hirsuta [372]
- lathyroides 369
- laxiflora [373]
- lens 369
- lutea 370
- melanops 370
- monanthos [373]
- narbonensis 370
- oroboides 369
- orobus 371
- pannonica 370
- parviflora [373]
- peregrina 369
- pisiformis 371
- sativa [370] 371
- segetalis 371
- sepium 370
- serratifolia 369
- striata 370
- sylvatica [373]
- tenuifolia 372
- tenuissima [373]
- tetrasperma [373]
- villosa 372
Vilfagras 308
Vinca 656
Vincetoxicum 657
Viola 466
- alba 475
- alpestris [468]
- ambigua 474
- arenaria [470]
- arvensis 468
- austriaca [474]
- ×bavarica 470
- beraudii [474]
- biflora 467
- calaminaria 468
- calcarata 467
- canina 471
- collina 473
- cyanea [474]
- elatior 471
- epipsila 473
- erecta [471]
- ×fennica 472
- guestphalica 468
- hirta 474
- hortensis [467]
- juressi [472]
- kitaibeliana 468
- lactea [472]
- lutea [468]
- mirabilis 469
- montana [471]
- nemoralis [471]
- odorata 475
- orsiniana [685]
- palustris 472
- persicifolia [472]
- polychroma [469]
- pubifolia [472]
- pumila 472
- pyrenaica 473
- reichenbachiana 470
- riviniana 470
- rupestris 470
- ruppii 471
- saxatilis [468, 469]
- ×scabra 474
- schultzii [471]
- scotophylla [475]
- sepincola [474]
- stagnina 472
- suavis 474
- sudetica [468]
- sylvestris [470]
- tricolor 468
- uliginosa 472
- wittrockiana 467
- wolfiana [474]
Violaceae 466
Virga [778]
Viscaria 603
Viscum 567
Visnaga [763]
Vitaceae 349
Vitis 350
Vogelbeere 442
Vogelfuß 357
Vogelia [542]
Vogelknöterich 576
Vogelmiere 592
Vulpia 278

Wacholder 127
Wachsblume 659
Wachtelweizen 744
Wahlenbergia 785
Waid 561
Waldfetthenne 344
Waldgerste 268
Waldhyazinthe 163
Waldmeister 645
Waldrebe 327
Waldsteinia 404
Waldsteinie 404
Waldvöglein 157
Walnuss 455
Walnussgewächse 455
Wanzensame 620
Wasserdarm 591
Wasserdost 885
Wasserfalle 582
Wasserfeder 633
Wasserfenchel 767
Wasserhahnenfuß 328
- Efeu- 329
- Flutender 332
- Gewöhnlicher 330
- Haarblättriger 332
- Pinselblättriger 331
- Reinweißer 330
- Rion- 331

- Schild- 331
- Spreizender 331
- Zarter 331
Wasserhanf 605
Wasserkresse 546
Wasserliesch 139
Wasserlinse 133, 134
Wassermelone 459
Wassernabel 749
Wassernuss 506
Wasserpest 137
Wasserpfeffer 580
Wasserprimel 633
Wasserschierling 763
Wasserschlauch 702
Wasserschlauchgewächse 701
Wasserschraube 138
Wau 531
Wegerich 692
Wegerichgewächse 678
Wegwarte 813
Weichorchis 162
Weichsel 433
Weichwurz 162
Weide 478
- Ägyptische 484
- Alpen- 479
- Asch- 484
- Babylon-Trauer- 479
- Bandstock- 483
- Bastard-Ohr- 485
- Bäumchen- 487
- Blaugrüne 486
- Bleiche 486
- Blend- 482
- Bruch- 481
- Busch- 481
- Dotter- 483
- Dotter-Trauer- 479
- Dünen-Kriech- 485
- Fahl- 483
- Filzast- 483
- Grau- 484
- Großblättrige 485
- Heidelbeer- 486
- Herzblättrige 481
- Hohe 483
- Kahle 487
- Kermesin- 483
- Knack- 481
- Korb- 482
- Korkenzieher- 480
- Kraut- 478
- Kriech- 485
- Kübler- 485
- Kurzzähnige 479
- Lavendel- 483
- Liebliche Trauer- 479
- Lorbeer- 480
- Mandel- 481
- Matten- 479
- Mennige- 483
- Netz- 478
- Ohr- 484
- Purpur- 480
- Quendelblättrige 479
- Reif- 480
- Rosmarin- 482
- Sachalin- 482
- Sal- 485
- Sand-Kriech- 485
- Schlucht- 485
- Schwarz- 484
- Schweizer 485
- Silber- 483
- Spieß- 486
- Spitzblättrige 480
- Stumpfblättrige 479
- Vielnervige 484
- Wisconsin-Trauer- 479
- Zweifarbige 487
Weidelgras 268
Weidengewächse 476
Weidenröschen 508
Weigela 776
Weigelie 776
Weinbeere, Japanische 383
Weingaertneria [295]
Weinrebe 350
Weinrebengewächse 349
Weinstock 350
Weißbuche 458
Weißdorn 436
Weißmiere 591
Weißwurz 190
Weißzeder 128
Weißzunge 164
Weizen 267
Wendelorchis 162
Wendich 561
Wermut 868
Wetterdistel 802
Wicke 369
- Bengalische 369
- Erbsen- 371
- Feinblättrige 372
- Fremde 369
- Futter- 371
- Gelbe 370
- Gezähnte 369
- Glieder- 373
- Großblütige 370
- Grünblütige 370
- Hecken- 371
- Heide- 371
- Herzblättrige 371
- Kaschuben- 371
- Korn- 371
- Maus- 370
- Pannonische 370
- Platterbsen- 369
- Saat- 371
- Schmalblättrige 370
- Streif- 370
- Ungarische 370
- Vogel- 372
- Walderbsen- 369
- Zaun- 370
- Zottel- 372
Wicklinse 373
Widerbart 161
Wiesenhafer 290
Wiesenknopf 430
Wiesenknöterich 577
Wiesenraute 318
Wilder Wein 349
Willemetia 814
Wimperfarn 111
Wimperfarngewächse 111
Winde 669
Windengewächse 669
Windenknöterich 575
Windhalm 290
Windröschen 325
Windsbock 559
Wintergrün 635
Winterkresse 546
Winterlieb 636
Winterling 324
Wintermajoran 724
Winterstern 324
Winterzwiebel 181
Wirbeldost 724
Wisteria 355
Witwenblume 780
Wohlverleih 884
Wolffia 135
Wolfsmilch 494
- Breitblättrige 496
- Esels- 497
- Garten- 498
- Gefleckte 499
- Glanz- 497
- Hingestreckte 499
- Iberische 494
- Kanten- 496
- Kleine 498
- Mandel- 497
- Nickende 498
- Niederliegende 498
- Ruten- 497
- Saat- 498
- Schein-Ruten- 497
- Schlängelnde 498
- Sichel- 498
- Sonnenwend- 495
- Spring- 495
- Steife 496
- Steppen- 495
- Sumpf- 495
- Süße 496
- Vielfarbige 495
- Walzen- 495
- Warzen- 496
- Weidenblatt- 497
- Weißrand- 494
- Wollige 495
- Zypressen- 498
Wolfsmilchgewächse 494
Wolfstrapp 717
Wollblatt 884

Wollgras 235
Woodsia 111
Woodsiaceae 111
Wruke 556
Wucherblume 876
Wunderbaum 499
**Wunderblumen-
gewächse** 622
Wundklee 357
Wurmfarn 115
Wurmfarngewächse 114
Wurmlattich 848

Xanthium 883
Xanthocyparis [128]
Xanthophthalmum [876]
Xanthoselinum [771]
Xerochrysum 794

Yamswurzelgewächse 149
Ysander 338
Ysop 718
Zackenschote 563
Zahntrost 739
Zannichellia 148
Zannichelliaceae [143]
Zaunrebe 349
Zaunrübe 459
Zaunwinde 669
Zea 305
Zeitlose 150
Zeitlosengewächse 150
Zerna [258, 259]
Ziberl 434
Zichorie 813
Ziest 713
Zigarrenbaum 701
Zimbelkraut 681
Zinnensaat 847
Ziparte 434
Zirbe 124
Zirmet 773
Zistrosengewächse 529
Zittergras 285
Zitterlinse 372
Zostera 143
Zosteraceae 143

Zucchini 459
Zürgelbaum 451
Zweiblatt 161
Zweizahn 880
Zwenke 257
Zwergalpenrose 638
Zwergbuchs 376
Zwergenzian 654
Zwergflachs 500
Zwergginster 353
Zwerggras 300
Zwerglein 500
Zwergmutterwurz 770
Zwergorchis 163
Zwergrösel 638
Zwergwasserlinse 133, 135
Zwetsche 434
Zwetschge 434
Zwiebel 181
Zyklamen 631
Zypergras 241
Zypressengewächse 126

Abkürzungen und Zeichen bei den Merkmalsangaben

Bla, Blchen	Blatt, Blättchen	Sa	Samen
Blü	Blüte	Sp	Spelze
br	breit	Stg	Stängel
Dsp	Deckspelze	USeite, useits	Unterseite, unterseits
-fg	-förmig	Vsp	Vorspelze
Fr, Frchen	Frucht, Früchtchen	±	mehr oder weniger
FrKn	Fruchtknoten	>	mehr als
Hsp	Hüllspelze	<	weniger als
Ke	Kelch	∞	zahlreich, viele
Kr	Krone	⌀	Querschnitt
lg	lang	♂/♀	männlich/weiblich
OSeite, oseits	Oberseite, oberseits	⚥	zwittrig
Pfl	Pflanze		

Abkürzungen und Zeichen bei den Standorts- und Verbreitungsangaben

[A]	archäophytisch	Nw	Nordrhein-Westfalen
alp.	alpin	O, O-	Osten, Ost-
An	Sachsen-Anhalt	plan.	planar
Bayr-W	Bayerischer Wald	Rh	Rheinland-Pfalz & Saarland
Bb	Brandenburg & Berlin	Rud., rud.	Ruderalstellen, ruderal
Bdl	Bundesländer	S, S-	Süden, Süd-
Bw	Baden-Württemberg	s	selten
By	Bayern	Sa	Sachsen
D	Deutschland	SchwarzW	Schwarzwald
f	fehlt	Sh	Schleswig-Holstein & Hamburg(N)
-G	Gebirge		
g	gemein	subalp.	subalpin
He	Hessen	submont.	submontan
koll.	kollin	Th	Thüringen
kont.	kontinental	[U]	unbeständig
M	Mitte, Mittel-	v	verbreitet
MittelG	Mittelgebirge	W, W-	Westen, West-
MDt-Trockengeb	Mitteldeutsches Trockengebiet	-W	-wald (in Zusammensetzungen)
mont.	montan	z	zerstreut
Mv	Mecklenburg-Vorpommern	†	ausgestorben
N, N-	Norden, Nord-	↗	in Ausbreitung
[N]	neophytisch	↘	im Rückgang
Ns	Niedersachsen, Bremen & Hamburg(S)		

Abkürzungen und Zeichen bei den ergänzenden Angaben in ( )

AFR	Afrika	AUST	Australien
ALP	Alpen	austr	australe Zone
alp	alpin	austrstrop	austrosubtropische Zone
AM	Amerika	B	Baum
AmA	Ameisen-Ausbreitung	b	boreale Zone
antarct	antarktische Zone	bstrop	boreosubtropische Zone
Ap, ap	Apomixis, apomiktisch	C	Chamaephyt
arct	arktische Zone	CIRCPOL	zirkumpolar
AS	Asien	COSMOPOL	kosmopolitisch

Ausl	Ausläufer	dealp	dealpin
demo	demontan	SAFR, SAM	Südafrika, Südamerika
eros	rosettenlos	salp	subalpin
EUR, EURAS	Europa, Eurasien	SeA	Selbstausbreitung
frgr	frühjahrsgrün	SeB	Selbstbestäubung
G	Geophyt	SIB	Sibirien
H	Hemikryptophyt	sm	submeridionale Zone
He	Helophyt, Sumpfpflanze	sogr	sommergrün
hfrgr	herbst-frühjahrsgrün	Spr	Spross
HIMAL	Himalaya	StA	Stoß(Schüttel)ausbreitung
HPar	Hemiparasit	stemp	südtemperat
hros	Halbrosettenpflanze	Str	Strauch
HStr	Halbstrauch	StrB	Strauchbaum
Hy	Hydrophyt, Wasserpflanze	teiligr	teilimmergrün
igr	immer(ganzjährig)grün	temp	temperate Zone
InB	Insektenbestäubung	trop	tropische Zone
InKnolle	Innovations-Wurzelknolle	uAusl	unterirdische Ausläufer
K	Klasse	uHy	Tauchpflanze
KAUK	Kaukasus	V	Verband
KlA	Kleb- u. Klettausbreitung	VAS	Vorderasien
KriechTr, LegTr	Kriech-, Legtrieb	VdA	Verdauungsausbreitung
lit	litoral	VersteckA	Versteck- u. Verlustausbreitung
m	meridionale Zone	Vg	Verschiedengrifflichkeit
MAS	Mittelasien	Vm	Vormännlichkeit
MeA	Menschenausbreitung	Vw	Vorweiblichkeit
mo	montan	WaA	Wasserausbreitung
monop	monopodial	WaB	Wasserbestäubung
NAM	Nordamerika	WAM, WAS	Westamerika, Westasien
ntemp	nördlich temperat	WiA	Windausbreitung
NZ	Neuseeland	WiB	Windbestäubung
O	Ordnung	WSIB	Westsibirien
OAFR, OAS	Ostafrika, Ostasien	Wu, WuSpr	Wurzel, Wurzelspross
oAusl	oberirdische Ausläufer	ZAS, ZEUR	Zentralasien, -europa
oHy	Schwimmblattpflanze	Zw	Zwiebel
Par	(Holo)Parasit	ZwStr	Zwergstrauch
perialp	perialpin	▽, ▽!	besonders bzw. streng geschützt
perimo	perimontan	⊙	sommerannuell
PfWu	Pfahlwurzel	①	einjährig-überwinternd
Pleiok	Pleiokorm	⊖	zwei- (bis wenig-)jährig
Rhiz	Rhizom	⊛	mehrjährig hapaxanth
ros	Ganzrosettenpflanze	♃	ausdauernd

Zeichen und Abkürzungen bei den Namen

†	in Deutschland ausgestorben	s. l.	sensu lato, im weiten Sinn
Ⓚ	in Deutschland nur kultiviert	s. str.	sensu stricto, im engen Sinn
⊘	in Deutschland nicht sicher	Sect.	Sektion
×	Hybride	Ser.	Serie
agg.	Aggregat, Artengruppe	Subsect.	Subsektion
auct.	der Autoren	subsp.	Unterart
p. p.	pro parte, zum Teil	var.	Varietät

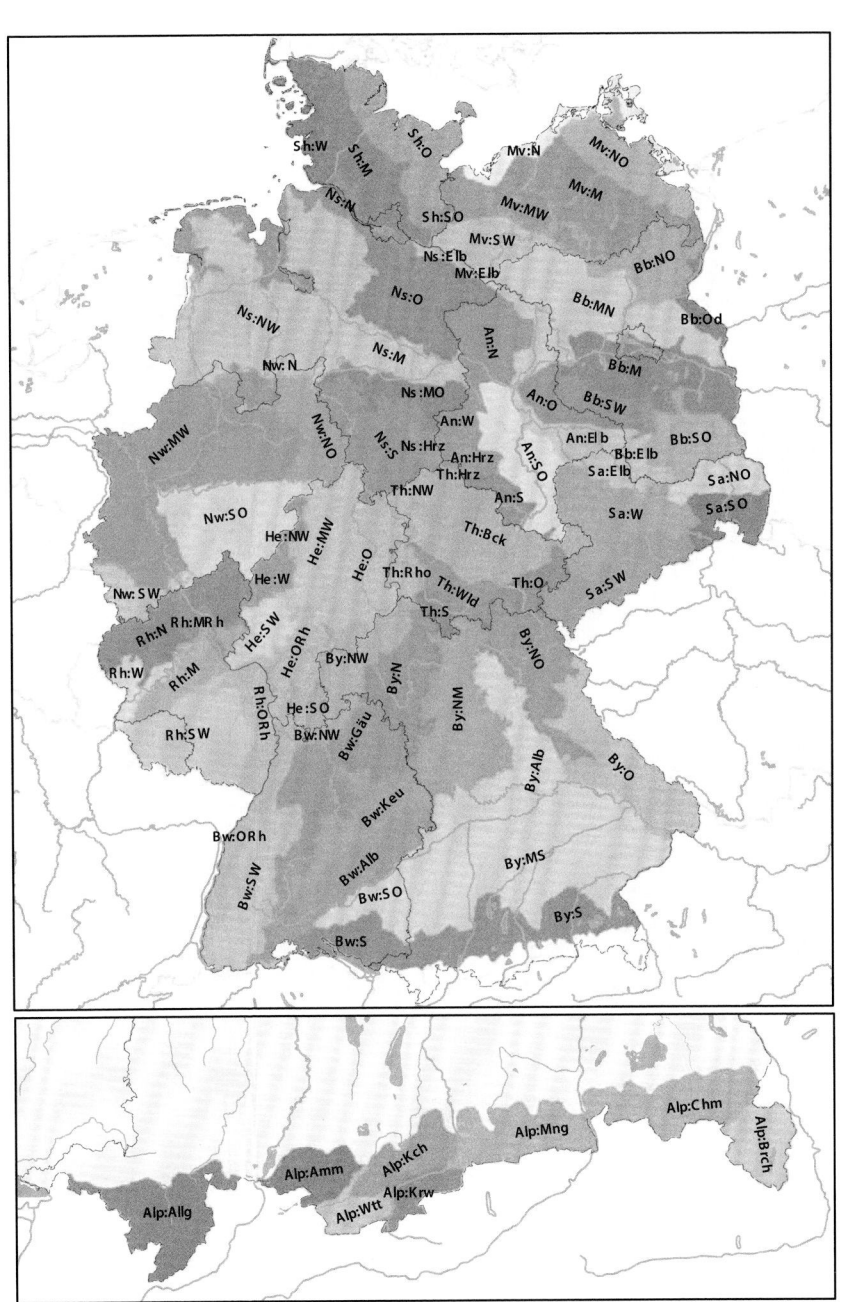

Abkürzungslegende zur Gebietsgliederung

Alp	Alpengebiet Deutschlands	Alb	Schwäbisch/Fränkische Alb
Allg	Allgäuer Alpen	Bck	(Thüringer) Becken
Amm	Ammergebirge	Elb	Elbtal
Brch	Berchtesgadener Alpen	Gäu	Gäuplatten
Chm	Chiemgauer Alpen	Hrz	Harz
Kch	Kocheler Berge	Keu	Keuper-Lias-Land
Krw	Karwendelgebirge	M	Mitte
Mng	Mangfallgebirge	MRh	Mittel-Rheintal
Wtt	Wettersteingebirge	N, N-	Norden, Nord-
Bdl	Bundesländer	O, O-	Osten, Ost-
D	Deutschland	Od	Odertal
An	Sachsen-Anhalt	ORh	Ober-Rheintal
Bb	Brandenburg, Berlin	Rho	Rhön
Bw	Baden-Württemberg	S, S-	Süden, Süd-
By	Bayern	-W	-Wald (Zusammensetzg)
He	Hessen	W, W-	Westen, West-
Mv	Mecklenburg-Vorpommern	Wld	(Thüringer) Wald
Ns	Niedersachsen, Bremen, S-Hamburg		
Nw	Nordrhein-Westfalen		
Rh	Rheinland-Pfalz, Saarland		
Sa	Sachsen		
Sh	Schleswig-Holstein, N-Hamburg		
Th	Thüringen		

Anordnung der Angaben bei den Arten (vgl. S. 55)

Rücklaufzahl   *zusätzliche Bestimmungsmerkmale*   *Verweis auf Abb. 2 S. 176*
4(2)   Bla schmal lanzettlich, 5-12 mm br, rauhaarig. KrBla rundlich.   (Abb. **176**/2).

Wuchshöhe in m   *Blühmonate*   *Standorte*
0,30–0,70   7–9   Waldränder, rud. Halbtrockenrasen, kalkhold;

Status (neophytisch)   *Häufigkeit u. Verbreitung in Deutschland*   *Rückgangstendenz*
[N 1850]   v By(N) Bw Rh He(SW), z Th Sa(NO), s Bb(SO), †Mv(MW: Waren),   ↘

Areal (Gesamtverbreitung)   *Wuchsform*   *Bestäubung*   *Ausbreitung*
(m-temp·c2-5WAM   –   igr hros H ♃ uAusl   –   InB: Bienen SeB   –   WiA MeA   –

Zeigerwerte   *Vergesellschaftung*   *Verwendung*   *Naturschutz*   *Chromosomenzahl*
L8 T7 F3 R7 N3   –   K Fest.-Brom.   –   HeilPfl   –   ▽   –   24).

Synonym(e)   *deutsche Namen*   *wiss. Name*
[*Pla̱ntula hirsu̱ta* (L.) Diels]   **Raue P., Raukraut – *P. hirsu̱ta* L.**